JN241312

卓上版

牧野

野

日本植物圖鑑®

牧野富太郎 著

北 隆 館

THE HOKURYUKAN CO. LTD., TOKYO, JAPAN

2019

An

Illustrated Flora of Nippon,

with the

Cultivated and Naturalized Plants.

By

Tomitarô Makino, Dr. Sc.

1940

著 者 近 影

 Pl. I

きばなのしやうきらん
Yoania amagiensis *Nakai et Maekawa.*

科中ノ珍奇蘭品ニシテ山中極メテ稀ニ邂逅スルニ過ギズ、始メ昭和
六年七月、中井猛之進博士之レヲ豆州天城山ニ得、前川文夫氏ト共
ニ命名發表セラレシ者ナルガ、予ハ同十三年七月十四日之レヲ相州
箱根ニ採リ、乃チ本圖ヲ描寫セシメシナリ　　　　　（らん科）

第二圖版

ならやへざくら

Prunus donarium *Sieb.* var. pubescens *Makino*
forma antiqua *Makino.*

所謂里ざくら中ノ稀品ニシテ元來けやまざくらヨリ派生シ、實ニ我
ガ櫻品中ノ上乘ナル者ナリ、而シテ其同系品ハ蓋シ或ハ東北地方ヲ
以テ其中心ト爲ン乎哉ト思惟セリ　　　　　　　　（いばら科）

Pl. II

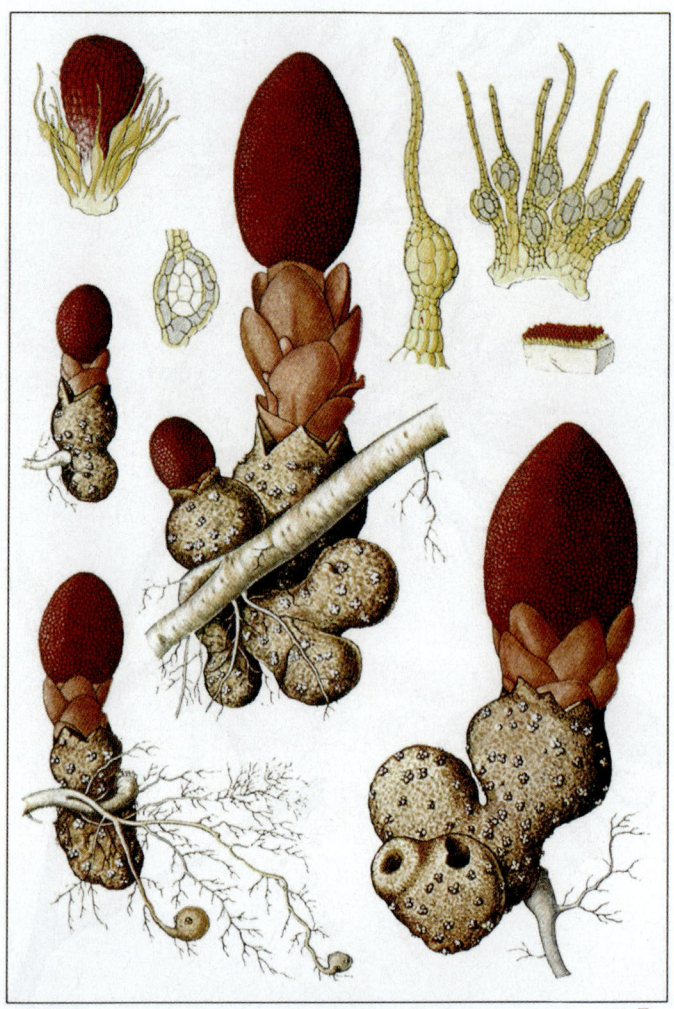

第三圖版　　　　　　　　　　　　　　　　　　　　Pl. III

つちとりもち
Balanophora japonica *Makino*.

四國九州方面ニ產シ十月ノ候山林中ノ地上ニ其奇姿ヲ現ハシ山行者
ヲシテ驚異セシム、しろばい等ノ樹根端ニ寄生シ、唯雌木ノミアリ
テ雄本無ク、然カモ能ク種子ヲ生ジテ仔塊ヲ寄主細根ノ末梢ニ作ル
ノ能アリ、即チ所謂單爲生殖ヲ營ムナリ　　　（つちとりもち科）

第四圖版

べにのりうつぎ

Hydrangea paniculata *Sieb.*
forma rosea *Makino.*

Pl. IV

のりうつぎノ一品ニシテ、始メ白色ヲ呈セル胡蝶花ハ後チ直チニ紅
色ヲ潮シ來リテ美ナリ、而シテ其色株ニ由テ濃淡アリ、往々之レヲ
山地峯微ノ間ニ見ル　　　　　　　　　　（ゆきのした科）

にしきまんさく
Hamamelis flavo-purpurascens *Makino.*

世間ニ多カラザル一種ニシテ尚未ダ其自生地ヲ得ザルヲ憾ム、然カ
シ何レノ處ニ乎之レアラン、花色常品ノ如ク黄色ナラザルヲ以テ頗
ル異彩アルコト此圖上ニ見ルガ如シ　　　　（まんさく科）

Pl. V

ぎんりゃうさうもどき
Monotropa uniflora *L.* var. nipponica *Makino.*

ぎんりゃうさう (Monotropastrum globosum *H. Andres.*) ニ酷似ス
ト雖ドモ其果實大ニ相異ナルヲ以テ之レト分テリ、本種ハ秋月開花
シ後チ蒴果ヲ結ビテ開裂シ、ぎんりゃうさうハ夏月開花シ後チ漿果
ヲ結ビテ崩潰ス　　　　　　　　　　　（いちやくさう科）

Pl. VI

 Pl. VII

ひめうらしまさう
Arisaema kiushianum *Makino.*

天南星品類中ノ一種ニシテ九州ノ特産ナリ、草狀略ぼうらしまさう
ニ似テ花穗大ナラズ、其佛燄苞ノ内面ニ宛モ丁字形ヲ呈セル白斑ヲ
印スルハ、是レ本種ノ有スル一殊徵ナリト讚フベシ（さといも科）

つくしまつもと

Lychnis Sieboldi *V. Houtt* var. spontanea *Makino*.

九州肥後ノ産ニシテまつもとノ原種ニ係リ、莖葉綠色ナルヲ以テ暗
紫葉ヲ有スル其品ト分ツヲ得ベシ、此ニ揭グル者ハ熊本博物ノ士、
上妻博之氏寄贈ノ株苗ニ花サキシ者ヲ描寫セルナリ　（なでしこ科）

Pl. VIII

第九圖版　　　　　　　**きぶねだいわう**　　　　　　Pl. IX
Rumex Andreaeanum *Makino.*

本種ハ山城京都市ノ北位、貴船ノ溪畔ニ生ジ未ダ其他ニ産スルヲ
知ラズ、大形ノ宿根草ニシテ其宿存萼片ニ緣齒アルヲ特徴トス、其
種名ハ當時 Dr PAUL KNUTH 氏ノ勸メニ從ヒ明治三十八、九年頃
花ト昆蟲トノ關係ヲ調ベニ來朝シ京都下鴨ニ卜居シテ研究ニ從事シ
アリシ E. ANDREAE 氏ヲ記念スル爲メ命ゼシ者ナリ、同氏ハ Italy
國 Milan 府ノ一生絲商亙ノ息ナリ　　　　　　　　（たで科）

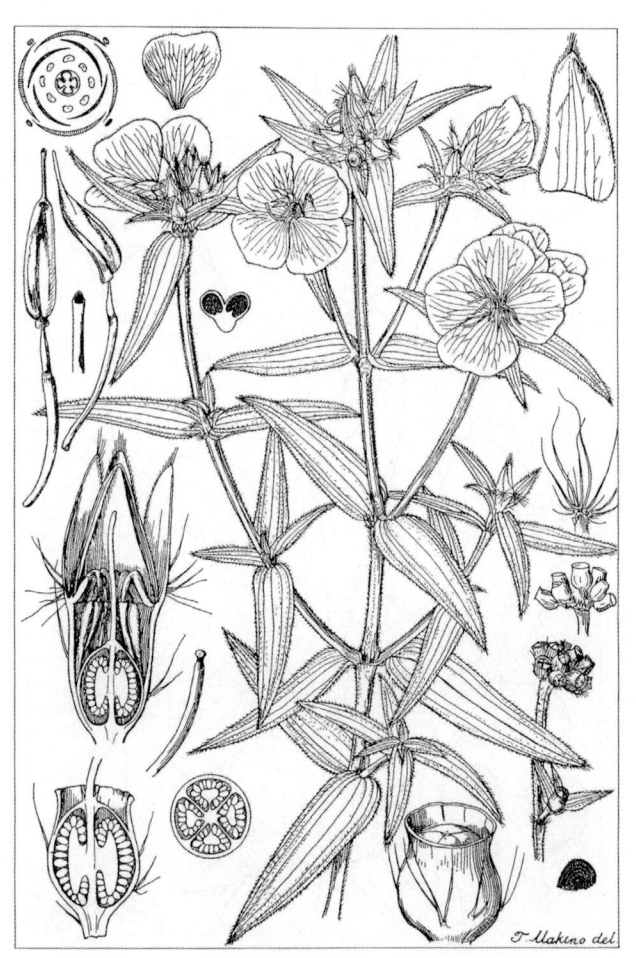

T. Makino del.

ひめのぼたん Pl. X

Osbeckia chinensis *L.*

四國、九州、紀州等暖地ノ產ニシテ、山足、丘陵ノ向陽乾地草中ニ生ジ、夏
秋ノ候枝梢ニ美麗ナル四瓣ノ紅紫花ヲ發ラキ、葉ト共ニ特異ナル草ヲ呈シ
顔ル人目ヲ惹クニ足ル、而シテ其雄蕊ノ狀甚グ奇拔ニシテ爲メニ本科ノ特徵
ヲ示メセリ、ひめのぼたんハ姬野牡丹ノ意ニシテ科中ニ在ルノぼたんニ類シ
小形ナレバ之レヲひめト稱セリ (のぼたん科)

T. Makino del

Pl. XI

さ だ さ う

Peperomia japonica *Makino*

本屬ノ省國内ニ在テハ唯此一種ノミヲ產スル、然カモ其產地甚グ稀レナ
リ、故ニ本品ハ珍種ノ一ニ算ヘラル、暖地海岸山足樹下ノ石間ニ生ジ、
常綠柔軟肉質ノ全綠色宿根草ナリ、始メ大隅佐多岬ニテ採集セラル、故
ニさださうノ名アリ、本圖ハ予之レヲ土佐ノ戶島(ヘシマ)ニ探リ乃チ自
ラ寫生セシモノニ係ル、一名すなごせうト云フ　　　　(こせう科)

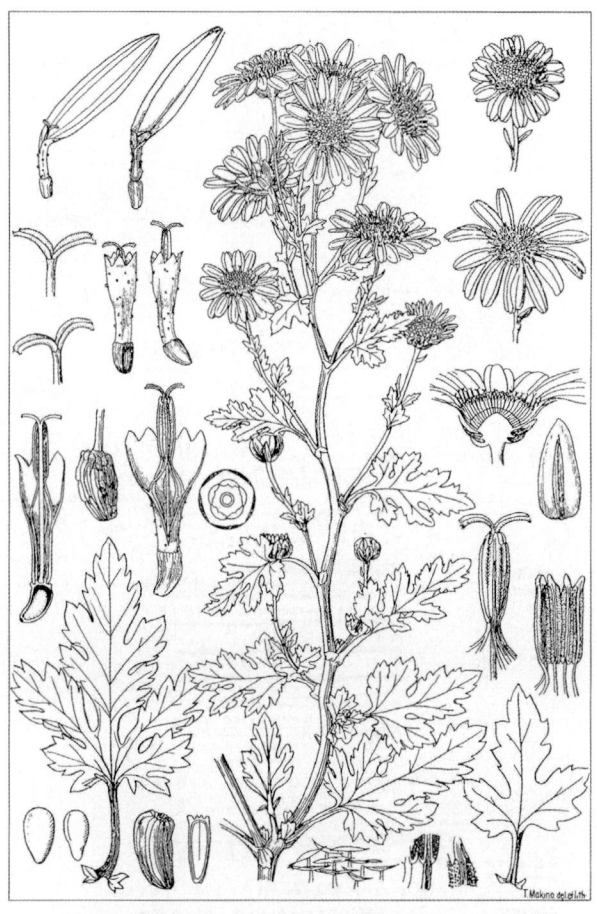

のちきく

Chrysanthemum morifolium *Ramat.* var. spontaneum *Makino*

本種ハ明治廿年(1887)十一月ニ、土佐ノ國吾川郡川口村ニ於ケル仁淀川河畔ノ平地ニテ予始メテ發見採集シ、乃チ其蔓生圖ヲ作リテ之レヲのちきく(野路菊)と新稱セリ、次デ州内他處ニ於テ多ク海邊附近ノ地ニ生ズルヲ知リ、尚九州、中國、近畿、其他ニ分布セル事ヲ明カニセリ、而シテ此きく八所謂家植菊ト同種ニ屬シ、殊ニ小菊ト相醜似シ殆ンド分ツ事能ハザル者アリ、畢竟此種ハ其家植菊ノ一品ニ係ル事昭ラカニシテ、之レヲ載培セバ其レヲシテ漸次大花ノ新品ヲ作リ得ベク、予ハ嘗テ九州豐後竝ニ薩摩ニ於テ家ニ園藝化セシ本種ノ差ヤ大ナル花ヲ着クル者ヲ目撃シ其所圖ニ對シ益々牢固タル自信ヲ懷クニ至レリ　　　　（きく科）

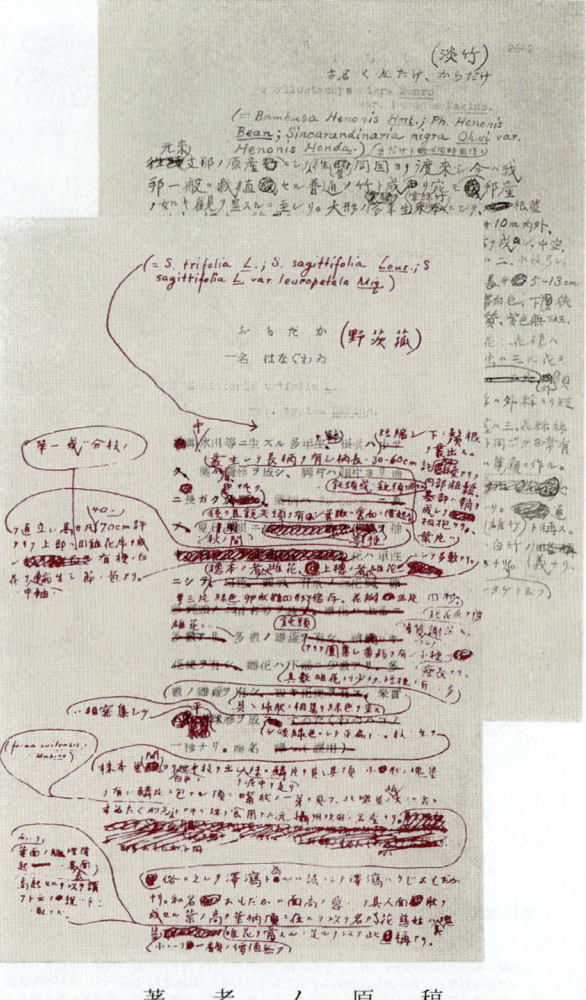

著　者　ノ　原　稿

序

　嗚呼、皇紀二千六百年、時恰モ東亞新秩序建設ノ第四年、會マ國難非常ノ秋ニ際シ、小生特ニ此記念スベキ新著ノ本書ヲ完成シ、茲ニ初メテ其公刊ヲ見ルニ至リシハ至幸中ノ幸ト謂フベク、熟ラ既往ヲ追懐スレバ則チ轉タ感慨ノ切ナル者ガ無ンバアラズデアル

　小生ハ我ガ少壯時代ヨリ疾ク既ニ植物圖志ノ本邦ニ必要ナルヲ痛感シ、遂ニ意ヲ決シテ明治廿一年ニ『日本植物志圖篇』ヲ發行シ、次デ『新撰日本植物圖說』並ニ『大日本植物志』等ト逐次ニ公刊シタノデアツタガ、此等ハ皆不幸、中道ニシテ停刊ノ悲運ニ遭遇シタ、大正十四年ニ『日本植物圖鑑』ヲ著ハシタ事モアツタガ、是レハ固ヨリ我ガ意ヲシテ滿足セシメ得ル勞作デハ無ク、ソハ畢竟一時臨機ノ應急本タルニ過ギ無ツタ、故ニ早晩之レヲシテ絕版セシムベキ機運ノ到來スルノヲ俟テキタノデアルガ、遂ニ今日其待望ノ好期ニ際會シタノハ私ノ最モ欣ブ所デアル

　右明治廿一年以來、星移リ物換ツテ年ヲ閱ルコト實ニ數十歲、明治ノ御代ハ大正ト成リ、次デ昭和ト改元シ、此間ニ於ケル長イ幾星霜ノ間、本邦ノ學問、敎育、技術、工藝並ニ產業ノ發達ハ眞ニ目覺マシイ者ガアツテ、實ニ

今昔ノ感ニ堪ヘナイノデアル、乃コデ小生ハ此好機會ニ於テ小生ノ信ズル分類體形ニ據ル圖鑑ヲ著ハサン事ヲ企圖シ、爾來春風秋雨十數年、默々ノ下新タニ幾千ノ圖版ヲ創製シ、又併セテ之レニ伴フ幾千種ノ新記載文ヲ準備シ、以テ發行者ノ希望ニ副ヒ、漸ク本書第一次ノ完成ヲ告ゲタノハ實ニ本年、卽チ昭和十五年、習々タル春風ハ櫻花ヲシテ將ニ發カシメントスル頃デアツタ

此間學術ノ進步ハ駸々乎トシテ一日ノ休止モ無ク、延イテ世間本書ヲ要求スル聲ノ耳朶ヲ打ツコトモ日一日ト增加スルヲ以テ、從テ著作者トシテノ良心的希望モ自然高潮シ來ラザルヲ得ナク遂ニ今其完成ヲ見ルニ至ツタト同時ニ、更ニ進ンデ補遺ノ續刊ヲモ斷行スル次第ト成ツタノデアル

本書ニ於テハ著者獨自ノ見解ニ基ケル學名、並ニ新タニ發表セラレタ多クノ學名ヲ採擇シ、又從來之レ無カリシ和名ノ解ヲ附シ、又更ニ漢名ノ當否ヲ劃期的ニ匡正シテ記セシ事ナド、其他尙新シイ試ミガ多分ニ盛ラレテヰルノハ此ニ改メテ其レヲ吹聽シナクテモ、是等ノ諸項ハ本書ヲ繙ク諸賢ノ直チニ眼底ニ映ズル印象デアラウ

本書ハ絕エズ最善ヲ盡シテ編纂セシト雖ドモ我ガ學未熟我ガ識足ラザルガ爲メ、必ズヤ書中諸處ニ誤謬多カラン事ヲ疑懼スル、四方達識ノ諸賢其點遠慮ナク御垂敎ヲ

賜ハレバ誠ニ幸甚ノ至リデ是レ獨リ著者ノ爲メノミニ非ズト信ズル

然カシ、本書ハ尚小生ノ理想ニハ遠イ者デアル事ヲ白狀スル義務ヲ小生ハ有スル、故ニ小生ニ取テハ本書ニ對シ何ント無ク物足リ無イ實感ガ我ガ胸一杯デアル、止ム無ク是レハ將來漸次ノ改善ニ待ツヨリ外致方ノ無イ者デアル、又本書ヲ開テ先ヅ第一ニ感得スル事ハ其解說ノ精粗不揃ノ點デアル、即チ前ニ粗ニ後ニ密デアルノハ、實ハ最初ハ其程度ヲ適當ト認メテ文ヲ行ツタノガ、年月ノ移ルニ從ヒ漸次ニ精緻ノ度ヲ加へ、遂ニハ多少行キ過ギタ貌チト成ツタノデアル、但シ一ノ書物トシテ是レハ頗ル不體裁タルノ譏リヲ免カレ得ヌノデアルカラ、後來訂正版ノ出現スル際ニハ躊躇無ク之レヲ統一スル事ヲ期待シテキルノデアル、何ヲ言ヘ編纂十數年ノ歲月ヲ算ヘテ居リ、而カモ其原稿ハ總テ發行所ニ在テ我ガ手許ニ之レ無カリシ爲メ、遂ニ端ナク此精粗ノ不統一ヲ馴致シ今更ナガラ我ガ不用意ヲ悔ヤンデキルノデアル、又其圖モ我意ニ滿タヌ者可ナリ多ク、是等モ亦漸ヲ追テ其改善ヲ冀圖シテキルノデアル

終リニ、本書完成事業ノ進捗並ニ刊行等ニ關シ、理學博士三宅驥一君、東京帝國大學農學部講師向坂道治君ノ斡旋盡力ニ負フコトノ多大ナリシ事ト、又理學博士川村

清一君、理學博士岡村周諦君、理學博士山田幸男君、理學士佐藤正己君ハ各其專門トセラル、隱花植物ノ部門ヲ分擔セラレテ乃チ本書ニ光采ヲ添ヘラレシ事ト、又更ニ理學博士中井猛之進君ヲ筆頭トシ、理學博士本田正次君、理學博士佐竹義輔君、理學士前川文夫君、理學博士原寬君、理學博士伊藤洋君、理學士津山尚君、理學士木村陽二郎君ノ東京帝國大學理學部植物學教室ノ諸君ガ、小生ノ爲メ溫カキ友情ヲ披瀝シ學問ノ爲メニ奮ツテ加勢セラレタル事トハ、小生ノ深ク感謝シテ措カザル所デアル

次ニ本書ノ出版ニ關シテハ北隆館專務取締役福田良太郎君ガ、多年ノ間能ク著者小生ノ資性ヲ理解シ、小生ノ放縱ヲ寬假セラレ、又能ク小生ノ無理ナ希望ヲ容レラレテ、何時モ篤實和協ナル溫顏ヲ以テ接セラレシ事ハ、小生ノ終生其人格ヲ忘ル、能ハザル好印象デ、誠ニ深ク感銘ノ至リニ堪ヘザル所デアル、乃チ本書ハ爲メニ今日一先ヅ附託セラレタ我ガ重任ヲ果シ、以テ同君ニ報答シ得タモノトシテ此點小生ノ最モ欣快トスル所デアル

又同館尼子揆一君ノ始終渝ラザル配慮、水產學士佐久間哲三郎君ノ側面援助斡旋、牧野鶴代ノ內面幇助、更ニ又同館小山惠市君ノ不撓精勵以テ原稿ノ整理、校合ノ努力、圖畫ノ整頓、印刷所トノ交涉等ノ萬端、村瀨一陽君ノ長期補助等、此等諸君ノ勞力ニ對シテモ亦小生ノ最モ

感謝スル所デアル

更ニ大日本印刷株式會社ノ竹內喜太郎、竹澤眞三兩君、並ニ其他關係各員ニ對シ、長キ年月ノ間種々印刷上ノ非常配慮ヲ煩ハシ、本書ニ對シ格別ナル同情ヲ寄セラレシ厚意ヲ感謝セズニハ居ラレナク、併セテ亦株式會社柏原洋紙店ニ對シテモ同ジク謝辭ヲ呈スルニ躊躇セヌノデアル

又本書ノ作圖ハ中ニ小生自身ニ描キシ者モアレド、其大部分ハ畫工水島南平、山田壽雄兩君、並ニ木本幸之助君ノ絕エザル努力ニ負フ所多キヲ以テ、今之レニ對シ茲ニ其勞ヲ感謝セネバナラヌノデアル

昭和十五年七月

結網學人　**牧 野 富 太 郎**

蘇條書屋ノ南窓下ニ識ルス

凡　例

一、本書ハ本邦固有ノ土產植物ヲ網羅シ、且外國種ニシテ我邦ニ栽植セラ
　　ルル植物、及ビ或ル機會ニ乘ジテ渡來シ自ラ野生品ト成レル植物ヲモ併
　　載シ、之レヲ圖説セル者三千二百六種ニ及ビ、併セテ其近似種或ハ亞・
　　變・品種ノ同一圖説中ニ解説セル者ヲ合算スレバ優ニ三千五百品種以上
　　ニ達ス

一、本書ニ在テハ、科ノ撰定幷ニ順序ハ特ニ其一二ヲ除クノ外一ニえんぐ
　　れる(A. Engler)氏ノ最新分類式(Syllabus der Pflanzenfamilien, 1936.)
　　ニ準據シ屬及ビ種ハ現在適當ト認ムル自然分類系ニ排列セリ、而シテ敢
　　テ下等植物ヨリ始メズシテ斷然高等植物ヲ首ニ置キ遞次下等植物ニ及ボ
　　シタリ、即チえんぐれる氏ノ排列ヲ故ラニ轉倒シタル者ニシテ、是レ今日
　　我邦ニ在テ學修上並ニ敎育上最モ當ヲ得タル處置タルヲ確信スレバナリ

一、今目次ヲシテ自然分類表ヲ兼ネシメシハ以テ簡素ニ從ヒシナリ

一、學名ハ現今最モ適切ナリト認識セシ者ヲ採用シテ和名下ニ置キ、舊名
　　並ニ異名ハ其必要ニ應ジ小活字ヲ以テ更ニ其次位ニ列記セリ

一、植物ノ和名ハ本邦本來ノ假名遣ヲ用キ、主トシテ今日我邦植物學界ノ
　　通稱ニ從ヒタリト雖ドモ、其誤謬ナリト認メシ者ハ斷然此ニ是正シ以テ
　　之レヲシテ本然ノ稱呼ニ歸セシメタリ、又和名之レ無キ者ハ更ニ新名稱
　　ヲ定メテ之レヲ用キタル者アリ、和名ノ解及ビ其語原ハ文末ニ記シテ其
　　語義ヲ明ニスル事ニ力メタリト雖ドモ、我ガ學足ラズ我ガ識淺キヲ以テ
　　恐ラク其間誤謬必ズ多カラン、幸ニ識者ノ垂敎ヲ得テ以テ漸次ニ之レヲ
　　訂正セン事ヲ庶幾セリ

一、今日我邦漢藥ノ研究日ヲ逐テ漸ク熾ナラントスル時世ニ際シ植物漢名
　　ノ必要ナル事敢テ論ヲ俟ズト謂フベシ、然レドモ從來本邦學者ノ使用セ
　　シ者錯誤百出シ敢テ信ヲ措クニ足ラザル者多キヲ以テ、本書ニ在テハ之
　　レニ劃期的ノ再審考察ヲ加ヘ之レヲ登記セリ、即チ和名標題ノ次ニ括弧
　　ヲ以テ錄セル者ハ小生ノ觀テ以テ適正ナリト認ムル漢名ヲ載セ、多少疑
　　義アル者ハ之レニ？符ヲ附シ、且本文末ニ於テ從來我邦ニテ誤用或ハ慣
　　用セル漢名ヲ示シタリ

一、科名ハ本文ニ於テハ從來襲用ノ漢名式ヲ全廢シテ吾ガ本來ノ持論主張

タル假名式ニ改メタリト雖ドモ卷頭分類目次ニ於テハ特ニ之レノ漢名式ヲモ併記シ以テ聊カ滿支トノ文化提攜ニ供シタリ、而シテ此漢名式科名ハ固ヨリ植物個體ノ漢名ニ非ラズシテ科全體ヲ代表スル漢名トシテ使用セシ者ナレバ豫ジメ了解アラン事ヲ望ム、且又適當ト認ムル漢名之レ無ク或ハ之レヲ得ザル者ニハ姑ラク和名ヲ基トスル漢字名ヲ以テ之レニ充當セリ

一、下等植物ハ羊齒類、蘚苔類、地衣類、菌蕈類、海藻類、輪藻類ニ大別シ、蘚苔類幷ニ其以下ノ數類ハ各專門家ニ由リ最モ普通ノ肉眼的大型種ヲ撰ビ顯微鏡ノ微生物ハ今悉ク之レヲ省略セリ、卽チばくてりあ類、浮游植物類、黴菌類ノ如キハ本書ニ於テハ一切之レヲ除キタリ

一、本書ハ前述ノ如ク無論日本植物ヲ主トシ、外來植物ニ在テハ總テ其由來ヲ明ニセリ、而シテ外國產ノ著名ナル植物ニシテ從來人口ニ膾炙セル者ハ便宜ノ爲メ若干之レヲ載セシ者アリ、是レ蓋シ覽者ノ聊カ便トスル所ナラン乎

一、普通幷ニ重要ナル植物學術語ヲ卷末ニ附錄シ本文ノ記事中植物學ノ專門術語ヲ解說シ覽者ニ便セリ

一、學名索引ハ門・綱・目・科・屬名ヲ同處ニ輯メ太文字ヲ以テ之レヲ表シ、種・亞種・變種・品種名等ハ所屬名ヨリ一段低ク普通字ヲ以テ之レヲ記セリ、頁數字中其括弧アル者ハ本文中ニ登載シアル植物ニ係ル、屬・種名ニハ一々語意ヲ添加シテ初學者ニ便セリ

一、和名索引ハ本邦本來ノ假名遣ヲ以テ之レヲ表音（發音）式ニ排列シタリ、卽チ**イトキ、イト**發音スル**ヒ、オト**ヲ**エト**ヱ、**エト**發音スル**ヘ、カトカ**ト發音スル**クワ**等々ヲ總テ同處ニ列置シ、更ニ濁音モ亦淸音ト併列セリ、而シテ是等ヲ嚴格ニ發音スル時ハ當ニ區別アルベキモ此處ニハ實用ニ便ナルヲ期セシナリ、尤モ第一字目ニ於テ變更アル者例ヘバ**テウ（チヨウ）**ノ如キ場合ハテノ部ニモ揚ゲ更ニ**チ**ノ部ニモ載セタリ、頁數字中其括弧アル者ハ本文中ニ記載シアル者ニ係ル、更ニ同物異名、異物同名等多々アレバ索出ノ際注意スベシ

一、漢名索引ハ漢字ノ全畫ニ從テ輯メ而シテ同字ヲバ一處ニ排列シタリ、最初ノ數字ハ頁數ヲ表シ、括弧中ノ數字ハ圖ノ番號ヲ表ス

著　　　者

目次、兼自然分類表

『卓上版　牧野日本植物図鑑』の刊行にあたって

　『牧野日本植物圖鑑』は 2020 年、北隆館創業 130 年の年に、初版発行から 80 年を迎えます。

　北隆館と牧野富太郎博士の関係は、1908 年に北隆館が初めて『植物圖鑑』を刊行したことに始まり、1940 年には『牧野日本植物圖鑑』が完成、以降、牧野図鑑は『同 改訂版』(1949)、『同 増補版』(1956)、牧野博士の没後も『牧野新日本植物圖鑑』(1961)、『改訂増補 牧野新日本植物圖鑑』(1989)、『新訂 牧野新日本植物圖鑑』(2000)、『新牧野日本植物圖鑑』(2008)、そして最新の『新分類 牧野日本植物図鑑』(2017) と実に 7 回にわたり大幅改訂され、今日まで出版され続けています。これほど息の長い書物は、わが国でも例が少ないのではないかと自負しているところです。

　長きにわたって本図鑑が多くの読者の皆様の支持を得てきたのはなぜなのでしょうか。改めて初版に目を通しますと、1 ページに同じボリュームで 3 種を配置——ページの外側（つまり目立つ側）に図を配する形で、解説と対応させ、実にコンパクトにまとめています。もちろん図にはその植物を同定するのに必要な情報が、解剖図なども含め、すべて描かれています。著者・牧野富太郎博士の目指した植物図鑑が、初版の時から非常に洗練されたスタイルであったことに驚かされます。

　また、本書を手に取っていただければおわかりになると思いますが、牧野博士の明治調の独特な植物解説は、決して難解ではなく、現代でも十分読みこなせる内容といえるでしょう。科学史の貴重な資料として、そして何よりも植物に関する読み物として十分楽しんでいただけるものと思います。最新の学名や研究成果に基づく各植物の記載については後継版に譲るとして、明治・大正・昭和の躍進する日本に生き、わが国の植物学発展の礎を築いた牧野博士の植物知識の集約に、どうかぜひ触れてみてください。

　いま一度、牧野博士の名著を多くの方々にお読みいただきたいという願いから、弊社創業 130 年に先駆け『牧野日本植物圖鑑』の廉価・縮刷版を発行することと致しました。

2017 年 9 月

株式会社　北　隆　館
代表取締役　福田久子

日本植物圖鑑

きばなばらもんじん

Scorzonera hispanica *L.*

欧洲原産ノ多年生草本ニシテ莖ノ高サ1m内外ニ達ス。葉ハ互生シ、細長ニシテ尖銳頭ヲ有ス。夏時長梗頂ニ黃色ノ舌狀花ヲ有セル頭狀花ヲ開ク。ばらもんじんニ似タル直根ハ黑色ニシテごばうニ彷彿シ、食用ニ供セラレ、葉ハ時ニさらどトシテ食シ或ハ蠶ノ飼料ト成スコトヲ得。

第 1 圖

きく科

ばらもんじん

一名 むぎなでしこ

Tragopogon porrifolius *L.*

欧洲原產ノ二年生草本ニシテ、畑ニ栽培ス。直根ハ肥大ニシテ、白色ヲ呈ス。莖ハ高サ60-90cmニ達ス、疎ニ枝ヲ分ツ。葉ハ互生、披針狀線形、長ク尖リ、基部ハ莖ヲ抱ク。七月頃紫色ノ大ナル頭狀花ヲ頂生シ、日ニ向キテ開キ、舌狀花ヨリ成リ、下ニ綠色ノ總苞アリ。花梗ハ上方肥大シテ空洞ナリ。花後冠毛著シキ瘦果ヲ結ブ。根ヲ食用ニ供ス。和名ハ婆羅門參ヨリ出ヅ。

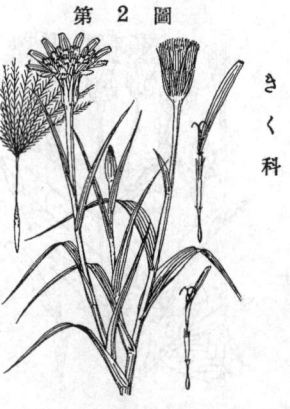

第 2 圖

きく科

のげし (滇苦菜)

一名 はるののげし・けしあさみ

Sonchus oleraceus *L.*

到ル處ノ路傍荒地等ニ普通ナル越年生草本ニシテ莖ハ高サ1m內外、中空ニシテ稜條有リ。葉ハ不規則ニ羽裂シ、あざみニ似ルモ刺ナク柔軟ナリ。裂片ニ不齊ノ齒アリテ、葉底ハ莖ヲ抱ク。莖ノ上部ハ往々腺毛アリ。莖葉ニ白汁ヲ有ス。春夏ノ候莖頭ニ枝ヲ分チテ黃色ノ頭狀花ヲ開ク。舌狀花數多ク、冠毛ハ白色ナリ。時ニ其苗ヲ食用トス。漢名 苦菜 (慣用)

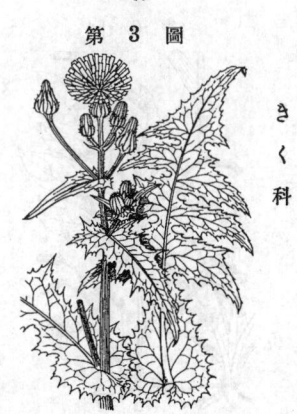

第 3 圖

きく科

1

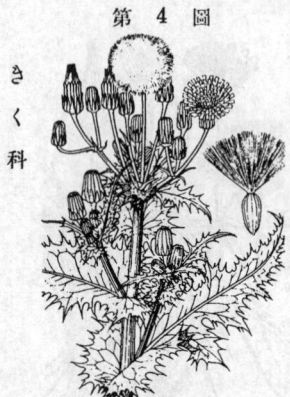

おにのげし
Sonchus asper *Vill.*
(＝S. oleraceus *L.*
subsp. asper *Hook. fil.*)

路傍荒地ニ生ズル歐洲原産ノ二年生草本ニシテ明治年間ニ我邦ニ入リ今ハ諸處ニ野生ス。のげしニ似テ更ニ壯大、高サ40-120cm許アリ。莖ハ粗大ニシテ中空、多數ノ縱稜線アリテ蒼綠色ヲ呈シ切レバ白乳液ヲ出ダス。葉モ亦蒼綠色ヲ呈シ、單ナル齒緣或ハ羽狀ニ缺刻シ、共ニ强剛ナル刺狀ノ齒牙ヲ具ヘ、葉底ハ圓頭ノ耳垂片ヲ以テ莖ヲ抱々、根生セル苗葉ハ地面ニ攝シテ四方ニ擴リ往々其裏面ニ白斑アリ。春ヨリ夏ニ亘テ莖頂幷ニ枝端ニ開花ス。頭狀花ハ徑2cm內外、全部舌狀花ヨリ成ル。花冠ハ黃色、冠毛ハ汚白色ニシテ軟ナリ。瘦果ハ卵狀橢圓形ニシテ壓扁セラレ、兩面ニ三縱脈アレドモ、のげしノ如キ皺紋ナクシテ平滑ナリ。野外往々本種トのげしトノ間種ヲ見ル、之レヲ S. oleraceo-asper *Makino.* ト稱シ其和名ヲあひのげしト云フ。和名鬼野罌粟ハ其葉ノ刺强ク且繁多ナレバ斯ク云フ。

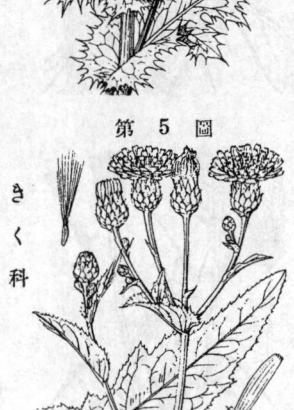

はちぢやうな

Sonchus arvensis *L.*
var. uliginosus *Trautv.*

本邦中部以北ノ海邊ノ地、或ハ原野ニ生ズル多年生草本ナリ。地下莖ヲ引キテ繁殖シ、莖ハ高サ60cm內外。葉ハ互生シ、無柄ニシテ廣キ披針形ヲ成シ、邊緣ニ大小ノ齒アリ。白綠色ヲ呈シ、毛ナシ。秋時梢ニ枝ヲ分チ、黃色舌狀花ヨリ成ル頭狀花ヲ着ク。

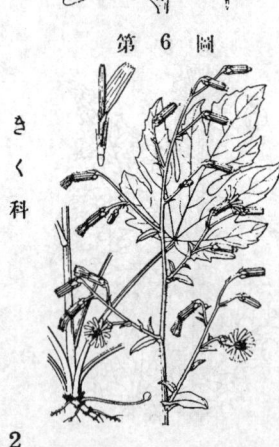

ふくわうさう

Prenanthes acerifolia *Benth.*

山地ニ生ズル多年生草本。莖ノ高サ60cm餘、葉ハ互生シ、大缺刻五-七尖起ヲ有スル掌狀羽裂ノ廣卵形ニシテ、裂片ハ銳尖頭ヲ有シ、邊緣ニ不齊ノ銳鋸齒ヲ具フ。根葉ハ長柄ヲ有シ、柄ノ本ハ廣ガリテ莖ヲ擁シ、葉底ハ葉柄ニ流ル。秋日梢上ニ枝ヲ分チ、靑白色ヲ呈スル長形ノ頭狀花ヲ開ク。各頭花ハ凡ソ十箇許リノ舌狀花ヨリ成リ、雌蕋長ク抽出ス。莖・葉ヲ斷テバ白汁ヲ出ス。和名ハ伊勢ノ福王山ニ基ク。

にがな

Lactuca dentata *Makino.*

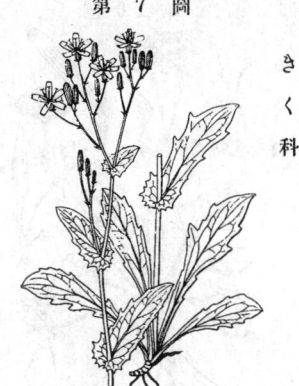

普通山野ニ生ズル多年生草本。莖ハ細ク
高サ 30cm 內外、細長キ葉ハ不齊ニ羽裂
シ、且ツ刺狀齒ヲ有ス。初夏莖ニ枝ヲ分
チテ黃色頭狀花ヲ生ズ。通常五箇ノ舌狀
花冠アリ。時トシテ尙之ヨリ多キコトモ
アリ。冠毛ハ茶色ナリ。莖葉共ニ白乳液
ヲ有シ、味苦シ、故ニ苦菜ノ意ノ和名ア
リ。漢名 黃瓜菜(慣用)

きく科

たかねにがな
Lactuca dentata *Makino*
var. alpicola *Makino.*
(＝Ixeris alpicola *Nakai.*)

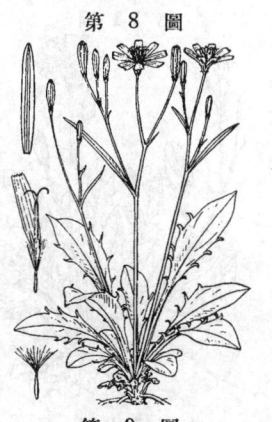

第 8 圖

本州中部以北ニ於ケル高山帶ノ向陽地ニ
生ズル多年生草本ニシテ高サ 10cm 內外
アリ。莖ハ直立シ瘦細ニシテ疎ニ分枝ス。
葉ハ少數、根際ヨリ出デ、披針形ニシテ銳
頭、疎ニ刺狀ノ齒牙ヲ有シ、全體、綠白色
ヲ呈シ乾ケバ暗色ト成ル。盛夏ノ候、莖梢
ニ疎ナル繖房狀ヲ成シテ少數ノ頭狀花ヲ
着ク。頭狀花ハ比較的大形ニシテ徑2cm、
舌狀花ノミヲ以テ成リ、其數十箇內外ヲ
算ス。總苞ハ圓柱形ニシテ總苞片ハ一列
ヨリ成ル。花冠ハ黃色ヲ常トスレドモ又
往々白花或ハ淡黃白花ノ者ヲ見ル。冠毛
ハ褐色ヲ呈シ、長カラズ。和名ハ高嶺苦
菜ニシテ高山ニ生ズルにがなノ意ナリ。

きく科

たかさごさう

Lactuca chinensis *Makino.*

第 9 圖

原野ノ陽地ニ生ズル多年生草本。莖ハ直
立シ、高サ 30cm 許。葉ハ脚部ニ多ク、
狹長ニシテ羽裂スルヲ常トスレドモ、又
全邊或ハ粗齒緣ヲ成 スコトアリテ白綠
色ヲ呈シ、莖葉ハ疎ニ互生シ底部莖ヲ抱
ク。全體質軟ナリ。初夏梢頭ニ分枝シ、
舌狀花ヨリ成ル頭狀花ヲ着ケ、總苞ハ圓
柱形ヲ成シ長サ1cm許、舌狀瓣ハ白質ニ
シテ外面淡紫色暈ヲ呈ス。

きく科

第 10 圖

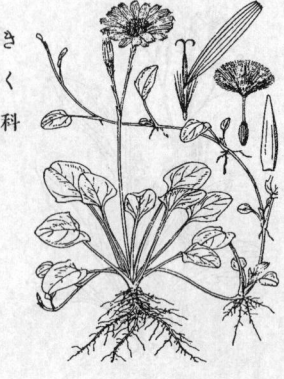

ぢしばり
一名 いはにがな
Lactuca stolonifera *Maxim.*

田圃路傍等ニ普キ多年生草本。細長ナル匍枝ヲ曳キテ繁茂ス。葉ハ長柄ヲ有シ、膜質ニシテ殆ンド全邊ノ圓形若クハ卵狀橢圓形ヲ成シ、小ナリ。春夏ノ候葉間ヨリ高サ10cm 許ノ花莖ヲ抽キ、二三ニ分枝シテ頂ニ徑2cm內外ノ黃色ノ頭狀花ヲ着ク。之レヲひめぢしばりト云フハ贅事ナリ。

第 11 圖

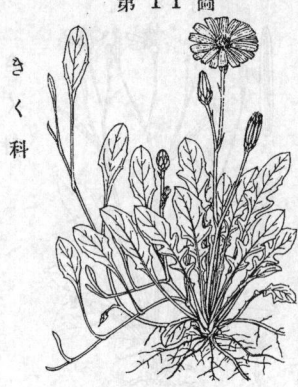

おほぢしばり
一名 つるにがな
Lactuca debilis *Maxim.*

野外田間ニ最モ普通ナル多年生ノ匍匐性草本。莖ハ橫走シ、葉ハ有柄ニシテ倒披針形或ハ箆形ヲ成シ、下半ハ槪ネ羽狀ニ分裂ス。春夏ノ候高サ18cm 許ノ花莖ハ二三ニ分枝シ、枝頭ニ黃色ノ舌狀花ヨリ成ル徑3cm許ノ頭狀花ヲ着ク。瘦果ハ白色ノ冠毛ヲ有シ、風ニ從ヒテ飛散ス。健胃ノ藥效アリ。從來之レヲぢしばりト呼ビシハ穩カナラズ。漢名 剪刀股(慣用)

第 12 圖

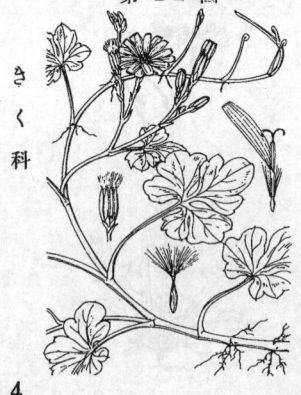

はまにがな
一名 はまいちやう
Lactuca repens *Maxim.*

海濱ノ砂場ニ生ズル多年生草本。地下莖ハ長ク砂中ニ橫走シ白色ナリ。葉ハ互生シテ長柄ヲ有シ砂上ニ出ヅ。葉質厚ク形種々ニシテ、或ハ單一ニシテ本狹ク末廣ク、或ハ深ク鈌刻シテ三出複葉ノ狀ヲ呈シ、或ハ鋸齒アリ、或ハ全邊ニシテ波狀ヲ呈ス。夏日葉腋ヨリ10cm 內外ノ花莖ヲ抽キ、通常分枝シ頂ニ徑2cm餘ノ黃色頭狀花ヲ開ク。濱公孫樹ハ其葉形ニ基ク。

やまにがな
Lactuca Raddeana *Maxim.*

山野ノ多少陰地或ハ陽地ニ生ズル越年生草本ニシテ高サ1-1.5m許、株ハ大小アリ。茎ハ直立シ圓柱形ニシテ粗毛ヲ布キ緑色ニシテ大小強弱一様ナラズ、細弱ナル者ハ徑4mm内外、粗大ナル者ハ徑10mmヲ超ユル者アリ。葉ハ其形狀大小不定ニシテ楠ホ卵形・卵狀橢圓形或ハ橢圓形ニシテ銳頭、邊緣齒狀鋸齒アリ、往々不整ノ羽狀ニ缺刻シ、葉底ハ廣楔形ニシテ長柄ニ續キ、下面脈上ニ沿テ毛ヲ生ジ、摘メバ白乳液ヲ出ス。夏秋ノ候梢ニ枝ヲ分チテ多數小形ノ鮮黃色頭狀花ヲ開キ其徑1cm許、其狀あきののげし花ノ如シ、花穗ハ時ニ頗ル瘦長ニシテ穗狀樣ノ觀ヲ呈スル者アリ。總苞ハ緑色短筒狀ニシテ其總苞片覆瓦襞ノ外者ヨリモ長シ。小花ハ總テ舌狀花ヨリ成リ其數十箇内外アリ。冠毛ハ汚黃色ヲ呈ス。和名山苦菜ハ山地ニ生ズルにがなノ意ナリ。

第 13 圖

きく科

むらさきにがな

Lactuca sororia *Miq.*

山地ニ生ズル一年生草本。茎ハ直立シ軟質細長ニシテ高サ 60-90cm 以上ニ達シ、葉ハ互生シテ粗ニ羽裂シ、葉緣ニ低齒アリ、葉面ハ葉柄ニ流レテ其境界明ナラズ。茎葉共ニ白乳液ヲ出ス。夏秋ノ候梢ニ分枝シ、大ナル圓錐花序ヲ成シテ多數ノ長形頭狀花ヲ綴ル。各頭狀花ハ紫色舌狀花ヨリ成リ、總苞亦紫色ヲ呈ス。瘦果ハ純白ノ冠毛ヲ有ス。漢名 山苦蕒(慣用)

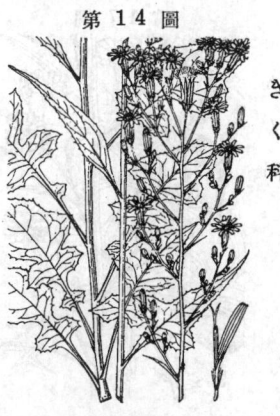

第 14 圖

きく科

かはらにがな
Lactuca tamagawaensis *Makino.*
(＝Ixeris graminea *Nakai.*)

本邦中部ノ河原砂地ニ生ズル多年生草本ニシテ全草無毛、白霜ヲ帶ブ。根莖ハ大紐狀ニシテ稍木質ニ近ク、少數ノ根ヲ發出ス。葉ハ根際ニ簇生シ稍直立シテ狹線形、全邊或ハ葉底ニ近ク少數ノ齒牙アリ、切レバ白乳液ヲ出ス。春ヨリ初夏ニ亙リテ高サ15-30cmノ花莖ヲ出シ、頭狀花ヲ疎開セル繖房狀ニ綴ル。總苞ハ圓柱形ニシテ緑色ヲ呈シ、總苞片ハ一列ビ、脚部ニ細微ナル小苞ヲ具フ。頭狀花ハ徑2cm未滿、全部舌狀小花ニシテ花冠ハ淡黃色ヲ呈ス。冠毛ハ白色。和名河原苦菜ハ河原ニ生ズルにがなノ意ナリ、而シテにがなトハ其味苦ケレバ斯ク名ケーノ草名ト成レリ。

第 15 圖

きく科

5

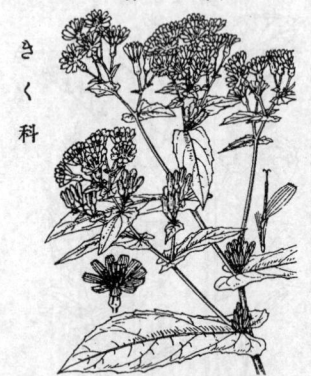

やくしさう

Lactuca denticulata *Maxim.*

山野路傍ニ生ズル越年生草本。莖ハ直立シ高サ 30-60cm 許、質稍硬ク多ク分枝ス。根生葉ハ叢生シ長柄ヲ具ヘ、莖葉ハ互生シ無柄ニシテ底部莖ヲ抱キ、長楕圓形或ハ倒卵形ヲ成シ低齒ヲ有ス、質薄ク柔ニシテ裏面稍帶白、裂ケバ白乳液ヲ出ス。秋月枝上ニ略繖形ヲ呈スル繖房狀ニ多數ノ有梗頭狀花ヲ着ク。全部黄色舌狀花ヨリ成リ、總苞ハ暗綠。瘦果ノ冠毛ハ純白ナリ。葉ノ羽狀ニ深裂スル一品ヲはなやくしさうト稱ス。 漢名 苦蕒菜(慣用)

きく科

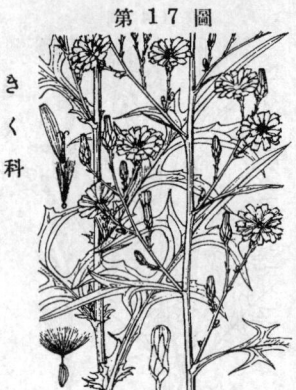

あきののげし

Lactuca laciniata *Makino.*

山野ニ生ズル大ナル一年生又ハ越年生草本。莖ハ 1.5-2m ニシテ直立シ、葉ハ互生シ、長楕圓狀披針形ヲ呈シ、逆向羽狀ニ分裂セルヲ常トス。基部ハ稍莖ヲ抱キ、葉緣暗紫色ヲ帶ブ。莖葉共ニ毛ナク、之ヲ切レバ白乳液ヲ出ス。秋日梢ニ枝ヲ分チ、徑 2cm 許アル淡黄色ノ頭狀花ヲ着ク。總苞ハ下部膨大シ、長サ 1cm 許、苞片ハ覆瓦狀ヲ成シ邊緣暗紫色ヲ呈ス。頭狀花ハ舌狀花ノミヨリ成リ外面淡紫色ヲ帶ブ。日中ノミ正開シ、夕方凋ムヲ常トス。漢名 山萵苣(慣用)

きく科

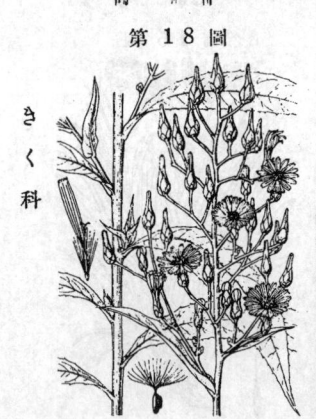

ほそばのあきののげし

Lactuca laciniata *Makino*
forma indivisa *Makino.*
(= **L. squarrosa** *Miq.*
forma indivisa *Honda.*)

山野ニ多キ越年生草本ニシテあきののげしノ葉ノ分裂セザル一品ナリ。莖ハ直立シテ高サ 2m 內外ニ達シ平滑無毛ナリ。葉ハ多數莖上ニ互生シ、披針形ニシテ通常分裂セズト雖モ其脚葉ハ時ニ一二裂片ヲ有スルコトアリ、長サ15cm 內外、邊緣ニ微鋸齒ヲ具ヘ兩端漸尖ス。秋日梢上ニ圓錐狀花穗ヲ成シテ多數ノ淡黄白花ヲ開キ、各頭狀花ハ一日ニシテ凋ムコトあきののげし花ニ於ケルガ如ク、徑2cmヲ超エ、十五內外ノ舌狀小花ヲ以テ成ル。總苞ハ長卵形ニシテ總苞片ハ覆瓦樣ニ鱗次シ下ノ者ハ卵形、上ノ者ハ線狀長楕圓形ヲ呈シテ長ク、綠色ニシテ草質ナリ。瘦果ハ黒褐色ニシテ冠毛ハ白シ。野外ニ於テハ往々其下部ノ葉ノ多少分裂シ上部ノ葉ハ全然全邊ノ品ニ遭遇ス、之レヲあひのあきののげし (f. intermedia *Mak.*) ト云フ。和名ハ細葉の秋の野罌粟ノ蒿ニシテ其葉分裂セズ狹長ナレバ斯ク云フ。

きく科

6

みやまあきののげし

Lactuca triangulata *Maxim.*

中部ノ深山ニ生ズル越年生草本ニシテ高
サ1mニ達ス。葉ハ圓柱形ヲ成シテ直立セ
ル莖ニ互生シ、三角形又ハ心臟形ニシテ
邊緣ニ不整ノ齒牙ヲ刻ミ、薄キ草質ヲ呈
シ、表面ハ細毛散生シ、裏面ハ白色ヲ帶
ブ。葉柄ハ葉片ト略ボ同長ニシテ有翼、
基部ハ耳垂片ヲ以テ莖ヲ抱ケドモ上部ノ
葉ニ在テハ耳垂ヲ缺キ且ツ葉柄ヲ失フ。
八月梢ニ瘦長ナル圓錐狀花穗ヲ成シテ頭
狀花ヲ着ク。頭狀花ハ敢テ多數ナラズ且
ツ散生シ、十五內外ノ舌狀小花ヨリ以テ成
リ、花冠ハ黃色ナリ。冠毛ハ白色ヲ呈ス。
和名ハ深山秋ノ野罌粟ノ意ナレドモ、本
品ハやまにがな一近ケレバみやまにがな
ト呼ベバ却テ可ナルヲ覺ユ。

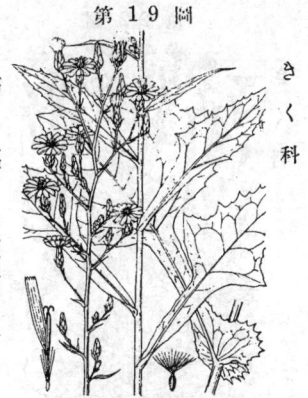

第 19 圖

きく科

あぜたうな

Lactuca Keiskeana *Makino.*

本邦暖地ノ海岸ニ生ズル多年生草本。根
ハ太クシテ直下シ、根頭ニ莖ヲ叢生ス。莖
ハ下部ヨリ分レテ斜上シ、長サ15-20cm
許、葉ハ質厚ク邊緣ニ鋸齒アリ、狹キ倒
卵形ニシテ、脚葉ハ叢生シ、莖葉ハ互生
ス。晩秋莖頂ニ黃色ノ頭狀花ヲ集着シ、
總苞ハ暗綠色ヲ呈ス。

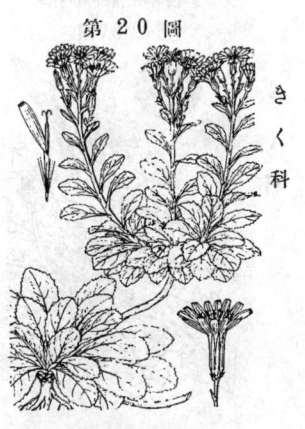

第 20 圖

きく科

わ だ ん

Lactuca platyphylla *Makino.*

本邦中部ノ海邊ニ自生スル越年生草本。
莖ハ高サ 30-60cm許ニシテ通常橫ニ枝ヲ
分ツ。葉ハ質軟ク、互生シテ相重ナリ、
倒卵形或ハ橢圓形ヲ成シ、圓頂ニシテ邊
緣殆ド全邊ヲ成シ、淡黃白綠色ヲ呈ス。
莖・葉ヲ截斷スレバ苦味ヲ有スル白乳液
ヲ出ス。秋日梢上ニ黃色舌狀花ヨリ成ル
多數ノ頭狀花ヲ密簇ス。

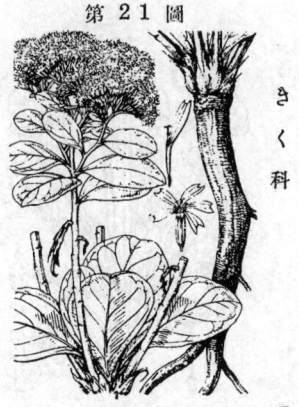

第 21 圖

きく科

7

ち　さ (白苣)

一名　ち　し　や

Lactuca Scariola L.
var. sativa Bisch.

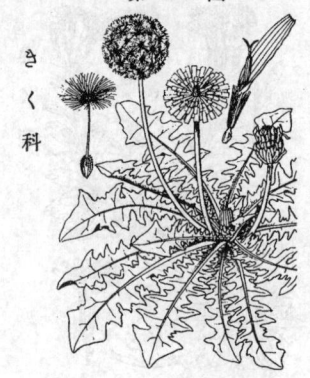

第 22 圖

きく科

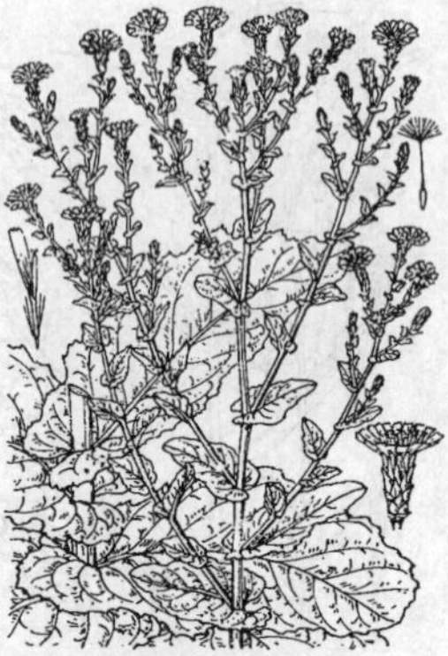

欧洲原産ノ越年生草本ニシテ、廣ク菜園ニ栽培セラル。莖ノ高サ90cm內外、梢ニ枝ヲ分ツ。根生葉ハ橢圓形、莖生葉ハ短ク梢葉ハ底部箭形ニシテ莖ヲ抱ケリ。夏、枝上ニ黃色頭狀花ヲ開ク。冠毛ハ軟弱ニシテ白色ナリ。普ク葉ヲ食用トシ又黑燒トシテ藥用ニ供ス。葉ヲ漸次ニ搔キ採リテ食フ故ニかきちさト呼ブ、故ニ支那ニ千層剝ノ名アリ。漢名 萵苣(慣用)

たんぽぽ

Taraxacum platycarpum Dahlst.

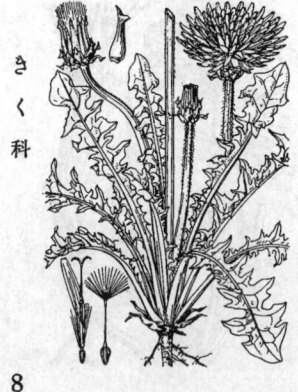

第 23 圖

きく科

原野ニ最モ普通ナル多年生草本。早春ヨリ通常羽裂セル根生葉ヲ叢生ス。三四月ノ候、葉間ニ高サ30cm 內外ノ莖ヲ抽キ黃色ノ頭狀花ヲ着ク。花後果實ハ褐色ヲ呈シ其上部小梗狀ニ延ビ、頂ニ白色ノ冠毛ヲ着ク。總苞片ノ末端ニ短角狀突起アリ、最外層ノ總苞片ハ反捲セズ。葉ハ食フベク根ハ健胃劑トシテ用キラル。漢名 蒲公英(慣用)

しろばなたんぽぽ

Taraxacum albidum Dahlst.

きく科

原野路傍ニ自生スル多年生草本。早春地下ノ根莖ヨリ羽裂セル根生葉ヲ叢生スルコトたんぽぽト同ジ。然レドモ其葉廣クシテ稍大キク且ツ立ツモノ多ク、色淡綠ニシテ質軟ナリ。三四月ノ頃葉間 30cm 許ノ莖ヲ抽キ、其頂端ニ白色ノ頭狀花ヲ着ク。四國九州地方ニテハ皆此種ノミヲ見ル處アリ。漢名 白鼓釘(慣用)

第 24 圖

すゐらん

Hieracium Krameri
Franch. et Sav.

原野山麓ノ水濕地ニ生ズル多年生草本。
葉ハ根生シ或ハ莖ノ下部ニ互生シ、狹長
ニシテ其幅 1.5cm 長サ 30cm 內外ナリ。
秋日 30–60cm ノ莖ヲ抽出シ、細長ナル枝
ヲ分チ、枝頂毎ニ各一箇ノ黃色頭狀花ヲ
開キ、十餘箇ノ舌狀花ヨリ成ル。

第 2 5 圖

き
く
科

やなぎたんぽぽ

Hieracium umbellatum *L.*

山地ニ生ズル多年生草本。莖ハ高サ 60–
90cm アリ、葉ハ多數莖上ニ互生シ、披
針形ニシテ、稍やなぎノ葉ニ似、邊緣ニ
尖鋸齒ヲ有ス。莖葉共ニ稍强硬ニシテ粗
糙ナリ。六七月頃、梢上ニ枝ヲ分チ、黃
色舌狀花ヨリ成ル頭狀花ヲ開ク。槪形の
げし等ニ似テ稍小ク、同ジク白色ノ冠毛
ヲ有ス。

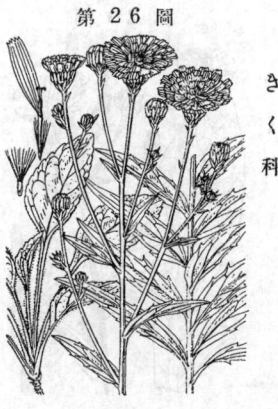

第 2 6 圖

き
く
科

みやまかうぞりな

Hieracium japonicum
Franch. et Sav.

高山ニ生ズル多年生草本。莖及ビ葉ニ毛
ヲ多ク生ジ、莖高サ30cm內外ニ達ス。葉
ハ互生シ、長キ倒卵形ニシテ、下部漸次
ニ狹窄ス。邊緣ニ疎齒アリ。脚葉ハ叢生
ス。八月頃莖頭ニ數箇ノ頭狀花ヲ生ジ、
小ニシテ黃色ノ舌狀花ヨリ成ル。總苞ハ
暗綠色ヲ呈ス。

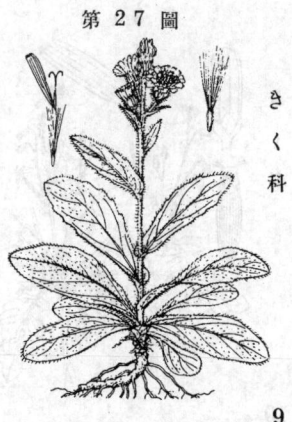

第 2 7 圖

き
く
科

9

おにたびらこ （黃瓜菜）

Crepis japonica *Benth.*

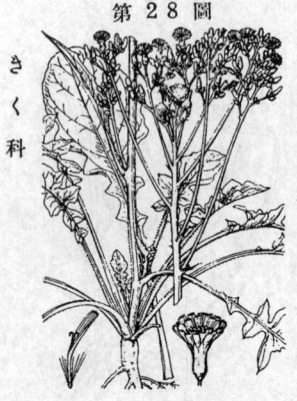

第 2 8 圖

きく科

路傍庭園等ニ自生スル越年生或ハ一年生草本。初メ根生葉ヲ叢生ス。葉ハ倒披針形ニシテ邊緣羽裂ス。莖葉共ニ稍褐紫色ヲ帶ビ微毛ヲ被ル。春日葉間ヨリ莖ヲ抽クコト 30–60cm 許、頂ニ枝ヲ分チ、小形ノ黄色頭狀花ヲ着ケ、陽ヲ受ケテ開ク。頭狀花ハ舌狀花ノミヨリ成リ、瘦果ノ冠毛ハ白色ナリ。漢名 黃鵪菜トモ云フ。

かうぞりな

Picris hieracioides *L.*
var. japonica *Regel.*

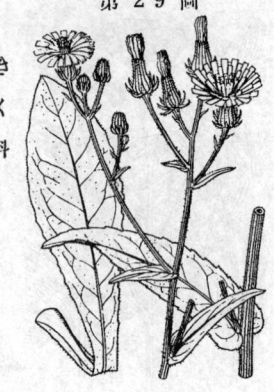

きく科

山野ニ普通ノ越年生草本ニシテ、早春根生葉ハ地ニツキテ叢生シ、後葉間ヨリ莖ヲ抽キテ60–90cm 許ニ達ス。莖生葉ハ互生シ、披針形ニシテ鋸齒アリ。初夏ノ候、梢上ノ葉腋ニ枝ヲ分チ、頂ニ舌狀花ノミヨリ成ル黄色ノ頭狀花ヲ着ク。總苞ハ綠色。莖・葉共ニ硬毛多シ。此ノ硬毛膚ニ觸ルレバ引カカルヲ以テ之レヲ剃刀ニ見立テ、かみそり菜ノ意ニテかうぞりなト名ケラレタリ。漢名 毛蓮菜(慣用)

たびらこ （稻槎菜）

一名 かはらけな・こおにたびらこ
Lapsana apogonoides *Maxim.*

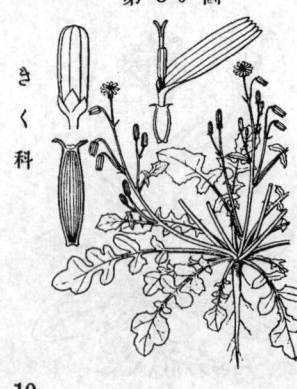

きく科

早春ヨリ田面ニ多キ越年生草本。根生葉ハ叢生シ、莖葉ハ互生ス。共ニ大小不齊ニ羽裂シ、無毛ニシテ質軟ナリ。莖ハ細ク數多ク出デ、少數ノ枝ヲ分チテ 10cm 內外アリ、質軟ク常ニ橫斜ス。早春枝端ニ各一箇ノ頭狀花ヲ着ケ、陽ヲ受ケテ開ク。頭花ハ黄色ノ舌狀花ヨリ成リ、果實ハ褐色ニシテ冠毛ナシ。往々嫩苗ヲ食用トス。古、春ノ七草ノ一ナルほとけのざハ、此種ナリ。然ルニ多クノ人々たびらこヲむらさき科ノモノトスルハ誤ナリ。

やぶたびらこ

Lapsana humilis *Makino.*

き
く
科

林側田間等ニ多キ越年生草本。葉ハ不齊
ニ羽裂シ、多數簇生ス。春時數莖ヲ抽ク
コト高サ 20-30cm 許ニ達シ、質軟ニシテ
斜傾ス。莖上ニ枝ヲ分チ頂ニ黄色ノ舌狀
花ヨリ成ル小頭狀花ヲ着ク。花後綠色ノ
總苞閉鎖シテ殆ド球形ヲ成シ、後開キテ
赤褐色ノ瘦果ヲ露ハス。瘦果ニ冠毛ナシ。

きくぢしゃ

一名　おらんだぢしゃ・はなぢしゃ

Cichorium Endivia *L.*

き
く
科

蓋シ印度ノ原產ニシテ今ハ廣ク園圃ニ栽
培セラルル一年生或ハ越年生草本。莖ノ
高サ 60-90cm。葉ニモナク、不齊ノ缺刻
細齒、或ハ多裂シテ皺縮ス。莖葉ハ互生
シ、葉底ハ莖ヲ抱ク。春夏ノ候、藍色ノ
花ヲ開ク。冬春ノ頃新葉ノ聚合セルモノ
ヲ採リテ生食ス。

きくにがな

Cichorium Intybus *L.*

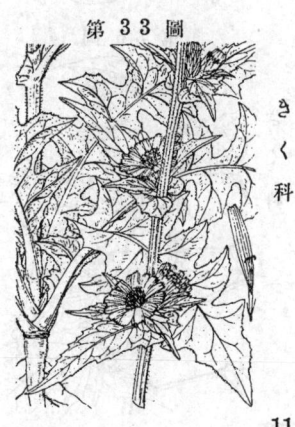

き
く
科

歐洲原產ノ多年生草本。高サ 60-90cm。
葉ハ互生シ、逆向羽狀裂ヲ成シ、中脈ニ
粗毛アリ。上部ノ葉ハ小ニシテ苞狀ヲ成
シ全邊ナリ。夏時、青色舌狀花ヨリ成ル
頭狀花ヲ枝上ニ互生シ、朝ニ於テ開ク。
根ヲこーひーノ代用ト成シ、又嫩葉ヲ食
用トス。

第 3 4 圖

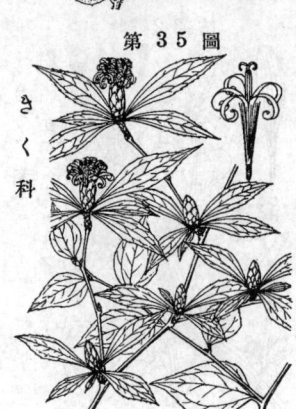

きく科

かうやばうき

古名　たまばうき

Pertya ovata _Maxim._

山地ニ多生スル草本狀ノ落葉小灌木。高
サ 60-90cm許。幹枝ハ瘦長ニシテ、葉ト
共ニ毛ノ有シ、一年枝ハ卵形ニシテ疎齒
緣三主脈アル葉ヲ互生シ、二年枝ハ稍細
長ナル小葉ヲ每節三-五許ヅツ束生シ秋
ニ至リテ枯ル。秋日其年ニ生ジタル枝梢
每ニ白色頭狀花ヲ頂生ス。總苞ハ鱗片鱗
次シ、花冠ハ長筒狀ニシテ五深裂ス。花
後赤褐色剛毛狀ノ冠毛ノ有スル瘦果ヲ飛
散ス。幹枝ヲ以テ箒ヲ製ス。

第 3 5 圖

ながばのかうやばうき

Pertya scandens _Sch. Bip._

山地ニ見ル落葉小灌木ニシテ、高サ 60-
90cm 餘。かうやばうきニ類スト雖モ質
硬ク無毛平滑、一年生枝ハ卵形葉ヲ互生
シ、花ヲ着クルコトナク、二年枝ハ其葉
銳尖狹卵形ヲ成シ、尖小鋸齒緣ニシテ三
主脈ヲ具へ、數片束生ス。秋日束葉ノ中
央ニ白色頭狀花ヲ獨生ス。總苞ハ長橢圓
形ニシテ鱗片鱗次シ、花冠ハ筒狀五深裂、
冠毛ハ赤褐色ヲ呈ス。

第 3 6 圖

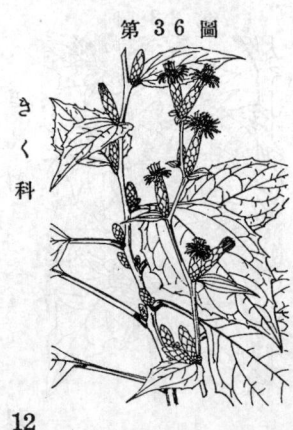

きく科

かしはばはぐま

Pertya robusta _Beauv._

山地ニ生ズル多年生草本ニシテ高サ 30-
60cm。莖ハ硬クシテ細長、分枝セズ。葉
ハ互生シ、かしは葉ノ態アリ、廣卵形ニシ
テ疎齒ヲ有シ、長柄アリ。夏秋ノ候梢上
ニ無柄白色ノ數頭狀花ヲ開ク。其總苞短
圓柱形ヲ成シ、總苞片美シク鱗次シ、中
ニ通常十箇許ノ管狀小花ヲ容ル。瘦果ノ
冠毛ハ純白ニシテ美ナリ。

くるまばはぐま

Pertya rigidula *Makino.*

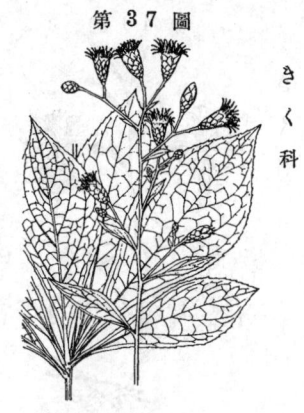

山地樹陰ニ生ズル多年生ノ直立草本。莖
硬ク高サ30-60cm ニ達ス。葉ハ莖ノ途中
ニ輪生様ヲ成シテ生ジ、倒卵狀長橢圓形
ニシテ邊緣鋸齒ヲ有シ、先端尖リ質剛シ。
夏秋ノ候、高ク葉心ニ花軸ヲ抽キ、聚撒
狀ヲ成シテ白色有梗ノ頭狀花ヲ着ケ、各
數小花ヲ有シ、其狀かしはばはぐまニ似
タリ。小花ハ花冠五裂シ、裂片卷曲シ、雄
蕋竝ニ花柱ハ超出ス。漢名 鬼督郵(誤用)

おやりはぐま

Pertya triloba *Makino.*

東北地方ノ山地ニ生ズル多年生草本。根
ハ鬚狀ニシテ多數。莖ハ直立シ、高サ30-
60cm、痩長ニシテ質硬シ。葉ハ互生シ、
長柄アリ、質硬クシテ、上部三裂ス。梢
葉ハ形漸ク小ニシテ柄ナシ。八九月梢ニ
枝ヲ分チ、狹長ナル白色頭狀花ヲ着ク。
總苞片鱗次シ、唯一箇ノ管狀花ヨリ成リ、
花下ニ冠毛アリ。

もみぢはぐま

Ainsliaea acerifolia *Sch. Bip.*

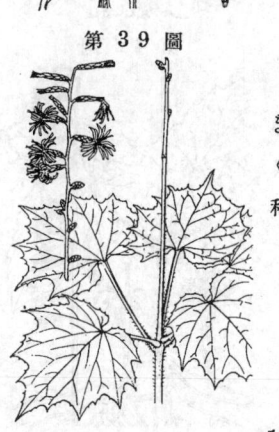

山地ニ生ズル多年生草本ニシテ莖ハ單一
直立シ、高サ 30cm 內外、莖ノ途中ニ長
柄ノ數葉ヲ輪狀ニ着ク。葉ハ通常七淺裂
シテ掌狀ヲ呈シ、邊緣ニ小尖齒アリ。夏
日簇葉ノ中心ニ 20-25cm 許ノ一花軸ヲ
抽キテ多數長形ノ白色頭狀花ヲ着ケ、側
生疎穗狀ニ列ブ。總苞ハ少シク紅色ヲ帶
ビ、中ニ三箇ノ管狀小花ヲ容ル。

第 3 7 圖

第 3 8 圖

第 3 9 圖

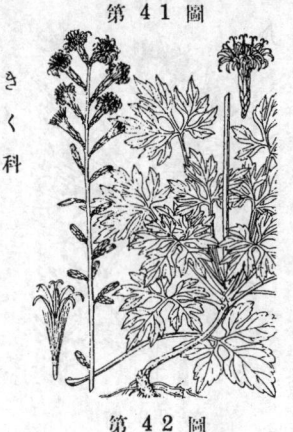

第40圖

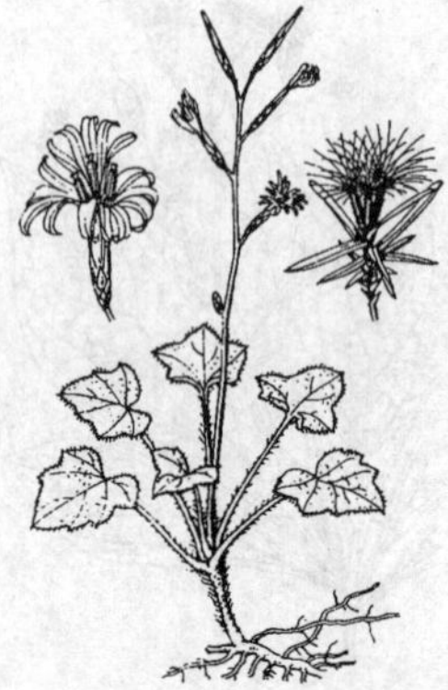

きっかふはぐま

Ainsliaea apiculata *Sch. Bip.*

き く 科

山地ニ多ク生ズル多年生ノ小草本ニシテ莖ノ下部ニ葉ヲ互生シ、葉々相接ス。其葉ハ長柄ヲ具ヘ、淺ク三-九裂シ、三角狀圓形ヲ成シテ稍龜甲ノ狀アリ、莖葉共ニ短毛ヲ有ス。秋月、葉心ヨリ 10-20cm 許ノ花軸ヲ抽キ、穗狀樣ヲ成シテ十箇內外或ハ多數ノ短梗頭狀花ヲ着ク。各頭狀花ハ白色五裂ノ管狀小花三箇ヲ收メ一輪花ノ狀ヲ呈ス。瘦果ハ茶褐色ノ冠毛ヲ有ス。

第41圖

ゑんしうはぐま

一名　らんかうはぐま

Ainsliaea dissecta
　　　　Franch. et Sav.

き く 科

多年生草本ニシテ山地ニ生ズ。莖ハ高サ 30cm 許ニ達ス。葉ハ多數相接シテ輪樣ニ叢生シ根生狀ヲ呈シ、長葉柄ヲ具ヘ、掌狀ニ深裂シテ裂片更ニ分裂ス。夏秋ノ候、花軸上ニ少數ノ白色管狀花ヨリ成レル細長キ頭狀花ヲ穗樣ノ總狀ニ着ク。特ニ遠州邊ニ生ズルニ因リ遠州羽熊ノ和名アリ。

第42圖

ていしゃうさう

Ainsliaea cordifolia
　　　　Franch. et Sav.

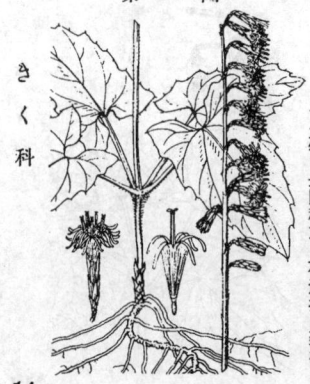

き く 科

中部以南ノ暖地林中ニ生ズル多年生草本。根莖ハ直立或ハ横斜シ、少數ノ鱗狀根ヲ發出ス。莖ハ褐紫色、初メ淡褐色ノ綿毛ヲ被レドモ後ニハ殆ンド脫落シ、高サ4-8cmニシテ頂ニ輻狀ヲ成シテ葉ヲ簇生ス。葉ハ長キ葉柄アリテ平開シ、長楕圓狀披針形・卵狀長楕圓形・卵形或ハ卵狀楕圓形ニシテ長サ5-12cm許、銳頭、戟狀心臟底、稍波狀ノ鋸齒アリテ、表面ハ或ハ綠色或ハ白斑或ハ暗紫斑アリ、裏面ハ時ニ紫色ナルアリ。秋日葉心ニ花梗ヲ抽テ直立シ上部ニ偏側性ノ穗狀花穗ヲ立ツルコト20-30cm許、總苞ハ狹長楕圓形、總苞片ハ覆瓦樣ニ鱗次ニ内部ニ至ルニ從ヒ次第ニ長クシテ紫色ヲ帶ブ。頭狀花ハ概ネ管狀ノ五小花ヨリ成リ、花冠ハ白色ニシテ五裂シ、裂片ハ綠形ニシテ平開シ往キ旋囘ス。冠毛ハ淡褐色ヲ呈ス。和名ていしゃうさうハ予其意ヲ解シ得ズ。

くさやつで
一名　よしのさう・かんぼくさう
Ainsliaea uniflora *Sch. Bip.*

中部以西ノ河岸ノ地井ニ山中林下ニ生ズル多年
生草本。根莖ハ横臥シ、莖ハ極メテ短クシテ直
立シ、莖頂ニ長柄アル掌狀裂葉ヲ多數ニ叢生ス。
葉ハ徑 5-7cm、外形ハ圓形ニシテ心臟底ヲ成シ、
掌狀ニ尖裂シ、裂片ハ五乃至七箇、先端更ニ尖
裂或ハ淺裂シテ尖頭ヲ有シ其邊緣ニハ低鋸齒ア
リ、葉面扁平ニシテ綠色ヲ呈シ往々紫朱アリテ
光澤ヲ缺ク。秋月、葉間ヨリ花穗ヲ抽出シ高サ
40cm内外アリテ上部ニ圓錐花序ヲ成シ、花軸直
通シテ分枝シ、各枝ハ紫色ヲ帶ビ絲狀ナレド眞
直ニシテ、枝端ニ一小花ヨリ成ル頭狀花ヲ着ケ
點頭ス。總苞ハ細長ニシテ總苞片ハ覆瓦樣ニ鱗
次ス。花冠ハ五裂シ、裂片ハ狹長ニシテ反卷シ
暗紫色ヲ呈ス。痩果ハ橢圓形ニシテ竪毛ヲ密生
シ熟スレバ總苞、外ニ反リテ其體ヲ露出ス。和
名ハ草八手ニシテやつで葉ノ如キ葉ヲ有スル草
本ナレバ斯ク云ヒ、吉野草ハ大和吉野山ニ多ク
レバ云ヒ、肝木草ハ其葉形すひかづら科ノかん
ぼくニ似タレバ名ク。

せんぼんやり
一名　むらさきたんぽぽ
Gerbera Anandria *Sch. Bip.*

山野ニ生ズル多年生小草本。長柄アル倒
卵狀長橢圓ノ根出葉三-五片ヲ叢生シ、
緣ハ不齊ノ缺刻アリ、葉柄竝ニ其下面
白色ノ軟毛ヲ布ク。夏秋ノ候ニハ葉形花
時ヨリハ大ナリ。春日葉間ニ 5-15cm ノ
一本或ハ二三本ノ花莖ヲ抽キ、各莖頂ニ
一花ヲ着ク、舌狀花ハ少數ナリ。花後更
ニ高ク莖ヲ抽キ、閉鎖花アル頭狀花ヲ續
出ス。舌狀花ハ白色ニシテ裏面多クハ淡
紫暈アリ。冠毛ハ茶褐色ナリ。漢名 大
丁草(慣用)

べにばな　(紅藍花)
古名　すゑつむはな・くれのあゐ
Carthamus tinctorius *L.*

越年生草本ニシテ栽培セラル。近東ノ原
產ナリ。莖ノ高サ1m内外、葉ハ互生シ、
廣披針形ニシテ銳刺多シ。夏月、梢頭ニ
紅黃色管狀花アル頭狀花ヲ開キ、其狀あ
ざみ花ノ態アリ。總苞片ハ緣刺ヲ具フ。
小花ヲ摘ミ採リ人工ヲ加ヘテべに卽チ臙
脂ヲ製ス。又嫩苗ハ食用トスベク、種子
ハ油ヲ搾ルベシ。花ノ陰干セルモノハ婦
人藥トシテ煎服セラル。

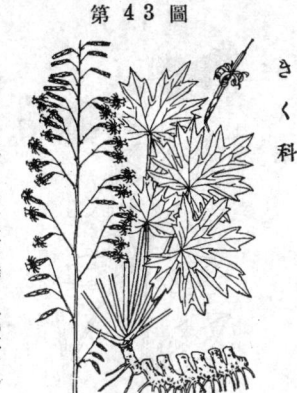

第 43 圖

き
く
科

第 44 圖

き
く
科

第 45 圖

き
く
科

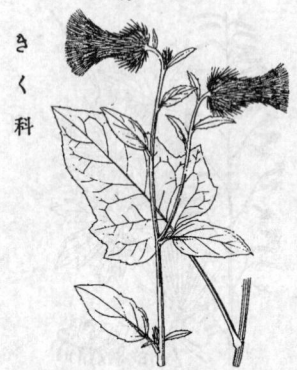

やまぼくち

Synurus palmato-pinnatifolia *Kitam.*

山野ノ陽地ニ生ズル多年生草本。根出葉ハ長柄ヲ有シ稍ごばうノ葉ニ似テ缺刻尖起ヲ成ス。時ニ深裂シテ、殆ド掌狀ヲ呈スルモノアリ。上面ハ綠色ニシテ下面ニ白色ノ綿毛ヲ密布ス。莖ハ高サ 1m 內外、細長ナル枝ヲ分チテ狹橢圓形葉ヲ互生ス。秋日、卵狀球形ノ頭狀花點頭シテ側ニ向ヒ、管狀花ハ白色時ニ紅紫色ナリ。總苞片ハ針形ナリ。

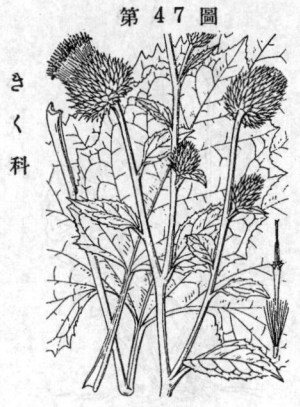

をやまぼくち

Synurus pungens *Kitam.*

山野ニ生ズル多年生草本。高サ 90cm 內外、莖直立シ、通常梢ニ短キ枝ヲ分ツ。葉ハ下面ニ白色ノ綿毛ヲ布ク。根出葉ハ大ニシテ長柄ヲ有シ、三角狀卵形ヲ呈シ、ごばう葉ノ態アリ。莖葉ハ形小ニシテ、互生シ、橢圓形ヲ呈シ、梢葉ノ葉柄ナシ。秋時暗紫色頭狀花ヲ着ク。其形寧ロ大ニシテ、多數ノ管狀花ヨリ成リ、總苞ハ鱗片廣クシテ尖リ、質硬シ。嫩葉ヲ採リ餅ニ入レテ食ス。やまごばうノ方言アリ。

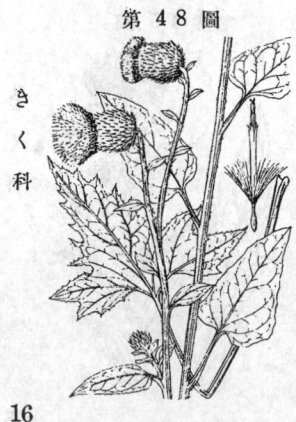

はばやまぼくち

Synurus excelsus *Kitam.*
(＝Serratula excelsa *Makino.*)

山野向陽ノ地或ハ林下ノ地ニ生ズル多年生草本。高サ1-2m許リ。全株白色ノ臥毛ヲ布ク。莖ハ高ク聳立シ剛直、紫褐色ニシテ稜アリ、獨リ上部ニ於テ分枝シ、枝ハ直立ス。根葉ハ長柄ヲ具ヘ三角狀鉾形ニシテ邊緣ニ大ナル齒牙狀缺刻ヲ成シ、更ニ刺狀ノ鋸齒ヲ有シ、裏面ハ綿毛ヲ密布シテ甚グ白ク、底部耳片ノ先端ハ常ニ銳頭ナルヲやまぼくちトノ區別點ナリ。莖葉ハ數簡、疎ニ互生シ、上部ノ者ハ卵狀橢圓形ト成リ、怜刺狀ノ鋸齒ヲ有ス。晩秋大ナル頭狀花ヲ枝端ニ斉ケテ點頭ス。花徑 3-4cm、花開ケバ閉刷毛ハ形ニ似タリ。總苞ハ稍鐘形、總苞片ハ密ニ鱗次シ粗針形ヲ成シ質强硬ニシテ刺尖ヲ呈シ暗紫色ニテ白色ノ蜘蛛毛ヲ被ル。花冠ハ全部管狀ニシテ黑紫色、光澤ヲ有シ、突出セル約ホ同色。和名はばは山火口ハはば山ニ生ズルやまぼくちノ意。はば山ハ草ヲ刈ル山上ノ地ヲ云ヒ、やまぼくちハ同屬ノ一種ノ名ナリ、山地ニ生ジ其冠毛ヲ火口ニ利用スルヨリ云フ。

たむらさう

一名 たまばうき

Serratula coronata *L.*

山地ニ生ズル多年生草本。葉ハ互生シ、羽状深裂ニシテ、裂片ニ粗歯アリ。根上ニ茎ヲ抽クコト 1-1.5m ナリ。八九月頃梢ニ枝ヲ分チ、毎枝頭ニ可ナリ大ナル淡紅紫色ノ頭状花ヲ着クルコトあざみ類ノ如ク、花形亦相似タリ。總苞ハ廣卵球形ニシテ、總苞鱗片ハ覆瓦状ニ鱗次シ密接セリ。

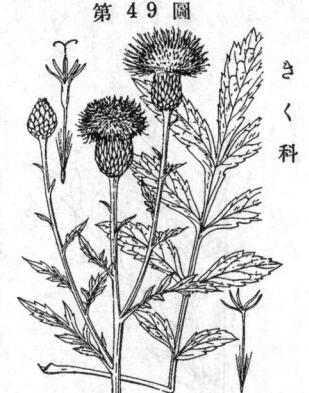

第 49 圖

きく科

てうせんあざみ

欧名 アーチチョーク

Cynara Scolymus *L.*

欧洲ノ原産、大形ナル二年生草本。茎ノ高サ 1.5-2m ニ達ス。葉ハ大ニシテ深ク羽裂シ、裂片ハ往々更ニ羽裂ス。上面緑色、下面ハ白綿毛ヲ有ス。夏時茎頂ニ大ナル紫色頭状花ヲ着ケ、多數ノ管状花ヲ有シ、總苞ハ其鱗片短廣ニシテ覆瓦状ニ鱗次ス。嫩キ頭状花ノ花托ヲ食用トス。朝鮮薊ノ稱アレドモ固ヨリ朝鮮ノ産ニ非ラズ。

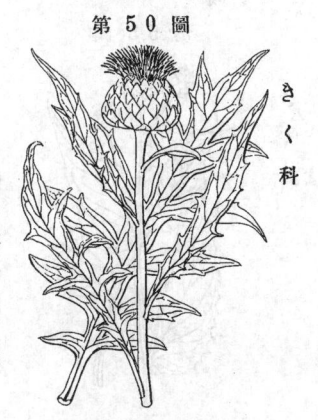

第 50 圖

きく科

ごばう (牛蒡)

Arctium Lappa *L.*

園圃ニ栽培セラルル越年生草本。茎ハ高サ1.5m許。根葉ハ叢生シ、大ニシテ長柄ヲ具ヘ、稍心臟形、歯牙緣ニシテ波状ヲ呈シ、下面ニ白綿毛ヲ布ク。夏日梢ハ分枝シ紫色稀ニ白色ノ管状花ヨリ成ル多數ノ頭状花ヲ着ク。總苞鱗片ハ針状ニシテ先端鉤状ヲ成ス。多肉ノ長キ主根ヲ採リテ食用トシ、又時ニ其嫩葉柄ヲ食スルコトアリ。又民間藥トシテ効用多シ。果實ノ漢名ヲ惡實ト云フ。

第 51 圖

きく科

17

きつねあざみ　（野苦麻）

Hemistepta carthamoides
O. Kuntze.

田野ニ生ズル越年生草本ニシテ、高サ60
-90cm。根葉ハ叢生シ、莖葉ハ互生シ、
羽狀ニ深裂シ、裂片ニ粗齒アリ。上面綠
色ニシテ下面ニ白軟毛ヲ密布ス。四五月
頭梢ニ分枝シ、枝端ニ頭狀花ヲ着ケ、紅
紫色管狀花多シ。總苞片綠色ニシテ鱗次
シ、其形卵圓形ヲ成ス。葉ヲ採リ餅ニ入
ル。冠毛ヲ利用シテ花簪ヲ製セシコトア
リ。漢名　泥胡菜(慣用)

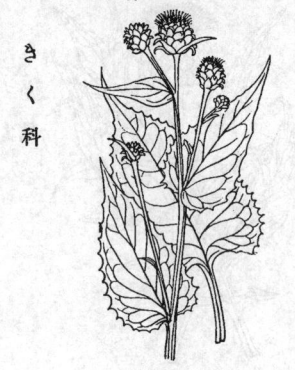

たうひれん

Saussurea Tanakae
Franch. et Sav.

山地ニ生ズル多年生草本。莖ハ高サ30-
60cm許、直立シテ狹キ翼ヲ有スルヲ常ト
ス。葉ハ柄アリテ互生シ、廣卵形ニシテ
葉頭尖リ、往々心臟狀底ヲ成シ、邊緣ニ
鋸齒アリ。梢葉ハ小ニシテ、柄ナシ。秋
時梢ニ枝ヲ分チ、紫色ノ管狀花ヨリ成ル
頭狀花ヲ有シ、總苞鱗片ハ往々反曲ス。
和名ハ唐飛廉ノ意ニシテ飛廉ハひれあざ
みノ我邦慣用ノ漢名ナリ。

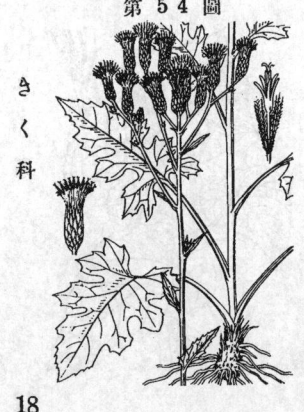

きくあざみ

Saussurea ussuriensis *Maxim.*

山野ニ生ズル多年生草本。莖ハ高サ60-
90cm許。葉ハ有柄ニシテ互生シ、廣卵形
ニシテ先端尖リ、少數ニ羽裂シ、裂片ニ
粗齒アリ。梢上多ク枝ヲ分チ、秋日、紅
紫色ノ頭狀花ヲ着ク。總苞長ク、數箇ノ
管狀花ハ上方ニ超出ス。和名ノきくハ其
葉形ニ基ク。

みやこあざみ

Saussurea Maximowiczii *Herd.*

山地ニ生ズル多年生草本ニシテ高サ 60–90cm許。葉ハ互生シ、長橢圓形又ハ披針形ニシテ羽狀深裂シ、裂片ハ卵形或ハ卵狀披針形ヲ成シ、邊緣ニハ不齊ノ鋸齒ヲ有ス。上葉ハ小サク披針形ニシテ鋸齒緣ヲ成シ、梢ニ至ルニ從ヒ漸次全緣ト成ル。秋日梢上ニ分枝シテ多數ノ淡紅紫色頭狀花ヲ着クルコトきくあざみノ如シ。時ニ其葉分裂セズシテしをん葉ノ如キアリ、之ヲまるばみやこあざみト云フ。

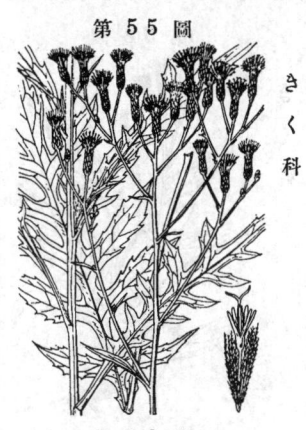

第 55 圖

きく科

みやまひごたい

Saussurea Kai-montana *Takeda*
forma major *Takeda.*
(=S. triptera *Maxim.*
var. major *Kitam.*)

本州中部ノ高山帶ニ生ズル多年生草本。根莖ハ粗大。莖ハ直立シ圓柱狀、時ニ分岐シ、高サ10–20cm アリ。脚葉ハ有柄、戟狀長橢圓形又ハ戟形ニシテ邊緣ニハ不整ノ缺刻ト齒牙トヲ具ヘ、先端尖リ、底部ハ戟狀心臟形ヲ成ス。七月、莖梢ニ三四花ヲ繖簇ス。總苞ハ卵狀橢圓形ニシテ、覆瓦樣ニ鱗次セル總苞片ハ有尾銳尖頭、草質ニシテ綠色ナリ。頭狀花ハ徑1cm 未滿、全部管狀花冠ヲ有シテ淡紫色ヲ呈シ、冠毛ハ白シ。總苞片ノ黑紫色ヲ帶ブル者アリテ之レヲたかねひごたい一名きんぶひごたい(f. minor *Takeda*=S. triptera var. minor *Kitam.*)ト云ヒ、一般ニ本品ヨリハ小形ナリ。和名ハ深山ひごたいナリ。

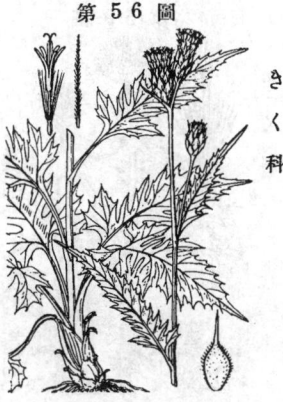

第 56 圖

きく科

ひめひごたい

Saussurea pulchella *Fisch.*

山野向陽ノ地ニ生ズル多年生ノ大形草本。莖ハ直立シテ高サ120cm許ニ達シ直徑15mm ニ及ビ綠色ニシテ紫色ヲ帶ビ稜條縱通シ、微毛細腺ヲ布ク。葉ハ廣披針形又ハ披針形、下部ノ者ハ羽狀ニ深裂シ、上部ノ者ハ全邊ト成リ、又時ニ小本ノ者ハ全株ヲ通ジテ全邊葉ヲ着クルアリ、嫩時ハ淡綠色ヲ呈シ表面ハ稍糙澁ス。深秋梢上ニ廣大ナル繖房狀ヲ成シテ多數ノ紫色頭狀花ヲ密集シ頗ル美ナリ。總苞ハ球形、徑1cm內外、密ニ鱗次セル總苞片ハ其先端ニ圓キ紫色ノ附飾片ヲ具ヘ此附飾片ハ膜質ニシテ上部ニ至ルニ從ヒ大形ト成リ美麗ナリ。小花ハ皆管狀ニシテ五裂シ、冠毛ハ白シ 此一品ニハいくのひめひごたい (var. tajimensis *Makino*)アリ、壯大ニ成長シテ中部上部ニ分枝多ク、頭狀花ハ極メテ多數ニシテ母品ヨリ小ク、總苞ハ球形ニシテ鱗片小形、淡綠色、附飾片モ亦小ニシテ紫色ス。和名ハ姬ひごたいニシテひごたいニ比スレバ小形ナレバ云フ。

第 57 圖

きく科

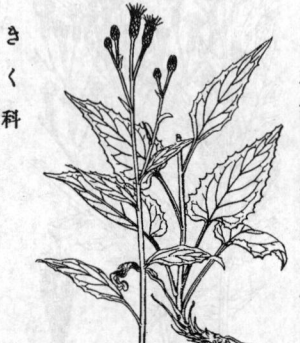

第 58 圖

きく科

ほくちあざみ

Saussurea gracilis *Maxim.*

九州・中國等ノ山地ニ生ズル多年生草本。高サ 10–30cm 許。葉ハ互生シ、下部ノモノハ長柄ヲ有シ、長卵形ニシテ、底部略心臟形ヲ成シ、邊緣ニ齒アリ。上部ノ葉ハ小ニシテ、短柄ヲ有スルカ又ハ無柄ナリ。葉裏ニ白毛ヲ密布ス。秋時梢ニ枝ヲ分チ、紫色ノ管狀花ヨリ成ル小形ノ頭狀花ヲ着ク。

第 59 圖

きく科

のあざみ （小薊）

Cirsium japonicum *DC.*

原野ニ多キ多年生草本。莖高サ 60–90cm 許、梢ニ枝ヲ分ツ。葉ハ莖ニ互生シ、無柄ニシテ葉底莖ヲ抱キ、羽裂シテ裂片粗齒アリ、齒端棘ヲ成シ、莖・葉ニ毛アリ。初夏枝端ニ紅紫色ノ管狀花ヨリ成ル頭狀花ヲ着ク。稀ニ白・紅色等ノ異品アリ。總苞圓クシテ總苞片鱗次シ片脊粘着ス。漢名ノ一ヲ刺薊菜ト云フ。

第 60 圖

きく科

やまあざみ

Cirsium spicatum *Matsum.*

山野ニ生ズル普通ノ多年生草本。高サ 1m 內外ニシテ、多ク枝ヲ分チ、莖ニ稜アリ。葉ハ互生シ、羽裂シテ邊緣ニ刺多シ。脚葉ハ往々脈間白色ヲ呈ス。秋日紫色ノ頭狀花ヲ開キ、其數多ク、枝ノ頂ト側方ニ生ジ、側者ハ花梗極メテ短シ。總苞ノ鱗片ハ普通反曲ス。管狀花ハ總苞ヨリ高ク出ヅ。漢名 大薊(慣用)

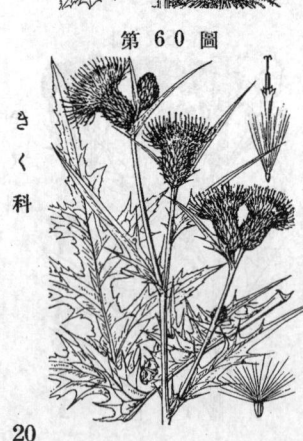

20

のはらあざみ

Cirsium Tanakae *Matsum.*

(＝Cnicus Tanakae *Franch. et Sav.*)

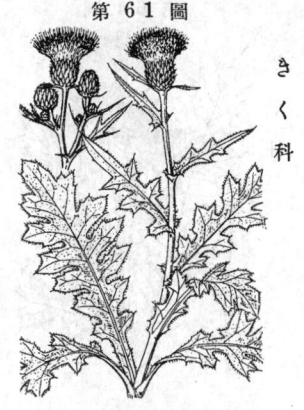

き く 科

山野ニ普通ナル多年生草本。莖ノ高サ1m
内外ニシテ枝ヲ分ツ。葉ハ羽狀ニ深裂ス。
根葉ハ大形ニシテ裂片闊カラズ往々紫色
ヲ帶ブ。莖葉ハ互生シ、裂片不齊ニ齒裂
シ、齒端棘ヲ成ス。秋日梢上枝ヲ分チ、
紫紅色ノ頭狀花ヲ着ク、頭狀花ハ花梗短
ク往々集リ着ク。總苞鱗片ハ短クシテ通
常反曲セズ。和名野原薊ハ原野ニ多キヲ
以テ斯ク云フ。

くるまあざみ

Cirsium Tanakae *Matsum.*
forma obvallatum *Makino.*

(＝C. japonicum *DC.*
var. obvallatum *Nakai.*)

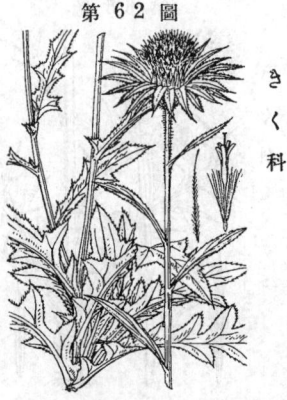

第 6 2 圖

き く 科

のはらあざみノ一變形ニシテ、頭狀花ハ其基部
ニ多數ノ葉狀總苞ヲ輻狀ニ着クルヲ以テ異點ト
ス。高サ40-50cm許ノ多年生草本ニシテ莖ハ直
立シ、下半部ハ粗毛アリ。葉ハ根際ニ輻狀ヲ成シ
テ花時ニ猶存シ、橢圓形ヲ呈シ邊緣ニ缺刻アリ、
又銳齒ヲ具フ。晩秋莖上疎枝ヲ分チテ各枝端ニ
大ナル頭狀花ヲ着ク。頭狀花ハ直立シ、葉狀苞
ハ披針形、刺緣ニシテ長キ者ハ6cmニ達スト雖
モ、內部漸次小形ト成リ、時ニ總苞片ニ移行ス。
總苞片ハ鋏形ニシテ粘質無シ。花ハ一頭狀花ニ
多數アリテ皆管狀小花ヲ成シ紅紫色ヲ呈ス。本
品ノ葉狀總苞ノ出現ハ一時的ノ變態現象ニシテ
毎年其株ヨリ一定シテ出ヅルニ非ズ、故ニ敢テ
一ノ變種ト認ムルニ由ナシ。和名車輪ハ其車輪
狀ヲ成セル葉狀總苞ノ狀ニ基キテ名ケタリ。

ひめあざみ

一名　なんぶあざみ・なあざみ

Cirsium nipponicum *Makino.*

第 6 3 圖

き く 科

山野ニ生ズル無毛ノ多年生草本。莖ノ高
サ 1m 內外、往々紫色ヲ帶ビ梢上ニ枝ヲ
分ツ。葉ハ互生シテ羽裂シ、長橢圓形ニ
シテ邊緣ニ銳鋸齒ヲ有シ、葉底ハ莖ヲ抱
ク。秋日、紅紫色ノアマリ大ナラザル頭
狀花ヲ開キ、總苞片反曲スルヲ常トス。春
時莖葉ヲ採リテ食ス。漢名 苦芺(誤用)

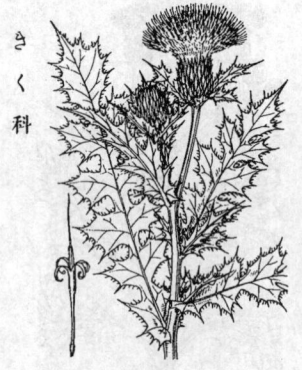

きく科

はまあざみ

一名　はまごばう

Cirsium maritimum *Makino.*

本邦暖地ノ海岸砂場ニ生ズル多年生草本。根ハ
直根ニシテ深ク地ニ入ル。莖ハ根際ヨリ分岐シ
高サ30-40cm。葉ハ肉質、光澤アル鮮綠色、無
毛平滑、羽狀ノ缺刻ヲ成シ、其攣入ハ圓ク、邊
緣ニハ多數ノ刺アリ。九月、莖頭ニ短ク分枝シ
テ數箇ノ頭狀花ヲ着ケ、頭狀花ノ基部ニ葉狀苞
四乃至七片アリ莖葉ニ似テ頗ル小形ナリ。總苞
ハ廣楕圓形ニシテ覆瓦樣ニ鱗次セル總苞片ハ質
厚ク、綠色ヲ呈シ粘質ナシ。花ハ總テ管狀花ニ
シテ一頭狀花ニ多數アリ、普通ハ紅紫色ナレド
モ時ニ白花ヲ開ク者アリテ之レヲしろばなはま
あざみ (forma leucanthum *Nakai*) ト云フ。
本種ハ其長形ノ根ト其葉ノ中脈トヲ採テ食用トス。和名濱薊ハ海邊ニ生ズルヨリ云フ、濱牛蒡
ハ其根ごばうノ如キ形狀并ニ香味アリテ食用ト
スベキヲ以テ斯ク呼べリ。

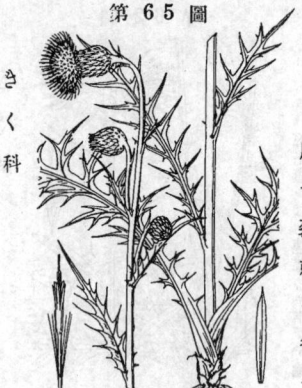

きく科

まあざみ

一名　きせるあざみ

Cirsium Hilgendorfi *Makino.*

原野ノ水傍ニ生ズル多年生草本。莖ノ高
サ 60-90cm。單一或ハ多少分枝ス。葉ハ羽
裂シ、裂片ニ不齊ノ粗鋸齒アリ。齒端ハ
棘ヲ成ス。根葉ハ柄ヲ有シ、莖葉ハ互生
シ、上部ノモノハ無柄ナリ。夏秋、梢頭ニ
各一箇ノ紅紫色頭狀花ヲ着ケ、通常點頭
ス。總苞片ハ鱗次シ、反曲セズ。

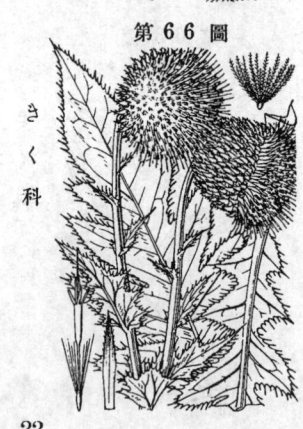

きく科

ふじあざみ

Cirsium purpuratum *Matsum.*

山中砂礫ノ地ニ生ズル巨大ナル多年生草
本。根ハ橫走シ、60-90cm ニ及ブ。莖ハ
高サ 90cm 內外、通常枝ヲ分ッ。葉ハ長
大ニシテ地上ニ叢生シ、莖葉ハ互生ス。
羽狀ニ深裂シ、裂片ノ邊ハ強齒アリ。葉
色白ヲ帶ブ。秋時管狀花ノミヨリ成ル頭
狀花ハ、著大ニシテ枝端ニ着キ側ニ向フ。
花色、紫色ヲ呈シ美ナリ。總苞片大ニシ
テ鍼形ニ成シ、邊緣ニ刺毛ヲ並べ、紫綠
色ヲ呈ス。山民根ヲ採リ其皮ヲ食フ。

えぞのきつねあざみ

Cirsium arvense *Scop.*
var. setosum *Ledeb.*

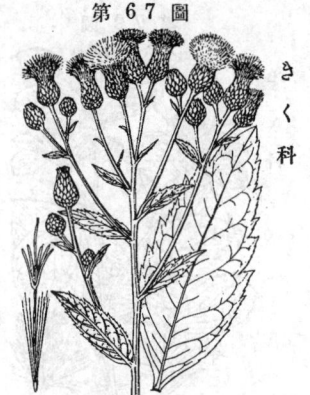

第 67 圖

きく科

北地ニ生ズル多年生草本。地下莖ヲ引キテ盛ニ繁殖ス。莖ハ直立シ高サ 60–90cm 許。葉ハ互生シ、廣キ披針形ヲ成シ、全邊或ハ疎齒ヲ有シ、且ッ刺狀齒ヲ具フ。葉面ニ蜘蛛絲狀ノ毛ヲ有ス。夏秋ノ候、梢上ニ枝ヲ分チ、多數ノ管狀花ヨリ成ル紫色ノ頭狀花ヲ着ケ、總苞片ハ鱗次ス。

やなぎあざみ

Cirsium lineare *Sch. Bip.*

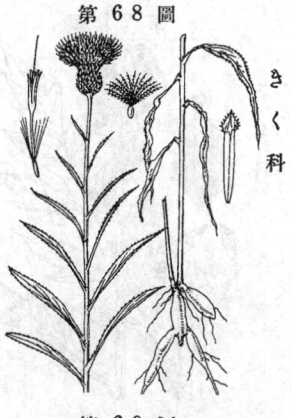

第 68 圖

きく科

四國九州等ノ山野ニ生ズル多年生草本ニシテ莖ノ高サ 60–90cm 許。葉ハ互生シ、線形ニシテ尖リ、邊緣ニ刺毛アリ。莖ハ上部ニ枝ヲ分チ、夏秋ノ候枝端ニ管狀花ヨリ成ル紫色ノ頭狀花ヲ着ク。總苞片ハ鱗次ス。

ひれあざみ

一名 やはずあざみ

Carduus crispus *L.*

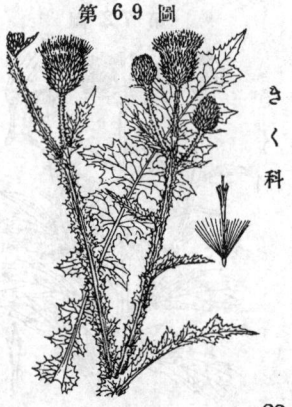

第 69 圖

きく科

山地原野ニ生ズル越年生草本。莖高サ 1m 內外ニシテ枝ヲ分ッ。莖身ヲ通ジテ、縱ニ綠色ノ翼ヲ生ジテ細棘アリ。葉ハ互生シ、羽裂シテ邊緣ニ棘多シ。六月頃枝頭ニ紅紫色ニシテ通常數箇ノ頭狀花ヲ着ク。花ニ冠毛アリ。稀ニ白花ヲ開クコトアリ。

漢名 飛廉(誤用)

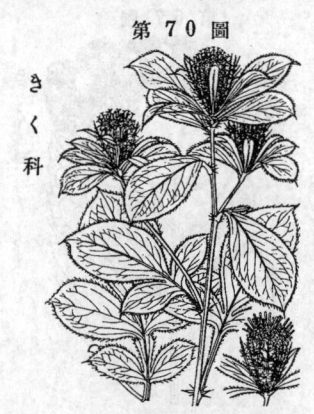

をけら (朮)

古名 うけら

Atractylis ovata *Thunb.*

山野ニ自生スル多年生草本。春日舊根ヨリ出デタル稚苗ハ、多ク白軟毛ヲ被フル。莖ハ高サ 30–60cm 許ニシテ質硬シ。葉ハ互生シ、剛クシテ通常羽裂シ或ハ時ニ然ラズ。葉緣ニ刺狀齒アリ。秋日枝梢ニ白色或ハ時ニ紅色ノ頭狀花ヲ着ケ、其周圍ニ魚骨樣ノ數苞ヲ具フ。稚苗ハ之ヲ食用ニ供スルコトアリ。又其根ハ古來蒼朮并ニ白朮ト稱シテ藥用ニ供セリ。

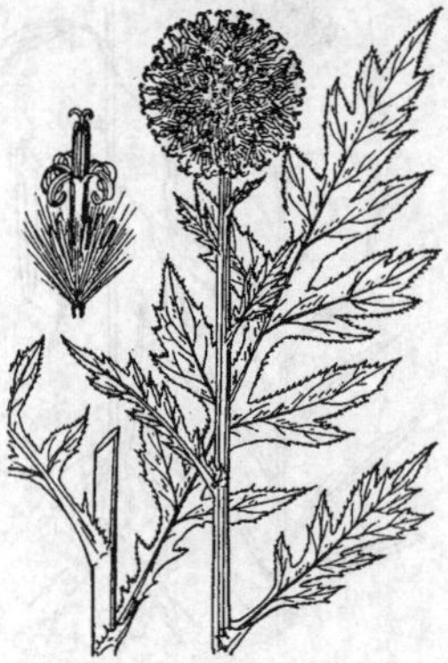

ひごたい (漏蘆)

Echinops dahuricus *Fisch.*

九州ノ山野ニ自生スル大形ノ多年生草本。莖ハ直立シ、高サ90cm 許ニ達ス。葉ハあざみニ類シ、厚クシテ莖ニ互生シ、根出葉ニハ柄アリ。上面綠色、裏面白色、乾ケバ黑色ヲ呈ス。秋日、莖頭往々疎ニ分枝シ、球狀ノ藍紫色頭狀花ヲ着ク。頭狀花ハ管狀花ノミヨリ成ル。

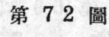

きんせんくゎ (金盞草)

Calendula arvensis *L.*

庭園ニ培養セラルル一年生草本ニシテ、莖ノ高サ 30cm 許ニ達シ、分枝ス。葉ハ互生シ、箆狀長楕圓形ヲ成シ、質柔ナリ。夏時帶赤黃色ノ頭狀花ヲ枝頭ニ開キ、雅趣アリ。瘦果ハ彎曲シ、外面ニ刺狀凸起アリ。全草外傷ニ藥效アリ。金盞ハ花形ヨリノ名ナリ。

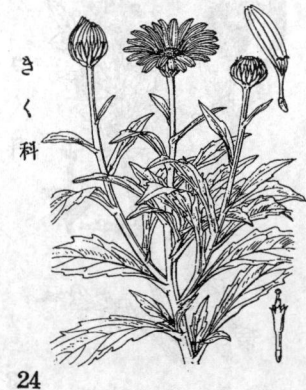

第 70 圖

第 71 圖

第 72 圖

24

たうきんせん

Calendula officinalis L.

今日、庭園・花壇ニ盛ンニ栽培セラルル一年生或ハ越年生ノ草本ナリ。初メ地ニ叢生シ、後茎ヲ抽キテ 15-30cm 許ニ達ス。葉ハ長倒卵形ニシテ柔ク、淡緑色ヲ呈シ、明瞭ナル葉柄ヲ缺ク。夏時枝ヲ分チ、其頂ニ淡黄又ハ帯赤黄色ノ花ヲ開ク。切花トシテ最モ普通ナルモノナリ。

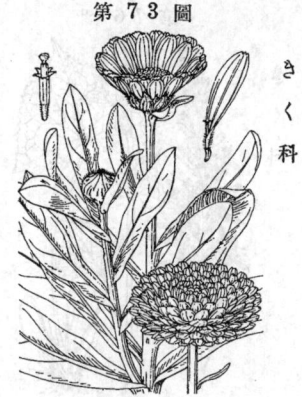

き く 科

たからかう

Ligularia calthaefolia Maxim.

山地ニ生ズル多年生草本ニシテ、茎ノ高サ 60cm 内外。葉ハ互生シ、腎臓状卵形ニシテ、鈍頭或ハ稍鋭頭、底部心臓状ヲ成シ、邊縁ニ不齊ノ鈍齒ヲ有ス。下部ノ葉ニハ長柄ヲ具フ。夏時梢ニ總状花穗ヲ成シ、黄色頭状花ヲ着ク。少數ノ舌状花ヲ有シ、花梗下ニ苞アリ。

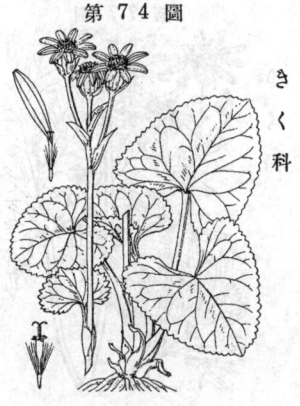

き く 科

をたからかう

Ligularia sibirica Cass.

山地ニ生ズル大形ノ多年生草本。茎ハ高サ 1m 内外。葉ハ大ニシテ長キ葉柄アリ、心臓状圓形或ハ心臓状楕圓形ヲ成シテ鈍頭ヲ有シ、底耳尖ラズ、邊縁ニ稍尖リタル齒牙状鋸齒ヲ列ス。梢葉ハ細小ニシテ、柄本茎ヲ抱ク。夏秋ノ候葉間ニ茎ヲ抽出シ、梢上ニ短梗ヲ有スル黄色頭状花ヲ互生シ、有苞ノ長キ總状ヲ成ス。頭花ハ數箇ノ舌状花ヲ具フ。

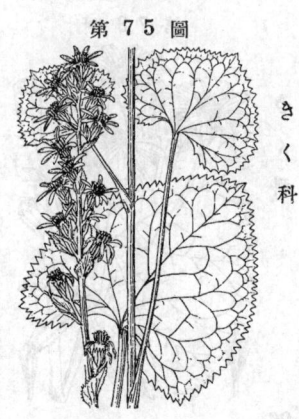

き く 科

めたからかう

Ligularia stenocephala *Maxim.*

深山ニ生ズル多年生草本。莖ハ高サ 60-90cm 許ニ達シ、葉ハ長柄ヲ具ヘ心臓状三角形ニシテ葉頭尖リ、底耳ハ箭形ヲ成シ、邊緣ハ不齊ノ齒牙状鋸齒アリ。をたからかうニ比シテ小サク且ツ軟質ナリ。秋日莖梢ニ短梗ノ美ナル黄色頭状花ヲ長穂状ニ着ク。總苞ハ圓柱形ニシテ緑色、頭花ハ周邊ニ一乃至二三ノ雌性舌状花ヲ具ヘ、中ニ六七箇ノ兩性管状花ヲ有ス。

はんくゎいさう

Ligularia japonica *Less.*

山地ニ生ズル大ナル多年生草本。莖ノ高サ 1m 内外ニ達ス。葉ハ大ニシテ裁裂セル掌状ヲ成シ、裂片又不齊ニ羽裂シ、邊緣ニ鋭鋸齒ヲ有ス。根生葉ハ長柄ヲ具ヘ、莖葉ハ柄短クシテ柄本鞘ヲ成シ、莖ヲ抱キテ互生ス。初夏、莖端ニ枝ヲ分チ、花徑10cm 許ノ大ナル鮮黄色頭状花ヲ開ク。總苞ハ球形、緑色。舌状花冠ハ十片内外ニシテ大ナリ。漢名 大呉風草(慣用)

まるばだけぶき

一名 まるばのちゃうりゃうさう

Ligularia japonica *Less.*
var. *clivorum Makino.*

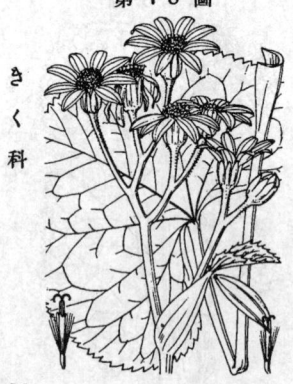

深山ニ生ズル大形ノ多年生草本。葉ハ互生シ、下部ノモノハ長キ葉柄ヲ具ヘ、腎臓状圓形ニシテ、邊緣ニ多數ノ鋸齒ヲ有ス。莖ハ高サ 90cm 内外。夏時莖頂ニ短キ枝ヲ分チテ徑 8cm 許ノ黄色頭状花ヲ繖房状ニ着ケ、大形ノ舌状花ヲ具フ。總苞ハ緑色ニシテ圓シ。

たうげぶき

一名　えぞたからかう

Ligularia Hodgsoni *Hook.*

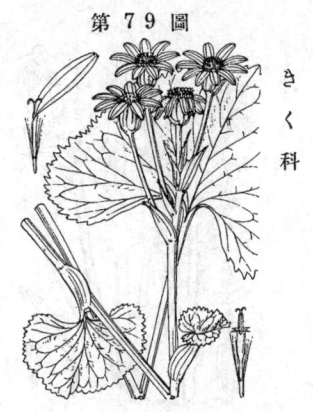

北方ノ山地ニ生ズル多年生草本。茎ハ高
サ 60cm 餘ニシテ直立ス。葉ハ互生シ、
圓形ニシテ、心臟狀底ヲ成シ、邊緣ニ不
齊ノ齒ヲ有ス。葉柄アリ、柄本ハ擴ガリ
テ莖ヲ抱ク。夏時頂ニ黃色ノ頭狀花ヲ總
狀花穗ヲ成シテ着ケ、梗下ニ苞アリ。舌
狀花ハ周邊ニ一列ニ相列ブ。

きく科

やまたばこ

一名　し　か　な

Ligularia Schmidtii *Makino.*

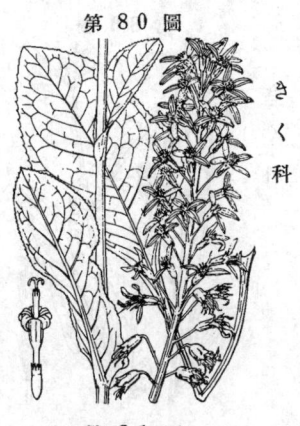

山地ノ草間ニ生ズル 多年生草本。ちしゃ
若シクハわだんノ葉ノ如キ大ナル倒卵狀
長橢圓形長柄ノ根生葉ヲ叢生シ、白綠色
ヲ呈ス。初夏葉間ニ 1m 內外ノ一莖ヲ抽
キテ直上シ、數片ノ無柄葉ヲ互生シ、上
部ニ 6-9cm 許ノ長總狀花穗ヲ成シ、多數
ノ黃色頭狀花ヲ着ク。綠色ノ總苞ハ連合
シテ筒狀ヲ成ス。

きく科

つはぶき　（橐吾）

Ligularia tussilaginea *Makino.*

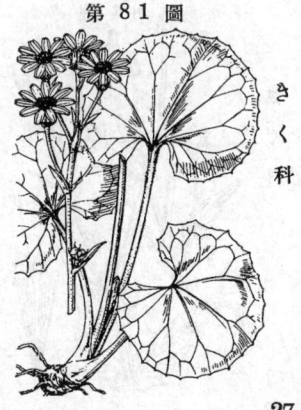

海邊ノ地ニ自生スル常綠多年生草本。長
柄ノ根生葉ヲ叢生シ、圓狀腎臟形ニシテ
質厚ク、深綠色ニシテ光澤アリ。十月頃
蔓ヲ抽クコト 60cm 內外、上部分枝シテ
黃色ノ頭狀花ヲ繖房狀ニ着ク。花徑凡ソ
5cm 許。總苞ハ淡綠色、總苞片一列ニ相
並ビ其邊緣接觸ス。舌狀花ハ倒披針狀線
形ヲ成ス。葉柄ヲ食用トシ又藥用ニモ供
セラレ、通常觀賞品トシ種々ノ園藝的變
種アリ。一變種ニおほつはぶきアリ、葉
頗ル大ナリ。

きく科

27

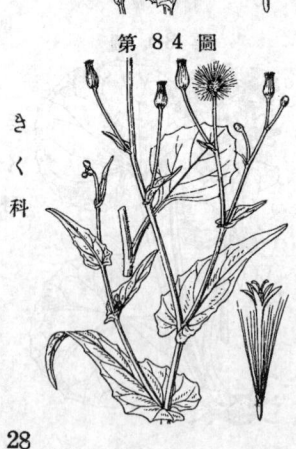

かんつはぶき

Ligularia hiberniflora *Makino*.

第 82 圖

きく科

九州種子島・屋久島ニ生ズル常綠多年生草本。葉ハ根生シ、長キ葉柄アリテ叢生ス。心臟形ニシテ邊緣ニ缺刻及ビ鋸齒ヲ有ス。葉面往々金屬光澤アリ。叢葉中ヨリ花莖ヲ抽クコト 30–60cm、晚秋初冬ノ頃梢ニ花梗ヲ分チテ黃色頭狀花ヲ著ケ、周邊ニ一列ノ舌狀花アリ。

べににがな

Emilia flammea *Cass.*

第 83 圖

きく科

東部印度ノ原產ニシテ觀賞ノ爲メ庭園ニ培養スル一年生草本。莖ハ分枝シ、高サ30–60cm 許、葉ハ互生シ、脚葉ハ有柄ナレドモ莖葉ハ無柄ニシテ箭形ノ葉底ヲ以テ莖ヲ抱キ、葉緣多少波狀ヲ呈シ、不齊ノ低尖起ヲ有ス。夏日長枝上ニ赤色或ハ時ニ柑黃色ノ頭狀花ヲ着ケ、各多數ノ管狀花ヲ有シ、子房ニ冠毛アリ。本種ハ花期頗ル長シ。

うすべににがな （紫背草）

Emilia sonchifolia *DC.*

第 84 圖

きく科

西南ノ暖地ニ生ズル一年生草本。莖ノ高サ30–60cm 許ニシテ枝ヲ分ツ。葉ハ互生シ、葉裏通常紫色ヲ呈ス。下部ノモノハ略圓クシテ長柄ヲ有シ、又往々羽裂ス。上部ノモノハ底部莖ヲ抱キ、卵狀披針形ヲ呈シ、葉緣ニ尖起アリ。夏秋ノ候多數ノ管狀花ヨリ成ル淡紫色ノ頭狀花ヲ長枝端ニ着ケ、總苞ハ圓柱形ヲ成ス。

さはをぐるま

Senecio campestris *DC.*
var. subdentatus *Maxim.*

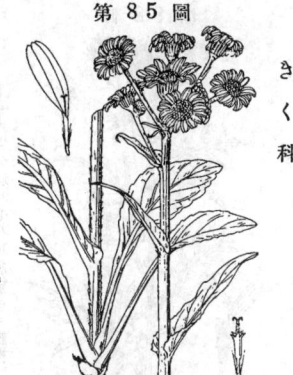

第 85 圖

きく科

濕地＝生ズル多年生草本。根生葉竝＝脚
葉ハ長柄ヲ有シ、稍葉ハ無柄＝シテ莖ヲ
抱ク。披針形、質厚ク、深綠色ヲ呈シ、
毛ナク或ハ多少白綿毛ヲ帶ブ。晚春莖ヲ
抽クコト 60-90cm、中空＝シテ粗大ナリ。
初夏莖頭ハ多クノ枝ヲ分チ黃色ノ頭狀花
ヲ着ク。一種山原＝生ジ、形之ヨリ小
＝シテ、莖葉＝白毛ヲ帶ブルモノヲをか
をぐるま(狗舌草)ト云フ。

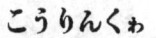

こうりんくゎ

Senecio flammeus *DC.*
var. glabrifolius *Cufod.*

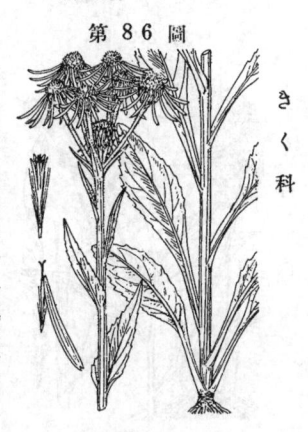

第 86 圖

きく科

向陽ノ山地高原ノ草地＝生ズル多年生草
本。莖ハ瘦長＝シテ直立シ高サ 50cm內外
アリテ枝ヲ分タズ、上部＝至ルニ從と白
色ノ綿毛稍著シ。根葉ハ匙形、邊＝鈍鋸
齒アリテ有翼ノ長柄ヲ具フ。莖葉ハ互生
シ披針形ニシテ齒牙緣ニ刻ミ、葉柄ハ短
クシテ底部ハ稍莖ヲ抱ケリ。頭狀花ハ八
月開花シ、莖稍ハ繖房狀ヲ成シテ敷箇ノ
頭狀花ヲ着ケ、徑2cm內外アリ。總苞片
ハ紫褐色ヲ呈シ、又白綿毛アリ。舌狀花
ハ十乃至十五、花冠ハ線形＝シテ下垂シ
濃柑赤色ノ特異色ヲ呈スルガ以テ大＝草
中＝異采ヲ放テリ。和名ハ紅輪花ノ意＝
シテ花色丹色ナレバ云フ。

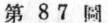

のぼろぎく

Senecio vulgaris *L.*

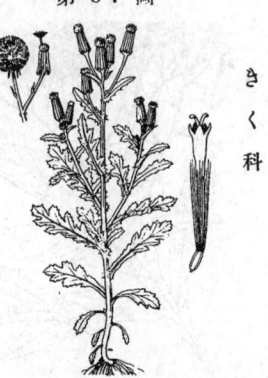

第 87 圖

きく科

歐洲ノ原產＝シテ明治初年頃渡來セル一
年生草本。繁殖極メテ旺盛＝シテ今ヤ諸
處＝普遍ス。莖ハ高サ 30cm內外、多ク
分枝ス。葉ハ互生シテ不齊＝羽裂シ、裂
片＝齒アリ、質軟クシテ毛ナシ。春夏ノ
候花アレドモ往々年中開花ス。黃色ノ頭
狀花＝シテ管狀花ノミヨリ成ル。ぼろぎ
く卽チさはぎく＝似テ野＝生ズルヨリ、
のぼろぎくノ和名ヲ生ゼリ。

29

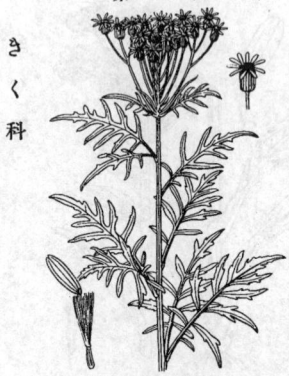

第88圖

さはぎく
一名 ぼろぎく
Senecio nikoensis *Maxim.*

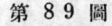

深山陰濕ノ地ニ生ズル越年生草本。全草軟弱、一種ノ臭アリ。莖ハ直立シ高サ60-90cm許、多稜ニシテ只下部ノミ僅ニ白疎毛アリ。葉ハ初メ根生シ、羽裂シテ裂片廣ク、其先端ハ鈍圓形ニシテ微毛アリ、莖葉ハ疎ニ五生シテ淡綠色ヲ呈シ、羽狀ニ全裂シ、裂片ハ薄質ニシテ線狀披針形或ハ長橢圓狀線形ヲ成シ一二ノ低鋸齒ヲ具フ。六七月ノ候莖梢ニ多數ノ長枝ヲ分チテ多數ノ頭狀花ヲ繖房狀ニ着ク。頭狀花ハ小形ニシテ徑約1cm、基部ニ小苞無シ。總苞ハ綠色ニシテ橢圓狀圓柱形ヲ成シ、總苞片ハ乾皮質ニシテ一列ニ排ビ長披針形ヲ成ス。舌狀小花ハ七乃至十、黃色ニシテ細シ。管狀小花ハ多數アリ。冠毛ハ白色ニシテ絹絲ノ如キ光澤アリ。和名澤菊ハ山人ノ謂フ﹅ハ即チ山間ノ低澤地ニ生ズルヨリ云ヒ、權襪菊ハ其相集リテ開花セル狀ヲぼろ切れノ集マリシ狀ニ擬シテ名ケシナリ。

第89圖

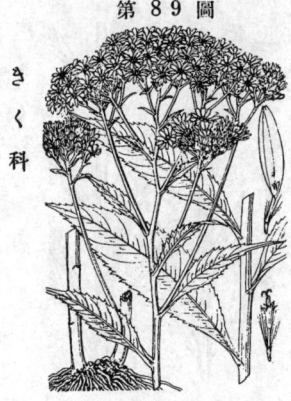

きをん
一名 ひごをみなへし

Senecio nemorensis *L.*

山地ニ生ズル多年生草本。莖ハ直立シ、高サ90cm內外。葉ハ互生シ、廣キ披針形ニシテ邊緣ニ淺齒アリ。夏時梢ニ枝ヲ分チ、多數ノ黃色頭狀花ヲ繖房狀ニ着ク。頭狀花ハ周圍ニ一列ノ舌狀花アリ。きをんハ黃菀ノ意ニテ、紫花ヲ開ク紫菀ニ對シテノ名、元來ハわうをんト云フベキモノナリ。

第90圖

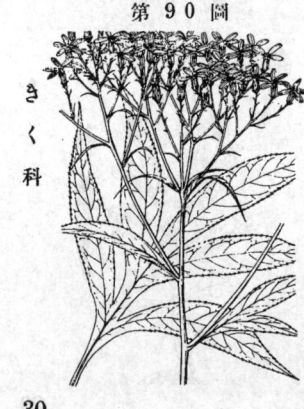

はんごんさう

Senecio palmatus *Pall.*

山地ニ生ズル大形ノ多年生草本。莖ノ高サ1.5mニ達シ、往々紫色ヲ帶ブ。葉ハ互生シ、柄アリテ羽狀ニ三-七深裂シ、裂片ハ狹長ニシテ邊緣ニ尖鋸齒ヲ有シ、裏面ニ毛ヲ帶ブ。八九月ノ候梢ニ枝ヲ分チ、繖房狀ニ多數ノ黃色頭狀花ヲ聚着ス。各頭狀花ハ綠色ノ總苞上ニ一列セル四-五片ノ舌狀花ト、內部ニ多クノ管狀花トヲ有シ、冠毛ハ褐色ヲ呈ス。 漢名 劉寄奴草(誤用)

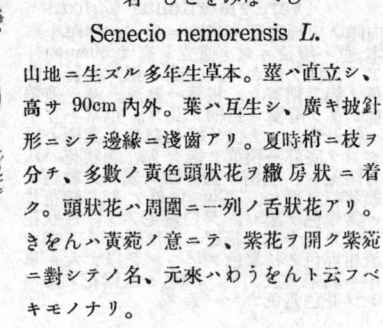

ふうきぎく

一名　しねらりや・ふきざくら

Senecio cruentus *DC.*

きく科

觀賞品トシテ渡來セル越年生草本ニシテ
亞弗利加かなり一島ノ原産ナリ。莖ノ高
サ 30-60cm。葉ハ大ニシテ互生シ、邊緣
ニ皺起アル心臟形ヲ成シ、下面紫色ヲ呈
ス。有翼ノ葉柄アリテ基部耳形抱莖ス。
初夏莖ヲ抽キ、分枝シテ梢頭ニ多數ノ美
麗ナル頭狀花ヲ開ク。紅・紫・藍・藍紫・白
色等多樣ナリ。和名ハ富貴菊ノ意ナリ。

かうもりさう

Cacalia farfaraefolia

Sieb. et Zucc.

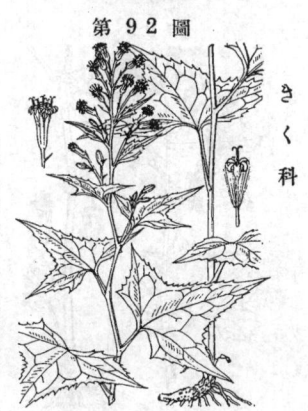

きく科

深山樹陰ニ自生スル多年生草本。莖ハ高
サ凡 60-90cm。葉ハ三角狀戟形ヲ成シ、
其橫徑ハ縱徑ニ超エ、葉底ハ淺キ心臟形
ヲ呈シ、邊緣ニ大小不齊ノ齒牙狀鋸齒ヲ
有ス。但シ莖ノ上部ノモノハ縱ニ狹長ト
成ル。秋日莖梢分枝シ、帶紫色ノ管狀花
ヨリ成ル細長キ多數ノ頭狀花ヲ圓錐花序
ニ排列シ、瘦果ニハ白色ノ冠毛アリ。和
名ハ葉形ニ基ク。

かにかうもり

Cacalia adenostyloides

Franch. et Sav.

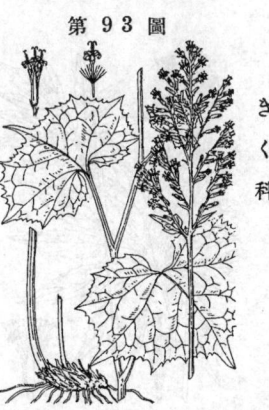

きく科

深山樹陰ニ自生スル多年生草本。莖ノ高
サ約60cm 內外、葉ハ互生シテ葉柄ヲ有
シ、葉形蟹甲ヲ彷彿シ、邊緣ニ不齊ノ齒牙
ヲ具フ。夏秋ノ候、莖梢分枝シテ管狀花
ヨリ成ル白色ノ細長キ頭狀花ヲ側生シ、
總狀ニ排列ス。和名ハ葉形ニ基ク。

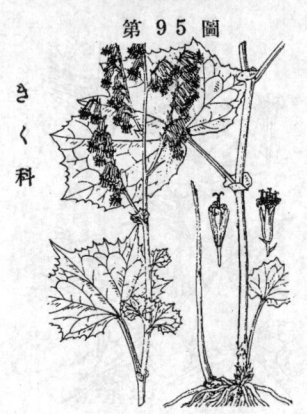

おほかにかうもり
一名 にっくゎうかうもり
Cacalia niko-montana *Matsu*

野州日光山特産ノ多年生草本ニシテ樹下ノ地ニ生ジ、高サ50cm内外。莖ハ直立シ稜角アリテ之字狀ニ屈折シ、疎ニ二乃至五葉ヲ互生ス。葉ハ五角狀腎臟形ニシテ廣心臟底ヲ成シ、橫徑10-15cm許、邊緣ニ不整ノ銳尖齒牙アリ、薄質ニシテ裏面ノ脈上ニハ葉柄ト共ニ淡褐色ノ卷縮長毛ヲ密生シ、葉柄ハ葉片ヨリ短ク基部ニ耳片無シ。秋日、莖頂ニ聚繖狀ヲ成シテ可ナリ多數ノ頭狀花ヲ着ク。總苞ハ狹長橢圓形ニシテ下部白色、上部ハ紫色ヲ帶ビ、總苞片ハ五アリ乾皮質ヲ呈シ長橢圓形ヲ呈ス。花ハ皆管狀花ニシテ一總苞內ニ五箇、花冠ハ白色、冠毛モ亦白シ。本種ハかにかうもりニ似タリト雖モ、彼ハ葉裏ニ褐毛ナク、花序ハ偏側總狀ニシテ總苞片三箇ナルヲ以テ區別シ得。和名ハ大蟹蝙蝠ニシテかにかうもりニ比スレバ大形ナルヲ以テ斯ク名ケタリ、日光蝙蝠ハ野州日光山ニ生ズルヨリ斯ク云フ。

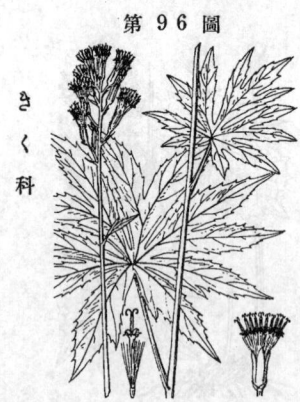

みみかうもり

Cacalia auriculata *DC.*
var. kamtschatica *Koidz.*

北地ニ生ズル多年生草本。莖ノ高サ90cm內外。葉ハ有柄ニシテ互生シ、略腎臟形ヲ呈シ、邊緣ニ不整齒アリ。葉柄基部ハ莖ヲ抱キテ耳狀ニ成ス。夏日、梢ニ枝ヲ分チ、管狀花ヨリ成ル白色ノ小形頭狀花ヲ穗狀ニ綴ル。和名ノみみハ耳ニテ其耳朵狀ヲ成セル葉柄本ノ狀ニ基キ名ケタルナリ。

やぶれがさ

Cacalia Krameri *Matsum.*

山地ノ樹下ニ多ク生ズル多年生草本。莖ハ直立シ、高サ60-90cm許。葉ハ掌狀ニ深裂シ、裂片ニ粗齒アリ、葉裏白色ヲ帶ブ。根生葉ハ長柄ヲ有シ、莖葉ハ通常二葉ニシテ短柄ヲ具フ。夏月莖梢ニ圓錐花穗ヲ成シテ多數ノ白色頭狀花ヲ着ク。各頭狀花ハ五裂管狀花ヨリ成リ、總苞ハ白紫色ヲ呈ス。漢名 兎兒傘(慣用)

きく科

たいみんがさ
Cacalia peltifolia *Makino.*

中國幷ニ北陸道南部ノ山中溪間陰濕ノ地
ニ生ズル多年生草本。莖ハ高サ 1.5m 内
外ニ達シ、高ク葉上ニ抽ク。葉ハ軟ク楯
形ヲ成シテ圓ク、周緣多數ノ銳尖ナル裂
片ニ分レ、邊緣ニ不齊ナル缺齒ヲ刻ム。
莖葉ハ少數ニシテ互生シ、根生葉ハ長柄
ヲ具ヘ、葉柄ハ頗ル太ク空洞ニシテ軟ナ
リ。秋日梢上多ク枝ヲ分チ、圓錐狀ヲ成
シテ多數ノ小頭狀花ヲ着ケ、各頭狀花ハ
淡黃色ノ雄蕊アル白色ノ五裂管狀花數箇
ヲ含ミ五片ノ短圓柱狀總苞ヲ有ス。冠毛
白褐色ナリ。和名ハ大明傘ノ意ナリ。

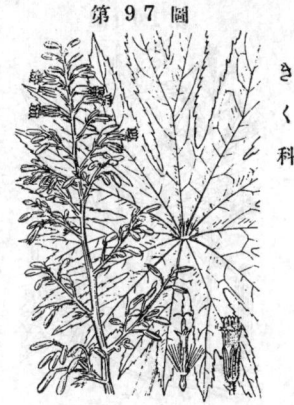

第 9 7 圖

き
く
科

たいみんがさもどき
Cacalia palmata *Makino.*
(= Arnica palmata *Thunb.*; Senecio palma-
tus *Less.*; Senecio syneilesis *Fr. et Sav.*;
Syneilesis palmata *Maxim.*;
C. syneilesis *Matsum.*)

深山樹下ノ地ニ生ズル多年生ノ大形草本。莖ハ
直立シ高サ30~100cmニ達ス。莖ヲ出サザル株ニ
ハ一二ノ長柄アル根生葉アリ其形狀莖葉ト同
ジ。莖葉ハ二乃至三箇アリテ極メテ疎ニ互生シ、
外形ハ圓形ニシテ横徑20~30cm許、掌狀ニ尖裂
或ハ深裂シ、裂片ハ三乃至七箇、更ニ三尖裂シ、
銳尖頭ニシテ鋸齒アリ、裂片間ノ彎入ハ狹ク、
葉底ハ心臟形ニシテ敢テ楯狀ヲ呈セズ。葉柄ハ
下部ノ者ニ在テハ頗ル長シト雖モ上部ノ者ニ在
テハ殆ンド之レヲ缺ク。八月、莖梢上ニ大ナル
圓錐花穗ヲ成シテ多數ノ小ナル淡黃色頭狀花ヲ
着ケ、花軸ニ眞直ニシテ褐毛アリ。總苞ハ細長
ニシテ長サ1.5~2cm許、總苞片ハ五箇アリテ乾
皮質ナリ。頭狀花ハ管狀小花ノミヨリ成リ一總
苞內ニ五乃至十小花アリ。冠毛ハ汚褐色ナリ。

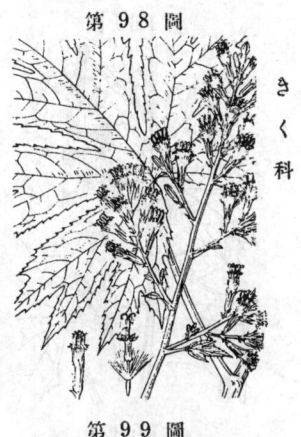

第 9 8 圖

き
く
科

もみぢがさ
Cacalia delphiniifolia
Sieb. et Zucc.

山地ニ生ズル多年生草本。莖ハ單一、直
立シテ高サ 90cm 内外ニ達ス。葉ハ長柄
ヲ有シテ互生シ、心臟狀底ニシテ掌狀ニ
分裂シ、其質柔ク、深綠色ヲ呈ス。夏月
梢上分枝シテ、細微ノ苞ヲ有スル頭狀花
ヲ圓錐狀ニ綴ル。花ハ白色ニシテ往々少
シク紅紫色ヲ帶ブ。嫩苗ヲ採リテ食用ト
ス。東北地方ニテしとぎト呼ブ。

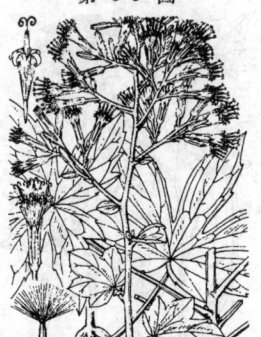

第 9 9 圖

き
く
科

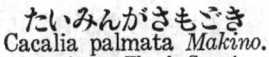

33

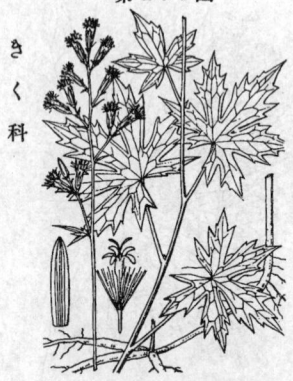

てばこもみちがさ
Cacalia tebakoensis *Makino.*

本州（東海道以南）・四國・九州ノ山間溪側ノ地ニ生ズル多年生草本ニシテ地下ニ匍枝ヲ引テ繁殖ス。莖ハ高サ 50cm 内外、細長ニシテ直立シ無毛ニシテ紫褐色ノ者多シ。葉ハ葉柄アリテ疎ニ互生シ、掌狀五乃至七深裂、裂片上半ニハ銳鋸齒ヲ具ヘ、乾ケバ膜質ト成リ裏面光澤ヲ生ジ脈理顯著ト成ル。盛夏ノ候、莖頂ニ圓錐花穗ヲ成シテ短小梗アル白色ノ頭狀花ヲ着ク。總苞ハ長橢圓形ニシテ基部ニ微小ナル小苞ヲ具ヘ、總苞片ハ五アリ。冠毛ハ白シ。本種ハ頗ル能クもみちがさニ似タリト雖モ全草纖細、葉裏脈絡顯著、且ツ匍枝ヲ有スルヲ以テ識別シ得ベシ。和名手筥紅葉傘ハ初メ本種ヲ土佐國手筥山ニ採集セシヲ以テ斯ク名ケシナリ。

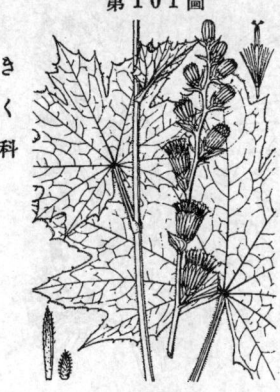

おほもみちがさ
一名 とさのもみぢさう
Cacalia Makineana *Makino.*
（＝Senecio Makineanus *Yatabe.*; S. Makinoi *Winkl.*; S. Iinumae *Mak.*; C. Iinumae *Mak.*)

本州中部以南四國九州ノ深山陰濕ノ地ニ生ズル大形ノ多年生草本ニシテ高サ1-1.5m、全株淡褐色ノ卷縮毛ヲ布キ、稍黏質ナリ。莖ハ直立粗大、二乃至三葉ヲ着ケ下方ノ者ハ長柄ヲ具ヘテ極メテ闊大、長サ15-25cm、掌狀ニ淺裂シ、裂片ハ其數十乃至十五アリ。夏日莖頂ニ總狀梢ノ瓣アル總狀花穗ヲ成シテ少數ノ頭狀花ヲ疎列シ、頭狀花ハ極メテ短キ小梗ヲ具シ小形ノ苞ニ腋生シ花穗ニ互生ニシテ偏向セリ。總苞ハ粗大ナル橢圓狀筒形ニシテ長サ1.5-2cm許、本屬中異色ヲ呈シ、綠色或ハ紫色ヲ帶ビ多肉ニシテ粗毛アリ、總苞片ハ狹長ニシテ一列ニ排ビ疎毛アリ。頭狀花ハ管狀小花ノミヨリ成リ、小花ハ瘦筒形ニシテ五裂シ、一總苞内ニ多數アリ、總苞ヨリ少シク長クシテ生時汚黃色ヲ呈ス。冠毛ハ淡褐色。全草乾ク時ハ暗褐色ニ變ズル特徵アリ。和名ハ大紅葉傘ニシテもみぢがさ類中ニ在テ草狀大形ナレバ云ヒ、土佐ノ紅葉草ハ土佐齋ナルヲ示セシ名ナリ。元來もみぢがさトハ其葉ムみぢ卽チかへでノ如ク掌狀裂ヲ成シ且癸盤狀ヲ成セバ斯ク稱スルナリ。

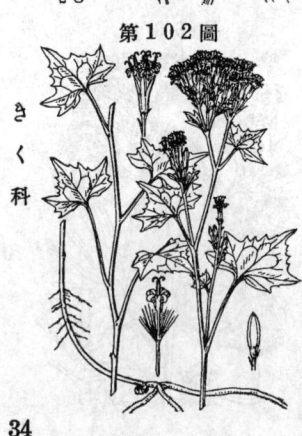

ひめかうもりさう

Cacalia shikokiana *Makino.*

四國・九州ノ深山ニ生ズル多年生草本。莖ハ細長ニシテ高サ 10-30cm 許アリ。葉ハ互生シテ長柄ヲ具ヘ、扁キ卵形ヲ成シテ、三乃至五裂シ、邊緣ニ粗齒アリ。夏時莖梢ニ枝ヲ分チ、少數ノ白色頭狀花ヲ着ク。頭狀花ハ少數ノ管狀花ヲ有ス。總苞ハ往々紫采ヲ帶ブ。

たまぶき
Cacalia bulbifera *Maxim.*
(=Senecio bulbiferus *Maxim.* ; C. farfarae-
folia *Sieb. et Zucc.* var. bulbifera *Kitam.*)

山中陰地ニ生ズル多年生草本ニシテ高サ 50cm
内外。莖ハ直立シテ圓柱形ヲ成シ汚紫色ヲ帶ブ。
葉ハ大形ニシテ有柄互生シ、廣卵狀五角形ヲ呈
シ邊緣ニハ大ナル微尖齒牙ヲ刻ミ、横徑 10-15
cm許、表面ハ濃綠色ニシテ短毛ヲ生ズレドモ、
裏面ハ綿毛ヲ布テ帶白色ヲ呈シ、質軟カシ。莖
ノ上部ノ葉腋ニハ帶卵球形ノ肉芽ヲ生ズル殊態
アリ。秋深クシテ莖頂ハ圓錐花穗ヲ直立シ多數
ノ白色頭狀花ヲ攅簇ス。頭狀花ハ下ニ短小梗ヲ
具フ。總苞ハ細長ニシテ基部ニ少數ノ小苞ヲ有
シ、總苞片ハ乾皮質ニシテ黃褐色、五箇アリ。
小花ハ一總苞內ニ七乃至十箇アリ皆細長ナル管
狀花冠ヲ有シテ五裂シ汚黃色ヲ呈ス。冠毛ハ白
色ナリ。和名 珠ぶきノたまハ其肉芽ヲ指シ、ふ
きハ其草狀ニ就テ名ケシナリ。

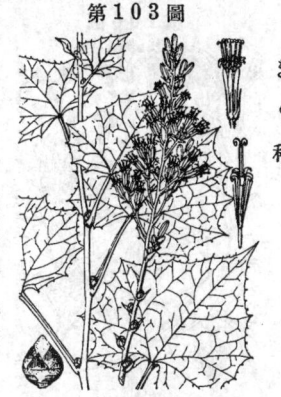

よぶすまさう
Cacalia hastata *L.*
var. glabra *Ledeb.*

深山ニ生ズル多年生草本。莖ハ直立シテ
高サ 2mニ近ク、葉ハ互生シ、大形廣闊
ニシテ底部ハ葉柄ニ連リ、楔形ヲ成シ、葉
末尖頭ヲ呈シ、邊緣ニ齒アリ。葉柄ハ翼
ヲ有ス。夏秋ノ候梢上ニ圓錐花穗ヲ成シ
白色頭狀花ヲ綴ル。各頭狀花ハ管狀花ヨ
リ成リ、總苞ハ長橢圓形ニシテ淡綠色ヲ
呈シ、往々紫釆アリ。東北地方ニテほんな
ト稱シ嫩時之レヲ食用トス。葉裏ニ毛多
キ一變種ヲうらげよぶすまさうト云フ。

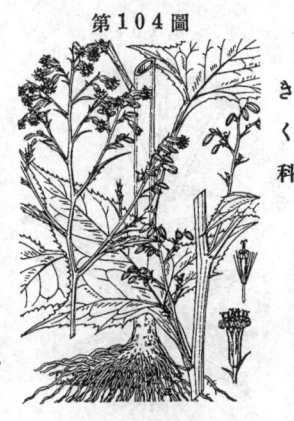

さんしちさう
Gynura japonica *Makino.*

庭園ニ栽培スル多年生草本。莖ハ高サ1m
內外。葉ハ大形ニシテ羽狀ニ深裂シ、莖
葉共ニ軟質ニシテ紫色ヲ帶ブ。秋日梢頭
ニ枝ヲ分チテ深黃色ノ花ヲ生ズ。頭狀花
ハ管狀花ノミヨリ成ル。此葉ノ搾汁ハ
毒蟲ニ螫サレタルニ用ヒテ、解毒ノ效ア
リ、又金魚一切ノ病ニ妙效アリ。漢名
土三七(慣用)。japonicaノ種名アレドモ
固ヨリ日本ニ產セズ、昔隣國ノ支那ヨリ
渡來セルモノナリ。

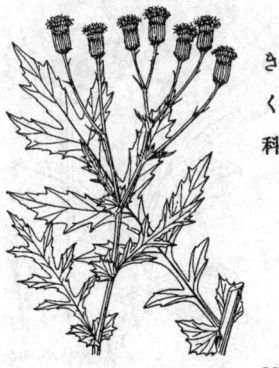

すゐぜんじな （木耳菜）

一名　はるたま

Gynura bicolor *DC.*

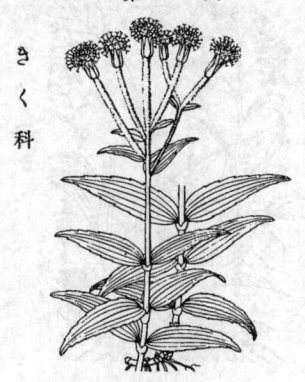

第１０６圖

きく科

暖地ノ産ニシテ我邦ニハ栽培ノミ、然レドモ南方暖地ニテハ往々自生ノ姿ヲ呈ス。多年生草本ニシテ四時葉アリ。莖ノ高サ 30–60cm。葉ハ互生シ、長楕圓狀披針形ニシテ尖リ、邊緣ニ鋸齒アリ、質柔ニシテ厚シ、上面綠色、下面ハ紫色ナリ。夏時纖長ナル枝頂ニ管狀花ヨリ成ル黃色頭狀花ヲ着生ス。葉ヲ食用トス。

ちゃうじぎく

Mallotopus japonicus

Franch. et Sav.

第１０７圖

きく科

山原ノ濕地ニ生ズル多年生草本ニシテ、莖ハ高サ 30–45cm 許。葉ハ無柄ニシテ對生シ、披針形ニシテ尖リ、邊緣ニ低平ノ齒アリテ葉脈三條大ナリ。夏秋ノ候聚繖花穗ヲ成シテ黃色ノ頭狀花ヲ開キ、各頭狀花ハ管狀花ヨリ成リ、總苞鱗片ハ長クシテ尖レリ。花梗ニ白毛ヲ密生スル殊態アリ。和名丁子菊ハ其頭狀花ノ形ニ基キシ名ナリ。

うさぎぎく

一名　きんぐるま

Arnica unalaschensis *Less.*

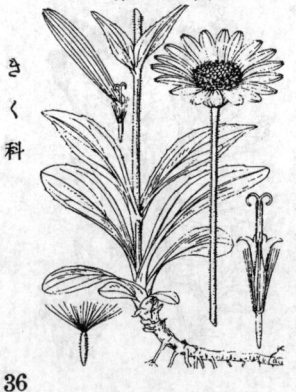

第１０８圖

きく科

高山植物ノ一ニシテ多年生ノ草本。高サ 30cm 內外、單莖直立シ、莖ト共ニ毛アリ。葉ハ倒披針形ヲ成シテ對生ス。夏日莖頂ニ一箇ノ黃色頭狀花ヲ着ク。周圍ニ舌狀花ヲ有シ、中部ニ暗色ヲ帶ビタル管狀花ヲ具フ。

あるにか
Arnica montana *L.*

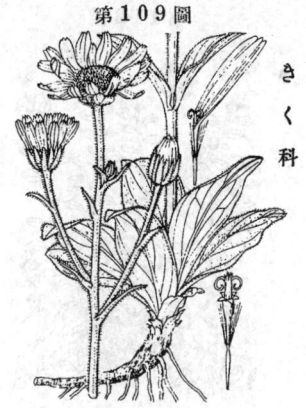

き
く
科

多年生草本ニシテ歐洲ノ原產ナリ。莖ノ
高サ 30cm 許ニ達ス。葉ハ長橢圓狀披針
形全邊ニシテ莖ニアルモノハ對生シ、夏
秋ノ候莖頭ニ分枝シテ各枝頭黄色ノ一花
ヲ開ク。うさぎぎくニ酷似ス。乾燥セル
花ヲ亞爾尼加ト稱シ、藥用ニ供ス。又根
莖モ同樣ニ藥用ニ供ス。藥用植物ノ一ト
シテ此ニ揭グレドモ、未ダ我邦ニ栽培セ
ルモノヲ見ズ。

ふ き
Petasites japonicus *Miq.*

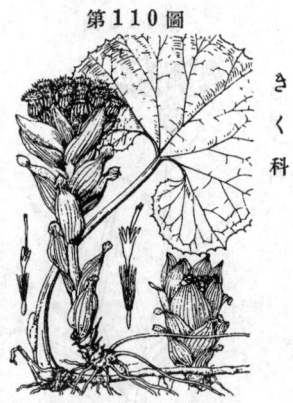

き
く
科

山野ニ自生スル多年生草本。雌雄別株。
往々園ニ作ラル。根莖ハ極メテ短ク地上
ヲ出デズ、周圍ニ地中枝ヲ發出ス。葉ハ
根生シ、葉柄極メテ長ク、上部ハ圓狀腎臟
形ノ葉面ニ着ク。初春其根莖ヨリ花穗ヲ
生ジ、大ナル鱗狀苞ノ有ス。花梗ハ漸次伸
長シ、雌株ニ於テハ花後長サ 30cm 餘ニ
至ル。雄花ハ白黄色、雌花ハ白色。共ニ
冠毛アリ。葉柄幷ニ嫩穗ヲ食用トシ又藥
用トス。漢名 蕗・欵冬(共ニ誤用)。あき
たぶきハ一變種ニシテ、其大ナル者ハ葉
柄ノ長サ往々 2mヲ超ユルコトアリ。

かみるれ
一名 かみっれ・かみれ・
せるまんかみるれ・どいつかみるれ
Matricaria Chamomilla *L.*

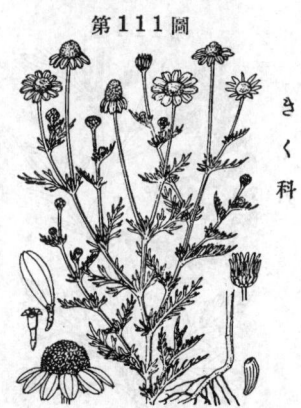

き
く
科

元來北歐洲西亞細亞ノ原產ナレドモ今ハ
藥用植物トシテ廣ク栽培シ强壯藥トス。
一年生或ハ越年生直立草本。高サ30-60cm
許、有香。莖ハ綠色、多枝。葉ハ互生、再乃
至三羽狀、裂片ハ短クシテ甚ダ狹シ。夏日
梢ニ繖房花序ヲ成シテ開花シ、頭狀花ハ
13-20mm 徑アリ、總苞片ハ略同長。花托ハ
長圓錐形、裸出、空洞。舌狀小花ハ一列ニ
排列シ、白色、雌性、花後下垂ス。中心小花
ハ黄色多數、管狀、兩性。瘦果ハ細小、冠毛
無シ。從來本品ヲかみつれト發音セシハ
非ナリ、而シテ眞正ナルかみるれハろー
まかみるれ(ろーまかみつれト發音スル
ハ非)ナル Anthemis nobilis *L.* ヲ指ス。
かみるれハ和蘭名 Kamille ニ基ク。

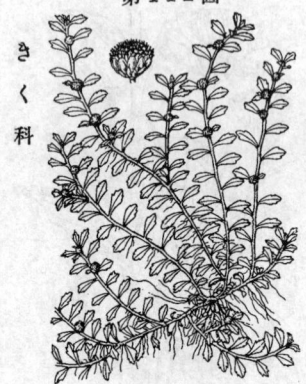

ときんさう （石胡荽）
一名　はなひりぐさ
Centipeda minima O. *Kuntze.*

庭園・路傍等ニ普通ナル一年生小草本ニシテ微臭アリ。高サ10cm 內外、多クハ簇生シテ地ニ擴ガリ、諸處ニ根ヲ發出ス。葉ハ互生シ、楔形ニシテ先端三-五ノ鋸齒ヲ有ス。夏秋ノ候無數ノ管狀細花相集リタル毬形ノ頭狀花ヲ葉腋ニ生ズ。花ハ綠色ニシテ往々褐紫色ヲ帶ブ。和名ハ吐金草ノ意ニテ此頭狀花ヲ指間ニ押潰セバ黃色ノ瘦果ヲ吐出スル故斯ク稱ス。所ニヨリたねひりぐさノ方言アリ。

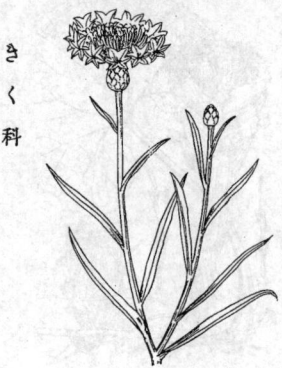

やぐるまぎく
Centaurea Cyanus L.

歐洲原產ノ園養植物ニシテ一年生或ハ越年生草本。莖ハ高サ 60-90cm ニ達シ、多少分枝ス。葉ハ互生シ、全邊或ハ多少鋸齒アル線形ニシテ下部ノ者ハ羽狀ニ深裂ス。莖葉共ニ白綿毛ヲ布ク。初夏ヨリ秋ニ亙リ藍紫色ノ頭狀花ヲ瘦長キ枝端ニ開ク。又桃色・白色等ノ品アリ。總苞片ニ細齒アリ。各頭狀花ハ皆管狀花ヨリ成レドモ周邊ノモノハ大形ニシテ舌狀花ノ狀ヲ粧ヒ、其狀矢車狀ヲ呈スルヲ以テ此和名アリ。

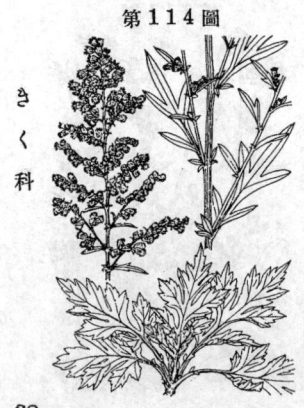

よもぎ （艾）
一名　もちぐさ
Artemisia vulgaris L.
var. indica *Maxim.*

山野ニ普通ノ多年生草本。莖ノ高サ 60-90cm ニ達ス。葉ハ互生シ、羽狀ニ分裂シテ裏面ニ白毛ヲ密生シ、香氣アリ。夏秋ノ候、莖梢ノ枝上ニ管狀花ヨリ成ル淡褐色小形ノ頭狀花ヲ穗狀ニ綴ル。春日新苗ヲ採リ、草餅ノ料ト成ス。又もぐさヲ製スルニ用フ。民間藥トシテ其效用多シ。島地ニ產スルモノ、時トシテ太ク、杖ト作スニ足ルモノアリ。

やまよもぎ （蔞蒿）

一名 おほよもぎ

Artemisia vulgaris *L.*
var. vulgatissima *Bess.*

第115圖

きく科

山中ニ生ズル多年生草本。莖ノ高サ1.5-2m。葉ハ有柄ニシテ互生シ、深ク羽裂シ、裂片更ニ分裂シテ末端尖リ、其裂片よもぎヨリ稍濶シ。葉裏ニ灰白毛ヲ布ク。夏秋ノ候、梢ニ分枝シテ多數ノ細小淡黄色ノ頭狀花ヲ着ケ、各數箇ノ管狀花ヲ有シ、枝上ニ穗ヲ成ス。葉ヨリもぐさヲ製ス、卽チ葉裏ノ毛ヲ利用スルナリ。

をとこよもぎ （牡蒿）

Artemisia japonica *Thunb.*

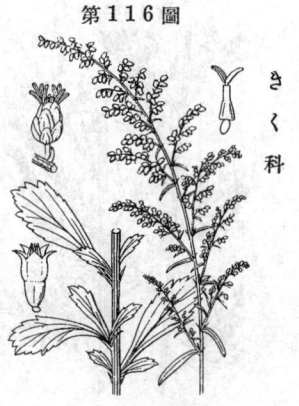

第116圖

きく科

普ク山野ニ生ズル殆ド無毛ノ多年生草本ニシテ、莖ノ高サ60-90cm許ニ達ス。葉ハ互生シ、楔形ヲ呈シ、基部狹クシテ全邊ヲ成シ、上端廣クシテ尖裂ヲ成ス。梢葉ハ小ニシテ線形、全邊ノモノ多シ。秋時枝上ニ多數ノ淡黄色小形頭狀花ヲ着ケ、圓錐花穗ヲ成ス。頭狀花ハ卵形ニシテ長徑約2mmアリ。總苞ハ綠色ヲ呈ス。

いぬよもぎ

Artemisia Keiskeana *Miq.*

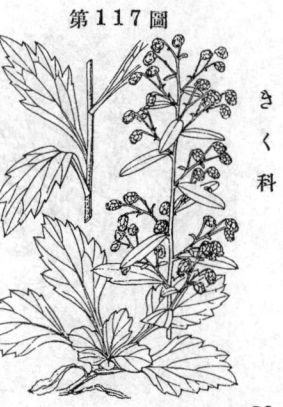

第117圖

きく科

山地ニ生ズル多年生草本。莖ハ高サ30-60cm、細長ニシテ葉裏ト共ニ褐色ノ微毛ヲ布ク。葉ハ互生シ、稍きくノ葉ニ似ルモ缺刻淺ク、下部楔狀ニ狹窄シ、綠色ニシテ質稍厚シ。根生葉ハ幅廣クシテ柄アリ。梢葉ハ狹小、披針形ニシテ先端ニ通常二三ノ淺裂ヲ有ス。夏秋ノ候葉腋ヨリ分枝シ、をとこよもぎヨリ稍大ナル頭狀花ヲ着ク。花徑約3mmアリ。漢名 菴藺（誤用）

39

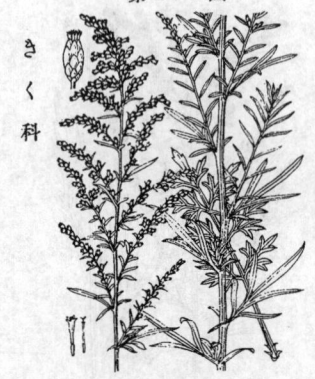

ひめよもぎ
Artemisia lavandulaefolia *DC.*

第118圖

きく科

山野ニ生ズル多年生草本ニシテ地下莖ヲ長ク曳キテ繁殖ス。莖ノ高サ1.5m内外ニ達シ、質硬ク、能ク發育セルモノハ頗ル肥大ト成リ、梢ニ多數ノ枝ヲ分ツ。葉ハ互生シ、羽狀ニ深裂シ、裂片ハ狹長ニシテ鋭頭ヲ有シ、葉裏ニ白毛ヲ密布ス。秋日枝梢ニ褐色ニシテ橢圓形ノ小頭狀花ヲ攢簇ス。コノ品ヲせめんしなト爲ス者アレド極メテ非ナリ。漢名 野艾蒿(慣用)

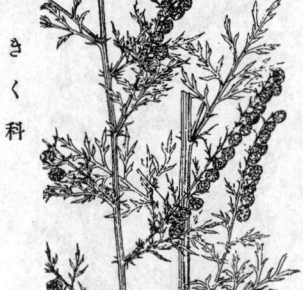

かはらにんじん　(藐蒿)
Artemisia apiacea *Hance.*

第119圖

きく科

川岸ノ砂地ニ多ク生ズル越年生草本ニシテ一種ノ臭アリ。根出葉ハ叢生シ、細裂シテ其形にんじんノ葉ニ似タリ。莖葉ハ互生シ、鮮綠色ニシテ質軟カナリ。夏日莖ノ高サ1m内外、梢上葉腋ニ枝ヲ分チ、枝上ニ稍大ナル綠黄色ノ頭狀花ヲ偏側生總狀ニ綴ル。

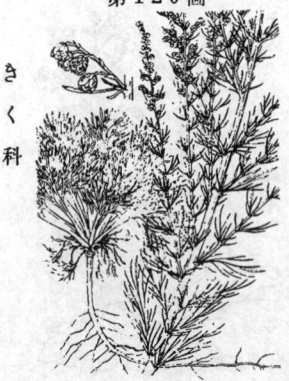

かはらよもぎ　(茵蔯蒿)
Artemisia capillaris *Thunb.*

第120圖

きく科

通常河川ノ附近砂地幷ニ海濱ノ砂場ニ多ク生ズル多年生草本ニシテ高サ30-60cm許、根莖ハ硬クシテ短シ。莖ハ直立シテ分枝シ、下部ハ木質ヲ呈ス。葉ハ細裂シテ互生ス。脚葉ハ通常密ニ白毛ヲ被フリ、あさぎりさうノ葉ニ似タリ。常葉ハ其裂片毛ノ如クシテ綠色ヲ呈ス。夏秋ノ間、枝上ニ多クノ花穗ヲ着ケ、梢ニ大ナル圓錐花穗ヲ成シテ無數ノ小形小頭狀花ヲ開キ黄色ヲ呈ス。總苞ハ橢圓形ニシテ綠色ナリ。小花ハ中部ニ兩性花相集リ其外圍ニ一列ノ雌花アリ。古來漢藥トシテ使用セラル。和名河原艾ハよもぎ類ニシテ河原ノ地ニ生ズレバ云フ。往々其根ニはまうつぼノ寄生セルヲ見ルコトアリ。

くそにんじん 〔黄花蒿〕

Artemisia annua *L.*

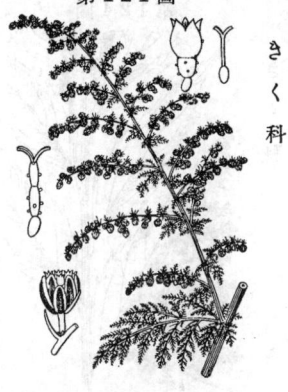

人家附近ノ荒地ニ生ズル一年生草本ニシテ一種ノ臭アリ。莖ハ緑色ニシテ高サ60-90cm許。葉ハ互生シ、甚ダ細ク分裂シテ黄緑色ヲ呈ス。秋日梢ニ多ク分枝シ、小形緑黄色ノ頭狀花ヲ穗狀ニ綴リ、大ナル花穗ヲ成ス。和名ハ糞胡蘿蔔ノ意ニテ、糞ハ其草臭ニ甚キ、胡蘿蔔ハ其葉狀ニ甚クナリ。

はまよもぎ
一名 ふくど

Artemisia Fukudo *Makino.*

大河ノ海ニ注グ處其河畔ノ泥地ニ多數群生スル暖地ノ越年生草本。高サ60-90cm許、莖葉共ニ帶白緑色ニシテ敢テ香氣ナシ。莖ハ粗大ニシテ直立シ上部ニ分枝シ、花・葉ヲ着ク。葉ハ質厚ク、有柄、互生シ、三、四羽裂シテ裂片ハ狹長ナリ、梢部ノ者ニ在テハ裂片漸ク少シ。根生葉ハ長柄ヲ具ヘ多裂ス。秋時上部ノ枝ニ多數ノ黄褐色頭狀花ヲ着ケ、相合シテ大ナル尖塔狀ノ圓錐狀花穗ヲ形成ス。頭狀花ハ各小梗ヲ具ヘ短キ倒圓錐狀ヲ成シテ點頭ス。總苞ハ緑色、鱗片鈍頭ニシテ覆瓦狀ヲ成ス。小花ハ中部ニ兩性花相集リ其外圍ニ一列ノ雌花アリ。和名濱艾ハ濱近クニ生ズルニ由ル、ふくどハ予未ダ其意ヲ解セズ。

みやまをとこよもぎ

Artemisia pedunculosa *Miq.*

高山ニ生ズル多年生草本ニシテ、莖ノ高サ30cm內外、一株ヨリ數莖ヲ抽キテ直立ス。葉ハ互生シ、狹キ楔形ヲ成シ、邊緣ニ粗鋸齒アリ。根生葉ハ科生シテ葉幅闊シ。夏時莖梢ニ總狀花穗ヲ成シテ稍大形ノ頭狀花ヲ着ケ、各頭狀花ハ長キ小梗ノ先ニ點頭シ、黄色ノ管狀花ヨリ成ル。

きく科

ひとつばよもぎ（九牛草）

Artemisia integrifolia *L.*

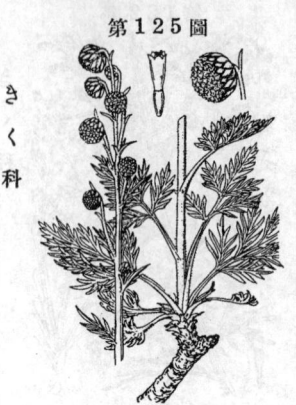

高山ニ生ズル多年生草本。莖ハ叢生シテ直立シ、單一ニシテ高サ 60〜90cm、通ジテ葉ヲ互生シ、上部ハ白色ヲ帶ブ。葉ハ短柄ヲ具ヘ、卵狀披針形ニシテ銳尖頭ヲ有シ、邊緣ニ不齊ノ尖齒アリ、上面淡綠色、下面ハ綿毛ヲ平布シテ白色ヲ呈ス。頭狀花ハ無梗或ハ微梗アリテ小苞ヲ有シ、細小、多數ニシテ橢圓形ヲ成シ、淡綠帶白色ニシテ八月頃梢ニ枝ヲ分チ、淡黃色ノ穗ヲ成ス。總苞內ニ十餘ノ小花アリ。

さまによもぎ

Artemisia norvegica *Fries.*

北地並ニ高山ニ生ズル多年生草本。莖ノ高サ 30cm 內外ニシテ毛アリ。葉ハ互生シ、再羽狀裂ニシテ下部ノモノハ葉柄ヲ具ヘ、根生葉ニハ長柄アリ。夏時開花シ、頭狀花ハ黃色ノ管狀花ヨリ成リ、梢ニ穗ヲ成シ、花梗ハ短シ。和名ノさまにハ樣似ニテ、北海道日高國ノ地名ナリ、しゃまにトスルヲ以テ正シトス。

あさぎりさう

Artemisia Schmidtiana *Maxim.*

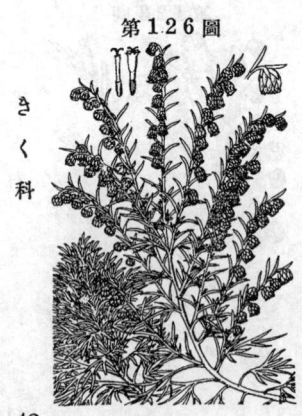

我邦北地ニハ天然生アリト雖モ、通常ハ之レヲ栽ヱテ觀賞スル多年生草本ニシテ、高サ凡 30〜60cm 許アリ。全草銀白色ヲ呈シテ異觀アリ。莖ハ直上シテ多ク分枝シ、枝ハ花ノ重ミニヨリ下方ニ撓曲スルヲ常トス。葉ハ互生シテ多裂シ裂片狹長ニシテ絲狀ヲ呈シ軟弱ナリ。秋ニ至テ開花シ、枝上ノ葉間ニ長梗アル可ナリ大ナル頭狀花ヲ點綴ス。總苞ニ白細毛ヲ被フリ鱗片長シ。小花ハ黃白色ニシテ中部ニ兩性花、其外圍ニ一列ノ雌花アリ。和名朝霧草ハ其草色ニ基キシ稱ナリ。

にがよもぎ

Artemisia Absinthium *L.*

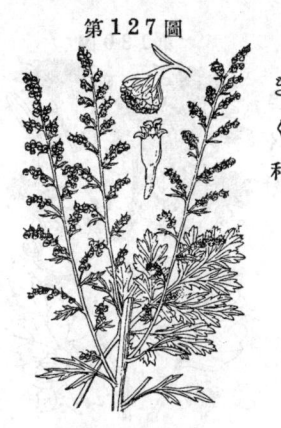

欧洲原産ノ二年生草本ニシテ、莖ノ高サ
1m內外、强烈ナル臭ヲ有シ、多ク枝ヲ分
ツ。葉ハ互生シ、兩面ハ淡白色ノ毛ヲ有
ス。再羽狀、或ハ三囘羽狀ヲ成シ、裂片
ハ披針狀ヲ呈ス。夏時花穗ニ多數ノ淡黄
色頭狀花ヲ着ク。全草ヲ苦艾ト稱シテ健
胃藥ニ供ヘ、味苦キヲ以テ此和名アリ。
往時ハ之ヲ亞爾鮮(あるせむ)ト稱セリ、
卽チ和蘭語ナリ。

き
く
科

き く (菊)

Chrysanthemum morifolium
Ramat. var. sinense *Makino.*

觀賞植物トシテ廣ク栽培スル多年生草本
ニシテ大菊・中菊・小菊ノ別アリ。莖ハ稍
木質ヲ成シ、高サ 1m 許ス。葉ハ柄有リテ
互生シ、卵形ニシテ羽裂シ、裂片ハ缺刻及
鋸齒ヲ具ヘ、葉底ハ心臟形ヲ呈ス。秋日
梢ニ枝ヲ分チ、頭狀花ヲ着ク。頭狀花ノ
周邊小花ハ舌狀花ニシテ種々ノ色ヲ有
シ、中心小花ハ黄色ノ管狀花ナリ。多數
ノ園藝變種アリ。

き
く
科

りゃうりぎく

Chrysanthemum morifolium
Ramat. var. sinense *Makino*
forma esculentum *Makino.*

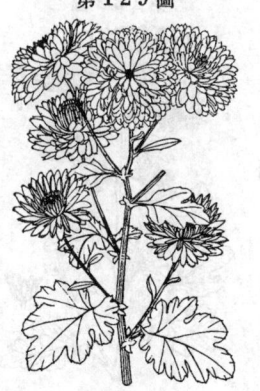

家植菊ノ一品ニシテ主トシテ頭狀花ヲ食
用ニ供スル爲ニ栽培セラル。高サ 30–50
cm、莖ハ直立シテ硬ク、葉ハ卵狀橢圓形
ヲ呈シテ互生シ、葉柄アリ、羽狀裂ヲ成
シ、裂片ハ概ネ鈍頭ニシテ更ニ少數ノ鈍
齒牙ヲ具ヘ、裏面ニハ白綿毛ヲ布ク。秋日
莖梢ニ短枝ヲ分チテ黄花ヲ開ク。頭狀花
ハ徑5–10cm、總苞片ハ何レモ廣橢圓形ニ
シテ邊緣ハ淡褐黑色ノ廣キ膜質ヲ成ス。
花冠ハ總テ舌狀ト成リ、黄色ヲ呈ス。苦
味無ク採リテ食用トス。和名ハ料理菊ニ
シテ食用ニ供スルヨリ云フ。

き
く
科

43

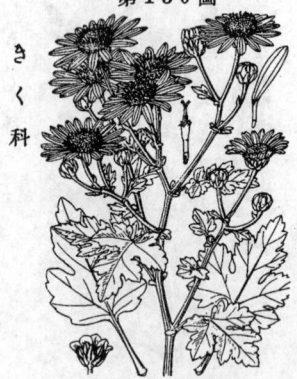

第130圖

きく科

のちぎく

Chrysanthemum morifolium
Ramat. var. *spontaneum Makino.*

我邦中部以西ノ近海山麓等ニ生ズル多年生草本。莖ハ高サ60-90cm許、通常中部ニ於テ三岐シ、梢ハ小枝ヲ分ツ。葉ハ互生シテ柄アリ、卵圓形ニシテ三乃至五片ニ羽裂シ、裂片ニ少數ノ鋸齒ヲ有シ、葉底ハ心臟形ヲ呈ス。秋時頭狀花ヲ略繖房狀ニ排列シテ花徑 3cm 内外アリ、周邊ニ白色稀ニ帶黄色ノ舌狀花ヲ駢ベ、中心ナル管狀花ハ黄色ナリ。本品ハ學問上家植菊ノ原種ナリ。和名ハ野路菊ノ意ニシテ著者ノ命名ニ係ル。

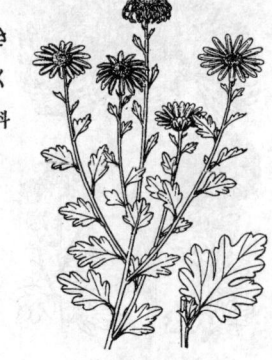

第131圖

きく科

りゅうなうぎく

Chrysanthemum Makinoi
Matsum. et Nakai.

山野ニ生ズル多年生草本。莖ハ瘦セテ高サ 30-60cm 許、葉ト共ニ白毛ヲ布キテ梢ニ枝ヲ分ツ。葉ハ有柄、互生シ、卵形ニシテ三裂シ、裂片更ニ一二淺裂ヲ成シテ家植ノきくノ葉-似ルモ、稍小サク、葉底心臟形ナラズシテ廣楔形ヲ呈ス。秋日莖頂ニ直徑 3cm許ナル白色黄心ノ頭狀花ヲ着ク。時ニ舌狀花ノ淡紅色ヲ呈スルモノアリ。觀賞品トシテハ餘リ栽培セラレタルヲ見ズ。和名ハ龍腦菊ノ意ニシテ、其莖葉ノ香氣ニ甚キ名ケタルナリ。

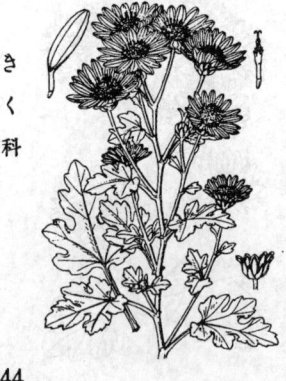

第132圖

きく科

にじがはまぎく

Chrysanthemum
Shimotomaii *Makino.*

周防國虹ケ濱ヲ中心トシテ防長二國ノ瀨戸内海岸丘陵ニ自生スル多年生草本。本種ハのぢぎくトあぶらぎく（所謂しまかんぎく）トノ中間形質ヲ示スヲ以テ該兩種間ノ自然間種ナルベシト謂ヘリ。高サ1m内外、莖ハ直立或ハ撓傾シテ下部ハ木質化セリ。葉ハ廣卵形又ハ卵形、銳頭、微心臟底又ハ截形底ニシテ羽狀深裂又ハ尖裂シ、其裂片ハあぶらぎくヨリハ廣クシテ鋸齒ハ鈍ナレド、のぢぎくニ比スレバ鋸齒尖レリ。秋日梢上ニ分枝シテあぶらぎくニ似タル小黄花ヲ開キ、舌狀小花ハ十五乃至二十箇アリ。稀ニ白花ヲ見ル、之ヲしろばなにじがはまぎく (f. albiflorum *Makino*) ト云フ。和名虹ケ濱菊ハ周防虹ケ濱ニ生ズルヨリ此名ヲ得タリ。

あぶらぎく
一名 しまかんぎく・はまかんぎく
Chrysanthemum indicum *L.*

本邦南方ノ暖地ニ生ズル多年生草本ニ
シテ、支那ニモアリ。莖ハ高サ 30–60cm、
細長ニシテ、通常紫黒色ヲ帶ブ。葉ハ深
緑色ヲ呈シ、互生シテ柄アリ、闊卵形ニ
シテ、通常五羽裂シ、裂片ニ鋸齒アリ。
秋時黄色ノ頭狀花ヲ略繖房狀ニ排列シ、
周邊ニ一列ノ舌狀花ヲ有シ、中心ニ多數
ノ管狀花アリ。花徑 2cm 許ナリ。家植小
菊ノ一部ハ此種ヨリ出ヅ。此種ハ山地ニ
在テ島地ヲ好マズ、從テ島寒菊ノ和名ハ
適當セズ。油菊ノ稱ハ其花ヲ油ニ漬ケ、
藥用トスルニ基ク。

きく科

あぶらかんぎく
Chrysanthemum indicum *L.*
var. hortense *Makino.*
(= Ch. lavandulaefolium *Makino*
var. hortense *Makino.*)

園裏ニ栽培スル多年生草本。莖ハ高サ凡
50cm、分岐シ、屈曲ス。葉ハ有柄、卵形又
ハ廣橢圓形ニシテ羽狀ニ尖裂シ、裂片ニハ
不整ニ齒牙アリ、裂片間ノ鐫入ハ狹ク且
ツ尖リ、表面ハ淡緑色ニシテ無毛ナレド
裏面ハ白軟毛ヲ布ク。晩秋ニ入リテ多數
ノ黄花ヲ梢上ニ連ネ、頭狀花ハ徑 2cm
ニシテ少シク點頭スル傾向アリ。管狀花
冠ハ發達著シク、舷部ハ二層五裂シ、密ニ
集合シテ爲ニ頭狀花ノ表面球面狀ヲ呈セ
リ。舌狀花ハ小形ニシテ發達セル管狀花
冠ニ隱レテ見エズ、雌性ニシテ舌狀瓣ハ
狹長ナル長橢圓形ヲ成セリ。和名油寒菊
ハあぶらぎくヨリ出デシ寒菊ノ意ナリ。

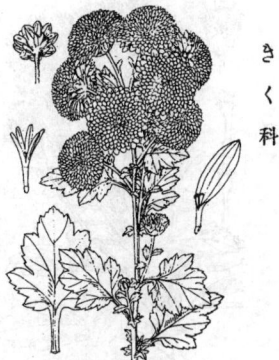

きく科

あわこがねぎく (野菊)
Chrysanthemum
lavandulaefolium *Makino.*

山野ニ自生スル多年生草本。莖ハ直立シ、
梢ニ分枝シ、高サ 60–90cm ニ達シ、細毛
アリ。葉ハ互生シ、きくノ葉ニ類シ、兩
面細毛アリテ、多少帶黄ノ緑色ヲ呈シ、
廣卵形ニシテ五深裂シ、裂片ハ缺刻アリ。
秋日枝梢上ニ多數ノ小頭狀花ヲ攢簇ス。
黄色ニシテ徑約 1.5cm 許。舌狀花ハ稍多
數ニシテ、中心ノ管狀花ハ多數ナリ。果
實ハ冠毛ナシ。花頗ル味苦ク、從テ漢名
ニ苦薏ナル別稱アリ。和名ハ泡黄金菊ノ
意ニシテ、其密集セル泡ノ如キ小黄花ニ
基キテ名ケタルナリ。之レヲあぶらぎく
ト稱スルハ非ナリ。

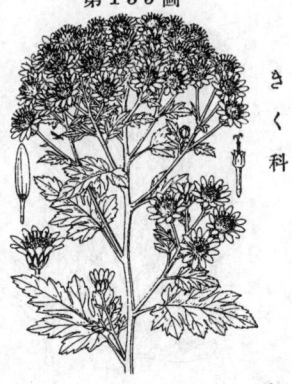

きく科

45

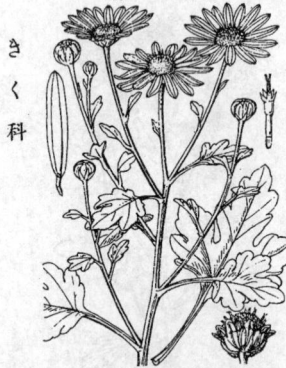

さつまのぎく

Chrysanthemum satsumense
Makino.(＝Ch. ornatum *Hemsl.*)

九州薩摩ノ海岸ニ生ズル多年生草本ニシテ、根莖ヲ分チ繁殖スル事家植菊ノ如シ。莖ノ高サ約30-60cm、梢ハ枝ヲ分ツ。葉ハ有柄ニシテ互生シ、羽狀裂ニシテ葉底心臟形ナラズ、葉裏色白シ。秋時白色ノ頭狀花ヲ枝端ニ開キ、一列ノ舌狀花ト多數ノ管狀花トヨリ成ル。果實ハ冠毛ナシ。稀少ノ品ニシテ和名ハ其產地薩摩ニ基キ、往年矢田部良吉博士ノ命名ニ係ル。

いそぎく

Chrysanthemum marginatum *Matsum.*

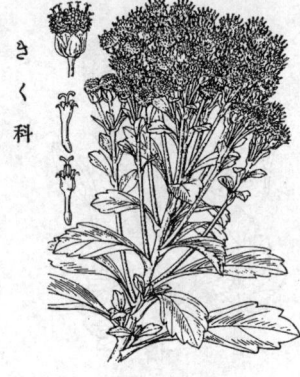

海濱ニ自生スル多年生草本。莖高サ30cm内外。葉ハ互生、細長ナル楔狀ニシテ、上方ニ鋸齒ヲ有ス。上面綠色ニシテ下面ハ白色ヲ呈ス。秋日梢頭葉ニ接シ、密集セル黃色ノ小頭狀花ヲ開ク。通常管狀花ノミヨリ成ルモ、稀ニ周緣ニ少數ノ舌狀花ヲ生ズルコトアリ、之レヲはないそぎく var. radiatum *Makino* ト名ク。和名磯菊ハ松村任三博士ノ命名ナリ。本種ハしほぎくニ緣近キモ全ク別種ナリ。

しほぎく　一名 しほかぜぎく

Chrysanthemum Decaisneanum *Matsum.*
(＝Pyrethrum Decaisneanum *Maxim.*;
C. Shiogiku *Kitam.*)

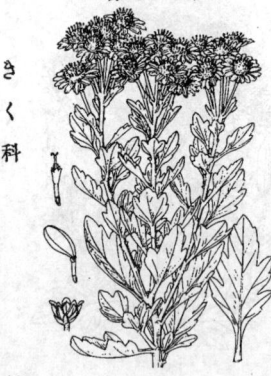

土佐ノ海岸地方ニ自生スル多年生草本ニシテ莖高サ30-50cm、根莖ハ地下ニ引テ繁殖ス。莖ハ直立シ花時ニハ下部能ク撓傾シ質硬シ。葉ハ倒卵形又ハ箆形、基部ハ楔形ニシテ長柄ヲ具フ、波狀ノ缺刻或ハ羽狀尖裂ヲ成シ、其裂片ハ圓ク二三ノ低純鋸齒アリ、表面綠色、裏面ハ莖ト共ニ白毛密布ス。秋日梢頭ハ繖房花序ヲ作リテ密簇セル多數ノ頭狀花ヲ著ケ、舌狀瓣ノ全ク無キ者又タ多少出現シテ白色ヲ呈スル者アリ。總苞ハ半球形ヲ成シ、總苞片ハ外者ハ綠彩有毛ナレドモ、内者ハ長楕圓形ニシテ廣キ膜緣アリ。邊緣花ハ離生ニシテ内部ノ管狀花ト同形或ハ不完全ナル白色ノ舌狀花冠ヲ有シ、内部ノ管狀花ハ兩性ナリ。管狀花ノミニテ舌狀花無キ者ヲまるしほぎく (f. discoideum *Makino*) ト云ヒ、頭狀花ハ徑12mm許、舌狀瓣ハ不完全ニシテ往々脣形ヲ呈シ反曲スル者ヲよあけしほぎく (f. incompletum *Mak.*) ト云ヒ、頭狀花ハ徑15mm許、舌狀瓣可ナリ發達セルモノヲあさひしほぎく (f. modestum *Mak.*) ト云ヒ、頭狀花ハ徑 3cm 内外、舌狀瓣大ニ發達セル者ヲみその しほぎく (f. hortense *Mak.*) ト云ヒ、舌狀瓣ハ筒狀ヲ成シ斜立スル者ヲくだざきしほぎく (f.tubulosum *Mak.*) ト云フ。和名鹽菊幷ニ鹽風菊ハ海濱ニ生ズルヨリ云フ。漢名千年艾(誤用)

はまぎく

Chrysanthemum
　　　nipponicum *Matsum.*

觀賞品トシテ往々庭園ニ培養セラルル
モ、又東北地方ノ東海岸ニ自生ス。莖ハ
60-90cm 許ニ達シ、其下部往々灌木狀ヲ
成シ、冬ニ枯死セズ、翌春其上端ニ新莖
ヲ出シテ密ニ葉ヲ互生ス。葉ハ楔形ヲ呈
シ、上部ニ鋸齒アリ、質厚クシテ毛ナシ。
秋日梢上分枝シテ其頂ニ徑約6cmノ白色
ノ頭狀花ヲ開ク。中心小花ハ黃色、總苞
片ハ綠色ニシテ卵形ヲ呈ス。此種トふら
んすぎくトノ間種ーしゃすたーでーじー
アリテ庭園ニ見ル、學名ヲCh. Burbankii
Makino ト云フ。

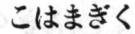

き
く
科

こはまぎく

Chrysanthemum arcticum *L.*

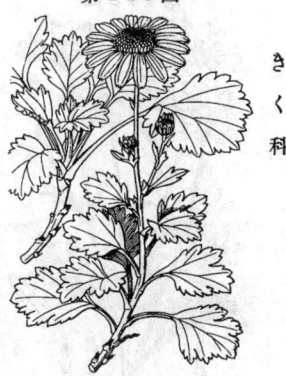

北海道及三陸ノ海濱ニ多ク生ズル多年生
草本ニシテ根莖ヲ曳キテ繁殖ス。莖ハ高
サ15-30cm 許ニ達シテ立ツ。葉ハ互生シ
テ葉柄ヲ有シ、楔狀篦形ヲ成シテ尖裂シ、
邊緣ニ粗齒ヲ有ス。秋時梢ニ頭狀花ヲ着
ケ、白色ノ舌狀花ハ短闊ニシテ、日ヲ經
レバ往々淡紅紫色ニ染ム、中心ノ管狀花
ハ黃色多數ナリ。和名小濱菊ハ小サキ濱
菊ノ意ナリ。

き
く
科

なつしろぎく

一名　こしろぎく・なつのこしろぎく

Chrysanthemum Parthenium *Pers.*

舶來ノ多年生草本ニシテ、歐洲ノ原產ナ
リ。莖ノ高サ60cm內外ニ達シ、梢ニ分枝
ス。葉ハ互生シ、葉柄ヲ具ヘテ深ク羽裂
シ、其裂片ハ幅稍廣クシテ尖裂シ、且粗
齒アリ。六七月ノ頃、梢上ニ多數ノ頭狀
花ヲ着ク。花徑 2cm 許アリテ周圍ノ舌
狀花ハ白色ニシテ一列ニ列シ、中心ノ管
狀花ハ黃色ニシテ密集ス。葉色黃ヲ帶ビ
タルー變種ヲきんえふぎくト云フ、卽チ
金葉菊ノ意ナリ。

き
く
科

47

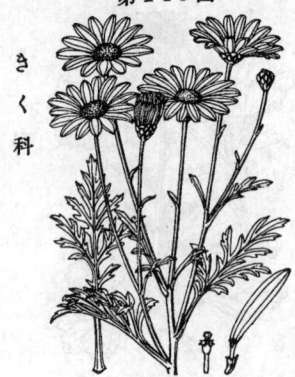

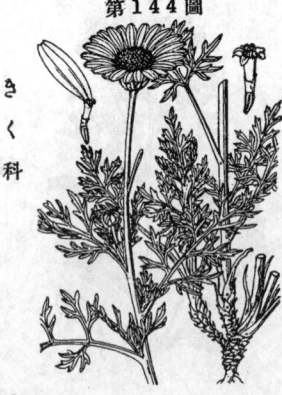

第142圖

き く 科

いはいんちん
一名　いはよもぎ

Chrysanthemum Pallasianum
Matsum. var. japonicum *Matsum.*
(＝Pyrethrum Pallasianum *Maxim.*
var. japonicum *Franch. et Sav.*；
Ch. rupestre Matsum. et Koidz.)

野州日光山・信州淺間山及ビ戸隱山等ノ高山岩
石地ニ生ズル多年生草本ナレドモ根莖ハ木化
シ、高サ10-30cm許アリ。莖ハ瘦長ニシテ直立
シ基部ハ傾上ス。葉ハ互生シ、卵形ニシテ羽狀
ニ深裂シ裂片ハ少數ニシテ互ニ相距リ且ツ廣線
形ノ呈シテ尖リ、葉ノ底部ハ楔形ヲ呈シテ遂ニ
葉柄ト成リ、表面ハ綠色ナレドモ裏面ニハ白色
ノ細毛ヲ密布シ、宛モよもぎニ似タリ。九十月
ノ候、莖頭ニ細梗ヲ分チ花ヲ多數小球狀ノ頭狀花ヲ
攢房狀ニ撥着ス。頭狀花ノ徑 5mm 內外アリテ
舌狀花ヲ缺如ス。總苞ハ廣鐘形ニシテ黃色ヲ呈
シ、總苞片ハ卵形ニシテ廣キ薄膜部ヲ有ス。和
名ハ岩茵蔯ノ意、茵蔯ハ茵蔯蒿ニテたかはらよも
ぎノコトナリ、いはハ岩間ニ生ズルヨリ云フ、
岩艾ハ岩上ニ生ズルよもぎノ意ナリ。

第143圖

き く 科

もくしゅんぎく

一名　きだちかみるれ・まーがれっと

Chrysanthemum frutescens *L.*

亞弗利加洲かなりー島原產ノ多年生灌木
狀草本ナリ。莖ノ高サ 60-100cm、多ク枝
ヲ分チ、下部ハ木質ヲ成ス。葉ハ互生シ、
分裂セル裂片ハ線形ヲ呈ス、葉色帶白。
夏時白色ノ頭狀花ヲ枝端ニ着ケ、舌狀花
ハ一列ニ列ビテ平開シ、中心ノ管狀花ハ
黃色ナリ。花徑 3-6cm許。觀賞品トシテ
栽培セリ。

第144圖

き く 科

しろむしよけぎく

一名　だるましやちょちゅうぎく

Chrysanthemum
cinerariaefolium *Bocc.*

歐洲ばるかん諸國中だるましやノ原產ニ
シテ、廣ク培養セラルル多年生草本ナリ。
葉ハ多數ニ羽裂シ、稍厚ク、淡綠色ヲ呈
ス。五六月ノ頃長莖ヲ抽クコト 30-60cm、
多ク枝ヲ分チテ各梢頭ニ頭狀花ヲ着ク。
白色黃心ニシテ花徑 3cm 餘アリ。花ヲ
粉末ニシテ蚤取粉ヲ製ス、故ニ除蟲菊ト
通稱ス。其莖葉ハ之ヲ蚊燻並ニ害蟲驅除
ニ利用ス。

あかむしよけぎく

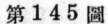

一名　べるしやちょちゅうぎく

Chrysanthemum
coccineum *Willd.*

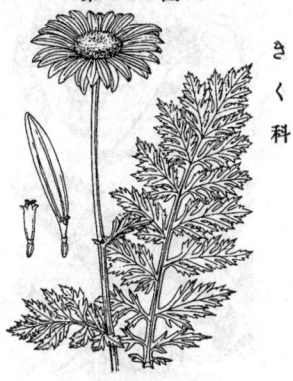

べるしや原産ノ多年生草本ニシテ、往々
觀賞ノ爲メ栽培セラル。茎ノ高サ 60cm
內外。葉ハ互生シテ羽裂シ、裂片尖裂ス。
茎ハ往々疎ニ分枝シ、夏日茎頂ニ大ナル
紅色ノ頭狀花ヲ着ケ、周邊ニ長キ舌狀花
一列ニ並ブ。頭狀花ニテ製セル粉末ヲベ
るしや蟲除粉ト呼ブ。

き
く
科

しゅんぎく　(同蒿)

Chrysanthemum coronarium *L.*
var. spatiosum *Bailey.*

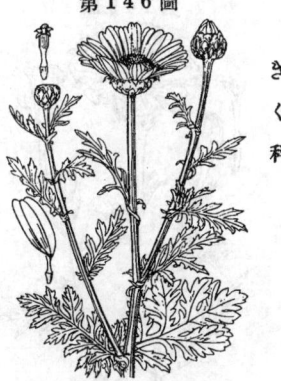

南歐ノ原産ニシテ園圃ニ栽培セラルル一
年生又ハ越年生草本。全株無毛ニシテ高
サ 30-60cm許。葉ハ互生シテ再羽狀裂ヲ
成シ、無柄ニシテ葉底茎ヲ抱キ、稍軟質
ナリ。夏日、黃色時ニ白色黃心ノ頭狀花
ヲ開キ、中心ニ管狀花ヲ密集シ、周邊ニ
舌狀花ヲ整列ス。花徑凡ソ 1cm アリ。春
時嫩苗ヲ食スルニヨリ春菊ノ和名アリ、
一種ノ香氣ヲ有ス。母種ハ觀賞ノ爲メ園
中ニ栽培ス、之ヲはなしゅんぎくト稱ス、
しゅんぎくニ比スレバ稍小ナリ。

き
く
科

のこぎりさう

一名　はごろもさう

Achillea sibirica *Ledeb.*

山野ニ自生シ、又觀賞ノ爲メ栽培セラル
ル多年生草本。茎ハ瘦長ニシテ高サ 60-
90cm ニ達シ、葉ト共ニ軟毛ヲ被リ、茎梢
ノ葉腋ニ枝ヲ分ツ。葉ハ狹長無柄ニシテ
互生シ、羽狀ニ深裂シ、裂片多數ニシテ
鋸齒アリ。夏日、梢頭ニ繖房狀ニ成シテ
多數ノ小頭狀花ヲ着ク。舌狀花少數ニシ
テ短ク、普通淡紅色ナレドモ又白色ノモ
ノアリ、培養品ニハ紅紫色ノモノ多シ。
漢名 蓍(慣用)

き
く
科

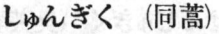

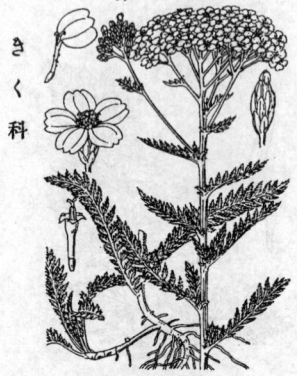

せいやうのこぎりさう

Achillea Millefolium *L.*

欧米原產ノ多年生草本ニシテ、觀賞植物
トシテ栽培セラル。莖ハ單一ニシテ高サ
60cm 餘。莖葉ハ無柄ニシテ莖ヲ通ジテ
互生シ、再羽狀裂ヲ成シ、多數ノ裂片ニ
鋸齒アリ。夏日梢頭ニ枝ヲ分チ、細小ナ
ル白色或ハ淡紅色頭狀花ヲ繖房狀ニ排列
シ、各頭狀花ハ其周邊ニ少數ノ短キ舌狀
花冠ヲ有ス。

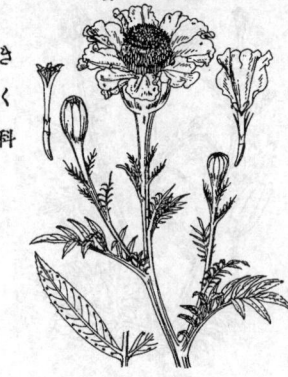

せんじゅぎく （臭芙蓉）

Tagetes erecta *L.*

めきしこ原產ノ觀賞植物ニシテ一年生草
本。莖ハ直立シ、高サ 90cm 許。葉ハ互
生シテ羽狀ヲ成シ、羽片ニ鋸齒アリ。一
種ノ臭アリ。夏日枝頭ニ黃色・淡黃色或
ハ赤黃色ノ頭狀花ヲ着ケ、盛ニ開花ス。
俗ニあふりかんまりごーるどト呼ブ。

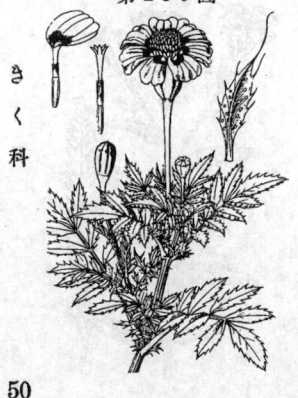

こうわうさう （萬壽菊）

一名　くじゃくさう

Tagetes patula *L.*

めきしこ原產ノ一年生草本ニシテ、觀賞
ノ爲メ栽培ス。莖ノ高サ 30-60cm。多數
ニ枝ヲ分チテ夏日各枝頭ニ黃褐色等ノ一
頭狀花ヲ着ケテ美ナリ。葉ハ互生シ、羽
狀ニシテ、小葉ハ鋸齒ヲ有ス。俗ニふれ
んちまりごーるどト呼ブ。

き
く
科

てんにんぎく

Gaillardia pulchella *Foug.*

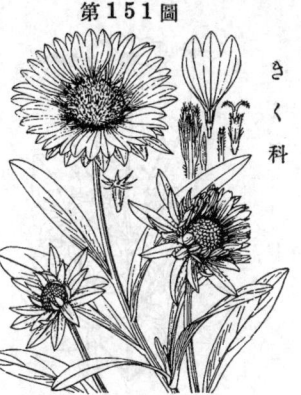

第151圖

きく科

北米ノ原産ニシテ觀賞ノ爲メ庭園ニ培養
セラルル一年生草本ナリ。莖ノ高サ60cm
許。葉ハ互生シ、披針狀ヲ成ス。夏日枝
梢上ニ通常黃褐色又ハ黃赤色ノ美ナル頭
狀花ヲ開キ、其周邊ニハ尖裂セル舌狀花
ヲ列シ、中心ハ管狀花密集ス。

あきざくら

一名　おほはるしゃぎく・こすもす

Cosmos bipinnatus *Cav.*

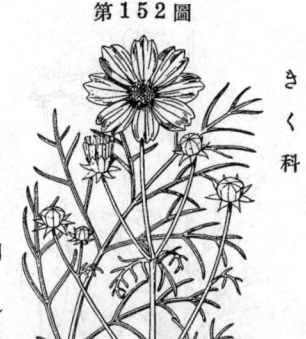

第152圖

きく科

めきしこノ原産ニシテ觀賞ノ爲メ庭園ニ
栽植セラルル一年生草本。莖ハ粗大ニシ
テ直立シ、高サ 1.5–2m 許ニ達ス。葉ハ
對生シ、重羽狀裂ヲ成シテ裂片ハ線形ヲ
呈ス。秋日梢上ニ枝ヲ分チ、更ニ一二回
分岐シテ枝頭ニ大輪ノ白色及淡紅紫色ノ
可憐ナル美花ヲ開クコト盛ンニシテ頗ル
壯觀ナリ。和名ハ秋櫻ノ意ニテ、廣ク民
間ニテ呼ブ名ナレバ今之レニ從ヒタリ。

てんぢくぼたん

Dahlia pinnata *Cav.*

第153圖

きく科

めきしこノ原産ニシテ多年生ノ觀賞草本
ナリ。春宿根ヨリ新苗ヲ發生ス。根ハ集
合シテ數顆ノ塊狀ヲ成ス。莖ハ圓柱形ニ
シテ直立シ、高サ約1.5–2mニ達ス。葉ハ
對生シ、羽狀或ハ再羽狀ニ分裂シ、小葉ハ
卵形ニシテ鋸齒アリ。夏秋、枝ヲ分チ、枝
頭ニ顯著ナル美花ヲ開ク。花ニ單重八重
アリ。舌狀花冠ハ廣狹長短アリ、又花色一
樣ナラズシテ紅・紫・白・黃等アリ。往時誤
テ之レヲ纏枝牡丹ト呼ビシガ本和名ハ天
竺牡丹ナリ。今日ニテハ普通ニだりあト
稱スレドモ、正シクハだーりあナリ。

51

第154圖

きんけいぎく

Coreopsis Drummondii
Torr. et Gray.

北米合衆國原產ノ一年生或ハ二年生草本
ニシテ花草トシテ庭園ニ栽培ス。莖ハ高
サ30-60cm許。葉ハ對生シ、卵形ノ小葉
ヨリ成ル羽狀複葉ニシテ毛茸多ク、下部
ノ者ハ有柄ニシテ上部ノ者ハ無柄ナリ。
六七月ノ頃、莖頂枝端ニ頭狀花ヲ開キ、
花徑4cm許アリ。周邊小花ハ金黃色ノ舌
狀花ニシテ、中心小花ハ紫褐色ノ管狀花
ヨリ成ル。和名ハ金雞菊ノ意ナリ。

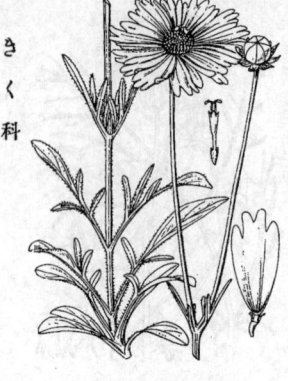

第155圖

おほきんけいぎく

Coreopsis lanceolata *L.*

北米原產ノ多年生草本。高サ30cm-1m。
莖ハ叢生シテ立チ、葉ハ披針形或ハ倒披
針形ヲ成シ、往々三裂シ、裂片ハ全邊ナ
リ。夏時細長ナル花梗ノ頂ニ徑5cm內外
ノ頭狀花ヲ着ク。鮮黃色ノ廣キ舌狀花一
列ニ列シ、瓣端ニ齒ヲ有ス。觀賞ノ爲メ
庭園ニ栽培ス。

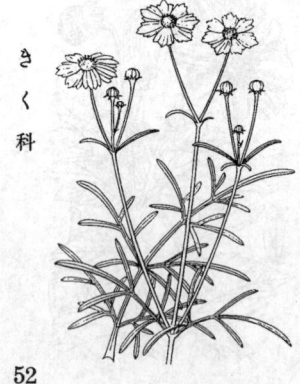

第156圖

はるしゃぎく
一名　くじゃくさう
Coreopsis tinctoria *Nutt.*

北米合衆國原產ノ一年生或ハ二年生草本
ニシテ、觀賞品トシテ庭園ニ栽培セラル。
莖ハ高サ30-60cm許ニ達シ、多ク分枝ス。
葉ハ對生シテ再羽狀ニ岐レ、裂片狹長
ナリ。六七月ノ頃細長ナル花梗ノ頂ニ徑
2-3cmノ頭狀花ヲ開ク。周邊ノ舌狀花ハ
鮮黃色ニシテ其底部(時ニ全部)ハ通常濃
赤褐色ヲ呈スルニヨリ頭狀花ハ蛇目狀ノ
斑紋ヲ成スヲ以テ又じゃのめさうノ名ア
リ。和名ハべるしや菊ノ意ナレドモ固ヨ
リ同國ニハ產セズ。

せんだんぐさ
Bidens bipinnata *L.*

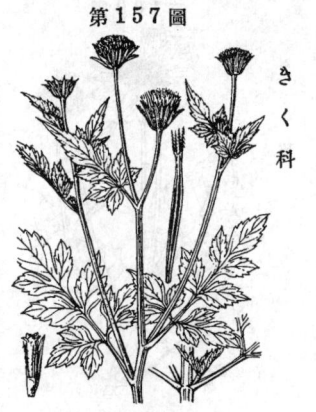

きく科

山野ニ生ズル一年生草本。莖ハ高サ50cm
-1m許ニ達シ、葉ト共ニ微毛ヲ帶ブ。葉
ハ有柄ニシテ下葉ハ對生シ、梢葉ハ互生
シ、再羽狀裂ヲ成ス。分裂小葉ハ卵形ヲ
呈シ、銳尖頭ニシテ邊緣ニ鋸齒ヲ有ス。
葉形せんだん葉ノ如シ、故ニ此名ヲ得タ
リ。秋日枝梢每ニ黃色頭狀花ヲ開キ、少
數ノ不登生舌狀花アリ。瘦果ハ長サ2cm
許、逆鉤アル刺毛狀ノ冠毛通常四本稀ニ
三、五本ヲ有シ、能ク人衣等ニ附着シ、
以テ種子ヲ散布ス。從來慣用ノ鬼針草ハ
B. pilosa *L.* 卽チこせんだんぐさノ漢名
ナリ。

たうこぎ
Bidens tripartita *L.*

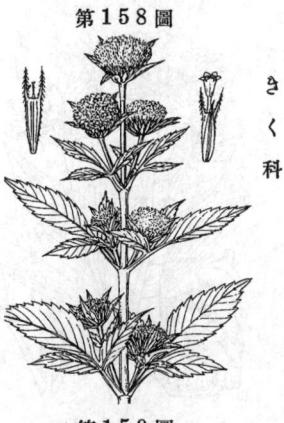

きく科

田畔・水邊等ニ生ズル一年生草本。莖ノ高
サ 60-90cm。葉ハ對生シテ柄ヲ有シ、三
乃至五裂シ、裂片ハ鋸齒アル卵狀披針形
ヲ成シ、梢ニ在リテハ單一葉ト成ル。秋
月、枝梢每ニ黃色ノ頭狀花ヲ着ケ、頭狀花
ハ總苞ノ外圍ニ十餘片ノ有柄苞ヲ伴フ。
瘦果ハ扁長ニシテ逆刺ヲ有スル棘狀ノ冠
毛通常二本ヲ具ヘ、他物ニ附着シテ種子
ノ散布ニ便ス。和名ハ田五加木ノ意ニテ
其葉狀ニ甚ク。漢名 狼把草(慣用)

ひまはり （向日葵）
一名　ひぐるま
Helianthus annuus *L.*

きく科

園裡ニ栽培セラルル一年生草本ニシテ北
米ノ原產ナリ。莖ハ直立シテ高サ2m內外
ニ達シ、葉ト共ニ短剛毛ヲ被ル。葉ハ大ニ
シテ互生シ、心臟形ヲ呈シ、長柄ヲ具フ。
八九月ノ頃莖頂幷ニ枝頭ハ大形ノ頭狀花
ヲ開キ側ニ向フ。然レドモ太陽ニ向ヒテ
廻ル事ナシ。其大ナルモノハ徑 25cm 餘
ニ達シ、周邊ハ鮮黃色ノ舌狀花ニシテ中
部ニ褐色或ハ黃色ノ管狀花穹窿狀ヲ成シ
テ密集ス。花後多數ノ大ナル瘦果ヲ生ジ、
此ヨリ油ヲ搾リ、或ハ食用トス。

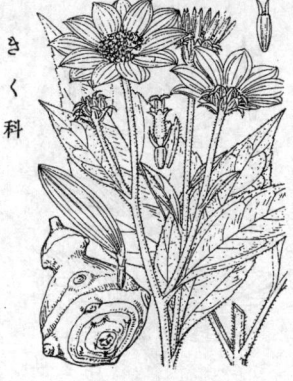

第160圖

ひめひまはり

Helianthus debilis *Nutt.*

北米ノ原産ニシテ近年ノ舶來ニ係リ、觀賞ノ爲メ庭園ニ栽植ス。莖ハ高サ1–1.5m許ニシテ多ク分枝シ、葉ハ長柄ヲ有シ、稍心臟形ヲ成シテ先端尖リ、邊緣ヲ粗齒ヲ具フ。莖葉共ニ短剛毛ヲ布キテ頗ル糙澀ナリ。夏秋ノ候枝梢上ニ徑6–9cm許ノ頭狀花ヲ開ク。舌狀花ハ鮮黃色ニシテ中部ノ管狀花ハ暗褐色ヲ呈ス。

第161圖

きくいも

Helianthus tuberosus *L.*

北米原産ノ多年生草本ニシテ原ト其塊莖ヲ採ル爲メニ栽エラレシガ今ハ時ニ人家ニ栽植シテ觀賞セラル。莖ハ高サ 1.5–2.5m ニ達シ、葉ト共ニ粗毛ヲ被リテ糙澀ス。葉ハ下部ノモノ對生、上部ノモノ互生シ、長橢圓形ニシテ尖リ、疎鋸齒ヲ有シ、大ナル三脈ヲ具フ。秋月梢ニ多枝ヲ分チ、徑8cm許ノ黃色頭狀花ヲ開ク。舌狀花ノ瓣ハ細長ナリ。地下ニ能ク塊莖ヲ生ジ、食用トスベキモ味佳ナラズ。和名ハ菊芋ノ意ナリ。

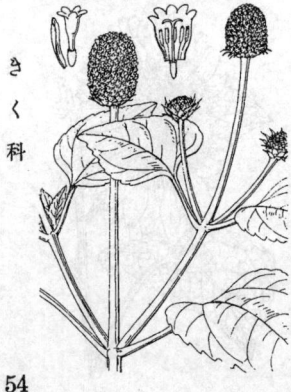

第162圖

おらんだせんにち
一名 はたうがらし

Spilanthes Acmella *L.*
var. oleracea *Clarke.*

東印度原産ノ一年生草本。莖ハ高サ30cm內外、多ク分枝ス。葉ハ對生シ、有柄ニシテ廣卵形ヲ成シ、邊緣鈍鋸齒ヲ具ヘ、暗紫綠色ヲ呈ス。夏日梢枝頂ニ球形或ハ橢圓形ノ紫褐色頭狀花ヲ生ズ。頭狀花ハ管狀花ノミョリ成リ、毎小花舟形ノ長苞ヲ伴ス。瘦果ハ扁平ニシテ兩緣ニ毛ヲ有シ、冠毛ヲ缺キ、二刺ヲ具フ。其花黃色ノ者ヲきばなおらんだせんにちト稱ス。葉味辛ク、之ヲヲはたうがらしト稱シ食用ニ供スルコトアリ。和名ハ和蘭千日紅ノ意、千日紅ノ姿ニ似テ舶載品ナレバ斯ク謂ヒ、葉唐辛ハ葉ニ辛味アレバ云フ。

ねこのした

誤稱　はまぐるま

Wedelia prostrata *Hemsl.*

多年生ニシテ海邊ノ砂場ニ生ジ往々之レ
ヲ覆フニ至ル。莖ハ長ク、砂上ニ匍ヒテ
節ヨリ根ヲ下シ 60cm 內外、溝條アリテ分
枝ス。葉ハ對生シ、卵形ニシテ疎鋸齒ヲ
有シ、葉質厚シ。莖葉共ニ糙澁ス。夏日
枝頭ニ黃色ノ頭狀花ヲ着ク。舌狀花ハ短
クシテ廣ク、其數多カラズ。瘦果ニ冠毛
ナク、每果幅闊キ穎苞ヲ伴ヘリ。和名
猫ノ舌ハ其葉面粗糙ニシテ宛モ猫舌面ノ
如ケレバ云フ。

第163圖

き
く
科

くまのぎく

一名　はまぐるま・しほかぜ

Wedelia calendulacea *Less.*

(=Verbesina calendulacea *L.*)

暖地ノ瀕海濕潤ノ地ニ生ズル多年生草本。莖ハ
綠色ヲ呈シテ細長、疎ニ分枝シテ延ビ下部伏臥
シ上部昂起シテ縱橫ニ蔓衍シ、全草甚ダ糙澁ナ
リ。葉ハ對生シ、披針形又ハ狹長橢圓形、先端ハ
槪ネ銳形、底部稍無柄ニシテ邊緣ニ疎低鋸齒ア
リ、三主脈ヲ有シ一見ねこのしたノ葉ニ似テ長
シ。頭狀花ハ長梗ヲ以テ葉腋ヨリ單立シ、徑2-
3cm 許アリテ晩春初夏ノ候ニ開ク。總苞片ハ稍
二列ヲ成シ、外片ハ大形草質ナレドモ內片ハ小
形且ツ膜質ナリ。邊緣ノ舌狀花ハ七乃至十箇、
黃色ニシテ雌性、舌狀瓣ハ先端嚙痕アリ。中心
花ハ短小ニシテ兩性、黃色ナリ。瘦果ニハ冠毛
ヲ缺ク。和名熊野菊ハ紀州熊野地方ニ生ズルヨ
リ云ヒ、濱車ハ其車咲ノ花ヲ對シテ呼ビ、鹽風
ハ鹽風ノ吹ヶ來ル海邊ニ生ズルヨリ云フ。

第164圖

き
く
科

おほはんごんさう

Rudbeckia laciniata *L.*

北米原產ノ長大ナル多年生草本ナリ。莖
ハ高サ1.5-2m、上部ニ分枝ス。脚葉ハ柄
ヲ有シ、羽狀ニ五乃至七裂シ、上部ノ葉ハ
三乃至五深裂シ、最上ノ葉ハ全邊ナリ。
秋時長梗頂ニ黃色ノ頭狀花ヲ着ケ、長ク
下垂セル舌狀花ヲ有ス。觀賞品トシテ栽
培ス。和名ハ大反魂草ノ意。八重咲ノモ
ノ今世間ニ多シ、之レヲはながさぎく (花
笠菊) ト呼ブ、卽チ var. hortensia *Bailey*
ナリ。

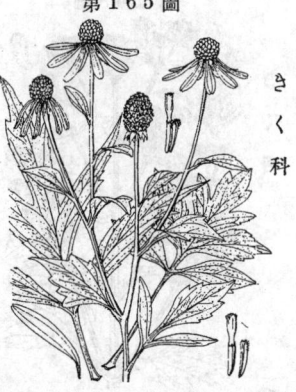

第165圖

き
く
科

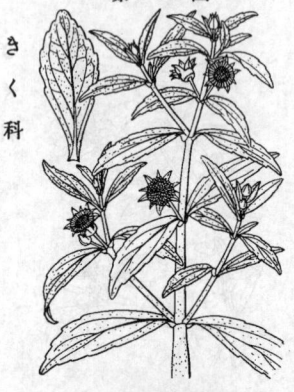

たかさぶらう （鱧腸）

Eclipta alba *Hassk.*

路傍・畦畔等ニ生ズル一年生草本。莖ハ高
サ 30cm 餘、直立或ハ横臥シ、葉腋ニ對生
シテ枝ヲ分チ、更ニ先端小枝ヲ分ツ。葉
ハ披針形ニシテ對生シ、莖ト共ニ短毛ヲ
被リ糙澀ス。八九月ノ候、梢頭枝端ニ徑
1cm 内外ノ頭狀花ヲ着ク。舌狀花冠ハ細
小ニシテ白色ヲ呈シ、中心花ハ淡緑色ニ
シテ廣キ花托ニ着ク。瘦果ハ黒熟ス。

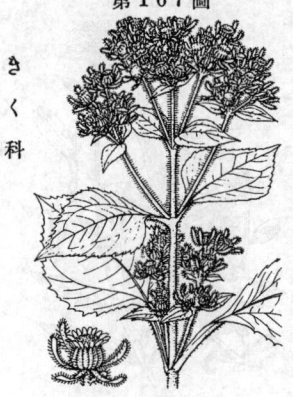

めなもみ （豨薟）

Siegesbeckia pubescens *Makino.*

原野ニ普通ノ一年生草本。莖ハ直立シ、
高サ 1m 内外、葉ト共ニ毛茸多シ。葉ハ
有柄、對生、卵狀圓形ニシテ尖リ、鋸齒ヲ
有シ、三脈大ナリ。秋日枝梢ニ黄色ノ頭
狀花ヲ開キ、花下ニ少數ノ狭長篦狀ノ總
苞片アリ、腺毛ヲ有シテ粘液ヲ分泌シ、
以テ人衣等ニ膠着シ、種子ノ散布ニ便ス。
外圍ノ總苞ハ緑色。舌狀花ハ細小。中心
管狀花ハ多數ナリ。和名ノめハ雌ニシテ
をなもみノ雄ニ對ス、なもみハ蓋シなづ
むノ意ニシテなごみト成リ遂ニなもみニ
轉化セシナラン、卽チなづむハ澀滯逡巡
ノ意ニシテ其粘腺アル鈎毛頻リニ附着シ
困頓ヲ極ムルヨリ斯ク云ヒシナラン。

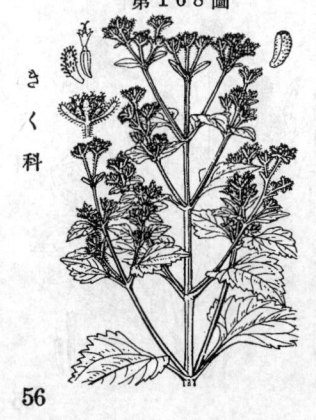

こめなもみ

Siegesbeckia glabrescens *Makino.*

山野ニ生ズル一年生草本。めなもみニ似タレド
モ、全株瘦長、高サ50cm 内外ニシテ莖及ビ葉ニ
彼ニ見ルガ如キ長キ粗立毛ナク、唯伏臥セル短
毛ヲ疎ニ布キ、一見無毛ナルガ如キヲ以テ其區
別容易ナリ。莖ハ圓柱形ニシテ帶褐紫色、上部
ニ對生シテ分枝ス。葉ハ有柄對生、草質ニシテ
薄ク表面糙澀シ、卵圓形或ハ卵形ニシテ短ク尖
リ、邊緣ニ不齊齒ヲ刻ミ、三主脈アリ。秋日梢頭
枝端ニ叢赦ノ圓錐形ヲ成シテ黄色ノ頭狀花ヲ散
着ス。總苞外片五箇ハ箆形ヲ呈シテ平開シ、内片
ハ相集リテ立チ内部ノ花ヲ包ミ、共ニ緑色多肉
ニシテ密ニ腺毛ヲ布キ瘦果熟スレバ他物ニ觸レ
テ容易ニ離脱膠着ス。邊緣花ハ舌狀花冠ヲ有スレ
ドモ細小ニシテ顯著ナラズ。中心花ハ黄色ノ
管狀花ヲ有シ花冠五裂ス。瘦果ハ倒卵形ヲ成シ
テ少シク曲レリ。和名ハ小めなもみニシテ之レ
ヲめなもみニ比スレバ草狀小ナレバ斯ク云フ。

ひゃくにちさう
Zinnia elegans L.

観賞品トシテ園裡ニ栽植セラルル一年生
草本ニシテめきしこノ原產ナリ。莖ハ直
立シテ高サ60-90cmニ達シ、葉ハ無柄ニ
シテ對生シ、長卵形ニシテ尖リ、基部ハ
莖ヲ抱キ、全邊ナリ。葉腋ニ枝ヲ分チ、
夏ヨリ秋ニ亙リ、相次ギテ毎枝頂ニ大ナ
ル一頭狀花ヲ開ク。舌狀花冠ハ剛質ニシ
テ永ク殘リ、一重八重アリテ、紅・紫・緋・
黄・樺等ノ數品アリ。中心管狀花ハ黄色ニ
シテ遂ニ卵狀ニ高マル。

きく科

ぶたくさ
Ambrosia elatior L.
(＝A. artemisiaefolia L.)

北米ノ原產ニシテ明治初年後ニ渡來シ今ハ荒蕪
地ニ多ク野生スル大形ノ一年生草本ニシテ高サ
1mニ達ス。全株短剛毛ヲ布キ、多ク枝椏ヲ分
ツ。葉ハ下部ハ對生、外形三角狀卵形、一二回
羽狀ニ全裂シ、裂片ハ線形ニシテ表面深綠、裏
面ハ淡色ナリ。夏日細黄花ヲ開ク。雌雄同株ニ
シテ雄性花序ハ枝端莖頂ニ長キ穗狀ヲ成シ、頭
狀花ハ徑2-3mm、十乃至十五ノ小花ヨリ成リ、
總苞ハ綠色草質ノ倒圓錐形ヲ呈シテ苞片ハ分岐
セズ、花ハ悉ク管狀花冠ヲ有ス。雌性花序ハ枝
ノ中部ノ葉腋ニ單立又ハ塊狀ヲ成シテ生ズ、頭
狀花ハ一小花ヨリ成リ、二箇ノ總苞片ヲ伴ヒ、
倒卵形、短嘴頭、綠色ニシテ、花柱ハ二岐ス。
和名豚草ハ北米ニテ Hogweed ト稱スルヨリ之
レニ基キ斯ク呼ビシナリ。

きく科

をなもみ〔菜耳〕
Xanthium Strumarium L.

原野・路傍ニ生ズル一年生草本。莖ハ高サ
1.5m內外ニ達シ、葉ト共ニ短毛ヲ被ル。
葉ハ長柄ヲ具ヘ、廣闊ニシテ銳頭ヲ有シ、
葉底心臟形ヲ成ス、邊緣ニ缺刻及粗鋸齒
ヲ有シ、下部ニ三脈著シ。夏月梢ニ黄綠色
ノ頭狀花ヲ疎穗狀ニ綴ル。雌雄アリテ、
雄性頭花ハ稍球形ヲ成シテ頂生シ、雌性
頭花ハ下部ニ在リテ二嘴並ニ鉤刺ヲ有ス
ル長橢圓形ノ壺狀總苞ヲ有シ、花後長サ
1cm餘ニ及ビ、中ニ二箇ノ瘦果ヲ閉入ス。
果實ハ風邪藥トシテ效アリ。

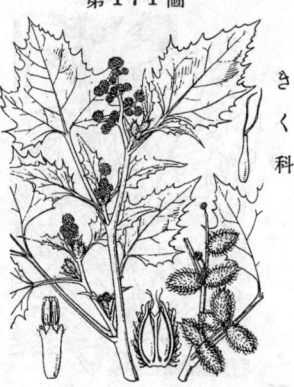

きく科

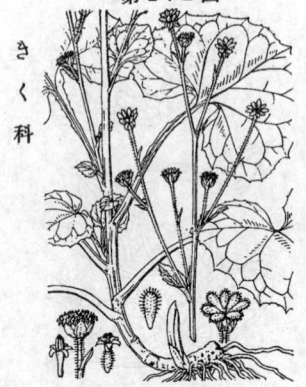

のぶき

Adenocaulon bicolor *Hook.*
var. adhaerescens *Makino.*

山野ノ樹陰・溪間等陰濕ノ地ニ生ズル多
年生草本。地下莖ハ短クシテ鬚根ヲ多出
シ、通常一根ニ一莖ヲ抽キテ高サ50cm
餘ニ達ス。脚葉ハ叢生シ、稍ふきニ似ル
モ小ク、長柄ニハ狹翼ヲ具ヘ、三角狀腎
形ヲ成シ、葉裏綿毛ヲ布キテ白色ヲ呈ス。
上葉ハ小ク、互生ス。夏秋ノ候、梢ハ分枝
シ、白色ノ小頭狀花ヲ多生ス。外部ノ小
花ハ雌花ニシテ内部ノ小花ハ雄花ナリ。
瘦果ハ綠色ノ棍棒狀ヲ成シテ輻射狀ニ列
ビ、暗紫色ノ粘腺毛ヲ密生シ、以テ他物
ニ膠着ス。和名ハ野ノふきノ意。 漢名
和尙菜(誤用)

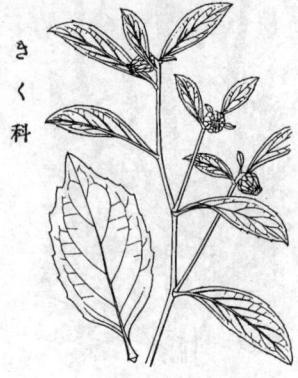

がんくびさう

Carpesium divaricatum
Sieb. et Zucc.

山野ニ生ズル越年生草本。莖ハ直立シ、
高サ30~60cm許、通ジテ葉ガ互生シ、梢
上葉腋ニ小枝ヲ分ツ。脚葉ハ長柄ヲ具ヘ、
往々心脚ニシテ卵狀橢圓形ヲ呈シ、邊緣
ニ不齊ノ鋸齒アリテ莖ト共ニ毛ヲ帶ブ。
上葉ニ至ルニ從ヒテ漸次短柄ト成リ、且
ツ葉身狹マル。秋日、梢頭枝端ニ黃色ノ
一頭狀花ヲ着ケ、側向或ハ下向ス。頭狀
花ハ二三ノ葉狀苞ヲ伴ヒ、總苞ハ鱗次シ、
外片ハ短闊、内片ハ狹シ。花態煙管ノ雁
首ニ髣髴タリ、故ニ此和名アリ。漢名 枸
兒菜(誤用)

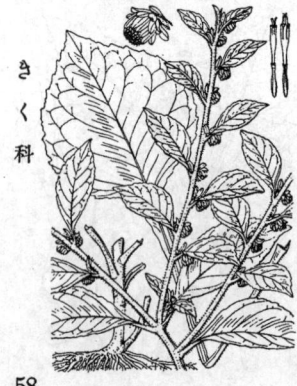

やぶたばこ (天名精)

Carpesium abrotanoides *L.*

原野・山麓等ニ生ズル越年生草本ニシテ
一種ノ臭氣アリ。莖ハ強硬ニシテ高サ60~
90cm許ニ達シ、葉ト共ニ細毛ヲ密布ス。
根葉ハ地ニ就キテ生ジ、稍たばこノ葉ニ
似ルモ小ク、鋸齒緣ニシテ皺面ヲ成シ、莖
葉ハ長橢圓形ニシテ互生ス。夏秋ノ候梢
頭ニ開出スル枝ヲ分チ、各葉腋ニ短梗ア
ル黃色ノ一頭狀花ヲ着ケ、枝上ニ連續ス。
頭狀花ハ稍鐘形ニシテ總苞片鱗次シ、其
外片數箇ハ葉狀ヲ呈ス。果實ハ黑褐細長、
先端微棘ヲ具ヘ、粘液ヲ分泌シ、臭氣ア
リ。葉ノ絞汁ハ腫物・打傷ニ效アリ。又
根・種子モ藥用ニ供セラル。

き

く

科

こやぶたばこ（杓兒菜・金空耳）
Carpesium cernuum L.

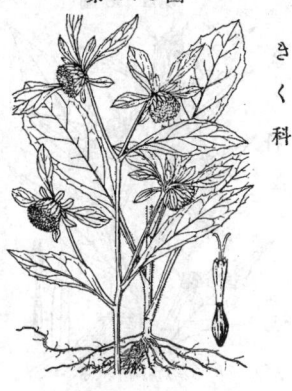

第175圖

きく科

山野ニ生ズル越年生草本。全株伏臥セル軟毛ヲ布キ帶白綠色ヲ呈ス。莖ハ直立シテ高サ60〜90cm 許ニシテ疎ニ分枝ス。根葉ハ闊大。莖葉ハ互生シ、下部ノ葉ハ橢圓形又ハ卵狀橢圓形ニシテ鈍頭、銳尖底ヲ以テ長キ有翼ノ葉柄ト成リ、共ニ鋸齒緣ヲ具ヘ、上部ノ葉ハ小形ニシテ廣披針形、低鋸齒緣、漸尖頭、銳底、短柄ナリ。秋月、枝端毎ニ一頭狀花ヲ着ケ點頭シ、直徑1cm 內外アリテ平頭ナリ。總苞ハ淡綠色ノ廣鐘形ニシテ下ニ葉狀苞二乃至五片ヲ具ヘ、外總苞片ハ倒卵狀披針形、鈍頭、葉質ニシテ上部ハ反卷シ、內方ノ總苞片ハ乾皮質ナリ。小花ハ總テ管狀花冠ヲ有シ、淡綠白色ヲ呈シ黃色ナラズ。和名小藪煙草ハ小形ナルやぶたばこノ意ナリ。

さじがんくびさう
Carpesium glossophyllum Maxim.

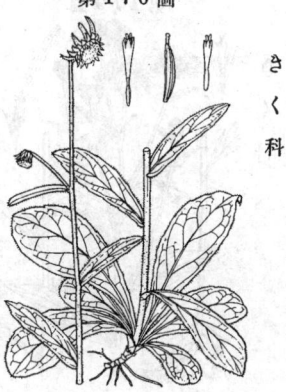

第176圖

きく科

山野ニ生ズル多年生草本。莖ハ質硬ク、高サ50cm 內外、單一或ハ一二分枝シ、葉ト共ニ毛茸多シ。根葉ハ稍叢生シテ地ニ平布シ、殆ド無柄ノ倒披針形ニシテ邊緣波狀ヲ呈シ、鈍頭。莖葉ハ小サク、披針形ニシテ疎ニ互生ス。夏日梢頭枝端ニ各一箇ノ小ナラザル白綠色頭狀花ヲ着ケ、側向ス。頭狀花ハ披針形ヲ成セル少數ノ葉狀苞ヲ伴ヒ、總苞片ハ稍幅廣ク、其外片ハ先端葉狀ヲ成シテ反卷シ、內片ハ乾皮質。瘦果ハ細長ナリ。

ひめがんくびさう
Carpesium rosulatum Miq.

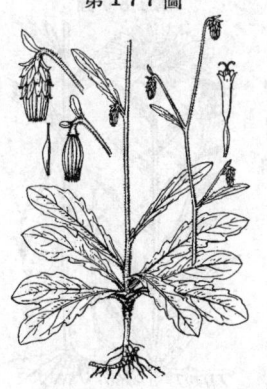

第177圖

きく科

山地ニ生ズル多年生草本。莖ハ細長ニシテ高サ30cm 內外アリ、全株短毛ヲ布ク。葉ハ脚部ニ多ク、鈍頭ナル倒披針形ニシテ邊緣ニ淺齒ヲ具ヘ、梢葉ハ狹小ニシテ疎着ス。夏時、梢上ニ枝ヲ分チ、枝端ニ管狀花ヨリ成ル淡黃色ノ小頭狀花ヲ有シ、點頭ス。頭狀花ハ圓柱形ヲ呈シ、徑4mm 許アリ、總苞外片ハ先端葉狀ヲ呈シテ反卷シ、中・內片ハ乾皮質ニシテ直立ス。本邦產本屬中ノ最小者ナリ。

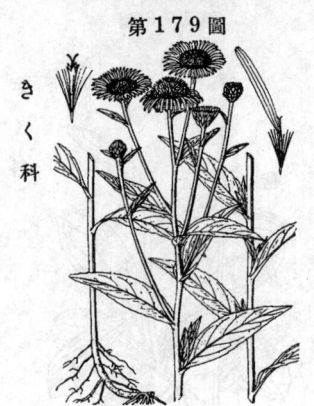

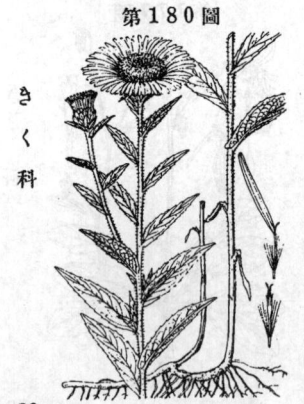

みやまやぶたばこ
一名 がんくびやぶたばこ
Carpesium triste *Maxim.*

山地ニ生ズル多年生草本ニシテ高サ 30-50cm、全株短毛ヲ密布ス。莖ハ直立、無枝又ハ上部ニ疎枝ヲ分チ、枝ハ殆ンド直立ス。葉ハ草質、莖ノ脚部ノ者ハ卵狀橢圓形又ハ長卵形ニシテ齒牙狀鋸齒緣、銳尖頭、圓底、有翼ノ長柄アリ、中部以上ノ者ハ披針形ニシテ狹小ナリ。秋月、枝端幷ニ梢上ニ頭狀花ヲ單立或ハ穗狀ニ着ク。頭狀花ハ點頭シ廣鐘形、汚黃色、徑1cm內外、葉狀苞ハ數片アリテ長短大小一ナラズ。總苞外片ハ五-六箇、線形、草質、中片ハ先端ノミ草質ニシテ反卷スレドモ、內片ハ乾皮質ニテ直立ス。花ハ皆管狀小花ニシテ花冠狹長五裂。瘦果ハ狹長。和名ハ深山藪煙草ニシテ山ニ生ズレバ云ヒ、雁首藪煙草ハ其頭狀花點頭シテ煙管ノ雁首狀ヲ成セバ云フ、みやまがんくびさうハ本種ノ名ニ非ズ。

をぐるま （旋覆花）
Inula japonica *Thunb.*

(=Inula britannica *L.*
var. japonica *Franch. et Sav.*)

原野・田間ニ生ズル多年生草本ニシテ地下莖ヲ引キテ盛ニ繁殖ス。莖ハ直立シ、高サ 30-60cm 許ニ達シ、全株毛ヲ帶ブ。葉ハ無柄ニシテ互生シ、廣披針形ヲ成シテ低齒ヲ具ヘ、上葉ハ底部莖ヲ抱ク。夏日、梢ニ枝ヲ分チ、枝端ハ黃色ノ美花ヲ着ク。花徑3cm許、總苞片ハ狹長ニシテ鱗次シ、綠色ヲ呈ス。此種ハ八重咲ノ品アリテ園養セラレ、やへをぐるまト呼ブ。

かせんさう
Inula salicina *L.*

山野ノ陽地ニ生ズル多年生草本。莖ハ硬質梗長ニシテ高サ 30-60cm許、葉ト共ニ短毛ヲ帶ブ。葉ハ無柄抱脚ニシテ稍密ニ互生シ、廣披針形、銳頭、微凸齒牙緣ヲ成シ、質乾性ニシテ稍硬ク、裏面ノ葉脈顯著ニシテ網狀ヲ呈ス。夏日梢ニ二三分枝シ、枝端ヲぐるまニ似タル黃色頭狀花ヲ開ク。花徑凡4cm許アリ、周邊ノ舌狀花ハ狹長、心花ノ管狀花ハ多數アリ。總苞片ハ葉質ヲ呈シ上端綠色、廣披針形ヲ成ス。和名ハ歌仙草ノ意ナリ。

みづぎく

Inula cilialis *Maxim.*

原野又ハ山原ノ濕地ニ生ズル多年生草
本。莖ハ高サ 30cm 內外。往々毛アルモ
ノアリ、通常單一ナレドモ時ニ一二ノ枝
ヲ分ツ。葉ハ倒披針形ニシテ互生シ、基
部ハ莖ヲ抱キ、邊緣ニ鈍齒アリ。夏秋ノ
候、黃色ノ頭狀花ヲ莖頂ニ獨在シ、總苞
尖リ、多數ノ管狀花並ニ舌狀花ヲ有ス。
花徑3cm內外アリ。水濕地ニ生ズル故ニ
水菊ノ意ノ和名ヲ有ス。

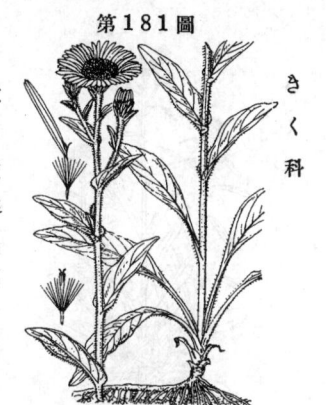

き
く
科

かひざいく

Ammobium alatum *R. Br.*

濠洲原產ノ一年生草本ニシテ觀賞品トシ
テ栽培セラル。莖葉共ニ綿毛ヲ被リ、高
サ 60-90cm 許。根生葉ハ柄ヲ有シ、莖
生葉ハ披針形ヲ成シ、其基部翼狀ニ延長
シテ莖ノ縱翼ト合體ス。夏秋ノ頃枝端ニ
開花シ、徑1-2cm 許。多數黃色ノ管狀花
ヲ有シ、其周圍ニ稍大形ナル白色ノ乾質
總苞ヲ有シ、覆瓦狀ヲ成ス。和名ハ貝細
工ノ意ニテ其頭狀花ノ性狀ニ基ヅク。

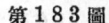

き
く
科

むぎわらぎく

Helichrysum bracteatum *Willd.*

濠洲原產ノ一年生或ハ越年生園藝植物ナ
リ。高サ 60-90cm許。葉ハ披針形ニシテ
互生ス。花期長ク、初夏ヨリ秋月ニ亙リ
テ花ヲ著ク。花徑凡3cm 許。總苞ハ顯著
ニシテ多數ノ鱗片乾質ヲ呈シ、黃色・黃
赤色・帶紅色・暗紅色・白色等ヲ呈シ、中
ニ多數黃色ノ管狀小花ヲ容ル。世人往々
之レヲかひざいくト呼ブハ非ナリ。和名
ハ麥藁菊ノ意ニテ其硬質ノ花ニ基ヅク。
近時坊間ニ見ル裝飾用ノどらいふらわー
ハ秋時本種ノ花ヲ採リテ乾燥セルモノナ
リ。

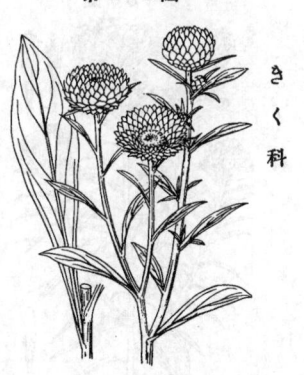

き
く
科

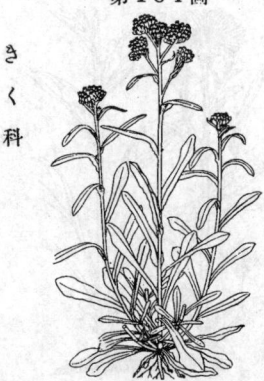

第184圖

きく科

はうこぐさ　（鼠麴草）

一名　おぎゃう・ははこぐさ

Gnaphalium multiceps *Wall.*

野外ニ普通ナル越年生草本。基部ヨリ枝ヲ分チテ直立シ、高サ 20-30cm 許ニ達ス。葉ハ互生シ、線狀倒披針形ヲ成シテ邊緣稍波狀ヲ呈シ、莖ト共ニ白軟毛ヲ被ル。春夏ノ候、黃色ニシテ細小ナル頭狀花ヲ梢上ニ簇生ス。總苞ハ卵形、黃色、乾質ニシテ、中心ハ兩性花ヲ、周邊ニ雌性花ヲ容ス。瘦果ハ冠毛アリ。春ノ七草ト謂フおぎゃう（ごぎゃうハ非）之ナリ。又葉ヲ餅ニ交ヘ搗ク。之レヲははこぐさ（母子草）ト云フハ、其名固ヨリ正シカラズ。

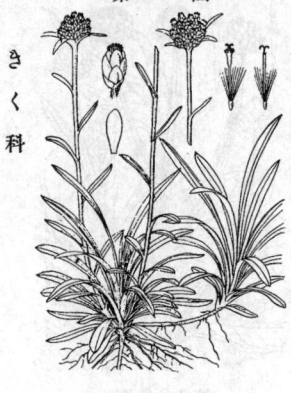

第185圖

きく科

ちちこぐさ　（天青地白）

Gnaphalium japonicum *Thunb.*

山野ニ生ズル多年生草本ニシテ地上莖ヲ曳テ繁茂ス。葉ハ狹長、全邊ニシテ、上面綠色、下面毛ヲ有シ、白色ナリ。四五月頃、根葉中ヨリ高サ15-30cm 許ノ綿毛ヲ被ル細莖ヲ抽キテ葉ヲ互生シ、頂ニ數箇ノ光澤有ル褐色頭狀花ヲ密簇ス。總苞片ハ筧狀ニシテ褐色、中心小花ハ兩性花ヲ成シ、其周圍花ハ雌性小花ナリ。瘦果ハ白冠毛ヲ有ス。和名ハ母子ぐさニ對シテ父子草ト名ケシモノナリ。

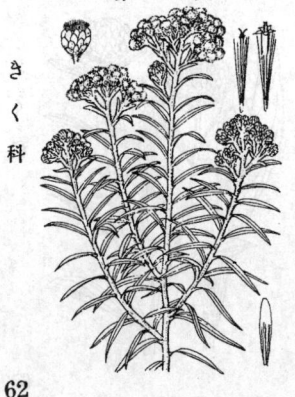

第186圖

きく科

あきのはうこぐさ

Gnaphalium hypoleucum *DC.*

山野ニ生ズル一年生草本。莖ハ稍硬ク、直立シテ高サ 60cm 餘ニ達シ、梢上枝ヲ分チ、葉裏ト共ニ白色ノ綿毛ヲ密布ス。葉ハ互生シ、細長ニシテ先端尖リ、表面糙澁シ、底部莖ヲ抱ク。秋日、枝梢上ニ黃色ノ小頭狀花ヲ攅簇ス。總苞鱗次シ、外片ハ淡綠ニシテ白綿毛ヲ被リ、內片ハ乾質ニシテ黃色。頭狀花ハ管狀花ノミヨリ成リ兩性花及雌性花ヲ有ス。

やまはうこ

Anaphalis margaritacea
Benth. et Hook. fil.

第187圖

きく科

山地ニ生ズル多年生草本。茎ハ直立シテ高サ60cm 内外ニ達シ、白綿毛ニ被ハル。葉ハ互生シ、無柄ニシテ線狀披針形ヲ成シ、表面ハ深綠、裏面ハ綿毛ヲ布キテ白色ヲ呈ス。夏日、梢頭ニ繖房狀枝ヲ分チ、かはらはうこノ如ク多數白色ノ頭狀花ヲ着ク。總苞ハ白色乾質、小花ハ淡黃色ヲ呈ス。兩性花雌性花異株ナリ。 漢名 毛女兒榮(誤用)

ほそばのやまはうこ

Anaphalis margaritacea
Benth. et Hook. fil.
var. japonica *Makino.*

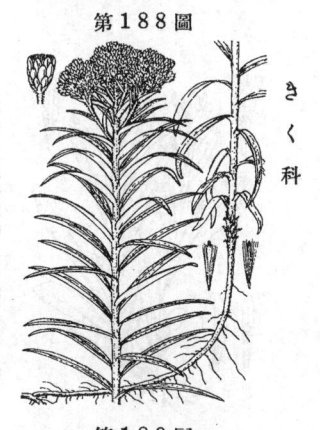

第188圖

きく科

本邦中部以西ノ高山ニ生ズル多年生草本ニシテやまはうこニ酷似シ、其小ナルモノナリ。高サ 30cm 内外。横走セル地下莖ニヨリテ繁殖ス。葉ハ互生シ、多數ニシテ線形ヲ呈シ、葉裏白色ナリ。白色頭狀花ハ管狀花ヨリ成リ、夏時多數梢ニ集リ、繖房狀ニ開ク。總苞ハ白色乾質、小花ハ淡黃ナリ。

かはらはうこ

Anaphalis yedoensis *Maxim.*

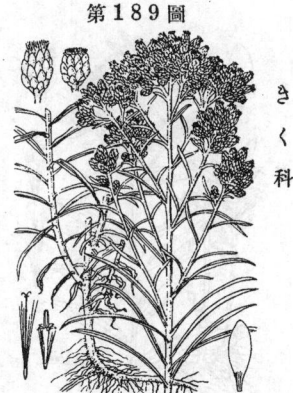

第189圖

きく科

川邊ノ砂地卽チ所謂河原ニ多生スル多年生草本ニシテ莖ノ高サ 30cm 許、繊毛ヲ被リ、白色ニシテ細シ。白毛ノ有スル細長線形ノ葉ヲ互生シ、其裏面ハ白毛特ニ多シ。夏日莖梢ニ繖房狀枝ヲ分チ、多數ノ白色頭狀花ヲ綴ル。總苞ハ白色乾質、小花ハ淡黃、兩性花、雌性花異株ナリ。漢名 荻(誤用)

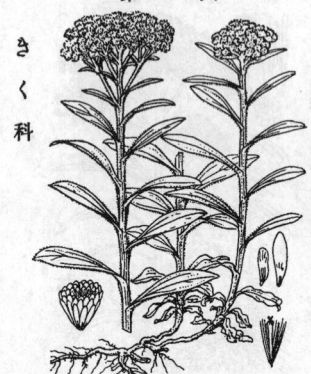

きく科

やばねはうこ

一名　やはずははこ（不適稱）

Anaphalis pterocaulon *Maxim.*

山地ニ生ズル多年生草本ニシテ高サ15-30cm許、細キ根莖アリテ莖ヲ簇生ス。全草白綿毛ヲ布ケドモ後ニハ脱落シテ稀薄トナル。莖ハ單一ニシテ分枝セズ、緑色ナレドモ白毛ヲ被リテ白ク狹翼アリ。葉ハ互生シテ質軟ク、倒披針形鈍頭、底部ハ狹楔形ヲ呈シ、基部ハ翼ヲ成シテ莖ニ沿下シ莖ニ稜角アルヲ觀ヲ與フ、葉ノ表面ハ毛多カラズト雖モ裏面ハ綿毛密生シテ白シ。夏秋ノ候、莖頂ニ短枝ヲ分チテ繖房狀ニ頭狀花ヲ密着ス。頭狀花ハ長サ3mm、多數ノ總苞片ハ卵狀橢圓形ニシテ白色ヲ呈シ膜質ナリ。花ハ全部管狀小花ニシテ、微紅、或ハ黄白朵ナリ。和名ヤ矢羽はうこニシテ其莖上ノ狹翼ヲ矢羽ニ擬セシ名、矢管母子ハ是レ亦莖上ノ翼ニ基キシ名ナレドモ之レヲ矢管ト云フハ其眞ノ表ハサズ、何トナラバ矢管ハ矢ノ頭端ノ叉ヲ成ス處ナレバナリ。

きく科

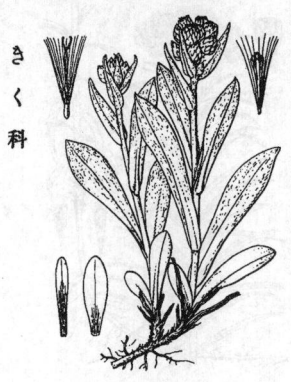

たかねうすゆきさう

Anaphalis alpicola *Makino.*

本州中部以北及ビ北海道ノ高山ニ生ズル多年生草本ニシテ全株白綿毛ヲ密布ス。根莖ハ短クシテ枯残セル舊葉ノ基部ニテ擁セラレ、莖ハ簇生ス。莖ハ高サ 10-20cm、分枝ナク、四五葉ヲ互生ス。葉ハ披針形或ハ篦狀倒披針形全邊ニシテ底部ハ漸次狹窄シテ莖ヲ擁シ、稍直立シテ柔軟ナリ。八月ノ候、莖頂ハ橢房狀ヲ成シテ密ニ小ナル頭狀花ヲ聚着シ苞ヲ缺ク。總苞片ハ乾皮質、白色或ハ淡紅色ヲ呈シ多數相重ナリ其白キ莖葉ト相俟テ顏ル可憐ナリ。小花ハ總テ皆管狀花冠ヲ有シ殆ンド總苞ト同長ナリ。和名ハ高嶺薄雪草ニシテ高山ニ生ジ白色ヲ呈スルヨリ此名アリ。

きく科

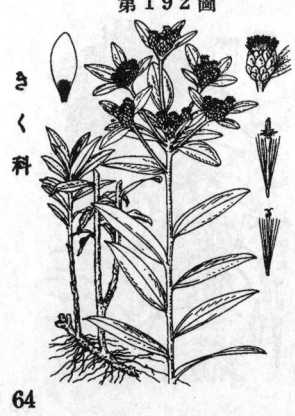

うすゆきさう

Leontopodium japonicum *Miq.*

高山地帶ニ生ズル多年生草本。莖ハ叢生シ痩長ニシテ薄ク綿毛ヲ布キ、高サ 30cm内外。葉ハ殆ド全邊ナル披針形ニシテ莖ヲ通ジテ互生シ、上面緑色、下面綿毛ヲ密布シ、白色ヲ呈ス。夏秋ノ候、梢頭ニ表裏白綿毛ヲ被ル梢葉數箇輪狀ニ生ジ、葉內ニ灰白色ノ小頭狀花ヲ攅簇ス。總苞ハ白綿毛ヲ被リ、小花ハ總ヲ淡黄色ノ管狀花ニシテ、兩性花、雌性花異株ナリ。和名ノ薄雪草ハ淡白色ノ葉ニ基ヅク。

みやまうすゆきさう

一名　ひめうすゆきさう

Leontopodium alpinum *Cass.*
var. **Fauriei** *Beauv.*

高山ニ生ズル多年生草本。高サ 10–15cm
內外。多少叢生ス。葉ハ互生シ、線形ニ
シテ白毛ヲ以テ被ハル。莖頂花下ノ葉ハ
多少輪狀ヲ呈シ、白色ノ綿毛ヲ以テ密ニ
被ハル。夏時、頭狀花ハ密ニ相集リ、輪
狀葉ノ中央ニ位シ、白色管狀花ヲ以テ成
ル。彼ノ有名ナル歐洲あるぷすノえーで
るわいすノ一變種ナリ。

はやちねうすゆきさう

Leontopodium hayachinense
Hara et Kitam.

(= **L. discolor** *Beauv.* var.
hayachinense *Takeda et Beauv.*)

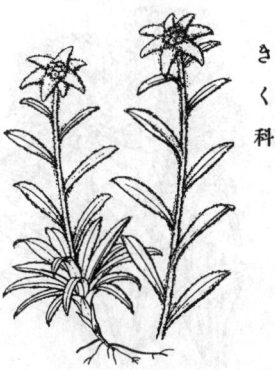

陸中早池峰山ノ高山帶ニ生ズル多年生草本。莖
ハ高サ10–20cm、單一ニシテ白毛アリ。根出葉
ハ倒披針形ニシテ白毛ヲ布ク。莖葉ハ五乃至八
片、相距リテ互生シ、稍立チテ披針形ヲ呈シ、
表面綠色ニシテ白毛ヲ散生スレドモ、裏面ハ全
ク白毛ヲ密布シ中脈ハ隆起ス。頭狀花ハ莖頂ニ
集マリ八月頃開花ス。其基部ニ集合セル苞葉ハ
五乃至八箇、星狀ニ配列シ、長楕圓形ニシテ白
綿毛ヲ密生シテ美ナリ。列花ハ埋レテ顯著ナラ
ズト雖モ皆管狀花冠ヲ有シ、邊緣ノ者ハ雌性、
他ハ雄性ナリ。瘦果ニハ多少ノ細毛アリ。和名
ハ其產地陸中ノ早池峰ニ基ク。

えぞのちちこぐさ

Antennaria dioica *Gaertn.*

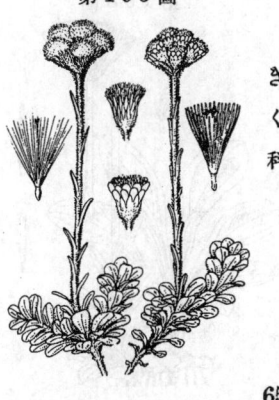

北海道及樺太ニ生ズル多年生草本。莖高
サ 10–30cm 許。脚部ノ葉ハ叢生ス。莖
葉ハ互生シ、略箆狀ヲ呈シ、邊緣ニ鋸齒
ナク、表裏ニ白毛ヲ有ス。六月ノ頃、白
色管狀花ヨリ成ル頭狀花ハ莖頂ニ數箇相
集リ、果實ニハ長キ冠毛ヲ有ス。

きく科

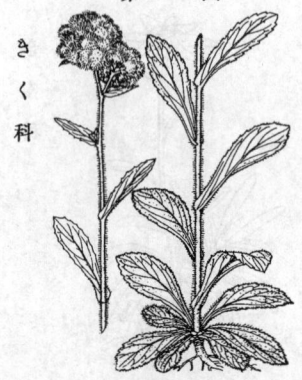

第196圖

きく科

わたな

一名 やまぢわうぎく・いづはうこ

Conyza japonica _Less._

多ク暖地ノ海岸ニ近キ山麓等ノ陽地ニ生ズル一年又ハ二年生草本。莖ハ高サ30cm餘、細長ニシテ往々梢ニ分枝ス。葉ハ倒披針形ニシテ鋸齒アリ、無柄ニシテ莖ヲ抱ク。莖葉共ニ平開ノ毛茸ニ富ム。夏日、梢ニ數頭狀花ヲ簇生ス。淡綠色ニシテ往々紫色ヲ帶ブ。花後冠毛綿ノ如シ、故ニ綿菜ノ和名アリ。

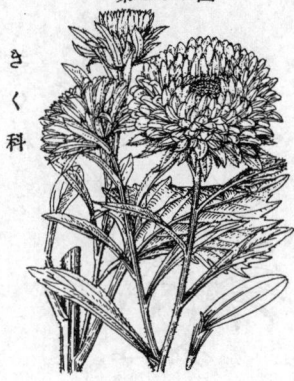

第197圖

きく科

えぞぎく （藍菊）

一名 さつまぎく

Callistephus chinensis _Nees._

支那ノ原產ニシテ、觀賞ノ爲メ庭園ニ栽培セラルル一年生草本ナリ。莖ハ高サ30-60cm許、葉ト共ニ粗毛散生ス。葉ハ互生シ、卵形ニシテ粗鋸齒アリ、下部ノモノハ柄ヲ有ス。夏日、梢ニ枝ヲ分チ、淡紅色・藍紫色・白色等種々大ナル頭狀花ヲ開ク、周邊ハ多數ノ舌狀花、中心ニ黃色ノ管狀花アリ、總苞ハ綠色ニシテ其鱗片ハ多少葉狀ヲ呈ス。

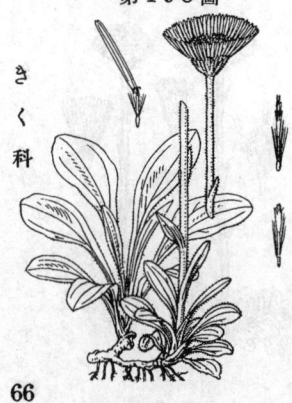

第198圖

きく科

あづまぎく

Erigeron dubius _Makino._

山原ニ生ズル多年生草本。根出葉ハ叢生シ、長柄アリテ箆狀倒披針形ヲ呈シ、全邊或ハ疎鋸齒アリ。花莖ハ根出葉間ニ直立シテ高サ20-30cm許ニ達シ、單一或ハ一二枝ヲ分チ、無柄ノ披針形葉ヲ疎ニ互生ス。莖葉共ニ毛ヲ有スルモ花後ノ葉ニハ毛ナシ。四五月ノ候、莖頂ニ徑3cm許ノ一頭狀花ヲ着ク。舌狀花ハ狹長ニシテ通常淡紅紫色、管狀花ハ黃色、總苞ハ綠色ヲ呈ス。花戶ニ呼ブあづまぎくハ此品ニ非ズシテのしゅんぎくナリ。

みやまあづまぎく

Erigeron alpicola *Makino.*

高山ニ生ズル多年生草本。根ハ分枝シ、茎ハ直立シテ毛アリ、高サ 10cm 内外、葉ヲ互生ス。葉ハ狹長倒披針形ニシテ下部長ク狹窄ス。全邊或ハ疎ニ小鋸齒アリ、緣ニ毛ヲ有ス。頭花ハ横徑 3cm 許ニシテ八月頃頂生シ、總苞ハ狹長ニシテ尖リ、紫色舌狀花ハ線形ヲ成シ、中心花ハ黃色ナリ。稀ニ白色ノ花ヲ生ズ。

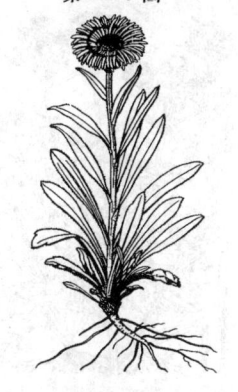

第199圖

きく科

やなぎよもぎ

一名 むかしよもぎ

Erigeron kamschaticus *DC.*

山地溪流ノ畔ナドノ砂地ニ生ズル多年生草本。莖高サ 30〜60cm。葉ハ細長披針形ニシテやなぎノ葉ノ如ク、邊緣ハ疎鋸齒ヲ有ス。梢上ニ枝ヲ分チ、秋日、枝頭毎ニ一頭狀花ヲ着ク。花ハ半開ニシテ小サク、總苞片ハ線狀披針形ヲ成シ、邊遊ノ舌狀花ハ極メテ小サク、線形ニシテ白色、心花ノ管狀花ハ白黃色ヲ呈ス。共ニ冠毛アリ。漢名 蓬・飛蓬(共ニ誤用)、蓬ヲ昔ヨリよもぎニ充ツルハ極メテ非ニシテ、此レハあかざ科ノ草本ニテ我邦ニ產セズ。

第200圖

きく科

ひめむかしよもぎ

一名 めいぢさう・てつだうぐさ・
ごいっしんぐさ

Erigeron canadensis *L.*

北米原產ノ越年生草本ニシテ明治初年ニ渡來シ、今ヤ全國ニ擴リテ原野・路傍等隨處ニ繁茂ス。莖ハ直立シテ高サ 1.5m 許、葉ト共ニ開出毛ヲ有ス。根葉ハ箆狀披針形ニシテ粗齒ヲ有シ、莖葉ハ細長披針形ニシテ微鋸齒ヲ疎在シ密ニ莖ニ互生ス。夏秋ノ候、梢ニ多數分枝シ、大圓錐花穗ヲ成シテ淡綠色ノ小形頭狀花ヲ密簇ス。總苞ハ鐙形、白色ノ舌狀小花ハ中心管狀小花ヨリ稍超出ス。果實ハ冠毛ヲ具ヘ、頻ニ飛散ス。無毛ノ一變種(日本ニテ出現)ヲけなしひめむかしよもぎト云フ。

第201圖

きく科

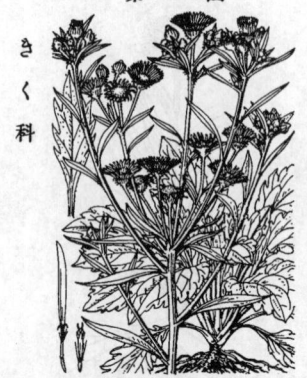

ひめじょをん
一名　やなぎばひめぎく
Erigeron annuus *L.*

越年生草本。北米ノ原産ニシテ明治維新前後ニ渡來シ、今ハ普通各地ニ野生狀態ト成ル。莖ノ高サ 30–60cm、直立シテ開出毛ヲ有ス。披針形或ハ長橢圓形ノ葉ヲ互生シ、短毛ヲ有シ、全邊或ハ粗鋸齒ヲ有ス。根生葉ハ長柄ヲ具ヘ、卵形ニシテ粗齒アリ、其狀えぞぎくノ葉ニ彷彿ス。夏日梢上ニ枝ヲ分チ、頭狀花多數ヲ着ク。各頭狀花ニハ通常白色時ニ或ハ淡紫色ノ細長舌狀花冠ヲ續ラス。中心管狀花ハ黃色。和名ハ姬女菀ノ意ナリ。

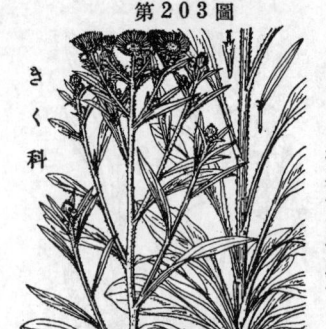
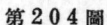

やなぎばひめじょをん
Erigeron pseudo-annuus *Makino.*

關東地方ノ荒地林野ニ多キ越年生草本。高サ1m內外、全株偃毛ヲ布ケドモ一見毛ナキガ如シ。葉ハ下葉ハ篦狀倒披針形ニシテ長柄アリ簇出シ、中部以上ノ者ハ倒披針形ニシテ、全緣又ハ僅ニ低微鋸齒ヲ具ヘ、暗綠色、表面少シク光澤アリ。六七月、梢上多ク分枝シテ繖房狀ニ頭狀花ヲ着ク。頭狀花ハ初メヨリ直立、徑 2cm 以下、舌狀花ハ絲狀ニシテ白色。ひめじょをんニ似タレドモ、開花ハ稍遲レ、且ツ莖上及ビ葉ニ偃毛ヲ布キ、葉ハ暗綠色ニシテ全緣ナルカ或ハ鋸齒極メテ低キヲ以テ區別スベシ。和名ハ柳葉姬女菀ノ意、女菀ヲ我邦ノ先學者之レヲひめしをんニ充テシ者ナリ、然レドモ女菀ハ決シテひめしをんニハ非ズ。

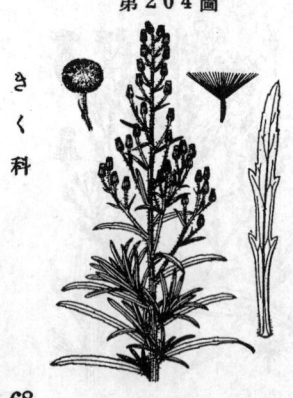

あれちのきく　(野塘蒿)
Erigeron linifolius *Willd.*

主トシテ近海地ノ路傍等ニ多キ越年生或ハ一年生草本。莖高サ約 30–60cm、通常分枝シ、葉ト共ニ粗キ毛アリ。葉ハ狹長ニシテ下部ノモノハ疎鋸齒アリ。葉色往々微ニ靑ミヲ帶ブ。夏日梢ニ總狀花穗ヲ成シ、帶黃白綠色ノ小形頭狀花ヲ開ク。舌狀花殆ンド分明ナラズ。頭狀花ハ中心ニ兩性花、其周圍ニ雌性花ヲ配ス。總苞ハ淡綠。瘦果ノ冠毛ハ白色。和名ハ荒地の菊ノ意ナリ。

きく科

よめな （馬蘭）
一名 はぎな 古名 をはぎ
Aster indicus *L.*

多少濕氣アル地ニ普通ナル多年生草本ニ
シテ從ツテ田間等ニ多ク、地下莖ヲ曳キ
テ繁殖ス。莖ノ高サ約30–50cm許、綠色
ニシテ多少紫色ヲ帶ビ、殆ド平滑ナリ。
葉ハ互生シ、披針形ニシテ粗鋸齒ヲ有シ、
糙澁セズ、下部ノ三脈稍認ムベシ。秋日、
梢上纖枝頭ニ各一箇ノ帶藍淡紫色ノ頭狀
花ヲ着ク。中心管狀花ハ黃色。冠毛ハ極
メテ縮小シ、殆ド無シ。春月其嫩葉ヲ取
リテ食用ニ供ス。 漢名 雞兒腸(慣用)

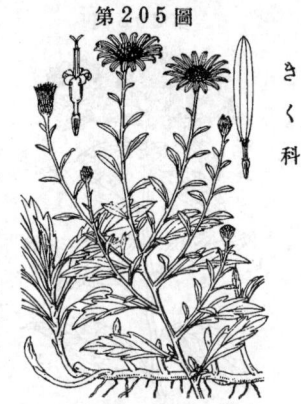

第205圖

きく科

ゆうがぎく
Aster pinnatifidus *Makino.*

野外到ル處ニ生ズル多年生草本ニシテ地
下莖ヲ曳ク。莖ハ質硬ク、直立シテ約30
–60cm。葉ト共ニ多少糙澁ス。葉ハ互生
シ、廣披針形、楔脚ヲ成シ、通常羽狀ニ尖
裂或ハ深裂ス。秋日、梢ニ瘦長ナル枝ヲ
分チ、周邊ニ擴ガリ、狹披針形ノ苞葉ヲ
着ケ、枝端ニ一頭狀花ヲ着ク。舌狀花ハ
白色ニシテ通常微ニ淡紫色ヲ帶ビ、中心
ノ管狀花ハ黃色ナリ。瘦果ニ冠毛殆ドナ
シ。和名ハ柚ケ菊ノ意ト云フ。

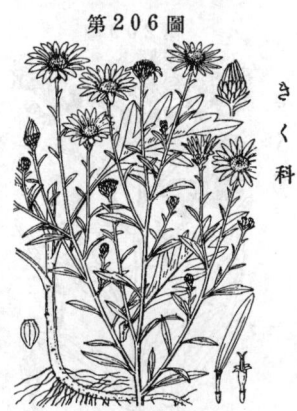

第206圖

きく科

のこんぎく
Aster trinervius *Roxb.* var.
congestus *Franch. et Sav.*

山野ニ生ズル多年生草本。地下莖ヲ曳キ
テ繁殖ス。莖ハ直立、高サ 30–60cm許、瘦
長ニシテ線條縱通シ、糙澁ス。葉ハ多數
莖ニ互生シ、廣披針形、粗鋸齒アリ、糙
澁スルヲ常トシ、下部ノ三脈分明ナリ。
秋月、梢上ニ枝ヲ分チ、多數ノ頭狀花ヲ
繖房狀ニ着ケ、紫色ノ舌狀花冠ヲ有ス。
管狀花ハ黃色、綠色總苞片ノ上部ハ暗紅
紫色ヲ帶ブ。瘦果ニ冠毛アリ。花色ノ濃
キモノヲ選ビ、觀賞品トシテ栽培ス。是
レ卽チこんぎくナリ。のこんぎくハ野ニ
在ル紺菊ノ意ナリ。漢名 馬蘭(誤用)

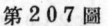
第207圖

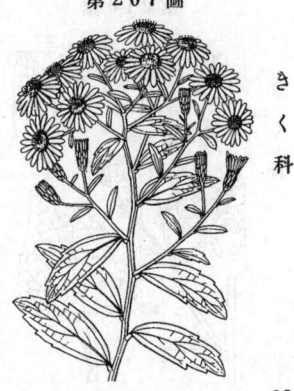

きく科

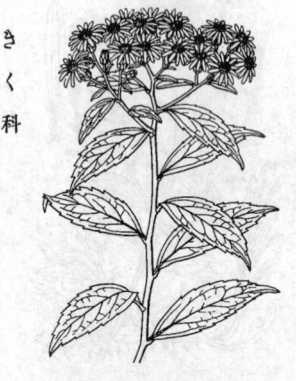

やましろぎく
一名　しろよめな
Aster trinervius *Roxb.*
var. adustus *Maxim.*

多年生草本ニシテ山野ニ生ズ。莖ハ細長、直立、高サ30〜90cm許、葉ハ短柄アリテ互生シ、銳頭楔脚ノ廣披針形ヲ成シ、邊緣ニ粗鋸齒ヲ有ス。葉面糙澁スルヲ常トシ、下部三條ノ葉脈分明ナリ。秋月、莖梢ニ枝ヲ分チ、白色黃心ノ頭狀花ヲ繖房狀ニ着ク。時ニ微紫色ノ品アリ。のこんぎくト混ジ易ケレドモ花白クシテ總苞片暗色ヲ帶ブルヲ以テ異リトス。和名ハ山白菊ノ意ナリ。漢名　野粉團兒(慣用)

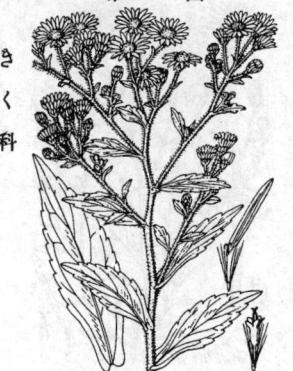

いなかぎく
Aster ageratoides *Turcz.*
var. amplexicaulis *Makino.*
(=A. trinervius *Roxb.* var. semiamplexicaulis *Makino*; A. ageratoides *Turcz.* subsp. amplexicaulis *Kitam.*)

本州中部以西・四國・九州ノ山地ニ自生スル多年生草本。地下ノ淺處ニハ根莖橫走ス。莖ハ直立シテ高サ50cm內外、全株白色軟毛ヲ布クコト密ナリ。葉ハ披針狀長橢圓形ニシテ質軟ク、漸尖頭、銳尖底、底部ハ稍耳朶形ヲ呈シテ抱莖スル殊態アリ、邊緣上牛ニハ齒牙狀鋸齒ヲ刻ムト雖モ底部附近ハ全邊ナリ。秋晚ク梢上繖房狀ヲ成シテ多數ノ頭狀花ヲ着ケ、其頭狀花ノ形ハやましろぎくニ類似シ、舌狀花ハ十乃至十五箇ノ帶白色ナレドモ淡紫色ナリ。總苞片ハ長橢圓形鈍頭ニシテ白細毛ヲ布ク。冠毛ハ汚白色。和名ハ田舍菊ノ意ニシテ地方ノ山地ニ生ズレバ云フ。

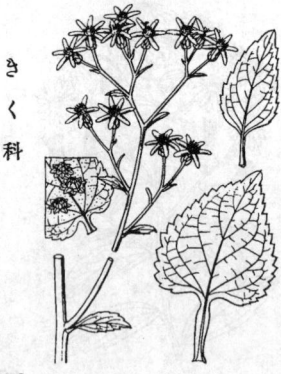

しらやまぎく
Aster scaber *Thunb.*

山野ニ生ズル多年生草本ニシテ高サ1.5m許ニ達ス。莖葉共ニ極メテ粗糙、葉ハ互生シ、根葉及脚葉ハ有翼ノ長柄ヲ具ヘ、心臟形乃至長心臟形ヲ成シ、邊緣ハ鋸齒ヲ有ス。梢葉ハ短柄ヲ有シ、狹小ニシテ長卵形或ハ披針形ヲ成ス。往々葉ハ無性芽ノ如キモノヲ生ズルコトアリ、是レ一種ノ蟲癭ナリ。秋月梢上ニ枝ヲ分チ、多數ノ頭狀花ヲ着ク。綠色總苞片ハ鈍頭長橢圓形ヲ成シ、周緣ノ舌狀花ハ白色ニシテ少數、中心管狀花ハ黃色ニシテ多數アリ。嫩苗ヲむこなト稱ヘ、食用トスルコトアリ。漢名　東風菜(誤用)

さはしろぎく
Aster rugulosus *Maxim.*

原野ノ低濕ノ地ニ多キ多年生草本。地下
ニハ短キ匐枝ヲ曳ク。莖ハ痩硬、紫色ヲ
帶ビ高サ30–50cmニシテ分岐セズ。葉ハ
疎ニ互生シ、披針形或ハ線狀披針形ヲ呈
シ、先端ハ漸尖頭、底部ハ廣楔形或ハ鈍
形ニシテ無柄ナリ。邊緣ニ疎ニ微鋸齒
ヲ有シ、表面ハ暗綠色ニシテ皺ニ富ミ且
ツ糙澁シテ質ハ剛ケレド割合ニ脆シ。晩
夏初秋ノ候、梢上ニ疎ニ少數ノ頭狀花ヲ
繖房狀ニ開ク。頭狀花ハ梗長ク、徑 2–3
cmヲ算シ、舌狀花ハ二十箇内外、白色ナ
レドモ花後往々紅紫色ニ染ム。和名ハ澤
白菊ノ意ニシテ沼澤地ニ生ジ白花ヲ開ク
故云フ。

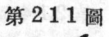

きく科

しをん
Aster tataricus *L.*

大形ノ多年生草本ニシテ通常庭園ニ栽植
セラルルモ九州方面ニハ野生アリ。莖ハ
直立シテ高サ1.5–2m許、葉ト共ニ粗糙ナ
リ。根葉ハ叢生シ、大形ナル長橢圓形ニシ
テ葉柄ヲ有シ、莖葉ハ狹小ニシテ莖ニ互
生ス。秋月莖梢ニ小枝ヲ分チ、多數ノ淡
紫色頭狀花ヲ繖房狀ニ着ク。中心小花ハ
黃色。冠毛ハ白色。咳嗽藥トシテ煎服セ
ラル。和名しをんハ紫菀ヨリ出デタルモ
ノナレドモ、紫菀ハ本品ノ漢名ナラズ。

きく科

ひめしをん
Aster fastigiatus *Fisch.*

原野ノ濕地ニ生ズル多年生草本ニシテ地
下ニ根莖ヲ引キテ繁殖ス。莖ハ直立シテ
高サ60cm內外。葉ハ倒披針形ヲ成シ、
疎ニ低齒ヲ具ヘテ互生ス。根葉ハ大ニシ
テ叢生シ、葉柄アリ。夏日、莖梢ハ繖房狀
枝ヲ分チ、多數ノ小形頭狀花相群リテ着
ク。舌狀花ハ白色ニシテ中心管狀花ハ黃
色ナリ。名稱ノ相似タルニ因リひめじょ
をんト誤ルコトアリ、注意スベシ。漢名
女菀(誤用)

きく科

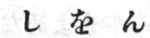

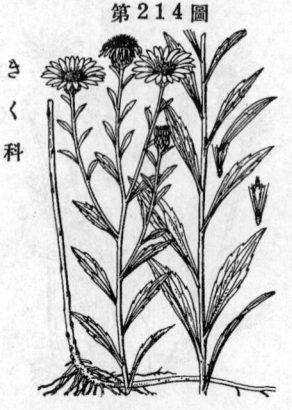

第214圖

ひごしをん

Aster Maackii *Regel.*

九州(肥後)ニ生ズル多年生草本。莖ハ高
サ 60cm 許ニ達シ、全株糙澁ス。葉ハ無
柄ニシテ互生シ、披針形ヲ成シ、粗鋸齒
アリ。莖梢ニ枝ヲ分チ、夏秋ノ候、枝頭
ニ紫色ノ頭狀花ヲ着ケ、周邊ニ舌狀花ヲ
具フ。總苞片ハ廣クシテ圓頭、邊緣紫采
アリ、覆瓦狀ヲ成ス。冠毛ハ淡褐色ヲ帶
ブ。和名ハ肥後紫菀ノ意ナリ。

第215圖

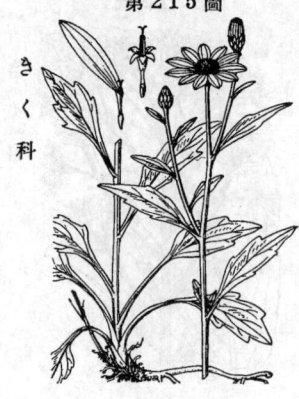

みやまよめな

Aster Savatieri *Makino.*

山地ニ生ズル多年生草本。匐枝ヲ曳ク。
莖ハ高サ約30~60cm。葉ハ互生シ、脚葉
ハ有翼ノ長柄ヲ具ヘ、卵形或ハ倒卵形ニ
シテ、上葉ハ次第ニ無柄ト成リ、狹長、共
ニ邊緣ニ少數ノ粗鋸齒アリ。夏時梢ニ疎
枝ヲ分チ、少數ノ紫色若クハ殆ンド白色
ノ頭狀花ヲ着ク。花徑 3cm許。綠色總苞
鱗片ハ披針形ヲ成シテ呈ソ、舌狀花ハ數
多カラズシテ一列ヲ成ス。中心管狀花ハ
黃色。普通冠毛ヲ缺如ス。觀賞品トシテ
植ウルモノニ のしゅんぎく (花戸ニテあ
づまぎく又ハみやこわすれト云フ)アリ、
葉長ク花多シ。

第216圖

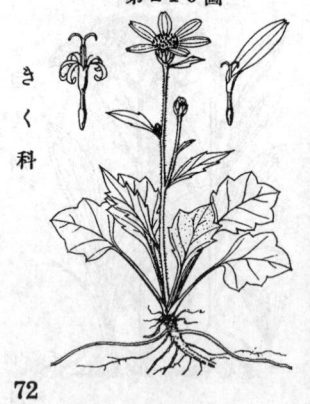

しゅんじゅぎく
Aster Savatieri *Makino*
var. pygmaea *Makino.*
(＝Gymnaster pygmaeus *Kitam.*)

みやまよめなノ短矮ナル一變種ニシテ關
西地方ノ山地ニ自生シ、匐枝ヲ有ス。高サ
10~25cm許、根葉ハ長柄ヲ具ヘテ略ボ圓
形、兩側ニ二乃至三ノ粗鋸齒アリ、鈍頭、
淺心臟底或ハ圓底、深綠色ニシテ質稍剛
ク、短毛散生ス。初夏ノ候、葉間ニ一莖ヲ
抽キ、莖ニ細小ノ葉二乃至三ヲ疎ニ互生
シ、下部ニハ毛アリ、頂ニ一乃至少數ノ頭
狀花ヲ着ク。頭狀花ハ徑 2cm内外。舌狀
花ハ少數ニシテ其花冠ハ白色ヲ常トシ或
ハ淡紫碧色或ハ紅紫色ノ者アリ、心花ハ
管狀花ニシテ黃色ヲ呈シ、共ニ冠毛ヲ缺
ク者多シ。和名ハ春壽菊ノ意、蓋シ早ク
開花シ且花期長ケレバ云フナラン。

たてやまぎく
Aster dimorphophyllus
Franch. et Sav.

相州箱根山ニ多キ多年生草本。匐枝ヲ曳キテ繁殖ス。莖ハ細長ニシテ高サ 30-45cm許。葉ハ互生シ、葉柄ヲ具ヘ、質薄ク、卵圓形ニシテ尖リ、心臟狀底ヲ成シ、邊緣ニ粗鋸齒アリ。時ニ分裂葉ヲ有スルモノアリ。夏時上部ニ枝ヲ分チ、疎ニ白色ノ頭狀花ヲ着ケ、外部ニ舌狀花ヲ列ス。果實ニ冠毛アリ。葉ノ分裂セルモノヲもみぢばたてやまぎく (var. divisus *Makino*) ト云フ。和名ハ立山菊ノ意ナランモ越中立山ニハ之レヲ產セズ。

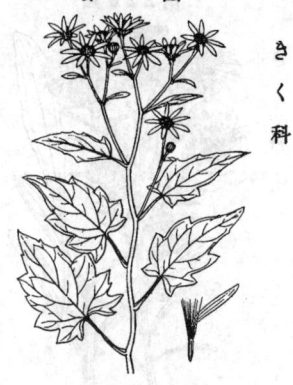

第217圖

きく科

おほばよめな

Aster japonicus *Franch. et Sav.*

四國邊ノ深山ニ生ズル多年生草本。莖ハ細長ニシテ直立シ、高サ約 30-60cm。上部ニ枝ヲ分ツ。葉ハ互生シテ長柄アリ、心臟狀卵形ヲ成シテ邊緣ニ不齊ノ粗齒アリ。葉末尖レリ。夏時、頭狀花ヲ枝端ニ着ケ、周圍ニ白色少數ノ舌狀花ヲ列ス。草狀たてやまぎくニ酷似スレドモ果實ニ冠毛ナキヲ以テ容易ニ兩者ヲ區別シ得ベシ。

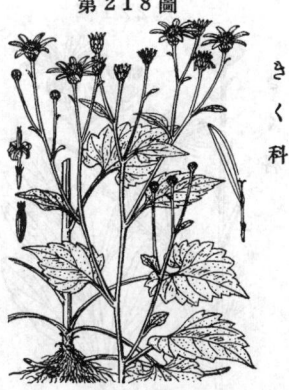

第218圖

きく科

ごまな

Aster Glehni *Franch. et Sav.*

多年生草本ニシテ山地ニ生ズ。莖ハ高サ 1m內外ニ達シ、葉ト共ニ細毛ヲ布キテ稍糙澁ス。葉ハ互生シテ短柄ヲ具ヘ、披針形ヲ成シテ邊緣ニ粗鋸齒ヲ有ス。多少やましろぎくノ葉ニ似タルモ三主脈ナキ故區別シ得。初秋ノ候、梢ニ多枝ヲ分チ、多數ノ小形頭狀花ヲ繖房狀ニ着ク。舌狀花ハ白色、中心花ハ黄色ニシテ共ニ冠毛アリ。和名ハ蓋シ葉狀ニ基ク、胡麻菜ノ意ナリ、多分其嫩苗ヲ食用ト爲シ得ベシ。

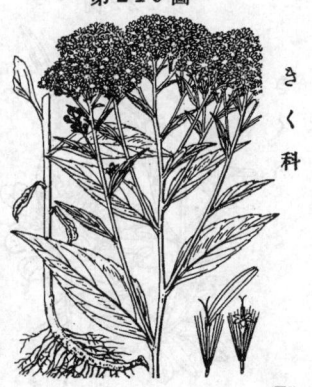

第219圖

きく科

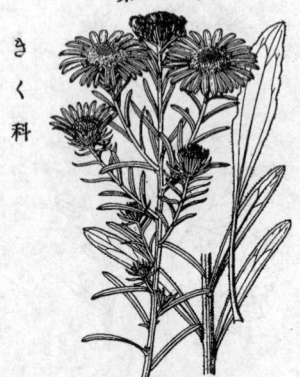

第220圖

やまぢのきく
Aster altaicus *Willd.*

山地ニ生ズル二年生草本。莖ハ高サ約40
–60cm許、葉ト共ニ毛アリ。葉ハ互生シ、
線形或ハ狹キ篦狀披針形ニシテ全邊ヲ成
シ、下部ノ葉ハ多少鋸齒アリ。秋時、上部
ニ瘦枝ヲ分チ、枝頭ニ頭狀花ヲ着ク。綠
色總苞片ハ線形ニシテ銳尖頭。花徑4cm
許アリ、周邊ニ藍紫色ノ舌狀花ヲ繞ラシ、
中央ニ黃色管狀花ヲ容ル。舌狀花・管狀
花共ニ其果實ニ冠毛ヲ具フ。和名ハ山路
の菊ノ意ナリ。漢名 鐵桿蒿（慣用）

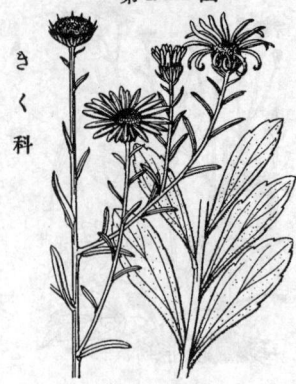

第221圖

あれののきく
Aster hispidus *Thunb.*

海邊ノ地幷ニ山地ニ生ズル二年生草本ナ
リ。莖ハ高サ 30–60cm。葉ハ互生シ、細
長ニシテ、下部ノ葉ハ多少ノ鋸齒アリ。
秋時、上部ニ枝ヲ分チ、枝端ニ頭狀花ヲ着
ク。頭狀花ハ黃色ニシテ冠毛アル中心花
ト周圍ニ殆ンド冠毛ナキ紫色ノ舌狀花ト
ヲ有ス。草狀花形やまぢのきくニ酷似シ、
外觀頗ル見分ケ難ケレドモ、本種ハ舌狀
花ニ極メテ短縮セル冠毛アルヲ以テ認識
スベシ。和名ハ荒野の菊ノ意ナリ。

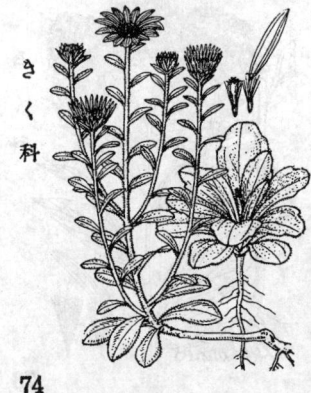

第222圖

はまべのきく
一名　いそのぎく
Aster Asa-Grayi *Makino.*

本邦西部ノ海岸ニ生ズル多年生草本。莖
ハ通常平臥シ、長サ30cm餘ニ達ス。葉ハ
互生シテ質厚ク、鈍頭倒披針形ヲ呈シ、全
邊ニシテ下方ノ葉ハ多少鈍鋸齒ヲ有シ、
緣毛ヲ具フ。秋時紫色ノ頭狀花ヲ枝端ニ
開キ、やまぢのきく或ハあれののきくニ
似テ可ナリ大形ナリ。各頭狀花ニハ一列
ノ舌狀花ト多數ノ黃色中心花トヲ具フ。
從來はまべのきくノ認識ヲ誤マリヲリシ
ヲ以テ今之レヲ訂正ス。

だるまぎく
Aster spathulifolius *Maxim.*

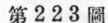

九州竝ニ中國西部ノ産ニシテ、海邊ニ生
ズル多年生草本ナレドモ幹ハ木質ヲ呈
ス。高サ約 30-60cm 許、密ニ枝ヲ分チ矮
生狀ヲ呈ス。葉ハ互生シテ相重ナリ、篦
狀倒卵形ヲ呈シ、下部ハ狹窄シテ葉柄ト
成リ、葉頭ハ圓クシテ全邊或ハ多少鈍齒
ヲ有シ、毛多シ。秋時、紫色ノ頭狀花ヲ枝
頭ニ着ケ、花々相集リ、周邊ハ舌狀花、中
心ハ黃色管狀花アリ。往々觀賞品トシテ
栽培ス。和名ノ達磨菊ハ其矮生ノ草狀ニ
基ヅク。

第223圖

き
く
科

うらぎく
一名　はましをん
Aster Tripolium *L.*

中部以西ノ海邊ノ濕地ニ生ズル滑澤ナル
二年生草本。莖ハ太クシテ直立シ高サ1m
內外ニ達ス。葉ハ質厚ク、軟ニシテ脚葉
ハ大ナリ。莖葉ハ互生シ、長形ニシテ全
邊ナリ。秋時梢ニ繖房狀ヲ成シテ枝ヲ分
チ、枝上ニ多クノ頭狀花ヲ着ク。周圍ニ
紫色舌狀花ヲ有シ、中部ニ黃色ノ管狀花
ヲ具フ。總苞ハ鱗片稍廣クシテ尖リ、紫
采アリ。果實ハ著シキ白色ノ冠毛ヲ具フ。
漢名　金盞荵(誤用)

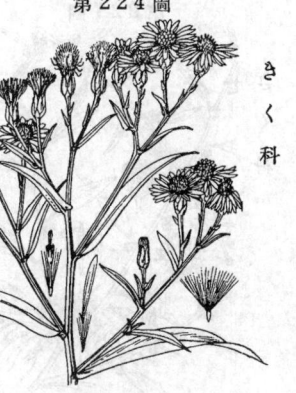

第224圖

き
く
科

ははきぎく
Aster subulatus *Michx.*

北米原產ノ越年生草本ニシテ 明治末年頃
ニ渡來シ、今ハ關東關西ノ荒地ニ生ジテ
歸化植物ノ一ト成レリ。高サ 1m 以上ニ
達シ、全株全ク平滑ニシテ蒼綠色ヲ呈ス。
莖ハ直立シ、質强靱、圓柱形ヲ成シ、多數
ノ狹披針形ノ葉ヲ互生ス。葉ハ漸尖頭、
殆ンド柄ナク、表面光澤アリ。晚秋ニ入
リテ莖頭枝ヲ分ツコト繁ク、各枝端ニ小
頭狀花ヲ生ズ。頭狀花ハ徑1cmニ滿タズ、
總苞ハ狹橢圓形ニシテ總苞片鱗次ス。舌
狀花冠ハ淡紫白色ヲ呈シ細小ニシテ顯著
ナラズ。冠毛ハ淡紅色ヲ呈ス。和名ノ多
數ノ小頭狀花ヲ着クル莖梢ノ繁枝宛モ箒
ノ如ケレバ云フ。

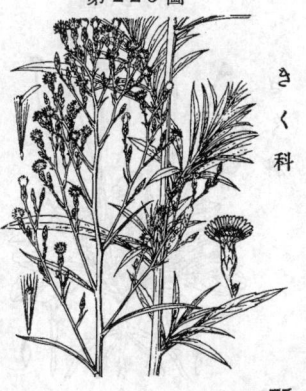

第225圖

き
く
科

ひなぎく

一名 えんめいぎく

Bellis perennis *L.*

歐洲原產ノ多年生小草本ニシテ廣ク栽植シ、春ノ花壇ニ賞美セラルルモ、又花候永ク、早春ヨリ秋月ニ亙ル。葉ハ根生シ、箆狀倒卵形ニシテ全邊或ハ多少鋸齒アリ。葉間ヨリ高サ 6-9cm 許ノ葶ヲ抽キ、頂ニ各一頭狀花ヲ着ク。一重・八重アリ、淡紅色ヲ常トスルモ紅色・紅紫色或ハ白色ヲ呈スルアリ。和名雛菊ハ其可憐ナル姿ニ甚キテノ名、延命菊ハ其永ク生活ヲ續クルヨリノ名ナリ。

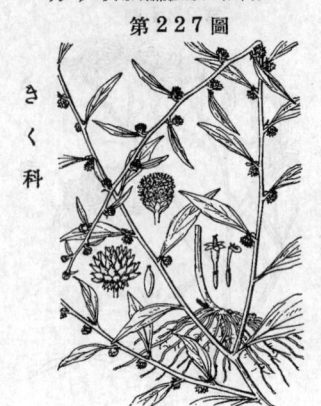

しうぶんさう

Rhynchospermum
verticillatum *Reinw.*

山地ノ樹陰ニ生ズル越年生草本。莖ノ高サ約 60-90cm 許、少數ノ瘦長ナル枝ヲ主莖ノ頂ニ斜ニ開出シ、多クノ綠葉ヲ互生ス。葉面ハ披針形ニシテ銳尖頭、楔脚ヲ成シ、邊緣ハ疎鋸齒ヲ有ス。夏秋ノ候、枝上ノ葉腋ニ短梗ヲ有スル淡黃綠色ノ頭狀花ヲ着ク。總苞ハ短小、頭狀花ハ少數ノ舌狀邊花ト多數ノ管狀心花トヨリ成ル。瘦果ハ平扁麥粒狀ニシテ束集シ、冠毛ハ極メテ縮小或ハ缺如ス。和名ハ蓋シ秋分草ノ意ナラン。

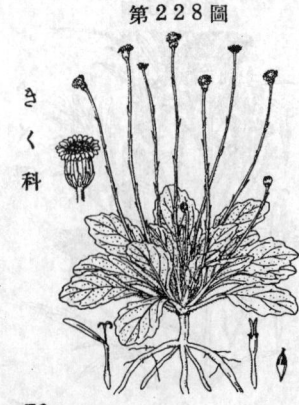

こけせんぼんぎく

Lagenophora Billardieri *Cass.*

暖國ニ產スル小形ノ多年生草本。高サ凡10cm 內外。少數ノ鬚根ハ白色ニシテ肥厚ナリ。葉ハ長倒卵形ニシテ根生シ、葉柄ヲ有シ、邊緣ニ多少ノ齒アリ。葉面ニ毛ヲ生ズ。夏時、纖長ナル綠色花莖ヲ葉中ヨリ抽キ、頂ニ各一箇ノ白色小形ノ頭狀花ヲ着ク。舌狀花ハ細小ニシテ一列ニ列ブ。本種最北ノ產地ハ安藝ノ嚴島ナリ。

ぶくりゅうさい

Dichrocephala latifolia *DC.*

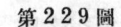

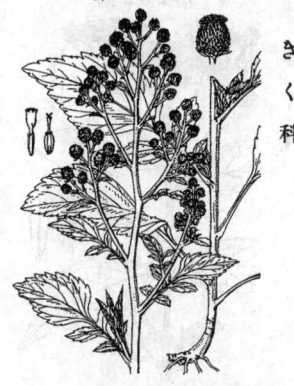

きく科

琉球・臺灣等ニ普通ナル全體綠色ノ軟キ一年生草本ニシテ偶ニ九州ノ南部ニ見ル。高サ30cm內外ニシテ上部ニ枝ヲ分ツ。葉ハ互生シ、楕圓形ニシテ通常羽裂ス。夏秋ノ候、淡綠色ノ管狀花ヨリ成ル小形ノ頭狀花ヲ開キ、多少穗ヲ成シ、各小梗アリ。茯苓菜ハ蓋シ琉球ノ名ナリ。

あきのきりんさう（一枝黃花）

一名　あわだちさう・きんくわ

Solidago Virga-aurea *L.*

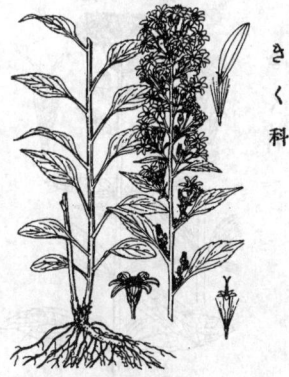

きく科

山野ニ最モ普通ナル多年生草本ニシテ莖ハ直立シ、高サ30-60cm許、細クシテ強ク、下部ハ通常紫黑色ヲ呈ス。葉ハ互生シ、上葉ハ披針形、下葉ハ卵形、鋸齒ヲ有シ、根生葉ハ長柄アリテ稍叢生ス。葉裏ニ細微ナル脈ヲ認メ得ベシ。秋月、梢上ニ穗狀ヲ成シテ多數ノ黃色小形頭狀花ヲ密簇ス。總苞ハ淡綠、舌狀花ハ廣線形、瘦果ニ冠毛アリ。

おほあわだちさう

Solidago serotina *Ait.*

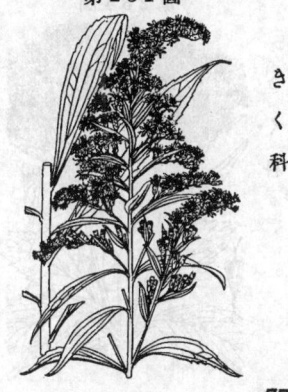

きく科

北米原產ノ多年生草本。莖ハ高サ1m內外ニシテ直立シ、圓柱形、平滑ニシテ毛ナシ。葉ハ多數ニシテ互生シ、披針形ニシテ尖リ、邊ニ鋸齒アリ。葉脈大ナルモノ三條アリ。莖梢ニ分枝セル花穗ニ成シテ、夏時小形ノ頭狀花ヲ多數ニ着ケ、舌狀花ハ黃色ヲ呈ス。觀賞品トシテ人家ニ作ラル。地下枝ヲ分チテ盛ンニ繁殖シ、擴ガル。あわだちさうハあきのきりんさうノ事ナリ。

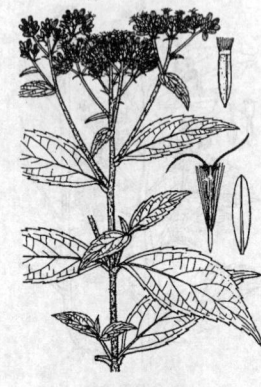

第232圖

きく科

ひよごりばな （山蘭）

Eupatorium japonicum *Thunb.*

山野ノ乾地ニ生ズル多年生草本ニシテふ
ぢばかまニ似ルモ地下ニ根莖ヲ引クコト
ナク、莖ハ短毛ヲ被リテ糙澁シ細紫點ア
リ、葉ハ通常單一ニシテ三裂セズ、且ツ
香氣少キヲ以テ異ナリトス。葉ハ對生シ、
廣披針形ニシテ鋸齒アリ。秋日梢上ニ繖
房狀ニ花ヲ綴ル。多クハ白色ナレドモ時
ニ帶紫色ノモノアリ。頭狀花ハ少數ノ管
狀花ヨリ成ル。ひよ鳥ノ啼ク時節ニ咲ク
ヨリ此和名アリ。

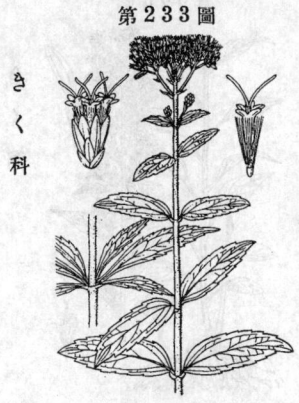

第233圖

きく科

さはひよごり

Eupatorium Lindleyanum *DC.*

山野向陽ノ濕地或ハ乾地ニ生ズル多年生草本。
根莖ハ短シ。莖ハ直立シ高サ50cm内外、圓柱狀
ニシテ上牛部ニハ密ニ粗毛ヲ布ク。葉ハ對生シ、
披針形又ハ長橢圓形ニシテ殆ド葉柄ヲ缺キ、
稍明カナル三行脈ヲ有シ、低鋸齒緣ヲ具へ、表
面ハ糙澁ニシテ裏面ハ淡色且ツ腺點ヲ布ク。秋
日、莖頂ニ密ナル平頂ノ聚繖花序ヲ成シ、多數ノ
小頭花ヲ着ケ或ハ白色或ハ淡紅紫色ヲ呈ス。總
苞片ハ乾皮質ニシテ狹ク汚紅紫染スル者多ク、
頭狀花ハ少數ノ管狀花ヨリ成ル。冠毛ハ汚白色
ニシテ瘦果ニ腺點ヲ有ス。往々葉ノ下部三小
葉ヨリ成ルガ如ク全裂スル者アリ、之レヲみつ
ばさはひよどり (var. trifoliolatum *Makino*) ト
云フ。和名ハ澤鵯ノ意ニシテひよどりばなニ類
シテ通常濕地ニ生ズレバ云フ。

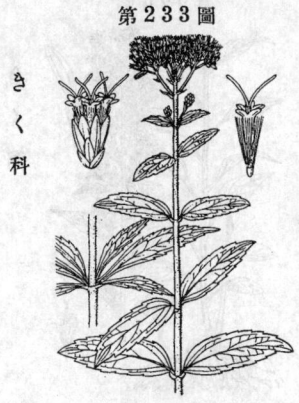

第234圖

きく科

よつばひよごりばな

一名 くるまばひよどり

Eupatorium sachalinense *Makino.*

深山ニ生ズル多年生草本。莖ハ直立シ、
高サ 1m 内外ニ達ス。葉ハ通常四枚ヅツ
輪生シ、披針形ニシテ鋸齒アリ。頭狀花
ハ細小ニシテ數多ク、夏時梢ニ繖房狀ヲ
成シテ集合シ、各頭狀花ハ少數ノ淡紫色
管狀花ヨリ成リ、美ナリ。

ふぢばかま （蘭草）

Eupatorium stoechadosmum *Hance.*

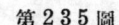
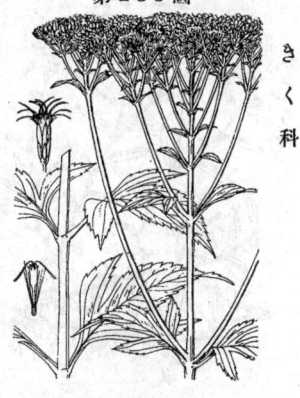

河畔ノ地ニ野生スル多年生草本ナレドモ
觀賞ノ爲メ往々庭園ニ栽エラル。根莖横
走シ、莖ハ高サ 1m 餘、圓柱形ニシテ毛
ナシ。葉ハ對生シ、三裂シテ葉面多少光
澤アリ、上部ノ葉ハ往々單一、葉緣ニ鋸
齒アリ、生乾キノ時佳香ヲ發ス。秋日梢
頭ニ淡紅紫色花ヲ繖房狀ニ攢簇ス。頭狀
花ハ少數ノ管狀花ヨリ成リ、花柱長シ。
秋ノ七草ノ一ニシテ、煎服スレバ利尿ニ
效アリ。支那ニテハ有名ナル草ニテ其香
アル爲メ之レヲ佩ビ或ハ共湯ニ浴シ、或
ハ頭髮ヲ淨ムルニ使用セシモノニシテ香
草或ハ香水蘭等ノ別名ヲ有ス。

き
く
科

くゎくかうあざみ

Ageratum conyzoides *L.*

熱帶亞米利加原產ノ一年生草本。莖ハ高
サ 30–60cm、葉ト共ニ軟毛多シ。葉ハ對
生シテ、葉柄アリ。卵形或ハ多少心臟形
ヲ成シ、邊緣ニ鋸齒アリ。夏時梢ニ紫色
ノ小形花ヲ繖房狀ニ群生シ、頭狀花ハ管
狀花ノミヨリ成ル。觀賞品トシテ處々ニ
栽培セラル。和名ハ霍香薊ノ意ニテ葉ハ
かはみどり、花ハあざみニ似タルヨリ名
ケタレドモ固ヨリあざみノ類ニハ非ズ、
唯其花ノ容姿ニ因テ斯ク稱セシニ過ギ
ズ。

き
く
科

ぬまだいこん

Adenostemma viscosum *Forst.*

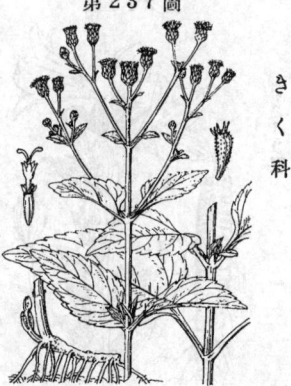

濕地若クハ水傍ニ生ズル多年生草本。莖
ハ高サ約 30–60cm、上部ニ枝ヲ分ツ。葉
ハ對生、有柄、廣卵形ニシテ鈍鋸齒アリ、
葉面多少皺アリテ質軟カナリ。頭狀花ハ
大ナラズシテ、秋時枝端ニ生ジ、白色ノ
管狀花ヨリ成ル。其葉質だいこん葉ニ似
タレバ乃チ此和名アリ、ぬハ其生處ヲ
現ハセリ。

き
く
科

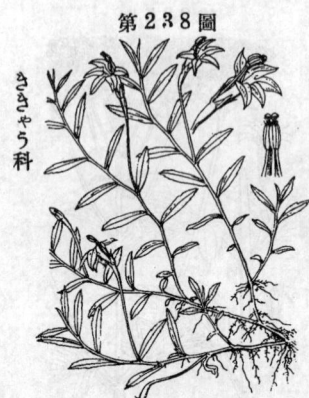

第２３８圖

あぜむしろ （半邊蓮）

一名　みぞかくし

Lobelia radicans *Thunb.*

原野・田傍等ノ濕地ニ多キ多年生小草本。莖ハ細クシテ地面ニ長ク延ビ、20cm 內外ニ達ス。節ヨリ根ヲ出ス。葉ハ互生シ、狹長ナル長橢圓形ニシテ、鈍鋸齒アリ。夏時小形花ヲ腋生ノ長花梗頂ニ獨在ス。花冠五裂シ、白色ニシテ紅紫色ノ彩アリ。裂片一方ニ偏シ、左右相稱花ヲ成ス。葯ハ合體シ、子房ハ下位ニシテ其上ニ五萼片アリ。畔ニ擴ガル故畔席、溝邊ニ蔓コル故溝隱ノ名アリ。

第２３９圖

さはぎきゃう

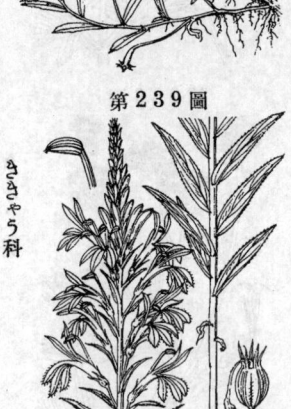

Lobelia sessilifolia *Lamb.*

山野ノ濕地ニ生ズル多年生草本ニシテ全株無毛ナリ。莖ハ單一、直立シテ高サ90cm許。葉ハ莖ニ密ニ互生シ、無柄ニシテ披針形、銳尖頭ヲ成シ、邊緣ニ細鋸齒アリ。夏秋ノ候、莖梢ニ總狀花穗ヲ成シテ短梗花ヲ開キ、梗下ニ苞アリ。萼ハ鐘形、五裂シ、花冠ハ鮮紫色ニシテ脣形ヲ呈シ、上脣二裂、下脣三裂ス。雄蕊ノ葯ト花絲トハ合體シ、一花柱之レヲ貫キ、子房ハ下位ナリ。漢名　山梗莱（誤用）

第２４０圖

ききゃう （桔梗）

古名　ありのひふき

Platycodon glaucus *Nakai.*

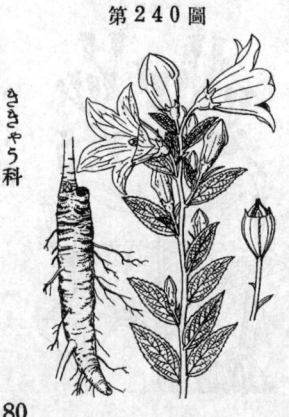

山地・原野ニ自生シ、又觀賞ノ爲メ圃養セラルル多年生草本。莖ノ高サ 1m 以上ニ至リ、殆ンド無柄ノ長卵形又ハ廣披針形ノ葉ヲ互生ス。葉緣ニ鋸齒アリ、葉裏白ヲ帶ブ。八九月ノ候、枝上ニ紫碧色ヲ呈スル鐘形五裂ノ美花ヲ開ク。五雄蕊アリ、花柱ハ其頂五裂ス。又、二重咲、白色等ノ異品アリ。根ヲ藥用トス。秋ノ七草ニ云フあさがほハ蓋シ此草ノ事ナルベシト謂ヘリ。

つるぎきゃう（金錢豹）
Campanumaea javanica *Blume* var. japonica *Makino.*
(＝C. japonica *Maxim.* ;
C. Maximowiczii *Honda.*)

本州中部ヨリ以西ノ山地ニ見ル多年生蔓草ニシテ根ハ白色多肉ナリ。葉ハ對生シ長柄アリ、卵狀心臟形ヲ呈シ銳頭ナレド鈍端、波緣ニシテ質薄ク軟クシテ裏面ニ蒼白色ヲ呈ス。八九十月ノ候ニ開花ス。花ハ葉腋ニ一箇、短梗ヲ以テ下垂ス、長サ15mm許、萼片ハ五箇、狹楕圓形、綠色。花冠ハ鐘形、五尖裂シ內面紫色ヲ呈シ、裂片ハ反卷ス。子房ハ萼ニ對シテ上位ナレドモ、花冠ニ對シテ下位ヲ占メ、五室ヨリ成ル。雄蕋ハ五箇、葯ハ五ニ輕ク接近ス。花後球形ニシテ紫色ノ漿果ヲ結ビ基脚ニ萼ヲ宿存シ、五室ニシテ內ニ無數ノ褐色細子アリ。

つるにんじん
Codonopsis lanceolata
Benth. et Hook. fil.

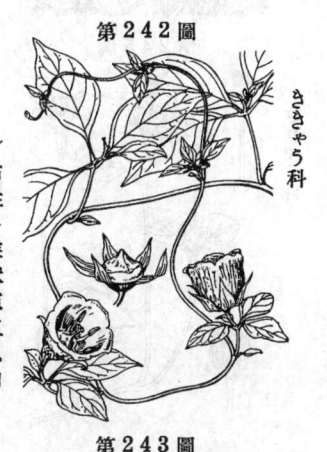

山野ニ生ズル多年生草本。根ハ長ミアル塊ヲ成シ、莖ハ纏繞シ或ハ左卷シ或ハ右卷シ、2m 以上ニ及ブ。葉ハ有柄、對生シ、披針形又ハ長楕圓形ヲ成シ、全邊ニシテ、往々枝端ニ四葉相接ス。夏秋ノ候小枝ノ末端ニ花梗ヲ出シテ短廣ナル鐘狀花ヲ開ク。萼ハ五裂シ花冠ト少シク間隙ヲ置キテ子房ノ下部ニ附着ス。花冠ハ五裂シ、尖リテ反捲ス、外面白綠色ヲ呈シ、內面ニ褐紫斑ヲ有ス。莖・葉ヨリ出ヅル白汁ハ切疵ニ藥效アリ。漢名 羊乳（慣用）

ばあそぶ
Codonopsis ussuriensis *Hemsl.*
(＝Glossocomia ussuriensis
Rupr. et Maxim.)

山地ニ自生スル多年生蔓草。地下ニハ短大球狀ノ根莖アリテ一種ノ臭氣ヲ有セリ。莖ハ細クシテ軟ク、切レバ白乳ヲ出ダシ嫩時葉ト共ニ白毛多シ。葉ハ槪ネ短枝上ニ四葉接在シテ恰モ複葉ノ觀アルコトつるにんじんニ似タレドモ、毛茸アルヲ以テ異ナリトス。七八月ノ候開花ス。花ハ小形ニシテ長サ2cm內外、鐘形ナレド稍球形ヲ呈シ、口緣五深裂シ內面紫色ナリ。花後蒴果ヲ結ビ、種子ニハ光澤アリテ翼ナシ。和名ばあそぶハ木曾地方ノ方言ニシテばあ ハ婆、そぶ ハ そばかす即チ雀斑ナリ、即チ花冠內ノ濁紫色ヲ老婆顏面ノ雀斑ニ喩ヘシモノナリ、之レニ對シ同地ニテハ同屬ノつるにんじんヲちいそぶト呼ブ、ちいハぢち即チ老稚ニシテ老稚ノそばかすヲ意味セリ。

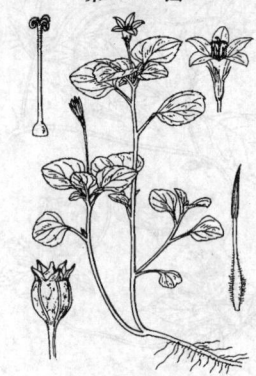

第244圖

ひなぎきゃう

Wahlenbergia gracilis A. DC.

暖地ノ山野ニ生ズル多年生草本。莖ハ細ク叢生シテ立チ、高サ30cm內外ニ達シ、疎ニ枝ヲ分チ綠色ナリ。葉ハ細長ニシテ互生シ、葉綠ニ鈍鋸齒アリ。夏秋ノ候、瘦長ナル枝端ニ鮮紫色ノ可憐ナル小花ヲ開ク。花冠鐘狀ニ五裂ス。五雄蕊、一雌蕊アリ。子房ハ下位ナリ。漢名 細葉沙參(誤用)

第245圖

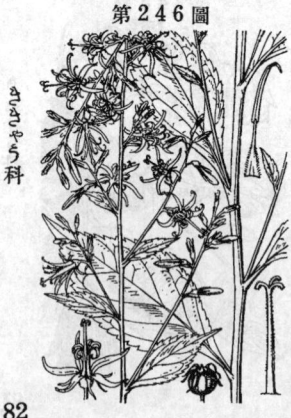

たにぎきゃう

Peracarpa carnosa
Hook. fil. et Thoms.
var. circaeoides Makino.

山中ノ樹陰ニ生ズル多年生小草本。高サ10cm 內外ニシテ、白色絲狀ノ地下莖ヲ引キテ繁殖ス。葉ハ互生シ、長柄ヲ有シ、卵圓形ニシテ少數ノ鈍鋸齒アリ。夏時梢上葉腋ニ絲狀ノ花梗ヲ抽キ、五深裂セル小形ノ白色鐘狀花ヲ着ク。子房ハ下位ニシテ、頂ニ五片ノ細小ナル鍼狀萼ヲ有ス。花中ニ五雄蕊アリ。花柱ハ三裂ス。果實ハ宿存萼ヲ伴ヒ、皮薄シ。

第246圖

しでしゃじん

Phyteuma japonicum Miq.

山地ニ生ズル多年生草本。莖ハ高サ60-90cm許。全體粗毛ヲ散生ス。葉ハ短柄アリテ互生シ、長卵形ニシテ尖リ、邊緣ニ鋸齒ヲ有ス。夏秋ノ候上部ニ枝ヲ分チ、總狀花穗ヲ成シテ紫色花ヲ開ク。花冠ハ基部ヨリ五深裂シ、裂片ハ鍼狀線形ニシテ反曲シ、離瓣狀ノ觀アリ。雌蕊ノ花柱長ク超出シ、五雄蕊之レヲ繞ル。子房ハ下位。蒴果ハ壓扁セラレタル卵形ヲ成シ、顯著ナル縱脈ヲ有シ、宿存萼ヲ伴フ。和名ハ四手沙參ノ意ニテ、其細裂セル花冠瓣ヲしでニ見立テテノ名ナリ。

つりがねにんじん
Adenophora triphylla *A. DC.*
var. tetraphylla *Makino.*

山野ニ多ク生ズル多年生草本。根ハ白色
肥厚シ、莖ハ高サ 60-90cm、大ナルハ時
ニ120cm餘ニ達ス。全株毛ヲ帶ブ。根生
葉ハ長柄ヲ有シテ圓形ヲ呈シ、花時ニハ
旣ニ凋落ス。莖葉ハ輪生シ、銳頭、鋸齒
緣ヲ有スルモ、株ニヨリ其形ヲ異ニシ、
或ハ長橢圓、或ハ卵形、或ハ線狀披針形又
單鋸齒、重鋸齒緣等頗ル種々アリ。秋日
梢ニ花枝ヲ輪生シ、五裂セル紫色ノ鐘狀
花ヲ聚繖式ニ着ケ、下垂ス。萼片ハ甚ダ
狹長ニシテ下位子房ノ上端ニ着ク。花中
ニ五雄蕋アリ。一花柱花冠外ニ超出ス。
漢名 沙參(慣用)

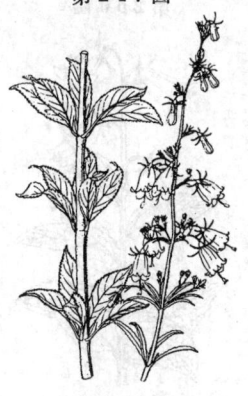

たうしゃじん
一名 まるばのにんじん
Adenophora stricta *Miq.*

植物園ニ見ル多年生草本ニシテ蓋シ往時
支那ヨリノ渡來品乎。未ダ我邦ニ野生ヲ
見ズ。莖ハ高サ 1m 內外。根生葉ハ長柄
ヲ有シ、腎臟狀圓形ヲ呈スルモ莖葉ハ互
生シ、無柄ニシテ廣卵形ヲ呈シ、邊緣ニ鋸
齒アリ。秋時梢ニ直上セル枝ヲ分チ、五
裂セル紫色鐘狀花ヲ穗樣ニ着ケ、下向ス。
花梗甚ダ短シ。萼片稍廣ク、花中ニ五雄
蕋、一雌蕋アリテ子房ハ下位ナリ。和名
ハ唐沙參ノ意。漢名 杏葉沙參(慣用)

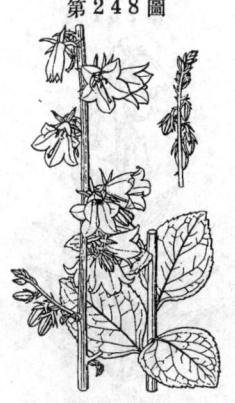

そばな （蕎苣）
Adenophora remotiflora *Miq.*

多年生草本ニシテ山地ニ生ジ、高サ90cm
內外。葉ハ互生シテ葉柄アリ、卵形乃至
長橢圓狀卵形ニシテ尖リ、邊緣ハ粗鋸齒
アリテ質柔ナリ。秋日梢ニ疎枝ヲ分チ、
紫色五裂ノ鐘狀花ヲ下垂シ、裂片尖レリ。
綠萼片ハ披針形、銳頭、全邊ヲ成ス。花
中ニ五雄蕋、一雌蕋アリテ花柱ハ花冠ヨ
リ稍短ク、上部膨大シ、柱頭ハ三淺裂ス。
子房ハ下位ナリ。和名ハ蕎麥菜ノ意ニテ
其柔キ葉狀ニ基キテ名ク。

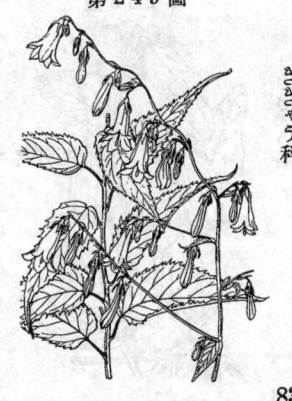

第250圖

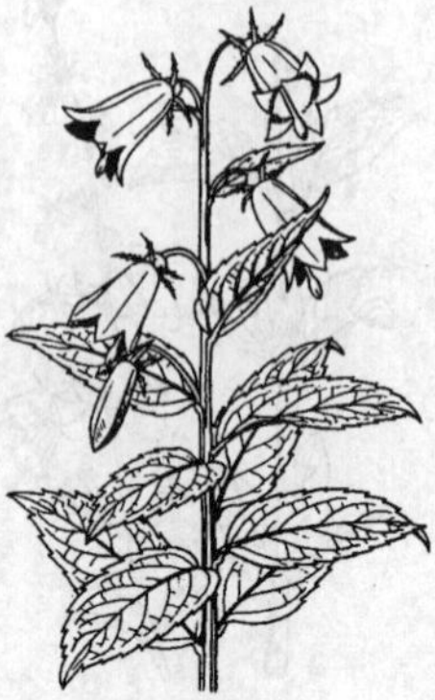

ひめしゃじん

Adenophora nikoensis
Franch. et Sav.

高山植物ノ一ニシテ、多年生草本。根ハ肥厚ニシテ長ク地中ニ入ル。莖ハ直立シテ通常數莖叢生シ、高サ30-60cm アリ。葉ハ披針形ニシテ互生シ、邊緣ハ鋸齒アリ。夏秋ノ候、梢ハ總狀樣ノ聚繖穗ヲ成シテ紫色ノ美花ヲ開ク。花冠ハ五裂ノ鐘狀ヲ呈シテ下向シ、萼片ハ狹長ニシテ齒アリ。五雄蕋、一雌蕋アリテ、花柱ハ花冠外ニ超出ス。子房ハ下位ナリ。

第251圖

みやましゃじん

Adenophora Lamarckii *Fisch.*
(= A. polymorpha *Ledeb.* var. Lamarckii *Trautv.*; A. nikoensis *Franch. et Sav.* forma nipponica *Hara.*)

本州中部以北ノ高山ニ生ズル多年生草本。高サ20-40cm、全株無毛ニシテ、根ハ地中ニ直下シ肥厚ス。莖ハ直立シ、葉ヲ互生或ハ三四葉輪生ス。葉ハ披針形或ハ卵形ニシテ無柄ニ近ク、互ニ平開シ、下部ノ者ハ幅廣ク、先端ハ銳尖形、邊緣ハ鋸齒ヲ有シ、底部ハ鈍形或ハ楔形ヲ呈ス。八月、莖頭ニ少數ノ鐘形花ヲ點頭シテ開ク。萼片ハ廣披針形ニシテ全邊、先端ハ圓ク、平開シ、多少膜質ヲ呈ス。花冠ハ碧紫色ニシテ長サ3cm內外、口邊淺ク五裂ス。雄蕋五箇、基脚ハ擴大シテ相倚リテ腔ヲ成シ、中央ニ花柱アリ。其基脚ハ椀狀ノ花盤ヲ周匝セラル。和名ハ深山沙參ノ意ナリ。

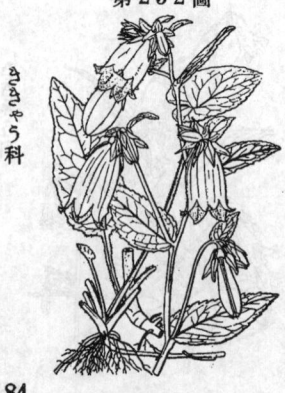

第252圖

ほたるぶくろ

Campanula punctata *Lam.*

山野ニ生ズル多年生草本ニシテ、短キ地中枝ヲ引テ繁殖ス。莖ハ立チテ高サ30-60cm ニ達ス。根葉ハ長柄ノ卵形ヲ呈シ、莖葉ハ互生シ、長卵形ヲ呈シテ尖リ、上葉ハ漸次無柄小形ト成ル。葉緣ニ鋸齒アリテ、莖ト共ニ毛多シ。六七月ノ候梢上ニ枝ヲ分チ、白色或ハ淡紫色ニシテ內面ニ紫斑アル花ヲ着ク。萼ハ綠色ニシテ五裂シ、裂片間ノ緣ハ反曲ス。花冠ハ大形ノ鐘狀ヲ成シテ下ニ向ヒ、花口短ク五裂ス。五雄蕋、一雌蕋ニシテ、子房ハ下位ナリ。小兒其花ヲ以テ螢ヲ包ム故ニ螢囊ノ和名アリ。漢名 山小菜(慣用)

きゝゃう科

84

やつしろさう

Campanula glomerata *L.*

草原ニ生ズル多年生草本ニシテ我邦ニテ
ハ九州ニ産ス。莖ハ直立シ高サ 60cm 許
ニ達ス。葉ハ廣披針形ヲ成シテ邊緣ニ不
齊ノ鈍鋸齒ヲ具ヘ、上部ノモノハ無柄ニ
シテ莖ヲ抱ク。花ハ紫色ニシテ夏時梢頭
ニ相集リ、上向シテ開キ、下位子房端ニ綠
色ノ五萼片アリ。花冠ハ鐘形ヲ成シ、五
裂ス。花中ニ五雄蕊アリ、柱頭ハ三岐ス。

ききゃう科

いはぎきゃう

Campanula lasiocarpa *Cham.*

高山ニ生ズル多年生ノ小草本ニシテ叢ヲ
成シ、高サ 10cm 內外。地下莖細長ニシ
テ分枝ス。莖ハ細長ニシテ立チ、葉ハ長
橢圓形或ハ披針形ニシテ互生シ、邊緣ニ
鋸齒アリ。夏日莖頂ニ一或ハ二三ノ鮮紫
花ヲ開ク。下位子房上ニ在ル五萼裂片ハ
鋸齒ヲ有シ、花冠ハ鐘形ニシテ五裂ス。
五雄蕊、一雌蕊アリ。

ききゃう科

ちしまぎきゃう
Campanula pilosa *Pall.*
var. dasyantha *Herd.*
(=C. dasyantha *M. a Bieb.*)

本州中部以北ノ高山帯ニ自生スル多年生草本。
地ニ接シテ根莖ヲ長ク引ク。高サ5-10cm、根葉
ハ十箇內外、倒披針形又ハ箆形、低鈍鋸齒緣ヲ
有シ、底部ハ漸次葉片ト稍同長ノ葉柄ト成ル。
七八月、一莖ヲ抽キ、小ナル莖葉二乃至三片ヲ
着ケ、頂ニ一花ヲ着ク。花ハ稍點頭シ、大形ニ
シテ長サ3cm內外。萼ハ基部白毛アリ、裂片ハ廣
ク卵狀披針形ニシテ邊緣ニハ低波狀ノ鋸齒アル
ノミニテいはぎきゃうノ如キ缺刻緣ヲ有セズ。
花冠ハ廣漏斗狀鐘形、外側ハ紫色、內面ハ淡紫
色、口緣五淺裂シ、裂片ハ尖リ、毛茸アリ。雄
蕊ハ五。花柱ハ雌蕊ヨリ高ク其頂三柱頭ニ岐ル。
子房ハ下位、果實ハ蒴ニシテ細種子ヲ有ス。和
名ハ千島桔梗ノ意。

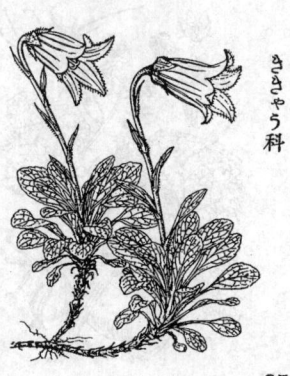

ききゃう科

ふうりんさう

Campanula medium *L.*

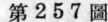

欧洲ノ原産ナル一年生或ハ二年生草本。莖ハ直立シ、高サ 60-90cm ニシテ分枝ス。毛アリ。葉ハ互生シ、廣キ披針形ニシテ粗齒ヲ有ス。夏時紫色或ハ時ニ白色又ハ淡紫色ノ花ヲ開ク。花冠ハ大ナル鐘形ヲ成シテ上向シ、鐘口五裂シ、裂片背反ス。五萼片ノ間隙ニ在ル副片ハ略ボ圓クシテ著シク反曲シ、子房ヲ蔽フ。五雄蕋、一雌蕋アリ。子房ハ下位ニシテ五室。觀賞花卉トシテ栽培セラル。

きゝやう科

第257圖

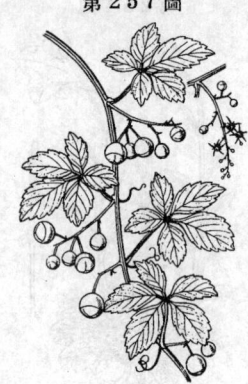

あまちゃづる （絞股藍）

Gynostemma pentaphyllum *Makino.*

山野ニ生ジ藪際等ニ多ク見ル多年生草本。地下莖ハ地中ヲ引キ、莖ハ蔓ヲ成シテ長ク伸ビ、卷鬚ヲ有シテ他物ニ攀綠ス。雌雄異株ニシテ、葉ハ互生シ、五小葉ノ鳥趾狀ヲ成シ、小葉ハ披針形ニシテ鋸齒アリ。秋時穗ヲ成シテ黃綠色ノ小花ヲ開ク。花冠ハ五裂シ、裂片ハ銳尖ナリ。漿果ハ小ニシテ圓ク、熟シテ黑綠色ヲ呈シ、上部ニ環線ヲ印ス。葉ニ甘味アレドモ、敢テ利用スルコトナシ。

うり科

第258圖

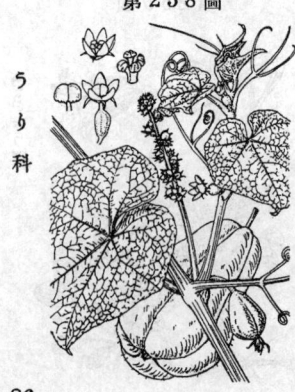

はやとうり

Sechium edule *Sw.*
(＝Cicyos edulis *Jacq.*;
Chayota edulis *Jacq.*)

めきしこ・中央あめりか・西印度諸島ノ所謂熱帶あめりか原産ニシテちゃよて等ノ俗名アリ。大正五年頃我邦ニ入リ近時廣ク邦內暖地ニ栽培セラルルニ至レル多年生蔓草。地下ニ太ク多肉ノ塊根アリ。莖ハ有稜綠色ノ圓柱形ニシテ長ク蔓延シ、長サ10mヲ越ユレドモ年々枯死ス。葉ハ廣卵形或ハ三角狀卵形ニシテ10-20cm長アリ、膜質ニシテ深綠色ヲ呈シ、表面錯澁ス。花ハ單性ニシテ同株ニ生ジ、小形ニシテ白色ナリ。雄花ハ攅長ナル總狀花序、三雄蕋アリ。雌花ハ一乃至二箇ヅツ腋生ス。漿果ハ倒卵形又ハ洋梨形、長サ8-17cm許、四乃至五條ノ縱溝アリテ頭部ハ略ボ佛手柑ノ如ク、多肉緻密ニシテ硬ク、熟シテ綠色ヲ保チ又稍白色ヲ帶ブル者アリ、中ニ大ナル一種子アリテ種皮ハ軟ク後ヲ果頂ヨリ萌出ス。果實ヲ蔬菜料トシテ食用ニ供シ、又塊根ヲ家畜ノ飼料トス。和名隼人瓜ハ所謂隼人ノ國ナル薩摩ノ島津隼彦男爵ノ領ヲ米國ヨリ機帶輸入シ始メテ試作セル矢神氏ニ得テ栽培シ世間ニ擴メシヨリ此名アリ。

うり科

ぼうぶら （南瓜）

Cucurbita moschata *Duch.*
var. melonaeformis *Makino.*

第259圖

うり科

熱帯原産ニシテ、邦内ニ廣ク栽培スル一年生草本。莖ハ長キ蔓ヲ成シテ巻蠹ヲ有シ、地上ニ匍匐ス。葉ハ有柄、互生、圓キ心臓形ニ五淺裂シ、脈隅ニ白斑アリ。夏月、葉腋ニ黄色大形ノ合瓣花ヲ出シ、雌花・雄花アリ。雄花ハ長梗ヲ有シ、雌花ハ梗短ク、花下ニ圓キ子房アリ。萼片ハ上部多少葉狀ヲ呈ス。果實ハ大ニシテ扁ク、縦ニ溝アリテ菊座形ヲ呈シ、之レヲ食用トス。ぼうぶらハ元葡萄牙語ナリ。之レヲかぼちゃ又ハたうなすト云フハ非ナリ。

かぼちゃ
一名　たうなす

Cucurbita moschata *Duch.*
var. Toonas *Makino.*

第260圖

うり科

前種ト同様、熱帯ノ原産ニシテ、畑地ニ栽培セラルル一年生蔓性草本ナリ。其狀前種ノ如クナルモ、但シ果實ノ形狀ヲ異ニシ、其狀圖ニ示スガ如ク、多少へうたん形ヲ成ス。此品ハ主トシテ京都附近ニ於テ栽培セラレシガ今日ニ頗ル少クナレリ。本品ハ我邦ヘハ前種ヨリ後レテ輸入セラレ、かんぼぢあヨリ來ルト稱シテ之レヲかぼちゃト呼ブニ至レリ。たうなすハたうなすびノ略ニシテ唐茄子ノ意ナリ、即チ其瓜形ニ基キシ名ナリ。漢名　蕃南瓜(慣用)

せいやうかぼちゃ
一名　なたうり
Cucurbita Pepo *L.*

第261圖

うり科

元來熱帯地ノ原産ナレドモ今ハ世界ノ各方ニ擴マリ、明治年間我邦ニモ來リテ（但シきんとうぐゎ等ハ德川時代ニ來レリ）處々ニ圃地ニ栽培スル一年生蔓草。葉ハ大形ニシテ卵圓形ヲ呈シ、其裂片ハ鋭頭ニシテたうなすノ葉ニ比スレバ質稍柔ニシテ細毛多ク黄綠色ニシテ葉面ニハ白斑無シ。夏月、徑10cm內外ノ黄花ヲ葉腋ニ開キ、雄花ハ痩長ナル花梗ヲ有シ雌花ハ短厚ナル花梗ヲ具フ。雌雄同株ニシテ雄花ノ萼筒ハ筒狀ヲ成シ裂片ハ痩狹ニシテ葉片ヲ具ヘズ。花冠ハ幅狀鏡形、五尖裂ス。果實ハ倒卵狀楕圓體ニシテ長サ30cmニ達シ、表面平滑ニシテたうなす或ハぼうぶらニ見ル瘤面ヲ成サズ。果梗ハ五角形ヲ呈シ木質ニシテ溝アリ末端ハ少シク擴張ス。本種ノ變種ニきんとうぐゎ・あこだうり(var. Akoda *Makino*)・かざりうり(var. ovifera *Bailey*)等アリ。

87

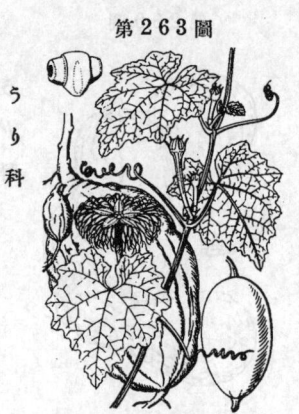

きんとうぐわ

Cucurbita Pepo L.
var. Kintoga *Makino*.

熱帶ノ原産ニシテ畑ニ栽培スル一年生蔓草。莖葉共ニぼうぶらニ似、其葉ハ多少ノ丸ミアリテ、脈隅ハ白斑ナシ。花ハ黄色ニシテ雌雄アリ。雌花ノ萼片ハ末端葉狀ヲ成サズ。漿果ハ頗ル大形ニシテ、黄赤色ニ熟シ、外皮滑澤ニシテ美觀ヲ呈スルニヨリ、多クハ果物店ノ裝飾品ニ供セラル。一種平扁ニシテ圓キモノヲあこだうり(var. Akoda *Makino*)ト稱ス、漢名ハ紅南瓜(慣用)ナリ、本品モ亦通常食用トセズ。和名きんとうぐわハ金冬瓜ノ意ナリ。

からすうり

Trichosanthes
cucumeroides *Maxim*.

山野ニ自生スル攀緣多年生草本。根ハ塊ヲ成シ、雌雄株ヲ異ニス。莖ハ痩長ニシテ長キ蔓ヲ成シテ、卷鬚アリ。葉ハ有柄ニシテ互生シ、掌狀ニ三-五淺裂シ、莖ト共ニ粗毛アリテ糙澁ス、下部ノ葉ハ往々深裂ス。夏日白花ヲ葉腋ニ出シ、雄花ハ少數ノ短總狀、雌花ハ獨在ス。萼筒ハ長サ6cm許、花冠裂片ハ邊緣網狀ニ細裂ス。果實ハ橢圓形ニシテ赤熟シ、種子ハ黑クシテかまきりノ頭ノ如シ。果肉ヲ化粧料ニ用フベシ。漢名 王瓜(誤用)

きからすうり

Trichosanthes japonica *Regel*.

諸處ニ自生スル雌雄異株ノ攀緣多年生草本。地下ニ肥厚長形ノ塊根アリ。莖ハ細長クシテ長蔓ヲ成シ、卷鬚アリ。葉ハ有柄互生シ、無毛滑澤ニシテ、廣心臟形ヲ成シテ淺裂シ、下部ノ葉ハ往々深裂ス。夏日白花ヲ開キ、萼筒ノ長サ 3cm許、花冠ノ前緣絲狀ニ剪裂ス。雄花ハ通常腋生ノ穗ニ成リテ葉狀ノ綠苞ヲ具ヘ、雌花ハ葉腋ニ獨在ス。果實ハ廣橢圓形、黄熟シテ、梗短シ。種子ハ平扁橢圓褐色ナリ。塊根ヨリ澱粉ヲ製シ天瓜粉ト稱シ、又其根ヲ瓜呂根ト稱シ藥用トス。和名ハ黄からすうりノ意ナリ。漢名 栝樓(誤用)

ゆふがほ （壺盧）

Lagenaria leucantha *Rosby.*
var. clavata *Makino.*

あふりか及あじあノ原産ニシテ、人家ニ
栽培スルー年生攀緣蔓草ニシテ毛アリ。
莖ハ長蔓ヲ成シテ、兩岐セル卷鬚アリ。
葉ハ有柄互生シテ、腎臟狀掌形ニシテ淺
裂シ、軟毛アリ。夏日、白花ヲ腋生シ、
一株ニ雌雄花ヲ開キ、雄花ハ長柄、雌花
ハ短柄ヲ有ス。花冠ハ夕刻平開シテ五裂
ス。下位子房ニ毛アリ。漿果ハ長大ニシ
テ往々 60–90cm ニ達シ、表面毛ヲ帶ビ、
內部ハ白色ノ果肉ヲ藏ス。煮テ食ヒ、又
乾瓢ヲ製ス。和名ハ夕顏ノ意ニテ夕刻ニ
咲ク花ニ甚ク。

第 2 6 5 圖

う
り
科

へうたん （蒲盧）

Lagenaria leucantha *Rosby.*
var. Gourda *Makino.*

ゆふがほノ一變種ニシテ人家ニ栽培シ、
一年生攀緣蔓草ニシテ毛アリ。莖ハ長ク
延ビ、兩岐セル卷鬚アリ。葉ハ有柄互生
シ、心臟狀圓形ヲ成シ、往々掌狀ニ淺裂
ス、絨毛ヲ布ク。夏ノ夕、ゆふがほト同ジ
白花ヲ開ク。漿果ハ中間ニ縊ヲ有シ、初
メ毛ヲ帶ブ、味苦シ。成熟セル果實ニテ
酒器ヲ製ス。大小種々アリ。小ナルヲせ
んなりべうたんト云フ。和名ハ瓢箪ヨリ
出ヅ。

第 2 6 6 圖

う
り
科

ふくべ

Lagenaria leucantha *Rosby*
var. depressa *Makino.*
(=L. vulgaris *Ser.* var. depressa *Ser.*)

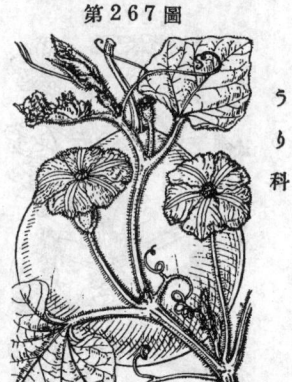

ゆふがほノ一變種、全株蒼綠色ニシテ軟
毛ヲ被ル。雌雄同株。花ハ葉腋ニ單立シ、
花冠ハ白色、輻狀ニシテ五尖裂シ、裂片
ハ稍圓シ。果實極メテ大キク扁球形ヲ呈
シ、徑30cmヲ超エ、其重サ10kg內外、時
ニ30kgニ達ス、表面軟毛アレドモ熟スレ
バ脫落シ、表皮ハ硬化ス。主トシテ栃木
縣地方ニテ栽培セラレ、蔬果ヨリハ干瓢
ヲ製シ、熟セル者ハ皮ヲ殘シテ炭入・花器
等ノ細工物トシ頗ル雅趣アリ。

第 2 6 7 圖

う
り
科

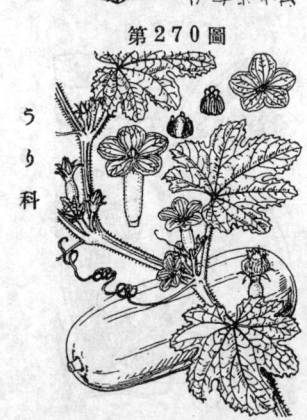

とうぐわ （冬瓜）

一名 かもうり

Benincasa hispida *Cogn.*

熱帯ノ原産ニシテ畑ニ栽培スル一年生攀縁草本。莖ハ卷鬚ヲ具ヘ、長ク延ブ。葉ハ通常淺ク缺刻ヲ有シ、掌狀ニ成ス。夏日黄色ノ雌雄花ヲ同株ニ開キ、合瓣ニシテ五裂ス。花梗又ハ下位子房等ニ毛多シ。漿果ハ大ニシテ圓形或ハ橢圓形ヲ成シ、大ナルハ徑30–50cmニ及ブ。嫩果ハ全面軟毛ニ被ハルルモ、熟セバ脱落シ蠟白粉ヲ帶ブ。果實ヲ食用ニ供ス。又民間藥トシテ効用多シ。和名ハ冬瓜ニ甚ク、かもうりハ毛アル故名グ、かもハ甦ナリ。

きうり （胡瓜）

Cucumis sativus *L.*

南あじあ原産ノ一年生草本ニシテ普ク菜園ニ栽培セラル。蔓莖ハ卷鬚ヲ以テ攀縁シ、長ク延ブ。葉ハ有柄互生シ、掌狀淺裂ニシテ、裂片ハ銳尖三角形ヲ成シ、邊縁ニ微尖齒ヲ具ヘ、毛アリテ糙澁ス。夏日黄色ノ雌雄花ヲ同株ニ生ジ、花冠ハ五裂シテ皺アリ。雌花ハ花下ノ長形ノ子房アリテ刺毛ヲ有ス。漿果ハ圓柱形ニシテ、嫩キ時表面ニ小刺ヲ散布ス。果實ヲ食用ニ供ス。果汁ハ湯火傷ニ妙効アリ。和名ハ黄瓜ノ意、此瓜黄熟ス故ニ此名アリ。

しろうり （越瓜）

Cucumis Melo *L.*
var. Conomon *Makino.*

熱帯ノ原産ナルまくはうりノ一變種ニシテ、廣ク園圃ニ栽培スル一年生ノ攀縁草本。莖ハ長ク延ビ、卷鬚アリ。花・葉ノ狀まくはうりト同ジ。果實ハ圓柱狀長橢圓形ニシテ長徑 20–30cm ニ達シ、外皮ハ平滑ニシテ白綠色ヲ帶ブ、之レヲ生食スト雖ドモ通常主トシテ奈良漬トス。あをうりハ此一品ニシテ其果實ノ用途相同ジ。和名ハ其瓜ノ表皮白綠色ナルニ甚ク。

第268圖

第269圖

第270圖

うり科

うり科

うり科

まくはうり （甜瓜）

Cucumis Melo *L.*
var. Makuwa *Makino.*

南あじあノ原産ニシテ、園圃ニ栽培スル一年生草本。莖ハ卷鬚ヲ有シ、蔓性ニシテ長ク地上ニ延ブ。葉ハ有柄互生シ、掌狀淺裂ニシテ葉底心臟形ヲ呈ス。夏日黃色ノ雌雄花ヲ同株ニ生ジ、花冠五裂シテ大ナラズ。雌花ハ下部ニ子房アリ。漿果ハ通常圓柱狀橢圓形ヲ成シ、黃綠色ニ熟シ、一種ノ香氣有リテ味甘シ。熟果ヲ生食シ、未熟ナルモノヲ催吐劑ニ用キラル。和名ハ昔美濃眞桑村ニ作ルモノ上品ナリシ故斯ク名ケシナリ。ますくめろんハ此一品ニシテあみめろんノ和名アリ。

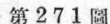

第271圖

うり科

すいくゎ （西瓜）

Citrullus vulgaris *Schrad.*

熱帶あじあ原産ノ一年生草本ニシテ、園圃ニ栽培ス。蔓莖ハ分岐セル卷鬚ヲ有シ、長ク延ビテ地上ニ匐フ。葉ハ有柄、互生シ、波狀ニ深裂シテ稍羽狀ヲ成シ、葉色稍白ヲ帶ブ。夏日淡黃色ノ有梗雌雄花ヲ同株上ニ開キ、花冠ハ小ニシテ五深裂ス。漿果ハ大形ニシテ、球形或ハ橢圓形ヲ呈シ、皮色種々アリ。果肉ハ頗ル多汁ニシテ通常赤色、時ニ黃色ノモノアリ。普ク食用トスル他民間藥ニモ供セラル。和名ハ西瓜ノ唐音ノ轉化セシモノナリ、故ニ和名ヲ上ノ假名トセリ。

第272圖

うり科

ころしんとうり

Citrullus Colocynthis *Schrad.*

熱帶あじあ・あふりか原産ノ多年生蔓草ニシテ糙澁毛アリ。花葉頗ルすいくゎニ類ス。兩岐セル卷鬚ニヨリ他物ニ攀緣ス。同株上ニ黃色ノ有梗雌雄花ヲ生ジ、五裂セル合瓣花冠ヲ有ス。果實ハ球形ニシテ黃熟シ、徑 10cm 內外、味極テ苦シ。乾果ヲ下劑ノ料ニ用キ、古魯聖篤實ト稱ス。種名ころしんちす(Colocynthis)ハ由緒アル古代ノ名ナリ。

第273圖

うり科

第274圖

うり科

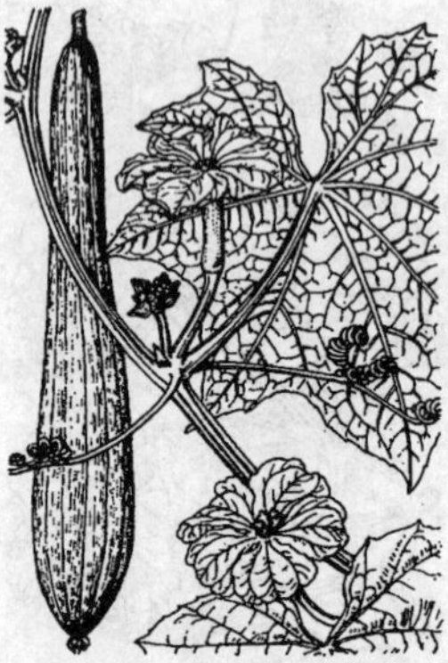

へちま (絲瓜)

Luffa cylindrica *Roem.*

熱帶ノ原產ニシテ、廣ク培養セラルル一年生攀緣草本。莖ハ綠色ニシテ卷鬚ヲ有シ長ク延ブ。葉ハ有柄、互生シ、掌狀ニ分裂シ、裂片ハ尖レリ。夏秋ノ候、黃色ノ雌雄花ヲ同株ニ生ズ。雄花ハ總狀ヲ成シ、雌花ハ獨在ス。果實ハ長大ニシテ深綠色ヲ呈シ、ながへちまト稱スル一品ハ、長サ往々 1m 餘ニ至ル。嫩果ハ食用ニ供セラレ、乾果ノ網狀纖維ハ海綿ノ如ク種々ノ用途アリ。又莖ヲ截チテ所謂へちま水ヲ採リ、主トシテ化粧料ニ供ス。本品信州ニテとうりト云フ、とハいろはノヘトちトノ中間ニ在ル故へち間ノ意ニテ其和名ヲ生ゼシト謂フ。

第275圖

うり科

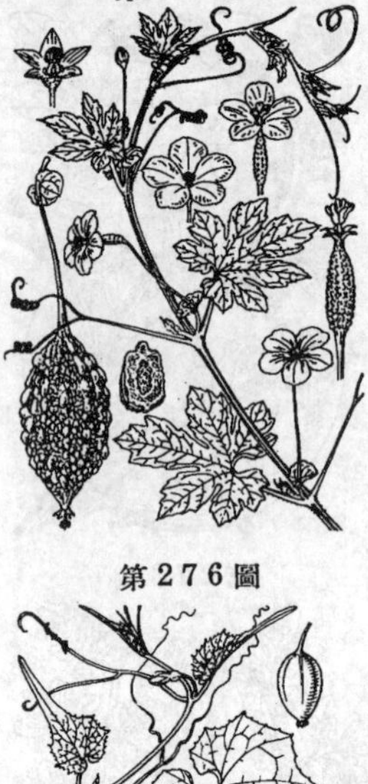

つるれいし (苦瓜)

一名 にがうり

Momordica Charantia *L.*

舊世界熱帶地ノ原產ニテ、園圃ニ栽培スル一年生草本。蔓莖ハ細長ニシテ、卷鬚ヲ有シテ攀援ス。葉ハ有柄、互生、掌狀ニ分裂ス。夏秋ノ候黃花ヲ開キ、花梗ニ一綠苞アリ。同株ニ雄花・雌花ヲ生ジ、五裂セル合瓣花冠ヲ有ス。漿果ハ全面瘤狀突起ニ被ハレ、黃赤色ニ熟シテ開裂シ、紅肉ニ被ハレタル種子ヲ露ハス。果實ニ長短ノ別アリ、長キヲながれいしト云ヒ、嫩瓜ヲ食用トス。種子ヲ被ヘル紅肉ハ甜クシテ食スベク、果皮ノ味ハ苦シ、故ににが瓜ノ一名アリ、和名ハ蔓茘枝ノ意ニテ茘枝ハ其瓜ヲ之レニ比セシナリ、支那ニモ錦茘枝ノ名アリ。

第276圖

うり科

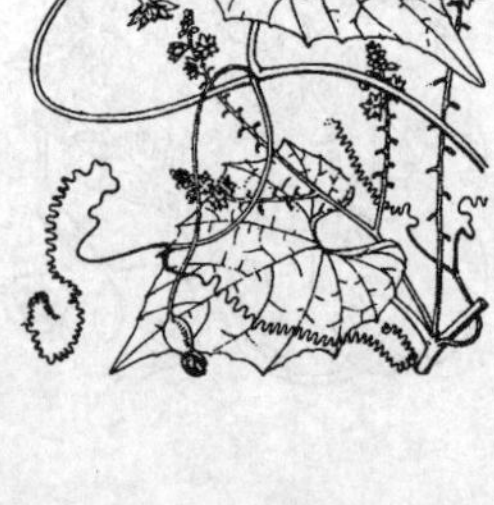

みやまにがうり

Schizopepon bryoniaefolius *Maxim.*

本邦中部以北ノ深山ニ生ズル一年生蔓草。葉ハ長柄アリ、心臟狀卵形ヲ呈シ、五乃至七角、先端尖リ、底部ハ心臟形ニシテ彎入部ハ圓形、質薄クシテ表面ニ毛アリ。卷鬚ハ葉ト對生シ二岐シテ甚ダ長シ。夏日開花、兩性花ハ株上其花ノミヲ生ジ每花葉腋ヨリ細梗ヲ以テ單立懸垂シ、花體極メテ小サク帶微黃白色。雄花ハ白色ニシテ株上雄花ノミヲ生ジ立チタル複總狀花序ヲ成シテ腋出ス。花冠ハ五裂シテ輻狀ヲ呈シ、裂片ハ卵狀披針形ナリ。雄蕋ハ三箇。花柱ハ三岐ス。漿果ハ長サ1cm內外、楕圓形ナレドモ多クハ稍歪ミ後チ開裂シ內ニ三種子ヲ藏ス。此種普通ハ皆兩性花ノミヲ生ズル株ナレドモ偶ニ雄花ノミヲ生ズル株ニ逢着ス、而シテ始メテ此雄株ヲ發見セルハ松村任三氏ニシテ同氏ハ明治十二年之レヲ岩代國會津地方ニ採集セリ、而シテ之レヲ精研シテ世ニ發表セシハ予ニシテ時ニ明治三十九年(1906)ナリ。

すずめうり

Melothria japonica *Maxim.*

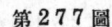
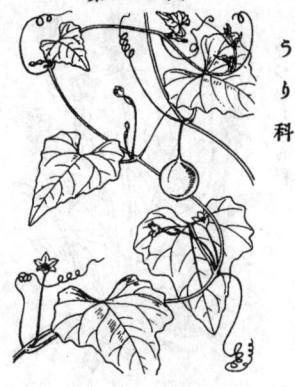

原野或ハ水邊等ニ生ズル一年生ノ蔓草。
莖ハ細長ク、攀援シテ長ク延ブ。葉ハ有
柄互生シ、卵圓形ニシテ質薄ク、柔クシテ
毛ナシ。夏日雌雄ノ小形白花ヲ腋生ス。
花冠五裂シ、雌花ハ花下ニ子房アリ。果
實ハ絲狀梗ニテ下垂シ、球形ニシテ直徑
1cm 許アリ、平滑ニシテ初メ綠色、後
熟スレバ灰白色ヲ呈シ、漿質。中ニ平キ
小種子アリ。漢名 馬�兒(誤用)

第 2 7 7 圖

うり科

ごきづる （合子草）

Actinostemma lobatum *Maxim.*
var. racemosum *Makino.*

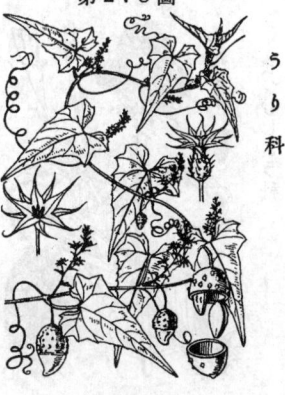

水邊ニ生ズル一年生蔓草。莖ハ長サ 2m
許、卷鬚ヲ有シテ他物ニ攀緣ス。葉ハ有
柄、互生シ、三角狀披針形ノ成シテ先端尖
リ、下部ハ稍三-五起ヲ呈ス。秋時多數ノ
帶黃綠小花ヲ總狀ニ綴ル。蕚片五、花瓣
五アリ、共ニ細長ニシテ尖レリ。雌花ハ
下位子房ヲ伴ヒ雄花穗ノ本ニ出デ、絲狀
梗ヲ有ス。花後橢圓形ノ綠實ヲ下垂シ、
熟スル時ハ果皮ノ上半蓋ノ如ク相離ル。
中ニ大ナル黑色ノ二種子ヲ容レ、蓋ト共
ニ落ツ。和名ハ合器蔓ノ意ニテ、其果實
ノ狀ニ基ク。

第 2 7 8 圖

うり科

まつむしさう

一名 りんぼうぎく

Scabiosa japonica *Miq.*

山野ニ生ズル越年生草本。莖直立シ、高サ
60-90cm 內外、對生セル枝ヲ分ツ。葉ハ
對生シテ羽狀ニ分裂ス。夏秋ノ候紫色ノ
頭狀花ハ下ニ綠色總苞ヲ伴ヒテ、長梗ノ
頂ニ着キ、其外圍ノ花ハ花冠五裂シ、大形
脣狀ニシテ下脣片闊ク、內部ノ花ハ花冠
稍整齊四裂シ、小形ナリ。毎花小總苞ニ
ヨリ圍擁セラル。四雄蕋アリテ分立シ、雌
蕋ハ一。子房ハ下位。漢名 山蘿蔔(誤用)

第 2 7 9 圖

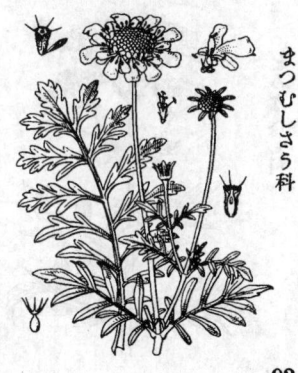

まつむしさう科

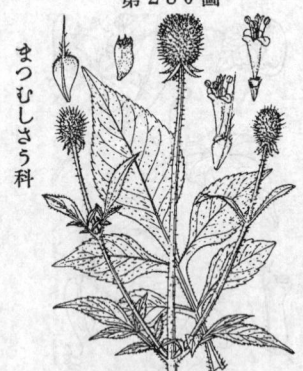

第280圖

まつむしさう科

な べ な
Dipsacus japonicus *Miq.*

山地ニ生ズル壯大ナル越年生草本。莖ハ
粗大ニシテ直立シ、高サ1m以上ニ達シテ
分枝シ、其質剛ク、刺アリテ粗澁ナリ。葉
ハ對生シテ刺毛アリ、羽狀ニ分裂シ、裂片
ハ卵圓形又ハ橢圓形ニシテ鋸齒アリ、頂
末ノ裂片ハ他ヨリ大ナリ。夏秋ノ候、紅
紫色ノ小花多數頭狀ニ相集リ、長枝ノ頂
ニ着キ、花下ニ總苞アリ。花冠四裂シ、四
雄蕋アリ。果實ハ集リテ球ヲ成ス。漢名
續斷ハ蓋シ同屬中支那産ノ別種ナラン。

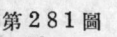

第281圖

まつむしさう科

おになべな
一名 らしゃかきぐさ
Dipsacus Fullonum *L.*

歐洲原産ノ越年生草本。莖ノ高サ1.5~2m、
壯大ニシテ直立シ、莖面及葉裏ノ中脈上
ニ多少ノ刺アリ。葉ハ廣披針形ヲ成シ、
對生葉ハ其底部癒合シ、莖ヲ抱ク。秋時
淡紫色ノ長大ナル頭狀花ヲ莖頂ニ着ケ、
細花多ク集リ着ク。花冠四裂シ、四雄蕋
アリ。子房ハ下位。果實ハ瘦果ナリ。果
穗ノ鉤刺ヲ以テ羅紗ノ毛ヲ起スニ用ウ。
此鉤刺ハ、卽チ毎花ニ伴フ苞ノ强化セル
モノナリ。所謂ちーせる是レナリ。

第282圖

をみなへし科

かのこさう
一名 はるをみなへし
Valeriana officinalis *L.*
var. latifolia *Miq.*

山地ノ稍濕地ニ生ズル多年生草本ニシ
テ、地下枝ニヨリ繁殖ス。莖ハ直立シ、高
サ30~60cm許ニ達ス。葉ハ對生シテ羽狀
葉ヲ成シ、質軟ナリ。初夏ノ候、淡紅色ノ
美麗ナル細花ヲ多數梢頭ニ集メ着ケ、繖
房花穗ヲ成ス。花冠五裂シテ下ニ筒ヲ成
シ、三雄蕋アリ。果實ハ其萼冠毛狀ニ呈
シ、風ニ從テ飛ブ。根ヲ纈草根ト稱シテ
藥用ニ供ス。纈草ハかのこさうヲ漢字ニ
テ書キタルモノニテ漢名ニ非ラズ、之レ
ヲけっさう(きっさうハ誤)ト云フハ醫藥
界ノ慣例ナリ。

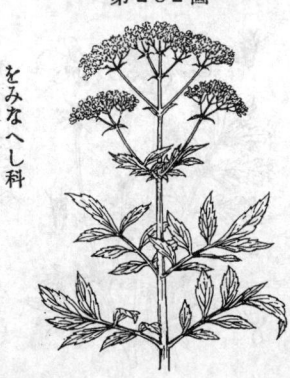

94

つるかのこさう
一名　やまかのこさう
Valeriana flaccidissima *Maxim.*

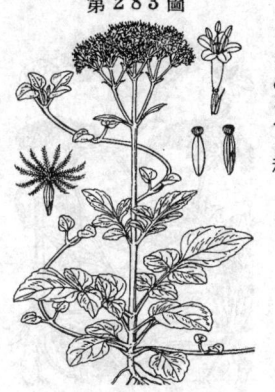

山地ノ濕地ニ生ズル多年生草本ニシテ全體ノ質柔軟ナリ、故ニ最モ軟カナル意ノ種名ヲ有ス。莖ノ高サ 30-60cm、基部ニ細長ナル匍枝ヲ出シテ繁殖ス。葉ハ對生シ、羽狀ニ分裂ス。初夏莖頭ニ白色微紅ノ小花ヲ繖房狀ニ開ク。花冠ハ五裂シ、下部ハ筒ヲ成ス。三雄蕊ト一花柱トヲ有ス。子房ハ下位ニシテ細小ナリ。萼ハ花後果實上ニ冠毛狀ヲ成シ、風ニ隨ヒ、果實ヲ伴ヒテ遠近ニ散布ス。

をみなへし科

のぢしゃ
Valerianella olitoria *Moench.*

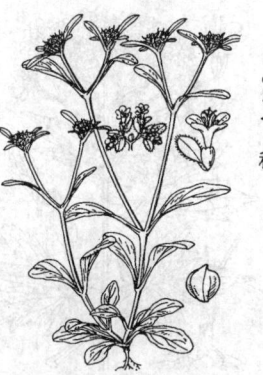

歐洲原產ノ一年生或ハ二年生草本。莖ハ高サ 10-30cm 許、細長ニシテ叉狀ニ分岐ス。葉ハ對生シ、下部ノ者ハ倒卵形ニシテ、上部ノ葉ハ長橢圓形ナリ。全邊ニシテ、葉底莖ヲ抱ク。夏時淡靑色ノ小花ヲ枝端ニ密生ス。花冠五裂シ、下ハ筒ヲ成シ、三雄蕊ト一花柱トヲ有ス。子房ハ下位。果實ハ小ニシテ稍平扁ナリ。葉ヲさらどトシテ食用ニ供ス、故ニ野萵苣ノ和名アリ。

をみなへし科

をみなへし　（黄花龍芽）
一名　をみなめし
Patrinia scabiosaefolia *Link.*

山野ニ生ズル多年生草本。新苗ヲ株側ニ分チテ繁殖ス。莖ハ直立シ、高サ 1m 內外。葉ハ對生シテ羽狀ニ分裂シ、裂片狹シ。莖・葉共ニ毛少シ。秋時梢ニ分枝シ、黄色ノ細花ヲ梢頭ニ攢簇シ、繖房花穗ヲ成ス。花冠ハ五裂シ、筒部短シ。四雄蕊、一花柱アリ。子房ハ下位。果實ハ小形ニシテ橢圓形ヲ呈シ、團扇狀ノ苞ナシ。秋ノ七くさノ一ニシテ通常女郎花ト書ケドモ是レ漢名ニ非ズ。漢名　敗醬（誤用）

をみなへし科

をとこへし （敗醬）

一名 をとこめし

Patrinia villosa *Juss.*

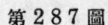

山野ニ生ズル多年生草本ニシテ、株本ヨ
リ長キ匍枝ヲ地上ニ出シテ繁殖ス。莖ハ
直立シテ高サ 1m 内外ニ及ブ。葉ハ對生
シ、往々羽狀ニ分裂シ、裂片ハ卵狀長橢圓
形ヲ成シ、頂片最モ大ナリ、莖ト共ニ細
毛多シ。秋時白色ノ細小花ヲ梢頭ニ攢簇
シ、繖房花穗ヲ成ス。花冠五裂シ、筒部短
シ。四雄蕊、一花柱アリ。子房ハ下位。
花後果下ノ小苞擴大シテ團扇狀ヲ呈ス。
飢饉時ニ葉ヲ食用トス。處ニヨリとちな
ノ方言アリ。

きんれいくゎ

一名 はくさんをみなへし

Patrinia palmata *Maxim.*

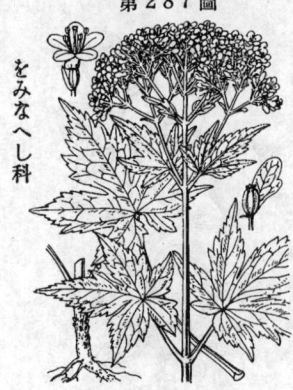

第287圖

各地ノ高山又ハ山地ニ見ル多年生草本。
莖ノ高サ 30cm 内外、葉ハ對生シテ長柄ヲ
具ヘ、掌狀ヲ成シテ三-五中裂シ、裂片ハ
粗鋸齒ヲ有ス。葉裏ノ脈上ニ粗毛アリ。
夏時黃色ノ細小花ヲ梢上ニ綴リ繖房花穗
ヲ成ス。花冠ハ五裂シ、下部ハ筒ヲ成シ、
且ツ短キ小距アリ。果實ハ橢圓形ニシテ
翼狀ヲ呈セル一苞ヲ伴フ。一種花冠ノ距
極テ短ク、只膨起スルノミナルアリ、之レ
ヲこきんれいくゎト云フ。和名ハ金鈴花
ノ意ニテ花狀ニ基ク。漢名 地花菜（誤用）

まるばきんれいくゎ

Patrinia gibbosa *Maxim.*

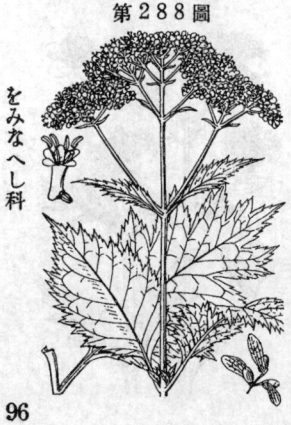

第288圖

北部山中ノ濕潤地ニ生ズル多年生草本。
全草殆ンド毛無ク一種ノ異臭アリ。莖ハ
直立シテ圓柱形、高サ 30-50cm 許。葉ハ
疎ニ對生シテ柄ヲ具ヘ廣橢圓形或ハ卵圓
形、長サ 10-15cm、羽狀ニ淺裂シ、裂片
ハ三角形ヲ呈シ更ニ鋸齒ヲ刻ム、表面黃
綠色裏面ニ淡綠色ニシテ脈絡鮮明ナリ。
八月、梢頭ニ平頂ノ繖房花序ヲ成シ細黃
花ヲ綴ル。花冠ハ高脚盆狀ニシテ甚部ニ
ハ圓キ短距アリ。裂片ハ五箇、圓ク、外反
ス。雄蕊ハ四箇、花冠ヨリ超出ス。果實
ニハ增大セル宿存苞片アリテ膜質翅狀ヲ
成シ附屬ス。和名ハ圓葉金鈴花ニシテ其
圓葉ハ同屬きんれいくゎノ深裂葉ニ對比
シテ謂ヒ、敢テ全邊ナル圓形葉ヲ意味ス
ルニハ非ザルナリ。

ちしまきんれいくゎ

一名　たかねをみなへし

Patrinia sibirica *Juss.*

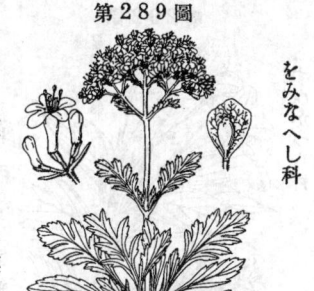

北海道ノ高山等ニ生ズル多年生草本。莖
低ク、其高サ10cm 內外アリ。葉ハ對生シ、
莖ノ脚部ニ相集リテ叢生スルヲ常トス。
倒卵形ニシテ、往々羽狀ニ分裂ス。夏時、
葉中ニ花莖ヲ出シ、頂ニ黃色ノ數花ヲ簇
生シ、花叢下ニ羽狀セル葉狀苞ヲ有ス。
合瓣花冠ハ五裂シ、四雄蕊アリ。子房ハ
下位ナリ。

をみなへし科

れんぷくさう

一名　ごりんばな

Adoxa Moschatellina *L.*

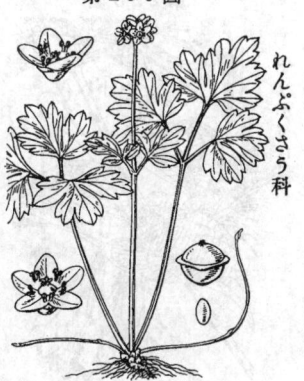

山地ニ生ズル多年生草本。根莖ハ白色橫
走シ、末端肥厚シ、粗ニ鱗片ヲ有ス。莖高
サ 17cm 內外。根生葉ハ長柄ヲ有シ、三
箇又ハ九箇ノ小葉ヨリ成リ、莖葉ハ三裂
ス。初夏ノ候、黃綠色ノ小花ヲ莖頂ニ開
キ、五箇相聚團ス。上位ノ一花ハ花冠四
裂シテ八雄蕊ヲ有シ、側方ノ四花ハ五裂
シテ十雄蕊アリ。果實ハ乾質ノ核果ニシ
テ、三乃至五ノ小堅果ヨリ成ル。和名ハ其
苗偶然福壽草ニ遽ナリ來リタルヲ見シ人
始メテ連福草ノ名ヲ唱ヘ出セシト云フ。

れんぷくさう科

きばなうつぎ

Calyptrostigma

Maximowiczii *Makino.*

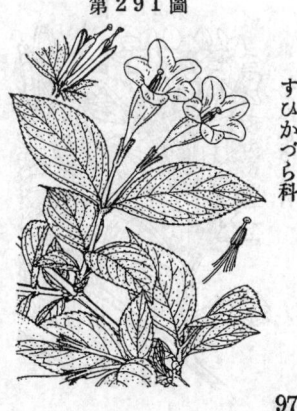

本邦中部ノ深山ニ生ズル落葉灌木。高サ
1.5m 內外ニシテ枝ヲ分チ、葉ハ對生シ、
楕圓狀卵形ニシテ末尖リ、上部ノ葉ニハ
葉柄ナシ。邊緣ニ鋸齒アリ、質薄クシテ
毛アリ。夏日、花ヲ枝上葉腋ニ出シ、數多
カラズ。花冠ハ黃色漏斗狀ヲ成シテ五裂
シ、花中ニ五雄蕊アリテ聚葯ス。下位子
房ノ頂ニアル萼片ハ相合シテ一方ノ裂ケ
タル筒ヲ成ス。

すひかづら科

97

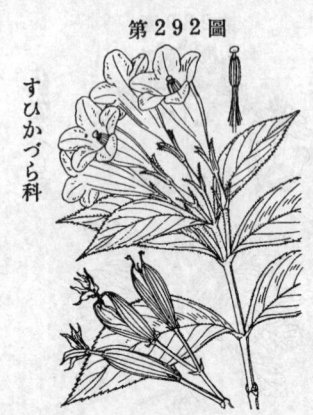

うこんうつぎ

Calyptrostigma Middendorffiana
Trautv. et Mey.

北國ノ深山ニ生ズル落葉灌木。高サ1.5m
内外、葉ハ對生シ、卵圓形ニシテ鋸歯ア
リ、上部ノ葉ハ殆ド無柄ナリ。夏時、枝梢
ニ有梗ノ綠黃花ヲ着ク。花冠ハ鐘狀漏斗
形ヲ成シテ五裂シ、花中ニ五雄蕋アリテ
葯ハ相接ス。萼ハ兩唇形ヲ成シ、下位子
房ノ頂ニ立ツ。

第292圖

すひかづら科

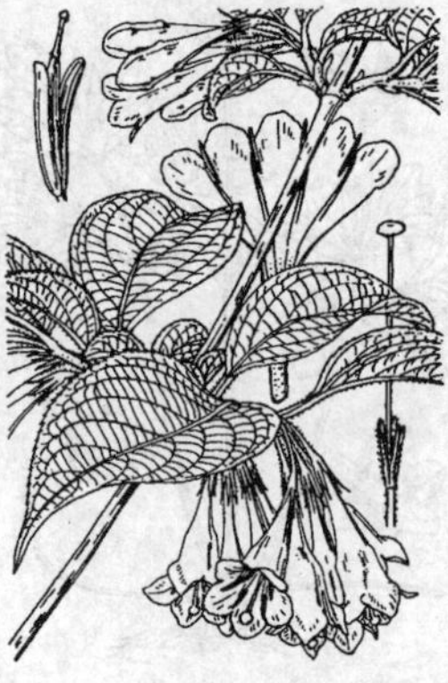

にしきうつぎ

Weigela nikkoensis *Makino.*

野州日光山等ノ山地ニ生ズル落葉灌木。
高サ2-3m。葉ハ葉柄ヲ以テ對生シ、長卵
形或ハ橢圓形ニシテ末尖リ、鋸歯ヲ具ヘ、
下面ニ毛ヲ生ズ。夏時花ヲ聚繖狀ニ開キ、
花冠ハ五裂セル漏斗狀ヲ呈シ、初メ白色、
後紅色ト成ル。花中ニ五雄蕋ト菌狀柱頭
ヲ有スルー花柱トアリ。子房ハ下位ニシ
テ瘦長。頂ニ五片ノ狭長ナル萼片アリ。
花初メ白色、後赤變スル故此和名アリ。

第293圖

すひかづら科

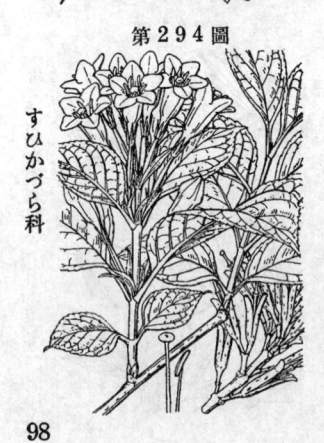

はこねうつぎ

Weigela coraeensis *Thunb.*

海ニ近キ地ニ自生スル落葉灌木ニシテ、
往々庭園ニ栽植ス。高サ3-5m許ニ達シ、
葉ハ有柄對生シ、橢圓形ニシテ銳尖頭、鋸
齒緣ヲ成シ、質稍厚ク、通常毛ナシ。初夏
ノ候、新枝ノ葉腋ニ多數ノ花ヲ着ク。花
冠ハ漏斗形ヲ成シテ五裂シ、初メ白色ニ
シテ、漸次紅紫色ニ變ズ。五雄蕋ト菌狀
柱頭アルー花柱トアリ。和名ハ箱根空木
ノ意ナレドモ、同山ニ在ルモノハ別種ニ
シテ、畢竟誤認ニ出ヅ。

第294圖

すひかづら科

たにうつぎ

Weigela hortensis *C. A. Mey.*
forma spontanea *Makino.*

山地ニ自生スル落葉灌木。高サ 2-3m。葉
ハ對生シ、卵形或ハ長橢圓形ニシテ銳尖
頭ヲ成シ、邊緣ニ鋸齒アリ、葉裏ハ白色ノ
絨毛多シ。花冠ハ紅色、筒狀漏斗形ニシ
テ上部膨大シ、邊緣五裂シ、五雄蕋一花柱
ヲ有ス。六月頃、小枝頭竝ニ葉腋ニ聚繖
花序ヲ成ス。此一變種ニべにうつぎアリ
テ通常觀賞品トシテ人家ニ栽培セラル。
漢名 楊櫨(誤用)

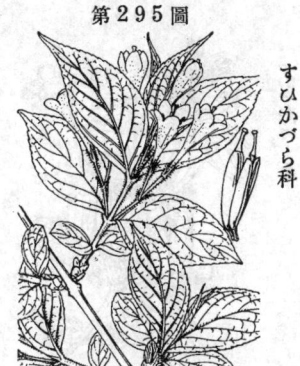

第295圖

すひかづら科

やぶうつぎ

Weigela floribunda *C. A. Mey.*
(=*Diervilla floribunda* *Sieb. et Zucc.*)

中部以西ノ山地ニ自生スル落葉灌木。高
サ2mヲ超エ、全株密ニ絨毛ヲ被ル。葉ハ
對生シ極メテ短キ柄ヲ具ヘ橢圓形ニシテ
銳尖頭、楔形底又ハ狹底、裏面ニハ密絨
毛ヲ生ジ、葉色往々紅紫色ヲ帶ブ。花ハ
六月頃同年ノ新枝ニ頂生及ビ腋生シ、初
メヨリ暗赤色ヲ呈ス。蕚筒ニハ密絨毛ア
リ、蕚片ハ五箇、狹細。花冠ハ側向シ漏
斗狀鐘形、長サ3cm 內外、外面ニ密毛ヲ
有シ細長クシテ漸次豐大スレドモ蚯部ハ
展開セズ。雄蕋五箇、閉在、白色ノ柱頭
ノミ花冠外ニ挺出ス。蒴果ハ長橢圓體、
外側密毛アリ、長サ 2cm内外。開裂シテ
鋸屑狀ノ有翼種子ヲ出ダス。

第296圖

すひかづら科

びろうごうつぎ

Weigela sanguinea *Nakai*
var. Nakaii *Makino.*
(=*Diervilla sanguinea* *Nakai*; D. san-
guinea *Nakai* var. Nakaii *Makino.*)

中部ノ山地ニ生ズル落葉灌木。高サ2-3m
ニ達シ、枝極長クシテ往々垂ル。葉ハ對
生シ短柄アリ倒卵形或ハ橢圓形ニシテ長
サ5-10cm、銳尖頭ヲ成シ緣ニ鋸齒ヲ具ヘ
兩面ニ毛アリ、殊ニ裏面中脈ハ白絨毛ヲ
以テ被ハルヲ以テ顯著ナリ。花ハ六七月
葉腋ニ開キ、初メヨリ濃紅色ヲ呈ス。蕚
片ハ五箇、線形ニシテ直立シ毛多シ。花
冠ハ漏斗狀鐘形ニシテ筒部ハ稍急ニ擴大
シ、外面ニハ軟毛ヲ布ク。蒴果ハ狹長橢
圓形ニシテ毛ヲ殘存シ、熟スレバ中軸ヲ
殘シテ二片ニ開裂スルコト同屬他種ト相
同ジ。和名天鵞絨空木ハ體上ニ軟細毛ア
ルヲ以テ名ク。

第297圖

すひかづら科

99

すひかづら （忍冬）

一名 にんどう
Lonicera japonica *Thunb.*

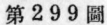

第298圖

山野ニ自生スル常緑藤本ニシテ、右旋蔓ヲ成シ長ク延ブ。葉ハ長橢圓形全邊（嫩莖ニハ稀ニ羽裂葉ヲ生ズ）ニシテ對生、葉柄極メテ短ク、冬ヲ凌デ凋マズ、故ニ忍冬ノ漢名アリ。初夏葉腋ニ花ヲ開キ芳香アリ、花ハ二箇相比ビ、下ニ對生セル葉狀苞ヲ伴ヒ、往々枝梢ニ花穗狀ヲ成ス。白色或ハ淡紅色、後チ黄色ニ變ジテ凋ム、故ニ又金銀花ノ漢名アリ。萼細微。花冠細長、上部五裂シテ唇形ヲ成ス。五雄蕊、一花柱アリ。漿果ハ黑熟。莖・葉ヲ藥用トス。

うぐひすかぐら

一名 うぐひすのき
Lonicera gracilipes *Miq.*
var. glabra *Miq.*

第299圖

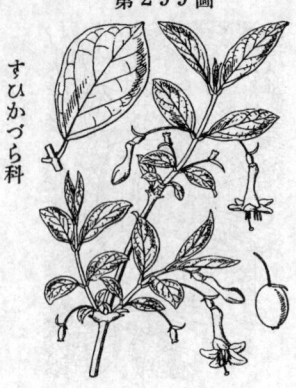

山野ニ自生スレドモ、又觀賞ノ爲メ庭園ニ植ウル落葉小灌木。高サ1.5-3m。幹ニ枝多シ。葉ハ有柄對生シ、橢圓形或ハ廣卵形ニシテ無毛、嫩キ時ハ邊緣暗紅紫色ヲ帶ブ。春月葉ト共ニ其葉腋ニ細長ナル花梗ヲ出シテ開花シ、花下ニ狹長ノ一苞アリ。花冠ハ淡紅色稍曲レル漏斗狀ニシテ先端五裂ス。漿果ハ橢圓形ニシテ初メ綠色、熟シテ鮮紅色ヲ呈ス。小兒往々採リ食フ。漢名 驢駄布袋（誤用）

やまうぐひすかぐら

Lonicera gracilipes *Miq.*
var. genuina *Makino.*

第300圖

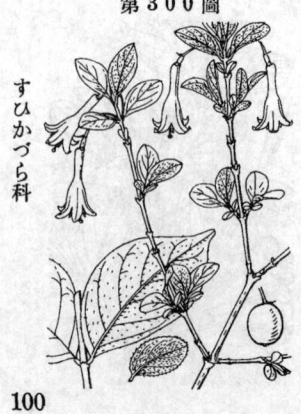

うぐひすかぐらト同樣山野ニ自生スル落葉ノ小灌木、花及果實ニ於テハうぐひすかぐらト異ナル所ナシ雖モ、葉ノ兩面ニ粗毛散生シ、邊緣ニモ亦毛アルヲ異點トス。枝梢瘦長、灰色ヲ呈ス。葉ハ對生シ極短ノ柄アリ、廣卵形或ハ廣橢圓形ニシテ質薄クシテ洋紙狀、全邊ナリ。春日猶ホ淺クシテ淡紅花ヲ發ラキ新シキ葉腋ヨリ下垂シ、槪ネ一花ヨリ成ル。果實ニハ毛ナク、廣橢圓狀球形ヲ呈シテ夏日紅熟シ、一見なつぐみノ如シ。

みやまうぐひすかぐら

Lonicera gracilipes *Miq.*
var. glandulosa *Maxim.*

(=L. tenuipes *Nakai* et varr.)

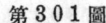

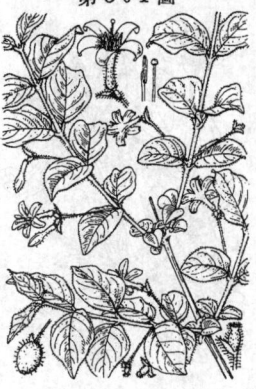

山地ニ自生スル落葉灌木ニシテ多ク枝ヲ
分チ高サ2m内外ニ達ス。枝及ビ葉ハ褐
色ノ毛ニ被ル。葉ハ廣楕圓形或ハ卵狀楕
圓形ニシテ長サ3-5cmヲ算シ、質薄ク、
短柄アリ。初夏ノ候、花ヲ葉腋ニ單立稍
下垂シ、花梗及ビ子房ニハ腺毛ヲ密生ス。
細キ花梗ノ先端ニハ鍼狀ノ苞アリテ、通
常一苞ノ宽大ナリ。花冠ハ淡紅色、長サ
1.5cm内外、上部五裂シ、花柱ニハ毛ヲ
生ズ。果實ハ楕圓形、熟シテ紅色、漿質
ニシテ、腺毛ヲ被ル。

くろみのうぐひすかぐら

一名 くろみのうぐひす・くろうぐひす

Lonicera caerulea *L.*
var. emphyllocalyx *Nakai.*

(=L. emphyllocalyx *Maxim.*)

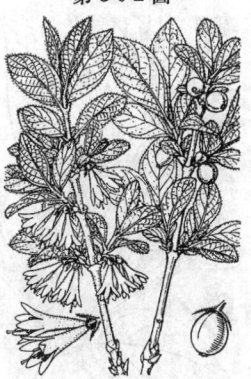

本邦中部以北ノ亞高山帶ニ生ズル落葉小
灌木。高サ1mニ滿タズ。枝梢剛直ニシテ
密生シ、莖ノ皮ハ能ク剝離ス。葉ハ對生
シ、楕圓形、稍霜色ヲ帶ビテ有毛。花ハ
七月頃新條ノ基部ノ葉腋ニ出デ側向或ハ
點頭ス。癒着セル子房上ニ二花冠アリテ
長サ1.5cm内外、黃白色ヲ呈シ漏斗狀鐘形
ニシテ五淺裂シ、裂片ハ皆同形ナリ、外
面ニハ短毛ヲ布ク。小苞ハ全ク癒合シテ
子房ヲ包ミ、子房ハ成熟シテ碧黑色ノ漿
果ト成リ殆ンド球形ヲ呈シ味甘クシテ食
フベシ。

へうたんぼく

一名 きんぎんぼく

Lonicera Morrowii *A. Gray.*

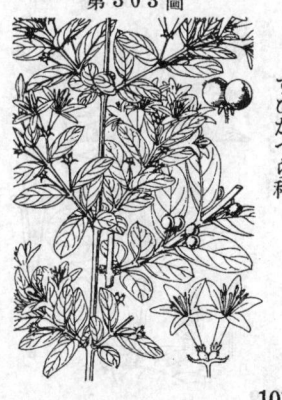

山野自生ノ落葉灌木、時ニ觀賞ノ爲メ人
家ニ栽エラル。高サ1.5m内外、繁ク分枝
ス。葉ハ對生、楕圓形、全邊ニシテ毛ア
リ。初夏、枝上葉腋ニ短梗ヲ抽キ、通常二
花ヅツ竝ビ開ク。合瓣花冠ハ五深裂シ、
稍不整齊ナリ。初メ白色、後黃色ニ變ズ。
雄蕊ハ五。漿果ハ球狀、赤熟シ、二箇接
着シテ瓢箪狀ヲ呈ス、故ニ其和名アリ。
劇毒ヲ有ス。

すひかづら科

すひかづら科

すひかづら科

第301圖

第302圖

第303圖

おほばへうたんぼく
一名　あらげへうたんぼく
Lonicera strophiophora *Franch.*
(= L. pilosa *Maxim.*)

中部以北ノ深山ニ自生スル落葉灌木。高サ2mニ達ス。葉ハ卵狀橢圓形、先端ハ漸次尖リ、底部ハ圓ク、膜質且硬質ニシテ兩面共ニ開出セル粗毛ヲ布キ、短柄アリ。五月、新葉ト共ニ開花ス。花梗ノ基部ハ多數ノ大形鱗片ニ包マル。花ハ豐大ニシテ長サ2cmヲ超エ下向シ、漏斗狀ヲ成シ、基脚ニ膨出部ヲ有シ、淡黃色ヲ呈シ、稍整形ニシテ裂片五箇ハ同大ナリ。子房ハ二箇ヅツ離レ相並ビテ出デ有毛ナリ。其基部ニハ大ナル尖レル卵形ノ二苞ヲ具フルノ殊徴アリ。熟シテ紅色ノ圓キ漿果ヲ結ブ。和名大葉瓢簞木ハ德川時代ニ名ケラレタル本種最舊ノ和名ナリ、荒毛瓢簞木ハ明治時代ニ名ケラレ其葉ノ粗毛ニ基キシ名ナリ。

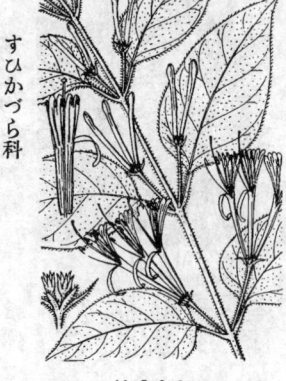

きだちにんごう
一名　たうにんだう・てうせんにんだう
Lonicera affinis *Hook. et Arn.*
var. mollissima *Makino.*
(=L. mollissima *Bl.*; L. affinis *Hook. et Arn.* var. pubescens *Maxim.*;
L. hypoglauca *Miq.*)

南方暖地ノ海岸ニ近キ林中ニ生ズル纏繞性ノ灌木。嫩キ時ニハ莖・葉共ニ長キ淡褐色ノ絹毛ヲ被ル。葉ハ短柄アリテ對生シ、卵形或ハ長卵形ニシテ銳ク尖リ、底部ハ多クハ圓ク、革質ニシテ表面濃綠色、光澤アリ、細脈ハ稍凹ム、裏面ニハ短絨毛ヲ密布シ又紅色ノ腺點ヲ布ク。七月、每葉腋ニ一梗ヲ出ダシテ二乃至四花ヲ直立ス。基部ニ二苞並ニ四小苞アリ。花ハ兩層細筒、長サ5cm內外、すひかづらノ花ニ似テ、瘦細、上脣ハ闊クシテ四淺裂シ、下脣ハ細クシテ卷キ、初メ白ク後ハ黃化ス。五雄蕋、一雌蕋共ニ挺出ス。子房ハ下位ニシテ二箇相竝ビテ無柄、漿果ハ黑色、廣橢圓形又ハ呈シ頂ニ短嘴ヲ成ス。和名木立忍冬ハ灌木狀ヲ成セ ルヨリ云ヒ、唐忍冬・朝鮮忍冬ハ共ニ國外品ト誤認セシ名ナリ。

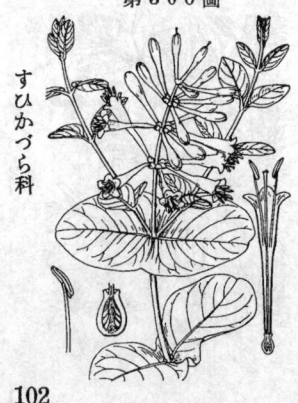

つきぬきにんごう

Lonicera sempervirens *Ait.*

北米原產ノ常綠藤本ニシテ觀賞品トシテ栽培ス。長サ 3m 餘ニ達シ、多ク分枝ス。葉ハ對生シ、倒卵形ニシテ鋸齒ナク、花下ニアル上葉一二對ハ葉脚癒合シ、宛ラ莖ヲ以テ之ヲ貫ケル態アルニ因リ其和名ヲ有ス。五月頃枝梢上ニ層ヲ成シテ美麗ナル帶黃紅色ノ花ヲ輪生ス。花冠ハ長漏斗狀ヲ成シテ先端五裂シ、長サ2cm許、五雄蕋一花柱ヲ有ス。子房ハ下位。

すひかづら科

第304圖

第305圖

第306圖

こつくばね
一名　つくばねうつぎ・ひめつくばね・
うさぎかくし
Abelia spathulata *Sieb. et Zucc.*

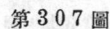

すひかづら科

諸國ノ淺山ニ多キ落葉灌木ニシテ枝極メ多シ。高サ1-2
m、嫩枝ハ赤褐色ヲ呈シテ概ネ平滑光澤ナレドモ老成ス
レバ表皮ハ不規則ニ割ケ眼ヨリ生ジ灰色ヲ帶ブ。葉ハ卵
形或ハ卵状橢圓形ヲ呈シ長サ2-3cm、短柄ヲ以テ對生
シ、上半疎波状鋸齒アリテ先端ニ銳尖、裏面ハ淡色ニ
シテ中脈下半ニ白癬毛ヲ密生ス。五月頃、枝端三五花
集リテ緊繖花序ヲ成シ、黄白色ニシテ美ナリ。萼片ハ
狹長橢圓形ニシテ五箇。花冠ハ筒狀鐘形、長サ2.5cm内
外、筒部ハ下部ヘ細ク、中邊ヨリ腹面ノミ歪ミテ膨出
ス、歈部ハ左右相稱ニシテ五淺裂シ、裂片ハ開出シ鈍
頭ヲ成シ、下側ノ者内面ニ濃黄斑アリ。五雄蕋閉在シ、
一花柱ニ雄蕋ヨリ高ミ。子房ハ下位、細長、有毛、無柄。
和名小衝羽根ニびゃくだん科ノつくばねニ對セル古
來ノ稱ニシテ衝羽根ハ其果實ノ形ニ幅狹ヲ成セル宿
存五萼片ヲ冠セル狀ニ基ク、衝羽根空木ノうつぎハ其
樹うつぎノ態アレバ云ヒ、兎隱レシ其枝葉繁密ニシテ
兎ヲ隱蔽スルニ足ルノ意ナリ。

きばなこつくばね
誤稱　こつくばねうつぎ
Abelia serrata *Sieb. et Zucc.*

すひかづら科

本邦中部ヨリ西ノ山地ニ分布スル多枝繁葉ノ落葉
灌木。新條ハ赤褐色ナレド、二年目ヨリ淡褐色
ト成リ且不規則ニ開裂ス。葉ハ對生、卵状披針
形或ハ卵形、長サ2-4cmヲ算シ上半部ニノミ鈍
鋸齒アリ。表面深緑色ニシテ光澤アリ往々紫朱
ス。裏面ハ淡色、中脈ニハ白絨毛ヲ布ク。花序
ハ枝端ニ出デ二乃至七花ヲ頭狀ニ着ケ、五月ヨ
リ七月ニ亙リテ開ク。萼筒ハ下位子房ト癒合シ
細長。萼片ハ二箇或ハ三箇、橢圓形ニシテ鈍頭
ナレド時ニ一二鈍鋸齒ヲ刻ム。花ハ1-2cm長
アリテ漏斗状ヲ成シ淡黄色ヲ呈シ、先端五裂シ
左右相稱ナリ。雄蕋ハ五箇アリテ花冠ノ漏斗部
ヨリハ短シ。つくばねうつぎニ似タリ雖ドモ
萼片少數ニシテ容易ニ兩者ヲ區別シ得。一變種
ニろっかふきばなこつくばね (var. viridiramea
Makino)アリ、枝葉全然緑色ニシテ播州六甲山
ニ產ス。和名ハ黄花小衝羽根ノ意ニシテ其樹小
衝羽根ニ似テ其花黄色ナレバ斯ク云フ、今日之
レヲこつくばねうつぎト云フハ誤ナリ。

りんねさう
一名　えぞありどほし・めをとばな
Linnaea borealis *L.*

すひかづら科

高山ニ生ズル草狀ヲ呈ス矮小灌木本。莖ハ地
上ヲ匐リ、針線狀ニシテ二列ニ葉ヲ對生ス。葉
ハ倒卵形又ハ廣橢圓形、長サ1cm許、短柄ヲ具
ヘ、常綠ニシテ邊緣上半ニ少數ノ鋸齒アリ。花ハ
七月ニ開キ高サ 5-10cm 許ニ直立セル枝端ニ頂
生シ、常ニ二箇ヅツ微腺毛アル細梗ヲ以テ左右
ニ相竝ビ點頭ス。萼片ハ四箇、萼筒ハ卵状橢圓
形ニシテ腺毛アリ。花冠ハ漏斗状鐘形ニシテ白
質淡紅色ヲ呈シ、歈部ハ五裂シ、二强雄蕋ヲ有
シ其二本ハ短シ。子房ハ三室ヨリ成ル。和名り
んね草ハ其學名ト共ニ近世植物分類學ノ基礎ヲ
掘ヱタル瑞典國リンネ氏ヲ紀念セルナリ、蝦夷
蔓通シヘ北海道ニ產シテ草狀ありどほし狀ヲ成
セバ云ヒ、めをと花ハ夫妻花ニシテ其花對ヲ成
セバ云フ。

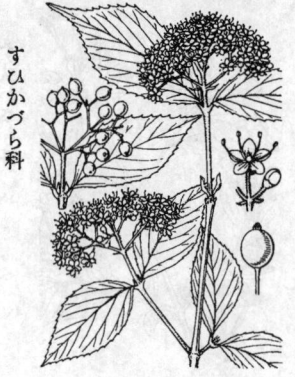

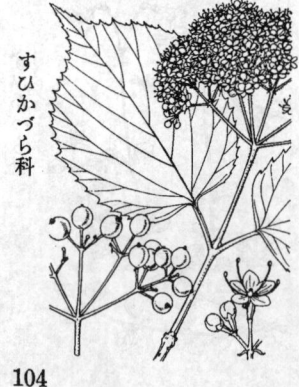

第310圖

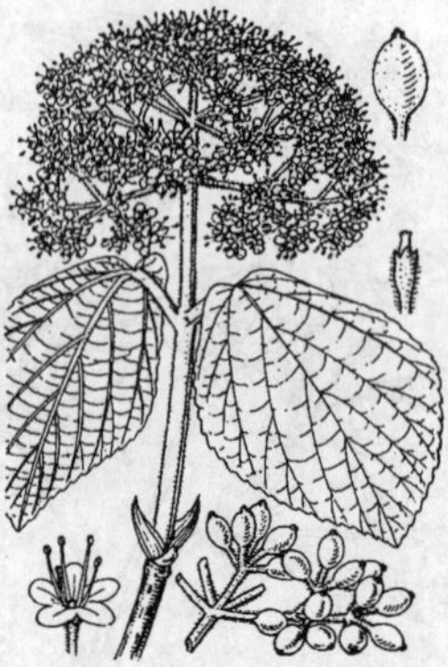

がまずみ

Viburnum dilatatum *Thunb.*

すひかづら科

山野ニ自生スルモ時ニ人家ニ栽エラルル落葉灌木ニシテ嫩枝ニ毛アリ、高サ1.5–2.5m許ニ達ス。葉ハ對生シ、廣キ倒卵形或ハ圓形ヲ成シ、短ク尖リ、邊緣ニ不齊ノ齒牙ヲ有シ、表裏共ニ毛アリ。初夏、枝端ニ多數ノ白色小花ヲ繖房狀ニ攢簇ス。花冠ハ五深裂シ、五雄蕋アリ。後枝端ニ相集マリテ紅色ノ漿果ヲ結ビ、小兒往々採リ食フ。稀ニ黃實ノ品アリ、之レヲきんがまずみ又きみのがまずみト云フ。漢名 莢蒾(慣用)

第311圖

こばのがますみ

Viburnum erosum *Thunb.*

すひかづら科

山野ニ自生スル落葉灌木。高サ1.5–2.5mニ達ス。小枝ニ細毛アリ。葉ハ對生シ、短柄ニシテ長卵形或ハ卵狀長楕圓形ヲ成シテ尖リ、低三角形ノ齒牙ヲ具ヘ、表裏共ニ細毛ヲ帶ブ。初夏枝端ニ小白花ヲ繖房狀ニ攢簇ス。花冠ハ五深裂シ、五雄蕋アリ。花後赤色球形ノ小サキ漿果ヲ結ビ、枝頭ニ相集マル。

第312圖

みやまがますみ

Viburnum Wrightii *Miq.*

すひかづら科

山中ニ自生スル落葉灌木。高サ2–3m ニ達ス。嫩枝ニ毛ナシ。葉ハ對生ニシテ廣キ倒卵形ヲ成シ、先端短尾狀ヲ呈シテ尖リ、葉緣ニ不齊ノ齒牙アリ、葉面稀薄ニ毛ヲ帶ブ。夏日枝端ニ繖房狀ヲ成シテ多數ノ小白花ヲ攢簇ス。花冠ハ五深裂、雄蕋ハ五、漿果ハ圓形ニシテ赤熟ス。

ごまぎ

Viburnum Sieboldii *Miq.*

山中或ハ原野ニ自生スル落葉小喬木。高
サ凡 2-5m 許ニ達ス。葉ハ有柄對生シ、
長橢圓形乃至倒卵形ニシテ鋸齒アリ、長
サ5-15cm許、支脈多ク、皺面ヲ成シテ光
澤アリ、裏面ノ脈上ニ白毛ヲ帶ブ。五月
頃枝端ニ花梗ヲ出シ、繖房狀ヲ成シテ細
白花ヲ攅簇ス。花冠ハ五裂、雄蕋ハ五、
子房ハ下位。漿果ハ赤熟ス。葉ニごまニ
似タル一種ノ臭氣アリ。故ニ胡麻木ノ和
名アリ。

すひかづら科

やぶでまり (蝴蝶戲珠花)

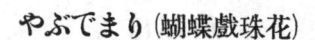

Viburnum tomentosum *Thunb.*

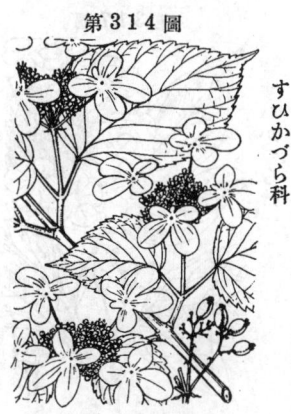

第３１４圖

山野ニ生ズル落葉灌木ニシテ、高サ3m餘
ニ達ス。新枝ニ毛アリ。葉ハ對生シ、橢
圓形或ハ圓形ニシテ短ク尖リ、銳鋸齒緣
ヲ成シ、長サ凡7-11cm許、裏面ニ密毛ア
リ、新枝ノモノハ稍長形ヲ呈ス。四五月、
枝上ニ小花枝ヲ出シ、繖房狀ヲ成シテ多
數ノ白花ヲ集メ着ク、外邊ニ大ナル裝飾
花ヲ開キテ中央ノ正花ヲ圍ム。正花ハ花
冠五深裂シ、雄蕋五、下位一子房アリ。
果實ハ初メ赤ク、後黑熟ス。

すひかづら科

てまりばな (繡毬?)
一名 おほでまり

Viburnum tomentosum *Thunb.*
var. plicatum *Maxim.*

第３１５圖

やぶでまりノ變種ニシテ、觀賞ノ爲メ人
家ニ栽植スル落葉灌木。高サ3m餘。枝
ニ細毛アリ。葉ハ有柄對生シ、稍圓形ニ
シテ鋸齒アリ、質厚クシテ毛アリ、葉面皺
縮シ、下面ハ葉脈特ニ隆起ス。初夏五裂
花冠ヲ以テ成ル多數ノ白色裝飾花ヲ圍集
シテ球狀ヲ成シ、枝上ニ相連ナリテ顏ル
雅觀アリ。

すひかづら科

をとこようぞめ

一名 こねそ

Viburnum phlebotrichum
Sieb. et Zucc.

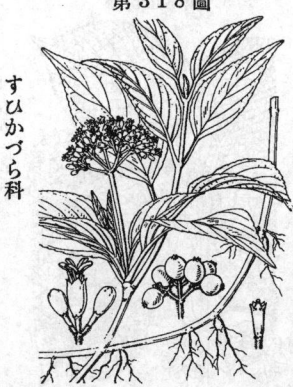

山地ニ多キ落葉灌木。高サ2mニ達ス。樹皮ハ灰色ヲ呈シ、枝極開出シ眞直ナリ。葉ハ對生シ短柄ヲ具ヘ、卵狀橢圓形、長サ凡3-5cm、蒼緑色ニシテ表面ハ平滑、裏面ハ葉脈隆起シ毛ヲ有シ、邊緣鋸齒アリテ、規則正シク配列セル支脈ハ鋸齒ニ達ス。五六月ノ候、枝端ニ繖形花序ヲ出ダシテ下垂シ五乃至十花ヲ着ク。花ハ徑1cm以下、白色ニシテ淡紅暈アリ、五裂シテ全開ス。雄蕊ハ五本、花冠ヨリ短シ。秋ニ入リテ赤色ノ核果ヲ結ビテ下垂シ廣橢圓形ニシテ稍扁壓セラル。乾ケバ其黒黑變スルノ特性アリ。和名ノ意義予之ヲ解シ得ズ。

かんぼく

Viburnum Opulus *L.* var.
pubinerve *Makino.*

山野ニ生ズル落葉灌木、高サ 2.5-3mニ達ス。葉ハ長柄アリテ對生シ、通常三尖裂シ、裂片ハ粗鋸齒ヲ具フ。初夏、枝梢上ニ繖房狀ヲ成シテ多數ノ白色花ヲ開キ、中央ノ小形正花ノ周圍ヲ繞ル裝飾花ハ大形ニシテ花冠極メテ著シ。正花ニ五雄蕊アリテ、五裂花冠ノ上ニ抽出ス。花後大豆大ノ漿果ヲ結ビ、赤熟ス。一種てまりかんぼく (f. sterile *Mak.*) アリ、花皆裝飾花ヨリ成ル。本種ノ材ハ白色柔軟ニテ專ラ楊枝ヲ作ル。和名ハ肝木ト書キ來レドモ其意ハ未詳。

みやましぐれ

Viburnum urceolatum
Sieb. et Zucc.

深山ニ生ズル落葉灌木。高サ1m內外、匍枝ヲ曳ク。葉ハ有柄對生シ、卵形或ハ長卵形ニシテ尖リ、長サ約 15cm 許、邊緣ニ微鋸齒ヲ有シ、表面稍光澤アリ、乾ケバ特ニ黑色ヲ呈シ、秋日能ク紅葉ス。葉裏ノ脈上ニ短キ星芒狀毛ヲ帶ブ。夏日枝端ニ花梗ヲ抽キテ繖房狀ヲ成シ、白色ニシテ紅紫色ヲ帶ブル小花ヲ綴リ、美ナリ。花冠ハ壺狀ヲ成シテ五裂シ、內部白色、五雄蕊一雌蕊ヲ有ス。子房ハ下位。果實ハ赤熟ス。

第 3 1 6 圖

すひかづら科

第 3 1 7 圖

すひかづら科

第 3 1 8 圖

すひかづら科

むしかり
一名　おほかめのき
Viburnum furcatum *Blume.*

第３１９圖

山地ノ落葉亞喬木。高サ4m許、太キ枝條ヲ疎生シ、横方ニ開出ス。葉ハ有柄對生シ、大形ニシテ圓形ヲ成シ、短銳尖頭、心臟狀底ニシテ邊緣ニ鋸齒ヲ有ス。四五月頃、枝端ニ繖房花序ヲ成シテ開花シ、周圍ニ大ナル白色裝飾花ヲ繞ラシ、中央ノ小形正花ヲ圍ム。花冠五深裂シ、正花ニハ五雄蕋アリ。子房ハ細小ニシテ下位。果實ハ赤熟シ、後黑色ニ變ズ。

すひかづら科

さんごじゅ
Viburnum odoratissimum *Ker.*

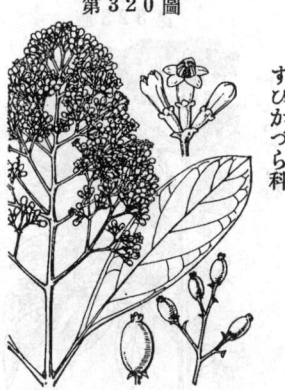

第３２０圖

南方ノ山地ニ自生スレドモ、又人家ニ栽植セラルル常綠小喬木ナリ。高サ3-6m。葉ハ有柄對生シ、倒披針形・倒卵形・長橢圓形或ハ橢圓形ニシテ質厚ク、表面滑澤ニシテ全邊又ハ鈍鋸齒アリ。夏日圓錐花序ヲ成シテ、多數ノ白色小花ヲ攅簇ス。花冠ハ短キ筒ヲ成シ、邊緣五裂ス。雄蕋五。果實ハ橢圓形ニシテ赤熟シ、美觀ヲ呈ス。其狀ヲ見立テ、珊瑚樹ノ和名アリ。生垣トシテ用キラル。

すひかづら科

はくさんぼく
一名　いせび
Viburnum japonicum *Spreng.*
(= V. Buergeri *Miq.*)

第３２１圖

本邦暖地ニ自生スル常綠ノ大灌木。高サ5mニ達シ全株無毛ナリ。葉ハ柄アリテ對生シ廣倒卵形或ハ倒卵狀圓形、闊大ニシテ長サ10cm內外、先端ハ急ニ尖リ、底部ハ廣楔形、邊緣ニハ齒牙狀ノ鈍鋸齒ヲ刻ム。革質ニシテ滑澤黃綠色ヲ呈シ、支脈ハ正シク竝行シ其末端ヘ葉緣ノ齒牙ニ達セリ。春日、枝端ニ平頂ノ繖繖花序ヲ成シテ多數ノ白色小花ヲ密集シテ開ク。花ハ徑6-8mm許。萼ハ微小。花冠ハ輻狀ニシテ五深裂シ、裂片ハ橢圓形ヲ呈シ圓頭ナリ。五雄蕋ハ花冠ト稍同長ニシテ花冠裂片ノ內底ヨリ生ジ且其裂片ト互生ス。雌蕊ノ花柱ハ短シ。秋日長サ1cm許ノ核果ヲ結ビ橢圓形ニシテ紅熟ス。花及葉ハ乾ケバ異臭ヲ發ス。和名白山木ハ加州白山ニ産スルト謂フ誤認ニ基グ、いせびノ意義ハ不明ナリ。

すひかづら科

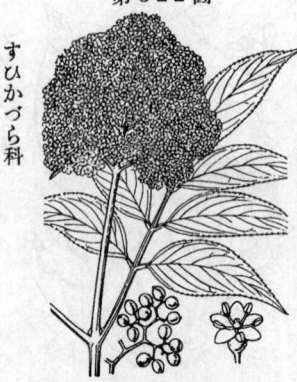

第322圖

すひかづら科

にはとこ
Sambucus Sieboldiana *Blume.*

山野ニ自生スル落葉灌木。高サ 3-5m 許ニ達シ、生長速カナリ。枝ハ質柔ニシテ褐色ノ太キ髓ヲ有ス。葉ハ對生シ、三-五對ノ奇數羽狀複葉ニシテ毛ナク、小葉ハ長サ6-12cm許、披針形或ハ長橢圓形ヲ成シテ尖リ、細鋸齒アリ。早春新芽ヲ開舒シテ小枝ヲ出シ、枝端ニ多數ノ小白花ヲ攢簇ス。花冠ハ深ク五裂シ、五雄蕊、一雌蕊ヲ有ス。花後赤色ノ小ナル漿果ヲ結ブ。葉ヲ民間藥ニ使用ス。漢名 接骨木(慣用)

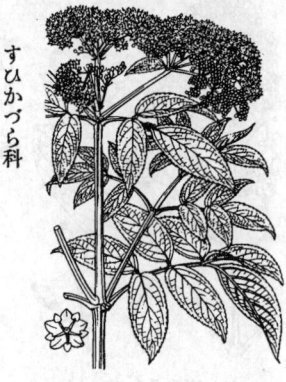

第323圖

すひかづら科

そくづ (蒴藋)
一名 くさにはとこ
Sambucus chinensis *Lindl.*

原野ニ生ズル多年生草本ニシテ根莖ヲ引キ繁殖ス。莖ハ高サ1.5m内外ニ達シ、褐綠色ヲ呈ス。葉ハ對生シ、奇數羽狀複葉ニシテにはとこニ似、小葉ハ廣披針形ニシテ鋸齒アリ。夏日莖梢ハ織房狀ニ成シテ開花ス。花ハ白色小形ニシテ花冠五裂シ、五雄蕊アリ。花間ニ盃狀ヲ成セル黄色ノ腺體ヲ交ユ。果實ハ小粒狀ヲ成シテ赤熟ス。和名ハ漢名蒴藋(さくだく)ノ字音ヨリ轉化ス。全草藥用ニ供セラル。

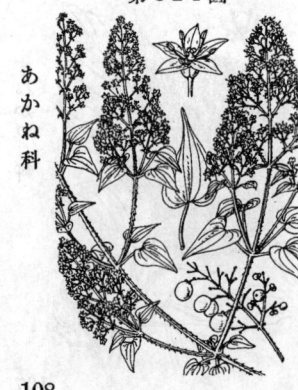

第324圖

あかね科

あかね (茜草)
Rubia cordifolia *L.*
var. Mungista *Miq.*

山野ニ生ズル蔓性ノ多年生草本。根ハ太キ鬚狀ヲ成シ、黄赤色ヲ呈ス。莖ハ長ク延ビ、蔓狀ヲ呈シテ分枝シ、方形ニシテ逆刺アリ。葉ハ長柄アリテ四箇輪生シ(實ハ二片正葉、二片托葉)、心臟形或ハ長卵形ヲ呈シ、逆刺アリ。秋日穗ヲ成シテ多數ノ小花集リ着ク。花冠ハ黄色ニシテ五裂シ、五雄蕊アリ。果實ハ黑色球狀ヲ呈ス。根ヲ染料トシテ茜染ニ使用シ、又利尿劑トシテ煎服セラル。

おほきぬたさう

Rubia chinensis Regel et Maack.

多年生草本ニシテ深山ニ生ズ。莖ハ直立
シテ刺ナク、高サ 30–60cm アリ。葉ハ四
箇輪生シ(二片正葉、二片托葉)、狹長ナ
ル全邊ノ卵形ヲ呈シ、各葉柄アリ。初夏
ノ候、白色ノ花ヲ開ク。花ハ梢ニ相集リ、
花冠五裂シ、五雄蘂アリ。花後圓實ヲ結
ビテ黑熟シ、双頭狀ヲ呈スレドモ、一方
往々不熟ニ歸スルヲ見ル。

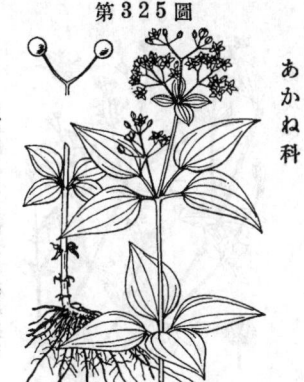

第325圖

あかね科

せいやうあかね

一名 むつばあかね

Rubia tinctorum L.

多年生草本ニシテ根ハ柑赤色ヲ呈ス。莖
ハ長ク延長シテ分枝シ、四稜ニシテ逆刺
アリ。葉ハ六片莖節ニ輪生シ、鉤刺毛アリ
(二箇正葉、他ハ托葉)。夏秋ノ候枝上ニ淡
黃色ノ細花ヲ開ク。花ハ小梗ヲ有シテ、
花冠五裂シ、五雄蘂アリ。花後小キ圓實
ヲ結ビテ双頭狀ニ並ビ、熟シテ黑色ヲ呈
ス。歐洲ノ原產ニシテ根ヨリ染料ヲ採ル。

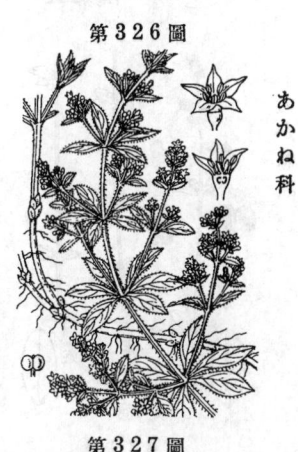

第326圖

あかね科

やへむぐら (拉拉藤)

Galium Aparine L.

隨地ニ生ズル二年生草本。莖ハ稍軟弱ニ
シテ四稜ヲ成シ、其稜上ニ細逆刺アリ。
高サ 60–90cm。葉ハ細長ニシテ數箇莖ニ
輪生ス(實ハ二片正葉、他ハ葉狀托葉)。花
ハ細微ニシテ、夏時葉腋ヨリ出デタル枝
上ニ開ク。花冠淡黃綠色ニシテ四裂シ、
四雄蘂アリ。果實ハ小粒狀ニシテ、二箇
相竝ビ、表面ニ鉤刺アリテ人衣等ニ着ク。
漢名 猪殃殃(慣用)

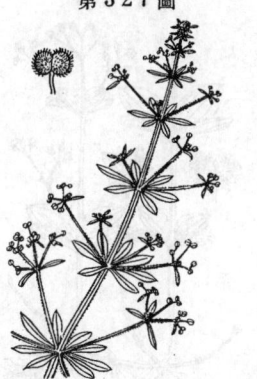

第327圖

あかね科

109

おほばやへむぐら
Galium pseudo-asprellum *Makino.*
(=G. dahuricum *Turcz.*
var. lasiocarpum *Nakai.*)

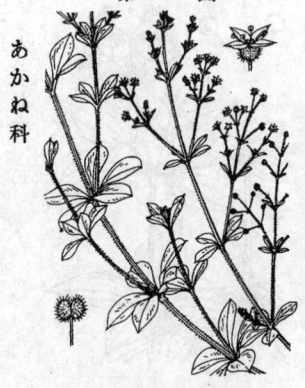

第328圖

あかね科

山地ニ多キ多年生草本。莖ハ長ク伸ビ、脆弱ニシテ稜角アリ莖面ニ生ズル細鈎ヲ以テ他ノ草木ノ上ニ攀援ス。葉ハ各節六片、上部ニ於テハ概ネ四片ノ輪生ヲ成シ、披針形乃至橢圓形、狹底ニシテ凸頭、暗綠色或ハ鮮綠色ヲ呈シ緣ニハ微鈎毛アリ。八月ノ候花ヲ開ク。花序ハ岐繖花序ナレドモ總狀樣ヲ呈シ、疎開ニシテ長大、花梗ハ二回三出シ、細花ヲ綴ル。花冠ハ淡綠色、四裂シ、先端ハ尖ル。果ハ二分果ヨリ成リ、各半長橢圓形ニシテ全面ニ細鈎ヲ被リ、物ニ觸レテ脫離シ鈎着シ易シ。

よつばむぐら

Galium gracile *Bunge.*

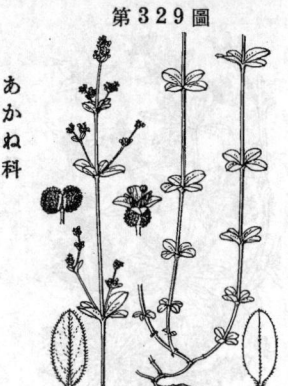

第329圖

あかね科

山野・路傍等ニ多キ多年生草本ニシテ高サ10–15cm許。四稜ノ細莖直立シ、基部ハ時ニ地ニ臥ス。各節ニ卵狀長橢圓形ノ小形葉四片(正葉二、托葉二)輪生シテ層ヲ成ス。花ハ細小淡黃綠色ニシテ、夏時上部ノ葉腋ヨリ出デタル短キ枝上ニ着ク。花冠ハ四裂シ、四雄蕋ヲ有ス。果實ハ小ニシテ双頭狀ヲ成シ、鱗樣ノ短毛アリ。

おほばのよつばむぐら
Galium Kamtschaticum *Stell.*

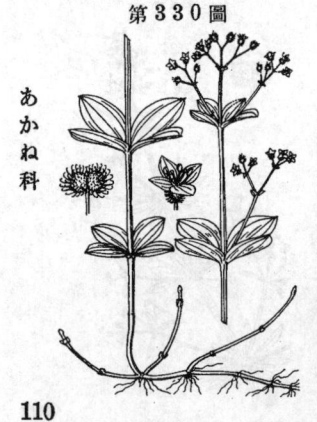

第330圖

あかね科

中部以北ノ高山中腹森林帶ニ多キ多年生草本ニシテ陰濕ノ地ヲ好ミ、能ク群生ス。根莖ハ四稜線形ニシテ淺ク地中ヲ匍匐シ分枝シ節ヨリ鬚根ヲ出セリ。莖ハ四稜ニシテ直立シ、高サ15cm內外アリ。葉ハ同大ノ四片輪生ニ各輪相隔ッテ莖上ニ着キ廣橢圓形ヲ呈シ、圓頭、圓底或ハ漸尖底、闊大ニシテ膜質、三主脈ヲ有シ、脈上細毛ヲ連ヌ。夏日莖梢ニ圓錐花穗ヲ成シテ疎ニ細花ヲ綴ル。花冠ハ淡黃綠色ヲ呈シテ四深裂シ、裂片ハ銳尖頭ヲ有ス。四雄蕋・二花柱アリ。果實ハ球形ニシテ雙頭形ヲ成シ、全面ニ鈎毛ヲ被ル。和名ハ大葉の四葉むぐらノ意ナリ。

ひめよつばむぐら
一名 こばのよつばむぐら
Galium gracilens Makino.
(=G. trachyspermum A. Gray.
var. gracilens A. Gray.)

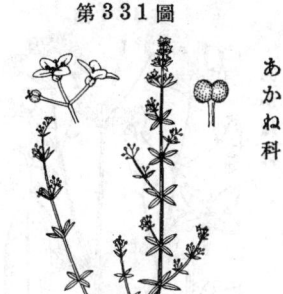

あかね科

山野ニ自生スル多年生草本ニシテ冬ハ地
上部枯槁ス。根ハ鬚狀ニシテ赤黃色。地
下莖ハ短カク、赤黃色、地上莖ハ叢生シテ
疎ニ分枝シ、平滑、瘦細、非弱、四稜ニシテ
各節上ニ四葉ヲ輪生ス。葉ハ小形、披針
形、長サ5-8mm、銳頭且ツ銳底ニシテ緣
毛アリ。夏日枝上ヨリ細梗ヲ出ダシ一乃
至三回分岐シテ細花ヲ聚繖狀ニ綴ル。花
ハ淡綠色ヲ呈シ徑1mm。花冠ハ四深裂シ
テ全開シ、裂片ハ卵形、銳頭ナリ。四雄
蕋、二花柱アリ。果實ハ鱗毛ヲ密布シ、
長サ1mmニ滿タズ。よつばむぐらニ似タ
レドモ、よつばむぐらハ葉之レヨリ闊大、
果實ハ鉤毛ヲ密布スルヲ以テ其區別容易
ナリ。

ほそばのよつばむぐら

Galium trifidum L.

水濕地ニ生ズル多年生草本。高サ 30cm
內外。莖ハ細長ニシテ直立シ、基部ハ或
ハ地ニ匐ヒ、各節ニ細長橢圓形ノ小形葉
四片(二片正葉、二片托葉)輪生ス。莖梢
ノ葉腋ニ枝ヲ分チ、夏秋ニ亙リテ花ヲ着
ク。花ハ純白色ニシテ、花冠三裂シ、三
雄蕋ヲ有ス。果實ハ双頭狀ヲ成シ、平滑
ニシテ毛ナシ。全草乾ケバ暗色ヲ呈ス。
三裂花冠、三雄蕋ヲ有スルハ本種ノ特徵
ナリ。

あかね科

やまむぐら

Galium setuliflorum Makino.
(=G. trachyspermum A. Gray var. setuliflo-
rum A. Gray; G. pogonanthum Fr. et Sav.)

あかね科

山地樹下ノ稍乾燥セル處ニ生ズル多年生草本。
高サ10-25cm、根莖ハ短ク、節ヨリ鬚根ヲ發出シ
根莖卜共ニ柑色ヲ呈ス。莖ハ簇生シテ瘦細、暗
綠色ニシテ光澤アリ毛及ビ鉤ナシ。葉ハ披針形
ニシテ莖節上ニ四片輪生シ葉輪互ニ疎隔シ、就
中二片ハ長サ2cm內外ニシテ他ノ二片ヨリ長ク
狹披針形ニシテ先端尖リ、質薄シ。春ヨリ夏ニ
度リテ、梢ニ聚繖狀ヲ成シテ細花ヲ綴ル。花冠
ハ淡綠色ヲ呈シ、ひめよつばむぐらニ似テ少シ
ク大キク、徑3mm內外アリ、開開シテ四深裂シ、
裂片ハ尖リ其外側ニハ微細ノ剛毛ヲ布クハ一特
徵ナリ。四雄蕋、二花柱、下位子房アリ。果實
ハ雙頭狀ヲ成シ、褻果廣橢圓ニシテ果面ニ微細
ノ堅立小毛ヲ密布ス。花冠裂片ノ背ニ毛無キ者
ヲけなしやまむぐら (var. nudiflorum Maki-
no)ト云ヒ、莖葉全體ニ細毛アル者ヲおやまむ
ぐら(var. trichopetalum Makino)ト云ヒ trichopetalum Nakai)ト云ヒ中國邊ノ山地ニ多シ。

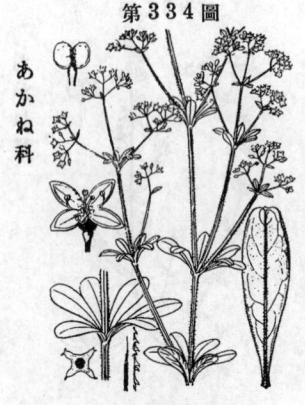

第３３４圖

あかね科

はなむぐら

Galium tokyoense *Makino*.

原野ニ生ズル多年生草本。細莖ハ四稜ヲ成シテ直立シ、高サ 30–60cm 許、通常分枝シ、逆向セル小刺アリ。葉ハ線狀倒披針形ニシテ、圓凹頭、短尖端ヲ有シ、六葉輪生ス(二片正葉、四片托葉)。夏日莖梢ノ葉腋ニ枝ヲ分チ、小白花ヲ集メ着ク。花冠ハ四裂シ、四雄蕊ヲ有ス。果實ハ双頭狀ヲ呈シ、毛ナシ。和名ハ白花著シキ故名ク。

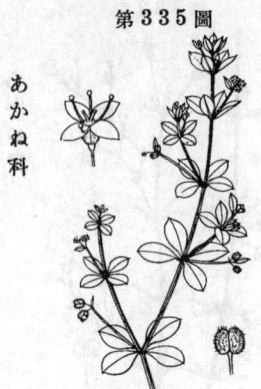

第３３５圖

あかね科

きくむぐら
一名　ひめむぐら

Galium brachypodion *Maxim*.

山野ニ生ズル多年生草本。莖ハ直立シ、基部梢ニ地ニ匐ヒ、往々疎ニ分枝シ、長サ 30cm ニ達ス。葉ハ長形或ハ倒卵狀楕圓形或ハ楕圓形ニシテ通常四葉輪生スト雖モ又五葉ノモノヲ交フ(二片正葉、他ハ同形ノ托葉)。腋生セル蠍狀ノ花梗ハ、其上端小梗ハ基部ニ特ニ線形或ハ披針形ノ一小苞ヲ著クルノ殊態アリ。夏日黄綠色ノ細花ヲ開ク。花冠四裂。雄蕊四。果實ハ双頭狀ヲ成シ、各半長楕圓形ニシテ短毛アリ。和名ハ其葉ノ見立テナリ。

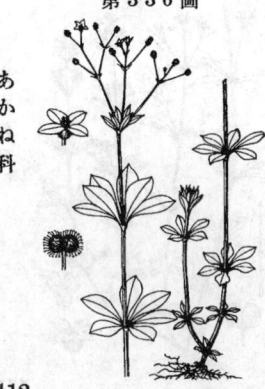

第３３６圖

あかね科

くるまむぐら

Galium trifloriforme *Komar*.

山地ニ生ズル多年生草本。莖ハ叢生シ、高サ30cm 內外、傾上或ハ直立シ、鉤刺ナシ。葉ハ質軟ク、長楕圓形ニシテ銳尖頭、全邊ヲ成シ、殆ド不明ノ短柄ノ具ヘ、通常六箇(二葉正葉、他ハ正葉狀ニ發達セル托葉)輪生ス。夏日莖梢ニ枝ヲ分チ、小白花ヲ着ク。四裂花冠、四雄蕊ヲ有ス。果實ハ双頭狀ヲ呈シ、鉤毛アリ。全體くるまばさう〜似タルモ、莖ハ一處ニ叢生シ、花ニハ花冠ニ長キ筒部ナキヲ以テ識別セラル。

かはらまつば

Galium verum L.
var. lacteum _Maxim._

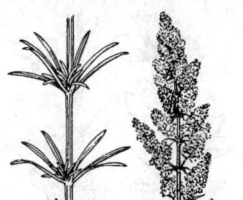

第３３７圖

あかね科

山野ニ生ズル多年生草本。莖ハ高サ60cm
內外、細毛ヲ帶ブルモ鉤刺ナシ。葉ハ線
形ヲ成シテ輪生ス（實ハ對生ナレドモ、同
形ニ發達セル托葉ト共ニ通常八片內外ア
リ）。夏日細白花ヲ枝梢ニ群着シテ圓錐花
序ヲ成シ、四裂花冠、四雄蕊ヲ有ス。果實
ハ極メテ小ニシテ双頭狀ヲ呈シ、通常毛
アリ。一種帶黃花ノ品アリ、之ヲうすぎ
かはらまつばト云フ。又別ニ其母品ニ當
ル黃花品アリ、之ヲきばなのかはらまつ
ばト云フ。漢名 蓬子榮（誤用）

きぬたさう

Galium japonicum
Makino et Nakai.

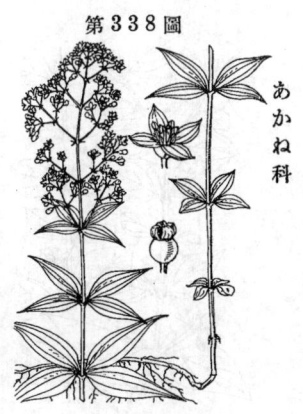

第３３８圖

あかね科

山地又ハ林下ニ生ズル多年生草本。根ハ
鬚狀、黃赤色ヲ呈シ、莖ハ細長四稜ニシ
テ高サ30-60cm。葉ハ莖ノ各節ニ四葉（正
葉・托葉各二）輪生シ、無柄ノ卵狀披針
形乃至披針形ヲ成シテ尖リ、三主脈縱通
ス。夏日莖頂ニ細梗ヲ分チ、穗ヲ成シテ
四裂花冠、四雄蕊ノ細白花ヲ集メ着ク。
果實ハ双頭狀ヲ成シテ表面平滑ナリ。

くるまばさう

Asperula odorata L.

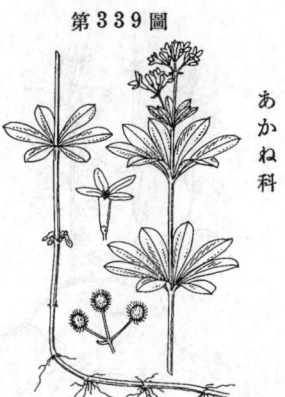

第３３９圖

あかね科

山中ニ生ズル多年生草本ニシテ、地下莖
ヲ引テ繁殖ス。莖高サ10-30cmニシテ直
立シ、四稜ナリ。葉ハ狹長長橢圓形或ハ
披針形ニシテ、葉ト同形ノ托葉ト共ニ通
常八片ヅツ輪生ス。夏日莖頂ニ白色ノ小
花相集ル。花冠ハ漏斗狀ヲ成シテ四裂シ、
筒部長シ。四雄蕊アリ。果實ニ鉤毛アリ。
乾ケバ一種ノ佳香ヲ發ス、時ニ之レヲび
ールニ入レテ飲ミ、其香氣ヲ賞スト云フ。

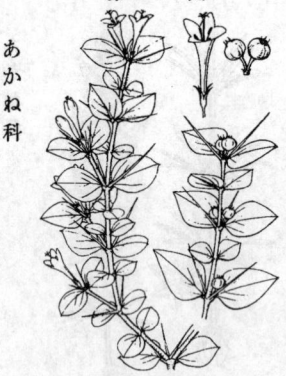

第340圖

あかね科

ありごほし（虎刺・伏牛花）
Damnacanthus indicus Gaertn.

山地樹陰ニ生ズル常緑ノ小灌木ナリ。高
サ30-60cm、枝ハ側方ニ擴リタル多クノ
小枝ヲ分チ、細枝ノ變形セル刺針多シ。
葉ハ小ニシテ對生シ、卵圓形、鋭頭、全
邊、光澤ヲ有シ、葉柄極メテ短シ。初夏
白色ノ花ハ葉腋ニ生ジテ下向シ、漏斗狀
ヲ成シ、花冠四裂シ、四雄蕋アリ。漿果
ハ圓クシテ赤熟シ、久シク落チズシテ翌
年花時ニ尚存ス。和名ハ蓋シ蟻通シノ意
ニテ其微蟲モ通ス刺針ノ尖鋭ヲ賞讚セシ
モノナラン、之ヲ其果實ノ永ク存スル
ニ由ルト云フハ俗説ナリ。

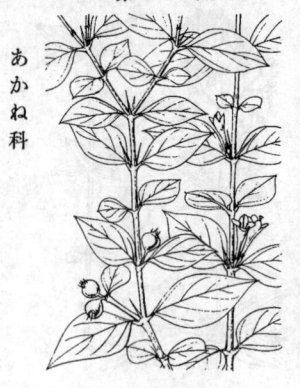

第341圖

あかね科

じゅずねのき
Damnacanthus indicus Gaertn. fil.
var. major Makino.
(=D. major Sieb. et Zucc.)

本邦中部以南暖地ノ樹陰ニ多キ常綠小灌木。高サ30-
50cm、根ハ普通ノ形大ニシテ數珠狀ヲ呈スル者殆ン
ド無キニ近シ。葉ハ卵形ヲ短柄ヲ以テ對生シ長サ
2-5cmアリ、先端ハ鋭形、底部ハ純形又ハ廣楔形ヲ成
シ、深綠色ヲ呈シ革質ニシテ光澤アリ、托葉ハ葉間生
ニシテ極メテ小形ナリ。葉ノ基部ニ接近セル二刺ハ蓋
シ小枝ノ變形セル者ニシテ葉ニ比シテ遙ニ短シ、春日
葉腋ニ短梗ノ白花ヲ開キ葉下ニ在テ下方向或ハ側向ス。
專ハ四深裂、細微ニシテ尖ル。花冠ハ狹長ナル漏斗狀、
蕋部ハ四裂ス。雄蕋ハ四箇アリテ花筒內ニ著生ス。一
花柱アリテ柱頭二裂ス。子房ハ下位。果實ハ核果ニシ
テ小球ヲ成シ頂ニ萼齒ノ遺存アリ、多ヲ經テ紅熟シ翌
年長ク殘存ス。じゅずねのきノ圖ハ本草圖譜并ニ物類
品隲ニ在リテ卵形葉ヲ呈セル者ナリ是ヲ決シテ D.
macrophyllus Sieb. ニハ非ズ。和名ハ其根數珠狀ニ
成ルヲ以テ斯ノ名ケシト雖モ此ノ如キ狀ヲ呈スル者
ハ殆ンド之レ無ク偶々單ニ多少彷彿トシテ其狀アル
ガ如キ者ヲ認ムルニ過ギズ。

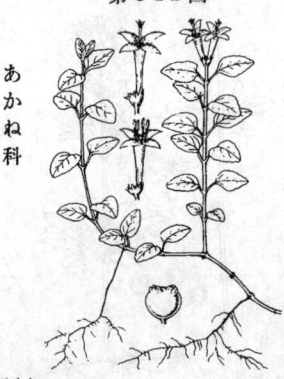

第342圖

あかね科

つるありごほし
Mitchella repens L.
var. undulata Makino.

山中樹陰ニ生ズル常緑多年生草本。莖ハ
地ニ臥シ、節々根ヲ下シ、長ク引ク。葉
ハ對生シ、大サ1cm内外、卵形或ハ卵圓
形ニシテ柄ヲ有シ、深綠色ナリ。夏日、
白色、時ニ花冠筒ハ微紅暈ヲ呈スル花ヲ
枝端ニ生ジ、花冠ハ二箇ヅツ相並ビ、一
ニ合體セル子房ノ上ニ立ツ。花冠ノ下部
ハ筒ヲ成シ、上部ハ四裂シ、内面ハモア
リ。四雄蕋アリ。二形花ニシテ短花柱高
雄蕋花、長花柱低雄蕋花アリテ株ニ異ニ
ス。漿果ハ球形、赤熟シ、頂ニ二花痕ヲ
印シ、細小ナル四萼片宿存ス。

114

はくちゃうげ （白馬骨）

Serissa japonica *Thunb.*

觀賞品或ハ生垣トシテ人家ニ栽植スル常
綠小灌木。莖ハ直立シ、高サ1m內外、多ク
ノ小枝ヲ繁ク分ツ。葉ハ小形、對生シ、長
サ凡 2cm許、狹キ橢圓形ニシテ尖リ、全邊
ナリ。初夏ノ候、白色又ハ淡紅色ヲ帶ブ
ル花ヲ着ク。花冠漏斗狀ヲ成シテ五裂シ、
內面ニ細毛アリ、裂片ハ先端三淺裂ス。
雄蕊ハ五。子房ハ下位。花ハ二形花ニシ
テ、短花柱高雄蕊花、長花柱低雄蕊花ア
リテ株ニ異ニス。和名ハ白丁花ニテ丁子
咲ノ白花ノ意ナリ。漢名 滿天星(慣用)

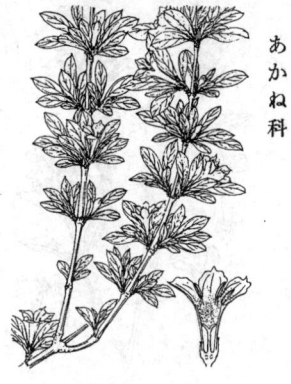

第343圖

あかね科

いなもりさう

一名　よつばはこべ

Pseudopyxis depressa *Miq.*

山地樹陰ニ生ズル多年生草本。根ハ長ク
シテ深ク地中ニ入リ、稍肥大ナリ。莖ハ
短クシテ直立シ、高サ 3–10cm。葉ハ卵形
全邊ニシテ對生シ、通常四箇乃至五六箇
許、莖ノ上部ニ集リ展開ス。葉間ニ托葉
アリ。六月頃梢葉間ニ淡紫色ノ長筒合瓣
花ヲ出シ、漏斗狀ヲ成セル花冠ハ五裂ス。
五雄蕊アリ。下位子房頂ニ開出セル五片
ノ宿存萼アリ。和名ハ伊勢菰野稻森山ノ
山名ニ基ク。

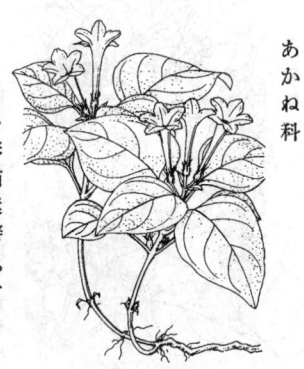

第344圖

あかね科

しろいなもりさう

Pseudopyxis heterophylla *Maxim.*

山地樹陰ノ地ニ生ズル多年生草本。莖ハ
高サ15–20cm內外、叢生ス。葉ハ葉柄ヲ
有シテ對生シ、卵形ニシテ、全邊ナリ。
夏時葉腋ニ相集リテ小白花ヲ開ク。花冠
ハ五裂セル漏斗狀ヲ成シ、筒部短シ。五
雄蕊アリ。子房ハ下位ニシテ、頂ニ五片
ノ小ナル宿存萼ヲ有ス。

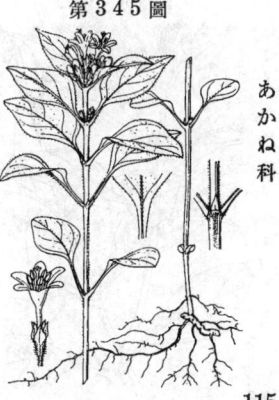

第345圖

あかね科

115

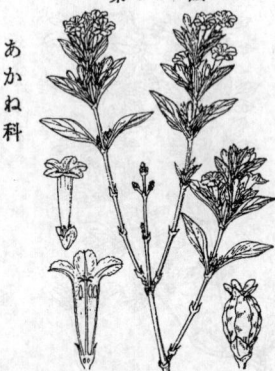

あかね科

しちゃうげ
一名　いははぎ
Leptodermis pulchella *Yatabe*.

紀伊・土佐等ノ暖地ニ生ズル小灌木ニシ
テ、又往々花戶ニ其盆栽ヲ見ル。全體は
くちゃうげニ似タリ。高サ60cm內外ニ達
シ、繁々枝ヲ分ツ。葉ハ小形ニシテ對生
シ、短キ披針形ニシテ全邊ナリ。葉間ニ
小ナル托葉アリ。夏時ニ紫花ヲ葉腋ニ出
シ、花冠ハ五裂セル漏斗ニシテ筒部甚
ダ長シ。雄蕋ハ五。子房ハ下位ニシテ頂
ニ小ナル五萼片アリ。果實ハ小ナル橢圓
形ニシテ開裂ス。和名ハ紫丁花ニテ色紫
ニ花形丁子ノ如クナル故名ク。

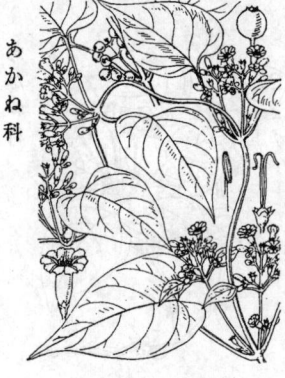

あかね科

へくそかづら （牛皮凍）
一名　やいとばな・さをとめばな
古名　くそかづら
Paederia chinensis *Hance*.

山野藪叢ノ邊ニ多キ多年生ノ草狀藤本。
莖ハ左方ニ纏繞シテ長ク伸ビ、大ナルモ
ノ稀ニ1.5cmノ徑アリ。葉ハ對生シテ
葉柄アリ。橢圓形乃至細長卵形ヲ呈シ、
毛アリ。葉間托葉ヲ有ス。夏日葉腋ニ短
梗ヲ出ダシテ花ヲ着ケ、或ハ枝末ニ穗ヲ
成スコトアリ。花冠ハ鐘狀ニシテ灰白色
ヲ呈シ、內面ハ紅紫色ニシテ毛多シ。果
實ハ徑6mm許、圓クシテ黃熟ス。全體ニ
臭氣アリ、故ニ屁糞蔓ノ和名アリ、或ハ屁
臭さかづらノ名モアリ。漢名 女靑（誤用）

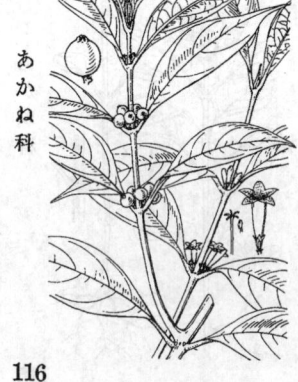

あかね科

るりみのき
一名　るりだまのき
Lasianthus japonicus *Miq*.

暖地ニ生ズル常綠灌木。高サ 1.5m 內外
ニ達シ、往々梢ニ分枝シ、開出ス。葉ハ有
柄、對生シ、長橢圓形或ハ橢圓狀披針形ニ
シテ尖リ、全邊ニシテ葉間托葉アリ。葉
裏或ハ毛アリ、或ハ毛ナシ、同地ニ生ズ
ル株ニ由テ異レリ。夏時白色ニシテ往々
微紅暈ヲ帶ブル合瓣花ヲ葉腋ニ開ク。花
冠ハ漏斗狀ニシテ五裂シ、內面ニ毛多シ。
子房ハ下位ニシテ、上ニ五淺裂セル小ナ
ル萼アリ。果實ハ圓形ニシテ熟シテ靑色
ヲ呈ス、故ニ瑠璃實ノ木ノ和名アリ。

りうきうあをき

一名　ぼちやうじ

Psychotria Reevesii *Wall.*

琉球邊ニ生ズル常綠灌木。高サ 2-3m ニ達シ、枝ハ圓柱形ニシテ綠色ヲ呈ス。葉ハ有柄、對生シ、長橢圓形ニシテ、末尖リ、全邊ニシテ長サ 10-20cm アリ、質寧ロ柔ニシテ厚シ。夏時、梢葉腋ヨリ出ヅル花梗上ニ黃綠色ノ小花ヲ集メ着ク。花冠五裂シ、花喉ニ白毛アリ。五雄蕋アリテ花冠ニ出デ、花絲短シ。子房ハ下位。花柱ハ短クシテ二裂ス。果實ハ球形。

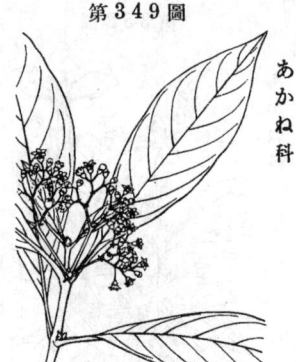

第３４９圖

あかね科

しらたまかづら

一名　いはづたひ・わらべなかせ

Psychotria serpens *L.*

琉球・臺灣ヨリ四國・九州ニ及ビ、海ニ近キ地ニ自生スル藤性ノ小灌木。莖ハ長ク延ビ、綠色ニシテ、附着根ヲ出シテ岩石等ニ匍匐ス。葉ハ大ナルモノニテ 5cm許、對生シテ二列ニ相竝ビ、卵形或ハ倒卵形ニシテ厚ク、全邊ニシテ葉柄ヲ有ス。花ハ小形白色ニシテ、夏時聚繖狀ニ相集リテ開ク。花冠五裂シ、喉ニ毛アリ。雄蕋ハ五。子房ハ下位。果實ハ熟シテ白色ヲ呈ス、和名白玉蔓ハ之レニ基ク。又果實ニ味ナシ、童泣せノ名ハ之レヨリ出ヅ。

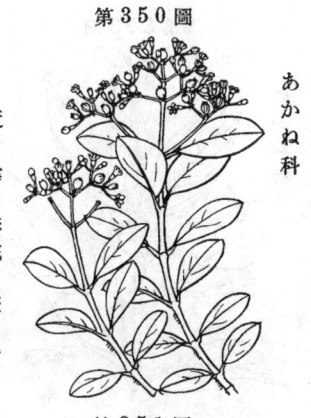

第３５０圖

あかね科

くちなし（巵子・梔子）

一名　せんぷく

Gardenia jasminoides *Ellis*
var. grandiflora *Nakai.*

暖國ノ山地ニ自生シ、又庭園ニ栽植スル常綠灌木ニシテ高サ 2m 內外。葉ハ對生シ、長橢圓形ヲ成シ、全邊ニシテ光澤ヲ有ス。兩葉柄ノ間ニ尖リタル葉間托葉アリ。夏日大ナル高脚盆形ノ白花ヲ開キ、佳香アリ。花冠ハ質厚クシテ六片ニ裂ケ、各裂片ハ蕾ノ時同旋襞ニ排列ス。果實ハ橢圓形ニシテ兩端尖リ、六縱稜アリ。宿存セル六萼片アリ。熟スレバ黃赤色ヲ呈シ、果內ハ黃肉ト種子トヲ含ム。果實ハ染料又ハ藥用ニ供ス。一種八重咲ノ品ヲはなくちなしト云フ。和名口無しハ其不開裂卽チ口ヲ開ケザル果實ニ基キシ名、せんぷくハ薔蔔ニシテ花ヲ斯ク稱スト佛書ニ出ヅ。

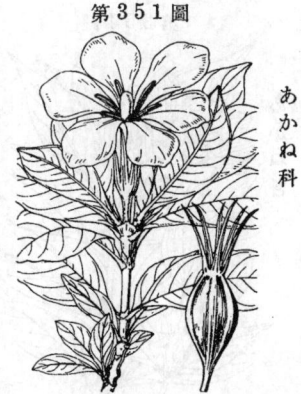

第３５１圖

あかね科

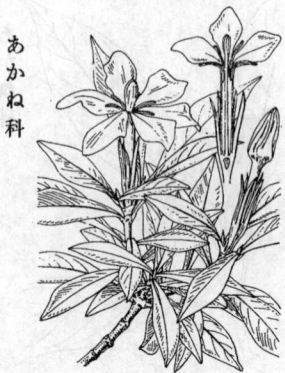

第352圖

あかね科

ひとへのこくちなし

Gardenia jasminoides *Ellis*
var. radicans *Makino*
forma simpliciflora *Makino*.

通常庭園ニ栽植スル常綠灌木ニシテくちなしノ一變種。高サ 60cm 餘ニ達シ、分枝ス。葉ハ對生シ、倒披針形ニシテ質厚ク、全邊ニシテ光澤ヲ有ス。夏日、枝梢ニ花梗ヲ出シテ白色ノ單瓣花ヲ開キ、後果實ヲ結ブ。花果共ニくちなしト同ジクシテ小ナリ。時ニ重瓣ノモノアリ、之レヲこくちなし(var. radicans *Mak.*)ト云フ、卽チ水梔子ナリ。

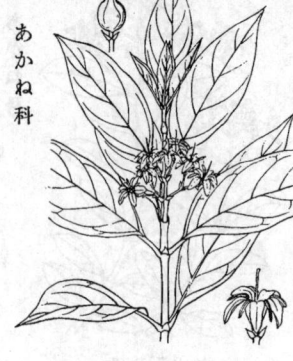

第353圖

あかね科

みさをのき

Randia densiflora *Benth*.

暖地ニ生ズル常綠ノ灌木ニシテ高サ 2m 内外ニ生長シ、枝ヲ分チ、毛ナシ。葉ハ對生、長橢圓形ヲ成シ、全邊ニシテ葉柄ヲ有シ、葉面ニ光澤アリテ其質厚ク、嫩葉ハ往々紅色ヲ呈ス。三角形ノ葉間托葉アリ。夏時、聚繖花ヲ枝ノ側傍ニ出シテ葉ニ對生ス。花冠ハ黃色ニシテ五裂シ、裂片狹長ニシテ反曲ス。五雄蕊アリテ蒴長シ。花柱高ク出ヅ。果實ハ圓クシテ黑熟ス。和名ハ操の木ノ意、此木假令岩陰ニ生ズルモ、四時靑々タリ、故ニ變ヘザル操ニ譬ヘ、予ノ此ク命ゼシモノナリ。

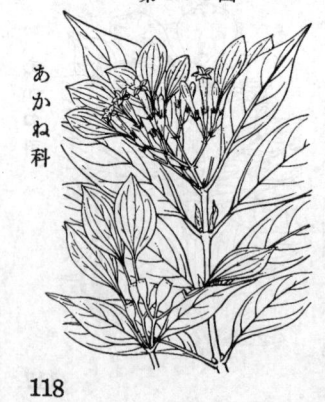

第354圖

あかね科

こんろんくゎ

Mussaenda parviflora *Miq*.

琉球臺灣邊ノ產ニシテ常綠ノ灌木。莖ノ高サ1-2m内外、葉ハ有柄對生シテ長卵形ヲ呈シ、全邊ニシテ末尖レリ。夏時、枝端ニ花ヲ聚繖狀ニ開キ、花冠ハ黃色筒狀ヲ成シテ五裂シ、萼ハ其一片大形ヲ呈シテ花瓣狀ト成リ其色白色ナリ。觀賞ノ爲メ栽培ス。和名ハ崑崙花ノ意ナリ。漢名玉葉金花(？)

118

たにわたりのき

Nauclea orientalis *L.*
(=Adina globiflora *Salisb.*)

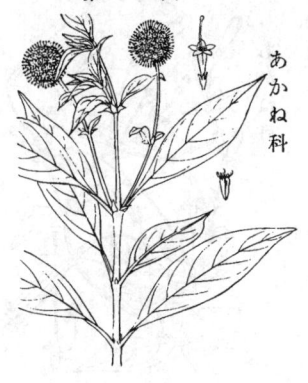

あかね科

九州ノ南部ニ生ズル常綠ノ小喬木。高サ
5-6m許。繁ク枝ヲ分チ、毛ナシ。葉ハ有
柄對生シ、長橢圓狀披針形ヲ成シ、全邊
ニシテ質厚カラズ。葉間托葉ヲ有フ。夏
時、淡黄色ノ小花ヲ開キ、多數相集リテ球
形ヲ呈シ長梗ヲ有フ。花冠ハ下位子房上
ニ筒狀漏斗形ヲ成シテ立チ舷部五裂シ、
花後小キ蒴果ヲ結ブ。和名ハ谷渡りの木
ノ意ナリ。

へつかにがき

一名　はにがき

Nauclea racemosa *Sieb. et Zucc.*

あかね科

暖國ニ自生スル常綠ノ小喬木ニシテ高サ
5-6m許。葉ハ對生シテ長柄ヲ具ヘ、卵圓
形ニシテ全邊ヲ成シ、葉頭尖リ、質硬シ。
夏時、淡黄色ノ小花ヲ開キ、相集リテ球形
ヲ成シ、球下ニ梗ヲ有ス。花冠ハ筒狀漏
斗形ニシテ舷部五裂シ、下位子房上ニ立
チ、花後小形ノ蒴果ヲ結ブ。和名ハ邊塚苦
木ノ意、邊塚ハ九州大隅ノ一地名ナリ。

かぎかづら

Ourouparia rhynchophylla *Matsum.*

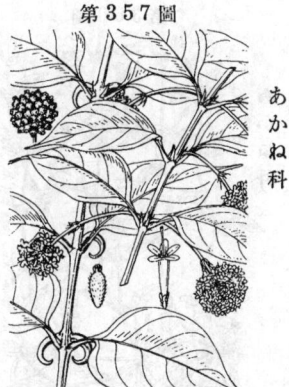

あかね科

暖地ノ山中ニ生ズル蔓性木本ニシテ著シ
キ長サニ達シ、嫩莖ハ四角ナリ。葉ハ有
柄、對生シ、卵形ニシテ銳尖頭、全邊ナリ。
節上ニ四片ノ鍼狀葉間托葉アリ。葉ノ直
上ニ小枝ノ變形セル曲鉤ヲ有シ、之ニ依
リテ他物ニ纒攀ス。花ハ小ニシテ、夏日葉
腋直上ニ出ヅル長梗頂ニ相集リテ小球狀
ヲ成ス。花冠ハ長筒ヲ有シ上部ハ五裂シ、
白綠色ナリ。花中ニ五雄蕋アリ。花下ニ
子房アリ。曲鉤ヲ乾シテ收斂劑トス。和
名ハ鉤蔓ノ意ナリ。漢名　鉤藤（誤用）、
鉤藤ハ支那ニ產シ、本種ノ姉妹品ニシテ
たうかぎかづらノ名アリ。

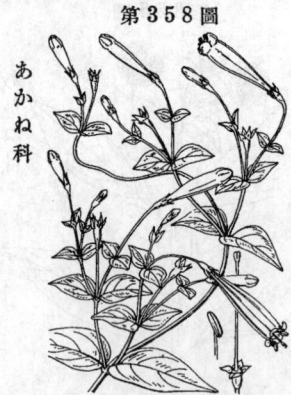

第358圖

あかね科

くゎえんさう
Manettia ignita *K. Sch.*

南米ぶらじるノ原産ニシテ、藤本狀ノ多年生草本ナリ。莖ハ瘦長。葉ハ對生シ、卵形ニシテ尖リ、全邊ニシテ極短ノ葉柄ヲ有シ、葉間托葉ヲ具フ。夏日、花梗ヲ葉腋ニ抽キ、赤色花ヲ開キテ美シ。筒狀漏斗形ヲ成セル花冠ハ筒部長ク、筒末四裂ス。四雄蕋、一花柱、下位子房、四深裂萼アリ。嘉永年間ニ舶來シ、觀賞品トシテ培養セラル。和名ハ火焰草ノ意ニシテ、其花色ニ基ク。

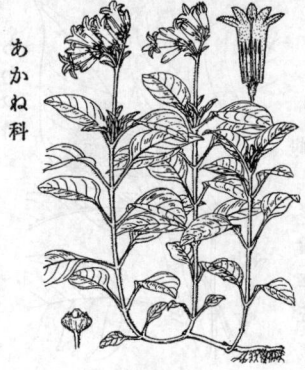

第359圖

あかね科

さつまいなもり
一名 きだちいなもり
Ophiorrhiza japonica *Bl.*

暖地ノ陰地ニ生ズル常綠ノ多年生草本。莖ノ高サ20–25cm許ニシテ、下部ハ多少橫臥シ、根ヲ出ス。葉ハ對生シ、長柄アリ、長卵形ニシテ末尖リ、全邊ナリ。夏日花ヲ梗頂ニ集メ開ク。萼五深裂。花冠ハ漏斗狀ニシテ筒端五裂シ、內面ニ細毛アリ、生時白色、乾ケバ後赤色ニ變ズル殊性アリ。花中ニ五雄蕋一花柱ヲ有シ、花下ニ下位ノ一子房アリ。和名ハ薩摩稻森ニシテ、薩摩ノ稻森草ノ意ナリ。

第360圖

あかね科

はしかぐさ
Oldenlandia hirsuta *L. fil.*

原野路傍ニ生ズル一年生草本。莖ハ質軟ク地ニ匐ヒテ分枝シ、毛ナク、梢ハ往々斜上ス。葉ハ短柄アリテ對生シ、狹卵形ニシテ尖リ全邊ナリ。夏月葉腋並ニ枝頂ニ殆ンド無梗ノ細花ヲ集メ着ク。花冠ハ白色ニシテ短鐘狀ヲ成シ、四裂シ、四雄蕋アリ。花下ニ下位子房アリ。蒴果ハ略ボ球形ニシテ截形ヲ呈セル上頭ノ周圍ニ四深裂ノ宿存萼ヲ有シ、果中ニ多種子アリ。

ふたばむぐら

Oldenlandia diffusa Roxb.

畦畔等ニ生ズル一年生草本。莖ハ高サ10-30cm許、細長ニシテ枝ヲ分チ、直立又ハ横臥ス。葉ハ線形ニシテ對生シ、銳尖頭、全邊ナリ。夏月葉腋ニ短梗ノ細花ヲ開キ、白色ニシテ微ニ淡紅紫色ヲ帶ブ。花冠四裂、四雄蕋ヲ有シ、花下ニ球形ノ下位子房アリ。蒴果ハ球形ニシテ鍼狀片ニ四深裂セル宿存萼ヲ伴ヒ、果中ニ多種子アリ。和名ノ双葉ハ對生セル葉ニ基ク。

あかね科

そなれむぐら

Oldenlandia crassifolia DC.

暖國ノ海邊岩上ニ生ズル常綠ノ多年生小草本。莖ハ叢生分枝シ、高サ10-15cm許、細長ナリ。葉ハ對生シ、橢圓狀倒卵形ニシテ短柄ヲ有シ、全邊ニシテ質厚ク、葉面光澤アリ。夏秋ノ頃梢ニ白色ノ花ヲ聚繖狀ニ集メ開ク。花冠四裂シ下部ハ壺狀ヲ呈シテ四雄蕋ヲ容レ、花喉ニ細毛アリ。花下ノ子房頗ル大ニシテ倒卵圓形ヲ成シ上部ニ宿存セル短厚ノ四裂萼ヲ伴フ。花後蒴ヲ結ビ、種子細微多數ナリ。和名ハ磯馴むぐらノ意ニテ曾テ予ノ命名セシモノナリ。

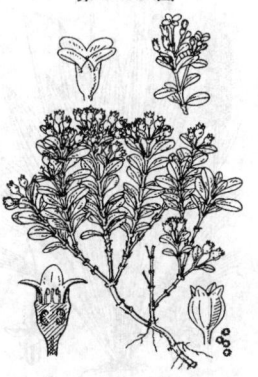

第３６２圖

あかね科

おほばこ　（車前）

Plantago major L.
var. asiatica Decne.

原野・路傍等隨處ニ生ズル多年生草本。葉ハ叢ヲ成シテ根生シ、長柄ヲ有シ、橢圓形或ハ卵形ニシテ數條ノ縱脈ヲ有ス。夏日葉間ニ葶ヲ抽キ單穗狀花序ヲ成シ雌蕋先熟風媒ノ多數小白花ヲ密着ス。萼ハ綠色四片、卵圓形ヲ成シテ、下ニ鱗狀苞一片アリ。花冠ハ漏斗狀ニシテ末四裂ス。膜質ニシテ四雄蕋高ク超出シ、一雌蕋アリ。果實ハ蒴ニシテ蓋ヲ以テ開キ、中ニ少數ノ種子アリ、是ヒ藥用ノ車前子ナリ。往々葉ヲ食用ニ供ス。和名ハ大蘂子ノ意ニシテ、其闊葉ニ基キ名ケシナリ。數箇ノ園藝品アリ。

第３６３圖

おほばこ科

たうおほばこ

Plantago japonica
Franch. et Sav.

海邊ニ近キ地ニ生ズル多年生草本。葉ハ大ニシテ根生シ、長サ 30cm ヲ超エ、長葉柄アリ、卵狀橢圓形ニシテ毛ナク、數條ノ縱脈アリ。夏秋ノ候、葉間ニ長葶ヲ抽キ、葉ヨリ高ク瘦穗ヲ成シテ多數ノ白色風媒花ヲ密着ス。四片ノ綠萼アリテ一片ノ苞之レヲ承ク。花冠ハ膜質ニシテ四裂シ、四雄蕊アリ。蒴ハ蓋ヲ以テ開キ中ニ十箇内外ノ種子アリ。變種ニやつまたおほばこアリテ花莖ノ上部數枝ニ分岐ス。和名ハ唐大葉子ノ意ナレドモ、固ヨリ我日本產ナリ。

おほばこ科

へらおほばこ

Plantago lanceolata L.

欧洲原產ノ多年生無莖草本。葉ハ叢生シ狹長ニシテ 30cm ニ及ビ、下部ハ漸次ニ狹窄シ、縱通セル葉脈著シ。初夏、葉間ヨリ高ク數條ノ花莖ヲ抽キ、短キ穗狀花ヲソノ頂ニ着ク。風媒花ニシテ、萼四片。花冠ハ白色、四裂シ、四雄蕊アリテ長ク花冠上ニ出ヅ。果實ハ蓋ヲ以テ開キ、中ニ二種子アリ。滿洲ニテハ婆々丁花ト云フ。我邦ニテハ諸處ニ野生ノ狀態ヲ呈ス。和名篦大葉子ハ葉形ニ基ク。

おほばこ科

えぞおほばこ

Plantago kamtschatica Link.

東北竝ニ北海道地方ニ普通ナル多年生草本ニシテ特ニ海ニ近キ地ニ多シ。葉ハ數片根生シテ地面ニ擴ガリ、無柄ニシテ長橢圓形ヲ成シ、底部楔形ヲ呈シ、兩面ニ毛多ク、數脈縱通ス。夏時、葉中高サ 20cm 內外ノ葶ヲ抽キ、多數ノ白色花ヲ單穗狀ニ綴ル。萼片四。膜質ノ花冠四裂シ、超出セル四雄蕊アリ。花後蓋開スル蒴果ヲ結ビ、四種子ヲ容ル。和名ハ蝦夷大葉子。

おほばこ科

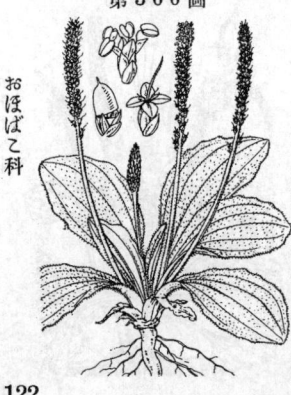

122

はくさんおほばこ
Plantago Mohnikei *Miq.*
(= P. hakusanensis *Koidz.*)

中部及北部ノ高山帯多満ノ地ニ自生スル多年生草本。根莖ハ短大ニシテ直立ス。葉ハ根生束出シ、倒卵狀橢圓形ニシテ葉柄アリ、深綠色ヲ呈シ齒牙狀ノ少數鋸齒ヲ有シ、主脈三乃至五ハ凹入シ、大ナル者ハ15cm許ニ及ビ、乾ケバ暗色ヲ呈ス。七八月ノ候、數本ノ花梗ヲ抽テ葉ヨリ高ク其長サ10-15cm、上部ニ穗狀花序ヲ成シテ小形花ヲ疎著シ、苞ハ短圓ナリ。蕚ハ四片、橢圓形、鈍頭ス。花冠ハ少シク蕚ヨリ超出シ高脚盆形ニシテ白色ヲ呈シ、骸部ハ四裂シ裂片ハ銳頭ノ三角狀卵形ヲ爲シ、雄蕋ハ四箇、花絲最長ク花外ニ挺出スルコト1cmニ近ク、葯ハ暗紫色ヲ呈スルヲ以テ顯著ナリ。果實ハ蓋果ニシテ卵狀橢圓體ヲ爲シ、熟スレバ蓋狀ヲ成セル上半部脫落シ、內ヨリ長橢圓形ノ一種子ヲ出ダス。和名ハ白山おほばこノ意ニシテ加賀白山ニ多產スルヨリ名ヅク。

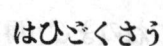

はひごくさう
Phryma leptostachya *L.*

山野ノ林間藪陰ニ生ズル多年生草本。根ハ鬚狀ヲ成シ、莖ハ直立シ、高サ60cm內外、節間ノ下部膨脹ス。葉ハ有柄、對生シ、卵圓形或ハ長橢圓形ニシテ邊緣ニ鋸齒アリ。葉面ニ細毛ヲ布ク。夏日莖梢並ニ葉腋ニ細長ノ花軸ヲ出シ、脣形無柄ノ淡紫色細花ヲ對生シ瘦長ナル穗狀ヲ成シテ下ヨリ順次ニ咲キ上ル。蕚ハ筒狀、上脣ノ刺狀三裂片ハ後チ鈎曲ス。花冠ハ下脣大ナリ。二强雄蕋、一雌蕋アリ。花後花體下ニ向ヒ其狀ゐのこづちニ似タリ。蒴ハ宿存蕚內ニ熟シ、一種子ヲ容ル。根ハ時ニ蠅ヲ殺スニ用ウ、故ニ蠅毒草ノ和名アリ。蠅ノ上ヘヾ今故ラニはひトス。

はまぢんちゃう
一名 もくべんけい・きんぎょしば
Myoporum bontioides *A. Gray.*

九州・琉球・臺灣ニ見ル常綠灌木ニシテ特ニ海濱ニ生ズ。高サ1.5m內外ニシテ、枝ヲ分チ、葉ハ互生シ、廣キ倒披針形ニシテ葉柄アリ、全邊或ハ時ニ多少低齒アリテ質厚ク、毛ナク、葉脈分明ナラズ。初夏ノ候、紫色ノ有梗花ヲ葉腋ニ出シ、傍ニ向テ開ク。花徑凡ソ3cm許アリ。蕚ハ五裂シテ宿存シ、花冠ノ下部ハ筒ヲ成シ、邊緣ハ五裂シテ略ボ脣形ヲ呈ス。二强雄蕋、一雌蕋アリ。核果ハ球形ニシテ尖リ、直徑1cm許、核ハ堅厚、果中ニ數種子アリ。臺灣ニテ苦檻樹ト云フ。和名ハ濱沈丁ニテ、沈丁ハぢんちゃうげノ略ナリ。

おほばこ科

はひどくさう科

はまぢんちゃう科

第367圖

第368圖

第369圖

123

きつねのまご科

第370圖

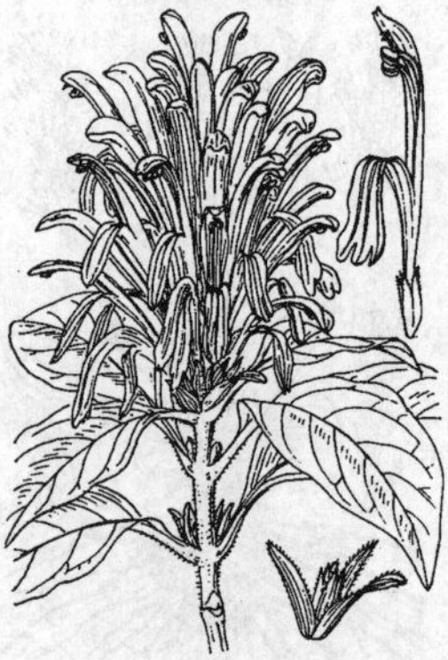

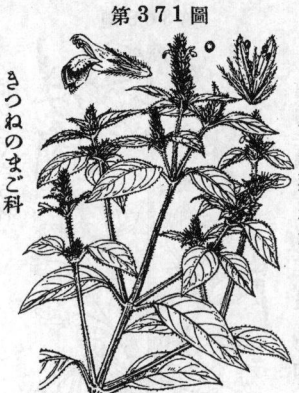

さんごばな
Jacobinia carnea *Nichols.*
(=J. magnifica *Pohl.*)

南米ぶらじる原産ノ灌木樣ノ草本ニシテ細毛ヲ帶ブ。高サ 30~60cm 內外。葉ハ對生シ、葉柄アリ、廣披針形或ハ長卵圓形ニシテ兩端尖リ、邊緣ハ波狀ヲ呈ス。夏時、紅紫色ノ花ヲ開ク。花ハ梢頭ニ相集リテ短大ナル花穗ヲ成シ苞ヲ有ス。花冠ハ粘毛ヲ有シ、長大ニシテ兩唇ニ分ル。花中ニ二雄蕋發達シ、一雌蕋アリ。嘉永年間頃ニ渡來シ、ゆすちしあ(Justicia)ト稱シ、觀賞品トシテ栽培セラルレド今世間ニ寡ナシ。和名珊瑚花ハ其花容花色ニ甚キテノ稱ナリ。

第371圖

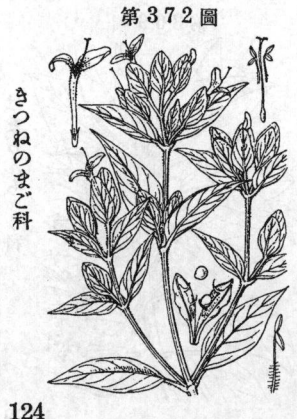

きつねのまご (爵牀)
Justicia procumbens *L.*

原野山足等ニ生ズルー年生草本。莖ハ綠色方形ニシテ下部ハ膝曲シ上部ハ立チテ分枝シ、各節稍膨起ス。高サ凡 30cm 許、葉ト共ニ毛ヲ帶ブ。葉ハ對生シ、長橢圓狀披針形ニシテ、全邊ナリ。夏秋ノ候、枝端ニ 3cm 許ノ綠穗ヲ成シ、淡紫紅色、罕ニ白色ノ唇形花ヲ開ク。花冠上唇ハ狹小ニシテ二尖シ、下唇ハ大ニシテ三尖ヲ有シ、白質ニシテ紅紫ノ斑彩アリ。花中ニ二雄蕋、一雌蕋アリ。果實ハ細長キ蒴ニシテ二殼片ニ開裂シ、四數ノ種子ヲ彈飛ス。

第372圖

はぐろさう
Dicliptera japonica *Makino.*

多年生草本ニシテ山地樹下ニ生ズ。莖ノ高サ 30cm 許、四稜ニシテ、節間ノ基部膨起ス。葉ハ對生シ、披針形ニシテ暗綠色ヲ呈ス。夏時、紅紫色ノ花ヲ枝梢ニ開キ、大小兩片ノ闊大葉狀苞ヲ有シ、其苞間ヨリ花ヲ出ス。萼ハ五片。花冠ハ長サ2.5cm許、筒部細長ニシテ末二唇ニ分レテ苞外ニ出デ、容易ニ落去ス。果實ハ瘦長ニシテ二殼片ニ彈開シ、每胞二種子アリ併セテ四箇ノ種子ヲ飛バス。和名ハ蓋シ其暗綠色葉ニ甚キテノ葉黑草ノ意ナラン乎。

いせはなび

Strobilanthes japonicus *Miq.*

暖地ニ栽植シアル多年生灌木樣草本ニシ
テ、蓋シ往時支那ヨリ入リシモノナラン。
莖ハ叢生シ、高サ30−60cmニ達シ、節間
ノ下部多少膨腫ス。葉ハ對生シ、有柄ノ
披針形ニシテ鈍鋸齒ヲ有ス。夏秋ノ候梢
上ニ短キ穗狀花序ヲ成シテ淡紫色ノ花ヲ
開ク。綠萼五片。花冠ハ漏斗狀ヲ呈シ、
下ハ細長ナル筒ヲ成シ、邊緣五裂ス。二
強雄蕊、一雌蕊アリテ、花柱長シ。

第373圖

きつねのまご科

すずむしさう

Strobilanthes oliganthus *Miq.*

山地ノ樹陰ニ生ズル多年生草本ニシテ、
高サ30−60cm內外。莖ハ方形ニシテ節間
ノ基部膨腫ス。葉ハ對生シ葉柄アリ、卵
形ニシテ鈍鋸齒ヲ有シ、毛アリ。秋月、淡
紫色花ヲ枝頭葉間ニ開ク。綠萼五片。花
冠ハ廣キ脣形ヲ成シ、筒部ハ稍彎曲ス。
二強雄蕊、一雌蕊アリテ、花柱長シ。漢
名 紫雲英（誤用）

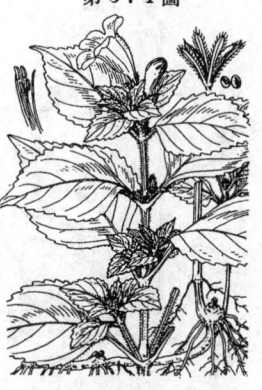

第374圖

きつねのまご科

をぎのつめ

Hygrophila lancea *Miq.*

我邦中部以西地方ノ水邊ニ生ズル多年生
草本。高サ 60cm 內外。莖ハ直立シテ枝
少ク、節間ノ基部膨腫ス。葉ハ對生シ、
披針形ニシテ略全邊ノ姿ヲ呈シ、質柔ナ
リ。秋月、淡紫色ノ花ヲ葉腋ニ集メ着ク。
綠萼五片。花冠ハ兩脣ヲ成ス。二強雄蕊、
一雌蕊アリ。蒴果ハ細長クシテ尖リ、開
裂シテ少數ノ種子ヲ飛バス。

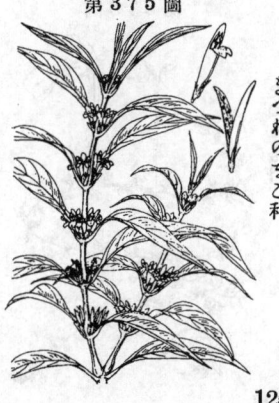

第375圖

きつねのまご科

125

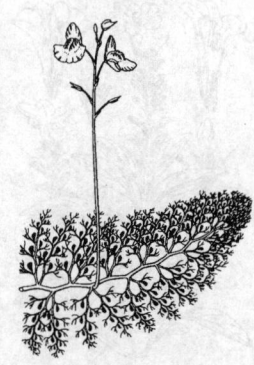

たぬきも科

たぬきも

Utricularia japonica *Makino*.

池沼水田等ニ浮漂スル多年生草本。莖ハ長ク伸ビ根ナク、葉ハ互生シ、細ク多裂シ、葉上ニ多數ノ捕蟲嚢ヲ有ス。夏日、横タハレル莖ヨリ高サ9–18cm 許ノ花軸ヲ水上ニ抽キ、上ニ總狀花穗ヲ成シテ黄色ノ數花ヲ着ク。花ハ小梗ヲ有シ、萼片ハ二。花冠ハ假面形ヲ成シテ下唇ハ横ニ廣ク、阜部ニ褐色釆アリ、後方ニ距ヲ有ス。花中ニ二雄蕋、一雌蕋アリテ子房ハ圓シ。此種ハ果實ヲ結バズ。冬期ニ至レバ莖端ノミ生ヲ保チ縮ミテ球形ト成リ越年ス。和名狸藻ハ蓋シ獸尾狀ヲ成セル草狀ニ基クナラン。

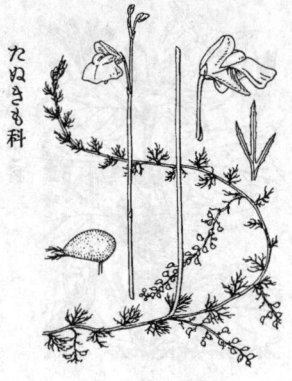

たぬきも科

こたぬきも

Utricularia intermedia *Hayne*.

池澤小溝等ノ水底ニ生ズル多年生草本。莖ハ纖細ニシテ横ニ走リ、葉ハ互生シ、小ニシテ數回ニ互リテ細裂シ、裂片ハ細歯アリテ捕蟲嚢ヲ有セズ。捕蟲嚢ハ更ニ別ノ枝ニ着キ、泥中ニ入リ白色ヲ呈ス。夏秋ノ候、高サ15–18cm 許ノ花軸ヲ水上ニ出シ、少數ノ黄色假面花ヲ着ク。二萼片、二雄蕋、一雌蕋アリ。こたぬきもノ名アルモ花ハ却テ前種ヨリ大ナリ。

たぬきも科

ひめたぬきも

Utricularia minor *L*.

水中ニ浮漂スル多年生草本。莖ハ 15–30cm餘ノ長ニ達シ絲狀淡綠色ナリ。葉ハ綠色ニシテ互生シ、小ニシテ分裂シ裂片狭クシテ短ク、邊緣ニ歯ナク、極メテ少數ノ捕蟲嚢ヲ有ス。水上ニ花軸ヲ出シテ、夏時、淡黄色ノ假面花ヲ開クト雖ドモ、之レヲ出スコト稀ナリ。花ハ少數ニシテ其形小シ。

みみかきぐさ
Utricularia bifida *L.*

濕地ニ生ズル多年生小草本。白色絲狀ノ
纖弱ナル地下莖ヲ淺ク泥中ニ曳キ、ソノ
地下枝ニ數箇ノ小ナル捕蟲囊ヲ有ス。葉
ハ線形綠色ニシテ地下莖ヨリ泥上ノ諸處
ニ出デ、往々其下部ニ一二ノ捕蟲囊ヲ着
ク。夏秋ノ候10cm內外ノ花軸ニ直立シ、
距ヲ有スル數箇ノ小形鮮黃色ノ假面狀花
ヲ着ク。萼二片。花冠ノ下唇ニ尖距アリ
テ下ヘ指ス。二雄蕊、一雌蕊。花後實ヲ
結ビ之ヲ被フ宿存萼片ハ耳搔狀ヲ成ス故
ニ此和名アリ。

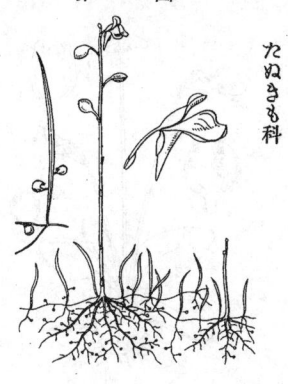

第379圖

たぬきも科

むらさきみみかきぐさ
Utricularia affinis *Wight.*

濕地ニ生ズル多年生小草本ニシテ高サ
8cm內外、其形容みみかきぐさニ似タル
モ、其葉ハ短クシテ倒卵狀長橢圓形ヲ成
シ相異ナレリ。花軸ハ纖長單一ニシテ直
立シ、梢ニ總狀花穗ヲ成シテ夏秋ノ候ニ
數花ヲ着ク。花ハ小形ニシテ淡紫色ヲ呈
シ假面花冠ノ下唇ニ下方ヲ指ス尖距ヲ具
フ。二雄蕊、一雌蕊アリ。果實ハ耳搔狀
ヲ成セル二片ノ宿存萼ニ被ハルルコト宛
モみみかきぐさノ如シ。一種白花品アリ、
しろばなみみかきぐさト云フ。

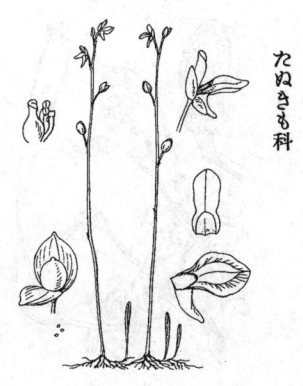

第380圖

たぬきも科

ほざきのみみかきぐさ
Utricularia racemosa *Wall.*

濕地ニ生ズル多年生小草本。根莖ハ絲ノ如
ク、葉ハ綠色小形ニシテ根莖ヨリ出デ、
筐形ニシテ下ハ柄ヲ成ス。根ニ少數ノ小
捕蟲囊ヲ有ス。花軸高サ5-10cm、直立シ
テ細ク疎ニ鱗片アリ。夏秋ノ候穗狀樣ヲ
成セル總狀花穗ニ紫色ノ數花ヲ着ク。花
ハ細小ニシテ極メテ短キ小梗ヲ具フ。短
キ二萼片アリ。花冠ハ假面狀ヲ成シテ短
ク、下唇大ニシテ距ハ前方ヲ指セリ。二
雄蕊、一雌蕊アリ。蒴果ハ宿存萼ニ擁セ
ラレ、圓形ニシテ前方開裂ス。

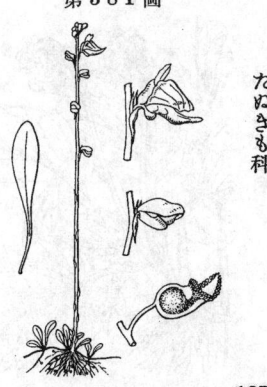

第381圖

たぬきも科

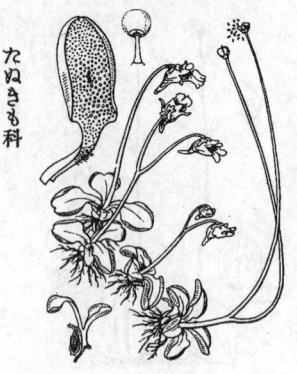

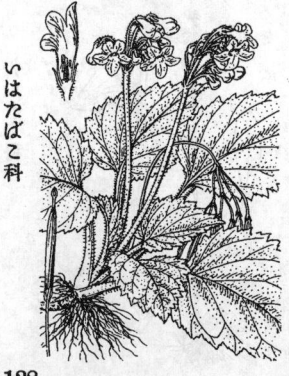

第３８２圖

たぬきも科

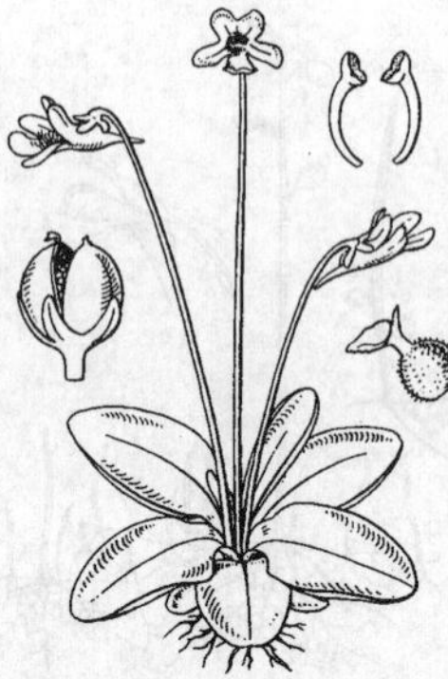

むしとりすみれ

Pinguicula vulgaris *L.*

高山ニ生ズル多年生草本。葉ハ數片根生シテ相擴ガリ、長橢圓形ニシテ鈍頭ヲ有シ、全邊ナリ。葉質軟ニシテ脆ク、淡綠色ニシテ、葉面ニ無數ノ小腺毛ヲ生ジ、粘液ヲ分泌シ微蟲來レバ之レヲ粘殺ス。夏日葉中ヨリ一箇若クハ二三ノ花莖ヲ抽キ、頂ニ鮮紫色ノ一花ヲ開キ傍ニ向フ。萼ハ五深裂。花冠ハ五裂シテ脣形ニ成シ、上脣短ク、花後ニ漸殺セル長キ距アリ。二雄蕊、一雌蕊アリ、花柱短ク柱頭廣大ナリ。蒴果ハ球形ニシテ二裂ス。食蟲植物ノ一ニシテ、日本ニテ第一ノ發見地ハ信州淺間山ナリ。

第３８３圖

たぬきも科

かうしんさう

Pinguicula ramosa *Miyoshi.*

我邦中部地高山ノ岩壁ニ生ズ。むしとりすみれヨリハ小形ナル多年生草本ニシテ、葉ハ橢圓形ニシテ葉柄アリ、表面ニ無數ノ細腺毛アリテ粘液ヲ分泌シ來蟲ヲ粘殺ス。夏日葉中ヨリ普通分岐セル花莖ヲ出ダシ、淡紫色ノ脣形花ヲ着ケ傍ニ向テ開ク。花冠ハ下脣ノ中片長ク、距ハ大ナリ。二雄蕊、一雌蕊アリ。花後、花梗上方ニ向テ延ビ、果實ヲ上方ノ岩壁ニ觸接開裂セシメ種子ヲ散ラス。和名ハ庚申草ノ意ニシテ初メ之レヲ野州庚申山ニ發見シ三好學博士之レヲ研究シ學名ト和名トヲ此レニ命ジタリ。

第３８４圖

いはたばこ科

いはぎりさう

Oreocharis primuloides *Benth. et Hook. fil.*

多年生草本ニシテ、崖面ニ生ジ、全草軟毛ヲ密布ス。葉ハ長柄ヲ有シテ根生シ、質厚ク淡綠色ヲ呈シ、葉面廣卵形ニシテ底部ハ心臟形或ハ圓形ヲ成シ、邊緣ニ重鈍鋸齒ヲ具フ。花梗ハ 12–15cm 許ニシテ葉ヨリ高ク、夏時頂ニ紫色ノ數花ヲ繖形ニ出ダシテ稍下垂ス。花冠ハ脣形樣ノ五裂セル漏斗狀ニシテ濃紫色斑ヲ有ス。四雄蕊ヲ有シ二箇ハ不熟。蒴果ハ狹長。其葉桐葉ノ氣分アリ且本草岩ニ生ズルヨリ此和名アリ。

いはたばこ
Conandron ramondioides
Sieb. et Zucc.

第385圖

いはたばこ

いはたばこ科

山中樹陰ノ岩壁ニ多ク生ズル多年生草本
ニシテ株上ニ褐毛密生ス。葉ハ一根ヨリ
通常二片ヲ出シ、通常葉柄アリ、橢圓狀卵
形ヲ成シ、邊緣ニ不齊ノ齒アリ、厚軟ニシ
テ皺面ヲ成シ光澤アリ。冬中ハ新葉緊密
ニ皺縮シテ小塊狀ヲ呈シ株上ニ坐シ、春
時漸ク舒長ス。夏日、葉間ニ一二ノ花莖
ヲ抽クコト6~12cm許、上部ニ纖弱ヲ成
シテ有梗ノ數花ヲ開キ紫色ニシテ愛スベ
シ。花冠ハ五裂シ筒部短ク湯氣ノ臭アリ。
五雄蕊アリ。果實ハ細長キ蒴ニシテ宿存
萼ヲ伴フ。胃腸ノ藥トシテ煎服セラル。
漢名 苦苣苔(誤用)

ししんらん　〔石弔蘭〕

Lysionotus pauciflora *Maxim.*

第386圖

いはたばこ科

本邦西南暖地ニ産シ大樹ノ幹ニ着生スル
多年生ノ木質草本ナリ。莖ハ匍匐シ、褐
色ニシテ疎ニ長サ20~30cm 許リ枝ヲ分
チ、葉ハ略輪生シ、葉柄アル披針形ニシ
テ、邊緣ニ粗齒アリ、質厚クシテ毛ナシ。
夏時花ハ莖頂葉腋ニ出ダシ、花梗ヲ有シ、
萼深ク五裂シ、花冠大ニシテ筒ヲ成シ、
淡紅色ヲ呈シ、邊緣五裂ス。中ニ二強雄
蕊アリ。花後長キ蒴ヲ結ブ。

おほいはぎりさう
一名　ぐろきしにや
Sinningia speciosa
Benth. et Hook. fil.
(=Gloxinia speciosa *Lodd.*)

第387圖

いはたばこ科

ぶらじる原産ノ多年生草本。殆ド本莖ナ
ク、葉ハ根生シ、有柄卵形ニシテ、邊ニ
鈍鋸齒アリ。葉中ニ高サ 10~15cm 許ノ
花莖ヲ抽キ、頂ニ各一花ヲ有シ、側ニ向
テ開ク。溫室内ニテハ初夏ノ候ニ開クヲ
見ル。花冠ハ膨大シ、紫色其他種々ノ色
アリ、略鐘狀ヲ成シテ、邊緣相開キ、淺
ク五裂ス。五雄蕊、一雌蕊アリ。觀賞花
トシテ溫室ニ栽培セラル。

129

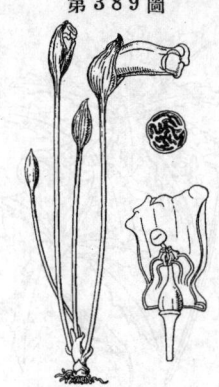

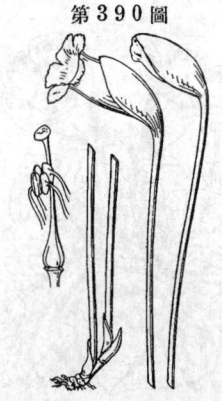

第388圖

はまうつぼ科

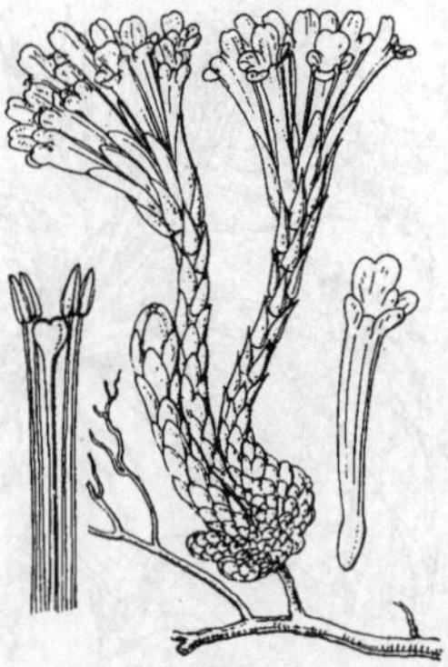

きよすみうつぼ
一名 わうとうくわ
Phacellanthus tubiflorus
Sieb. et Zucc.

山地ノ樹陰ニ生ズル無葉ノ寄生草本。高サ5-10cm、全草白色乃至淡黄色ナリ。根莖ハ短クシテ幾多ノ莖ニ分レ小ナル多數ノ鱗片ヲ密着ス。莖ハ簇生シ、短ク直立シ、肉質ニシテ多數ノ鱗片葉ヲ覆瓦狀ニ互生ス。花ハ莖頂ニ五乃至十箇許ヲ集メテ束生シ、七月ニ候開花ス。苞ハ二片、外者莖狀ニシテ花ヲ包擁シ、内者ハ外者ヨリ數倍小形ニシテ披針形ヲ呈シ尖シ。花冠ハ長筒狀ニシテ長サ2cm内外、短キ歧部ハ二層ト成リ下脣ハ大ニシテ更ニ三裂シ、中裂片大ナリ。初メ白色ナレド洞ミテ黄化ス。雄蕊ハ四箇、花絲長ケレドモ花冠筒内ニ閉在ス。雌蕊ハ一箇、柱頭ハ廣大ス。子房ハ上位、單胞、周圍ヨリ四胎座出デテ其面ニ細胚子多シ。和名ハ淸澄靆ニシテ是レ卽チ淸澄叡草ノ略、淸澄ハ安房國淸澄山ニシテ本種ヲ同山ニ探リショリ其山名ヲ冠シ、叡草ノ其花穗ノ狀ニ由テ名ケシナリ、黄筒花ハ黄變セル筒狀花冠ニ基キシ稱ニシテ此名ハきよすみうつぼヨリ舊シ。

第389圖

はまうつぼ科

なんばんぎせる（野菰）

一名 おもひぐさ

Aeginetia indica *L.*

山野ノ一年生寄生草本。すすき、さたうきび或ハめうがが等ノ根ニ寄生シ、普通高サ 15-18cm 内外、花軸ノ極メテ短キ總狀花ハ鱗狀ノ苞腋ヨリ數梗ヲ直立シ、黄色ヲ呈シ葉綠ヲ有セズ。秋日淡紫色花ヲ梗頂ニ單生シ側方ニ向ヒテ開ク。苞ハ一片ニシテ深キ舟形ヲ成シ、先端尖リ、淡紫條アリ、花冠ハ長キ筒ヲ成シ邊緣五裂シ略ボ脣形ヲ呈シ、花筒中ニ二強雄蕊一雌蕊アリ。花後蒴ヲ結ビ細種子多シ。和名ハ南蠻煙管ノ意、おもひぐさハ思草ノ意ニテ舊ハ萬葉集ニ出ヅ。

第390圖

はまうつぼ科

おほなんばんぎせる
一名 おほきせるさう・やまなんばんぎせる
Aeginetia japonica *Sieb. et Zucc.*

山地ノ草中ニ生ズル寄生草本ニシテ主トシテひかげすげノ根ニ寄生ス。根莖ハ短ク根モ亦短シ。總狀花序ハ地面ニ接近シ殆ンド無柄ニシテ短キ花軸ヲ具ヘ少數ノ苞アリ。夏日開花シ、花梗ハ苞ニ腋生シテ高ク直立シ10-20cmニ達シ肉質ニシテ淡紫色ヲ呈シ平滑ナリ。花ハ側向シ、大ナル多肉ノ苞アリ。苞ハ鈍頭ノ單片ヲ成シテ淡紫色ヲ呈シ花冠ヨリ短ク、腹面縱裂シテ花冠之レヨリ出ヅ。花冠ハ筒形、長サ3cm内外、紅紫色、肉質ニシテ脆ク、上部ハ稍同形ノ五裂片ト成リテ平開シ邊緣ニハ不整ノ細齒アリ。雄蕊ハ二強的ニシテ四箇、葯ハ相倚リテ花柱ヲ圍繞シ、花絲ハ白色。果實ハ球形ノ蒴果ヲ成シ、銳尖端、黑褐色ニ熟シ多數ノ微細種子アリ。此種同屬ノなんばんぎせるニ似タリト雖モ、全株稍大形、苞ハ鈍頭淡紫色ナルヲ以テ識別スベシ。

きむらたけ

一名 おにく

Boschniakia rossica *Hult.*
(＝B. glabra *C. A. Mey.*)

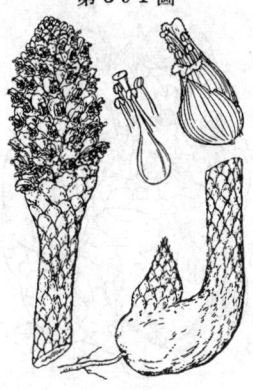

第３９１圖

高山樹陰ニ生ズル一年生草本ニシテみやまはんのきノ根ニ寄生シ、葉綠ナク高サ15～30cm 許。根莖ハ塊ヲ成ジテ硬ク、多肉圓柱形ノ莖ヲ直立ヲ。葉ハ鱗片ニ變ジテ多數鱗次シ莖ト共ニ黃色ヲ呈ス。夏日多數暗紫色ノ花ヲ開キ莖梢ニ花穗ヲ成ジテ密列ス。每花下ニ黃色ノ苞アリ。花冠ハ唇形ヲ成シテ下唇短ク下ハ筒ヲ成ス。二強雄蕊ハ花柱ト共ニ花喉ヨリ超出ス。蒴果ヲ結ブ。和名おにくハ御肉ノ意ニシテ原ト之レヲ肉蓯蓉ニ充テショリノ名ナリ、又きむらたけハ金精茸ノ意ナリ。富士山ニテハ藥用ト稱シテ之レヲ賣ル。

はまうつぼ科

やまうつぼ

Lathraea japonica *Miq.*

第３９２圖

山地樹下ニ生ズル多年生寄生草本。根莖ハ深ク地中ニ在リテ長ク、多肉短廣ノ鱗片之レヲ掩ウテ互生ス。莖ト共ニ白色ナリ。莖ハ高サ15～18cm 許ニシテ鱗片ヲ疎着ス。初夏莖梢ニ多數ノ白花ヲ密ニ綴リ總狀花穗ヲ成ス。花ハ短梗ヲ有シ萼ハ短ク邊緣五裂ス。花冠ハ筒部細長ニシテ舷部ハ唇形ヲ成シ、下唇短シ。二強雄蕊、一雌蕊アリ。

はまうつぼ科

はまうつぼ

Orobanche coerulescens *Steph.*
var. typica *Beck.*

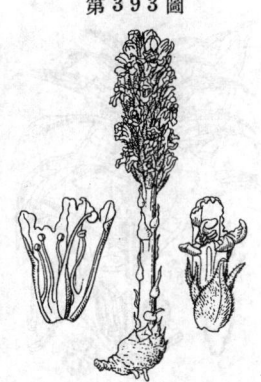

第３９３圖

海濱ノ砂地ニ生ズル寄生草本ニシテ寄主ハかはらよもぎナリ。根莖ハ肥厚シ、肉質ノ鬚根ヲ以テ寄主ノ根ニ附着ス。莖ハ單一直立シ、高サ15～18cm 內外、葉ト共ニ黃褐色ヲ呈シ葉綠ナシ。葉ハ鱗片狀ニシテ、莖ニ疎着シ、卵狀披針形ヲ成シ、多少毛アリ。五月頃莖ノ上部ニ淡紫花ヲ密ニ穗狀ニ綴リ、穗軸ト苞トニ白軟毛アリ。花ハ無柄ニシテ上立シ、花冠ハ唇形ヲ成シ花筒長シ、中ニ二強雄蕊、一雌蕊アリ。花穗ノ狀軋ニ似テ本品ハ海濱ニ生ズルヨリ此和名アリ。漢名 列當(誤用)

はまうつぼ科

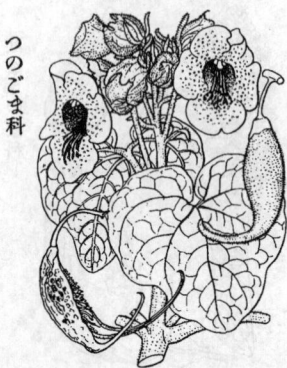

つのごま

一名　たびびとなかせ

Proboscidea Jussieui *Steud.*

北米原産ノ一年生草本ニシテ粘毛ヲ被フル。莖ハ低ク横ニ擴ガリ、對出セル枝アリ。葉ハ互生シ或ハ略ボ對生シ、葉柄アリテ圓キ心臟形ヲ成シ、柔厚ナリ。夏時莖梢ニ短キ總狀花穗ヲ成シテ有梗花ヲ開ク。五裂萼アリ。花冠ハ舷部略ボ脣形ヲ成シ、五裂片圓ク、白色ニシテ紫色及ビ黃色ノ斑點アリ。二强雄蕋アリ。果實ハ蒴ニシテ上部ハ曲リタル角ノ形ヲ呈シ、熟スレバ二裂ス。偶ニ觀賞ノ爲メ栽培ス。和名ハ角胡麻ノ意ナリ。

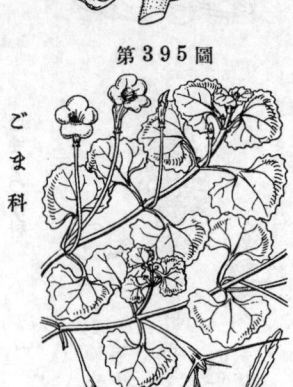

ひしもごき　(菱米)

一名　むしづる

Trapella sinensis *Oliv.*

多年生ノ水草。莖ハ水中ニ長ク生長ス。葉ハ水面ニ浮ビ、葉柄アリテ、對生シ、腎臟狀卵形ヲ呈シ、邊緣ハ鈍齒アリ。水中ノ葉ハ狹長ニシテ、質薄シ。夏日葉腋ニ花梗ヲ抽キ、淡紅色ノ花ヲ水上ニ開ク。花冠ハ下部筒ヲ成シ、邊緣ハ五裂ス。子房ハ略ボ半下位ヲ成シ、萼裂片ノ下ニ突出セル鬚アリ。莖上葉腋ニハ普通ニ閉鎖花ヲ生ズルコト多シ。

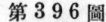

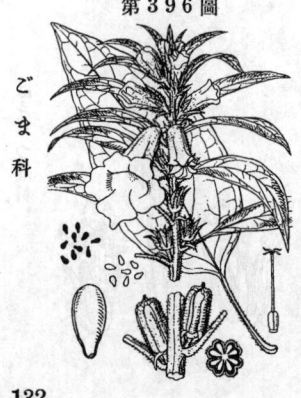

ご　ま　(胡麻)

Sesamum indicum *L.*

印度及ビ埃及原産ノ一年生草本ニシテ栽培セラル。莖ハ高サ90cm許ニ達シ、四稜ニシテ短毛アリ。葉ハ對生又ハ上部互生シテ葉柄ヲ有シ、長橢圓形或ハ披針形ヲ成シ、下部ノ者ハ往々三裂ス。花ハ夏日上部ノ葉腋ニ單生シ、白色ニシテ淡紫暈ヲ帶ブ。花冠ハ筒狀ニシテ末五裂シ下脣少シク長シ。二强雄蕋、一雌蕋アリ。花後通常四室ノ蒴ヲ結ビ、黑色(くろごま)又ハ白色(しろごま)或ハ黃色(きんごま)ノ細種子ヲ藏ス。種子ヨリ油ヲ搾リ又普ク食用ニ供ス。民間藥トシテ亦效用多シ。

のうぜんかづら〔紫葳〕

Campsis chinensis *Voss.*

支那原産ノ落葉藤本ニシテ幹徑 7cm許ニ
至ルモノアリ。觀賞品トシテ庭園ニ栽培
シ、時トシテ野生ノ狀態ヲ呈ス。莖ハ高
ク他木ニ攀緣シ、樹上ニ在テ花ヲ開クコ
ト多シ。葉ハ對生シ、奇數羽狀複葉ヲ成
シ、小葉ハ卵形ニシテ粗鋸齒アリ。七八月
ノ候徑 6cm許アル黄赤色ノ美花ヲ開ク。
萼ハ綠色ニシテ五裂シ稜脊アリ。花冠ハ
稍脣形ヲ呈スル漏斗形ニシテ舷部五裂
シ、花中ニ二强雄蕊、一雌蕊アリ。有毒植
物ノ一ナリ。漢名ノ一ヲ凌霄花ト云フ。

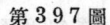
第397圖

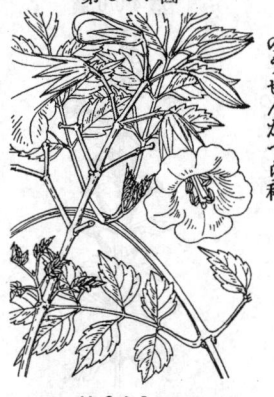

のうぜんかづら科

きささげ〔楸？〕

Catalpa ovata *G. Don.*

支那ノ原産ニシテ今我邦河邊等ニ自生ス
ル落葉喬木ナレドモ、往々庭園ニ栽植セ
ラル。幹ハ 6-9m ニ達シ、葉ハ長柄ヲ以テ
對生シ或ハ時ニ輪生シ、廣卵形或ハ圓形
ヲ成シ、邊緣波狀或ニ三淺裂ス。夏日枝
梢ニ圓錐花穗ヲ成シテ暗紫點アル淡黄花
ヲ開ク。花冠五裂シ、脣形ヲ成ス。二强
雄蕊アリ。蒴果ハ瘦長ニシテ 30cm 許、
ささげノ莢ノ如ク和名卽チ之レニ基ク。
種子ハ平扁、兩端絲狀ノ毛アリ。蒴果ハ
腎臟病藥ニ供セラル。

第398圖

のうぜんかづら科

くちなしぐさ
一名 かがりびさう

Monochasma japonicum *Makino.*

丘陵地ニ生ズル半寄生二年生草本。莖ハ
長サ 30cm 內外ニシテ數條叢生シ、横ニ
擴ガリ、廣線形ノ全邊葉ヲ對生シ紫綠色
ヲ呈ス。初夏葉腋ニ短梗ヲ有スル淡紅紫
色ノ一花ヲ着ク。萼ハ筒ヲ成シテ縱條ア
リ上端四裂シ裂片長シ。花冠ハ筒狀ニシ
テ舷部五裂シ脣狀ヲ呈ス。二强雄蕊アリ。
花後宿存萼ヲ伴ヘル蒴果ヲ結ビ、一方開
裂シ種子ヲ散ズ。次年ニ苗ヲ生ジ、又其
次年ニ至テ開花ス。萼ハ狀宛モくちなし
ノ實ニ似タルヲ以テ此和名アリ。

第399圖

ごまのはぐさ科

ひきよもぎ （陰行草）

Siphonostegia chinensis *Benth.*

半寄生ノ一年生草本ニシテ山野陽地ノ草間ニ生ズ。莖ハ高サ 30-60cm 許ニシテ直立分枝ス。葉ハ對生シテ羽裂シ、裂片狹ク細毛アリ。夏秋ノ候梢ニ穗ヲ成シ傍ニ向テ黄色花ヲ開ク。萼筒ハ長ク、縱脈ヲ有シ、末五裂ス。花冠ハ萼ヨリ超出シテ脣形ヲ成シ、下脣闊シ。二强雄蕋アリ。花後果實ヲ結ビ宿存萼ノ中ニ在リ。

こしほがま

Phtheirospermum japonicum *Kanitz.*

半寄生ニシテ山野向陽ノ地ニ生ズ。莖ハ高サ 30-60cm 許ニシテ分枝ス。葉ハ對生シ、羽狀深裂ヲ成シテ裂片ニ不齊ノ細尖鋸齒ヲ具フ。莖葉共ニ腺毛多シ。秋時葉腋ニ淡紫色可憐ノ脣形花ヲ生ズ。萼ハ綠色五裂シ、裂片ハ鋸齒アリ。花冠ハ長サ 2cm 內外ニシテ筒部大ナリ。二强雄蕋アリ。蒴果ハ宿存萼ヲ伴フ。

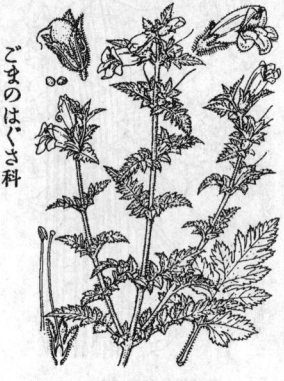

ままこな

Melampyrum roseum *Maxim.*
var. japonicum *Maxim.*

山地ニ生ズルー年生半寄生草本。莖ハ高サ 30cm 內外、分枝シ、紫黑色ヲ呈ス。葉ハ對生シ、長卵形ニシテ銳尖頭、全邊ヲ成シ、葉柄アリ。夏日枝梢上ニ花穗ヲ成シ、毛狀齒アル苞葉接在シ、每苞腋ニ紅紫色ノ一花ヲ生ジテ片側穗狀ヲ成ス。萼ニ五齒ヲ有シ、花ハ長筒ヲ有シ、下脣ノ面ニ飯粒狀ノ白點二箇アリ、花後尖リタル蒴ヲ結ブ。和名ハ蓋シ下脣面ニ竝ベル米粒狀白斑ニ基ケル乎。

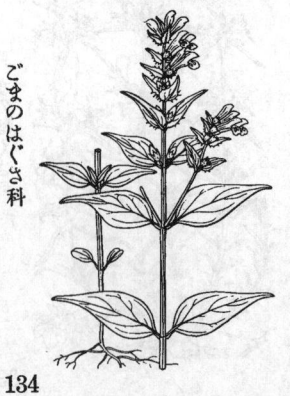

第400圖

ごまのはぐさ科

第401圖

ごまのはぐさ科

第402圖

ごまのはぐさ科

みやまままこな

Melampyrum laxum *Miq.*

深山向陽ノ地ニ多キ半寄生草本。高サ40cm內
外、根ハ甚ダ不完全ナリ。莖ハ方形、分枝シ、黒
紫色ヲ帶ビ、少シク糙澁ス。葉ハ長柄アリテ對
生シ、葉片ハ披針形ニシテ全邊、先端尖リ、底部
ハ鈍形、表面ハ暗緑色ナレドモ裏面ハ黄褐色ヲ
呈ス。八月、莖頂ニ總狀花序ヲ成シ、稍偏側生
ヲ成シテ紅紫色ノ花ヲ開ク。各花下ニ顯著ナル
苞アリ、卵形ニシテ全邊或ハ下部ニ芒齒狀ノ鋸
齒アリ。萼ハ綠色五裂。花冠ハ其筒部ハ直立シ
テ長ク淡色ナレド、舷部ハ紅紫色ヲ呈シニ唇ト
成リ、上唇ハ鈍頭ニシテ兜狀、下唇ハ半開シ平
板狀ニシテ內面ニ二白點ト黄斑トアリ。蒴果ハ
短劍狀ヲ呈ス。和名ハ深山ままこナニシテ深山
ニ生ジ、其花冠ノ下唇ニ橢圓形ノ飯粒狀ニ白點
アルヲ以テままこなト謂フ乎。

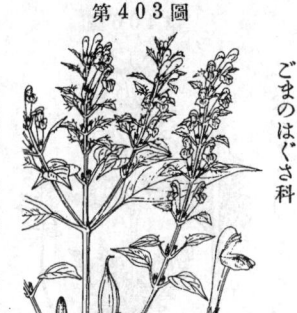

ごまのはぐさ科

第403圖

しほがまぎく

Pedicularis resupinata *L.*

山野向陽ノ草地ニ生ズル多年生草本。莖
ハ高サ30–60cm內外、時ニ疎ニ分枝ス。
葉ハ對生或ハ互生シ、長橢圓狀披針形ニ
シテ整列セル缺刻狀重鈍齒牙緣ヲ有ス。
夏秋ノ候莖梢ノ頂ニ苞葉重疊鱗次シ、苞
間ニ紅紫色ノ花ヲ開ク。萼ハ一方裂ケ、
花冠ハ唇形ニシテ一方ニ卷曲ス。花後尖
リタル蒴ヲ結ブ。海濱ニ佳景ヲ添フルモ
ノハ鹽竈ユエ、本品ハ花モ佳ク又葉迄モ
(濱デモ)觀ルニ佳キトノ意ニテ此和名ヲ
生ジ、きくハ葉狀ニ基キシナリ。

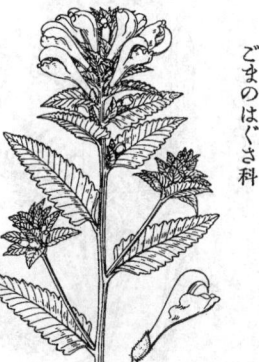

ごまのはぐさ科

第404圖

えぞしほがま
一名 しろばなしほがま・きばなのしほがま

Pedicularis yezoensis *Maxim.*

中部以北ノ諸高山ニ產スル多年生草本。
莖ハ簇生シ、高サ30–50cmアリテ分枝セ
ズ、其草樣ほがまぎくニ似タリ。葉ハ
互生シ長橢圓狀披針形ニシテ邊緣ハ重
齒牙ヲ刻ミ、漸尖頭截形底ニシテ黄綠色
ヲ呈シ、葉柄アレドモ上部ノ者ニ至ツテ
ハ之レヲ失フ。八月、莖梢各葉腋ニ一花ヲ
開キ、全體トシテ看レバ總狀花序ヲ呈セ
リ。萼ハ一片トナリテ一方裂ク。花冠ハ帶
黄白色、上唇ハ長嘴ヲ有シ、鎌狀ニ屈曲シ
テ下唇ノ上ヲ壓スルコト赤しほがまぎく
ニ同ジ。下唇ハ廣ク帶卵形ニシテ筒部ト
直角ニ成シ邊緣少シク內卷ス。雄蕋ハ二、
花絲ニ毛アリ。子房上ノ花柱ハ長ミ。蒴
果ハ短鐮身形ニ成シテ一方開裂シ、橢圓
形ノ細種子多シ。

ごまのはぐさ科

第405圖

135

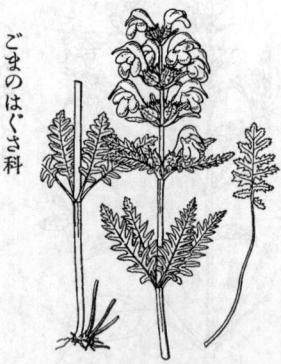

第 4 0 6 圖

ごまのはぐさ科

よつばしほがま

Pedicularis japonica *Miq.*

高山ニ生ズル多年生草本ニシテ莖ハ直立
シ、高サ 30cm 内外アリ。葉ハ四片輪生
シ、羽狀深裂ヲ成シ、莖葉ハ短柄ヲ有シ、
根生葉ハ長柄ヲ具フ。夏日莖梢ニ穂ヲ成
シテ紅紫色ノ美花ヲ輪生ス。萼ハ卵圓形
ニシテ五齒ヲ有シ、花冠ハ稍長クシテ唇
形ヲ呈シ、下唇ハ三裂シ、上唇ハ嘴狀ヲ
呈シ、二强雄蕋ハ花冠内ニ隱ル。花後尖
リタル蒴ヲ結ブ。

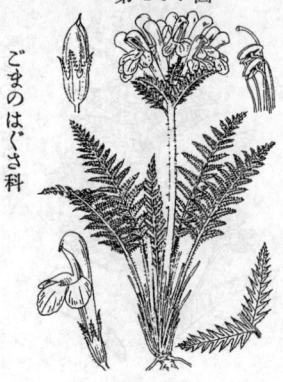

第 4 0 7 圖

ごまのはぐさ科

みやましほがま

Pedicularis apodochila *Maxim.*

高山ニ生ズル多年生草本ニシテ細毛ヲ帶
ブ。高サ 10cm 内外。葉ハ數片根生シテ
長キ葉柄ヲ具ヘ、羽狀複葉ヲ成シ、羽片
ハ細長クシテ更ニ羽狀ニ深裂シ、花穂下
ニ接セル葉ハ無柄ニシテ輪生シ、羽狀ニ
深裂シ、羽片ニ鋸齒アリ。夏日、莖頂ニ相
集リテ美花ヲ開キ、短縮セル花穂ヲ成ス。
花冠ハ紅紫色ニシテ長筒ヲ有シ、舷部ハ
唇形ヲ成ス。

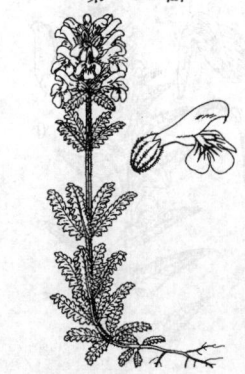

第 4 0 8 圖

ごまのはぐさ科

たかねしほがま

Pedicularis verticillata *L.*

中部以北ノ高山帶ニ生ズル一年生草本。
高サ10-20cm。莖ハ直立シ、時ニ疎ニ分枝
ス。葉ハ多クハ四片輪生シテ羽狀ニ深裂
シ、各裂片ハ鈍頭ニシテ細重鋸齒ヲ刻ミ
質厚シ。八月、莖頂ニ短總狀花序ヲ成シテ
多數花ヲ密着シ、紅紫色ニシテ頗ル美ナ
リ。萼ハ稍壺狀ヲ成シテ面ニ細毛ヲ生ジ
其口ハ短ク五裂ス。花冠ハ二唇ニ分カレ、
上唇ハ左右ヨリ扁壓セラレテ直立シ、先
端ニハ短キ突起アルノミ、下唇ハ上唇ニ
比スレバ廣闊ニシテ水平ニ開出シ相並ン
デ三尖裂シ裂片ニ鈍頭ナリ、下唇中央部
ニハ暗紅紫色ノ斑紋ヲ有ス。

はんくゎいあざみ

Pedicularis gloriosa
Biss. et Moore.

多年生草本ニシテ山地樹下ニ生ズ。莖ハ
根生葉中ヨリ高ク立チ、高サ60-90cmニ
達ス。葉ハ大ニシテ數片根生シ、長柄ヲ
具ヘ、羽狀ニシテ其羽片ハ更ニ羽狀中裂
シ缺刻狀鋸齒緣ヲ有ス。秋日枝梢ニ長短
ノ花穗狀ヲ成シテ鋸齒アル苞ヲ密生シ、
淡紅紫色ノ脣形花ヲ開ク。花冠ハ長大ニ
シテ上脣ハ舟形ニ成ス。二強雄蕊アリテ
花柱ハ絲狀ナリ。和名ハ草狀大ナルヨリ
樊噲ノ名、葉狀薊ニ類スルニ基ヅク。

第409圖

ごまのはぐさ科

こごめぐさ

Euphrasia Iinumai *Takeda.*

江州伊吹山ノ陽地草中ニ生ズル一年生半
寄生直立草本。莖ハ瘦長ニシテ高サ20cm
內外ニ達シ、枝ヲ分ツ。葉ハ小形ニシテ
多數ニ莖上ニ對生スレドモ上部ノモノハ
互生シ、無柄ニシテ卵形或ハ圓形ヲ呈シ、
邊緣ハ尖鋸齒アリ。夏日、葉腋ニ白色ノ細
花ヲ開ク。花冠ハ脣形ヲ成シ、下脣廣ク、
面ニ黃斑アリ。和名小米草ハ其細花ニ基
ヅキシ稱ナリ。

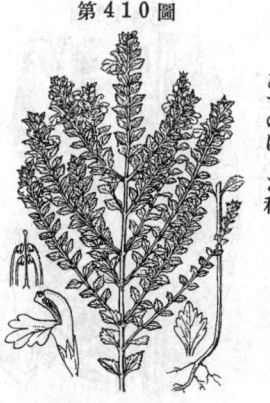

第410圖

ごまのはぐさ科

ごまくさ

Centranthera Brunoniana *Wall.*

山野向陽ノ濕地ニ生ズル一年生草本ニシテ全株
剛毛ヲ布キテ粗澁ス。根ハ分枝シ短クシテ柑色
ヲ呈ス。莖ハ直立シ、高サ30cm內外、單立ナレ
ド時ニ中部ニ疎枝ヲ分テリ。葉ハ對生シ、披針
形全邊ニシテ上部ニ至リテ小形ノ苞ト成リ且ツ
互生シ、質硬ク而モ脆シ。八九月ノ候、梢頭ニ疎
ナル穗狀花序ヲ成シテ黃花ヲ開キ一日ニシテ落
ツ。萼ハ前面ニ一裂ロアルノミニシテ先端尖リ
淡綠色ニシテ紫黑色ノ帶ブ。花冠ハ側向シ鐘形
ニシテ長サ2cm內外、舷部ハ平開シテ五裂ス。
雄蕊ハ花冠內ニ閉在シ四箇アリ其二本ハ長ク
二強雄蕊ヲ成シ、花絲ハ毛アリ。子房ハ長卵形
ニシテ二室、花柱長ク、柱頭單一ニシテ細毛ア
リ。蒴果ハ橢圓形ニシテ細種子多シ。和名胡麻
草ハ其花實ノ狀胡麻ニ似タルヨリ云フ。

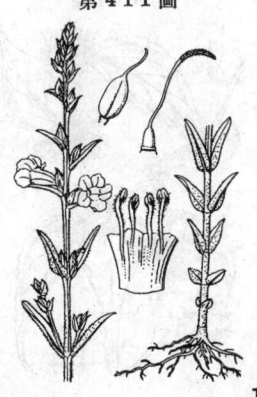

第411圖

ごまのはぐさ科

第412圖

ぢわう （地黄）

一名 さほひめ(古名)・あかやぢわう
Rehmannia glutinosa *Libosch*. var.
lutea *Makino* forma purpurea *Makino*.

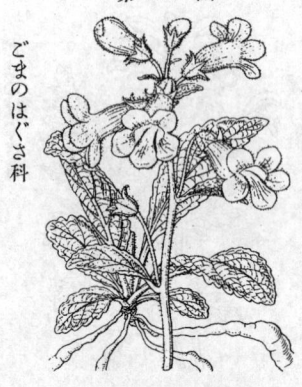

ごまのはぐさ科

支那ノ原産ニシテ園圃ニ栽培スル多年生
草本。根ハ肥厚、横走シ、柑色ヲ呈ス。根
葉ハ叢生シ、長楕圓形ニシテ鈍鋸歯アリ、
表面皺縮シ、裏面ハ隆起脈ニ由リ網狀ヲ
呈ス。葉中莖ヲ抽クコト 15-18cm、下部
ニ葉ハ互生シ、上部ハ葉狀苞ハ互生ス。
初夏ノ候、莖上ニ淡紅紫色ノ有梗數花ヲ
着ク。萼ハ短廣ニシテ五尖裂シ、花冠ハ
大ニシテ筒ヲ成シ、邊緣ハ開キテ五裂シ、
唇形ヲ呈ス。二强雄蕋、一雌蕋アリ。莖・
花梗・萼・花冠ニ腺毛多シ。根ヲ藥用トシ
有名ナリ。一種淡黄花ノ品アリ、之レヲ
しろやぢわうト云ヒ、稀品ニ屬ス。

第413圖

きつねのてぶくろ

一名 ぢぎたりす
Digitalis purpurea *L.*

ごまのはぐさ科

歐洲ノ原産ニシテ觀賞或ハ藥用トシテ栽
培セラルル多年生草本。莖ハ高サ 1m 內
外、直立シテ枝ヲ分タズ。葉ハ卵狀長楕
圓形ニシテ下部ノモノハ葉柄ヲ有ス。葉
緣ハ鋸齒ヲ有シ、葉面皺縮ス。花ハ夏日
莖梢ニ長キ穗ヲ成シ、下ヨリ順次ニ開
ク。萼ハ五裂シ、花冠ハ紅紫色ニシテ濃
キ斑點アリ、長大ナル鐘狀ヲ成シ、邊緣多
少唇形ヲ呈シ、二强雄蕋ヲ有ス。白色品
アリ。果實ハ蒴ニシテ宿存萼ヲ伴ヒ、中
ニ細子アリ。其葉ハ心臟病ノ特效藥ナリ。

第414圖

すずかけさう

Botryopleuron villosulum *Makino*.

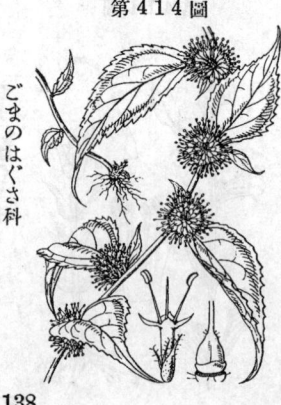

ごまのはぐさ科

暖地ニ生ズル多年生草本。莖ハ蔓狀ヲ呈
シテ長サ 2m 內外ト成リ、末端地ニ着キ
テ根ヲ下シ、新株ヲ生ズ。葉ハ互生シ、長
卵形ニシテ末尖リ、鋸齒ヲ具ヘ、莖ト共ニ
細毛ヲ被フル。秋時、葉腋ニ無柄ノ球狀
ヲ成シテ多數ノ深紫色小花ヲ開ク。花冠
四裂シ、下部ハ狹筒ヲ成シ、下ニ腺緣毛
アル苞ト萼片トアリ。二雄蕋、一雌蕋ア
リ。稀品ニシテ、稀ニ觀賞品トシテ栽培
セラル。阿波ノ祖谷地方ニ自生アリト云
フ、果シテ信乎。和名ハ鈴懸草ノ意ナリ。

とらのをすずかけ

Botryopleuron axillare *Hemsl.*

九州・四國ニ產スル多年生草本ナリ。莖ハ細長ニシテ稜アリ、多少蔓狀ヲ成シ、末端地ニ著ケバ根ヲ生ジ、新株ヲ作ル。概形すずかけさうニ似ルモモナシ。葉ハ互生シ、長橢圓狀披針形ニシテ尖リ、邊緣ニ鋸齒アリ、無毛ニシテ葉面ニ光澤アリ。夏時、圓柱狀長橢圓形ノ花穗ヲ葉腋ニ出シ、多數紅紫色ノ細花ヲ集ム。萼片ハ鍼狀線形。花冠ハ筒狀ニシテ四裂シ、二雄蕊アリ。蒴ハ卵形ニシテ宿存萼ヲ伴フ。和名ハ花穗ノ形ニ基ク。

第415圖

ごまのはぐさ科

はまれんげ

一名 うるっぷさう

Lagotis glauca *Gaertn.*

千島得撫島、信州八ヶ岳・白馬岳等ノ山地ニ生ズル多年生草本。高サ 10–30cm 內外、地下莖ハ短クシテ地中ニ橫タハリ、鬚根ヲ發出ス。根生葉ハ圓形・卵形或ハ腎臟狀卵形ニシテ長柄ヲ有シ、質厚クシテ光澤アリ、葉邊ニ鈍鋸齒ヲ有ス。莖ニ互生セル小形葉ヲ具フ。八月ノ候、莖頂ニ多數ノ小花密集シテ單穗ヲ成シ、花下ニ綠苞アリ。萼ハ筬形ニシテ一方裂ケ、花冠ハ紫色ニシテ彎曲セル長筒ヲ有シ、邊緣ハ二裂シテ唇形ヲ呈シ、下唇二裂ス。二雄蕊アリ。濱蓮華ハ本種最舊ノ和名ナリ。

第416圖

ごまのはぐさ科

くがいさう

Leptandra sibirica *Nutt.*

多年生草本ニシテ山地ニ生ズ。數莖叢生シテ直立シ、高サ 1m 內外ニ達ス。葉ハ鋸齒アル廣披針形ニシテ尖リ、數葉輪生シテ層ヲ成ス、故ニ九蓋草ノ和名ヲ得タリ。夏日、梢上ニ長總狀花穗ヲ成シテ多數ノ紅紫色花ヲ密ニ攢簇ス。萼片ハ四。花冠ハ筒狀ヲ成シ、末端四裂シ、二雄蕊アリ。果實ハ蒴ニシテ宿存萼ヲ伴フ。根ハ利尿ノ效アリ。漢名 威靈仙(誤用)

第417圖

ごまのはぐさ科

いぬふぐり (地錦)

一名 いぬのふぐり・へうたんぐさ・
てんにんからくさ

Veronica caninotesticulata *Makino.*

ごまのはぐさ科

第418圖

原野・圃地等ニ生ズル二年生草本。苗高
サ5-15cm許、基部ニ近ク枝ヲ分チ地ニ臥
シテ繁衍ス。葉ハ對生シ、上部ハ互生シ、
卵圓形ニシテ鈍鋸齒ヲ有シ、短柄アリ。
春時、葉腋ニ葉ト略同長ノ花梗ヲ抽キ紅
紫條アル淡紅紫色ノ細花ヲ開ク。綠萼四
深裂。花冠ハ四裂シ、二雄蕋アリ。蒴果
ハ扁圓ニシテ縱ニ一溝ヲ有シ、宛ラ二箇
相接スルノ狀ヲ呈ス。本種ハ元來外來ノ
植物ナルベシト雖モ決シテ V. agrestis
L. 或ハ V. polita *Fries.* ニ非ラズ、故
ニ今此ニ上揭ノ新學名ヲ擬定セリ。和名
狗ふぐりハ其果實ノ狀狗ノ陰嚢ニ似タレ
バ云ヒ、瓢箪草ハ同ジク果實ノ狀ニ基キ
シ名、天人唐草ハ其草姿ヲ形容セル稱ナ
リ。漢名 婆々納 (誤用)

おほいぬふぐり

Veronica persica *Poir.*

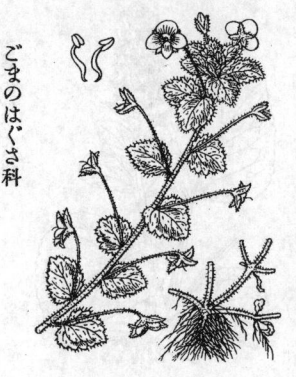

ごまのはぐさ科

第419圖

歐洲原産ノ二年生草本ニシテ、明治初年
ニ渡來シ、今ハ廣ク各地ニ野生セリ。い
ぬのふぐりヨリ大ニシテ、莖ハ長サ 15-
30cm許、基部ヨリ分枝シテ地面ニ廣ク繁
衍ス。葉ハ卵圓形ニシテ鈍齒ヲ有シ、下
部ノモノハ對生シ、上部ノモノハ互生シ、
莖・花梗・萼ト共ニ細毛アリ。三四月頃ヨ
リ初夏ニ及ビ、3cm許ノ花梗ヲ腋出シ、濃
藍條アル藍色ノ可憐花ヲ開ク。綠萼ハ四
深裂。花冠ハ四裂シ、上裂片ハ闊ク圓シ。
二雄蕋アリ。蒴果ハいのふぐりニ似テ
大ナリ。

たちいぬふぐり

Veronica arvensis *L.*

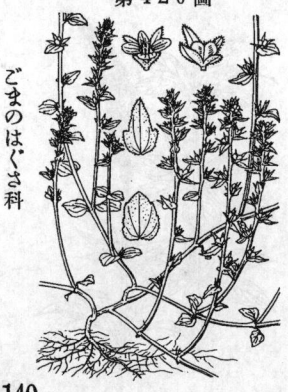

ごまのはぐさ科

第420圖

歐洲ノ原産ニシテ明治初年ニ渡來シ、今
ハ廣ク各地ニ野生セル越年生草本。莖葉
ニ細毛アリ。莖ハ直立シ、高サ 15-25cm
許、下部ヨリ分枝ス。葉ハ下部ハ對生シ、
上部ハ互生シ、殆ンド無柄ニシテ卵圓形
ヲ呈シ、鈍鋸齒ヲ有ス。春ヨリ初夏ニ亙
リ、穗ヲ成シテ藍紫色ノ細花ヲ著ケ、苞
ハ葉狀ニシテ疎齒アル卵形ナリ。花ハ綠
萼四深裂。花冠四裂シ、二雄蕋アリ。花
後凹頭ノ小蒴果ヲ結ブ。

くはがたさう
Veronica cana *Wall.*

山地樹下ニ生ズル多年生小草本ニシテ細毛ヲ帶ブ。莖ハ數本叢生シ、高サ12–15cm許。葉ハ有柄、對生シ、長橢圓狀卵形ニシテ邊緣ニ鈍鋸齒ヲ具ヘ、葉面ニ毛アリ。初夏、少數ノ總狀花穗ヲ莖梢葉腋ニ出シ、數花ヲ着ク。花ハ小梗ヲ有シ、四片ノ狹キ綠萼アリ。花冠ハ四裂シ、白色ニシテ紅條アリ。二雄蕋、一雌蕋。蒴果ハ扁圓凹頭ヲ成シ、其宿存萼片ヲ伴フノ狀稍兜ノくは形ニ似ルヲ以テ乃チ此ノ和名ヲ有ス。

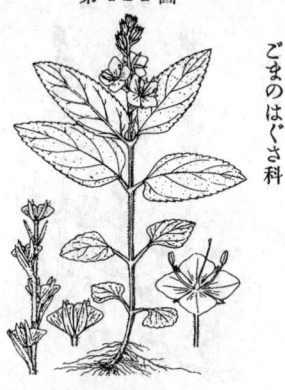

ごまのはぐさ科

ひめくはがた

Veronica nipponica *Makino.*

高山ニ生ズル多年生小草本ニシテ細毛ヲ被フル。莖ハ高サ10cm許。葉ハ對生シ、葉柄ヲ具ヘ、卵狀橢圓形ニシテ鈍頭ヲ有シ、邊緣ニ鈍鋸齒アリ。夏時、梢ニ短總狀花序ヲ成シ、有梗淡紫色ノ小形數花ヲ着ク。綠萼片四。花冠ハ四裂シテ花中ニ二雄蕋、一雌蕋アリ。蒴果ハ小形ニシテ宿存萼ヲ伴フ。

ごまのはぐさ科

みやまくはがた
Veronica senanensis *Maxim.*

多年生草本ニシテ高山ニ生ジ、大ナルハ高サ30cm許ニ達ス。下ニ短キ地下莖アリテ鬚根之ヨリ出デ、上ニ直立セル莖ヲ有シ、分枝セズ。葉ハ長柄有リテ對生シ、卵狀長橢圓形ニシテ尖リ、邊緣ニ不齊ノ尖鋸齒アリ。夏日、莖梢ニ總狀花穗ヲ成シ、白色ニシテ紫條アル花ヲ開ク。花ハ小梗ヲ有シ、四片ノ綠萼アリ。花冠ハ四裂シ、上裂片闊ク、下裂片最モ狹シ。二雄蕋、一雌蕋アリ。蒴果ハ圓扁ニシテ凹頭ヲ有ス。

ごまのはぐさ科

141

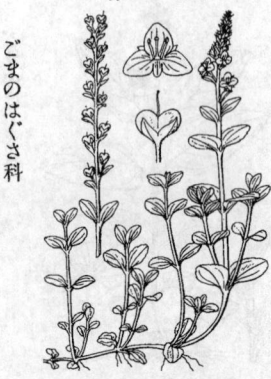

第424圖

ごまのはぐさ科

てんぐくはがた

Veronica serpyllifolia *L.*

山地ニ生ズル多年生草本。莖ハ下部地ニ匐ヒ、節々根ヲ下シ、高サ 10-15cm 許ト成ル。葉ハ無柄對生シ、卵圓形ニシテ滑澤頗ル厚ク、微鋸齒アリ、梢葉ハ底部稍莖ヲ抱キテ互生ス。夏時、莖梢ニ總狀花穗ヲ成シ、小梗アル小花ヲ開ク。四片ノ綠萼アリ。花冠ハ四裂シ、白色ニシテ紫條アリ。二雄蕊、一雌蕊ヲ具フ。蒴果ハ扁圓ニシテ凹頭ヲ有ス。

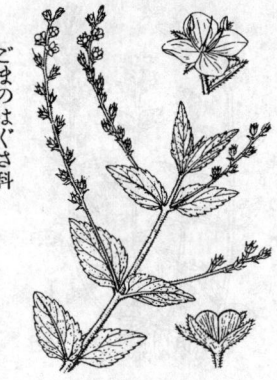

第425圖

ごまのはぐさ科

ひよくさう

Veronica laxa *Benth.*

山麓ノ陽地ニ生ズル一年生草本。莖ハ葉ト共ニ細毛ヲ有シ、高サ30-60cm餘。葉ハ短柄ヲ有スル卵圓形ニシテ對生シ、葉緣ニ不齊ノ鈍鋸齒アリ。夏日、莖梢ノ葉腋ニ枝ヲ對出シ、瘦長ナル總狀花穗ヲ成シテ斜上シ、淡紫色ノ小花ヲ開ク。每花短梗ヲ有シ、四片ノ綠萼アリ。花冠ハ四裂シ、二雄蕊、一雌蕊アリ。蒴果ハ凹頭ヲ成シ、宿存萼ヨリ短シ。和名比翼草ハ蓋シ其對出セル花穗ニ基クナラン。

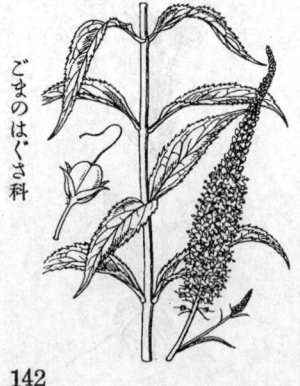

第426圖

ごまのはぐさ科

ひめとらのを

Veronica spuria *L.*

山地草原ニ生ズル多年生直立草本。莖ハ瘦長ニシテ高サ 90cm 內外ニ達シ、莖面ニ細毛ヲ布ク。葉ハ對生シ、披針形ニシテ銳尖頭ヲ有シ、葉底ハ狹窄シ、遂ニ短葉柄ヲ成シ、邊緣ニ粗鋸齒アリ。夏秋ノ候、梢頭ニ一乃至數條ノ總狀花穗ヲ成シ、多數ノ藍紫色花ヲ密着ス。綠萼四片アリ。花冠ハ四裂シ、裂片尖ル。二雄蕊、一雌蕊アリ。蒴果ハ圓扁ニシテ凹頭ヲ有ス。

るりとらのを

Veronica longifolia L.
var. subsessilis Miq.

庭園ニ栽培スル多年生草本ニシテ莖ハ直
立シ、高サ 90cm 餘ニ達シ、微毛アリ。
葉ハ殆ンド無柄ニシテ對生シ、卵形或ハ
長卵形ニシテ細尖鋸齒ヲ有ス。夏時、莖
頂ニ長キ總狀花穗ヲ成シテ紫碧色ノ花ヲ
密着シ、下方ヨリ咲キ上ル。四片ノ綠萼
アリ。花冠ハ四裂、裂片闊シ。二雄蕊、
一雌蕊アリ。觀賞品トシテ栽培ス。漢名
兎兒尾苗(慣用)

第427圖

ごまのはぐさ科

ぐんばいづる
一名 まるばくはがた
Veronica Onoei Franch. et Sav.

本州中部ノ山上砂礫ノ地、殊ニ信州淺間山等ニ
生ズル多年生草本。莖ハ匍匐シ節ヨリ鬚根ヲ下
セドモ上部ハ傾上ス。葉ハ短柄アリテ對生シ二
列ニ相竝ビ圓形或ハ卵圓形ニシテ圓頭鈍底、質
稍厚クシテ表面光澤ニ富ミ且ツ毛茸ヲ布キ、周
邊ニハ細齒アリ。夏日、葉腋ヨリ高サ 10cm 許
ノ總狀花穗ヲ抽立シ、稍密ニ碧紫色ノ花ヲ開キ一見
穗狀ニ見エ長軸アリ。苞ハ小梗ヨリ少シク長シ。
萼ハ淡綠色ニシテ四深裂シ細毛アリ。花冠ハ漏
斗狀鐘形ニシテ四深裂ス。雄蕊ハ二。子房上ニ
一花柱アリ。蒴果ハ廣橢圓狀ヲ呈シ、扁平ニシ
テ立チ、上端凹入シ、軍扇狀ヲ成シテ細毛アリ。
和名ハ軍配蔓ニシテ果形ト葉狀トニ基ヅキテ云
ヒ、圓葉鍬形ハ葉圓キくわがたさうノ意ナリ。

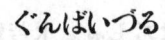

第428圖

ごまのはぐさ科

とうていらん

Veronica incana L.

海邊ニ生ズル多年生草本。高サ 30–60cm
許、莖ハ直立ス。葉ハ對生シ、披針形ニシ
テ鈍鋸齒アリ。莖葉共ニ白軟毛アリテ之
ヲ被ヒ、白キ觀ヲ呈ス。夏日、梢ニ總狀花
穗ヲ成シテ紫花ヲ密着シ、下ヨリ咲キ上
ル。萼ハ四片、白毛ヲ帶ビ、花冠四裂シ、
二雄蕊、一雌蕊アリ。蒴果ハ卵圓形、宿
存萼ヲ伴フ。和名ハ洞庭藍ノ意、洞庭ハ
支那ノ有名ナル湖水ノ名、藍ハ卽チ其花
色ヲ意味スルカ。

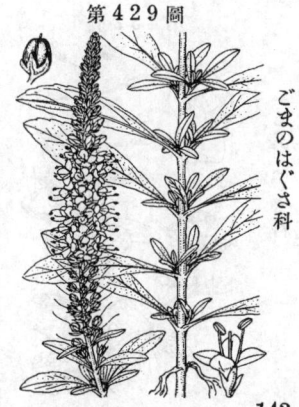

第429圖

ごまのはぐさ科

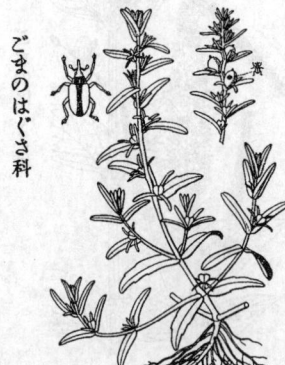

第430圖

ごまのはぐさ科

むしくさ （水蘰衣）
Veronica peregrina L.

川畔或ハ海邊ニ近キ濕地等ニ生ズル一年生草本。莖ハ高サ12-15cmニシテ下部ニ枝ヲ分ツ。葉ハ線狀披針形ニシテ葉柄ナク、邊ニ疎鋸齒アリ。下部ノモノハ對生シ、上部ノモノハ互生ス。初夏、葉腋ニ花ヲ著ク、細小ニシテ短梗アリ。萼ハ四片アリテ長キ線形。花冠ハ四裂シ、白色ニシテ微紅ヲ帶ブ。二雄蕋、一雌蕋アリ。此種ハ其子房往々蟲癭ト成リテ腫大シ、中ニ一ノ小甲蟲ヲ容ル。漢名 蚊母草(慣用)

第431圖

ごまのはぐさ科

かはぢしゃ （水苦蕒）
Veronica Anagallis L.

水邊ノ濕地ニ生ズル二年生草本ニシテ高サ凡30cm餘、嫩苗ハ叢ヲ成シ、其葉ハ紫綠色ヲ呈ス。莖ハ直立シ、圓柱形ニシテ柔軟淡綠色ナリ。葉ハ無柄抱脚ニシテ對生シ、長橢圓狀披針形ヲ成シテ銳頭、邊緣ニ低尖鋸齒アリ、葉質薄クシテ軟ナリ。初夏ノ候、葉腋ニ有梗ノ總狀花穗ヲ出シ、白色ニシテ淡紫條ヲ有スル多數ノ小花ヲ著ク。萼ハ四片。花冠四裂シ、二雄蕋、一雌蕋アリ。蒴果ハ凹頭ヲ有ス。嫩葉食フニ堪ユ。

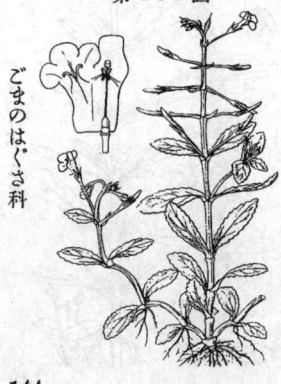

第432圖

ごまのはぐさ科

すずめのたうがらし
Ilysanthes serrata Makino.
(= Ruellia serrata Thumb. ; Bonnaya veronicaefolia Spreng. var. verbenaefolia Hook. f. ; I. veronicifolia Urb. var. verbenaefolia Mak.)

畦畔ノ濕地ニ生ズル一年生小草本。莖ハ枝ヲ分チ、直立或ハ横臥ス。高サ6-30cm許。葉ハ對生シ、狹披針形ニシテ末尖リ、邊緣ニ鋸齒アリ。夏秋ノ候、葉腋ニ花梗ヲ出シ、小ナル淡紅紫色ノ脣形花ヲ著ク。萼五裂シ、花冠ノ下脣闊大ニシテ三裂シ、花喉ニ二突起アリ。二雄蕋、一雌蕋。蒴果細長シ。和名ハ雀ノ蕃椒ノ意ナリ。

あぶのめ
一名 ばちばちぐさ
Dopatorium junceum *Hamilt.*

水田等濕地ニ生ズル一年生草本。莖ハ下部ヨリ數枝ニ分レ、高サ 15-20cm 餘。質軟ナリ。葉ハ對生シ、廣キ線形ニシテ上部ニ至ルニ從ヒテ細小トナル。夏秋ノ候離隔セル莖節上ノ葉腋ニ小梗アル紫色ノ小脣形花ヲ著ク。綠萼五片アリ。花冠ノ下部ハ筒ト成リ、二强雄蕊、一雌蕊アリ。蒴果ハ球形ニシテ宿存萼ヲ伴ヒ、內ニ長橢圓形ノ多種子ヲ藏ス。和名ハ虻ノ眼ノ意ニシテ、其果實ノ形ニ基ヅキ、ばちばちぐさハ其空氣ノ入リタル粗鬆ナル莖ヲ押潰セバ音ヲ發スルヨリ斯ク名ケシナリ。

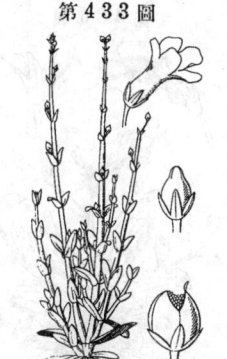

第433圖

ごまのはぐさ科

きくも （石龍尾）
Ambulia sessiliflora *Baill.*

水田池沼等淺キ止水中或ハ濕地ニ生ズル多年生水草ニシテ微香アリ。地下莖ハ泥中ニ曳テ鬚根ヲ生ズ。莖ハ細毛ヲ帶ビ、高サ 10-20cm 餘、各節ニ羽狀裂葉ヲ輪生シ、其分裂ノ狀態一ナラズ。卽チ水中ノ葉ハ質薄クシテ裂片狹ク長シ。夏秋ノ候、紅紫色ノ無柄花ヲ葉腋ニ著ク。綠萼ハ五裂シ、花冠ハ短クシテ脣形ヲ呈ス。花中ニ二强雄蕊、一雌蕊アリ。蒴果ハ宿存萼ヲ伴フ。此種ハ水中ニアリテ能ク閉鎖花ヲ生ズ。和名ハ葉狀ニ基ク。

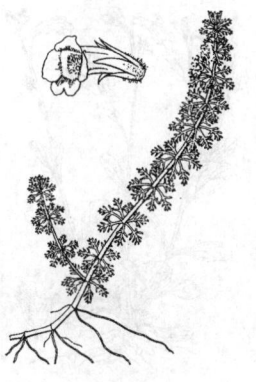

第434圖

ごまのはぐさ科

しそくさ
Limnophila gratissima *Blume.*

稻田或ハ濕地ニ生ズル一年生ノ草本ニシテ、時ニ下部疎ニ分枝ス。莖ハ高サ凡20-25cm ニシテ質軟ク、直立或ハ下部時ニ橫斜ス。葉ハ對生或ハ三片輪生シ、無柄ニシテ狹披針形ヲ成シ、邊緣ニ鈍鋸齒アリ、葉中ニ油點ヲ散布ス。秋日、葉腋ニ花梗ヲ出シ、小形ノ白色脣形花ヲ開ク。萼五深裂。二强雄蕊。一雌蕊。蒴ハ卵圓形、宿存萼ヲ伴フ。全體ニしそ(紫蘇)ノ香アリ、故ニ此和名アリ。

第435圖

ごまのはぐさ科

145

第４３６圖

むらさきさぎごけ
誤稱　さぎごけ
Mazus stolonifer *Makino*.

畦畔等ニ多キ多年生草本。莖ハ短ク、高サ5cm内外。花後匍匐枝ヲ出シテ長ク引キ繁殖ス。葉ハ對生シテ倒披針形ヲ成シ、邊緣ニ鋸齒アリ。花ハ總狀ニ成シ、毎花小梗ヲ有ス。春ヨリ夏ニ亘リテ紅紫色ノ花ヲ開ク。萼ハ五裂シ、花冠ハ脣形ヲ成シ、下脣ハ闊大ニシテ面ニ褐色ノ二畔アリ。漢名 通泉草(誤用)。一變種ハ白花品アリ、さぎしばト云フ。さぎごけノ和名ハ鷺苦ク意ニシテ元來ハ白花品ヲ指スベキモノナリ、卽チさぎしばト同品ナリ、從來之ヲ紫花品トスルハ非ナリ、故ニ今其稱ヲ改訂ス。

ごまのはぐさ科

第４３７圖

ときはは ぜ
Mazus japonicus *O. Kuntze*.

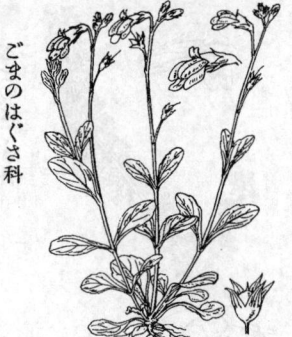

田間・庭園ニ多キ越年生或ハ一年生草本。槪形むらさきさぎごけニ似タレドモ、匍枝ヲ出スコト絶テナシ。全體稍細小ニシテ數莖ヲ立ツルコト 6-18cm 許。春ヨリ秋ニ亘リ、疎ナル總狀花穗ヲ成シテ淡紫色ノ小花ヲ開ク。花ハ小梗ヲ有シ、五裂セル綠萼片アリ。花冠ハ脣形ニシテ下脣闊ク、面ニ黃色ノ二畦ヲ具フ。二强雄蕋、一雌蕋アリ。蒴果ハ小形ニシテ宿存萼ノ中央ニ位ス。花容亦むらさきさぎごけニ酷似スレドモ之ヨリ小ナリ。春夏秋ニ花ヲ見ルヨリ常磐はぜノ和名アリ。

ごまのはぐさ科

第４３８圖

あ ぜ な （母草）
Lindernia Pyxidaria *All*.

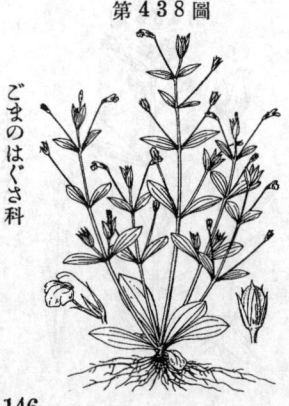

園圃ノ畦畔等濕地ニ生ズル一年生小草本。莖ハ高サ12-15cm、多ク枝ヲ分チ、方形ナリ。葉ハ對生シ、全邊ニシテ卵圓形ヲ成シ、三條ノ縱脈アリ。夏秋ノ候、葉腋ニ長キ花梗ヲ出ダシ、淡紅紫色ノ一小花ヲ着ク。萼ハ五深裂シ、花冠ハ脣形ヲ成シ、下脣廣ク三裂シ、二强雄蕋、一雌蕋アリ。蒴果ハ橢圓形ニシテ宿存萼ヲ伴フ。此種ハ閉鎖花ヲ生ズルコトアリ。

ごまのはぐさ科

146

あぜたうがらし

Lindernia angustifolia Wettst.

田間ノ濕地ニ生ズル一年生小草本。莖ハ高サ 20cm 內外、葉ハ對生シ、披針形ニシテ底部狹窄シ、葉柄極メテ短ク、邊緣疎ニ低平鈍鋸齒アリ。夏秋ノ候葉腋ニ花梗ヲ抽キ、淡紅紫色ノ唇形花ヲ着ク。綠萼五深裂シ、花冠ノ下唇ハ廣クシテ花內ニ二強雄蕋、一雌蕋ヲ有ス。花後狹長ナル蒴果ヲ結ビ、宿存萼ヲ伴フ。和名ハ畦ニ生ジ、果實ノ形蕃椒實ニ似タルニ基ヅク。

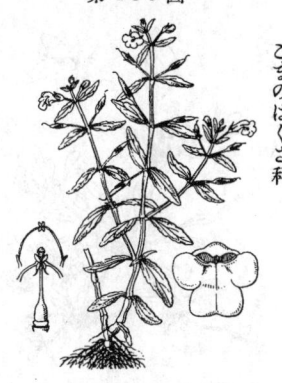

第４３９圖

ごまのはぐさ科

うりくさ

Torenia crustacea Cham. et Schlecht.

園地並ニ田野ニ生ズル一年生ノ小草本。莖ハ方形ニシテ長サ 6-18cm 許、能ク分枝シ、地ニ擴ガリテ繁衍ス。葉ハ葉柄ヲ有シテ對生シ、廣卵形ニシテ鋸齒アリ、莖ト共ニ往々紫色ノ帶ブ。夏秋ノ候葉腋ニ花梗ヲ抽キ、小キ紫色ノ唇形花ヲ開ク。萼ハ五尖裂シテ五稜アリ。花冠ハ下唇闊ク、下ハ筒ニ作ス。蒴果ハ長橢圓形ニシテ宿存萼ニ擁セラル。和名ハ果實ノ狀ニ基ク。

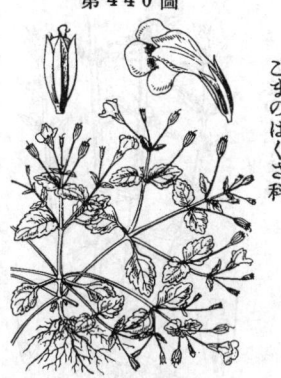

第４４０圖

ごまのはぐさ科

しそばうりくさ

Torenia setulosa Maxim.

暖地ノ濕潤ナル山地ノ路傍等ニ生ズル一年生草本ニシテ長サ20cm內外アリ、基部ヨリ分枝ス。莖ハ細長綠色ニシテ稀疎ニ毛ヲ有シ、多クハ伏臥シ枝ハ直立スルコト多シ。葉ハ綠色ニシテ質薄ク、對生シテ短柄ヲ具へ、卵形又ハ卵圓形、鈍頭ニシテ中部以上ニ鋸齒アリ、上部ノ葉ハ下緣部楔形ヲ呈ス。七八月、葉腋ニ小白花ヲ開キ、小梗ハ葉ヨリモ長シ。萼ハ綠色ニシテ五深裂シ、裂片ハ鍼狀綠形ニシテ銳尖頭ヲ有シ、中脈ニ粗毛アリ。花冠ハ長サ 8mm 內外、唇形ニシテ下唇ハ少クシ上唇ヨリ長クシテ三裂ス。雄蕋ハ四箇アリテ二箇ハ正形、二箇ハ不熟ニシテ小頭狀ヲ成セル有柄ノ附飾物ト成ル。子房ハ長橢圓形ニシテ上部尖リ花柱ハ絲狀、柱頭ハ二裂ス。花後蒴ヲ結ビ、宿存セル萼片ニ圍マレ、微シク萼ヨリ短シ。和名ハ紫蘇葉瓜草ノ意ニシテ其葉小ナレドモ靑紫蘇葉ノ態アルヨリ云フ。

第４４１圖

ごまのはぐさ科

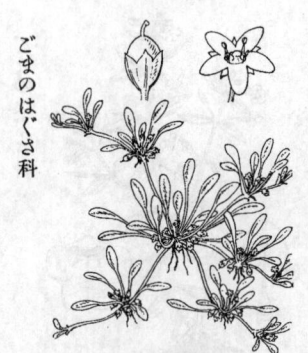

きたみさう

Limosella aquatica L.

北海道・千島、北見等ノ水邊ニ生ズル多年生草本。莖ハ細長ニシテ匍匐シ、處々ニ鬚根ヲ出ス。葉ハ長サ 2-3cm 許ノ匙狀線形ニシテ長キ葉柄ヲ有シ、全邊ニシテ一處ニ相集ル。夏時白色或ハ帶紅紫色ノ花ヲ著ク。花ハ小ニシテ花梗ヲ有シ、葉ヨリ短シ。萼ハ鐘狀ニシテ五裂ス。花冠ハ小ニシテ短ク、鐘形ニシテ五裂ス。我邦ニテハ初メ北見ニ於テ見出ダサル、故ニ其和名アリ。

ごまのはぐさ科

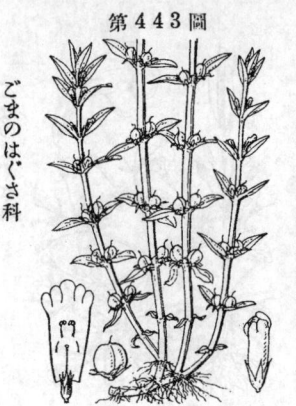

おほあぶのめ

Gratiola japonica Miq.

水田多濕ノ處ニ生ズル一年生草本ニシテ高サ20cm內外。莖ハ少數短キ根莖ヨリ叢生シテ直立シ、肉質ニシテ圓柱形、柔軟平滑無毛、淡綠色、單一ナリ。葉ハ對生シ柄ナク、披針形ニシテ底部ハ狹窄スレドモ稍莖ヲ抱キ、全邊ニシテ三主脈ヲ有シ綠色ナリ。花ハ初夏ノ候ニ開キ、白色小形ニシテ葉腋ニ獨生シ、殆ド無梗。萼ハ綠色ニシテ五深裂シ裂片ハ銳尖頭ナリ。花冠ハ短筒狀、舷部五裂シテ脣形ヲ成ス。雄蕋二箇アリテ花冠筒ノ內壁中部ニ沿着シ、假雄蕋亦二箇ヲ數フ。蒴果ハ球形ニシテ腹背ニ縱溝アリ、下ニ宿存萼ヲ伴フ。和名ハ大虻の眼ノ意、其果實竝ニ草狀あぶのめニ似テ大ナレバ云フ。

ごまのはぐさ科

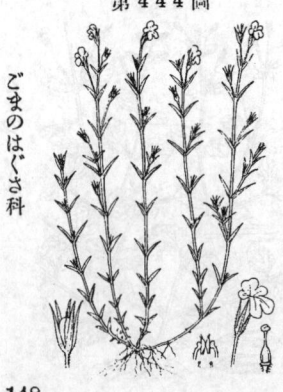

さはたうがらし

Gratiola violacea Maxim.

沼澤ノ邊リ等濕地ニ生ズル柔軟ナル一年生草本。莖ハ高サ 12-24cm 許、通常基部ヨリ疎ニ分枝ス。葉ハ對生シ、線形ニシテ尖リ、長サ 2cm 許アリ。夏秋ノ候、梢葉腋ニ有梗鮮紫色ノ小キ脣形花ヲ開キ、頗ル可憐ナリ。綠萼五片アリ。花冠ハ下脣ノ中片闊大ニシテ二裂ス。二强雄蕋、一雌蕋アリ。往々葉腋ニ無梗ノ閉鎖花ヲ生ズ。花後卵狀橢圓形ノ小蒴果ヲ結ビ、宿存萼ヲ伴フ。和名ハ澤蕃椒ノ意ナレドモ、果實蕃椒ニ似ズ、拙劣ナル稱ナリ。

ごまのはぐさ科

あかぬまさう

Gratiola violacea *Maxim.*

var. saginoides *Franch. et Sav.*

沼澤ノ水邊等ニ生ズル一年生小草本ニシ
テさはたうがらしノ一變種ナリ。莖ノ高
サ 12-15cm 許ニシテ直立シ、質軟ナリ。葉
ハ小ニシテ對生シ、鍼形ニシテ長サ 2cm
許アリ。夏秋ノ候、梢葉腋ニ小ナル紫色
ノ有梗花ヲ開ク。花ハさはたうがらしト
同ジ。又葉腋ニ無柄ノ閉鎖花ヲ生ズルコ
トアリ。小蒴果ハ宿存萼ヲ伴フ。初メ下
野日光山赤沼原ニ採リ、此和名起レリ。

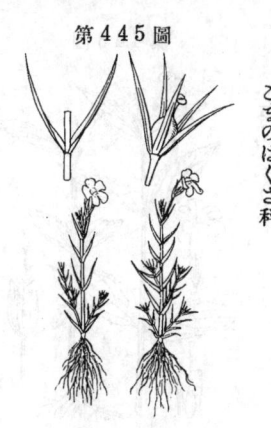

第445圖

ごまのはぐさ科

まるばのさはたうがらし

Gratiola adenocaula *Maxim.*

(=G. violacea *Maxim.*
var. adenocaula *Makino.*)

濕地ニ生ズル一年生小草本。莖ハ 15-18
cm 許ニシテ直立シ、數莖基部ヨリ分枝
シ、質軟ナリ。葉ハ小形ニシテ對生シ、卵
圓形ニシテ無柄、全邊ナリ。夏秋ノ候、紫
色ノ小形有梗花ヲ葉腋ニ開ク。綠萼五片
アリ。花冠ハ唇形ヲ成シ、下唇ノ中片闊
大ニシテ二裂ス。二強雄蕊、一雌蕊アリ。
蒴果ハ卵狀橢圓形ニシテ宿存萼ヲ伴フ。

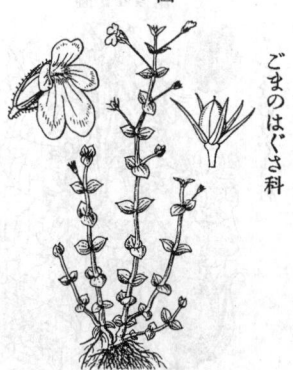

第446圖

ごまのはぐさ科

みぞほほづき

Mimulus nepalensis *Benth.*
forma japonica *Miq.*

多ク山麓等ノ水傍ニ生ズル多年生草本ニ
シテ質柔軟ナリ。高サ 15-30cm 許、莖ハ
方形ニシテ下部ヨリ枝ヲ分チ、基部ノ節
ヨリ白鬚根ヲ生ズ。葉ハ對生、卵狀廣橢
圓形ニシテ邊ノ低鋸齒アリ。夏秋ノ候、
葉腋ニ單一花梗ヲ出シ、黃花ヲ開ク。萼
ハ綠色橢圓形ノ筒ヲ成シ、五稜アリテ筒
口五裂ス。花冠ハ萼ヨリ超出シ、邊緣五
裂シ、多少唇形ヲ成ス。蒴果ハ宿存セル
萼ニ掩ハル。和名ハ溝酸漿ノ意ニシテほ
ほづきハ其萼狀ニ基ヅク。

第447圖

ごまのはぐさ科

149

おほばみぞほほづき

Mimulus sessilifolius *Maxim.*

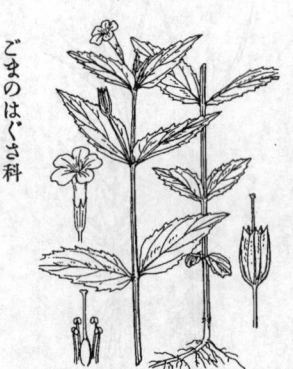

深山ニ生ジ、樹陰ノ濕地ニ見ル多年生草本ニシテ高サ 20-30cm許、莖ハ直立シ、枝ヲ分タズ。葉ハ無柄ニシテ對生シ、長卵形乃至廣卵形ニシテ尖リ、邊緣ニ尖鋸齒アリテ葉ノ主脈著シ。夏日、梢上葉腋ニ單花梗ヲ抽キ、梗頂ニ黃花ヲ着ク。萼ハ筒ヲ成シテ五稜アリ、筒口五裂ス。花冠ハ萼ヨリ超出シテ五裂シ、略唇形ヲ成シ、下ハ筒ヲ成ス。二強雄蕋、一雌蕋アリ。蒴果ハ宿存セル萼内ニ在リ。

ごまのはぐさ科

き　り

Paulownia tomentosa *Kanitz.*

各地ニ廣ク栽植セラルル落葉喬木。高サ10m許ニ達ス。葉ハ闊大ニシテ廣卵形ヲ成シ、長柄ヲ具ヘテ對生シ、葉底心臟形ヲ呈シ、全邊或ハ三-五尖起ヲ成シ、粘毛多シ。初夏大形ノ圓錐花穗ヲ成シテ、紫花ヲ開ク。萼ハ五裂シ、厚クシテ黃褐色ノ密毛ヲ被フリ、宿存ス。花冠ハ大形ノ唇形ヲ成シテ下唇闊ク、内面ニ黃采アリ。二強雄蕋、一雌蕋ヲ具フ。蒴果ハ大ニシテ二室ヲ成シ、堅キ二殼片ニ開裂シ、果内ニ翼アル多種子ヲ藏ス。材ハ廣ク重用セラレ簞笥・家具・樂器類・下駄等ヲ造ル。原產地ハ或ハ朝鮮竹島ナラント云フ。此樹伐レバ生長早シ、故ニ此和名アリ。漢名 白桐(誤用)

ごまのはぐさ科

いはぶくろ

一名　たるまいさう

Pentstemon frutescens *Lamb.*

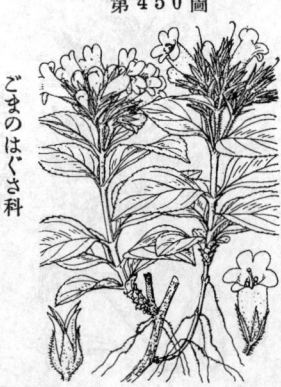

高山ニ自生スル多年生草本ニシテ地下莖ヲ引キテ繁殖ス。高サ 10cm 内外ニシテ莖ハ稍太ク短シ。葉ハ無柄、莖ニ對生シテ密接シ、長橢圓形ニシテ尖リ、邊緣ニ鋸齒ヲ有シ、質厚シ。夏時、梢頭ニ相集リテ紫色ノ唇形花ヲ開ク。萼五裂シテ宿存シ、花冠ハ下部筒ヲ成ス。二強雄蕋、一雌蕋アリ。和名ハ岩嚢ノ意ニテ此種岩間ニ生ジ、花冠嚢狀ヲ成ス故此稱アリ。又樽前草ハ北海道、膽振樽前ノ地名ニ基ヅク。

ごまのはぐさ科

やまひなのうすつぼ
Scrophularia duplicato-serrata
Makino.
(＝S. alata *A. Gray*
var. duplicato-serrata *Miq.*)

中部以西ノ山地ニ生ズル多年生草本ニシテ性陰濕ヲ
好ミ、溪側ニ多シ。全草痩弱ニシテ、木質化セル根莖
淺ク地下ニ蟠居ス。莖ハ立チテ高サ30-50cm、上部ニ
分枝ス。葉ハ柄アリテ對生シ、卵狀橢圓形或ハ卵形ニ
シテ質薄ク、先端尖リ底部ハ淺心臟形ヲ成シ、邊緣ニ齒
牙狀ノ重鋸齒ヲ刻ム。八月莖頂ニ疎ナル圓錐花序ヲ成
シ、花梗ヲ開出シ疎ニ花ヲ着ク。蕚ハ五尖裂、裂片鈍
頭、花冠ハ長サ1cmニ滿タズ、筒部ハ壼狀ニシテ、䚡
部ハ脣形ヲ成シ圓形ノ五裂片ト成リ、其上脣ノ二裂片
ハ大ニシテ直立シ、下脣三裂片ノ兩側片ハ立チ最下ノ
一裂片ハ反屈ス。二長ニ短ノ四雄蕊ト一假雄蕊トア
リ。子房上ノ花柱ハ鈍狀截形ノ䚡狀ヲ成ス。花後廣卵
形ニシテ尖レル蒴ヲ結ビ下ハ宿存蕚ヲ伴ヒ二殼片ニ
開裂シテ細種子ヲ出ス。從來之レヤひなのうすつぼト
スレドモ今之レヲ訂正シ、おほひなのうすつぼヲひな
のうすつぼトス。和名ハ山雛ノ臼壼ハ山ニ在ル雛ノ臼壼
ノ意ニシテ、其壼貌ト花容ト一由テ名ケシナリ。漢名
山玄參(誤用)。

ごまのはぐさ科

ひなのうすつぼ
一名 おほひなのうすつぼ
Scrophularia kakudensis *Franch.*

山野ニ生ズル多年生草本。根ハ集合塊根
ヲ成シ、莖ハ高サ1m內外ニ達シテ直立
シ、方形ニシテ通常紫色ヲ帶ブ。葉ハ對生
シテ柄アリ。長卵形ニシテ邊ニ鋸齒アリ。
夏秋ノ候、莖梢ニ枝ヲ分チテ大ナル圓錐
花穗ヲ成シ、暗紫色ノ小花ヲ着ク。蕚ハ
短クシテ五裂シ、花冠ハ花筒短ク邊緣五
裂シテ脣形ヲ成シ、下脣ハ反曲ス。雄蕊
先熟ノ二强雄蕊ヲ有シ、一雌蕊アリテ花
柱ハ遂ニ花喉ニ出ヅ。蒴果ハ卵形ニシテ
二殼片ニ開裂シ、細種子ヲ出ス。和名ハ
雛ノ臼壼ニシテ小形ナル臼狀ノ壼ノ意、
其花容ニ由テ名ケシナリ。

ごまのはぐさ科

ごまのはぐさ　(玄參)
Scrophularia Oldhami *Oliv.*

山野ニ生ズル多年生草本。莖ハ直立シテ
1.5m內外ニ達シ、方形ナリ。葉ハ有柄ニ
シテ對生シ、長サ7cm許、長卵形ニシテ
末尖リ、邊緣ニ鋸齒アリ。夏時、莖末ニ
直立セル狹キ長花穗ヲ成シ、多數ノ小形
黃綠花ヲ綴ル。蕚ハ五裂シ、花冠ハ筒部
壼狀ヲ呈シ、䚡部ハ脣形ヲ成シ、下脣ハ
反曲ス。二强雄蕊、一雌蕊アリ。蒴果ハ
卵形。和名胡麻の葉草ハ葉形ニ基ヅク。
根ヲ藥用ニ供ス。

ごまのはぐさ科

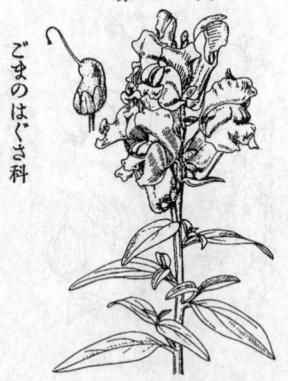

ごまのはぐさ科

第454圖

きんぎょさう

Antirrhinum majus *L.*

歐洲ノ原產ニシテ觀賞ノ爲メ人家ニ栽培
スル多年生草本ナリ。高サ 60cm 內外。
莖ハ直立シ、葉ハ披針形ニシテ短キ葉柄
ヲ有シ、全邊ニシテ對生或ハ互生ス。花
ハ夏時梢ニ穗ヲ成シテ開キ、短梗ヲ有ス。
萼ハ五裂シ、花冠ハ大ニシテ下ニ筒ヲ成
シ、舷部ハ假面狀ヲ呈ス。二强雄蕋、一
雌蕋アリ。蒴果ハ歪卵形ニシテ下ニ宿存
萼ヲ伴フ。花色種々ニシテ白・黃・紅紫・
橙黃等多樣ナリ。和名金魚草ハ花形ニ基
キシ稱ナリ。

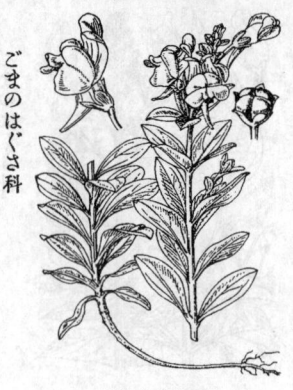

ごまのはぐさ科

第455圖

うんらん

Linaria japonica *Miq.*

海濱ノ砂場ニ生ズル多年生草本。莖ハ直
立或ハ斜上シテ 20–30cm 內外、葉ト共ニ
無毛ニシテ白色ヲ帶ブ。葉ハ對生或ハ三-
四片輪生シ、披針形、全邊ニシテ三主脈
縱通ス。夏日、梢ニ短キ總狀花穗ヲ成シ、
白色黃彩アル假面花ヲ開ク。綠萼五裂。
花冠ニ距アリ、蒴果ハ圓ク、下ニ宿存萼
ヲ伴フ。和名ハ多分海蘭ノ意ナラン、又
金魚草ノ名アリ。漢名 柳穿魚(誤用)

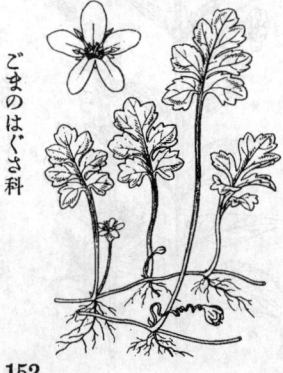

ごまのはぐさ科

第456圖

きくがらくさ

一名 ほろぎく

Ellisiophyllum pinnatum *Makino.*

山地ニ生ズル多年生草本。莖ハ細長ニシ
テ長ク地面ニ匍匐シ、節ヨリ根ヲ下ス。
葉ハ互生シ、長キ葉柄アリテ直立シ、高サ
6–9cm ト成ル。葉面ハ羽狀ニ深裂シ、裂片
ニ疎齒アリ。夏時、葉腋ヨリ出ヅル梗頂
ニ白色花ヲ着ケ、葉ヨリ低シ。萼ハ五裂
シ、花冠ハ筒短ク、邊緣開キテ五裂シ、多
少左右相稱ヲ成シ、花筒內ニ細毛アリ。二
强雄蕋、一雌蕋アリ。果實ハ球形ニシテ宿
存萼ニ包マレ、此時花梗ハ卷曲ス。和名菊
唐草又ハ襤褸菊ハ葉形ニ基キシ稱ナリ。

152

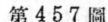

あまだまし

一名　あまもどき

Nierembergia frutescens *Dur.*

南米ノ原産ニシテ稀ニ觀賞品トシテ園養
セラルル多年生草本。草狀あま（亞麻）ニ
似、莖ハ稍灌木狀ヲ成シテ能ク分枝シ、
高サ 60cm餘、葉ハ線形或ハ篦狀線形ニ
シテ互生ス。夏日、梢上葉腋ニ短花梗ヲ
出シ、淡藍紫色ノ美花ヲ著ク。花冠ハ廣
漏斗狀鐘形ヲ呈シ、底部ハ細キ筒ト成リ、
邊緣五裂ス。五雄蕋、一雌蕋アリ。之ヲ
N. gracilis *Hook.* トスルハ非ナリ。

第４５７圖

なす科

つくばねあさがほ

Petunia hybrida *Vilm.*

本品ハ園藝家ノ改良セシ間種ニ係リ、通
常花園ニ培養スルモ一年生草本ニシテ其原
種ハ南米ノ產ナリ。莖ノ高サ 60cm 内
外、時ニ蔓性狀ヲ成シテ大ニ繁茂シ、1m
以上ニ生長スルコトアリ。能ク分枝シ、
葉ト共ニ細粘毛ヲ被フル。葉ハ對生シ、
全邊ナル卵形ニシテ質柔ナリ。夏日梢上
葉腋ニ花梗ヲ出ダシテ廣漏斗形ノ美花ヲ
開ク。花色紫・紅・白等アリ、又ハ重咲ア
リ。萼片ハ狹長ニシテ五片アリ、蒴果ハ
小キ卵形ニシテ宿存セル萼底ニ在リ。和
名ノ衝羽根朝顏ハ花形ニ基キシ稱ナリ。

第４５８圖

なす科

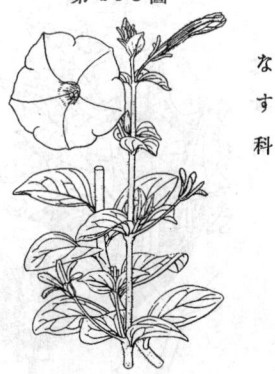

たばこ （煙草）

Nicotiana Tabacum *L.*

南米ノ原産ニシテ畑ニ栽培セラルル一年
生草本。莖ノ高サ 1.5–2m 許ニ及ブ。葉
ハ闊大ニシテ橢圓形ヲ成シ、銳尖頭、全
邊ニシテ莖葉共ニ腺毛ヲ被フル。夏日、
莖頂ニ複總狀花穗ヲ成シテ多數ノ花ヲ開
ク。萼ハ五尖裂シ、下ハ短筒ヲ成ス。花
冠ハ淡紅ニシテ先端色濃ク、漏斗形ニシ
テ筒部長ク、長サ3cm許アリ。舷部ハ五
裂シ、裂片尖レリ。五雄蕋、一雌蕋アリ。
蒴果ハ宿存萼ヲ伴ヒ、內ニ細子アリ。葉
ヲ廣ク喫煙ノ料トス。和名ハ其原產地ノ
島名ニ基ヅク。

第４５９圖

なす科

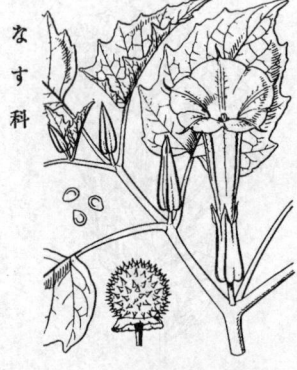

第460圖

なす科

てうせんあさがほ
(曼陀羅花)
Datura alba Nees.

印度邊ノ原産ニシテ偶人家ニ栽培セラルル一年生草本。高サ1m内外ニシテ莖ハ枝ヲ分ツ。葉ハ互生ニシテ葉柄ヲ有シ、卵形ニシテ邊緣淺ク稜ヲ成ス。夏秋ノ候、白色大形ノ漏斗狀花ヲ著ク。筒部長ク、下部ハ筒狀五尖裂ノ萼ニ包マレ、蘝部五裂片ノ末端ハ尖頭ヲ成ス。五雄蘂、一雌蘂アリ。蒴果ハ球形ニシテ表面ニ短キ多刺アリ。不正ニ開裂シ、白色ノ種子ヲ出ス。有毒植物ナリ。和名ニてうせんノ名アレドモ固ヨリ朝鮮ノ産ニ非ラズ。

第461圖

なす科

やうしゅてうせんあさがほ
Datura Tatula L.

熱帶亞米利加ノ原産ニシテ庭園ニ植ウルモ、多クハ野生ノ一年生草本。莖ハ1-2mニ達シテ枝ヲ分チ、紫色ヲ帶ブ。葉ハ有柄ニシテ互生シ、大ニシテ卵形ヲ成シ、邊緣ニ不齊ノ銳尖齒牙ヲ有シ、質軟ナリ。夏時、葉間ニ長サ8cm許ノ淡紫色花ヲ着ク。花冠ハ漏斗形ヲ成シ、蘝部ハ五尖起ヲ具ヘ、午後ニ開キ、下部ハ筒狀ノ萼ニ包マル。果實ハ卵形ニシテ表面ニ刺狀突起多ク、熟スレバ四片ニ開裂シ、黑色ノ種子ヲ出ス。有毒植物ナレドモ葉ヲせんそく煙草ニ用ウ。

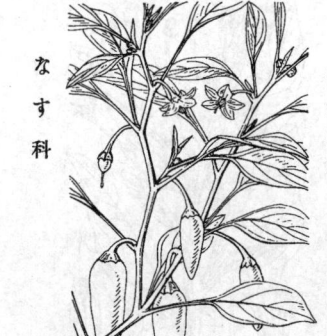

第462圖

なす科

たうがらし (番椒・辣椒)
Capsicum annuum L.

熱帶地方原産ノ一年生草本ニシテ園圃ニ栽培セラル。莖ハ高サ60cm內外ニ達シ、葉ハ通常卵狀披針形ニシテ先端尖リ、長柄ヲ有ス。夏時、葉腋ニ有梗ノ白色合瓣花ヲ開キ、綠萼五齒ヲ有シ、花冠ハ輻狀ニシテ五裂ス。花後筆頭狀ヲ呈スル無汁ノ漿果ヲ生ジ、初メ綠色、後紅熟シ、味辛辣ナリ。品種甚ダ多シ。辛味料トシテ果實ヲ食用トシ、又民間藥用トス。和名ハ唐芥子ノ意ナリ。初メ南蠻ヨリ來ル、故ニ又南蠻胡椒ノ名アリ。

てんぢくまもり
一名　やつぶさ
Capsicum annuum *L.*
var. fasciculatum *Irish.*

圃園ニ栽培スル一年生草本ニシテたうがらしノ一變種ナリ。莖ハ單一、直立シ、高サ 60cm 内外。葉ハ梢頭ニ集リ、其形たうがらしト同一ニシテ葉柄殊ニ長シ。夏時、梢頭葉腋ヨリ花梗ヲ生ジ、多花ヲ攅簇ス。花形・花色たうがらしト同ジ。果實ハ長形ニシテ莖頭ニ相集リ、赤熟シ、其觀殊ニ美ナリ。味ハ辛辣、食用ニ供ス。和名ハ蓋シてんじゃうまもりノ誤平、てんじゃうまもりハ天井守リノ意ニテ其莖頭群實ノ見立テナラン。

なす科

ししたうがらし
一名　ししうまたうがらし
Capsicum annuum *L.*
var. grossum *Sendt.*

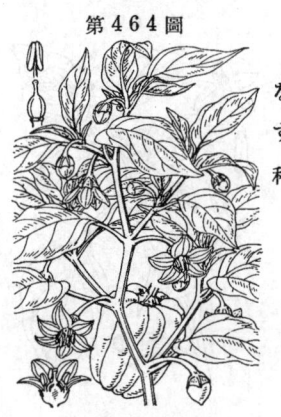

圃園ニ栽培スル一年生草本。たうがらしノ栽培變種ニシテ莖・葉等總テ相類ス。唯果實ハ其形巨大ニシテ、獅子頭狀ヲ成セルヲ以テ名ヅケタルナリ。夏日、白色ノ花ヲ莟ケ、其形狀亦たうがらしト相同ジ。果實ハ初メ綠色、後紅熟シ、頗ル美觀ヲ呈ス。食用ノミナラズ、觀賞品トシテモ亦趣味アルモノナリ。往々辛味ナキモノアリ、便宜あまたうがらしト呼ブ。

なす科

さがりたうがらし
Capsicum annuum *L.*
var. longum *Sendt.*

熱帶原産ニシテ廣ク栽培セラルル一年生草本。全形・莖・葉・花部ノ狀一ニたうがらしト同ジ。卽チ其一變種ニシテ唯果實下垂スルヲ異リトス。果實ニ長短アリテ種々ニ名ヲ有シ、につくわうたうがらしモ亦此一品ナリ。たうがらしト同ジク食用ニ供ス。時ニ一株中、上向實ト下向實トヲ併セ生ズルモノアリ、蓋シ一ノ間種ナラン。之レヲみまはシたうがらしト呼ブ、みまはシハ見廻シノ意ナリ。

なす科

155

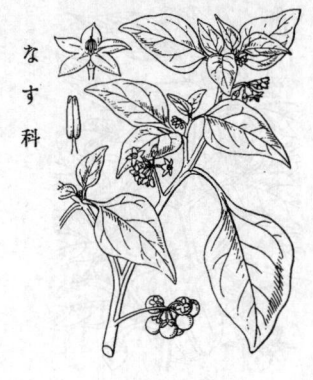

なす科

あかなす （小金瓜）

原名　とまとー

Lycopersicon esculentum *Mill.*

熱帶亞米利加ノ原產、園圃ニ栽培スル一年生草本。莖ハ長ク延ビ、高サ1m許、其地ニ着ケル部分ハ隨處ニ根ヲ生ジ易シ。葉ハ互生シ、羽狀ニ小葉ハ大小アリ、且ッ葉緣ハ不整ノ粗齒ヲ有シ、一種ノ臭アリ。夏日、梢莖上ニ花穗ヲ出シ、黃色ノ點頭花ヲ着ケ、花梗ニ一節アリ。綠萼數裂シ、花冠ハ輻狀ヲ成シテ又數裂シ、裂片狹長ニシテ尖ル。漿果ハ扁圓形ニシテ赤熟シ、或ハ小形ニシテ球狀ヲ成シ赤熟・黃熟スルモノアリ。果實ヲ食用トス。蕃柿或ハ番茄ノ漢名ヲ慣用ス。

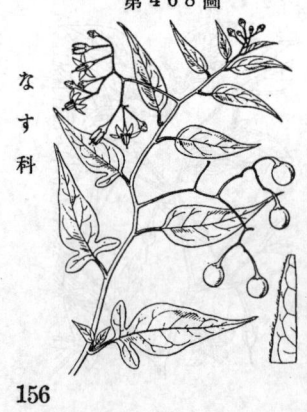

なす科

いぬほほづき （龍葵）

Solanum nigrum *L.*

有毒植物ノ一ニシテ山野ニ生ズル一年生草本。莖ノ高サ 60-90cmニ達シ、分枝シテ或ハ直立シ或ハ橫斜シ叢ヲ成シテ繁茂ス。葉ハ有柄、互生シ、卵形ニシテ尖リ、全邊ナリ。夏秋ノ候綠莖ノ節間ニ細梗ヲ出スコト 3cm許、白色有梗ノ小花ヲ繖形狀ニ簇生ス。綠萼五片アリ。花冠ハ五裂シテ輻狀ヲ成シ、五雄蕋アリテ黃蒴ヲ有ス。漿果ハ球形ニシテ黑熟シ、宿存萼ハ小ナリ。

第４６８圖

なす科

やまほろし

一名　ほそばのほろし

Solanum nipponense *Makino.*

山地ニ生ズル蔓性多年生草本。莖ハ長ク延ビテ疎ニ分枝シ、毛ナシ。葉ハ互生シ、有柄ニシテ卵狀披針形ヲ成シ、銳尖頭ヲ有シ、下部ノ者ハ三裂シ、毛ナシ。夏時、葉間ノ莖上ニ花梗ヲ出シテ分枝シ、淡紫白色ノ花ヲ開ク。花冠ハ輻狀ニシテ五深裂シ、花喉ニ綠采アリ。漿果ハ球形ニシテ赤熟シ、ひよどりじゃうごト相同ジ。

まるばのほろし

Solanum gracilescens *Nakai.*

山地ニ生ズル蔓性ノ多年生草本。楯形や
まほろしニ似テ之レヨリ強シ。茎ハ深緑
色ニシテ葉ト共ニ毛ナシ。葉ハ互生シ、
卵狀披針形ニシテ尖リ、分裂セズ。夏秋
ノ候、花梗ヲ葉間ノ茎側ニ出シ、分枝シ
テ紫色ノ花ヲ著ク。花冠輻狀ニシテ花喉
ニ緑采アリ、五深裂シ、花後球形ノ漿果
ヲ結ビ、赤熟ス。有毒植物ノ一ナリ。漢
名 白英(誤用)

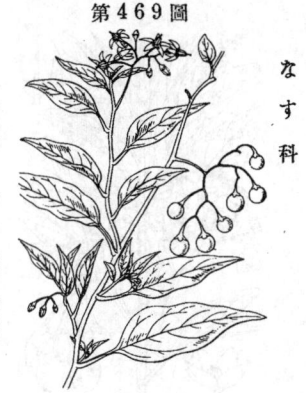

なす科

ひよどりじゃうご (白英)

Solanum lyratum *Thunb.*

山野ニ生ズル灌木狀多年生蔓性草本。舊
蔓ヨリ新枝ヲ生ジテ葉ヲ著ケ、葉柄ヲ以
テ他物ヲ卷把シ、長ク攀緣ス。葉ハ有柄、
互生シテ三乃至五裂シ、梢葉ハ分裂セズ。
底部ハ心臟形ヲ成シ、茎葉共ニ軟毛アリ。
夏秋ノ候、花軸ヲ葉柄ニ對出シ、分叉シ
テ白花ヲ開キ、花冠ハ輻狀ニ五深裂ス。
漿果ハ球形ニシテ秋月紅熟ス。有毒植物
ナリ。和名ハ鵯上戶ノ意ニシテ、其赤キ
熟實ヲひよどり好ンデ食フ故名ク。從來
蜀羊泉ヲ本種ノ漢名トス、固ヨリ誤ナリ、
此品きくばどころニシテ我邦ニ產セズ。

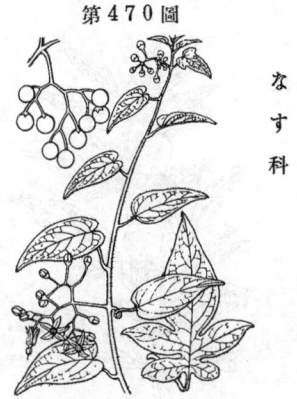

なす科

めじろほほづき (紅絲線)

Solanum biflorum *Lour.*

暖地ノ海邊ニ生ズル多年生草本。茎ノ高
サ 60-90cm ニシテ枝ヲ分ツ。葉ハ長楕
圓狀卵形或ハ卵形ニシテ柄ヲ有シ、全邊
ニシテ毛ヲ帶ブ。夏秋ノ候、有梗ノ白花
ヲ葉腋ニ生ズ。萼ハ邊緣十片ノ狹片ニ分
レ、細毛アリ。花冠ハ合瓣ニシテ深ク五
裂シ、輻狀ヲ呈ス。漿果ハ球形ニシテ赤
熟シ、稀ニ頂ニ白點ヲ具フルモノアレド
モ普通ニハ全然之レナシ、故ニ目白酸漿
ノ名ハ適稱ニ非ズ。

なす科

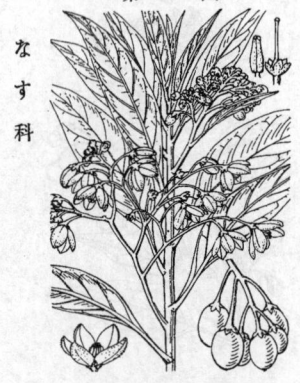

なす科

りうきうやなぎ

一名　すすかけやなぎ

Solanum glaucophyllum *Desf.*

ぶらじる邊ノ原産ニシテ我邦處々ニ觀賞花トシテ栽植セラルル常綠灌木ナリ。地下莖ヲ引テ盛ニ繁殖シ、高サ1.5–2m許、疎ニ枝ヲ分チ、質軟ナリ。葉ハ有柄ニシテ互生シ、披針形ニシテ厚ク、全邊ニシテ白綠色ヲ呈ス。夏秋ノ候、梢ニ分枝セル花穗ヲ成シ、多數淡紫色ノ合瓣花ヲ着ケ、開謝相繼グ。花冠ハ淺キ盃狀ヲ成シテ五裂ス。黃葯ノ五雄蕋アリ。果實ハ稍橢圓形ノ漿果ニシテ紫黑色ニ成熟ス。

なす科

たまさんご

一名　ふゆさんご・りうのたま

Solanum pseudo-Capsicum *L.*

南米ぶらじる原産ノ灌木ニシテ幹ノ高サ1.5m許ニ成長シ、多ク枝ヲ分チ、小枝ハ綠色ヲ呈ス。葉ハ繁密ニシテ互生シ、披針形ニシテ柄ヲ有シ、邊緣波狀ヲ成ス。夏秋ノ候、花ハ短キ總狀ヲ成シ、或ハ獨在シ、葉ト對生シテ出ヅ。綠萼五深裂シ、花冠ハ小ニシテ白色、深ク五裂ス。五雄蕋、黃葯。果實ハ小ナル球形ノ漿果ニシテ赤熟ス。觀賞植物トシテ栽培ス。九州方面ノ暖地ニ在テハ冬モ尙靑々タリ。

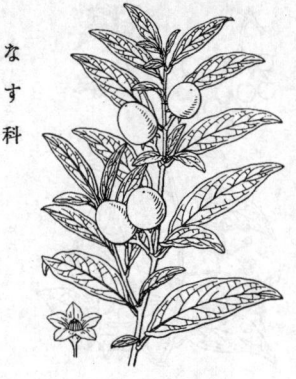

なす科

な　す （茄）

Solanum Melongena *L.*
var. esculentum *Nees.*

印度ノ原産ニシテ畑地ニ栽培スル一年生草本。莖ハ高サ 60–90cm 餘。葉ハ稍歪形ヲ成セル卵狀橢圓形ニシテ葉緣大波形ヲ呈シ、柄ヲ以テ互生ス。夏秋ノ候、多クノ枝ヲ分チ、莖ニ花梗ヲ出シ、紫色ノ合瓣花ヲ着ク。花徑3cm內外ニシテ花冠平開シ、數片ニ分裂ス。雄蕋ノ葯ハ黃色ヲ呈シ、頂ヨリ花粉ヲ糝ス。花若シ短穗ニ成ス時ハ基部以外ノ花ハ實ヲ結バズ。漿果ハ大形ニシテ暗紫色ヲ呈シ、基部ニ宿存萼ヲ伴フ。果實ヲ食用トス。品種頗ル多シ。和名ハ蓋シ茄子ニ由來セシナラン乎。

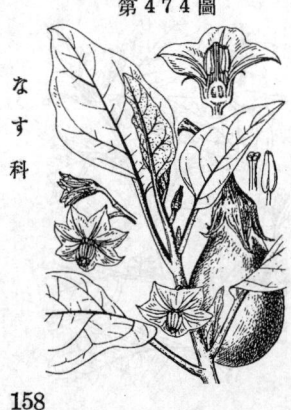

じゃがたらいも (洋芋)

一名　じゃがいも

Solanum tuberosum L.

南米ちりノ原産ニシテ廣ク栽培セラルル
多年生草本ナリ。地下ニ大小多數ノ塊莖
ヲ生ズ。莖ハ高サ 60cm 許。葉ハ羽狀葉
ニシテ大小ノ小葉ヨリ成ル。夏時梢ニ花
梗ヲ抽キ、數花相集リテ開ク。花冠ハ白
色或ハ淡紫色ヲ呈シ、合瓣ニシテ淺ク五
裂シ、輻狀ヲ成シ、五雄蕋アリ。花後時
トシテ圓キ漿果ヲ結ビ、熟シテ藍色ヲ呈
ス。塊莖ヲ廣ク食用ニ供ス。世間普通ニ
之ヲ馬鈴薯トスルハ大ナル誤ナリ。

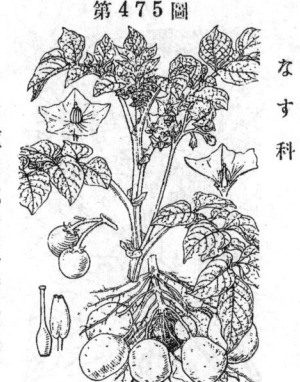

なす科

はだかほほづき

Tubocapsicum
anomalum *Makino.*

山野ニ生ズル大ナル多年生草本。莖ハ高
サ90cm 內外、綠色ニシテ分枝ス。葉ハ大
ニシテ互生シ、葉柄ヲ有シ、卵狀橢圓形ニ
シテ全邊ナリ。秋時、葉腋ニ緻形狀ヲ成
シテ數梗ヲ出シ、淡黃色ノ花ヲ下垂ス。
萼緣ハ截形。花冠ハ短キ鐘狀ヲ成シ、緣
端五裂シ、反曲ス。果實ハ球形ノ漿果ヲ
成シテ紅熟シ、深秋初冬、葉枯ルルモ尙
枝上ニ殘レリ。從來本品ニ龍珠ノ漢名ヲ
用ウレドモ非ナリ。

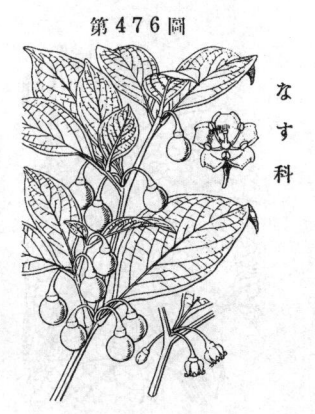

なす科

やまほほづき

Physaliastrum chamaesarachoides
Makino.

暖地ノ深山溪側ノ地ニ見ル多年生草本ニ
シテ稍稀種ニ屬セリ。高サ30-50cm、全草
漿質軟弱無毛ニシテせんなりほほづきノ
觀アレド、葉ハ遙ニ長大ニシテ卵狀橢圓
形ヲ呈シ、上牛部波樣ノ鋸齒アリ、上下
兩端銳尖シ、殊ニ底部ハ長キ葉柄ニ移行
ス。夏日開花シ、花ハ葉腋ニ單立シテ下
垂ス。萼ハ短筒狀ニシテ五淺裂。花冠ハ
短漏斗狀輻形、尖ル五箇ノ裂片ヲ有シ
白色ナリ。花後萼ハ膨大シテ全ク漿果ヲ
包ムコトほほづきニ同ジケレド其稜角ハ
顯著ナラズ。秋ニ入ツテ黃熟ス。

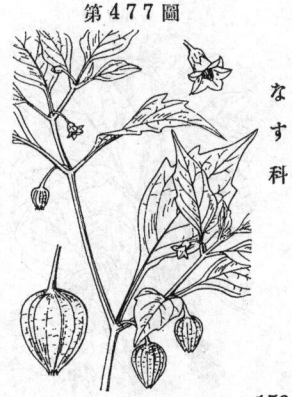

なす科

159

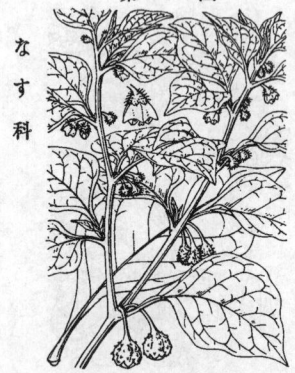

第４７８圖

いがほほづき

Physaliastrum
echinatum *Makino*.

山野ニ生ズル多年生草本。莖ノ高サ60cm
内外ニ達シ、綠色ニシテ疎ニ分枝ス。葉
ハ通常莖ニ双生シ、有柄、卵圓形ニシテ
短ク尖リ、全邊ニシテ多少毛ヲ帶ブ。夏
秋ノ候、葉腋ヨリ二三ノ有梗帶黃白花ヲ
生ズ。小形ニシテ五淺裂セル綠萼ニ刺毛
アリ。花冠ハ鐘狀ニシテ緣端五裂シ、花
底ニ綠采アリ。花後開キ漿果ヲ結ビ、膨
大セル綠色ノ宿存萼之ヲ包ミ、萼面ニ刺
狀突起アリ、其白ク滿熟セルモノヲ小兒
往々採リ食フ。

第４７９圖

ほほづき （酸漿）

Physalis Alkekengi *L.*
var. Francheti *Makino*
forma Bunyardii *Makino*.

山地ニ自生アリト雖モ、通常人家ニ栽植
スル多年生草本。春苗ヲ橫走セル地下莖
ヨリ出シ、莖ノ高サ60～90cmニ達ス。葉
ハ有柄ニシテ互生シ、通常二葉双生シ、
卵圓形ニシテ緣齒アリ。六七月ノ頃、有
梗ノ帶黃白色花ヲ葉腋ニ出シテ獨在ス。
短筒綠萼五淺裂シ、花冠ハ輻狀ニシテ淺
ク五裂シ、花底ニ綠采アリ。花後其萼增
大シテ球形肉質ノ漿果ヲ包ミ、共ニ熟シ
テ赤色ト成ル。觀賞品トシ、其果實ハ女
兒ニ玩バル。根・莖・葉共ニ藥用トス。其
莖ニ能クほう（かめむし類ノ方言）ト云フ
半翅類ノ昆蟲附ク、故ニ其和名アリ。

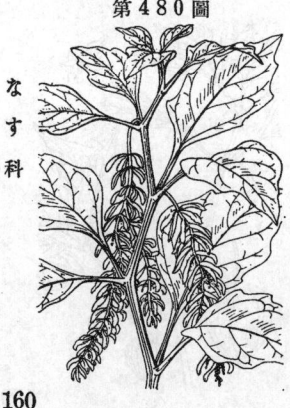

第４８０圖

やうらくほほづき

Physalis Alkekengi *L.* var.
Francheti *Mak*. f. Bunyardii
Mak. subf. monstrifera *Makino*.

觀賞品トシテ培養セラルル多年生草本。
ほほづきノ一變種ニシテ莖葉ノ狀ハほほ
づきト相同ジ。六七月ノ頃、葉腋ニ有梗ノ
細軸ヲ出シテ長ク伸ビ、軸ヲ通ジテ多數
ノ狹長片ヲ着ケ、後チ赤色ト成リ、頗ル美
觀ヲ呈ス。和名ノ瓔珞酸漿ハ此穗衿ニ基
ク。卽チ此穗ハ花ノ變形ニシテ其狹片ハ
萼ノ變態セルモノナリ。

せんなりほほづき〔苦蘵〕
Physalis angulata *L.*

園圃及ビ畑地等ニ自生スル一年生草本。莖ノ高サ 30cm 內外、多ク枝ヲ分チ、通常斜ニ横ニ擴ガル。葉ハ柄ヲ有シテ互生シ、卵形ニシテ邊ニ低平ノ鋸齒アリ。夏日、黄白色ノ有梗小花ヲ莖ニ出シテ下向ス。短筒ノ綠萼ハ短ク五裂シ、花冠ハ短キ鐘狀ニシテ邊緣五角尖ヲ成シ、葯ハ通常紫色ヲ帶ブ。果實ハ綠色小形ニシテ、膨大シテ稜アル綠色宿存萼ニ包マル。果實ハ女兒好ンデ玩ブコトははほづきニ同ジ。又民間果實ヲ解熱劑トス。和名千生酸漿ハ其果實多生スルニ基ク。

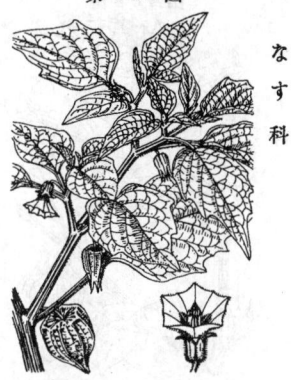

なす科

はしりごころ
Scopolia japonica *Maxim.*

山地ノ幽谷ニ生ズル多年生草本。地下莖ハ塊ヲ成シテ横ハリ、節アリ。莖ノ高サ 30〜60cm 許、上部ニ疎枝ヲ分ツ。葉ハ質軟ニシテ互生シ、橢圓狀卵形ヲ成シ、全邊ニシテ下葉ニハ往々粗齒アリ。春時、葉腋ニ帶紫黄色ノ長梗一花ヲ垂ル。短筒ノ綠萼ハ五淺裂シ、花冠ハ鐘狀ニシテ、邊緣五淺裂ス。花中ニ五雄蕊アリ。花後蒴果ヲ結ビ、宿存萼ニ伴ヒ、蓋ヲ以テ開ク。根ヲ藥用トス。有毒植物ノ一ニシテ其地下莖ヲ食ヘバ狂奔ス、故ニ此和名アリ。ところハ其地下莖ノ形ヲおにどころニ比セシナリ。從來之ヲ莨菪ニ充ツルハ非ナリ、莨菪ハ支那產ひよすノ漢名ニシテ Hyoscyamus niger *L.* var. chinensis *Makino* ノ學名ヲ有スルモノナリ。

なす科

く こ 〔枸杞〕
Lycium chinense *Mill.*

原野・路傍ニ多キ小形ノ落葉灌木。高サ 1〜2m 許。莖瘦長ニシテ縱稜アリ、多ク叢生シ、往々刺狀ヲ成セル小枝ヲ有ス。葉ハ互生或ハ束生シ、披針形、全邊ニシテ質柔ナリ。夏日、葉腋ニ小梗ヲ有スル淡紫色ノ小花ヲ開ク。綠萼短筒五淺裂。花冠五裂、輻狀ヲ成シ、下部ニ紫條アリ。花中ニ五雄蕊、一雌蕊アリ。花後橢圓形ノ漿果ヲ結ビ、紅色ニ熟シ、膚滑ナリ。嫩葉ハ食フベク、果實ハ藥用トス。

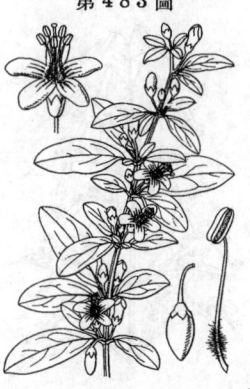

なす科

161

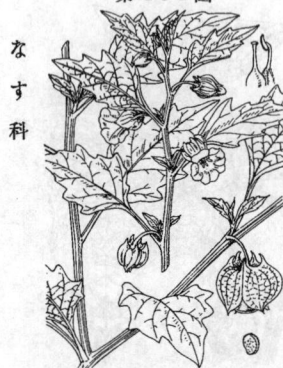

第４８４圖

なす科

おほせんなり

Nicandra physaloides *Gaertn.*

南米べりゅーノ原産ニシテ庭園ニ培養スル一年生草本。莖ハ高サ1m內外ニ達シ、多ク枝ヲ分ツ。葉ハ有柄、互生、卵形、粗齒牙緣。夏秋ノ候、葉腋ニ有梗淡紫色ノ花ヲ著ク。萼ハ五深裂シ、背ハ五突尖ヲ呈シ、側緣ハ隣緣ト觸接シテ翅狀ト成ル。花冠ハ鐘狀ニシテ邊緣五裂シ、下部白色ナリ。此花午後ニ開キテタニ閉ヂ、二日ニシテ凋ム。果實ハ圓キ漿果ニシテ薄質ナル宿存萼ニ包擁セラル。本種ハ嘉永・安政頃ノ舶來品ナリ。

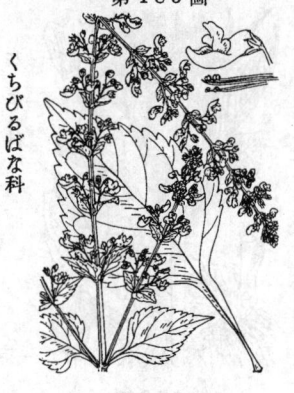

第４８５圖

くちびるばな科

やまはくか

Plectranthus inflexus *Vahl.*

山野ニ普通ナル多年生草本。莖ハ方形ニシテ高サ 60～90cm許、往々枝ヲ分チ、葉ト共ニ多少毛ヲ帶ブ。葉ハ對生シテ卵形ヲ成シ、邊緣ハ鈍鋸齒ヲ有シ、葉柄ニ翼アリ。秋日、梢ニ多數ノ短キ聚繖花ヲ對生シテ長穗ヲ成シ、小形紫色ノ唇形花ヲ綴ル。綠萼五裂シ、花冠ノ上唇ハ上曲シ、下唇ハ斗出ス。二强雄蕊、一雌蕊アリ。果實ハ宿存萼底ニ在リテ四分果トナル。山薄荷ノ和名アレドモ香氣ナシ。

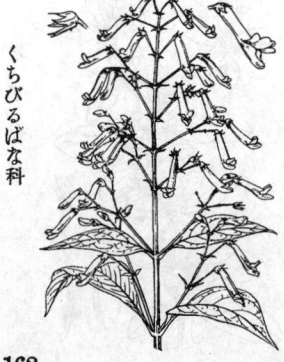

第４８６圖

くちびるばな科

あきちゃうじ

一名　きりつぼ

Plectranthus longitubus *Miq.*

山地ニ生ズル多年生草本。高サ60～90cmニ達シ、莖ハ方形ナリ。葉ハ葉柄ヲ有シテ對生シ、披針狀長橢圓形ニシテ兩端尖リ、邊緣ハ鋸齒ヲ有ス。秋日、梢上ニ聚繖花ヲ集メテ圓錐花穗ヲ形成シ、鮮紫色ノ唇形花ヲ綴ル。綠萼五裂シ、花冠ハ筒長ク、唇部短ク、上唇ハ上曲ス。二强雄蕊アリ。果實ハ宿存萼底ニ四分果ヲ成ス。從來香茶菜ノ漢名ヲ用ウレドモ非ナリ。和名ハ秋ニ丁子形ノ花ヲ開クニ基ク。

162

ひきおこし

一名　えんめいさう

Plectranthus japonicus Koidz.

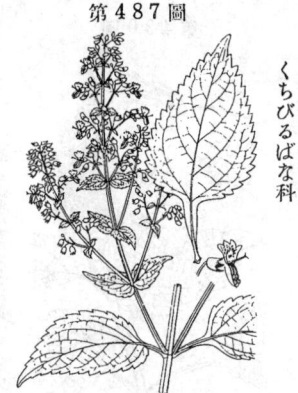

第４８７圖

山野ニ生ズル多年生草本。高サ1m內外、莖ハ方形ニシテ直立シ、毛ヲ帶ブ。葉ハ對生シ、廣卵形ニシテ尖リ、鋸齒ヲ有ス。秋日、聚繖花ヲ對生セル大ナル圓錐花穗ヲ成シ、多數ノ白紫色小唇形花ヲ開ク。綠萼ハ五裂。花冠ノ上唇ハ上曲シ、下唇ハ前方ニ斗出ス。二強雄蕋アリ。果實ハ四分果ヲ成シ、宿存萼底ニ在リ。葉ハ味苦ク、起死回生ノ効アリト稱シテ此和名アリ。又延命草モ同意味ナリ。

くちびるばな科

かめばひきおこし

一名　かめばさう

Plectranthus excisus Maxim.

第４８８圖

深山ニ生ズル多年生草本。高サ60-90cmニ達シ、莖ハ方形ニシテ直立ス。葉ハ有柄、對生シテ卵圓形ヲ成シ、邊緣ニ鋸齒ヲ列シ、先端凹頭ヲ呈シテ中央龜尾狀ノ一片ヲ有ス。夏秋ノ候、梢ニ短キ聚繖花ヲ對生シテ長キ花穗ヲ形成シ、紫色ノ唇形花ヲ綴ル。綠萼五裂。花冠ハ筒部短ク、上唇ハ上曲ス。二強雄蕋。宿存萼底ニ四分果アリ。和名龜葉引起ハ葉形ニ基ク。

くちびるばな科

てんにんさう

Comanthosphace sublanceolata S. Moore.
(= Elsholtzia sublanceolata *Miq.*)

第４８９圖

中部以北ノ山間樹陰ニ群落ヲ成シテ生ズル多年生草本。高サ1mニ達ス。太キ多形ノ根莖地下ニ在リ。莖ハ一年生、直立四稜强剛ニシテ無毛ナレドモ上部ニハ星狀毛ヲ布キ、又疎ニ分枝スル者アリ。葉ハ有柄、對生シテ各對多少疎隔シ、長楕圓形或ハ廣披針形ニシテ兩端銳尖シ長サ10-15cm、黃綠色ニシテ初メ星狀毛アレドモ後脫落シテ平滑ト成リ、光澤無シ。初秋ニ入リテ莖頂ニ穗狀ノ輪繖花序ヲ出ダス。初メハ多數ノ苞葉鱗片スレドモ、旣ニシテ脫落シ密集セル淡黃花ヲ開ク。萼ハ短筒狀五淺裂。花冠ハ下部ハ筒狀、上部ハ唇形ヲ成ス。四雄蕋一雌蕋共ニ花冠ヨリ挺出シ、是レ亦淡黃色ヲ呈ス。葉ノ下面中脈上ニ剛毛アル者アリ、之レヲふぢてんにんさう (forma barbinervis *Makino*) ト云フ、富士山竝ニ其他處々ニ之レヲ見ル、畢竟單ナル一品タルニ過ギズ。和名天人草ノ意予今之レヲ解シ得ズ。

くちびるばな科

163

第４９０圖

くちびるばな科

みかへりさう
一名　いとかけさう
Comanthosphace
stellipila *S. L. Moore.*
（＝Elsholtzia stellipila *Miq.*）

主ニ關西以西ノ山地樹陰ニ多ク落葉灌木。高サ50～100cm許。
莖ハ多數簇生シテ疎ニ分枝シ下部ハ木質、淡褐色、上部ハ稍
方形ニシテ淡綠色、葉裏ト共ニ星狀毛ヲ密布布スルヲ以テ白色
ヲ帶ブ、木質部ノ節ョリハ多ノ側芽ヲ發出ス。葉ハ對生シテ
長且ノ葉柄アリ、圓狀廣橢圓形・橢圓形或ハ廣倒卵形ヲ呈シ、
先端ハ短ク銳尖、葉底ハ廣楔形、葉緣ニ粗ナル純銀齒アリテ
重銀齒ヲ交へ、長サ10～20cm、表面結滑ニシテ下面ハ大小ノ
網狀脈脹隆起セリ、此葉能ノ昆蟲ヲ食害セラレ唯網狀ヲ呈シ
セル葉脈ヲ殘スコトアリ、九十月ノ候、莖頂ニ總狀ノ輪繖花序
ヲ出シ上向ニシテ密ニ多數ノ花ヲ着ケ、初メ特異ナル廣苞鱗次
密兩テスト雖モ後チ脫落シ稚下部ノ枯ルヲ殘留スルコトアリ、
花輪ニハ三花ヅツ對生ス、專ハ短筒形、五淺裂、花冠ハ長ク
擧リ超出シ筒狀ニシテ歧部短脣形ヲ呈シ上脣三裂シ下脣稍
長クシテ分裂セズ、白色ニシテ上部淡紅暈アリ。二强雄蕊ハ
一花柱ト共ニ高ク花冠上ニ超出シ濃紅漿色ヲ呈シ相集テ四方
ヲ指シ花穗ヲ妝飾シテ頗ル美ナリ。四分果實ハ宿存萼底ニ於
テ成熟ス。此一變種ニとさのみかへらさう（var. tosaensis
Makino＝C. tosaensis *Makino*）アリ、莖ニ毛無ク葉裏ノ中
脈葉柄上ニ開出セシ星形毛アルヲ異ニシ、然レドモ梢葉面並
ニ梢葉表面ノ中眽下部、葉眽及ピ芽ニハ星狀毛アリ。和名
見返り草ハ其花美ナルヲ以テ人ノレヲ顧ルノ意ニテ名ケシナ
ラン、絲掛け草ハ其紅紫色ノ長雄蕊ヲ懸ケシ彩絲ニ擬シテ云
ヒシナリ。

第４９１圖

くちびるばな科

みづとらのを
Dysophylla Yatabeana *Makino.*

水邊ニ生ズル軟キ多年生草本ニシテ匍匐
セル地下枝ヲ出シテ繁殖ス。高サ30cm內
外ニシテ莖直立ス。低鋸齒アル線形葉ヲ
輪生シ、一節ニ通常四片アリ。夏秋ノ候、
莖頂ニ3cm許ノ圓柱狀花穗ヲ直立シ、小
ナル紫色ノ脣形花ヲ密生ス。萼ハ五裂シ
テ細毛アリ。花冠ハ脣形ナレドモ四裂ノ
觀アリ。二强雄蕊ハ著シク花冠ョリ超出
シ、花絲ニ毛アリ。和名ハ水虎の尾ノ意、
水邊ニ生エ、花穗此ノ如ケレバ名ク。

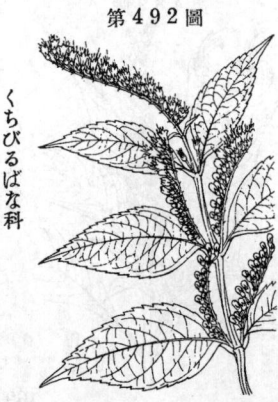

第４９２圖

くちびるばな科

しもばしら
一名　ゆきよせさう
Keiskea japonica *Miq.*

山地ニ生ズル多年生草本。高サ60cm許
ニ達シ、莖ハ方形ニシテ硬シ。葉ハ有柄、
對生シ、廣披針形ニシテ尖リ、邊緣ニ鋸
齒ヲ具フ。秋日、梢頭葉腋ニ偏側生總狀
花穗ヲ出スコト6～9cm、白色ノ短梗花ヲ
綴ル。二形花ニシテ株ニョリ雌雄蕊ニ
長短アリ。綠萼五裂シ、花冠ハ淺ク四裂
ス。四雄蕊花冠上ニ高ク超出スルモノト
然ラザルモノトアリ。又其雌蕊モ株ニ由
テ長短アリ。冬時枯レタル莖ョリ氷花ヲ
出ス。和名ノ意味ハ之ニ基ク。

なぎなたかうじゅ

Elsholtzia Patrini *Garcke.*

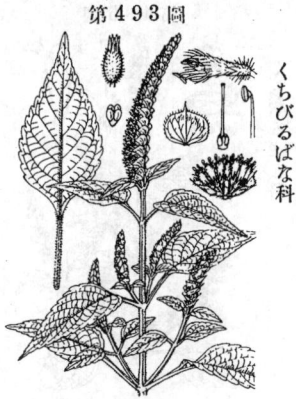

山野路傍ニ普ク生ズル一年生草本ニシテ
強キ香臭アリ。高サ 30–60cm 許。莖ハ方
形ニシテ枝ヲ分ツ。葉ハ有柄、對生シ、
長卵形ニシテ尖リ、邊緣ニ鋸齒アリ。秋
日、莖梢ニ穗ヲ成シ、一側ニ淡紫色細花
ヲ密着シ、短廣ノ苞之ヲ擁シ、其穗貌稍
薙刀狀ノ觀アリ。萼ハ五裂。花冠ハ小形
ニシテ略唇形ヲ成シ、萼・花冠ニ毛アリ。
陰干セル葉及花穗ニ利尿ノ效アリ。和名
ハ薙刀香薷ノ意ナリ。

すずかうじゅ

Perillula reptans *Maxim.*

我邦西南部諸州ノ山地ニ生ズル多年生草
本ニシテ高サ 15–25cm 許、卷縮毛アリ。
地下莖ハ塊狀ヲ成シテ硬ク、根莖ト共ニ
鬚根ヲ發出ス。莖ハ細長ニシテ疎ニ分枝
シ方形ナリ。葉ハ對生シ長柄アル卵形ニ
シテ或ハ長卵形、長サ 2–2.5cm 許、邊緣
ハ齒牙狀鋸齒アリ。秋日、莖梢ニ總狀花穗
ノ如ク稍疎ニ輪繖花序ヲ立テ白色ノ小花
ヲ開ク。萼ハ綠色ニシテ鐘形ヲ成シ、上唇
ハ三短齒アリテ下唇ハ二裂ス。花冠ハ鐘
狀唇形ニシテ筒部短大、上唇ハ二淺裂シ
テ闊ク下唇ハ三尖裂ス。雄蕊四箇略ボ同
長ニシテ閉在ス。花柱ハ絲狀ニシテ長ク
出ヅ。花後萼ハ膨大シ、中ニ平滑ノ細分
果ヲ藏ス。和名鈴香薷ハ其花冠略ボ球樣
ヲ呈シテ鈴狀ヲ成シ苗香薷ニ類スレバ斯
ク云フ。

やまじそ

Mosla japonica *Maxim.*

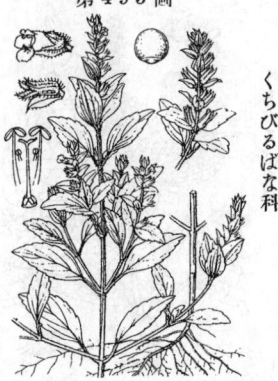

多ク山麓ノ原野或ハ丘上等ニ生ズル一年
生草本ニシテ香氣アリ。高サ 30cm 餘ニ
達シ、莖ハ直立、方形ニシテ枝ヲ對生シ、
紫色ヲ帶ビ、毛ヲ有ス。葉ハ短柄アリテ
對生シ、長卵形ニシテ邊緣ニ鋸齒アリ、日
ニ當レバ紫色ニ染ム。夏秋ノ候、梢上ニ
穗ヲ成シテ短梗アル淡紅紫色ノ小唇形花
ヲ開キ、花下ノ苞ハ無柄ニシテ卵形ヲ成
シ、直下ノ葉ヨリ小ナリ。萼五裂、唇狀有
毛。花冠短筒、下唇大ナリ。二强雄蕊、
前部ノ一對ハ微小。分果ハ球形。近時驅
蟲劑ノちもーるヲ採ル植物トシテ世人ガ
通常やまじそト稱フル者ハ、實ハ本種ニ
非ズシテ同屬中ノ他ノ一種ヲ誤認セリ。

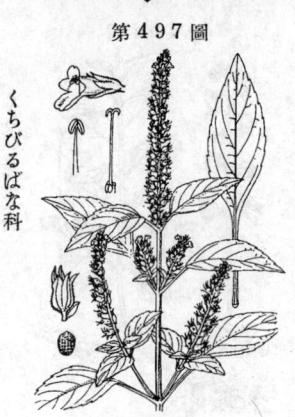

くちびるばな科

ひめじそ

Mosla grosseserrata *Maxim.*

原野ニ生ズル一年生草本。高サ 30-60cm 許、莖ハ直立、方形ニシテ枝ヲ對生シ常ニ葉ト共ニ綠色。葉ハ有柄、對生シ、菱狀卵形ニシテ、葉緣ニ粗鋸齒アリ。秋日、梢上ニ總狀花穗ヲ成シテ白色或ハ淡紅紫色ノ小唇形花ヲ開ク。綠萼五裂、二唇。花冠ハ下唇長ク、筒短シ。二强雄蕊、前部ノ一對ハ微小。宿存萼底ノ分果ハ球形。本種ハいぬかうじゅニ酷似スレドモ體上ニ毛少キト、葉形稍方形ヲ成セルト、鋸齒ノ粗大ナルトニ由リ區別セラル。

第４９７圖

くちびるばな科

いぬかうじゅ （石薺薴）

Mosla punctata *Maxim.*

原野ニ多キ一年生草本。槪形ひめじそニ似タルト雖モ、葉ハ卵狀披針形又ハ長楕圓形ヲ成シテ鋸齒低ク、且莖葉往々紫色ニ染ミ、細毛ヲ布クヲ以テ識別セラル。秋日、梢ニ總狀花穗ヲ成シテ多數ノ淡紫色小唇形花ヲ着ク。萼五裂、唇形。花冠ハ下唇長シ。二强雄蕊アリ。分果ハ球形、宿存萼底ニ在リ。

第４９８圖

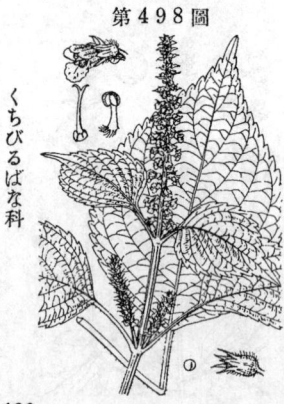

くちびるばな科

し そ （蘇）

Perilla frutescens *Brit.*
var. crispa *Decne.*

支那ノ原產ニシテ畑ニ栽培スル一年生草本。高サ 20-30cm 許、莖ハ方形ニシテ枝ヲ分ツ。葉ハ對生シテ長柄ヲ有シ、廣卵形ニシテ邊緣ニ鋸齒アリ、葉色紫色ヲ呈シ、且佳香アリ。夏秋ノ候、枝梢ニ總狀花穗ヲ成シテ淡紫色ノ小唇形花ヲ綴リ、花下ニ小形ノ苞アリ。萼ハ五裂、唇形ニシテ毛アリ。花冠ハ筒短ク、下唇大ナリ。二强雄蕊。分果ハ球形、宿存萼底ニ在リ。葉ハ梅漬ノ料トナシ、果實ヲ鹽漬ニシテ食用ニ供ス。ちりめんじそハ其葉皺縮シ、あをじそ八綠葉白花ノ一品ナリ。民間藥トシテ效用多シ。西洋ニテハ觀賞品トス。漢名ノ一ヲ紫蘇ト云フ、和名之ヨリ出ヅ。

えごま (荏)

Perilla frutescens *Brit.*

支那原産ノ一年生草本ニシテ一種不快ノ臭氣ヲ有ス。高サ60-90cm許ニシテ莖ハ方形ヲ呈シ、枝ヲ分ツ。葉ハ對生シテ柄ヲ有シ、卵圓形ニシテ鋸齒アリ。緑色ナレドモ時ニ其裏面ハ淡紫色ヲ帶ブルコトアリ。夏秋ノ候、枝梢ハ總狀花穗ヲ成シテ白色ノ小脣形花ヲ開ク。緑萼五裂、脣形ヲ成シ、毛アリ。花冠ハ下脣闊ク、二强雄蘂アリ。分果ハ宿存萼底ニ在リ。果實ヨリ油ヲ搾ル、之ヲ荏ノ油ト云フ。和名ハ荏胡麻ノ意ナリ。

くちびるばな科

はくか (薄荷)

一名 めぐさ

Mentha arvensis *L.*
var. piperascens *Malinv.*

溝傍等ノ濕地ニ自生スル多年生草本ニシテ又栽培セラル。地下莖ヲ引キテ繁殖シ、莖ノ高サ60cm許、往々疎ニ枝ヲ分ツ。葉ハ柄アリテ對生シ、長橢圓形ニシテ尖リ、邊緣ニ鋸齒アリ、表面少シク毛ヲ帶ビ、裏面ニハ細油點ヲ具フ。夏秋ノ候、葉腋ニ短キ花梗ヲ抽キ、淡紫色ノ小花ヲ簇生ス。緑萼五裂シ、花冠ハ四裂シ、四雄蘂アリ。株ニヨリテ長雄蘂短雌蘂ノモノト短雄蘂長雌蘂ノモノトアリ。佳香アル葉ヨリ薄荷油ヲ製ス。

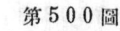

くちびるばな科

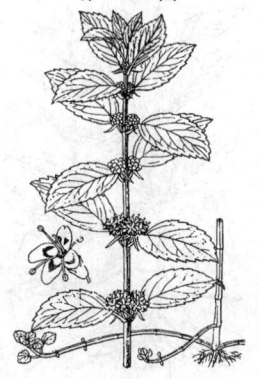

ひめはくか

Mentha japonica *Makino.*

濕地ニ生ズル多年生小草本。高サ凡20-30cmニシテ地下莖ヲ引テ繁殖ス。莖ハ直立シテ往々分枝ス。葉ハ對生シ、長橢圓形ニシテはくかト同ジ香氣アリ。夏秋ノ候、梢ハ短キ穗ヲ成シ、淡紫色ノ小花ヲ開ク。緑萼ハ五裂シ、花冠ハ四裂ス。四雄蘂アリ、株ニヨリ其長キモノト短キモノトアリ、長キモノハ花柱短ク、短キモノハ花柱長シ。

くちびるばな科

167

しろね (地筍)

Lycopus lucidus *Turcz.*

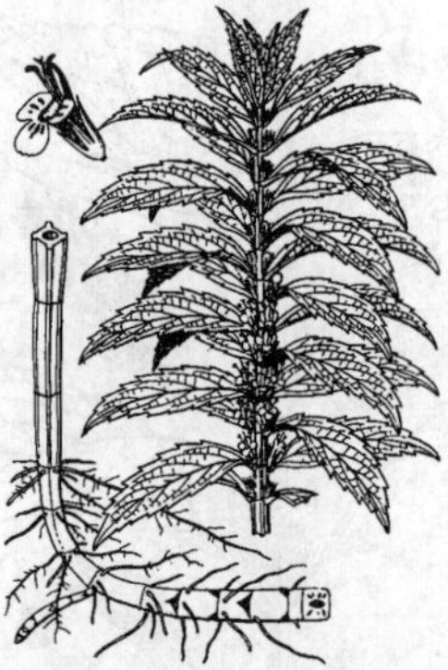

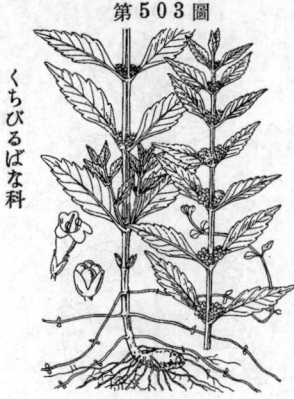

池沼水邊ニ生ズル多年生草本。地下莖多少肥厚シテ白色ヲ呈ス。故ニ白根ノ和名アリ。高サ 1m內外。莖ハ方形ニシテ直立シ、綠色ニシテ節黑シ。葉ハ對生シテ短柄アリ、廣披針形ニシテ尖リ、葉緣ニ粗ナル尖鋸齒アリ。夏日、葉腋ニ白色ノ小唇形花ヲ簇生ス。萼ハ五裂シ、裂片狹ク、尖リ、花冠短クシテ下唇闊シ。二雄蕊アリ。株ニヨリ長雄蕊短花柱花ト短雄蕊長花柱花トアリ。分果ハ頭部截形。此一變種ニけしろねアリ。葉裏中脈上ニ毛アルヲ以テ異ナリトス。

えぞしろね (地瓜兒苗)

Lycopus parviflorus *Maxim.*

水濕ノ地ニ生ズル多年生草本。地下莖ハ先端ニ近キ所ハ特ニ肥大シテ念珠形ヲ成ス。高サ 30cm 內外。莖ハ方形ニシテ直立シ、基部ニ絲狀ノ匍枝ヲ發出ス。葉ハ對生シ、長橢圓狀披針形ニシテ鋸齒アリ。夏時、白色ノ細花ヲ開キ、葉腋ニ集合ス。萼ハ裂片甚ダ短クシテ尖ラズ。花冠ハ唇形ヲ成シ、二雄蕊アリ。北海道土人ハ其ちょろぎ狀ノ白色地下莖ヲ食用トス。

ひめさるだひこ

Lycopus ramosissimus *Makino.*

濕地ニ生ズル多年生草本ニシテ、高サ凡30cm內外ニ達ス。莖ハ方形ニシテ、基部ヨリ匍枝ヲ發出シテ繁殖ス。多數ニ枝ヲ分チ、鋸齒アル長橢圓形ノ小形葉ヲ對生ス。夏秋ノ候、葉間ニ節ヲ圍ミテ白色ノ細花ヲ集メ着ク。萼ハ五裂シ、花冠ハ四裂シ、二雄蕊アリ。分果ハ其頭端截形ヲ呈ス。

第502圖

第503圖

第504圖

くちびるばな科

ひめしろね

Lycopus angustus *Makino.*

諸州ノ山野濕洳ノ地ニ生ズル多年生草本。高サ30-70cm許、根莖ハ傾上シテ細長ナル白色地下枝ヲ引キ節ヨリ鬚根ヲ發出ス。莖ハ直立シ痩長方形ニシテ平滑、中部往々枝多シ。葉ハ質薄ケレドモ剛ク、殆ンド無柄ニシテ平開シ、狹披針形或ハ長橢圓狀披針形ニシテ稍心臟底ヲ成シ、下部ノ者ニ在テハ邊緣缺刻狀ノ鋸齒ヲ有シ、上部ノ者ニ至テハ疎低鋸齒緣ヲ成ス。輪繖花序ハ腋生、花ハ小形無梗ニシテ密集シ、白色ニシテ七八月ノ候ニ開ク。萼ハ五尖裂シ、裂片ハ斜開出シ長鍼形ヲ成シ、淡綠色。花冠ハ短筒狀ニシテ舷部ハ二脣形ト成リ、上脣ハ二淺裂シテ直立シ下脣ハ平開且ツ三裂ス。雄蕋ハ二、雌蕋ノ花柱ハ花冠ヨリ超出シ先端二岐セリ。和名ハ姫白根ノ意ニシテしろね屬ニシテ小形ナレバ姫ト云ヘリ。

第505圖

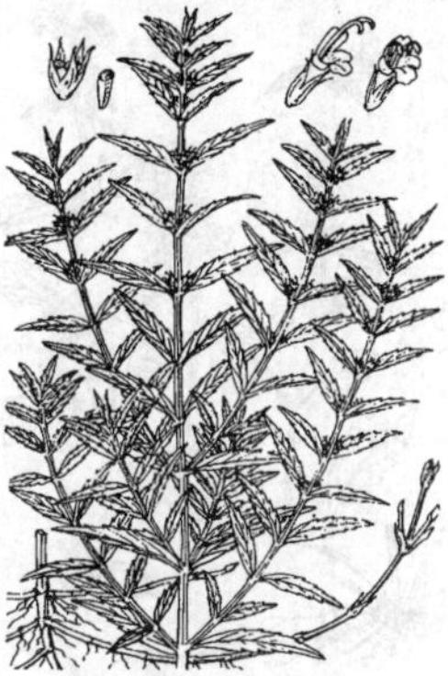

くちびるばな科

いぶきじゃかうさう

一名　ひゃくりかう

Thymus Serpyllum *L.*
var. Przewalskii *Komar.*

山地或ハ時ニ平地ニ生ズル多年生ノ草本狀小灌木ニシテ香氣アリ。纎長ナル莖ハ地上ニ匍匐シ、多數ノ枝ヲ生ズ。花ヲ着クル枝ハ直上シ、高サ3-15cm許ト成ル。葉ハ對生シ、小形ノ全邊長橢圓形ニシテ鈍頭ヲ有ス。夏秋ノ候、枝梢上ニ簇集シテ淡紅色ノ脣形花ヲ開ク。綠萼ハ五裂シ、喉部ニ毛アリ。花冠ハ下脣三裂シ、二强雄蕋アリ。分果ハ小ニシテ宿存萼ノ底ニ在リ。向陽ノ岩上ニ在ルモノ其葉往々密接スレドモ固ヨリ別種ニ非ラズ。藥用ニ供ス。

第506圖

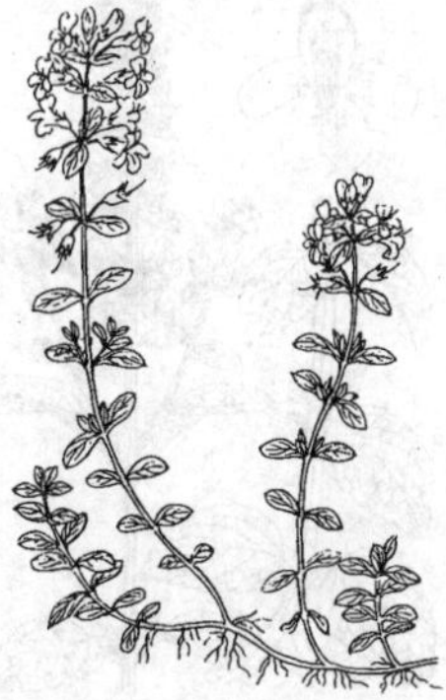

くちびるばな科

たふばな

Clinopodium gracile *O. Kuntze.*

原野ニ生ズル多年生草本。初メ地ニ臥シ、後立チテ高サ15-30cmニ達ス。葉ハ對生シ、卵形ニシテ鋸齒アリ。夏日、梢ニ花穗ヲ成シ、短梗ヲ有セル細小ノ脣形花花軸ヲ圍ミテ層ヲ成ス。萼ハ五裂シ、花冠ハ淡紅色ニシテ下脣稍長シ。二强雄蕋アリ。和名塔花ハ花穗ノ狀ニ基因ス。

第507圖

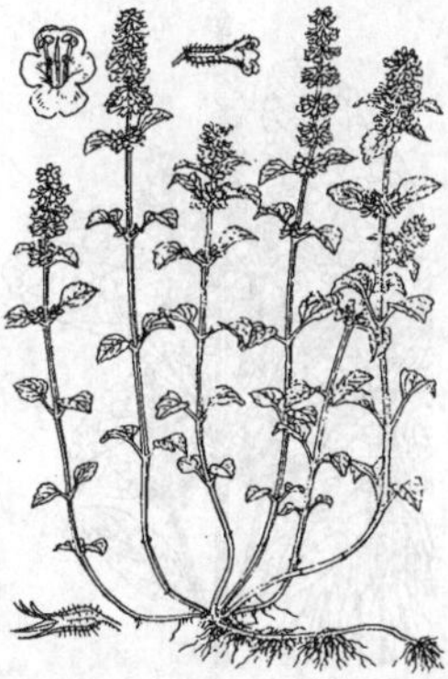

くちびるばな科

第508圖

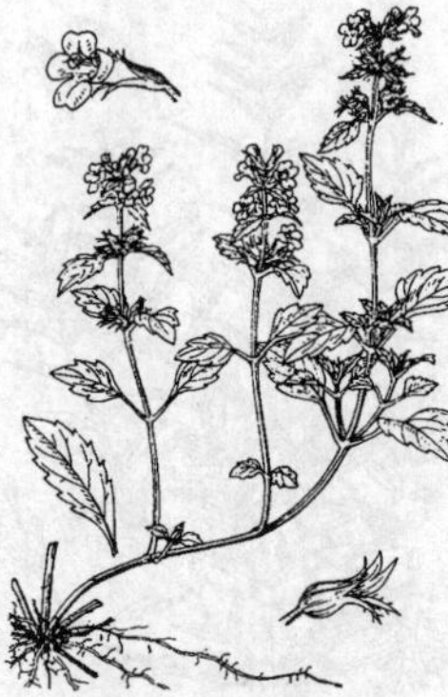

くちびるばな科

やまたふばな

Clinopodium multicaule *O. Kuntze.*

(=Calamintha multicaulis *Maxim.*)

西南暖地諸州ノ山地樹陰ノ地ニ生ズル多年生草本。莖ハ一株ニ叢生シ、弓曲シテ傾上シ瘦長ナリ。地下ニ極メテ短キ根莖アリ。高サ10-20cm、全株纎弱ニシテ散毛アリ。葉ハ有柄、對生シ卵形長橢圓形或ハ卵狀披針形ニシテ鋭頭、狹底、稍膜質ニシテ粗ナル鈍鋸齒アリ、兩面ニ散毛アリテ裏面ハ淡綠色ヲ呈ス。八月梢部ニ少數ノ輪纎花序ヲ着ケ各輪稍隔離ス。花ハ小形白色ニシテ各輪纎ニ其數少ナク、二乃至四箇アリ、葉狀ヲ成セル小形ノ苞アリ。萼ハ短筒狀鐘形ニシテ五裂シ、裂片ハ鍼形ナリ。花冠ハ萼ノ倍長アリ短筒形ニシテ舷部ハ脣形ヲ成シ、上脣ハ二淺裂シ下脣ハ上脣ヨリハ闊大ニシテ三尖裂ス。二强雄蕋、花柱ハ略ボ雄蕋ト同長。宿存萼ノ底ニ果實アリ。みやまたふばなニ比スレバ草狀小ニシテ疎ナリ。和名ハ山塔花ノ意ナリ、塔花ハ同屬ノ一種ニシテ其花層ヲ成シテ開ク故云フ。

第509圖

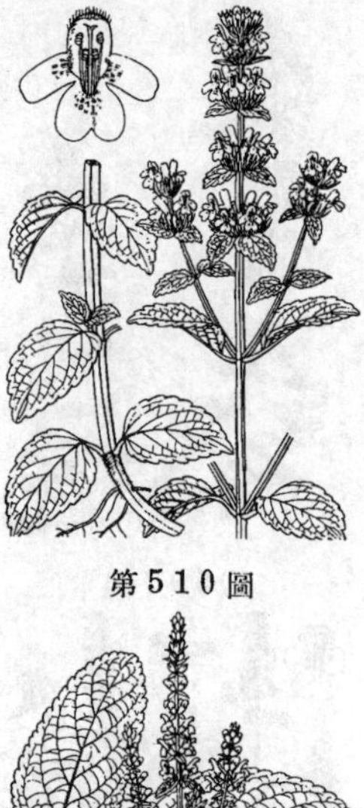

くちびるばな科

くるまばな

Clinopodium chinense *O. Kuntze.*

原野ニ多キ多年生草本ニシテ、高サ30-60cmニ達ス。莖ハ方形ニシテ直立或ハ傾上シ、通常梢ニ枝ヲ分ツ。葉ハ對生シ、卵形或ハ長卵形ニシテ邊緣ニ鋸齒アリ。夏日、枝梢ニ層ヲ成シ、莖ヲ圍ミテ葉腋ニ淡紅色ノ脣形花ヲ簇生ス。萼五裂シ、線形苞ト共ニ毛多シ。花冠ハ下脣闊ク、紅點アリ。二强雄蕋アリ。和名車花ハ莖節ヲ周リテ輪層ヲ成セル花狀ニ基ク。從來風輪菜ノ漢名ヲ充ツレドモ非ナリ。

第510圖

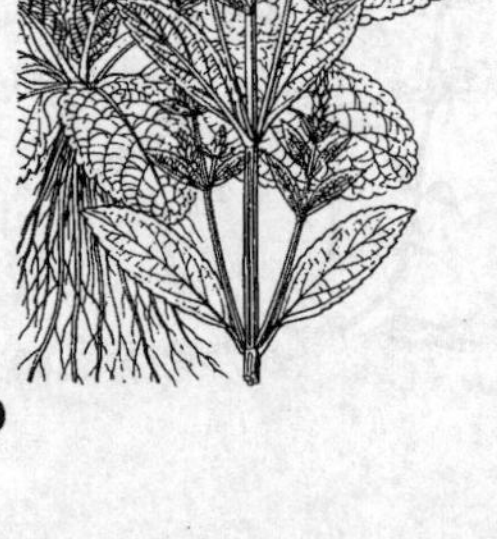

くちびるばな科

みぞかうじゅ (薺薴)

一名　ゆきみさう

Salvia brachiata *Roxb.*

田圃・畦畔ニ多ク見ル二年生草本ニシテ高サ30-60cm許。莖ハ直立シ、方形ニシテ分枝ス。葉ハ對生シ、長橢圓形ニシテ葉緣ニ鈍鋸齒ヲ有シ、葉面ニ皺アリ。五六月ノ頃、各枝梢毎ニ花穗ヲ成シテ淡紫色小形ノ脣形花ヲ綴リ、層ヲ成ス。萼五淺裂シ、花冠ハ下脣闊ク、紫點アリ。二强雄蕋アリ。和名ハ溝香薷ノ意ナリ。

はるのたむらさう
Salvia Ranzaniana *Makino*.
(=S. japonica *Thunb*. var. pumila *Fr. et Sav.*;
S. chinensis *Benth*. var. pumila *Makino*.)

我邦南部ノ山地溪側ニ生ズル多年生ノ小草。高サ12-
20cm、根莖ハ揃小、根葉ニハ長柄アリ。葉ハ葉柄ヲ
有シテ對生シ廣楕形長卵形成ハ長楕圓形ヲ呈シ、一乃至
略ボ二囘羽狀複葉ト成リ、小葉ハ卵形、楕圓形或ハ倒
卵形ニシテ鋸齒アリ、表面ハ散毛ヲ生ズ。四五月ノ候
一莖ヲ葉中ニ抽キテ直立シ、頂ニ輪繖花序ヲ成シ、中
軸ハ紫色ヲ帶ブ。花輪ハ互ニ稍隔離シ、花ハ比較的少
數、小形ニシテ白色。萼ハ兩唇ヲ成シ、五裂シテ宿存シ
稜脈上ニ細腺毛アリ。花冠ハ萼ヨリ超出シテ下部ハ筒
形ヲ呈シ、皷部ハ短ク兩唇ヲ成シ上唇ハ立チテ二裂片
ニ淺裂シ、下唇ハ平開シテ三裂ヲ成シ、中央裂片ハ大
ニシテ二淺裂片ニ淺裂ス。二雄蕋アリテ少シク花冠ノ上
ニ出ヅ、丁字狀ノ其葯兩弓形ヲ成シテ一端ニ長形葯ア
リ。一雌蕋ニシテ花柱ハ葯ト參差シ柱頭ニ岐セリ。四
分果ハ萼中其宿存萼底ニ熟シテ萼內ヨリ外ニ出デテ
地ニ落ツ。和名ハ春ノ田村草ノ意ナリ。

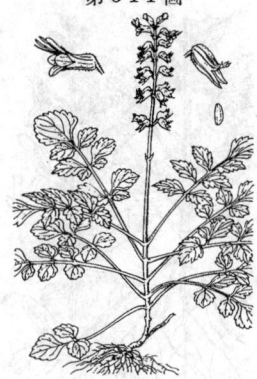

くちびるばな科

なつのたむらさう

Salvia japonica *Thunb*.

山地ニ生ズル多年生草本ニシテ、高サ凡
30cm內外、莖ハ方形ニシテ直立ス。葉ハ
對生シ、葉柄ヲ具ヘ、再羽裂ニシテ裂片ニ
鋸齒アリ。夏日梢ニ分枝シ、每枝ニ花穗
ヲ成シテ深紫色ノ唇形花ヲ着ケ、層ヲ成
ス。萼ハ唇形。花冠ハ下唇闊シ。二雄蕋
高ク花冠外ニ出ヅ。花後其莖地ニ倒レ、
莖上ニ苗ヲ生ズル殊態アリ。

くちびるばな科

あきのたむらさう (紫參)

Salvia chinensis *Benth*.

山野ニ普通ナル多年生草本ニシテ、高サ
60cm許ニ達ス。莖ハ方形ニシテ直立ス。
葉ハ柄アリテ對生シ、奇數羽狀複葉ニシ
テ通常三乃至七片ノ小葉ヨリ成ル。稀ニ
ハ時ニ單葉ヲ有スルコトアリ。秋日、通
常莖梢ニ分枝シ、每枝ニ花穗ヲ成シテ淡
紫色ノ小唇形花ヲ綴リ、層ヲ成ス。萼ハ
唇形。花冠ニ毛アリテ下唇闊ク、二雄蕋
ハ少シク花冠外ニ出ヅ。從來用キシ鼠尾
草ノ漢名ハ中ラズ。

くちびるばな科

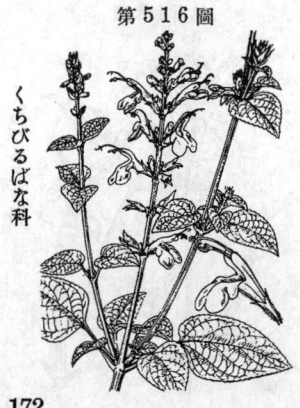

あきぎり
Salvia nipponica *Miq.*

山足等ノ地ニ生ズル多年生草本ニシテ、高サ 20cm 内外、根ハ瘦紡錘形ヲ成シ、紫赤色ヲ呈ス。莖ハ方形ニシテ立チ或ハ初メ地ニ臥シ、後立ツモノアリ。葉ハ對生シテ長柄アリ。戟狀卵形ニシテ先端尖リ、邊緣ニ鋸齒ヲ有ス。莖葉共ニ毛アリ。秋日、梢上ニ花穗ヲ成シ、花軸ニ苞アリ。苞腋ニ黃色短梗ノ脣形花ヲ開キ、段ヲ成ス。綠萼ハ脣形。花冠ハ大ニシテ先端深ク二脣ヲ成シ、二雄蕊アリ。花柱ハ長ク斗出ス。異品ニことぢさうアリ。葉ノ鋸齒銳シ。之ヲ琴柱(コトヂ)ニ見タテ此名アリ。和名ハ秋桐ノ意ナリ。

さるびや
Salvia officinalis *L.*

南部歐洲ノ原產ニシテ、園圃ニ栽培セラルル多年生草本ナリ。高サ 90cm 餘ニ達シ、莖ハ方形ニシテ下部木質ト成ル。葉ハ鈍頭ノ廣披針形ニシテ白綠色ヲ呈シ、葉面ニ細カキ皺アリ。夏日、莖梢ニ花穗ヲ成シテ紫色ノ脣形花ヲ輪狀ニ着ケ、層ヲ成ス。萼ハ脣形。花冠ハ下脣闊ク、二雄蕊アリ、花柱ハ花冠上脣ヨリ超出ス。葉ヲ藥用ニ供シ、又香料トシテ西洋料理ニ用ユ。せーじト呼ブ。

べにばなさるびや
Salvia coccinea *L.*

北米原產ノ一年生草本ニシテ高サ 30-60cm 許。莖ハ方形ニシテ直立ス。葉ハ對生シ、卵形或ニ三角形ニシテ邊緣ニ鈍鋸齒ヲ具ヘ、長キ葉柄アリ。花下ノ葉ハ卵形ニシテ銳尖ヲ成ス。夏日、莖ノ上部ニ長キ花穗ヲ成シ、深紅色ニシテ甚ダ美ナル脣形花ヲ輪生シ、層ヲ成ス。萼ハ脣形ニシテ上脣全邊、下脣二裂ス。花冠ノ下脣ハ長サ上脣ニ倍ス。二雄蕊アリテ花柱ト共ニ花冠上ニ超出ス。

第514圖　くちびるばな科

第515圖　くちびるばな科

第516圖　くちびるばな科

ひごろもさう
Salvia splendens *Ker.*

ぶらじるノ原產ニシテ觀賞花トシテ庭園ニ栽培スル時一年生ヲ成スト雖ドモ、元來ハ灌木生ナリ。高サ60-90cm許。莖ハ立チテ枝ヲ分チ、葉ハ有柄、對生シ、卵形ニシテ末尖リ、邊緣ニ鋸齒アリ。夏秋ノ候、梢ニ花穗ヲ成シテ大ナル唇形花ヲ開キ、苞・萼・花冠共ニ緋色ニシテ美觀ヲ呈ス。萼ハ唇形。花冠ノ上唇ハ下唇ヨリ長シ。二雄蕋アリ。分果ハ小ニシテ宿存萼ノ底ニ在リ。和名ハ緋衣草ノ意ニテ其赤花ニ甚ク。

第517圖

くちびるばな科

やまぢわう
一名　みやまきらんさう
Ajugoides humilis *Makino.*

山地ニ生ズル多年生ノ小草本ニシテ白色細長ノ地下莖ヲ引キテ繁殖ス。高サ 3-9cm許。莖ハ直立、單一。葉ハ對生シ、通常數葉相接シテ十字形ヲ成ス。葉ハ倒卵狀橢圓形ニシテ邊緣ニ粗ナル鈍鋸齒アリ。葉面皺縮シ、細毛ヲ布ク。夏日、葉ノ中央ニ淡紅色唇形ノ數花ヲ開ク。萼ハ五裂シ、花冠ハ筒部長クシテ立チ、上唇ハ直立シ、下唇ハ横展シテ三裂ス。和名ハ山地黄ノ意ナリ、地黄ハ其葉ノ相似ニ由ル。

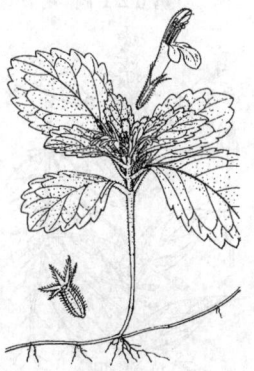

第518圖

くちびるばな科

まねきぐさ
一名　やまきせわた
Loxocalyx ambiguus *Makino.*

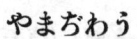

中部竝ニ其以南ノ山地ニ生ズル多年生草本。莖ハ綠色ヲ呈シ、高サ45-60cm許アリテ直立シ、對生セル枝ヲ分チ、方形ニシテ稜角ニハ逆向毛アリ。葉ハ有柄ニシテ對生シ、三角狀卵形或ハ圓狀卵形、長サ3-8cm、邊緣ニハ粗ナル鈍鋸齒ヲ具ヘ有毛ニシテ葉表ハ多少皺縮ヲ呈シ、質薄クシテ且弱シ。八九月ノ候梢部ノ葉腋ニ極メテ短キ小梗ヲ有スル花ヲ獨生シ、小梗ニハ對生セル毬鍼形ノ二小苞アリ。萼ハ綠色、倒五角錐狀、上下兩唇ヨリ成リ、上唇ニ三齒、下唇ニ遙ニ長キ二齒ヨリ成リ、各齒皆銳クシテ尖刺ニ終ル。花冠ハ筒部稍撥セテ長ク、歧部ニ兩唇ヨリ成リテ開嘴シ、暗紅紫色ニシテ邊緣白ク、上唇ハ直立シテ廣橢圓形凹面ヲ成シ、背面ニ毛アリ又軟毛ヲ有ス、下唇ハ平開シテ三尖裂シ、側裂片ハ先端截狀圓形、中央裂片ハ側裂片ヨリ稍闊大ニシテ往々微ニ凹頭ヲ成ス。四雄蕋ニシテ花絲ハ紅紫色、葯ハ暗紫色、閉ヅト下一直線ヲ成シ、白色花粉ヲ吐ク。花柱ハ白色ニシテ少シク雄蕋ヨリ其頂二歧ス。四分果ハ宿存鄂底ニ在リ。和名招耳ハ多分手招ギスル狀アル其花冠ニ基キシモノナラン乎、山淸ゼ絹ニ山ニ生ズルきせわたさうノ意ナリ。

第519圖

くちびるばな科

173

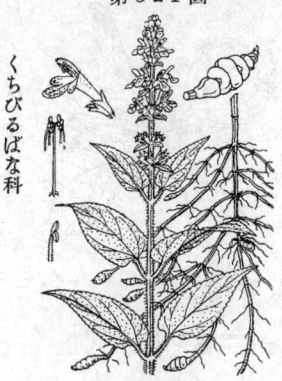

第520圖

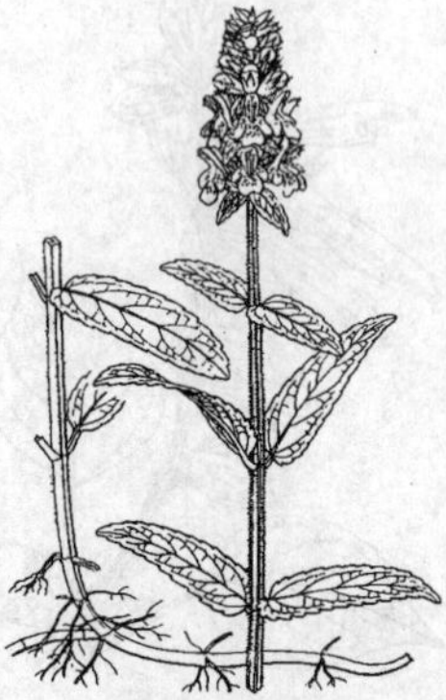

くちびるばな科

いぬごま （水蘇）

一名　ちょろぎだまし

Stachys baicalensis *Fisch.*

野外ニ生ズル多年生草本ニシテ高サ30
cm許、白キ地下莖ヲ引キテ繁殖ス。莖ハ
直立シ、方形ニシテ通常分枝セズ、其稜
ニ逆刺アリテ糙澀ス。葉ハ對生シテ葉柄
ヲ有シ、披針形ニシテ鋸齒ヲ有シ、皺ア
リ、且刺毛ヲ具フ。夏日、莖端ニ花穗ヲ
成シ、淡紅色ノ唇形花ヲ開キ、密ニ數層
ヲ成シテ輪生ス。萼ハ五裂。花冠ノ下唇
ハ下向シ、闊クシテ三裂シ、紅點アリ。
二強雄蕊アリ。和名ハ狗胡麻ノ意ニテ、
其分果ノ狀ニ由ル。

第521圖

くちびるばな科

ちょろぎ （草石蠶）

Stachys Sieboldi *Miq.*

支那ノ原産ニシテ圃地ニ培養スル多年生
草本。高サ 30-60cm 許ニシテ、莖ハ直
上シ、方形ニシテ其稜ハ逆刺アリテ糙澀
ス。葉ハ鋸齒アル長橢圓狀卵形ニシテ對
生シ、粗毛アリ。秋日、莖端ニ花穗ヲ成シ
テ紅紫色ノ唇形花ヲ綴ル。花形ハいぬごま
ニ似タリ。萼ハ五裂。花冠ハ下唇三裂シ
テ闊ク、紅點アリ。二強雄蕊アリ。地下莖
ノ枝端ニ白色連珠狀ノ塊莖ヲ生ジ、之ヲ
食用ニ供ス。和名ハ或ハ朝鮮語ノ轉乎。

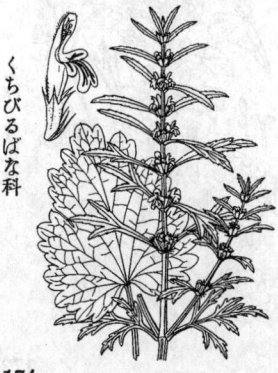

第522圖

くちびるばな科

めはじき （茺蔚）

一名　やくもさう

Leonurus sibiricus *L.*

野外ノ地ニ生ズル越年生ノ草本ニシテ、
高サ 1.5m 許ニ達ス。莖ハ直立シ、方形
ニシテ疎ニ枝ヲ分ツ。葉ハ莖ト共ニ細毛
アリ。根葉ハ稍圓形ニシテ鈍粗齒アル淺
裂片ヲ有シ、長柄アリ。莖葉ハ數裂シ、裂
片狹長ナリ。夏秋ノ候、枝梢葉腋ニ淡紅
紫色ノ唇形數花ヲ集メ着ケテ層ヲ成ス。
萼ノ先端五尖齒ヲ成シ、花冠ハ下唇三裂
シ、紅采アリ。二強雄蕊アリ。分果ハ稜
ヲ有シテ宿存萼內ニ在リ。和名ハ目彈キ
ノ意、小兒其莖ヲ短クシ之ヲまぶたニ張
リ目ヲ開カセ遊ブ。產前產後ノ藥トス、
故ニ益母草ノ漢名アリ。

きせわた

Leonurus macranthus *Maxim.*

山野ニ生ズル多年生草本ニシテ、高サ60–90cm許。茎ハ直立シ、方形ニシテ分枝スルコト少ク、葉ト共ニ毛アリ。葉ハ對生シ、卵圓形ニシテ粗鋸齒アリ。上部ノ葉ハ狹卵形ヲ成シテ尖リ、脚葉ハ往々分裂ス。夏秋ノ候、梢上葉腋ニ淡紅色ノ唇形數花簇生シ、層ヲ成ス。萼ノ先端五尖刺リ有シ、花冠ハ長クシテ立チ、上唇ノ背ニ白毛アリ。二強雄蕊アリ。分果ハ稜角アリ、宿存萼内ニ位ス。和名ハ著せ綿ニテ花ニ被ヒ着セル綿ノ意、花冠上ニ白毛アルヲ以テ謂フナラン、從來用キシ漢名蟄萊ハ中ラズ。

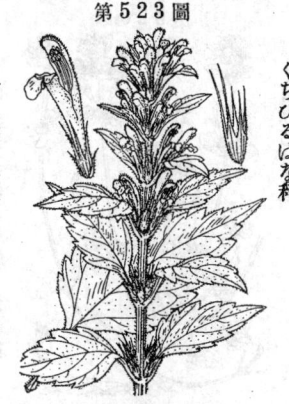

第523圖

くちびるばな科

ちしまをごりこ

一名 いたちじそ

Galeopsis Tetrahit *L.*

我邦北方ノ山野ニ生ズル一年生草本ニシテ高サ60–90cm許。茎ハ方形、直立シ、枝ヲ分チ、葉ト共ニ毛アリ。葉ハ對生シテ葉柄ヲ具ヘ、卵狀披針形ニシテ邊緣ニ鋸齒アリ。夏日、淡紫色ノ唇形花ヲ梢上ノ葉腋ニ相集テ輪生ス。萼ノ五裂片針ノ如ク尖リ、花冠ノ下唇ハ三裂ス。二強雄蕊アリ。野州日光山ノ中禪寺湖畔ニ見ルモノハ蓋シ固ト外來ノ品ナラン。

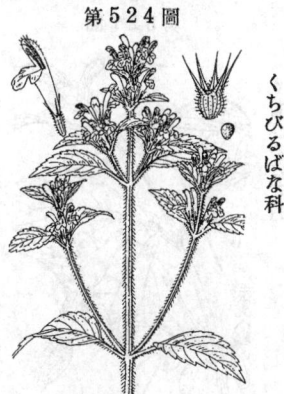

第524圖

くちびるばな科

をごりこさう (野芝麻)

Lamium album *L.*
var. barbatum *Franch. et Sav.*

山野・路傍ノ半陰地ヲ好ミテ生ズル多年生草本ニシテ高サ30–45cm許。茎ハ方形ニシテ立チ質柔ナリ。葉ハ有柄、對生シ、卵形ニシテ銳尖頭、多少心脚、邊緣ニ鋸齒アリ、葉面皺縮ス。春ヨリ初夏ノ候、葉腋ニ淡紅紫色又ハ白色ノ唇形數花ヲ開キ、節ヲ圍ミテ輪生ス。萼ハ裂片瘦セテ尖ル。花冠ハ開口シ、上唇ハ多少帽ノ如ク、下唇ハ下垂ス。二強雄蕊アリ。漢名ノ續斷ハ誤用。和名踊子草ハ此花ノ狀、人ノ笠ヲ着テ踊ルニ似タリ、故ニ名ク。

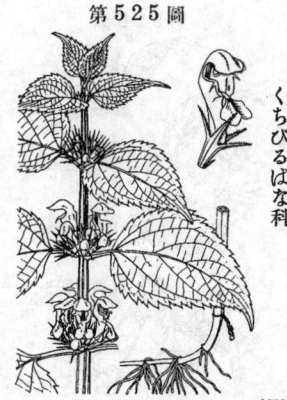

第525圖

くちびるばな科

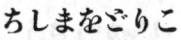

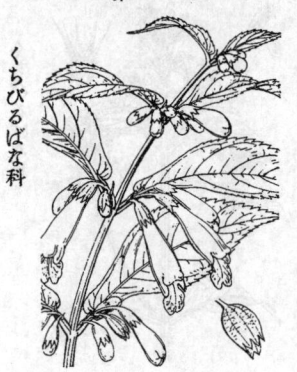
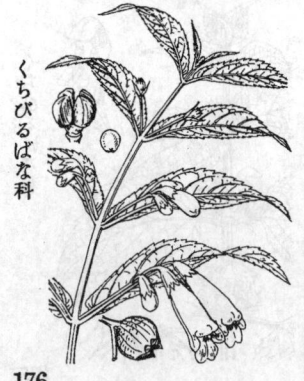

第５２６圖

くちびるばな科

ほとけのざ （寶蓋草）
一名 ほとけのつづれ・かすみさう
Lamium amplexicaule L.

畦畔・路傍等ニ普通ニ生ズル二年生或ハ一年生草本ニシテ高サ凡20-25cmアリ。莖ハ下部ニテ枝ヲ分チ叢生狀ヲ呈シ、瘦長ニシテ方形ナリ。葉ハ對生シ、邊緣ニ鈍鋸齒ヲ具ヘ、下部ノモノハ圓形ニシテ長柄ヲ有シ、上部ノモノハ半圓形無柄ニシテ、左右相接シテ莖ヲ擁ス。春日、葉腋ニ紅紫色ノ脣形花ヲ輪生ス。萼ハ五裂シ、細毛アリ。花冠ハ筒部長ク、下脣三裂ス。二强雄蕋アリ。通常閉鎖花ヲ生ズルコト多シ。此種今ほとけのざト稱スト雖ドモ、春ノ七草中ノ其品トハ全然別ニシテ之ヲ其ノ如ク認ムルハ明ニ誤ナリ。

第５２７圖

くちびるばな科

じゃかうさう
Chelonopsis moschata Miq.

山中樹陰ニ生ズル多年生草本ニシテ高サ1m內外。莖ハ方形ニシテ直立シ、叢生ス。葉ハ短柄ヲ有シテ對生シ、長橢圓形ニシテ尖リ、粗鋸齒ヲ具ヘ莖ト共ニ微毛アリ。秋日、葉腋ニ短梗ヲ出シ、梗上ニ二三ノ有柄淡紅紫色ノ脣形花ヲ開ク。萼筒ハ膨圓ニシテ五淺裂シ、花冠ハ大ニシテ筒部長ク、筒端ノ下脣ハ上脣ヨリ長ク。二强雄蕋アリ。分果ハ宿存萼內ニ在リ、大形ニシテ果皮寬シ。和名ハ麝香草ノ意、莖葉ヲ搔搖スレバ彷彿佳香ヲ感ズルトテ此名アリ。

第５２８圖

くちびるばな科

たにじゃかうさう
Chelonopsis longipes Makino.

山地ニ生ズル多年生草本ニシテ高サ1m內外。莖ハ立チテ往々一方ニ傾キ、多ク紫色ヲ帶ブ。葉ハ對生シ、短柄ヲ有シ、卵狀披針形ニシテ尖リ、邊緣ハ鋸齒ヲ有シ、基部ハ往々稍耳形ヲ呈ス。夏秋ノ候、長梗ヲ葉腋ニ出シ、梗端ニ大ナル紅紫色ノ脣形花ヲ着ク。萼ハ五淺裂シ、花冠ハ筒部長ク脣部短シ。二强雄蕋アリ。宿存萼內ノ分果ハ大ニシテ果皮寬シ。和名ハ谷麝香草ノ意ナリ。

うつほぐさ （夏枯草）

一名　かこさう

Prunella vulgaris *L.*

原野ニ多キ多年生草本ニシテ高サ 30cm
許、多少叢生ス。茎ハ方形、直立或ハ傾
上シ、通常單一ナレドモ時ニ疎ニ分枝ス。
葉ハ有柄、對生シ、長楕圓狀披針形ニシ
テ鋸齒アリ、茎ト共ニ毛ヲ有ス。六月頃、
茎頂ニ短キ圓柱形ノ花穗ヲ着ケ、紫色ノ
唇形花ヲ密着ス。圓闊ノ苞アリテ花軸ニ
對生シ、各苞腋ニ三花ヲ擁ス。萼ハ五裂。
花冠ハ下唇三裂シ、其中片ニ鋸齒アリ。
二强雄蕊アリ。花穗ハ花了レバ後夏中ニ
枯レテ黑變ス。此花穗ヲ利尿劑トス。和
名ハ其花穗、弓矢ヲ容ルル靫ニ似ルヨリ
名ケタルナリ。

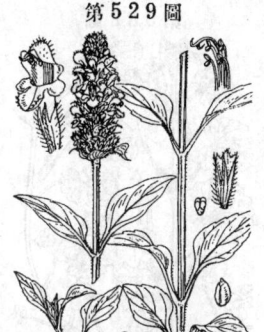

第５２９圖

くちびるばな科

たてやまうつほぐさ

Prunella prunelliformis *Makino.*

(＝Dracocephalum
　　　　　prunelliforme *Maxim.*;
Prunellopsis prunelliformis *Kudo.*)

木州中部及ビ東北地方ノ諸高山ニ產スル多年生
草本。茎ハ簇生シテ高サ20-30cmアリ、方形ニ
シテ直立ス。葉ハ長卵形或ハ長楕圓狀卵形ニシ
テ質厚ク、葉緣ニ疎鋸齒アリ、表面ニ主脈陷入
シ、上部ノ者ハ無柄ナリ。七八月ノ候、茎頂ニ短
厚豐艷ナル短キ穗狀花序ヲ成シ、廣心臟形ノ苞
片較次シ、其苞間ヨリ濃紫色ノ花ヲ出シテ開ク。
萼ハ乾皮質、上唇ハ三齒牙ニ成シ、下唇ハ三尖
裂シ紫采ヲ帶ブル者多シ。花冠ハ筒部長ク纎ニ
橫出シ上部漸次ニ放大シ、上唇ハ卵形ヲ成シ直
立シテ兜形ヲ呈シ、下唇ハ平開シテ三裂片ト成
リ中央裂片ハ側裂片ヨリ大ニシテ凹圓ヲ成ス。
二强雄蕊。花柱ハ其末端二岐ス。四分果ハ宿存
萼底ニ在リ。和名立山靫草ハ越中立山ニ生ズル
うつぼぐさノ意ナリ。

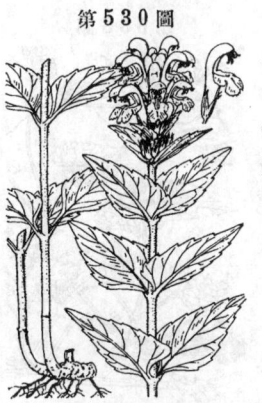

第５３０圖

くちびるばな科

かはみどり （藿香）

Agastache rugosa *O. Kuntze.*

山野ニ生ズル多年生草本ニシテ高サ 1m
內外ニ達シ、一種ノ香アリ。茎ハ方形、直
立シ、枝ヲ分ツ。葉ハ有柄、對生シ、卵狀
心臟形ニシテ尖リ、邊緣ニ鈍鋸齒ヲ有ス。
夏秋ノ候、茎頂枝端ニ花穗ヲ成シ、多數小
形ノ紫色唇形花ヲ密集ス。萼ハ筒狀、五
裂。花冠ハ下唇大ニシテ中片ニ鋸齒アリ。
超出セル二强雄蕊アリ。莖葉ヲ藥用トス。
從來之ヲ漢名ノ排草香トスルハ非ナリ。

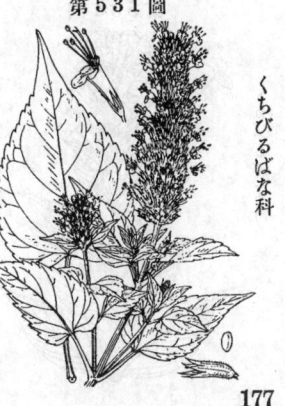

第５３１圖

くちびるばな科

177

かきどほし （馬蹄草）

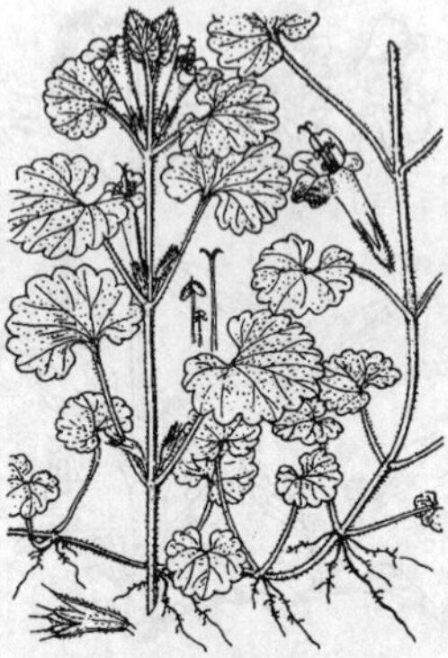

一名 かんとりさう

Glechoma hederacea *L.*

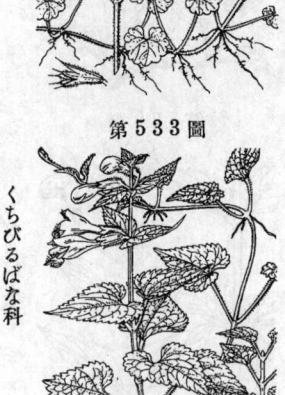

第532圖

くちびるばな科

野外路傍ニ多キ多年生ノ蔓性草本ニシテ細毛ヲ帶ビ、莖葉ニ香氣アリ。細キ方形ノ莖ヲ地上ニ長ク引テ繁殖シ、節ニ根ヲ下ス。枝莖ハ上向シテ 15-18cm 許。葉ハ有柄、對生シ、腎臟狀圓形ニシテ鈍鋸齒アリ。四五月頃、葉腋ニ淡紫色ノ有梗唇形花ヲ開ク。萼五裂。花冠ハ下唇闊ク、紫點アリ。二強雄蕊アリ。花終レバ其莖延ビテ地ニ臥シ、蔓ト成ル。莖葉ヲ陰干シテ藥用ニ供ス。本品ニ漢名ノ連錢草幷ニ積雪草ヲ用ウルハ非ナリ。和名籬通ハ、其蔓引テ籬ヲ潜リ拔クル故名ク。

らしゃうもんかづら

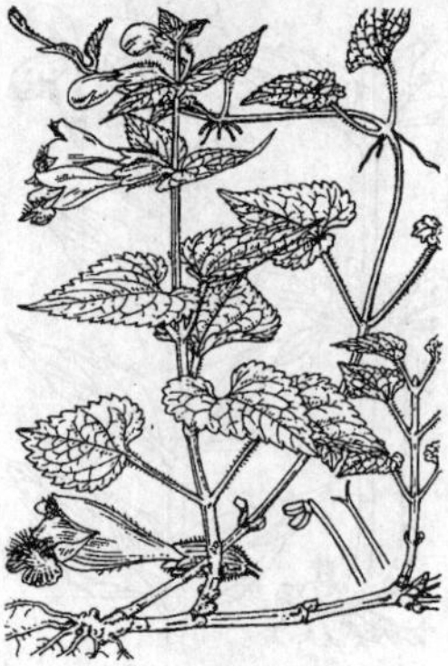

Meehania urticifolia *Makino.*

（＝Glechoma urticifolia *Makino.*）

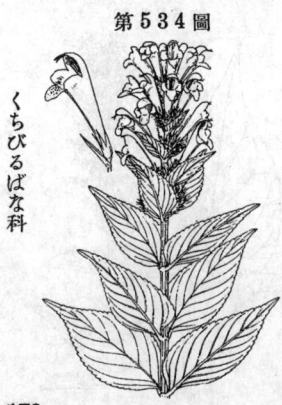

第533圖

くちびるばな科

山地ニ生ズル多年生草本。莖ハ方形ニシテ長ク地ニ臥シ、葉ハ對生シ、心臟狀卵圓形ニシテ先端尖リ、邊緣ニ粗鋸齒ヲ有ス。花ヲ着クル莖ハ直上シ、高サ 20cm 內外ト成ル。下部ノ葉ハ長柄ヲ有スレドモ、梢葉ハ殆ド無柄ニシテ莖ヲ抱ク。春日、梢葉腋ニ紫色ノ大形ナル唇形花ヲ開ク。萼ハ短筒狀、五裂。花冠ハ筒部長大、下唇ノ中片闊大ニシテ紫采幷ニ毛茸アリ。二強雄蕊アリ。和名羅生門蔓ハ其太キ花冠ヲ京都羅生門ニテ渡邊綱ガ切落セシ鬼女ノ腕ニ擬セシモノナリ。

みそがはさう

Nepeta subsessilis *Maxim.*

第534圖

くちびるばな科

深山ニ生ズル多年生草本ニシテ高サ 60-90cm 許。莖ハ叢生シ、方形ニシテ直立ス。葉ハ無柄ニシテ對生シ、卵狀長楕圓形ニシテ尖リ、邊緣ニ鋸齒ヲ有シ、摘メバ臭アリ。夏秋ノ俟、葉腋ニ數箇ノ紫色唇形花ヲ攅簇シ、梢頭ハ穗狀ト成ル。綠萼五裂。花冠ハ筒部長ク唇部短ク、下唇ノ中片闊クシテ紫點アリ。二強雄蕊アリ。信州木曾ノ味噌川ニ產スルヨリ此和名アリ。

けいがい (荊芥)

一名 ありたさう
Nepeta japonica *Maxim.*

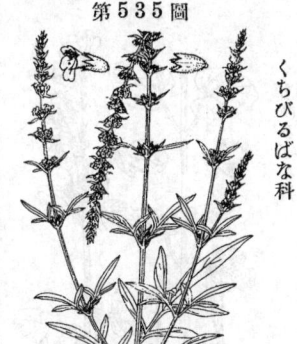

第535圖

くちびるばな科

支那原産ニシテ偶ニ藥圃ニ作ラルル一年
生草本ナリ。高サ 60cm 許ニ達シ、強烈
ナル香アリ。莖ハ方形ニシテ直立、分枝
ス。葉ハ對生シ、有柄ニシテ羽狀ニ分裂
シ、裂片數少ク、線形ニシテ全邊ナリ。
夏日、梢頭ニ長花穗ヲ成シ、淡紅白色ノ細
小ナル脣形花ヲ着ク。萼五裂シ、細毛ア
リ。花冠ハ下脣三裂シテ大ナリ。二強雄
蕋アリ。花後種子熟シテ莖根枯ル。全草
ヲ藥用ニ供ス。漢名ノ假蘇ハ一名ヲ荊芥
ト云ヘド本種トハ異ナリ。

ちくまはくか

一名 いぬはくか

Nepeta Cataria *L.*

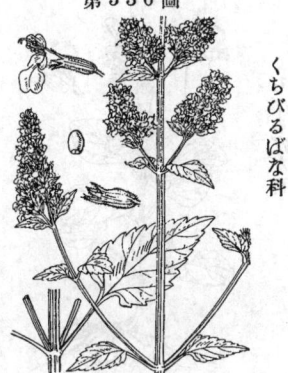

第536圖

くちびるばな科

信濃ニ自生アル多年生草本ニシテ同地品
ハ蓋シ元外來ノモノナラン、何トナレバ
本品ハ本來我日本ニ產スルモノニ非ザレ
バナリ。莖ハ方形ニシテ直立シ、60-90cm
ニ達シテ枝ヲ分チ、葉ト共ニ細毛ヲ密生
シテ帶白色ヲ呈ス。葉ハ對生シテ葉柄ヲ
有シ、卵狀心臟形ニシテ銳キ鋸齒アリ。
夏日、枝梢ニ短大ノ花穗ヲ成シ、白紫色ニ
シテ紫點アル脣形花ヲ多數密集ス。萼ハ
筒狀五裂。花冠ハ下脣大ナリ。二強雄蕋
アリ。分果ハ宿存萼内ニ在リ。和名ハ筑
摩薄荷ノ意、筑摩ハ信濃ノ地名ナリ。

むしゃりんだう

Dracocephalum
argunense *Fisch.*

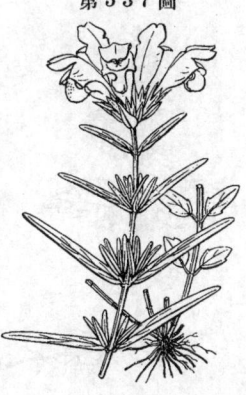

第537圖

くちびるばな科

山地・原野ニ生ズル多年生草本ニシテ高
サ30cm 內外。莖ハ叢生シテ直立シ、方
形ニシテ葉ト共ニ毛ヲ帶ブ。葉ハ對生シ
テ線形ヲ成シ、全邊ナリ。脚葉ハ往々卵
形ニシテ短柄ヲ有シ、疎齒アリ。夏日、莖
頂ニ大ナル紫色ノ脣形花ヲ集メテ短キ穗
ヲ成ス。萼ハ鐘狀五裂シ、裂片尖リ、花
冠ハ筒部大ニシテ下脣ノ中片闊ク、紫點
アリ。二強雄蕋アリ。此種初メ之ヲ近江
武佐ノ地ニ見ル、故ニ此和名アリ。龍膽
ハ花容ニ基ク。

179

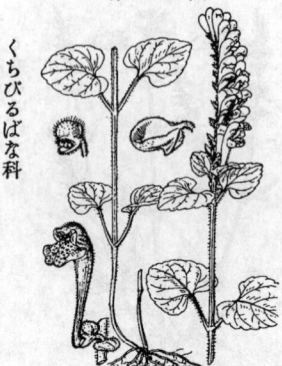

くちびるばな科

たつなみさう

Scutellaria indica L.

林邊・原野ニ生ズル多年生草本ニシテ高
サ30cm許。莖ハ數條叢生シ、方形ニシテ
細長、葉ト共ニ細軟毛ヲ密生ス。葉ハ對
生シテ葉柄ヲ有シ、圓狀心臟形ニシテ邊
緣ニ鈍鋸齒アリ。初夏、莖頂ニ穗ヲ成シ、
紫色ノ脣形花ヲ着ク。二花相列ビ、花冠
ハ立チテ筒部長ク、一側ニ向テ開ク。下
脣闊ク、紫點アリ。萼ニハ上脣ハ圓盤ア
リ。二強雄蕋アリ。分果ハ宿存萼内ニ在
リ。和名立浪草ハ花姿ニ由ル。

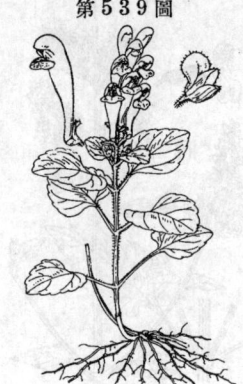

くちびるばな科

しそばたつなみ

Scutellaria indica L.
var. humilis Makino.

山地樹陰ニ生ズル多年生草本。たつなみ
さうノ一變種ニシテ之ヨリ丈低ク、普通
10-15cm許。葉ハ有柄對生シ、心臟狀卵
形ニシテ邊緣ニ鈍鋸齒ヲ具フ。表面ハ深
綠色ナレドモ、裏面及葉脈紫色ヲ呈シ、
稍しその葉ニ似タリ、故ニ紫蘇葉立浪ノ
和名アリ。六月頃、莖梢ニ3cm餘ノ穗ヲ
成シ、紫色ノ長形脣形花ヲ開キ、二花相
列ビテ立ツ。萼・花冠ノ狀、母種ト相同
ジケレドモ其色ハ稍淺シ。

くちびるばな科

やまたつなみさう

Scutellaria transitra Makino.

山中樹陰ニ生ズル多年生草本。白色ノ細長ナル
地下莖アリテ地中ヲ引ク。莖ハ直立シテ高サ15
-30cm許、方形ニシテ毛アリ、多クハ單一ナレ
ドモ又分枝スルコトアリ。葉ハ少數ニシテ對生
シ葉柄ヲ具ヘ、卵形或ハ三角狀卵形ニシテ銳尖
頭心臟底、邊緣ニ銳鋸齒ヲ有シ、表面ハ鮮綠色
或ハ脈上紫色ヲ帶ビ、光澤ニ無シ。五六月ノ候、
莖頂ニ葉狀苞ヲ伴フ總狀花序ヲ成シテ直立シ、
稍疎ニ淡紫花ヲ着ケ、毎花極メテ短キ小梗ヲ有
シ下ヨリ開キテ漸次上方ニ及ブ。萼ハ綠色ニ
シテ短ク、ロニ二脣ヲ成シテ上脣ニ圓形ノ附飾
物アリ。花冠ノ筒部ハ長クシテ直立シ、長サ15-
20mm、斂部ニ兩脣ト成リ、筒部ヨリハ濃色ニ
シテ上脣ハ稍兜狀、下脣ハ三淺裂シ、裂片ハ皆
鈍頭ナリ。二強雄蕋。花柱ハ末端二岐ス。四分
果ハ宿存萼ノ底ニ在リ。和名ハ山立浪草ニシテ
山ニ生ズルたつなみさうノ意ナリ。

なみきさう

Scutellaria scordifolia *Fisch.*
var. pubescens *Miq.*

海邊砂地ニ生ズル多年生草本ニシテ、高
サ 30cm 內外、地下莖ヲ引キテ繁殖ス。
莖ハ立チテ分枝シ、葉ト共ニ毛ヲ被フル。
葉ハ對生シ、殆ンド無柄ニシテ長橢圓狀
披針形ヲ呈シ、鈍頭ヲ成シ、邊緣ニ鈍鋸
齒アリ。夏秋ノ候、梢上葉腋ニ短梗アル
紫色唇形花ヲ對生シ、一方ニ向テ開ク。
萼ハ五裂。花冠ノ唇部ハ開口ス。二強雄
蕋アリ。浪來草ノ和名ハ此品海濱砂地ニ
生ズルヨリ起ル。

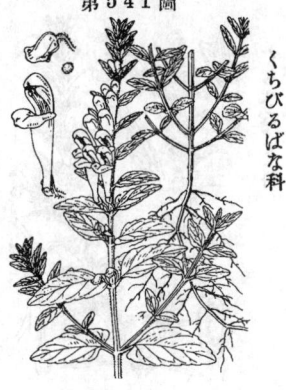

くちびるばな科

ひめなみき

Scutellaria dependens *Maxim.*

原野、濕地ニ生ズル多年生草本。全草無
毛、平滑ナリ。地下ニハ細長白色ノ匐枝
ヲ引ク。莖ハ瘦長方形綠色ニシテ高サ30
cm內外、直立シ、往々分枝シ、枝モ亦斜
ニ直上ス。葉ハ小形ニシテ短柄ヲ以テ對
生シ、長卵形、長サ15mm內外、銳尖頭
ナレドモ鈍端、淺キ心臟底ヲ成シ、邊緣
ニハ少數ノ鈍鋸齒アリテ質柔薄ナリ。六
月ノ候、梢部ノ葉腋ニ各一ノ小白花ヲ着
ケテ短小梗ヲ具フ。綠色ヲ呈セル萼ノ上
唇ニハ圓キ突起アリテ附飾物ヲ成ス。花
冠ハ漏斗狀唇形、筒部ハ弓曲シテ膨ラミ、
下唇ノ內部ニハ紫點ヲ布ク。二強雄蕋。
花柱ハ頂ニ二岐ス。四分果ハ宿存萼底ニ
位ス。和名姬浪來ハなみきさうニ似テ小
形ナルヲ以テ云フ。

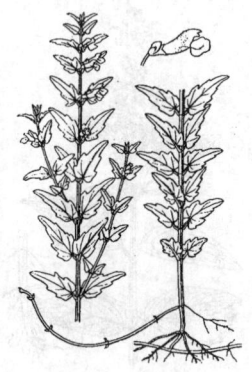

くちびるばな科

こがねばな （黃芩）
一名 こがねやなぎ

Scutellaria baikalensis *Georgi.*

東亞大陸ノ原產ニシテ園養スル多年生草
本。莖ハ立チテ分枝シ、高サ30–60cm許ニ
シテ、葉ト共ニ毛ヲ帶ブ。葉ハ殆ンド無
柄ニシテ對生シ、披針形ニシテ尖リ、全
邊ナリ。夏日、主莖梢及枝梢ニ穗ヲ成シ、
對生シテ紫色ノ唇形花ヲ開キ、一方ニ向
フ。萼ハ五裂。花冠ハ立チ、大ニシテ筒
部長ク、唇部開口ス。二強雄蕋アリ。根
ヲ藥用トス。和名黃金花ハ花色ニ由ルニ
非ズシテ、其根色ニ基キ名ケシナリ。

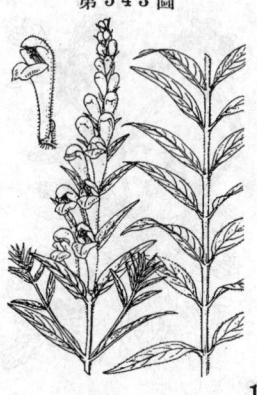

くちびるばな科

くちびるばな科

まんねんろう （迷迭香）
一名　まんるさう
Rosmarinus officinalis *L.*

南歐原產ノ常綠小灌木ニシテ香氣アリ、藥園ニ栽培スル藥用植物ノ一ナリ。莖ハ立チ、木質ニシテ分枝ス。葉ハ對生シ、線形ニシテ革質ヲ成シ、兩緣反卷シ、裏面ニ毛アリ。春夏ノ候、枝上葉腋ニ淡紫色ノ唇形花ヲ着ク。萼ハ唇形、粉毛アリ。花冠ハ筒部短ク、唇部大ニシテ開口シ、下唇大ニシテ其凹面ニ紫點アリ、花中ニ二雄蕋アリ。花柱ハ少シク花冠上唇ヨリ超出ス。枝葉ヲ藥用トス。

くちびるばな科

にがくさ
Teucrium japonicum *Houtt.*

野外ニ見ル多年生草本ニシテ往々水邊ノ濕地ニ生ジ、高サ60cm許ニ達ス。莖ハ方形ニシテ直立ス。葉ハ有柄、對生シ、長橢圓狀披針形ニシテ鋸齒ヲ有ス。夏日、梢ニ分枝シ、花穗ヲ成シテ淡紅色ノ小唇形花ヲ綴ル。萼ハ五裂。花冠ハ上唇深ク裂ケ、下唇長大ナリ。二强雄蕋、一花柱アリ。花時ノ萼ハ往々蟲癭ト成リテ膨大シ、各中ニ半翅蟲一疋ヲ宿ス殊性アリ。和名ハ苦草ノ意ナレドモ、本品ノ莖葉ハ苦カラズ。

くちびるばな科

きらんさう
一名　ぢごくのかまのふた
Ajuga decumbens *Thunb.*

路傍・堤側等ニ生ズル多年生草本。莖ハ地ニ布キテ簇生シ、數本四方ニ擴ガリテ苗ヲ成シ、直立セズ。葉ト共ニ毛ヲ帶ブ。葉ハ對生シ、倒披針形ニシテ鈍頭ヲ有シ、邊緣ニ粗齒アリ、綠色ニシテ往々紫色ヲ帶ブ。春日、葉腋ニ濃紫色ノ唇形美花ヲ攢メ開ク。萼ハ五裂、毛アリ。花冠ハ下唇大ニシテ三裂シ、中央片更ニ二淺裂ス。二强雄蕋アリ。漢名 金瘡小草(慣用)、此名確カナラズ。

じふにひとへ

Ajuga nipponensis *Makino.*

林野ニ多キ多年生草本。高サ 15–18cm。一株ニ直立或ハ傾上スル數莖ヲ出シ、葉ト共ニ白色毛茸多シ。株ニハ闊鱗片アリテ莖本ヲ擁ス。葉ハ有柄、對生シ、倒披針形ニシテ波狀粗齒ヲ有シ、帶白綠色ナリ。四五月ノ候、莖梢ニ花穗ヲ成シテ淡紫色ノ小形唇形花ヲ花軸ニ輪生シ、密聚ス。萼ハ五裂、有毛。花冠ハ下唇闊大、三裂。二强雄蕋アリ。分果ハ宿存萼內ニ在リ。從來之ヲ夏枯草トス、非ナリ。和名十二單ハ其花重ナリテ生ズルヨリ之ヲ女官ノ重ネ着ル裝束ニ見立テタルナリ。

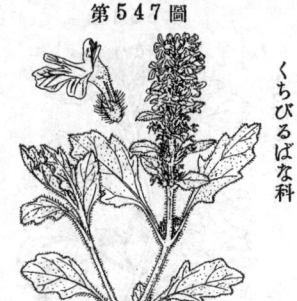

第５４７圖

くちびるばな科

にしきごろも

一名 きんもんさう

Ajuga yezoensis *Maxim.*

山地ニ生ズル多年生小草本ニシテ、高サ 6cm 內外。莖ハ直立シ、單獨或ハ數條叢生シ、毛アリ。葉ハ對生シテ葉柄アリ、長倒卵形ニシテ鈍鋸齒アリ、通常脈ニ沿ヒテ紫色ヲ呈シ、又葉裏紫色ヲ帶ブ。初夏ノ候、淡紫色ノ唇形花ヲ梢頭ノ葉腋ニ出ス。萼ハ五裂シテ毛アリ。花冠ハ筒部細長、下唇三深裂ス。二强雄蕋アリ。分果ハ宿存萼內ニ在リ。和名錦衣ハ其美麗ナル葉ニ基ク。

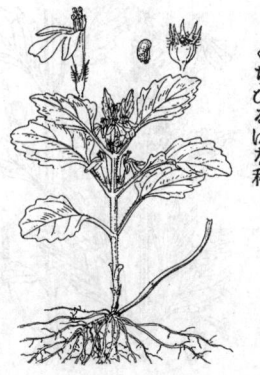

第５４８圖

くちびるばな科

つるかこさう

Ajuga glabrescens *Makino.*

野外ノ草原中ニ生ズル多年生草本ニシテ高サ 20–25cm 許ニ達ス。莖ハ直立シ、方形ニシテ毛アリ、單一ニシテ基部ヨリ葉ヲ着ケタル匐枝ヲ發出ス。葉ハ有柄、對生シ、長橢圓狀卵形ヲ呈シ、鈍鋸齒アリテ質軟ナリ。春日、莖ノ上部ナル葉狀苞腋ニ淡紫色ノ唇形數花ヲ輪生シテ上部ハ穗ト成ル。萼ハ五裂。花冠ハ下唇ハ三裂シテ闊シ。二强雄蕋アリ。和名ハ蔓夏枯草ノ意ナリ。

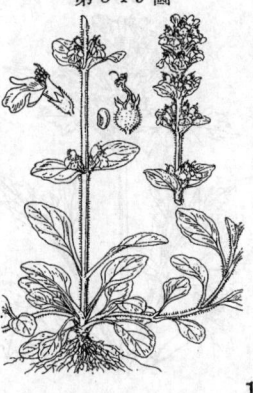

第５４９圖

くちびるばな科

183

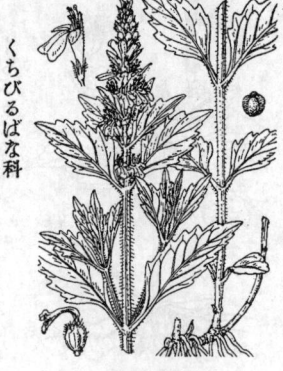

あふぎかづら

Ajuga japonica *Miq.*

くちびるばな科

山地樹下ニ生ズル多年生草本ニシテ、高
サ 10cm 內外。莖ハ短クシテ立チ、基部
ヨリ匐枝ヲ發出ス。葉ハ對生シテ葉柄頗
ル長ク、心臟形ニシテ邊緣ニ粗ナル缺刻
齒ヲ有ス。春日、梢上葉腋ニ節ヲ圍ミテ
紫色ノ唇形數花對生シテ相層ナリ、短穗
ヲ成ス。萼ハ五裂。花冠ハ筒稍長ク、唇
部大ニシテ下唇ハ三裂ス。二强雄蕊アリ。
和名扇蔓ハ其葉形ヨリ出ヅ。

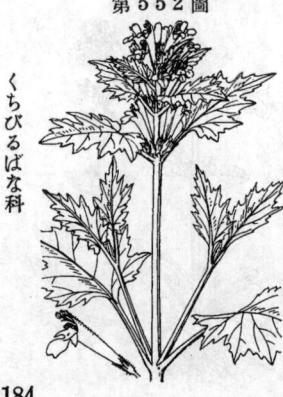

かひじんごう

Ajuga ciliata *Bunge.*

くちびるばな科

山地樹下ニ生ズル多年生草本ニシテ、高
サ 20-25cm 許。莖ハ直立シテ毛アリ、上
部往々疎枝ヲ分ツ。葉ハ有柄、對生シ、
卵形ニシテ大ナル不齊ノ鋸齒アリ。初夏
ノ候、紫色ノ唇形花ハ莖頂ニ開キテ短キ
花穗ヲ成シ、穗間ニ葉狀苞アリ。萼ハ五
裂。花冠ノ下唇ハ上唇ヨリ大ニシテ三裂
ス。二强雄蕊アリ。

ひらぎさう

Ajuga incisa *Maxim.*

山中陰溫ノ地ニ生ズル柔軟ナル多年生草本。高
サ 30cm 內外。根莖ハ粗大ニシテ蟠居ス。莖ハ
少數簇生シテ立チ圓柱狀ニシテ綠色、短毛ヲ布
ケドモ一見無毛ナルニ似タリ。葉ハ疎ニシテ碧
綠色ヲ呈シ、長柄ヲ以テ莖ニ對生シ、卵圓形ヲ成
シテ其邊緣ニ大ナル缺刻狀齒牙ヲ具ヘ鋸齒ハ
銳シ。五月、莖梢ニ輪繖花序ヲ穗狀ニ著ヶ葉狀
苞ヲ伴ヒ、碧紫色ノ美花ヲ開ク。花ハ各腋ニ二
三箇ニシテ極メテ短キ柄ヲ具フ。萼ハ五尖裂シ、
裂片痩長ナリ。花冠ハ大ニシテ長サ2-3cm、筒
部ハ長ク直立シテ著シク挺出ス。上唇ハ圓ク、
下唇ハ三裂シ中央裂片大ナリ。二强雄蕊竝ニ花
柱ハ花冠ヲ超ユルニ至ラズ。四分果ハ宿存萼底
ニ在リ。和名ハ葉形彷彿トシテひひらぎ葉ヲ想
起セシムルョリ云フ。

かりがねさう

一名　ほかけさう

Caryopteris divaricata *Maxim.*

原野・山足等ニ生ジ、強烈ナル不快ノ臭氣
アル多年生草本ニシテ高サ1m內外、方形
ノ莖ハ立チテ枝ヲ分ツ。葉ハ對生シテ短
柄アリ、廣卵形ニシテ邊緣ニ鋸齒アリ。
秋日、梢ニ分枝シテ疎ラニ紫碧色ノ花ヲ
開ク。綠萼小ニシテ五裂。花冠ノ下ハ筒
狀ヲ成シ、上ハ兩唇ニ分レテ大ニ開口シ、
下唇ノ中片長シ。雌雄ノ兩蕊長ク花冠ノ
外ニ出デ、花態頗ル奇ナリ。漢名 蕕(誤
用)。和名 雁草　一名 帆掛草ハ共ニ其
花形ニ基キシ稱ナリ。

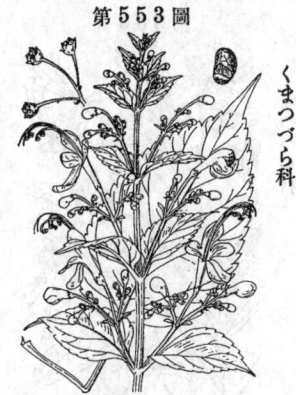

くまづら科

だんぎく (蘭香草)

一名　らんぎく

Caryopteris incana *Miq.*

九州ニ野生アレドモ通常庭園ニ栽培スル
多年生草本ニシテ高サ60cm內外。莖ハ
直立シ葉ト共ニ軟毛密布シ白色ヲ帶ブ。
葉ハ對生シテ柄アリ、卵形ニシテ邊緣ニ
鋸齒アリ。夏日、梢上ニ紫色、時ニ白色ノ
多數小花ヲ密集シ、聚繖花序ヲ成シテ莖
ヲ繞リ、層ヲ成ス。萼五裂、有毛。花冠五
裂シ、外方一片他ヨリ大ニシテ邊緣細裂
ス。四雄蕊高ク出ヅ。果實ハ宿存萼ヲ伴
フ。段菊ノ和名ハ其段層ヲ成セル花ノ集
團ニ基ク。

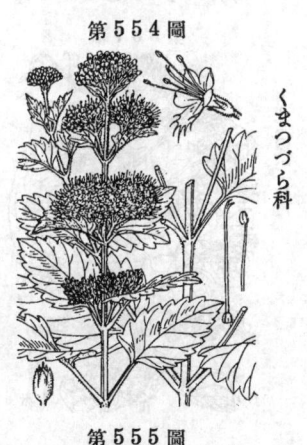

くまづら科

はまくさぎ (臭娘子)

Premna microphylla *Turcz.*

(=P. japonica *Miq.*)

暖地ノ海邊並ニ海ニ近キ地ニ生ズル落葉
灌木或ハ小喬木ニシテ高サ2-10m許、
幹ハ多數ノ枝ヲ分ツ。葉ハ對生シ、有柄
ニシテ卵形、全邊或ハ往々上部ニ缺刻狀
ノ大鋸齒ヲ有シ、惡臭ヲ有ス。小本ノ葉ハ
通常小ニシテ鋸齒深シ。夏時、枝端ニ聚
繖花序ヲ集メテ寬カナル圓錐花穗ヲ形成
シ、淡黃色ノ小花ヲ開ク。萼ハ鐘形五齒。
花冠ハ筒狀、四裂。四雄蕊。花後粒狀ノ
果實ヲ結ビ、宿存萼ヲ伴フ。和名ハ濱臭
木ノ意。

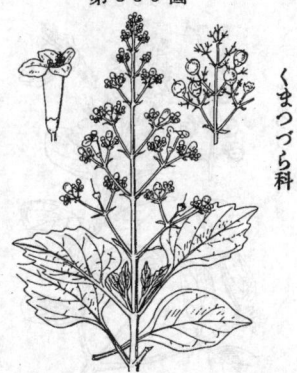

くまづら科

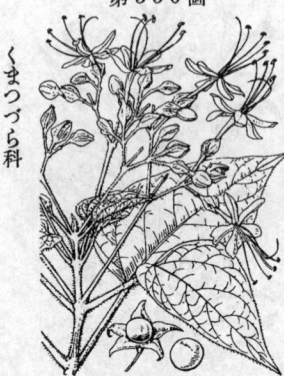

第556圖

くまつづら科

くさぎ（臭牡丹樹）
Clerodendron trichotomum *Thunb.*

山野ニ自生多キ落葉灌木ニシテ高サ1.5-3m許ニ達シ、分枝ス。葉ハ長柄ヲ以テ對生シ、全邊ハ廣卵形ヲ成シテ先端尖リ、短毛ヲ密生シ、臭氣アリ。八九月頃、枝端ニ聚繖花序ヲ成シテ多數ノ花ヲ開キ、芳香アリ。萼ハ五深裂シ、綠赤色ヲ呈ス。花冠ハ白色、高盆形ヲ成シテ下ハ瘦長ナル筒ヲ成シ、舷部ハ平開シテ五片ニ分レ、紅采アリ。四雄蕋ハ一花柱ト共ニ著シク花外ニ突出ス。果實ハ圓クシテ碧色ニ熟シ、果下ニ星狀ニ開キタル紅紫色ノ宿存萼アリ。往々嫩葉ヲ食用トス。和名ハ臭木ノ意。漢名 海州常山モ或ハ是乎。

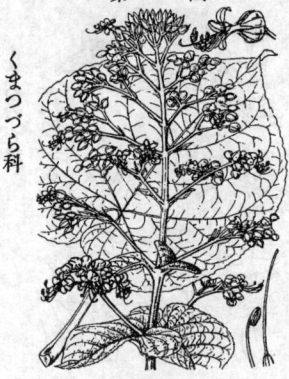

第557圖

くまつづら科

ひぎり（赬桐）
一名 たうぎり
Clerodendron japonicum *Makino.*

暖國ノ原産ニシテ通常觀賞花トシテ栽培セラルル落葉小灌木。幹ノ高サ1m内外ニ達ス。葉ハ長柄ヲ以テ對生シ、きりノ葉ノ如ク圓クシテ尖リ、邊緣ニ鋸齒ヲ有シ、深綠色ニシテ裏面ニ黃色ノ粉腺ヲ布キ、大ナルハ全長30cmニ達ス。夏秋ノ候、枝端ニ分枝シテ大ナル圓錐花序ヲ成シ、多數ノ赤花ヲ開キ、頗ル美觀ナリ。萼ハ花冠ト共ニ赤ク、卵圓形ニシテ五裂ス。花冠ハ下ハ筒ヲ成シ、上部ハ五裂シテ開ク。長キ四雄蕋ハ花柱ト共ニ上曲ス。和名ハ緋桐又ハ唐桐ノ意ナリ。

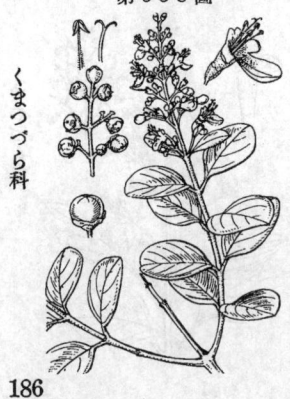

第558圖

くまつづら科

はまごう（蔓荊）
Vitex rotundifolia *L. fil.*

海邊ノ砂地ニ多キ落葉灌木。主莖ハ長ク砂上砂中ヲ横走シ、地ニ接スル處ニ根ヲ下ス。之レヨリ出ヅル枝ハ立チテ30-60cm許アリ。葉ハ對生シ、橢圓形ハ倒卵圓形ニシテ大サ3-5cm餘、全邊（極ク稀ニ三裂葉ヲ交ユルモノアリ、かはりばはまごう卽チ var. heterophylla *Makino* ト云フ）ニシテ短柄アリ、表面綠色ニシテ裏面ハ白色ヲ呈ス。夏日、梢頭ニ穗ヲ成シテ紫色ノ唇形花ヲ綴ル。萼ハ鐘形。花冠ハ下唇三裂シテ闊ク、内面ニ毛アリ。四雄蕋アリ。花後硬キ圓實ヲ結ビ、宿存萼ヲ伴フ。實ヲ蔓荆子ト稱シ、藥用ニ供ス、少シク香氣アリ。處々ニ土言ニ之ヲほうト呼ブ、和名はまごうハ蓋シはまほうノ轉乎。

にんじんぼく （牡荊）
Vitex cannabifolia
Sieb. et Zucc.

支那原產ノ落葉灌木ニシテ通常庭園ニ植
ヱラル。高サ凡 3m 餘ニ達シ、枝稍對生
ス。葉ハ長柄ヲ有シ、掌狀複葉ニシテ五
小葉ヲ具ヘ、稍ノモノハ三小葉ト成ル、
葉緣ニ鋸齒アリ。七八月ノ頃、枝稍葉腋
ニ長サ 20cm 內外ノ穗ヲ成シテ多數ノ淡
紫色小脣形花ヲ綴リ、萼ハ五裂、有毛。
花冠ノ下脣長大ナリ。人參木ノ和名ハ其
葉形ニ基ク。

第559圖

くまつづら科

むらさきしきぶ
一名 みむらさき
Callicarpa japonica *Thunb.*

山野ニ多ク生ズル落葉灌木ニシテ幹ハ高
サ 1.5-2m、稀ニ 3m 許ニ達ス。葉ハ有柄、
對生シ、楕圓形或ハ長楕圓形ヲ成シテ兩
端尖リ、邊緣ニ鋸齒ヲ有ス。六七月頃、葉
腋ニ多數ノ淡紫色細花ヲ聚繖ニ攢簇シ
テ開キ、香氣アリ。萼ハ短鐘狀、五淺裂。
花冠ハ四裂シ、四雄蕊超出ス。花後ニ生
ズル球形ノ小漿果ハ秋ニ至リテ紫色ニ熟
ス。和名ハ優美ナル果實ニ基キ、才媛紫
式部ノ名ヲ假リテ其樹名ヲ美化セルモノ
ナリ。漢名 紫珠(慣用)

第560圖

くまつづら科

こむらさき
一名 こしきぶ
Callicarpa dichotoma *Raeus.*
(=Porphyra dichotoma *Lour.*; C. pur-
purea *Juss.*; C. gracilis *Sieb. et Zucc.*)
山足ノ濕地或ハ原野水傍ノ地ニ生ズル落葉灌
木。高サ1-1.5m許、枝ハ多少彎曲シ、暗紫色ヲ帶
ブルコト多ク、且星狀毛ヲ布セ後ニハ多ク脫落
ス。葉ハ對生シテ短柄ヲ具ヘ、狹細卵形又ハ倒
卵狀長楕圓形ニシテ先端ハ銳ク尖リ、上牛部ノ
ミ鋸齒ヲ具フ。初夏ノ候、葉腋ニ細紫花ヲ開キ
聚繖花序ヲ成シテ密ニ花ヲ着ケ、花梗ハ葉腋ノ
稍上部ニ於ケル莖面ヨリ發出ス。萼ハ短鐘形ニ
シテ緣ニ四微齒アリ。花冠ハ筒部短ク鈜部ハ四
裂ス。雄蕊ハ四ニシテ高ク挺出セリ。漿果ハ小
球狀ヲ成シテ枝上ニ密簇シ秋ニ入リテ紫色ヲ呈
シ頗ル美ナリ。和名ハ小紫ノ意ニシテ同屬ノ紫
式部ニ似テ小ナレバ斯ク云フ、小式部ハ之レヲ
紫式部ニ比シテ其小ナルヲ表セリ、紫式部並ニ
小式部ハ共ニ和歌ヲ善クセシ優婉ナル女性ナレ
バ乃チ其美麗ナル果實ヲ着ケシ本品ヲ紫式部ト
同ジ歌人ノ小式部内侍ニ擬セシナリ。

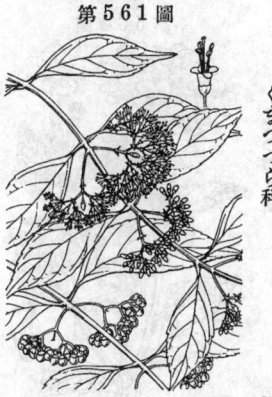

第561圖

くまつづら科

187

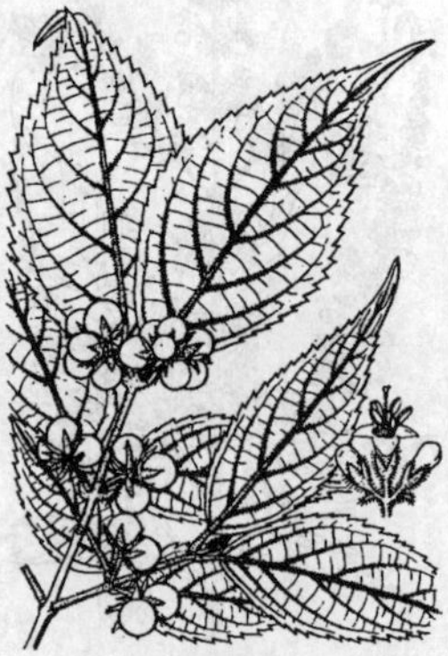

やぶむらさき

Callicarpa mollis
Sieb. et Zucc.

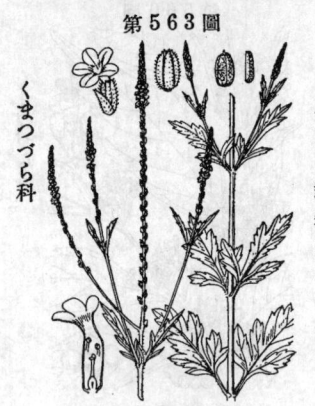

第562圖

くまつづら科

山地ニ生ズル落葉灌木。幹ノ高サ1.5-2m。葉ハ長楕圓狀披針形ニシテ對生シ、邊緣ニ鋸齒ヲ供ヘ、新枝ト共ニ全面ニ毛茸ヲ有ス。夏日、葉腋ニ短花梗ヲ出シ、聚繖的ニ淡紫色ノ數小花ヲ簇生ス。萼ハ五深裂、有毛。花冠四裂シ、外面ニ毛アリ。花冠ヨリ超出セル四雄蕋アリ。花後球形ノ小漿果ヲ結ビ、熟シテ紫色ト成リ、半バ宿存萼ニ隱ル。

くまつづら　（馬鞭草）

Verbena officinalis *L.*

第563圖

くまつづら科

原野・路傍ニ生ズル多年生草本ニシテ高サ60cm内外。莖ハ直立シ、方形、綠色ニシテ分枝シ、葉ト共ニ毛ヲ帶ブ。葉ハ對生シ、通常三裂シテ裂片更ニ羽狀ニ分裂シ、葉面ハ葉脈ニ由テ自ラ皺ヲ呈シ、裏面ハ脈條隆起セリ。夏日、梢ニ瘦長花穗ヲ成シテ紫色ノ無柄細花ヲ綴リ、下方ヨリ咲キ上ル。綠萼五片、有毛。花冠ハ高盆狀ニシテ邊緣五裂ス、喉下ニ極短花絲アル四雄蕋アリ。果實ハ四瘦果狀ヲ成ス。全苗ヲ藥用ニ供セラル。

びじょざくら

一名　はながさ

Verbena phlogiflora *Cham.*

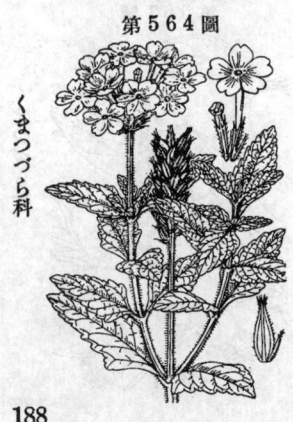

第564圖

くまつづら科

南米ぶらじる原産ニシテ庭園ニ培養セラルル多年生草本。高サ20cm内外。莖ハ立チ、葉ト共ニ毛アリ。葉ハ對生シ、葉柄アリ。長楕圓形或ハ披針形ニシテ銳頭、缺刻狀鋸齒緣ヲ有ス。夏秋ノ候、莖頂ニ短花穗ヲ成シテ繖形樣ニ多數ノ美花ヲ開キ、赤色・白色・紫色或ハ斑色等種々ノ色アリ。花形ハ高盆狀ヲ成シテさくらさう花ニ似、下ニ瘦長筒ヲ成シ、舷部ニ五深裂ス。花下ノ綠萼ハ筒ヲ成シテ五裂ス。和名ハ美女櫻ノ意ナリ。

いはだれさう

Lippia nodiflora *Rich.*
var. sarmentosa *Schau.*

海濱ニ生ズル多年生草本。莖ハ長ク砂上ニ匍匐シ、節ヨリ根ヲ下ス。花ヲ着クル枝ハ上向シ、高サ 10-20cm 內外アリ。葉ハ對生シ、倒卵形ニシテ下部楔形ニ狹窄シ、上部ニ鋸齒アリ、質厚クシテ毛ナシ。夏時、花梗ヲ葉腋ニ出シ、頂ニ長橢圓狀圓柱形ノ單穗ヲ成シ、幅闊キ苞ヲ緊密ニ鱗次シ、苞間ニ紅紫色ノ無柄細花ヲ出シ開ク。萼ハ細小、鐘形。花冠ハ脣形。雄蕊ハ四。分果ハ乾質ニシテ苞內ニ潛ム。和名ハ岩垂草ノ意ナリ。

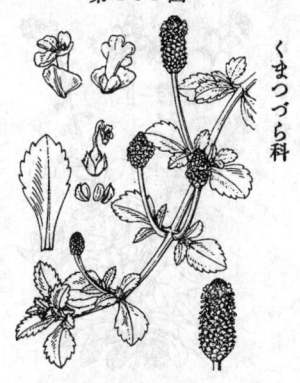

第565圖

くまつづら科

ばうしうぼく

Lippia citriodora *H. B. K.*

南米ちりノ原產ニシテ、溫室內ニ園養セラルル常綠灌木。高サ 60-90cm 許。葉ハ輪生又ハ對生シ、線狀披針形ニシテ尖リ、全邊ニシテ支脈多ク、芳香アリ。夏時、枝末ニ穗狀花穗ヲ集メテ圓錐花穗ヲ成シ、無柄ノ細小淡紫花ヲ着ク。花冠ハ下部筒狀ニ成シ、上部脣形ヲ呈シ、下脣大ニシテ三裂ス。果實ハ乾質ニシテ小ナリ。葉ヨリ香料ヲ製ス。ばうしうぼくハ防臭木ノ意ニシテ、往年東京ニこれら病流行ノ際此植物ニ此名ヲ附シテ貴ビシコトアリ。

第566圖

くまつづら科

はまべんけいさう

Mertensia asiatica *Macbr.*

我邦北地ノ海邊砂上ニ生ズル二年生草本。莖ハ砂上ニ擴ガリ、末上向ス。全苗白綠色ヲ呈シテ其觀他ノ草木ト異ナリ、砂場ニ一種ノ異彩ヲ放ツ。葉ハ互生シ、長サ 3-6cm 許、倒卵形、全邊ニシテ下部ノモノハ葉柄ヲ具フ。質厚ク、乾ケバ暗色ヲ呈シ、敢テ生時ノ美觀ナシ。夏時、梢ニ穗ニ成シ、藍紫色ノ花ヲ綴ル。萼ハ五裂。花冠ハ鐘狀ヲ成シテ五裂ス。花冠內ニ五雄蕊アリ。草狀べんけいさうノ態アリ、故ニ濱辨慶草ノ名アリ。

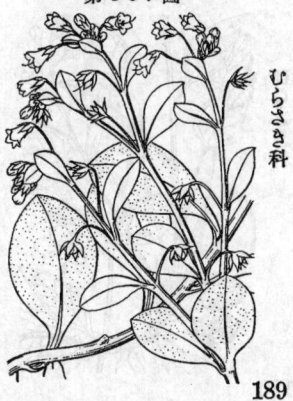

第567圖

むらさき科

189

第５６８圖

むらさき科

きうりぐさ
誤稱　たびらこ
Trigonotis peduncularis *Benth.*

原野・路傍ニ多キ二年生草本。根葉ハ多數叢生シ、卵圓形ニシテ長柄ヲ有シ、上部ノ葉ハ互生シテ長卵形ヲ呈シ、葉面ニ細毛ヲ布ク。春日、莖ヲ抽クコト 15-30cm、梢ニ長キ無苞ノ總狀花穗ヲ成シテ有梗淡藍色ノ細花ヲ綴リ、花軸・花梗ニ細毛アリ。花軸ハ其先端蠍尾狀ヲ成シ、花ノ開クニ從テ次第ニ解舒ス。萼五片、有毛。花冠五裂、短筒、喉部ニ副鱗アリ。果實ハ宿存萼ヲ伴ヒ、分果ハ上端尖レリ。從來之ヲたびらこト爲シ、春ノ七草ノート稱スルハ誤ナリ。眞正ノたびらこハきく科ノこおにたびらこ是レナリ。

第５６９圖

むらさき科

みづたびらこ

Trigonotis brevipes *Maxim.*

山邊水側ニ生ズル多年生草本。莖ノ高サ20cm 許ニシテ枝ヲ分ツ。葉ハ互生シ、楕圓形ニシテ表面ニ細毛ヲ布キ、莖ト共ニ軟ナリ。夏日、梢ニ穗狀花穗ヲ成シテ淡藍色ノ細花ヲ綴ル。花軸ハ其末、蠍尾狀ヲ成シ、花ノ開クニ從テ次第ニ解舒ス。花ハ花梗極メテ短ク、殆ンド無柄ナリ。萼ハ五片、有毛。花冠ハ短筒、五裂、喉ニ副鱗アリ。果實ハ宿存萼ヲ伴ヒ、分果ハ稜角アリ。

第５７０圖

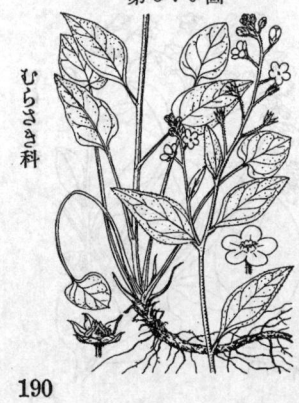

むらさき科

たちかめばさう

Trigonotis Guilielmi *Maxim.*

山中溪邊ニ多ク生ズル多年生草本。高サ20-25cm 許、莖ハ綠色ニシテ細長シ。葉ハ互生シテ卵圓形ヲ成シ、全邊ニシテ細毛アリ、脚葉ニハ長柄ヲ具ヘ、上部ノ葉ハ柄短シ。春夏ノ候、梢ニ分岐セル總狀花穗ヲ成シテ、白色ノ有梗小花ヲ着ク。綠萼五裂。花冠輻狀、五裂、花喉ニ鱗片アリ、筒ハ短カシ。雄蕊五。分果ハ銳尖。和名ハ立龜葉草ノ意ニシテ、草立チ、葉ハ龜甲狀ヲ呈スルヨリノ稱ナリ。

つるかめばさう
Trigonotis Icumae *Makino.*

原野ニ生ズル多年生草本ニシテ、高サ20cm 内外。莖ハ纖長ニシテ横ニ長ク延ビ、蔓狀ト成ル。葉ハ全邊ノ卵形ニシテ尖リ、脚葉ハ葉柄長ク、上部ノ葉ハ柄短シ。夏時、莖側ヨリ總狀花穗ヲ出シ、淡藍色ノ數花ヲ着ク。綠萼五裂。花冠輻狀五裂、花喉ニ鱗片アリ。雄蕊ハ五。分果ハ上尖レリ。花後莖延ビ其末地ニ着キ新苗ヲ發ス。和名ハ蔓龜葉草ノ意ナリ。種名ハ Inumae ノ綴リ損ヒニテ元來草木圖說ノ著者飯沼慾齋ノ姓ニ基キシモノナリ。

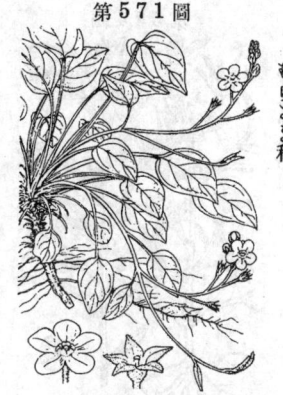

むらさき科

さはるりさう
Ancistrocarya japonica *Maxim.*

山中樹下ノ陰地ニ生ズル多年生草本ニシテ高サ30-50cm許。莖ハ一年生ニシテ直立シ、全株短剛毛ヲ布ク。葉ハ廣倒披針形ニシテ先端尖リ、下部ニ楔狀ニ狹窄シ、全邊ニシテ裏面ハ主脈隆起シ、且ツ光澤アリ。五六月ノ候、莖梢ニ疎枝ヲ分チテ偏側生總狀花序ヲ頂生ス。花序ハ初メ蝎尾狀ニ卷レ、漸次ニ解ケテ花軸眞直ト成リ下方ヨリ順次開花シ上方ニ及ブ。花ニハ短梗アリ。萼ハ綠色ニシテ五深裂シ、裂片ハ瘦鋮形ヲ成シテ尖リ毛ヲ有ス。花冠ハ微紫色、下ハ短筒狀ヲ成シ、舷部ハ五裂シテ開キ附箭片之レ無ク、裂片ハ卵狀橢圓形ナリ。五雄蕊アリテ閉在シ、花絲短シ。果實ハ平滑ナル瘦果ニシテ橢圓狀卵形ヲ成シ、上方ニ向ヒ漸尖シテ嘴狀ヲ呈シ其先端鉤曲スルノ殊徵アリ。和名ハ澤瑠璃草ニシテ山溪邊ニ生ズルるりさうノ意ナリ。るりさうハ同科ノ一草ナリ。

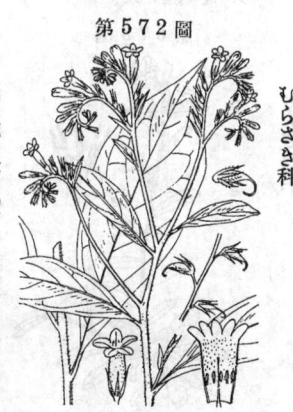

むらさき科

むらさき
Lithospermum erythrorhizon
Sieb. et Zucc.

山野ニ生ズル多年生草本ニシテ高サ凡30-60cm 餘。根ハ地中ニ直下シテ往々分岐シ、肥厚シテ紫色ヲ呈シ、其頭ヨリ莖ヲ抽ク。莖ハ直立シテ上部ニ分枝シ、葉ト共ニ毛ヲシ。葉ハ互生シ披針形ニシテ尖リ全邊ニシテ支脈斜ニ縱走ス。夏日、昇上セル梢枝ノ葉狀苞間ニ白色ノ小花ヲ開ク。綠萼五片、裂片狹シ。花冠ハ輻狀五裂シ、花喉ニ五鱗片アリ。雄蕊ハ五。小粒狀ノ分果ハ光澤アル灰色ヲ呈ス。根ヲ藥用トシ、又紫色ノ染料トス。往時ハ根ヲ採ル爲ニ處々ヨリ栽培セシコトアリ。從來慣用セル漢名ノ紫草ハ元來ハ我ガ此むらさきニハ非ラズ。

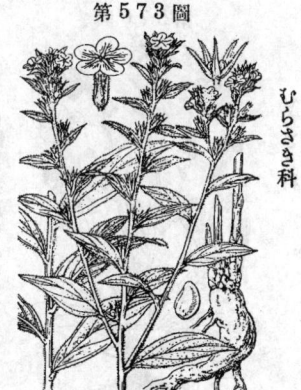

むらさき科

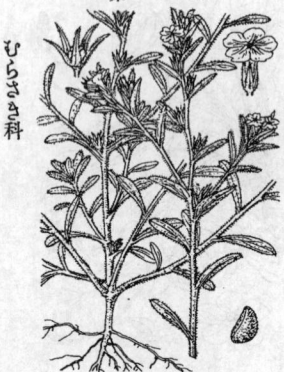

第５７４圖

ひらるさき科

いぬむらさき （麥家公）

Lithospermum arvense L.

郊外ニ生ズル二年生草本ニシテ、高サ
30cm內外。莖ハ枝ヲ分ツ。葉ハ無柄ニシ
テ互生シ、狹披針形全邊ニシテ莖葉共ニ
毛ヲ有ス。春夏ノ候、枝上葉狀苞ノ腋ニ
互生シテ疎ニ白色小花ヲ開ク。萼五片、
裂片狹シ。花冠五裂、筒部稍長シ。果實
ハ小形ニシテ灰色ヲ呈シ、光滑ニシテ皺
アリ。和名ノ犬ハ、此品むらさきト同屬
ナレドモ紫色分ナク、從テ染料トナラザ
ル故云フ。

第５７５圖

ひらるさき科

ほたるかづら

一名　ほたるさう・ほたるからくさ・るりさう
Lithospermum Zollingeri A. DC.

山野向陽ノ乾燥地或ハ林下半陰處ノ草地ニ生ズ
ル多年生ノ匍匐草本ナレドモ新枝ハ直立シ 15-
20cm 許アリ。匍匐莖ハ痩細ナレドモ剛質ニシ
テ粗毛アリ、其末端根ヲ下シ葉ヲ科生シテ新株
ヲ成ス。葉ハ柄ナク倒披針形ニシテ互生シ、先
端鈍形或ハ圓形、下部ハ楔形ヲ成シ、深綠色ヲ
呈シ冬ヲ凌イデ枯レズ、兩面共ニ粗毛ヲ生ジ、
毛根ハ硬點アリテ爲ニ極メテ糙澁ナリ。春日枝
梢ノ葉腋ニ碧紫色ノ美花ヲ開ク。萼ハ綠色、五深
裂シ、裂片ハ線形、亦粗毛アリ。花冠ハ高脚盆
形、下部ハ筒狀、鈙部ハ平開シ徑15mm 許アリテ
五裂シ、裂片ハ橢圓形ヲ呈シ、各片ノ中央ニ隆起
シテ下部白色ヲ呈シ爲メニ五白線花喉ヨリ射出
スルガ如シ。雄蕊ハ五箇、花筒內ニ潜在シ、葯ハ
淡黃色。子房ハ四粒狀ヲ成シ、花柱ハ直立シ其高
サ雄蕊ト相同ジ。果實ハ堅果ニシテ小形、宿存萼
片ニ圍マレ白色平滑ナリ。和名螢蔓・螢草・螢唐
草ハ綠葉中ニ點々トシテ開ケル其紫花ヲ螢光ニ
比セシモノニシテ唐草ハ其蔓ノ見立テナリ。

第５７６圖

ひらるさき科

わするなぐさ

Myosotis scorpioides L.
(=M. palustris Lam.)

歐洲ノ原產ニシテ花草トシ栽培セラルル
多年生草本ナリ。地下莖ヨリ莖ヲ出シ、
其高サ 30cm 內外、疎ニ分枝ス。葉ハ長橢
圓狀披針形或ハ倒披針形ニシテ互生シ、
下者多少有柄、上者無柄ニシテ莖ト共ニ
毛アリ。春夏ノ候、蠍尾狀ノ花穗ヲ成シ、
黃心藍色ノ有梗小花ヲ着ク。綠萼五裂。
花冠輻狀五裂、花喉ニ五鱗片アリ。五雄
蕊。分果無柄。本品ハ Forget-me-not ト
俗稱ギ有シ、世間之ヲわすれなぐさト謂
ヘドモ、是レ須ラクわするなぐさト稱ス
ベシ、卽チ「私を忘るなよ」ノ意デアル。

192

ひれはりさう
Symphytum officinale *L.*

欧洲ノ原産ニシテ時ニ栽培セラルル多年
生草本。高サ60-90cm許ニ達シ、茎・葉共
ニ白色ノ短粗毛ヲ布ク。茎ハ分枝シ、多
少ノ翼アリ。葉ハ卵狀披針形ニシテ先端
長ク尖ル。下部ノ葉ハ有柄、上部ノ葉ハ
無柄ニシテ茎ニ流レ茎上ノ鰭翼ト成ル。
花軸ハ一回或ニ二回叉岐シ、短キ蠍尾狀
ノ花穂ヲ成シ、六七月頃、短梗花ヲ開キ下
ニ向フ。綠萼五裂。花冠ハ廣筒狀ニシテ
上部鐘形ヲ呈シ、短ク五裂ス。花筒內ニ五
雄蕊アリ。分果ハ卵形。花色種々ニシテ
紫色・白色・淡紅色・淡黃白色等アリ。和名
ハ鰭玻璃草ノ意ナラン、鰭ハ茎ノ翼、玻璃
ハ其白花品ニ對シテ名ケシナラン。元來
玻璃草トハるりさうノ白花品ノ名ナリ。

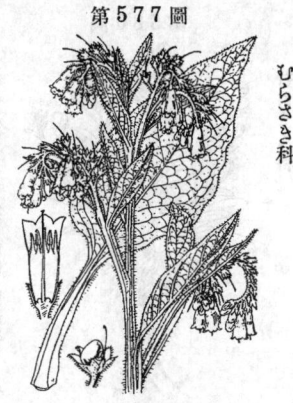

第５７７圖

むらさき科

おほはりさう
Symphytum asperum *Lepech.*

かうかさす地方原産ノ多年生草本ニシテ
偶ニ園中ニ栽培セラレ、高サ60cm餘ニ
達ス。茎ハ分枝シテ刺毛アリ。葉ハ卵狀
披針形ニシテ銳尖頭ヲ有シ、全面糙澁ス。
下部ノ者ハ葉柄アレドモ、梢ノ者ハ殆
ド無柄ト成リ、而シテ茎ニ流レズ。花軸
ハ叉岐シ、各枝短キ蠍尾狀ノ花穂ヲ成シ、
六七月頃、短梗花ヲ着ケテ下ニ向ヒ、初メ
紅紫色ニシテ後藍色ニ變ズ。綠萼五片。
花冠ハ長サ凡2cm許、廣キ筒狀ニシテ上
部鐘形ヲ呈ス。五雄蕊花筒內ニ在リ。

第５７８圖

むらさき科

はないばな
Bothriospermum tenellum
Fisch. et Mey.
var. asperugoides *Maxim.*

原野・路傍ニ多ク生ズル二年生或ハ一年
生草本。高サ10-15cm許。きうりぐさニ
似タリト雖モ、其根生葉ハ彼レノ如ク長
柄ナク、葉面ニ皺アリ。淡藍色ノ小花ハ
短梗ヲ有シ、春ヨリ秋ニ亙リ、枝上ノ葉
ト葉トノ間ノ枝ニ着キテ花穂ヲ成シ、萼・
花冠共ニ五裂シ、花穂ノ末端同卷セズ。
分果ハ楕圓形ニシテ尖ラズ、表面糙澁ス。
和名はないばなハ其花葉ト葉ノ間ニ出ヅ
ルヲ以テ葉內花ノ意ナラント思ハル。

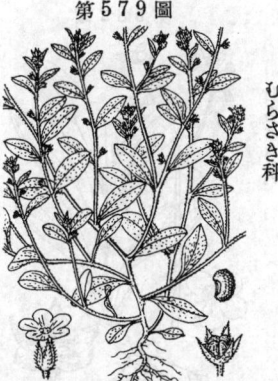

第５７９圖

むらさき科

193

第５８０圖

みやまむらさき
Eritrichium nipponicum *Makino.*

本邦中部以北ノ高山帶、岩礫ノ地ニ生ズル矮小ナル多年生草本ニシテ主根ハ土中ニ直下シ强壯ニシテ暗色色ナリ。全株密ニ白色ノ剛毛ヲ被ル。根葉ハ多數アリ地ニ就テ柏狀ニ叢生シ、無柄ニシテ線形或ハ線狀披針形ヲ成シ葉先鈍頭ヲ有シ全邊ニシテ質粗剛ナリ。莖ハ斜開シテ一株ニ四乃至十條出デ、高サ5-10cm、小ナル無柄ノ數葉ヲ著ケ、頂ニ總狀樣繁織花序テ成シテ小梗アル數小花ヲ著ケ、七八月ノ候ニ開花ス。萼ハ綠色ニシテ細毛アリ、五深裂シ、裂片ハ狹長橢圓形、鈍頭。花冠ハ淡紫色ヲ呈シ、盆形ニシテ幅1cmニ滿タズ、花筒ハ短クシテ其長サ萼ニ及バズ、鈺部ハ平開シテ五深裂シ、裂片ハ廣橢圓形ニシテ圓頭ナリ。花喉ノ附飾物ハ隆起シ凹頭ヲ成ス。五雄蕊アリ花筒內ニ著テ潜在ス。雌蕊ハ花柱短ク、柱頭ハ平頭形ナリ。小堅果ハ斜メニ子房壼ニ附着ス。時ニ白花品アリ、之レヲしろばなみやまむらさき(forma albiflorum *Hara*=var. albiflorum *Koidz.*)ト云フ。和名ハ深山紫草ノ意ナリ。

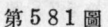

第５８１圖

おほるりさう
Cynoglossum furcatum *Wall.*

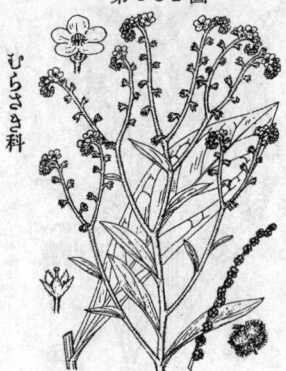

山地ニ生ズル大形ノ二年生草本ニシテ高サ60-90cm許リ。莖ハ大ニシテ直立シ、葉ト共ニ毛アリテ粗糙ナリ。葉ハ互生、廣披針形ヲ成シテ先端尖リ、全邊ニシテ殆ド葉柄ヲ缺キ、脚葉ハ卵狀披針形ニシテ長葉柄アリ。夏日、梢上ニ枝ヲ分チテ叉狀ニ分枝セル總狀花穗ヲ成シ、穗末蠍尾狀ヲ呈シ、藍色ノ短梗小花ヲ着ク。綠萼五片。花冠平開五裂、花喉ニ小鱗片アリテ筒部短シ。五雄蕊。分果ハ四箇、平扁ニシテ鉤刺ヲ密生ス。和名ハ大瑠璃草ナリ。

第５８２圖

るりさう
Omphalodes Krameri
Franch. et Sav.

山野樹陰ニ生ズル多年生草本ニシテ高サ20-25cmニ達ス。莖ハ直立シテ葉ト共ニ細毛アリ。葉ハ互生シ、倒披針形ニシテ全邊ナリ。脚葉ハ下部葉柄ト成ル。初夏ノ候、莖梢ニ兩岐セル總狀花穗ヲ成シ、穗末ハ蠍尾狀ヲ呈シ、有梗ノ藍色花ヲ穗軸ニ着ク。綠萼五片。花冠ハ筒部短ク、鈺部平開シテ五裂シ、花喉ニ兩岐セル五鱗片アリ。五雄蕊。和名瑠璃草ハ花色ニ基ク、白花品ヲ玻璃草(はりさう)ト云フ。

ひらさゝ科

やまるりさう

Omphalodes japonica *Maxim.*

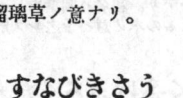

山地樹陰ニ生ズル多年生草本。根葉ノ長
サ12–15cm、幅3cm許、倒披針形ニシテ邊
緣多少波狀ヲ呈シ、數葉一窠ヲ成シ、毛ヲ
帶ブ。葉心數莖ヲ抽テ斜向シ、疎ニ披針
形葉ヲ互生ス。晩春枝梢ニ總狀花穗ヲ成
シテ有梗花ヲ着ケ、穗末ハ蠍尾狀ヲ呈ス。
花ハ初メ淡紅、後直ニ藍色ト成ル。綠萼
五片。花冠五裂シ、花喉ニ凹頭ノ五鱗片
ヲ具ヘ、筒部短シ。五雄蕊花冠筒內ニ在
リ。分果ハ四箇アリテ圓形ヲ成シ、其面平
扁ニシテ中央陷凹シ、周緣ニ短鉤刺アリ。
和名ハ山瑠璃草ノ意ナリ。

ひらさゝ科

すなびきさう
一名 はまむらさき

Tournefortia sibirica *L.*

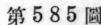

海邊ノ砂地ニ生ズル多年生草本ニシテ地
下莖ヲ引キテ繁殖ス。莖ハ立チ高サ30cm
內外ニシテ密ニ葉ヲ着ケ、往々疎ニ枝ヲ
分ツ。葉ト共ニ細軟毛アリ。葉ハ互生、
無柄ニシテ數多ク、狹長ニシテ全邊ヲ成
ス。夏日、莖梢ニ短花穗ヲ岐チ、各總狀ニ
成シ、短小梗アル有香白花ヲ着ク。綠萼
五片、裂片狹長。花冠ハ五深裂シ、花喉黃
色、筒部狹長。五雄蕊。花柱短シ。果實
ハ略ボ四稜圓形、外皮稍鬆質ナリ。和名
ハ砂引草ノ意。地下莖砂中ヲ引キテ繁殖
ス、故ニ云フ。

ひらさゝ科

ちしゃのき
一名 かきのきだまし

Ehretia thyrsiflora *Nakai.*

九州・四國等ノ山地ニ生ズル落葉喬木ニ
シテ往々人家ニ栽植セラル。高サ 10m、
周圍90cm ニ達スル者アリ。葉ハ互生シ、
橢圓狀倒披針形或ハ倒卵形ニシテ葉柄ヲ
有シ、鋸齒アリ、其質稍硬ク、粗糙ス。
七月頃、枝端ニ圓錐花序ヲ成シ、白色ノ
小花ヲ多數密集ス。綠萼ハ細小、五裂。
花冠五深裂。五雄蕊。核果ハ小粒形ニシ
テ黃熟ス。芝居千代萩ノちしゃのきハ此
レニ非ラズシテゑごのきノ事ナリ。

ひらさゝ科

第586圖

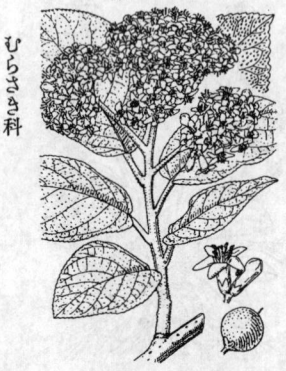

むらさき科

まるばちしゃのき
Ehretia Dicksoni *Hance* var. japonica *Nakai*.

暖地ニ生ズル落葉喬木ニシテ枝ハ横ニ擴ガル。葉ハ有柄ニシテ互生シ、圓形或ハ廣橢圓形、先端急ニ尖リ葉底ハ圓ク邊緣ニ鋸齒アリ、長サ5-10cm、葉質ハ剛厚ニシテ表面ハ剛毛密生シ極メテ糙澀ナレドモ裏面ハ絨毛ヲ滿布ス。五月、枝端ニ少數ノ小枝ヲ岐チ繖房花序ヲ成シテ密集セル白花ヲ開ク。萼ハ綠色ニシテ五尖裂シ、裂片ハ狹卵形ナリ。花冠ハ短筒ヲ有シ、鈸部ハ五裂シ、裂片ハ平開シ、橢圓形ニシテ邊緣背方ニ卷ク。雄蕊五本花喉ニ近ク花筒ニ着キ喉上ニ超出ス。雌蕊ハ一、子房ハ卵形、花柱ハ粗ニシテ直立シ花喉ニ出デテ二岐ス。核果ハ球形ニシテ徑15mm內外、秋ニ入リテ黃熟シ、平滑ニシテ光澤ヲ有シ多汁ナリ。和名ハ圓葉ちしゃの木ナレドモ、此ちしゃの木ノ意ハ予ヲレヲ解シ得ズ。

第587圖

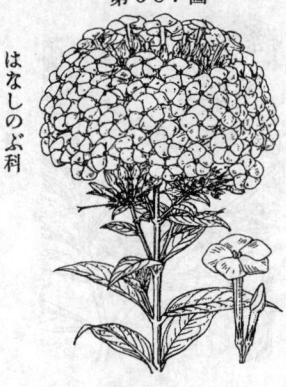

はなしのぶ科

くさけふちくたう
Phlox paniculata *L*.

北米原產ノ多年生草本ニシテ、高サ1m內外ニ達ス。莖ハ叢生シテ直立ス。葉ハ對生、時ニ三葉輪生シ、全邊ナル披針形ニシテ尖リ、葉柄極メテ短ク、上部ノ者ハ抱莖ノ狀アリ。夏日、莖頂ニ短廣ナル圓錐花序ヲ成シテ紅紫色・白色等ノ美花ヲ簇生ス。綠萼ハ五裂、裂片尖ル。花冠ハ高盆狀ニシテ五裂シ、裂片同旋襲ハ呈シテ平開シ、下ハ長キ筒ヲ成ス。五雄蕊アリ。和名ハ草夾竹桃ノ意ニシテ其花けふちくたうニ似テ草本ナル故云フ。

第588圖

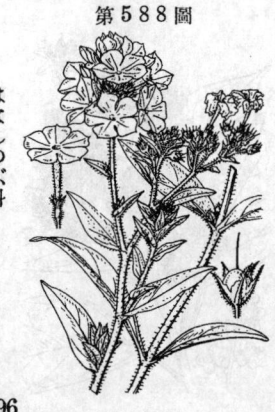

はなしのぶ科

ききゃうなでしこ
Phlox Drummondii *Hook*.

觀賞花卉トシテ培養セラルル本品ハ北米てきさす原產ノ一年生草本。高サ30cm許ニシテ、莖ハ能ク枝ヲ分チ、毛アリ。葉ハ下部ノ者ハ對生シ、上部ハ互生シ、披針形ヲ呈ス。夏日、莖頂ニ相集リテ美花ヲ開ク。紅色・淡紅色・紫色・白色等アリ。綠萼ハ五裂シ裂片尖ル。花冠ハ高盆狀ヲ成シテ五裂シ、裂片平開ス。五雄蕊アリ。蒴果ハ卵圓形、宿存萼ヲ伴フ。園藝上ノすたーふろっくすハ花冠裂片尖リ、或ハ剪裂セル者ニシテ、var. stellaris Voss. ほしざきききゃうなでしこ是レナリ。

はなしのぶ

Polemonium coeruleum *L.*

山地・原野ニ生ズル多年生草本ニシテ高サ 60-90cm 許。莖ハ直立シ、葉ハ互生シ、奇數羽狀複葉ヲ成シ、小葉ハ披針形ニシテ尖リ、對生ス。夏日、莖梢ニ圓錐花穗ヲ成シテ紫色ノ美花ヲ開ク。萼ハ鐘狀ヲ成シテ五裂シ、裂片尖ル。花冠ハ深ク五裂シテ輻狀ヲ呈シ、雄蕊ハ五本アリテ一方ニ傾キ、花冠上ニ出ヅ。一子房アリテ、花柱ハ三岐ス。蒴果ハ宿存萼內ニ在リ。和名はなしのぶノしのぶハ葉狀ニ基ク。

はなしのぶ科

まめだふし (菟絲子)

Cuscuta sojagena *Makino.*

一年生ノ寄生蔓草。莖ハ無毛ニシテ黃色ノ絲狀ヲ成シ寄主ニ纏絡シテ左卷ジ長サ50cm 內外ト成リ、綠葉ヲ缺キ唯細鱗片アリテ疎ニ互生ス。夏秋ノ候枝上ノ各處ニ密ナル團狀ノ總狀花序ヲ成シテ極短小硬ノ小白花ヲ開ク。萼ハ五片アリテ稍肉質、背面ニ脊稜ヲ成サズ、各片ハ廣楕圓形ニシテ鈍頭ヲ有ス。花冠ハ萼ノ倍長テアリ、短鐘形ニシテ五裂シ、裂片ハ廣楕圓形ニシテ圓頭ナリ。花冠筒內ノ附飾鱗片ハ雄蕊下方ニ於テ長ク、花冠裂片下ニ於テ短ク、而シテ疎ニ長短ノ絲狀ニ分裂セリ。五雄蕊ハ花冠ヨリ短ク、花冠裂片ト互生シ花冠筒部ノ頂邊ニ出ヅ。雌蕊ノ子房ハ平圓形ニシテ四卵子ヲ容レ、頂ニ二花柱アリテ相竝ビテ立チ狹長ニシテ柱頭ハ小頭狀ナリ。秋日果トシテ果皮薄キ蒴果ヲ結ブ、略橢セル平球形ニシテ下ニ宿存萼伴ヒ、徑4mm 許、頂ノ中央凹入シ、二室ニシテ每室朔ニ二種子アリ。種子ハ廣倒卵狀ニシテ平滑、黃白色ヲ呈ス。從來此種ニ C. chinensis *Lam.* ノ學名ヲ用キシガ中ラズ、乃チ余之レヲ新種ト認メテ上ノ名ヲ下セリ、而シテ C. chinensis *Lam.* ハ或ハはまねなしかづら(C. maritima *Makino*) ナラン乎向覆審ヲ要ス。和名ハ豆倒シノ意、此者大豆苗ニ寄生シ之レヲ害スルヨリ斯ク云フ。

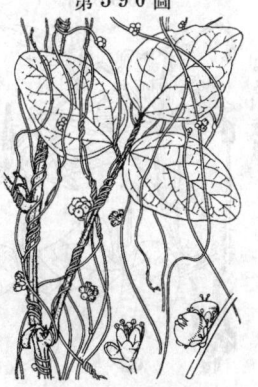

ひるがほ科

ねなしかづら (金鎧藤・毛芽藤)

Cuscuta japonica *Chois.*

山野ニ生ズル一年生寄生植物ニシテ多クハ木本上ニ生活シ、一葉モ有セズ。莖ハ針金狀ノ蔓ヲ成シ、初メハ地上ニ生ズレドモ、直ニ寄主植物ニ纏絡シ、其レヨリ養分ヲ吸收シテ生長ス。其蔓黃色ヲ帶ビ、且ツ往々褐紫色ヲ呈ス。夏日、莖上ニ短穗ヲ成シテ小白花ヲ攢簇ス。花ハ無柄ニシテ萼ハ五裂シ、花冠ハ鐘形五裂シ、五雄蕊ヲ有ス。蒴果ハ卵形、熟スレバ蓋ヲ以テ開裂シ、中ニ少數ノ種子アリ。稀ニ蔓ノ綠色ヲ呈スル變種アリ。みどりねなしかづらト云フ。從來本品ニ菟絲子ノ漢名ヲ用ウルハ誤ナリ。

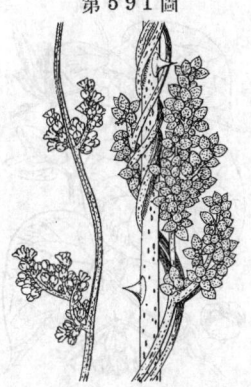

ひるがほ科

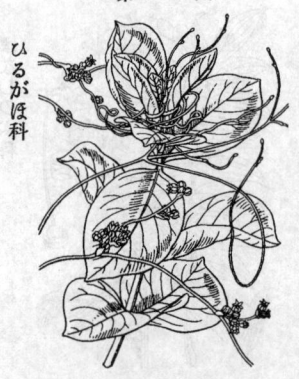

第592圖

はまねなしかづら
Cuscuta maritima *Makino*.

我邦中部以西暖地ノ海濱ニ見ル一種ニシテ、はまごうノ枝ニ寄生シ、黃色ノ素麵ヲ掛ケシ如ク見ユル一年生草本。莖ハ細長ニシテ絲ノ如ク、長ク引キテ互ニ相糾錯ス。夏秋ノ候、莖上處々ニ細花相集リ着ク。萼ハ五裂。花冠ハ白色ニシテ短鐘狀ヲ呈シ、五裂ス。果實ハ球形ニシテ宿存萼ヲ伴ヒ、果皮甚ダ薄ク、內ニ少數ノ大ナル種子ヲ容ル。

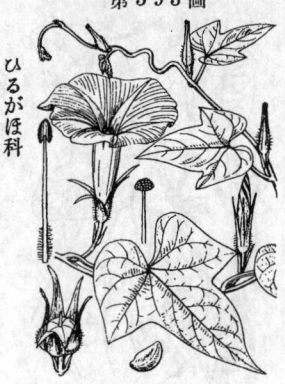

第593圖

あさがほ (牽牛子・牽牛花)
Ipomoea Nil *Roth*.
(= Pharbitis Nil *Chois*.)

あじあノ原產ニシテ最モ普通ニ培養セラルル一年生草本。逆毛アル左卷キノ纏繞莖ヲ有シ、長サ凡2m以上ニ達ス。葉ハ互生シ、長柄アリテ通常三裂シ、毛アリ。夏日、葉腋ニ大形ノ美花ヲ開キ、朝早ク咲キ午前ニ萎ム、故ニ朝顏ノ和名アリ。一梗ニ一乃至三花ヲ着ケ、萼ハ深ク五裂シ、裂片狹長ニシテ背ニ長毛アリ。花冠ハ漏斗形ヲ成シ、藍紫色・白色・覆輪等種々ノ色アリ。蕾ハ筆頭狀ニシテ右囘旋麴リ呈ス。雄蕊ハ五。蒴果ハ宿存萼ヲ伴ヒ、球形ニシテ三室ヲ有シ、各室ニ二種子ヲ藏ス。種子ヲ藥用トシ牽牛子ト稱ス。今ハ觀賞花草トシテ廣ク培養シ、花・葉ニ多樣ノ變化アリ。あめりか原產ノモノハ P. hederacea *Chois*. ナリ。

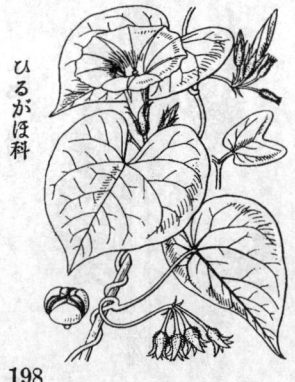

第594圖

まるばあさがほ
Ipomoea purpurea *Lam*.
(= Pharbitis purpurea *Voigt*.)

熱帶あめりかノ原產ニシテ人家ニ培養セラルル一年生ノ渡來草本。槪形あさがほニ似テ左卷ノ纏繞莖ヲ有シ、長サ凡1.5-2m餘ニ達シ、枝葉多シ。葉ハ互生シ、長柄ヲ有シ、圓形ニシテ先端ハ尖リ、葉底ハ心臟形ヲ呈ス。夏日、葉腋ノ花梗上ニ紅紫色ノ花ヲ開キ、通常數花ヲ繖形ニ着ク。綠萼五片、背ニ短毛アリ。花冠漏斗形ヲ成ス。雄蕊ハ五。花後ハ小梗下向シ、宿存萼內ノ蒴果ガ成熟セシム。蒴果ハ三室、每室ニ二種子アリ。

ぐんばいひるがほ
Ipomoea Pes-Caprae *Roth.*
(=Convolvulus Pes-Caprae *L.*;
I. biloba *Forsk.*; I. maritima *R. Br.*)

九州以南ノ暖地海岸砂場ニ生ズル大ナル無毛ノ多年生匍匐草本ニシテ性頗ル強壯ナリ。莖ハ粗大ニシテ強靱、極メテ長ク砂上ニ匍フテ繁衍シ、分枝シテ廣キ面積ヲ蔽ヒ、下ニ鬚根ヲ下セリ。葉ハ通常紅紫色長葉柄ヲ具ヘ、互生シテ散着シ、厚質ニシテ平滑光澤ヲ有シ綠色ニシテ其槪形圓形或ハ廣橢圓形ヲ呈シテ先端二裂シ軍扇狀ヲ成ス。夏秋ノ間、葉腋ニ長梗ヲ出シテ一乃至少數ノ紅紫花ヲ着ク。萼ハ綠色ニシテ五片アリ、各片卵形ニシテ鈍頭ヲ有ス。花冠ハあさがほ狀樣ノ漏斗狀ニシテ徑凡4cmアリ。五雄蕋アリテ花筒中ニ位ス。子房ハ卵形ニシテ二胞、花柱ハ直立ス。蒴ハ卵圓形、平滑、中ニ大ニシテ硬ク通常表面ニ毛アル黃褐色種子ヲ藏ス。本州中部湖海ノ地、往々ニシテ僅ニ之レヲ見ルコトアルハ蓋シ海流ニヨリテ其種子ノ齎ラサレテ發芽セシ者ナリ。本種ハ防砂用トシテ功アリ。和名軍配晝顏ハ其葉形軍配扇ニ似、花ハひるがほニ類スレバ云フ。

さつまいも（甘藷）
一名　からいも
Ipomoea Batatas *Lam.*
var. edulis *Makino.*

熱帶あめりか/原產ニシテ、畑地ニ栽培スル多年生草本。地下ニ多肉根ヲ生ジ皮色紅白種々アリ、切レバ肉色微黃ヲ帶ビ質粗ナリ。莖ハ細長ニシテ地上ヲ匍匐シ、長サ約2m。葉ハ通常心臟狀圓形ニシテ莖ト共ニ紫色ヲ帶ブ。內地ニテハ稀ニ夏ノ葉腋ニ長硬ヲ抽キ、硬頂ニ紅紫色漏斗形ノ數花ヲ開ク、あさがほニ似テ小ナリ。綠萼五片。花冠ハ筒部太シ。雄蕋ハ五。一雌蕋。暖地ニテハ花後蒴果ヲ結ビ、種子成熟ス。此種ハ古ヨリ我邦ニ栽培セルモ近時あめりかいもノ流行ニ壓セラレ大ニ其量ヲ減ズルニ至レリ。

あめりかいも（番藷）
Ipomoea Batatas *Lam.*

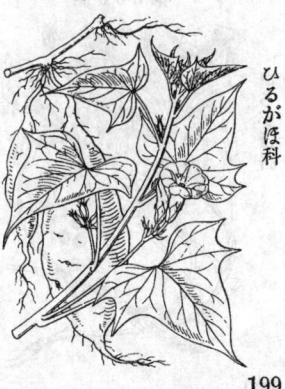

蓋シ熱帶あめりか/原產ニシテ、今ハ廣ク栽培セラルル多年生草本。莖ハ地ニ匍ヒテ生長シ、長サ約 2m。塊根ハ橢圓形等種々々形狀アリテ皮色亦一ナラズ。切レバ肉色白ク、質緻密ニシテ或ハ紅紫(あづきいも)ヲ帶ブル者アリ。葉ハ互生シテ長柄ヲ有シ、淺心臟形ニシテ兩側ニ耳卽チ裂片アルコト普通ナリ。或ハ深ク分裂スル者アリ。夏日、葉腋ニ梗ヲ出シ、梗頂ニ紅紫色ノ數花ヲ開クコトさつまいもニ同ジク、又萼・花冠・雄雌蕋ノ狀モ相等シ。洋人ノすゐーとぽてーと稱スルモノハ卽チ此品ヲ指ス。從來我邦ニ於テハ此種頗ル少ナカリシガ、近時ハ世間普通ニ之ヲ見ルニ至レリ、品種ニハげんじいも等種々アリ。

第595圖

第596圖

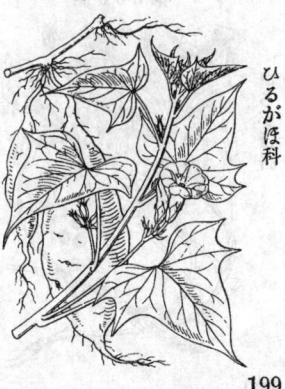
第597圖

ひるがほ科

199

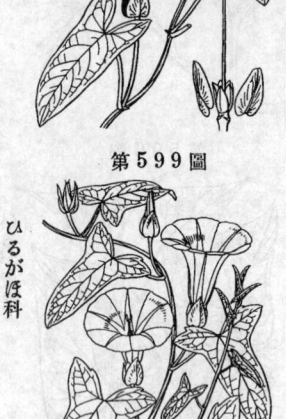

ひるがほ （旋花・鼓子花）
Calystegia japonica *Choisy.*

原野ニ多キ多年生草本ニシテ、地中ヲ横走スル白色ノ地下莖ヨリ長キ纒繞莖ヲ發出ス。葉ハ長柄アリテ互生シ、長橢圓狀披針形ニシテ、大ナル者長サ 10cm 許ニ達シ、葉底ハ耳形ヲ成ス。夏日、薫風ノ吹ク時分ニ葉腋ニ長梗ヲ出シ、梗頂ニ大ナル淡紅花ヲ日中ニ開ク、故ニ晝顏ノ和名アリ、萼五片、萼外ニ二片ノ廣キ苞アリテ蛤合ス。花冠ハ漏斗形、徑約5cm內外。五雄蕊、一雌蕊アリ。普通花後ニ實ヲ結バズ。人ニヨリ之ヲおほひるがほト稱ス。

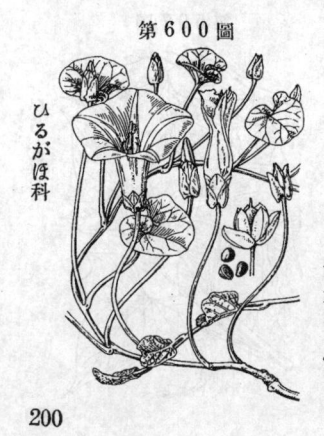

こひるがほ
Calystegia hederacea *Wall.*

原野・路傍等ニ普通ナル多年生草本ニシテ、地中ニ白色ノ根莖ヲ引キ、之ヨリ地上ニ長キ纒繞莖ヲ發出シ、他物ニ卷絡ス。葉ハ互生シ、長柄アリ、戟形ヲ成シ、兩耳往々張出ス。夏日、葉腋ニ花梗ヲ出ダシ、帶紅色ノ花ヲ開キひるがほヨリ小ク、同ジク日中ニ開ク。萼五片。之ヲ兩面ヨリ掩フ二片ノ綠苞アリ。花冠ハ漏斗形。花中ニ五雄蕊、一雌蕊アリ。花後普通ニ結實セズ。人ニヨリ之ヲひるがほト稱ス。

はまひるがほ
Calystegia Soldanella *R. Br.*

海濱ノ砂地ニ多キ多年生草本。强壯ナル地下莖ヲ砂中ニ長ク曳キ、肥ヘタルモノハ徑凡7mm許ニ及ブ。之ヨリ發出セル地上莖ハ砂上ニ臥シ、時ニ他物ニ寄ルヲ得バ纒繞シテ上ルコトアリ。葉ハ互生シテ長葉柄ヲ有シ、腎臟狀圓形ヲ成シテ厚ク、光澤アリ。五月頃、葉腋ニ長梗ヲ抽キテ大ナル淡紅色ノ花ヲ開ク。萼五片、其下ニ廣キ二苞アリテ萼ヲ擁ス。花冠ハ漏斗狀ニシテ筒太シ、花中ニ五雄蕊、一雌蕊アリ。蒴果ハ圓ク、種子ハ太クシテ黑シ。

るかうさう （蔦蘿松）

Quamoclit pennata *Bojer.*

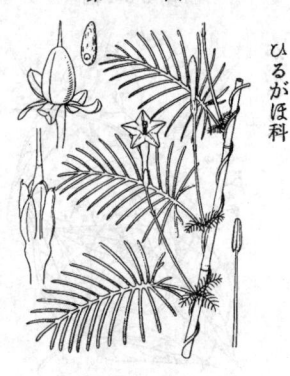

熱帶あめりかノ原産ニシテ、古クヨリ觀
賞花トシテ我邦ニ栽培セラルルー一年生蔓
草。纏繞莖ハ長サ1-2m餘ニ達シ左卷ス。
葉ハ互生シ、葉柄アリ、羽狀ニ分裂シテ
裂片綠色ノ絲狀ヲ成シ、中脈ノ兩側ニ排
列シテ頗美ナリ。夏日、葉腋ニ長梗ヲ抽キ
テ鮮美ナル股紅色ノ花ヲ開ク、稀ニ白色
品アリ。綠萼ハ五片。花冠ハ筒部細長ニ
シテ舷部五裂シ、五雄蕋一花柱ハ花外ニ
超出ス。蒴果ハ卵形、宿存萼ヲ伴ヒ、種
子ハ細長シ。和名ハ縷紅草ノ意ナリ、又
留紅草ト書キシモノアリ。

ひるがほ科

まるばるかう

Quamoclit angulata *Bojer.*

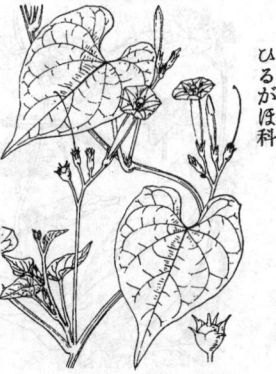

熱帶あめりかノ原産ニシテ人家ニ栽培セ
ラレシガ、今ハ往々野生ノ狀態ト成レル
一年生蔓草ニシテ莖ハ長ク延ビ、他草木
ニ纏繞ス。葉ハ互生シテ長柄ヲ有シ、心
臟狀圓形ニシテ先端尖リ、往々葉底ノ兩
耳ニ尖角ヲ見ル。夏秋ノ候、葉腋ニ長梗
ヲ抽キ、梗末ニ黃紅色ノ三、五花ヲ着ク。
萼ハ五片、大サ不同、各突起爪アリ。花
冠ハ筒長ク、舷部小ニシテ五裂シ、るか
うさうノ花ニ似タリ。五雄蕋、一花柱少
シク花冠外ニ出ヅ。蒴果ハ圓クシテ宿存
萼ヲ伴フ。

がひるがほ科

いよかづら

誤稱　かもめづる

Tylophora Dickinsii *Makino.*

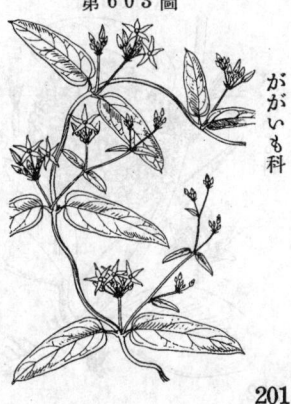

山野ニ生ズル多年生ノ蔓性草本。細莖ヲ
以テ他草木ニ纏繞シ、長ク生長ス。葉ハ
對生シテ短柄ヲ具ヘ、廣披針形、全邊ニシ
テ銳尖頭ヲ有ス。夏日、葉腋ニ葉ヨリ短
キ花梗ヲ出シ、暗紫色ノ小花ヲ着ク。萼
五裂。花冠輻狀、五深裂、裂片披針形ニシ
テ、花心ニ蕋冠アリ。花後長形ノ瞢葖ヲ
結ビ、熟スレバ內縫線ニ沿テ開裂ス。種
子ハ平扁ニシテ一端ニ綿狀ノ白長毛ヲ有
シ、風ニ從テ飛散ス。今日之ヲかもめづ
ると稱スレド非ナリ。かもめづるハ今日
ノたちかもめづるノ和名ナリ。

ががいも科

第601圖

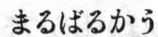

第602圖

第603圖

201

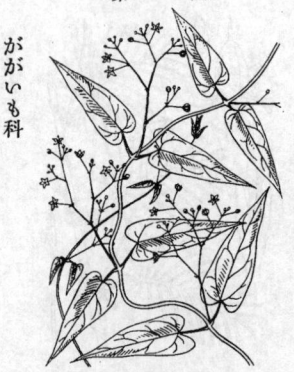

第604圖

ががいも科

こかもめづる
Tylophora nikoensis *Matsum.*

原野ニ生ズル多年生草本。莖ハ細キ纒繞莖ヲ成シ、長ク延ブ。葉ハ對生シ、短柄ヲ有シ、長サ 3-6cm 許ノ披針形ヲ成ス。基脚ハ心臟形ヲ呈シ、全邊ニシテ銳尖頭ヲ有ス。夏月、葉腋ニ葉ヨリ長キ花梗ヲ抽キ、分枝シテ暗紫色ノ細花ヲ着ク。萼細小、五裂。花冠五深裂、裂片卵形、花心ニ蕊冠アリ。花後細長キ蓇葖ヲ結ビ、後開裂シテ絹絲狀ノ白絮ヲ有スル平扁種子ヲ飛バス。

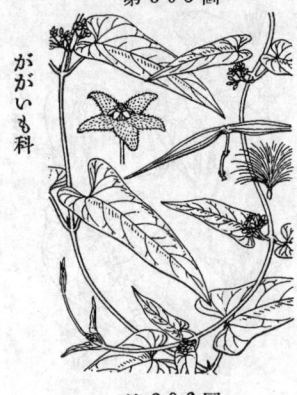

第605圖

ががいも科

おほかもめづる
Tylophora aristolochioides *Miq.*

山地ニ生ズル多年生ノ蔓性草本。莖ハ細キ纒繞莖ヲ成シテ長ク伸ブ。葉ハ對生シテ柄ヲ有シ、披針形乃至三角狀披針形ニシテ大キク、長サ往々 15cm 餘ニ及ビ、下部ハ耳形ヲ呈シ、耳垂圓シ。夏日、葉腋ニ頗ル短キ花穗ヲ出シ、短ク分枝シテ淡暗紫色ノ細花ヲ着ク。萼ハ綠色五裂。花冠ハ五深裂シ、輻狀ニシテ面ニ細毛アリ。花心ニ蕊冠アリ。蓇葖ハ著シク開出シテ一直線ニ成シ、細長ニシテ末狹窄シ、開裂セバ白絹毛ヲ有スル平扁細長ノ種子ヲ出ス。

第606圖

ががいも科

さくららん （玉蝶梅）
Hoya carnosa *R. Br.*

南方暖地ニ生ズル多年生ノ蔓性草本。莖ハ岩面ニ着キテ長ク匍匐ス。葉ハ有柄對生シ、橢圓形ヲ呈シ、全邊ニシテ厚キ肉質ヲ成ス。夏日、葉腋ニ一花梗ヲ出シ、多數ノ小花ヲ毬狀ニ開キ、白色ニシテ中部淡紅ヲ帶ビ、香氣アリ。毎花ノ長キ小梗ハ花梗頂ニ纘形ニ出ヅ。花冠輻狀ニシテ五深裂シ、其面ニ絨毛ヲ布ク。花心ノ蕊冠ハ星芒狀ニ開出シ、五突起ヲ成ス。蓇葖ハ狹長ニシテ末漸殺ス。觀賞品トシテ栽培セラル。寒氣ヲ恐ル、故ニ冬月ハ溫室ニ入レ保護スベシ。和名櫻蘭ハ花容ニ基ク。漢名 毬蘭(慣用)

202

したきりさう 一名 したきさう
Stephanotis japonica *Makino.*

暖地ノ海岸近キ林中ニ生ズル常緑藤本。
莖・葉ハ嫩時ニハ軟毛ヲ被リ、切レバ白乳
液ヲ出ス。葉ハ長柄アリテ對生シ深緑色、
卵狀橢圓形全邊ニシテ急遽銳尖頭、心臓
底、質稍厚ケレドモ柔ナリ。六月開花ス。
聚繖花序ハ腋出シ二-五花ヲ成リ、花
大ニシテ徑 5cm 內外、白色ニシテ芳香ア
リ、花中ヨリ黒色ノ液ヲ出スコト多シ。萼
片ハ緑色ニシテ卵狀披針形、全緑。花冠ハ
高脚盆形ヲ呈シ、下ハ花筒ヲ成シ、舷部ハ
五深裂片ト成リ、裂片ハ卵狀披針形或ハ
披針形ニシテ鈍頭ナリ。副花冠ハ五箇ア
リテ蕊柱ニ著生ス。花後膏葖ヲ結ビ二箇
アリテ平滑ナル長角狀ヲ成シ長サ 20cm
ニ達シ直線ニ平開シ生時緑色ナリ。和名
したきりさうハ井岡冽氏ノ說ニ攄リシ者ナリ
而シテ是レ或ハ舌切草ナランモ其意今分明ナラ
ズ、したきさうハ蓋シ其略セラレシ者ナラン。

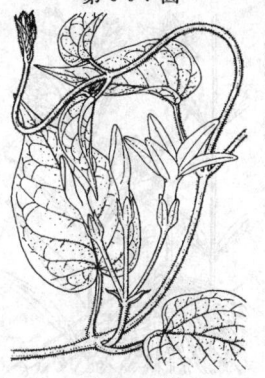

第６０７圖

ががいも科

きじょらん
Marsdenia tomentosa
Morr. et Decne.

山地樹陰ニ生ズル常緑ノ多年生纏繞藤本
ニシテ暖地ニ多シ。莖ハ强壯ニシテ下部
ハ木質ヲ呈シ、上部ハ緑色草質ナリ。高
サ 1-3m 內外。葉ハ對生、全邊、圓形ニ
シテ尖リ、葉面光澤アリ。夏日、葉腋ニ短
キ花梗ヲ抽キ、梗上ニ淡黄白色ノ有梗小
花ヲ繖形狀ニ集メ着ク。萼ハ五裂、裂片
圓形、小梗ト共ニ毛細毛アリ。花冠ハ五
深裂シ、花喉、筒內ハ毛アリ。花心ニ蕊
冠アリ。果實ハ緑色巨大ニシテ橢圓形ニ
成シ、種子ハ白色ノ種髪アリ。漢名 牛
嬭菜(誤用)

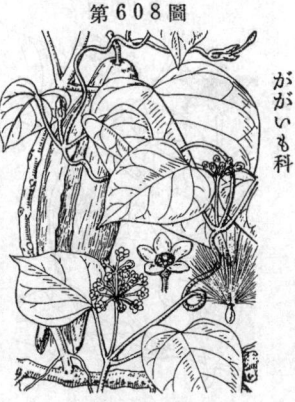

第６０８圖

ががいも科

たうわた （蓮生桂子花）
Asclepias curassavica *L.*

南米ノ原產ニシテ觀賞花トシテ庭園ニ培
養スル一年生草本ニシテ高サ 60-90cm ニ
達シ、白乳液ヲ出ス。莖ハ緑色ニシテ直
立、叢生ス。葉ハ對生シテ長橢圓形若ク
ハ廣披針形ニ成リ尖リ、全邊ナリ。夏
日、梢葉腋ニ長梗ヲ出シ、梗頂ニ繖形ヲ
成シテ紅赤色ノ有梗花ヲ開ク。綠萼五深
裂シ、裂片狹シ。花冠五深裂シ、裂片反
曲ス。蕊冠ハ黄色ヲ呈シ、蓋帽ハ弓狀嘴
ヨリ短シ。花後獸角狀ノ蓇葖ヲ結ビ、開
裂シテ白絮アル種子ヲ吐ク。種子ノ白絮
ハ質弱クシテ利用シ難シ。和名ハ唐綿ノ
意ナリ、綿ハ種髪ヲ指シ、唐ハ支那ヲ指
セシモノナレドモ、此ノ如キ時ハ渡リ物
ヲ意味スルナリ。

第６０９圖

ががいも科

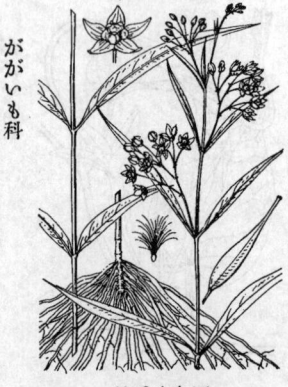

すずさいこ

Pycnostelma
　　paniculatum *K. Schum.*

山野ニ生ズル多年生草本ニシテ、高サ60
cm 內外。根ハ多數鬚狀ヲ成シテ短キ地下
莖ヨリ發出ス。莖ハ細長ニシテ剛質、直
立シ、節間長シ。葉ハ對生シ、細長披針形
ニシテ銳尖頭ヲ有シ、全邊ナリ。夏日、梢
上葉腋ヨリ花梗ヲ出シ、梗上多ク分枝シ
テ淡黃綠色ノ小花ヲ着ク。其蕾ハ圓クシ
テ鈴ニ似タリ。故ニ鈴柴胡ノ和名アリ。
萼ハ五深裂シ、裂片狹クシテ尖ル。花冠
モ亦五深裂シ、卵狀廣披針形。蕊冠ノ五
蓋帽ハ鈍圓形。漢名　徐長卿(誤用)

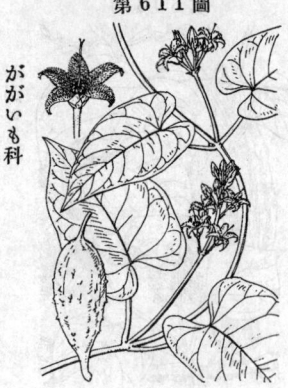

ががいも　(蘿藦)
一名　ごがみ・くさばんや

Metaplexis japonica *Makino.*

原野ニ自生スル多年生纏繞草本。地下莖
ヲ引キテ繁殖シ、莖ハ長ク延ビテ綠色ヲ
呈ス。長サ 2m 內外。葉ハ柄ヲ有シテ對
生シ、葉心臟形ヲ成シ、全邊ニシテ支脈明
ナリ。莖・葉ヲ切レバ白汁ヲ出ス。夏日、
葉腋ニ長花梗ヲ出シ、梗末ニ短キ花穗ヲ
成シテ淡紫色ノ短梗花ヲ開ク。綠萼ハ五
深裂シ、裂片狹クシテ尖ル。花冠五裂シ、
面ニ毛アリ。花心ニ蕊冠アリ。蕁莢ハ頗
ル大ニシテ獸角狀ヲ成シ、面ニ不齊ノ小
突起アリ。種子ハ白色ノ種髮ヲ有シ、風
ニ從ヒテ飛ブ。種子ノ白髮ハ綿ノ代用ト
シ、針挿・印肉ニ用キラル。

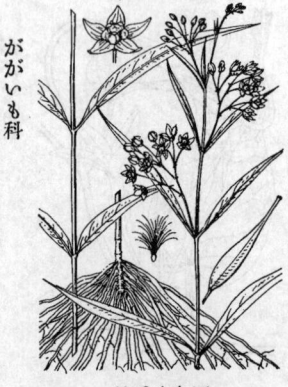

いけま
一名　やまこがめ・こさ

Cynanchum caudatum *Maxim.*

山地ニ生ズル多年生ノ纏繞草本ニシテ根
ハ肥厚シ、地中ニ直下ス。葉ハ長柄ヲ有シ
テ對生シ、心臟形ヲ成シテ尖リ、全邊ヲ成
ス。夏日、葉腋ニ長梗ヲ抽クコト 6–9cm、
梗端ニ白色ノ小花ヲ繖形ニ綴ル。綠萼五
深裂。花冠亦五深裂、後チ反向ス。花中ニ
蕊冠アリ。花後狹長ナル蕁莢ヲ結ビ熟ス
レバ自ラ裂ケテ白絮アル種子ヲ飛バス。
和名いけまハあいぬ語ニシテ巨大ナル根
ノ意ト謂フ、之レヲ從來生馬ノ意ニ採リ
馬ノ藥ト稱スルハ誤解ニシテ元來此根ニ
ハ毒アリ。漢名　牛皮消(慣用)

204

こいけま
Cynanchum Wilfordi *Hemsl.*
(＝Vincetoxicum Wilfordi *Franch. et Sav.*;
Cynoctonum Wilfordi *Maxim.*)

第613圖

ががいも科

中部以南ノ山地山足向陽ノ草地ニ生ズル多年生蔓草。根ハ多肉ニシテ白色或ハ黄白色ヲ呈シテ直下シ或ハ横斜シ往々括レアリ。莖ハ纏繞シテ左巻シ、長サ1-3m許、細長ナル圓柱形ニシテ分枝シ綠色ヲ呈シ其皮强靭ニシテ、切レバ白乳液ヲ出ダス。葉ハ對生シ、長キ葉柄ヲ有スレドモ上部ノ者ハ下部ノ者ヨリ短キ葉柄ヲ具ヘ、卵圓形ニシテ急遽短ク或ハ長ク銳尖頭ヲ成シ、葉底ハ深心臟狀耳形ニシテ脈上ニ軟毛ヲ生ジ、表面ハ綠色光澤無ク裏面淡綠色ヲ呈シ、之レヲいけま葉ニ比スレバ小形ニシテ且ツ質稍厚ク、長サ5-10cm許アリ。夏日葉腋ニ葉柄ヨリ短キ一梗ヲ抽キ梗頂ニ繖形花序ヲ成シテ多クノ花ヲ着ク。花ハ小梗ヲ具ヘテ小サク、淡黃綠色ヲ呈シいけま花ノ白色ナルト異ナレリ。萼ハ細小ニシテ五片。花冠ノ裂片ハ五ニシテ稍開出スレドモ反卷スルニ至ラズ是レ亦以テいけまト分ツベシ。和名小いけまハいけまニ似テ小形ナレバ云フ。

すずめのをごけ
誤稱　いよかづら
Cynanchum japonicum
Morr. et Decne.

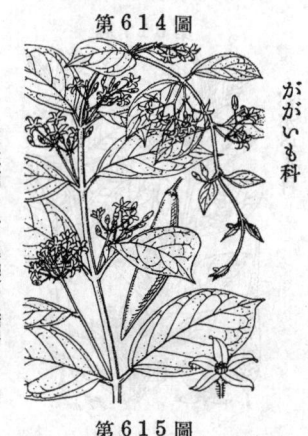

第614圖

ががいも科

海邊ノ山野ニ生ズル多年生草本ニシテ高サ30-60cm許。莖ハ直立叢生シ、梢ハ往々伸ビテ蔓性ト成ル。葉ハ對生シテ短柄ヲ具ヘ、倒卵形又ハ橢圓形ニ成シテ短ク尖リ、全邊ニシテ葉質稍厚シ。初夏、梢頭葉腋ヨリ花梗ヲ抽キ、梗頭ハ帶黃白色ノ有梗小花ヲ繖形ニ攢簇ス。綠萼五深裂シ、花冠亦五深裂シ、往々斜メニ反曲ス。花心ニ蕊冠アリ。花後獸角狀ノ蓇葖ヲ結ビ、白絮アル種子ヲ飛バス。從來用ウル漢名ノ白前ハ誤用ナリ。和名いよかづらモ亦誤用ナルヲ以テ今之ヲ訂正セリ。

むらさきすずめのをごけ
誤稱　すずめのをごけ
Cynanchum purpurascens
Morr. et Decne.

第615圖

ががいも科

山野ニ生ズル多年生草本ニシテ高サ30-60cm許。莖ハ細長ナル圓柱形ニシテ直立シ、綠色ナリ。葉ハ短柄アリテ對生シ、倒卵狀橢圓形或ハ橢圓形ニシテ銳頭ヲ有シ、基脚ハ鈍形或ハ銳形ナリ。夏秋ノ候、葉腋ヨリ花梗ヲ抽出シ、分枝シテ暗紫色花ヲ開ク。綠萼五深裂。花冠亦五深裂。花心ニ蕊冠アリ。花後獸角狀ノ蓇葖ヲ結ビ、白絮アル種子ヲ迸散ス。

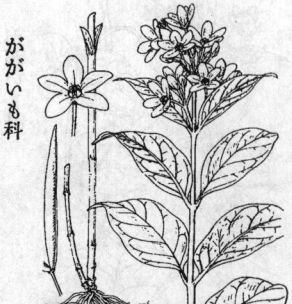

第616圖

ががいも科

くさたちばな

Cynanchum
 acuminatifolium *Hemsl.*

山地ニ生ズル多年生草本ニシテ高サ 30–
60cm許ニ達ス。莖ハ直立シ、綠色ニシテ
分枝セズ。葉ハ有柄、對生シ、橢圓形又
ハ倒卵狀橢圓形ニシテ全邊ナリ、兩面微
毛ヲ布ク。夏日、梢ニ分梗シテ白花ヲ開
ク。綠萼五深裂、裂片細毛アリ。花冠五
深裂、裂片長橢圓形ヲ呈ス。花心ニ蕊冠
アリ。花後長サ6cm 許ノ獸角狀蓇葖ヲ結
ビ、開裂シテ白絮アル種子ヲ飛バスコト
ががいも等ニ於ケルガ如シ。

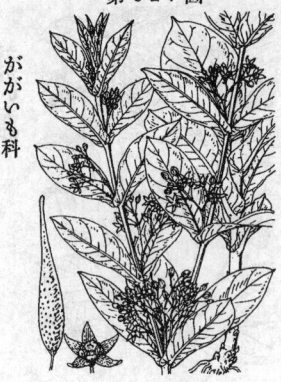

第617圖

ががいも科

ひごびゃくぜん (合掌消)
誤稱　ろくをんさう
Cynanchum amplexicaule *Hemsl.*

九州ノ山野ニ生ズル多年生草本。莖ハ直
立シ、高サ90cm 內外、圓柱形ニシテ通
ジテ葉ヲ有ス。葉ハ莖卜共ニ白綠色ヲ呈
シ、對生シ、無柄ニシテ莖ヲ抱キ、倒卵狀
長橢圓形或ハ長橢圓形ニシテ短ク尖リ、
全邊ナリ。夏日、梢葉腋ニ梗ヲ出シ、分叉
シテ淡黃色稀ニ褐紫色ノ花ヲ開キ、花徑
凡1cmアリ。綠萼五深裂。花冠五深裂シ、
裂片ノ先端能ク旋捩ス。花心ニ蕊冠アリ。
蓇葖ハ獸角狀ニシテ上部漸殺シ、開裂ス
レバ白絮アル種子ヲ飛バス。和名ハ肥後
白前ノ意、肥後ハ本品產地ノ一、白前ハ
曾テすずめのをごけ二充テシ漢名ナリ。

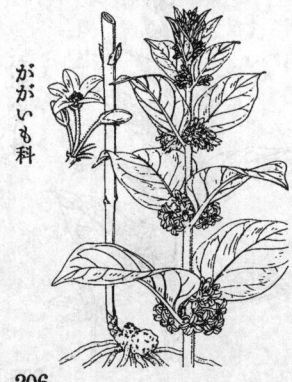

第618圖

ががいも科

ふなばらさう
一名　ろくゑんさう
Cynanchum atratum *Bunge.*

山野ニ生ズル多年生草本ニシテ、高サ60
cm內外。莖ハ直立シ、綠色ニシテ分枝セ
ズ。葉ハ短柄ヲ具ヘテ對生シ、橢圓形ニ
シテ往々闊大、全邊ニシテ莖卜共ニ細柔
毛ヲ被ル。夏日、梢葉腋每ニ黑紫色ノ數
花ヲ簇生ス。綠萼五深裂シ、細毛アリ。花
冠亦五深裂シ、裂片長卵形ニシテ上半通
常旋捩ス。蓇葖ハ獸角狀ニシテ開裂セバ
白絮アル種子ヲ飛バス。和名ハ舟腹草ノ
意ニシテ其果實殼片ノ形狀ニ甚キテ名ケ
シナリ、畢竟ハ舟形ニ似タルヲ以テナリ、
舟腹ハ舟ノ胴ヲ云フ。漢名 白薇 (誤用)

たちがしは

Cynanchum nikoense *Makino.*

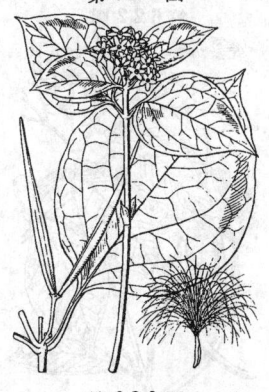

山中樹陰ニ生ズル多年生草本ニシテ、高サ30cm 內外。莖ハ直立シテ分枝セズ。葉ハ莖梢ニ集リ着キ、有柄、對生シ、全邊ナル卵圓形ヲ呈シ、花後ニ闊大ト成ル。春日、梢上葉腋ニ淡黃紫色ノ花ヲ簇生ス。綠萼五深裂、花冠亦五裂片、裂片鈍頭。蓇葖ハ狹長ナル獸角狀、開裂シテ白絮アル種子ヲ飛バス。

ががいも科

つるがしは

Cynanchum grandifolium *Hemsl.*

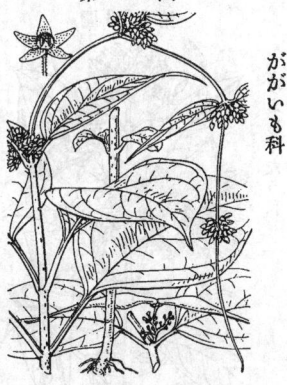

山地ノ樹陰ニ生ズル多年生草本。莖ハ細長ニシテ60-90cm 許ニ及ビ、末ハ蔓ヲ成ス。葉ハ有柄、對生シ、橢圓形ニシテ上部ノ葉ハ漸次狹小ト成リ、全邊ニシテ銳尖頭ヲ有ス。初夏、梢葉腋ニ短ク細梗ヲ分叉シ、暗紫色ノ花ヲ簇生シ、梢ハ往々無葉ノ花穗ト成ル。花ハ大ナラズシテ綠萼ハ五深裂ス。花冠亦五深裂シ、裂片ノ面ニ細毛アリ。蓇葖ハ瘦セタル獸角狀ヲ成シテ漸次ニ尖リ、左右ノ兩者一直線ニ開出シ、開裂セバ白絮アル種子ヲ出ス。

ががいも科

けふちくたう　（夾竹桃）
Nerium indicum *Mill.*
(＝N. odorum *Soland.*)

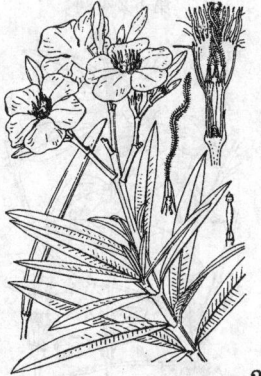

印度原產ノ常綠灌木ニシテ通常觀賞ノ爲メ庭園ニ植ヱラル。幹ハ高サ3m 餘ニ達シ、葉ハ厚キ革質ノ線狀拔針形ヲ成シ、全邊ニシテ毛ナク、三葉ヅツ輪生スルヲ常トス。夏日、枝梢ニ聚繖狀ノ花穗ヲ成シテ美花ヲ開キ、佳香アリ。紅色ヲ常トシ、時ニ帶黃白色ノ品アリ。萼ハ五深裂シ、裂片尖ル。花冠ハ高盆形ニシテ骸部五裂シ、囘旋縷ヲ成シ、喉ニ剪絲狀ノ附飾物アリ。五雄蕊花筒內ニ着キ、葯頭ハ毛アル絲狀ノ附飾物各一條アリ。花後ハ狹長ナル莢ヲ結ビ、長サ凡 10cm 許アリ。種子ハ兩端ニ長毛アリ。世間ニハ八重咲ノ品多ク、之ヲヤヘけふちくたう(var. plenum *Makino*)ト云ヒ 又淡黃花ノうすぎけふちくたう (var. lutescens *Mak.*) 又純白ノしろばなけふちくたう (var. leucanthum *Mak.*) アリ。本品葉狹ク花桃華ノ如ケレバ夾竹桃ト云フ。

けふちくたう科

207

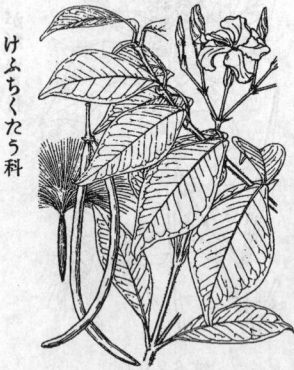

第622圖

けふちくたう科

ていかかづら （白花藤）

Trachelospermum asiaticum *Nakai.*

(= Malouetia asiatica *Sieb. et Zucc.*;
T. jasminoides *Franch. et Sav.* non *Lem.*)

山野ニ多キ常綠纏繞性藤本。莖ノ大ナルモノハ徑4cm許ニ及ビ、長サ10m餘ニ達ス。葉ハ對生シ、通常倒卵狀披針形ナレドモ又長短廣狹アリテ一樣ナラズ。初夏、葉腋或ハ枝梢ニ梗ヲ出シ聚繖狀ニ分枝シ香氣アル白色花ヲ開ク。綠萼五深裂シ、花冠ハ高盆形ニシテ骸部五裂シ、裂片同旋瓣ヲ成ス。花筒中ニ五雄蕋一雌蕋アリ。蓇葖ハ細長キ莢ヲ成シ、長サ15〜18cmニ及ビ、熟スレバ開裂シテ白絮アル種子ヲ飛バス。其小形葉ノ者ヲ特ニせきだかづらト呼ブ、葉形履物ノ雪駄ニ似タルヲ以テナリ。本種ハ往々赤變セル葉ヲ交エ、古ヘまさきのかづらト呼ビシハ此者ナリ。花戸ニテちゃうじかづらト呼ブ者畢竟同種ナリ。漢名 絡石（誤用）

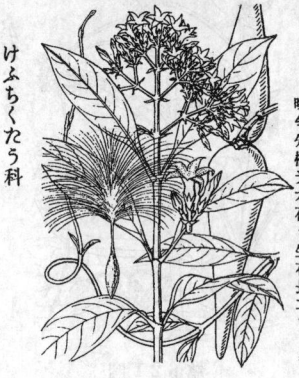

第623圖

けふちくたう科

さかきかづら 一名 にしきらん

Anodendron affine *Druce.*

(= Holarrhena affinis *Hook. et Arn.*;
Aganosma laevis *Champ.*;
Anodendron laeve *Maxim.*)

暖地ニ生ズル常綠藤本ニシテ全株平滑ナリ。莖ノ長サ4m以上ニ成長シ大ナル者ハ其直徑12cm內外ニ達シ、分枝ヲ纏繞シ暗紫色ヲ呈セリ。葉ハ對生シ、狹長ク橢圓形ニシテ長サ6〜10cm許、全緣、革質、上面暗綠色光澤アレドモ下面ハ淡綠色ヲ呈シ、羽狀支脈ヲ有ス。六月ノ候、枝端ニ圓錐狀ノ繖繖花序ヲ出ダシ多數ノ黃花ヲ群育ス。萼ハ淡綠色ニシテ五裂ス。花冠ハ盆形ニシテ骸部ニ五裂シ內面ハ花筒ト共ニ鱗片線ノ白毛ヲ生ジ、開花後ニハ旋回ス。五雄蕋花筒內ニ著生シテ潛在シ柱頭ヲ圍ム。果實ハ卵狀紡錘形ノ蓇葖ニシテ上部長ク漸殺シ鈍頭ヲ呈シ外皮ハ平滑綠色ニシテ質硬ク、二個ヲ相並ブ時ハ一直線ニ平開シ其全長凡22cmニ及ビ、內ハ白色ノ長キ種髪ト嘴トヲ有スル扁平種子ヲ藏シ、蓇葖開裂スレバ其種子果內ヨリ脫出シ其種髪ヲ開キ風ニ從テ遠近ニ飛散ス。和名さかき蔓ノ其葉狀さかき葉ニ似タルヨリ云フ。錦蘭ハ蓋シ其美稱乎。

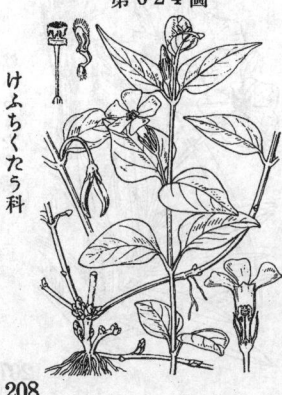

第624圖

けふちくたう科

つるにちにちさう

Vinca major *L.*

歐洲原產ニシテ偶ニ栽培セラルル多年生草本。莖ハ多少木質ヲ成シ、細長ニシテ橫走シ、稍蔓性ナリ。花ヲ出ス莖ハ短クシテ立ツ。葉ハ有柄對生シ、卵狀ニシテ全邊ナリ。夏日、梢葉腋ニ花梗ヲ出シテ上向シ、淡紫色ノ一花ヲ開ク。綠萼五深裂、裂片狹線形ニシテ緣毛アリ。花冠ハ高盆形ヲ成シ、骸部ハ五裂シ、同旋瓣ヲ成ス。五雄蕋花筒內ニ在リ。花柱ノ頂ハ輪形。葉緣ニ黃斑アルモノヲふくりんつるにちにちさうト云フ。

208

にちにちくゎ

Lochnera rosea *Reichb.*

（＝Vinca rosea L.）

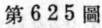

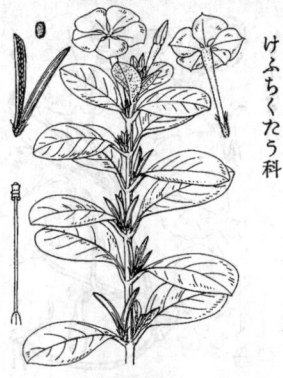

西印度原産ニシテ各地ニ栽培セラルル一
年生草本。莖ハ直立シ、高サ 30-60cm許。
葉ハ對生シテ葉柄アリ、長橢圓形全邊ニ
シテ支脈多シ。夏秋ノ頃、莖梢ノ葉腋ニ
葉ヲ追テ紅紫花、稀ニ白花ヲ開ク。綠萼
五深裂。花冠ハ高盆狀ニシテ下部細長ナ
ル筒ヲ成シ、舷部ハ五裂シ、囘旋斃ヲ呈
シ、喉邊花色深シ。五雄蕋花筒中ニ在リ。
花柱ノ頂ハ輪狀ニ成ス。花後細長キ蓇葖
ヲ結ブ。

（右）けふちくたう科

ちゃうじさう

Amsonia elliptica
Roem. et Schult.

原野ニ生ズル多年生草本ニシテ、高サ60
cm許、地下莖ハ地中ニ横臥ス。莖ハ直立
シ、圓柱形ニシテ梢ニ分枝ス。葉ハ互生
シ、全邊披針形ニシテ尖ル。五月頃、莖梢
ニ梗ヲ分チ、聚繖狀ニ藍紫色ノ花ヲ開ク。
萼ハ五深裂シ、裂片尖ル。花冠ハ高盆狀ヲ
成シ、下ハ筒ト成リ筒内ノ上部ハ毛多ク、
舷部ハ五裂シ裂片狹長ナリ。五雄蕋花喉
ノ下ニ在リ。花柱ノ頂ハ輪形ヲ呈ス。花
後兩岐セル莢狀ノ蓇葖ヲ結ブ。種子ハ圓
柱形ヲ成シ細皺アリテ茶色ヲ呈ス。和名
丁子草ハ花形ニ依ル。漢名 水甘草(誤用)

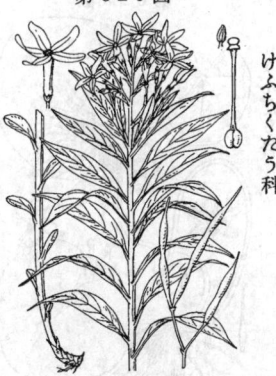

（右）けふちくたう科

いはいちゃう

一名 みづいちゃう
Fauria crista-galli *Makino.*

高山ノ濕原ニ生ズル多年生草本。地下莖
ハ肥厚、横臥シ、下ニ鬚根ヲ出ス。葉ハ根
生シテ長柄ヲ有シ、腎臟形ヲ呈シ、葉頭凹
入シ、葉邊ニ鈍鋸齒ヲ有ス。八月頃葉間ヨ
リ綠色ノ花莖ヲ抽クコト凡20cm內外、梢
ニ聚繖狀ニ枝ヲ岐チテ白花ヲ着ク。綠
萼ハ五深裂、邊緣皺縮シ、
中央ニ縱畦アリ。五雄蕋、一花柱アリ。子
房ハ花托ノ放大シテ空洞ヲ成スニ由テ半
下位狀ノ觀ヲ呈シ、多卵子ヲ含ム。蒴果ハ
宿存萼ヲ伴ヒ、殻片長クシテ四裂シ、多種
子ヲ出ス。花托ハ倒圓錐狀ヲ呈シテ脈條
アリ。和名ノいちゃうハ葉形、いは竝ニみ
づハ產處ヲ表ハス。

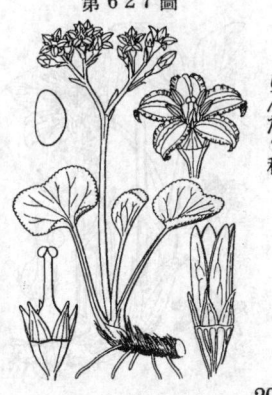

（右）りんだう科

209

あさざ （荇菜）

Nymphoides peltatum
Britt. et Bend.
(= Limnanthemum nymphaeoides
Hoffm. et Link.)

湖池ニ生ズル多年生水草ニシテ、横走セル地下莖ハ水底泥中ニ在リ、莖ハ太キ絲狀ヲ成シテ長シ。葉ハ長柄ヲ有シテ水面ニ浮ビ、廣橢圓形ニシテ葉底凹入シ、周緣ハ淺キ鈍齒ヲ有シテ稍波狀ヲ呈シ、表面ハ綠色、裏面ハ褐紫色ヲ帶ビテ質稍厚ク、長サ 10cm 內外アリ。夏日、對生セル葉腋ニ數梗ヲ抽キ、鮮黃色ノ長梗花ヲ水上ニ開ク。綠萼五深裂。花冠五裂シ、裂片凹頭ヲ呈シ、邊緣絲狀ニ細裂ス。五雄蕊、一雌蕊アリ。果實ハ橢圓形ニシテ平扁シ、宿存萼ヲ伴フ。種子ハ周邊ニ長緣毛ヲ列ス。

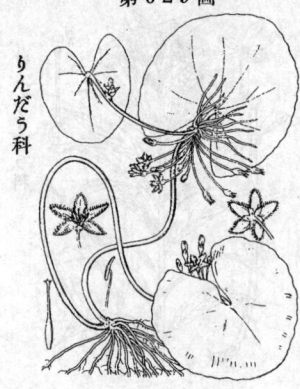

第 6 2 9 圖

ががぶた

Nymphoides indicum O. Kuntze.

(= Limnanthemum indicum *Thw.*)

湖池ニ生ズル多年生水草ニシテ、根ハ鬚狀ニシテ水底ノ泥中ニ在リ。葉ハ長柄ヲ有シテ水面ニ浮ビ、圓狀心臟形ニ成シテ長サ10cm內外ニ達ス。夏日、葉下ノ葉柄上ニ多數ノ有梗白花ヲ無柄ノ繖形ニ簇生ス。綠萼五深裂。花冠五深裂、花心ハ黃色ヲ呈シ、裂片ノ邊緣絲狀ニ細裂ス。五雄蕊一雌蕊アリ。花後偶一果實ノ成熟ヲ見ル、卵圓形ニシテ宿存萼ヲ伴ヒ、種子ハ廣橢圓形ニシテ毛ナシ。漢名 金銀蓮花(慣用)

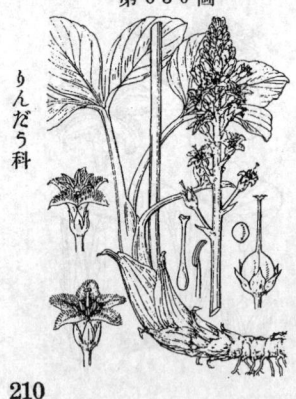

第 6 3 0 圖

みつがしは （睡菜）

Menianthes trifoliata L.

池溝・沼澤ニ生ズル多年生水草。地下莖ハ肥厚シテ橫走シ、綠色ヲ呈ス。葉ハ長柄ヲ有シ、三箇ノ小葉ヨリ成リ、小葉ハ鈍鋸齒ヲ有ス。夏日、根生葉間ニ 30cm 內外ノ莖ヲ抽キ、梢上ニ直立セル6-9cm許ノ總狀花穗ヲ成シテ白花ヲ著ケ、往々淡紫采アリ。綠萼五深裂。花冠五裂シ、裂片ノ內面ニ白毛ヲ密生シ、花筒ハ短シ。五雄蕊、一雌蕊ヲ有シ、株ニヨリ長雄蕊、短花柱ノ花、短雄蕊、長花柱ノ花ヲ開キ、長花柱ノ株ハ圓キ蒴果ヲ結ビ、圓キ種子ヲシテ熟セシム。藥用ニ供ス。和名ハ三ツ楖ノ意ニシテ水楖ノ意ニ非ズ。

はないかり

Halenia corniculata *Cornaz.*

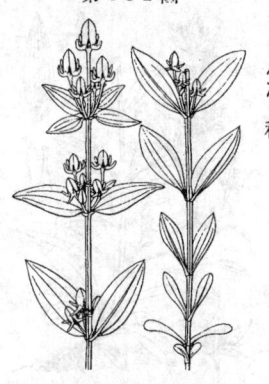

第631圖

りんだう科

山地ニ生ズル二年生草本ニシテ、高サ12-30cm許。莖ハ直立シ、瘦長ニシテ分枝シ、四稜ニシテ緑色ナリ。葉ハ極テ短キ葉柄ヲ有シテ對生シ、長橢圓形或ハ卵狀披針形、全邊ニシテ稍尖銳頭ヲ成シ、三主脈アリテ質柔ナリ。八月頃、葉腋ヨリ瘦長ナル花梗ヲ叢出シ、淡黄色ニシテ稍緑色ヲ帶ベル數多ノ花ヲ著ク。緑萼四深裂、裂片尖ル。花冠四深裂シ、各裂片ノ下ハ著シキ距ト成リテ往々上反ス。花中ニ四雄蕊、一雌蕊アリ。蒴果ハ二殼片ニ開裂ス。和名ハ花碇ノ意ナリ。

せんぶり
一名 たうやく

Swertia japonica *Makino.*

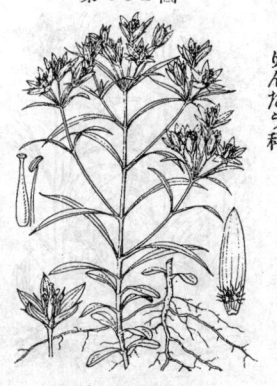

第632圖

りんだう科

山野ニ多キ二年生草本ニシテ高サ 20-25cm許。根ハ分枝シ、黄色。莖ハ直立シテ分枝シ、方形ニシテ暗紫色ヲ呈ス。葉ハ對生シ、狹長ニシテ線形ヲ成シ、全邊ニシテ往々紫緑色ヲ呈ス。秋日、梢上葉腋ニ花梗ヲ出シテ紫條アル白花ヲ簇生ス。萼五片、各片線形ニシテ尖ル。花冠ハ深ク五裂シ、殆ド離瓣花ノ觀アリ。裂片ノ下部ニ相並ビタル腺ヲ圍ミテ長キ毛茸ヲ生ズ。五雄蕊、一雌蕊アリ。蒴果ハ狹長、二殼片ニ開裂ス。全草苦味アリ藥用ニ供セラル。和名ハ千振ノ意ニテ其物ヲ千遍振リ出ストモ尚苦キ故誚フト云フ、又たうやくニハ當藥ト書ク、是レ藥ト爲ルト云フ意味乎。

むらさきせんぶり

Swertia chinensis *Hemsl. et Forbes.*
(=Ophelia chinensis *Bunge.*)

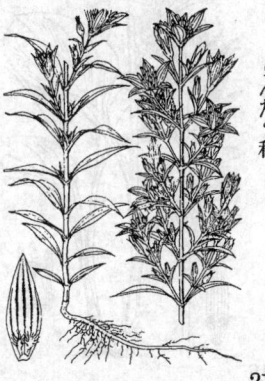

第633圖

りんだう科

關東關西諸州ノ山野ニ生ズル越年生草本ニシテせんぶりニ似タリ、根ハ分枝シ黄色ニシテ多クハ短ク、味甚ダ苦シ。莖ハ直立シテ上部ニ分枝シ、方形ニシテ黒紫色ヲ呈シ細長ナリ、高サ15-30cm許アリ。葉ハ稍密ニ對生シ、披針形ニシテ漸尖頭、底部亦尖リテ殆ンド柄ナシ。十月ノ候、花ハ枝端莖頂ニ圓錐樣ノ紫繖狀ヲ成シ、頂部ノ者ヨリ開キ、10-15mm ノ長アリテ碧紫色ヲ呈ス。萼ハ五片、緑色、狹長ニシテ尖レリ。花冠ハ殆ド全開、五深裂シ、裂片ハ稍廣闊、裂片上ノ腺體ハ毛茸ヲ以テ不完全ニ圍マレ、其狀稍せんぶりト異ナレリ。雄蕊ハ五、花冠ヨリ短ク、葯ハ暗紫色。子房ハ狹長ニシテ緑色、花柱ハ短ク、柱頭ハ二岐ス。果實ハ蒴果。和名ハ紫花ヲ開クヨリ紫せんぶりト云ヘリ。

211

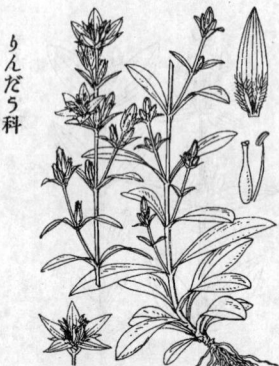

いぬせんぶり
Swertia tosaensis *Makino.*

關東關西諸州ノ原野濕地ニ生ズル越年生草本。全株せんぶりニ比シ少シク粗大ニシテ淡黄色ヲ呈セリ根ニハ苦味無シ。莖ハ高サ10–35cm許、狹長ナル方形ニシテ斜上セル枝ヲ分ツ。葉ハ下部ニ於テハ匙形鈍形ナレドモ、上部ニ於テハ狹橢圓形ニシテ銳頭銳底ナリ。秋日莖頂ニ聚繖花序ヲ着ケ、圓錐樣ヲ呈ス。萼ハ五片、綠色披針形ニシテ尖リ花冠ヨリ短シ。花冠ハ白色ニシテ殆ンド全開、五深裂シ、裂片ハ狹長橢圓形ニシテ銳頭、基部ニ腺體ハ鬚毛ヲ有スルコトせんぶりニ似タレドモ、其形細長ナリ。五雄蕊アリテ花冠ヨリ短シ。子房ハ淡綠色、狹長、花柱短ク二柱頭アリ。和名ハ狗せんぶりニシテ草容せんぶりニ似タリト雖モ其根苦カラザレバ斯ク云フ。

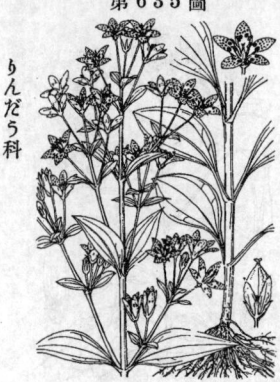

あけぼのさう
Swertia bimaculata
Hook. fil. et Thoms.

山野ノ水邊ニ生ズル二年生草本ニシテ、高サ 60–90cm 許。莖ハ直立シテ枝ヲ分チ、四稜ニシテ綠色ナリ。葉ハ有柄、對生シ、卵狀橢圓形ニシテ先端尖リ、全邊ニシテ三箇ノ主脈ヲ有ス。根生葉ハ叢生シ、長橢圓形ニシテ長柄ヲ有ス。夏秋ノ候、梢ニ枝ヲ分チ、有梗ノ白花ヲ開ク。綠萼五深裂、裂片狹シ。花冠ハ五裂シ殆ド離瓣花ノ觀アリ、裂片ハ綠色ノ二點及ビ紫黑色ノ細點アリ。五雄蕊一雌蕊アリ。蒴果ハ宿存セル萼・花冠ヲ伴ヒ、狹長ニシテ二殼片ニ開裂ス。和名曙草ハ蓋シ其曉色ヲ表ハス白花ニ基キテノ名ニシテ其葩面ニ散布セル大小ノ細點ヲ尚消エヤラヌ曉星ト見立テシモノ乎。漢名 獐牙菜(慣用)

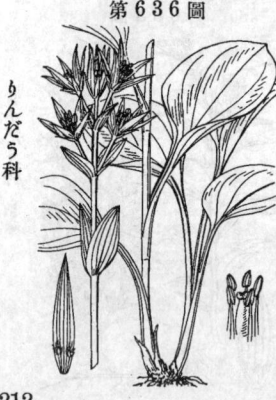

みやまあけぼのさう
Swertia perennis *L.*
var. cuspidata *Maxim.*

本州中部ノ高山帶多濕ノ處ニ生ズル多年生草本。高サ 20–30cm、全株平滑ナリ。脚葉ハ闊大、卵狀橢圓形ヲ呈シ、鈍端且ツ全邊ニシテ底部ニ有翼ノ葉柄ト成ル。莖葉ハ遙ニ小形ト成リテ對生シ一二對疎着ス。八月、莖上ニ聚繖花序ヲ着ケ、一見總狀ナリ。花ハ徑2cm許、顯著ナル小梗ヲ有シテ立ツ。萼ハ五片、狹長ニシテ尖リ宿存ス。花冠ハ五深裂シ、裂片ハ殆ンド平開シ、暗碧色ニシテ黑紫色ノ細點ヲ布キ、披針形ニシテ極メテ長ク尖リ、基部ニハ二箇ノ裸出セル腺點ヲ具フ。五雄蕊アリテ花冠ヨリ短シ。子房ハ狹長ニシテ花柱極メテ短ク二柱頭アリ。和名ハ深山曙草ノ意ナリ。

212

しののめさう
Swertia Swertopsis *Makino.*
(＝Swertopsis umbellata *Makino*；
Swertia umbellata *Makino*.)

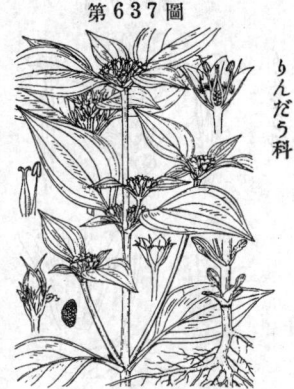

第６３７圖

りんだう科

伊豆・土佐等ノ深山ニ生ズル越年生草本ニシテ稀品ナリ。全株無毛平滑、高サ30-50cm。莖ハ綠色方形、稍纖弱、少數ノ葉ヲ腋ケ、頂ハ截斷セラレシ如クニ終ル。葉ハ長柄アリテ對生シ、卵狀廣橢圓形、兩端著シク銳尖形ヲ成シ、薄膜質ニシテ深綠色ヲ呈シ平行脈條明瞭ナリ。六月開花ス。花ハ莖頂又ハ葉腋ニ多數集合シテ無柄ノ繖形花序ヲ成シ、花梗ハ花ト其長サ相同ジ。萼ハ淡綠色ニシテ五深裂シ、裂片鍼形ヲ成シテ尖リ背ノ脊稜ヲ呈セリ。花冠ハ殆ド萼片ト同長、白色鐘形ニシテ五深裂シ全開セズ、裂片ハ廣卵形、銳頭、內面上部ニハ繊毛アリ、基部ヨリ上部ニ二腺アリ各長鬚毛ヲ以テ之ヲ圍メリ。雄蕊ハ五、花冠ノ下部ニ附着シ其レヨリ短シ。子房ハ瘦卵形ニシテ上部花柱ト成リ二柱頭アリ。蒴果ハ卵狀橢圓形ニシテ稍平扁。和名ノ東雲草ナリ、本品ハ同屬ノ曙草ト相似タレバ予曾テ之レニ對シ其者ト同意義ナルしののめ草ノ名ヲ下セシナリ。

つるりんだう
Crawfurdia japonica
Sieb. et Zucc.

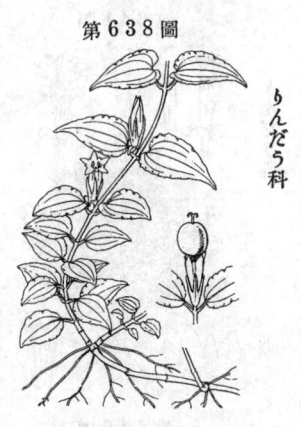

第６３８圖

りんだう科

山地樹陰ニ生ズル多年生草本。莖ハ細長ニシテ地ニ臥シ、或ハ他物ニ纏絡ス。長サ30-60cm 許。葉ハ對生シ、長卵形或ハ卵狀披針形ニシテ末尖リ、全邊ニシテ三條ノ主脈縱通シ、深綠色ニシテ裏面ハ通常紫色ヲ呈ス。秋日、葉腋ニ淡紫色ノ花ヲ出ス。萼ハ短筒ヲ成シ、五裂片ハ狹長ニシテ尖ル。花冠ハ鐘狀ニシテ五裂シ、裂片ノ間ニ更ニ副裂片アリ。五雄蕊、一雌蕊アリ。果實ハ漿果樣ヲ成シ、圓形ニシテ長柄アリ、頭ニ宿存セル花柱ヲ戴キ、果中ハ平扁圓形ノ種子多シ、遺存セル花冠ノ上ニ超出シ、紅紫色ヲ呈ス。和名ハ蔓龍膽ノ意ナリ。

りんだう （龍膽）
Gentiana scabra *Bunge*
var. Buergeri *Maxim.*

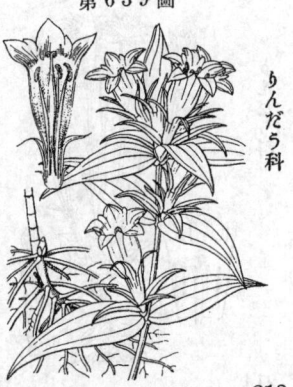

第６３９圖

りんだう科

山野ニ生ズル多年生草本。根ハ鬚狀ヲ成シ、莖ハ直立シ、高キハ 60cm ニ及ブ。葉ハ對生シ、無柄ニシテ莖ヲ抱キ、披針形ニシテ末尖リ、全邊ニシテ三縱脈アリ。秋日、莖梢葉腋ニ紫色ノ花(偶ハ白花品アリ、之レヲささりんだうト云フ)ヲ出シ、日光ヲ承リ開キ、莖頭ノ者ハ簇集ス。萼ノ裂片ハ細長ニシテ尖リ、筒部ヨリ長シ。花冠ハ鐘狀ヲ成シ、緣端五裂シ、裂片ノ間更ニ副裂片アリ。花中ニ五雄蕊、一雌蕊アリ。蒴果ハ狹長ニシテ二裂片ニ開裂シ、凋ミタル萼・花冠ヲ伴フ。種子ハ翼アリ。根ヲけんちあな根ノ代用トシ、藥用ニ供ス。和名ハ龍膽ノ唐音ノ轉訛ナリ。

213

第640圖

ふでりんだう

Gentiana Zollingeri *Fawc.*

山野ノ樹下ニ生ズル二年生小草本ニシテ高サ凡6–9cm許。根ハ地中ニ直下シテ瘦セ、莖ハ直立シ、下部ヲ除キ、通ジテ葉ヲ有ス。葉ハ密接シテ對生シ、細小ナル卵圓形ニシテ短ク尖リ、全邊ニシテ質稍厚ク、下面中脈ニ稜アリ、緑色ニシテ紫釆アリ。春日、莖頂ニ數箇ノ紫花簇集シテ日光ヲ承ケ開ク。緑萼五裂シ、花冠ハ鐘狀ヲ成シテ邊縁五裂シ、裂片間ニ副裂片アリ。五雄蕊、一雌蕊アリ。果實ハ宿存セル萼ヨリ上ニ挺出シ、二殼片ニ開裂ス。和名筆龍膽ハ莖頂ニ在テ、閉ヂタル筆頭狀ノ花ニ基ク。

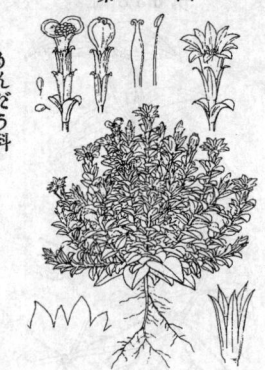

第641圖

こけりんだう

Gentiana squarrosa *Ledeb.*

原野ニ生ズル二年生小草本ニシテ、高サ凡 3–8cm許。葉ハ對生シ、脚葉二三對ハ披針形ニシテ尖リ、無柄ニシテ莖ヲ抱キ、地面ニ接シテ開キ、十字形ヲ呈ス。莖ハ脚葉上數條ニ岐レ立チ、莖ノ通ジテ對生シテ基部聯合セル鱗狀ノ莖生葉ヲ着ク。春日、枝端ニ小ナル淡紫花ヲ着ケ、日光ヲ承ケ開ク。萼五裂シ、裂片ハ筒部ヨリ短クシテ尖ル。花冠鐘狀ヲ成シ、邊縁ハ五裂シ、裂片内ニ更ニ副裂片アリ。五雄蕊、一雌蕊アリ。蒴果ハ長ク、宿存花萼上ニ出デテ圓形ノ二殼片ニ開裂シ種子ヲ露ハシ、下ハ長柄ヲ成ス。

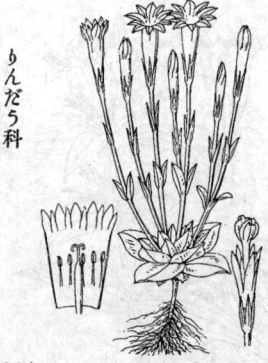

第642圖

はるりんだう
一名 さはぎきやう（同名アリ）
Gentiana Thunbergii *Griseb.*
（＝G. japonica *Maxim.*）

中部以南ノ原頭或ハ山足等適濕ナル向陽地ニ生ズル越年生ノ小草。全株淡緑色、軟質ニシテ無毛平滑、高サ10cm内外アリ。脚葉ハ淡緑色ヲ呈シ、大ナル卵形ヲ成シ數片相重ナリテ各對生シ、地面ニ接シテ越年シ、長サ2cm内外、無柄ニシテ先端尖リ、邊縁平坦ニシテ鋸齒無シ。花莖ハ簇出シ、下部ニテ分岐シ、小形ノ披針形葉ヲ對生シ、其底部ハ聯合シテ短ク脊鞘ヲ或ハ各對相離隔セリ。五月日光ヲ受ケテ碧青色ノ花ヲ開キ毎花莖端ニ獨在シテ直立ス。萼片ハ淡緑色、鍼狀披針形ニシテ尖レリ。花冠ハ漏斗狀鐘形ニシテ長サ約2cm、下ハ花筒ヲ成シ敏部ハ五裂シ毎裂片ニ各一ノ副片ヲ伴ナフ。五雄蕊花筒内ニ潜在ス。子房ハ狹長、下部ニ長柄ヲ成シ、短花柱ヲ有シ、柱頭二岐セリ。蒴果ハ棒ンド圓形ニシテ平扁、長柄ヲ有シテ宿存セル花冠ノ上ニ超出シ遺存セル花柱ヲ伴モヒ、二殼片ニ開裂シテ細種子ヲ出ス。此一變種ニ花莖少ク且稍セルモノアリテ中部ノ高山帶ニ生ズ、之ヲヲたてやまりんだう (var. minor *Maxim.*) ト云ヒ花色殆ンド白ク是レ一變品ニシテ越中立山ノ者多シ、其花藍色ノ者ハムラさきたてやまりんだう (var. caerulea *Makino*) ト云フ。和名ハ春開花スルヲ以テ春龍膽ト云フ、澤枯梗ハ水澤地ニ生ズルヨリ云フ。漢名 石龍膽（誤用）

214

あさまりんだう
Gentiana sikokiana *Maxim.*

中部以南ノ山地ニ生ズル多年生草本。根ハ粗ナ
ル鬚根ニシテ淡黄色ヲ呈ス。莖ハ一年生、高サ
10–25cm許ニシテ直立シ、數葉之レニ對生ス。
葉ハ倒卵形或ハ橢圓形ニシテ先端尖リ、底部ハ
銳形ニシテ短柄アリ、邊緣ハ嫩縮シ五主脈アリ、
革質ニシテ綠色、稍光澤アリ。秋深クシテ莖頂
或ハ梢葉腋ニ少數花ヲ開ク。花ハ碧紫色或ハ時
ニ淡碧紫色、直立ス。萼ハ綠色ニシテ下ニ筒狀
ヲ成シ基部ニ小ナル葉狀苞アリ、鈺部ハ卵狀圓
形或ハ橢圓形ノ裂片ヲ成シ開出ス。花冠ハ漏斗
狀鐘形ニシテ下部狹窄シ、裂片五箇アリ廣卵形
ニシテ銳頭、小ナル三角狀副片ヲ具ヘ細綠點ヲ
散布ス。五雄蕋アリテ花筒內ニ潛在ス。子房ハ
痩長ニシテ長柄ヲ具ヘ、短花柱アリテ柱頭ハ二
岐セリ。果實ハ蒴果ナリ。和名ハ朝熊龍膽ニシ
テ伊勢朝熊山ニ產スルョリ云フ。

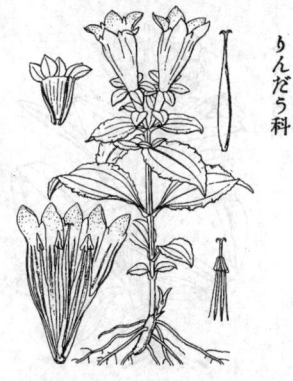

りんだう科

おやまりんだう
Gentiana Makinoi *Kusnez.*

高山ニ生ズル多年生草本ニシテ、高サ30–
60cm許。地下莖ハ多少肥厚。莖ハ直立シ
圓柱形ナリ。葉ハ對生シ、披針形ニシテ尖
リ、全邊ニシテ莖ヲ抱ク、葉色白ヲ帶ビ、
三縱脈アリ。夏秋ノ候、藍紫色花ヲ莖頂竝
ニ莖ノ上部ノ葉腋ニ生ジ、日ヲ承テ開ク。
萼ハ五裂シ、裂片ハ筒部ョリ短クシテ尖
ル。花冠ハ鐘狀ニシテ五裂シ、裂片間ハ截
形ヲ呈シ、或ハ更ニ副裂片アリ。花中ニ五
雄蕋ニ雌蕋アリ。蒴果ハ狹長ニシテ二殻
片ニ開裂ス。種子ニ翼アリ。和名ハ御山
龍膽ノ意ナリ、此名ハきやまりんだうト
共ニ花戶ノ稱ニテきやまハ加賀白山ノ半
腹樹木叢生ノ處ニ生ズルニ由ルト云フ。

りんだう科

みやまりんだう
Gentiana nipponica *Maxim.*

本邦中部以北ノ高山帶草地ニ生ズル多年生小草
本。莖ハ細クシテ下部匍匐シ且ツ多ク分枝シ、上
部ハ立チテ簇生シ、高サ10cm內外アリ。葉ハ小
形、對生シ、稍密ニ著キ殆ンド柄無ク、卵狀披
針形或ハ狹卵形ニシテ質厚ク無毛、葉緣ハ外卷
シ、莖ノ下部ニ於テ最小、上部ニ至ルニ從ヒ大
形ト成ル。七八月ノ候莖頂ニ、一乃至三花ョリ
成ル聚繖花序ヲ成ス。花ハ濃碧紫色ニシテ愛ス
ベク、徑15mm內外アリ。萼ハ綠色ニシテ五尖
裂シ、裂片鋭形ニシテ尖レリ。花冠ハ直立シ、
筒部ハ萼ョリ超出シ、鈺部五裂シテ平開シ、
裂片ハ卵狀橢圓形、先端ハ稍圓ク、副片ハ三角形
ヲ呈シテ尖リ疎齒アリ。日中ノミ開クコト他種
ニ同じ、五雄蕋アリテ花喉ト同高。子房ハ狹倒
卵形、短花柱、二花柱アリ。和名ハ深山龍膽ノ
意ナリ。

りんだう科

たうやくりんだう
Gentiana algida *Pall.*
var. sibirica *Kusnez.*

第646圖

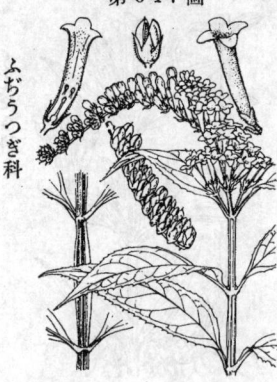

りんだう科

高山ニ生ズル多年生草本ニシテ、高サ 8-15cm ニ達ス。莖ハ細長ナル圓柱形ニシテ直立ス。根生葉ハ稍倒披針形ニシテ長ク、多數叢生シ、最下一對ノ葉ハ其下部鞘筒ト成リ、莖本ノ側ニ件ハレテ苗ヲ成ス。莖葉ハ廣披針形或ハ披針形ニシテ短ク、全邊ニシテ對生シ、基部ハ相聯合ス。夏日、莖頂ニ二三箇ノ鐘狀花ヲ集メ開ク。淡黃白色ニシテ綠色ノ細點アリ、日ヲ承ケテ開ク。萼五裂シ、裂片ハ筒部ヨリ微シク短シ。花冠端ハ五裂シ、裂片間ニ副裂片アリ、花中五雄蕊、一雌蕊アリ。蒴果ハ狹長ニシテ二殼片ニ開裂ス。種子ハ表面ニ隆起多シ。和名ハたうやく如ク藥ト爲ルト云フ意味ニテ斯ク稱ス。

ふぢうつぎ
Buddleja insignis *Carr.*
(＝B. japonica *Hemsl.*)

第647圖

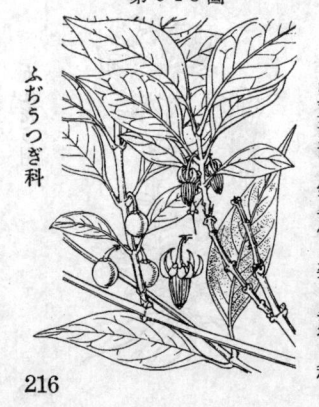

ふぢうつぎ科

山中ノ溪畔或ハ山間ノ河邊等ニ生ズル落葉灌木ニシテ、高サ 60-150cm ニ達ス。幹ハ繁ク分枝シ、枝梗ハ方形ニシテ稜鰭ヲ有ス。葉ハ對生シテ短柄アリ、披針形或ハ廣披針形ニシテ先端尖リ、葉緣ニ低齒アリ、嫩葉ニハ黃褐毛アリ。夏日、枝端ニ偏側生ノ花穗ヲ成シテ傾垂シ、短毛アル紫色ノ多數花ヲ着ク。萼ハ四裂ス。花冠ハ弓曲セル筒狀ヲ成シ、四裂ス。四雄蕊アリテ花筒ノ中部ヨリ少シク下ニ着ク。蒴ハ卵形、二殼片ニシテ宿存萼ヲ件フ。有毒植物ノ一。漢名 醉魚草(誤用)

ほうらいかづら
Gardneria nutans *Sieb. et Zucc.*
(＝Pseudogardneria nutans *Racib.*)

第648圖

ふぢうつぎ科

中部南部ノ曖地ニ生ズル常綠纏繞藤本。莖ハ無毛綠色圓柱形ニシテ強靭、初メ方形ヲ呈ス。葉ハ有柄ニシテ對生シ、橢圓形或ハ長橢圓形ニシテ銳尖頭、葉底亦多クハ銳尖形ニシテ短柄ヲ有シ、邊緣ニハ鋸齒無ク、強靭ナル革質ニシテ深綠色ヲ呈シ、表裏ノ差著シカラズ。花ハ七月ノ候腋生下向シ、一乃至三花相聚リ、極メテ短キ花軸アリ。萼ハ綠色細小ニシテ五裂シ、裂片鈍圓頭ナリ。花冠ハ輻狀ニシテ五深裂シ、裂片ハ披針形ニシテ白色ヲ呈ス。雄蕊ハ五箇、密ニ短毛ヲ布ク。花後徑 10-15mm 許ノ球形漿果ヲ結ビ下垂シ、晩秋ニ赤熟ス。和名蓬萊葛ハ蓋シ美稱ナラン。

216

ひめなへ

Mitrasacme alsinoides *R. Br.*

原野ノ濕地ニ生ズル一年生草本ニシテ、
高サ 6-9cm許。莖ハ直立、分枝シ、柔弱ニ
シテ纖細ナリ。葉ハ無柄、對生シ、鍼形ニ
シテ先端尖リ、全邊ニシテ長サ 7mm 許
アリ。莖葉共ニ淡綠色ヲ呈ス。夏日、梢
上葉腋ニ 7-12mm許 ノ細梗ヲ抽キ、白色
ノ小花ヲ開ク。蕚ハ四裂シ、綠色ニシテ
宿存ス。花冠ハ漏斗狀鐘形ヲ成シテ筒部
短ク、上部四裂シ、裂片ハ廣クシテ稍鈍頭
ヲ有ス。花中ニ四雄蕋、一雌蕋アリ。花後
小蒴ヲ結ビ、上部二裂シ、宿存蕚ヲ伴フ。

ふぢうつぎ科

あるなへ

Mitrasacme polymorpha *R. Br.*

原野・路傍ニ生ズル一年生草本ニシテ、高
サ15-18cm許。莖ハ直立分枝シ、纖細ニシ
テ上部ハ蔓狀ヲ呈ス。葉ハ對生シ、橢圓
形或ハ長卵形ヲ成シ、莖ノ下部ニ在リテ
接近セル節上ニ對生シ、莖ト共ニ微毛ヲ
有シ、質稍剛シ。莖ノ上部ハ節間遠クシ
テ僅ニ鱗狀ノ苞葉ヲ對生スルニ過ギズ。
夏日、枝上ノ苞腋ニ繊形狀ヲ成シテ蔓狀
小梗アル白色ノ小花ヲ開キ、小梗ハ長短
アリ。蕚ハ四裂シ、裂片尖ル。花冠ハ短
筒狀ヲ成シテ緣端四裂ス。四雄蕋、一雌
蕋アリ。花後蒴果ヲ結ビ、上部二裂シ、宿
存蕚ヲ伴フ。

ふぢうつぎ科

そけい（素馨）

Jasminum grandiflorum *L.*

印度原産ノ常綠灌木ニシテ觀賞花トシテ
暖地ニ培養セラル、寒キ地方ハ冬期溫室
ニ入ルベシ。高サ 1m 內外、分枝シ、枝ハ
綠色ナリ。葉ハ葉柄ヲ有シテ對生シ、奇
數羽狀複葉ニシテ五乃至九片ノ小葉ヨリ
成リ、各小葉ハ卵形ヲ呈シ、側生小葉ハ
葉軸ニ對生ス。夏日、枝梢ハ聚繖花序ヲ
成シテ白花ヲ開キ、强キ芳香ヲ放ツ。綠
蕚五深裂シ、裂片狹クシテ尖ル。花冠ハ
高盆形ニシテ筒部狹長、蒴部四裂ス。花
中ニ二雄蕋、一雌蕋アリ。

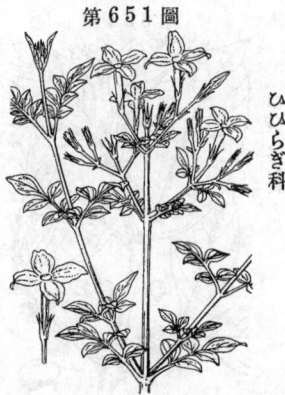

ひひらぎ科

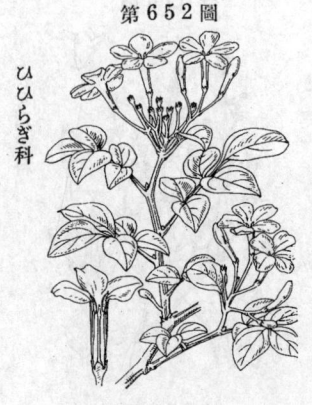

第652圖

ひひらぎ科

きそけい

Jasminum odoratissimum L.

までいらノ原産ニシテ觀賞品トシテ培養
セラルル常綠灌木。高サ 1.5-2.5m 許ニ
シテ分枝シ、枝ハ長ク延ビ、綠色ヲ呈ス。
葉ハ互生シテ葉柄アリ、奇數羽狀複葉ニ
シテ三乃至五片ノ卵狀全邊ナル小葉ヨリ
成リ、側生小葉ハ葉軸ニ對生ス。五六月
ノ頃、枝端ニ聚繖狀ニ分梗シテ黃花ヲ開
ク。綠萼ハ細小ニシテ五裂ス。花冠ハ高
盆狀ニシテ鈑部ハ五裂シ、花中ニ二雄蕋、
一雌蕋アリ。

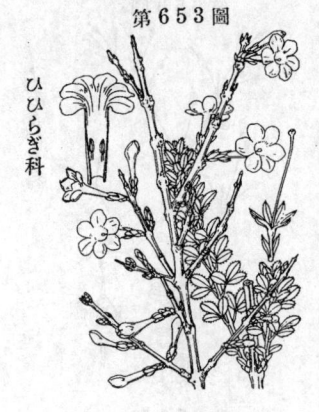

第653圖

ひひらぎ科

わうばい (迎春花)

Jasminum nudiflorum Lindl.

支那ノ原産ニシテ觀賞花トシテ栽植セラ
ルル落葉小灌木ニシテ多ク分枝ス。枝ハ
細長ニシテ稍蔓狀ヲ呈シ、好ンデ傾垂シ、
長サ 60-180cm ニ達シ、方形ニシテ綠色ヲ
呈シ、地ニ着ケバ根ヲ出ス。葉ハ對生シ、
複葉ニシテ三片ノ披針形小葉ヨリ成リ、
深綠色ヲ呈ス。早春、葉ニ先チテ鮮黃色ノ
短梗花ヲ開キ、獨生シテ枝上ニ滿チ、敢テ
香氣ナシ。花下ニ綠苞ト綠芽鱗アリ。
綠萼六深裂。花冠ハ高盆形ヲ成シ、筒部
長ク、鈑部ハ六裂シテ平開ス。花中ニ二
雄蕋アリ。和名ハ黃梅ノ意ニシテ花ニ基
キテノ稱ナリ。

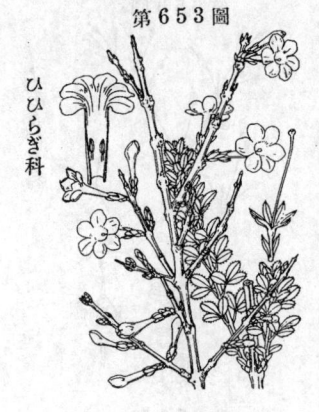

第654圖

ひひらぎ科

もくせい (木犀ノ一品、銀桂)
一名 ぎんもくせい
Osmanthus fragrans Lour.
var. latifolius Makino.

蓋シ支那ノ原産ニシテ庭園ニ植エラルル觀賞常
綠樹。高サ 3m 餘ニ達シ、繁々分枝シ、葉多シ。葉
ハ柄アリテ對生シ、楕圓形ニシテ短ク尖リ、邊緣
ニ多數ノ細鋸齒ヲ有シ、硬クシテ革質ヲ成シ、深
綠色ヲ呈ス。晚秋葉腋ニ多數白色ノ有梗小花ヲ
繖形狀ニ簇生シ、香氣アリ。綠萼細小ニシテ四裂
ス。花冠ハ四深裂シ、裂片ハ凹面ニシテ質稍厚
ク、楕圓形ニシテ圓頭ヲ有ス。二雄蕋、一雌蕋ヲ
有ス。雌雄異株ニシテ我邦ニ栽ウル者皆雄樹ナ
リ、故ニ子房縮小シテ結實セズ。支那ニテ木犀ハ
一ニ巖桂ト稱シ、此一類ノ總名ナリ、故ニ銀桂ノ
ぎんもくせいモ、金桂ノうすぎもくせいモ、丹桂
ノきんもくせいモ、共ニ其木犀中ノ一品ナリ。

きんもくせい （木犀ノ一品、丹桂）
Osmanthus fragrans *Lour.*
var. aurantiacus *Makino.*

支那原産ニシテ観賞ノ爲メ庭園ニ栽植スル常緑樹。高サ4m餘ニ達シ、多枝繁葉、大ナル者其幹頗ル大ナリ。葉ハ有柄對生シ、披針形或ハ長楕圓形ニシテ葉緣ニ鋸齒ヲ有スルモ往々之ヲ缺如スルコトアリ、質剛ク、表面綠色、裏面帶黃綠色ヲ呈ス。晚秋、葉腋ニ多數黃赤色ノ有梗小花ヲ繖形狀ニ簇着シ、峻烈ナル芳香ヲ放ツ、綠萼細小、四裂。花冠ハ四深裂シ、裂片ハ倒卵形圓頭ニシテ凹面ナリ、質厚シ。二雄蕊、一雌蕊アリ。雌雄異株ニシテ、本邦ニ在ル品ハ皆雄本ナレバ子房縮小シ、敢テ結實スルコトナシ。概形ぎんもくせいニ似ルモ、花ノ黃赤色ナルト、葉ノ稍狹長ニシテ鋸齒寡少ナルトヲ以テ別ツヲ得。

ひひらぎ科

ひひらぎ
Osmanthus ilicifolius *Stand.*
(= O. Aquifolium *Sieb.*)

山中ニ自生シ又庭園ニ栽植スル常緑樹ニシテ、高サ3m 餘。幹ハ直立シ、多ク分枝シ、葉繁シ。葉ハ對生シ、卵形又ハ長楕圓形ニシテ葉緣ハ大小少數ノ大尖齒ヲ列シ、稀葉ハ于ハ葉緣ノ尖齒漸次消失シテ遂ニ全邊葉ト成ル者多ク、特ニ老樹ニ於テ然リ、葉質厚ク、剛ク、光澤アリ。秋日葉腋ニ白色ノ有梗小花ヲ繖形狀ニ簇生シ、佳香ヲ放ツ。綠萼四裂。花冠四深裂、裂片ハ楕圓形ナリ。二雄蕊、一雌蕊アリ。本樹ハ雌雄異株ニシテ 花形ハ同ジケレドモ 雌株ノ花ハ雌蕊發達シ、花柱長ク、花後結實スレドモ雄株ノ花ハ決シテ然ラズ。核果ハ楕圓形、熟シテ黑紫色ヲ呈ス。和名ハ疼木ノ意、疼ハひひらぐニテ痛ム事ナリ、葉ニ刺アリ之ニ觸ルレバ疼痛ヲ感ズルヨリひひら木ト云フ。ひひらぎト爲スハ非ナリ。漢名 狗骨（誤用、本品ハもちのき屬ノ一種ナルひひらぎもち卽チ Ilex cornuta *Lindl.* ナリ）

いぼたのき
Ligustrum Ibota *Sieb.*
var. angustifolium *Blume.*

山野ニ多キ半落葉灌木ニシテ、高サ 1.5–2m許。枝繁ク、新枝ニハ細毛アリ。葉ハ對生シテ極キ短キ有毛ノ葉柄ヲ具ヘ、長楕圓形ニシテ鈍頭ヲ有シ、全邊ナリ。五月頃、小枝梢ニ穗ヲ成シテ白色ノ小花ヲ攅簇ス。綠萼四齒ヲ有ス。花冠ハ筒狀ヲ成シ、舷部四裂ス。二雄蕊アリ。花後紫黑色楕圓形ノ小果ヲ結ブ。此樹皮上ニいぼたらふむしノ寄生ニヨリテいぼたらふヲ生ズ。ソノ用途多シ。漢名ノ水蠟樹幷ニ小蠟樹ハ本品ニ非ラズ。

ひひらぎ科

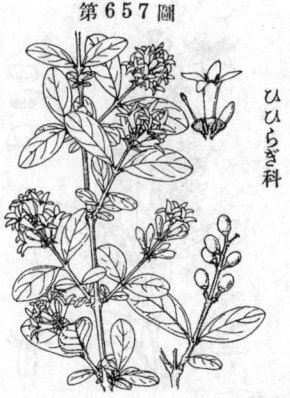

ひひらぎ科

219

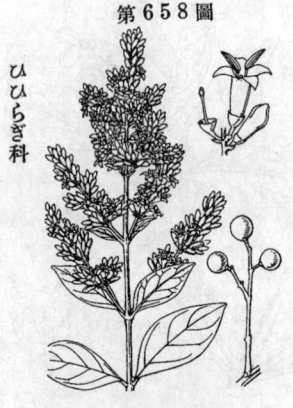

第658圖

ひひらぎ科

おほばいぼた
Ligustrum ovalifolium *Hassk.*

海邊ニ生ズル落葉灌木ナレドモ通常能ク人家ニ栽エラル。幹ハ直立シテ多ク分枝シ、高サ 3m 餘ニ達ス。葉ハ短柄ヲ有シテ對生シ、廣卵形或ハ倒卵形ニシテ鈍頭ヲ成シ、鋸齒ヲ有セズ、質厚クシテ葉面ニ光澤アリ。五六月ノ候、枝梢ニ圓錐花穗ヲ成シテ白色ノ小花ヲ攢簇ス。綠萼短筒ヲ成シテ四齒アリ。花冠ハ筒ヲ成シテ觟部四裂ス。二雄蕊、一雌蕊アリ。花後紫黑色球形ノ小果ヲ結ブ。

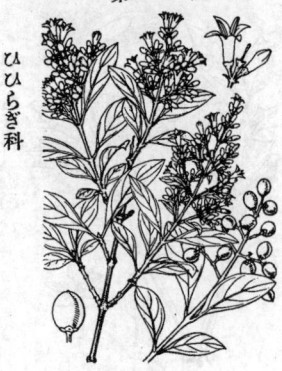

第659圖

ひひらぎ科

みやまいぼた
Ligustrum Tschonoskii *Decne.*

中部以北ノ山地向陽ノ地ニ生ズル落葉灌木ナレドモ高サ 3m ニ達スル者アリ。枝梢ハ眞直ニシテ斜上シ嫩時ハ細毛ヲ有スレドモ多クハ後脫落ス。葉ハ對生シ披針形或ハ橢圓形ニシテ長サ2-4cm、兩端銳尖ノ者多ク、質稍厚ク、淡綠色ニシテ表面立毛ヲ有シ光澤ニ乏シク、葉裏ハ多クハ有毛ナリ。五月ノ候、枝端ニ細キ圓錐花序ヲ出ダシテ小白花ヲ綴リ、花ハ同屬ノ他者ト大同小異ナレドモいぼたのきよりハ小形ナリ。萼ハ綠色ニシテ細小、五裂シ、裂片ハ鈍頭ナリ。花冠ハ圓筒狀ニシテ上部稍放大シ、觟部ハ四深裂シ、裂片ハ卵狀鍼形ニシテ尖リ開キテ後多少背反ス。二雄蕊アリテ花喉ニ著ク。子房ハ小形、花柱ハ高サ花喉ニ及ベドモ雄蕊ヨリハ低シ。果實ハ廣橢圓形或ハ球形ニ近ク初冬霜滋キニ至テ成熟シ碧紫色ヲ呈シ多漿ト成ル。和名ハ深山いぼたノ意ナリ。

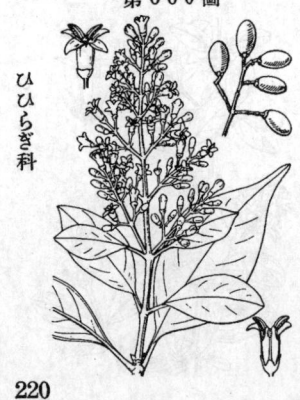

第660圖

ひひらぎ科

ねずみもち 一名 たまつばき
Ligustrum japonicum *Thunb.*

山地ニ自生スレドモ庭樹若クハ藩籬用トシテ栽植スル常綠ノ小木本。高サ 2m 內外、暗灰色ノ幹ハ直立シ、分枝ス。葉ハ對生シテ葉柄ヲ有シ、全邊ノ橢圓形ニシテ上部狹窄シ、鈍頭ヲ有シ、厚キ革質ニシテ光澤アリ。夏月、新枝梢ニ圓錐狀花穗ヲ成シテ白色ノ小花ヲ簇生ス。綠萼短筒ヲ成シ、四齒アリ。花冠四裂シ、下ハ筒ヲ成ス。二雄蕊、一雌蕊アリ。果實ハ長橢圓形ヲ成シ、紫黑色ニ熟シ、宛モ鼠ノ糞ノ如シ、故ニ俗ニ之ヲねずみのふんトモねずみのこまくらトモ云ヒ、畢竟鼠頰ノ和名モ之ニ基キ、其木もちのき ニ類シ、其果實鼠糞ノ如ケレバ云フ。漢名女貞ハ誤用ニテ、女貞ハ支那產ノたうねずみもちナリ。

ひとつばたご
Chionanthus retusus
Lindl. et Paxt.
(=Ch. chinensis *Maxim.*)

本州中部ノ木曾川流域ト對馬トニ自生ヲ見ル雌雄異株ノ落葉喬木ナリ。幹ハ直立シテ多ク分枝シ、大ナル者ハ高サ凡30m、直徑60cmニ及ブ。葉ハ長柄アリテ對生シ、橢圓形ニシテ長サ3-7cm許、鈍頭、葉底ニ急ニ狹窄シ、洋紙質ニシテ綠色ヲ呈シ、裏面ニハ褐色ノ毛ヲ有シ、全邊ナリト雖モ嫩枝ノ者ハ時ニ重鋸齒緣ヲ成ス。五六月ノ候、小枝ニ圓錐樣ノ聚繖花序ヲ頂生ス。萼ハ細小ニシテ四淺裂、綠色。花冠ハ細長ノ四片ニ深裂シ長サ凡、15mm、白色ニシテ多數枝上ニ開クヤハ遠望宛モ雪ノ如シ。雄蕋ハ二アリテ短ク、花冠筒部內ニ潛在ス。核果ハ橢圓形ニシテ黑熟シ白霜ヲ帶フ。和名ハ一葉たごノ意ニシテたごハとねりこノ一名ナリ、とねりこノ葉ハ羽狀複葉ナレドモ此樹ノ葉ハ一片ヲ單葉ナレバ一葉とねりこノ意ニテ斯ク云フ、之レヲなんじゃもんじゃト云フハ非ナリ。

はしどい
一名 きんつくばね
Syringa amurensis *Rupr.*
var. japonica *Franch. et Sav.*
(=S. japonica *Maxim.*)

中部以北ノ山地ニ生ズル落葉小喬木ニシテ高サ10mニ達シ、樹皮ハ灰白色ニシテ其理樣さくらノ樹ノ觀アリ。葉ハ對生シ、廣卵形又ハ廣卵狀橢圓形ニシテ長サ4-7cm、先端急ニ銳尖形ヲ成シ、葉底ハ鈍形乃至圓狀截形、全邊、平滑ニシテ質厚シ。五六月ノ候ニ開花シ、花序ハ大ナル圓錐狀ヲ呈シ、前年枝ノ先端ニ出ヅ。萼ハ淡綠色、細小、四淺裂。花冠ハ小形ニシテ四深裂シ、白色ニシテ乾ケバ黃色ヲ帶ブ。二雄蕋アリテ花外ニ挺出ス。雌蕋一、花柱ハ雄蕋ヨリ低シ。果實ハ蒴ニシテ木質ヲ成シ、狹長ナル橢圓形ニシテ長サ2cm內外アリ。熟シテ二殼片ニ縱裂シ、翅翼アル種子ヲ吐ク。和名ノ意予ヲ之レヲ解シ得ズ。

れんげう（黃壽丹）
一名 れんげううつぎ（新稱）
Forsythia suspensa *Vahl.*

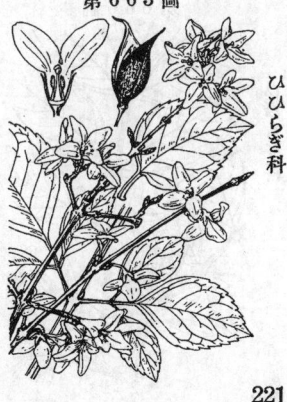

支那原產ニシテ人家ニ栽植セラルル小木本。枝ハ柳條ノ如ク長ク延ビ、地ニ着ケバ根ヲ出ス。葉ハ有柄ニシテ對生シ、通常單一ナレドモ往々三小葉ニ分裂スルコトアリ。邊緣ニ鋸齒アリ。早春葉ニ先チテ黃色ノ美花ヲ開キ、短小梗ヲ以テ枝條ニ對生ス。萼ハ四深裂。花冠ハ深ク四裂シ、裂片長橢圓ヲ成シ、筒部ハ短ク、內面ニ柑色彩ニ。二雄蕋、一雌蕋アリ。果實ハ尖リタル蒴ヲ成シ、果皮堅硬ナリ。民間藥ニ供セラル。和名ハ誤用セル漢名ノ連翹ニ基ク、故ニ今連翹空木ノ新和名ヲ命ゼリ、連翹ハ元來ともゑさうノ名ナリ。漢名 連翹（誤用）

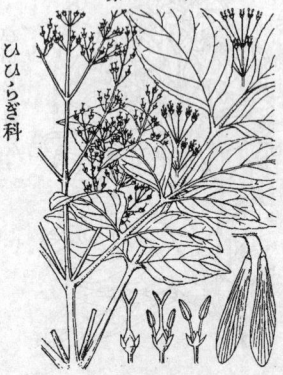

第664圖

ひひらぎ科

とねりこ
Fraxinus japonica *Bl.*

諸處ニ栽植セラルル雌雄異株ノ落葉喬木。高サ 6m 以上ニ達シ、幹ハ直上シテ分枝ス。葉ハ有柄、對生シ、奇數羽狀複葉ニシテ、其小葉ハ長卵形ヲ成シテ鋸齒アリ。春月、新葉ニ先チテ淡綠白色ノ多數細花ヲ群着ス。綠萼ハ細小ニシテ四裂ス。花冠ハ細長ナル四片ヨリ成シテ時ニ出現シ、雄花ハ二雄蕊ヲ有シ、雌花ハ一雌蕊ヲ有スル者ト不熟二雄蕊ヲ伴フ者トアリ。花後狹長ナル翅果ヲ生ズ。處ニヨリ之ヲ田畦ニ列植シ、以テ稻ヲ掛ク。漢名ノ秦皮及ビ樗皮ハ共ニ誤用。

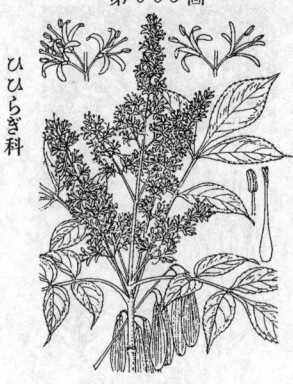

第665圖

ひひらぎ科

こばのとねりこ
一名　あをたご
Fraxinus longicuspis *Sieb. et Zucc.*

山地ニ生ズル雌雄異株ノ落葉小木本ニシテ、高サ 3m 內外。葉ハ對生シ、有柄ノ奇數羽狀複葉ヲ成シ、小葉ハ通常五乃至七片アリテ長卵形ヲ成シ、先端尖リ、低鋸齒アリテ質厚カラズ。初夏ノ候、小枝梢ニ圓錐花穗ヲ成シテ多數白色ノ細花ヲ群着シ、遠望スレバ樹梢白色ヲ呈ス。花冠ハ細長ナル四瓣ニ分レ、雄樹ノ雄花ニハ二雄蕊ヲ有シ、雌樹ノ雌花ニハ、二雄蕊ヲ伴ヒシ一雌蕊ヲ具フ。花後微凹頭ノ狹長ナル小翅果ヲ生ズ。枝ヲ截リ、水ニ浸セバ其水靑色ト成ル、故ニ靑たごノ一名アリ。たごトハとねりこノコトナリ。

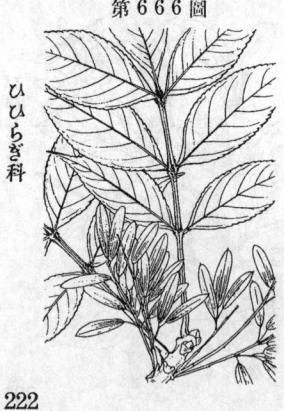

第666圖

ひひらぎ科

やちだも
Fraxinus mandshurica *Rupr.*

北海道樺太竝ニ東北地方ノ濕地ニ生ズル落葉喬木ニシテ其大ナルハ幹高 20-25m、周圍 3m 餘ニ達スルモノアリ。樹皮ハ深キ裂目ヲ有ス。葉ハ對生シテ葉柄ヲ具ヘ、其柄本膨大シ、奇數羽狀ニシテ長サ凡40cm內外、通常九箇ノ長橢圓形、銳尖頭、有鋸齒ノ無柄小葉ヲ着ケ、其基部葉軸ニ特ニ著シキ褐毛アリテ本種ノ特徵ヲ成ス。早春去年枝ノ上部ニ圓錐花穗ヲ成シテ無花被ノ小花ヲ攅着ス。雄花ニハ黃葯ノ二雄蕊アリ、雌花ニハ二雄蕊ヲ伴ヒタル一雌蕊アリ。花後多數ノ狹長翅果ヲ垂下ス。

しをぢ

Fraxinus verecunda *Koidz.*

山中ニ生ズル落葉喬木ニシテ高聳シ、高サ6-10m餘アリ。葉ニ對生シ、奇數羽狀複葉ニシテ葉柄ヲ有シ、柄本著シク擴大シテ枝ヲ抱擁スル殊態アリ。小葉ハ通常七乃至九片ヨリ成リ、長卵形或ハ倒披針形ヲ成シ、先端尖リ、鋸齒アリテ上面ノ葉脈少シク陷凹ス。初夏、去年枝ノ上部ニ圓錐花穗ヲ成シテ多數ノ細花ヲ攅簇ス。花後長橢圓狀披針形ノ大ナル翅果ヲ結ビ、翅ハ厚クシテ強シ。本種ニ諸州ニテしはぢ通稱ヲ有スルモノニテ敢テ他ノ名稱ヲ以テ呼ブ必要ナシ。F. nipponica *Koidz.* モ亦多分ハ同種ニシテ中井博士著大日本樹木誌ニ圖スル翅果ハ尙其幼嫩ナルモノナラン。

ゑごのき

一名 ろくろぎ・ちしゃのき（同名アリ）

Styrax japonica *Sieb. et Zucc.*

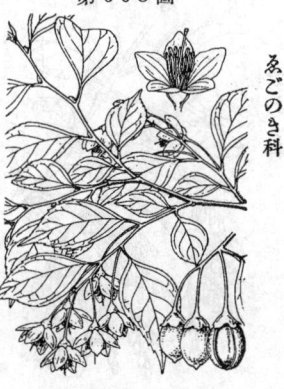

林野ニ多キ落葉小喬木ニシテ、高サ3m 內外。幹ハ濃紫褐色ニシテ枝多シ。葉ハ有柄互生、卵形ニシテ葉頭尖リ、微鋸齒アリ。初夏、側生ノ小枝端ハ總狀花穗ヲ成シテ白色花ヲ開キ、長キ花梗ヲ以テ下垂シ、其數頗ル繁シ。綠萼五裂シテ杯狀ヲ呈シ、花冠ハ五深裂シ、裂片ノ外面ニ細毛ヲ布ク。多雄蕋アリテ黃葯ヲ有ス。果實成熟スレバ果皮開裂シ、褐色ノ堅キ一種子ヲ出ス。生時果皮ヲ擣碎シ、魚ヲ毒スルニ用キラル。夏時、小枝端ハ通常能ク白色ノ蟲癭ヲ生ジ、其形宛モ蓮華ノ如シ。芝居千代萩ニ在ルちしゃのきハ即チ是ナリ。又材ヲ傘ろくろ＝使用ス、故ニろくろぎノ名アリ。和名ゑごのきハ萼ジ歇の木ノ意ニシテ其果皮ノ味喉ヲ刺戟シ歇キ故知ク云フナラント謂ヘリ。漢名齊墩果ハ誤用ニシテ、是レハ元來おりーぶノ漢名ナリ。

はくうんぼく

一名 おほばぢしゃ

Styrax Obassia *Sieb. et Zucc.*

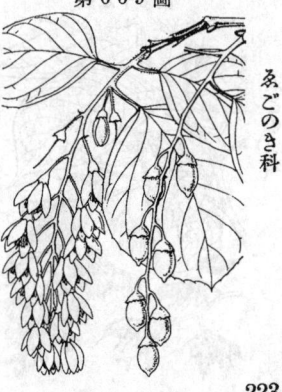

山中ニ生ズル落葉喬木。高サ6-9m ニ達シ、幹ハ高聳シ、枝ハ紫褐色、小枝ノ表皮能ク剝離ス。葉ハ互生シ、大ニシテ短柄ヲ具ヘ、殆ド圓形ニシテ邊緣ニ微鋸齒ヲ有ス。葉裏ニ細毛アリテ白色ヲ呈シ、葉柄本膨大シテ全然幼芽ヲ裹ム。初夏ノ候、新枝端ニ總狀花穗ヲ成シテ有梗ノ白色花ヲ綴ル。萼ハ杯狀。花冠ハ五深裂。黃葯ノ多雄蕋アリ。果實ハ穗ヲ成シテ下垂シ、圓形ニ熟スレバ開裂シ、中ニ堅キ褐色ノ一種子アリ。和名白雲木ハ樹上ニ白花ノ滿開セル時、其狀白雲ノ如ケレバ云フ、種名ノ Obassia ハ大葉ぢしゃ＝基ク。

こはくうんぼく

Styrax Shiraiana *Makino.*

中部地方ノ深山ニ生ズル落葉喬木。枝ニハ密ニ星狀毛アレドモ後ニ表皮剝離シテ平滑ト成ル。葉ハ扁圓形、長サ5cm内外、先端急ニ凸出シ葉底ハ廣楔形ヲ成ス。邊緣ニハ大ナル齒牙狀ノ不齊鋸齒アリテ頗ル特狀ヲ呈シ、洋紙質ニシテ剛ク表面ノ脈絡ハ陷入シテ皺縮ノ感アリ。夏月開花ス。花序ハ枝端ニ頂生シ、總狀ニシテ十花内外ヨリ成リ、星狀毛ヲ密布ス。花ハ下向シテ開キ白色。萼ハ鐘形ニシテ五裂シ更ニ鋸齒ヲ伴フ。花冠ハ漏斗狀鐘形ニシテ長サ2cm許、下ハ筒狀ヲ成シ上ハ五裂ス。雄莖ハ十箇アリ、花絲ノ下部ハ單體ヲ成シテ花冠筒部ノ内面ニ着ク。子房ハ小形、卵圓形ニシテ細毛ヲ有シ、花柱ハ直立ス。果實ハくうんぼくニ似テ下ニ宿存萼ヲ伴ヒ、中ニ褐色ノ堅硬種子アリ。和名ハ小白雲木ノ意ニシテくうんぼくノ緣者ニテ其樹小形ナレバ云フ。

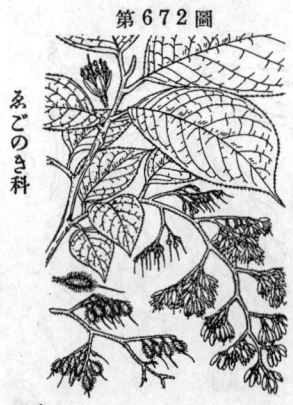

あさがら

Pterostyrax corymbosum
Sieb. et Zucc.
(=Halesia corymbosa *Nichols.*)

中部以南ノ山地ニ生ズル落葉喬木ニシテ高サ10mニ達シ多ク枝ヲ分ツ。葉ハ互生シ、有柄ニシテ廣橢圓形、長サ5cm内外、先端ハ急ニ銳ク尖リ、微凸鋸齒緣ヲ具ヘ、星狀毛アレド、後ニ落ツ、稍革質ナレドモ軟クシテ表面ハ平滑ナリ。六月枝端ニ複繖房花序ヲ頂生ス。花ハ白色、花軸上ニ一列ヲ成シテ竝ビ下垂ス。萼ハ細小ニシテ五裂ス。花冠ハ五深裂シテ正開セズ、裂片ハ狹長長橢圓形ヲ成ス。雄莖ハ十本ニシテ少シク花冠ヨリ超出シ、花絲ハ中部迄相癒合シ下ハ單體ヲ成ス。子房ハ下位ニシテ短倒圓錐形ヲ成シ細毛アリ。花柱ハ直立シテ少シク雄蕊ヨリ高シ。果實ハ下垂シ、倒卵形ニシテ五翼稜ヲ有シ、殆ンド全ク花後ニ膨大セル宿存萼ニ包マル。和名ハ麻殼即チ麻幹ノ意、其材質脆軟ニシテ折レ易ク宛モあさがらノ如ケレバ云フ。

おほばあさがら

一名 けあさがら

Pterostyrax hispidus *Sieb. et Zucc.*
(=P. micranthum *Sieb. et Zucc.*)

山地ニ自生スル落葉喬木ニシテ、高サ6〜9mニ達シ、幹ハ直聳シ、分枝ス。葉ハ有柄ニシテ互生シ、形チ大ニシテ橢圓形ヲ呈シ、先端ハ尖リ、邊緣ニ小鋸齒ヲ列シ、質薄ク、裏面ニハ星狀細毛ヲ密布シテ白色ヲ帶ブ。初夏ノ候、新枝端ニ垂下セル圓錐花穗ヲ成シテ下向セル多數ノ白花ヲ綴リ、稍えごのきノ花ニ似テ小シ。果實ハ細長キ核果ニシテ全面ニ茶褐色ノ毛ヲ密生シ、果穗下垂ス。和名ハ大葉麻殼ノ意ナリ。此木質脆ク、折レ易キコト麻殼ノ如ケレバ云フ。

さはふたぎ 一名 にしごり
Symplocos crataegoides Buch-Ham.

山地ニ生ズル落葉灌木。高サ 2.5m 内外アリテ枝梢多ク、葉亦繁シ。葉ハ短柄ヲ有シテ互生シ、倒卵形ニシテ邊緣ニ小鋸齒ヲ有シ、兩面常ニ粗澁シ、短毛アリ。五月頃、新枝上ニ新葉ト共ニ圓錐狀花穗ヲ成シテ多數ノ白色細花ヲ攅簇ス。綠萼細小、五裂。花冠深ク五裂シ、梅花ノ態アリ。長キ多雄蕋、一雌蕋アリ。秋日、小キ歪球形ノ核果ヲ結ビ、熟スレバ藍色ヲ呈ス。和名ハ蓋シ澤蓋木ノ意ニシテ澤水ノ上ニ繁リテ之ヲ覆フヨリノ名ナラン、又にしごりハにしっこりトモ云ヒ、錦織木ノ意ナリ、是レ此灰汁ハ主トシテ紫根染ノ時必要ナレバナリ。

はひのき科

たんなさはふたぎ
Symplocos argutidens Nakai.
(= Palura argutidens Nakai.)

中部以南ノ山地ニ多キ落葉灌木或ハ小喬木ニシテ高サ3-5mニ達ス。幹ハ灰色ニシテ薄ク剝離シ枝梢ハ横ニ擴ガリテ繁ク小枝ヲ岐ツ。葉ハ倒卵狀橢圓形ニシテ長サ5cm内外、葉頂急ニ尖リ、底部ハ銳形、稍革質ニシテ裏面脈上ニハ白毛ヲ有シ、周邊ニハ銳鋸齒ヲ具ヘ、嫩キ枝ノ者ニ於テ特ニ然リ。六月頃、小枝端ニ圓錐花叢ヲ成スコトさはふたぎノ如クニシテ多數ノ白花ヲ着ケ遠望スレバ白雪ノ如シ。萼ハ綠色ニシテ細小、五裂ス。花冠ハ平開ク徑凡1cm、五深裂シ裂片ハ鈍頭橢圓形、乾ケバ淡黃色ニ變ズ。雄蕋ハ多數、ホドンド花冠ト同長、白花絲ニシテ黃葯。子房ハ下位、細小、花柱ハ一、直立ス。十月果實熟シテ微シク歪メル球形ヲ呈シ、黑碧色ト成リ、さはふたぎノ鮮碧色ナルト異ナレリ。和名ハ耽羅澤蓋木ノ意、耽羅ハたんなニテ朝鮮濟州島ノ古名、此樹初メ同島ニ於テ見出セラレタルさはふたぎ類ナルヲ以テ斯ク名ケタルナリ。

はひのき科

はひのき
一名 くろばひ・とちしば・そめしば
Symplocos prunifolia Sieb. et Zucc.
(= Bobua prunifolia Sieb. et Zucc.)

暖地ノ常綠喬木ニシテ高サ10m、幹徑 30cmニ達シ、枝葉共ニ繁密ナリ。幹幷ニ枝梢ハ暗棕紫色。葉ハ有柄ニシテ互生シ、廣披針形或ハ橢圓形ヲ成シ長サ3-7cm許ニシテ尾狀銳尖頭、葉底ハ銳形、邊緣ニハ低鈍鋸齒アリ、厚ク革質ニシテ深黑綠色ヲ呈シ光澤アリ。五月ノ候、前年枝ノ葉腋ニ總狀花序ヲ成シテ小梗アル白花ヲ綴リ、花軸ニハ細毛ヲ密生ス。花ハ同屬ノ他種ト大同小異ノ觀アリテ平開シ凡8mmノ徑アリ。萼ハ綠色、細小、五淺裂。花冠ハ五深裂シ、裂片ハ橢圓形、鈍頭。雄蕋ハ多數ニシテ少ク花冠ニ參差ス。子房ハ下位、細小、花柱ハ直立ス。果實ハ卵狀橢圓形ニシテ小柄ヲ有シ初メ綠色、熟スレバ紫黑色ト成ル。和名ハ灰ノ木ハ灰汁ヲ得ル爲メ枝葉ヲ燒キ灰ヲ製スルヨリ云ヒ、黑灰ハ樹皮ニ基ヰシ名、染め柴ハ此葉乾ケバ黃色ト成リ其黃汁ニテ菓子等ヲ染ムル故云フ、とちしばハ予其意ヲ解シ得ズ。漢名 山礬（誤用）

はひのき科

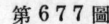

しろばひ
Symplocos lancifolia *Sieb. et Zucc.*
(＝Bobua lancifolia *Sieb. et Zucc.*)

暖地ノ低地ニ多キ常緑灌木。高サ3m内外。枝ハ
痩細ニシテ嫩キ時ハ褐毛ヲ被フル。葉ハ互生シ、
葉柄ハ極メテ短ク、卵状披針形或ハ廣披針形ニ
シテ長サ4-6cm、銳尖頭、楔形底或ハ狭底ヲ成
シ、邊ニ低鈍鋸齒アリ、革質ナレドモ薄クシテ
軟柔、深綠色ヲ呈シ多少光滑ナリ。晩夏、本年
枝ノ葉腋ニ總状花序ヲ出ダス、花序ハ葉ヨリ短
クH且ツ殆ンド無柄、密ニ白色ノ小形花ヲ著ケ、
花徑4mm内外アリテ平開ス。萼ハ綠色、細小、
五裂。花冠ハ五深裂、裂片ハ楕圓形、鈍頭。雄
蕊ハ多數ニシテ花冠ヨリ超出シ五體ヲ成ス。子
房ハ下位、細小、花柱ハ直立ス。果實ハ小球形
ニシテ熟スレバ黑色ヲ呈ス。和名白梅ハ其枝色
棕黑色ナラザルヲ以テくろばひニ對シテ斯ク謂
ヒシナリ。

みみすばひ
一名 みみずのまくら・みみすべり・みみすりば・とくらべ
Symplocos glauca *Koidz.*
(＝Laurus glauca *Thunb.*; Bobua glauca
Nakai; S. neriifolia *Sieb. et Zucc.*;
B. neriifolia *Sieb. et Zucc.*)

暖地ニ生ズル常緑喬木ニシテ 高サ10m、幹徑30cm許
ニ達シ、全株無毛ナリ。葉ハ有柄、狭楕圓形或ハ楕圓
状倒披針形ニシテ長サ10-15cmヲ算シ平滑、全緣或ハ
先端部ニハ細鋸齒アリ、表面綠色ニシテ裏面ハ灰白色
ヲ呈シ稍革質ナリ。八月ノ候、葉腋ニ短キ總状花序ヲ
出ダシテ密ニ白色ノ小花ヲ著ケ、徑約8mm許アリ。萼
ハ綠色、細小、五裂、有毛。花冠ハ五深裂シ、裂片ハ
楕圓形、鈍頭、稍々黄色ニ變ズ。雄蕊ハ多數ニシテ
五體ヲ成シ花冠ヨリ長シ。子房ハ下位、細小、一花柱
アリ。果實ハ前年花ノ者深秋ニ成熟シ、卵状長楕圓形
ヲ成シテ上牛往々彎曲シ一二箇相集リテ紫黑色ヲ
呈シ、殆ンド柄無シ。和名ハ蚯蚓灰ノ意、本品ハ灰
ノ木ノ一種ニシテ其實ノ形みみずノ頭ノ如クレバ斯
ク云フ、蚯蚓ノ枕・みみず状ノ枕ノ意乎、みみすべり
・みみすりば共ニ其意詳カナラズ、とくらべハ伊勢神
宮ニ於テ御饌供進ノ際木下敷キニ此葉ヲ使用シ此名
ヲ用ヒレドモ其名ノ意ハ不明ナリ。

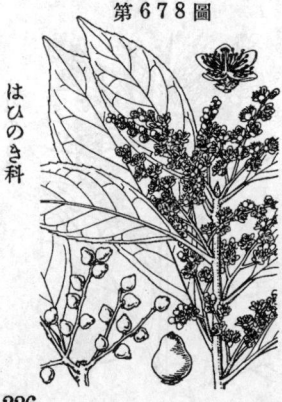

かんざぶらうのき
Symplocos theophrastaefolia
Sieb. et Zucc.
(＝Bobua theophrastaefolia *Sieb. et Zucc.*)

暖地ニ生ズル常緑喬木ニシテ凡高サ10m、幹徑
30cmニ達シ、葉頗ル繁密ニ著キ、全株無毛ナリ。
葉ハ互生シテ有柄、楕圓状倒披針形ニシテ長サ
10-15cm、銳尖頭、葉底ハ漸次ニ狭窄シテ銳形ト
成シ、質厚ク、邊緣ニハ多クノ鋸齒ヲ列シ、表
面ハ稍光澤アリテ鮮綠色ヲ呈シ裏面ハ淡綠色ナ
リ。八月ニ開花シ、複總状花序ハ腋生シテ葉ヨ
リ短ク、多クハ三枝ヨリ成リ相集テ往々圓錐状
ニ見ユ。花ハ徑8mm許、白色ニシテ穗軸ニ著キ
無柄ナリ。萼ハ綠色細小、五裂、細毛アリ。花
冠ハ五深裂、裂片ハ廣楕圓形、圓頭。雄蕊ハ多
數ニシテ五體ヲ成シ花絲ハ基部ニ於テ癒合ス。
果實ハ壺状ニシテ小サク徑4mm許、初メ綠色熟
スレバ暗紫色ヲ呈ス。和名ハ多分勘三郎ノ木ナ
ランモ其意詳カナラズ、俚言ニ烏かあかあかん
ざぶらうト云フ故ニ本樹烏ト何カ關係アルナラ
ン乎。

はひのき科

かき (柿)
Diospyros Kaki *Thunb.*

第６７９圖

山中ニ自生スレドモ、又普ク栽培セラルル落葉喬木ニシテ高サ6-9mニ達シ、幹ハ直立分枝シ、嫩枝ニハ密ニ細毛ヲ生ズ。葉ハ新枝ニ互生シ、短柄アリテ楕圓形ヲ成シ、全邊ニシテ毛ヲ帶ビ、晩秋通常紅葉シテ美ナリ。六月ノ候、新枝ノ葉腋ニ帶黄色ノ短梗花ヲ開ク。元來雌雄同株ナレドモ、又雌雄異株ノ觀ヲ成スコトアリ。雄花ハ聚繖花序ヲ成シテ小ク、雌花ハ獨在シテ大ナリ。合瓣花冠ハ壺狀ヲ成シテ邊緣四裂シ、花ニ綠色ノ四裂萼アリ。雄花ニハ十六雄蕋。雌花ニハ一雌蕋ト不熟デ八雄蕋アリ。漿果ハ熟シテ黄赤色ヲ呈シ、品種ニヨリ其大小形狀ヲ異ニシ、食用トス。又嫩果ヨリ澁ヲ採ル。一果ハ四種子ナレドモ全部發育スル者多カラズ。種子ハ長楕圓形平扁ニシテ軟骨質ノ胚乳多シ。材ハ器具ニ用ウ。山地ニ自生スルモノハ果實小ナリ、之ヲやまがきト云フ。即チ培養品ノ原種ナリ。

しなのがき (君遷子)

Diospyros Lotus *L.*

かきのき科

第６８０圖

人家ニ栽植セラルル落葉喬木。幹高サ6-9mニ達シ、葉ハ有柄互生シ、楕圓形ニシテ全邊ヲ成シ、表面ハ深綠色、裏面ハ灰白色ナリ。六月頃、短梗アル黄白色ノ小花ヲ開キ、新枝ノ葉腋ニ出ヅ。萼四裂シ、壺狀ノ花冠亦四裂ス。雄花ハ十六雄蕋。雌花ニハ一雌蕋ト不熟デ八雄蕋トアリ。果實ハ小ナル漿果ニシテ長楕圓形ヲ呈シ、成熟種子ノ少クシテ小形ナル不熟種子アリ、能ク熟スレバ食用トナスベシ。此品信濃ニ多キ故此和名アリ。一種其果實ノ圓キ者ヲまめがきト云フ。山地ニ自生スレドモ又人家ニ栽ウ、果中ニ種子アリ。

ときはがき
一名 ときはまめがき・くろかき
Diospyros nipponica *Nakai.*

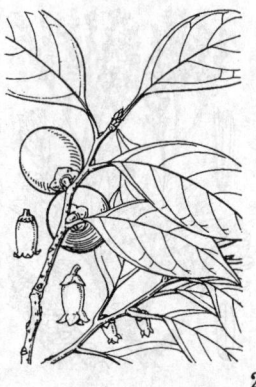

かきのき科

第６８１圖

暖地ノ山中ニ生ズル常綠喬木。幹ハ直立シ高サ7m許ニ達シ老成セル者ハ樹皮黑色ヲ呈ス。葉ハ有柄ニシテ互生シ、長サ5-9cm、楕圓形ニシテ兩端尖リ、全邊、質厚ク、表面深綠色ヲ呈シ稍滑澤、裏面ハ淡綠色ナリ。雌雄異株。花ハ小形、葉腋ニ獨生シテ下向シ、極メテ短キ小梗ヲ具フ。萼ハ綠色ニシテ四裂シ、果時ニ增大シテ宿存ス。花冠ハ淡黄色、鐘形、長サ1cmニ滿タズ、先端ハ廣卵形ノ四裂片ニ分裂ス。雄花ハ花筒內ニ十六本ノ雄蕋ヲ有シ其長形葯ニハ細毛ヲ帶フ。雌花ニハ四雄蕋ヲ具ヘ長形ノ葯ニ細毛ヲ被ル、一雌蕋アリテ球形ノ子房ハ八室ヲ數ヘ毛無クシテ平滑、花柱ハ四裂シ柱頭ハ二岐セリ。果實ハ球形、直徑15mm許、初メ綠色、成熟スレバ黑ト成リ、枯渴スレバ暗綠色ト成ル。和名ノ常磐柿ハ其葉四時綠色ナレバ云ヒ、常磐豆柿ハ其果實ノ小形ナレバ斯ク稱ヘ、黑柿ハ其老幹黑色ナレバ云フ、然シ工匠ノ材ニ賞用スルくろかきトハ全ク別ナリ

227

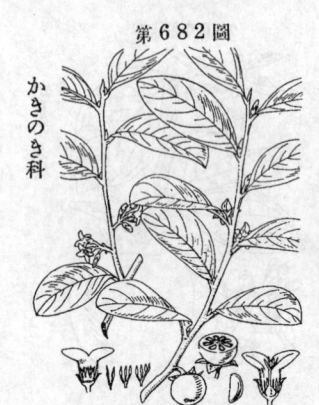

こくたん （烏木）

Diospyros Ebenum *Koenig.*

印度・馬來ニ產スル常緑ノ大喬木。葉ハ有柄、互生シ、橢圓形、全邊ニシテ上下楔形ヲ呈シ、鈍頭ヲ有シ、革質ニシテ葉脈隆起シ、主ナル支脈ハ斜ナリ。雌雄異株ニシテ單性花ヲ開キ、雄花ハ短梗ノ聚繖花ニシテ簇集シ、三乃至十二花アリ。蕚ハ漏斗形ニシテ四裂。花冠ハ筒狀、四裂、蓓蕾ハ上部狹窄ス。雄蕋ハ約十六。雌花ハ獨生シ、短梗アリテ蕚ハ雄花ニ於ケルヨリ大ナリ、一花柱、四柱頭アリ。子房ハ八室。果實ハ球形、2cm徑、宿存蕚ハ略ボ半球形ノ木質杯狀ヲ呈シ、果底ニ添フ。心材ハ堅緻ニシテ邦俗紫檀ト對シ黑檀ト通稱シ、全然漆黑ニシテ間色ナク、磨ケバ光澤アリ、所謂唐木中ノ尤品ニシテ種々ノ器物ニ造ル。其生苗ハ未ダ曾テ我邦ニ來ラズ。

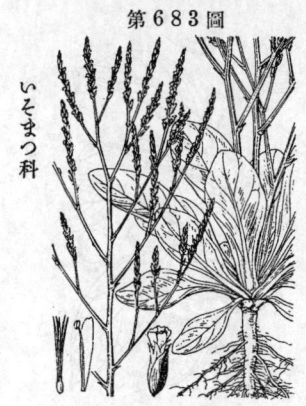

はまさじ　一名 はまぢさ

Limonium japonicum *O. Kuntze.*
(＝Statice japonica *Sieb. et Zucc.*)

瀕海ノ沙地ニ生ズル二年生草本ニシテ直立シ、主根ハ硬クシテ土中ニ直下ス。葉ハ根生ニテ一株ニ簇出シ、蓮花狀ヲ呈シ、長橢圓形狀匙形ニシテ下部狹窄シ、紅彩アリテ葉柄ヲ成シ、全邊、厚質、葉面滑澤、長サ12-15cm許アリ。秋日、簇葉心ニ蕚ヲ抽クコト30-60cm許、繁ク綠色枝ヲ分ツ。小枝上ニ穗狀ヲ成シテ多數ノ小花ヲ着ケ、一側ニ向ヒ、花下ニ綠色ノ三苞アリ。蕚ハ筒ヲ成シテ五裂シ、白色ノ乾膜質ヲ呈シ、宿存ス。花冠ハ五深裂シ、裂片ハ凹頭ノ狹匙狀ヲ成シ、上部黃色、下部白色ヲ呈ス。雄蕋ハ五。五花柱アル一子房アリ。和名濱匙ハ此種海邊ニ生ジテ其葉匙狀ヲ成スニ基ク。

いそまつ
一名 いそはなび

Limonium arbusculum *Makino.*
(＝Statice arbuscula *Maxim.*)

本邦南部ノ曖地海岸ニ生ズル亞灌木式ノ多年生草本。莖ハ通常分岐シ、古キ部分ハ皮部黑色ニシテ皺質ヲ成シ且鱗片狀ニ分裂シ、其狀宛モくろまつノ幹ノ如シ。葉ハ多數莖頂ニ簇生シ、小形ニシテ厚質、匙形、圓頭、乾ケバ一種ノ皺ヲ生ズ。八九月、葉中ヨリ一二葶ヲ抽キ、分岐セル穗狀花序ヲ成シ、小穗、無柄ニシテ稍疎ニ花軸ニ配列シ一二花ヨリ成リ外部ニ廣濶鞁ノ苞ヲ具フ。蕚ハ筒形、先端五齒ヲ具ヘ、下部ニハ粗毛アリ、花冠ハ筒狀鐘形ニシテ上部五裂シ淡紫色ヲ呈シ乾皮質ナリ。雄蕋五、花筒內ニ潜在ス。雌蕋一、子房小形倒卵形、五花柱アリ。果實ハ狹長ナル長橢圓形。之ニ類スル者ニきばないそまつ (L. Wrightii *O. Kuntze*＝Statice Wrightii *Hance.*) アリテ黃花ヲ開ク。和名磯松ハ其草狀ヲ海邊ノ松樹ニ擬セシ者ナリ、又磯花火ハ磯邊ニ在テ莖ヲ岐チ各莖頂ニ叢葉ノ在ル其草狀ヲ花火ニ喩ヘシナリ。漢名 石蓯蓉ハ石松(共ニ誤用)

はまかんざし
Statice Armeria *L.*
(=Armeria vulgaris *Willd.*;
A. maritima *Willd.*)

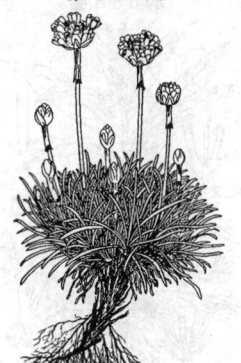

第685圖

歐洲北米等ニ産スレドモ我千島ニモ見ル
多年生草本ニシテ、園藝植物トシテ外國
ヨリ舶來セシ者ハ通常庭園ニ培養セラ
ル。一株ニ多數ノ狹線形葉ヲ密ニ叢生シ、
質柔弱ニシテ單脈アリ。春日、葉間ヨリ莖
ヲ抽クコト高サ10-15cm許、莖端ニ頭狀
ヲ成シテ多數ノ紅色小花ヲ攅メ開キ、乾
膜質ノ苞ヲ以テ之レヲ護シ、總苞狀ヲ成
シ、其最外二三片ノ苞ハ下方ニ反向シテ
鞘狀ト成リ、莖ノ上梢部ヲ包ム。萼ハ筒ニ
成シテ五裂シ、花冠ハ五深裂シ、五雄蕊、
一雌蕊アリ。

いそまつ科

るりはこべ
Anagallis arvensis *L.*
var. caerulea *Gren. et Godr.*
(=A. caerulea *Schreb.*)

第686圖

元來外來品ナレドモ今ヤ我邦中部以南ノ地ニ野
生セル一年生草本。莖ハ匍匐シテ分枝ヲ上部斜
上シ、方形綠色ニシテ細長ナリ。葉ハ對生ニ無柄
ニシテ卵形ヲ成シ先端ニ尖リ底部ニ心臟形ヲ呈
シ全邊ナリ。春日纖美ナル小梗ヲ葉腋ニ單生シ、
碧色ノ小花ヲ開ク。萼ハ五片、披針形ヲ成シテ
尖ル。花冠ハ幅形ニシテ五裂シ、裂片ハ卵圓形ニ
シテ鈍頭ナリ。五雄蕊アリテ花冠裂片ニ相對シ、
花絲ニ絨毛アリ。一雌蕊。花後蒴果ヲ結ビテ下
向セル果梗ニ膏キ、小球形ヲ呈シ基部ニ萼片ヲ
宿存シ、熟シテ蓋裂ニ細緻子ヲ出ス。赤キ花ヲ
開ク者ハ此母種ナリ、あかばなるりはこべ(A.
arvensis *L.*=A. phoenicea *Lam.*)ト云フ。和
名瑠璃繁縷ハ草狀はこべニ似テ藍色花ヲ開クヲ
以テ云フ。

さくらさう科

つまとりさう
Trientalis europaea *L.*

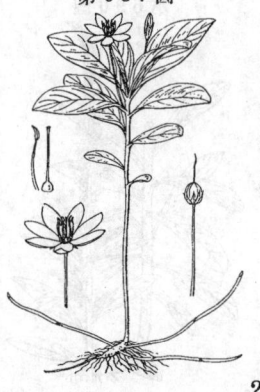

第687圖

高山又ハ高原ニ生ズル多年生ノ草本ニシ
テ、地下ニ白色絲狀ノ地下莖ヲ引ク。莖
ハ直立シテ高サ10cm內外、細長單一ニ
シテ分枝セズ。葉ハ莖ニ互生シ、廣披針
形ニシテ尖リ、全邊ニシテ質薄ク、短柄
アリ、下部ノ葉ハ小形ニシテ離在シ數少ク
梢ニ至リ漸ク大ニ、數葉相接シテ輪生樣
ヲ呈ス。夏日、梢葉腋ヨリ纖長ナル花梗
ヲ出シ、梗頂ニ白色ノ一花ヲ著ク、花徑
1.5cm許、萼七片、狹披針形ニシテ尖ル。
花冠七深裂、平開シ、長橢圓形ニシテ尖
リ、同旋襞ヲ成ス。七花瓣、七雄蕊、一雌
蕊アリ。蒴ハ小形ニシテ殼片縱ニ開裂シ、
游離中心胎座ニ數種子アリ。

さくらさう科

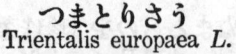

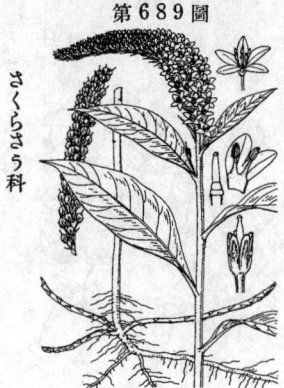

第688圖

さくらさう科

やなぎとらのを
Naumbergia thyrsiflora *Reichb.*
（＝Lysimachia thyrsiflora L.

中部以北ノ寒冷ナル濕原ニ生ズル多年生草本，地下莖ハ多節ニシテ匍匐シ各節ヨリ多數ノ鬚根ヲ發出ス。莖ハ無毛、直立シテ30cm內外アリ。葉ハ長サ5-7cm許、無柄ニシテ對生シ、披針形又ハ線狀長橢圓形ニシテ漸尖頭、底部ハ梢鈍形ヲ成ス。夏日、葉腋ニ有柄ノ短總狀花序ヲ出シ多數ノ花ヲ密簇スレドモ其花序ハ葉ヨリ短ク且葉間ニ隱見シテ顯著ナラズ。花ハ黃色。萼片ハ六ニシテ狹シ。花冠ハ萼ヨリ長ク深裂セル六片ハ狹長ニシテ鈍頭。六雄蕊ハ花冠ヨリ超出シ、花絲纖長。子房細小、花柱ハ雄蕊ヨリ低シ。果實ハ小球形ニシテ集團シ、熟スレバ開裂ス。和名ハ柳虎ノ尾ノ意ニシテ其葉ハやなぎ葉ノ如ク、其花穗ハとらのを（をかとらのを）ノ如ケレバ云フ。

第689圖

さくらさう科

をかとらのを
一名　とらのを
Lysimachia clethroides *Duby.*

山地・原野ニ生ズル多年生草本。地下莖ヲ引キテ繁殖シ、高サ90cm許アリ。莖ハ單一、圓柱形ニシテ直立シ、基部紅色ヲ呈ス。葉ハ互生シ、有柄ニシテ長橢圓狀披針形ニシテ尖リ、全邊ニシテ緣毛アリ、葉肉中ニ細微ナル油點ヲ散布ス。夏日、莖頭ニ總狀花穗ヲ成シテ一方ニ傾キ、多數ノ有梗白花ヲ密着シ、每花下ニ線形ノ綠苞アリ。萼ハ綠色五片ニシテ宿存ス。花冠ハ五深裂。五雄蕊、一雌蕊アリ。花後多數ノ圓キ蒴果ヲ結ブ。從來用キシ漢名ノ珍珠菜ヲ誤用、又扯根菜ヲ之ニ用ウルモ亦誤ナリ。和名岡虎ノ尾ハ此種岡ナドニ生エテ、其花穗獸尾ノ如ケレバ云フ。

第690圖

さくらさう科

ぬまとらのを（珍珠菜）
Lysimachia Fortunei *Maxim.*

水邊ノ濕地ニ多ク生ズル多年生草本ニシテ、地下莖ヲ引キテ繁殖シ、往々群ヲ成ス。莖ハ直立シ、高サ30cm餘、分枝セズ、其基部ハ紅色ヲ帶ブ。葉ハ互生シ、披針形、全邊ニシテ毛ヲ帶ビズ。夏日、莖頂ニ直立ノ總狀花穗ヲ成スコト10cm內外、白色ノ有梗花ヲ開ク。萼ハ綠色五片ニシテ宿存シ、各片鈍頭ヲ成ス。花冠ハ五深裂、裂片ハ鈍頭、長橢圓形。五雄蕊、一雌蕊アリ。蒴果ハ小ニシテ圓形ナリ。漢名　宿星菜（誤用）

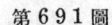
第691圖

のぢとらのを
Lysimachia barystachys *Bunge.*

平野或ハ岡原ニ於ケル稍濕潤ノ草地ニ生ズル多年生草本。高サ50～70cm 許、全株短粗毛ヲ密布ス。根莖ハ地中ニ横行ス。莖ハ直立シテ通常枝ヲ分タズ、圓柱形、緑色。葉ハ線状長橢圓形、鈍頭、鋭底ニシテ多數莖上ニ互生シ、長サ3～5cm許アリ、葉腋ニ短縮セル小枝ヲ有シテ小形葉ヲ着ク。晩春初夏ノ候、莖頂ニ一白花ヲ着ケシ總狀花序ヲ出シ開花期ニハ一方ニ傾キ花ノ開クニ從テ直立ス。花ニハ短梗アリ、細狹ノ綠苞アリテ其長サ稍小梗ト相等シ。萼ハ綠色小形ニシテ五深裂ス。花冠ハ徑1cm未滿ニシテ五深裂シ裂片ハ長橢圓狀披針形ヲ呈ス。五雄蕋アリテ花冠裂片ノ半長アリ。子房ハ小ニシテ花柱ハ直立シ雄蕋ヨリ低シ。蒴果ハ小球形ニシテ多數直立セル果穗ニ着キ熟シテ日ヲ經レバ赤褐色ト成ル。果内ニ細子多シ。和名ハ野路虎ノ尾ニシテ此種原野ノ路傍ニ生ズ其草とらのを卽チをかとらのをニ似タレバ斯ク云フ。

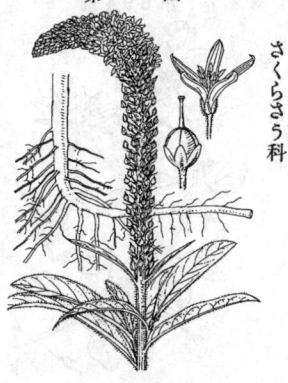

さくらさう科

第692圖

さはとらのを（星宿菜）
Lysimachia candida *Lindl.*
var. leucantha *Makino.*

水邊濕地ニ生ズル多年生草本ニシテ高サ30cm内外アリテ叢生シ、質軟カナリ。莖ハ直立シ、多クハ分枝セザレドモ、時ニ梢ニ小枝ヲ分ツコトアリ、又梢葉腋ニハ不發育ノ枝ヲ着ケ、二三小葉ヲ有スルコトアリ。莖ハ通ジテ多數ノ全邊細長葉ヲ互生ス。夏日、莖末ニ總狀花穗ヲ成シテ細長梗アル多數ノ白花ヲ開ク、花穗初メ短カケレドモ果時ニハ長ク延ブ。綠萼ハ五片、裂片ハ卵形ニシテ尖ム。花冠五深裂シ、裂片長橢圓形。五雄蕋、一雌蕋アリ。蒴果ハ小ニシテ圓形ヲ呈シ、宿存萼ヨリ短カシ。

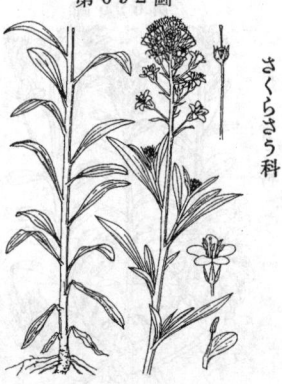

さくらさう科

第693圖

ぎんれいくゎ
一名 みやまたごばう
Lysimachia decurrens *G. Forst.*
var. acroadenia *Makino.*
(= L. acroadenia *Maxim.*)

諸國ノ山中多濕ノ陰地ニ生ズル多年生直立草本ニシテ高サ30～60cm、全株無毛ナリ。莖ハ分枝シ稜角アリ、又莖裏ト共ニ一面ニ紫點ヲ布ク。葉ハ長橢圓形、兩端尖リ、全邊、長サ10cm内外、質軟ク、有翼ノ長柄ヲ具フ。夏日、梢頂ニ總狀花序ヲ立テテ小白花ヲ綴リ、花軸ハ初メヨリ眞直ニシテ小梗ヲ斜メニ開出シ、苞ハ絲狀鍼形ヲ成シテ略ボ小梗ノ半長アリ。萼ハ五裂シ、裂片ハ卵狀鍼形ヲ成シテ尖レリ。花冠ハ萼ヨリ超出シ、五裂片ヲ成セドモ正開セズ、裂片ハ廣橢圓形ニシテ圓頭ヲ有シ基部ハ短ク狹窄ス。五雄蕋ハ花冠喉下ニ着キテ花冠ト同高ナリ。子房ハ小ニシテ眼圓形、花柱ハ直立シテ微ニ雄蕋ヨリ低シ。蒴果ハ圓小ニシテ熟スレバ上部五裂シテ細種子ヲ出ダス。和名ハ銀鈴花亭、又深山田牛蒡亭、而シテ此名油ハ能ク其眞ヲ顯ハサザルニハ非ザル乎ヲ想フ。

さくらさう科

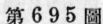

こなすび

Lysimachia japonica *Thunb.*

原野山足等ニ生ズル普通ノ多年生草本ニシテ細毛ヲ帯ブ。茎長サ9–15cm内外アリテ數莖叢生シ、通常四方ニ横斜シテ多少地ニ臥ス。葉ハ對生シテ葉柄ヲ有シ、卵圓形、全邊ニシテ小形ナリ。夏日、葉腋ニ黄色ノ有梗ノ一花ヲ着ク。綠萼五片、各片線形ニシテ尖ル。花冠五深裂シ、五雄蕋、一雌蕋アリ。蒴果ハ下向シ、球形ニシテ宿存萼ヲ伴ヒ、熟スレバ殼片五縱裂シ、種子ヲ出ス。和名小茄子ハ其果實ノ狀ニ基ク。

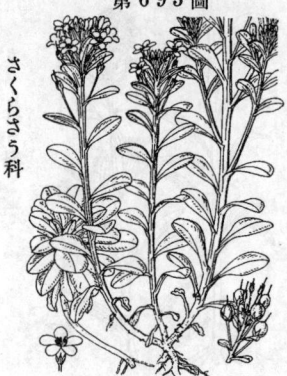

はまぼっす

Lysimachia mauritiana *Lam.*

海岸ニ生ズル二年生草本ニシテ、高サ20cm内外、通常基部ヨリ枝ヲ分チ、莖本往々紅色ヲ呈ス。葉ハ多肉ニシテ互生シ、箆狀倒披針形ニシテ尖ラズ、全邊ニシテ葉面光澤アリ。莖ノ未ダ伸ビザル時ハ多數相集リテ相重疊ス。五六月頃、莖梢ニ直立セル總狀花穗ヲ成シテ多數ノ長梗白花ヲ着ケ、花穗初メハ短縮ス。綠萼五片。花冠五深裂。五雄蕋、一雌蕋アリ。花後圓キ蒴果ヲ結ビ、果皮圓ク、頂ニ小孔ヲ開キテ開裂シ、多數ノ小種子ヲ出ス。和名濱拂子ノ濱ハ海邊ニ生ズルノ意、拂子ハ蓋シ其果穗ノ狀ニ由リシモノナラン。

くされだま〔黃連花〕

一名 ゆうぎさう

Lysimachia vulgaris *L.*
var. davurica *R. Knuth.*

山地原野ノ濕地ニ生ズル多年生草本ニシテ高サ約1m内外、地下莖ヲ引ク。莖ハ單一ニシテ直立ス。葉ハ對生或ハ三、四片輪生シ、披針形或ハ線形ニシテ銳尖頭ヲ有シ、全邊ナリ。夏秋ノ間、莖梢ハ圓錐花穗ヲ成シテ多數ノ有梗黄花ヲ開ク。萼五片ニシテ尖ル。花冠ハ五深裂。五雄蕋アリテ花絲ノ本ハ聯合ス。一雌蕋。蒴果ハ圓ク、宿存萼ヲ伴フ。和名ハ草れだまノ意ニシテ腐れ玉ニ非ズ、卽チまめ科ノれだまヲ聯想セシムル黄花ヲ開キテ草質ナルガ故ナリ、一名ノ硫黃草ハ其花色ニ基ク。

もろこしさう (排草)
一名 やまくねんぼ

Lysimachia sikokiana *Miq.*
(=L. Foenumgraecum *Hance*;
L. simulans *Hemsl.*)

第697圖
さくらさう科

中部以南曖地ノ山中又ハ海岸ニ近キ地ニ生ズル多年生草本。高サ20～50cm許、全株痩長、稍硬質、無毛ニシテ芳香アリ。莖ハ稜線アリ紫色ヲ帯ビ初多ニ入リテ枯ル。葉ハ莖ノ上半ニ集リ長柄アリテ互生シ、披針形ニシテ長サ5～10cm、兩端鋭尖形ヲ成シ、全邊ナレドモ多少ノ波狀ヲ呈ス。初夏、葉腋ニ細長梗ヲ開出シテ其先端ニ黃花ヲ開キ下ニ向フ。萼ハ綠色ニシテ五深裂シ、裂片ハ卵形ヲ成シテ其長ク尖リ緣毛アリ。花冠ハ五深裂、裂片ハ長橢圓狀披針形、鈍頭、全邊ニシテ多少背反セリ。雄蕊ハ五、花絲極メテ短ク、黃色葯ハ大ニシテ直立シ相接セリ。蒴果ハ小球形ニシテ果皮平滑、薄クシテ硬ク灰色ヲ呈シ、果梗ハ花後伸長シテ往々6cmヲ超ユ。和名唐土草ハ人アリ渡來草ト誤認セシヨリ漫リニ斯ク名ヲ呼チ、山九年母ハ山地ニ生ジテ香氣アルコトくねんぼノ如ケレバ云フ。

さくらさう

Primula Sieboldi *Morren*
forma spontanea *Takeda.*

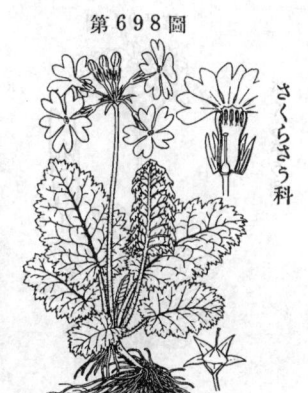
第698圖
さくらさう科

河畔ノ原野或ハ山原ニ生ジ、又往々庭園ニ栽培スル多年生草本。地下莖ハ短クシテ横斜シ、前後ニ鬚根ヲ有ス。葉ハ根生シテ叢出シ、毛アル長柄ヲ有シ、橢圓形ニシテ邊緣ハ淺ク分裂シ、裂片ニ少鋸齒アリ、葉質薄ク、毛アリ。四月ノ候、葶ヲ抽ヅ高ク、端末ニ繖形ヲ成シテ紅紫色ノ數花ヲ着ク。綠萼五深裂、裂片狹クシテ尖ル。花冠ハ高盆形ヲ成シテ稍長キ筒部ヲ有シ、舷部五裂シ、裂片ハ其頭淺ク二裂ス。五雄蕊、一雌蕊、花冠筒內ニ在リ、株ニヨリ長花柱花、短花柱花ノ二形花ヲ開クコト同屬ノ他種ト相同ジ。蒴果ハ壓扁セル球狀短圓錐形ニシテ蓋裂シ、宿存萼ヲ伴フ。培養品ニハ花色ノ變化多ク、其數二三百品アリ。和名ハ櫻花ニ似タル花形ニ基ク。

くりんさう

Primula japonica *A. Gray.*

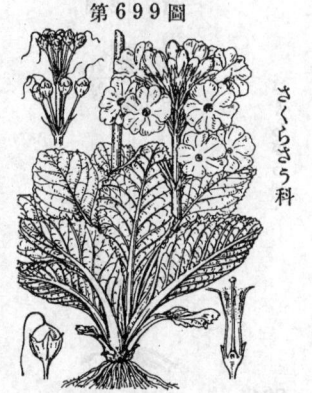
第699圖
さくらさう科

山間ノ濕地ニ生ジ、或ハ觀賞品トシテ人家ニ栽植スル多年生草本。葉ハ數葉根生シ、廣闊ニシテ倒卵狀長橢圓形ヲ成シテ邊緣ニ細鋸齒アリ、下部ハ葉柄ト成リ、紅色ヲ呈ス。五六月、叢葉中ヨリ高ク直立セル葶ヲ抽キ、紅紫色ノ花花輪ヲ一輪生シテ數層ヲ成シ、毎花小梗ヲ有ス。綠萼五裂シ、裂片短シ。花冠ハ高盆形ニシテ下ハ筒ヲ成シ、舷部ハ五裂シ、裂片凹頭ヲ有ス。五雄蕊、一雌蕊花冠筒內ニ在リ。蒴果ハ圓形ニシテ宿存萼ヲ伴フ。本種ハ本邦產本屬中ノ最大者ニシテ其王者タリ。和名九輪草ハ其輪生セル花ノ九層卽チ多層ヲ成スヲ意味ス。

233

第700圖

なんきんこざくら
一名　はくさんこざくら
Primula cuneifolia *Ledeb.*
var. hakusanensis *Makino.*

高山ノ濕地ニ生ズル多年生草本。葉ハ根生シ、一株ニ數葉ヲ叢生シテ質厚ク、倒卵狀楔形ニシテ下部漸次ニ狹窄シ、前緣ニ尖リタル鋸齒ヲ列シ、鋸齒ハ多少重複ス。夏日、葉中ニ直立セル葶ヲ抽クコト10cm内外ニシテ葉ヨリモ高ク、頂ニ紅紫色ノ數花ヲ繖形ニ着ク。綠萼五深裂。花冠ハ高盆形ニシテ下部筒ヲ成シ、舷部五裂シ、裂片二尖裂ス。五雄蕊、一雌蕊花筒内ニ在リ。蒴果ハ圓ク、宿存萼ヲ伴フ。和名南京小櫻ハ蓋シ往時本種ヲ遠來ノ珍品トシテ南京ノ語ヲ之レニ加ヘシモノナラン。然カシ南京トハ固ヨリ何ノ緣モナキモノナリ。

第701圖

ゆきわりさう
Primula farinosa *L.*
var. modesta *Makino.*

高山ニ生ズル多年生ノ小草本。葉ハ根生シテ數葉或ハ多葉ヲ叢生シ、長橢圓狀倒披針形ニシテ邊緣ニ鈍齒アリ。下部ハ柄ト成シ、葉面ハ皺縮シ、裏面ニ硫黃粉ヲ布ク。夏日、叢葉間ニ葶ヲ抽テ葉ヨリモ高ク、長サ10cm内外アリ、葶末ニ繖形ヲ成シテ可憐ナル淡紫色ノ有梗小花ヲ開ク。萼鐘狀五裂。花冠ハ高盆形ニシテ下ハ筒ヲ成シ、舷部ハ五裂シ、裂片更ニ二裂ス。五雄蕊、一雌蕊花筒内ニ在リ。蒴果ハ筒狀ヲ成シテ口緣短ク五片ニ開裂シ、下ニ宿存萼ヲ伴フ。和名雪割草ハ高山ニ在テ解雪後早ク開花スルヨリ名ケシモノナリ。

第702圖

ゆきわりこざくら
Primula farinosa *L.*
var. Fauriae *Miyabe.*

高山地帶ニ生ズル多年生草本ニシテ特ニ我邦北地ニ見ル。葉ハ根生シテ叢ヲ成シ、菱狀卵圓形ヲ成シテ鈍齒ヲ具ヘ、長柄ヲ有ス、葉裏ニ硫黃色ノ粉ヲ布キ、表面ハ綠色ナリ、花後ニハ增大スルコトゆきわりさう等ト相同ジ。夏日、葉中ヨリ10cm許ノ葶ヲ抽テ直立シ、葉ヨリ高ク、頂ニ繖形狀ヲ成シテ有梗ノ紅紫花ヲ着ク。萼ハ五裂。花冠ハ高盆形ニシテ舷部五裂シ、裂片二裂ス。五雄蕊、一雌蕊花筒内ニ在リ。蒴果ハ筒狀ニシテ口部短ク五裂シ、下ニ宿存萼ヲ伴フ。

さくらさう科

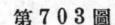

おほさくらさう
Primula jesoana *Miq.*

我邦中部以北高山帶ノ向陽濕潤地ニ生ズル多年
生草本。高サ30cmニ達シ、全株多クハ短毛ヲ
布ケドモ又平滑無毛ノ者アリ。根莖ハ短クシテ
横斜シ鬚根ヨリ發出ス。根葉ハ長柄アリテ簇立シ、
腎臟狀圓形、下部ハ深心臟底ヲ成シ、徑5cm内
外ヲ算シ、掌狀ニ七淺裂或ハ七尖裂シ、裂片ハ
三角狀ニシテ更ニ缺刻樣ノ鋸齒アリ、表面ハ平
坦ニシテ主脈ノミ稍陷凹シ、少シク光澤アリ。
七八月ノ候、葉間ヨリ眞直ナル花莖ヲ挺出シ、頂
ニ紅紫色ノ有梗花ヲ一二段ノ輪繖狀ニ着ケ、其
一段ハ五六花アリ。梗本ハ數片ノ綠色小形苞
アリ。萼ハ綠色ニシテ鐘狀ヲ成シ五裂片ハ尖裂
シテ裂片尖レリ。花冠ハ高脚盆狀ヲ成シテ下ニ
長筒アリ、舷部ハ五深裂シテ平開シ凡15mmノ
徑アリ、裂片ハ倒心臟形ヲ呈シ先端凹入ス。五
雄蕊花筒内ニ潛在ス。子房ハ小ニシテ圓ク花柱
ハ直立ス。蒴果ハ下ニ宿存萼ヲ伴ヒテ其レヨリ
超出シ五殼片ニ開裂ス。和名ハ大櫻草ニシテ大
形櫻草ノ意ナリ。

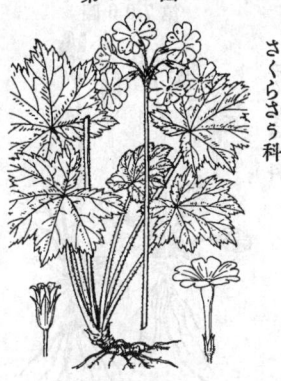

第703圖
さくらさう科

いはざくら

Primula tosaensis *Yatabe.*

我邦中部以西ノ山地岩上ニ生ズル多年生
草本。葉ハ根生シテ軟毛アル長柄ヲ有シ、
圓形ニシテ底部心臟形ヲ呈シ、葉緣ハ淺
裂シ、裂片ニ不齊ノ低齒アリ。初夏ニ葉
心ヨリ直立セル葶ヲ抽キ、頂端ニ少數ノ
有梗紅紫花ヲ繖形ニ開ク。綠萼五裂シテ
裂片尖ル。花冠ハ高盆形ニシテ舷部五裂
シ、裂片二淺裂ス。五雄蕊、一雌蕊アリ。
蒴果ハ瘦圓柱形ニシテ五縱裂ス。

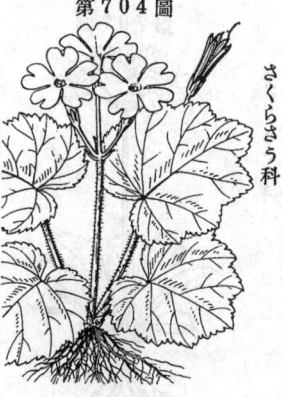

第704圖
さくらさう科

こいはざくら

Primula Reinii *Franch. et Sav.*

本州中部ノ山中、岩石多キ地ニ生ズル多年生草
本。高サ10cmニ滿タズ。葉ハ株本ヨリ簇生シテ
柄アリ、圓狀腎臟形ニシテ深心臟底、徑2-3cm
許、但シ花時ニ在テハ尙小形ナリ、邊緣極メテ
淺ク掌狀ニ分裂シ、裂片ハ更ニ鋸齒ヲ具ヘ、上
面ハ平坦、初メ多毛ナレド後ニ稀少ト成リ、裏
面ハ柔軟毛密布シ葉柄ト共ニ赤褐毛ヲ生ズ。
晩春、其葉尙幼嫩ナル時花莖甚ニ長ジテ頂ニ紅
紫色ノ美花ヲ開キ、艷麗頗ル觀ルニ足レリ。花
ハ小梗ヲ有シテ三四箇輪繖狀ニ集合シ、徑2cm
内外アリ、小梗本ニハ數片ノ綠色小形苞アリ。
萼ハ綠色ノ鐘形ニシテ毛無ク、五裂シテ裂片ハ
鈍頭。花冠ハ高脚盆形ニシテ下ハ花筒ト成リ、
舷部ハ平開シテ五深裂シ、裂片ハ倒卵形ヲ呈シ
先端更ニ二尖裂シ裂罅ニ一ノ微小片アリ。五雄蕊花
筒内ニ在リ、株ヲ異ニスル花ニ由テ其位置ニ高
低アリ。子房ハ小ニシテ圓ク、花柱ニ長短アリ。
和名ハ小岩櫻ニシテ小形ナルいはざくらノ意ナ
リ。

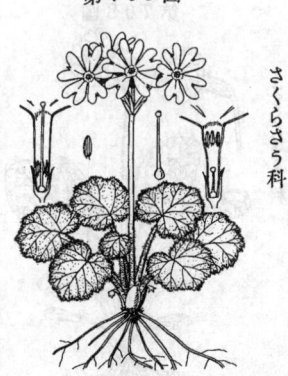

第705圖
さくらさう科

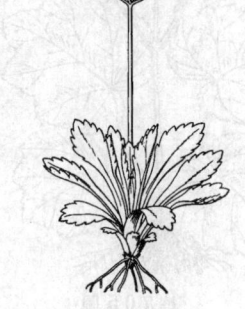

第706圖

さくらさう科

ひめこざくら

Primula macrocarpa *Maxim.*

特ニ陸中國早池峰山ニ產スル多年生ノ小草本ニシテ稀品ナリ。葉ハ極メテ小ニシテ數片根生シ、圓形或ハ橢圓形ニシテ葉緣ハ不齊ナル尖鋸齒ヲ成シ、綠色ニシテ基部ハ葉柄ト成ル。夏日、葉心ニ直立セル一葶ヲ抽キ、繖形狀ニ少數ノ有梗小白花ヲ着ク。綠萼五裂シテ裂片尖ル。花冠ハ高盆形、蕋部五裂シ、裂片二裂ス。五雄蕋、一雌蕋花筒內ニ在リ。蒴果ハ圓柱形ニシテ宿存萼ヨリ超出ス。

第707圖

さくらさう科

ひなざくら

Primula nipponica *Yatabe.*

中部及北部日本ノ高山向陽ノ濕地ニ生ズル多年生小草本。葉ハ小ニシテ根生叢出シ、卵狀ニシテ下部ハ長ク楔形ヲ呈シテ葉柄狀ト成リ、上部ニ粗ナル單鋸齒ヲ有シ、葉脈不明ナリ。夏日、一條、極メテ稀ニ二條ノ直立且細長ナル綠葶ヲ抽キ、白色ノ小形有梗花ヲ繖形狀ニ着ク。綠萼五裂。花冠ハ高盆形ニシテ喉口黃色ヲ呈シ、蕋部ハ五裂シ、裂片二裂ス。五雄蕋、一雌蕋アリ。蒴果ハ卵形ニシテ宿存萼ヲ伴フ。

第708圖

さくらさう科

きばなのくりんざくら

Primula veris *L.*

歐洲原產ノ多年生草本ニシテ培養セラル。葉ハ根生シテ叢出シ、卵形或ハ卵狀長橢圓形ニシテ翅緣ノ葉柄ヲ有シ、葉面皺縮シ、裏面ニハ細毛ヲ帶ブ。初夏ノ候、細毛アル葶ヲ葉心ニ抽テ直立シ、頂ニ繖形ヲ成シテ有梗花ヲ攢簇シ、側方ニ向ヘリ。花ハ香氣アリテ通常黃色ヲ呈セリ。萼ハ五脊アル鐘狀ニシテ五淺裂シ、淡白色ヲ呈ス。花冠ハ高盆形ヲ成シ、蕋部小ニシテ萼筒ヨリ短ク、五裂シテ裂片凹面ヲ呈シ、倒心臟形ヲ成ス。五雄蕋、一雌蕋。蒴果ハ卵圓形ニシテ宿存萼內ニ位ス。

236

をとめざくら
一名 ひめさくらさう
Primula malacoides *Franch.*

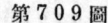
第709圖

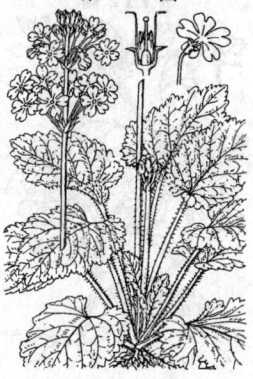

支那原產ノ可憐ナル多年生草本ニシテ今ハ普ク溫室內ニ栽培セラル。全株淡綠色ヲ呈シ痩長纖弱ノ觀アリ。葉ハ多數根生叢出シテ長柄ヲ具ヘ、柄ニハ毛多ク、葉片ハ廣卵形ニシテ缺刻狀鋸齒ヲ有シ、表面ハ淡綠色、皺質、無毛ナレドモ、裏面ハ粉白ナリ。夏秋ニ出ブル葉ハ密ニ毛ヲ被フリ多少ノ紫采ヲ見ル。五月頃葉間ニ數條ノ細長莖ヲ抽キテ直立シ、高サ30cm內外アリテ其下部ニハ無色ノ長キ堅毛アリ、莖梢ニ二三段ノ輪繖花序ヲ成シテ多數ノ小形淡紅色ヲ着ケ花軸ニハ白粉ヲ布ク。萼ハ鐘形ニシテ白粉ヲ着ケ、五裂片ハ短クシテ尖レリ。花冠ハ徑1cm許、筒部ハ短ク、歙部ハ平開シテ五深裂シ、裂片ハ倒心臟形ニシテ上端一缺アリ。五雄蕊花筒內ニ在リ。子房ハ小ナル卵形、一花柱直立シ亦花筒內ニ在リ。和名 乙女櫻幷ニ姬櫻草ハ共ニ其開花セル可憐ノ草狀ニ基キ名ケシナリ。

たいみんたちばな
一名 ひちのき・そげき
Rapanaea neriifolia *Mez.*
(=Myrsine neriifolia *Sieb. et Zucc.*)

第710圖

中部以南ノ曖地山林中ニ生ズル常綠小喬木ニシテ其大ナル者ハ高サ7m許、樹幹ノ徑25cm許ニ達シ、全株無毛ナリ。枝極ハ往々長ク延ブ。葉ハ互生シ、葉柄アリ、倒披針狀長楕圓形或ハ倒披針形ヲ呈シ樹ニ由リ廣狹アリ、長サ8-15cm、幅10-25mm許アリテ全邊、鈍頭、長銳形底ヲ成シ、上面綠色下面淡綠色ヲ呈シ葉質ニ革質ニシテ葉脈外部ニ顯ハレズ。雌雄異株。花ハ短柄ヲ以テ葉腋ニ集團シ四月ノ候ニ開キ、花徑凡3-4mmアリ。萼ハ小形ニシテ五裂ス。花冠ハ帶紫白色、五裂片アリテ平開ス。雄蕊ハ五箇、無花絲ニシテ直接花冠裂片ノ基部ニ着ク。雌蕊、子房卵形、短花柱二岐ス。果實ハ核果樣ニシテ小球狀、直徑5-7mmニシテ枝上ニ集蕈シ、深秋ニ成熟シテ紫黑色ヲ呈シ、一種子ヲ入ル。和名ハ大明橘ナリ、大明ハ明(みん)國ニシテ橘ハまんりゃう屬ノたちばなヲ指スナリ、卽チ明國產たちばなノ意ニシテ其國ノ產ナリト認メシニ由ルナランザ、ひちのきノ意義不明、そげきハ削ギ木ノ意ニシテ其木之レヲ折レバ忽チ容易ニ拆クル故云フ。

やぶかうじ (紫金牛)

Ardisia japonica *Bl.*

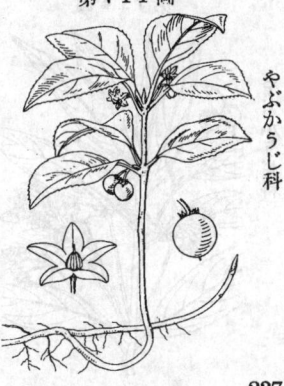
第711圖

山地樹陰ニ生ジ、高サ凡10-20cmノ常綠小灌木ニシテ地下莖ヲ引キテ繁殖ス。又往々觀賞ノ爲メ栽植セラル。葉ハ互生シ、長橢圓形ニシテ莖梢ニ集マリ、通常輪生樣ヲ呈シ、一二層ヲ成ス。葉緣ニ細鋸齒アリ。夏時、梢葉腋ニ花梗ヲ出シテ五裂輻狀ノ白色小花ヲ開キ、五萼片、五雄蕊、一雌蕊アリ。果實ハ球形ニシテ赤熟シ、葉間ニ隱見ス。

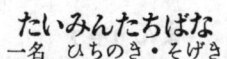

さくらさう科

やぶかうじ科

やぶかうじ科

237

第712圖

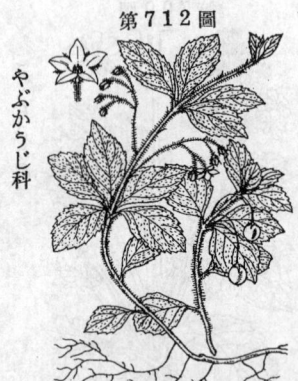

つるかうじ
Ardisia villosa *Mez.*
（＝Bladhia villosa *Thunb.* A. pusilla *DC.*）

中部以西ノ淺山丘陵ノ樹陰ニ生ズル常綠ノ低小灌木。莖ハ褐色ノ絨毛ヲ密生シ、其下部ハ地上ヲ匍ヒ、上部ハ傾上シテ高サ10-15cmアリ。葉ハ暗綠色ヲ呈シテ厚膜質、長サ2-3cmアリ、元來互生ナレドモ四五葉ヅツ輪生狀ニ集ル、橢圓形銳頭ニシテ短柄ヲ具ヘ、粗齒牙緣ヲ成シ、兩面ハ絨毛ヲ被リ、羽狀支脈ヲ有ス、又莖ニ薄膜質ノ披針形鱗片葉ヲ生ズル部分アリテ五六月ノ候其腋ヨリ纖長ナル細梗ヲ出ダシ、先端二三岐シテ小白花ヲ着ケ下ニ向フ。萼ハ五尖裂シテ裂片尖リ細毛アリ。花冠ハ廣鐘形ニシテ五深裂シ、裂片ハ銳頭狹卵形ニシテ開展ス。五雄蕊アリテ花冠裂片ト相對シ極メテ短キ花絲アリ。子房ハ小形、一花柱直立ス。果實ハ小球狀ノ核果樣ニシテ冬日紅熟シ春ニ至ル。和名ハ蔓柑子ニシテ其莖蔓ヲ成シタル藪かうじノ意ナリ。

やぶかうじ科

第713圖

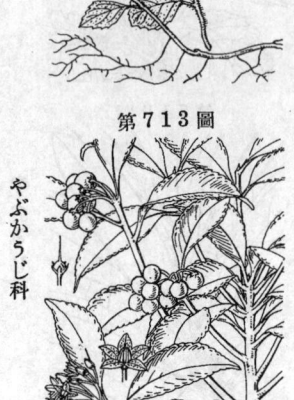

まんりゃう
Ardisia crispa *A. DC.*

多ク觀賞ノ爲メ栽培セラルルト雖ドモ又暖地ノ樹陰ニ生ズル常綠灌木ナリ。高サ凡 30-60cm、時ニ 1.5-2m ニ達スルモノアリ。莖ハ單一直立シ、葉ハ莖端互生シテ長橢圓形ヲ呈シ、厚クシテ光澤ヲ有シ、邊緣ニ鈍鋸齒ヲ具ヘ、稍皺曲ス。夏日、葉ヲ有スル小枝端ニ繖形ヲ成シテ五裂輻狀ノ小白花ヲ開キ、五萼片、五雄蕊、一雌蕊アリ。果實ハ繖梗ヲ具ヘ、球形ニシテ赤熟ス。園藝品ニハ淡黃色ノモノアリ。漢名 硃砂根（誤用）

やぶかうじ科

第714圖

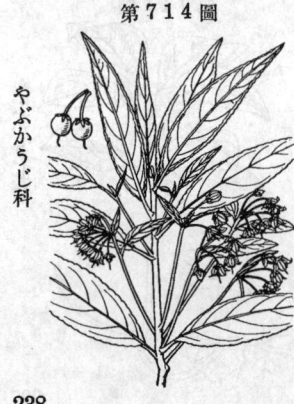

からたちばな
一名 たちばな・かうじ
Ardisia punctata *Lindl.*

常綠小灌木ニシテ暖地ノ樹陰ニ生ジ、又觀賞ノ爲メ往々人家ニ栽植セラル。高サ凡 30cm 內外。葉ハ互生シ、披針形ニシテ 15cm 許ニ達シ、深綠色ニシテ其質厚ク、邊緣ハ低平ノ鈍鋸齒アリ。夏日、葉腋ヨリ 3cm 許ノ葉ヲ有スル花梗ヲ出シ、梗頂ニ繖形ヲ成シテ白色ノ小花ヲ開ク。花冠ハ深ク五裂シテ輻狀ヲ呈シ、五萼片、五雄蕊、一雌蕊アリ。果實ハ球形ニシテ通常赤熟シ、越年シテ尙落チズ。漢名 百兩金（誤用）

やぶかうじ科

いづせんりゃう
一名　うばがねもち
Maesa japonica _Mor. et Zoll._

常綠灌木ニシテ山地ノ樹陰ニ生ズ。莖ハ疎ニ分枝シ、葉ハ有柄互生シ、長橢圓形ニシテ尖リ、葉緣ニ波狀粗齒ヲ具フ。長サ凡6-15cm許、かしノ葉ノ氣分アリ。初夏、枝上葉腋ニ凡1-3cm許ノ總狀花穗ヲ生ジ、多數ノ短小梗細花ヲ花軸ニ着ク。花冠ハ筒狀ニ成シ、筒口淺ク五裂シ、五萼片、五雄蕊、一雌蕊アリ。果實ハ球狀ニシテ增大セル宿存花冠之レヲ包ミ、白色ヲ呈ス。和名伊豆せんりゃうハ伊豆伊豆山神社ノ社林中ニ多ケレバ云フ。漢名 杜莖山(誤用)

やぶかうじ科

す の き
一名　こうめ
Vaccinium hirtum _Thunb._
(＝V. Smallii _A. Gray._ var. minus _Nakai._)

諸國ノ山地林間ニ生ズル落葉灌木。高サ2m內外ニシテ枝疤繁密ナリ。葉ハ互生シ極メテ短キ葉柄アリ、橢圓狀卵形或ハ披針狀卵形ニシテ長サ2cm內外、兩端尖リ或ハ往々鈍形、細毛ヲ生ジ中脈上ニハ更ニ密毛アリ、葉緣ニ細鈍鋸齒ヲ刻ム。五六月ノ候、前年ノ枝葉腋ヨリ二三花ヨリ成ル總狀花序ヲ出ダシ、綠白花ヲ開キ點頭シ往々多少褐紫采アリ。萼ハ綠色細小ニシテ五深裂シ、裂片ハ廣卵形ナリ。花冠ハ鐘形ニシテ長サ5mm內外、先端ハ極メテ淺ク五裂シ、裂片遂ニ多少背反ス。十雄蕊花內ニ在リ、葯ハ其上部管狀ニ伸長シテ末端二岐シ下ニ葯ヨリ短キ有毛ノ花絲アリ。子房ハ下位ニシテ短倒卵形ヲ成シ綠色ニシテ稜無ク、一花柱直立ス。果實ハ小球形ヲ成シテ黑熟シ平滑ニシテ稜無ク、頂端ハ五萼齒ヲ殘存ス。和名酢ノ木ハ葉ニ酸味アルヲ以テ呼ベリ、小梅ハ果實ニ酸味アレバ之レニ比セシナリ。

つつじ科

うすのき
一名　あかもち・かくみのすのき
Vaccinium Buergeri _Miq._

諸國ノ山林中ニ生ズル落葉灌木。高サ1m內外、多ク枝ヲ分チ細毛ヲ披フリ、新枝ハ綠色ナリ。葉ハ極短柄ヲ有シテ互生シ、卵形又ハ卵狀橢圓形、銳頭鈍底ニシテ細毛アリ、之レヲ嚙ムニ酸味ニシク少シク苦味ヲ覺フ。花ハ短キ總狀花序ヲ成シ、二三花ヨリ成リ五六月ノ候ニ開ク。萼ハ綠色、細小ニシテ五深裂シ、裂片略ボ短卵狀三角形ニシテ尖レリ。花冠ハ淡褐紅白色、鐘形ヲ呈シ先端ハ極メテ淺ク五裂シ、裂片ハ反曲ス。雄蕊ハ十本アリテ葯胞ノ先端ハ細管狀ヲ呈シ頂孔ヨリ花粉ヲ吐出ス。子房ハ下位ニシテ短倒錐形ヲ呈シ稜アリ、一花柱アリテ直立ス。果實ノ未熟者ハ五縱稜アル短倒卵形ナレドモ成熟スレバ五稜ノ橢圓形ト成リ赤色ヲ呈シテ液汁多ク、先端ハ陷凹シテ五片ノ宿存萼ヲ有ス。和名臼ノ木ハ其果實ノ頭端凹入シテ臼ノ如ケレバ斯ク云フ、赤もちノ意ハ未ダ詳カナラズ、角實ノ酢ノ木ハ近來ノ新名ニシテ其果實ニ稜アレバ云フ。

つつじ科

239

第718圖

つつじ科

なつはぜ

Vaccinium ciliatum *Thunb.*

落葉灌木ニシテ山地ノ林中ニ多シ。高サ2m內外、多ク分枝ス。葉ハ互生シ、橢圓形卵形或ハ長橢圓狀卵形ニシテ銳頭、葉緣ニ刺毛ヲ生ズ。初夏、枝梢ハ長サ6cm許ノ總狀花穗ヲ成シ、横ニ出デテ淡黃赤褐色ノ鐘狀小花ヲ着ク。十雄蕊、一雌蕊アリテ子房ハ下位ニ成ス。漿果ハ小球狀ヲ呈シ、上部ニ橫界線ヲ印シ、帶褐黑色ニ熟シ、果面白粉アリ、小兒採リ食フ。

第719圖

つつじ科

くろうすご

Vaccinium ovalifolium *Smith.*

山地ニ生ズル落葉小灌木ニシテ分枝シ、高サ30cm-1m許。葉ハ殆ンド無柄ニシテ互生シ、橢圓形或ハ倒卵狀橢圓形ヲ成シ、全邊ニシテ長サ 2-3cm 許アリ。六七月頃、枝梢上ニ短梗アル白色ノ壺狀花ヲ下垂シ、壺口五淺裂シ、中ニ十雄蕊、一花柱アリ。子房ハ下位ニシテ蕚短ク淺ク五裂ス。漿果ハ球形ニシテ熟シテ紫黑色ヲ呈シ、食シ得ベシ。和名ハ蓋ク黑臼子ノ意、臼ハ果頂ノ凹處ヲ指ス。

第720圖

つつじ科

しゃしゃんぼ (南燭)
一名 わくらは
古名 さしぶのき
Vaccinium bracteatum *Thunb.*

中部以西ノ淺山ニ多キ常綠灌木或ハ小喬木。高サ 2-3m許アリテ多ク分枝シ葉繁シ。葉ハ極メテ短キ葉柄ヲ具へ、卵形或ハ橢圓狀卵形ニシテ兩端尖リ上部ニハ低キ鋭鋸齒ヲ具へ、厚キ革質ニシテ滑澤ナリ。初夏ノ候、偏側性ノ總狀花序ヲ腋出シ、壺狀長鐘形ノ白花ヲ排列シテ乘リ、毎花短小梗アリ、花ニ伴フ苞ハ革質ノ葉狀ヲ多クノ花ヨリ大ニシテ花後ニ至ルモ殘存ス。蕚ハ綠色小形ニシテ五深裂シ、裂片ハ三角形ナリ。花冠ハ長サ凡7mmアリ、長筒形ニシテ筒口五淺裂シ、裂片反曲ス。雄蕊十本アリテ花筒內ニ潛在シ、花絲梢長クシテ細毛アリ、葯胞ハ長ニ延ビテ細管狀ヲ成シ頂孔ヨリ花粉ヲ穃出ス。子房ハ下位ニシテ短ク、細毛アリ、花柱ハ花筒內ニ直立ス。果實ハ漿果ニシテ小球形、老ニ入リテ紫黑色ニ熟シ多少ノ白霜ヲ帶ビ味甘酸ニシテ食フベシ。和名しゃしゃんぼハさんぼ卽チ小小ハ坊ニシテ其實圓小ナレバ斯ク云フ、わくらはハ病葉ニシテ其紅色ヲ帶ビシ嫩葉ヲ病葉ニ擬シテ呼ビシ稱ナリ、古名ノさしぶのきモ亦しゃしゃんぼト同意義ナリ。

いはつつじ

Vaccinium praestans *Lamb.*

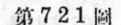
第７２１圖

高山＝生ズル草狀ノ落葉矮小灌木＝シ
テ長キ地下莖ヲ引テ繁殖ス。莖ハ高サ僅
＝5-15cm許。葉ハ葉柄ヲ具ヘテ莖梢＝集
リ着キ、廣卵形或ハ橢圓形＝シテ短ク尖
リ、葉緣＝細微ノ鋸齒アリ。七月頃、鱗片
間＝花梗ヲ出シ、帶紅白色ノ一二小花ヲ
開ク。花冠ハ鐘形、花口五淺裂シ、十雄
蕋、一花柱アリ。子房ハ下位ナリ。漿果
ハ紅熟シ、球形＝シテ直徑凡1cm餘、食
スベシ。

つつじ科

くろまめのき

Vaccinium uliginosum *L.*

第７２２圖

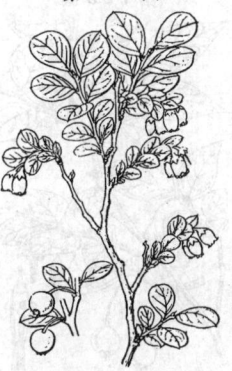

高山＝生ズル落葉小灌木＝シテ、高サ3-
6cmヨリ1-1.5m＝達シ、繁ク分枝シ、密
＝葉ヲ着ク。葉ハ小＝シテ褐色ノ小枝＝
互生シ、倒卵形ヲ呈シ、全邊、無毛＝シテ
先端微凸尖アリ。七月、枝端葉間＝有梗
ノ二三壺狀花ヲ出ス。花冠帶紅白色＝シ
テ邊緣淺ク五裂ス。花中＝十雄蕋、一花
柱アリ。子房ハ下位＝シテ蕚ハ五裂ス。
漿果ハ球形＝シテ紫黑色＝熟シ、食フベ
シ。採テじゃむヲ製ス。

つつじ科

こけもも

Vaccinium Vitis-Idaea *L.*

第７２３圖

常綠小灌木＝シテ普通＝高山＝生ジ、高
サ凡10-15cmアリ。地下莖ヲ引キ、細莖直
立ス。葉ハ互生シテ密＝着キつげ葉ノ態
アリ、長橢圓形又ハ倒卵形ヲ呈シ、全邊＝
シテ質厚シ。初夏、短 キ總狀花穗ヲ成シテ
通常四裂セル帶紅白色ノ鐘狀花ヲ開ク。
八雄蕋、一雌蕋アリテ子房ハ下位ナリ。
秋冬、球形ノ漿果ヲ結ビ、熟シテ紅色ヲ呈
ス、直徑凡 7-10mm、食フベシ。味甘酸＝
シテ往々鹽漬トス。樺太ニテハふれっぷ
ト稱シ、酒ヲ造ル。漢名 越橘(蓋シ誤用)

つつじ科

241

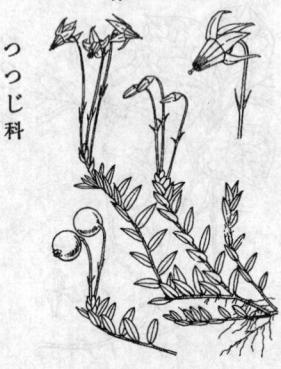

つつじ科

つるこけもも

Vaccinium Oxycoccus *L.*
(=Oxycoccus palustris *Pers.*)

高山ノ濕地ニみづごけ等ト共ニ生ズル常綠ノ草本狀小灌木。莖ハ匍匐シ、硬キ細線狀ニシテ長サ20cm內外。葉ハ小形ニシテ互生シ、卵狀長橢圓形、全邊ニシテ質硬ク、厚シ。七月頃、淡紅色ノ花ヲ開ク。花ハ細長キ苞ノ梗ヲ有シテ莖頂ニ出デ、小ニシテ花冠深ク四裂シ、裂片反曲ス。漿果ハ球形ヲ呈シ、表面滑澤ニシテ紅熟シ、食フベク、採テじゃむヲ製スベシ。

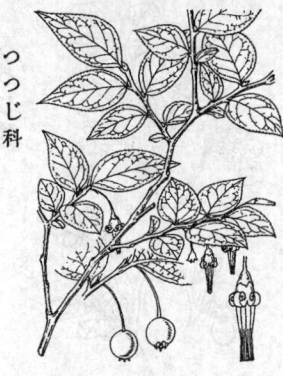

つつじ科

あくしば

Vaccinium japonicus *Miq.*

落葉灌木ニシテ山地ニ生ジ、高サ 30-90 cm ニ達シ、小枝ハ綠色ニシテ毛ナシ。葉ハ無柄ニシテ互生シ、卵形ニシテ邊緣ニ細鋸齒ヲ具フ。初夏、葉腋ニ下垂シテ長梗花ヲ開ク。萼ハ四裂シ、花冠ハ淡紅白色ニシテ四深裂シ、裂片ハ反卷ス。四雄蕋長ク花中ヨリ突出シ、嘴ノ如シ。花後赤色ノ小球果ヲ結ンデ下垂ス。

つつじ科

うらしまつつじ
一名 くまこけもも

Mairania japonica *Makino.*

高山ニ生ズル草狀矮小ノ落葉灌木。長ク地下莖ヲ引キテ繁殖シ、地上莖ハ葉柄ノ殘基ニテ被ハレ、高サ3-6cm許。葉ハ葉柄ヲ具ヘテ上向セル枝端ニ叢生シ、鈍頭ノ倒卵形或ハ長倒卵形ニシテ邊緣細小ノ鈍鋸齒ヲ有ス。支脈羽狀ニシテ葉裏面ハ帶白細網紋ヲ呈ス。六月ノ候、二三ノ細梗ヲ嫩葉ノ間ニ出テ黃白色ノ壺狀花ヲ開キ、花中ニ十雄蕋アリ。花後漿果ハ球形ニシテ黑紫色ニ熟ス。和名ハ裏縞つつじノ意、葉裏ノ縞樣網眼ニ基キ、曾テ三好學博士ノ命名。

はりがねかづら

Chiogenes japonica *A. Gray.*

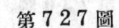
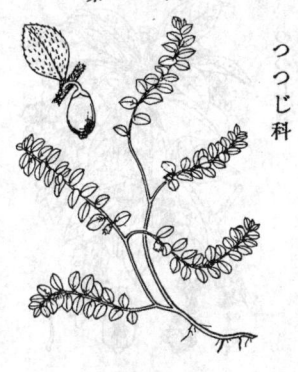

高山樹林下ニ生ズル常緑ノ小灌木ニシテ
莖ハ地上ニ匍匐シテ分枝シ、細長ニシテ
堅ク、針金狀ヲ呈ス。長サ20-30cm許。
葉ハ略ボ二列生ヲ成シテ極メテ短キ葉柄
ヲ有シ、硬質細小ニシテ互生シ、毛アリ、
倒卵形或ハ卵形ニシテ微鋸齒アリ。七八
月、短梗ノ白色小花ヲ葉腋ニ開キ、花冠
ハ壺狀ニシテ口邊四裂ス。八雄蕋、一雌
蕋アリ。果實ハ橢圓形ヲ成セル肥厚ノ宿
存萼ニ包マレ、熟シテ白シ。

つつじ科

あかもの

一名　いははぜ

Gaultheria adenothrix *Maxim.*

高山ニ生ズル常緑ノ叢生セル矮小灌木ニ
シテ多ク分枝シ、直立或ハ横斜ス。高サ
15-30cm ニ達シ、葉ハ互生シ、卵形銳頭、
邊緣ニ鋸齒ヲ有ス。夏、枝梢ニ鱗狀苞幷
ニ毛ヲ有シテ直立スル數梗ヲ腋生シ、梗
頂ニ一花ヲ開ク。萼五裂、花冠ハ鐘形白
色ニシテ緣ニ紅暈ヲ有シ、口邊五裂シ、反
曲ス。果實ハ蒴ヲ成シ、其赤色ヲ呈セル
肉質部ハ萼ノ增大宿存シテ果實ヲ包メル
モノニシテ食スベシ。美味ナリ。和名ハ
或ハあかももノ轉訛セシモノ乎。

つつじ科

しらたまのき

Gaultheria Miqueliana *Takeda.*

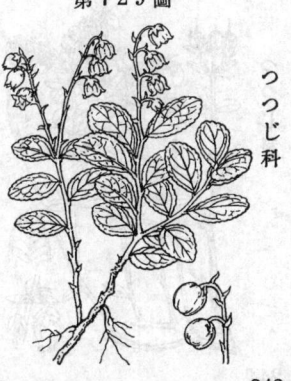

高山ニ生ズル常緑小灌木。地下莖ヲ長ク
引キ、地上部ハ高サ10-30cm許。葉ハ互
生シ、短柄ヲ有シ、倒卵狀橢圓形ニシテ鈍
鋸齒アリ、質厚クシテ革質ヲ呈ス。七月
頃、枝梢葉腋ニ長キ花軸ヲ出シ、軸上ニ多
數ノ短キ花梗ヲ分チテ總狀花穗ヲ成シ、
褐紫色ヲ帶ブル白色ノ鐘狀花ヲ下垂ス。
綠萼五裂シ、花冠ハ口緣五裂ス。果實ハ
蒴ニシテ增大宿存セル花冠ニ包マレ、其
色白ク一種ノ臭アリ。往々本品ヲしろも
のト呼ブ人アレド此ノ如キ和名ハ元來之
レアラズ。同屬ノあかものニ對シテ呼ベ
ル妄稱ナリ。

つつじ科

243

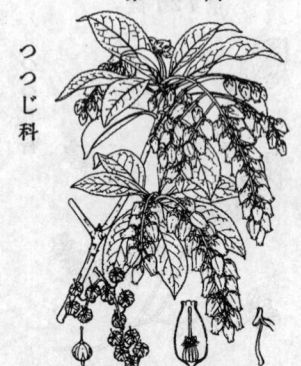

第７３０圖

つつじ科

あせび
一名　あせぼ

Pieris japonica *D. Don.*

山地ニ生ズル常緑ノ灌木ニシテ多ク分枝シ、高サ1.5m乃至3m餘アリ。小枝ハ緑色ヲ呈シ、葉ハ繁密ニシテ互生シ、倒披針形ニシテ細鋸齒アリ、革質ニシテ毛ナシ。早春、白色ノ壺狀花ヲ開キ、枝頭ニ複總狀花穗ヲ成シテ下垂ス。萼五片。花冠口五裂。十雄蕋、一雌蕋アリ。蒴果ヲ結ブ。有毒植物ノ一ニシテ其葉ヲ煎ジ菜園ノ蟲ヲ殺スニ用フ。馬此葉ヲ喰ヘバ苦ムトテ馬醉木ノ和名アリ。漢名 梫木(誤用)

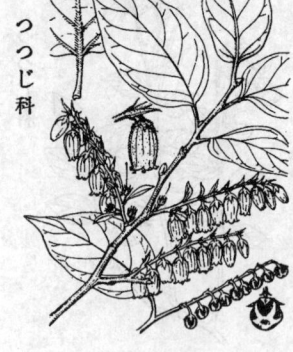

第７３１圖

つつじ科

ねぢき
一名　かしをしみ

Pieris elliptica *Nakai.*

落葉灌木或ハ喬木ニシテ山林中ニ生ジ、高サ凡5m許ニ達ス。幹ハ通常囘捩スルノ態アリ、故ニ捩ぢ木ノ和名アリ。新枝ハ能ク赤色ヲ呈スルヲ以テ又塗リ箸ノ一名アリ。葉ハ互生シ、卵狀橢圓形ニシテ尖リ、表面無毛、裏面ニ毛茸アリ。六月、昨年枝ニ總狀花穗ヲ腋生シ、花軸ニ小苞アリ。花ハ白色筒狀ニシテ短小梗ヲ有シテ下垂シ、五萼片、十雄蕋、一雌蕋ヲ有ス。蒴果ヲ結ブ。

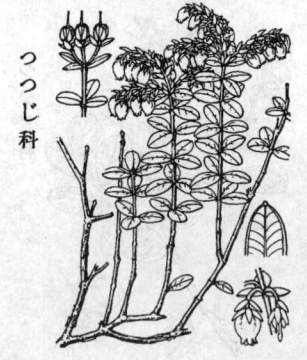

第７３２圖

つつじ科

こめばつがざくら
一名　はまざくら

Arcterica nana *Makino.*
(＝Andromeda nana *Maxim.*;
Cassiope oxycoccoides *A. Gray*;
Arcterica oxycoccoides *Covil.*)

中部ノ高山ニ生ズル常綠ノ矮小灌木、莖ハ地下ヲ横走シ擾細ナル枝ハ之ヨリ直立シテ高サ10-15cmアリ。葉ハ小形ニシテ稠密ニ簇キ、多クハ三片輪生シ、極メテ短キ葉柄ヲ有シ橢圓形ヲ呈シテ長サ5-8mm許、とけもも葉ニ似テ小ク、遙ニ厚キ革質ヲ呈シ先端ハ鈍圓ニシテ一ノ腺突起アリ、邊緣ハ全曲且ツ外反シ表面ハ平滑ニシテ中脈ニ溝入ル。七月枝端ニ三花或ハ三條ノ總狀花序ヲ繖形ニ出ダシ、白色壺狀ノ小花ヲ下垂シ、其小梗ニ小ナル苞アリ。萼ハ淡綠色ニシテ五深裂ソ裂片ハ卵狀橢圓形ヲ成ス。花冠ハ壺狀ニシテ長サ凡ソ5mm許、其口邊ハ五淺裂ス。雄蕋ハ十アリテ花内ニ潛在シ、花絲ハ微シク羯ヨリ長ク、葯ハ背面下部ニ二角アリ。子房ハ小形、一花柱直立ス。蒴ハ小形、直立シテ宿存ヲ伴ヒ、稍球形ニシテ胞背開裂ヲ成シテ五瓣片ト成ル。和名ハ米葉栂櫻ニシテ全體つがざくらノ如ク且ツ其葉小ニシテ米粒ニ比スベケレバ斯ク云フ、濱櫻ハ高山頂砂礫地ノ所謂御濱ニ生ズレバ云フ。

おむかで

Harrimanella Stelleriana *Coville.*

草本狀ノ常綠小灌木ニシテ高山ニ生ズ。
莖ハ地ニ匍匐シ、細キ針金狀ヲ呈シテ分
枝シ、梢末通常上向ス。葉ハ小ニシテ鱗
片狀ヲ成シ、密生シテ長サ2-3mm許アリ。
七月、短小梗ヲ枝端ニ出シテ白色ノ一花
ヲ開ク。萼ハ五片、紅紫色。花冠ハ五深
裂、鐘狀ニシテ十雄蕊アリ。蒴果ヲ結ブ。
和名ハ地蜈蚣ノ意ニテ其草狀ニ甚ク。

ごうだんつつじ

Enkianthus perulatus *C. K. Schn.*

高サ 3m 許ニ達スル落葉灌木ニシテ山地
ニ生ズ。又庭園ニ植テ觀賞ニ供セラル。
幹直立シテ平滑、多ク分枝シ、密ニ葉ヲ着
ク。互生セル葉ハ小枝端ニ着テ輪生ノ狀
ヲ呈シ、倒卵形ニシテ尖リ、細鋸齒アリ、
秋時紅葉シ、極テ美觀ヲ呈ス。春、新葉ニ
伴フテ小枝端ニ數梗ヲ抽キ、梗頂ニ壺狀
ノ小白花ヲ下垂シ、壺口五裂シ、十雄蕊ア
リ。蒴果ヲ結ビ、直立ス。どうだんつつじ
ハ燈臺つつじノ轉化ニテ、其枝梗分岐ノ
狀、結び燈臺ノ脚ニ似タルヨリ名ク。

べにごうだん

Enkianthus cernuus *Benth. et*
Hook. fil. var. *rubens* *Makino.*

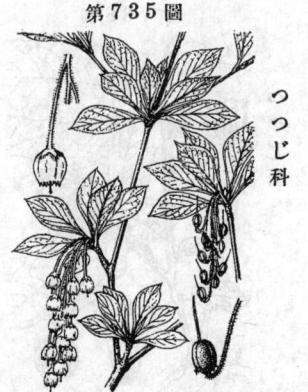

高サ 2m 餘ニ達スル落葉灌木ニシテ山地
ニ生ズレドモ、又庭樹トシテ觀賞セラル。
幹ハ直立平滑ニシテ輪生樣ニ分枝ス。葉
ハ狹キ倒卵形ニシテ下ハ楔形ヲ呈シ、細
鋸齒アリ、數葉相接シテ互生シ、小枝頭ニ
輪生樣ヲ呈ス。初夏ノ候、小枝頂ノ葉心ヨ
リ總狀花穗ヲ下垂シ、紅色ノ有梗短鐘狀
花ヲ下垂ス。花冠口剪裂ス。十雄蕊、一雌
蕊。果穗ハ下向スレドモ蒴ハ上向ス。

第７３３圖

つつじ科

第７３４圖

つつじ科

第７３５圖

つつじ科

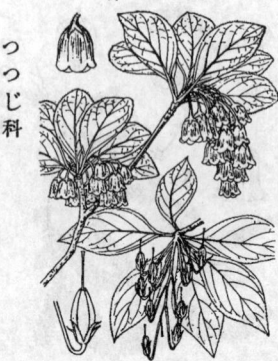

第736圖

つつじ科

さらさごうだん
一名 どうだんつつじ（同名アリ）
Enkianthus campanulatus *Nichols.*
（＝Andromeda campanulata *Miq.*
Meisteria campanula *Nakai*;
Tritomodon campanulatum *Maek.*）

淺山深山共ニ生ズル落葉小喬木。幹ハ平滑灰色、質硬シ。枝ハ輪生シ斜上シ或ハ横ニ擴ガル。葉ハ枝端ニ一輪狀ニ叢生シ、楕圓形或ハ倒卵形ニシテ鋭頭、楔底、邊緣ニ芒尖細鋸齒アリ、裏面ノ中脈ノ脈腋ニ赤褐色ノ絨毛ヲ有ス。六七月ノ候、枝ノ先端ヨリ總狀花序ヲ下垂ス。專ハ小形淡綠色ニシテ五深裂シ、裂片ハ鍼狀披針形ニシテ尖レリ。花冠ハ短鐘形或ハ廣鐘形ヲ成シ、長サ5-10mm許、口邊五淺裂シ裂片ハ全邊圓凹ニシテ稍外ニ開キ、花冠外面ハ淡紅白色ヲ呈シ紅條アリ、然ル株ニ由テ色ハ濃淡ノ差アリ、時ニ白花ノ品アリしろふうりんつつじ（f. albiflora *Makino*）ト云ヒ、極メテ赤キ者ヲべにさらさどうだん（var. rubicunda *Mak.*）ト云ヒ、裂片深キ者ヲつくしどうだん（var. longiloba *Mak.*）ト云ヒ、花瓣能ク長大ニ成長シ葉モ赤稍大ナル者ヲかいなんさらさどうだん（f. sikokiana *Muk.*）ト云フ。雄蕊ハ十、花絲短ニシテ毛アリ、葯背ニ二芒アリ。一子房、小花柱。花後卵狀長橢圓形ノ蒴果ヲ結ビ、果梗ハ屈曲シ、果實ハ天ニ朝上、熟シテ五殼片ニ開裂シ、不規則ナル翼ヲ有スル種子ヲ吐ク。和名更紗どうだんハ其花ニ更紗染式ノ横縞アレバ云ヒ、どうだんハ燈油ヲ燃ス燈臺ヨリ轉化セシ語ナリ。

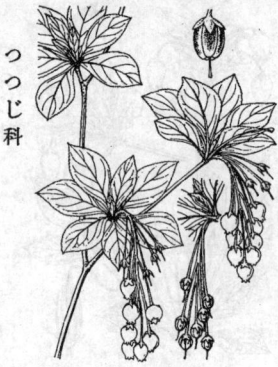

第737圖

つつじ科

あぶらつつじ
一名 ははきやしほ・やまどうだん
Enkianthus subsessilis *Makino.*
（＝Andromeda subsessilis *Miq.*; Meisteria subsessilis *Nakai*; Tritomodon subsessile *Maek.*; A. nikoensis *Maxim.*）

山地ニ生ズル落葉ノ大灌木。高サ2-3mニ達ス。幹ハ平滑灰色ニシテ枝ノ細長ナリ。葉ハ輪狀ニ枝端ニ集リ、倒卵形ニシテ稍薄質、表面脈上ニ毛アリテ裏面ハ光滑ナリ、鋭頭、楔底、邊緣ニハ芒尖細鋸齒ヲ刻ム。花序ハ一見頂生ニシテ總狀、下垂シ、中軸トハ毛アレドモ小梗ハ平滑無毛ナリ。六七月ノ候開花シ綠白色ヲ呈ス。專ハ小形、淡綠色、五深裂、搜卵形ニシテ尖ル。花冠ハ長サ5mmニ滿タズ壺狀ニシテ口邊括レ、五小裂片ト成リ反曲ス。雄蕊ハ十、花絲ノ下部ニ細毛アリ、葯ニハ各二個ノ角狀嘴ヲ具フ。果實ハ蒴ニシテ同ジク下垂シ、略ぼ圓形ニシテ光澤アル赤褐色ヲ呈シ、五室ヨリ成リテ胞背開裂ヲ成ス。種子ハ細小ニシテ表面ニ細粒ヲ布ク。和名油つつじハ葉ノ裏面滑澤ニシテ宛モ油ヲ塗リタル如ケレバ云ヒ、箒どうだんハ山民其枝ヲ採リ束ネテ箒トスル故ニ斯ク呼ブ。

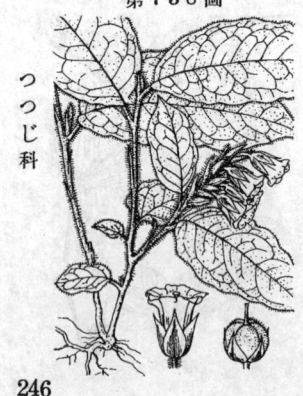

第738圖

つつじ科

いはなし
一名 いばなし
Epigaea asiatica *Maxim.*

山地ノ常綠小灌木ニシテ低ク地ニ臥シテ生ズ。莖ハ木質ニシテ疎ニ分枝シ、褐毛アリ。葉ハ有柄互生シ、長橢圓狀披針形ニシテ質硬ク、葉緣ハ褐刺毛アリ。早春、枝端ニ有苞ノ穗狀花穗ヲ成シテ淡紅色ノ有梗數花ヲ着ク。萼五片、紅紫色。花冠鐘狀ニシテ口緣五裂シ、十雄蕊アリ。蒴果ハ圓形ニシテ夏熟シ、果皮ハ膜質ニシテ腺毛ヲ布キ、胎座ハ白色多肉ニシテ食フベシ、種子多數細微ニシテ胎座ノ面ニ着ク。

ひめしゃくなげ

一名 にっくわうしゃくなげ

Andromeda polifolia *L.*

常緑ノ小灌木ニシテ高山上ノ濕地ニ生ズ。地下莖ハ地中ニ横斜シ、地上莖ハ直立シ、高サ凡15cm內外アリ。葉ハ革質ニシテ互生シ、線形全邊ニシテ兩緣背卷シ、裏面白色ヲ呈ス。莖頂ニ數片ノ鱗狀苞アリ、夏、其苞腋ヨリ花梗ヲ出シテ點頭セル帶紅白色ノ壺狀花ヲ開キ、壺口五裂シ、十雄蕋、一雌蕋アリ。花後蒴果ヲ結ブ。

第739圖

つつじ科

はなひりのき

Leucothoe Grayana *Maxim.*

高サ1–2m許ノ落葉灌木ニシテ山中ニ生ズ。葉ハ互生シテ枝上ニ兩列生ヲ成シ、殆ンド無柄ニシテ倒卵狀披針形或ハ長橢圓形ニシテ尖リ、葉緣ニ毛狀齒ヲ有ス。夏日、新枝端ニ有苞ノ長穗ヲ出シテ總狀花ヲ成シ、多數ノ短梗花ヲ綴ル。花冠ハ淡綠色ノ壺狀ヲ成シ、壺口五裂シ、十雄蕋アリ。葉ヲ粉末ニシテ鼻ニ入ルレバ嚔ヲ發ス、故ニ此和名アリ、はなひりハ嚔ノ事ナリ、故ニ又くしゃみのきノ名アリ。又圃中ノ糞蛆ヲ殺スニ此枝葉ヲ使用スル處アリ。漢名 木藜蘆(誤用)

第740圖

つつじ科

いはなんてん

一名 いはつばき

Leucothoe Keiskei *Miq.*

常緑ノ灌木ニシテ山地ニ生ジ高サ30cm–1.5m許、枝梢往々撓下ス。葉ハ有柄互生シテ兩列生ヲ成シ、長卵形ニシテ銳尖頭ヲ有シ、葉緣ニ鋸齒アリ、質稍厚クシテ毛ナク、表面光滑ナリ。夏月、枝末幷ニ枝梢ノ葉腋ニ短總狀花穗ヲ出シ、白色ノ有梗花數點ヲ下垂ス。花冠ハ筒狀、口緣五裂シ、十雄蕋 一雌蕋アリ。蒴果ハ上向ス。

第741圖

つつじ科

第742圖

つつじ科

いはひげ

Cassiope lycopodioides *D. Don.*

高山向陽地ノ岩石間等ニ簇集シテ株ヲ成
セル常緑小灌木ニシテ草本狀ヲ呈ス。莖
ハ分枝シテ横ハリ、互ニ糾錯シテ緑色ノ
紐狀ヲ呈シ、細小ナル鱗狀葉ヲ密生ス。
七月、莖側鱗葉間ニ長サ2-3cm許ノ花梗
ヲ抽キテ白色ノ花ヲ開ク。萼五片。花冠
ハ鐘狀ニシテ下向シ、邊緣五裂ス。十雄
蕊、一雌蕊アリ。上向セル蒴果ヲ結ブ。

第743圖

つつじ科

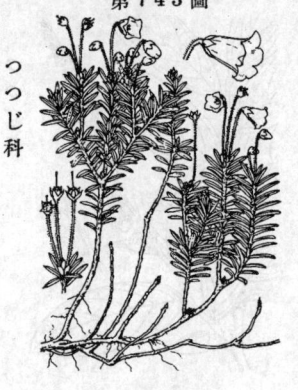

つがざくら

Phyllodoce nipponica *Makino.*

常緑ノ小灌木ニシテ高山ニ生ジ、簇生シ、
高サ通常10-15cm許ナレドモ時ニ25cm
許ニ達スルコトアリ。莖ノ下部ハ横斜シ、
地上部ハ直立分枝ス。葉ハ小ク、密ニ莖ニ
互生シテ相接シ、線形ニシテ邊緣ニ微齒
アリ、上面濃緑色、下面ハ褐色ヲ帶ブ。七
月ニ枝端ニ二三ノ花梗ヲ抽キ、淡紅色ノ
小キ鐘狀花ヲ開ク。萼五片。花冠側向シ、
邊緣五裂シ、十雄蕊、一雌蕊アリ。小キ蒴
果ハ上向ス。此種葉ハつがノ如ク花ハさ
くらノ如シトテ此和名アリ。

第744圖

つつじ科

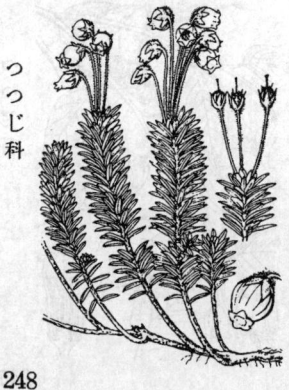

あをのつがざくら

Phyllodoce aleutica *A. Hell.*

高山生ノ常緑小灌木ニシテ高サ凡7-15
cm許、莖ノ基部ハ横臥シ枝ハ皆上向シ叢
ヲ成ス。葉ハ線形或ハ披針形ヲ呈シ枝上
ニ密ニ互生シテ相接シ緑色ナリ。七八月
ノ間、枝末ノ葉心ニ在ル鱗狀苞ノ腋ヨリ
數條ノ有毛花梗ヲ抽テ、下向セル緑白色
ノ壺狀花ヲ著ク。萼五片、毛アリ。花冠
口ハ五裂シ、花中ニ十雄蕊アリ。蒴果ハ
上向ス。和名ハ緑白色ノ花ニ基ク。

みねずはう
Loiseleuria procumbens *Desv.*
(=Azalea procumbens *L.*)

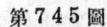
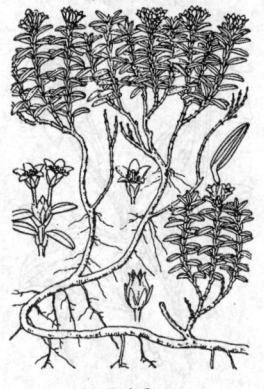

中部以北ノ高山帯ニ生ズル常緑匍臥ノ矮小灌木ニシテ高サ10-15cm許、密ニ座ヲ成シテ平布シ、枝ハ多岐シテ傾上シ或ハ横出ス。葉ハ密生シテ對生シ、極メテ短キ葉柄ヲ具ヘ、廣線形ニシテ長サ1cm内外、先端圓ク、葉縁ハ著シク外反シ且ツ全體下方ニ彎曲シ、平滑革質ニシテ深綠色ヲ呈スレドモ裏面ハ白シ。七月ノ候細花ヲ開ク。花ハ數個枝端ニ集リテ繖形狀ヲ成シ小梗ノ基部ニハ宿存スル苞アリ。萼ハ紅紫色或ハ汚綠色ニシテ上部紫采アリ、五深裂シ、裂片ハ瘦卵形ヲ呈ス。花冠ハ淡紅白色ニシテ上向ニ廣鐘形ニシテ五裂狀シ、裂片開出シテ星狀ヲ呈ス、雄蕊ハ五、花絲長ク、葯ハ縱裂シ紫色ナリ。一子房球形綠色、一花柱アリ。蒴果ハ小形ニシテ直立シ、胞間開裂シテ成シテ三殻片ト成ル。和名峰ずはうハ山上ニ生ズルすはうノ意ニシテすはうハあらが[?]ぎ即ちいちゐヲ指セリ、即チ其葉いちゐノ葉ニ似タレバ云フ。

はこねこめつつじ
Tsusiophyllum Tanakae *Maxim.*

常綠ノ小灌木ニシテ相州箱根ノ山上ニ生ジ、高サ凡 20-60cm許、樹幹屈曲シテ繁密ニ分枝シ、枝ハ輪生樣ニ出デ、小枝ニハ毛アリ。葉ハ密ニ互生シ、小形ニシテ倒卵狀長橢圓形ヲ呈シ、全邊ニシテ毛ヲ有シ、殆ンド無柄ニシテ、小枝端ニ輪生樣ヲ成ス。七月、葉間ニ白色ノ筒狀花ヲ開ク。花冠ノ筒部長ク、邊端五裂シ、花筒中ニ五雄蕊アリテ、葯ハ縱ニ開裂ス。蒴果ヲ結ブ。

あづまつりがねつつじ
誤稱 つりがねつつじ
Menziesia ciliicalyx *Maxim.*

落葉灌木ニシテ山中ニ生ジ、高サ凡1-2m許、幹直立シテ分枝ス。葉ハ互生シテ短キ葉柄ヲ具ヘ、倒卵形全邊ニシテ綠毛アリ、表面綠色、裏面帶白色、小枝端ニ集リテ輪生狀ヲ呈ス。六月ノ候、枝端ニ長サ 2-3cm ノ有毛花梗數條ヲ繖形狀ニ出シ、1.5cm長ノ筒狀鐘形花ヲ垂ル。萼ハ小ニシテ五片、邊緣刺毛ヲ有ス。口緣五裂セル花冠ハ白質ニシテ上部紅色ヲ呈シテ頗ル美ナリ。うらじろやうらく ハ本品ノ一變種ニシテ其萼片全部或ハ一部長シ、學名ヲ var. multiflora *Makino* ト云フ。主トシテ我邦北地ノ山ニ見ル。

第７４８圖

つつじ科

こやうらくつつじ

Menziesia pentandra *Maxim.*

高サ 2-3m 許ノ落葉灌木ニシテ山中ニ生ズ。幹直立シテ分枝シ、枝極ニ輪生シ、嫩枝ニハ葉ト共ニ毛アリ。葉ハ互生シ、枝端ニ略ボ輪生狀ヲ成シ、倒披針形或ハ長橢圓形全邊ニシテ緣毛アリ、長サ凡4cm許アリ。五月、新葉ヲ先チ、或ハ新葉ト共ニ小枝端ニ腺毛アル數梗ハ繖形ヲ出シテ下曲シ、梗頂ニ歪形壺狀ノ帶赤黃綠色花ヲ着ケ下向シ、花冠口五裂ス。五雄蕋、一雌蕋アリ。花後圓キ蒴果ヲ結ブ。

第７４９圖

つつじ科

しゃくなげ

Rhododendron Metternichii
Sieb. et Zucc.

(＝Hymenanthes japonica *Blume*;
Rh. Hymenanthes *Makino*;
Rh. Metternichii *S. et Z.*
var. heptamerum *Maxim.*)

中部以西諸州ノ深山溪谷山林中ニ生ズル常綠灌木ニシテ高サ4mニ達ス。幹ハ或ハ直立シ或ハ下部屈曲平臥シ分枝多ク、質硬クシテ褐色ヲ呈シ、大ナル者ハ徑凡12cm許アリ。葉ハ革質、有柄、相接シテ多少車輪狀ニ五生シ、三四年間枝上ニ宿存シテ層ヲ成シ、長橢圓形或ハ倒披針形全邊ニシテ長サ15cm內外、表面ハ深綠色ニシテ平滑、裏面ハ密ニ赭褐色ノ軟絨毛ヲ布キ稀ニ白色紅褐ヲ帶ビ（つくししゃくなげ f. typicum *Makino*）或ハ平布シ、或ハ多少絨毛式ヲ呈シ、老葉ニ往々白色ヲ帶ビ、中脈ハ下面ニ隆起シ支脈ハ不明ナリ。五六月ノ候宇年枝ノ枝端ニ花ヲ十許ヶ多數圓集シ、徑5cm内外、紅紫色ニシテ雙脣、甚ダ美觀ヲ呈ス。導ハ短皿形ニシテ鈍齒ヲ有ス。花冠ハ廣鐘狀漏斗形ニシテ七裂シ、裂片ハ筒部ヨリ短クシテ平開シ圓形ナリ。雄蕋十四本アリ。花冠ヨリ短ク、葯ハ孔裂ス。子房ハ七室ニシテ短毛ヲ被フル稀ニ白色紅褐ノ者（f. rosaceum *Makino*）アリうすいろしゃくなげト云フ、又白花ノ者（f. leucanthum *Makino*）アリしろしゃくなげト云フ。從來しゃくなげト稱スル者ハ本種ヲ指シ、和名ハ石楠ヲ日本ニ稱ヲ用ヒ本然ニ詞セシメタリ。和名しゃくなげハ漢名石南ヲ本種ト誤認セシニ基ケル稱ナリ。漢名石南（誤用）

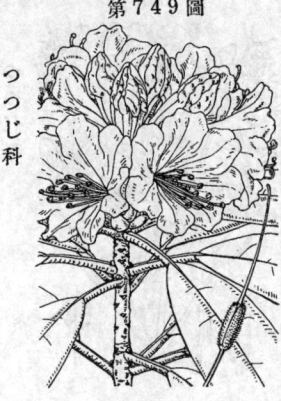

第７５０圖

つつじ科

あづましゃくなげ

Rhododendron Metternichii *Sieb. et Zucc.* var. **Degronianum** *Makino*.

(＝Rh. Degronianum *Carr.*; Rh. Metternichii *S. et Z.* var. pentamerum *Maxim.*; Rh. Hymenanthes *Mak.* var. pentamerum *Makino*.)

常綠灌木ニシテ深山中ニ生ジ、高サ凡2-3m許アリ、幹枝ハ上向シ或ハ橫斜シ或ハ蟠曲ス。葉ハ大形ニシテ有柄互生シ、多クハ枝梢ニ集リ着ク、革質ニシテ倒披針狀長橢圓形ヲ成シ、全邊ニシテ上面滑澤綠色、下面ハ褐色ニシテ時ニ褐毛ヲ布ク。長サ12-18cm許。初夏、枝頭ニ淡紅色ノ美花ヲ簇生ス。花冠漏斗狀鐘形ニシテ五裂シ、正面ニ紅點アリ。花中ニ十雄蕋、一雌蕋アリ。しろばなあづましゃくなげ (f. leucanthum *Makino*) ハ白花ヲ開キ、ふちべにあづましゃくなげ (f. Nakaii *Makino*) ハ花淡紅色ニシテ花冠裂片ノ邊緣ハ深紅色ヲ呈ス。葉ヲ民間藥ニ供ス。和名ハ東國しゃくなげノ意ニシテ此品ハ我邦ノ中部以東關東ノ諸山ニ生ズルヨリ云フ。しゃくなげハ石南花ニシテ石南ハ誤認ヲ出ヅ。

250

きばなしゃくなげ

Rhododendron chrysanthum *Pall.*

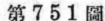
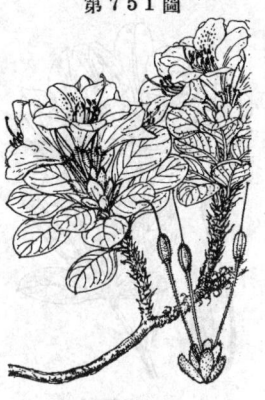

つつじ科

我邦中部以北ノ高山ニ生ズル低平ナル常
緑灌木ナリ。莖ハ通常地ニ横ハリテ宿存
セル鱗片ニ被ハレ、枝ハ上向ス。葉ハ有
柄互生シテ枝梢ニ密在シ、略ボ輪生狀ヲ
呈シ、倒卵狀長橢圓形ニシテ全邊鈍頭ヲ
有シ、厚質ニシテ毛ナシ。七月、枝頭ニ織
形ヲ成シテ有梗黄色ノ數花ヲ開キ側向
ス。花冠ハ漏斗狀ニシテ五裂シ、正面ニ
斑點アリ。十雄蕊、一雌蕊アリ。蒴果ハ
長橢圓形ニシテ直立ス。

ひかげつつじ
一名 さはてらし

Rhododendron Keiskei *Miq.*

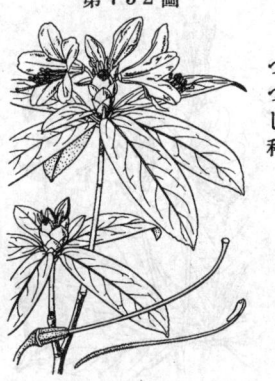

つつじ科

常緑小灌木ニシテ山地ニ生ジ、高サ10cm-
2m許、幹ハ分枝シ、直立或ハ横臥ス。葉ハ
互生シテ相接シ、小枝端ニ輪生狀ヲ成シ、
披針形ニシテ尖リ、短柄ヲ具ヘ、薄キ革質
ニシテ全邊、葉裏ニ細點ヲ散布スル殊態
アリ。夏月、枝頭ニ一乃至四ノ淡黄色有
梗花ヲ開キ側向ス。花冠ハ漏斗狀鐘形ニ
シテ五裂シ、十雄蕊、一雌蕊アリ。蒴果
ハ長橢圓形ヲ呈ス。

ばいくゎつつじ

Rhododendron semibarbatum
　　　　　　　　　　Maxim.
(=Azalea semibarbata O. Kuntze.;
Azaleastrum semibarbatum *Makino.*)

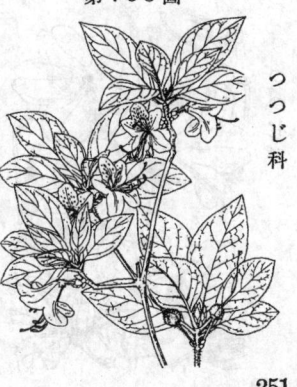

つつじ科

諸國ノ淺山ニ多キ落葉灌木。高サ1-2mニ達ス。
葉ハ細葉柄アリテ枝端ニ稍車輪狀ニ集合シテ互
生シ、橢圓形ニシテ長サ3-5cm、邊緣ニ細鋸齒
齒ヲ具ヘ、膜質ニシテ表面光澤ヲ有シ往々紫色
ヲ帶ビ、葉柄ハ嫩枝ト共ニ顯著ナル腺毛ヲ被フ
ル。初夏ノ候、前年枝ノ先端附近ニ花ヲ生ジテ
開キ爲メニ葉ノ集合セル下ニ隱レテ存在シ、小
梗ニ腺毛ヲ有セリ。萼ハ短小ニシテ五齒ヲ有シ
密ニ腺毛ヲ有セリ。花冠ハ徑2cm許ニシテ白色、
平開シ、上牛ニハ紫點ヲ飾ル。雄蕊ハ五本、上方
ノ二本ハ短小ニシテ花絲ハ白毛密生シ且ツ假雄
蕊化シ、下ノ三本ハ長大ニシテ前方曲リ孔裂葯
ヲ着ク。蒴果ハ球狀卵形ニシテ有毛ナリ。和名
梅花腳躅ハ其花形梅花ノ狀アレバ云フ。

第754圖

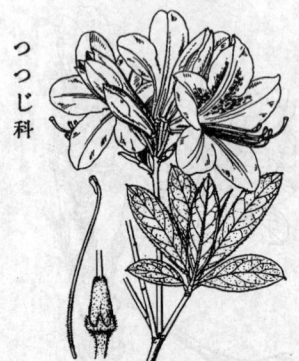

つつじ科

れんげつつじ

Rhododendron japonicum *Suring.*

多ク高原ニ生ズル落葉灌木ニシテ、又人家ニ栽エテ花ヲ賞ス。高サ凡 1-2m 許アリテ分枝ス。葉ハ倒披針形ニシテ毛緣ヲ有シ、表面滑澤ナラズ。春日、嫩葉ト共ニ開花シ、花ハ繖形狀ヲ成シテ枝頂ニ出デ側ニ向フ。花冠ハ漏斗狀鐘形ヲ成シテ五裂シ、正面ニ斑點アリ、花色ハ由テかうれんげ、かばれんげ、きれんげノ三品アリ。五雄蕊、一雌蕊アリ。蒴果ハ大ナリ。漢名 羊躑躅(誤用、是レ支那產ノ Rh. molle G. Don ノ名ナリ)

第755圖

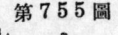

つつじ科

むらさきやしほつつじ

Rhododendron Albrechtii *Maxim.*

中部以北ノ亞高山帶ニ生ズル落葉ノ大瀧木ニシテ高サ凡2mニ達ス。枝ハ再三分岐シ、嫩條ハ腺毛アリ。葉ハ稍車輪狀ニ枝端ニ集リテ五生シ倒披針形ニシテ長サ8cm內外、牛バ以下ハ次第ニ狹窄シテ楔形ヲ呈シ短柄ト成リ、剛質ニシテ表面ハ碧綠色、平坦、短粗毛ヲ布キテ糙澁スレドモ裏面ハ唯中脈ニ白毛アルノミ。五六月、葉ノ萌發ニ先ツテ濃紅紫色ノ美花ヲ開ク。花ハ枝端ニ頂生シ、二三花相集マル。萼ハ短小ニシテ五齒ヲ成シ、花梗ト共ニ腺毛アリ。花冠ハ徑3cm內外、廣漏斗形ニシテ五裂シ、裂片ハ平開ス。雄蕊ハ十本、長短不同ニシテ上部ノ者短ク下部ノ者長ク共ニ孔裂葯ヲ細長花絲端ニ着ク。蒴ハ卵形ニシテ有毛、長サ凡 12mm 許、五殼片ニ開裂ス。和名紫八鹽幽躅ハ數度染汁ニ漬シテ能ク染メタル紫ノつつじノ意ナリ。

第756圖

つつじ科

あけぼのつつじ

Rhododendron pentaphyllum
Maxim.

小形ノ落葉喬木ニシテ山中ニ生ジ、高サ凡 6m 內外ニ達シ、多ク分枝シ、小枝ハ瘦長ナリ。葉ハ小枝端ニ五片車輻狀ニ着キ、橢圓形ニシテ兩端尖リ、緣毛ヲ有シ、葉柄ニ長鬚毛アリ。花ハ葉ニ先チテ開キ、美ナル淡紅色ヲ呈シ、小枝頂ニ獨在シテ小梗ヲ有シ、萼ハ細小ニシテ緣毛アリ、花冠ハ輻狀鐘形ニシテ五裂シ、正面ハ黃褐色ノ斑點アリ。十雄蕊、一雌蕊アリ。蒴果ハ橢圓形ニシテ五殼片ニ開裂ス。あかやしほ一名あかぎつつじ (var. nikoense *Komatsu.* = Rh. nikoense *Nakai*) ハ本種ノ一變種ニシテ花梗ニ腺毛ヲ有スルノ差アレドモ固ヨリ別種ニ非ズ。

みつばつつじ
Rhododendron dilatatum *Miq.*
(＝Azalea dilatata *O. Kuntze.*)

第757圖

つつじ科

山地ニ生ズル落葉灌木ニシテ高サ2mニ達シ、細長ナル枝多クシテ車輪式ニ出ヅ。葉ハ小枝端ニ三片輪生シ、葉柄細ク初メ少シ毛無シ、葉片ハ稍菱狀ノ廣卵形ニシテ長サ5-7cm、先端短ク尖リ底部鈍圓形ヲ呈シ硬皮質ニシテ無毛不滑、裏面ハ緣白色ニシテ脈絡鮮明ナリ、嫩葉ノ時ハ三片並立シテ葉緣外旋シ極メテ粘質ヲ富ミ無毛ナリ、基部ハ早落性ノ覆瓦變鱗片ニ之ヲ擁セリ。四五月、葉ニ先チテ紫花ヲ開キ、小梗ノ本ニ早落性褐色ノ數鱗片アリテ鱗次ス。花ハ二三個小枝端ニ着キ、中等大ニシテ徑3-4cm、側向ス。萼ハ皿狀ニシテ鈍齒アリ。花冠ノ筒部ハ漏斗狀ヲ成シ裂片五アリテ平開ス。雄蕊五本アリテ花絲ハ長短不同、末部上向シ孔裂葯ヲ着ク、子房ハ淡綠色ニシテ粘點アリ、花柱ハ長クシテ雄蕊ヨリ超越ス。蒴果ハ長卵狀楕圓形ニシテ粗粒點ヲ布キ、長サ1cm許、秋月成熟シテ開裂ス。和名三葉躑躅ハ其葉三片ヅツ枝葉ニ出レバ云フ。

こばのみつばつつじ
Rhododendron reticulatum *D.Don.*
(＝Rh. rhombicum *Miq.*;
Azalea rhombicum *O. Kuntze.*)

第758圖

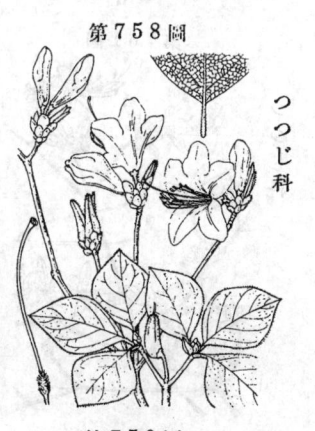

つつじ科

中部以西ノ山地ニ普通ニ生ズル落葉灌木ニシテ幹ハ直上シテ車輪式ニ多ク分枝シ小枝ニ二乃至五糊枝ニ岐ル。葉ハ細枝端ニ三片ヅツ輪生シ、葉柄ハ粗毛アリ、葉片ハ菱狀卵形ヲ呈シ先端短ク尖リ、底部ハ廣楔形ノ者多ク長サ3-5cm、初メ金色ノ帶ベル褐毛ヲ密生スレド後ハ粗毛ノ狀ト成リ、硬膜質ニシテ裏面ハ綠色ヲ呈シ網眼態ヲ見ユ。花ハ早春、葉ノ未ダ開舒セザル前ニ開キ枝端ニ二三花相集リテ出デ紫色ヲ呈シ、花徑凡3cmアリ。萼ハ皿狀ニシテ五鈍齒アリ。花冠ハ五裂シ筒部ハ漏斗形ヲ成シ裂片ハ開展シ橢圓形或ハ卵狀橢圓形ヲ成ス。雄蕊ハ十本アリテ長短不同、末端上方一側ニ孔裂葯ヲ着ク。子房ハ長卵形ニシテ伏毛ヲ密生シ黄褐色粗毛ヲ布キ、長サ一花柱アリ。蒴果ハ卵狀長橢圓形ニシテ毛ヲ有シ秋月硬キ五殼片ニ開裂シ細葉子ヲ出ス。罕ニ白花品アリ之レヲしろばなみつばつつじ (forma albiflorum *Makino*) ト云フ。和名ハ小葉ノ三葉躑躅ノ意ニシテ其葉同類品ニ比スレバ小形ナレバ云フ。

とうごくみつばつつじ
Rhododendron Wadanum *Makino.*

第759圖

つつじ科

中部ノ山地ニ普通ナル灌木ニシテ高サ2-3mアリ枝梢ハ多岐シ、芽鱗ハ褐色ニシテ粘質ナリ。葉ハ三片小枝端ニ輪生シ菱狀廣卵形ヲ呈シ長サ5-8cm、短銳尖頭、廣楔底、全邊、萌芽ノ際ニハ金褐色ノ長毛ヲ密生シ、成長後モ稍其ノ表面ニ多クノ褐毛ヲ偃布シ、葉柄ハ中脈裏面上ハ最初ヨリ白毛 (乾ケバ淡褐色ニ變ズ) ヲ密生ス。五月、葉ノ開舒ニ先チテ多數ノ紫花ヲ開キテ側向シ枝ニ滿チテ美觀ヲ呈ス。萼ハ皿狀ニシテ鈍齒ヲ有シ小梗ト共ニ細毛アリ。花冠ハ徑3-4cm、五深裂シテ略平開シ裂片ハ廣橢圓形鈍圓頭ニシテ筒部ハ淺ク、花冠正面ニハ通常濃紫點アリ。雄蕊十本ニハアリテ長短不等、外部ノ者ハ末部上曲シ、葯ハ孔裂ス。子房ハ絹光アル白毛ヲ密生シ、花柱ハ細長ニシテ上部外ニ細腺毛ヲ有ス。蒴ハ秋ニ熟シ卵狀長橢圓形ニシテ通常弓曲シ表面ニ細毛ヲ布キ、硬キ五殼片ニ開裂シ細種子ヲ出ス。稀ニ白花品アリ之レヲしろばなとうごくみつばつつじ (var. leucanthum *Makino*) ト云フ。和名東國三葉躑躅ハ主トシテ東國諸州ノ山地ニ生ズレバ云フ。

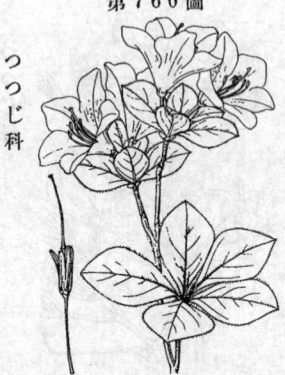

つつじ科

ごえふつつじ
一名 しろやしほ・まつはだ

Rhododendron quinquefolium
Biss. et Moore.

落葉灌木ニシテ深山中ニ生ジ、高サ凡6m
許ニ達シ、能ク分枝ス。葉ハ小枝頂ニ五葉
車輻状ニ出デ、無毛ノ葉柄ヲ具ヘ、倒卵状
楕圓形ニシテ鋭頭ヲ有シ、縁毛アリテ葉
裏ハ初メ下部ニ白毛アリ。初夏ノ候、小枝
末ノ葉心ニ白色有梗ノ一二花ヲ開ク。花
冠廣漏斗状ニシテ五裂シ、正面ニ綠色ノ
斑點アリ、十雄蕋一雌蕋アリ。蒴果ハ圓柱
形ヲ呈ス。和名ノまつはだハ松膚ノ意ニ
テ其老幹ノ膚松樹ニ似タルニ因テ云フ。

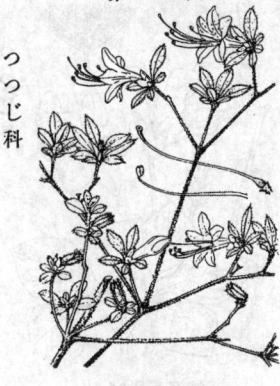

つつじ科

うんぜんつつじ

Rhododendron serpyllifolium *Miq.*

常綠ノ小灌木ニシテ山地ニ生ジ又觀賞品
トシテ培養セラル。高サ 1-2m 許。小枝
ハ繁細ニシテ又繁ク葉ヲ着ク。葉ハ最モ
小形ニシテ毛ヲ帶ビ、倒卵状長楕圓形或
ハ倒卵形ヲ呈シ、短葉柄ヲ具ヘテ互生シ、
多クハ小枝端ニ集リ着ク。春日、淡紅紫色
ノ小花ヲ開キ、枝頭ニ獨在ス。花冠ハ漏斗
状鐘形ニシテ五裂シ、正面ニ斑點アリ。五
雄蕋並ニ一花柱長ク花冠ヨリ出ヅ。しろ
ばなうんせんつつじハ白色或ハ微紫ヲ帶
ブル白色花ヲ開ク一變種ニシテ枝葉稍粗
大ナリ。本種ハ肥前雲仙嶽ニ産セズ、故ニ
之レヲうんせんつつじト謂フハ誤認ニ基
ク名ナレドモ今姑ク從來ノ慣用ニ從フ。

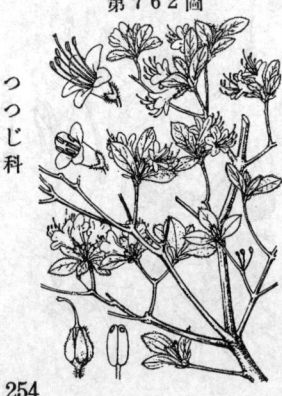

つつじ科

こめつつじ

Rhododendron Tschonoskii *Maxim.*

深山ニ生ズル小灌木ニシテ高サ凡1m内
外、短キ繁枝ヲ分ツ。葉ハ小ニシテ密ニ
着キ、小ハ長サ3mm餘、大ハ2cm許ニシテ
殆ンド無柄ナリ。夏月、小枝梢ニ繖形状
ニ一乃至四ノ小形花ヲ開ク。白色ニシテ
時ニ微紅ヲ帶ブ。花冠ハ五裂或ハ四裂シ、
甲ハ五雄蕋乙ハ四雄蕋ヲ有ス。花冠ハ兩
型アリテ別株ニ出現シ、一ハ大形ニシテ
筒部短ク、裂片大、一ハ花冠小ニシテ筒部
長ク、裂片小ナリ。此種小白花ヲ開クヲ
以テ之レヲ米粒ニ瑜ヘ、此和名アリ。

おほこめつつじ

Rhododendron Tschonoskii *Maxim.*
var. trinerve *Makino.*

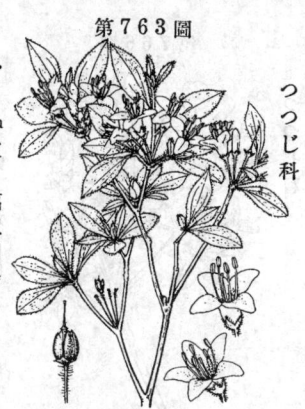

第７６３圖

つつじ科

深山ニ生ズル小灌木ニシテ高サ凡1-1.5m許、正ニこめつつじノ一變種ナリ。其枝條梢長ク、葉モ亦少シク大ニシテ三條ノ大脈ヲ具ヘ、其大形ノモノハ長サ3cm、幅12mm 許アリ、短葉柄ヲ具ヘテ新枝ニ互生シ、通常小枝端ニ集リ着ク。橢圓狀倒披針形ニシテ尖リ、兩面毛ヲ帶ビ、又緣毛ヲ有ス。夏月、小枝梢ニ繖形狀ヲ成シテ小形ノ白花ヲ開ク。花冠ハ株ヲ異ニシテ或ハ四裂シ、或ハ五裂ス、四裂花ニハ四雄蕊アリテ、五裂花ニハ五雄蕊アリ。

きりしま

Rhododendron obtusum *Planch.*
(＝Azalea obtusa *Lindl.*)

第７６４圖

つつじ科

通常人家ニ栽培セラルル常綠灌木、野生ナシ、蓋シやまつつじガ其母種ナラント思ハルル理由アリ。高サ通常60-90cm 乃至1.5m ニ達ス。葉ハ小形ニシテ狹長ナル倒卵形ヲ呈シテ微凸尖ヲ有スル鈍頭ヲ有シ、緣毛アリ、短葉柄ヲ具ヘ、互生シ、多クハ小枝端ニ集リ、車輻狀ヲ呈ス。春日、小枝端ニ繖形狀ヲ成シテ短脚ノ赤花ヲ開ク。萼五片ハ小形淡綠色ニシテ卵形ヲ呈シ、緣毛アリ。花冠ハ漏斗狀鐘形ニシテ五裂シ、正面ニ濃紅色ノ斑點アリ。五雄蕊、一雌蕊アリ。花冠二重ヲ成ス品ヲとよきりしま一名やへぎりしまト云ヒ、萼ノ稍發達シテ花瓣化セシ品ヲこしみの云フ。又紅紫花ノ變種アリ、之ヲむらさききりしまト云フ。きりしまハ日向霧島山ニ基 キシ和名ナレドモ固ト誤認ニ出デシモノナリ、同山ニハ此品ヲ産スルコトナシ。漢名 石巖(慣用)

やまつつじ

Rhododendron obtusum *Planch.*
var. Kaempferi *Wils.*
(＝Rh. Kaempferi *Planch.*; Azalea Kaempferi *K. André*; Rh. indicum *L.* var. Kaempferi *Maxim.*)

第７６５圖

つつじ科

半落葉灌木ニシテ普ク諸州ノ山野ニ自生シ、高サ凡 1-3m 許、能ク分枝シ、枝椏往々横ニ擴張ス。葉ハ互生シ、通常小枝端ニ集着シ、狹倒卵形或ハ倒披針形又ハ狹卵形ニテ銳頭ヲ有シ、枝ト共ニ毛アリ。初夏、小枝梢ニ有梗ノ赤花ヲ開キ、少數花ヲ以テ繖形ヲ成シ、往々枝上ニ滿開ス。萼五片小形、卵形、緣毛アリ。花冠ハ漏斗形或ハ漏斗狀鐘形ニシテ五裂シ、正面ニ濃紅色ノ斑點アリ。雄蕊五、雌蕊一。蒴果ニ毛アリ。山野ノ普通品ニシテ、此レニハむらさきやまつつじ (f. mikawanum)、さんやうつつじ (f. purpureum)、やへさきやまつつじ(f. koma﹖﹖i)、たちせんへ (f. plenum)、ひめやまつつじ tubiflorum)、えぞやまつつじ (f. latisepalum)、おほしまつつじ (f. macrogemma)、四季咲やまつつじ (f. semperflorens)等ノ異品アリ。

255

第766圖

つつじ科

みやまきりしま

Rhododendron kiusianum *Makino*.

日向霧島山・肥後阿蘇山・肥前雲仙嶽及ビ其他九州ノ高山ニ生ズル常緑灌木。山頂附近ニテハ高サ僅ニ10cm許、漸次下行シテ60cm許ト成ル。枝極繁密、葉ハ小形ニシテ長橢圓形ヲ成シテ尖リ、毛ヲ有ス。五月ノ候、通常紅紫色ノ花ヲ枝頭ニ開キ、二三花繖形ニ出ヅ、花冠3cmニ充タズ。邊緣五裂シ、花冠面細點或ハアリ或ハナシ。花中ニ五雄蕊アリ。本種ハ蓋シくるめつつじノ母品ナランコト予ノ曾テ唱道セシ所ニシテ、又其和名モ予ノ命セシモノナリ。

第767圖

つつじ科

さつきつつじ

Rhododendron lateritium *Planch*.

常緑灌木ニシテ通常人家ニ栽植セラルルモ、又往々河岸ノ巖上ニ野生ス。高サ凡15-90cm許。葉ハ互生シ、通常小枝端ニ集リ着キ、線狀披針形ヲ成シテ上下尖リ、全邊ニシテ枝ト共ニ毛アリ。五六月頃、花ヲ小枝端ニ出シテ獨在シ、通常紅紫色ヲ呈スレドモ園藝品ニハ白・咲分ケ等種々アリ、花下ニ謝落性ノ廣鱗片アリ。萼五片、細小。花冠大ニシテ廣漏斗形ヲ呈シ、于裂シテ正面ニ濃紅紫ノ斑點アリ。花中ニ五雄蕊一雌蕊アリ。蒴果ニ毛アリ。和名ハ五月(陰暦)即チさつきト花咲ク故名ク、往々皐月つつじト書ク、通常略シテさつきト云フ。漢名 杜鵑花(誤用)

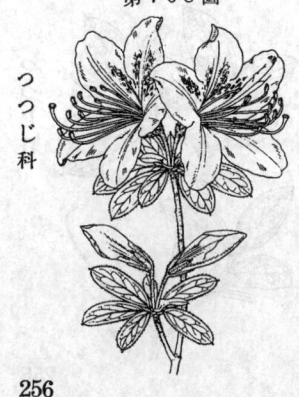

第768圖

つつじ科

りうきうつつじ
一名 しろりうきう
Rhododendron
mucronatum *G. Don*.

普通ニ庭園ニ見ル常綠ノ小灌木ニシテ未ダ邦内ニ野生ヲ見ズ、蓋シ原ト支那ノ産カ未詳。下部ヨリ多ク分枝シ、樹姿圓狀ヲ呈シ、高サ凡1.5m内外アリ。葉ハ互生シテ短葉柄ヲ具ヘ、多クハ小枝頭ニ輻狀ニ相集リ、披針形或ハ倒披針形ニシテ銳頭或ハ鈍頭ヲ成シ、革質ニシテ細毛ヲ有ス。初夏、小枝端ニ一、二ノ白花ヲ開キ往々梢ニ充ツ。綠萼五片、披針形。花冠漏斗形ニシテ五裂シ、正面ニ綠色斑點アリ。雄蕊十、雌蕊一。蒴果ニ毛アリ。 漢名 白杜鵑花(慣用)

おほむらさきりうきう
Rhododendron pulchrum *Sweet.*

庭園ニ栽植セラレアル常緑灌木ニシテ未
ダ邦内ニ野生ヲ見ズ。高サ凡 1-2m 許ニ
シテ、下部ヨリ多ク分枝シ、樹姿圓ミヲ
帶ブ。葉ハ互生シテ短葉柄ヲ具ヘ、狹キ
長橢圓形ヲ成シ、長サ凡 6-9cm、枝頭ニ集
リ着キ、革質ニシテ小枝ト共ニ毛アリ。
五月頃枝端ニ繖形ヲ成シテ二三ノ紅紫色
ノ有梗花ヲ着ケ、通常梢頭ニ滿開シテ頗
ル美ナリ。萼ハ綠色披針形ヲ成シ、花冠
ハ大形ニシテ漏斗形ヲ呈シ、五裂シテ正
面ニ濃紫色ノ斑點アリ。花中ニ十雄蕊、
一雌蕊アリ。蒴果ニ毛アリ。

もちつつじ
Rhododendron linearifolium *Sieb. et Zucc.* var. macrosepalum *Makino.*

常綠ノ灌木ニシテ高サ凡60cm-2m、分枝
ス。我邦中部諸州ノ淺山丘阜ニ自生シ、
或ハ往々人家ニ栽植セラル。葉ハ互生シ、
質薄ク、小枝ト共ニ毛多ク、倒披針形若ク
ハ橢圓狀披針形ニシテ短銳尖頭ヲ成シ、
小枝端ニ集リ着キ開出ス。春日、新葉ト共
ニ繖形ヲ成シテ淡紅紫色ノ有梗
花ヲ開ク。綠萼五片、廣線形ニシテ長ク、
花梗ト共ニ腺毛ヲ帶ビテ粘着ス。花冠ハ
漏斗狀鐘形ヲ成シテ五裂シ正面ニ紅色斑
點アリ。五雄蕊ナレドモ又六乃至十雄蕊
ナルアリ、雌蕊一。蒴果ハ毛ヲ帶ブ。和
名ハ萼ナドノ粘着スルヨリ起ル。一ニね
ばつつじト云フ。著シキ變種ニせいがい
つつじアリ、線形葉、狹裂花冠ヲ有ス。

えぞつつじ
一名 からふとつつじ
Rhododendron camtschaticum *Pall.*
(=Therorhodion camtschaticum *Small.*)

北部ノ高山帶ニ生ズル落葉小灌木ニシテ根莖ハ
地中ヲ匍匐シ纖細ナル枝ハ分立シテ高サ 30cm
內外、全株褐色ノ腺毛ヲ布ク。葉ハ互生シ、廣
倒卵形、長サ3cm內外、鈍圓頭、銳底或ハ鈍底ニ
シテ洋紙質ヲ呈シ、緣毛頗ル顯著ナリ。夏日二
三花ノ總狀花序ヲ頂生シ、各花ハ小梗ヲ有シテ
葉狀ノ苞一片ト小苞二片ヲ具ヘ共ニ宿存性ナ
リ。萼ハ綠色五片ニシテ細毛多ク、各片ハ廣披
針形ヲ成シ銳頭ヲ有ス。花冠ハ輻狀鐘形ヲ成シ
徑5cm、美ナル紅紫色ヲ呈シテ平開シ正面上部
ニ暗紅點アリ。雄蕊十本アリテ下方ノ五本ハ
長ク、花絲ノ下部ニ細毛ヲ密生シ、頂ニ一孔裂葯
ヲ着ク。花柱ハ雄蕊ヨリ高ク挺出シ其下部ハ子
房ト共ニ多毛ナリ。蒴果ハ卵形ニシテ宿存萼ヨ
リ短ク、胞間開裂シテ五殼片ニ分ル。和名ハ蝦夷
躑躅ノ初メ之ヲレフ北海道ニ採リシヲ以テ名ケシ
ナリ、又樺太躑躅ハ樺太ニ生ズルヨリ云フ。

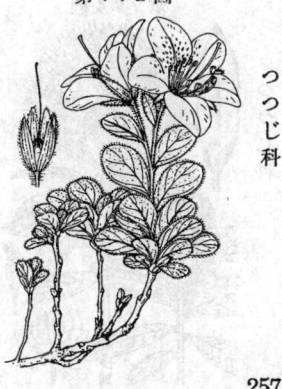

第７７２圖

つつじ科

つつじ

ほつつじ
一名 まつのきはだ(同名アリ)・
やまわら・やまばはき
Tripetaleia paniculata
Sieb. et Zucc.

山地ノ落葉灌木ニシテ高サ2m許ニ達シ多數ノ枝ヲ分チ其嫩枝ハ赤褐色ニシテ著シキ三稜翼アリ。葉ハ短柄互生シ菱狀倒卵形ニシテ葉長サ 3-5cm ヲ算シ銳頭楔形底ニシテ全緣且ツ平坦、裏面ハ淡綠色且ツ中脈ニ白毛ヲ有シ、質稍薄ク、支脈ハ疎ニシテ長ク、弓曲シテ斜上セリ。七八月、梢頭ニ總狀觀ノ圓錐花序ヲ直立シ、淡紅暈アル多數ノ白花ヲ側向シテ開キ、小硬アリテ苞ハ線形ナリ。蕾膏ハ狹長橢圓形ニシテ下向シ白色ニシテ末端紅采アリ。萼ハ淡綠色小椀狀ニシテロ緣ヘ五淺裂ス。花冠ハ徑10-15mm、三深裂シ、裂片ハ狹長ニシテ平開反卷ス。雄蕊ハ六、短小、花絲平扁ニシテ白色。子房上ノ花柱ハ長クシテ彎曲ス。果實ハ蒴果ニシテ圓ク三殼片ヲ分ツ成リテ三突出面ヲ有シ、宿存彎下ノ間ニハ顯著ナル柄部アリ。和名 𤭖𤭖𤭖ハ其花、穗ヲ成セバ云フ、松ノ木膚ヘ多分其幹膚ノ狀ニ基キテ名ケシ者ナラン、而シテ此名ハ又ぐえふつつじノ一名ナリ、山藥ハ其枝ヲ採リ箕箒ヲ製スルヨリ云フト謂ヘリ、山箒ハ枝ヲ束ネテ帚ニ作ルヲ以テ云フ。

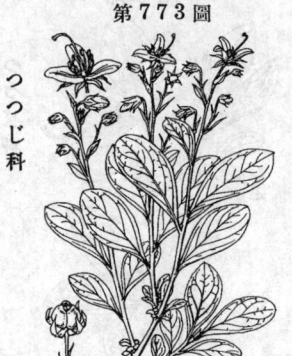

第７７３圖

つつじ科

みやまほつつじ
一名 はこつつじ
Tripetaleia bracteata *Maxim.*

中部ノ高山帶ニ生ズル落葉灌木ニシテ高サ 20-50cm許。枝ハ稍密生シテ直立シ淡褐色ニシテ瘦弱ナリ。葉ハ互生シ倒卵形、圓頭、底部ニ楔形ヲ成シテ葉柄ニ流下シ、淡綠色ニシテ質稍薄ク、支脈ハ彎曲シテ疎ナリ。八月、枝端ニ短キ總狀花序ヲ出ダシ、白色ニシテ外部ニ紅暈アル有梗花ヲ疎膏シテ開キ、大ナル葉狀苞ト細緻ナル鍼狀小苞トヲ有ス。蕾膏ハ長卵形ニシテ鈍頭ヲ有シ側向ス。萼ハ淡綠色ニシテ五裂シ、裂片ハ披針形ヲ成ス。花冠ハ徑1cm内外、三深裂シ裂片ハ平開シテ長橢圓形ヲ成シ先端反曲ス。六雄蕊アリテ星狀ニ開キ並ビ、花絲ハ平扁、白色ニシテ一紅條アリ、葯ハ紅紫色ヲ呈ス。蒴果ハ球形、三殼片、宿存萼トノ中間ニ柄ヲ缺ク。本種ハほつつじニ似タレドモ葉頭圓ク、花軸ニ一大葉狀苞ヲ具ヘ、蒴果ノ下部ハ無柄ナルヲ以テ識別シ得ベシ。和名ハ深山穗𤭖𤭖ニシテ深山ノ地ニ生ズレバ云フ、はこつつじハ其意詳カナラズ。

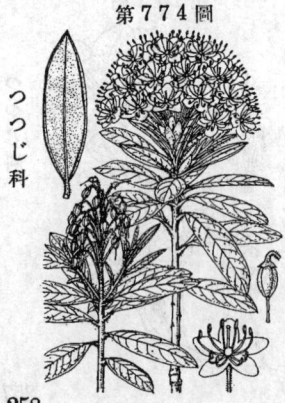

第７７４圖

つつじ科

つつじ

いそつつじ
Ledum palustre *L.*
var. dilatatum *Wahl.*

北地ノ山ニ生ズル常綠ノ小灌木ニシテ枝極相集リテ叢ヲ成シ、高カラズ。葉ハ革質ニシテ披針形ヲ有シ、短葉柄ヲ具ヘ、長サ凡4cm許ニ達シ、枝梢ニ集リテ互生シ、全邊ニシテ葉緣ハ裏面ニ反卷シ、裏面ハ白毛ヲ密布シ、時ニ赭褐色ノ者アリ。夏日、枝端ニ基部ニ鱗片ヲ具フル短總花穗ヲ成シテ多數ノ有梗白花ヲ繖簇シ、略ボ繖房狀ヲ呈ス。萼短小、花冠ハ五深裂シテ幅狹ヲ成シ、十雄蕊、一雌蕊アリ。蒴果ハ小ニシテ橢圓形ヲ成シ、彎曲セル果梗ニ由テ下向シ、宿存セル花柱アリ。和名ハ多分えぞつつじヲ誤稱セシモノナラン。

258

ぎんりゃうさう
一名　いうれいたけ

**Monotropastrum
globosum** *H. Andres.*

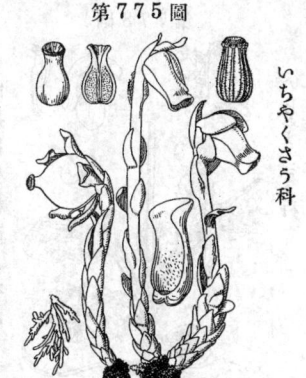

山地樹陰ニ生ズル菌根植物ニシテ高サ凡
8–12cm。根ハ塊ヲ成シテ集合シ褐色ヲ呈
シ、分枝シテ脆ク、某海藻ノ態アリ。莖ハ
直立シ、一株ニ數本ヲ出ス。根ヲ除キ全
體純白色。葉ハ鱗狀ニシテ多數莖ニ互生
シ、下部ハ相密接ス。夏日莖端ニ一點頭セル
一花ヲ着ケ、花下ニ苞アリ。花瓣三乃至五
ニシテ筒樣ヲ呈シ各片内凹セル匙狀ヲ成
シテ基部ハ多少嚢樣ト成ル。十雄蕋花瓣
ヨリ短ク、花絲ニ毛アリ。子房ハ卵圓形
ニシテ花柱短大、柱頭ハ菌狀ヲ成シ、邊緣
藍色ヲ呈ス。漿果ハ點頭ス。漢名ハ水晶蘭
(慣用)。曾テ三瓣者ニ こぎんりゃうさう
(var. tripetala *Makino*)ノ變種名ヲ用キ
シト雖ドモ是レ全ク不用ニ屬ス。

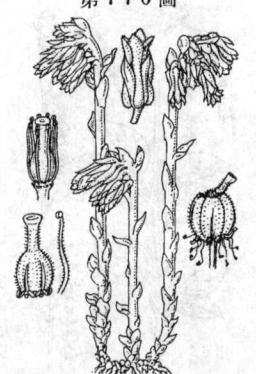

しゃくぢゃうばな
一名　しゃくぢゃうさう

Monotropa Hypopithys *L.*
var. japonica *Franch. et Sav.*
(= M. japonica *Franch. et Sav.*)

諸國ノ山地樹陰ニ生ズル多年生ノ菌根草本。莖ハ簇生
シテ直立シ高サ 20cm 内外アリ、肉質ニシテ圓柱形ヲ
成シ、細毛ヲ布キ淡黄褐色ヲ帶ビ、葉ハ退化セル鱗片
多數ヲ互生シ、上部ノ者ハ疎在シ下部ノ者ハ漸次ニ小
形ヲ成シテ密ニ鱗次ス。五六月ノ候、莖ニ單一ナル
總狀花序ヲ成シ、細毛アル小梗ヲ有スル五乃至十花ヲ
リ成ル。花ハ初メ墅頭スレドモ開花スルニ及ビ次第
ニ擡頭シ、果實ト成ルニ及ンデ直立シ、淡黄白色ニシ
テ鐘形ヲ成ス。專ハ筒形ヲ呈シテ花瓣ヨリ短ク、
内面ニ細毛ヲ布ク。花瓣ハ四片アリテ肉質、狹長ナル
長橢圓形ニシテ純頭ヲ有シ、内面ニ細毛多ク、基部ハ
多少嚢狀ヲ成ス。八雄蕋アリテ子房ニ圍ミ、花絲ハ白
色ニシテ毛ヲ有シ、葯ハ赭褐色ナリ。子房ハ卵圓形、
花柱ハ粗大ニシテ直立シ淡黄色ニシテ子房ト同ジク
毛ヲ有シ、柱頭ハ圓凹狀ヲ成シ黄色ナリ。專ハ廣橢圓
狀鱗形ニシテ細毛アリ。和名ハ錫杖花或ハ錫杖草ノ意
ニシテ其花態ヲ錫杖ニ擬セシ者ナリ。

うめがささう

Chimaphila japonica *Miq.*

山野或ハ近海地ノ林中ニ生ズル常綠ノ多
年生小草本ニシテ、高サ凡 10–15cm。莖
ハ直立シテ單一或ハ疎ニ分枝シ、葉ハ少
數ニシテ互生シ、通常莖節ニ集在シテ輪
生狀ヲ呈シ、廣披針形ニシテ鋸齒ヲ有シ、
通常中脈ノ邊白シ。六月頃、莖頂ニ花梗
ヲ抽キ、梗頂ニ一白花ヲ着ケテ下向ス。
萼五片。花冠五片。十雄蕋、葯孔裂。子
房圓形、頂ニ柱頭坐セリ。蒴果ヲ結ブ。
和名 梅笠草ハ花形ニ基ク。

いちやくさう科

いちやくさう科

いちやくさう科

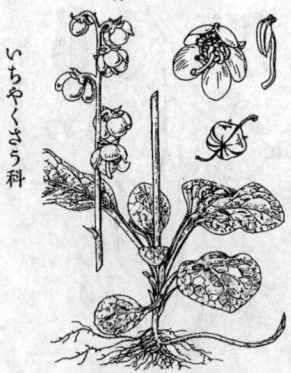

第778圖

いちやくさう科

いちやくさう （鹿銜草）
Pirola japonica *Sieb.*

山野ノ林中ニ生ズル常綠ノ多年生草本。
葉ハ根生シテ長葉柄ヲ具ヘ、圓形或ハ廣
橢圓形ニシテ葉緣ニ不明ノ鋸齒アリ、葉
質稍厚ク、上面深綠色ニシテ下面往々葉
柄ト共ニ紫色ヲ呈ス。初夏、葉間ニ葶ヲ
直立シ、高サ凡20cm內外、上部總狀花穗
ヲ成シテ白色ノ數花ヲ着ク。花ハ短梗ヲ
有シテ點頭シ、萼片ハ五。花瓣五片、梅
咲ナリ。十雄蕋アリテ花絲一方ニ曲リ、
子房平圓、五隅、一花柱アリ。蒴果ヲ結
ブ。和名ハ一藥草ノ意。

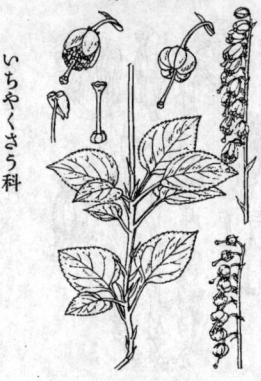

第779圖

いちやくさう科

こいちやくさう
Pirola secunda *L.*

中部以北ノ亞高山帶針葉樹林下ニ生ズル常綠ノ
多年生小草ニシテ高サ10cm內外、地下ニ細長ナ
ル根莖アリ。莖ハ單一ニシテ直立シ瘦細ニシテ
綠色ヲ呈ス。葉ハ葉柄ヲ具ヘ三四片相接在シテ
互生シテ葉ノ層ヲ成シ、卵形ニシテ先端短ク尖ガ
リ、深綠色、邊緣ニハ細鋸齒ヲ刻ミ、上面多少
ノ光澤アリ。七八月ノ候莖頂ニ一梗ヲ抽キ、上
部ハ偏側性總狀花序ヲ成シテ直立シ、通常相接
シテ多數ノ有梗綠白色ノ小花ヲ着ク、小梗ハ短
ク、基部ニ小形ノ苞アリ。萼ハ細微ニシテ五深
裂ス。花冠ハ鐘形ニシテ長サ5-6mm、五深裂、
裂片ハ淡合シテ展開セズ。十雄蕋アリテ葯ハ孔
裂ス。子房ハ平圓形ニシテ五溝アリ、花柱ハ花外
ニ挺出シ眞直ニシテ彎曲セズ柱頭ハ放大セリ。
蒴ハ多少平圓形ニシテ五殼片ヨリ成ル。和名ハ
小一藥草ノ意ナリ。

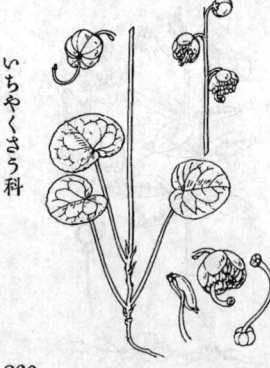

第780圖

いちやくさう科

じんえふいちやくさう
Pirola renifolia *Maxim.*

中部以北ノ針葉樹林帶中ニ生ズル常綠ノ
多年生小草。地下ニ瘦長ナル根莖ヲ引ク。
葉ハ二三片株本ニ互生シ長柄アリ、圓腎
形ニシテ長サ1-1.5cm、波緣又ハ疎ナル低
鋸齒緣ヲ有シ、稍薄キ革質ニシテ表面光
澤ナク、脈絡疎綱狀ヲ呈シテ少シク隆起
シ、全體綠色ナレドモ脈ニ沿テ白斑アリ。
六七月ノ候高サ10~15cm許ノ葶ヲ抽テ
直立シ、上端ニ總狀花序ヲ成シテ疎ニ二
三花ヲ着ケ點頭ス。萼ハ綠色細小ニシテ
五深裂ス。花冠ハ綠白色ニシテ徑1cm許、
五裂シ裂片ハ半開ス。十雄蕋アリテ葯ハ
孔裂ス。子房ハ平圓形ニシテ五溝アリ、
花柱ハ長ク花外ニ斗出シテ垂レ且ツ鉤曲
ス。蒴果ハ平圓形ニシテ五殼片ヨリ成ル。
和名ハ腎葉一藥草ノ意ニシテ葉形ニ甚キ
名ケシナリ。

260

べにいちやくさう
一名 べにばないちやくさう
Pirola rotundifolia *L.*
var. incarnata *DC.*
(＝P. incarnata *Fisch.*)

中部以北ノ高山森林中ニ生ズル常緑ノ多年生草本。地下ニ細キ根莖ヲ引キ、頂ニ短キ莖ヲ立ツ。脚葉ハ二乃至五片、葉柄アリテ株本ニ叢生シ、廣橢圓形又ハ圓形ヲ呈シ、細疎鋸齒アレドモ全緣ノ如ク見エ、厚膜質ニシテ生時ハ黄綠色光澤アリ、乾クレバ特異ノ茶褐色ト成ル。莖ハ單一直立シ高サ20cm内外ヲ算シ、稜翼アリ、上部ニ直立セル總狀花序ヲ成シ六七月ノ候多數ノ肉紅色ノ美花ヲ開キテ點頭シ、短小梗ノ基部ニハ小形苞アリ。萼ハ小ニシテ五深裂ス。花冠ハ略ボ平開シ、稍ヒ右相稱ニシテ五片ニ深裂シ裂片ハ圓頭ノ橢圓形ヲ成ス。十雄蕊アリテ葯ハ赤紫色ヲ呈シ、葯隔ハ尖テ出ヅ。子房ハ圓ク平テ五縱溝アリ、花柱ハ花外ニ挺出シテ上方ニ彎曲ス。蒴ハ平圓形ヲ成シ五溝アリ、五裂片ハ開裂ス。和名紅一藥草ハ其花色ガ基キシ稱ナリ。

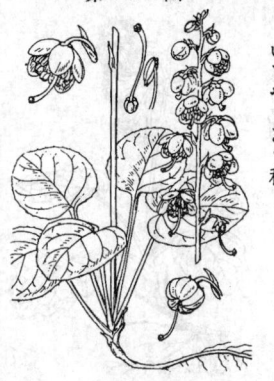

第７８１圖

いちやくさう科

りゃうぶ

Clethra barbinervis *Sieb. et Zucc.*

山林中ニ生ズル落葉ノ小喬木ニシテ高サ3-7m許、樹幹平滑、茶褐色ヲ呈シ、枝ハ輪狀ニ出ヅ。嫩枝ハ星狀毛アリ。葉ハ有柄ニシテ互生シ、廣キ倒披針形ニテ邊綠鋸齒ヲ有シ、枝端ニ集リ着ク。夏日、枝端ニ長サ6-15cmノ總狀花穗ヲ出シ、多數ノ有梗小白花ヲ綴ル。萼細小五裂。花冠深ク五裂シ、小梅花ノ狀アリ、花中ニ十雄蕊、一雌蕊アリ。花後球形ノ小蒴果ヲ結ブ。材ハ上質ノ木炭ヲ造ルベク、嫩葉ハ食フベシ。古名ヲはたつもりト云フ。

淡名 山茶科(慣用)

第７８２圖

りゃうぶ科

いはかがみ

Shortia soldanelloides *Makino.*

山地ニ生ズル常綠ノ多年生草本ニシテ莖ハ短ク、往々横臥シテ分枝シ、葉ハ長柄有シ、地ニ接シテ出デ、圓形ニシテ葉底稍心臟形ヲ成シ、葉頂ハ圓ク或ハ微凹シ、葉綠ニ鋸齒アリ、葉質剛クシテ上面滑澤ナリ。初夏、根生葉ノ中心ヨリ高サ10cm内外ノ莖ヲ直上シ、基部ニ鱗片アリ、梢部ニ短キ單總狀或ハ時ニ複總狀花穗ヲ成シテ美ナル淡紅色ノ數花ヲ着ク。萼五片。花冠ノ本ハ筒樣ヲ成シ、邊綠ハ剪裂シ、花中ニ五雄蕊アリ。果穗ハ蒴果ヲ肩ケテ長シ。おほいはかがみハ葉ノ大ナル一變種。こいはかがみハ變種ニ非ラズ、單ニ深山ニ生ジテ瘦セ、葉綠ノ鋸齒モ不明ナル品ト云フノミ。和名岩鏡ハ岩上ニ生ジ、葉面光澤アリテ鏡ノ如シト云フニ基ク。

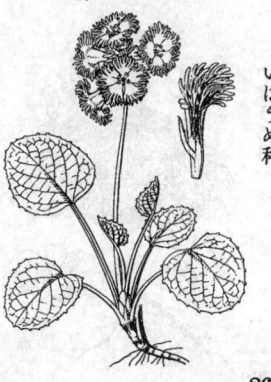

第７８３圖

いはうめ科

ひめいはかがみ

Shortia soldanelloides *Makino*
var. ilicifolia *Makino*.

山地ニ生ズル常綠ノ多年生草本ニシテ長
ク根莖ヲ引キ、其先端ニ有柄ノ根生葉ヲ
叢生ス、葉面小ニシテ卵圓形ヲ呈シ、葉緣
ニ粗大ニシテ尖レル少鋸齒ヲ有シ、葉質
硬クシテ光澤アリ。初夏、莖端葉中ニ葶
ヲ直上シ、基部ニ鱗片ヲ具ヘ、上部ニ短總
狀ヲ成シ、少數ノ白花或ハ紅紫花ヲ着ケ、
花狀いはかがみ花ト相同ジク花冠緣剪裂
シ、五雄蕊、一雌蕊アリテ蒴果ヲ結ブ。本
品ヲこいはかがみト云フハ非ナリ。

第784圖

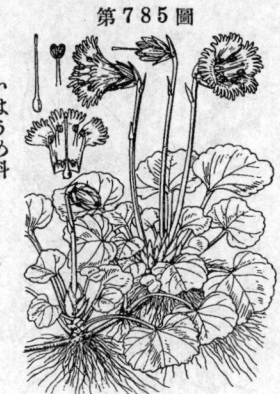

いはうちは

Shortia uniflora *Maxim.*

常綠ノ多年生草本ニシテ深山ニ生ジ、根
莖ハ普通長ク橫方ニ引キ、稀ニ60cm餘
ニ及ブ。葉ハ莖頭ニ根生シテ叢ヲ成シ、
長葉柄ヲ具ヘ、葉面平圓形ヲ成シテ鋸齒
ヲ有シ、葉頭ハ凹入シ、葉底ハ多クハ心
臟形ヲ呈ス。春日、葉心ニ單梗ヲ抽テ直
上シ、基部ニ廣鱗片ヲ具ヘ、梗頂ハ淡紅
ノ一美花ヲ開テ側向ス。萼片五。花冠漏
斗狀鐘形ニシテ邊緣細裂シ、五雄蕊、一
雌蕊アリ。蒴果ヲ生ズレドモ花後結實ス
ルコト少ナシ。

第785圖

いはうめ

一名　ふきづめさう・すけろくいちやく

Diapensia lapponica *L.*
var. obovata *Fr. Schm.*

(＝D. obovata *Nakai*;
D. lapponica *L.* var. asiatica *Herd.*)

中部以北ノ高山帶ノ岩石地ニ生ズル極メテ矮小ノ常
綠草狀灌木ニシテ集團密簇シ壓着セル如ク地ヲ覆ヒ
綠色ヲ呈セリ。根莖ハ地中ニ匐匍シテ分レ、枝ハ斜上
スレド極メテ短ク且ツ葉ヲ密生ス。葉ハ篦形又ハ倒卵
形ヲ成シ凹頭狀、全邊、革質ニシテ厚ク、表面ハ脈絡
陷凹シ稍纖ヲ呈セリ。七月、莖頂ニ一葶ヲ抽テ頂ニ綠
白色ノ花ヲ獨生シ天ニ朝テ開キ、花下ニハ細長ノ綠
苞ニ三片アリ。專ハ五片綠色、卵狀橢圓形ニシテ宿存
ス。花冠ハ合瓣短鐘形ニシテ五裂シ、圓形ノ裂片ハ展
開シ、白梅花ノ態アリ。五雄蕊アリテ花喉ニ葉生シ花
瓣ト互生シ、內方ニ倒レテ雌蕊ヲ圓ム。子房ハ小ニシ
テ卵圓形、痩細ナル一花柱ヲ頂生ス。蒴果ハ卵狀球形
ニシテ宿存萼ヲ伴ヒ、熟シテ三殼片ニ開裂ス。和名岩
梅ハ岩場ニ生ジテ其花梅花ノ如クレル云ヒ、吹語草ハ
草體恰モ風ニ吹キ付ケラレテ壓縮セル狀アル以上テ
云ヒ、助六一藥草。尾張名古屋ノ本草學者　水谷助六
（豐文）ニ對シテノ記念名ナリ。

第786圖

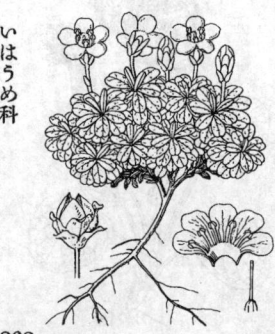

262

あをき

Aucuba japonica *Thunb.*

常緑灌木ニシテ山地樹下ニ生ズレドモ又
普ク庭樹トシテ利用セラル。高サ2m内外
ニシテ分枝シ、枝ハ粗大ニシテ嫩キモノ
ハ平滑ニシテ緑色ナリ。葉ハ大形ニシテ
對生シ、長橢圓形ニシテ粗鋸齒ヲ有シ、質
厚クシテ光澤ヲ具ヘ、葉脈疎ナリ、乾ケ
バ黒色ヲ呈ス。雌雄異株ニシテ春ニ紫褐
色ノ小形四瓣花ヲ開キ、花穂ハ枝端ニ出
ヅ。雄花ハ大ナル圓錐花穂ヲ成シテ多數
ノ花ヲ着ケ、四雄蕊アリ。雌花ハ小形ノ
圓錐花穂ヲ成シテ少數ノ花ヲ着ケ、一雌
蕊アリ。花後橢圓形ノ核果ヲ結ビ、冬月
赤熟シ、葉間ニ隱見シテ美ナリ。葉ハ民
間藥ニ供セラル。和名青木ハ枝ノ青キニ
基ク。漢名 桃葉珊瑚(慣用)

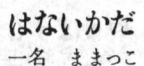

はないかだ

一名 ままっこ

Helwingia japonica *Dietr.*

雌雄異株ノ落葉灌木ニシテ山地樹陰ニ生
ジ、高サ1.5m内外、幹往々叢生シテ分枝
シ、枝ハ緑色ナリ。葉ハ有柄互生シ、卵圓
形ニシテ先端尖リ、細鋸齒ヲ有シ、齒端鬚
狀ヲ呈ス。初夏ノ候、葉面ノ中央ニ短小
梗アル淡緑色ノ三乃至四瓣花ヲ着ク。雄
花ハ數箇、雌花ハ一三箇ニシテ、雄花ハ
四雄蕊、雌花ハ一雌蕊ヲ有ス。花後下位
子房ハ緑色ノ核果ト成リ、熟シテ黒シ。
嫩葉ハ食用トス。和名花筏ハ花ヲ載セタ
ル葉狀ニ基ク。漢名 青莢葉(慣用)

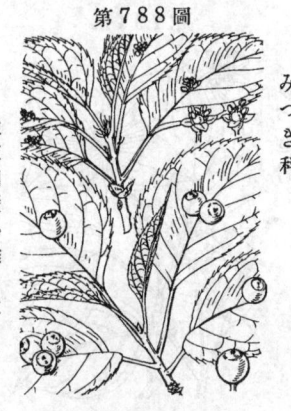

みづき (燈臺木)

一名 くるまみづき

Cornus controversa *Hemsl.*

能ク山地ニ見ル落葉喬木ニシテ、幹直立
シ、高サ10m許ニ達シ、枝ハ輪狀ニ出デ
テ横ニ擴ガリ、冬間紅色ヲ帶ブ。葉ハ互
生シ、長葉柄ヲ具ヘテ枝梢ニ集リ着キ、廣
橢圓形ニシテ尖リ、全邊ニシテ葉ノ表面
緑色、裏面白色ヲ帶ビ微毛ヲ布キ、彎曲セ
ル支脈多シ。五月、小枝頂ニ繖房花穂ヲ
成シテ密ニ白色多數ノ小花ヲ攅着シ、此
花穂枝上ニ滿チテ遠望一白ノ狀ヲ呈ス。
蕚細微。花瓣四。雄蕊四。下位子房ヲ有
ス。後、球形ノ核果ヲ結ビ、熟スレバ藍黒
色ト成ル。和名水木ハ樹液多キニ基ク。

第787圖

第788圖

第789圖

263

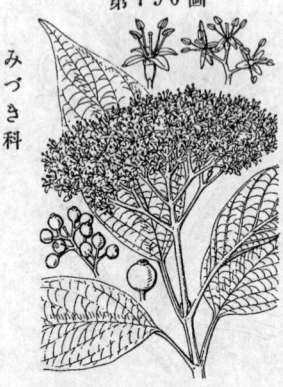

第790圖

くまのみづき

Cornus brachypoda *C. A. Mey.*

落葉ノ喬木ニシテ山地ニ生ジ、幹直立シテ分枝シ、高サ凡10m許ニ達ス。葉ハ對生シテ葉柄ヲ具ヘ、卵形ニシテ先端尖リ、全邊ニシテ支脈多シ。夏日、小枝頂ニ繖房狀花穗ヲ成シテ多數ノ白色小花ヲ開ク。花狀みづきニ同ジク、萼細微、花瓣四片、四雄蕊、一雌蕊アリテ子房ハ下位ナリ。花後小球果ヲ結ビ、熟シテ紫黑色ヲ呈ス。和名ハ熊野水木ノ意。みづきニ同名多シ、由テ熊野ヲ冠シテ之レヲ分ツ、熊野ハ紀伊ノ地ナリ。

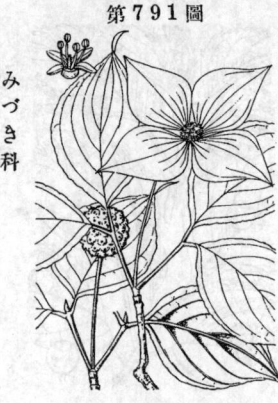

第791圖

やまばうし
一名　やまぐは

Cornus Kousa *Buerg.*

山野ニ生ズル落葉喬木。幹直立シテ分枝シ、高サ凡3-8m許。葉ハ對生シテ短柄ヲ具ヘ、卵狀橢圓形ヲ成シテ銳尖頭ヲ有シ、全邊ノ葉緣ハ多少波曲ス、羽狀脈ハ彎曲シ、下面ハ其下方ノ脈腋ハ黃褐毛アリ。夏月、枝梢ニ花梗ヲ出シ、梗頂白色ノ一花頭ヲ着ケ、多花一齊ニ樹梢ニ發キテ白シ。平開セル總苞四片大形ニシテ宛モ花瓣狀ヲ呈シ、中心ニ球狀ヲ成シテ四瓣四雄蕊一雌蕊ノ小花相聚リ、下位子房ハ聯合ス。秋日、球狀集果紅熟シテ食スル事ヲ得。種名kousaハくさノ相州箱根ノ方言ニ基ク。漢名　四照花(慣用)

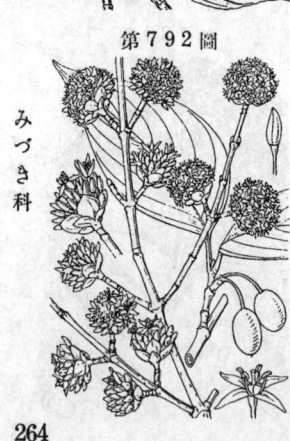

第792圖

はるこがねばな（野春桂）
一名 あきさんご　誤稱 さんしゅゆ

Cornus officinalis *Sieb. et Zucc.*
(＝Macrocarpium officinale *Nakai.*)

往時漢硬幷ニ韓種ヲ傳ヘ藥用植物トシテ培養セシト雖モ、今ハ專ラ一般ニ花木トシテ栽植セラルル落葉喬木。幹高4m餘ニ達シ、大者ハ徑30cmヲ超エ、枝緊ク小枝對生シ、黑褐色ノ芽ヲ有シ、日ニ向ヘバ暗紫色ヲ呈シ、幹枝ノ外皮ハ能ク片々ニ剝離ス。葉ハ對生シ、橢圓形全邊ニシテ尖リ、小枝ト共ニ丁字樣ノ臥毛ヲ布キ、下面ニ隆起セル支脈ハ彎曲シテ略ボ平行シ、特ニ葉裏ニ在テ其脈腋ハ黃褐毛ヲ具フルノ特徵アリ。春日葉ニ先ンジ小枝端ニ繖形ヲ成シテ小黃花ヲ開キ樹上ニ滿ツ。繖花ノ下ニ八四片ノ褐色硬質苞アリテ之レヲ護ス。花ハ小梗ヲ有シ、四瓣四雄蕊一雌蕊アリテ子房ハ下位ナリ。核果ハ橢圓形ニシテ赤熟シ硬核ヲ有シ藥用ス。和名春黃金花(新稱)ハ春月黃花ヲ發クヲ以テ斯ク名ケタリ、秋珊瑚ハ秋ノ熟果ニ基ク。漢名 山茱萸(誤用、支那ノ眞正ナル山茱萸ハ全然之レト異ナレリ)

264

ごぜんたちばな
Cornus canadensis L.

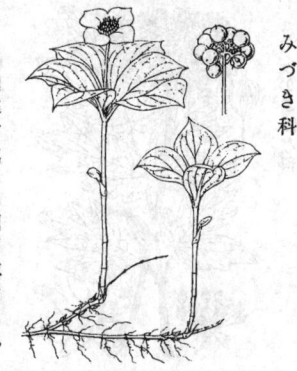

常緑ノ小草本ニシテ高山樹下ノ地ニ生ジ高サ凡7-12cm許。白色地下莖ヲ引ク。葉ハ莖頭ニ通常六片輪生狀ヲ呈スルが元來共二片ハ本莖ニ對生シ、他ノ二片ト二片トハ其腋生ノ短小枝ニ對生ス。倒卵形或ハ橢圓形ヲ成シ、全邊ニシテ支脈長シ。夏月、葉心ヨリ一花梗ヲ直立シ、梗頂ニ白色ノ一花頭ヲ着ク。花瓣樣白色四片ノ開出總苞ヲ具ヘ、中央ニ小花ヲ攢簇シ、四瓣四雄蕋幷ニ下位子房ヲ有ス。花後ハ球形果實ヲ結ビテ相集リ、後赤熟シテ美ナリ。和名御前たちばなノ御前ハ加州白山ノ最高巓ヲ云ヒ、たちばなハ果實ニ基ク。

みづき科

にんじん（胡蘿蔔）
Daucus Carota L. var. sativa DC.

普ク圃地ニ栽培スル越年生草本ニシテ、地中ニ深ク直入セル多肉ノ直根ハ長キ倒圓錐形ヲ成シテ漸次尖リ、黃色・柑色或ハ赤色ヲ呈ス。葉ハ根生莖生共ニ三羽狀ニ分裂シテ毛アリ、根生葉ニハ長葉柄アリ。莖ハ直立シ、高サ凡1-1.5m許、上部疎ニ分枝シ、圓柱形ニシテ縱條多ク、粗毛アリ。初夏大ナル複繖形花穗ヲ成シテ多數ノ小白花ヲ開キ、反曲セル大繖ノ總苞ハ葉狀ヲ成シテ分裂ス。花ハ五花瓣五雄蕋一下位子房アリ。果實ハ狹長橢圓形ニシテ直出セル刺毛多シ。根ヲ食用トシ、又嫩葉ヲ啖フ。野ニ生ズル者ヲのらにんじん（D. Carota L.）ト云フ、城州・攝州・播州邊ニ之ヲ見ル、畢竟圃品ノ逸出シテ自生化シタル者ナリ。

からかさばな科

ぼうふう（防風）
Siler divaricatum
Benth. et Hook. fil.

支那幷ニ滿洲ノ原產ニシテ我邦ニ野生ナク、往時漢渡ノモノアリシト雖ドモ今ハ既ニ絕滅シテ其種ナシ。三年生草本ニシテ、莖ハ立チ、凡1m內外、多ク分枝シテ夏秋ノ間、白花ヲ開ク。葉ハ三羽狀裂ヲ成シ、裂片狹長ニシテ尖リ、無毛ニシテ平滑、帶白、葉質稍硬シ。根生葉ハ叢生シ、長葉柄ヲ有ス。複繖形花ハ大ナラズ。花ハ細小、花瓣五片內曲シ、五雄蕋アリ、葯ハ黃色。藥用植物ノ一ナリ。

からかさばな科

265

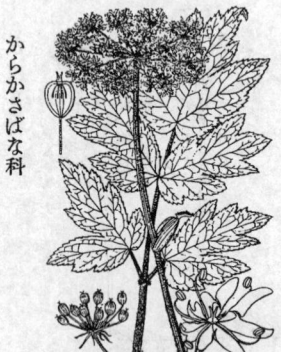

はなうど （白芷）
一名 ぞうじゃうじびゃくし
Heracleum lanatum *Michx.*

からかさばな科

山野ニ生ズル多年生草本ニシテ、高サ凡1.5m許ニ達シ、中空ノ圓柱形ニシテ疎ニ分枝シ、粗毛アリ。葉ハ互生シ、大形ニシテ三出羽狀葉ヲ成シ、小葉ハ更ニ分裂シ、邊緣ニ鋸齒ヲ具ヘ、葉面ニ軟毛アリ、葉柄本ハ鞘ヲ成シテ莖ヲ抱キ、根生葉ハ長葉柄ヲ具フ。夏秋ノ候、大ナル複繖形ヲ成シテ多數ノ白花ヲ開ク。周邊ノ花ハ他ヨリ大ニシテ外方ノ花瓣ハ最モ大ナリ。花瓣五片、頭端內曲シ、五雄蕊、一下位子房アリ。果實ハ扁大ニシテ倒卵圓形ヲ呈ス。嫩葉ヲ食用トスベシ。往時、江戸增上寺境內ニ在リシヲ以テ其名アリ。

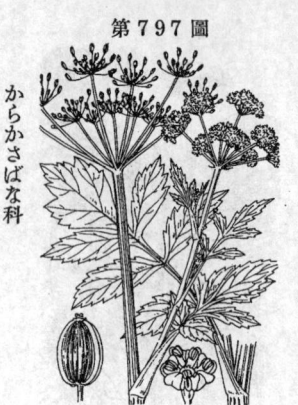

あめりかばうふう
Pastinaca sativa *L.*

からかさばな科

歐洲並ニ西比利亞原產ノ一年生或ハ二年生草本ニシテ直根ヲ有シ、香氣アリ。莖ハ直立シテ高サ90cm餘ニ達シ、無毛ニシテ溝條アリ。葉ハ根生者ハ叢生シテ長柄ヲ有シ、莖生者ハ互生シ、葉鞘ヲ以テ莖ヲ抱ク。羽狀複葉ニシテ小葉ニ尖齒アリ、殊ニ頂生小葉ハ多少分裂ス。夏日、複繖形花穗ヲ成シテ小黄花ヲ開ク。五花瓣內曲シ、五雄蕊、一下位子房アリ。果實ハ扁ニシテ廣橢圓ナリ。多肉根ヲ食用ニ供ス。西洋ニテハ俗ニはーすにっぷト云フ。

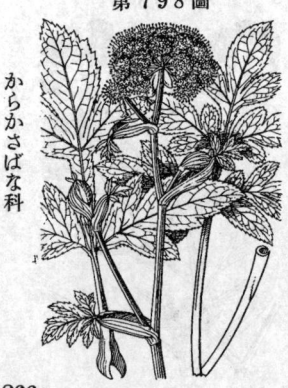

の だ け （土當歸）
Peucedanum decursivum *Maxim.*

からかさばな科

大形ナル多年生草本ニシテ普通ニ山野ニ生ジ、高サ凡1.5m內外アリ。莖ハ高ク直立シテ上部ニ分枝ス。葉ハ互生シ、羽狀複葉ニシテ、小葉ハ卵形乃至披針形ヲ成シ無柄ニシテ葉緣分裂シ、且ツ鋸齒アリ、通常葉面ハ葉軸ニ流下シ、翼狀ヲ呈ス。總葉柄ノ本ハ鞘狀ニ擴リテ莖ヲ抱キ、梢葉ハ葉鞘殊ニ發達シ、往々紫色ヲ帶ブ。秋日紫黑色ノ多數細花ヲ複繖形花穗ニ繖開ス。稀ニ白花品アリ、之レヲしろばなのだけ (var. albiflorum *Maxim.*) ト云ヒ、綠紫花品アリ、之レヲうすいろのだけ (var. discolor *Makino*) ト云フ。風邪藥トシテ煎服ス。漢名 前胡 (誤用)

ぼたんばうふう
Peucedanum japonicum *Thunb.*

強壯ナル常綠ニ三年生草本ニシテ海邊ニ
多ク、向陽ノ地ニ生ジ、高サ90cm 許ニ達
シ、莖ハ直立シテ分枝ス。葉ハ再羽狀ニ
分裂シ、小葉ハ倒卵形ニシテ分裂シ、裂片
ハ鈍頭ヲ有シ、質厚クシテ硬ク、帶白綠色
ヲ呈ス。夏月、枝端ニ大ナラザル複繖形
花穗ヲ成シテ多數ノ小白花ヲ繖開ス。花
瓣五片、內曲シ、五雄蕊、一下位子房アリ。
果實ハ橢圓形ニシテ稍扁タシ。近時嫩葉
ヲ採リテ食用トス、故ニ食用防風ノ名ア
リ。往時ハ公許ヲ得テ其根ヲ人參代用ト
シ、故ニ御赦免にんじんノ名アリ。和名
牡丹防風ハ牡丹葉ニ似タル葉狀ニ基ク。
漢名 防葵(誤用)

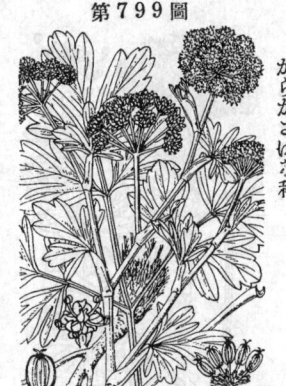
第799圖
からかさばな科

やまにんじん
一名 しらかははうふう
Peucedanum deltoideum *Makino.*

我邦中部以西ノ諸州ニ產スル三年生草本
ニシテ、向陽ノ山地ニ生ズ。莖直立シテ
分枝シ、高サ凡90cm 許ニ達シ、往々紅紫
色ヲ帶ブ。葉ハ外形三角狀ヲ呈スル再羽
狀複葉ニシテ多裂シ、小葉ハ卵形ニシテ
不齊缺刻抒ニ鋸齒ヲ具ヘ、質稍硬ク、葉
面光澤ヲ有シ、葉柄本ハ鞘ヲ成シテ莖ヲ
抱ク。秋月、枝頭ニ大ナラザル複繖形花
穗ヲ成シテ多數ノ小白花ヲ繖開ス。花瓣
五片、內曲シ、五雄蕊、一下位子房アリ。
果實ハ平扁ニシテ橢圓形。和名ハ山人參
ノ意、しらかははうふうハ城州白川山ニ
多キヨリ名ク。漢名 石防風(誤用)

第800圖
からかさばな科

はくさんばうふう
Peucedanum multivittatum
Maxim.

中部以北ノ高山帶ニ生ズル多年生草本。高サ20-
30cm許,粗大ナル主根アリ。葉ハ多クハ根出シ
テ平開或ハ斜上シ、再三出複葉、裂片ハ卵形或
ハ長橢圓狀圓形ニシテ尖リ暗綠色無澤、缺刻狀
鋸齒緣アリ。第一次ノ小葉群ニハ柄アレド第二
次ノ小葉ハ無柄ノ者多シ。八月莖上ニ複繖形花
序ヲ成シテ細白花ヲ着ク。繖硬七乃至十、總苞
片ヲ缺キ、小繖梗ハ十箇內外、小總苞片ハ少數ナ
リ。花ハ多數。萼ハ細微。花瓣ハ五片ニシテ先
端凹入ス。五雄蕊。子房ハ下位、二花柱。果實
ハ橢圓形ニシテ廣翼ヲ具フ。本種ノ葉ハ極メテ
多形ニシテ中ニ裂片披針形乃至橢圓形等種々ア
リ、其最モ狹キ品ヲほそばのはくさんばうふう
(forma dissectum *Makino*=var. dissectum
Takeda)ト云ヒ母種ト混生ス。

第801圖
からかさばな科

267

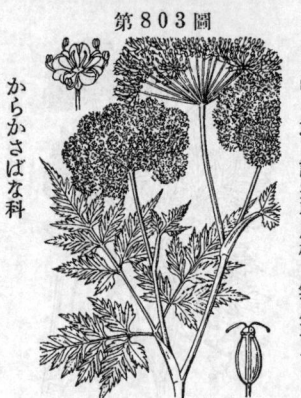

第802圖

からかさばな科

はまばうふう
一名　やをやばうふう
Phellopterus littoralis *Fr. Schm.*

諸州ノ海濱砂場ニ生ズル多年生草本ニシテ其分布北ハ樺太ニ及ブ。根ハ深ク砂中ニ直下シ、地下莖ハ根ト共ニ黄色ヲ帶ビ長短一ナラズ。地上莖ハ短クシテ砂上ニ出ヅ。高サ僅ニ5-10cm許。葉ハ砂上ニ展開シ、質厚ク光澤アリ、再羽狀複葉ニシテ小葉ハ邊緣ニ鋸齒ヲ具フ。夏日、莖頭ニ複繖形花穗ヲ出シテ小白花ヲ密着シ、花莖・繖梗等ニ密ニ白毛ヲ生ズ。果實ハ密集シ、細毛アル果皮ハこるく質ニシテ稜アリ。熟スレバ砂上ニ散亂シ紅紫色ノ葉柄ヲ葉ヲ連ネテ魚軒ノつまトシ食フ、之レヲ茶店ニ賣ル、故ニ八百屋防風ノ名アリ。本邦往時はまおほねト稱シ、藥用ノ防風ト誤リシナリ。

第803圖

からかさばな科

みやませんきう
Conioselinum univittatum *Turcz.*

中部以北ノ高山草地ニ生ズル多年生草本ニシテ高サ50cm内外。莖ハ直立、上部稍之曲シテ少シク粗糙。葉ハ再羽狀全裂ニシテ槪形扁五角形ヲ成シテ長サ10-15cm許アリ、裂片ハ卵狀披針形ヲ呈シテ先端尖ヽ、更ニ一二囘羽狀深裂ス、綠色ニシテ乾ケバ膜質ナリ。八月、枝端ニ複繖形花序ヲ成シテ細白花ヲ綴リ、總苞片ナク、繖梗ハ二十乃至二十五、小總苞ハ十片内外ニシテ線形、小繖梗ハ多數密生ス。花ハ無數。五花瓣、瓣端内曲ス。五雄蕊。子房ハ下位、花柱ハ二。果實ハ長橢圓形、乾皮質ニシテ廣翼ヲ有ヶ其分果中脊上ハ明瞭ニ三翼ヲ着ク、以テ Angelica 類トハ區別シ得ベシ。和名ハ深山川芎ノ意ニシテ深山ニ生ズレバ云フ。

第804圖

からかさばな科

しらねせんきう
一名　すずかせり
Angelica polymorpha *Maxim.*

多年生草本ニシテ山地溪側等ニ生ジ、高サ凡1.5m許ニ達シ、莖ハ直立シ、中空ノ圓柱形ニシテ疎ニ分枝ス。葉ハ大形ニシテ根生葉ハ長キ葉柄ヲ有シ、莖上ノモノハ互生ス。多數ニ分裂シ、小葉ハ卵形乃至披針形ニシテ鋸齒ヲ有ス。梢葉ハ葉鞘白色ヲ呈シ、著大ナリ。秋月、枝梢ニ可ナリ大ナル複繖形花穗ヲ成シテ多數ノ小白花ヲ繖開ス。花瓣五片、内曲シ、五雄蕊、一下位子房アリ。果實ハ平扁ナル橢圓形ニシテ邊緣翼狀ヲ呈ス。

やまぜり

Angelica Miqueliana *Maxim.*

多年生草本ニシテ、山地溪側等ニ生ジ、高サ凡60-120cm許、全體綠色ヲ呈ス。莖ハ直立シテ分枝シ、圓柱形ニシテ中空ナリ。葉ハ可ナリ大形ニシテ再羽狀複葉ヲ成シ、小葉ハ卵形ヲ成シ、粗鋸齒アリテ質軟カシ。根生葉ハ長柄ヲ有シ、莖生葉ハ互生ス。秋月、枝頭ニ多數小形ノ複繖形花穗ヲ成シ、小白花ヲ繖開ス。花瓣五片、內曲シ、五雄蕋、一下位子房アリ。果實ハ卵狀橢圓形ニシテ稍平扁ナリ。

からかさばな科

いはにんじん

Angelica hakonensis *Maxim.*

我邦中部ノ向陽山地ニ生ズル多年生草本ニシテ高サ1m內外ニ達シ、細毛ヲ帶ブ。莖ハ直立シテ分枝ス。葉ハ三羽狀複葉ヲ成シ、葉柄本ハ長鞘ヲ成ス。小葉ハ卵形ニシテ尖リ、葉緣ニ不齊ノ鋸齒アリ。根生葉ハ長柄ヲ具ヘ、莖生葉ハ互生ス。秋月、枝端ニ複繖形花穗ヲ成シテ淡黃綠色ノ細花ヲ繖開ス。花瓣五片、內曲シ、五雄蕋、一下位子房アリ。果實ハ橢圓形ニシテ少シク平扁ナリ。

からかさばな科

ししうど

Angelica polyclada *Franch.*

山野向陽ノ地ニ生ズル多年生ノ大形草本ニシテ、高サ2m內外。莖葉共ニ細毛ヲ帶ブ。莖ハ巨大ニシテ直立シ、中空ノ圓柱形ニシテ、上部ニ分枝ス。葉ハ粗大ニシテ三羽狀複葉ヲ成シ、小葉ハ卵形ニシテ鋸齒アリ。葉柄本ハ著シキ鞘ヲ成シテ膨レ、莖ヲ抱キ、上部ノ者ハ膜質ニシテ小枝端ニ在テハ嫩花穗ヲ擁包ス。秋日、枝端ニ大ナル複繖形花穗ヲ成シテ繖硬四方ニ張出シ、多數ノ細白花ヲ開ク。花瓣五片、內曲シ、五雄蕋、一下位子房アリ。果時繖形穗更ニ大ト成リ、果實ハ平扁、橢圓形ニシテ紫色ヲ帶ビ、兩側ハ翼ヲ成ス。漢名 獨活（誤用）

からかさばな科

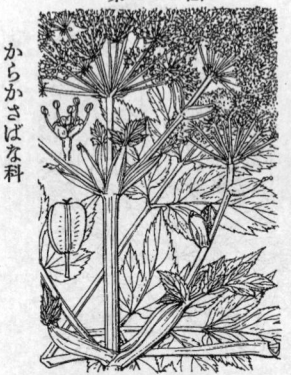

はまうど
一名 おにうど・くぢらぐさ
Angelica kiusiana *Maxim.*

暖地ノ海岸ニ生ズル壯大ノ多年生草本。莖ハ粗大ニシテ直立シ上部ニ分枝シ高サ 50cm-1m許、中ニ黄白液アリ、圓柱形ニシテ暗紫條多ク、平滑ナレドモ上部ニノミ細毛ヲ布ク。葉ハ大形ニシテ長柄アリ、一囘三出シ、更ニ羽狀全裂シ成シ、裂片ハ全ク無毛、深綠色ニシテ光澤ニ富ミ、卵狀橢圓形、圓底ニシテ鋸齒ヲ刻ミ往々更ニ三尖裂ス。夏日大ナル複繖形花序ヲ成シテ多數ノ小碎白花ヲ綴リ、繖梗・小繖梗共ニ其數四十條內外アリテ艶毛アリ、總苞片ハ五六、小總苞片ハ稍多數ナリ。花瓣ハ五ニシテ短シ。雄蕋ハ五ニシテ花外ニ挺出ス。子房ハ下位、橢圓形、花柱ハ二ニシテ短シ。果實ハ軍扇狀ノ廣橢圓形ヲ成シテ廣翼アリス。此種頗ル能くあしたばニ類スレドモ其莖粗大、暗紫條多ク、黃液汁色淺ク葉面光澤アルヲ以テ之レヲ識リ得ベシ。和名濱うどハ海邊地ニ生ズレバ云ヒ、鬼うどハ草狀壯大强健ナレバ云フ、鯨草ハ大形ノ草本ナレバ謂フ乎。

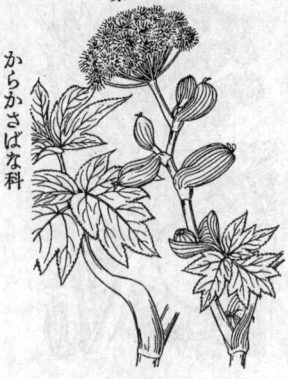

あしたば
一名 はちぢゃうさう
Angelica utilis *Makino.*

房總・三浦半島・伊豆七島・紀州ノ近海地ニ生ズル大形ノ多年生草本。高サ1m內外ニ達シ、莖・葉ヲ切レバ淡黃色ノ液汁ヲ滲出ス、莖直立シテ梢ニ分枝ス。葉ハ大ニシテ再羽狀複葉ヲ成シ、宛モはまうどノ態アリ、小葉ハ卵形ニシテ尖リ、分裂シテ葉緣ニ鋸齒アリ。葉質厚柔ニシテ毛ナク、表面稍光澤アリテ冬時尚綠色ナリ。葉柄本ハ擴張シテ鞘ヲ成シ、枝梢ノ者ハ葉面縮小シ、鞘獨リ大ニシテ白色ヲ帶ビ著シ。秋枝端ニ可ナリ大ナル複繖形花穗ヲ成シテ多數ノ淡黃色細花ヲ繖開ス。花瓣五片、內曲シ、五雄蕋、一下位子房アリ。果實ハ長橢圓形、稍平扁ニシテ大ナリ。嫩葉ヲ採リテ食用トス。和名ハ明日葉ニテ、今日其葉ヲ切リ採ルモ其株强壯ニシテ明日直チニ萌出スルノ意。漢名 鹹草(慣用)

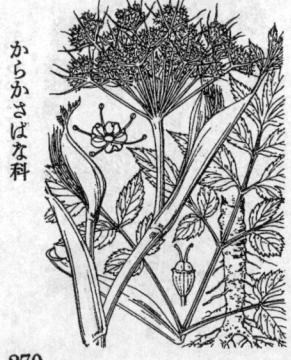

おほばせんきう

Angelica Yabeana *Makino.*

可ナリ大ナル多年生ノ草本ニシテ山中ノ溪側等ニ生ジ、高サ凡 1m 內外。莖ハ直立シテ梢ニ分枝シ、葉ト共ニ質軟カナリ。葉ハ再羽狀複葉ニシテ小葉ハ卵形或ハ卵狀披針形ヲ成シ、銳尖頭ヲ有シ、多少重複セル尖鋸齒ヲ具フ。秋、枝端ニ可ナリ大形ノ複繖形花穗ヲ成シテ多數ノ細小白花ヲ開ク。花瓣五片ニシテ內曲シ、五雄蕋、一下位子房アリ。和名ハ大葉川芎ノ意ナリ。

からかさばな科
からかさばな科
からかさばな科

第808圖
第809圖
第810圖

あまにう
一名 まるばえぞにう
Angelica edulis *Miyabe.*

中部以北ノ山中原野ニ生ズル多年生大形草本ニシテ高サ2mヨリ3mニ達シ群草ヲ抽テ聳立ス。葉ハ互生シ、單三出ヲ成シ、更ニ羽状ニ尖裂或ハ全裂シ、裂片ハ楕円形卵状三角形ニシテ三淺裂シ、底部ハ心臟形ヲ呈シ、銳鋸齒ヲ有シ、表面鮮綠色滑澤ニシテ裏面脈上甑毛アリ。七八月、梢上ニ壯大ナル複繖形花序ヲ成シテ多數ノ細白花ヲ綴リ、繖梗并ニ小繖梗共ニ五六十條、總苞片ハ缺キ、小繖苞片下ノ小總苞片ハ多數アレドモ狹クシテ短シ。花瓣五、上部內曲ス。雄蕋五、花外ニ挺出ス。下位子房ハ倒卵形綠色、花柱ハ二岐ス。果實ハ廣橢圓形ヲ成シ長サ1cm許ニシテ廣翼アリ。和名甘にう八北海道ノ方言ニテ此莖ヲ食スルニ甘味アレバ云ヒ、にうハあいぬ語ナリ、而シテ土人あいぬ八之レヲちふえ或ハちふえきな卜云フト謂フ、圓葉蝦夷にうへえぞにうニ似テ葉圓味アレバ云フ。

第811圖

からかさばな科

みやまにんじん
Angelica Florenti *Franch. et Sav.*

本州中部（相州箱根山、駿河富士山及ビ野州那須岳）ニノミ產スル多年生草本ニシテ高サ15-40cm,多クハ集團シテ生ズ。根莖ハ圓長ニシテ橫走ス。莖ハ綠色細長ニシテ直立シ上部之曲シ疎ニ分枝ス。葉ハ根莖莖葉アリ、根出葉ハ平開シテ長柄アリ、再羽状全裂シ裂片ハ更ニ羽状ニ分裂シ、最終裂片ハ逢ニ線状披針形ト成ル、莖葉ハ互生シ根出葉ヨリ小ク、柄本ハ膜質ノ葉鞘アリ。八月、莖頭ニ小ナル複繖形花序ヲ成シテ穿小白花ヲ綴リ、總苞片アリ。繖梗ハ五乃至七、小繖梗ハ二十內外、小總苞片亦多シ。花瓣五、上部內曲ス。雄蕋五、花外ニ挺出。子房ハ下位、花柱ニハ二。楕形頗ル能クしらねにんじんニ酷似スレドモ果實ニ前後ニ壓扁セラレテ廣翼ヲ具ヘ、橫走根莖ヲ有シ、葉質軟ク且綠色淺ク、葉緣ハ擴大鏡下ニ細鋸齒ヲ有スルヲ以テ分チ得ベシ。和名ハ深山胡蘿蔔ノ意ニシテ深山ニ生ズレバ云フ。

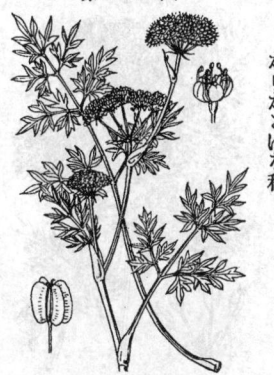

第812圖

からかさばな科

はまぜり
一名 はまにんじん
Cnidium japonicum *Miq.*

二年生草本ニシテ海濱地ニ多ク生ズ。根ハ多肉ノ直根ニシテ深ク地中ニ直下シ、莖ハ基部ヨリ岐レテ橫斜シ、長サ凡10-30cm許アリテ分枝ス。根生葉ハ長柄ヲ有シ、叢生シテ地ニ臥シ、莖生葉ハ互生シ、葉柄本ハ鞘ヲ成ス。單羽状ニシテ小葉ハ對生分裂シ、葉面綠色ニシテ光澤アリ。夏、小枝末ハ小ナル複繖形花穗ヲ成シテ小白花ヲ開ク。花瓣五片、內曲シ、五雄蕋、一下位子房アリ。果實ハ圓形ニシテ稍平扁ナリ。強壯劑トシテ煎服セラル。漢名 蛇牀子(誤用)

第813圖

からかさばな科

271

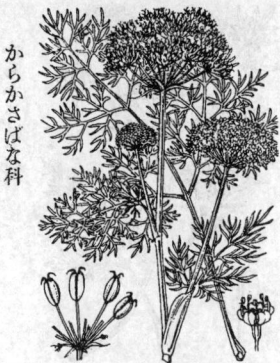

第814圖

からかさばな科

しらねにんじん
Cnidium ajanense *Drude.*

高山ノ向陽草地ニ生ズル多年生草本ニシテ、高サ10cmヨリ30cm內外アリ。根ハ直根ニシテ瘦セ稍硬シ。莖ハ瘦長ニシテ立チ、疎ニ梢ニ分枝ス。葉ハ再羽狀複葉ニシテ小葉ハ分裂シ廣狹一ナラズ。質稍厚クシテ平滑、莖ト共ニ毛ナシ。根葉幷ニ脚葉ハ長柄ヲ有シ梢葉ハ小形ニシテ柄短ク、共ニ柄本ハ鞘ニ成ス。枝末ニ小形ノ複繖房花穗ヲ成シテ繖梗多カラズ、小白花ヲ繖着ス。花瓣五片、內曲シ、五雄蕊、一下位子房アリ。果實ハ長橢圓形、稍平扁ニシテ翼ナシ。

やまうゐきゃう
一名 いはうゐきゃう・しらやまにんじん
Cnidium Tachiroei *Makino.*
(＝Seseli Tachiroei *Franch. et Sav.;*
Tilingia Tachiroei *Kitag.*)

中部ノ高山帶ニ生ズル多年生草本ニシテ高サ10-20cm。根ハ稍肥厚、地中ニ直下ス。根出葉ハ數箇、長葉柄アリテ三四羽狀ニ全裂シ、各裂片ハ極メテ細ク綠形ヲ呈シ、而モ其方向種々ナルヲ以テ容姿細弱纖麗宛トシテうゐきゃう葉ノ態アリ、莖葉ハ小ニシテ互生シ柄本ニ著シク葉鞘ヲ具フ。七月、直立セル莖上ニ三分枝シ各其頂ニ複繖形花序ヲ成シテ小ナル碎切花ヲ綴リ、繖梗十條內外、總苞二三片長大ナリ、小繖梗ハ十五條內外ニシテ小總苞片アリ。花瓣ハ五、上部內曲ス。雄蕊ハ五、花外ニ挺出ス。子房ハ下位、花柱ハ二。果實ハ橢圓形、長サ5mm許、滑澤ニシテ翼無ク宿存ノ花柱ハ著シク鈎曲シテ顯著ナリ。ほそばのしらねにんじんニ似テ葉片更ニ細ク、花柱長キヲ以テ區別シ得ベシ。和名山茴香ハ山ニ生ジテ其葉うゐきゃうノ如ケレバ云ヒ、岩茴香ハ岩上ニ生ズルヨリ云ヒ、白山胡蘿蔔ハ加賀白山ニ生ズルヨリ云フ。

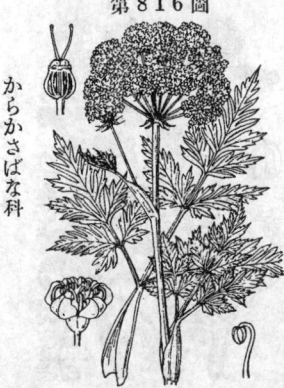

第816圖

からかさばな科

せんきう (芎藭)
Cnidium officinale *Makino.*

支那原產ニシテ往時我邦ニ渡來シ、藥用植物トシテ今諸國ニ栽培スル多年生草本。莖ハ直立シテ高サ凡30〜60cmニ達シ、圓柱形ニシテ疎ニ分枝ス。葉ハ淺綠色ヲ呈シ、再羽狀複葉ニシテ小葉ハ尖鋸齒アリ。根生葉ハ長柄ヲ有シ、莖生葉ハ互生シ、共ニ柄本ハ鞘ヲ成ス。秋時、枝端ニ複繖形花穗ヲ成シテ多數ノ小白花ヲ開ク。花瓣五片、內曲シ、五雄蕊、一下位子房アリ。本邦ニテハ果實成熟セズ。地下莖ヲ藥用トス、佳香アリ。和名ハ川芎ニ基キ、川芎ハ支那四川省ヨリ出ヅル本品優秀ナルヲ以テ四川芎藭ヲ略シテ川芎ト云フ。

272

にほんたうき 慣用名 たうき
Ligusticum acutilobum
Sieb. et Zucc.

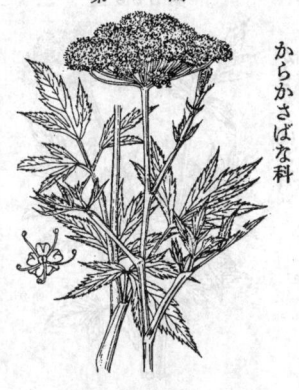

からかさばな科

佳香アル多年生草本ニシテ、山地ノ岩間ニ自生スレドモ、又藥用植物トシテ人家ニ栽エラル。莖直立シテ分枝シ、葉柄等ト共ニ紫黒色ヲ呈シ、高サ凡60-90cm許アリ。葉ハ再三裂複葉ヲ成シ、小葉ハ卵状披針形ニシテ尖リ尖鋸齒アリ、葉面深緑色ヲ光澤アリ、根生葉ニハ長柄アリ、莖生葉ハ其柄漸ク短ク、下ハ長鞘ヲ成ス。夏秋ノ間、枝端ニ複繖形花穗ヲ成シテ多數ノ小白花ヲ着ク。花瓣五片、内曲シ、五雄蕊、一下位子房アリ。果實ハ長橢圓形。根ヲ藥用トス。和名日本當歸ハ日本産當歸ノ意、支那ノ當歸ハ本邦産ノ者ト異ナレリ。漢名 當歸(誤用)

いのんど (蒔蘿)
Anethum graveolens L.

からかさばな科

南歐・えぢぷと・喜望峰地方等原産ノ多年生草本ニシテ今日我邦ニテハ偶ニ培養セラルルニ過ギズ。莖ハ直立シテ分枝シ、高サ60-90cm許アリ。葉ハ三羽状複葉ニシテ多裂シ、裂片狹長線形ヲ呈ス。葉柄本ハ鞘ヲ成シ、根生葉ニハ長柄アリ。葉状酷だうゐきゃうニ似タリ。夏月、枝末ニ複繖形花穗ヲ成シテ多數黄色ノ細花ヲ開ク。花瓣五片、内曲シ、五雄蕊、一下位子房アリ。果實ハ橢圓形ニシテ平扁ナリ。香味料トス。

うゐきゃう (懷香・茴香)
Foeniculum vulgare Mill.

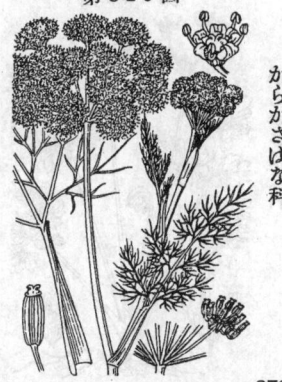

からかさばな科

歐洲原産ニシテ往時我邦ニ渡來シ、人家ニ栽培セラルル多年生草本ニシテ、芳香ヲ有ス。春時宿株ヨリ葉ヲ叢出ス。莖ハ直立シテ上部ニ分枝シ、平滑ナル圓柱形ニシテ緑色ヲ呈シ、高サ凡2m許ニ及ブ。葉ハ大ニシテ多裂シ、裂片多數ニシテ絲狀ヲ成ス。根生葉ハ長柄ヲ具ヘ、莖生葉ハ其柄漸ク短ク、共ニ柄本ハ鞘ヲ成ス。夏日、枝末ニ大ナル複繖形花穗ヲ成シテ多數ノ小黄花ヲ開ク。花瓣五片、内曲シ、五雄蕊、一下位子房アリ。果實ハ卵状橢圓形ニシテ香氣强ク、藥用或ハ香味料ニ用キラル。和名ハ茴香ヨリ來リ、うゐハ茴ノ唐音、きゃうハ香ノ漢音ナリ。

273

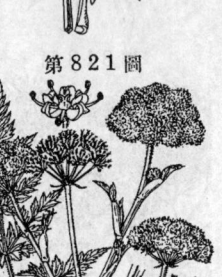

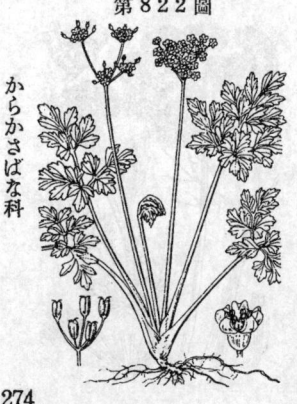

第820圖

からかさばな科

せり（水靳）
Oenanthe stolonifera *DC.*

普ク濕地或ハ溝瀆中ニ茂生スル多年生草
本ニシテ、長ク數條ノ匍枝ヲ出シテ繁殖
ス。秋ニ匍枝ノ節ヨリ新苗ヲ發生シ、冬
ヲ經テ春時最モ盛ナリ。根生葉叢生シ、
莖生葉ハ互生シ、再羽狀複葉ニシテ小葉
ハ卵形ヲ成シテ鋸齒アリ。根生葉ハ長柄
アリ、莖生葉ハ葉柄漸ク短ク、共ニ柄本ハ
鞘ヲ成ス。夏ニ直立セル莖ヲ抽キ、30cm
內外ノ高サニ達シ、綠色ニシテ稜アリ。
枝端ニ小ナル複繖形花穗ヲ成シテ小白花
ヲ開ク。花瓣五片、內曲シ、五雄蕊、一下
位子房アリ。果實ハ橢圓形ニシテ長キ花
柱ヲ戴ク。葉ハ佳香アルヲ以テ之レヲ食
用ニ供ス。時ニ栽培サルルコトアリ。

第821圖

からかさばな科

いぶきばうふう
Seseli Libanotis *Koch*
var. daucifolia *Franch. et Sav.*

普ク山原或ハ山地・原野ニ生ズル多年生
草本ニシテ、細毛ヲ帶ビ、高サ90cm許ニ
達ス。莖ハ直立シ分枝シ、稜條アリ。
葉ハ再羽狀複葉ヲ成シ、小葉ハ卵形ニシ
テ羽裂シ、裂片ニ鋸齒アリ。根生葉ニハ
長柄ヲ有シ、莖生葉ハ柄漸ク短ク、柄本ニ
長鞘アリ。夏秋ノ候、枝末ニ大ナラザル
複繖形花穗ヲ成シテ小白花密着ス。花瓣
五片、內曲シ、五雄蕊、一下位子房アリ。
果實ハ卵圓形ニシテ糙澀ス。和名伊吹防
風ハ江州伊吹山ニ生ズルニ由ル。　漢名
邪蒿（誤用）

第822圖

からかさばな科

せんとうさう
一名　わうれんだまし
Chamaele decumbens *Makino.*

諸州ニ普ク見ル柔カキ無毛ノ多年生小草
本ニシテ山野樹陰ニ生ジ、春早ク花ヲ開
ク。葉ハ根生シテ長葉柄ヲ有シ、再羽狀
複葉ニシテ小葉ハ卵形ヲ成シ、鈍粗齒ア
リ、柄本ハ鞘ヲ成シテ相擁ス。四月葉中
ニ少數ノ莖ヲ抽キ、長サ 10cm 內外、莖
頂ニ小ナル複繖形花穗ヲ成シ、繖硬長短
アリテ小繖ニ白色ノ數小花ヲ着ク。花瓣
五片、內曲シ、短キ五雄蕊アリ、子房ハ
下位。果實ハ長橢圓形ニシテ長キ花柱左
右ニ臥シ、果萼ハ時ニ花莖ヨリ長ク成長
ス。其葉黃連葉ニ似ルヲ以テ黃連騙ノ一
名アリ。漢名　竹葉（慣用）

274

みつば
一名 みつばせり
Cryptotaenia japonica *Hassk.*

第823圖

からかさばな科

山地等ニ生ズル多年生草本ニシテ往々蔬
菜トシテ菜園ニ栽培セラル。高サ凡 30-
60cm 許ス。莖ハ葉ト共ニ綠色ニシテ分枝
ス。葉ハ互生シテ葉柄ヲ有シ、三小葉ヨ
リ成ル。小葉ハ卵形ニシテ尖リ、不齊ノ
尖鋸齒ヲ有シ、裏面光滑ナリ。根生葉ハ
長柄ヲ具ヘ、莖生葉ハ互生シテ葉柄漸ク短
ク、柄本ハ鞘ニ成ス。夏、小枝端ニ小ナル
複繖形花穗ヲ成シ、小繖梗ハ少數ニシテ
長短ニ、少數ノ細花ヲ着ク。花ハ白色、
時ニ淡紫色ヲ帶ビ、五瓣ニシテ瓣端內曲
シ、五雄蕋アリ、子房ハ下位。果實ハ狹
長長橢圓形。葉ニ香氣アルヲ以テ其新苗
ヲ食用トス。

おらんだみつば
Apium graveolens *L.*

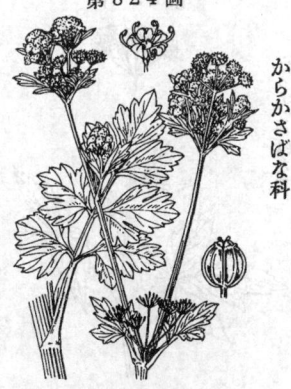

第824圖

からかさばな科

歐洲原產ノ一年生或ハ二年生草本ニシ
テ園圃ニ栽培セラレ、通常せろりト俗稱
ス。莖ハ直立シ葉ト共ニ綠色ニシテ稜條
アリ、高サ凡 60cm 內外ニ達シ、分枝ス。
葉ハ羽狀複葉ニシテ小葉有柄或ハ無柄、
分裂シテ鋸齒アリ、根生葉ハ長柄ヲ有シ、
莖生葉ハ互生シテ柄漸ク短ク、柄本ハ鞘
ヲ成ス。夏秋ノ際、開花シ、複繖形花穗ハ
小形ニシテ短莖ヲ有シ、或ハ無莖、綠白色
ノ細花ヲ着ク。花瓣五片、內曲シ、五雄蕋
アリ、子房ハ下位。果實ハ細小ニシテ圓
形。草ハ佳香アリテ食用ニ供ス。往時き
よまさにんじんノ稱アリ。此種ばせりノ
おらんだせりト異ナリ、混ズベカラズ。

むかごにんじん
Sium Ninsi *L.*

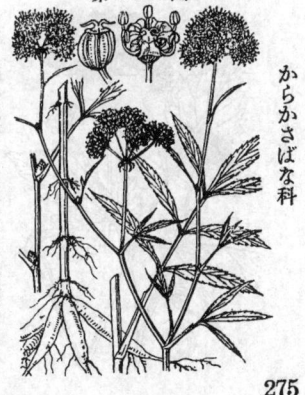

第825圖

からかさばな科

池澤邊ノ濕地ニ生ズル多年生草本ニシテ
高サ凡 60-90cm 許リ。根ハ白色多肉ニシテ
集合ス。莖ハ直立シ、細長綠色ニシテ線
條アリ。葉ハ互生シ、下部ノモノハ五一
七小葉ヲ以テ羽狀ヲ成シ、上部ノモノハ
三出ス。小葉ハ狹長ニシテ鋸齒アリ。葉
柄ノ基部ハ鞘ニ成シテ莖ヲ抱ク。嫩苗ノ
葉ハ單片ナルモノ多シ。夏秋ノ候、瘦長
ナル枝端ニ小ナル複繖形花穗ヲ成シテ小
白花ヲ繖開ス。花瓣五片、內曲シ、五雄
蕋、一下位子房アリ。秋深ケテ葉腋ニ珠
芽ヲ生ジ、落チテ新苗ヲ作ル殊態アリ。
時ニ本品ヲ藥用人參ニ僞ハルコトアリ。
和名零餘子人參ハ其珠芽ニ基ク。

275

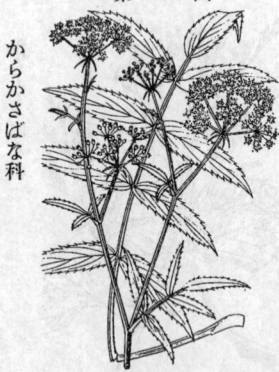

第826圖

からかさばな科

さはぜり
一名　ぬませり
Sium nipponicum *Maxim.*

溝沼澤池ノ畔ニ生ズル多年生草本ニシテ
高サ凡1m内外。根ハ鬆狀白色ナリ。莖ハ
直立シテ分枝シ、綠色中空ニシテ稜條ア
リ。葉ハ奇數ノ單羽狀複葉ニシテ小葉ハ
對生シ、披針形或ハ長橢圓狀披針形ニシ
テ鋸齒ヲ有シ、根生葉ハ長柄ヲ具ヘ、莖生
葉ハ互生シ、葉鞘ヲ以テ莖ヲ抱ク。夏秋
ノ候、枝頭ニ大ナラザル複繖形花穗ヲ成
シテ小白花ヲ開ク。花瓣五片、內曲シ、五
雄蕊、一下位子房アリ。果實ハ橢圓形。
一變種ニひろはぬませり (var. ovatum
Yabe)アリ、小葉闊シ。

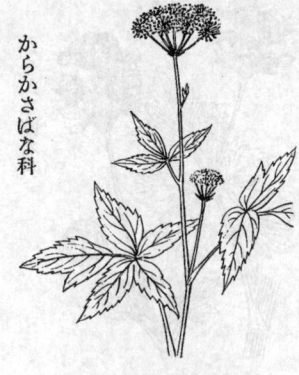

第827圖

からかさばな科

だけぜり
一名　かのつめさう
Pimpinella calycina *Maxim.*

山地樹下ニ生ズル多年生草本ニシテ高サ
凡 30~60cm 許、莖ハ直立シ、瘦長ニシテ、
梢ニ疎ニ分枝ス。葉ハ根生幷ニ脚生者ハ
長柄ヲ有シテ再三裂複葉ヲ成シ、小葉大
ナラズ、莖生者ハ疎ニ互生シ、三出複葉
ヲ成シ、小葉ハ披針形ヲ成シテ尖リ、鋸齒
アリ。秋月、枝梢ニ大ナラザル複繖形花
穗ヲ成シテ小白花ヲ繖開ス。花瓣五片、
內曲シ、五雄蕊、一下位子房アリ。果實ハ
長橢圓形ニシテ稍平扁ナリ。和名嶽芹ハ
山生ノ芹ノ意味シ、かのつめさうハ鹿の
爪草ニテ其根形ニ基ク。

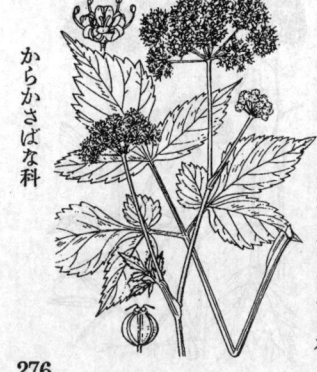

第828圖

からかさばな科

ひかげみつば
Pimpinella nikoensis *Yabe.*

諸國ノ深山ニ生ズル多年生草本ニシテ高サ 20~
80cm許。莖ハ直立シ、細長ニシテ圓柱形ヲ成シ
綠色ニシテ無毛平滑、多少之曲シ疎ニ分枝ス。
葉ハ疎蒼ニテ互生シ脚部ノ者ハ相接近シ、長柄
ヲ具ヘ、莖葉ト共ニ基部ニ葉鞘アリ、二囘三全
裂ニシテ第一囘裂片ニハ柄ヲ有シ、各裂片ハ卵
形銳尖頭楔底、時ニ更ニ三裂シ、邊緣ニハ粗鋸
牙狀ノ鋸齒アリ、膜質ニシテ表裏共ニ疎毛ヲ有
ス。複繖形花序ハ頂生シ、總苞ヲ缺キ、繖硬十
條內外、小總苞ハ一二片ニシテ絲狀、小繖梗ハ
十乃至十五條、花ハ白色ニシテ甚ダ小形。花瓣
五、上部內曲ス。五雄蕊花外ニ挺出。子房ハ下
位、花柱ハ二。果實ハ綠色或ハ暗紫色ノ球形ニ
シテ長サ3~4mm、滑澤ニシテ多クハ歪形ナリ。
和名ハ日蔭三葉ノ意ニシテ多クハ樹下ノ地ニ生
ズレバ云フ。

しむらにんじん

Carum neurophyllum *Maxim.*

多年生草本ニシテ、原野ノ濕地ニ生ジ、高サ1m内外アリ。根ハ白色多肉ニシテ集生シ、略ぼむかごにんじんノ根ニ似タリ。莖ハ直立シテ稜條アリ、梢ハ疎ニ分枝ス。葉ハ再羽狀複葉ヲ成シ、小葉ハ全邊ノ線形ニシテ尖ル。根生葉ハ長柄ヲ有シテ多數ノ小葉ニ分レ、莖生葉ノ柄ハ漸ク短ク、葉柄本ハ鞘ヲ成ス。夏、枝梢ニ複繖形花穗ヲ成シテ多數ノ小白花ヲ開ク。花瓣五片、内曲シ、五雄蕊、下位子房アリ。果實ハ橢圓形ナリ。和名志村人參ハ武州志村ノ原ニ多キニ基ヅク。

第829圖

からかさばな科

いぶきぜり

Carum holopetalum *Maxim.*

中部以北ノ亞高山林緣地等ニ生ズル多年生草本ニシテ高サ30～40cm許ナリ。莖ハ瘦長ニシテ平滑無毛、通常紫色ヲ呈ス。葉ハ疎ニ互生シ、長柄アリ、橢形三角樣ヲ呈シ二同三全裂ニシテ稍硬キ膜質、裂片ハ柄ヲ具ヘ卵形ニシテ銳尖頭更ニ三尖裂或ハ三深裂ス。小裂片ハ長卵形、銳頭ニシテ缺刻狀鋸齒緣アリ。八月、莖頂ニ複繖形花序ヲ成シテ細白花ヲ綴リ、總苞ハ二乃至五片、繖梗ハ十條內外、小繖梗ハ多數、小總苞ハ一二片、花瓣ハ五、上部內曲ス。雄蕊ハ五、花外ニ超出セズ。子房ハ下位、細小、花柱ハ二。果實ハ卵狀廣橢圓形ニシテ五稜線アリ、分果ノ橫斷面ニ五角形ヲ呈シ、縱溝中ニハ油槽一個ヲ有ス。和名伊吹芹ハ近江伊吹山ニ生ズルヨリ云フ。

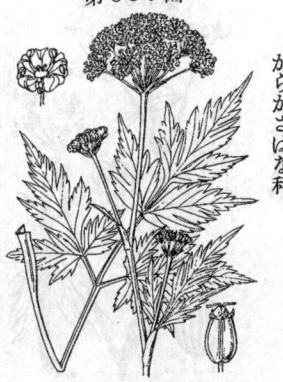

第830圖

からかさばな科

いはせんとうさう

Cryptotaeniopsis Tanakae *Boiss.*

多年生小草本ニシテ、深山樹下ノ陰地ニ生ジ、高サ凡10～20cm許、莖ハ通常單一ニシテ直立シ、細長ニシテ綠色ナリ。葉ハ小形ニシテ柔弱。根生葉ハ再羽狀複葉ヲ成シ、小葉ハ倒卵形ヲ呈 シテ分裂シ、鋸齒ヲ具フ。莖生葉ハ少數ニシテ單羽狀ヲ成シ、小葉ハ全邊ノ線形ナリ。夏時、梗端ニ一ノ複繖形花穗ヲ成シテ絲狀ノ繖梗ヲ分チ、梗末更ニ長短不齊ノ一二短小梗ヲ出シテ少數ノ小白花ヲ開ク。花瓣五片、五雄蕊、下位子房アリ。果實ハ橢圓形。本種ハほそばせんとうさうト異ナリ。

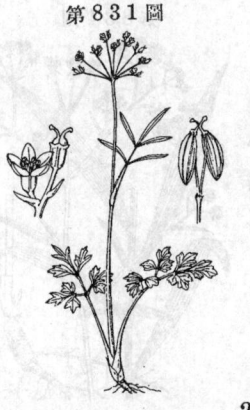

第831圖

からかさばな科

277

第832圖

ごくぜり （野芹菜花{満州}）
一名　おはぜり
Cicuta virosa L.

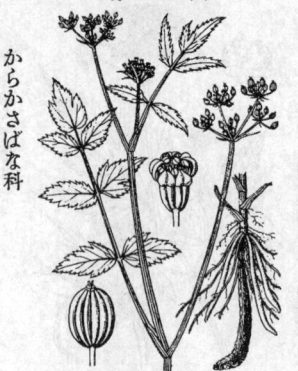

からかさばな科

大形ノ多年生草本ニシテ沼澤或ハ水流ノ
處ニ生ズ。高サ90cm餘ニ達ス。地下莖ハ
緑色ヲ呈シ、筒形ニシテ接近セル節アリ、
節間ハ空洞ヲ成ス。冬間延命竹・萬年竹
等ノ佳名ヲ付シテ此筒形部ヲ街上ニ賣ル
コトアリ。夏ニ至レバ此地下莖ノ頂成長
シテ粗大ナル中空ノ莖ト成リ、緑色ニシ
テ分枝ス。葉ハ再羽狀複葉ニシテ、小葉
ハ披針形ヲ成シ、鋸齒アリ。枝端ハ複繖
形花穗ヲ成シテ多數ノ小白花ヲ開ク。花
瓣五片、內曲シ、五雄蕊、下位子房アリ。
果實ハ平圓形。有毒植物ノ一。

第833圖

えきさいぜり
一名　おばぜり
Apodicarpum Ikenoi *Makino.*
(=Apium Ikenoi *Drude.*)

からかさばな科

諸國ノ低濕原野ニ生ズル多年生草本ニシテ高サ
30cm內外、全體無毛ナリ。根ハ鬚狀ナレドモ中
ニ少許ノ多肉根ヲ交ユ。莖ハ質軟弱、緑色、基
部ニ分枝シ斜上ス。葉ハ互生シ、單羽狀全裂、一
頂片アリ、裂片ハ五ニ離隔シ卵狀橢圓形ニシテ
鋸齒ヲ具ヘ、先端尖リ、質軟ナリ。五月、複繖形
花序ヲ莖頂ニ着ケテ細白花ヲ開キ、長短ノ繖梗
五六條、總苞一二片、小總苞ハ二三片。花瓣ハ五、
上部內曲シ、雄蕊ハ五、花瓣ヨリ短シ、子房ハ
下位、花柱ハ二。果實ハ壓扁セラレタル廣橢圓形
ヲ成シ鈍低稜線アリテ分果間ニ支條ヲ缺如シ、
熟シテ尙緑色ナリ。和名益齋芹ハ此種越中富山
藩主前田利保侯初メテ之レヲ江戸郊外ニ採リ畫
工ヲシテ描カシメシニ由リ同侯ノ號益齋ヲ採リ
斯ク名ケタリ、おばぜりハ婆芹ニシテ利用無キ
せりノ意ナリ。

第834圖

みしまさいこ （茈胡）
Bupleurum falcatum L.

からかさばな科

多年生草本ニシテ多ク山原ニ生ジ、高サ
凡40~60cm許シ。根ハ枯黃色ヲ呈シ、莖
ハ直立シ、痩長硬質ニシテ分枝シ、緑色ニシ
テ葉ト共ニ毛ナシ。葉ハ線形若クハ廣線
形ヲ呈シテ互生シ、全邊ニシテ上下狹窄、
硬質ニシテ葉脈數條縱通シ、根生葉ハ
往々長柄ヲ具フ。秋月、梢ニ多數ノ小ナル
複繖形花穗ヲ着ケ、小黃花ヲ開キ、大繖小
繖共ニ苞リ、花瓣五片、內曲シ、五雄蕊、
下位子房アリ。果實ハ橢圓形ニシテ無毛
ナリ。藥用植物ノ一ニシテ昔伊豆三島ヨ
リ其生藥材料ヲ出ダセシヲ以テ此和名ア
リ。かまくらさいこト云ヒ、藥界ニ
テハ單ニさいこト稱ス、卽チ漢名茈胡卽
チ柴胡ノ音ナリ。

278

ほたるさう
一名 だいさいこ

Bupleurum sachalinense *Fr. Schm.*

山野向陽或ハ落葉樹林下ノ地ニ生ズル多
年生草本ニシテ、高サ1-1.5mニ及ブ。茎
ハ單一ニシテ直立シ、通ジテ葉ヲ有シ、
上部ニ分枝ス。葉ハ單片ニシテ、二列ニ
互生シ、無柄ニシテ長橢圓狀披針形或ハ
箆狀披針形ヲ成シ、鋭頭或ハ鋭尖頭ヲ有
シ、全邊ニシテ葉底ハ莖ヲ抱キ、葉裏稍帶
白、數脈縱通シ、根生葉ハ長柄ヲ具ヘリ。
秋月、小枝末ニ小ナル複繖形花穗ヲ成シ
テ黄色ノ細花ヲ着ク。花瓣五片、内曲シ、
五雄蕋、下位子房アリ。果實ハ長キ橢圓
形。一名ノだいさいこハ大茈胡ノ意ナリ。
漢名 南柴胡（誤用）

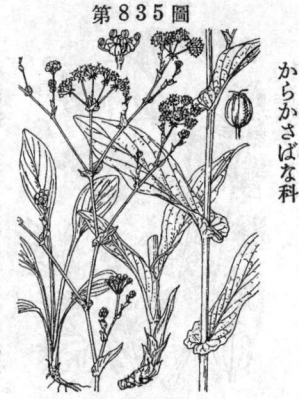

からかさばな科

第８３５圖

はくさんさいこ
一名 とうごくさいこ

Bupleurum nipponicum *Poliansky.*
(＝B. multinerve *DC.*
     var. minor *Ledeb.*)

本州中部以北ノ高山草地及林緣地ニ生ズル多
年生草本ニシテ高サ30-50cm許、全株無毛ナリ。
莖ハ直立シ瘦長ナル圓柱狀ニシテ綠色。葉ハ互
生シテ疎着ノ淡綠色ニシテ下面粉白、下部ノ者
ハ倒披針形又ハ狹長橢圓形ニシテ長サ10cm内
外、長キ葉柄ヲ具フレドモ、上部ノ者ハ卵形或
ハ卵狀披針形ニシテ小形、先端ハ鋭尖乃至漸尖
頭、底部ハ廣キ耳狀ヲ成シテ莖ヲ抱ク。八月、
莖頂ニ複繖形花序ヲ着ケ、繖梗ハ五乃至八條ア
リ絲狀ニシテ立チ、基部ニハ顯著ナル二三ノ總
苞片ヲ具フ。花ハ淡黄色ヲ呈シ極メテ短キ小梗
ヲ具ヘテ密集シ、其基部ヲ擁スル小總苞ハ五六
片相集リテ幅狀ヲ成シ卵狀橢圓形ニシテ淡白綠
色ヲ呈シ花被ノ觀アリ。花瓣ハ五、内曲ス。雄
蕋ハ五、短小。子房ハ下位、橢圓形、二花柱反
曲ス。果實ハ橢圓形ニシテ小サク輕微ノ稜線ヲ
縱通ス。和名白山柴胡ハ加賀ノ白山ニ生ズルヨ
リ名ク、柴胡ハ此類中ノ漢名ナリ、東國柴胡ハ
東國ニ產スルヨリ云フ。

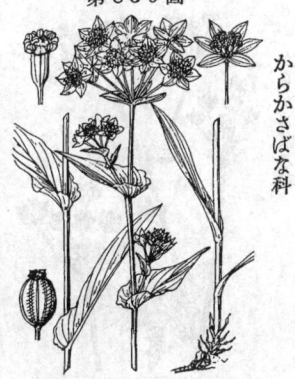

からかさばな科

第８３６圖

かさもち

Nothosmyrnium japonicum *Miq.*

往時支那種ヲ傳ヘ植物園ニ見得ル多年生
草本ニシテ、高サ1m内外、莖・葉ニ普ク細
毛アリ。莖ハ直立シテ分枝シ、紫色ニシ
テ葉ト共ニ疎ニ細毛ヲ有ス。葉ハ再羽狀
複葉ニシテ小葉ハ鋭頭ノ卵形ヲ成シ、不
齊鋸齒アリ。根生葉ハ長柄ヲ有シ、莖生
葉ハ柄漸ク短ク、柄本ハ鞘ニ成ル。秋月、
枝末ニ複繖形花穗ヲ成シテ小白花ヲ繖着
シ、總苞片、小總苞片共ニ白膜質ナリ。花
瓣五片、内曲シ、五雄蕋、下位子房アリ。果
實ハ卵狀平圓形ニシテ底部多少凹入ス。
漢名 蘽本（誤用）

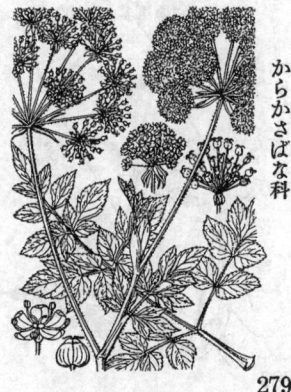

からかさばな科

第８３７圖

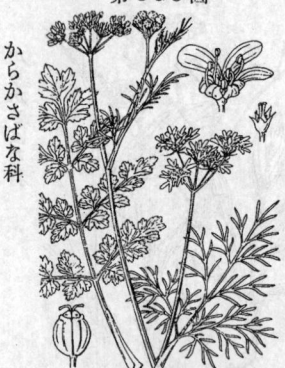

第838圖

からかさばな科

こえんどろ （胡荽）
Coriandrum sativum *L.*

東歐原產ノ一年生草本ニシテ高サ凡30–60cm許アリ。莖ハ直立シテ疎ニ分枝シ、細長ニシテ中空ナリ。葉ハ互生シ、質薄クシテ一種ノ臭アリ、脚葉ハ單羽狀或ハ再羽狀ニシテ裂片廣闊ナリト雖モ、上部ノモノハ再羽狀或ハ三羽狀ヲ成シテ裂片狹長ナリ。根生葉幷ニ脚葉ハ長柄ヲ有シ、莖生葉ハ柄漸ク短ク、共ニ柄本ハ鞘ヲ成ス。夏日、每枝頭ニ複繖形花穗ヲ着ケ、小白花ヲ開ク。花瓣五片。外圍ノ花ハ外方ノ花瓣殊ニ大ナリ。五雄蕊、下位子房アリ。果實ハ圓形ニシテ香氣ヲ有シ、往々之レヲ香料トシ、又藥用ニ供ス。生苗葉ヲ時ニ香味料トス。和名ハぽるとがる語ノ coentro ニ出ヅ。

第839圖

からかさばな科

やぶじらみ
Torilis Anthriscus *Gmel.*

越年生草本ニシテ原野路傍ニ普ク生ジ、高サ 60cm 內外。莖ハ直立シテ分枝シ、葉ト共ニ毛ヲ被フル。葉ハ互生シ、再羽狀ニ細裂シ、小葉ハ卵狀披針形ニシテ尖鋸齒アリ、根生葉ニハ長柄アリ、莖生葉ハ其柄漸ク短ク、共ニ柄本ハ鞘ヲ成ス。夏日、小枝頂ニ複繖形花穗ヲ成シ、小白花ヲ開ク。五花瓣內曲、五雄蕊、下位子房アリ。果實ハ卵狀橢圓形ニシテ刺毛多シ。果實熟スレバ能ク他物ニ着ク、故ニ藪虱ノ和名アリ。漢名 竊衣(慣用)

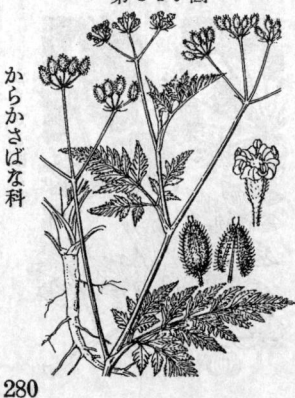

第840圖

からかさばな科

をやぶじらみ
Caucalis scabra *Makino.*

越年生草本ニシテ原野ニ多ク生ジ、高サ 60cm許ニ達シ分枝シ、葉ト共ニ細麁毛アリ。葉ハ互生シ、再羽狀ヲ成シテ細裂シ、葉裏往々白色ヲ帶ビ、又莖ト共ニ紫色ヲ帶ブ。初夏、小枝頂ニ複繖形花穗ヲ成シテ白色又ハ帶紫色ノ小花ヲ開キ、大繖小繖共ニ繖梗少ナシ。五花瓣內曲、五雄蕊、下位子房アリ。果實ハ大ニシテ卵狀長橢圓形ヲ呈シ、毛刺多ク、能ク他物ニ着キ、通常紫彩ヲ帶ブ。

やぶにんじん
一名 ながじらみ
Osmorhiza aristata *Makino et Yabe.*

多年生草本ニシテ山野ノ樹陰竹林等ニ生ジ、高サ40-60cm許。根ハ質稍硬ク、莖ハ直立シテ分枝シ、葉ト共ニ毛ヲ帶ブ。葉ハ質稍柔ニシテ再羽狀複葉ヲ成シ、小葉ハ卵形ニシテ疎鋸齒アリ。根生葉・脚葉ニハ長柄ヲ有シ、莖生葉ハ其柄漸ク短ク、共ニ柄本ハ鞘ヲ成ス。春末、枝梢ニ複繖形花穗ヲ成シテ小白花ヲ開キ、小繖ニハ雄花ト兩性花トヲ交エ、大繖小繖ニハ五片ノ苞アリ。五花瓣内曲、五雄蕊、下位子房アリ。果實ハ狹長ニシテ下部漸殺シ、頂ニ二尖ヲ成セル花柱ヲ遺シ、倒毛アリ。本種ノ漢名ヲ野胡蘿蔔ト稱スルハ非ニシテ、其品ハ胡蘿蔔卽チにんじんノ野生品のらにんじんヲ指ス。

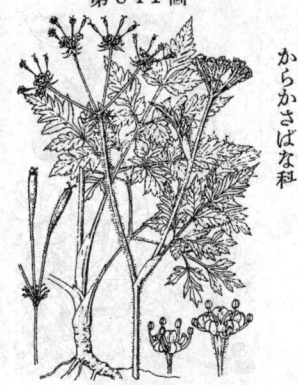

第841圖

からかさばな科

こしゃく
Anthriscus nemorosa *Spreng.*
(=Chaerophyllum nemorosum *Bieb.*)

山中濕潤ノ地ニ生ズル多年生草本ニシテ高サ1mニ達ス。根ハ多肉粗大ニシテ地中ニ直下ス。莖ハ直立シテ無毛、縱溝アリ、疎ニ分枝シ綠色ナリ。葉ハ長柄ヲ具ヘテ互生シ、楕圓形三角形、再羽狀ト成リ、裂片ハ更ニ羽狀ニ深裂シ、中裂片ハ長橢圓形鈍頭ナリ。六七月ノ候、莖頂ニ平面ノ複繖形花序ヲ成シ、碎白花ヲ綴リ、繖梗五六條、總苞片ヲ缺キ、小繖梗六七條、披針形ノ小總苞數片ヲ伴ヒ著ルシ。花ハ外輪ノ者大キク、且其花瓣ハ外方ノ一片他ヨリ大キク、何レモ倒卵形ニシテ平開シ上部內曲ス。花瓣ハ五、倒卵形、上端ハ內曲ス。雄蕊ハ五。子房ハ下位、二花柱外方ニ反曲ス。果實ハ細長ナル圓柱狀、表面滑澤、縱脊ハ不顯著、八月旣ニ熟シ黑色ヲ呈シ長サ1cmニ滿タズ。但人此根ヲ晒シ粉末ト爲シ食用トス。從來本品ヲしゃくト呼ビシガ今之レヲこしゃくト訂正ス。和名 小しゃくハ小形ノしゃくノ意、此種しゃくニ比スレバ其草極メテ小ナレバ斯ク云フ、しゃくノ意ハ不明、而シテしゃくハ又さくト呼ビししうど云フ。

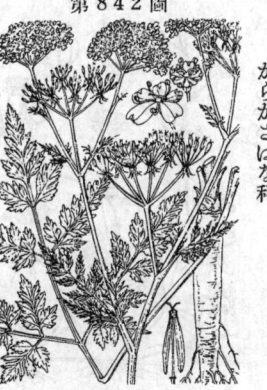

第842圖

からかさばな科

うまのみつば （山芹菜）
一名 おにみつば
Sanicula elata *Ham.*
var. chinensis *Makino.*

多年生草本ニシテ山林樹下ノ陰地ニ生ジ、高サ凡30-50cm許。莖ハ直立シテ分枝ス。葉ハ三裂シ、側者ハ更ニ二深裂スルヲ以テ五裂掌狀ノ狀ヲ呈シ、深綠色ニシテ表面皺縮シ、裏面ハ葉脈隆起シ、葉緣ニ鋸齒アリ。根生葉ハ長柄ヲ具ヘ、莖生葉ハ其柄漸ク短ク、共ニ柄本ハ鞘ニ成ス。夏月、梢ニ小枝ヲ分チテ小形ノ複繖形花穗ヲ着ケ、無柄ノ小白花ヲ得リ、小繖中ニ兩性花・雄花アリ。五花瓣內曲、五雄蕊アリ、下位子房ハ長粗毛アリ。果實ハ圓形ニシテ鉤粗毛ヲ密生ス。漢名 變豆菜(誤用)

第843圖

からかさばな科

281

つぼくさ
一名 くつくさ
Centella asiatica *Urb.*
(＝Hydrocotyle asiatica *L.*)

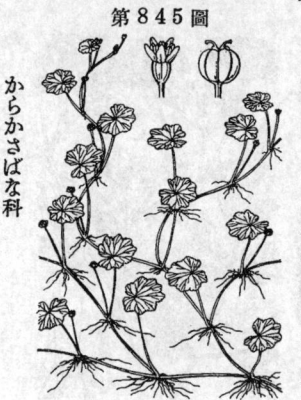

からかさばな科

中部以南諸州ノ路傍・田野・山地ニ生ズル多年生匍匐草本。莖葉肥厚シちどめぐさヨリハ遙ニ大形ニシテ全株無毛或ハ有毛。莖ハ綠色ニシテ細長、長ク地上ニ引キ、綠色或ハ紅紫色、節ヨリ鬚根ヲ下ス。葉ハ長柄ヲ有シ各節ニ三四集合シ、圓狀腎臟形ニシテ圓頭、心臟底、鈍鋸牙緣、徑3cm內外、表面平滑ニシテ稍光澤アリ。夏日、葉腋ニ短梗ヲ出シテ下部白色上部淡紅紫色ナルニ乃至五ノ小花ヲ頭狀ニ簇ヲ、舟形宿苞ノ總苞二片アリテ小ナリ。花瓣五片、廣卵形。五雄蕊短小、葯暗紫色ノ子房ハ下位、平扁、二花柱。瘦果ハ壓扁、平圓形ニシテ綠色、徑3mm內外、網脈隆起ラ稍硬シ。變種ニ葉緣不規則ニ皺曲シ且不整碎刻緣ヲ成ス者アリ觀賞品トシテ栽培シ、之ヲ以てちぢみつぼくさ (var. crispata *Maxim.*) ト云と、葉緣鷄冠狀ヲ呈セル者ヲとさかつぼくさ (var. cristata *Makino*) ト云フ。和名螢草ノ畢竟蛍草ノ意ニテ庭傍等ニ生ズルヲ以テ云フ、而シテ其花形叙（ウツボ）ニ似タレバ云フト謂フハ非ナリ、くつくさハ履草ノ意ニシテ其葉形馬ノ蹈履（くつ）ニ似タレバ云フ。漢名 積雪草或ハ連錢草（共ニ誤用）

ちごめぐさ

Hydrocotyle sibthorpioides *Lamk.*

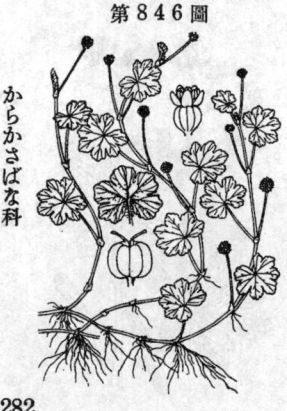

からかさばな科

常綠ノ多年生小草本ニシテ人家庭園ニ生ジ、絲狀ノ細莖ヲ引キ蔓延シテ地面ヲ被ヒ、節ヨリ鬚根ヲ發出ス。葉ハ長柄ヲ有シテ疎ニ互生シ、圓形ニシテ鈍淺裂シ、底部ノ葉缺ハ狹シ。葉面光澤ヲ有シ、柄本ハ短鞘ヲ具フ。夏秋ノ際、葉腋ニ各一條ノ細梗ヲ出シテ小ナル單繖形花穗ヲ着ケ、略ぼ無柄ノ白色或ハ帶紫色ノ數小花ヲ團集ス。五花瓣、五雄蕊、下位子房アリ。果實ハ卵狀平圓形。葉ヲ以テ傷ヲ貼レバ止血ストテ血止草ノ和名アリ。漢名 石胡荽（誤用）

のちごめ

Hydrocotyle Wilfordi *Maxim.*

多年生草本ニシテ普ク原野ニ生ジ、細莖疎ニ分枝シテ橫走シ、地面上ヲ被ヒ、節ニ鬚根ヲ下ス。夏時ニハ莖ノ前端傾上シ花ヲ着ケ、其狀稍花穗ヲ成スニ似タリ。葉ハ疎ニ互生シ、長柄ヲ有シ、圓形ニシテ葉底深心臟形ヲ呈シ、五乃至七尖裂シ、裂片ニ鈍淺齒アリ、葉面光滑、裏面ニ少シク長毛アリ、柄本ニ短鞘ヲ具フ。單繖形花穗ハ長柄アリ、葉ニ對シテ出デ、小球狀ニシテ殆ンド無柄ノ小白花團集ス。五花瓣、五雄蕊、下位子房アリ。果實ハ平圓形。

みやまちどめぐさ
Hydrocotyle japonica *Makino.*

諸國ノ深山樹陰ノ地ニ生ズル多年生匍匐草本ニシテ全體綠色ヲ呈ス。莖ハ長ク地上ヲ匍ヒ纖長ニシテ節ヨリ細鬚根ヲ發出シ、地中ニ入リシ基部ハ白色ニシテ往々少シク肥厚ス。葉ハ莖ニ散着シテ互生シ、圓形ニシテ邊緣掌狀ニ七淺裂シ、裂片更ニ少數ノ鋸齒ヲ具へ、底部ハ狹ク縡入シ、平扁ニシテ表面時ニ散毛ヲ具へ光澤乏シク、徑10-15mm許アリ。花ハ小形白色ニシテ腋生セル梗頂ニ小ナル頭狀ヲ成シテ集リ、花數少ク、花梗ハ殆ンド葉柄ト同長ナリ。五花瓣。五雄蕋、短小。子房ハ下位、倒卵形、綠色。果實ハ極メテ短キ小柄ヲ有シ扁圓形、ちどめぐさニ於ケルヨリモ大ナリ。秋ニ入リテ莖ノ先端部ハ地中ニ突入シ白色ノ肥厚セル部分ヲ作リ、之レヲ以テ越冬シ、他ノ部分ハ全ク枯死ス。和名ハ深山血止草ノ意ニシテ山地ニ多シ。

おほばちどめぐさ
Hydrocotyle javanica *Thunb.*

柔軟ナル多年生草本ニシテ山地ノ陰處ニ生ジ、暖地ニ多シ。莖ハ地ニ匍ヒテ橫行シ、節ヨリ鬚根ヲ下シ、花ヲ着クル莖ハ上向シテ凡10-20cm許ノ長サアリ。葉ハ疎ニ互生シテ長柄ヲ具へ、平圓形ニシテ掌狀ニ五或ハ七淺裂シ、裂片ニ鈍鋸齒アリ、葉底ハ深入シテ心臟形ヲ呈シ、葉面ニ細毛ヲ散布ス。夏秋ノ候花ヲ着ケ、撒形花穗ハ小球形ニシテ長短ノ梗ヲ有シ、綠白色ノ小花ヲ攅着シ、小枝梢ニ在テハ數花穗相集ル。五花瓣、五雄蕋、下位子房アリ。果實ハ平圓形。

第847圖

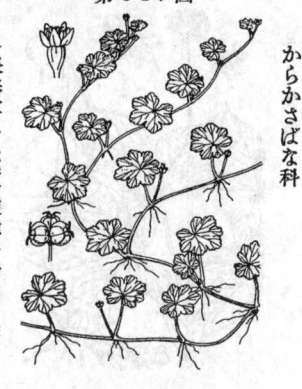

からかさばな科

第848圖

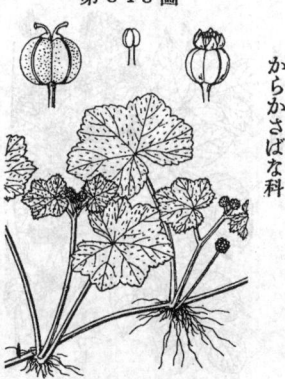

からかさばな科

にんじん （人参）
一名　おたねにんじん・てうせんにんじん
Panax Ginseng *C. A. Mey.*

支那、朝鮮及滿洲原產ノ多年生草本ニシテ藥用植物トシテ圃中ニ培養セラレ、高サ凡60cm內外アリ。根莖ハ通常短クシテ直立或ハ斜傾シ、其下端ハ大ナル白色多肉ノ直根ト成リ分枝ス。根莖頭ヨリ直立セル單莖頂ニ三四葉ヲ輪生ス、長柄ヲ具へ、五小葉ヲ以テ掌狀複葉ヲ成シ、小葉ハ卵形或ハ倒卵形ニシテ尖リ下部狹窄シ邊緣ニ細鋸齒アリ。夏時、莖頂葉心ニ高ク一梗ヲ抽キテ頂ニ一撒形花穗ヲ着ケ、多數ノ淡黃綠色小花ヲ開ク。五花瓣、五雄蕋、下位子房、二花柱。果實ハ扁圓ニシテ相集リ、赤熟ス。藥用トシテ古來有名ナリ。一名御種人參ノ稱ノ享保年間朝鮮種ヲ傳ヘテ我ガ官園ニ種ヱシニ由ル。

第849圖

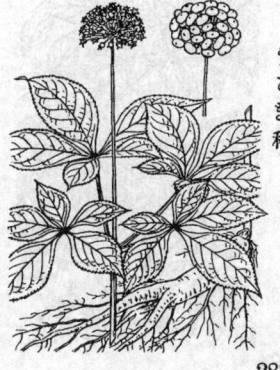

うこぎ科

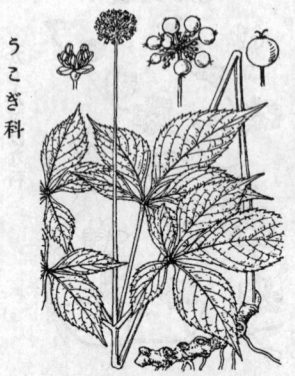

とちばにんじん
一名 ちくせつにんじん
Panax Ginseng *C. A. Mey.*
var. japonicum *Makino.*

多年生草本ニシテ山地樹下ニ生ジ、高サ 60cm
内外アリ。根莖ハ長ク地中ニ横行シ、稍肥厚ニ
シテ白色ヲ呈シ、節アリ、毎節ニ莖ノ脱痕ヲ印
ス。莖ハ單一ニシテ根莖頭ヨリ直立シ、頂ニ三、
或ハ五ノ有柄葉ヲ輪生ス。葉ハ五小葉複葉ニシ
テ、小葉ハ卵形或ハ倒卵形或ハ披針形ニシテ葉
緣ニ細鋸齒アリ。夏月、莖頂葉心ニ一梗ヲ高ク抽
キ、頂ニ球形ヲ呈セル繖形花穗ヲ成シ、淡黃綠色
ノ多數小花ヲ開ク。梗稍時ニ一、二或ハ多數ニ
分枝スルコトアリテ枝上ノ花ハ皆雄性花ナリ。
五花瓣、五雄蕋、下位子房、二花柱アリ。果實ハ
球形ニシテ相集リ、赤熟ス、時ニ其頂黑色ノ者
アリ。和名とち葉人參ハ其葉形ニ由リ、竹節人
參ハ其根形ノ狀ニ基ヅク。支那ニ竹節參アリ我
邦品ト酷似セルモノナリ。漢名 土參(誤用)

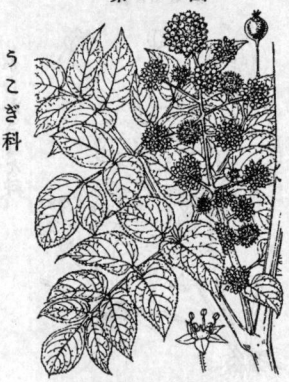

う　ど
Aralia cordata *Thunb.*

大形ナル多年生草本ニシテ山野ニ生ジ、
又家圃ニ栽培セラレ、高サ凡1.5m内外ア
リ。莖ハ粗大、圓柱形、綠色ニテ毛アリ、
往々疎ニ分枝ス。葉ハ互生シテ長柄ヲ具
ヘ、再羽狀複葉ニシテ細毛ヲ帶ビ、小葉ハ
卵形ニシテ鋸齒アリ。夏月、莖端ニ大ナル
圓錐花穗ヲ成シ、多數ノ小枝端ニ圓形ヲ
呈セル繖形花穗ヲ成シテ多數ノ有梗淡綠
小花ヲ着ク。五花瓣、五雄蕋、下位子房、五
花柱アリ。花ニ雄性、雌性アリ。漿果ハ
小球形ニシテ黑熟ス。嫩苗ヲ食フ、佳香
佳味ナリ。圃ニ作ルモノハ萌シトナシ、
食膳ニ供ス。漢名 土當歸(誤用)

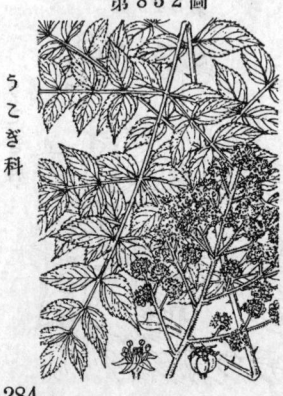

たらのき
Aralia elata *Seem.*

落葉灌木ニシテ山野ニ多ク生ジ、高サ3−
4m許、直幹直立シ單一或ハ分枝シ、大小
ノ強銳刺ヲ裝ニ。幹徑大ナル者凡12cm許
アリ。葉ハ大形ニシテ互生シ、稍頭ニ集リ
着テ四方ニ傘開シ、基部放大抱莖セル葉
柄ヲ有シ再羽狀複葉ニシテ、總葉軸・支葉
軸ニ微刺アレドモ老葉ニハ之レナシ。小
葉ハ對生シ、多數ニシテ卵形ヲ呈シ鋸齒
アリ、裏面帶白多少有毛、或ハ多毛(めだ
ら)ナリ。花穗ハ八月頃稍頭葉心ニ出デ少
數或ハ多數ノ圓穗花ニ短矮ナル總軸ヨリ
開生シテ白色ノ小花ヲ滿開ス。五花瓣、五
雄蕋、下位子房、五花柱アリ。漿果ハ小球
形ニシテ黑熟ス。山民嫩芽ヲ採リたら芽
ト稱シ食フ、うどノ香味ニ似タリ。漢名 楤木
(誤用、是レ支那たらのきノ名ナリ)

284

かくれみの
Gilibertia trifida *Makino.*

常緑ノ小喬木ニシテ暖地ノ山林中ニ生ジ、又往々庭樹トシテ用キラル。高サ9m内外ニ及ビ、幹ハ直立シテ分枝ス。葉ハ枝梢ニ互生シテ長短ノ葉柄ヲ具ヘ、質厚クシテ毛ナク、滑澤ニシテ三主脈ヲ具フ。若木ノ葉ハ多ク五深裂シテ闊ク、老木ニテハ全邊ニシテ倒卵形或ハ卵形ヲ呈シ、又倒卵形ニシテ三裂者ヲ交ユルコト多シ。夏月枝端ニ單一或ハ分枝セル有柄ノ繖形花穗ヲ成シテ有柄ノ淡黄綠色花ヲ綴ル。五花瓣、五雄蕋、下位子房、五花柱アリ。果實ハ廣橢圓形、黑熟。和名隱蓑ハ其葉ヲ身ヲ隱スニ着ルト云フ蓑ニ擬ヘシナリ。

第853圖

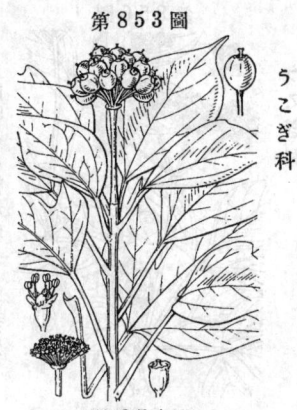

第853圖

うこぎ科

はりぎり　（刺楸樹）
一名　せんのき
Kalopanax ricinifolius *Miq.*

廣ク諸州ノ山地ニ生ズル落葉喬木ニシテ高サ25m内外ニ達シ、周圍3m内外ニ及ブ。幹ハ直立高聳シ、樹膚ハ粗糙ナル裂線アリテ暗褐色ヲ呈シ、枝極ハ粗大ニシテ尖刺多シ。葉ハ互生シ、枝頭ニ相集リテ出デ、長柄ヲ有シ、七或ハ九裂シテ掌狀ヲ呈シ、裂片ニ細鋸齒アリ、裏面ハ稍毛ヲ帶ブ。五月頃、枝端ニ數花軸ヲ叢出シテ分枝シ、枝端ニ球形ノ繖形花穗ヲ成シテ多數ノ黄綠小花ヲ開ク。四或ハ五花瓣、四或ハ五雄蕋、下位子房、二裂花柱アリ。果實ハ球形ニシテ藍黑色ニ熟ス。材ヲ下駄竝ニ器具等ニ製ス。

第854圖

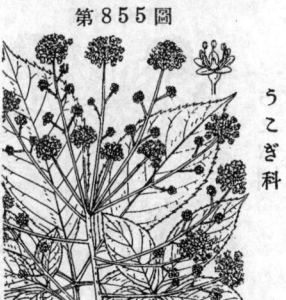

第854圖

うこぎ科

こしあぶら
一名　ごんぜつのき
Acanthopanax sciadophylloides
Franch. et Sav.
(=Kalopanax sciadophylloides *Harms.*)

山林中ノ落葉喬木ニシテ高サ16m許、徑60cm許ニ達シ、幹ハ直上ニ樹膚ハ灰褐色、枝極ハ灰白色ヲ呈ス。葉ハ互生シ基部短鞘ヲ呈セル長柄ヲ具ヘ五出掌狀複葉ヲ成シ、小葉ハ短柄アリテ倒卵狀橢圓形、長サ10-20cm許、先端尖リ底部銳形或ハ楔形、刺狀鋸齒緣、質薄ク稍硬ク、裏面ハ淡色ニシテ脈上淡褐色ノ軟毛アリ。夏日開花シ、繖形花序ハ長梗アリテ枝端ニ集合シ、複繖形ノ觀アリ。花ハ小形ニシテ多數、淡綠黄色。萼ハ五小片アリ。花瓣五片、平開シ卵狀橢圓形。雄蕋五、挺出、黄葯。子房ハ下位、二花柱。漿果ハ小球形、稍平扁、平滑、秋ニ入リテ黑紫色ニ熟シ長サ5mm許。和名ハ漉し油ノ意ニシテ往昔此樹ヨリ樹脂液ヲ採リ、之レヲ漉シテ塗料ニ使用セシ故此名アリ、又ごんぜつハ金漆ニシテ其特別ナル塗料ヲ云ヘリ。

うこぎ科

285

たかのつめ
一名 いものき
Kalopanax innovans *Miq.*

うこぎ科

山地ニ生ズル落葉小喬木ニシテ、高サ3-5m許。幹ハ直上シテ分枝シ、樹皮平滑ニシテ灰色ヲ呈ス。葉ハ互生シ、長枝梢弁ニ短枝端ニ集リ着キテ長柄ヲ具ヘ、三出複葉ヲ成シ、基部ノ者ハ往々單葉ヲ呈ス。小葉ハ楕圓形ニシテ兩端尖リ、全邊ニテ秋末黄變ス。夏、短枝頂ニ花軸ヲ抽テ上部分枝シ、枝端ニ圓球狀ノ繖形花穗ヲ成シテ多數ノ黄綠小花ヲ開ク。五花瓣、五雄蕋、下位子房、二裂花柱アリ。果實ハ小球形ニシテ黑熟ス。和名鷹の爪ハ其冬芽ノ形狀ニ基キ、芋の木ハ其材ノ軟クシテ芋ノ肉ノ如ケレバ云フ。

はりぶき
Echinopanax japonicus *Nakai.*

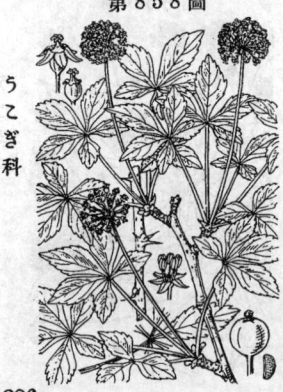

うこぎ科

深山ノ樹下陰地ニ生ズル落葉灌木ニシテ高サ凡60～90cm許、莖ハ往々屈曲横斜シテ褐色ヲ呈シ、葉ト共ニ多クノ刺ヲ生ズ。葉ハ大ニシテ互生シ、莖頭ニ集リ着キ、長柄ヲ具ヘテ四方ニ開出ス、掌狀ニ分裂シ、裂片ハ尖リテ更ニ尖裂シ、葉緣ハ不齊齒アリ、葉面ノ脈上ニ尖刺アリ、偶ニ無刺ノ品めはりぶき (var. inemis *Makino*) アリ。夏日、莖頂葉心ニ圓錐花穗ヲ成シ、花軸ニ總狀的ニ短枝ヲ分チ、其枝頭ニ繖形ヲ成シテ有梗ノ帶綠白色ノ小花ヲ開ク。五花瓣、五雄蕋、下位子房、二花柱アリ。果實ハ廣楕圓狀圓形ニシテ赤熟ス。

うこぎ (五加)
一名 ひめうこぎ 古名 むこぎ
Acanthopanax Sieboldianum *Makino.*

うこぎ科

處々人家ニ栽植シ往々生籬ト成リ或ハ逸シテ野生的ニ成リタル落葉灌木ニシテ叢生シ、根ヨリ引テ苗ヲ生ズ。枝ハ灰白色、皮目散在シ、短枝ヲ生ズル事多ク、4～7mm長ノ眞直ナル瘦刺針アリ。葉ハ深綠色、長葉柄アリテ長枝ニハ互生シ短枝ニハ束生シ、五全裂シ、裂片倒卵狀長橢圓形或ハ倒卵狀倒披針形、先端ニ微凸尖鈍形ニシテ下底部ハ楔形或ハ狹楔形ヲ成シ、上半部ニノミ葉緣ニ不齊ノ鋸刻齒牙ヲ刻ミ兩面無毛ナリ。初夏ノ候、短枝束葉中ヨリ通常葉ヨリモ長キ繖梗ヲ抽キ、梗端ニ數個花ヲ半球形ノ繖形花序ニ密着ス。雌雄異株ナルベシト雖ドモ我邦ニ純雌株未詳シ。花ハ小形、萼ハ皿狀、五乃至七齒アリテ宿存ス。花瓣五乃至七片。雄蕋五乃至七數存在シ脫離シ易シ。子房ハ下位、五乃至七室、花柱ハ上部五乃至七岐ス。核果ハ漿果樣ニシテ球形、黑熟、數花柱ヲ殘存シ、五乃至七分核アリテ核内各一種子ヲ容ル。本種ノ其果實五乃至七室ヲ成シ花柱亦低ク同數、且花梗通常葉ヨリモ長ケレバ直ニ識別シ得。嫩葉ハ採リテ食用トス。往時支那ヨリ渡來セシ種ニシテ我日本ノ帶ニ非ラズ、蓋ハ藥用植物トシテ將來セシナラン、所謂五加皮ハ此レノ根皮ナリ。和名うこぎ ハ五加木ノ意ニシテ五加ノ唐音うこト木ノ邦音キトノ合セシ者ナリ。

286

やまうこぎ
一名　おにうこぎ
Acanthopanax spinosum
Decne. et Planch.

山野ニ生ズル雌雄異株ノ落葉灌木ニシテ高サ 2m 内外ニ達シ、幹ハ叢生シテ彎曲シ、分枝シテ茶褐色ノ平扁ナル刺ヲ有ス。葉ハ長枝ニハ互生シ、短枝ニハ束生シ、五小葉掌狀複葉ニシテ長柄ヲ具ヘ、小葉ハ倒卵狀楔形ニシテ鋸齒アリ。初夏、球形ヲ呈セル有梗ノ繊形花穗ヲ短枝ノ葉間ニ出シ、有梗ノ黄綠小花ヲ滿開シ、花穗ハ花梗ヲ連ネテ葉柄ヨリ短シ。五花瓣アリ。雄花ハ五雄蕊。雌花ハ二花柱ヲ有ス。果實ハ球形ニシテ黒熟ス。從來之レヲうこぎト云フ、非ナリ、從テ此者五加ニ非ズ。

第859圖

うこぎ科

けやまうこぎ
誤稱　おにうこぎ
Acanthopanax divaricatum *Seem.*

山地ニ生ズル落葉灌木ニシテ叢生シ、高サ3m内外、直上シテ分枝シ、枝ハ疎刺アリ、嫩枝ニハ密毛アリ。葉ハ互生シテ長柄ヲ有シ、長枝ニハ疎着シ、短枝ニハ束生ス。五小葉ノ掌狀複葉ニシテ質稍厚ク、裏面ニ密毛ヲ被フル、小葉ハ倒卵形ニシテ重鋸齒ヲ有シ、兩端狹窄ス。秋月、枝梢ニ頂生并ニ腋生ノ花梗ヲ分チ、梗頂ニ球狀ノ繊形花穗ヲ成シテ短梗ノ小白花ヲ密着ス。五花瓣、五雄蕊、黄葯、一花柱アリ。果實ハ黒熟ス。從來之レヲおにうこぎトス、非ナリ。

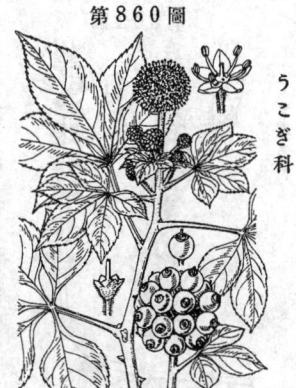

第860圖

うこぎ科

きづた　（百脚蜈蚣）
一名　ふゆづた
Hedera rhombea *Sieb. et Zucc.*

普通山野ニ見ル常綠ノ攀緣灌木ニシテ岩上・樹上ニ生長シ、其老大ナル者ハ著シキ長サニ達シテ分枝繁茂シ主幹ハ巨大ト成リテ無數ノ氣根ヲ發出シ木石ノ面ニ緊着ス。葉ハ互生シテ長柄ヲ有シ、質剛厚ニシテ滑澤、深綠色ヲ呈シ、全邊ニシテ卵形ヲ成シ、或ハ三裂或ハ五裂ノ者アリ。晩秋、小枝端ハ頂生短軸ヲ出シ、長梗ヲ分チテ梗頂ニ圓形ヲ成セル繊形花穗ヲ成シ、多數ノ綠黄花ヲ開ク。五花瓣、五雄蕊、下位子房アリテ花盤大ナリ。果實球形ニシテ翌年ニ黒熟ス。漢名 常春藤（誤用）

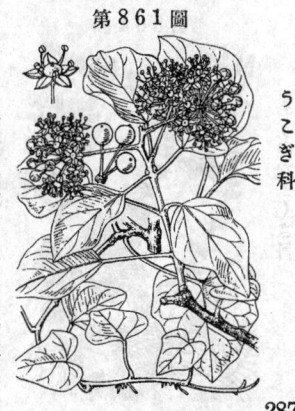

第861圖

うこぎ科

287

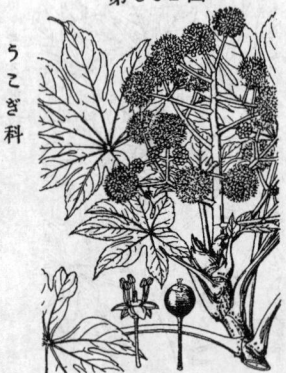

第862圖

うこぎ科

やつで
Fatsia japonica *Decne. et Planch.*

暖地近海ノ山中林間ニ生ジ、又普通人家ニ栽植セラルル顯著ナル常綠灌木ニシテ高サ2.5m内外。莖ハ多クハ數條叢生シ單一或ハ疎ニ分枝シ、大ナル白髓ヲ具フ。葉ハ互生シ、長柄ヲ以テ莖頭ニ集リ着キ、四方ニ開出ス、質厚ク、深綠色無毛ニシテ掌狀ニ七-九裂シ、裂片ハ卵狀橢圓形ニテ尖リ、鋸齒アリ。嫩葉ハ茶褐色綿毛ニテ被ハル。晚秋枝梢葉心ニ大圓錐花穗ヲ出シ、初メ謝落性ノ白苞ヲ以テ之ヲ擁ス、中軸幷ニ枝梗ハ白色ヲ呈シ、梗頂ニ球狀ノ繖形ヲ成シテ多數白花ヲ開ク、雄性雌性ノ兩花アリ。五花瓣、五雄蕋、下位子房アリ、花柱ノ基部ニ花盤アリ。果實ハ球形、翌年黑熟ス。和名ハ八つ手ニテ只漫然ト其ノ分裂葉ヲ眺メシ名ナリ。漢名八角金盤(慣用)

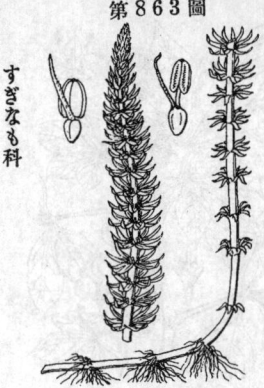

第863圖

すぎなも科

すぎなも
Hippuris vulgaris *L.*

中部以北ノ沼澤ニ生ズル沈水ノ多年生草本。泥中ニ粗長ナル根莖ヲ引キテ繁殖シ節ヨリ鬚根ヲ發出ス。莖ハ水中ヨリ抽テ氣中ニ直立シ單一ニシテ綠色ナリ。葉ハ線形或ハ狹長橢圓形ニシテ全邊、無柄ニシテ開出シ、十片內外ヲ以テ莖ニ輪生シ多クノ層ヲ成シ莖ト共ニ無毛ニシテ質薄ク且軟ナリ。花ハ極メテ小形ニシテ葉腋ニ獨在シ、無梗ニシテ花冠ヲ缺如ス。萼ハ略ボ球形ニシテ綠色ヲ呈シ餘部ハ全邊。雄蕋ハ一、葯ハ大形、紅色。子房ニ一シテ萼ニ包マレテ一卵子ヲ容レ、鍼形ノ一花柱アリテ立ツ。果實ハ小核果ニシテ橢圓形ヲ成シ平滑ニシテ綠色ヲ呈シ核ハ堅シ。和名杉菜藻ハ瞥見すぎなノ觀アリテ水草ナレバ斯ク云フ。

第864圖

ありのたふぐさ科

ふさも
一名 きつねのを
Myriophyllum verticillatum *L.*

池沼・止水中ニ生ズル多年生水草ニシテ延ビタル者ハ長サ50cmニモ及ブ。莖ノ下ハ地下莖ト成リテ泥中ニ入リ、節ヨリ鬚根ヲ發出シ、上部ハ細長圓柱形ニシテ梢部ハ氣中ニ出デ、葉ト共ニ軟カシ。葉ハ莖ノ節ニ四片ヅツ輪生シテ十字形ヲ成シ、每葉無柄ニシテ羽狀ニ全裂シ、水中者ハ羽片纖細ニシテ毛狀ヲ成シ褐綠色ヲ呈シ、氣中者ハ羽片稍廣クシテ短ク帶白鮮綠色ヲ呈ス。夏日、水面上ニ出デタル梢葉腋ニ無柄ノ小白花ヲ開キテ花穗ヲ成ス。每花梢葉ヨリ短ク、細小四片萼、倒披針狀四花瓣、黃葯ノ八雄蕋、下位子房ヲ有ス。果實ハ小ニシテ圓シ。冬期ニハ水中ニ側生ノ繁殖芽ヲ出ス。

きんぎょも （聚藻）
一名 ほざきのふさも
Myriophyllum spicatum L.
var. muricatum *Maxim.*

第865圖

ありのたふぐさ科

溝瀆・池沼ニ生ズル多年生水草ニシテ、往々一株ニ叢生シ、細長ナル圓莖ハ水ノ淺深ニ從テ長短アリ、長キ者ハ凡1m餘ニ成長シテ疎ニ分枝ス。止水ニ在ル者ハ葉ト共ニ褐綠色ナレドモ流水中ニ靡キ流ルル者ハ鮮綠色ナリ。葉ハ四片莖節ニ輪生シ、無柄ニシテ絲狀ニ羽裂ス。夏秋ノ候、穗狀花穗ヲ水面上ニ出シ層ヲ成シテ無柄ノ褐色小花ヲ輪着ス。花ハ下部ニ雌花、上部ニ雄花アリ、細小ナル四片萼、四花瓣、下位子房アリ、雄蕋ハ八、葯ハ黃色。果實ハ卵圓形ニシテ硬尖面ヲ有ス。和名金魚藻ハ元來本品ノ正名ニシテ金魚鉢ニ入ルルニ因ル、世間學者ノ云フ金魚藻ハ其名ヲ誤リシモノニテ其品ハ本名ハまつもナリ。

た　ち　も

Myriophyllum ussuriense *Maxim.*

第866圖

ありのたふぐさ科

水生ノ多年生草本ニシテ、其水中ニ在ル者ハ長サ50cm內外ニ成長シ、水ノ乾キシ濕地ノ者ハ高サ僅ニ6-10cm許ニ過ギズ、下部ハ地下莖ト成リテ鬚根ヲ出ス。莖ハ細長淡綠色。葉ハ三葉莖節ニ輪生シ、小ニシテ羽狀深裂シ、裂片絲狀ニシテ短シ。夏秋ノ候、梢葉腋毎ニ無梗小花ヲ着ケ、雌雄花株ヲ異ニシテ開ク。細微ナル四萼片、四花瓣アリ、雄花ニハ八雄蕋ヲ具ヘ、雌花ノ下位子房頂ノ花柱ニ毛アリ。

ありのたふぐさ（小二仙草）

Halorrhagis micrantha *R. Br.*

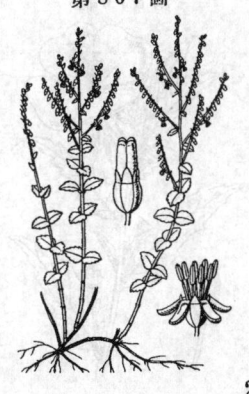

第867圖

ありのたふぐさ科

山野ニ普通ナル多年生小草本ニシテ、叢生ス。莖ハ細長ニシテ往々赤褐色ヲ帶ビ、初メ地ニ偃臥シテ鬚根ヲ出シ、有花莖ハ直上シ、高サ12-25cm許ニ及ブ。葉ハ對生シ、無柄ニシテ小ナル卵圓形ヲ呈シ、鈍鋸齒ヲ有シ、無毛ナリ。秋日、莖梢ニ數枝ヲ分チ、下向セル黃褐色ノ細花ヲ點綴シテ瘦穗ヲ成ス。花ハ小ナル四萼片、淡黃帶褐色ノ四花瓣アリ、八雄蕋ニシテ葯ハ紫褐色ヲ呈シ黃花粉ヲ吐ク、縱稜アル下位子房ノ頂ニ四花柱アリテ柱頭ハ淡紅毛密生ス。和名蟻の塔草ハ本品ノ蟻塚、其細花ハ蟻ニ見立テテノ名ナラン乎。

289

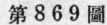

まつよひぐさ
Oenothera odorata *Jacq.*

第868圖

あかばな科

南米智利原產ノ多年生草本ニシテ嘉永四年我邦ニ渡來シ、當時ハ之レヲ庭園ニ養フテ觀賞セシガ、現時ハ廣ク諸州ニ野生シテ歸化植物ノ一トナレリ。地下ニ白キ直根アリ。莖ハ一株ニ一條或ハ數條出デテ直立シ、往々疎ニ分枝シ、梢部ハ花穗ト成リ、高サ凡50-90cm許アリ。葉ハ線形ニシテ中脈白ク、葉綠ニ低平ノ疎鋸齒アリ、根生葉ハ叢生シ、莖生葉ハ互生ス。夏日、葉腋ニ無梗ノ鮮黃色ノ一花ヲ着ケ、夕刻開キテ翌朝日出デテ凋ミ、黃赤色ニ變ズ。蕚淡綠四片ナレドモ二片ヅツ相聯接シテ恰モ二片ノ如ク見エ、開花ノ時反曲シ、下ニ花筒ヲ成ス。凹頭ノ四花瓣平開シ、八雄蕋アリテ葯ハ黃花粉多シ。柱頭ハ四枝ヲ成シ、子房ハ圓柱形ニシテ毛アリ。蒴果ハ四裂シ、細種子アリ。種子濕ヘバ粘液ヲ泌出ス。和名ハ待宵草ナリ。

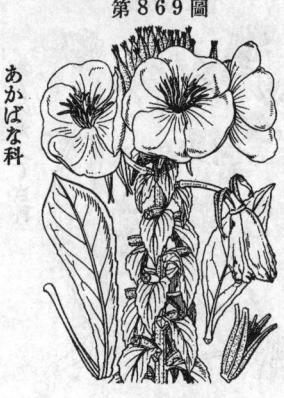

おほまつよひぐさ
誤稱 つきみさう
Oenothera Lamarckiana *Ser.*

第869圖

あかばな科

北米原產ノ越年生草本ニシテ明治初年我邦ニ入リ、今日ハ廣ク諸州ニ野生シ、歸化植物ノ一トナレリ。大形ニシテ高サ1.5m內外ニ達ス。根ハ白色ニシテ直根ヲ成ス。莖ハ直立シ、往々分枝シ、粗大ニシテ毛アリ、枝端ハ花穗ヲ成ス。葉ハ長橢圓狀披針形ニシテ互生シ、葉綠ニ低平ナル鋸齒アリ、根生葉ハ倒披針形ニシテ地面ニ開出ス。夏日、夕刻ニ大ナル無梗ノ黃花ヲ枝梢ニ連開シ、翌朝日出デテ凋ミ、花下ニ綠色苞葉アリ。四蕚片ハ二片ヅツ連接シ、開花ノ際反曲ス。四花瓣凹頭ヲ成シ、八雄蕋アリテ葯ハ黃花粉多シ。柱頭ハ四枝ヲ成シ、子房ハ下位ニシテ細毛アリ。蒴果ハ四裂シ、細種子アリ。近來頻リニ之レヲつきみさうト稱スレドモ非ナリ、つきみさうハ白花ヲ開ク別ノ品ナリ。

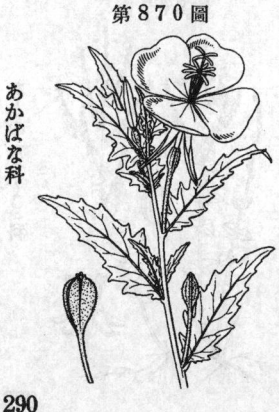

つきみさう
一名 つきみぐさ
Oenothera tetraptera *Cav.*
(=Hartmannia tetraptera *Small.*)

第870圖

あかばな科

北米原產ニシテ往時我邦ニ渡來シ、園藝植物トシテ栽培セラレシ二年生草本ニシテ全株微毛ヲ布ク。莖ハ直立シ高サ60cmニ達シ疎ニ分枝ス。葉ハ互生シ、短柄或ハ無柄、披針形ニシテ不齊ノ羽狀樣粗鋸齒アリ、淡綠色ヲ呈シ質軟ナリ。花ハ夏日葉腋ニ獨在シテ開キモ花梗アリ。蕚筒ハ短ク、綠蕚二片ハ狹長ニシテ花時反曲シ邊緣內卷ス。花瓣ハ四片、大形、廣圓ナル倒心臟形ニシテ稍凹頭ヲ呈シ白色、夕刻ニ開キ翌朝淡ダ紅變ス。雄蕋ハ八、花喉ニ出デ、花絲・葯共ニ淡黃色。子房ハ下位、四稜、綠色、花柱ハ高ク花ニ抽キ柱頭四岐シテ十字形ヲ成ス。果實ハ蒴果、倒卵形ニシテ粗毛アリ、四縱裂シテ細子ヲ吐ク。往時嘉永時代ニ一まつよひぐさ等ト同時ニ傳來セシト雖モ性弱キ爲メニ野生狀態トナラズシテ了リ現時ハ世間殆ンド之レヲ見ザルニ至レリ。世俗往々おほまつよひぐさヲ以テつきみさうト呼ブ一非ナリ。和名ハ月見草ノ意ニシテ花瓣白ク且薄暮ニ開花スルヲ以テ之レヲ夕月ニ比シ斯ク稱セシナリ。

290

みづたまさう
Circaea quadrisulcata
Franch. et Sav.

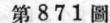

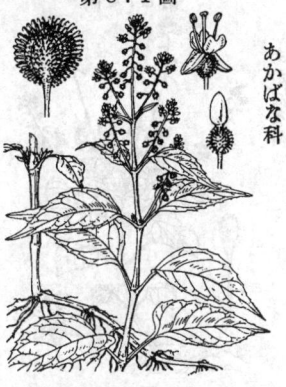

山野陰地或ハ半陰地ニ能ク生ズル多年生草本ニシテ、高サ40-60cm許、白キ地下莖ヲ引テ繁殖ス。莖ハ直立シ、單一ニシテ節間ノ基部多少紅紫色ヲ帶ビテ少シク膨腫ス。葉ハ有柄ニシテ對生シ、廣披針形ニシテ尖リ、低キ鋸齒ヲ有ス。夏日、莖梢ニ頂生丼ニ腋生ノ總狀花穗ヲ成シテ有梗小花ヲ開ク。綠萼二片、凹頭白色花瓣二片、二雄蕋、一花柱、白鉤毛アル下位子房アリ。果實ハ略ボ球形ニシテ四縱溝ヲ印シ、鉤刺毛ヲ滿布シ、果柄ハ下向ス。和名水玉草ハ白毛アル球形子房ニ基ヅク。

うしたきさう
Circaea cardiophylla *Makino.*

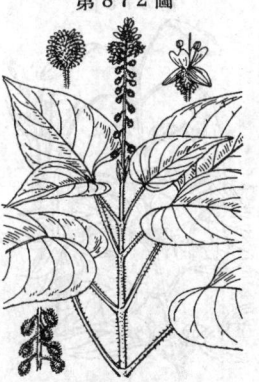

山中樹下ノ地ニ生ズル多年生草本ニシテ地下莖ヲ引キ、高サ40-50cm許アリ。莖ハ單一ニシテ直立シ、淡綠色ニシテ葉ト共ニ細毛ヲ密布シ、節間ノ基部多少膨腫ス。葉ハ長葉柄ヲ有シテ對生シ、卵狀心臟形ヲ呈シ、低平ナル波狀鋸齒アリ。夏日、莖梢ニ總狀花穗ヲ成シテ有梗白色ノ小花ヲ開ク、花軸ノ長サ凡 2-12cm許アリ。萼片二、二深裂セル廣倒卵形花瓣二、二雄蕋、一花柱、鉤毛アル子房アリ。果實ハ倒卵狀球形ニシテ鉤刺毛ヲ滿布ス。和名牛瀧草ハ山名ヨリ出デシナラン、和泉、越中兩國共ニ牛瀧山アリ、果シテ其何レニ基ヅキシ乎。

たにたで
Circaea erubescens *Franch. et Sav.*

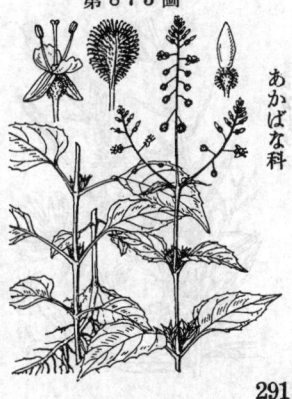

山中ニ生ズル多年生草本ニシテ地下莖ヲ引キ、高サ凡20-40cm許。莖ハ單一ニシテ直立シ、節間ノ基部多少膨腫シ葉柄等ト共ニ紅紫色ヲ帶ブ。葉ハ有柄、對生シ、卵形ニシテ尖リ、低平ナル波狀鋸齒アリテ質軟ナリ。夏月、莖梢ニ枝梗ヲ分チテ總狀花穗ヲ着ケ、有梗ノ淡紅小花ヲ開キ、果實ノ時小梗下向ス。萼二片、紅紫色、花瓣二片、先端三裂シ、雄蕋二ニシテ葯ノ花粉白ク、花柱一、鉤毛アル下位子房アリ。果實ハ倒卵形ニシテ鉤刺毛ヲ滿布ス。和名谷蓼ハ谿ニ生ジテ草狀蓼ノ如ケレバナリ。

あかばな科

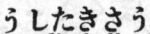

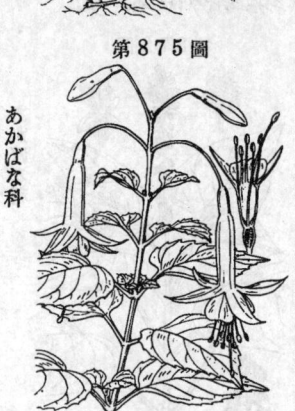

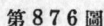

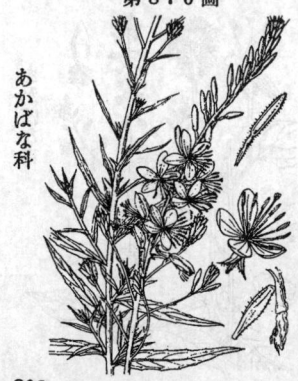

第874圖

あかばな科

みやまたにたで
Circaea alpina L.

深山陰地或ハ高山陽處ニ生ズル柔軟ナル多年生小草本ニシテ、纖細ナル白色地下莖ヲ引テ繁殖シ、高サ6-15cm許アリ。莖ハ直立シ、或ハ柄ニ單一、或ハ分枝シ、狹細ナリ。葉ハ有柄對生シ、心臟狀廣卵形ニシテ低平ナル鋸齒アリ。夏秋ニ莖梢ニ纖長ナル花梗ヲ出シテ上部總狀花穗ト成リ、帶紅白色ノ有梗細小花ヲ着ク。花軸ハ纖細ニシテ小梗鬚狀ヲ呈シ果實ノ時ハ斜ニ下ヲ指ス。萼片二、花瓣二片ニシテ二裂シ、雄蕊二、花柱一、細鉤毛アル下位子房アリ。果實ハ倒卵狀橢圓形ニシテ鉤毛ヲ滿布ス。

第875圖

あかばな科

ほくしゃ
一名 つりうきさう
Fuchsia hybrida Voss.
(=F. speciosa Hort.)

南米ノ原產ナル F. magellanica Lam. ノ或ル品種トめきしこ原產ナル F. fulgens Moc. et Ses. トノ間種ナラント謂ハレ、俗ニ Common garden fuchsia ト呼バルル種ニテ明治初年前後ニ我邦ニ入リ、爾後觀賞植物トシテ溫室ニ養ハレ世間ニ廣マリシ者ナリ。元來瀧木ナレドモ普通ニハ草狀ヲ呈シ、高サ凡30-60cm許。莖ハ直立。葉ハ有柄、對生シ、卵形ニシテ鋸齒ヲ有シ、莖ト共ニ暗紫色ヲ帶ブ。夏日、枝梢葉腋ニ細長柄ヲ出シテ先端ニ一美花ヲ着ケ、下垂ス。萼ハ下部長筒ヲ成シ、上部四裂シテ開キ、赤色ヲ呈ス。四花瓣ハ萼裂片ヨリ短ク、紅紫色・紅色・白色ノ品アリ。八雄蕊花喉ニ着キ、花柱ト共ニ花外ニ斗出シ、子房ハ下位ナリ。和名ほくしゃハふくしあノ屬名ヨリ來リ、一名ノ釣浮き草ハ其吊垂セル花ノ空中ニ浮ビシ形容ニ基ク。

第876圖

あかばな科

はくてふさう
一名 やまももさう
Gaura Lindheimeri
Engelm. et Gray.

北米てきさす州邊ノ原產ニシテ、高サ60-90cm許アリ、多年生草本ニシテ觀賞花草トシテ人家ニ栽培セラル。莖ハ直立シ、瘦長ニシテ多少上部ニ分枝ス。葉ハ互生シ、無柄ニシテ披針形ヲ呈シテ尖リ、波狀疎齒アリ。春夏ノ候、梢ニ長キ穗狀花穗或ハ圓錐狀穗狀花穗ヲ成シテ白花ヲ開ク。萼筒ハ下位子房ノ頂ニ立チ、上部四片ニ分レ開花ノ際ハ反曲ス。篦狀ノ四花瓣、八雄蕊、一花柱アリ。果實ハ瘦紡錘形ニシテ細毛アリ。和名白蝶草ハ花狀ニ基ク。やまももさうハ蓋シ山桃草ニテ同ジク花狀ニ基キシモノナラン。

292

ちゃうじたで
一名　たごばう
Ludwigia prostrata *Roxb.*

一年生草本ニシテ田間等ノ濕地ニ生ジ、
高サ 40-60cm 許アリ。莖ハ直立或ハ横斜
シテ分枝シ、綠色ニシテ往々帶紅、縱稜
アリ。葉ハ互生シ、披針形ニシテ柔カク、
殆ンド全邊ニシテ羽狀支脈多ク、秋日往
々紅染ス。夏秋ノ候、葉腋ニ無梗ノ黃花
ヲ開ク。綠萼四片、細小ナル四花瓣、四
雄蕊、一花柱アリ。子房ハ下位ニシテ長
ク、熟スレバ蒴ト成リ、後チ果皮剝離シテ
種子ヲ露ハス。和名丁子蓼ハ其草狀蓼ニ
似、其花汀子ノ形ニ似タルヲ以テ名ク。
たごばうハ蓋シ田牛蒡ノ意ニテ其根形ニ
基キテ名ケシナラン。

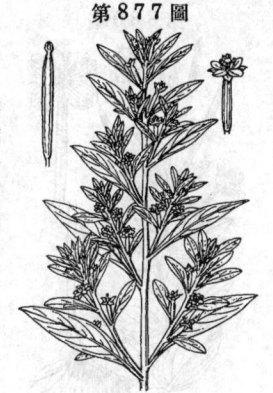

あかばな科

みづゆきのした

Ludwigia ovalis *Miq.*

池邊澤畔ノ濕地ニ生ズル柔軟ナル多年生
草本ニシテ通常紫褐色ヲ呈シ、長サ30cm
內外アリ。莖ハ下部泥上ヲ走リテ鬚根ヲ
生ジ、上部ハ通ジテ葉ヲ着ケ、或ハ立チ或
ハ横斜ス。葉ハ卵形或ハ倒卵形、全邊ニ
シテ質薄ク、短柄ヲ有ス。夏秋ノ候、葉腋
ニ殆ンド無柄ノ淡黃綠細花ヲ單生ス。四
萼片、四雄蕊、一花柱アリテ花瓣ヲ缺如
シ、花心ニ花盤アリ。子房ハ下位ニシテ
宿存萼ヲ戴ク。

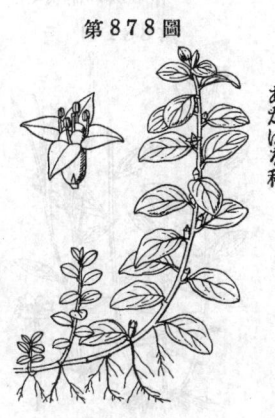

第 8 7 8 圖

あかばな科

みづきんばい

Jussieua repens *L.*

野外沼澤ノ水中ニ生ズル柔軟ナル多年生
草本ニシテ、盛茂シ往々水面ヲ被ヒ、其泥
中ノ地下莖ヨリハ往々白色綿樣ノ獸尾狀
呼吸根ヲ出ス。莖ハ淡綠色圓柱形ニシテ
長ク横走シ、上部擡起シテ凡30cm許ト成
リ花ヲ着ク。葉ハ有柄互生シ、倒披針形、
全邊ニシテ柄本兩側ニ深綠色ノ腺體ヲ具
フ。夏秋ノ間、葉腋ニ花梗ヲ出シテ葉ヨリ
短ク、梗頂ニ黃色ノ一花ヲ開ク。萼五片、
花瓣五片、凹頭倒卵圓形、雄蕊十、花柱一、
柱頭放大、子房ハ下位ニシテ長ク、一二ノ
綠色腺體ヲ有ス。蒴果ハ圓柱形、下部狹
窄、細種子ヲ有ス。漢名 水龍(慣用)

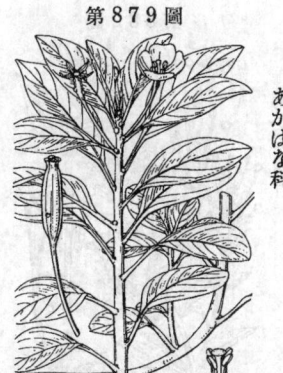

第 8 7 9 圖

あかばな科

あかばな

Epilobium pyrricholophum
Franch. et Sav.

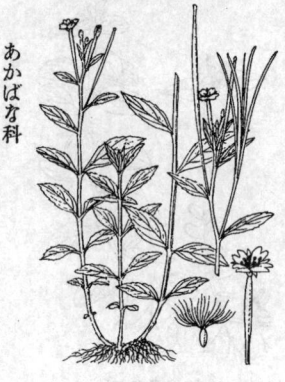

あかばな科

多年生草本ニシテ山足原野等ノ水傍ニ生ジ、同屬中最モ普通ナル品種ニシテ、高サ凡30–60cm許アリ、莖ハ横臥セル地下莖ヨリ直立シテ分枝シ細毛アリ。葉ハ對生シ、無柄ニシテ多少莖ヲ抱キ、卵狀長橢圓形ニシテ鋸齒アリ。夏日、莖梢ニ無柄ノ淡紅紫花ヲ腋生ス。萼四片、花瓣四片ニシテ二裂シ、八雄蕋アリ。花柱ハ上部棍棒狀ヲ成ス。子房ハ下位ニシテ狹長、細毛アリ、其狀宛カモ花梗ノ如シ。蒴果ハ狹長ニシテ凡3–5cm長アリ。種子細微、長キ冠毛アリ、風ニ從ヒ飛散ス。和名赤花ハ夏秋ニ其葉能ク紅紫色ニ染ム、故ニ此名アリ。漢名 柳葉菜(誤用)

こあかばな

Epilobium lucens *Lév.*

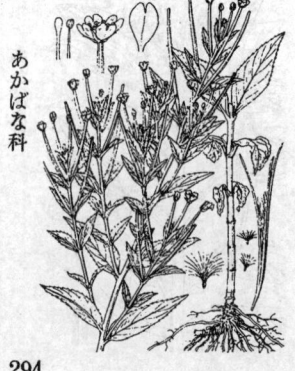

あかばな科

中部以北ノ高山地帶向陽ノ地ニ生ズル多年生ノ小草本ニシテ高サ20cm内外。莖ハ細長ニシテ兩側ニ白毛ノ線條アリ。葉ハ對生シ、短柄ヲ具ヘテ托葉無ク、卵狀披針形ニシテ邊緣疎低鋸齒ヲ刻ミ先端ハ尖リ無毛平滑ナリ。花ハ端正白色小形ニシテ短梗ヲ具ヘ、莖梢上部ノ互生葉腋ニ獨在シテ下ヨリ順ヲ逐テ開ク。萼ハ綠色四片。花冠ハ四片、倒卵形ニシテ平開シ先端兩岐ス。雄蕋ハ八、花瓣ヨリ短シ。子房ハ下位、瘦長、一花柱アリ。果實ハ狹長ナル蒴ニシテ直立シ往々莖頂ヲ超エ、無毛、熟スレバ開裂シテ白色ノ長種髦ヲ有スル細子ヲ飛散ス。本種ハ今之レヲ標本ニ製スレバ其葉稍透光質且帶黃褐色ト成リ自ラ一種獨特ノ觀ヲ呈スルヲ以テ直チニ此種タルヲ認識シ得ベシ。和名小赤花ハ小形ナルあかばなノ意ナリ。

いはあかばな

Epilobium cephalostigma *Hausk.*

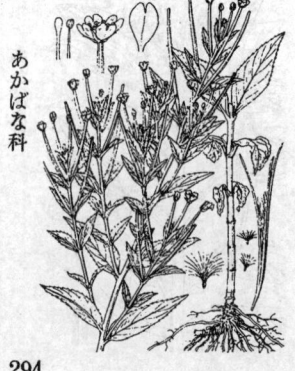

あかばな科

多年生草本ニシテ山中濕地ニ生ジ、高サ30–60cm許アリ。莖ハ直立シテ分枝ス。葉ハ對生シテ極メテ短キ葉柄ヲ具ヘ、長橢圓形或ハ披針形ニシテ葉緣ニ微鋸齒ヲ具フ。夏秋ノ間、莖梢葉腋ニ無柄白色或ハ淡紅色花ヲ單生ス。萼四片、花瓣四片ニシテ二裂ス。雄蕋八、花柱一、柱頭ハ頭狀。子房ハ下位、瘦長。蒴果ハ狹長。種子細微、冠毛アリ。

やなぎらん
一名 やなぎさう
Epilobium angustifolium L.

第883圖

あかばな科

多年生草本ニシテ山原ノ陽地ニ生ジ、長ク地下莖ヲ引テ盛ニ苗ヲ生ジ、往々原野一面ニ繁茂スルコトアリ。莖ハ直立シ、單一ニシテ高サ凡1.5mニ達ス。葉ハ互生シ、披針形ニシテ尖リ、葉緣ニ微鋸齒アリ、支脈多クシテ葉緣內ニ於テ連合ス。夏日、莖頭ハ總狀花穗ヲ成シテ多數無柄ノ紅紫色美花ヲ開キ、漸次ニ下ヨリ上ニ咲キ上ル。四萼片、四花瓣、八雄蕊、一花柱アリ。子房ハ下位ニシテ狹長、白細毛ヲ被フル。花後狹長ナル蒴果開裂シ、冠毛アル細種子ヲ飛散ス。和名柳蘭或ハ柳草ハ葉形ニ基ク。

ひし（菱）
Trapa natans L.
var. bispinosa Makino.

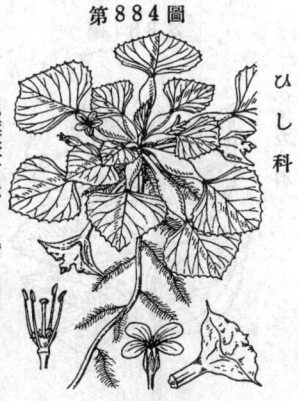

第884圖

ひし科

一年生草本ニシテ池沼ニ生ジ、莖ハ泥中ニ在リシ去年ノ實ヨリ萌出シ、細長ニシテ水ノ淺深ニ從ヒ長短アリ、節ニ羽狀ノ水中根ヲ具ヘ、本ハ泥中ニ根ヲ下シ、末ハ水面ニ達シテ梢頭ニ多數葉ヲ叢出シ、水面ニ浮ビ、葉々相依テ廣ク水面ヲ蔽ヘリ。葉ハ橫徑6cm許、菱狀三角形ニシテ鋸齒アレドモ下部ハ全邊ナリ、表面光滑、裏面ニ隆起脈アリテ毛ヲ帶ビ、葉柄ニハ膨脹部アリテ蛙股ノ如シ。夏日葉間ニ白色ノ有硬花ヲ開ク。萼四片、花瓣四片、雄蕊四、花柱一アリ。花心ニ齒緣ノ黃色蜜槽アリ、子房ハ半下位。後チ兩棘刺アル硬キ核果ヲ結ビ、中ニ多肉子葉ノ一種子アリ。和名ひしハ緊(ヒシ)ノ意ニテ實ノ銳刺ヲ謂ヘルカト云ハレ、又ひしぐ(挫ぐ)ノ意ニテ其壓扁セラレタル果實ヲ狀ニ基クトモ謂ヘリ。予ハ其葉ノ平布セル狀卽チひしげタル狀ヨリ云フニ非ズヤトモ思フ。

おにびし
Trapa natans L.
var. quadrispinosa Makino.
(＝T. quadrispinosa Roxb.)

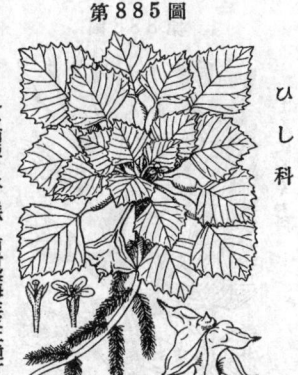

第885圖

ひし科

水中ニ生ズル一年生草本ニシテ槪形ハ頗ル前能ひしト相似テ判別シ難シ。柔軟細長ノ圓柱形ヲ成セル莖ハ初メ前年ノ果實(黑色ヲ呈ス)ノ泥中ニ在ル者ヨリ萌出生ジ、水底ヨリ上向シテ伸ビ水ノ深淺ニ從テ長短アリ、莖ノ通ジテ羽毛狀ニシテ葉綠ヲ有セル水中根ヲ有シ、頂部ニ多クノ綠葉ヲ簇生シテ放射狀ニ平開シ水上ニ浮ブ。葉ハ菱形ニシテ徑3-5cm、不齊ノ銳齒アリ、表面ニ滑澤、裏面ニ淡綠色ニシテ軟毛ヲ密布シテ葉脈隆起シ、質稍厚シ。葉柄ハ長クシテ紡錘狀長橢圓形ノ氣囊アリ以テ植物體ヲ水面ニ支フ。盛夏ノ候葉腋ニ有梗小白花ヲ滑々低ク水上ニ出シテ開ク。萼四片、披針形、綠色、宿存。花瓣四片、橢圓形、雄蕊四、黃約。花盤ハ四裂シ裂片ハ鱗冠狀、黃色。子房ハ半下位、二室、毎室一卵子アリ、上部ハ卵狀圓錐形ヲ成シ一花柱ヲ頂生ス。果實ハ有梗、水中ニ下垂シテ熟シ遂ニ落下シ外皮ハ腐朽シ去ルモ內果皮ハ骨質ニシテ否ラズ、腹背ノ二刺竝ニ兩側ノ二刺立ツ、肥大ノ四强刺ト成リ刺尖ニ逆細刺アリ、此四刺ニ卽チ內列ノ二專片ニ外列ノ二專片ノ宿存シテ成長變形セシ者ナリ、果內ニ無胚乳ノ大ナル一種子アリ。和名鬼菱ハ其果實强健壯大ナレバ云フ。

295

第886圖

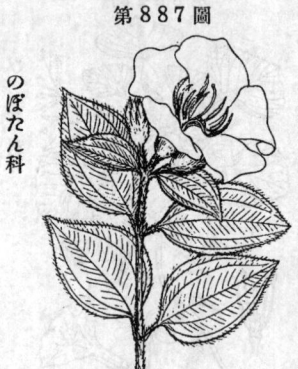

ひめびし

Trapa natans *L.*
var. incisa *Makino.*

一年生草本ニシテ池沼中ニ生ジ、細長ナ
ル莖ハ水ノ深淺ニ從ヒ自ラ長短アリ。水
中ノ莖上各節ニ二三條ノ絲狀根アリテ多
數ナル絲狀ノ分枝アリ。葉ハ小ニシテ横
徑2cm許、卵狀菱形ヲ呈シ、尖鋸齒アリ、
上面光滑ニシテ下面ハ葉脈隆起シ多少毛
アリ、葉々莖頭ニ簇集シテ四方ニ撒開シ、
水面ニ浮泛シテ長葉柄ヲ具フ。柄ノ上部
ニハ膨腫部アリテ中ニ空氣ヲ有シ、浮泛
ヲ助ク。夏日、有梗白花ヲ葉間ニ出ス。
四萼片、四花瓣、四雄蕊、一花柱、下半位子
房アリ。核果ハ小形ニシテ四棘刺アリ。
棘刺ハ宿存萼片ノ變ジタルモノナリ。

ひし科

第887圖

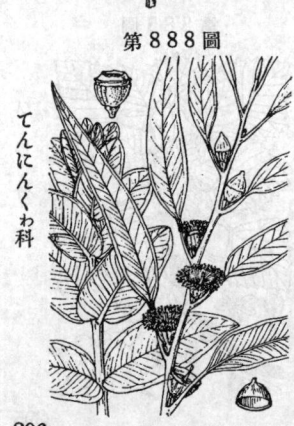

のぼたん科

のぼたん　（山石榴）

Melastoma candidum *D. Don*
var. Nobotan *Makino.*

琉球・臺灣等ニ產シ、內地ニテハ時ニ栽培
セラルル常綠ノ灌木ニシテ幹ハ分枝ス。
葉ハ對生シテ短柄ヲ有シ、卵形又ハ橢圓
形ニシテ葉上ニ粗毛多ク、大ナル葉脈數
條縱通ス。夏日、枝頭ニ大ナル淡紫色ノ
美花ヲ開キ、花梗ハ短シ。萼五片、子房
ト共ニ臥毛アリ。花瓣ハ五片ニシテ同旋
聾ヲ成シ、黄色長葯ノ十雄蕊、一花柱ヲ
有ス。花後球果ヲ結ビ、後一方開裂シテ
赤キ胎座ヲ露出シ、種子ハ細小ナリ。和
名ハ琉球名ノ野牡丹ニ出ヅ。

てんにんくわ科

ゆうかりじゅ

Eucalyptus globulus *Lab.*

濠洲原產ノ常綠喬木ニシテ直幹聳立シ、
100mニ上ニ成長シ、多ク分枝シテ葉極メ
テ繁シ。老樹ハ幹皮能ク剝脱ス。葉ハ低
枝ノ者ハ卵形ニシテ對生シ、高枝ノ者ハ
披針形ヲ成シテ多少彎曲シ、全邊ニシテ
表裏ナク、葉肉內ニ小油點ヲ散布シ、樟
香アリ。夏日、枝上葉腋ニ綠白色ノ一花
ヲ生ジ、極メテ短キ花梗ヲ具フ。萼片合
體シテ帽笠狀ヲ成シ、花瓣ト共ニ早ク散
落シ、多數ノ雄蕊ヲ露出ス。果實ハ倒卵
狀ニシテ粗面ヲ有シ、硬シ。樹脂ヲ採リ
テ藥用ニ供ス。明治十年頃渡來シ、其際
之レヲ有加利樹ト書キタリ。

第888圖

てんにんくゎ (桃金孃)

Rhodomyrtus tomentosa *Hassk.*

常緑小灌木ニシテ琉球・臺灣等ノ暖地ニ
生ジ、內地ニテハ時ニ之レヲ溫室內ニ見
ル。莖ハ直立シテ分枝シ、枝ハ葉・花梗・
花果ト共ニ白毛ヲ被フル。葉ハ有柄對生
シ、長橢圓形全邊ニシテ質厚ク、三條ノ
主脈縱通ス。夏日、枝上ノ葉腋ニ小枝ヲ
出シテ分梗シ、梗端ニ紅紫色ノ美花ヲ開
ク。萼片五、花瓣五片、外面ニ細毛ヲ布
ク。多雄蕋、一花柱アリ、子房ハ下位。
果實ハ廣橢圓狀圓形ニシテ細種子アリ。

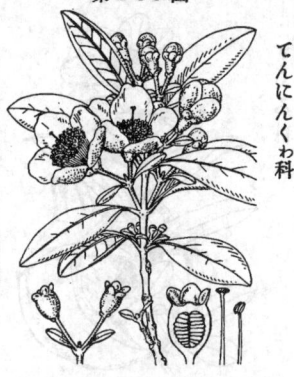

第889圖

てんにんくゎ科

しくんし (使君子)

Quisqualis indica *L.*
var. villosa *Clarke.*

支那ノ暖地ニ生ズル常綠ノ藤本ニシテ莖
ハ長ク蔓延シ、細毛ヲ帶ブ。葉ハ對生シ
テ短柄ヲ具ヘ、長橢圓形ニシテ短ク尖リ、
全邊ニシテ毛ヲ帶ブ。夏日、莖端ニ穗狀花
穗ヲ成シテ花ノ無梗花ヲ對生シ、
下向シテ開キ、花軸ニ細毛アリ。萼筒極
メテ長クシテ宛モ柄ノ如ク、上端五裂ス。
花瓣五片、同旋襞ニシテ平開シ、十雄蕋、
一花柱アリ、子房ハ下位ナリ。果實ハ五
稜ヲ成シテ兩端尖レリ。此品今普通ニ之
レノ無ク、只僅ニ一偶ニ溫室內或ハ暖地ニ見
ルノミ。葉ニ毛ナキ者ヲいんどしくんし
ト稱ス、即チ Q. indica *L.* ナリ、しくん
しハ此一變種ニ係ル。

第890圖

しくんし科

うりのき (八角楓)

Marlea platanifolia *Sieb. et Zucc.*
var. macrophylla *Makino.*

山中樹下ノ地ニ生ズル落葉灌木ニシテ、
高サ3m許、疎ニ分枝シ、材ハ軟ナリ。葉
ハ互生シテ長柄ヲ具ヘ、廣闊薄質ニシテ
三、五、七角尖ヲ成シ、葉底ハ心臟形ヲ呈
シ、葉緣ハ鋸齒ナシ、主脈ハ掌狀ヲ成シ五
條アリ。夏月、葉腋ニ花梗ヲ出シテ上部
疎ニ分枝シ、小梗端ニ各可ナリ大ナル白
花ヲ着ク。萼短微、花瓣六片、線形ニシ
テ反卷シ、雄蕋ハ花瓣ノ倍數アリテ黃葯
瘦長ナリ。果實ハ廣橢圓狀球形ニシテ熟
シテ藍色ヲ呈ス。和名瓜の木ハ其葉、瓜
葉ニ似タル故云フ。

第891圖

うりのき科

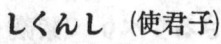

297

第892圖

ざくろ科

ざくろ （安石榴）
Punica Granatum L.

小あじあ邊ノ原産ニシテ通常庭園ニ栽植スル落葉喬木。高サ10m許ニ達シ、幹ハ繁ク分枝シ、嫩枝ハ四稜ヲ成シ、又棘枝アリ、材ハ黄色ヲ呈ス。葉ハ略對生ニシテ短柄ヲ有シ、狹長長橢圓形或ハ長倒卵形全邊ニシテ滑澤ナリ。六月頃、梢頭ニ多數ノ短梗花ヲ着ケテ開謝相犬ク。萼ハ筒狀ヲ成シ、多肉ニシテ六裂シ、表面平滑ニシテ赤色ヲ呈シ、雌性花ニ在テハ稍膨大シ、雄性花ノ者ハ倒卵狀ヲ成ス。花瓣ハ赤色六片ニシテ多少皺アリ。多雄蕊花喉ニ出デ、子房ハ萼筒ニ合同シテ下位ヲ成ス。果實ハ球形ニシテ頭ニ宿存萼裂片ヲ戴キ、果皮黄色肥厚ニシテ不齊ニ開裂シ、種子ヲ露ス。種子ハ往々淡紅色ヲ呈シ、外種皮透徹シテ酸甘ノ液汁ニ富ミ食スベシ。重辦花ノ品ヲはなざくろト呼ビ、之ニ對シ結實品ヲみさくろト云フ。根ヲ驅蟲藥トス。和名ハ石榴ノ晉ニ基ク。

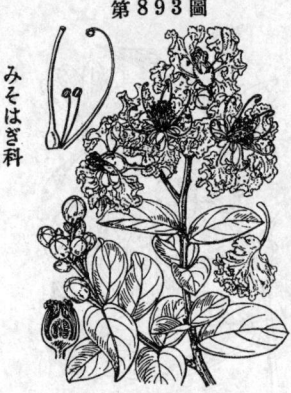

第893圖

みそはぎ科

さるすべり （紫薇）
一名 ひゃくじっこう
Lagerstroemia indica L.

支那ノ原産ニシテ通常觀賞樹トシテ庭園ニ栽植スル落葉喬木。高サ3-7m許、枝幹クシテ擴ガリ、小枝ハ四稜ヲ呈シ、樹皮ハ褐色ニシテ滑澤ナリ。葉ハ對生或ハ略ボ對生シ、殆ド無柄ニシテ橢圓形或ハ倒卵形ヲ成シ、全邊ニシテ質稍厚シ。夏秋ノ間枝端ニ圓錐花穗ヲ成シテ紅色或ハ時ニ白色ノ花ヲ簇着シ、開謝相犬ギ、花期頗ル長シ。萼ハ球形ニシテ六裂シ、往々紅紫色采アリ。六花瓣圓形ニシテ著シク皺縮シ、長花爪ヲ具フ。雄蕊多數、外圍ニ長キ六雄蕊アリ。雌蕊ハ一、一花柱雄蕊上ニ出ヅ。蒴果ハ橢圓形ニシテ殼片硬シ。和名猿滑リ其樹膚滑澤ニシテ猿モ亦滑リ落ルトフ云フョリ名ク。又ひゃくじっこうハ漢名ノ百日紅ニ基ク、即チ其花期ノ長キヲ表ハセリ。

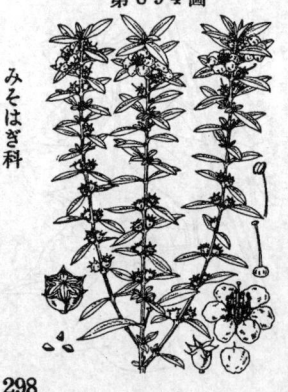

第894圖

みそはぎ科

きばなみそはぎ
Heimia myrtifolia
Cham. et Schlecht.

南米ぶらじる原産ノ落葉小灌木ニシテ我邦ニハ明治時代ニ渡來シ、植物園等ニ栽植セラレ、世間一般ニハ之レヲ見ズ。直立叢生シ、高サ1m內外ニ達シ、繁ク分枝シ、枝條瘦細ナリ。葉ハ對生幷ニ互生シ、殆ンド無柄ニシテ披針形ヲ呈シ全邊ニシテ枝葉顏ルおとぎりさう屬ノ姿態アリ。夏日、葉腋ニ稍無梗ノ黄色花ヲ開ク。萼ハ綠色鐘形ニシテ十二齒ニ分裂シ、圓形平開ノ六花瓣ト十二雄蕊トアリ。一花柱アル一子房アリ。蒴果ハ球形ニシテ宿存萼ニ包マル。

298

きかしぐさ
Rotala indica *Koehne*
var. uliginosa *Miq.*

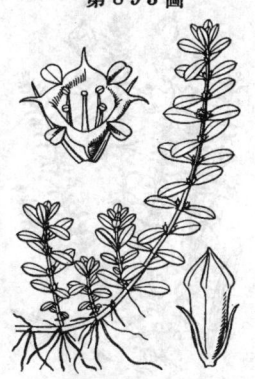

みそはぎ科

田間或ハ濕地ニ生ズル一年生ノ柔軟ナル草本ニシテ高サ12–15cm許アリ。下部場地シテ通常分枝シ、節ヨリ白色ノ鬚根ヲ下シ、上部直上シ、通ジテ葉ヲ有シ、圓柱形ニシテ往々紅紫色ヲ呈ス。秋ニ至テ時ニ多クノ短キ小枝ヲ出ス。葉ハ小形對生シ、無柄ニシテ橢圓形或ハ倒卵狀長橢圓形ニ成シ、全邊ニシテ鈍頭ナリ。夏秋ノ候、葉腋ニ淡紅色ノ單獨無柄ノ細花ヲ開キ、花下ニ二小苞アリ。萼ハ筒狀四裂シテ裂片アリ、四花瓣細小ニシテ萼緣ニ着ク。四雄蕊、一雌蕊アリ。蒴果ハ橢圓形ニシテ宿存萼ヲ伴フ。

みづきかしぐさ
Rotala leptopetala *Koehne*
var. littorea *Koehne.*

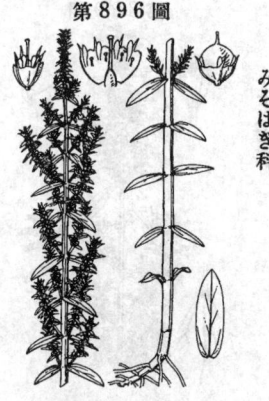

みそはぎ科

主トシテ田面ニ生ズル一年生草本ニシテ高サ凡10–30cm許アリ。莖ハ淡綠色ヲ呈シ、基部往々横斜シ、白色ノ鬚根ヲ下シ、上部直立シテ通常分枝ス。葉ハ無柄、對生、披針形ニ成シテ尖リ、全邊ニシテ莖ト共ニ質柔ナリ。秋日、葉腋ニ各一ノ淡紅白色ナル無柄小花ヲ開ク。萼筒四裂シテ裂片尖リ、四花瓣萼筒部ニ着生ス。四雄蕊、一雌蕊アリ。蒴果ハ球形ニシテ紅紫色ヲ呈シ、宿存萼ヲ伴フ。

みづすぎな
Rotala Hippuris *Makino.*

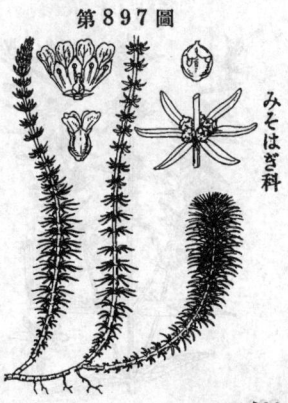

みそはぎ科

池中ニ生ズル多年生草本ニシテ、外形すぎなもノ外觀ヲ有ス。根莖ハ水底ノ泥中ニ横行シテ鬚根ヲ生ジ、莖ハ直上シ、往々脚部ニ於テ分枝シ、有節ノ圓柱形ヲ成シテ、上部ハ水面上ニ挺出ス。葉ハ輪生シ、沈水葉ハ絲狀ヲ呈シ、先端微シク二裂、氣中葉ハ綠色ヲ呈シテ闊ク且短シ。夏日、各葉腋ニ白色ノ細小白花ヲ單生シ、相並ンデ輪生ス。萼ハ筒狀鐘形ニシテ四裂シ、裂片尖リ、四花瓣萼緣ニ着キ、四雄蕊、一雌蕊アリ。蒴果ハ球形ニシテ宿存萼ニ擁セラル。

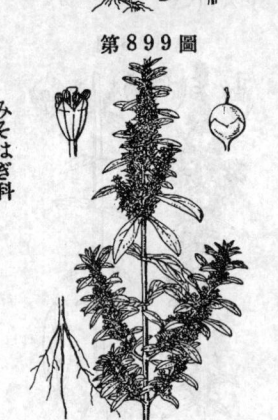

第898圖

みづまつば

Rotala mexicana *Cham. et Schl.*
var. Spruceana *Koehne.*

濕地ニ生ズルー年生小草本。高サ通常6–
9cm。根ハ纖細ナル鬚狀ヲ成シ、莖ハ往
々其基部偃臥スト雖ドモ直ニ上向ス。下
部ニ於テ分枝シ、時ニ叢生シ、地下莖ヲ
鬚根ヲ生ズ。葉ハ三–四輪生シ、狹披針形
ニシテ尖リ、全邊ニシテ質柔ナリ。夏秋
ノ候、細小ナル淡紅花ヲ葉腋ニ獨生シ、無
梗ニシテ花下ニ瘦鍼形ノ二苞アリ。萼ハ
鐘狀五尖裂、裂片三角形ヲ呈シ、蕾時ハ
其裂片ノ隅、外面ニ稜角ヲ成ス。花瓣ヲ
缺如シ、三雄蕊、一雌蕊アリ。蒴果ハ圓
クシテ宿存萼ノ倍長アリ、三殼片ニ開裂
シ、中ニ多數ノ細子アリ。

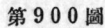

第899圖

ひめみそはぎ
一名 やまももさう

Ammannia multiflora *Roxb.*

田面或ハ原野ノ向陽濕地ニ生ズルー年生
草本ニシテ高サ20–30cm餘。莖ハ眞直ニ
シテ直立シ、瘦長ナル四稜ニシテ通常分
枝シ、枝ハ十字形ヲ成シテ主莖ヨリ出ヅ。
葉ハ對生シテ開出シ、線形或ハ披針形ニ
シテ全邊ヲ成シ、無柄ニシテ葉底ハ莖ヲ
抱キ大小一樣ナラズ。夏秋ノ候、葉腋ニ
短花穗ヲ成シテ小形ノ三花乃至多花ヲ短
キ聚繖花序ニ着ケテ相簇マリ、花穗ハ葉
ヨリ短シ。毎花小梗ヲ有ス。萼ハ倒圓錐
狀ニシテ稍四稜ヲ呈シ、上部四裂シ、裂片
ハ短三角形。四花瓣細小。四雄蕊。一雌
蕊。蒴果ハ小球形、通常紅紫色ニ染ミ、細
種子多シ。和名ハ姬みそはぎノ意、みそ
はぎ屬ニハ非ザレドモ草狀其姿態アリテ
小形ナレバ云フ。

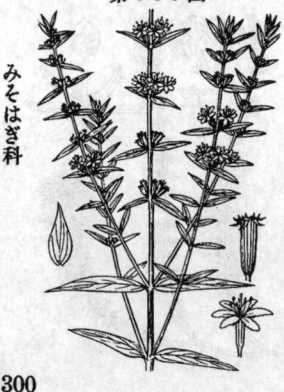

第900圖

みそはぎ （千屈菜）

Lythrum anceps *Makino.*

原頭或ハ山足等ノ濕地ニ生ジ、往々佛花
トシテ人家ニ栽植スル多年生草本ニシ
テ、高サ1m內外アリ。莖ハ地下莖ヨリ直
立分枝シ、細長ナリ。葉ハ殆ンド無柄、
對生シ、披針形ニシテ尖リ、底部モ亦狹窄
ス、全邊ニシテ莖ト共ニ無毛ナリ。夏秋
ノ候、葉腋ニ短小ナル聚繖花穗ヲ成シテ
紅紫色ノ三乃至五花ヲ集メ着ケ節ニ輪
生樣ヲ呈シ、苞ハ底部銳形ナリ。萼ハ稜
條アル圓柱形ニシテ口緣六齒ニ分レ齒間
ニ各一ノ附飾片アリ。花瓣六片長倒卵形
ニシテ萼筒ノ口ニ着ク。雄蕊十二、長短
アリテ三形花ヲ呈ス。蒴果ハ宿存萼ノ中
ニ在リ。和名ハみそぎはぎ卽チ禊萩ノ略
ト謂フ、溝萩トスルハ非ナリ。

えぞみそはぎ
Lythrum Salicaria L.

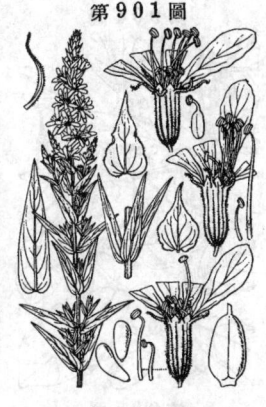

第901圖

みそはぎ科

諸國ノ溝側濕地ニ多キ多年生草本ニシテ高サ1m以上ニ達シ全株青綠色ヲ呈シ、多クハ粗毛ヲ生ジ或ハ無毛ナリ。根莖ハ地下ヲ橫行ス。莖ハ直立シテ四稜アリ、多クハ分枝ス。葉ハ對生シ、長披針形ニシテ上部漸次ニ尖リ、無柄、心臟底ニシテ多少莖ヲ抱キ、全邊ナリ。七八月ノ候開花ス。花ハ徑1cm內外、紅紫色ニシテ葉腋ニ叢簇ニ聚繖狀ヲ成シ、全穗ヲ通ジテ一見總狀花序ノ如ク、苞ハ上部ノ者廣卵形ニシテ底部微シク心臟形ヲ成ス。萼ハ綠色、筒狀ハ圓筒形、縱脈十二條アリ。六萼齒間ニハ瘦尾狀ノ附屬物アリ。花瓣ハ六片、萼筒上部ニ着生シ、倒披針狀橢圓形ニシテ短キ花爪アリ有シ稍皺縮ス。雄蕋ハ十二本アリテ萼筒ヨリ出デ、六本ハ短ク六本ハ長シ、而シテ其長短ト雌蕋長短トノ關係ニ從ヒ三型式ヲ具フルヲ以テ著明ナリ、花絲ハ絲狀ニシテ葯ハ小ナリ。子房ハ無柄、二室、花柱ハ絲狀。蒴果ハ卵形。種子ハ碎小ナリ。和名ハ蝦夷みそはぎナリ。

なつぐみ
Elaeagnus multiflora Thunb.

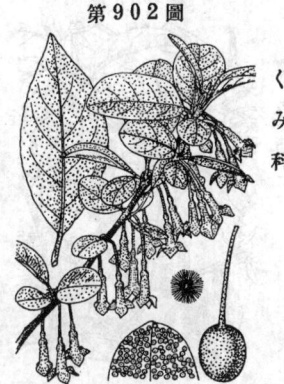

第902圖

ぐみ科

山野ニ生ズル落葉灌木或ハ小喬木ニシテ時ニ人家ニ栽ヱラレ、高サ2-4m許ナリ。幹ハ立チテ繁ク分枝シ、老樹ニ其枝梗曲垂スルコト多シ。葉ハ有柄互生シ、長橢圓形、全邊ニシテ表面綠色、裏面淡茶銀白色ヲ呈シ、放射狀ヲ成セル小鱗甲ヲ滿布ス。初夏、葉腋ニ長梗ノ淡黃花ヲ下垂ス。萼ハ筒狀ヲ成シテ口端四裂シ裂片闊シ、下部ニ括レアリテ下位子房ノ狀ヲ擬シ、滿面ニ淡裼色ノ鱗甲ヲ布ク。四雄蕋、一雌蕋アリテ上位子房ノ萼底ニ閉在ス。夏月、廣橢圓形ヲ成セル漿果樣ノ果實ヲ結ビ、長梗ヲ以テ下垂シ、赤熟ヲ待チテ食スベシ。一變種ノたうぐみハ人家ニ栽ヱ、其果實ヲ食用トス。漢名 木半夏(慣用)

あきぐみ
Elaeagnus umbellata Thunb.

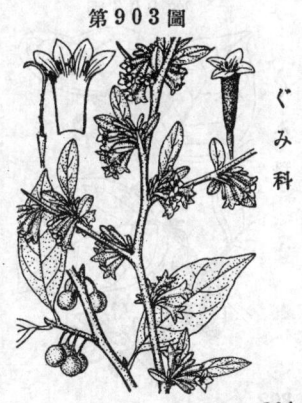

第903圖

ぐみ科

山野ニ生ズル落葉灌木ニシテ高サ3m餘ニ達ス。幹ハ直立シテ分枝シ、小枝ハ灰白色ヲ呈ス。葉ハ互生有柄ニシテ長橢圓狀披針形ヲ成シ、全邊ニシテ銀白色ノ細鱗甲ヲ布ク。初夏、新葉腋ニ短小枝ヲ出シテ數花ヲ繖狀ニ簇生ス。萼ハ短梗ヲ具ヘ、筒狀ニシテ四裂シ、白色ニシテ後チ黃變シ、滿面ニ銀白色ノ鱗甲ヲ被フル。四雄蕋、一雌蕋アリ、子房ハ萼底ニ閉在ス。秋月、漿果樣ノ圓實ヲ結ビ、小梗アリテ枝上ニ群着シ、白星點狀ノ鱗甲ヲ散布シ、赤熟スレバ食スベシ。

なはしろぐみ （胡頽子）
Elaeagnus pungens *Thunb.*

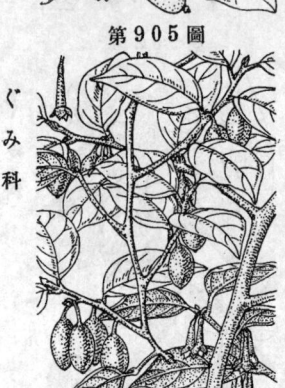

第904圖

ぐみ科

山野ニ生ジ、又往々庭樹ト成ル常緑灌木ニシテ、高サ2.5m内外ニ達シ、強剛ナル多クノ枝ヲ分チ、枝ハ通常針ト成ル者多シ。葉ハ有柄互生シ、長楕圓形ニシテ葉緣波曲シ、質厚ク、上面ハ緑色光滑、下面ハ褐色又ハ銀色ノ鱗甲ヲ密布ス。秋月、短梗アル白色花ヲ腋生シ、葉間ニ下垂シテ開ク。萼ハ筒狀四裂シ下部ハ括レアリ、外面ニ褐色銀白色ノ鱗甲ヲ密布ス。四雄蕋、一雌蕋アリ、上位子房ハ萼底ニ閉在ス。果實ハ長楕圓形ニシテ漿果樣ヲ成シ、短梗ニテ下垂シ、初夏ニ赤熟シ食フベシ。本種ハぐみノ主品ニシテ又ぐいみトモ稱ス。刺狀枝アル樹ニ生ル實故ニぐいみト云ヒ、其略セラレシモノ即チぐみナリ、ぐいハ刺ノ事ナリ。

つるぐみ
Elaeagnus glabra *Thunb.*

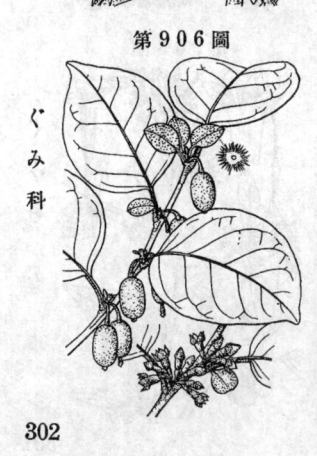

第905圖

ぐみ科

山地ニ生ジ藤本狀ヲ成セル蔓緣性常緑灌木ニシテ、高サ1.5～2m許、幹ハ長キ枝ヲ分チ其大ナル者ハ直徑時ハ凡7cm許ニ達シ、小枝ハ赭褐色ノ鱗甲ニ被フリ、氣條枝ハ蔓狀ニ伸長シテ逆枝ヲ有ス。葉ハ有柄互生シ、楕圓形全邊ニシテ質稍厚ク、上面ハ緑色、下面ハ赭褐色鱗甲ヲ密布ス。晩秋、葉腋ニ二、三ノ有梗白花ヲ下垂ス。萼ハ筒狀ニシテ四裂シ、外面ニ赭褐色ノ鱗甲ヲ被フル。四雄蕋、一雌蕋アリ、上位子房ハ萼底ニ閉在ス。果實ハ初夏ニ赤熟シ、長楕圓形ニシテ下垂シ、銀褐色ノ鱗甲ヲ散布ス。

まるばぐみ
一名 おほばぐみ
Elaeagnus macrophylla *Thunb.*

第906圖

ぐみ科

暖地ノ海岸林中ニ生ズル藤本樣ノ常緑灌木。枝ニハ淡褐色ノ鱗甲密布セ、新條ハ長ク延ビテつるぐみト同ジク逆向ノ小枝ヲ有ス。葉ハ有柄互生、卵圓形或ハ圓形、先端急ニ尖リ底部鈍形或ハ圓形、全邊、長サ5～10cm許、革質ニシテ生時硬カラズ、表面深綠色ニシテ光澤ニ富ミ白鱗甲ヲ以テ狹ク緣ヲ成シ、裏面ハ白銀色ノ鱗甲ヲ滿布ス。秋日葉腋ニ數花ヲ開キ、短枝上ニ腋生叢簇ス。萼ハ白黄色、基部ハ窄小シテ一見下位子房ノ如ク内部ニ眞正ノ子房ヲ包ミ、筒部ハ粗大ナル鐘形ニシテ稍四稜ヲ成シ、裂片ハ四、卵狀三角形ニシテ其長サ筒部ニ等シク半開出ヲ成ス。雄蕋ハ四、葯ハ其背面ヲ以テ花喉ニ着ク。子房ハ上位ニシテ花底ニ潛居シ、花柱ハ絲狀ヲ成シテ長シ。果實ハ核果樣ニ變ゼル萼筒ニ擁セラレ、楕圓形ヲ呈シテ下垂ニ鱗甲ヲ滿布シ、多ヲ越エテ春日紅熟シ、中ニ大ナル一種子アリ。和名ハ圓葉ぐみ或ハ大葉ぐみノ義ニシテ一ハ葉圓キヨリ云ヒ、一ハ葉大ナルヨリ云フ。

まめぐみ
Elaeagnus montana *Makino.*

本州中部ノ山地ニ生ズル落葉灌木ニシテ高サ凡2m許。枝ハ多ク小枝ヲ岐チ、密ニ暗赤褐色ノ鱗甲ヲ被ル。葉ハ有柄ニシテ互生、廣楕圓形或ハ楕圓狀披針形ニシテ稍急ニ銳尖頭ヲ成シ底部ハ銳形、長サ5cm内外、兩面共ニ銀色ノ鱗甲ヲ密布ス。六月ノ候本年枝ノ葉腋ニ一乃至三花ヲ懸垂シ、花梗ハ花ヨリ短シ。花ハなつぐみニ似テ稍小ク、長サ11mm、外面ハ密ニ銀色ノ鱗甲ヲ布ク。蕚ノ基部ハ窄小ニテ宛モ下位子房ノ觀アリ、筒部ハ長楕圓形、裂片ハ開出シ廣卵形ニシテ筒部ヨリ短シ。雄蕋ハ四、僅ニ花喉ニ露ハレ葯背ヲ以テ其處ニ附着ス。子房ハ上位ニシテ蕚底ニ潛居シ、花柱ハ絲狀ニシテ長シ。果實ハ核果樣ニ變ゼシ蕚筒ニ包マレ、廣楕圓形ニシテ長サ1cm内外、赤熟シ、果梗ハ果實ヨリ長クシテ且强固、なつぐみニ比ブレバ小形ニシテ梗ハ短シ。和名豆ぐみハ其果實小形ナレバ斯ク云フ。

みつまた （黃瑞香）
Edgeworthia papyrifera
Sieb. et Zucc.

往昔渡來セル落葉灌木ニシテ、今ハ普ク邦内諸州ニ栽培セラル。高サ 1-2m 許、幹直立シ、枝ハ三岐シ黃褐色ヲ呈シ、嫩枝ハ綠色ニシテ毛ヲ帶ブ。葉ハ有柄互生シ、廣披針形全邊ニシテ質薄ク、鮮綠色ヲ呈ス。晚秋、落葉スル時既ニ枝梢ニ一、二團ノ蕾ヲ下垂シ、早落性ノ葉狀苞ヲ伴フ。春日新葉ヲ先ダチ黃色ノ頭狀花ヲ開キ蜂窠ニ似タリ。蕚ハ筒狀ニシテ四裂シ外面ニ細毛ヲ被フル。八雄蕋、一雌蕋アリ。果實ハ瘦果ナリ。樹皮ノ纖維强靱良質ニシテ製紙原料トシテ有名ナリ。和名三叉ハ其枝ノ三叉ニ基ク。

がんぴ
Wikstroemia sikokiana
Franch. et Sav.

暖地ノ山地ニ生ズル落葉灌木ニシテ高サ1.5m以上ニ達ス。幹ハ直立シテ分枝シ、外皮濃褐色ニシテ平滑、櫻皮ノ觀アリ、新枝ハ毛アリ。葉ハ互生シ、卵形全邊ニシテ葉柄極メテ短ク、表裏ニ絹毛ヲ帶ブ。初夏ノ候、本年ノ枝頭ニ頭狀ヲ成シテ黃色ノ小花ヲ攢簇ス。蕚ハ下部ハ筒ヲ成シテ細毛ヲ被フリ、上部四裂ス。八雄蕋、一雌蕋アリ。瘦果ハ宿存蕚内ニ在リ。樹皮ノ纖維精緻ニシテ良好ノ紙ヲ製スベク所謂雁皮紙是ナリ。此紙今ハみつまたヲ以テ造ル。往時伊豆ヨリ出セシ雁皮紙ハ此がんぴニ非ザルさくらがんぴニテ製セシナリ。和名ハ古名かにひノ轉化セシモノナリ。

ぐみ科

ぢんちゃうげ科

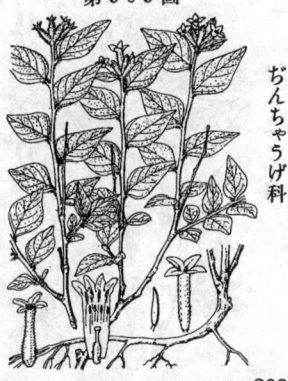

ぢんちゃうげ科

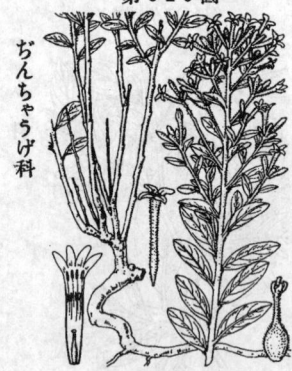

第910圖

ぢんちやうげ科

こがんび

一名　いぬがんび

Wikstroemia Gampi *Maxim.*

諸州ノ山野ニ生ズル落葉ノ草狀小灌木ニシテ高サ 40–60cm 許アリ。莖ハ數條叢生シテ直立シ、細長ニシテ上部ニ分枝シ、細毛ヲ有シ、冬月ハ枯死ス。葉ハ相接シテ多數密ニ互生シ、殆ンド無柄ニシテ卵狀橢圓形或ハ長橢圓形ヲ呈シ、全邊ニシテ少シク毛ヲ帶ブ。七八月ノ候、梢頭ノ小枝頂ニ頭狀樣短總狀花穗ヲ成シテ白色或ハ往々淡紅色ヲ帶ブル白花ヲ簇着ス。萼ハ細長圓柱形ニシテ細毛ヲ帶ビ、口端四裂ス。八雄蕋、一雌蕋アリ。瘦果ハ宿存萼內ニ閉在ス。皮ノ纖維弱ク、製紙料ト成スニ足ラズ。和名ハ小がんびナリ。

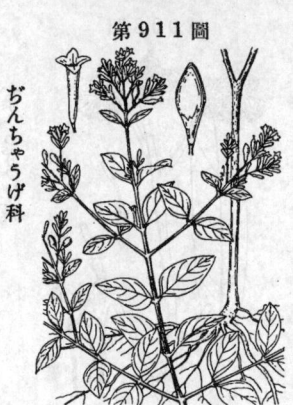

第911圖

ぢんちやうげ科

きがんび

Wikstroemia trichotoma *Makino.*

山地ニ生ズル落葉ノ小灌木ニシテ高サ 1m 內外ニ達ス。莖ハ直立シ、圓柱形ニシテ毛ナク、褐色ニシテ枝ハ對生ス。葉ハ質軟ニシテ對生シ、卵狀橢圓形全邊ニシテ毛ナク、葉裏多少白色ヲ帶ブ。秋月、枝梢ニ細枝ヲ對生シテ微小梗アル無毛ノ黃花ヲ綴ル。萼ハ細長ナル圓柱形ニシテ口端四裂ス。八雄蕋、一雌蕋アリ。瘦果ハ卵形ニシテ下部長ク狹窄ス。樹皮ハ製紙ノ料ト成ス。和名ハ黃がんびニシテ黃ハ花色ニ甚ク。漢名 蕘花（誤用）

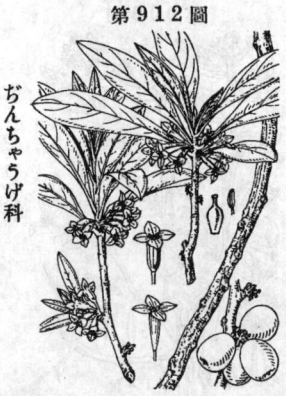

第912圖

ぢんちやうげ科

おにしばり

一名　なつばうず

Daphne pseudo-Mezereum *A. Gray.*

山地ニ生ズル有毒無毛ノ落葉灌木ニシテ、雌雄異株ヲ成シ、高サ 1m 內外ニ達ス。莖ハ直立分枝シ、灰茶色ヲ呈ス。葉ハ質軟ニシテ互生シ、倒披針形全邊ニシテ短柄ヲ具へ、通常枝頭ニ相集リ、秋生ジ夏ニ及べバ落葉ス。故ニなつばうずノ一名アリ。早春葉腋ニ相集リ黃綠花ヲ開ク。萼ハ筒狀四裂、八雄蕋、一雌蕋アリ。雌花ハ雄花ヨリ小ニシテ果實ヲ生ズ。果實ハ橢圓形ノ漿果ニシテ七月頃赤熟シ、味辛シ。樹皮ヲ抄紙ノ料ト成シ得ベシ。和名鬼縛りハ其樹皮强靱ナルヨリ名ク。

こせうのき

Daphne kiusiana *Miq.*

山地樹下ニ生ズル雌雄異株ノ常綠灌木ニ
シテ高サ 1m 內外アリ。幹ハ直立シテ疎
ニ分枝シ、樹皮褐色ヲ呈シ、强靱ナル纖
維アリ、葉ト共ニ毛ナシ。葉ハ互生シテ
短柄ヲ具ヘ、倒披針形全邊ニシテ質厚柔
ナリ。春日、枝端葉心ニ頭狀ヲ成シテ香
氣アル白花ヲ攢着シ開ク。萼ハ筒狀ニシ
テ細毛ヲ具ヘ、口端ニ四裂ス。八雄蕋、
一雌蕋アリ。漿果ハ廣橢圓狀球形ニシテ
赤熟シ、一種子アリ。 和名 胡椒ノ木ハ
其果實辛キコト胡椒ノ如ケレバ云フ。

第913圖

ぢんちやうげ科

ぢんちやうげ （瑞香）

Daphne odora *Thunb.*

支那原產ノ常綠灌木ニシテ庭園ニ栽エラ
レ、高サ凡 1m 內外アリ。莖ハ直立シテ分
枝シ、密ニ葉ヲ着ケ、褐色ニシテ强靱ナル
纖維アリ。葉ハ互生シテ短柄ヲ具ヘ、倒
披針形全邊ニシテ厚質、滑澤ナリ。枝端
葉心ニ冬月ヨリ蕾ヲ頭狀ニ束生シ、早春
開花シ芳香ヲ放ツ。萼ハ筒狀ニシテ口端
四裂シ、外面ハ紅紫色、內面ハ白色ヲ呈
ス、又時ニ白花若ハ淡色ノ品アリ。我
邦ニ在ル者雄本故通常常果實ヲ見ザレドモ
極テ稀ニ球形ノ赤色漿果ヲ生ズ。和名ハ
沈丁花ノ意ニシテ、其花ニ沈香、丁子ノ
香アリトテ此ク名ク。

第914圖

ぢんちやうげ科

ふぢもどき （芫花）

一名 ちやうじざくら

Daphne Genkwa *Sieb. et Zucc.*

支那原產ノ落葉灌木ニシテ觀賞花トシテ
栽植セラレ、高サ凡 1m 內外アリ。莖ハ直
立シテ分枝シ、新枝ニ細毛アリ。葉ハ短
柄ヲ有シテ對生シ、長橢圓狀全邊ニシテ
細毛ヲ被フリ質薄シ。花ハ紫色ニシテ葉
ニ先ンジテ四月ニ開キ、枝上ニ有苞短小
枝ニ攢着ス。萼ハ筒狀ニシテ細毛密布シ、
口端四裂シ、裂片大ナリ。八雄蕋、一雌蕋
アリ。花後瘦果ヲ結ブ。和名藤擬キハ其
花紫色ナルヲ以テノ名ナリ。一名ハ丁子
櫻ニシテ花ノ評語ナリ。

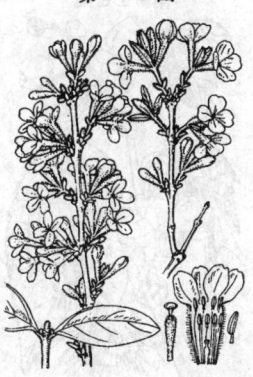

第915圖

ぢんちやうげ科

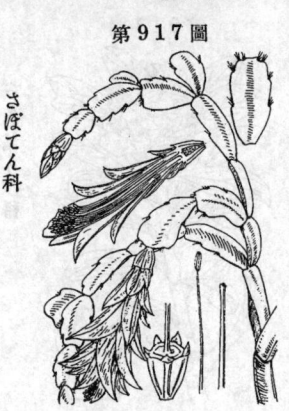

さぼてん
Opuntia Ficus-indica *Mill.*
var. Saboten *Makino.*
(＝O. Saboten *Makino.*)

蓋シめきしと原産ノ多年生草本ニシテ、我邦中部以南ノ地ニ於テ人家ニ栽植セラレ、高サ 2m 內外ニ及ビ、多數ニ分裂セリ、老大者ハ下部往々圓柱形ノ直立幹ヲ成ス。節體ハ長橢圓形或ハ倒卵狀長橢圓形ニシテ扁平、肥厚、深綠色ニシテ多數連結シ、大ナル者30cm內外アリ、表面ニ一、二針アリテ針脚ニ接シテ其上部ニ顆毛ヲ生ズ。葉ハ小ナル鋮狀ニシテ早落ス。夏日、節體上部ノ緣ニ黃赤色ノ無柄花ヲ出シ、萼・花瓣多數ニシテ皿狀ニ開キ、多雄蕊、一雌蕊、下位子房アリ。花後頭部凹入セル倒卵狀橢圓形多種子ノ漿果ヲ結ビテ黃熟シ、小兒往々採リ食フ。本品ハ此類中最初ニ我邦ニ渡來シ、元來さぼてんトハ他此ノ一種ヲ指スノ名ナリ。往時油ノ汚レヲ去ルニ此切ロニテ磨ル、其効しゃぼん (石鹼)ノ如ケレバ爲ニさぼてんノ和名生ゼリ。漢名 仙人掌(誤用、此名ハ Opuntia Dillenii *Haw.* ニ用ウベシ)

かにさぼてん
Zygocactus truncatus *Schum.*

南米ぶらじる原産ノ多年生草本ニシテ、莖ハ多ク分枝シテ垂レ、扁平ニシテ綠色ヲ呈シ、每節倒卵形或ハ長橢圓形ヲ成シ、頂部裁形ニシテ兩緣ニ少數ノ粗齒アリ、齒痕ノ處ハ顆毛アリ。冬時、前端ノ節體頂ニ長サ6-9cmノ一美花ヲ開ク。花ハ左右相稱花ニシテ多數ノ花被片ヨリ成リ、紅色ヲ呈シ、橫ニ向フ。多雄蕊、一雌蕊、下位子房アリ。和名蟹さぼてんハ其莖狀蟹脚ノ如ケレバ云フ。

しうかいだう (秋海棠)
Begonia Evansiana *Andr.*

支那原産ノ多年生草本ニシテ庭園ニ栽エラレ、殊ニ背陽ノ濕地ヲ好ンデ繁殖シ、高サ60cm餘ニ及ブ。地下莖ハ球塊ヲ成シ、每年新舊代謝シ、塊面ニ顆根ヲ生ゼリ。莖ハ直立シテ梢ニ分枝シ、柔質ニシテ綠色、節ハ紅色ナリ。葉ハ有柄互生シ、卵形ニシテ尖リ底部ハ歪心臟形ヲ呈シ、鋸齒アリ。秋時梢枝上ニ分梗シテ美ナル紅花ヲ開ク。雌雄同株ニシテ雄花多ク雌花少シ。萼二片ニシテ闊ク、花瓣二片ニシテ狹小ナリ。雄蕊多數ニシテ花絲ヨリ成レルー總柄ヲ有シ葯ハ黃色ナリ。子房ハ下位ニシテ三翼稜ヲ具ヘ、上部張出シ、花柱三岐シ柱頭叉分シ黃色ナリ。蒴果ハ三翼ヲ有シ、細種子アリ。莖上葉腋ニ小珠芽ヲ發シ、地ニ落チ新苗ヲ生ジ繁殖ス。

さぼてん科

さぼてん科

しうかいだう科

第916圖

第917圖

第918圖

とけいさう （西蕃蓮）
Passiflora coerulea *L.*

南米ぶらじる原產ノ多年生蔓繞草本ニシ
テ、單條卷鬚ヲ有シ、長サ4m內外ニ成
長ス。嫩莖ハ縱稜ヲ有シ、老莖ハ圓柱形
ニシテ太シ。葉ハ互生シ、常綠ニシテ掌
狀ニ五深裂シ、裂片披針形ナリ。葉柄本
ニ托葉ヲ具ㇹ。夏ハ大形ノ有梗花ヲ着ケ、
日ニ向キ開キ微香ナリ。花下ニ淡綠色三
片ノ苞アリ。花被十片平開シ、五萼片內面
白色或ハ淡紅色、五花瓣內面淡紅色ヲ呈
ス。花冕ハ多數絲狀ニシテ平開シ花冠ヨ
リ短ク、白色ニシテ上下紫色ナリ。五雄莚
ニシテ下ハ一柱ト成リ、藥ハ大ナリ。子房
ハ雄莚上ニ位シ長キ三花柱アリテ柱頭放
大ス。漿果ハ橢圓ニシテ黃熟ス。和名時
計草ハ花被·花冕ヲ時計ノ盤面、花絲·花
柱アル雌雄莚ヲ其指針ニ擬セシ名ナリ。

とけいさう科

きぶし （通條花）
一名 まめぶし
Stachyurus praecox *Sieb. et Zucc.*

山地ニ普通ナル落葉灌木ニシテ高サ凡2-
3m餘。莖ハ直上シテ分枝シ、髓太ク樹
皮褐色ナリ。葉ハ有柄互生シ、卵形ニシ
テ銳尖頭ヲ有シ、銳鋸齒アリ、葉質薄ク、
羽狀支脈アリ、綠色ニシテ往々褐紫色ニ
染ㇺ。春、新葉ニ先ンジテ枝上ニ連續シテ
穗狀花ヲ垂下シ、密ニ多數ノ無柄黃花ヲ
綴ル。萼四片暗褐色、六花瓣、八雄莚、一
雌莚アリ。雌雄別株ニシテ雄花ハ雄莚能
ク發達シ、雌花ハ花體稍小形、微綠色ヲ帶
ビ、子房能ク發達ス。雌木ニ球狀ノ果實
ヲ結ビ、果中ニ多種子アリ。果實ヲ五倍
子ノ代用トシテ用ㇷ、故ニ木ぶシ又ハ豆
ぶシノ名アリ。漢名 旌節花（蓋シ誤用）

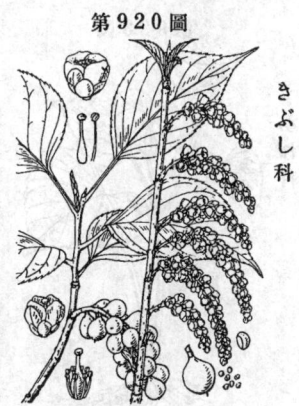

きぶし科

いひぎり
Idesia polycarpa *Maxim.*

落葉喬木ニシテ暖地諸州ノ山林中ニ生
ジ、又時ニ人家ニ栽ヱラル。直幹聳立シ、
枝ヲ輪狀ニ張出シ、高サ10m內外ニ達ス。
葉ハ互生シ、長葉柄ヲ具ㇸ、卵圓形ニシテ
尖リ、底部ニ稍心臟形ヲ呈シ、鋸齒アリ、
裏面微シク帶白色、葉脈隆起シ、葉柄ノ兩
端ニ小腺ヲ具ㇷ。五月、枝頭ニ圓錐花穗ヲ
垂下シ、多數ノ帶綠黃花ヲ開ク。雌雄異株
ニシテ花被ハ四-六片開披シ、雄花ニハ多
雄莚、雌花ニハ一雌莚アリ、圓キ子房ノ下
ニ不熟雄莚、上ニハ五、六ノ花柱アリ。
漿果ハ球形ニシテ赤熟シ下垂セル果穗頗
ル美ナリ。果中ニ小種子アリ。和名飯桐
ハ往昔此葉ニ飯ヲ包メリ故ニ云フ。又一
說ニいいぎり卽チ椅桐ニテ椅ノ音ヲ長ク
シタルモノト云フ。漢名 椅（蓋シ誤用）

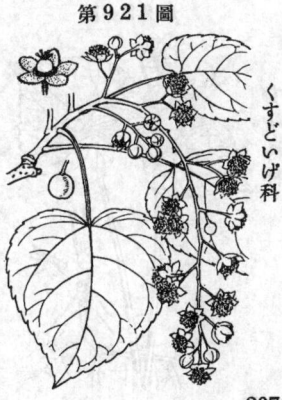

くすどいげ科

307

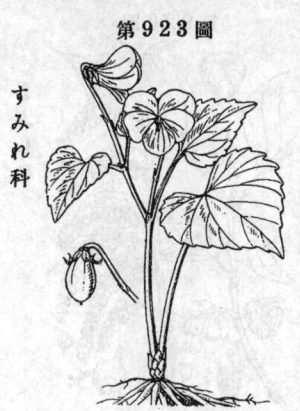

くすどいげ （柞木）
Myroxylon japonicum *Makino.*
(＝Xylosma Apactis *Koidz.*)

第９２２圖

くすどいげ科

暖地ノ海邊或ハ近海ノ地ニ生ズル常緑灌木ニシテ時ニ小喬木ノ態ヲ成シ、高サ3m許ニ達ス。幹ハ直立シテ枝梢多ク、其小枝ハ往々針狀ニ變ズ。葉ハ互生シテ短柄ヲ具ヘ、卵形ニシテ尖リ、葉緣ニ鋸齒アリ、革質ニシテ面平滑無毛ナリ。八月ノ候、葉ヨリ短キ短總狀花穗ヲ腋生シ、密ニ短梗ノ黃白色小花ヲ綴ル。花ハ雌雄異株ニシテ、萼片四、五片、花瓣ナシ。雄花ニハ多雄蕋、雌花ニ一雌蕋アリ。漿果ハ球形、黑熟シ、下ニ宿存萼ヲ伴ヒ、二、三種子アリ。和名ノいげハ刺ナランモ、くすどハ其意未詳ナリ。

いちげきすみれ
Viola xanthopetala *Nakai.*

第９２３圖

すみれ科

有莖種ノ多年生草本ニシテ山地向陽ノ地ニ生ジ、高サ凡10–15cm許。根葉ハ少數ニシテ長葉柄ヲ具ヘ、心臟狀卵形ニシテ葉頭急ニ銳尖ト成リ、葉緣ニ內曲セル鋸齒ヲ有ス。莖葉ハ最下ノ一片ハ長柄ヲ有シ、二、三片莖端ニ集在スル者ハ對生樣ヲ呈シ、短柄ヲ有シ、葉形ハ根生葉ト同一ナリ。夏、莖頂葉腋ニ一二箇ノ有梗黃花ヲ開キ、側向ス。萼五片、綠色、鍼形。花瓣五片、側片ニ毛ヲ有シ、距ハ短カシ。五雄蕋、一雌蕋。蒴果ハ無毛。

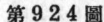

おほばきすみれ
Viola brevistipulata *W. Beck.*

第９２４圖

すみれ科

有莖種ノ多年生草本ニシテ山地ニ生ジ、高サ15cm內外アリ、地下莖ハ橫臥ス。根葉ハ少數ニシテ長柄ヲ具ヘ、心臟形ニシテ葉頭急ニ銳尖ト成リ、葉緣ニ鋸齒ヲ有シ、葉質薄ク、通常毛ナシ、主ナル支脈ハ彎曲ス。莖葉ハ三、四片莖梢ニ接在シ、短柄ヲ有シテ根生葉ヨリ小シ。夏、莖頭ニ少數ノ有梗黃花ヲ腋生シ、側向ス。萼五片、狹披針形。五花瓣、五雄蕋、一雌蕋アリ、距ハ短囊狀ヲ呈ス。蒴果ハ長橢圓形ナリ。

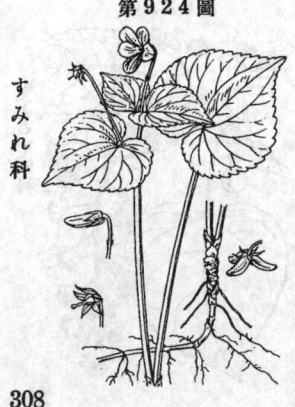

つぼすみれ （如意草）

一名　こまのつめ

Viola verecunda *A. Gray.*

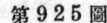

第925圖

すみれ科

原野并ニ人家附近ノ濕氣ヲ帶ビシ地ニ多ク生ズル有莖性多年生草本ニシテ、高サ20cm內外アリ、莖ハ綠色軟質ニシテ叢生シ傾上ス。葉ハ互生シ、脚葉并ニ根生葉ハ長柄アリ、上葉ハ柄短シ、腎臟狀卵形ニシテ鈍鋸齒アリ。托葉ハ披針形ニシテ殆ンド全邊或ハ疎齒アリ、綠色ナリ。春腋生セル長硬頂ニ左右相稱ノ小白花ヲ開キ側ニ向ク。五瓣ニシテ唇瓣ニ紫色ノ細條多ク、距ハ圓ク短シ。綠萼五片、五雄蕋、一雌蕋アリ。蒴果ヲ結ブ。つぼすみれ卜此處ニテハ此一種ノ名トシテ用キアレド、元來此名ハ凡ハ庭ニ生ズルすみれノ總稱ニテ必ズシモ一種ニ限ラレタルモノニ非ラズ。又つぼ卜陶器ノ壺ノ意卜解シ、花形ニ基ク卜云フハ惡シ。漢名 菫菜（誤用）

あぎすみれ

Viola verecunda *A. Gray*
var. **semilunaris** *Maxim.*

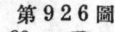

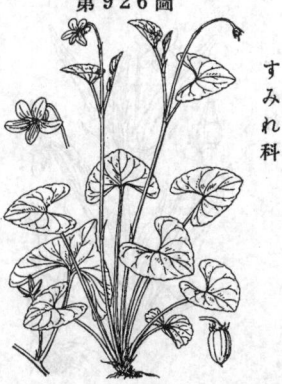

第926圖

すみれ科

つぼすみれノ一變種ニシテ山地ニ生ズル多年生ノ草本ナリ。高サハ10cm內外ニシテ、莖ハ綠色叢生シ、傾上シ或ハ橫斜ス。葉ハ脚生并ニ根生ノモノハ長葉柄ヲ具ヘ、鈍鋸齒アル卵圓形ニシテ深ク彎入セル心臟狀底ヲ有シ、葉面通常新月狀ヲ呈ス。春日、莖上葉腋ニ長梗ヲ抽シ梗頂ニ左右相稱ノ小白花ヲ開キ側向ス、五瓣ニシテ唇瓣ニ紫條アリ。綠萼五片、五雄蕋、一雌蕋アリ。蒴果ヲ結ブ。和名膁すみれハ葉形ニ基ク。

えぞのたちつぼすみれ

Viola acuminata *Ledeb.*

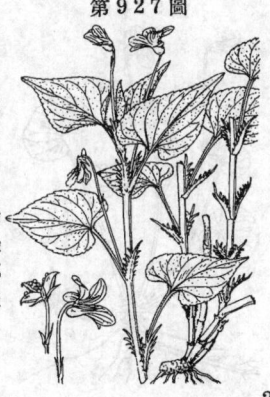

第927圖

すみれ科

我邦中部以北ノ山地山麓ニ生ズル有莖性ノ多年生草本ニシテ、高サ20~30cm許アリ。莖ハ圓柱形ニシテ直立シ、通常數條叢生ス。葉ハ互生シ、下葉ハ長柄ヲ有シ、上葉ハ短柄ヲ具フ、心臟狀卵形ニシテ邊緣ニ鈍鋸齒アリ。托葉ハ長橢圓形ニシテ邊緣ニ櫛狀ノ細齒ヲ列ス。初夏ニ莖ノ上部葉腋ニ長梗ヲ出シテ梗頂ニ左右相稱ノ淡紫色ノ小形花ヲ開キ側向ス。五瓣ニシテ唇瓣ニ紫條アリ、距ハ短シ。綠萼五片、五雄蕋、一雌蕋アリ。蒴果ヲ結ブ。

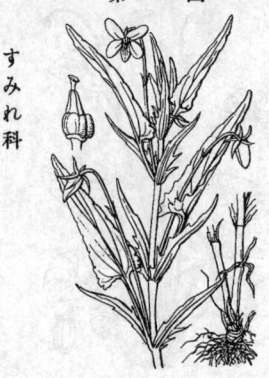

たですみれ
Viola Thibaudieri *Franch. et Sav.*

中部ノ山地ニ生ジ、稀少ナル多年生草本ニシテすみれ屬中ノ有莖種ニ屬シ高サ30cm内外アリ。莖ハ直立シ、圓柱形ニシテ無毛綠色、多少之曲シ且ツ節稍高シ。葉ハ互生シ、有柄ニシテ披針形ヲ成シ銳尖頭ヲ有シ底部ニ銳形、葉緣ハ低鋸齒アリ。托葉ニ顯著ナル鍼形ニシテ長サ1-2cm、邊緣細裂シ、莖ノ兩側ニ沿テ立テリ。花ハ淡紫色、長細梗ヲ以テ莖梢ノ葉腋ニ出デ長サ葉ヨリ短シ。蕚五片綠色披針形、底耳短シ。花ハ五瓣ニシテ側ニ向テ開キ、瓣片ハ長橢圓形、側瓣ニハ短鬚毛ヲ具ヘ距ハ短シ。五雄蕋。一子房、一花柱。蒴ハ卵圓形、三稜、尖端短ク尖リ基部ニ宿存蕚ヲ伴ヒ、遂ニ三殼片ニ開裂ス。葉底銳形ナルハ本種ノ殊徵ナリ。和名蓼すみれハ其葉宛モたで葉ノ觀アレバ云フ。

たちすみれ
Viola Raddeana *Regel.*

原野ノ濕地草中ニ生ズル有莖性ノ多年生草本ニシテ、高サ40cmニ達ス。莖直立シ、單一ニシテ圓柱形ヲ成シ、下部ハ暗紫色ヲ呈ス。葉ハ互生シ三角狀披針形ニシテ、葉底ハ稍心臟狀截形ヲ呈シテ多少戟形ノ狀アリ、葉緣ニ低平ノ鈍鋸齒アリ。托葉ハ大ニシテ葉柄ヨリ長ク、尖リタル廣線形ヲ呈シ、外緣ニ通常少許ノ粗尖齒アリ。初夏ノ候、莖上葉腋ニ長梗ヲ抽テ梗頂ニ左右相稱ノ淡紫色ノ一花ヲ開キ側向ス。五花瓣アリテ唇瓣細小紫條アリ。距ハ短ク、綠蕚五片、五雄蕋、一雌蕋アリ。蒴果ヲ結ブ。和名立すみれハ其莖著シク直立シテ長キヨリ云フ。

きばなのこまのつめ
Viola biflora *L.*

高山ニ生ズル有莖性ノ多年生草本ニシテ高サ10-15cm許。少數ノ莖ハ長柄ノ二根生葉ト共ニ叢生シ、細長綠色ニシテ少許ノ莖生葉ヲ有ス。葉ハ腎臟形ニシテ鈍鋸齒ヲ具ヘ、薄質ニシテ鮮綠色ヲ呈シ、柄本ノ托葉ハ小形ニシテ銳尖卵形ヲ成ス。夏時、莖梢ニ花梗ヲ腋生シ、梗頂ニ左右相稱ノ小黃花ヲ開キ側向ス。綠蕚五片。花瓣五片、唇瓣ハ他片ヨリ大ニシテ褐色條アリ、距ハ短ク、五雄蕋、一雌蕋アリ。蒴果ヲ結ブ。和名、黃花の駒の爪ハ黃花ハ花色、駒の爪ハ馬蹄形ノ葉形ニ基ク。

すみれ科

たかねすみれ
Viola crassa *Makino.*

我邦中部ヨリ以北ノ高山石礫ノ地ニ生ズ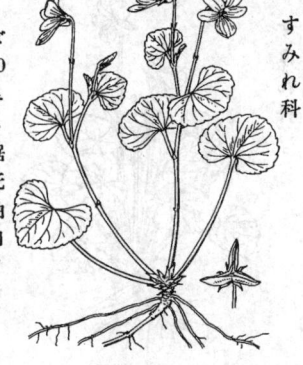
ル有莖性ノ多年生草本ニシテ高サ凡10
cm内外アリ、草狀きばなのこまのつめニ
酷似ス。少數ノ莖ハ少數ノ長柄根生葉ト
叢生ス。葉ハ互生シ、腎臟形ニシテ鈍鋸
齒ヲ有シ、質厚ク、莖葉ハ短柄ヲ具フ。托
葉ハ長卵形。八月、莖梢葉腋ニ花梗ヲ抽
キ、梗頂ニ左右相稱ノ鮮黃花ヲ開キ側向
ス。綠萼五片、花瓣五片、唇瓣ハ他片ヨリ
大ニシテ褐色條アリ。五雄蕋、一雌蕋。
蒴果ヲ結ブ。和名ハ高嶺すみれナリ。

すみれ科

第931圖

たちつぼすみれ

Viola grypoceras *A. Gray.*

普通各處ニ多ク見ルノ有莖性ノ多年生草本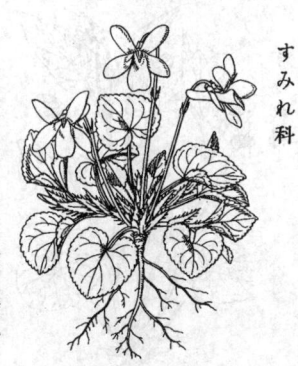
ニシテ、根ハ稍硬質、高サハ後ニ至リテ凡
20cm餘ニ達ス。莖ハ長柄ノ根生葉ト共
ニ叢生シ科ヲ成シ、互生セル短柄ノ莖生
葉ヲ着ケ、托葉ハ披針形ニシテ兩緣櫛齒
狀ニ分裂ス。葉ハ卵圓形或ニ三角狀卵形
ヲ呈シ、葉底心臟形ヲ成シ、邊緣ニ鈍鋸齒
アリ。山地ノ者葉面時ニ紫采アリ。春時、
莖ノ下部ヨリ長花梗ヲ腋生シ、梗頂ニ左
右相稱ノ淡紫花ヲ開キ側向ス。夏、莖上ノ
葉腋ニハ閉鎖花ヲ頻出ス。綠萼五片、花瓣
五片、稍狹長、唇瓣ニ紫條アリ、距ハ長シ。
五雄蕋、一雌蕋アリ。蒴果ヲ結ブ。

すみれ科

第932圖

いぶきすみれ

Viola mirabilis *L.*

中部以北ノ山地ニ自生スル多年生草本ニシテ有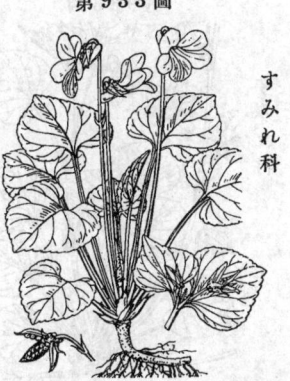
莖種ニ屬シ、高サ15cm內外アリ、基脚ニハ托
葉ノ枯死セル者鱗片狀ニ呈シテ殘存シ、花時ニ
ハ未ダ莖ヲ生ゼズ。葉ハ長柄ヲ具ヘ、圓狀腎臟
形或ハ腎臟狀心臟形ニシテ短ク尖リ、底部ハ心
臟形、長サ2-4cm、綠色ニシテ表面凹溝ヲ成セ
ル葉脈ニ由テ稍皺ヲ呈シ、邊緣ニ低波狀鋸齒
ヲ具フ。花ハ五月ノ候ニ開キ長梗ヲ有シテ葉ヨ
リモ高ク抽キ、淡紫色ニ呈ス。萼片ハ五、綠色、
橢圓狀披針形ニシテ闊シ。花瓣ハ五、倒卵形、
鈍頭有爪。五雄蕋。一子房、一花柱。多クハ實
ラズ。後ニ至テ莖ヲ立テ、上部ノ曲ニシテ少數ノ
葉ヲ開ク五ニ接在シテ異觀アリ、且閉鎖花ヲ
生ジテ蒴果ヲ結ビ、種子ヲ生ジ三裂片ニ開裂シ
テカレヲ彈飛ス。和名ハ伊吹すみれノ意、本種
ハ明治十四年五月予始メテ之ヲ近江伊吹山ニ
採リ由テ此名ヲ生ゼシナリ。

すみれ科

第933圖

311

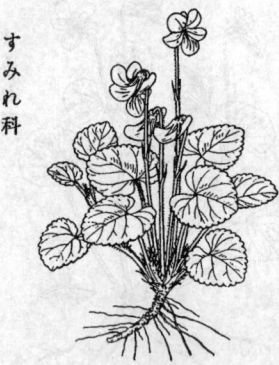

にほひたちつぼすみれ
Viola obtusa *Makino.*

原野或ハ山地ニ生ズル有莖性ノ多年生草本ニシテ、高サ遂ニ10–15cm許ニ達シ、根ハ稍硬質ナリ。莖ハ長柄ノ根生葉ト共ニ單生或ハ叢生シ、直立シテ通常短細毛ヲ被フリ或ハ時ニ裸出シ、互生セル短柄ノ莖生葉ヲ有ス。葉ハ小形ニテ質稍厚ク、心臟狀卵圓形ニシテ鈍頭ヲ成シ、小ナル鈍鋸齒ヲ列シ、齒頭圓シ。托葉ハ兩緣櫛齒狀ニ羽裂シ、其狀ハたちつぼすみれノ如シ。春時、下部ノ葉腋ヨリ花梗ヲ抽テ立チ、梗頂ニ香氣アル左右相稱ノ淡紅紫花ヲ開キテ側向シ、或ハ往々稍下ニ向フ。綠萼五片。花瓣五片、廣狀ニシテ唇瓣ニ紫條アリ、距ハ長ク稍上向ス。五雄蕊、一雌蕊アリ。蒴果ヲ結ブ。

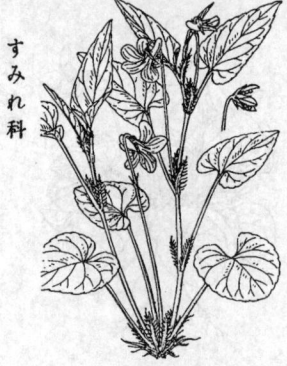

ながばのたちつぼすみれ
Viola ovato-oblonga *Makino.*

我邦西南諸州ノ山地ニ生ズル有莖性ノ多年生草本ニシテ、高サ15–20cm許。莖ハ長柄ノ根生葉ト共ニ叢生シ、花後ニ伸ビ、莖上ニ短柄ノ互生葉ト閉鎖花ヲ着ク。葉ハ脚部ノ者ハ心臟狀長卵形、上部ノ者ハ尖リタル披針形ニシテ心臟狀底ヲ有シ、葉緣ニ鈍鋸齒アリ。托葉ハ披針形ニシテ兩緣櫛齒狀ニ羽裂ス。春、下部ノ葉腋ニ長花梗ヲ腋生シテ左右相稱ノ淡紫花ヲ開キ側向ス。綠萼五片。花瓣五片、稍狹長、唇瓣ニ紫條アリテ距ハ長シ。五雄蕊、一雌蕊アリ。蒴果ヲ結ブ。

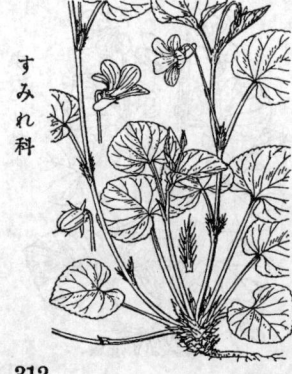

おほたちつぼすみれ
Viola Kusanoana *Makino.*

我邦東北諸州ノ山野ニ生ズル有莖性ノ多年生草本ニシテ、高サ凡15–20cm許、根ハ稍硬質ナリ。莖ハ長柄ノ根生葉ト共ニ叢生シテ直立或ハ傾上シ、短柄ノ莖生葉ヲ互生シ、又閉鎖花ヲ出ス。葉ハ圓狀心臟形ニシテ葉緣ニ鈍鋸齒アリ。托葉ハ披針形ニシテ兩緣ハ櫛齒狀ニ羽裂スルコトたちつぼすみれノ如シ。春時或ハ初夏ノ候、下部ノ葉腋ニ長花梗ヲ抽キ、梗頂ニ左右相稱ノ淡紫花ヲ開キ側向ス。綠萼五片。花瓣五片、唇瓣ニ紫條アリ、距ハ長シ。五雄蕊、一雌蕊アリ。蒴果ヲ結ブ。

あふひすみれ
一名　ひなぶき
Viola nipponica *Maxim.*

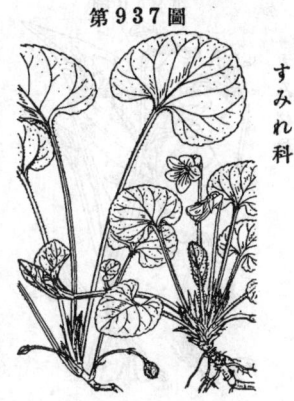

すみれ科

山地原野ノ向陽或ハ半陰ノ處ニ生ズル多
年生草本ニシテ、匐枝ヲ分ツテ地面ニ横
臥シ、其枝端ニ苗ヲ發生ス。葉ハ根出シ、
長柄ヲ有シテ叢生シ、細毛ヲ被フリ、心
臟狀圓形ニシテ邊緣ニ低平ナル鈍鋸齒ア
リ、花時ハ其葉小形ナレドモ、花後夏月ニ
至レバ大形ト成リ、密ニ一簣ニ叢生ス。
早春葉腋ニ 6cm 許ノ花梗ヲ抽ヲ梗頂ニ左
右相稱ノ淡紫花ヲ開キ側向ス。綠萼五片、
鈍頭ヲ呈ス。花瓣五片、脣瓣紫條アリ、距
ハ短シ。蒴果ハ球形ニシテ果面ニ短毛ヲ
帶ビ、夏時ノ閉鎖花能ク之レヲ生ズ。和名
ハ其葉形かもあふひ葉ニ似タルニ甚ク。

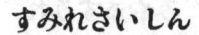

すみれさいしん

Viola vaginata *Maxim.*

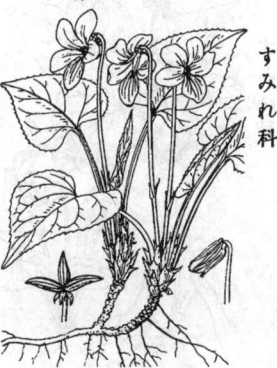

すみれ科

山地樹下ニ生ズル無莖性ノ多年生草本ニ
シテ高サ 12cm 內外アリ。地下莖粗大ニ
シテ分枝シ、平臥シテ節多ク、株頸ニ褐
色ノ舊托葉アリ。葉ハ長柄ヲ有シテ少數
根生シ、柄本ニ膜質ノ托葉ヲ有ヘ、心臟
狀圓形ニシテ短キ銳尖頭ヲ有シ、葉緣ニ
鈍鋸齒アリテ葉質稍薄ク、且毛ナシ。四
月、葉中ニ長梗ヲ抽キ、梗端ニ大ニシテ左
右相稱ナル少數ノ淡紫花ヲ開キ側向ス。
綠萼五片。花瓣五片、脣瓣ニ紫條アリ、
距ハ短ニシテ囊狀。蒴果ヲ結ブ。地方
ニヨリ其地下莖ヲ粉末ニシ、とろろノ如
ク之レヲ啖フ。

あけぼのすみれ

Viola Rossii *Hemsl.*

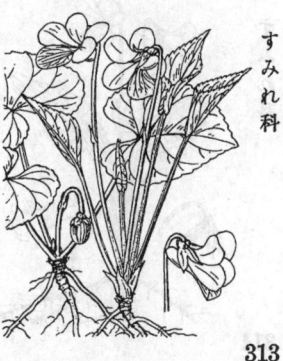

すみれ科

山地ノ樹陰或ハ向陽地ニ生ズル多年生草
本ニシテ高サ10cm內外。根莖ハ粗大且ツ
節多シ。葉ハ二乃至五片、一株ニ叢生シ、
花時ニハ開舒未ダ全カラズシテ下部兩緣
內方ニ卷キ込ミ菱形ヲ呈スル特徵アリ、
成葉ハ卵狀心臟形ニシテ長サ 5cm 內外、
先端ニ銳尖シ底部ハ彎入深ク、質稍剛ク
表面暗綠色ヲ呈シ、裏面ニハ短毛ヲ布ク。
葉柄ハ其長サ葉片ニ二三倍シ、底部平開
ス。早春開花シ、紅紫色ノ美花頗ル愛ス
ベシ。萼ハ五片、廣披針形。花瓣ハ倒卵
形、圓頭、長サ15mm內外、側瓣ニ少許
ノ囊毛アリ、距ハ短ニシテ圓頭。五雄
蕊。一子房、一花柱。果實ハ蒴。和名曙
すみれハ其花色ニ甚キテ云フ。

なかばのすみれさいしん
Viola Bisseti *Maxim.*

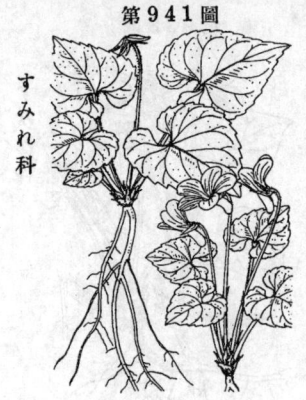

すみれ科

山地ノ樹林下ニ生ズル無莖性ノ多年生草本ニシテ根ハ長シ。通常少數ノ長柄根生葉叢生シ、長三角狀卵形ニシテ銳尖頭、心臟狀底ヲ有シ、鈍鋸齒アリテ毛ナク、質稍軟カナリ。托葉ハ離生シ、卵狀披針形ニシテ尖レリ。春日、葉高ト殆ンド同ジキ少數ノ長梗ヲ抽テ頂ニ可ナリ大ナル左右相稱ノ淡紫花ヲ開キ側向ス。綠萼五片。花瓣五片、脣瓣ニ紫條アリ、距ハ短大ナル囊狀ヲ呈ス。五雄蕋、一雌蕋アリ。蒴果ヲ結ブ。

みやますみれ
Viola Selkirkii *Pursh.*

我邦中部以北諸州ノ山地樹下ニ生ズル無莖性ノ多年生草本ニシテ高サ6cm內外アリ。葉ハ長柄ヲ有シテ少數根生シ、卵圓形ニシテ短ク尖リ、葉底ハ深キ心臟形ヲ呈シ、葉緣ニ鈍鋸齒アリ、質薄ク、葉面ニ多少ノ細毛アリ、時ニ白斑ノ者アリ。五月頃、葉中ニ長梗ヲ抽テ梗頂ニ左右相稱ノ少數淡紫花ヲ開キ側向ス。綠萼五片。花瓣五片、脣瓣ニ紫條アリ、距ハ長ク、圓柱形。五雄蕋、一雌蕋アリ。蒴果ヲ結ブ。

ひなすみれ
Viola Takedana *Makino.*

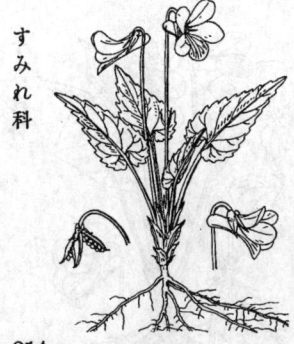

すみれ科

中部北部ノ深山樹陰ニ生ズル多年生草本ニシテ無莖種ノーナリ、地下ニ白色ノ細長ナル根アリ。葉ハ叢生、少數、長柄ヲ有シテ斜上シ上部稍開出シ狹長ナル卵形ヲ呈シ上半部ハ漸尖形、底部ハ深心臟形ヲ成シ底片ハ圓耳形ヲ呈シ、葉緣ニハ低波狀鈍鋸齒ヲ有シ、表面ハ淡綠色無澤不平、裏面ハ多ク紫色ヲ呈シ、最初ノ葉ハ無毛ナレドモ後ヨリ出ヅル者ハ次第ニ白毛ヲ有ス、時ニ脈絡白斑ノ者アリ之レヲふいりひなすみれ (forma variegata *Makino*=var. variegata *Nakai*) ト云フ。花梗ハ葉上ニ高ク出デ高サ5-10cm、紫細點アリ、中途ニ線狀鍼形ノ二苞アリ。花ハ四五月ノ候ニ開キテ側向シ淡紅色ニシテ可憐、徑15mm內外。萼ハ五片、披針形或ハ廣披針形ニシテ更ニ紫杂アリ。花瓣ハ五片、橢圓形ニシテ鈍頭或ハ微凹頭、側瓣ニハ髯毛ナシ。五雄蕋。一子房、一花柱。蒴果ハ長卵形ニシテ尖リ無毛ナリ。和名雛すみれハ其草委孱弱、花容美好ナルヲ以テ名ケラレタリ。

ふぢすみれ

Viola Tokubuchiana *Makino*.

山地樹下ニ生ズル無莖性ノ多年生草本ニ
シテ高サ凡6cm内外アリ。葉ハ長柄ヲ有
シテ少數根生シ、銳頭長卵形ニシテ底部
心臟形ヲ呈シ、邊緣ニ鈍鋸齒アリ、葉質
薄ク、上面葉脈ニ沿フテ白斑アリ。初夏、
葉中ニ少數ノ長梗ヲ抽キテ葉ヨリ高ク、
梗頂ニ左右相稱ノ淡紫花ヲ開キ側向ス。
綠萼五片。花瓣五片、唇瓣ニ紫條アリ、
距ハ圓柱形。五雄蕋、一雌蕋。蒴果ヲ結
ブ。和名ハ藤色ヲ呈セル花色ニ基ク。

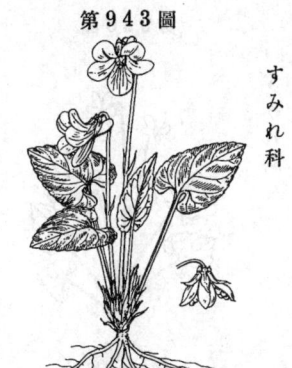

すみれ科

しはいすみれ

Viola violacea *Makino*.

丘岡山麓ノ向陽或ハ半陰地ニ生ズル無莖
性ノ多年生草本ニシテ根ハ白シ。葉ハ根
出シ、長柄ヲ有シテ叢生シ、長卵形或ハ長
三角形披針形ヲ呈シ、葉底心臟形、葉頭
鈍形ニシテ葉緣鈍鋸齒ヲ具フ。葉質稍軟
ク、上面綠色、下面紅紫色ヲ帶ブ。春日、
葉中ニ8cm內外ノ長梗ヲ抽テ多少葉ヨリ
高ク、梗頂ニ左右相稱ノ淡紅紫花ヲ開キ
側向ス。綠萼五片。花瓣五片、唇瓣ニ紫
條アリ、距ハ長ク圓柱形ニシテ斜上ス。
五雄蕋、一雌蕋アリ。蒴果ヲ結ブ。和名
紫背すみれハ紫色ナル葉裏ニ基ク。

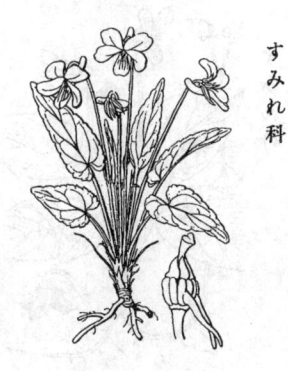

すみれ科

ふもとすみれ

Viola Sieboldi *Maxim*.

山地向陽ノ處ニ生ズル無莖性ノ多年生小
草本ニシテ、高サ6cm内外アリ。葉ハ根
出シ、長柄アリテ叢生シ、鈍頭卵圓形ニ
シテ心臟狀底ヲ有シ、葉緣鈍鋸齒アリ、上
面綠色ニシテ往々白斑ヲ印シ、裏面ハ紅
紫色ヲ帶ブ。春、葉ヨリ高ク花梗ヲ抽テ
左右相稱ノ小白花ヲ梗頂ニ開キ側向ス。
綠萼五片。花瓣五片、唇瓣ニ紫條アリ、
距ハ小ニシテ短シ。五雄蕋、一雌蕋アリ。
蒴果ヲ結ブ。和名麓すみれハ本品能ク山
麓地ニ生ズルヲ以テ名ク。

すみれ科

ひめみやますみれ

Viola Boissieuana *Makino.*

すみれ科

我邦中部以西ノ山地樹下ニ生ズル無莖性ノ多年生小草本。葉ハ小形ニシテ長柄ヲ有シ、根出シテ叢生シ、三角狀心臟形或ハ心臟狀卵形ニシテ、葉緣ハ鈍鋸齒ヲ有シ、質薄クシテ稍軟ナリ。初夏、葉中ニ少數ノ花梗ヲ抽テ葉ヨリ高ク、細弱ニシテ梗頂ニ左右相稱ノ小白花ヲ開キ側向ス。綠萼五片。花瓣五片、狹長、唇瓣ニ紫條アリ、距ハ長シ。五雄蕋、一雌蕋アリ。蒴果ヲ結ブ。

こみやますみれ

Viola Maximowicziana *Makino.*

すみれ科

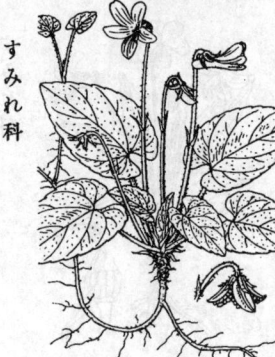

山地樹陰ニ生ズル無莖性ノ軟カナル多年生小草本ニシテ、地中ニ曳ケル根ヨリ新苗ヲ出シテ繁殖スル特性ヲ有ス。葉ハ根生ニシテ叢生シ、長柄ヲ具ヘ、鈍頭ノ長卵形、心臟狀底ニシテ邊緣ハ鈍鋸齒ヲ有ス、薄質ニシテ細毛ヲ散布シ、葉面ハ往々白斑ヲ帶ブルモノ、又全葉帶暗紫色ヲ呈スルモノアリ。五月頃、葉間ニ少數ノ花梗ヲ葉ヨリ高ク抽キ、梗頂ニ左右相稱ノ小白花ヲ開キ側向ス。綠萼五片、反曲シテ毛アリ。花瓣五片狹長ニシテ唇瓣ニ紫條アリ、距ハ短シ。五雄蕋、一雌蕋アリ。蒴果ヲ結ブ。和名ハ小深山すみれノ意ナリ。

ひかげすみれ

一名 えぞこすみれ

Viola yezoensis *Maxim.*

すみれ科

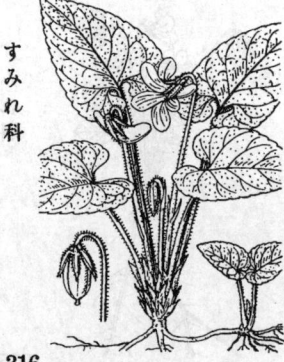

山地樹陰ノ多少濕潤ノ處ニ生ズル無莖性ノ多年生草本ニシテ全體軟カク、往々橫行セル白色ノ根ヨリ新苗ヲ發スル殊態アリ。葉ハ根生シ長柄ヲ有シテ叢生シ、毛ヲ帶ビ、柄本ハ膜質托葉アリ、心臟狀長卵形、鈍頭ニシテ邊緣ニ鈍鋸齒ヲ具ヘ、薄質綠色ニシテ往々暗紫色ヲ呈ス。四月、葉中ニ少數ノ花梗ヲ抽キ、凡ソ葉ト同高或ハ低ク、可ナリ大ナル左右相稱ノ白花ヲ梗頂ニ開キ側向ス。綠萼五片、底耳著シ。花瓣五片、唇瓣ニ紫條アリ。五雄蕋、一雌蕋アリ。蒴果ヲ結ブ。

まるばすみれ
Viola Okuboi *Makino*
var. glabra *Makino*.

山地、丘岡ノ向陽地ニ生ズル無莖性ノ多
年生草本ニシテ高サ6cm內外アリ。葉ハ
根生シ、長柄ヲ具ヘテ叢生シ、卵圓形ニ
シテ底部心臟形ヲ成シ、邊緣ニ鈍鋸齒ヲ
有シ、質稍軟ニシテ葉面ハ無毛ナリ。四
月、葉間ニ少數ノ花梗ヲ抽キ、梗頂ニ左右
相稱ノ稍大ナル白色花ヲ開キ側向ス。綠
蕚五片。花瓣五片、唇瓣ニ紫條アリ、距
ハ圓柱形ヲ成ス。五雄蕊、一雌蕊アリ。
蒴果ヲ結ブ。本品ハけまるばすみれノ變
種ニシテ其葉ニ毛ナキヲ以テ標徵トス。

第949圖

すみれ科

けまるばすみれ
Viola Okuboi *Makino*.

山地向陽ノ處ニ生ズル無莖性ノ多年生草
本ニシテ高サ8cm內外アリ。葉ハ根生
シ、長柄ヲ有シテ叢生シ、卵圓形ニシテ
葉底心臟形ヲ呈シ、邊緣ニ鈍鋸齒アリ、
質稍軟カニシテ葉面ニ散毛アリ。春時、
葉間ニ少數ノ花梗ヲ抽テ左右相稱ノ白花
ヲ開キ側向ス、乾テ久シキヲ經レバ變ジ
テ黃色ヲ帶ス。綠蕚五片。花瓣五片、唇
瓣ニ紫條アリ、距ハ圓柱形ヲ呈ス。五雄
蕊、一雌蕊アリ。蒴果ヲ結ブ。和名ハ毛
圓葉すみれナリ。

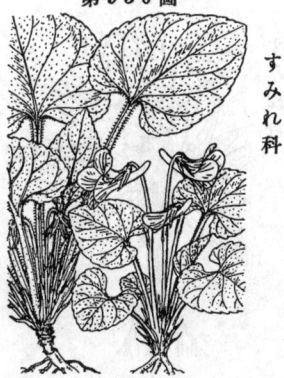

第950圖

すみれ科

しろばなすみれ
Viola Patrini *DC.*

原野ノ濕リタル向陽地ニ生ズル無莖性ノ
多年生草本ニシテ高サ凡7cm內外アリ、
根ハ白シ。葉ハ根生シ、長柄ヲ有シテ稍
多數叢生シ、披針形或ハ長橢圓狀披針形
ニシテ鈍頭ヲ有シ、底部ニ楔形或ハ截形
ヲ成シ、邊緣ニ低平ナル鈍鋸齒ヲ有シ、質
稍軟クシテ毛ナシ。春、葉間ニ少數若ク
ハ多數ノ花梗ヲ抽キ、葉ト參差シテ梗頂
ニ左右相稱ノ白色或ハ淡紫采花ヲ開キ側
向ス。花瓣五片、唇瓣ニ紫條ア
リ、距ハ圓柱形。五雄蕊、一雌蕊アリ。
蒴果ヲ結ブ。和名白花すみれハ紫花ヲ開
ク普通ノすみれニ對シテノ名ナリ、故ニ
中ニ淡紫采ノ花アリト雖ドモ敢テ意ニ介
スルニ足ラズ。

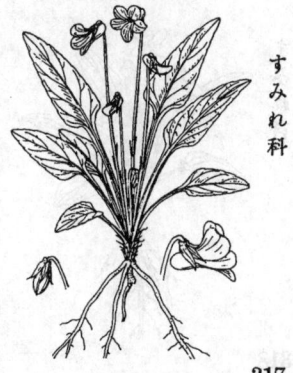

第951圖

すみれ科

第952圖

すみれ
Viola mandshurica *W. Beck.*

すみれ科

原野或ハ丘阜上ノ向陽地ニ生ズル無莖性ノ多年生草本ニシテ 高サ7-11cm許アリ、根ハ柑色ヲ帶ブ。葉ハ根生シ、有緣ノ長柄ヲ具ヘテ少數或ハ多數叢生シ、披針形ニシテ鈍頭ヲ有シ、底部往々截形或ハ微シク心臟形ヲ成シ、葉緣ニ低扁ナル鋸齒アリ、花後ノ葉ハ長大ニシテ底部往々戟形狀ヲ呈シ、全葉三角狀披針形ト成リ、葉柄ハ狹翼ヲ有スルニ至ル。春、葉間ニ花梗ヲ抽テ葉ト同高或ハ之ヨリ高ク、梗頂ニ左右相稱ノ濃紫花ヲ開キ側ニ向ス。綠萼五片。花瓣五片、唇瓣ニ紫條アリ、距ハ圓柱形ナリ。五雄蕋、一雌蕋アリ。蒴果ヲ結ブ。和名ハすみいれノ略ニシテ其花形大エノ用ウル墨壺ニ似タル故云フナリ。漢名紫花地丁(誤用)、支那ニ菫菫菜アリ、すみれノ一種(或ハこすみれ？)ナリ、之レヲ略シテ菫菜トスルハ惡ク、又單ニ菫トスルハ尙更惡ルシ、支那ニテ菫菜ト云フハ卽チ所謂早芹ニシテ繖形科ノおらんだみつば卽チせろりナリ。

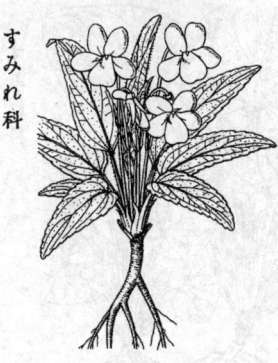

第953圖

すみれ科

のちすみれ
Viola yedoensis *Makino.*

園圃ノ間或ハ原頭ニ見ル無莖種ノ多年生草本ニシテ全株密ニ短白毛ヲ布ク。根ハ深ク、白色ニシテ數條ニ分ル。葉ハ叢生シテ斜立シ長橢圓形又ハ線狀廣披針形ニシテ葉柄ト共ニ長サ5cm內外、先端ハ鈍形、底部ハ截形或ハ僅ニ心臟形、葉緣ニ低波狀鈍鋸齒アリ、質稍厚クシテ碧綠色ヲ呈シ葉柄ニ通常葉片ヨリ短シ。四五月ノ候ニ開花シ、葉間ヨリ花梗ヲ葉上ニ抽キ、高サ10cm內外アリテ細毛ヲ布キ、途中ニ瘦線形ノ二苞アリ。花ハすみれヨリ稍小形ニシテ淡紫色ヲ呈シ側ニ向フテ開ク。萼五片、綠色、鍼狀披針形或ハ邪狀披針形ニシテ尖レリ。花瓣ハ五片、廣橢圓形ハ爪、側瓣ニハ毛茸ナキヲ以テすみれトノ區別容易ナリ。五雄蕋。一子房、一花柱。蒴果ハ邪狀橢圓形、鈍三稜狀ヲ成シ先端ニ截形ニ近シ。和名ハ野路すみれノ意ニシテ野外ニ生ズレバ云フ。

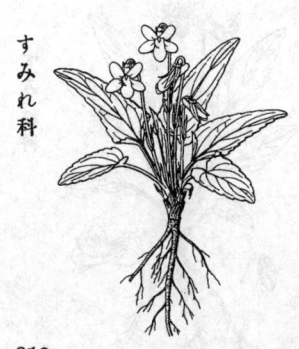

第954圖

すみれ科

ひめすみれ
Viola minor *Makino.*
(=V. Patrini *DC.*
var. minor *Makino.*)

中部以南ノ園圃路傍或ハ人家附近ノ地ニ生ズル多年生ノ小草本ニシテ無莖種ニ屬シ全株無毛ナリ。根ハ白色ニシテ地中ニ深ク侵入ス。葉ハ叢生、斜ニ開出シ、戟狀長卵形或ハ長三角形ニシテ長サ2-4cm、底部ハ箭狀心臟形ヲ呈スル者多ク、深綠色ニシテ稍光澤アリ、葉柄ハ瘦長ニシテ葉片ヨリハ短シ。四月ノ候ニ開花シ、花梗ハ10cm內外、葉叢ヨリハ高ク抽キ、花梗中部下ニ兩披針形苞ヲ伴フ。花ハ濃紫色ニシテすみれニ比スレバ小形ニシテ側ニ向テ開キ 10-12mm徑アリ。萼ハ五片、綠色、狹長ニシテ尖レリ。花瓣ハ五片、狹長。側瓣ニハ鬚毛ヲ有ス。五雄蕋。一子房、一花柱。蒴ハ卵形ニシテ短ク尖リ、三稜、無毛ニシテ長サ凡7mmアリ。本種ハすみれト相近ケレドモ全株小形、根ハ白色、花ハ小形、葉ハ箭狀心臟形ナルヲ以テ容易ニ區別スベシ。和名姫すみれハ草體小ナレバ云フ。

さくらすみれ
Viola hirtipes *Moore.*

中部以北ノ山地ニ生ズル多年生草本ニシテ無莖種ニ屬シ高サ10-15cm許、地下ニハ白色ノ細長根二三條アリ。葉ハ一株ニ三四、卵狀長橢圓形或ハ狹長卵形、膜質ニシテ先端ハ鈍頭或ハ稍銳頭、底部ハ心臟形、表面ニハ往々紅紫采アレドモ此有無ハ何等品種ヲ別ツベキ標識ト成スニ足ラズ、裏面ニハ脈上ニ毛アリ、葉柄ヨリ遙ニ長クシテ略ボ直上シ、花梗ト共ニ開出セル長白毛ヲ有ス。五月ノ候開花シ、葉ト同高、花體大ニシテ徑2-3cm、側ニ向テ開キ淡紅紫色ヲ呈シ、花梗ニハ途中狹小ナル二苞ヲ有ス。萼ハ五片、綠色、披針形ニシテ尖レリ。花瓣ハ五片、廣闊、各瓣ノ頂部ハ凹頭ヲ呈シ、側瓣基部ニハ鬚毛ヲ具ヘ、最下瓣ハ後部ニ筒形ニシテ長キ萼ヨリハ短キ距ヲ有ス。和名櫻すみれハ其華美ナル花色ニ基キテ名ケシ者ナリ。

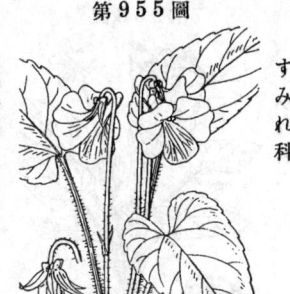

第955圖

すみれ科

あかねすみれ

Viola phalacrocarpa *Maxim.*

丘陵原野ノ向陽地ニ生ズル無莖性ノ多年生草本ニシテ、體上ニ細毛多ク、葉ハ根生シ、往々上部ニ狹翼アル長柄ヲ有シテ少數或ハ多數叢生シ、長卵形或ハ卵形ニシテ鈍頭ヲ有シ、底部ハ往々心臟形ヲ呈シ、葉緣ハ鈍鋸齒アリ。春時、葉中ヨリ高サ10cm許ノ花梗ヲ抽テ梗頭ニ左右相稱ノ紅紫花ヲ開キ側向シ、葉ト參差ス。綠萼五片。花瓣五片、側生花瓣ニ毛ヲ有シ、脣瓣ニ紫條アリ、距ハ圓柱形ナリ。五雄蕋、一雌蕋アリ。細毛アル蒴果ヲ結ブ。和名茜すみれハ花ノ紅紫色ニ基ク。

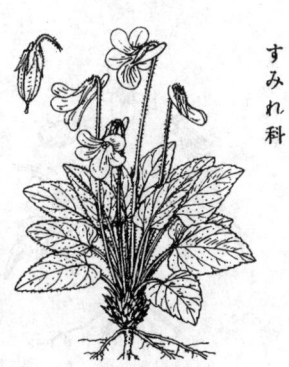

第956圖

すみれ科

をがすみれ

Viola phalacrocarpoides *Makino.*
(=V. nipponica *Makino.*)

諸國ノ丘阜向陽地ニ生ズル多年生草本ニシテ無莖種ニ屬シ高サ10cm內外、槪形あかねすみれニ似タリト雖モ全株全ク無毛平滑ナルヲ以テ異ナレリ。根ハ白色。葉ハ叢生シ、長柄ヲ具ヘ、廣卵形或ハ狹卵形、銳頭、廣心臟底、淡綠色ナレドモ花時ニハ紫采ヲ者多シ、花後ニ出ヅル葉ハ大形ト成リ濃綠色ヲ呈シ鈍頭ヲ有シ、多クハ散毛ヲ生ズ。四五月ノ候開花ス。花ハあかねすみれト同ジク紅紫色ヲ呈シ、葉ヨリ高ク抽キテ側向シ、花梗ハ細長ニシテ中央邊ニ線形或ハ鍼狀線形ニシテ尖リタル二苞ヲ伴フ。萼ハ五片、披針形或ハ狹披針形ニシテ鈍頭或ニ銳頭ヲ有ス。花瓣ハ五片、倒卵狀長橢圓形、圓頭、長サ1cm內外、側瓣ニ白鬚毛ヲ具ヘ、距ハ細長ニシテ上ノ指ス。五雄蕋、一子房、一花柱。蒴ハ無毛、卵狀橢圓形。和名岡すみれハ主トシテ岡陵地ニ生ズレバ云フ。

第957圖

すみれ科

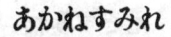

319

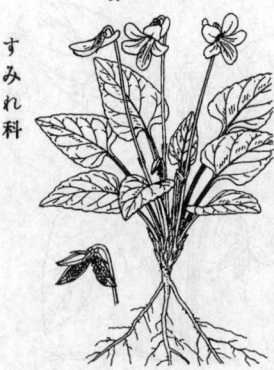

こすみれ（菫菫菜？）
Viola japonica *Langsd.*

山野ノ向陽地并ニ半陰地ニ生ズル無莖性ノ多年生草本ニシテ毛ナク、根ハ白色ナリ。葉ハ根生シ、長柄ヲ有シテ通常數葉ヲ叢生シ、長卵形ニシテ底部心臟形ヲ呈シ、鈍頭ニシテ葉緣ニ鈍鋸齒アリ、葉質稍軟カニシテ裏面時ニ淡紫色ヲ帶ブ。早春、葉中ニ長梗ヲ抽キ、梗頂ニ稍大ナル淡紫花ヲ開キ側向ス。綠萼五片。花瓣五片、唇瓣ニ紫條アリ、距ハ圓柱形ナリ。五雄蕋、一雌蕋アリ。蒴果ヲ結ブ。漢名 犁頭草（誤用）

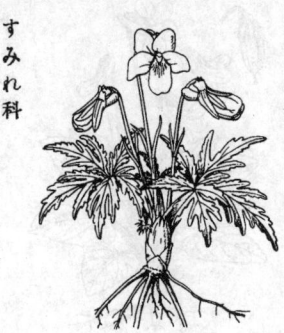

えぞすみれ
一名　えいざんすみれ・かくれみの
Viola eizanensis *Makino.*

山地樹陰ニ生ズル無莖性ノ多年生草本ニシテ、高サ花時ニ於テ凡7cm內外アリ、根莖ハ短矮ニシテ肥厚ス。葉ハ根生シ、長柄ヲ有シテ叢生シ、三裂シテ其側片ニ深裂シ、爲ニ五裂ノ觀アリ、各裂片更ニ分裂シ、分裂片ニ缺刻齒アリ。花後ニ出ル者ハ長大ニシテ單純ニ三裂シ、裂片通常廣闊ナリ、是レ本種ノ特狀ナリ。春日、葉中ニ花梗ヲ抽キ、葉ト參差シテ梗頂ニ淡紫白色ノ大形左右相稱花ヲ開キ側向シ、往々香氣アリ。綠萼五片。花瓣五片、唇瓣ニ紫線アリ、距ハ圓柱形。五雄蕋、一雌蕋アリ。蒴果ヲ結ブ。漢名 胡菫卓（誤用）

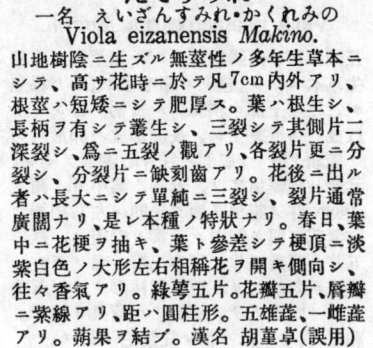

にほひすみれ
Viola odorata *L.*

觀賞花草トシテ培養セラルル歐洲原產ノ多年生草本ニシテ、短キ地下莖ヨリ匐枝ヲ發出シテ繁殖ス。葉ハ根生シ、長柄ヲ具ヘテ數葉叢生シ、心臟狀卵圓形ニシテ鈍頭ヲ有シ、邊緣ニ鈍鋸齒アリ、深綠色ニシテ細毛ヲ帶ブ。柄本ノ托葉ハ狹長。春日、葉間ニ花梗ヲ抽キテ葉ト參差シ、梗頂ニ左右相稱ノ紫花ヲ開キ側向シ、佳香アリ。綠萼五片、鈍頭ナリ。花瓣五片、唇瓣ニ紫條アリ、距ハ短シ。五雄蕋、一雌蕋アリ。細毛アル蒴果ヲ結ブ。西洋ニテ俗ニ sweet violet ト呼ビ、主トシテ其香氣ヲ貴ビ、我邦すみれノ單ニ花色ヲ貴ブト異ナリ。故ニ文學上ノ violet ハ我ガすみれト其意味同一ナラズ。園藝品ニハ八重咲ノモノアリ。

320

さんしきすみれ
一名 いうてふくわ・こてふすみれ
Viola tricolor *L.* var. hortensis *DC.*

欧洲ノ原産ニシテ我邦ニハ文久年間ニ渡來シ、觀賞花卉トシテ今普ク培養セラレ、ぱんじー (pansy) ト呼バル。二年生若クハ一年生ノ有莖草本ニシテ高サ 12-25cm 許アリ。莖ハ直立シテ分枝シ、草質綠色ニシテ稜アリ。葉ハ長柄ヲ有シテ互生シ、卵狀長橢圓形或ハ披針形ニシテ邊緣ニ鈍鋸齒アリ。托葉ハ大形ニシテ葉柄ヨリ長ク、綠色ニシテ羽狀ニ深裂ス。春夏ノ候、葉腋ニ各一ノ花梗ヲ抽キ、梗頂ニ左右相稱ニ大ナル花ヲ開キ側向シ、通常紫・白・黄ノ三色ヲ一花ニ具フ。綠萼五片、底耳大ナリ。花瓣五片、圓形ニシテ平開シ、距ハ短シ。五雄蕊、一雌蕊アリ。卵形ノ蒴果ヲ結ブ。和名ハ三色すみれノ意ナリ。

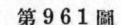
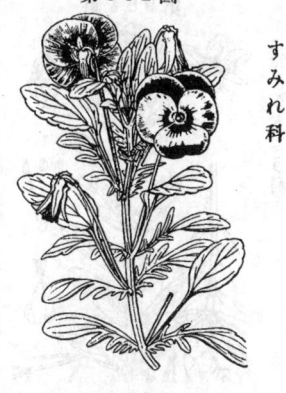

第961圖

すみれ科

ぎょりう (檉柳)
Tamarix juniperina *Bunge.*

寛保年間ニ渡來セシ支那原産ノ落葉小喬木ニシテ觀賞ノ爲メ人家ニ植エラル。幹直立シテ繁密ニ分枝シ、高キ者凡6m餘ニ及ビ、枝ハ細長ニシテ蓬々タル多數ノ細枝ハ冬ニ至リ黄落ス。葉ハ綠色ヲ呈シ、細小鱗形ニシテ尖リ、枝ヲ被ヒ多少覆瓦襲ヲ成シテ互生ス。總狀花穗ハ一年ニ兩度出デ、春時ノ者ハ舊枝ニ出デテ花少シク大、花後結實セズ、夏時ノ者ハ新枝ニ出デテ花少シク小、而シテ結實ス。花ハ群集シテ開キ、短小梗ヲ具ヘテ淡紅色ヲ呈ス。萼細微、五片。花瓣五片。五雄蕊超出ス。一子房、三花柱アリ。狹小ナル蒴果ヲ結ビ、種子ハ冠毛アリ。和名ハ御柳ノ意ニシテ原ト漢名ニ出ヅ、漢名ニハ三春柳・河柳・雨師柳等ノ異名アリ。

第962圖

ぎょりう科

みぞはこべ
Elatine orientalis *Makino.*

主トシテ水田ニ生ジ又濕洳ノ地ニ生ズル一年生ノ軟カキ小草本ニシテ、莖ハ圓柱形ヲ呈シ長サ3-10cm、泥上ニ橫臥シテ分枝シ、節々白鬚根ヲ下ス。葉ハ托葉アル短柄ヲ有シテ莖ニ對生シ、長橢圓狀披針形、鈍頭ニシテ殆ンド全邊ヲ成シ、支脈ハ疎ニシテ葉緣ニ達セリ。夏秋ノ候、葉腋ニ短梗ノ淡紅小花ヲ開ク。三萼片、三花瓣及ビ三雄蕊、一雌蕊アリ。果實ハ蒴ニシテ小球狀ヲ成シ、果皮薄ク、果中ニ多種子アリテ各多少彎曲シ、細微ノ橫階ヲ印ス。全株水中ニ沈在スル者ハ往々稍大形ニ成長シテ閉鎖花ヲ生ジ、結實ス。本科ノ者本邦唯此一種ノミ。

第963圖

みぞはこべ科

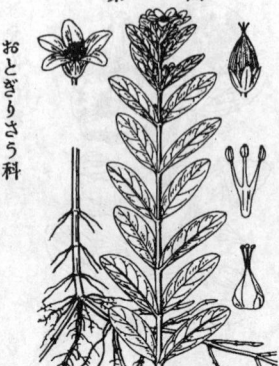

みづおとぎり

Triadenum japonicum *Makino.*

山原或ハ原野ノ濕地ニ生ズル多年生草本ニシテ、高サ凡25-50cm許、帶紅色ノ地下莖ヲ引テ繁殖ス。莖ハ直立シ、圓柱形ニシテ往々紅色ヲ帶ブ。葉ハ對生シ、無柄ニシテ多少抱莖シ、長橢圓狀披針形、鈍頭、全邊ニシテ葉中ニ油閃點ヲ散布ス。夏秋ノ候、葉腋ニ短小ナル有梗聚繖花叢ヲ成シテ小形ノ淡肉紅花ヲ開ク。萼片五、花瓣五アリテ覆瓦襞ヲ成ス。九雄蕋三體ト成リテ各三岐シ、其花絲末端ニ各一葯アリテ葯頂ニ一小疣ヲ具ヘ、蕋體間ニ三腺アリ。子房ハ卵狀尖塔形ニシテ三花柱ヲ有ス。蒴果ニ細種子多シ。

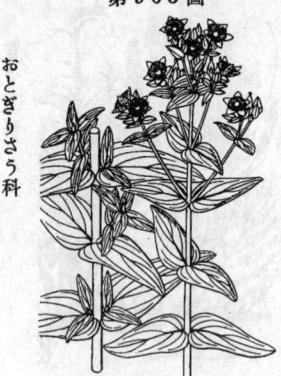

おとぎりさう （小連翹）

Hypericum erectum *Thunb.*

普通山野ニ生ズル無毛ノ多年生草本ニシテ高サ30-60cm許。莖ハ圓柱形ニシテ綠色。葉ハ對生シ、兩葉相接近シテ莖ヲ擁シ、披針形ニシテ鈍頭、全邊、葉中ニ黑色ノ細油點ヲ散布ス。夏秋ノ候、莖梢分枝シ、小黃花ヲ連生シテ開キ、毎花短小梗ヲ有ス。綠萼五片、花瓣五片、稍歪形。雄蕋ハ黃色多數ニシテ三體ヲ成ス。子房ニ三花柱アリ。蒴果ヲ結ビ、細種子アリ。莖葉ヲ民間藥トス。和名弟切草ハ兄ノ祕密ニセル鷹ノ創藥ヲ其弟他人ニ漏洩シ恋レル兄ニ切殺サル、故ニ云フ。

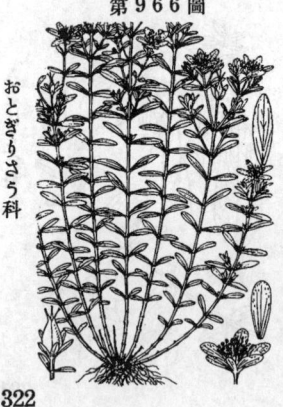

こおとぎり

Hypericum hakonense
Franch. et Sav.

相州箱根山・大山・丹澤山中多濕向陽ノ地ニ多キ多年生草本。莖ハ纖長ナル圓柱形ヲ成シ叢生シテ直立シ、高サ20cm内外、梢ニ分枝シ、下部ハ往々紅染ス。葉ハ多數莖ニ對生シ小形ニシテ質薄弱、綠狀長橢圓形或ハ綠形ニシテ鈍頭、狹楔形底、全邊、極メテ短キ葉柄ヲ具ヘ、表面綠色裏面ハ多少淡綠色ヲ呈シテ閃點ヲ滿布ス。夏日莖頭ニ繖房綠ヲ呈シセル聚繖花序ヲ着ケ短小梗アル小黃花ヲ開ク。花ハ徑15mm 内外。萼ハ五片、長橢圓形ニシテ先端鈍頭ヲ成シ全邊ニシテ綠色ヲ呈シ宿存ス。花瓣ハ五片、狹披針形ニシテ萼ノ二倍長アリ。雄蕋ハ多數、花瓣ヨリ短ク黃色ナリ。子房ハ卵形、三花柱。蒴果ハ長卵形ニシテ三室、宿存萼ノ二倍長アリ。おとぎりさうニ比スレバ遙ニ小形、葉ハ瘦狹楔底ニシテ黑點之レ無キ等以テ容易ニ區別シ得ベシ。和名ハ小弟切ノ意ニシテ草小形ナレバ斯ク云フ。

おとぎりさう科

おとぎりさう科

おとぎりさう科

第964圖

第965圖

第966圖

ひめおとぎり （地耳草）

Hypericum japonicum *Thunb.*

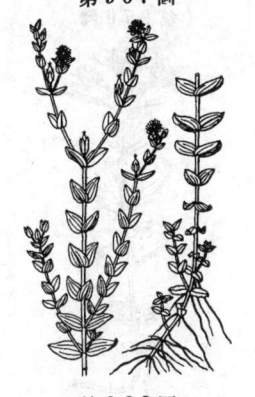

第967圖

おとぎりさう科

我邦中部以西ノ原野或ハ山足濕地ニ多ク生ズル無毛ノ多年生草本ニシテ、高サ10-30cm許アリ。莖ハ草質ニシテ直立シ、瘦セテ四稜ヲ成シ、往々分枝ス。葉ハ短小ニシテ對生シ、多少抱莖シ、卵形全邊ニシテ鈍頭ヲ有シ、葉脈縱通シ、透光ノ細油點ヲ散布ス。夏秋ノ候、莖梢枝上ニ短梗ノ小黃花ヲ開ク。綠色ノ五萼片アリ。花瓣ハ五片、長橢圓形ニシテ萼片ト同長。雄蕊ハ數箇。子房ハ三花柱。蒴果ハ小ナル長橢圓形ニシテ宿存萼ヲ伴フ。

こけおとぎり

Hypericum japonicum *Thunb.* forma Yabei *Makino.*

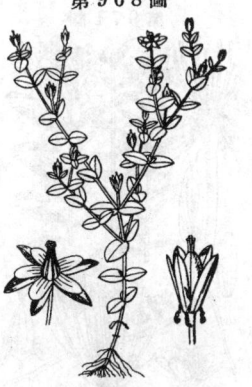

第968圖

おとぎりさう科

原野竝ニ庭砌中ニ多ク產スル多年生ノ無毛小草本ナレドモ時ニ一年生ヲ成スコトアリ。ひめおとぎりノ一品ニシテ其小形ナルモノナリ。高サ5-10cm許ニシテ其莖細小ニシテ直立シ、又往々橫斜シテ稍地ニ臥シ擴ガルモノアリ。夏秋ノ候、枝上ニ黃色ノ小花ヲ開クコトひめおとぎりノ花ト同ジ。綠萼五片。花瓣五片。雄蕊數箇。子房三花柱アリ。蒴果ハ小ニシテ宿存萼ヲ伴フ。和名ハ苔弟切ニシテ苔ハ其體ノ小形ニシテ苔ノ如ケレバ斯ク云フ。

あぜおとぎり

Hypericum Makinoi *Lév.*
(＝H. obtusifolium *Makino*; H. flaccidum *Makino.*)

第969圖

おとぎりさう科

原野田間多濕ノ向陽地ニ生ズル多年生草本。莖ハ一株ニ叢生シテ橫臥傾上シ細長ナル圓柱形ニシテ枝ヲ開出シ、能ク成長セシ者ハ長サ60cmニ及ブコトアリ。葉ハ小ニシテ對生シ、長橢圓形ニシテ圓頭、圓底或ハ鈍底、無柄或ハ略ボ無柄、裏面ハ帶白色、凹點散在シ、邊緣ニハ細黑點ヲ列ネ、支脈ハ疎ニシテ兩側各三條アリ。夏秋ノ候、莖頂ニ疎ナル緊密花序ヲ著ケ、短小梗アル小黃花ヲ開キ、花徑10-13mm許アリ、苞ハ葉狀ヲ呈ス。萼ハ五片ニシテ大小不同、其小者ハ綠狹披針形、其大者ハ長橢圓形ニシテ葉狀ヲ呈シ共ニ鈍頭ヲ有シ綠色ヲ帶ビ緣ニ黑點アリ。花瓣ハ五片、平開、狹長橢圓形ニシテ萼片ノ小者ヨリ徵ゝシク長ク、他種ト同ジク萼間ノ凹ミ開ク。雄蕊ハ多數、花藥ヨリ短ク、把束ヲ明ナリ。子房ハ卵形、普通三室、三花柱。蒴ハ球狀圓錐形、膨脹、通常三縱溝アリ、徵ニ宿存萼ヨリ長ク、長サ8mm、徑6mm許。本種ハ莖ノ基部ニ越年性ノ短縮莖ヲ側出スル特徵アリ。此種ニハ敢テ變種異品ナク又山地ニハ生ゼズ。和名畦弟切ハ通常特ニ田ノ畦ニ生ズレバ云フ。

323

いはおとぎり
Hypericum kamtschaticum *Ledeb.*

中部北部ノ高山ニ生ズル無毛ノ多年生草本ニシテ高サ12-30cm許アリ。莖ハ直立シテ梢ニ短キ枝ヲ分チ、多クハ數莖叢生ス。葉ハ無柄ニシテ對生シ、橢圓形或ハ卵圓形ヲ成シ、全邊ニシテ細黒點ヲ散布ス。秋日、梢ニ有梗ノ黄花ヲ開キ、花徑凡2cm許アリテ美ナリ、蕾ノ時花瓣ノ外面往々赤色ヲ帶ブ。綠萼五片アリ。花瓣五片、日ヲ受ケテ平開ス。黄色ノ多雄蕊三束ヲ成シ、子房ニ長キ三花柱アリ。蒴果ヲ結ビ、宿存萼ヲ伴ヒ、細種子多シ。

おとぎりさう科

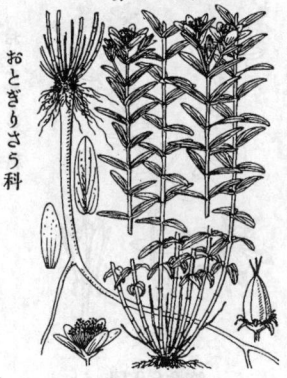

にっくわうおとぎり
Hypericum nikkoense *Makino.*

下野日光山ニ生ズル多年生草本ニシテ高サ凡50cm許ニ達ス。莖ハ叢生シ、直立或ハ基部傾上シ、細長平滑ナル圓柱形、微ニ平扁、梢ニ分枝シ、下部ハ褐紫色ナレドモ上部ハ生時綠色ヲ呈ス。葉ハ對生、無柄、開出シ、狹披針形・披針形・線狀長橢圓形或ハ長橢圓狀披針形、鈍頭或ハ微凹頭、底部鈍圓ニシテ半バ抱莖シ、凹點滿布シ葉緣ニハ黒點アリ、裏面ハ多少帶白色、長サ35mm、幅15mmニ達ス。聚繖花序ニ頂生シ可ナリ多數ノ短梗黄花ヲ着ケ、花徑12-16mmアリ。萼ハ五片、大小不同、披針形、稍銳頭、花時3-8mm長ナリ。花瓣五片、平開、萼ヨリ長ク長橢圓形、鈍圓頭、下部狹窄ス。雄蕊多數、少シク花瓣ヨリ短ク、三束ヲ成シ黄色ナリ。子房ハ卵狀圓錐形、三室、三花柱アリ。蒴ハ狹圓錐形ニシテ尖リ長サ7-10mm許、三縱溝ヲ印シ、三室ニシテ多種子アリ。頗ルふじおとぎりニ似タリト雖モ其葉凹點アルヲ以テ此兩種ヲ別ツコト容易ナリ。和名日光弟切ハ日光山ニ生ズルヨリ名ケタリ。

おとぎりさう科

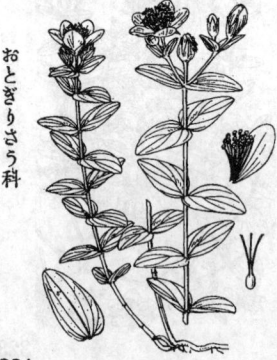

しなのおとぎり
Hypericum senanense *Maxim.*

中部日本ノ高山ニ生ズル無毛ノ多年生草本ニシテ高サ15-25cm許アリ。莖ハ數條叢生シテ直立シ、梢末ハ通常短ク分枝ス、圓柱形ニシテ微ニ線條アリ。葉ハ無柄ニシテ對生シ、底部ハ莖ヲ擁シ、卵狀長橢圓形ニシテ鈍頭ヲ有シ、全邊ニシテ透光的細點ヲ極メテ疎ニ散布シ或ハ不明ナリ。夏日、莖梢ニ有梗ノ黄花ヲ開キ美ナリ。花徑2cm內外。綠萼五片。花瓣五片。多雄蕊黄色。子房三花柱。蒴果ハ宿存萼ヲ伴ヒ、細種子アリ。和名信濃弟切ハ此品信州ニ生ズルニ由ル。

おとぎりさう科

えぞおとぎり

Hypericum yezoense *Maxim.*

北海道幷ニ北日本ノ山地ニ生ズル無毛ノ
多年生草本ニシテ高サ 10–30cm 許アリ。
莖ハ直立シ、圓柱形ニシテ稍有稜、梢ニ短
ク分枝ス。葉ハ無柄、對生シ、長橢圓狀
披針形、鈍頭、全邊ニシテ密ニ散布セル
多數ノ透光的細點アリ。夏日、莖梢ニ黃
花ヲ開ク。綠萼五片ハ長卵形ニシテ銳頭
ヲ成シ、花瓣五片、多雄蕊ハ三束ヲ成シ、
卵形ノ子房ニ長キ三花柱アリ。

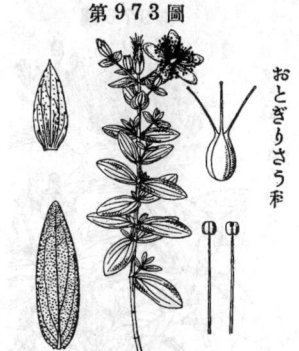

第 9 7 3 圖

おとぎりさう科

ともゑさう （連翹）

Hypericum Ascyron *L.*

山野向陽ノ草地ニ生ズル無毛ノ多年生草
本ニシテ高サ 60–90cm 許アリ。莖ハ直立
シテ分枝シ、四稜ニシテ上部綠色、下部ハ
淡褐色ヲ呈シテ木質ヲ成ス。葉ハ無柄ニ
シテ對生シ、莖ヲ抱キ、披針形、銳頭、全邊
ニシテ質薄ク、透光的細點ヲ疎布セリ。夏
秋ノ候、枝頂ニ大形ノ黃花ヲ着ク、一日花
ニシテ日光ヲ受ケテ開ク。綠萼五片、卵
形。花瓣五片、歪形ニシテ一方ニ同旋ス。
黃色ノ多雄蕊五束ヲ成シ、中央ノ子房一
花柱アリテ頂ハ五枝ニ分レ枝端ニ各柱頭
アリ。蒴ハ大形ニシテ卵圓形ヲ呈シ、宿存
セル花柱ヲ戴キ、五殼片ニ開裂シ、多數ノ
細種子ヲ出ス。和名ハ巴草ノ意ニテ其花
瓣ノ狀ニ基ヅク。漢名 連翹ハ原ト本品
ノ稱ナリ、後チ誤テひらゝぎ科ノ所謂れ
んげうノ名トス、非ナリ。

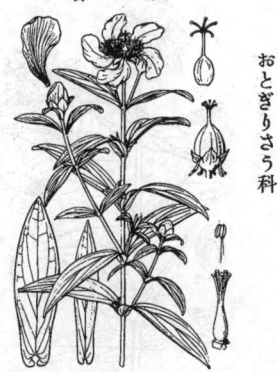

第 9 7 4 圖

おとぎりさう科

きんしばい （雲南連翹） （一名 芒種花）

Hypericum patulum *Thunb.*

通常人家庭園ニ見ル半落葉小灌木ニシテ
褐色ノ多枝ヲ分チ叢ヲ成ス。原ト支那ノ
產ナリト雖モ今ハ往々我邦山地ノ人家附
近ニ自生ノ姿ヲ成ス。高サ 1m 內外。葉
ハ無柄、對生シ、卵狀長橢圓形全邊ニシ
テ、質稍薄ク裏面白綠色ヲ呈シ、透光的
油點疎布ス。夏日、枝梢ニ美ナル有硬黃
花ヲ開キ、聚繖狀ヲ成ス。萼五片、綠色。
花瓣五片、圓形、同旋纏、質稍厚ク、光澤ア
リ。黃色ノ多雄蕊ハ五束ヲ成ス。子房ハ
五花柱アリ。蒴ハ卵形ニシテ宿存萼ヲ伴
ヒ、五開裂ス。和名ハ從來慣用セル金絲
梅ハ漢名ニ基ヅク。

第 9 7 5 圖

おとぎりさう科

第976圖

おとぎりさう科

びやうやなぎ

Hypericum chinense *L.*

支那ノ原産ノ半落葉小灌木ニシテ、人家ニ栽植セラレ、高サ 1m 內外アリ、多ク分枝シ、褐色ナリ。葉ハ無柄、對生シ、長橢圓狀披針形ニシテ鈍頭ヲ有シ、全邊ニシテ質薄ク、葉中ニ細微ナル透光ノ油點密布ス。夏日、梢頭ニ聚繖花ヲ成シテ大ナル有梗ノ黃花ヲ開ク。綠萼五片。花瓣五片、倒卵形。雄蕊多數ニシテ基部五束ト成リ、黃色ニシテ花絲ハ絲狀ナリ。子房ニ長キ一花柱アリテ頂五岐ス。蒴ハ宿存萼ヲ伴フ。和名ハ未央柳ノ意平或ハ美容柳ノ意乎未詳ナレドモ共ニ其美花賞讚ニ基ヅク。漢名 金線海棠(慣用)

第977圖

おとぎりさう科

つきぬきおとぎり(元寶草)

Hypericum Sampsoni *Hance.*

支那ニ多シト雖モ我邦ニモ亦稀ニ野外ニ生ズル多年生草本ニシテ、高サ50cm許ニ達ス。莖ハ直立シテ分枝ス。葉ハ全邊、鈍頭、長橢圓狀披針形ニシテ對生シ、其兩葉ハ葉底聯合シテ莖其中央ヲ串穿スルガ如ク、葉中ニ細微ノ透光油點アリ。秋日、梢ニ聚繖花序ヲ成シ、有梗ノ黃色小花ヲ開ク。綠萼五片。花瓣五片アリ。多雄蕊黃色ニシテ三束ト成リ、三花柱ヲ有ス。蒴果ヲ結ブ。

第978圖

つばき科

ひさかき　(野茶)

Eurya japonica *Thunb.*

山地ニ多ク生ズル常綠灌木或ハ亞喬木ニシテ、多枝繁葉ヲ有シ、往時庭樹トシテ栽植セラル。葉ハ短柄ヲ具ヘテ無毛ノ枝上ニ互生シ二列生ヲ成シ、倒披針形ニシテ鈍頭ヲ有シ、細鋸齒アリ、質稍厚クシテ毛ナシ。初春ニ枝上葉腋ニ一乃至三ノ有梗小白花ヲ束生シ、往々帶紫色ヲ呈シ、下向シテ開ク。萼五片、暗紫色。五花瓣アリ。雄花・雌花・兩性花アリテ各株ニ異ニス。雄蕊ハ多數。一子房、三岐セル一花柱アリ。漿果ハ紫黑色ニ熟シ、小種子多シ。漢名 柃(慣用、蓋シ誤用)

はまひさかき

Eurya emarginata *Makino.*

第979圖

我邦西南暖地ノ海岸ニ生ズル常緑ノ灌木ニシテ、高サ1.5m内外、多枝繁葉ヲ有シ、小枝ニハ褐色ノ細毛密生ス。葉ハ相接近シテ互生シ、質厚ク、短柄ヲ具ヘ、長倒卵形ニシテ凹頭ヲ有シ、下部略ボ楔形ヲ呈シ、鈍鋸歯アリ。春月、枝上葉腋ニ緑白色ノ有梗數花ヲ束生ス。五萼片、五花瓣アリ。雌雄異株ニシテ雄花ハ多雄蕊ヲ有シ、雌花ハ一雌蕊アリ。漿果ハ球形ニシテ紫黑色ニ熟シ、細種子アリ。

つばき科

さかき

Cleyera ochnacea *DC.*

第980圖

我邦中部ヨリ以南諸州ノ山林中ニ生ズル常緑ノ亞喬木ニシテ又通常神社庭庭或ハ墓地ニ栽植セラル。葉ハ有柄互生シテ二列生ヲ成シ、長橢圓狀倒卵形ニシテ鈍端銳頭ヲ有シ、全邊ニシテ質厚ク、平滑ナリ。枝端ノ芽ハ弓曲シテ鳥爪狀ヲ呈ス。夏日、有梗花ヲ腋生シ、一乃至三花束生シ、下向シテ開ク。綠萼五片。花瓣五片、下部聯合シ、白色ニシテ後帶黃色ト成ル。雄蕊多數、葯ニ逆毛アリ。雌蕊一。漿果ハ球形、黑熟シ、多種子アリ。俗ニ榊ヲ用ウ、和字ナリ。和名ハ榮樹ニテ四時常綠ナレバ云フト謂ヘリ。漢名 楊桐（蓋シ誤用）

つばき科

もっこく （厚皮香）

Ternstroemia japonica *Thunb.*

第981圖

我邦暖地ノ山ニ生ズル常綠喬木ニシテ往々大樹ト成ル、又庭樹トシテ人家ニ栽植セラル。葉ハ有柄互生シ、全邊ニシテ長橢圓狀倒卵形ヲ成シ、鈍頭ヲ有シ、下部楔形ヲ呈ス、平滑ニシテ質厚ク、無毛ナリ。夏月、枝上ニ長梗ヲ有スル小白花ヲ開キ、下ニ向フ。綠萼五片。花瓣五片、平開ス。多雄蕊、一雌蕊。漿果ハ球形或ハ廣橢圓形ニシテ皮厚ク、開裂シテ丹赤色ノ種子ヲ露ハス。

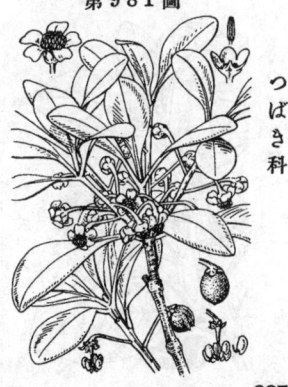
つばき科

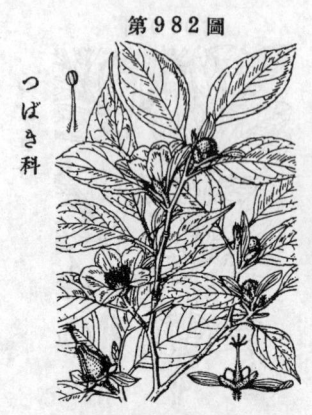

つばき科

第982圖

ひめしゃら
一名 さるなめり・あからぎ
Stewartia monadelpha
Sieb. et Zucc.

山林中ニ生ズル落葉喬木ニシテ幹ハ直立シ、著シキ高サニ達ス。樹皮ハ平滑ニシテ淡赤黄色ヲ帶ビ、林中ニ在テ特色ヲ呈ス。葉ハ有柄互生シ、銳尖頭ヲ有スル長卵形ニシテ鋸齒ヲ有シ、葉質稍薄クシテ裏面ニ細毛ヲ布ク。夏月、枝上ニ白色ノ有梗花ヲ腋生シ、花下ニ二片ノ葉狀苞ヲ具フ。綠萼五片。花瓣五片、下部聯合ス。單體多雄蕋、一雌蕋アリ、花柱ハ五岐ス。蒴果ヲ結ビ、五殼片ニ開裂ス。和名ハ姬娑羅ニシテなつつばきヲ誤テ娑羅樹ト云ヒ、本種ハ其樹ニ類シテ小ナル故云フ。又樹皮平滑ナル點ひゃくじっこうニ似ルヨリさるすべりノ一名アリ。

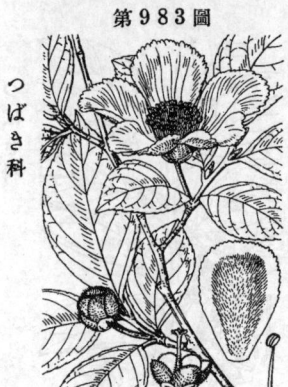

つばき科

第983圖

なつつばき
一名 しゃらのき
Stewartia pseudo-Camellia *Maxim.*

山中ニ生ズル落葉喬木ニシテ又往々庭樹トシテ栽植セラル。幹枝ハ通常其舊外皮剝離ス。葉ハ有柄互生シ、橢圓形ニシテ銳尖頭ヲ有シ、邊緣ニ鋸齒アリ、質稍厚クシテ下面ニ絹樣ノ長毛ヲ帶ブ。夏日、腋生有梗ノ大ナル白花ヲ開ク。徑凡5cm内外アリ。花下ニ接シテ梗頂ニ二片ノ苞ヲ具フ。綠萼五片ニシテ白絹細毛ヲ有ス。花瓣五片ニシテ皺アリ、瓣裏ハ白絹毛ヲ帶ビ、邊緣ニ細齒アリ、基部ハ相聯合ス。單體ヲ成セル多雄蕋ヲ具へ、一雌蕋アリテ花柱ハ五岐セリ。蒴果ハ卵形ニシテ尖リ、五殼片ニ開裂ス。和名ハ夏椿ノ意ニシテ夏時ニ椿樣ノ花ヲ開ク故ニ云フ、又娑羅樹ハ之ヲ印度ノ該樹ト誤認セシニ基ク。

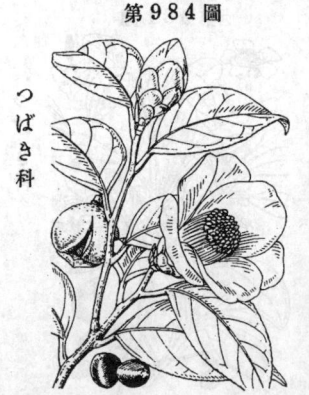

つばき科

第984圖

つばき （山茶）
Camellia japonica *L.*

邦内諸州ノ山地ニ生ズル常綠喬木ニシテ其變種ハ觀賞品トシテ普ク庭園ニ栽植セラル。全體無毛ニシテ、繁密ナル綠葉ハ有柄ニシテ互生シ、橢圓形ニシテ短ク尖リ、葉緣ニ細鋸齒ヲ有シ、質厚クシテ平滑ナリ。春日、枝端ニ無柄ノ大形花ヲ着ケ、下ニ向フテ開キ、赤色ヲ呈ス。綠色ノ萼片ハ花芽ノ鱗片ト共ニ覆瓦裝ヲ成シ、花瓣五片ハ正開セズシテ下向シ、基部ハ相聯合ス。雄蕋多數單體ヲ成シテ花冠ノ基部ニ附着シ、花心ニ無毛ノ一子房アリテ花柱ハ三裂ス。蒴ハ球形ニシテ果皮厚ク、胞背開裂ヲ成シテ暗褐色ノ大ナル種子二三ヲ出ス、此種子ヨリ椿油ヲ搾取ス。自生ノ品ヲやぶつばき又ハやまつばきト稱ス、園藝品ニハ種々種類アリ。和名ハ厚葉木ノ意ト云フ、又津葉木ノ義ニテ葉ハ光澤アル故云フナラントモ言ハル、椿ハ和字ニテ春盛ニ花サク故此字ヲ作リシナリ。支那ノ椿(チン)ト混同スベカラズ。

328

たうつばき
Camellia reticulata *Lindl.*

支那原產ノ常綠亞喬木ニシテ往昔我邦ニ渡來セシモノナリ。觀賞品トシテ人家ニ栽植セラルルト雖ドモ世間ニ多カラズ。一見つばきニ相類ス。葉ハ有柄互生シ、楕圓形ニシテ兩端尖リ、葉緣ニ細鋸齒ヲ有シ、葉面ハ脈上溝路ヲ印ス。葉質厚クシテ平滑ナリ。春日、枝端ニ無柄花ヲ開ク。萼ハ綠色ニシテ芽鱗ト共ニ覆瓦璧ヲ成シ、花瓣ハ五片或ハ多片ニシテ基部聯合シ赤色・淡紅色・帶紅白色或ハ白色ヲ呈ス。雄蕊ハ多數ニシテ單體ヲ成シ、子房ニ毛アリテ花柱ハ三裂ス。和名ハ唐椿ノ意ナリ。 漢名 南山茶(誤用)

つばき科

さざんくゎ (茶梅)
Camellia Sasanqua *Thunb.*

九州・四國ノ山中ニ野生スル常綠小喬木ニシテ多枝繁葉、又觀賞ノ爲メ庭園ニ栽植セラルルコト多シ。嫩枝ニ細毛アリ。葉ハ有柄互生シ、楕圓形ニシテ兩端尖リ、細鋸齒アリ、質稍厚ク、葉柄・葉裏中脈上ニ細毛アリ。花ハ枝端ニ着キテ晩秋ニ開キ、無柄ニシテ稍大形ナリ。萼ハ綠色ニシテ芽鱗ト共ニ覆瓦璧ヲ成ス。花瓣五片、倒卵形ニシテ平開シ、後チ散落ス。山地ノ者ハ白色ナレドモ園藝品ニハ種々ノ色アリ。雄蕊多數。子房一箇、細毛ヲ帶ビ、花柱三裂ス。蒴果ハ球形ニシテ表面ニ細毛アリ、三殼片ニ胞背開裂シ少數ノ暗褐色種子ヲ出シ、此種子ヨリ油ヲ採ル。和名ハ多分山茶花ヨリ轉ゼシモノナラン、然レドモ山茶花ト書キ之レヲさざんくゎト訓ズルハ非ナリ、山茶花ハ元來つばきノ名ナリ。

つばき科

ちゃ (茶・茗)
Thea sinensis *L.*

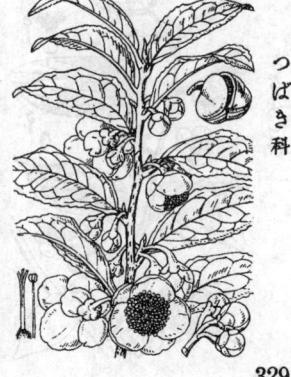

支那竝ニ本邦ノ原產ノ常綠灌木ニシテ多枝繁葉、嫩枝ニハ細毛ヲ帶ブ。暖地ノ山中ニハ野生アリト雖ドモ、通常ハ採葉製茶ノ爲メ栽植セラレ所謂茶園ヲ成ス。葉ハ有柄互生シ、長楕圓狀披針形ニシテ鋸齒ヲ有シ、質厚ク葉面光澤アリ、支脈間稍凸面ヲ呈ス。花ハ秋月葉間ニ腋生シ、綠梗アリテ點頭シテ開キ、蕾蕾ハ球形ヲ呈ス。元來聚繖花序ナレドモ梗上ニ一花ノモノ多シ。萼五片、深綠色、花瓣五片、白色、圓形ナリ。雄蕊多數ニシテ黃葯ヲ有シ、花柱ハ三裂ス。蒴ハ次年ノ秋ニ熟シ、扁圓ニシテ鈍三隅ヲ有シ、三殼片ニ胞間開裂ヲ成シ、暗褐色ノ大ナル三種子ヲ出ス。

つばき科

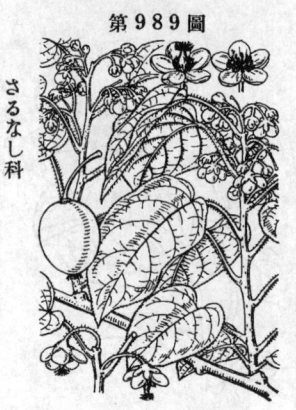

つばき科

たうちゃ
一名 にがちゃ
Thea sinensis *L.*
var. macrophylla *Sieb.*

ちゃノ一變種ニシテ稀ニ暖國ノ山地ニ生
ズト稱スルモ、通常栽植セラルル常綠ノ
灌木ニシテ、概形ちゃニ類スレドモ、枝幹
粗大ニシテ葉モ亦闊大ナリ。葉ハ有柄互
生シ、橢圓形ニシテ鋸齒ヲ有シ、長サ凡10
cm內外、幅5cm內外アリ。晚秋、枝上葉腋
ニ有梗白花ヲ開キテ點頭シ、萼・花瓣・雄
蕋・雌蕋、共ニちゃノ花ニ同ジケレド稍大
ナリ。果實モ亦ちゃト同ジ。嫩葉ヲ採リ
テ製茶シ、飲料トスレドモ味佳ナラズ。
和名ハ唐茶ノ意。漢名 皐蘆(慣用)

さるなし科

さるなし
一名 しらくちづる
Actinidia arguta *Planch.*

諸州ノ山地ニ生ズル雌雄異株ノ落葉纒繞
藤本ニシテ、其蔓長ク延ビテ分枝シ、其
幹大ナルモノハ直徑凡15cmニ及ビ、枝ハ
褐色ヲ呈ス。葉ハ粗毛アル長柄ヲ有シテ
互生シ、廣卵形ニシテ尖リ、葉底ハ圓形或
ハ稍心臟形ヲ成シ、邊緣ニ刺狀鋸齒ヲ有
シ、硬紙質ニシテ裏面淡綠色ヲ呈ス。夏
月、雄花ハ聚繖花穗ヲ腋生シテ有梗ノ數
白花ヲ着ケ、五萼・五花瓣・多雄蕋アリ。
雌花ハ花梗ヲ有シテ單生シ、五萼・五花
瓣・一雌蕋ヲ有シ、柱頭ハ輪狀ニ多裂ス。
漿果ハ稍球形ニシテ熟スレバ肉色淡綠ニ
シテ甘酸味ヲ有シ、食フベシ、中ニ細種子
多シ。漢名 獼猴桃(誤用)

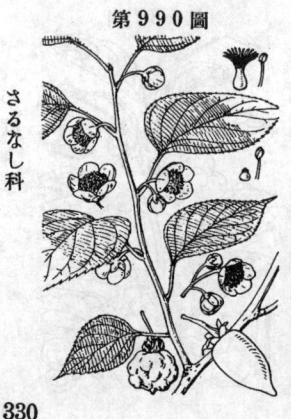

さるなし科

またたび
Actinidia polygama *Miq.*

山地ニ生ズル雌雄雜居ノ落葉纒繞藤本ニシテ、
枝條長ク伸長蔓延ニ褐色ヲ呈シ、嫩條ニハ細毛
ヲ帶ビ稍辛味アリ。葉ハ有柄互生シ、卵圓形ニ
シテ銳尖頭ヲ有シ、圓底ニシテ尖鋸齒ヲ有ス、
梢葉ハ表面特ニ白色ニ變ズ。夏月、下ニ向フテ
開花シ、梅花ニ似且佳香アリ。綠色五萼片、白
色五花瓣アリ。雄花ハ腋生聚繖花穗ヲ成シテ通
常三花ヲ有シ、多雄蕋ヲ有シ、雌花ハ有梗獨生
シテ一雌蕋アリ、柱頭ハ多裂ス、又時ニ兩性花
ヲ生ズ。漿果ハ平滑ナル長橢圓形ニシテ少シク
尖リ、長サ凡3cm許、黃熟シ細種子多シ、蟲ノ入
リシモノ略ボ圓形ニシテ其面凹凸アリ、辛味ア
リ、之レヲ藥用トス。猫大ニ之レヲ嗜ム。和名
またたびハあいぬ語ノまたたむびョリ出デシ名
稱ニシテ、また八冬、たむびハ龜ノ甲ノ意ナリ、
蓋シ其蟲癭ト成リタル癩痂狀ノ蟲ヲ基キテ呼
ビシ名ナラン、從來稱スル所ノ其果實ヲ食ヒ勢
ヲ得テ復ビ旅する意ノ語原ハ採ルニ足ラズ。漢
名 木天蓼(誤用)

みやままたたび
Actinidia Kolomikta *Maxim.*

深山ニ生ズル雌雄異株ノ落葉纒繞藤本ニ
シテ、枝條繁衍シ褐色ヲ呈シ、嫩條ニハ細
毛アリ。葉ハ長柄ヲ有シテ互生シ、卵圓
形ニシテ鋭尖頭ヲ有シ、葉底ハ心臟形ヲ
呈シ、葉緣ニ硬毛狀鋸齒アリ、質薄ク、
梢葉ハ特ニ表面白色ヲ呈シ花後ニハ往々
紅色ヲ帶ブ。夏日、開花シ、花ハ小形ニシ
テ小梗ヲ有シ、白色ヲ呈シ、佳香アリ。五
萼片、五花瓣アリ。雄花ハ聚繖花穗ヲ成
シテ多雄蕊ヲ具ヘ、雌花ハ獨生シテ雌蕊
アリ、柱頭ハ多裂ス。漿果ハ長橢圓形ニ
シテ少シク尖リ、平滑ナリ。

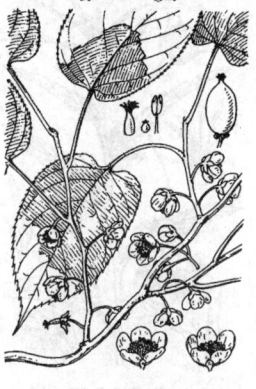

第991圖

さるなし科

あをぎり (梧桐)
Firmiana simplex *W. F. Wight.*

普通庭園ニ栽植セラルル落葉喬木ニシテ
蓋シ支那ノ原產ナルベシ。樹幹直立分枝
シ、高サ15m許ニ達シ、樹皮綠色ヲ呈ス、
故ニあをにょろりノ俗名アリ。葉ハ大ニ
シテ長葉柄ヲ有シ、枝端ニ集リ着テ互生
シ四出ス。掌狀ニシテ三～五裂シ、底部ハ
心臟形ヲ呈シ、裂片ハ尖リ、葉裏ニハ毛ヲ
帶ブ。夏日、枝頭ニ大ナル圓錐花穗ヲ成シ
テ多數ノ帶黃小花ヲ開キ、一花穗中雌雄
花相交ル。萼五片、狹長長橢圓形ニシテ平
開シ、花瓣ハ缺如シ、雄蕊ハ花絲一筒柱ト
ナリ、頂ニ葯ヲ着ケ、雌蕊ハ雄蕊柱ノ上部
ニ立チテ尖リ、柱頭擴大ス。果實ハ乾質ノ
瞢葜ニシテ成熟前早ク飥一開裂シテ舟狀
ヲ呈シ、兩緣內ニ數顆ノ球狀種子ヲ着ク。
樹皮ヲ繩索ニ製シ、能ク水ニ堪ユ。所謂
鳳凰ノ逗リシ樹ハ此梧桐ナリ。

第992圖

あをぎり科

のちあふひ
Melochia corchorifolia *L.*

海濱ニ近キ地ニ生ズル一年生草本ニシ
テ、莖ハ高サ60cm內外、直立シテ枝ヲ分
ツ。葉ハ長柄ヲ有シテ互生シ、卵形ニシ
テ往々淺ク三裂シ、葉緣ニ鋸齒アリテ多
少毛ヲ帶ビ、柄ニハ鍼狀托葉アリ。夏
秋ノ候、枝頭ニ淡紅色ノ小花ヲ攢簇シ、花
軸ニ沿フテ並ビ、花下ニ綠毛アル鍼狀ノ
四苞アリ。萼ハ短鐘狀ニシテ五齒ヲ有シ、
花瓣ハ五片、倒卵形ニシテ同旋襞ヲ成ス。
五雄蕊ノ花絲ハ合體シ、一子房、五花柱ア
リ。蒴果ハ平圓形ニシテ細毛ヲ帶ビ、胞
背ヲ以テ五殻片ニ開裂シ、五種子ヲ出ス。
和名ハ野路葵ノ意。

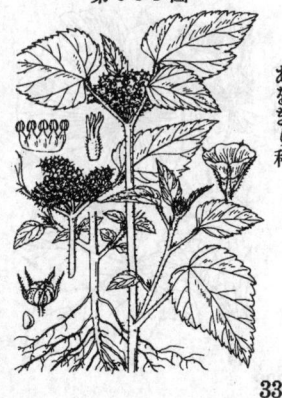

第993圖

あをぎり科

第994圖

あをぎり科

ごじくゎ
（金錢花・夜落金錢・午時花）
Pentapetes phoenicea *L.*

印度原產ノ一年生草本。往時我邦ニ渡來
シ、觀賞花草トシテ人家ニ栽培セラル。
然シ近時之ヲレヲ見ルコト殆ド無シ。莖直
立シ、高サ50cm內外、單一或ハ分枝シ、毛
アリ。葉ハ有柄互生シ、披針形ニシテ下部
三淺裂シ、邊緣ニ粗鋸齒ヲ列シ質稍硬シ。
夏秋ノ候、赤色ノ美花ヲ下ニ向テ開ク。葉
腋ニ短花軸ヲ出シ、一、二ノ有梗花ヲ着
ク。花徑凡3cm許。綠萼五片、卵形、銳尖
頭、細毛アリ。花瓣五片平開シ、基部聯合
シ、一日ニシテ謝落ス。雄蕊二十アリ、其
十五ハ完全ニ葯ヲ有シ、其五ハ不完全ニ
シテ赤色ノ篦狀ヲ成シ、花絲ハ合シテ筒
狀ト成ル。一子房一花柱アリ。蒴果ハ圓形
ニシテ宿存萼ヲ伴ヒ、粗毛アリ、五室ニ分
レ種子多シ。和名ハ漢名ノ午時花ニ基ク。

第995圖

あふひ科

わた （草綿）
Gossypium indicum *Lam.*

一年生ノ草本ニシテ細毛ヲ帶ブ。蓋シ東
亞ノ原產ナリ。畑地ニ栽培シ綿ヲ採ル、有
用植物ノ一ナリ。莖ハ直立シテ疎ニ分枝
シ、高サ凡60cm內外ニ達ス。葉ハ長柄ヲ
有シテ互生シ柄本ニ托葉アリ、掌狀ニ三、
五尖裂シ、裂片尖ル。秋日葉腋ニ有梗花
ヲ開キ花徑4cm內外アリ。花下ニ通常三
齒列セル葉狀ノ三苞アリテ三角狀卵形ヲ
呈シ紫色ヲ帶ブ。萼ハ小形ニシテ杯形、細
綠點アリ。花瓣五片同旋囊ヲ成シ、淡黃色
ニシテ花底暗赤色ヲ呈ス、又多少赤色ヲ
帶ブルモノアリ、あかばなわた又ハあか
わたト云フ。雄蕊ハ單體ヲ成シ多數ノ黃
葯アリ。一子房、一花柱。蒴果ハ宿存苞ニ
擁セラレ卵圓形、熟シテ三殼片ニ開裂シ
白綿アル種子ヲ出ス。此綿ヲ紡績シ、種々
ノ用途ニ充ツ。

第996圖

あふひ科

ふよう （木芙蓉）
Hibiscus mutabilis *L.*

支那竝ニ日本原產ノ落葉灌木ニシテ通常
觀賞ノ爲メ庭園ニ栽植スト雖モ我邦南方
ノ暖地ニハ其野生アリ。幹ハ直立分枝シ、
星芒狀毛ヲ被フリ、高サ1.5-3m許アリ。葉
ハ長柄アリテ互生シ、掌狀ニ三-七裂シ、
裂片三角狀卵形ヲ成シテ尖リ、心臟狀底
ヲ有シ、邊ニ鈍鋸齒アリ。夏秋ノ候梢上ニ
腋生有梗大形ノ淡紅美花ヲ開キ一日ニシ
テ萎ム。花下ニ線形小苞十片アリ。萼ハ鐘
狀五裂。花瓣五片、基部聯合シ同旋囊ヲ成
シ縱眠アリ。雄蕊多數單體ヲ成リ、一子
房上ノ花柱ハ超出シテ柱頭五耳ヲ成ス。
蒴果ハ略球形ニシテ硬毛ヲ具ヘ、胞背ヲ
以テ五殼片ニ開裂シ、種子ニ毛アリ。稀ニ
白花品、八重咲品アリ、又八重咲ニシテ初
メ白色後漸次紅變スルアリ、之ヲレヲ醉芙
蓉ト云フ。和名ハ木芙蓉ノ略ナリ。

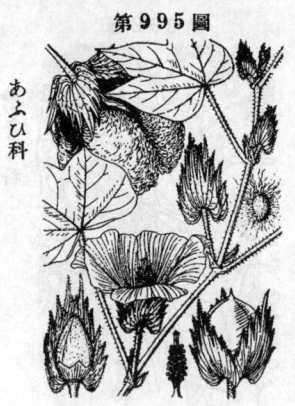

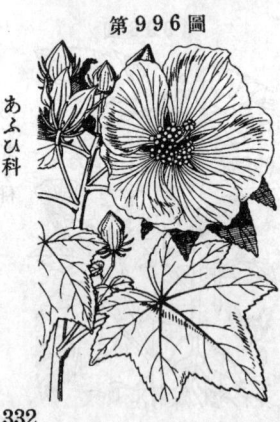

むくげ (木槿)

Hibiscus syriacus *L.*

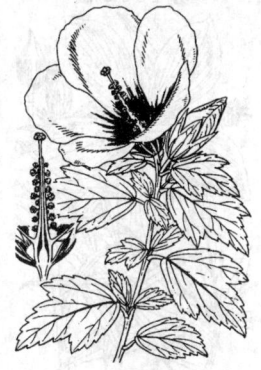

あふひ科

支那・印度原產ノ落葉灌木ニシテ通常藩籬或ハ觀賞ノ爲メ栽植セラル。幹ハ直立シテ分枝シ灰白色ヲ呈シ、高サ凡3m許ニ達ス。葉ハ有柄互生シ、卵形ニシテ往々三尖裂シ、不齊粗齒アリ、下部ハ廣楔形ヲ呈ス。夏秋ノ間、枝上ニ腋生ノ短梗單花ヲ開ク。普通紅紫色ナレドモ、又白色、底紅ノ品アリ、又重瓣ノ者アリ。花下ニ線形ノ數小苞アリ。萼ハ鐘形、五裂ス。花瓣五片、同旋瓣ヲ成シ、基部聯合ス。多雄蕊單體ヲ成ス。一子房上ノ花柱ハ超出シテ柱頭五耳ヲ成ス。蒴果ハ卵圓形、胞背ヲ以テ五殻片ニ開裂。種子ニ毛アリ。和名ハ木槿ノ音ニ甚ク。

はまばう

Hibiscus Hamabo *Sieb. et Zucc.*

あふひ科

我邦西南暖地ノ海邊地ニ生長スル落葉灌木ニシテ枝多ク葉繁シ。葉ハ互生シ有柄ニシテ早落托葉ヲ有シ、倒卵狀平圓形ニシテ葉頭微ニ尖リ底部ハ多少心臟形ヲ成ス、葉緣ニ細齒アリ、質厚ク下面ハ灰白毛密布ス。夏日、枝頭ニ徑5cm許ノ有梗黃花一二ヲ腋生ス。萼外ノ小苞ハ短ク、八乃至十片アリテ下部ハ合體シ花梗ト共ニ細毛ヲ布ク。萼ハ五裂シ、花冠ハ同旋瓣ノ五瓣ニシテ漏斗狀ヲ成シ、花底暗紅色ヲ呈ス。多雄蕊ハ單體ヲ成シ、五花柱之ヲ貫キテ抽出シ、暗紅色ノ柱頭ヲ有ス。蒴果ハ卵形ニシテ尖リ、細毛アリテ五殻片ニ開裂シ、宿存萼ヲ伴フ。和名ハ濱はうニテ濱ニ生ズルはうノ意ナリ。漢名 黃槿(蓋シ誤用)

とろろあふひ (黃蜀葵)

Hibiscus Manihot *L.*
(Abelmoschus Manihot *Medic.*)

あふひ科

支那原產ノ一年生草本ニシテ、毛ヲ帶ビ、高サ1-1.5m許アリ。莖ハ單一ニシテ直立ス。葉ハ大ニシテ長柄ヲ具ヘ互生シ、掌狀或ハ鳥趾狀ニ五乃至九深裂シ裂片狹長ニシテ粗齒ヲ有ス。夏秋ノ候、莖梢ニ大穗ヲ成シテ大ナル淡黃色ノ有梗花ニ側方ニ向キ開キ、下部ノ花ハ葉狀ノ苞ヲ有シ、上部ノ花ハ漸次細小ナル苞ヲ有ス、花下ノ小苞數片ハ廣披針形ニシテ萼ト同ジク後落去ス。五花瓣同旋瓣ニシテ質薄ク多縱脈アリ、花底ハ暗紫色ヲ呈ス。多雄蕊單體ヲ成シ、柱頭ハ五裂シテ暗紫色ナリ。蒴ハ鈍五稜ノ長橢圓形ニシテ剛毛アリ、猿頭ノ態アリ。根ハ粘液多シ、以テ製紙用ノ糊料ニ供ス。和名ハ此粘液ニ甚ク。

もみぢあふひ
Hibiscus coccineus *Walt.*

北米原產ニシテ明治初年ニ渡來シ花草トシテ庭園ニ栽植セリ。多年生ノ木質草本ニシテ毛ナク帶白綠色ヲ呈シ、高サ1~2m許アリ。莖ハ數條叢生シテ直立ス。葉ハ長柄ヲ有シテ互生シ、掌狀ニ三乃至五深裂シ、裂片ハ狹長ニシテ尖リ疎齒ヲ有ス。夏日、赤色ノ有梗大花ヲ腋生シ、側向シテ開キ、美ナリ。花下ノ小苞ハ狹長、多數。萼ハ五深裂、裂片卵狀拔針形ヲ成ス。五花瓣平開シ瓣間間隙アリ、各片倒卵形ヲ呈シ下部狹窄シ基部ハ聯合ス。單體雄蕊柱ハ顯ル長ク下ヘ裸出ス。柱頭ハ五枝ニ岐ル。蒴果ハ尖ル。和名ハ葉形ニ基ク。

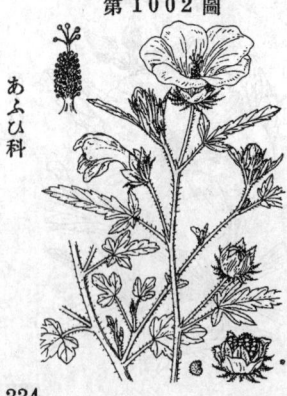

ぶっさうげ （扶桑）
Hibiscus Rosa-sinensis *L.*

蓋シ支那ノ原產、我邦ニハ舊ク渡來シ、觀賞品トシテ栽培ス。常綠ノ小灌木ニシテ高サ1~2.5m許、幹ハ直立、分枝シ、無毛ナリ。葉ハ有柄互生シ、廣卵形或ハ卵形ニシテ尖リ、不齊ノ粗鋸齒ヲ有シ、葉面深綠色光澤アリ、柄本ニ鍼狀線形ノ托葉アリ。夏秋ノ間、新枝ノ葉腋ニ有梗赤色ノ大形花ヲ開ク。花下ノ小苞ハ線狀拔針形ニシテ尖リ數片アリ。萼ハ五裂シ、花瓣五片、囘旋襞ニシテ廣漏斗形ヲ呈シ、底部ハ聯合ス。蕊體ハ赤色ニシテ斗出シ、單體蕊柱ハ上部ニ多雄蕊ヲ着ケ、花柱頭ハ五枝ニ岐レ柱頭ハ頭狀ナリ。蒴果ハ卵形、無毛。和名ハ漢名ノ一ナル佛桑ニ基キ之レニ花ヲ加ヘタルモノナリ。

ぎんせんくゎ (野西瓜苗)
一名 てうろさう
Hibiscus Trionum *L.*

中部あふりか原産ニシテ時ニ觀賞品トシテ栽植スルヲ見ル。一年生草本ニシテ高サ30~60cm許、直立或ハ斜臥シテ分枝シ、白粗毛ヲ有ス。葉ハ有柄、互生シ、三乃至五深裂ス、上部ノモノハ三深裂シテ其中片最モ長ク、裂片ニハ粗齒アリ、下部ノ葉ハ五淺裂シ、基部ノ葉ハ卵圓形ニシテ分裂セズ。夏秋ノ間、葉腋ニ淡黃色ノ有梗花ヲ出シ、午前日光ヲ受テ開キ、正午前ニ凋ム。花下ノ小苞ハ凡十一片ニシテ絲毛ヲ有シ線形ナリ。萼ハ五裂シ、膜質透明ニシテ網狀脈ニ粗毛アリ。花瓣五片、囘旋襞、基部ハ聯合ス。單體雄蕊柱ハ短ク、花柱ハ頂部五枝ニ岐レ柱頭ハ頭狀ヲ成ス。蒴果ハ膨ミタル宿存萼內ニ在リ。和名銀錢花ハ其花ニ基キ、ごじんくゎ夜落金錢ニ對シテ名ケシモノ、てうろさうハ朝露草ニテ花戸ノ稱ナリ。

ぼんてんくゎ （三角楓）
Urena sinuata L.

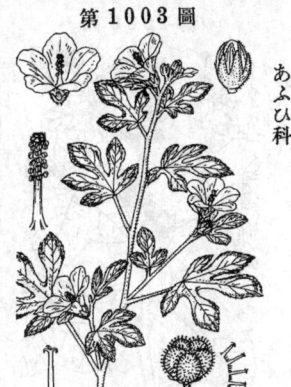

第1003圖

あふひ科

發國ニ生ズル灌木狀多年生草本ニシテ內地ニテ
ハ九州南部ノ薩州ニ野生狀態ヲ成ス。高サ1m
內外ニ達シテ多ク分枝シ、星芒狀ノ細毛ヲ圓柱
狀ノ莖面ニ被フル。葉ハ有柄ニシテ互生シ線狀
ノ小形托葉ヲ具ヘ、五深裂ノ掌狀葉ヲ成シ、裂
片ハ倒卵形或ハ菱狀倒卵形ニシテ下部ハ狹窄ニ
邊緣ニ鋸齒アリ、裂片間ノ裂鳔ハ鈍底ヲ有ス、深
綠色ニシテ葉面特ニ淡黃綠狀斑ヲ印シ、兩面星芒
狀細毛ヲ疎布ス。秋日、枝上葉腋ニ短柄ノ小紅
花ヲ開ク。花下ノ小苞ハ五裂。萼五裂。花瓣五
片ハ倒卵形ニシテ下部聯合ス。單體雄蕊花中ニ
立チ、花柱ハ五條ニシテ頂部二裂シ、柱頭ハ頭
狀。蒴果ハ壓扁セル球形ニシテ果面ハ硬鉤毛ヲ
有シ、五室ニシテ每室一種子ヲ有ス。和名ハ梵天
花ノ意、蓋ぐ印度花草ノ意ニテ名ケシ乎。漢名
三角楓ハたうかへでト同稱ナリ。

はひあふひ
Malva rotundifolia L.

第1004圖

あふひ科

歐洲原產ノ多年生草本ニシテ毛ヲ帶ブ。
時ニ植物園ニ見、又偶ニ人家庭園ニ栽植
ス。莖ハ强ク、地中ニ深入セル根頭ヨリ發
出シテ匐匍ス。葉ハ長柄ヲ有シテ互生シ、
腎臟狀圓形ニシテ底部心臟形ヲ呈シ、邊
緣五乃至七淺裂シ、鈍鋸齒アリ。春ヨリ秋
ニ亙テ葉腋ニ帶紅白色ノ有梗小形花ヲ簇
生ス。花下ノ小苞ハ三片。萼ハ五裂ス。
花瓣ハ五片、凹頭。單體雄蕊柱短シ。花
柱多數。心皮ハ多數輪列シ、細毛アリ。
此種明治年間小石川植物園ニ栽培セラ
ル、世間ニ之レヲ種ウルモノハ固ト皆該
園ノたねナリ、然レドモ今ハ稀ニ之レヲ
見ルニ過ギズ。

ぜにあふひ （錦葵）
Malva sylvestris L.
var. mauritiana Mill.

第1005圖

あふひ科

舊ク我邦ニ渡來シ今ハ普通ニ人家ニ栽植
セラルル越年生草本ニシテ高サ60〜90cm
許アリ。莖ハ直立シ、圓柱形ヲ呈シテ綠色
ナリ。葉ハ長柄ヲ有シテ互生シ、圓形ニ
シテ五乃至九淺裂シ、邊緣ニ鈍鋸齒アリ、
底部ハ通常廣心臟形ヲ呈ス。五六月ノ候、
葉腋ニ有梗花ヲ簇生シ、下方ヨリ梢ニ向
フテ開キ進ム。花下ノ小苞ハ三片ニシテ
分生ス。萼ハ綠色ニシテ五裂ス。花瓣五
片、平開シ、倒心臟狀楔形ニシテ基部聯合
ス、淡紫色ニシテ紫脈アリ。又白色淡紅色
ノ異品アリ。單體雄蕊柱花中ニ立チ、花柱
ハ絲狀ニシテ多數ナリ。心皮ハ輪列シ、
宿存萼ヲ伴フ。和名錢葵ハ花形ニ基ク、
而シテ漢名ニハ錢葵無シ。

第 1006 圖

ふゆあふひ （葵・冬葵）
古名　あふひ
Malva verticillata L.

あふひ科

今我邦庭園ニハ敢テ之ヲ見ズ唯海濱ノ地ニ歸化植物ノ姿ト成リテ生存スルニ過ギズ是レ往時渡來品ノ殘存種ナリ。元來舊世界ノ北溫帶幷ニ亞熱帶地ニ廣ク生ゼル種ニシテ莖ハ圓柱形ヲ呈シテ直立シ、高サ凡60～90cm許アリ。葉ハ長柄ヲ有シテ互生シ、五乃至七掌狀淺裂ヲ成シ五乃至七條ノ主脈アリ、裂片短廣鈍頭ニシテ鈍鋸齒アリ。春夏秋ニ度リテ短小梗アル淡紅小花ヲ開キ葉腋ニ簇生ス。小苞ハ三片ニシテ分立シ小ニシテ廣線形ヲ呈ス。蕚ハ五裂シ、裂片廣三角形ヲ成ス。花瓣ハ五片、凹頭。單體雄蕋柱ハ短シ、花柱ハ絲狀白色、十條許アリ。心皮ハ輪列シ、宿存蕚ノ內部ニ在リ。和名ハ漢名ノ冬葵ニ基キ冬葵ハ冬月ニ苗アル者アルヨリ名ク、又單ニあふひト云フ、あふひハ日ヲ仰グニテ日ニ向フ意ナリ。往時ニ藥用植物トシテ栽培シ、其實ヲ冬葵子ト稱ス。朝鮮幷ニ支那ニテハ蔬菜トシテ之ヲ圃ニ作リ、朝鮮ニテハあうく(阿郁)ト云フ。皺縮葉ヲ有スル一變種ヲかのりと云ヒ、農家時ニ之ヲ作リ其葉ヲ食用トス、をかのりハ陸海苔ノ意ニシテ其葉ヲのりニ比セシナリ。

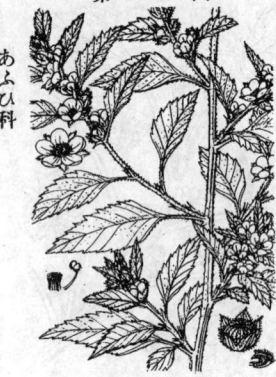

第 1007 圖

あふひもごき

Malvastrum tricuspidatum A. Gray.

あふひ科

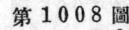

北亞米利加ノ原產ニシテ、今日ハ殆ンド我邦ニ見ズ、元ト小石川植物園ニ栽植シアリタリ。越年生ノ草本ニシテ粗毛ヲ帶ビ、高サ凡60～90cm許アリ。莖ハ直立シテ分枝シ、葉ハ有柄互生シ、卵狀披針形ニシテ銳尖頭ヲ有シ、邊緣ハ不齊ノ鋸齒アリ、支脈ハ羽狀ヲ成ス。秋日、葉腋ニ一、二短梗ノ小黃花ヲ開ク。小苞ハ線狀披針形ニシテ三片アリ。蕚ハ鐘狀五裂、裂片ハ三角形ニシテ花瓣ヨリ長ク、緣毛アリ。單體雄蕋柱ハ短ク、花柱ハ八乃至十二。心皮ハ輪列、刺狀突起三アリ。

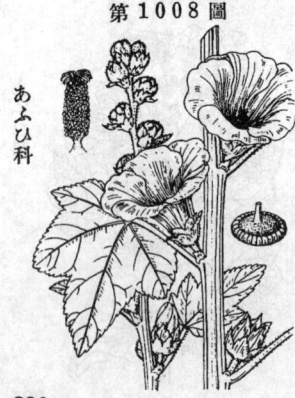

第 1008 圖

たちあふひ （蜀葵）
一名　はなあふひ
Althaea rosea Cav.

あふひ科

小亞細亞(或ハ支那)ノ原產ニシテ、通常人家ニ栽植シ其花ヲ賞ス。大形ノ越年生草本ニシテ高サ2.5m內外アリ。莖ハ圓柱形、綠色ニシテ毛ヲ帶ビ、高ク直立ス。葉ハ長柄ヲ具ヘテ互生シ、圓形ニシテ底部心臟形ヲ呈シ、五乃至七淺裂ヲ成シ邊緣ニ鋸齒アリ。六月梅雨ノ候葉腋ニ短梗アル大形美花ヲ着ケ、順次ニ開キ上リ、梢ニ至テハ長キ花穗ヲ成ス。小苞ハ七八片ニシテ下部聯合ス。蕚ハ五裂。花瓣五片、同旋疊、紅・濃紅・淡紅・白・紫等ノ花色アリ、又重瓣アリ。單體雄蕋柱ニ藥密集シ、花柱ハ一ニシテ上部多數ニ細分ス。心皮ハ輪列ス。昔時民間ニテ往々あふひト呼ビシハ此品ヲ指スコト多シ。

はなあふひ

Lavatera trimestris *L.*

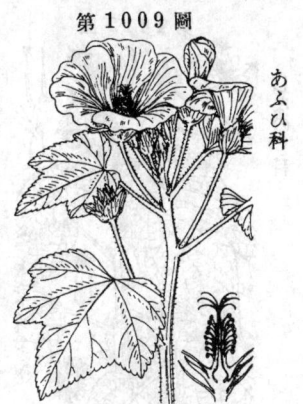

第1009圖

あふひ科

地中海附近地原産ノ一年生草本ニシテ花草トシテ作ラレ高サ凡30-60cm許、毛ヲ帶ブ。莖ハ直立ス。葉ハ長柄ヲ有シテ互生シ、上部ノ葉ハ數淺裂シ、中部ノ葉ハ心臟形、下部ノ葉ハ腎臟狀圓形、何レモ葉緣ニ鈍鋸齒ヲ具ヘ、葉脈ハ掌狀ナリ。夏時、莖梢ノ葉腋ニ長柄アル淡紅色ノ美花ヲ開ク。小苞ハ三片ニシテ基部ハ聯合ス。萼ハ五裂。花瓣五片、同旋蟄ヲ成ス。單體雄蕋柱ハ短ク、一花柱ハ上部多裂ス。

いちび （茵麻）

一名 きりあさ

Abutilon Avicennae *Gaertn.*

第1010圖

あふひ科

印度原産ニシテ舊ク支那ヨリ我邦ニ入リ、往々圃ニ作レドモ時ニ自生狀態ニ成リテ人家附近ノ荒地ニ見ルコトアリ。一年生ノ大草本ニシテ密軟毛ヲ被フリ、高サ1.5m内外ニ達ス。莖ハ圓柱形、綠色ニシテ直立シ上部ニ分枝ス。葉ハ長柄ヲ有シテ互生シ、心臟圓形ニシテ葉頭ハ遽ニ銳尖ニ成リ、邊緣鈍鋸齒アリ。夏秋ノ間、梢上葉腋ニ有梗小黃花ヲ開キ、五裂萼、五花瓣、單體雄蕋アリ。果實ハ心皮多數輪列シ頂ニ外方ニ指ス尖アリ、熟後暗色ヲ呈ス。種子ハ有毛。國ニヨリ之レヲごさいばと云ヘドモ眞正ノごさいば（五菜葉）ハあかめがしはナリ。

うきつりぼく

Abutilon megapotamicum
St. Hil. et Naud.

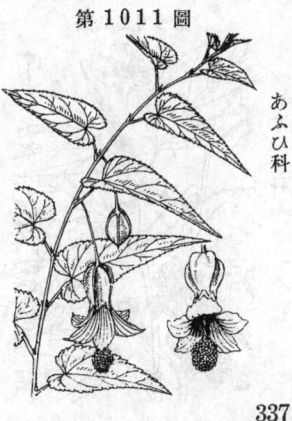

第1011圖

あふひ科

南米暖地ノ原産ニシテ溫室ニ見ル常綠ノ觀賞小灌木。長サ1.5m内外ニシテ枝ハ細長ナリ。葉ハ有柄ニシテ托葉ヲ具ヘ、互生シ、披針狀卵形ニシテ銳尖頭ヲ有シ、淺キ心臟狀底ヲ成シ、不齊ノ鈍狀鋸齒ヲ具フ。夏月、葉腋ニ各一有梗花ヲ出シテ下垂ス。萼ハ短筒狀ニシテ稜アリ赤色ヲ呈シ、花瓣ハ黃色ニシテ超出ス。雄蕋雌蕋ハ花外ニ斗出シ、花容宛トシテふくしあ花ノ狀アリ。和名ハ浮釣木ノ意ニシテ其空中ニ浮ヲ釣下リタル花態ニ基ク。

337

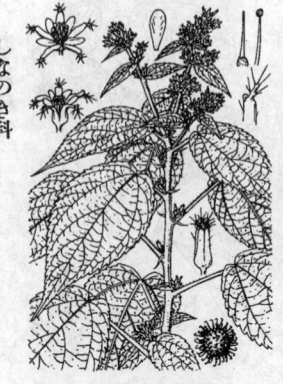

第1012圖

しなのき科

らせんさう

Triumfetta japonica *Makino.*

一年生ノ直立有毛草本ニシテ我邦暖地ノ荒レシ畑地等ニ生ズ。莖ハ圓柱形ニシテ高サ約ン1m内外アリ、皮ハ纖維質ナリ。葉ハ有柄互生シ、鋭尖頭アル卵形ニシテ底部稍心臟形ヲ呈シ、葉緣ニ鋸齒ヲ具ヘ、質薄ク、基脈三條ヲ成シ、小形托葉アリ。秋月、葉腋外ニ聚繖花穗ヲ成シ、小黄花ヲ密着ス。萼五片、狹長、頂ニ近ク刺毛アル小突起アリ。花瓣五片。雄蕊十、雌蕊一アリ。蒴果ハ球形ニシテ鈎刺毛ヲ滿布シ、能ク他物ニ附着ス。和名ハ羅甸ノ意ニシテ其毛アル果實ニ甚ク。

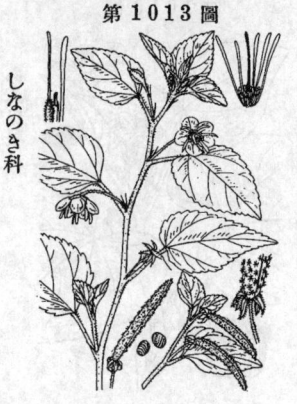

第1013圖

しなのき科

からすのごま

Corchoropsis tomentosa *Makino.*

一年生草本ニシテ山野ニ生ジ、莖瘦長ナル圓柱形ニシテ分枝シ、細軟毛ヲ布キ、高サ60cm内外アリ。葉ハ互生シ、鈍頭卵形ニシテ不齊ノ鈍鋸齒ヲ有シ、兩面細軟毛ヲ被フリ、葉柄本ニ小形托葉アリ。秋月、葉腋ニ黄色ノ有梗花ヲ開キ下向ス。萼片披針形ニシテ外面ニ星芒毛ヲ布ク。花瓣五片、倒卵形。十雄蕊アリテ蕊間ニ狹長ナル五片アリ。雌蕊ハ一、子房ニ毛アリ。蒴果ハ狹長、長角形ニシテ細毛ヲ被フリ、三室三殼片多種子ニシテ開裂スレバ之曲セル中軸見ハル。和名ハ其種子ニ烏ノ食フ胡麻ニ見立テシモノ。漢名 田麻(誤用)

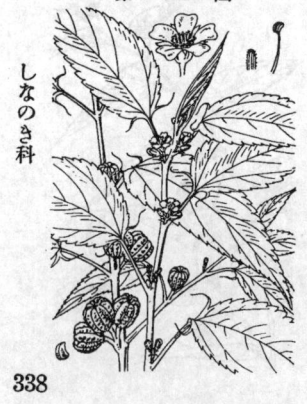

第1014圖

しなのき科

つなそ (黄麻)

一名 いちび (同名アリ)

Corchorus capsularis *L.*

印度原產ノ一年生草本ニシテ畑ニ栽培セラル。莖高サ1m以上ニ成長シ、眞直ナル圓柱形ニシテ葉ト共ニ毛ナシ。葉ハ互生シ、長橢圓狀披針形ニシテ鋭尖頭ヲ成シ、粗鋸齒アリ、底部兩側ニ各一ノ尾狀裂片ヲ有シ、葉柄本ニ鍼狀托葉ヲ有ス。夏秋ノ候、小黄花數箇葉腋ニ集着ス。五萼片、五花瓣、多雄蕊、一雌蕊アリ。蒴果ハ球形、縱ニ十溝ヲ有シ、皺アリ、五室ニシテ五殼片ヲ有シ、每室少數ノ種子ヲ含ム。莖ノ纖維ヲぢうとト稱シ、之ヲ利用ス。

しなのき

Tilia japonica *Simk.*

山地ニ生ズル落葉喬木ニシテ幹ハ往々巨大ニ成長シ、繁ク分枝シ毛ナシ。葉ハ互生シテ長柄ヲ具ヘ、圓狀心臟形ニシテ尖リ、鋸齒アリ、洋紙質ニシテ毛ナク、只裏面脈腋ニ褐毛アリ。夏月開花シ帶黃色、香アリ、繖房狀聚繖花穗ハ長梗ヲ具ヘテ腋生シ、下向シ、狹舌形ノ葉狀苞一片ヲ着ク。花ハ小形。五萼片、五花瓣、多雄蕋、一雌蕋、不熟雄蕋片五アリ。核果ハ小球形ニシテ短細毛密布ス。樹皮ヲ剝ギテ利用ス。和名ハ其皮ノシナシナスル故謂フナラント云ヒ、又皮色白ケレバしなハしらノ轉ナリトモ云フト雖モ、元來しなハ「結ブ・縛ハル・括クル」ノ意アルあいぬ語ヨリ出デシ者ナリ。

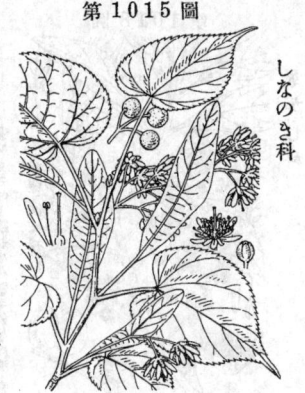

第 1 0 1 5 圖

しなのき科

ほだいじゅ

Tilia Miqueliana *Maxim.*

支那原産ニシテ昔時筑前ニ渡リ爾後全國ニ擴マリ往々寺院ニ栽ヱアリ。落葉喬木ニシテ往々巨幹ヲ成シ繁ク分枝シ小枝ニハ細毛ヲ密布ス。葉ハ有柄互生ニ卵圓形ニシテ尖リ葉底ハ歪斜狀心臟形ヲ成シ裏面ハ葉柄ト共ニ灰白色ノ細毛ヲ密布ス。夏月開花シ淡黃色ニシテ香アリ。繖房狀聚繖花穗ハ長梗ヲ具ヘテ腋生シ、下向シ、狹舌形ノ葉狀苞ヲ伴フ。花ハ小形ニシテ五萼片、五花瓣、多雄蕋、不熟雄蕋五片、一雌蕋アリ。核果ハ小球形ニシテ細毛ヲ密布ス。此樹眞正ノ菩提樹ニ非ザレドモ舊クヨリ其名ヲ冒シテ今日ニ至レリ。

第 1 0 1 6 圖

しなのき科

おほばぼだいじゅ

Tilia Miyabei *Jack.*

(=T. Maximowicziana *Shiras.*)

東北諸州ヨリ北海道ニ亙テ見ル落葉喬木ニシテ時ニ大樹ト成リ、小枝ニ細毛ヲ密布ス。葉ハ有柄互生シ、圓形ニシテ急ニ尖リ、底部ハ多少歪斜ナル心臟形或ハ截形ヲ呈シ、鋸齒アリテ葉裏ハ細毛ヲ密生シ白色ヲ帶ブ。夏月開花シ、香アリ。繖房狀聚繖花穗ハ長梗ヲ具ヘテ腋生シ、下向シ、狹舌形ノ葉狀苞ヲ伴フ。花ハ小形淡黃色ニシテ香アリ。五萼片、五花瓣、多雄蕋、不熟雄蕋片五、一雌蕋アリ。核果ハ小球形ニシテ細毛ヲ密布ス。樹皮ノ纖維ヲ利用ス。

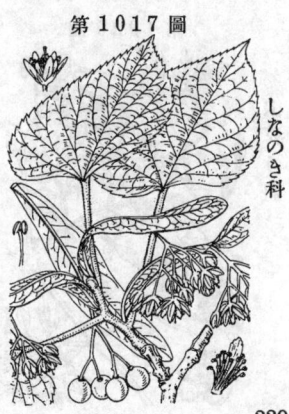

第 1 0 1 7 圖

しなのき科

339

第1018圖

もがし科

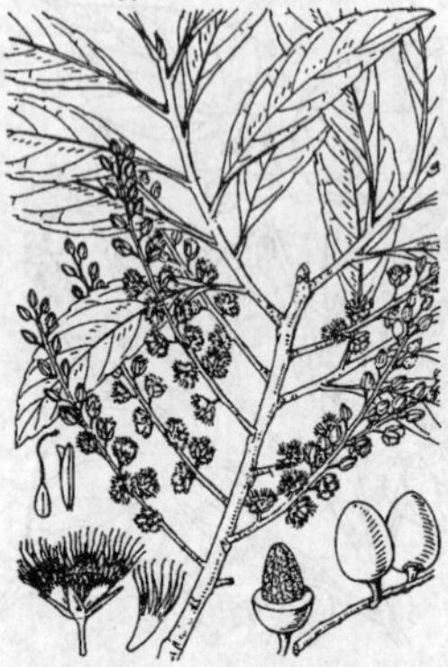

もがし

一名 づくのき・しらき・はぼそのき・しいどき
誤稱 ほるとのき

Elaeocarpus decipiens *Hemsl.*
(=Prunus elliptica *Thunb.*;
E. elliptica *Makino.*)

暖地ニ生ズル常綠喬木ニシテ往々大樹ト成リ高サ約ソ20m、幹徑60cm許ニ達ス。葉ハ互生有柄、一見やまももニ近キ外觀ヲ有シ、時々綠葉中ニ赤變セル老葉ヲ雜エ、狹長ナル長橢圓形或ハ倒披針形ニシテ長サ 6–12cm許、兩端尖リ低鈍鋸齒アリテ生時稍軟ク乾時革質ト成リ全ク無毛平滑、裏面中脈ノ兩側支脈腋ニ特殊ノ蹼膜アリ、中脈ハ裏面ニ隆起シ往々紅紫色ヲ呈ス。總狀花序ハ脫葉後ナル前年枝ニ腋生シ、細長ニシテ六月小白花ヲ開ク。萼ハ五片、綠色廣披針形ニシテ尖ル。花瓣亦五片、倒卵狀楔形ニシテ上部剪裂ス。雄蕋ハ多數アリテ短花絲ヲ有シ、葯ハ細長クシテ先端罅裂シ細毛アリ。果實ハ核果ニシテ橢圓形ヲ成シ長サ15mm內外、兩端鈍圓形、初メ綠色、多ニ入リ熟シテ黑碧色ヲ呈シ、核ハ大ニシテ表面ニ皺アリ。從來一般ニ之レヲほるとのきト稱ヘシハ誤ニシテ、此名ハおりーぶ卽チ齊墩果ニ對シテ呼ビシ者ナリ。和名もがしハ薩州ノ方言、其意未詳、づくのき其意不明、しらきハ材白キヲ以テ白木ノ意乎、はぼそのきハ葉狹長ナルヲ以テ葉細の木乎、しいどきハ其意未詳。漢名 膽八樹(誤用)

第1019圖

ぶだう科

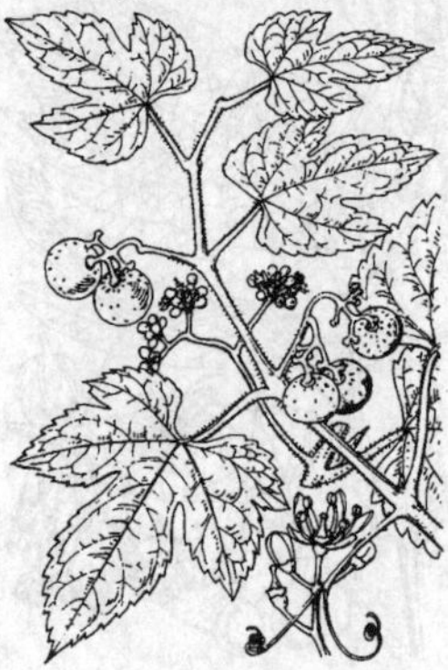

のぶだう (蛇葡萄)

Ampelopsis heterophylla
Sieb. et Zucc.

到ル所ノ山野ニ多ク生ズル落葉攀緣藤本ニシテ莖ハ長ク成長シ、巨大ナル者ハ直徑凡4cmニ達シ、節アリテ稍之曲シ、褐色皮アリ。葉ハ有柄互生シ、略ボ圓形ニシテ底部心臟形ヲ呈シ、三裂乃至五裂シ、或ハ深裂スル者アリ、鋸齒ヲ有シ、無毛或ハ裏面有毛ナリ。卷鬚ハ葉ニ對シテ出デ兩岐ス。夏月、有梗ノ聚繖花穗ヲ葉ニ對出シ、兩岐シテ綠色多數ノ兩性小花ヲ攅着ス。萼ハ殆ド截形。五花瓣、五雄蕋、一雌蕋アリ、花盤ヲ有ス。漿果ハ小球形、白・紫・碧色ヲ呈シ、敢テ食ニ中ラズ。和名ハ野ニ在ル葡萄ノ意、又野葡萄ノ漢名アリ。

第1020圖

ぶだう科

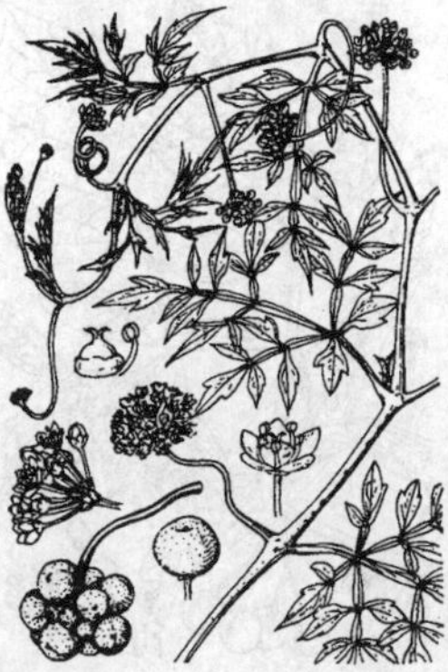

びゃくれん (白蘞)

一名 かがみぐさ

Ampelopsis japonica *Makino.*
(=A. serjaniaefolia *Bunge.*)

支那原產ノ攀緣蔓本ニシテ葉ニ對生セル卷鬚ヲ有シ、莖ハ冬月ハ枯ル。根ハ塊ヲ成シ、卵形ニシテ數顆束在ス。葉ハ有柄互生シ、掌狀ニ五全裂、最外ノ裂片ハ小形ニシテ三裂シ、次列竝ニ中央小葉ハ羽狀或ハ掌狀裂ヲ成シ、裂片ハ楔形ニシテ通常粗齒ヲ有ス、葉軸ハ有翼ニシテ節アリ。有梗ノ聚繖花穗ハ葉ニ對生シ、夏月淡黃色ノ兩性小花ヲ攅簇シテ開ク。萼ハ五齒形。五花瓣、五雄蕋、一雌蕋、一花盤アリ。漿果ハ小球形ニシテ白・紫・碧色ヲ呈ス。根ヲ藥用トス。享保年中ニ渡來ス。

うごかづら

Ampelopsis leeoides *Planch.*

我邦南方暖地ニ生ズル落葉藤本ニシテ其蔓長ク延ビ、徑2cm許ノ太サト成リ、往々氣根ヲ垂ル。兩岐セル卷鬚アリテ葉ト對生ス。葉ハ有柄互生シ、大形ニシテ羽狀或ハ再羽狀複葉ヲ成シ、小葉ハ卵形或ハ長卵形ヲ呈シテ尖リ、葉緣ニ粗鋸齒アリ。夏月、莖頂ニ聚繖花穗ヲ成シテ綠黃色ノ兩性小花ヲ集メ着ク。萼ハ五齒ヲ成シ、五花瓣、五雄蕊、一雌蕊、一花盤アリ。漿果ハ小球形ニシテ赤熟ス。和名ハ其葉うどノ葉ニ似タルヨリ名ク。

第1021圖

ぶだう科

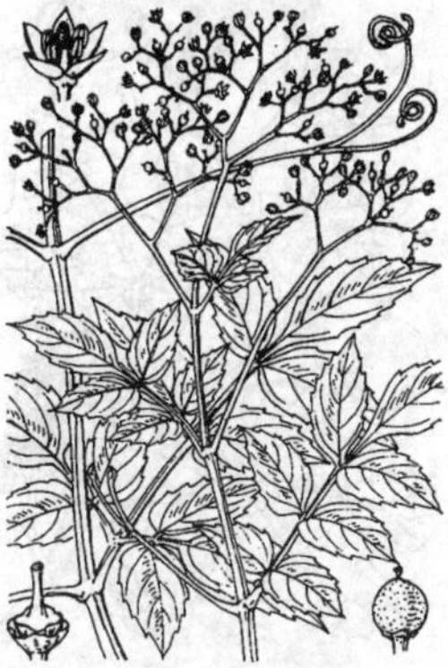

やぶがらし (烏蘞苺)

一名 びんばふかづら

Cissus japonica *Willd.*

隨處ニ多キ多年生攀緣草本ニシテ毛ナク、地下莖ハ纖ソニ長ク地中ニ横走シ處々ニ萌出ス。綠紫色ノ莖ハ稜アリテ縱ママニ他ノ草木上ニ蔓延シ、之レヲ覆フニ至ル。葉ト對生セル卷鬚アリ。葉ハ有柄互生シ、鳥趾狀複葉ニシテ質軟ナリ、五小葉アリテ短柄ヲ有シ、卵形或ハ長卵形ニシテ粗鋸齒アリ、中央小葉ハ他ヨリ大ナリ。夏月、有梗ノ繖房樣聚繖花ヲ葉ニ對シテ出シ、第一枝ハ三岐シ、多數ノ淡綠小花ヲ集メ開ク。萼ハ截形。四花瓣、四雄蕊、一雌蕊アリテ花盤ハ丹赤色ナリ。漿果ハ球形ニシテ黑熟ス。和名ハ藪枯しニテ盛ニ繁茂シ、藪ヲ枯スノ意。貧乏蔓ハ他ノ植物ノ上ニ繁リテ之レヲ枯死セシメ、其家爲メニ貧乏ト成ルノ意ナリ。

第1022圖

ぶだう科

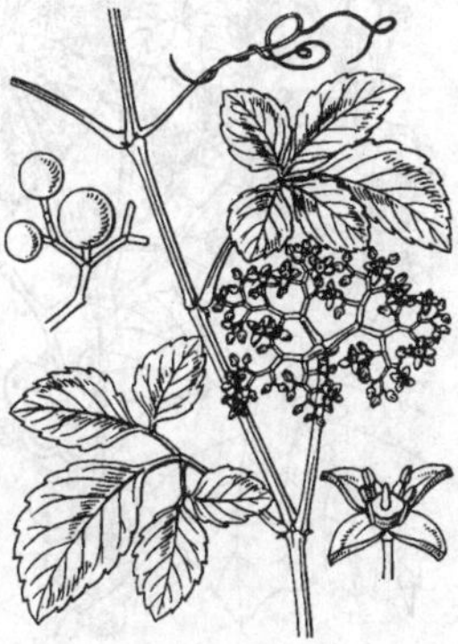

つ た (常春藤)

一名 なつづた 古名 あまづら

Parthenocissus tricuspidata *Planch.*

日本及ビ支那ノ產ニシテ岩壁・石垣・壁面・山林等ニ生ズル落葉攀緣藤本ニシテ、莖ノ經舊巨大ナル者ハ徑凡4cm許ニ達スルアリ。卷鬚ハ葉ニ對シテ出デ、小形ニシテ分枝シ、枝端ニ圓形吸盤ヲ具ヘ他物ニ吸着シテ離レズ。葉ハ鋸齒アリテ有柄互生シ、長枝ノ者ハ卵形、或ハ二、三裂シ、或ハ三小葉複葉ヲ成シ、短枝ノ者ハ三裂シテ裂片尖リ、葉柄殊ニ長ク、短枝端ニ二葉アリ。秋落葉ノ際ハ葉片先ヅ落チ、後チ葉柄落ツ。夏日、短花穗ヲ短枝端ニ出シ、黃綠色ノ兩性小花ヲ集着ス。萼ハ截形。花瓣五片、雄蕊五、雌蕊一。漿果ハ小球形ニシテ紫黑色ニ熟シ、落葉尙殘存ス、食用トナラズ。往昔此幹ノ液汁ヲ採リ、甘味料ヲ製セリ。葉ハ秋ニ紅葉ス、所謂つたもみぢナリ。蔦ヲ此種ニ用ウルハ非ナリ、又地錦ノ漢名モ中ラズ。和名つたハ傳フノ意ト謂ハル。

第1023圖

ぶだう科

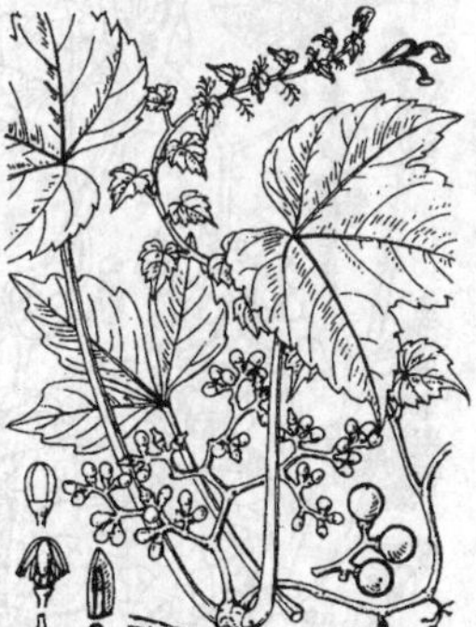

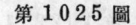

第1024圖

ぶだう（葡萄）
Vitis vinifera L.

ぶだう科

あじあ西部地方ノ原産ニシテ今ハ世界ニ
廣ク栽培セラルル落葉攀緣藤本ナリ。莖
ハ葉ニ對出スル卷鬚ヲ以テ攀衍シ長ク延
ビ、舊莖ハ稍平扁、經年ノ者ハ可ナリ巨大
ト成ル。枝ハ節アリテ多少之曲シ、嫩條ニ
ハ毛アリ。葉ハ有柄互生シ、掌狀ニ淺裂
シ、底部ハ心臟形ヲ呈シテ鋸齒アリ、裏面
ニ綿毛ヲ密布ス。初夏、新枝ノ葉ニ對シテ
圓錐花穗ヲ出シ、黃綠小花ヲ攢簇ス。蕚ハ
輪狀截形。花瓣ハ五、頂着合シ、基部ヨリ
開キ離レテ落ツ。雄蕊五、花絲間ニ蜜槽體
アリ。漿果ハ房ヲ成シテ下垂シ、球形多汁
ニシテ褐紫色ニ熟シ、甘味生食スベク
或ハ葡萄酒ヲ釀造ス。呆中ニ二、三ノ種子
アリ。和名ぶだうハ葡萄ノ字音ヨリ出デ、
葡萄ハ蒲桃ヨリ來リ蒲桃ハ大宛國ノ土言
Budawニ基ヅケル音譯字ナリ。

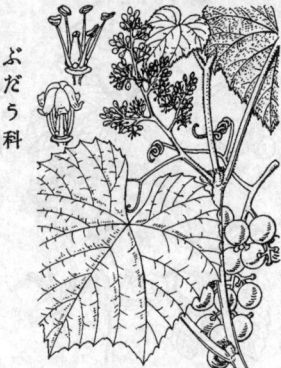

第1025圖

やまぶだう
Vitis Coignetiae Pulliat.

ぶだう科

山中ニ生ズル大形ノ落葉攀緣藤本ニシテ
莖ハ長ク成長シテ葉ニ對出セル卷鬚ヲ以
テ他樹ノ上ニ繁衍シ、經年ノ者ハ其幹徑
數cmアリテ濃褐色ヲ呈シ、枝ハ節アリテ
多少之曲シ、嫩條ニハ褐毛アリ。葉ハ有
柄互生シ、大形ニシテ三、五尖角アル圓形
ヲ成シ、底部ハ心臟形ヲ呈シ、葉緣ハ低尖
鋸齒アリ、葉裏ハ茶褐色ノ綿毛ヲ密布ス。
秋ハ能ク紅葉ス。花ハ小形黃綠色ニシテ
葉ニ對出セル有梗ノ圓錐花穗ニ攢簇シ、
花穗下部ノ梗上ニ往々一卷鬚アリ。蕚ハ
輪形。花瓣五、頂合シ、下部分離シ、花托
ヨリ離レ落ツ。雄蕊五、花絲間ニ蜜槽アノ
リ。漿果ハ房ヲ成シテ下垂シ、豌豆大ノ
球形ニシテ黑熟シ、食フベシ。和名ハ山
葡萄ノ意。漢名 紫葛（誤用）

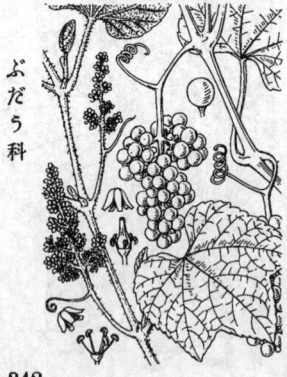

第1026圖

えびづる（蘡薁）
Vitis Thunbergii Sieb. et Zucc.

ぶだう科

山野ニ普通ナル雌雄異株ノ攀緣藤本ニシ
テ莖ハ葉ニ對出セル卷鬚ヲ由テ攀登シ、
舊莖ハ褐色ヲ呈シ、稍平扁ニシテ節アリ、
多少之曲ス。嫩枝ハ白毛アリ。葉ハ有柄
互生シ、心臟狀圓形ニシテ三-五裂シ、時
ニ深裂シ、葉緣ハ鋸齒アリ、表面無毛、裏
面ハ白色或ハ淡褐色綿毛ヲ密布ス。小ナ
ル有梗圓錐花穗ハ葉ニ對出シ、淡黃綠色
ノ小形花ヲ密簇シ、夏月開花ス。梗上ニ
ハ往々一卷鬚ヲ具フ。蕚ハ輪形。花瓣五、
頂部合一シ、下部分離シ、花托ヨリ離レ落
ツ。雄蕊五、雌花ノ者ハ不熟。雌蕊一、雄
花ノ者ハ不熟。漿果ハ小キ房ヲ成シ、小
球形ニシテ黑熟シ、食フベシ。和名ハえび
蔓ノ意、えびかづらハ本品ノ古名、後チ葡
萄ノ名ニ成ル。

ぎゃうじゃのみづ

一名 さんかくづる

Vitis flexuosa Thunb.

山地ニ見ル落葉攀緣藤本ニシテ雌雄異株
ナリ。莖ハ葉ニ對出セル卷鬚ヲ以テ攀登
シ、嫩條ハ毛ナシ。葉ハ有柄互生シ、卵圓
形或ハ三角狀卵形ニシテ粗鋸齒アリ、兩
面ニ毛ナシ、稚本ノ者ハ時ニ深裂ス。夏
月、葉ニ對シテ小ナル有梗ノ圓錐花穗ヲ
出シ、淡黃綠色ノ小花ヲ攢着ス。蕚ハ輪
形。花瓣五、頂合シ下離ル。雄蕋五、雌花
ノ者ハ不熟。雌蕋一、雄花ノ者ハ不熟。
漿果ハ小球形ニシテ小キ房ヲ成シ黑熟シ
食シ得。漢名 葛蘽・千歲蘽（共ニ誤用）

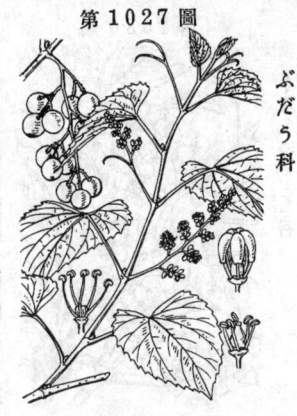

第1027圖

ぶだう科

けんぽなし （枳椇）

Hovenia dulcis Thunb.

山野ニ見ル落葉喬木。高聳シ凡17m許ニ
達シ、枝條長シ。葉ハ有柄互生、廣卵形ニ
シテ尖リ、鋸齒アリ、圓底或ハ多少心底ヲ
呈シ、基部ハ三脈上部ハ羽狀脈ヲ有シ、毛
ナク或ハ下面ニ多少之レ有リ。夏月小枝
端ニ繖房狀花穗ヲ成シテ淡綠色小花ヲ攢
簇ス。蕚片五。花瓣五。雄蕋五、花瓣ハ卷
擁セラル。雌蕋一、三花柱。核果ハ球形、
無毛（變種ニ有毛ノ者アリ、けけんぽなし
var. tomentella *Makino* ト云フ）。短梗
ヲ以テ肉質ニ肥大セル花穗枝ニ着キ、光
澤アル堅硬種子ヲ藏ス。此肉質枝ハ甘味
アリテ小兒之レヲ食ス。初冬ノ候此肉質
ハ小枝ヲ連ネテ地ニ落ツ。和名ハ蓋シ手
棒梨ノ意ニテ其形狀癩病患者ノ手ノ如ケ
レバ云フナラン、處ニヨリてんばなしノ
一名アリ、又支那ニモ癩漢指頭ノ名アリ、
和名ヲ玄圃梨ノ意トスルハ非ナラン。

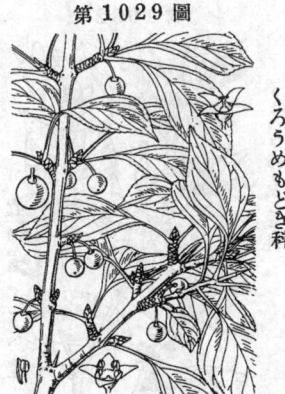

第1028圖

くろうめもどき科

くろうめもどき

Rhamnus japonica Maxim.

山野ニ生ズル雌雄別株ノ落葉灌木ニシテ
高サ1.5–6mニ達シ、針狀ニ變ゼル枝ヲ有
シ、樹皮ハ平滑ナリ。葉ハ有柄對生或ハ
略ボ對生シ、卵形或ハ橢圓形ニシテ尖リ、
下部ハ楔形ヲ呈シ、葉緣ハ鈍鋸齒ヲ有ス、
羽狀脈ヲ有シ、下部ノ支脈ハ長ク上走ス。
夏日、葉腋ニ淡黃綠色ノ有梗小花ヲ束生
ス。蕚四片。花瓣四片、細小。雄花ニ四
雄蕋、雌花ニ一雌蕋アリ、柱頭二岐ス。核
果ハ小球形ニシテ黑熟ス、中ニ二核アリ。
漢名 鼠李（誤用）

第1029圖

くろうめもどき科

343

第1030圖

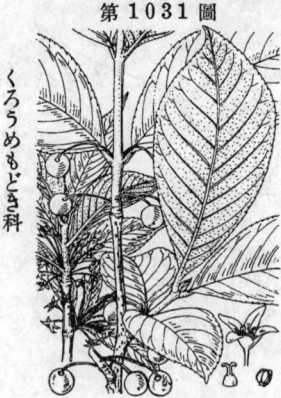

くろうめもどき科

くろつばら
一名 なべかうじ・おほくろうめもどき・
うしことろし（同名アリ）
Rhamnus dahurica *Pall.*
var. nipponica *Makino.*
（＝Rh. nipponica *Makino.*）

中部以北ノ山野向陽ノ地ニ生ズル落葉灌木或ハ小喬木。枝極剛直ニシテ更ニ小枝ヲ分岐チ、枝端ハ往々變ジテ刺ト成ル。葉ハ有柄ニシテ對生シ、披針状長橢圓形或ハ倒卵状長橢圓形、長サ3-16cm、幅 2-5cm許、先端短ク尖リ、細鈍鋸歯縁ヲ有シ、稍革質ニシテ表面ハ暗綠色ヲ呈シ稍光澤アリ、裏面ハ淡色、支脈ハ兩側各四乃至七條顯ミシ、細脈ハ鮮明ナリ、斜鱗形ノ早落托葉ヲ有ス。雌雄異株。雄花叢ハ一ヨリ十八花アリ。雌花叢ハ一乃至三花ヨリ成リ、共ニ新條ノ下部ニ腋出シ、雄花ハ葉柄ヨリ稍長ク、雌花ハ葉柄ヨリ稍短ク。萼ハ四裂シ、裂片ハ狹卵形、略ボ銳頭。花瓣ホ四片黄綠色ヲ呈シ、雌花ニ在テハ發育不全ナリ。雄花ノ雄蕊ハ四數ニシテ且併セテ發育ヲ完ク雌蕊ヲ具フ、雌花ノ子房ハ球形、二乃至三室、花柱二乃至三、且併セテ發育不全ノ雄蕊ヲ有ス。果實ハ球形、徑8mm内外、熟シテ黑色ト成リ、通常二個ノ分核ヲ有シ、核内ニ種子アリ。和名黑ツ棘、黑ノ棘ニシテ黑實ヲ生ルばらノ意ナリ。なべかうじ其意詳カナラズ。

第1031圖

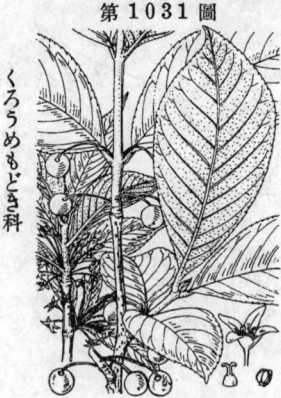

くろうめもどき科

くろかんば
Rhamnus costata *Maxim.*

山林中ニ生ズル。雌雄別株ニシテ高サ6m内外ニ達ス。葉ハ大ニシテ短柄ヲ有シ、多クハ對生シ、倒卵状長橢圓形ニシテ短ク尖リ、細鋸齒ヲ具フ、上面無毛、下面ハ脈上ニ細毛アリ、羽状支脈ハ多數アリテ斜メニ平行シ、著シク見ユ。夏日、黄綠小花ヲ開キ、束生セル長梗ヲ具ヘ、雄花ハ數箇、雌花ハ少數ナリ。萼四片。花瓣四片、細小。雄花ハ四雄蕊、不熟雌蕊一。雌花ハ一雌蕊、柱頭二岐、不熟雄蕊四。核果ハ長梗ヲ具ヘ、小球形、黑熟ス。和名ハ黑樺ノ意ニシテ其平滑ナル樹皮ヲ薄ク橫ニ剝ゲル事しらかんばニ似テ其色暗褐色ナレバ云フ。

第1032圖

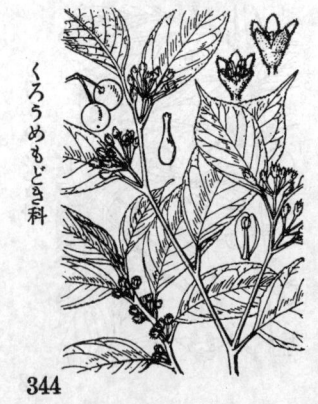

くろうめもどき科

いそのき （三黄）
Frangula crenata *Miq.*

山地或ハ原野ノ濕地ニ生ズル落葉灌木ニシテ高サ1.5-3m内外ニ達ス。葉ハ有柄互生シ、長橢圓形或ハ倒卵形ニシテ葉頭ハ急尖、葉底ハ圓形或ハ鈍形、葉緣ニ細鋸齒アリ、裏面ニ細毛ヲ有ス。夏日、葉腋ニ短梗ヲ出シ、梗頂ニ繖形ヲ成シテ小梗アル黃綠小花ヲ開キ、其數十箇内外アリ。萼ハ五片、細毛アリ。花瓣五片、細小。雄蕊五。花托ハ皿状ヲ呈ス。核果ハ小球形ニシテ三核ヲ有シ、初メ綠色、次ニ紅紫色ト成リ、遂ニ黑熟ス。和名ハ或ハ水邊ニ生ズルニ甚キ磯の木ト名ケシ乎。

なつめ（棗）
Zizyphus Jujuba *Mill.*
var. inermis *Rehd.*

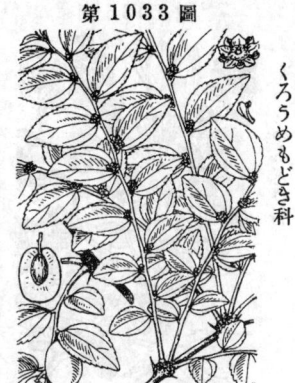

第 1 0 3 3 圖

くろうめもどき科

歐洲南部、あじあノ南部・東部ノ原産ニシテ通常人家ニ栽植セラルル無毛ノ落葉灌木或ハ小喬木。高サ10m許ニ達シ、往々刺ヲ有シ、小枝ハ往々二三條節上ニ束生ス。葉ハ極テ短キ葉柄ヲ具ヘテ小枝ニ互生シ羽狀葉ノ態アリ、卵形或ハ長卵形ニシテ鈍頭或ハ鋭頭、底部ハ鈍形ニシテ左右多少不等形ヲ呈シ、葉緣ニ鈍鋸齒アリ、平滑硬質ニシテ三主脈ヲ有シ、晩秋小枝ト共ニ落ツ。夏日、淡黃色ノ數小花ヲ葉腋ニ簇生シ、短梗アリテ短聚繖花穗ヲ成ス。萼・花瓣・雄蕊共ニ五數、雌蕊一。核果ハ橢圓形不滑、初メ綠色、後黃褐色ト成リ硬キ一核アリ。生食シ、或ハ藥用トシたいさう（大棗）ト稱ス。和名ハ夏芽ニテ遲ク初夏ニ芽ヲ出ス故名ク。

くまやなぎ（紫羅花・蛇藤・黃鱗藤）
Berchemia racemosa *Sieb. et Zucc.*

第 1 0 3 4 圖

くろうめもどき科

山野ニ生ジ、無毛落葉ノ纏繞灌木ニシテ長ク延ビ、枝ハ平滑ニシテ稍長ナル圓柱形ヲ成シ、强靭ニシテ往々紫綠色ヲ呈シ、幹ノ大ナルモノハ數cmノ徑アリ。葉ハ有柄互生シ、卵形或ハ卵狀橢圓形ニシテ短ク尖リ、葉底ハ圓形ヲ呈シ、全邊ニシテ滑澤ナリ、支脈ハ斜ニ相排ビ平行セリ、葉柄本ノ內部ニ細托葉アリ。夏日、小枝梢ニ腋生幷ニ頂生ノ圓錐花穗ヲ成シテ小白花ヲ攅簇ス。萼五片、卵狀拔針形ニシテ尖リ、五花瓣、細小。五雄蕊、一雌蕊アリ。核果ハ橢圓形、赤小豆大、平滑、綠色ヨリ黃紅色ト成リ、遂ニ黑熟ス、往々小兒採リ食フ。枝ニテ馬鞭ヲ作リ用ウルコト故實ナリト云フ。和名ハ熊柳ノ意ニテ其レガ山中ニ生ジ其莖强キ故熊ト云フナラン。

みやまくまやなぎ
Berchemia pauciflora *Maxim.*

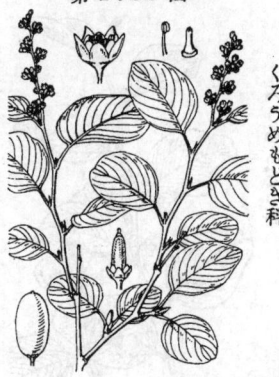

第 1 0 3 5 圖

くろうめもどき科

深山ニ生ズル無毛ノ落葉小灌木ニシテ高サ 1-2m 許。枝ハ細長强靭ニシテ稍之曲ス。葉ハ有柄互生シ、卵圓形全邊ニシテ鈍頭圓底、葉質薄ク平滑ナリ、葉柄本ニ托葉二片アリ鋮形ニシテ尖レリ。夏日、小枝梢ニ小形ノ圓錐花穗ヲ成シ、綠白色ノ小花ヲ攅着ス。萼五片。花瓣五片、細小。雄蕊五、雌蕊一。核果ハ長橢圓形、平滑、黑熟ス。和名ハ深山熊柳ノ意ナレドモ本種ハ直立本ニシテ蔓性ナラズ。

345

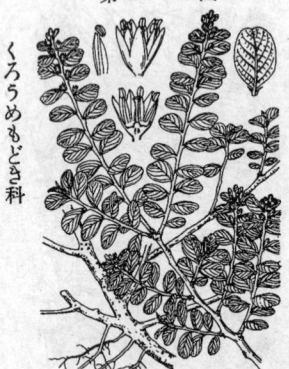

第1036圖

ひめくまやなぎ
Berchemia lineata *DC.*

臺灣幷ニ琉球ニ野生セル無毛落葉ノ半纏繞灌木ニシテ枝條細長繁密ナリ。葉ハ小形繁密ニシテ小枝ニ互生シ、極メテ短キ葉柄ヲ具ヘ、柄本ニ細微ナル鍼狀托葉アリ、卵形或ハ圓形ニシテ鈍頭ヲ有シ、全邊ニシテ裏面帶白色ヲ呈シ、羽狀ノ支脈ハ斜メニ平行ス。花ハ夏秋ノ候ニ開キ、小形白色ニシテ腋生ス或ハ頂生ノ小圓錐花穗ヲ成ス。萼五片ニシテ尖リ、五花瓣細小、五雄蕊、一雌蕊アリ。核果ハ橢圓形ニシテ遂ニ黑熟ス。

くろうめもどき科

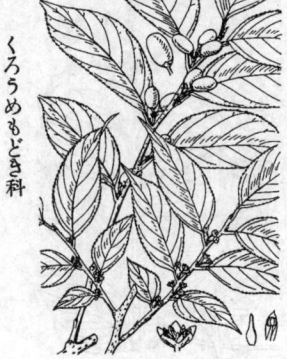

第1037圖

ねこのちち
Rhamnella franguloides *Weberb.*

九州・四國・紀州・伊勢等ノ暖地ニ生ズル落葉喬木ニシテ高サ凡10m許。葉ハ有柄互生シ、倒卵狀長橢圓形ニシテ尾狀銳尖頭ヲ有シ、圓底ニシテ細鋸齒アリ、無毛ニシテ羽狀脈ハ斜ニ平行シ、托葉ハ小形ナリ。夏日、葉腋ニ短梗ヲ出ダシ、梗頂ニ黃白色ノ有梗小花ヲ簇着ス。萼五片。花瓣五、細小。雄蕊五。雌蕊一、皿狀花盤アリ。核果ハ長橢圓形ニシテ半熟者ハ黃色、成熟シテ黑色ト成ル、中ニ一核アリ。和名ハ猫の乳(頭)ノ意ニテ果實ノ狀ニ基ク。

くろうめもどき科

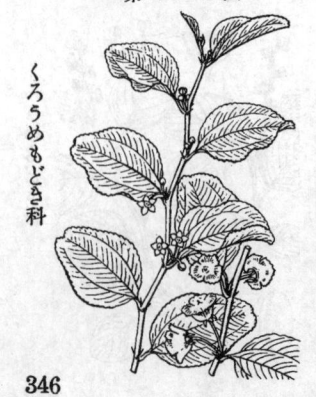

第1038圖

はまなつめ （鐵蘺芭）
Paliurus ramosissimus *Poir.*

暖地諸州ノ海邊ニ見ル落葉灌木ニシテ高サ3m內外、枝繁ク葉密ナリ。小枝ハ之曲シ、嫩キ者毛アリ。葉ハ短柄ヲ具ヘテ互生シ、卵形ニシテ凹頭ヲ有シ、葉緣ニ細鈍鋸齒ヲ有シ、表面平滑、裏面ハ嫩時多少ノ毛アリ。三主脈縱通シテ葉裏ニ隆起シ、支脈ハ密ナリ。托葉ハ針形ヲ呈ス。花ハ細小、淡綠色ニシテ腋生セル短梗ノ頂ニ相集ル。萼五片、有毛。花瓣五片、小形。五雄蕊、一雌蕊アリ。果實ハ乾質、頂ニ平坦ニシテ邊緣薄クシテ三耳ヲ成シ、半球形ニシテ開裂セズ、面ニ細毛アリ。和名ハ濱棗ノ意ナリ。

くろうめもどき科

つりふねさう
一名　むらさきつりふね
Impatiens Textori *Miq.*

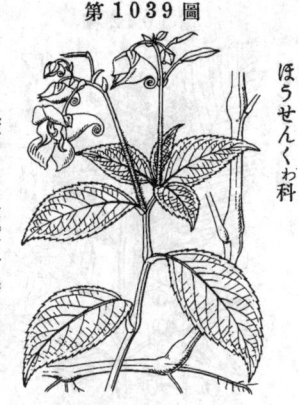

ほうせんくわ科

山麓或ハ原野ノ濕洳地ニ生ズル一年生ノ柔軟ナル草本ニシテ高サ凡 50cm 內外アリ。莖ハ直立分枝シ、多汁質ニシテ平滑無毛、紅紫色ヲ呈シ、節ハ膨腫ス。葉ハ有柄互生シ、廣披針形ニシテ尖リ、鋸齒アリ、葉ハ楔狀銳形ヲ呈ス。秋月、莖梢ニ三四條ノ花梗ヲ抽キ、紅紫色ノ腺毛アリ。梗上部ニ小形苞アル總狀花穗ヲ成シテ數花ヲ着ケ吊下ス。紅紫色ニシテ花下ニ萼片アリ、左右兩瓣大ニシテ距ハ膨レ、後方ニ長ク橫出シテ紫斑點在シ、其尖端囘卷セリ。五雄蕋ハ其葯連合シ、一雌蕋アリ。蒴ハ瘦紡錘形、熟スレバ果皮彈裂シテ種子ヲ飛バス。和名ハ釣船草ノ意ニシテ花形ニ基ク。漢名 野鳳仙花・坐挐草（誤用）

きつりふね　（輝莱花）
一名　ほらがひさう
Impatiens noli-tangere *L.*

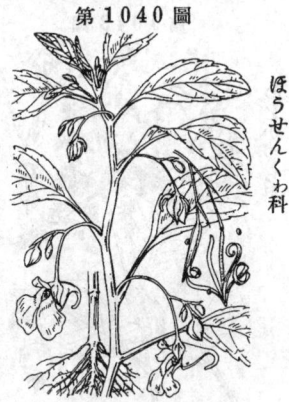

ほうせんくわ科

山中ノ濕地ニ生ズル無毛柔軟ナル一年生草本ニシテ高サ50cm內外アリ。莖ハ直立分枝シ、平滑多汁質ニシテ節ハ膨起シ、大ナル者ハ莖本ノ徑2cm餘ニ及ブ。葉ハ有柄互生シ、狹長ナル長橢圓形ニシテ短ク尖リ、下ハ銳形ヲ成シ、粗鋸齒アリ、質薄ク、軟ナリ。夏日、葉腋ヨリ細キ花梗ヲ出シ、三-四ノ黃色花ヲ着ケ吊下ス。下ニ萼アリ、左右ニ大ナル花瓣アリ、距ハ膨レテ後方ニ橫出シ尖端彎曲ス。五雄蕋アリテ葯連合シ、一雌蕋アリ。蒴ハ狹長ニシテ兩端尖リ、熟スレバ果皮彈卷シ種子ヲ飛バス。和名ハ黃釣船ノ意、又法螺貝草ハ花形ニ基ク。此種初メ能ク閉鎖花ヲ出ス。漢名 水金鳳（誤用）

ほうせんくゎ　（鳳仙花）
Impatiens Balsamina *L.*

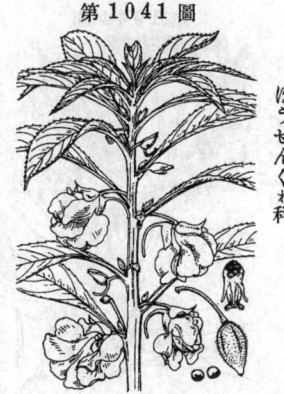

ほうせんくわ科

印度馬來幷ニ支那ノ原產ナレドモ今ハ世界ニ普ク培養セラルル無毛柔軟ナル一年生草本ニシテ高サ60cm內外アリ。莖ハ直立シ、往々疎ニ分枝シ、多肉ニシテ圓柱形ヲ呈シ、下部ノ節ハ往々膨起ス。葉ハ有柄互生シ、披針形ニシテ尖リ、下部ニ狹楔形ヲ成シ、葉緣鋸齒アリ、葉柄ニ細腺アリ。花ハ有梗ニシテ二三腋生シ顯著ニシテ花色種々アリテ夏秋ノ間葉間ニ開キ、下垂シテ橫方ニ向フ、左右相稱ニシテ下ニ萼アリ、又兩方ニ大ナル花瓣アリ、距ハ花後ニ斗出シテ下曲ス。五雄蕋アリテ葯連合シ、一雌蕋アリテ子房ニ毛アリ。蒴ハ稍尖リタル橢圓形ニシテ細毛ヲ帶ビ、熟スレバ彈開シテ黃褐色ノ種子ヲ飛バス。和名ハ漢名ノ字音ナリ。

第1042圖

あをかづら科

あわぶき

Meliosma myriantha *Sieb. et Zucc.*

山地ニ生ズル落葉喬木ニシテ幹ノ高サ10m内外ニ達シ、小枝ハ褐色ニシテ細毛ヲ帶ブ。葉ハ有柄互生シ、長橢圓形或ハ倒卵狀長橢圓形ニシテ短ク尖リ、基部ハ銳形ヲ呈ス、葉緣ハ鋸齒ヲ有シ、羽狀ノ支脈ハ斜ニ多數相排ビ、兩面多少細毛ヲ帶ブ。夏月、枝頂ニ一大ナル圓錐花穗ヲ成シテ分枝シ極メテ多數ノ小白花ヲ密簇ス。萼片五。花瓣五片、外ノ三片ハ完全ニシテ圓形、內ノ二片或ハ時ニ三片ハ線形ヲ成ス。雄蕊ハ五、其三箇ハ鱗狀ヲ成シ、他ノ二箇或ハ稀ニ三箇ハ完全ナリ。雌蕊ハ一。核果ハ小球形ニシテ赤熟ス。和名ハ泡吹ノ意ニシテ枝ヲ切リ火ニ燃ス時ハ切口ヨリ盛ニ泡ヲ吹キ出ス故ニ名ク。

第1043圖

あをかづら科

みやまはうそ

Meliosma tenuis *Maxim.*

山地ノ林中ニ見ル落葉灌木ニシテ高サ凡3m許、枝條長クシテ細毛ヲ帶ブ。葉ハ有柄互生シ、倒長卵形ニシテ尖リ、下部狹窄シテ稍楔形ヲ呈シ、葉緣ハ尖鋸齒ヲ有シ、葉質薄クシテ柔ナリ。羽狀ノ支脈ハ稍多ク斜ニ平行セリ。夏日、枝端ニ圓錐花穗ヲ成シ、多數ノ帶黃色小花ヲ着ケ、下ニ撓メリ。萼三四片。花瓣五、外ノ三片ハ圓形、內ノ二片ハ鱗狀ヲ成ス。雄蕊五、內完全ナル者二ニシテ他ノ三ハ鱗狀ヲ呈ス。雌蕊ハ一。核果ハ小球、熟シテ暗紫色ヲ呈ス。和名ハ深山ははそノ意ニシテ其葉ははそ卽チこなら葉ニ似タル故名ク、はうそハははそノ今日ノ發音ナリ。

第1044圖

あをかづら科

やまびは

Meliosma rigida *Sieb. et Zucc.*

暖國ノ山林ニ生ズル常綠小喬木ニシテ高サ7m許ニ達シ、嫩枝ハ褐色ノ短綿毛ノ密布ス。葉ハ有柄ニシテ枝條ノ梢部ニ互生シ、長倒卵形或ハ長橢圓形ヲ成シ、葉頭急尖シ、下部ハ漸ク狹窄シテ楔形ヲ呈シ、粗ナル尖鋸齒ヲ具ヘ、革質ニシテ裏面ニハ葉柄ト同ジク褐毛ヲ有ス。夏月、枝端ニ圓錐花穗ヲ成シ、多數ノ細白色花ヲ攅簇ス。花ハ殆ンド無柄。萼片五、褐毛密布ス。花瓣五片、其三片大ニシテ圓形、他ノ二片小形。雄蕊五、其二完全。雌蕊一。核果ハ小球形ニシテ赤熟ス。伊勢神宮ニテひのきト摩擦シ發火セシム。和名ハ山枇杷ノ意ニシテ葉形ノ類似ヨリ斯ク名ク。

あをかづら
Sabia japonica *Maxim.*

九州ニ生ズル落葉纏繞藤本ニシテ新枝條ハ綠色ヲ呈シ屈曲セリ。葉ハ有柄互生シ全邊ナル卵狀橢圓形ニシテ短尖頭ヲ有シ葉底ハ鈍形ナリ、革質ニシテ光滑、深綠色ヲ呈シ、落葉後、葉柄ノ基部莖上ニ殘留シ、短キ刺狀ヲ成シ頂端徽シク二岐セリ。春日葉ニ先チテ一二ノ黃色ヲ梗花ヲ腋生シ、下ニ數鱗片アリ。萼片五、小形。花瓣五。雄蕊五、雌蕊一アリ。核果ハ雙生或ハ一箇發育シ、熟シテ青色ト成ル。和名ハ青葛ノ意ニテ青ハ莖ノ綠色ニ基ク。漢名 淸風藤(誤用)

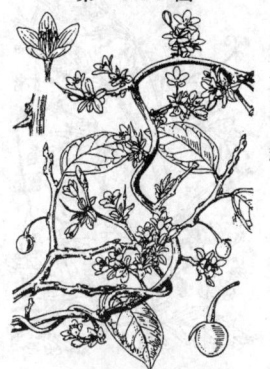

あをかづら科

もくげんじ (欒華)
一名 せんだんばのぼだいじゅ
Koelreuteria paniculata *Laxm.*

支那・朝鮮ノ產ナレドモ亦我邦但馬・越前幷ニ周防ノ一小島ニハ野生シ海邊ノ地ニ見ル、然レドモ通常ハ栽植セラル。落葉亞喬木ニシテ高サ10mニ達シ、枝上ニ羽狀及再羽狀ノ有柄複葉ヲ互生シ、小葉ハ卵形ニシテ短ク尖リ、短小葉柄ヲ具ヘ、不齊鋸齒ヲ有シ、又ハ不齊ニ缺刻ス。夏月枝端ニ大ナル圓錐花穗ヲ成シ、多數ノ黃色小花ヲ開キ、中心ニ紅采アリ。花ハ不齊形。萼ハ不齊五深裂。花瓣四片、狹長ニシテ上方ニ指シ、基部ニ上反セル附屬片ヲ成ス。花盤ハ上緣鈍齒ヲ有ス。雄蕊八、花絲長ク、一雌蕊アリ。蒴果ハ洋紙質ノ囊狀、三殼片。種子ハ球形、堅硬、黑色、往々數珠トス。和名ハ木樨子ノ字音ヨリ來リシモノナレドモ元來此木樨子ハむくろじノ名ナレバ本品ニ用ウルハ非ナリ。

むくろじ科

むくろじ (無患子)
Sapindus Mukurossi *Gaertn.*

山林中ニ生ジテ高聳シ或ハ人家ニ栽植スル落葉喬木ニシテ高サ17mニ達ス。葉ハ大形ニシテ有柄互生シ、羽狀複葉ニシテ小葉ハ廣披針形、全邊ヲ成シ、底部ハ左右不等形ニシテ極メテ短キ小葉柄ヲ具ヘ、質稍硬ク葉軸ト共ニ總テ綠色ヲ呈ス。夏日枝端ニ大ナル圓錐花穗ヲ成シテ多數ノ無柄淡綠色小花ヲ撰簇シ、穗軸幷ニ穗枝ニ細毛ヲ有ス。花ニ雌雄アリ。萼片花瓣各四-五片。雄花ニハ八-十ノ雄蕊發達シ、雌花ニハ一雌蕊發達ス。果實ハ一心皮發達シテ球形ト成リ、成熟スレバ黃色或ハ褐黃色ト成リテ稍橢圓形ノ堅硬黑色ノ一種子ヲ藏ス。之レヲ羽子ノ球ニ使用シ、果皮ハ往時石鹼ノ代用トセリ。和名ハもくげんじノ木欒子ヨリ出デシト云フ。

むくろじ科

ふうせんかづら
Cardiospermum Halicacabum L.

むくろじ科

北米ノ原産ニシテ蔓性ノ一年生草本ヲ成セドモ元來ハ多年生草本ナリ。莖ハ細長ク、長サ數mニ達シ無毛或ハ稍有毛。葉ハ有柄互生シ、二回三出又ニ二回羽狀複葉ヲ成シ、小葉ハ小柄アリ卵形又ハ卵狀披針形、銳尖頭、銳鋸齒アリ。夏日、脉出ノ花梗ハ通常葉ヨリ長ク、頂ニ少數ノ花ヲ着ケ、其下ニ對生スルニ本ノ卷鬚アリ、花ハ小形ニシテ白色。蕚片ハ四、外者ニ片ハ稍小形。花瓣ハ四、大小不同。花中ノ一側ニ花盤アリ。雄蕊ハ八。子房ハ三室、果實ハ膨眼セル蒴果、各室ニ黑色ノ球形種子ヲ有シ一側ニ心臟形ノ白點アリ。和名風船蔓ハ西洋ノ俗名 Balloon-Vine ニ基キシ名稱ニシテ其空中ニ懸リ且膨レシ果皮ヲ有スル果實ノ見立テナリ。此一變種ニこふうせんかづら (var. microcarpum Benth.) アリ、果實小ナリ、琉球ニ之レヲ見ル。

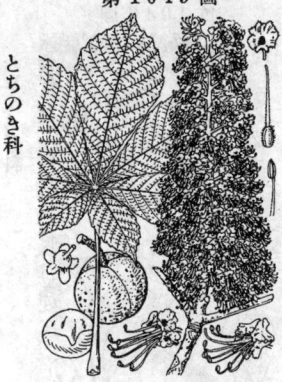

とちのき
Aesculus turbinata Blume.

とちのき科

山地ニ自生スル落葉喬木ニシテ周圍2m 高サ 30m 內外ノ大木ト成ルモノ多シ。又時ニ人家ニ植ヱラレ、又近時ハ街路樹ニ用キルコトアリ。葉ハ掌狀複葉ニシテ對生、小葉ハ五-七、倒長卵形又ハ倒卵狀長橢圓形ニシテ下方ノ者ハ小ナレドモ上部ノ者ハ長サ 30cm、幅12cm ニ達シ、基部ハ楔狀、先頭ハ急ニ銳尖ト成ル、支脈ハ殆ド平行シ多數アリ、邊緣ハ不齊重鈍鋸齒、上面ハ無毛ナレドモ下面ハ赤褐色ノ軟毛生ズ。花ハ五月頃大ナル圓錐花序ヲ成シテ開ク。單性又ニ兩性花ニシテ、雄花ハ七雄蕊一退化雌蕊、兩性花ハ七雄蕊一雌蕊ヲ有ス。蕚ハ鐘狀ニシテ不齊ニ五裂、花瓣ハ四箇ニシテ亦不齊ナリ。雌蕊ハ著シク花瓣ヨリ挺出ス。果實ハ倒圓錐形ニシテ三裂ス。種子ハ光澤アル赤褐色ノ種皮ヲ有シ、食料トモナル。和名とちノ意義不明。漢名 天師栗立ニ七葉樹(共ニ誤用)。橡・栃ナドハ俗用字。

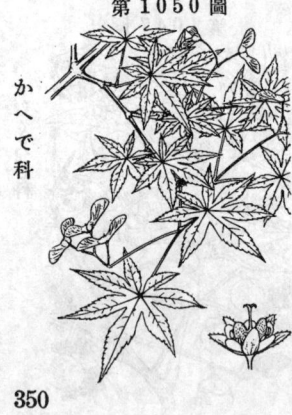

たかをかへで
一名 もみぢ・いろはかへで
Acer palmatum Thunb.

かへで科

山地ニ自生スルモ多ク人家ニ栽植セラルル落葉喬木ナリ。葉ハ對生ニ稍圓形ニシテ掌狀ニ五-七裂シ、底部ハ心臟形又ハ裁狀心臟形ヲ成ス、裂片ハ卵狀披針形ニシテ銳尖頭、銳鋸齒アリ、幼時柔毛ヲ帶ブルト雖モ長ズレバ殆ド無毛ト成ル。葉柄ハ細長ニシテ無毛ナリ。春時、暗紅色ノ小花ヲ開キ繖房狀又ハ複總狀花穗ヲ成シ葉ト共ニ出ヅ。蕚・花瓣共ニ五片、雄蕊八本ヲ有ス。翅果ハ無毛ニシテ小サク、翅ノ長サ1cm 內外アリ。秋時其葉紅葉シ美觀ヲ呈シテ賞セラレ、又非常ニ多クノ園藝品種アリテ觀賞品トシテ愛セラル。和名高雄かへでハ城州高雄山ニ多クレバ云ヒ、同山ハ古來紅葉ノ名所ナリ、かへでハ蛙手ノ意ニシテ其葉狀ニ基キ、又此種ノ紅葉殊ニ優レタルヲ以テ特ニもみぢノ名ヲ以テ呼ブニ至レリ。漢名 楓井ニ槭樹(共ニ誤用)。雞冠木及ビ雜頭樹ハ共ニ日本製ノ名ナリ。

やまもみぢ
Acer palmatum *Thunb.*
var. Matsumurae *Makino.*

中部以北ノ山地ニ生ズル喬木ニシテ高サ5-10m
ニ達ス。枝ハ多數分岐シ平滑ニシテ細シ。かへ
で(いろはかへで)ニ似タレドモ其對生セル葉ハ
長柄ヲ有シテ掌狀ヲ成シ、心臟狀底ヲ有シ、長
サ6-8cmニ達シ七乃至九尖裂シ、裂片ハ尾狀銳
尖ノ橢圓狀卵形或ハ卵狀披針形、邊綠ニハ不齊
ノ銳歯ヲ刻ミ、時ニ稍重鋸歯或ハ缺刻狀鋸歯
アリ、秋ニ入レバ紅化ス。花序ハ撒房樣ノ圓錐
花序ニシテ春ヨリ新葉ヨリ僅ニ先チテ新梢ニ頂生
シ、稍下垂ス。花ハ小形、雄花ト兩全花トヲ有
シ、雄蕋ハ八箇、葯ハ黃色、萼片ハ五箇、披針
形ニシテ濃紅色、花瓣亦五箇、橢圓形ヲ呈シ、
淡紅色ナリ。雌蕋ノ下部ハ短翅ヲ有スル一子房
アリ、有毛ノモノ多シ。翅果ハ大形ニシテ翅ノ
長サ2cmヲ超エ、互ニ鈍角ヲ成ス。此種ハ葉ノ
裂片廣闊ナルヲ以テ普通ノかへでト區別シ得。

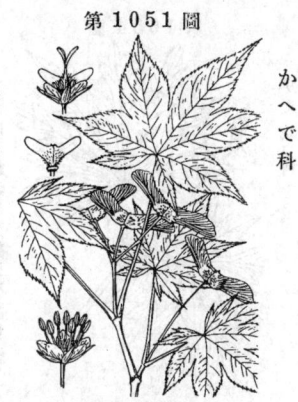

かへで科

ちりめんかへで
一名 きれにしき
Acer palmatum *Thunb.*
var. dissectum *Maxim.*

かへでノ一變種ニシテ庭園ニ栽植シテ觀
賞セラレ、未ダ曾テ其野生ノ樹ヲ見ズ、
多分其母種ノ枝變リナラン。高サ2m內
外ノ灌木狀ヲ成シ、枝椏廣ク四方ニ擴ガ
リ多少下垂ス。葉ハ枝上ニ對生シテ細長
ナル葉柄ヲ具ム、葉面掌狀ヲ成シテ七-
十一片ニ深裂シ、褐紫色ヲ呈スルヲ常ト
ス。裂片ハ線狀披針形ニシテ狭長ナル銳
尖頭ヲ有シ、底部ニ狭窄シテ柄樣ヲ成シ、
多數ノ小羽片ニ深裂シ、小羽片ハ細尖
歯ヲ具フ。花ハ新葉ト共ニ出デ、翅果ハ
秋ニ熟スレドモ其狀敢テかへでト異ナル
コトナシ。和名縮緬かへでハ其細裂セル
葉狀ニ基ク。

かへで科

はうちはかへで
一名 めいげつかへで
Acer japonicum *Thunb.*

山地ニ生ズル落葉亞喬木ニシテ小枝ハ其皮面ニ
粘着性アリ。葉ハ對生シ大ニシテ圓形、掌狀ヲ
成シテ九-十一片ニ淺裂シ、底部ハ心臟形ヲ成
ス。裂片ハ卵形ニシテ銳尖頭、重鋸歯綠。幼時
兩面ニ白色綿毛ヲ密生スルモ、長ズレバ上面ハ
殆ド無毛ト成リ、下面ハ葉脈ニ沿ヒ、特ニ基部ニ
於テ白色綿毛ヲ有スルニ至ル。葉柄ハ短ク、初
メ白色綿毛ヲ密生ス。花ハ春日葉ト共ニ出デ、
暗紅色ニシテ撒房狀ヲ成シ、花軸・花梗ニ綿毛ヲ
密生シ、長ズレバ毛稍稀少ナリ。萼片・花瓣五、
雄蕋八アリ。翅果ハ鈍角ヲ成シテ開キ、稍無毛
又ハ綿毛ヲ被ヒ、翅ハ長サ2cm、幅7-10mmア
リ。和名ハ羽團扇かへでノ意ニシテ其葉狀ニ基
ク。名月ハ鮮カニ照セル秋ノ月ニシテ、是レガ
爲メ其月光ニテ落葉スル紅葉モ能ク認メ得ルト
云フ意ニテ此ク名ク。

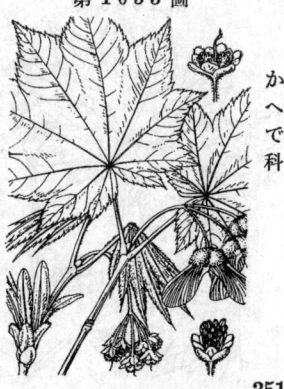

かへで科

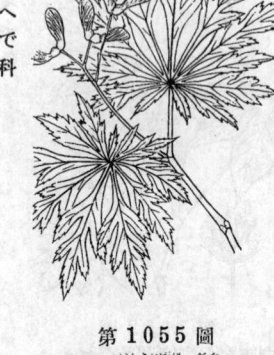

まひくじゃく

Acer japonicum *Thunb.*
var. Heyhachii *Makino.*
(=A. Heyhachii *Matsum.*)

はうちはかへでノ變種ニシテ觀賞品トシテ庭中
ニ愛植セラルル落葉灌木ナリ。葉ハ有柄對生シ
綠色ヲ呈ス。圓形ニシテ底部ハ心臟形ヲ成シ、
掌狀ニシテ殆ンド基部ニ至ルマデ九-十三深裂
シ、裂片ハ箆狀倒披針形ヲ成シ底部ニ楔狀ニシ
テ狹窄シ、上部ハ缺刻狀ニ分裂シテ其裂片ハ邊
緣重鋸齒ヲ有ス。上面ハ長毛散在スト雖モ、下
面ニハ特ニ葉脈ニ沿ヒテ密生スル白色ノ長毛ヲ
有ス。葉柄ハ葉面ヨリ短ク亦白毛ヲ有ス。花ハ
新葉ト共ニ出デ、翅果ハ秋ニ熟ス、共ニ其母種
はうちはかへでト異ナル所ナシ。和名ハ舞孔雀
ノ意ニシテ其葉狀ニ由ル。種名ノ Heyhachii ハ
平八ト云フ人名ニ基ク、此人ハ蓋シ武州秩父地
方ノ植木屋ナリシト聞キシ樣ナリ。

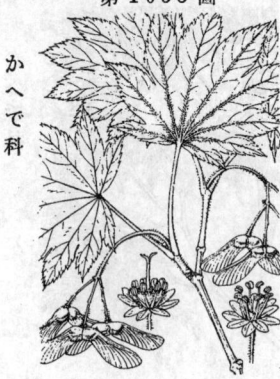

こはうちはかへで
一名　いたやめいげつ

Acer Sieboldianum *Miq.*

山地ニ自生スル落葉喬木。葉ハ對生シ有
柄ニシテ掌狀、七-九裂。裂片ハ卵形銳
頭、邊緣ハ銳鋸齒又ハ重鋸齒。底部ハ截
狀心臟形。長幅各6-8cm アリ。幼時ハ上
面毛散生、下面ハ白色綿毛ヲ被ルト雖モ長
ズレバ上面漸ク無毛、下面ハ脈ニ沿ヒテ
白毛ヲ殘ス。葉柄ハ幼時ハ白毛密生スレ
ドモ成長後ハ稀少ト成ル。花ハ白黃色ニ
シテ繖房狀ヲ成シ、春日葉ト共ニ出ヅ。
花軸及ビ小花梗ニ毛密生ス。萼片花瓣各
五。雄蕊八。翅果ハ稍無毛、殆ド一直線ヲ
成シ、翅ハ長サ1-1.5cm、幅5-8mmアリ。
和名ハ小羽圓扇かへでノ意ニシテ羽圓扇
かへでニ比シ其葉小ナルヲ以テ名ク。

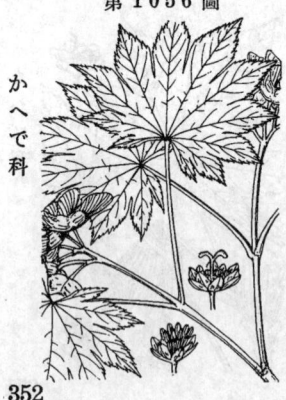

おほいたやめいげつ

Acer Shirasawanum *Koidz.*

本州中部ノ深山ニ生ズル落葉喬木。高サ
5-10mニ達シ、樹幹ハ灰色ナリ。葉ハ圓
腎形ヲ呈シテ幅8cm許、無毛ノ長柄アリ
ヲ對生ス。掌狀ニ九乃至十一尖裂シ、裂
片間ノ彎入ハ狹ク、裂片ハ卵狀披針形、下
部全邊、上半部ハ重鋸齒アリ。表面ハ
平坦ニシテ無毛平滑ナレドモ裏面脈腋ニ
白毛叢アリ。質稍厚キ膜質ナリ。花ハ新
條ノ枝端ニ繖房狀ニ出デ、小苞ヲ缺如シ
全ク毛ナク、株ヲ異ニシテ日葉ト共ニ花ト雄花
トヲ生ズ。萼片花瓣共ニ卵形、稍同形ナ
レドモ前者ハ紅紫色、後者ハ黃白色ヲ呈
ス。雄蕊ハ八箇。子房ニハ密毛ヲ生ジ、
花柱ハ無毛、先端ハ二岐ス。翅果ハ翅短
ク無毛ニシテ平開スル者多シ。

ひなうちはかへで

Acer tenuifolium *Koidz.*

中部ノ山地ニ生ズル落葉小喬木。高サ5m
内外。葉ハ細キ長柄アリテ對生シ、圓形、
深心臟底、九乃至十一尖裂或ハ稍深裂シ
をほいたやめいげつニ似タレドモ、小形
ニシテ長サ4-5cm、其質甚ダ菲薄ニシテ
裂片ハ披針形ノ缺刻狀ニ重鋸齒ヲ刻ミ、
裂片間ノ彎入ハ先端圓キヲ以テ別ツベ
シ。果穗ハ枝端ニ生ジ多クハ單ニ一果ヲ
頂生スルノミ。翅果ハ廣ク平開シ無毛ナ
ルコト亦相似タリ。

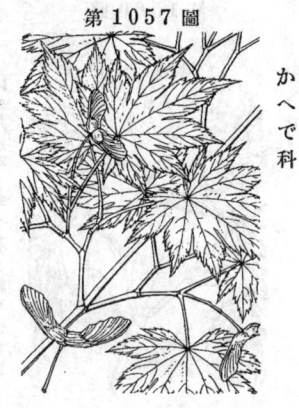

かへで科

あさのはかへで
一名 みやまもみぢ

Acer argutum *Maxim.*

高サ7-10mニ達スル落葉喬木ニシテ山地
ニ自生ス。葉ハ有柄對生シ、卵狀圓形ニ
シテ長サ10cm幅7cmニ達スル者アリ、
多ク五-七裂シ、其狀麻ノ葉ニ似タルア
リ、上部ノ三裂片ハ特ニ大キク卵狀三角
形ヲ呈シ重鋸齒緣ヲ成ス、表面ハ無毛ナ
レドモ裏面ハ短絨毛ヲ疎生ス、底部ハ心
臟形ヲ成ス。葉柄ハ葉面ト同長又ハ之レ
ヨリ長ク、短毛ヲ疎生ス。花ハ淡黃色ニ
シテ萼片・花瓣・雄蕊各四アリテ春時葉ト
同時ニ出デ、短總狀ヲ成セドモ成熟スル
ニ從ヒ長サ15cm許ノ穗狀ト成ル。雙翅
果ハ長サ約4cmニ達シ、其開度ハ一直線ニ
近ク、果梗ト共ニ全ク無毛ナリ。和名麻
の葉かへでハ葉狀ニ基ク。

かへで科

をがらばな
一名 ほざきかへで

Acer ukurunduense *Trautv. et Mey.*
(=A. spicatum *Lam.*
var. ukurunduense *Maxim.*)

深山ニ自生スル落葉小喬木。葉ハ有柄對
生シ、卵狀圓形、五-七裂、底部ハ心臟
形又ハ心臟狀圓形、裂片ハ卵形銳頭、邊
緣ハ缺刻狀齒牙、長幅各10-15cm、上面
ハ無毛ナレドモ、下面ハ稍粉白ヲ帶ビ
毛多ク、特ニ葉脈ニ沿ヒテ淡褐色ノ絨毛
ヲ密生ス。葉柄ハ葉面ト稍同長或ハ之レ
ヨリ長ク、亦毛アリ。花序ハ總狀ニシテ
斜上、多花ヲ有シ柔毛多ク、夏月ニ開花
ス。花ハ黃綠色ニシテ萼片・花瓣五、雄蕊
八アリ、翅果ハ銳角ヲ成シテ開キ、短毛
ヲ被ル、翅ハ長サ15mm、幅7-8mmアリ。
和名麻幹花ノをがらハ其材質軟カクシテ
麻ノ幹ニ似タル故云フ。

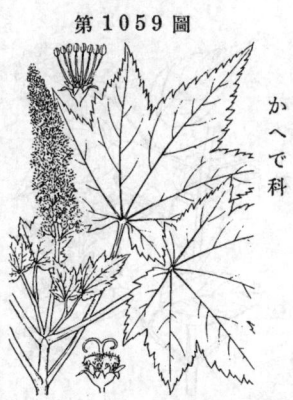

かへで科

353

みねかへで
Acer Tschonoskii *Maxim.*

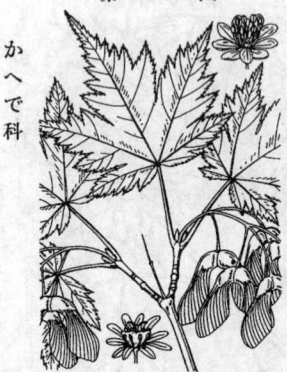

かへで科

山地ニ自生スル落葉ノ小喬木、葉ハ有柄ニシテ對生シ、掌狀ニシテ五尖裂シ、裂片ハ卵狀披針形又ハ卵形ニシテ銳尖頭、邊緣ハ缺刻狀ニシテ重鋸齒ヲ有ス。兩面殆ド平滑ナレド、下面ノ底部ニ於テ赤色ノ毛生ズ。長幅各6~7cm。葉柄モ赤色ノ毛ヲ生ジ、葉面ヨリ短シ。花ハ夏月ニ開キ、帶紅黃色ニシテ短總狀ヲ成シ、萼片花瓣各五、雄蕊八アリ。翅果ハ殆ド直角ヲ成シ開キ、無毛、翅ハ薄ク、長サ2cm、幅1cmアリ。こみねかへでニ似タルモ、萼・花瓣ノ二倍程長ク、翅果ノ翅廣クシテ直角ヲ成ス事等ニヨリテ區別セラル。和名ハ峰かへでノ意ニシテ高山ニ生ズルニ由リ名ク。本種ハ山ノ下方ニ見ズ。

こみねかへで
Acer micranthum *Sieb. et Zucc.*

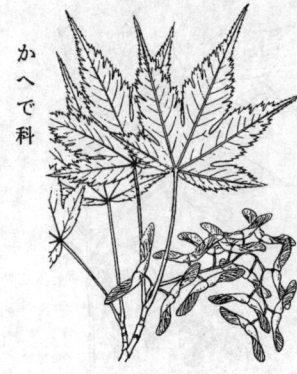

かへで科

山地ニ生ズル亞喬木。葉ハ有柄ニシテ對生シ、五掌狀ニシテ稍深ク裂ケ、裂片ハ卵狀披針形ニシテ先端尾狀銳尖ヲ成シ、邊緣ハ重鋸齒、底部ハ心臟形ヲ成ス。上面ハ無毛ナレドモ下面ニ於テハ主脈、特ニ脈腋ニ褐紅色ノ毛アリ。長サ6~9cm、幅5~8cm。葉柄ハ葉面ヨリ短ク褐色毛ヲ粗生ス。花ハ夏月ニ開キ、帶紅黃色ニシテ總狀花序ヲ成シテ着キ、極メテ小サク、徑僅ニ3mm許、萼片・花瓣各五、雄蕊八。翅果ハ鈍角又ハ一直線ニ近ク開キ、平滑、翅ハ膜質ニシテ長サ2cm內外、幅7mm內外アリ。和名ハ峰かへでニ似テ花實共ニ小ナルニ由テ名ケラレシナリ。

うりかへで
一名 めうりのき
Acer crataegifolium *Sieb. et Zucc.*

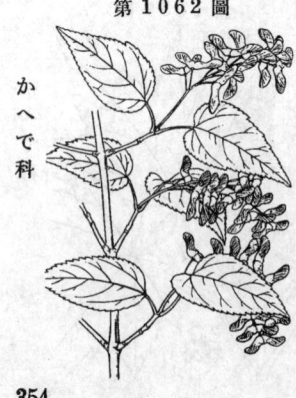

かへで科

落葉灌木ニシテ山地ニ生ジ、高サ3m內外。葉ハ有柄ニシテ對生シ、卵狀披針形ニシテ先端ハ尾狀銳尖ヲ成シ、底部ハ圓形ニシテ心臟狀ヲ成ス、長サ7~10cm、幅4cm內外ニ達シ、邊緣ハ小鈍鋸齒ヲ有ス、上面ハ綠色無毛ナレドモ、下面ハ粉白、殆ド無毛ナレドモ中脈及ビ中脈ト側脈ノ合スル處ニ赤褐色ノ毛茸ヲ生ズ。葉ハ時ニ三淺裂シテさんざしノ葉ノ如クナルコトアリ。葉柄ハ葉面ヨリ短ク、全ク無毛ナリ。花ハ淡黃色ニシテ萼片花瓣各五、雄蕊八アリ、五月頃新葉ト共ニ總狀ヲ成シテ開ク。翅果ハ無毛ニシテ殆ド平開シ、兩端ノ長サ4.5cmニ達ス。和名瓜かへでハ其枝ノ膚色きうりノナドノ瓜ノ色ト同ジキ故云フ。めうりのきハ女瓜ノ木ノ意ニシテ是レハうりはだかへでニ對シテ其樹ノ小形ナルヲ表セシ名ナリ。

うりはだかへで
Acer rufinerve *Sieb. et Zucc.*

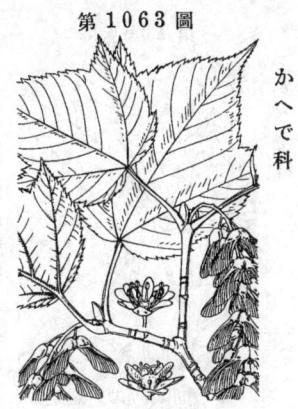

山地ニ生ズル落葉喬木。枝皮ハ綠色ニシテ平滑無毛ナリ。葉ハ有柄ニシテ對生シ、卵形ニ近ク、淺ク三裂又ハ五裂ス、中央ノ裂片最大、側方ノ者ハ中大、下方ノ者ハ最小、邊緣ニ重鋸齒アリ、底部ハ圓形又ハ心臟形ヲ成ス、長サ 10–16cm、幅6–12cm、葉面ハ稍平滑ナレドモ、下面ニ於テハ葉脈ニ沿ヒテ稍密生スル褐色毛アリテ殊ニ脈腋ニ著シ。葉柄ハ葉面ヨリ遙ニ短ク、赤褐色毛ヲ生ズ。花ハ五月頃葉ト共ニ出デ、硫黃色ニシテ總狀ヲ成シ下垂ス。萼片花瓣各五、雄蕋八アリ。翅果ハ稍直角ニ成シテ相開キ、濃褐色ノ毛ヲ密生シ、長サ1.5–2cm、幅 7–10mm許、眞直又ハ彎曲ス。和名瓜膚かへでハ其樹皮ノ色ニ基キシモノナリ。

かへで科

てつかへで
一名 てつのき
Acer parviflorum *Franch. et Sav.*

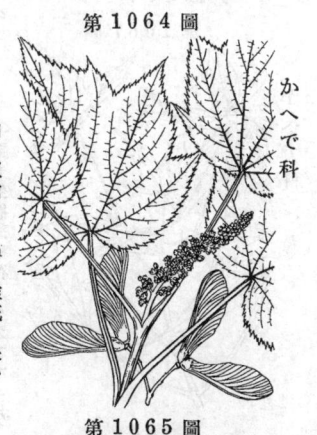

落葉喬木ニシテ山地ニ生ジ、高サ 5m 內外。葉ハ有柄ニシテ對生、廣キ五角形ヲ成シ、長サ 10–15cm、幅 10–20cm、淺ク五裂ス。裂片ハ三角狀ニシテ銳頭、重鋸齒緣ヲ有シ、底部ハ心臟狀ヲ成シ、上下面トモ長ズレバ無毛ニ近シ。葉柄ハ無毛ニシテ葉面ト同長又ハ稍之ヨリ長ク、徑2mmニ達スル者アリ。花ハ白黃色ニシテ長サ 10cm 內外ノ黃褐色ヲ呈セル總狀樣圓錐花穗ヲ成シ、七八月ノ頃出ヅ。萼片・花瓣各五、雄蕋八アリ。翅果ハ殆ド直角ヲ成シテ相開キ、褐色ノ毛ヲ被ル、翅ハ長サ 3cm、幅 1cm許アリ。和名鐵かへでハ其材黑色ヲ呈スルニ由リ斯ク云フ。

かへで科

からこぎかへで
Acer Ginnala *Maxim.*

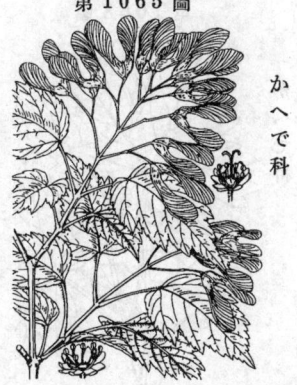

高サ數mニ達スル落葉喬木ニシテ山地ニ自生ス。葉ハ有柄ニシテ對生シ、卵狀橢圓形ニシテ長サ 5–7cm、幅 3–4cm、頭部ハ尖リ、底部ハ圓形又ハ稍心臟狀圓形ヲ成ス、葉緣ハ不規則ナル缺刻狀ニシテ重鋸齒ヲ有ス、表面ハ無毛ナレドモ裏面ハ葉脈ニ沿フテ淡褐色ノ絨毛ヲ密生ス。葉柄ハ葉面ト稍同長ニシテ殆ド無毛ナリ。五六月ノ候、黃綠色ノ花ヲ總狀ニ開キ、枝端ニ頂生ス。萼片花瓣各五、雄蕋八アリ。翅果ハ成熟スレバ長サ 3.5cmニ達シ、狹角度ヲ成シ稍平行トナルモノアリ、果實ニ長絨毛ヲ生ジ果梗ニモ亦毛ヲ生ズ。

かへで科

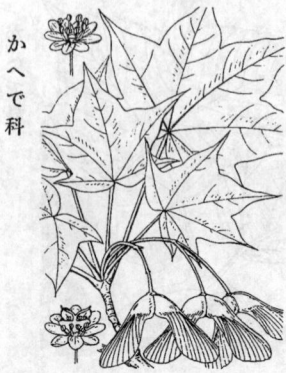

第 1066 圖

かへで科

いたやかへで
一名　ときはかへで・つたもみぢ
Acer pictum *Thunb.*

山地ニ生ズル落葉喬木ニシテ高サ20m内外ニ達ス。葉ハ有柄ニシテ對生シ、掌狀ニシテ五-七尖裂又ハ淺裂シ、裂片ハ卵狀又ハ三角狀ニシテ銳尖頭尾狀ヲ成シ邊緣ハ全邊ナリ、底部ハ截形又ハ心臟形、無毛平滑ナリ、然シ下面ノ脈ハ特ニ其基部ニ於テ毛アリ。葉面ノ長サ5-10cm、幅ハ長サ同ジク或ハ之ヨリ廣シ。葉柄ハ平滑ニシテ葉面ヨリ常ニ長シ。葉ノ形・大小・裂片ノ形狀等非常ニ變化多シ。花ハ淡黃色ニシテ複總狀ヲ成シ葉ト共ニ出ヅ。萼片花瓣各五、雄蕊八アリ。翅果ハ無毛ニシテ直角又ハ銳角ヲ成シテ開キ、翅ハ鎌形狀ニシテ長サ1.5cm、幅7mmアリ。和名板屋かへでハ其葉能ク繁リ恰モ板屋ノ如ク雨露ノ漏ルル事ナシトノ意ニテ斯ク名ク卜雖モ、是ハ元來ハうちはかへでノ名ナリ。常磐かへでハ紅葉セズ常ニ綠色ナリト云フニ基ク。又蔦もみぢハ其葉狀ニ由テ名ケシ稱ナリ。

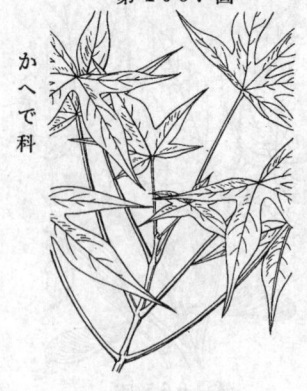

第 1067 圖

かへで科

ゑんこうかへで
一名　あさひかへで
Acer pictum *Thunb.*
var. dissectum *Wesmael.*

諸國ノ山地ニ生ズル小喬木。高サ3-5m許ニシテいたやかへでノ一變種ナリ。葉ハ有柄ニシテ對生シ、五乃至七深裂シ、裂片ハ披針形或ハ披針狀橢圓形ニシテ有尾銳尖頭ヲ呈シ、之ニシテ葉質薄ク葉裏無毛ニシテ光澤アリ、通常葉柄長シ。秋ニ入レバ黃葉スルコトいたやかへでニ同ジ。花ヲ生ジ難シ。本變種ニ似テ質稍剛ニシテ葉裏ノ中脈ニ粗毛ヲ生ズル者亦多シ。うらげゑんとうかへで〔subvar. nikkoense (*Honda*)〕ト云フ。又葉ノ裂片更ニ三尖裂或ハ中邊ニ小突起アル者アリテ裏面ニ毛ヲ生ズ、之ヲヤぐるまかへで(subvar. subtrifidum *Makino*)ト云ヒ、稀品ニ屬ス。和名ハ猿猴かへでノ意ニシテ其葉ノ裂片瘦長ナルニ基ク。

第 1068 圖

かへで科

えぞいたや
一名　くろびいたや(同名アリ)
Acer Miyabei *Maxim.*

本州中部以北、北海道ニ生ズル落葉喬木ナリ。葉ハ有柄ニシテ對生シ、横廣キ五角形ニシテ長サ7-10cm、幅8-15cmアリ、深ク五裂シ、上方ノ三裂片ハ大キク、劍狀ヲ成シ、邊緣ニ一二ノ粗鈍鋸齒アリ、下方ノ二裂片ハ小サシ、上下面共ニ葉脈ニ褐毛ヲ密生ス、底部ハ截狀心臟形ヲ成ス。葉柄ハ非常ニ長ク15cmニ達スル者アリ。花ハ黃褐色ニシテ繖房狀ヲ成シ、葉ト共ニ出ヅ。萼片花瓣ハ各五、雄蕊八本アリ。翅果ハ一直線又ハ後方ニ稍反リ返リ、褐色ノ毛茸ガ被ル、翅ノ長サ2cm内外、幅1cmアリ。和名黑皮板屋ハ元來いたやかへでノ樹皮ノ黑色ヲ帶ビタル者ノ稱ナリ。

356

かぢかへで

一名　おにもみぢ

Acer diabolicum *Blume.*

山地ニ自生スル落葉喬木ニシテ高サ 10-20m ニ達ス。葉ハ有柄ニシテ對生、稍五角形ヲ成シ、五尖裂ヲ成ス。上部ノ三裂片ハ大キク、幅廣キ短劍狀ヲ成シ、邊緣ニ二三ノ粗大鋸齒ヲ有ス。長幅共ニ10-15cm許、幼時褐色ノ絨毛ヲ密生スレドモ長ジテ毛少ク成リ、上面ハ漸次平滑ニ近ヅクト雖モ、下面ハ尙短柔毛ヲ殘スニ至ル。葉柄ハ長ク、葉ト殆ド同長。花ハ暗紅色ニシテ繖房狀ヲ成シ、葉ト共ニ出ヅ。萼片・花瓣各五、雄蕊ハ八、子房ハ密毛ヲ被ル。翅果ハ大キク、殆ド平行ヲ成シ、長剛毛ヲ生ズ、翅ノ長サ2.5-3cm、幅 1.5cm アリ。和名梶かへでトハ葉狀宛モかぢノ葉ニ似タレバ云フ。又鬼もみぢハ其葉粗大ニシテ勇壯ナル狀貌ヲ呈スルヲ以テ名ク。

第 1069 圖

かへで科

はなのき

一名　はなかへで

Acer rubrum *L.*
var. pycnanthum *Makino.*

主トシテ木曾川流域ノ山間ノ濕地ニ自生スル落葉喬木ナレドモ往々舊クヨリ栽植セラレテ巨木ト成レル者アリ。其高キ者ハ15m ニ達ス。葉ハ對生有柄、たうかへでニ似テ鋸齒アリ、三淺裂シ、心臟底ヲ成シ、下面ハ粉白ナリ。秋季紅葉ス。雌雄異株ニシテ、雄花ハ多數集リテ新葉ノ萌發ニ先チテ開キ、萼片花瓣略同形ニシテ眞紅色ヲ呈シ、遠望轉タ美觀ヲ呈スルヲ以テ花の木ノ名ヲ得タリ。翅果ハ開度銳角、熟スレバ九十度ニ達スル者多シ。珍奇ナルかへでノ種類トシテ自生地ニ就キ天然紀念物ニ指定サレシ者アリ。此種近江花澤村ニ名木アリ。A. rubrum *L.* ハ北米ノ產ナリ。

第 1070 圖

かへで科

たうかへで (三角楓)

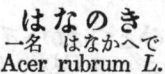

Acer trifidum *Hook. et Arn.*

支那原產ノ落葉喬木ニシテ庭栽セラル。葉ハ有柄ニシテ對生シ、洋紙質ニシテ上端三淺裂、底部ハ鈍形又ハ圓形ヲ成ス。裂片ハ稍三角形ヲ成シ、殆ド全邊、幼時ハ白色ノ柔毛ヲ有スレドモ長ジテ無毛ト成リ、上面ハ光澤ヲ有シ、下面ハ靑綠色ニシテ稍白色ヲ帶ブ。葉柄ハ葉面ト稍同長ニシテ無毛ナリ。稚木ノ葉ハ成樹ノ葉ト異ニシテ三尖裂シ、裂片廣拔針形、銳尖頭ニシテ葉緣ニ鋸齒アリ。四五月ノ候花ヲ開キ、淡黃色ニシテ繖房狀ヲ成シ、五萼片、五花瓣、八雄蕊ヲ有ス。翅果ハ無毛ニシテ殆ド平行ヲ成シテ開キ、翅ノ長サ 1.5-2cm アリ。一變種ハひとつばたうかへで(var. integrifolium *Makino*)アリ、葉分裂セザルヲ常トスレドモ時ニ二三淺裂スル者アリ、稀品ナリ。和名ハ唐かへでノ意ニシテ、唐ハ支那ヲ指ス、本種ノ往時支那ヨリ渡來セシニ由リ斯ク名ケタリ。

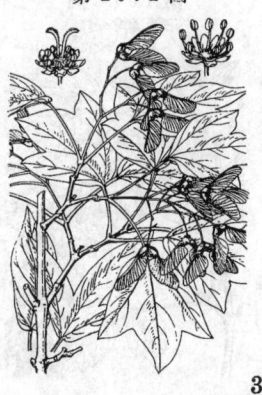

第 1071 圖

かへで科

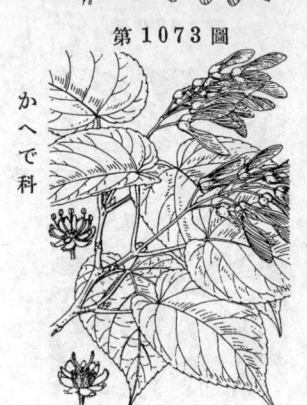

ちごりのき
一名　やましば
Acer carpinifolium *Sieb. et Zucc.*

高サ7m内外ノ落葉喬木ニシテ山地ニ自
生ス。葉ハ有柄ニシテ對生シ、長橢圓狀
披針形ニシテ長サ12cm内外、幅5-6cm、
先端尾狀鋭尖、底部圓形又ハ稍心臟形ヲ
成ス。葉緣ハ鋭キ重鋸齒ヲ有ス、表面ハ平
滑、裏面ハ中脈ニ沿ヒテ密生スル絨毛ヲ
有ス、側脈ハ平行シテ葉緣ニ達シ、二十内
外ヲ算ス。雌雄異株ニシテ四月開花シ、
萼片花瓣各五アリ、雄花ハ雄蕊八本ニシ
テ長穗狀ヲ成スト雖モ、雌花ハ短總狀ヲ
成ス。翅果ハ長サ2-3cm許、果梗ト共ニ
無毛、稍直角ニ近ク開度ヲ以テ開ク者、稍
平行ニ近キ者又ハ鈍角ヲ成ス者モアリ。

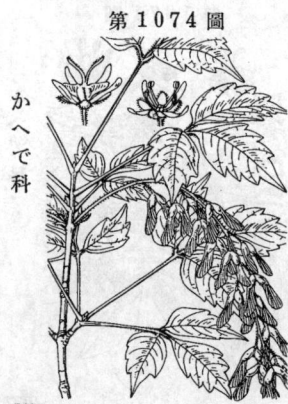

ひとつばかへで
一名　まるばかへで
Acer distylum *Sieb. et Zucc.*

本州中部ノ山地ニ生ズル落葉喬木ニシテ
高サ8-10mニ達ス。葉ハ有柄、對生、倒
卵狀圓形ニシテ長サ10-20cm、幅8-14cm、
先頭鈍狀ノ短尾狀ヲ成シ、底部ハ深心臟
形ヲ成ス。幼時兩面ニ褐色ノ粗毛ヲ生ズ
レドモ、老熟スレバ殆ド平滑ト成ル。葉
緣ハ波狀鈍鋸齒ヲ有ス。葉柄ハ短ク4cm
内外ヲ算スルノミ。花ハ淡黃色ニシテ萼
片花瓣各五アリ、總狀花序ヲ成シ五六月
ノ頃開ク。雄蕊槪ネ八本、子房ハ密絨毛
ヲ被ル。果穗ハ小枝端ニ在テ上向ス。翅
果ハ鋭角ヲ成シ時ニ殆ド平行ニ近キ者ア
リ、短毛ニ被ル。翅ノ長サ2-2.5cmニ及
ブ。和名一つ葉かへでハ分裂セザル單葉
ヲ表シ、丸葉かへでハ葉形ニ基ク。

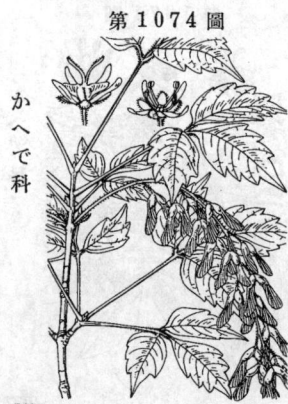

みつでかへで
Acer cissifolium *C. Koch.*

高サ3-5m許ノ落葉喬木ナリ。葉ハ有柄
ニシテ對生シ、三出複葉ヲ成シ長葉柄ヲ
具フ。小葉ハ卵狀橢圓形ニシテ兩端尖リ、
大ナル者ハ長サ10cm、幅4cmニ達ス、葉
緣ハ粗ナル鋸齒ヲ有シ、表面ニハ剛毛ヲ
散布シ、裏面ハ槪ネ無毛ナレドモ、中脈
ト側脈トノ合スル處ニハ絨毛叢ヲ有ス。稀ニ
下方ノ二小葉ノ更ニ二分スル事アリ。花
ハ黃色ニシテ長穗狀ヲ成シ春ニ開ク。萼
片花瓣ハ各四、雄蕊四五アリ。果穗ハ長
サ20cm内外アリ。翅果ハ長サ3cm内外
ニシテ、短毛アリ、鋭角ヲ成シテ開ク。
果梗及果軸ハ疎毛ヲ生ズ。和名三つ手か
へでハ葉狀ニ基ク。

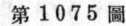

めぐすりのき
一名 ちゃうじゃのき
Acer nikoense *Maxim.*

山地ニ生ズル落葉喬木ニシテ高サ10m內外ニ達ス。葉ハ有柄ニシテ對生シ、三出複葉、小葉ハ橢圓形又ハ斜狀橢圓形、邊緣ハ不規則ナル波狀鈍鋸齒、中央ノ一小葉ハ狹底ニシテ小葉柄ヲ有スレドモ側方ノ二小葉ハ無柄ニシテ底部ノ下方鈍形ヲ成ス、共ニ長サ 6–10cm、幅 2.5–5cm 許アリ、上面ハ稍無毛ナレドモ、下面ハ特ニ葉脈ニ於テ褐色長絨毛ヲ密生ス。葉柄ハ2–4cm內外ニシテ嫩枝ト共ニ褐色長絨毛密生ス。花ハ白色ニシテ三出、葉ト共ニ出ヅ。萼片・花瓣ハ五、雄蕊十一乃至十二アリ。翅果ハ大ニシテ銳角又ハ平行ヲ成シテ開キ絨毛ヲ密布ス、翅ハ稍弧狀ヲ成シ長サ 3–4cm、幅 1–1.5cmアリ。樹皮ヲ煎ジテ洗眼料ト爲スト云フ、故ニ眼藥ノ木ノ稱アリ。

くろたきかづら
Hosiea japonica *Makino.*

我邦南部ノ林中ニ生ズル落葉藤本。葉ハ長柄アリテ互生シ、卵形ヲ呈シ長サ5–10cm、先端ハ銳尖シ底部ハ心臟形ヲ成ス。邊緣ニハ齒牙狀鋸齒アリテ膜質、微毛アリ。雌雄異株ナリ。花序ハ少數花ノ圓錐狀或ハ總狀ニシテ、總軸ハ短ク、腋生ス。花ハ懸垂シ、徑1cm內外。萼ハ小形、五深裂ス。花冠モ亦五深裂シ、裂片ハ平開シテ披針狀橢圓形ヲ呈シ、先端尾狀ニ尖リ、肉質ナリ。雄蕊ハ五本、細小ノ附屬物ト互生ス。雌蕊ハ壺狀ヲ呈シ、柱頭ハ五岐ス。果實モ亦懸垂シ平扁ナル橢圓形ニシテ赤熟ス。初メ予之レヲ土佐國黑瀧山中ニテ見出ス、由テ黑瀧蔓ノ名ヲ命ゼリ。

みつばうつぎ (省沽油)
Staphylea Bumalda *Sieb. et Zucc.*

山地ニ自生スル落葉ノ小灌木ニシテ枝極多シ。葉ハ有柄ニシテ對生シ、三出複葉、小葉ハ卵狀披針形ニシテ銳尖頭、基部ハ銳形或ハ稍楔狀ヲ成シ、短柄ヲ有ス、兩面殆ド無毛ナレドモ葉脈ニ沿ヒ短毛ヲ有シ、邊緣ハ芒尖細鋸齒アリ。初夏枝端ニ頂生セル聚繖ノ圓錐花序ヲ成シテ白花ヲ開キ、花被ハ平開セズ。萼ハ五片ニシテ長橢圓形。花瓣亦五片倒卵狀長橢圓形ニシテ鈍頭、萼片ヨリ微ニ長シ。雄蕊五アリテ花瓣ト殆ド同長。雌蕊一、子房ハ上部兩岐シ各一花柱ヲ有ス。果實ハ薄質膨脹ノ蒴果ニシテ二室ヲ成シ、下部ハ聯合シ、上部ハ離在ス。各室ハ滑澤ナル種子一二箇アリ。嫩葉食フベシ。和名ハ三葉空木ノ意。

第1075圖

第1076圖

第1077圖

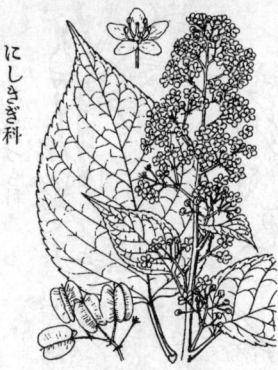

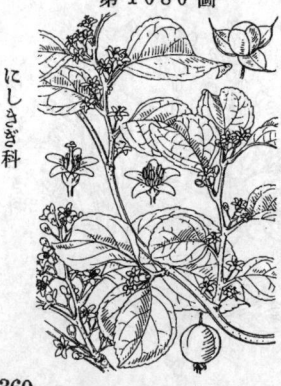

第1078圖

みつばうつぎ科

ごんずる
Euscaphis japonica *Pax.*

落葉ノ亞喬木ニシテ山野ノ林地ニ自生シ枝梗ハ紫黒色ナリ。葉ハ對生シ、奇數羽狀複葉ニシテ小葉ハ通常五〜九、卵形ニシテ銳尖頭、芒尖鈍鋸齒緣ヲ有シ、圓底・鈍底或ハ銳底ニシテ長サ5-9cm、幅3-4cmアリ、厚質無毛、上面稍光澤アリテ一種ノ臭氣アリ。初夏ノ候枝端ニ頂生セル圓錐花序ヲ成シ、多數ノ黄綠色小形花ヲ開ク。萼片ハ五ニシテ宿存シ、花瓣亦五ニシテ萼片ト同長。雄蕊ハ五、花瓣ト同長。子房ハ三室三花柱ヲ有シ、基部ハ花盤ニ周匝セラル。果實ハ膏葖狀ノ蒴果ニシテ殼片半月狀ニ成シ、長サ約1cm許シテ質厚ク外面帯赤色、内面鮮赤色ノ呈シテ美ナリ。秋ニ裂開シ黒色光澤アル種子ヲ露出ス。和名ごんずるハ權萃ト書スル事アレドモ當字字ナリ、予ハ之レガ役立タヌ意ヲ表セシ名ナリト考フ、我邦ニテ往時此木ニ權ノ漢名ヲ充ツ(實ハ誤用ナリシモ)、椊(實ハ神樹即チにはうるしナリ)ハ有用ノ材ニ非ズ、漁夫ノ顧ミザル小魚ニごんずるアリ此役立タヌ魚ノ名ヲ役立タヌ木ノ椊ト爲セシ本植物ニ適用セシモノナラン。

第1079圖

にしきぎ科

くろづる（昆明山海棠）
一名　あかねかづら・ぎやうじやかづら
Tripterygium Wilfordii *Hook. fil.*
var. **Regelii** *Makino.*
(=T. Regelii *Sprague et Takeda.*)

山地ニ自生スル落葉纏繞灌木ニシテ極大ナル者ハ其莖幹稀ニ直徑15cm許ニ達スル者アリ。根ハ其内皮柑色ヲ呈ス。葉ハ有柄ニシテ互生シ、卵形ニシテ銳頭、圓底、邊緣ハ不齊ナル鈍鋸齒ヲ成シ、時ニ芒尖頭ヲ有ス。兩面無毛ニシテ乾ケバ洋紙質ト成ル、長サ10-15cm、幅6-7cm。頂生或ハ腋生ノ圓錐花序ヲ成シテ白色ノ小形花ヲ攢着シ、夏日開花ス。萼ハ五裂、裂片ハ鈍頭三角狀。花瓣ハ卵形ニシテ萼片ヨリ長シ。雄蕊ハ五、花瓣ヨリ稍短シ。子房ハ三角形ニシテ三室ヲ成ス。果穗ハ着ケル多數ノ蒴果ハ淡綠色ニシテ往々紅染シ、三片ノ大翅ヲ具ヘ、凹頭、凹底、長幅共ニ1cm許アリ。和名黒蔓ハ今ヤ其意ヲ知ラズ或ハ其皮色ニ基グヿモ、茜蔓ハ其根皮黄赤色ナルニ基グ。行者黒ハ往昔此蔓ノ皮ヲ以テ行者ノ裂裳ノ織ル經(たて)絲ト爲セシニ由ル。

第1080圖

にしきぎ科

つるうめもどき
Celastrus orbiculatus *Thunb.*

山地原野ニ自生スル纏繞性ノ落葉灌木ニシテ極メテ稀ニハ其幹徑20cm内外ヲ算スル者アリ。根ハ柑黄色。葉ハ有柄ニシテ互生、圓狀橢圓形、先頭急ニ尖リ、底部ハ圓形、兩面無毛、大小一ナラズシテ變化アリ、邊緣ハ鈍狀鋸齒ヲ有ス。雌雄別株、花ハ小形、黄綠色ニシテ腋生セル短キ聚繖花序ヲ成シテ簇着シ、五月ニ開ク。萼五裂、裂片ハ卵形。花瓣ハ五、卵狀長橢圓形。雄花ハ五長雄蕊。雌花ハ五短雄蕊一雌蕊、柱頭三岐ス。果實ハ球形ノ蒴ニシテ秋ニ熟シテ三殼片ニ三裂ス。種子ハ黄赤色ノ假種皮ヲ被ル。其果實開裂シテ黄紅色種子ヲ露セル枝ヲ能ク生花ニ用ウ。和名梅擬ハ蔓性ニシテ其實ノ觀ウめもどきニ類似スルニ由リ斯ク云フ、民間之レヲつるもどきト云フハ片言ニシテ意味ヲ成サズ。

いはうめづる

Celastrus flagellaris *Rupr.*

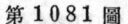

第 1081 圖

にしきゞ科

本州中部ノ山野ニ生ズル落葉攀援藤本ニシテ根ノ内皮ハ柑黃色。莖ハ氣根ヲ以テ岩面・古木面ニ沿着シ、又或ハ地上ヲ匐匐ス。莖ハ初メ褐色ニシテ短毛ヲ布ケドモ後灰褐色ト成ル。枝ハ往々伸長シテ鞭狀ヲ呈ス。葉ハ柄アリテ互生シ、圓形或ハ卵圓形ニシテ長サ 2.5cm–6cm、先端急ニ尖リ、底部ハ截形ヲ呈シ、邊緣ニハ細刺狀鋸齒ヲ有シ、膜質ニシテ裏面ニハ毛茸散生ス。葉柄ノ基部ニハ托葉化シテ二鉤刺ト成ルノ特徵アリ。雌雄別株。五月頃葉腋ニ黃綠色ノ細花ヲ着クルコト二三、細梗ヲ有ス。萼ハ細小ニシテ五裂ス。花瓣ハ長橢圓狀箆形ニシテ顯著ナラズ。蒴果ハ夏ヲ超エテ熟シ、球形ニシテ三殼片ニ開裂シ、朱赤色ノ假種皮アル種子ヲ露ハス。和名ハ岩梅蔓ニシテ岩這フつるうめもどきノ意ナリ。

もくれいし

一名 ふくぼく・くろぎ

Otherodendron japonicum *Makino.*

第 1082 圖

にしきゞ科

暖地ニ生ズル常綠灌木ニシテ雌雄別株ナリ。葉ハ有柄對生シ、革質、無毛、全邊、橢圓形・倒卵形ニシテ長サ 5–10cm、幅3–6cm、鈍頭、底部ハ楔狀ヲ成シテ短柄ニ流ル。三月頃、葉腋ニ短聚繖花序ヲ成シテ綠白色ノ小花ヲ多數ニ開花ス。萼ハ稍淺狀鐘形、五深裂、裂片ハ半圓形。花瓣ハ五、廣卵形。雄蕊ハ五、雄花ニ於テハ子房ヨリ長ク、雌花ニ於テハ短シ、雌蕊ノ柱頭ハ雄花ニ於テハ殆ド單一ニシテ雄蕊ヨリ短ケレドモ、雌花ニ於テハ柱頭四岐シ雄蕊ヨリ超出ス。子房ハ二室、各室二卵子ヲ存ス。蒴果ハ廣橢圓形、長サ 1.5–2cm、幅9–13mm アリ、果皮ハ革質ニシテ基部ヨリ開裂、赤色ノ種子ヲ出ス。和名ハ木荔枝ナランモ何故ニ斯ク名ケシ乎予ニハ不明ナリ。

ま ゆ み

一名 やまにしきぎ

Euonymus Sieboldiana *Blume.*

第 1083 圖

にしきゞ科

本州諸州ノ山野ニ生ズル落葉灌木或ハ喬木。枝條ハ白綠アルモノ多シ、又往々枝本ニ黃褐色ヲ呈ス。葉ハ有柄ニシテ對生、橢圓形・倒卵狀橢圓形、銳頭、鈍底又ハ圓底、邊緣ハ鈍狀細鋸齒、兩面無毛、長サ 6–15cm、幅 4–6cm、下面ニ於テ葉脈隆起ス。初夏ノ候、疎聚繖花序ヲ昨年枝ノ上ノ方ニ腋生。花ハ綠白色、萼ハ四裂、裂片ハ半圓形全邊、花瓣四、卵狀橢圓形ニシテ萼片ノ約三倍長シ、雄蕊ハ四、花絲ハ花瓣ヨリ稍短シ。花中ニ花盤アリ。雌雄別株性ニシテ雄本ニハ實ヲ結バズ。蒴果ハ稍方形、徑8–10mm内外、熟スレバ淡紅色ヲ呈シテ四片ニ深裂シ、赤色ノ假種皮ヲ有スル種子ヲ露出ス。本種ハ其葉ニ大小廣狹アレドモ元來ハ同一種中ノ變品タルニ過ギズ。和名眞弓ハ往時此材ヲ以テ弓ヲ製セシヲ以テナリ。從來本種ノ漢名トシテノ桃葉衞矛（實ハ此ノ如キ漢名ハ無シ）ヲ誤用。檀モ亦誤用ナリ。

361

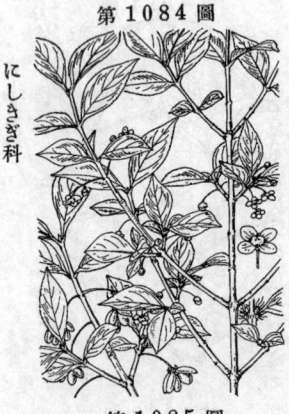

第1084圖

こまゆみ
Euonymus alata *Sieb.*
var. subtriflorus *Franch. et Sav.*
(＝Celastrus striatus *Thunb.*)

山野ニ自生スル落葉小灌木、枝ハ平滑ニシテ木栓質ノ縦翼ヲ有セズ獨ダ往々白條ヲ印ス、是レニしきぎト區別セラルル所以ナリ。葉ハ對生ニシテ短柄ヲ具ヘ、倒卵形ニシテ銳尖頭、狹底、邊緣ハ鈍狀細鋸齒アリ、秋時能ク紅葉ス。五月、黃綠色ノ小花二三箇ヲ腋生有柄ノ聚繖花序ニ着ケ葉ヨリ短シ。萼片四、微小。花瓣四、圓形。四雄蕋花盤ニ立チ、花絲ハ極短。蒴果ハ單室ナルカ、又ハ二室ニシテ深ク基部マデ分離シ、開裂シテ暗紫色ヲ呈シ、朱赤色ノ假種皮アル種子ヲ露出スルコトにしきぎノ如シ。

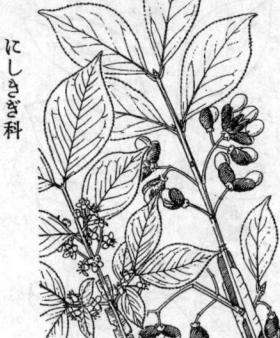

第1085圖

にしきぎ（衛矛。一名 鬼箭）
一名　やはずにしきぎ
Euonymus alata *Sieb.*

山野ニ自生スル落葉灌木、枝ニハ硬木栓質ニシテ箭羽ノ如キ縦翼ヲ有スル殊態アリ。葉ハ短柄ヲ有シテ對生シ、橢圓形尖頭、狹底又ハ楔底、鈍狀細鋸齒緣、長サ4-6cm、幅1.5-3cm、兩面無毛、秋時紅葉シテ美ナリ。葉腋ニ葉ヨリ短キ有柄ノ聚繖花序ヲ成シテ二三花ヲ着ケ、五月ニ開ク。花ハ淡黃綠色ニシテ徑 6-7mm。萼ハ四淺裂、裂片ハ半圓形、邊緣ハ不齊毛狀。花瓣ハ四、圓形、邊緣ハ不齊波狀。雄蕋ハ四、短花絲ヲ有ス。蒴果ハ概ネ一二室、二室ノ時モ各室ハ殆ド橢圓形ニシテ分離シ、基部ニ於テ着合スルノミ。種子ハ稍球形、黃赤色ノ假種皮ヲ被フル。此實ハ頭蝨ヲ殺スニ使用ス、故ニしらみとろしノ方言アリ。和名錦木ハ秋時紅葉シ美觀ヲ呈スルニ由リ斯ク名ケタリ。

第1086圖

まさき
Euonymus japonica *Thunb.*

常綠ノ灌木ニシテ海岸ニ近キ處ニ自生スト雖モ又觀賞樹トシテ庭園ニ植ヱラレ又生垣等ニ用キラル。高サ3m內外。葉ハ對生、有柄、倒卵形又ハ橢圓形ニシテ厚ク、鈍頭又ハ銳頭、基部ハ稍楔狀ヲ呈シ、邊緣ハ鈍鋸齒アリ、長サ4-7cm、幅3-4cm。六七月ノ候、綠白色ノ小花ヲ長柄アル腋生聚繖花序ニ簇着ス。萼ハ四淺裂、花瓣ハ四、卵形ニシテ平開、雄蕋四ハ花瓣ト同長。蒴果ハ球形ニシテ三-四裂シ、黃赤色ノ假種皮アル種子ヲ露出シ美ナリ。變種多ク黃斑葉白斑葉等ノ異品アリ。海岸生ノ大形ノ葉ヲ着クル者ヲ以テE. japonicaノ基本型トス。和名ハまさをき（眞青木）ノ約セラレシモノ平或ハませき（雜木）ノ轉ジタルモノ乎ト謂ハルレド果シテ然ル乎否乎未詳ナリ。漢名 杜仲（誤用）

つるまさき

Euonymus radicans *Sieb.*
(= E. japonica var. radicans *Miq.*)

山地ニ自生スル蔓性ノ常緑攀援灌木、莖ノ處々ニ細根ヲ發出シテ他物ニ附着シ十數 m ニ昇リ、莖徑7cm 許ニ出入スル者アリ。葉ハまさきニ似テ稍細ク、橢圓形又ハ倒卵狀橢圓形、狹底、凸頭又ハ鈍頭、兩面無毛、革質、邊緣ハ鈍狀小鋸齒アリ、長サ5-8cm、幅2-3cm。葉柄ノ長サ5-10mm。長柄アル疎聚繖花序ハ腋出シテ多花密集シ七月ニ開ク。花ハ細小綠白色、萼ハ四裂、裂片ハ圓形、花瓣ハ四、倒卵狀倒披針形ニシテ長サ萼片ニ數倍ス。雄蕊ハ四、蕊片ト同長、花絲ハ長シ。蒴果ハ鈍四角狀扁球形、徑 7-10mm ニシテ黃赤色ノ假種皮アル種子ヲ露出ス。和名ハ蔓まさきニシテ古ノまさきのかづら(今云フていかかづら)トハ全ク別ナリ。　漢名　扶芳藤(慣用)

にしきぎ科

つりばな

Euonymus oxyphylla *Miq.*

山地ニ自生スル落葉ノ灌木又ハ小喬木ニシテ枝梗ハ綠紫色ナリ。葉ハ有柄ニシテ對生、卵形又ハ倒卵狀橢圓形ヲ成シ、銳尖頭、楔底、邊緣ハ細鋸齒、長サ5-8cm、幅3-4cm、質厚カラズシテモナシ。六月頃、長柄アル腋生ノ疎ナル聚繖花序ヲ出シ、纖長ナル枝ヲ分チテ帶白色或ハ帶紫色花ヲ着ケ下垂ス。萼ハ細微ニシテ五裂緣。花瓣ハ五、平開シ卵圓形。雄蕊五、細小ニシテ花盤ニ立ツ。一雌蕊花心ニ在リ。蒴果ハ長梗ヲ有シテ下垂シ、平滑ナル球形ヲ成シ、乾ケバ鈍狀五稜ト成リ、熟スレバ五殼片ニ開裂シ、內面暗赤色ヲ呈シ、朱赤色ノ假種皮アル種子ヲ露出ス。本種ノ實ニテ頭蝨ヲ驅除シ得。和名ハ吊花ノ意ニシテ其花實ノ下垂セルヲ由リ名ク。

にしきぎ科

ひろはのつりばな

Euonymus macroptera *Rupr.*

高サ數 m ニ達スル落葉灌木ニシテ山地ニ自生ス。葉ハ有柄ニシテ對生シ、長橢圓形又ハ倒卵狀長橢圓形ニシテ銳尖頭、鈍底又ハ楔底、長サ 9-12cm、幅4-6cm、邊緣ニ微小鋸齒アリ。前年小枝ノ本ニ腋生セル疎ナル聚繖花序ハ葉ヨリ長クシテ多花ヲ着ケ、六七月ニ開ク。花ハ綠白色、萼ハ四裂、裂片ハ圓形。花瓣ハ四、卵形、萼片ノ倍長。雄蕊ハ短ク四。蒴果ハ稍球形ニシテ長三角狀ノ四翅ヲ有シ、翅ト共ニ徑 2-2.5cm ニ達ス。熟スレバ四裂シ、長サ8mm內外、赤褐色ノ假種皮ヲ被フル橢圓形ノ種子ヲ露出ス。

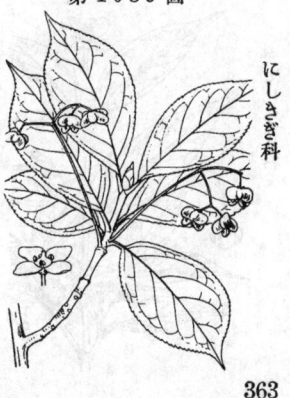

にしきぎ科

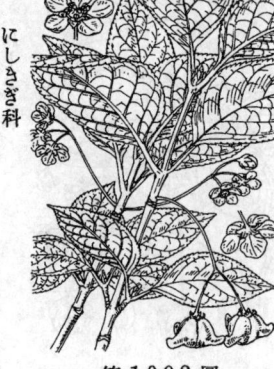

さはだつ
一名　さはたち
Euonymus melanantha
Franch. et Sav.

高サ 1m 内外ノ小灌木ニシテ山地ノ樹下
ニ自生ス。多クノ小枝ヲ分岐シ、小枝ハ
平滑緑色ニシテ稍鈍狀方形ヲ呈ス。葉ハ
對生シ、卵形又ハ卵狀披針形、鋭尖頭、
圓底或ハ稍心臟底、葉緣ニ細鋸齒アリ、
長サ 3–6cm、幅2–4cm、兩面無毛、乾ケバ
質薄キ膜質ト成ル。葉柄ハ極メテ短シ。
花ハ少數、槪ネ三花ヲ着ケシ腋生聚繖花
序ヲ成シ、葉ヨリ短シ。蕚ハ五裂、裂片ハ
圓形細裂。花瓣五、暗紫色、楕圓形。雄
蕋五。雌蕋一。蒴ハ球形、徑 1cm内外、
熟スレバ五殻片ニ開裂シテ下垂シ、內面
暗赤色ヲ呈シ、朱赤色ノ假種皮アル種子
ヲ露出ス。和名ハ蓋シ澤立ノ意乎。

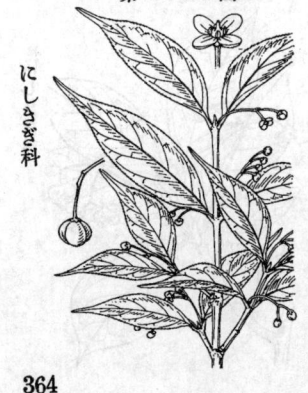

むらさきつりばな
一名　くろつりばな
Euonymus tricarpa *Koidz.*

高山ニ生ズル灌木ニシテ多ク分枝シ、高
サ 2–3mニ達ス。葉ハ短柄アリテ對生シ、
乾ケバ膜質ト成ル、楕圓形、鋭頭、鈍底又
ハ楔底、邊緣ニ細鋸齒、兩面無毛、長サ6–
12cm、幅4–6cmアリ。葉ヨリ稍短キ疎ナ
ル聚繖花序ハ三花ヲ着ケ花梗ハ細長、花
ハ六七月ノ候ニ開キ黑紫色。蕚片ハ半
圓形。花瓣ハ五、圓形。雄蕋五。子房ハ三
稀ニ四室。蒴果ハ鈍狀三角形、長キ三翅
ヲ具フ。種子ハ橙色ノ假種皮ヲ有ス。從
來むらさきつりばなヲ E. sachalinensis
Maxim. ニ充テシモ、北海道幷ニ本州產
ノ者ハ其品ト全ク異ナルガ故ニ從テ其學
名ハ上揭ノ者トスルヲ可トス。

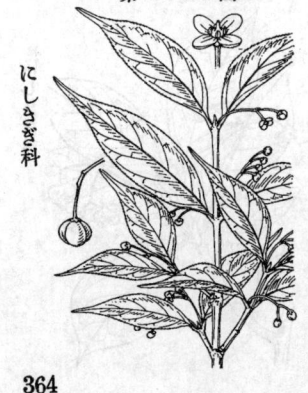

むらさきまゆみ
Euonymus lanceolata *Yatabe.*

山地樹下ニ生ズル常綠小灌木ニシテ基部
ハ通常地面ニ橫臥スルコト多シ。枝ハ方
形ニシテ綠色平滑。葉ハ有柄ニシテ對生、
枝上ニ疎着シ、披針狀長楕圓形、先頭漸
尖鋭頭、底部ハ楔形、長サ 10–15cm、幅
3–5cm、邊緣ハ微鋭頭ノ細鋸齒アリ、兩
面無毛ニシテ稍厚質、上面ハ深綠色、下
面ハ淡綠色ニシテ脈稍隆起ス。葉柄ハ短
ク 5–7mm 內外、狹翼ヲ有ス。七八月ノ
候疎ナル聚繖花序ヲ腋生シ、暗紫色ノ三–
六花ヲ着ク葉ヨリ短シ。蕚片ハ五、圓形
全邊。花瓣ハ五、稍圓形。雄蕋ハ五、短
花絲ヲ有ス。球形ノ蒴果ヲ結ビ、五殻片
ニ開裂シ、朱赤色ノ假種皮アル種子ノ露
出ス。和名柴眞弓ハ紫ハ花色ニ基ク。

364

こくてんぎ

一名 とくたんのき・くろとちゅう
Euonymus Tanakae *Maxim.*

暖地ノ山地ニ生ズル常綠灌木或ハ喬木、新枝
ハ綠色無毛。葉ハ有柄ニシテ對生シ時ニ三片輪
生、洋紙質或ハ革質、倒卵狀橢圓形、鈍頭又ハ
稍銳頭、底部ハ楔形、長サ 10-13cm、幅 4.5-6cm、
邊緣ハ鈍狀小鋸齒アリ、秋時往々紅染ス。葉柄
ハ短クシテ長サ 1.5cm 內外。聚繖花序ハ腋生シ
テ花柄ヲ有シ少數ノ花ヲ着ク。花ハ可ナリ大ニ
シテ淡黃色、六七月ノ候ニ開ク。萼片四、長サ
1mm、幅4mm。花瓣ハ四、廣圓形、長サ6mm、
幅7mm、內方ニ彎曲ス。雄蕋四、花盤ハ立ツ。
中央ニ一雌蕋アリ。蒴果ハ大形ノ扁球形、徑
10mm內外、外面帶紅色、內面白黃色ノ四裂片
ニ開裂ス。種子ハ赤黃色ノ假種皮ヲ有ス。和名
こくてんぎハ黑檀木ノ轉訛。くろとちゅうハ黑
杜仲ニシテ杜仲ハ一種ノ樹名ナリ。

もちのき

Ilex integra *Thunb.*

山野ニ自生スル雌雄別株ノ常綠小喬木ナ
レドモ又多ク觀賞樹トシテ庭園ニ植エラ
ル。高サ 3-8m 許、葉ハ有柄互生シ、厚
キ革質ニシテ滑澤無毛、倒卵狀橢圓形ニ
シテ全邊、鈍頭、狹底、長サ 4-8cm、幅 2-
4cm。葉柄ハ長サ 1-1.5cm。四月頃、黃綠
色ノ小ナル單性花ヲ葉腋ニ叢生開花ス。
萼ハ四裂、裂片ハ圓形。花瓣ハ四、廣卵
形。雄蕋ハ四、雄花ニ於テハ花瓣ト同長、
雌花ニ於テハ之ヨリ短シ。雌蕋ハ雄花
ニ於テハ小クシテ萎縮シ、雌花ニ於テハ
其子房大形ニシテ卵狀橢圓形ヲ呈ス。果
實ハ球形ノ獎果樣核果ニシテ紅熟シ果內
ニ少數ノ核ヲ含ミ核內ニ種子アリ。和名
黐ノ樹ハ此樹皮ヨリとりもち(黐膠)ヲ製
シ得ルヲ以テ名ク。漢名 冬靑・細葉冬
靑(共ニ誤用)

くろがねもち

Ilex rotunda *Thunb.*

暖地ノ山地ニ分布スル雌雄別株ノ常綠喬
木、高サ10m內外ニ達ス。葉ハ互生シ、
廣橢圓形、長サ 5-8cm、幅 3.5-4.5cm、無
毛平滑、革質、全邊、鈍頭又ハ銳頭、鈍底、
稍長キ葉柄ヲ有シ、乾ケバ暗色ヲ呈ス。
花ハ五月頃開キ、小形ニシテ淡紫色ヲ呈
シ、單性ニシテ有柄ノ聚繖花序ヲ成シ、腋
生シテ葉ヨリ短シ。萼ハ四-五ニ淺裂、裂片
ハ廣三角形、花瓣ハ四-五、橢圓形ニシテ
萼ヨリ超出。雄蕋ハ四-五、雄花ニ於テハ
花瓣ト同長ナルモ、雌花ニ於テハ小形。
雌花ニ於テハ雌蕋ノ子房ハ球形綠色ナ
リ。核果ハ小ニシテ相集リテ着キ、球形ニ
シテ紅熟シ、徑 3-5mm 許、往々枝上ニ
滿チテ美觀ヲ呈ス。和名黑鐵黐ハ蓋シ黑
ミヲ帶ビシ其枝葉ニ基キシ名ナラン。

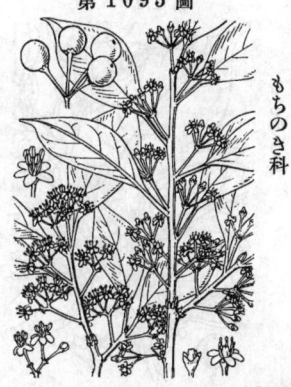

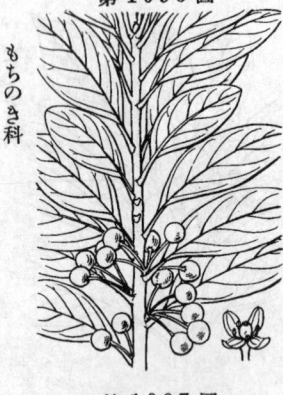

もちのき科

ひめもち
Ilex leucoclada *Makino.*

本州北部ヨリ北海道ノ山地ニ生ズル雌雄別株ノ常緑ノ小灌木ニシテ樹陰ニ見、幹枝ノ皮ハ灰白色ナリ。葉ハ有柄ニシテ互生、狹長長橢圓形、長サ8-12cm、幅2-3.5cm、漸尖銳頭、楔底、質可ナリ。薄ク平滑無毛ナリ。花ハ小形ニシテ白色、葉腋ニ集リ着キ夏月ニ開ク。萼四片、小形ニシテ半月狀、綠色。花瓣四、卵形。雄蕋四、雄花ノ者能ク發達ス。雌花ニ綠色ノ一子房アリ。果實ハ肉質ノ核果ニシテ球形ヲ成シ、熟シテ紅色ヲ呈シ、果內ニ少數ノ核ヲ含ミ、核內ニ種子ヲ藏ス。和名姬黐ハもちのきニ類シテ矮小ナルヲ以テ名ク。

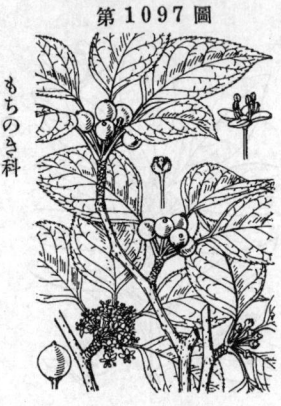

もちのき科

あをはだ
Ilex macropoda *Miq.*

山地ニ自生スル落葉ノ喬木、高サ10m內外、樹ノ外皮ハ薄クシテ稍灰白色ヲ呈スレドモ內皮ハ綠色ヲ呈ス。葉ハ有柄ニシテ互生スレドモ短枝頂ニ在テハ束生ス。卵形、長サ4-6cm、幅2.5-3.5cm、銳尖頭、狹底又ハ圓底、上面ニ微毛アリ、下面ハ特ニ脈上ニ柔毛多ク生ズ、葉柄ハ長サ1.5cm許。雌雄別株。雌花ハ短枝上ニ數箇集レドモ、雄花ハ多數集リテ球狀ヲ成ス。花ハ綠白色、萼ハ四裂、裂片ハ三角狀毛緣。花瓣ハ四、卵狀橢圓形、萼ノ倍長ナリ。雄花ニ於テハ花瓣ト同長ノ四雄蕋アリ、雌花ニ於テハ小形ノ四-五雄蕋アリ。雌蕋ハ雌花ニ於テ其子房大形ノ卵狀球形ヲ成ス。果實ハ小ニシテ球形ノ肉質核果ヲ成シ、徑7mmアリ。秋時紅熟シテ美ナリ。和名青膚ハ樹ノ內皮ノ色ニ基ク。

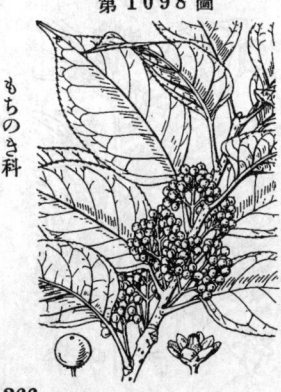

もちのき科

たまみづき
Ilex micrococca *Maxim.*

山地ニ自生シ、生長甚ダ速ナル落葉喬木ニシテ高聳シ、高サ10-15mニ達シ、稚枝ニ稜角アリ。葉ハ有柄互生シ、長橢圓形ヲ成シ、漸尖銳頭、圓底、長サ9-12cm、幅4-5cm、洋紙質ニシテ平滑無毛、邊緣ニ波狀小鋸齒アリ、葉柄ハ長サ2cm內外。五六月ノ頃葉腋ニ多數ノ小花ヲ聚繖花序ニ綴ル。雌雄別株。雄花ハ萼片・花瓣・雄蕋各五-六。雌花ハ萼五-七裂、花瓣・雄蕋各八-九、子房ハ六-八室ナリ。萼ハ杯狀。花瓣ハ卵狀橢圓形。雄蕋ハ雄花ニ於テハ花瓣ト同長、雌花ニ於テハ稍退化シ、花瓣ノ三分ノ一長。果實ハ小球形ノ核果ニシテ徑3mm許、秋月赤熟シテ枝上ニ簇着シ頗ル美ナリ、ひよどり等飛來シ食フ。和名ハ玉水木ノ意ニシテ玉ハ其果實、水木ハ其樹ノみづきニ似タルニ由リ云フ。

ななみのき

一名　ななめのき

Ilex Oldhami *Miq.*

高サ10m許ニ達スル常綠喬木ニシテ山地ニ生ズレドモ、關東地方ニハ自生無シ。稚枝ハ稜角アリ、葉ハ互生シ、長橢圓形ニシテ長サ10-12cm、幅3-4cm、漸尖頭、鈍底又ハ稍銳底、革質ニシテ平滑、邊緣ニ疏波狀鈍鋸齒アリ。雌雄別株。花ハ小クシテ淡紫色、五六月ノ候、葉腋ニ小形聚繖狀ヲ成シ、雌花ハ少數、雄花ハ多數ナリ。萼ハ四淺裂、裂片ハ廣三角形ニシテ毛緣。花瓣ハ四、卵形ニシテ基部僅ニ癒着シ、脫落スルトキハ共ニ落ツ。雄蕊ハ四、雄花ニ於テハ花瓣ト稍同長、雌花ニ於テハ遙ニ短シ。果實ハ球形ノ肉質核果ニシテ紅熟シ、綠葉間ニ隱見ス。

第 1099 圖

もちのき科

そよご

一名　ふくらしば

Ilex pedunculosa *Miq.*

高サ2-3m內外ニ達スル常綠樹ニシテ暖地ノ山地ニ自生ス。葉ハ樹上ニ繁密ニシテ枝上ニ互生シ、長柄ヲ有シ、卵狀橢圓形、長サ5-10cm、幅3-4cm、全邊、銳尖頭、圓底又ハ鈍底、質硬ク上面ニ光澤アリ。雌雄異株ニシテ六月小白花ヲ開ク。雄花ハ多數集リテ聚繖狀ヲ成シ、雌花ハ通常葉腋ニ單出ス。萼ハ四裂、裂片ハ稍三角形。花瓣ハ四、廣卵形、萼裂片ノ三倍長。雄蕊ハ四、雄花ニ於テハ花瓣ト同長、雌花ニ於テハ短シ。子房ハ卵狀球形、核果ハ球形ニシテ長梗ヲ有シ、熟シテ紅色ヲ呈シ綠葉間ニ見ユ、徑6-9mm。和名そよごハ戰ぐ之意、其葉質硬ク風ナドニ動搖シテ音アルヲ以テ斯ク名ク。又膨ら柴ハ其葉火熱ニ逢ヘバ葉內ノ水分蒸氣ト化シ其葉ヲシテ膨ラマス故云フ。漢名　冬靑(誤用)

第 1100 圖

もちのき科

うしかば

誤稱　くろそよご

Ilex Sugeroki *Maxim.*
var. longepedunculata *Makino.*

高サ2-3m內外ノ常綠小喬木ニシテ樹皮紫黑色ヲ呈シ、暖地ノ山林中ニ生ズ。稚枝ハ紫黑色ヲ帶ビ稜角ヲ有ス。葉ハ有柄ニシテ互生、卵形ニシテ漸尖鈍頭、鈍底、長サ3-4cm、幅2cm、上半部ニ鈍鋸齒ヲ有スルモ下半部ハ全邊ナリ。質厚ク葉脈分明ナラズ、上面ニ光澤アリ。葉柄ハ短シ。雌雄別株ニシテ五六月ノ候ニ小白花ヲ開ク。雄花ハ三箇、腋生セル有柄ノ聚繖花序ニ着ク。萼ハ五片、稀ニ四片、細小。花瓣五片、稀ニ四片、廣卵形。雄蕊五、稀ニ四。雌花ハ葉腋ニ單出セル長梗頂ニ獨在シ、花中ニ一子房アリ。核果ハ球形、徑7mm內外、赤熟シ、長サ3-4cmノ長梗ヲ有ス。和名牛樺ハ樹皮黑クシテ剝グトキハさくらノ皮ノ如クレバ云フ。從來之レヲくろそよごト云ヒシハ誤ニテ其品ハ所謂あかみのいぬつげノ名ナリ。

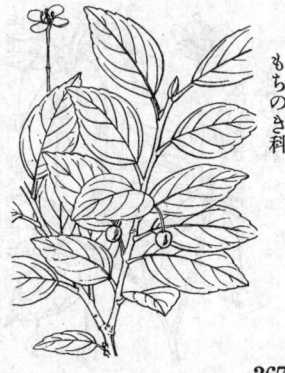

第 1101 圖

もちのき科

367

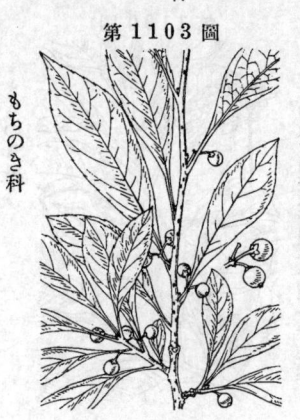

もちのき科

うめもどき
Ilex serrata *Thumb.*
var. Sieboldii *Loesn.*

高サ數m二達スル雌雄別株ノ落葉灌木二シテ繁ク分枝ス。山地二自生スト雖モ多ク庭園二栽培セラレ其紅實ヲ觀賞ス。嫩枝ハ毛アリ、葉ハ有柄、互生、楕圓形又ハ卵狀披針形、銳尖頭、楔底、邊緣ハ微鋸齒、長サ4-8cm、幅2-4cm、上面微毛、下面短柔毛アリ、特二葉脈上ハ稍長キ毛密生ス（葉裏無毛品ヲイヌうめもどきト云フ）。葉柄ハ長サ1cm許、毛多シ。花ハ單性ニシテ六月二開キ淡紫色ヲ呈シ極メテ稀ニ白色ノ者アリ。繖形狀ヲ成シテ腋生。雌花叢ハ一ー七花。雄花叢ハ七ー十五花ヨリ成ル。萼裂片ハ四或ハ五、牛月形毛緣。花瓣ハ卵形、長サ2.5mm。雄蕊ハ四ー五アリ、雄花二於テ長ク、雌花二於テ短シ。核果ハ小球形ニシテ枝二群着シ晩秋初冬落葉ノ後向枝上二殘リテ美ナリ、徑5mm許、赤色二熟ス。極メテ稀二白色ノ者アリテしろみのうめもどきト云フ。漢名 落霜紅（蓋シ誤用）

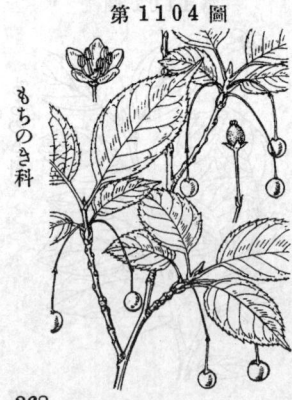

もちのき科

おほばうめもどき
Ilex Nemotoi *Makino.*

山原ノ濕地二自生スル落葉灌木。葉ハ長枝幷二短枝二互生シ、楕圓形或ハ倒卵狀長楕圓形ニシテ兩端次第二細マリ、上部ハ銳尖頭ヲ成シ、底部ハ流レテ稍長キ葉柄ト成ル。葉面ハ長サ5-11cm、幅1.5-3cm許。葉緣ニハ疎二銳キ微鋸齒ヲ有ス。葉質ハ稍薄シ。葉面ハ多少細軟毛アリ、裏面ノ葉脈上ニモ短軟毛アリ、支脈ハ左右二四乃至七條。雌雄別株。六月頃葉腋二花梗ヲ抽キ、上端二一乃至三ノ白花ヲ着ク。小花梗ハ花ヨリ長ク、有毛。花ハ小ニシテ徑4mm許。萼ハ四裂シ、裂片ハ三角形、銳尖ス。四花瓣。雄花ニハ四雄蕊ヲ有シ、雌花二ハ一雌蕊アリ。後球形ニシテ徑6mm許ノ赤色小核果ヲ結ブ。

ふうりんうめもどき
Ilex geniculata *Maxim.*

山地二生ズル落葉灌木。枝ハ細長ニシテ嫩枝ハ稜角ヲ有ス。葉ハ互生シ、葉面ハ長サ3-8cm許、長楕圓形又ハ卵形ニシテ先端ハ細マリテ銳尖ト成リ、邊緣ハ尖頭細鋸齒ヲ有シ、質薄クシテ多少有毛ナリ。短ク細キ葉柄ヲ有ス。雌雄異株ニシテ、五六月頃白色ノ單性花ヲ着ク。雄本ハ在リテハ長クシテ絲狀ノ花梗ヲ出シ、先端二於テ三乃至七ノ小花梗二分レ、萼片・花瓣・雄蕊共ニ五乃至六數ノ小形花ヲ着ケテ下垂ス。雌本ノ雌花ハ葉腋二下垂セル絲狀ノ花梗ヲ出シテ單生ス。後球形ノ核果ヲ結ビ紅熟ス。紅色ノ果實ノ垂レタル樣ヲ風鈴二擬シテ此和名アリ。

たらえふ
一名 もんつきしば・のこぎりしば
Ilex latifolia *Thunb.*

第 1105 圖

暖國ノ山地ニ生ズレドモ多クハ庭園ニ栽植セラルル雌雄別株ノ常綠喬木。高サ 10m 內外ニ達ス。葉ハ互生シ大形ニシテ短柄ト共ニ長サ20cm以上ニ及ブアリ、長橢圓形ニシテ先端尖リ、邊緣ニ細カキ銳鋸齒ヲ具フ。葉質ハ厚クシテ硬革質ヲ成シ、平滑ニシテ上面ニ光澤ヲ有シ、支脈ハ中脈ノ兩側ニ各六乃至十六條。春夏ノ候、葉腋ニ短キ聚繖花序ヲ成シテ多クノ花ヲ密ニ着ク。花ハ綠黃色ニシテ萼ハ四裂シ、四花瓣アリ。雄花ニ於テハ四雄蕋アリ、兩性花ハ稍短キ四雄蕋ト胼狀ノ子房ヲ有ス。核果ハ球形ニシテ團集シ紅色ヲ呈ス。和名ハ此廣闊ナル葉ヲ彼ノ經文ヲ搔記スル貝多羅樹（しゅろ科ノ Borassus flabelliformis *Murr.*）ノ葉ニ比セシ者ナリ。紋付榮ハ其生葉ノ何レノ部分ニテモ之レヲ暖ムレバ其周圍ニ黑色界線ヲ現ハス故云フ。鋸榮ハ葉緣ノ强齒尖宛モ鋸齒ノ如ケレバ云フ。

もちのき科

いぬつげ
Ilex crenata *Thunb.*

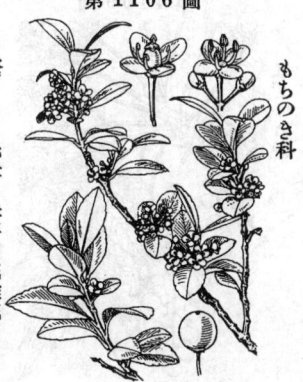

第 1106 圖

山地ニ生ジ又庭園ニ栽植セラルル多枝繁葉ノ常綠灌木或ハ小喬木。高サ 1.5~3m 內外、稚枝ハ稜角ヲ具フ。葉ハ短柄アリテ密ニ枝上ニ互生シ、長サ 1.5~3cm 許、長橢圓形又ハ橢圓形ニシテ微鋸齒アリ先端ハ微凸頭ニテ終ル。革質ニシテ平滑、表面深綠色、裏面ハ淡綠色ニシテ細腺點ヲ有ス。夏日白色ノ小花ヲ着ク。雌雄異株ニシテ、雄花ハ短キ總狀或ハ複總狀花序ヲ成シテ多數相集リ、雄蕋四、退化セル雌蕋アリ。雌花ハ葉腋ニ一花ヅツ着キ花梗長シ、退化セル四雄蕋、四室子房アル雌蕋ヲ具フ。雌雄花共ニ短キ四萼片ト四花瓣トヲ有ス。核果ハ球形、黑熟ス。和名大黃楊ハつげ（Buxus）ニ似ルト雖モ下品ニシテつげノ如ク用途無キヲ以テ云フ。

もちのき科

きっかふつげ
Ilex crenata *Thunb.*
var. nummularia *Yatabe.*

第 1107 圖

觀賞品トシテ庭園ニ栽植セラルル常綠灌木。いぬつげノ一變種ナリ。高サ 1~2m ニシテ枝ハ太シ。葉ハ甚ダ密ニ枝端及ビ枝上ニ着生シ、倒卵形或ハ稍圓形ヲ成シ、上端ニ近ク三乃至七箇ノ齒牙アリ、先端ハ尖リ、底部ハ圓形或ハ鈍形、長サ1~2cm許、質厚ク革質ニシテ平滑ナリ。葉柄ハ短シ。夏日、葉腋ニ白色小花ヲ着ク。雌雄異株ニシテ、雄花ハ相集リ、雌花ハ單一ナリ。萼ハ盤形ヲ成シテ四裂、小形ナリ。卵形ノ四花瓣アリ。四雄蕋アリテ花瓣ヨリ稍短シ。和名ハ龜甲つげノ意ニシテ其葉形ニ基ク。

もちのき科

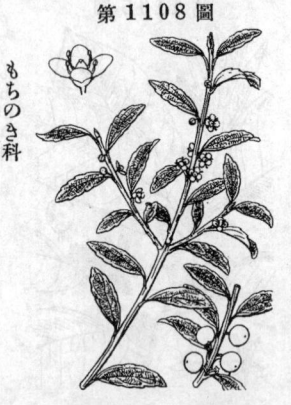

つるつげ
Ilex rugosa *F. Schm.*

第 1108 圖

もちのき科

深山樹下ノ地ニ生ズル蔓樣ノ常綠小灌木。多クノ枝ヲ分チ、枝ハ細長ニシテ稜角ヲ有シ、匍匐シテ處々ニ根ヲ生ジ、長サ 50cm 内外。葉ハ互生シ、長橢圓形乃至披針形ヲ成シ長サ 2-3cm 許、兩端稍尖シ、邊緣ニ疎ナ小鋸齒アリ。短キ葉柄ヲ具フ。葉質ハ硬クシテ革質、脈ハ上面ニ陷入シテ細紋ヲ成ス。葉面暗綠色、下面ハ淡綠色ヲ呈ス。雌雄異株。七月頃葉腋ニ一乃至三四集リテ白色ノ四瓣花ヲ開ク。花ハ小ニシテ直徑 2mm 許。小花梗ハ花ヨリモ長シ。萼四裂。花瓣四。雄花ハ四雄蕊、雌花ハ一雌蕊アリ。核果ハ卵狀球形ニシテ赤色ヲ呈ス、徑6mm内外。和名蔓つげハ其植物ノ狀ニ甚ク。

りうきうはぜ（紅包樹）
一名 たうらら　現稱 はぜ
Rhus succedanea *L.*

第 1109 圖

はぜのき科

暖地ニ生ズ（元栽植樹ノ種子ヨリ野生ト成ル）、又採蠟ノ爲メ栽植スル落葉喬木。幹ノ高サ10m内外ニ達シ、枝極ハ疎出ス。葉ハ奇數羽狀複葉ニシテ枝梢ニ五生シ、四乃至六對ノ小葉ヲ有シ、小葉ハ披針形又ハ卵狀披針形ニシテ全邊、先端長ク銳尖シ、底部モ亦稍尖ル。小葉ノ長サ 5-8cm許、質稍厚ク毛ナシ。雌雄異株。五六月頃、圓錐花序ヲ成シテ黃綠色ノ小花ヲ綴ル。花序ハ枝梢ノ葉腋ヨリ生ジ長サ 10cm内外。萼ハ五裂シ、五花瓣ハ卵狀橢圓形。雄花ハ五雄蕊アリ。雌花ニハ小形五雄蕊ト一子房アリ柱頭ハ三岐ス。核果ハ扁圓形ニシテ白色無毛、徑約ゾ 1cm許。此レヨリ蠟ヲ採ル。秋時ノ紅葉ハ甚ダ美ナリ。和名琉球はぜハ往時琉球方面ヨリ内地ヘ渡來セシノヲ表セル稱呼ナリ、今普通ニはぜ又ハはぜのきト稱スレドモ是ハレ本來ノはぜ（古名はにし）ニハ非ズ。

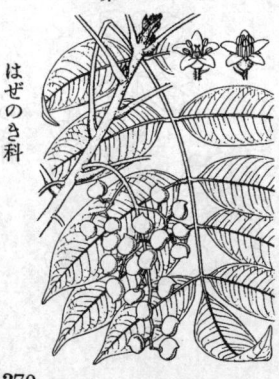

はぜのき（野漆樹）
一名　はじ・やまはぜ　古名 はにし
Rhus silvestris *Sieb. et Zucc.*

第 1110 圖

はぜのき科

中部以南ノ淺山ニ生ズル落葉小喬木。高サ凡 3-5m、枝極疎ニ一シテ直線的、嫩キ者ハ紅紫色ニ染ミ且短毛ヲ帶ブ。葉ハ葉柄アリテ枝極ニ互生シ、短毛ヲ布キ、奇數羽狀複葉ニシテ小葉ハ四乃至七對アリ橢圓形或ハ披針狀橢圓形ニシテ長サ 5-7cm、先端ハ銳尖形、葉底ハ廣楔形或ハ銳形、短柄ハ續キ全邊ナリ。雌雄異株。初夏ノ頃葉腋ノ稍高處ニ圓錐花序ヲ成シテ出デ黃綠色ノ小花ヲ開ク。萼ハ五片、花瓣五片、腐披針形。雄花ニハ五雄蕊アリ。雌花ニハ小形雄蕊五ト一雌蕊トアリ。果穗ハ稍下垂シ核果ハ歪卵形ニシテ扁壓セラレ、汚黃色無毛滑澤ナリ。りうきうはぜ（誤稱はぜのき）ニ酷似スレドモ葉及芽ニ有毛ナルヲ以テ分ツベシ。秋時ノ紅葉美ナリ。本種ハはぜのき卽チはじ又ハトス、古昔ハ之レヲはにしト（大言海ニ「はにしめ（埴締）ノ略、蠟ヲ取レバ云フ」トアリ）ト稱ス。黃色ノ心材ヲ以テ御衣ヲ染ムルヲ黃櫨染トス、然シ黃櫨ハ一櫨ヲ以テ此はぜのき（はじのき・はにし）ニ充ツルハ非ナリ、黃櫨ハ Rhus Cotinus *L.* ニシテ日本ニ産セズ。

うるし（漆樹）
Rhus verniciflua *Stokes.*
(=Rh. vernicifera *DC.*)

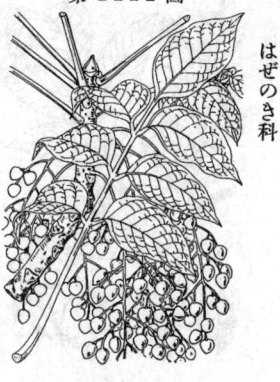

第 1111 圖

はぜのき科

支那原産ニシテ諸處ニ栽植セラルル落葉喬木。高サ 7m 内外ニ達ス。分枝疎ニシテ太シ。葉ハ枝頭ニ互生シ、奇數羽狀複葉ニシテ、小葉ハ三〜七對ヲ成シ、卵形或ハ橢圓形ニシテ先端銳尖シ、圓底或ハ鈍底ヲ呈ス。葉柄及ビ葉裏脈ニハ短毛ヲ布ク。長サ 10cm 内外。雌雄異株。六月頃葉腋ニ圓錐花序ヲ成シ多數ノ黄綠小花ヲ着ク。花序ノ長サハ凡ソ葉ノ半長。蕚ハ五裂シ、五花瓣アリ。雄花ハ五雄蕋、雌花ハ小形ノ五雄蕋ト三岐セル柱頭ヲ有スル一子房トアリ。核果ハ歪形ナル扁球形ヲ成シ、無毛ニシテ徑 7mm 許。樹皮ヨリ採リタル漆汁ハ漆器ヲ塗ルニ用ヰラレ、實ヨリ蠟ヲ採リ得ベシ。和名ハ蓋シうるしる（潤液）若クハぬるしる（濕液）ノ略セラレタルモノナラント謂ハル。

やまうるし
Rhus trichocarpa *Miq.*

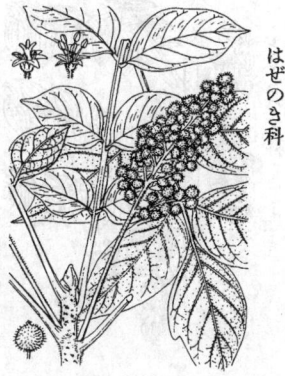

第 1112 圖

はぜのき科

山林中ニ生ズル落葉小喬木。高サ 3m 内外ニ達ス。梶形うるしニ似テ小ナリ。嫩條葉柄共ニ赤色ヲ帶ブ。葉ハ枝梢ニ互生シテ相集リテ傘開シ、奇數羽狀複葉ヲ成シ、長サ 50cm ニ達ス。葉柄ト共ニ有毛。小葉ハ六乃至十對ヲ成シ、卵形或ハ卵狀長橢圓形ニシテ全邊ヲ成シ或ハ縁毛アリ、先端ハ銳尖ヲ成ス。長サ 5-10cm、十二внут以外ノ側脈ヲ有ス。秋時紅葉ス。雌雄異株。六月頃黄綠色ノ小花ヲ圓錐花序ニ着ク、花序ハ腋生ニシテ長サ 25cm ニ達ス。花軸ハ褐色毛密生ス。五蕚片。五花瓣。雄花ハ五雄蕋。雌花ハ小形五雄蕋ト一雌蕋トアリ、子房ハ一室、柱頭ハ三箇。核果ハ淡黄色ノ剛毛ヲ滿布シ、扁圓形ナリ。往々粗齒アルモアレドモ是レ常形ニ非ズ變種ト成スニ足ラズ。一變種ニあをやまうるし（var. virescens *Makino*）アリ、嫩條葉柄共ニ綠色ナリ。和名ハ山漆ノ意ナリ。

つたうるし（鉤吻・野葛）
Rhus orientalis *Schneid.*
(=Rhus Toxicodendron *L.* var. vulgaris *Pursh* forma radicans *Engl.* p.p.)

第 1113 圖

はぜのき科

山地ニ生ズル落葉藤本。莖ハ他物ノ上ヲ匐ヒ、氣根ヲ生ジ、高サ 3m 内外。葉ハ長柄ヲ有シ三小葉ヨリ成ル。小葉ハ卵形或ハ橢圓形ニシテ長サ 10cm 内外、先端ニハテ短ク銳尖シ、底部ハ鈍形或ハ楔形ヲ成シ、全邊（稚葉ニハ粗齒アリ）ニシテ葉裏ナル葉脈ノ分岐點ニ褐毛アリ。初夏葉腋ニ圓錐花序ヲ成シテ黄綠色ノ小花ヲ着ケ花穗ハ葉ヨリ著シク短シ、雌雄異株。蕚ハ五裂。五花瓣。雄花ニハ五雄蕋アリ。雌花ニハ小形五雄蕋ト一子房トアリ。後小形ノ核果ヲ結ブ、稍球形ニシテ無毛平滑ナリ。有毒植物ノ一。和名つた漆ハ藤本ノつたニ似テ蔓生シ、且うるしノ類ナルヲ以テ斯ク云フ。

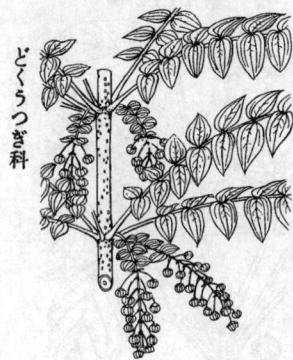

ぬるで (鹽麩子)
一名 ふしのき
Rhus javanica L.
(=Rh. semialata *Murray*.)

山野ニ生ズル落葉小喬木。高サ 5m 内外ニ達スルアリ。葉ハ枝梢ニ互生シテ四出シ、奇數羽狀複葉ニシテ長サ 30cm 内外、葉軸ハ小葉間ニ於テ翅アリ。小葉ハ三乃至六對、卵形・楕圓形或ハ長橢圓形ヲ成シ、先端急ニ尖リ、底部ハ圓形或ハ楔形ヲ呈ス。長サ 5-10cm 許、邊緣ハ粗鋸齒アリ。葉面ハ短毛疎生シ、下面ニハ絨毛密布ス。秋ノ紅葉ヲぬるでもみぢト云フ。夏月、枝末ニ圓錐花序ヲ成シテ小白花ヲ多數攢簇ス。花軸ニハ絨毛密布ス。雌雄異株。花ハ五萼、五花瓣。雄花ニハ五雄蕊アリ。雌花ニハ不發育五雄蕊ト三花柱ヲ有スル一室ノ子房トアリ。後小ナル扁球形ノ核果ヲ結ビテ表面紫赤色ニ染ミ或ハ白綠色ヲ呈シ短毛ヲ密布シ、熟スレバ其果面ニ酸鹹味アル白屑ヲ被フ。葉ニ五倍子ヲ生ジふしト云フ、故ニ此木ヲふしの木ト稱ス、又此樹白色ノ膠漆アリテ物ヲ塗リ得ベシ故ニぬるでト云フト謂ヘリ。

どくうつぎ
一名 いちろべごろし
Coriaria japonica A. Gray.

山野ニ生ズル落葉灌木。高サ 1.5m 内外ニ達シ基部ヨリ褐色ノ枝ヲ分ツ。葉ハ單葉ニシテ方形痩長ナル枝ニ對生シ左右二列ニ排列シテ一見羽狀複葉ノ觀アリ、無柄ニシテ卵狀長橢圓形・卵狀披針形ヲ成シ、先端ハ向テ漸次銳尖シ、底部ハ圓ク、全邊ニシテ毛ナシ。縱通セル三主脈ヲ有シ、長サ 6-8cm 許。春日葉ニ先チテ黃綠色ノ細花ヲ開ク。雌雄同株。花ハ枝ノ節ニ束生スル總狀花序ニ着ヶ小梗ヲ有ス。長キ雌花穗ト短キ雄花穗トハ一處ヨリ出デ、花穗本ニハ小鱗片多シ。萼五片、五花瓣ハ萼ヨリ小形。雄花ニハ黃莉アル五雄蕊アリ。雌花ニハ不熟五雄蕊ト紅色ノ長花柱ヲ有スル五子房トアリ。痩果ハ五、褐色ニシテ彎曲セル線條アリ、增大セル多肉ノ宿存花瓣之ヲ全包シ、初メ豌豆大ノ球形ヲ成シ赤色ヲ呈シ遂ニ略ボ五稜ヲ成シテ紫黑色ニ熟シ甘汁ヲ含ム、人若シ誤食スレバ忽チ其劇毒ニ中リテ死ス。和名ヲ毒空木ヲ市郞兵衞殺シナリ。漢名木本黃精葉鉤吻(此ノ如キ漢名無ク我邦學者ノ作リシ者ナリ)

がんかうらん
Empetrum nigrum L.

高山帶ノ露地、稀ニ水蘚間ニ生ズル常綠矮小灌木ニシテ地上ヲ匍匐シ、高サ 10-25cm、長サ 60-90cm、多ク分枝ス。葉ハ互生ナレド密ニ着生シ、深綠色、線形ニシテ長サ 5-6mm、鈍頭、周緣ハ下方ニ卷テ略ボ筒狀ト成リ緣ニハ毛アリ。五六月、細花ヲ梢末ニ生ゼル短枝上ニ着ク。雌雄異株。花ハ三數ヨリ成リ、極メテ短キ小梗ヲ有シ、三萼片、三花瓣アリ。雄花ニハ暗紅色ノ長花絲アル三雄蕊アリ。雌花ニハ六乃至九室ノ子房ト大ナル葉狀ノ濃紫色柱頭ヲ有スル一雌蕊トアリ。夏秋ノ候直徑 1cm ニ達スル核果ヲ結ブ、紫黑色ニシテ光澤アリ、球形ニシテ微ニ壓扁シ、多汁ニシテ甘酸味アリ、食ジ得ベシ。和名ヲ岩高蘭ト書ケドモ其意判明セズ。

ふっきさう
一名 きちじさう
Pachysandra terminalis *Sieb. et Zucc.*

山地樹下ニ生ズル常綠無毛ノ多年生草本ニシ
時ニ庭園ニ栽ユテ觀賞ニ供ス。地下莖ハ横走シ、
白色ニシテ疎ニ鬚根ヲ發出ス。莖ハ根莖ヨリ傾
上シ其下部ハ往々地ニ場ニ、高サ 30cm 許ニ達
シ、綠色ヲ呈シ、疎ニ叢生シテ擴ガル。葉ハ有
柄ニシテ斷續的ニ相簇リテ互生シ、卵狀長橢圓
形ニシテ下部楔形ヲ成シ、上牛部ノ葉緣ハ粗ナ
ル鋸齒アリ、葉質稍厚ク上面深綠色、下面淡綠
色ヲ呈ス。春夏ノ候、莖頭ニ直立セル短花穗ヲ
立テ往々疎ニ分枝シ、密ニ雄花ヲ綴リ少數ノ雌
花介在ス。花ハ四萼片アリテ花瓣ナシ。雄花ニ
四雄蕋アリテ花絲白色粗大、葯ハ褐色ナリ。雌
花ニ二花柱アル子房ハ四室ニシテ各室ニ一卵子
アリ。果實ハ蒴。和名ハ富貴草竝ニ吉祥草ニシ
テ、其繁殖ヲ祝賀スル意ヲ表セシモノナリ。

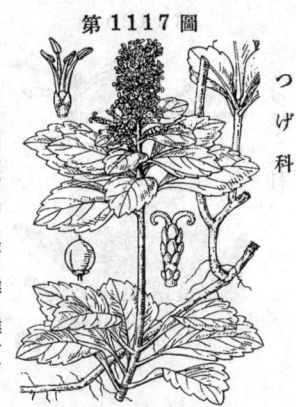

第 1117 圖

つげ科

つげ （黃楊木）
一名 ほんつげ・あさまつげ
Buxus microphylla *Sieb. et Zucc.*
var. suffruticosa *Makino.*

(=B. sempervirens *L.* b. suffruticosa *Sieb.*;
B. japonica *Muell. Arg.*; B. microphylla
Sieb. et Zucc. var. japonica *Rehd. et Wils.*)

暖國ノ山地ニ生ズル繁茂ノ常綠灌木、幹直立シ高サ 1-3m 内
外、徑8cm内外アリ。小枝ハ方形。葉ハ殆ド無柄、對生ニ、
橢圓形・倒卵形或ハ長橢圓形ヲ成シ、長サ1.5-3cm、幅 7-15
mm 許、圓頭或ハ凹頭ヲ成シ、底部鈍形或ハ銳形或ハ楔形ニ
シテ遂ニ極メテ短キ葉柄ト成シ、全邊ニシテ綠緣ニ狹ク裏面ニ
背曲ス、革質ニシテ表面深綠色光滑ナリ、裏面ハ淡綠色、支
脈多ケレドモ外面ヨリ不明ナリ。春日、淡黃色ノ細花ヲ小牛
葉腋ニ集生ス。花序ハ雌花相集ヒ其頂端ニ一雌花ヲ附ク、花
ニハ四萼アリ。雄花ニ四雄蕋及ビ花柱ノ痕跡アリ。雌花ニハ
一雌蕋アリテ子房ハ三室、花柱ハ短ク柱頭ハ肥厚ス。朔果ハ
橢圓形或ハ圓形、三萼片ニ胞背開裂ヲ現ハシ、種子ハ長橢圓形、
三稜アリテ黑色、光澤アリ。材ハ黃色、質硬クシテ密、版木
ニ賞用シ又都盤ニ印判等ニ作ル用ヲ廣ナリ。播州山間溪流ノ側ニ葉ハ
めつげニ似テ幹ノ直立セル者アリ、ありまつげ (f. tenuis
Makino) トイフ、とつげ (f. riparia *Mak.*) ニ河岸ニ生ジ
小灌木ト成ス者多ク葉ハ小ナリ、又和州大臺原ニこめつげ
(f. minutissima *Mak.*)アリ枝葉繁密其葉最モ小ニシテ長サ
6-10mm 許ナリ。和名ノ次（つげ）ノ轉ゼシモノト謂フ、即チ
葉ノ相對ニ密簇シテ攢次スルノ意乎。本ツげノ異正つげノ意、
あさまつげハ伊勢朝熊山ニ一生ズルヨリ云フ。

第 1118 圖

つげ科

ひめつげ
一名 くさつげ・にはつげ
Buxus microphylla *Sieb. et Zucc.*

邦内未ダ其純野生ノ處ヲ見ザレドモ本品ハ疑モ
無クつげノ變形品ニシテ通常觀賞ノ爲メ人家ニ
栽植ス。常綠ノ矮生灌木ニシテ枝葉繁密、姿勢
頗ル圓シ。高サ 60cm 内外ニ達シ、小枝ハ細小
ニシテ方形ナリ。葉ハ小形、小枝ニ對生シ、長
橢圓形或ハ倒卵狀長橢圓形ヲ成シ、圓頭或ハ凹
頭、底部楔狀ニ狹窄シ殆ド無柄ニシテ長サ 1-1.5
cm 許、ほんつげニ似タリト雖モ狹小ニシテ質薄
シ、全邊ニシテ邊緣狹ク反曲シ、支脈多ケレド
モ外ョリ見エズ。三四月頃、枝梢ノ葉腋ニ淡黃
綠色ノ小花ヲ集着ス。雄花ハ相集リ其頂ニ一雌
花アリ。各花二苞ヲ具ヘ四萼アリ。雄花ニハ四
雄蕋、雌花ニハ三室子房ヲ有スル一雌蕋アリ、
三花柱短クシテ柱頭肥厚ス。蒴果ハ廣橢圓形ニ
シテ胞背ヲ以テ三殼ニ開裂シ宿存セル花柱ハ
角ノ如シ。漢名 黃楊木(誤用)

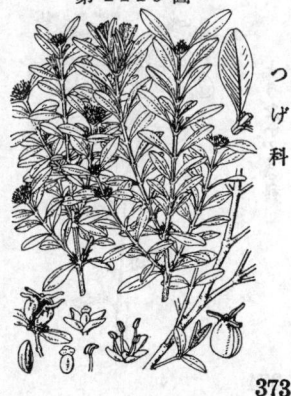

第 1119 圖

つげ科

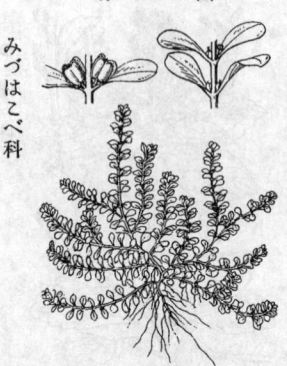

第1120圖

みづはこべ科

あわごけ
Callitriche japonica *Engelm.*

多ク庭園ノ濕地ニ自生スル一年生ノ小草本ニシテ、多枝ヲ分チ、地ニ匐ヒ、細根ヲ處々ヨリ生ジテ平布セル叢苗ヲ成シ、長サ 5cm 內外。莖ハ綠色ニシテ絲ノ如シ。葉ハ對生シ、倒卵狀圓形・倒卵形或ハ倒卵狀長橢圓形ヲ成シ、細長楔狀ノ底部ヲ成シテ匙ノ如ク、淡綠色ヲ呈ス。春夏秋ノ間、一葉ニ對シ其葉腋ニ淡綠白色殆ンド無柄ノ一細花ヲ著ク。雌雄同株ニシテ花ハ花被ナク只二片ノ苞ノミヲ具フ。雄花ハ一雄蕋。雌花ニハ一雌蕋アリ、子房上ニ二花柱アリテ柱頭長シ。子房ハ小形、元來二室ナレドモ四室ノ感アリ。果實ハ扁平ニシテ四種子ヲ有シ、開裂セズ。和名泡苔ハ草狀ニ基キシ稱ナリ。

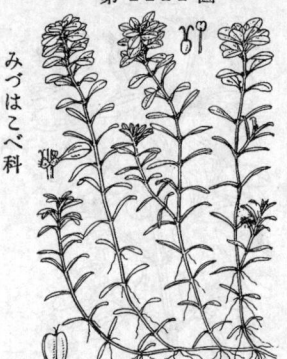

第1121圖

みづはこべ科

みづはこべ (水馬齒)
Callitriche fallax *Petrov.*

沼池或ハ水田中ニ生ズル多年生ノ綠色水草ニシテ叢生シ、根ハ絲狀。莖ハ纖長ニシテ質軟弱、水ノ深淺ニ由テ異ナレドモ長サ凡10−20cm 許アリ、下部ハ水中ニ沈在シ、上部ハ相接セル葉ヲ水面ニ浮ベリ。葉ハ對生シ、長橢圓形或ハ倒卵形ニシテ下部漸次ニ狹窄ス、沈水葉ハ狹長ナリ。雌雄同株。周年白色ノ小形花ヲ開キ雌雄アリ、殆ド無柄ニシテ腋生シ、白色ノ二苞相對シテ之ヲ擁ス。雄花ニハ一雄蕋アリテ黃葯ヲ有シ、雌花ニハ一雌蕋アリ、子房上ニ二花柱アリテ柱頭長シ、子房ハ元來二室ナレドモ四室ノ感アリ。果實ハ扁平ニシテ二心皮ヨリ成リ四種子ヲ藏シ開裂セズ。和名水繁縷ハ葉狀はこべニ似テ水ニ生ズレバ云フ。

第1122圖

とうだいぐさ科

とうだいぐさ (澤漆)
一名 すずふりばな
Euphorbia Helioscopia *L.*

路傍等ニ生ジ極メテ分布廣キ越年草ニシテ秋末旣ニ生ジテ越年シ春ニ繁茂ス。莖ハ細長ナル圓柱形ニシテ强壯、直立シ高サ25−35cm 許、切レバ白乳汁溢出ス。通常基部ヨリ分枝シ、又梢ニ於テ繖形ニ分岐ス。葉ハ無柄、互生シ、梢枝ノ分岐點ニ於テハ五葉輪生ス。匙狀或ハ倒卵形、先端ハ截形或ハ少シク凹入シ、底部ハ狹窄ス。葉綠ニ細鋸齒アリ。春日花ヲ著ク。小花序ハ一見一花ノ如ク。小總苞ハ黃綠色、融合シテ壺狀ヲ成シ徑 2mm、上部ノミ四苞片卜成リ四腺體アリ。總苞內ニ一雌花及ビ數雄花ヲ有シ、共ニ長キ小花梗アリ。雄花ハ一雄蕋。雌花ハ一雌蕋、三花柱アリテ其先端ニ二岐ス。子房ハ球狀卵圓形。果面平滑ナル蒴果ハ三裂、種子ハ網目アリ。有毒植物。和名ハ其草狀燈臺（往時使用セシ室內燈火ノ具即チ燈架ニシテ今日海岸ニ見ル燈臺ニ非ズ）ニ似タルヨリ云フ。鈴振花ハ其果實ノ狀鈴ニ似タルニ基ク。

374

なつとうだい（大戟？）
Euphorbia Sieboldiana
Morr. et Decne.

多年生草本ニシテ山野ニ生ズ。莖高サ 30cm 内外、狹長ナル圓柱形ニシテ直立シ、平滑無毛、綠色ニシテ紅紫ヲ帶ビ、切レバ白汁ヲ出ス。葉ハ互生シ、無柄ニシテ狹長長橢圓形或ハ倒披針形、鈍頭、基部ハ狹窄ス。莖端ニ披針形ノ五葉輪生シ橢形ニ枝ヲ分ツ。四五月花ヲ着ク。苞葉ハ卵形・三角狀卵形或ハ卵狀廣橢圓形ヲ成ス。小花序ハ一見一花ノ如ク、小總苞ハ融合シテ壺狀ヲ成シ、長サ 3mm、褐紫色、中ニ一雌蕋ヨリ成ル一雌花ト、一雄蕋ヨリ成ル數箇ノ雄花トヲ容ル。小總苞ノ腺體ハ三日月形、紅紫色ヲ呈ス。花柱ハ長ク先端二岐ス。蒴果ハ圓形平滑、三胞室ヲ成シ、三殼片ニ開裂ス。種子ハ卵圓形、平滑ナリ。有毒植物。和名ハ夏燈臺ノ意、夏ハ其生ズル時期ヲ表ス。漢名 甘遂(誤用)

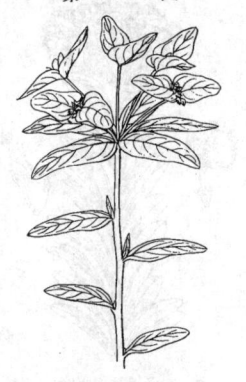

第 1123 圖

とうだいぐさ科

たかとうだい
Euphorbia pekinensis *Rupr.*
var. japonensis *Makino.*

山野ニ多ク見ル多年生草本ニシテ莖ハ高ク直立シテ70cm 内外ニ達シ、上部往々分枝シ、體上ニ細毛ヲ有ス。葉ハ互生シ、披針形或ハ長橢圓狀披針形、底部ハ狹窄ス、無柄ナリ。葉緣ニハ細鋸齒アルヲ特徵トス、中脈ハ白色ヲ呈シ、葉裏ハ白綠色ナリ。莖梢ニ於テ披針形ノ五葉輪生シ、五枝橢形ニ分岐ス。苞葉ハ小ニシテ卵形或ハ廣菱形ヲ成ス。夏日綠黃色ノ花ヲ着ク。小總苞ハ融合シテ壺狀ト成リ、中ニ一雄蕋ヨリ成ル數箇ノ雄花ト一雌蕋ヨリ成ル一雌花トヲ容ル。子房ハ圓形ニシテ二岐セル三柱頭ヲ有ス。腺體ハ廣橢圓形。蒴果面ハ疣狀ノ突起アリ、三殼片ニ開裂ス。有毒植物。和名ハ高燈臺ノ意ニシテたかハ其草ノ丈ケ高キヲ表ス。漢名 大戟(誤用、大戟ハ我がなつとうだいニ似タル草ナリ)

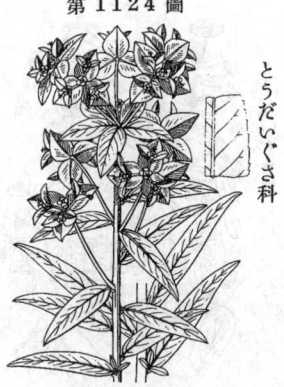

第 1124 圖

とうだいぐさ科

のうるし
Euphorbia adenochlora
Morr. et Decne.

原野ノ濕地ニ見ル多年生草本ニシテ時ニ大群落ト成ル。根莖ハ肥厚シ橫臥ス。莖ハ直立シ、30 内外ノ高サヲ有シ、枝ヲ分チ强壯ナリ。切レバ白汁ヲ出ス。葉ハ無柄、互生シ、狹長長橢圓形或ハ倒披針形、鈍頭、底部狹窄ス、質薄クシテ裏面ニ細毛アリ。莖頂ニ倒披針形ノ五葉ヲ輪生シ、枝ヲ橢形ニ生ジ、四月頃開花ス。苞葉ハ短小、卵形或ハ圓形、黃色ヲ呈ス。小總苞ハ四腺體ハ廣橢圓形、小總苞中ニ小花梗アルー子房ノ一雌花ト一雄蕋ヨリ成ル數箇ノ雄花トヲ容ル。子房ハ球形ニシテ表面ニハ疣狀ノ突起アリ、三花柱ハ子房上ニ立チ先端二岐ス。蒴果ハ三胞アル球形ニシテ果面ニ小疣密布シ、三殼片ニ開裂ス。種子ハ稍球形、平滑ナリ。有毒植物。漢名 草蘭茹(誤用)

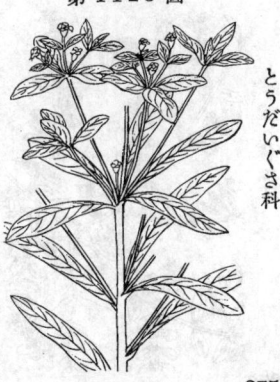

第 1125 圖

とうだいぐさ科

375

第 1126 圖

とうだいぐさ科

いはたいげき
Euphorbia Jolkini *Boiss.*

中部以南暖地ノ海岸岩石ノ地ニ生ズル多年生草木。全株無毛ニシテ高サ30-50cm、多數ニ簇生シ株ヲ成ス。前年ノ秋晩ク既ニ短キ嫩莖上ニ葉ヲ生ジ、紅染シテ年ヲ越ス。莖ハ太ク圓柱形、乳液多シ。葉ハ莖上密ニ互生シ、葉柄ナク、倒披針狀長橢圓形ニシテ先端ハ鈍頭、底部ハ漸次ニ狹ク長サ 3-4cm、淡綠色ヲ呈ス。春日、梢頭ニ多數ノ短キ繖梗ヲ着ケ、卵形ニシテ黃色ヲ帶ビタル苞葉ヲ密集シテ美ナリ。總苞ノ裂片ハ卵狀三角形ヲ呈シ、腺體ハ四箇アリテ腎形ヲ成シ橫在ス。蒴果ハ扁壓ノ球形ニシテ三耳アリテ三溝ヲ有シ、細瘤點ヲ布ク。徑5mm許ヲ算ス。和名ハ岩大戟ニシテ岩上ニ生ズル大戟ノ意ナリ。

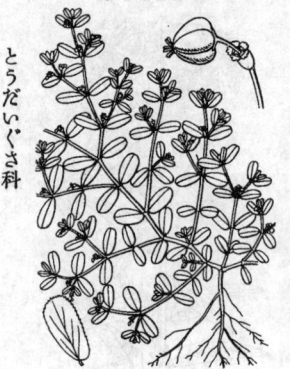

第 1127 圖

とうだいぐさ科

にしきさう（小蟲兒臥單）
Euphorbia humifusa *Willd.*

畠地或ハ砂地等ニ生ズル一年生ノ小草本。莖ハ株本ヨリ多數ニ分岐シ、多枝ヲ岐チテ地面ニ場臥シ、紅色ニシテ多少ノ毛アリ、切レバ白汁ヲ出ス。枝ハ通常二岐ス。葉ハ小ニシテ長サ5-10mm許、地平ニ開キテ二列生ヲ成シ、葉面綠色ニシテ質薄ク毛ナク、裏面ハ白綠色ヲ呈ス。長橢圓形ニシテ葉緣ニ細鋸齒アリ、葉端ハ圓ク、底部ハ極メテ短キ葉柄アリ。托葉ハ綠形ニシテ通常三深裂ス。夏秋ノ間、枝ノ先端或ハ葉腋ニ一見一花ノ如キ淡赤紫色ノ小花序ヲ着ク。鐘狀ノ小總苞ニ在ル腺體ハ橫ニ橢圓形ヲ成シ附屬體アリ、總苞中一一雄蕋ヨリ成ル數雄花ト一雌蕋ヨリ成ル一雌花トアリテ雄花ノ間ニ一綠形ノ小苞片アリ。蒴果ハ小形、三耳、扁卵形、無毛、三殼片ニ開裂ス。和名錦草ハ莖紅葉綠ノ美容ニ基ク。漢名 地錦(慣用)

第 1128 圖

とうだいぐさ科

こにしきさう
Euphorbia maculata *L.*

北米原產ノ一年生小草ニシテ明治二十年前後ニ渡來シ今ハ廣ク各地ニ歸化ス。根ハ細ク、莖ハ地上ヲ匍匐シテ細ク、往々暗紅色ニ染ミ、再三分岐シテ地ヲ蔽フ。全株白色ノ散毛ヲ布キ枝ヲ切レバ白乳液ヲ滲出ス。葉ハ相距リテ莖上對生シ、地平ニ開キテ二列生ヲ成シ、小形ニテ長サ1cm許、短柄アリ、長橢圓形ニシテ先端ハ圓形、上半部ハ微鋸齒ヲ刻ミ底部ハ歪圓形ヲ成シ、表面暗綠色、其中央ニ暗紫斑アリ。夏秋ニ葉リテ葉腋ニ極メテ小サキ苞花ヲ綴リ、汚紅色ヲ呈ス。概形にしきさうニ似タレドモ、蒴果ハ卵球形ニシテ三耳ヲ成シ表面短毛ヲ布クヲ以テ容易ニ類品にしきさうト區別シ得。和名ハ小錦草ニシテにしきさうニ比シ小形ナルノ意。

はぎくさう (乳漿草)

Euphorbia Esula L.

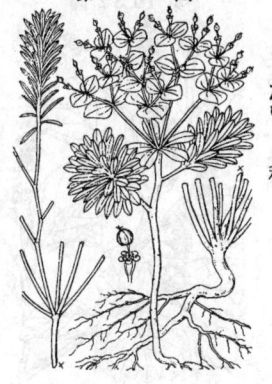

中部ノ海岸ニ稀ニ生ズル多年生草本。高サ20-40cm、莖ハ直立シ、乳液ヲ含ミ、無毛平滑粉白ニシテ上部ニハ二三分枝ス。葉ハ稍密ニ聚リテ互生シ飽狀倒披針形ニシテ長サ3cm内外、先端鈍形、底部ハ次第ニ狹ク短脚ト成リ、裏面殊ニ帶白色ニシテ、短枝上ニ密ニ生ジ菊花ノ形ヲ呈ス故ニ葉菊草ト名ク。七月頃莖頂ニ五橄梗ヲ出シテ開花ス。橄梗下ノ輪生葉ハ五片アリテ鈍頭ノ倒卵狀披針形ヲ呈ス。橄梗ハ二回二叉シ、甚ダ細シ。苞葉ハ低平ノ菱狀卵形或ハ腎形ヲ帶ビ全邊ニシテ無毛。總苞ノ裂片ハ三角狀ニシテ細小、緣ニ毛アリ。腺體ハ四箇アリ横ニセル長橢圓形ニシテ兩端少シク尖リテ外方ニ向ヒ黄色ヲ呈ス。蒴果ハ略球形、細柄ヲ具ヘ、表面殆ド平滑ニシテ三殼片ニ開裂シ種子ヲ彈出ス。

ほるとさう (續隨子)
一名　くさほると

Euphorbia Lathyris L.

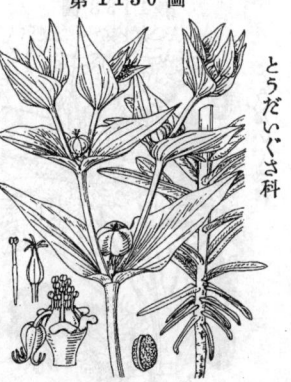

歐洲原産ノ越年生無毛ノ草本ニシテ今カラ凡五百五十餘年前ニ渡來シ、爾後永ク我邦ニ栽培セラレ、古名ヲこはゴト稱セリ、即チ小巴豆ノ意ナリ。高サ50-70cm許リ。莖ハ直立シ、圓柱形ニシテ强壯ナリ、上部ニ於テハ橄梗ヲ分ツ。葉ハ對生シ、莖ノ最上部ニ於テ輪生ヲ成ス。下部ノ葉ハ線形ヲ成シ、上部ノ葉ハ披針形又ハ線狀披針形、全邊ニシテ先端尖リ、基部ハ稍心臟底ニシテ莖ニ接ス。苞ハ對生、卵形或ハ卵狀披針形、基部ハ截形或ハ心臟底ヲ成ス。夏日花ヲ著ク、小花序ハ外觀一花ノ如シ。小總苞ハ綠色盞狀ヲ成シ、三日月狀ノ黄色ナル腺體ヲ有ス。小總苞中ニハ一雄蕊ヨリ成ル多數ノ雄花ト一雌蕊ヨリ成ル一雌花トヲ有ス。花柱ハ三、先端ニテ二岐ス。蒴果ハ三胞ヲ成セル球形、綠色、平滑、果皮ハ白色ノ軟狀質。種子ハ大ナリ。有毒植物。和名ハほるとがるさうノ略、其種子ヨリ搾取セシ油ヲほるとがる油即おりーぶ油ニ僞ル故ニ云ヒ、草ほるとハ木ノおりーぶニ對シテ謂フ

しゅうじゅうさう

Euphorbia heterophylla L.

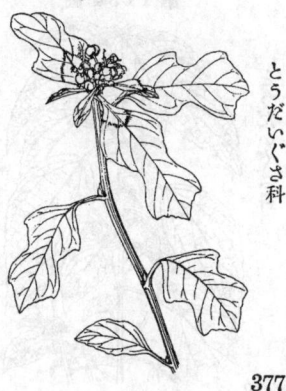

北米原産ノ一年生草本ニシテ明治年間ニ渡來シ、觀賞草トシテ栽植セリ。莖ハ直立シ、高サ60-70cm許、强壯ニシテ傾上セル枝ヲ有ス。葉ハ互生シ、形ハ多樣ニシテ線形ヨリ圓形ニ至ルマデアリ、全邊或ハ波狀ニ切込ミアリ或ハ鋸齒アリ。最上部ノ數葉ハ特ニ丹赤斑ヲ有ス。葉ハ總テ柄ヲ有ス。七八月、一見一花ノ如キ一花序ヲ包ム小總苞ハ枝ノ上部ニ集リ、鐘狀ヲ成シ綠黄色、先端ハ五箇ノ裂片ト成リ、裂部ニ一或ハ數箇ノ腺體ヲ有ス、腺體ハ黄色ニシテ附屬物ナシ。小總苞中ニ一雄蕊ヨリ成ル數箇ノ雄花ト一雌蕊ヨリ成ル一雌花トアリ。雌花ノ花梗ハ長シ。蒴果ハ平滑或ハ微毛アリ。和名猩々草ハ其梢葉ニ赤色彩アルニ基キテ云フ。

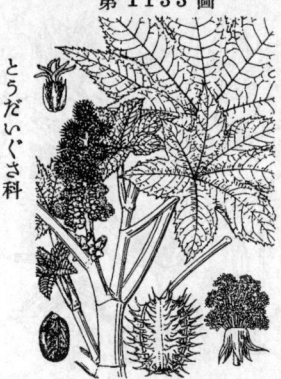

しらき
Sapium japonicum *Pax et K. Hoffm.*
（＝Excoecaria japonica *J. Muell.*）

山地ニ見ル落葉小喬木。葉ハ有柄互生シ、橢圓形・卵形或ハ倒卵狀橢圓形ヲ成シ、先端短ク尖リ、底部ハ圓ク、全邊ニシテ毛ナク質稍厚シ。長サ6-13cm 内外、葉裏ノ邊緣ニ近キ處主ナル支脈ノ先ニ腺體アリ。葉柄ノ上端ニ通常二腺アリ。托葉ハ早落ス。嫩枝及ビ葉柄ハ生時往々紫色ヲ呈シ白乳液アリ。雌雄同株ニシテ六月頃、枝梢＝10cm 内外ノ花穗ヲ抽キ、其上部ニ多數黄色ノ細雄花ヲ穗狀樣ノ總狀花序ニ著ケ、下部ニ有柄雌花數箇ヲ著ク。雄花ハ三裂セル杯狀ノ萼ヲ有シ、二三ノ雄蕋ヲ具へ、雌花ハ三蕚片ヲ有シ、子房ハ卵形ニシテ花柱ハ三箇、花後三果皮アル圓キ蒴果ヲ生ジ、熟シテ三殼片ニ開裂ス。種子ハ平滑ナル球形ナリ。和名白木ハ其材ノ色ニ基ク。

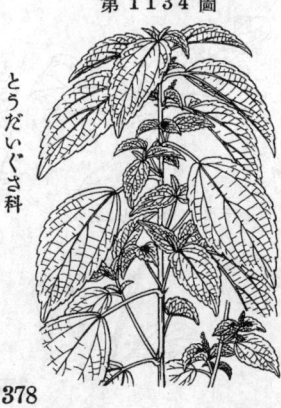

たうごま（蓖麻）
Ricinus communis *L.*

有用植物トシテ栽培セラルル一年生草木。蓋シ印度或ハ小亞細亞・北あふりかノ原産ト謂フ。莖ハ太サ圓柱形ニシテ直立シ、高サ 2m 内外、通常疎ニ分枝ス。葉ハ長柄ヲ有シテ互生シ、直徑 30cm-1m ニ及ブ楯形ニシテ掌狀ニ五乃至十一裂シ、裂片ハ卵形或ハ狹卵形ニシテ尖リ、鋸齒アリ、無毛ニシテ光澤アリ、綠色乃至褐色ヲ呈ス。秋ニ至リ初メ梢上次デ上部ノ節ヨリ直立セル大形ノ總狀花穗ヲ抽クコト 20cm 内外、密ニ多數ノ單性花ヲ綴ル。雄花ハ花穗ノ下部ニ位シ、雌花ハ上部ニ簇マル。雄花ハ五花蕚片アリ、花絲ハ多數ニ分岐シテ一胞ノ黃葯ヲ著ケ、其數千五百以上ヲ算ス。雌花ハ小ナル五花蕚片アリ、肉毛アル子房ハ三室、花柱ハ基部ヨリ三分シ更ニ二岐ス。蒴果ハ通常有刺或ハ稀ニ無刺、三殼片ヨリ成リ三室ニシテ毎室一種子ヲ容ル。種子ハ橢圓形、滑澤ニシテ暗褐斑紋アリ、此レヨリ所謂蓖麻子油ヲ採ル。和名ハ唐胡麻ニシテ唐ハ支那ヨリ來タリシ意、胡麻ハ其種子ニ基ク。

えのきぐさ（人莧）
一名 あみがささう
Acalypha australis *L.*

路傍荒地或ハ畑地等ニ普通ニ見ル一年生草本。莖ハ細長ニシテ通常直立シ枝ヲ分チ、高サ 30cm 内外アリ。葉ハ有柄互生シ、卵圓形・卵狀長橢圓形或ハ卵狀披針形ヲ成シ、先端稍尖ル。葉緣ニ鋸齒ヲ有シ、葉片ハ莖ト共ニ疎毛アリ。夏秋ノ間、葉腋ニ有穗ノ花穗ヲ出ス。雄花ハ多數細小ニシテ穗狀ヲ成シ褐色ヲ呈ス。苞ハ三角狀卵形ヲ成シ鋸齒ヲ有シ穗本ニ在ル雌花ヲ抱ク。雄花ハ在テハ蕚四裂、膜質ナリ。雄蕋ハ八箇、花絲ハ基部ニ於テ融着ス。雌花ハ在テハ蕚ハ三裂シ、子房ハ球形ニシテ毛アリ、花柱ハ三。和名榎草ハ其葉ニ由リ、又編笠草ハ苞ノ形ニ由ル。漢名ノ一ニ鐵莧ト云ヒ又海蚌含珠ト名ク。

とうだいぐさ科

あかめがしは
一名　ごさいば・さいもりば
Mallotus japonicus *Muell. Arg.*

とうだいぐさ科

普通ニ山野ニ見ル落葉喬木、樹膚褐色ヲ呈シ、生長甚ダ速シ。葉ハ長柄アリテ互生シ、卵形或ハ圓形ニシテ先端延ビテ尖リ、或ハ淺ク二三裂ス。枝ト共ニ細毛アリテ特ニ嫩葉ニ於テ著シ。葉柄通常赤染シ、其極メテ嫩キ幼葉ハ特ニ紅赤色ノ綵毛ヲ密被シテ美ナリ。雌雄異株。夏、枝梢ニ總狀或ハ圓錐花序ヲ成シテ多數ノ花ヲ着ク。穗軸並ニ穗枝ハ赤褐色ノ短毛ニテ覆ハル。花ハ小ニシテ極メテ短キ小梗アリ或ハ無梗。雄花ハ黄色ヲ呈シ、苞ハ三角狀線形ニシテ約三花ヲ擁シ、萼片ハ三、四裂、雄蕊甚ダ多シ。雌花ハ短花穗ニ密着シ短小梗ヲ具ヘ、萼ハ三裂、子房ハ三柱頭アリ。蒴果ハ外面刺多ク、熟セバ三殼片ニ開裂シ紫黑色球形ノ種子ヲ出ス。和名赤芽槲ハ其芽紅赤色ナルヨリ云フ、古來此葉ニ食物ヲ載ス、故ニ五菜葉或ハ菜盛葉ノ稱アリ。漢名　梓（誤用、之レヲあづさト訓シ本品あかめがしはノ名トスルハ非ナリ。支那ニ酒藥子樹アリ蓋シ別種ナレドモあかめがしはニ近シ。

やまあゐ
Mercurialis leiocarpa *Sieb. et Zucc.*

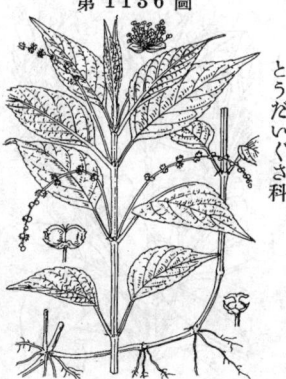

とうだいぐさ科

山足樹下ノ地等ニ生ズル多年生草本ニシテ、群ヲ成シテ繁茂シ、高サ凡 30-40cm 許。地下莖ハ疎ニ分枝シ、白色ニシテ乾ケバ紫色ヲ帶ブ。莖ハ細長、直立シ、四稜アリテ綠色、疎節アリ。葉ハ對生シ、長橢圓狀披針形ヲ呈シ先端尖リ、底部ハ圓ク、葉緣ニ鋸齒アリ、葉面ニ疎毛ヲ帶ビ、長柄ヲ有シ柄本ニ披針形ノ小ナル托葉ヲ具フ。雌雄異株。早春、葉腋ヨリ細長ナル花梗ヲ葉上ニ直抽シ、綠色ノ小花ヲ穗狀ニ着ク。雄花ニハ三裂セル萼片ト長キ多雄蕊トアリ。雌花ハ穗梢ニ少數ニ着キ、鱗片狀萼三片ト一子房トアリテ子房上ニ二柱頭ヲ有ス。蒴果ハ小ニシテ無毛或ハ剛毛アリ。本品ノ生葉ヲ搗キ其綠汁ヲ以テ新嘗會ノ小忌衣（をみごろも）ヲ染ム、之レヲやまあゐノ摺ト稱ス。和名ハ山藍ニシテ山地ニ生ズル藍ノ意ナリ。漢名 大靑・山靛（共ニ誤用）

あぶらぎり
一名　どくゑ
Aleurites cordata *Muell. Arg.*

とうだいぐさ科

蓋シ昔時支那ヨリ渡來セシ落葉喬木ニシテ、暖地ニ生ジ、通常栽植スト雖モ又往々山地ニ自生ノ狀ヲ成ス。幹直立シテ分枝シ、高キ者凡10mニ達ス。葉ハ長柄アリテ互生シ、略ボ圓形ニシテ二、三裂シ或ハ分裂セズシテ卵圓形ヲ呈シ、底部ハ截形或ハ心臟形ト成シ、葉緣ハ淺ク波狀ヲ成シ、葉質厚ク、長サ 15-20cm 許アリ。雌雄同株。初夏ノ候、枝端ニ頂生ノ圓錐花穗ヲ成シテ紅色暈アル白花ヲ開キ、花穗ハ雌雄ニ異ニス。萼ハ杯形、二深裂。花瓣五。雄花ニ於テハ十雄蕊ニシテ二列シ、雌花ニ於テハ一子房ニ二岐セル三花柱ヲ有シ退化雄蕊アリ。蒴果ハ徑 20-25mm 內外、扁球形ニシテ質硬キ三殼片ヨリ成リ、中ニ三顆ノ大種子ヲ容レ、毒アリ。種子ヨリ搾リタル油ヲ桐油（とうゆ）ト云フ。和名ハ油桐ノ意、又どくゑハ毒荏ニシテ其油ニ多少ノ毒ニ似テ毒アル故ニ斯ク云フ。漢名　罌子桐（誤用、ハレト同屬おほあぶらぎり A. Fordii *Hemsl.* ナリ、又油桐・荏桐ト稱ス）

379

ゆづりは
Daphniphyllum macropodum *Miq.*

山地ノ林中ニ自生シ、又庭樹トシテ栽植セラルル常綠喬木。高サ4-10m許、幹ハ直立シ粗枝ヲ岐ス。葉ハ枝頭ニ集リテ互生シ赤色或ハ淡紅或ハ綠色ノ長柄アリ、長橢圓形ニシテ先端短ク尖リ鈍底ニシテ全邊、質厚ク平滑ニシテ表面深綠、裏面白綠色、長サ15-20cm許アリ。初夏新葉萌出ノ頃枝頭葉腋ヨリ花梗ヲ出シ總狀花序ヲ成シテ綠黃小花ヲ開ク。雌雄異株ニシテ花ハ無花被。雄花ハ八乃至十雄蕋、雌花ハ稍球形ナル子房ニ二花柱ヲ有シ、子房ノ下部ニ退化雄蕋ヲ存ス。後橢圓形暗碧色ノ實ヲ結ブ。邦俗其葉ヲ用キテ新年ノ飾リトス。葉柄綠色ノ品ヲ八いぬゆづりはト云フ。和名讓葉ハ其葉ノ新陳代謝著シキ故云フ。漢名　楠幷ニ交讓木（共ニ誤用）

ひめゆづりは
Daphniphyllum glaucescens *Blume.*

暖地ノ海岸樹林中ニ生ズル常綠喬木ニシテ其幹往々亘大ナル者アリ、高サ3-10m許。葉ハゆづりはニ似テ小サク、長サ8cm內外、長橢圓形、全邊ナルモ稚木ノ者ハ在テハ往々二三ノ淺キ彎入アリ。先端銳頭或ハ鈍頭、質稍硬ク且ヤ厚ク、表面ハ光澤ニ乏シ。裏面多少白味ヲ帶プ卜雖モゆづりはノ白霜ニ比スベクモ非ズ。雌雄異株。前年枝ノ葉腋ニ疎ナル總狀花序ヲ成シ、五月頃小花ヲ開ク。花軸甚ダ長クシテ立ツ。蕚片顯著ナレド果實ト成ルニ及ンデ脫落ス。花瓣無ク、雄蕋ハ八箇アリ。果實ハ廣橢圓體、大サゆづりはニ比シテ小ナリ。冬ヲ經テ黑熟ス。本種ゆづりはニ比スルニ葉ハ小形、質ハ硬クシテ彼ノ如ク下垂セズ葉裏稍脈顯著、花ニハ明瞭ナル蕚ヲ存シ雄蕋八箇ナル點ヲ以テ區別シ得。和名姬讓葉ハ其葉ゆづりはニ比スレバ小形ナルヲ以テ云フ、然ルニ幹ハゆづりはニ比スレバ迥カニ亘大ナル者アリ。

えぞゆづりは
一名　ひなゆづりは
Daphniphyllum humile *Maxim.*

中部以北、又ハ中國ノ殊ニ日本海斜面ノ山地ニ多キ常綠ノ灌木。樹高1-3m許、下部ニテ分岐シテ叢ヲ成シ、枝ハ綠色滑澤、繁密ニ葉ヲ着ク。葉ハ互生有柄、橢圓乃至倒卵狀長橢圓形、長サ10-15cmヲ算シ、急遽銳尖頭ヲ成シ、底部ニ銳形或ハ稍鈍形、表面淡綠色ニシテ滑澤、裏面粉白、支脈數ハ八-十箇ヲ算シ、ゆづりはニ比シテ少シ。雌雄異株。五月ノ候前年枝ノ上部葉腋ニ花穗ヲ出シ、總狀花序ヲ成シテ疎ニ花ヲ着ク。果實ハ橢圓形ニシテ長サ1cm許、黑碧色ヲ呈ス。本種ゆづりはニ似タレドモ、低小多枝ノ灌木ニシテ葉モ比較的薄ク兩面共ニ多少粉白、支脈ノ數稍少クシテ互ニ距ルノ差ヲ見ル。

ひとつばはぎ
Securinega flueggeoides *Muell. Arg.*

丘陵幷ニ原頭ニ生ズル落葉灌木ニシテ高サ2m内外、伸長セル枝極多シ。葉ハ互生シ、橢圓形・長橢圓形或ハ卵狀橢圓形ニシテ長サ3-5cm、先端短ク尖リ或ハ鈍頭、殆ド全邊ニシテ少シク波狀ヲ呈シ、底部ハ尖リテ短キ葉柄ヲ具フ。雌雄異株。夏日葉腋毎ニ淡黃色ノ有梗小花ヲ簇生ス。毎花萼片五、花瓣ナシ。雄花ハ多數相集リテ團集シ、花梗短ク、五雄蕋アリ。雌花ハ二乃至八、稍長キ花梗ヲ有ス、花中ニ三室ノ一子房アリテ三柱頭ノ一花柱アリ。蒴果ハ細長梗ヲ具ヘ、平圓形ニシテ直徑6mm許、三條ノ縱レアリテ三殼片ニ開裂シ、內ニ六種子アリ。和名ハ一葉萩ノ意、全體はぎノ姿アレドモ其葉ハはぎノ如ク三小葉ナラズ皆單葉ナルヲ以テ此稱アリ。

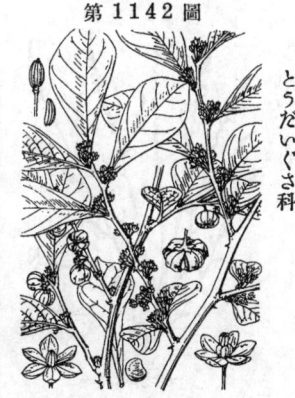

第 1141 圖

とうだいぐさ科

かんこのき
Glochidion obovatum *Sieb. et Zucc.*

我邦中部以西暖國ノ近海地或ハ山地ニ見ル繁技繁葉ノ落葉灌木ニシテ高サ1-6m許、其小枝往々針化セリ。葉ハ互生シ倒卵形或ハ楔形ヲ成シ長サ3-5cm、先端ハ鈍頭或ハ微尖頭、下部ハ楔形ヲ成シテ漸尖シ終ニ極メテ短キ葉柄ト成ル。全邊ニシテ質厚シ。稚木ノ葉ハ特ニ著シキ菱狀楔形ヲ呈ス。雌雄異株。夏日葉腋ニ小花梗アル淡綠色ノ數小花ヲ聚着ス。萼ハ六裂シ、長橢圓狀卵形、花瓣ナシ。雄花ハ在リテハ雄蕋三、雌花ハ於テハ六室ノ一子房ヲ有シ、六花柱ハ肥厚シ基部ニ於テ甚ダ短ク融合ス。蒴果ハ扁圓形ニシテ九月頃熟シテ開裂シ、黃赤色ヲ呈セル十餘ノ種子ヲ露ハス。和名ノ意義予之レヲ解セズ。

第 1142 圖

とうだいぐさ科

こみかんさう (葉下珠)
一名 きつねのちゃぶくろ
Phyllanthus Urinaria *L.*

暖國ニ生ズル一年生草本ニシテ高サ10-30cm許アリ。莖ハ直立シテ分枝シ、通常紅赤色ヲ呈ス。葉ハ小形ニシテ長橢圓形ヲ成シ、長サ5-10mm許、多數小枝ノ左右兩側ニ排列互生シ、宛モ複葉ノ觀アリ、殆ド全邊ニシテ細見セバ多少ノ鋸齒ヲ認ムルコトヲ得、先端ハ尖リ、底部圓ク、莖ニ接シ或ハ極メテ短キ葉柄アリ。托葉ハ小、三角ナリ尖ル。夏秋、葉腋ニ微細ナル赤褐色ノ雌雄花ヲ開ク。雄花ハ六萼三雄蕋アリ、雌花ハ花後小形ノ平圓形蒴果ヲ結ブ。蒴果ハ無柄ニシテ葉下ニ羅列シ、果面ハ皺起アリテ赤褐色ヲ呈シ、熟シテ三殼片ニ開裂シ種子ヲ放出ス。和名小蜜柑草幷ニ狐の茶囊ハ其圓キ果實ノ狀ニ基ヅク。

第 1143 圖

とうだいぐさ科

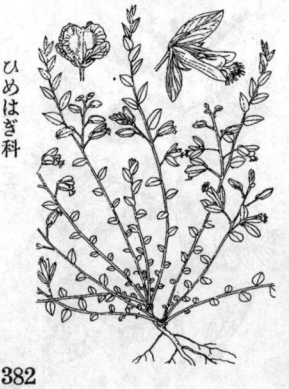

ひめみかんさう
Phyllanthus Matsumurae *Hayata.*

荒地或ハ畑地等ニ生ズル一年生ノ小草本ニシテ高サ10-30cm許、通常分枝ノ往々一方ニ傾クノ性アリ、枝條ハ細長ナリ。葉ハ長橢圓形或ハ披針形ニシテ長サ8-12mm許アリ、先端尖リ、全邊ニシテ極メテ短キ葉柄アレドモ殆ド莖ニ接シテ見エ、托葉アリ。夏秋ノ間、葉腋毎ニ雌雄ノ有梗小花ヲ着ケ黄綠色ヲ呈ス。雄花ハ四萼二雄蕊アリテ花絲ハ殆ド接着シ、四腺體アリ。雌花ハ六萼アリ、花柱ハ二、六腺體アリ。花後圓形ノ小蒴果ヲ下垂ス、果皮ハ平滑ニシテ熟セバ三殻片ニ開裂シ、種子ヲ糝出ス。和名ハ小蜜柑草ニ似テ小ナルヲ以テ、姫蜜柑草ノ稱アリ。

ひなのかんざし
Salomonia stricta *Sieb. et Zucc.*

原野ノ濕地ニ生ズル一年生ノ小草本ニシテ高サ10-15cm許アリ、直立シ通常纖長ナル枝ヲ分ツ。葉ハ小ニシテ疎ニ互生シ、長サ5-7mm許、長橢圓形、下部ニ在テハ倒卵形ニシテ先端微凸頭ヲ成シ、無柄ニシテ莖ニ接シ、無毛ニシテ全邊ナリ。夏秋ノ間、莖ノ上部ニ直立セル痩穗狀ヲ成シテ紫色ノ小花ヲ着ク。萼ハ五片ニシテ其內部ノ二片ハ稍大ナリ。瓣片三ニシテ、前方ノ瓣片ハ龍骨狀ト成リ其一部雄蕊筒ト融合ス。龍骨瓣ハ細裂セズ。子房ハ二室、各室ニ一卵子ヲ有ス。蒴果ハ細小ニシテ稍兩側ヨリ壓扁セラレ、橫方ニ長クシテ邊緣刺毛アリ、堅ニ花軸ニ着ケリ。和名雛の簪ハ其美麗可憐ノ碎花ヲ着クル花穗ノ狀ニ基ヅク。

ひめはぎ (瓜子金)
Polygala japonica *Houtt.*

普通ニ山野ニ生ズル常綠ノ多年生小草本ニシテ根ハ硬質ニシテ痩長ナリ。莖ハ硬質ニシテ鐵線狀ヲ成シ、株本ヨリ多ク叢生シ、長サハ花時短ク10cm內外ナレドモ、花後ハ成長シテ20cm內外ニ達シ、上向或ハ傾斜ス。葉ハ小ニシテ互生シ、卵形又ハ長橢圓形、先端尖リ、短キ葉柄アリ、初メ長サ約10mm內外ナレドモ、花後ハ25mmニ達シ莖ト共ニ細毛アリ。春時、莖上短キ總狀花穗ヲ成シテ紫色ノ蝶形樣花ヲ開ク。萼片五、花瓣狀ヲ成セル兩側ノ二萼片ハ大ニシテ翼狀ヲ呈ス。花瓣ハ下部合體シテ一方ニ裂隙アリ、前面ニ當ル瓣背ニ剪裂片アリ。雄蕊八、花絲ハ基部合生ス。蒴果ハ平扁ニシテ二殻片ヨリ成ル。一變種ニひめはぎ(var. minor *Makino*)アリ、小形ニシテ莖纖細、葉狹小ナリ。和名姫萩ハ紫花ヲ開キ萩花ヲ想起シ、且草態小形ナルヲ以テ斯ク名ク。漢名 遠志(誤用)

ひなのきんちゃく (小扁豆)
Polygala Tatarinowii *Regel.*

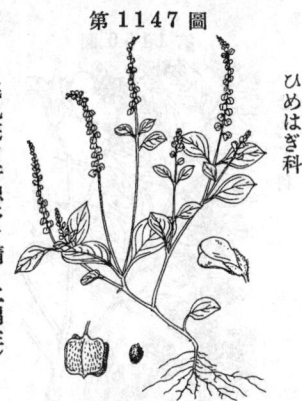

第 1147 圖

ひめはぎ科

山麓原野ニ生ズル一年生ノ小草本。無毛ニシテ高サ凡 7--15cm、疎ニ分枝シ、緑色ナリ。葉ハ卵圓形ニシテ先端鋭尖シ、底部ハ流レテ翅アル葉柄ト成ル。質薄クシテ軟弱、長サ葉柄ヲ併セテ 15--25mm 許アリ。夏秋ノ間、枝上ニ穗狀樣ノ長キ總狀花序ヲ成シテ其上部ニ短小花梗アル多數ノ小花ヲ着ケ、花ハ黃彩アル淡紫色ナリ。萼片五ニシテ側片ハ花瓣狀ヲ成シ橢圓形、龍骨瓣ハ帽狀ヲ成シ剪裂片アリ。雄蕋八箇ニシテ花絲ハ融合ス。子房ハ二室ニシテ各室ニ一卵子ヲ入ル。蒴果ハ扁圓。種子ハ黑色ニシテ表面ハ白毛ヲ疎生シ、種衣アリ。和名雛の巾着ハ其小ナル果實ニ基キシ稱ナリ。

かきのはぐさ
Polygala Reinii *Franch. et Sav.*

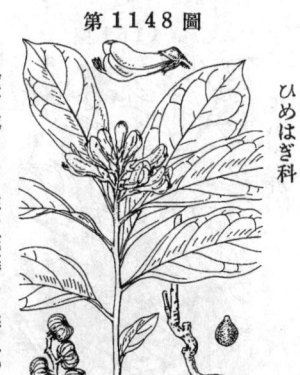

第 1148 圖

ひめはぎ科

我邦中部諸州ノ山地樹陰ニ生ズル多年生草本ニシテ高サ 25cm 內外。根ハ長クシテ肥厚シ、根莖ハ硬質ナリ。莖ハ單一ニシテ直立ス。葉ハ柄ありテ互生シ、全邊ニシテ倒卵形・倒卵狀橢圓形或ハ倒卵狀長橢圓形ヲ成シ、先端尖リ、底部銳形、平滑ニシテ質薄ク、綠色、長サ 10cm 內外アリ。六月ノ候、一ノ短キ總狀花穗頂生ニシテ直立ス。花ハ大ニシテ短小梗ヲ具ヘ花色黃色ニシテ又往々淡紅色ヲ帶ブ。兩側二片ノ花瓣狀萼ハ大ナル翼狀ヲ成シ、他ノ三片ハ通常ノ萼樣ヲ成ス。花瓣ハ三片、龍骨瓣ハ剪裂狀ノ附屬物アリ。雄蕋八數アリテ花絲相合シ、黃葯ヲ有ス。雌蕋ハ一、子房ハ橢圓形ニシテ細毛アリ。蒴果ハ稍平扁ニシテ略腎臟形ヲ呈シ、白緣毛アリ。種子ハ圓形ニシテ細毛ヲ被フル。ながばかきのはぐさ (var. angustifolia *Makino*) ハ其葉狹ナリ。和名柿の葉草ハ其葉宛モかきノ葉ニ似タルヨリ云フ。

せんだん (棟)
古名 あふち
Melia Azedarach *L.*
var. japonica *Makino.*

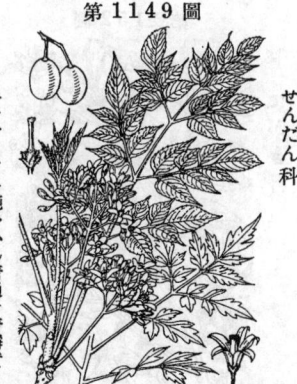

第 1149 圖

せんだん科

暖國ノ海邊山地ニ自生スレドモ普通ニハ人家ニ栽ウル落葉喬木ニシテ、高サ 7m ニ達ス。往々互幹ト成リ、枝ヲ四方ニ擴ゲ、小枝ハ粗大ナリ。葉ハ大ニシテ枝端ニ互生シ、有柄ニシテ、二、三羽狀複葉ヲ成シ、小葉多シ。葉柄ハ長クシテ柄本膨大ス。小葉ハ卵形又ハ卵狀橢圓形ニシテ先端尖リ、基部ハ鈍形或ハ圓形、葉緣ニ鈍鋸齒ヲ有シ時ニ分裂深シ。五六月ノ候、枝内ニ多クノ大ナル複繖花穗ヲ着ケ淡紫色ノ美ナル小花ヲ開ク、極メテ罕ニ白花品アリしろばなせんだんト云フ。五萼片五花瓣アリ。十雄蕋ハ合着シテ紫色ノ筒ヲ成シ、筒口ニ葯アリ。子房ハ通常五室、各二卵子ヲ入ル。核果ハ橢圓形ニシテ平滑、熟シテ黃色ヲ呈シ、落葉後多數果穗ニ着キシママ尙樹上ニ殘レリ、此果實ヲ苦棟子ト稱シ藥用ス。一變種ニたうせんだんアリ、果實大形ニシテ六九室ヲ有ス、之レヲ川棟子ト稱シ亦藥用トス。

383

第 1150 圖

せんだん科

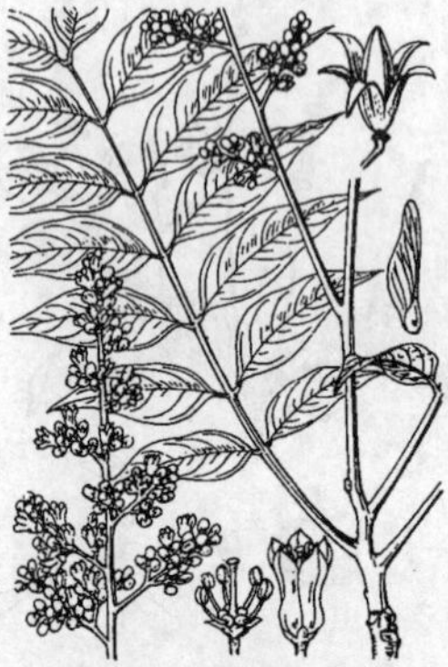

ちゃんちん (椿)

Toona sinensis *Roem.*

(=Cedrela sinensis *A. Juss.*)

支那ノ原產ニシテ往時同國ヨリ渡來シ、今ハ邦內諸州ノ人家ニ栽植セラルル落葉喬木。幹ハ直立シ高聳シ20mノ高サニ達シ、一種ノ臭氣ヲ含ム。葉ハ互生シ、奇數羽狀複葉ニシテ長サ 30-50cm許、小葉ハ卵形又ハ長橢圓形ニシテ銳尖頭ヲ有シ、殆ド全邊、無毛、長サ凡 10cm 內外アリ。七月、大ナル圓錐狀花序ヲ枝頭ニ頂生シ、多數ノ小白花ヲ開キ臭氣アリ。兩性花ニシテ極メテ短キ五萼片ト下部ニ於テ花盤ニ融着セル五花瓣及ビ五雄蕊、五不育雄蕊、一雌蕊アリ。蒴果ハ長橢圓形、褐色ニシテ毛ナク、大ナル胎座ヲ中央ニ殘シテ五殼片ニ開裂ス。種子ハ上部ニ長翼ヲ有ス。和名ハ香椿ノ支那音ひゃんちんノ轉ゼシモノニシテ、香椿ハ椿ノ別名ナリ。

第 1151 圖

にがき科

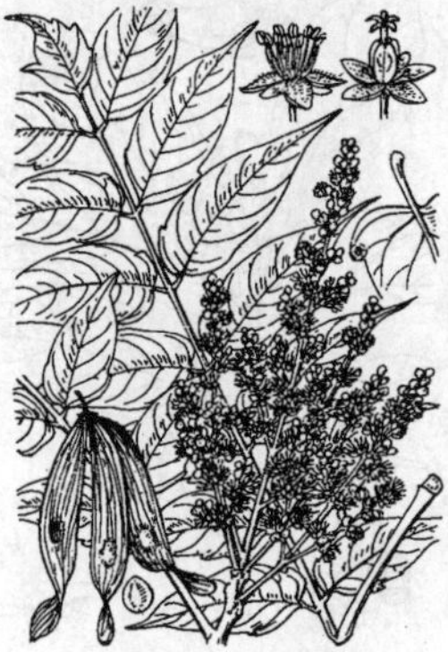

しんじゅ (樗)

一名　にはうるし

Ailanthus altissima *Swingle.*

(=A. glandulosa *Desf.*)

支那原產ニシテ明治十年頃渡來シ今ハ諸處ニ之レヲ見ル。大ナル落葉喬木ニシテ生長速ク、高サ10m餘ニ達ス。葉ハ互生シ、奇數羽狀複葉ヲ成シ、極メテ大ニシテ長サ50-90cmニ至ル。小葉ハ六乃至十二對ヲ成シ、短小柄アリ、長卵形或ハ卵狀披針形ヲ成シ、底部ハ不等邊ニシテ通常截形ヲ呈シ、葉頭ハ次第ニ狹窄シテ銳尖ト成ル。長サ 8-10cm 許、底部ニ近ク二亙齒アリテ其先端ニ大ナル腺體ヲ具フ。葉緣ハ輕ク波狀ヲ呈ス。夏日、枝端ニ頂生セル圓錐花序ヲ出シ、白質ニシテ綠色ヲ帶ベル多數ノ小花ヲ着ク。雌雄異株。萼ハ五齒片アリ。花瓣五片。雄花ニハ雄蕊十箇、雌花及兩性花ニハ五心皮ノ子房アリテ柱頭五分ス。翅果ハ薄質披針形ヲ成シ、中央ニ一種子ヲ藏ス。和名神樹ハ Tree of Heaven ナル西洋ノ俗名ヲ譯セシモノニシテ、此樹ニ對シ我邦ニテ最初ニ名ケシ名稱ナリ。

第 1152 圖

にがき科

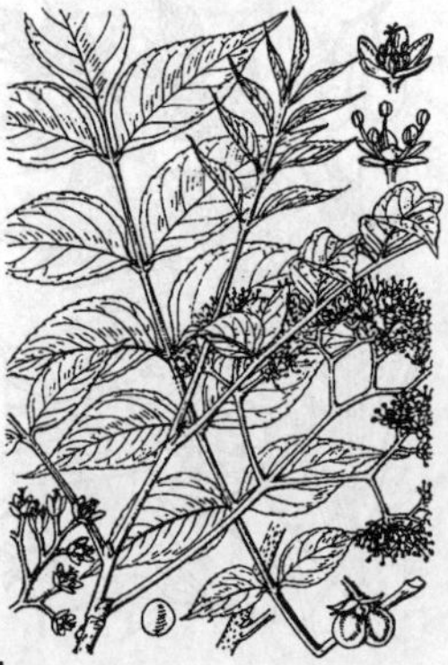

にがき (苦棟樹)

Picrasma ailanthoides *Planch.*

山地或ハ原野山林中ニ生ズル落葉小喬木ニシテ高サ10m餘ニ達ス。小枝ハ赭褐色ニシテ芽ニハ紅褐色ノ細毛ヲ密生ス。葉ハ互生シ、奇數羽狀複葉ニシテ長サ 20cm 內外、小葉ハ五六對、長卵形或ハ卵狀披針形ニシテ先端次第ニ狹窄シテ銳尖頭ヲ成シ、邊緣ニ鋸齒アリ、長サ6-7cm。夏月、枝梢ノ葉腋ヨリ長梗ヲ抽キ、通常二岐スルコト數回、更ニ總狀ニ黃綠色ノ小花ヲ着ケ、短廣ナル圓錐花穗ヲ形成ス。雌雄異株。花ニハ細小ノ四乃至五萼片、四乃至五瓣片ヲ有ス。雄花ニハ四乃至五雄蕊及ビ退化セル子房ヲ有シ、雌花ニハ四乃至五全裂セル子房ト不完全ナル四乃至五雄蕊ヲ有シ、一花柱中央ニ立ツ。後チ橢圓狀ノ核果ヲ結ビ、三四顆相竝ビ下ニ宿存セル四乃至五萼片ヲ伴フ。和名苦木ハ其枝葉ニ强烈ナル苦味アルヲ以テ此ク云フ。

きんかん （金橘）
一名 ながきんかん

Fortunella japonica *Swingl.* var.
margarita *Makino.*(=F. margarita
Swingl. ; Citrus margarita *Lour.*)

第 1153 圖

蓋シ往時支那地方ヨリ渡來シ、今ハ邦内暖地ニ
栽植セラルル常緑灌木本ノ果樹ニシテ高サ 3m
ニ達シ、枝葉繁密、殆ド或ハ全然刺ヲ有セズ。葉
ハ披針形ニシテ兩端漸尖シ、長サ4-9cm許、通常
先ノ方ニ不明瞭ナル鈍鋸齒アリ、裏面白緑色ニ
シテ葉脈明瞭ナラズ、葉肉中ニ細油點多シ。葉柄
ハ狹ク翼アリ。夏日、葉腋ニ一乃至二三ノ白色
小花ヲ開キ芳香アリ、小花梗ハ甚ダ短シ。五萼
片小形、五花瓣、多雄蕊、一子房アリ。子房ハ四
乃至五室ヲ有シ一花柱立ツ。漿果ハ倒卵形ニシ
テ長サ約3cm内外、熟シテ橙黄色ヲ呈シ食フベシ。
又果實圓形ニシテ葉脈短小ナルアリまるきんかん
(F. japonica *Swingl.*) ト云フ。和名金柑ハ漢名ナ
ルモ我邦用キシモノニシテ元來金柑ハ金橘ノ
一名ナリ。元來民間ニテ普通ニきんかんト呼
ブ者ハまるきんかん・ながきんかんノ併稱ナレ
ドモ、今此ニハ姑クながきんかんヲ其品トス。

だいだい （橙）
Citrus Aurantium *L.*
var. Daidai *Makino.*
(=C. Daidai *Sieb.*)

第 1154 圖

往時蓋ニ支那南部地方ヨリ傳ヘラレシ常緑小喬
木ニシテ暖地ニ栽植セラル。枝繁ク葉密ニシテ
枝上ニハ刺ヲ有ス。葉ハ互生シ、卵狀長橢圓形
ニシテ長サ6-8cm、先端尖リ、鈍底、質厚ク、
油腺點アリ、邊緣波狀或ハ輕キ鈍鋸齒アリ。葉
柄ニ廣キ翼ヲ有ス。初夏、梢上ノ葉腋ニ一乃至
數箇ノ花ヲ開ク。白色ニシテ香氣アリ、萼五片、
細小緑色。花瓣五片。雄蕊二十箇內外。一雌蕊
アリ、子房ハ球形綠色ニシテ一花柱立ツ。漿果
ハ球形或ハ少シク扁タク、冬日熟シテ黄色ト成
リ、樹上ニ殘留スレバ增大シ、翌夏ニ復ビ濁綠
色ヲ帶ブ。苦味アルヲ以テ敢テ食用トセズ、歳
首ニ之レヲ用ヰ、又皮ヲ藥用トシ陳皮ト稱ス。
和名ハ代々ノ意、果實ノ年ヲ越エテ尙樹上ニ留
マルニ由ル。

ゆず （柚）
一名 ゆのす

Citrus Junos *Tanaka.*
(=C. medica b. Junos *Sieb.*)

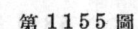

第 1155 圖

蓋シ支那原產ニシテ我國ノ人家畑地等ニ栽植セ
ラルル强壯ナル常綠小喬木ニシテ高サ凡 4m ニ
達ス。枝ニハ長キ尖レル刺ヲ有ス。葉ハ互生シ、
長卵狀長橢圓形ヲ成シ、先端尖リ微凹アリ、底
部鈍形ニシテ葉邊ニ細鋸齒アリ。葉柄ニハ廣
キ翼アリ。初夏、葉腋ニ單一ノ稍大ナル白色花
ヲ着ク、時ニ下垂ス。萼ハ小形綠色ニシテ五裂
シ、五花瓣ハ平開シ謝落性ナリ。雄蕊ハ凡二十
許、五雄或ハ稍筒狀ニ下部合着ス。瑻形ノ花盤
アリ。果實ハ稍扁圓ノ漿果ニシテ、外皮ハ凹凸
アリ、熟シテ黄色、徑4-7cm、外皮ト肉間トハ容
易ニ分離シ、果皮ハ芳香アリ、果肉ハ酸味强シ。
種子ハ大ナリ。果實ヲ調味料トス。和名ハ柚酸ノ
意ニシテ柚ハ樹名、酸ハ其果味ノ酸キニ基ヅク。

みかん

一名 とみかん・きしうみかん 古名 たちばな
Citrus deliciosa *Tenore.*

まつかぜさう科

最モ舊キ昔ヨリ暖地ニ栽培セラルル常綠喬木ニシテ、幹ハ互大ト成リテ久シキ經年ノ者少ナカラズ、枝ハ繁ク葉ハ密ナリ。高サ5m內外ニ達ス。枝條ハ瘦長、葉ハ互生シ、小形ニシテ長サ5-7cm許、卵狀披針形或ハ長卵形ニシテ全緣或ハ微細波狀鋸齒アリ。葉柄ニハ小翼アリテ上端ニ節ヲ具ヘ、葉片ニ節合スルコト他ノ柑橘類ト同ジ。六月頃、白花ヲ開キ香氣ヲ放ツ。五萼片ハ小形綠色ニシテ宿存ス。花瓣五。雄蕋ハ二十內外。後ハ黃赤色扁圓ノ漿果ヲ結ブ、徑凡3-4cm許、外果皮離レ易ク、其表面平滑ニシテ光澤アリ。中軸ハ中空ナリ。種子ハ小形ニシテ尖ル。變品少ナカラズ。食用トシテ賞美スベキ價値アレドモ現今うんしうみかんニ壓倒セラレ世人ノ之ヲ顧ル者鮮ナシ。惟フニ本品ハ最モ長キ時代ニ互リテ世人ノ寵ヲ專ラニセシ蜜柑ナリシコトヲ想像シ得ベシ、是レ蓋シ昔ノたちばなノ系統ヲ引キシ者ナラン。

うんしうみかん

Citrus Unshiu *Marcov.*

まつかぜさう科

日本ニ於テ生ジタル品種ニシテ今日ハ我邦中部南部ノ暖地ニ廣ク栽植セラルル常綠灌木。幹ノ高サ3m許、枝ニハ刺ナシ。葉ハ橢圓形ニシテ長サ7-10cm許、先端稍尖リ、略全邊ナリ。葉脈兩面ニ著シク、葉柄ニハ翼ナク上端ニ節ヲ具フ。初夏、梢上葉腋ニ多數ノ白色小花ヲ着ク。五萼、五花瓣、多雄蕋、一雌蕋アリ。子房ハ多室、果實ハ扁圓形ニシテ大形、直徑5-7.5cm、外皮離レ易ク、薄ク、鮮橙黃色ヲ呈ス。通常種子ヲ缺キ、肉質極メテ密、多液甘味。樹ハ甚寒耐病性甚ダ強ク、果實ノ早熟ニテ貯藏ニ適ス。故ニ我國蜜柑類ノ最タリ。和名ハ溫州蜜柑ノ意ナレドモ、蓋シ溫州ノ地ト何等關係ハ無ク單ニ其名ヲ冒セシモノニ過ギズ、而シテ從來稱スルうじゅきつ一名うんじうきつ(溫州橘)ハ之レト全ク別物ナリ。溫州ハ支那浙江省ノ南方ニ位スル瀕海ノ地ニシテ古來柑橘ニ名アル處ナリ。

くねんぼ (橘)

Citrus nobilis *Lour.*

まつかぜさう科

印度支那ノ原産ニシテ暖地ニ栽植スル常綠灌木。高サ3m許ニ達ス。葉ハ互生シ、みかんノ葉ニ似テ稍大ナリ、全長10cm內外、橢圓形或ハ長橢圓形ヲ成シ先端稍尖ル。初夏、枝梢ニ白色花ヲ着ク。香氣高シ。五萼片、五花瓣、多雄蕋、一雌蕋アリ。果實ハ秋ハ黃熟シ、みかんニ比スルニ外皮厚ク、果肉能ク離レ難ク、表面ニ凹凸アリ。大サ6cm許ニ至リ、佳香ト甘味ヲ有ス。從來 C. nobilis *Lour.* ノ學名ヲ普通ノみかんニ適用セシハ誤ナリ。和名ヲ九年母ト書ケリト雖モ其意分明ナラズ、琉球産ノみかんニくねぶアリ其呼音相通ズルガ如シ、然ル種類ハ全ク別ナリ、而シテ此ノくねぶ八果シテ琉球ノ固有名乎或ハくねんぽ乎內地名ノ舊ク同島ヘ傳ハリシモノ乎。漢名 香橙(誤用)

なつみかん
Citrus Natsudaidai *Hayata.*

暖地ニ栽培セラルル常緑灌木。高サ3m許ニシ
テ枝ハ廣ク擴ガル。葉ハ橢圓形ニシテ先端鈍頭、
質厚ク、腺點ニ密布ス。葉柄ハ翼アリテ翼ハ葉
柄ノ根本ニ向テ細マル。葉邊ニハ淺ク小鋸齒ヲ
有ス。葉ノ全長10cm餘、幅4cm餘アリ。初夏、
梢葉腋ニ白色花ヲ著ケ香氣甚ダシ。花ハ長サ15
mm内外ニシテ五萼片ハ下部融合シテ皿狀ト成
リ、五花瓣ハ稍々質厚シ。多數ノ雄蕊及ビ長キ
花柱ヲ有スル子房ヲ有ス。果實ハ大形ニシテ扁
圓形、長サ8cm、横徑10-15cm許、皮厚クシテ
扒多シ。貯藏ニ適シ、生食ス、味酸シ。又「マ
ルマレード」(果糕)トシテ賞用セラレ、皮ハ砂
糖漬トス。和名ハ夏蜜柑ノ意ニシテ此果秋ニ熟
スト雖モ長ク樹上ニ在リ、翌夏ニ至テ食セラル
ルヲ以テ此名アリ、夏みかんノ名ハ舊ク在リシ
ガ其品ハ果シテ現時ノ者ト同ジキ乎否乎。

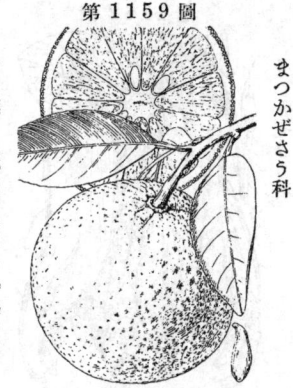
第 1159 圖

まつかぜさう科

やまとたちばな
誤稱 *たちばな*
Citrus Tachibana *Tanaka.*
(= C. Aurantium var.
Tachibana *Makino.*)

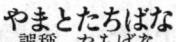

中國西邊・四國・九州・紀州・海岸近キ山地ニ稀ニ自生
スル本邦固有ノ常綠小喬木、高サ2-4m。枝稍密ニシ
テ綠色無毛、葉腋ニ刺ヲ生ジ條條ノ者ハ長大強剛ナ
リ。葉ハ互生、橢圓狀披針形、長サ3-6cm、先端漸次
尖リ末端微ニ凹入シ波狀ノ低鈍鋸齒ヲ具ヘ葉底ニ銳
形、革質、濃綠色、滑澤ナリ。葉柄短ク、翼無ク、葉片ト
節合ス。六月頃梢ニ新ニ腋生シテ白花ヲ開ク。萼片五、小
形ニシテ綠色、宿存性。五花瓣ハ長橢圓形ヲ呈ス。果
實ハ扁球形、徑2.5-3cm、多ニ入リテ黄熟ス。果皮薄
ク剝離シ易ク、表面ニ凹點多ク、ゆずノ香氣アリ。瓤
囊六-八箇、液汁酸クシテ殆ド食ニ堪ヘズ、囊ハ比シ
テ大ナル種子ニニヲ藏ス。京都紫宸殿ノ「右近ノ橘」ハ
即チ本種ノ培養品種ニ屬シ、果實ハ更ニ大リ。普通
ニ本種ヲたちばなト稱スレドモ非ナリ、元來たちばなノ
ハ食用蜜柑ノ古代名ニシテ多分其種ハ紀州みかんノ
チとみかん類ノ者ナリシナラント想像ヲ、從來此たち
ばなノ字ヲ充テシトハ誤ナリ。又たちばなノ語原ハ
始メテ之ヲ外國ニ索メテ我邦ニ入レシ田道間守ノ
名ニ基ク、之レヲ立テタル花ノ義ヲトスルハ不可ナリ。

第 1160 圖

まつかぜさう科

ざぼん (朱欒)
Citrus grandis *Osbeck.*
(= C. decumana *L.*)

印度支那附近ノ原產ト考ヘラレ、暖地ニ多ク栽
植セラルル常綠樹ナリ。高サ3m餘ニ達シ、槪
形他ノみかん類ニ似タレドモ其葉闊大ナリ。葉
柄ノ翼モ亦大ナリ。初夏、梢葉間ニ白色ノ大ナ
ル花ヲ開キ、大ナル花序ヲ成ス。果實ハ冬期黄熟
シ、人頭大ニ達スル大ナル圓形果ニシテ徑17cm
餘ニ至リ、外皮厚ク、肉ハ縮リ、果汁少シ。種
子ハ大形ニシテ扁平、多鱗ナリ。味甘酸ニシテ
生食スルニ適シ、又砂糖漬トシテ珍重セラル。
通常內部ノ紅紫色ノ者ヲうちむらさき、白色ノ
者ヲざぼんト稱ス。又特殊ナ洋梨形ノ者ヲぶん
たん(文旦)ト稱ス。和名ざぼんハ葡萄牙語ザ
んぼあ (Zamboa) ヨリ來ル。今日支那ニテハ之
レヲ柚ト云フ。

第 1161 圖

まつかぜさう科

387

第 1162 圖

まつかぜさう科

ぶしゅかん （佛手柑）
Citrus Medica *L.*
var. sarcodactylus *Swingl.*

暖地ニ栽植セラルル常綠ノ小樹ニシテ高サ凡2.5mニ達シ、枝多シ、刺ハ短形ニシテ剛硬ナリ。葉ハ互生シ、長橢圓形ヲ成シ、鈍頭、邊緣ニ微鋸齒ヲ有ス。長サ10cm內外。葉柄ハ無翼。初夏、梢葉腋ニ圓錐花序ヲ成シテ白色ノ五瓣花ヲ着ク。花瓣ハ大ニシテ長サ23mm、上部ハ白色、脚部ハ赤紫色ヲ帶ブ。萼ハ短クシテ1cm許、先端五裂ス。雄蕊ハ三十箇內外。果實ハ冬ニ至リテ黃熟シ、形ハ長ク、基部圓形ヲ呈シ上部ハ分裂シテ宛モ十餘指ヲ騈ベタルガ如キ畸形ヲ呈ス、故ニ佛手柑ノ名ヲ得タリ。　しとろんナルまるぶしゅかん即チ枸櫞ノ一變種ニシテ佳香ヲ放チ觀賞ノ品トス。

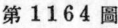

第 1163 圖

まつかぜさう科

からたち （枸橘）
一名 きこく
Poncirus trifoliata *Rafin.*
(＝Citrus trifoliata *L.*)

中央支那原產ニシテ古ク日本ニ傳來セリト考ヘラルル落葉灌木。邦內處ニヨリ野生ノ姿ヲ成スコトアリ、通常ハ生垣ニ用ヰラレ、又うんしうみかんノ砧木トシテ多ク植ヱラル。幹ハ通常2m內外、老木ハ3m餘ニ達スル者アリ。枝ハ稜角アリテ多少扁平、綠色ヲ呈シ、强大ニシテ扁平ナル互生刺ヲ有す、刺長5cmニ達ス。葉ハ三小葉ヨリ成ル複葉ニシテ葉柄ニ少ク翼アリ、秋日落葉スルヲ常トス。小葉ハ橢圓形乃至倒卵形、小鈍鋸齒アリ。春日葉ハ先チテ白色花ヲ開ク。花ハ大ニシテ單生、萼片ハ三ニシテ離生、五花瓣アリ。雄蕊多數、子房ハ多毛ナリ。後直徑3cm許ノ圓果ヲ結ブ、黃熟シ芳香アレド食フニ耐ヘズ、枳實（眞物＝非ズ代用ナリ）ト稱シテ藥用ニ供セラル。和名ハからたちばな即チ唐橘ノ略セラレシナリ、又きこくハ枳殻ノ字音ナレドモ元來枳殻ハ別ノ品種ナリ。

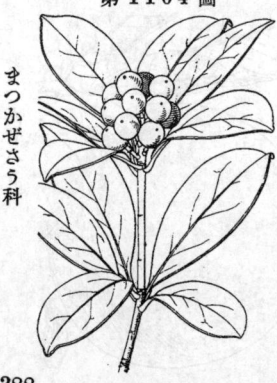

第 1164 圖

まつかぜさう科

みやましきみ
Skimmia japonica *Thunb.*

山中樹下ニ生ズル常綠灌木。高サ50cm內外ニ達シ、基部ヨリ直立シ分枝ス。葉ハ互生、革質ニシテ其葉柄ハ通常陽光ヲ受クレバ赤色ヲ帶ビ、枝上ニ集リ齊テ稍密生狀ヲ呈ス、長橢圓狀倒披針形ニシテ長サ7-10cm許、兩端尖リ或ハ鈍頭、全邊ニシテ無毛、葉面ニ小ナル油點ヲ散布ス。四五月頃、枝端ニ頂生セル圓錐花序ヲ成シ、香氣アル小白色花ヲ攢着ス。花軸ノミ有毛。雌雄異株ナリ。萼片及ビ花瓣ハ各四箇ニシテ花瓣ハ白色。雄花ニ於テハ四雄蕊。雌花ニ於テハ一雌蕊アリ、子房ハ四室ニシテ各室一卵子ヲ包ム、時ニ小サキ四雄蕊ヲ有ス。果實ハ漿果ニシテ熟セバ紅色ヲ呈シ美麗ナリ。有毒植物ノ一ナリ。變種多シ。和名ハ深山しきみニシテ其枝葉ノ狀しきみニ似且ツ山中ニ生ズル故此稱アリ。
漢名　茵芋（誤用）

388

うちだしみやましきみ
Skimmia japonica *Thunb.*
var. rugosa *Yatabe.*

山地ニ生ズル常綠大灌木ニシテ普クハ之ヲ見ズ。高サ1-2m。樹形・花果等ハみやましきみニ異ナラズト雖モ、葉ハ表面ニテハ脈絡甚ダシク陷入シテ溝ヲ成シ、裏面ニハ隆起シテ畦狀ヲ呈セルヲ以テ區別セラル。みやましきみニ比シテ稀品ナリ。枝條ハ疎、灰色ヲ呈シテ平滑。葉ハ三四片近ク聚リテ互生シ稍輪生セルノ觀アリ、長サ 10cm 內外、長橢圓形、銳尖頭、狹底、洋紙狀革質ニシテ淡靑綠色ヲ呈ス。雌雄異株。花ハ白色、四花瓣、四雄蕊、一雌蕊。果實ハ晚秋ニ入リテ紅熟シ球狀ヲ成ス。和名ハ打出し深山しきみニシテ葉脈ノ狀ニ基ク、然レドモ之ヲ上面ヨリ見ル時ハ實ハ打ち込みニシテ下面ニ打出セルナリ。

まつかぜさう科

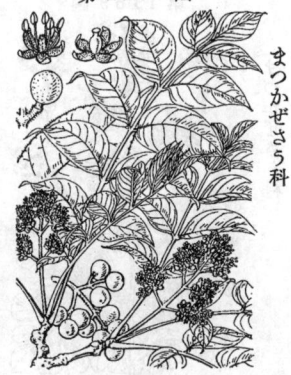

きはだ (蘗木・黃蘗)
Phellodendron amurense *Rupr.*

山地ニ生ズル落葉喬木。高サ15m內外ニ達シ、幹ノ外皮ハ淡黃褐色ニシテ厚キ木栓質ヲ成シテ縱溝ヲ印シ、內皮ハ黃色ナリ。枝極ノ外皮ハ灰色ヲ呈ス。葉ハ對生シ奇數羽狀複葉ニシテ長サ20-30cm許。小葉ハ卵狀橢圓形或ハ長橢圓形ヲ成シ、先端ハ次第ニ尖リテ銳尖頭、底部ハ稍鈍形ヲ成ス、長サ10cm內外、綠色ニシテ裏面ハ帶白色ヲ呈ス。邊緣ニハ低平ナル細鈍鋸齒竝ニ緣毛ヲ有ス。雌雄異株。夏日枝梢頂ニ圓錐花序ヲ成シテ黃綠色ノ細小花ヲ着ク。萼片及花瓣ハ五乃至八箇。雄花ニ於テハ五雄蕊。雌花ニ於テハ一雌蕊、子房ハ五室。核果ハ球形、黑熟シ、內ニ五核五稈子ヲ含ム。藥用植物ノ一ナリ。和名ハ黃膚ノ意、其內皮黃色ナルヲ以テ云フ。

まつかぜさう科

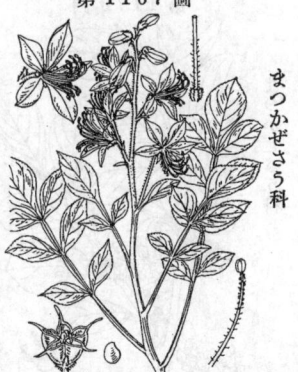

はくせん (白鮮)
Dictamnus albus *L.*

南歐原產ニシテ時ニ觀賞品トシテ栽培セラルル多年生草本。高サ60-90cm。强壯ニシテ莖ノ下部ハ質硬シ。葉ハ有柄互生シ、奇數羽狀複葉ニシテ中軸ニハ狹翼アリ。小葉ハ九一十一箇、卵形ヲ成シ、細鋸齒アリ、透明ナル細點ヲ有ス、長サ 3-5cm。夏日、梢頭ニ總狀花序ヲ成シテ大ナル花ヲ着ク。白色、淡紅色・薔薇色等種々ノ品種アリ、小花梗ハ苞ヲ有ス。萼片五、披針形ニシテ尖ル。花瓣五、長橢圓形ニシテ先端銳尖ス。最下ノ花瓣ハ垂レ、十雄蕊ハ花柱ト共ニ垂レテ且ツ上向キニ曲ル、故ニ左右相稱ヲ成ス。子房ハ短柄上ニ位シ、五室ニシテ深キ五溝アリ、花軸花梗竝ニ花ニ油腺アリテ强烈ナル臭氣アリ。果實ハ蒴ニシテ熟シテ五殼片ニ開裂シ種子ヲ出ス。和名ハ漢名ノ字音ナリ。

まつかぜさう科

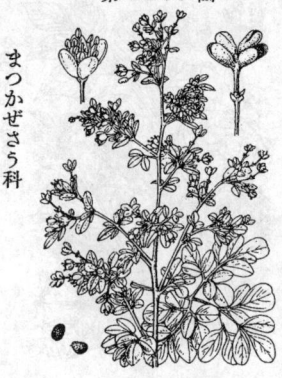

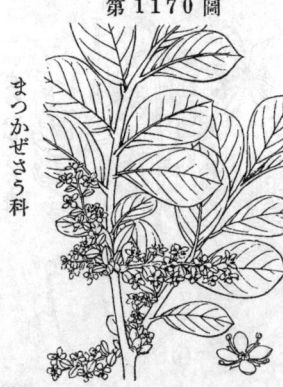

第1168圖

まつかぜさう科

へんるうだ （芸香）
Ruta graveolens *L.*

南歐原産ニシテ蓋シ明治初年ニ渡來シ今ハ處々ニ培養セラルル多年生草本。莖ハ強質ニシテ直立シ、帶白綠色ヲ呈シ、高サ 50cm ニ達ス。下部ハ木質ヲ成シ、全株ハ強キ臭氣アリ。葉ハ互生シテ多裂シ、腺點ヲ有ス、淡綠色ヲ呈シ紫色ヲ帶ブ、裂片ハ長橢圓形又ハ篦狀ヲ成ス。六七月頃、枝梢上ニ聚繖花序ヲ成シテ黃色花ヲ開ク。花ハ最頂ノ者ハ五瓣、十雄蕋ヲ有シ、側方ノ者ハ四瓣、八雄蕋ヲ具フ。花瓣ハ通常鋸齒アリ。子房ノ下ニハ綠色ノ花盤アリ。蒴果ハ四或ハ五室、表面油點多シ。熟シテモ離レズ。種子ハ褐色ニシテ小形。藥用植物ノ一。和名ハ和蘭語ノ「んるいと (Wijnruit) ノ轉化セシモノナリ。德川時代ニへんるうだト稱セシ者ハ今日ノへんるうだニ非ズシテ同屬中ノ Ruta chalepensis *L.* var. bracteosa *Halacsy*、ニシテ當時ハ今日ノへんるうだハ尚未ダ我邦ニハ來ラザリシナリ、今ハ之レヲとへんるうだト云フ。

第1169圖

まつかぜさう科

まつかぜさう （臭節草）
Boenninghausenia albiflora *Reichb.*

山地ニ生ズル多年生草本。高サ 60cm 內外ニ達ス。莖ハ直立シテ細ク、葉ハ多裂セル羽狀複葉ニシテ通常三岐シ、更ニ五一七片ニ分ル。小葉ハ倒卵形ニシテ先端圓ク或ハ凹頭、底部ハ流レテ小葉柄ト成ル。質薄クシテ油點ヲ具ヘ一種ノ臭氣アリ。下面ハ淡綠色、嫩葉ハ稍暗色ヲ帶ブ。秋日、枝梢上ニ聚繖花序ヲ成シ、多數ノ小白花ヲ開ク。蕚細小ニシテ深ク四裂シ、長橢圓形ノ花瓣四片アリ。雄蕋七一八條、長短アリ。雄蕋ノ內方ニ於テ子房柄ノ腰部ヲ圍ミ、邊緣ニ鋸齒アル花盤アリテ短筒ヲ成ス。子房ハ長柄上ニ在リテ四心皮ヨリ成リ一花柱ヲ有ス。蒴果ハ四分シ、尖皺アル數顆ノ種子ヲ容ル。和名松風草ハ蓋シ草姿ノ趣アルニ甚キ名ケシモノ乎。

第1170圖

まつかぜさう科

こくさぎ
Orixa japonica *Thunb.*

山野ノ樹下ノ地ニ生ズル落葉灌木。高サ 1.5-2m 許ニシテ多ク枝ヲ分ツ。葉ハ互生シ、橢圓形或ハ倒卵形ニシテ長サ7-13cm 許、先端稍尖リ、底部ハ短キ葉柄ト成ル。質軟ク、表面光澤アリ、表面ノ脈上及裏面ニハ微毛ヲ有ス。臭氣アリ。四月頃葉ノ未ダ小ナル時葉腋ニ黃綠色ノ花ヲ着ク。雌雄異株。雄花ハ總狀花序ヲ成シ、四蕚・四花瓣・四雄蕋及中央ニ退化セル子房アリ。雌花ハ單一ニシテ四蕚・四花瓣及退化セル小形ノ四雄蕋ト一雌蕋ヲ有ス。花瓣ハ卵形ナリ。子房ハ圓錐形ニシテ短花柱ト四柱頭ヲ有ス。四分セル蒴果ハ開裂シ其硬キ內果皮ノ反轉ニ由テ遠ク種子ヲ彈飛ス。和名小臭木ハくさぎノ如キ臭氣アリテ小木ナルヨリ云フ。漢名 常山（誤用）

ごしゅゆ （呉茱萸）
Evodia rutaecarpa
Hook. fil. et Thoms.

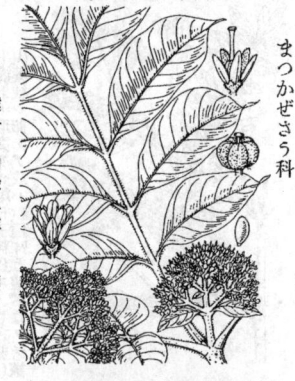

まつかぜさう科

支那ノ原產ニシテ享保年間ニ渡來シ今ハ諸處ニ栽植セラルル落葉小喬木ナリ。雌雄異株ニシテ我邦ニハ通常唯雌本ノミアリ。高サ 3m 餘ニ達ス。葉ハ對生シ、奇數羽狀複葉ニシテ小葉ハ七-九箇許、橢圓形全邊ニシテ先端急ニ尖リ、葉柄・嫩枝ト共ニ軟毛ヲ密生ス。小葉ノ長サ 10cm 內外。五六月頃、枝端ニ短キ圓錐花序ヲ成シテ綠白色ノ小花ヲ着ク。萼片及ビ花瓣ハ各四或ハ五箇、花瓣ハ立ツ。雄花ニ於テハ四或ハ五箇ノ雄蕋ヲ有シ基部ハ花盤ニ連繫ス。雌花ニ於テハ四乃至五心皮ヲ有スル一雌蕋アリ。花柱ハ單一ニシテ子房ハ花盤ニ埋ル。果實ハ紫赤色ヲ帶ビ藥用ニ供セラル。和名ハ漢名ノ音ナリ。支那ニ在テハ吳茱萸ニ二種アリ、今藥種トシテ同國ヨリ來ル者ハ果實小形ニシテ本品トハ同種ナラズ。

いぬざんせう
Fagara schinifolia *Engl.*

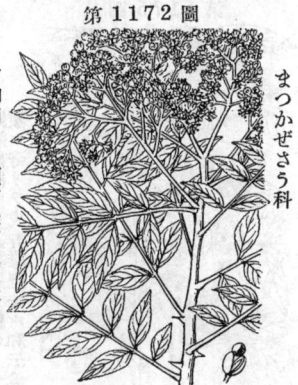

まつかぜさう科

原野川畔等ニ生ズル落葉灌木。概觀頗ルさんせうニ似ルト雖モ葉ニ佳香ナク、却テ一種ノ惡臭アリ。莖ニ刺アリ。葉ハ羽狀複葉ヲ成シ、七乃至九對ノ小葉ヲ有シ、小葉ハ長橢圓形ニシテ長サ 1.5-3cm 許、細鋸齒ヲ具ヘ、先端次第ニ尖リ、微凹頭ニ終ル。葉軸ニモ亦極メテ小ナル刺ヲ有シ或ハ有セズ。雌雄異株。夏日枝端ニ淡綠色ノ小花ヲ繖房花序ニ綴ル。萼片及ビ瓣片ハ五數ニシテ花瓣ハ橢圓形、雄蕋五本。雌蕋ハ三心皮ヨリ成リ、殆ンド離生、蒴果ハ秋冬ノ候成熟シ、圓形ノ種子ヲ露出ス。和名ハ犬山椒ハさんせうニ似タレドモ用ニ成サザル故云フ、いぬトハ人間ニ用途ナク之レヲ賤シメシ稱ナリ。漢名崖椒（誤用）

からすのさんせう
Fagara ailanthoides *Engl.*

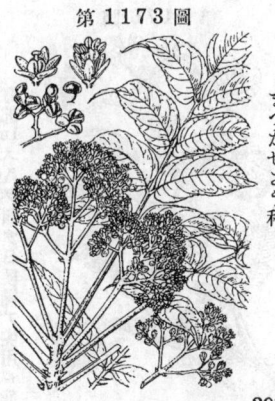

まつかぜさう科

多ク暖地ニ生ズル落葉喬木。高サ 7m 內外ニ達シ、枝ニハ短形ノ刺多シ。葉ハ大ナル奇數羽狀複葉ヲ成シテ小葉四乃至十五對ヲ有シ、小葉ハ長橢圓形或ハ披針形ヲ成シ、長サ 5-11cm 許、先端銳尖シ、邊緣ニ微鋸齒アリ、裏面ニ白綠色ヲ呈ス。葉脈著シク、葉軸ニハ刺ヲ有シ或ハ有セズ。稚樹ノ葉ハ長刺多ク、且小葉狹長ナリ。雌雄異株。夏日、枝梢上ニ短キ圓錐花序ヲ成シテ淡綠色ノ小花ヲ着ク。花ハ萼片五、花瓣五、雄花ニ在テハ雄蕋五本、雌花ニ於テハ三心皮ヲ有スル一雌蕋アリ。和名鴉ノ山椒ハ其種子ヲ鴉集リ來リテ食フ故云フ。漢名　食茱萸（蓋シ誤用）

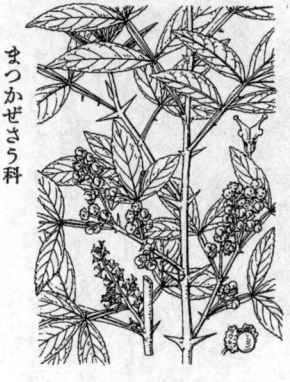

さんせう （蜀椒）
古名　はじかみ
Xanthoxylum piperitum *DC.*

山中ニ生ズレドモ又通常人家ニ栽植セラルル落葉灌木。幹ノ高キ者ハ3m二餘リ、多ク分枝シ、枝上ニ刺ヲ有ス。葉ハ互生シ、奇數羽狀複葉ニシテ五～九對ノ小葉ヲ具フ。小葉ハ小形ニシテ長卵形或ハ卵形或ハ長橢圓形ヲ成シ、先端細マリテ微凹頭ニ終ル、邊緣ニ鈍鋸齒アリ。葉ハ香氣アリ。雌雄異株。奉日葉腋ニ短キ複總狀花序ヲ成シテ綠黃色ノ小花ヲ綴ル。花被五片。雄花ハ雄蕋五箇アリ。子房ハ離生ニ基部ニ柄ヲ具フ。秋日平滑ナラザル果實ヲ結ビ、開裂シテ黑色ノ種子ヲ出ス。嫩葉ヲ食用ト сし果實ヲ藥用又ハ香味料トス。刺ノ殆ド無キ變種ヲ丶おさくらざんせう (var. inerme *Makino*) ト稱シ、多ク人家ニ栽植ス。和名ハ山椒ノ意ナレドモ山椒ハ漢名ニ非ズ、古名ノはじかみハはじかみらノ略ト謂ハル、はじ丶醸花即チはぜるノ意ニシテかみらハにらノ古名ナリ、即チ其皮發開裂シ且皮味辛辣ニシテ韮ノ味ニ似クルヨリ來リシ名ナリ。漢名　秦椒(誤用)

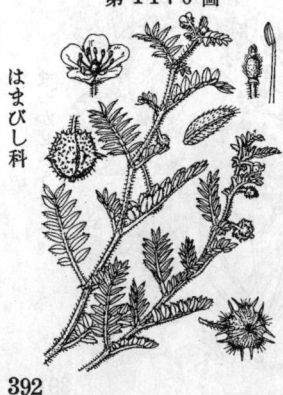

ふゆざんせう （秦椒）
一名　ふだんざんせう
Xanthoxylum planispinum
Sieb. et Zucc.

暖國ノ山野ニ生ズル常綠灌木。高サ3m餘ニ達シ、枝上ニ扁平ナル刺ヲ具フ。葉ハ奇數羽狀複葉ニシテ五乃至七箇ノ小葉ヲ成リ、葉柄及ビ葉軸ニハ翅アリ時ニ刺ヲ具フ。小葉ハ長橢圓形乃至披針形ヲ成シ、尖銳頭、基部モ亦尖リ、長ヶ4～10cm許、質厚ク、邊緣ニ細鈍鋸齒ヲ具フ。雌雄異株。夏日葉腋ニ淡黃色ノ小花ヲ短キ總狀或ハ複總狀花序ニ綴ル、後微臭、辛味アル果實ヲ結ビ、開裂シテ黑色光輝アル種子ヲ吐ク。果實ノ表面ハ疣アリ。和名ヲ冬山椒ハ其葉冬月モ尚存スルヲ以テ云フ。葉ノ臭味佳ナラズ故ニ通常食用ト爲サズ。漢名　竹葉椒(蓋シ同物乎)

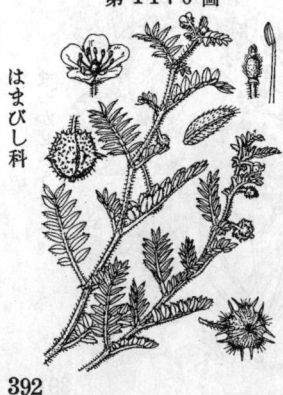

はまびし （蒺藜）
Tribulus terrestris *L.*

海邊ノ砂地ニ生ズル一年生草本。莖ハ基部ヨリ枝ヲ分チテ地ニ布キ或ハ傾上シ、1m內外ノ長サニ及ブコトアリ。柔毛ヲ有ス。葉ハ對生シ、偶數羽狀複葉ニシテ四～八對ノ小葉ヲ有シ、葉柄及ビ小形ノ托葉ヲ具ヘ、細毛アリ。小葉ハ對生シ、長橢圓形ヲ成シ、兩側不平等、小柄アリ、長サ7～15mm許、先端ハ稍銳頭或ハ鈍頭。夏日葉腋ニ單一ノ黃花ヲ着ク。小ニシテ短梗ヲ有シ、五萼片及ビ萼片ト略同長ノ長橢圓形ノ五花瓣ヲ有シ、十雄蕋、一子房アリ。果實ハ徑1cm許、果皮硬ク强キ十尖刺アリ、且刺狀毛アリ。根及種子ハ藥用ニ供セラル。和名濱蒺ハ海邊砂地ニ生ジテ其果實ハ銳刺ヲ具ヘ宛モひしノ實ノ態アレバ斯ク云フ。

392

こ　か

Erythroxylon Coca *Lam.*

南米ぺるーニ產シ、藥用植物トシテ熱帶地方ニ栽培セラルル灌木ニシテ繁ク分枝ス。高サ1-2m許。莖ハ紫褐色ヲ呈シ、平滑ナラズ。嫩枝ハ平滑ナリ。葉ハ柔カク黃綠色ヲ成シテ互生シ、長サ6cmニ及ビ、披針形或ハ長楕圓形ヲ成シ、底部ハ狹窄シテ短柄ト成リ、葉頭ハ稍鈍形ニシテ微小刺ニ終ル、全邊ニシテ中脈ノ兩側ニ各一條ノ縱脈アリ。初夏、黃綠色ノ小形花ヲ綴ル、一處ニ凡ソ三箇ノ有梗花相集リ、枝上ニ出ヅ。萼ハ小ニシテ五裂シ、五花瓣ハ內部ニ附屬物アリ。十雄蕋アリテ二輪ヲ成シ、長柄アリ。花柱三箇長楕圓形ノ子房ニ着ク。核果ハ小ニシテ卵狀長楕圓形ヲ成シ、赤熟シ一種子ヲ藏ス。乾シタル葉ヲ古柯葉ト稱シ、其精分ノこかいんハ局部麻醉藥トシテ有名ナリ。和名ハこか(Coca)ノ種名ニ基キ、Coca ハ其產地ノ土名ナリ。

第1177圖

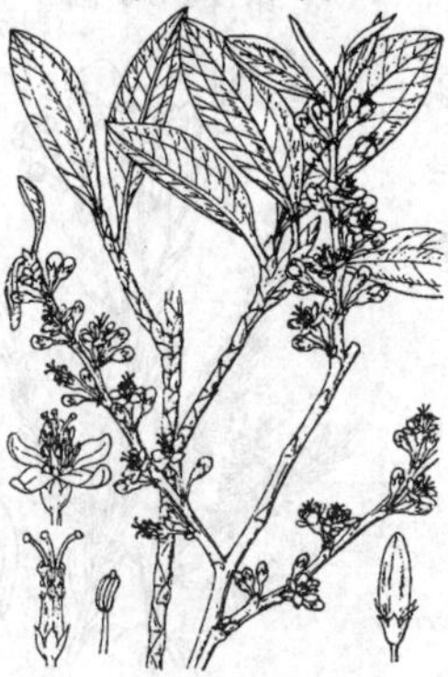

こか科

あ　ま（亞麻）

一名　ぬめごま

Linum usitatissimum *L.*

中央亞細亞ノ原產ニシテ用途多キ爲メ廣ク栽培セラルル一年生草本。莖ハ細長ニシテ高サ 1m許、梢ニ枝ヲ分ツ。葉ハ互生シ、小形ニシテ長サ2-3cm、線形或ハ披針形ヲ成シ鋭尖シ、全邊ナリ。夏月、紫碧色或ハ白色ノ花ヲ開ク。花ハ聚繖花序ヲ成シ、五萼片ハ卵形、鋭尖シ、三脈アリ。五花瓣ハ萼ノ倍長、倒卵形ニシテ先端凹ク且ツ多少波狀ヲ成ス。雄蕋五箇、假雄蕋五箇アリ。子房ニハ長キ五花柱ヲ有ス。花後圓キ蒴果ヲ結ビ、種子ハ長楕圓形、平扁、平滑、黃褐色ナリ。莖皮ノ纖維ハ織物ノ原料トシテ古來著名ナリ。又亞麻仁油ハ其種子ヨリ搾取セル油ナリ。和名ハ漢名亞麻ノ音ナリ、又ぬめごまハ滑リ胡麻ノ意ニシテ其種子面ノ滑澤ナルニ基ヅク。

第1178圖

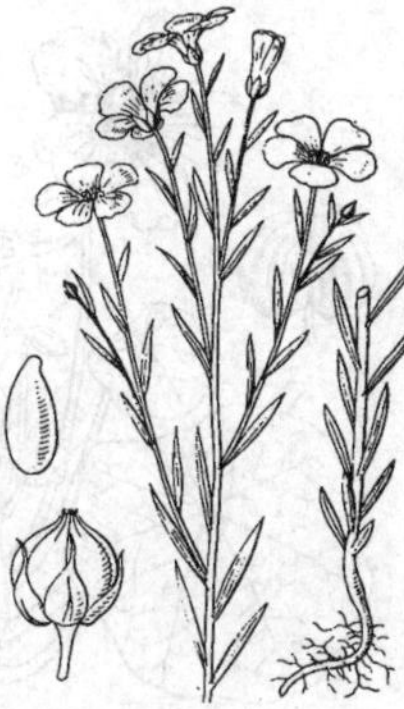

あま科

まつばにんじん

一名　まつばなでしこ

Linum stelleroides *Planch.*

原野ニ多ク生ズル二年生草本。莖ハ直立シテ細長、高サ50cm許。梢ニ於テ分枝ス。全株無毛ニシテ葉ハ全邊、線形、鋭頭ニシテ三主脈ヲ有ス、長サ 2-2.5cm 許、花ヲ着ケタル枝ノ葉ハ甚ダ小サシ。夏日、梢ニ聚繖狀ヲ成シテ多數ノ小形花ヲ開キ、淡紫色ニシテ愛スベシ。五萼片ハ卵狀披針形ヲ成シ、先端尖リ、邊ニハ黑キ腺體アリ。五花瓣ノ長サ凡ソ萼片ノ三倍長ニシテ5-10mm 許。五雄蕋、一雌蕋アリ。花後圓キ蒴果ヲ結ビ、宿存萼ヲ伴フ。和名ハ松葉人參或ハ松葉撫子ノ意ナリ、にんじんノ名適當セズ、なでしこハ其花葉ノ外觀ニ基ヅク。

第1179圖

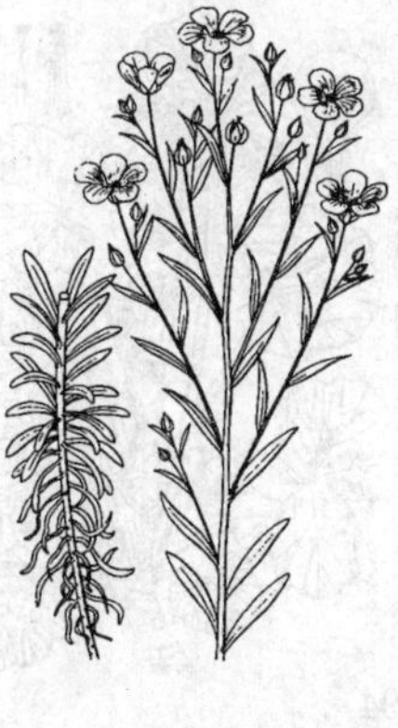

あま科

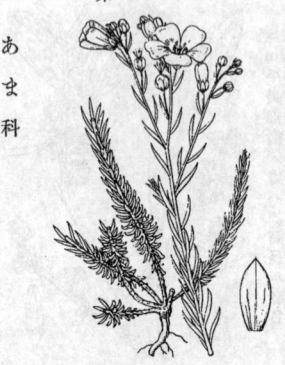

しゅくこんあま
Linum perrenne *L.*

欧洲原産ニシテ明治年間ニ渡來シ、偶ニ観賞品トシテ栽培セラルル多年生草本。莖ハ基ヨリ短クシテ高サ50cm許、直立シ、疎ニ叢生ス。葉モ亦稍細クシテ針形ヲ成シ、先端尖リ、數多シ。殊ニ基部ニ於テ著シ。葉ノ長サ凡ソ 1.5-2cm ナリ。春日、梢ニ聚繖花序ヲ成シ、青碧色ノ花ヲ開ク。五萼片ハ卵狀披針形ヲ成シ、稍鈍頭。五花瓣ハ長サ 13mm 許、凡ソ萼片ノ三倍長、倒卵形ヲ成ス。雄蕊五箇ニシテ下部ハ合着ス。假雄蕊五箇、雌蕊一箇、花柱ハ五箇ニ分レ基部ノミ合着ス。後蒴果ヲ結ビ、種子ハ卵形ニシテ褐色。和名ハ宿根亞麻ノ意ニシテ宿根生即チ多年生ナルヲ以テ云フ。

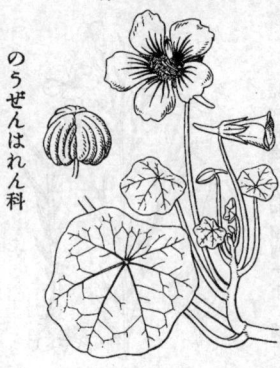

のうぜんはれん (金蓮花)
Tropaeolum majus *L.*

南米ぺる一原産ニシテ弘化年間ニ渡來シ、今ハ観賞品トシテ栽培セラルル一年生草本。莖ハ蔓性ニシテ無毛或ハ疎ニ有毛、多少多肉質ナリ。長サ1.5m内外。葉ハ互生、細長ナル葉柄端ニ楯狀ヲ成ス。徑12cm許、葉柄ヨリ凡ソ九箇ノ主脈走リ屢々其先端ニ於テ葉緣凹ム、裏面多少有毛。夏季、葉腋ニ長梗ヲ出シテ花ヲ着ケ、側向ス。瓣萼共ハ黄色或ハ紅色ヲ成ス。萼ハ五片、下部合體、上側ニ於テ一ノ長距ヲ成ル。花瓣五、下ノ三瓣ハ頭圓ク、花爪狹長、邊ハ毛齒狀ノ者アレドモ、上ノ二瓣ニハ無シ。雄蕊ハ八、長短不齊。子房ハ三耳ヲ成シ、果實亦然リ、熟スレバ開裂セザル三心皮相連合シ、毎心皮ニ各一種子ヲ含ム。和名ハ其花のうぜんかづらノ如ク、其葉蓮ノ如シトノ意ニシテ渡來當時蘭語ニ擬シテ斯ク唱ヘシナリ。園藝界ニテハ俗ニなすたーちうむ(Nasturtium)ト云フ。

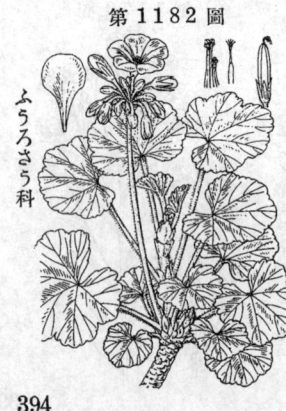

てんぢくあふひ
Pelargonium inquinans *Ait.*

南あふりかノ原産ニシテ観賞品トシテ栽培セラルル小灌木狀ノ多年生草本。高サ30cm 許。莖ハ强壯ニシテ多肉質、切レバ一種ノ香アリ。葉ハ長柄ヲ有シ、心臟狀圓形ニシテ甚ダ淺ク裂片狀ヲ成シ、鈍鋸齒アリ。夏日、葉ニ對シテ長キ花梗ヲ抽キ、梗端ニ繖形ヲ成シテ短キ小花梗ヲ有スル多數ノ深紅色花ヲ着ク。又花皮ハ薔薇色白色ナド種々ノ者アリ。萼ハ下向ス。五萼片、闊キ五花瓣、十雄蕊、五室ノ子房ヲ有ツ一雌蕊アリ。十雄蕊ノ中ニハ不完全ナル者相雜ハル。花瓣ノ闊キト葉ニ蹄鐵形斑紋ナキニヨリもんてんぢくあふひト區別シ得ベシ。和名ハ天竺葵ノ意、之レヲ天竺ト稱スレドモ固ヨリ其國ノ産ニ非ズ、又同國ヨリ我邦ニ入リシニモ非ズ、只其名ヲ冒セシニ過ギズ。園藝界ニテハ一般俗ニぜらにうむ(Geranium)ト呼ブ。

もんてんぢくあふひ
Pelargonium zonale *Ait.*

南あふりか原産ニシテ庭園ニ培養セラルル小灌木狀多年生草本。高サ30cm內外。莖ハ立チ有毛或ハ無毛、圓柱狀ヲ成シ多少多肉質ナリ。葉ハ互生シ、長柄アリ、心臟狀圓形ヲ成シ、鈍鋸齒ヲ有ス、葉面ニ蹄鐵形ノ暗帶ヲ印ス。葉腋ニ長サ10～20cmノ花梗ヲ出シ、短キ小花梗アル多數花ヲ繖形ニ着ク。深紅色ヨリ白色ニ至ル種々ノ色アリ。原種ハ花瓣細長ク篦狀ヲ成シ、上方ノ二花瓣稍幅廣ク大ニシテ不齊整ナリ。雜種ニ由ル多クノ變種アリテ花瓣ノ形モ種々ニシテ圖ノ如キ者アリ、更ニ甚ダシキ八花瓣相重ナル者アリ。十雄蕊中ニハ不完全ナル雄蕊アリテ左右相稱ナリ。和名ハ紋天竺葵ニシテ紋ハ葉上ノ環狀紋ニ基ヅク。

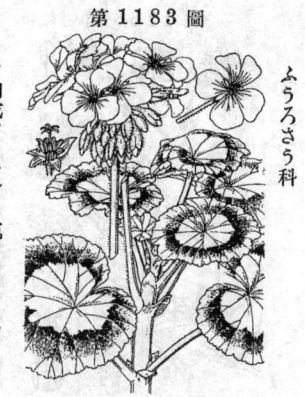

第 1183 圖

ふうろさう科

きくばてんぢくあふひ

Pelargonium radula *L'Her.*

南あふりかノ原產ニシテ庭園ニ培養セラルル多年生草本。高サ30cm內外。莖ハ淡白綠色ヲ呈シ、長キ毛アリ、圓柱形ニシテ直立シ、下部ニ葉ヲ落ス。葉ハ多數ニシテ互生シ、葉柄アリ、徑3～7cm許、五角或ハ三角形ヲ成シ、基部マデ三裂シ、更ニ羽狀ニ刻裂ス。葉面毛アリテ糙澁シ、香氣アリ。夏日、葉腋及ビ枝梢ヨリ花梗ヲ出シ、薔薇色ニシテ紫絛アル有梗花ヲ繖形ニ開キ、小花梗ハ花ヨリ短小ナリ。蕚ハ長橢圓形ニシテ先端尖リ、小花梗ト共ニ毛ニ被ハル。花瓣ハ蕚ノ二倍長、長サ17～20mm許ナリ。和名ハ菊葉天竺葵ノ意ナリ。

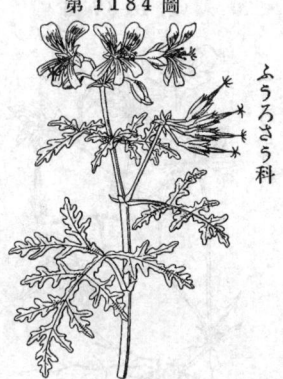

第 1184 圖

ふうろさう科

おらんだふうろ

Erodium cicutarium *L'Her.*

歐洲原產ノ一年生或ハ二年生草本ニシテ德川時代ニ渡來シ、庭園ニ培養セラル。高サ10～50cm。通常多ク分枝シ、稍長キ毛ニテ被ハル。莖ハ傾上シ或ハ往々地ニ臥ス。根生葉ハ甚ダ多ク、莖上葉ト同形、長柄アリ、葉ハ長橢圓形或ハ披針形、羽狀複葉ニシテ小葉ハ互生或ハ略ボ對生、卵形或ハ三角形ヲ成シ、更ニ多クノ缺刻アリテ細裂ス。夏日、葉腋或ハ枝梢ニ花梗ヲ出シ、橄形花穗ヲ成シ、小ナル淡紅紫色ノ五瓣花ヲ開ク。五萼片ハ卵形、多數ノ脈アリ。花中ニ十雄蕊一雌蕊アレドモ外側ノ五雄蕊ハ葯ヲ缺ク。役長嘴アル果ヲ結ビ、熟スニ從ヒ果實ノ先端ヨリ螺旋狀ニ捩レテ離レ、五箇ノ分果ト成リ各一種子ヲ容ル。和名ハ和蘭風露ノ意、風露草（漢名ハ非ズ）ハ所謂伊吹ふうろノ一名ナリ。

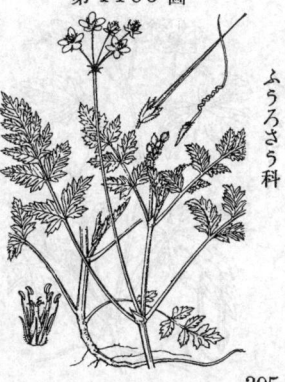

第 1185 圖

ふうろさう科

第1186圖

ふうろさう科

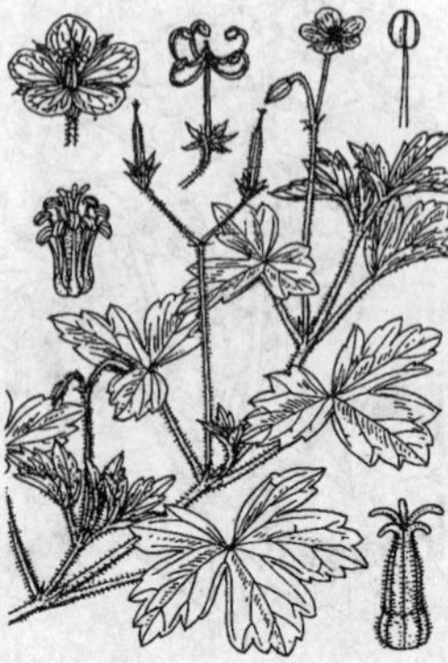

げんのしょうこ (牛扁?)

一名 みこしぐさ

Geranium nepalense *Sweet.*

(=G. Thunbergii *Sieb. et Zucc.*)

野外ニ生ズル多年生草本。莖ハ地ニ臥シ或ハ多少直立シ、枝ヲ分ツ。長サ50cmニ達シ、有柄葉ヲ對生ス。葉ハ掌狀ニ三–五裂シ、初メ葉面ニ紫黒色ノ斑點アルヲ常トス。長サ2–4cm、裂片ハ長楕圓形・倒卵形等ヲ成シ、上部ニ齒アリ、先端尖ル。葉及ビ莖ハ有毛ナリ。夏日、枝頭或ハ葉間ニ花梗ヲ生ジ、二三花ヲ着ク。苞ハ披針形或ハ線形。花ハ白色・紅紫色或ハ淡紅色、五瓣ニシテ梅花ノ態アリ。花後長嘴アル蒴ヲ結ビ、熟スレバ開裂シ、各一種子アル五殼片ハ其柄、嘴軸ヲ離レ只嘴頂ニ於テノミ附着シ種子ヲ飛バス。藥草ニシテ乾葉ヲ煎ジ下痢止ノ藥トシ有名ナリ、而シテ直ニ效アリト唱ヘ現の證據ノ稱アリ、又其果實ノ彈開セル狀みこし(輿)ノ屋根ニ似タルトテ其名アリ。世間之レヲふうろさう(風露草ト書ス、漢名ニ非ズ)ト呼ブハ非ナリ、是レハ伊吹風露ノ一名ナリ。漢名 牻牛兒苗(誤用、此品ハきくばふうろ(Erodium Stephanianum *Willd.*)ニシテ我邦ニ產セズ)

第1187圖

ふうろさう科

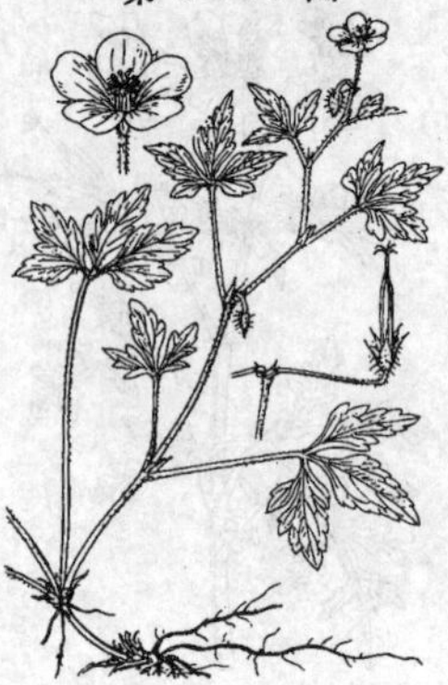

こふうろ

Geranium tripartitum *R.Knuth.*

山地樹下ニ生ズル痩弱ナル多年生草本。莖ハ下部ヨリ枝ヲ分チ、傾上シ、纖弱ナリ。長サ15–45cm許、細毛アリ。根生葉ハ四–八箇、葉柄ハ長サ8–15cmヲ有シ葉片ヨリ五六倍長ク、葉片ハ掌狀ニ五裂ス、莖上葉ハ稍短キ柄ヲ有シ、多ク掌狀ニ三裂ス。裂片ハ長卵形ヲ成シ深ク分裂シ、長サ2.5–4cm許ニシテ鋭尖ス。托葉ハ小形ニシテ鍼形ナリ。夏秋ノ候、枝梢ニ花梗ヲ出シ一二箇ノ小白花ヲ開ク。萼ハ卵狀披針形ニシテ三–五脈アリ、針狀微凸頭。花瓣ハ萼ト同長ニシテ箆狀ヲ成シ尖端凹頭ヲ呈ス。爪部ニ毛アリ。十雄蕋ハ凡ソ萼ノ半長、花絲ニ微細ノ毛アリ。果實ハ長サ18mm許。和名ハ小風露ナリ、草體小形ナルヨリ云フ。

第1188圖

ふうろさう科

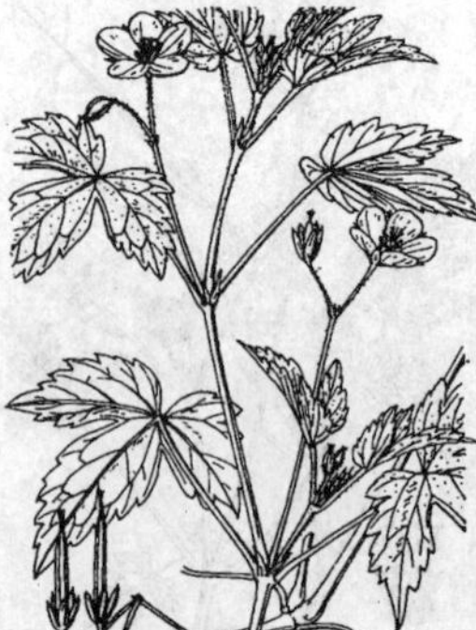

みつばふうろ

一名 ふしだかふうろ

Geranium Krameri *Franch. et Sav.*

諸國ノ山地ニ生ズル多年生草本。莖ハ下部伏臥シ上部擡起ス。節高クシテ著シ。莖上、葉ト共ニ偃毛ヲ有ス。葉ハ對生シテ長柄アリ、槪形卵狀三角形ニシテ長サ3cm內外、下部ノ葉ハ掌狀ニ五深裂、中部以上ノ者ハ稍戟狀ニ三深裂シ、裂片ハ廣披針形ニシテ尖リ、整齊ノ鋸齒アリ、深綠色ニシテ毛茸ハ顯著ナラズ。托葉ハ小形ニシテ披針形ヲ呈シ、葉柄ノ基脚ニ存ス。秋日、葉上ニ挺出セル花梗ヲ葉腋ニ出ダシ、頂ニ有梗ノ一二花ヲ上向シテ開ク。梅花樣ニシテ紅紫色、萼裂片ハ長楕圓形、花瓣ハ楕圓狀倒卵形ニシテ闊ク、底部內面ニ細毛ヲ布ク。花內ニハ十雄蕋五花柱アリ。蒴果ハ他種ト同樣ナリ。全草一見げんのしょうこニ似テ壯大、毛茸少ナク、花色ハ淡シ。和名ハ三葉風露竝ニ節高風露ノ意ナリ。

たちふうろ
Geranium japonicum
Franch. et Sav.

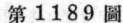
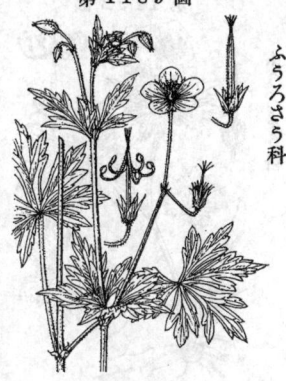

山野ニ生ズル多年生草本。莖ハ高サ60cm
内外、節高ク直立シ、分枝ス、表面ニハ
小剛毛アリ。根生葉ハ葉柄甚ダ長ク30cm
ニ及ビ莖上葉ハ葉柄短シ。葉片ハ直徑
5～9cm、掌狀ニ五―七裂シ、裂片ハ長倒卵
形或ハ菱形ヲ成シ、深ク分裂シ、先端尖
ル。葉ノ表裏ハ有毛。夏日、枝梢ニ聚繖
花序ヲ成シ、稍大ナル五瓣花ヲ着ク。淡
紅色ニシテ紫條ヲ有ス。蕚ハ卵形ニシテ
小刺ヲ終ル、三脈アリ有毛、花瓣ヨリ少
シク短シ。花瓣ハ稍長クシテ平開ス。雄
蕋十箇、長毛アリ。花後小花梗ハ其基點
ニ於テ又蕚ノ直下ニ於テ屈折シ細長ノ實
ヲ結ブ。五分果ニ分裂ス。和名ハ立風露
ニシテ其莖特ニ直立スルヨリ云フ。

ふうろさう科

しこくふうろ
Geranium shikokianum *Matsum.*

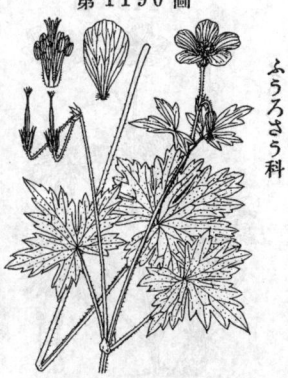

四國・中國及ビ紀州和州界ノ高山帶ニ生ズル多
年生草本。高サ50cm内外。莖ハ直立シ、開出
毛或ハ逆毛ヲ布ク。多少紅染シ、節間長ク、長
柄アル葉ノ相對シテ生ズ。葉ハ三角狀腎形、徑
3～5cm、掌狀ニ五―七深裂シ、裂片ハ稍菱狀倒卵
形ニテ底部ニ楔脚ヲ成シ、上牛部ニハ缺刻ア
リテ更ニ鈍鋸齒ヲ刻ミ、先端ハ鈍角形、裂片間ノ
空隙ハ殆ドナキ程ニ相接ス。表面ニハ偃毛ヲ有
ス。葉柄ノ基部ニ托葉アリテ比較的大キク圓形
或ハ卵圓形ヲ呈ス。花序ハ葉上遙ニ挺出シ、二
花ヨリ成リ、花軸ハ長クシテ立チ、花梗ハ稍短
シ。花ハ盛夏ノ候ニ開キ徑3cm、紅紫色ニシテ
上向キ、蕚片五箇、花瓣五箇ハ倒卵形扁斗狀ニ
平開シ、先端ハ鈍形、時ニ稍波形ヲ成シ、底部
兩邊ニハ毛アリ。雄蕋十箇、花柱ハ五箇。蒴果
ハ熟シ時觸ルレバ開裂スルコト他種ト同樣ナ
リ。和名ハ四國風露ニシテ初メ四國産ノ標品ニ
基キ命名セル時此名ヲ下セシナリ。

ふうろさう科

ぐんないふうろ
Geranium eriostemon *Fisch.*
var. Onoei *Makino.*
(=G. Onoei *Franch. et Sav.*)

中北部ノ高地ニ生ズル多年生草本。高サ50cm
ニ達シ、莖ハ直立シ、細長ニシテ溝アリ、葉ト
共ニ毛茸多シ。葉ハ大形ニシテ長サ6～12cm、
掌狀ニ五乃至七裂シ、裂片ハ倒卵形或ハ長橢圓
形ヲ成シ、深ク切込ミアリ、銳頭ヲ成ス。根生
葉ハ長柄アリ、莖葉モ有柄。夏日、梢上ニ枝ヲ
分チ、稍大ナル淡紫紅色ノ五瓣花ヲ開ク。蕚ハ
長卵形ニシテ先端ニ微凸頭アリ、有毛。花瓣ハ
倒卵形ニテ蕚片ノ約一倍半。小梗ハ花ヨリモ
長シ。雄蕋ハ中央部マデ甚ダ長キ毛ヲ有ス。蒴
果ハ殘存セル柱頭ヲ戴キ、有毛、熟セバ五分果
トナリテ中央ノ柱ヲ離ル。和名ハ郡内風露ニシ
テ郡内ハ甲斐國ノ東部ニ在ル南北兩都留郡ノ地
ヲ云フ、此草昔時此地ヨリ將來セシナラン。

ふうろさう科

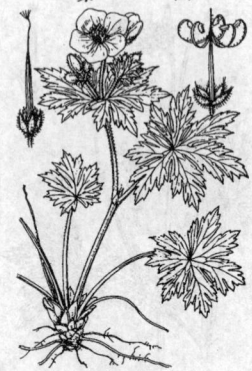

第 1192 圖

ふうろさう科

ちしまふうろ
Geranium erianthum *DC.*

北地ニ生ズル多年生草本。莖ハ直立シ、高サ 30cm 内外、多クハ單立シ、上部ニ於テ稍分枝ス。根生葉ハ長葉柄ヲ有シ莖上葉ハ短柄アリ、葉片長サ 4-8cm 許、五乃至七、時ニ三ノ掌狀ニ分裂シ、各裂片ハ廣披針形或ハ廣卵形ニシテ大ナル裂缺アリ。無色ノ臥毛其兩面ニ在リ。夏日、梢ニ枝ヲ出シ、淡紅紫色偶ニ白色ノ花ヲ開ク。稍梅花ニ似テ五萼片、五花瓣アリ。小梗ハ花ヨリ短シ、萼ハ披針形、長サ 1mm 許ノ凸頭アリ長キ毛ニテ被ハル。花瓣ハ萼ノ約二倍長。雄蕊下部ハ密ニ有毛、葯大形ニシテ長サ 2mm 許。蒴果ハ殘存セル柱頭ヲ除キテ 2.2cm 内外、熟セバ分果ハ下部ヨリ次第ニ離レ中央ノ柱ヲ殘ス。和名ハ千島風露ナリ。

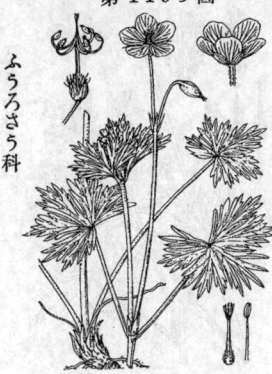

第 1193 圖

ふうろさう科

あかぬまふうろ
Geranium yezoense *Franch. et Sav.* var. nipponicum *Nakai.*

山地ニ生ズル多年生草本。高サ50cmニ達シ、莖ニ微毛アリ。根生葉ハ葉柄甚ダ長シ、葉ハ對生シ直徑 3-7cm 許、横ニ廣ク、掌狀ニ五-七裂シ、裂片ハ菱形ニシテ凡ソ三深裂シ、小裂片ハ更ニ分裂ス。表裏有毛。托葉ハ卵形ナリ。夏日、梢上ニ花硬ヲ出シ、一乃至三花ヲ着ク。紅紫色ニシテ美ナリ。五萼片ハ長橢圓形、先端ハ長サ2-3mm許ノ刺ヲ有ス、疎ニ有毛。五花瓣ハ倒卵形ヲ成シ、凡ソ萼ノ二倍長アリ。果實ハ殘存セル花柱ト共ニ長サ3cm許ニシテ細長、熟セバ五分果ト成リテ離ル、一分果ハ一種子ヲ包ム。和名ハ赤沼風露ノ意、此種野州日光赤沼原(戰場原)ニ多シ、由テ名トス。

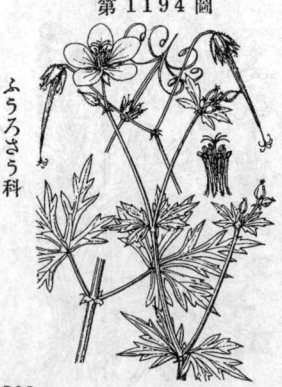

第 1194 圖

ふうろさう科

はくさんふうろ
Geranium yezoense *Franch. et Sav.* var. hakusanense *Makino.*
(＝G. hakusanense *Matsum.*)

高地ニ生ズル多年生草本ニシテ匐枝無ク、莖葉叢生ス。莖ハ直立シ、高サ 40cm 許ニシテ微毛アリ。葉ハ掌狀ニ五-七深裂シ、裂片ハ菱形ニシテ更ニ分裂シ細片ヲ成シ、先端銳尖ス、表面ニ微毛ヲ有ス、裏面ハ脈上ノミ有毛。葉質稍硬シ。托葉ハ披針形乃至卵形ニシテ先端尖ル。夏日、梢ニ花梗ヲ出シ一二ノ紅色五瓣花ヲ着ク。五萼片ハ花瓣ヨリ短ク、披針形乃至卵形ヲ成シ凡ソ六箇ノ脈ヲ具ヘ微毛ヲ有シ、先端ニ 2mm 許ノ刺ト成ル。五花瓣ハ倒卵形ヲ成シ長サ17mm 許。十雄蕊及ビ五箇ノ柱頭ヲ有スル一雌蕊ヲ具ヘ、花後長サ 3cm 餘ノ蒴ヲ結ブ。熟シテ五裂ス。和名ハ白山風露ノ意ニシテ加州白山ニ生ズルヨリ名ク。

ひめふうろ
一名 しほやきさう
Geranium Robertianum L.

山地ニ生ズル質軟カキ二年生草本。我邦ニ在リテハ江州伊吹山竝ニ靈仙山ニ多ク生ジ、又阿州劍山ニ產シ其以外他處ニ見ズ、歐洲ニテハ普通ナリ。莖ハ直立シ、高サ20-40cm許、多ク分枝シ、葉ト共ニ淺綠色ヲ呈スレドモ多クハ紅色ニ染ンデ美シ、而シテ一種ノ臭アリ。葉ハ對生シテ數多ク、質薄ク、舊葉ハ赤ク染ミテ美ハシ、深ク三或ハ五裂シ、更ニ羽狀ニ細裂ス、先端尖リテ小微凸頭ニ終ル。莖ト共ニ腺毛ヲ被フル。夏日、枝梢ニ細長ノ花梗ヲ出シ、續々可憐ナル紅色小花ヲ開ク。萼ハ卵狀披針形、先端微凸頭ニ終リ、三脈、有毛ナリ。五花瓣ハ萼ノ二倍長、倒卵形ニシテ下部ハ爪ニ成ル。花後長嘴アル蒴ヲ結ビ、熟シテ五裂シ、種子ハ長嘴ノ先端ヨリ二絲ニテ懸垂ス。和名姬風露ハ葉細裂シ花小ナル姿ニ基ヅキ、鹽燒屏ハ其草臭ノ鹽ヲ燒キシ臭ニ類スルヲ以テナリ。

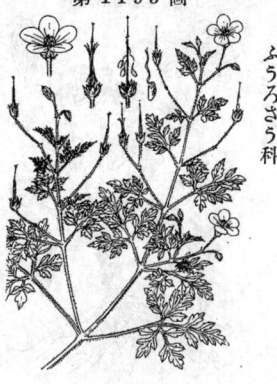

かたばみ (酢漿草)
一名 すいものぐさ
Oxalis corniculata L.

庭園・路傍等ニ生ジ、極メテ普通ナル多年生草本ニシテ廣ク世界ニ分布ス。莖及葉ニ蓚酸ヲ含ミ酸味ヲ有ス。命根ハ地中ニテ直立シ、其根頭ヨリ多クノ枝莖ヲ生ジ、地上ニ臥又ハ傾上シ長サ10-30cm許、多ク小枝ヲ分チ、又往々地ニ接スル莖ヨリ更ニ根ヲ生ズ。葉ハ互生シ多數、本ニ小キ托葉有ル葉柄ヲ有シ、三小葉ヨリ成ル。小葉ハ倒心臟形、長サ凡ソ1cm、葉綠裏裏ハ莖ト共ニ多少有毛、晝ハ開キ夜ニ閉ヅ。春ヨリ秋ニ亙リ葉腋ニ花梗ヲ出シ、梗頂ニ繖形ヲ成シテ一乃至五箇ノ黃色ノ有梗花ヲ着ク。花ハ小、五萼片、五花瓣、十雄蕊、五花柱アル一子房アリ。果實ハ圓柱形、熟セバ多數ノ種子ヲ彈出ス。葉ハ綠色ナレド又赤紫色ノ者アリ之レヲあかかたばみ、綠紫色ノ者ヲうすあかかたばみト稱ス。和名ハ傍食ニテ葉ノ一側缺ケシヲ以テ故ニ云フヲ謂フ、又酸い物草ハ酸味アルヲ以テ云フ。

たちかたばみ
Oxalis corniculata L.
forma erecta Makino.

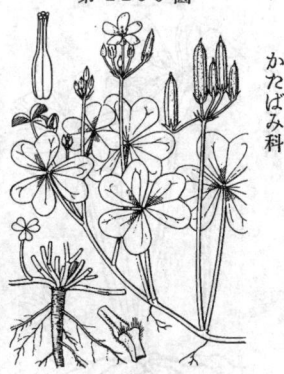
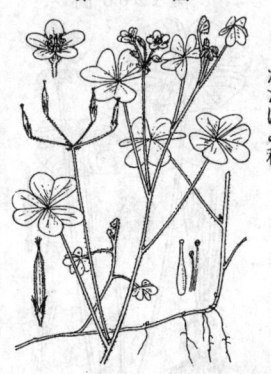

中部以南ノ諸處ニ生ズル多年生草本ニシテ高サ 30-40cm ニ達ス。かたばみノ一品種ニシテ莖ノ直立スルヲ以テ區別スベシ。命根アリテ地中ニ直下シ、根頭ヨリ橫走スル長短ノ匍枝ヲ發出シ、其末直立莖ト成ル。全株毛ヲ被リ、莖ハ細稈、節間甚ダ長クシテ疎ニ葉ヲ互生ス。葉ハ三小葉ヨリ成リ淡綠色ヲ呈シ、小葉ハ倒心形、草質、先端顯著ニ凹入シ、基脚ハ廣楔形ヲ成ス。葉柄ハ長クシテ細ク、基部ノ兩側ニハ長方形ヲ成シテモ被レル托葉アリ。夏日、葉腋ヨリ長サ葉ヲ超ユル纖形花序ヲ挺出シテ有梗ノ黃花ヲ開ク。花狀、蒴ト共ニかたばみニ類ス。和名立かたばみハ其莖直立スルヲ以テ云フ。

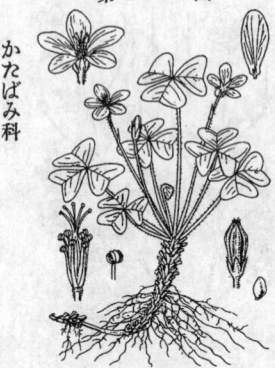

みやまかたばみ
一名 えいざんかたばみ
Oxalis japonica *Franch. et Sav.*

かたばみ科

山地ノ樹下ニ生ズル多年生草本ニシテ根莖ハ斜臥シ、遺存セル多數ノ葉柄本ノ鱗片大ス。葉ハ總テ根生ニシテ長葉柄ヲ有リ、三小葉ヨリ成ル。小葉ハ廣倒心臟形ヲ成シ、葉頭ハ廣キ截狀凹形ヲ成シテ側耳片ハ鈍頭ヲ呈ス。花時ニ於テハ長サ凡12mm、幅20mmアレドモ後長サ20mmニ達ス。葉柄下ニハ微毛ヲ有ス。春日、葉間ニ花梗ヲ抽クコト7cm內外、上部ニ二箇ノ小苞アリ。花梗ノ頂端ニ一花ヲ開ク。白色ニシテ往々淡紫色ノ線條アリ。五萼片、五花瓣、花瓣ノ長サ凡1-1.5cmニシテ長橢圓形ヲ成シ、長短十雄蕊、一雌蕊、子房ニハ五花柱アリ。蒴ハ圓柱狀卵形ニシテ種子ヲ彈出ス。花後更ニ閉鎖花ヲ出シ能ク結實ス。一變種ニべにばなみやまかたばみ (var. rubriflora *Makino*) アリ、紅花ヲ開ク、稀品ナリ。和名深山かたばみハ深山ニ生ズルヨリ云ヒ、叡山かたばみハ山城比叡山ニ產スルヨリ云フ。

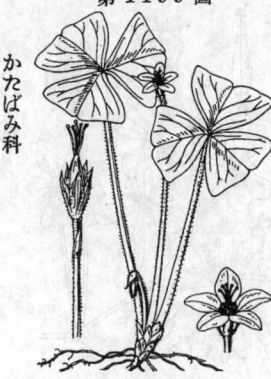

おほやまかたばみ
Oxalis japonica *Franch. et Sav.* var. obtriangulata *Makino.*
(=O. obtriangulata *Maxim.*)

かたばみ科

本州中部及鮮滿地方ノ山中樹陰ニ生ズル多年生草本。地下ニ根莖アリ。葉ハ根生シ、三小葉ヨリ成リ、大形。長葉柄アリ。小葉ハ多少膨ミアル倒三角形ヲ成シ、先端截形ニシテ中央ハ少ク凹ム。先端ノ一小葉ヲ取去リテ之レヲ望メバ其兩側ノ對稱宛モ蝶翅ニ似タリ。小葉ノ長サ3cm、幅6cmニ及ブ。葉緣ニ毛アリ。春日、葉ノ未ダ嫩小ナル頃、凡ソ10-20cmノ花梗ヲ抽キ、一白色花ヲ着ク、花ニ近ク二小苞アリ、五萼片ハ長橢圓形ニシテ有毛、五花瓣ハ長倒卵形ヲ成ス。長短十雄蕊、一雌蕊アリ、子房ハ五花柱ヲ立ツ。蒴ハ圓柱狀卵形ニシテ長サ凡ソ2cm。和名ハ大ナル山かたばみノ意ナリ。

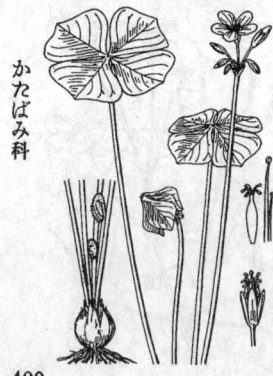

もんかたばみ
Oxalis tetraphylla *Cav.*

かたばみ科

めきしこ原產ノ觀賞植物ニシテ明治初年ニ渡來セル多年生草本。地下莖ハ上端ニ徑15-35mmノ鱗莖ヲ具ヘ、表面黑色或ハ黑褐色ヲ呈ス。鱗片ハ長サ25mm許、披針形ニシテ銳尖ス。葉ハ總ラ根生シ、三乃至六箇許、長葉柄ヲ有ス。小葉ハ四箇ニシテ膨ミアル倒三角形ヲ成シ、先端凡ソ截形ヲ呈シ、底部ハ廣キ楔形、膜質ニシテ無毛或ハ裏面脈ハ副テ疎ニ有毛、長サ35mmニ達シ、同長ノ幅アリ。夏日、花莖ヲ抽クコト20-35cm許、莖端ニ繖形ヲ成シテ五乃至十二ノ小花梗ヲ着ケ、紅色ノ花ヲ開ク。五萼片、五花瓣、花瓣ハ筐狀倒卵形ヲ成ス、長短十雄蕊、一雌蕊アリ、子房ハ五花柱アリ。和名紋かたばみハ葉狀ニ基ヅク。

400

むらさきかたばみ
一名　ききゃうかたばみ
Oxalis martiana *Zucc.*

南米原産ノ多年生草本ニシテ德川時代ニ渡來
シ、繁殖極メテ盛ナル爲メ今ハ諸處ノ地ニ能ク
之ヲ見ルニ至レリ。有毛ノ鱗片ヨリ成ル褐色鱗
莖ヲ地下ニ有シ、仔鱗莖ヲ多數ニ産出セシム。
葉ハ總テ根生シ、少數、三小葉ヲ有シ、無毛。
小葉ハ長サ 10mm、幅 18mm許、廣キ倒心臟形
或ハ倒腎臟形ヲ成シ、質軟ク、葉裏ニ褐色點ア
リテ葉緣ノ者稍著シ。夏日、葉間ニ葉ヨリモ長
キ花莖ヲ抽キ、淡紫紅色ノ數花ヲ繖形ニ開キテ
美ナリ、時ニ複繖ヲ成スコトアリ。花ハ五萼片、
片端ニ二腺體アリ。五花瓣、各瓣ハ稍狹長、長サ
12-15mm、先端鈍形或ハ截形ヲ成シ萼長ハ三倍
ス。長短十雄蕊、一雌蕊、子房ニ五花柱アリ。
此草畑地ニ浸入スル時ハ忽チ繁殖シテ驅除困難
ニ陷リ遂ニ害草ト成ル。我邦ニ於テハ今ノ所謂
歸化植物ノ一ト成レリ。和名紫かたばみハ花色
ニ基キ、桔梗かたばみハ花色ト花容トニ基ク。

かたばみ科

はなかたばみ
Oxalis Bowieana *Lodd.*

あふりか喜望峰地方ノ原産ニシテ德川時
代ニ我邦ニ入リ、當時ぉぉきざりすろーざ
ト呼ビ、觀賞品トシテ栽培セリ。根莖ハ
白色紡錘狀ヲ成ス。葉ハ根生シ、微細毛
ヲ被フリ、葉柄本ニ節アリ。小葉三片平
開シ、圓狀倒卵形ニシテ凹頭ヲ成シ、基
部ハ廣ク楔形ヲ呈ス、長サ4-6cm許。秋
日葶ヲ葉上ニ抽キ、花梗ニ繖形ヲ成シテ
三乃至十許ノ大ナル紅色ヲ開キ頗ル美
麗ナリ。花徑凡3cm許アリ。五萼片ハ披
針形ヲ成シテ先端尖ル。五花瓣ニシテ花
中ニ長短十雄蕊アリ。一雌蕊ニシテ花子房
ニ五花柱アリ。蕾時及花後ハ小梗下向ス。
和名花かたばみハ其花嬌美ナルヲ以テ名
ク、本種ハ實ニ本屬中ノ優品ナリ。

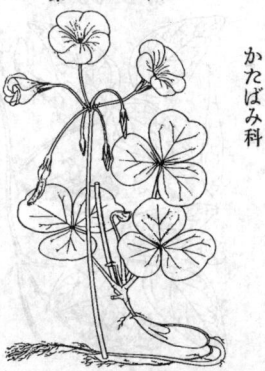

かたばみ科

く　ず　(葛)
Pueraria hirsuta *Matsum.*
(=P. Thunbergiana *Benth.*;
P. triloba *Makino.*)

山野ニ生ズル强壯ナル多年生纏繞藤本ニシテ體
上ニ褐色ノ粗毛アリ。其藤莖ハ著シク長ク成長
シ或ハ樹ニ攀ヂ或ハ地ニ這ヒ盛ンニ繁茂ス。莖
極テ大ナル者ハ徑凡 10cm アル者稀ニ在リ。葉
ハ闊大ニシテ三小葉ヨリ成リ長葉柄アリ、先端
ノ一小葉ハ圓形或ハ橫ニ廣橢圓形ヲ成シ、側ハ
二小葉ハ偏圓形或ハ偏稍圓形ヲ成シテ中央ノ小
葉ハ對セザル方葉片大ナリ。小葉ハ長サ 17cm
ニ達シ、先端急尖ス、鈍底、全緣、往々三淺裂
又ハ波狀ヲ成ス。質厚ク、葉裏ハ莖ト共ニ毛茸
ニ富ム。秋日葉腋ニ 15-18cm ノ總狀花序ヲ成
シ、紫赤色ノ蝶形花ヲ密着シ下方ヨリ順次ニ開
綻シ、旗瓣ハ色淡ク翼瓣ハ濃シ。萼ハ淺紫色ニ
シテ下裂片長シ。雄蕊ハ單體。花後 5-10cm ノ
扁莢ヲ結ビ、褐色ノ粗毛ニテ被ハル。根ハ肥大
ニシテ藥用トシ又葛粉ヲ製ス、又莖皮ニテ葛布
ヲ織リ、葉ハ牛馬ノ飼料トス。和名くずハくず
かづらノ略ト謂ヒ、又くずハ大和ノ國柄(クズ)
ニ基因シ往昔國柄人ノ葛粉ヲ製シテ賣リ來リシ
故自然ニくずト云フ樣ニ成リシト謂ハル。

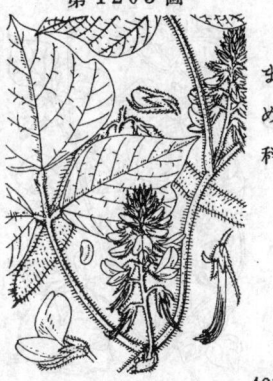

まめ科

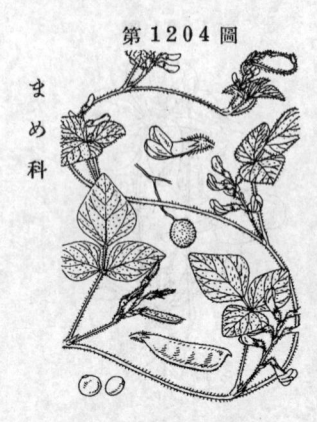

第1204圖

まめ科

やぶまめ
一名 ぎんまめ
Falcata japonica *Komar.*

原野ニ生ズルー一年生蔓性草本。葉ハ三小葉ヨリ成リ、葉柄アリ、互生ス。小葉ハ質薄ク、卵形ニシテ先端細マリ、莖ト共ニ逆向セル疎毛アリ。小葉ハ中央ノ一葉大ニシテ 2.5-4.5cm 許。夏日、葉腋ニ總狀花序ヲ成シ淡紫色ノ蝶形花ヲ開ク。花序ハ葉ヨリモ短シ。萼ハ筒形ヲ成シ五齒ヲ呈テ有毛。花瓣ハ殆ド同長。雄蕊ハ二體ヲ成ス。莢ハ長サ 2-3cm 許、扁長ニシテ表面ニ網紋アリ、縫合線ニ副フテ毛アリ、四箇許ノれんケ狀種子ヲ入レ其豆面ニ斑點アリ。別ニ子葉腋ヨリ絲狀ノ白色地下莖ヲ發出シテ地中ニ入リ、分枝シテ小ナル閉鎖花ヲ生ジ地下ニ圓莢ヲ生ジテ一種子ヲ容レ莢面ニ細毛アリ、採リテ食スベク、北海道ノ土人ハ之レヲ食フ。和名藪豆ハ藪ニ生ズルニ由テ云ヒ、銀豆ハ其豆粒ノ色ニ由テ云フ。

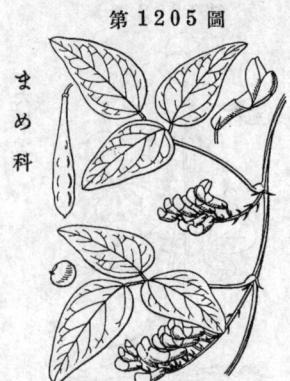

第1205圖

まめ科

のささげ

Dumasia truncata *Sieb. et Zucc.*

山野ニ生ズル多年生蔓性草本ニシテ莖ハ紫黑色ヲ呈ス。葉ハ互生シ、三小葉ヨリ成リ、通常小葉ヨリ長キ長葉柄ヲ有シ、葉質薄ク。小葉ハ長卵形ヲ成シ、前方ニ至ルニ從テ尖リ、先端稍鈍頭、小微凸頭アリ。底部ハ多クハ截形又ハ鈍形ヲ成シ、長サ 5-10cm ニシテ先端ノ一小葉最大ナリ。下面粉白色ヲ呈ス。托葉及小托葉ハ線形ヲ成ス。夏秋ノ間、葉腋ニ穂ヲ成シテ黄色花ヲ着ク。穂ノ長サ凡5cm。萼筒長クシテ萼口截形ヲ成シテ齒無シ。花瓣ハ總テ同長ニシテ旗瓣ニハ爪ノ内部ニ小耳アリ。花後3cm餘ノ莢ヲ結ビ、熟セバ淡紫色ト成リ、莢中ニ四顆內外ノ黑色圓形ノ種子ヲ藏ス。和名ハ野豇豆ノ意ナレドモ本種ハ普通原野ニ生ゼズシテ常ニ山地ニ見ルヲ以テ此和名ハ頗ル適切ナラズ。漢名 山黑豆(誤用)

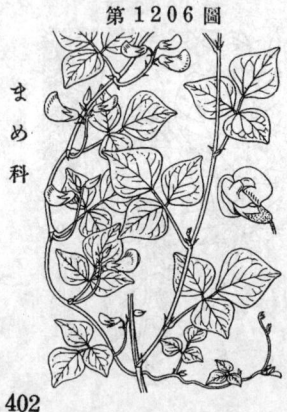

第1206圖

まめ科

のあづき (野扁豆)
一名 ひめくず
Dunbaria villosa *Makino.*
(=D. subrhombea *Hemsl.*)

山野ニ生ズル多年生蔓性草本ニシテ我邦中部以北ノ地ニ見ズ。莖ハ細線形ニシテ蔓延シ、他草木ニ纒ヒ繁茂シ、細毛アリ。葉ハ三小葉ニシテ有柄互生シ、小葉ハ菱形ヲ成シ、先端ニ狹マリテ稍尖リ底部ハ鈍形或ハ楔形ヲ成ス。先端ノ一小葉ハ大ニシテ長サ1.5-2.5cm、他ノ二小葉ヨリ長キ柄ヲ有ス、側生小葉ハ長サ 1-2cm ニシテ稍廣卵形ト成ル。葉裏ハ腺點密布ス。夏日、葉腋ニ花梗ヲ出シ、少數ノ黄色蝶形花ヲ着ク。萼ハ鐘形ヲ成シ先端五裂シ、裂片ハ先端銳ク尖ル、下方ノ一片最モ長シ。旗瓣ハ略圓形、基部ニ於テ內反スル小耳アリ。花後 4cm 餘ノ莢ヲ結ブ、眞直ニシテ六七箇ノ種子ヲ包ム。和名ハ野赤小豆ノ意、又姫葛ハ其小ナル葉形ニ基ヅク。

402

たんきりまめ
Rhynchosia volubilis *Lour.*

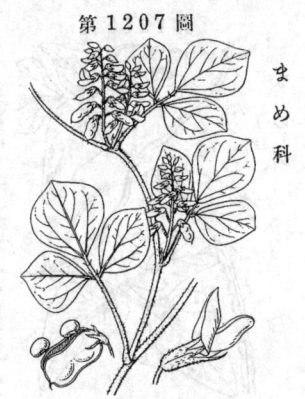

第 1207 圖

まめ科

山野ニ生ズル多年生蔓性草本ニシテ 蔓莖ハ長ク伸ビ線狀ニシテ他物ニ纒繞シ能ク繁茂シ葉ト共ニ褐色ノ毛ニ被ハル。葉ハ互生シ三小葉複葉ニシテ小葉ハ倒卵形或ハ倒卵狀菱形ヲ成シ先端ハ狹窄シテ短ク尖ル。毛ハ葉裏殊ニ葉脈上ニ於テ著シ。托葉ハ披針形、小托葉ハ線形ヲ成ス。夏日葉腋ニ葉ヨリ短キ總狀花序ヲ出シ黃色ノ蝶形花ヲ開ク。萼ハ鐘形、五裂シ、上部ノ二裂片ハ稍合ス。旗瓣稍闊ク、翼瓣舟瓣ハ狹長ナリ。莢ハ長サ1.5cm、幅1cm許ニシテ平滑ナレドモ綠毛アリ、熟スレバ赤色ト變ジ開裂シテ二筒ノ黑色種子ヲ露出ス。種子ハ能ク臍ヲ以テ莢ニ聯繫ス。和名ハ痰切豆ノ意ニシテ此豆ヲ呑メバ痰ノ出ルヲ治スト謂フ。漢名 鹿藿(誤用)

ときりまめ
一名 べにかは
Rhynchosia acuminatifolia *Makino.*

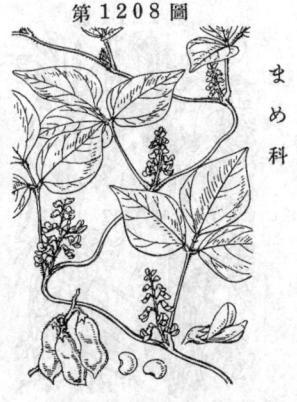

第 1208 圖

まめ科

山野ニ生ズル多年生蔓性草本。槪形たんきりまめニ似タリ。莖ハ細線狀ヲ成シテ長ク伸ビ纒繞ス。葉ハ互生シ、三小葉ヨリ成リ、小葉ハ卵形或ハ長卵形ニシテ先端次第ニ細マリ、長サ5cm許、葉質薄ク莖ト共ニ疎毛アリ。夏日、葉腋ニ總狀花序ヲ成シテ數箇ノ黃色小蝶形花ヲ開ク。花穗ハ葉ヨリ短ク、花ト共ニたんきりまめヨリ小ナリ。萼ハ筒形ヲ成シ五箇ノ小齒アリ表面ハ褐色毛ニ覆ハル。旗瓣稍闊ク、翼瓣舟瓣ハ狹長ナリ。後莢ヲ結ブ、扁平ニシテ長橢圓形、先端尖リ、長サ2cm許、熟シテ紅色ヲ呈シ美麗ナリ、內ニ二黑子ヲ容ル。和名ときり豆ノときり何ノ意乎或ハ痰切豆ノたんきりト同義乎。紅皮ハ其紅染セル莢ノ色ニ基ヅク。

いんげんまめ (藊豆)
一名 ふぢまめ・せんごくまめ 古名 あぢまめ
Dolichos Lablab *L.*
(=Lablab vulgaris *Savi.*)

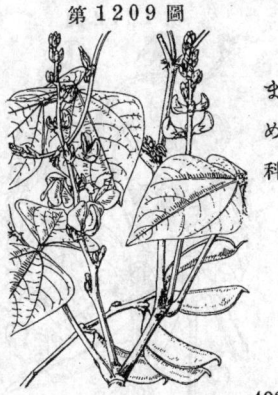

第 1209 圖

まめ科

熱帶地方ノ原產ニシテ元來多年生草本ナレドモ廣ク栽培スルニハ一年生蔓性草本。莖ハ他物ニ纒繞シ、多少有毛又ハ無毛。葉ハ互生シ、三小葉ヨリ成リ、小葉ハ廣卵形、長サ5~7cm、先端ハ急尖シ、底部ハ廣楔形ヲ呈シ、全邊ナリ、中央ノ一小葉ハ柄長シ。夏秋ノ候、葉腋ニ長キ花梗ヲ抽キ、各節ニ二乃至四ノ紫色或ハ白色花ヲ穗狀樣花穗ニ綴リ層ヲ成ス。花ハ蝶形花ニシテ、萼ハ鐘形、先端淺ク四裂ス。旗瓣ハ闊クシテ上ニ立チ、其基部ハ於テ內方ニ向フ耳ヲ有ス。翼瓣舟瓣ハ橫向シテ斜上ス。莢ハ尖テ鎌身ノ如ク、長サ凡6cm、幅2cmアリテ數顆ノ種子ヲ容ル。種子ハ生時肉質ノ種皮ヲ有シ又長形ノ著シキ白臍眼ヲ具フ。嫩莢ハ食用トシ、又白花品ノ種子ハ扁豆ト稱シテ藥用トス。種々ノ品種アリ。ふぢまめノ紫花品ヲ稱シ其種子ハ暗色ニシテ鵲豆ノ漢名アリ。和名ハ隱元豆ノ往昔隱元禪師ノ我邦ニ齎ラセルヨリ云フ、今日普通ニ呼ブ菜豆ノいんげんまめトハ別ナリ。千石豆ハ收穫ノ豐富ニ在ルヨリ云ヒ、味豆ハ味佳キ豆ナルヨリ云フ。

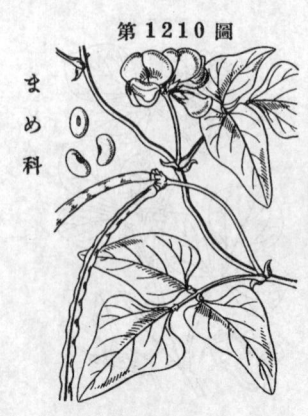

ささげ <ruby>豇豆<rt></rt></ruby>
Vigna Catiang *Endl.*
var. sinensis *King.*

支那ノ原産ニテ栽培ク我邦ニ入リ、廣ク諸州ニ栽培スルニ一年生蔓性草本。莖ハ長ク延ビテ他物ニ纏繞シ、全株無毛。葉ハ互生シ、三出複葉ニシテ長柄アリ。頂生小葉ハ菱狀卵形ニシテ先端尖リ、長サ 8-15cm、長柄アリ、側生ノ二小葉ハ歪卵形ニシテ短柄アリ。夏日、葉腋ニ長キ花軸ヲ生ジ、頂ニ少數ノ淡紫色花ヲ開ク。萼ハ鐘形ニシテ四裂ス。旗瓣ハ廣クシテ大、反捲ス。雄蕊ハ二體。子房ハ無柄ナリ。花後狹長ナル莢ヲ生ジ、種子ハ食用トス。其莢ノ最モ長キ者ナル十六ささげ (var. sinensis *King* forma sesquipedalis *Makino* = Vigna sesquipedalis *W.F.Wight*) ト呼ビ莢ヲ食フ。一種莖直立シ莢亦上向スル者ヲはたささげ (V. Catiang *Walp.*) ト云ヒ、其豆粒ノ白色ニシテ黑斑アル者ヲやつとささげ (V. Catiang forma dichrosperma *Makino*) ト云フ。和名ハ捧げる意ニテ其莢ノ上向セル者ニ基キシ稱ナリト謂ヘリ。

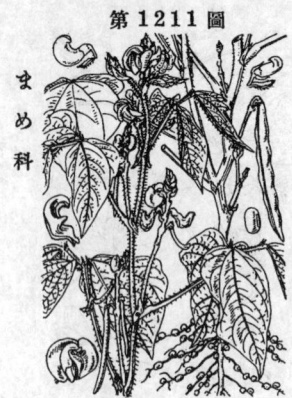
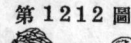

あづき <ruby>赤小豆<rt></rt></ruby>
一名 せうづ
Phaseolus angularis *Wight.*

舊ク支那ヨリ傳ヘ普ク諸州ノ畑ニ栽培スルニ一年生草本。莖ハ直立シ高サ 30-50cm餘ニ達ス。葉ハ互生シ、三出複葉ニシテ長葉柄アリ、柄本ニ鍼狀托葉アリ。小葉ハ卵形或ハ菱形樣卵形、長サ 5-9cm許、全邊或ハ極メテ淺ク三裂シ、先端尖レリ。夏日、葉腋ニ短キ花梗ヲ出シテ黃色ノ蝶形花ヲ着クルコト二乃至十二箇許、短小梗ヲ有ス。萼筒ハ先端五裂ス。龍骨瓣ハ甚ダシク屈曲シ先端ニ毛アリ。莢ハ圓柱形ニシテ無毛ナリ。中ニ六-十顆ノ種子ヲ容ル。種子ハ暗赤色ヲ呈スレドモ又品種ニ由リ其色ヲ異ニス。豆粒ヲ食用トス。和名あづきハ其語原能ク判然セザレドモ、古書ニ赤小豆ヲあかつきト訓マセシモノアリ、又あかつぶき (赤粒木) ノ意ニ非ズ乎トモ謂ヒ、又あづき (赤粒草) ナリトモ謂ヘリ。

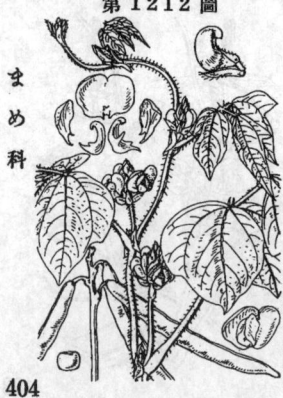

つるあづき <ruby>�眼<rt></rt></ruby>
一名 かにのめ
Phaseolus pendulus *Makino.*

蓋シ舊ク支那ヨリ渡來シ、今ハ往々田ノ畦ニ栽培スルニ一年生蔓性草本。莖ハ初メ直立スレドモ梢ハ蔓ト成リ、有毛又ハ無毛。托葉ハ披針形ニシテ鈍頭、長サ 1cm許。葉ハ長柄アリシテ互生シ、三小葉ヨリ成ル複葉ニシテ小葉ハ卵形或ハ菱狀卵形ニ成シテ尖リ、全邊或ハ極メテ淺ク三裂ス、長サ 5-8cm、兩面毛アリテ糙澁ス。夏日、葉腋ニ 10-15cm ノ花梗一乃至三條ヲ抽キ、上部ニ穗狀樣ノ總狀花序ニ成シテ短小梗アル黃花ヲ着ケ、其狀あづき花ノ如クニシテ稍大ナリ。旗瓣ハ廣圓形、淺凹頭ヲ成シ、龍骨瓣ハ甚ダシク屈曲シ、雄蕊ハ二體ヲ成シ一雌蕊ト共ニ螺旋ス。莢ハ下垂シ細長ニシテ毛無ク、種子ハあづきニ比スレバ小形ニシテ稍長シ。和名ハ蔓あづきノ意ナリ。漢名ノ蟹ハ蟹ノ本字ナリ。

404

やぶつるあづき
Phaseolus trilobatus *Schreb.*

諸州原野ニ生スル一年生蔓草ニシテ全草粗毛ヲ散生ス。莖ハ細クシテ他物ニ纏繞ス。葉ハ長柄アリテ互生シ、柄脚兩側ニハ粗毛密生セル耳狀ノ托葉ヲ具フ。三小葉複葉ニシテ小葉ハ卵形、長サ 2-5cm、銳尖頭鈍底、全邊或ハ更ニ三尖裂シ、裂片ハ銳尖頭ヲ有ス、深綠色ニシテ表面散毛アリ。秋日、葉腋ニハ花梗ヲ抽キ、頂ニ二三花ヲ著ク。花ハ蕾時其側面觀ハ豆ノ如ク膨ンデ腎臟形ヲ呈ス。淡黃色、旗瓣ハ圓形ニシテ直立、其下ニ他ノ花瓣ヲ抱ク。龍骨瓣ハ二箇合蕾シテ屈曲セル螺旋狀ヲ呈ス。雄蕊二體及ビ雌蕊一箇ハ其龍骨瓣間ニ挾マレ、其十共ニ螺旋ヲ成ス。莢ハ下垂シ黑褐色、長サ 3-5cm、狹圓柱形。種子ハ柱狀橢圓形ニシテあづきヨリ遙ニ小形、綠褐色ヲ呈シ、黑細點ヲ布ク者多シ。和名ハ藪蔓あづきノ意ナリ。

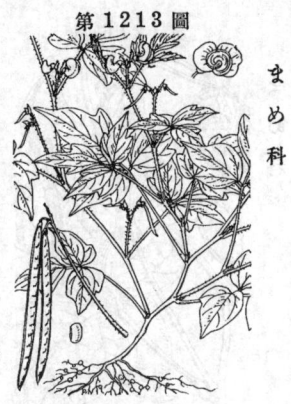

第 1213 圖

まめ科

ごぐわつささげ (龍爪豆)
一名 たうささげ・ぎんぶらう
誤稱 いんげんまめ
Phaseolus vulgaris *L.*

蓋シ熱帶亞米利加ノ原產ニシテ我我ヘハ眞正ノいんげんまめヨリ後ニ渡來シ、今ヤ邦內ニ廣ク栽培セラルル一年生蔓綾草本。莖ハ葉ト共ニ軟毛ヲ蒙リ、高サ 1.5-2m 許。葉ハ長葉柄ヲ有シテ互生シ三小葉ヨリ成リ、小葉ハ凡 10cm 長、廣卵形乃至菱形狀卵形、全邊ニシテ先端ハ長ク銳尖シ。夏日、葉腋ヨリ花軸ヲ出シ、短小梗アル少數ノ白色或ハ淡紅色ノ蝶形花ヲ開ク。萼筒ハ盃狀ニシテ五裂シ、上方ノ二裂片ハ殆ド合蕾ス。龍骨瓣ハ綠狀ニシテ旋囘ス。雄蕊十箇、二體ヲ成ス。花柱ハ細長、雄蕊ト共ニ旋囘ス。莢ハ細長、有毛或ハ無毛ニシテ直或ハ彎曲ル。種子ハ圓形乃至長橢圓形、品種ニヨリ形狀及ヒ色ヲ異ニス。一種矮生ニシテ莖立チ蔓性ナラザル者つるなしいんげん (var. humilis *Alef.*) ト云フ。和名ハ五月豇豆、唐豇豆、銀不老ノ意ナリ。今日普通ニ之ヲいんげんまめ (隱元豆) ト稱スルハ非ニシテ眞正ナルいんげんまめニ別ニ在リ。漢名 一ニ雲藊豆ト稱シ、我邦從來適用シ來レル菜豆ハ果シテ此種乎否乎判然セズ。

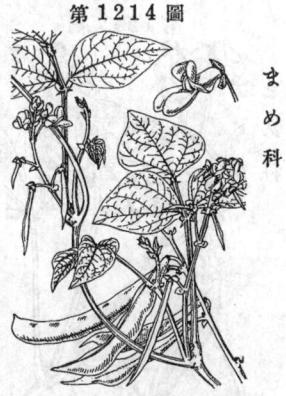

第 1214 圖

まめ科

はなささげ
一名 べにばないんげんまめ
Phaseolus coccineus *L.*
(＝Ph. multiflorus *Willd.*)

熱帶亞米利加ノ原產ニシテ德川時代末葉ニ渡來シ其美花ヲ賞セシモ、今日ニテハ主トシテ實用ノ爲メニ栽培スル一年生蔓性草本、然レドモ元來ハ多年生本ナリ。全株短毛ヲ布キ、莖ハ長ク延フ。葉ハ互生ニ三出複葉ニシテ長柄ヲ有シ、小葉ハ菱狀廣卵形ニシテ長サ 4-7cm、先端尖ル。椴形ごぐわつささげニ酷似セリ。夏日、葉腋ニ 15-18cm ノ長花軸ヲ抽キ朱赤色花或ハ時ニ白花 (しろばなはなささげ var. albus *Bailey*) ヲ總狀花序ニ著ク。稍大ナル蝶形花ニシテ長サ 2.5cm 許。萼ハ上下ニ深裂シ、旗瓣ハ翼瓣ニ比シ質硬ク光澤アリ。龍骨瓣ハ小形、甚ダ旋囘シ、雄蕊亦タ之ニ從フ。花後狹長ニシテ長サ 10cm 內外ノ莢ヲ結ビ、輕ク短毛アリ或ハ無毛ト成ル。豆ハ大ニシテ斑紋アリ。和名花豇豆ハ其花赤色美麗ナレバ云ヒ、紅花菜豆モ亦花赤色ナレバ云フ。

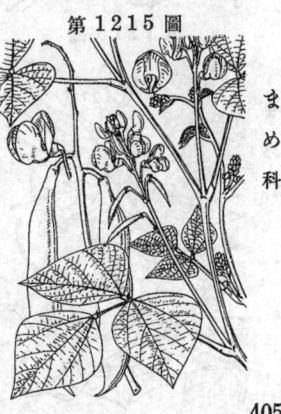

第 1215 圖

まめ科

405

第1216圖

まめ科

なたまめ (刀豆)
一名 たてはき
Canavalia ensiformis *DC.*
var. gladiata *Makino.*
(＝C. gladiata *DC.*)

舊世界熱帶地ノ原産ニシテ往時ヨリ畑ニ栽培セラルルー年生纏繞草本ニシテ無毛ノ綠莖ハ長ク伸ビテ蔓ヲ成ス。葉ハ互生シテ長柄ヲ有シ三小葉ヨリ成リ葉ト共ニ毛ヲ帶ビズ。小葉ハ卵狀長橢圓形ニシテ先端尖リ微凸頭アリ、長サ凡10cm内外。夏日、長梗ヲ腋生シ、其上部傾斜シテ穗狀ヲ呈シ花序ヲ成シ、淡紅紫色或ハ白色(しろなたまめ var. alba *Makino*)ノ花ヲ着ケ、穗長ハ凡7cm許アリ。花ハ稍大ニシテ極メテ短キ小梗ヲ具フ。萼ハ鐘狀ニシテ二片ニ分ル。旗瓣ハ圓形ニシテ反卷ス。十雄蕊ニ二體ヲ成シ、一雌蕊アリ。莢ハ長大ニシテ長サ凡30cm、幅5cm許、扁平ニシテ弓曲シ綠緣ヲ呈シ背萼ノ强壯ナリ。内ニ十乃至十四箇ノ種子ヲ包ム、種子ハ扁平ニシテ紅色又ハ白色ヲ呈シ、狹長ナル臍斑ハ殆ド豆粒ト同長ナリ。嫩莢ヲ食用ニ供ス。其莢珊リテなた(鉈)ノ形ヲ成セルヨリ云フ。又たてはき ハ一ニたちはきトモ云ヒ帶刀ノ意ニシテ單葉莢ヲ太刀ニ擬シタルナリ。姉妹品ニたちなたまめアリテ其莖直立シ、是レ卽チ C. ensiformis *DC.* ナリ。

はまなたまめ
Canavalia lineata *DC.*

暖地ノ海邊ニ野生スル强壯ナル多年生草本。莖ハ砂地上或ハ岩上ニ偃臥シ多クノ葉ヲ出シテ繁茂シ强靭ナリ。葉ハ長葉柄ヲ有シテ五生シ、三小葉アル複葉ヲ成シ質厚ク綠色ナリ。小葉ハ橢圓形ヲ成シ葉頭短ク尖リ或ハ微尖頭ヲ呈シ全邊ナリ、長サ 6-10cm 許、側生小葉ハ短小柄ヲ有シ中央小葉ハ稍長キ小柄ヲ具フ。夏秋ノ候、長キ花軸ヲ葉腋ニ出シ、其上部ニ穗狀ヲ成シテ淡紅紫色ノ蝶形花ヲ開キなたまめ花ニ肖タリ。花ハ稍大形ニシテ長サ凡25-27mm。萼ハ綠色ニシテ紅暈アリ鐘狀ヲ成シテ五裂シ上部ノ二裂片ハ大ニ下部ノ三裂片ハ小ナリ。旗瓣ハ廣闊凹頭、翼瓣龍骨瓣ハ狹長ナリ。雄蕊十箇二體。子房狹長ニシテ細毛アリ、花柱ハ弓曲シテ長シ。莢ハ大ニシテ6-9cm、長橢圓形ヲ成シ稍扁平、中ニ二乃至五箇ノ種子ヲ入ル。種子ハ褐色ニシテ橢圓形ヲ成シ長サ 15mmアリテ臍卓ハ長シ。和名ハ濱刀豆ノ意ナリ。

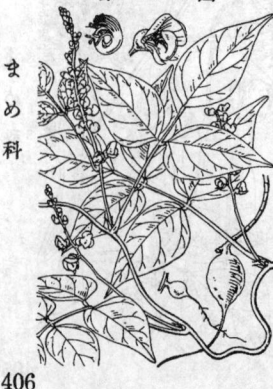

第1217圖

まめ科

第1218圖

まめ科

ほ ご (土圞兒)
一名 ほどいも
Apios Fortunei *Maxim.*

諸州山野ニ生ズル多年生蔓草。地下ニ球形ニシテ白肉黃褐皮ノ塊塊ヲ生ズル特性アリ。莖ハ細長ニシテ長ク延ビ他物ニ纏繞ス。葉ハ羽狀複葉ニシテ三-五片ノ小葉ヨリ成ル。小葉ハ卵形或ハ長卵形ヲ成シ先端ハ次第ニ狹窄シテ銳尖ス、長サ4-8cmニシテ質薄シ。夏日、葉腋ニ花軸ヲ生ジ、總狀花序ヲ成シテ小蝶形花ヲ着ク。花ハ極メテ短キ小花梗ヲ有シ、綠黃色ニシテ紫色暈アリ、長サ 6-7mm 許。萼ハ鐘形ヲ呈シ上ノ二齒片ハ合生シ、下ノ三齒片ハ三角形ヲ成ス。旗瓣ハ廣闊、翼瓣ハ甚ダ小形其末端紅紫色ヲ呈シ、龍骨瓣ハ曲レリ。二體ヲ成セル十雄蕊下ニ曲リ、雌蕊亦同樣ナリ。花了テ後5cm許ノ莢ヲ結ブ。地中ニ在ル塊根ハ煨テ之ニ食フベシ。和名ハ塊或ハ塊芋ノ義ニシテ其塊塊ノほど(塊)ヲ成セルヨリ云フ。漢名ハヌ一ニ九子羊、或ハ山紅豆花ト稱ス。

406

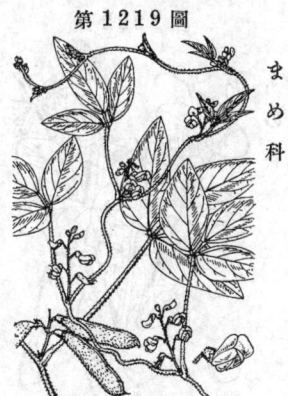

まめ科

つるまめ (鹿藿)
Glycine Soja *Sieb. et Zucc.*
(＝G. ussuriensis *Reg. et Maack.*)

普ク諸州ノ原野ニ野生スル一年生蔓草、莖ハ蔓長ニシテ長ク伸ビ他物ニ纏繞シ、葉ト共ニ細毛茸ヲ被フル。葉ハ互生シテ長葉柄ヲ具ヘ、三小葉ヨリ成リ、小葉ハ全邊ニ成セル披針狀長橢圓形或ハ披針形ニシテ長サ凡4-6cm、鈍頭、圓底或ハ鈍底。夏秋ノ間、三-四箇ノ紅紫色蝶形花ヲ短總狀ニ綴ル、罕ニ白花品アリ。花體ハ小形ニシテ長サ凡6mm許、萼ハ鐘形ニシテ先端ハ五裂ニ、細毛アリ。旗瓣ハ扁圓ニシテ微凹頭ヲ有ス。翼瓣ハ旗瓣ヨリ短ク龍骨瓣ハ更ニ短シ。雄蕋十箇、二體ヲ成シ、九箇ノ雄蕋ハ合蕋シ唯上部ニ於テノミ別ル。莢ハ長サ2-3cmアリ、毛多クシテだいづノ莢ニ似タリ。種子ハ橢圓形或ハ腎臓形ヲ成シ、多少扁平ナリ。和名ハ蔓豆ノ意。漢名 鹿豆 (救荒本草ニ出デ先輩之レヲ用ウ正乎否乎)。種ヲ用キシ Soja ハ醬油ナレバ此植物ニ之レヲ適用スルハ實ニ非ナリ。

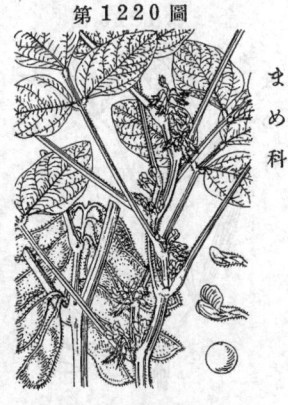

まめ科

だいづ (大豆)
Glycine Max *Merrill.*
(＝G. hispida *Maxim.*)

蓋シ支那原産ノ一年生草本ニシテ普ク畑ニ栽培セラル。高サ60cm内外。莖ハ直上或ハ楕ニ於テ稍攀性ニシテ葉ト共ニ淡褐色ノ毛ヲ被ル。葉ハ互生シテ長葉柄ヲ具ヘ、三小葉(極メテ罕ニ五小葉ノ者アリテごばまめ一名がんくひト呼ブ)ヨリ成レル複葉。各小葉ハ通常線形ノ小托葉ヲ有シ、卵形乃至橢圓形ニシテ全邊、銳頭又ハ鈍頭。夏日、葉腋ニ短穗ヲ成シテ小形ノ紫紅色或ハ白色ノ蝶形花ヲ開ク。萼ハ鐘形ニシテ五齒アリ、裂片ハ最下ノ者最長ナリ。旗瓣ハ廣闊凹頭、翼瓣ハ旗瓣ヨリ短小、龍骨瓣ハ最モ小ナリ。十雄蕋アリ二體ヲ成ス。莢ハ短柄ヲ有シ、扁平線狀長橢圓形ニシテ一乃至四箇ノ種子ヲ藏ス。豆ハ黑色(くろまめ一名くろづ)・淡褐色・綠色・黃白色等種々アリ、重要ナル食用品ナリ。和名ハ大豆ノ字晉ナリ。

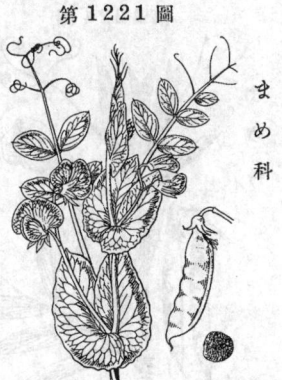

まめ科

ゑんどう (豌豆)
一名 あかゑんどう 古名 のらまめ
Pisum sativum *L. var. arvense Poir.*

元來歐洲ノ原産ニシテ畑ニ培養スル越年生無毛ノ草本ニシテ秋ニ下種ス。莖ハ高サ1m内外、圓柱形ニシテ直上シ中空ナリ。葉ハ互生シテ葉柄ヲ具ヘ質稍クシテ乃至三對ノ小葉ヨリ成リ先端ハ分岐セル卷鬚ト化シテ攀登ノ用ヲ成ス。小葉ハ卵形乃至橢圓形ニシテ長サ2-5cm、全邊或ハ時ニ少數ノ小鋸齒アリ。托葉ハ葉狀ヲ呈シ小葉ヨリ優ニ大形ニシテ凡心臟形ヲ成シ、邊緣ノ下部ニ牙齒アリ。春日、葉腋ヨリ長キ花軸ヲ抽キ、大抵二箇ノ紫色蝶形花ヲ著ケ側ニ向テ開キ 小梗ヲ有セリ。萼ハ綠色ニシテ五裂ニ宿存ス。旗瓣ハ淡紫色ヲ呈シ廣クシテ倒心臟形ヲ成シ擴張シテ立ツ、翼瓣ハ雙者相接シ殆ド圓クシテ濃紫色、龍骨瓣ハ小形ニシテ尖レリ。花後平滑ナル綠狀長橢圓形ノ扁莢ヲ結ブ。莢子ハ鈍四稜ヲ呈シ褐色ニシテ食用ニ供セラル。和名ゑんどうハ豌豆ノ字晉ナリ。今日一般ニゑんどうト稱スルハ紫花品ナル本品ト白花品ナルしろゑんどうトヲ指ス。

407

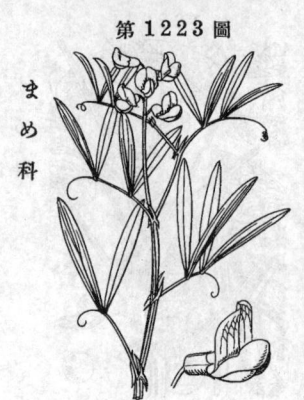

第 1222 圖

まめ科

しろゑんどう (荷蘭荳)
今日通名　ゑんどう
Pisum sativum L.

歐洲原産ニシテ今普ク畑ニ培養スル越年生ノ攀緣草本、秋ニ下種ス。全株無毛ニシテ直上セル莖ノ高サ 1m 内外、圓柱形ニシテ中空ナリ。葉ハ一乃至三對ノ小葉ヨリ成リ、多少長キ葉柄ヲ有シ、先端ハ分岐セル卷鬚ト成リ他物ヲ把卷ス。小葉ハ卵形乃至橢圓形ニシテ全緣或ハ時ニ少數ノ鋸齒アリ、先端ハ鈍頭、小微凸頭アリ。葉柄ノ基部ニハ大ナル葉狀ノ二托葉ヲ具ヘ、各凡ソ半心臟形ヲ成シ、粗ナル牙齒ヲ有スル耳部ハ互ニ相重ナル。春日、葉腋ニ花軸ヲ抽キ、通常二箇ノ白色蝶形花ヲ開キ側ニ向ス。花ハ小梗ヲ具ヘ稍大形ニシテ長サ 2-2.5cm、萼ハ綠色ニシテ五裂シ宿存ス。旗瓣ハ開張シテ立チ凹頭ヲ有ス、翼瓣ハ略ボ圓形ニシテ雙者相接シ、龍骨瓣ヲ内ナリ。花後綠形乃至劍形ニシテ平滑ナル扁莢ヲ結ビ、長サ 5cm 許。種子ハ球形ニシテ白色。嫩莢及種子ヲ食用トス。和名ハ白豌豆ノ意ナリ。

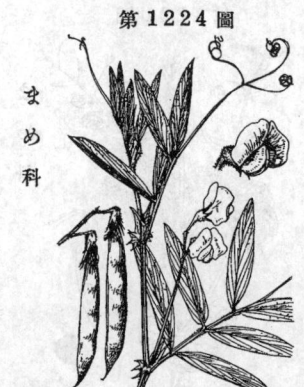

第 1223 圖

まめ科

れんりさう (山黧豆)
Lathyrus palustris L.
var. linearifolius Ser.

草原ニ生ズル多年生草本ニシテ細長ナル地下莖ヲ引テ繁殖ス。莖ハ直立シ高サ 30-60cm ニシテ綠色ヲ呈シ兩側ニ狹翼アリ。葉ハ有柄互生シ、羽狀ニシテ一乃至三對ノ小葉ヨリ成リ先端ハ分岐セザル一卷鬚ヲ有ス。小葉ハ並ビテ立チ、線形又ハ披針形ニシテ兩端尖リ、全邊ニシテ先頭ハ微凸尖アリ、中脈ノ兩側各三條ノ支脈縱通ス、長サ 5-10cm ナリ。葉柄本ニ殆ド一直線ニ兩岐セル綠色托葉アリテ其裂片狹形ニシテ尖レリ。五六月頃、葉腋ニ長キ一花軸ヲ抽クコト 10-15cm、上部ニ短小梗アル紅紫色蝶形ノ數花ヲ總狀花序ニ著ク。萼ハ斜鐘形ヲ成シ先端五裂ス。旗瓣ハ大ニシテ卵狀圓形、凹頭、翼瓣ハ花爪アル廣卵形ニシテ旗瓣ヨリ小。龍骨瓣ハ殆ド白色ニシテ更ニ小ク、短花爪アリテ銳頭ヲ有ス。十雄蕋二體ヲ成シ卻チ其九雄蕋ハ同一點ヨリ著シク融合ス。莢ハ綠形ニシテ無毛ナリ。和名ハ連理草ノ意ニシテ其小葉ノ兩對シテ連生セル狀ニ基キテ云フ。

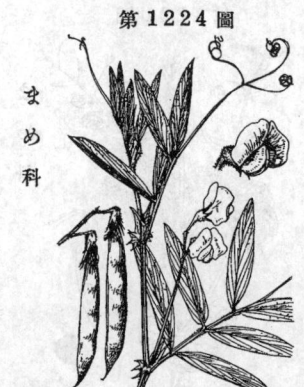

第 1224 圖

まめ科

ひめれんりさう
一名　べにざらさ
Lathyrus ugoensis Matsum.

我邦ノ北地ニ生ズル多年生草本。莖ハ多少蔓性ニシテ長サ 60cm ニ達シ、兩翼アリテ扁平狀ヲ呈ス。葉ハ互生シテ短柄ヲ具ヘ、一乃至三對ノ小葉ヨリ成リ、先端ハ分枝セル卷鬚ト成リテ他物ニ纏ラフ。小葉ハ披針形或ハ線狀長橢圓形ニシテ兩端細マリ、先端ハ微凸頭アリ、長サ 3-4 cm、幅 0.5-1cm 許。葉柄本ノ托葉ハ小形ニシテ半箭形ヲ成シ、先端銳ク尖ル。五六月頃、葉腋ニ 6-9cm 長ノ花軸ヲ抽キ、先端ニ少數ノ紅紫色蝶形花ヲ著ケ側ニ向テ開ク。旗瓣ハ大形ニシテ翼瓣龍骨瓣ハ小形アリ。莢ハ扁平ニシテ長サ 4cm 内外、毛アリ。和名ハ姬連理草ノ意ナリ。

408

ひろはのれんりさう
Lathyrus latifolius *L.*

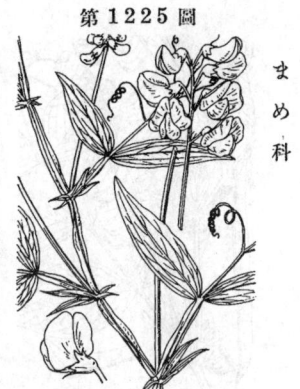

第 1225 圖

まめ科

欧洲原產ノ多年生蔓性草本ニシテ明治初年ニ渡來シ、稀ニ觀賞ノ爲メ庭園ニ培養セラル。莖高サ 90cm 許ニシテ葉ノ先端ニ生ジテ多岐セル强キ卷鬚ニ由テ他物ニ纏絡シ直上シ、顯著ナル翼アリ。葉ハ互生シ有柄ニシテ一對ノ小葉ヨリ成リ、小葉ハ卵狀披針形ニシテ長サ 5-10cm 許、先端尖リ微凸頭アリ、三乃至五脈アリテ判然ス。葉柄ニモ赤翼アリ。托葉ハ披針形ヲ成シ或ハ稍半箭形、小葉ノ如キモ小ナリ。夏日、葉腋ヨリ生ズル長キ花梗上ニ紅紫色ノ數花ヲ總狀ニ着ケテ美ナリ。萼ハ鐘狀ニシテ淺ク五裂ス。旗瓣ハ甚ダ大。翼瓣、龍骨瓣ハ旗瓣ヨリ小ナリ。花後扁平ノ莢ヲ結ブ。中ニ稜角アル數粒ノ豆ヲ容ル。和名ハ廣葉ノ連理草ノ意ナリ。

じゃかうれんりさう
一名 じゃかうゑんどう・すゐーとぴー
Lathyrus odoratus *L.*

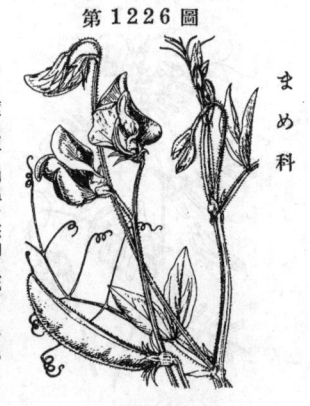

第 1226 圖

まめ科

地中海沿岸ノ原產ニシテ今ハ廣ク園圃ニ栽培セラルル一年生蔓草ニシテ全株白粗毛ヲ布ク。莖ハ立チテ攀登シ高サ 2m ニ達シ狹翼ヲ具ヘ葉ト共ニ多少ノ粉白色ヲ呈ス。葉ハ殊ニ互生シテ短柄ヲ具ヘ、羽狀複葉ナレドモ小葉ハ唯最下部ノ一對ノミヲ殘シテ他ハ卷鬚ニ變ゼリ。小葉ハ卵狀楕圓形ニシテ兩端尖リ、粗毛アリ、長サ 3cm 內外ニシテ斜開シ、裏面粉白、表面ハ蒼綠色ナリ。葉柄ハ太クシテ兩翼ヲ有シ基部兩側ニハ狹キ耳狀ノ托葉ヲ存ス。花梗ハ腋生、遙ニ葉ヲ抽キテ立チ、長サ20cm內外、莖ト質ヲ同ジクス。五月頃、花梗ノ上部ニ總狀ヲ成シテ二乃至四花ヲ開ク。花ハ豐大、蝶形ヲ呈シ、長サ2-3cm、旗瓣ハ闊大ナリ。園藝種多クシテ白・淡紅・紅・紫・碧色等種々ノ色アリ。花後粗毛ニ飾ハレタル長楕圓形ノ扁莢ヲ結ブ。切花トシテ賞用セラル。和名ハ麝香連理草又ハ麝香豌豆ナリ。すゐーとぴーハ Sweet Pea ニシテ西洋ノ俗名ナリ。

はまゑんごう
Lathyrus maritimus *Bigel.*

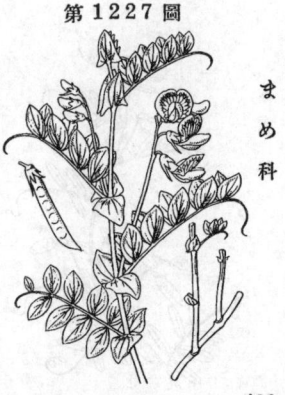

第 1227 圖

まめ科

海濱砂場(極メテ罕ニ湖邊或ハ河原)ニ生ズル豌豆樣ノ多年生草本ニシテ長ク地下莖ヲ引テ繁殖ス。莖長サ 30-60cm許、方形綠色ニシテ强ク地面ニ橫斜ス。葉ハ帶白綠色ヲ呈シ、互生シテ短柄ヲ有シ、三乃至六對ニシテ通常五對ノ小葉ヲ具ヘ、先端ハ一條ノ卷鬚ト成ル。小葉ハ長楕圓形・楕圓形或ハ卵形ヲ成シ、鈍頭ニシテ小微凸頭アリ。托葉ハ大形ニシテ小葉ヨリ稍大ニシテ半箭形ヲ成シ先端尖レリ。五月、葉腋ニ 6-9cmノ長花梗ヲ抽キ、總狀花穗ヲ成シテ美ナル赤紫色ノ蝶形花ヲ綴リ側ニ向テ開キ、後碧色ニ變ズ。萼ハ五裂シ、裂片ハ筒部ヨリ稍長シ。旗瓣ハ圓形凹頭、翼瓣・龍骨瓣ハ旗瓣ヨリ小ナリ。雄蕋十箇ニ體ニシテ一雌蕋アリ。莢ハ無柄・線狀長楕圓形ニシテ扁平、長サ 5cm內外、和名ハ濱豌豆ノ意。漢名 野豌豆(誤用)

409

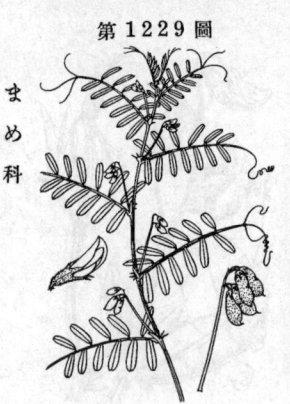

いたちささげ
一名　ゑんどうさう
Lathyrus Davidii *Hance.*

本屬中ノ異采者ニシテ山野ノ陽地ニ生ズル多年
生草本。莖ハ高サ90cmニ達シ、圓柱形ニシテ
直立或ハ傾斜ス。葉ハ互生シ有柄ニシテ羽狀複
葉ヲ成シ、二乃至四對ノ小葉ヲ有シ、葉軸ノ末
端ニ分岐セル卷鬚ヲ具フ。小葉ハ橢圓形ニシテ
長サ 4-8cm許、先端ハ鈍頭ヲ成シ、質軟ク下面
ハ綠白色ヲ呈ス。托葉ハ大ナル半箭形ヲ成シ、
長サ2-4cm、末端尖ル。夏日、葉腋ニ一條又ハ
稀ニ二條ノ有梗ナル總狀花序ヲ成シテ多數ノ花
ヲ開キ傾下ス。蝶形花ニシテ長サ凡15mm、黄色
ヲ呈シ、後褐色ニ變ズ。萼ハ鐘形ニシテ極メテ
淺ク五齒ヲ成シ下方ノ者稍長シ。花瓣ハ上部ニ
於テ上向キニ反ル。莢ハ小梗ヲ有シ長サ6-8cm
許ニテあづきノ莢ニ似タリ。和名ハ鼬豆豆ノハ
いたちノ蓋シ後千褐色ニ變ズル黄色花ニ基キシモ
ノ平、同獸ノ毛色ハ黄赤色ナリ、又豌豆草ハ草
狀ニ由ル。漢名　莚芒決明(誤用)

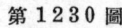

すずめのゑんごう(薇)
Vicia hirsuta *Koch.*

普ク諸州ノ田野山麓ノ地ニ生ズル越年生草本ニ
シテ多少細毛アリ。莖ハ基部ヨリ分枝シ、立チ或
ハ傾キ纖弱細長ニシテ四稜アリ、長サ 30-50cm
許。葉ハ羽狀複葉ニシテ六乃至八對ノ小葉ヲ有
シ、先端ハ分岐セル卷鬚ト成ル。小葉ハ線狀長橢
圓形ニ成シ小形ニシテ長サ 1cm内外、先端凹狀
截形ニシテ微尖、底部ハ狹窄ス、托葉ハ小形ニシ
テ多クハ四深裂ス。四五月ノ候、葉腋ニ纖長ナル
花梗ヲ抽キ、上部ニ白紫色ノ小蝶形花三四箇ヲ
着ク。萼ハ五裂ス。翼瓣・龍骨瓣ハ旗瓣ヨリ短シ。
莢ハ小形、長サ 8mm ニシテ細毛ヲ被リ通常二
種子ヲ入ル。種子ハ扁圓形ニシテ黑色光輝アリ。
全草ヲ茶トシテ飮ミ又牧草ト爲スベシ。和名ハ
雀野豌豆ニシテ雀ノ豌豆ノ意ニ非ズ、此草ヲ
野豌豆(からすのゑんどう)ニ係テ小形ナルニ由
リ小鳥ナル雀ヲ其上ニ加ヘ草體ノ小ナルヲ表セ
リ。漢名　小巢菜竝ニ翹搖(共ニ誤用)

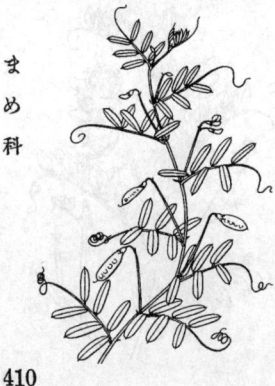

かすまぐさ
Vicia tetrasperma *Moench.*

普ク諸州ノ芝生・草地・山麓地等ニ生ズル越年
生草本ニシテ草狀略ボすずめのゑんどうニ似タ
リ、莖ハ瘦長ニシテ毛ナク、30-50cm許アリ。
葉ハ互生シテ羽狀ヲ成シ質軟ニシテ無毛ナリ、
葉軸ノ先端ハ一或ハ二岐セル卷鬚ト成ル。小葉
ハすずめのゑんどうヨリ少シク大ニシテ三乃至
六對ヲ成シ、線狀橢圓形又ハ線形、先端一般ニ
截形ニシテ微凸頭ヲ有シ底部ハ狹窄ス。四五月
ノ候、葉腋ヨリ生ズル細キ花梗梢ニ通常二箇ヅ
ツ淡紅紫色ノ小蝶形花ヲ着ク。萼ハ五尖裂シ、
旗瓣闊ク、翼瓣龍骨瓣ハ短小ナリ。莢ハ極メテ
短キ小柄ヲ有シ線狀長橢圓形、長サ10-15mm、
扁平ニシテ平滑無毛、三乃至四箇ノ種子ヲ含ム。
和名ハかす聞ぐさノ意ナリ、本種ハ其草狀宛モ
からすのゑんどうトすずめのゑんどうトノ中間
形ヲ呈スルヨリ斯ニ云フ。

410

からすのゑんごう（野豌豆）
一名 やはずゑんどう・いらら
Vicia sativa L.

普ク諸州ノ田野・山麓地等ニ多ク生ズル越年生草本。全株有毛、稀ニ無毛。莖ハ多ク基部ヨリ分岐シ、四角ヲ成シ、多少地上ニ傾臥シ、長サ60-90cm許アリ。葉ハ互生シ、羽狀複葉ニシテ三乃至七對ノ小葉ヲ有シ、末端ハ分岐セル卷鬚ニ成シ物ニ纏フ。小葉ハ倒卵形又ハ線形ニシテ往々矢笴形ヲ成シ微凸尖アリ。托葉ハ半箭形、多クハ尖歯アリテ一箇ノ腺點ヲ具フ。四五月、一二箇ノ帶紅紫色蝶形花ヲ葉腋ニ着ク。萼ハ五尖裂ス。旗瓣ハ廣闊ニシテ凹頭ヲ成シ、翼瓣ハ旗瓣ヨリ短小ニシテ濃紅紫色ヲ呈シ、龍骨瓣ハ殆ド翼瓣ト同長ナリ。莢ハ長形ニシテ熟シテ黑ク、中ニ約十顆許ノ種子ヲ含ミ、往々田間ノ小兒ノレヲ炒リテ食フ。洋品ハ通常さーどゐっけん稀ニ䆙狀豐大佳良ノ牧草トシテ栽培ス。和名烏野豌豆ハ雀野豌豆ニ對シ其花葉竝ニ莢ノ大ナルヨリ云ヒ又熟莢ノ黑色ナルモ亦烏ニ對シテ頗ル適セリ。

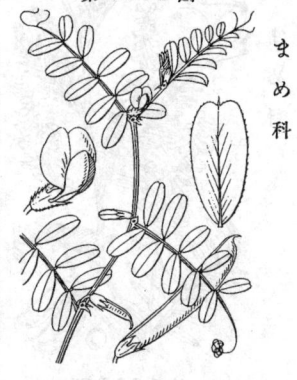

まめ科

つるなしからすのゑんごう
一名 つるなしやはずゑんどう
Vicia sativa L. var.
normalis Makino.

往々田野ニ生ズル越年生草本。全體からすのゑんどうト相同ジト雖ドモ單ニ其葉末卷鬚ヲ成サズ之レニ代ルニ小葉ヲ以テ止ル異アリ。莖ハ多ク基部ヨリ分岐シ、四角ヲ成シ、多少地上ニ傾臥スト雖ドモ多株叢生スル時ハ能ク相依テ直立ス。葉ハ互生シ羽狀ヲ成シ、小葉ハ三七對、倒卵形・長橢圓形・長倒卵形等ヲ呈シ、先端ハ凹ミ、微凸頭アリ、基部ハ尖リ、小葉ノ柄ハ甚ダ短シ。四月頃、葉腋ニ通常一二箇ノ蝶形花ヲ着ク。帶紅紫色ニシテ萼ハ鐘狀五尖裂、旗瓣ハ中央以下ニ於テ縱レアリ上方ハ短卵形ヲ呈シ、翼瓣ハ濃紅紫色ヲ呈ス。雄蕊十箇、二體ヲ成シ、分着セル者ハ其先端僅ニ分ルルノミ。子房ハ無柄、花柱ハ短ク長クシテ廣線形ヲ呈シ熟シテ黑色、敷粒ノ種子ヲ容ル。からすのゑんどうノ一變種ニシテ、和名ハ蔓無シ烏野豌豆ノ意ナリ。

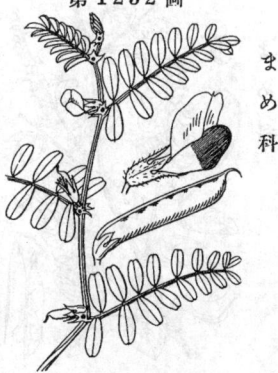

まめ科

いぶきのゑんごう
誤稱 からすのゑんどう
Vicia sepium L.

我邦ニ在テハ近江伊吹山ニ特産スル多年生草本ニシテ地下莖ヲ引テ繁殖ス。概形からすのゑんどうト相似タリ。莖ハ稍地上ニ傾臥シ或ハ直上シ多少稜綫ヲ成シテ稜アリ。葉ハ互生シ、羽狀複葉ニシテ先端ハ分岐セル卷鬚ヲ有シ他物ニ纏ヒ莖ノ上立テ幹ク。小葉ハ四乃至七對ヲ成シ、卵形又ハ長橢圓形ニシテ長サ2-3cm、先端多少截形ナレドモ往々ノゑんどうノ如クニズ。微凸頭ヲ有ス。托葉ハ半箭形、多少尖歯アリ。初夏、葉腋ニ短總狀花序ヲ成シテ通常二乃至三花ヲ有シ、萼ハ鐘形、花冠ハ淡紫色ニシテ旗瓣ニ綫條アリ。花後扁莢ヲ結ビ長サ3cm餘、前端嘴狀ヲ成シ熟シテ黑ク、中ニ六乃至十種子ヲ容ル。本品ハ歐洲ノ普通品ナレモ我邦ニ於テハ其野生トシテハ唯伊吹山下之レヲ見ルニ過ギズ、蓋シ往昔外國ヨリ之渡來品ナラン。和名ハ伊吹野豌豆ノ意ニシテ伊吹ノ豌豆ノ義ニハ非ズ。

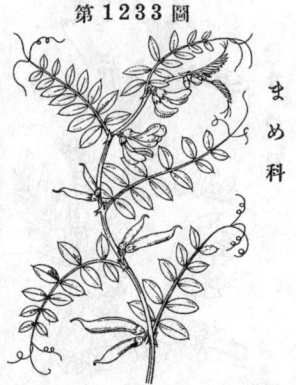

まめ科

411

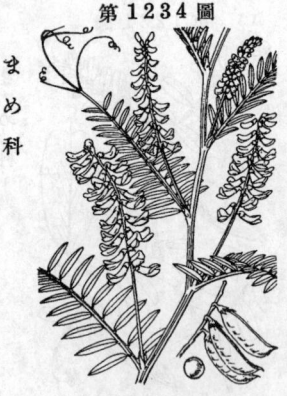

くさふち

Vicia Cracca *L.* var. japonica *Miq.*

原野或ハ山麓地帯等ノ草中ニ生ズル多年生草本ニシテ地下莖ヲ引テ繁殖ス。莖ハ強壯ナル蔓性ニシテ長ク伸ビ綠色ニシテ稜線多ク多少細毛ヲ帶ブ。葉ハ互生ニシ無柄ニシテ羽狀複葉ヲ成シ先端ハ分岐セル卷鬚ト成リ他物ニ卷絡ス。小葉ハ多數ニシテ互生ヌ兩側各八乃至十三片アリテ鮮綠色ヲ呈シ、線狀披針形ニシテ長サ1.5-3.5cm、葉頭鈍圓形ニテ微凸尖シ。葉身ニ二深裂ヌ裂片ハ狹クシテ尖レリ。六月ノ候、梢葉腋ニ花梗ヲ抽ヌ穗狀樣ノ偏側生總狀花序ヲ成シテ靑紫色ノ多數蝶形花ヲ開キ、甚ダ優美ナリ。花ハ長サ6mmニシテ萼ハ筒形ヲ成ス。花瓣ハ長シ、莢ハ長サ凡 2.5cm、無毛ニシテ中ニ通常五種子ヲ入ル。牧草ニ可ナレドモ我邦ニテハ未ダ利用セラレズ。和名ハ草藤ノ意ニシテ其草狀ト花狀トニ基ク。

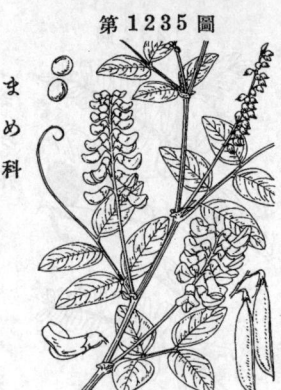

おほばくさふち

Vicia pseudo-Orobus *Fisch. et Mey.*
var. Tanakae *Makino.*
(= V. Tanakae *Franch. et Sav.*)

山麓地帯或ハ原頭等ニ生ズル多年生草本。莖ハ綠色ヲ呈シ、細クシテ蔓狀ヲ成シ稜アリテ毛ナシ。葉ハ互生ニシテ短柄ヲ具ヘ羽狀複葉ニシテ小葉ハ楕圓形・卵形或ハ長卵形ヲ呈シ、長サ3-6cm許ニシテ先端尖リ、互生或ハ對生ニシテ兩側各二乃至四片ヲ有シ、葉軸末ニ一或ハ兩岐セル卷鬚ヲ成シ長ク延ビテ他物ニ纏フ。托葉ハ綠色小形ニシテ銳頭、齒牙緣ヲ成ス。秋日、葉腋ニ10cm內外ノ花軸ヲ出シ、偏側生總狀花穗ヲ成シテ多數ノ紫碧色花ヲ開ク。花ハ長サ 10-15mm。萼ハ筒形ニシテ先端ハ淺ク分レテ尖ル。花瓣ハ稍長シ。莢ハ長サ 25-30mm ニシテ無毛、熟スレバ赤褐色ヲ呈ス。種子ハ圓形、黑色ナリ。和名ハ大葉草藤ノ意ナリ。

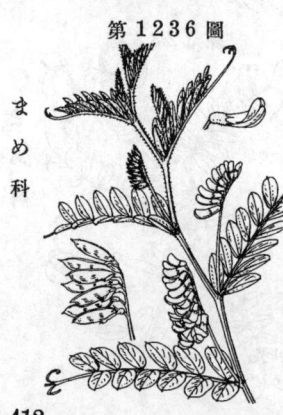

ひろはくさふち
一名 はまくさふち
Vicia japonica *A. Gray.*

中部以北ノ海ニ近キ地ニ生ズル多年生蔓本ニシテ地中ニ地下莖ヲ曳ク。莖ハ叢生ニシテ四方ニ傾臥シ、草質ナレドモ質稍硬ク、他物ニ依リテ上昇シ長サ50-100cm許アリ、綠色ニシテ稜條アリ、梢部ニ細毛ヲ帶ブ。葉ハ白綠色ヲ呈シ草質稍厚ク、互生ニシテ殆ド無柄ノ羽狀複葉ヲ成シ、葉軸ノ先端ハ一乃至三ノ卷鬚ト成ル。小葉ハ瘦長ナル葉軸ノ兩側ニ各三乃至十片ヅツ互生或ハ對生シ、狹長長楕圓形・長楕圓形或ハ楕圓形ニシテ微凸尖アル鈍圓頭竝ニ鈍底ヲ有シ裏面ハ白綠色ニシテ白色ノ細毛ヲ被フリ支脈ハ顯著ナラズ。夏日、葉ヨリモ短キ偏側生總狀花序ヲ腋生直立シ、紅紫色ノ蝶形花ヲ開ク。花ハ十箇內外、多少下垂シテ側向ス。萼ハ筒形ニシテ銳尖ノ五齒アリ。旗瓣ハ他ノ花瓣ヨリモ長シ。莢ハ長楕圓形扁平ニシテ無毛、四五子ヲ入ル。和名ハ廣葉草藤竝ニ濱藤ノ意、此乙稱ハ予ノ命名ナリ。

まめ科

つるふぢばかま
Vicia amoena *Fisch.*
var. sachalinensis *Fr. Schm.*

原野竝ニ山足地帯等ニ生ズル多年生蔓草ニシテ
地下莖ヲ引テ繁殖ス。莖ハ長ク伸ビ卷鬚ニ由テ
他草ノ上ニ繁衍シ、方形ニシテ葉裏ト共ニ細毛
ヲ被ル。葉ハ互生シ殆ンド無柄ニシテ羽狀複葉
ヲ成シ先端ハ分岐セル卷鬚ト成リテ他物ニ纒
フ。小葉ハ葉軸ノ兩側各五乃至七片ニシテ或ハ
對生シ或ハ互生シ、長橢圓形又ハ線狀橢圓形ヲ
成シ、鈍頭又ハ鈍頭ニシテ微凸尖アリ。托葉ハ
齒牙緣アリ。總狀花序ノ花梗ヲ有シテ腋生シ長
サ 7-10cm 許、秋季ニ短小梗アル多數ノ紅紫色
蝶形花ヲ開キくさふぢノ花ヨリ大キク、長サ凡
12mm。萼ハ鐘形ニシテ短ク五裂シ裂片尖レリ。
旗瓣ハ倒卵形、翼瓣ハ舟瓣ト稍同長ム。莢ハ長橢
圓形ニシテ無毛ナリ。和名ハ蔓藤袴ノ意ニシテ
蔓ハ草狀、藤袴ハ紫色花ニ擬セシナリ。

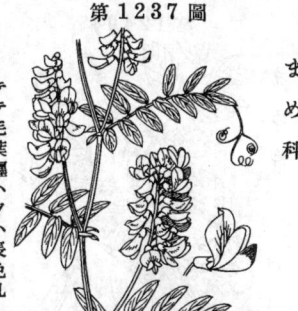

まめ科

なんてんはぎ (歪頭菜)
一名 たにわたし・ふたばはぎ
Vicia unijuga *Al. Br.*

山麓地帯或ハ原頭ニ生ズル多年生草本ニシテ根
ハ强シ。全株無毛、莖ハ叢生シ直立或ハ傾斜シ
高サ30-60cm許、痩莖ニシテ質硬ク四稜アリテ
綠色ヲ呈ス。葉ハ互生シテ短葉柄ヲ具ヘ一對二
片ノ斜ニ開出セル小葉ヨリ成リ、卷鬚無シ。小
葉ハ長橢圓形或ハ廣披針形ニシテ兩端ハ銳尖、
葉底ハ銳形ヲ呈シ、長サ3-7cm許アリ、全邊ニシ
テ綠毛ナリ。托葉ハ綠色ニシテ稍腎臓形ヲ呈シ
一側方ハ銳尖ヲ成シ一側方ハ尖粗齒アリ。夏秋
ノ間、葉腋ニ花軸ヲ抽キ上部ニ短總狀花序ヲ成
シテ小梗アル紅紫色ノ蝶形花ヲ開ク。花長凡12
mm。萼ハ短筒形ニシテ先端ノ五裂片ハ線形ナ
リ。旗瓣ハ倒卵形ヲ成ス。花後長サ3cm許ノ無
毛不褶ナル莢ヲ結ブ。農家往々其嫩葉ヲ食ヒ、
あづき菜ト呼ブ。和名南天萩竝ニ二葉萩ハ其葉
狀ニ基キ、谷渡しハ其名稱適切ナラズ、或ハ時
ニ莖弱ク偃臥スルコトアルヲ以テ谿側ニ横タフ
意味ニ斯ノ名ケシ乎。

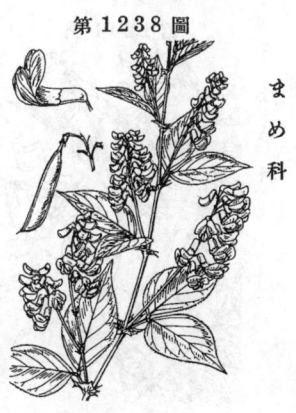

まめ科

みやまたにわたし
Vicia unijuga *A.Br.* var. bifolia
Makino. (＝V. bifolia *Nakai.*)

我邦中部ノ山中樹陰ニ生ズル多年生草
本。高サ30cm內外。地下ニ細キ根莖アリ
テ往々橫走セル分枝ヲ有ス。莖ハ直立シ
テ細ク、之曲シテ稜角アリ。葉ハ互生シ
極メテ短キ葉柄ヲ具ヘ疎ニ莖上ニ散着シ
テ二小葉ヨリ成リ、小葉ハ披針形長サ3-
4cm、銳尖頭ヲ有シ基脚ハ狹ク、不明ノ微
鈍齒アリテ多少波皺シ質極メテ薄シ。夏
日、葉腋ヨリ出ヅル短梗上ニ葉ヨリ短ヶ
總狀花序ヲ直立シテ着ケ、紅紫花ヲ開ク。
各花ノ下ニハ廣卵形ノ苞アリ。花ハ細長
クシテ偏側生ヲ成ス。萼ハ筒形ニシテ先
端斜形ヲ呈シ五齒アリ。旗瓣ハ直立シテ
開カズ。なんてんはぎニ似テ、葉ハ細長
ク、質菲薄、花序ニハ苞アリ且ツ彼ヨリ
ハ高處ニ生ズルヲ以テ區別スベシ。

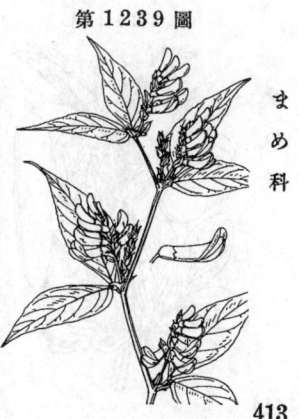

まめ科

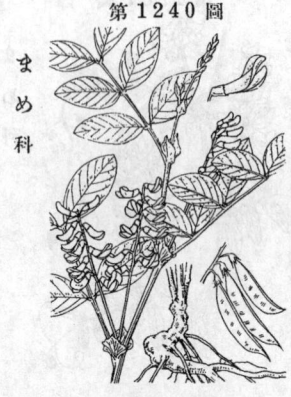

よつばはぎ
Vicia nipponica *Matsum.*

山麓地帶等ニ生ズル多年生草本ニシテ高サ 40-60cm 許、根ハ肥厚ス。莖ハ直立シ細長ニシテ質硬ク稜アリテ綠色ヲ呈ス。葉ハ互生シテ短葉柄ヲ具ヘ、羽狀複葉ニシテ小葉ハ二乃至三對狀ニ四對ヲ成シ、無柄ニシテ橢圓形或ハ長橢圓形ヲ成シ、兩端尖リ、長サ 3-5cm、質硬厚ニシテ葉脈著シ、時ニ葉頭ニ一卷鬚ヲ生ズル者アリ。葉ノ基部ニ新月狀ノ二托葉ヲ具フ。夏秋ノ間、上部ノ葉腋ニ長サ 4-5cm 許ノ花梗ヲ抽キ、短總狀花序ヲ成シテ紅紫色ノ蝶形花ヲ開ク。花ハ稍下一垂シ長サ凡 12mm、萼ハ筒狀ヲ成シテ短ク五裂シ、花冠ハ長ク、莢ハ長サ 3.5-4cm ニシテ扁平ナリ。和名ハ四葉萩ノ意ニシテ其一葉ハ四片ノ小葉ヨリ成ルヨリ云フ、時ニ六小葉ノ者アレドモ四葉萩ハ只其通形者ニ就テ下セシ名ナルノミ。

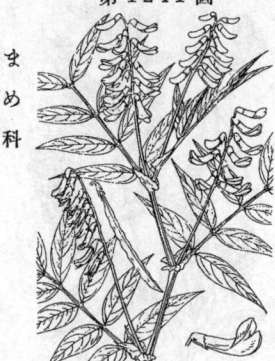

えびらふぢ
Vicia deflexa *Nakai.*

山中ノ溪側地ニ生ズル多年生草本ニシテ高サ 30-60cm 許、莖葉共ニ質剛シ。莖ハ細長ニシテ直立シ、線條アリテ殆ド三稜ヲ成シ多少之曲ス。葉ハ互生シテ極メテ短キ葉柄ヲ具ヘ、四-五對ノ無柄小葉ヨリ成ル羽狀複葉ニシテ先端ニ短キ一小尖アリ。小葉ハ披針形又ハ長卵形ニシテ長サ 4-6cm、先端次第ニ尖リ、底部ハ鈍形ヲ成シ、邊緣ハ多少皺曲ス。葉ノ基部ニ兩尖ノ二托葉ヲ具フ。夏日、稍葉腋ニ花軸ヲ抽キ、其上部ニ濃紅紫色ノ蝶形花ヲ總狀花序ニ綴ル。花ハ短小梗ヲ具ヘ、長サ 14mm 許。萼ハ筒形ヲ成シ先端ニ波形ヲ成ス。花後 2.5cm 許ノ狹長莢ヲ結ブ。和名箙藤ハ多分其聯列セル小葉ヲ矢ヲ挿シ列ベタ箙ニ擬セシモノ乎。

そらまめ（蠶豆）
Vicia Faba *L.*

蓋シ南西亞細亞及ビ北亞弗利加ノ原產ニシテ今ハ廣ク世界ニ栽培セラレ、我邦ニテモ普通ニ畠ニ作ㇽ越年生草本ニテ秋ニ下種ス。莖ハ粗大ニシテ直立シ高サ 60cm 內外、方形ニシテ中空、淡綠色ニシテ葉ト共ニ毛ナク、密ニ葉ヲ着ク。葉ハ互生シテ短葉柄ヲ具ヘ、一乃至三對ノ無柄小葉ヨリ成ㇽ。小葉ハ橢圓形・長橢圓形或ハ卵形ニシテ葉先鈍頭ニシテ微凹尖ヲ有シ、質軟ニシテ白綠色ヲ呈シ、5-8cm 長アリ。托葉ハ大ニシテ齒牙ヲ有シ外面ニ一膿點アリ。春日、葉腋ニ極メテ短キ總狀花序ヲ成シテ少數ノ蝶形花ヲ着ケ、側ニ向テ開ク、白質或ハ淡紫色ヲ呈シ翼瓣ニ黑斑アリ。花ハ長サ凡 3cm 許、萼ハ鐘形ニシテ五裂シ、旗瓣ハ大ニシテ立チ、翼瓣ハ龍骨瓣ヨリ長シ、雄蕊ニ二體ヲ成ス。莢ハ上向シ、狹長ナル長橢圓形ヲ成シ稍平扁ニシテ肥厚シ細毛アリテ之レヲ被リ初メ綠色ヲ呈シテ黑色ト成ㇽ。果實ハ橢圓形ニシテ平扁、臍ヲ少ク長シ。夏日、嫩豆ヲ食用ニ供ㇽ。熟豆モ亦食料トシ、莖葉ハ肥料ニ使用シ、和名空豆ハ其莢上空ニ向フテ立ツ由ヲ云フ。一種（ろそらまめ（新稱）ハ豆莢ノ莢モ熟ス。一種おたふくまめ（豆頭扁大ニシテ通常料理用トス。一種ひめそらまめ（新稱）ハ豆頭ル小ナリ。

みやまとべら
Euchresta japonica *Benth.*

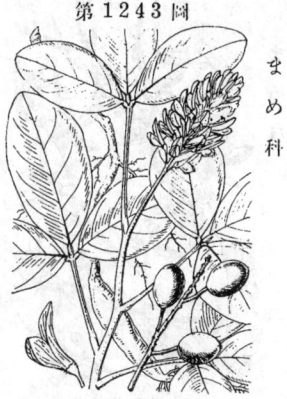

暖地諸州ノ深山樹下ノ地ニ生ズル常綠小灌木ニシテ高サ 30-60cm 許アリ。根ハ多少肥厚ス。莖ハ圓柱形ニシテ直立シ、基部ハ往々偃臥シ能ク鬚根ヲ生ズ。葉ハ互生シ長葉柄ヲ具ヘ三小葉ヨリ成ル複葉ニシテ質厚ク深綠色ヲ呈ス。小葉ハ全邊ノ長橢圓形、長サ 5-7cm 許、裏面ハ微毛アリ。初夏、莖末ニ頂生ノ總狀花序ヲ立テ、白色ノ蝶形花ヲ開ク。花ハ長サ 1cm。萼ハ杯形ニシテ五齒アリ細毛ニ被ハル。花瓣ハ細長ニシテ多ク花爪ヲ有ス。雄蕊十箇二體ヲ成ス。子房ハ長キ柄ヲ有ス。莢ハ廣橢圓形ニシテ稍肉質、黑紫色ニ熟シ長サ 15mm 許、一種子ヲ入レ種ウレバ生ジ易シ。和名深山とべらハ深山ニ生ズルとべらノ意、其葉稍とべら葉ノ氣分アレバ云フ。漢名 山豆根(誤用)

なんきんまめ (落花生)
一名 たうじんまめ・らくくわしゃう
Arachis hypogaea *L.*

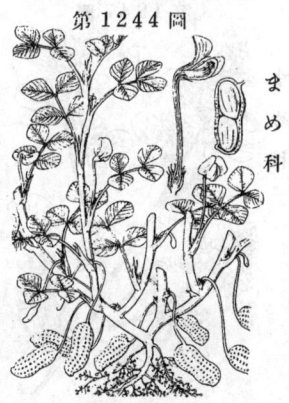

蓋シ南米地方ノ原產ナラント考ヘラルル一年生草本ニシテ德川時代ニ我邦ニ入ル。莖ハ基部ヨリ分枝シ、橫臥シテ四方ニ擴ガリ、長サ 60cm、稍部ハ傾上シ、莖面ニ毛ヲ帶ブ。葉ハ互生シテ長葉柄ヲ具ヘ四片ノ小葉ヨリ成ル偶數羽狀複葉ニシテ鮮綠色ヲ呈ス。小葉ハ無柄ニシテ倒卵形或ハ卵形、全邊ニシテ先端圓形ヲ呈シ細微突尖アリ。托葉ハ頗ル大ニシテ長ク尖ル。夏秋ノ間、無柄ノ黃色蝶形花ヲ葉腋ニ開ク。其花下ニ在ル花梗狀ノ者ハ實ハ延長セル萼筒ニシテ、上方ニ萼・花冠・雄蕊アリ、其萼筒ノ底ニ一子房アリ、子房頂ニ絲狀ノ長花柱アリテ萼筒ノ中マ串通シ花中ニ出ヅ、此子房中ノ卵子受精シ、花凋萎セル後ハ急ニ其子房下ノ部分長梗狀ニ延長シテ子房ヲ前方ニ推進シテ地下ニ入ラシメ遂ニ莢ヲ結ブニ至ル。莢ハ長橢圓形ニシテ眞直或ハ稍曲ル、果皮ハ厚ク硬クシテ黃白色ヲ呈シ、隆起セル網脈アリ、中ニ二三ノ大ナル種子ヲ容ル。種子ハ橢圓形或ハ長橢圓形ニシテ赤褐色ノ種皮ヲ被ブリ、胚ハ黃白色ニシテ子葉肥厚ク油ヲ含ミ食用ニ供セラル。和名南京豆・唐人豆ハ外來ノ豆タルヲ表ハシ、らくくわしゃうハ落花生ノ音讀ニシテ之レヲらくくわせいト謂フハ可ナラズ。

やはずさう (鷃眼草)
Microlespedeza striata *Makino.*
(= Kummerowia striata *Schindler.*)

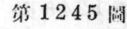

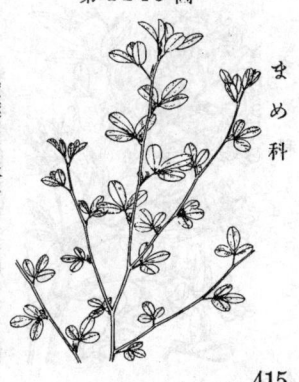

諸州ノ原野路傍ニ普通ナル一年生ノ小草本。莖高サ 10-30cm 許。根本ヨリ多ク分枝シ多數ノ莖ヲ密生シ、細長綠色ニシテ質强靭細毛アリ。葉ハ互生シ長倒卵形ノ三小葉ヨリ成リ、短柄アリ。小葉ハ長サ 1-1.5cm、先端ハ圓ク或ハ凹ム、支脈相竝ビテ明ナリ。夏秋ノ間、葉腋ニ淡紅色ノ蝶形花ヲ開ク。花ハ短梗ヲ有シ獨生或ハ雙生シ、小苞ハ橢圓形ヲ呈ス。萼ハ鐘形ニシテ五裂シ、花冠ハ萼ハ萼ノ約二倍。雄蕊ハ二體ヲ成ス。花後ニ一種子ノ小莢果ヲ結ビ、開裂セズシテ宿存萼ヲ伴ヒ、卵形ニシテ細毛アリ。本品ハ牧草トシテ可ナレドモ我邦ニテハ實用セズ、外國ニテハちゃぱんくろばート呼ンデ之レヲ栽用セリ。和名矢筈草ハ其葉ヲ指先ニテ攝ミ切レバ其斜上セル支脈ニ沿フテ矢筈狀ヲ呈スルニ由リ云フ。

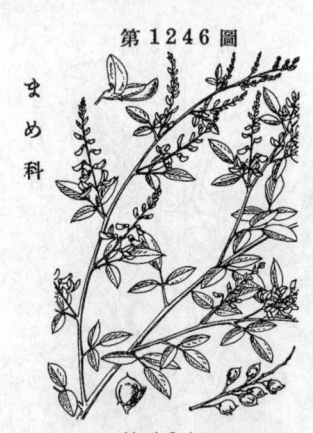

第1246圖

まめ科

はぎ
一名 やまはぎ
Lespedeza bicolor *Turcz.*
var. japonica *Nakai.*

普ク諸州ノ山野ニ生スル灌木。高サ2m内外ニ達シ、分枝多ク、枝ハ短キ微毛アリ。葉ハ互生シ1-5cm許ノ細長ナル葉柄ヲ具ヘ、三小葉複葉ニシテ小葉ハ廣橢圓形又ハ廣倒卵形、先端ハ圓ク或ハ凹ム、然レドモ嫩サ幹ヨリ出ル者ハ先端尖ル。表面ハ初メ微毛アレドモ後無毛ニシテ緑色、裏面ハ淡白ク微毛アリ或ハ殆ド無毛。秋日、梢頭葉腋ニ葉ヨリ長キ多數ノ總狀花穗ヲ成シテ紅紫色ノ花ヲ開ク。萼ハ凡ソ中央ヨリ四裂シ、上裂片ハ全然又ハ淺ク二裂ス。花冠ハ長サ凡1cm、翼瓣ハ色濃クシテ龍骨瓣ト同長、龍骨瓣ハ多少内曲シ鈍ク尖ル。莢ハ平扁、橢圓形、不開裂、中ニ一種子アリ。今ヨリ一千餘年前ニ歌ニ咏ゼラレシ秋ノ七くさ（七種）ノ一。和名はぎハ生え芽（き）ノ意ニテ芽ヲ萌出スルヨリ云フト謂ヘリ、昔ハはぎヲ芽子ト書キ又芳宜草トモ鹿鳴草トモ書ケリ、萩ノ和字ニテ此種秋ニ盛ニ花サクヨリ草冠ニリニ秋ヲ書キはぎト訓マセリ、而シテ支那ノ萩トハ何ノ關係モ無シ。漢名 胡枝花（誤用）

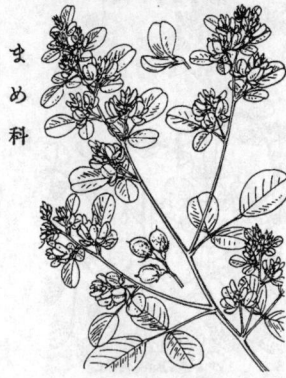

第1247圖

まめ科

まるばはぎ
Lespedeza cyrtobotrya *Miq.*

山野ニ生スル灌木ニシテ高サ2m内外ニ達シ、多ク分枝シ其枝ハ伸ビテ開出シ或ハ下垂シ或ハ立ツ、稜線及ビ白キ短毛アリ。葉ハ互生シテ葉柄ヲ有シ三小葉ヨリ成リ、小葉ははぎニ比スレバ圓クシテ橢圓形・圓形・倒卵形ヲ成シ先端圓ク或ハ平截或ハ凹ミ、裏面ハ短毛多クシテ淡白色ヲ呈ス。葉柄ハ莖葉ニ於テ長ク枝葉ニ於テ短ク、白キ短毛ヲ有ス。秋日、葉ヨリ短キ總狀花序ヲ葉腋ニ出シ、紅紫色ノ旗瓣・濃紫色ノ翼瓣・淡紫紅色ノ龍骨瓣ヲ有ッ蝶形花ヲ密簇シテ開ク。萼ハ中央マデ四裂シ多少毛アリ裂片ハ披針形ニシテ尖ル。雄蕋十箇、二體ヲ成ス。莢ハ平扁ニシテ橢圓形ヲ成シ不開裂ノ莢果ニシテ中ニ一種子アリ。和名ハ圓葉萩ナリ。

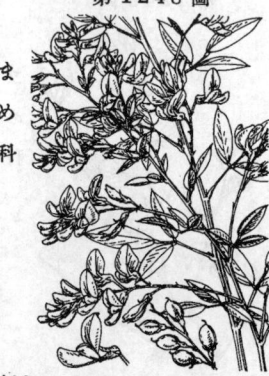

第1248圖

まめ科

みやぎのはぎ
一名 なつはぎ
Lespedeza Sieboldi *Miq.*

我邦中部ヨリ東北地方ニ生スル亞灌木ナレドモ多ク栽植ス。莖ハ叢生シ、上部ハ撓曲シ花期ニハ枝端往々地ヲ掃クニ至ル者アリ。高サ1-1.5m、全株絹毛ヲ偃布シ、汚紫色ヲ帶ブル者アリ。葉ハ互生シテ葉柄ヲ具ヘ、三小葉ヨリ成ル。小葉ハ橢圓形兩端漸尖、表面深緑ニシテ無毛、裏面淡色ニシテ毛多シ。通常九月ニ入リ梢上葉腋ヨリ總狀花序ヲ抽キ、美花ヲ開ク。花期長ク其間花梗著シク伸ブ。萼ハ五淺裂、裂片ハ披針形ニシテ尖ル。旗瓣ハ橢圓形ニシテ強ク外反シ、紅紫色ヲ呈シ、翼瓣ハ色深ク、龍骨瓣ハ翼瓣ヨリ長ク碧紫色ニシテ鎌狀ヲ呈ス。十雄蕋二體ヲ成ス。莢ハ廣橢圓形ニシテ細毛アリ、不開裂ニシテ一種子ヲ入ルレドモ實ヲ結ブ者ハ僅數ナリ。和名ハ宮城野萩ノ意、此種原ト陸前ノ宮城野ヨリ出デシ故斯ク云フトノ説ト、美花ヲ開ク品故以美稱ヲ與ヘシニ過ギズトノ説アリ。夏萩ハ此種往々秋ニ先ダチ早ク花サキ初ムル者アル故云フ。

416

き は ぎ
一名 のはぎ
Lespedeza Buergeri *Miq.*

向陽ノ山野ニ生ズル落葉灌木。高サ 1.5-
2m以上ニ及ビ、幹ノ直徑ハ4cmニ達スル
コトアリ。枝ニハ微毛密生ス。葉ハ互生
シテ密毛アル葉柄ヲ具ヘ、三小葉ヨリ成
ル。小葉ハ長卵形或ハ長橢圓形ニシテ先
端ハ銳尖ス、裏面ハ淡白ク絹毛アリ。托
葉ハ細ク長シ。夏日、葉腋ニ一乃至三ノ總
狀花序ヲ出シ、淡紫白色ノ蝶形花ヲ開ク。
小花梗ハ二分シ、分岐點ニ二箇ノ小苞ア
リ。萼ハ四裂シ、上裂片ハ淺ク二裂ス。花
瓣ハ長サ 8-10mm。花後長橢圓形ニシテ
先端急ニ尖レル莢ヲ結ビ、細毛及ビ網脈
アリ、中ニ橢圓形ニシテ扁平ナル一種子
ヲ容ル。和名ハ木萩又ハ野萩ノ意ナリ。

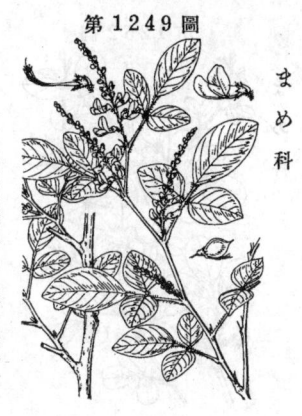

第 1249 圖

まめ科

まきゑはぎ
Lespedeza virgata *DC.*

草地或ハ松林下等ニ生ズル多年生草本或
ハ半灌木。莖ハ高サ 30-60cm、多少簇生
シ擴リテ立ツ。多少分枝シ、細ク且稜角
アリ、帶紫色ニシテ少シク毛アリ。葉ハ
互生シ葉柄ヲ具ヘ三小葉ヨリ成ル。小葉
ハ小柄ヲ有シ長橢圓形、先端ニ一剛毛ア
リ、兩端共ニ圓ク或ハ先端尖リ或ハ凹
入シ、裏面短毛ヲ有ス。初秋ノ候、葉腋
ヨリ毛ノ如キ細長ノ花梗ヲ出シ、花梗ノ
上部ニ少數ノ花ヲ着ク。花ハ通常二箇相
並ビ、肉色又ハ白色ノ小蝶形花ニシテ、
萼ハ帶紫色、基部近ク四深裂シテ尖リ、
上裂片ハ深ク二裂ス。龍骨瓣ハ眞直ニシ
テ先端圓シ。莢ハ橢圓形ニシテ兩端尖リ、
不開裂ノ莢果ニシテ毛ナク、網脈アリ、
中ニ一種子ヲ容ル。和名蒔繪萩ハ其嫋々
タル風姿ニ由テ名ケシ者ナリ。

第 1250 圖

まめ科

めごはぎ (鐵掃箒)
Lespedeza sericea *Miq.*
(=L. juncea *Pers.* var. sericea *Maxim.*)

原野ニ多ク生ズル多年生草本ニシテ多クハ半灌
木樣ヲ呈ス。莖ハ直立シ、高サ凡 60-90cm許、
分枝多ク、毛多ク縱ニ稜線アリ。葉ハ互生シテ
短柄ヲ具ヘ密生ス。三小葉ヨリ成リ、小葉ハ線
狀楔形ヲ成シ先端ハ截形ハ凹頭、裏面ニハ絹
毛アリ。夏日、葉腋ニ少數又ハ叢形ニ小蝶形花
ヲ着ク。萼ハ五尖裂シ、長サ 2-3mm、裂片ハ披
針形ニシテ唯一脈アリ毛ニ被ハル。花瓣ハ長サ
凡7mm、白色ニシテ紫條アリ、旗瓣中央部ハ紫
色ヲ呈ス、龍骨瓣ハ圓シ。雄蕋十箇、二體ヲ成
ス。莢ハれんず狀ニシテ網脈著シク、微毛アリ、
莢中ニ一種子ヲ容ル。和名ハ目處萩ニシテ即チ
筮(めどぎ)萩ノ略セラレタルナリ、支那ノ蓍ニ
準ラヘ本品ノ莖ヲ採リ筮ノ代品トシテ用キシト
謂ヘリ。支那ニ野雞草一名白馬鞭并ニ野辟汗草
一名趙公鞭アリ亦本品ト同種ナラン。

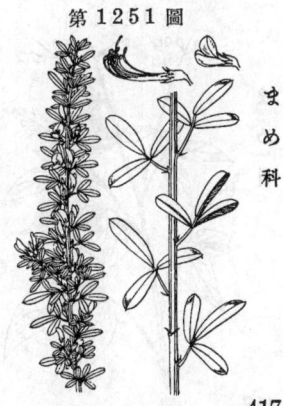

第 1251 圖

まめ科

417

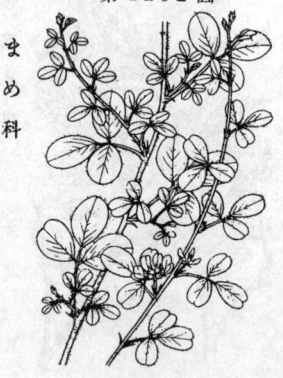

ねこはぎ (鐵馬鞭)
Lespedeza pilosa *Sieb. et Zucc.*

向陽ノ草地・畑地ニ生ズル多年生草本。
莖ハ細線狀ヲ成シテ地面ニ平布シ、30-60
cmニ達シ、葉ト共ニ細毛ヲ被フル。葉ハ
互生シテ短葉柄ヲ具ヘ、廣橢圓形或ハ倒
卵圓形ヲ成セル三箇ノ小葉ヨリ成リ、各
小葉ノ長サ1-2cm許。夏秋ノ候、短梗ヲ
葉腋ヨリ出シ或ハ略ボ無梗ニシテ三乃至五
箇ノ簇集セル小形蝶形花ヲ開キ、白色ヲ
呈シ、旗瓣本ニ紫采アリ。萼ハ五尖裂シ、
長毛ヲ有シ、裂片ハ長ク尖リテ三乃至五
脈アリ、上裂片ハ二深裂ス。花瓣ノ長サ
6-8mm許。莢ハ圓卵形ニシテ網脈ト長
毛トアリ、中ニ一種子ヲ容ル。眞正花ヨ
リモ閉鎖花ノ方能ク實ル。和名猫萩ハ同
屬ノ犬萩ニ對シ且毛茸多キヨリ斯ク名ケ
シナラン。

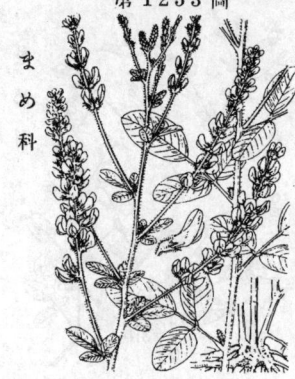

いぬはぎ (山豆花)
Lespedeza tomentosa *Sieb.*
(= L. villosa *Pers.*)

山原或ハ近海ノ砂地ニ生ズル多年生草本ニシテ
往々半灌木樣ヲ呈シ、根ハ木質ヲ成ス。莖ハ直
立シテ高サ凡60-90cm許ノ。葉ハ互生シ、短
葉柄ヲ具ヘテ三小葉ヨリ成リ、小葉ハ橢圓形又
ハ長橢圓形ニシテ兩端圓ク、表面ハ綠色ニシテ
微毛アリ、裏面ハ淡白ニシテ葉柄ト共ニ莖ト共ニ
褐色絨毛ヲ被フリ、中脈ト支文脈ハ隆起シテ著
シ。夏日、枝梢ニ長キ總狀花序ヲ成シテ多數ノ
白色蝶形花ヲ着ク。萼ハ五裂シ、下三裂片ハ狹
長ニシテ線狀ニ尖リ、上二裂片ハ短ク、全體ニ褐
色絨毛アリ。花ハ長サ7-8mm、旗瓣ハ先端尖リ
中央ニ紅線條アリ。正花ハ殆ド結實セズ、閉鎖
花ハ總狀花序ノ基部又ハ先端ニ集團シテ生ジ無
柄、雌蕊ノ痕跡アリ、而シテ槪ネ結實ス。莢ハ圓
ク網狀脈并ニ密毛ヲ有ス。和名ハ犬萩ノ意、而
シテ萩ニ對シ下品ニシテ敢テ觀賞ノ價値無キヲ
以テ斯ク名ケシモノナラン。

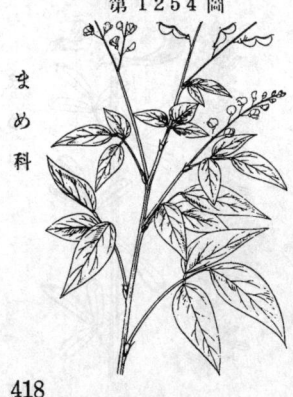

ぬすびとはぎ (山馬蝗)
Desmodium racemosum *DC.*

山野并ニ藪陰ニ多ク生ズル多年生草本ニシテ根
ハ硬ク木質ヲ呈ス。莖ハ直立或ハ傾本、高サ凡
60-90cm許、上部ニ於テ分枝シ、線條アリテ往
々紫黑色ヲ呈ス。葉ハ互生シテ長葉柄ヲ有シ、
三小葉ヨリ成ル。小葉ハ卵形・長卵形或ハ卵狀
菱形ヲ成シ、裏面葉脈上ニ毛アリ。秋日、葉腋
ヨリ長キ花軸ヲ抽キ、總狀花序ヲ成シテ粗ニ淡
紅色或ハ稀ニ白色ノ小花ヲ着ケ、或ハ多少複總
狀花序ト成ル。花ノ小梗ヲ有シテ長サ3mm許。
花後二節ヨリ成ル扁キ莢果ヲ結ビ、其一節ハ一
種子ヲ有シテ半月形ヲ呈シ、表面ニ短ク鉤毛ヲ
布キ人衣等ニ膠着シ種子ヲシテ廣ク散布セシ
ム。和名盜人萩ハ盜賊室内ニ潛入シ足晉セヌ樣
跡ヲ側ダテ其外方ヲ以テ靜ニ步行スル其足跡ニ
其莢ノ形狀相類スルヨリ云フ、畢竟盜人ノ足萩
ノ意ナリ。

やぶはぎ

Desmodium fallax *Schindl.*
var. manshuricum *Nakai.*

山足地帯ノ樹陰ニ生ズル多年生草本ニシテ根ハ硬ク木質ナリ。茎ハ直立シ、高サ凡60-90cm許。葉ハ互生シ、茎ノ下部ニ集リテ着生シ、長葉柄ヲ有スル三小葉複葉ナリ。小葉ハ卵形ニシテ先端尖リ、裏面疎毛アリ、殊ニ小葉柄ニハ短毛著シ。中央ノ一小葉ハ側生小葉ヨリ多少大ニシテ小葉柄モ亦長シ。夏日、梢頭ニ長花軸ヲ抽キ、疎ニ分枝シテ穂狀ノ總狀花序ヲ成シ、小形ノ淡紅蝶形花ヲ稀疎ニ着ク。花後括レアリ二節ノ扁莢ヲ結ビ、其一節ハ半月形ヲ呈シ、短鉤毛アリ能ク人衣ニ着ク。和名ハ藪萩ノ意ナリ。

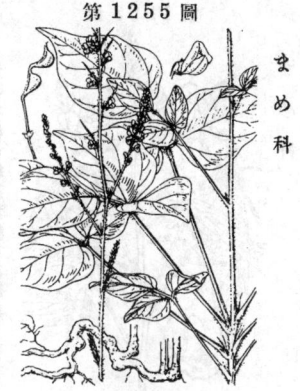

まめ科

ふぢかんざう
一名 ふぢくさ・ぬすびとのあし
Desmodium Oldhami *Oliv.*

山地ニ生ジ往々樹下ニ見ル多年生草本。茎ハ直立シ、高サ1-1.5m内外。葉ハ長葉柄ヲ有シテ互生シ、五片或ハ七片ノ小葉ヲ以テ奇數羽狀ヲ成シ、茎ト共ニ糙澁ス。葉柄本ノ托葉ハ線狀披針形ニシテ先端尖ル。小葉ハ長卵形或ハ長橢圓形ニシテ長サ10cm内外、先端尖リ底部ハ圓形或ハ鈍形ニシテ深綠色ヲ呈シ、質梢硬シ。夏秋ノ候、茎梢及ビ葉腋ニ長花軸ヲ抽キ、長キ穂狀ノ總狀花序ヲ成シテ多數ノ淡紅色蝶形花ヲ開ク。花ハ二花ヅツ相並ビ、小梗下ニ針狀ノ一苞アリ。小花梗ハ萼ヨリ長ク、花ノ長サ8mm許、萼ハ小形ニシテ先端五裂シ毛アリ。花後二三節ヲ有スル扁莢ヲ結ビ、長柄アリ、各節半月形ヲ呈シ、糙澁スル短鉤毛アリテ能ク人衣ニ着キ易シ。和名ハ藤甘草ノ意ニシテ其花ヲふちニ擬シ其葉ヲ甘草ニ準ラヘシナリ。又藤草ハ葉形ニ基キ、盜人ノ足ハ其莢果ノ形狀ニ由ル。

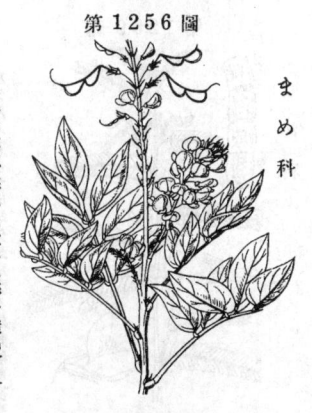

まめ科

みそなほし（小槐花）
一名 うじくさ
Desmodium caudatum *DC.*
(= D. laburnifolium *DC.*)

山地或ハ路傍等ニ生ズル灌木ナレドモ通常ハ往々草狀ヲ呈ス。茎幹直立シテ分枝シ、嫩條ハ綠色ヲ呈シ、高サ30-90cm許アリ。葉ハ長葉柄ヲ具ヘテ互生シ、三小葉ヨリ成リ、中央ノ一小葉ハ他ノ二小葉ヨリ大ニシテ稍長キ小柄ヲ有ス。小葉ハ長橢圓形或ハ披針形ニシテ兩端狹窄シ、先端ハ尖レリ、綠色ニシテ裏面疎ニ短毛アリ。夏日、枝梢葉腋ヨリ花梗ヲ抽キ、凡8-15cm長ノ上向セル穂狀ノ總狀花序ヲ成シテ淡黃暈ヲ帶ブル白色小蝶形花ヲ開ク。萼ハ毛アリテ五裂シ、下部筒狀ヲ成ス。花後線形ヲ呈セル平扁節莢ヲ結ビ、長サ5cm許、四乃至六節ニテ一節ハ長橢圓形、莢面ハ細鉤毛ヲ被リ、能ク人衣ニ鉤着シテ離レ難シ。和名味噌直シハ味噌ノ不良ニ成リシモノニ此莖葉ヲ入ルレバ其味ヲ回復シ得ベシトノ意ナリ。又蛆草ハ同ジク味噌ニ蛆ノ生ゼシ時莖葉ヲ入ルレバ蛆死スル故云フ。

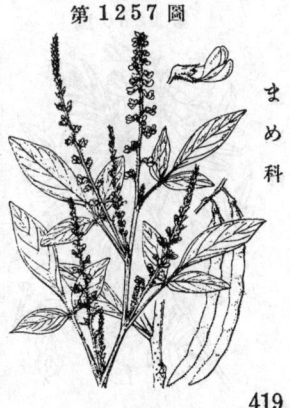

まめ科

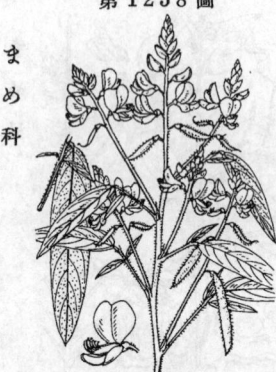

まひはぎ（舞草）
Desmodium gyrans *DC.*

元來印度原産ノ矮灌木ニシテ我邦ヘハ嘉永安政年頃ニ始メテ渡來シ、其栽培セル者ハ多年生ノ草本觀ヲ呈ス。莖ハ直立シ、高サ凡60-90cm許、圓柱形ヲ成セル枝ヲ岐ツ。葉ハ互生シテ長柄ヲ有シ、一箇或ハ三箇ノ小葉ヨリ成リ、中央ノ一ハ線狀長橢圓形ヲ成シ、先端稍尖リ、長サ3-6cm、裏面ニハ短柔毛アリ。小葉三片ノ時ハ側生ノ二葉ハ甚ダ小ニシテ線形ヲ呈ス。秋日、莖頂幷ニ梢葉腋ニ花梗ヲ出シ、穗狀樣ヲ成セル總狀花序ヲ成シテ小梗アル紅暈淡黃色ノ蝶形花ヲ開キ、往々莖梢ハ圓錐花狀ヲ呈ス。花ハ初メ大ナル卵形ノ早落性苞ヲ以テ抱擁ス。萼ハ鐘狀ヲ成シ、萼齒ハ三角形ニシテ萼筒ヨリ短シ。花後鎌身狀ノ長莢ヲ結ビ、六乃至十節アリ。本種ノ葉ハ自發性ノ運動力アルヲ以テ著名ナリ。和名舞萩ハ其運動アル葉ハ甚キテ呼ビシ者ナリ。

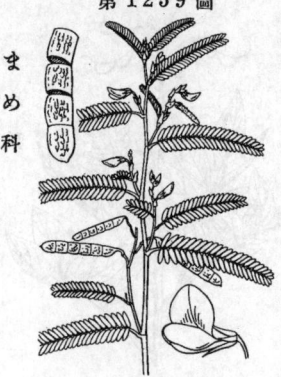

くさねむ（田皁角）
Aeschynomene indica *L.*

水田ノ畔或ハ水邊ノ濕地ニ多キ一年生草本ニシテ高サ凡60cm內外。莖ハ直立シ、質軟ク平滑ナル綠色圓柱形ヲ成シ、上部ハ中空ナレドモ下部ハ質ヲ輕虛白色ナリ、往々疎ニ分枝ス。葉ハ互生シテ短柄ヲ具へ、偶數羽狀複葉ヲ成シかはらけつめい葉ニ似タレドモ質柔ナリ、小葉ハ長サ6-9mm、其數甚ダ多クシテ二十五至三十對ヲ成シ、互ニ相接近シテ線狀長橢圓形ヲ成シ、兩端圓ク先端微凸頭ヲ有ス。托葉ハ披針形ニシテ先端尖レリ。夏秋ノ間、葉腋ニ花梗ヲ出シ、短疎ナル總狀花序ヲ成シテ少數ノ黃色小蝶形花ニ瞻セ、其小梗本ハ披針形ノ苞アリ。萼ハ深クニ裂シ、上部三齒下部二齒アリ。花冠ハ謝落シ易ク、旗瓣ハ殆ド圓形、雄蕊ハ二體ヲ成シテ各五雄蕊アリ、花絲ハ長短交互ス。花後長サ3-4cm許ノ節莢ヲ結ビ、熟スレバ節々相離レ各節ニ一種子ヲ容レ、一莢約六乃至八種子アリ。和名ハ草合歡ノ意、其葉ねむ類シテ草本ナル故云フ。從來我邦ニテ用キシ合萠ナル漢名ハ果シテ此種乎否乎明確ナラズ。

いはわうぎ
一名　たてやまわうぎ
Hedysarum esculentum *Ledeb.*

我邦中部高山ノ高山帶ノ草地又ハ礫地ニ生ズル多年生草本ニシテ高サ15-50cm許。根ハ壯大柔靭ニシテ長ク地中ニ入リ、莖ハ密ニ其根頭ニ叢生ス。葉ハ互生シテ葉柄ヲ具へ、奇數羽狀複葉ニシテ多數ノ小葉ハ六乃至十一對ヲ成シ、質厚カラズシテ長橢圓形又ハ線狀長橢圓形ヲ呈シ、先端ハ稍尖リ細微凸頭アリ、支脈ハ多數ニシテ顯著ナリ。托葉ハ長橢圓狀三角形ヲ成シ、莖ヲ抱キテ二裂シ、褐色ヲ呈ス。八月頃、葉腋ヨリ花梗ヲ出シ、上部ニ穗狀樣ノ總狀花穗ヲ成シテ蝶形花ヲ開ク。帶黃白色ニシテ微紅暈ヲ帶ブ。花ハ長サ約18mm。莢ハ扁平ニシテ節ヲ括レアリ、兩緣ハ平カナラズシテ小凹凸アリ、莢中ニ二三ノ種子アリ。支那産黃耆ノ代用トシテ藥用トスルコトアリ。和名ハ岩黃耆幷ニ立山黃耆ニシテ立山ハ越中ノ高山ナリ、黃耆ノ眞物ハ日本ニ産セズ。

420

はりゑんじゆ
一名 にせあかしあ
Robinia pseudo-Acacia *L.*

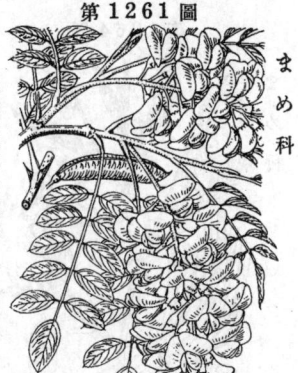

第 1261 圖

まめ科

北米ノ原産ナル落葉喬木ニシテ明治十年頃ニ我邦ニ入リ、今ハ多ク各地ニ見ラレ、高サ凡15mニ達ス。枝葉ハ殆ド無毛ニシテ托葉ハ通常針狀ト成ル。葉ハ互生シテ葉柄アリ、奇數羽狀複葉ニシテ小葉ハ九乃至十九、卵形或ハ橢圓形ニシテ先端圓ク或ハ鈍頭或ハ凹頭ナルモ、而シテ細微凸尖アリ。長サ2-3.5cm許、葉質薄クシテ鮮綠色ヲ呈ス。初夏ノ候、白色ノ蝶形花ヲ總狀花穗ニ開キテ下垂シ、芳香アリ。花穗ノ長サハ葉ヨリ短ク、往々枝ニ滿チテ開花ス。萼ハ鐘形ニシテ五齒アリ、稍兩唇樣ヲ呈ス。旗瓣ハ下部黃色ヲ帶ブ。莢ハ廣線形ノ成シ、平扁ニシテ毛ナク、長サ5-10cm。莢内ニ四乃至七種子ヲ入ル。世間ニテハ俗ニあかしあト通稱スレドモ是ハレ固ヨリ眞正ノ Acacia ニハ非ザレバ混ズベカラズ。

もめんづる
Astragalus reflexistipulatus *Miq.*

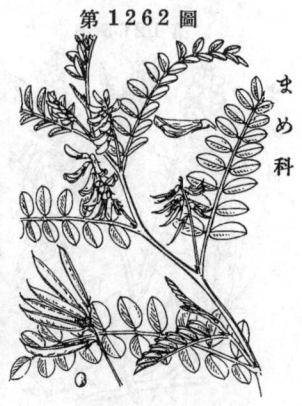

第 1262 圖

まめ科

山地或ハ時ニ原野ニ生ズル多年生草本ニシテ地下ニ綿質ノ長大ナル根ヲ有ス。莖ハ根頭ヨリ萌出シ、柔弱ニシテ長ク地横ハリ、上部ハ斜上シ、長サ凡60-90cmニ及ブ。葉ハ互生シテ短柄ヲ具ヘ、奇數羽狀複葉ニシテ小葉ハ五一十對ニシテ、卵形乃至長橢圓形、長サ2-2.5cm許、葉裏多少有毛ナリ。夏日、葉ヨリ遙ニ短キ花梗ヲ葉腋ニ抽キ、上部ニ短キ總狀花序ヲ成シテ淡黃綠色ノ蝶形花ヲ簇生ス。萼筒五裂尖シ、旗瓣ハ反セズシテ眞直。雄蕋十箇、二體ノ成シ、其九雄蕋ノ一體ハ合花絲部圓柱形ヲ呈ス。莢ハ長サ3-4cm ニシテ相集合ス。和名ハ木綿蔓ノ意、木綿ハ其綿質ヲ成セル根ニ基ヅク。漢名 木黄蓍(誤用)

むらさきもめんづる
Astragalus adsurgens *Pall.*

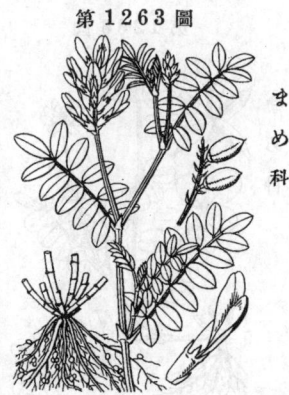

第 1263 圖

まめ科

高山特ニ富士山ニ生ジ又信州戸隱山ニ見ル多年生草本ニシテ根ハ長大ニシテ深ク地中ニ入ル。莖ハ根頭ヨリ叢生シテ地面ニ擴ガリ、稍蔓樣ヲ成シテ長サ60cm許ニ達ス。葉ハ互生シテ短柄ヲ具ヘ、奇數羽狀複葉ニシテ白綠色ヲ呈ス。小葉ハ多數ニシテ五一十對、長橢圓形、鈍頭又ハ少シク銳頭、有毛。托葉ハ膜質ニシテ卵形ヲ成ス。夏日、葉腋ヨリ略ボ葉ト同長ナル花梗ヲ出シ、短キ穗狀ノ總狀花穗ヲ成シ、密集シテ紫色ノ蝶形花ヲ開ク。萼ハ下部筒狀ヲ成シテ五裂シ、裂片ハ毛狀ヲ成シ、軟毛ヲ有ス。花冠ハ稍長シ。花後短キ橢圓形或ハ長橢圓形ノ莢ヲ結ビ、先端尖リ表面ニ細毛アリ、莢内二室ヲ成ス。和名ハ紫木綿蔓ノ意ナリ。

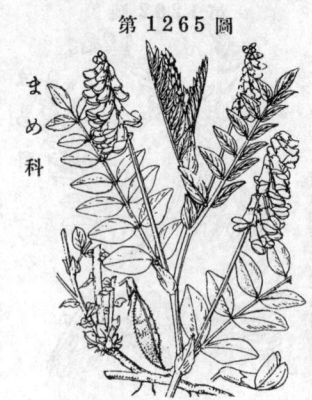

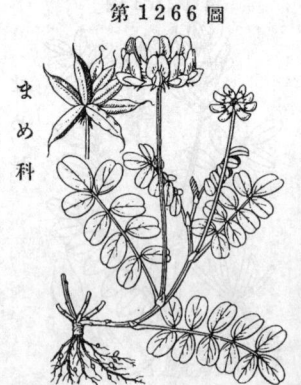

たひつりわうぎ

Astragalus membranaceus
Bunge var. obtusus Makino.

第 1264 圖

まめ科

中部以北ノ高山帶ニ生ズル多年生草本。地下ニハ太キ根アリテ其頂ヨリ莖ヲ簇生ス。全株細毛ヲ疎布シ、高サ20-30cm。葉ハ奇數羽狀複葉、柄アリテ互生シ、小葉ハ六-九對、斜メニ立チ、長サ1cm未滿、卵狀長橢圓形ニシテ先端僅ニ尖リ、裏面ハ有毛ナリ。七月頃、葉腋ニ花梗ヲ抽キ、黃色ノ細長蝶形花ヲ偏側性總狀花序ニ着ク。萼ハ鐘形、五小齒アリ、外面ニ細毛ヲ布ク。花冠ハ細長ク先端少シク開ク。莢ハ膨大シテ長サ2-3cmニ達シ、稍倒卵形、平滑ニシテ稍光澤ヲ有シ、長柄ヲ以テ懸垂スルノ殊態アリ。鯛釣黃耆ノ和名アル所以ナリ。

りしりわうぎ

Astragalus secundus *DC.*

第 1265 圖

まめ科

中部以北ノ高山ニ生ズル多年生草本。高サ30cm內外。莖ハ直立シ、細クシテ少シク屈折シ、稜角アリ。葉ハ互生、奇數羽狀複葉ニシテ小葉ハ四-六對アリテ互ニ平開シ、卵狀橢圓形、長サ2cm內外ヲ算ス。托葉ハ大形ニシテ卵形、先端尖ル。總狀花序ハ葉ヨリモ長クシテ腋生シ長梗アリ、七月頃黃色ノ蝶形花ヲ偏側性花穗ニ着ケ、花體ハ稍下垂ス。萼ハ無毛、五齒ニ刻ム。花冠ハ筒樣卵形ニシテ平開セズ。花後長サ3cm許ノ莢ヲ結ブ。卵狀長橢圓形ニシテ暗色ノ毛ヲ密布シ、下部ハ細柄ヲ成ス。此品我邦ニ在テハ始メテ北海道利尻島ニテ發見セラレシニ由リ此利尻黃耆ノ和名ヲ得タリ。

げんげ(翹搖)

一名 げんげばな・れんげさう
Astragalus sinicus *L.*

第 1266 圖

まめ科

支那原產ニシテ田間ニ多キ越年生草本。株本ヨリ多ク分莖シ、莖ハ地ニ橫臥シテ擴ガル。葉ハ互生シテ葉柄ヲ具ヘ、奇數羽狀複葉ニシテ小葉ハ四-五對ヲ成シ、倒卵形ニシテ凹頭ヲ成ス。葉裏軟毛アリ、葉柄本ニ二托葉アリテ尖リタル卵形ヲ呈ス。春日、葉腋ニ高サ10-30cmノ一長梗ヲ直立シテ紅紫色、稀ニ白色ノ蝶形花ヲ繖形ニ排列シ、花數凡ソ七花、輪狀ヲ呈ス。萼ハ五齒アリ。紅紫色ハ龍骨瓣ニ濃クシテ翼瓣ニ淡シ。雄蕊十箇、九箇ハ能ク融合シ、一箇ハ離ル。子房ハ細長。果實ハ三角狀ノ莢ヲ成シ、熟シテ黑シ。莢中ニ平扁ナル帶黃色ノ種子アリ、俗ニげんげのたねト呼ビ播種用トシテ賣買ス。根ニ小根粒ばくてりゃウ有シ窒素ヲ貯ヘル故田地ノ好肥料トス。和名ノげんげハ或ハ翹搖ノ字晉ヨリ來リシニ非ザルヤト謂ハル、蓮華草ハ花ノ輪列セル恣ニ基キテ稱ヘシ名ナリ。漢名ハ一ニ紫雲英ト云フ。

むれすずめ（錦雞兒）
Caragana Chamlagu *Lam.*

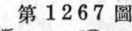

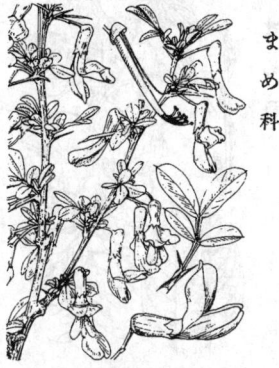

支那原産ニシテ徳川時代ニ渡來シ今ハ觀賞品トシテ諸處ノ庭園ニ栽植セラルル落葉灌木。數多ノ細幹叢生シ、高サ 2m 以上ニ達ス。幹ノ皮ニハ黄點アリテ剥ゲ易シ。縱稜アル枝梗ハ多ク出ス。葉ハ質薄クシテ硬ク、四葉ニ對ノ複葉ヲ成シ、通常數葉短枝ニ叢生スレドモ長枝ニハ明ニ互生ス、其下ハ刺狀ヲ成セル前年ノ葉軸遺存スルヲ常トス。小葉ハ倒卵形・長倒卵形ヲ成シ、大小アリテ上部ノ一對ハ下部ノ一對ヨリモ大ナリ。春日、細キ花梗ニ一箇ノ蝶形花ヲ下垂ス。稍えにしだニ似タリ。黄色ニシテ後赭黄色ニ變ズ。花ノ長サ約2.5cm。萼ハ筒狀、五齒アリ。花冠ハ長形、旗瓣ハ上向ス。花後稀ニ莢ヲ結ブ。和名ハ群雀ノ意ニシテ其枝上ニ群着セル花姿ニ基キテ名ケシナリ。漢名一ニ金雀花ト云フ。

なつふぢ
一名 どようふぢ
Millettia japonica *A. Gray.*

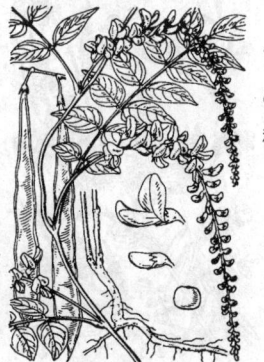

山野ニ自生スル右卷纏繞性ノ落葉小灌木。莖ハ細長高サ 3m 以上ニ及ブ。葉ハ羽狀複葉ニシテ互生シ葉柄ヲ有シ長大ナル者ハ葉柄ヲ連ネテ長サ30cm餘ニ達ス。小葉ハ五乃至七對ヲ成シ卵形或ハ長卵形ニシテ末漸失ニ尖リ一微尖アル微凹頭ヲ有シ、葉底ハ鋭形ニシテ短小柄ヲ具シ、頂生小葉其大ナル者ハ長サ11cmニ及ブコトアリ。盛夏ノ候、葉腋ニ長サ10-30cm許ノ單一ナル細長花穗ヲ生ジテ花梗ヲ具ヘ總狀花序ヲ成シテ白色多數ノ小蝶形花ヲ開ク、花長サ 13-15mm 許リ。萼ハ鐘形ヲ成シテ五齒アリ。花瓣ハ短花爪ヲ有シ、旗瓣倒卵形、翼瓣ハ狹長、龍骨瓣ハ前方相連合ス。雄蕊ハ十箇ニシテ二體ヲ成ス。花後6-9cmノ莢ヲ結ビ、平扁圓形ノ多種子アリ。花戸ニめくらふぢト稱スル者ハ本種ノ一園藝品ニシテ小形葉ヲ有シ敢テ花ヲ出サズ、故ニ盲藤ノ稱アリ。和名夏藤并ニ土用藤ハ夏ニ花ヲ發クヲ以テ云フ。

のだふぢ
Wistaria floribunda *DC.*
(=Kraunhia floribunda *Taub.*)

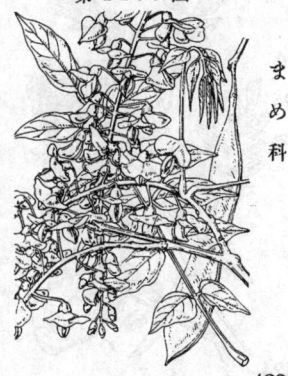

山野ニ生ジ又及多ク觀賞品トシテ庭園ニ栽植セラルル纏繞性落葉灌木。幹ハ著シク長ク延ジテ分枝シ右卷ス。葉ハ葉柄ヲ有シテ互生シ奇數羽狀ヲ成ス。小葉ハ卵形・卵狀長橢圓形或ハ披針形ヲ成シ、先端尖ル。質薄クシテ兩面ニ稍毛ヲ有シ多少全邊脈上ニ於テ著シ。四月頃、紫色ノ蝶形花ヲ多數總狀花穗ニ着ケテ長ク垂レ穗長約30-90cm許ス。花軸ハ長サ12-20mm許。小花梗ハ花ヨリ長シ。花後莢ヲ結ブ、長大ニシテ扁平、果皮堅硬ニシテ絨毛ニ被ハル種子ハ平扁圓形ヲ成シテ其數甚シ。又白色ノ變種アリテ之レヲしろばなふぢト稱ス、又淡紅花ノ品リアリテ之レヲあかばなふぢト呼ブ、又重瓣ノ者アリ之レヲやへふぢ一名なんばんふぢト謂フ。和名ハ野田藤ノ意、野田ハ大阪ノ地ニ在リ此地往時ふぶぢノ名所ニシテ同地ノふぢ此種ナルヲ以テ野田ふぢノ稱アリ、ふぢ吹き散るノ意ヲ謂ハルレド果シテ然ルヤ否ヤ。漢名 紫藤（誤用）此紫藤ハ支那産ノ しなふぢニシテ學名ヲ W. sinensis *Sweet.* ト云フ、予ハ未ダ其渡來品ヲ見ルニ及バズ。日本ニテ藤ノ一字ヲふぢニ用キレドモ非ナリ。

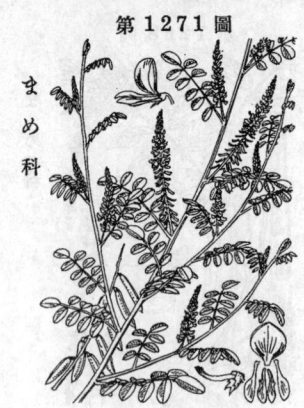

第1270圖

まめ科

やまふぢ　一名　のふぢ
Wistaria brachybotrys *Sieb. et Zucc.*

關西地方ノ山野ニ自生シ時ニ觀賞品トシテ人家ニ栽植セラルル纏繞性落葉灌木。莖ハふぢニ異リテ左卷ナリ。葉ハ互生シ、奇數羽狀ヲ成シ、小葉ハ卵形或ハ卵狀長橢圓形ヲ成シ、先端尖リ、兩面ニ細毛アリテ葉裏殊ニ著シク、葉質ハ稍厚シ。四月ノ候、多數ノ紫色花ヲ總狀ニ着ク。花穗ハ短ク10-20cm、花ハ稍大ニシテ長サ20-30mm許。蝶形ヲ成シ、花後大ナル莢ヲ結ビ、柄アリテ果皮堅硬、表面ニ細毛ヲ被リ、莢中ニ扁平圓形ナル數種子ヲ容ル。此種ハ花穗短ク、花ハ大、葉ハ厚クシテ葉裏ハ毛多ク、莖ハ左卷ナルヲ以テ、直ニふぢト識別シ得ベシ。花期ハふぢニ先ダチテ發ラク。一變種ニハ白花品アリテ人家ニ栽培セラル、之レヲしらふぢ(var. alba *Mill.* = *W. venusta Rehd. et Wils.*)ト云フ、是レ固ヨリ特立ノ一種ニ非ズ。和名ハ山藤ニシテ此種山地ニ多ケレバ斯ク謂ヒ、野藤ハ野外ニ自生スレバ云フ。

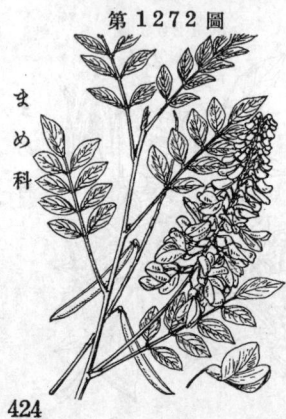

第1271圖

まめ科

こまつなぎ (馬棘)
Indigofera pseudo-tinctoria
Matsum.

原野ニ生ズル草本樣灌木本。根ハ硬クシテ強シ。高サ60-90cm許、幹ノ直徑1.5cmニ達シ、多ク分枝シ、枝ハ細長ニシテ綠色ナリ。葉ハ互生シ、奇數羽狀複葉ニシテ四乃至五對ノ小葉アリ。小葉ハ長橢圓形或ハ倒卵形ニシテ長サ1-1.5cm、先端圓ク細微凸頭ヲ有ス。葉ノ兩面ニハ嫩枝ト共ニ臥布セル軟毛アリ。夏秋ノ候、花軸ヲ腋出シ紅紫色ノ美シキ小蝶形花ヲ總狀ニ着クルコト長サ3cm許。花ハ長サ5mm、小花梗ハ萼ヨリ短シ。萼ハ筒狀五裂ヲ成シ毛アリ。花後3cm許ノ圓柱形ノ莢ヲ結ビ、中ニ數箇ノ種子ヲ入ル。和名ハ駒繫ギニシテ其莖强靱以テ馬ヲ之レニ繫ギ得ベキ意ナリ。

第1272圖

まめ科

にはふぢ
一名　いはふぢ
Indigofera decora *Lindl.*

山地川岸等ニ自生スル灌木狀多年生草本ニシテ又往々庭園ニ栽植セラル。莖ハ高サ30-60cm、細長ナル圓柱形ニシテ硬ク、疎ナル枝條モ亦細長ナリ。葉ハ奇數羽狀複葉ヲ成シテ互生シ葉柄アリ、小葉ハ三乃至五對ヲ成シ、長橢圓形ニシテ兩端稍尖リ、先端ハ銳ク細微凸頭ヲ有ス。上面ハ鮮綠色、下面ハ綠白色ニシテ平臥セル楯形ノ白色疎毛アリ。夏日、葉腋ニ總狀花穗ヲ成シテ紅色時ニ白色ノ蝶形花ヲ開ク。花穗ノ長サ約15cm。花ハ長サ15mm許ニシテ萼ハ小形。旗瓣ハ長橢圓形ヲ成ス。莢ハ長サ5cm許アリ、圓柱形ニシテ熟スレバ二ツニ分裂ス。和名ハ庭藤又ハ岩藤ノ意ニシテ其生育セル場處ニ甚キテ呼ビシナリ。漢名　胡豆(誤用)

みやこぐさ (牛角花)
一名 とがねばな・ゑぼしぐさ
Lotus corniculatus L.
var. japonicus Regel.

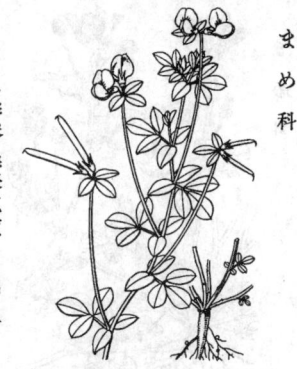

路傍ノ芝地等ニ多キ多年生草本。莖ハ叢生シ、傾臥シ或ハ立ツ。莖ハ細長綠色。葉ハ有柄ニシテ三小葉ヨリ成リ、小葉ハ長サ1cm許ノ橢圓形或ハ倒卵形ヲ成シ、全緣、先端ハ急ニ小サク尖ル。葉柄ノ本ニ葉狀ノ二托葉アリ。春夏ノ候、葉腋ヨリ花梗ヲ抽キ少數ノ美シキ鮮黃色ノ蝶形花ヲ着ク。萼片ハ五、同形ニシテ細ク尖リ、其長サ略ボ同長、下部ニ於テ萼筒ト成ル。旗瓣ハ大キク、倒卵形ヲ成ス。莢果ハ3cm許、細長ニシテ眞直、二殼片ニ裂ケテ乾ケバ捩ル。莢中ハ黑色ノ多種子ヲ藏ス。花色花後赤色ニ變ズルアリ之レヲにしきみやこぐさ (forma versicolor Makino) ト云フ、赤黃ノ兩花相雜リテ頗ル美ナリ。和名都草ハ此草往時京都大佛ノ前、耳塚ノ邊ニ多カリシ故名ク平、黃金花ハ花色ニ基キシ名、烏帽子草ハ花形ニ由リシ名ナリ。漢名 百脈根(誤用)

うまごやし (野苜蓿)
一名 まごやし
Medicago denticulata Willd.

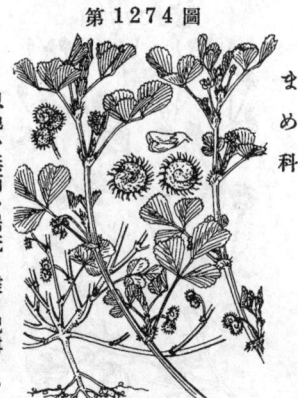

歐米原產ノ越年生草本。德川時代渡來以來歸化植物ト成リテ野生シ特ニ沿海ノ地ニ多シ。根ハ分枝シテ根瘤ヲ具ヘ、莖ハ基部ヨリ分枝シ、橫臥シ或ハ傾上ス。無毛ハ少シク毛ヲ帶ブ。葉ハ互生、有柄ノ三小葉複葉ヲ成シ、小葉ハ倒卵形或ハ倒心臟形、先端圓形或ハ凹入シ、上部ニ鋸齒アリ、下部ハ楔形、長サ1~1.5cm。托葉ハ鋸齒ヲ有ス。春日、葉腋ヨリ花梗ヲ抽キ、上部ニ頭狀ニ聚リテ少數ノ黃色蝶形花ヲ開ク。莢果ハ螺回シテ莢面ハ美シキ網目ヲ有シ、邊緣ハ毛狀突起ヲ具フ。肥料及牧草トシテ佳ナリ。和名馬肥シト稱スルハ此草良好ナル飼馬料ナレバナリ。漢名 苜蓿(慣用)、天藍ハ蓋シうまごやしナラン。

こうまごやし
Medicago minima Lam.

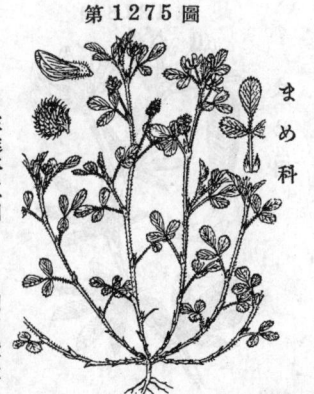

歐洲原產ニシテ蓋シ明治維新前後我邦ニ入リテ歸化植物ト成リ海ニ近キ砂地ニ生ズル越年生草本。莖長サ30cm內外ニ達シ、直立シ或ハ一根ヨリ四方ニ擴リテ平臥ス。全株多少有毛。葉ハ有柄ニシテ三箇ノ小葉ヨリ成リ、小葉ハ倒卵形乃至圓形ヲ成シ、稀ニ倒心臟形、兩面毛アリ、上部ニ鋸齒アリ。托葉ハ全緣或ハ基部ニ於テ齒アリ。春日、葉腋ヨリ細梗ヲ抽キ上部ニ一乃至八箇ノ淡黃色小蝶形花ヲ開ク。小花梗ハ萼筒ヨリ短シ、萼片ハ萼筒ト略ボ同長。果實ハ小形、螺莢ニシテ毛狀突起ヲ有ス。和名ハ小馬肥シノ意、其草狀うまごやしニ比スレバ瘠小ナレバ云フ。

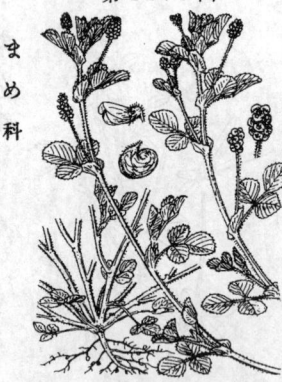

第1276圖

こめつぶまごやし
Medicago lupulina L.

欧洲原産ニシテ德川時代ニ渡來シ野生シテ遂ニ歸化植物ト成リシ越年生草本。根ハ短ク、莖ハ分枝シ地ニ伏シ或ハ傾上シ、稀ニ長茂セル草中ニ在テハ莖長クシテ立テリ。長サ7-60cm許、全株有毛。葉ハ有柄、時ニ甚ダ葉柄長ク、三小葉ヲ有ス。小葉ハ倒卵形或ハ圓形、甚部ハ圓ク或ハ楔形ヲ成ス、上部ニ於テハ細鋸歯アリ。托葉ハ全邊又ハ鋸歯アリ。春日初夏、葉腋ヨリ長キ花梗ヲ出シ、其上部ニ多數黄色ノ小蝶形花ヲ集メ着ケ、花時ニハ頭狀ヲ呈スレドモ後ニハ稍延ブ。花ハ2-4.5mm許。果實ハ腎臟形ヲ成シ、刺ナク、終ニ黒色トナリ、縦紋アリ。肥料及牧草トス。和名ハ米粒馬肥シノ意ニシテ其果實米粒ノ如キニ基ク。漢名 天藍(誤用)、是レ蓋シうまごやし乎。

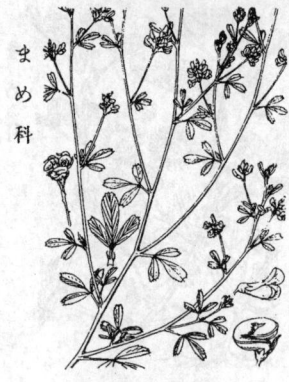

第1277圖

むらさきうまごやし(苜蓿)
Medicago sativa L.

欧洲地中海地方ノ原産ニシテ牧場用トシテ栽培セラルル多年生草本ニシテ我邦ヘハ明治初年ニ渡來セリ。通常高サ30-90cm許ニシテ毛無シ。莖ハ直立シテ分枝シ中空ナリ。葉ハ互生有柄ニシテ三小葉ヨリ成リ、小葉ハ長橢圓形乃至倒披針形ヲ成シ、底部ハ楔形ヲ呈ス。上牛ノ邊緣ニハ鋸歯アリ、先端ハ鋭キ一齒ニ終ル。托葉ハ顯著ニシテ鍼狀ヲ成シ全邊ナリ。夏日、莖稍葉腋ニ花梗ヲ出シ短總狀花序ヲ成シテ多數ノ淡紫色蝶形花ヲ着ク。花長約9-10mm。萼ハ鐘狀ニシテ五裂シ、裂片狹クシテ尖リ同形ナリ。莢ハ多少毛ヲ帶ビ通常二三囘螺卷シ多種子ヲ藏ス。牧草ニ用ヰ俗ニあるふぁるふゃ或ハ一さーんト呼ブ。和名紫馬肥シノ紫ハ花色ニ由ル。

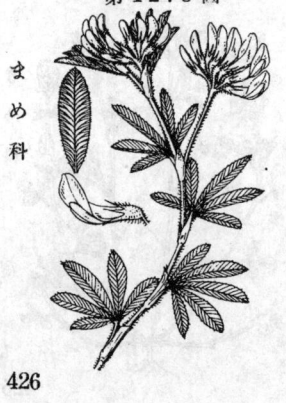

第1278圖

しゃぢくさう
一名 かたわぐるま・あみだがさ・ぼさつさう
Trifolium Lupinaster L.

我邦ニテハ信州ノ山原並ニ北地ニ生ズル多年生草本。莖ハ高サ30cm許、直立或ハ斜上シ、通常分枝セズ、無毛或ハ上部有毛。葉ハ互生シ、甚ダ短キ葉柄アリ、通常五小葉ヨリ成リ、小葉ハ披針形或ハ長橢圓形ヲ成シ、至細ノ鋸歯アリ、支脈分明ナリ。托葉ハ鞘狀ヲ成シ薄クシテ莖ヲ包ム。夏秋ノ候、稍葉腋ニ花梗ヲ抽クコト3cm、頂ニ五-六箇ノ蝶形花ヲ並列ス。淡紅紫、稀ニ白色ヲ見ル。萼ハ五裂、下部ハ筒狀ヲ成シ十脈アリ。裂片ハ毛狀ニ成リ最下端ノ者最長シ。花冠ハ萼ノ二倍長、莢ハ四乃至六種子ヲ有ス。和名車軸草ハ其小葉相並ビ其形チ中軸ヨリ出タル車輻ノ如ケレバ云ヒ、片輪車ハ其葉片ノ排列牛輪狀ヲ成セバ云ヒ、阿彌陀笠モ亦其擴張セル葉狀ニ基キ、菩薩草モ亦笠狀ノ葉ニ基キシ名ナラン。

426

しろつめくさ
一名 つめくさ・おらんだげんげ
Trifolium repens *L.*

欧洲原産ノ多年生無毛草本ニシテ德川時代ニ始メテ本邦ニ入リ遂ニ野生化スルニ至ル。株本ニ於テ分枝シ、枝ハ地ニ臥シテ長ク延ビ綠色ヲ呈シ往々節ヨリ鬚根ヲ生ズ。葉ハ互生シ三箇ノ小葉ヨリ成リ綠色ノ長葉柄アリ、小葉ハ總テ同一點ヨリ出テ倒卵形或ハ倒心臟形、上部ニ凹頭又ハ圓頭、下部ハ廣ク楔形ヲ成シ、葉緣ニ細鋸齒アリ、長サ1.5~3cm許リ。托葉ハ卵狀披針形ニシテ先端尖ル。夏日、葉腋ニ高サ20~30cmノ長梗ヲ抽キ、頂ニ多數ノ蝶形花ヲ繖形ニ着ヶ球狀ヲ呈ス、白色時ニ淡紅色ヲ帶ブル事アリ。花ハ小ニシテ長サ9mm、旗瓣ハ宿存シ後チ褐色ト成リ莢ヲ覆フ。莢ハ狹長ニシテ四乃至六種子アリ。牧草トシテ佳ク、又綠肥ニ使用ス。和名ハ初メ之レヲ和蘭げんげト名ク、後チ詰め草ト名ケ今ハ白詰草ト云フ、往昔和蘭人硝子（ぎやまん）器ヲ箱ニ入レ其空際ヲ此枯草ニテ塡充シ詰メテ肥前長崎ニ舶載シ來リシ時其枯草一果實アル者ヲ見同地ノ好事者之レヲ播種シテ始メテ此生本ヲ得タルナリ。

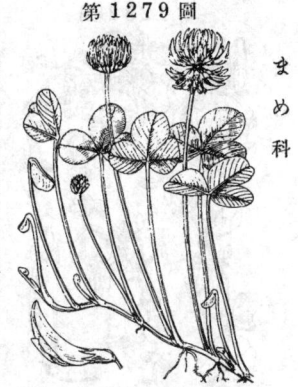

第1279圖

まめ科

むらさきつめくさ
一名 あかつめくさ

Trifolium pratense *L.*

欧洲原産ノ多年生草本ニシテ蓋シ明治維新頃我邦ニ入リ今ハ各地ニ野生ノ狀態ト成ル。全株多少有毛。莖ハ上向シ高サ30~60cm許ニシテ疎ニ枝ヲ分ツ。葉ハ互生シテ長柄アリ有シ、三出複葉ヲ成シ、小葉ハ同一點ヨリ出テ短柄アリ、卵形或ハ長楕圓形ヲ成シ、通常鈍頭或ハ凹頭ヲ呈シ、細鋸齒アリ、長サ3~5cm、往々葉面ニ白點アリ。托葉ハ卵形ニシテ先端ハ甚ダ尖ル。夏日、上部ノ葉腋ニ短キ花穗ヲ出シ、多數ノ紅紫色ノ花ヲ密集ス。花序ハ圓ク或ハ卵形ヲ成ス。通常花ハ花莖ニ接ス。萼ハ筒狀ヲ成シ上部ノ裂片ハ毛狀ヲ成ス。雄蕋十箇二體ヲ成シ、就中九箇ハ合體ス。牧草又綠肥トス。和名ハ今一般ニ赤詰め草ト呼ブト雖ドモ紫詰め草ヲ最初ノ和名ナリ。

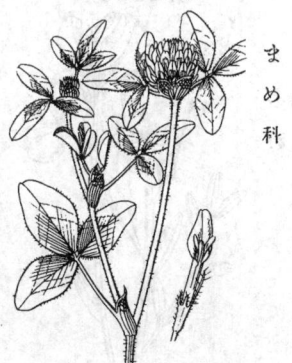

第1280圖

まめ科

しながははぎ（辟汗草）
一名 ゑびらはぎ

Melilotus suaveolens *Ledeb.*

元來昔時ノ渡來品ナレドモ今ハ多ク海濱ニ近キ地方ニ野生スル越年生草本ニシテ乾クレバ佳香ヲ發ス。莖ノ高サ60~90cm。葉ハ有柄ニシテ互生シ、三箇ノ小葉ヨリ成ル。小葉ハ長楕圓形乃至倒披針形ニシテ葉緣ニ小齒牙アリ、葉脈ノ先端ハ齒ノ頂點ト達ル、長サ1~2cm許ニシテ鮮綠色ヲ呈ス。托葉ハ綠形ヲ成ス。夏日、枝梢或ハ葉腋ニ花梗ヲ出シ、上部ニ瘦長ナル總狀花序ヲ成シテ密ニ黃色ノ小蝶形花ヲ綴ル。毎花甚ダ短キ小花梗アリ。萼ハ短キ鐘狀ヲ成シ上部ハ殆ド同形ノ五齒アリ。旗瓣ハ長楕圓形ヲ成シ、翼瓣ハ鈍頭ナル龍骨瓣ヨリ長シ。莢ハ卵形ヲ成シ無毛ニシテ熟セバ暗色ト成ル。全草ノ家畜ノ飼料ニ供シ得。和名品川萩ハ曾テ武藏品川ニ野生セシノ名ナリ、箙萩ハ枝上ニ花穗ノ斜ビ出デシ狀ヲ矢ヲ揷セシ箙ニ象リシモノナラン。

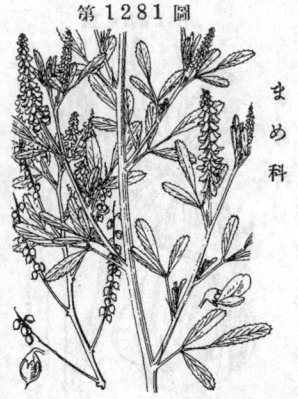

第1281圖

まめ科

427

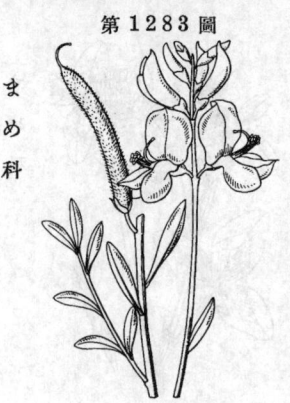

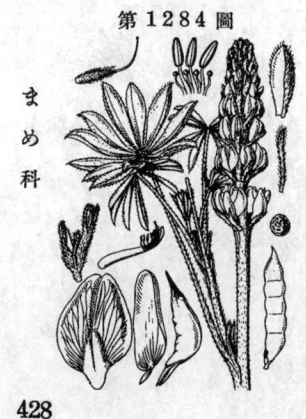

第 1282 圖

まめ科

えにしだ
一名 えにすだ
Cytisus scoparius *Link.*
(=Spartium scoparium L.)

歐洲原產ニシテ今ヨリ約二百六十四年前頃ノ延寶年間ニ我邦ニ渡來シ觀賞花品トシテ栽植セラルル落葉灌木。通常高サ約1.5mナレド年ヲ經レバ3mニ達ス。枝ハ纖細ニシテ綠色ナリ。葉ハ有柄互生シ、一乃至三箇ノ小葉ヨリ成リ、形極メテ小ナリ。小葉ハ倒卵形或ハ倒披針形、有毛ナリ。初夏、葉腋ニ一乃至二ノ黃色花ヲ群着シテ開キ美ナリ。每花短花梗アリ。萼ハ二裂シ、上片ハ上部ニ二鋸齒アリ、下片ハ三鋸齒ヲ有ス。旗瓣ハ橢圓形ニシテ凹頭。雄蕋十箇ニシテ二體ヲ成シ、就中其九箇ハ合體ス。殘存セル花柱ハ上方ニ回旋ス。花後兩緣ニ毛アル扁莢ヲ結ビ、熟シテ黑色ヲ呈シ、開裂セバ殼片捩レリ。莢中ニ多種子アリ。一變種ニ花中ノ翼瓣ニハ暗赤色ノ采アル者ナリ之レフほぼべにえにしだ(緋紅えにしだ)ト云フ是レ var. Andreanus *Dipp.* ナリ。和名ハ今屬名トシテ他品ニ使用セラレアル Genista ノ語ニ基ヅク。

第 1283 圖

まめ科

れだま
Spartium junceum L.

地中海沿岸地方並ニかなり一諸島ノ原產ニシテ今ヨリ約二百八十年前頃ニ渡來シ、時ニ觀賞品トシテ庭園ニ栽植セラル。高サ 3m 餘ノ落葉灌木ニテ枝ハ長ク伸ビテ上向シ、綠色ニシテ疎ニ葉ヲ着ケ、或ハ無葉ノ者多シ。葉ハ小ニシテ互生シ、倒披針形或ハ線形、全邊、長サ3cm內外アリ。托葉無シ。夏秋ノ候、枝梢ニ直立セル疎ナル總狀花序ヲ成シテ大ナル黃色蝶形花ヲ開キ佳香アリ。一方分裂セル萼ニ五齒アリ。大ナル旗瓣ヲ具ヘ、龍骨瓣ノ先端ハ甚ダ尖ル。蒴果ハ長ク、6cm餘アリテ細毛ヲ有シ、多種子ヲ容ル。歐洲ニテ往時ハ莖トシテ用ヰラレ又嫩枝條ヲ以テ編物トスル地方アリ。和名れだまヲ連玉ノ意トスルハ非ナリ、即チ是レ葡萄牙幷ニ西班牙語ノ Retama ニ基キシ者ナリ。漢名 鷹爪草ハ鷥織柳(共ニ誤用)

第 1284 圖

まめ科

きばなのはうちはまめ
一名 のぼりふぢ
Lupinus luteus L.

南歐洲原產ノ一年生草本ニシテ大正年間頃ニ渡來シ往々庭園ニ培養セラル。莖ハ高サ60cm許、殆ド單一ニシテ直立ス。葉ハ互生シテ下部ヨリ多ク生ジ、掌狀複葉ニシテ長柄ヲ有シ、小葉ハ十片許アリテ線狀披針形・長橢圓形若クハ倒披針形ヲ呈シ、先端ハ短尖シ、莖ト共ニ白色ノ毛茸ニ密生ス。初夏、莖頂ニ葉ヲ抽ヅ直立セル總狀花序ヲ成シ、層ヲ成シテ多數ノ黃色蝶形花ヲ輪狀ニ綴ル。每花ハ殆ド花軸ニ接觸シ、芳香アリ。萼ノ上部ハ二葉ト成リ下部ハ三齒ト成ル。旗瓣ハ卵形、翼瓣龍骨瓣ハ狹長ナリ。莢ハ廣線形ヲ成シ扁平ニシテ細毛アリ。種子ハ大ニシテ光灰色ヲ呈シ褐色ノ斑紋アリ。和名ハ黃花羽團扇豆ノ意ニシテ羽團扇ハ其葉狀ハ象ドル、昇リ藤ハ花戶ノ稱ニシテ花穗直上スルヲ以テ名ク。

たぬきまめ (野百合)
Crotalaria sessiliflora *L.*

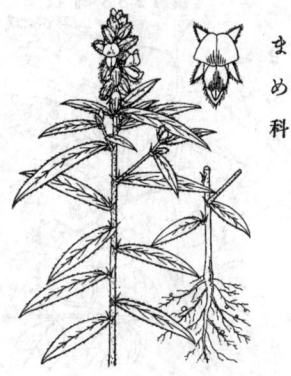

原野ニ生ズル一年生草本。莖ハ高サ20-60cm、通常單立、稀ニ上部ニ於テ數枝ヲ分ツ。葉ハ互生シ、線形乃至披針形ヲ成シ、表面深綠色ニシテ無毛、裏面ハ莖ト共ニ密ナル光褐色ノ纖細毛アリ。托葉アリ。夏秋ノ候、莖頭ニ穗ヲ成シテ多クノ鮮紫色蝶形花ヲ密生ス。萼ハ大形ニシテ二深裂シ、更ニ上部ノ者ハ二裂、下方ノ者ハ三裂シ、光褐色ノ毛茸ニテ覆ハル。旗瓣ハ殆ド圓形ヲ成シ先端凹頭ヲ呈ス、翼瓣ハ橢圓形、龍骨瓣ハ旗瓣ト約同長。雄蕋ハ十箇ニシテ二體ヲ成シ、其九箇ハ下部合著ツ筒ヲ成ス。花柱ハ甚ダシク屈曲ス。莢ハ膨腫シ長橢圓形ヲ成シ莢面平滑ニシテ多種子ヲ容ル。和名狸豆ハ蓋シ莢ヲ覆フ所ノ褐毛多キ宿存萼ニ由ルノ名ナルベシト雖ドモ然シ其花ヲ正面ヨリ望メバ宛トシテ獸面ヲ踏ルガ如キヲ以テ或ハ之レニ基キシ名ナリトモ亦考ヘ得ベシ。

せんだいはぎ
Thermopsis fabacea *DC.*

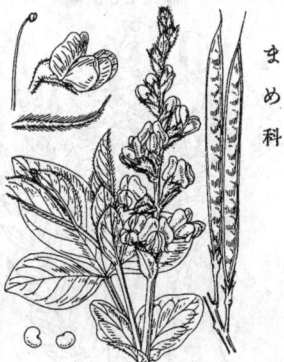

北地ノ海邊ニ生ズル多年生草本。莖ハ高サ90cmニ至リ且立或ハ上部ノミ枝ヲ分チ多少鈍稜アル圓柱形ヲ成シ淡綠色ナリ。葉ハ互生シテ有柄、三小葉ヲ以テ成ル。小葉ハ倒卵形或ハ稍菱形ニシテ葉先ニ微凹アル鈍頭ヲ成シ、葉底ハ銳形ヲ呈シ、葉緣ハ全邊ナリ、上面ハ無毛ニシテ鮮綠色、下面ハ白綠色ニシテ軟毛アリ。托葉二片アリ、大ニシテ葉狀ヲ呈シ、卵形或ハ卵狀長橢圓形ヲ成シ葉柄ト同長或ハ之レヨリ長シ。春日、莖頂ニ直上セル總狀花序ヲ成シテ深黃色ノ美ナル蝶形花ヲ互生ス。小花梗ハ極テ短ク、卵狀長橢圓形ノ苞アリ。萼ハ短キ鐘形ヲ成シ、上部ハ殆ド融合セル二裂片、下部ニ三裂片アリ。旗瓣ハ他ノ瓣片ヨリ短ク、翼瓣ハ橢圓形ニシテ龍骨瓣ヲ包ム。雄蕋十ニシテ離生、略ゝ同長、莢ハ扁平ナル線形ニシテ長サ8cm、軟毛アリ。內ハ茶褐色ノ扁子ヲ容ル。和名ハ千代萩ノ意、此種北地ニ產、陸前ノ仙臺モ亦北地、而シテ甞ニ仙臺ニ關係アルモ千代萩ノ語源アレバ直ニ之ヲ以テ其名トセシナラン、換言スレバ畢竟北地萩ノ意ナリ。

いぬゑんじゅ
一名 ゑんじゅ・おほゑんじゅ ?古名 ゑにす
Maackia amurensis *Ruper.*
var. Buergeri *Schneid.*

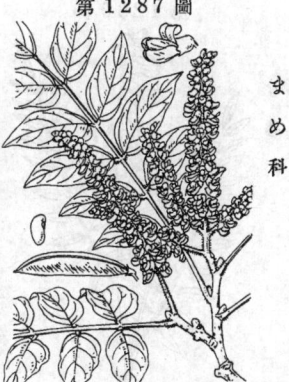

山地ニ生ジ又時ニ庭園ニ栽植セラルル落葉喬木。高サ9-14m許、幹徑60cmニ達ス。葉ハ有柄互生シ奇數羽狀複葉ニシテ葉軸及ビ小葉ノ兩面ニ細毛ヲ密生シ殊ニ嫩葉ニ於テ著シ。小葉ハ凡ソ三-五對、長サ約6cmナレドモ甚ダ不定ナリ、長橢圓形或ハ卵形、先端ハ稍尖リ底部ハ鈍形或ハ圓形。夏日小枝頂ニ一枝ヅ岐チテ總狀花序ヲ成シ黃白色ノ小蝶形花ヲ密層密ニ開ク。每花長サ10mm許。萼ハ鐘狀ト成リ其上部ノ二片ハ全然融合スルヲ以テ四淺裂ヲ呈ス。旗瓣ハ闊ク、翼瓣龍骨瓣ハ狹シ。雄蕋十箇、下部融合ス。莢ハ扁平ニシテ披針形或ハ橢圓形・卵形等ヲ呈シ、表面網眼アリ、辛フジテ開裂ス。種子ハ扁平ニシテ褐色。和名犬ゑんじゅ・ゐんじゅ即ゝ槐ニ似テ鹿卑ナルヲ以テ斯ク云フ、山人ハ單ニ之ヲゑんじゅト稱スルヲ以テ往々槐ノゑんじゅト混ズルコトアリ。按ズルニ單ニゑんじゅト稱スルハ蓋シ本種ヲ指スナラント考フ、ゑんじゅノ古名ヲゑにスト謂フハレ本邦原產ノ本品ナリトスルヲ穩當ト感ズル。漢名 槐槐(誤用)

まめ科

まめ科

まめ科

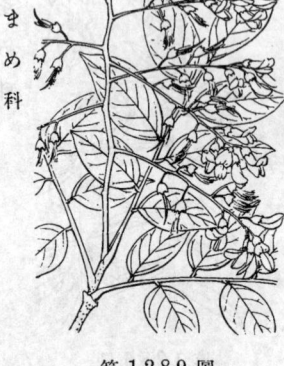

ふぢき
一名 やまゑんじゅ
Cladrastis platycarpa *Makino.*

山中ニ自生スル大ナル落葉喬木。幹ハ直立シテ高聳シ分枝ス。葉ハ奇數羽狀複葉ヲ成シテ五生シ、全長20-25cmニ達シ、短葉柄アリ。小葉ハ互生シ對ヲ成サズ、長橢圓形ニシテ先端尖リ、底部ハ鈍形或ハ圓形、邊緣ハ鋸齒ナク、葉裏ニ細毛アリ。葉柄ノ基部ハ膨ミテ中ニ葉芽ヲ閉藏ス。夏日、梢頭ノ枝端ニ長サ20cm許ノ複總狀花序ヲ成シ白色ノ蝶形花ヲ開ク。美麗ニシテ長サ15mm許。蕚ハ鐘狀、上部五淺裂ス。雄蕊十箇ニシテ離生シ、花後扁平ナル長キ莢ヲ結ビ翼アリ。通常開裂セズ、表面ノ網眼ハ顯著ナラズ、少數ノ種子ヲ包ム。種子ハ扁平ニシテ長橢圓形ヲ成シ褐色ヲ呈ス。和名藤木ハ其葉ヲふぢニ比シテノ稱、山槐モ亦其葉ヲゑんじゅ即ちいぬゑんじゅニ比シテノ名ナリ。

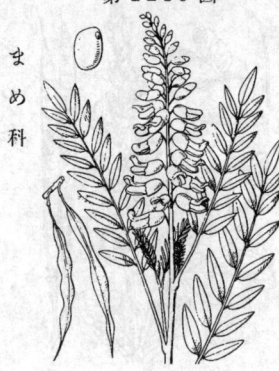

くらら（苦参）
Sophora angustifolia
Sieb. et Zucc.

普通ニ山野ニ見ル多年生草本。嫩苗ハ暗色ヲ帶ブ。莖ハ圓柱形綠色ニシテ直立シ、高サ60-90cm許。葉ハ有柄互生シ奇數羽狀複葉ニシテ長サ15-20cm許アリ。小葉ハ長橢圓形或ハ長卵形ニシテ先端ハ鈍頭或ハ銳頭、底部ハ圓形ニシテ長サ2-3cm許アリ。初夏、梢上ノ莖端幷ニ枝端ニ總狀花序ヲ成シテ多數ノ淡黃色蝶形花ヲ著ク。花穗ノ長サ能ク成長セシ者ハ20-25cmニ及ブ。蕚ハ筒狀ニシテ先端五淺裂ス。旗瓣ハ上部ハ上反シ、翼瓣龍骨瓣ハ之ヨリ短小ナリ。花後細長ノ莢ヲ結ブ。長サ7cm許、縱レアル細圓柱狀ニシテ先端尖レリ。根ヲ生藥トシテ用キ、驅蟲劑トシテ莖葉ノ煎汁ヲ使用ス。和名くららハ眩草（くららのき）ヲ略セラレタルモノニシテ其苦キ根汁ヲ嘗レバ目眩メク故云フ。

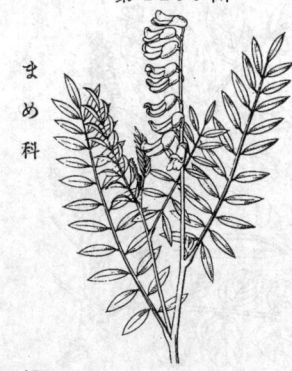

むらさきくらら
Sophora angustifolia *Sieb. et Zucc.*
var. purpurascens *Makino.*

觀賞ノ爲メ時ニ人家ノ庭ニ栽培セラルル多年生草本。莖葉共ニくららト同ジト雖ドモ、花ハ暗紅色ヲ帶ブルヲ以テ異ナリ。莖ハ直立シ高サ90cm內外。葉ハ奇數羽狀複葉ニシテ互生シ、葉柄アリ。小葉ハ長橢圓形ニシテ多數相並ビ、長サ2-3cm許ナリ。初夏、莖頂ハ暗紅色ヲ帶ブル多數蝶形花ヲ總狀花序ニ綴ル。花穗ハ稍ヒ二シテ各花ニハ短小梗ヲ有シ、花長凡15mm許アリ。蕚ハ形チ大ニシテ斜形ヲ呈セル筒狀ヲ成シ、長サ7mm許。雄蕊十箇、子房ハ有毛ナリ。後綻レアル細圓柱狀ノ莢ヲ結ブ。

ゑんじゅ（槐）
Sophora japonica L.
(=Styphnolobium japonicum *Schott.*)

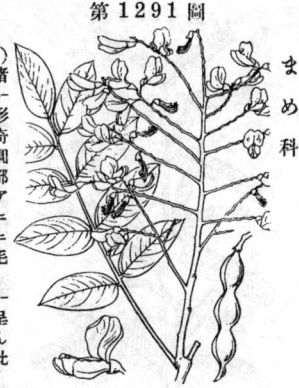

第 1291 圖

まめ科

支那ノ原産ニシテ往時同國ヨリ渡來シ、今ハ諸處ノ人家ニ栽植セル落葉喬木ニシテ高サ凡 15-25mアリ。幹ハ直立シテ分枝シ、小枝ハ圓柱形ニシテ綠色ナリ。葉ハ互生シテ葉柄ヲ具ヘ、奇數羽狀複葉ニシテ長サ15-25cm、小葉ハ長橢圓形或ハ長卵狀橢圓形ヲ成シ、先端稍尖リ、底部ハ圓形、表面綠色、裏面綠白色ニシテ短柔毛アリ。托葉ハ脱落ス。夏秋ノ候、梢上ノ小枝端ニ複總狀花序ヲ成シテ淡黃白色ノ蝶形花ヲ多數ニ開ク。蕚ハ鐘狀ヲ成シ、邊緣ニ五齒ヲ刻ミ、短毛ヲ有ス。旗瓣ハ廣心臟形ニシテ短キ花爪アリ。雄蕋十、花絲ハ離生、長短アリ。莢ハ長サ 2.5-5cm、一乃至四種子ヲ包ミ、肉質ノ連珠狀ヲ呈シ下垂ス。種子ハ腎臟形ニシテ褐色。和名ゑんじゅハ古名ゑにすノ轉化セシモノナリ、蓋シ此名ハ今云ヒいぬゑんじゅノ本稱ナラント考フ。

さいかち
一名 かはらふぢのき
Gleditschia japonica *Miq.*

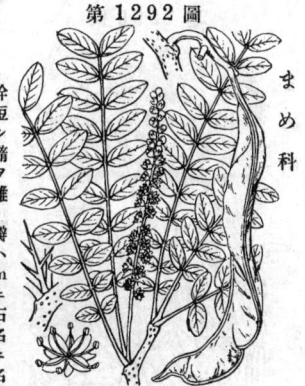

第 1292 圖

まめ科

山野川原ニ生ジ又栽植セラルル落葉喬木。枝幹ニハ枝ノ變形セル分岐刺多シ。葉ハ互生シテ短葉柄ヲ具ヘ、一回乃至二回ノ偶數羽狀複葉ニシテ葉軸ニハ短毛疎生ス。小葉ハ多數ニシテ長橢圓形或ハ卵狀長橢圓形ヲ成シ、稍左右不整形ヲ呈シ、殆ド全緣或ハ少シク波狀或ハ齒アリ。雌雄及兩全花ヲ同株ニ有シ、皆總狀花序ヲ成ス。夏日、淡黃綠色ノ小花ヲ綴ル。蕚ハ四裂シ、瓣片ハ四、雄花ニ於テハ八箇ノ雄蕋、雌花ニ於テハ短キ花柱ヲ有スルニ雌蕋ヲ有ス。花後長サ30cm餘ノ扁平ナル莢ヲ結ビ歪ミテ眞直ナラズ、內ニ扁平ナル種子ヲ入ル。新葉ハ食用トナシ莢ハ石鹼無キ往時ニ物ヲ洗フニ使用セリ。和名ハ古名西海子（さいかいし）ノ轉化セシモノナリ、故ニ又さいかし或ハさいかいじゅトモ云ヘリ。漢名皂莢（誤用）、是レ G. sinensis *Lam.* ノ名ナリ。

じゃけついばら
一名 かはらふぢ
Caesalpinia sepiaria *Roxb.*
var. japonica *Makino.*
(=C. japonica *Sieb. et Zucc.*)

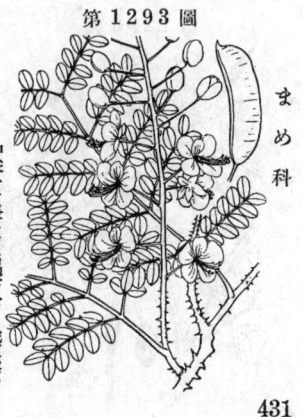

第 1293 圖

まめ科

山野或ハ河原ニ生ズル蔓本性落葉灌木ニシテ長ク伸ビ、幹ノ大ナル者徑凡8cm內外アリテ多クハ分枝シ、尖銳ナル鉤刺多ク、葉腋上部ニ纂列セル芽ヲ出ス。葉ハ互生シニ回羽狀複葉ヲ成シ、羽葉ハ三乃至八對ニシテ小葉ハ五乃至十對、長橢圓形ヲ成シ兩端圓形ヲ呈シ長サ1-2cm許、多數ノ小明點アリ、蜜ト同ジク銳尖ナル下曲刺アリ。托葉ハ小形ニシテ早落ス。初夏ノ候、稈上枝端ニ長サ30cm許ノ總狀花序ヲ成シテ美シキ左右相稱ノ黃色花ヲ開ク。小花梗ハ3cm內外、小花冠ハ五深裂シテ卵狀長橢圓形、五花瓣ハ廣倒卵形ニシテ短爪アリ、後方ノ一花瓣ハ赤線アリ。雄蕋十箇、花絲ノ下部ニ密毛アリ。莢ハ長サ7cm、幅3cm許。有毒植物。和名ハ蛇結いばらノ意ニシテ其蔓蔓扈シテ短モ蛇ノ結レテ蟠屈シタルニ似タル故ニ云フ、又河原藤ハ河原ノ砂地ニ能ク見ル故ノ名ナリ。我邦從來漢名トシテ雲實ヲ適用セシ雖ドモ非ニシテ是レ卽チしなじゃけついばら（C. sepiaria *Roxb.*）ナリ。

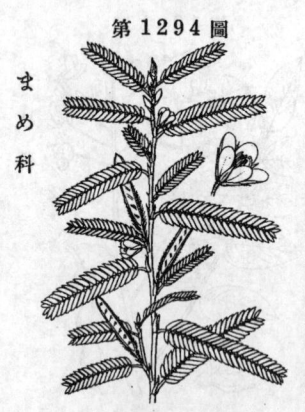

第 1294 圖

かはらけつめい
一名 をはりけつめい・とうばふちゃ・ねむ
ちゃ・まめちゃ・はまちゃ・きしまめ

Cassia mimosoides L.
var. Nomame *Makino.*

原野ニ多キ一年生草本。莖ハ高サ30～60cm、草質ナレドモ稍剛クシテ有毛、或ハ分枝シ或ハ單一ニシテ中空ナラズ。短葉柄ヲ有シテ互生セル羽狀葉ハ長サ8cmニ達ス。小葉ハ小形ニシテ數多ク葉軸ノ兩側ニ相接シテ排列シ、長サ3～10mm許、披針形ニシテ尖リ兩緣齊シカラズ。夏秋ノ候、葉腋ヨリ小梗ヲ出シ黃色ノ一乃至二箇ノ小花ヲ着ク。萼ハ五片アリ披針形ニシテ先端銳尖ス。五花瓣、四雄蕊、一雌蕊アリ。子房ハ密ニ短柔毛ニテ被ハレ花柱ハ上曲ス。莢ハ3cm許、扁平ニシテ細毛アリ、熟スレバ二殼片ニ開裂ス。種子ハ扁平、菱方形ヲ成シテ平滑ニシテ莢中ニ一列ヲ成ス。民間、莖・葉ヲ採リ茶ノ代用トシテ飲用ス。和名ハ河原決明ノ意、此種能ク河原ノ砂地ニ生ズ、而シテ決明（えびすぐさ）ノ類ナレバ斯ク稱ス、又尾張決明・弘法茶・合歡茶・豆茶・濱茶・岸（？）豆ト云フ。漢名　山扁豆(誤用)

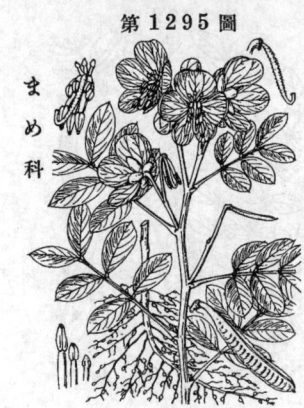

第 1295 圖

はぶさう (石決明)

Cassia occidentalis L.

北米ノ南部及ビ墨西哥原産ノ一年生草本ニシテ德川時代ニ渡來シ往々藥用植物ノートシテ人家ニ培養セラル。莖ハ直立シ高サ0.5～1.5mニシテ全株無毛。葉ハ互生シテ葉柄ヲ具ヘ羽狀複葉ニシテ五六對ノ小葉ヨリ成ル。小葉ハ披針形ヨリ披針狀橢圓形ニシテ先端尖リ底部圓形ヲ呈シ、長サ3.6～5cmアリ、葉軸上ニハ腺體アリ。托葉ハ線形ニシテ謝落ス。夏日、稍頭葉腋ニ花梗ヲ出シ數箇ノ大ナル黃色花ヲ着ク。萼五片ニシテ卵圓形淡綠色。花瓣ハ五片ニシテ不開シ多少大小アリテ上部ノ一片ハ大ニ下ノ二片ハ小ナリ。雄蕊十箇、花絲ニ長短アリ葯ニ大小アリ。子房ハ狹長ニシテ細毛ヲ帶ビ花柱ハ短シ。莢果ハ長サ10cm內外ニシテ扁シ。葉ハ民間ニテ昆蟲ノ螫傷ニ傳ヘテ特效アリト稱セラル。和名ははぶさうノ單竟はみ草卽ちまむし草ノ意ニシテまむし（蝮）ニ罹マレシ時、此草ヲ傳フレバ佳ナリト謂フヨリ名ケシナリ、今奄美大島并ニ琉球ニ産スル一毒蛇ニはぶ (飯匙倩) アレドモ此ははぶさうノ和名ハ其蛇名ニ基ケルニハ非ラズ。漢名　望江南(誤用)

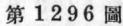

第 1296 圖

えびすぐさ (決明)
一名 ろっかくさう

Cassia Tora L.

北米原産ノ一年生草本ニシテ享保年間ニ支那ヨリ渡來シ今ハ藥用ノ爲メ人家ニ培養セラル。莖ハ高サ1.5m內外ニ達ス。葉ハ二乃至四對ノ偶數羽狀複葉ニシテ下部ノ一對ヲ成セル小葉間ニ長キ腺體ヲ有ス。小葉ハ倒卵形、先端ハ鈍頭或ハ微凸頭ヲ有シ、底部ハ銳形或ハ圓形ヲ成シ、長サ3～4cm許アリ。托葉ハ線狀針形ニシテ謝落ス。夏日、葉腋ニ一二ノ有梗黃花ヲ開ク。萼片ハ長卵形ニシテ鈍頭、綠毛アリ、花瓣ハ五、倒卵狀圓形ニシテ短花爪アリ。長短大小不同ノ十雄蕊アリテ上部ノ三葯ハ不完全ナリ。子房ハ瘦長ニシテ細毛ヲ帶ビ上方ニ彎曲シテ花柱ハ短シ。莢ハ狹長ニシテ長サ15cm許、弓曲シテ尖リ、質硬ン。莢內ニ一列ニ聯ベル菱方形ノ種子アリテ藥用ニ供セラレ、今日之ヲヨはぶ茶ト稱シテ民間ニ售リ飲用ス。和名夷草ハ蓋シ蠻夷ノ異國ヨリ渡來セシヲ意味セシ稱ナラン。

はなずはう （紫荊）
Cercis chinensis *Bunge.*

支那ノ原産ニシテ野生ノ者ハ落葉木本ナレドモ栽培品ハ通常灌木狀ヲ呈ス、往時支那ヨリ渡來シ今ハ普ク觀賞ノ爲メ人家ニ栽植セラル。高サ4m餘ニ達シ、葉ハ有柄互生シ、圓形ニシテ葉底心臟形ヲ呈シ先端短ク尖レリ、長サ5-8cm、幅4-8cm、質稍厚ク平滑ニシテ光澤アリ、裏面ハ黃白綠色ヲ呈シ、葉脈ハ基部ヨリ五岐シ、葉柄ハ葉片ヨリ短ク其兩端腫脹ス。托葉ハ鋏形ニシテ早落ス。四月、葉ハ先ンジテ枝上ノ處々ニ紅紫色ノ小蝶形花ヲ簇生ス、萼ハ筒形ヲ成シテ五淺裂ス。花瓣ハ五片ニシテ甚ダ不同形ナリ。雄蕊十箇ハ離生ス。莢ハ甚ダ扁平ニシテ線狀長橢圓形ヲ成シ兩端尖リ、長サ5-7cmアリテ外緣線ニ狹翼アリ、乾ケバ莢面ニ細微ナル網狀脈ヲ見ル、莢內ニ二乃至五許ノ種子ヲ容ル。和名ノ花蘇方ノ意ニシテ其花紅紫宛モすはう（Caesalpinia Sappan L.）木ノ染汁ナル赤色ニ似タルトテ此名アリ。

おじぎさう （喝呼草）
一名 ねむりぐさ
Mimosa pudica *L.*

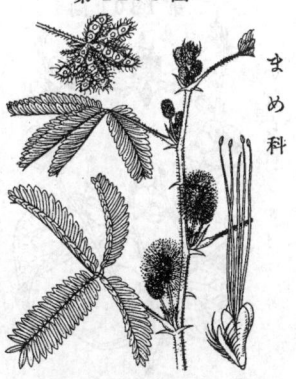

南米ノ原産ニシテ花ノ輕美ナルト又葉ノ刺戟ニ敏感ナルトニヨリ栽培セラレ、我邦ヘハ天保十二年ニ舶載ス。元來ハ多年生ナレドモ通常ハ一年生草本ヲ成ス。莖ハ高サ30cm許ニシテ細毛及疎ニ刺アリ。葉ハ有柄ニシテ互生シ、羽片二對ヲ略掌狀ニ出テ、多數ノ廣線形小葉ヲ對生シテ排列ス。夏日、淡紅色ノ花ヲ開ク、花ハ小ニシテ球狀ニ集リ花梗アリ。萼ハ殆ド不明。花瓣ハ四裂シ、長キ四雄蕊ト一雌蕊トアリテ花柱ハ絲狀ヲ成ス。莢ハ約三箇ノ種子ヲ有シ、節アリ、表面ハ毛アリ。葉ニ觸ルレバ忽ニシテ垂レ、小葉ハ相合ス。和名ノおじぎさう及ねむりぐさハ之レニ基ク。漢名更ニ含羞草・知羞草・怕羞草・怕癢花・懼內草・羞草・見諳草・屈佚草・指佞草ノ稱アリ。

ねむのき （合歡）
一名 かをか・かうか・かうかぎ・ねぶのき
Albizzia Julibrissin *Durazz.*

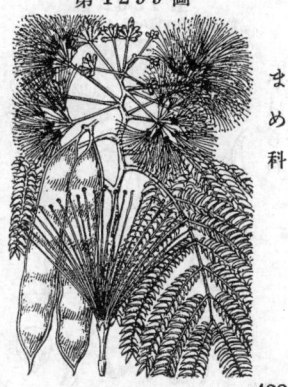

山野ニ生ズル落葉喬木ニシテ高サ6-9mニ達ス。葉ハ有柄互生シ、大ニ長サ20-30cm、二回羽狀複葉ヲ成シ、羽片ハ七乃至十二對シ、小葉ハ多數ニシテ小葉軸ノ兩側ニ翅狀ヲ成シテ對生兩列シ、長サ7-13mmアリ。夏日、小枝頭ニ花梗ヲ出シ、纖形ニ紅色花ヲ出シ薄暮前ニ開ク。萼ハ小ニシテ筒ヲ成シ、花瓣ハ合體シ唯上部ニ於テノミ五片ニ分レ、長サ萼ノ三倍許。雄蕊ハ多數、細絲狀ヲ呈シテ甚ダ長ク、唯基部ニ於テノミ不規則ニ聯合シ、紅色ニシテ美麗ナリ。蒴果ハ長サ12cm內外、平扁眞直ニシテ莢內ニ扁平種子ヲ容ル。和名ねむのきハ其小葉夜間閉チテ睡眠スルニ由ル、又かをか・かうか・かうかぎハ合歡或ハ合歡木ヨリ轉ジ來リシ名ナリ。漢名、一ニ夜合樹ト云フ。

433

第1300圖

いばら科

あんず (杏)
古名 からもも
Prunus Armeniaca *L.*
var. Ansu *Maxim.*
(＝P. Ansu *Komar.*)

支那ノ原産ナラント考ヘラルル落葉小喬木ニシテ廣ク果樹トシテ培養セラル。高サ5m、樹膚ハ木栓質ナラズシテ硬シ。葉ハ互生シ、卵圓形或ハ廣橢圓形ニシテ先端ハ向キ徐々ニ尖ル、長キ葉柄ヲ具ヘ、葉片ノ長サ8cm許、邊緣ニハ圓小ナル鋸齒ヲ有ス。春日、葉ニ先チテ花ヲ開キ、殆ド無柄ニシテ淡紅色五瓣ナレドモ或ハ多少重瓣ノ者アリ。五萼片ハ紅紫色ニシテ反曲ス。多數ノ雄蕊ト一子房ヲ有ス。後核果ヲ結ブ、徑3cm許、圓形ニシテ表面ニ細絨毛ヲ生ジ、黃熟シ、果柄ハ5mm許アリ、核ノ表面ハ粗糙ナレドモ凹點無シ。果實ノ生食ヲ又乾杏ヲ製シ、種子ヲ藥用トス。和名あんずハ杏子ノ唐音ナリ、今日杏ハ支那ニテ hang ニ發音ス。

第1301圖

いばら科

うめ (梅)
Prunus Mume *Sieb. et Zucc.*

支那原産ノ落葉喬木ニシテ蓋シ遠キ古代ニ我邦ニ渡來セシ者ナラン、今日ニテハ觀賞品トシテ邦内諸州ニ普ク栽植セラルルト雖ドモ九州ノ豐後豊日向地方ニ在テハ山間谿側ニ全ク野生狀態ヲ保チ之處アリ。樹高サ凡6mニ達シ枝條多ク樹膚ハ硬ク嫩枝ハ無毛或ハ微毛ヲ帶ブ。葉ハ互生シテ葉柄ヲ具ヘ卵形ニシテ先端狹窄シテ尖リ邊緣ニ小鋸齒ヲ有シ葉片ノ長サハ 5-8cm 許アリ。葉緑本ニ早落托葉ヲ有ス。早春、葉ニ先チテ殆ド無柄ノ花ヲ發キ昨年枝ノ葉腋ニ一乃至三花出テ佳香アリ。通常白色ナレドモ又紅色・淡紅色等ノ品斗ニ單瓣重瓣ノ異アリテ園藝的品種三百以上アリ。五萼片、五花瓣平開シ、多雄蕊アリテ花瓣ヨリ短シ、一雌蕊、子房ニハ密毛ヲ生ズ。核果ハ球形或ハ微シク橢圓形ニシテ一側ニ淺溝アリ、梅雨ノ候ニ黃熟シ果面ニ絨毛ヲ布ク、果肉ハ酸味多ク核ノ面ニハ凹點ヲ滿布ス。果實ヲ紫蘇葉ト交ヘテ鹽漬トシ一般家庭ノ食品ニ供ス。和名うめノ語原ニ三説アリ、一ハ烏梅ニ基キ一ハ梅ノ支那音ニ基キ一ハ朝鮮語ニ基ク、烏梅ハ燻シ梅ニシテ其和名ヲ藥用トスル者ナリ、梅ノ支那音ハmui若クハmeiニシテうめハ其轉化ナリト謂ヒ、又朝鮮語ノまいカラ來リシトモ謂ハル。

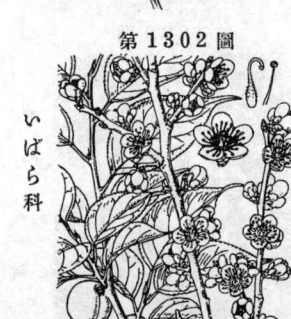

第1302圖

いばら科

こうめ (消梅)
一名 しなのうめ
Prunus Mume *Sieb. et Zucc.*
var. microcarpa *Makino.*

果樹トシテ栽植セラルル落葉喬木ニシテうめノ一變種ナリ。枝ハ屢々柔軟ニシテ小枝ハ深綠色ヲ呈ス。葉ハうめニ同ジク、卵形ニシテ先端細クシテ尖リ邊緣ニ小鋸齒アリ。早春葉ニ先チテ花ヲ開ク。花ハうめヨリ小形ニシテ白色、徑18-22mm許、香氣アリ。萼ハ五片、綠紫色ヲ呈ス。花瓣ハ五片平開シ、毎片幅6-8mm許、果實ハ小形ノ球果ニシテ屢々枝上ニ數多ク群着シ、直徑15mmニ及ビ梅雨ノ候黃熟シ、核ハ小ナリ。黃熟セザル綠色ノ果實ヲ採リ、鹽漬トシテ食シ、通常ナル元日ニ使用ス。和名小梅ハ其果實ノ小形ナルヨリ云ヒ、信濃梅ハ此種特ニ信濃ニ多ケレバ謂フ。

434

ぶんごうめ

Prunus Mume *Sieb. et Zucc.*
var. Bungo *Makino.*

果樹トシテ栽植セラルル落葉小喬木ニシテうめノ一變種ナリ。枝ハ強大ニシテ小枝ハ通常深紫色ヲ呈ス。葉ハうめニ似タレドモ更ニ大ナリ、卵形ニシテ先端細長ニ尖リ邊緣ニ小鋸齒ヲ有ス。花ハ通常うめヨリ大形ニシテ徑 2.5-4cm 許、通常稍重瓣ノ傾向アリ、時ニ五瓣ノ者アリ、淡紅色或ハ薔薇色或ハ時ニ白色ニシテ花梗甚ダ短ク殆ド枝ニ接着ス。萼ハ赤紫色ニシテ反曲シ、萼片ハ萼筒ヨリ或ハ長ク或ハ同長。花中ノ蜜腺ハ橙色。花瓣ハ圓形ニシテ極テ短キ花爪アリ。多雄蕊ハ花瓣ヨリ短シ。一雌蕊アリテ子房ハ花柱ノ下部ト共ニ有毛。果實ハ大ニシテ徑5cm ニ達シ、熟シテ橙黄色ヲ呈シ褐赤色ノ斑點ヲ有ス。和名豐後梅ハ原ト豐後ヨリ出デシヲ以テ此名アリ。

第1303圖

いばら科

すもも (李)

Prunus salicina *Lindl.*
(= P. triflora *Roxb.*)

元來支那原產ノ落葉喬木ニシテ最モ舊キ昔ニ渡來セシモノト見ユ、我邦今日ニテハ普ク栽植セラルルト雖ドモ又野生狀態ヲ呈セル處アリ。樹高3m 餘ニ達シ分枝多ク枝ハ開張シ、嫩枝ニハ毛ナクシテ光澤アリ。葉ハ互生シテ狹長長橢圓形或ハ倒卵狀披針形或ハ倒披針形ニシテ長サ7cm ニ達シ兩端尖ル、表面中脈ニ沿ヒ微毛アルノ他無毛。短葉柄アリ。春日、長花梗アリ花ヲ一花芽ニ一乃至三箇繖形ニ生ズ。萼ハ長倒卵形。五花瓣ハ白色橢圓形。多雄蕊一子房アリ。花梗ハ萼ノ二倍許。核果ハ球形、成熟シテ赤紫色ヲ呈シ又黃色ノ品アリ。酸味ニ富メドモ滿薦スレバ甘ク、生食シ得。ぼたんきょう・よねもも(いくり)・とがりすもも(ばたんきょう)等ハ皆此變種ナリ。西洋すももハ所謂ぷらむ(Plum)ニシテ全ク別種ナリ。和名ハ酸桃ノ意ニシテ酸ハ果ノ酸味ヲ意味セリ。

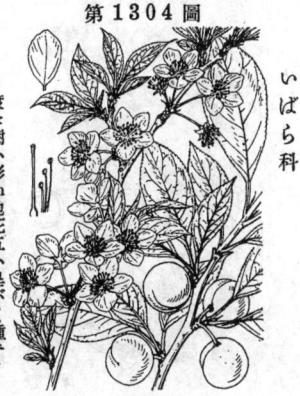

第1304圖

いばら科

もも (桃)

Prunus Persica *Batsch.*
(= Persica vulgaris *Mill.*)

支那原產ノ落葉灌木又ハ小喬木。嚇古ノ世同國ヨリ我邦ニ傳ヘシ者ナラン、通常ハ賞花用井ニ果實用トシテ邦內普ク栽植スレドモ又全ク野生狀態ヲ表ス處アリ。樹高凡ソ3m 餘ニ達シ、枝ハ毛ナク嫩枝ニハ粘質アリ。葉ハ互生シ短葉柄ヲ具ヘ細長披針形又ハ倒披針形ヲ成シ先端稍シク尖リ邊緣ニハ小鈍鋸齒アリ、葉片ノ長サ5-10cm アリ、嫩葉ハ少シク毛アリ。四月初旬ニ葉ニ先立ツカ或ハ之ト同時ニ花ヲ開キ甚ダ短キ花梗ニ一ツゝ着ク。花ハ通常淡紅色ヲ呈スレドモ又白色・濃紅色・咲分ケ・重瓣・菊咲等ノ異品アリ。萼ハ五片、有毛。花瓣五片、平開シ、多雄蕊アリ。一雌蕊ニシテ子房ハ密毛アリ。核果ハ大形ニシテ細毛ヲ密布シ、赤ハ大ニシテ表面ニ著シク皴ヲ有ス。果實ハ食用トス。つばいももハ果實ニ毛無キ一變種ニシテ漢名油桃一名光桃ト云ヒ、西洋ニテハ(くたりんト稱ジ其改良品ハ味最美ナリ、又水蜜桃モ良果ヲ結ブ一品ナリ。葉ハ民間藥ニ供セラル。和名ももハみ(眞實)又ももえみ(燃實)ノ意ナラント謂ヒ又もも(百)ノ意ナラント爲ルモ共ニ首肯シ難シ、蓋シ是レハ圓キ形ノ物ノ古稱ナラント思フ。

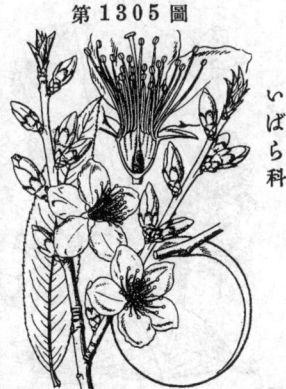

第1305圖

いばら科

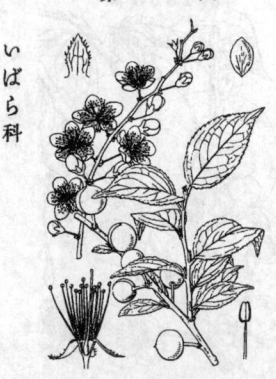

にはうめ（郁李）
一名 こうめ
Prunus japonica *Thunb.*

支那原産ニシテ往時我邦ニ渡來シ今ハ普ク觀賞品トシテ庭際ニ栽植セラルル落葉灌木。樹ノ高サ1.7m内外ニシテ分枝多シ。葉ハ互生シ甚ダ短キ葉柄ヲ有シ、長サ5-6cmニシテ卵狀披針形ヲ成シ、先端ニ銳尖頭ヲ呈シ、葉緣ニ重細鋸齒ヲ有ス、表面綠色ニシテ無毛或ハ裏面葉脈上ニ多少ノ毛アリ。托葉ハ淡綠色ヲ呈シ葉柄ヨリ長クシテ狹片ニ裁裂シ細鋸齒アリ。春日葉ニ先ダツカ或ハ新葉ト同時ニ枝上ニ多數ノ淡紅或ハ白花ヲ綴ル。花ハ小形ニシテ徑13mm内外、單獨或ハ二三花相集リ短キ小花梗アリ。五萼片、五花瓣、多雄蕊、一雌蕊アリ。核果ハ短柄ヲ有シ、殆ド球形ニシテ熟セバ輝赤色ヲ呈シ食フベシ。核ヲ漢藥ニ用キ郁李子ト稱ス。和名ハ庭梅ノ意、能ク庭ニ栽シ花梅ノ如クケレバ云フ、小梅ハ小樹ナルヲ以テ呼ブ、しなのうめノ一名ニこうめト同名ナリ。一變種にはざくらアリ、葉狹長ニシテ上面粗鎚ヲ呈シ淡紅或ハ白色ノ重瓣花ヲ開ク、漢名多葉郁李ナリ。

ゆすらうめ（英桃）
Prunus tomentosa *Thunb.*

支那・滿洲ノ原産ニシテ往時支那ヨリ渡來シ今ハ人家ニ栽植シ落葉灌木。高サハ3m餘ト成リ多ク分枝シ樹膚ハ暗色ヲ呈シ枝ハ太ク嫩枝ニハ絨毛アリ。葉ハ繁密ニ枝上ニ蒼キ互生シテ廣倒卵形ヲ呈シ葉頭尖リ葉緣ニ細鋸齒アリ、長サ5cm内外、葉面ニハ細毛アリ裏面及ビ短葉柄ハ絨毛ニ被ハル。春日葉ニ先チ或ハ殆ド新葉ト同時ニ花ヲ開キ、極メテ短キ花梗ヲ有ス。花ハ白色又ハ淡紅色ニシテ徑約1.5cm。萼筒ハ短クシテ殆ド無毛ナレドモ五萼片ニハ微毛アリ。五花瓣、多雄蕊、一雌蕊、子房ニ密毛アリ。核果ハ小球形ニシテ微毛ヲ帶ビ紅熟シテ光澤アリ、中ニ一核ヲ有ス。熟果食ニ得ベシ。和名ゆすらうめハ枝葉繁茂シ微風ダニモ動搖シ易スケレバ云フト謂ヘドモ正否保シ難シ。按ズルニ其繁枝繁葉間ニ隱見セル樹上ノ熟果ヲ指スレバ搖サブリテ落シ採ルヨリノ名ニハ非ザルヤ、サスレバゆすらうめノ語大ニ生氣アリ。漢名 櫻桃（誤用）

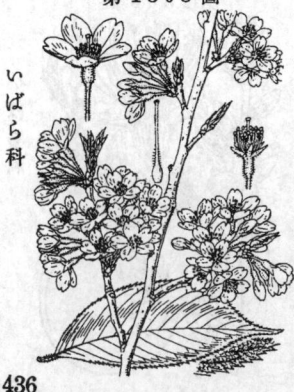

うばひがん
一名 えどひがん・あづまひがん
Prunus Itosakura *Sieb.*
var. ascendens *Makino.*

往々諸州ノ山林中ニ生ズル落葉喬木ニシテ高サ凡15m内外ニ達シ直幹凡60cmノ徑アル者ノ。又觀賞樹トシテ栽植セラルルコトアリ。小枝ハ細長ニシテ滑カナリ。葉ハ長楕圓形ニシテ細長ク尖リ銳尖頭ヲ成ス、長サ5-9cm、邊緣ニ銳尖鋸齒ヲ連ネ、成葉及ビ幼葉ハ軟毛アリ。三月末、他ニ先チテ淡紅ニ白色ノ花ヲ開キ繖形狀ニ數箇相集ル。花梗ハ長ク、萼及ビ花柱ニ毛ニ被ハル。萼ハ簡狀ヲ成シテ少ク膨レ上緣ニ於テ五裂ス。五花瓣アリテ平開シ各片圓頭ヲ有ス。多雄蕊、一雌蕊アリ。夏日、小豆大ノ實ヲ結ビ熟シテ紫黑色ヲ呈ス。一變種ニ枝ノ下垂スル者アリ。之レヲしだれざくら又いとざくらト稱スレ P. Itosakura Sieb. (=P. pendula Maxim.)ナリ。學名ニ於テハ之レガ母種ノ位置ニ在リト雖ドモ實際ニハ寧ロ直上種トうばひがんノ一變種ノミ。和名姥彼岸ハうばひがんざくらノ略ニシテ其ノ春早ク尙葉無キ時旣ニ發ラクヲ以テ此名アリ、姥ハ通常齒ノ脫シテ之レ無キヲ老キヲ以テ齒無キ葉無キニ擬ヘタルナリ。江戸彼岸、東彼岸ハ之レヲ東都ニ諸ルヲ以テ斯クナモノナリ、世人往々之レヲひがんざくらト謂フハ非ナリ。

436

ひがんざくら
Prunus subhirtella *Miq.*

觀賞ノ爲メ通常人家ニ栽植セラルル落葉樹ニシテ通常小喬木ナレドモ、又幹ノ巨大ナル喬木ト成ル者アリ。幹ハ直立シテ多ク分枝シ、高サ凡5m内外、枝葉繁茂シ、小枝ハ滑澤ナリ。葉ハ有柄、互生、倒披針形ニシテ尖リ、重鋸歯アリテ毛ヲ帶ビ、長サ5-10cm許。三四月、淡紅色ノ美花ハ枝上ニ滿チ、二三繖形ヲ成シテ出デ、花徑凡3cm許アリ。萼ハ下部稍膨レ、花梗ト共ニ細毛アリ。凹頭ヲ有スル五花瓣、多雄蕊アリ。子房竝ニ花柱共ニ毛ナシ。花後小圓賓ヲ結ビ熟シテ紫黑色ナリ。此種ハ古來稱スル所謂ひがんざくらノ本家品ニシテ我邦中部ヨリ以西ノ地ニ普通ニ之レヲ見、其花最モ優美ニシテ且最モ早ク開クナリ、而シテうばひがん即チえどひがんトハ全ク別種ナレバ混ズベカラズ。和名彼岸櫻ハ春ノ彼岸頃ニ花サク故名ク、實ニさくらノ魁ケヲ成ス者ナリ。

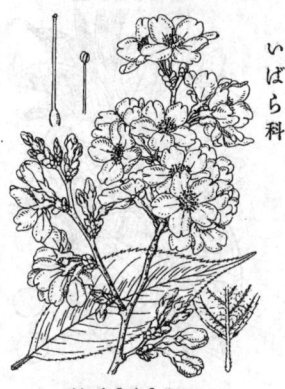
第1309圖
いばら科

みやまざくら
Prunus Maximowiczii *Rupr.*

深山ニ生ズル落葉喬木、高サ5-10m。葉ハ互生、廣卵形或ハ倒卵狀橢圓形、長サ5-8cm、尾狀銳尖頭ニシテ缺刻性ノ重鋸齒緣ヲ具ヘ、葉柄ト共ニ兩面短毛ヲ布キ鮮綠色ヲ呈シ光澤ナク、表裏同色ニシテ濃淡無シ。五月頃、腋生ノ總狀花序ニ數白花ヲ着ク。花軸ハ長クシテ眞直長サ3cm内外、且ツ圓形ノ顯著ナル葉狀苞ヲ着クルノ特徵アリ。花ノ徑2cm以内、花瓣ハ五箇平開シ、小輪ナレド純白ノ花容、鮮綠ノ嫩葉ニ雜ハリテ美ナリ。果實ハ小球形、夏ニ入リテ熟シ紅紫色ヲ呈ス。本種ハ花小サク花軸長クシテ葉狀苞ヲ有スルヲ以テ截然他種ト區別スルヲ得ベシ。我邦分布ハ極メテ廣ク北ハ北海道ヨリ南ハ九州ニ至ル、然レドモ北地ニ於テ盛ナリ。

第1310圖
いばら科

そめゐよしの
Prunus yedoensis *Matsum.*

近來朝鮮濟州島ニ本種ノ自生アルヲ知リシト雖モ普通ニ多ク栽植セラルル者ハ蓋シ其系統ヲ異ニセルモノナラント考フ。學者ニ由テハ之レヲうばひがんトおしまざくらトノ一間種ナラント考ヘシコトアリ。落葉喬木ニシテ高サ7m内外ニ達ス。樹膚ハ灰色、枝條四方ニ擴ガリ、嫩枝ハ有毛又ハ無毛ナリ。葉ハ互生有柄ニシテ廣倒卵形ヲ成シ先端急尖ク長サ8cm内外、邊緣ニ銳キ重鋸齒ヲ有シ表裏ニ葉柄ト共ニ稀薄ナル細毛アリ、成長スルニ從ヒ表面ノ光澤ヲ增ス。四月初旬、新葉ニ先チテ花ヲ開キ枝上ニ滿チテ極テ華麗ナリ。花序ハ繖形狀ヲ呈シテ淡紅白色ノ數花ヲ簇ケ、花瓣ハ長クシテ細毛アリ。萼ハ短筒狀ニシテ細毛ヲ生ジ五等片ハ平開ス。花瓣ハ五、橢圓形ニシテ簇端凹處ヲ呈ス。多雄蕊。花柱ニ微毛ヲ生ズ。核果ハ球形ニシテ熟スレバ紫黑色ヲ呈シ徑7-8mm許、多汁ナリ。和名染井吉野ハ其初メ東京染井ノ植木屋ヨリ擴リタルニ由ル、元來植木屋ニテハ之レヲ吉野ト呼ビ名所吉野山ノ櫻ニ擬シタル美稱ナレドモ斯ノ單ニ吉野ト謂ヘバ眞正ナル吉野ノ山櫻ト混雜スルヲ以テ茲ニ明治五年始メテ染井吉野ナル呼名ヲ生ゼシナリ。本種ハ明治維新直前頃ニ始メテ東都ニ出生セシ者ニテ畢竟江戸ノ櫻ニハ非ザリシナリ、故ニ yedoensis ハ適切ナル種名ナリト言フヲ得ズ。

第1311圖
いばら科

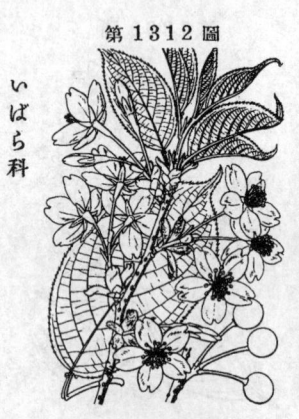

第1312圖

いばら科

やまざくら
Prunus donarium *Sieb.*
var. spontanea *Makino.*
(=P. serrulata *Lindl.* var. spontanea *Mak.*)

我邦中部ヨリ以南九州屋久島ニ至ル山地ニ生ジ又往々栽植セラルル落葉喬木。幹ノ高サ7m内外ニ達シ、幹ハ直聳シテ分枝シ、樹皮ニ横理アリ、灰色又ハ暗褐灰白又ハ暗灰色ヲ呈シ、小枝ハ無毛ニシテ皮目散點ス。葉ハ無毛ニシテ互生シ倒卵形ニシテ葉頭長ク銳尖シ成ル旅緣ニ針尖狀ノ重尖鋸齒アリ、長サ10cm內外、葉片並ニ葉柄ハ全然無毛ニシテ稟ノ上面ハ綠色、裏面ハ帶白淡綠色ナリ。葉柄ノ上部ニ通常ニ腺アリ。四月頃、花ハ通常赤褐色ノ新葉ト共ニ出デ、花軸ノ短キ繖房形序ヲ作シ繖形繖序ヲ成シテ淡紅白色ノ有硬三五花ヲ着ク。花硬ハ細長ニシテ毛ナク基部ニ小苞ヲ具ヘ長サ2cm許。花軸ハ長サ凡2cm內外ニシテ基部ニ芽鱗ヲ以テ擁セラル。萼ハ五片平開シ筒部ハ圓柱形ニシテ萼片ト共ニ毛ナシ。花瓣五片平開シ各片凹頭ヲ有ス。多雄蕋。一雌蕋、子房花柱ニ毛ナシ、花後小ナル球形ノ核果ヲ結ビ熟シテ紫黑色ヲ成シ多汁ナリ。和名山櫻ハ山ニ生ズルノ意、さくらハ其語原ノ説的然セザレドモ中ニハ神代時分ノ歌謡中ニ「さきくにさくらん、ほきくにさくらん」ノ語中ヨリ出シモノト謂フ説モアリ。漢名 櫻桃(誤用)

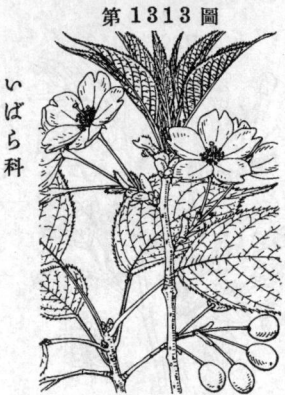

第1313圖

いばら科

おほしまざくら
Prunus donarium *Sieb.*
var. spontanea *Makino*
subvar. speciosa *Makino.*

伊豆七島殊ニ大島ノ山地ニ多ク自生スレドモ、又廣ク今時各方ニ栽植セラルルヲ見ル落葉喬木。幹ハ直立ク暗灰色ニシテ粗大、多ク分枝シテ斜上シ老樹ニ在テハ四方ニ擴ガル、高サ3-10m內外。葉ハ有柄互生ニ倒卵狀長橢圓形或ハ倒卵狀橢圓形ニシテ末長ク尖リ底部圓形、長サ10cm內外ニ達シ邊緣芒尖鋸齒ヲ連ネ、兩面無毛ニシテ平滑、裏面ハ粉白ナラス。花ハ四月ニ開キテ淡綠色或ハ微赤褐色ノ新葉ト共ニ出デ、大形ニシテ徑3-4cmヲ算シ、往々香氣ヲ帶ビ、白色或ハ微紅色ヲ帶ビ往々開テ枝上ニ滿ツ。花序ハ花軸モ花柄モ共ニ長クシテ强ク疎ク隨テ共ニ淡綠色ニシテ散テ紫染セズ又毛ナシ。萼筒ハ筒狀、萼片ハ披針形ニシテ平開シ多少ノ鋸齒アリ。花瓣五片平開シ橢圓形ニシテ凹頭、多雄蕋。一雌蕋、子房花柱共ニ無毛。核果ハ球形、やまざくらヨリ梢大形ニシテ紫黑色ニ成熟ス。和名大島櫻ハ伊豆七島中ノ大島ニ產スルヨリ云フ、同島ニハ櫻株ト稱シテ一古樹アリ (forma stellata *Makino*ニシテ五花瓣互ニ相離ル)。本品ハやまざくらノ變化セシ者ナリ。

第1314圖

いばら科

おほやまざくら
Prunus donarium *Sieb.* var.
sachalinensis *Makino.*

我邦中部ヨリ以北ノ山地ニ普通ナル落葉喬木、高サ12m內外、枝椏斜メニ上昇ス。やまざくらニ比シテ枝條强剛、暗紫栗殼色ヲ呈ス。葉ハ有柄互生シ廣闊ニシテ倒卵狀廣橢圓形乃至倒卵形ヲ呈シ、長サ6-14cm、先端極メテ急ニ短尾ヲ成ス。質厚クシテ毛ナク、裏面ハ蒼色ナリ。葉底ハ圓キカ或ハ多少心臟形ナリ。葉柄ハ通常紅紫色ヲ呈シ上部ニ二腺アリ。花序ハ二-四花ノ繖狀ナレドモ花軸短縮シテ繖形ヲ呈シ嫩葉ト共ニ出デ、花芽鱗片ハやまざくらヨリ短クシテ反曲スルコト少シ。小梗ハ短クシテ直ナリ。花ハ徑3-4.5cmアリテ淡紅紫色ヲ呈ス。萼筒ハ無毛筒狀。花瓣ハ平開シ廣大ニシテ圓形ニ近ク花容やまざくらニ比シテ濃色豐豔ノ觀アリ。四月開花シ七月既ニ結實シテ黑紫色ヲ呈ス。核果ハ球形、長サ11-13mmヲ算ス。和名ハ大山櫻ニシテ大ナルやまざくらノ意ナリ、是レ本來ノ名稱ナリ、故ニ更ニ之レヲえぞやまざくら或ハべにやまざくらト云フハ贅事ナリ。

やへざくら
一名 ぼたんざくら
Prunus donarium *Sieb.*
(＝P. Lannesiana *Wils.*)

觀賞品トシテ各地ノ庭園ニ栽培セラルル落葉喬木ニシテ幹ハ直立シ樹皮粗糙ナルヲ常トス、枝ハ粗直强健ニシテ斜上シ老樹ニ在テハ擴散ス。葉ハ有柄互生シ倒卵形ニシテ銳尖頭ヲ成シ重鋸齒アリテ毛ナシ、新葉ハ多ク赤褐色ヲ帶ビ芒狀鋸齒アリ、葉柄ノ上部ニ腺アリ。一般ニ四月末前後ニ開花シ枝上ニ滿チ或ハ新葉ト共ニ花サキ或ハ新葉ニ先ダチテ開ク。花ハ通ジテ大形、多クハ重瓣ニシテ下垂シ淡紅色ニシテ色ハ濃淡アリ或ハ帶白色ナルアリ或ハ帶黃綠色ナルアリテ極メテ華麗ナリ。多クハ花軸短ク基部ニ謝落性ノ芽鱗片ヲ具ヘ、花梗ハ通常長ク花軸ト共ニ毛ナシ。萼筒短ク萼片ハ五ニシテ毛ヲ帶ビズ、花瓣凹頭廣狹アリ。多雄蕋ノ者少雄蕋ノ者無雄蕋ノ者アリ。子房ハ時ニ花柱ヲ連ネテ多少綠化スルコトアリ。多クハ果實ヲ生ゼズ。園藝的變種多ク此等ヲ總稱シテさとざくら(里櫻ト云フ、卽チ人家ニ栽植セラレアルさくらノ意ナリ。

いばら科

なでん
一名 ちゃわんざくら
Prunus Sieboldi *Wittm.*

野生ナク獨リ觀賞品トシテ人家ニ栽植セラルル落葉花樹。枝ハ粗大ニシテ上向シ、暗褐色ヲ呈ス。葉ハ有柄互生シ、倒卵形ニシテ急銳セル銳尖頭ヲ有シ、葉緣ハ重鋸齒アリ、葉裏密毛ニ掩ハレ、支脈ハ中脈ノ兩側各八九條アリ、長サ凡10cm內外、幅凡7cm內外、葉質稍厚シ。葉柄ハ長サ凡1.5cm、細毛并ニ小腺體アリ。四月二乃至四花ヲ略ボ織形狀ニ出シ或ハ短キ花軸アルノ者アリ、花ハ徑4cm許、多クハ相重リテ半重瓣花ヲ成シ瓣數凡ソ十二箇許アリ、廣橢圓形ニシテ凹頭ヲ有シ淡紅紫色ヲ呈シ枝上ニ滿開シテ美ナリ。萼・花梗共ニ毛多シ。多雄蕋・一雌蕋ヲ有シ、花柱ニ疎毛アリ。稀ニ球形ノ桜果ヲ結ビ熟シテ紫黑色、眞直ナル粗小梗ヲ有ス。和名なでんハ南殿ニ基ヅク、是レ花戸ノ稱呼ニシテ里櫻中他ニ同名ノ品種アレドモ其レトハ別ナリ、茶碗櫻ハ駿河御殿場邊ノ方言ニシテ蓋シ其花形ニ基ケル名ナラン。

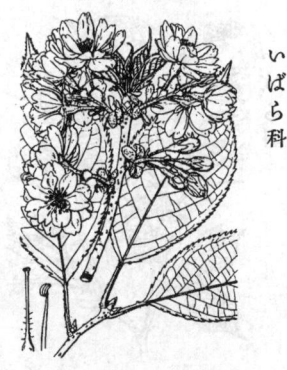

いばら科

しなみざくら (櫻桃)
Prunus pseudo-cerasus *Lindl.*
(＝P. pauciflora *Bunge.*)

支那原產ノ落葉灌木ニシテ明治十年頃我國ニ渡來シ今邦內ノ人家ニ栽植セラル。樹ハ高サ2-3m許ニ達シ、基部ヨリ叢生シテ氣根ヲ發生スル特性アリ。葉ハ有柄互生シ、倒卵形又ハ倒卵狀橢圓形、圓底、急銳尖頭、邊緣ハ重鋸齒ヲ成シ、兩面殆ド無毛ナリ。花ハ葉ニ先ダチテ枝上ニ群着シテ開キ、淡紅色ニシテ織形狀ヲ呈ス。萼ハ倒卵狀球形ニシテ有毛。花瓣ハ五片、平開シ、橢圓形ニシテ凹頭ナリ。雄蕋ハ多數ニシテ花瓣ト同長、黃葯ヲ有ス。核果ハ橢圓狀球形ニシテ長サ13mm內外アリ長柄ヲ有シ、紅色ニ熟ス。和名ハ支那實櫻ノ意ナリ。

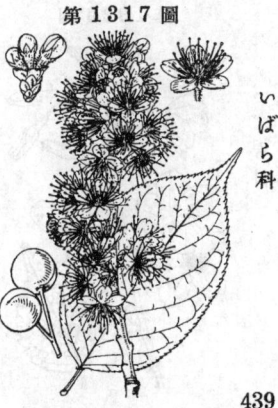

いばら科

439

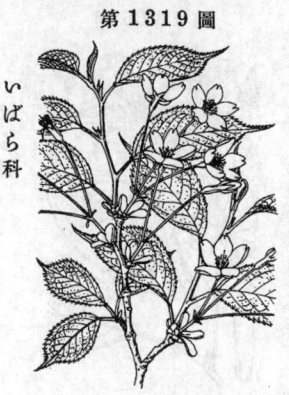

第 1318 圖

いばら科

ちゃうじざくら
一名 めじろざくら
Prunus apetala *Franch. et Sav.*

本州中部ノ山地ニ生ズル落葉小喬木、高サ4m内外。葉ハ互生シ倒卵狀橢圓形ニシテ長サ5cm内外、有尾銳尖頭ヲ成シ、稍缺刻狀ノ整正鈍鋸齒ヲ刻ミ、底部ハ稍圓ク、短柄アリ。質多少厚ク、鮮綠色ヲ呈シ、兩面ハ葉柄ト共ニ短軟毛ヲ密布ス。早春、葉尚舒ビザル前ニ開花ス。小ナル橢形花序ヲ成シテ下垂シ、二三花ヨリ成リ花軸ハ極メテ短シ。花ハ長サ15mm内外、萼筒ハ筒狀、下端僅ニ膨腫シ、外面紅染シテ短毛ヲ布ク。花瓣ハ萼ニ比シテ甚ダ小形、倒卵形ニシテ嚙痕ヲ有シ、淡紅色ヲ呈スレド顯著ナラズ。花柱ハ下牛部ニ鱗毛ヲ有ス。核果ハ球形ニシテ黑熟ス。和名ハ丁子櫻ノ意ニシテ其花形ニ基ク。目白櫻ハ其帶白色小形花ノ形容ニ基キ名ケタルナリ。學名ノ種名 apetala (無瓣) ハ花瓣ノ謝落セシ標品ヲ見レ之レヲ無瓣花ト誤解シ乃チ此語ヲ用キシモノナリ。

第 1319 圖

いばら科

みねざくら
一名 たかねざくら
Prunus nipponica *Matsum.*

中部以北ノ高山帶ニ生ズル落葉ノ喬木・亞喬木或ハ灌木樣本ニシテ枝條ハ紫褐色ナリ。葉ハ有柄ニシテ互生シ、葉柄ハ細クシテ毛ナク上部ニ微小ナル二腺アリ。葉片ハ倒卵狀橢圓形或ハ倒卵形ニシテ長サ5cm内外、有尾銳尖頭、葉緣ニ重鋸齒ヲ有シ、質薄クシテ多クハ無毛ナリ。五-六月頃、融雪後間モナク赤褐色ノ新葉ト共ニ淡紅色可憐ノ花ヲ開ク。花序ハ橢形狀或ハ橢房樣ヲ呈シ二-三花ヨリ成リテ毛ナク、芽鱗ハ短クシテ赤褐色ヲ呈ス。花軸ハ短ク或ハ不明、花梗ハ細クシテ長シ。萼筒ハ無毛狹筒形、萼片ニハ細鋸齒アリ。花冠ハ正開セズ、其質やまざくらニ類シ白色淡紅朵、雄蕊ハ多數、雌蕊ハ一箇ニシテ花柱ハ全ク無毛。八月既ニ小球狀ノ核果ヲ結ビ黑熟ス。和名ハ嶺櫻又ハ高嶺櫻ノ意ナリ。

第 1320 圖

いばら科

まめざくら
一名 ふじざくら
Prunus incisa *Thunb.*

本州中部ノ山地特ニ富士山幷ニ相州箱根山ニ多ク生ズル落葉小喬木或ニ喬木。高サ3-5m。葉ハ互生、短柄、小形ニシテ長サ3cm内外、卵狀廣橢圓形或ハ菱狀倒卵形或ニ倒卵狀廣橢圓形ニシテ銳尖頭、稍心臟底、邊緣ニハ整正ノ缺刻狀重鋸齒ヲ列ス。兩面ハ短毛散生シ、多少薄質ナリ。四-六月頃、葉ノ未ダ舒ビザル前ニ橢房花序ヲ成シテ一-三花ヲ着ケ基部ニ芽鱗ヲ具フ。花徑1.5cm内外、萼ハ紅色ヲ帶ビ筒狀、花瓣ハ廣橢圓形ニシテ淡紅色ヲ呈シ先端凹痕アリ。多雄蕊、一雌蕊アリ。核果ハ小球形ニシテ六月頃紫黑色ニ熟ス。稀ニ花瓣白ク其他ノ諸部ハ綠色ニシテ紅暈ナキ者ヲ見ル、之レヲりょくがくさくら (綠萼櫻) 一名みどりざくら (var. Yamadei *Makino*) ト云フ。和名ハ豆櫻ハ小形ノさくらノ意。富士櫻ハ富士山ニ多キ故名ク。

440

いぬざくら
Prunus Buergeriana *Miq.*

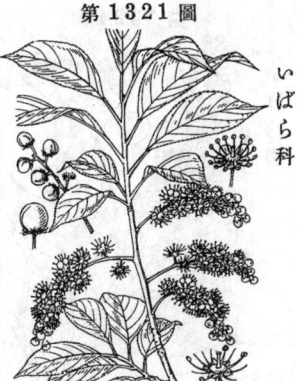

第1321圖

いばら科

山野ニ生ズル落葉灌木。樹皮ハ暗灰色ニ稍光澤アリ、小枝ハ灰白色ヲ呈ス。葉ハ倒卵狀長橢圓形又ハ長橢圓形、銳尖頭、楔底、長サ6-10cm、幅2.5-3.5cm、兩面殆ド無毛ナレドモ時ニハ下面中脈ニ沿テ鬚毛ヲ生ズルコトアリ、邊緣ニハ細銳鋸齒アリ。花穗ハ二年生枝ニ側生セル總狀花序ニシテ多數ノ有梗小白花ヲ綴リ四月新葉ノ時開キ花序ノ基部ニ葉ヲ有セズ。花軸及ビ花梗ニ密毛アリ。萼ハ廣鐘形ヲ成シテ五尖裂シ裂片ハ卵形ニシテ腺緣ヲ有シ雄蕊ト共ニ宿存ス。花瓣ハ半開シ五片ニシテ倒卵狀圓形、雄蕊ハ十二-二十アリテ少シク花瓣ヨリ超出ス。核果ハ球形ニシテ稍銳頭ヲ成シ熟スレバ初メ帶黄赤色ナレドモ遂ニ紫黑色ヲ呈スルニ至ル。和名犬櫻ハさくらニ類シテ非ナル故斯ク云フ。

うはみづざくら
一名 こんがうざくら　古名 ははか
Prunus Grayana *Maxim.*

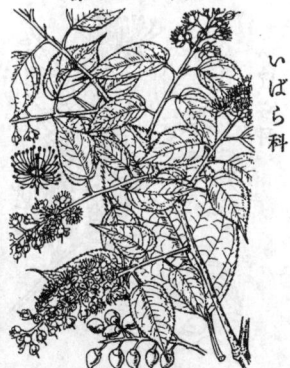

第1322圖

いばら科

山野ニ生ズル落葉喬木、高サ10m内外ニ達シ、樹皮ハ褐紫色ヲ呈ス。枝上ノ小枝ハ晩秋初冬ニ落葉直後ニ多クノ脫落スルノ特徵アリ、故ニ其脫痕ハ枝上ニ結節ヲ呈ス。葉ハ有柄互生シ橢圓形ヲ呈シ、尾端ハ成セル急銳尖頭、圓底、長サ6-9cm、幅3-5cm許、幼時ニハ葉脈ニ毛アレドモ長ズレバ殆ド無毛ト成リ、葉緣ニハ芒狀細鋸齒アリ、乾カニ膜質ヲ呈ス。四五月ノ候、小枝端ニ長サ10cm、幅2cm内外ノ總狀花序ヲ成シテ多數ノ有梗小白花ヲ攅着シ開ク。萼ハ廣鐘形ヲ成シ無毛ニシテ淺ク五裂シ裂片ハ小形全緣三角狀、内面ニ絨毛アリ、雄蕊ト共ニ花托ヨリ謝落ス。花瓣ハ五片倒卵形ニシテ平開シ後背反ス。雄蕊ハ多數ニシテ花瓣ヨリ長シ。核果ハ橢圓狀球形銳頭、初メ黄綠シ後黑熟シテ長サ6-7mmアリ、尚未熟綠色ノ者ヲ鹽藏シ食料トス。和名うはみづざくらハ元來うはみぞざくら(上溝櫻)ノ轉訛ナリ、鑵トノ時杜材ヲ用ヰ、上面ニ溝ヲ彫ル故ニ上溝ト云、古名ハはかハ一時ニ山ざくらノ名トスルコトアリ。こんがうざくらハははかほうかト成リ次ニ→ほうごうざくらト成リ次ニ此こんがうざくらト訛リシモノナリ。

えぞのうはみづざくら(稠梨)
Prunus Padus *L.*

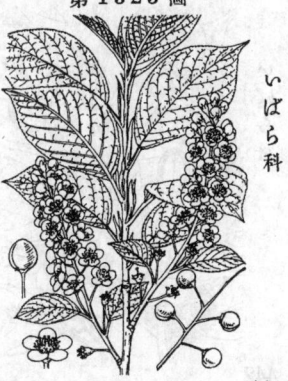

第1323圖

いばら科

北海道・樺太ノ山野ニ自生スル落葉喬木ナリ。樹皮ハ黑褐色、一年生枝ハ多ク平滑ナリ。葉ハ倒卵狀橢圓形、急銳尖頭、楔狀鈍底又ハ圓底、邊緣ハ細銳鋸齒、兩面無毛、長サ4-10cm、幅3-7cm内外アリ。五月ノ候、小枝端ニ總狀花序ヲ成シテ有梗ノ小白花ヲ攅着シ開ク。萼ハ鐘形、無毛、五淺裂シ、裂片ハ卵形ニシテ腺緣ナリ。花瓣ハ平開シ、五片、白色ニシテ圓形。雄蕊ハ多數アリテ花瓣ヨリ短シ。核果ハ球形ニシテ黑熟ス。本品ハ恰モうはみづざくらニ似タレドモ葉ハ支脈多クシテ鋸齒著シク小ク花瓣ニ雄蕊ヨリ超出シ萼裂片ハ卵形ニシテ稍大ナルヲ以テ異ナリ。核果ハ球形ニシテ黑熟ス。あいぬハ其樹皮ヲ藥用トシ又茶ノ代用トス。和名ハ蝦夷ノ上みづざくらノ意ナリ。

第1324圖

いばら科

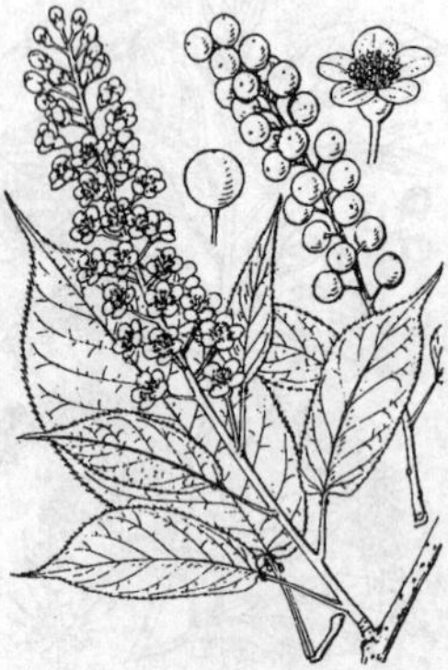

しおりざくら

一名　みやまいぬざくら

Prunus Ssiori *Fr. Schm.*

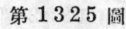

北部ノ山地ニ生ズル落葉喬木。高サ10m內外。幹ハ直立シ樹皮ハ帶紫褐色ヲ呈シ縱裂ス。葉ハ互生、有柄、長楕圓形或ハ倒卵狀長楕圓形、長サ10cm內外、急ニ銳尖頭ト成リ、底部ハ明瞭ナル心臟形ヲ呈シ、葉緣ニハ整正ノ刺狀細鋸齒ヲ有シ、質稍厚シ。葉柄ノ上部ニ二腺アリ。六月頃、新條頂ニ長サ12cm內外ノ總狀花序ヲ着ク。花ハ小ニシテ徑7–8mm、白色ニシテ多クハ僅ニ黃暈、萼ハ淡綠色ニシテ短鐘狀ヲ成シ五裂。花瓣ハ五片アリ、圓形ニシテ平開ス。多雄蕋一雌蕋。花後扁壓ノ小球狀核果ヲ結ビ秋ニ入リテ黑熟ス。和名ハ本種ノあいぬ名ニ基ヅキ、學名モ亦同義ナリ。うはみづざくらニ近ケレドモ其分布ハ同種ヨリハ高處ニ位シ又葉大ニ葉底明ニ心臟形ヲ成スニヨリ兩者ノ區別自ラ分明ナリ。

第1325圖

いばら科

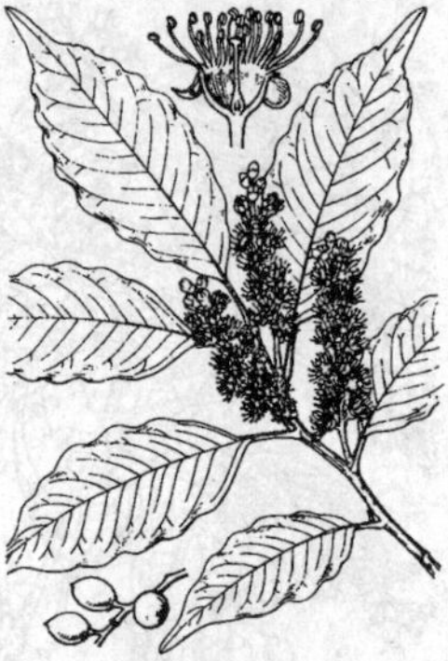

りんぼく

一名　ひひらぎがし・かたざくら

Prunus spinulosa *Sieb. et Zucc.*

暖地ノ山地ニ多キ常綠喬木。高サ5m內外、樹皮ハ黑褐色、剝離セズ。葉ハ有柄、互生、枝條ニ着ケル樣ハしひのきニ似タリ、長楕圓形或ハ卵狀楕圓形、長サ5cm內外、先端ハ急ニ尖リテ短尾ヲ成シ、葉底ハ廣楔形、邊緣波狀ヲ呈シ、表面光澤アリテ革質深綠色ナリ。大樹ノ葉ハ全邊ナレドモ、幼樹或ハ氣條ノ葉ハ長芒アル銳鋸齒緣ナリ。葉柄ノ頂部ニハ本屬ノ特徵タル蜜腺二箇ヲ存ス。十月ニ入リテ葉腋ニ總狀花序ヲ單出シ小白花ヲ開ク。花序ハ穗樣ニシテ葉ヨリモ短シ。花ハ短小梗アリ、萼筒ハ短廣ナル倒圓錐形。花瓣ハ圓形ナレド小形ニシテ著シカラズ。核果ハ廣楕圓形、長サ7–8mm、先端尖リ、年ヲ越エテ黑熟ス。和名ハ本種ヲ誤リテ橉木ニ宛テシニ基ヅク。ひひらぎがしハ刺狀齒アル葉ヲひひらぎニ擬シ樹ヲかしニ比セシナリ。堅櫻ハさくらニ類シテ材堅ケレバナリ。

第1326圖

いばら科

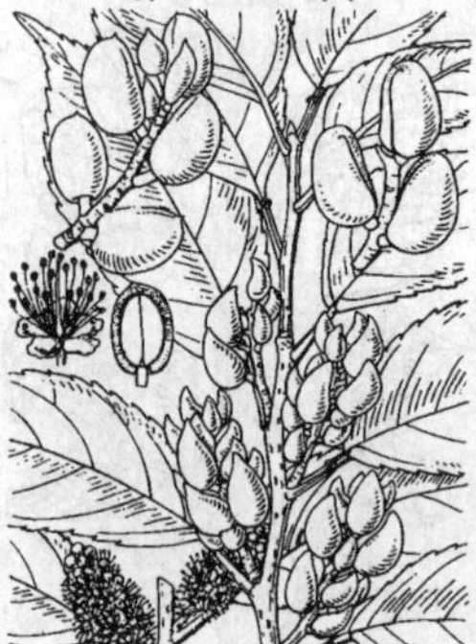

ばくちのき

一名　びらん・びらんじゅ

Prunus Dippeliana *Miq.*

(=P. macrophylla *Sieb. et Zucc.* non *Poir.*)

暖地ニ生ズル常綠喬木ニシテ往々大樹ト成リ、樹皮ハ灰褐色、鱗片ト成リテ脫落シ、其幹膚ハ紅黃色ヲ呈ス。葉ハ大ニシテ有柄互生シ、長サ10–20cm、長楕圓形、銳尖頭、銳腺齒ヲ刻ミ、革質ニシテ無毛、表面深綠色ヲ呈シ、裏面淡色葉脈隆起ス。葉柄ノ上部ニ兩腺アリ。九月頃、葉腋ニ葉ヨリ短ク短梗ノ白花密集セル穗狀樣總狀花序ヲ出ダス。花ハ小形ニシテ萼片五、花瓣五、雄蕋ハ多數ニシテ花瓣ヨリ長シ。果實ハ初メ歪卵形ニシテ次年ノ初夏ニ楕圓形ト成リテ成熟シ紫黑色ヲ呈ス(圖ノ者ハ未熟實)。葉狀さくらトハ遠シト雖ドモ葉柄上ノ蜜腺ヲ見レバ其近緣タルヲ察知スベク敢テ他ノ常綠樹ト誤ルコトナシ。葉ヨリ藥用ノばくち水ヲ採ル。葉裏細毛アル變種ヲうらげばくちのき (var. infra-velutina *Makino*) ト云フ。和名 博打の木ハ博奕ノ時不意ニ金錢ヲ失フヲ其樹皮ノ時ナラズ脫離スルニ喩ヘシ稱ナリ。びらん又ハびらんじゅハ印度ノ毘蘭樹 (枇蘭樹、毘嵐) ト思惟セシモノナレドモ固ヨリ非ナリ。

はまなし
誤称 はまなす
Rosa rugosa *Thunb.*

第1327圖

いばら科

關東以北ノ海濱砂地ニ生ズル落葉灌木ナレドモ、又觀賞品トシテ庭園ニ栽培セラル。高サ1-1.5m、地下ノ傍枝ニ由テ繁殖シ、枝條ニハ刺ヲ密生シ花枝ニハ氈毛密布ス。葉ハ互生シ羽狀複葉。小葉ハ五-九、橢圓形又ハ卵狀橢圓形、鈍頭狹底、長サ2-3cm、幅1-2cm、鋸齒緣、上面ハ皺縮、無毛、下面ハ葉柄ト共ニ氈毛密布ス。托葉ハ大形、葉狀ニシテ其過半部葉柄ニ沿著ス。花ハ紅色(稀ニ白色)ヲ呈シ大ニシテ徑6-8cm、單生又ハ二三出、枝梢ニ開ク。萼筒ハ梢球形無毛、萼片ハ綠色ニシテ披針形ヲ呈シ長尾頭ニ成シ氈毛ヲ密生シ花萼ヨリ短シ。花瓣ハ紅色ニシテ五、廣倒心臟形ニシテ佳香アリ。雄蕊多數黃色。花後扁圓ニシテ大ナル僞果ヲ結ブ、美麗ニ赤熟シテ刺ナク其肉質部ヲ小兒採リ食フ。根皮ハ染料トナル。和名ハ濱梨ノ意ニシテ濱茄子ノ意ニ非ズ、濱梨ト其小兒ノ食スル圓キ果實ニ基キ、濱なすヲ東北人しヲナリ發音スルヨリ生ゼシ稱ナリ。漢名 玫瑰(誤用)

たかねばら
Rosa acicularis *Lindl.* var. nipponensis *Hook. fil.*

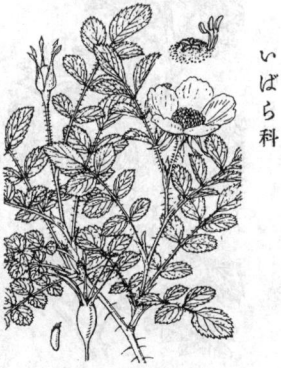

第1328圖

いばら科

中部ノ高山向陽ノ地ニ生ズル落葉灌木。高サ1-2m、枝條ハ平開シ瘦長ニシテ紅褐色ヲ帶ビ細キ刺ヲ生ズ。葉ハ奇數羽狀複葉。小葉ハ三-五對、橢圓形ニシテ兩端圓形ナル者多ク、薄質ニシテ無毛、邊緣刺狀鋸齒アリ。中脈裏面ハ葉柄及葉軸ト共ニ刺アリ。托葉ハ長橢圓形ニシテ葉柄ニ沿着シ腺毛緣ナリ。七月、枝端ニ大ナル花ヲ單生ス。花ハ徑4cm内外、淡紅色ヲ呈シ容色優美ニシテ、萼片ハ細クシテ上部往々葉狀ヲ呈シ內面ニ氈毛ヲ布ク。花瓣ハ廣倒卵形ニシテ殆ド平開ス。黃色ノ多雄蕊アリ。僞果ハ洋梨子狀橢圓形、長サ15mm内外、紅色ヲ呈シテ平滑、頭部ニ萼片ヲ宿存ス。和名ハ高嶺薔薇ノ意ナリ。

かうしんばら (月季花)
一名 ちゃうしゅん
Rosa chinensis *Jacq.*

第1329圖

いばら科

支那原產ノ常綠直立灌木ニシテ往時我邦ニ傳來シ今ハ通常庭園ニ栽植シテ花ヲ賞ス。枝條ハ綠色ニシテ直立シ圓柱形ニシテ中ニ白髓多ク、三稜狀ヲ呈セル尖刺散在ス。葉ハ互生シ羽狀複葉、小葉ハ三-五、短柄アリ、橢圓形或ハ長橢圓形或ハ長卵形ニシテ銳頭、鈍底、銳鋸齒アリ、長サ3-9cm許、上面ハ稍光澤深綠色皺葉、紅紫色ヲ呈ス、下面ハ白色ヲ帶ブ。托葉ハ狹長ニシテ葉柄ノ基部ニ沿著シ上部ニ鋸狀ヲ呈シ腺緣ナリ。花ハ單生、又ハ少數ニシテ房狀花序ヲ成シ、單瓣又ハ重瓣、紅紫色ヲ常トシ又淡紅色ノ者アリテ時々花ヲ出ス事アレドモ其最モ能ク發ラク花期ハ五月ナリ。萼筒ハ橢圓形ニシテ平滑、萼片ハ三稜狀披針形ニシテ長尾銳尖頭、淡綠色ニシテ内面ニ白氈毛ヲ布キ毛緣アリ。花瓣ハ倒卵狀圓形ニシテ基部ハ白色。黃色ノ多雄蕊アリ。僞果ハ球形赤色ニ熟シ强キ梗アリ。和名庚申ハ元來ハかうしんばなナリシナリ、此品四時ニ開花ス故ニ斯ク云フ、然シ庚申ハ隔月ニ在レド此處ハ四季ノ意トス。ちゃうしゅんハ長春花ノ漢名ヨリ出デシ名ニシテ年中月ヲ逐テ花サクトテ斯ク云フ。

443

いばら科

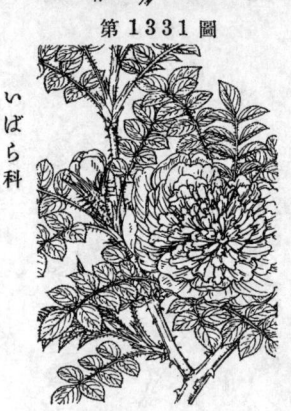

第1330圖

さんせうばら
Rosa hirtula *Nakai.*
(= R. microphylla var. hirtula
Regel ; R. Roxburghii *Tratt.*)

山地ニ自生スル落葉灌木或ハ喬木(幹徑10cmヲ超ユルアリ)ニシテ相州箱根山ニ多シ。幹ハ高サ1-6m許ニシテ多ク分枝シ、多數ノ刺ヲ有ス。葉ハ奇數羽狀複葉。小葉ハ六-八對、橢圓形、銳頭又ハ鈍頭、鈍底又ハ銳底、長サ1.5-3cm、幅7-15mm、邊緣ハ小銳鋸齒、兩面微毛ヲ帶ブ。花ハ小枝上ニ單生シテ初夏ニ開キ、淡紅色ニシテ徑4-6cm、花梗ニ刺多シ。萼筒ニ刺多久、萼片ハ卵形、長尾頭、內面ニ氈毛密生。副萼片ハ廣卵形無毛、不規則ニ裂ク。花瓣ハ五片、廣倒心臟形ナリ。多雄蕋黃色。僞果ハ廣球形ニシテ刺多シ。此種ハ我邦、否、世界ノ本屬諸種ノ中ニテ蓋シ最大ナル幹ヲ有スル者ナラン。和名山椒薔薇ハ其葉さんせうニ似タル故云フ。

いばら科

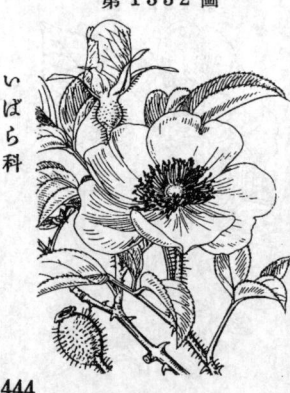

第1331圖

いざよひばら
Rosa hirtula *Nakai*
var. glabra *Makino.*
(= R. microphylla var. glabra *Regel* ;
R. Roxburghii *Tratt.* var. plena *Rehd.*)

觀賞落葉灌木ニシテ全株無毛、刺ハ葉本ニ双生ス。葉ハ互生シ七-十五小葉ヨリ成ル羽狀複葉ニシテ小葉ハ橢圓形、銳頭又ハ鈍頭、圓底、銳鋸齒緣。托葉ハ披針形ニシテ鋸齒緣ヲ成ス。花ハ初夏ニ開キ、紅紫色ニシテ小枝上ニ單生シ徑6cm內外アリさんせうばらノ花ニ似テ重瓣ヲ成シ瓣多數ニシテ密簇ス。而シテ常ニ其一方ニ缺處アルニ由リ十六夜(いざよひ)ノ名ヲ得タリ。萼筒ニハ小刺密生シ萼片ハ卵形、副萼片ハ廣卵形ニシテ絨毛ヲ布ク。果實ハ結バズ。此種野生ナク唯栽培品ヲ見ルノミ。

いばら科

第1332圖

なにはいばら (金櫻子)
Rosa laevigata *Michx.*
(= R. sinica *Murr.* 〔non L.〕)

四國・九州ニ自生アレドモ通常觀賞品トシテ培養セラルル常綠ノ藤本樣灌木。莖ハ長ク延ビ登攀性、無毛ニシテ刺アリ。葉ハ三小葉ヨリ成ル複葉。小葉ハ短柄アリ、橢圓形又ハ卵狀橢圓形、銳頭、鈍底、細鋸齒緣、長サ2-4cm、幅1-2cm、兩面無毛ニシテ上面光澤アリ。花ハ大ニシテ初夏ニ開キ白色ニシテ側生ノ小枝端ニ獨在シ徑5-7cm、花梗及ビ萼筒ニ開出セル刺多ク生ズ。萼片ハ綠色卵形、尾頭、往々小葉狀ヲ成ス。花瓣五片ニシテ平開シ廣闊ナル倒心臟形ヲ呈ス。雄蕋ハ多數ニシテ平瓷ノ周邊ニ生ジ黃薪ヲ有ス。花ノ中央ニ圓形ニ集合シテ壓扁セラレシ柱頭アリ。僞果ハ橢圓形ニシテ開出セル刺多ク黃色ニ熟ス。變種ニ淡紅色ノ品アリテはとやばら(var. rosea *Makino*)ト云フ、稀ニ之レヲ見ル。又白色ニシテ紅暈アル者アリあけぼのなにはいばら(var. alborosea *Makino*)ト云フ、ヲ是レ亦普通品ナラズ。和名ハ難波薔薇ノ意ナリ、多分往時大阪ノ植木屋ヨリ世ニ弘リシトテ斯ク云フナラン。

もっかうばら（木香）
Rosa Banksiae *R. Br.*

支那原産ノ攀登性灌木ニシテ享保年間ニ渡來シ今ハ往々庭園ニ栽培セラル。幹ハ褐色ニシテ高サ 4m 内外ニ成長シ略ボ藤蔓狀ヲ成シテ分枝シ、枝ハ無毛無刺。葉ハ互生シ、三-五小葉ヨリ成ル羽狀複葉ニシテ上面滑澤、下面下部ニ毛アリ。小葉ハ橢圓形又ハ長橢圓形ニシテ短柄ヲ有シ、銳頭、鈍底、細鋸齒緣ヲ成ス。托葉ハ狹線形ニシテ後謝落ス。五月ノ候、若ハ枝端ニ疎ナル繖房狀花序ヲ成シテ盛ニ開綻シ、淡黃色又ハ白色ノ重瓣花ヲ開キ白花ノ芳香ヲ有ル、黃花ノ者ハ不ラズ。萼ハ無毛、筒部ハ半球形、裂片ハ三角狀卵形、銳頭、內面ハ白色ノ氈毛ヲ密生ス。果實ヲ結バズ。和名ハ漢名木香ノ音ナリ。

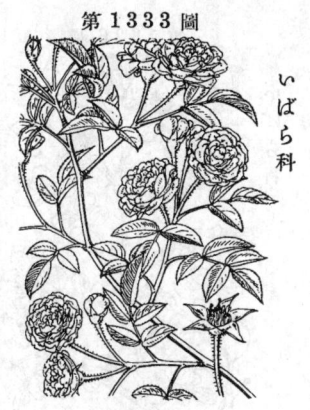

第 1 3 3 3 圖

いばら科

のいばら（野薔薇）
Rosa multiflora *Thunb.*
（＝R. polyantha *Sieb. et Zucc.*）

原野河邊ノ地ニ多ク或ハ山地ニ生ズル落葉ノ小灌木。莖ハ傾上或ハ直立シテ叢ヲ成シ、多クハ無毛、高サ2m内外ニ達ス。枝ハ尖刺多シ。葉ハ互生シ羽狀複葉ニシテ小葉ハ二-四對、橢圓形又ハ廣卵形、銳頭、鈍底又ハ狹底、鋸齒緣、長サ2-3cm內外、上面無毛光澤ナク下面ニ細毛ヲ生ズ。托葉ハ披針形ニシテ剪裂シ櫛毛アリテ下半部葉柄ニ沿着ス。花ハ枝端ニ圓錐花序ヲ成シ攢簇シテ開キ、花徑2cm內外、白色或ハ淡紅色ヲ帶ビ佳香アリテ初夏ニ開ク。花梗ハ無毛又ハ少數ノ腺毛アリ。萼筒ハ平滑、萼片ハ披針形ニシテ綾毛密生シ背反ス。花瓣ハ五片ニシテ平開シ心臟形又ハ廣倒卵形、凹頭ナリ。黃色ノ多雄蕊アリ。偽果ハ小形ニシテ多數果實ニ着キ球形ニシテ赤熟シ外面光澤アリ、落葉後尚存ス、之ヲ以營實（漢名）ト稱シ藥用ニ供ス。和名ハ野薔薇ニシテ野外ニ生ズルいばらノ義ナリ、薔薇ヲいばらト云フノ刺アリヨリ云ヒ、いばらハ元來ハ剌アル灌木ノ總稱ナリ。
Thunberg 氏著『植物志』中本種ニ就テノ記載文ハ何等ノ非ナシ故ニ其學名ハ同氏所命ノ者ヲ用キテ何等不可ナシ。

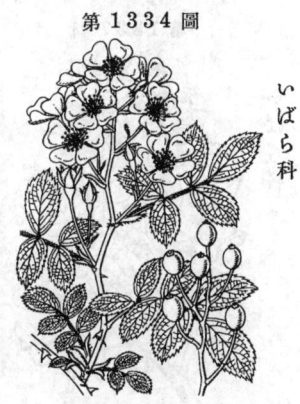

第 1 3 3 4 圖

いばら科

さくらばら
Rosa multiflora *Thunb.*
var. platyphylla *Thory.*
（＝R. Thoryi *Tratt.*）

蓋シのいばらヲ母種トシテ生レタル品種ニシテ幹ハ長ク延ビテ分枝シ、多少藤蔓性ヲ呈セル落葉灌木ニシテ往時ヨリ人家ニ栽培セラレ、往々墻ニ依ラシム。葉ハ互生シ羽狀複葉ニシテ小葉ハ五-七箇、橢圓形ニシテ多少毛ヲ有シ葉緣ニ細鋸齒アリ、托葉ハ剪裂緣ヲ有シ葉柄本ニ沿着ス。初夏、枝頂ニ圓錐花序ヲ出シ、紅紫色ノ花ヲ攢簇シテ開キ頗ル美ナリ。花梗並ニ花軸ニ腺毛アリ。花徑凡3cm許アリ。萼片ハ反曲ス。花瓣ハ重瓣ナリ。雄蕊ハ多數ニシテ黃色ナリ。柱頭叢ハ低クシテ花心ニ在リ。和名櫻薔薇ハ其花姿ニ甚ヅク。

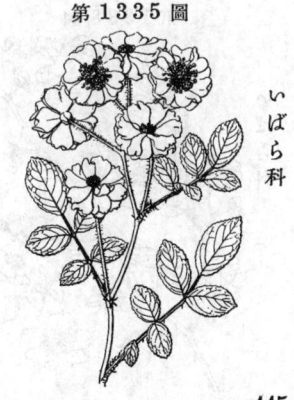

第 1 3 3 5 圖

いばら科

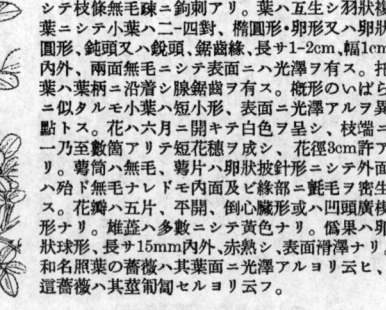

第 1336 圖

いばら科

てりはのいばら
一名　はひいばら
Rosa Wichuraiana *Crep.*

山野或ハ海濱地ニ自生スル匍匐性ノ落葉灌木ニシテ枝條無毛疎ニ鉤刺アリ。葉ハ互生シ羽狀複葉ニシテ小葉ハ二-四對、楕圓形・卵形又ハ卵狀圓形、鈍頭又ハ銳頭、鋸齒緣、長サ1-2cm、幅1cm內外、兩面無毛ニシテ表面ニハ光澤ヲ有ス。托葉ハ葉柄ニ沿著シ腺鋸齒ヲ有ス。梳形のいばらニ似タルモ小葉ハ短小形、表面ハ光澤アルヲ異點トス。花ハ六月ニ開キテ白色ヲ呈シ、枝端ニ一乃至數箇アリテ短花穗ヲ成シ、花徑3cm許アリ。萼筒ハ無毛、萼片ハ卵狀披針形ニシテ外面ハ殆ド無毛ナレドモ內面及ビ緣部ニ氈毛ヲ密生ス。花瓣ハ五片、平開、倒心臟形或ハ凹頭廣楔形ナリ。雄蕋ハ多數ニシテ黃色ナリ。僞果ハ卵狀球形、長サ15mm內外、赤熟シ、表面滑澤ナリ。和名照葉ノ薔薇ハ其葉面ニ光澤アルヨリ云ヒ、這薔薇ハ其莖匍匐セルヨリ云フ。

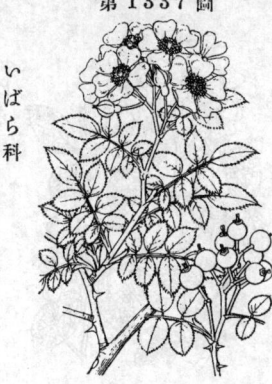

第 1337 圖

いばら科

ふじいばら

Rosa fujisanensis *Makino.*

富士箱根ノ向陽ノ山地ニ多キ落葉灌木。枝極強剛ニシテ枝多シ、處々ニ眞直ノ刺ヲ生ジ、幹ハ往々徑10cmヲ超ユル者アレドモ高サハ比較的低クシテ 2m 內外ニ達スルニ過ギズ。葉ハ互生シ奇數羽狀複葉、小葉ハ多ク三對、廣楕圓形ニシテ稍革質、光澤アリ、邊緣ニハ銳剛鋸齒ヲ具フ。夏日、枝端ニ圓錐花叢ヲ着ケテ白花ヲ開ク、花徑2.5cm許ニシテ容姿典雅ナリ。萼ニハ腺毛ナク、紅紫色ヲ呈ス。花瓣ハ五片平開シ倒三角狀心臟形ニシテ凹頭。雄蕋多數、黃色ヲ呈ス。晚秋ニ入リテ僞果紅熟ス、球形ニシテ徑1cm許、表面全ク平滑無毛、頂ニ花柱ノ殘骸ヲ留ム。和名ハ富士薔薇ニシテ富士山ニ多キヨリ名ク。

第 1338 圖

いばら科

やぶいばら
一名　にほひいばら
Rosa Onoei *Makino.*

諸國ノ山地林叢ノ中ニ生ズル落葉灌木ニシテ高サ2-3m許アリ。幹ハ瘠長ニシテ時ニ稍攀緣シ綠色無毛ニシテ鉤狀ノ刺ヲ散生ス。葉ハ互生シ奇數羽狀複葉、小葉ハ二-三對、開張シ卵形ニシテ1-2cm、銳尖頭、表面深綠色ニシテ稍光澤アリ。頂小葉ハ側小葉ニ比シテ遙ニ長ク狹長卵形ヲ呈シ上半ハ長ク漸尖ス。六月ノ候、莖頂ニ白色ノ少數花ノ繖房花序ヲ著ク。花ハ徑1.5cm。萼ニハ毛茸ト共ニ腺毛ヲ混ス。花瓣ハ五片ニシテ平開シ倒卵形ニシテ往々邊緣ニ紅暈ヲ生ジ芳香アリ。雄蕋ハ多數ニシテ黃色ヲ呈ス。僞果ハ卵圓形ニシテ小サク赤熟シ、萼片ハ饑ニ落チテ存セズ（圖上ノ果實ハ尙嫩キ者ナリ）。和名藪薔薇ハ林叢中ニ在ルいばらノ意。香薔薇ハ花ニ香氣アルヨリ云フ。

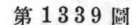

われもかう （地楡）
Sanguisorba officinalis *L.*

山野ニ多ク生ズル多年生ノ草本ニシテ高サ 70-100cm許アリ。全株無毛ナリ。葉ハ互生シ奇數羽狀複葉ニ成シ一般ニ長柄ヲ具フ。小葉ハ五十三、長橢圓形又ハ卵狀長橢圓形、鈍頭、稍心臟底、長サ4-6cm、幅15-20mm、齒牙狀鋸齒緣ヲ成ス。托葉ハ葉狀、斜卵形、背反ス。秋日、梢ニ分枝シ枝端ニ直立セル穗狀花序ヲ成シテ暗紅紫色ノ無瓣花ヲ開ク。穗狀花序ハ多數ニシテ短キ圓筒狀ニ成シ長キ花軸ヲ有ス。花ハ小形、廣橢圓形ノ苞、披針形毛緣ノ小苞ヲ有ス。萼ハ暗紅紫色ハ呈シ四裂シ、裂片ハ廣橢圓形ナリ。雄蕋四、萼片ヨリ短ク、葯ハ黑色ナリ。心皮ハ一箇。瘦果ハ四角ニシテ宿存萼ヲ有ス。和名ハ吾木香ノ意ト謂フ、元來木香（薔薇屬ノ木香ニ非ラズ）ハきく科植物ニシテ舊ウ之レニわれもかうノ名アリ其意ハ我れの木香ナルベシ、而シテ此名其後本品ニ移リシモノ乎或ハ昔時木香ヲ本品ト誤認セシ乎其消息頗ル明瞭ヲ缺ク。

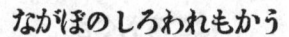

ながぼのしろわれもかう
Sanguisorba tenuifolia *Fisch.*
var. alba *Trautv. et Mey.*

原野ノ稍濕リタル地ニ生ズル多年生ノ草本ニシテ高サ凡60-100cm許アリ。全株無毛。葉ハ互生シ一般ニ長葉柄アリテ奇數羽狀複葉ヲ成シ、小葉ハ五~十五許、線狀長橢圓形、長サ7-8cm、幅10-15mm、無柄或ハ小葉柄アリ、鋸齒緣、稍銳頭、截底ナリ。托葉ハ葉狀、半心臟形、鋸齒緣。秋日、梢上ニ枝ヲ分チ白色ノ穗狀花序ヲ着ク。花穗ハ長圓筒狀8-9cm、徑1cm內外アリテ一方ニ傾ク。苞ハ箆形、密毛緣。花ハ無瓣、萼ハ四深裂、裂片ハ白色ニシテ卵形ナリ。雄蕋ハ四、萼片ヨリ長ク挺出シ、黑色ノ葯ヲ具フ。瘦果ハ倒卵狀ニシテ四稜ノ有翼ナリ。此一變種ニながぼのあかわれもかう (var. purpurea *Trautv. et Mey.*) アリテ淡紅花ヲ開ク。

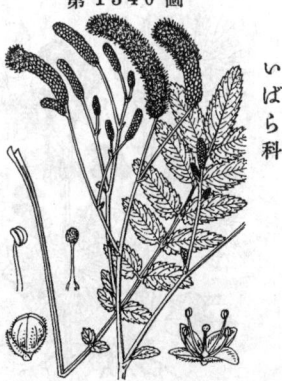

からいとさう
Sanguisorba hakusanensis *Makino.*

本州中部ノ高山帶ニ生ズル多年生草本。高サ30-100cm、地下ニハ太キ根莖橫臥ス。莖ハ直立、往々上部分岐シ疎ニ葉ヲ互生ス。葉ハ長柄アリテ奇數羽狀複葉ヲ成シ、小葉ハ五~六對、橢圓形ヲ呈シ、長サ5-9cm、兩端鈍形、短キ柄アリ、邊緣ハ粗鋸齒ヲ刻ミ、無毛ニシテ裏面ハ粉白ナリ。八月、枝端ニ豐大ナル紅紫色ノ穗狀花序ヲ垂ル。長サ往々10cmニ餘リ、次第ニ上部ヨリ開花ス。花梗ニハ密毛ヲ生ズ。萼ハ小サク、筒部ハ卵團體ヲ成シテ四稜ヲ呈シ、裂片ハ背反ス。花瓣ヲ缺ク。雄蕋ハ九~十一、長ク花外ニ挺出シ、絲狀ノ花絲ハ扁平ニシテ紅紫色ヲ呈シ、頗ル美麗ナリ。先端ハ急ニ縊シテ黑紫色ヲ呈セル蝶狀ノ葯ニ接續ス。和名ハ唐絲草ノ意、唐絲ハ唐土(支那)ヨリ渡リシ絹絲ニシテ美ナル花絲ニ基キテ云フ。

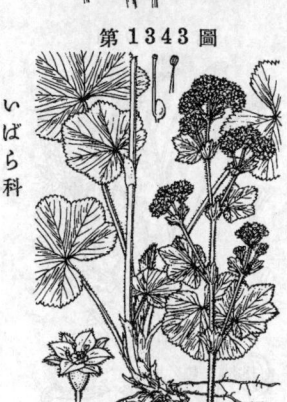

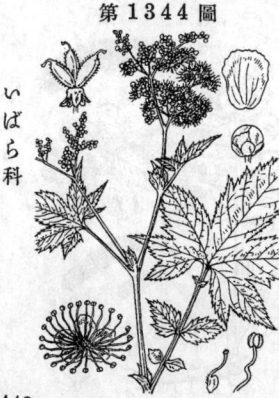

いばら科

きんみづひき (龍牙草)
Agrimonia Eupatoria L.
var. pilosa Makino.
(= A. pilosa Ledeb. var. japonica Nakai.)

路傍原野ニ多ク生ズル多年生草本ニシテ高サ50-150cm許、全株ハ毛茸ヲ被ル。葉ハ互生シ奇數羽狀複葉、小葉ハ大小不齊ニシテ、側小葉ハ數對、大ナル者ハ長橢圓狀披針形ニシテ長サ4-5cm、幅2cm内外、兩面ハ粗毛密生シ、邊緣ハ粗齒牙狀。托葉ハ半心形、不齊鋸齒緣ヲ成ス。夏秋ノ候、梢上ニ分枝シ枝端ニ多數黄色ノ小花ヲ穗狀樣ノ總狀花序ヲ著ク。花ハ短梗、小苞ハ葉狀細裂。萼ハ倒圓錐形ニシテ五尖裂シ裂片ハ卵形銳尖頭、裂片ノ基部ニ多數ノ鉤狀毛アリ。花瓣ハ五片ニシテ倒卵形又ハ橢圓形、雄蕊十二。心皮ハ二、閉在。瘦果ハ宿存萼内ニアリ、萼筒ニハ多數ノ鉤狀毛アルヲ以テ能ク他物ニ附著シテ散布セラル。和名ハ金水引ノ意ニシテ瘦長ナル黄花穗ヲ金色ノ水引ニ喩ヘシ者ナリ。

はごろもぐさ
Alchemilla vulgaris L.
(= A. japonica Nakai.)

北地ノ高山ニ生ズル多年生草本ニシテ我邦ニ在テハ稀品ナリ。高サ30cm内外ニ達シ、全株絨毛ヲ生ズ。根出葉ハ長キ葉柄(長サ10-20cm)ヲ有シ、稍圓狀腎臟形ヲ成シ、基部ハ深心臟形、淺ク五-七裂、長幅共ニ4-7cm許、裂片ハ圓頭、齒牙狀ノ邊緣ヲ成シ、上下兩面ニハ絨毛ヲ密生ス。莖葉ハ小形、短柄ナリ。托葉ハ下部ノ者ハ長橢圓形全邊、上部ノ者ハ倒卵形ニシテ上部鋸齒狀ヲ成ス。夏月、梢上ニ黄綠色ノ小花ヲ繁簇狀房狀花序ヲ綴ル。花ハ無瓣、萼ハ鐘形ニシテ四裂、裂片ハ卵形鈍頭又ハ銳頭、副萼片ハ四、線狀披針形銳頭、共ニ外面ニ毛ヲ布ク。雄蕊ハ四、小形ニシテ萼片ノ岐部ニ著生ス。心皮ハ一。瘦果ハ革質無毛。和名ハ羽衣草ノ意ニシテ歐洲ニテノ俗名 Lady's-mantle ヲ意譯シテ用キシモノナリ。

しもつけさう
一名 くさしもつけ
Filipendula multijuga Maxim.

山地ニ生ズル多年生草本ニシテ往々花草ト シテ人家ニ栽植シ、高サ60-100cm許ニシテ殆ド無毛ナリ。莖ハ直立シ搜長綠色ニシテ四-五許ノ莖葉ヲ互生ス。葉ハ掌狀ニ五-七尖裂、裂片ハ披針形、銳頭、邊緣ハ缺刻狀重鋸齒ヲ成シ、長幅凡ソ10-13cm許アリ、上面ハ殆無毛、下面ハ葉脈上ニ微毛アリ。葉柄ハ搜長ニシテ大小ノ羽狀小葉ヲ交互ニ排列シ凡六對アリ。托葉ハ披針狀長橢圓形、薄質ナリ。花ハ六-七月ニ開キテ淡紅色ヲ呈シ、繁簇狀繖房花序ニ簇集シテ開ク。萼片ハ卵形鈍頭、花瓣ハ三-五、倒卵狀圓形ニシテ時ニ短毛爪アリ。雄蕊ハ多數ニシテ花瓣ヨリ超出シ淡紅色ニシテ花絲ハ絲狀ナリ。心皮ハ概ネ五ニシテ離生ス。瘦果ハ長橢圓形ニシテ無毛或ハ多少綠毛アリ。一種其葉ニ深裂シ裂片狀ニ特ニ狹長ニシテ長尾狀銳尖頭ヲ有シ支脈多キ者ヲみぢしもつけ (var. acerina Makino) ト云ヒ、葉柄ノ小葉特ニ多數ニシテ密接セルヲはこねしもつけさう (forma hakonensis Makino) ト呼ビ、白花ノ品ヲしろばなしもつけさう (var. albiflora Makino) ト稱ス。和名下野草ハ花狀しもつけニ似テ草本ナルヨリ云フ。草下野モ同シ意ナリ。

448

おにしもつけ
Filipendula kamtschatica *Maxim.*

北地ノ山地ニ自生スル多年生草本。高サ1-2mニ達シ、莖ハ直立シ綠色ニシテ數箇ノ莖葉ヲ互生ス。葉ハ大形、廣卵形、底部ハ心臟形、多クハ五裂シテ掌狀ニ成ス、裂片ハ三角形又ハ卵狀三角形ヲ成シ、邊緣ハ缺刻狀重鋸牙狀ヲ呈シ、上面ハ無毛、下面ハ稍無毛ニシテ唯葉脈上ニ粗毛アリ。葉柄ハ剛强、極メテ小サキ小葉數片ヲ着ク。托葉ハ牛心臟形ニシテ鋸齒緣ヲ有ス。夏日、梢上分枝シテ聚繖狀繖房花序ヲ成シ、多數白色ノ小花ヲ密簇シテ開ク。萼片ハ圓狀卵形ニシテ背反シ兩面ニ毛アリ、花瓣ハ倒卵狀圓形ナリ。雄蕊ハ花瓣ヨリ超出シ花絲ハ絲狀ナリ。雌蕊ハ五、腹背ニ毛アリ。瘦果ハ披針狀長橢圓形ニシテ腹背ニ剛毛密生ス。和名ハ鬼下野ノ意ニシテ此類中ノ壯大者ナルヲ表ハセシ名ナリ。世人時ニ之レヲなつゆきさうト云フハ非ニシテ其品ハきゃうがのこノ白花ヲ開ク者ナリ。

いばら科

きゃうがのこ
Filipendula purpurea *Maxim.*

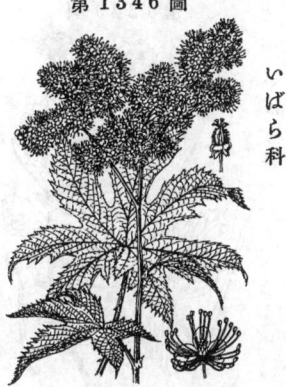

未ダ其自生スルヲ見ザレドモ通常庭園ニ栽培セラルル多年生草本ニシテ草狀壯大ナリ。高サ60-150cm、全株無毛。莖ハ直立シ綠色ニシテ紅紫色ヲ帶ビ縱稜ヲ有アリテ有柄ノ數莖葉ヲ互生ス。葉ハ底部深キ心臟狀ヲ呈シテ深ク掌狀ニ五-七裂シ、裂片ハ狹長卵形ニシテ銳尖頭ヲ有シ邊緣ニハ缺刻狀重鋸齒ヲ列ス。葉柄ハ長クシテ紅紫色ヲ帶ビ柄側ニ通常小葉ヲ有スルコトナキモ偶ニ極細微ノ者ヲ着クルコトアリ。六月、梢ノ小枝ヲ分チ多數ノ紅紫色小花ヲ聚繖狀繖房花序ニ密簇シテ開キ頗ル華美ナリ。萼片ハ卵形、鈍頭、無毛。花瓣ハ卵狀橢圓形又ハ卵狀圓形ニシテ花爪ヲ有ス。雄蕊ハ多數、花瓣ヨリ超出ス。雌蕊ハ三-五ニシテ相接シテ分立シ淡紅紫色ヲ呈シ短花柱アリ。瘦果ハ橢圓形ニシテ粗繖毛ヲ生ズ。一變種ハ白花ヲ開ク者アリ之レヲなつゆきさう(夏雪草ノ意)ト云フ極メテ稀品ナリ。和名ハ京鹿子ノ意ニシテ其美花ニ對シテ名ケシ稱呼ナリ、京鹿子ハ京染(西京染)ノ鹿子絞ヲ云フ。

いばら科

こきんばい
Waldsteinia sibirica *Tratt.*

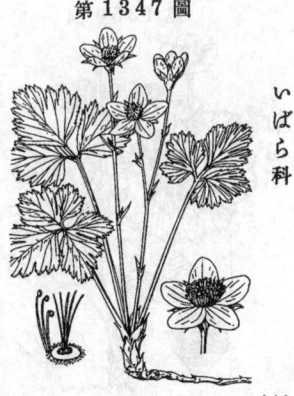

中部以北ノ山地ニ生スル多年生草本。根莖ハ匍匐シ先端ニ二三葉ヲ叢生ス。葉ハ長柄アリ三出複葉ニシテ小葉ハ倒卵形、短柄ヲ具ヘ、上半部ハ缺刻狀齒牙緣ヲ成シ側小葉ニハアリテハ往々更ニ二深裂ス、質稍厚ク少シク光澤アリ。托葉ハ革質ニシテ莖頂ニ鱗片狀ヲ成シテ宿存ス。夏日葉間ニ花莖ヲ抽クコト10-15cm、一二分枝シテ黃花ヲ開ク。莖上ハ苞葉數片アリテ多クハ三裂ス。萼片五箇、披針形ニシテ尖リ、副萼片五箇ハ之レヨリ小ナリ。花瓣五箇、黃色ニシテ平開シ、花盤ハ平滑ニシテ雄蕊ハ多數アリ。花柱五箇內外。瘦果ハ倒卵形ニシテ有毛。和名ハ小金梅ノ意、金梅草ニ似テ草體小ナルヲ以テ云フ。

いばら科

第1348圖

いばら科

ちゃうのすけさう
Dryas octopetala *L.*

中部以北ノ高山帶ニ生ジテ草姿アル矮小灌木。莖ハ硬ク分枝シテ匍匐ス。葉ハ有柄、互生スレド低ク地上ニ在リテ平布セリ、廣橢圓形、長サ2-3cm、鈍頭圓底、革質ニシテ厚ク、表面ハ脈絡陷入シテ綠色無毛ナレドモ裏面ハ白綿毛ヲ密布シ、邊緣ニハ整正ノ鈍鋸齒アリ。夏日5cm内外ノ花梗ヲ抽テ頂ニ一白花ヲ開ク。徑2cmヲ超エ、萼片・花瓣共ニ八箇ヨリ成ル。雄蕋並ビニ雌蕋ノ花柱ハ多數ナリ。花後花柱伸長シテ尾狀ト成リ其狀おきなぐさノ果實ニ似タリ。和名ハ陸中ノ人ニシテ露國ノ植物學者 Maximowicz 氏ノ爲ニ本邦植物ノ採集ニ從事セシ須川長之助氏ノ名ヲ紀念トセルモノニシテ同氏ノ我邦ニ於テ本種最初ノ發見者ナリ。

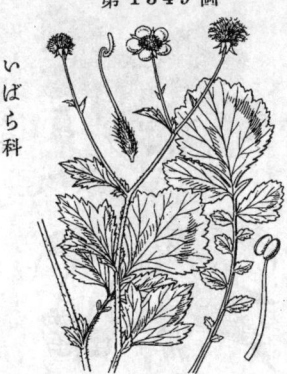

第1349圖

いばら科

だいこんさう
Geum japonicum *Thunb.*

山野ニ自生スル多年生草本ニシテ全株ニ粗毛散生ス。根出葉ハ頭大羽狀複葉、側裂片ハ小形、頂裂片ハ大形、卵狀圓形又ハ心臟形、鈍頭、心臟底、多クハ三裂ス、兩面ニ短毛散生、邊緣ニ鈍狀齒牙狀ヲ成ス。莖葉ハ卵形、銳頭又ハ鈍頭、心臟底又ハ楔底、淺ク三缺刻又ハ深ク三裂ス。托葉ハ葉狀ヲ呈シ粗齒牙緣ヲ成ス。莖ハ高サ60-100cmニ達シ粗毛多シ。花ハ黃色ニシテ初夏ニ開キ、徑1-2cm、數箇莖ノ小枝ニ着ク。萼片ハ三角狀披針形、外面絨毛密生、副萼片ハ小線形2mmヲ超エズ、共ニ果期ニハ反曲ス。花瓣ハ五片、圓形、平開、萼片ト同長又ハ稍短シ。多雄蕋、多雌蕋。瘦果ハ剛毛密生シ、花柱ハ永存性、基部ニ於テ彎曲シ、先端部又鉤狀ニ曲リ、其先端ニ有毛ノ柱頭ヲ具フ。和名大根草ハ其根生葉ノ形狀宛モだいこん葉ノ如ケレバ云フ。漢名 水楊梅(誤用)

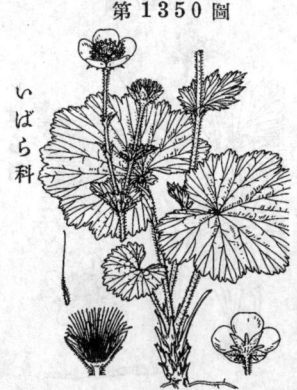

第1350圖

いばら科

みやまだいこんさう
Parageum calthifolium
Nakai et Hara.
(=Geum calthaefolium *Menz.*)

高山ニ生ズル多年生草本。根莖ハ肥大、斜上。全株ニ粗毛アリ。根生葉ハ長柄ヲ有シ頭大羽狀複葉ヲ成シ粗毛ヲ被ムル、最上裂片ハ大形、圓形、徑10cm内外、無裂或ハ稍三裂シ邊緣ハ不齊齒牙緣ヲ成シ底部ハ或ハ淺ク或ハ深ク心臟形ヲ成ス、側片ハ多ク小形ヲ呈シ多クハ不明瞭ニシテ總テ關節アルコトナシ。莖葉ハ無柄心臟形ナリ。托葉ハ殆ド葉柄ニ癒着ス。花莖ハ高サ20cm内外、多クハ疎ニ分枝ス。花ハ鮮黃色ニシテ夏日開キ、徑2cm内外、莖頂ニ單生又ハ數箇着ク。萼片ハ五、三角狀廣披針形、果時ニモ直立ス、副萼片ハ線形、萼片ヨリ遙ニ小サシ。花瓣ハ倒卵狀圓形、微凹頭、萼片ヨリ稍長シ。雄蕋ハ多數。花柱ハ直立、關節ナク、基部ニ有毛、上部ハ無毛、宿存性。瘦果ハ無柄、上部ニ特ニ毛多シ。和名ハ深山大根草ノ意ナリ。

ちんぐるま
Sieversia pentapetala *Greene.*
(＝Geum pentapetalum *Makino.*)

本州中部以上北ノ高山帶向陽ノ地ニ生ズル矮小弱
灌木ニシテ高サ10cmニ過ギズ。莖ハ匐匍シ、上
部ニ立チテ其先端ニ葉ヲ叢生ス。葉ハ奇數羽狀
複葉ニシテ小葉ハ四-五對、倒卵狀披針形ヲ呈
シ、先端尖リ、楔底、邊緣ニハ不整ノ缺刻銳鋸
齒アリテ深綠色、光澤アリ。夏日莖頂ヨリ10cm
内外ノ花莖ヲ抽キテ白色ノ一花ヲ戴ク。花ノ徑
3cm。蕚五片、副蕚五片ニシテ共ニ綠色。花瓣ハ
五箇、倒卵狀圓形ニシテ平開ス。多雄蕋、多雌
蕋。花後多數ノ瘦果ハ花柱延ビテ尾狀ヲ呈シ、
微紅紫色ヲ帶ビ頭髮狀ヲ呈シテ風ニ靡クノ狀宛
モおきなぐさノ果頭ニ於ケルガ如シ。和名ハち
ごぐるま(稚兒車)ノ轉化セシモノ、稚兒ハ其花
容ノ小ニシテ可憐ナルヨリ云ヒ、車ハ其花瓣ノ
輪出シテ車狀ヲ呈スルニ基ヅク。

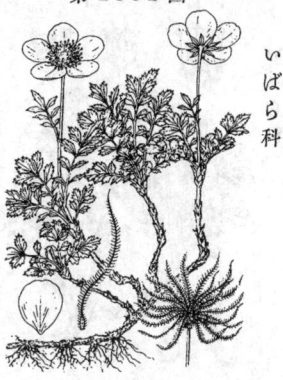

第 1 3 5 1 圖

いばら科

へびいちご (蛇莓)
Duchesnea indica *Focke.*

原野路傍ニ生ズル多年生匐匍草本。莖ハ長軟毛
ヲ布キ花時ハ伺短キモ果時ハ長ク地上ヲ匐ヒ節
ニ新苗ヲ生ジテ繁殖ス。葉ハ互生シテ長柄ヲ有
シ、三出、小葉ハ卵狀橢圓形又ハ橢圓形、粗齒
牙緣、長サ2-3cm、幅1.5-2cm、鈍頭、楔底、表面
ハ稍無毛ナレドモ裏面ハ脈ニ沿テ長毛ヲ生ズ。
托葉ハ卵狀披針形、全邊、長サ7mm内外ナリ。
春早ク葉腋ニ腋生セル有梗ノ黃色花ヲ單生ス。
蕚片ハ廣披針形、銳尖頭、副蕚片ハ倒卵狀楔形
ニシテ先端三裂シ、蕚ヨリ稍大ナルヲ常トシ共
ニ長毛ヲ戴ル。花瓣ハ廣倒心臟形、蕚片ト同長
ナリ。瘦果ハ碎小ニシテ赤色ノ粒狀ヲ呈シ表面
凹凸アリテ皺ヲ成シ熟スレバ海綿質ヲ成シテ球
形ニ膨大セル赤色ノ淡紅白色花托ノ表面ニ散布
ス。和名へびいちごハ原ト漢名ノ蛇莓ニ基キテ
ノ名ナラン、蛇莓ハ之レヲ喫ハズ蛇ノ食フ莓
ト云フ義ナルベシ、世人往々此實ヲ有毒ト思惟
スレドモ固ヨリ無毒ナリ。

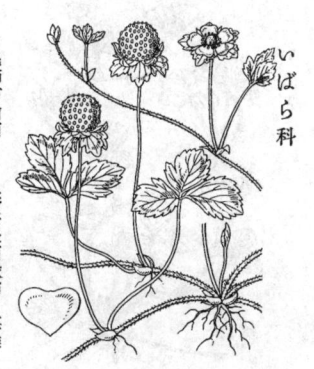

第 1 3 5 2 圖

いばら科

やぶへびいちご
Duchesnea major *Makino.*

諸國ノ藪側或ハ山足地等ニ生ズル多年生匐匍草
本。莖ハ地ヲ匐テ伸長シ、絹毛ヲ被リ、有柄ノ
葉ヲ疎在シテ互生ス。へびいちごニ似テ全形更
ニ大形、濃綠色ヲ呈シ、小葉モ大キク長サ3-4cm
ニ達シ、側小葉ハ往々更ニ二裂ス。小葉ハ卵形、
稍鈍頭銳尖胸ニシテ支脈斜上シテ平行シ、邊緣
ニ鋸齒アリ。柄本ハ尖卵形ノ膜質托葉ヲ具フ。
花ハ春開キ有梗ニシテ腋生シ黃色ナリ。蕚片竝
ニ副蕚片ハ各五片アリ大ニシテ顯著、蕚片ハ卵
狀披針形ニシテ尖リ、副蕚片ハ廣倒卵形ニシテ
五淺裂シ共ニ綠色ナリ。花瓣ハ五片、平開、長
橢圓形ナリ。雄蕋ハ多數、黃色。花後花托球狀
ニ膨脹シテ光澤アル眞紅色ヲ呈シ徑2cm内外ア
リテへびいちごノ色淡ク且小形ナルト異ナリ又
其面ニ散布セル瘦果ハ眞紅色ニシテ其形ヲ見ナ
レドもへびいちごノ皺襞アルト同ジカラズ。和名
藪蛇莓ハ通常藪ノ邊ニ生ズルヨリ云フ。

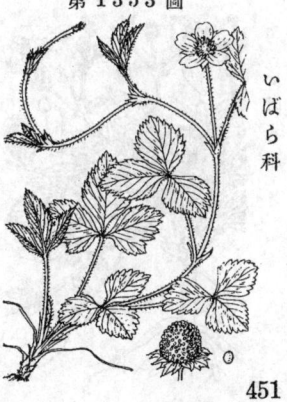

第 1 3 5 3 圖

いばら科

第1354圖

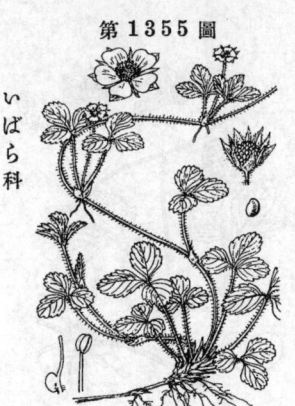

いばら科

たてやまきんばい
Sibbaldia procumbens *L.*

本州中部以北ノ高山帶ニ生ズル常綠ノ多年生草本。莖ハ木質ニシテ匍匐シ、葉柄基脚ノ殘骸ヲ以テ被ハル。葉ハ莖頂ニ簇生シ、有柄三出複葉ニシテ小葉ハ倒卵狀楔形、鈍頭、頂ニ三-五齒アルノミニシテ他ハ全邊、兩面毛茸ヲ布キ爲ニ微白色ヲ帶ブ。托葉ハ葉柄ニ沿着シ、先端尖レリ。夏日葉腋ニ花莖ヲ抽テ頂ニ淡綠黃色ノ小花ヲ假繖房狀ニ綴ル。蕚片ハ開出シ、裂片ハ卵形ニシテ尖リ、兩面毛茸ニ富ム。花瓣ハ五箇、蕚片ヨリ短ク、黃色ヲ呈ス。雄蕋ハ五箇、心皮ハ五-十箇、內側方ニ線形ノ花柱ヲ生ジ、短柄アリ。果實ハ瘦果ナリ。初メ越中立山ニ發見セラレシヲ以テ立山金梅ノ名ヲ得タリ。

第1355圖

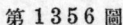

いばら科

ひめへびいちご
Potentilla centigrana *Maxim.*
var. japonica *Maxim.*

山地或ハ原野ノ濕地ニ生ズル匍匐性ノ多年生草本ニシテ莖ハ瘦長ニシテ長ク地上ニ匍ヒ、長軟毛ヲ被ル。葉ハ三出複葉ニシテ2-3cm長ノ葉柄ヲ具フ。小葉ハ倒卵狀楔形、粗齒牙狀鋸齒緣、上面ハ無毛ナレドモ、下面ハ粗毛ヲ布ク、長幅各8-15mm內外アリ。托葉ハ卵狀橢圓形、全邊、銳頭、長サ7mm許アリ。花ハ單生、腋生、花梗アリテ葉ヨリモ超出ス。花ハ夏ニ開キ小形ニシテ黃色、徑僅ニ7-8mm。蕚片ハ卵狀橢圓形、副蕚片ハ長橢圓形、蕚片ヨリ幅狹ク且短シ、外面ノ下部ハ稍毛アリ。花瓣ハ廣倒卵形、稍凹頭、蕚片ヨリ短シ。瘦果ハ無毛、稍皺面ヲ成ス。和名ハ姫蛇苺ノ意ナリ。

第1356圖

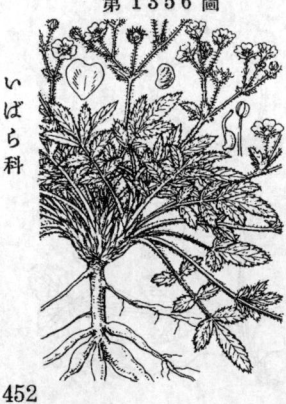

いばら科

つちぐり (翻白草)
Potentilla discolor *Bunge.*

山地或ハ丘陵或ハ原野ニ生ズル多年生草本。根ハ數條叢出シ瘦紡錘狀ニシテ肥厚ニ兩端狹窄シ褐皮白肉ナリ。草高サ15-30cmニ達シ、葉ノ上面ヲ除キ全株ニ白綿毛ヲ密布ス。莖ハ上向シテ分枝ス。根生葉ハ奇數羽狀複葉、小葉ハ二-四對、莖葉ハ三出、小葉ハ卵狀長橢圓形、圓頭又ハ銳頭、鈍底又ハ楔底、邊緣ハ鈍狀齒牙狀、上面ハ無毛又ハ稍毛ヲ生ジ綠色ナレドモ下面ハ白綿毛ヲ密生ス、長サ2-5cm、幅1-2cm內外アリ。花ハ黃色ニシテ春ニ開キ聚繖花序ヲ成ス。蕚片ハ五、卵狀披針形、副蕚片ハ線狀長橢圓形ニシテ蕚ヨリ小、共ニ內面ハ平滑ナレドモ外面ハ白綿毛ヲ被ル。花瓣ハ黃色、五片ニシテ平開シ、倒心臟形、稍凹頭ナリ。瘦果ハ無毛ナリ。和名ハ土栗ノ意ニシテ其生食スベキ根ニ基キテ斯ク云フ。

452

かはらさいこ (委陵菜)
Potentilla chinensis *Ser.*

海邊或ハ河原ノ砂地ニ多ク生ズル多年生草本、長サ30～60cmニ達ス。根ハ肥大、莖ハ粗大ニシテ下部ノ徑 4mm 許ニ達スル者アリ、上部ニハ絨毛ヲ密生ス。葉ハ羽狀複葉、小葉ハ更ニ羽狀ニ深裂シ裂片ハ長披針形ニシテ銳頭、邊緣ハ全邊ニシテ乾ケバ下方ニ反卷ス、表面ハ無毛綠色ナレドモ裏面ニハ白綿毛密生ス。托葉ハ廣橢圓形ニシテ外側羽裂シ、下面ニハ白綿毛ヲ密布ス。花序ハ頂生、繖房狀聚繖花序ヲ成シテ多數ノ花ヲ開ク。苞ハ掌狀ニ分裂ス。花ハ黃色ニシテ夏ニ開キ徑1cm內外。萼片ハ卵狀披針形、銳頭、副萼片ハ線狀橢圓形ニシテ萼片ト同長、共ニ外面ニ長絹毛密生ス。花瓣ハ倒卵狀圓形、凹頭、萼片ト同長ナリ。瘦果ハ滑澤。和名ハ河原柴胡ノ意ナリ。

第1357圖

いばら科

第1358圖

いはきんばい
Potentilla Dickinsii *Franch. et Sav.*
(= P. ancistrifolia var. Dickinsii *Koidz.*)

山地ノ岩間ニ生ズル多年生草本ニシテ全株偃毛ヲ被ル。根ハ肥厚。莖ハ高サ10～20cm內外ニ達シ、葉ハ多ク根生シ長柄ヲ有シ、概ネ三小葉ヨリ成レドモ又其下部ニ一二ノ小葉ヲ出スコトアリ。小葉ハ倒卵形又ハ斜倒卵形ニシテ圓頭又ハ鈍頭、楔底、長サ2～3cm、幅2cm內外、邊緣ハ銳鋸齒狀、兩面ハ稍偃毛密生シ、下面稍白色ヲ帶ブ。花ハ七月ノ候ニ開キ疎ナル聚繖花序ヲ成シ、黃色、細梗アリ。萼片ハ五、卵形、副萼ハ萼片ト同形ニシテ稍小形ナリ。花瓣ハ五、黃色、倒卵形、凹頭ナリ。雄蕊ハ多數ニシテ黃色、卵形ノ小形葯ヲ具ス。瘦果ハ稍腎形ニシテ絨毛ヲ生ズ。和名ハ岩金梅ノ意ナリ。

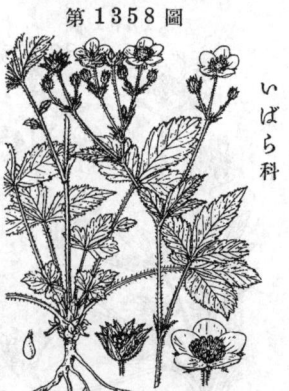

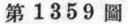

いばら科

第1359圖

きじむしろ
Potentilla fragarioides *L.*
var. Sprengeliana *Maxim.*

山野ニ多ク生ズル多年生草本ニシテ全株ニ粗長毛ヲ布ク。匐枝ヲ出スコトナシ。根生葉ハ叢生シ奇數羽狀複葉、小葉ハ一乃至六對、大小不同ニシテ卵形又ハ圓形、鈍齒牙緣、莖葉ハ三出小葉ヨリ成ル、小葉ノ長サ1～3cm、幅6～15mm、兩面共ニ粗毛アリ、下面ノ脈上特ニ毛多シ。托葉ハ橢圓形ニシテ全邊ナリ。花ハ春ニ開キ毛茸ノ密生スル細梗ヲ有シ、疎聚繖花序ヲ成ス。萼片ハ五、卵狀披針形、銳頭、副萼片ハ廣披針形ニシテ尖リ萼片ヨリ微シク短シ、外面ニ毛多シ。花瓣ハ五、黃色、倒卵狀圓形、稍凹頭ナリ。瘦果ハ有毛、肉質ノ花托ヲ有セズ。葉ハ花後大形ニ成長シ別種ノ觀ヲ呈シ誤テ之レヲおほばつちぐりト呼ブコトアリ。和名ハ雉席ノ意ニシテ雉ノ座席ニ擬シタルモノナリ。

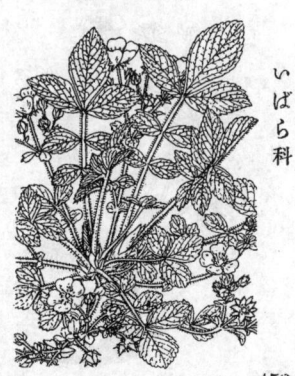

いばら科

第1360圖

いばら科

うらじろきんばい
Potentilla nivea L.

高山ニ生ズル多年生草本ニシテ高サ10-20cm許ニ達シ、根ハ太クシテ深ク地中ニ入ル。根生葉ハ長柄アリ、三出複葉、小葉ハ橢圓形又ハ倒卵狀橢圓形、鈍頭、楔底、長サ10-15mm、幅10mm内外、上面ハ薄ク柔毛ヲ被リ緑色ヲ呈スルモ下面ハ白色ノ綿毛ヲ密生シテ眞白ナリ。莖葉ハ短柄ヲ有シテ小形ナリ。花莖ハ葉柄ト共ニ白綿毛ヲ布キ、花ハ八月ノ候ニ開キ一花莖上ニ二-四箇ヲ着ク。萼片ハ五、卵狀披針形、副萼片ハ萼片ヨリ狹ク且短シ、共ニ外面ニ白綿毛ヲ被ル。花瓣ハ五、鮮黄色、倒卵形凹頭又ハ倒心臟形ニシテ長サ6mm内外アリ。雄蕊ハ多數、黄色。瘦果ハ平滑ナリ。和名ハ裏白金梅ノ意ナリ。

第1361圖

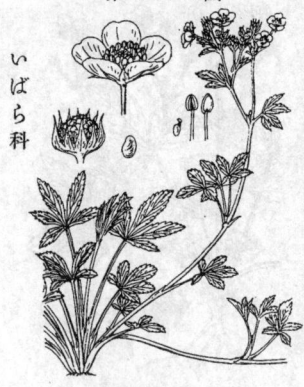

いばら科

をへびいちご（蛇含？）
一名 をとこへびいちご
Potentilla Wallichiana Del.
(＝P. Kleiniana Wight et Arn.)

原野或ハ田畔ノ濕地ニ自生スル傾臥性ノ多年生草本ニシテ全株ハ假毛ヲ生ズ。根生葉ハ長柄アリテ多クハ五出、莖葉ハ短柄、三出ナリ、小葉ハ橢圓形或ハ倒卵狀橢圓形、圓頭或ハ鈍頭、狹底、粗鋸齒緣、長サ2-4cm、幅1-2cm、上面ハ無毛ニシテ下面ハ脈上ニ少許ノ毛アリ。五月ノ候多數ノ黄色小花ヲ聚繖花序ニ開ク。萼片ハ五、卵形或ハ卵狀披針形、鋭頭、副萼片ハ五、線形、萼片ヨリ稍短ク、共ニ外面ニ少許ノ毛アリ。花瓣ハ五、倒心臟形、凹頭、廣楔形底ナリ。瘦果ハ皺面、無毛ナリ。和名ハ雄蛇苺ノ意ニシテ之レヲへびいちごニ比スレバ壯大ナルヨリ斯ク云フ。

第1362圖

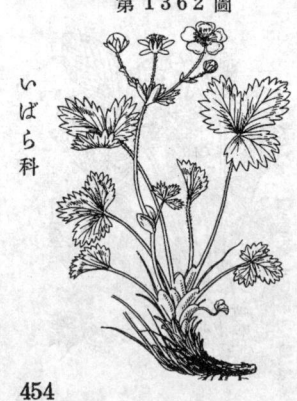

いばら科

みやまきんばい
Potentilla Matsumurae Wolf.

高山ノ向陽地ノ稍濕リタル處ニ生ズル多年生草本ニシテ高サ10-20cm許。地下莖ハ横臥シ舊葉柄ノ殘骸ヲ着ク。葉ハ根生シテ長柄ヲ有シ三出複葉、小葉ハ倒卵狀楔形或ハ斜卵形ヲ成シ、邊緣ハ八十箇ノ齒牙狀鋸齒ヲ有ス、長サ1-2cm、幅1-1.5cm許アリ、上面ハ稍無毛、下面ハ毛茸散生ス。花ハ八月ニ開キテ黄色ヲ呈シ、徑2cm許アリテ數花ヲ莖頂ニ開ク。萼片ハ卵狀披針形、稍鈍頭、副萼片ハ橢圓形ニシテ鈍頭、萼片ト同幅或ハ之レヨリ廣キコトアリ長サハ殆ド同長、共ニ外面ニ粗毛ヲ生ズ。花瓣ハ五片、鮮黄色ニシテ底部其色濃ク、倒卵狀圓形、先端凹形ヲ成ス。瘦果ハ無毛ナリ。和名ハ深山金梅ノ意ナリ。

みつばつちぐり
Potentilla Freyniana *Borum.*

山地或ハ原野ニ生ズル多年生草本、根莖ハ短クシテ稍肥大シ硬質ニシテ鬚根ヲ發出シ、其頭部ヨリ根生葉・花莖幷ニ匐枝ヲ出ス。全株ハ粗毛ガ被ル。葉ハ三出複葉ニシテ長柄ヲ具へ、小葉ハ倒卵狀橢圓形或ハ橢圓形、圓頭或ハ鈍頭、楔底、邊緣鈍齒ヲ有シ、長サ2-5cm、幅1-3cm、殆ド無毛ナレドモ下面脈上ニ粗毛アリ。托葉ハ卵形全邊ナリ。春時、高サ15cm內外ノ花莖ヲ出シ黄色花ヲ聚繖狀ニ開ク。萼片ハ披針形、銳尖頭、副萼片ハ線形、萼片ヨリ短ク、共ニ外面ノ下部ニ粗毛多シ。花瓣ハ倒卵狀圓形、凹頭。瘦果ハ無毛、皺面ナリ。花後其葉ハ大サヲ增シ又匐枝ハ四方ニ長ク引キ其頂端ニ新苗ヲ發生ス。和名ハ三葉土栗ノ意ナレドモ根莖ハ硬クシテ食フベカラズ。

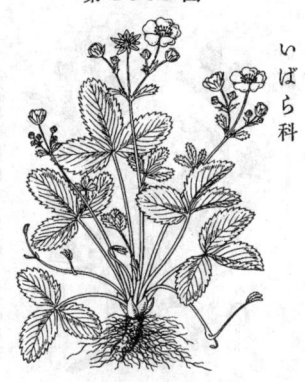

第1363圖

いばら科

つるきんばい
Potentilla Yokusaiana *Makino.*

中部ノ山中半陰地ニ生ズル多年生草本。通常葉ヲ有スル匐枝ヲ曳キ、根莖ハ短形ニシテ肥厚セズ。全草微毛ガ被レドモ外觀顯著ナラズ。葉ハ根生シ長柄アリ、三出複葉ニシテ小葉ハ無柄ノ卵形ヲ呈シ長サ1-2cm、鈍頭、楔底、稍粗大ナル銳鋸齒緣ヲ有シ、葉柄ト共ニ白色ノ儸毛アリ、匐枝先頭ノ葉ハ他ヨリ大ナル者多シ。花序ハ高サ10-15cm、二三分枝シ、又小形ニシテ極短キ葉アリ。五月ノ候、莖梢疎ニ分枝シテ鮮黄色ノ花ヲ開ク。徑15-18mm。萼片五箇ハ三角狀整形、副萼片五箇ハ萼片ニ交互ノ狹ク狹披針形。花瓣五箇ハ廣倒心臟形ニシテ凹頭、長サ萼片ヨリ超エ平開ス。雄蕋ハ多數。子房ハ多數ノ心皮ヨリ成リ無毛ナリ。和名ハ蔓金梅ノ意ナリ。

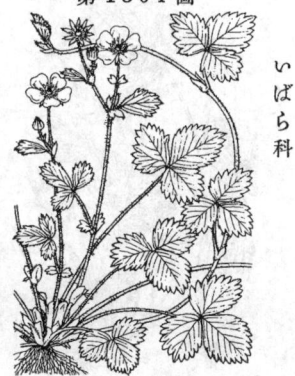

第1364圖

いばら科

みつもと
一名 みなもとさう
Potentilla cryptotaeniae *Maxim.*

山地ノ水傍地ニ生ズル多年生草本。莖ハ高サ30-60cm、下部ノ太サ5mm內外ニ達シ、全株ニ粗毛ヲ布ク。葉ハ五生セル三出複葉、下部ノ者ハ長柄、上部ノ者ハ短柄、小葉ハ橢圓形、銳頭、銳底、長サ4-7cm、幅2-3cm、邊緣ハ鈍狀重鋸齒緣、兩面ニ儸毛粗生ス。葉柄ノ基部ハ披針形ノ托葉アリ。花ハ夏日ニ開キ聚繖花序ヲ成ス。萼片ハ五、卵狀披針形、副萼片ハ倒披針形或ハ長橢圓形ニシテ萼片ヨリ稍短ク、共ニ外面ニ粗毛アリ。花瓣ハ五、黄色、倒卵狀圓形、微凹頭或ハ微凸頭ヲ成シ底部ハ廣楔形、萼片ト同長或ハ稍短シ。花梗ノ上部、萼ノ基部ニハ絨毛密生ス。雄蕋ハ多數、莂ノ小ニシテ卵形。瘦果ハ謬形、無毛ナリ。和名みつもと其意解シ難シ或ハ此草山中谿流ノ水傍ニ生ズルヨリみづもと(水源)ノ意ニアラザルカ平。みなもとさうモ蓋シ源草ニシテ水源ノ意ナラン平。漢名 狼牙(誤用)

第1365圖

いばら科

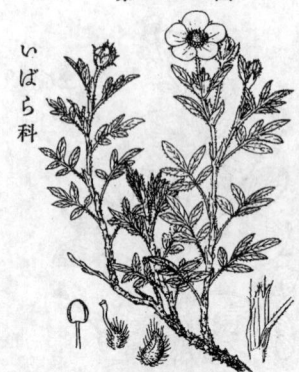

第1366圖

いばら科

きんろばい
Dasyphora fruticosa *Rydb.*
(＝Potentilla fruticosa *L.*)

北地ノ高山ニ自生スル落葉小灌木ナレドモ又觀賞ノ爲メ盆養セラレ、高サ1m内外、多ク分枝シ、樹皮ハ褐色ニシテ薄ク剝離ス。葉ハ互生シ奇數羽狀複葉、小葉ハ一−三對、長橢圓形或ハ卵狀長橢圓形、全邊、銳頭又ハ鈍頭、楔底、長サ15mm、幅5mm内外、兩面ニ褐色ノ長絹毛ヲ布ク。葉柄本ニ著シキ托葉アリ。花ハ夏月ニ開キ單生又ハ二−三出、鮮黃色ニシテ徑2-3cm、花梗ハ短ク絹毛密生ス。蕚片ハ五、三角狀卵形、副蕚片ハ五、線狀橢圓形、蕚片ト同長又ハ稍長シ、共ニ外面ニ毛多シ。花瓣ハ五片、圓形、長幅各1cm内外アリ。多雄蕋、多雌蕋。瘦果ニハ毛茸密生ス。和名ハ金縷梅ノ意ニシテ其梅花狀ノ黃花ニ基ク、往々之レヲきんらうばい或ハきんるばいト云フハ非ナリ。

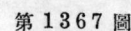

第1367圖

いばら科

くろばなろうげ
Comarum palustre *L.*
(＝Potentilla palustris *Scop.*)

本州中部以北ノ濕原ニ生ズル多年生草本。根莖ハ太ク木質ニシテ橫走ス。莖ハ高サ30-100cmニ達ス。葉ハ一−三對ノ奇數羽狀複葉ニシテ互生シ、下部ノ葉柄ハ長ク、其基脚沿肩セル托葉擴大シテ鞘狀ヲ成シ、小葉ハ長橢圓形或ハ倒卵形、長サ2-3cm、上半部ニ鋸齒アリ、表面綠色、裏面稍蒼色ヲ帶ビテ美ニ且絹毛散生ス。托葉ハ廣卵形、膜質ニシテ紫褐色ヲ呈ス。花ハ七月頃莖頂ニ聚繖狀ニ開キテ徑2.5cm内外、黑紫色ニシテ蕚ハ平開シ裂片ハ卵形ニシテ尖リ、副蕚片ハ蕚ヨリ短且細シ、花瓣ハ蕚片ヨリ短ク、宿存性ナリ。雄蕋ハ多數、花托ハ花後膨大シテ多孔アル多肉質ト成ル。和名ハ黑花狼牙ノ意ニシテ黑花ハ其紫黑色花ニ基ヅキ、狼牙ハ元來漢名ニシテ從來之レヲみつもとニ充テシ故菫ニ本品ヲ其類ナリトシテ此名ヲ兹ニ用ヰシモノナリ、然シ狼牙ノ名ハ何レモ誤用ナリ。

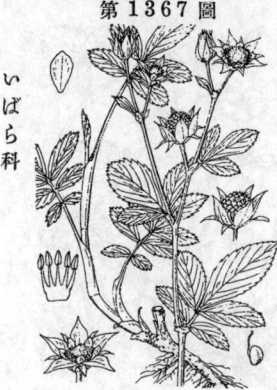

第1368圖

いばら科

しろばなのへびいちご
Fragaria nipponica *Makino.*

山地幷ニ山原地ニ生ズル多年生草本。高サ10-30cm許ニシテ全株軟絨毛ヲ生ズ。根莖ハ通常短ク、紫紅色ノ纖長ナル匐枝ヲ長ク曳キ枝端ニ新苗ヲ生ジテ繁殖ス。葉ハ根生シ長柄アリテ三出複葉ヲ成シ、小葉ハ倒卵形、銳頭又ハ鈍頭、楔底、粗齒牙緣、長サ2-4cm、幅1.5-3cm許アリ。初夏ノ候、中央ニ一花莖ヲ抽キ分枝シテ一−五花ヲ著ク。花ハ白色、徑2cm内外。蕚片ハ五、披針形、銳尖頭、綠色宿存。副蕚片ハ五、小ニシテ線狀橢圓形、銳頭、蕚片ヨリ稍長シ。花瓣ハ五片平開シ、蕚片ヨリ長シ。雄蕋幷ニ心皮ハ多數。花托ハ花後膨大シ球形或ハ橢圓形或ハ卵圓形ノ肉質ト成リ香氣ヲ伴モビ初メ甘酸ナレドモ後チ能ク熟スレバ赤色ト成リ甘クシテ食スルニ佳ナリ、其花托面ニ粒狀ノ瘦果ヲ散著シ其著處ハ凹陷セリ、其狀宛モおらんだいちごニ似テ只小形ナリ。和名ハ白花蛇苺ノ意ナリ。

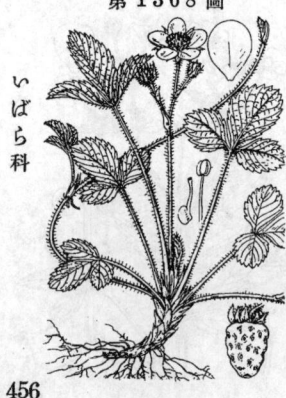

おらんだいちご
Fragaria chiloensis *Duch.*
var. ananassa *Bailey.*

第1369圖

いばら科

南米原産ノ多年生草本ニシテ我邦ニハ天保年間カ或ハ其直後ニ始メテ渡來シ今日ニテハ其實ヲ食用ニスル爲メ多ク栽培セラル。全株ニ絨毛ヲ被ル。匍枝ヲ多ク出シテ繁殖ス。葉ハ根生シテ叢出シ、長柄ヲ有シ、三出複葉、小葉ハ倒卵狀菱形、圓頭、楔底、長サ3-6cm、幅2-5cm、粗齒牙緣ナリ、上面ハ殆ド無毛ナレドモ下面ハ葉脈ニ沿テ長絨毛密生ス。葉柄ニモ亦長絨毛アリ。花ハ春日初夏ニ開キ白色ニシテ徑3cm內外アリ、疎繖繖花序ヲ成シテ開ク。萼片ハ披針形急銳尖頭、綠色宿存。副萼片ハ長橢圓形漸尖頭、殆ド萼片ト同長、外面ニハ絨毛密生ス。花瓣ハ橢圓形、萼片ヨリ遙ニ長シ。雄蕊・雌蕊ハ多數。花托ハ花後膨大シテ僞果ヲ成シ肉質、紅熟シテ香味極メテ佳ナリ、種々ノ園藝ノ品種アリテ其果形大小一樣ナラズ、中ニハ雜種ノ者アリ。其果面ニ散點スル粒狀ノ者ハ乃レ眞正ノ果實ニシテ卽チ瘦果ナリ。和名ハ和蘭苺ノ意ニシテ和蘭ノ外來ナルヲ意味セリ。

こがねいちご
Rubus pedatus *Sm.*

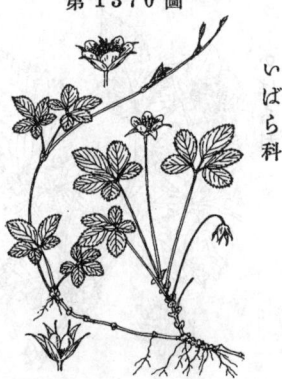

第1370圖

いばら科

中部以北ノ高山帶ノ樹下ニ生ズル低小ノ草狀落葉灌木。莖ハ細線狀ニシテ長ク地上ヲ匍ヒ、節ヨリ鬚根ヲ下ダス。短枝アリテ枝上ニ二三葉ヲ出ダス。葉ハ互生シ長柄ヲ具ヘテ立チ、葉片ハ歟形卵圓狀五角形、幅3-4.5cm、鳥趾狀五出或ハ三出ニ分裂シ、小葉ハ菱狀卵形ヲ呈シ、多クハ鈍頭、楔底ヲ成シ、膜質、邊緣ニハ缺刻狀ノ細鋸齒ヲ刻ミ毎條多少陷入ス。七月頃葉腋ニ細長梗ヲ出シテ小形ノ白花ヲ單生ス。梗ノ長サ5cm內外。花徑1cm內外、花瓣ハ五箇ナレド退化シテ四箇ト成レル者多シ。倒長卵形ニシテ鈍頭、平開ス。果實ハ紅色ヲ呈セル小球形ノ核果ニシテ二三顆集合シ光澤アリテ可憐、果下ニ宿存萼ヲ伴フ。和名黃金苺ハ蓋シ其果實ヲ觀テ名ケシ者乎。

ごえふいちご
Rubus japonicus *Maxim.*

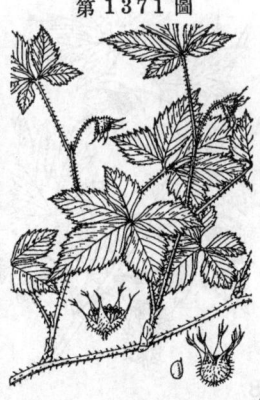

第1371圖

いばら科

中部北方ノ深山半陰地ニ生ズル匍匐性落葉亞灌木ニシテ全株長キ剛毛ト刺トニ富ム。莖ハ草質ニシテ細ク地上ヲ匍匐シ、疎ニ葉ヲ互生ス。葉ハ長柄アリ、鳥趾狀、五小葉ヨリ成リ、各小葉ハ倒卵狀橢圓形ニシテ先端急ニ尖リ底部ニ狹窄シ、重鋸齒ヲ匝ラシ、質薄ク、脈條ヤまぶき葉ニ於ケルガ如クニ凹ム。七月頃立チテ短枝上ニ細梗アル白花ヲ點頭シテ開ク。萼筒ハ半球狀椀形ヲ呈シ外面ニハ長刺密生ス、萼片ハ細狹ニシテ先端三裂スルモノ多シ。花瓣ハ細小ニシテ退化シ顯著ナラズ。雄蕊及雌蕊ハ多數アリ。核果ハ小ニシテ相集リテ橢圓狀球狀ヲ呈シ紅熟ス、之レニ伴フ宿存萼ハ花謝セシ後ハ初メ嘴狀ヲ成シテ閉ヅルト雖ドモ果實成熟スルニ及べバ水平的ニ開出スルニ至ル。和名五葉苺ハ葉形ニ基ク。

457

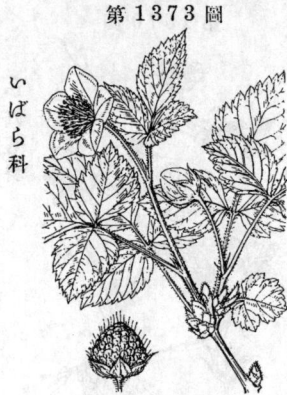

かぢいちご (蕨本蘆)
一名 たういちご・えどいちご
Rubus trifidus *Thunb.*

海邊ノ地ニ生ズル落葉ノ小灌木ナレドモ又通常
人家ニ栽培セラル。高サ2m餘ニ達シ叢生シ莖
粗ニシテ立チ多少横方ニ傾キ初メ刺アレドモ上
部ハ無刺、圓柱形ニシテ緑色ヲ呈ス。葉ハ葉柄ヲ
有シテ互生シ大形ニシテ其大ナル者ハ径 20cm
ニ及ブ者アリ、多クハ五裂稀ニ七裂シ、裂片ハ
卵形、鋭頭、邊縁ハ重鋸齒ヲ有シ、基部ハ心臓
形、兩面殆ド無毛ナレドモ下面ノ脈上ニハ小䰂毛
ヲ密生ス。托葉ハ長橢圓形或ハ長披針形、鋭尖
頭ナリ。花ハ側生セル新枝上ニ繖房狀聚繖花序
ヲ成シテ三-五ノ白花ヲ着キ、初夏ノ候ニ開ク。
萼片五、三角狀披針形、内外面ニ䰂毛密生ス。花
瓣ハ廣倒卵形ニシテ五、萼片ヨリ長シ。多雄蕋、
多雌蕋。核果ハ小形多數ニシテ相聚テ球形ヲ呈
シ淡黄色ヲ帯ビ甘酸味ヲ有シ食スベシ。時ニ半
重瓣ノ者(var. semiplenus *Makino*)アリ、八重
咲かぢいちごト云フ。和名構苺ハ葉形ニ基ク。
唐苺ハ外來品ト誤認セシニ由リシ名。江戸苺ハ
江戸ヨリ來リシいちごノ意ナリ。

いばら科

べにばないちご
Rubus vernus *Nakai.*
(=R. spectabilis subsp. vernus *Focke.*)

本州中部以北ノ高山ニ生ズル小灌木、高サ1m内
外ニ達シ、莖ハ無毛、淡褐色ニシテ白色ヲ帯ビ・
刺無シ。葉ハ互生有柄三出複葉、小葉ハ倒卵形・
卵狀橢圓形或ハ菱狀橢圓形ニシテ鋭頭、圓底或
ハ楔底、缺刻狀重鋸齒縁ヲ成シ、長サ3-6cm、
幅2-4cmアリテ兩面ニ散生毛アリ、脈上ニハ特
ニ鬚毛ヲ生ズ、側生ノ二小葉ハ往々更ニ三裂ス
ルコトアリ。托葉ハ筒狀長橢圓形。花ハ七八月
ニ開キ、枝端ハ單生シ、花梗ハ有毛、径2-3cm、萼
片ハ五、卵狀三角形鋭頭ニシテ長サ10-15mm、
外面ニ小鬚毛ヲ生ズ。花瓣ハ五、紫紅色ニシテ
倒卵狀橢圓形ヲ成シ、萼片ノ倍長アリ。核果ハ
相聚リテ卵球狀形ヲ呈シ赤黄色ニ熟シ、食用ト
スベシ。和名ハ紅花苺ノ意ナリ。

いばら科

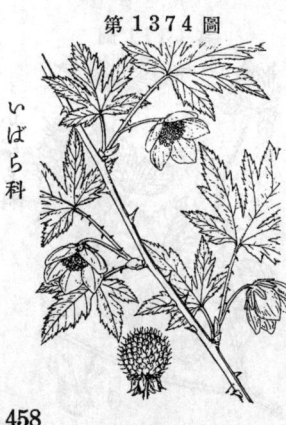

もみぢいちご
一名 きいちご・あはいちご・さがりいちご
Rubus palmatus *Thunb.*
forma coptophyllus *Makino.*
(=R. coptophyllus *A. Gray.*)

極メテ普通ニ山野ニ自生スル落葉小灌木、莖ハ高サ
2m内外ニ達シ無毛ナレドモ刺多シ。葉ハ有柄互生シ、
卵形、鋭尖頭、心臓底或ハ截形底、多ク五尖裂ス、裂片
ハ卵狀披針形、缺刻狀重鋸齒縁ヲ成シ、兩面殆ド無毛
ナレドモ葉脈ニ沿チ細毛ヲ生ズ。托葉ハ線形。四五月
ノ候下部ニ葉ヲ有スル花莖ヲ前年枝ニ叢生シ頂ニ下
向シテ開ケル一白花ヲ着ク多數化シ、枝ニ相連ル、花
径3cm許。萼片ハ橢圓狀披針形、鋭尖頭、黐部ニ腺毛ヲ
有シ基部ニ柔毛アリ。花瓣ハ五片半開ノ廣橢圓形。雄
蕋ハ多數、白色ノ花絲ヲ有ス。核果ハ小ニシテ球形ニ
相集リテ下垂シ黄色ニ熟シテ味佳ナリ。和名ハもみぢ苺
ハ葉形ニ由リシ稱呼ナリ、きいちごハ木苺并ニ黄苺
ノ意ニシテ一面果實ノ色ニ基ヅキ一面木本ナルニ基
ヅク、栗苺ハ果實ノ色ト形狀トニ基ヅク、下リ苺ハ其
果實ノ下垂セル狀ニ由リシ名ナリ。もみぢいちごハ關
東地ニ見、ながばもみぢいちご(R. palmatus *Thunb.*
typica.) ハ關西ニ生ズレド此兩者ハ殆ド同一ニシテ
之ヲ一種ト達觀スルモ敢テ不可ナシ、きいちご・あ
はいちご・さがりいちごハ此兩品ニ共通ノ俗名ナリ。
漢名 懸鈎子(誤用、是びろうどいちごノ名ナリ)

いばら科

にがいちご
一名　ごぐゎついちご
Rubus microphyllus *L. fil.*
(= R. incisus *Thunb.*)

諸國ノ山野ニ多キ落葉灌木ニシテ高サ 30-50cm
細クシテ直立シ、多クハ簇生シ上方ハ往々彎曲
傾下シ、枝繁クシテ枝上ニハ前方ニ曲レル銳刺
多シ。葉ハ互生有柄、廣卵形、長サ3-5cm、多ク
ハ三尖裂シ裂片ハ鈍頭、底部ハ心臟形ニシテ邊
緣ハ不整ノ鋸齒アリ。表面ハ綠色ニシテ稍光澤
アレドモ裏面ハ粉白、脈上ニ細刺ノ散生スルア
レドモ兩面共ニ全ク無毛ナリ。春日新葉舒ブル
ヤ短枝端ニ一白花ヲ開キ上向ス。花ハ小形、徑
1cm許アリテ細梗ヲ具ヘ、梗ニ微小ナル刺ノ有
ス。蕚片ハ球形、白霜ヲ帶ビテ平滑、裂片ハ狹
ク、內面ハ白色ノ氈毛ヲ密生シ花後ニハ內方ニ
向テ閉ヅ。花瓣ハ五片、橢圓形、平開ス。核果
ハ球形ニ相集リテ赤熟シ其液汁ハ甘ケレドモ其
核味ハ稍苦シ、故ニ苦苺ノ名アリ、又五月頃ニ
熟スルニ由リ五月苺ト云フ。

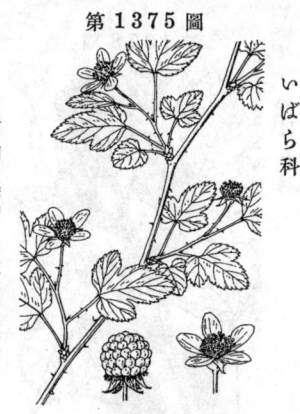
第 1375 圖

いばら科

くまいちご（蓬虆?）
Rubus morifolius *Sieb.*
(= R. Wrightii *A. Gray.*)

山地ニ自生スル落葉ノ小灌木、莖ハ直立シ高サ
1-2m、大ナル者ハ徑凡1.5cm許ニ達シ、毛少キ
モ剌多シ。葉ハ互生シ廣卵形ニシテ長サ6-10cm
內外、三五尖裂、裂片ハ銳頭、邊緣ハ齒牙狀或
ハ缺刻狀鋸齒ヲ成シ、質稍厚ク、兩面ハ無毛ナ
レドモ但シ葉脈上ニハ柔毛アリ。托葉ハ線形。
花ハ白色ニシテ初夏ニ開キ枝端ニ一一四アリテ
短梗ヲ具ヘ小形ニシテ花々相接在ス。蕚片ハ卵
狀披針形、外面ハ柔毛、內面ハ天鵞絨樣ノ細毛
ヲ密生ス。花瓣ハ五片、卵形、蕚片ヨリ長シ。
多雄蕊アリ。核果ハ相聚リテ球形ヲ成シ赤色ニ
熟シ食フベシ。多形種ニシテ細分スレバ幾個カ
ノ變種ト爲スベシ。和名熊苺ハ此種山中ニ生ズ
ルコト多キ可以テ熊ノ食フ苺ト云フ意ナリ。

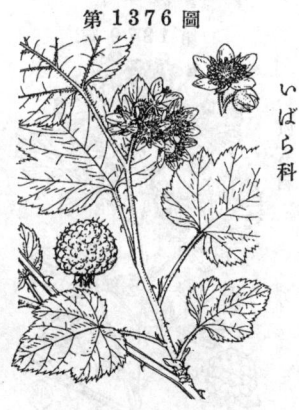
第 1376 圖

いばら科

くさいちご
一名　わせいちご・くゎんすいちご・なべいちご
Rubus hirsutus *Thunb.*
(= R. Thunbergii *Sieb. et Zucc.*)

普通ニ山野ニ生ズル亞灌木ニシテ其莖ハ多少冬ヲ
經テ綠ナリ、高サ20-60cm許。地下莖ハ長ク橫走
シテ諸處ニ新苗ヲ萌出シテ繁殖ス。莖ハ細長ニ
シテ弱ク直立或ハ斜傾シ腺毛密生シ刺散生ス。
葉ハ互生シ奇數羽狀複葉、小葉ハ三-五、卵狀披
針形或ハ卵狀橢圓形ニシテ銳尖頭、鈍底又ハ圓
底、邊緣ハ缺刻狀鋸齒ヲ成シ、兩面毛稍密生ス、
長サ3-6cm、幅1.5-3cm。葉柄ハ往々長ク、基部ニ
鋸狀ノ托葉アリ。花ハ前年枝ニ側生セル短枝端
ニ單生シ、徑4cm內外アリテ白色ヲ呈ス。蕚片
ハ長披針形、先端長尾狀ヲ成シ、兩面ニ氈毛密布
ス。花瓣ハ五片ニシテ平開シ倒卵狀橢圓形、長サ
2cm內外、蕚片ト稍同長ナリ。花後、核果ハ小形、
多數相集リテ球形ヲ成シ赤色ニ熟シ食フベク、
香味頗ル佳ナリ。和名草苺ハ單ニ生ルいちごノ
意、早セ苺ハ他ヨリハ早期ニ熟スルいちごノ意、
鑵子苺、鍋苺ノ其實ノ形狀ニ基ヅキシ名ニシテ
共ニ其中央空凹ヲ成セル果實ヲ倒置セバ鑵子或
ハ鍋ノ形ヲ呈スレバナリ。漢名　蓬虆(誤用)

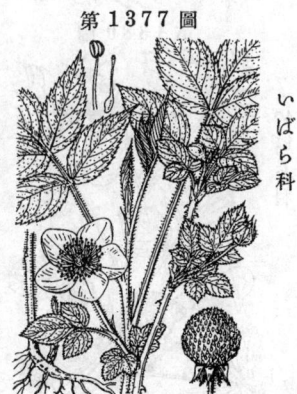
第 1377 圖

いばら科

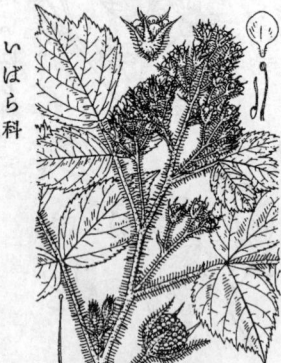

第 1 3 7 8 圖

いばら科

えびがらいちご
一名　うらじろいちご
Rubus phoenicolasius *Maxim.*

山地ニ生ズル落葉灌木ニシテ莖ハ初メ直立スルモ後蔓樣ト成ル、全株ニ紫赤色ノ剛毛狀腺毛ヲ密生シ、其毛間ニ散生セル刺ヲ見ル。葉ハ互生有柄、三出複葉、小葉ハ卵形又ハ廣卵形、長サ4-8cm、幅3-6cm、銳頭圓底ニシテ邊緣缺刻狀鋸齒ヲ有シ、上面ニハ散毛アレドモ下面ニハ白綿毛ヲ密布ス、頂小葉ハ大形ニシテ時ニ三裂スルコトアリ。托葉ハ線狀披針形。花ハ初夏ニ開キ枝端ニ密總狀花序ヲ成シテ著ク。萼片ハ狹披針形ニシテ長ク尖リ開花時ニハ平開シ、外面ニハ腺毛密布ス。花瓣ハ五片、淡紅紫色ニシテ倒卵狀箆形ヲ成シ、直立ス。雄蕊ハ多數ニシテ極メテ短シ。槵果ハ相集リ圓形ヲ呈シテ赤熟シ、種子ニ皺アリ。和名ハ蝦殼苺ノ意、其莖枝ニ葉柄ニ紅紫色ノ粗毛多キヲ以テ之ヲ蝦えびノ殼ニ喩ヘシ者ナリ、裏白苺ハ葉裏白色ナルヲ以テ云フ。

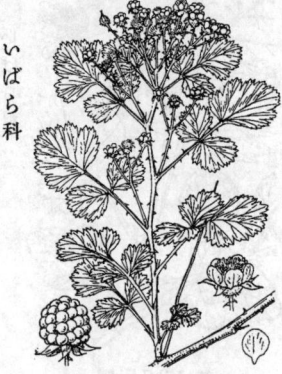

第 1 3 7 9 圖

いばら科

なはしろいちご（紅梅消）
一名あしくだし・さつきいちご・さをとめいちご
Rubus parvifolius *L.*
(＝R. triphyllus *Thunb.*)

原野ニ自生スル匍匐性ノ落葉小灌木ニシテ莖ハ長サ1.4m內外ニ達シ、直立莖ハ30cm內外ニシテ殆ド毛無ク小刺ヲ生ズ。葉ハ互生シ三出或ハ時ニ羽狀五小葉複葉、小葉ハ菱狀倒卵形、圓頭、楔底或ハ截底、邊緣ハ缺刻狀粗齒牙ヲ有シ、或ハ時ニ二裂若クハ三裂シ、上面ハ無毛ニシテ綠色ナレドモ下面ニハ白色ノ氈毛ヲ密生シ、長幅各2-5cm許アリ。托葉ハ線狀披針形ニシテ全緣ナリ。花ハ夏ニ開キ疎散繖花序ヲ成シテ枝ノ上部ニ腋生或ハ頂生ス。萼裂片ハ卵狀披針形銳尖頭、上下兩面ニハ氈毛密生シ、下面ノ基部ニハ小刺ヲ生ズ。花瓣ハ五片アリテ凑合シ淡紅紫色、倒卵狀箆形ニシテ萼片ヨリ短シ。槵果ハ稍粗大ニシテ數粒相集リ小球形ヲ成シ、六月熟シテ深赤色ヲ呈シ食フベシ。和名苗代苺ハ六月苗代時ニ其實熟スルヨリ云フ、あしくだし（筑前ノ方言）ハ之ヲ啖ジ飲メバ腹中ノ惡キモノヲ下スノ意平、皐月苺ハ陰曆五月ニ其實熟スルヨリ云ヒ、早乙女苺ハ早乙女ノ田植ヱスル時節ニ其實熟スルヲ以テ斯ク云フ。漢名　藕田藨(誤用)

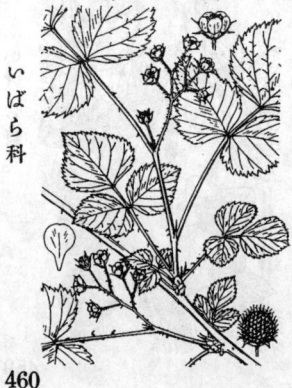

第 1 3 8 0 圖

いばら科

くろいちご
Rubus Kinashii *Lev. et Vnt.*
(＝R. exsuccus *Makino.*)

山地ニ生ジ放縱生長ヲ成ス落葉亞灌木。莖ハ細長ニシテ多少蔓リ如ク延ビテ分枝シ逆向ノ刺アリ又細毛ヲ布ク。葉ハ疎ニ莖上ニ互生シ長柄アリ羽狀三出葉ナレドモ往々五小葉ヲ成ス者アリ、小葉ハ廣卵形ニシテ平坦、銳頭或ハ銳尖頭、底部ハ圓形或ハ截形、不整ノ齒牙緣ヲ有シ、下面ハ白色ノ氈毛ヲ密布シ脈上小刺アリ。托葉ハ鍼狀ニシテ葉柄ノ基脚ニ沿著ス。六七月ノ候、側生ノ小枝端ニ繖房花序ヲ頂生シテ少數ノ花ヲ開ク、花梗ニハ密毛アレドモ刺ナク極メテ細シ。萼片ハ兩面白毛ニ富ム。花瓣五片ハ小形、白色ニシテ箆狀倒卵形ヲ呈ス。八月、槵果ハ小形ニシテ聚合シ徑 8mm 許ノ球狀ヲ成シ熟スレバ紫色ヲ經テ黑熟シ特狀ヲ呈ス。和名黑苺ハ其實黑熟スルヲ以テ云フ。

ときんいばら （酴醾）
一名 ぼたんいばら
Rubus Commersoni *Poir.*
(= R. rosifolius *Sm.*
var. coronarius *Sims.*)

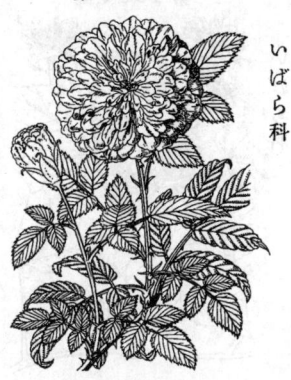

いばら科

支那ノ原産ニシテ往時我邦ニ渡來シ、今ハ廣ク
觀賞ノ爲メ人家ニ栽培セラルル落葉ノ小灌木ニ
シテ地下莖ヲ引テ繁殖ス。莖ハ直立シ或ハ傾斜
シ高サ1m内外ニ達シ、綠色ニシテ稜アリ、疎ニ
分枝シ、無毛ニシテ眞直ノ刺ヲ散生ス。葉ハ互
生ニ奇數羽狀複葉、下方ノ者ハ五小葉アレドモ
花ニ近ク者ハ三小葉ト成ル。小葉ハ卵狀披針形、
銳頭、鈍底或ハ圓底、邊緣重鋸齒或ハ缺刻狀鋸
齒ヲ成シ、上面ハ多數ノ斜上支脈ニ沿テ皺ヲ成
シ兩面ニ毛ナキモ小腺毛アリ、葉軸ニ尖銳刺ヲ
散生ス。托葉ハ狹線形。花ハ五六月ノ候ニ開キ
側生ノ小枝端ニ單生シ大形ノ白色重瓣花ニシテ
一見ばら屬ノ花ノ如シ。花後實ヲ生ゼズ。和名
頭巾薔薇ハ其八重咲ノ花ヲ山伏ノ前額ニ戴ケ
ルときん（頭巾又ハ兜巾）ノ頂ノ十二鐶積ニ擬セ
シモノナリ、牡丹薔薇ハ其重瓣花ニ基キテ云フ。

ばらいちご
一名 みやまいちご
Rubus Commersoni *Poir.*
var. illecebrosus *Makino.*
(= R. illecebrosus *Focke*; R. Commersoni
Poir. var. simpliciflorus *Makino.*)

いばら科

山地ニ生ズル草狀ノ小灌木ニシテ長々地下莖ヲ
引テ盛ンニ繁殖ス、莖ハ無毛ニシテ直立シ一般
ニ低クケレドモ高キ者ハ40cm餘ニ達シ、綠色ニ
シテ稜アリ尖刺ヲ散生シ、上部ニ疎ニ分枝ス。
葉ハ有柄互生ニ奇數羽狀複葉、小葉ハ二ー三對、
短キ小柄アリ、披針形ニシテ銳尖頭、圓底、長
サ4-8cm、幅1-3cm、邊緣ニ重鋸齒或ハ缺刻狀鋸
齒ヲ成シ、兩面無毛、上面ハ多數斜上セル支脈ニ
沿フテ皺ヲ成ス。托葉ハ披針形全邊ナリ。花ハ
七月ニ開キ白色ニシテ枝端ニ單生シ徑3cm許、
花梗ハ無毛ニシテ小刺アリ。萼片ハ卵狀三稜形
ニシテ上部漸尖シ長尾頭ヲ成シ細毛アリ。花瓣
ハ五片平開、廣橢圓形又ハ倒卵形、萼片ヨリ長
シ。核果ハ小形、多數相聚合シテ橢圓形ヲ呈シ
赤熟ス。本種ハときんいばらト同種ト斷ズベキ
理由アリ。和名刺莓ハ莖葉ニ尖銳刺ヲ多キヲ以テ
名ク、深山莓ハ山中ニ多ケレバ云フ。

ふゆいちご
一名 かんいちご
Rubus Buergeri *Miquel.*

いばら科

山地ノ樹陰側等ニ多ク生ズル常綠ノ蔓性小灌木
ニシテ莖ハ直立或ハ横斜シ高サ凡20-30cm許、
絨毛ヲ布クト雖ドモ刺無シ、別ニ長キ匐枝ヲ引
キ長キ者凡2m許ニ達シ通ジテ短柄ノ葉ヲ著ケ
其末端ニ新苗ヲ生ジテ繁殖ス。葉ハ互生ニシテ長
柄アリ稍圓狀五角形ニシテ淺ク五裂シ、底部ハ
心臟形、裂片ハ圓頭或ハ鈍頭、細鋸牙緣、上面
ハ毛少キモ下面ハ葉柄ト共ニ毛茸ニ密生ス。夏
日葉腋ニ短花軸ヲ出シテ五ー十箇ノ白花ヲ著ク、
萼片ハ五、三角狀披針形、銳尖頭、内外面ハ花
梗ト共ニ絨毛ニ密生ス。花瓣ハ五片、長橢圓形
ニシテ萼片ヨリ稍長シ。核果ハ多數聚合シテ圓
形ヲ成シ下ニ宿存萼ヲ伴ヒ冬日赤熟シテ食フベ
シ。和名冬莓ハ其實冬ニ熟スルヨリ云ヒ、寒莓
ハ同ジク寒中ニ熟實スルヲ以テ云フ。漢名ハ寒
莓（誤用）、是レ蓬蘽ノ一名ニシテ我がふゆいち
ご二非ズ。

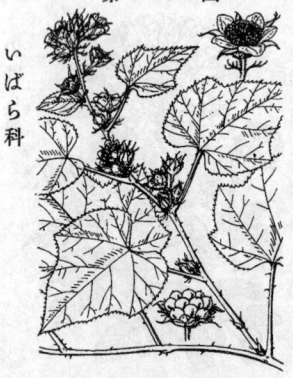

みやまふゆいちご
Rubus hakonensis *Franch. et Sav.*

山地ニ生ズル蔓性ノ常綠小灌木、莖ハ瘦長ニシテ高サ30-40cm內外、直上或ハ傾斜シ無毛ニシテ小刺ヲ有ス。莖ノ一部ハ蔓狀ヲ成シテ偃臥シ長ク引ク。葉ハ互生有柄、卵狀ニシテ銳頭、心臟底、多クハ三-五ニ淺裂ス、邊緣ハ細齒牙緣、兩面ニ毛少シ。葉柄ハ毛少キモ小刺アリ。夏日短花軸ヲ腋生シ或ハ梢ニ穗ヲ成シテ小白花ヲ開ク。萼片ハ卵形ニシテ銳尖尾頭、兩面ニ氈毛多シ。花瓣ハ五片、倒卵狀橢圓形ニシテ萼片ヨリ短シ。核果ハ相聚合シテ球形ヲ成シ冬月ニ赤熟シ食スベシ。本種ハ槪形ふゆいちごニ似タレドモ莖葉ニ毛茸ナク小刺アリ、花瓣ハ萼片ヨリ小ナルニヨリ區別セラル。和名ハ深山冬苺ノ意ナリ。

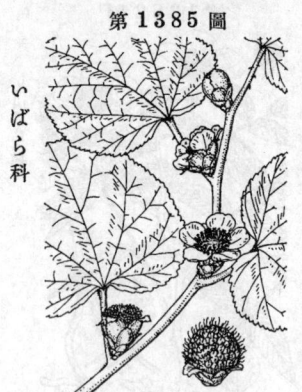

はうろくいちご
Rubus Sieboldi *Blume.*

暖地ノ海岸ニ近キ山足ニ生ズル强壯ナル常綠灌木ニシテ莖ハ弓狀ニ傾曲シ其末端地ニ着テ新苗ヲ發生ス。枝梗太ク刺針ヲ散生シ新條ニハ密ニ氈毛アリ。葉ハ大ニシテ五生ニ卵圓形或ハ圓形ヲ呈シ質極メテ剛厚ニシテ粗糙、長サ10-15cm、葉柄ト共ニ氈毛ヲ布ケドモ後脫落ス、又小銳刺ヲ散生ス。邊緣三-七淺裂シ、裂片ハ不整ノ缺刻狀齒牙緣ヲ有ス。裏面ハ脈絡著シク隆起シ、帶白色ナリ。葉柄ハ長カラズ直立ニシテ小刺ヲ生ジ、基脚ノ托葉ハ邊緣細裂シ早落ス。初夏ノ候、葉腋ニ一乃至數花ヲ繖簇シテ白花ヲ開ク。花ハふゆいちごニ似テ大形、徑凡3cm內外、花下ノ苞ハ廣卵形ニシテ兩面細毛ヲ布ク。萼片ハ卵形ヲ呈シ兩面共ニ赤褐色ノ密毛ヲ生ジ花時背反ス。花瓣ハ五片、廣橢圓形乃至稍圓形、邊緣波皺アリ。核果ハ多數聚合シテ球形ヲ形成シ下ニ宿存萼ヲ伴ヒ多月ニ赤熟ス。和名炮烙苺ハはうろく鍋ノ形セシいちごノ意、其果粒相集リ中部空洞ヲ成セルモノヲ倒置セバ其形ヲ呈スルヨリ云フ。

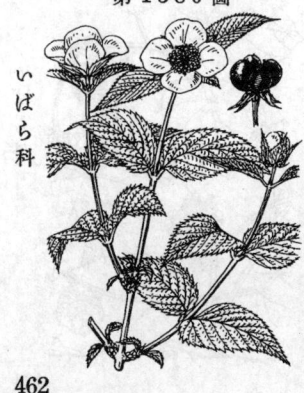

しろやまぶき
Rhodotypos scandens *Makino.*
(= Rh. kerrioides *Sieb. et Zucc.*)

中國方面ニ稀ニ野生スレドモ普通ニハ庭園ニ栽培セラルル落葉灌木、幹ハ上向シ高サ2m許、枝ハ開出セリ。葉ハ對生、卵形ニシテ銳尖、葉底圓形或ハ截形、長サ4-8cm、邊緣重複セル尖鋸齒アリ、葉面深綠褶襲ヲ有シ下面淡綠ニシテ絹毛アリ。葉柄短ク托葉細クシテ脫落ス。五月、新枝頭毎ニ一花ヲ發ラク。萼筒扁タク、四萼片葉狀ニシテ廣ク、尖卵形ニシテ邊緣赤鋸齒アリ。小萼片四、萼片ト五生ニシテ狹鋭形ヲ成ス。花瓣四片圓形ニシテ廣闊、平開シ花徑3-4cmアリ。雄蕋多數ニシテ長カラズ。果實ハ一花ニ四箇、宿存セル萼片ヲ伴ヒ、乾ケル小核果ニシテ略橢圓形7mm許、黑色ニシテ光澤アリ、落葉後モ尙枝頭ニ留マル者アリ。和名白山吹ハ花葉枝條總テやまぶきニ似テ花白色ナルヲ以テ云フ。

いばら科

いばら科

いばら科

462

やまぶき (棣棠)
Kerria japonica *DC.*

山間溪側ニ多ク又普ク栽培セラルル落葉灌木。幹ハ上向シ高サ 2m 許アリテ叢生セリ。枝ハ細クシテ之曲ク緑色。葉ハ二列ニ互生シ卵形ニシテ長銳尖頭、6-7cm、葉底藏形乃至微心形、邊緣缺刻狀重鋸齒アリ、質薄クシテ表面鮮綠支脈凹陷シ下面淡綠ニシテ脈隆起セル脈上ニ薄ク毛アリ。葉柄5-10mm。托葉細長菲薄ニシテ謝落ス。晚春首夏ト短キ新側枝ノ先端每ニ一花ヲ發ラク。萼舌深裂シ裂片卵形突頭、筒部短廣。花瓣五、黃色、廣楕圓形、底部花爪ヲ成シ、散リ易シ、花徑凡4cm許。果實元來五顆ナレドモ或ハ四、三、二、一顆成熟シ、花托上宿存萼內ニ座シ小形ニシテ稍左右ヨリ扁壓セラレタル半楕圓形小核果ニシテ脊稜アリ、初 メ綠色、熟シ乾ケバ暗色ヲ呈ス。やゝやゝやまぶきハ八重咲ノ一品、きくざきやまぶきハ花瓣狹ク、しろばなやまぶき (var. albescens *Makino*) ハ花瓣白色ヲ帶ブル一品ノ變種ナリ。和名ハ通常山吹ト書セリ、やまぶきハやまぶき(山振)ノ義ニシテ其枝條細弱、每ニ風ニ隨ヒテ靡キ搖ク故云フト謂、リ。

まるめろ (榲桲)
Cydonia oblonga *Mill.*
(= C. vulgaris *Pers.*)

波斯とるきすたん地方ノ原產ニシテ寬永十一年我邦ニ渡來シ今ハ處々ニ栽培セラルル落葉無刺ノ小木、樹高8m許ニ達ス。葉ハ互生、卵形乃至楕圓形、5-10cm、全邊、質稍厚ク、葉面深綠、裏面灰白色ノ綿毛ニテ被ハル。葉柄1-1.8cm、新枝ト共ニ綿毛ヲ被フリ、托葉ハ謝落ス。花ハ晚春首夏ノ候新枝ノ先端ニ單生シ純白或ハ淡紅ヲ帶ビ徑4-5cm。萼筒ハ細キ倒圓錐形、萼片披針形長クシテ花時反捲シ共ニ綿毛ヲ被ハル。花瓣廣楕圓形、爪部綿毛アリテ蕾時回旋ス。雄蕊二十枚、花柱五、離生シ基部ニ毛アリ。花心亦密毛アリ。梨果ハ洋梨狀楕圓形或ハ苹果形、佳香アリ、綿毛ヲ被フル、臍ニ宿存セル萼片ヲ頂ク、五室、各室多數ノ種子ヲ藏ス。生食又ハ鐵詰ニ作ル。和名ハぽるとがる語ノ Marmelo ヲ出ヅ、即チ英語ニ云フ Quince ヲ同國ニテハ斯ク云フ、又同國ニテ Marmereiro ハ其樹ヲ指シ Marmelada ハ其果實ノ砂糖漬ヲ指ス。

てんのうめ (小石積)
一名 いそざんせう
Osteomeles subrotunda *K. Koch.*

琉球地方ノ海邊ニ生ズル常綠灌木ナルモ又庭園ニ栽培セラル。幹ハ稍叢性ト成リ分枝シ其面粗糙ナレドモ無毛ナリ。幼條ハ剛毛狀ノ白毛ヲ生ズ。葉ハ互生、革質ニシテ羽狀複葉ヲ成シ、剛毛狀白毛ヲ多ク生ズ。小葉ハ七對許、倒卵狀楕圓形或ハ楕圓形、長サ5-7mm、幅2.5-3mm、圓頭圓底ニシテ極メテ短キ小柄ヲ具フ、表面ハ深綠色ニシテ光澤アリ。花ハ白色ニシテ徑8-9mm、四五月ノ候枝端ニ少數ノ繖房花序ヲ成シテ開花ス。花梗并ニ萼ニ白毛アリ。萼片ハ卵狀三角形、反捲ス。花瓣ハ五、倒卵形ヲ呈シ小花爪アリテ萼片ノ倍長。雄蕊ハ二十二至二十五、萼片ト同長ナリ。雌蕊ハ五花柱ヲ有ス。和名天のうめハ多分其小梅花樣ノ白花點々トシテ開キ宛モ星ノ天ニ麗ラブガ如クナレバ謂フナラン。磯山椒ハ磯巖ノ上ニ生ジテ其葉さんせうノ如ケレバ謂フ。

第 1 3 8 7 圖

いばら科

第 1 3 8 8 圖

いばら科

第 1 3 8 9 圖

いばら科

463

第1390圖

いばら科

せいやうくゎりん

Mespilus germanica L.

所謂めどらー（Medlar）ニシテ古來ヨリ歐洲ニ栽培セラルル落葉小木、我國ニハ稀ニ之レヲ園裡ニ見ル。樹高5m許、小枝ハ時ニ刺ト變ズ。葉ハ互生シ5mm許ノ短柄アリ、葉片ハ6-13cm、長橢圓形或ハ倒披針狀ニ傾ク、先端尖リ邊緣ニ小鋸齒アルカ或ハ殆ド全邊、葉面暗綠、兩面殊ニ下面ニ多クノ短毛ヲ被フル、下面葉脈上ニハ幼枝幷ニ葉柄ト共ニ短キ絨毛密生シ支脈十數對アリ。托葉細小謝落ス。花ハ單生、大ニシテ白色、花徑3-4cm、初夏幼枝ノ先端ニ發ラキ短柄アリ、萼片大ニシテ鉞形、外面毛多ク、花瓣廣倒卵形、雄蕊多數、花柱五ニシテ離生ス。果實ハ梨果狀、牛球形、暗橙色、基部短ク狹窄シ頂部廣闊ニシテ平ク、邊緣ニ宿存セル萼片ヲ存シ、徑2-3cm、石核五アリ、辛フジテ食シ得ベシ。

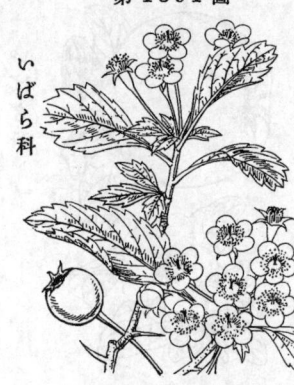

第1391圖

いばら科

さんざし (山樝)

Crataegus cuneata Sieb. et Zucc.

支那ノ原產ナレドモ我邦ヘハ享保十九年ニ藥用植物トシテ朝鮮ヨリ渡來シ栽培セシト雖ドモ今ハ觀賞品トシテ往々愛玩セラルル落葉ノ小灌木ナリ。高サ1.7m內外、分枝多ク、枝ノ變化セル刺アリ。葉ハ楔狀ヲ成シ、底部ハ狹楔形、邊緣ハ鈍狀鋸齒、上部ニ多ク三淺裂、稀ニ三深裂、極稀ニ五深裂ス。表面ハ深綠色ニシテ毛少ナキモ下面ニ稍毛多シ。春、枝梢ハ白色花ヲ繖房狀ニ開ク。花徑2cm內外、萼ハ花梗ト共ニ毛多ク生ジ、萼片ハ卵形銳尖頭ナリ。花瓣ハ白色ニシテ五、圓形ナリ。雄蕊ハ二十、花瓣ト同長ナリ。果實ハ球形、宿存萼ヲ有シ、外面ニ毛アリ、赤色又ハ黃色ニ熟シ、徑2cm內外ニ達ス、食フニ耐エザルモ藥用ニ供セラル。和名ハ山樝子ニシテ其ノ子ハ元來果實ヲ指セドモ我邦ニテハ今ハ其植物ノ名ト成レリ。

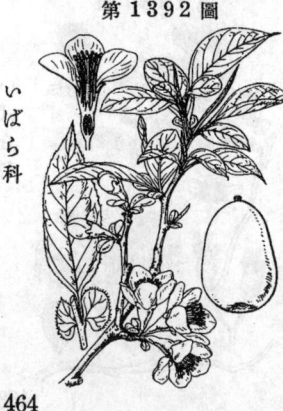

第1392圖

いばら科

ぼけ (貼梗海棠)
古名 もけ

Chaenomeles lagenaria Koidz.

支那原產、舊ク渡來シ今ハ普通ニ庭園ニ栽培スル觀賞落葉灌木、幹ハ高サ2m內外、平滑ニシテ刺狀枝ヲ有ス。葉ハ平滑、橢圓形或ハ長橢圓形、銳頭、楔底、邊緣ニ微小鋸齒アリ。托葉ハ卵形或ハ披針形、早落。花ハ單生或ハ數花簇生、徑2cm內外。花梗ハ短クシテ毛アリ。萼ハ無毛、鐘形或ハ筒狀、五裂、裂片ハ直立、圓頭。花瓣ハ圓形・倒卵形或ハ橢圓形、小花爪アリ。雄蕊ハ三十乃至五十、花絲ハ無毛。花柱ハ五、下部ニ微毛アリ。雄性花雌性花アリテ雄性花ハ下位子房瘦セ、雌性花ハ肥厚シ花後ニ果實ヲ結ブ、果實ハ橢圓形、長サ10cm許。花色ハ種々アリ、深紅色ナルヲひぼけ、白色ナルヲしろぼけ、紅白雜色ナルヲさらさぼけト稱ス。和名ぼけハ木瓜卽もくくゎノ轉音ナリ、我邦ニテハ舊ク木瓜ヲ其品ニ宛テシヲ以テ此名ヲ得タルナリ、而シテ木瓜ハ元來くゎりんトぼけトノ中間形ヲ呈セル種ニシテ今之レヲ我邦ニ見ズ Ch. cathayensis (Hemsl.) Koehne. ノ學名ヲ有シ和名ヲまぼけト云フ。

くさぼけ

一名 しどみ・ぢなし

Chaenomeles japonica *Lindl.*

(＝Ch. Maulei *Lavall.*)

山野ニ生ズル落葉ノ小灌木ニシテ莖ハ下部伏臥性、高サ30-60cm内外、針狀枝ヲ有ス。葉ハ倒卵形、圓頭、狹楔底、邊緣ハ鈍狀鋸齒、長サ2.5-5cm、幅10-17mmアリ。早春、葉ニ先チテ赤色ノ花ヲ開ク。花ハ單生、或ハ二-四出、短花梗ヲ有ス。蕚ハ平滑、倒圓錐形、蕚片ハ半圓形ニシテ直立シ、毛緣ナリ。花瓣ハ倒卵形或ハ倒卵狀圓形、基部花爪狀ヲ成ス。雄蕋ハ多數。雌蕋ハ四-五花柱ヲ有ス。花ニ雌性ト雄性トアリ、雄性花ハ下位子房瘦セ、雌性花ハ下位子房肥厚シ花後結實ス。果實ハ球形、黃熟シ、徑2-3cm、酸味多シ。和名草木瓜ハぼけニ似テ莖枝矮小ナルヲ以テ斯ク云フ。漢名 楂子(誤用)

第1393圖

いばら科

くゎりん (榠樝)

Chaenomeles sinensis *Koehne.*

(＝Pseudocydonia sinensis *Schneid.*)

支那原產ノ落葉喬木ニシテ庭園ニ多ク栽培セラル。幹ハ高サ8m內外、徑凡35cm許ニ達シ、樹皮ハ帶綠褐色ニシテ平滑、鱗狀ヲ成シテ剝離シ其脫跡雲紋狀ヲ呈ス。葉ハ有柄、倒卵形或ハ長倒卵形ニシテ長サ4-7cm許、表面ハ無毛、裏面ハ毛アルモ後多クハ謝落ス、邊緣ハ細鋸齒、下部ハ腺緣ヲ成ス。托葉ハ細ク、早落ス。花ハ春日新葉ト共ニ出デ枝端ニ單生シ短花梗ヲ具フ。蕚ハ花梗ト共ニ無毛、倒圓錐形、五裂、裂片ハ卵狀披針形ニシテ反捲ス、內面ニ絨毛アリ邊緣ニ腺毛ヲ具フ。花瓣ハ淡紅色、楕圓形、短花爪アリ。雄蕋ハ多數、花瓣ノ半長。梨果ハ楕圓形或ハ倒卵圓形、長サ10cm內外、黃色ニシテ芳香アリ、果肉ハ堅クシテ且ツ酸澁味強ク生食シ難シト雖ドモかせいたト稱スル菓子ヲ製ス。所謂あんらん樹ト稱ヘテ往々神社庭ニ植ヱアル者ハ此種ナリ。和名ハ此樹ノ木理くゎりん(花櫚)ニ似タレバ斯ク云フト謂ヘリ。

第1394圖

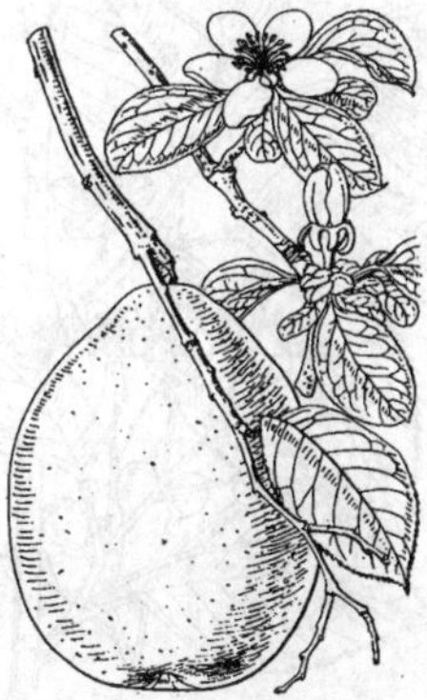

いばら科

たちしゃりんばい

誤稱 しゃりんばい

Rhaphiolepis umbellata *Makino.*

主トシテ九州南半部ノ海邊地ニ生ズル常綠灌木或ハ小喬木ニシテ偶ニ庭園ニ植ヱラル。高サ2-4m許ニシテ立チ小枝ハ車輪狀ニ出デ葉・花軸ト共ニ初メ綿毛ヲ被ル。葉ハ枝上ニ車輪樣ニ互生、長楕圓乃至倒卵狀長楕圓形、5-8cm、先端鈍圓、底部狹窄シテ1.5cm許ノ葉柄ヘ流下ス、邊緣ニ低鋸齒アリ、葉質厚ク硬ク、葉面深綠稍光澤アリ、下面帶白淡綠色ニシテ細網脈明ナリ。托葉ハ早落。圓錐花ハ枝端ニ出デ小花梗ハ長カラズ、苞早落。蕚筒ハ狹キ倒圓錐形、蕚片ハ厚ク鍼形廣狹アリ、共ニ綿毛ヲ被ル。花ハ五月ニ發ラキ、花瓣白色、廣倒卵形1.2cmニ達シ基脚綿毛アリ狹窄シテ花爪ヲ成ス、蕾時ハ旋回シ開キテ稍半開。雄蕋二十許、花心ニ立ツ。花柱二、基脚癒合ス、子房二室。果實ハ球形、徑1cm許、黑紫色霜ヲ帶ビ果頂ニ蕚ノ脫落セル輪狀ノ痕ヲ殘セリ、概ネ一箇ノ種子ヲ藏ス。和名立車輪梅ハ其植物高ク直立シテ枝ハ輪出シ其花梅ニ似タルヨリ謂フ。奄美大島ニテハ方言ヲてかちきト云ヒ其樹皮ヲ大島紬ノ染料トス。漢名 指甲花・水木犀(共ニ誤用)

第1395圖

いばら科

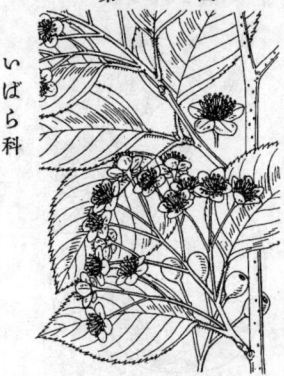

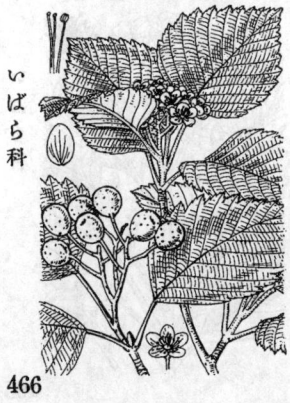

いばら科

第1396圖

しゃりんばい
一名 はまもっこく・まるばしゃりんばい
Rhaphiolepis umbellata *Makino*
var. **Mertensii** *Makino*.

本州中部以南ノ海岸ニ生ズル常綠矮灌木。高サ1m內外。枝葉繁密、枝梜强直ニシテ屈曲少ク、嫩枝ニノミ褐毛ヲ布ケドモ後謝落ス。葉ハ葉柄アリテ互生シ、枝頭ニ聚リ着テ車輪樣ヲ呈ス。卵形或ハ廣橢圓形、極メテ厚ク且ツ剛質ニシテ暗綠色ヲ呈シ微鋸齒アリテ葉緣多少裏面ニ反卷シ毛ヲ有セズ、表面多少ノ光澤アリ。五月、枝頂ニ短キ圓錐花序ヲ着ケ、白色五瓣花ヲ開ク。徑1-1.5cmニシテ梨花樣ノ觀アリ。萼筒ハ漏斗狀ニシテ花梗ト共ニ綿毛アリ子房ト融着ス。花瓣ハ圓形、邊緣ハ波皺ス。雄蕋二十箇、果實ハ梨果ニシテ球形、黑熟シ多少白霜ヲ帶ビ、頂ニハ輪狀ニ萼片脱落ノ跡ヲ存ス。粧飾ノ爲メ庭園ニ栽植ス。和名ハ車輪梅ニシテ其枝梜輪出シ其花梅花ノ如ケレバ謂ヒ、濱もっこくハ海邊ニ生ジテ其葉もっこくニ似タレバ云ヒ、圓葉車輪梅ハ其葉たちしゃりんばいニ比スルニ短闊圓頭ナレバ斯ク云フ。

第1397圖

あづきなし
一名 はかりのめ
Sorbus alnifolia *K. Koch*.
(=**Micromeles alnifolia** *Koehne*.)

山地ニ生ズル落葉喬木。枝ハ紫黑色、白色ノ皮目散點シ無毛或ハ初メ薄ク毛アリ。短枝アリ。冬芽ハ紅色、光澤アリ。葉ハ互生、卵形乃至橢圓形、7-10cm、先端銳尖、邊緣重鋸齒アリ、質稍硬ク、葉面深綠無毛、下面無毛或ハ初メ薄ク毛アリ、支脈八乃至九對斜上直走シ表面ニ凹陷シ下面ニ隆起ス。葉柄1.5cm許。托葉早落。花ハ白色、五六月發ラキ、二三ノ葉ヲ散生セル之曲セル新枝ノ先端及上方ノ葉腋ニ疎ナル繖房花ヲ成ス。花梗ハ細長ニシテ苞ハ早落、花徑1-1.5cm。萼筒狹長橢圓形、萼片三角形內面綿毛アリ。花瓣ハ橢圓形乃至圓形、底部ニ近ク綿毛アリテ短キ花爪ニ移ル。雄蕋二十許。花柱二、平滑。果實ハ長橢圓形乃至橢圓形、8-10mm、紅色、皮目散點シ霜ヲ帶ビタリ、萼ハ脱落シ平滑ナル花托ノ內面ニ果頂ニアリテ平タキ臍ヲ成ス。和名小豆梨ノ其果實ノ狀ニ則リ、秤ノ目ハ其枝上ニ散點スル白色皮目ノ狀ニ由ル。

第1398圖

うらじろのき
Sorbus japonica *Sieb*.
(=**Micromeles japonica** *Koehne*.)

山地ニ生ズル落葉喬木、枝ハ紫黑色、皮目散點ス、又短枝アリ。葉ハ互生、橢圓形或ハ圓形或ハ倒卵形、6-10cm、先端銳尖、底部鈍圓、邊緣缺刻尖鋸齒ヲ刻ム、上面綿毛アルモ後脱落シ、下面ハ綿毛ニ由リテ雪白ヲ呈ス、支脈十對許斜上直走ス。葉柄1-2cm、初メ綿毛アリ。托葉脱落。花ハ白色、五六月發ラキ、二三ノ葉ヲ散生セル之曲セル新枝ノ先端及上方ノ葉腋ニ疎ニ繖房花ヲ成ス。苞狹長早落。花徑1cm、萼筒鐘形、萼片ハ反捲シ披針形ニシテ相離在シ、萼ハ綿毛ニ被ハル。花瓣亦反捲シ橢圓形乃至圓形、底部綿毛生ジ短キ花爪ヲ成ス。雄蕋二十餘、花絲絲狀銳形。子房二室、各室ニ卵子アリ。花柱二、接在竝列シ平滑。果實ハ橢圓形、1cm許、紅色ニシテ皮目散點シ萼片ハ萼筒ノ遊離部ト共ニ脱落シテ裏ナク果頂ニ小凹窪ヲ存ス。果梗長シ。和名ハ裏白ノ木ハ葉ノ裏面白色ナルニ基ヅク。

ななかまご
Sorbus commixta Hedlund.
(=S. japonica Koehne, non Sieb.;
S. Aucuparia var. japonica Maxim.)

山地ニ自生スル落葉喬木ニシテ高サ7-10m許、徑30cm
ニ達スル者アリ。樹皮ハ帶灰暗褐色ニシテ粗糙、細キ
皮目ト臭氣アリ。枝條ハ濃紫紅色ヲ呈ス。總テ無毛ナ
リ。葉ハ互生、奇數羽狀複葉ヲ成シ、小葉ハ五-七對、
長橢圓形、銳尖頭、圓底或ハ楔狀鈍底、邊緣ハ單鋸齒
又ハ重鋸齒ヲ成シ先端芒狀ナリ。長サ凡 3-6cm、幅
1-1.7cm、上面綠色下面ハ淡色ニシテ共ニ無毛、晩秋
紅葉シテ美ナリ。花ハ七月ニ開キ、白色小形ニシテ枝
端ニ多數集リテ複繖房花序ヲ成ス。萼ハ倒圓錐形ニシ
テ五裂、裂片ハ廣卵狀三角形ニシテ鈍頭ナリ。花瓣ハ
五、扁圓形、內面ニ毛アリ。雄蕊ハ二十。花柱ハ三-
四、基部ニ軟毛密生ス。梨果ハ球形、徑6mm內外ア
リ、相聚リテ下垂シ赤熟シ甚ダ美ナリ。材ハ燃エ難ク、
竈ニ七度入ルルモ尙燼殘ルト謂フヨリ此ノ名ヲ得タ
リト云フ。漢名 花楸樹(誤用)。さびぢななかまど ハ
此ノ一變種ニシテ var. rufo-ferruginea Schneid.
(=S. rufo-ferruginea Koidz.)ナリ。

第 1399 圖

いばら科

第 1400 圖

うらじろななかまご
Sorbus Matsumurana Koehne.
(=Pyrus Matsumurana Makino.)

本州中部以北ノ高山帶ニ生ズル落葉小喬木。高
サ2m內外ニシテ全株無毛ナリ。葉ハ有柄互生、
奇數羽狀複葉、小葉ハ四-六對、長橢圓形ニシテ
葉頭稍銳鈍形ヲ呈シ凸尖アル銳頭ヲ有シ、上牛部
ノミニ鋸齒アリ、底部ハ歪圓形ヲ成シ、表面蒼綠
色、裏面粉白、通常葉緣稍內曲ス。七月頃枝端
ニ平頂ノ繖房花序ヲ着ケ密ニ白細花ヲ綴リ花軸
ハ平滑ナリ。花ハ徑1cm、花瓣ハ五箇、圓形ニシ
テ有花爪、先端往々齒痕アリ、比較的大ナリ。雄
蕊二十許、雌蕊ハ五花柱ヲ具フ。果實ハ梨果ニ
シテ稍球狀ノ廣橢圓形ヲ成シ紅黃色ニ熟ス、徑
1cmニ近ク、無毛平滑ニシテ先端ハ萼齒突出セ
ズ爲ニ五箇ノ小孔星狀ニ配列スルノ特徵アリ。
和名ハ裏白七竈ノ意ニシテ葉ノ裏面帶白色ナレ
バ云フ。

第 1401 圖

いばら科

たかねななかまご
Sorbus sambucifolia M. Roem.

本州中部以北ノ高山帶ニ生ズル落葉灌木ニシテ
往々ひまつノ中ニ交ハリ生ズ。高サ1m內外、
枝梗瘠セテ疎ニ分岐シ、嫩セ時ニ小毛ヲ生ズレ
ド後ハ全ク平滑ト成ル。葉ハ羽狀複葉ニシテ互
生シ平開シ、小葉ハ三-四對、卵狀長橢圓形ニシ
テ長サ2-3cm、銳尖頭ヲ成シ底部ハ鈍形、邊緣
ハ全體ニ亘リテ銳キ重鋸齒ヲ刻ミ、葉面ハ平坦、
稍革質ニシテ剛強、脈絡顯著ニ見エ、表裏同色
ナリ。托葉ハ極メテ小形ニシテ細ク、葉柄ノ基
脚ニアリ。七月頃莖頂ニ比較的少數花ヨリ成ル
繖房花序ヲ出ダシテ徵紅ノ白花ヲ開ク。花ハ近
似ノ者ト大同小異。花柱ハ五箇、稀ニ六箇、果實
ハ梨狀形、秋ニ入ツテ紅熟シ、長サ1cm許、先端
ニハ萼片五箇ノ殘存突出スルノ殊徵アリ。和名
ハ高嶺七竈ノ意ニシテ高山ニ生ズルヨリ云フ。

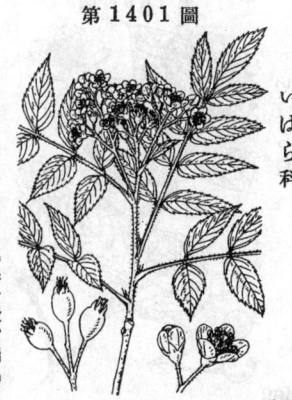

いばら科

なんきんななかまど
一名 こばのななかまど
Sorbus gracilis *K. Koch.*

いばら科

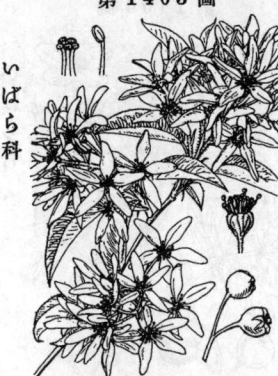

山地ニ生ズル落葉灌木ニシテ高サ2m內外、幼條ニ毛アリ。葉ハ奇數羽狀複葉。小葉ハ三-四對、上部ノ者大形ニシテ下部ニ至ルニ從ヒ遞次小形ト成ル、橢圓形ニシテ銳頭、下牛部ハ全緣、上牛部ハ鈍狀鋸齒緣ヲ成ス。葉柄ニハ軟毛多ク生ズルモ、葉面ハ無毛ナリ。托葉ハ大形、葉狀、稍圓形ヲ成シ、鋸齒緣ヲ呈ス。花ハ頂生繖房狀花序ヲ成シテ初夏ニ開キ黃綠色ヲ呈ス。蕚ハ倒圓錐形、五淺裂、裂片ハ卵形、殆ド無毛。花瓣ハ五、白色、卵狀橢圓形ナリ。雄蕋ハ二十、花柱ハ二-三。果實ハ球形、徑6mm內外、紅熟ス。和名南京七竈ハ其樹矮小ナルヲ以テ斯ク名ケ敢テ外來ヲ意味セズト謂フ、小葉ノ七竈ハ其葉ななかまどニ比スレバ小形ナルヲ以テ云フ。

ざいふりぼく
一名 しでざくら
Amelanchier asiatica *Endl.*

いばら科

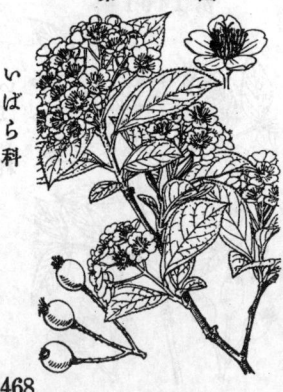

中部以南ノ山地ニ生ズル小喬木。幹ハ無毛、帶紫色ナリ。葉ハ上面ハ無毛ニシテ下面ハ幼時白色又ハ肉色ノ綿毛密布スルモ老成スレバ無毛ト成ル、橢圓形ニシテ銳頭、鈍底、長サ5-7cm、幅2.5-4cm許、邊緣ハ微小鋸齒ヲ有シ、十-十三對ノ支脈アリ。長葉柄アリ。春時、短枝頂ニ繖房狀總狀花序ヲ成シテ白花ヲ攢開シ花梗ニ毛アリ。蕚ハ綿毛密布シ蕚片ハ披針形ニシテ反捲ス。花瓣ハ五片ニシテ線形、長サ10-15mm、幅2-3mmアリ圓頭ヲ成ス。雄蕋ハ二十、蕚筒ヨリ稍長シ。花柱ハ五、基部癒着シ、微毛アリ。梨果ハ小球形、徑6mm內外、宿存蕚ヲ具フ、熟スレバ紫黑色ヲ呈ス。和名ハ采振リ木ノ意ニシテ花穗ヲ采配卽チ麾ニ擬セシナリ。四手樓ハ同ジク其花穗ノ見立テニシテ白木綿或ハ白紙ノ四手ヲ掛ケシ如ク白ク見ユル故云フ。漢名 扶移(誤用、此樹ハ一ニ高飛又ハ獨搖ト稱シ我ガはとやなぎニ似タル Populus 屬ノ一種ニシテ葉圓ク葉柄扁弱能ク微風ニモ搖クナリ)

うしころし
一名 かまつか
Pourthiaea villosa *Decne.*
(=Crataegus villosa *Thunb.*)

いばら科

山野ニ生ズル落葉ノ灌木又ハ小喬木ナリ。葉ハ倒卵形或ハ狹長倒卵形或ハ楔狀倒卵形、急銳尖頭、楔狀底、長サ4-10cm、幅2-5cm內外、細尖鋸齒緣、表面初メ毛アリテ後裸出シ裏面ニハ細毛アリ。支脈ハ中脈ノ兩側各五-八條アリ。春時白色ノ小花ヲ枝端ニ頂生セル繖房狀ニ綴リ、果時ニ及ンデ花軸ニ花梗ニ褐色ノ皮目多シ。蕚ハ短鐘狀、花梗ト共ニ毛アリ、五淺裂、裂片ハ鈍狀三角形。花瓣ハ五、倒卵狀圓形、楔底。雄蕋ハ二十、花瓣ト稍同長。花柱ハ三、基部癒合シ、其下部ハ軟毛密生ス。果實ハ卵狀球形又ハ廣卵狀橢圓形、長サ7-9mmアリ、紅熟ス。材頗ル粘靭ニシテ堅ク、鎌ノ柄ニ用キラルルニ由リ鎌柄ノ名ヲ得、又牛ノ鼻ヲ綱ヲ通ス時此木ヲ以テ鼻障ニ孔ヲ穿ツヨリ牛殺シト稱ス。一變種ニ葉小形ニシテ毛ナク、繖房花序稍小形、花モ亦小ナル者アリ、けなしうしところし(var. laevis *Dipp.* =Crataegus laevis *Thunb.*)ト稱ス。

あかめもち
一名 そばのき　誤稱 かなめもち
Photinia glabra *Maxim.*

溫暖ノ地ニ生ズル常綠小喬木ニシテ又多ク灌籬ニ作ル。葉ハ有柄互生、革質平滑、倒披針狀長橢圓形、5-10cm、底部狹窄シ先端銳尖、邊緣ニ細鋸齒アリ、葉面少シク光澤アリ下面黃綠ヲ帶ビ中脈ハ下面ニ隆起セリ、葉柄ハ1-1.3cm。托葉鍼形、早落ス。新葉ハ紅色ヲ帶ビテ美シク落葉前ニハ復タ紅裝ス。花ハ五六月發ラキ小ニシテ白色、花序ハ圓錐形ニシテ橫ニ擴リ徑 7-13cm、花軸平滑、皮目無シ。萼筒ハ短キ倒圓錐形、萼齒三角形、花瓣廣橢圓形乃至圓形、基脚綿毛アリ流下シテ花爪ヲ成シ花時背反ス。雄蕊二十許。子房半上位ニ室、二花柱接在並列シ基脚癒合セリ。蜜腺黃色。果實ハ橢圓狀球形、徑5mm許、宿存セル萼片ヲ頂ク、秋冬ノ候熟シテ紅色ヲ呈ス。和名赤芽もちハ其嫩葉特ニ赤色ナルヨリ云ヒ、之レヲ誤リテ要もち卜呼ビ其材ニテ扇ノ要ヲ造ルト云フハ妄ナリ、蕎麥ノ木ハ其白花滿開ノ狀薔麥花ニ似タルヨリ云フ、そばヲ稜角ノ意トスルハ非ナリ。

第 1405 圖

いばら科

び　は　(枇杷)
Eriobotrya japonica *Lindl.*

九州四國ノ山地(主トシテ石灰岩地)ニ野生アレドモ通常果樹トシテ栽植セラルル常綠喬木。高サ10m內外アリテ枝椏開出、圓キ樹冠ヲ成ス。嫩枝ハ密ニ淡褐色ノ絨毛ヲ被フル。葉ハ大形ニシテ短柄互生、長橢圓形或ハ倒披針狀長橢圓形ニシテ長サ15-20cm、銳頭狹底、邊緣ハ低波狀鋸齒アリ、表面ハ暗綠色初メ有毛ナレド後ハ無毛多少ノ光澤ヲ存シ脈絡陷入シテ凹凸アリ、裏面ハ淡褐色ノ絨毛ヲ密布ス、質厚クシテ剛硬ナリ。晚秋初冬ノ候ニ長サ5-6cm許ニシテ分枝平開セル三角狀圓錐花序ヲ成シテ白花ヲ開キ、中軸・花梗・萼片共ニ密ニ淡褐色ノ絨毛ニ包マル。花ハ五瓣五萼、芳香アリ、翌夏ニ至リテ球形ノ梨果黃熟シ食フベク、果面ハ綿毛アリ、中ニ巨大ノ赤褐色ノ種子ヲ藏ス。茂木びはハ果長ク、田中びはハ唐びはノ一品種ニシテ果實大キク徑 4cm內外アリ。往々葉ヲ民間藥トス。和名ハ漢名枇杷ノ音ナリ、枇杷ハ樂器ノ琵琶ニ似タル故名ク、

第 1406 圖

いばら科

ず　み
一名 ひめかいだう・こりんご・みつばかいだう
Malus Toringo *Sieb.*
(= Pyrus Toringo *Sieb.*; P. Sieboldii
Regel; Malus Sieboldii *Rehd.*)

山地ニ多キ落葉樹、樹高10mニ達シ、枝ハ擴散シ廣キ樹冠ヲ作ル、小枝ハ帶紫色ニシテ往々刺化セリ。葉ハ有柄互生、長橢圓形・橢圓形・卵狀橢圓形等ニシテ尖リ、邊緣鋸齒アリ、長サ4-10cm、幅2-8cm。葉面深綠色、新葉ハ軟毛ヲ被リ、成葉ニハ無毛乃至有毛。葉柄1.5-5cm許。托葉鍼形、早落ス。枝端ノ葉ハ時々三裂乃至羽狀ニ分裂シ、其托葉ハ葉狀ヲ呈シテ多少殘存ス。花ハ三-七箇ニシテ短キ新枝ノ先端ニ繖形ニ出ヅ。花梗細長、1-3cm。萼筒壺形、萼片披針形、尖リ、內面綿毛アリ外面ハ萼筒・花梗ト共ニ有毛乃至無毛、花時開張乃至背反ス。花徑 2-5cm、花瓣開ケバ白色ナルモ蕾時ハ紅色ヲ帶ブ、瓣片ハ橢圓形乃至圓形。梨果三七箇、繖房シ形小ニシテ球形、6-10mm、紅色或ハ黃色、果頭ハ萼ノ脫痕ヲ顯ス。四月ヨリ六月ニ至リテ開花シ九月ニ果實成熟ス。和名ずみ・ハそみ (染み) ノ意ニシテ其皮ヲ染料ニ供用スル故ニ云フ。姫海棠ハ花狀・小林檎ニ其小果ニ甚キ稱ナリ。漢名　棠梨 (誤用)

第 1407 圖

いばら科

469

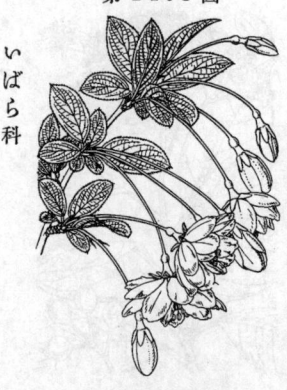

第1408圖

いばら科

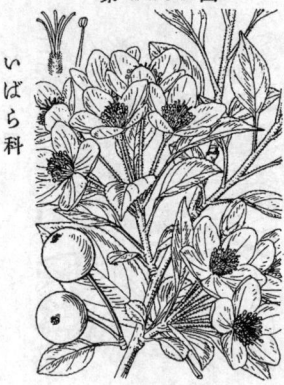

第1409圖

いばら科

第1410圖

いばら科

はなかいだう（垂絲海棠）

誤稱 かいだう

Malus Halliana *Koehne.*

支那原産ノ落葉樹ニシテ庭園ニ栽ヱテ其花ヲ賞ス。樹高8mニ達シ、枝ハ擴散シテ下垂セントシ廣キ樹冠ヲ作ル。幹ハ平滑、灰色、枝ハ帶紫色、往々刺枝ヲ成ス。葉ハ互生有柄、橢圓形・卵形・長橢圓形、長サ4-9cm、幅1.5-6cm、幼葉帶紅色、成葉ハ表面暗綠色、平滑、質硬ク、邊緣淺鋸齒アリ。葉柄ハ1-2.5cm許。托葉ハ小ニシテ細ク、早落ス。四月、花ハ繖形ヲ成シテ枝端ニ出テ下垂シテ發ラク。花梗細長ニテ3.5-5cn長、暗紅色、平滑。花ハ通常半重瓣ニシテ徑3.5-5cm許、紅色ニシテ美ナリ。萼筒ハ形略ボ圓ノ如ク、平滑、暗紅色、萼片三角狀卵形、外面平滑、內面白綿毛アリ、花時背反セズ。花瓣ハ橢圓形或ハ長橢圓形ニシテ短花爪アリ。梨果ハ一乃至四箇繖開シ、細長ナル果梗ヲ具フ、形小ニシテ略球形ヲ成シ、硬ク、頂部ニ萼ノ脫痕ヲ存ス、徑5-8.5mmアリ、熟シテ黃色乃至暗紅褐色。和名ハ花海棠ノ意ニシテ實海棠ニ對シテ謂ヒ且美花ヲ開ケバ斯ク云フ。かいだうハ海棠ノ音ナレドモ海棠ハ今日謂フかいだう卽チ本品ニハ非ラズ。漢名 海棠（誤用）

かいだう（海紅、一名海棠梨）

一名 みかいだう・ながさきりんご

Malus micromalus *Makino.*

人家ニ栽植シ野生無キ落葉樹、樹高7mニ達ス。枝ハ細長、帶紫色。葉ハ互生シ長橢圓形乃至橢圓形ニシテ尖リ、基部多クハ漸矢、邊緣淺鋸齒アリ。新葉ハ綿毛ヲ被ルモ成葉ハ平滑ト成リ質硬ク、葉面深綠色、長サ7-11cm、幅2.5-4.5cm。葉柄細長、1.5-4cm許。托葉早落、小ニシテ細シ。花ハ陽春四月葉ト同時ニ發ラキ、短キ新枝ノ頂ニ繖形ニ出ヅ。花梗ハ細長ニシテ綿毛ヲ被ル。花梗3-4cm。萼片開張背反シ鍼形ニシテ尖リ萼筒ト共ニ綿毛ヲ被ル。花瓣內凹、殆ド平開シ、倒卵狀橢圓形乃至倒卵狀長橢圓形ニシテ底部ニ花爪ト成ル。花色淡紅、かいだうヨリモ淡ク、濃紅ノ暈ヲ成ス。花柱五。梨果ハ一七、繖開シ、稍强キ細長ナル果梗ヲ有ス、形ト扁圓、基部及頂部ニ臍窩ヲ有シ、宿存セル萼ヲ伴ヘルモノ多シ、綠色、紅染シ完熟スレバ黃色ヲ呈シ食フベシ、徑1.5-1.8cmアリ。和名ハ海棠ニ基キシ名、實海棠ノ果實ヲ生ズルかいだうノ意。長崎林檎ハ肥前長崎ヨリ世間ニ擴マリシヲ意味ス。德川時代ニハ之レヲかいだうト呼ビタリ。

りんご（林檎）

一名 わりんご

Malus pumila *Mill.*
var. dulcissima *Koidz.*

蓋シ亞細亞支那ヨリ渡來セシ落葉ノ果樹、樹高10mニ及ビ枝ハ帶紫色。葉ハ互生、橢圓形・卵狀橢圓形、短尾尖頭、圓底乃至鋭底、邊緣ニ淺ク純鋸齒アリ、長サ7-12cm、幅5-7cm。嫩葉ハ白キ綿毛ヲ被リ成葉ハ葉面暗綠色平滑ト成リ裏面ハ殊ニ脈上ニ毛ヲ存ス。葉柄ハ1.5-5cm許。托葉ハ細クシテ早落ス。花ハ四五月ニ發ラキ花徑4-5cm、五-七箇繖形ニ出デ、花梗綿毛ヲ被リ2-3cm許。萼筒鐘形、長サ4-5mm、密綿毛アリ、萼片卵狀披針形ニテ尖リ兩面綿毛アリ、長サ8-11mm、開出多少背反ス。花瓣五片、橢圓形短花爪アリ、蕾時ハ紅色、開ケバ稍色シテ紅暈ヲ殘ス。梨果ハ一果序ニ一乃至二箇、頭大扁球形、長サ3-3.5cm、徑3.5-4cm許、頂部ニミ萼片之レヲ環リテ立チ、果底ニ深ク凹入ル。果面ハ黃色、濃ク紅染シ、黃白色ノ皮目散點シ且蠟質ヲ被ル。果梗開出乃至直立、長サ2-3cm許。七八月ニ成熟ス。和名ハ林檎ノ轉音。和林檎ハ日本林檎ノ意ニシテ之レハ日本ヲ云フナリ、畢竟西洋りんご即ち苹果ニ對シテノ名ナリ。

470

おほずみ
一名 ずみ・やまなし・やまりんご
Malus Tschonoskii *Schneid.*
(=Cormus Tschonoskii *Koidz.*;
Macromeles Tschonoskii *Koidz.*)

山中ニ見ル落葉大喬木、枝ハ太クシテ黒紫色、
皮目散點ス。嫩枝ハ帶白色ノ綿毛ヲ被ル、又短
枝アリ。芽ハ顯著ニシテ紅色光澤アリ。葉ハ互
生、卵形或ハ卵狀橢圓形ニシテ尖リ、底部圓形
乃至微心形、邊緣鋸齒アリ或ハ淺ク缺刻ス。嫩
葉ハ綿毛ヲ被リ、成葉ハ表面平滑ト成リ裏面密
ニ帶白色ノ綿毛ニテ被ハル、支脈七乃至十對ニ
シテ稍眞直。葉柄ハ白色ノ綿毛ヲ被ル。花ハ葉
ヲ具ヘタル短キ新枝ノ先端ニ數箇繖狀ニ出デ、
五月ニ發ラキ花徑 1.5-2cm アリ。花梗頗ルクシテ
長サ 2-3cm。萼筒鐘形ヲ呈シ萼片卵狀三角形ニ
シテ直立ニ共ニ白綿毛ヲ密ニ被ル。花瓣五片白
色往々淡紅暈、廣長橢圓形、底部圓形ニテ短花
爪ヲ成ス。梨果ハ略球形乃至卵狀球形、徑18-
20mm。果頭ハ宿存セル萼片ニ因リ直立ス面ハ
熟ャ黄色乃至紅色、皮目散點シ綿毛ハ脱落ス。

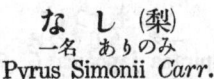

な し (梨)
一名 ありのみ
Pyrus Simonii *Carr.*

普通ニ栽培セラルル果樹、大ナル者ハ喬木ト成
ル。枝ハ平滑黒紫色、時ニ刺狀枝ト成ル、又短
枝アリ。葉ハ互生、卵圓形、銳尖頭ニシテ長尾
端、底部ハ圓形、邊緣ニ細針狀鋸齒アリ。葉面
深綠色、成葉ハ平滑ナリ。葉柄ハ細長、殆ド葉
面ノ長サト參差ス。托葉ハ細長ニシテ早落ス。
花ハ五乃至十、短キ枝端ニ繖房狀ヲ成シテ出デ
花徑3.5-4cm、花梗長シ。萼筒小ニシテ獨樂形、
萼片銳形、長サ7mm許、邊緣ニ腺鋸齒アリ。花
瓣五片、白色、倒卵圓形乃至圓形、波狀縐縮ナ
リ。花柱五、離在。雄蕊二十許、葯帶紫色。梨
果ハ一果序ニ一乃至二箇、徑 2-9cm許、果皮黄
褐色ニシテ皮目多シ。晩春開花シテ仲秋果實成
熟ス。園藝品多シ。和名なしノ語源判然セズ。あ
りのみハ有の實ノ意ニシテなし ヲ無しト爲シ之
レヲ忌ミテ斯ク名ケシ緣起名ナリ。

ほざきななかまご (走馬蔘)
Sorbaria sorbifolia *A. Br.*
var. stellipila *Maxim.*
(=S. stellipila *Schneid.*)

本州北部ヨリ以北ノ山地ニ自生スル落葉灌木ニ
シテ高サ數m。葉ハ互生シ奇數羽狀複葉ニシテ、
小葉ハ八-十一對、披針形・長橢圓狀披針形ニシ
テ銳尖尾端、圓底、重鋸齒緣、長サ6-10cm、幅
1.5-2cm、上面稍有毛、下面絨毛ヲ密生ス。夏
日枝端ニ長キ複總狀花序ヲ出シ、多數ノ白色小
花ヲ群開ス。花ハ徑5-6mm。萼ハ倒圓錐形ニシ
テ半球形、有毛、五裂片ハ卵形或ハ稍圓形、後チ
背反シ萎ム。花瓣ハ五、廣卵形又ハ圓形ニシテ
小花爪アリ。雄蕊ハ多數アリテ花瓣ヨリ長シ。
心皮五、花柱ハ無毛。果實ハ五數ヨリ成ル蓇葖、
氈毛ヲ被リ長サ6mm内外アリ。S. sorbifolia
A. Br. ハえぞほざきななかまどナリ。

471

第1414圖

いばら科

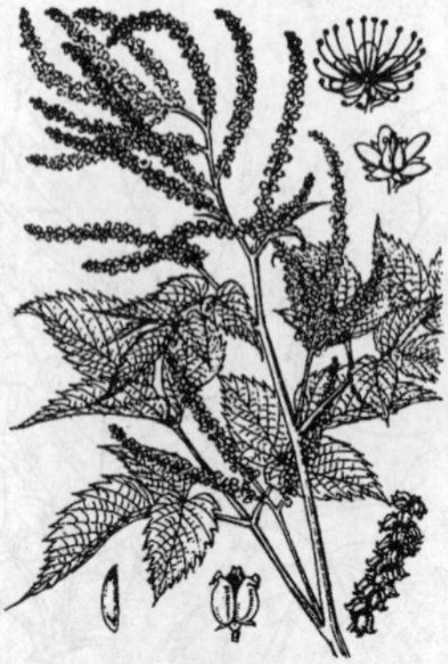

やまぶきしょうま

Aruncus sylvester *Kostel.* var. americanus *Maxim.*

山地ニ生ズル多年生草本ニシテ雌雄別株ナリ。高サ1m内外、葉ハ二回三出複葉。小葉ハ膜質、卵形、鋭尖頭、鈍底、長サ6-10cm、幅2-4cm、兩面無毛或ハ稍散毛アリ、支脈ハ平行シ十一-十五條明瞭ニ葉緣ニ至ル。葉緣ハ重鋸齒又ハ缺刻狀重鋸齒ヲ成ス。葉柄ハ平滑ニシテ長シ。七月ノ候黃白色花ヲ開キ頂生セル圓錐樣總狀花序ヲ成ス。雄花ハ雌花ヨリ大形ニシテ其萼ハ半圓形、五齒緣。花瓣ハ五ニシテ篦形ナリ。雄蕋ハ約二十ニシテ花瓣ヨリ超出ス。雌花ハ其萼ト花瓣ハ雄花ニ同ジク、雄蕋アルモ不稔性、子房ハ三アリテ直立シ、果時ニハ背反ス。果實ハ蓇葖ニシテ三アリ長楕圓形ニシテ平滑、長サ2mm許。和名ハ山吹升麻ニシテ山吹ハ其葉狀やまぶき葉ニ彷彿シ且草狀升麻ニ似タルヨリ此名アリ。

第1415圖

いばら科

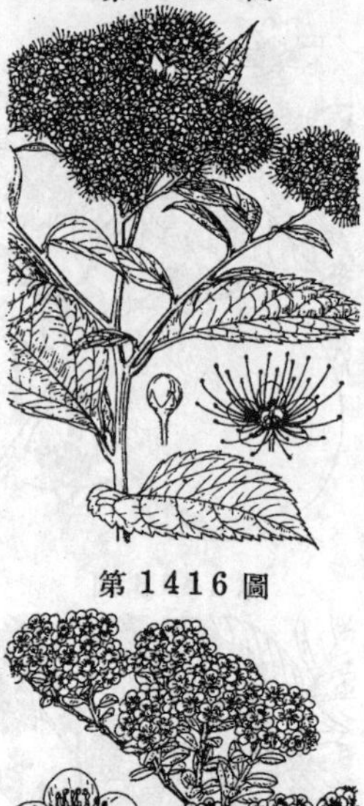

しもつけ

一名　きしもつけ

Spiraea japonica *L. fil.*

(=S. callosa *Thunb.*)

山地ニ自生スルモ又觀賞品トシテ庭園ニ栽培セラルル落葉ノ小灌木ニシテ叢生シ高サ1m内外、葉ハ互生シ短葉柄ヲ具ヘ、長楕圓形或ハ廣披針形、鋭頭、狹底或ハ鈍底、鋸齒緣、長サ5-8cm、幅2-3cm、下面ハ稍粉白ニシテ無毛ナレドモ上面ハ綠色ニシテ細毛散生シ或ハ稍無毛ト成ル。六月、枝端ニ淡紅色ノ攢簇小花ヲ繖房狀ニ開キ一種ノ香アリ。萼ハ小花梗ト共ニ有毛、或ハ無毛、半球形、裂片ハ卵形、後背反ス。花瓣ハ卵形或ハ圓形ニシテ小花爪アリ。雄蕋ハ多數、著シク花瓣ヨリ長ク、白色ノ葯ヲ有ス。心皮ハ五、分離ス。果實ハ蓇葖、五、無毛ニシテ光澤アリ長サ2-3mm許ナリ。和名ハ下野ニシテ原ト下野國ヨリ出デシ故此名アリト謂フ。木下野ハ草本ノしもつけさうニ對シテノ稱ナリ。漢名　繡線菊(誤用)

第1416圖

いばら科

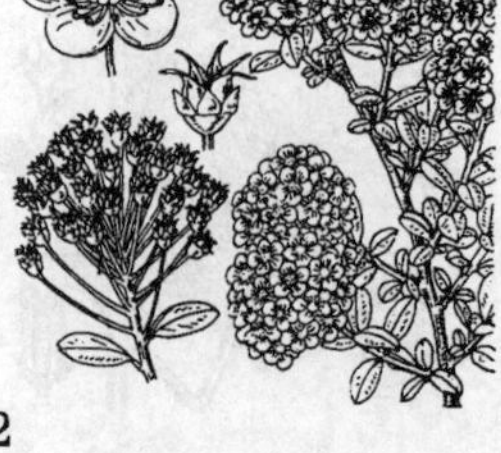

いはしもつけ

Spiraea nipponica *Maxim.*

向陽ノ山地ニ生ズル落葉灌木ニシテ高サ1-2m、繁ク分枝ス、枝ハ平滑ナル圓柱形ニシテ灰黑色ヲ呈ス。葉ハ小形ニシテ互生シ平滑無毛、下面灰白色ヲ帶ビ、質厚ク、楕圓形或ハ倒卵形ニシテ鈍頭、鈍底、長サ1.8cm、幅1cm内外、前方ニ三-五ノ鈍齒アリ。葉柄ハ3-4mm許ナリ。五月、小枝端ニ繖房花序ヲ成シテ多數ノ小白花ヲ攢着ス。萼ハ半球形、無毛、裂片ハ三角狀、後先端背反シ、内部ニ毛アリ。花瓣五片ハ圓形。雄蕋二十。花盤ハ内部ニ毛アリ緣部ハ十箇ノ腺狀體ニ周匝セラル。子房ハ五箇アリテ有毛、各無毛ノ一花柱ヲ有ス。蓇葖ハ無毛ニシテ脆シ。一變種ニまるばのいはしもつけ(var. rotundifolia *Makino*)アリ、葉稍廣闊ニシテ花モ亦少シク大ナリ。

まるばしもつけ
Spiraea betulifolia *Pall.*

中部以北ノ高山ニ生ズル落葉灌木。高サ30～100cm、分枝多シ。枝梢疎セテ新條ハ紫色ヲ帯ビ、年ヲ經テ灰色ト成リ、稜角ヲ有ス。葉ハ互生、葉柄ハ短シ。橢圓形、或ハ圓形ヲ帯ビ長サ5cm内外、兩端鈍形ニシテ缺刻樣ノ重鋸齒緣ヲ有シ、裏面白色ヲ帯ビテ細脈顯著ニ隆起ス。七月、莖頂ニ圓頭ノ繖房狀短圓錐花序ヲ出ダシ、五瓣ノ碎白花ヲ密集ス。花ノ徑7mm許、萼筒ハ倒圓錐形ヲ成シ、萼片五箇ハ卵狀披針形ニシテ內面密毛ヲ布キ、果時ニハ背反ス。花瓣ハ卵圓形。雄蕊多數アリテ花瓣ヨリ超出シ、葯ハ白色ナリ。子房ハ五心皮並立シテ密毛ヲ被レドモ其內部ハ在ル花柱ニハ毛ナシ。蓇葖ハ五箇、並ビテ直立シ殼質無モナリ。和名ハ圓葉下野ナリ。

いばら科

第1417圖

ほざきのしもつけ
Spiraea salicifolia *L.*

本州北部以北ノ山地ニ生ズル落葉ノ小灌木ニシテ地下枝ヲ引テ繁殖シ叢生ス、高サ1～2m 内外ニ達ス。葉ハ互生シ橢圓狀披針形ニシテ短キ葉柄ヲ有シ、銳頭鈍底、銳鋸齒緣、長サ5～8cm、幅1.5～2cm、無毛或ハ稍有毛。夏日莖頂ニ淡紅色ノ小花ヲ圓錐花序ニ綴リ直立シ、花軸幷ニ小花梗ニハ毛多シ。花ノ徑5～8mm。萼筒ハ倒圓錐形ヲ五裂シ裂片ハ常ニ直立シ卵形銳頭、稍無毛。花瓣ハ倒卵狀圓形。雄蕊ハ多數、超出、花絲ハ無毛、葯ハ黃色ナリ。蓇葖ハ五、平滑、花柱ハ背反ス。山原ノ水ニ近キ處ニ群生シ廣キ面積ヲ占メ、花時ニハ其紅花一齊ニ開キテ美觀ヲ呈ス。和名ハ穗咲ノ下野ナリ。

第1418圖

いばら科

ゆきやなぎ (噴雪花)
Spiraea Thunbergii *Sieb.*

川畔ノ岩上ニ生ズト雖ドモ多クハ觀賞ノ爲メ庭園ニ栽培セラルル落葉ノ小灌木。枝條ハ纖長ニシテ能ク傾キ無毛ナレドモ幼條ニハ細毛アリ、高サ1～2m 内外ニシテ叢生ス。葉ハ互生シテ數多ク小形ニシテ狹披針狀ヲ呈シ、銳頭狹底、長サ2～3cm、幅5～7mm許、細鋸齒緣、殆ド無毛ニシテ膜質ナリ。春時新葉ノ出ルト同時ニ白色ノ小花ヲ三～七箇繖形狀ニ簇ケ枝上ニ滿テ開ク。花ハ徑1cm許、花梗ハ細ク無毛、長サ7～10mm許。萼ハ無毛、裂片ハ三角狀卵形、銳頭。花瓣ハ長橢圓形ニシテ小花爪アリ、萼片ノ三倍長。雄蕊ハ二十五、短小ニシテ花心ニ集リ花絲ハ基部ニ二箇ノ腺アリ。子房ハ五、無毛、花柱ハ子房ノ半長ナリ。蓇葖ハ平滑、長サ3mm内外、革質ナリ。和名ハ雪柳ノ意ニシテ多數雪白ノ花ヲ開キ其葉やなぎノ如ケレバ云フ。漢名 珍珠花(誤用)

第1419圖

いばら科

473

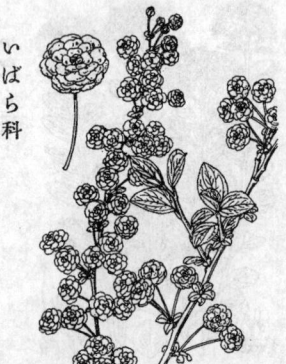

しじみばな（笑靨花）
一名　はぜばな・こごめばな
Spiraea prunifolia *Sieb. et Zucc.*

支那原産ノ落葉灌木ニシテ舊ク我邦ニ入リ觀賞ノ爲メ庭園ニ栽培セラル。枝條叢生シ、高サ1-2m内外、幼條ニハ綿毛密生ス。葉ハ互生、橢圓形或ハ卵狀橢圓形、鈍頭、底部ハ楔形ヲ成シ葉柄ニ終ル、長サ3cm内外、幅10-15mm、下部ハ全緣、上部ハ細鋸齒緣、上面ハ無毛或ハ散毛アリ下面ハ絹狀毴毛密布ス。花ヲ齎クル短小枝ニハ小形ニシテ全緣ノ小葉叢生シ、三十花ヲ出ス。花ハ四月ニ開キ白色重瓣ニシテ稍壓扁セル小球狀ヲ成シ、徑8mm内外ニ達ス。花梗ハ長ク3cm内外アリ。萼ハ有毛、倒圓錐形、五裂、裂片ハ卵形銳頭ニシテ筒部ヨリ長シ。雄蕋ハ瓣化シ雌蕋ハ發育セズ。和名蜆花ハ其白色重瓣花ノしじみ／ノ内臟ニ似タルヨリ云ヒ、はぜばな即チ糵花モ亦其花容ニ基ヅク、小米花ハ花狀ニ基キシ稱ナリ。漢名ノ笑靨花ハゑくぼ花ノ意ニシテ其花ノ中央凹入シ宛モゑくぼ／如ケレバ云フ。

こでまり
一名　すずかけ
Spiraea cantoniensis *Lour.*

支那ノ原産ニシテ舊ク我邦ニ入リ今ハ諸州ノ人家庭園ニ栽植シテ觀賞スル落葉小灌木ナリ。高サ1-2m内外ニ達シ、枝條細ク先端傾垂スル傾向アリ。葉ハ互生シ披針形或ハ廣披針形或ハ長橢圓形ニシテ銳頭、底部ハ楔狀ヲ呈シテ狹窄シ葉柄ニ終ル、邊緣ハ下部全緣、上部ハ不齊鋸齒緣ヲ成シ、兩面無毛、下面白色ヲ帶ブ、長サ2-4cm、幅8-10mmアリ。春日枝梢ニ新葉ト共ニ白色五瓣花ヲ繖形狀ニ開キ略ボ毬狀ヲ呈シテ枝上ニ連續排列ス。萼片ハ卵狀三角形、銳頭、無毛。花瓣ハ五、圓形。雄蕋ハ約二十五、葯ハ白色。花後、小ナル五蓇葖果ヲ結ブ。和名小手毬ハ其圓集セル花狀ニ基ケル稱。鈴懸ハ其圓集花ノ連々トシテ枝上ニ相駢ベル狀宛モ鈴ヲ懸ケタル如ケレバ云フ。漢名　麻葉繡毬（誤用）

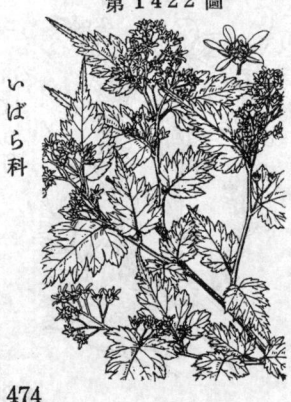

こごめうつぎ
Stephanandra incisa *Zabel.*

山地ニ自生スル灌木ニシテ枝ハ細ク圓柱形ナレドモ折レ易ク、多ク分枝ス。葉ハ互生、卵形、漸尖頭、心臟底、長サ3-5cm、幅1-3cm、膜質ニシテ邊緣ハ缺刻狀ヲ成シ兩面ニ軟毛アリ、葉柄ハ短クシテ毛アリ。托葉ハ披針形ニシテ宿存性、全緣或ハ邊緣ハ粗鋸齒アリ、有毛ナリ。初夏新枝梢ハ頂生幷ニ腋生ノ短總狀花序ヲ成シテ小白色花ヲ攢簇ス。花ハ徑4mm。花軸ハ有毛ナレドモ小花梗ハ無毛ナリ。苞ハ小形。萼ハ宿存性、廣鐘形、五裂、裂片ハ卵形ナリ。花瓣ハ五ニシテ箆形、圓頭ニシテ緣毛アリ。雄蕋ハ十。子房ハ球形ニシテ毛ヲ有シ一室ナリ。果實ハ球形ニシテ宿存萼ヲ伴ヒ毛アリ。和名ハ小米空木ノ意ニシテ小米ハ其小白花ニ基ヅク。

かなうつぎ
Stephanandra Tanakae
Franch. et Sav.

我邦中部地ニ山生スル落葉灌木ニシテ高サ1-2m、枝極痩長ニシテ之曲シ往々彎曲垂下シ、外皮ハ灰赤褐色ヲ呈スルコト多シ。葉ハ有柄互生、卵形ニシテ長サ6-10cm、長尾銳尖頭、淺心臟底、邊緣缺刻シ往々三尖裂ヲ顆ク呈シ更ニ銳鋸齒ヲ伴フ。支脈ハ規正ニ平行ス。托葉大ニシテ葉狀ヲ成シ卵狀披針形ニシテ宿存ス。六月頃枝端ニ碎小白花ヲ圓錐花序ニ綴ル。花序ノ分枝ハ開出シ滑澤ナリ。花ハ徑5mm。蕚齒五箇、卵形ニシテ尖リ宿存ス。花瓣ハ五箇、蕚片ヨリ僅ニ長シ。雄蕊ハ其數二十本ヲ超ユ。子房ハ一箇、一室ノ卵形ヲ成シ、柱頭ハ圓楯形ヲ呈ス。花後倒圓錐形ニシテ有毛ノ膏葖ヲ結ブ。和名ハ椑木(かなぎ)空木ノ意平、椑木ハ細枝ノ意、此種處ニヨリかなぎノ名アレバかなぎうつぎノ意ニテ之レヲかなうつぎト略セシナラン。

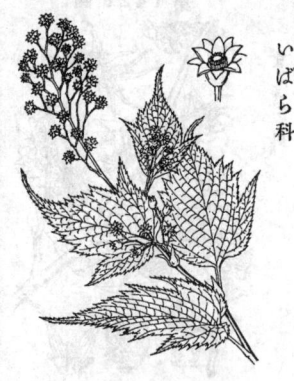

第1423圖

いばら科

すずかけのき
Platanus orientalis *L.*

小亞細亞附近原產ノ落葉喬木ニシテ明治年間我邦ニ入リ今ハ普通ニ街路樹ト成レリ。高サ10-30m内外ニ達シ、樹皮ハ大ナル剝片ト成リテ脱落ス。葉ハ有柄互生シテ大形、廣卵狀圓形、五-七尖裂シ、裂片ハ卵形ノ銳尖頭ニシテ邊緣ハ不齊ナル缺刻狀鋸齒緣ヲ成シ、底部ハ截形ナリ。初メ毛多キモ後稍無毛ト成ル。托葉ハ小形ニシテ全緣、葉柄本ハ新芽ヲ包メリ。春月雌雄花ヲ別ケ花梗ニ着ケ頭狀花序ヲ成ス。花ノ性質あめりかすずかけのきニ似タレドモ雌頭花ハ三-四箇穗狀ヲ成シテ一花軸ニ着キ、從テ球狀果ハ三-四箇花軸ニ着キテ下垂スルニ至ル。瘦果ハ上部銳尖頭ヲ成スヲ以テ球狀果ハ著シク粗糙ヲ感ズルヲ常トス。本種ヘあめりかすずかけのきニ似タレドモ樹皮ハ剝離シ、葉ノ分裂深ク、托葉ハ小形、球狀果ハ數箇一花軸ニ着キ、瘦果ハ銳尖頭ナルヲ以テ識別スベシ。和名ハ鈴懸の木ノ意ニテ其球狀花ノ花軸ニ連綴シテ下垂セル狀ニ基ク、而シテ之レヲ篠懸ノ木ト書スルハ極モ非ナリ。

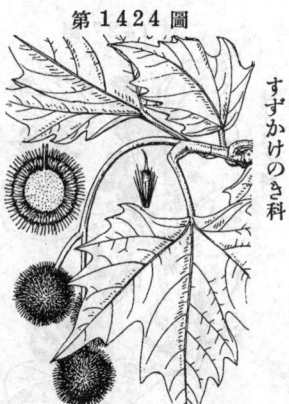

第1424圖

すずかけのき科

あめりかすずかけのき
一名 ぼたんのき
Platanus occidentalis *L.*

北米原產ノ落葉喬木ニシテ明治年間我邦ニ移入セラ今ハ普通ニ街路樹ト成レリ。高サ30-50mニ達シ、樹皮ハ只纖一皮目ヲ生ジ剝片ト成ラズ。葉ハ互生シテ長葉柄ヲ有シ、廣卵形、三-五淺裂、裂片ハ稍三角形粗齒牙緣或ハ全緣、基部ハ截形又ハ心臟形、徑10-20cm許。初メ兩面綿毛多ク長ズレバ唯下面脈上ニ短毛ヲ見ル。托葉ハ大形、全緣或ハ波狀齒牙緣。葉柄本ハ新芽ヲ包ム。雌花雄花ヲ別ノ花梗ニ着ケ頭狀花序ヲ成シ、春日新葉ト共ニ開ク。雌雄花ハ暗赤色、腋生ノ花梗ニ着キ、雌雄花ハ淡綠色、頂生ノ長花梗ニ着ク。雄花ハ蕚ハ鱗片狀ノ三-六蕚片ニ分レ、花瓣ハ蕚片ノ倍長、三-六箇楔狀薄膜質、雄蕊ハ蕚片ト同數、對立、短花絲ト長葯トヲ具フ。雌花ハ蕚ハ三-六裂、通常四裂、裂片ハ圓形、同數ノ銳頭花瓣ヨリ遙ニ短シ。雄蕊ハ鱗狀、上部ニ毛アリ。子房ハ蕚片ト同數、長橢圓形、基部ニ長白毛アリテ上部ニ赤色ノ長花柱ヲ成ス。球狀果ハ一花軸ニ唯一箇ノミヲ着ケテ下垂シ、多數ノ瘦果ヨリ成リ、徑3cm内外。瘦果ハ長倒圓形、鈍頭楔形、基部ニ白毛アリ。和名ハ別ノ木ハ此樹ノ俗名 Buttonwood ニ基ヅク。本種トすずかけのきトノ間種アリテもみぢばすずかけ (P. acerifolia Willd.) ト稱シ街路樹トシテ賞用セラレ最モ普通ニ之レヲ見ル。

第1425圖

すずかけのき科

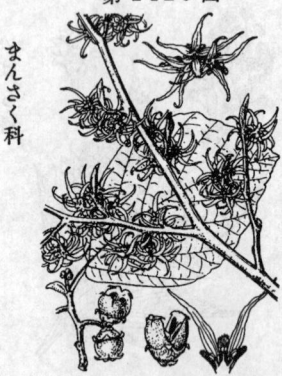

まんさく
Hamamelis japonica *Sieb. et Zucc.*

山地ニ生ジ又時ニ庭園ニ植エラルル落葉小喬木或ハ小木ナリ。葉ハ互生シ稍歪形ノ呈セル菱狀橢圓形或ハ倒卵形、鈍頭、楔底或ハ微シク心臟狀底、長サ7-12cm、幅5-7cm、邊緣ハ半以上ハ波狀鈍齒ヲ有シ、以下ハ全緣ナリ。質厚ク、上面ハ無毛、稍皺縮、中脈ト支脈トハ陷入ス、下面ハ平滑、脈ハ隆起シ、脈上ハ星狀毛アリ、支脈ハ中脈ノ兩側各五-六條アリ。春日葉ニ先チテ花ヲ開キ枝上ニ滿ツ。黃色ニシテ葉腋ニ單生或ハ少數簇出ス。萼片四、卵形、内面ハ無毛ニシテ暗紫色、外面ハ絨毛密生ス。花瓣ハ四、線形、長サ1cm内外アリ。雄蕊ハ四、極メテ短シ。子房ニ二花柱ヲ有ス。蒴ハ卵狀球形ニシテ外面ハ短綿毛密布シ、二裂シ發片硬ク黑色光澤アル種子ヲ彈飛ス。和名ハ滿作ノ意ニシテ滿作ト同ジク穀物ノ豐稔ヲ云フ、此樹花盛ニ發ラキテ枝ニ滿ツレバ斯ク云フ、人ニ由レバまんさくヲ早春先開ノ義ニ取リシナリト謂ヘリ。漢名 金縷梅(誤用)

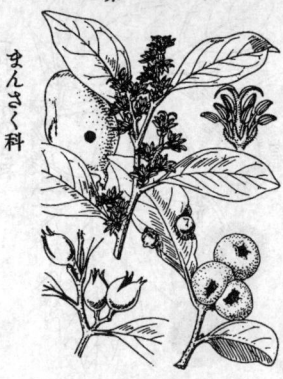

いすのき
一名 ゆすのき・ひょんのき 古名 ゆしのき
Distylium racemosum *Sieb. et Zucc.*

暖地ノ山中ニ自生スル常綠喬木、大ナル者ハ高サ20m、幹徑1m内外ニ達スル者アリ。葉ハ互生シ長橢圓形、鈍頭、楔底、長サ5-8cm、幅2-4cm、全緣、兩面無毛ニシテ光澤無シ、中脈ハ稍著シケレド羽狀支脈ハ不明瞭ナリ。往々大ナル蟲癭ヲ生ジ、小兒其孔ヲ吹テ笛トス。春、開花シ、花ハ紅色ニシテ總狀花序ト成リテ腋生シ、上方ニ兩性花ヲ着ケ下方ニ雄花ヲ生ズ。花ニ花瓣無ク、萼片ハ三-六箇、披針形緑色ニシテ不同、外面ニ褐色星狀毛ヲ生ズ。雄蕊ハ五-八箇、太キ花絲ヲ具フ。雌蕊ハ雄花ニテハ退化シ、兩性花ニテハ一箇アリ、子房ハ二室ニシテ外面ニ星狀毛アリ、花柱ハ二岐。蒴果ハ木質、卵形、外面密毛ヲ有シ、長サ8mm許ニシテ二殼片ニ開裂シ種子ヲ出ス。和名ハ不明ニシテ從來正解ナシ、此樹ノ材ヲ櫛ニ作ル故ニくしのきノ名アリゆしのきト其發音相似タリ。ひよんの木ヲ其蟲癭ヲ吹ク時ひょうひょうト鳴ル音ニ基ヅキシ名ナリ。漢名 蚊母樹(誤用)

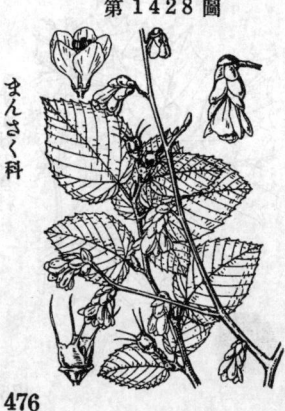

ひうがみづき
Corylopsis pauciflora *Sieb. et Zucc.*

丹波但馬邊ノ山地ニ自生スト雖ドモ多ク觀賞樹トシテ人家ニ栽植シアルル落葉瀧木ナリ。高サ2-3m許、多ク分枝シ、枝ハ細長ニシテ折レ易シ。葉ハ互生シ小形ノ卵形ニシテ多ク、卵形ニシテ銳頭、稍心臟狀底、長サ2.5-4cm、幅1.5-2cm、邊緣ハ波樣齒牙緣、質薄ク上面ハ無毛ニシテ下面ハ有毛、中脈ノ兩側各五-六條ノ明瞭ナル支脈アリ。春時葉ニ先チテ開花シ枝上ニ滿チ、二-三箇ノ短キ穗狀ヲ成シテ下垂ス。苞ハ大ニシテ膜質卵圓形ナリ。花ハ稍無梗、鮮黃色。萼ハ短鐘形ニシテ五裂シ裂片ハ同大、卵形、鈍頭ナリ。花瓣ハ五、倒卵狀橢圓形、楔底、圓頭。雄蕊ハ五、花瓣ト同長又ハ少ク短ク、葯ハ長橢圓形、黃赤色。子房二室、花瓣ヨリ長キ二花柱ヲ具フ。蒴ハとさみづきニ似テ小ク、二殼片ニ開裂シ頂ニ遺存セル花柱アリ。和名ハ日向水木ノ名アレドモ日向ノ國ニハ未ダ野生スルヲ見ズ。

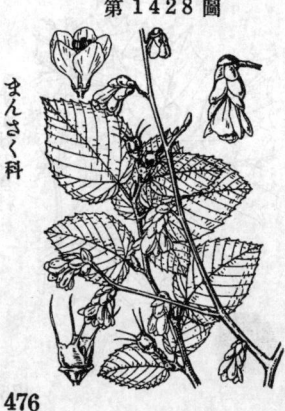

とさみづき
Corylopsis spicata *Sieb. et Zucc.*

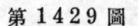

第 1429 圖

土佐ノ山地ニ自生スレドモ通常庭園ニ植ヱテ觀
賞セラルル灌木ナリ。幹ハ高サ2-3mニ達ス。葉
ハ互生シ圓形或ハ倒卵狀圓形、銳頭或ハ鈍頭、
底部ハ心臟形ヲ呈シ、長幅共ニ 4-10cm 内外ア
リ、質厚ク、中脈ノ兩側各約八條ノ明瞭ナル支脈
アリ、上面ハ無毛ナレドモ皺縮ヲ成シ、下面ニ
ハ軟毛多ク、葉緣ハ波狀鋸齒ヲ成ス。春日葉ニ
先ンジテ開花ス。花ハ淡黃色ニテ七-八箇穗狀
ヲ成シテ下垂ス。苞ハ卵狀圓形、全緣、有毛、
謝落ス。花梗ハ極メテ短シ。萼ハ絨毛ヲ被リ、
五裂ス。裂片ハ不同、卵狀披針形。花瓣ハ五、長
箆形、鈍頭、長サ7mm内外アリ。雄蕊ハ五、花
瓣ヨリ短ク葯ハ帶紅色。子房ハ二室、各一卵子
アリ。花柱ハ長サ8mm内外、花瓣ヨリ長シ。蒴
ハ二室二嘴アリテ硬キ二殼片ニ開裂シ、狹長長
橢圓形ノ種子ヲ出ス。和名ハ土佐水木ノ意ニシ
テ此種固ト土佐ヨリ出デシヲ以テ名ク。

まんさく科

みやまとさみづき
Corylopsis glabrescens
Franch. et Sav.

第 1430 圖

中部以西ノ山地ニ生ズル落葉灌木。莖ハ
簇生シテ高サ1-2mニ達ス。枝椏疎ニシテ
皮目散在シ、痩細ナリ。葉ハ有柄互生、卵
狀長橢圓形或ハ卵狀心臟形等種々アリテ
葉緣多クハ整正ノ波狀銳尖齒ヲ有シ、
先端ニ銳尖頭、底部ハ心臟形ニシテ往々
歪形ヲ呈シ、外觀とさみづき葉ニ比シテ
小形且ツ薄質ナリ。支脈規則正シク平行
シ各側八條内外アリ。早春ニ舊枝ノ葉腋
ニ淡黃色ノ穗狀花序ヲ垂ル。花序ノ基部
ニハ同色ノ大ナル膜質鱗片數片アリ。花
梗ハ全ク無毛ニシテとさみづきニ比シテ
細シ。花ハ他種ニ大同小異、花瓣ハ五片、
雄蕊ハ花瓣ト略同長ナリ。秋時蒴果熟シ
頂部ニ開裂シテ黑光アル四種子ヲ出ス。

まんさく科

ふう (楓)
Liquidambar formosana *Hance.*

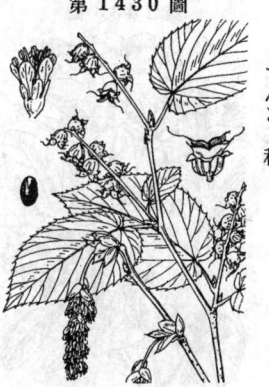

第 1431 圖

臺灣幷ニ支那ニ自生スル落葉喬木。我邦ヘハ享
保年間ニ支那ヨリ傳ヘ時ニ庭園ニ栽植セラル。
樹脂ハ蘇合香ノ芳香アリ。幹高サ20m、徑1-2m
ニ達スル者アリ。葉ハ互生シテ長柄ヲ有シ、掌狀
三裂ス。裂片ハ卵狀三角形、銳尖頭、細鋸齒緣。
葉蓋ハ圓形、長幅共ニ7-10cm内外、乾ケバ洋紙
質ヲ呈シ兩面無毛。秋時多少紅葉ス。花ハ單性ニ
シテ同株ニ生ズ。雄花ハ頭狀ヲ成セル者更ニ總
狀ニ集リ、雌花ハ頭狀ヲ成シ單生ス。花ニ花被
無シ。雄花ハ雄蕊ノ數不定ニシテ小鱗片ト混生
シ、葯ハ二室、花絲ハ平滑ニシテ長サ1.5mm許。
雌花ハ長サ10mm許ノ花柱アリ、其基部ニ四-五
刺狀鱗片アリ、之レト交互ニ短キ假雄蕊四-五
アリ。蒴ハ球形ノ集合果ヲ成シ、相癒着シ、徑
2.5cm内外アリ。完全ナル種子ハ橢圓形ニシテ
長サ7mm許、翅ヲ有ス。和名ハ漢名楓ノ音ナリ、
邦人能クかへでニ楓ノ字ヲ用ウルハ非ナリ。

まんさく科

477

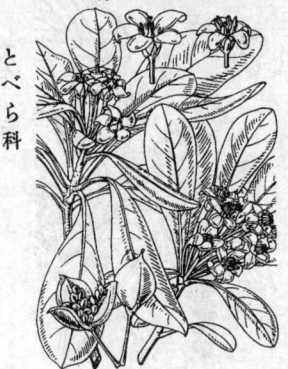

まるばのき
一名　べにまんさく
Disanthus cercidifolia _Maxim._

まんさく科

本州中部以西ノ山地ト四國ノ山地トニ生ズル落葉灌木。高サ1-3m。葉ハ長柄アリテ互生シ、卵圓形或ハ圓形、銳頭或ハ鈍頭、心臟底、全邊、長サ5-10cmヲ算シ厚膜質ニシテ毛ナク上面綠色下面帶白色、秋ニ紅葉シ美ナリ。晩秋葉將ニ謝セントスルノ候葉腋ニ短梗ヲ出ダシ梗頂ニ背ヲ合セテ接着セルニ花ヲ開キ暗紅色ニシテ腥臭アリ、梗本ハ鱗片數箇ヲ以テ包マル。萼片ハ小形、花瓣ハ五片開出シテ星芒狀ヲ成シ各片狹長ニシテ上部漸殺シ先端ハ絲狀ヲ呈ス。雄蕋五箇ハ短シ。花柱二箇、子房ハ二室。蒴ハ年ヲ越エテ次年ノ花時ト同期ニ熟シ、大形ニシテ肥厚ク稍扁キ圓形ニシテ凹頭ヲ有シ、二顆相並ビ毅質ニシテ帶白綠色ヲ呈シ後暗褐色ニ變ジ、四短片ニ開裂シテ各室ニ黑色ノ光澤アル種子ヲ三箇以上藏ス。和名圓葉ノ木ハ其圓形葉ニ基ヅキ、べニ滿作ハ其赤色花ニ基キシ稱ナリ。

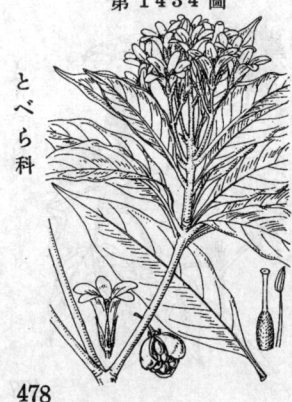

とべら
一名　とびらぎ・とびらのき
Pittosporum Tobira _Ait._

とべら科

海岸地方ニ多ク自生スル常綠灌木ニシテ特ニ根皮ニ一種ノ臭氣アリ。高サ2-3m。葉ハ互生ナレドモ枝ノ上部ニ密接シテ生ズ、質厚ク表面稍光澤アリ乾ケバ革質ト成ル、倒卵狀長橢圓形、圓頭或ハ鈍頭、楔底、長サ8-10cm、幅3cm內外、兩面無毛ニシテ葉緣往々下面ヘ反捲ス。花ハ六月ニ開キ白色ニシテ後變ジテ芳香アリ、頂生ノ聚繖花序ヲ成シテ撒簇ス。雌雄異株ナリ。萼片ハ五、卵形銳頭毛緣ナリ。花瓣ハ匙形ニシテ有花爪、上部ハ平開或ハ反卷ス。雄蕋ハ五、雄花ニ於テ長ク、雌花ニ於テハ小ニシテ不實ナリ。子房ハ卵形ニシテ三心皮ヨリ成リ一花柱アリ、雄花ニ於テハ不實ナリ。果實ハ球形、徑10-15mm、熟スレバ三裂シ赤キ種子ヲ出ス。節名ハ之レヲ扉ニ挾ミ疫鬼ヲ避クル事アリ、故ニ和名ノ扉の木ト云フ。漢名　海桐花（誤用、此品ハ蓋シ同屬ノ他種ニシテ支那ニ產スル者ナリ）

しまとべら
一名　たうそよご
Pittosporum undulatum _Vent._

とべら科

濠洲原產ノ常綠灌木ニシテ我ガ內地ニハ明治初年ニ小笠原島ヨリ移入シ植物園等ニ栽培ス。葉ハ互生シテ枝端ニ集リ略ボ輪生樣ヲ呈シ、披針形或ハ長橢圓形ニシテ兩端尖リ、邊緣ハ波狀鋸齒緣或ハ全緣ニシテ縱アリ、長サ6-8cm、幅2-3cm、幼時毛アルモ後全ク無毛ト成リ乾ケバ革質ヲ呈ス。花ハ白色ニシテ芳香アリ、五-六月ノ頃聚繖花序ヲ成シテ枝端ニ開ク。萼片五、花瓣ト共ニ毛多ク生ジ、披針形銳頭ニシテ先端背反ス。花瓣ハ長橢圓圓狀匙形ニシテ萼片ノ倍長アリ、先端平開ス。花ハ單性ニシテ雌雄異株ナリ。雄蕋ハ五アリ、雄花ニ於テ長ク、雌花ニ於テ短ク不實ナリ。果實ハ球形ニシテ無毛、徑1cm內外、熟スレバ三裂ス。種子ハ赤色ナリ。和名島とべらハ初メ海島ヨリ來リシ故云フ。唐そよごハ國外ヨリ來リ其葉そよご葉ニ彷彿タルヲ以テ云フ。

すぐり
Ribes grossularioides *Maxim.*

信濃國特産ノ落葉灌木ニシテ叢生シ多ク分枝シ高サ1m内外、葉腋下ニ三强針ヲ有ス。葉ハ互生或ハ枝上ノ短枝ニ叢生シ葉柄アリ、稍圓形、截底或ハ稍心臟底、淺ク三-五裂シ裂片ハ粗鈍齒牙緣、兩面毛アリ、毛緣或ハ腺毛緣ヲ成ス。葉面ハ長幅共ニ3cm内外。葉柄ハ2cm内外、毛多シ。花ハ五月ニ開キ葉腋ニ單生、白色ヲ呈シ下垂ス。萼筒ハ卵形、稍無毛、裂片ハ長橢圓形、長サ6mm内外、多ク反曲シ、花瓣ハ披針形、萼片ノ半長アリテ殆ド直立ス。雄蕊五、花瓣ト同長。花柱ハ雄蕊ト同長、先端二裂ス。果實ハ平滑、廣橢圓形或ハ球形ノ漿果ニシテ下垂シ熟シテ褐赤色ヲ呈ス、食スベシ。本種ハせいやうすぐり即チぐ—すべりニ似タリト雖ドモ別種ナリ。和名ハ盖シ酸塊ノ意ニシテ酸味アル實ニ基ヅキシ稱ナリ。くりノくり石ノくり(塊)立—くりくり坊主或ハくりくり眼玉ノくりト同意味ニシテ圓キ實ヲ表ハセシ辭ト思フ。

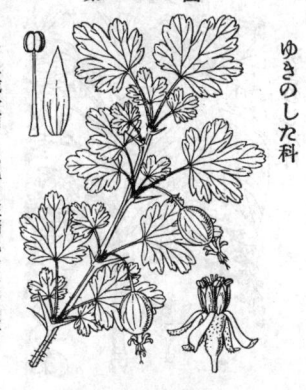

ゆきのした科

せいやうすぐり
一名 まるすぐり
すぐり (誤稱)
Ribes Grossularia *L.*

歐洲・北あふりか・西南あじあノ原産ニシテ明治初年ニ渡來セシ落葉小灌木。處々ニ栽培セラル。叢生シ高サ1m内外ニシテ分枝シ、葉腋ノ下ニ一-三岐セル强針ヲ有ス。莖ハ時ニ刺毛アリ。葉ハ互生或ハ枝上ノ短枝ニ束生シテ葉柄有シ、稍圓形ニシテ長幅共ニ2-3cm許、底部ハ稍心臟形、三-五裂シ裂片ハ粗鈍齒牙緣アリ、兩面毛ヲ有シ、又毛緣ヲ成ス。四-五月ノ候花ヲ簇葉間ニ出シ、通常白色ノ一花ヲ下垂ス。花梗ハ短ク上部ニ二小苞ヲ具フ。萼筒ハ橢圓形ニシテ毛アリ、裂片ハ五、長橢圓形ニシテ反曲ス、花瓣ハ五、細小、倒卵形ニシテ直立ス。雄蕊五、花瓣ヨリ稍長シ。果實ハ球形ノ漿果、徑2cm内外、有毛ニシテ黃綠色ニ熟シ食用トス。通常之レヲすぐりト呼ブハ非ナリ。西洋ニテハ俗ニGooseberry或ハ English Gooseberry ト云フ。

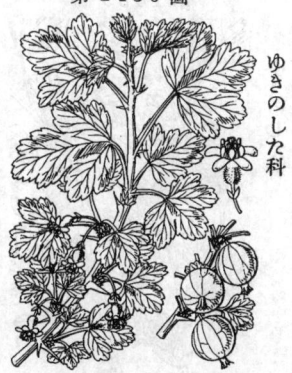

ゆきのした科

ふさすぐり
一名 あかすぐり
Ribes rubrum *L.*

歐亞大陸ノ原産ニシテ明治年間ニ渡來シ今ハ諸處ニ栽培セラルル落葉小灌木ニシテ高サ1m内外ニ達シ、枝ハ無毛無刺ナリ。葉ハ互生シ長柄アリ、五掌狀裂ヲ成シ、裂片ハ不齊鋸齒緣、銳頭ナリ、葉底ハ心臟形ヲ呈ス。上面ハ無毛ナレドモ下面ニハ柔毛アリ、葉柄ニハ毛少シ。春日葉腋ニ總狀花序ヲ出シテ下垂シ多數ノ花ヲ著ク。花ハ帶綠或ハ帶紫白色ニシテ短梗ヲ有ス。萼片ハ杯形ニシテ無毛其裂片ハ廣倒卵形ニシテ平開ス。花瓣ハ小形ニシテ直立ス。雄蕊五、花瓣ト同長ナリ。花柱ハ兩岐ス。果實ハ赤色平滑ノ小形漿果ニシテ食用トスベシ。西洋ニテハ俗ニ Red Currant 或ハ Wild Currant ト云フ。和名ハ房酸ぐりト云フハ其果實房(ふさ)ヲ成セバナリ。又赤酸ぐりト云フハ其果實赤色ヲ呈スレバナリ。

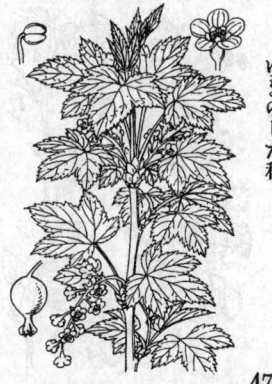

ゆきのした科

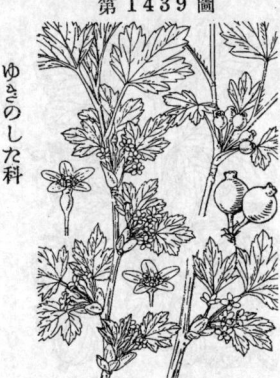

こまがたけすぐり
Ribes japonicum *Maxim.*

本州中部以北ノ亞高山針葉樹林下ノ溪側ニ見ル落葉灌木ニシテ叢生シ高サ 2m 内外アリテ疎ニ分枝ス。葉ハ葉柄アリテ互生シ柄本ニハ長毛ヲ有ス。橢形圓形ヲ成シ掌狀ニ五-七尖裂シ其觀をがらばな葉ニ彷彿タリ、長サ 6-8cm、裂片ハ卵狀披針形ニシテ漸尖頭、缺刻樣ノ鋸齒緣ヲ有シ、質稍厚ク、表面脈絡陷入シ、裏面ハ短毛ヲ布キ腺點ヲ混ジ特異ノ臭氣ヲ發ス。七月、前年枝ノ下部ニ生ゼル短枝端ニ穗樣ノ總狀花序ヲ出ダシ稍下垂シテ多花ヲ著ク。花軸ニハ細毛ヲ密ニ布ク。花ハ徑 6mm 内外。萼筒ハ卵球形ヲ呈シ、萼片五箇ハ長橢圓樣ニシテ平開ス。花瓣亦五箇、萼片ヨリ短シ。共ニ紅色ヲ帶ベル綠色ヲ呈ス。時ヲ經テ小球狀ノ漿果ト成リ、果穗ハ懸垂シ熟シテ赤黑色ト成ル。和名ハ始メテ本種ヲ木曾駒ケ岳ニ採リ乃チ其山名ヲ名トセリ。

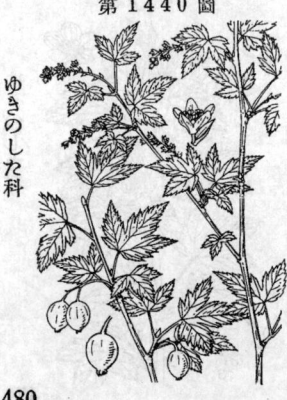

やぶさんざし
一名 きひよどりじゃうご
Ribes fasciculatum *Sieb. et Zucc.*

山野ニ自生スル落葉灌木ニシテ叢生シ枝條ハ細長、高サ 1m 内外ニ達ス。葉ハ互生シ卵狀圓形、三-五尖裂シ裂片ハ缺刻狀鋸齒緣ヲ成シ、葉底ハ心臟形或ハ截形ヲ呈ス。長幅共ニ 2-3cm 内外、兩面殆ド無毛ナリ。葉柄ハ 2cm 内外ニシテ微毛ヲ生ズ。雌雄異株ニシテ其單性花ハ春日新葉ト共ニ腋生シ小形ニシテ黃綠色ナリ。雌花ハ二、四、簇出。萼筒ハ倒卵形、無毛、裂片ハ長卵形ニシテ花瓣狀ヲ成シ多クハ平開或ハ稍背反ス。花瓣ハ倒卵形、萼片ヨリ短ク。雄蕊ハ五、花瓣ト稍同長ナリ。雄花ハ其萼筒杯形ヲ成シ、他ハ雌花ト殆ド相同ジ。果實ハ球形ニシテ往々多數枝上ニ紅熟シ徑 5mm 内外ニシテ其質食用ニ適セズ。和名ハ藪山榶子ノ意ニシテ藪地ニ生ジ其果實山榶子ノ如クナレバ云フ。木鵯漏斗ハ其赤實ひよどりじゃうごニ似テ木本ナレバ云フ。

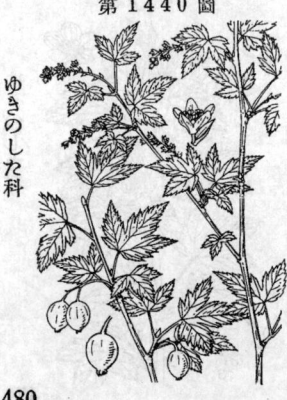

ざりこみ
Ribes alpinum L.
var. japonicum *Maxim.*

中部ノ深山林下ニ生ズル落葉灌木。高サ 1m 内外、枝椏瘠セテ灰色ヲ呈ス。葉ハ互生、細長ナル葉柄アリ、葉片ハ長サ 2cm 内外、掌狀ニ三尖裂シ、廣心臟底、裂片ハ披針狀卵形ニシテ尖リ中裂片ハ側裂片ノ倍長ニ近ク、何レモ缺刻狀重鋸齒緣ヲ有シ、膜質ニシテ表面平坦且ツ散毛アリ。七月、葉腋ノ短枝端ニ穗狀ノ總狀花序ヲ出シテ黃綠色ノ小花ヲ著ケ往々傾斜ス。雌雄異株。雄穗ハ稍長ク 2cm 許。萼片ハ五箇、花瓣ヨリ大、雄蕊ハ五本、子房ハ下位。秋日赤キ漿果熟シ球形ヲ呈シテ懸垂シ、頭部ニ萼片ヲ殘存ス。和名ざりとみノざりハ石礫地ノ意、とみハ恐ラクぐみノ轉化ニシテ是レハざりぐみナラン、即チ細石地ニ生ズルぐみノ意ナルベシ、ぐみハ此植物ノ赤キ實ヲ右ニレニ擬シタルモノナラン。

480

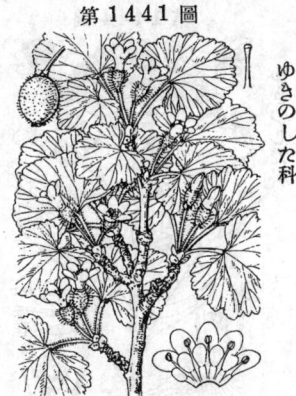

第 1441 圖

ゆきのした科

やしゃびしゃく
一名 てんばい・てんのうめ
Ribes ambiguum *Maxim.*

深山ノ樹上ニ托生スル落葉ノ小灌木ニシテ莖ハ下部時ニ橫臥ス。年ヲ經テ太ナル者ハ高サ1m内外ニ及ビ幹徑3cm許ニ達スル者アリ。葉ハ有柄互生シ或ハ短枝端ニ叢生シ、圓腎形ニシテ三五或ハ七ニ淺裂シ、邊緣ハ鈍鋸齒ヲ有ス、長幅各3-4cm内外、葉底ハ心臟形ヲ成シ、兩面ニ軟毛多シ。葉柄ハ長サ2-3cm許、軟毛密生ス。雌雄異株。夏日叢葉葉腋ニ一二三ノ有梗花ヲ出ス。花ハ單性ニシテ淡綠白色ヲ呈シ、外觀略梅花ニ似タリ。萼ハ筒狀倒卵形ニシテ子房ニ著生シ外面ニ腺毛密生ス、先端ハ五裂シ花瓣狀ヲ成シ裂片ハ倒卵狀長橢圓形ヲ成シ長サ7mm内外アリ。花瓣ハ五片倒卵形ニシテ萼片ノ半長ナリ。雄蕊五、花瓣ト同長ニシテ内向葯ヲ有ス。子房ハ下位ニシテ一室、花柱ハ粗柱狀ヲ成ス。漿果ハ球形ニシテ腺毛密布シ、熟シテ尚綠色ナリ。和名ハ夜叉柄杓ニシテ果實ノ形狀ニ基ヒ名クト云フ。天梅・天の梅ハ花容ニ由ル。漢名 蔦（誤用、蔦ハまつぐみ樣ノ寄生植物ノ名ナリ）

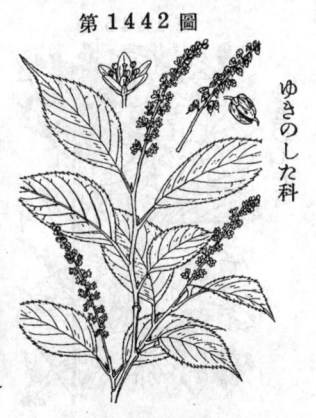

第 1442 圖

ゆきのした科

ずいな
一名 よめなのき
Itea japonica *Oliver.*

中部以南ノ山地ニ生ズル落葉灌木或ハ小喬木。高サ1-2m、全株無毛平滑ニシテ枝梢ハ細長綠色ナリ。葉ハ有柄互生、托葉無シ、卵狀橢圓形ニシテ長サ5cm内外、銳尖頭、楔底或ハ狹底、葉緣ニ細鋸齒アリ、薄質ニシテ黃綠色ヲ呈シ支脈顯著ニシテ平行シ葉裏ニ隆起ス。五月、枝端ニ穗狀ノ總狀花序ヲ着ケテ多數ノ碎白花ヲ綴ル。花穗長ハ10cm内外、多クハ斜傾ス。萼ハ細小ニシテ五片。花瓣ハ五片、長橢圓形ニシテ廣鑷形ヲ成シ萼片ヨリ稍々長且長シ。雄蕊ハ五箇、花瓣ト五倍シ花盤上ニ立ツ。花柱ハ一箇、短柱狀、子房ハ卵形半下位ナリ。盛夏ノ候ニ至テ果穗ハ下垂シ、蒴果ハ熟シテ短裋ヲ以テ反屈上向シ卵形ニシテ縱裂シ外面ニハ花瓣及ビ萼片ヲ宿存シ、帶褐黃色ヲ呈ス。和名ハすゐ菜ニシテすゐノ意予ニハ解セラレズ、菜ハ此新葉ヲ食用ニスルヲ以テ云フナラン。嫁菜ノ木モ亦其新葉ヲ食用ニスルコトよめなノ如ケレバ云フ。

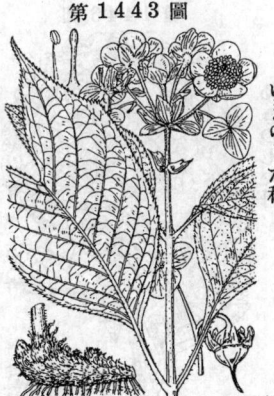

第 1443 圖

ゆきのした科

ぎんばいさう
一名 ぎんがさう
Deinanthe bifida *Maxim.*

山地樹陰ニ生ズル多年生草本。莖ハ高サ60cm内外ニ達シ全株ハ毛茸散在ス。葉ハ對生ニ橢圓形或ハ倒卵形ニシテ基部ハ楔形、頭部ハ常ニ二裂シテ二尾狀ヲ呈シ、邊緣ハ芒狀鋸齒ヲ成ス、長サ15-20cm、幅8-11cm、兩面ニ毛茸散在ス。夏日莖頂ニ白色花ヲ聚繖花序ニ開キ花序ハ初メ數箇ノ苞ニ包マレ球狀ヲ成ス。數箇ノ不登花アリテ三箇ノ花瓣狀片ヲ有ス。花ノ徑2cm内外。萼ハ鐘形、五裂、裂片ハ廣卵形ニシテ無毛ナリ。花瓣ハ五、倒卵形。雄蕊ハ多數。子房ハ五室ニシテ一花柱アリ。果實ハ橢圓形ノ蒴ニシテ宿存萼ヲ伴ヒ、熟シテ五裂シ、微小種子ヲ出ス。此種ハ木質地下莖ノ粘汁ヲ採リ製紙用糊料ニ充ツルコトアリ。和名ハ銀梅草ノ意ニシテ其花容ニ基キ、銀が草ノがハ予未ダ其意義ヲ解セズ。

481

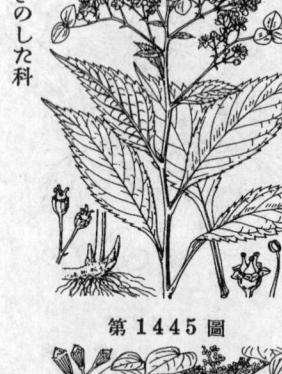

ゆきのした科

くさあぢさゐ
Cardiandra alternifolia
Sieb. et Zucc.

山地ニ生ズル多年生草本ニシテ莖ハ高サ20-60cm。葉ハ互生シ、柄ヲ有シ、長橢圓形乃至廣披針形ニシテ兩端尖リ銳キ鋸齒アリ質薄クシテ細毛ヲ散生ス。八月、莖頭ニ稍繖房狀花序ヲ成シテ淡紅紫色或ハ淡紅白色或ハ白色ノ小花ヲ攢簇ス。周邊ニ徑1-2cm許ナル少數ノ裝飾花アリテ萼片ハ三或ハ二箇、花瓣狀ヲ成シ、廣卵形ニシテ先端稍尖ル。兩全花ハ萼片五箇アリ細小ニシテ三角形ヲ成シ、花瓣ハ五箇倒卵形アリ、多雄蕊、槪ネ三花柱。蒴果ハ小形ニシテ倒卵形ヲ成シ宿存セル三花柱ノ中央ニ於テ開裂ス。和名ハ花狀あぢさゐ式ニシテ草本ナル故云フ。

ゆきのした科

いはがらみ
Schizophragma hydrangeoides
Sieb. et Zucc.

山地ノ落葉藤本ニシテ莖ヨリ氣根ヲ出ダシテ岩或ハ樹ヲ攀登シ多ク高處ニ至ル。幹ノ大ナル者徑8cm許ニ達シ其皮頗ル厚シ。葉ハ對生。葉柄ハ細長、赤色ヲ帶ブルコト多シ。葉片ハ廣卵形或ハ卵圓形ニシテ長サ7cm內外、銳尖頭心臟底、邊緣ニハ銳尖ノ粗齒アリ、表面暗綠色、往々白綠色ノ斑紋ヲ飾ル。七月頃枝端ニ平頂ノ聚繖花序ヲ著ケ白細花ヲ綴ル。周邊ニハ萼ノ一片白色ノ大ナル卵形花辨樣ニ擴ガレ不登花數箇アリ。花ハ花辨五箇、雄蕊十本アリテ中央ニ一雌蕊アリ。花柱ハ一箇、頭狀ノ柱頭ヲ有ス。ごとうづる二酷似スレドモ彼ニアリテハ葉淡綠色ニシテ斑紋ナク更ニ長柄ヲ具ヘ、不登花ノ萼片ハ五大片アリ、花柱亦五箇アルニヨリ區別シ得。和名ハ岩絡ノ意ニテ此者能ク氣根ヲ下シテ岩上ニ蔓延生長スルヨリ云フ。

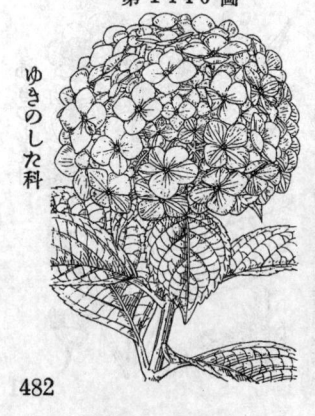

ゆきのした科

あぢさゐ
Hydrangea macrophylla *Seringe*
var. Otaksa *Makino.*

觀賞品トシテ廣ク栽植セラルル落葉灌木ニシテ莖ハ叢生シテ高サ1.5m內外。葉ハ對生シ有柄、卵形或ハ廣卵形ニシテ厚ク深綠色ヲ呈シ光澤アリ、銳尖頭廣楔底ヲ成シ周緣ニ鋸齒ヲ有ス。夏日梢上ニ球狀ヲ成セル大形ノ繖房花序ヲ着ケ簇セル多數ノ花ヲ開ク。花ハ殆ド不登花ヨリ成リ、萼片ハ四或ハ五箇、大形、花瓣狀ヲ成シ淡紫碧色ニシテ美シ、邊緣ニ疎齒ヲ有スル事アリ。花辨ハ極メテ小サク四或ハ五箇。雄蕊ハ十本以內。雌蕊ハ退化シ、花柱ハ二或ハ三本アリ。本種ハ元がくあぢさゐヲ母品トシテ日本ニ於テ出生セシ者ニシテ支那ヨリノ渡來品ニ非ズ、故ニ同國ニテハ天麻裏花或ハ瑪哩花或ハ洋繡毬ト稱ス。從來漢名トシテ紫陽花・八仙花或ハ紫繡毬ヲ用キシハ皆非ナリ。和名あぢさゐノあづハ集ル意、さゐハ眞(さ)藍ノ約セラレタル者ニテ畢竟其圍集セル藍色花ニ基ヅキシ稱呼ナリ。

第 1447 圖

ゆきのした科

がくあぢさゐ
一名　がくさう・がくばな
Hydrangea macrophylla *Seringe*.
(=H. Azisai *Sieb*.)

暖地海岸ノ山地ニ自生スルモ又庭園ニ廣ク栽植
セラルル落葉灌木ナリ。莖ハ高サ 2m 内外ニシ
テ葉ハ對生シ有柄、卵形或ハ倒卵形ヲ成シ質厚
ク滑澤ニシテ邊緣ハ殊ニ上半ニ鈍鋸齒アリ、銳
尖頭楔狀ナリ。夏日枝端ニ大ナル繖房花序ヲ成
シ、周圍ニ少數ノ大ナル不登花ト中央ニ多數ノ
兩全花トヲ着ク。不登花ハ徑 5cm ニ達シ、萼
片ハ四或ハ五箇、大形ニシテ花瓣狀ト成リ、通常
碧紫色或ハ帶白紫色、時ニ白花 (forma leucan-
tha *Makino*) ニシテ全邊或ハ疎大ノ鋸齒アリ。
兩全花ハ三角形ヲ成セル微小ナル五萼片ニ楕圓
形銳頭ナル五片ノ花瓣ヲ有ス。雄蕊ハ約十本。
花柱ハ三或ハ四箇。蒴果ハ小ニシテ倒卵形、基
部ニ狹窄シ頂ニ宿存セル花柱ヲ藏ク。和名ハ額
あぢさゐノ意ニシテ其花叢ノ扁額ニ擬シ其周邊
ノ蝶形花ヲ額緣ニ比シタルナリ、がくさうハ額
草ノ意、がくばなハ額花ノ意ニシテ今日ハ此名
ヲ云ハズ、がくヲ萼ノ意トスルハ非ナリ。

第 1448 圖

ゆきのした科

こ　が　く
Hydrangea macrophylla *Seringe*
subsp. serrata *Makino*
var. angustata *Makino*.

山地ニ生ズル落葉小灌木ニシテ高サ 1m
内外。葉ニ對生、葉柄アリ、小形ニシテ長
楕圓形ヲ呈シ、先端尾狀銳尖頭ヲ成シ銳
鋸齒ヲ有シ、薄ク、脈上ニ細毛ヲ布ク。
七月ノ候枝端ニ繖房花序ヲ成シテ白花ヲ
着ク。中心ニ正花ト周圍ニ數箇ノ裝飾花
トアリ。裝飾花ハ徑 2cm 内外ニシテ萼片
ハ花瓣狀、三四箇アリ。正花ハ三角形ノ
小サキ五萼片ト卵形ノ五花瓣トヲ有ス。
雄蕊ハ約十本、花柱ハ概ネ三箇ナリ。蒴
果ハ小形ニシテ倒卵形ヲ成シ宿存セル花
柱ハ間ニ當ル處ニテ開裂ス。和名ハ小額
ニシテ小形ナル額あぢさゐノ意ナリ。

第 1449 圖

ゆきのした科

べにがく
Hydrangea macrophylla *Seringe*
subsp. serrata *Makino*
var. japonica *Makino*.

通常庭園ニ栽植スル落葉灌木ニシテ高サ
2m 許ニ達ス。葉ハ對生シ有柄、質薄ク
シテ卵形或ハ楕圓形、尾狀銳尖頭ヲ成シ
周邊ニ銳キ鋸齒アリ脈上ニ細毛ヲ有ス。
七月ノ候繖房花序ヲ成シテ多數ノ花ヲ開
ク。花叢ノ周邊ニ在ル數箇ノ裝飾花卽チ
不登花ハ徑 3cm 内外アリテ初メ白色遂ニ
帶紅白色ヲ呈シ日ヲ經テ漸次紅色ヲ加
フ、萼片ニ三或ハ四箇アリテ花瓣狀ヲ成
シ、心臟狀卵形ニシテ特ニ邊緣ニ粗齒牙
ヲ有ス。中央ニアル多數ノ兩全花ハ白色
ニシテ微小ナル五萼片ト五花瓣トヲ有
ス。雄蕊ハ約十本、花柱ハ通常三本。蒴
果ハ小ニシテ倒卵形ナリ。和名ハ紅額ニ
シテ紅額あぢさゐノ意ナリ。

483

第1450圖

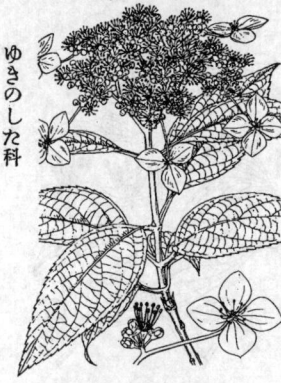

ゆきのした科

あまちゃ
Hydrangea macrophylla *Seringe*
subsp. serrata *Makino*
var. Thunbergii *Makino*.

通常培養セラルル落葉灌木。莖高サ70cm
内外、莖葉共ニやまあぢさゐニ類似ス。
葉ハ對生、有柄、狹キ橢圓形ヲ呈シ先端
銳尖頭ニシテ周邊ニ鋸齒アリ。七月、枝
梢上ニ多數ノ花ヲ纖房狀花序ニ着ケ、周
圍ニ敷箇ノ裝飾的ノ不登花ヲ有シ、其萼片
ハ花瓣狀ト成リ、先端圓ク爲メニ其各花
ハ全體トシテ圓ク見ユ、初メ靑色ニシテ
後紅色ニ變ズ。正花ノ萼片ハ微小五箇、
花瓣モ五箇アリ。通常十雄蕋、三花柱ヲ
有ス。蒴果ハ小ニシテ倒卵形ナリ。葉ヲ
乾セバ著シキ甘味アリ以テ甘茶ヲ製ス、
故ニ和名ヲ甘茶ト稱ス。漢名 土常山(誤
用、此植物ハ支邪ニ產シ我ガ甘茶ノ如キ
葉味甘キ者ニシテ H. aspera *D. Don*.
ノ學名ヲ有ス)

第1451圖

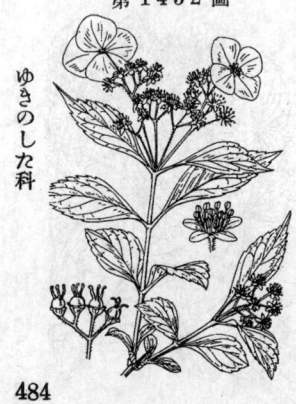

ゆきのした科

やまあぢさゐ
一名 さはあぢさゐ
Hydrangea macrophylla *Seringe*
subsp. serrata *Makino*
var. acuminata *Makino*.

山地ニ多キ落葉灌木ニシテ高サ1m內外。葉ハ對
生シ有柄、橢圓形或ハ卵形ニシテ先端尾狀銳尖
頭ヲ成シ邊緣ニ著シキ鋸齒アリ質薄クシテ光澤
ナシ。北地ニ生ズル者ハ葉ハ一般ニ大形ナリ。
七八月ノ候枝端ニ纖房花序ヲ成シ多數ノ花ヲ開
ク。周圍ニアル裝飾花ハ徑2-3cm許、萼片ハ花
瓣狀ヲ成シ三乃至五箇、全邊或ハ疎齒ヲ有シ、
碧色或ハ白色 (forma albiflora *Makino*) 時ニ
淡紅色(forma rosea *Makino*) ヲ呈シ又稀ニ重
瓣(forma plena *Makino*)ノ者アリ。正花ハ萼
片細小、五箇、花瓣五箇アリ。雄蕋ハ凡ソ十本、
花柱ハ三四本。蒴果ハ小ニシテ倒卵形。和名ハ
山あぢさゐ丼ニ澤あぢさゐノ意ニシテ此品山地
或ハ山間谿傍ニ生ズレバナリ。

第1452圖

ゆきのした科

がくうつぎ
Hydrangea scandens *Seringe*.
(=H. virens *Sieb*.)

山地ニ生ズル落葉灌木ニシテ高サ1.5m
內外。繁ク分枝シ、枝ハ白キ髓ヲ有シ、嫩
キ時ハ細毛ヲ布ク。葉ハ比較的小形ニシ
テ對生シ有柄、質薄ク、長橢圓形、先端尾
狀ニ尖リ底部ハ楔形ヲ成シ邊緣ニ淺キ鋸
齒ヲ生シ、葉裏脈腋ニ毛ヲ密生ス。五六月
頃枝端ニ纖房狀花序ヲ成シ周圍ニ少數ノ
大ナル裝飾花ト多數ノ正花トヲ着ク。裝
飾花ノ萼片ハ花瓣狀ヲ呈シ白色ニシテ乾
ケバ黃變シ、三乃至五片ニシテ大小不同
ナリ。正花ノ萼片ハ微小ニシテ五箇アリ、
花瓣ハ卵形、淡黃綠色。十雄蕋、三花柱。蒴
果ハ小形ニシテ略ボ球形ナリ。和名ハ額
空木ノ意ニシテ額ハがくあぢさゐノ略、
空木ハ樹狀うつぎ狀ヲ成セバナリ。

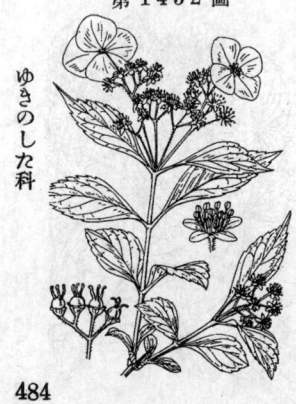

484

こあぢさゐ
一名 しばあぢさゐ
Hydrangea hirta *Sieb. et Zucc.*

第 1453 圖

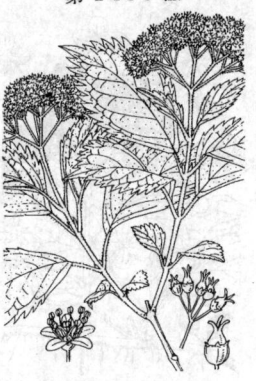

ゆきのした科

山地ノ落葉灌木。高サ1-2m、枝極細ク柔軟、紫色ヲ帶ブルコト多シ。新條ハ綠色ニシテ粗毛アリ後脫落ス。葉ハ有柄對生、倒卵形或ハ廣橢圓形、長サ5-8cm、短銳尖頭、楔底或ハ狹底、上半ニハ粗大ノ銳鋸齒ヲ列スレドモ下部ハ全緣、膜質、表面光澤アリテ粗毛散立シ、乾ケバ藍色ヲ呈ス。初夏ノ候枝端ハ平頂ノ小ナル繖房狀花序ヲ成シ、淡碧色ノ細花ヲ綴リ裝飾花無シ。花ハ全部稔性ニシテ萼片ハ齒狀五箇、花瓣同ジク五箇、橢圓形ヲ呈シ鈍頭ニシテ平開ス。雄蕊十箇、花柱ハ三箇アリ。子房ハ半上位ニシテ卵形ヲ成ス。蒴果ハ小形、初メ淡碧色ヲ呈シ後褐色ヲ帶ビ開裂ス。和名ハ小あぢさゐ又ハ柴あぢさゐノ意ナリ。

たまあぢさゐ
Hydrangea cuspidata *Makino.*
(＝*H. involucrata* *Sieb. et Zucc.*)

第 1454 圖

ゆきのした科

山地ニ自生スル小灌木。莖ハ高サ1.5m内外ニシテ初メ毛アリ。葉ハ大ニシテ有柄對生シ、橢圓形ニシテ銳尖頭ヲ成シ邊緣ニ先端剛毛狀ニ尖レル細鋸齒ヲ有シ、質薄ケレドモ兩面殊ニ裏面ハ毛多ク著シク糙澁ナリ。盛夏ノ候梢上ニ繖房狀花序ヲ成シテ淡紫色ノ花ヲ開ク。嫩キ花序ハ數片ヨリ成ル廣開總苞ニ被ハレテ球狀ヲ呈シ總苞片ハ後脫落シ、花序ハ周圍ニアル少數ノ裝飾ノ不登花ト多數ノ正花トヨリ成ル。裝飾花ノ萼片ハ花瓣樣ニシテ四或ハ五箇。正花ノ萼片ハ微小、四五箇、花瓣モ四或ハ五箇。雄蕊ハ約八本アリテ長ク抽出シ、花柱ハ二本アリ。蒴果ハ一ニシテ稍球狀ヲ呈ス。和名ハ一球あぢさゐノ意ニシテ其蕾ノ球狀ヲ成ス特性ニ基ヅク。

のりうつぎ
一名 のりのき
Hydrangea paniculata *Sieb.*

第 1455 圖

ゆきのした科

山地ニ普通ナル落葉灌木ニシテ高サ2-3m餘ニ達ス。葉ハ對生、時ニ三葉輪生シ、有柄、橢圓形或ハ卵形ヲ成シ、先端銳尖シ底部ハ通常圓ク周邊ニ鋸齒アリ。七八月ノ候枝端ニ圓錐花序ヲ成シ、少數或ハ多數ノ裝飾花ト多數ノ正花トヲ齎ク。裝飾花ノ徑1-5cm、株ニ由テ大小アリ、萼ハ三-五片、白色ニシテ花瓣狀ヲ呈シ橢圓形乃至略圓形ニシテ後時ニ紅ヲ潮スル者アリ。正花ノ萼片ハ五箇、三角形ヲ成シ、花瓣モ五片、長卵形ナリ。雄蕊ハ十本、花柱ハ三岐ス。蒴果ハ小ニシテ橢圓形ナリ。幹ノ内皮ヲ以テ製紙用ノ糊ヲ製ス、故ニ和名ヲ糊空木或ハ糊ノ木ト云フ。又北海道ニテハさびたト呼フ、故ニ其模材ヲ用キテ造レルぱいぷヲさびたのぱいぷト云フ。一變種ニ其花穗唯裝飾花ノミヲ以テ成ル者アリテ庭園ニ見ル、之ヲヲみなづき (var. grandiflora *Sieb.* ＝var. hortensis *Maxim.*) ト云フ。

485

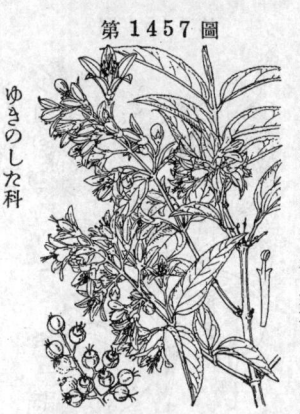

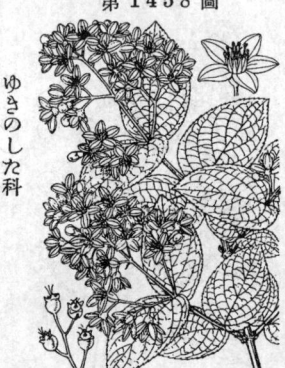

第 1456 圖

ゆきのした科

つるでまり
一名 つるあぢさゐ・ごとうづる
Hydrangea petiolaris
Sieb. et Zucc.

山地ニ生ズル落葉蔓性灌木ニシテ長サ15m内外ニ達シ、樹幹或ハ岩上ニ攀ヂ上ル。樹皮ハ褐色ニシテ縱ニ剥離シ剥片ハ薄シ、嫩枝ハ無毛或ハ粗毛アリ。葉ニ對生ニシテ長キ柄ヲ有シ、卵形乃至圓形、先端ハ鋭尖シ基部ハ圓底或ハ心臟底ヲ成シ周邊ニ鋭鋸齒アリ、無毛或ハ脈上ニ粗毛ヲ有ス。七月頃梢上ニ繖房狀聚繖花序ヲ成シテ白花ヲ着ク。裝飾花ハ萼片ハ大形ニシテ花瓣狀ヲ占シ三四箇、時ニ疎齒アリ。正花ノ萼齒ハ淺ク、五箇、花瓣ハ五箇アルモ略癒合シテ帽狀ト成リテ早ク脫落ス。雄蕊ハ十五~二十本許、花柱ハ二本時ニ三本。蒴果ハ小ニシテ球形ナリ。和名ハ蔓手毬ノ意ニシテ蔓ハ莖ノ狀、手毬ハ花穗ノ狀ニ基ヅク。ごとうづるノごとうハ何ノ意乎或ハ人名乎或ハ地名乎。漢名 藤繡毬 (蕋シ誤用ナラン)

第 1457 圖

ゆきのした科

う つ ぎ
一名 うのはな
Deutzia crenata *Sieb. et Zucc.*

山野ニ普通ナル落葉灌木ニシテ繁ク分枝シ高サ1.5m内外ヲ常トス。樹皮ハ不齊ニ剥ゲ、嫩枝ニハ微小星狀毛ヲ有ス。葉ハ對生、短柄アリ、披針形乃至卵形ヲ呈シ先端ハ長ク尖リ底部圓形、邊緣ニ縫齒ノ低鋸齒アリ、糙澁ニ兩面殊ニ裏面ニ微小星狀毛ヲ密布シ、脈上ニハ堅毛ヲ混ズル事アリ。五六月、圓錐花序ヲ成シテ多クノ白花ヲ開ク。萼筒ハ鐘狀、星毛ヲ密布シ萼片ハ五ニシテ三角形ヲ呈シ、花瓣ヲ五片、長橢圓形ニシテ長サ1cm餘。雄蕊ハ十本、花絲ニ齒狀翼ヲ有ス。花柱ハ三四本、絲狀ニシテ少シク花瓣ヨリ短シ。蒴果ハ球形硬質ニシテ星毛ヲ密布シ三花柱ヲ有ス。材ヲ以テ木釘ヲ造ル。變種ニ重瓣花ノ者アリ八重うつぎト云フ、之レニしろばな八重うつぎ (var. plena forma alba *Makino*) トさらさうつぎ (forma bicolor *Makino*) トアリ。和名ハ空木ノ意ニシテ其幹中空ナルヲ以テ云フ、又うの花ハ空木花ノ中略ナリ、一說ニ卯月 (陰曆四月) ニ花サク故云フト謂ヘリ。漢名 溲疏 (誤用)

第 1458 圖

ゆきのした科

まるばうつぎ
Deutzia Sieboldiana *Maxim.*
var. Dippeliana (*Nakai*).

山地ニ多キ落葉灌木ニシテ高サ1.5m内外、嫩枝ニ星毛ヲ有ス。葉ハ對生、極メテ短キ柄ヲ有シ、卵形或ハ廣卵形、短銳尖頭ニシテ圓底、花序ノ下ノ葉ハ稍心臟底ヲ成シ莖ヲ抱ク、邊緣ニ細鋸齒アリ、兩面トモニ三四射出ノ微小ナル星狀毛ヲ有シ糙澁ニ、葉脈ハ上面ニ於テ凹ム。五六月頃長サ5cm内外ノ圓錐花序ヲ枝端ニ着ケ白花ヲ綴ル。花序ニハ星毛ノ他ニ堅毛ヲ混ズ。萼ハ星狀毛ヲ被リ、五裂片ヲ有ス。花瓣ヲ五箇、橢圓形ニシテ長サ6mm内外。雄蕊ハ十本、花絲ハ下部ハ有翼ナリ。花柱ハ三本。蒴果ハ球形ニシテ星狀毛ヲ密布ス。和名ハ圓葉空木ノ意ニシテ其葉空木ニ比スレバ圓ナレバナリ。母種 D. Sieboldiana *Maxim.* ハ肥前ニ產シ所謂まるばうつぎト異ナリ之レヲつくしまるばうつぎト云フ。

ひめうつぎ
Deutzia gracilis *Sieb. et Zucc.*

河畔ノ岩礫ニ生ズル落葉灌木ニシテ高サ
1m内外、若枝ハ無毛ナリ。葉ハ對生、柄
ヲ有シ、披針形乃至卵形、先端ハ長ク尖リ
基部稍圓底、細鋭鋸歯ヲ有シ、兩面ハ微小
ナル星狀毛ヲ散生ス。五六月頃枝端ハ圓
錐花序ヲ成シテ白花ヲ開ク。花序ハ無毛、
萼ハ微小ナル星毛ヲ疎布シ、略三角形ナ
ル五裂片ヲ有ス。花瓣ハ五箇、長橢圓形
ニシテ長サ1cm内外、雄蕊ハ十本、花絲ハ
兩側ニ齒狀ノ翼アリ。花柱ハ三本或ハ四
本。蒴果ハ球狀ニシテ小星毛散生シ、殘
存セル長キ三花柱ヲ戴ク。一變種ハはな
ひめうつぎ 一名 おほひめうつぎ (var.
macrantha *Maxim.*) アリ、葉闊ク花大
ナリ、山地ニ生ズ。和名ハ姬空木ニシテ
空木ニ比スレバ小ナレバ云フ。

ゆきのした科

第 1 4 5 9 圖

うめうつぎ
Deutzia uniflora *Shirai.*

中部ノ山地ニ生ズル落葉灌木ニシテ稀品
ナリ。高サ1mニ滿タズ、疎ニ分枝シ、枝
ハ瘦セテ眞直、本年枝ハ暗褐色ヲ呈シテ
密ニ有柄ノ星狀粗毛ヲ被レドモ年ヲ經レ
バ平滑ト成ル。葉ハ對生、葉柄ハ短ク葉
片ハ卵狀披針形或ハ卵狀橢圓形ニシテ長
サ3cm内外、鋭尖頭ニシテ廣楔底、邊緣
ニハ細鋸齒アリテ質菲薄、兩面綠色ニシ
テ稍糙澁、下面脈條隆起ス。五月頃舊枝
ノ葉腋ニ白花ヲ單生シ點頭シテ開ク。花
徑3cm、短梗アリ、萼ハ小形、花瓣五箇ハ
梅花樣ニ半開シ倒卵狀橢圓形ヲ呈シ往々
紅采アリ。雄蕊ハ十本、花瓣ノ稍半長ヲ
有シテ長短交互シ、花絲ニハ先端鉾形ニ
開ケル附屬物ヲ具フ。蒴果ハ小球形ニシ
テ頂ニ三花柱ノ殘存ヲ戴ス。和名梅空木
ハ花ノ狀梅花ニ似タレバ名ク。

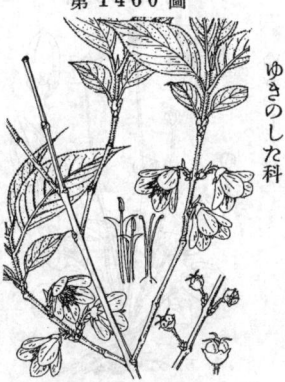

ゆきのした科

第 1 4 6 0 圖

ばいくゎうつぎ
Philadelphus Satsumi *Sieb.*

山地ニ生ズル落葉灌木ニシテ高サ2m内
外、叉狀ニ分枝シ、嫩枝ハ微毛メリ。葉
ハ對生ニシテ有柄、長卵形或ハ橢圓形ヲ
呈シ、先端長ク尖リ、邊緣ニハ疎ニ微凸
尖細鋸齒ヲ呈ス、葉底ハ鋭形ヲ呈ス。表面
ニ細毛ヲ散生シ裏面脈上ニ毛アリ、三條
ノ葉脈顯著ナリ。六七月ノ候枝端ハ總狀
樣聚繖花序ヲ成シ、數箇ノ白花ヲ開ク。
萼片ハ四箇、卵形ニシテ鋭頭邊緣ニ白細
毛ヲ密生シ、長サ5mm内外ヲ呈ス。花瓣モ
四箇アリ、倒卵形ヲ呈シ微凹頭、長サ1cm
許。雄蕊ハ二十本内外。花柱ハ基部癒合
シ先端四歧ス。蒴果ハ倒圓錐形ナリ。和
名ハ梅花空木ノ意ニシテ梅花ヲ其花容ニ
由ル。

ゆきのした科

第 1 4 6 1 圖

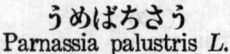

第 1462 圖

ゆきのした科

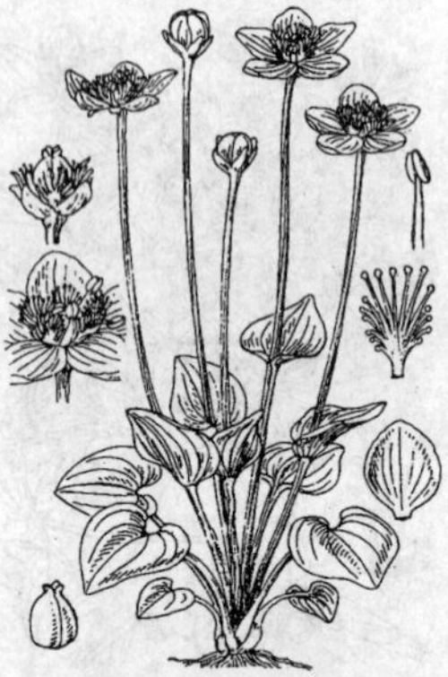

うめばちさう

Parnassia palustris *L.*

山足或ハ高山ノ陽地ニ生ズル多年生小草本ニシテ根莖ハ短厚ナリ。根葉簇生シ長柄ヲ有シ、圓形或ハ腎臟形ニシテ心臟底ヲ成シ徑 1-3cm 許アリ。夏秋ノ候高サ 10-40cm ノ數花莖ヲ抽テ直立シ一葉一花ヲ着ク。莖葉ハ無柄ニシテ卵形或ハ圓形ヲ呈シ基部心臟底ヲ成シテ莖ヲ抱ク。花ハ白色、梅花ニ似タリ。萼片ハ五箇アリ長橢圓形ニシテ綠色ヲ呈ス。花瓣モ五箇平開シ卵狀圓形ニシテ圓頭、長サ 7-10mm アリ。雄蕋ハ五本ニシテ外向葯ヲ有シ、花絲ハ初メ子房ニ副ヘドモ後チ交互ニ外反ス、蕋間ニ五箇ノ假雄蕋ヲ有シテ掌狀ニ 十三-二十二裂シ 裂片ノ先端頭狀ヲ成セル黃綠色ノ小珠ヲ成ス。子房ハ上位、卵形ヲ呈シ頂ニ四岐セル柱頭ヲ戴ク。蒴果ハ上部四裂シ內ニ多數ノ種子ヲ藏ス。和名ハ梅鉢草ノ意ニシテ花形梅鉢ノ紋ニ似タル故云フ。

第 1463 圖

ゆきのした科

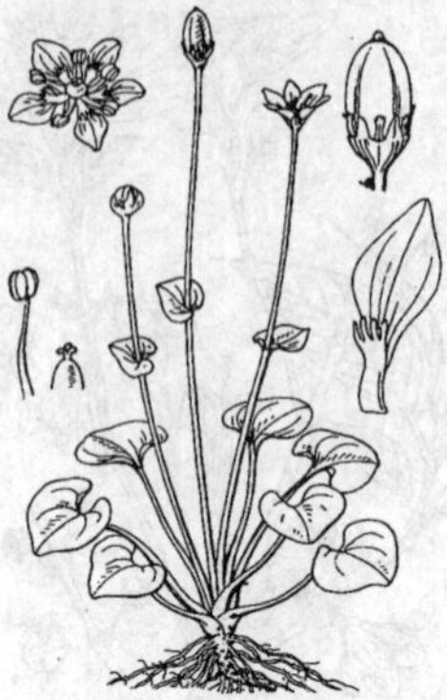

ひめうめばちさう

Parnassia alpicola *Makino.*

本州中部ノ高山草本帶ニ生ズル多年生小草本ナリ。根葉ハ長柄ヲ有シ、腎形或ハ圓形ニシテ心臟底ヲ成シ、徑 1cm 內外。八月頃高サ 10cm 內外ノ花莖ヲ抽キ、途中ニ無柄抱莖ノ一葉ヲ着ケ、頂ニ白色五瓣ノ一花ヲ開ク。萼片ハ長卵形ニシテ五箇アリ綠色ヲ呈ス、長サ 2-3mm。花瓣ハ卵形鈍頭ニシテ基部狹窄シ、長サ 4-6mm アリ。雄蕋ハ五本。蕋間ニ在ル假雄蕋ハ掌狀的ニ三-八淺裂シ、長サ 1-3mm。子房ハ卵形、頂ニ三柱頭ヲ着ク。蒴果ハ卵形、成熟スレバ先端開裂ス。和名ハ姬梅鉢草ノ意ナリ。

第 1464 圖

ゆきのした科

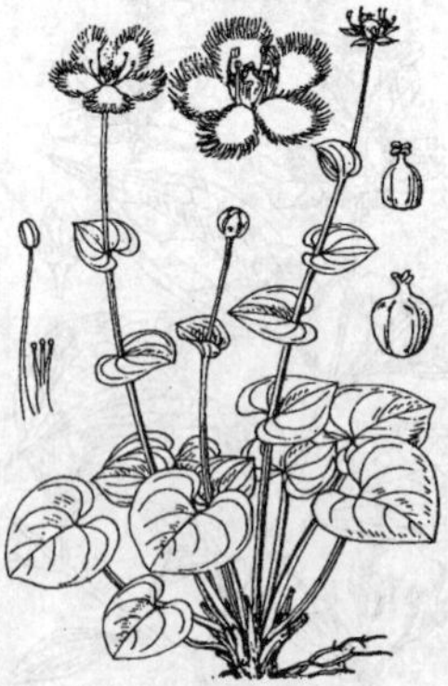

しらひげさう

Parnassia foliosa *Hook. f. et Thoms.* var. nummularia *Nakai.*

主トシテ山地或ハ時ニ山原地ノ濕地ニ生ズル多年生草本。根葉ハ長柄ヲ有シ簇生シ、腎臟形或ハ稍圓形ニシテ心臟底。八九月ノ候高サ 15-30cm ノ花莖ヲ抽キ、頂ニ唯一箇ノ白花ヲ着ク。莖葉ハ三乃至六アリ、無柄ニシテ稍圓形ヲ呈シ、基部心臟底ヲ成シ花莖ヲ抱ク。萼片ハ五箇アリテ綠色、卵形。花瓣モ五箇、卵形ニシテ基部急ニ狹窄シ邊緣ハ深ク絲狀ニ剪裂シ、長サ 1cm 內外アリ。雄蕋ハ五本。蕋間ニアル假雄蕋ハ先端深ク三裂シ裂片ハ先端頭狀ヲ成ス。子房ハ球狀卵形、柱頭四裂ス。蒴果ハ圓ク上部四裂シ細種子ヲ出ス。和名白鬚草ハ其白色花瓣ノ絲狀ニ剪裂セル狀ニ基ヅク。

ちゃるめるさう
Mitella japonica *Miq.*

本州中部以南ノ溪側陰濕ノ地ニ生ズル多年生草本。根莖ハ斜上シ、匐枝ヲ出サズ。葉ハ根生シ、葉柄ハ長ク、開出セル腺毛ヲ滿布シ基部ニ膜質ノ托葉ヲ有ス。葉片ハ卵形ニシテ先端稍尖リ心臟底ヲ呈シ、邊緣淺裂シテ不齊ノ鈍齒ヲ具へ、兩面共腺毛ヲ散生ス。四五月、數花莖ヲ高ク葉上ニ抽クコト30cm内外、多數ノ小花ヲ一側ニ齊クルヲ常トス。花ハ徑7-8mm、短梗ト共ニ細微ノ腺毛ヲ布キ、萼ハ五深裂シ、裂片ハ卵狀三角形ニシテ花時直立シ、花瓣ハ五箇、暗赤色ニシテ平開シ羽狀ニ三-五裂シ裂片線形ナリ。五雄蕊ハ花瓣ト對生シ花絲ハ萼ヨリ短シ。子房ハ萼ト癒着シ、柱頭ハ二淺裂シ更ニ淺ク二歧ス。蒴果ハ略鐘形ニ開裂シテ細種子ヲ出ス。和名ハ其果實ノ開口セル狀喇叭ニ類スル支那樂器ノちゃるめら(嗩吶)ニ似タル故云フ。學名ニ就キ MIQUEL 氏ノ記載ハ全ク本種ナリ。

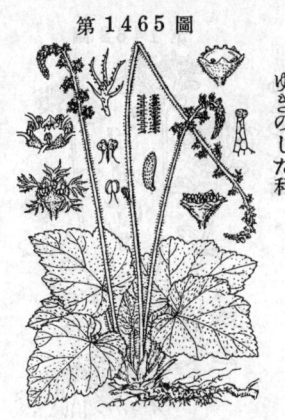

ゆきのした科

こちゃるめるさう
Mitella pauciflora *Rosend.*

山地ノ溪側濕地ニ生ズル多年生小草本ニシテ匐枝ヲ出シテ繁殖ス。根生葉ハ長キ柄ヲ有シ、腺毛ハ疎生ス、葉片ハ心臟狀圓形ニシテ幅ハ長サト略同長、深キ心臟底ヲ呈シ、邊緣淺裂シ更ニ不齊ノ鋸齒ヲ有ス。四五月頃高サ10-20cm許ノ花莖ヲ出シ、少數ノ花ヲ着ク。萼ハ五裂シ、裂片ハ略三角形ナリ。花瓣ハ五箇、淡黄綠色ニシテ羽狀ニ細裂シ、裂片ハ線形ニシテ概ネ七箇。雄蕊ハ五本、花瓣ト對生シ、極メテ短ク、花絲ハ花托ニ着ク。子房ハ萼ト癒合シ、花柱ハ二箇、短シ。蒴果ノ狀ハちゃるめるさうニ略同ジ。和名ハ小ちゃるめる草ナリ。

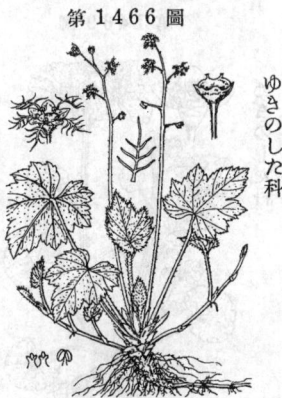

ゆきのした科

づだやくしゅ
Tiarella polyphylla *Don.*

深山樹陰ニ生ズル多年生草本。根葉ハ稍ちゃるめるさうニ似テ、三-五淺裂シ、不齊ノ鋸齒ヲ具へ、腺毛ヲ散生ス。花莖ハ高サ10-25cm許、二-四箇ノ柄ヲ有スル葉ヲ互生シ、六七月頃梢上ニ總狀花序ヲ成シ白色ノ小花ヲ開ク。萼片ハ五箇、廣披針形ニシテ白色、長サ2mm許、花梗ハ花莖ト共ニ微小ナル腺毛ヲ布ク。花瓣ハ線形ニシテ著シカラズ。雄蕊ハ十本ニシテ萼片ヨリ長シ。蒴果ハ二果皮ヨリ成リ、一ハ長ク1cm許、他ハ短ク略其半長ナリ。和名ハ喘息藥種ノ意ナリ、信州ノ山民喘息ヲづダと云フ此草本病ニ偉効アリト稱ス由テ此名アリ。

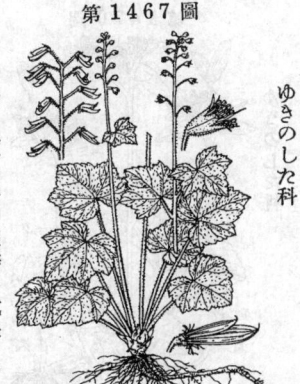

ゆきのした科

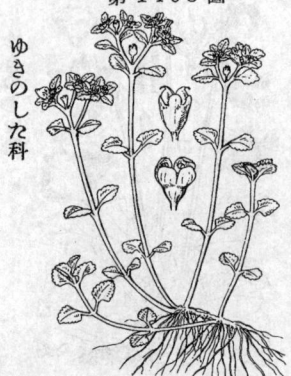

第 1468 圖

ゆきのした科

ねこのめさう

Chrysosplenium Grayanum *Maxim.*

山中或ハ山足等濕潤ノ地ニ生ズル多年生小草本ニシテ全體淡綠色ナリ。莖ハ橫臥シ、節ヨリ根ヲ下ス。花莖ハ高サ5-20cm。葉ハ對生シテ葉柄アリ、卵形ニシテ鈍鋸齒ヲ具ヘ、長サ5-15mmアリ、花ニ近キ者ハ多クハ殊ニ黃色ヲ呈ス。三四月ノ候莖頭ニ淡黃色ノ小花ヲ集メ開ク。花ハ徑2mm許、蕚片ハ四箇、稍方形圓頭ニシテ直立シ內側凹ム。花瓣無シ。雄蕋四本、蕚片ト對生シテ其レヨリ短ク、葯ハ黃色ナリ。花柱ハ極メテ短シ。蒴果ハ深ク二裂シ、裂片不同、頂ニ一縫線アリ猫兒ノ晝間眼睛ニ似タリ、故ニ猫の眼草ノ名アリ、是レ原ト漢名ノ猫兒眼睛草ヲ基ケドモ此漢名ノ者ハ本品ニ非ズシテたかとうだい科ノとうだいぐさト爲ルヲ正トス。種子ハ微小ニシテ滑澤褐色、顯微鏡下ニ窺ヘバ小乳頭狀突起ヲ布クヲ見ル。漢名 猫兒眼睛草(誤用)

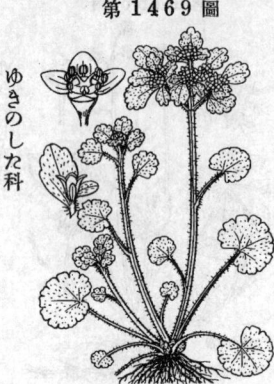

第 1469 圖

ゆきのした科

やまねこのめさう

Chrysosplenium japonicum *Makino.*

諸國人家附近ノ陰地或ハ石垣ノ間等ニ生ズル多年生草本。全株鬚毛ヲ散生シ、淡綠色ニシテ極メテ多汁脆弱ナリ。根際ニ長サ2-3mm、汚紫色ノ肉芽ヲ有スル特徵アリテ匐枝ヲ缺ク。根葉ハ三四、圓形心臟底、長柄アリ、低鈍齒牙緣ヲ有ス。莖ハ高サ10-15cm、三四ノ銳稜アリ、二三ノ小形葉ヲ互生ス。早春莖頭ニ無瓣ノ細綠花ヲ綴ル。花下ニ倒卵形或ハ卵圓形ノ葉狀苞アリ。蕚片ハ四箇、廣卵形鈍頭ニシテ開出シ綠色。雄蕋ハ短花絲ヲ有シテ八本アリ。花柱二ハ平板狀ノ子房上壁ニ相反シテ立ツ。蒴果ハ初メ兩角狀ナレドモ五月ノ候開裂シ低平ナル四小片相開キテ盃狀ヲ呈シ徑5mmニ達シ、底ニ暗褐色ノ小種子ヲ露ハス。種子ハ橢圓形、一側有眠、鏡下ニ照ラセバ全面ニ微小毛ヲ布クヲ見ル。我邦本屬ノ品種多キモ大抵對生葉ヲ有シ五生葉品ハ甚ダ鮮ナシ。

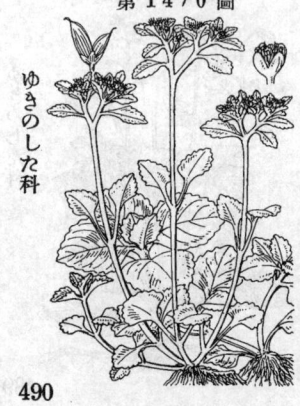

第 1470 圖

ゆきのした科

みやまねこのめさう

一名 いはぼたん・よつばゆきのした

Chrysosplenium macrostemon
　　　　　　　　　Maxim.

山地ノ溪側ニ生ズル多年生小草本ニシテ莖ハ通常高サ10-20cm許、紫色ヲ帶ブ。葉ハ對生ニシテ長キ柄ヲ具ヘ、下部及ビ匐枝先端ノ者ハ往々大形ト成リテ對稱類ル著シ、葉片ハ卵形或ハ廣卵形ヲ呈シ邊緣ニ顯著ナル鋸齒ヲ有シ、綠紫色ニシテ大抵葉面ニ汚白斑アリ。四月頃莖梢ニ枝ヲ分チ、淡黃綠色ノ小花ヲ開ク。花序ノ葉ハ細長シ。蕚片ハ四箇、卵形ニシテ稍ハ平開シ、花瓣ヲ缺ク。雄蕋ハ八本、蕚片ヨリ長クシテ花上ニ超出シ、葯ハ黑紫色ヲ呈シ黃花粉ヲ吐ク。蒴果ハ深ク二裂シ、種子ハ縱ニ十餘ノ稜線アリ、稜上ニ疣狀突起ヲ列生ス。和名ハ深山猫眼草ノ意。岩牡丹ノ其傍枝ノ葉狀大ニシテ牡丹花狀ヲ呈スルニ基ヅキ、四葉虎耳草ハ同ジク其葉對生シテ著シク見ユルニ基ヅク。

はなねこのめ
Chrysosplenium stamineum
Franch.

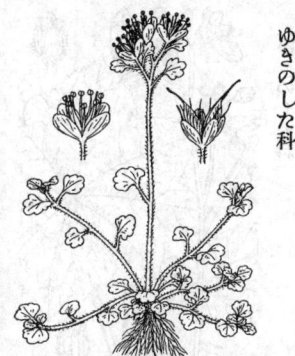

第 1471 圖

ゆきのした科

主トシテ關東地方ノ山間溪側ニ生ズル多年生草本。花莖ハ高サ5cm内外、直立シテ頂ニ花序ヲ有スレドモ其他ノ莖ハ花後ニ根際ヨリ出デテ四方ニ匍匐伸長ス。共ハ暗紫色ヲ帶ビ、細クシテ多漿軟質、白縮毛ヲ布ク。葉ハ小形有柄ニシテ橢ネ對生シ時ニ互生シテ交ヘ圓卵形長サ5-8mm、少數ノ鈍鋸齒アリテ暗綠色ヲ呈ス。花序ハ頂生、花疎ニシテ二三花ヨリ成リ早春開花ス。花ハ無瓣ニシテ上向ス。萼片ハ白色ニシテ四箇、直立シ集リテ鐘形ヲ呈シ、長サ5mm許、長倒卵形鈍頭、縱脈顯著ニ見ユ。雄蕋ハ八箇、花絲ハ細長、直立シテ萼片ヨリ抽キ葯ハ紫黑ノ點狀ナルヲ以テ白色萼片トノ對照著シ。雌蕋ハ一箇、花柱ハ二岐シ其高サ雄蕋ニ同ジ。熟スレバ蒴果ハ互ニ擴ガシレル兩角狀ヲ呈シ、腹縫線ニ沿ヒテ縱裂ス。種子ハ微小粒、鏡下ニ見レバ縱脈アリテ脈上ニ乳頭突起ヲ有ス。和名花猫ノ眼ハ其白毛特ニ著シク感ズルヨリ云フ。

つるねこのめさう
Chrysosplenium flagelliferum
Fr. Schm.

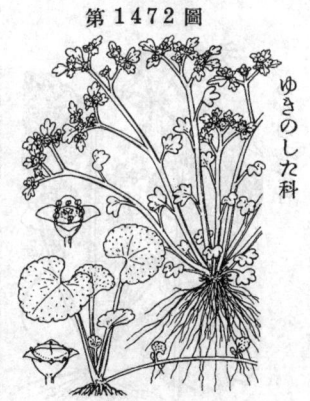

第 1472 圖

ゆきのした科

山地ノ溪側又ハ濕岩上ニ生ズル多年生小草本ニシテ花莖ハ高サ5-15cmアリ。莖葉ハ互生シ長キ柄アリ、小形ニシテ倒卵形或ハ稍圓形ヲ呈シ、上半ニ深キ少數ノ鈍齒ヲ有ス。匍枝ハ瘦長ニシテ先端地ニ就キ根ヲ下ス。根葉ハ長柄ヲ有シ、圓形ニシテ心臟底、邊緣ニ鈍齒ヲ具ヘ、毛茸ハ散生シ大形ト成ル。四五月ノ候莖頂ニ一枝ヲ分チ、淡黃綠色ノ小花ヲ開ク。萼片ハ四箇、卵形ニシテ平開シ、花瓣ヲ缺ク。雄蕋ハ八本ニシテ萼片ヨリ短ク、葯ハ黃色ナリ。蒴ハ淺ク二裂シ、種子ハ平滑ナレド顯微鏡下ニテハ微細ナル乳頭狀突起ヲ布ク。和名蔓猫眼草ハ其匍枝長ク伸ブルヲ以テ云フ。

あらしぐさ
Boykinia lycoctonifolia *Engl.*

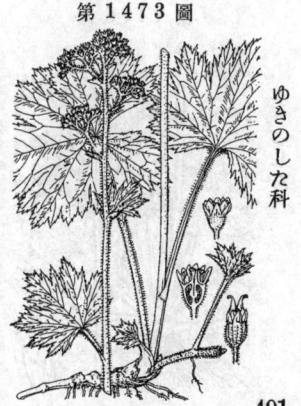

第 1473 圖

ゆきのした科

中部及北部高山ノ草地ニ生ズル多年生草本ニシテ高サ20-40cm、根莖ハ橫走シ、匍枝ヲ有ス。葉ハ長キ柄アリ、橢形圓形ニシテ掌狀尖裂シ、不齊ナ缺刻狀鋸齒アリ。莖下部・葉柄ニ褐毛ヲ有シ、莖上部・花序ハ短腺毛ヲ密布ス。七八月、莖上ニ聚繖花序ヲ成シ黃綠色ノ小花ヲ開ク。萼ハ五裂シ、裂片ハ稍三角形、長サ2mm許、花瓣ハ五箇アリ箆形ヲ呈シ萼片ト殆ボ同長ナリ。雄蕋ハ五本。花柱ハ二箇。蒴果ハ牛バ萼ト癒合シ、先端ニ二裂シ、其頂ハ橫ニ一縫合線アリテ開裂シ、內ニ微細ナル種子ヲ藏ス。此種初メ加州白山ニ採集セラレ和名ヲあらしぐさト名ケラル、蓋シ氣象急激卽チ所謂荒れ多キ高山ニ生ズルヨリ此名ヲ命ゼシナラン。

第 1474 圖

ゆきのした科

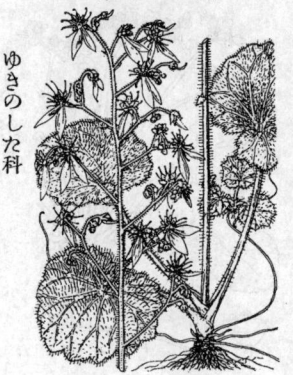

やはたさう
一名 たきなしょうま
Boykinia tellimoides
Engl. et Irmsch.
(=Saxifraga tellimoides *Maxim.*)

山地溪側樹陰ニ生ズル多年生草本。根莖ハ肥厚シテ短ク匐枝ヲ缺ク。根葉ハ大形ニシテ極メテ長キ柄ヲ有シ、圓楕形ヲ呈シ掌ネ七淺裂、不齊ナル銳鋸齒ヲ具ヘ、細毛ヲ散生ス。莖下部及ビ葉柄ハ稍無毛或ハ毛アリ。六七月ノ候莖ヲ抽クコト50cm内外、通常二葉ヅ五生シ、頂ニ聚繖花序ヲ成シテ淡黃色ノ花ヲ開ク。莖葉ハ下部ノ者ハ楯狀底、上部ノ者ハ心臟底ヲ成ス。萼ハ鐘形ニシテ五裂シ、裂片三角狀披針形。花瓣ハ五箇、鐘形ヲ呈シ先端ニ少數ノ銳齒ヲ有シ、萼片ヨリ遙ニ超出シ長サ 15mm 許、花後謝落ス。五雄蕊ニ二花柱。蒴果ハ鐘形、先端二裂シ、長サ 15mm 許。種子ハ微細ニシテ棘狀突起ヲ列生ス。和名ハ八幡草ナラント其由ル所予之レヲ知ラズ。たきなしょうまハ蓋シ瀧菜升麻ニシテ瀧菜ハ深山岩側ノ地ニ生ズルノ意ナラン。

第 1475 圖

ゆきのした科

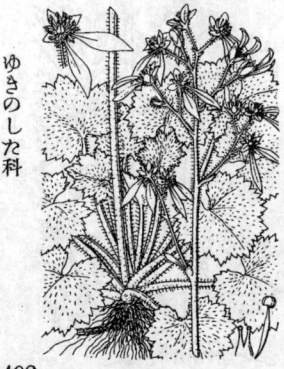

ゆきのした (虎耳草)
Saxifraga stolonifera *Meerb.*
(=S. sarmentosa *L. f.*)

山地ニ自生スルモ又庭園ニ栽植セラルル常綠多年生草本ナリ。全體ハ長毛ヲ布キ、匐枝ハ紅紫色ノ絲狀ニシテ長ク延ビ地ニ就テ新苗ヲ生ズ。葉ハ簇生、長キ柄ヲ具ヘ、腎臟形ニシテ心臟底ヲ成シ、邊緣ハ極メテ淺ク裂ク低キ齒牙アリ、上面ハ暗綠色ニシテ白斑アリ裏面ハ暗紅色ヲ呈ス。花莖ハ高サ 20-50cm、下部ニ葉ヲ有スル事多シ。五月ヨリ七月ニ亙リ、莖上ニ圓錐花序ヲ成シテ多數ノ白花ヲ開ク。花序ハ紅紫色ノ腺毛ヲ密布シ、萼ハ五深裂、裂片ハ卵形。花瓣ハ五箇アリ、上三瓣ハ小サク長サ3mm許、卵形ニシテ短柄アリ淡紅色ニシテ濃紅色ノ斑點アリ、二瓣ハ上瓣ノ三四倍長アリテ披針形ヲ成シ白色ニシテ下垂ス。十雄蕊。二花柱。花盤ハ黃色ヲ呈ス。蒴果ハ先端二嘴ヲ成ス。變種ニはしざきゆきのしたアリ。和名雪ノ下ハ多分其葉上ニ白雪ヲ戴キ綠葉其下ニ隱見セル風姿ヲ賞シテ謂ヒシモノ乎。

はるゆきのした
Saxifraga nipponica *Makino.*

本州中部ノ濕潤ノ崖側ニ生ズル多年生草本。葉ハ晩秋ニ出デテ冬ヲ凌グ。全株白腺毛ヲ布キ淡綠色ヲ呈シテ美ナリ。匐枝無シト雖ドモ地下莖ハ橫走分枝ス。葉ハ多數根際ヨリ發出シ柄アリ、多肉ニシテ圓形或ハ圓腎形、心臟底ニシテ緣ハ掌狀ニ淺裂シ更ニ重齒牙ヲ刻ム、表面光澤アリテ一見毛ナキガ如シ。五月ノ候葉間ヨリ抽出スル長梗ノ上部ハ稍一方ニ偏スル圓錐花序ヲ成シテ白花ヲ開ク、高サ30cm内外。花ハ橫徑8mm許。萼ハ五裂シ、裂片ハ綠色、鋭形ヲ成シテ尖ル。花瓣ハ五箇、皆平開シテ白色ヲ呈シ、上方三瓣ハ卵形鋭頭ニシテ圓底短花爪アリ、基脚ニ黃點ヲ印シ、下方二瓣ハ倒披針形ニシテ上瓣ヨリ遙ニ長大ニシテ下垂シ兩端漸次尖レリ、雄蕊ハ十、長サハ僅ニ上方ノ花瓣ヲ超エ、花絲ハ扁平ノ絲狀、先端ニ點狀ノ葯アリ。雌蕊ハ花柱二、子房ハ綠色、熟シテ二尖アル圓錐狀ヲ呈シ夏日開裂ス。和名春虎耳草ハゆきのしたニ似テ開花早キニ由ル。

だいもんじさう
Saxifraga cortusaefolia
Sieb. et Zucc.

第 1477 圖

ゆきのした科

山地或ハ高山ノ濕潤ナル岩上ニ生ズル多年生草本。全體無毛ナルト有毛ナルトアリ、匍枝ヲ有セズ。葉ハ根生ニシテ長柄ヲ有シ、腎臟形或ハ略圓形ヲ呈シ心臟底、掌狀ニ淺裂シ缺刻狀齒牙アリ、裏面ハ帶白色ヲ帶ブルカ常トスレドモ又暗紫色ヲ呈スル者又表裏共ニ暗紫色ノ者アリ。夏秋ノ候、高サ 10-30cm 許ノ花莖ヲ抽キ、散漫ナル圓錐花序ヲ成シテ白花ヲ開ク。萼ハ五深裂シ、裂片ハ卵形ナリ。花瓣ハ五箇、上三瓣ハ小サクシテ長橢圓形ヲ成シ狹底、下二瓣ハ長ク狹披針形ヲ成シテ下垂シ、恰モ大ノ字ニ似タルヲ以テ大文字草ノ名アリ。十雄蕊。二花柱。蒴果ハ卵形ニシテ先端ニ嘴アリ。異品ハけだいもんじさう、あかばなだいもんじさう、うちはだいもんじさう、かへでだいもんじさう、みやまだいもんじさう、いづのしまだいもんじさう(var. Jotani〔Honda〕)等アリ。

じんじさう
一名 もみぢばだいもんじさう
Saxifraga madida *Makino.*

第 1478 圖

ゆきのした科

山地溪間ニ生ズル柔軟ナル多年生草本ニシテ稍無毛或ハ粗毛ヲ布ク。葉ハ根生、長キ柄ヲ有シ、腎臟形或ハ圓形ニシテ稍心臟底、だいもんじさうニ比シ稍深ク分裂ス故ニもみぢ葉大文字草ト云フ、裂片ニハ缺刻狀齒牙アリ。晩秋 10-30cm 許ノ花莖ヲ抽キ圓錐花序ヲ成シテ白花ヲ開ク。萼ハ五深裂シ、裂片ハ卵形、下部ノ一片ハ微ニ長クシテ卵狀披針形ヲ呈シ、花軸小梗ト共ニ腺毛アリ。花瓣ハ五箇、上三瓣ハ小サク卵圓形ニシテ其底部往々微ニ心臟形ヲ呈シ小柄アリ、下二瓣ハ下垂シ大ニシテ狹披針形ヲ呈シ末端尖リ一方微ニ短ク上ノ三瓣ヲ併セテ人字狀ヲ成ス故ニ人字草ノ和名アリ。雄蕊ハ十箇。子房ノ腰部ハ黃色ノ蜜槽ヲ具ヘ花柱ハ二箇アリ。蒴果ハ先端二嘴ヲ有ス。

ふきゆきのした
Saxifraga japonica *Boiss.*

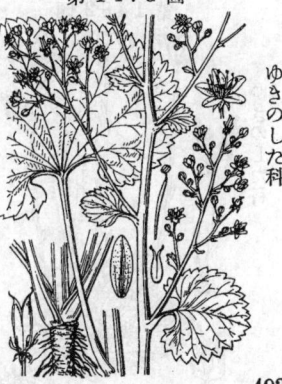

第 1479 圖

ゆきのした科

中部北部ノ深山溪側ニ生ズル軟質ノ多年生草本ニシテ綠色ヲ呈ス。莖ハ高サ 20-60cm 許。根葉ハ長キ葉柄ヲ有シ、腎形或ハ廣卵形ニシテ心臟底、邊緣ハ稍三角形ヲ成セル粗鋸齒ヲ成ス。莖葉ハ數片アリ形根葉ニ似テ小形ナリ。夏日、長ク抽キテ直立セル莖梢ニ圓錐花序ヲ成シ多數ノ白花ヲ着ク。萼ハ五裂シ、裂片ハ卵形ヲ呈シ、花後背反ス。花瓣ハ五箇、長橢圓形ニシテ狹底、長サ 3mm 內外アリ。雄蕊ハ十本、花瓣ヨリ長ク、花柱ニ二岐ス。蒴果ハ半バ癒合シ、先端二裂、嘴狀ニ外反ス。和名ふきゆきのしたハ其葉狀ふきノ葉ノ如ケレバ云フ。

493

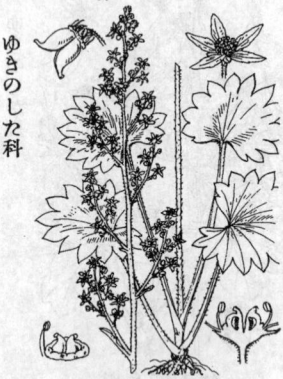

第 1480 圖

ゆきのした科

くろくもさう
一名 いはぶき
Saxifraga fusca *Maxim.*

深山溪側等ノ濕潤ナル地ニ生ズル多年生
草本。根葉ハ簇生シ、長柄ヲ有シ、腎臟形
或ハ略圓形ヲ呈シ心臟底、邊緣ハ極メテ
粗大ノ齒牙ヲ列シ、漿質ニシテ無毛ナリ。
七八月ノ候高サ15–30cm許ノ花莖ヲ抽キ
稍ニ圓錐花序ヲ成シテ暗紅紫色ノ小花ヲ
開ク。花莖ハ縮毛ヲ有シ、莖葉ヲ缺ク。蕚
ハ五裂シ、裂片ハ卵形。花瓣ハ五片、長橢
圓形ニシテ鈍頭微凹端、長サ2mm餘。雄
蕋ハ十本、花瓣ヨリ遙ニ短ク、花柱ハ二
箇。北海道ニハ花梗絲狀ニ長ク花色綠褐
色ナル一變種ヲ產シ、えぞくろくもさう
(var. divaricata *Franch. et Sav.*) ト稱
ス。和名黑雲草ハ其花色ニ基キテ云ヒ、
岩ぶきハ其草岩石地ニ生ジ其葉ふきノ如
ケレバ云フ。

第 1481 圖

ゆきのした科

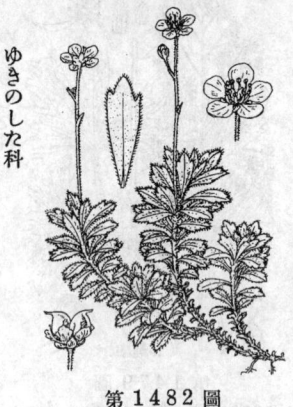

くもまぐさ
Saxifraga Merkii *Eisch.*
var. Idsuroei *Engl.*

本州中部高山ノ石礫地ニ生ズル多年生小
草本ニシテ高サ通常10cm以內。根莖ハ
細ク、橫臥ス。葉ハ簇生シ、箆形或ハ楔形
ニシテ先端ハ槪ネ三齒ヲ有シ、稍無柄ナ
リ、上面及ビ邊緣ハ毛ヲ散生シ、長サ1–
2cm許。七八月頃花莖ヲ抽キ、莖上ニ一
乃至三花ヲ着ク。花莖ハ短腺毛ヲ密布シ、
苞ハ小形ニシテ長橢圓形。蕚ハ五裂シ、
裂片ハ卵圓形。花瓣ハ五箇、白色ニシテ
廣卵形ヲ呈シ短花爪ヲ有シ、長サ4–5mm
許。雄蕋ハ十本ニシテ花瓣ヨリ短ク、花
柱ハ二本。蒴果ハ先端二裂ス。和名ハ雲
間草ニシテ此品時々雲ノ往來スル高山ニ
生ズルヨリ此名アリ。變種名 Idsuroei
ハ伊藤圭介博士ノ息ナル伊藤謙(ユヅル)
氏ノ名ニ賚リシ者ナリ。

第 1482 圖

ゆきのした科

しこたんさう
Saxifraga bronchialis *L.*

中部以北ノ高山帶ノ岩隙ニ生ズル多年生
小草本ニシテ莖ハ多數簇生ス。葉ハ密生
シ、披針狀線形ニシテ先端芒狀ニ尖リ、
無柄、邊緣ハ短剛毛ヲ布キ、裏面ハ往々
暗紫色ヲ帶ブ、長サ5–10mm、幅1–2mm
許。花莖ハ高サ3–10cmニシテ線形ノ莖
葉ヲ互生シ、短腺毛ヲ散生ス。七八月頃
莖頂ニ聚繖花序ヲ成シテ數箇ノ小花ヲ開
ク。蕚ハ五裂シ、裂片ハ橢圓形ニシテ稍
銳頭。花瓣ハ五箇、帶黃白色ヲ呈シ通常
先端ニ近ク紅色、下部ニ黃色ノ細點ヲ印
シ、長サ5–7mm許。雄蕋ハ十本。花柱ハ
二岐ス。蒴ハ二嘴ヲ有ス。和名ハ色丹草
ノ意ニシテ此草初メ北海道根室國色丹島
ヨリ來リシ故名ク。

むかごゆきのした
Saxifraga cernua L.

本州中部ノ高山草本帯ニ生ズル多年生小草本ナリ。根葉ハ長柄ヲ具ヘ、腎臓形ニシテ心臓底ヲ成シ掌狀ニ五ー九淺裂シ、漿質ナリ。莖ハ高サ7-17cm、莖葉ハ互生シ、莖及ビ葉柄ニハ軟毛ヲ布ク。莖葉ハ短柄或ハ無柄ニシテ五ー七淺裂シ、苞葉ハ卵形ニシテ分裂セズ。花ハ通常莖頂ニ一箇生ジ、他ノ苞腋ニハ紅色ノ珠芽ヲ生ズル殊態アリ。花梗ニハ短腺毛ヲ密布シ、初メ點頭シ後直立シテ八月ノ候白花ヲ開ク。萼ハ五裂シ、裂片ハ卵形ナリ。花瓣ハ五箇、倒卵形ヲ呈ス。雄蕊ハ十箇。花柱ハ二箇アリ。和名ハ零餘子虎耳草ノ意ニシテむかご、葉腋ノ珠芽ニ基ヅク。

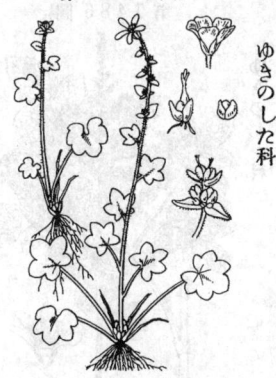

ゆきのした科

やまはなさう
Saxifraga sachalinensis Fr. Schm.

北地ノ高山或ハ溪側ノ岩上等ニ生ズル多年生草本ナリ。葉ハ簇生シ、卵形ニシテ基部狹窄シテ柄ト成リ、邊緣ニ不齊ノ齒牙ヲ有シ、兩面共ニ軟毛ヲ布キ、裏面ハ往々暗紫色ヲ帶ブ、長サ2-8cm許リ。六七月ノ候、葉心ヨリ花莖ヲ抽クコト10-40cm、圓錐花序ヲ成シテ多數ノ小白花ヲ開ク。花莖・花梗ニハ短腺毛ヲ密生シ、萼ハ五深裂、裂片ハ長卵形ニシテ花後背反ス。花瓣ハ五片ニシテ長卵形ヲ呈シ基部急ニ狹窄シテ短柄ヲ成シ下部ニ黃斑アリ長サ4mm內外。雄蕊ハ十本ニシテ花絲ハ上部扁平ト成リ倒披針形ヲ呈シ、葯ハ杏色。二雌蕊。蒴ハ深ク二裂ス。和名ハ山端草ノ意ニシテ北海道札幌附近ニ山端ト云フ地アリ、本品始メテ此處ニ採リシ故斯ク名ケタリ。

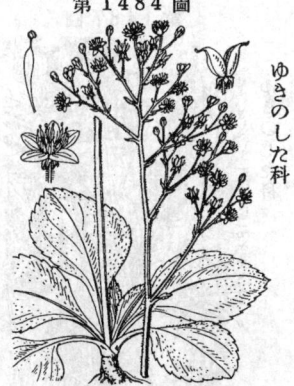

ゆきのした科

やぐるまさう
Rodgersia podophylla A. Gray.

深山ニ生ズル大形ノ多年生草本ニシテ高サ1m內外。葉ハ長柄ヲ有シ、槪ネ掌狀五出、大ナルハ徑50cmニ達ス。小葉ハ倒卵狀楔形ヲ呈シ、先端三乃至五裂シ裂片ハ先端尾狀銳尖頭ヲ成シ、邊緣ニ不齊ノ銳鋸齒ヲ有ス。全體ニ微毛ヲ散布シ、托葉ハ膜質ニシテ邊緣鱗片狀ニ細裂ス。莖ノ上部ノ葉ハ短柄ヲ有シテ掌狀三出ナリ。六七月頃梢上ニ聚繖圓錐花序ヲ成シテ多數ノ小花ヲ密生ス。花序ニハ短縮毛ヲ密布ス。萼ハ五深裂、裂片ハ長卵形ニシテ銳頭、白色ヲ呈シ、長サ3mm許。花瓣ハ缺ク。雄蕊ハ十本ニシテ萼片ヨリ稍長シ。二花柱。蒴ハ橢圓形ニシテ先端ニ開出セル宿存花柱ヲ着ク。和名矢車草ハ葉形ニ由リテ名ク。漢名 鬼燈檠(蓋シ誤用)

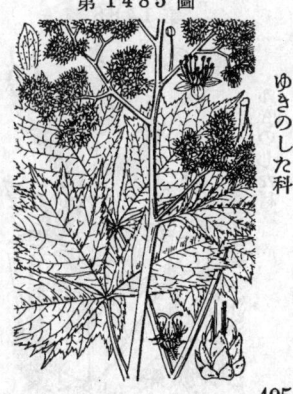

ゆきのした科

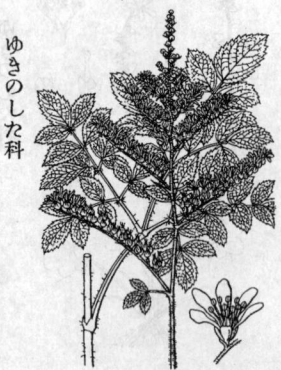

第1486圖

ゆきのした科

ちだけさし
Astilbe microphylla *Knoll.*
(＝A. chinensis *Franch. et*
Sav. var. japonica *Maxim.*)

山野ニ生ズル多年生草本ニシテ高サ50
cm内外。葉ハ二三同羽狀複葉ヲ成シ、小
葉ハ卵形或ハ倒卵形ニシテ鈍頭或ハ鋭
頭、邊緣ハ不齊ノ銳鋸齒ヲ有シ、長サ1-
4cm許、兩面ニ毛ヲ散生ス。莖ノ下部幷
ニ小葉柄ノ附着點等ニ長毛ヲ布ク。七八
月頃梢上ニ狹長ナル圓錐花序ヲ成シテ淡
紅色或ハ殆ド白色ノ小花ヲ簇着シ花序ハ
ハ短腺毛ヲ密生ス。各花ノ小梗ハ極メテ
短シ。萼ハ五裂シ、裂片ハ卵形。花瓣ハ
五片ニシテ篦狀線形ヲ呈シ萼ノ三四倍長
アリ。十雄蕊、二花柱アリ。和名ハ乳蕈
刺シノ意、信州ノ山民ちだけ(傷レバ白
乳泌出スル食菌ノ名)ヲ採リ之レヲ此草
ノ莖ニ串ヌキ携ヘ歸ル故云フ。

第1487圖

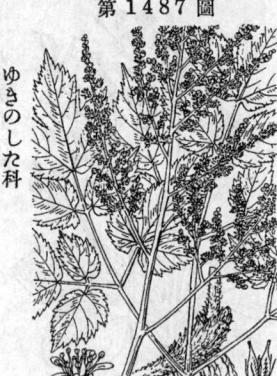

ゆきのした科

とりあししょうま
一名 あかしょうま
Astilbe Thunbergii *Miq.*

山地ニ生ズル多年生草本ニシテ、高サ60cm內
外。葉ハ二三同三出複葉ニシテ小葉ハ卵形或ハ
長卵形ヲ呈シ、先端ハ尾狀銳尖頭ヲ成シ邊緣ハ
重鋸齒ヲ具ヘ、長サ3-10cm許、薄質ナリ。六七
月ノ候莖上ニ圓錐花序ヲ成シ白色ノ小花ヲ開
ク。花序ハ短毛ヲ密生シ、下部ノ分枝ハ通常長
ク、花梗ハ短シ。萼ハ五裂、裂片ハ長卵形。花
瓣ハ五箇、篦狀線形ヲ呈シ、萼ヨリ稍長キカ乃
至三倍長ニ達ス。雄蕊ハ十箇、萼片ヨリ長シ。
花柱ハ二箇。花梗ハ果時下向シ、蒴果ハ先端二
岐ス。和名ハ鳥脚升麻ノ意ニシテ其勁直ナル莖
ヲ鳥ノ脚ニ擬シ草狀升麻ニ似タルヲ以テ斯ク云
ヘリ。赤升麻ハ地下莖ノ皮赤黃色或ハ赤色ナル
ヨリ斯ク稱ス。往昔とりのあしぐさト云ヒシハ
さらしなしょうま(邦學者升麻＝充ツ)ニシテ本
品ハ別ナリ、藥用トシテ升麻ノ良品ハ雞骨ア
リ、和名とりあしハ之レニ基ヅク。

第1488圖

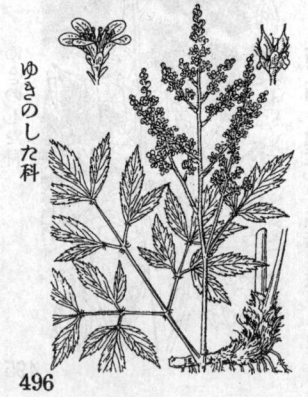

ゆきのした科

あわもりしょうま
一名 あわもりさう
Astilbe japonica *Miq.*

中南部ノ山間谿側ノ岩上ニ自生スルモ又
往々觀賞品トシテ庭園ニ栽植セラルル多
年生草本ニシテ高サ50cm內外。葉ハ二乃
至四同三出複葉ニシテ小葉ハ披針形ヲ呈
シ、長銳尖頭、楔底、邊緣ハ不齊ノ鋸齒
アリ、質剛クシテ光澤ヲ有ス。初夏ノ候
梢上ニ圓錐花序ヲ成シ、多數白色ノ小花
ヲ群開ス。花序ハ短腺毛ヲ布キ、花梗ハ
萼ト稍同長ナリ。萼ハ五裂、裂片ハ卵形
ニシテ鈍頭。花瓣ハ五箇、篦形ヲ呈シ槪
ネ萼ノ倍長。十雄蕊。二花柱。蒴ハ先端
二裂ス。和名ハ泡盛升麻及ビ泡盛草ノ意
ニシテ白泡相集リシ如キ白花ヲ形容シテ
斯ク云フ。

496

あづまつめくさ
Tillaea aquatica *L.*

濕地ニ生ズル一年生小草本ニシテ高サ2-6cm許。莖ハ單一或ハ分枝シ、淡綠色ニシテ下部ハ往々紅色ヲ帶ブ。葉ハ對生シ線狀披針形ヲ呈シ銳頭、無柄ニシテ聯底シ、質稍多肉ニシテ長サ3-7mm許。五六月ノ候葉腋ニ白色ノ小花ヲ着ク。花ハ獨在シ、左右ノ葉腋ニ交互ニ生ジ、無柄ニシテ長サ約1.5mmアリ。蕚ハ四深裂。花瓣ハ四箇アリ卵形ニシテ平開セズ。雄蕊モ四本、花瓣ト互生シ之ヨリ短シ。子房下ノ鱗片ハ四箇、線形ニシテ短シ。子房ハ四箇分生シ長橢圓形ヲ成シ、花柱ハ極メテ短シ。果實ハ蕚莢ヲ成シ腹縫線ヲ以テ開裂シ中ニ十種子アリ。和名ハ東爪草ノ意、全體つめくさ（なでしこ科）ノ如クニシテ初メ關東地ニ見出セシ故斯ク云フ。

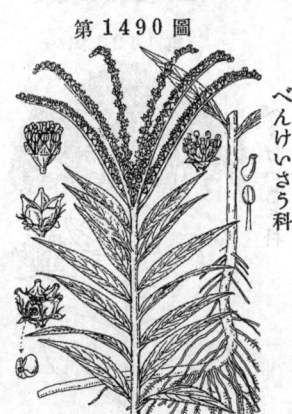

第1489圖

べんけいさう科

たこのあし
一名 さはしをん
Penthorum chinense *Pursh.*
(=P. sedoides var. chinense *Maxim.*)

原野ノ濕地ニ生ズル多年生草本ニシテ莖ハ圓柱形ニシテ直立シ紺色ヲ呈シ高サ70cm內外。葉ハ多數莖上ニ着キ狹披針形ヲ成シテ互生シ、銳頭ニシテ狹底、殆ド柄無ク、邊綠ニ微細ナル鋸齒ヲ有シ、幅1cm以內ナリ。夏日梢上ニ數枝ヲ分チ、每枝ハ總狀ヲ成シテ其花軸ノ一側ニ黃白色ノ小花ヲ排着シ初メ背卷ク。花序ニハ短腺毛ヲ散生シ、各花ノ小梗ハ極メテ短シ。蕚ハ五裂シ裂片ハ卵形ニシテ銳頭。花瓣無ク裸花ナリ。雄蕊ハ十本蕚ヨリ長シ。子房ハ五箇基脚部合體シ、卵形ニシテ花柱ハ短シ。蒴果ハ五室輪列シテ下部合體シ各室ノ外部ニ帽狀ヲ呈セル蓋片ト成リテ相離レ開裂シ細種子ヲ出ス。和名蛸ノ足ハ其花穗ノ分岐シテ蛸ノ脚狀ヲ成セルニ擬シ、澤紫菀ハ澤地ニ生ズル紫菀ノ意ナリ。漢名　扯根菜(誤用)

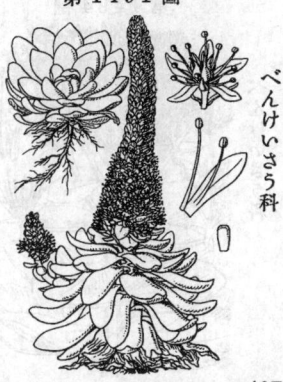

第1490圖

べんけいさう科

いはれんげ
Sedum Iwarenge *Makino.*
(=Cotyledon Iwarenge *Makino*;
Orostachys Iwarenge *Hara.*)

蓋シ岩上ニ生ズル多年生草本ニシテ往々藁茸ノ屋上ニ繁茂ス。葉ハ多肉ニシテ粉白色ヲ呈シ、多數相重リテ其形蓮華狀ヲ成シ、毬狀長橢圓形ニシテ通常鈍頭ナリ。秋日葉心ヨリ莖ヲ抽クコト15-28cm許、莖葉ヲ互生シ、槪ネ分枝シ、枝端ハ總狀ヲ成シテ白色ノ小花ヲ密生ス。苞ハ卵形ニシテ稍銳頭。花ハ短梗ヲ有シ、二箇ノ細キ小苞ヲ具フ。蕚片ハ五箇アリ淡綠色、披針形。花瓣モ五箇、倒卵針形ニシテ銳頭、蕚片ノ倍長アリ。雄蕊ハ十本、花瓣ヨリ少シク長シ。子房ハ五箇、花柱ハ短ク、鱗片ハ微小ニシテ長方形ナリ。果實ハ長橢圓形ニシテ兩端尖ル。和名ハ岩蓮華ノ意ニシテ岩ハ其生處、蓮華ハ其相層ナレル葉狀ヲ云フナリ。

第1491圖

べんけいさう科

497

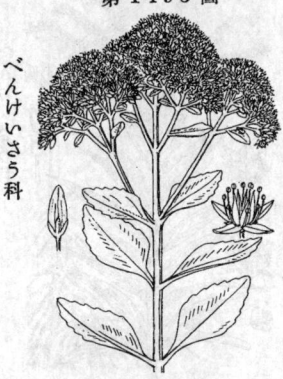

つめれんげ

Sedum japonicola *Makino.*
(= Cotyledon japonica *Maxim.*;
Orostachys japonicus *Berger.*)

山地ノ岩上ニ生ジ又屋上ニ見ラルル多年生草本ニシテ株ハ短傍枝ヲ出シテ仔苗ヲ生ズ。多肉ノ葉ヲ簇生スルコトハれんげニ似タレドモ細小ナリ。脚葉ハ狭匙狀ヲ成シテ葉頭ニ一小刺アリ、莖葉ハ細長ク披針形ヲ呈シ先端銳尖頭ヲ成ス。綠色ニシテ往々紫色ヲ帶ビ又粉白色ヲ呈スル者アリ。晩秋長キハ 15cm ニ達スル總狀花序ヲ頂生シ極メテ密ニ白色ノ小花ヲ生ズ。苞ハ披針形ニシテ尖頭、各花ノ小花梗ハ短シ。萼片ハ五箇、披針形淡綠色。花瓣モ五箇アリテ披針形ヲ呈シ銳頭、長サ6mm許。雄蕋ハ十本アリテ花瓣ヨリ稍長シ。子房ハ五箇、先端細キハ花柱ト成リ、鱗片ハ微小ナリ。和名爪蓮華ハいはれんげニ似、其葉細長ニシテ尖リ宛モ獸爪ノ如クナレバ云フ。漢名 昨葉荷草（誤用、此品ハ Sedum spinosum = Cotyledon spinosa *L.* 即チたうつめれんげナリ）

べんけいさう
古名 いきくさ

Sedum alboroseum *Baker.*

山地向陽ノ草地ニ野生スレドモ又觀賞品トシテ栽植セラルル多年生草本ニシテ莖ハ圓柱形ヲ成シテ直立シ、高サ50cm内外アリ。全株粉白色ヲ呈シ、葉ハ或ハ對生シ或ハ互生シ、短キ柄ヲ有シ、楕圓形或ハ倒卵形ニシテ葉邊緣ニ淺キ波狀ノ鋸齒アリ、肉質ニシテ通常上面凹ミ稍扁舟樣ヲ成ス。秋日莖頂ニ繖房狀聚繖花序ヲ成シ多數ノ小花ヲ攅簇ス。萼片ハ白綠色ニシテ五箇アリ長三角形ヲ呈シ、花瓣モ五箇、披針形ヲ呈シ白色ニシテ紅暈アリ長サ5mm許アリ。雄蕋ハ十本、花瓣ト略同長ナリ。雌蕋ハ五箇、淡紅色ヲ帶ブ。和名辨慶草ハ之レヲ折リ取リ檐ニ倒懸スルモ日ヲ經ヲ潤マズ復ビ之レヲ地ニ插セバ又能ク活着スルヲ以テ其强健ノ狀ヲ勇士ノ辨慶ニ比セシモノナリ。いきくさハ生き草ニテ此容易ニ枯死セザレバ云フ。漢名 景天（誤用、此品ハ支邦產ノおほべんけいさうヲ指ス）

おほべんけいさう

Sedum spectabile *Boreau.*

支邦ノ原產ニシテ莖ハ大正年間ニ我邦ニ入リシ多年生草本、高サ 30-45cm 許、全草强壯ニ之シテ白綠色ヲ呈シ、地下ニ集合セル長塊狀ノ根アリテ其根頭ヨリ數本ノ直立莖ヲ叢生ス。莖ハ圓柱形、滑澤無毛、肉質、敢テ分枝セズ。葉ハ開出シ、或ハ對生シテ十字壞ヲ呈シ、或ハ三葉輪生シ、肉質柔厚ニシテ卵形・倒卵形或ハ匙形ヲ成シ、全邊或ハ多少ノ波狀齒アリ、長サ8-10cm許、幅5-6cm 許アリ。秋月開花ス。花序ハ莖頂ニ大ナル繖房花叢ヲ成シ分岐シテ多數ノ紅紫花（株ニ由リ時ニ花邊濃淡アリ）ヲ着ケ密集ス。花ハ徑1cm 許、小梗ヲ有シ上向シテ開ク。萼片五、淡白色、線狀披針形、花瓣ヲ出シ短カシ。花瓣五、基部微ニ連合シ、披針形、銳尖頭。雄蕊十、明ニ花瓣ヨリ超出シ、葯ハ柑色、子房五。上部狹尖シ花柱ト成リ、子房下鱗片ハ微小ナリ。骨突ハ五、直立シテ尖レリ。本種ハ絕テ我邦ニ野生無ク、今ヤ花草トシテ栽植セラル。べんけいさうニ類似ニテ全草壯大、花色紅紫、花上ニ超出セル雄蕊等ニ由テ直ニ識得スベシ。和名ハ大辨慶草ノ意ニシテ之レヲべんけいさうニ比スレバ壯大ナレバ斯ク云ヘリ。

498

きりんさう
Sedum kamtschaticum *Fisch.*

山地ノ岩上等ニ生ズル多年生草本ニシテ太キ根莖ヨリ莖ハ簇生シ、莖ハ下部斜上シ高サ5-30cm許、綠色ニシテ圓柱形ヲ呈ス。葉ハ槪ネ互生シ、倒卵形或ハ長橢圓形ニシテ先端稍圓ク底部楔形ヲ成シ殆ド無柄、邊緣ニハ鈍鋸齒アリ、綠色ニシテ肉質ナリ。六月、莖端ニ平面ナル繖房狀聚繖花序ヲ成シテ多數ノ黃花ヲ開ク。萼片ハ五箇、披針狀線形ニシテ鈍端、綠色ヲ呈ス。花瓣ハ五箇ニシテ披針形ヲ呈シ銳頭、長サ5mm許。雄蕊ハ十本、花瓣ヨリ短シ。雌蕊ハ五箇。蓇葖ハ五箇アリテ星狀ニ聯ビ開裂ス。和名麒麟草ハ何ノ意乎予ノレ了解セズ。漢名 費菜(誤用シ此品蓋シ同屬ノ一種ニシテ支那ニ產シきりんさうヨリハ弱小ナリ)

第1495圖

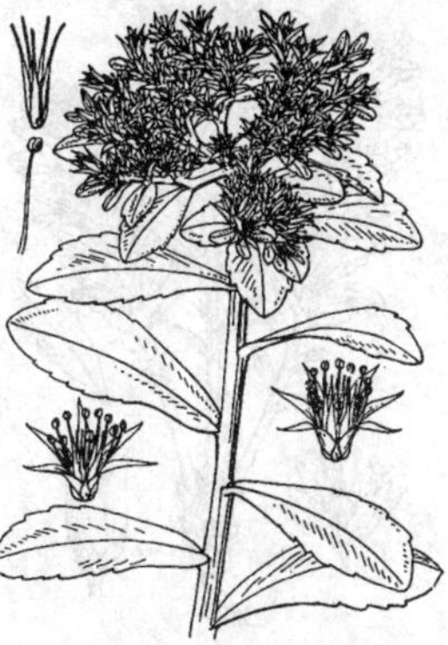

べんけいさう科

ほそばのきりんさう
Sedum Aizoon *L.*

山地ノ草中ニ生ズル多年生草本ニシテ莖ハ通常簇生セズ、圓柱形ニシテ直立シ高サ40cm内外アリ、上部淡綠色ニシテ基部ハ褐色ヲ呈ス。葉ハ互生シ、披針形或ハ倒卵狀披針形ニシテ銳頭或ハ鈍頭、底部ハ楔形ヲ成シ、邊緣ハきりんさうニ比スレバ尖レル鋸齒ヲ有シ、綠色ニシテ肉質ナリ。七月ノ候莖頂ニ平面ナル繖房狀聚繖花序ヲ成シ、密ニ多數ノ黃花ヲ開ク。萼片ハ五箇アリ綠色ヲ呈シ披針狀線形、鈍端。花瓣モ五箇、披針形ニシテ銳頭、長サ6mm許。雄蕊ハ十本、花瓣ヨリ短シ。雌蕊五箇。果實ハ蓇葖ナリ五箇ヨリ成ル。きりんさうニ比スレバ花密ニシテ葉狹ク鋸齒尖キノ異アリ。

第1496圖

べんけいさう科

いはべんけいさう
一名 いはきりんさう
Sedum Rhodiola *DC.*
var. Tachiroei *Franch. et Sav.*

中部高山ノ岩石地ニ見ル多年生草本。根莖ハ短厚ニシテ分枝ハ多數ノ鱗片ニテ被ハル。莖ハ簇生シ高サ30cm内外、簇リテ球狀ノ集團ヲ成スコト多シ。葉ハ共ニ强キ霜白色。葉ハ莖上多數相層リテ五生開出シ、上半ハ其表面凹ミテ曲ル。倒卵狀橢圓形ニシテ長サ2cm内外、扁平、而モ多、銳頭或ハ稍鈍頭ニシテ上半ニ鈍鋸齒アリ、表面平坦ニシテ脈條ヲハ顯ハレズ。梢部ニ至レバ恰モ花下苞葉ノ觀アリ。七月、莖頂ニ密集セル聚繖花序ヲ㞍ケ平頂ケ成セル球樣ヲ呈シ淡黃花ヲ開ク。雌雄異株。花瓣ハ瘦細ニシテ四或ハ五、雄花ニ在リテハ平開シテ顯著ナレド雌花ニ在リテハ短クシテ著シカラズ。雄花ニハ雄蕊八乃至十箇。雌花ニハ心皮四或ハ五。蓇葖ハ獸角狀ニシテ四或ハ八箇並立シ、熟スレバ腹面ニ於テ縱裂シ細種子ヲ出ダス。

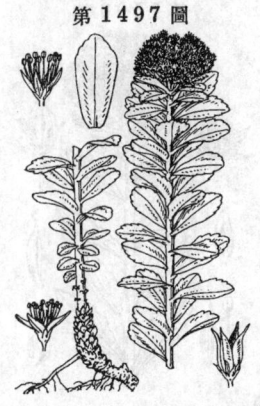

第1497圖

べんけいさう科

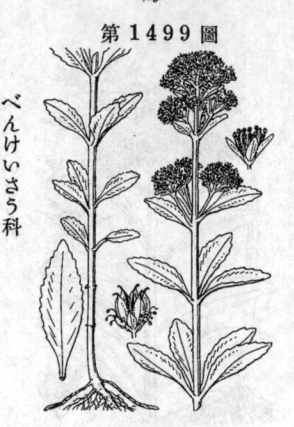

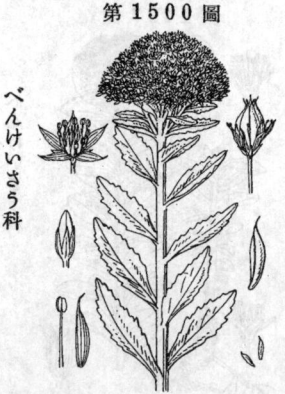

べんけいさう科

第1498圖

ほそばいはべんけい
Sedum Rhodiola *DC.*
var. elongatum *Maxim.*

中部以北ノ高山裸地ニ生ズル多年生草本。根莖ハ太ク、鱗片多數鱗次ス。莖ハ多肉圓柱形、簇生シ高サ30cm內外、聚リテ稍球狀ノ聚團ヲ成シ全株綠色無毛ナリ。葉ハ莖上ニ多數相聚リテ互生シ、倒拔針形ニシテ霜白色ナラズ、長サ3cm內外、銳頭、廣楔底或ハ銳底、上半鋸齒ヲ刻ミ、表面ニ向フテ內曲セズ且ツ中脈陷入ス。盛夏ノ候莖頂ニ平頂ナル球狀ヲ成シテ密集セル聚繖花序ヲ着ケ淡黃花ヲ開ク。雌雄異株。花瓣ハ四箇時ニ五箇、拔針形ニシテ萼片ヨリ遙ニ長シ。心皮ハ四箇、分立、接在ス。いはべんけいさうニ似テ葉細ク且ツ霜白ナラズ、中脈顯著ニ陷在スルヲ以テ其識別容易ナリ。

第1499圖

みつばべんけいさう
Sedum verticillatum *L.*

山地ニ生ズル多年生草本。莖ハ直立シ高サ30-50cmニ達シ、圓柱狀ヲ呈シ多肉强靱、平滑無毛、綠色ニシテ白霜ヲ帶ビ、往々紫色ヲ呈ス。葉ハ短柄ヲ具ヘ、通常三葉輪生時ニ四-五葉ヲ數ノ。又幼莖ニテハ二葉對生ノ者多シ。橢圓形乃至拔針形ニシテ長サ3-5cm、質厚ク、鈍頭或ハ銳頭、銳底、邊緣ハ波狀ノ低鋸齒アリ、淡綠色ヲ呈シ初メ多少ノ白霜ヲ被フレ。秋日莖頂ニ平頂球形ノ聚繖花序ヲ着ケ、淡黃綠色ノ小形花ヲ攢簇ス。花ハ五數ヨリ成リ、花瓣ハ平開シ長橢圓狀拔針形ニシテ萼ヨリ甚ダ長シ。雄蕊ハ十箇、花瓣ヨリ超出ス。蓇葖五箇ニ分立シ秋深クシテ熟ス。腹縫線ニ沿テ縱裂シ褐色ノ細種子ヲ散落ス。和名ハ三葉辨慶草ノ意ニシテ其葉ノ配置ヨリ來タル。

第1500圖

むらさきべんけいさう
Sedum Telephium *L.*
var. purpureum *L*

べんけいさうニ酷似スル多年生草本ニシテ山地ニ生ジ、高サ50cm內外、莖ハ直立シ、圓柱形、綠色ニシテ葉ト共ニ毛ナク、平滑ナリ。葉ハ通常互生シ、長橢圓形ニシテ鈍頭、邊緣ハ不齊ノ小鈍齒ヲ有シ、肉質ニシテ帶白綠色ナリ。秋時莖頂ニ花梗ヲ分チ繖房花樣ノ聚繖花序ヲ成シテ淡紅紫色ノ小形花ヲ攢簇ス。萼片ハ五箇、三角狀拔針形ヲ成シテ淡綠色。花瓣モ五箇ニシテ拔針形ヲ呈ス。雄蕊ハ十本、花瓣ト略ボ同長ナリ。雌蕊五箇。果實ハ蓇葖ヲ成シ、五箇アリ直生ス。和名ハ紫辨慶草ノ意ニシテ紫ハ其花色ニ基ヅク。

こもちまんねんぐさ
Sedum bulbiferum *Makino*.

田間路傍等ニ普通ナル二年生草本ニシテ質柔弱ナリ、莖ハ下部横臥シ節ヨリ根ヲ下シ、高サ7–22cm許アリ。莖ノ基部ニ在ル葉ハ對生シ小柄アリ卵形ヲ呈スレドモ、莖ノ上部ノ者ハ互生シ箆形ヲ呈シ鈍頭ニシテ基部狹窄シ長サ8–18mmアリ。六月ノ候莖頂ニ開出セル梗枝ヲ岐チ聚繖花序ヲ成シ偏側生ニ黄花ヲ並列シテ下方ヨリ漸開シ花下ニ各一片ノ苞葉ヲ伴フ。花ハ徑10–14mmニシテ小梗無シ。蕚ハ五裂、裂片ハ箆形ニシテ不同ナリ。花瓣ハ五箇、披針形ニシテ鋭頭。雄蕋十本、花瓣ヨリ短シ。雌蕋ハ五箇、基部合生ス。果實ハ蓇葖ヲ成ス。葉腋ニ肉芽ヲ生ジ、地ニ落チテ新苗ヲ生ズル殊態アリ、子持ち萬年草ノ名之レニ基ヅク。

第1501圖

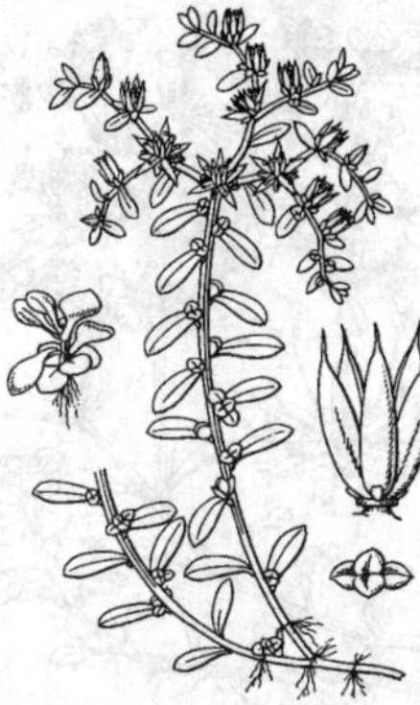

べんけいさう科

めのまんねんぐさ
一名　こまのつめ・はなつづき
Sedum japonicum *Sieb*.

山麓或ハ路傍等ノ岩上ニ生ズル多年生草本。莖ハ鬚根ヲ出シテ短ク匍匐シ上部幷ニ側枝ハ直立シテ疎ニ叢生シ、高サ10cm内外ニ達ス。莖ハ圓柱形ニシテ往々暗紫色ヲ呈ス。葉ハ多數稍疎ニ莖上ニ互生シ、多肉性ノ圓柱形ニシテ稍扁ク、往々紅色ヲ呈スルコトアリ。五六月ノ候主莖幷ニ側枝頂ニ開出セル枝ヲ岐チ黄花ヲ連着シ苞アリ。蕚片ハ五箇、小圓柱狀。花瓣ハ五箇ニシテ長橢圓狀披針形。十雄蕋アリテ其内列ノ五箇ハ花瓣ト對生シ其基部ニ附着シ稍短シ。子房五箇アリテ先端芒狀ヲ成シ初メ直立スレドモ成熟スレバ水平ニ開出ス。心皮基部ノ小鱗片ハ短廣ニシテ先端圓狀截形ヲ成ス。一種みやままんねんぐさ (var. senanense *Makino*)ハ之レニ似タレドモ形小サク、唯高山ノミニ生ジ其葉赤染スルコト多シ。和名ハ雌の萬年草ナリ、此姉妹品ニ雄の萬年草アリテ此兩者ヲ總稱シテ萬年草ト稱ス、多肉草ユヱ摘ミ棄ツルモ尙生ヲ保チ容易ニ枯死セザルヲ以テ此名アリ、卽チ長生草ノ意ナリ、駒の爪ハ鈍頭ノ葉形ニ基ヅキ、花續きハ花連續シテ多ク開キシ狀態ニ基ヅク。漢名　佛甲草(誤用)

第1502圖

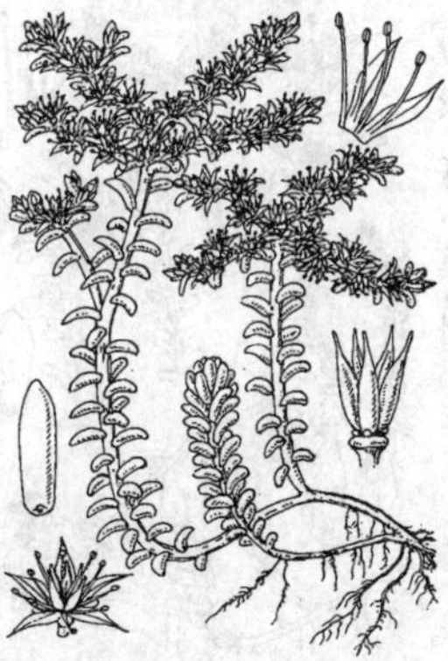

べんけいさう科

まんねんぐさ（佛甲草）
一名　をのまんねんぐさ・たかのつめ・いちげさう・いちぎりす
Sedum lineare *Thunb*.

山地ニ生ズル多肉性ノ多年生草本ナレドモ又觀賞ノ爲メ人家ノ庭ニ栽植セラル。基部ヨリ多數ニ分枝シテ叢生シ質軟弱ニシテ平臥シ地ニ接スル處ヨリハ節々鬚根ヲ生ズ。長サ往々30cm餘ニ達ス。花莖ハ直立シ凡15cm許アリ、圓柱形ニシテ綠色ヲ呈ス。葉ハ線形、先端漸次ニ尖リ、長サ約2–3cm、多肉質、三葉莖上ニ輪生ス。六月頃莖頂分枝シ各枝更ニ兩岐シテ枝上ニ黄色花ヲ連着シ苞アリ。蕚片五箇、稍開出。花瓣ハ長橢圓形ニシテ先端細ク尖ル。雄蕋十箇アリテ其内列五箇ハ花瓣ト對生シテ其基部ニ合着ス。心皮ハ五箇、略直立ス。心皮基部ノ小鱗片ハ短片ヲ成ス。花後結實セズ。白緣葉ノ園藝品ヲふくりんまんねんぐさ(var. albo-marginatum *Makino*)ト云フ。和名ハ萬年草ノ意ニシテ容易ニ枯レズ長ク生活スルヨリ云フ。雄の萬年草ハ雌の萬年草ニ對シ其者ヨリ壯大ナルヨリ云フ、鷹の爪ハ鋭尖ナル葉形ニ基キ、一夏草ハ夏殊ニ繁リテ花サク故云フ、いちぎりすハいちげさうノ轉訛ナラン乎。

第1503圖

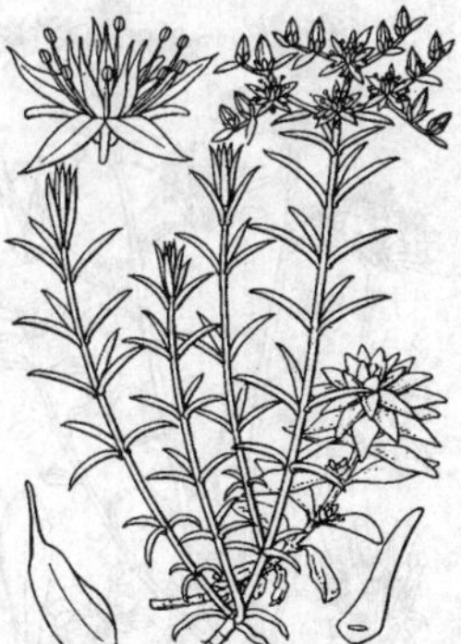

べんけいさう科

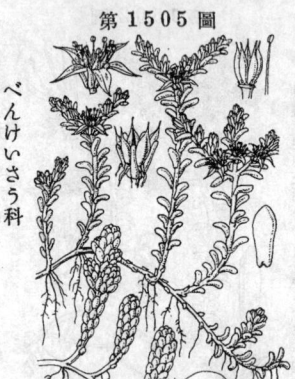

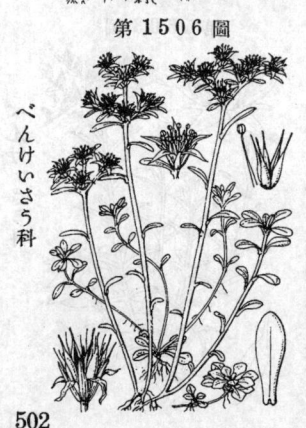

第1504圖

まるばまんねんぐさ
一名　まめごけ・のびきやし
Sedum Makinoi *Maxim.*

べんけいさう科

隨處ノ岩上或ハ石垣上ニ生ズル多肉性ノ多年生草本。莖ハ鈍方形ニシテ綠色ヲ呈シ、花ヲ生ゼザル者ハ地ニ臥シ或ハ匍匐シ節ヨリ鬚根ヲ出ス、花ヲ生ズル者ハ下部ハ平臥スルモ上部ハ直立シ高サ10cm內外ニ達ス。葉ハ對生シ、長サ1cm內外アリ多肉ニシテ倒卵形或ハ圓狀倒卵形ヲ成シ下部狹窄ニ全邊ニシテ先端短ク稍尖リ表面滑澤ナリ。七月頃莖頂分枝シ枝ハ開出シテ多數ノ黃花ヲ着ケ苞アリ。萼五片ハ綠色筒形ニシテ稍背反シ上部多肉ニシテ其長サ花瓣ノ半ニ達セズ。花瓣ハ五片、披針形ニシテ尖リ、雄蕊十箇アリテ內外兩列ヲ成シ、其內列五箇ハ花瓣ト對生シテ其基部ニ合着ス。子房五箇ハ斜上生ヲ成シテ先端尖リ、成熟スレバ開出ス。心皮基部ノ鱗片ハ倒卵形ニシテ先端凹入ス。和名ハ圓葉萬年草ノ意ナリ、豆苦ハ草狀にけノ如ク小ク其葉形豆ノ如ク圓小ナレバ云ヒ、野火消しノ草多肉ニシテ野火ヲ消シ止ムノ意ナリ。

第1505圖

たいとごめ
Sedum oryzifolium *Makino.*

べんけいさう科

海濱岩石ノ間隙或ハ崖壁等ニ生ズル多年生草本。莖ハ細キ圓柱形ニシテ綠色ヲ呈シ地上ニ匐ヒテ多數分枝シ主莖ノ上方ハ側枝ト共ニ直立シテ叢生狀ヲ成シ、花ハ側生セル枝上ニ着キ主莖ノ頂ニハ花ヲ生ゼズ。高サ凡5~7cm許。葉ハ小ニシテ多肉質、圓柱狀倒卵形或ハ倒卵狀橢圓形ニシテ互生シ、花ヲ生ゼザル莖ニ在テハ密ニ相重ナリテ生ズ、往々赤色ニ染ム。夏日莖頂分枝シ稀ニ二連生ヲ呈ス。萼片ハ五箇、短ク圓柱狀ヲ成シ、花瓣亦五箇、廣披針形ニシテ尖ル。雄蕊十箇ニシテ其內列五箇ハ花瓣ニ對生シ其基部ニ附着ス。心皮ハ五箇ニシテ稍直立シ、熟スルニ從ヒ斜上ス。心皮基部ノ小鱗片ハ短クシテ倒卵狀橢圓形ヲ成シ先端圓狀截形ヲ呈ス。和名ハ大唐米ノ意ニシテ土佐幡多郡柏島ノ方言ナリ、大唐米ハたいとうまいニシテ時ニたいまえと呼ブ、下等ナル米ニシテ漢名ヲ秈一名占稻ト云フ、米粒ニ赤白ノ二種アリ。

第1506圖

ひめれんげ
一名　こまんねんさう
Sedum subtile *Maxim.*

べんけいさう科

谿間ノ石上或ハ濕潤ナル山地ノ石上或ハ山地石壁間ニ生ズル軟キ多年生草本。莖ハ纖細綠色ニシテ多ク分枝シテ橫臥シ、花ヲ生ゼザル莖ハ低ク直立或ハ稍平臥シ其末端ハ側枝ニ叢柄アリテ微シク尖リ長サ約1cm許ノ圓形葉ヲ叢生ス、花ヲ生ズル莖ハ直立シ高サ5~10cm許アリテ簇生シ、五生セル線形葉ヲ有ス。初夏莖頂分枝シ枝上ニ苞ト共ニ多數ノ小黃花ヲ着ク。萼片五箇、線狀ニシテ花瓣ヨリ稍短ク綠色。花瓣ハ五片、廣披針形ニシテ先端尖リ、內外兩列ノ十雄蕊ヲ有シ外列ノ五者ハ花瓣ト互生シ內列ノ五者ハ花瓣ノ基部ニ附着ス。子房ハ五箇アリテ略直立シ其基部ノ小鱗片ハ扁平ナル小棍棒狀ナリ。和名ハ姬蓮華ノ意ニシテ其座ヲ成シ叢生セル葉ノ狀ヲ蓮花ニ擬シタルモノ、小萬年草ハまんねんぐさニ似テ小形ナルヲ云フ。

みせばや
一名 たまのを
Sedum Sieboldi *Sweet.*

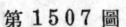

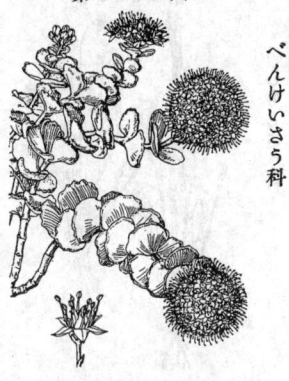

べんけいさう科

我邦北地ニ生ズル多年生草本ニシテ多ク人家ノ庭或ハ盆栽トシテ培養セラル。莖ハ一株ニ多數相集リテ出デ更ニ擴グデ垂下シ節アリテ長サ30cmニ達シ、强靭ニシテ少シク紅色ヲ帶ブルコトアリ。葉ハ三片宛輪生シテ層ヲ成シ、多肉圓形ニシテ基部廣楔形ヲ呈シ、長サ2.5cmニ達シ、前緣ニ鈍齒ヲ有シ、粉白色ヲ呈ス。十月項莖端ニ多數ノ淡紅花ヲ球狀ニ簇生シテ開ク。萼片ハ五箇ニシテ花瓣ノ牛ニ達シ鋮狀披針形ヲ呈ス。花瓣五片ハ廣披針形ニシテ先端尖リ、雄蕊ハ十箇アリテ其外者五本ハ花瓣ト互生シテ花瓣ヨリ微ニ長ク、內列者五本ハ花瓣ニ對生シテ其下部ニ附着シ微ニ花瓣ヨリ短シ。子房五箇、卵形ニシテ下ハ觸類來テ之ニ觸レバ忽チ粘着シテ動作ノ自由ヲ失ヒ、蟲體ハ向テ傾斜セル腺毛ノ分泌液ノ爲メ消化セラル。夏日葉間ヨリ變長ナル無毛ノ花莖即チ葶ヲ抽キテ直立シ、15–20cm許アリテ莖上ニ穗狀樣ノ總狀花序ヲ成シテ數花乃至十數花ヲ偏側ニ着ケ、花穗ハ初メ一方ニ卷曲シ開花スルニ從ヒ漸次ニ直立ス。花ハ短梗ヲ具ヘ、小形、白色。萼ハ深ク五裂シ裂片ハ長橢圓形、花瓣五片ニシテ稍倒卵形。雄蕊五箇。花柱ハ三箇、各深ク二岐ス。蒴果ハ熟スレバ三裂シ細種子ヲ散ズ。子房ノ下ノ小鱗片ハ倒矩狀方形ヲ成シ上緣截形ナリ。和名見せばやハ誰ニ見セバヤトノ意ニシテ其花ノ優美ナルヲ表ハシ、玉の緒ハ其花毬ヲ玉ニ擬シ莖ヲ其緒ニ準ラヘシナリ。

まうせんごけ
Drosera rotundifolia *L.*

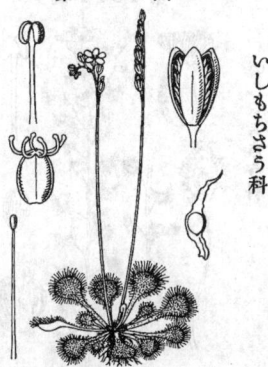

いしもちさう科

山地原野ノ向陽濕地ニ生ズル食蟲植物ノ多年生草木ニシテ莖ハ極メテ短縮シアリト雖ドモ水ごけ中ニ生ズル者ハ時ニハ可ナリノ長サヲ有スルコトアリ。葉ハ根生シ長柄ヲ有シテ杓子狀ヲ呈シ淡紅ヲ帶ビ、葉面上ニハ紅紫色ノ腺毛多數ニ直生シ其長キ者ニ往々5mmニ達スルモノアリ、微小ナル蟲類來テ之ニ觸レバ忽チ粘着シテ動作ノ自由ヲ失ヒ、蟲體ハ向テ傾斜セル腺毛ノ分泌液ノ爲メ消化セラル。夏日葉間ヨリ變長ナル無毛ノ花莖即チ葶ヲ抽キテ直立シ、15–20cm許アリテ莖上ニ穗狀樣ノ總狀花序ヲ成シテ數花乃至十數花ヲ偏側ニ着ケ、花穗ハ初メ一方ニ卷曲シ開花スルニ從ヒ漸次ニ直立ス。花ハ短梗ヲ具ヘ、小形、白色。萼ハ深ク五裂シ裂片ハ長橢圓形、花瓣五片ニシテ稍倒卵形。雄蕊五箇。花柱ハ三箇、各深ク二岐ス。蒴果ハ熟スレバ三裂シ細種子ヲ散ズ。var. longipetiolata *Lev.* ハ唯水ごけ等ノ中ニ生ジテ其環境ニ從ヒ葉柄ノ殊ニ長形ヲ呈スルニ至リシ者ノミニ、故ニ之ヲレヲ斯ク變種トスルハ非ナリ。和名毛氈苔ハ其毛多キ葉ト其蘚苔樣ヲ呈セル草姿ニ基ク。

こまうせんごけ
Drosera spathulata *Labill.*
(=D. Loureiri *Hook. et Arn.*)

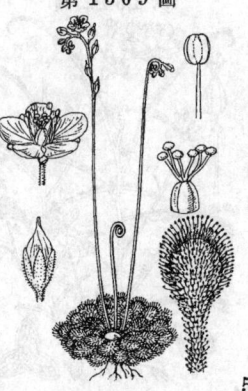

いしもちさう科

山麓或ハ原野ノ濕潤セル向陽地ニ生ズル食蟲植物ノ多年生草木。全體小形ニシテ能ク群ヲ成シテ生ジ紫赤色ヲ呈セリ。葉ハ根生シテ地面ニ平布シ數葉車輪狀ヲ呈シ、箆形ニシテ葉頭ハ圓形、下部漸次狹窄シテ葉柄部明確ナラズ。葉上紫紅色ノ腺毛密布シ、微小蟲ヲ粘着捕獲ス。夏日葉中ヨリ纖長ナル花莖即チ葶ヲ抽テ直立スルコト10–15cm許、淡紅色ノ短梗小花ヲ穗狀樣ヲ呈セル偏側生總狀花序ヲ綴ル。花穗ハ初メ一方ニ卷曲シ開花ハ從テ直立ス。萼ハ鐘形ニシテ深ク五裂シ裂片ハ長橢圓形。花瓣ハ五箇シテ倒卵形。五雄蕊。花柱ハ三箇アリテ各深ク二裂ス。蒴果ハ三裂シ細種子ヲ散ズ。和名ハ小毛氈苔ノ意ニシテ全草小形ナルヨリ小ト云フ。

第 1510 圖

いしもちさう科

ながばのまうせんごけ
Drosera anglica *Huds.*
(=D. longifolia *L.* in part.)

北方濕潤ノ地ニ生ズル食蟲植物ノ多年生草本。葉ハ根出シテ叢生シ多クハ長柄ニヨリ直上シ葉柄ヲ連ネテ長サ 10cm内外、幅約 4mm内外アリ。葉片ハ線狀箆形ニシテ先端鈍形、上面ニハ紫紅色ノ腺毛ヲ密生シ微小蟲ヲ粘着シ之レヲ消化吸收シテ養分トス。八月頃葉中ヨリ高サ 10-20cm ノ花莖即チ葶ヲ抽キテ葉ヨリ高ク直立シ、上部ニ穗狀樣ニ偏側生總狀花穗ヲ成シテ白色ノ數小花ヲ着ク。花穗ハ初メ一方ニ卷曲シ開花スルニ從ヒ直立ス。萼ハ鐘形ニシテ深ク五裂シ裂片ハ長橢圓形。花瓣ハ五片ニシテ箆形ヲ成ス。五雄蕊、一雌蕊ヲ有シ、雌蕊ハ三柱頭アリテ各深ク二裂ス。蒴果ハ宿存萼ヲ伴ヒ三殼片ニ開裂シ細種子ヲ散ス。我邦ニ在テハ本種ノ産地ハ極メテ寡シ。和名ハ長葉ノ毛氈苔ノ意ナリ。

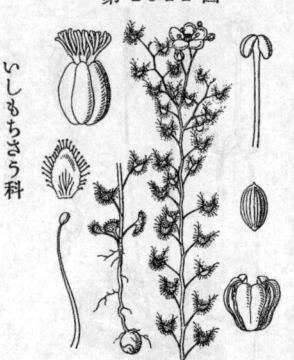

第 1511 圖

いしもちさう科

いしもちさう (茅膏菜・石龍牙草)
Drosera peltata *Sm.*
var. lunata *Clarke.*
(=D. lunata *Ham.*; D. nipponica *Masam.*)

原野ニ生ズル食蟲植物ノ多年生草本。根部ハ球狀ニシテ直徑 6mm許ノ塊莖ヲ有ス。莖ハ直立シ高サ 10-25cm ニ達シ、梢ニ分枝シ開花ス。葉ハ根生莖生兩樣アリ、根生葉ハ明ニ出現シ小形ニシテ葉面圓形ヲ呈シ花時ニハ枯凋スルモノ少ナカラズ。莖生葉ハ互生シ、葉柄ハ纖細ニシテ彎曲シ1cm内外ノ長アリ、葉片ハ彎月形ニシテ基部闊ク彎入シ横徑凡5mm許アリ、葉緣及ビ外面ニ腺毛密布 シテ粘液ヲ分泌シ捕蟲ノ用ヲ爲ス。五六月頃梢枝上ニ短總狀花穗ヲ成シテ白色五瓣ノ有梗花ヲ着ク午前十時頃開キ午後二時頃ヂ花徑凡1cm許アリ。萼片五箇ハ卵形ニシテ緣ニ腺毛アリ。花瓣ハ廣倒卵形。雄蕊五箇。雌蕊ハ柱頭三箇ニシテ各指狀ニ四裂ス。蒴果ハ三裂シ、細小ナル種子ハ橢圓體ニシテ兩端尖リ、縱條アリ。和名石持草ハ其苗ヲ採リ葉ヲ地ニ着クレバ小石葉面ノ腺毛ニ粘着シテ上リ來ルヲ以テ名ク。

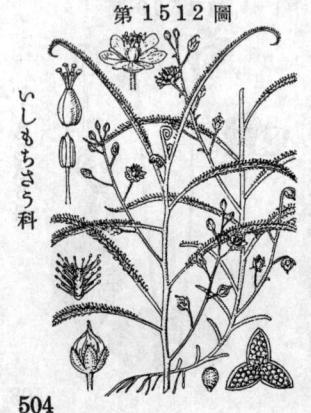

第 1512 圖

いしもちさう科

ながばのいしもちさう
Drosera indica *L.*
(=D. Makinoi *Masam.*)

濕原ニ生ズル食蟲植物ノ一年生草本。莖ハ直立シ或ハ倒臥シ高サ 10-17cm許。葉ハ莖ニ互生シ瘦線形ニシテ葉頭漸次ニ狹窄シテ尖リ、長サ 3-6cm許、短キ多數ノ腺毛ハ質軟ニシテ黃綠色ヲ呈ス。七八月ノ候通常葉ニ對生シテ莖側ニ花梗ヲ出シ、數箇ノ淡紅色或ハ白色ノ有梗小花ヲ疎ニ總狀ニ着ク。萼ハ廣鐘形ニシテ深ク五裂ス。花瓣ハ五片ニシテ長橢圓形ヲ呈ス。五雄蕊アリ。花柱三箇ハ各深ク二裂ス。蒴果ハ三裂シ種子ハ細小ニシテ卵形ヲ成シ其表面ニ多數小凹窠アリ。本種ニ二品アリテ淡紅花ノ者ヲながばのいしもちさうト稱シ白花ノ者ヲしろばなながばのいしもちさうト云フ。

むじなも
Aldrovanda vesiculosa *L.*

世界ニ點存シテ生ズル食蟲植物ノ一珍種ニシテ我國ニテハ初メ明治廿三年五月十一日ニ關東利根川流域內ノ武州小岩村ニ發見セラル。沼澤・水田側ノ小溝等ノ止水中ニ浮遊生育シテ根ナク、冬季ヽ其梢頭球狀ニ緊縮シテ越年ス。莖ハ6-25cm許ニシテ往々一四條ノ枝ヲ分チ、莖節ニハ六-八葉輪生シ葉輪ノ徑凡1.5-2cmアリ、葉柄ハ楔形ヲ成シ上部ニハ數本ノ鬚毛ヲ具ヘ、葉片ハ囊狀ヲ呈シ自由ハ蛤狀ニ開閉シ、水中ノ小蟲來リテ之ニ入レバ閉合シ終ニ蟲體ヲ消化シ去ル。夏日葉腋ヨリ水面上ニ淡綠色ノ小花ヲ挺出シテ開キ一日ニシテ凋萎ス。萼片・花瓣・雄蕋各五箇ヲ具フ。花柱亦五箇、各先端更ニ指狀ニ細裂ス。花後花梗ハ鉤曲シ果實ハ水面下ニテ成熟シ種子ハ黑色ナリ。和名輪藻ハ此食蟲草ノ草狀ヲ其獸尾ニ擬セシ名ナリ、むじなハたぬきノ異名ナリト謂フ。

第1513圖

いしもちさう科

もくせいさう
一名　にほひれせだ
Reseda odorata *L.*

北あふりか原產ノ一年生草本ニシテ德川時代ノ文化年間頃ニ我邦ニ渡來シ、觀賞品トシテ庭園ニ栽培セラルト雖ドモ普通ニハ多ク之レヲ見ズ。莖ハ分枝シ高サ約30cm、微毛アリ、初メ直立スレドモ後チ放縱シテ傾上ス。葉ハ互生シ全邊ニシテ長橢圓形或ハ箆形、鈍頭ヲ成シ、時ニ三裂スルコトアリ。夏日莖ノ先端ニ長サ10cm許ノ花穗ヲ生ジ、密ニ帶綠白色ノ小花ヲ穗狀樣ノ總狀花序ニ綴リ其香氣ハ人ノ愛好スル所ナリ。萼ハ六片ニシテ各片ノ長サ相等シ。花瓣亦六片ニシテ前部及ビ後部ノ四瓣ハ先端細裂スルモ他ノ二瓣ハ單一ナリ。雄蕋ハ多數ニシテ藥ヲ橙黃色ノ藥ヲ有ス。蒴果ハ稜角アリ、唯其頂邊ニ於テノミ開裂ス、種子ハ細小ニシテ多數アリ。和名ハ木犀草ノ意ニシテ其花ニ佳香アルコト木犀花ノ如ケレバ名トス。

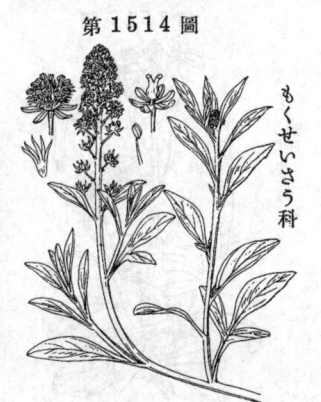

第1514圖

もくせいさう科

しのぶもくせいさう
Reseda alba *L.*

歐洲南部地原產ノ一年生或ハ二年生草本ニシテ觀賞ノ爲メ庭園ニ栽培セラルト雖ドモ普通ニハ多ク之レヲ見ズ。莖ハ直立シ高サ60cmニ達シ無毛ナリ。葉ハ互生シテ深ク羽狀ニ分裂シ、裂片ハ線形、全綠或ハ波狀綠ナリ。七八月頃莖頂ニ花軸ヲ立テ密ニ多數ノ帶綠白色ノ小花ヲ開キ穗狀樣ノ長キ總狀花序ヲ成ス。香氣無シ。萼片ハ五或ハ六裂。花瓣亦五或ハ六片ニシテ先端細裂ス。雄蕋ハ約十二本ニシテ褐色ノ藥ヲ有ス。和名ハ其葉細裂セルニ由リしのぶ木犀草ト呼ベリ。

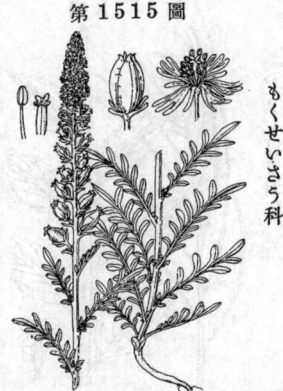

第1515圖

もくせいさう科

あらせいとう
Matthiola incana *R. Br.*

南歐洲海岸地方原產ノ多年生草本ニシテ我邦ヘハ寛文年間ニ渡來シ觀賞品トシテ人家ニ栽培セラル。莖ハ高サ30-60cm許、直立シ時ニ分枝シ、基部ハ往々灌木狀ト成ル。葉ハ互生シ全邊披針形ニシテ先端鈍形ヲ呈シ、質厚クシテ幼莖ト共ニ全面白色ノ短軟毛ヲ被フル。四五月頃莖端ニ總狀花序ヲ成シテ紫赤色ノ十字形美花ヲ開ク。花ハ太キ小梗ヲ有シ徑3cm許アリ。萼四片ニシテ白色ノ軟毛密生シ、花瓣ハ廣倒卵形ニシテ花爪ハ狹長ナリ。四强雄蕊、一雌蕊アリ。果實ハ長角ニシテ細長、長サ4-8cm、强直ニシテ直立ス。種子ハ有翼ナリ。和名ハ其意義不明ナリ。漢名紫羅襴花（誤用、此名ハ八種畫譜ニ出デ學名ハ Moricandra sonchifolia *Hook. f.* ニシテ普通ニハ諸葛菜ト稱シ和名ヲはなだいこんト云フ）

こあらせいとう
Matthiola incana *R. Br.*
var. annua *Voss.*
(=M. annua *Sweet.*)

南歐洲原產ニシテ明治年間ニ渡來シ今ハ廣ク觀賞花草トシテ栽培セラレ、概形あらせいとうニ酷似スレドモ草體小形ニシテ一年生草本ヲ成シ花候稍早キヲ以テ異ナレリ。莖ハ草質ニシテ直立分枝シ高サ約30cmニ達ス。四五月ノ候莖梢ニ紫赤色ノ美花ヲ頂生總狀花穗ニ綴リ直立ス。花ニハ太キ小梗アリ。萼四片、直立シテ狹長。花瓣四片、長花爪ヲ有ス。四强雄蕊、一雌蕊アリ。長角果ハ稍圓柱形ニシテ狹長ナリ。園藝變種多ク白色花乃至絞リ色花等アリ又重瓣花品アリ。和名ハ小あらせいとうナリ。

きばなのはたざを
一名 へすぺりさう
Hesperis lutea *Maxim.*
(=Sisymbrium luteum *Schulz.*)

山野陽地ニ生ズル大形ノ多年生草本。莖ハ直立シテ分枝シ粗毛アリ高サ70cm許ニ達シ通ジテ葉ヲ着生ス。葉ハ互生シ表裏ニ粗毛ヲ帶ビ葉柄ニハ翅緣アリ。脚葉ハ長橢圓形ニシテ逆向齒牙アリ、下部ノ莖生葉ハ卵形ヲ成シ長サ10cm許、上部ノ者ハ小形ニシテ卵狀披針形ヲ呈シ稍銳尖頭ニシテ波狀齒牙緣ナリ。七月頃莖頂ニ直立セル總狀花序ヲ成シテ黃色ノ十字花ヲ開キ花徑凡5mmアリ、小梗ハ萼ヨリ長ク果時ニハ直立ス。萼ハ四片綠色。花瓣ハ篦狀倒卵形ナリ。四强雄蕊、一雌蕊アリ。果實ハ花後伸長シ長角ヲ成シテ毛ナク長サ10cm許ニ達ス。和名ハ黃花族竿ノ意、草狀 Arabis 屬ノはたざをニ似テ黃花ヲ開ク故云フ。

はなはたざを
Dontostemon dentatus *Ledeb.*

海岸附近ノ地或ハ山地向陽ノ處ニ生ズル越年生ノ草本。根ハ白色ニシテ其主根直下シ瘦長ナル傍根ヲ發出ス。莖ハ直立シ高サ 15-60cm 内外ニシテ上方多クハ分枝ス。全體瞥見スレバ無毛狀ナレドモ莖葉ニハ疎ニ短毛アリ。根生葉ハ叢生シテ地面ニ布キ、箆形ニシテ邊緣波狀ヲ呈ス。莖生葉ハ互生シ、線狀倒披針形ニシテ先端稍銳形ヲ呈シ、長サ 4-5cm、邊緣ハ粗ナル銳鋸齒ヲ有ス。五月頃梢端ニ初メ繖房狀後チ總狀花穗ヲ成シテ淡紅紫色ノ十字花ヲ綴リ、花徑 8-13mm アリ。萼ハ四片ニシテ直立シ、狹卵形ニシテ綠色。花瓣ハ稍凹頭ノ倒卵形ニシテ花爪アリ。四强雄蕋、一雌蕋アリ。花後果實ハ瘦長ナル長角ヲ成シ長サ 5cm ニ達シ、果梗短クシテ强シ。和名ハ花旗竿ニシテ美花ヲ開クヲ以テ特ニ花ト云ヘリ。

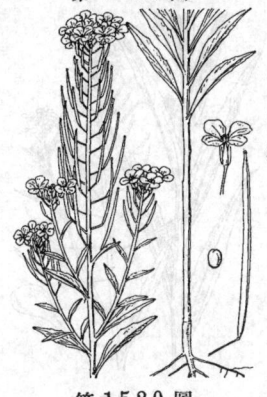

じふじばな科

にはなづな
Alyssum maritimum *L.*

歐洲幷ニ西亞細亞近海地ノ原產ナル一年生或ハ多年生小草本ニシテ觀賞品トシテ庭園ニ栽培セラル。地下莖ハ橫臥ス。莖ハ上向シ 25cm ニ達シ地上ニテ分枝シテ叢生狀ヲ成シ、全體白色ノ偃臥セル軟毛ヲ被リ綠色ニシテ少シク帶白リ。葉ハ互生シ線形ニシテ下部狹窄シ葉頭略ボ銳形ニシテ全緣、大ナル者ハ長サ 4cm ニ達ス。夏日枝梢ニ總狀花序ヲ成シテ密ニ白色小花ヲ開キ香氣アリ、花徑 4mm 許ノ十字花ニシテ纖長ナル花梗アリ。萼片ハ謝落ス。花瓣ハ倒卵形。四强雄蕋、一雌蕋アリ。果實ハ短角ニシテ先端細ク尖リタル球形ヲ成シ、二種子アリ、果梗ハ纖長ニシテ稍開出ス。和名ハ庭薺ノ意ナリ。

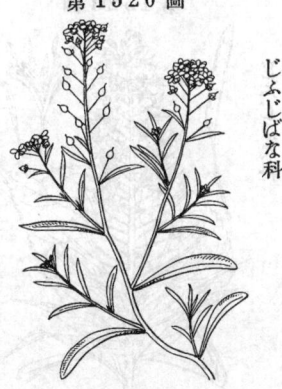

じふじばな科

にほひあらせいとう
Cheiranthus Cheiri *L.*

歐洲原產ニシテ德川末葉時代ニ渡來シ今ハ普ク觀賞花卉トシテ庭園ニ栽培セラルル多年生草本ニシテ全株ハ平臥セル叉狀短毛ニテ被ハレ或ハ時ニ全ク無毛ナリ。莖高サ 30cm 許ニシテ直立シ、稜アリ、能ク分枝シ、下部往々木質ヲ成ス。葉ハ互生シ披針形全邊ニシテ長サ 5-7cm 許、時ニ邊緣多少小齒ヲ生ズルコトアリ。春夏ノ候頂生セル總狀花序ヲ出シ、佳香アル大ナル四瓣十字花ヲ開ク、元來橙黃色ナレドモ園藝品ニハ赤色・紅紫色・蘇褐色・黃赭色・黃色ノ者又ハ重瓣ノ者アリ。萼ハ四片直立シ內列者ハ基部多少囊狀ヲ呈ス。花瓣ハ廣倒卵形ニシテ長花爪アリ。四强雄蕋、一雌蕋アリ。果實ハ四稜ノ長角ヲ成シ、其長サ約 3-6cm 許アリ、種子ハ上部ニ短翼アリ。和名ほひあらせいとうハあらせいとうニ似テ花ニ香氣アルヲ以テ云フ。

じふじばな科

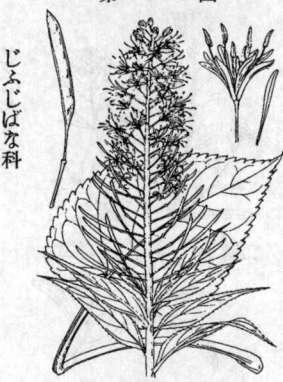

第1522圖

じふじばな科

えぞすずしろ
一名 きたみはたざを
Erysimum japonicum *Makino*.
(=E. cheiranthoides *L*.
var. japonicum *Boiss*.)

北海道幷ニ樺太ニ産スル越年生草本ニシテ莖ハ直立シ、上方小枝ヲ分チ、高サ60cm内外ニ達ス。葉ハ互生シ葉柄殆ド無ク、線狀披針形ヲ成シテ先端尖リ、邊緣ノ波狀鋸齒ハ著シカラズ、長サ4-8cm内外アリ、兩面ハ平臥性ノ微毛稍密ニ布ク。七八月頃梢頭ニ頂生總狀花序ヲ成シテ花徑5mm内外ノ黃色小十字花ヲ多數ニ開キ纖長小梗アリ。萼四片綠色。花瓣ハ圓形ニシテ長花爪ヲ具フ。四強雄蕊、一雌蕊アリ。花後痩長ナル長角ヲ結ビ2.5cmニ達ス。和名蝦夷すずしろハ北海道ニ産スルヲ以テ云ヒ、北見旗竿ハ同道北見國ニテ採集セシヲ以テ云フ。

第1523圖

じふじばな科

はくせんなづな
Macropodium pterospermum
Fr. Schm.

高山生ノ多年生草本ニシテ草間ニ生ズ。根ハ强クシテ鬚根ヲ枝出ス。莖ハ粗大ニシテ直立シ高サ60cm内外ニシテ單一、基部ハ直立或ハ往々斜臥セリ。葉ハ互生シ、下葉ハ葉柄長クシテ卵形銳頭ヲ成シ大鋸齒ヲ有スルモ、上葉ハ廣披針形ニシテ鋸齒ヲ具ヘ短柄或ハ全ク無柄ナリ。夏日莖頂ニ總狀花序ヲ成シテ直立シ長サ15cm内外、稍密ニ多數ノ白色有梗花ヲ開キ下部ヨリ上部ニ及ブ。萼四片長橢圓形銳頭ニシテ多少暗褐色ヲ帶フ。花瓣ハ線形、長サ6mm許、萼片ヨリ微ニ短シ。四強雄蕊アリテ其四本ハ高ク花外ニ挺出ス。果穗ハ長ク、果實ハ長角ニシテ下ニ長柄ヲ成シ種子ヲ含ム部ハ平扁ナル線形ニシテ長サ2-4cm許アリ、七八顆ノ種子アリ。種子ニハ膜翅ヲ具フ。和名ハ白鮮薺ノ意ニシテ其花狀白鮮（へんるりぐ科）ニ彷彿スルト謂フヨリ名ケシ以テ是レ宜シクびゃくせんなづなト爲スベカリシナリ。

第1524圖

じふじばな科

はたざを
Arabis glabra *Bernh*.
(=Territis glabra *L*.)

近海ノ砂地或ハ山地ニ生ズル越年生草本。主根ハ白色ニシテ痩長、深ク地中ニ直下ス。莖ハ直立シ單一ニシテ高サ70cm内外ニ達ス。苗ハ其根生葉叢生シテ座ヲ成ス。下部ノ葉ハ脚葉ト共ニ毛アレドモ、上部ノ者ハ無毛ニシテ平滑ナリ。莖葉ハ披針形或ハ長橢圓形ニシテ先端鈍形、底部ハ箭形ヲ成シ其兩耳稍銳尖ナリ。四月ヨリ六月頃ノ間、莖梢ニ長ク痩長ナル頂生總狀花序ヲ直立シテ白色小形ノ有梗十字花ヲ開ク。萼四片ハ線狀長橢圓形ニシテ先端鈍形。花瓣ハ廣線形ニシテ花爪部狹小ナリ。四強雄蕊、一雌蕊アリ。果實ハ痩長ナル長角ヲ成シ花軸ニ沿フテ直立シ長サ4-6cmニ及ビ二殼片ハ開裂シ細微ナル種子ヲ散ズ。和名族竿ハ其蠹立セル草狀ニ基ヅク。漢名 南芥菜（誤用）

508

やまはたざを
Arabis nipponica *Boiss.*
(=A. hirsuta *Maxim.* non *Scop.*;
A. sagittata *DC.* var. nipponica
Franch. et Sav.)

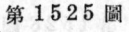
第 1525 圖

山野ノ向陽地ニ生ズル越年生草本ニシテ苗ハ毛アル根生葉簇生シ座ヲ成ス。莖ハ直立シ高サ70cm内外ニ達シ、細莖ニシテ稀ニ分枝シ葉ト共ニ毛多シ。脚葉ハ匙形、莖葉ハ互生シ卵形或ハ卵狀長橢圓形或ハ卵狀披針形ニシテ長サ3-5cm許、先端鈍形ニシテ不規則ナル波狀緣或ハ鋸齒緣ヲ成シ底部ハ莖ヲ抱ク。春夏ノ候莖梢ニ白色小形十字花ヲ直立セル頂生總狀花序ニ著ク。花ハ纖細ナル小梗ヲ具ヘ直徑4mm許。萼四片ハ長橢圓形、先端鈍形、内列二片ハ梢膨出ス。花瓣ハ倒卵形、長サ萼片ノ二倍ニ達ス。四強雄蕊、一雌蕊アリ。果實ハ瘦長ナル長角ニシテ長サ5cmニ達シ花軸ニ沿テ直立シ二殼片ニ開裂シ細微ノ種子ヲ散ズ。和名ハ山旗竿ニシテ山地ニ生ズルはたざをノ意ナリ。

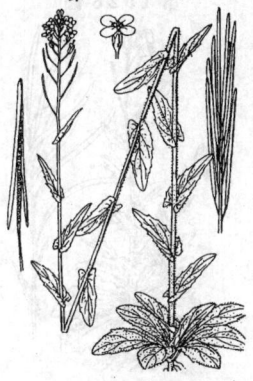

いははたざを
Arabis glauca *Boiss.*

第 1526 圖

山地ノ岩間岩上或ハ懸崖ニ自生多キ多年生草本ニシテ高サ30cm内外、全株星狀或ハ叉狀ノ毛ヲ布ク。基部ニ地下莖ヲ分ツ。莖ハ瘦長ニシテ直立或ハ撓垂ス。根葉ハ質稍厚ク鈍頭篦形ニシテ邊緣ニ粗ナル淺鋸齒ヲ有シ、上葉ハ卵形或ハ長橢圓形或ハ披針形ニシテ銳頭ヲ呈シ稍大ナル鋸齒アリ。初夏ノ候長小梗ヲ有スル大形ノ白色十字花ヲ頂生總狀花序ニ密集シテ生ズ。萼四片ハ直立シ長橢圓形ニシテ長サ5mm、下部稍膨大ス。花瓣ハ廣篦形、圓頭、長サ9mm許。四強雄蕊、一雌蕊アリ。花後ニハ花序伸長シ、長角ハ細線形ニシテ下方ニ彎曲シ、長サ6cm許、長サ1.5cm内外ノ果梗アリ。和名ハ岩旗竿ニシテ岩上ニ生ズルヲ以テ名ク。

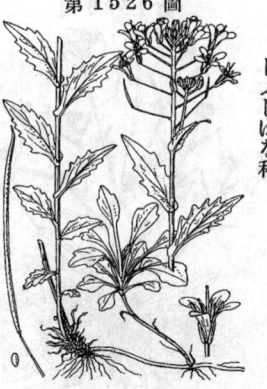

はまはたざを
Arabis japonica *A. Gray.*
(=A. Stelleri *DC.*
var. japonica *Fr. Schm.*)

第 1527 圖

海邊砂地ニ生ズル越年生草本。莖ハ粗大ニシテ高サ30cm許ニ達シ、單一時ニ分枝スルコトアリ。葉ト共ニ短キ粗毛アリ。苗ハ根生葉簇生シテ座ヲ成ス。根生葉ハ質厚ク篦形ニシテ基部細ク先端鈍形、緣部ニ不規則ナル鈍鋸齒アリ。莖生葉ハ卵形或ハ長橢圓形ヲ成シ基脚ハ耳形ヲ呈シテ莖ヲ抱クノ狀アリ。四五月頃莖頭ニ短ク頂生總狀花序ヲ出シ、白色ノ有梗十字花ヲ開ク。萼四片ハ綠色ニシテ長橢圓形、長サ4mm。花瓣ハ倒卵形、狹底、鈍頭或ハ時ニ僅ニ凹入シ、長サ萼片ノ二倍ニ達ス。四強雄蕊、一雌蕊アリ。果實ハ長角ニシテ密集シテ直立シ稍太ク、眞直、長サ3-5m許、二殼片ニ開裂シ細種子ヲ散ズ。和名ハ濱旗竿ノ意ニシテ海濱ニ生ズルヲ以テ此名アリ。

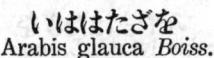

第1528圖

ふじはたざを
Arabis serrata *Franch. et Sav.*

富士山ヲ中心トシ本州中部ノ高處砂礫ノ
地ニ多キ多年生草本。槪形いははたざを
ノ如クニシテ小ナリ。莖ハ低ク通常15cm
許、地上附近ニ於テ能ク分岐シテ叢狀ヲ
呈ス。全體莖・葉共ニ微毛ヲ被フル。根
葉ハ頭大篦形、鈍頭ニシテ葉柄長ク、邊
緣稍大ナル粗鋸齒ヲ有ス。六七月頃白色
稍大形ノ十字花ヲ頂生總狀花序ニ着ク。
花ハ少數ニシテ小梗ヲ具フ。蕚四片ハ長
橢圓形、綠色ニシテ長サ4mm許、下部膨
大ス。花瓣ハ廣篦形ニシテ先端圓ク、長
サ蕚片ノ二倍以上ニ達ス。四强雄蕋、一
雌蕋アリ。長角ハ瘦長ニシテ稍彎曲シ、
斜上生或ハ一方ニ偏向シ、長サ4–6cmニ
達ス。和名富士旗竿ハ富士山ニ生ズルヨ
リ名ク。

第1529圖

みやまはたざを
Arabis lyrata *L. var.*
kamtschatica *Fisch.*

山中ノ砂礫地等ニ生ズル越年生草本ニシ
テ高サ20–40cm許、莖ハ基部ニテ能ク分
枝シモアリ。根生葉ハ羽狀ニ分裂シ或ハ
稍不規則ニ波狀ヲ呈シ先端ノ裂片最大ナ
リ、長サ2–10cm、下部ノ莖葉ト同ジク疎
ニ毛アリ。莖生葉ハ線形ニシテ上方ノ者
ハ全ク無毛、全緣或ハ僅ニ銳鋸齒ヲ有ス。
六月頃梢上ニ總狀花序ヲ成シテ白色ノ有
梗小十字花ヲ開ク毎時ニ淡紅ヲ帶ブルコ
トアリ。蕚四片ハ綠色ニシテ橢圓形。花
瓣ハ狹倒卵形、狹底、長サ6mm許、蕚片ノ
三倍長ニ達ス。四强雄蕋、一雌蕋アリ。
果實ハ瘦長ナル長角ニシテ斜上生、1.5–
3.5cmニ達ス。種子ハ多數ニシテ細微ナ
リ。和名ハ深山旗竿ノ意ニシテ本品通常
深山ニ生ズルヨリ云フ。

第1530圖

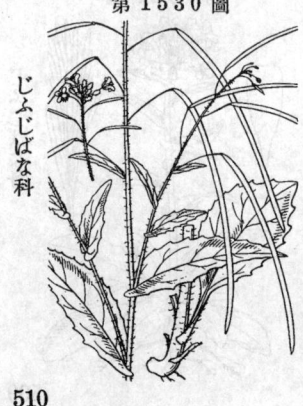

えぞはたざを
Arabis pendula *L.*

北地ニ多ク生ジ時ニ中國ニ見ル越年生草
本ニシテ其高サ80cm內外ニ達ス。莖ハ
直立シテ上部ニ分枝シ綠色ニシテ葉ト共
ニ毛茸ヲ粗生ス。下部ノ葉ハ長橢圓形或
ハ長橢圓狀卵形ニシテ鋸齒アリ、葉底ハ
狹ク耳形ヲ成シテ稍莖ヲ抱ク。梢葉ハ披
針形ニシテ先端尖リ細鋸齒緣ヲ有シ無柄
ナリ。盛夏ノ候枝端ニ頂生總狀花序ヲ成
シテ白色ノ有梗小十字花ヲ開ク。蕚四片
ハ線狀橢圓形ニシテ毛茸散生ス。花瓣ハ
倒卵形、狹底ニシテ其長サ蕚片ニ超ユ。
四强雄蕋、一雌蕋アリ。花後細長ナル長
角果ヲ結ビテ長サ8cmニ達シ稍垂下ス。
和名ハ蝦夷旗竿ノ意ニシテ北海道ノ地ニ
多キヲ以テ名ク。

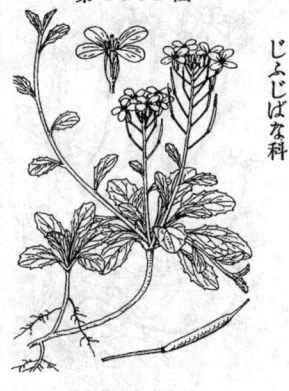

第1531圖

じふじばな科

すずしろさう
Arabis flagellosa *Miq.*

山地溪流附近或ハ岩石地ニ生ズル多年生
草本ニシテ花莖ハ上向シ、高サ13cm許ア
リ。株本ヨリ長ク匍匐枝ヲ生ジ、粗ニ葉
ヲ互生ス。根生葉ハ橢圓形或ハ頭大箆形
ニシテ葉柄アリ長サ7cmニ達シ、緣邊齒
牙緣ヲ成シ、莖部ト共ニ全體ハ星狀毛ア
リ。莖生葉ハ橢圓形或ハ長橢圓形ニシテ
粗鋸齒アリ稍無毛ニシテ葉柄ナシ。早春
梢頭ニ少數ニテ稍大形ナル有梗白色十
字花ヲ總狀花序ニ開ク。蕚四片ハ線狀長
橢圓形、長サ5mm許。花瓣ハ廣箆形、長
サ蕚片ノ二倍以上ニ達ス。四强雄蕋、一
雌蕋アリ。果實ハ線形ノ長角ニシテ長
サ2.5cm許、無毛ナリ。其有毛ナル一變
種ヲけすずしろさう（var. lasiocarpa
Matsum.）ト云フ。和名すずしろ草ハ其
花すずな即チだいこんニ似ルヨリ云フ。

第1532圖

じふじばな科

たちすずしろさう
Arabis Kawasakiana *Makino.*

海濱砂地ニ生ズル越年生草本ナリ。莖ハ
高サ30cm內外、往々基部或ハ上方ニテ疎
ニ分枝ス。根生葉ハ簇生シ其長サ2-4cm
許、淺ク羽裂シ頭大ニシテ先端尖リ短毛
散生ス、下面時ニ暗紫色ヲ呈スルコトア
リ。莖生葉ハ互生シ狹線狀ヲ成シ全緣ニ
シテ毛無シ。葉質稍厚ク帶綠白色ナリ。
四五月ノ候頂生ノ總狀花序ヲ長ク伸長シ
有梗ニシテ稍大形ニ白色十字花ヲ開ク。
蕚片ハ長橢圓形、長サ2mm許ニシテ淡綠
色。花瓣ハ倒卵狀圓形ニシテ先端時ニ凹
入スルコトアリ、廣花爪ヲ有シ長サ8mm
許アリ。四强雄蕋、一雌蕋アリ。果實ハ
纖長ナル長角ニシテ斜上シ長サ3cmニ達
ス。種子ハ細微ナリ。和名立すずしろ草ハ
すずしろさうニ似テ莖直立スル故云フ。

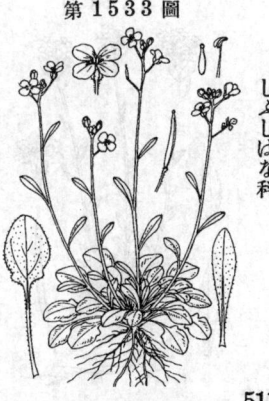

第1533圖

じふじばな科

はくさんはたざを
Arabis Halleri *L.*

山中高處ニ生ズル越年生草本ニシテ全體
ニ粗毛アリ。莖ノ高サ30cmニ達ス。根生
葉ハ羽狀ニ分裂シテ頭大ナルカ又ハ全緣
ニシテ稍卵形、葉柄ヲ有ス。莖生葉ハ疎
ニ互生シ倒披針形或ハ橢圓形ニシテ時ニ
粗ニ鋸齒アリ。七八月頃梢頭ニ頂生總狀
花序ヲ成シテ白色ノ有梗小十字花ヲ開
ク。蕚四片ハ橢圓形粗毛アリ。花瓣ハ倒
卵形、狹底、長サ蕚片ノ倍以上ニ達シ、
長サ4mm許。四强雄蕋、一雌蕋アリ。果
實ハ瘦長ナル長角ニシテ開出シ、其長サ
約15mmアリテ細微ノ種子ヲ容ル。和名
ハ白山旗竿ノ意ニシテ加賀白山ニ生ズル
ヨリ云フ。

第1534圖

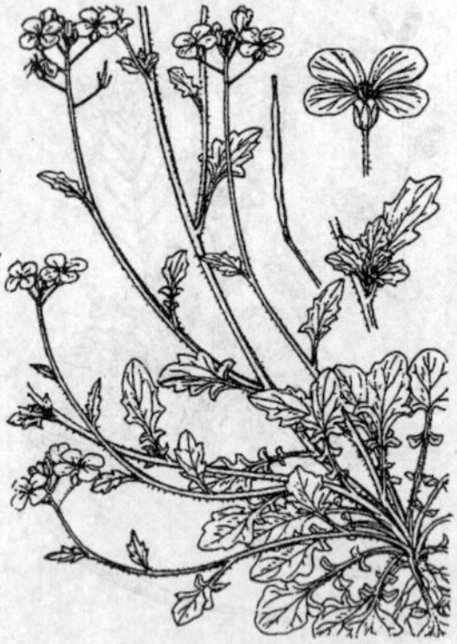

つるたがらし
Arabis senanensis *Makino.*
(=A. Halleri *L.* var. senanensis *Franch. et Sav.*; Cardamine gemmifera *Matsum.*)

中部ノ山地ニ生ズル多年生草本。莖ハ細長ニシテ立チ花時高サ10-35cm許、全株無毛或ハ毛ヲ有シ、往々叢生シ或ハ瘠弱ニシテ倒レ易シ。根生葉ハ有柄、卵形或ハ橢圓形ニシテ長サ2-3cm、頭大羽裂ヲ成シ鈍頭、下部ニハ耳狀ニ分裂セル葉片葉柄上ニ移行ス。粗鋸歯アリ質菲薄ナリ。莖葉ハ互生シ小形、橢圓形ニシテ殆ド無柄、多クハ銳頭、漸尖底。初夏ノ候莖頂ニ初メ平頂後チ伸長セル頂生總狀花序ヲ成シテ多數ノ有梗花ヲ着ク。花ハ白色、時ニ微紅紫、小形ニシテ徑5-7mm。蕚片ハ橢圓形ヲ成ス。四強雄蕋、一雌蕋アリ。花後果序伸長シテ疎大ト成リ線形ノ長角果ヲ結ビテ長サ1.5-2cm ニ算シ、熟シテ細微ノ種子ヲ散ズ、然ル後其莖果穗ト共ニ地ニ撓シ穗上ニ小苗ヲ發出シテ以テ繁殖スルノ特性ヲ有ス。和名ハ之レニ基ヅク。多毛ノ一變種ヲけつるたがらし (var. pubescens *Makino*) ト云フ。和名蔓田芥ハ其莖弱ク蔓莖ノ如ケレバ云フ。

第1535圖

しろいぬなづな
Arabis Thaliana *L.*
(=Arabidopsis Thaliana *Heynhold*; Arabis pubicalyx *Miq.*)

瀕海ノ地ニ生ズル越年生ノ小草本ニシテ高サ17cm許ニ達シ、粗毛アリ、莖ハ直上シテ疎枝ヲ分チ、又往々地面ニ於テ多數簇生分枝ス。根生葉ハ倒披針形ニシテ先端尖リ、兩面星狀毛ヲ被ル、長サ2-4cm許。莖生葉ハ狹披針形、無柄、星狀毛アリ。三四月頃莖頂ニ頂生總狀花序ヲ成シテ白色十字形ノ有梗小花ヲ着ク。蕚片ハ2mm許、長橢圓形ニシテ背ニ毛アリ。花瓣ハ線狀箆形ニシテ長サ蕚片ノ二倍ニ達セズ。四強雄蕋、一雌蕋アリ。果實ハ小形ノ瘦綫形長角ヲ成シ、長サ15mm ニ達シ、斜上シテ少シク內方ニ彎曲シニ敷片ニ開裂シ細微ノ種子ヲ散ズ。和名ハ白犬薺ノ意ニシテ草狀いぬなづなニ似テ白花ヲ開ク故云フ。

第1536圖

くもゐなづな
Arabis Tanakana *Makino.*

本州中部ノ高山ニ生ズル小形ノ多年生草本ニシテ高サ6cm內外、全株ハ稍白色ノ星狀毛ヲ密布ス。根莖ハ細クシテ往々分岐シ、地中ヲ斜走シ、莖頂ニ葉ヲ生ズ。根葉ハ密簇シ、線狀箆形ヲ呈シ、漸尖底、銳頭、長サ5-10mmアリ。莖葉ハ互生シテ散着シ、長橢圓形ニシテ兩端尖リ柄無シ、長サ1cmニ滿タズ。八月、莖頂ニ初メ平頂後チ伸長スル頂生總狀花序ヲ成シテ小白花ヲ綴ル。花ハ徑4mm、花梗ハ短ク長サ5-7mm、無毛ナリ。蕚片ハ四箇、長橢圓形ニシテ散毛ヲ生ジ、花瓣ハ橢圓形ニシテ先端ハ淺ク凹ム。長角ハ線形ヲ成シ、平扁無毛ニシテ長サ1-1.5cm、花軸ニ對シテ斜出ス。和名雲井薺ハ此種常ニ雲ノ集(キ)ル高山ニ生ズルヨリ云フ。

いぬなづな
Draba nemorosa *L.*
var. hebecarpa *Ledeb.*

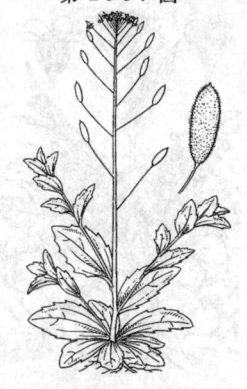

第1537圖

じふじばな科

山野ノ地或ハ畑地等ニ生ズル越年生小草本ニシテ高サ10-20cm許。莖ハ直立シテ往々分枝シ、葉ト共ニ短毛アリ。葉ハ互生シ、根生葉ハ稍廣キ箆形、莖生葉ハ卵形或ハ長楕圓形ニシテ葉柄無ク邊緣鋸齒アリ、葉質稍厚ク、長サ下部ノ者凡2cm許アリ。春期莖梢ニ直立セル頂生總狀花序ヲ成シテ多數有梗ノ黃色小十字花ヲ著ク。萼片ハ長サ1.5mm許、橢圓形。花瓣ハ長サ約2mm、廣箆形、多クハ凹頭ナリ。四强雄蕋、一雌蕋アリ。果實ハ扁平長橢圓形ノ短角ニシテ殆ド水平ニ開出シ、果皮ニ細毛アリ。野外時ニ無毛果ノ者アリ之レヲナシいぬなづな (var. leiocarpa *Ledeb.*) ト云フ、蓋シ歸化植物ナラン。和名ハ犬薺ノ意ニシテ薺ニ似テ食用ト成ラザルヲ以テ此名アリ。漢名 苦葶藶(誤用)

くもまなづな
Draba nipponica *Makino.*

第1538圖

じふじばな科

本州中部ノ高山ニ生ズル多年生草本ニシテ高サ5-10cm。根ハ地中ニ入リテ直通常分枝ス。根莖ハ短カケレドモ二三分岐シ爲ニ小ナル株ヲ成ス。葉ハ互生、根生葉ハ根際ニ密簇シ長サ5-10mm、倒披針形或ハ箆狀橢圓形ニシテ莖生葉並ニ莖ト共ニ星狀毛ヲ布キ、銳頭楔底、葉緣ノ上半ニハ疎銳鋸齒ヲ具フ。莖生葉三四片ハ疎ニ莖ノ下部ニ互生シ橢圓形ニシテ兩端尖リ邊緣ニハ缺刻狀鋸齒アリ。七月、莖上ニ頂生總狀花序ヲ成シテ多數ノ小白花ヲ密集ス。花ハ徑6mm。萼片ハ卵形。花瓣ハ倒卵狀橢圓形ニシテ凹頭、萼長ノ二倍ヲ超ユ。四强雄蕋、一雌蕋アリ。短角果ハ1cm內外、廣線形ニシテ無毛、先端ハ銳尖シテ短嘴ヲ成シ、往々紫色ヲ呈シ、捩曲スルコト多シ。種子ニハ本體ヨリ短キ短尾狀ノ附屬物ヲ有ス。和名ハ雲間薺ノ意ニシテ雲ノ往來スル高山ニ生ズレバ云フ。

しろうまなづな
Draba shiroumana *Makino.*

第1539圖

じふじばな科

本州中部ノ高山帶ノ岩礫ノ地ニ生ズル多年生ノ小草。分枝シ舊キ莖アリテ簇生セリ。葉ハ其頂ニ密集互生シ、線狀箆形或ハ狹倒披針形ニシテ長サ1cm內外、質厚ク全邊或ハ上部ニ疎鋸齒二三、緣毛アリ。莖ハ細クシテ直立シ花時5-10cm、下部ニハ長橢圓形ノ葉二三ヲ互生シ、上部ハ白花ノ密ナル頂生總狀花序ヲ成ル。花ハ七月開花シ徑3mm。萼片ハ卵形。花瓣ハ萼ヨリ長ク倒卵形ヲ呈シ斜開ス。四强雄蕋、一雌蕋アリ。短角果ハ直立シ廣線形ニシテ兩端尖リ、無毛、長サ1cm位、果梗ハ直ニ上リテ開出シ、果實ヨリ短シ。種子ハ尾狀ノ附屬物ヲ有セズ。和名ハ白馬薺ニシテ其產地信濃國白馬岳ニ因ル。

513

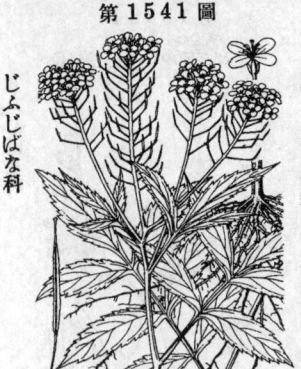

なづな（薺）
一名　ぺんぺんぐさ
Capsella Bursa-pastoris *Medicus.*

郊外ノ路傍・田間或ハ庭傍等ニ生ズル極メテ普通ナル越年生草本ニシテ高サ 30-50cm許、全體ハ疎毛ヲ被フル。主根ハ瘦長白色ニシテ直下ヨリ分枝ス。莖ハ直立シテ分枝ス。根生葉ハ叢生シテ地ニ布キ頭大羽裂シ、裂片狹長ニシテ耳片ノアル者アリ、又長橢圓形ノ者アリテ長サ往々 10cm ヲ超ユ。莖生葉ハ基部耳狀ヲ成シテ莖ヲ抱キ、上方ニテハ稍線狀披針形ヲ成ス。春時長キ頂生總狀花序ヲ成シテ多數白色ノ有柄小十字花ヲ開ク。萼片ハ長橢圓形ニシテ長サ 1mm 餘。花瓣ハ倒卵狀篦形ニシテ長サ 2mm 許。四强雄蕊、一雌蕊アリ。果實ハ倒三角形扁平ノ短角ニシテ先端少シク凹頭ヲ成シ長サ 5mm アリ、細微ナル種子アリ。本種ニ二品アリ葉ノ裂片ニ耳片アル者ヲなづな (var. auriculata *Makino*) トシ、裂片長橢圓形ナル者ヲほそなづな (var. pinnata *Makino*) トス、然レドモ普通ニハ此兩品ヲ總べテなづなト呼ンデ可ナリ。本種ニ所謂春ノ七草ノ一ナリ。和名ハ撫菜 (なでな) ノ意ニテ愛 (メヅル) 菜ノ意ナル乎ト謂ヒ明解ナシ、ぺんぺん草ハ其果實三味線ノ撥ニ似タル故其音ヲ取テ斯ク云フ。

こんろんさう
Dentaria macrophylla *Bunge*
var. dasyloba *Makino.*
(＝D. dasyloba *Turcz.*; Cardamine macrophylla *Willd.* forma dasyloba *Korsh.*; C. leucantha *Schulz.*)

山地或ハ溪側ノ牛陰地ニ生ズル多年生草本ニシテ地下莖ヲ引テ繁殖シ高サ 60cm 內外、全株短柔毛アリ。莖ハ單一瘦長ニシテ直立シ梢ニ分枝ス。葉ハ互生シ小葉五-七片ヲ有スル羽狀複葉ニシテ長柄アリ、長サ 10-15cm 許。小葉ハ長橢圓形或ハ廣披針形ニシテ先端銳尖ヲ呈シ邊緣不齊ノ尖鋸齒アリテ長サ 3-5cm、小葉柄ハ極メテ短ク或ハ全ク無シ。夏日枝端ニ頂生總狀花序ヲ成シ多數有梗ノ白色十字花ヲ着ケ初メ花穗短ク花々密開シ後チ花軸伸長ス。萼片ハ橢圓形ニシテ長サ 3mm 許、綠色ニシテ有毛。花瓣ハ倒卵形狹脚ニシテ萼片ノ倍長或ハ之レヨリ長シ。四强雄蕊、一雌蕊アリ。果實ハ長サ 2cm 許ノ長角ニシテ長キ果梗ヲ有シ稍開出ス。和名崑崙草ハ何故斯ク名ケシ乎不明ナリ。

ひろばこんろんさう
一名　たでのうみこんろんさう
Dentaria appendiculata *Matsum.*
(＝Cardamine appendiculata *Franch. et. Sav.*)

中部ノ深山溪側ニ生ズル多年生草本ニシテ全草無毛柔質、高サ 50cm 內外、根莖ハ白色ニシテ匍匐ス。莖ハ直立シ疎ニ數葉ヲ互生ス。葉ハ長柄ヲ具ヘ奇數羽狀ニシテ長サ 7cm 內外、葉軸ノ兩側各二片乃至三片アリ卵形或ハ卵狀橢圓形ニシテ兩端稍尖シ邊緣ニハ缺刻狀銳鋸齒アリテ葉軸ノ兩側ニ開出ス。葉柄ノ基部兩側ニハ耳垂ヲ有シテ莖ヲ抱クノ特徵アリ。七月、莖頂ニ總狀花序ヲ成シテ有柄白色ノ十字花ヲ開キテ花徑 5mm アリ。萼片ハ狹卵形、綠色。花瓣ハ倒披針形、有毛爪、中央ヨリ platform 半開ス。雄蕊六、四强。雌蕊一。長角果ハ線形ニシテ小形ナリ。和名ハ闊葉崑崙草ニシテ其葉ガこんろんさう葉ニ比スレバ多少短闊ナレバ云フ、蓼のうみ崑崙草ハ下野日光山中蓼の湖 (うみ) ニ於テ見出採集セシヨリノ稱ナレドモ此種ハ旣ニ飯沼慾齋ノ草木圖說ニ出ヅ。

みつばこんろんさう

Dentaria corymbosa *Matsum.*

(＝Cardamine anemonoides *O. E. Schulz*; C. africana *Maxim.* non *L.*)

山中樹陰ノ地ニ生ズル多年生小草本ニシテ高サ9–20cm許、全株無毛ナリ。地下莖ハ短小。莖ハ單一ニシテ分枝セズ、少數ノ有柄三出葉ヲ互生ス。小葉ハ卵狀披針形或ハ披針形ニシテ先端尖リ、葉緣ノ粗鋸齒ハ大小不同、時ニ深ク分裂ス、梢葉ハ分裂セザル者アリ、葉面ニハ微毛アリ。晩春ノ候、梢頭ニ短小ナル總狀花序ヲ成シテ少數大形ノ白色有梗ノ十字花ヲ着ク。萼片ハ長橢圓形ニシテ長サ5mmニ達ス。花瓣ハ篦形、廣底ニシテ長サ萼片ノ二倍ニ達ス。四强雄蕊、一雌蕊アリ。花後先端細ク尖レル長角ヲ結ビ、其長サ3.5cmニ達シ直立ス。和名ハ三葉崑崙草ニシテ其葉三裂スルヨリ云フ。

第1543圖

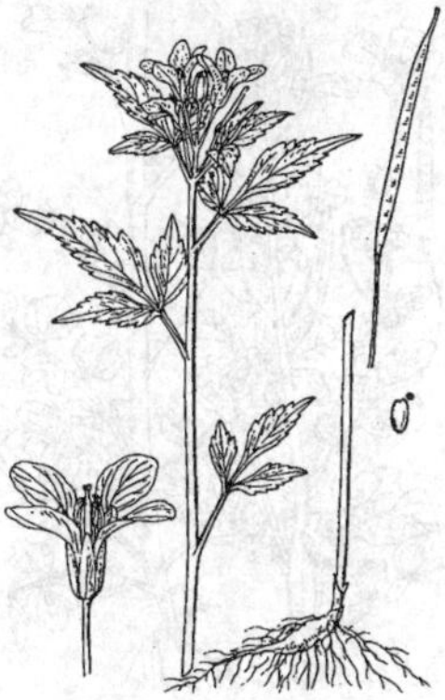

じふじばな科

たねつけばな (蔊菜)

一名　たがらし

Cardamine flexuosa *Withering.*

(＝C. hirsuta *L.* var. sylvatica *Gaud.*; C. sylvatica *Link.*)

普ク田間・水邊濕地ニ多ク生ズル越年生草本ニシテ高サ17–30cm許。莖ハ立チ多クハ基部幷ニ下部ヨリ分枝シ、暗紫色或ハ綠色ニシテ纖弱ナリ。葉ハ互生シ通常疎毛ヲ帶ビ、頭大羽狀ニ分裂シ、小葉ハ圓形・卵形・長橢圓形等一定セズ、邊緣ハ全邊・波狀緣或ハ鈍缺刻ヲ呈シ、下部ノ葉ハ長サ凡7cmニ達ス。四五月頃枝端ニ頂生總狀花序ヲ成シテ白色有梗ノ小十字花ヲ開ク。萼片ハ暗紫色ヲ帶ビ卵狀長橢圓形ニシテ長サ凡2mm。花瓣ハ倒卵形ニシテ底部狹窄シ萼片ノ約二倍長アリ。四强雄蕊、一雌蕊アリ。長角ハ細長ニシテ種子ノアル處僅ニ膨腫シ、斜上シテ2.3cm許ノ長アリ、熟スレバ開裂シテ二殼片反轉シ細種子ヲ彈飛ス。一品水傍ニ生ジテ葉ノ裂片稍長大、綠色柔軟ニシテ毛ナキ者ヲみづたねつけばな (var. latifolia *Makino*) ト云ヒ、又乾地ニ生ジテ莖直立シ葉小ニシテ瘦セ毛多キ者ヲたちたねつけばな (var. fallax *O. E. Schulz*) ト云フ。和名種漬花ハ苗代ヲ作ル直前ニ米ノ籾種ヲ水ニ漬ス時分ニ盛ンニ花サク故名ク、田芥ハ田間ニ生ズルからしノ意ナリ。漢名　碎米薺(蓋シ誤用ナラン)

第1544圖

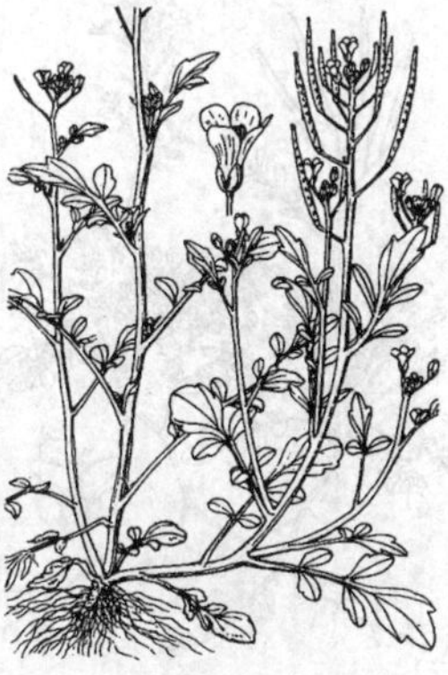

じふじばな科

みづたがらし

Cardamine lyrata *Bunge.*

野外ノ水邊ニ生ズル殆ド無毛ノ多年生水草ニシテ高サ30–60cm許、白鬚根多シ。莖ハ直立シテ粗長有稜綠色、稀ニ分枝ス。葉ハ互生シ頭大羽狀分裂、下部ノ者其長サ凡7cm許、小葉ハ圓形或ハ橢圓形ニシテ全緣或ハ僅ニ波狀ヲ呈ス。莖ノ基部ヨリ絲狀ノ匐枝ヲ出シテ長ク引キ、圓形ニシテ稍心臟底ノ葉ヲ互生シ往々其葉腋ヨリ白色ノ鬚根ヲ生ズ。四五月頃莖梢ニ頂生總狀花序ヲ成シテ白色大形ノ有梗十字花ヲ開ク。萼片ハ長橢圓形、綠色、長サ4mm許。花瓣ハ廣倒卵形、底部花爪ヲ成シ、長サ1cm許。四强雄蕊、一雌蕊アリ。花後線形ノ長角ヲ結ビ、斜上ス。種子ニ翼アリ。和名ハ水田芥ナリ、水ニ生ズル田芥ニシテ水田ニ生ズル芥ニハ非ズ。

第1545圖

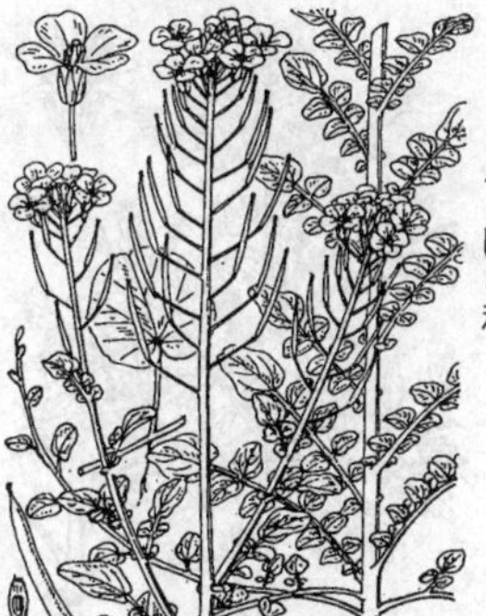

じふじばな科

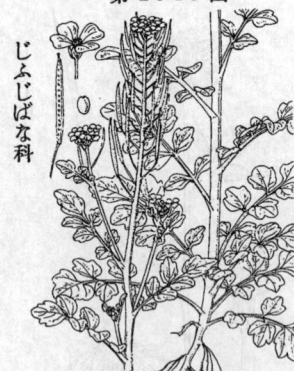

じふじばな科

第1546圖

おほばたねつけばな
Cardamine scutata *Thunb.*
(＝C. Regeliana *Miq.*)

山地或ハ原野中ノ清水邊ニ生ズル多年生草本ニシテ高サ凡10-20cm許。莖ハ柔弱ニシテ綠色ヲ呈シ、其基部ハ地ニ傾臥シテ叢狀ヲ呈シ、全株殆ンド無毛ナリ。葉ハ互生シ羽狀複葉ニシテ概形たねつけばなニ近ケレドモ其小葉ノ數少ク、且ツ圓形ヲ呈シ、先端ノ一葉ハ著大ニシテ幅2.5cmニ達ス。夏日枝梢ニ短キ總狀花序ヲ成シテ有梗ナル白色細小ノ十字花ヲ綴ル。初メ花軸短シト雖ドモ果時ニハ可ナリノ長サト成リ疎ニ長角ヲ着ク。萼片ハ長楕圓形、長サ2mm許。花瓣ハ廣楕形ニシテ長サ約3.5mmニ達ス。四强雄蕋、一雌蕋アリ。花後狹長ナル長角ハ斜上シ長サ2cm許、種子ノアル處微シク膨腫ス、熟スレバ開裂シテ二殼片反轉シ細微ナル種子ヲ彈飛ス。伊豫松山ニテハ之レヲ「ていれぎ」(葶藶ノ音)ト呼ビテ食用トス、少シク辛味アリ。和名ハ大葉種漬花ノ意ナリ。

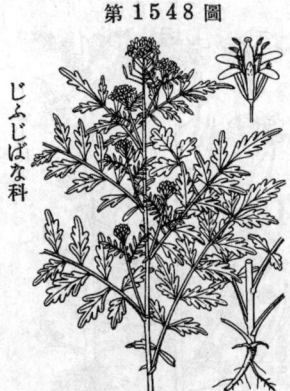

じふじばな科

第1547圖

みねがらし
一名 みやまたねつけばな
Cardamine nipponica
Franch. et Sav.

高山ノ頂附近ニ多キ多年生草本。其根ハ長ク土中ニ入リ、莖ハ地表近クニテ多數分岐シテ叢生シ、高サ3-8cm、短小ニシテ密ニ羽狀葉ヲ互生ス。根生葉ハ長サ2-5cm許、小葉ハ圓形或ハ卵形ニシテ先端稍尖ク全邊ナリ。夏日枝梢上ニ短キ總狀花序ヲ成シ、小梗アル少數細小ノ白色十字花ヲ綴ル。萼片ハ長楕圓形ニシテ長サ2mm許。花瓣ハ廣楕形、圓頭、長サ4mmニ達ス。四强雄蕋、一雌蕋アリ。花後長サ2.5cm許ニシテ斜上セル稍太キ長角果ヲ結ビ、種子ノ部ニ於テ少シク膨腫セルヲ見ル。種子ハ細微ナリ。和名峰芥ハ高山ニ生ズルヨリ云ヒ此名ハ深山種漬花ヨリハ舊シ。

第1548圖

じゃにんじん
Cardamine impatiens *L.*

山地或ハ山足地等ニ見ル越年生草本ニシテ高サ30-40cm許。莖ハ直立シ綠色ニシテ稜アリ多クハ疎ニ分枝シ全體ハ短キ柔毛ヲ被フル。葉ハ互生シ羽狀ヲ成シ、長サ10cmニ達スル者アリ、葉柄ノ基部ニハ托葉狀ノ小葉ヲ有シテ莖ヲ抱ケリ。小葉ハ卵形或ハ長楕圓形ニシテ鈍頭ノ粗鋸齒ヲ有シ、時ニ更ニ細裂ス。春夏ノ候莖頂ニ分枝シ枝端ニ總狀花序ヲ成シテ有梗ナル白色小十字花ヲ密ニ着ク。萼片ハ長楕圓形、上部有毛ニシテ長サ1.5mm許。花瓣ハ楕形、長サ2.5mm許ニ達シ、時ニ之レヲ缺如ス。四强雄蕋、一雌蕋アリ。花後ニ2cm長ノ狹長長角ヲ結ンデ斜上シ、果柄ハ約4mmニシテ短ク、毛無シ、殼片ハ種子ノ部ニテ多少膨腫ス。一變種ニ果實ニ毛アル者アリけじゃにんじん(var. eriocarpa *DC.*)ト云フ。和名ハ蛇胡蘿蔔ニシテ蛇ノ食フ胡蘿蔔(にんじん)ノ意ナリ、にんじん其葉ノ狀ニ由ルナラン。漢名 水花菜(慣用)

えぞのじゃにんじん
Cardamine Miyabei *Matsum.*

北海道ノ地ニ生ズル多年生草本ニシテ全
株無毛、高サ20-40cm許ル。莖ハ直立シ上
方ニ於テ分枝シ少シク之曲ス。脚葉ハ長
サ10cmニ達シ、頭大羽裂、各裂片ハ圓形
或ハ廣卵形ニシテ鈍頭鋸齒ヲ有ス。梢葉
ハ小形、小葉ハ長橢圓形或ハ披針形ニシ
テ缺刻齒ヲ有ス。六月頃莖頂ニ總狀花序
ヲ成シテ疎ニ有梗ノ白色小十字花ヲ開
ク。萼片ハ線狀長橢圓形ニシテ長サ2mm
許。花瓣ハ倒卵狀長橢圓形ニシテ長サ
5mmニ達ス。四強雄蕋、一雌蕋アリテ子
房ニ毛ヲ帶ブ。長角ハ斜上シ長サ2cmニ
達シ、其果柄モ略同長ナリ。和名ハ蝦夷
の蛇胡蘿蔔ノ意ナリ。

じふじばな科

まるばこんろんさう
Cardamine Tanakae
Franch. et Sav.
(＝C. chelidonioides S. Moore.)

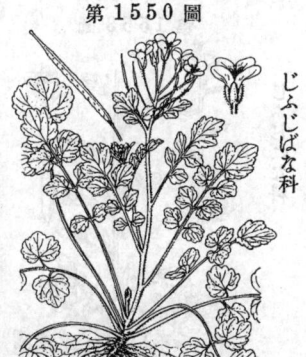

山地ノ樹陰等ニ生ズル越年生草本ニシテ
高サ7-20cmニ達ス。全體纖弱ニシテ莖・
葉共ニ稍密ニ短毛ヲ被フル。莖ハ直立シ
枝ヲ分ツ。根葉ハ大形ニシテ約13cmニ達
シ頭大羽狀複葉、小葉ハ三-五箇、圓形或
ハ廣卵形ニシテ底部心臟形、邊緣鈍頭齒
ヲ有ス。梢葉ハ篦形、小葉片ハ數多ク、時
ニ楔底ヲ呈ス。四月頃莖頭ニ總狀花序ヲ
成シテ少數有梗ノ白色十字花ヲ開ク。萼
片ハ橢圓狀篦形、長サ2mm、毛茸密生ス。
花瓣ハ橢圓形、長サ5mm許。四強雄蕋、
一雌蕋アリ。花後斜上シテ長サ2.5cm許
ノ稍太キ長角ヲ結ビ其表面細毛密布ス。
和名ハ圓葉崑崙草ノ意ナリ。

じふじばな科

いぬがらし (葶藶)
Nasturtium indicum *DC.*
(＝N. atrovirens *DC.*; Sisymbrium atrovirens
Hornem.; Roripa atrovirens *Ohwi et Hara.*)

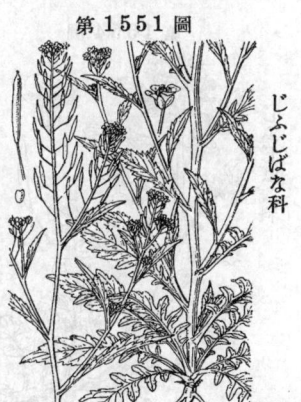

昔ク原野・路傍・庭園等ニ生ズル多年生草本。全
株無毛、高サ30-40cm許ナリ。根ハ白色ニシテ
強ク、深ク土中ニ入ル。莖ハ粗大ニシテ側方ニ
枝ヲ張リ或ハ低ク地面ニ擴ガル。初メ根頭ニ簇
葉ヲ生ズ。下葉ハ長橢圓形ニシテ羽狀ニ分裂シ
或ハ分裂セズ、不規則ニ齒牙ヲ生ズ。上葉ハ小
形披針形ヲ呈ス。春夏ノ候各枝ノ先端ニ直立セ
ル總狀花序ヲ成シテ有梗ナル黃色小十字花ヲ開
ク。萼片ハ線狀長橢圓形ニシテ微毛散生シ、長
サ3.5mm許。花瓣ハ鈍頭篦形ヲ成シ莖片ヨリ僅
ニ長シ、庭地ニ在テ成長惡ク低矮ナル者ニハ往
々花瓣ノ缺如ス之レヲあをいぬがらし (forma
apetalum *Makino*) ト云フ。四強雄蕋、一雌蕋ア
リ。果實ハ線形ノ長角ニシテ長サ凡2cmアリテ
稍內曲シ斜上シ或ハ開出ス。種子ハ圓ニシテ
細微ナリ。和名ハ犬芥ノ意、雜草ニシテ食用ニ
中ラザルからしノ意ニ因ル。漢名 水芥菜 (蓋シ
誤用)。支那ニテ葶藶ト稱スル者ニ二種アリテ藥
用上ニテハ之レヲ甜葶藶、苦葶藶ニ別ツ。

じふじばな科

すかしたごぼう
Nasturtium palustre DC.
(= Roripa palustris Besser.)

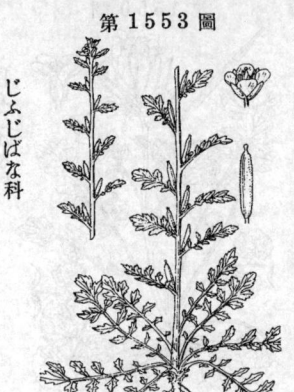

じふじばな科

田園・田間・路傍ノ濕地ニ生ズル越年生草本ニシテ高サ50cm內外、莖ハ直立シ單獨或ハ二三叢生シ太クシテ丈夫ナリ、上方ニテ分枝シ、全體無毛ナリ。根葉ハ多數簇生シ長サ7-15cmニシテ深ク羽狀ニ分裂ス。上葉ハ殆ンド分裂セズ披針形ヲ成スコトアリ。春夏ノ候各分枝上ニ頂生ノ總狀花序ヲ成シテ有梗ナル多數黃色ノ小形十字花ヲ開ク。蕚片ハ長楕圓形ニ2mm許。瓣片ハ箆形ニシテ蕚片ヨリ僅ニ長シ。四强雄蕊、一雌蕊アリ。果實ハ稍屈曲セル短角ニシテ開出シ、長サ8mm許ニ達シ、果柄ハ略ボ同長ナリ。和名ハ透し田牛蒡ノ意ナラン、田牛蒡ハ其根ニ甚ヅキシ名ナランモ透し其意著者ニハ不明ナリ。

こいぬがらし
Nasturtium sikokianum
Franch. et Sav.

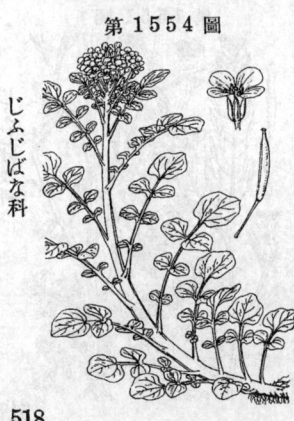

じふじばな科

本州中部以南ノ地ノ田間ニ生ズル一年生草本ニシテ高サ20cm內外。莖ハ直上シ無毛ニシテ分枝シ或ハ單一ナリ。葉ハ互生開展シ、長楕圓形ニシテ長サ5-10cm、羽狀ニ全裂シ、裂片ハ十箇內外、缺刻狀鈍鋸齒緣ヲ具ヘ無毛、頂生小葉ハ他ヨリモ稍大ナリ。葉柄基脚ハ半バ抱莖ス。上部ノ葉ハ漸次ニ小ナリ。四月、小黃花ヲ葉腋ニ單生シ花梗極メテ短シ。蕚片四箇、直立シテ開カズ。花瓣ハ四箇倒卵形ニシテ斜開。四强雄蕊ハ六箇ニシテ蕚ト同長ナリ。雌蕊ニハ殆ンド花柱ヲ缺ク。花後短キ圓柱狀ノ長角果ヲ結ビ長サ1cm內外、全面ニ短毛ヲ密布ス。和名ハ小犬芥ニシテ小形ナル犬芥ノ意ナリ、飯沼慾齋ノ草木圖說ニ之レヲすかしたごぼうトス今 N. palustre DC. ノすかしたごぼうト混淆スルヲ以テ特ニ本品ヲこいぬがらしト爲セリ。漢名 風花菜(誤用)

おらんだがらし
一名 みづがらし
Roripa Nasturtium-aquaticum
Hayek.
(=Sisymbrium Nasturtium-aquaticum L.; Radicula Nasturtium-aquaticum Brit. et Rendle; Nasturtium officinale R. Br.)

じふじばな科

歐洲原產ニシテ明治三、四年頃ニ我邦ニ入リシ多年生草本、白色ノ鬚根ヲ出シ淸流ノ中ニ繁茂ス。莖ハ綠色中空ニシテ高サ50cm餘、下部ハ傾臥シテ各節ニ鬚根ヲ發ス。全體平滑。葉ハ奇數羽狀葉ニシテ互生シ、各小葉ハ一乃至四對ヲ具シテ互ニ稍離在シ、卵形或ハ楕圓形ニシテ邊緣波狀ヲ呈シ底部ニ不同ナリ。初夏ノ候莖頂ニ總狀花序ヲ成シテ密ニ白色小形ノ十字花ヲ着ケ花軸初メ短シト雖モ後延長ス。蕚片ハ長楕圓形、長サ約2.5mm。花瓣ハ鈍頭廣箆形ニシテ長サ約6mmニ達ス。四强雄蕊、一雌蕊アリ。花後延長セル果軸ニ斜上シテ稍內曲セル長角ヲ生ジ其長サ1-1.7cm許。嫩キ生葉ハ生ノ儘ニ成ヒ通常洋食ニ添ヘテ皿ノ上ニ置カル。俗ニうをーたーくれす (Water-Cress) ト呼ブ。本種ハ繁殖極メテ旺盛ニ シテ今ヤ我邦全般ニ歸化植物ト成リテ野生狀態ヲ呈シ時ニ深山中ノ湖畔ニ見ルコトアリ。和名和蘭芥ハ外來種ナルコトヲ示シ、水芥ハ水中ニ生ズルヲ云フ。

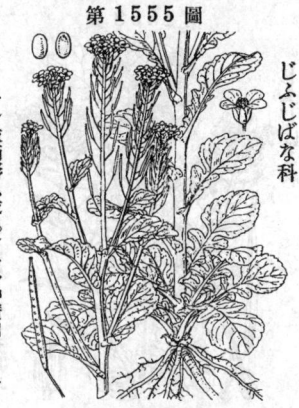

やまがらし
一名 いぶきがらし・ちゅうぜんじな
Barbarea vulgaris *R. Br.*
var. stricta *Regel.*

山地溪流側ノ砂地等ニ生ズル多年生草本ニシテ高サ20-60cm許、全株無毛ナリ。根ハ強壯ニシテ白色。莖ハ綠色ニシテ直立シ粗大ニシテ分枝シ、瘠小者ハ單一ナリ。根生葉ハ叢生シテ長柄ヲ具へ、頭裂片ハ圓形心臟底、側生裂片ハ小形ニシテ稀少ナリ。脚葉亦有柄ニシテ頭大羽裂シ、頂裂片ハ圓形或ハ心臟形ニシテ邊緣波狀ヲ成ス。梢葉ハ無柄ニシテ基部耳形ヲ成シ莖ヲ抱ク。元來下方葉ハ頭大羽裂スルモ上方葉ハ單一ニシテ波狀或ハ鈍頭鋸齒緣ヲ成ス。六七月頃梢頭ニ直立セル頂生總狀花序ヲ成シテ稍大ナル有梗多數ノ黃色十字花ヲ開キ花了ル・從ヒ花軸長ク伸長ス。萼片ハ長橢圓形、長サ3mm許。花瓣ハ廣匙形ニシテ狹底、先端鈍形、長サ約5mm許。四强雄蕊、一雌蕊アリ。花後莢ヲ約4cm・長角ヲ結ビ約1cm長ノ柄ヲ以テ直立シ、殼片ハ種子ノ部ニ於テ稍膨ム。和名ハ山芥ニシテ山ニ生ズルからしノ意ナリ。漢名 山芥菜(誤用)

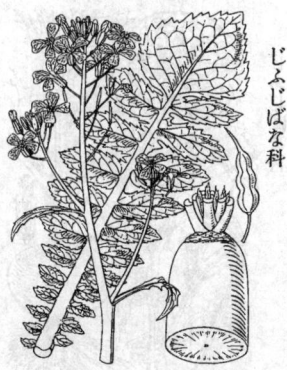

だいこん (萊菔)
Raphanus sativus *L.*
var. acanthiformis *Makino.*
(= R. acanthiformis *Morel*; R. macropodus *Lév.*; R. sativus *L.* var. macropodus *Makino.*)

日常ノ重要蔬菜トシテ普ク栽培セラルル越年生草本。其土中ニ直下セル地中部ノ上部ハ莖ニシテ中部以下ノ大部分ハ根ナレドモ其境界ハ外觀判然タラズ、白色多肉ニシテ大ナル圓柱形直根ヲ成ス。根葉ハ叢生シ大ニシテ長サ30cm餘ニ達シ通常粗毛ヲ有シ、頭大羽狀ニ分裂シ裂片別出シテ數多ク、中央ノ主脈ニ白色多汁ナリ。春時、地上ノ綠莖ヲ伸長シテ直立シ1m內外ニ達シ、上方分枝シ各枝端ニ總狀花序ヲ成シテ淡紫色或ハ稍ヤ白色ノ稍大形十字花ヲ開キ各小梗アリ。萼片ハ綠狀長橢圓形、長サ7mm許。花瓣ハ廣倒卵狀楔形ニシテ長花爪アリ、長サ萼ノ倍ス。四强雄蕊、一雌蕊アリテ花絲ハ基部ニ小腺體アリ。花後多少括レアル太キ長角ヲ結ビ長サ4-6cm許アリ、果皮粗胞質ニシテ開裂セズ括レ每ニ赤褐色ノ一種子アリ。園藝品種多ク從テ種々ノ名アリ、櫻島だいこんハ其雄大ナル者ナリ。和名ハ大根(おほね)ノ音讀ナリ。此種原産ハ歐洲ニシテ彼ノ らしらし ハ其最原種ナリ、往古支那ニ入リシコト其古名蘆菔ナル音譯名ニ由テ知ラル、萊菔・蘆藤・蘿蔔ハ單ニ蘆菔字面ノ變化ノミ、原語ハ蓋シrape(raphus) 若ハ raphane ニ raphane ニ由來スルナラン。

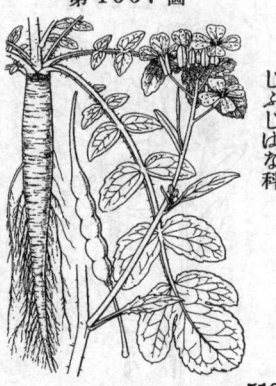

はまだいこん
Raphanus sativus *L.*
var. acanthiformis *Makino.*
forma raphanistroides *Makino.*

諸國ノ海岸砂地ニ自生スル越年生草本ニシテ元來栽植品だいこん種子ノ往時ニ逸出シテ生ゼシ者ナリ、故ニ肥料ヲ施シテ之ヲ栽培スレバ復ビ普通ノだいこんト成ル。全體瘠セテ粗剛ナル質ヲ帶ビ粗毛多シ。根ハ長ケレド太カラズ且ツ質剛ク食用ニ佳ナラズ、然レドモ肥地ニ生ズレバ可ナリ肥大シ成リテ軟カシ。葉ハ根頭ニ簇生シ太キ柄アリテ平開シ羽狀ニ全裂ス、裂片ハ上部ノ者ネ下大ニシテ兩面ニ硬毛散生シ、濃綠色ヲ呈ス。莖ハ直立、高サ30-50cm、綠色ニシテ下部粗毛ヲ生ジ、疎ニ分枝シ、四月頃其枝頂ニ初メ平開ノ總狀花序ヲ著ケ紅紫色(培養だいこんノ花色ヨリ濃シ)ヲ開ク、偶ハ帶白色ノ者アリ之ヲしろばなはまだいこん(subforma albescens *Makino*)ト云フ。花軸ハ花後漸次ニ伸長ス。萼四片直立、淡綠色。花瓣ハ倒卵狀楔形、長花爪、紫脈アリ。四强雄蕊、一雌蕊アリ。花後粗胞質ノ長角ヲ結ビ稍連珠狀ノ縊レアリ、末端ハ尾狀ニ銳尖シ、熟スレバ開裂セズ、莖枯レ後ニ落スレバ後ニ縊レノ處切レテ數箇ト成リ各箇ニ一種子ヲ藏ス。

519

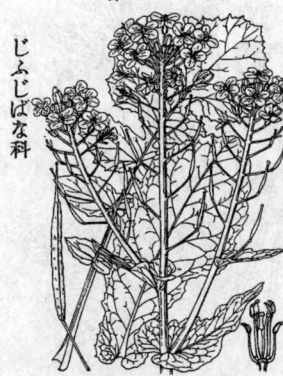

第 1558 圖

じふじばな科

あぶらな
一名 なたねな

**Brassica campestris _L._
subsp. Napus _Hook. fil. et Anders._
var. nippo-oleifera _Makino._**

蓋シ其原種ハ支那ヨリ渡來セシ者ナランモ我邦ニテ舊クヨリ栽培セラルル越年生草本。全體平滑ニシテ莖ノ高サ1m內外ニ達シ上方分枝ス。葉ハ可ナリ大、脚葉ハ有柄ニシテ頭大ノ少數羽狀ヲ成シ或ハ一時ニ分裂セザル者アリ、葉緣ニハ鈍齒牙アリ、上面鮮綠色ニシテ下面ハ帶白色ヲ呈シ葉柄ハ時ニ微シク紫色ノ帶ブルコトアリ。上部ノ葉ハ無柄ニシテ底部ヲ以テ莖ヲ抱ク。四月頃黃色十字花ヲ總狀花序ニ開キ初メ棠房狀ヲ呈スレドモ花軸漸次ニ一生長シテ延ブ。萼片ハ披針形ニシテ長サ6mm許。花瓣ハ倒卵形狹脚、長サ10mm許。四强雄蕋、一雌蕋アリ。花後圓柱形ニシテ先端長嘴ノ有スル長角ヲ結ビ熟スレバ開裂シ黑褐色ノ小粒狀種子ヲ散ズ。なたね油ハ主トシテ此種子ヨリ搾取ス。從來本品ノ漢名トシテ蕓薹ヲ充テシモ是レハ別種ニシテ和名ヲうんだいあぶらなト云フ。

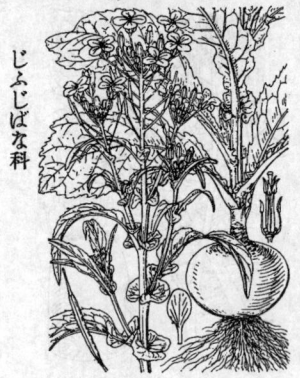

第 1559 圖

じふじばな科

か ぶ (蕪菁)
一名 かぶら・かぶな

**Brassica campestris _L._
subsp. Rapa _Hook. fil. et Anders._**
(= B. Rapa _L._)

重要ナル蔬菜トシテ普ク家圃ニ栽培セラルル越年生草本ニシテ舊ク支那ヨリ渡來セシ者ナリ。根ハ白色多肉質ニテ扁球形者ヲ通常品トシ或ハ稍長形ヲ成ス者アリ。莖ハ直立シテ上部ニ分枝シ高サ90cm內外、圓柱形ニシテ淡綠色ヲ呈ス。根生葉ハ大形ニシテ叢生シ長サ40-60cm、箆形ニシテ僅ニ剛毛アリ先端純頭、頭大ニシテ邊緣羽裂セメ不齊ノ低平ナル齒牙ヲ有ス。莖葉ハ倒披針形、梢葉ハ披針形ニシテ時ニ帶白色ヲ帶ビ、葉底ヲ以テ莖ヲ抱ク。春日枝上ニ總狀花序ヲ成シテ小梗ヲ有スル黃色十字花ヲ開ク、萼ハ四片アリ長橢圓形ニシテ斜上シ長サ5mm許。花瓣ハ倒卵形ニシテ長花爪アリ長サ1cm內外。四强雄蕋、一雌蕋。果實ハ長角ヲ成シテ多數果穗軸ニ斜上シ長サ6cm一達シ、種子ハ褐色ヲ呈ス。根ハ一葉ハ食用ト成リ、栽培變種頗ル多ク中ニハ根ノ紅紫色ヲ呈スル者或ハ根形稍長クシテ上條下白ノ者等アリ。和名かぶハ株上通ジ頭ノ義ニシテ塊ヲ成スヨリ云フ、かぶらノらハ單一語尾ニ附ケテ呼ビ敢テ意義ナシ、かぶなハかぶ菜ノ意ナリ。

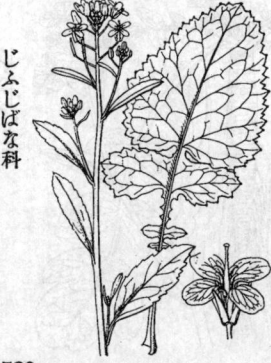

第 1560 圖

じふじばな科

からしな (芥)
一名 ながらし

Brassica cernua _Hemsl._

蓋シ支那原產ノ越年生草本ニシテ通常廣ク栽培セラレ高サ1.5m內外ニ達ス。根生葉ハ長柄ヲ有シテ往々多少羽裂シ長サ約20cmニ出入ス、莖生葉ハ互生シテ短柄ヲ有シ莖ノ上部ニ至ルニ從ヒ漸次ニ小形ト成レリ。葉緣ハ缺刻ヲ有シ且細齒齒アリ、普通葉面稍皺縮シテ帶白色ヲ呈シ、多少粗糙ク稍毛ヲ生ズ。四月頃總狀花序ヲ成シテ有梗ナル黃色十字花ヲ開キ稍小形ナリ。萼片ハ長橢圓形淡綠色ニシテ斜立シ長サ5mm。花瓣ハ狹長橢圓形ニシテ長サ8mm許ナリ。四强雄蕋、一雌蕋アリ。果實ハ瘦長ナル長角ヲ成シ斜上シ、種子ハ黃色、辛味アリ、粉末トシテ芥子ト稱シ辛味料或ハ藥用トシテ用ヰラル。和名ハ種子ニ辛味アルヨリ辛シ菜ト稱シ、又菜辛シトモ呼バル。

おほがらし（大芥・皺葉芥）
一名　たかな・おほな
Brassica juncea *Coss.*

普ク家圃ニ栽培セラルル二年生草本ニシテ往時支那ヨリ來リシ者ナラン。莖ハ高サ1.2m内外ニ達シ粗大ニシテ淡綠色ヲ呈シ上部分枝ス。葉ハ特ニ粗剛ニシテ大形。根葉ハ廣橢圓形或ハ倒卵形、狹底ニシテ不齊鋸齒緣ヲ有シ長サ60-80cmニ達ス。莖葉ハ長橢圓狀披針形ニシテ全緣或ハ不明鋸齒緣ヲ成ス。葉ハ皺面ヲ成シ、往々暗紫色ヲ帶ブル者アリ。春夏ノ候枝梢上ニ總狀花序ヲ成シテ小梗アル黃色ノ稍小形十字花ヲ開ク。萼四片、淡綠色。花瓣四片、長花爪アリ。四强雄蕊。一雌蕊。果實ハ小ナル長角ヲ成シテ斜上シ多數果穗ニ着ク。莖葉ハ食料トス、多少辛味アリ。一變種＝ちりめんな一名しゅんふらん即チ花芥（var. Chirimenna *Makino*）アリ、其葉羽狀シ裂片剪裂ス、圃ニ作リ食用トス。和名大芥ハ草狀大形ナルヨリ云ヒ、高菜ハ其莖高ク成長スルヲ以テ名ク、大菜ハ闊大ナル葉ヲ有スルニ由リ稱ヘラル。

じふじばな科

たまな（葵花白菜）
一名　きゃべつ
Brassica oleracea *L.*
var. capitata *L.*

歐洲原産ニシテ廣ク園圃ニ栽培セラルル越年生草本。葉ハ厚ク廣濶無毛ニシテ霜白色ヲ帶ビ邊緣不齊ノ鋸齒アリ、五ニ相層リ、中央ノ葉ハ固ク相擁シテ大ナル球ヲ形成ス。五六月ノ候中央ノ綠莖ヲ抽キ分枝シ總狀花序ヲ成シテ小梗アル淡黃色ノ大形十字花ヲ開ク。萼片ハ長橢圓形ニシテ斜上シ長サ約1cm。花瓣ハ倒卵形狹花爪、長サ約2cmニ達ス。四强雄蕊。一雌蕊。花後短圓柱狀長角ヲ結ビ斜上ス。本種ハ原ト海岸隙壁ノ巖礁ニ自生セル者ヲ採リテ園養シ蔬菜化セシ者ナルヲ以テ尚依然トシテ海邊植物タル薬質ヲ具フ。結球セル葉ヲ食用トス、普通白色ナレドモ稀ニ紫色ノ品アリ。結球セズシテ紅紫色ヲ帶ビシ綠色ノ品ハぼたん（甘藍ノ誤用）アリ。一變種こもちたまなアリ莖側ニ多數球形ノ芽ヲ生ズ、其他かぶらぼたん・ちりめんなぼたん・はなやさい・はなはぼたん等數品アリ。和名球菜ハ結球セル葉狀ニ基キ、きゃべつハ此種ノ俗名 Cabbage ノ音轉ナリ。

じふじばな科

わさび
Wasabia Wasabi *Makino.*
(＝Eutrema Wasabi *Maxim.*; Lunaria ? japonica *Miq.*; Cochlearia japonica *Franch. et Sav.*; Wasabia pungens *Matsum.*)

山間ノ溪流ニ生ジ又往々栽培セラルル多年生草本。地下莖ノ中央ハ大ナル圓柱狀ヲ成シ葉痕顯著ナリ。根生葉ハ數片アリテ長サ30cm許ノ長柄ヲ有シ、大ナル圓形ヲ呈シ、心臟底、邊緣ニ不齊ノ微鋸齒ヲ具フ。春日葉中ヨリ高サ30cm許ノ數莖ヲ抽キ、莖頂或ハ時ニ梢葉腋ニ短キ總狀花序ヲ成シテ稍密ニ白色十字花ヲ着ク。萼片ハ橢圓形、長サ4mm許、邊緣部ハ白色。花瓣四片ハ長橢圓形倒卵頭、長サ6mm許ニ達ス。四强雄蕊、一雌蕊アリ。花後花軸ヲ延長シテ疎ニ長角果ヲ着ク。果實彎曲シテ先端嘴ヲナシ、長サ17mm内外ニシテ數個ノ種レアリ。地下莖ヲ辛味料トス。和名ハ大槻文彥氏ノ大言海ニ據レバ惡障疼（ワサハヒビク）ノ略ニシテ辛キ意ヲ示セルナリト謂ハル。漢名　山蒿菜（誤用）。圃ニ作ル者ヲハたわさび（forma terrestris *Makino*）ト云ヒ、樺太ニ在ルノ一變種ヲからふとわさび（var. sachalinensis *Makino*）ト云フ。

じふじばな科

521

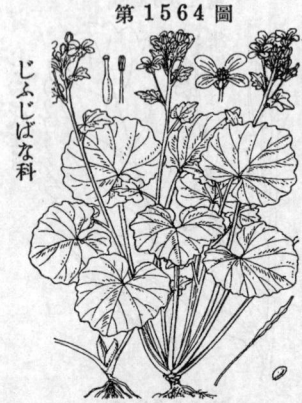

ゆりわさび
Wasabia tenuis *Matsum.*
（＝Nasturtium? tenue *Miq.*;
Cardamine bracteata *S. Moore.*）

じふじばな科

山地樹陰ニ生ズル全株無毛ノ多年生小草本。根ハ白色ニシテ延長シ往々多少肥厚ス。根生葉ハ少數ニシテ長柄ヲ有シ、卵狀腎臟形或ハ圓狀腎臟形ニシテ邊緣波狀ヲ呈シ、波頭ハ凹入シ葉脈ノ末端微カニ突出ス。上葉ハ卵形ニシテ鈍鋸齒緣ヲ有シ、葉柄短シ。四月頃15cm内外ノ莖數本ヲ出シテ葉ヲ互生シ、白色小形ノ有梗十字花ヲ短キ總狀ニ綴ル。萼片ハ楕圓形長サ2mm。花瓣ハ廣箆形6mm許アリ。四强雄蕊、一雌蕊アリ。花後ハ花軸延長シテ長サ15mm許、稍彎曲シテ綴レアリ、先端喙部アリ、果内ニ三-五種子ヲ藏ス。秋末ヨリ冬期ニ入レバ其葉柄ノ下部特ニ肥厚シテ紫黑色ヲ呈シ葉柄上部ハ枯死シ去テ此部宿存シ其狀多少百合ノ鱗莖ニ似タル所アリ、且其香味ハわさびト相同ジ、故ニ百合わさびノ名ヲ得タリ。

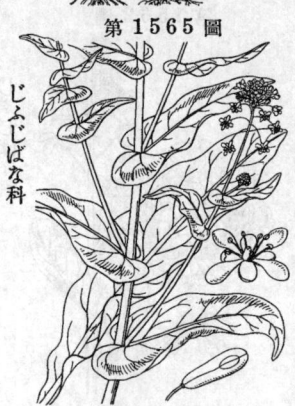

たいせい （菘藍・大藍）
Isatis indigotica *Fortune.*
（＝I. japonica *Miq.*）

じふじばな科

藍ハ支那ノ原產ニシテ我邦ニ土產ナシ、往時享保年間支那ヨリ渡來シ其種明治中期頃迄ハ東京小石川植物園ニ栽培シアリシガ今ハ絶エタリ。二年生草本ニシテ綠莖ハ圓柱形ニシテ直立シ70cm許ノ高サニ及ビ碑ニ枝ヲ分テ互生ス。根葉ハ大形、莖葉ハ互生シ、全緣或ハ微ニ鋸齒ヲ有シ長橢圓形或ハ長橢圓狀披針形ヲ成シ底部ハ耳形ヲ呈シテ抱莖ス。五六月ノ候主莖頂幷ニ枝頂ニ頂生總狀花序ヲ成シテ黃色小十字花ヲ開ク。花ハ其數多ク、非常ナル長キ小梗ヲ具ヘ花體通常下方ニ傾垂ス。萼片ハ廣箆形ニシテ開キ綠色ニシテ長サ2mm許。花瓣ハ倒卵形ニシテ下部狹窄シ鈍頭、長サ3.5mm許アリ。四强雄蕊、一雌蕊。角果ハ稍垂下シ扁平ニシテ頭大長橢圓形ヲ成シ先端微ニ突出シ、長サ約1.5cm、熟シテ黑色ヲ呈シ、開裂セズシテ中ニ一種子ヲ藏ス。葉ヨリ藍澱粉ヲ製シ、染料トス。和名ハ大靑ニ基ク、即チ曾テ本品ヲ江南大靑ト爲セシニ由ル。北海道ノ海邊地ニ生ズル者ハ I. tinctoria *L.* ニシテえぞたいせいト稱シ歐洲產ト同種ニシテ此たいせいトハ異ナレリ。

くぢらぐさ
Sisymbrium Sophia *L.*
（＝Descurainia Sophia *Webb.*;
Sophia Sophia *Britt.*）

じふじばな科

外國原產ノ二年生草本ナレドモ信州ノ山地ニ野生セル處アルノ他今日我邦ニ之レヲ栽培セルヲ見ズ。莖直立シ高サ40-70cm許、時ニ分枝ス。全體細毛ヲ生ジ微ニ白色ヲ帶ブ。葉ハ互生シテ淡綠色ヲ呈シ、二囘羽狀時ニ三囘羽狀ニ分裂シ、裂片ハ箆形又ハ線形ヲ呈ス。夏日直立セル頂生總狀花序ヲ成シテ密ニ黃色ノ有梗小十字花ヲ多數ニ開ク。萼片ハ綠狀長橢圓形、長サ3mm。花瓣ハ狹箆形、長サ萼片ニ等シキカ或ハ之レヨリ短シ。四强雄蕊幷ニ一雌蕊ハ花瓣ヨリ超出ス。長角果ハ細キ線形ヲ成シテ斜上ス。殼皮ハ種子ニ從ヒ綴レアリ。種子ハ長橢圓形ニシテ褐色ヲ呈ス。和名ハ 鯨草ハ蓋ハ其多裂セル裂片ノ相соベル葉ヲ鯨鬚即チくぢらひれニ擬セシ稱ナラン。漢名 拂娘蒿（慣用）

522

第 1567 圖

じふじばな科

ぐんばいなづな (遏藍菜)
Thlaspi arvense *L.*

山圃或ハ田野ニ生ズル二年生草本ニシテ高サ30-60cm許アリ全體ニ毛無シ。莖ハ直立シテ往々疎ニ分枝シ綠色ニシテ稜アリ。葉ハ全邊時ニ粗齒牙アリ、莖葉ハ互生シ其下部ノ者ハ倒披針狀長橢圓形、上部ノ者ハ狹披針形ニシテ底部箭形ヲ呈シ抱莖ス、根葉ハ廣箆形ニシテ葉柄アリ、果時ニハ旣ニ枯凋ス。春夏ノ候、白色ノ有梗小十字花ヲ頂生總狀花穗ニ綴ル。萼片ハ綠色長橢圓形、長サ2mm、邊緣白色ヲ呈シ、花瓣ハ狹倒卵形、底部狹小ニシテ長サ4mmニ達ス。四强雄蕊。一雌蕊。短角果ハ扁平ニシテ圓形或ハ倒卵圓形ヲ呈シ廣翅ヲ有シ先端深ク凹入シ長サ1.2-1.5cmニ達シ其形軍配扇ニ似タリ故ニ軍配薺ノ和名ヲ得タリ。

第 1568 圖

じふじばな科

まがりばな
Iberis amara *L.*

歐洲原產ノ一年生草本ニシテ明治初年ニ渡來シ今庭園ノ觀賞花草トシテ栽培セラル。莖ハ直立シテ梢ニ於テ繖房狀的ニ分枝シ高サ15-30cm許アリテ稜ヲ有ス。葉ハ無柄ニシテ互生シ長橢圓狀披針形ニシテ鈍頭ヲ有シ粗鋸齒アリ或ハ多少羽裂シテ草質稍厚ク多クハ緣毛アリ。六月ヨリ八月ニ亙リ莖梢ニ繖房花序ヲ成シテ有梗白色ノ十字花ヲ開キテ密簇シ後漸次ニ伸長シテ遂ニ總狀花序ト成ル。花ハ顯著ニシテ其花瓣ハ內外不等ニシテ外者二片大ナリ、其大ナル者長サ7mm許ニ達シテ廣倒卵形ヲ呈シ、其小ナル內者二片ハ長サ3mm許ニシテ圓形ナリ。萼片ハ橢圓形ニシテ長サ1.5mm內外。花瓣ハ下部花爪ヲ成ス。四强雄蕊。一雌蕊。短角果ハ殆ド圓形ニシテ平扁、先端二岐シテ尖リ更ニ其中間ノ凹所底部ヨリ宿存花柱斗出ス、果梗ハ平出シ果穗ハ疎シ。種子ハ一果ニ二顆アリ。和名歪リ花ハ其花瓣ノ大小不等ナルニ基ヅク。

第 1569 圖

じふじばな科

まめぐんばいなづな
一名 かうべなづな
Lepidium virginicum *L.*

明治廿五年前後ニ始メテ我邦ニ入リ今ハ隨處ノ荒地ニ歸化植物ト成レル雜草ニシテ北米原產ノ越年生草本。主根ハ擾長ニシテ地中ニ直下シ白色ニシテ細枝根ヲ側生ス。莖ハ强剛、無毛、直立シ高サ30-50cmニ達シ、中部以上分枝多ク四方ニ擴出ス。根生葉ハ多數一株ニ叢生シテ平開ク暗綠色ニシテ稍光澤アリ、長葉柄ヲ有シテ長サ3-5cm許アリ、羽狀ニ分裂シ裂片ハ前鋸齒或ハ奇數羽狀ヲ成シ。廣卵圓形ニシテ側生羽片ヨリ大ナリ、花時多クハ枯レテ無シ。上部ノ葉ハ倒披針形ニシテ鋸齒アリ、共ニ質稍厚シ。夏日枝端ニ總狀花序ヲ成シテ綠白色ノ碎花ヲ綴リなづなニ似タリ。萼四片、綠色。花瓣四片。四强雄蕊。一雌蕊。往々花瓣ノ發達不完全ナルアリ。短角果ハ多數並ビテ果體ヲ成シ徑2mm許ノ扁平圓形ヲ呈シ腹背ヨリ扁壓セラレ中央ノ隔膜ハ幅甚ダ狹ク、上端ニ柱頭アリテ周緣ニ翼ヲ有セズ。種子ハ微細ナレド梢下ニ見レバ赤褐色ノ扁平ナル圓形ニシテ無毛、邊緣ニ透明ナル膜翼ヲ有シ濕ヘバ粘質物ヲ出ス。全草ニ多少ノ香ト辛味トアリ。和名豆軍配薺ハ果實小ナルヨリノ名、神戶薺ハ初メ播州神戶ニテ採集セシ故云フ。

第 1570 圖

ふうてうさう科

せいやうふうてふさう
一名　くれおめさう・はりふうてふさう
Cleome spinosa L.
（＝C. pungens Willd.）

熱帶亞米利加ノ原産ニシテ明治初年ニ渡來シ花
草トシテ往々栽植セラルル一年生草本ニシテ全
株粘毛ニテ覆ハレ且小刺ハ散生ス。莖ハ直立シ
テ分枝シ高サ 1m 内外アリ。葉ハ互生シ掌狀複
葉ヲ成シ、小葉ハ五或ハ七片アリテ長橢圓狀披
針形ヲ呈シ全緣ニシテ長サ 9cm ニ達ス。下部ノ
葉ハ長葉柄ヲ有シ柄本ハ托葉刺ヲ具フ。夏秋ノ
候梢頭ニ總狀花序ヲ成シ、長花梗ヲ有スル紅紫
色或ハ白色ノ四瓣花ヲ開ク。苞ハ單形ニシテ狹
卵形ナリ。萼片四箇、線狀披針形ニシテ反轉シ、
長サ約6mm。花瓣ハ倒卵形ニシテ底部狹長ナル
花爪ヲ成シ、長サ2cm内外。雄蕊四箇、藍色或
ハ紫紅色ニシテ花瓣ヨリ超出シ、長サ其二-三倍
ニ達ス。雌蕊ハ一箇ニシテ花後線形ノ長蒴果ヲ
結ビ長サ11cm許アリ其下半部ハ狹長ニシテ柄
狀ヲ呈ス。種子ハ腎臟形ナリ。和名ハ西洋風蝶
草ノ意ナリ。

第 1571 圖

ふうてうさう科

ふうてふさう（白花菜）
一名　やうかくさう
Gynandropsis gynandra Merr.
（＝Cleome gynandra L.; C. pentaphylla L.:
Gynandropsis pentaphylla DC.; Pedicellaria
pentaphylla Schrank.; G. viscida Bunge.）

元來西印度原産ノ一年生草本ナレドモ往々熱國
ノ海邊ニ生ジ臺灣ニモ之レフ見ル、我邦内地ニ
テハ稀ニ栽植セラルルニ過ギズ。莖ハ直立シ高
サ30-90cm、紫色ヲ帶ビ粘毛ヲ布ク。葉ハ互生
シ掌狀複葉ニシテ長柄ヲ有シ、小葉ハ五片ニシ
テ倒卵形、全緣、時ニ微鋸齒アリ。夏日梢頭ニ
粘着性ノ總狀花序ヲ成シテ白花ヲ開ク。花下ニ
三出葉狀ノ苞アリ。萼ハ四片、線狀披針形。花
瓣ハ四片、長サ1.5cm許、倒卵形、脚部長花爪ヲ
有ス。雄蕊柄ハ長サ1.5cm許、其上ニ六雄蕊ヲ開
出シ黃葯ヲ有ス。子房柄ハ雄蕊柄ト同長ナリ。
花後莢角ヲ結ビ長サ10cm内外ニ伸ビ、殆ド不滑
ナリ。種子ハ黑色ニシテ圓狀腎臟形ナリ。和名
ハ風蝶草ノ意ニシテ其花姿ニ基キテ名ケラレ、
やうかくさうハ漢名ノ羊角菜（白花菜ノ異名）ニ
由來セシ名ナリ。

第 1572 圖

ふうてうさう科

ぎょぼく
一名　あまき
Crataeva religiosa Forst.

廣ク熱帶地ニ分布シ我邦領域ニテハ琉球臺灣ニ
見ル常綠ノ大喬木ニシテ往々栽植セラルルコト
アリ。全體無毛平滑ニシテ葉ハ五生シテ長柄ヲ
有シ三出複葉ヲ成ス。小葉ハ全邊、狹倒卵形ヲ
成シ先端尖リ左右ノ小葉ハ基部不同ニシテ長サ
5-13cm内外ニ達シ、裏面ハ多少帶白色ナリ。六
七月ノ候枝端ニ繖房花序ヲ成シテ稍密ニ黃白色
ノ花ヲ着ク。萼ハ四片、長橢圓形ニシテ基脚花
盤ニ着生シ長サ3mm許。花瓣四片ハ長サ2cmニ
達シ、卵形、基部狹花爪ヲ成ス。雄蕊ハ多數、
長ク超出シ、子房柄基部ニ着生ス。花後漿果ハ
卵形稍垂下シ長サ 3cm許。種子多數ヲ藏シ、圓
狀腎臟形、徑8mm許ナリ。材輕軟ナルヲ以テ擬
魚ヲ作リ釣魚ノ時ノ囮トス故ニ魚木ノ名アリ、
あまきハ琉球ノ土言ナリ。

むらさきけまん
一名 やぶけまん
Corydalis incisa *Pers.*

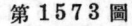

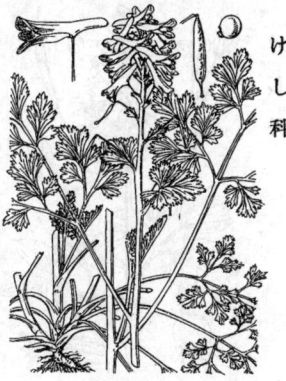

山足ノ地或ハ路傍或ハ畑地ノ側等ニ生ズル柔軟ナル越年生草本ニシテ秋ニ生ジ乳液ナク水液アリ。地下莖ハ小形多肉ニシテ長橢圓形ヲ呈シ通常地面ニ横臥ス。莖ハ直立シ、高サ17-50cmニ達シテ稜アリ。葉ハ長柄ヲ有シテ根生シ并ニ莖ニ五生シ、二三回羽狀ニ細裂シ、裂片ハ卵狀楔形ニシテ深キ缺刻ヲ有シ、柔弱ナリ。春末初夏ノ候梢頭稍分枝シテ多數ノ紅紫花ヲ直立セル總狀花序ニ着ク。苞ハ楔狀長橢圓形ニシテ缺刻ヲ有ス。花冠ハ筒狀唇形ニシテ一方開口シ一方距ヲ成ス。雄蕊ハ三箇宛二體ヲ成ス。蒴ハ長橢圓形ニシテ兩端狹窄シ、熟スレバ果皮急開シ黒色光滑ナル種子ヲ彈散ス。和名紫華鬘ハ此草けまんさうノ類ニシテ花紫色ナルヲ以テ云フ。藪華鬘ハやぶけまんさうノ意ニシテ本品恒ク藪際ニ生ズルヨリ名ケシナリ。漢名 紫菫(誤用)

じろばうえんごさく
Corydalis decumbens *Pers.*

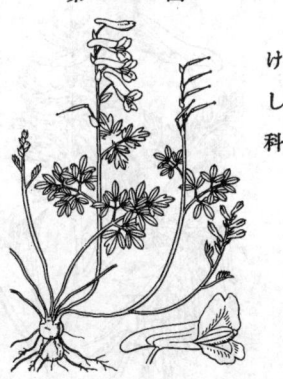

原野或ハ山足地ニ生ズル多年生草本。地下莖ハ不定形ノ塊狀ヲ成シ徑1cm位ニ達シ、數莖數葉ヲ以テ生ジ出ヅ。莖ノ高サ17cm許、纖弱ニシテ稍斜上生ナリ。葉ハ少數、根生葉ハ長柄、莖葉ハ短柄ヲ有シ、二回分裂スルヲ常トス。裂片ハ倒卵狀楔形ニシテ全緣或ハ二三裂シ先端微凸頭アリ。苞ハ菱狀卵形、尖頭ニシテ分裂セズ。春日疎ナル總狀花序ヲ成シ少數ノ紅紫花ヲ着ク。花冠ハ一方脣狀ニ開口シ、一方ニ距アリ。雄蕊六箇、兩體ヲ成ス。和名ハ次郎坊延胡索ノ意ニシテ延胡索ハ此類ノ漢名ナリ、之レヲ次郎坊ト名ケシ所以ハ伊勢ニテすみれヲ太郎坊ト呼ビ此種ヲ次郎坊ト稱シ小兒其花ヲ互ニ勾引シテ以テ勝負ヲ決スルコトアリ、乃チ其名ヲ基ニトシテ之レヲ次郎坊延胡索ト爲セシナリ、世人往々之レヲびっちり又ハやぶえんごさくト云フハ非ナリ。

やぶえんごさく
一名 びっちり・やまえんごさく
Corydalis remota *Fisch.*
var. genuina *Maxim.*

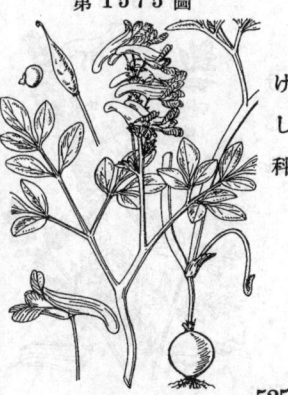

山野ニ生ズル柔軟ナル多年生草本。地下ハ直徑1cm許アル球狀ノ一塊莖ヲ有シ、其塊莖ヨリ纖細ナル一莖ヲ生ジテ地上ニ出デ高サ17cm内外ニ達シ、地下ニテハ塊莖ヨリ凡5cm許離レテ卵狀披針形長サ1.8cm許ノ一鱗片アリ。葉ハ有柄ニシテ二回分裂シ、最終裂片ハ卵形或ハ橢圓狀卵形ヲ呈シ、下面粉白色ヲ呈ス。晩春、總狀花序ヲ成シテ五-十箇ノ淡紅紫色花ヲ着ク。苞ハ菱狀卵形ニシテ先端三-五裂シテ指狀ニ成ス。花冠ハ一方脣狀ニ開口シ、一方眞直ニ或ハ多少彎曲シテ稍長キ距ヲ有ス。一變種ニささばえんごさく(var. lineariloba *Maxim.*)アリ、葉ノ裂片狹長ニシテ線狀長橢圓形ヲ成ス。和名ハ藪延胡索、山延胡索ノ意ニシテ延胡索ハ此類ノ漢名ナリ、びっちりハ花ヲ押潰ス時ノ音ニ基キシ名ナリ。

えぞえんごさく

Corydalis ambigua *Cham. et Schlecht.* **var. amurensis** *Maxim.*

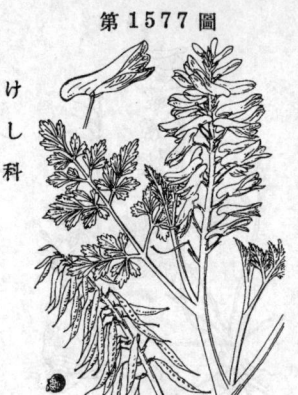

けし科

第1576圖

我邦東北地方并ニ北海道ニ生ズル多年生草本。地下ニ徑1.5cm許ノ球形一塊莖ヲ有シ、莖ハ一條地莖ヨリ出デ其地莖ヲ距ル5-10cm許上方ニ長卵形ニシテ長サ1.5cm許ノ一鱗片ヲ具ヘ、其腋ヨリ分枝ス。全莖ノ高サ23cm內外、葉ハ葉柄ヲ具ヘ、一、二囘分裂シ其最終裂片ハ稍大形ニシテ倒卵形或ハ長橢圓形ヲ成シ時ニ一、二缺刻ヲ有ス。五月頃花軸ヲ頂生ニ稍疎ニ碧紫色ノ花ヲ總狀ニ開キ、苞ハ卵狀長橢圓形ニシテ分裂セズ。花冠ハ一方ニ大キク脣形ニ開キ、一方眞直或ハ先端稍彎曲シ狹圓柱形ノ距ヲ生ズ。六雄蕊アリ兩體ヲ成ス。蒴ハ長橢圓狀線形ナリ。和名ハ蝦夷延胡索ノ意ニシテ延胡索ハ此類ノ漢名ナリ。漢名　延胡索（誤用）

きけまん

Corydalis platycarpa *Makino.*

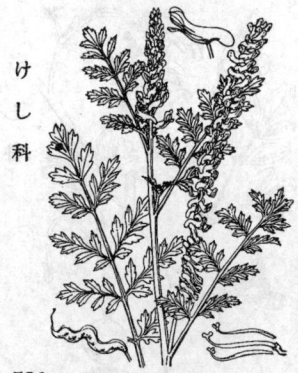

けし科

第1577圖

海濱附近ノ地ニ生ズル越年生草本。莖・葉壯大ニシテ能ク枝ヲ張出シ、全體帶白綠色ヲ呈シ、折傷スレバ惡臭ヲ放チ脈フベシ。體中敢テ乳液無クシテ只水液アルノミ。葉ハ有柄粗大ニシテ三、四囘羽狀ニ分裂シ、各裂片ハ卵狀楔形ニテ深キ缺刻アリ。春日莖上ニ長々總狀花序ヲ成シテ黃色花ヲ多數ニ開ク。苞ハ小形、長サ花梗ト略同ジク披針形ヲ成ス。花冠ハ長サ15mm許、一方脣狀ニ開キ一方ニ稍短キ鈍頭ノ距ヲ有ス。花中六雄蕊アリ二體ヲ成ス。蒴果ハ太ク長サ3.5cmニ達シ、稍念珠狀ヲ呈シ先端細ク尖ル。黑色種子ハ表面粗澁ス。和名ハ黃華鬘ニシテ黃花ヲ開クけまんさうノ意ナリ。漢名　黃菫（誤用）

やまきけまん

Corydalis japonica *Makino.*

第1578圖

けし科

山中ニ生ズル越年生草本。高サ50cmニ達シ、莖ハ分枝多シ。葉ハ葉柄ヲ具ヘ質薄クシテ白色ヲ帶ビ數囘羽狀ニ分裂シ、各裂片ハ卵形ニシテ楔狀底ヲ呈シ、先端更ニ三-九裂シ各鈍頭微凸端アリ。六七月頃枝梢上ニ花梗ヲ抽キ大ナル總狀花序ヲ成シテ多數ノ淡黃色小形花ヲ開ク。苞ハ狹披針形或ハ楔狀卵形ニシテ先端往々缺刻ヲ有シ花梗ヨリ長キカ或ハ時ニ短シ。花冠ハ長サ9mm許、一方脣狀ニ開口シ、一方先端屈曲シ稍膨大セル距ヲ有ス。雄蕊六箇、二體ヲ成ス。花後蒴果ハ狹線形長サ2cm許ニ達シ稍旋曲シ、黑色ノ細種子ヲ藏ム。和名ハ山黃華鬘ニシテ此種山地ニ生ズルきけまんナルヲ以テ此ク名ク。

みやまきけまん
Corydalis pallida *Pers.*

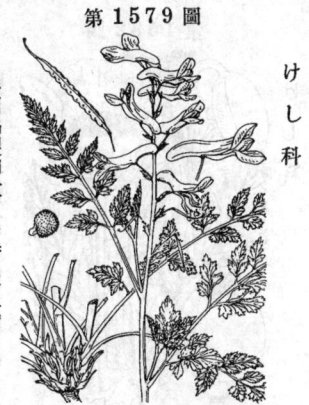

けし科

山中向陽ノ地或ハ時ニ陰地ニ生ズル越年
生草本ニシテ全草大形ナラズ。葉ハ葉柄
ヲ有シ稍粉白色ヲ帶ブル緑色ニシテ紫褐
色ヲ呈スルヲ常トス、而シテ再羽狀全裂
ヲ成シ、最終裂片ハ卵形、各更ニ一二同羽
狀深裂シ各線狀長橢圓形ヲ成ス。一株多數
ノ莖ヲ生ジ、四月頃各枝梢ニ總狀花序ヲ
成シテ少數ノ黄色稍大形花ヲ開ク。苞ハ
披針狀卵形或ハ卵形ニシテ先端尖リ、時
ニ深ク齒緣ヲ成ス。花冠ハ長サ17mm許、
一方ハキク唇狀ニ開キ、一方稍膨大セル
鈍頭ノ距ヲ成ス。六雄蕊ヲ容レ二體ヲ成
ス。花後蒴ハ3cmニ達シ細ク線狀ヲ成シ
念珠狀ヲ呈ス。和名ハ深山黄華鬘ニシテ
深山ニ生ズルきけまんノ意ナリ。

こまくさ
一名 おこまぐさ
Dicentra peregrina *Makino*
var. pusilla *Makino.*
(= D. pusilla *Sieb. et Zucc.*)

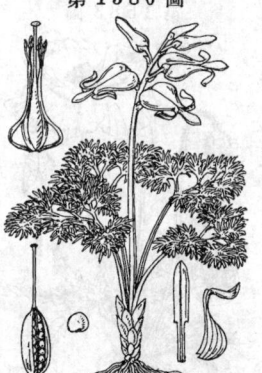

けし科

高山地帶石礫ノ間ニ生ズル多年生草本。高サ8-
13cm許アリ。根ハ鬚狀。葉ハ長柄ヲ有シテ根生
シ、多數ニ細裂シ、最終裂片ハ線狀長橢圓形ニ
シテ先端尖ル。全體平滑ニシテ稍厚質、軟弱ニ
シテ白色ヲ帶ビ異觀ヲ呈ス。七八月頃花莖ニ三
ヲ抽キ稍垂下テ一乃至五六箇ノ紅紫色美花ヲ
開ク。萼二片、卵形、長サ2mm許アリ。花冠ノ
外部二瓣ハ下部囊狀ヲ成シ、前端反轉シ、長サ
1.3cm内外、内部二瓣ハ下部狹小ニシテ五ニ合
着シテ前方ニ斗出シ,其長サ1.8cm許アリ。雄蕊
六箇、三箇宛其中央ニ近ク合着シ、外瓣ニ對立
ス、三箇中、中央雄蕊ハ彎曲シテ外瓣囊部ニ入
ル。花柱一箇、長サ1cm許、子房ハ圓柱狀約8mm。
蒴果ハ長橢圓形ニテ多數小種子ヲ藏シ二裂ス。
信州御嶽ニテハおこまぐさト稱シ山ニ簇スル者
其乾草ヲ受ケテ之ヲ信仰シ携ヘ歸ル。

けまんさう (荷包牡丹)
一名 たいつりさう・やうらくぼたん・
ふぢぼたん
Dicentra spectabilis *DC.*
(= Dielytra spectabilis *Don.*)

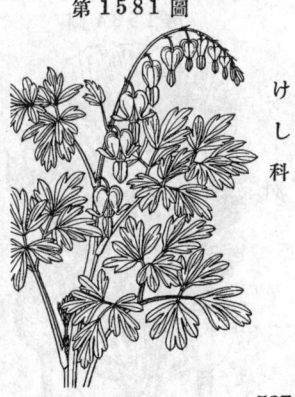

けし科

往時支那ヨリ渡來シ今庭園ニ栽培シテ觀賞セラ
ルル支那原産ノ多年生草本。莖ハ高サ凡60cm
ニ達シ全體帶白綠色ヲ呈ス。葉ハ二シテ葉柄
ヲ具ヘ羽狀ニ分裂シ、最終裂片ハ倒卵狀楔形長
サ4-7cm許、銳頭粗齒又ハ小裂片ヲ成ス。四月
頃一方ニ稍傾斜セル總狀花序ヲ成シ連々トシテ
有梗ノ淡紅花ヲ下垂シ頗ル優美ナリ。萼二片ハ
披針狀長橢圓形鈍頭、長サ6mm許、早落性ナ
リ。花瓣ハ四片相集リテ平扁ナル心臟形體ヲ呈
ス。外瓣二片ハ長サ2cm許、下部ハ廣キ囊狀距
ヲ成シ先端ハ狹小ト成リテ外方ニ彎曲ス。内瓣
二片ハ狹ニシテ合着シ冠狀突起ヲ成シ、長サ
2.5cm許。六雄蕊ハ兩體ヲ成シ花絲ノ大部分ハ
大ニシテ彎曲ス。一雌蕊アリ。和名ハ華鬘草ニ
シテ其花形ハ基キシ稱ナリ、又鯛釣草・瓔珞牡
丹・藤牡丹ノ花狀或ハ花色ヲ由リシ名ナリ。

527

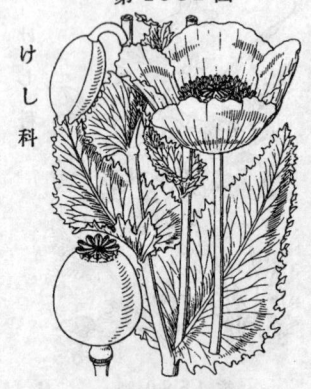

けし (罌子粟・罌粟)
Papaver somniferum L.

けし科

歐洲東部ノ原產ニシテ舊ク支那ヨリ渡來シ賞花或ハ藥用ノ爲メ圃圃ニ栽培スル越年生草本ニシテ高サ1.7m許ニ達シ、莖ハ直立シ通常疎ニ上部ニ分枝ス。葉ハ互生シテ白綠色ヲ呈シ、底部莖ヲ抱ク、長橢圓形或ハ長卵形、長サ3-20cm、上梢ニ至ルニ從ヒ漸次小形ト成ル、邊緣不整ノ缺刻アリ。五月頃莖頂ニ一花ヲ開キ一日花ニシテ蕾ハ下向ク。花色ハ紅・紫・白・絞等アリ、又ハ重咲ノ品アリ。萼二片、綠色橢圓狀舟形、長サ1.5cm內外、早落性ナリ。花瓣ハ四片、大形ニシテ圓形或ハ廣圓形、長サ6cm許、相對スルニ箇ハ他ヨリ稍大ナリ。多雄蕋一雌蕋アリテ子房頂ハ平タク、放射狀ニ柱頭アリ。蒴果ハ橢圓形或ハ球形ニシテ長サ4-5cm許アリ、熟スレバ上部ノ小孔ヨリ細種子ヲ放出ス。阿片ハ一名鴉片卽チ阿芙蓉ハ白色品ノ未熟實ヲ傷ケ之ヨリ採ル。嫩苗ハ蔬菜トスベシ。和名けしハ蓋シ往時本品ニ芥子ノ字ヲ用ヰシ其音ナラン。漢名ニ御米花或ハ米囊花等ノ異名アリ。

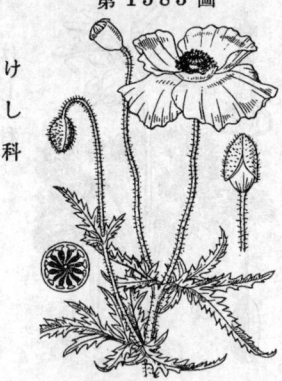

ひなげし (麗春花・虞美人草)
一名 びじんさう
Papaver Rhoeas L.

けし科

德川時代ニ渡來シ觀賞花トシテ庭園ニ愛植セラルル歐洲原產ノ越年生草本。高サ凡50cm內外ニシテ全體ニ粗毛ヲ被ル。莖ハ直立シテ疎ニ分枝ス。葉ハ互生シ羽狀ニ分裂シ、裂片ハ線狀披針形、銳尖頭、邊緣齒牙緣ヲ成ス。萼二片外面ニ粗毛アリ、綠色白緣、橢圓狀舟形ニテ花ノ開クニ從ヒ早ク脫落ス。五月頃各枝先端ニ四花瓣ヲ開キ蕾ハ下向ク。花瓣ハ略圓形又ハ廣圓形ニテ光澤アリ、長サ3-4cm許、相對スル二瓣ハ他ノ二瓣ヨリ大ナリ。深赤色ヲ主トシ花色ハ培養ニ從ヒ種々ニ變化ス。雄蕋ハ多數アリ、中央ニ倒卵形ニシテ其基部狹窄セシ子房アリ長サ1.3cm許、柱頭ハ放射狀ヲ呈シ子房頂ヲ傘形ニ覆フ。和名雛罌粟又ハ美人草ハ其可憐ナル花容ニ基ヅク。

おにげし
Papaver orientale L.

けし科

明治年間渡來シ庭園ニ栽培セラルル觀賞多年生草本ニシテ元來地中海地方ヨリぺるしあ邊ノ原產ナリ。高サ1m餘ニ達シ、莖ハ直立シ、莖・葉共ニ剛粗毛散布ス。葉ハ互生シテ羽狀ニ分裂シ、裂片ハ線狀長橢圓形、邊緣大鋸齒アリ、根生葉ハ柄ヲ有シ、上葉ハ長サ20-30cm許アリ。五月頃莖頂ハ深赤色ノ大ナル四瓣或ハ六瓣ノ美花ヲ開ク。萼ハ二片或ハ三片ニシテ外面ニハ稍密ニ粗毛ヲ生ズ。花瓣ハ廣倒卵形、長サ10cm內外、底部狹ク、下部ハ黑斑アリ。花中多雄蕋、一雌蕋アリ。蒴果ハ稍球形ヲ呈シ、無毛。柱頭ハ星狀ニシテ稍小形、各分枝ハ鈍頭ナリ。本種ニ酷似セル者ハはかまおにげし(袴鬼罌粟)アリ、花下ニ綠色ノ葉狀苞ヲ有シ學名ヲ P. bracteatum Lindl.(＝P. orientale L. var. bracteatum Ledeb.)ト云フ。和名鬼罌粟けしニ似テ大形ナルヨリ云フ。

528

あざみげし
Argemone mexicana *L.*

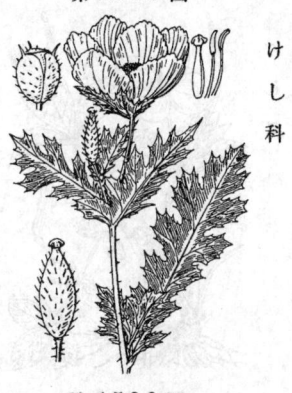

けし科

徳川末年頃ニ渡來シ觀賞ノ爲メ栽培セラルルめ
きしと原產ノ一年生草本。莖ハ直立シテ高サ凡
70cm內外、上方疎ニ分枝シ、莖葉共ニ多數ノ
刺ヲ有ス。葉ハ互生シ無柄ニシテ底部ヨリ莖ヲ抱
キ、長サ10〜20cm、羽狀ニ尖裂シ、各裂片ハ缺刻
或ニ銳鋸齒アリ、鋸齒ノ先端ハ刺ト成ル。葉面
ニ白色斑紋アリ。莖並ニ葉ハ黃色ノ汁液アリ。
七月ノ候梢上ニ六瓣或ハ四瓣ノ鮮黃色短梗花ヲ
開ク。萼ハ二或ハ三片、外面刺毛アリテ先端剛
毛狀突起ヲ有シ、早落性ナリ。花瓣ハ倒卵形、
長サ3cm許。雄蕊多數アリ。蒴果ハ長サ3cm許、
長橢圓體ニシテ刺ヲ被リ、柱頭ハ圓盤狀ニ
シテ五裂ス。和名薊罌粟ハ其葉あざみニ似、其花
けしニ似タルヲ以テ之ノ名ナリ。又別種ニ白色ノ
品アリ。

たけにぐさ（博落廻）
一名　ちゃんぱぎく
Macleya cordata *R. Br.*
(= Bocconia cordata *Willd.*)

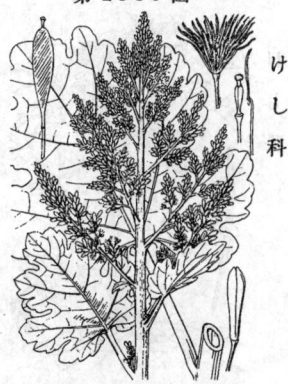

けし科

山野ニ普通ナル直立大形ノ多年生草本。根ハ粗
大、柑色。莖ハ粗大ナル中空ノ圓柱形ニシテ高
サ1〜2mニ達シ、全體殆ンド不滑ナリ。葉ハ有柄
互生シ圓ヰ心臟形、邊緣雅致アル鈍形ニ淺
裂シ裂片ニ齒アリ。裏面ハ白色ヲ呈シ往々短毛
アリ。夏日莖ニ分枝シ、多數ノ小花ヲ着ケ
大ナル圓錐花序ヲ成ス。花ハ白色時ニ紅色ヲ帶
ビ、廣楕形白緣ノ二萼片ヲ有シ其長サ約ソ1cm、
開花ト同時ニ脫落ス。花瓣無シ。多雄蕊、一雌
蕊アリ。花後狹長長橢圓形ニシテ鈍頭尖底ノ扁
平蒴ヲ結ビ、其長サ2.5cm許アリテ先端ニ花柱
ヲ遺存シ細種子ヲ容ル。莖・葉ハ黃橙汁ヲ含ミ
有毒植物ノ一ニ算ヘラル。此草ヲ竹ト共ニ煮レ
バ其竹柔軟ト成ルヲ以テ竹煮草ト云フト謂ヘド
モ信ジ措キ難シ、按ズルニ和名ハ竹似草ノ意ニ
シテ其中空ナル莖幹ヲ竹ニ擬セシ名ナラン乎、
ちゃんぱぎくハ占城菊ノ意ニシテ占城（チャン
パン）ハ之レヲ渡來草ト誤想セルニ基キ、菊ハ
其葉狀ニ基キシナリ。

やまぶきさう
一名　くさやまぶき
Hylomecon japonicum *Prantl.*
(= Stylophorum japonicum *Miq.*;
Chelidonium japonicum *Thunb.*)

けし科

山野樹下ノ地ニ生ズル柔質ノ多年生草本。莖ノ
高サ30cm內外、莖・葉黃色液ヲ含ミ、平滑ナ
レドモ莖ノ上部及ビ葉脈上ニハ稍毛ヲ有ス。根
生葉ハ長柄ヲ具ヘ頭大羽狀複葉ヲ成シ、其長サ
30cmニ達シ、小葉ニ五片或ニ七片、圓形或ハ菱
狀卵形、時ニ更ニ三一五裂シ、邊緣不整粗鋸齒ア
リ。莖生葉ハ短柄ニシテ三或ハ五片ノ小葉ヲ有
シ各同樣粗鋸齒アリ。四五月頃葉腋ニ鮮黃色ノ
四瓣花ヲ開ク。萼二片ハ綠色、尖頭卵形、長サ
1.5cm許、早落性ナリ。花瓣ハ圓狀卵形、長サ
2.5cm。雄蕊多數ヲ有シ、雌蕊ハ一簡、柱頭二裂
ス。蒴ハ狹圓柱形、長サ3cm許アリ。和名山吹
草又ハ草山吹ハ其花姿ニ基キテ名ク。

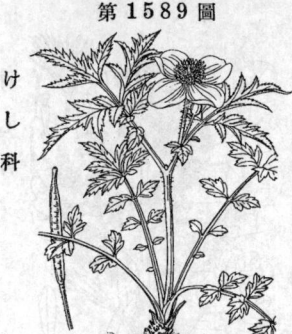

第1588圖

ほそばやまぶきさう
Hylomecon japonicum *Prantl.*
var. lanceolatum *Makino.*
（=Stylophorum lanceolatum *Yatabe.*）

けし科

やまぶきさうノ一變種ニシテ山野樹下ノ地ニ生ズル多年生草本。高サ30cm内外アリテ莖ハ直立シ莖ト共ニ軟ナリ。根葉ハ長柄アリ、五乃至七小葉ヲ有シ、各圓形或ハ長橢圓形ナリ。莖葉ハ三乃至五小葉ヲ有シ、小葉ハ無柄、長橢圓狀披針形或ハ線狀披針形ヲ成シ、葉緣ニ規則正シキ細鋸齒ヲ有ス。小葉ノ長サ上方ニテ6-10cm許アリ。四五月頃、花梗ガ上葉ノ腋ニ生ジ、一乃至四個ノ黃色四瓣花ヲ生ズ。萼ハ二片、綠色ニシテ早落ス。花瓣ハ四片ニシテ略ボ圓形、長サ2cm以上。花後狹圓柱形ニシテ長サ8cmニ達スル蒴ヲ直立ス。

第1589圖

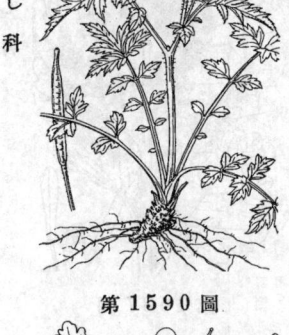

せりばやまぶきさう
Hylomecon japonicum *Prantl.*
var. dissectum *Makino.*
（=Stylophorum japonicum *Miq.*
var. dissectum *Franch. et Sav.*）

けし科

やまぶきさうノ一變種ニシテ山野樹下ノ地ニ生ズル多年生草本。莖ノ高サ10-30cm許。根葉ハ長柄アリ、頭大羽狀複葉ニシテ小葉ハ五片乃至七片ヲ有シ、各小葉ハ外形菱狀卵形ニテ深ク細裂シテ深缺刻狀ヲ成シ、各裂片ハ先端尖ル。莖葉ハ三乃至五小葉ヲ有シ同樣深ク細裂ス。四五月頃花梗ヲ生ジ黃色四瓣花ヲ生ズ。萼ハ二片、綠色ニシテ早落ス。花瓣ハ略ボ圓形、長サ2cm以上。多雄蕋、一雌蕋ヲ具ヘ、花後狹圓柱形ノ蒴果ヲ直立ス。和名ハ芹葉山吹草ニシテ其分裂セル葉狀ニ基ク。

第1590圖

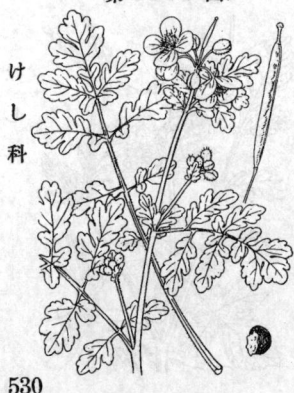

くさのわう（白屈菜）
Chelidonium majus *L.*

けし科

路傍・林際・石壁間等ニ生ズル越年生草本。主根ハ地中ニ直下スル瘦長ナル圓錐狀ニシテ分枝シ柑黃色ヲ呈ス。莖ハ直立シ軟質ニシテ柑黃色液ヲ含ミ、高サ50cm内外ニ達ス。葉ハ互生シ一回或ハ二回羽狀ニ分裂シ裂片ハ先端鈍形、上面綠色、下面粉白色ニシテ微毛ヲ生ズ。初夏ノ候、枝端ニ繖形狀ヲ成シテ數箇黃色ノ四瓣花ヲ開キ、毎花長小梗ヲ具フ。萼二片ハ橢圓形、長サ9mm許、外面柔疎毛アリ。花瓣ハ長卵形、長サ12mm許、内ニ多雄蕋一雌蕋ヲ具フ。蒴果ハ狹圓柱形、果柄ト同長ニシテ長サ3.5cmニ達ス。元來有毒植物ノ一ナレドモ又藥用ニトスベシ。和名ハ草の黃ノ意ニシテ其草黃汁ヲ出ス故ニ云フト謂ヘリ、又丹毒瘡ヲ治スヲ以テ瘡（くさ）の王ナラントモ謂ヒ、又草の王ナラン乎トモ謂ヒ敢テ確タル定說ナシ。

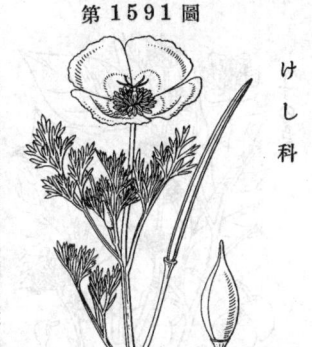

はなびしさう
一名 きんえいくわ
Eschscholzia californica *Cham.*

第1591圖

けし科

明治初年渡來ノ觀賞植物ニシテ北米ノ原産ナリ。元來ハ多年生草本ナレドモ通常一年草ノ觀ヲ成セリ。莖高サ30-50cm許、全體白色ヲ帶ビ、互生セル有柄葉ハ絲狀ニ細裂シテ柔質ナリ。夏日、叢生葉中ヨリ花梗ヲ抽キ梗頂ニ一黄花ヲ開ク。花托ハ漏斗狀ヲ成シ徑4mm許アリ。蕚ハ二片ニテ廣橢圓形、帽狀ヲ成シテ長サ2cm許、開花ノ際脫落ス。花瓣ハ四箇、扇形ニシテ光澤アリ、日光ヲ受ケテ開花ス。花中多雄蕊一雌蕊ヲ有ス。雄蕊ハ花絲短ク、葯長シ。花柱ハ不同ニ四裂ス。花後長形ノ蒴果ヲ結ビ、其長サ8cm許、全長ニ互リ二裂シテ黑色粒狀ノ種子ヲ散布ス。和名花菱草ハ花形花菱紋ニ似タルヨリ云ヒ、金英花ハ亦其黄花ニ基キシ名ナリ。

をさばぐさ
Pteridophyllum racemosum
Sieb. et Zucc.

第1592圖

けし科

深山樹下ノ陰地ニ生ズル多年生草本ニシテ短厚ナル地下莖ヲ具ヘ鬚根ヲ出セリ。葉ハ多數根生シテ叢生シ長サ6-15cmニ達シ、鈍頭倒披針形ニシテ葉上粗毛散生シ多數規正ニ羽狀深裂シ、各裂片ハ綠狀長橢圓形鈍頭ニシテ上部不顯著ナル小鋸齒アリ、底部不同形ニシテ前方ノ基部ニ小耳片アリテ二・三齒ヲ成シ曳齒端鬚狀ヲ呈シ、下部小葉ハ漸次微小ト成リ遂ニ消失ス。葉柄基部ニハ鱗片狀體アリ。夏日20cm内外ノ花莖ヲ抽出シ、總狀花序ヲ成シテ疎ニ且稍點頭セル白色四瓣ノ有梗花ヲ開ク。苞ハ小形、小花梗ハ纖弱、蕚二片、橢圓形、長サ2mm許。花瓣ハ長橢圓形、長サ6mm。雄蕊四個アリテ花瓣ト互生ス。子房ハ扁圓形、花柱ハ絲狀ニシテ柱頭ハ二耳裂ス。花後球狀ノ蒴ヲ結ビ熟スレバ二裂シ、稍長形ノ種子二個或ハ四個ヲ出ス。和名筬葉草ハ其櫛齒狀ヲ呈セル葉狀ニ基キテ呼ビシナリ。

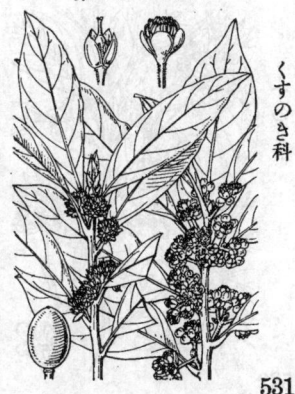

げっけいじゅ
一名 ろーれる
Laurus nobilis *L.*

第1593圖

くすのき科

明治三十八年頃ニ渡來シ今ハ諸處ニ栽植セラルル南歐原産ノ常綠樹ニシテ高サ12mニ及ビ多枝簇葉、小枝ハ綠色ナリ。葉ハ互生シ、長橢圓形ニシテ長サ8cm内外、全邊、波狀ヲ成シ、平滑、革質、深綠色ニシテ葉ヲ損傷セバ一種ノ淸香ヲ放ツ。雌雄異株ニシテ春日葉腋ニ黄色ノ小花ヲ攢簇ス。蟻蕾ハ球形ヲ成セル總苞ノ中ニ閉在ス。花被ハ四深裂シ裂片ハ倒卵形ヲ成シ、雄蕊ハ八ー十四箇普通十二箇、花柱ハ短ク柱頭ハ稍頭狀ヲ成ス。果實ハ橢圓狀球形ニシテ十月頃暗紫色ニ熟ス。葉ハ香料トシテ頭髮用「ベーラム」ノ原料ヲ供給シ又料理ニ用フ。歐洲ニ在リテ古來此枝葉ヲ環ヲ戰勝或ハ「オリンピック」競技ノ名譽表象トス。此樹ハ冠セシ月桂樹ナル美稱ハ元來支那ノ月桂樹ニ基クト雖モ其實物ハ固ヨリ異ナリ、而シテ此ろーれる(Laurel. 正シク云ヘバ Noble Laurel 或ハ Victor's Laurel)ヲ始メテ月桂樹ト譯セシハ英華字典ナラン、べー(Bay. 正シク云ヘバ Sweet Bay)ハ本品ノ俗名ナリ。

531

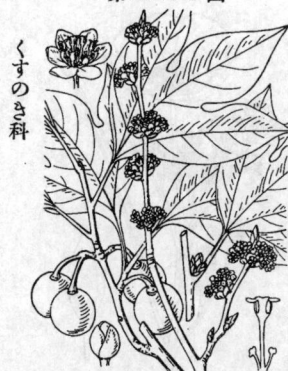

第 1594 圖

しろもじ
一名 あかぢしゃ
Parabenzoin trilobum *Nakai.*
(＝Lindera triloba *Blume.*)

我邦中部以南諸州ノ山中ニ見ル落葉灌木。幹ノ高サ4m内外。葉ハ有柄互生シ淡綠色ニシテ質薄ク、廣倒卵形ニシテ三裂シ、長サ10cm内外、裂片ハ長橢圓形ニシテ全邊、漸尖頭、葉裏時ニ短毛アリ。春日葉ニ先チテ鱗狀總苞片ノ中ヨリ繖形花序ヲ成シテ黃色小花ヲ開ク。花梗ニハ毛茸アリ。雌雄異株。花被ハ六深裂、裂片ノ長サ2.5mm許アリ。九雄蕊ハ藏ゝ外輪六箇花蓋片ニ對立シ內輪三箇アリ。雌花ニテハ外輪者ハ角狀ニ內輪者ニ腺狀ニ變化シ、中央ニ雌蕊一箇アリ。果實ハ秋末黃色ニ成熟シテ肥厚セル果柄ニヨリ下向ス、大形球狀ニシテ徑1.3cm許アリ、自ラ不規則ニ開裂シテ大形種子ヲ露出ス。和名白もじハ黑もじニ對シテ云フ、又赤ぢしゃモ白ぢしゃ(だんかうばい)ニ對シテ云フ。

第 1595 圖

あぶらちゃん
一名 むらだち・づさ
Parabenzoin praecox *Nakai.*
(＝Lindera praecox *Blume.*)

多枝簇葉ノ落葉灌木ニシテ山地ニ生ズ。高サ4m内外ニ達シ、樹皮灰褐色ヲ呈ス。葉ハ互生シ卵形或ハ橢圓形ニテ先端漸尖ニ全緣ニシテ底部楔形ヲ呈シ瘦細ナル葉柄ヲ有シ、全長4-7cm内外アリテ平滑ナリ。早春葉ニ先チテ淡黃色ノ小花ヲ有柄ノ小繖形花序ニ生ジ初メ蕾時ハ總苞鱗片ニ包マル、花序ハ小枝本ニ二箇ヅゝ出デ前年甦ニ早ク枝上ニ現出ス。花梗ニハ疎ニ毛アリ。雌雄異株。萼ハ深ク六裂シ長サ2mm許。雄蕊ハ九箇、內輪生ハ三輪外輪生ハ六箇アリ。雌花ニ在テハ外輪生ニ小角體ト成シ內輪生ニ腺體ト成ル、一雌蕊アリ。果實ハ秋末帶黃色ニ熟シ、球形ニシテ直徑14mm許ノ大形果ヲ成シ、後ヲ果皮不規則ニ開裂シ大ナル種子ヲ露出ス。此實ヨリ油ヲ搾ルベク、又油多キヲ以テ燃エ易シ。和名ハ此果實幷ニ樹皮ニ油多ク能ク燃燒スルヲ以テ油幷ニちゃん(瀝青)ヲ合セテ名ト爲セシナラン、むらだちハ其樹枝ノ多數ナル形容名、づさハ又ぢしゃトモ云フ其意分明ナラズ。

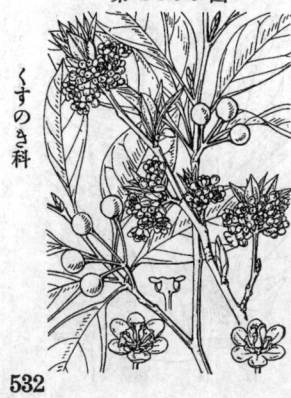

第 1596 圖

くろもじ
Benzoin umbellatum *Rehd.*
(＝Lindera umbellata *Thunb.*)

山地ニ多ク生ズル落葉灌木。高サ2-3m許ニシテ枝多ク、幹ハ直立シ又時ニ斜上ス、樹皮ハ平滑ニシテ元來綠色ナレドモ通常黑斑ヲ レヽヲ覆フヲ見ル。葉ハ枝上ニ互生シテ葉柄ヲ具ヘ狹橢圓形ニテ兩端尖リ、長サ5-9cm許、全邊ニシテ質薄ク下面ハ帶白色ニシテ時ニ平臥セル軟毛ヲ疎布ス。春日、葉ニ先ヂ或ハ新葉ト共ニ淡黃色或ハ淡黃綠色ノ小花ヲ開キ葉腋ニ三々五々繖形花序ヲ成シテ群ジ生ジ花梗ニ軟毛ヲ被ル。雌雄異株ニシテ雄花ハ雌花ニ比スレバ微シク大ニシテ數多シ。花被ハ六深裂シテ各片橢圓形、長サ2-3mm許。雄蕊ハ九箇。花後雌木ニ在テハ小球實ヲ結ビ十月頃黑熟シテ葉果ヲ成ス。樹皮ハ佳香アルヲ以テ小楊枝ヲ作ルニ賞用シ、又樹皮ノ油ヲ香水ノ原料トス。和名ノ蓋シ黑文字ノ意ニシテ捻ズル ニ其樹皮上ニ擴布セル廣狹ノ黑斑ヲ文字ニ擬セシニ由ルナラン乎ト思ハル。『大言海』ニ「皮ツキニ削ル故ノ名ナリ」トアルハ果シテ眞乎。漢名 鈎樟(誤用)

くすのき科

うこんばな
一名　だんかうばい・しろぢしゃ
Benzoin obtusilobum *O. Kuntze.*
(= Lindera obtusiloba *Blume.*)

第 1 5 9 7 圖

諸州ノ山地ニ生ズル落葉小樹ニシテ高サ3m内外アリ。枝ハ粗ナリ。葉ハ有柄ニシテ互生シ、廣橢圓形或ハ圓狀卵形ニシテ質稍厚ク長サ10cm内外、通常淺ク三裂シ各裂片ハ先端通常鈍頭ヲ呈シ全邊ナリ、枝本ノ者ハ往々不裂ノ卵形ヲ呈スルコトアリ、裏面ハ淡褐色ノ長毛茸ヲ有シ樹ニ由テ濃淡アリ。早春二三月ノ候葉ニ先チ或ハ殆ド同時ニ軟毛アル鱗狀總苞片ノ中ヨリ黄色ノ小花ヲ繖形樣苞序ヲ成シテ密開シ、小梗ハ絹毛アリ。雌雄異株。花被ハ六深裂シ、各裂片ハ長サ2.5mm許、九雄蕋一雌蕋ヲ有ス。花後ハ果柄ハ長サ2cmニ及ビテ稍肥厚シ、漿果ハ小球狀ヲ呈シ直徑8mm許ニシテ赤熟ス。和名ハ欝金花ニシテ其黄花ハ基キシ稱ナリ、檀香梅ハ元來蠟梅ノ一品ニ對スル漢名ナルヲ本種ニ轉用セシモノナラン、白ぢしゃハ赤ぢしゃ(しろもじ)ニ對セル名ナリ。

かなくぎのき
Benzoin erythrocarpum *Rehd.*
(= Lindera erythrocarpa *Makino;*
L. Thunbergii *Makino.*)

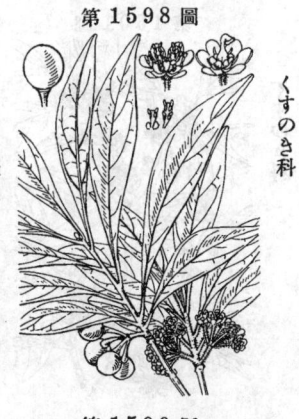

第 1 5 9 8 圖

中・南日本諸州ノ山地ニ生ズル落葉小喬木。高サ凡5m内外アリ、樹幹直立シテ分枝シ、樹皮ハ黄白色ヲ帶ビ老木ニテハ小片ト成リテ剝落ス。葉ハ互生シ、帶赤色ノ短柄ヲ有シ、倒披針形全緣ニシテ鈍頭、裏面稍白色ヲ帶ビ、嫩キ時葉裏莢井ニ葉脈ニ沿チ毛多シ。晩春、舊枝梢上ノ新枝葉腋ニ繖形花序ヲ成シテ有梗ノ淡黄色小花十數箇ヲ開ク。繖形花序ハ6-8mm許ノ總苞ヲ有シ、初メ鱗形樣葉ニ包マレテ球形ヲ呈ス。雌雄異株ナリ。蕚ハ六裂シ、各裂片ハ橢圓形ニシテ長サ2mm餘、雄蕋九箇、外輪生六、內輪生三、內輪生三雄蕋ハ下部ニ各二箇宛ノ小腺體ヲ有ス。雌花ニ於テハ球狀形花柱ハ先端稍膨ガル。小花梗ハ12mm、稍柔毛ヲ帶ブ。漿果ハ球狀、直徑6mm許、十月頃赤色ニ熟ス。和名ハ鐵釘ノ樹ノ意ナランモ何ヲ爲メニ斯ク名ケシヤ平不明ナリ、而シテ材質ハ堅緻ナラズ。

やまかうばし
Benzoin glaucum *Sieb.*
(= Lindera glauca *Blume.*)

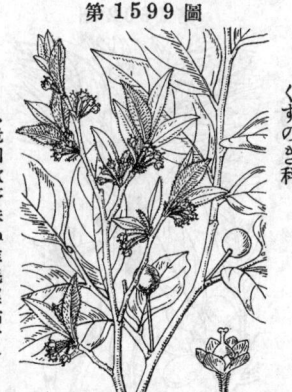

第 1 5 9 9 圖

諸州ノ山地ニ生ズル落葉灌木。高サ5mニ達シ、幹直立シテ分枝シ樹皮茶灰色ヲ呈シ、枝極剛脆質ナリ。葉ハ有柄互生シ、長橢圓形或ハ長橢圓狀倒卵形ニシテ兩端尖リ、裏面綠白色ニシテ軟毛ヲ帶ブ。春期新芽ト共ニ其嫩ニ有柄繖形花序ヲ成シテ淡黄綠色ノ數小花ヲ簇開ス。雌雄異株ナリ。花被ハ六裂、花被片ハ橢圓形長サ1.5mm許。雄蕋九箇、外輪六箇內輪三箇アリ、內輪雄蕋ハ各腺體二箇宛ヲ有ス。花梗ハ5mm許、軟毛ヲ帶ブ。十月頃果實成熟シテ黑色ヲ呈シ其直徑7mm許、多少辛味アリ。冬期モ尚依然トシテ枯葉ヲ枝上ニ着ヶ明春ニ至テ漸ク落ツル殊態アリ。而名ハ香シノ意ナラン、即チ其枝ヲ折レバ多少香氣アリ故ニ此ク稱スルナラント思フ。

漢名　山胡椒(誤用)

533

くすのき科

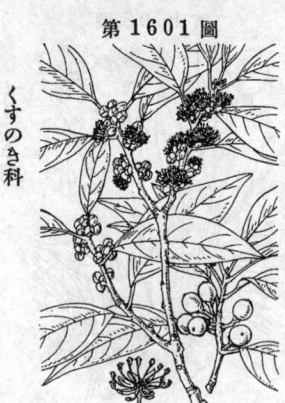

第1600圖

てんだいうやく（烏藥）

Benzoin strychnifolium *O. Kuntze.*
(=Lindera strychnifolia *Sieb. et Zucc.*)

往時享保年間ニ支那原産ノ者ヲ移植培養セル常
綠灌木ナレドモ今ヤ九州竝ニ紀州和州駿州ニ野
生アリ。高サ約3mニ達ス。葉ハ薄キ革質廣橢圓
形、細キ漸尖頭ヲ有シ、三主脈顯著ニシテ表面綠
色、背面白色ナリ。嫩葉ハ密ニ長柔毛ヲ被ルモ
後チ全ク平滑ト成ル。根ハ特ニ長形塊ヲ成シテ
其形ク さすぎかづらノ根ニ似タリ、而シテ暗褐
色ヲ呈シ木質ナリ。花芽ハ初メ葉腋上ニ鱗狀苞
ヲ被リ、三四月頃其中ヨリ淡黄色小花ヲ簇開ス。
花被ハ六深裂シ、各片ハ廣橢圓形長サ2mm。花
梗ハ長サ5mm、密ニ短毛ヲ被ル。雄花ハ九雄
蕊、雌花ハ一雌蕊ヲ有シ、雌雄異株ナリ。果實
ハ初メ綠色、後チ赤褐色ヲ帶ビ次ニ黑熟シ橢圓
形ヲ呈シ長サ1cm許アリ。根ヲ藥用ニ供ス。和
名ハ烏藥ノ名品天台烏藥ノ音ナリ、而シテ元來
ハ天台烏藥ナル漢名ハ無ク是レハ支那ノ天台山
ヨリ出ル烏藥ヲ我邦ノ本草學者ガ天台烏藥ト呼
ビシニ過ギザルナリ。

第1601圖

こがのき

一名　かごのき・かごがし・かのこが

Actinodaphne lancifolia *Meissn.*

暖地ニ生ズル常綠ノ大喬木。高サ15m內外。幹
ハ樹皮平滑ニシテ淡紫黑色ヲ呈スレドモ圓形ノ
薄片ト成リテ點々脫落シ、其痕跡白クシテ鹿ノ
子模樣ト成ル。故ニ鹿子ノ木ノ一名アリ。葉ハ有
柄互生、倒披針狀長橢圓形ニシテ長サ5-10cm、
革質、銳尖頭ニシテ鈍端、表面ハ暗綠色ヲ呈シテ
滑澤ナレド裏面ハ稍灰白色ヲ呈シ微細ノ毛ヲ密
布ス。夏日葉腋ニ密集セル繖形樣花序ヲ出ダス。
花序ハ外部ニ鱗片有リテ之ヲ蔽フ。雌雄異株
ナリ。總苞片ハ黃色ニシテ花瓣ノ如シ。花被ハ
六裂、不顯著。雄花ニハ雄蕊九箇、最內ノ三箇ハ
二ノ一腺體アリ、葯ハ四室皆內向搆開ス。漿果ハ
球形、徑1cmニ充タズ。冬ヲ超エテ翌夏紅熟ス。
果梗ハ太ク且ツ短シ。和名こがのきノ意不明、
かごのきハ上ニ說キシ如シ、かごがしハ鹿子樗、
かのこがハ鹿のこが乎。漢名　六駮（誤用）

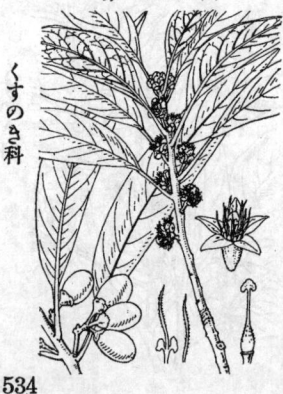

第1602圖

ばりばりのき

一名　あをがし・あをかごのき

Actinodaphne acuminata *Meissn.*

暖地ノ山地ニ生ズル常綠喬木、高サ5-
13m。枝極ハ太クシテ疎且ツ平滑ナリ。
葉ハ互生シテ葉柄ヲ具ヘ長大ナル披針形
ニシテ長サ20cm內外、薄キ革質ヲ呈シ長
尾漸尖頭銳尖底ヲ成シ無毛ニシテ表面濃
綠色ヲ呈シ平坦ニシテ滑澤、裏面ハ多少
粉白ヲ呈ス。老葉ハ多ク下垂ス。秋ニ入
リテ花ハ葉腋ノ短軸上ニ密集シテ小球狀
ヲ成シ外部ハ鱗片ニテ包マル。雌雄異株。
花色ハ淡黃綠。雄花ニテハ雄蕊九箇、雌花
ニテハ線狀ノ假雄蕊九箇トナレドモ共ニ
內輪ノ三箇ニハ下部兩側ニ腺體ヲ有ス。
漿果ハ橢圓形、長サ1.5cm、平滑無毛冬ヲ
超エテ後黑熟ス。和名ばりばりのきハ硬
質ノ葉ノ相觸ルル音ニ基キシ稱ナラン。

しろだも
一名　しろたぶ・たまがら
Litsea glauca *Sieb.*
(＝Neolitsea Sieboldii *Nakai.*)

第 1603 圖
くすのき科

暖地性ノ常緑喬木ニシテ山地或ハ平坦地ニ生ジ幹ノ高サ10mニ達ス。小枝ハ緑色圓柱形ニシテ無毛。葉ハ有柄互生シテ革質、橢圓形全緣ニシテ兩端尖リ、表面緑色裏面ハ白色ヲ呈シ三條ノ主脈アリ、長サ葉柄ト共ニ15cm内外アリ。嫩葉ハ下垂シ黄褐色ヲ帶ビタル毛ヲ密布スルモ後チ平滑ト成ル。秋末枝梢葉腋ニ黄褐色ノ小花ヲ簇開ス。雌雄異株ナリ。萼ハ淺キ鐘形ヲ成シテ深ク四裂シ、各裂片ハ廣卵形ヲ成シ長サ2.5mm許。雄蕊ハ六箇、四裂葯胞ヲ成ス。雌花ニハ花柱ハ棍棒状、柱頭ハ扁平ナリ。果實ハ翌年ノ秋ニ赤熟シ橢圓形ヲ呈シテ果皮ハ平滑ナリ、稀ニ黄實ノ者アリ(きみのしろだも)、長サ約ソ15mm許。果柄ハ稍肥厚シ長サ約ソ12mmアリ。和名白だもハ葉裏白色ナルヲ以テ謂フナラン、だもハたぶト同ジク此等一類ノ總稱ナルベシト雖モ其意ハ不明ナリ。

いぬがし
Litsea aciculata *Blume.*
(＝Neolitsea aciculata *Koidz.*)

第 1604 圖
くすのき科

我邦中部以西諸州ノ山地ニ生ズル常綠小喬木。幹ハ高サ4m許ニ達ス。葉ハ有柄互生シ、長橢圓形全邊ニシテ兩端尖リ、薄キ革質ニシテ表面綠色光澤アリ裏面帶白色ヲ呈シ三條ノ主脈明カナリ。葉ノ長サ短柄ト共ニ10cm内外。嫩葉ハ平滑ニシテ毛無シ。三月頃葉腋及ビ小枝ノ下部ニ赤色ノ小花ヲ攅簇ス。雌雄異株ナリ。花被ハ四深裂シ、裂片ハ廣橢圓形、長サ3mm許。雄蕊ハ十八箇、六箇宛三輪ニ配列ス。雌花ハ長花柱ヲ具ヘ細毛ヲ有ス。十月頃ニ黒紫色橢圓形ノ漿果ヲ結ブ。和名犬櫨ハかしニ似テ其眞物ニ非ザルヲ以テ斯ク云フ。

はまびは
一名　けいじゅ・しゃくなんしょ
Litsea japonica *Mirb.*

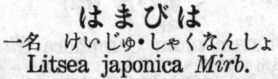

第 1605 圖
くすのき科

暖地諸州ノ瀕海地林中ニ生ズル常綠喬木。高サ7m許ニ達シ樹皮ハ濃褐色ヲ呈ス。葉ハ樹上ニ繁ク、有柄ニシテ互生シ、長橢圓形ニシテ厚キ革質ヲ呈しゃくなげ葉ノ態アリ、長サ10-15cm、鈍頭鋭底、表面ハ暗綠色ニシテ著シク平坦且ツ滑カナレドモ裏面ニハ褐色ノ氈毛ヲ密布シ、葉緣ハ全邊ニシテ多少裏面ニ曲り狹緣ヲ呈ス。十月ノ候葉腋ニ二三ノ黄白色花ヨリ成ル小球狀ノ花序ヲ短柄上ニ蔟形ニ着ケ、絹毛ヲ被リ總苞ニ三、四片アリテ外面ニ褐毛アリ。雌雄異株。花被ハ淡綠色ニシテ六深裂ス。雄花ハ九本アリテ花被ヨリ超出ス。葯室ハ圓ク、二瓣ヲ以テ開ク。漿果ハ橢圓形ニシテ翌年ニ入リテ碧紫色ニ熟ス。和名濱枇杷ハ此樹海濱地ニ生ジ其葉びはニ似タルヲ以テ云フ、けいじゅハ桂樹ナラン、しゃくなんしょハしゃくなん樹ノ意ナラン蓋シ其委しゃくなげニ類スル故ニ云フナラン。

第 1606 圖

たぶのき
一名　いぬぐす
Machilus Thunbergii *Sieb. et Zucc.*

暖地諸州ノ主トシテ瀕海地方ニ多キ常緑大喬木ニシテ高サ13m許ニ達シ、幹ノ直徑1mニ及ブ者アリ。葉ハ有柄互生シ、枝端ニ集リ着キ、革質ニシテ厚ク稍光澤アリ、長倒卵形或ハ長橢圓形ニシテ先端稍凸頭ヲ呈シ下部漸狹ク、全邊ニシテ裏面多少白色ヲ帶フ。五六月頃圓錐花序ヲ新葉ト共ニ出シ多數ノ花ヲ群開シ、花穗ノ腰部ニハ大形ノ芽鱗ヲ具フ。花ハ兩全花ニシテ黄綠色ヲ呈シ、花梗約1cm許アリ。花被片ハ内方三箇外方三箇宛アリ、線狀橢圓形ニシテ長サ5mm許。一雌蕋十二雄蕋アリ、雄蕋ハ四輪列シ、最内ノ三箇ハ假雄蕋ヲ成ス。漿果ハ球形ニシテ直徑1cm内外、初秋黑紫色ヲ呈シテ成熟シ、果梗ハ赤色ヲ帶ブ。材質ハ稍堅硬ニシテ多少クす材ニ類似ス、たまぐすト稱スル者ハ老樹ノ木理卷雲紋ヲ呈スルヲ謂ヒ之レヲ貴ブ。和名たぶの木ノたぶハ其意不明、犬樟はくすニ似テくすニ非ズ而シテ其材質劣ル故云フ。漢名 楠木(誤用)

第 1607 圖

ほそばたぶ
一名　あをがし
Machilus japonica *Sieb. et Zucc.*

南方諸州ノ山地ニ生ズル常緑喬木ニシテ幹高サ凡13mニ達シ直徑70cmニ及ブ。葉ハ有柄ニシテ互生シ、狹長長橢圓形或ハ披針形ニシテ先端銳尖シ、全邊ニシテ薄キ革質ヲ呈ス。長サ12-20cm許アリ。初夏ノ候枝端ニ新葉ト共ニ稍粗ナル圓錐花序ヲ出シ淡黄綠色ノ小花ヲ綴ル。花ハ小梗アリ。花被ハ六深裂、三片宛内外二輪ヲ成ス。花被片ハ長橢圓形、長サ5mm許、短毛ヲ帶フ。九雄蕋一雌蕋ヲ有シ、雄蕋ハ三輪列ヲ成ス。花梗ハ長サ6mm許。八月頃果實成熟シテ球形綠黑色ヲ呈シ、直徑9mm許アリ、其基部ニ花蓋片ヲ殘存ス。和名あをがしハ青檮ニシテ綠色がしノ意ナリ、此名ハ元來ばりばりのきノ一名ナレバ重複ヲ恐レ之レヲ本種ノ正名ト爲ルコトヲ避ケタリ。

第 1608 圖

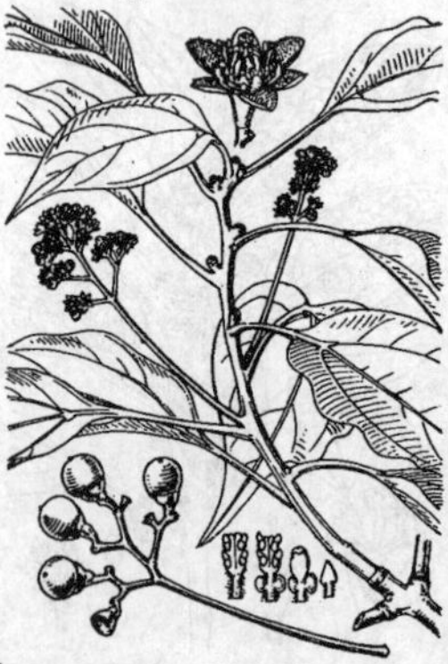

くすのき (樟)
一名　く　す
Cinnamomum Camphora *Sieb.*

暖地諸州ニ自生多キ常緑喬木ニシテ又處々ニ栽植セラレ往々極メテ大樹ト成リ多數ノ年所ヲ經ルヲ見ル。幹高サ20m以上ニ達シ直徑2mニ及ブ者アリ。葉ハ互生シ、卵形ニシテ先端細長ク尖リ全緣ニシテ長キ葉柄ヲ有シ、長サ葉柄ト共ニ8cm内外、革質ニシテ表面光澤ヲ有ス。稍三行脈ヲ成ス。五月頃稍圓形狀ヲ呈スル圓錐花序ヲ成シ初メ白色後ク帶黄色ヲ呈スル小花ヲ開ク。花被ハ廣鐘形ヲ成シテ六裂シ、各裂片ハ廣橢圓形ヲ成シ三箇宛内外二列ヲ成シ、雌蕋一箇雄蕋十二箇アリ、雄蕋ハ内外四輪ヲ成シ、最内輪ハ假雄蕋ヲ成ス。十一月ニ至リ凡8mm程ノ球形果ヲ結ビテ黑熟シ、果皮内ハ圓キ一種子ヲ容ル。全體ハ佳香アリ材ヲ用キ種々ノ器具ニ製ス、又樟腦ヲ採リ藥用トス。下總神崎神社庭ニハ眞正ノなんじゃもんじゃアリ即チ此くすのきニ外ナラズ、而シテ他處ノなんじゃもんじゃハ皆僞品ナリ。和名ハ「奇(くすしき)ノ義也トイヘリ、ヨク石ニ化シ樟腦ヲ出スモノナレバ名クル成ルベシ」ト『和訓栞』ニ出ヅト雖モ定說ヲ得ズ。漢名 楠(誤用、楠ノ眞品ハ日本ニ産セズ)

536

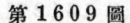

にくけい
Cinnamomum Loureirii Nees.

享保年間支那（交趾支那原産）ヨリ渡來シ爾後内地ニ擴マリ處々ニ栽植セラルル。至リシ常緑喬木ニシテ高サ8m餘ニ達シ直幹聳立シテ枝ヲ分ツコト多ク葉ト齊クルコト繁ク小枝ハ綠色ヲ呈シ葉ト共ニ無毛ナリ。葉ハ有柄ニシテ互生シ卵狀長橢圓形ニテ先端漸次ニ尖リ、長サ葉柄ト共ニ12cm内外、著シキ三行ノ主脈ヲ有ス。夏月小枝ノ葉腋ヨリ長花梗ヲ出シ、聚繖花序ヲ成シテ淡綠色ノ小花ヲ附ク。萼ハ短筒形ヲ成シテ六裂シ三片宛內外二輪列ヲ成シ、各裂片ノ略ボ同形、長橢圓形、長サ3.5mm許、短毛ヲ帶ブ。一雄蕊十二雄蕊ノ排列ヲ成シ雄蕊十二雄蕊アリ。雄蕊ハ四箇、最內ノ一輪ハ三箇ノ假雄蕊ヨリ成ル。漿果ハ橢圓形ニテ黑熟シ長サ1.5cm許、一種子アリテ子葉厚ク。根皮ハ辛クシテ香氣ヲ有シ藥用ニ供セラル。和名にくけいハ之レヲ肉桂ト云ヘドモ元來此語ハ此種ノ特名ニ非ズシテ即チ此類ニ在テ根ニ近キ樹皮ノ最厚部分ヲ指セシ名ナリ、是ニ由テ觀レバ本種ヲにくけい稱スルハ、實ニ非ナレドモ從來ノ慣用ナレバ此ハ單ニ之ニ從フノミナリ。漢名桂（慣用）、桂ハ元來本種ノ名ニ非ズシテ其主品ハとんきんにくけい即チ桂一名牡桂（C. Cassia Bl. =C. aromaticum Nees.）ナリ、又せいろんにくけい即チ崗桂（C. zeylanicum Breyn.）モ桂ノ別種ナリ。

やぶにくけい
一名　まつらにくけい・くすたぶ・とがのき
Cinnamomum japonicum Sieb.

我邦中部以南ノ暖地ニ生ジテ殊ニ近海地方ニ多ク又往々人家ノ周圍ニ栽植シアル常緑ノ喬木ニシテ高サ10m許ニ達シ、幹ハ直立シテ分枝シ樹皮ハ暗色ニシテ小枝ハ綠色ヲ呈ス。葉ハ有柄ニシテ對生或ハ互生シ、長橢圓形ニシテ先端尖リ全邊ニシテ革質ヲ呈シ長サ6-10cm許アリ、上面深綠色ニシテ光澤ヲ有シ裏面ハ淡白綠色ヲ呈シ、葉ノ香ヒにくけいニ似テ淡シ。六月、枝梢葉腋ニ長梗ヲ出シテ繖形緊繖花序ヲ成シ淡黄色ノ小花ヲ開ク。萼ハ深ク六裂シ、裂片ハ三片宛內外兩輪列ヲ成シ、廣橢圓形ニシテ先端尖リ長サ2.5mm許、外面ハ短毛アリ。一雄蕊十二雄蕊ヲ有シ、雄蕊ハ四輪列ヲ成シ、最內ノ一輪ハ假雄蕊ヲ有ス。漿果ハ十一月頃ニ熟シテ黑色橢圓形ヲ呈シ凡1.3cm長アリ、一種子アリテ子葉肥厚ス。和名ハ藪肉桂ノ意、本種ハ肉桂ノ類ニシテ深常林中ニ生ズレバ斯ク云フ、松浦肉桂ハ肥前ノ松浦ニテ本品ノ樹皮ヲ採リ松浦桂心ト稱スルヨリ此名アリ、たぶ・とがノ語原ハ未詳。漢名 天竺桂（誤用）

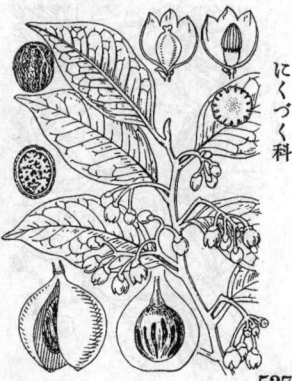

にくづく（肉豆蔲）
舊名　ししづく
Myristica fragrans Houtt.
(=M. moschata Thunb.; M. officinalis L. f.; M. aromatica Lam.)

未ダ其生苗我邦ニ來ラズ、元來まれい牛島南部ノまらっか邊原産ノ常綠樹ニシテ高サ7-10m許、全體無毛ナリ。幹ハ直立シテ枝椏ハ横方ニ擴ガリ、小枝ハ綠色ヲ呈ス。葉ハ短柄アリ互生シ、卵形或ハ卵狀長橢圓形ヲ全邊ニシテ兩端銳形、長サ12cm内外アリテ質厚ク香氣アリ。夏月枝梢葉腋ニ短梗ヲ出シテ分枝シ花瓣狀ヲナシ短ク微黄ヲ帶ビタル小白花ヲ開ク、雌雄異株。萼ハ壺狀鐘形ヲ呈シ端正ニシテ三裂シ下下部ハ宿存性ノ小苞ニテ被ハル。雄花ニハ雄蕊九乃至十二箇アリテ互ニ接合シ、花絲ハ上方離在シ下方合一ス。雌花ニハ子房無ク、雌花ニハ一室ノ子房アリテ花柱ハ極メテ短シ、漿果ハ短小梗アリテ下垂シ洋梨狀球形ニテ一側ニ縱溝アリ、熟スレバ厚肉質ノ二殼片ニ開裂シ種子ヲ露ハス、長サ凡5cm許アリ。種子ノ一果ハ一箇アリテ其表面ニ著シキ赤色ノ假種皮ヲ被フル。種子中ノ仁即チ所謂肉豆蔲（なつめぐ）ハ胚乳ニ富ミ、嬌烈ナル香氣ヲ藥用又ハ香味料ニ供セラル。和名ハ肉豆蔲ノ字音ナリ、ししづくノししハ肉ノ和名ナリ。

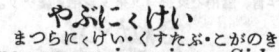

第1609圖

第1610圖

第1611圖

くすのき科

くすのき科

にくづく科

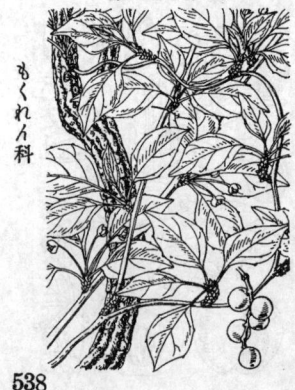

第 1 6 1 2 圖

らふばい科

らふばい

らふばい（蠟梅） 古名 からうめ
Meratia praecox *Rehd. et Wils.*
（＝Calycanthus praecox *L.*;
Chimonanthus praecox *K. Koch.*）

本品ハ後水尾天皇ノ朝ニ始メテ朝鮮ヨリ來レル支那原産ノ落葉灌木ニシテ觀賞花木トシテ通常人家ニ栽植セラレ高サ 2-4m許、幹ハ叢生シテ分枝ス。葉ハ有柄、對生シ、卵形、鋭尖頭、全邊、長サ15cm内外、質稍薄クシテ硬ク葉面糙澁シ、羽狀脈ヲ有ス。一二月ノ候葉ニ先ンジテ馨香アル花ヲ開キ個々枝上ノ節ニ密接下向シテ着生シ花徑凡2cm内外アリ。花被ハ多數ニシテ小形ノ内層片ハ暗紫色、大形ノ中層片ハ黄色、薄クシテ稍光澤アリ、下層ニテハ多數ノ細鱗片ト成ル。五六雄蕊、葯ハ外向ス。雌蕊ハ多數ニシテ壺狀花托内ニ位シ花托ノ邊緣ニハ不育雄蕊ヲ具フ。子房ハ一室ニシテ一卵子ヲ有シ柱頭ハ單形。花後花托ハ成長增大シテ長卵形ノ僞果ヲ成シ内部ニ一乃至四顆ノ深紫褐色長橢圓形ノ瘦果ヲ容レ、種子ハ無胚乳、子葉ハ葉狀ニシテ卷旋ス。種中ニ在テ花瓣關乄花容體カナルヲたうらふばい即チ漢名檀香梅(var. grandiflora *Rehd. et Wils.*）ト云ヒ、花瓣普通品(var. typica *Makino*）ヨリ稍闊クたうらふばいヨリ稍狹キ者ヲかくわばい即チ漢名荷花梅(var. intermedia *Makino*）ト云ヒ、花全體黄色ノ者ヲそしんらふばい即チ漢名素心蠟梅(var. lutea *Makino*）ト云フ。和名ハ蠟梅（臘梅ハ非）ノ字普、唐梅ハ支那ヨリ來リシ梅ノ義ナリ。

第 1 6 1 3 圖

もくれん科

さねかづら
一名 びなんかづら
古名 さなかづら
Kadsura japonica *Dunal.*
（＝Uvaria japonica *Thunb.*）

諸州ノ山地ニ生ジ又時ニ庭樹トシテ人家ニ栽培セラルル常綠纏繞藤本ナリ。老莖ハ徑凡2cm内外ニ達シ褐色柔軟ナル厚栓皮層ノ外皮ヲ具ヘ、枝條ハ其皮ニ粘液ヲ含ム。葉ハ有柄ニシテ互生シ托葉無ク、長橢圓形ニシテ尖リ疎ニ小齒牙ヲ有シ質軟厚ニシテ表面光澤アリ裏面ニ往々紫色ヲ帶ブ。夏月淡黄白色ノ腋生有梗花ヲ生ジテ開キ花徑徑1.5cm許ナリ。雄花ハ花被片ハ九六至十五箇ニシテ專ラ花瓣ト區別不明ナリ。雄蕊并ニ雌蕊共ニ多數相集メ小球狀ヲ成ス。漿果ハ徑凡6mm許ノ小球形ヲ呈シ膨大シテ圓狀ヲ成セル花托ノ周圍面ニ着生シ秋期花托ト共ニ紅熟ス。和名實果ハ按ズルニ其果實特ニ美ニシテ著シケレバ云フ、さねハ實ノ事ナリ、一説ニさねかづらハ古名さなかづらノ音轉ニシテさなかづらハ滑リ葛(なめりかづら)ノ義、其さハ發語なべ滑(なめ)ノ略ナリト謂ヘリ、美男葛ハ其枝皮ノ粘汁ヲ水ニ浸出シ以テ頭髮ヲ梳ル故云フ。漢名 南五味子(誤用)

第 1 6 1 4 圖

もくれん科

まつぶさ
一名 うしぶだう
Schizandra nigra *Maxim.*

諸州ノ山地ニ見ル落葉纏繞藤本ニシテ莖ハ長ク伸長シ疎ニ分枝シ切レバ微シク松氣アリ。葉ハ有柄互生シテ托葉ナク、卵形或ハ廣橢圓形ニシテ短ク尖リ葉緣ニ低キ疎齒牙ヲ具ヘ或ハ全邊ニシテ波狀ヲ成シ長サ 5-8cm内外、短枝ノ上ニ數葉宛相集メ、質厚薄ニシテ上面綠色下面淡綠色、一變種ニ葉裏帶白色ノ者アリ、之ヲうらじろまつぶさ(var. hypoglauca *Makino*）ト云フ。初夏ノ候、枝上ニ細長ナル花梗ヲ腋生シ淡黄白色ノ小花ヲ垂下ス。雌雄異株ニシテ花ニ雌雄アリ。萼・花瓣ノ區別無ク、九或ハ十片アリテ内方ノ者ハ大形ナリ。雄花ニハ肥厚セル數雄蕊、雌花ニハ多數ノ雌蕊ヲ有シ結實スルニ及ベバ花托ハ著シク延長シ漿果ヲ着ケテ葡狀ヲ成シテ下垂ス。漿果ハ秋季ニ成熟シ球形ニシテ藍黑色ヲ呈シ二種子ヲ藏ス。和名ハ松房ニシテ其莖ヲ傷レバ松氣アリ、而シテ其實ハ房ヲ成シテ下垂スル故云フ、牛葡萄ハ其實熟スレバ黑色ヲ呈スルヨリ云フ。

538

てうせんごみし（五味子）

Schizandra chinensis *Baill.*

（＝Maximowiczia chinensis *Turcz.*）

享保年間ニ朝鮮ヨリ種子ヲ傳ヘシト雖ドモ明治年間我邦ノ山地ニモ亦自生アルヲ知リシ落葉纒繞藤本。莖ハ著シキ長サニハ達セズシテ疎ニ分枝シ褐色ヲ呈ス。葉ハ有柄互生シ、楕圓形・卵狀楕圓形或ハ卵形ニシテ長サ5-8cm、先端ハ鋭尖形、底部ハ鋭形、邊緣ニハ疎ナル腺狀鋸齒ヲ具フ。厚膜質ニシテ表面ハ淡綠色、脈絡稍陷入スルノ狀アリ。六七月頃、一見葉腋即チ新條基部ノ鱗片腋ニ黃白花ヲ單生ス。雌雄異株。花ハ細長ナル花梗ヲ有シテ稍下垂シ徑1cm、廣鐘形ヲ呈ス。花被ハ槪ネ九片アリテ卵狀楕圓形ナリ。雄花ニハ六雄蕋中央ニ並立シ、雌花ノ雌蕋ハ多數集合シテ圓キ花托上ニ排列ス。果實ト成ルニ及ンデ花托ハ伸長シテ穗狀ヲ呈シ小紅實ヲ着ク。球ニ大小アリテまつぶさノ同大ナルト異ナレリ。和名ハ初メ朝鮮ヨリ來ル故ニ朝鮮五味子ト呼ベリ、五味子トハ其實ノ皮ト肉トハ甘酸、核中ハ辛苦、其全體ニハ鹹味アルヲ以テ云フ。

第1615圖

もくれん科

し　き　み

一名 はなのき　古名 さかき（？）

Illicium religiosum *Sieb. et Zucc.*

（＝I. anisatum *L.* pro parte.）

諸州ノ山林中ニ生ズル常綠小喬木ニシテ又通常墓地等ニモ栽植セラルルヲ見ル。幹ハ高サ3-5m許アリテ直立シ稍車輪樣ニ分枝シ葉繁クシテ鬱葱タリ。葉ハ互生シ長楕圓形或ハ倒卵狀廣披針形ニシテ兩端尖リ全邊ニシテ質厚ク平滑ナリ、長サ8cm內外、短柄アリ。葉ヲ傷レバ香氣アリ。四月ノ候小枝上ノ葉腋ヨリ短花梗ヲ出シテ梗端ニ淡黃白色ノ兩全花ヲ開キ花徑凡2.5cmアリ、花瓣ニ微シク紅色ヲ帶ブル者アリ、又花梗ニハ早落性ノ鱗狀苞アリ。花瓣及萼片ハ線狀長楕圓形ニシテ十二片許アリ、雄蕋ハ多數ニシテ花絲ハ肥厚ス。花心ニ輪狀ニ排列セル心皮八乃至十二箇アリ。秋月、其數脊葖星狀ニ排ビ徑2-2.5cm許アリ外部漿質內皮硬質ニシテ核樣ヲ成シ熟スレバ各內縫線ニ沿テ開裂シ滑澤黃色ノ一種子ヲ彈出ス。有毒植物ノ一。生枝ヲ佛前ニ供シ、葉ニテ抹香ヲ製ス。和名しきみハ其果實有毒ナレバ惡しき實ノ意ニテ此ニあノ略セラレタルナリト云フ、一說ニしきみハ臭き實ノ意ヲ示シしハくしノ約ニシテくさ即チ臭ニ通ズト謂ヘリ、又一說ニ重實即チしきみノ意ニシテ其實枝上ニ重ゲク着ク故云フナラント謂ヘリ、花の木トハ花ノ代リニ墓前或ハ佛前ニ供スルヨリ云フト謂フ、往古さかきト稱セシハ本種ナリト謂フ說アリ。漢名　莽草（誤用）

第1616圖

もくれん科

ゆりのき

一名　はんてんぼく

Liriodendron tulipifera *L.*

明治初年ニ始メテ渡來シ爾後或ハ觀賞ノ爲メ或ハ街路樹トシテ栽植セラルル落葉喬木ニシテ元來北米ノ原產ナリ。幹ハ直立分枝シテ高大ニ成長シ高サ13m許ニ及ブ。葉ハ長柄ヲ有シテ互生シ、先端ハ截形或ハ稍凹端、底部ハ二或ハ四裂シ、淡綠色ヲ呈シ葉質薄クシテ硬ク無毛ニシテ微ニ香氣アリ、長サ15cm內外アリ。托葉ハ大形ニシテ其直上部ノ嫩芽ヲ包擁ス。初夏ノ候ニ及ンデ枝端ニ帶綠黃色ノ大形花ヲ單生シ花徑凡6cmアリ。萼ハ三片アリ、花瓣ハ六片ニシテ長楕圓形ヲ成ス。雄蕋ハ多數ニシテ外向葯ヲ有シ葯ノ部ハ長サ2cmヲ超ユ。心皮ハ多數花托ニ密着シ花後長サ7cmニ達シ熟スレバ相離レテ先端ハ長キ翅ヲ成シ、中ニ一或ハ二種子ヲ藏ス。和名百合の木ハ其屬名幷ニ **Tulip-tree** ニ基キテ名ク、卽チ其花容ノ相似ヨリ斯ク爲セシナリ、はんてんぼくハ其葉形はおりニ似タル半纒ノ形ニ類スルヨリ云ヘリ。

第1617圖

もくれん科

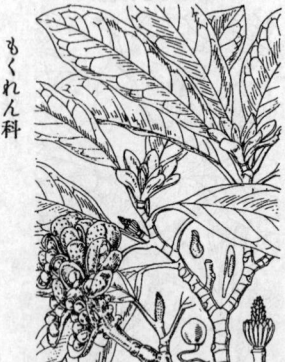

第1618圖

もくれん科

をがたまのき
Michelia compressa *Maxim.*

我邦西南溫暖諸州ノ山地ニ生ズレドモ又往々人家或ハ神社地等ニ栽植セラルル常綠喬木ナリ。幹ハ直立シテ多ク分枝シ葉頗ル繁密ナリ。高サ16m許ニ達ス。葉ハ互生シ厚革質ニシテ光澤アリ、長楕圓形或ハ長倒卵形或ハ廣倒披針形ニシテ葉柄ハ約1.5cm許、全體8-12cm許アリ。春時葉腋ヨリ粗ナル短梗ヲ出シ一花ヲ生ジ、花徑3cm內外、初メハ短毛アル芽鱗ニ包マル。萼花瓣ハ六片アリ、共ニ長倒卵形白色ニシテ其基部ハ外面紅紫采アリ。雄蕊ハ花托ノ基部ニ多數溍生シ、花托ノ多數心皮着生部トノ間ニ間隔アリ。花托ハ花後伸長肥厚シテ5-10cm ニ達シ、各背萼ハ開裂シテ大ナル紅色ノ二種子ヲ出ス。和名ハをがたまノ木即チ招靈ノ轉ニテ之レヲ神前ニ供シ神靈ヲ招稿(をき)奉ル故をがたまト云フト謂ヘリ、又是レをかだま即チ小香實ニシテをかヽ小香即チ香ヒと、たまハ其實ノ形チ玉ニ似タレバ云フトモ謂ヘリ、又さかきノ眞物ハ此樹ナリトノ說アリ。漢名 黃心樹(誤用)

第1619圖

もくれん科

こぶし
古名 やまあららぎ・とぶしはじかみ
Magnolia Kobus *DC.*

諸州ノ山地林中或ハ往々原頭ニ見ル落葉喬木。高サハ8m內外ニ及ビ幹ハ直立シテ多ク分枝シ小枝ハ綠色ニシテ折レバ香氣アリ。葉ハ互生シ廣倒卵形ニシテ狹底或ハ廣楔形底ヲ有シ先端凸頭、下面淡白綠色ヲ帶ビ長サ凡10cm內外、嫩葉ハ有毛。托葉ハ膜質長形ニシテ早落性ナリ、春時新葉ニ先ンジテ開花シ枝上ニ滿ツ。白色大形花ニシテ小枝端ニ一花ヲ着ヶ香棠アリ。萼ハ三片、披針狀、外面ニ軟毛密生ス。花瓣ハ六片、笾狀倒卵形、長サ6cm許。雄蕊雌蕊共ニ多數ニシテ互生列ヲ成シ、花後背萼ハ落ケシ花托ハ長サ5cm許ニ伸長シ不齊ナル長楕圓形ヲ成シテ多少彎曲ス。十月頃背萼開裂スレバ赤色種子ハ白絲ヲ以テ懸垂ス。和名ハ萼ノ意ニシテ萼ノ形狀ニ基ク。其實ヲ嚙メバ辛味アルヲ以テ往時ハ之レヲやまあららぎ又ハこぶしはじかみト謂ヘリ、やまあららぎハ山ニ生ジテ辛味アレバ謂フナラン、とぶしはじかみノはじかみハ山椒ヲ云フ即チ山椒ノ如ク辛味アルノ意ナリ。漢名 辛夷(誤用)

第1620圖

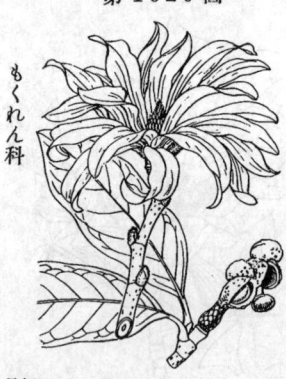

もくれん科

しでこぶし
一名 ひめこぶし
Magnolia stellata *Maxim.*
(= *Buergeria stellata Sieb. et Zucc.*)

今日人家庭園ニ栽植セラルル者ハ元來支那ノ原產ニシテ往時ノ傳來ニ係ル1上雖ドモ我邦ニモ亦野生スル處アルガ如シ、落葉灌木或ハ小喬木ニシテ分枝シ高サ凡3mニ達ス。葉ハ互生シテ短柄アリ、長楕圓形或ハ長倒卵形ニシテ純頭ヲ有シ鈍疾ニシテ嫩時葉裏ハ沿乎多少毛ヲ帶ブ、長サ5-8cm許ブ。春月小枝端ニ徽紅ヲ帶ブル大形ノ白花ヲ開き、花徑凡7-10cm許ニシテ香氣アリ。萼花瓣ノ區別不明ニシテ十二乃至十八片許アリ、各片ハ狹長倒披針形純頭ニシテ長サ4cm許アリ。多數ノ雄蕊及雌蕊ヲ有スルモ成熟スル心皮ハ僅數ニシテ果時花托ノ長サ凡3cm許ブ、背蕤ニハ普通一顆ノ赤色種子ヲ藏ム。一變種ニ花稍小ニシテ色深キ者アリ樹モ亦小ナリ、之レヲベニにごヒめひめしでこぶし (var. Keiskei Makino) ト稱ス。和名ハ幣拳ノ意、其狹長ナル花瓣ノ散開セル狀ヲ玉串・注連(しめ繩)等ニ擬レタルビテ一擬セシモノナリ、姫拳こぶしニ比スレバ遙カニ小形ナルヨリ云フ。

540

もくれん（辛夷、一名 木筆）

一名 もくれんげ・しもくれん

Magnolia liliflora Desrouss.

(=M. obovata *Willd.* [non *Thunb.*]; M. discolor *Vent.*; M. purpurea *Curt.*)

往時渡來セシ支那原産ノ落葉大灌木ニシテ觀賞花木トシテ人家ニ栽植セラル。幹ハ直立シテ分枝ヲ往々叢生シ高サ 4m許ニ及ブ。葉ハ短柄アリテ互生シ、闊大ニシテ廣倒卵形ヲ呈シ凸頭、全邊ニシテ表面ハ無毛、裏面ハ脈ニ沿ヒ細毛アリ、長サ 8-18cmアリテ質稍厚シ。三四月ノ候枝上ニ大形ノ暗紫色花ヲ開キ日光ヲ受レバ正開シ、多少芳香アリ、蕾ニハ膜質ノ苞アリ。萼ハ三片アリ、小形ニシテ卵狀披針形ヲ呈シ緑色ヲ帯ブ。花瓣ハ六片ニシテ二列生ヲ成シ、倒卵狀長橢圓形ニシテ内面淡紫色ヲ呈シ、凡10cm長アリ。雄蕊雌蕊共ニ多數ニシテ相集ル。花後ニ果實ハ卵狀長橢圓形ヲ呈シ、褐色ニシテ多數ノ膏荄ヨリ成リ白絲柄アル赤色ノ種子ヲ出ス。和名もくれんハ漢名ノ木蘭ニ基ク、是レ我邦ノ先輩學者本品ヲ以テ木蘭ト爲セシニ因ルナラン、木蘭ノ一名ヲ木蓮ト云フヲ以テ或ハ之レニ基キシ乎トノ感モ亦無シニアラズ、もくれんげ=木蘭花ナリ、紫木蘭ノ蓋シ白木蘭ヲ對シテノ名ナラン。漢名 木蘭（誤用）。一變種ニ=たうもくれん (var. gracilis *Rehd.*=M. gracilis *Salisb.*) アリ枝極長ク伸ビ葉ハ倒卵狀楔形ニシテ質薄ク花色稍淡ク花瓣稍狭長ナリ。

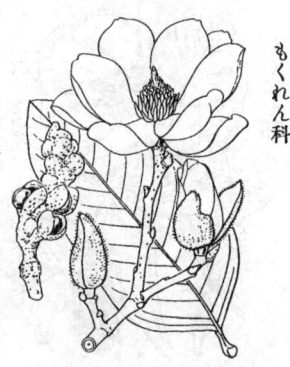

はくもくれん（玉蘭）

Magnolia denudata Desr.

(=M. conspicua *Salisb.*; M.Yulan *Desf.*)

往時ニ我邦ニ傳ヘシ支那原産ノ落葉喬木ニシテ庭園ニ栽培セラル。幹ハ直立シテ分枝シ高さ約 5mニ及ブ。葉ハ短柄アリテ互生シ、廣楔形或ハ倒卵形、先端鈍形ニシテ短凸頭ヲ成シ、全邊ニシテ長サ約10cm、質稍厚ク裏面ハ脈ニ沿テ微毛アリ。三月枝端ニ白色ノ大花ヲ着ケ日光ヲ受テ開キ樹上ニ滿チテ香氣アリ、蕾ハ毛皮狀ノ苞ヲ有ス。花被ハ同形同質。萼ハ三片。花瓣ハ六片ニシテ二列生ヲ成シ、萼片ト共ニ倒卵形ヲ呈シ長サ凡7cm内外アリ。多雄蕊。多雌蕊。果體ハ長ク伸ビテ10cm内外アリ、各膏荄成熟開裂スレバ白絲柄ヲ以テ赤色種子ヲ懸垂ス。本種ノ姉妹品ニ花被ノ外面淡紅紫色、内面白色ノ者アリ、之レヲさらされんげ (M. purpurascens *Makino*=M. conspicua *Salisb.* var. purpurascens *Maxim.*) ト稱ス。和名白木蘭ハもくれんニ似テ花白色ナレバ云フ。

ほほのき

古名 ほほがしはのき・ほほがしは

Magnolia obovata Thunb.

(=M. hypoleuca *Sieb. et Zucc.*)

山地或ハ平地ノ林中ニ生ズル我邦特産ノ落葉大喬木ニシテ幹ノ高ヲ20m許直徑1m許ニ達シ、直聳シテ疎ニ分枝ス。葉ハ大形、枝端ニ集リ生ジテ開出シ有柄互生ニシテ倒卵狀長橢圓形ヲ成シ、全邊尖頭狹底、往々長サ30cmヲ超エ、裏面通常帯白色ニシテ細毛ヲ帯ビ質稍厚ク或ハ薄クシテ硬ク、嫩葉ハ帯紅色ノ膜質大形ノ早落性托葉（直下位ノ葉）ヲ被リテ美ナリ。五月ノ候香氣タ帯黄白色ノ大形花ヲ枝端ニ開キ花徑 15cm許アリテ蕾時ハ一緑色ノ一大鱗片ヲ包マレ со答強ナル緑色花梗アリ。萼三片、淡緑色ニシテ帯紅ニ花瓣一約九片、狹倒卵形、長サ6cm許。花中ニ雄蕊及雌蕊多數重叠シ、花絲ハ鮮紅色ヲ呈シ葯ハ帯黄白色ナリ。果體ハ大ニシテ長橢圓體ヲ成シ長サ 15cm許アリテ秋月成熟シ往々紅紫色ニ染ム。膏荄ハ多數ニシテ開裂スレバ各二顆ノ赤色種子ヲ出シ白絲狀種柄ヲ以テ懸垂ス。材ハ軟細ニシテ古來刀鞘ニ賞用シ又版木等ニ用キラル、葉ハ食物ヲ包ムニ使用ス。和名ほほのきヲ今日ニテハほゝのきト發音ス、ほほがしはニ蓋シ往時比葉ニ食物ヲ盛リシナラン、今日ニテモ尚食品ヲ包ムニ此葉ヲ使用スル處アリ。漢名 厚朴・商州厚朴・浮爛羅勒（共ニ誤用）

541

第 1624 圖

もくれん科

たむしば
一名 かむしば・さたらうしば
Magnolia salicifolia *Maxim.*

山地ノ落葉小喬木。幹ハ直立シ枝ハ疎ニ分レ灰
色ニシテ平滑無光澤。葉ハ有柄互生、葉柄基脚
ニハ托葉左右ヨリ合シテ囊狀ト成リ中ニ來年ノ
芽ヲ入ル。葉面ハ披針形或ハ卵狀披針形ニシテ
銳尖頭廣楔底、質稍薄クシテ硬ク無毛平滑、裏面
白色ヲ帶ビ、長ハ 10cm 內外アリ。早春芽未ダ舒
ビザル前ニ既ニ白色ノ大花ヲ開キ花徑 15cm、苞
ハ毛芽多ク稍毛皮樣ヲ呈ス、萼三片、花瓣ト同質
ニシテ其半長アリ。花瓣ハ六片、日光ヲ受クレバ
正開シ各片ハ倒卵狀橢圓形ヲ呈シ、質稍厚クシ
テ軟カシ。雄蕋ハ多數ニシテ線形ヲ成シ花托柱
ノ下部ニ集着シ、柱ノ梢部ニハ多雌蕋ヲ着ク。
果叢ハ蓇葖相集合シ長サ 7-8cm、不規則ニハ凹凸
アリ、秋日成熟シテ各蓇葖開裂シ、橢圓形ノ赤色
種子ヲ垂ル。和名 白井光太郎博士曾テ曰ク、
たむしばハ田蟲葉ノ意ニシテ其葉面時ニ頭癬狀
ノ斑ヲ成ス故ニ云フト、是レ正解ニ非ズト信ズ、
嚙柴ノ其葉ヲ嚙メバ甘味ヲ覺ユルヨリ云ヒ、た
むしばハ或ハ此かむしばノ轉化ナラント思ヘ
リ、砂糖柴モ亦之レヲ嚙メバ甘キ故云ヒ。

第 1625 圖

もくれん科

おほやまれんげ
一名 みやまれんげ
Magnolia parviflora *Sieb. et Zucc.*

我邦本州・四國・九州ノ山地林間ニ生ズル落葉灌木ニ
シテ又往々觀賞花木トシテ人家ノ庭園ニ栽植セラル
ルヲ見ル。幹ハ直立シ高サ 4m 內外アリテ疎ニ分枝ス。
葉ハ有柄互生シ、廣倒卵形ニシテ先端ニハ短ク尖リ葉
底ニ鈍圓形ニシテ葉緣ハ全邊ナリ、長ハ 13cm 內外、
表面ハ平滑、裏面ハ粉白色ヲ呈シ白毛ヲ密生ス。托葉
ハ前部ノ新葉ヲ包ミ膜質ニシテ早落ニ。五月ノ候枝端
ニ香氣アル有梗白花ヲ獨生シテ開キ、花徑 5-7cm 許ア
リテ稍下向ジ或ハ側向ス。萼ハ三片ニシテ紅色ヲ帶
び、花瓣ハ六乃至九片アリテ倒卵形長サ 3.5cm 許アリ。
雄蕋ハ多數ニシテ花托柱ノ基部ニ着シ葯ハ鮮紅色ヲ
呈シ、雌蕋ハ多數ニシテ花托柱ノ上部ニ着ク。果叢ハ
秋時長サ 5-6cm 許アリテ紅染シ、蓇葖ハ成熟シテ開裂
シ各赤色ノ二種子ヲ出シ白絲柄ヨリ以テ吊垂ス。和名大
山蓮花ハ大和ノ大峯山ニ在ルヲ以テ此名ヲ得タリ、深
山蓮花ハ深山ニ生ズルヨリ云フ、蓮花ハ其花狀ニ基
ク。漢名 天女花(誤用)

第 1626 圖

もくれん科

たいさんぼく(洋玉蘭)
一名 はくれんぼく
Magnolia grandiflora *L.*

明治初年ニ渡來セル北米原產ノ常綠喬木ニシテ
今ハ諸處ノ庭園ニ栽植セラル。幹ハ直立シ大ナ
ル者高サ凡 20m ニ達シテ分枝シ葉ヲ繁密ナリ。
葉ハ有柄互生シ大形ニシテ長サ 20cm 內外、革質
ニシテ其狀しゃくなげ葉ノ如シ、長橢圓形或ハ
長倒卵形ニシテ鈍頭ヲ呈シ全邊、其面ハ光
滑、裏面ハ鐵銹色ノ密毛ヲ生ズ、時ニ綠色ノ者
アリ之レヲぐらんど玉蘭ト云フ。五六月ノ候ニ
至リ枝端ニ大形ノ白花ヲ開キ、花徑 12-15cm 許
アリテ强キ香氣ヲ放ツ。萼ハ三片アリテ花瓣狀
ヲ呈シ、花瓣ハ廣倒卵形ニシテ通常六片稀ニ九
乃至十二片アリ。雄蕋ハ多數アリテ花絲ハ紫色
ヲ呈ス。果叢ハ圓柱狀廣橢圓形、長サ 8cm 許ニ
シテ綠白色ヲ呈シ、短毛アリ蓇葖成熟スレバ
開裂シテ各赤色ノ二種子ヲ出ス。和名ハ大山木
或ハ泰山木ト書ケリ是レ或ハ其壯大ナル花葉ヲ
賞讚シテ名ケシモノ乎、白蓮木ハ其蓮花狀ヲ呈
スル花形ニ因ミシ稱ナリ。

はすのはかづら(金線弔烏龜?)

一名　いぬつづら・やきもちかづら

Stephania japonica *Miers.*

(＝Menispermum japonicus *Thunb.*;
Stephania hernandifolia *Walp.*)

海邊或ハ近海ノ地ニ生ズル多年生ノ常綠纏繞藤本。莖ハ細長ナル圓柱形ニシテ綠色ヲ呈シ長ク伸ビテ繁茂ス。葉ハ互生シテ長柄ヲ有シ楯形ナル廣卵形又ハ稍三角狀ヲ成シ全邊ニシテ質厚カラズ。雌雄異株。夏秋ノ間葉腋ヨリ有梗ナル花穗ヲ抽テ複繖形花序ヲ成シ、多數淡綠色ノ細花ヲ綴ル。雄花ハ萼片六乃至八、花瓣ハ三乃至四片ニシテ各倒卵形ヲ成シテ肉質ヲ呈ス、雄蕋六箇ハ互ニ合着シ葯ハ橫裂ス。雌花ニ於テハ萼片及瓣片ハ共ニ三乃至四ニシテ倒卵形ヲ成シ、雄蕋ヲ缺キ、子房一箇アリテ柱頭ハ數箇ニ分裂ス。核果ハ球狀ヲ呈シ平滑ニシテ徑6mm許、熟スレバ朱赤色ヲ呈シ、內果皮ハ扁壓シテ背部小疣狀突起ヲ有シ側部ニ凹所ヲ見ル。種子ハ馬蹄形ヲ呈ス。和名蓮の葉葛ハ其葉ノ楯形ヲ成スコト宛モはすノ葉ノ如ケレバ云フ、犬つづらハつづらふぢニ似テ用途無キ故云フ、燒餅蔓ノ意予之レヲ知ラズ。

第1627圖

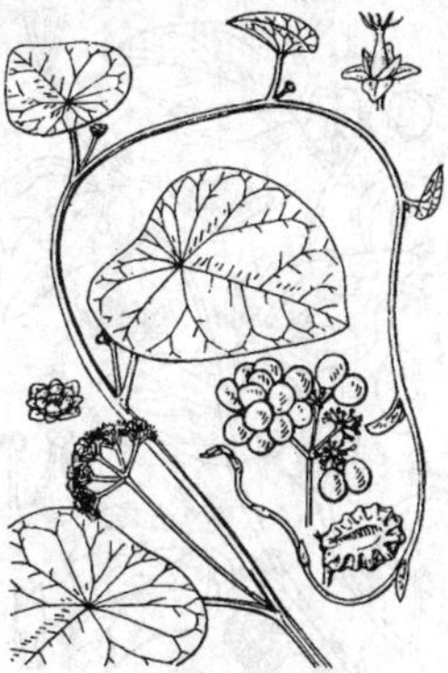

かうもりかづら

(＝かはほりかづら)

Menispermum dauricum *DC.*

諸州ノ山地山足地等ニ生ズル落葉纏繞藤本。莖ハ長ク伸ビ細長ナル圓柱形ヲ呈シ生時平滑ニシテ無毛ナリ。葉ハ互生シテ長葉柄ヲ具ヘ楯形ナル稍三角形乃至七角形ヲ呈シ時トシテハ裂片狀ヲ成シ、底部稍心臟形ト成ル。幅凡5-12cm許アリ、上面ハ平滑、下面ハ無毛或ハ微毛ヲ布ク。雌雄異株。夏時腋生セル短キ圓錐花序ヲ成シテ小梗アル淡黃色ノ細花ヲ綴ル。雄花ハ頂生ノ者ハ六萼片及ビ萼片ヨリ短キ九乃至十花瓣ヲ有シ、花中ニ二十雄蕋ヲ具ヘ、葯ハ四裂シ、側生ノ者ハ各片頂生花ニ比スレバ稍少數ナリ。雌花ハ三心皮アリテ花柱ハ短ク柱頭ハ二岐ス。核果ハ球形ニシテ黑熟シ徑6mm許アリ。核ハ腎臟形、種子ハ馬蹄狀ヲ呈ス。種名ヲ davuricum ト爲ルハ非ナリ。和名ハ蝙蝠葛ニシテ其葉形ニ基キテ斯ク云フ。

第1628圖

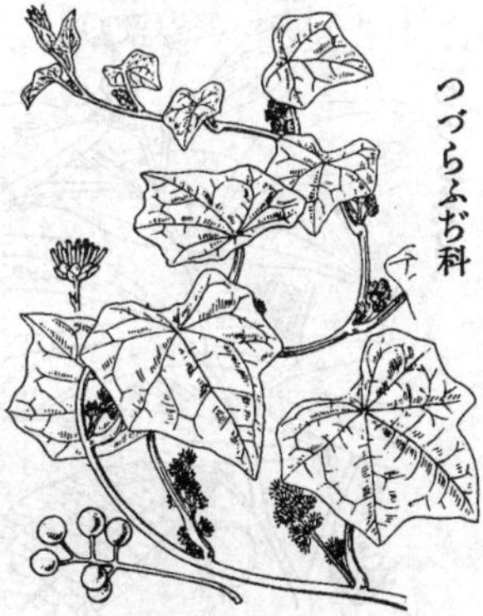

つづらふぢ

一名　つづら・あをかづら・あをつづら・
つたのはかづら・おほつづらふぢ

Sinomenium diversifolium *Diels.*

(＝S. acutum *Rehd. et Wils.*;
Menispermum acutum *Thunb.* ?)

山地ノ林中ニ生ズル落葉纏繞藤本。莖ハ長ク伸ビ木質ニシテ硬ク生時ハ綠色平滑ナル圓柱形ナレドモ乾ケバ暗色ニ變ジテ細縱條ヲ現ハス、基部ハ往々肥大ト成リ又主蔓モ時ニ大形ニ達スルコトアリ、又株本ヨリ痩長ナル匍枝ヲ發出シテ地上ヲ引キ遠キニ達ス。葉ハ互生シテ長柄ヲ具ヘ、平圓形・廣卵形・掌狀多角形或ハ掌狀多淺裂等ニシテ心臟底ヲ有シ通常無毛ナレドモ嫩葉ニハ嫩條ト共ニ裏面ニ毛アリ。夏時ニ長花梗ヲ頂生シ或ハ腋生シテ淡綠色細花ヲ綴リテ圓錐花序ヲ形成ス。雌雄別株。花ハ萼・花瓣共ニ六片ニシテ萼片ハ外面有毛ナリ。雄花ハ雄蕋九乃至十二箇アリ。雌花ハ三假雄蕋三心皮ヲ有シ、花柱ハ反曲シテ柱頭分裂セズ。花後黑色球形ノ核果ヲ結ビ、核ハ扁半月形ニシテ背部ニ橫畝アリ。本品ヲ以テ「シノメニン」ナル藥品ヲ製シ、又其匍匐蔓ヲ採リテ種々ノ用途ニ供スルヲ以テ往々市場ニつづらト呼ンデ賣レリ。和名つづらふぢノつづらハつる即チ蔓ノ意ニテかづらト相同ジ、あをかづらハ其蔓生時綠色(乾ケバ黑色ト成ル)ナルヲ以テ云フ、此蔓ニテ編ミシ籠ヲつづら即チ葛籠ト云フ是レつづらとヲ略シテ呼ビシモノナリ、元來本種ノ名ハつづら一名つづらふぢナレバ殊更ニ之レヲおほつづらふぢト云フ必要ナシ、又つたの葉葛ハ其葉つたニ似タレバ云フ。漢名　漢防己(誤用)

第1629圖

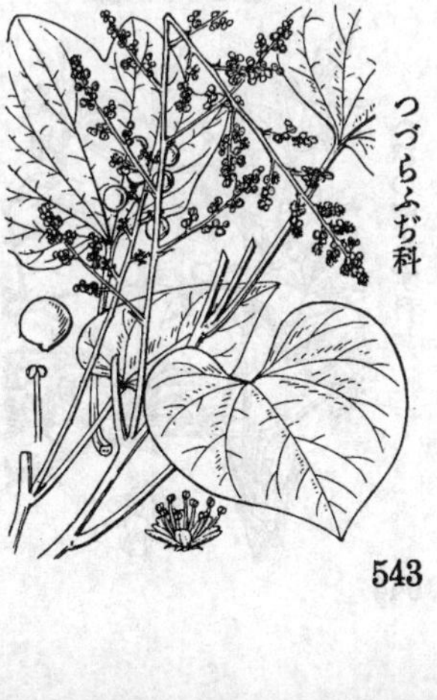

第1630圖

つづらふぢ科

かみえび（稱鉤風？、或ハ抜南根？）
一名　ちんちんかづら・びんびんかづら
誤稱　あをつづらふぢ

Cocculus trilobus DC.
(＝Menispermum trilobum *Thunb.*;
C. Thunbergii *DC.*)

到ル處ノ山野ニ普通ニ見ル落葉纒繞藤本ニシテ蔓ハ長ク伸ビ、下部ニ時ニ徑7mm許ニ達シ、枝蔓ハ搜長ニシテ綠色ヲ呈シ細毛アリ。葉ハ長サ1-3cm許ノ葉柄ヲ有シテ互生シ卵形又ハ廣卵形ニシテ全綠、鈍頭、或ハ鈍頭、或ハ株ニ由テ三淺裂シ、表裏共ニ短毛ヲ布キ、長サ5-8cm許アリ。雌雄異株。夏月ニ於テ梢挾長ナル圓錐花序ヲ出シ或ハ枝末ニ生ジ腋長3-9cm許アリテ多數ノ黃白色細花ヲ綴ル。萼ノ蕚片ハ六片、各長橢圓形ニシテ二列生ヲ成ス。雄花ハ六雄蕚ヲ有シ、葯ハ横裂ス。雌花ニハ六假雄蕚ヲ有シ更ニ中央ニ六心皮アリ、花柱ハ圓柱狀ニシテ柱頭分裂セズ。秋月漿果ハ球形梂果ヲ結ビテ相集リ黑熟シテ果面白粉ヲ帶ビ徑5-8mm許アリ、核ハ扁形ヲ成シ、背部ニハ小突起アリ。和名かみえびノかみハ神ナリト謂ヘレえびハ蕚シえびづるノ事ニテ其實ハ一基キテノ名ナラン、ちんちんかづら及びびんびんかづらへ多分共ニ其蔓ノ緊シク引キ張リ彈ゼバ音ヲ發スル故云フナラン。漢名　防己、木防己(共ニ誤用)

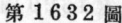

第1631圖

つづらふぢ科

いそやまあをき
一名　いそやまだけ・ごめごめじん
誤稱　からしうりやく

Cocculus laurifolius DC.

曖地ニ生ズル常綠灌木。幹ハ直立シテ多枝叢葉其高サ3m内外アリ、枝條ハ搜長綠色ニシテモナク平滑ニシテ縱稜アリ。葉ハ有柄互生シ披針狀長橢圓形ニシテ銳尖頭、全邊、長サ8-15cm、革質ニシテ光澤アリ三行脈顯著ニシテにくい葉ニ彷彿シ裏面ハ網眼脈明カナリ。四月、葉腋ニ極メテ短キ圓錐花序ヲ着ケ柑黃色ノ細花ヲ綴ル。萼ハ六片、卵圓形ニシテ内輪ノ三片ハ大ナリ。花瓣ハ極メテ小形ニシテ六片ヲ以テ一輪ヲ成シ、倒卵形。雌雄異株。雄花ニハ六雄蕚アリテ長サ稍々萼長ニ等シ。雌花ニハ一心皮ニ假雄蕚トアリ。核果ハ扁球形ニシテ黑熟シ根及ビ斧ニ二次的形成層ニ由テ特異ノ肥大生長ヲ成ス特性アリ。和名ハ磯山をきノ意ナリ、其一名いそやまだけハ薩州ノ方言ニシテいそきノ意ナリ、やまだけ・あをきヲ指シ畢竟磯山ニ生ズルをきノ意ナリ、故ニ今新名ヲいそやまあをきトセリ、ごめごめじんハ其意不明、又かうしうりやくハ衡州烏藥ナレドモ此衡州ニ產スル烏藥ハ、烏藥即チ Lindera strychnifolia *Vill.* ニシテ敢テ本種ヲ衡州烏藥トヘルハ非ナリ、而シテ本種ハ、烏藥ト何等ノ關係無シ。

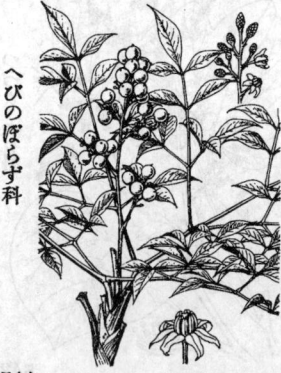

第1632圖

へびのぼらず科

なんてん（南天竹、一名南天燭）.

Nandina domestica Thunb.

本邦中部幷ニ其以南ノ曖地山林中ニハ自生スレド普通ニハ裝飾植物トシテ人家庭園ニ栽植セラルル常綠灌木。莖ハ叢生シテ直立シ通常單一ニシテ圓柱形ヲ成シ粗面ニシテ暗色ヲ呈シ材ハ黃色ナリ、梢ニハ通常枯死シテ遺存セル短葉柄ヲ着ク。高サ2m内外ヲ普通トシ大ナル者ハ稀ニ3m許ニ及ブ。葉ハ大形、莖梢ニ葉リ着テ開出シ有柄互生ニシテ數囘重複ノ羽狀複葉ヲ成シ、平滑革質ノ披針形彼尖頭全邊ノ多數小葉ヨリ成シ、小葉下幷ニ柄本ニハ關節ヲ有シ、葉柄ノ基部ハ往々暗赤色ヲ呈シテ鞘ト成リ莖ヲ包擁ス。六月ノ候梢頂ニ大ナル圓錐花序ヲ立テ多ク分枝シテ多數ノ小白花ヲ開ク。萼片ハ多數相重リ、花瓣ハ六片アリ舟狀披針形ニシテ滑澤ナリ。雄蕚六アリテ黃色ノ葯ハ縱裂ス。一子房アリテ花柱ハ短ク柱頭ハ掌狀ヲ呈ス。秋冬ノ候多數球形ノ漿果ハ赤熟シテ美麗ヲ呈シ、時ニ白實ノ稀ニハ一名しろみなんてん (var. leucocarpa *Makino*) 又稀ニ淡紫實ノ ふぢなんてん (var. porphyrocarpa *Makino*) アリ、果實ニ二種子ヲ藏ム。和名ハ南天燭或ハ南天竹ノ南天ヨリ出ヅ。漢名 南燭(誤用)、是レレしゃしゃんぼ(しゃくなげ科)ノ漢名ナリ。

544

るゐえふぼたん
Caulophyllum thalictroides *Michx.*
var. robustum *Regel.*
(=C. robustum *Maxim.*)

諸州ノ深山林下ニ生ズル無毛ノ多年生草本ニシテ根莖ハ横臥シ、舊莖ノ基部ヲ連ネ、其先端ヨリ一莖ヲ立ツ。莖ハ直立シテ基部ニ鱗片アリ、高サ40-50cm許アリ。葉ハ三三出複葉ニシテ互生シ莖上ニ二葉アリテ無柄或ハ短總柄ヲ具ヘ第一小柄ノ頗ル長ク第二小柄ハ極テ短シ、小葉ハ一側者無柄、中者短柄アリテ卵形・長橢圓形或ハ廣披針形、長サ6cm許、全緣、時ニ二三裂シ、裏面稍白色ヲ呈シ質薄シ。初夏ノ候莖梢ニ圓錐花序ヲ成シテ徑7-8mm許ノ綠黃花ヲ開ク。萼六片ハ大ニシテ花瓣狀ヲ成シ其外側ニ三四ノ小苞ヲ伴フ。萼ト對生シ六花瓣ハ縮形ニシテ小腺樣ト成ル。雄蕊六、葯ハ片瓣裂ス。雌蕊ハ一、子房ハ一室ニ卵子ニ。花後子房ハ早クモ其生長ヲ停止スルヲ以テ在中ノ卵子外ニ露出シ遂ニ成熟スレバ凡8mm長ノ著シキ種柄ヲ有スル球形ノ裸種子二顆ヅツ相幷ビ双頭狀ヲ呈シ宛モ果實ノ如シ。和名ハ類葉牡丹ニシテ其葉略牡丹葉ノ態アリ故ニ云フ。

第 1633 圖

へびのぼらず科

いかりさう
一名 さんしくゑふさう
Epimedium macranthum *Morr. et Decne.* var. violaceum *Franch.*
(=E. violaceum *Morr. et Decne.*)

丘岡或ハ山足地等ノ樹下ニ生ズル多年生草本ニシテ根莖ハ横臥シ凹凸屈曲シテ質硬ク褐色ニシテ多髯根ヲ有シ、數莖叢生スルヲ常トシ高サ15-25cm許アリ、基部ニ鱗片アリテヲレツ裂ス。根葉ハ長葉柄ヲ有シ、多ク再三出複葉ヲ成ス。小葉ハ稍長キ小柄ヲ有シ長サ3-10cm、卵形銳尖頭ニテ刺毛狀狀細鋸齒アリ、底部心臟形ヲ成シ、側生小葉ハ稍左右不同形ヲ呈シ、莖基・總葉柄短シ。四月、莖頂ニ總狀花序ヲ成シテ小梗ヲ淡紫色ノ數花ヲ斉ケ下ニ向テ開ク。萼ハ八片アリテ花瓣狀ヲ成シ四片ヲ以テ內外ノ二重ヲ成シ外輪片ハ卵狀披針形ニテ早落シ、內輪片大ニシテ卵狀長橢圓形或頭ヲ成シ紅紫色ヲ呈ス。花瓣ハ四片アリ鈎部ニ白色圓形ニシテ內輪萼ヨリ短ク、著シキ長距ヲ有シ距長2cmニ達シ四方ニ斗出シテ前方ニ弓曲ス。四雄蕊アリテ葯ノ長形ヲ以テ開綻シ其片遂ニ絲頭ニ轉縮ス。雄蕊アリ。花後骨突ヲ結ブ。和名ハ碇草或ハ錨草ニシテ其花碇ノ狀ヲ成スヲ以テ斯ク云フ、碇ハ錨ト同義ナリ、三枝九葉草ニ亦葉三枝(枝)ニ分レ一枝毎ニ三小葉ヲ有シ合セテ九葉アルヲ以テ云フ、然レドモ此三枝九葉草ノ漢名ハ眞正ナル淫羊藿ノ一異名ナリ。漢名 淫羊藿(誤用)

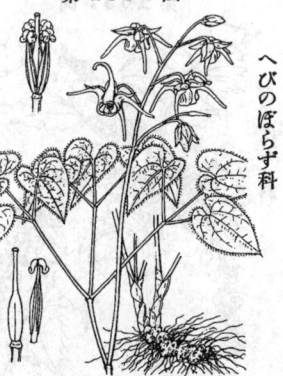

第 1634 圖

へびのぼらず科

ばいくゎいかりさう
Epimedium diphyllum *Lodd.*
(=Aceranthus diphyllus *Morr. et Decne.*)

暖地諸州ノ山地或ハ山足地等ニ生ズル多年生草本ニシテ高サ15-25cm許アリ。根莖ハ硬質ニシテ蟠居シ褐色ニシテ硬キ多髯根ヲ發出シ頸部ニハ膜質鱗片アリ。根葉ハ長葉柄ヲ有シテ二回ニ叉シ、各小葉ハ小柄ヲ具ヘ卵狀橢圓形、鈍頭、心臟底ヲ有シ稍斜形ヲ呈シ、全邊ニシテ唯底耳ノ葉緣ニ少數ノ刺毛ヲ具フルノミ。莖葉ハ二箇ノ小葉ヨリ成ル。四月、莖梢ニ一ノ總狀花序ヲ成シ、稍下垂シテ白色有梗ノ數花ヲ開キ花徑10-12mm許アリ。萼ハ八片アリテ內外二列ヲ成シ、外列片ハ膜質ニシテ橢圓形ヲ成シ早落シ、內列片ハ卵狀披針形ニシテ花瓣ト略同長ナリ。花瓣ハ四片アリ、倒卵形鈍頭ニシテ基部ニ距又ハ喉ヲ有セズ長サ6mm許。四雄蕊アリテ葯ハ長片ヲ以テ開ク。一雌蕊アリ。和名ハ梅花碇草ニシテ其花形ニ基キ斯ク云フ。

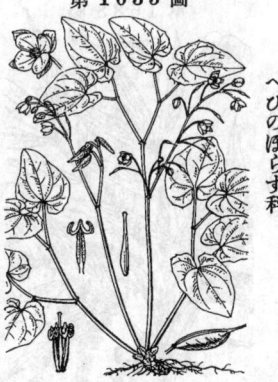

第 1635 圖

へびのぼらず科

545

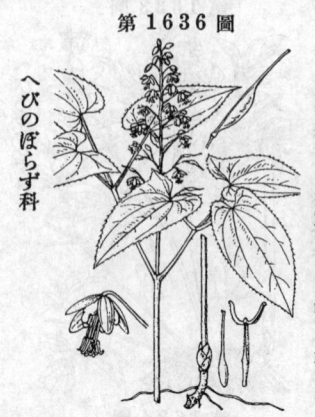

第１６３６圖

へびのぼらず科

ほざきいかりさう（淫羊藿）
Epimedium sagittatum *Bak.*
（＝E. sinense *Sieb.*; E. Ikariso *Regel*;
Aceranthes sagittatus *Sieb. et Zucc.*）

蓋シ天保年間頃ニ渡來セシ支那原産ノ常緑多年生草本ニシテ偶ニ我邦ニ栽植セラレ、高サ30-40cm許ス。根莖ハ硬質ニシテ硬キ多鬚根ヲ發出ス。葉ハ質硬クシテ能ク冬ヲ凌グ。根葉ハ再三出複葉ニシテ、小葉ハ卵狀披針形、心臟底又ハ箭形ヲ成シ、時ニ稍歪形ヲ呈シ、刺毛緣ヲ有シ、莖ノ上部ニ於テハ三出葉二或ハ三箇ヲ出シ柄アリ。四月ノ候莖頂ノ葉心ヨリ一圓錐花序ヲ立テ多數ノ有梗小白花ヲ綴リ花徑6mm許アリ。萼ハ片中、外列部四片ハ橢圓形ヲ成シ長サ4mm許、内列部四片ハ白色ニシテ卵狀橢圓形ヲ成シ鋭頭ニシテ花瓣ヨリ少シク短シ。花瓣四片ハ黃色ニシテ蜜情狀ヲ呈シ短キ距アリ。四雄蕋アリテ藥ハ長片ヲ以テ開裂ス。一雌蕋アリテ子房ノ花柱ハ長シ。此種近江ノ國ニ野生スト謂フハ誤ナリ。和名ハ穗咲碇草ナレドモ其細花穗ヲ成スヲ以テ斯ク云フ。漢名ノ一名ヲ三枝九葉草ト云フ。

第１６３７圖

へびのぼらず科

ひひらぎなんてん（十大功勞）
一名 ひらぎなんてん・たうなんてん
Mahonia japonica *DC.*
（＝Ilex japonica *Thunb.*;
Berberis japonica *R. Br.*）

天和貞享年間ニ渡來シ専クョリ觀賞品トシテ庭園ニ栽植セラレシ無毛ノ常綠灌木ニシテ元ト支那ニ三臺灣ノ原產ナリ。幹ハ直立シテ葉ハ分枝シ徑皮質ノ粗皮ヲ有シ材ハ黃色ナリ。葉ハ橄欖ノ如ク枝端ニ開出シ、基部ノ者ヲ算スシテ五乃至八對ノ小葉ヲ リ成ル奇數羽狀複葉ニシテ、小葉ハ頂者ヲ除キニ無柄、卵狀披針形或ハ長橢圓狀披針形、下部ノ者ヲ刺狀ニ葉頭ニハ長披針形ヲ成セルニ尖頭ヲ形成シ、邊緣ニハ粗大齒牙ノ具ノ齒端ハ刺尖ヲ成シ、革質ニシテ表面綠色光滑、裏面ハ黃綠色ヲ呈ス。葉軸ニ有齒、葉柄ニ短ク基部ニ鞘ヲ成シテ莖ヲ擁ス。春早ク冬心ョリ數條ノ花軸ヲ抽キ總狀花序ヲ開出シテ稍下向ニ黃色ノ有梗小花ヲ綴リ、總長13cmアリ。花軸ハ痩長硬質、小梗本ハ黄鍼形ノ宿存苞アリ。萼ハ九片。花瓣六片ニシテ萼鍼二裂シ基部ニ二蜜腺アリ。六雄蕋アリテ藥ハ片裂ス。一雌蕋ニシテ子房ハ一室ナリ。葉果ハ略球形ニシテ熟スレバ紫黑色ヲ呈ス表面白粉ヲ被リ中ニ少數ノ種子アリ。和名ハひひらぎ南天ノ意、なんてんノ一類ニシテ其粗齒アル葉ニひひらぎ葉ノ如ケレバ云フ、唐南天ハ唐ョリ渡リシ南天ノ意ナリ。

第１６３８圖

へびのぼらず科

ほそばひらぎなんてん（十大功勞）
Mahonia Fortunei *Fedde.*
（＝Berberis Fortunei *Lindl.*）

明治初年渡來セル支那原產ノ無毛常綠灌木ニシテ庭園ニ栽植セラレ、高サ1-2mアリ。幹ハ叢生シ、痩莖ニシテ直立シ、材ハ黃色ナリ。葉ハ有柄互生シ、奇數羽狀複葉ニシテ長サ12-25cm許、葉柄ノ基部ハ鞘ヲ成シテ莖ヲ擁シ、小葉ハ無柄ニシテ七乃至九片アリ側者ハ對生シ、狹長披針形ニシテ銳尖頭ヲ有シ邊緣ハ低鋸齒ヲ具ヘ齒端ハ針狀ヲ呈シ、革質ニシテ葉面稍光澤ヲ帶ビ、葉軸ニ節アリ。秋時莖梢ョリ數條ノ總狀花序ヲ出シ長サ凡6cm内外アリテ黃色ノ小花ヲ簇着シ花下ニ短梗アリ。苞ハ小形ノ鱗片狀ニシテ長サ1mm許。萼ハ九片。花瓣ハ六片ニシテ基部ニ蜜腺アリ。六雄蕋ニシテ藥ハ片裂ス。一雌蕋ニシテ子房ハ一室。漿果ハ藍黑色ヲ呈ス。和名ハ細葉ひひら南天ニシテ其葉狹長ナレバ云フ。漢名ハひひらぎなんてんト同ジ、是レ支那ニテハ此十大功勞ハ其兩種ノ總稱ナラン。

546

めぎ

一名　ことりすわらず・よろひどほし

Berberis Thunbergii *DC.*

山地或ハ山原或ハ原野ニ生ズル落葉小灌木ニシテ高サ凡2mニ達ス。幹ハ直立シテ繁ク分枝シ葉亦多クシテ密ニ叢ヲ成シ、枝條ニハ稜條ヲ有シ褐色ニシテ刺針アリ。葉ハ小形ニシテ倒卵形或ハ狹倒卵形ヲ成シ下部ハ楔形ヲ呈シ、全邊、長サ2–3cm許、葉裏淡綠色後チ往々帶白色ヲ呈シ、新枝ニハ互生スト雖モ短枝ニハ叢生シ殆ド無柄ニシテ枝ト節合ス、葉下ニ葉ノ變形ナル單一或ハ三岐セル刺針ヲ具ヘ、稚苗ノ葉ハ圓形ニシテ關節アル鬚狀ノ長葉柄ヲ具フ。四月新葉ト共ニ小總狀花序ヲ出シテ少數ノ黃花ヲ開キ下向ス。萼ハ六片アリテ長楕圓形、淡綠色、微シク紅彩アリ。花瓣亦六片ニシテ萼片ヨリ小サク長楕圓形ニシテ長サ2mm許アリ。六雄蕋アリテ開花ノ時故ラニ觸レバ內曲運動ヲ起スノ殊性アリ、葯ハ片裂ス。雌蕋ニハ一子房アリテ一室ナリ。漿果ハ長楕圓形ニシテ秋冬ニ紅熟ス。葉裏帶白色ノ者ヲうらじろめぎト云ヘドモ其帶白ノ度一樣ナラズ往々不明ナルヲ以テ之レヲ獨立ノ變種トスルハ實際ニ卽セズ、且此ノ如キ帶白ノ者ハ通常單ダ之レヲ老葉ニ見ルノミ。和名ハ目木ノ意ニシテ此木ヲ煎ジ洗眼藥トスル故斯ク云フ、小鳥坐らずハ枝繁密且多刺ナレバ小鳥モ坐リ止マル能ハズト云フ、鎧通ハ其尖銳ナル小刺ヲ此小刀ニ擬セシ名ナリ。漢名 小蘗(蓋シ誤用)

第1639圖

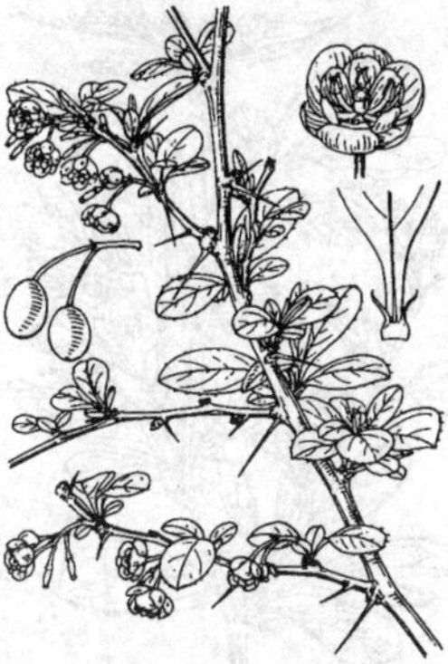

へびのぼらず科

おほばめぎ

一名　みやまへびのぼらず・みやまめぎ・しこくめぎ

Berberis Tschonoskiana *Regel.*

(=B. sikokiana *Yatabe.*)

我邦南方諸州ノ山地ニ生ズル落葉小灌木ニシテ、概形めぎニ類スレドモ枝ハ疎ニ分レ圓柱形ニシテ枝面ニ稜條ヲ缺キ通常無刺ナレドモ又往々多少ノ小刺ヲ見ル。葉ハ廣倒卵形全邊ニシテ長サ3–7cm許、下部急ニ狹窄シテ短枝上ニ數葉叢生ス。初夏ノ候短枝上ノ叢生葉中ヨリ總狀花序ヲ出シ、小梗アル黃色ノ數花ヲ開キ、花穗ハ多クハ葉ヨリ短ク、花軸幷ニ小花梗ハ細長ナリ。萼及ビ花瓣ハ共ニ六片。六雄蕋アリテ其葯ハ上方ニ反轉スル蓋片アル二葯胞ヲ有ス。雌蕋ニ一子房アリテ花柱ハ短シ。漿果ハ長楕圓形ニシテ赤熟シ長サ1cm許アリ。和名ハ大葉目木ニシテ本品めぎノ類ニテ其葉大ナレバ云フ、深山蛇上らず、深山目木ハ文字ノ示ス如キ意ナリ、四國目木ハ南海道ノ四國ニ生ズルめぎヲ意味セリ。

第1640圖

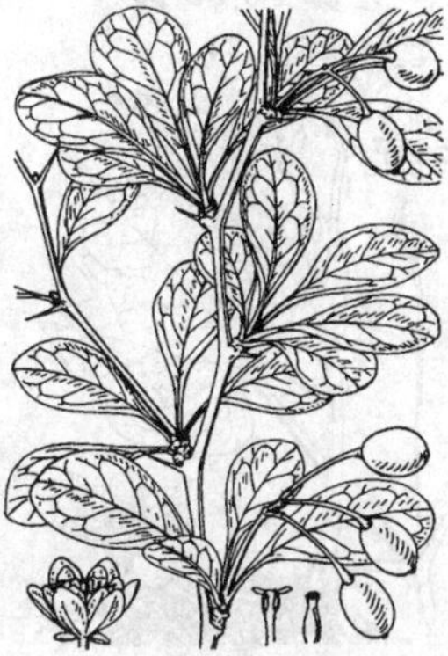

へびのぼらず科

へびのぼらず

一名　とりとまらず・こがねゑんじゅ

Berberis Sieboldi *Miq.*

東海道中部ノ山野ニ生ズル無毛ノ落葉小灌木ニシテ高サ凡50–70cmアリ。幹ハ直立シテ分枝シ、小枝ハ圓柱形ニシテ微ニ細稜條ヲ有シ暗灰色ヲ呈シ、材ハ黃色ナリ。葉ハ長倒卵形又ハ倒披針形ニシテ一小尖針アル鈍頭ヲ有シ小刺毛緣ヲ成シ、基部ハ楔狀ニ狹窄シ無柄或ハ短柄ト成リ枝ト節合シ、上面綠色、下面ハ老ユレバ帶白色ヲ呈ス、葉叢下部ニ三岐時ニ單一ナル刺針ヲ有ス。初夏ノ候、短枝上ノ叢葉中ヨリ略ボ繖形狀ヲ呈セル總狀花序ヲ成シテ黃色ノ數小花ヲ開キ、穗長凡3cmアリ。萼ハ六片アリテ廣倒卵形、鈍頭、長サ約6mm。花瓣亦六片アリテ小ナリ。雄蕋ハ六、葯ハ二胞ニシテ各上方ニ反轉スル蓋片アリテ開裂ス。雌蕋ニハ一子房アリテ花柱ハ短シ、漿果ハ略ボ球形ニシテ赤熟シ徑6mm許アリ。和名蛇上らずハ枝上ニ刺アリテ蛇モ能ク上リ得ズトノ意、鳥止らずモ亦同義ナリ、黃金槐ハ其花黃金色ナルヨリ云フ。漢名 伏牛花(誤用)

第1641圖

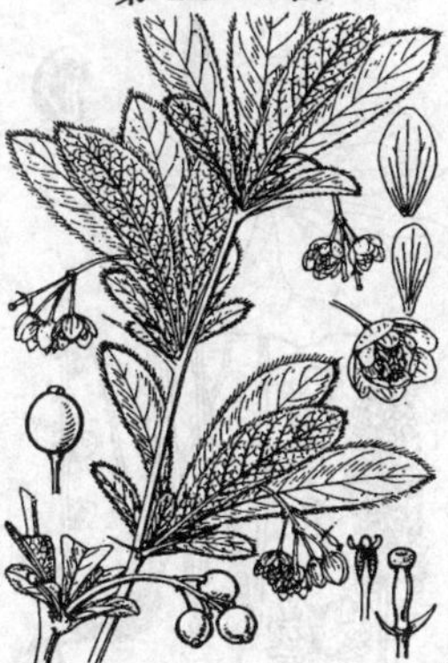

へびのぼらず科

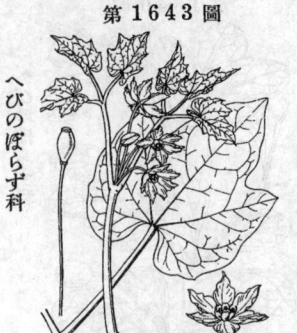

第1642圖

ひろはへびのぼらず
一名 ひとはりへびのぼらず
Berberis amurensis *Rupr.*
(=B. vulgaris L. var. japonica *Regel.*)

中部以北ノ山地ニ生ズル落葉灌木ニシテ高サ1-3m許アリ。幹ハ直立シテ密ニ分枝シ、枝ハ瘦長ニシテ稜角ヲ有シ灰色ヲ呈シテ毛ナク又三岐セル大形ノ銳刺ヲ有シ此刺ハ元來葉ノ變形ナリ。葉ハ刺腋ニ出ヅル短枝上ニ簇生ニ橢圓形或ハ倒卵狀拔針形鈍頭ニシテ長サ3-5cm、下部ハ葉底ニ向テ楔狀ニ狹窄ニ葉柄狀ヲ呈シ枝上節合シ、葉緣ニハ銳刺ヲ有スル細鋸齒ヲ連ネ、膜質ニシテ裏面脈絡網狀ハ隆起シテ顯著ナリ。初夏ノ候短枝端ニ多少一方ニ傾斜セル總狀花序ヲ着ケ密集セル淡黃色ノ小花ヲ開キ、一穗ニ十花內外アリ。萼六片アリ。花瓣モ亦六片ニシテ倒卵圓形ヲ成シ平開セズ、基部ニ二小腺アリ。雄蕊ハ六、葯ハ二胞ニシテ瓣開ス。漿果ハ橢圓形ヲ成シ長サ1cm許、霜雪到リ紅熟ス。和名ハ闊葉蛇上らずノ意ニシテ此種他ニ比スレバ其葉闊大ナルヲ以テ云フ。

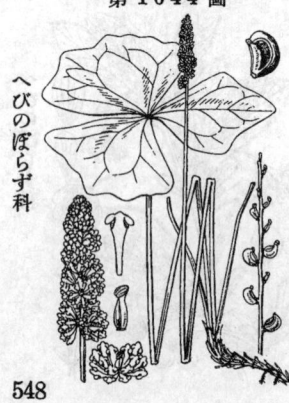

第1643圖

とがくしさう
一名 とがくししょうま
Ranzania japonica *T. Ito.*
(＝Podophyllum japonicum *T. Ito.*)

中部北部ノ深山樹陰ニ生ズル多年生草本。地下ニハ匍匐セル多節ノ根莖アリテ其頂ヨリ莖ヲ抽出シテ直立シ高サ30cm內外、莖頂ニ二簡ノ三出葉ヲ有シ、花後葉伸長シ、小葉ハ圓形或ニ卵圓形ニシテ銳刻深心臟底粗大ノ缺刻狀鋸齒アリ、膜質ニシテ無毛ナリ。五月頃二葉間ニ纖形ヲ成シテ長梗アル裸ナル淡紫色ノ花ヲ開キ梢鬱頭ニ花徑凡2-3cmアリ。萼ハ六片、卵狀拔針形ニシテ花瓣樣ヲ呈シ銳頭稍波瓣。花瓣ハ迢カニ小サク六片相集リテ鐘形ヲ形成シ雄蕊ヲ圍ム。六雄蕊アリテ葯ノ瓣開シ雄蕊ノ物ニ觸レシ瞬間ニ運動スルコトめぎニ同ジ。雌蕊ニ一子房アリ。秋ニ入テ卵狀橢圓形ノ漿果ヲ結ブ。學名ハ本邦有名ナル本草學者小野蘭山ノ名ヲ用キアレド元來本品ニ同氏ト何ノ因緣モ無シ、初メ MAXIMOWICZ 氏ニ由リ Yatabea japonica *Maxim.*ナル學名準備セラレシ雖モ此名ハ遂ニ公ニナラザリキ。和名ハ戶隱草并ニ戶隱升麻ノ意ニシテ此種初メ信州戶隱山ニ得タル故斯ク云フ。

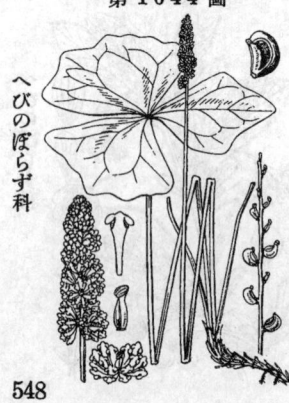

第1644圖

なんぶさう
Achlys japonica *Maxim.*
(=A. triphylla *DC.* var. japonica *T. Ito.*)

我邦東北部并ニ北海道ノ山地ニ生ズル多年生草本ニシテ地下ニ瘦長ナル根莖橫走ス。葉ハ根莖ノ先端ヨリ出デ、瘦長ナル葉柄アリテ立チ高サ5-10cm、三小葉ヨリ成リ徑3-5cm、小葉ハ無柄平開シ、頂小葉ハ菱狀廣形、側小葉ハ歪卵形、共ニ上部ニ二三ノ波緣ヲ成シ通常缺刻狀ヲ呈ス。膜質ニシテ表面平坦ナリ。花序ハ根莖端ニ出デテ直立セル葉柄狀ノ瘦莖梢ニ穗狀ヲ成シ葉上ニ抽ク。夏時ニ開花シ、花ハ無柄ニシテ細小白色ヲ呈シ所謂裸花ニシテ萼片及ビ花瓣ヲ有セズ。雄蕊ハ九-十五、花絲短形ヲ呈シ甚短アリ。雌蕊ハ一ニシテ一心皮ヨリ成ル。果實ハ普裂ニシテ腎臟形ヲ呈シ長サ3-4mm、內ニ一種子アリ。和名ハ初メ之レヲ採集セル陸中盛岡方面一帶ヲ成セル南部ナル地名ニ基ヅク。

へびのぼらず科

さんかえふ
Diphylleia cymosa *Michx.*
var. Grayi *Maxim.*
(＝D. Grayi *Fr. Schm.*)

深山樹下ノ地ニ生ズル多年生草本ニシテ根莖ハ
横臥シ凹狀ニ成セル舊莖ノ基部ニ連ネ下ニ鬚根
ヲ發出ス。莖ハ一株一本ニシテ直立シ高サ50cm
内外アリ、全體短毛アルモ葉裏脈ニ沿ヒテ著シ。
根葉ハ長柄ヲ有シ大ナル楯形ヲ呈シ廣腎形ヲ
成シニ深裂ス。莖葉ハ二片或ハ時ニ三片アリテ
其下部ノ葉ハ長柄ヲ具へ、楯形ヲ呈セル廣腎形
ニシテ又ニ深裂シ、葉緣ハ大小ノ齒牙ヲ成シ時ニ
ハ深ク裂入ス、上部ノ葉ハ殆ド無柄ナリテ其形狀
下部ノ葉ト同クシテ稍小サク深心臟底ヲ有ス。
夏月莖頂ニ繖房狀花序ヲ成シテ白色ノ數花ヲ開
ク。萼ハ六片アリテ早落ス。花瓣亦六片ニシテ
廣倒卵形、長サ約1cm、六雄蕊アリテ葯ハ瓣裂
ス。雌蕊ハ一子房アリテ花柱短シ。漿果ハ球形
ニシテ碧黑色ニ熟シ、數種子ヲ容ル。和名ハ漢
名ノ山荷葉ニ基キシモノナレドモ元來此山荷葉
ハ本種ノ名ニハ非ラズ。

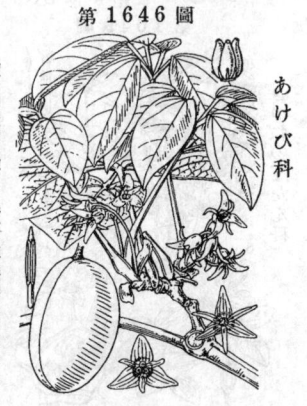

むべ
一名 ときはあけび　古名 うべ・郁子(むべ)
Stauntonia hexaphylla *Decne.*

山地ニ生ジ又庭園ニ栽植セラルル常綠藤本ニシテ莖
ハ長ク伸ビ時ニ一徑дж6cmニ達ス。葉ハ互生シ長柄アリ
テ五乃至七小葉ヨリ成ル掌狀複葉ニシテ、小葉ハ橢圓
形、全邊、平滑、革質、三主脈アリ、葉裏ハ淡色ヲ呈シ細
脈甚ダ明ナリ。小葉柄ハ長サ3cm内外、下ノ葉柄ト節
合シ葉ハ一葉面ト節合ス。稚本ニテハ其葉往々三小葉ヨ
リ成ル。五月ノ候新葉ノ腋或ハ鱗片腋ヨリ總狀或ハ繖
形狀花穗ヲ抽キ白色稍紅黃采ヲ帶ビ三〜七花ヲ開ク。
雌雄同株。花ニハ萼六片アリテ花瓣無シ。雄花ノ萼ノ
其外列ニハ廣披針形長サ13mm、内列三片ハ線形
ニシテ外ヨリ稍長シ、雌花ハ雄花ヨリ數少ク花體大
ニシテ其線形、内列三片ハ披針形ノ外列三片ヨリ短
シ。雄花ニ六雄蕊ト雌蕊ノ痕跡トアリ。雌花ニ三子房
ト不實性雄蕊トアリ。果實ハ紫色ノ漿果ニシテ卵圓形
ヲ成シ長サ5cm許、不開裂、果肉ハ白色ニシテ甘ク肉
中ニ黑色ノ種子多シ。和名ムベおほむベノ略ナリ、
往時此果實ヲ藥饌ニ容レ之ヲ朝廷ニ奉リシニヨリ
大贄(おほにへ)卽チ苞苴(おほむベト云フ、此おほむ
ベ略ジテうんべト成リ次デうベト略セラレタリ、昔更
ニ之レヲ郁子ト書キタリ是レ詩經ニ在ル蓷、(蘡薁ニシ
テえびづるなり)ヲむベト訓ゼシ事アルヲ以テむベニ
同音ノ郁ノ字ヲ用ヰタルナリト謂フ、常磐あけびハむ
けびニ似テ其實常綠ナルヨリ云フ。漢名野木瓜(誤用)

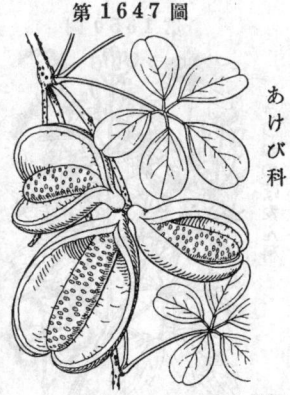

あけび (野木瓜)
一名　あけびかづら
Akebia quinata *Decne.*

普通ニ山野ニ見ル無毛ノ落葉攀緣藤木ニシテ蔓莖長ク伸ビテ
分枝シ大ナル者ハ莖徑 1.5cm許アリ、枝ハ細長ニシテ褐色ナ
リ。葉ハ短柄アル五小葉ヨリ成ル掌狀複葉ニシテ長柄ヲ有シ、
柄頭ハ小葉柄ト節合ス、小葉ハ狹長長橢圓形或ハ長倒卵形、
先端凹頭、全邊、長サ6cm内外アリ、新枝條ニ互生シ老莖ニ在
テハ鱗片アル短枝ニ叢生ス。四月新葉ト共ニ開花シ短枝ノ葉
間ニ有柄ノ總繖狀花序ヲ出シテ下垂シ有梗ノ淡紫花ヲ簇ノ。
雌雄同株ニシテ一花叢中ニ多數小形ノ雄花ト少數大形ノ雌花
トヲ交ヘ立ノ通常花瓣ヲ缺ク。萼三片ノ卵圓形或ハ圓形、內
凹、稍多肉質。雄花ニ六雄蕊アリテ雌蕊ノ痕跡トアリ。雌
花ニ柱頭粘出アル短圓柱形ノ三乃至六心皮アリテ子房離着
ヲ伴ブ。漿果ハ長サ6cm内外アリテ强壯ナル果稚頂ニ一乃至
四箇ヲ着ケ橢圓形或ハ長橢圓形ニシテ果皮厚ク熟スレバ縱開
シテ黑色種子ヲ含メル果肉ヲ露ハス。果肉ハ味甘ク食
フベシ。和名あけビハ實ノ其果實ノ名ニシテ其種ヲ呼ブトキ
ニ宜シクあけビかづらト稱スベキナリ、あけビノ語原ハ種々ニ
解釋セラレ其熟實ノ一方縱開シテ白肉ヲ露ハスニ由リ開口
實・欠ビ井ト開クノ義ト三說アリ、又あけひ〜あけびヤ
短縮語アラント謂フ人アリ、むベ實ハ開カザレドモあけび實
ニ開クナリ。漢名　木通并ニ通草 (共ニ誤用、本品ハ蓋シ
Clematis 卽チせんにんさう屬ノ者ナラン)

第 1645 圖

第 1646 圖

第 1647 圖

へびのぼらず科

あけび科

あけび科

549

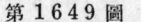

みつばあけび
Akebia trifoliata *Koidz.* (=Clematis trifoliata *Thunb.*; A. lobata *Decne.*)

山野ニ多キ落葉蔓本ニシテ莖ハ卷絡シテ高ク上リ大ナル者直徑凡2cmアリ、蔓本ヨリ發出スル匐枝ハ攬長ニシテ遠ク地上ニ横走ス。葉ハ互生シテ長柄ヲ具ヘ三出複葉ニシテ小葉ハ葉柄頂ト節合スル小柄ヲ有シ卵形或ハ廣卵形ニシテ長サ4-6cmニ達シ、鈍頭、粗鈍齒アリテ小葉柄ト節合シ、新枝蔟ハ互生シテ老莖上ノ短枝ニ叢生ス。四月短枝ノ葉中ヨリ長柄ヲ抽出シ上部ニ總狀花序ヲ成シテ多クノ暗紫色花ヲ開ク。雌雄同株ノ單性花ニシテ花軸ノ先方ニハ短梗アル十數内外ノ小形雄花ヲ蔟着シ、基部ニハ長梗ヲ有スル大形雌花ノ四乃至三箇ヲ開ク。花萼無ク萼ハ三片ニシテ雄花ノ者長サ2mm許、雌花ノ者長サ8mmニシテ圓形或ハ廣卵形ヲ呈ス。雄花ニ六雄蘂、雌花ニ小粘性アル短柱形ノ四乃至六心皮アリ。漿果ハ、長楕圓形ニシテ果皮厚ク、熟スレバ紫色ヲ呈シ、縱裂シテ果肉ヲ含ム白色果肉ヲ露出ス。果肉ハ甘クシテ食用トナリ、蔓ハすけっと等ヲ造ルニ用キラレ、そのみつばあけび一名まるばみつばあけび (var. clematifolia *Nakai* =A. clematifolia *Sieb. et Zucc.*) 幷=var. quercifolia (=A. quercifolia *Sieb. et Zucc.*) ハ單ニ勢力アル氣條ノ蔓上ノ葉ニ基キ命名セシノミニシテ敢テ變種或ハ異品ト爲スニ足ラズ。和名ハ三葉あけびニシテ一葉柄上ニ三小葉アルヲ以テ斯ク云フ。

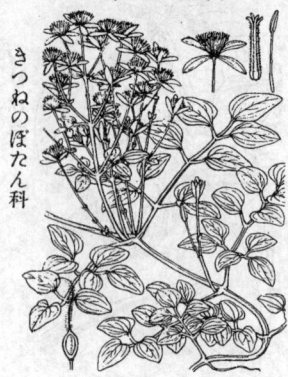

せんにんさう
Clematis paniculata *Thunb.*
(=C. recta *L.* var. paniculata *O. Kuntze.*)

山野路傍等向陽ノ地ニ生ズル多年生攀緣草本。莖ハ長ク延ビテ疎ニ分枝シ大ナル者ハ徑 7mm許、枝ハ圓柱形ニシテ綠色ヲ呈シ葉ト共ニ無毛ナリ。葉ハ有柄ニシテ對生シ、奇數羽狀葉ニシテ三乃至七小葉ヲ有シ、互ニ隔離シテ瓩離ナリ。小葉ハ卵形或ハ長卵形、全緣ニシテ長サ3-5cm許、葉柄ハ卷曲シテ能ク他物ニ纏絡ス。夏末初秋ノ候、莖頂又ハ葉腋ニ聚繖花序ヲ成シテ多數ノ白色花ヲ攬簇シ花徑 2.5-3cmアリ。四萼片ハ十字形ニ平開シ線狀長楕圓形ヲ成シ花瓣狀ヲ呈ス。花瓣ハ無シ。雄蘂ハ多數ニシテ萼片ヨリ短ク、花絲ハ絲狀、葯ハ狹シ。雌蘂亦多ク子房ハ狹長ニシテ花柱ハ細毛アリ。痩果ハ平偏ナル倒卵形ニシテ柑色ヲ呈シ、延長セル花柱ハ白色ノ羽毛狀ヲ成シ長サ3cm許。有毒植物ナリ。和名ハ仙人草ノ意ナレドモ今其解ヲ得ズ。漢名 大蓼(誤用)

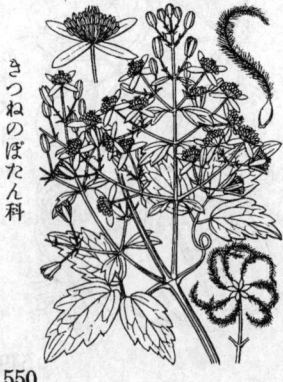

ぼたんづる
Clematis apiifolia *DC.*

普通ニ向陽ノ山地或ハ原野ニ見ル落葉攀緣藤本ニシテ莖ハ長ク伸テ疎ニ分枝シ、其大ナル者ハ徑 1.5cm許アリテ莖面稍縱溝ヲ呈シ、淡褐色ノ皮ハ剝離シ易ク枝ハ痩長ニシテ綠色ヲ呈シ往々暗紫色ヲ帶ブ。葉ハ有柄ニシテ對生シ單三出複葉ヲ成シ全體徵シク短毛ヲ帶ビ、小葉ハ小柄ヲ具ヘテ卵形ニシテ短キ鋭尖頭ヲ成シ底部ハ圓形ニシテ邊緣ニ少數ノ缺刻粗齒ヲ有シ、長サ 3-6cm許アリ、葉質稍厚シ。夏時莖梢或ハ枝上ノ葉腋ニ有柄ナル聚繖花的ノ短キ圓錐花序ヲ成シテ多數乳白色ノ小花ヲ攬簇ス。花徑 1.5-2cm許アリ之レヲせんにんさう花ニ比スレバ稍小ナリ。四萼片ハ十字形ヲ呈シテ平開シ、長楕圓形ニシテ外面ニ白色短毛ヲ布ク。無花瓣。雄蘂ハ多數アリテ萼ヨリ稍短ク、花絲ハ扁平ナリ。多雌蘂アリ。痩果ハ狹卵形ヲ成シ、宿存セル花柱ハ延長シテ長サ1cm許ニ達シ羽毛狀ヲ呈ス。和名牡丹蔓ハ其葉牡丹蔓ノ態アリ且蔓本ナレバ斯ク云フ。漢名 女蒌(誤用)

こぼたんづる
Clematis brevicaudata *DC.*
(=C. Vitalba *L. var.*
brevicaudata *O. Kuntze.*)

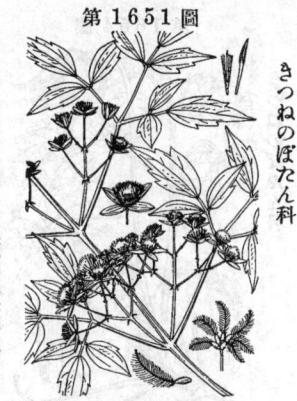

第 1651 圖

きつねのぼたん科

關東諸國ノ山野ニ生ズル落葉攀緣藤本。莖ハ强靱ニシテ皮ハ縱ニ裂ケ易ク、枝ハ瘦長ニシテ往々暗紫色ヲ呈ス。葉ハ長柄ヲ有シテ對生シ再三出複葉ヲ成シ、小葉ハ長橢圓狀披針形ノ者多ク、長サ 2-4cm、銳頭、銳底或ハ稍鈍底、其上半部ニハ疎且大ナル銳鋸齒アリ、乾ケバ洋紙質ヲ呈シ、生時ハ表面暗綠色ニシテ裏面淡色毛茸少ナシ。夏秋ノ候、葉腋ニ有柄ノ短キ圓錐樣聚繖花序ヲ出シテ多數ノ白色ノ小花ヲ攢簇シ開キ、花徑 1.5cm許アリ。萼ハ四片ニシテ十字形ニ平開ス。花瓣ヲ缺如ス。多數ノ雄蕊アリテ萼ヨリ短シ。雌蕊多數。瘦葜ニハ花柱宿存シ羽狀ノ長尾ヲ曳クコトぼたんづるニ於ケルガ如シ。本種ハ概形ぼたんづるニ似タリト雖モ其葉ハ再三出ナルヲ以テ容易ニ識別シ得ベシ。和名小牡丹蔓ハぼたんづるニ似テ其葉瘦小ナレバ云フ。

めぼたんづる
一名 こばのぼたんづる
Clematis Pierotii *Miq.*
(=C. parviloba *Gard. et Champ.*
var. Pierotii *O. Kuntze.*)

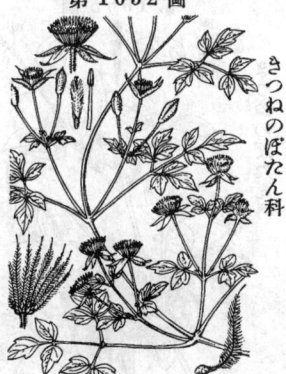

第 1652 圖

きつねのぼたん科

四國九州琉球等ノ山地ニ生ジ、全株短毛ヲ有スル多年生攀緣草本ニシテ莖ハ長ク伸ビ攀長ナリ。葉ハ有柄ニシテ對生シ、單三出或ハ再三出複葉ヲ成シ、小葉ハ狹卵形又ハ長橢圓形ニシテ先端尖リ二三ノ裂片ヲ有シ更ニ粗鋸齒ヲ呈ス。秋月枝梢或ハ葉腋ヨリ有柄ノ聚繖花序ヲ出シ通常葉ヨリ稍超出シテ乃至三ノ白花ヲ開キ花徑 3-4cm許アリ、花萼ニハ對生セル莢狀苞ヲ具ㇷ。萼ハ四片、十字狀ニ平開シ長橢圓形ヲ成シテ外面ニ短毛アリ。花瓣無シ。雄蕊多數アリテ萼片ヨリ短ク、葯ハ短クシテ花絲ハ扁平ナリ。雌蕊亦多數アリ。瘦果ハ卵形ヲ成シ短毛ヲ被フリ、宿存セル花柱ハ尾狀ヲ成シテ延長シ羽毛狀ノ長キ長サ15mm許アリ。和名ハ女牡丹蔓ノ意ニシテ此レヨリハ壯姿ヲ呈スめぼたんづるニ對シ此ノ名ヲ附セシナリ、又小葉ノ牡丹蔓ハ其葉ヲㇾヲぼたんづるニ比スルニ頗ル小形ナレバ斯ク云フ。

はんしょうづる
Clematis japonica
Thunb. (non Houtt.)
(=C. ternata *Makino.*)

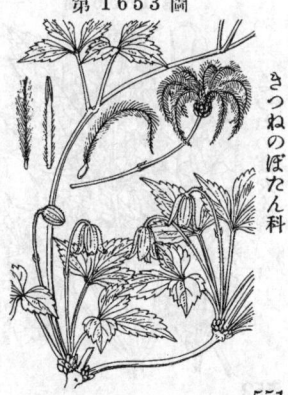

第 1653 圖

きつねのぼたん科

諸州山地ノ林叢中ニ見ル落葉攀緣藤本ニシテ莖ハ瘦長ニシテ往々暗紫色ヲ帶ブ。葉ハ有柄ニシテ對生シ、三小葉複葉ヲ成ス。小葉ハ極メテ短キ小柄ヲ有シ或ハ殆ド無柄ニシテ卵形又ハ橢圓形ヲ成シ短銳尖頭ヲ有シテ粗鋸齒アリ、長サ 4-9cm、葉質稍硬クシテ表裏共ニ短毛ヲ布ク。初夏ノ候枝上ニ叢生セル葉間ヨリ長梗ヲ抽キ其中央部ニ小苞ヲ具ㇷ、先端ニ紅紫色ノ一花ヲ開キ花體鐘形ニシテ下垂シ全開セズ長サ 2.5cm許アリ。萼ハ四片アリテ長橢圓形ヲ成シ白綠アリ、外面ノ邊緣ハ毛茸稍密ニ生ス。花瓣無シ。雄蕊ハ多數アリテ葯ハ短小、花絲ハ稍扁ニシテ白色短毛アリ。多雌蕊アリ。瘦果ハ狹卵形ヲ呈シ頭部ニ宿存セル一花柱ヲ蒼ケテ尾狀ト成シ白色羽毛狀ヲ呈シテ其長サ 4cm許アリ。和名ハ半鐘蔓ニシテ其花吊下セル半鐘ノ形ニ似タレバ云フ。

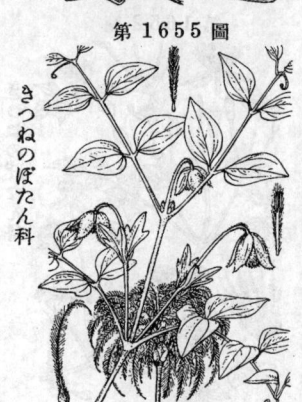

第 1654 圖

きつねのぼたん科

みやまはんしょうづる
Clematis alpina *Mill.* var.
ochotensis *Regel et Tiling.*
(=C. ochotensis *Poir.*;
Atragene ochotensis *Pall.*)

我邦中部北部ノ高山上ニ生ズル落葉攀緣藤本ニシテ莖ハ瘦長ナリ。葉ハ有柄ニシテ對生シ再三出複葉ヲ成シ各三出葉ニ小柄アリ、小葉ハ卵形又ハ卵狀披針形ヲ成シ葉質薄ク粗鋸齒ヲ有ス。七八月ノ候長花梗ヲ葉叢中ヨリ抽キ、梗頂ニ大ナル濃紫色ノ一美花ヲ下垂シテ開キ、花ハ鐘狀ニシテ半開ニ止マル。蕚ハ四片ニシテ狹卵形銳尖頭、長サ 2.5cm 許アリ。花瓣無シ。雄蕊ハ多數ニシテ葯ハ小形、花絲ハ扁平、外部ノ者ハ無葯ニシテ匙形ヲ呈シ大ナル者ハ幅3mmニ達ス。多雌蕊アリ。瘦果ハ廣卵形ヲ成シ、宿存セル花柱ハ長ク延ビテ尾狀ヲ成シ長サ 2.5cm ニ達シ稍褐色ヲ帶ビタル羽毛狀ヲ呈ス。和名ハ深山半鐘蔓ノ意ニシテ深山ニ生ジ花形略ボ半鐘ノ如クレバ云フ。

第 1655 圖

きつねのぼたん科

くろばなはんしょうづる
一名 えぞはんしょうづる
Clematis fusca *Turcz.*

我邦ニテハ北海道ニ產スル落葉攀緣藤本。莖ハ蔓ヲ成シ木質ニシテ枝條ハ草質ナリ。葉ハ有柄ニシテ對生シ、單羽狀ヲ成セル複葉ニシテ疎ニ二乃至四對ノ小葉ヲ具ヘ、小葉ハ極メテ短キ小柄ヲ具ヘ卵形或ハ卵狀披針形ヲ成シ銳頭全邊ニシテ時ニ二三深裂シ、葉裏脈ハ沿テ短毛アリ。夏時葉腋ニ葉ヨリ短キ花梗ヲ抽テ先端ニ暗紫色ノ一花ヲ着ケ鐘狀ヲ呈シテ正開セズ。梗ノ中央ニ苞片對生ス。蕚ハ四片アリテ蕚片ハ卵形ヲ成シ長サ1.7cm許、花梗ト共ニ暗褐色ノ毛茸ニ被ハル。花瓣無シ。雄蕊ハ多數アリテ葯柄長ク、花絲ハ稍扁平ニテ上部ニ白毛ヲ有ス。雌蕊亦多數アリ。瘦果ハ橢圓形ニテ細毛ヲ有シ、宿存セル花柱ハ延長シテ羽毛狀ヲ呈シ稍褐色ヲ帶ビ、長サ3cmニ達ス。和名ハ黑花半鐘蔓ニシテ其花黑褐色ナレバ云ヒ、蝦夷半鐘蔓ハ北海道ニ產スレバ云フ。

第 1656 圖

きつねのぼたん科

くさぼたん
Clematis stans *Sieb. et Zucc.*
(=C. heracleifolia *DC.*
var. stans *O. Kuntze.*)

山地ニ生ズル落葉灌木本。莖ハ木質ニシテ直立シ高サ1m許ニ達シ大ナル幹ハ稀ニ1.5cmノ徑アリテ全株毛茸ヲ帶ブ。葉ハ長柄ヲ有シ對生シ三出複葉ニシテ質硬ク葉脈裏面ニ隆起ス、小葉ハ廣卵形ニシテ長サ4-10cm許、先端尖リ往々二三分裂シ邊緣ニ粗鋸齒ヲ具フ。秋月莖頂及葉腋ニ短キ聚繖花序ヲ相集テ圓錐花穗ヲ形成シ多數ノ美ナル紫花ヲ着ケ下向シテ鐘狀ニ開キ下部ハ筒狀ヲ呈シ上端ハ外方ニ反轉ス。蕚ハ四片アリテ廣線形長サ1cm內外ニシテ外面ニ白色絹毛ヲ被ォリ、內面ハ紫色ナリ。雌雄異株ニシテ雌花ハ雄花ヨリ稍小ナリ。雄蕊多數アリ、雌花ニ在テハ葯細小、花絲ハ稍扁平ニシテ短毛アリ。雌蕊ハ數個アレドモ雄花ノ者ハ不孕ナリ。瘦果ハ卵形ヲ成シ宿存セル頂端ノ花柱ハ長サ1.5cm許アリテ羽毛狀ヲ成シ宛モ尾ノ如シ。和名ハ草牡丹ノ意、牡丹ハ其葉狀ニ基ク、而本種ハ元來灌木本ナレドモ其槪觀宛モ草本ノ如クレバ草ト云ヘリ。

てっせん (鐵線蓮)
Clematis florida *Thunb.*
(=Anemone japonica *Houtt.*)

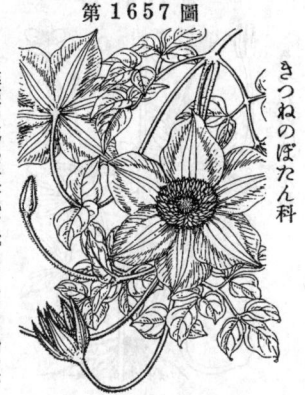

第 1657 圖

きつねのぼたん科

舊ク寛文年間ニ渡來セル支那原産ノ落葉攀緣藤本ニシテ觀賞花トシテ人家ノ庭園ニ栽植ス。蔓莖ハ瘦長ニシテ質硬ク冬ヲ凌デ枯レズ、全體ニ短毛疎布セリ。葉ハ有柄ニシテ對生ニ單三出或ハ再三出複葉ヲ成シ、葉柄ハ能ク他物ニ卷絡ス。小葉ハ卵形或ハ卵狀披針形ニシテ全邊或ハ二三缺刻アリ。五六月ノ候、葉腋ニ長梗ヲ出シ中央ヨリ下リテ廣卵形ノ二苞ヲ對生シ、梗端ハ白色大形ノ一花ヲ開キ花徑 6-8cm 許アリ。專ハ六片アリテ平開シ、花瓣樣ヲ呈シ、各專片ハ卵形銳頭、邊緣ハ多少波狀ヲ呈シ中央ニ三主脈縱通シ外方ハ斜走セル是ヲ帶ビ、外面ハ中央脈ニ沿テ稍紫色ヲ帶ビ短毛ヲ帶フ。花瓣無シ。雄蕊ハ多數、通常變形シテ其花絲扁平ニ擴大ノ暗紫色ヲ呈ス。雌蕊亦多數アリ。花後普通ハ結實セズ、然レドモ其雄蕊變形セズ正形ノ者アレバ始メテ結實ヲ見ン。和名ハ鐵線ニシテ其漢名ナル鐵線蓮ノ鐵線ニ基ク、卽チ其蔓强クシテはりがねノ如ケレバ斯ク云フ。

かざぐるま (轉子蓮)
Clematis patens *Morr. et Decne.*

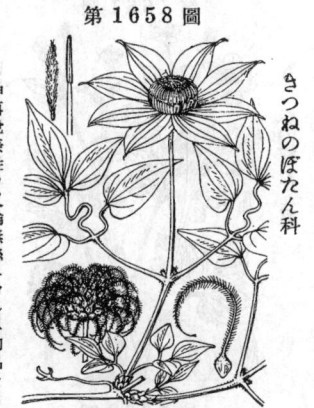

第 1658 圖

きつねのぼたん科

通常人家ノ庭園ニ栽植スル落葉攀緣藤本ニシテてっせんニ類似セリ。蔓莖ハ瘦長ニシテ褐色ヲ呈シ長ク伸ブ。葉ハ長柄ヲ有シテ對生シ通常單三出葉或ハ時ニ再三出葉ヲ出シ、小葉ハ卵形或ハ狹卵形ニシテ葉先銳頭、底部圓形或ハ稍心臟形、全邊、長サ 2-6cm 許、表裏脈ニ沿テ細毛アリ。葉柄ハ長ク、他物ニ卷絡スル性アリ。五月、枝端ニ一花梗ヲ出シテ梗端ニ一大美花ヲ開キ花徑 10cm 內外アリテ花色ハ通常紫色ナレドモ又淡紫色紅紫色等ノ異品アリ。專ハ通常八片アリテ車輪狀ニ平開シ、各片長橢圓ニシテ先端銳尖頭ヲ成シ。無花瓣。雄蕊多數アリテ葯ハ細長ニシテ紫色ヲ呈シ花絲ハ白色ニシテ扁平ナリ。雌蕊亦多數。瘦果ハ頭狀ニ相集ヒ卵形ニシテ宿存セル花柱ハ褐色ノ毛多クドモ羽毛狀ヲ成サズシテ短シ。今日人家ニ培養セラルル品ハ多分往時てっせんト同ジク之ヲ支那ヨリ傳ヘシ者ナラント思惟ス、而シテ本邦諸州ニ見ル野生品卽チ帶紫淡白色花ノかざぐるまハ蓋シ從來ノ園藝品トハ何等關與スル所ナキ者ト信ズ。和名ハ風車ニシテ其花狀瓜具ノ風車ニ似タル故云フ。

ふくじゅさう
一名 ぐゎんじつさう
Adonis amurensis *Regel et Radd.*

第 1659 圖

きつねのぼたん科

邦內一般ニ野生ス、然レドモ中部以南ノ地ニ之ヲ多ク見ルコト稀ナレドモ北地ニ於テ自ラ之ヲ產スル質軟カキ多年生草本ニシテ普通ニ、ハ花草トシテ愛植セラル。根莖ハ短クシテ稍肥厚ヲ多數ノ暗褐色鬚根ヲ叢出ス。莖ハ直立シ綠色ニシテ葉ト共ニ毛ナク下部ハ數鱗片アリテ之ヲ覆ヒ擴ク高サ當ニ 15-25cm ニ達ス。葉ハ互生シテ長柄ヲ有シ三囘羽狀裂葉ヲ成シ、小裂片ハ卵形或ハ長卵形ニシテ羽狀深裂シ、深裂片ハ更ニ銳尖頭アル線狀披針形裂片ト成リ、柄下ニ、ハ栽設セル小形葉ヲ對生シ、莖ト葉ハ變ジテ大形ノ稍鱗片ヲ成シ之ヲ成ス。二三月ニ至リテ新葉ト共ニ莖頭ニ黃色ノ一美花ヲ著ケ日光ヲ受クレバ天ニ朝フテ正開シ花徑 3cm 許ナリ。瘦果ニ、テ一株一花、肥苗ニシテ分枝ヲ數花ヲ著ク。專片ハ多數ニシテ暗綠紫色ヲ帶ブ。花瓣ハ多數アリテ狹長橢圓形ヲ成シ上緣邊齒ヲ有シ光澤アリ。黃色ノ多雄蕊ニシテ、雌蕊亦多數、子房ハ稍小綠色ニシテ有毛、稍長キ花柱ヲ頂ニ載ケ柱頭ハ微少分放大ス。瘦果ノ頭狀ニ相集リ稍球形ニシテ細毛アリ。和名ハ福壽草ノ意、獻歲花草トセテ元旦ニ用ウルハ之ヲ祝禱シ此佳名ヲ附セシモノナリ。漢名 側金盞花・獻歲菊・雪蓮花 (共ニ誤用)

553

第 1660 圖

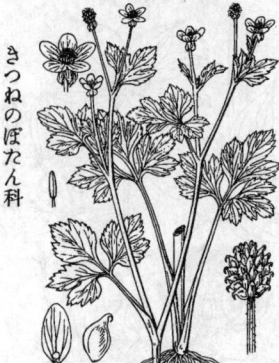

うまのあしがた
一名 とまのあしがた・おとりおとし
Ranunculus acris *L.* var. japonicus
Maxim. (=R. japonicus *Thunb.*)

向陽ノ山野ニ普通ナル多年生草本ニシテ莖葉共ニ直立性毛茸ヲ生ズ。根莖ハ極メテ短ク下ニ多クノ鬚根ヲ發出ス。葉ハ單葉面ヲ成シ、根生葉ハ叢生シテ長柄ヲ具ヘ稍深ク掌状ニ三深裂シ、深裂片ハ中者往ニ三尖裂シ側者ハ二尖裂ク株ニ由リ廣狹アリテ倒卵形或ハ狹倒卵形ヲ成シ下方ハ楔形ヲ呈シ上部ノ邊縁ニ粗鋸齒アリ、莖葉ハ殆ド無柄ニシテ綫形ニ三裂片ヲ成ス。初夏ノ候葉葉中ヨリ直立セル花莖ヲ抽キ高サ40-60cm許ニ繁縟的ニ梢ノ分枝ヲ枝端ニ各一ノ黄花ヲ開キ花莖1.5-2cmアリ。蕚ハ五片ニシテ黄綠色ヲ呈シ背面ニ毛アリ。花瓣ハ五片ニシテ平開シ倒卵状倒卵形ヲ呈シ光澤アリ基部ニ一小鱗片ヲ具フ。雄蕋多數、雌蕋亦多數、子房ハ圓形ニシテ柱頭ハ無柄ナリ。搜果ハ卵形ニシテ短喙アリ多數ヲ集合シテ略ボ球形ヲ呈シ徑5-7mm許アリ。重瓣花品ノ者ヲきんぽうげ即チ金鳳花(forma pleniflorus *Makino*)ト云フ。有毒植物ノ一。和名ハ馬ノ脚形并ニ駒ノ脚形ノ意、其周邊淺ク五鼓シ裂片銳尖ナラザル根生葉ノ葉面ヲ遠望スレバ圓形ニ感ズル故此稱アリ、癪落シヽ多分此草ヲ服スレバおとり治癪スト謂フヨリノ名ナリ。漢名 毛茛(誤用)

きつねのぼたん (毛茛)
Ranunculus glaber *Makino.*
(=R. Vernyi *Franch.* et *Sav.* pro parte.)

路傍、溝畔或ハ山足溪側等ノ濕地ニ生ズル越年生ノ有毒草本ニシテ秋ニ至ルモ向クアリテ開花結實シ、莖葉共ニ毛ヲ生ズルコト少ク通常裸出ス。莖ハ高サ20-60cm許アリ直立シテ分枝シ中空ニ圓柱形ニシテ無毛、時ニ下部ニ多少ノ毛ヲ帶ブ。根生葉ハ長柄ヲ具ヘ柄本ハ鞘ヲ成シ、三小葉ヲ成リテ小葉ハ二裂或ハ三裂シ、不齊鋸齒ヲ有ス。莖葉ハ互生シテ短柄ヲ有シ三全裂ニシテ柄本ハ鞘ヲ成ス。春夏秋ニ互ヲ各枝頭ニ黄花ヲ開キ、花徑1-1.3cmアリ。蕚ハ五片アリテ淡綠色ヲ呈シ外面ニ毛アリ。花瓣ハ五片ニシテ平開シ光澤アリ倒卵状長楕圓形ニシテ基部ニ細啮鱗片ヲ有ス。雄蕋多數。雌蕋亦多數、子房ハ長卵形ニシテ花柱鈎曲ス。搜果ハ楕圓形ニシテ先端ニ鈎喙ヲ具シ多數相集リテ球状ヲ成シ金平糖状ヲ呈シ直徑7-10mm許アリテ味辛シ。はひきつねのぼたん(forma prostratus *Makino*)ハ特別ノ品種ニ非ズシテ草地或ハ濕地ニ生ジ其莖傾臥スレバ其莖節ヨリ根ヲ下セシ者ナリ。過ギズ。本種ト酷似スルヲ けきつねのぼたん (R. polycephalus *Makino* =R. japonicus *Langsd.* non *Thunb.*)アリ、全體ニ毛多ク花實ハ五六月ノ候ニテヲ告ゲテ莖葉枯レ秋ニ持續セズ、搜果ノ喙ハ略ボ直ナリ。和名ハ狐ノ牡丹ニシテ此品野ニ在リテ其葉状牡丹葉ノ態アレバ斯ク云フ。漢名 囘囘蒜(誤用)

第 1661 圖

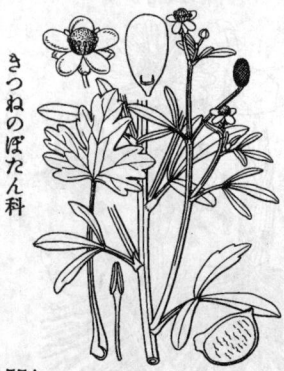

たがらし (石龍芮)
一名 たたらび
Ranunculus sceleratus *L.*

諸州ノ田中・溝中等ニ普通ニ見ル軟質無毛ニ越年生草本ニシテ泥中ニ白色ノ鬚根ヲ出セリ。莖ハ往々粗大ニシテ直立シ綠色ニシテ筒状ヲ成シ、高サ40-50cm許アリテ分枝ス。葉ハ根生者ハ叢生シ莖生者ハ互生シ光澤アリ、單葉ニシテ深ク掌状ニ三裂シ裂片ハ鈍頭楔形ニシテ、更ニ中裂片ハ三尖裂、側裂片ハ二三尖裂シ共ニ少鈍齒アリ、根生葉ハ長柄ナリ莖葉ハ長柄アリ、上葉ハ有短柄或ハ略ボ無柄ニシテ三深裂シ裂片狹長ナリ。春時上部ニ多枝ヲ分チ梗端ニ小ナル黄花ヲ開キ其數多ク花徑8mmアリテ。蕚ハ五片ニシテ外面ニ毛ヲ帶ビ花時反轉シ其大サ略ボ花瓣ニ同ジ。花瓣ハ五片、平開、光澤アリ基部ニ一小鱗片ヲ有ス。雄蕋多數、雌蕋亦多數、子房細繊、搜果ハ小形ニシテ楕圓形ヲ成シ側面ニ小皺アリテ頂一ノ小短喙ヲ有シ多數相集リテ長橢圓状ノ果穗ヲ形成シ長サ8-12mm許アリ。有毒植物ノ一。和名ハ田辛ノ意ニシテ此草田中ニ生ジ味辛ケレバ云フ、又一說ニ田枯レノ意ニシテ田ニ生ジ大ニ繁殖シテ稻ヲ枯死セシムル故云フト雖モ敢テ實狀ニ即セズ、たたらびハ蘂シたたら即チ鑪(たたら)ノ火ノ意ニテ其草ノ辛味ニ基キシ名ナラン。

554

こきつねのぼたん（回回蒜）
Ranunculus chinensis *Bunge.*

野外池畔草地ノ向陽濕處ニ生ズル越年生草本ニシテ莖葉ニ開出セル毛ヲ有シ、高サ40-50cm許アリ。根莖ハ短ク多クノ白色鬚根ヲ發出ス。莖ハ直立シテ分枝シ圓柱形ニシテ中空ナリ。葉ハ三全裂シ、小葉ハ分裂シテ楔形或ハ倒披針狀楔形ヲ成シ粗齒牙緣ヲ有ス、根生葉竝ニ脚葉ハ長柄ヲ有シ其柄ハ上部ニ至ルニ從ヒ次第ニ短小ト成リ遂ニ無柄ト成リ葉モ亦漸次ニ小形ト成リ單純ト成ル。四五月ノ候、枝上ノ梗端ニ小ナル黃花ヲ開キ花徑8mm許アリ。蕚ハ五片アリテ外面ニ長毛ヲ有ス。花瓣赤五片アリテ平開シ光澤アリ廣倒卵形ニシテ基部ニ圓形ノ一小鱗片アリ。雄蕊多數。雌蕊亦多數。瘦果ハ細小多數ニシテ橢圓形ヲ成シ相集リテ卵狀長橢圓形ノ聚合果ヲ呈シ其長サ1cm内外アリ。和名ハ小狐ノ牡丹ニシテ普通ノきつねのぼたんニ比スレバ各部瘦狹ナレバ斯ク云フ。

きつねのぼたん科

をとこぜり
Ranunculus Tachiroei
Franch. et Sav.

多クハ山原或ハ山足濕泇ノ地ニ生ズル越年生草本ニシテ其狀ときつねのぼたんニ類スレドモ、其葉之レヨリ狹瘦ニシテ毛少ナシ。高サ70cm内外ニシテ莖ハ直立シテ分枝ス。脚葉ハ再三出葉ニシテ長柄ヲ有シ、第一小葉柄ハ細長、第二囘小葉柄ハ頂生ノ者ノ他殆ド無柄狀ナリ。小葉ハ狹楔形、先端不齊粗齒牙緣ヲ有シ、葉柄ハ無柄ニシテ三裂シ裂片ハ線形ナリ。夏秋ノ候、疎ナル聚繖花序ヲ成シ分枝シテ枝端ニ小黃花ヲ開キ花徑凡1cm許アリ。蕚ハ五片ニシテ外面ニ毛ヲ有シ淡綠色ナリ。花瓣ハ五片アリテ基部ニ小鱗片ヲ有シ蜜槽ヲ成ス。多雄蕊、黃色。多雌蕊。果毬ハ徑1cm許ノ球狀ヲ呈シ、瘦果ハ圓卵形ニシテ遺存セル花柱ハ稍長嘴ヲ成シテ尖レリ。和名ハ男芹ノ意、せりハ葉形ニ基ヅキ、をとこハ草體せりニ比スレバ大形ナルヨリ云フ。

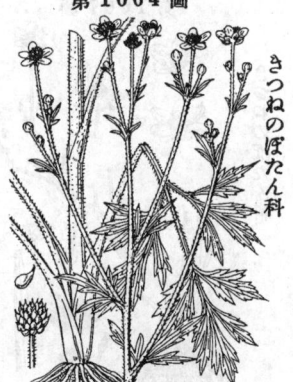

きつねのぼたん科

はひきんぽうげ
Ranunculus repens *L.*

原野ノ濕潤地ニ生ズル多年生草本ニシテ綠色ノ長キ匐枝ヲ傍出シ地面ニ橫ハリ繁殖ス。莖ハ通常稍粗ナル毛茸ヲ有シ、高サ40cm内外アリ。根葉ハ長柄アリ單三出或ハ三三出分裂葉ヲ成シ、小葉ハ更ニ二裂若クハ三裂ト成リ、各片粗齒牙アリ。梢葉ハ無柄ニシテ二三全裂シ、裂片ハ狹クシテ先端尖レリ。夏日梢部稍分枝シテ徑2cm許ノ黃色花ヲ開ク。蕚ハ五片ニシテ卵形ヲ成シ長サ5mm、外面有毛ナリ。花瓣ハ五片、平開シ、各瓣ノ基部ニ一細鱗片ヲ有ス。多雄蕊、黃色。多雌蕊。果毬ハ徑7mm許アリテ略ボ球狀ヲ成シ、瘦果ハ卵狀圓形ニシテ短鉤ヲ有ス。和名ハ這金鳳花ノ意ナリ。

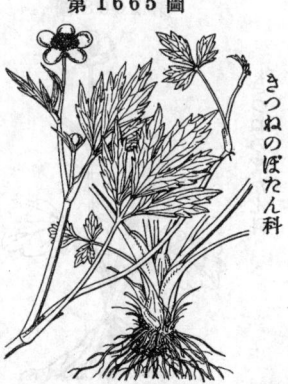

きつねのぼたん科

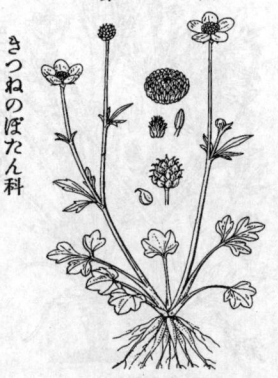

第 1666 圖

きつねのぼたん科

ひきのかさ
一名 こきんぽうげ
Ranunculus Zuccarini *Miq.*

原野ノ濕地ニ生ズル多年生ノ小草本。株本ヨリ
鬚根竝ニ數箇ノ紡錘狀小塊根ヲ出セリ。莖ハ高
サ 5-15cm 許アリ、纖弱ニシテ毛ナシ。根葉ハ數
片束生シ長柄ヲ有シテ三裂シ、小葉ハ更ニ二裂
又ハ三裂シ或ハ只一二ノ鋸齒ノミヲ有ス。莖葉
ハ少數ニシテ三裂シ、裂片ハ狹倒卵線形ヲ成
ス。四五月ノ候枝上ノ花梗端ニ黃色花ヲ開ク、
花徑1.3cm許。萼ハ五片アリ長サ3mm許ニシテ
稍無毛。花瓣五片ハ橢圓形ニシテ光澤アリ、各
片ノ基部ニ一細鱗片アリ。雄蕊ハ多數ニシテ黃
色。雌蕊多數。果毬ハ長橢圓形、長サ 4-6mm 許
アリ、瘦果ハ小形ニシテ稍球狀ヲ呈シ短鉤ヲ有
ス。和名ハ蛙(ひき)ノ傘ノ意、蛙ノ棲ム濕地ニ生
ジ而シテ其花ハ蛙ノ小傘ニ擬セシモノナリ、小
金鳳花ハきんぽうげニ似テ小形ナルヨリ云フ。

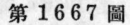
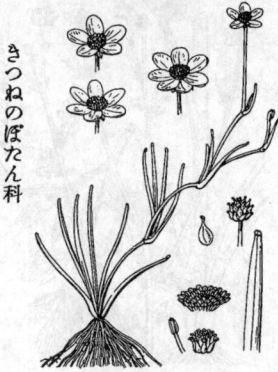

第 1667 圖

きつねのぼたん科

いときんぽうげ
Ranunculus reptans *L.*

山原ノ濕地或ハ山中ノ湖畔砂地ニ生ズル
無毛ノ多年生草本。根ハ稍粗ナル鬚狀ヲ
成シテ束生シ、株本ヨリハ葉ヲ叢出ス。
莖ハ綠色ノ絲狀ヲ成シテ匍匐ノ節ヨリ白
鬚根ヲ發出シ、長サ20cm內外ニ及ブ。葉
ハ綠色ニシテ絲狀ヲ呈シ下部ニ稍擴ガリ
テ短鞘ヲ成シ以テ莖ヲ擁シ、數葉相集リ
テ匐枝ノ節ニ生ジ、又株本ニ叢生シ、長サ
3-5cm許アリテ上部往々狹篦狀ヲ呈ス。
夏秋ノ候、匐枝ノ節ヨリ長サ2-3cm許
ナル綠色ノ一花梗ヲ抽キ頂ニ小黃花ヲ單生
ス。花徑1cm許。五萼片ハ圓形無毛、五
花瓣ハ光澤著シク內方基部ニ一細鱗片ヲ
具フ。雄蕊多數ニシテ黃色。雌蕊亦多數。
果毬ハ球狀ニテ徑4mm許、瘦果ハ小卵圓
形ニシテ先端突起アリ。和名ハ絲金鳳花
ノ意ニシテいと其莖・葉ノ狀ニ基ヅク。

第 1668 圖

きつねのぼたん科

たかねきんぽうげ
Ranunculus sulphureus *Soland.*
var. altaicus *Trautv.*

本州中部白馬山彙ノ高山帶ニ生ズル多年
生小草本ニシテ稀品ニ屬ス。高サ10cm內
外ニシテ全株平滑ナリ。根出葉ハ長柄ヲ
具ヘ、圓形或ハ廣卵圓形ニシテ長サ1-1.5
cm、鈍頭、截底、上牛部ハ鈍齒牙緣ヲ成
シ下牛ハ全邊、暗綠色ヲ呈シテ滑澤、質
稍厚シ。莖ハ直立シテ葉ヨリ長ク、其中
點ニ近ク無柄ノ一葉ヲ着ケ三五掌狀ニ深
裂シ其裂片ハ線狀橢圓形ヲ呈シ、八月
莖頂ニ一黃花ヲ着ケ天一朝フテ開ク。花
徑凡1.5cm。五萼片ハ外側ニ褐色ノ毛ヲ
布キ、五花瓣ハ倒卵形ヲ呈シ平開ヶ截頭
或ハ鈍頭ヲ有シ、瓣面光澤アリ。果毬ハ
長橢圓樣圓錐形ヲ呈シ、瘦果ハ綠色平滑
ナリ。和名ハ高嶺金鳳花ノ意ナリ。

くもまきんぽうげ
Ranunculus pygmaeus *Wahl.*

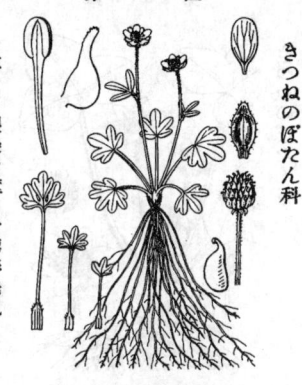

本州中部ノ高山帶岩礫ノ地ニ生ズル多年生小草本ニシテ高サ5cmニ滿タズ、全株細毛ヲ布ク。根葉ハ四五片叢生シテ長柄アリ、圓狀腎臟形ニシテ長サ5-10mm許、掌狀ニ五七深裂或ハ尖裂シ、裂片ハ楕圓形ヲ呈シテ圓頭ヲ成シ平滑、邊緣微細ノ毛ヲ生ズ。夏日葉間ヨリ細莖ヲ挺シテ直上シ、莖ノ中點ニ短柄アル三深裂葉ヲ着ケ、莖頂ニ一輪ノ小黃花ヲ着ケ天一朝フテ平開ス。花徑1cm弱。萼ハ五片、微毛ヲ生ジ、花瓣五片ハ楕花樣ヲ呈シ楕圓形圓頭ヲ呈シ光澤アリテ萼片ヨリハ稍長シ。多雄蕋。多雌蕋。果毬ハ小形ニシテ廣楕圓體ヲ成シ、瘦果ハ平滑、綠色、先端ニ稍鉤曲セル柱頭ヲ殘存ス。和名ハ雲間金鳳花ノ意、此草雲表ニ聳ユル高山ニ生ズルヨリくもまノ名ヲ得タリ。

ばいくゎも
一名 うめばちも
Ranunculus aquatilis *L.*
var. pantothrix *Hohen.*
(=R. aquatilis *L.* var. flaccidus *Maxim.* forma Drouetii *Maxim.*)

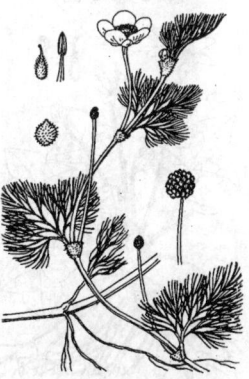

平地或ハ山中ノ水底ニ生ジ叢生シテ水流中ニ沈生シ流レニ從テ下ス。甚ク多年生草本ニシテ長サ50cm内外ニ達シ、根ハ鬚狀ニシテ白色ナリ。莖ハ細長ニシテ綠色ヲ呈シ疎ニ分枝シ下部ノ節ヨリ鬚根ヲ發出ス。葉ハ綠色ニシテ互生ニ基部膨大シテ短鞘ヲ成シ細毛ヲ帶ビタル短柄ヲ有シ、三-四回細分裂シテ最終裂片ハ絲狀ヲ成ス。夏日葉ニ對生シテ莖ノ節ヨリ一長梗ヲ抽テ水面上ニ出デ梅花樣ノ白花ヲ開ク。花徑凡1cm許。五萼片ハ綠色ニシテ圓形、無毛。五花瓣倒卵形ニシテ基部黃色ニシテ一細鱗片ヲ具フ。雄蕋ハ稍多數ニシテ黃色。雌蕋モ亦多數。果毬ハ球狀ヲ成シ徑4mm許、瘦果ハ小形ニシテ略圓卵形ヲ呈シ小皺アリテ短毛ヲ被リ先端小凸起ヲ有ス。備中ニテハ之レヲ食用トシうだぜりノ方言アリ。和名ハ梅花藻・梅鉢藻ノ意、共ニ花形ニ基キシ稱ナリ。

もみぢからまつ
一名 もみぢしょうま
Trautvetteria carolinensis *Vail.*
var. japonica *Makino.*
(=T. japonica *Sieb. et Zucc.*; T. palmata *Fisch. et Mey.* var. japonica *Huth.*)

我邦中部幷ニ北部ノ山地ニ生ズル多年生草本ニシテ莖高サ50cm許ニ達シ上方短毛密布ス。葉ハ掌狀裂ヲ成シ、根生葉ハ長柄ヲ有シ、葉面大形ニシテ往々幅20cm以上ニ達シ五乃至十裂片ニ分レ、各裂片ハ更ニ缺刻深ク幷ニ微小頭ヲ有スル刻齒アリ。上葉ハ短柄或ハ無柄ニシテ長卵形又ハ全邊綠形ヲ成ス。夏日梢ハ繖房花序ヲ成シテ稍多數ノ白色無瓣ノ有梗花ヲ開ク。萼片ハ小サク卵形ニシテ早落シ、多數ノ白色雄蕋ヲ撒開シ外方ノ者漸次ニ短シ。多雌蕋アリ。果毬ハ球狀ニシテ徑13mm許アリ、瘦果ハ卵形ニシテ先端ニ短鉤ヲ有ス。和名ハもみぢ唐松ノ意ニシテもみぢハ葉ヅキ唐松ノ其花狀ニ由ル、もみぢ升麻ハ草狀升麻ニ類スト謂ヒ此稱アリ。

第 1672 圖

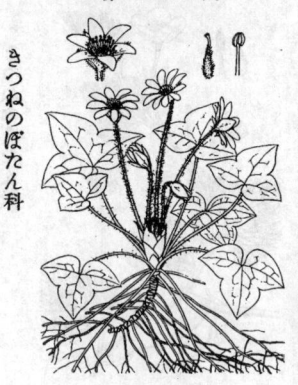

きつねのぼたん科

すはまさう
Hepatica triloba *Chaix.*
(=Anemone Hepatica *L.*)

山地ノ樹下ニ生ズル多年生草本。根莖ハ斜上シ細長ニシテ節多クシテ暗色ノ鬚根ヲ發出ス。葉ハ根生シ叢出シテ傾上シ、長柄ヲ具ヘ冬ヲ凌ギ枯レズ、葉片ハ心臟底ニシテ三尖裂シ、裂片ハ廣卵形鈍頭ニシテ質稍厚ク、暗綠色ヲ呈シテ光澤ナク時ニ白斑アリ、裏面ハ淡色ニシテ長毛ヲ散生シ、新葉ハ内曇シテ白絹毛ヲ被フリ花ノ直後ニ開舒ス。早春舊葉間ニ少數或ハ敷花ヲ開ク。花ハ長梗ヲ具ヘ對メ點頭シ、開クバ上向シ、梗ニハ絹毛密生ス。花ハ徑1-1.5cm、花下ニ接シテ卵狀楕圓形ノ綠色總苞三片アリ。萼ハ花瓣樣ヲ呈シ六乃至八片アリテ長楕圓形ヲ成シ白色ヲ普通ト時ニ紅色或ハ紫色ノ者アリ、花瓣無シ。雄蕊ハ多數、黃色。雌蕊ハ多數、子房ニ細毛アリ。瘦果ハ多數細小ニシテ細毛ヲ有シ、下ニ宿存セル綠苞ヲ伴フ。和名洲濱草ハ其葉ノ形狀島臺ノ洲濱ニ似タルヨリ出ヅ。漢名 獐耳細辛(誤用)

第 1673 圖

きつねのぼたん科

みすみさう
一名 ゆきわりさう
Hepatica acuta *Britton.*
(=H. triloba *Chaix.* var. acuta
Pursh; H. acutiloba *DC.*)

山地樹陰等ニ生ズル多年生草本ニシテ高サ5-10cm許、根莖ハ細長ニ細長ク斜上シ節多クシテ暗色ノ鬚根ヲ發出ス。葉ハ皆根生シテ叢出シ長柄ヲ有シ、葉面ハ底部心臟形ヲ呈シテ三尖裂シ裂片ハ全邊ニシテ銳頭、葉質稍厚ク葉面多少光澤アリ、葉裏及ビ葉柄ニハ長毛疎生ス。早春三月ノ候長梗數本ヲ抽キテ梗端ニ各一ノ白花ヲ開ク、花下ニ接シテ三片ノ卵形總苞アリ綠色ニシテ外面ニ白毛ヲ有ス。花ハ徑1.7cm内外。萼ハ花瓣樣ヲ呈シ六〜九片アリテ披針形或ハ卵狀披針形ナリ。花瓣無シ。雄蕊ハ多數ニシテ黃色。雌蕊多數、子房ニ有毛。瘦果多數、下ニ宿存セル綠色總苞ヲ伴フ。本種ノ學名ハ關シテ予ハ ノ如ク爲ナリ、且ハ假令變種ナリトト雖モ其植物ニ對シテ最初ニ用ヰシ名ハ德義上宜シク其研究ヲ尊重スベキモノタルヲ以テナリ此點予ハ敢テ命名各規約ニ從ハズ。和名三角草ハ其葉形ニ基ヅキテ云ヒ、雪割草ハ早クモ雪中ニ開花スルトテ云フ。漢名 獐耳細辛(誤用)

第 1674 圖

きつねのぼたん科

いちりんさう
一名 いちげさう・うらべにいちげ
Anemone nikoensis *Maxim.*

山足等ノ草地ニ生ズル多年生草本ニシテ高サ18-25cm許。根莖ハ可ナリ長クシテ地下ヲ横行シ稍多肉質ニシテ白色ナリ。莖ハ細長ニシテ根莖ノ上部ヨリ出デ直立シ單一ニシテ葉ト共ニ毛ナシ。根葉ハ長柄ヲ有シ再三出ニシテ有柄、小葉ハ羽狀裂シ、裂片ハ大ナル缺刻緣ヲ有ス。花梗基部ニ輪生スル總苞ニ三片アリテ柄ヲ具ヘ、各三出葉ヲ或シテ小葉ハ更ニ深ク剪裂ス。四月、總苞ノ中央ヨリ長サ5-7cm許ノ直立セル一梗ヲ抽キ、梗端ニ一花ヲ開キ、花徑4cm内外アリ。萼ハ花瓣樣ヲ呈シ五片ニシテ橢圓形ヲ呈シ白色ニシテ外面往々淡紅紫色ヲ帶ビテ美ナリ。花瓣無シ。多數ノ雄蕊アリテ黃色。雌蕊多數、子房ニ細毛ヲ被ル。瘦果多數、細小、細毛アリ。和名一輪草ハ一花ニアルヨリ云フ、いちげさうハ一華上ニ一花ノミアルヨリ云フ。いちげさうハ『尺素往來』ニ一夏草ト出ヅト雖モ是レ藍シ一花草ト書スルヲ以テ正シト爲スベキナラン、裏紅いちげハ花瓣狀萼ノ裏面往々帶紅色ナルヨリ云フ。漢名 雙瓶梅(蕋ノ誤用、此語滑俗名ナリト謂フ)

558

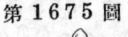

にりんさう
一名 がしゃうさう
Anemone flaccida *Fr. Schm.*

山地若クハ山足地等ノ林下地ニ生ズル賀軟カキ多年生草本ニシテ往々群ヲ成シテ繁茂シ盛夏秋冬ニハ莖葉枯レテ無シ。高サ15cm許ニ達シ全株ニ疎毛ヲ生ゼリ。根莖ハ地下ニ横臥シ或ハ斜上ヲ多肉ニシテ寧ロ短ク疎ニ鱗根ヲ發出シ節線アリテ先頭ニ鱗片アリ。根葉ハ薄鱗ヲ有スル根莖頭ヨリ少數叢生シテ長柄ヲ有シ、心臓狀圓形ノ外形ヲ呈シテ三深裂シ、深裂片ノ中者ハ三尖裂、側者ハ二尖裂シ底部楔形ヲ成シ、尖裂片ハ更ニ純凱ノ缺刻狀齒牙縁ヲ成シ、葉面ニ淡白斑跡アリ。總苞葉ハ三片アリテ莖頂ニ三位シ、無柄ニシテ三裂シ齒牙縁アリ。四五月ノ候總苞ノ葉心ヨリ一乃至三條ノ長花梗ヲ直立シ梗末ニ白花ヲ開キ、花徑1.5-2.5cm許アリ。萼ハ花瓣樣ヲ呈シ五片ヲ常型ト爲シテ七片アリ、廣卵形ヲ呈シ外面有毛ニシテ往々紅暈アリ。花瓣無シ。雄蕊ハ多數ニシテ黄色。雌蕊亦多數ニシテ子房ハ白色ノ絹毛ヲ被リ柱頭無柄ナリ。痩果ハ相集リ卵狀橢圓形ニシテ有毛緑色ナリ。和名二輪草ハ莖上ニ二花アルノ意ナレドモ又或ハ一花或ハ三花アリテ一樣ナラズ、是レ畢竟同屬ノ姉妹品一輪草ニ對スルノ名ナリ。がしゃうさうハ鵞鵞草ノ意ニシテ其葉形ニ基キシ名ナラン乎否乎。

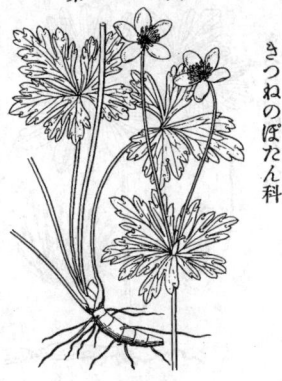

第 1 6 7 6 圖

さんりんさう
Anemone stolonifera *Maxim.*

山地ノ樹陰等ニ生ズル多年生草本ニシテ高サ15-20cm許、株本ハ舊葉柄本ノ纖維ヲ遺存ス。根莖ハ短クシテ鬚根ヲ發出ス。莖ハ數條叢生シテ直立ス。根生葉ハ長柄ヲ有シ、三出ニシテ各小葉ハ短柄ヲ具ヘ、卵形ニシテ更ニ二三裂シ、各裂片ハ倒披針形ニシテ缺刻狀鋸齒ヲ有ス。總苞葉ハ三片アリテ柄ヲ有シ、根葉ト同式ニ分裂ス。七月ノ候總苞ノ中心ヨリ二三ノ長梗ヲ抽キ、梗末ニ各一白花ヲ着ヶ花徑1-1.7cm許アリ。萼五片花瓣樣ニシテ卵形ヲ呈シ外面ニ短毛有リ。花瓣無シ。雄蕊多數ニシテ黄色。雌蕊ハ稍少數ニシテ微毛アル子房ヲ有ス。和名三輪草ハ一莖上ニ三花ヲ開クノ意ニシテ其姉妹品ナル一輪草・二輪草ニ對シテノ稱ナリ。

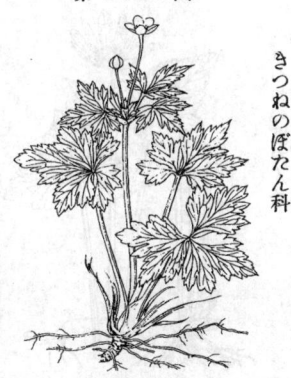

第 1 6 7 7 圖

きくざきいちりんさう
一名 きくざきいちげさう・るりいちげさう
Anemone altaica *Fisch.*

山野ニ生ズル多年生草本ニシテ高サ10-20cm許アリ。根莖ハ地中ニ横走シ疫長ニシテ節線アリ。莖ハ直立シテ單一ナリ。根生葉ハ再三出葉ヲ成シテ柄ヲ有シ、小葉ハ卵形ニシテ缺刻及ビ缺刻狀齒牙ヲ具フ。總苞ハ梗頂ニ在リテ三葉狀ヲ成シ、各有柄ノ三出葉ヲ成シ,其柄ハ柄本鞘ヲ呈シテ擴大シ、小葉ノ狀ハ根生葉ト相同ジ。四五月候、苞葉ノ中心ヨリ直上セル一花梗ヲ抽キ、梗末ニ淡紫色ノ花ヲ開キ或ハ一時ニ白色ノ者アリテ花徑2.5-4cm許アリ、日ヲ受ケテ平開シ頗ル美シ。萼ハ花瓣樣ヲ呈シ十片乃至十二三片アリテ線狀長橢圓形ヲ成ス。花瓣無シ。雄蕊多數アリテ黄色。雌蕊亦多數ニシテ卵形ヲ成セル子房ニハ白色短毛ノ密布ス。痩果ハ卵圓形ニシテ相集リ細毛アリ。和名ハ菊咲一輪草、又ハ菊咲いちげ草ニシテ其菊花ニ似タル花狀ニ基ヅク。瑠璃いちげハ花色ニ由リテ云フ。漢名 莵葵(誤用)

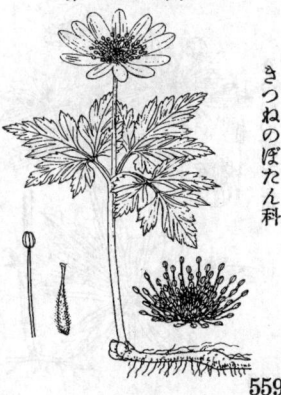

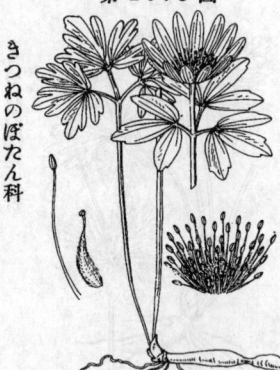

あづまいちげ
一名 うらべにいちげ(同名アリ)
Anemone Raddeana *Regel.*

中部並ニ北部ノ山地樹下ニ生ズル多年生草本。根莖ハ横走シテ粗大ナラズ、先端ニハ鱗片アリ。根生葉ハ花後伸長シ、長柄ヲ具ヘ長サ 10-15cm ニ達シ再ニ三出葉ニシテ小葉ハ有柄倒卵形楔底、更ニ三尖裂シ最終裂片ハ鈍頭、蒼緑色ヲ呈シ全ク平滑無毛ナリ。早春葉ヨリ高ク直立セル一莖ヲ抽キ、莖頂ニ三片ノ葉狀苞ヲ着ケ、有柄ニシテ平開シ三全裂シテ裂片ハ橢圓狀倒卵形ヲ成シ鈍頭、形質根生葉ト相等シ。苞葉ノ中心ヨリ直立セル一梗ヲ抽キ、梗末ニ一花ヲ着ケ日光ヲ受ケテ平開ス。花ハ初メ點頭シ後チ天ニ朝ヒ、花徑 2-3cm 許アリ。萼ハ花瓣樣ヲ呈シ十片内外アリ、狹長長橢圓形ニシテ白色ヲ呈シ外面ハ微紫色ヲ帶ブ。花瓣無シ。雄蕊多數ニシテ黄色。雌蕊多數、瘦卵形ヲ成セル子房ニハ細毛アリ。和名ハ東いちげノ意ニシテ關東地ニ見ルヲ以テ名トセリ。

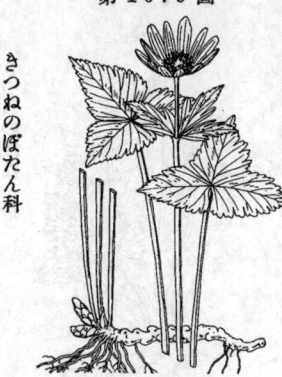

ゆきわりいちげ
一名 るりいちげ(同名アリ)
Anemone Keiskeana *Ito.*

關西諸州ノ竹林中或ハ山足ノ林下地等ニ群ヲ成シテ生ズル質軟カキ多年生草本ニシテ十一月ニ既ニ新葉ヲ萌出スルヲ凌ギテ春ニ至ル、根莖ハ地中ニ横臥シ多肉ニシテ榮氣ヲ有シ鬚根ヲ發出ス。葉ハ根生シ長柄アリテ立チ、平開スル無柄ノ三小葉ヨリ成リテ橢圓形三角形ノ外線ヲ有シ、小葉亦三角狀卵形或ハ菱形ヲ呈シテ銳頭ヲ有ヒ不齊ノ鋸齒縁アリテ葉底ニ全邊、其中央小葉ハ廣楔形ヲ呈シ側生小葉ハ歪形ヲ呈シ、上面ハ緑地ニ褐紫斑アリ下面ハ紫色ヲ呈シテ美ナリ、草質ニシテ莖葉共ニ無毛ナリ。早春葉ヨリ稍高ク一莖ヲ抽クコト凡10cm内外、莖頂ニ葉狀苞ヲ有シ、苞ハ三片ヨリ成リ無柄ニシテ卵狀披針形ヲ呈シテ三ノ缺刻アリ。苞ノ中心ヨリ細毛アル一花梗ヲ直立シ、梗頂ニ一花ヲ著ケ日光ヲ受ケテ正開シ上部稍白色下部淡紫色ヲ帶ブ。萼ハ十五片内外ニシテ綠狀橢圓形ヲ成シ宛モ美シキいちりんさうノ觀ヲ呈ス。花瓣無シ。雄蕊ハ多數ニシテ最短アリ、黄色。雌蕊亦多數、子房ハ瘦卵形ナリ。和名ハ雪割いちげニシテ雪中既ニ其苗萌出スルヨリ云フ。瑠璃いちげハ其花色ニ基キ稱ナレドモきくざきいちりんさうニモ亦此名アリ。

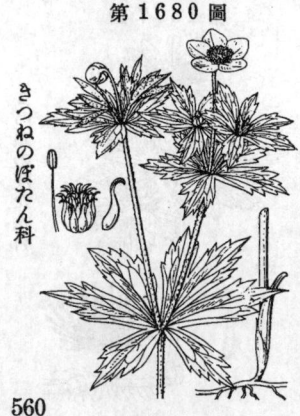

ふたまたいちげ
一名 あうしきな
Anemone dichotoma *L.*
(=A. dichotoma *L.*
var. japonica *Huth.*)

北海道並ニ樺太ニ生ズル多年生草本ニシテ全株細毛ヲ布ク。莖ハ直立シ、高サ凡50cm内外、上部叉狀ニ分枝ス。根葉ハ三深裂シ、裂片ハ二或ハ三深、小裂片ハ缺刻齒アリ。莖葉ハ無柄ニシテ對生シテ抱莖シ、三深裂シ裂片ハ線狀長橢圓形ヲ成シ上部ハ缺刻狀齒牙縁ヲ有シテ先端ハ銳頭ヲ成ス。上葉モ亦同樣ニシテ小形ナリ。夏月叉狀枝ノ中間即チ對生セル苞葉ノ中心ヨリ直立セル一長梗ヲ抽キ、梗端ニ一輪ノ白花ヲ開キ、花徑 2.5cm 許アリ。萼ハ五片、稀ニ四片或ハ六片ニシテ花瓣樣ヲ成シ廣倒卵形ニシテ鈍頭ヲ有ス。花瓣無シ。雄蕊ハ多數ニシテ黄色。多雌蕊ニシテ子房ハ微毛ヲ生ズ。瘦果ハ相集リ平扁ニシテ細毛アリ。和名ハ二叉いちげニシテ其枝叉狀ヲ呈スルヨリ云フ、あうしきなハ蓋シあいぬ語ナラン。漢名 草玉梅(誤用)

560

はくさんいちげ
Anemone narcissiflora L.

第 1681 圖

きつねのぼたん科

中部北部ノ高山ニ生ズル多年生草本ニシテ全株綠色ヲ呈シ且粗毛茸ヲ生ジ、花時高サ 15-20cm 許アリ。株ハ太クシテ下ニ鬚根ヲ發出シ周圍ニ舊葉柄ノ殘纖維ヲ伴ヒ長柄アル根生葉ヲ叢生ス。葉ハ掌狀ニシテ三乃至五ニ分成シ、裂片ハ無柄ニシテ二三ニ分裂シ、小裂片ハ更ニ分裂シテ綫狀ニ成シ銳頭或ハ稍鈍頭ノ細裂片ト成ル。花莖頂ノ總苞葉ハ無柄ニシテ三片アリ、根生葉ノ小葉ト同ジク三裂ス。夏月總苞葉ノ中心ヨリ織形狀ヲ成シテ數條ノ短花梗ヲ抽キ、梗頂ニ各一白花ヲ開キ花徑 2cm 許アリ。萼ハ花瓣樣ヲ呈シ五片アリテ卵形。花瓣無シ。雄蕊多數ニシテ黃色。雌蕊亦多數。花後花梗ハ伸長シテ往々 30cm ニ達シ、梗端ニ曲鉤ヲ有スル扁平楕圓形ノ綠色或ハ暗色瘦果ヲ密着ス。和名ハ白山いちげニシテ初メ加賀ノ白山ノ品ヲ見テ名ケシ者ナリ。

ひめいちげさう
一名　ひめいちげ
Anemone debilis Fisch.

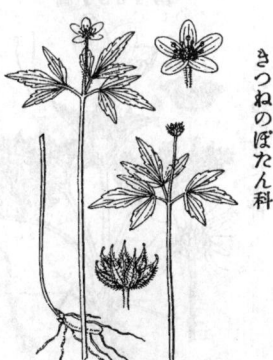

第 1682 圖

きつねのぼたん科

山地ニ生ズル多年生小草本ニシテ高サ6-10cm許。根莖ハ短クシテ地中ニ橫臥ス。莖ハ直立シテ纖細ナリ。葉ハ根生シテ纖細ナル葉柄ヲ有シ三出ニシテ廣卵形ヲ呈シ不齊鋸齒アリ。葉狀總苞ハ三片アリテ莖頂ニ輪生シ各短柄アリテ三出ヲ成シ各小葉ハ披針形ニシテ通常粗鋸齒ヲ有シ時ニ全邊ナリ。五六月ノ候總苞ノ中心ヨリ直立セル一花梗ヲ抽クコト2cm許、梗端ニ白色ノ一小花ヲ開ク。萼ハ花瓣樣ヲ成シテ五片アリ、長楕圓形ニシテ長サ7mm許。花瓣無シ。雄蕊多數ニシテ黃色。雌蕊亦多數ニシテ子房ハ短毛密生ス。花後果毬ハ球狀ヲ呈シ、瘦果ハ長楕圓形ヲ呈シ先端尖リテ短嘴ヲ成ス。和名ハ姬いちげ草ニシテ全草小形ナルヲ以テ斯ク云フ。

えぞいちげ
一名　ひろはひめいちげ
Anemone yezoensis Koidz.

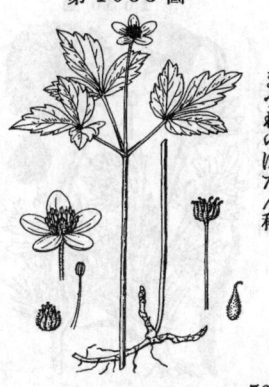

第 1683 圖

きつねのぼたん科

北海道ニ生ズル多年生草本ニシテ高サ凡12cm内外アリテ毛ヲ帶ブ。根莖ハ瘦長ニシテ地中ニ橫走ス。根葉ハ再三出ヲ成シ各小葉ハ葉柄ヲ有シテ三全裂シ、裂片ハ廣披針形ニシテ粗鋸齒アリ、中央片ハ底部楔形、側生片ハ不齊鈍底ヲ有シ、全體ニ短毛ヲ疎布ス。葉狀ノ總苞ハ直立セル莖頂ニ三片アリテ各片三全裂ス。初夏ノ候、總苞葉ノ中央ヨリ直立セル一花梗ヲ抽出シ、梗端ニ一白色花ヲ開ク。萼ハ花瓣樣ヲ呈シテ六七片稀ニ五片ニシテひめいちげヨリ少シク大ナリ。雄蕊多數ニシテ黃色。雌蕊稍多數、子房ハ瘦卵形ニシテ細毛ヲ有ス。瘦果ハ卵狀楕圓形ニシテ細毛ヲ被フリ短鉤ヲ有ス。

第 1684 圖

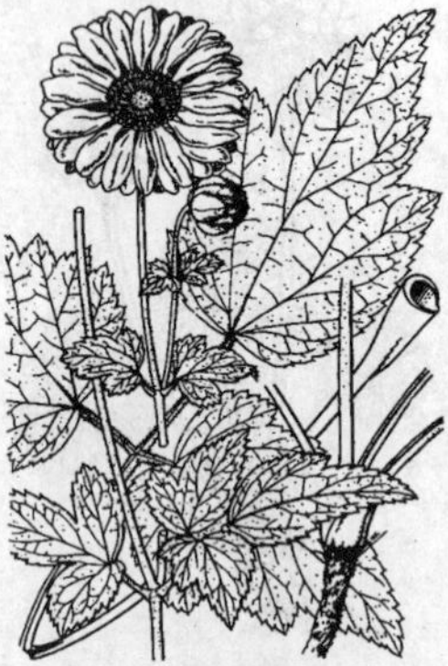

きつねのぼたん科

しうめいぎく (秋牡丹)

一名　きぶねぎく

Anemone japonica *Sieb. et Zucc.*

(＝Atragene japonica *Thunb.*)

諸州ノ山野ニ生ズル多年生ノ大形草本ニシテ又觀賞花草トシテ往々人家ノ庭園ニ栽植セラレ、高サ約ソ70cm內外ニ及ビ、地下ニ長キ地下莖ヲ引テ繁殖ス。莖ハ强直ニシテ立チ疎ニ分枝シ綠色ニシテ葉ト共ニ短毛ヲ帶ブ。根生葉ハ長柄ヲ有シ、三出ニシテ小葉ハ柄アリ卵形ニシテ底部圓形或ハ心臟形ヲ成シ三或ハ五裂シテ不齊ノ齒牙緣ヲ有ス。莖上上部ノ葉ハ短柄、單一ニシテ根生葉ニ於ケル小葉ト同ジク三乃至七裂ス。秋月、上部ニ分枝シテ葉狀苞ヲ輪生シ梗端ニ各一ノ大ナル淡紅紫花ヲ開キ、花徑5cm許アリテ外列部ニハ短厚ナル綠色萼片、內列部ニハ多數有色ノ萼片アリテ平開シ菊花狀ヲ呈ス。有色萼片ハ長橢圓形或ハ線狀橢圓形ニシテ外面ニ白色絹毛アリ。雄蕋多數、黃色。雌蕋亦多數ニシテ細微ノ無柄子房ハ球狀ノ花床面ニ相聚リ花後果實ト成リテ成熟セズ。本種ト A. vitifolia *Ham.* トノ一間種我邦ニ渡來シ萼片廣闊ニシテ數少ク通常白色ヲ呈シ又淡紅ノ者アリ、之レヲぼたんきぶねぎく一名ばらざきしうめいぎく一名ちょくざきしうめいぎく (A. hybrida *Makino*) ト云フ。和名しうめいぎくハ或ハ秋明菊乎、而シテ秋ニ花開キテ朗カニ見ユル意乎、貴船菊ハ山城貴船山ニ多ク生ズルヨリ云フ。

第 1685 圖

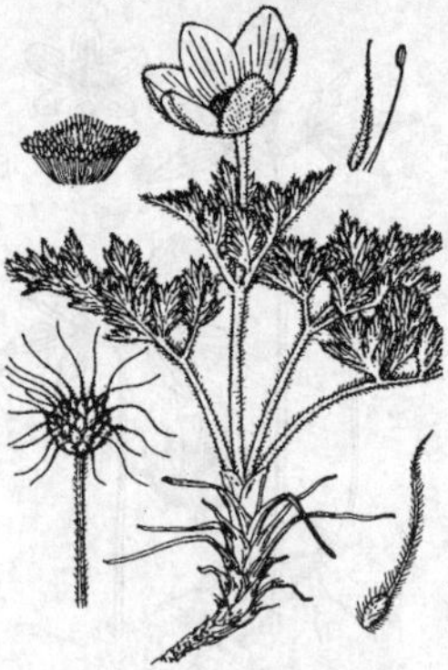

きつねのぼたん科

つくもぐさ

Pulsatilla nipponica *Ohwi.*

(＝Anemone Taraoi *Takeda* var. nipponica *Takeda.*)

本州中部及北海道ノ高山ニ生ズル多年生草本ニシテ全株密毛ヲ被ル。根莖ハ傾上シ太クシテ木質化シ上部葉柄ノ殘骸ニ擁セラル。葉ハ花ニ遲レテ開舒シ、皆根生ニシテ長柄ヲ具ヘ、再三出、裂片ハ更ニ二三回羽狀ニ分裂シ最終裂片ハ線狀披針形ヲ呈シ銳頭、裂片多クハ內卷スルノ傾向アリ。葉間ニ直立セル一莖ヲ抽キ、頂ニ無柄ノ葉狀苞アリテ三全裂シ更ニ葉ト同ジク缺刻ス。夏日苞葉ノ中心ヨリ直立セル一花梗ヲ抽テ頂ニ朝天セル淡黃花ヲ開キ、花徑3cm許アリ。萼ハ花瓣狀ヲ呈シ六片アリテ內外ノ二輪ヲ成シ、橢圓形ニシテ闊大、外側ハ有毛ナリ。花瓣ハ缺如ス。多數ノ雄蕋ニ埋リテ有毛ノ多雌蕋アリ。果毬ハ球狀ヲ呈シ、瘦果ハ黃色ノ長尾アリテ鬚毛ヲ被フリ其狀ちんぐるまニ似タリ。和名ハ九十九草ノ意ニシテ山草愛好家ナリシ辯護士城數馬氏信州八ケ嶽ニ於テ始メテ此草ヲ採リ乃チ同氏父君ノ名ニ因ミテ同氏ノ命名セシ者ナリ。

第 1686 圖

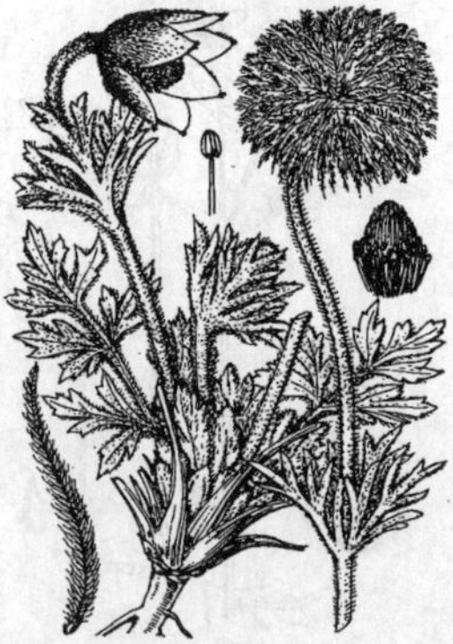

きつねのぼたん科

おきなぐさ

Pulsatilla cernua *Spreng.*

(＝Anemone cernua *Thunb.*)

普通ニ山野向陽ノ地ニ生ズル多年生草本ニシテ花時ニハ高サ10cm內外アリテ全體密ニ長白毛ヲ被フル。根ハ地下ニ直下シ稍多肉ニシテ疎ニ分枝シ暗褐色ヲ呈ス。根葉ハ葉柄ヲ有シテ主根頸部ヨリ叢出シ、再羽狀ニ分裂シ、各小葉更ニ二三深裂シ、各深裂片ハ楔形或ハ線形ヲ呈シ先端ニ二三齒牙ヲ有ス。總苞ハ直立セル圓柱形ノ莖頂ニ位シ三片或ハ稀ニ四片アリ、無柄ニシテ細裂シ裂片ハ長線形ヲ呈ス。春日、一花梗ヲ苞葉ノ中心ヨリ抽テ上部一方ニ傾キ點頭セル暗赤紫色ノ一花ヲ着ク。萼ハ六片ニシテ長橢圓形、長サ凡2cm餘、外面ハ白色ノ絹毛ニテ被ハル。雄蕋ハ多數、葯ハ黃色。雌蕋モ多數、子房幷ニ長花柱ハ有毛、花柱ノ上部ハ紫色ヲ呈ス。瘦果ハ長卵形ニシテ梗頭ニ相集リ宿存增長セル有毛ノ長花柱ヲ裝ヒ風ニ從ヒ次第ニ飛散ス、其時莖ハ已ニ成長シ花梗ヲ併セテ高サ凡30cm內外ニ及ブ。和名ハ翁草ノ意ニシテ果時ニ其長花柱ノ團集セル狀宛モ老翁ノ白髮ノ如ケレバ斯ク云フ。漢名白頭翁(誤用)、是レ支那幷ニ滿洲產ノひろはおきなぐさ (Pulsatilla chinensis *Regel.* ＝Anemone chinensis *Bunge.*) ノ名ナリ。

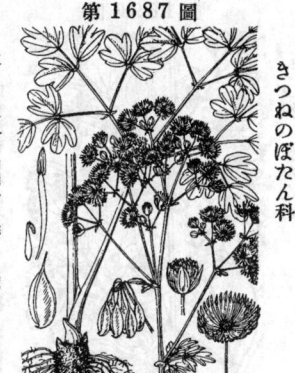

第1687圖

からまつさう
Thalictrum aquilegifolium *L.*

山地或ハ山原ニ生ズル無毛ノ多年生草本、又時ニ人家ニ栽エラレ高サ90cm内外ニ達ス。根莖ハ短厚ニシテ鬚根ヲ有ス。莖ハ直立シ中空ニ圓柱形ニシテ綠色或ハ紫采ヲ帶ブ。葉ハ互生シ下部ノ者有柄上部ノ者ハ漸次ニ無柄ト成リ、數囘羽狀複葉ヲ成シテ開出シ、葉柄及ビ小葉下部ニ在ル托葉狀葉鞘ハ廣圓腎狀ニシテ白色ヲ呈シ、各小葉ハ廣卵形又ハ倒廣楔形ヲ成シ、先方三或ハ四尖狀ヲ裂片ヲ端ニ鈍頭ヲ呈ス、更ニ其先端往々鈍鋸齒ヲ有ス。七八月ノ間、梢頭ニ多クノ枝ヲ分チ多數ノ白花撒攦シテ開キ織房狀ヲ呈ス。萼ハ四五片アリテ橢圓形ヲ成シ早落シ蕾時往々紫色ヲ帶ブ。花瓣無シ。多數ノ長雄蕋ハ環狀ニ相集リ徑1.5cmニ達ス、花絲長ク複箆狀ヲ呈ス。數雌蕋アリテ子房ニ複箆形ヲ呈ス。瘦果ハ長サ7mmニシテ狹倒卵形ヲ成シ三或ハ時ニ四翼稜アリテ絲狀柱頭ヲ遺存シ、略ガ同長ノ果柄ヲ有シテ下向ス。高山ニ生ズル者ハ莖低ク、小葉多數小形ニシテ楔形ヲ呈シ先端ハ粗ナル數鈍齒アリ、花白色、專ハ時ニ紫ヲ帶ビ紫色、蒴果稍小ニシテ紫色、之ヲやまからまつさう (var. monticola *Makino*) ト云フ。和名ハ唐松草ニシテ其花狀ニ基ク。

第1688圖

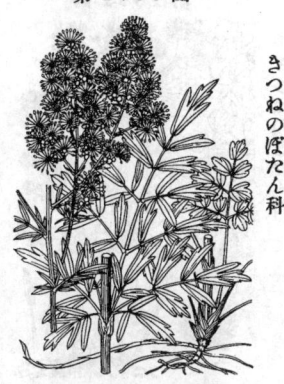

のからまつ
一名 きからまつ
Thalictrum simplex *L.*
var. affine *Regel.*

山原或ハ平野ニ生ズル多年生草本ニシテ高サ60-80cm許アリ、地中ニ横走セル細長ナル黄色地下枝アリテ繁殖ス。莖ハ直立シテ上部ニ分枝シ、綠色ニシテ稜アリ質硬クシテ葉ト共ニ毛ナク無ク、再三出或ハ三出ノ羽狀複葉ニシテ基部ニ膜狀托葉アリ、小葉ハ楔形或ハ長橢圓狀楔形ヲ成シ、先端ハ三-五裂シテ鋭頭ヲ有ス。七月ノ候、莖梢ニ大ナル圓錐花序ヲ成シテ密ニ淡黄色ノ小花ヲ攢簇ス。萼ハ四五片アリテ廣卵形ヲ呈シ、早落ス。花瓣無シ。雄蕋ハ多數ニシテ環狀ニ相集リ徑6mm許、花絲ハ絲狀ナリ。雌蕋少數、子房ハ廣卵形ニシテ無花柱ノ柱頭アリ。瘦果ハ無柄ニシテ稍扁壓セル兩尖橢圓形ヲ成シ長サ4mm許、縱稜多數アリテ柱頭ヲ遺存ス。和名ハ野唐松ノ意ニシテ通常原野ニ生ズレバ云フ、黄唐松ハ花色ニ基キテ稱ナリ。

第1689圖

あきからまつ
Thalictrum Thunbergii *DC.*

山野ニ普通ニ見ル野生ノ多年生草本ニシテ高サ1-1.5m許アリ。莖ハ直立シ圓柱形ニシテ綠色、葉ト共ニ毛無ク、上部ニ多ク枝ヲ分ツ。葉ハ互生ニ無柄ニシテ大ナル外形ヲ有シ綠色ニシテ裏面稍霜白色ヲ呈シ、三出多裂ニシテ多數ノ小葉ヲ有ス。小葉ハ圓形・橢圓形・廣楔形・倒卵狀楔形等多樣ニシテ小柄ヲ有シ先端ハ三裂時ニ五裂シ、裂片各尖頭ヲ有ス。晚夏初秋ノ候、莖頭ニ大圓錐花穗ヲ成シテ淡黄白色ノ小花ヲ無數ニ着ケ花徑8mm許アリ。萼ハ花瓣樣ヲ呈シ三、四片アリテ卵形ヲ成ス。花瓣無シ。雄蕋多數アリテ花絲ハ絲狀。雌蕋ハ少數ニシテ子房ハ紡錘形ヲ成シ柱頭短シ。瘦果ハ無柄、紡錘狀橢圓形ニシテ長サ4mm許、多數ノ縱條ヲ有シ先端ニ短小ナル柱頭ヲ宿存ス。和名ハ秋唐松ニシテ此種專ラ秋ニ開花スルヨリ斯ク云フ。

きつねのぼたん科

563

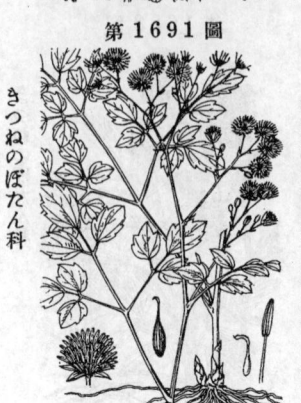

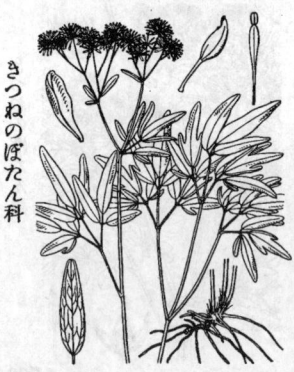

第 1 6 9 0 圖

きつねのぼたん科

しきんからまつ
Thalictrum Rochebrunianum
Franch. et Sav.

山地ニ生ズル大形無毛ノ多年生草本ニシテ全體粉白色ヲ呈シ、高サ1m餘ニ及ブ。莖ハ直立シ平滑ナル圓柱形ヲ呈シテ通常紫色ヲ帶ビ上部ニ分枝ス。葉ハ互生シ大形ニシテ下者ニハ有柄、上者ハ漸次ニ無柄ニシテ、再三羽狀複葉ヲ成シ、葉柄ハ下部稍膨大セル短鞘ニ成シテ邊緣淡綠色ノ膜狀ト成ル。多數ノ小葉ハ小柄ヲ有シ普通卵形或ハ廣楔形ニシテ全邊又ハ先端淺ク三裂シ、底部圓形若クハ稍心臟形ヲ成ス。七八月ノ候、莖頭ニ多ク分枝シテ擴開セル大圓錐花序ヲ成シ多數ノ淡紫色小花ヲ開ク。蕚片ハ長橢圓形ニシテ長サ6mm許。花瓣無シ。雄蕊ハ多數ニシテ豎列シ徑8mm許ニシテ花絲ハ絲狀、葯ハ黃色。雌蕊ハ多數。瘦果ハ稍長キ柄ヲ有シ、長サ5mm許ニシテ長橢圓形ヲ呈シ有稜ニシテ先端ニ柱頭殘存シ微凸頭狀ヲ成ス。和名ハ紫錦唐松ニシテ紫錦ハ其美觀ヲ呈セル紫花ニ基キテノ稱ナリ。

第 1 6 9 1 圖

きつねのぼたん科

しぎんからまつ
Thalictrum actaefolium
Sieb. et Zucc.

我邦中部幷ニ南部ノ山地或ハ山林中ニ生ズル無毛ノ多年生草本ニシテ高サ50cm內外アリ。莖ハ細クシテ質稍硬シ。葉ハ互生シ、基部ニ膜質ノ短鞘ヲ有スル葉柄ヲ具ヘ、再三出或ハ三三出複葉ヲ成シ、小葉ハ小柄ヲ具ヘ大形ニシテ時ニ5cmニ達シ廣卵形ニシテ底部圓形或ハ心臟形ヲ呈シ、側生小葉ニ於テハ稍歪形ヲ成シ時ニ三淺裂シ、邊緣粗鋸齒ヲ有シ、裏面ニ粉白色ヲ呈シ葉脈隆起ス。初夏ノ候、梢上ニ分枝シテ疎ナル圓錐花序ヲ成シ、眞直ノ小梗アル小花ヲ着ク。蕚ハ四片ニシテ白色ヲ呈シ外面ニ紅紫暈アリ、倒卵狀橢圓形ニシテ早落ス。花瓣無シ。雄蕊ハ多數白色ニシテ環列シ徑8mm許、花絲ハ絲狀ニシテ上部微シク闊シ。雌蕊ハ少數、子房ハ卵形ニシテ稍長キ花柱ヲ具フ。瘦果ハ長サ5mm許、無柄ニシテ多數ノ縱溝アリ、先端漸次狹小ト成リ長嘴ヲ成ス。和名ハ紫銀唐松ニシテ其花紅朵アル白色ナレバ姉妹品ノ紫錦唐松ニ對シ之レヲ紫銀ト稱セシモノナラン。

第 1 6 9 2 圖

きつねのぼたん科

ほそばからまつ
一名 さまにからまつ
Thalictrum integrilobum *Maxim.*

北海道ニ產スル無毛ノ多年生草本ニシテ高サ凡30cm內外アリ。根莖ハ短小ニシテ鬚根ヲ發出シ根部ニ肥厚ナル紡錘狀或ハ球狀ヲ成セル部ナリ。莖ハ纖長ニシテ直立シ綠色ナリ。根葉ハ三三出ニシテ長柄アリ、莖葉ハ三出又ハ再三出ニシテ、小葉ハ短柄ヲ有シ綫狀長橢圓形ニシテ鈍頭或ハ微凹頭ヲ有シ、全邊或ハ往々一二裂片ヲ成ス。夏月花莖ヲ長ク抽キ繖繖花序ヲ成シテ白花ヲ開ク。蕚片ハ廣筐形ニシテ早落ス。花瓣無シ。雄蕊ハ多數、環列シ直徑1cm許、花絲ハ上部扁平ニシテ倒披針狀ヲ成シ下部ハ絲狀ヲ呈ス。雌蕊ハ少數、子房ハ有柄。瘦果ハ三四箇相集リ、長柄ヲ有シ柄ヲ合セテ長サ凡8mm、扁平ニシテ稍錐形ヲ成シ、頂ニ微凸頭アリ。和名ハ細葉唐松ニシテ其稍小ナル葉ニ基キシ稱、樣似唐松ハ其初メ之レヲ北海道日高國三石郡樣似（しゃまに）村ニテ採集セルヨリ斯ク名ケタリ。

みやまからまつ
Thalictrum tuberiferum *Maxim.*

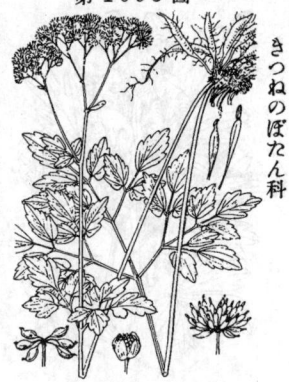

第 1 6 9 3 圖

きつねのぼたん科

山地ニ生ズル多年生草本ニテ高サ凡 30-50cm アリ。根ハ鬚狀ヲ成セドモ中ニ瘦紡錘狀ヲ成スコト多ク、時ニ地下ニ走ル根莖ヲ具フ。莖ハ直立シ瘦長ナル圓柱形ヲ成シテ平滑ナリ。一株ニ一箇ヲ出ス根生葉ハ再三出或ハ三三出複葉ニシテ長柄アリ、莖葉ハ再三出又ハ單三出複葉ヲ成シ上者ハ往々淒ニ單葉ト成リ、短柄ヲ有シ或ハ無柄ナリ。小葉ハ裏面粉白色ヲ呈シ、長楕圓形或ハ菱狀卵形ヲ成シ、鈍頭ヲ有シ、廣楔狀底ヨリ心臟底ニ至ル變化ヲ現ハシ、邊緣ニ大ナル鈍鋸齒ヲ有ス。七八月ノ候、梢ニ分枝シテ多數ノ白花ヲ攅簇ス。萼ハ廣倒卵形ニシテ早落ス。花瓣無シ。雄蕊ハ多數ニシテ環列シ涇 1cm 許、花絲ハ上部扁平ニシテ狹長倒披針形狀ヲ成シ下部ハ絲狀ト成ル。雌蕊ハ數箇、子房ハ廣橢錘形ニシテ有柄。瘦果ハ長柄ト共ニ長サ 7mm 許アリ稍半月形ヲ成シ扁平ニシテ縱條アリ、頂部微凸頭ヲ成シテ下部ニ狹窄シテ細柄ニ續ク。和名ハ深山唐松ニシテ此種深山ニ生ズルヨリ云フ。

ひめからまつ
Thalictrum alpinum *L.*
var. stipitatum *Yabe.*

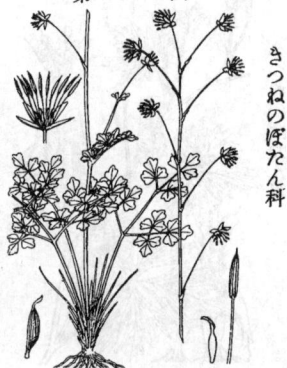

第 1 6 9 4 圖

きつねのぼたん科

高山地帶ニ生ズル多年生無毛ノ小草本ニテ高サ凡 10-20cm 許アリ、株本ハ舊葉柄ノ枯殘ヲ着ク。根ハ鬚狀。莖ハ纖長ニシテ直立シ綠色ヲ呈ス。根生葉ハ長柄ヲ有シテ再三出シ、小葉ハ稍無柄ニシテ小形、先端鈍形、三刀至五ノ鈍鋸齒或ハ裂片ヲ有ス。上葉ハ形狀簡單ニシテ之レヲ缺如ス。八月、莖梢ニ單一ナル總狀花序ヲ成シテ疎穗ヲ成ス。花梗ハ長サ 1-2.5cm 許ニシテ斜上シ基部ニ全邊小鱗狀ノ苞アリ。花ハ黃白色ニシテ稍點頭ス。萼ハ四片アリテ淡紫褐色ヲ呈シ長橢圓形ニシテ長サ 2.5mm 許アリ。花瓣無シ。雄蕊稍多數ニシテ叢出シ徑凡 8mm アリ、葯ハ長ク花絲ハ絲狀ヲ呈ス。雌蕊少數ニシテ子房ハ狹長、瘦果ハ長サ 5mm 許、扁平ニシテ倒披針形ヲ成シ稍縱條アリ、下ニ短柄ヲ有シ先端ハ杜頭殘存ス。和名ハ姬唐松ニシテ小草ナルヲ示セル名ナリ、本品ハ我邦同屬中ノ最小者ナリ。

とりかぶと
一名 かぶとぎく・かぶとばな
Aconitum chinense *Sieb.*
(=A. Fauriei *Lev. et Vnt.*)

第 1 6 9 5 圖

きつねのぼたん科

蓋ニキョリ人家ニ觀賞花草トシテ栽培セラルル多年生ノ有毒草本。根ハ倒卵形ノ塊狀ヲ成シテ地中ニ直下シ其兩側ノ者ニ新根ナリ。莖ハ直立シ高サ 1m 內外ニシテ平滑ナル圓柱形ヲ成シ、但梢部ニ微毛アリ。葉ハ互生ニテ有柄、掌狀ニ深裂シテ其裂辦ヲ基部ニ及ビ、深裂片ハ更ニ大形粗鋸齒ヲ有シ先端尖リ、葉質厚ク綠色光澤アリ、春時ニ嫩葉ハ裂片挾長ニシテ褐色帶ヲ呈セリ。秋日梢頭及ビ上方葉腋ニ圓錐花序ヲ成シ、多數ノ相集リテ深紫色ノ大形美花ヲ開ク。五瓣片ハ花瓣狀ヲ呈シテ無毛有色、上萼片ハ大形、幅狀ヲ成シテ立テ長サ 3cm 許アリテ前方ニ向テ短ク尖リ、中部ノ二萼片ハ稍圓形ニシテ側方ニ出デ、下部二萼片ハ長橢圓形ニシテ斜ニ下方ニ出ヅ。花瓣ハ二箇ニ直立シテ上萼片中ニ包在シテ立チ、彎形ニシテ蜜槽狀ヲ成シ頂部反曲シテ下ニ柄ト成ル。雄蕊多數アリ、上部藍色ニシテ外者反曲シ、花絲ノ下半ハ白色ニシテ薄キ翅狀ト成ル。子房ハ三乃至五、綠色。背湾ハ三刀至五、珠狀長橢圓形ニシテ先端褐ク尖リ褶襞ノ多種子ヲ容ル。本種ハ通常花草トシテ栽培セラルル一種ニシテ藍ニ元ト我邦野生品ノ一ヨリ出デザルナラン、假令其種名ハ chinense ナルモ固ヨリ支那種ニ非ズト信ズ。和名鳥兜ハ其花形舞樂ノ時ニ用フル伶人ノ冠ニ似タルヨリ云ヒ、兜菊・兜花モ亦其花容ニ基キシ稱呼ナリ。漢名 鳥頭・攀鼇菊(共ニ誤用)。

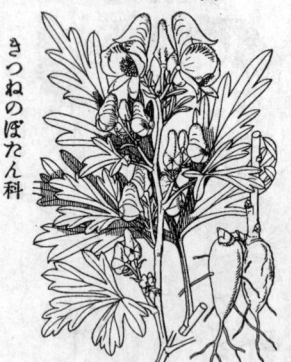

第 1696 圖

きつねのぼたん科

やまとりかぶと
Aconitum japonicum *Thunb.*

諸國ノ山野ニ普通ナル多年生草本。塊莖ハ紡錘狀倒卵形、褐色ニシテ長サ3cm内外、同大ノ新塊莖ヲ短キ柄ヲ以テ其傍ニ伴フ。莖ハ直立シ圓柱形ニシテ上部稍之曲ニ無毛、稜角アリテ質强直ナリ。葉ハ互生、柄長ク三或ハ五深裂シ、裂片ハ倒卵狀披針形楔狀底ニシテ互ニ相距タリ、更ニ缺刻狀ノ鈍鋸齒ヲ有ス、質稍厚ク無毛ニシテ表面光澤アリ。晩秋ニ入リテ莖頂葉腋ニ短キ圓錐花序ヲ潜ケ多數ノ碧紫花ヲ開ク。花ハ長サ3cm許、往々綠色ヲ帶ヒ外面上牛ハ短毛ヲ布クコト多ク觜ハ急ニ尖リ、側萼片ハ稍圓形、基部綠白色ニ呈スルコト多ク內面ニハ無色ノ長毛ヲ生ズ。下部ノ二萼片ハ長橢圓形ニシテ細小。花瓣二箇ニ蜜槽ニ變形シテ兜狀萼內ニ立チ、部分反曲シテハ狹長柄ト成ル。雄蕊ハ多數。雌蕊ハ三乃至五。骨葖ハ三乃至五ニシテ無毛ナリ。和名ハ山鳥兜ニシテ山地ニ生ズル故云フ。漢名 烏頭(誤用)

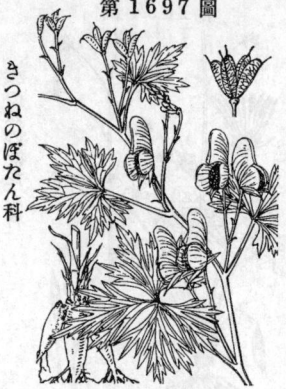

第 1697 圖

きつねのぼたん科

ほそばとりかぶと
Aconitum senanense *Nakai.*

我邦中部ノ深山ニ生ズル多年生草本。塊莖ハ狹倒圓錐體ニシテ褐色ヲ呈スルコト他種ト異ナラズ。莖ハ瘠長、高サ50-100cm、往々ニシテ傾斜シ多少稜角ヲ有シテ平滑ナレドモ稍ニ至リテ細毛ヲ生ズ。葉ハ有柄互生、楯形五角形ノ掌狀三全裂ニシテ側裂片ハ更ニ二深裂シ、各裂片ハ楔狀底廣倒卵形ニシテ上牛部ハ羽狀ノ缺刻狀鋸齒緣ヲ成シ、終裂片ハ細長ク銳尖頭ヲ成ス、稍膜質ニシテ表面甚ダ平坦ナリ、脈上ニノミ少シク毛茸ヲ生ズ。夏日梢上及葉腋ニ圓錐花序ヲ出ダシ紫碧花ヲ開ク。花ハ長サ 2-3cm、兜狀萼片ハ左右扁奪ノ圓錐形ヲ帶ビタル圓筒狀即チ烏帽子樣ヲ成シ、側萼片ハ內面ニ長毛散生シ、下部ノ二萼片ハ狹シ。雄蕊ハ多數、無毛。子房ハ少數。骨葖ハ三乃至五、外壁不滑、上端ニ短小花柱ヲ遺存ス。和名ハ細葉鳥兜ニシテ其裂片ノ裂片狹長ナルヨリ云フ。

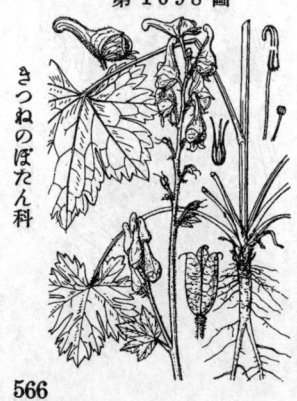

第 1698 圖

きつねのぼたん科

れいじんさう
Aconitum Roczyanum *Raymund.*

諸州ノ山中ニ生ズル多年生草本ニシテ高サ 40-60cm許アリ。根ハ黑褐色ヲ呈シ主根アリテ地中ニ直下シ大ナラズ。莖ハ直上シテ通常紫色ヲ帶ビ稍有稜ニシテ上部短毛密生ス。根葉ハ長柄ヲ有シテ掌狀ニ五乃至七裂シ、各裂片ハ銳頭ノ缺刻又ハ齒牙ヲ有ス。上葉ハ短柄ニシテ形狀簡單ナリ。夏日莖上又ハ葉腋ニ二、三ノ總狀花序ヲ直立シ、稍疎ニ淡紫花ヲ潜ク。五萼片ハ花瓣狀ニシテ粗毛密布ス。上萼片ハ兜狀ニシテ上方圓筒狀ニ伸ビ先端少シク彎曲シ長サ 17mm許、細ク尖リテ前方ニ突出シ、側部二萼片ハ廣倒卵形、下方二萼片ハ長橢圓形ニシテ稍前方ニ向テ垂下ス。花瓣二箇ニ蜜槽狀ヲ成シテ頭部反曲シ長柄アリテ上萼片頭部內ニ潜入ス。雄蕊ハ多數アリ、花絲ノ下部ニ長橢圓狀ニ擴ガル。子房ハ三數。骨葖ハ通常三箇アリテ先端ニ存スル遺存花柱ヲ反曲ス。和名伶人草ノ其花形舞樂ノ時伶人ノ頭ニ着クル冠ニ似タルヨリ云フ。漢名 牛扁(誤用)

566

ひえんさう
一名　ちどりさう
Delphinium Ajacis L.

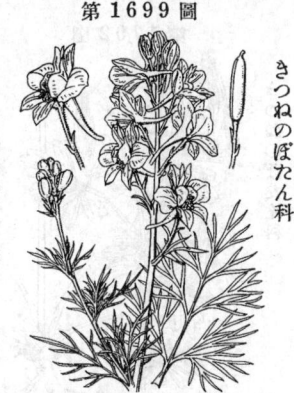

明治初年ニ渡來シ花草トシテ庭園ニ培養セラルル越年生草本ニシテ南部歐洲ノ原產ナリ。莖ハ高サ90cm内外ニ達シテ直立シ上部ニハ稍短毛ヲ帶ブ。葉ハ五生シ下部ノ者ハ稍長柄アリテ掌狀ニ三裂シ、各裂片更ニ二三回細裂シテ狹線形ト成リ、上部ノ者ハ無柄ニシテ小形ナリ。初夏ノ候莖梢ニ直立セル總狀花序ヲ成シテ多數ノ花ヲ斜ケ側方ニ向テ開ク。花ハ碧紫色ノ通品トシテ更ニ淡紫色・淡紅色・白色等種々アリ、又ハ重咲ノ品ヲ見ル。五萼片ハ大形ニシテ開出シ大小不同アリ、其最上位ノ者ハ成シテ後方ノ一片ニハ狹筒狀ノ一距アリテ長サ1.5cm許ニ。花瓣ハ最後部ノ一片ノミ存シテ上方ニ岐シ、下部合一シテ萼ノ距ニ挿入セリ。雄蕊多數、花絲ハ下部扁平ト成ル。一雌蕊アリ。骨葖ハ長橢圓形ニシテ密毛ヲ被ル。和名ハ飛燕草・千鳥草ニシテ共ニ其花容ニ因ミテ名ケシモノナリ。

ひめうづ (天葵)
一名　とんぼさう
Semiaquilegia adoxoides Makino.
(＝Isopyrum adoxoides DC.)

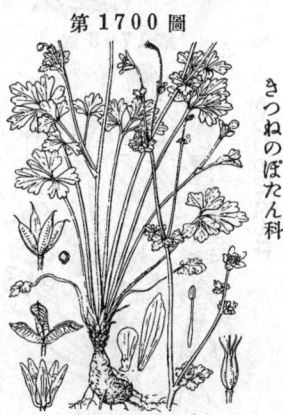

我邦中部南部諸州ノ山足・路傍石垣等ニ生ズル多年生小草本ニシテ高サ15-30cm許アリ。塊莖ハ暗色ニシテ形狀不定ナリ。莖ハ塊莖ヨリ出デ纖長ニシテ直立シ、疎ニ枝ヲ分ツ。葉ハ殆ガ常綠ニシテ裏面紫色ヲ帶ビ新葉ハ秋多ク候飢ニ萌出ス。根葉ハ叢生シテ纖長ナル長柄ヲ有シ三出複葉ヲ成ス、小葉ハ短柄ヲ有シ、廣楔形ニシテ三尖裂シ、尖裂片ハ圓頭ニシテ二三缺刻アリ。莖葉ハ短柄ヲ有シ或ハ無柄ニシテ再三出シ小花ヲ開ク。四五月ノ候、梢ニ細長ナル花梗ヲ分チテ梗頂ニ點頭セルヲだまき小花ヲ開ク。小花ハ早々白色ニシテ稍淡紅ヲ帶ブ。萼ハ五片アリ、花瓣樣ヲ呈シテ鐘形ヲ成シ長サ7mm許ニ。花瓣ハ五片アリテ上方黄色ヲ呈シ萼片ヨリ牛長ニシテ基部膨出シ短キ距狀ヲ呈ス。雄蕊ハ九乃至十四、內者ハ變ジテ薄鱗片ト成ル。雌蕊ハ二乃至四、子房ハ狹長、膏葖ハ小ニシテ二乃至四箇アリ、長披針形ニシテ星狀ニ開出シ、心皮薄ク。種子ハ略ボ球形ニシテ黑色ニシテ皮面鐵縮ス。和名姬烏頭ハ本品ノ形ノ小形ナリトノ意、蚊蛉草ハ多分村童其花ヲ以テとんぼ釣ルニ用ウルヨリノ名ナラン。

をだまき
Aquilegia flabellata Sieb. et Zucc.

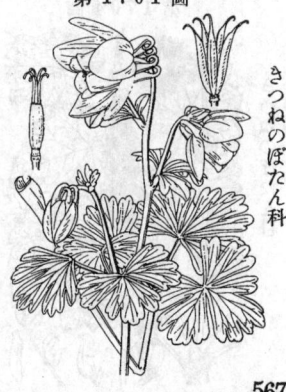

觀賞花草トシテ普ク人家ノ庭園ニ愛植セラルル多年生草本トシテ盖ニ北地ノ產ナルベシト云フ。高サ20-30cm許。莖ハ直立シ平滑ナル圓柱形ニシテ粉白綠色ナリ。根生葉ハ長柄ヲ有シ帶白色ヲ呈シ再三出・三三出ヲ成シ、小葉ハ更ニ二三裂シ、裂片ハ廣楔形ヲ成シテ扇狀ニ分裂シテ鈍頭鋸齒ヲ有ス。稈葉ハ短柄ヲ有シテ單三出ヲ成ス。初夏ノ候、枝上ニ長梗ヲ出シテ鮮碧紫色或ハ稀ニ白色 (f. albiflora Makino) ノ美花ヲ梗頭ニ開キ下向ス。萼ハ五片ニシテ略ボ開出シ花瓣樣ニシテ圓狀橢圓形ヲ成シ鈍圓頭ニテ長サ凡2cmアリ。花瓣ハ五片ニシテ萼片ト交互ニ立チ、長橢圓形ニシテ平截狀鈍頭ヲ成シ上部淡黃色ヲ帶シ、其基部ハ下方ニ伸長シ、強ク内方ニ鈎曲シ先端小球狀ニ膨大セル距ヲ成シ、距ハ併セテ花瓣ノ長サ2cm許アリ。多雄蕊ニシテ花絲ハ長短アリ内部ノ者最モ長ク蕊内ニ白腺實ノ長鱗片アリテ子房ヲ擁セリ。雌蕊ハ四、狹長、花柱長シ。膏葖ハ五、直立、無毛ナリ。和名ハ苧環即チ苧手卷ノ意ニシテ其花狀ハ基ヅノ呼名ナリシ。漢名樓斗菜 (誤用)

第1702圖

やまをだまき
Aquilegia Buergeriana
Sieb. et Zucc.

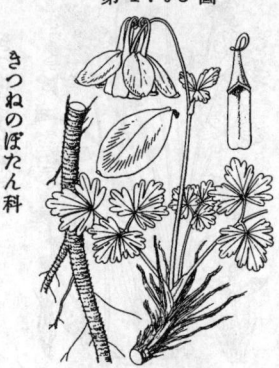

きつねのぼたん科

諸州ノ山地ニ生ジ又時ニ人家ノ庭園ニ栽植セラルル多年生草本ニシテ高サ30～50cm許アリ。根ハ暗褐色ヲ呈シ主根アリテ地中ニ入ル。莖ハ直立シテ疎ニ分枝シ往々褐紫色ヲ呈ス。根葉ハ長柄アリテ再三出ヲ成シ、小葉ハ廣楔形或ハ截狀楔形ヲ呈シテ二三深裂或ハ尖裂シ裂片ハ楔形ヲ成シテ更ニ二三ノ鈍頭齒牙ヲ有シ、上面綠色下面稍粉白色ヲ呈ス。五六月ノ候、上方ニ分枝シ上端花梗下成リテ大ナル花ヲ開キ下向ス。萼ハ楊紫色ヲ呈シ、五片アリテ斜開シ、卵狀披針形ニシテ狹鈍頭ヲ有シ長サ17mm許アリ。花瓣ハ五片ニシテ直立シ萼片ト互生シ、略ニ截頭ノ長橢圓形ヲ成シテ萼片ヨリ短ク、上部淡黃色ヲ呈シ、後部ハ疲距ヲ成シテ微シク內方ニ弓曲シ長ク花外ニ斗出シ距距漸次ニ狹小ト成シ末端逢ニ小球狀ヲ成シ萼ト同ジク褐紫色ヲ呈ス。雄蕊多數アリテ長短不同、內部ニ三四片ハ白膜質ノ狹長鱗片アリテ子房ノ周圍ヲ擁セリ。雌蕊五、子房ハ狹長ニシテ細毛アリ、花柱長シ、脊裹ハ五、直立シ短細毛ヲ被フル。和名ハ山苧環ニシテ此種山地ニ生ズルヨリ云フ。

第1703圖

みやまをだまき

Aquilegia akitensis *Huth.*

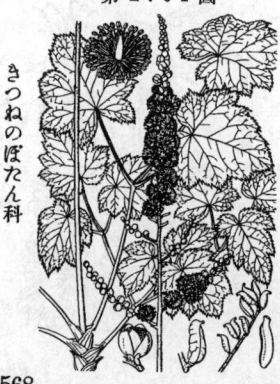

きつねのぼたん科

中部以北ノ高山帶ニ生ズル多年生草本ニシテ太キ根莖ヲ有ス。葉ハ四五數根生シ、柄長ク、單三出或ハ再三出ニシテ小葉ハ三全裂シ裂片ハ廣楔形ヲ成シ鈍頭、更ニ鈍頭裂片ニ細裂ス、帶紫綠色ニシテ且白霜ヲ帶ビ下面ニハ軟毛ヲ散生シ、質厚シ。盛夏ノ候直立セル一莖ヲ抽クコト葉ヨリモ高ク高サ10～20cm許、莖上ニ往々一小葉アリ、梗頂ニ豐大ナル鮮紫色ノ美花ヲ着ケ點頭シテ開キ、花徑3cm許アリ。萼ハ五片アリテ廣ク開キ、各片廣卵狀披針形ヲ成ス。花瓣ハ五片ニシテ萼片ヨリ短ク長方形ニシテ黃色ヲ帶ビ、基脚ニハ長キ距直立シテ其先端內卷シ萼片ト共ニ鮮紫色ナリ。多雄蕊。五雌蕊。脊裹ハ五箇アリテ並立シ殆ンド無毛ナリ。和名ハ深山苧環ニシテ本種深山ニ生ズルヨリ云フ。

第1704圖

いぬしょうま
Cimicifuga biternata *Miq.*

きつねのぼたん科

岡陵或ハ山地或ハ溪側等ノ樹下ニ生ズル多年生草本ニシテ高サ70cm許ニ達ス。根生葉ハ少數アリテ長柄ヲ有シ、或ハ單三出或ハ再三出或ハ其中間ノ者アリテ一株ニ出デ三者併在スル者或ハ一二者偏在スル者アリテ一樣ナラズ、小葉ハ略ボ圓形或ハ卵圓形ヲ成シ心臟底ヲ有シ數尖裂ヲ成シ、裂片ノ邊緣ハ銳頭齒牙ヲ有シ葉質硬シ。七八月ノ候、梢頭葉ヨリモ高ク暗綠色ノ長花莖ヲ抽テ直立シ、單一或ハ分枝シ、長キ穗狀ヲ成シテ多數ノ無柄小白花ヲ開キ花下ニ微小ノ苞シ、花軸ハ長クシテ細毛アリ。萼ハ五片アリテ凹面ノ橢圓形或ハ倒卵形ヲ成シ長サ4mm許アリテ早落ス。花瓣無シ。雄蕊ハ多數ニシテ展開シ其直徑4mm許。雌蕊ハ一二箇アリ、子房ハ瘦長橢圓形ニシテ極メテ短キ柄ト花柱トアリ。脊裹一、長橢圓形、無毛、短柄ヲ具へ、中ニ數種子ヲ容ル。和名ハ犬升麻ニシテ利用ナキ升麻ノ意ナリ、升麻ハさらしなしょうまヲ指ス。

568

さらしなしょうま (升麻)
一名 やさいしょうま
Cimicifuga simplex *Wormsk.*
var. ramosa *Maxim.*

山地樹木下或ハ山中ノ草地等ニ生ズル大形ノ多年生草本ニシテ高サ1m餘ニ達ス。莖ハ直立シ、圓柱形ニシテ綠色ヲ呈ス。葉ハ互生シテ長柄ヲ具へ、大形ニシテ重三洄複葉ヲ成シ、多數ノ小葉ハ卵形或ハ長橢圓狀卵形ヲ成シ更ニ二三裂シ、裂片ハ缺刻狀銳頭齒牙ヲ有シ、葉柄本ハ短鞘ヲ成ス。七八月ノ候、梢ニ長キ花莖ヲ抽キ單一或ハ疎ニ分枝セル花軸ニ總狀花序ヲ成シテ密ニ多數有梗ノ白花ヲ開キ兩性花ト雄花トアリ。萼片ハ橢圓形ニシテ長サ4mm許、外面ニ短毛アリテ早落ス。雄蕋ハ多數ニシテ長シ。雌蕋ハ二、子房ハ短柄ヲ有シテ披針形ヲ成シ多少毛アリ。膏葖ハ長柄ヲ有シ長サ約1cmアリテ長橢圓形ヲ成シ、上端ニ鉤曲セル短花柱ヲ存シ果面ニ微毛アリ。和名ハ晒茱升麻ニシテ其嫩葉ヲ煮テ水ニ洒シ味ヲ附ケ食フ故斯ク云フ、野茱升麻ヘ同ジク野茱トシテ食フ故云フ。

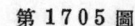
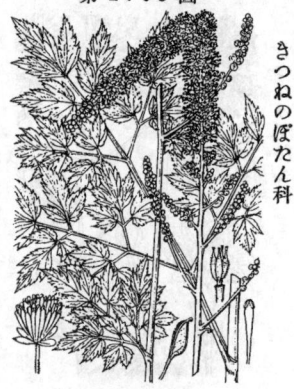

第 1705 圖

きつねのぼたん科

きけんしょうま
一名 おほばしょうま
Cimicifuga japonica *Spreng.*
var. obtusiloba *Makino.*
(= Pityrosperma obtusilobum *Sieb. et Zucc.*)

山地ノ樹林下或ハ溪側等ノ陰地ニ生ズル多年生草本ニシテ高サ30〜60cm許、根生葉ハ一箇或ハ二箇ヲ出シテ暗綠色ノ長葉柄ヲ具ヘ單三出ヲ成ス。小葉ハ小葉柄ヲ有シ大形ニシテ表面稍光澤アリ通常質稍厚ク、葉緣淺裂シテ裂片ハ不整ノ齒牙ヲ有シ、侧生ノ二片ハ少シク歪形、底部ハ淺キ心臓形ヲ呈シ、或ハ時ニ楯形 (いぶきのきけんしょうま f. peltata *Makino*) ヲ呈ス。秋日、長キ花莖ヲ直立シテ葉ヨリ高ク、上方葉ニ分枝シ穗狀花序ヲ成シテ稍密ニ無柄白色ノ多數小花ヲ叢ケ、花軸ニ細毛アリ。萼ハ五片アリ橢圓形或ハ卵形ニシテ早落シ長サ4mmアリ。花瓣無シ。雄蕋多數ニシテ展開シテ其直徑8mm許、花絲ハ長クシテ絲狀。雌蕋一二、子房ハ綠狀長楕圓形。膏葖ハ一二、長楕圓形ニシテ外方ヲ指セル短花柱ヲ存シ、下ニ短柄アリ。種子ハ橫襞アリ。和名ノ鬼瞼升麻ナレドモハレ元來漢名ナレバ之ヲ以テ本品ヲ呼ブハ中ラズ、大葉升麻ハ其葉大ナルヨリ云フ。

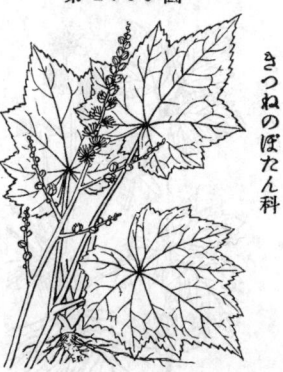

第 1706 圖

きつねのぼたん科

るゐえふしょうま
Actaea spicata *L.*
var. nigra *Willd.*

山中樹林下ノ陰地ニ生ズル多年生草本ニシテ高サ60cm許ノ及ブ。根莖ハ短クシテ鬚根多シ。莖ハ粗大ニシテ直立シ單一ニシテ多少ノ曲ス。葉ハ大形ニシテ長葉柄ヲ有シ、再三出或ハ三三出複葉ヲ成シ莖上ニ二三葉ヲ具フ。小葉ハ卵形或ハ卵狀披針形ニシテ銳尖頭ヲ有シ、葉緣ニ大小不齊ノ銳頭粗鋸齒ヲ有ス。六月ノ候、梢上ニ直立セル一莖ヲ抽キ上部ニ單三出或ハ再三出ノ小形葉ヲ著ケ其頂部ニ短總狀花序ヲ成シテ稍多數ノ白色小花ヲ開ク。萼ハ四片ニシテ早落ス。花瓣モ亦四片、廣匙形ニシテ長サ3mm許アリ。雄蕋多數アリテ長サ6mm許。雌蕋ハ一、子房ハ卵形ヲ呈シ柱頭ハ扁平ナリ。果實ハ漿果樣ヲ成シ球形ニシテ黑熟ノ徑6mm許、花軸ヨリ橫向或ハ斜ニ下向シテ出デシ稍肥厚セル果柄ノ頂ニ著キ中ニ多種子アリ。和名ハ類葉升麻ニシテ其葉狀宛モ升麻葉ニ類似スレバ云フ。

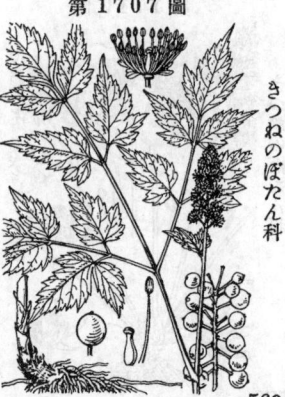

第 1707 圖

きつねのぼたん科

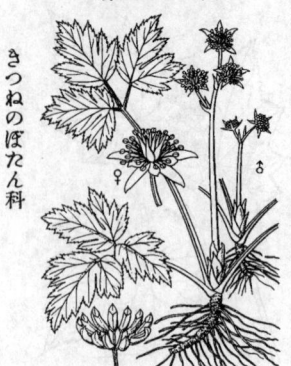

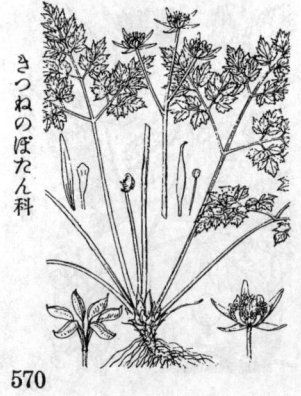

第 1708 圖

きつねのぼたん科

れんげしょうま
一名 くされんげ
Anemonopsis macrophylla
Sieb. et Zucc.

山中樹下ノ地ニ生ズル可ナリ 大形無毛ノ 多年生草本ニシテ高サ 40–60cm許アリ。莖ハ直立ス。葉ハ大形ニシテ互生シ、根生・莖生アリテ有柄、再三出・三三出或ハ四三出ヲ成シ、小葉ハ卵形ニシテ銳尖頭ヲ有シ邊緣ニ銳尖頭ノ粗大不齊鋸齒ヲ有ス。苞葉ハ上方ニ至ルニ從ヒ小ニシテ簡單ナリ。總葉柄ノ基部ハ鞘ヲ成ス。夏月、莖ノ上部ニ長キ花枝ヲ分チ、上部ハ略ボ疎ナル總狀花序ト成リ有梗ノ可ナリ大ナル淡紫色花ヲ着ケ稍下向シテ開キ花徑 3.5cm ニ達シ頗ル雅趣アリ。萼片寧ロ多數ニシテ橢圓形或ハ長橢圓形ヲ呈シ長サ 1.5cm許。花瓣亦寧ロ多數アリテ倒卵狀橢圓形ヲ成シ長サ1.2cm許ニシテ基部ニ蜜槽アリ。雄蕋ハ多數ニシテ花瓣ヨリ短シ。雌蕋ハ少數ニシテ立チ、子房ハ狹クシテ長花柱ヲ有ス。蓇葖二乃至四箇、長サ 1.5cm、先端長喙アリ、中ニ多種子ヲ藏ス。本種ハ我邦特產植物ノ一ナリ。和名蓮華升麻ハ本品升麻樣ノ 草ニシテ其花ハすノ花容アレバ斯ク云フ。

第 1709 圖

きつねのぼたん科

わうれん
Coptis japonica *Makino.*
(= *Thalictrum japonicum Thunb.*)

山地樹林下ノ陰地ニ生ズル多形的ノ常綠ノ多年生草本。根莖ハ多肉肥厚シテ地下ニ斜臥シ黃色ニシテ多數ノ黃色鬚根ヲ發出ス。根生葉ハ朋膜ナル柄ヲ以テ三分シ、各更ニ分裂シテ銳齒牙緣ヲ有ス。雌雄異株ニシテ早春 10cm許ノ花莖ヲ抽キ、白色有梗花ニ三箇ヲ互生ス。花梗ハ花後著シク伸ビ 5–10cm ニ達ス。花ハ直徑 1.2cm許、萼ハ五片乃至七片ニシテ披針形。花瓣ハ五片乃至六片、線形ヲ呈シ萼片ヨリ小形ナリ。雄花ニハ雄蕋多數ヲ有シ、雌花ニハ數心皮アリ。心皮ハ花後早クモ内縫合線ニ沿テ裂ケ卵子ヲ看ルベシ、花後有柄ニシテ長サ 1.3cm許ノ蓇葖ヲ輪形ニ着ク。藥用植物ノ一ニシテ其根莖ヲ使用ス。きくばわうれんハ我邦產わうれんノ主品ニシテ藥用ニハ專ラ此品ヲ賞用ス。和名わうれんハ漢名ノ黃連ニ基因スレドモ元來黃連ハ眞品ハしなわうれん一名たうわうれんナレバ此名ヲ直チニ我邦產ノわうれんニ適用スルハ非ナリ。

第 1710 圖

きつねのぼたん科

せりばわうれん
Coptis japonica *Makino*
forma brachypetala *Makino.*

諸州山中樹下ノ地ニ生ズル多年生常綠草本。葉ハ皆根生ニシテ多裂セル三出ノ羽狀複葉ヲ成シ多數小葉ヲ有シ、各小葉ハ厚質ニシテ二三裂シ銳頭缺刻ナリ。雌雄異株ニシテ春日高サ 7cm許ノ花莖ヲ抽キ、莖上ニ白色有梗ノ二三小花ヲ開ク。花ハ直徑 1cm許。萼ハ五片乃至七片アリテ披針狀。花瓣ハ五乃至六片ニシテ線狀ヲ呈シ萼片ヨリ短シ。雄花ニハ多雄蕋ヲ有シ、雌花ニハ數心皮ヲ具へ花後早クモ其内縫線ニ沿テ裂ケ卵子ヲ現フベシ。花後果實ハ長サ 1cm許ノ蓇葖ヲ成シ有柄ニシテ輪形ニ列ス。花後ハ花莖并ニ花梗共ニ著シク伸長シテ葉上ニ超出ス。和名ハ芹葉黃連ノ意ニシテ其細裂セル葉ニ基キ斯ク云フ。

ばいくゎわうれん
一名　ごかえふわうれん
Coptis quinquefolia *Miq.*

諸州山地ノ牛陰處ニ生ズル多年生常綠ノ小草本
ニシテ高サ8cm内外アリ。根莖ハ多少肥厚シテ
稍長ク多數ノ黄色鬚根ヲ有セリ。葉ハ根生シテ
叢出シ長柄ヲ有シ、五裂ス。小葉ハ厚質ニシテ
倒卵形下部楔形ヲ呈シ、二三淺裂シ、銳齒ヲ有
ス。春日、葉心ヨリ直立セル帶紫色ノ花莖ヲ抽
キ單一ニシテ中部鱗狀ノ一小苞アリ、頂ニ白色
ノ兩性花ヲ單生ス。萼ハ五片ニシテ花瓣樣ヲ呈
シ、倒卵狀長橢圓形鈍頭、長サ5-9mm。花瓣ハ
有柄ニシテ黄色ノ柄杓狀ヲ成シ蜜槽ト化セリ。
花中ニ多雄蕊及ビ數心皮ヲ有ス。花後膏葖ハ有
柄、長サ8mm許、輪狀微形ニ排列ス。一變種ハ
根莖葖狀ヲ成ス者アリ、つるごかえふわうれん
(var. stolonifera *Makino*) ト云フ。和名ハ梅花
黄連ノ意ニシテ其花容ニ基キテ云ヒ、五加葉黄
連ハ其葉形うこぎニ似タル故云フ。

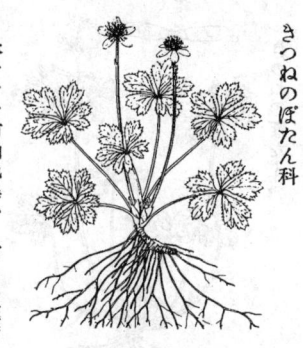

きつねのぼたん科

みつばわうれん
Coptis trifolia *Salisb.*

高山地帶ナル樹下ノ地ニ生ズル常綠ノ多
年生小草本。根莖ハ絲狀ニシテ横走シ黄
色ヲ呈ス。葉ハ根生シ長柄ヲ有シテ三出
シ、各小葉ハ廣楔形或ハ廣倒卵形ニシテ
時ニ三裂シ、質厚ク上面滑澤ナリ、七八
月ノ候、高サ5cm内外ニ直立單花莖ヲ出
シ、先端ニ一白花ヲ開ク。花莖上ニ廣箆形
小形苞一二アリ。花ハ兩性ニシテ五萼片
アリ花瓣樣ニシテ長橢圓形、長サ7mm許
アリ。花瓣五箇ニ縮形シテ匙形ヲ呈シ、
黄色ノ蜜槽ヲ成ス。花中ニ多雄蕊竝ニ數
心皮ヲ具ス。花後膏葖ハ繖形ニ排列シ、卵
形ニシテ長サ先端ハ長嘴ヲ併セテ8mm
許、同長或ハ多少ヲレョリ長キ柄ヲ有ス。
和名ハ三葉黄連ノ意ニシテ其葉形ニ基キ
テ斯ク云フ。

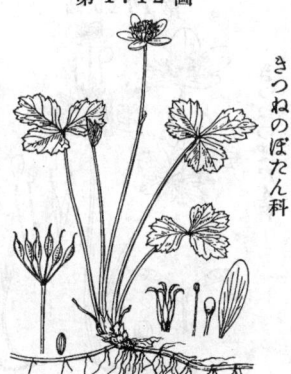

きつねのぼたん科

さばのを
Isopyrum dicarpon *Miq.*

我邦西南諸州ノ山地樹下ニ生ズル質軟カキ多年
生草本ニシテ高サ8-12cm許アリ。莖ハ直立シ一
或ハ二三本ヲ叢生ス。根生葉ハ長柄アリ其籾本
擴大シテ膜質ノ鞘ト成リテ廣卵形ヲ呈シ、葉片
ハ鳥趾狀三出複葉ニシテ各小葉ハ有柄、菱狀廣
卵形ニ シテ缺刻狀鈍鋸齒緣ヲ成シ紫褐色ヲ帶
ブ。莖ハ上方ニ分枝シ、莖葉ハ花枝並ニ花梗
ノ下ニ對生シ、三出或ハ單一ニシテ小葉ノ狀ハ
根生葉ト於ケル如シ。春日莖頂ニ花梗二三條ヲ
出シ、小白花ヲ下垂シテ開ク。萼ハ五片アリテ
花瓣狀ヲ成シ倒卵狀長橢圓形、長サ7mm許ニシ
テ皆ハ暗紫采アリ。花瓣ハ五箇アリテ萼片小形、長
サ4mm、柄ハ繖形ヲ呈シ其先端急反屈シテ圓形
ヲ成シ黄色ナリ。花中ニ雄蕊多數丼ニ心皮二箇
ヲ有シ、花柱ハ細小ナリ。膏葖ハ線狀長橢圓形
ヲ成シ長サ9mm、無柄ニシテ二者殆ド水平ニ
開張シ、果皮膜質、中ニ平滑ナル球形ノ種子ア
リ。和名鯖ノ尾ハ其兩方ヲ指セル果實ノ狀ニ基
ケル稱ナリ。

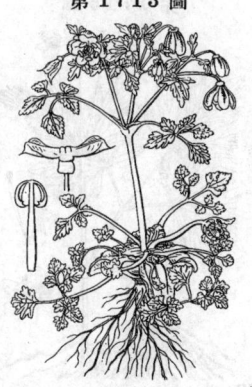

きつねのぼたん科

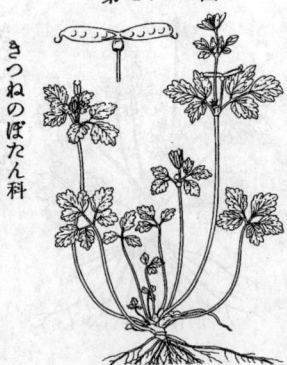

とうごくさばのを
Isopyrum trachyspermum *Maxim.*

諸國ノ山中陰濕ノ地ニ生ズル多年生草本ニシテ高サ10cm内外、全草柔軟無毛ナリ。根ハ鬚狀ヲ成シテ短小ナル根莖ヨリ出ヅ。葉ハ根生シ、葉柄本ニハ軟骨樣ノ葉鞘ヲ具ヘテ卵形ヲ成シ夏日モ尚存セリ。葉片ハ徑3cm内外、三出或ハ鳥趾狀五出、小葉ハ圓卵形、緣ニ鈍鋸齒アリ。莖ハ一株ニ三四條ヲ出シテ葉ヨリモ高ク、傾上シテ四稜アリ、汚紅色ニ染ミ、上部二苞相對シ柄短ク三出ス。四月頃莖頭ニ淡黃綠花ヲ開ク。細梗アリ。萼五片、花瓣樣。花瓣ハ黃色ノ蜜槽ト化シ萼片ヨリ短シ。雄蕋ハ十五內外。膏葖ハ五六月ニ熟シテ水平ニ開キ幅2cm内外アリ。萼筒ハ多汁ト成リテ果梗ノ先端ヲ包ム。種子ハ小圓形、瘤狀突起ヲ布ク。夏日根際ニ閉鎖花ヲ生ズ。和名ハ東國躋の尾ノ意ニシテ此種關東地ノ山ニ生ジ而シテさばのをノ一種ナレバ斯ク云フ。

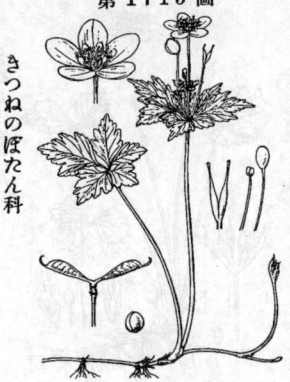

しろかねさう
一名 つるしろかねさう
Isopyrum stoloniferum *Maxim.*

富士山ノ陰地ニ生ズル質軟カキ多年生草本ニシテ地中ニ橫走スル白色ノ根莖アリテ繁殖ス。莖ハ檾細綠色ニシテ高サ12cm内外ニ達ス。根葉ハ長葉柄ヲ具ヘ柄本僅ニ擴大シテ小ナル鞘ヲ成シ、趾狀五出葉ニシテ小葉ハ扇形形ヲ呈シ缺刻狀鈍鋸齒緣ヲ有ス。上方ニ細枝ヲ分チ、其分枝點ニ梢葉ヲ叢生ス。五六月ノ候梢頭ヨリ直立セル細梗ヲ出シ梗頂ニ白花ヲ着ケ上向シテ開ク。花徑1.3cm許。萼ハ五片アリテ長橢圓形。花瓣ハ五アリテ縮形シ、長サ2mm許、上方圓形ヲ成シテ黃色ヲ呈シ、下部絲狀柄ヲ成ス。花中ニ多雄蕋幷ニ二心皮ヲ具フ。膏葖ハ二個時ド水平ニ開出シ、果皮膜質ニシテ先端ニ絲狀花柱ヲ宿存ス。和名白銀草ハ蓋シ其花白色、其莖葉綠色ニシテ他色ノ采無キヲ以テ斯クノ如キ名稱ガ下セシナラン、蔓白銀草ハ其地下莖蔓狀ヲ呈スルヨリ云フ。

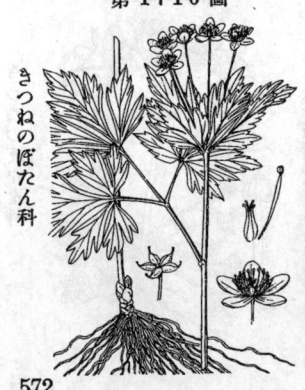

おほしろかねさう
Isopyrum Raddeanum *Maxim.*
var. japonicum *Franch. et Sav.*

中部諸州山地ノ陰處ニ生ズル質軟カキ多年生草本。根莖ハ短ク下部ニハ多數ノ鬚根ヲ發出シ上部ニハ鱗片ヲ伴フ。莖ハ瘦長ニシテ直立シ、中部以上ニ一葉ヲ着ク。葉ハ有柄、小柄アル三小葉ヨリ成リ小葉ハ其掌形卵形ニシテ銳頭淺心臟底、更ニ三深裂シ裂片ハ更ニ缺刻狀ノ鋸齒緣ヲ有ス。花ハ繖形ヲ成シテ數苞莖頂ニ開キ白色ヲ呈ス。花梗ハ細長、3cm内外ニシテ葉狀苞ノ中心ヨリ出デ其苞ハ無柄ニシテ莖葉ノ小葉ト同質ナリ。萼ハ五片アリテ花瓣樣ヲ呈シ平開シ、橢圓形ニシテ其狀にりんさうニ似タリ。雄蕋ハ多數、花絲ハ絲狀ニシテ雌蕋ヨリ長ク柄ハ黃色。雌蕋ハ小形、心皮ハ三乃至五アリテ柄ナク、上部ハ狹窄シテ先端ハ點狀ノ柱頭ト成ル。膏葖ハ平開シ、其腹縫線ハ於テ開裂ス。和名ハ大白銀草ノ意ニシテ其草狀しろかねさうニ似テ大形ナルヨリ云フ。

くろたねさう
Nigella Damascena L.

徳川末葉時代ニ渡來シ偶ニ庭園ニ培養セ
ラルル一年生ノ草本ニシテ歐洲ノ原産ナ
リ。莖ハ直立シ通ジテ葉ヲ有シ高サ50cm
内外アリ。葉ハ互生シ、卵形ニシテ先端
尖リ三四回羽狀ニ細裂セリ。夏時、枝頭
ニ三分枝シ、各枝頂ニ單生セル大形花ヲ
開キ細裂セル總苞葉ヲ以テ圍繞セラレ花
徑2cm許アリ。萼ハ五片アリテ花瓣樣ヲ
成シ淡碧色或ハ白色ヲ呈ス。花瓣ハ五ニ
シテ大ニ縮形シ、長サ5mm許、先端二岐
ス。雄蕊ハ多數。心皮ハ三乃至十箇ニシ
テ基部合一シ、先端ハ尾狀柱頭ヲ有ス。
蒴果ハ大形ニシテ膨脹シ、長サ2cm許、
上端ニテ開裂シ黑色小形ノ多種子ノ散出
ス。和名黑種草ハ其種子黑色ナルヨリ斯
ク云フ。

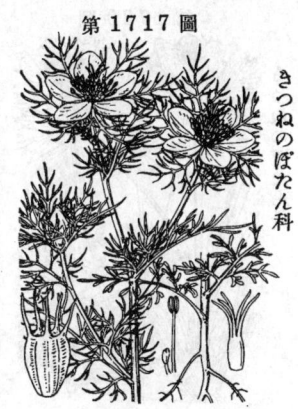
第 1717 圖

きつねのぼたん科

せつぶんさう
Eranthis pinnatifida Maxim.
(= E. Keiskei Franch. et Sav.)

我邦中部并ニ稍西部地ニ産シ山腰ノ半陰地ニ見
ルノ多年生小草本ニシテ球狀ノ一塊莖ヲ地中ニ有
シ其塊頂ヨリ莖葉ヲ發出シ下ニ鬚根ヲ發出ス。
莖ハ直上或ハ傾上シ軟弱ニシテ高サ8-14cm許
アリ。根生葉ハ纖弱ナル長葉柄ヲ有シテ三深裂
シ、側裂片ハ更ニ二深裂シ、各裂片ハ羽裂シ、小
裂片ハ鈍頭線形ヲ成ス。總苞葉ハ莖頂ニ在リテ
柄無ク不齊ナル線形片ニ分裂シ、輪狀ニ排列ス。
三四月ノ候、總苞ノ中心即チ莖頂ヨリ直立セル
一梗ヲ抽クコト1cm許、梗頂ニ一白花ヲ開キ花
徑2cm許アリ、萼ハ五ニシテ花瓣樣ヲ呈シ卵
形ヲ成シテ縱脈ヲ具ヘ邊緣ニハ多少不齊ノ鈍齒
ヲ見ル。花瓣五箇ハ大ニ縮形シテ兩岐セル黃色
ノ蜜槽ト成ル。雄蕊ハ多數、葯ハ淡紫色。披針形
ノ心皮二三箇アリ。膏葖ハ短柄アリテ牛月形ヲ
成シ先端ノ嘴ヲ併セテ長サ1cm許アリ。種子ハ
大ニシテ圓形ナリ。和名ハ節分草ノ意ニシテ此
草春寒ノ冒シテ早ク萌出スルヨリ春ノ節分頃ニ
開花スルト謂ヒ此名ヲ得タリ。漢名 菟葵(誤用)

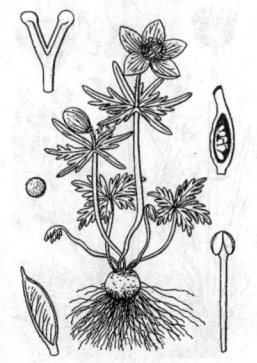
第 1718 圖

きつねのぼたん科

ひだかさう
Callianthemum Miyabeanum
Tatewaki.

北海道日高ノ山地ニ生ズル多年生草本。高サ10-
20cm。根莖ハ短厚、鬚根ヲ發出ス。葉ハ根生シ
長葉柄アリテ花時ニハ葉未ダ伸長セズ、再ニ出、
裂片ハ廣卵形、更ニ細片ニ分裂ス。裂片ハ鈍頭、
葉質稍厚ク初メ白霜ヲ帶ベドモ表面ハ後ニ黃綠
化ス。五月、葉間ニ花莖ヲ抽キ一二分枝シテ頂
ニ徑2cm内外ノ白花ヲ開キ上向ス。萼ハ十片内
外、單輪ニシテ花瓣樣ヲ呈シ、倒卵狀橢圓形、
底部ニ近ク赤褐色ノ斑點ヲ飾ル。花瓣ハ無シ。
雄蕊及ビ雌蕊ハ多數。果實ハ瘦果ニシテ卵圓形
ヲ呈ス。一種信州北岳ニ産スル者ハ葉面粉白頗
ル顯著ニシテ秋ニ入ルモ其色脱セズ、萼片ハ先
端ニ凹點アリテ區別シ得、之レヲきただけさう
(C. hondoense Nakai et Hara) ト云フ。和名
日高草ハ其産地ニ基ク。

第 1719 圖

きつねのぼたん科

第 1720 圖

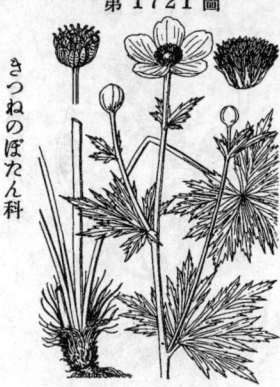

きんばいさう
Trollius asiaticus *L.* var. Ledebourii *Maxim.*

高山地帶ニ生ズル多年生草本ニシテ根ハ鬚狀ヲ成シ、莖ハ綠色ニシテ直立シ高サ40-60cm許アリ。根出葉ハ長葉柄ヲ具ヘ、略ボ圓形ニシテ三乃至五深裂シ、裂片ハ倒卵形ニシテ更ニ二三尖裂シ、銳頭缺刻狀齒牙緣ヲ成シ葉面ハ光滑、質稍硬クシテ厚シ。莖葉ハ短柄或ハ無柄ニシテ根出葉ト同樣ニ分裂ス。夏日莖上三乃至五枝ヲ分チ各頂端ニ一ノ黃色美花ヲ開キ花徑3cm許アリ、萼ハ花瓣樣ヲ呈シ五乃至七片アリテ卵形ナリ。花瓣ハ八乃至十八片アリ變形シテ線形ト成リ鮮黃色ヲ呈シ長サ2cm許アリテ雄蕊ヨリ長ク蜜腺ハ基脚ヨリ3mm許上方ノ處ニ在リ。雄蕊ハ多數、花絲ハ長キ絲狀。心皮ハ多數、子房ハ無柄、卵狀鉞形、尖リタル長花柱アリ。蓇葖ハ無柄ニシテ頭狀ニ攅簇シ粘膏質ヲ有シ長卵狀長橢圓形ニシテ先端ニ長嘴ヲ有シ、種子圓シ。和名ハ金梅草ノ意ニシテ其梅咲キヲ成セル黃花ニ因ミ斯ク云フ。

第 1721 圖

しなのきんばい
Trollius patulus *Salisb.*

中部以北ノ高山帶ニ生ズル多年生草本。高サ30cm內外、全株無毛ナリ。根莖ハ短ク、直立シテ太シ。根生葉ハ二三、長柄ヲ有シテ立チ、槪形圓形ニシテ掌狀五全裂シ、深心臟底ヲ成シ、裂片ハ廣倒卵形楔狀底、缺刻狀銳尖銳齒緣ヲ有ス。質稍厚ク深綠色ヲ呈ス。莖ハ高サ葉ニ超エ、莖上無柄ノ葉ニ三、根生葉ニ似テ小形ナリ。八月頃頂ニ黃金色ノ花ヲ開キ花徑4cm內外、萼片ハ五乃至七箇、廣闊美麗ニシテ花瓣ノ如シ。花瓣ハ極メテ小サク雄蕊集團ノ外圈ニ接シテ存在シ其レヨリモ短ク、線狀倒披針形ヲ呈ス。雄蕊及ビ雌蕊ハ多數。蓇葖ハ平頂ノ球形ニ集合シ、各個ハ先端ニ花柱ノ殘存セルモノ斗出ス。和名ハ信濃金梅ノ意ニシテ信州ニ產スルヨリ云フ。

第 1722 圖

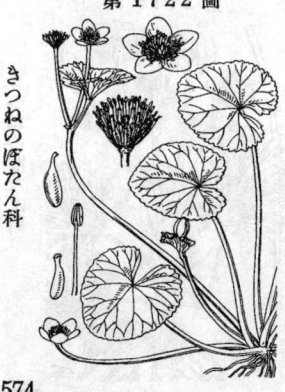

ゑんこうさう
Caltha sibirica *Makino* var. decumbens *Makino.*
(=C. membranacea *Schip.* forma decumbens *Koidz.*)

山地帶濕泅ノ地ニ生ズルレドモ往々觀賞植物トシテ人家ニ愛栽セラルル多年生草本。根ハ白色鬚狀。莖ハ50cm內外ノ長サニ伸ビ脆弱ニシテ直立セズ橫傾シテ四方ニ擴ガル。根生葉ハ叢生シテ長葉柄ヲ具ヘ、腎臟狀圓形ニシテ葉緣ハ鈍鋸齒ヲ有シ質軟カナリ。上葉ハ互生シ、短柄ヲ具ヘ或ハ無柄ナリ。初夏ノ候、莖末ニ一二個ノ黃花ヲ開ク。萼ハ五片、時ニ六七片アリ、橢圓形ニシテ長サ1.3cm許。花瓣ヲ缺ク。花中ニ多數黃色ノ雄蕊及ビ狹小ナル數心皮ヲ有シ、花後心皮ハ無柄ノ蓇葖ヲ成シテ頭狀ニ相集リ先端短キ一嘴ヲ成シ長サ1cmアリ。和名猿猴草ハ其花梗長ク延出シ所謂ゑんこう即チ手長猿ノ手ノ如ケレバ斯ク云フ。

りうきんくゎ
Caltha sibirica *Makino*
forma erecta *Makino.*
(＝C. membranacea *Schip.*
forma erecta *Koidz.*)

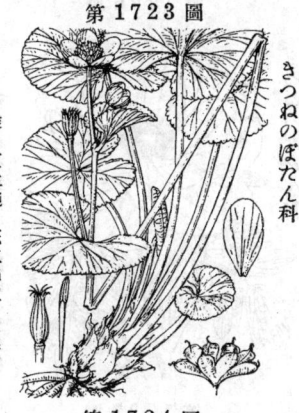

きつねのぼたん科

時ニ觀賞植物トシテ人家ニ培養セラルルト雖
モ、元來沼澤丼ニ濕洳ノ地ニ生ズル柔軟無毛ノ
多年生草本ニシテ根ハ白色鬚狀ヲ成ス。莖ハ直
立シ綠色中空ニシテ高サ60cm許、根生葉ハ叢生
シテ長葉柄ヲ有シ、腎臟狀圓形ヲ呈ポ邊緣ニ鈍
鋸齒或ハ齒牙ヲ具フ。一二ノ莖葉アリテ短柄ヲ
有ス。四五月ノ候、莖梢ノ梗端ニ各黃色ノ一花
ヲ開キ花徑凡2cm許アリ。萼ハ花瓣樣ヲ呈シ五
乃至七片許アリ、卵狀楕圓形ニシテ長サ13mm
許。花瓣ヲ缺ク。雄蕋ハ多數、黃色。子房ハ五
乃至八個アリテ狹長。花後果實ハ無柄ノ靑奘ヲ
成シ、長橢圓形ニシテ先端ハ短嘴ヲ成シ長サ
1cm許アリ。和名ハ立金花ニシテ其莖直立シ黃
金色ノ花ヲ開クヲ以デ云フ。

しゃくやく (芍藥)
古名 えびすぐさ・えびすぐすり
Paeonia albiflora *Pall.*
var. hortensis *Makino.*

きつねのぼたん科

舊ク支那ヨリ渡來セル花草ニシテ通常普ク庭園ニ栽
培シテ觀賞セラルル多年生草本ナレドモ元來ニ亞細
亞大陸東北地方ノ原產ナリ。根ハ稍數多ク叢生ナル紡
錘狀ヲ成シテ肥厚ス。莖ハ敷株直立シテ一株ニ出デ、
高サ60cm內外ニ及ビ常ト共ニ無毛ナリ。葉ハ互生シ、
脚葉ハ再三出ヲ成シ小葉ハ披針形又ハ橢圓形又ハ卵
形ヲ成シ時ニ二三裂シ、脈部及ビ柄ハ赤色ヲ帶ビ、上
葉ハ形狀簡單ト成リ遂ニ單三出或ハ單形ヲ呈スルニ
至ル。初夏ノ候、單一或ハ分枝端ニ大形ノ美花ヲ開
ク。紅・白其他花色多樣アリテ園藝品種極メテ多ク。萼
ハ五片ニシテ綠色ヲ呈シ宿存シテ圓形ヲ成シ全邊ナ
リ、最外列ノ萼片ハ往々葉狀ヲ成ス。花瓣ハ十片內外、
倒卵形ニシテ長サ5cmニ達ス。花盤ハ凹形。雄蕋ハ多
數、黃色。雌蕋ハ三乃至五、子房ハ卵形ニシテ無毛、或
ハ極ニ少シク有毛、柱頭ハ短ク シテ外方ニ反曲ス。靑
奘ハ大形ニシテ內縫線開裂シ球形ノ種子ヲ數ハ。根
ヲ藥用ニ供ス。和名ハ漢名芍藥ノ字音ナリ、夷草・夷
國卽チ異國ヨリ來リシ草ノ意、夷藥ハ夷國ヨリ來リシ
藥草ノ義ナリ。

やましゃくやく
Paeonia obovata *Maxim.*
var. japonica *Makino.*
(＝P. japonica *Miyabe et Takeda.*)

きつねのぼたん科

諸州ノ山地樹下ニ生ズル多年生草本ニテ高サ
40cm內外、全體しゃくやくヨリ小形ナリ。根ハ
肥厚。莖ハ直立シ其基部ニ數片ノ鞘狀葉ヲ有シ、
莖上ニ五生シテ通常三個ノ有柄葉ヲ存シ、下部
ノ葉ハ槪ネ二回三出、上部ノ葉ハ三出或ハ單葉
ト成リ、小葉ハ倒卵形或ハ橢圓形ニシテ銳尖頭、
葉裏ハ帶白色ニシテ毛ナシ。五六月頃莖頂ニ白
色花ヲ獨在ス。萼片ハ三箇、卵形ニシテ不同ナ
リ。花瓣ハ通常五片或ハ七片許ノ者アリ、倒卵形
ヲ呈ス。雄蕋多數。雌蕋三四箇。靑奘ハ大キク、
開裂スレバ內面赤色、心皮ノ緣ニ紅色不有ノ種
子丼ニ瑠璃色ノ帶ビシ黑色ノ成熟種子ヲ層ケ、
頗ル美ナリ。一種べにばなやましゃくやく(P.
obovata *Maxim.*)アリ、淡紅花ヲ開キ柱頭大キ
ク葉裏ニ微軟毛ヲ有ス。和名ハ山芍藥ニシテ山
地ニ自生スルヨリ云フ。漢名 草芍藥(誤用)

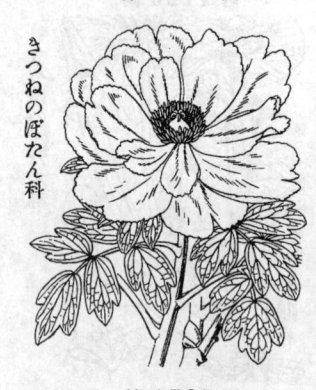

第1726圖

きつねのぼたん科

ぼたん (牡丹)
古名 はつかぐさ・ふかみぐさ・なとりぐさ
Paeonia suffruticosa Andr.
(=P. Moutan Sims.)

舊ク我邦ニ渡來セル支那原産ノ落葉灌木ニシテ
今ハ廣ク觀賞花木トシテ庭園ニ栽培セラル。高
サ50-180cm許アリ。幹ハ直立シテ分枝ス。葉ハ
有柄互生シニ囘三出或ハ二囘羽狀ニ分裂シ、小
葉ハ卵形乃至披針形ヲ呈シ、先端二三裂スルカ
全邊ニシテ銳頭ヲ成ス。五月頃枝端ニ大形ナル
一花ヲ着ク。花ハ紫・紅・淡紅・白等多樣ノ色ヲ呈
シ稀ニ黄色ノ品アリ、徑20cm許ニ達シ頗ル華
麗ナリ。萼ハ五片アリテ宿存ス。花瓣ハ八片乃至
多片、不同ニシテ倒卵形ヲ呈シ邊緣ハ不規則ナ
ル缺刻ヲ有ス。多雄蕋。花盤ハ嚢狀ト成リ心皮
ヲ包ム。膏葖ハ二-五箇アリテ開出シ、短毛ヲ密
生シ、内縫線ニ沿テ開裂シ大ナル種子ヲ藏ハス。
根皮ヲ藥用トス。和名ハ牡丹ノ音ナリ。

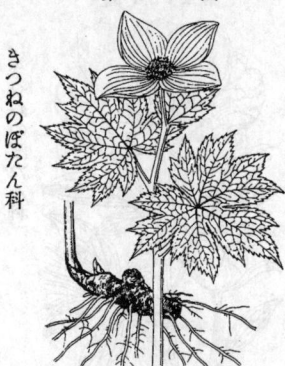

第1727圖

きつねのぼたん科

しらねあふひ
一名 はるふよう・やまふよう
Glaucidium palmatum
Sieb. et Zucc.

深山樹下ノ陰地ニ生ズル多年生草本ニシテ高サ
花時20cm内外、花後40cm許ニ達ス。根莖ハ肥
厚シ、莖ノ基部ニハ數箇ノ膜質ナル鞘狀葉ヲ有
ス。莖葉ハ莖ノ上部ニ互生シテ着キ有柄ニシテ
通常二個、腎臟狀圓形ニテ心臟底、掌狀ニ五-
七尖裂シ、裂片ハ銳ク尖リ銳鋸齒ヲ有シ、脈ハ上
面ニ於テ凹ミ、兩面脈上ニ細毛アリ、葉面ノ徑10
-30cm許アリ。六七月頃莖頂ニ一箇ノ美花ヲ開
ク。花下ノ苞ハ葉狀ヲ呈シ、無柄ニシテ腎形ヲ
成シ、銳キ缺刻ヲ有ス。花ハ徑7cm内外、萼片
ハ四個、花瓣狀ヲ呈シ紫色ニシテ廣倒卵形ナリ。
無花瓣。多雄蕋。二雌蕋。蒴ハ二個、扁平ニシ
テ略ボ方形ヲ成シ内方ノ一側ニ於テ癒合シ、外
方三囘ノ縫線ニ沿ヒ開裂ス。種子ハ倒卵形ニシ
テ廣翼ヲ有ス。和名白根葵ハ野州日光白根山ニ
多ク而シテ其花容蜀葵花ニ類スルヨリ云ヒ、春
芙蓉竝ハ山芙蓉ハ共ニ其花容芙蓉花ニ似テ早ク
開花シ又山ニ生ズルヨリ云フ。

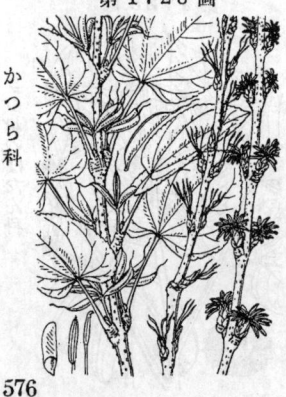

第1728圖

かつら科

かつら
古名 をかつら
Cercidiphyllum japonicum
Sieb. et Zucc.

諸州ノ山地ニ生ズル落葉大喬木ニシテ幹ハ聳立
シテ分枝シ高サ27m、直徑1.3m許ニ達シ、往々
一株ニシテ數幹ヲ成ス者アリ。枝ニ上更ニ短枝多
シ。葉ハ對生シ細長キ柄ヲ有シ、廣卵形ニシテ心
臟底或ハ心臟形ヲ成シ稍鈍頭ヲ呈シ邊緣ニ鈍鋸
齒ヲ具ヘ、長幅共ニ3-7cm許、下面粉白ヲ呈シ、
五-七條ノ掌狀脈ヲ有ス。雌雄異株ニシテ五月頃
葉ニ先チテ苞ニ包マレタル花ヲ葉腋ニ獨生ス。
裸花ニシテ花被ヲ有セズ。雄花ハ多數ノ雄蕋ヨ
リ成リ、花絲ハ極メテ細ク、葯ハ線形ニシテ紅色
ヲ呈ス。雌花ハ三-五個ノ雌蕋ヨリ成リ、柱頭ハ
絲狀ニシテ淡紅色ナリ。果實ハ短柄ヲ有シ、膏
葖ハ圓柱形ヲ成シ彎曲シ、種子ハ一端ニ翼アリ。
和名かつらかつハ香出ノ意ナラント謂ヘ
リ、然レバ香氣アル木ナラザルベカラズ、かつ
らニ香氣アリト稱スル人アレドモ如何乎、而シ
テらハ單ニ語尾ノ添ヘ詞ナリト云フ。男かづら
ハやぶにくけいノ女かづらハ一對セル名ナリ。

ひろはかつら

Cercidiphyllum magnificum *Nakai.*

特ニ奥日光ニ多ク産スル落葉大喬木。幹
聳立シテ分枝ヲ高サ 10-15m ニ達ス。か
つらニ近似スレド樹皮ハ二十年ヲ經ルモ
猶裂目ヲ生ゼズ、又其葉ハ極メテ闊大ニ
シテ圓形及ハ心臓狀圓形ヲ呈スルヲ以テ
區別シ得ベシ。葉ハ互生、有柄、徑7-10
cm、圓頭心臓底、掌狀ノ葉脈細脈ト共ニ
陷凹シ爲ニ表面皺面ヲ呈シ、邊緣ニハ低
鈍鋸齒アリ。雌雄異株ニシテ四五月頃未
ダ葉無キ時開花ス。花ハ新條ノ腋或ハ短
枝上ノ鱗片腋ニ出デ裸花ニシテ花被無
シ。雄蕊ハ多數、ふさざくらノ雄蕊ニ似
テ暗紅色。雌蕊ハ四五、花柱長ク、赤暗赤
色ヲ帶ブ。蓇葖ハ半開、淡綠色平滑ニシテ
恰モ小形ノそらまめ莢ノ如ク、熟シテ開
裂シ、中ヨリ兩端有翼ノ種子ヲ出ダス。

かつら科

ふさざくら
一名 たにぐは

Euptelaea polyandra *Sieb. et Zucc.*

山中ニ生ズル落葉喬木ニシテ幹ハ直立シ
テ分枝シ、高サ 8m 許ニ達ス。葉ハ枝上
ニ互生シ細長キ柄ヲ具ヘ、廣卵形乃至
扁圓形ニシテ先端ハ急ニ尾狀ニ尖リ、基
部ニ稍截形ニ成シ、邊緣ニ不齊ノ銳齒ア
リ、裏面脈上ニ毛ヲ有シ、大ナル者ハ徑
10cmニ達ス。三月頃葉ニ先ダチテ短枝上
ニ花ヲ簇生ス。花ハ兩性ニシテ短梗ヲ有
シ、裸花ニシテ花被ヲ缺如ス。雄蕊ハ多
數、花絲ハ極メテ細ク、葯ハ線形ニシテ
暗紅色ヲ呈ス。雌蕊モ多數、子房ハ柄ヲ
有シ、上側ニ柱頭ニ成ル。果實ハ細キ柄
ヲ具ヘ、扁平ナル翅ヲ有シ、一側ニ凹處
アリ、開裂セズ。和名總櫻ハ其花狀ニ基
キ、谷桑ハ粼ニ生ジ其葉形くはノ如ケレ
バ云フ。漢名 雲葉 (誤用)

やまぐるま科

やまぐるま
一名 とりもちのき
Trochodendron aralioides
Sieb. et Zucc.

我邦中部以南諸州ノ山中ニ生ズル常綠喬木ニシ
テ幹直立シテ輪狀ニ分枝シ、高サ凡17m、直徑
30cm許ニ達ス。葉ハ枝端ニ集リ着テ稍輪狀ニ呈
シ長葉柄ヲ具ヘ、狹倒卵形乃至廣倒卵形ニシテ
先端急ニ尖リ底部楔形ヲ成シ上部邊緣ニ鈍鋸齒
ヲ有シ、長サ5-12cm許、革質ニシテ光澤アリ。
六月頃枝端ニ總狀花序ヲ成シテ黃綠色ノ兩性花
ヲ開キ、絲狀線形ノ長キ苞ハ早落ス。花梗ハ極
メテ長ク、裸花ニシテ花被ヲ缺ク。雄蕊ハ多數
アリ花絲ハ細ク葯ハ淡黃色ヲ呈ス。心皮ハ五-
十箇、基部合生ス。果實ハ五-十箇ノ蓇葖ヨリ成
リ徑1cm許アリ。樹皮ヲ剝取リ水ニ入レテ腐敗
セシメ後殘カキテ鳥鰾ヲ作ル。變種ニ長葉ノ品ア
リ之ヲナながばのやまぐるま (var. longifolium
Maxim.) ト云フ。和名山車ハ此樹山地ニ生ジ枝
頭ノ葉車軸樣ニ呈スルヲ以テ此稱アリ、鳥鰾の
木ハ樹皮ヨリとりもちヲ製スレバナリ。

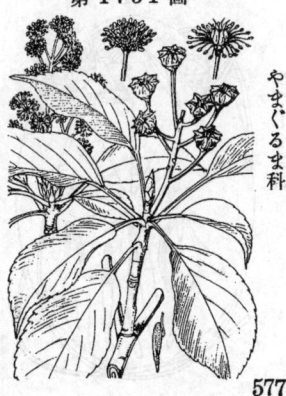

やまぐるま科

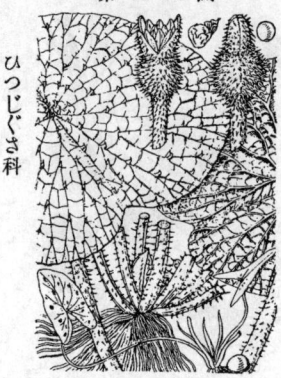

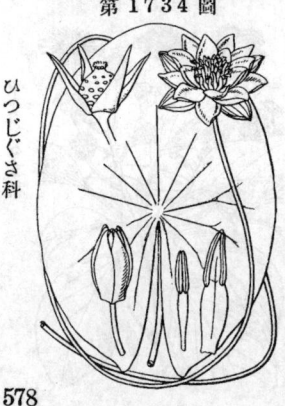

第1732圖

まつも科

まつも

まつも
誤稱　きんぎょも
Ceratophyllum demersum L.

諸州到ル處ノ池沼水中ニ沈在シテ生活スル脆質ノ多年生草本ニシテ密ニ暗綠色或ハ褐綠色ノ葉ヲ着ク。莖ハ長サ20-40cm許ニシテ莖木泥中ニ入ルモ而モ通常根ヲ見ズ、細長ナル圓柱形ニシテ疎ニ分枝ス。葉ハ莖節上ニ輪生シ無柄ニシテ長サ1-2cm許、數回叉狀ニ分裂シ、裂片ハ線狀線形ニシテ皮面ニ鉤狀ニ曲レル微小鋸齒ヲ具フ。夏秋ノ候葉腋ニ無柄帶紅色ノ一小花ヲ着ケ雌花雄花ノ別アリ、共ニ八乃至十片ニ深裂セル宿存總苞ヲ具ヘ、裸花ニシテ花被ヲ缺如ス。雄花ハ多數ノ雄蕊ヨリ成リ、花絲ハ殆ンド無ク約ハ簇生シテ長橢圓形ヲ呈シ頂ニ二突尖アリ。雌花ハ一箇ノ雌蕊ヨリ成リ子房ハ卵形ニシテ頂ニ宿存性ノ鍼形一花柱ヲ具フ。果質ハ硬質ニシテ橢圓形ヲ呈シ瘦刺ヲ具フ。今日、坊間ノ書ニ之レヲきんぎょもト記シアルハ元來誤ニシテきんぎょも所謂ほざきのふさもノ名ナラザルベカラズ。和名松藻ハ其葉狀ニ甚キシ稱ナリ。

ひつじぐさ科

第1733圖

おにばす (芡)
一名　みづぶき
Euryale ferox Salisb.

諸州ノ池沼中ニ生スル一年生ノ巨大ナル水草ニシテ刺ヲ被ル。根莖ハ短厚ニシテ多クノ鬚根ヲ右ス。葉ハ數枚叢生シ、多クノ刺ヲ有スル圓柱形ヲ有シノ長キ葉柄ヲ具ヘ、圓楯形ヲ成シ水面ニ半布ニテ浮ビ上面ハ皺曲ヲ有シテ光澤アリ、下面ハ暗紫色ヲ呈シ葉脈隆起シ網眼ヲ成シ短綿毛ヲ布キ、兩面共ニ脈上ニ尖刺ヲ具フ、小ナル者ハ其徑ハ20cm内外、大ナル者ハ3m餘ニ達ス。種子ヨリ生スル初度ノ沈水葉ハ膜質ノ箭形ヲ呈シ小形ナリ、次デ出ル葉ハ楯圓形ニシテ大形ナラズ一方ニ缺鋒アリ、次ニ出ル葉ニ形次第ニ大ト成リ缺鋒モ漸次ニ其度ヲ減ジテ遂ニ完全ナル圓楯形ヲ成スニ至ル。夏日多刺アル圓柱形ノ長硬ヲ發出シテ頂ニ一花ヲ着ケ晝間開花シ夜間ハ閉ヂ、莖ハ一花約4cm許アリ。萼ハ四個アリテ尖ヲ綠色ヲ呈ス。花辧ハ多數ニシテ數列ニ並ビ萼片ヨリ短ク鮮紫色ヲ呈ス。雄蕊ハ多數ニシテ花内ニ閉在ス。子房ハ下位ニシテ八室ニ分 レ水中ニ在リ。柱頭ハ圓錐狀ニシテ平扁ス。果實ハ球形ニシテ刺ヲ有シ、宿存セル萼・花瓣ヲ戴シ其別デタル萼ハ特ニ果頂ニ大ナル鸚狀ヲ成シ、種子ハ球形ニシテ肉質ノ假種皮ヲ被ブリ果皮ハ暗色ニシテ堅ク、胚乳ハ白色粉質ニシテ食スベシ。和名鬼蓮ハ全體はすニ似テ刺アルヲ以テ云フ、水ぶきハ其草狀略ぶふきノ如クナル水草ナルヲ以テ云フ。

ひつじぐさ科

第1734圖

ひつじぐさ (睡蓮・子午蓮)
Nymphaea tetragona Georgi
var. angusta Casp.
subvar. orientalis Casp.

我邦諸州ノ池沼ニ自生スル多年生無毛ノ水草。根莖ハ短クシテ直立シ水底ノ泥中ニ在リ下ニ多數ノ根ヲ發出シ上ニ多數ノ根生葉ヲ叢出ス。葉ハ質ハ細長キ圓柱形ノ葉柄ヲ具ヘテ水面ニ浮ビ、馬蹄形ニシテ底部深ク裂ケテ箭形ヲ呈シ、全邊ニシテ表面綠色滑滯、裏面ハ暗紫色ヲ帶ビ葉質稍厚シ。長サ凡10-12cmアリ。七八月ノ間、細長ナル根生花梗ノ頂ニ徑5cm内外ノ白花ヲ水面ニ開キ夜間ニ閉ヅ。萼片ハ四個、長橢圓形ニシテ鈍頭、綠色ヲ呈シ花托ノ處四角ヲ成ス。花瓣多數アリテ多列ニ排ビ内部ノ者ハ往々雄蕊ニ移行ス。雄蕊多數ニシテ黃約。子房ハ上位ニシテ心皮多數合生シ從テ多室ナリ。柱頭ハ放射狀ヲ成ス。花ハ水中ニ在テ球形ノ漿果ヲ結ビ宿存萼ヲ伴フ、熟スレバ崩潰シテ多數ノ種子ヲ水中ニ放出ス。種子ノ饗狀ノ肉質假種皮ヲ右ス。和名未草・未ノ刻卽チ今ノ午後二時ニ一ニ開花スルヲ以テノ故ニ云フ、然レドモ此開花ノ時刻ハ必ズシモ一定セズシテ尚早キ時アリ、晩花ノ時刻、大抵午後六時頃ナリ、花ハ三日間開閉ヲ繼續ス。

かはほね (萍蓬草)
發音 こーほね
Nuphar japonicum *DC.*

ひつじぐさ科

信州ノ小川・小溝・細流或ハ池沼ニ生ズル多年生ノ水草。根莖ハ肥大ニシテ水底泥中ニ横臥シ、白色ニシテ硬ク粗糙質ョリ柱ヲ疎ニ分枝ニ疎ニ葉痕ヲ印シ多少凹凸アリ。葉ハ根莖ノ先端部ョリ出デ緑色ノ長圓柱形葉柄ヲ具ヘテ水上ニ挺出シ、長圓形乃至長橢圓形ヲ成シ鈍頭或ハ圓頭ニシテ底部箭形ヲ呈シ長サ凡20-30cmアリ、表面深綠色裏面黄綠色、支脈多ク無毛ニシテ葉質稍ゃ柔厚ナリ。更ニ細長形ノ沈水葉ヲ件ヒ膜質牛透明ニシテ葉邊極メテ皺襞シルゐ如ク多シ。夏日長ク直立セル綠色圓柱形花梗ノ頂ニ一黄花ヲ開キ天ニ向フ。花徑5cm内外。萼片ハ五箇アリ花瓣狀ヲ呈シテ質稍厚ク、廣倒卵形ニシテ圓頭ヲ成シ内面凹ナリ。花瓣ハ多數、小形ニシテ長方形ヲ成シ外ヘ曲ス。雄蕊ハ多數ニシテ黄色、外曲ス。子房ハ廣卵形ニシテ多室、柱頭ハ桶狀ク放射形ヲ成シ邊緣ニ鈍齒アリ。漿果ハ内ニ多ク綠色マ呈シ宿存萼ヲ件ヒ熟スレバ崩開シテ多數ノ裸種子ヲ放出ス。一種ひめかはほね (N. subintegerimum *Makino*) ハ小形ノ種ニシテ其變種ニ花色赤變スルベにかはほね (var. rubrotinctum *Makino*) アリ。和名ハ河骨ノ意ニシテ此草能ク河ニ生ジ其根莖ノ狀宛モ白骨ノ如クレバ云フ、藥舗ニテハ之レヲ川骨(せんこつ)ト呼ベリ。

ねむろかはほね
發音 ねむろこーほね
Nuphar pumilum *Smith.*

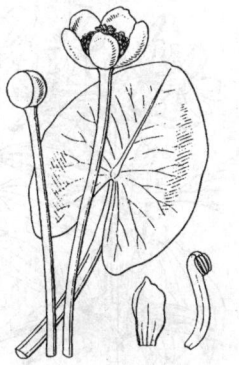

ひつじぐさ科

我邦東北地方井ニ北海道ノ池沼ニ生ズル多年生ノ水草ナリ。根莖ハ肥厚ニシテ泥中ヲ横行ス。葉ハ根莖ノ頭部ョリ發出シ極メテ長キ葉柄ヲ有シ、柄本ハ牛圓柱形ヲ成シテ兩邊ヲ呈シ上部ハ略ボ三稜ナリ。葉片ハ根莖ノ頭部ニ心臟形ヲ呈シ、裏面ニ細毛ヲ密生シ、かはほね葉ニ比スレバ小形ナリ。七八月ノ候長梗ヲ抽キ梗頂ニ一黄花ヲ肴ク。花モ亦かはほねョリ小サク徑凡2cm許アリ。萼ハ五片アリテ花瓣狀ヲ呈シ、橢圓形ニシテ鈍頭ナリ。花瓣多數アリ小形ニシテ楔狀長橢圓形ヲ成シ頂端箭形或ハ微凹頭ナリ。雄蕊多數。子房ハ上位ニシテ廣卵形ヲ呈シ、柱頭ハ盤狀ヲ成シ邊緣ハ八一十淺裂ス。和名根室河骨ハ我邦ニテハ初メ北海道根室ニテ採集セラレシヲ以テ此名ケシナリ。

じゅんさい (蓴) 古名 ぬなは
Brasenia Schreberi *J. F. Gmel.*
(=B. peltata *Pursh.*)

ひつじぐさ科

池澤ニ生ズル多年生ノ水草ニシテ根莖ハ水底ノ泥中ヲ横行シ疎ニ分枝ス。莖ハ狭長ナル圓柱形ニシテ水中ニ沈在ク疎ニ枝ヲ分ツ。葉ハ莖ニ互生シ細長ナル葉柄ヲ有シテ水面ニ浮ビ、橢圓形ニシテ楯狀ヲ呈シ、全邊ニシテ上面綠色光滑、下面ハ帶紫色、長徑10cm内外アリ、葉脈ハ射出シ上牛ニハ中脈アリ。莖及ビ葉ノ裏面ハ涎ノ如ク寒天樣ノ透明粘質物ヲ被リ、莖ノ梢部及ビ嫩葉ベノ之レヲ縄フコト多シ。夏日葉腋ョリ長キ花梗ヲ出シテ頂ニ暗紅紫色ノ一小花ヲ肴ケ低ク水面ニ露ハル。花ハ徑1.5cm許、花被狭長ニシテ萼片三、花瓣三ナリ。雄蕊ハ多數ニシテ花被ョリ短シ。雌蕊ハ六十八箇許アリテ分立シ、花柱ハ長クシテ太シ。果質群ハ宿存萼ヲ件ヒ革質ニシテ水中ニ熟シ、卵形ニシテ基部狭窄シ、頂ニ宿存花柱ヲ具フ。春夏ノ候其粘質物ヲ被レル卷キタル新葉ヲ採リ食用トス。和名ハ蓴菜ノ晋ナリ、古名ハ沼縄ノ意ニシテ此草ハ池沼ニ生ジ其葉柄宛モ縄ノ如クレバ云フ。

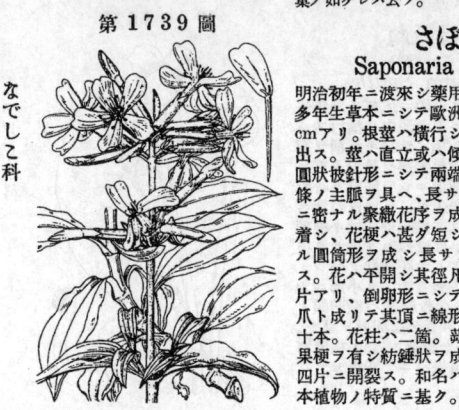

第1738圖

ひつじぐさ科

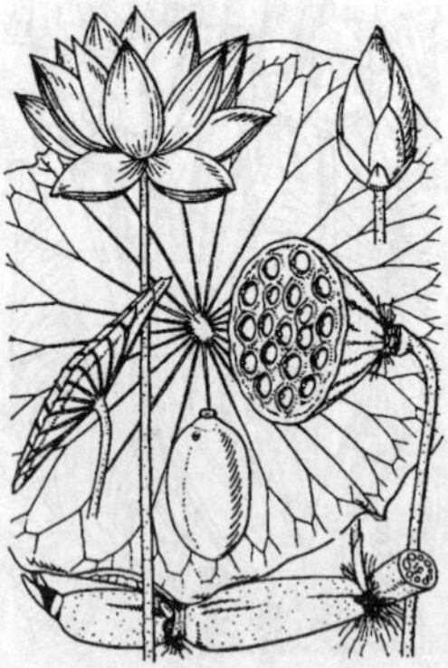

はす (蓮)
古名 はちす
Nelumbo nucifera *Gaertn.*
(= Nelumbium speciosum *Willd.*)

極メテ覆ク支那ヨリ我邦ニ渡來シ今ハ廣ク各地ノ池沼或ハ水田ニ栽植セラルル多年生ノ水草ニシテ蓋シ元來ハ印度ノ原產ナラン。根莖ハ多節ニシテ白色ヲ呈シ長ク水底ノ泥中ヲ横走シテ疎ニ分枝シ狭長ナルノ圓柱形ヲ呈シ秋末ニ至レバ其末部頗ル肥厚シ所謂蓮根ト成ル。葉ハ根莖ヨリ出デ直立セル長葉柄ヲ有シテ水上ニ挺出シ、扁圓形ニシテ楯形ヲ成シ、兩側稍凹ミテ上方ニ微凹頭ヲ有シ、上面凹窪シ、直徑40cmニ出入シ、帶白綠色ニシテ洋紙質ヲ成シ葉脈ハ四方ニ射出ス。葉柄ハ綠色圓柱形ニシテ短尖刺ヲ散生シ疏蓋ス。夏日梗頂ニ紅色・淡紅色或ハ白色ノ大ナル一美花ヲ開ク。蕚ハ四五片、小形。花瓣ハ多數アリテ倒卵形ヲ呈シ縱脈多シ。雄蕋ハ多數ニシテ葯黃色。果實ハ短倒圓錐形ニ膨大シテ海綿質ヲ成セル宿存花托ノ前面平坦部ノ窠孔中ニ熟シ橢圓形ニシテ果皮ヲ暗黑色ヲ呈シ中ニ肥厚セル白色子葉ト綠色ノ幼芽(苔蓮)トヲ含ム。普通ニ蓮根ヲ食用トシ又種子ヲモ食フ、蓮根ハ即チ蓮藕ナリ。和名はすハはちすノ略、はちすハ蜂巣即チ蜂窩ニシテ其果實ヲ容レタル花托ノ狀宛モ蜂ノ巣ノ如ケレバ云フ。

第1739圖

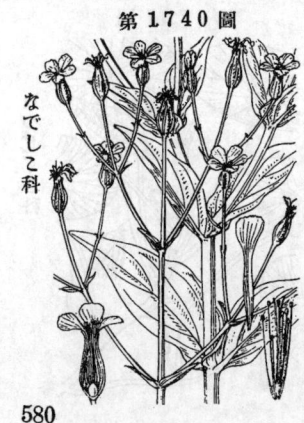

なでしこ科

さぼんさう
Saponaria officinalis *L.*

明治初年ニ渡來シ藥用植物トシテ栽培セラルル多年生草本ニシテ歐洲ノ原產ナリ。高サ 30-90cm アリ。根莖ハ横行シ白色肥厚ニシテ匐枝ヲ發出ス。莖ハ直立或ハ傾上ス。葉ハ對生シ、長橢圓狀披針形ニシテ兩端狹窄シ葉頭ハ稍銳形、三條ノ主脈ヲ具へ、長サ5-10cm許。夏日梢上枝端ニ繖狀叢繖花序ヲ成シテ淡紅花或ハ白花ヲ集着シ、花梗ハ甚ダ短シ。蕚ハ綠色ニシテ眞直ナル圓筒形ヲ成シ長サ 2cm 内外アリテ先端五裂ス。花ハ平開シ其徑凡 2.5cm 許アリ。花瓣ハ五片アリ、倒卵形ニシテ凹頭ヲ有シ基部ハ長キ花爪ト成リテ其頂ハ線形ノ二小片ヲ冠ク。雄蕋ハ十本。花柱ハ二箇。蒴果ハ卵形ニシテ强壯ナル果梗ヲ有シ紡錘狀ヲ成セル宿存蕚ニ包マレ頂部四片ニ開裂ス。和名ハさぼんナヲ多ク含ミタル本植物ノ特質ニ基ク。

第1740圖

なでしこ科

だうくゎんさう (麥藍菜)
Vaccaria pyramidata *Medik.*
(= V. vulgaris *Host.*;
Saponaria Vaccaria *L.*)

德川時代ニ渡來セル越年生或ハ一年生草本ニシテ元來歐洲ノ原產ナリ。直立セル莖ハ高サ50cm内外ニシテ其上部疎ニ分枝ス。葉ハ對生シ、卵狀披針形乃至披針形ニシテ銳尖頭、底部ハ無柄ニシテ莖ヲ抱キ、粉綠色ヲ呈ス。晩春枝端ニ疎ナル叢繖花序ヲ成シテ淡紅色ノ花ヲ開ク。花梗ハ繊長ニシテ花下ニ小苞アク、蕚筒ハ卵狀圓筒形ニシテ五稜アリ、長サ 15mm許、花後下部球狀ニ膨ラミ、蕚裂片ハ短小ニシテ邊緣膜質ナリ。花瓣ハ倒卵形ニシテ先端ニ不齊ナ小齒牙ヲ有シ、花喉ニ小鱗片ナシ。十雄蕋。二花柱。蒴果ハ五翼稜アリ膨腫部宿存蕚ニ包マレ褐色ノ細種子ヲ容ル。和名ハ道灌草ノ意ナリ、往昔武州ノ道灌山ニ藥園アリシ時此草ノ漢種ヲ栽ヱシ事アリシガ故此名アリト謂ハレ、而シテ北支那ニハ普通ニ之ヲ見ルト云フ。漢名 王不留行(誤用)

580

こごめなでしこ
Gypsophila paniculata *L.*

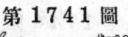

観賞花草トシテ庭園ニ栽培セラルル多年生草本ニシテ原ト歐洲及ビ北亞細亞ノ原產ナリ。莖ハ直立シ60cm許ニ達シテ綠色ヲ呈シ、繁ク枝ヲ分チ四方ニ擴ガル。葉ハ對生ハ披針形或ハ線狀披針形ニシテ銳尖頭、槪ネ三條ノ主脈ヲ有シ、長サ7cm許。根生葉ニ在テハ長サ往々15cm內外アリ。夏秋ノ候、枝上ニ多數ノ小白花ヲ滿開ス。萼ハ短鐘形ニシテ長サ2mm許、五裂シ、裂片ハ廣卵形鈍頭ニシテ邊緣膜質ナリ。花瓣ハ五片、長橢圓形ニシテ全邊、花喉ニ小鱗片ナシ。十雄蕊。二花柱。蒴ハ球形。和名小米撫子ハ其小白花ノ狀ヨリ名ク。

なでしこ
一名　かはらなでしこ・やまとなでしこ
古名　とこなつ
Dianthus superbus *L.*

多年生草本ニシテ普ク山野ニ自生ス。莖ハ數本叢生シ直立シ綠色ヲ呈シテ隆起セル節アリ高サ通常50cm內外アレドモ稀ニ1.7m餘ニ達スルコトアリ。葉ハ對生シ、線形或ハ線狀披針形ニシテ兩端尖リ基部ハ對葉短ク聯合シテ莖筒ヲ擁セリ、全邊ニシテ綠色或ハ粉綠色、長サ3-9cm許。夏秋ノ候梢上疎ニ枝ヲ分チ、優美淡雅ナル淡紅色ノ花ヲ開き、稀ニ白色ノ者アリ。萼ハ細長ナル圓筒形ヲ成シ長サ2-3cm許、先端五裂シ裂片ハ披針形ナリ。萼筒基部ニ通常四-六片ノ短廣小苞ヲ有シテ萼筒ニ密接ス。花瓣ハ五片ニシテ長花爪ヲ具へ、歧部ノ邊緣深ク絲狀ニ裂裂シ、基部ニ鬚毛アリ。十雄蕊。二花柱。蒴ハ圓柱形ニシテ先端四裂シ宿存セル萼筒ノ中ニ在リ。邦俗古ヨリ所謂秋ノ七種ノ一ニ算ヘラル。和名撫子ハ其可憐ナル花容ニ基キ、河原撫子ハ此品能ク河原地ニ生ズルニ由リ、又大和撫子ハ姊妹品ノ唐(から)撫子ニ對シテ云ヘリ。漢名　瞿麥(誤用)

たかねなでしこ
Dianthus superbus *L.*
var. monticola *Makino.*
(=? *D. superbus* *L.* var.
speciosus *Reichb.*)

本州中部以北ノ高山帶石礫地ニ見ル多年生草本。莖ハ立チ高サ20cm內外、多少叢生ス。かはらなでしこノ一變種ニシテ葉狀相似タル者アレドモ、莖低ク花ハ一二輪、大形ニシテ徑4cm餘ニ達シ、萼下ノ苞ハ四片アリ狹長ニシテ尖リ其長サ時ニ萼筒ヲ超ユ。花瓣ハ濃紅色ヲ呈シテ美シク、瓣部ノ基脚ハ紫褐色ノ鬚毛密生スルコト顯著ニシテ一見蛇ノ目狀ヲ呈シ、又瓣片ノ周緣ハ著シク細ク剪裂スルヲ見ル。可憐眞ニ愛スベシ。本品ニ似テ信州白馬岳連峰ニ產スル者ニくもゐなでしこ一名しもふりなでしこ(*D. superbus* *L.* var. amoenus *Nakai*)アリ、全株白霜ヲ帶ビ、花下ノ苞片唯二箇ナルノ特徵アリ、赤愛スベキノ佳品ナリ。和名ハ高嶺撫子ノ意ニシテ高山ニ生ズル故云ヒ、又雲居撫子モ同ジク能ク雲ノ宿スル高峰ニ生ズルヨリ斯ク呼ビ又霜降撫子ハ其帶白色ノ草狀ニ基キシ稱ナリ。

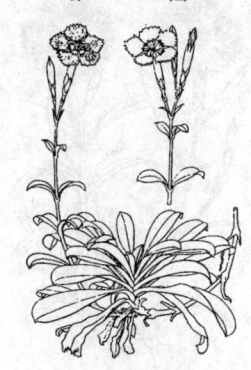

第 1744 圖

ふぢなでしこ
一名 はまなでしこ（同名アリ）
Dianthus japonicus *Thunb.*

諸州ノ海岸地或ハ其附近ニ生ズル多年生草本ニシテ莖ハ通常數條叢生シテ直立シ高サ 20-50cm 許ニシテ強壯ナリ。葉ハ對生シテ極メテ短柄ヲ有シ、卵形乃至長橢圓形ニシテ短鈍頭、長サ 2-8cm 許、厚クシテ光澤アリ。根生葉ハ屐生シテ往々長大ナリ。七八月ノ候莖頂ニ聚繖花序ヲ成シテ多數ノ紅紫色花ヲ密集ス。蕚ハ圓筒狀ヲ成シ長サ 1.5-2.5cm、先端五裂シ、蕚下ノ小苞ハ先端尾狀ニ尖リ蕚筒ノ半長ニ達ス。花瓣ハ五片、倒卵形ニシテ上端ニ細齒牙ヲ有シ、長サ 6mm 內外、基脚部ハ長キ花爪ト成ル。十雄蕊、二花柱。蒴ハ宿存蕚ヲ伴ヒ圓筒形ニシテ先端四裂ス。此種往々園中ニ栽培セラレ切花用ニ供セラル、此栽培品ハ分枝稍疎長ニシテ葉亦長シ、往々白花品ヲ見ル。和名藤撫子ガ其花色ニ基ク、濱撫子ハ海邊ニ生ズルヨリ云フ。

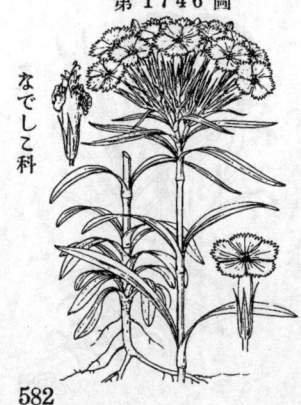

第 1745 圖

ひめはまなでしこ
一名 りうきうかんなでしこ
Dianthus kiusianus *Makino.*

我國南部ノ海邊岩上ニ生ズル多年生草本。根莖ハ長短一ナラズ、木質ニシテ往々粗大ト成リ、下ニ根ヲ下セリ。莖ハ簇生シ、高サ 17-30cm、下部ハ往々偃臥ス。葉ハ對生シ叢生者ハ密集シテ相屬リ、倒披針形或ハ箆狀長橢圓圓形ヲ成シ、底部ハ長キ楔形ヲ呈シ、質稍厚クシテ邊ニ微綠毛ヲ有シ葉面光澤アリテ常綠ナリ、莖生葉ハ漸ク小形ト成リ疎在ス。夏秋ノ候梢上ニ聚繖花序ヲ成シテ數箇ノ紫色花ヲ着ク。花ハ徑 2cm、蕚ハ圓筒狀ヲ成シ先端五裂シ、蕚下ニ四小苞ヲ伴フ。花瓣ハ五片平開シ、下ハ長花爪ヲ成シ、鈑部ノ前緣ニ細齒牙アリ。花中ニ十雄蕊、二花柱アリ。和名姬濱撫子ハ濱撫子卽チ藤撫子ニ類シテ小形ナルヨリ稱シ、琉球塞撫子ハ琉球ニ產シ耐寒性ニシテ冬モ綠葉ヲ保ツヨリ云フ。

第 1746 圖

しなのなでしこ
一名 みやまなでしこ
Dianthus shinanensis *Makino.*
(=D. bartatus L. var. shinanensis *Yatabe.*)

本州中部以北ノ高原ニ生ズル多年生草本ニシテ高サ 20-40cm、燧形あめりかなでしこヲ想起ス。莖ハ鈍稜ノ四角柱ニシテ強剛、赤紫采且ツ微軟毛ヲ被ル。葉ハ闊綠形ニシテ先端尖リ、邊緣短毛列生シ底部ハ二葉合シテ短鞘ヲ成ス。花ハ盛夏ノ候莖頂ニ密集セル聚繖花序ヲ成シ、紅紫色ヲ呈ス。花ノ徑 1.5cm、蕚筒ハ細長クシテ淡綠色ヲ呈シ基部ニハ小苞四片アリテ尾狀ニ尖ル。蕚齒ハ披針形、長銳尖頭ヲ呈ス。花瓣ハ五片ニシテ長花爪ヲ有シ、鈑部ハ倒卵狀楔狀底ニシテ前緣ニ細齒牙アリ、內面紅紫色ヲ呈シ、中央喉部ニ近ク毛叢並ニ濃色數點ヲ飾ル。本種ガ古々はちちゃうなでしこ（八丈なでしこ）ト稱セシハ產地ノ誤傳ニ基ク。和名信濃撫子ハ木種信州ニ多キヲ以テ名ク、深山撫子ハ深山ニ生ズル故云フ。

せきちく (瞿麥・石竹)
一名 からなでしこ
Dianthus chinensis *L.*

舊ク原産地ノ支那ヨリ渡來シ又其後西洋ヨリ種
子ヲ傳ヘ今ハ普ク觀賞花草トシテ人家ニ栽培セ
ラルル多年生草本ニシテ 通常全株粉綠色ヲ呈ス
葉ハ叢生シテ直立シ高サ30cm内外アリ。葉
ハ對生シ、線形又ハ披針形ニシテ銳尖頭ヲ有シ
基部ハ對葉相聯合シテ短鞘ヲ形成ス。初夏ノ候
梢上ニ疎ニ枝ヲ分チテ美花ヲ着ケ紅白等花色多
樣ナリ。蕚ハ廣圓筒形ニシテ長サ2cm許、先端
五裂ス。蕚下ハ小苞ハ槪ネ四箇、先端ハ長ク尖
リ蕚筒ト同長或ハ其半長ナリ。花瓣ハ五片、下
ハ長花爪ヲ成シテ蕚筒ニ入リ舷部ノ前緣淺ク剪
裂シ、其基部ハ槪ネ濃色ノ斑紋ヲ有シ疎ニ鬚毛
アリ。十雄蕊。二花柱アリ。蒴ハ先端四裂シ宿
存蕚ヲ伴フ。變種ノハせなでしこ一名さつまな
でしこ (var. laciniatus *Koern.*) ハ花瓣ノ剪裂片
頗ル長ク、同ジクとこなつ (var. semperflorens
Makino) ハ花瓣濃紅色ニシテ四季ノ通ジ花ヲ開
ク品ナリ。和名ハ漢名石竹ノ音ナリ、唐撫子ハ
唐種 (支那種) なでしこノ意ナリ。

第 1747 圖

なでしこ科

おらんだせきちく
一名 かーねーしょん 舊名 あんじゃべる
Dianthus Caryophyllus *L.*

德川時代ニ渡來セル歐洲並ニ西亞細亞原産ノ多
年生草本ニシテ觀賞花草トシテ廣ク園中及ビ溫
室ニ培養セラル。全株粉白色ヲ呈シ、莖ハ直立
シ高サ40-50cm許、梢ニ疎ク枝ヲ分チ、質强健ナ
リ。葉ハ莖節ニ對生シ、上面縱溝ヲ成セル長線
形ニシテ上部漸次ニ長ク尖リ、底部ニ短鞘ヲ成
シテ莖節ヲ擁ス。夏日梢上ニ聚繖狀花序ヲ成シテ
數花ヲ開キ芳香アリテ頗ル美ナリ。蕚ハ廣圓筒
形ニシテ先端短ク五裂ス。蕚下ノ小苞ハ數片ア
リテ稍廣菱形ヲ呈シ短銳尖頭ヲ成シ長サ槪ネ蕚筒
ノ四分ノ一ナリ。花瓣ハ舷部倒卵形ニシテ前緣
淺裂シ、喉部ニハ鬚毛ヲ有セズ。十雄蕊。二花柱。
蒴果ハ卵形ニシテ宿存蕚ヲ伴フ。園藝品種甚ダ
多ク、花色、大小一樣ナラズ、重瓣ノ者廣ク栽
培セラル。和名ハ蘭名石竹ニシテかーねーしょ
んハ西洋ノ俗名 Carnation、あんじゃべるハ和
蘭名ノ Anjelier ニ基ヅク。

第 1748 圖

なでしこ科

あめりかなでしこ
一名 ひげなでしこ
Dianthus barbatus *L.*

德川末葉時代ニ渡來セシ歐洲原産ノ多年生草本
ニシテ觀賞花草トシテ人家ニ栽植セラル。莖ハ
强壯ニシテ直立シ四稜ヲ成サ高サ30-50cm許ア
リ、單一或ハ梢ニ分枝ス。葉ハ莖節ニ對生シ基
部ハ短鞘ヲ成シテ節ヲ擁シ、廣披針形或ハ長橢
圓狀披針形ニシテ下部邊緣ニ微毛ヲ有シ五主脈
ヲ具ヘ綠色ナリ。初夏ノ候莖梢ニ極メテ密ナル
圓頭聚繖花序ヲ成シ徑1cm許ノ短梗無苞多數花
ヲ開ク。蕚ハ圓筒形ニシテ長サ1.5cm許、先端
短ク五裂ス。蕚下ノ小苞ハ數片アリテ邊緣膜質
ヲ呈シ先端長ク尖リテ尾狀ニ成リ時ニ蕚ト同
長ナリ。花瓣ハ五片ニシテ長花爪ヲ有シ、舷部
ハ前緣ニ齒牙アリ、基部ニハ粗鬚毛ヲ布ク、花
色槪ネ紅ニシテ基部濃色ノ斑紋ヲ有シ、時ニ白
色或ハ絞リ等アリ又重瓣ノ者アリ。十雄蕊。二
花柱。蒴果ハ宿存蕚內ニ在リ。和名ハ亞米利加
撫子ニシテ舶載シ來リシなでしこナルヲ表シ、
鬚撫子ハ蕚下ニ在ル鬚狀小苞ノ狀ニ基ヅク。

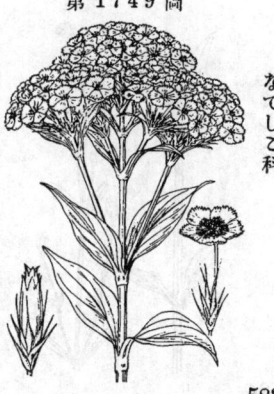

第 1749 圖

なでしこ科

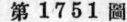

第 1750 圖

なでしこ科

なんばんはこべ
一名 つるせんのう
Cucubalus baccifer L.
var. japonicus Miq.

多年生草本ニシテ山野ニ生ズ、莖ハ痩長ニシテ蔓ノ如ク長ク延ビ 1.7m 許ニ及ビ他物ニ倚リテ生長シ繁ク綠枝ヲ分チテ細毛ヲ有シ、節アリ。葉ハ短柄ヲ有シテ對生シ、卵形又ハ卵狀長橢圓形ニシテ銳尖頭ヲ有シ、全邊ニシテ短毛ヲ帶ブ。夏秋ノ候小枝頭ニ一花ヲ開ク。花ハ稍大形ニシテ點頭ス。萼ハ廣鐘形ニシテ五尖裂シ綠色ヲ呈ス。花瓣ハ五片ニシテ白色ヲ呈シ、細長ニシテ各瓣互ニ相離レ以テ廣ク擴開シ、舷端ハ反屈シ先端二裂シ、花喉ニ細裂セル小鱗片ヲ着ケ花爪ハ舷部ヨリ長シ。十雄蕊。三花柱。果實ハ球形ニシテ裂片反卷セル皿狀ノ綠色宿存萼ヲ伴ヒ短柄アリ、漿果樣ヲ呈シテ黑熟シ、開裂セズ、中ニ多數ノ光澤アル黑色種子ヲ容ル。和名ハ南蠻繁縷ナリ、南蠻ノ語ハ海外渡來タルヲ表スレドモ實ハ同地ヨリ來リシニハ非ズ、畢竟誤認ナリ。蔓仙翁ハ同類ノせんのうニ似テ蔓莖ヲ成スヲ以テ斯ク呼ビシナリ。漢名 狗筋蔓（蔓シ誤用）

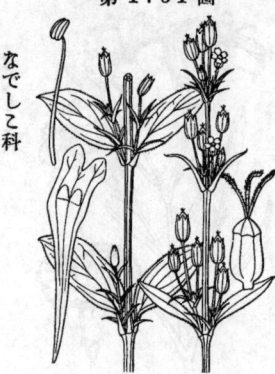

第 1751 圖

なでしこ科

ふしぐろ（女婁菜）
一名 さつまにんじん
Melandryum firmum Rohrb.
(=Silene firma Sieb. et Zucc.; M. apricum Rohrb. var. firmum Rohrb.)

原野又ハ山地ニ生ズル越年生ノ草本ニシテ莖ハ數本叢生スルヲ常トシ眞直ニシテ直立シ剛堅ニシテ毛ナク通常分枝シ高サ凡 80cm ニ達シ綠色或ハ紫黑色ニシテ通常暗紫色ヲ呈ス。葉ハ莖節ニ對生ニシテ短柄ヲ具へ、披針形乃至長橢圓形ニシテ銳頭ヲ有ス。夏日梢上ニ白色ノ小花ヲ稍輪狀ニ簇ク。花梗ハ細長無毛ニシテ頂生シ叉腋生セル短枝上ニ出デテ直上セリ。花ハ小形ニシテ白色。萼ハ橢圓狀短筒形ヲ或ヨリ先端淡ク五裂シ、槪ネ十餘ノ紫色ヲ帶ベル脈アリ。花瓣ハ五片、小ニシテ顯著ナラズ低ク專上ニ出デ先端二裂シ、花喉ニ二小鱗片ヲ有ス。十雄蕊。三花柱。子房ハ長橢圓形、蒴ハ長卵形ヲ呈シ一室ニシテ先端六裂シ宿存萼ヲ伴ヒ茶褐色ノ細種子ヲ容ル。和名節黑ハ其莖節暗紫色ヲ帶ブレバ云フ、又薩摩人參ハ荏苧市人本品ノ鬚根ヲ採リ鬚人參ニ混ジ售リシヲ以テ此名アリ、元來さつまにんじんハとちばにんじん即チ所謂竹節人參ノ事ニシテ此竹節ハ人參ニ初メ薩州ヨリ世ニ出デシヲ以テ此ク稱セリ、畢竟ふしぐろヲ以テ薩摩人參ト僞ハリシナリ。

第 1752 圖

なでしこ科

けふしぐろ
Melandryum firmum Rohrb.
var. pubescens Makino.

山野ニ生ズル越年生草本ニシテ莖ハ高サ 50cm 內外、短ク枝ヲ分チテ直立シ、短毛ヲ散生シ、下部往々紫黑色ヲ呈ス。葉ハ莖節ニ對生ニシテ短柄アリ、披針形乃至長橢圓形ニシテ銳頭ヲ有ス。夏日梢上ニ小白花ヲ稍輪狀ニ着ク。花梗ハ細長クシテ短毛ヲ散生ス。花幷ニ果實ハ狀ハ全クふしぐろト相同ジ。本品ノふしぐろト異ナルハ唯其莖葉ニ於ル毛茸アリニシテ畢竟ふしぐろノ一變種タルニ過ギズ。M. apricum Rohrb. ハ漢名王不留行ニシテひめけふしぐろト稱シ稍本品ニ類スレドモ全ク別種ナリ、即チ莖葉ハ勿論萼ニ至ルマデ短毛ヲ密布シ支那幷ニ朝鮮ニ生ズ。和名ハ毛節黑ノ意ナリ。

てばこまんてま
Melandryum Yanoei *Williams.*
(=Silene Yanoei *Makino.*)

四國ノ深山地帶ニ生ズル多年生草本。莖ハ叢生
シ細長ナル圓柱形ニシテ立チ、高サ25-45cm許
アリテ短毛ヲ散生シ節高シ。葉ハ對生、短柄ヲ
有シ、卵形又ハ披針狀卵形ニシテ先端銳ク尖リ、
長サ2-4cm許アリ、下部ノ葉ハ筩狀長橢圓形ヲ
呈ス。八月梢上ニ聚繖ノ疎枝ヲ分チ數個白花ヲ着
ク。花ハ長梗ノ頂ニ在リテ 11-15mm許ノ徑ア
リ。蕚ハ鐘形ニシテ五尖裂シ質薄ク、十脈アリ、
裂片ハ三角狀披針形ニシテ尖シ。花瓣ハ五片、
遙ニ蕚ヨリ超出シテ平開シ、舷部ハ倒卵形ニシ
テ先端二裂シ、花喉ニ二小鱗片ヲ着ク。十雄蕊。
三花柱。子房ハ橢圓狀卵形ニシテ短柄ヲ具フ。
蒴ハ一室ニシテ先端六裂シ宿存蕚ニ擁セラル。
種子ハ多數アリ。和名手筥まんてまハ此種初メ
土佐手筥山ノ山頂岩石地ニ於テ發見採集セラレ
シ故此名アリ。

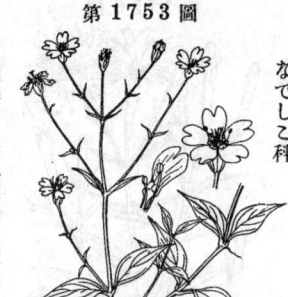

がんぴ (剪春羅)
Lychnis coronata *Thunb.*
(=L. grandiflora *Jacq.*)

往時我邦ニ渡來シ今ハ廣ク庭園ニ培養スル觀賞
花草ノ多年生草本ニシテ支那ノ原產ナリ。根ハ
鬚狀。全株無毛。莖ハ數條叢生シテ直立シ、多
クハ分枝セズシテ高サ40-90cmアリ、强直綠色
ニシテ節高シ。葉ハ對生シテ交叉シ、殆ド無
柄ニシテ卵狀橢圓形ヲ成シ銳尖頭ヲ有シ邊緣ハ
糙澁シ葉質稍ゝ剛脆ナリ。五六月ノ候莖梢ノ頂立
ニ葉腋ニ聚リテ徑凡5cm許ノ黃赤花ヲ次第ニ開
ク。花梗短ク、花下ニ披針形ヲ成シテ對生セル
數苞片ヲ着ク。蕚ハ質厚クシテ長棍棒狀ヲ成シ
先端五裂シ、裂片ハ卵形ニシテ銳尖頭ヲ有ス。
花瓣ハ五片ニシテ平開シ緣毛アル長花爪ヲ具ヘ
ヘ、舷部ハ廣楔形ヲ成シテ前緣不規則ニ淺裂シ、
花喉ニ二小鱗片ヲ具フ。十雄蕊。五花柱ヲ有ス。子
房ハ稍槌棒狀。蒴果ハ宿存蕚ヲ伴フ。一變種ニ
くるまがんぴ (var. verticillata *Makino*) アリ
其葉三片輪生ス。和名がんぴ其意不明ナリ。本
草綱目啓蒙ニがんぴヲ剪夏羅ト爲セドモ元來此
ノ如キ漢名ハ之レ無シ。

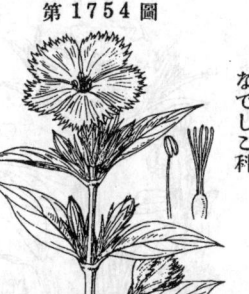

せんじゅがんぴ
Lychnis gracillima *Makino.*
(=Silene gracillima *Rohrb.*;
L. stellarioides *Maxim.*)

我邦中部・北部ノ深山ニ生ズル綠色柔質ノ多年
生草本。莖ハ立チ高サ40cm內外アリテ毛茸ヲ散
生ス。葉ハ對生シ、長披針形ニシテ先端長ク尖
リ底部ハ狹窄シ、薄質無毛ナリ。夏日莖梢ニ聚
繖的ノ疎枝ヲ分チ徑2cm餘ノ白花ヲ開ク。花梗
ハ細長ニシテ無毛ナリ。蕚ハ綠色短鐘形ニシテ
毛無ク、長サ8mm許、先端五裂シ裂片ハ卵形ヲ
呈シ銳尖頭ヲ有ス。花瓣ハ五片ニシテ平開シ、
下ニ楔狀ノ花爪ヲ有シ、舷部ハ前緣淺ク數裂シ、
花喉ニ尖リタル小鱗片ヲ着ク。十雄蕊。五花柱
アリ。子房ハ卵形。蒴果ハ宿存蕚ヲ伴ヒ卵形
ニシテ下ニ短柄ヲ有シ先端ハ五裂ス。種子ハ細
小ニシテ多數アリ。和名ノせんじゅハ其意不明
ナリ。

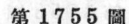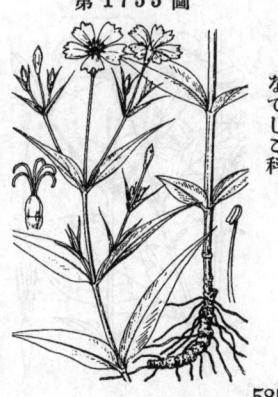

第1756圖

なでしこ科

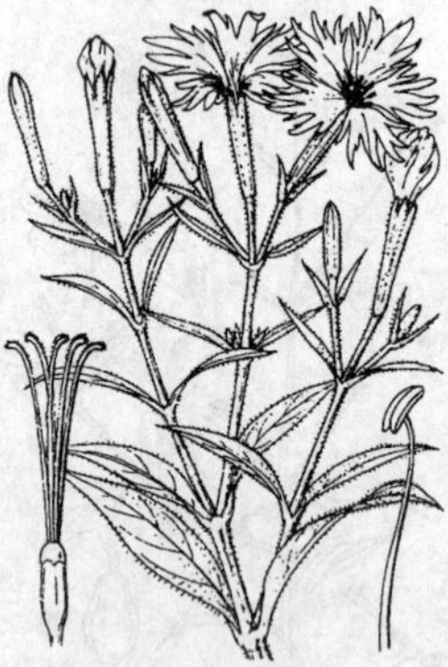

せんのう(剪紅紗花?)

一名 せんをうげ　古名 こうばいぐさ

Lychnis Senno *Sieb. et Zucc.*

蓋シ往昔支那ヨリ傳ヘシ者乎、今ハ觀賞花草トシテ庭園ニ栽植セラルル多年生草本ニシテ體上ニ細毛ヲ密布ス。莖ハ直立シ圓柱形ニシテ節アリ高サ60cm內外アリ。葉ハ莖節ニ對生シ、卵狀披針形或ハ廣披針形ニシテ先端ハ鋭尖ナリ。七八月ノ候梢上ニ疎ナル聚繖花序ヲ成シテ美花ヲ着ク。花ハ徑4cm許、通常深紅色ナレドモ時ニ白花ノ者アリテしろばなせんのう (forma albiflora *Makino*) ト云フ。萼ハ長棍棒狀ヲ成シテ毛ヲ散生シ、先端五裂ス。花瓣ハ五片ニシテ平開シ、下ニ花爪ヲ具ヘ、舷部ハ前緣深ク不齊ニ剪裂シ、花喉ニハ毎瓣各二小鱗片ヲ有ス。十雄蕋。五花柱、子房ハ長楕圓狀圓柱形ニシテ長柄上ニ立ツ。蒴果ハ宿存萼ヲ伴フ。和名仙翁ハ此草原ト山城嵯峨ノ仙翁寺ニ出ヅルヲ以テ此ク云フ。古名こうばいぐさハ紅梅草ニシテ其花色花形ニ由ル。從來本種ニ對シテ剪秋羅ヲ用ウレドモ元來此ノ如キ漢名アルコト無シ。

第1757圖

なでしこ科

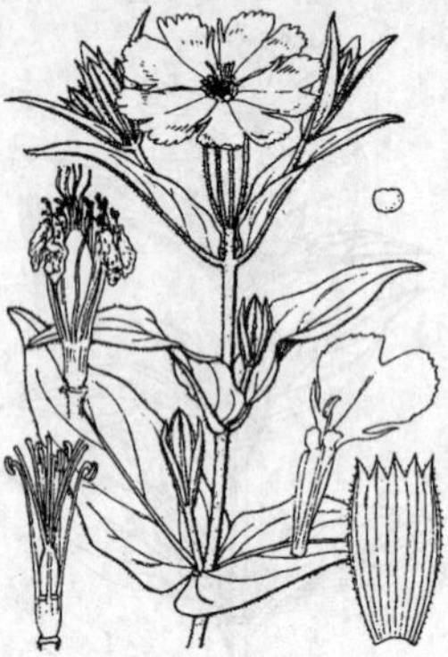

まつもと

一名 まつもとせんのう

Lychnis Sieboldi *V. Houtt.*

(=?L. cognata *Maxim.*)

通常觀賞花草トシテ庭園ニ栽培セラルル多年生草本ニシテ、其原種ハ九州ニ產シつくしまつもと (var. spontanea *Makino*) ト稱シ綠莖ニシテ赤花ヲ開ク。莖ハ數條叢生シ直立シテ節高ク、高サ70cm許ニ達シ、毛茸ヲ有シ葉ト共ニ暗赤紫色ヲ呈ス(白花品ハ綠莖綠葉)。葉ハ莖節ニ對生シテ葉柄無ク、卵形或ハ長卵形ニシテ鋭尖頭ヲ有シ毛ヲ散生ス。六月頃梢頭ニ花ヲ開キ聚繖的ニ相集ル。花梗ハ短ク、毛ヲ密生ス。花ハ徑4cm許、深赤色ノ外ニ白色或ハ赤白ノ絞リ等アリ。萼ハ長棍棒狀ニシテ膨レ粗毛ヲ散生シ、先端五裂ス。花瓣ハ五片ニシテ平開シ、下ニ花爪ヲ具ヘ、舷部ハ前緣凹頭ヲ成シテ倒心臟形ヲ呈シ兩側ニ各一ノ狹片ヲ具ヘ邊緣ニハ不齊ノ短小齒牙ヲ刻ミ、花喉ニ十小鱗片ヲ具フ。十雄蕋。子房ハ長楕圓狀圓柱形ニシテ五花柱アリ。蒴果ハ宿存萼ヲ伴フ。和名まつもとハ元來まつもとせんのうノ略ナリ、まつもとハ其花形俳優松本幸四郎ノ紋所ニ似タル故此ク呼ビシナリ、從テ信州松本ノ邊多ク自生スル故其名アリト稱スルハ非ナリ。從來本種ニ剪春羅ノ漢名ヲ充テシハ誤ナリ。本種ハ一ノ間種ト謂ハルル L. Haageana *Lem.* ニ酷似ス。

第1758圖

なでしこ科

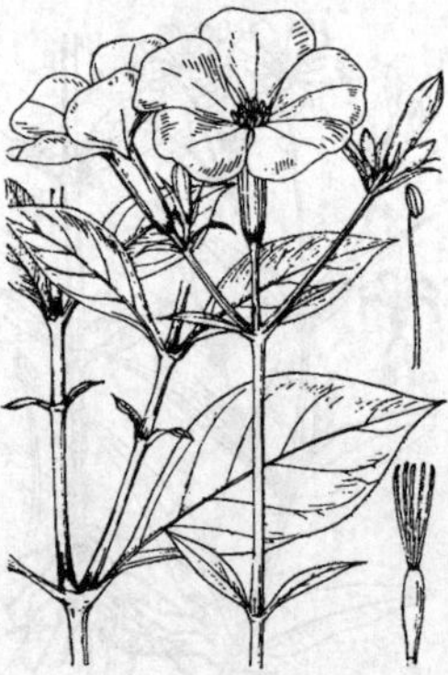

ふしぐろせんのう

一名 ふし・あふさかさう

Lychnis Miqueliana *Rohrb.*

諸州ノ山地殊ニ半樹陰邊ノ草間ニ生ズル多年生草本ニシテ莖ハ直立シ高サ凡50–70cm許アリ、稍無毛ニシテ綠色ノ圓柱形ヲ呈シ單一或ハ疎ニ分枝シ、節高クシテ紫黑色ヲ帶ブ。葉ハ對生シ、卵形・倒卵形乃至楕圓狀披針形ニシテ鋭尖頭ヲ有シ底部ハ狹窄シ、全邊葉緣ニ短緣毛アリ。夏日莖梢ニ聚繖的分枝ヲ成シテ少數ノ朱赤色大花ヲ開キ短梗ヲ有ス。萼ハ長棍棒狀ヲ呈シテ毛無ク、先端五裂シ裂片ハ三角狀鍼形ヲ成シテ尖レリ。花瓣ハ五片ニシテ平開シ、下ニ花爪ヲ有シ、舷部ハ倒心臟形ニシテ全邊、前端微ニ凹頭ヲ成シ、花喉ニ十小鱗片ヲ具フ。十雄蕋。子房ハ長楕圓狀圓柱形ニシテ五花柱ヲ有ス。蒴ハ長楕圓形ニシテ略同長ノ柄ヲ有シ先端五裂ス。變種ニざくろがんぴ(var. plena *Makino*) アリテ花重瓣ナリ。和名節黑仙翁ハ本種せんのうノ類品ニシテ其莖節紫黑色ナル故云フ、ふしハ節ニテ黑節ノ略、逢坂草ハ江州城州界ノ逢坂ニ生ズルヲ以テノ稱ナリ。

ひろはのまんてま
Lychnis alba *Mill.*
(＝Melandryum album *Garcke.*)

第 1759 圖

なでしこ科

歐洲・北亞弗利加及ビ北西亞細亞原產ノ越年生
或ハ多年生草本ニシテ庭園ニ栽培セラルル觀賞
花草ナリ。莖ハ高サ 60cm許ニ達シテ毛ヲ密生
シ、上部ニテハ白腺毛ヲ密布ス。葉ハ對生、卵
狀披針形或ハ長橢圓形ニシテ銳頭、銳底、軟毛
アリ。五六月ヨリ九月ニ亘リ、枝ヲ分チテ寬疎
ナル圓錐花穗ヲ成シ短梗上ニ白花ヲ稍々ケタ開
ク香氣ヲ放ツ。萼ハ鐘形ニシテ長サ 1.5cm許、
淡綠色ニシテ腺毛及ビ軟毛ヲ有シ、先端五裂シ
裂片ハ披針狀三角形ナリ。花瓣ハ五片ニシテ平
開シ、下ニ花爪ヲ有シ、骹部ハ倒卵形ニシテ先
端二裂シ、各片花喉ニ二小鱗片ヲ具フ。十雄蕊。
五花柱アリ。本種ハ雌雄異株ニシテ雌木ニハ卵
狀球形ノ蒴果ヲ結ビ爲メニ宿存セル萼片ハ膨大
シ蒴ノ先端十裂シ齒片ハ短クシテ直立ス。L.
dioica *L.* ハ本種ニ類似スレドモ元來別種ニシテ
通常紅花ヲ朝ニ開キテ香氣ナク蒴齒ハ反曲ス。

するせんのう
一名 ふらねるさう
Lychnis Coronaria *Desr.*
(＝Agrostemma Coronaria *L.*)

第 1760 圖

なでしこ科

今諸處ノ庭園ニ觀賞花草トシテ培養セラルル歐
洲南部ノ原產ノ越年生或ハ多年生草本ニシテ全
體密ニ白色ノ長綿毛ヲ以テ被ハル。莖ハ直立シ
テ上部ニ枝ヲ分チ高サ 30-90cm アリ。葉ハ對
生シ、橢圓形或ハ長橢圓形ニシテ稍鈍頭ヲ呈シ、
脚葉ハ下部狹窄シテ葉柄ト成リ、莖葉ハ無柄ナ
リ。夏秋ノ間、長キ花梗ノ頂ニ紅色・淡紅色或
ハ白色ノ美花ヲ開キ花徑 2.5cm許アリ。萼ハ略
ボ鐘形ニシテ革質、著シク隆起セル脈アリ、長
サ 1.5cm許、裂片ハ捩レタル線形ナリ。花瓣ハ
五片、圓狀倒卵形ニシテ稍凹頭、花喉ニ小鱗片
ヲ具フ。十雄蕊。五花柱アリ。蒴果ハ長橢圓形
ニシテ先端五裂シ宿存萼ヲ伴ヘリ。和名ハ醉仙
翁ノ意ニシテ多分初メ白地ニ水紅色ヲ潮セル花
ノ品ニ對シテ名ケシモノナ乎、ふらねる草ハ體上
柔綿毛多キヲ以テ之レヲふらねる (Flannel)
ニ擬セル名ナリ。

えんびせんのう
一名 えんびせん
Lychnis Wilfordi *Maxim.*

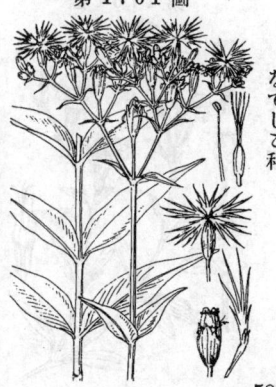

第 1761 圖

なでしこ科

我邦中部北部ノ山原或ハ原野ノ草地ニ自生スレ
ドモ普通ニハ之レヲ見ズ、時ニ庭園ニ栽培セラ
ルル多年生草本ナリ。莖ハ高サ50cm許、稍無毛
ナリ。葉ハ對生シ、披針形ニシテ銳尖頭、基部稍
抱莖、無毛ニシテ微綠毛ヲ有ス。八月ノ候莖頂
ニ聚繖花序ヲ成シ、徑 3cm許ノ深紅色美花ヲ開
ク。花梗ハ短クシテ毛茸ヲ有ス。萼ハ長橢圓狀
圓筒形ヲ成シ長サ 1.5cm、無毛ニシテ先端五裂
シ裂片ハ三角狀銳形ナリ。花瓣ハ五片ニシテ平
開シ、下ニ花爪ヲ有シ、骹部ハ深ク剪裂シ裂片
ハ少數ニシテ狹長銳尖ナリ、花喉ニ少剪齒アル
銳形ノ十小鱗片ヲ有ス。十雄蕊。子房ハ長橢圓
形ニシテ五花柱アリ。蒴果ハ橢圓形ニシテ先端
五裂シ宿存萼ヲ伴ス。和名ハ燕尾仙翁ノ意ニシ
テ其分裂セル花瓣ノ狀ニ基ク、燕尾仙ヘえんび
せんのうノ略稱ナリ。

587

あめりかせんのう
一名　やぐるませんのう
Lychnis chalcedonica L.

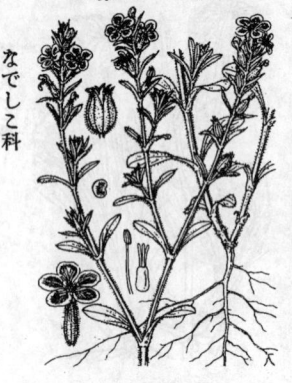

なでしこ科

時ニ庭園ニ栽植セラルル觀賞花草ニシテ露國及
ビ西比利亞原産ノ多年生草本ナリ。莖ハ直立シ
單一或ハ多少分枝シ高サ90cmニ及ビ粗毛ヲ被
フル。葉ハ對生シ、下部ノ者卵形、上部ノ者披
針形ニシテ銳尖頭ヲ有シ底部ハ無柄ニシテ莖ヲ
抱キ圓底或ハ心臓底ヲ呈シ、葉裏及ビ邊緣ニ粗
毛ヲ有シ葉緣ハ多少皺曲ス。六七月ノ候莖頂ニ
攅簇シテ徑2cm許ノ鮮赤色美花ヲ密ニ着ケ極メ
テ美ナリ。萼ハ長楕圓形ニシテ先端五裂シ、長
サ1.5cm許、十條脈ヲ有シ粗毛ヲ散生ス。花瓣
ハ五片ニシテ平開シ、皺部ハ倒心臟狀楔形ヲ呈
シテ先端二裂シ、花喉ニ十小鱗片ヲ具フ。十雄
蕋。五花柱アリ。果實ハ卵形ニシテ先端五裂シ
宿存萼ヲ伴フ。和名ハ亞米利加仙翁ナレドモ米
國ノ産ニ非ズ、矢車仙翁ハ花形ニ由リシ稱ナリ。

まんてま
Silene gallica L.
var. quinquevulnera Koch.

なでしこ科

弘化年間頃ニ始メテ渡來セル歐洲原産ノ越年生草本
ニシテ時ニ庭園ニ培養セラレ又往々海邊砂地ニ野生
シテ所謂歸化植物ト成リシ者アリ。莖ハ高サ20-30cm
許ニシテ直立シ能ク枝ヲ分チテ毛茸ヲ有シ上部ニ在
テハ短腺毛ヲ混ズ。葉ハ對生シ、下葉ハ箆形ニシテ鈍
頭、上葉ハ倒披針形ニシテ銳頭、全邊ニシテ兩面ニ毛
ヲ散生ス。五六月頃枝端ニ稍偏狀ヲ成シテ一側ニ多
クノ小花ヲ着ケ下ヨリ上ニ開キ上ル。花ハ交互ニ苞腋
ニ單生シ、徑7mm許、花梗ニ極メテ短シ。萼ハ圓筒形ニ
成シ紫色ヲ帯ベル著明ノ十脈ヲ有シ、長毛ヲ布キ、先
端五裂シ裂片ハ線狀披針形ナリ、花後卵形ニ膨大ス。
花瓣ハ五片ニシテ平開シ、下ニ花爪ヲ有シ、皺部ハ倒
卵形ニシテ稍全邊、白色ニシテ中央ニ大ナル一紅紫點
アリ、各瓣ノ花喉ニ二小鱗片ヲ着ク。十雄蕋、花絲ハ
基部有毛。子房ハ三花柱アリ。果實ハ卵形ニシテ先端
六裂シ宿存萼ヲ伴フ。和名まんてまハ舶載當時ニ稱セ
シまんてまんノ略セラレシモノナリ、而シテ此比まんて
まん蕋シ Agrostemma（むぎせんのう属）ナル屬名
ノ轉訛ニシモノニ非ズヤト想像ス。

さくらまんてま
一名　おほまんてま
Silene pendula L.

今諸處ノ庭園ニ栽培セラルルー年生又ハ越年生
ノ花草ニシテ原トハ南歐洲ノ産ナリ。莖ハ斜上
シテ疎ニ分枝シ高サ20-40cm許、白毛ヲ布キ上
部ニ在テハ腺毛ヲ混ブ。葉ハ對生シ、下部ノ者
ハ葉柄ヲ有シ稍匙形ヲ呈シ、上部ノ者ハ長楕圓
形又ハ卵狀披針形ニシテ銳頭ヲ有シ底部ニ狹窄
シ、毛茸ヲ有ス。五月頃ヨリ枝梢ニ疎ナル總狀
樣偏側生聚繖花序ヲ成シテ徑2cm許ノ淡紅色美
花ヲ開キ花ハ短梗ヲ有シテ葉狀苞腋ニ在リ。萼
ハ筒形ニシテ短腺毛ヲ有シ、白色ニシテ綠條
脈アリ、先端五裂シ裂片ハ卵形ニシテ邊緣膜質
ナリ。果時宿存セル萼筒ハ倒卵形ニ膨大シ、傾
下ス。花瓣五片平開シ、下ニ花爪ヲ有シ、皺部
ハ楔狀倒心臟形ヲ成シテ先端二裂シ、花喉ニ十
小鱗片ヲ具フ。十雄蕋。子房上ニ三花柱アリ。
蒴果ハ卵形ニシテ柄ヲ有シ先端六裂ス。和名櫻
まんてまノハさくらハ其花形花色ニ由ル。

えぞまんてま
Silene foliosa *Maxim.*

第 1765 圖

なでしこ科

北地ノ海濱・河原等ニ自生スル多年生草本。莖ハ簇生シ高サ30cm内外、節ヨリ葉ヲ密生セル短枝ヲ出シ、下部ニハ微毛ヲ有シ、上部ニ在テハ節ノ下方ニ當テ粘腺ヲ分泌スル部分アリ。葉ハ對生シ、線狀倒披針形ニシテ銳頭、底部ハ長ク狹窄シ、毛ナシ。七八月頃梢上ニ稍輪生シテ白花ヲ開ク。花梗ハ細長ニシテ毛ナシ。萼ハ筒狀ニシテ長サ8mm許、綠色ノ縱肋ヲ有シテ毛ナク、先端五裂シ裂片ハ卵形ニシテ邊緣白色膜質ナリ。花瓣ハ五片ニシテ平開シ、下ニ花爪ヲ有シ、舷部ハ深ク二裂シ裂片ハ線形ナリ。十雄蕋。子房ニ三花柱アリ。蒴果ハ卵形ニシテ柄アリ、先端六裂シ、宿存萼ヲ伴フ。和名ハ蝦夷まんてまニシテ此種北海道ニ產スルヨリ云フ。

びらんぢ
Silene Keiskei *Miq.*
(=*S. Maximowicziana Rohrb.*)

第 1766 圖

なでしこ科

深山ノ岩上ニ自生スル多年生草本。莖ハ稍肥厚セル根莖ヨリ數本叢生シ、直立并ニ傾上シ高サ20-30cm許アリテ微毛ヲ有シ、葉ト共ニ紫色ヲ帶ブ。葉ハ對生シ、披針形或ハ狹長披針形ニシテ銳尖頭又ハ成シ底部ハ狹窄シ全邊ナリ。夏秋ノ間梢上聚繖的ニ疎枝ヲ分チ、淡紅紫色ノ美花ヲ開キ細長ナル花梗ヲ具ヘ花徑凡2.5cmアリ。萼ハ短キ圓筒狀ヲ呈シテ先端五裂シ、裂片ハ鍼狀三角形ニシテ銳頭ナリ、無毛或ハ微毛ヲ有ス。花瓣ハ五片ニシテ平開シ、下ニ花爪ヲ具ヘ、舷部ハ倒卵形ニシテ先端二裂シ、長サ7-20mm許、花喉ニ白色ノ小鱗片ヲ具フ。十雄蕋。短圓柱形ヲ成セル子房ニ三花柱アリ。蒴果ハ卵形ニシテ柄ヲ有シ先端六裂シ、膨大シテ倒鐘形ヲ呈セル宿存萼ヲ伴ヒ殼片ハ萼上ニ超出ス。本種ニ兩品アリテびらんぢノ主品 (forma minor *Takeda*) トおほびらんぢ (forma major *Takeda*) トナリ、おほびらんぢハ莖伸ビ花モ亦少シク大ナリ。和名びらんぢノ意予能ク之レヲ解セズ。

むしとりなでしこ
Silene Armeria *L.*

第 1767 圖

なでしこ科

德川末葉時代ニ渡來シ、觀賞花草トシテ庭園ニ栽植セラルル歐洲原產ノ一年生又ハ越年生草本ナリ、今日海邊附近ニ在テハ其砂地ニ野生狀態ト成リテ生エツル者ル。全體粉白色ヲ呈シ、平滑無毛ナリ。莖ハ高サ50cm許ニ及ビ直立シテ分枝シ、上部莖節下ニ粘液ヲ分泌スル部分アリ。葉ハ對生シ、卵形或ハ廣披針形ニシテ銳頭ヲ有シ底部ハ無柄ニシテ莖ヲ抱擁ス。五六月ノ候枝梢ニ短枝ヲ岐チテ多數ノ小花ヲ攢簇ス。花梗ハ短ク、花ハ徑1cm餘アリテ紅色ノ普通トシ又時ニ淡紅色或ハ白色ノ者リ。萼ハ細キ棍棒狀ヲ呈シ、長サ15mm許、先端短ク五裂シ裂片ハ鈍頭ニシテ邊緣白色膜質ナリ。花瓣ハ五片ニシテ平開シ、下ニ花爪アリ、舷部ハ倒卵狀楔形ニシテ凹頭、花喉ニ細ク尖レル小鱗片ヲ具フ。十雄蕋。子房上ニ三花柱アリ。蒴果ハ長橢圓形ニシテ柄アリ、先端六裂シ宿存萼ヲ伴フ。和名蟲捕撫子ハ其莖上ノ粘質物ヲ以テ小蟲ヲ捕獲スルノ想像ニ基キシ稱ナリ。

589

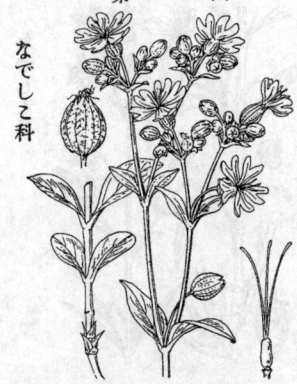

第1768圖

しらたまさう
Silene Cucubalus *Wibel.*
(= S. inflata *Sm.*)

花草トシテ庭園ニ栽植セラルレ歐洲原產ノ多年生草本ナレドモ、時ニ北地ニ歸化品ヲ見ル。莖ハ直立シテ分枝シ高サ60-90cm許アリ、全體無毛ニシテ稍粉白色ヲ帶ブ。葉ハ對生シ、卵形・倒卵形或ハ長橢圓狀披針形ニシテ銳尖頭ナリ。夏日莖頂ニ聚繖的ニ枝ヲ分テ點頭セル多數ノ白花ヲ開キ花徑凡2cmアリ。下部ノ花ハ細長ナル花梗ヲ有シ上部ノ花ハ梗漸ク短シ。雄花・雌花・兩性花ノ三形アリ。萼ハ卵形、長サ1cm餘、膜質ニシテ嚢狀ニ膨レ、二十脈ノ縱脈ト且之レヲ連結スル網狀ノ細脈ヲ有シ、先端ハ五裂シ裂片ハ三角形ニシテ邊緣細毛アリ。花瓣ハ五片ニシテ平開シ、下ニ花爪ヲ有シ、舷部ハ先端二裂シ、長サ5mm許、花喉ノ小鱗片ハ不明ナリ。十雄蕊。長卵形子房ニ三花柱アリ。蒴果ハ略ボ球形ニシテ頂部圓錐形ヲ呈シテ下ニ柄アリ、膜質ノ膨大セル宿存萼ニ包擁セラル。和名白玉草ハ其圓キ嚢狀ヲ成セル白色萼ノ形狀ヨリ由ル。

第1769圖

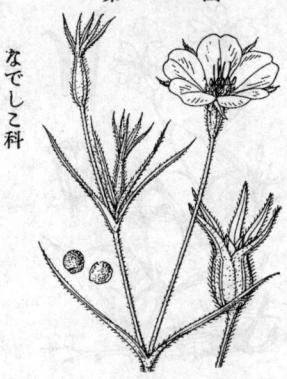

むぎせんのう
一名 むぎなでしこ
Agrostemma Githago *L.*
(= Lychnis Githago *Scop.*;
Githago segetum *Desf.*)

元來歐洲原產ノ一年生草本ニシテ觀賞花草トシテ栽植セラル。莖ハ直立シ高サ80cmニ達シ長毛ヲ布ク。葉ハ對生シ、瘦綠形又ハ綠狀披針形ニシテ銳尖頭ヲ有シ基部ハ短鞘ヲ成シテ相聯合シ、長毛ヲ有ス。五六月ノ頃ヨリ、梢上葉腋ニ極メテ長キ花梗ヲ抽キ、頂ニ徑3cm許ノ一紫色花ヲ開ク。萼ハ綠色ニシテ長毛ヲ密布シ、其筒部ハ圓柱狀卵形ニシテ長サ約1.5cm、革質ニシテ著シキ十脈ヲ有シ、萼裂片ハ五個アリ、線形ニシテ尖リ葉狀ヲ呈シテ優ニ萼筒ヨリ長シ。花瓣ハ五片アリテ萼片ヨリ短ク、下ニ花爪ヲ有シ、舷部ハ倒卵形ニシテ稍凹頭、花喉ニ小鱗片無シ。十雄蕊。卵狀球形ノ子房頂ニ五花柱アリ。蒴果ハ卵形ニシテ先端五裂シ宿存萼內ニ在テ成熟ス。和名麥仙翁幷ニ麥撫子ノむぎハ其狹長ナル葉ヲ麥ノ葉ニ比シテ名ケシモノナリ。

第1770圖

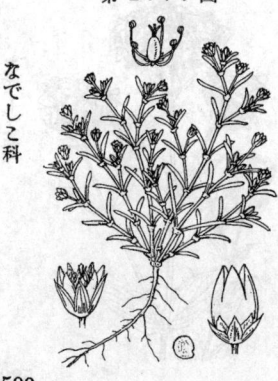

しほつめくさ
一名 はまつめくさ
Spergularia salina *Presl.*

海邊ノ泥地或ハ巖間ニ生ズル全體無毛ノ一年生或ハ越年生小草本ニシテ我邦北地ニ之レヲ見ル。根ハ瘦長ナル主根ヲ有シテ細枝根ヲ分ツ。莖ハ株本ヨリ簇生シテ分枝シ高サ10cm內外。葉ハ對生シ、牛圓柱狀綠形ニシテ銳頭ヲ有シ下部ノ者ハ長サ3cmニ達シ、葉本ニ卵形ヲ成セル白色膜質ノ小形托葉ヲ具フ。夏秋ノ間梢上ノ葉腋ニ白色小形ノ有梗花ヲ開ク。萼ハ五片、長サ2mm許、卵形ニシテ鈍頭ヲ有シ、邊緣膜質ナリ。花瓣モ五片、長橢圓形ナリ。雄蕊ハ稀ネ五本。橢圓形子房頂ニ三花柱アリ。蒴果ハ萼片ヨリ長ク卵形ニシテ三裂シ中ニ細種子アリ。和名潮爪草ハつめくさニ似テ海邊ニ生育スル故云ヒ、又濱爪草モ亦海濱ニ生ズルヨリ云フ。

おほつめくさ
Spergula arvensis L.

一年生ノ草本ニシテ歐洲ノ原産ナリ、多分明治
維新前後ニ渡來シ先ヅ植物園ニ之レ見シガ今
ハ其種子逸出シテ諸處ニ野生スルニ至レリ。莖
ハ叢生シテ分枝シ、高サ13-50cm許アリ、毛茸ヲ
散生シ、上部ニハ短腺毛ヲ布ク。葉ハ絲狀ニシ
テ長サ1.5-4cm許、短腺毛ヲ散生シ、元來對生
ナレドモ葉腋ニ常ニ短縮セル葉芽ヲ有スルヲ以
テ輪生狀ヲ觀ハアリ。托葉ハ小形ニシテ膜質ナリ。
初夏ノ候ヨリ莖頂ニ疎ヲ聚繖花序ヲ成シテ白
色ノ小花ヲ開ク。花梗ハ細長ニシテ果時ニ下向
ス。萼ハ五片、長サ3-4mm許、卵形ニシテ鈍頭、
微毛ヲ有シ、邊緣膜質ナリ。花瓣モ亦五片、卵形
ニシテ鈍頭、全邊ニシテ微ニ萼片ヨリ長シ。雄
蕊概ネ十。卵圓形ノ子房ハ短キ五花柱アリ。
蒴果ハ廣卵形ニシテ五裂シ萼片ヨリ長シ。種子
ハ多數アリ。和名ハ大爪草ニシテつめくさニ似
テ大形ナルヨリ云フ。

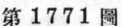

第 1771 圖

なでしこ科

はまはこべ
Honckenya peploides Ehrh.
var. oblongifolia Fenzl.
(=Arenaria peploides L.
var. oblongifolia Watson.)

全體肉質ニシテ淡綠色ヲ呈スル多年生草本ニシ
テ北地ノ海濱ニ自生シ、無毛ナリ。根莖ハ砂中
ヲ横行ス。莖ハ叢生シテ砂上ニ偃臥シ、上部擡
起シ長サ30cm餘ニ達ス。葉ハ十字狀ニ對生シ
テ無柄、概ネ長橢圓形ニシテ銳頭ヲ有シ底部ハ
相聯合シテ短鞘ヲ成ス。六七月ノ候梢上葉腋ニ
白色ノ小花ヲ着ク。兩性花ヲ開ク株ト雄花ヲ開
ク株トアリ。花梗ハ萼ヨリ短シ。萼ハ五片、長
サ3-5mm、卵形ニシテ稍銳頭ヲ成ス。花瓣モ亦
五片、倒卵形ニシテ萼片ト略同長或ハ短シ。十
雄蕊。卵圓形ノ子房ニ三花柱アリ。蒴果ハ球
形ニシテ漿果狀ヲ呈シ、遙ニ萼片ヨリ超出シ三
殼片ニ裂ケ內ニ少數ノ大ナル種子ヲ藏ス。和名
ハ濱繁縷ノ意ナリ、海濱ニ生ズルヨリ云フ。

第 1772 圖

なでしこ科

わださう
一名 よつばはこべ
Pseudostellaria heterophylla Pax.
(=Krascheninnikowia
heterophylla Miq.)

山地ノ草間ニ生ズル多年生ノ小草本ニシテ地下
ニ直下スルノ一塊根ハ白色ノ紡錘形ヲ呈ス。
莖ハ單一ニシテ直立シ、高サ凡8-16cm、莖面ニ
毛條アリ。葉ハ對生シ、下部ノ者ハ箆形或ハ倒
披針形ヲ成シ底部ニ狹窄シテ柄狀ト成シ、梢部
ノ者ハ莖面ニ相集リ其形チ大ニシテ十字狀ニ排
列シ、狀披針形或ハ長卵形ヲ呈シ銳尖頭ヲ有
シ底部ニ狹窄シテ柄狀ヲ呈シ、裏面中脈上ニ毛
アリ。四月、梢葉腋ヨリ短毛アル細梗ヲ出シ、
頂ニ擧ゲ大形ナルノ一白花ヲ開キ天ニ朝ノ。綠萼
五片、披針形ニシテ銳頭、長サ5mm許、邊緣及ビ
脈上ニ毛ヲ散生ス。花瓣ハ五片、倒卵形ニシテ
凹頭ヲ有シ黃色。十雄蕊アリテ葯ハ黃色。六稜アル
短卵形ノ子房頂ニ三花柱アリテ柱頭ハ小頭狀ヲ
呈ス。別ニ莖ノ下方節間ヨリ閉鎖花ヲ出ス殊態
アリ。蒴果ハ結ビ開裂スレバ薄質ノ三殼片ニ平
開シテ種子ヲ散ズ。和名和田草ハ此草信州和田
峠ニ多ク生ズルヨリ云フ。

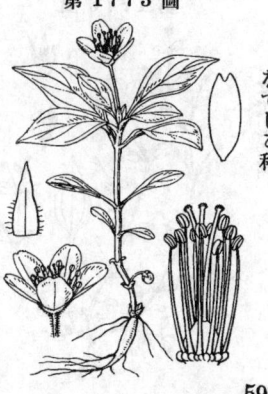

第 1773 圖

なでしこ科

591

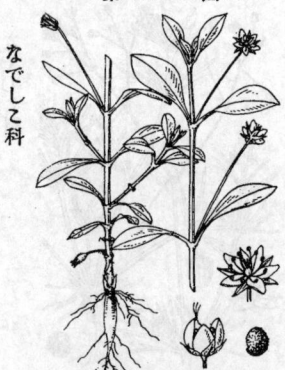

わちがひさう
Pseudostellaria heterantha *Pax.*
（＝Krascheninnikowia
　　　heterantha *Maxim.*）

山地ノ林中ニ生ズル多年生小草本ニシテ塊根ハ
單一ニシテ地中ニ直下シ紡錘形ヲ呈ス。莖ハ單
一ニシテ直立シ、細長ニシテ毛條アリ高サ8-
15cm許アリ。葉ハ對生シ、下部ノ者ハ倒披針形、
上部ノ者ハ卵狀披針形或ハ披針形ニシテ銳頭ヲ
有シ、底部ハ邊緣ハ疎毛アリシ狹窄シテ葉柄ト
成ル。五月ノ候上部葉腋ヨリ細長ニシテ毛條ヲ
有スル花梗ヲ抽チ頂ニ一白花ヲ開キ天ニ朝フ。
綠萼五片、披針形ニシテ銳尖頭、長サ4-5mm、
邊緣ニ毛アリ。花瓣モ亦五片、倒披針形ニシテ
稍銳頭ヲ呈ス。十雄蕋アリテ葯ハ紫色。子房
ノ頂ニ三花柱アリ。別ニ莖ノ下部葉腋ヨリ閉鎖
花ヲ生ズルノ特徵アリテ該花ハ四數ヨリ成ル。
蒴ハ四裂シ細種子ヲ散ス。和名輪達草ハ往昔此
草ノ名稱尚ホ不明ナリシ時無名ノ標識トシテ其盆
栽ニ輪達ヒノ符ヲ記セシ事アリ由テ終ニわちが
ひさうノ名ヲ生ゼント謂フ。

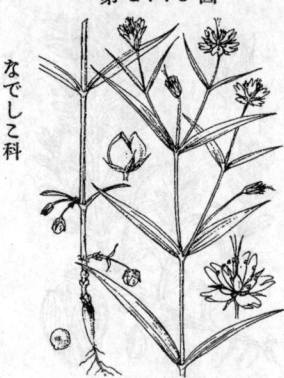

くしろわちがひ
Pseudostellaria sylvatica *Pax.*
（＝Krascheninnikowia
　　　sylvatica *Maxim.*）

特ニ北地ニ見ル多年生ノ小草本ニシテ地中ニ直
下スル塊根ハ單一ニシテ小蕪菁根狀ヲ呈ス。莖
ハ直立シテ高サ20cm許ニ及ビ細長ニシテ毛條
アリ。葉ハ無柄ニシテ對生シ、下部ノ者ハ綠形、
上部ノ者ハ綠狀披針形ニシテ先端長ク尖リ、底
部ノ邊緣ニハ毛アリ。六月ノ候梢上葉腋ヨリ
疎枝ヲ岐チ白色ノ有梗花ヲ開キ天ニ朝フ。花梗
ハ細長ニシテ毛條アリ。綠萼五片、披針形ニシ
テ銳尖頭ナリ。花瓣モ亦五片、倒卵形ニシテ先
端二裂ス。十雄蕋。卵形ノ子房頂ニ三花柱アリ。
蒴果ハ卵圓形ニシテ三殼片ニ開裂ス。別ニ莖ノ
下方節部ヨリ有梗ノ閉鎖花ヲ生ズル特徵アリ。
和名ハ釧路輪達ニシテ本種初メ北海道釧路國ニ
於テ採集セラル故ニ其名アリ。

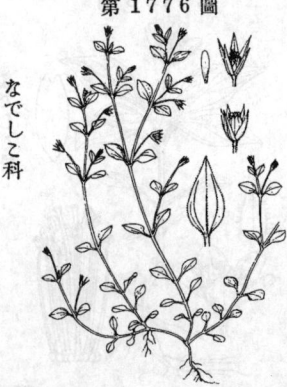

たちはこべ
Moehringia trinervia *Clairv.*
var. platysperma *Makino.*
（＝M. platysperma *Maxim.*）

諸國ノ山地ニ生ズル稍濁綠色ヲ呈セル一年生草
本。全草軟弱ニシテ脊長、細毛アレドモ顯著ナ
ラズ。莖ハ澁細ニシテ直立或ハ斜上シ、通常基
部ニテ岐レ又上部ニ於テ分枝シ枝ハ菲弱ナリ。
葉ハ小形ニシテ對生シ、卵形或ハ長卵形ニシテ
銳頭、廣楔狀底、葉柄ヲ具へ、三行脈アリ有シ質
薄ク略ボ平滑ナレドモ葉裏中脈上ト葉緣トニハ
細毛列生ス。夏時ニ開花シ、花ハ細小ニシテ長
キ細梗アリ有シ、細梗ハ梢ノ二枝間或ハ葉腋ニ直
立シ葉ヨリ長シ。萼片ハ鍼狀披針形ニシテ銳ク
尖リ中央背部ニハ毛アリ、兩緣ハ膜質ヲ呈ス。
花瓣ハ極メテ小サシ。花後卵球狀ノ蒴果ヲ結ビ
其長サ宿存セル萼片ヨリ短ク、頂部ノミ開裂シ
テ細子ヲ吐ク。種子ハ黑色ニシテ腎形ヲ成シ一
見平滑ニシテ光澤アリ。和名ハ立緊緩ニシテ立
チタルはこべノ意ナリ。

592

ひめたがそでさう
誤稱　おほやまふすま
Moehringia lateriflora *Fenzl.*
（＝Arenaria lateriflora *L.*）

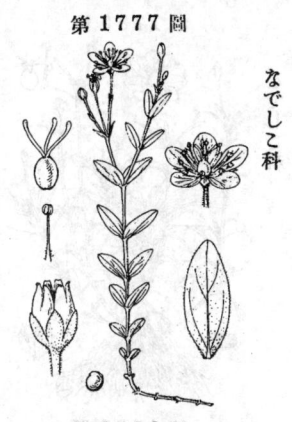

第 1777 圖

なでしこ科

山地或ハ山原ニ生ズル多年生小草本ニシテ往々
群ラ成シテ生ズ。根莖ハ絲狀ニシテ地中ニ走ル。
莖ハ直立シ細長ニシテ單一或ハ多少分枝シ、高
サ 10-20cm許、細毛ラ有ス。葉ハ對生シ略ボ無
柄、橢圓形乃至長橢圓形ニシテ鈍頭、長サ 1-2
cm許、細毛アリ。六七月頃、少數花ヨリ成ル聚
繖花序ヲ腋生或ハ頂生シ、細長ナル花梗ヲ有ス
ル小形ノ白花ヲ開ク。萼ハ五片、卵ニシテ長
サ 2mm許、先端ハ鈍頭ナリ。花瓣モ亦五片、長倒
卵形ヲ成シ萼片ノ略ボ倍長ス。凡ソ十雄蕋ア
リテ花絲ノ基部ニ毛アリ。子房頂ニ三花柱アリ。
蒴果ハ廣卵形ニシテ萼片ヨリ長ク、先端六裂シ、
宿存萼ヲ伴フ。和名ハ姫誰ヶ袖草ナリ。

のみのつづり（小無心菜）
Arenaria serpyllifolia *L.*
var. **leptoclados** *Reichb.*

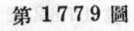

第 1778 圖

なでしこ科

路傍・廢地幷ニ田野等ニ普通ニ生ズル越年生小
草本ニシテ全體綠色ナリ。莖ハ纖細ニシテ稍硬
質、株本ヨリ分岐シテ簇生シ、枝ヲ分ツコト多
ク、下部ハ往々傾臥シ、高サ 5-25cm許、細毛ヲ
布ク。葉ハ小形ニシテ對生シ、長サ 3-6mm許ア
リ、卵圓形ニシテ銳頭、細毛ヲ有ス。春ヨリ夏ニ
至リ梢上葉腋ニ細花梗ヲ出ダシ小白花ヲ開ク。
萼ハ五片、長サ 3mm許、披針形ニシテ銳頭、細
毛ヲ有シ邊綠膜質ニシテ宿存ス。花瓣モ亦五片、
長橢圓形ニシテ萼片ヨリ稍短ク、分裂セズ。十
雄蕋。卵形子房頂ハ短キ三花柱アリ。蒴果ハ萼
片ヨリ略ボ同長ニシテ先端六裂ス。種子ハ腎形、
微細ナル凹凸アリ。和名ハ蚤の綴リニシテ此ノ
ノ短衣卽ちつづりノ意ナリ、蓋シ本種ノ小形葉
ヲ蚤ノ衣ニ擬セシモノナラン。

てうかいふすま
一名　めあかんふすま
Arenaria merckioides *Maxim.*
（＝A. chokaiensis *Yatabe.*）

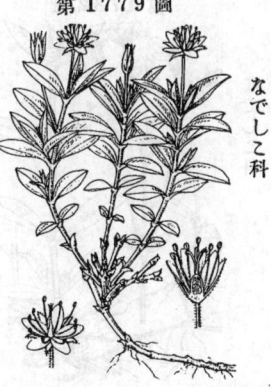

第 1779 圖

なでしこ科

高山ノ巖間或ハ砂礫地ニ生ズル多年生草本ナ
リ。根莖ハ細長ニシテ匍匐シ白色ヲ呈ス。莖ハ
簇生シ細長ナル圓柱形ニシテ節間短ク、高サ 5-
10cm許ニシテ軟毛ヲ被フル。葉ハ對生ニシテ葉柄
無ク、長卵形乃至長橢圓狀披針形ニシテ銳頭ヲ
有シ底部ハ短ク狹窄シ、全邊ニシテ質稍厚ク、
而シテ短毛ヲ散生シ長サ 1-3cm許アリ。八月ノ
候莖上ニ腋生或ハ頂生シテ少數ノ有梗白花ヲ開
ク。萼ハ五片、披針形ヲ呈シ長サ 5-10mm、細
毛ヲ布ク。花瓣モ亦五片、萼片ト略ボ同長ニシ
テ長卵形ヲ呈シ鈍頭ニシテ基部急ニ狹窄ス。十
雄蕋。卵形子房上ニ三花柱アリ。鳥海ふすまハ
本種羽後鳥海山ニ生ズルヨリ此名ヲ得タリ、又
雌阿寒ふすまモ北海道釧路ノ雌阿寒岳ニ産スル
ヲ以テノ稱ナリ、ふすまノ意ハ未ダ詳ナラズ。

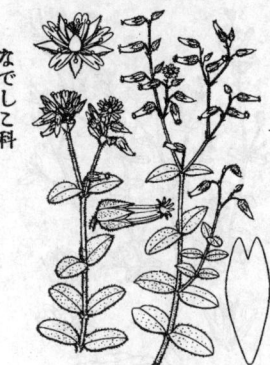

第 1780 圖

第 1781 圖

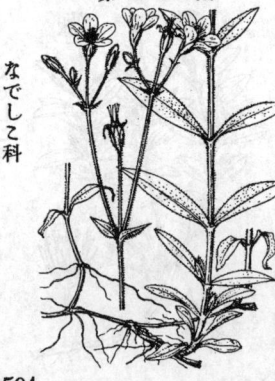

第 1782 圖

なでしこ科

つめくさ (瓜槌草)
一名 たかのつめ
Sagina japonica *Ohwi.*
(=Spergella japonica *Sw.*; Sagina
maxima *A. Gray*; Sagina Linnaei
Presl var. maxima *Maxim.*)

庭園・路傍其他ニ最モ普通ナル一年生或ハ越年
生ノ小草本ニシテ綠色ナリ。莖ハ概ネ株本ヨリ
分岐シテ叢生シ、數條或ハ多條撒開シテ分枝シ、
高サ2-15cm許、上部ニハ短腺毛ヲ布ク。葉ハ對
生シ、線形ニシテ銳頭、底部膜質ニシテ聯合シテ
短鞘ヲ成ス。春夏ノ候、莖上葉腋ヨリ長梗ヲ抽
キ白色ノ小花ヲ開ク。花梗・萼片ニハ短腺毛ヲ
有ス。萼ハ五片、長橢圓形ニシテ鈍頭、長サ2mm
許。花瓣モ亦五片、卵形ヲ呈シ萼片ヨリ僅ニ短
ク、分裂セズ。五雄蕊。卵圓形子房ノ頂ニ短キ
五花柱アリ。蒴果ハ廣卵形、萼片ヨリ長ク、先
端五殼片ニ開裂ス。種子ハ極メテ微小ナル突起
ヲ密布ス。一種海邊ニ多ク、脚葉大ニシテ厚ク
光滑アリ、種子ハ微小ナル凹凸ヲ有スル者ヲハ
またかのつめト呼ブ。和名爪草ハ其葉形鳥爪ニ
似タレバ云フ、鷹ノ爪モ亦其葉形たかノ爪ニ類
スレバ斯ク呼ブ。漢名 漆姑草(誤用)

みみなぐさ
Cerastium caespitosum *Gilib.*
var. glandulosum *Wirtgen.*
(=C. vulgatum *L.* var. glandulosum *Regel*;
C. triviale *Link.* var. glandulosum *Koch.*)

路傍・圃地邊等ニ普通ナル越年生草本ナリ。莖
ハ概ネ株本ヨリ分岐シテ叢生シテ傾上シ、高サ
15-25cm許アリテ通常暗紫色ヲ呈シ、通ジテ毛
ヲ有シ上部ニ在テハ腺毛ヲ混ズ。葉ハ對生シテ
稍無柄、卵形乃至卵狀披針形ヲ呈シ全邊ニシテ
有毛ナリ。春夏ノ間莖頂ニ枝ヲ分テ岐繖花序ヲ
成シ白色ノ小花ヲ開ク。花梗ハ短ク、果時先端
下向ス。萼ハ五片、長橢圓形ニシテ長サ4-5mm
許、背ニ毛ヲ有シ、邊緣膜質ナリ。花瓣モ亦五
片、萼片ト略同長ニシテ先端深ク二裂ス。十雄
蕊。卵圓形子房ノ頂ニ五花柱アリ。蒴果ハ圓筒
狀ヲ成シテ橫向シ遙ニ宿存萼片ヨリ長ク、淡黃
褐色ヲ呈シ、先端ニ十齒アリ。種子ハ褐色ニシ
テ小ナル疣狀突起ヲ有ス。和名耳菜草ハ其葉鼠
ノ耳ニ似且ツ嫩苗ヲ菜トシテ食ト得ベシト謂ヒ
以テ名トス。漢名 卷耳・婆婆指甲菜(共ニ誤用)

たがそでさう
Cerastium oxalidiflorum *Makino.*

我邦中部ノ山地ニ生ズル多年生草本。根葉ハ細
長ニシテ地中ニ橫走シ疎ニ分枝ス。莖ハ叢生シ
瘦細ニシテ直立或ハ傾上シ高サ30-50cm許ニシ
テ細毛ヲ有シ上部ニハ腺毛ヲ帶フ。花瓣ハ無柄ニ
シテ對生シ、披針形ニシテ兩端尖り、下部ノ者
ハ略ボ匙狀ヲ呈シ、全邊ニシテ綠毛ヲ有シ長サ
3-8cm、兩面有毛ナリ。七月頃、莖頂ニ岐繖花序
ヲ成シテ白花ヲ開ク。花ハ徑15-19mm許、花梗
ニハ腺毛ヲ布ク。萼ハ五片、卵狀披針形ニシテ
長サ6mm許、背ニ腺毛ヲ有ス。花瓣モ五片、匙
狀長橢圓形ヲ成シテ分裂セズ下部ハ狹楔形ヲ呈
シ、萼片ノ二三倍長アリ。十雄蕊。卵狀長橢圓形
子房ノ頂ニ五花柱アリ。蒴果ハ圓柱形ヲ呈シ、
宿存セル萼片ヨリ遙ニ長ク長サ凡15mm內外、
先端ニ十齒ヲ有ス。本種ハ分裂セザル花瓣ヲ有
スルヲ以テ同屬中ノ他種ニ比シテ異采アリ。和
名誰が袖草ハ多分『古今集』ノ歌ノ「色よりも香
こそあはれとおもゆれ誰袖ふれし宿の梅ぞ
も」ニ據リ名ケシナラン、即チ本種ノ花ハ白色
ニシテ香氣アルヲ以テナリ。

みやまみみなぐさ
Cerastium schizopetalum *Maxim.*

中部ノ高山ニ生ズル多年生草本ニシテ高サ10-20cm、茎ハ纖細ニシテ簇生シ下部ハ伏臥シ、上部ハ相倚リテ立チ腺毛列二條ニ有シ上部ノ節間ハ長クシテ各節相疎隔ス。葉ハ對生ニ無柄、線狀披針形ニシテ平開シ先端鈍形、中脈ノミ陷入シモ毛茸アリテ糙澁ス。花ハ七八月頃莖頂ニ疎ナル聚繖花序ヲ成シテ殆ド直立シ、花梗ハ腺毛列顯著ナリ。白色花ニシテ徑2cmニ近ク、蕚五片ハ披針形ニシテ綠色、草質、外面ニ腺毛アリ。花瓣ハ五片ヨリ成リ漏斗狀廣形ヲ呈シテ倒卵形、邊緣ニ缺刻樣ニ四齒牙ヲ有ス。雄蕊ハ十箇。橢圓形子房頂ニ線形ノ五花柱アリ。和名ハ深山耳菜草ノ意ナリ。

おほばなみみなぐさ
Cerastium Schmidtianum *Takeda.*

我邦ノ北地ニ見ル多年生草本ニシテ莖ハ細длナル圓柱形ヲ呈シ綠色ニシテ高サ50cmニ達シ、斜上シテ毛茸ヲ有シ腺毛ヲ混ズ。葉ハ無柄ニシテ對生シ長卵形乃至廣披針形ニシテ尖リ、長サ2-5cm許アリテ兩面ニ毛アリ。夏日莖頂ニ上向セル岐繖花序ヲ成シ稍大ナル白花ヲ開ク。花梗及ビ蕚片ハ腺毛ヲ密生ス。蕚ハ五片、長橢圓狀披針形ニシテ長サ6-7mm、邊緣膜質ナリ。花瓣亦五片ニシテ平開シ、各片倒卵狀楔形ヲ呈シテ先端二岐シ、蕚片ニ比スレバ略ボ其倍長アリ。蒴果ハ圓柱形ニシテ下ニ宿存蕚ヲ伴ヒ、長サ蕚片ノ二倍ニ達シ先端ニ十齒アリ。種子ハ略ボ圓形ニシテ長サ1mm餘アリ、表面ニ疣狀突起ヲ有ス。和名ハ大花耳菜草ノ意ナリ。

こばのつめくさ
Minuartia verna *Hiern.*
(= Alsine verna *Bartl.*)

高山地帶ノ砂礫地ニ生ズル多年生小草本ナリ。莖ハ纖長ニシテ密ニ叢生シ高サ3-10cm許、綠色ニシテ微毛ヲ有シ上部ニ在テハ腺毛ヲ混ズ。葉ハ多クシテ對生シ、瘦線形或ハ針形ヲ呈シテ毛ナク、長サ3-10mm許アリ。夏日莖頂ニ岐繖花序ヲ成シテ少數ノ小形白花ヲ開ク。花梗ハ纖細ニシテ腺毛ヲ布ク。蕚ハ五片、披針形銳尖頭ニシテ三脈ヲ有シ、稍無毛、長サ3mm內外アリ。花瓣ハ五片ニシテ平開シ卵狀長橢圓形ニシテ底部短花爪ヲ有シ、蕚片ト略ボ同長或ハ少シク長シ。槪ネ十雄蕊。卵形子房頂ニ三花柱アリ。蒴果ハ長橢圓狀卵形ニシテ宿存蕚ヨリ稍長ク熟スレバ三裂ス。種子ハ細微ニシテ腎臟形ヲ呈ス。和名ハ小葉の爪草ノ意ナリ。

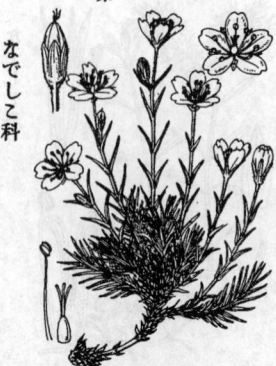

第1786圖

たかねつめくさ
Minuartia arctica
Aschers. et Graebn.
（＝Alsine arctica *Fenzl.*）

なでしこ科

中部以北ノ高山礫地ニ生ズル多年生草本ニシテ
全株痩細、叢生シ、高サ5cm内外。根莖ハ細ク
シテ分岐ス。莖ハ下部地ニ伏シ、上部傾上シ毛
線二列アリ。葉ハ線狀鉞形ニシテ對生シ、長サ
1cm内外ニシテ多クハ彎曲シ質稍厚シ。盛夏ノ
候、株ノ小ナルニ比スレバ比較的大ナル白花ヲ
開キ多クハ莖頂ニ獨在シテ上向ス。徑凡1.5cm、
廣鐘形ヲ呈シテ開ク。萼ハ五片ニシテ線狀長楕
圓形ヲ成シ三行脈アリ先端ハ鈍形。花瓣ハ五
片ニシテ廣倒披針形、先端ハ圓ク且不明ノ凹入
アリ、長サハ萼ニ約二倍ス。雄蕊ハ十個、花絲
長シ。子房ハ卵狀楕圓形ニシテ頂ニ線形ノ三花
柱ヲ立ツ。蒴果ハ楕圓形ヲ成シ萼片上ニ超出
スルコト其萼ノ半長ナリ、熟スレバ三片ニ開裂
ス。和名ハ高嶺爪草ノ意ナリ。

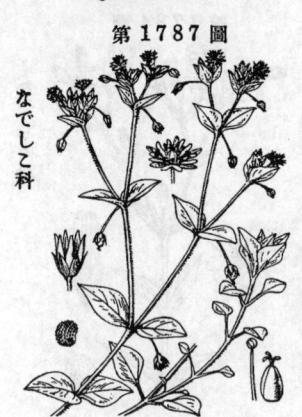

第1787圖

はこべ（繁縷）
一名 はこべら・あさしらげ
Stellaria media *Cyr.*

なでしこ科

邦内到ル處ノ路傍田間等ニ普通ナル質軟ナ越年生草
本ニシテ秋時子生シ、根ハ鬚狀ヲ成ス。莖ハ叢生シ、
下部偃臥シテ上部斜上シ、長サ10～30cm許、綠色ニシ
テ圓柱形ヲ呈シ一側ニ一毛道ヲ具ヘ、莖中ニ維管束ヲ有ス。葉ハ對生シ、卵圓形乃至卵形ニ
シテ短鋭尖頭、全邊、長サ1～2cm許、無毛、脚部ノ者
ハ長柄ヲ有シ上部ノ者ハ無柄ナリ。春ヨリ夏ニ繖狀花序
ヲ成シ多クノ小白花ヲ開ク。花梗ハ一個ニ毛ヲ有シ
花了レバ漸ク下向シ、果實開裂スルニ及ンデ再ビ上立
スル特性アリ。萼ハ五片、卵狀長楕圓形ニシテ稍鈍頭、
綠色ニシテ腺毛ヲ有シ、長サ4mm許、花瓣モ五片、萼
片ト殆ンド同長或ハ之ヨリ短クシテ底部ノ邊マデ
深ク二裂ス。十雄蕊。卵形ノ房頂ニ短キ三花柱アリ。
蒴果ハ卵形ニシテ少シク宿存萼ヨリ長ク、熟スレバ六
乃至ノ殼片全邊ニシテ薄シ。種子ハ内面ニ純扁ヲ布ク。
本種ハ春ノ七種ノ一ニ數ヘラレ、又能クカなりる鳥ノ
餌トス。一變種ニこはこべ（var. minor *Makino*）ア
リ、葉小ニシテ尖リ綠色深シ。和名ハはこべら略、
はこべらノ意ハ不明ナリ、あさしらげハ朝開けノ轉訛
ニシテ此草朝ノ日光ヲ受ケテ盛ニ一開花スルヨリ謂
フト云フ。

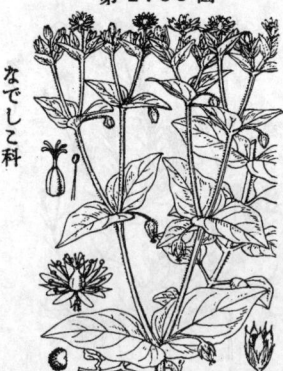

第1788圖

うしはこべ（鵞兒腸）
Stellaria aquatica *Scop.*
（＝Malachium aquaticum *Fries.*）

なでしこ科

普通隨處ニ見ラルル越年生或ハ多年生草本ニシ
テ全草はこべ類似スレドモ之ニ比スレバ壯
大ナリ。根ハ鬚狀。莖ハ下部偃臥シ上部傾上シ、
長サ50cmニ達シ、圓柱形ニシテ紫色ヲ帶ビ、莖
中ニ一條ノ維管束アリテ數ノ如ク、梢部ニハ多
少腺毛ヲ具フ。葉ハ對生シ、卵形或ハ廣卵形ニ
シテ鋭尖頭、葉脈ハ上面ニ於テ凹ミ、下部ノ葉
ハ長柄ヲ有シ、上部ノ葉ハ無柄ニシテ心臟形ヲ
呈セル底部ハ莖ヲ抱擁ス。初夏ノ候枝生セル小
白花ヲ開キ、花梗及ビ萼片ニハ腺毛ヲ布キ、花
梗ハ花後次第ニ下向ス。萼ハ五片、披針狀長楕
圓形ニシテ稍鋭頭ナリ。花瓣ハ五片、萼片ヨリ
長ク或ハ短ク、底部ノ邊マデ深ク二裂ス。十雄
蕊。卵圓形子房頂ニ五花柱アリ。蒴果ハ卵形ニ
シテ宿存萼ヨリ長ク、上部五裂シ各裂片ハ先端
更ニ二尖裂ス。和名ハ牛繁縷ニシテ普通はこ
べニ比スレバ草狀大形ナルヨリうしと謂ヘリ。

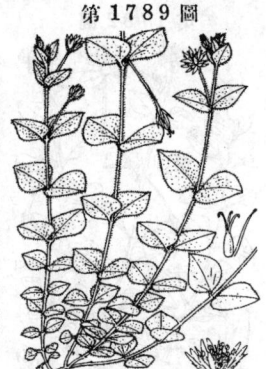

やまはこべ
Stellaria Uchiyamana *Makino.*

我邦中部以南諸州ノ山地或ハ林側等ニ生ズル多年生草本。莖ハ基部匍匐シ上半ハ傾上スト雖モ花後ハ長ク伸ビテ蔓樣ヲ呈シ紫色ヲ帶ブ。全株ニ星狀毛ヲ布ク。葉ハ對生シ卵形或ハ稍卵狀心臟形ニシテ長サ1-2cm、先端尖リ、葉底ハ圓形或ハ心臟形ヲ成シテ短柄ヲ有ス。夏日葉腋ニ葉ヨリモ長キ細梗ヲ抽キテ白花ヲ單生ス。花徑ハ瘦長ニシテ果時ハ下向ク。花ハ10-13mm。萼ハ五片ニシテ廣披針形短銳尖頭、背部ニハ星狀毛多シ。花瓣五片ハ二深裂シ、裂片ハ鈍頭ヲ成セル狹長筥狀披針形ヲ呈ス。雄蕊ハ十本アリテ少シク萼片ヨリ短シ。子房ハ卵形淡綠色ニシテ頂生セル三花柱アリ。蒴果ハ宿存萼ヲ伴ヒ、懸垂シ、五裂ス。種名ハ曾テ小石川植物園ニ在リシ園丁長ノ内山富次郎氏ヲ紀念セルモノナリ。和名ハ山繁縷ノ意ナリ。

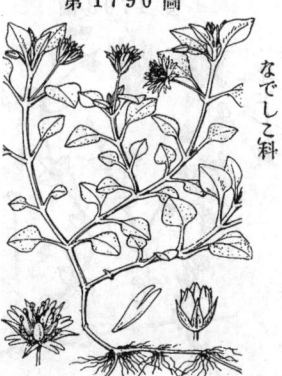

さはこべ
Stellaria diversiflora *Maxim.*

山中樹下ノ濕潤ナル地ニ生ズル質軟キ綠色ノ多年生草本ナリ。莖ハ稍肉質ノ平滑圓柱形ニシテ綠色ヲ呈シ基部ニ僵臥シ多クハ白色ニシテ鬚根ヲ下セリ、長サ5-20cm許、分枝少ク、略ボ無毛ナリ。葉ハ對生シテ長柄ヲ有シ、三角狀卵形乃至長卵形ニシテ銳頭、長サ1-2cm、無毛或ハ毛ヲ散生ス。六七月ノ候莖上葉腋ニ白色ノ小花ヲ着ク。花梗ハ纖長ニシテ弱シ。萼ハ五片ニシテ披針形ヲ呈シ銳頭、無毛或ハ脈上ニ毛アリ、綠色ニシテ長サ5mm內外アリ。花瓣ハ亦五片ニシテ萼片ト同長或ハ之ヨリ短ク、二深裂ス。概ネ十雄蕊。卵形子房頂ニ三花柱アリ。蒴果ハ宿存萼ヲ伴ヒ少シク之ヨリ超出シ六裂ス。和名ハ澤繁縷ノ意ナレドモ此種澤地ニハ無ク唯濕地ニ生ズルノミ、故ニ此ニさはト云フハ濕地ヲ意味セリ。

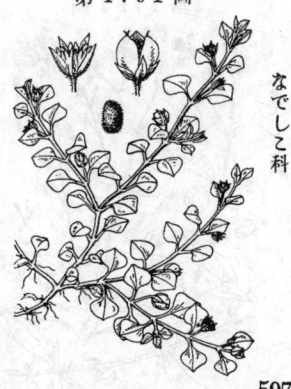

つるはこべ
Stellaria diandra *Maxim.*
(=S. diversiflora *Maxim.* var. diandra *Maxim.*)

山中樹下ノ地ニ生ジ全草さはこべニ似テ小ナル質軟ヶ綠色ノ多年生草本ナリ。莖ハ細長ニシテ地上ニ僵臥シ枝ヲ分チテ節ヨリ白色ノ鬚根ヲ下シ、地ヲ蓋フコトアリ、長サ30cmニ達シ、無毛ナリ。葉ハ對生シテ長柄ヲ有シ、三角狀心臟形ニシテ短銳尖頭、小形ニシテ長サ概ネ1cm以內、稍無毛ナリ。初夏ノ候葉腋ヨリ纖長ナル花梗ヲ抽キ白色ノ小花ヲ開ク。萼ハ五片、披針形ニシテ銳頭、綠色ニシテ基部ニ微毛アリ。花瓣モ亦五片、萼片ヨリ短クシテ二裂ス。雄蕊ハ時ニ二本ニ至ルマデ減數スルコトアリ。子房上ノ花柱ハ三箇。蒴果ハ卵圓形ニシテ下ニ宿存萼ヲ伴ヒ。種子ハ扰狀突起ヲ密布ス。和名ハ蔓繁縷ノ意ナリ。

なでしこ科

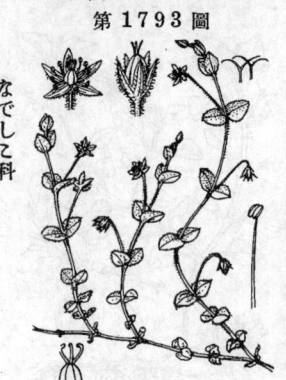

第 1792 圖

なでしこ科

みやまはこべ
Stellaria Francheti *Honda*.
(=S. nemorum L. var. japonica *Franch.*
et Sav.; S. japonica *Makino* non *Miq.*)

河岸ノ林叢地邊或ハ山地ニ生ズル質軟カキ多年
生草本ナリ。莖ハ叢生シ初メ斜上シ後地ニ臥シ
テ生長サ30cm餘ニ達シ、綠色ノ圓柱形ニシ
テ一側ニ毛アリ。葉ハ對生シテ葉柄ヲ具ヘ、卵
圓形乃至卵形ニシテ短銳尖頭ヲ有シ、長サ1-4
cm許ナリ。春時葉腋ヨリ織長梗ヲ抽キ梗
頂ニ白花ヲ開ク、花徑凡15mm。花梗ハ綠色ニ
シテ一側ニ白毛道アリ。萼ハ五片、廣披針形ニ
シテ銳尖頭、背面ニ長白毛ヲ布ク。花瓣ハ五
片、通常萼片ヨリ長ク、廣楔形ニシテ二深裂シ
裂片廣線形ヲ呈シテ鈍頭ヲ有ス。十雄蕊。球形
ノ子房實ニ三花柱。蒴果ハ宿存萼ヨリ長クシテ
六裂ス。本種夏秋ノ候ニ至テ往々葉腋ニ短梗ヲ
出シ通常閉鎖花ヲ開クモノアリ、之レヲ人ニシ
はとべト稱ヘ一變種ト爲シアレド是レ單ニ其秋
形タルニ他ナラズシテ敢テ變種タルノ價値ナ
シ。又とばのみやまはとべモ亦變種ニ非ズシテ
單ニ小形葉ヲ着ケシ場處品タルニ過ギズ。

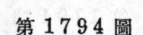

第 1793 圖

なでしこ科

あをはこべ
Stellaria tomentosa *Maxim.*

本邦中南部ノ山地ニ生ズル多年生小草本ナリ。
莖ハ細長ニシテ傾上シ花後伸長シテ地面ニ塲伏
シ稍硬質ナル細蔓狀ヲ成シ、長サ30cm餘ニ及
ビ、節ヨリ根ヲ生ジ、星狀毛ヲ布ク。葉ハ對生
シ極メテ短キ葉柄ヲ有シ、卵圓形ニシテ短銳尖
頭ヲ成シ長サ1cm內外、兩面ニ星狀毛ヲ生ズ。
春日、葉腋ヨリ星狀毛ヲ密布セル織長梗ヲ抽キ
無瓣ノ小花ヲ開ク、花徑凡8mm。萼ハ五片ニシ
テ綠色ヲ呈シ、線狀長橢圓形ニシテ略ボ鈍頭、
背面ニ星狀毛ヲ有ス。十雄蕊アリテ萼ヨリ短シ。
卵形子房ノ頂ニ三花柱。蒴果ハ卵形ニシテ微ニ
萼片ヨリ長ク或ハ同長ニシテ六裂ス。和名ハ靑
繁縷ノ意ニシテ其花特ニ白花瓣ヲ缺如シ、唯綠
萼ト雌蕊トノミアリテ綠色ニ見ユルヨリ斯ク
云フ。

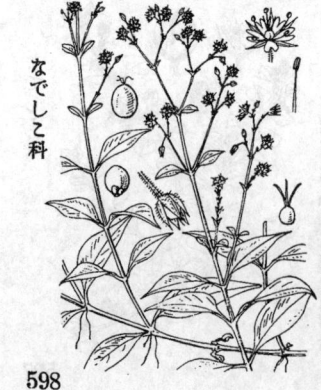

第 1794 圖

なでしこ科

おほやまはこべ
Stellaria paniculigera *Makino*.
(=S. monosperma *Ham.*
var. japonica *Maxim.*)

山地ニ生ズル質軟カキ多年生草本ナリ。莖ハ直
立シテ分枝シ節高クシテ高サ60cm許ニ達シ、上
部ニ毛條アリ。葉ハ對生シテ短柄ヲ有シ、披針
形或ハ橢圓狀披針形ヲ成シ、先端ニ長銳尖頭
ヲ有シ底部ニ楔形ヲ呈シ、長サ5-10cm許、無毛
ニシテ邊緣少シク皺縮スルコトアリ。秋日莖上
ニ枝ヲ分チ大ナル聚繖花序ヲ成シ多數ノ小白花
ヲ開ク。花梗ハ短腺毛ヲ有ス。萼ハ五片、披針
形銳尖頭ニシテ槪ネ背面ニ短腺毛ヲ有シ、長サ
3mm餘。花瓣ハ五片ニシテ萼片ヨリ短ク、二深
裂シ裂片ハ尖レリ。五雄蕊アリテ萼片ニ對シ、花
瓣ヨリ長シ。三卵子ヲ含メル卵圓形子房ノ頂ニ
三花柱アリ。蒴果ハ卵形ニシテ萼片ヨリ短ク、球
形ノ一種子ヲ有シ他ノ卵子ハ不熟ナリ。和名ハ
大山繁縷ニシテ大形ナルやまはとべノ意ナリ。

えぞおほやまはこべ
Stellaria radians *L.*

北海道并ニ樺太諸地ニ生ズル多年生草本
ナリ。全草壯大ニシテ體上ニ長軟毛ヲ布
ケドモ腺毛ナシ。莖ハ直立シ高サ50cm許
ニ及ビ、上部ニ分枝ス。葉ハ對生シテ葉
柄ナク、披針形乃至卵狀長橢圓形ニシテ
銳尖頭、長サ5-12cm許アリ。夏日莖梢ニ
聚繖花序ヲ成シテ白花ヲ開キ、苞ハ葉狀
ヲ呈ス。萼ハ五片、長橢圓形ニシテ稍銳
頭ヲ呈シ軟毛ヲ有シ、長サ7mm許。花瓣
モ亦五片ニシテ萼ヨリ長ク、先端不齊ニ
五乃至十二裂ス。十雄蕊。子房頂ニ三花
柱アリ。蒴果ハ長橢圓形ニシテ宿存萼ヨ
リ長ク、先端六裂シ、二乃至五種子アリ。
和名ハ蝦夷大山繁縷ノ意ナリ。

えぞはこべ
Stellaria humifusa *Rottb.*

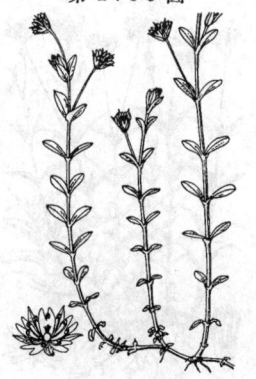

北海道并ニ樺太諸地ノ濕潤ナル草地ニ生
ズル無毛平滑ノ多年生草本ニシテ莖ハ脚
部橫走シテ傾上直立シ、高サ15cm內外、
細長ニシテ綠色ナリ。葉ハ對生シテ葉柄
無ク長橢圓形ヲ呈シテ銳頭、長サ1cm內
外アリ、稍肉質ニシテ毛ナシ。夏日葉腋
ヨリ纖長ナル綠色ノ花梗ヲ抽キ、白色ノ
小花ヲ開ク。花梗并ニ萼ニ毛無シ。萼ハ
五片、長橢圓狀披針形ニシテ稍銳頭、長
サ4-5mm。花瓣モ亦五片、萼ト同長或ハ
微シク長ク、二深裂ス。十雄蕊。卵圓形
子房頂ニ三花柱アリ。蒴果ハ卵形ニシテ
宿存萼ヨリ短ク或ハ同長ニシテ六裂ス。
和名ハ蝦夷繁縷ノ意ナリ。

えぞふすま
一名　しらおいはこべ
Stellaria yezoensis *Maxim.*

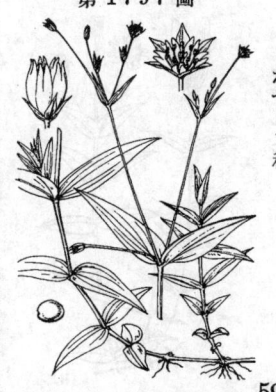

深山又ハ北地ニ自生スル多年生草本ナリ。莖ハ
綠色ニシテ直立シ高サ15-40cm許、瘦長ニシテ
節部ニ軟毛ヲ布ク。葉ハ對生シ無柄、綠狀披針形
乃至廣披針形ニシテ先端ニ向ツテ長ク尖リ、底
部ハ圓形ヲ成シテ幅廣シ、葉裏中脈上及ビ邊緣
ニ毛ヲ有ス。六七月ノ候梢ニ歧繖花序ヲ成シテ
白色ノ小花ヲ開ク。花梗ハ纖長ナル絲狀ニシテ
無毛。萼ハ五片、長橢圓狀披針形ニシテ銳尖頭ヲ
有シ長サ3mm許ニシテ毛無シ。花瓣ハ五片ニシ
テ萼片ヨリ短ク、二深裂ス。概ネ十雄蕊。卵形
子房頂ニ三乃至五花柱アリ。蒴果ハ長橢圓形ニ
シテ宿存萼ヨリ長ク、六乃至八裂ス。和名ハ蝦
夷ふすまノ意、白老繁縷ハ曾テ本種ヲ北海道膽
振ノ國ノ白老ニ於テ採集セシヨリ此名アリ。

第 1798 圖

なでしこ科

のみのふすま（天蓬草）
Stellaria uliginosa *Murr.*
var. undulata *Franch. et Sav.*
(＝S. undulata *Thunb.*)

廢地並＝田圃ノ間等＝普通ナル無毛ノ越年生草本ナリ。莖ハ多數叢生シテ地面＝擴ガリ疎＝分枝シテ長サ 15-25cm許、綠色細長＝シテ平滑ナリ。葉ハ對生シテ無柄、長楕圓形或ハ卵狀披針形＝シテ銳頭ヲ有シ全邊＝シテ長サ 5-20mm許、質軟弱ナリ。春ヨリ初夏＝亙リテ莖梢＝有梗ノ岐繖花序ヲ成シ、少數ノ白色小花ヲ開ク。花梗ハ纖長ナル絲狀ヲ成シテ平滑、苞ハ小形＝シテ尖リ膜質ナリ。萼ハ五片、披針形＝シテ銳頭、邊緣膜質＝シテ無毛、長サ3mm許アリ。花瓣ハ五片、萼片ト同長或ハ稍短ク、底部マデ深ク二裂ス。雄蕊ハ五、或ハ六、七數。卵子房ノ頂＝三或ハ二花柱アリ。蒴果ハ通常宿存萼ヨリ少シク長ク、六裂ス。和名ハ蚤の衾＝シテ其小形ノ葉ヲのみノ夜具＝擬セシ＝ナリ。漢名 雀舌草(誤用)

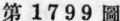

第 1799 圖

なでしこ科

おほばつめくさ
一名 いはつめくさ
Stellaria florida *Fisch.*
var. angustifolia *Maxim.*
(＝S. nipponica *Ohwi.*)

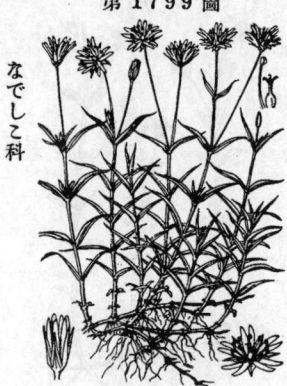

我邦中部北部ノ高山砂礫土或ハ岩鱗ノ向陽地＝生ズル質軟カキ綠色ノ多年生草本ナリ。莖ハ多數密＝簇生シテ立チ、纖細＝シテ毛無ク、高サ5-15cm許。葉ハ對生シテ葉柄無ク、線形＝シテ上部漸次＝狹窄シテ銳尖頭ヲ呈シ全邊＝シテ長サ1.5-3cm、質薄ク平滑ナリ。七八月ノ候莖梢＝長梗ヲ抽キ、少數ノ白花ヲ開ク。花梗・萼片共＝無毛ナリ。萼ハ五片、披針形＝シテ銳尖頭、邊緣膜質、長サ4mm許アリ。花瓣モ亦五片、萼片ヨリ長ク、二深裂シ裂片鈍頭＝シテ狹長ナリ。十雄蕊。卵形子房頂＝三花柱アリ。蒴果ハ長楕圓形＝シテ宿存萼ヨリ少シク長ク、六裂ス。種子ハ周邊＝乳頭狀突起ヲ有ス。和名ハ大葉爪草ノ意＝シテ又岩爪草ハ岩間＝生ズルつめくさノ意ナリ。

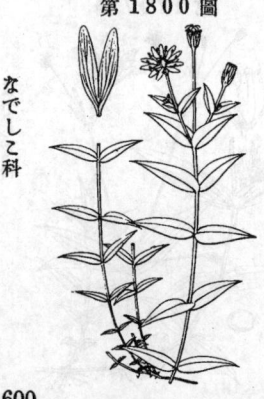

第 1800 圖

なでしこ科

しこたんはこべ
Stellaria ruscifolia *Willd.*

我邦中部或ハ北部高山ノ砂礫地又ハ岩壁＝生ズル多年生草本＝シテ全體平滑無毛ナリ。根莖ハ橫行ス。莖ハ高サ5-20cm、簇生シ基部ヨリ分岐シ通ジテ葉多シ。葉ハ對生シテ葉柄無ク、剛質＝シテ帶白綠色ヲ呈シ、卵狀披針形乃至披針形＝シテ底部圓形或ハ微ク心臟形、先端ハ銳尖頭ヲ成シ、全邊＝シテ長サ 5-3cmmリアリ。七八月ノ候、上部葉腋又ハ莖頂ヨリ長梗ヲ抽キ、少數ノ白花ヲ開ク。萼ハ五片、披針形銳頭＝シテ質剛ク、長サ5-8mm許。花瓣モ亦五片、萼片ヨリ長クシテ二深裂ス。概ネ十雄蕊。子房頂＝三乃至五花柱アリ。蒴果ハ宿存萼ヲ伴ヒ、種子ハ糙面＝シテ脊背＝乳頭ヲ具ス。和名ハ色丹繁縷＝シテ初メ北海道千島ノ色丹島＝テ採集セシヲ以テ斯ク名ケラレタリ。

つるむらさき (落葵)
Basella rubra *L.* var. alba *Makino.*
(= B. alba *L.*)

第1801圖

つるむらさき科

熱帶亞細亞ノ原産ニシテ人家ニ栽植セラルル纏繞蔓性ノ一年生草本ナリ。莖ハ長サ1m以上ニ達シ、葉ト共ニ肉質無毛ナリ。葉ハ互生シテ葉柄ヲ有シ、廣卵形全邊ニシテ鈍頭或ハ銳頭ヲ有シ、鈍底ニシテ長サ4.5-6cm許、上部ノ者ハ漸次ニ小形ニ成ル。夏秋ノ間、葉腋ヨリ肉質ノ長花軸ヲ抽キ、多數ノ無梗小花ヲ穗狀ニ着ク。花ハ白色ニシテ後ヲ其頂漸ク粉紅色ヲ帶ビ、基部ニ數片ノ小苞ヲ有ス。萼ハ五片ニシテ正開セズ、下ハ短大ナル囊狀筒ヲ成シテ周壁厚シ。花冠ハ無シ。五雄蕋ハ子房周位ニシテ萼片ノ前ニ立ツ。卵圓形ノ一子房ニ一頂ニ一花柱直立シ末端ニ三岐セル柱頭アリ。花後ニ萼增大シテ球形ノ擬果ニ成リ、紫汁多ク、內部ニ眞正ノ球形一果實ヲ包ミ、果中ニ一種子アリ。莖ハ緑色ト紫色トアリテ其緑莖者ハ德川時代ノ舊渡品、紫莖者 (B. rubra *L.*) ハ明治時代ノ新渡品ニシテしんつるむらさきト云フ。和名落葵ハ其莖蔓ヲ成シ其果(擬果)汁紫色ヲ染ムベシ故ニ斯ク云ヒ莖ノ紫色ナル意ニ非ラズ。

すべりびゆ (馬齒莧)
一名 いはいづる
Portulaca oleracea *L.*

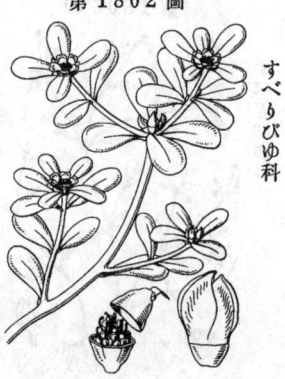

第1802圖

すべりびゆ科

諸州到ル處極メテ普通ニ園圃路傍或ハ庭中等ノ向陽地ニ生ズル一年生草本ニシテ全體肉質無毛ナリ。根ハ白色。莖ハ株本ヨリ分歧シテ地上ニ偃臥シ或ハ傾上シ緊分枝ヲ分チ多クノ葉ヲ着ク、長サ15-30cm許、平滑ナル圓柱形ニシテ紫赤色ヲ帶ブ。葉ハ紫赤色ヲ帶ビテ捗ネ對生シ、長橢圓狀楔形或ハ篦狀楔形ニシテ長サ1.5-2.5cm許、全邊ニシテ質厚ク基部狹窄シテ殆ンド短柄ト成ル。夏時枝端ニ簇リシ葉心ニ三五ノ無梗小黃花ヲ着ケ日光ヲ受ケテ開ク。橢圓形ヲ成セル綠萼二片アリ。花瓣ハ五片ニシテ凹頭ヲ有ス。雄蕋ハ十二ニシテ黃色。子房ハ牛下位ニシテ一花柱ノ上端ハ五枝ニ分ル。蒴果ハ熟スレバ其上牛帽狀ヲ成シテ離レ內ハ長握柄アル多數ノ細種子ヲ藏ス。和名ハ滑莧ノ意ニシテ此草食用トナリ之ヲ茹デ食スト粘滑味ナレバ云フ、又其葉滑澤ナレバ云フナラント謂ヘリ。いはいづるハ遣ひ蔓ノ意ニシテ此草地ニ布ク故云フ、いハ發語ニテ意味無シ。

たちすべりびゆ (独耳草)
一名 おほすべりびゆ
Portulaca oleracea *L.*
var. sativa *DC.*

第1803圖

すべりびゆ科

野生無ク獨ダ人家ニ栽培セラルルヲ見ル柔滑ナル一年生草本ニシテ畢竟すべりびゆノ一變種ニ外ナラズ。草狀すべりびゆト相同ジト雖モ大形ニシテ莖ハ直立シ枝ハ斜上シテ共ニ紫赤色ヲ帶ブル平滑ナル圓柱形ヲ呈ス。高サ25cm內外ニ及ブ。葉ハ稍大形ニシテ質稍肥厚ク倒卵形ヲ呈シ全邊ニシテ下部篦楔形ヲ成シ葉先ハ圓頭ヲ有ス。夏月枝端ニ集ル葉間ニ黃色ノ數小花ヲ着ケ日光ヲ受ケテ開ク。萼ハ二片、花瓣ハ五片、萼片ヨリ稍長ク先端凹頭ヲ呈ス。雄蕋ハ十二本アリ。子房ハ牛下位ヲ成シ、一柱頭アリテ末端五岐ス。果實ハ蒴果ニシテ熟スレバ上牛帽狀ヲ成シテ脫落ス。種子ハ碎小ニシテ微細ナル突起ヲ密布ス。和名ハ立滑莧、大滑莧ノ意ナリ。

601

第 1804 圖

すべりびゆ科

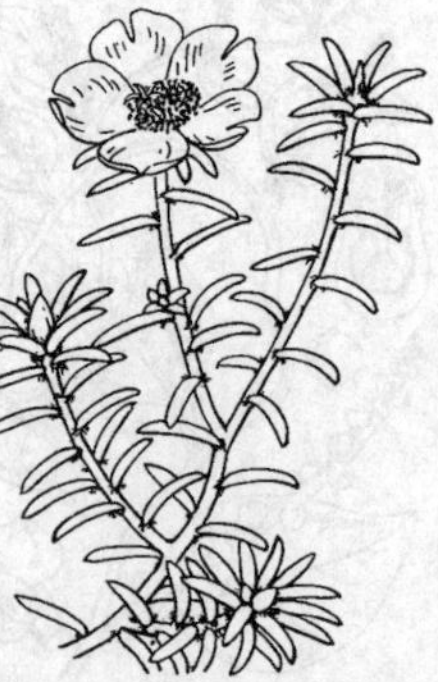

まつばぼたん

一名　ほろびんさう

Portulaca grandiflora *Hook.*

蓋シ弘化年間頃ニ渡來セル花草ニシテ普通ニ人家ニ栽培セラルル南米原產ノ一年生草本ナリ。莖ハ繁ク分枝シテ撒開シ、圓柱形ニシテ紅色ヲ帶ビ、長サ20cm許ニ達ス。葉ハ螺旋狀ニ排列シ、肉質ニシテ圓柱狀ヲ呈シ鈍頭、長サ1-2cm許、葉腋ニ極メテ長キ白毛ヲ束生ス。夏秋ノ間莖頂ニ葉及長毛ニ圍マレテ徑3cm內外ノ大ナル無梗花ヲ開ク。萼ハ二片、廣卵形ニシテ膜質ナリ。花瓣ハ五片、廣倒卵形ニシテ凹頭、紫・紅・黃・白等種々ノ色ヲ呈シ、晝間ニ開ク。雄蕋ハ多數。花柱ハ五-九箇ノ反卷セル柱頭ヲ有ス。花後ニ蓋果ヲ結ビ、熟スレバ上半帽狀ニ脫落シ、中ニ多數ノ鉛色細種子ヲ容ル。和名ハ松葉牡丹ニシテ松葉ハ葉形、牡丹ハ花狀ニ基ク、不亡草ハ此草一度ビ種ウレバ年々子生シテ永ク絕滅セザルヲ以テ斯ク云フ。

第 1805 圖

すべりびゆ科

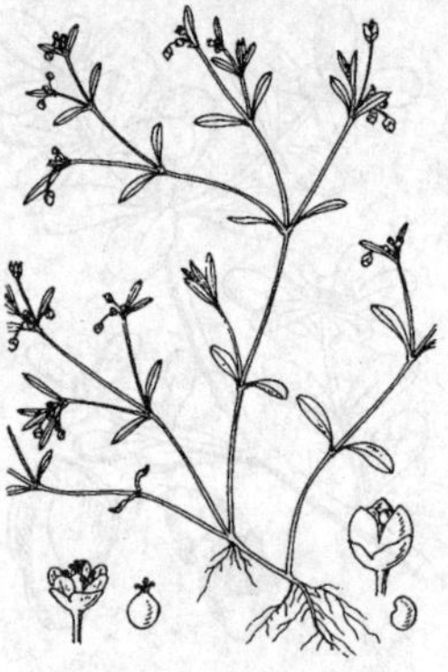

ぬまはこべ

一名　もんちさう

Montia fontana *L.*
var. lamprosperma *Ledeb.*
(＝M. lamprosperma *Cham.*)

我邦中部幷ニ北部ノ溪流側或ハ濕洳地ニ生ズル孱弱ナル淡綠色ノ一年生小草本。全草瘠長ニシテ匍伏シ節間比較的長シ。莖ハ叢生シ纖長ニシテ分枝ス。葉ハ對生シ、箆形、長サ1cm許ニシテ鈍頭銳尖底、無毛ニシテ質柔軟ナリ。夏日梢部ニ小形ノ聚繖花序ヲ成シテ細小白花ヲ着ク。花ニハ細梗アリ。萼ハ二片アリテ殆ド圓形ヲ呈シ宿存ス。花瓣ハ五片ニシテ萼片ヨリ長ク、就中雄蕋三箇ト對生セル者ハ稍小形ナリ。子房ハ圓クシテ上位、花柱ハ短クシテ三箇アリ柱頭ハ點狀ヲ呈ス。蒴果ハ小球形ニシテ三裂シ、中ニ數顆ノ平滑ナル細子ヲ藏ス。和名ハ沼繁縷ノ意ニシテ草狀はこべニ似テ沼地ノ如キ處ニ生ズルヨリ云フ、もんちさうハ其屬名ヲ成セルMONTI氏ニ基キシ名稱ナリ。

第 1806 圖

すべりびゆ科

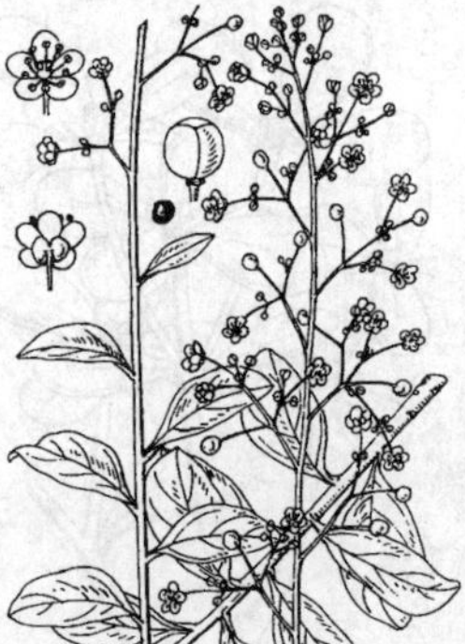

はぜらん

Talinum crassifolium *Willd.*

蓋シ明治初年頃ニ渡來セシ熱帶亞米利加原產ノ質軟カキ無毛平滑ノ一年生草本ニシテ庭園ニ栽培セラル。莖ハ直立シテ高サ60cm許ニ達シ圓柱形ニシテ綠色ヲ呈シ下部ハ質稍硬シ。葉ハ互生シ、倒卵形ニシテ葉頭稍尖リ底部ハ漸次ニ狹窄シテ葉柄ト成リ、全邊ニシテ長サ5-7cm許、綠色ニシテ肉質ナリ。夏日莖頂ニ多枝ヲ岐チテ大ナル圓錐花序ヲ成シ、多數ノ紅色小花ヲ開キ、花梗ハ纖長ナリ。萼ハ二片アリテ脫落ス。花瓣ハ五片ニシテ萼片ヨリ長シ。雄蕋ハ十餘。花柱ハ三岐ス。蒴果ハ球形ニシテ乾皮質、徑4mm許、三心皮ヨリ成ル。種子ハ碎小ニシテ微細ナル小突起ヲ密布ス。和名はぜ蘭ノはぜハ何ノ意乎、花ノ散亂シテ咲キシヲ或ハ米花(はぜ)ニ擬セシ乎不明ナリ。

まつばぎく
一名 さぼてんぎく
Mesembryanthemum
spectabile *Haw.*

観賞花草トシテ蓋シ明治初年ニ渡來シ往々盆栽
トセラレ又暖地ニ在テハ家外ノ石垣ナドニ能ク
繁茂セル南亞弗利加原産ノ常緑多年生植物ニシ
テ寒ヲ畏ル。莖ハ木質ヲ呈シ下部ハ横臥スレド
モ多數ノ枝ハ上向シテ密ニ叢生シ高サ凡30cm
ニ及プ。葉ハ密集シテ緑色ヲ呈シ、對生シテ底
部ハ多少聯合シ、線形ニシテ多肉三稜形ヲ成シ
上部狹窄ニ葉先ハ鋭頭ニ成シ、長サ3-6cm許ア
リ。夏月晨此梗ヲ抽キ、頂ニ紅紫色ノ大花ヲ獨
在シ、日光ヲ受ケテ開キ頗ル美ニシテ宛モ菊花
ノ如シ。花梗ノ中部ニハ對生セル葉狀苞ヲ着ク。
萼ハ五深裂シ、裂片不同ナリ。花瓣ハ多數ニシ
テ線形ヲ呈ス。花心ハ多雄蕊アリテ黄葯ヲ有ス。
花柱ハ五箇。蒴果ハ漿質ナリ。本種ヲM. tenui-
folium *L.* トスルハ非ナリ。和名松葉菊ハ葉ヲ
松葉ニ擬シ花瓣花ハ擬シ、又仙人掌菊ハ其葉
宛モさぼてん類ノ如ケレバ斯ク云フ。

はなづるさう
Aptenia cordifolia *Schwantes.*
(=Mesembryanthemum
cordifolium *L. fil.*)

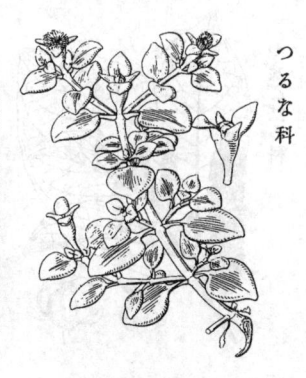

邦内偶ニ観賞植物トシテ栽培セラルル南亞弗利
加原産ノ常緑多年生草本ニシテ寒氣ヲ畏ル。莖
ハ長サ30cm内外、斜臥シテ枝ヲ分ツ。葉ハ對生
シテ葉柄ヲ有シ、扁平ニシテ多少肉質ヲ呈シ、
心臓狀卵形ニシテ鈍頭ヲ有シ、全邊ニシテ緑色
ナリ。夏日頂生或ハ側生セル花梗頂ニ獨在セル
紅紫色ノ小花ヲ開ク。萼ハ倒圓錐形ニシテ四裂
シ、二裂片ハ大ニ二裂片ハ小ナリ。花瓣ハ短ク
シテ線形ヲ成シ、多數アリ。多雄蕊。四花柱。此
種德川末葉時代ニ始メテ我邦ニ渡來シ當時花戸
之レヲはなづるさうト呼ベリ、而シテ此和名ヲ
つるな屬 (Tetragonia) ノ一種 T. echinata *Ait.*
ニ附スルハ非シテ其實物ノ誤認セルナリ。和
名ハ花蔓草ニシテ早クモ本種ニ對シテ命ゼラレ
シモノナリ、卽チ花アル蔓菜 (Tetragonia ex-
pansa *Murr.*) ノ意ナリ、然シつるなモ固ヨリ
花アレドモ顯著ナラズ。

つるな (番杏)
一名 はまぢしゃ
Tetragonia expansa *Murr.*

海濱ノ砂地ニハ自生スルモ時ニ又圃中ニ栽培セラルル
多年生草本ナリ。全體多肉質ニシテ毛ナク、表皮細胞
粒状ニ突起ス。莖ハ疎ニ分枝シ下部偃臥シテ上部ハ傾
上シ、緑色ニシテ長サ60cmニ達シ、長ク成長スル者
ハ稍蔓樣ヲ呈ス。葉ハ互生シテ葉柄ヲ有シ、三角狀卵
形或ハ菱狀卵形ニシテ鈍頭ヲ有シ全邊ニシテ質柔軟、
長サ概ハ3-6cm許ナリ。春ヨリ秋ニ亙リ殆ド年中葉腋
ニ一ニノ黄花ヲ開ク。花ハ極メテ短キ梗ヲ具フルモ殆
ド無梗ニシテ淡緑色ヲ呈ス。萼ハ略ボ上位ニシテ四-
五裂シ、裂片ハ廣卵形ヲ成シ、內面黄色ナリ。花瓣ヲ
缺ク。雄蕊ハ黄色ニシテ九乃至十六。子房ハ下位ニシ
テ短徑卵形ヲ呈シ、花柱ハ四-六歧ス。核果ハ短徑卵
形ニシテ肩邊ニ四-五箇ノ突起ヲ有シ頂ニ宿存萼ヲ冠
シ、果皮粗鬆ニシテ堅硬ナル核ヲ包ミ、核中ニ數種子
閉在ス。往々葉ヲ採テ食用トス、又民間廣ニ採用ス。
和名ハ蔓菜ニシテ其莖蔓ノ如ク其菜ハ菜トナスベキ
ニヨリ此名アリ、濱高苣ハ海濱ニ生ヂちしゃノ如ク葉
ヲ食門ニスルヨリ斯ク云フ。漢名 蕃菜 (誤用)

ざくろさう (粟米草)

Mollugo stricta *L.*

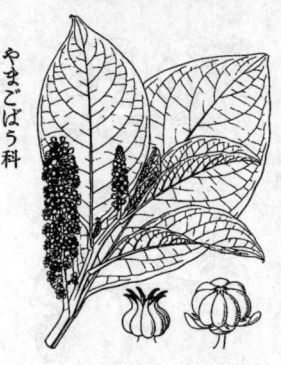

第1810圖

つるな科

路傍・廢圃等ニ普通ナル一年生小草本ニシテ全體無毛ナリ。莖ハ細クシテ稜アリ、通常祇綠色ヲ呈シ高サ10-20cm許、株本ヨリ分岐シテ枝ヲ分チ、枝ハ撒開ス。葉ハ大小不同ニシテ基部ニ鋭形ノ細微托葉ヲ具ヘ、根葉ハ三五片輪樣ニ出デ倒卵形或ハ長橢圓形、莖葉ハ披針形或ハ線狀披針形ニシテ兩端尖リ、全邊ニシテ長サ1-3cm許アリ。夏秋ノ間、歧繖花序ヲ成シテ多數ノ黄褐色細花ヲ綴ル。花梗ハ絲狀ナリ。苞ハ微小ニシテ膜質。萼ハ五片、長橢圓形ニシテ凹ミ、長サ2mm以内。花瓣無シ。雄蕊ハ三乃至五。子房ハ上位ニシテ短キ三花柱アリ。蒴果ハ橢圓形ニシテ宿存萼ヨリ微ニ長ク熟スレバ三殼片ニ開裂シ一缺アル多數ノ圓狀腎臟形種子ヲ容ル。和名石榴草ハ其葉狀ざくろ葉ニ類スレバ斯ク云フ。

やまごばう (商陸)

Phytolacca esculenta *Van Houtt.*
(= Ph. acinosa *Roxb.* var. esculenta *Maxim.*; Ph. Kaempferi *A. Gray*; Ph. acinosa *Roxb.* var. Kaempferi *Makino.*)

第1811圖

やまごばう科

通常人家ニ栽植セラレ偶ニ野生狀態ヲ呈セル多年生ノ大形草本ニシテ全體ニ毛無シ。根ハ肥大ニシテ塊ヲ成シ地中ニ入ル。莖ハ粗大ナル圓柱形ニシテ直立分枝シ、肉質ニシテ綠色ヲ呈シ、高サ1.3m許ニ達ス。葉ハ大ニシテ互生シ、葉柄ヲ有シテ卵形乃至橢圓形ヲ呈シ兩端短ク尖リ全邊ニシテ長サ10-20cm許、質柔ナリ。夏秋ノ間枝上ニ花叢ヲ側出シ、直立スルコト15cm内外、短柄アル繖狀花序ヲ成シテ密ニ多數ノ有梗小白花ヲ綴ル。萼ハ五片、卵形ニシテ圓頭、花瓣無シ。雄蕊ハ八ニシテ葯ハ淡紅色。子房ハ多アリテ相接シテ輪列シ各外反セル一花柱トヲ有ス。果體ハ直立シ、漿果ハ宿存萼ヲ伴ヒ熟スレバ黑紫色ヲ呈シ、分立セル八分果相接シテ輪列シ紫色汁ヲ含ミ黑色ノ一種子ヲ有ス。元來有毒植物ナリト雖ドモ根ハ藥用ニ供セラレ葉ハ之ヲ煮食シ得ベシ。和名ハ山牛蒡ノ意ニシテでばう ノ其根形ハ由テ名ケシナリ。一種まるみのやまごばう (Ph. japonica *Makino*) アリ、花淡紅色ニシテ果實球形ナリ、山中ニ自生シ敢テ人家ニ無シ。

やうしゅやまごばう

Phytolacca americana *L.*
(= Ph. decandra *L.*)

やまごばう科

明治初年ニ我邦ニ入リ今ハ處々ニ野生ノ狀態ト成レル北米原産ノ大形多年生草本ナリ。根ハ肥大ニシテ肉質ヲ呈ス。莖ハ直立シテ高サ1-2m許、粗大ナル圓柱形ヲ成シ平滑無毛ニシテ上部ニ四方ニ攤ガル枝ヲ分チ、通常紅紫色ニ染ム。葉ハ有柄ニシテ互生シ、卵狀長橢圓形或ハ長橢圓狀披針形ニシテ兩端漸次ニ尖リ、全邊ナリ。夏秋ノ候、下ニ柄ヲ有スル總狀花序ヲ成シテ罕ロ疎ニ紅暈アル白色ノ有梗小花ヲ着ク。五萼片。花瓣無シ。十雄蕊。十花柱アリ。果穗ハ下垂シ、宿存萼ヲ伴ヘル球形ノ漿果ヲ綴リ紅紫汁ヲ含ミ黑色ノ一種子アリ。果汁ハ用キラ不良ト市人ハ葡萄酒ニ色ヲ着クルコトアリ、又此汁ヲ以テ一時的ノいんくヲ作リ得ベシ、故ニいんくべりーノ俗名アリ。和名ハ洋種山牛蒡ノ意ナリ。

やまとぐさ
Cynocrambe japonica *Makino.*
(＝Thelygonum japonicum
Okubo et Makino.)

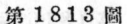

やまとぐさ科

山中樹下ニ生ズル多年生草本。高サ15cm内外。
地下莖ハ短小ニシテ鬚根ヲ出ス。莖ハ直立シテ
梢ハ花アリ、花後ハ下部ノ側枝伸長シテ地ヲ匐
ヒ其先端ハ新苗ヲ形成ス。葉ハ對生シ、柄アリ
テ膜質ノ葉間托葉ヲ具フ、卵圓形ニシテ全邊、
微毛アリ、花下ノ者ハ互生ニ狹卵形ニシテ葉狀
ノ苞ト成ル。四、五月、淡綠色ヲ風媒ノ單性花ヲ開
ク。雄花ハ一乃至二箇アリテ苞ニ對生シ
殆ド無柄、蕾ハ短圓柱形ニシテ開ケバ反卷スル
三萼片ヨリ成ル、雄蕊ハ多數ニシテ下垂シ、花
絲ハ纖毛狀、葯ハ線形ナリ。雌花ハ細小、無柄ニ
シテ苞腋ヨリ葉腋ニ出デ、下部ハ扁平ニシテ子
房樣ヲ成シ、綠色ニシテ微毛アリ、上部ハ偏斜テ
其側面ニ出デ鐘狀ヲ呈シ、花中ヨリ一ノ大花柱
出テ横ニ傾ク。瘦果ハ宿存セル萼筒ニ包マル、
莖葉ノ狀并ニ其臭、あかね科ノはしかぐさニ酷
似シ、奇ト謂フベシ。和名大和草ハ日本草卽チ
倭草ノ意ニシテ畿内ノ大和トハ關係無シ。

おしろいばな (紫茉莉)
一名 ゆふげしゃう
Mirabilis Jalapa *L.*

おしろいばな科

舊ク我邦ニ渡來セル南米原産ノ多年生草本ニシテ通
常花草トシテ人家ニ培養スト雖モ又往々海邊地ニ野
生狀態ヲ成ヲ見ル。根ハ肥厚ク皮色黑シ。莖ハ綠色
ヲ呈シ粗大ニシテ繁ク分枝シ、高サ1mニ達シ、節部膨
大シ、無毛又ハ微毛アリ。葉ハ對生シテ柄ヲ有シ、卵
形又ハ廣卵形ニシテ銳頭、底部圓形又ハ稍心臟形ヲ呈
シ、長サ3-10cm、無毛又ハ邊緣ニ微毛アリ。夏ヨリ秋
ニ亙リ、莖上ニ短縮セル聚繖花序ヲ成シテ綠色・黃色・
白色・絞リ等ノ花ヲ刻ニ開キ香氣アリ、花下ニ五深
裂セル綠色ノ萼狀苞ヲ有ス。花ノ所謂萼ヲ呈セル合片萼、
高腳盆形ニシテ筒部ハ細長、紋部ハ先端後ク五裂ス。
五雄蕊ハ花喉上ニ出デ花絲ノ基部ハ花鑰樣ヲ成
ス。長キ一花柱花底ノ子房ヨリ出デテ花外ニ超出ス。
果實ハ圓形ヲ成シテ遺存セル硬キ萼筒ノ基部之レヲ
包ミ其表面皺縮シ、初メ綠色後ハ黑色ヲ呈シテ落チ、
種子ハ略ボ球形ニシテ薄キ白色種皮ヲ有シ其胚乳ハ
白粉質ヲ成ス。和名御白粉花ハ其白粉質ノ胚乳ヲ以
ろいニ擬シテ斯ク云フ、夕化粧ハ其美花夕刻ニ一發ク
ヨリ云フ。

せんにちこう (千日紅)
一名 せんにちさう
Gomphrena globosa *L.*

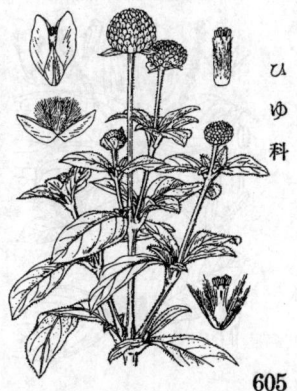

ひゆ科

舊ク渡來シ今普ク人家ノ庭園ニ培養セル花草ニ
シテ元來蕃世界熱帶地方原産ノ一年生草本ナ
リ。全體粗毛ヲ布キ、莖ハ直立シテ分枝シ節高
ク、高サ40cm内外。葉ハ對生シテ柄ヲ有シ、長
橢圓形或ハ倒卵狀長橢圓形ニシテ銳頭銳底全
邊、長サ3-10cm許。夏秋ニ亙リテ莖梢ニ長キ花
莖ヲ抽キ、頂ニ一二箇ノ球狀頭花ヲ着ケ其下ニ
ハ卵圓形葉狀ノ二苞ヲ具フ。頭花ハ有色有翅ノ
二小苞ニ包マレタル多數ノ小花ヨリ成リ、小苞
ハ普通紅色ナレドモ又稀ニ淡紅色或ハ白色ノ者
アリ。萼ハ五片、線狀披針形ニシテ尖リ、小苞
ヨリ短ク、軟毛ヲ密布ス。雄蕊五箇ハ癒合シテ
筒狀ヲ成シ其頂ノ内面ニ五葯アリテ微ニ上ニ超
出ス。子房ハ倒卵形、一花柱アリテ柱頭兩岐ス。
種子ハ碁石形ニシテ胞果内ニ只一箇アリ。和名
千日紅モ亦千日草モ其花久シキヲ經テ依然損セ
ズ殘存スルヨリ云フ。一變種ハ數箇花團集スル
者アリ之レヲやつがしらせんにちこう (var.
glomerata *Makino*) ト云フ。

605

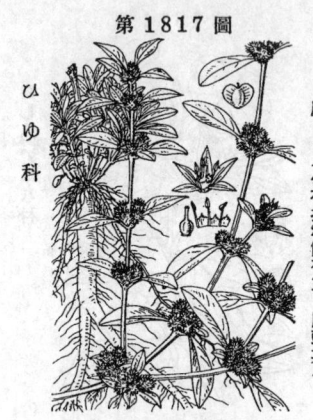

第 1816 圖

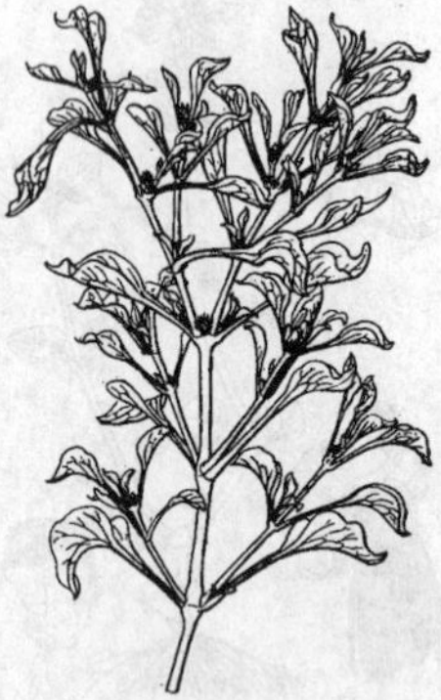

もやうびゆ
Telanthera Bettzickiana *Regel.*

ひゆ科

明治年間ニ渡來セル南米ぶらじる原産ノ一年生
草本ニシテ今ハ花壇裝飾用ノ觀賞品トシテ諸處
ノ庭園ニ愛植セラル。莖高サ20cm内外、伏毛ヲ
有シ、多クノ枝ヲ分チテ密簇シ其節稍膨脹ス。
葉ハ小ニシテ對生シ、篦形ニシテ尖リ、下ハ漸
次ニ長キ葉柄ト成ル、全邊ニシテ葉色淡黃ヨリ
赤色ニ至ルマデ多樣ノ變化アリテ美觀ヲ呈セ
リ。夏秋ノ候葉腋ニ白色ノ小花聚リ着キ、五萼
片アリテ花瓣無シ。雄蕊ハ花絲聯合シテ長キ筒
ヲ成シ、五葯ト五假雄蕊體トヲ有ス。胞果ハ一
種子ヲ有シ、開裂セズ。園藝家ハ時ニ之レヲあ
きらんてすト稱スレドモ非ナリ。和名模樣莧ハ
其種々ノ色ヲ呈セル葉ニ基キテ命名セルモノナ
リ、莧ハ此類ひゆト同科タルノ緣アルヲ以テ名
ケシナリ。

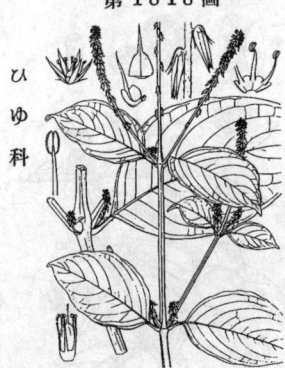

第 1817 圖

つるのげいとう (満天星)
一名　ほしのげいとう
Alternanthera sessilis *R. Br.*

ひゆ科

廣ク熱帶地方ニ分布シ、琉球・臺灣等ニハ自生
シ、今内地ニ在テハ時ニ野生ノ狀態ヲ呈スルコ
トアル一年生草本ニシテ質軟ナリ。莖ハ瘦長ナ
ル圓柱形ニシテ疎ニ分枝シ地上ニ横臥シテ長サ
40cm許ニ達シ、上部ニハ二列ヲ成シテ毛茸ヲ
有ス。葉ハ對生シ、略ボ無柄、長橢圓形或ハ倒
披針形ニシテ鈍頭、底部狹窄シ全邊ニシテ長サ
2-5cm許。夏秋ノ候葉腋ニ略ボ球狀ヲ成セル數
箇ノ頭狀花序ヲ着ケ、白色ノ小花ヲ攅簇ス。小
苞ハ小形。萼ハ五片ニシテ小苞ニ比スレバ二、
三倍長、卵狀披針形ニシテ銳頭ナリ。三雄蕊ア
リテ花絲ハ短ク、葯ハ卵形。假雄蕊三箇アリ。
胞果ハ倒心形ニシテ稍扁平ナリ。和名ハ蔓野鷄
頭ノ意ニシテのげいとうト同科タルノ緣アリ且
其莖長ク蔓狀ニ引クフ以テ斯ク云フ、星野鷄頭
ハ其花相集リテ小頭狀ヲ成シ莖上ニ點在スルヨ
リ之レヲ天ノ星ニ擬シテ名ケシナリ。

第 1818 圖

ゐのこづち (牛膝)
古名　ふしだか・こまのひざ
Achyranthes japonica *Nakai.*
(=A. bidentata *Blume*
var. japonica *Miq.*)

ひゆ科

山野路傍到ル處ニ普通ナル多年生草本。根ハ粗ナル鬚
狀ヲ成シ、莖ハ粗大方形ニシテ剛ク高サ90cmニ達シ、
對生セル枝ヲ分テ高ヲ。葉ハ對生シ有柄、橢圓形ニ
シテ銳尖頭銳狀底、毛ヲ散生シ、長サ5-15cm許。夏秋
ノ間莖頂並ニ葉腋ニ細長ナル花軸ヲ出シ、穗狀花序ヲ
成シテ綠色ノ小花ヲ着ケ本ヨリ末ニ開キ上リ、花後ハ
花體漸次ニ反曲ス。花下ニ三片ノ苞アリテ先端剌狀ヲ
呈シ、其一片ハ基部ニ膜質廣卵形ノ突起ヲ具フ。萼ハ
五片ニシテ大小不同、披針形ニシテ長サ4-5mm許、外
側ノ者ハ先頭殼ク尖ル。五雄蕊アリテ花絲ノ基部合體
シ、花絲間ニ短キ突起ヲ有ス。一雌蕊アリテ橢圓形子
房ノ頂ニ一花柱アリ。胞果ハ長橢圓形ニシテ閉合セル
宿存萼中ニ在リ、長橢圓形ニシテ花柱遺在シ、中ニ一
種子アリ其一ヲ有ス。其莖節ノ花體ノ容易ニ花軸ヲ離レテ能ク衣服
等ニ附着シ易キ特徵アリ。根ヲ牛膝根ト稱シテ藥用ニ
ス。其支那產品ハ或ハ多分別種乎。和名ハ蓋シ家細ノ
意ニシテ多分其節高キ莖ヲゐのこ(脚)ノ膝間ニ擬シ
テ斯ク謂ヒシナラン乎、古名駒ノ膝ノ名參照スベシ。

やなぎるのこづち
Achyranthes longifolia *Makino.*

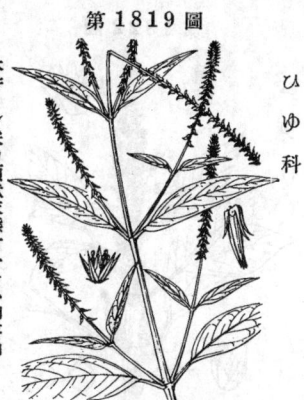

第1819圖

ひゆ科

通常山陰ノ林側若クハ林下ニ生ズル多年生草本ニシテ根ハ肥厚セリ。莖ハ直立シ高サ90cm許ニ達シ、對生シテ張出撒開セル長枝槎ヲ分チ、緑色ニシテ四稜ヲ成シ節顔ル高シ。葉ハ對生シテ葉柄ヲ有シ、披針形又ハ廣披針形ニシテ鋭尖頭ヲ有シ狹底全邊ニシテ毛ヲ散生シ、葉質厚カラズ稍軟ニシテ葉面滑澤ナリ。夏秋ノ候莖頂並ニ葉腋ニ細長ナル花軸ヲ出シ、瘦長ナル穗狀花序ヲ成シテ緑色ノ小花ヲ多數ニ着ケ本ヨリ末ニ開キ上ボリ、花後ハ花體漸次ニ下曲スル殊態アリ。花下ニ三片ノ苞アリテ刺狀ニ尖リ、其二片ハ卵形ヲ成セル他ノ一片ヨリ長クシテ基部ノ一側ニ擴張セル耳片アリ。蕚ハ五片、廣鋮形ニシテ尖ル。五雄蕋アリテ蕚ヨリ短ク、花絲ノ基部ハ相合シテ杯形ヲ呈ス。一雌蕋アリテ子房ハ倒卵狀球形ヲ成シ一花柱アリ。胞果ハ閉合セル宿存蕚ノ中ニ在リテ橢圓形ヲ成シ一種子ヲ藏ス。和名ハ柳牛膝ノ意ニシテ其葉柳葉狀ヲ呈スルヨリ云フ。

ひ ゆ (莧)
一名 ひゃう・ひゃうな
Amaranthus inamoenus *Willd.*

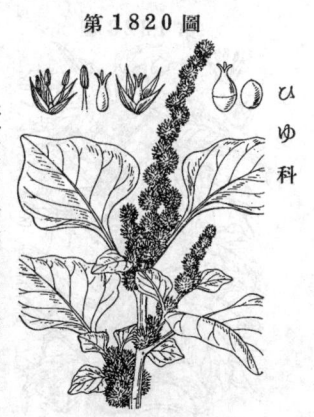

第1820圖

ひゆ科

舊ク我邦ニ入リシ暖地方面ノ原產ノ一年生草本ニシテ圃地ニ培養セラル。莖ハ直立シテ疎ニ分枝シ緑色ニシテ高サ1.7m許ニ及ブ。葉ハ互生シテ長柄ヲ有シ、菱狀卵形ニシテ鈍頭微凹端ヲ成シ底部ハ廣楔形ヲ呈シ全邊ナリ。葉ハ緑色ナルヲ普通品トシ又紅色品(あかびゆ)・暗紫品(むらさきびゆ)・紫斑品(はなびゆ)アリ。夏秋ノ時節、莖頂並ニ葉腋ニ緑色ノ細花ヲ攢簇シ略ボ球狀ヲ呈シ莖頂ノ者ハ之レヲ以テ穗ヲ成ニ至ル。苞ハ先端芒狀ヲ成シ、蕚片ト稍同長ナリ。蕚三片、披針形ニシテ膜質、先端芒狀ヲ成ス。三雄蕋。一雌蕋。蓋果ハ橢圓形ニシテ宿存セル蕚片ヨリ短ク、膜質ニシテ横ニ開裂シ上半帽狀ニ脱落シ、中ニ一種子ヲ入ル。種子ハ黒褐色ニシテ滑澤ナリ。蕋ヲ採テ蔬トナシ食フ。和名ひゆハ冷ユル義ニテ此莧ノ性寒ナレバ云フト謂ヘリ、是レ果シテ眞乎未詳ナリ。

いぬびゆ (野莧)
Amaranthus Blitum *L.*
(＝Euxolus Blitum *Grenier.*)

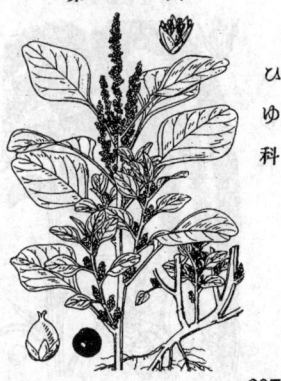

第1821圖

ひゆ科

圃地・路傍等ニ普通ナル一年生草本ニシテ全草柔軟ナリ。莖ハ高サ30cm內外、槪ネ基部ヨリ分枝シテ斜上シ、枝ハ直立シ無毛ナリ、緑色ニシテ往々褐紫色ヲ帶ブ。葉ハ互生シテ長柄ヲ有シ、菱狀卵形ニシテ先端凹頭底部楔形ヲ成シ、長サ1-5cm許アリ。夏秋ノ候、梢上並ニ葉腋ニ多數ノ緑色細花ヲ攢簇シ、莖頂ノ者ハ通常一ノ花穗ヲ形成ス。苞ハ卵形鋭頭ニシテ膜質、蕚ヨリ短シ。蕚三片、長橢圓形或ハ箆形ヲ成シ、長サ1.5mm許。三雄蕋。一雌蕋。胞果ハ菱狀橢圓形ヲ呈シ、宿存セル蕚ヨリ長ク其下半部ニ皺ヲ有シ横ニ開裂セズ、內ニ略ボ球形ノ一種子ヲ藏ス。元來雜草ナレドモ其葉ヲ食用ト成ス處アリ。和名ハ犬莧ノ意ナリ、食莧ノ類ニ類シテ野生シ通常人間ノ用ヲ爲サヌ雜草ユヱ斯ク云フ。

607

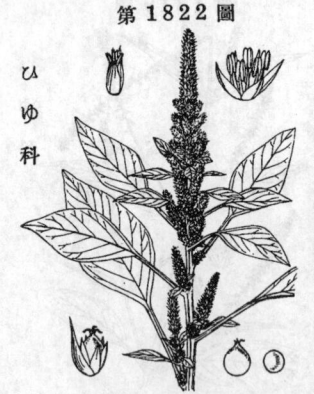

あをびゆ
Amaranthus retroflexus L.

ひゆ科

明治年間ニ外來シ今ハ隨處ニ歸化植物ト成リテ生ズル高サ 2m 内外ノ大形一年生草本。全株短毛ヲ布ク。莖ハ高ク直立シ硬直粗大ニシテ稜角ヲ有シ、枝條多ク出デ秋ニ至レバ往々紅色スル者アリ。葉ハ互生シテ長柄ヲ有シ菱狀長卵形或ハ卵狀長橢圓形ニシテ長サ5–12cm許、全邊銳頭廣楔底ヲ成シ、平坦ナレドモ主脈ノミ上面ニ於テ陷凹セリ。晩夏初秋ノ候枝端葉腋ニ綠色ノ密集セル穗狀花序ヲ出ダシ、頂部ニテハ穗樣ノ圓錐花序ト成ル。花ノ外側ニハ芒樣ノ銳尖頭披針形綠色ノ苞アリテ花ヨリ高ク尖リ、萼片ニ二倍長ナリ。雌雄異花。五萼片尖リテ綠色ヲ呈シ、花瓣無シ。五雄蕊。上位子房ハ短大ニシテ柱頭ハ三裂ス。蓋果ハ宿存萼ヲ伴ヒ横裂シテ帽狀ノ上半脱離シ黒色れん形ノ細子ヲ入ル。本種ハ元來熱帶亞米利加ノ原產ナリト云フ。嫩葉ハ食シ得ベシ。和名ハ靑莧ナリ蓋シ其俗稱 Green Amaranth ヲ譯シテ和名ト爲セシナラン。

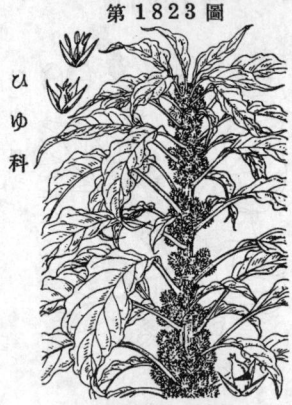

はげいとう（鴈來紅）
Amaranthus tricolor L.
(= A. gangeticus L.; A. melancholicus L.)

ひゆ科

舊ク我邦ニ渡來シ觀賞植物トシテ庭園ニ栽植スル熱帶亞細亞原產ノ一年生草本ナリ。莖ハ直立シテ頗ル粗大、高サ凡1.5mニ達シ圓柱形淡綠色ニシテ無毛ナリ。葉ハ其數多ク相接近シテ莖ヲ通ジテ互生シ、長葉柄ヲ有シテ開出ス、葉形ハ種々ニシテ菱狀卵形・長橢圓狀披針形乃至線形（近來渡來）ヲ呈シ、檣ネ銳尖頭ヲ成シ、底部狹窄ヲ全邊ニシテ紅色・黄色ノ斑ヲ有シ甚ダ華麗ナリ。夏秋ノ間、葉腋竝ニ梢上ニ淡綠色又ハ淡紅色ノ細花ヲ密簇ス。苞ハ萼ト略ボ同形同大ニシテ先端芒狀ヲ成ス。萼ハ三片、卵狀披針形ニシテ先端芒ニ尖リ、長サ3mm許。三雄蕊。一雌蕊。蓋果ハ卵狀橢圓形ニシテ宿存セル萼ヨリ短ク、先端ニ二、三ノ突起ヲ有シ、横斷シテ開裂シ帽狀ノ上半ヲ脱離シ、内ニ一種子ヲ入ル。和名ハ葉鷄頭ノ意、本品けいとうニ類シテ其葉殊ニ美觀ナルヲ以テ斯ク云フ。

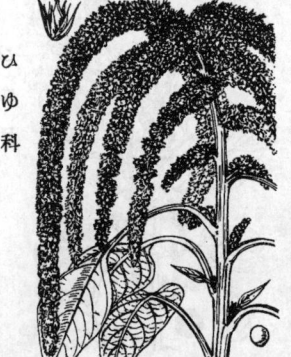

ひもげいとう（老鎗穀？）
一名 せんにんこく
Amaranthus caudatus L.

ひゆ科

今ヨリ凡百餘年以前ニ我邦ニ渡來シ庭園ニ栽植セラルル熱帶地方原產ノ一年生觀賞草本ナリ。莖ハ粗大ニシテ直立シ高サ 90cm許ニ及ビ、微稜ヲ有シ、紅色ヲ帶ビ、上部ニ微毛アリ。葉ハ互生シ長葉柄ヲ有シ、菱狀卵形乃至菱狀披針形ニシテ先端稍尖リ底部楔形ヲ成ス。夏秋ノ間、莖頂竝ニ上部葉腋ヨリ長ク下垂セル花序ヲ成シ、紅色時ニ白色ノ細花ヲ密着ス。苞ハ卵形ニシテ先端長芒ヲ有シ、萼ヨリ稍長シ。萼ハ五片、長橢圓形ニシテ銳尖頭、長サ2mm許。五雄蕊。一雌蕊。蓋果ハ橢圓形ニシテ宿存セル萼ヨリ長ク、先端ニ短キ三突起ヲ有シ、横斷開裂ヲ成シ帽狀ヲ呈セル上半ヲ脱落ス。種子ハ白色扁圓ニシテ周邊紅色ヲ呈シ、食用トスベシ。和名ハ紐鷄頭ノ意ニシテ其花穗ノ狀ニ基キシ稱ナリ、仙人穀ハ仙人ノ食スル穀實ノ意ナリ。

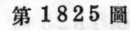

第1825圖

けいとう (鶏冠)
Celosia cristata L.

舊ク我邦ニ入リ觀賞花草トシテ普ク庭園ニ栽培セラルル一年生草本ニシテ蓋ニ亞細亞熱帶地ノ原産ナラント謂フ。莖ハ直立シ高サ90cm許ニ達シ、硬直ニシテ毛ナク往々紅色ニ染ム。葉ハ互生シテ長柄ヲ有シ、卵形或ハ卵狀披針形ニシテ銳尖頭、底部通常短ク狹窄シ、長サ5~10cm許。通常其花軸帶化シテ上緣部顯著ナル鶏冠狀ヲ呈シテ小鱗片多ク、其下部兩面ニハ無數ノ細花子密ニ布生ス。夏秋ノ候開花シ、赤・紅・黃・白等種々ノ色アリ美麗ナリ。蕚ハ五片、廣披針形ニシテ銳尖頭、長サ5mm內外。五雄蕋アリテ蕚ヨリ短ク、花絲ノ基部ハ合體ス。一雌蕋ニシテ子房ニハ長花柱アリ。蓋果ハ卵形ニシテ宿存蕚ヲ伴ヒ橫斷開裂ヲ成シ帽狀ノ上半ニハ細長ナル一花柱ヲ遺存シ、內ニ三乃至五箇ノ光澤アル黑色ノ種子ヲ藏ス。和名ハ鶏頭ノ意ニシテ其花頭ノ鶏冠ヲ有スル牡鷄ノ頭ニ擬セシ名ナリ。種中ニちゃぼげいとう・やりげいとう・みだれげいとう・さきわけげいとう等數異品アリ。

ひゆ科

第1826圖

のげいとう (青葙)
Celosia argentea L.

暖地ニ自生シ又時ニ栽植セラルル一年生草本ナリ。莖ハ直立シ高サ80cm內外、圓柱形ニシテ綠條ヲ印シ無毛ナリ。葉ハ互生シ葉柄ヲ有シ、披針形或ハ卵狀披針形ニシテ銳尖頭ヲ成シ全邊ニシテ質軟カナリ。夏秋ノ候、梢上長枝端ニ太キ穗狀花序ヲ成シ、多數ノ淡紅色小花ヲ密着ス。苞ハ蕚ヨリ遙ニ短シ。蕚ハ五片、長橢圓形ニシテ銳尖頭、長サ8mm內外、乾皮質ニシテ花後白色ヲ呈ス。五雄蕋アリテ蕚ヨリ短ク、花絲ハ其下部相聯合ス。一雌蕋ニシテ子房ニ直立セル長花柱ヲ有ス。蓋果ハ卵形ニシテ宿存セル蕚ヨリ短ク、橫斷開裂ヲ成シ、頂ニ一ノ長花柱ヲ遺存セル帽狀ノ上半部ハ脫落シ、內ニ數箇ノ種子ヲ容ル。人或ハ之ヲけいとうノ原種ト考定スト雖モ否ラザルノ證アリト謂フ。和名ハ野鶏頭ニシテ野生ノけいとうノ意ナリ。

ひゆ科

第1827圖

をかひじき
一名 みるな
Salsola Komarovi Iljin.

我邦諸州ノ海濱砂地ニ自生スル綠色ノ一年生草本ナリ。莖ハ通常斜臥シテ擴ガリ、下部ヨリ多クノ枝ヲ分チ、長サ10~40cm許、初メ柔脆ナレドモ老ユレバ硬强ナル質ト成ル。葉ハ肉質ニシテ互生シ、瘦線狀圓柱形ヲ成シ、葉端ハ尖リテ小刺ヲ成シ、後チ漸次ニ强硬ト成シ、長サ1~3cm許アリ。夏ニ至ラテ葉腋ニ淡綠色無梗ノ一小花ヲ開ク。花下ニ擁スル二片ノ小苞ハ卵狀鉞形ヲ呈シ先端小刺ヲ成シ老ユレバ强剛ト成ル。蕚ハ五片、狹披針形ニシテ尖リ質薄シ。五雄蕋アリテ蕚ヨリ短ク葯ハ黑色ナリ。一雌蕋ニシテ卵形子房頂ノ短花柱ハ深ク兩歧ス。胞果ハ上端角度ヲ成シテ內凹セル軟骨質ノ宿存蕚ニ包マレ老ユレバ短倒卵形ニシテ上部藏形ヲ呈シ宿存セル花柱ヲ伴フ、一種子アリテ胚ハ螺屈ス。嫩葉ヲ採リ茹デテ食用ニ供シ得ベシ、陸ひじきノ和名之レニ因テ起レリ、水松菜モ亦其綠葉みるニ似タル故云フ。

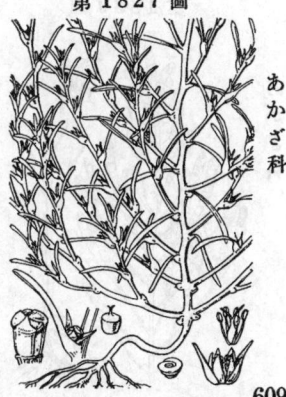

あかざ科

第1828圖

あかざ科

まつな (鹹蓬?)
Suaeda asparagoides *Makino.*
(=Salsola asparagoides *Miq.*;
Schoberia maritima *C. A. Mey.*
var. asparagoides *Franch. et Sav.*)

暖地ノ海邊砂地ニ生ズト雖モ又時ニ圃中ニ栽培セラルル綠色無毛ノ一年生草本ナリ。莖ハ直立シテ分枝シ、圓柱形ヲ呈シ能ク成長セシ者ハ頗ル大形ト成ル、高サ凡1mニ及ビ枝ハ細長ニシテ斜出或ハ開出ス。葉ハ多數ニシテ密ニ互生シ、痩線形ニシテ長サ1-3cm内外、其色鮮綠其觀頗ル美ナリ。夏秋ノ間、上部ニ穗ヲ成シテ多數ノ綠色小花ヲ着ク。花ハ短梗ヲ有シ、單生或ハ双生シ、花下ニ三苞ハ膜質ニシテ微小ナリ。萼ハ五深裂シ、裂片ハ長卵形ナリ。五雄蕋アリテ萼ヨリ長シ。卵圓形子房ノ頂ニ二花柱アリ。胞果ハ略ホ球狀即卵形ニシテ宿存萼ヲ伴ヒ萼背ハ稜脊ヲ成ス。種子ハ黑色ニシテ碁石狀ク螺回セル胚ヲ有ス。嫩葉ヲ採リ茹デテ食用ニ供ス。和名ハ松菜ノ意ニシテ其葉狀ハ甚キテ斯ク云フ。

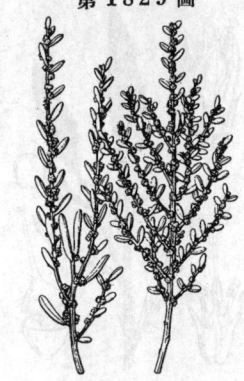

第1829圖

あかざ科

みるまつな
一名 しちめんさう・さんごじゅまつな
Suaeda japonica *Makino.*

九州北部ノ海邊ニハ多量生育スル無毛ノ一年生草本。莖ハ直立シテ上部ニ分枝シ、高サ15-50cm許、下部硬質ヲ呈シ、枝ハ細長ナリ。多數ノ葉ヲ着生ス。葉ハ無柄ニシテ互生シ、線形或ハ線狀長楕圓形ニシテ通常棍棒狀長楕圓形或ハ倒卵狀長楕圓形ノ者ヲ交ヘ、鈍頭ニシテ全邊、平滑、多肉肥厚、長サ5-30mmアリ。初メ綠色ナレドモ後紫色ニ變ジテ美ナリ。秋日、雄花ヲ交フルニ乃至十簡ノ小形花ヲ寄ニ葉腋ニ集メ着ケ、綠色ニシテ後チ紫色ト成ル。萼ハ五深裂シ裂片ハ圓卵形。五雄蕋ハ萼外ニ出デズ。一雌蕋アリテ子房頂ニ一短花柱アリ上部二鼓セル柱頭ヲ成ス。果實ハ胞果ニシテ肉質ノ宿存セル萼ニ包マレ碁石形ノ一種子ヲ容レ胚ハ螺回ス。和名ハ水松松菜ノ意ニシテ其みる一類セル葉ニ基キ斯ク云フ、しちめんさうハ蓋シ七面草ノ意ニシテ此草初メ綠色後チ漸次ニ紫色ニ變ズルヨリ宛モ七面鳥ノ面色ヲ變ズルガ如クレバ斯ク謂ヒシナラン、珊瑚樹松菜ハ其紫色ニ變ゼル葉ニ由テノ名ナリ。

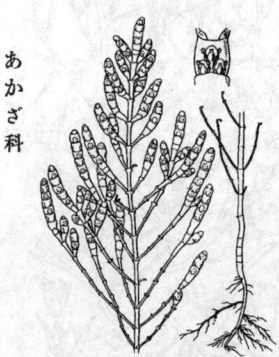

第1830圖

あかざ科

あっけしさう
一名 やちさんご・はままつ
Salicornia herbacea *L.*

鹹水ノ來往スル砂地ニ生ズル無葉ノ一年生草本ナリ。高サ15-30cm許。主莖ハ通常直立シ對生セル多數ノ枝椏ヲ分ツ。莖體ハ深綠色ニシテ多肉ノ圓柱形ヲ成シ、多數ノ節アリ、之ニ寸味フニ鹹シ。節間ノ兩側ニハ凹處アリテ中ニ三小花ヲ容レ、萼ハ連合シ、口部狹ク扼セラレ、一、二ノ雄蕋。卵形ノ一子房上ニ短キ二花柱アリ。胞果ハ膨脹セル萼ハ在リ。秋ニ至レバ綠色ノ莖體漸次ニ變ジテ紅赤色ト成リ美觀ヲ呈ス。形態奇拔ノ一草ニシテ我邦ニ於テハ初メ北海道釧路厚岸ノ牡蠣島ニ見出セラレ乃チあっけしさうノ新和名ヲ生ジ、其後更ニ四國ノ伊豫及ビ讃岐ヨリ一地點ニ自生セルヲ知ルニ至レリ。谷地珊瑚ハ本種濕洳ノ地ニ生ジ晩秋其莖體赤色ヲ呈スルヨリ斯ク云ヒ、濱松ハ海邊ニ生ジテ其草狀綠松ニ類スレバ云フ。

はばきぎ (地膚)
一名　にはくさ・ねんどう
Kochia Scoparia *Schrad.*

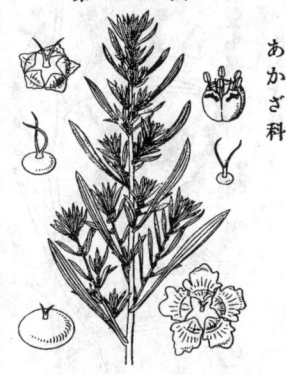

あかざ科

普通ニ圃中ニ栽培セラルヽ一年生草本ナレドモ元來ハ外國産ニシテ我邦ヘハ往昔支那ヨリ渡來セル者ナリ。莖ハ直立シテ質硬ク初メ綠色ナレドモ老ユレバ枝ト共ニ赤色ヲ呈シ、繁ク分枝シ高サ 1m 内外アリ。葉ハ繁クシテ互生シ、披針形又ハ線狀披針形ニシテ兩端尖リ全邊ニシテ三條脈アリ。夏秋ノ候程長ニシテ上向セル枝上ノ葉腋ニ多數淡綠色ノ無柄小花ヲ着ケテ穗ヲ成シ花下ニ葉狀苞ノ有ス。雄花雌花アリ。萼ハ五裂シ、花後果實ヲ包ミテ宿存增大シ背部ニ不齊ノ缺刻アル翼狀ノ擴張突起ヲ有シテ星狀ヲ呈ス。無花瓣。五雄蕊高ク花外ニ超出シ黃葯ヲ有ス。一雌蕊、子房ハ扁圓ニシテ頂ニ極短ノ一花柱アリ長キ二柱頭ノ或ハ或ハ胞果ハ扁球形ニシテ頂ニ柱頭ノ遺存シ、中ニ一種子ヲ藏ス。本品ハ栽培スル旨の、其枝ヲ連ネテ乾シタル莖ヲ箒ニセンガ爲メナリ、又時ニ其嫩葉幷ニ果實(地膚子)ヲ食用トス。和名ハ箒木ノ意ニシテ箒ニ作レバナリ、庭草ハ庭前ノ地ニ栽ウルニ由ル、ねんどうハ土佐ノ方言ナリ。

はうれんさう (菠薐)
Spinacia oleracea *L.*

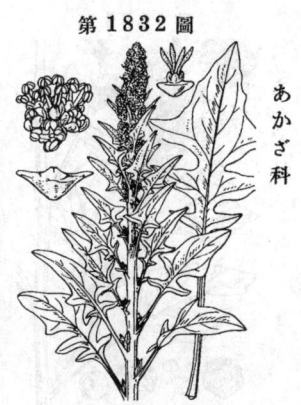

あかざ科

舊ク我邦ニ入リ今ハ蔬トシテ普ク圃中ニ栽培セラルヽ質軟カキ無毛ノ一年生又ハ二年生草本ニシテ元來ハ亞細亞西部邊ノ原產ナリ。根ハ其主根直下シ肉質ニシテ淡紅色ヲ呈ス。莖ハ單一或ハ稍分枝シ淡綠色中空ニシテ直立シ高サ 50cm 内外アリ。葉ハ多ク互生シ、莖ニハ互生シテ長葉柄ヲ有シ、下葉ハ長三角形乃至卵形ヲ呈シ鈍頭、基部羽裂シ、上葉ハ披針狀戟形又ハ披針形ヲ成ス。四五月ノ候、無柄多數ノ黃綠色無花瓣ノ細花ヲ着ク。雌雄異株。雄花ハ無葉ノ穗狀花穗或ハ圓錐花穗ヲ成シテ開ク、萼ハ橢ネ四片、四雄蕊アリテ花外ニ超出シ淡黃葯ヲ有ス。雌花ハ葉腋ニ三五個集合シ、花下ニ各花盍樣ノ苞ヲ具シ、子房ニ四花柱アリ。胞果ハ硬キ角ヲ有スル萼盍苞ノ杯狀體ニ包裹セラレ其狀宛モひしノ實ノ如シ。苗葉ヲ食用トス。和名ハ菠薐草ノ意、はうれんハ菠薐ノ唐音ニシテ菠薐ハ亞細亞西域ノ國名ナリ。

はまあかざ
Atriplex tatarica *L.*

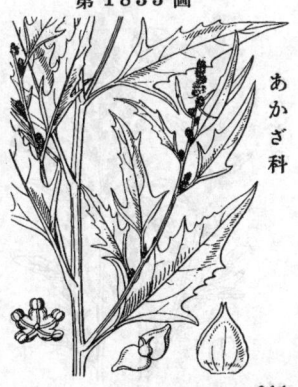

あかざ科

我邦中部以北瀨海ノ地ニ生ズル無毛ノ一年生草本ナリ。莖ハ直立シテ 40–60cm 許アリ。葉ハ互生シ葉柄ヲ具ヘ、三角狀披針形ニシテ銳尖頭ヲ有シ下部ハ多少戟形ヲ成シ、邊緣ニ疎齒ヲ有ス、上部ノ者ハ遞次ニ狹小ト成リ遂ニ全邊ト成ル、質稍厚ク淡綠色ヲ呈シ、下面僅ニ白色ヲ帶ブ。秋月枝梢ニ穗ヲ成シテ密ニ淡綠色多數ノ無花瓣雌雄細花ヲ着ク。雄花ハ苞ヲ有セズ、萼ハ五裂シ之レト對生セル五雄蕊アリ。雌花ニハ二片ノ苞ヲ有シテ萼片ハ缺如ス。球形ノ子房ニハ二花柱アリ。雌花ノ苞ハ果時增大シテ宿存シ銳頭ノ菱狀三角形ヲ呈シ質厚ク、中ニ一顆ノ胞果ヲ包ミ、中ニ扁平ナル一種子アリ。和名ハ濱藜ノ意ニシテ海邊ニ生ズルヨリ云フ。

ほそばのはまあかざ
Atriplex Gmelini *C. A. Mey.*

瀬海地ノ砂場ニ生ズル無毛ノ一年生草本
ナリ。莖ハ直立シ緑色ニシテ質硬ク多少
屈曲シ分枝シ高サ 40–60cm 許アリ。葉
ハ互生シテ葉柄ヲ有シ、線狀披針形又ハ
線形ニシテ銳頭、通常全邊ナレドモ時ニ
二三ノ疎齒アリ、質厚クシテ緑色ヲ呈シ
多少白色ノ粉鱗ヲ布ク。秋時、枝梢ニ穗
ヲ成シテ密ニ淡緑色ノ細花ヲ綴リ、雄花
ト雌花ト相雜居ス。雄花ハ無苞ニシテ四
乃至五片ノ萼アリ、無花瓣、雄蕋ハ四乃至
八。雌花ハ二片ノ苞ヲ有シテ無萼、子房ハ
ニ花柱アリ。雌花ノ苞ハ果時增大シテ
宿存シ菱狀三角形ヲ成シ、全邊又ハ微齒
アリ、質厚クシテ中ニ一顆ノ胞果ヲ入ル。
和名ハ細葉濱藜ニシテ其葉之レヲはまあ
かざ葉ニ比ブレバ狹瘦ナルヨリ云フ。

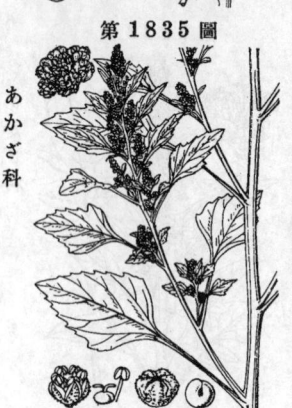

あかざ (藜)
Chenopodium album *L.*
var. centrorubrum *Makino.*

往時支那ヨリ渡來シ主トシテ圃中ニ生ズル無毛ノ一
年生草本ニシテ、往々一時圃ノ附近ニ於テ野生狀態ヲ
呈スル事アルモ其生活年ヲ連續セズ。莖ハ直立シ、大
ナル者高サ1.5m許、徑3cm許ニ達シ、緑色條アリ、老
ユレバ質硬シ。葉ハ互生シテ葉柄ヲ有シ、菱狀卵形又
ハ長三角狀卵形ニシテ銳頭、楔形底、邊緣ニハ通常波
狀凹ヲ具ヘ、質軟ニシテ緑色ヲ呈シ、嫩葉ハ特ニ紅
紫色ノ粉狀物ヲ密布シ美ナリ。夏秋ノ候、梢上分枝シ
枝上ニ穗ヲ成シテ多數ノ黄綠色細花ヲ密着ス。花ハ無
柄ノ兩性ニシテ小苞ナク缺ク。萼ハ五深裂ス。無花瓣。
五雄蕋。扁圓子房頂ニ二花柱アリ。胞果ハ宿存萼ニ擁
セラレ扁圓ニシテ胚ハ彎曲ス。嫩葉ハ食スベク、老莖
ハ杖ト作スベシ。之ト同種ニシテ野外ノ隙地ニ自生
シ其嫩葉赤色ナラザル品アリ、之レヲしろざ一名ぎん
ざ一名しろあかざト云フ、卽チ Ch. album *L.* ニシ
テ灰藋ノ漢名ヲ有ス。和名あかざノ あか ハ赤色ノ意ニ
シテ其嫩葉ノ赤色ニ基ケルナランモザノ意味ハ解スベ
カラズ、或ハ赤麻(あかあさ)ノ約ナラントノ說アレ
ドモ信ヲ措キ難シ。

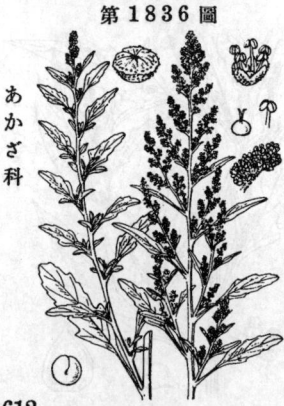

こあかざ
Chenopodium ficifolium *Smith.*

原頭・廢地・荒地・路傍等ニ生ズル無毛ノ
一年生草本ナリ、而シテ元ト外國渡來ノ
品ニシテ今ハ歸化植物ノ一ヲ成セリ。莖
ハ高サ30–60cm許アリテ分枝シ緑色ヲ呈
ス。葉ハ互生シテ葉柄ヲ具ヘ、長橢圓形
乃至線形ニシテ通常鈍頭微凸端、底部戟
形又ハ楔形ヲ成シ、全邊又ハ疎齒アリ、あ
かざ又ハしろざ葉ニ比スレバ狹瘦ニシテ
緑色ヲ呈シ質軟ナリ。晚春ヨリ初夏ニ亙
リテ本莖梢幷ニ枝梢ニ花穗ヲ成シテ緑色
ノ細花ヲ密簇ス。花ハ無柄ニシテ小苞ヲ
有セズ、萼ハ五深裂ス。無花瓣。五雄蕋。
子房上ニ二花柱アリ。胞果ハ背面ニ稜ア
ル宿存萼ニ擁セラル。和名ハ小藜ノ意ニ
シテ本品之レヲあかざニ比スレバ小形ナ
ルヨリ云フ。

あかざ科

あかざ科

あかざ科

かはらあかざ
Chenopodium acuminatum
Willd. var. virgatum *Moq.*

あかざ科

河川中ノ砂上ニ生ズル無毛ノ一年生草本
ナリ。莖ハ高サ30-50cm許アリテ直立シ、
疎ニ枝ヲ分チ、綠色ニシテ質硬シ。葉ハ
互生シテ葉柄ヲ具ヘ、披針形又ハ長橢圓
形ニシテ先端銳頭、基部楔形底ヲ成シ、
全邊ニシテ長サ5cm內外アリ。夏月、枝
梢ニ細長ナル花穗ヲ成シテ密ニ多數ノ黃
綠色細花ヲ簇着ス。花ハ無柄ニシテ小苞
ヲ有セズ。萼ハ五深裂シ、裂片ハ卵形ナ
リ。五雄蕊。子房上ニ二花柱アリ。胞果
ハ扁球形ニシテ宿存セル萼ニ擁セラレ中
ニ一種子アリ。和名ハ川原藜ニシテ能ク
川原ニ生ズレバ斯ク云フ。

まるばあかざ
Chenopodium acuminatum *Willd.*
var. japonicum *Franch. et Sav.*

あかざ科

諸州ノ海岸砂場ニ生ズル無毛ノ一年生草本。莖
ハ平滑ニシテ直立シ或ハ下半部ハ伏臥シテ上半
部ハ斜上シ、分枝シテ綠色ヲ呈シ、質硬ク、高
サハ30-50cm許アリ。葉ハ互生シテ葉柄アリ。
廣橢圓形或ハ卵圓形、多肉質ニシテ兩面平坦、稍
粉白色ヲ呈シ、邊緣鋸齒無ク、銳頭ナレドモ鈍端
ヲ有シ、鈍底ナリ。夏日、枝端ニ穗狀花序ヲ成シ
テ多數綠色ノ細花ヲ密集ス。花ハ無柄。萼ハ五
片ニシテ花瓣無シ。雄蕊ハ五個。子房上ハ絲狀
ノ二花柱アリ。胞果ハ扁平ニシテ宿存萼ニ擁セ
ラレ、果中ニ細小ナル黑色ノ一種子アリ。本種
ハかはらあかざニ類似スレドモ其葉廣キヲ以テ
識別スベシ。和名ハ圓葉藜ニシテ其葉形ニ由リ
斯ク呼ビシナリ。

ありたさう
一名 るうださう
Chenopodium ambrosioides *L.*

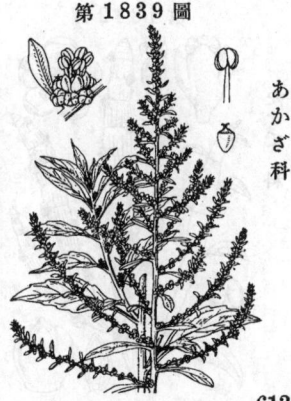

あかざ科

往昔國外ヨリ渡來シ或ハ天正年間ニ來ルト云ヒ或ハ
寬永ノ初年ニ來ルト云ハル、元來西印度幷ニめきしこ
ノ原產ニシテ往々人家ニ栽植セラレ雖モ、今日ハ處
々ニ野生シ所謂歸化植物ノ一ト成レル一年生草本ニ
シテ一種ノ烈臭アリ鼻ニ佳ナラズ。莖ハ直立シ、高サ
70cmニ達シ多ク分枝シ淡綠色ニシテ綠絛アリ。葉ハ
互生シ葉柄ヲ具シ、長橢圓形或ハ披針形ニシテ兩端
尖リ、邊緣鈍齒或ハ波狀疎齒ヲ有スルカ又ハ全邊ニシ
テ裏面ニ腺點アリ。夏秋ノ間、枝上ニ穗ヲ成シテ多數
ノ綠色細花ヲ簇着シ、穗上ニ綠葉狀ノ苞ヲ有セリ。花
ハ無柄。萼ハ四乃至五裂シ裂片ハ卵形、花後ハ宿存
シテ綠色ヲ呈シ、中ニ小ナル一胞果ヲ包ム。雄蕊ハ四乃
至ニシテ萼上ニ超出シ黃葯ヲ有ス。子房ハ扁圓ニシ
テ二乃至四歧セル一花柱ヲ具フ。莖葉ヲ驅蟲ニ用ウベ
シ。和名ハ有田草ハ多分往時始メテ肥前有田ニ作ラレ
アリシヨリ此ノ如ク名ケシニ非ザルカ非ザ、るうださ
うニ同ジク臭莱ナル所謂芸香屬ノ Ruta 即チ Ruda
(西班牙語)ヲ誤認シテ此草ノ名ト爲セシモノナリ。
漢名 土荊芥(誤用)

第1840圖

あかざ科

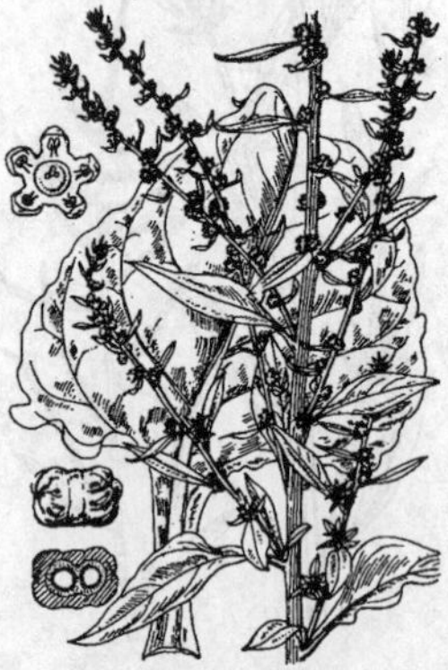

ふだんさう（菾菜）

一名　たうぢしゃ・いつもぢしゃ

Beta vulgaris *L.* var. Cicla *L.*

往時支那ヨリ渡來セル蔬菜ニシテ、今ハ普ク圃中ニ栽培セラルル越年生草本ニシテ元來ハ南歐ノ原產品ナリ。根ハ肥大ナラズ。根生葉ハ叢生シテ大ナル葉柄ヲ有シ、卵形或ハ長卵形ニシテ概ネ心臟底ヲ成シ、全邊ニシテ質厚軟、葉面光澤アリ。莖ハ直立シ高サ1m內外ニシテ多ク分枝ス。莖葉ハ長楕圓形乃至披針形ニシテ銳頭ナリ。六月頃梢ニ疎漫ナル大圓錐花穗ヲ成シ枝上ニ多數ノ黃綠色細花ヲ着ケ數花聚結シテ小團ヲ成シ、其花團下ニ綠葉狀ノ小形苞ヲ有ス。萼ハ五裂シ裂片ハ長楕圓形ニシテ先端鈍頭內曲シ、花後宿存シテ果實ヲ包ミ果實ハ增大セル花托幷ニ萼ヨリ成ル硬殼內ニ各一顆アリテ其萼ハ厚質ニシテ瘤樣ヲ呈セリ。無花瓣。五雄蕋アリテ萼裂片ヨリ短シ。子房上ニ二乃至三柱頭アリ。葉ヲ食用トス。一變種ニさんごじゅな一名あかぢしゃ一名いんげんな一名うづまきだいこんアリ、葉柄葉脈幷ニ其根紫赤色ヲ呈セリ、漢名ヲ火焰菜ト云フ。和名不斷草ハ年中之レ有ルヲ以テ斯ク云ヒ、唐萵苣ハ外來ぢしゃノ意、何時も萵苣ハ何時ニテモ在ルちしゃノ意ナリ。

第1841圖

あかざ科

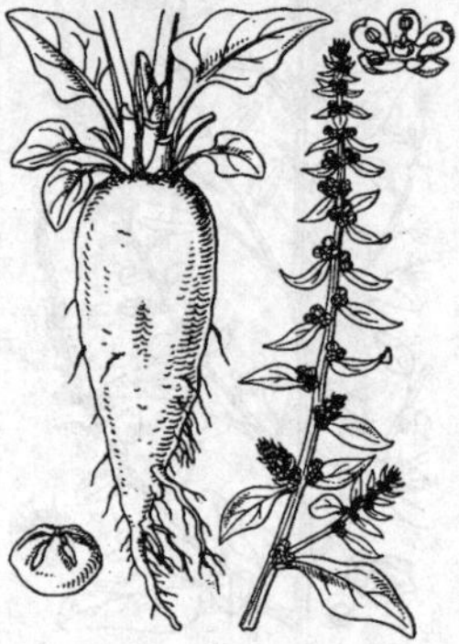

さたうぢしゃ

一名　さたうだいこん

Beta vulgaris *L.* var. Rapa *Dumort.*

(＝B. vulgaris *L.* var. rapacea *Koch.*)

歐洲ニ產シ、我國ニテハ北地ノ圃地ニ栽植セラルル越年生草本ナリ。根ハ著シク肥大シテ肉質ヲ成シ、紡錘狀倒圓錐形ニシテ地中ニ直下シ白色黃色紅色等種々ノ色ヲ呈ス。莖ハ直立シ高サ1m內外ニ達ス。葉ハ質厚ク無毛ニシテ葉緣ハ波狀ヲ呈ス、根出葉ハ長柄ヲ有シテ叢生シ、卵形ニシテ鈍頭、稍心臟底ヲ成シ、莖葉ハ細長クシテ銳頭ヲ有ス。夏日、梢上ニ綠枝ヲ分チテ疎漫ナル大形圓錐花穗ヲ成シ、枝上ニ互生セル苞葉腋ニ集結セル黃綠色ノ數細花ヲ着ケテ穗狀ヲ成ス。萼ハ五深裂シ裂片ハ長楕圓形ニシテ鈍頭。無花瓣。五雄蕋アリテ萼ヨリ短ク、黃葯ヲ有ス。子房頂ニ短キ三柱頭アリ。果實ハ增大セル花托幷ニ宿存萼ニ包マレ徑4–5mm許アリ、其萼ハ厚質ニシテ瘤樣ヲ呈シ、胚ハ回旋セリ。根汁ヲ以テ砂糖ヲ製ス所謂 Beet-Sugar 是ナリ。和名ハ砂糖萵苣・砂糖大根ノ意ナリ。

第1842圖

たで科

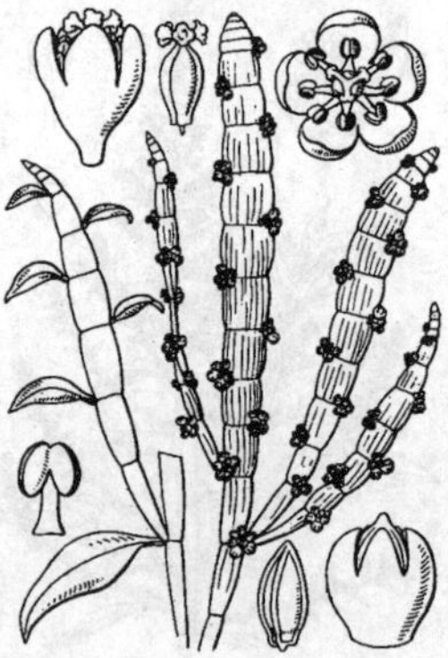

かんきちく（對節草）

Muehlenbeckia platyclada *Meisn.*

明治初年ニ渡來シ觀賞植物ノ一トシテ夏ハ室外、冬ハ溫室內ニ擁護セラルル多年生灌木本ニシテ元來ハ南太平洋中そろもん島ノ原產ナリ。莖ハ綠色ニシテ扁平葉狀ヲ成シ著シキ畸形ヲ呈シ、多クノ明瞭ナル節ヲ有ス。數回多數ノ枝ヲ分チテ1m許ノ高サニ達シ、枝上多クハ葉ヲ缺如スレドモ新條ニハ之レヲ出シテ互生シ、小形ニシテ披針形或ハ戟形ヲ呈シ鋸齒無クシテ短葉柄ヲ有シ莖ト共ニ毛無シ。夏日、平扁莖ノ節上兩側ニ互生シテ綠白色ノ無柄小花ヲ簇生ス。萼ハ五裂、裂片ハ卵圓形、鈍頭。無花瓣。雄蕋ハ八、萼ヨリ短シ。一雌蕋ニシテ子房ハ倒卵形、頂ニ三花柱アリ。瘦果ハ三稜ヲ成シテ肉質多汁ノ紅紫色宿存萼ニ包マル。和名ハ寒忌竹ノ意ニシテ本品寒氣ヲ忌ミ怕ルル故ニ斯ク云フ。

そ ば （蕎麥）

古名 そばむぎ

Fagopyrum esculentum *Moench*.
（＝Polygonum Fagopyrum *L.*）

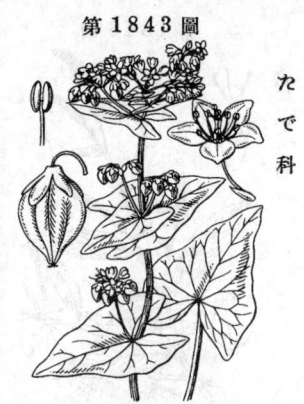

第 1843 圖

た
で
科

舊ク我邦ニ入リ今ヤ廣ク諸州ノ圃地ニ栽培セラルル
質軟カキ無毛ノ一年生草本ニ シテ元來中央亞細亞ノ
原産ナリ。莖ハ直立シテ分枝ヲ高サ 40-70cm許、淡綠
色ニシテ往々紅色ヲ帶ビ、圓柱形ニシテ中空ナリ。葉
ハ互生シ、長柄ヲ有シ、心臓形ニシテ銳尖頭ヲ有シ、下
部ノ葉緣ニ多少ノ稜アリ。鞘狀托葉ハ膜質ニシテ極メ
テ短シ。夏月又ハ秋日、梢頭幷ニ腋狀頭ニ短總狀花穗
ヲ成シテ白色或ハ淡紅色ノ小花ヲ着ケ、小花梗ノ本ニ
小苞アリ。萼ハ五深裂、裂片ハ卵形ニシテ長サ3-4mm
許。無花瓣。八雄蕋アリテ基部ニ腺アリ。一雌蕋ニ シ
テ三子房上ニ三花柱アリ。瘦果ハ銳キ三稜ヲ有スル卵形
ニシテ腰部ニ宿存萼ヲ伴ヒ、生時綠白色或ハ時ニ紅色
（var. erythrocarpum *Makino*） ナレドモ乾ケバ其
ニ黑褐色ト成リ、長サ 5-6mm許アリテ子葉ハ旋曲ス。
なつそば（var. aestivum *Makino*） あきそば（var.
autumnale *Makino*）ニ大別セラル。果中ノ胚乳ヲ以
テそば粉ヲ製シ廣クヱレヲ食用ニ供ス。和名そば ハ稜
麥ノ略ナリ、そば ハ稜ニテ其かどアル寛ヲ云ヒ と麥ハ
其實ヲむぎニ擬セシナリ。

にはやなぎ （萹蓄）

一名 みちやなぎ

Polygonum aviculare *L.*

第 1844 圖

た
で
科

原野・路傍等ニ普通ナルー一年生草本ナリ。
莖ハ枝ヲ分チ傾臥又ハ直立シ、長サ 40cm
ニ出入シ、質硬クシテ綠色ヲ呈ス。葉ハ
互生シテ短柄ヲ有シ、長橢圓形又ハ線狀
長橢圓形ニシテ鈍頭。鞘狀托葉ハ膜質ニ
シテ二裂シ、更ニ細裂ス。夏月、葉腋ニ
數箇ノ細花ヲ簇生ス。花梗ハ短ク、頂ニ
關節アリ。萼ハ五深裂、綠色ヲ呈シ邊緣
白色又ハ紅色ヲ帶ビ、橢圓形ニシテ長サ
2mm許。無花瓣。雄蕋ハ六乃至八箇、花
柱ハ三箇アリ。瘦果ハ三稜形ヲ成シ、宿
存萼ヨリ短シ。和名ハ庭柳・路柳ノ意ニ
シテには幷ニみち其生ズル場處、やな
ぎハ其葉ニ基キテ斯ク云フ。

はなたで

Polygonum Yokusaianum *Makino*.

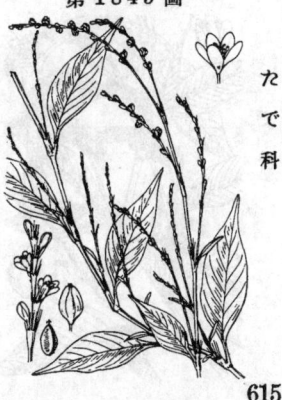

第 1845 圖

た
で
科

山野ニ生ズル一年生草本ニシテ莖ハ高サ 50cm
內外、下部匍匐セズシテ直立シ、枝ヲ分ツ、質軟
クシテ細長ナル圓柱形ヲ呈ス。葉ハ互生シテ葉
柄アリ、卵狀拔針形又ハ橢圓狀拔針形ニシテ上
部多少急ニ狹窄シテ先端長ク尖リ、底部ハ銳形、
兩面ニ毛ヲ散生シ、葉質軟クシテ薄ク、葉面ニ往
々墨記アリ。鞘狀托葉ハ口緣ニ長鬚毛ヲ有ス。
秋日、梢上ノ枝端ニ直立シテ長サ 2-5cm許ノ瘦
長ナル穗狀樣花穗ヲ成シ、疎ニ淡紅色ノ小花ヲ
着ケ、苞ノ肥瘠ニ由リテ其着生スル疎密一樣ナ
ラズ、又花色ニモ濃淡アリ。萼ハ五深裂シ、長サ
1.5-2mm許、初メ正開シ小形ナリト雖モ稍梅花
ノ態アリ。無花瓣。雄蕋ハ七八箇アリテ萼ヨリ
短シ。子房ハ紡錘狀橢圓形ニシテ三花柱アリ。
瘦果ハ廣橢圓形ニシテ三稜ヲ有シ長サ1.5mm許
アリテ宿存萼ニ包マル。本種ハいぬたでニ似タ
リト雖モ莖直立シ葉闊ク花疎ナルヲ以テ本
種ト識別シ得ベシ。和名花蓼ハ其梅花狀ニ開ケ
ル花ニ基ヅキ斯ク云フ。

615

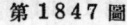

第1846圖

いぬたで
一名 あかのまんま
Polygonum Blumei *Meisn.*
(=Persicaria Blumei *Gross.*)

たで科

原野路傍ニ多キ一年生草本ニシテ 高サ 20-40cm許アリ。莖ハ直立或ハ傾上シ往々多ク分枝シテ叢ヲ成シ軟カクシテ平滑ナル圓柱形ヲ成シ通常紅紫色ヲ帶ブ。葉ハ互生シ、廣披針形或ハ披針形ヲ成シテ兩端尖リ、邊縁ニハ裏面脈上ニ毛アリ。鞘狀托葉ハ口縁ニ長キ鬚毛ヲ有ス。夏秋ノ候、梢上ニ長サ1-5cm許ノ密ナル穗狀燥花穗ヲ成シテ小形花ヲ綴ル。花ハ紅紫色偶ハ白色ヲ呈シ、專ハ五深裂シ、長サ1.5mm許、裂片ハ倒卵形ナリ。無花瓣。雄蕊ハ概ネ八本。花柱ハ三本。瘦果ハ三稜形ニシテ暗褐色ヲ呈シ光澤アリ長サ約1.5mmニシテ專宿存專ニ包マル。白花品ヲ しろばないぬたで (forma albiflorum *Makino*) ト云フ。和名ノ犬蓼ハ此ノ人間ノ用ヒ爲サズ不用ノたでノ意ナリ、今日植物界ニテハ本種ヲいぬたでト特稱スレドモ元來いぬたでトハ辛味無クシテ食用ニ堪ヘザル品種ノ總稱ナリ。赤のまんまハ赤ノ飯ニシテ其粒狀ヲ呈セル紅花ヲ赤飯ニ擬セシモノナリ。漢名 馬蓼(誤用)

第1847圖

たで科

ほそばいぬたで
Polygonum trigonocarpum
Makino.

河畔或ハ堤防側ノ草地ニ生ズル一年生草本。莖ハ瘦長無毛、下部分枝シテ僵臥シ上部斜上ス。高サ30cm内外、長サ50cmヲ超ユル者アリ。葉ハ莖上ニ互生シテ殆ド柄ナク、線狀披針形或ハ線狀長橢圓形ニシテ長サ 5-10cm、漸尖頭銳底ニシテ蒼綠色ヲ呈シ、平坦柔軟一見無毛、乾ケバ兩面ニ細瘤點ヲ生ズ。鞘狀托葉ハ口縁ニ鬚毛ヲ有ス。秋日疎ニ分枝シテ枝端ニ淡紅色ノ花穗ヲ成シ、長サ 3cm内外、細圓柱形ヲ呈ス。瘦果ハ長サ1.5mm、明瞭ナル三稜狀橢圓體ヲ成シ黑色滑澤ナリ。全體いぬたでニ近ケレドモ其葉銳尖ナラズ且花穗ノ花稍疎ニシテ花色淡キヲ以テ識別シ得ベシ。和名ハ細葉犬蓼ノ意ナリ。

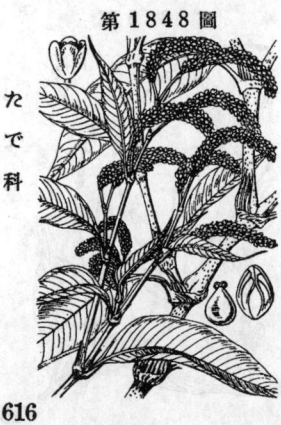

第1848圖

たで科

おほいぬたで
Polygonum nodosum *Pers.*
(=Persicaria nodosa *Opiz.*)

原野隙處ニ普通ナル一年生草本ニシテ大形ナル一種ナリ、高サ 1m餘ニ達シ、莖ハ直立シ粗大ニシテ枝ヲ分チ、多ク紅色ヲ帶ビ、節ハ膨起シ、莖面ニ暗紫色ノ細點多シ。葉ハ互生シ、大形ニシテ橢圓狀披針形乃至披針形ニシテ先端ハ銳ク長ク尖リ、多數ノ顯著ナル支脈ヲ有シ、脈上・邊縁ニ短剛毛ヲ布キ、小腺點ヲ密布シ、往々葉面ノ中央ニ墨記ノ横斑アリ。鞘狀托葉ハ膜質ニシテ口縁ニ毛ヲ缺如ス。夏秋ノ候、枝端ニ長サ3-5cm許ノ穗狀樣花穗ヲ成シテ其數頗ル多ク、花穗ハ密ニ多數ノ細花ヲ著ケ先端下垂ス。花ハ紅紫色ヲ常トシ時ニ帶白色ノ者ヲ見ル。專ハ長サ2-3mmアリテ四深裂シ明ナル脈ヲ有ス。無花瓣。八雄蕊。子房ハ細小ニシテ略ボ球形、二花柱アリ。瘦果ハ宿存專ニ包マレ、扁平レ圓形ニシテ長サ2mm許アリ。一變種ニうらじろおほいぬたで (var. incanum *Ledeb.*) アリテ葉裏ニ白毛ヲ密布ス。和名ハ大犬蓼ニシテ大形ナル犬蓼ノ意ナリ、全形大ナルヨリ此稱ヲ得クリ。

やなぎたで (蓼)
一名 ほんたで・またで
Polygonum Hydropiper *L.*
(=Persicaria Hydropiper *Spach.*)

た
で
科

普通ニ河川ノ邊、濕地或ハ水傍ニ生ズルー一年生草本ナリ上雖モ、時ニ田中ニ在リテ越多シ春早ク花ヲ生ク或ハ水中ニ生ジテ多年生本ヲ成スコトアリ。莖高サ 40-60cm許アリテ直立シ枝ヲ分ツ。葉ハ有柄ニシテ互生シ、廣披針形又ハ披針形ニシテ兩端尖リ、無モニシテ小腺點ヲ密布シ、綠色ヲ呈シ、味辛辣ナル特異アリ。鞘狀托葉ハ口緣ニ毛ヲ有ス。秋月梢上ニ穗狀樣花穗ヲ成シ、白色ノ小花幷ニ微紅量ヲ帶ブ宿存專小花ヲ梢疎ニ着ケ、穗未下垂ス。專ニ四又ハ五深裂シ、長サ 2-3mm、細腺點ヲ有ス。無花瓣ナリ。六雄蕊アリ。子房ハ橢圓形ニシテ二花柱ヲ有ス。瘦果ハ卵狀圓形ニシテ凸レンズ狀或ニ三棱形ヲ呈シ宿存專ニ包ミマル。水中ニ生ズル者ヲかはたで (川蓼ノ意、forma aquaticum *Makino*) ト云フ。食料ニ供スルデ、ハ皆此種ヨリ出デタル變種ニシテ其品ニ―むらさきたで・ひろはむらさきたで・あのたで・あざぶたで・いとたでアリ。和名柳蓼ハ其柳葉狀ノ葉ニ基ヅキテ附ク云フ、本製幷ニ眞蓼ニ―眞正ナルたでノ意ニシテ食料蓼ニ皆之レニ屬シ之レヲ總稱シテたで即チ蓼ト云ヒ其辛味アルヲたでノ本領トス。

ほそばたで
Polygonum Hydropiper *L.*
var. Maximowiczii *Makino.*
(=Persicaria Hydropiper *Spach.*
var. Maximowiczii *Nemoto.*)

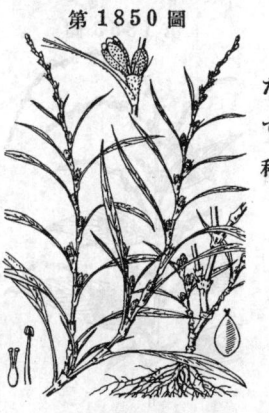

た
で
科

往々人家ニ培養セラルルー一年生草本ニシテやなぎたでノ變種ニ係リ全株紅紫色ヲ帶ブ。莖ハ高サ 30-40cm許アリ、軟弱纖弱ニシテ緊分枝シ叢生狀ヲ呈シ、倒レ易シ。葉ハ有柄ニシテ互生シ、狹長披針形或ハ綠形ニシテ兩端長ク尖リ、腺點ヲ有シ辛味アリ。鞘狀托葉ハ圓筒狀。秋日、梢上ニ瘦細ナル穗狀樣花穗ヲ成シ、疎ニ小花ヲ着ク脣弱ニシテ下垂ス。專ニ四又ハ五裂シ腺點ヲ布ク。無花瓣。六雄蕊アリ。子房ハ狹卵形ニシテ二花柱アリ。瘦果ハ宿存專ニ包マレ、兩面體ノ卵形ヲ呈ス。葉ヲ辛味料トシ食用トス。此一品ニ―あをほそばたで (forma viride *Makino*) アリテ綠莖綠葉ヲ有シ敢テ紫赤色ノ采無シ。和名ハ細葉蓼ノ意ナリ。

さなへたで
Polygonum lapathifolium *L.*
(=Persicaria lapathifolia *S. F. Gray.*)

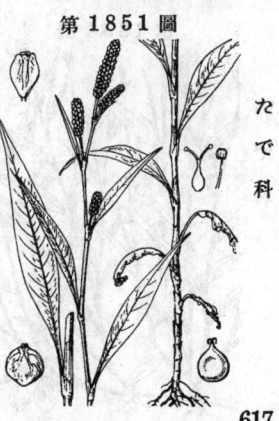

た
で
科

田間ノ濕地或ハ畦畔ニ生ズルー一年生草本ナリ。莖ハ直立シ高サ 30-50cm許アリテ通常稀ニ分枝シ、稍粗ニシテ圓柱形ヲ呈シ、節高ク、莖面ニ斑點アル者アリ、質硬カラズ或ハ綠色或ハ紅采アリ。葉ハ有柄ニシテ互生シ、披針形ニシテ先端長ク尖リ、質軟ニシテ初メ往々白綿毛ヲ布ク。鞘狀托葉ハ膜質ニシテ口緣ニ毛ヲ有セズ。春ヨリ初夏ニ亙リ、梢上ニ短厚ナル穗狀樣花穗ヲ成シ、紅色ヲ帶ビ或ハ白質ノ小花ヲ密ニ着ク。專ニ四五裂シ、長サ 2-3mm許。無花瓣。雄蕊ハ五六箇ニシテ微ニ專ヨリ短シ。子房ハ略ボ圓形ニシテ二花柱アリ。瘦果ハおほいぬたで二比スレバ稍大ニシテ圓形ノ兩面體ヲ成シ表面少クシ凹ミ宿存專ニ包マル。和名早苗蓼ハ早苗ノ種ヲ ル田植ノ時節ニ早クモ花サク故斯ク云フ。

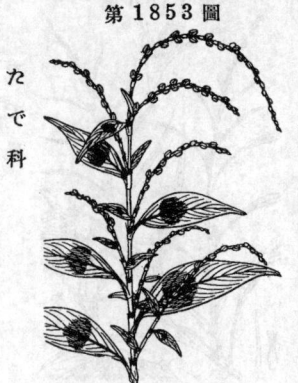

第1852圖

第1853圖

第1854圖

さくらたで
Polygonum japonicum *Meisn.*
var. conspicuum *Nakai.*
(=Polygonum conspicuum *Nakai*;
Persicaria conspicua *Nakai*.)

水邊ニ生ズル多年生草本ニシテ特ニ根莖ヲ地下ニ引キ繁殖スルヲ殊態アリ。莖ハ50-70cm許ニシテ分枝少ク、質稍硬キ瘦長圓柱形ヲ成シ、節稍隆シ。葉ハ有柄ニシテ互生シ、披針形ニシテ兩端狹窄シ上部ハ銳尖頭ヲ呈ス。鞘狀托葉ハ圓筒形ニシテ口緣ハ長鬚毛ヲ有ス。秋日枝上ニ長キ穗狀樣花穗ヲ成シテ美ナル淡紅花ヲ開ク。萼ハ五深裂シ長サ5-6mmアリ、背面ニ腺狀ノ斑點アリ、たで類中はなさくらたでニ一亞デ花體大ナル者ノ一ナリ。無花瓣アリ。卵圓形ノ子房ニ三花柱アリ。雌雄異株ニシテ雄花ハ長雄蕊ト短花柱トヲ有シ花後ニ結實セズ、雌花ハ長花柱ト短雄蕊トヲ具ヘテ花後ニ結實ス。瘦果ハ宿存萼ニ包マレ、三稜アル卵形ナリ。一變種ナルやうきひたで一名はなさくらたで (var. macranthum *Makino*) ハ花最モ大ニシテ美ナリ是レ亦二形花ヲ有スルナリ。和名櫻蓼ハ其花淡紅色ニシテさくらの如ケレバ云フ。漢名 鸞蕎草（誤用）

ぼんとくたで
Polygonum flaccidum *Meisn.*
(=Persicaria flaccida *Nakai.*)

水傍ニ生ズル一年生草本。莖ハ直立シ疎ニ分枝シ、高サ70cm內外アリテ節高ク、莖面通常紅紫色ニ染ム。葉ハ有柄ニシテ互生シ、廣披針形ニシテ銳尖頭ヲ有シ、深綠色ニシテ葉面ニ八字狀ノ墨斑ヲ印ス、敢テ辛味無シ。鞘狀托葉ハ圓筒形ニシテ口緣ハ鬚毛アリ。秋日枝ニ花穗ヲ下垂シ、白色淡紅暈ノ花ヲ疎着ス。萼ハ五深裂シ、綠色ニシテ點腺ヲ散布シ、上部紅色、萼ハ花月果時ノ際殊ニ紅線相映ジテ頗ル美ナリ。無花瓣。雄蕊ハ八箇、微シク萼ヨリ短シ。子房ハ球形ニシテ三花柱アリ。瘦果ハ三稜卵圓形ニシテ宿存萼ニ包マル。和名ぼんとくたでハぼんとくハぼんつくノ意ニテ愚鈍者ノコトナリ、此種ハ辛味アルやなぎたでニ似テ葉ニ辛味無ケレバ斯ク云フ。

ぬかぼたで
Polygonum minutulum *Makino.*
(=Persicaria minutula *Nakai.*)

野外ノ濕地或ハ田間ニ生ズル一年生草本ニシテ高サ30cm內外アリ。莖ハ直立或ハ傾上シ纖弱ニシテ疎ニ分枝ス。葉ハ有柄ニシテ互生シ、線形乃至披針形ヲ成シ銳尖頭ヲ有シ銳底ヲ成シ長サ2-6cm、幅2-10mmアリテ質菲薄ナリ。鞘狀托葉ハ長サ2-6mm、口緣ハ鬚毛ヲ有ス。秋日枝上ニ長サ1-3cm許ノ瘦小ナル穗狀樣花穗ヲ成シ、絲狀ノ花軸ニ紅色ヲ帶ベル細花ヲ疎着シ、萼ハ五裂シ、長サ1.5mm許、腺點ヲ有セズ。花瓣無シ。雄蕊ハ槪ネ五箇、橢圓形ノ子房上ニ三花柱アリ。瘦果ハ小形ニシテ宿存萼ニ包マレ、三稜圓卵形ニシテ長サ1.5mmアリ。和名糠穗蓼ハ其花穗上ノ花極メテ小形ナルヨリ之ヲぬかニ比シ斯ク云フ。

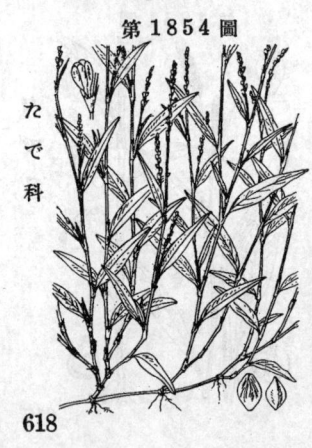

やなぎぬかぼ
Polygonum paludicola *Makino.*
(＝Persicaria paludicola *Nakai.*)

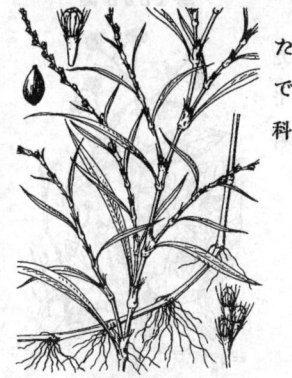

第 1855 圖

濕地或ハ水邊ニ生ズル一年生草本ナリ。莖ハ高サ40cm内外ニ達シ、下部ハ往々斜臥シテ上部ハ傾上シ、瘦長ニシテ枝ヲ分チ質稍硬シ。葉ハ有柄ニシテ互生シ、線形ニシテ兩端漸次ニ狹窄シテ尖リ葉頭ハ銳尖形ヲ成シ底部ハ狹楔形ヲ呈シ、長サ3-9cm、幅2-9mmアリ。鞘狀托葉ハ長サ5-10mm、口緣ニ長鬚毛ヲ有ス。秋日長サ3-7cmヨリ瘦長ナル穗狀樣花穗ヲ成シ綠ニ淡紅色ノ細花ヲ着ク。萼ハ五裂シ長サ1.5mmアリテ腺點ヲ有セズ。花瓣無シ。雄蕋ハ稍ネ五箇。橢圓形ヲ成セル子房ニ二或ハ三花柱アリ。瘦果ハ宿存萼ニ包マレ、兩面形或ハ三稜形ニシテ長サ1.5mmアリ。和名ハ柳糠穗ニシテ全體ハ糠穗蓼ニ似、而シテ其葉狹長ニシテ柳葉ノ如ケレバ斯ク云フ。

ねばりたで
Polygonum viscoferum *Makino.*
(＝Persicaria viscofera *Nakai.*)

第 1856 圖

山野向陽ノ地ニ生ズル一年生草本ニシテ莖竝ニ葉共ニ粗毛ヲ布ク。莖ハ瘦長ニシテ高サ40-60cm許アリ、疎ニ枝ヲ分チ、下部ハ其節隆起シ、上方ノ節間上部ニ粘液ヲ分泌シテ膠着シ、蓋ノ保護作用ヲ營ムナラン乎、而シテ敢テ捕蟲ノ機能アルニ非ラズ。葉ハ有柄ニシテ互生シ、廣披針形又ハ披針形ヲ呈シ、長サ3-10cm許。鞘狀托葉ハ圓筒形ニシテ緣ハ長鬚毛ヲ有ス。夏秋ノ候梢上ニ瘦長穗狀樣花穗ヲ成シ、綠白色又ハ淡紅色ノ小花ヲ疎𦱳シ、花梗上部ニモ亦粘液ヲ分泌ス。萼ハ五裂シ長サ2mm許。花瓣無シ。雄蕋ハ稍ネ八本アリテ萼ヨリ短シ。子房ハ倒卵圓形ニシテ三花柱アリ。瘦果ハ宿存萼ニ包マレ、三稜卵圓形ニシテ長サ1.5mm許アリ。和名ハ粘蓼ニシテ其莖上ノ粘處ニ基キテ斯ク云フ。

みぞそば
一名 うしのひたひ
Polygonum Thunbergii
Sieb. et Zucc.
(＝Persicaria Thunbergii *Gross.*)

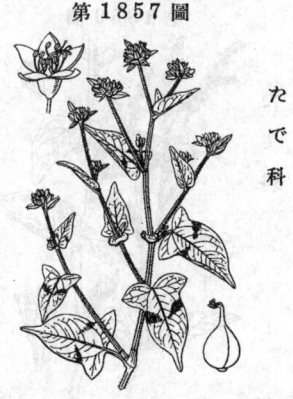

第 1857 圖

原野・山足・路傍ノ水邊ニ生ズル最モ普通ナ一年生草本ニシテ通常群生ス。莖ノ高サ30-50cm許長サ70cmニ達シ疎ニ分枝シ、稜ニ小逆刺ヲ生ゼリ。葉ハ互生シテ葉柄ヲ具へ、戟形ニシテ中央裂片ハ卵形ヲ呈シ銳尖頭ヲ成シ、毛ヲ散生ス。鞘狀托葉ハ短ク、其口緣往々綠色ノ小葉狀ヲ呈ス。秋日莖上ニ枝ヲ分チ頂ニ頭狀樣花穗ヲ成シテ十箇内外ノ小花ヲ簇着シ、花梗ニハ腺毛ヲ有ス。萼ハ淡紅色・上紅下白色・白色・淡綠色時ニ綠色ヲ呈シ、長サ4-6mmアリ。花瓣無シ。雄蕋ハ八、萼ヨリ短シ。子房ハ卵形ニシテ三花柱アリ。瘦果ハ宿存萼ニ包マレ、卵狀球形ニシテ三稜ヲ成シ、長サ3.5-4mm許アリ。和名溝蕎麥ハ溝邊ニ繁茂シテ形狀そば／如ケレバ云フ、牛ノ額草ハ其葉形牛ノ顏面ニ似タルヨリ云フ。漢名 苦蕎麥 (誤用)。

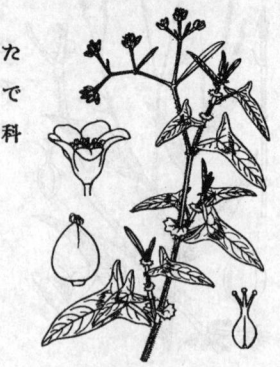

第1858圖

おほみぞそば
Polygonum Thunbergii *Sieb. et Zucc.* var. **stoloniferum** *Makino.*
(=Polygonum stoloniferum *Fr. Schm.*;
Persicaria Thunbergii *Gross*
var. stolonifera *Nakai.*)

たで科

山地或ハ原野ノ水傍ニ生ズル一年生草本。莖高サ70cm内外、下部ハ或ハ直立シ或ハ傾臥シテ鬚根ヲ下シ、且地下ニ地中枝ヲ分チテ分枝シ其小枝端ニ閉鎖花ヲ生ジ白色ノ果實ヲ著ク殊脹アリ、莖ノ上部ニ直上シ、莖上ニ小逆刺ヲ生ズ。葉ニ有柄ニシテ互生シ、葉柄ニ往々逆翼ヲ有シ、戟形ニシテ中央裂片ハ卵形ヲ成シテ尖リ、葉面ニ八字狀ノ墨記アリ、みぞそばノ葉ヨリハ質硬ク毛多シ。鞘狀托葉ノ口緣ハ往々圓形ノ葉狀ヲ呈ス。秋日梢ニ分枝シ、白色又ハ淡紅色ノ小形花ヲ頭狀樣花穗ニ集著ス。花ハみぞそば花ヨリ微大。蕚ハ五片ニ深裂ス。無花瓣。八雄蕊。子房上ニ三花柱アリ。瘦果ハ宿存蕚ニ包マル。和名ハ大津蕎麥ニシテ草體みぞそばニ比スレバ少シク壯大ナルヨリ云フ。

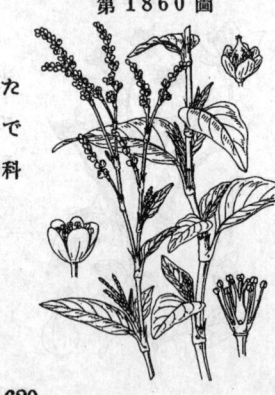

第1859圖

さでくさ
Polygonum Maackianum *Regel.*
(=Persicaria Maackiana *Nakai.*)

たで科

原頭ノ水邊ニ生ズル一年生草本。莖ハ直立シ、瘦長ニシテ高サ50-80cm許アリ、葉柄ト共ニ逆刺ヲ有ス。葉ニ有柄ニシテ互生シ、戟形ニシテ中央裂片ハ披針形ヲ成シテ尖リ側裂片顯著ナリ、兩面ニ小星毛ヲ密布シ、上面ニ更ニ疎毛アリ。鞘狀托葉ノ口緣ハ擴張シ圓形ニシテ粗鋸齒ヲ有スル綠色葉狀ヲ呈ス。秋日、梢上ニ分枝シテ梗頂ニ紅色ノ小形花ヲ頭狀樣花穗ニ集著ス。花梗ニハ短毛及ビ腺毛ヲ密布ス。蕚ハ長サ3-4mmアリテ五片ニ深裂ス。花瓣無シ。八雄蕊アリテ蕚ヨリ短シ。楕圓形ノ子房上ニ三花柱アリ。瘦果ハ宿存蕚ニ包マレ、長サ3mm許、卵狀球形ニシテ上部稍三稜ヲ呈ス。和名さで草ノさでトハさするコトニテ攄ノ廢ル義ナリ、即チ小刺アル此莖ヲ以テ人體ヲ攄リ以テ苦痛ヲ感ゼシムル草ノ意ナリ。

第1860圖

あゐ (蓼藍)
一名 たであゐ
Polygonum tinctorium *Lour.*
(=Persicaria tinctoria *Gross.*)

たで科

最モ舊ク支那ヨリ我邦ニ傳ヘ爾來有用植物ノートトシテ畑地ニ培養セラルル一年生草本ニシテ藍ニ交趾支那ノ原產ナルベシト云フ。莖ハ高サ50-60cm許アリ、平滑ニシテ紅紫色ヲ帶ベル圓柱形ヲ成シ質稍軟ニシテ稍ニ分枝ス。葉ハ互生シテ短柄ヲ有シ、長楕圓狀披針形・長橢圓形或ハ卵形ニシテ先端稍鈍或尖頭或ハ銳頭ヲ成シ基底銳形或ハ純形ニ狹窄ニ全邊、質實ニシテ毛無ク、乾ケバ特ニ暗藍色ヲ呈ス。鞘狀托葉ハ膜質ニシテ圓筒狀ヲ成シ口緣ハ長纖毛ヲ有ス。秋日梢上ニ枝ヲ分チ、穗狀樣花腱ヲ成シテ紅色ヲ帶ベル小花ヲ密著ス。蕚ハ五深裂シ、長サ2-2.5mm許ニシテ裂片倒卵形ヲ成ス。花瓣無シ。雄蕊六乃至八本アリテ蕚ヨリ短ク、花絲ノ基部ニ小腺アリ、葯ハ淡紅色。子房ハ卵狀楕圓形ニシテ頂ニ三花柱アリ。瘦果ハ宿存蕚ニ包マレ、三稜ノ卵形ニシテ黑褐色、長サ2mm許。葉ヲ藍色ノ染料トシ、圓葉・長葉・大葉・しかみ葉ノ四品種アリト謂フ。和名あゐハ靑(あを)ノ轉語ナリト云フ、又一說ニ靑キ汁居レバナリトモ云ヘリ。漢名 藍ハ蓼藍(たであゐ即チあゐ)丼ニ菘藍(たいせい)等ノ總名ナリ。

はるたで (馬蓼)
Polygonum Persicaria L.
(=Persicaria vulgaris *Webf. et Moq.*)

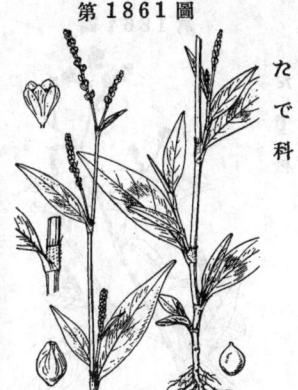

第 1861 圖

往々麥圃間ノ濕地ニ生ジ又廢圃ノ中ニ最モ能ク生ズル一年生草本。莖ハ直立シテ疎ニ分枝シ高サ30-60cm許アリテ稍大ナル圓柱形ヲ成シテ紅紫色ヲ呈シ、無毛(脚部=毛アル者アリ)ニシテ節ヨリ多少隆シ、質稍柔ナリ。葉ハ有柄或ハ略ボ無柄ニシテ互生シ、長橢圓形乃至披針形ヲ呈シ銳尖頭ヲ成シ深綠色ニシテ葉面ニ墨記斑アリ。鞘狀托葉ハ膜質ニシテ口緣ニ短鬚毛ヲ有ス。花期たで類中最モ早ク、四月頃ヨリ梢上ニ穗狀樣花穗ヲ成シテ白質色ノ小花ニ紅紫宿存萼花トヲ密ニ綴リ紅白相雜ハルノ見ル。萼ハ五深裂シテ腺點無ク長サ3mm許。無花瓣。五乃至八雄蕊、橢圓形ノ子房上ニ二或ニ三花柱。瘦果ハ宿存萼ニ包マレ、扁平二面體ノ者ト三稜體ノ者トアリ。一變種ニうらじろはるたで (var. incanum *Ledeb.*) アリ葉裏ニ綿毛ヲ密布シ白色ヲ呈ス。和名春蓼ハ春時既ニ開花スルヨリ云フ。

ままこのしりぬぐひ
Polygonum senticosum
Franch. et Sav.
(=Persicaria senticosa *Nakai.*)

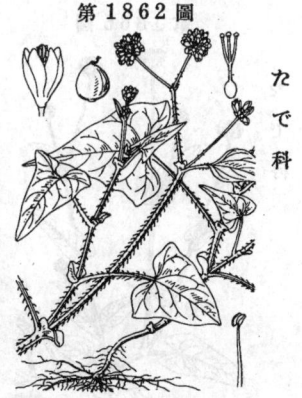

第 1862 圖

原野路傍或ハ草間ニ生ズル一年生草本。莖ハ蔓狀ヲ成シ、長サ1-2m許アリテ能ク分枝シ、綠色ニシテ通常紅色ヲ帶ビ、四稜ヲ成シ稜上ニ著シキ逆刺アリテ他物ニ鉤ス。葉ハ互生シテ逆刺アル長柄ヲ有シ、略三角形ニシテ銳尖頭ヲ成シ基部心臟形ヲ呈シテ毛アリ。托葉ハ綠葉狀ヲ成シテ莖ヲ抱ク。夏日梢ニ長キ枝ヲ分チ、頂ニ頭狀ヲ成シテ小花ヲ密集ス。花梗ニハ細毛並ニ腺毛ヲ密布ス。萼ハ五深裂シ淡紅色ニシテ先端紅色ヲ呈シ、長サ4mm許。無花瓣無ク。八雄蕊ニシテ萼ヨリ短シ。倒卵狀橢圓形ノ子房ニ三花柱アリ。瘦果ハ黑色ニシテ宿存萼ニ包マレ其頭部ヲ露出ス、球狀ニシテ上部稍三稜ヲ成ス。和名ハ繼子ノ尻拭ニシテ其逆刺アル莖ニテ繼子ノ尻ヲ拭フ草ノ意ナリ。

いしみかは (刺梨頭)
Polygonum perfoliatum L.
(=Persicaria perfoliata *Gross.*)

第 1863 圖

田畔路傍或ハ草地等ニ生ズル一年生草本。莖ハ瘦長ニシテ長ク伸ビ攀援シテ長サ2m餘ニ達シ、逆刺ヲ有シ、他物ニ鉤シテ蔓延繁茂シ節稍隆シ。葉ハ互生シ著シキ逆刺ヲ有スル長葉柄ヲ具へ、略三角形ヲ成シテ銳頭ヲ有シ底部淺ク柄形ヲ呈シ白綠色ニシテ無毛ナリ。嫩葉ハ其兩側ノ葉綠背卷ス。托葉ハ顯著ニシテ綠色ノ葉狀ト成リ楯形ヲ呈ス。秋日枝端ニ短穗狀ヲ成シテ淡綠白色ノ小花ヲ綴リ圓楯形ノ苞葉ヲ以テ之レヲ受ク。萼ハ五深裂シ、長サ3mm許。無花瓣。八雄蕊アリテ萼ヨリ短シ。球形ノ子房頂ニ三花柱アリ。瘦果ハ不明ナル三稜ヲ帶ビシ卵狀球形ニシテ漿質ニ成リテ藍色ヲ呈セル宿存萼ニ包マレ數顆相聯聚シテ綠葉間ニ美觀ヲ呈ス、俗ニ之レヲとんぼのかしら又ハ庚申のなにゝロト呼ブト云ヘリ。和名いしみかはノ意ハ不明ナリ、或ハいしにかは(石膠)ノ義トシ或ハ河內ノ國石見川村ノ名ニ基キシガ如ク謂ハルレドモ首肯シ難シ。漢名 杠板歸(誤用)

やのねぐさ

Polygonum nipponense *Makino.*
(=Persicaria nipponensis *Nakai.*)

野外ノ濕地ニ生ズル一年生草本。莖ハ細長ナル圓柱形ニシテ毛ナク多クハ横方ニ擴ガリ斜上シ、長サ50cm内外ニ及ビ微小ナル逆刺ヲ有ス。葉ハ互生シテ葉柄アリ、卵形乃至長橢圓形ニシテ短鋭尖頭ヲ有シ、截形底或ハ稍心臟底ヲ成シ、無毛ナリ。鞘狀托葉ハ長クシテ先端截形ト成リ鬚毛ヲ有ス。秋日梢上ニ分枝シ、枝端ニ多少頭狀ヲ成シテ淡紅色時ニ白色（しろばなやのねぐさ forma albiflorum *Makino*）ノ小形花ヲ攢簇シ、花梗ニ腺毛ヲ有セリ。萼ハ五深裂シ、長サ2-3mm。花瓣無シ。八雄蕋ハ萼ヨリ短シ。長卵形子房ニ三花柱アリ。瘦果ハ卵形ニシテ三稜アリ、長サ2.5mm許ニシテ宿存萼ニ包マル。和名矢の根草ハやのね即チやじり（鏃）ニ似タル葉形ニ基キシ稱ナリ。

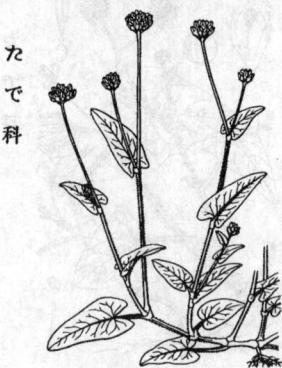

うなぎづる
一名 うなぎつかみ

Polygonum aestivum *Makino.*
(=P. sagittatum *L.* var. aestivum *Makino*; Persicaria aestiva *Ohki.*)

水邊ニ生ズル一年生草本ニシテ高サ凡30cmニ出入ス。莖ハ往々膝曲セル下部ヨリ分枝シ、枝ハ瘦長ニシテ直上シ更ニ疎ニ小枝ヲ歧チ稜上ニ小逆刺ヲ有ス。葉ハ互生シテ葉柄ヲ有シ、卵狀箭形乃至披針狀箭形ニシテ先端稍銳鈍頭ヲ成シ、元來無毛ナレドモ唯裏面ノ中脈下部ニノミ小逆刺アリ。葉柄ハ多クハ逆刺ヲ具フ。鞘狀托葉ハ短クシテロ緣ハ斜截形ヲ成シ緣毛ヲ有ス。五六月頃、梢枝頂ニ頭狀花序ヲ成シ白質ニシテ末端紅色ヲ帶ビ或ハ全紅色ノ小花ヲ簇集ス。花梗ハ無刺ナリ。萼ハ五深裂シ、長サ3-4mm許。花瓣無シ。八雄蕋アリ。子房ニ三花柱ヲ具フ。瘦果ハ宿存萼ニ包マレ、三稜ヲ有ス。和名鰻蔓又ハ鰻攫みハ共ニ其莖刺ヲ利用シテ容易ニうなぎヲ攫ミ得ルヨリ斯ク云フ。漢名 雀翹（蓋シ誤用）

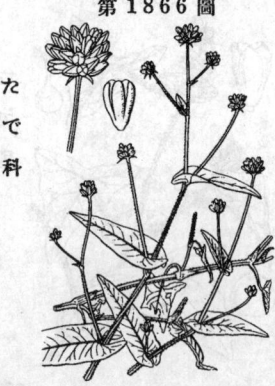

あきのうなぎづる
一名 あきのうなぎつかみ

Polygonum sagittatum *L.*
var. Sieboldi *Maxim.*

(=Polygonum Sieboldi *Meisn.*; P. sagittatum *L.* var. americanum *Meisn.* forma Sieboldi *Makino*; Persicaria Sieboldi *Ohki.*)

邦内陸處ノ溝側・濕地或ハ水傍等ニ普通ニ生ズル一年生草本ニシテ往々群生ス。莖ハ長ク四方ニ擴ガリテ分枝シ長ク伸ビテ1m許ニモ及ビ、四稜ニシテ逆刺ヲ有シ、能ク他物ニ鉤ス。葉ハ有柄ニシテ互生シ、披針狀箭形ニシテ銳頭ヲ有シモ毛ナケレドモ葉裏中脈ノ下部ニ一葉柄ト共ニ小逆刺アリ。鞘狀托葉ハ短クシテ斜截頭ヲ成シ緣毛ヲ有セズ。秋日梢上ニ枝ヲ分チテ頂ニ下部白質上部紅色或ハ時ニ淡紅色ノ小花ヲ頭狀花序ニ集着シ花ト果實ト相雜ハリ、花梗ハ無刺ナリ。萼ハ五深裂シ、長サ3mm許。無花瓣。八雄蕋。子房ニ三花柱アリ。瘦果ハ宿存萼ニ包マレ、三稜ヲ有ス。和名秋ノ鰻蔓並ニ秋ノ鰻攫みハうなぎづる即チうなぎつかみノ初夏ニ花サクト異ニシテ此種秋ニ至テ花サク故ニ斯ク云フ。

ながばのうなぎづる
一名 ながばのうなぎつかみ
Polygonum hastato-sagittatum
Makino.
(＝Persicaria hastato-sagittata
Nakai.)

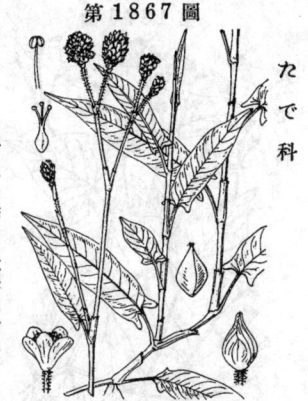

第 1867 圖

たで科

原野ノ水邊ニ生ズル一年生草本ニ＝シテ往々群生シテ繁茂シ高サ80cmニ及ブ。莖ハ上向シ瘦長ニシテ疎ニ枝ヲ分チ、平滑又ハ小逆刺アリ。葉ハ有柄ニシテ互生シ、披針形ニシテ銳尖頭ヲ有シ底部ハ略ボ戟狀箭形又ハ戟狀截形ヲ成シ、毛無シ。鞘狀托葉ハ長キ圓筒形ヲ呈シ、膜質ニシテ截形ヲ成セル口緣ニ短髯毛ヲ具フ。秋月梢上ニ長枝ヲ分チ、枝頂ニ淡紅紫色ノ小花ヲ略ボ頭狀ニ密集シ、花梗ニハ腺毛ヲ密生ス。萼ハ五深裂シ、長サ3-4mm許。花瓣無シ。雄蕋ハ七本アリテ萼ト同長。卵形ノ子房頂ニ三花柱ヲ有ス。瘦果ハ宿存萼ニ包マレ、長卵形ニシテ三稜アリ。和名ハ長葉ノ鰻蔓、鰻葉ノ鰻攫ミノ意ナリ、鰻蔓等ノ解ハうなぎづるノ條下ニ在リ。

にほひたで
Polygonum viscosum *Hamilt.*
(＝Persicaria viscosa *Nakai.*)

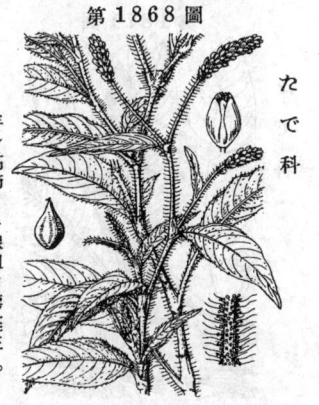

第 1868 圖

たで科

原野或ハ湖畔ノ草地ニ生ズル可ナリ大形ノ一年生草本ニシテ生時全草一種ノ香氣ヲ放ツ、是レ體上ニ生ズル腺毛ニ基因ス。莖ハ粗大ニシテ高サ1-1.5mニ達シ、枝ヲ分チ、往々紅色ヲ帶ビ、節部隆起シ、開出セル長毛並ニ短腺毛ヲ布ス。葉ハ有柄ニシテ互生シ、披針形又ハ廣披針形ニシテ先端長ク尖リ、全邊ニシテ長毛ヲ布キ小腺點ヲ布ス。鞘狀托葉ハ圓筒狀ヲ成シテ長ク、粗毛ヲ密布ス。秋時、梢上ノ枝端ニ穗狀樣花穗ヲ成シテ密ニ紅色ノ小花ヲ綴リ、頗ル美ナリ。萼ハ五深裂シ、長サ2-3mm許。花瓣無シ。八雄蕋アリテ萼ヨリ短シ。球形子房上ノ花柱ハ長ク三岐ス。瘦果ハ黑褐色ニシテ三稜アル卵圓形ナリ。和名香蓼ハ全苗ニ香アルヲ以テ云フ。

たにそば (野蕎麥草)
Polygonum nepalense *Meisn.*
(＝Persicaria nepalensis *Miyabe*;
Polygonum alatum *Ham.* var.
nepalense *Hook. f.*)

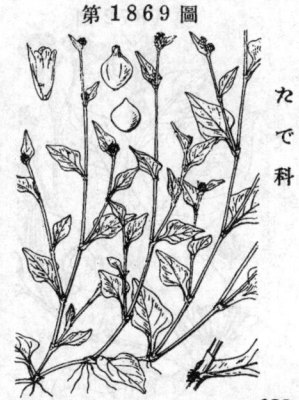

第 1869 圖

たで科

原野田間又ハ山中ノ濕地ニ生ズル軟カキ一年生草本。莖ハ下部橫臥シテ後上向シ、能ク枝ヲ分チ、長サ30cm內外、通常紅色ヲ帶ブ。葉ハ有柄ニシテ互生シ、卵形三角形ニシテ銳尖頭、長サ1-5cm許、葉裏ニ小腺點アリ、葉底ハ葉柄ニ流レテ柄ノ兩側ニ狹翼ヲ成シ基部ハ耳狀ヲ呈シテ莖ヲ抱ケリ、晚秋往々紅赤色ニ染ンデ美ナリ。鞘狀托葉ハ膜質ニシテ短シ。夏秋ノ候、葉腋又ハ枝端ニ頭狀ヲ成シ白質ニシテ紅色ヲ帶ベル小花ヲ密集シ、花梗ニハ腺毛ヲ有ス。萼ハ四裂シテ下部ハ短筒狀ヲ成シ長サ2mm許。花瓣無シ。雄蕋ハ六七本アリテ萼ヨリ短シ。子房ハ橢圓形ニシテ花柱ハ二岐ス。瘦果ハ兩凸面ノ卵圓ニシテ下部壺狀ヲ呈セル宿存萼ニ包マル。和名谷蕎麥ハ溪邊ニ生ズルそばノ意ナリ。

623

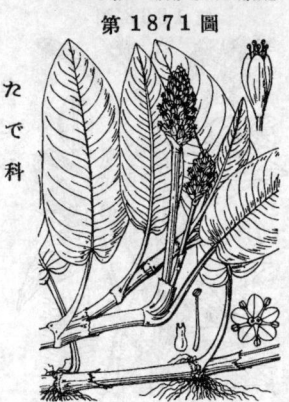

第1870圖

みやまたにそば

Polygonum debile *Meisn.*
var. triangulare *Meisn.*

(＝Persicaria triangularis *Nakai.*)

山中ノ陰地ニ生ズル一年生草本。莖ハ細長ニシテ下部横臥シ膝曲セル節ヨリ鬚根ヲ下シ、繊枝ヲ分チテ斜上シ或ハ直立シ高サ20-30cm許アリテ平滑又ハ微小ノ逆刺アリ。葉ハ有柄ニシテ互生シ、三角形ヲ呈シ先端鋭尖頭底部ハ截形ヲ成シ、上面細毛ハ疎布シ暗色ノ斑紋アリ。鞘狀托葉ハ短ク、往々口緣ニ小葉片ヲ有ス。夏秋ノ間、梢上ニ細枝ヲ分チ、枝頂ニ頭狀ヲ成シテ白色ノ二乃至五花ヲ著ク。萼ハ五裂シ、長サ3mm許。花瓣無シ。雄蕊ハ五-八本。子房頂ニ三花柱アリ。瘦果ハ三稜形ニシテ宿存萼ニ包マル。和名ハ深山谷蕎麥ノ意ナリ。

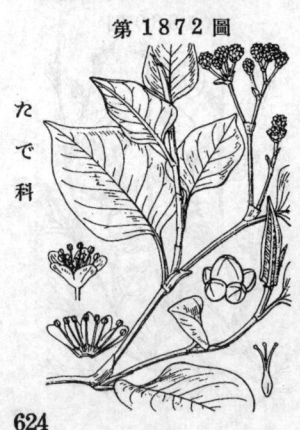

第1871圖

えぞのみづたで

Polygonum amphibium *L.*

(＝Persicaria amphibia *S. F. Gray.*)

我邦ノ北地ニ生ジ池澤ノ水中又ハ水傍ニ繁茂スル多年生草本。莖ハ粗大ニシテ下部土中ヲ匍匐シテ地下莖ヲ成シ節ヨリ鬚根ヲ下シ、上部ハ斜上シ通常水ニ浮ベリ。葉ハ互生シテ長葉柄ヲ有シ、長橢圓形ニシテ先端稍尖リ基部多少心臟形ヲ呈シ、長サ6-12cm許アリ。莖、水ヨリ離レテ生長スル時ハ其葉狹長ヲ成リ毛ヲ帶ブルニ至ル。鞘狀托葉ハ膜質ニシテ圓筒狀ヲ成ス。夏日葉腋ヨリ高ク無葉ノ花梗ヲ抽キ、長サ3cm内外ノ總狀花穗ヲ成シテ密ニ多數ノ淡紅小花ヲ簇著ス。萼ハ五裂シ、長サ3-4mm許。無花瓣。五雄蕊アリテ微シク萼ヨリ長シ。長卵狀子房上ノ花柱ハ二岐セリ。瘦果ハ兩凸面ノ卵圓形ナリ。和名ハ蝦夷ノ水蓼ノ意ナリ。

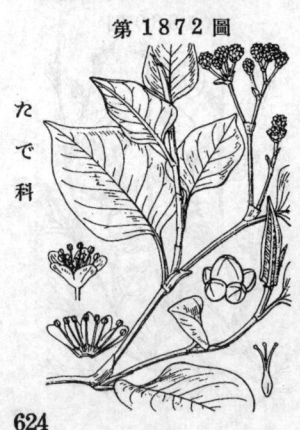

第1872圖

つるそば (火炭母草)

Polygonum chinense *L.*
var. umbellatum *Makino.*

(＝Rumex umbellatus *Houtt.*; Persicaria
umbellata *Nakai*; Polygonum chinense
L. var. Thunbergianum *Meisn.*)

四國九州以南ノ曖地沿濱並ニ近海地ニ生ズル無毛ノ多年生草本ニシテ能ク繁衍ス。莖ハ圓柱形ヲ呈シ長ク横走シテ分枝シ、地ニ垂シテ蔓樣ヲ成シ長サ1m内外ニ成長シ基部ニ往ハ硬質ヲ呈ス。葉ハ質軟ニシテ互生シ葉柄アリ、廣卵形又ハ卵狀橢圓形ニシテ短鋭尖頭ヲ有シ底部截形ヲ呈シ全邊ナリ。鞘狀托葉ハ短筒狀ヲ成シテ膜質ナリ。夏秋ノ間、莖梢上疎ニ枝ヲ分チ枝梢更ニ小枝ヲ岐チ小枝頂ニ小球狀ヲ成シテ小白花ヲ聚メ著ク。萼ハ五深裂シ長サ3-4mm許、質稍厚シ。花瓣無シ。八雄蕊アリテ萼ヨリ短ク葯ハ暗紫色ヲ呈シ花絲ノ基部ニ蜜腺アリ。一雌蕊ニシテ長橢圓形子房ノ花柱ハ三岐ス。瘦果ハ黑色ニシテ三稜形ヲ呈シ之レヲ包ム宿存萼ノ肥厚シテ白色ノ漿質ト成リ内部ノ黑子ヲ透見スベシ。纖莖ハ酸味アリテ小兒採テ之レヲ嚼フ處アリ。和名ハ蔓蕎麥ノ意ニシテ其草狀そばノ類ヲ莖ハ蔓狀ヲ呈スルヨリ斯ク云フ。漢名 赤地利(誤用)

そばかづら
Polygonum Convolvulus L.
（＝Bilderdykia Convolvulus *Dumort.*）

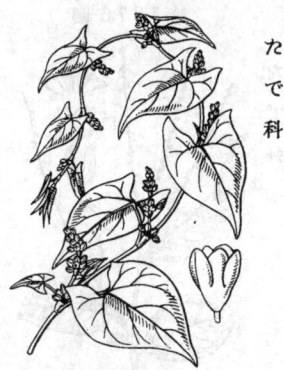

第 1 8 7 3 圖

た
で
科

欧洲原產ノ一年生草本ニシテ原野ニ歸化シテ野生セリ。莖ハ細ク蔓狀ヲ成シ他物ニ纏繞シ長サ1m內外ニ達ス。葉ハ葉柄ヲ具ヘテ互生シ、心臟形又ハ披針狀心臟形ニシテ銳尖頭ヲ有シ、葉底ハ箭形ヲ呈ス。鞘狀托葉ハ短筒形。夏日葉腋ノ小枝上又ハ枝端ニ總狀樣花穗ヲ成シテ疎ニ綠白色ノ小花ヲ著ケ、小梗ハ短クシテ一節アリ。蕚ハ五深裂シ長サ 2mm 許、花後ニ增大シテ宿存ス。花瓣無シ。八雄蕋アリテ蕚ヨリ短シ。一雌蕋アリテ子房頂ニ三花柱アリ。瘦果ハ黑色ニシテ三稜形ヲ成シ、綠色ノ宿存蕚ニ包マル、宿存蕚ハ長サ 4mm 許アリ外列ノ三片ハ背部稜脊ヲ成セリ。和名 蕎麥葛ハ蔓ヲ成セルそばノ意ナリ。

つるごくだみ （何首烏）
Polygonum multiflorum *Thunb.*
（＝Plevropterus multiflorus *Turcz.*）

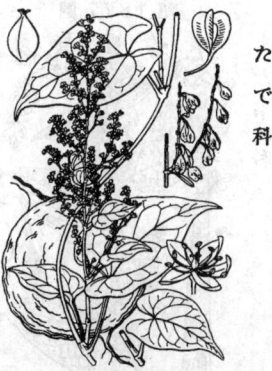

第 1 8 7 4 圖

た
で
科

享保五年始メテ支那ヨリ渡來セル同國ノ原產植物ニシテ、今ハ處々ニ野生ヲ成レル無毛ノ落葉纏繞藤本ニシテ長ク伸長繁茂セリ。根莖ハ土中ヲ橫行シ往々寒硬キ巨大ナル圓塊ヲ生ズ。莖ハ粗大ナル時ニ徑約12mmニ達シ、左卷又ハ右卷シ、枝ハ瘦長ナル圓柱形ニシテ嫩ギ者ガ多少酸味アリ。葉ハ有柄ニシテ互生シ、卵狀心臟形ニシテ銳尖頭ヲ有シ、全邊ニシテ質軟ナリ。鞘狀托葉ハ膜質ニシテ短キ圓筒狀ヲ成ス。秋月、枝端立ニ葉腋ニ多クノ總狀花序ヨリ成ル圓錐花穗ヲ成シ、無數ノ小白花ヲ開ク。蕚ハ五深裂シ、外方ノ三片ハ長サ 2mm 許ニシテ背面ニ翼アリ果時成長シテ 5-6mm ニ達ス。無花瓣。八雄蕋アリテ蕚ヨリ短シ。一雌蕋ニシテ卵形ノ子房頂ニ楯形柱頭ヲ有スル三花柱アリ。瘦果ハ三翼アル宿存蕚ニ包マレ、三稜アル卵形ニシテ長サ 2mm許。塊根ヲ漢藥ニ用キラル。和名ハ蔓載茶ノ義ニシテ其莖ハ蔓ヲ成シ其葉ハどくだみノ如ケレバ斯ク云フ。

おほけたで （葒草）
古名 いぬたで
一名 はぶてこぶら
Polygonum orientale L.
var. pilosum *Meisn.*
（＝Amblygonon pilosum *Nakai.*）

第 1 8 7 5 圖

た
で
科

往時我邦ニ入リ今ハ通常觀賞植物トシテ人家ニ栽植セラルル大形ナル一年生草本ニ シテ 元來亞細亞ノ原產ナリ。莖ハ强壯粗大ニ シテ 直立シ高サ2mニ達シ、多クノ枝ヲ分チ、葉ト共ニ毛茸ヲ密生ス。葉ハ互生シ長柄ヲ有シ、大形廣闊ニシテ卵形又ハ卵狀心臟形ヲ呈シ先端銳尖頭ヲ成シ、大ナル者ハ長サ25cm 幅16cm 許ニ達シ宛モたばこ葉ノ觀アルモノアリ。鞘狀托葉ハ緣ニ葉狀ヲ成ス。秋日梢上ニ細枝ヲ分チ、長穗狀樣花穗ヲ成シ密ニ淡紅色ノ小花ヲ著ケテ下垂シ、近來紅花ヲ開ク者來リ諸處ニ之レヲ見ルヲ以テあかばなおほけたでト云フ。蕚ハ五深裂シ、長サ3-4mm許、花瓣無シ。八雄蕋アリテ或ハ少ク蕚ヨリ顯出ス。子房ハ橢圓形ニシテ二花柱アリ。瘦果ハ宿存蕚ニ包マレ、扁平ナル圓形ニシテ栗褐色ヲ呈シ長サ3mm許アリ。和名ハ大毛蓼ノ意ニシテ此種大形ニシテ毛茸多キヲ以テ斯ク云フ。はぶてこぶらハ元來まむし卽チ蝮蛇ノ毒ヲ解スル藥品ノ名ナリ、此草ノ葉モ亦同ジ效アレバ其名ヲ藉リテ斯ク稱スルニ至レリ。

625

みづひき (毛蓼)
Polygonum filiforme *Thunb.*
(＝P. virginianum *L.* var. filiforme
Nakai; Tovara filiformis *Nakai*.)

山地或ハ山足地或ハ林叢邊ニ多ク生ズル多年生草本。莖ハ直立シテ疎ニ分枝シ、高サ 50-80cm 許アリテ長毛ヲ布キ節隆々質硬シ。葉ハ短柄ヲ有シテ互生シ、廣橢圓形又ハ倒卵形ニ シテ葉頭ハ銳形、葉底ハ鈍形ヲ呈シ、長サ 5-15cm許、質稍薄クシテ稍硬ク兩面トモ毛ヲ散生シ葉面往々墨記斑アリ。夏秋ノ候、梢上ニ數個ノ長鞭狀細長花軸ヲ抽キ、疎總狀ニ赤色ノ小花ヲ着ク。花ハ短キ小梗ヲ有シ開出シテ少シク弓曲シ、下面ノ色淡シ。萼ハ四裂シ、裂片ハ卵形ニシテ稍銳頭ヲ有シ長サ 2-3mm 許。花瓣無シ。雄蕊ハ五本。卵圓形ヲ子房ノ頂ニ粗大ナル花柱二本 アリテ子房ヨリ長シ。瘦果ハ兩凸面ノ卵形ヲ成シ之レト同長ノ宿存萼ニ包マレ長サ 2.5mm 許アリ、遺存セル花柱ハ宿存萼上ニ斗出シ先端鉤曲シ下方ニ曲ルナリ。白花品ヲぎんみづひき (f. albi-flora *Makino*)、紅白相雜ル品ヲごしょみづひき (f. bicolor *Makino*) ト云フ。和名ハ水引ニシテ其花穗ヲ水引ニ擬セシモノナリ。漢名 金線草 (藍シ誤用)

いたごり (虎杖・黄藥子)
一名 たんじ・さいたな
古名 たちひ・さいたづま
Polygonum Reynoutria *Makino.*
(＝Reynoutria japonica *Houtt.*;
P. cuspidatum *Sieb. et Zucc.*)

山野到ル處ニ多ク生ズル大形ノ多年生草本。根莖ハ木質ニシテ黄色、皮色褐色ニシテ長ク地中ヲ貫通シテ延ビ諸處ヘ苗ヲ萌出ス。莖ハ通常粗大ニシテ直立或ハ斜傾シ高サ30cm-1.5m 許ニシテ分枝シ、中空ナル圓柱形ニシテ綠紫點ヲ散布シ、節ニ膜質ノ短キ鞘狀托葉アリ、多味木質ノ枯莖殘存ス。葉ハ有柄互生シ、廣卵形又ハ卵狀橢圓形ニシテ短銳尖頭、底部戚形、長サ 5-15cm許、質硬シ、夏日、枝上葉腋ニ枝端ニ複總狀樣花穗ヲ成シテ多數ノ小白花ヲ密ニ着ク。雌雄異株、萼ハ五裂シ、長サ2mm額、外列ノ三片ハ背面ニ翼ヲ有シ、果時成長シテ長サ 7mm 餘ニ達ス。花瓣無シ。雄花ニハ八雄蕊アリ。雌花ノ子房ニハ三花柱アリ。瘦果ハ三稜アル卵形ニシテ暗褐色ヲ呈シ翅狀ヲ成セル宿存萼ニ包マレ。花色紅ナルヲベにいたどり一名めいげつさう (f. colorans *Makino*) ト云フ、然レドモ株ニヨリ其色ハ濃淡アリテ白花ノ普通品ニ連絡シ其間戚然タル區別線無ク只其株ニ大小アルノミナリ、山地ニ在ル者往々其株低矮ニシテ花穗密ニ束集スとヒヲをのへいたどり(f. compacta *Makino*) ト云フ。芽汁ニテ顏味アル嫩葉ヲ生食シ或ハ煮食シ民間ニテ其根莖ヲ藥トス。和名いたどりハ疼ミヲ取リ去ル藥效アル故終取ト云フト雖ドモ果シテ眞乎否乎。

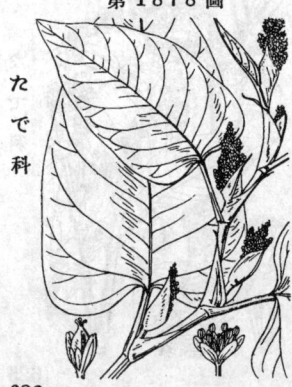

おほいたごり
Polygonum sachalinense *Fr. Schm.*
(＝Reynoutria sachalinensis *Nakai*.)

我邦北地ノ山野ニ多キ大形ノ多年生草本ナリ。根莖ハ横臥ニ肥厚ニシテ皮色褐色内部黃色ヲ呈ス。莖ハ高サ2-3mニ達シ、多少弓狀ニ傾キ、中空ノ圓柱形ヲ成シ、質硬クシテ綠色ヲ呈シ日ヲ向クレバ紅紫色シ、上部ニ分枝シ、嫩芽ハ筍狀ヲ成シ往々紅色ヲ呈シテ美ナリ。葉ハ互生シテ葉柄ヲ有シ、頗ル大形ニシテ卵形又ハ長卵形ヲ成シ、短銳尖頭、底部心臟形ヲ呈シ、長サ40cm 餘ニ達シ、葉裏ハ淡白色ナリ。鞘狀托葉ハ膜質。夏秋ノ候梢上葉腋ニ複總狀花序ヲ成シテ多數ノ白色ノ小花ヲ着ク。雌雄異株、萼ハ五裂シ、長サ2mm弱。無花瓣。雄花ニハ八雄蕊アリテ微シク萼ヨリ長シ。雌花ニ在テ八外側萼三片ノ背部ニ翼ヲ有シ花後成長シテ果實ヲ包ム、花中長卵形ノ子房アリテ頂ニ短キ三花柱ヲ有ス。瘦果ハ三稜形ナル。和名ハ大虎杖ノ意ニシテ草狀普通ノいたどり ニ比スレバ大形ナルヨリ云フ。

第 1879 圖

た
で
科

おやまそば
Polygonum Kakaii *Makino.*
(＝Pleuropteropyrum Kakaii *Hara.*)

本州中部北部ノ高山ニ生ズル多年生草本ニシテ
高サ 30cm 內外アリ。莖ハ太ク强壯、上部繁ク
分枝シ、硬クシテ疎毛ヲ生ズル枝ハ斜ニ張開シ
テ全株ハ低キ叢ヲ形成ス。葉ハ有柄互生、卵狀橢
圓形ヲ呈シテ洋紙質ヲ呈シ、長サ3-5cm、銳頭ニ
シテ鈍端、圓底或ハ廣楔底ノ者多ケレドモ枝條
ノ者ニ於テハ盤底ヲ呈ス、全邊ニシテ疎緣毛ヲ
生ジ、毛乏シケレドモ裏面ノ脈上ニハ偃
毛ヲ見ル。八月莖頂ニ長サ4-5cm ノ稍疎ナル穗
狀樣花穗ヲ成シテ多數ノ細花ヲ著ク。花ハ白色
或ハ淡紅ヲ帶ベル帶綠色ヲ呈ス。蕚ハ五深裂。
無花瓣。稍疎ヨリ短キ八雄蕋アリ。瘦果ハ宿存
蕚ニ包マレ、三稜アル橢圓形ヲ成ス。和名 御山
蕎麥ハ花容そばニ似テ御山ニ生ズルヨリ云フ、
御山ハおやまニテ加賀ノ白山ヲ云フ。

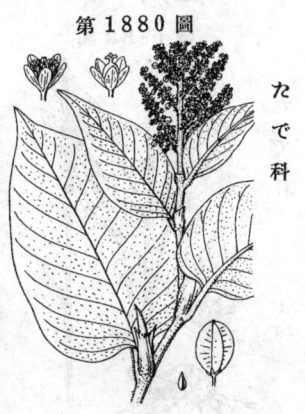

第 1880 圖

た
で
科

うらじろたで
Polygonum Weyrichii *Fr. Schm.*
(＝Pleuropteropyrum
Weyrichii *Gross.*)

中部以北ノ高山帶ニ見ル多年生草本ナレド往々
下降シテ溪谷ノ礫地ニ生ズ。莖ハ强壯ニシテ簇
生スレド分枝スルコト少シ。高サ30cm-1m ニ達
ス。葉ハ互生シ比較的短キ葉柄ヲ有シ、闊大ニシ
テ長卵形或ハ卵狀橢圓形ヲ成シ長サ10-20cm、
先端銳尖ニ葉底ハ截形或ハ廣楔形、表面ハ深綠
色ニシテ短毛ヲ布キ且支脈規則正シク羽狀ニ陷
入スレド裏面ハ密ニ帶微褐色ノ白軟毛ヲ以テ被
ハレ、質稍厚ク且軟ナリ。夏日、頂ニ複總狀ノ
圓錐花序ヲ成シテ多數ノ黃白色小花ヲ密集ス。
雌雄異株ナリ。蕚ハ五深裂シ長サ2mm許、裂片
ハ橢圓形ヲ成ス。花瓣無シ。雄花ニハ雄蕋十箇
內外。雌花ニハ一雌蕋アリテ卵形子房上ノ花柱
ハ三岐ス。瘦果ハ廣橢圓形、乾皮質ノ廣翼三片
アリテ長サ5mm 內外、熟シテ褐色ヲ呈シ平滑ニ
シテ多少ノ光澤アリ。和名ハ裏白蓼ニシテ其葉
裏白色ナルヨリ斯ク云フ。

第 1881 圖

た
で
科

おんたで
一名 いはたで・はくさんたで
Polygonum Weyrichii *Fr. Schm.*
var. japonicum *Makino.*
(＝Polygonum polymorphum *Ledeb.* var.
japonicum *Maxim.*; P. Savatieri *Nakai*;
Pleuropteropyrum Savatieri *Koidz.*)

高山ノ砂礫地ニ生ズル大形ノ多年生草本ニシテ 地下
莖ハ深ク土中ニ入ル。莖ハ粗大ニシテ直立シ、高サ凡
20-80cm 許アリテ多ク疎ニ分枝シ綠色或ハ淡紅紫
色ヲ帶ビ無毛ナリ。葉ハ互生シテ葉柄ヲ有シ、大形ニ
シテ廣卵形或ハ卵形ヲ呈シ銳尖頭ヲ成シ、葉底圓形ニ
シテ葉緣ハ向ヒ銳形ヲ呈シ、葉緣ハ全邊ナリ、質厚ク
シテ微毛ヲ有シ後無毛ト成ル、枝上ノ葉ハ葉柄ニ稍葉ノ漸
次ニ狹ト成ル。鞘狀托葉ハ膜質ナリ。夏日莖頂并ニ枝
頂ニ複總狀ノ圓錐花序ヲ成シ多數ノ帶黃白色小花ヲ
綴ル。雌雄異株ナリ。蕚ハ五深裂シ、長サ 2mm許。
花瓣無シ。雄花ニハ八雄蕋アリ。雌花ニハ一卵形ノ
子房アリテ其花柱ハ三岐ス。瘦果ハ宿存蕚ヨリ數倍
長ク長サ6-7mm、三翼ヲ有シ各面廣橢圓形ヲ呈ス。予
ハ今之ヲうらじろたで上同種ト斷ジ木品ヲ以テ其
一種ト爲シタリ。和名 御嶽ハ蓋シ信州御嶽ニ基ケル
稱ナラン、岩蓼ハ岩地ニ生ズルたでノ意、白山蓼ハ加
州白山ニ生ズルヨリ云フ。

627

た
で
科

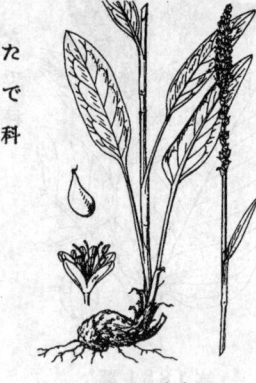

いぶきとらのを (？拳參)
Polygonum Bistorta *L.*
(=Bistorta vulgaris *Hill.*)

山上或ハ山原ノ草地ニ生ズル多年生草本。根莖ハ肥厚シテ質硬ク、彎曲シテ上部漸大、黒褐色ニシテ横臥シ鬚根ヲ發出ス。莖ハ直立シ、高サ50-80cm許アリ、瘦長緑色ニシテ單一ナリ。根葉ハ叢生シテ長葉柄ヲ有シ、莖葉ハ上部ニ至ルニ從ヒ殆ド無柄ト成リ、披針形ニシテ銳尖頭ヲ有シ、底部ハ心臟形ヲ成シ往々葉柄ニ流下シ翼狀ヲ呈ス。鞘狀托葉ハ膜質ニシテ極メテ長シ。夏秋ノ間、梢頂ニ長サ3-8cm許ノ圓柱形花穂ヲ直立シ、淡紅色或ハ白質ノ小花ヲ著ク、萼ハ五裂シ、長サ3-4mm許。花瓣無シ。八雄蕊アリテ微シク萼ヨリ長ク、葯ハ淡紅紫色ヲ呈シ、花絲ノ基部ニ小腺アリ。子房ハ上ニ三花柱アリ。瘦果ハ宿存萼ニ包マレ、三稜アル卵圓形ニシテ長サ3mm許。和名 伊吹虎ノ尾ハ此種江州伊吹山ニ多ケレバ此名ヲ得タリ。

た
で
科

むかごとらのを
Polygonum viviparum *L.*
(=Bistorta vivipara *S. F. Gray.*)

高山地帶ノ陽地ニ生ズル多年生草本ニシテ根莖ハ塊狀ヲ成ス。莖ハ高サ30-40cm許アリテ直立シ分枝セズ。根葉ハ筒狀鞘アル長葉柄ヲ具ヘ莖葉ハ同ジク短葉柄ヲ有シ、狹長長楕圓形又ハ披針形ヲ爲シテ銳頭、圓底又ハ銳底、長サ2-10cm許、質厚クシテ上面深緑色、下面ハ多少白色ヲ呈ス。夏日、莖梢ニ長サ5-10cm許ノ穗狀花序ヲ直立シ、密ニ白色ノ小花ヲ著ケ、五萼片、無花瓣、八雄蕊、三花柱アリテ通常花後ニ果實ヲ結ブコトナシ、花穗下部ノ花ハ變ジテ特ニ珠芽ト成リ穗軸ヨリ落ツレバ忽チ新苗ト成リ以テ繁殖スルノ特質アリ。和名ハ零餘子虎ノ尾ノ意ニシテ其花穗上ノ花、肉芽ニ變ジ其狀むかご狀ヲ成セバ斯ク云フ。

た
で
科

なんぶとらのを
Polygonum hayachinense *Makino.*
(=Bistorta hayachinensis *Nakai.*)

陸中早池峰山及ビ北海道夕張岳等ニ生ズル多年生草本。根莖ハ太シ。根葉ハ數片叢生シ長柄アリ、卵狀楕圓形ヲ呈シ長サ10cm 內外、先端ハ尖ラズ、葉底ハ圓形又ハ鈍形ヲ呈シ、葉質厚ク、表面ハ無毛平滑ニシテ光澤ニ富ミ深緑色ナレドモ裏面ハ多少白色ヲ帶ブ。盛夏ノ候、叢葉間ニ莖ヲ抽テ直立スルコト20-30cm、中邊ニ小形ナル二三葉ヲ著生シ莖頂ニ短圓柱形ヲ成セル總狀花序ヲ成シテ密ニ花ヲ著ケ花穗ノ長サ3cm內外ヲ算シ偏側性ヲ呈ハス。花ハ淡紅色ヲ呈シ、卵狀楕圓形ヲ成セル五萼片アリテ花瓣無シ。十雄蕊アリテ花絲ハ絲狀、葯ハ小ナリ。花柱ハ子房頂ニ三アリテ絲狀ヲ成ス。和名ハ南部虎ノ尾ニシテ陸中ノ南部(盛岡邊一帶ノ舊地名)ヲ冠セシメシモノナリ。

はるとらのを
一名 いろはさう
Polygonum tenuicaule
Biss. et Moore.
(＝*Bistorta tenuicaulis Nakai.*)

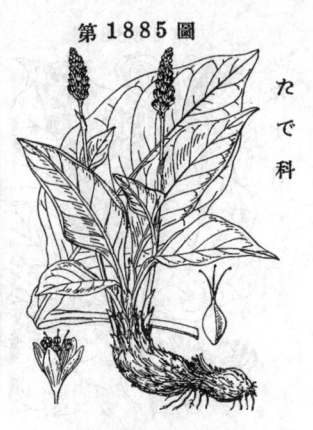

第 1885 圖

た
で
科

山地樹下ニ生ズル多年生草本。根莖ハ長ク橫走
シテ往々地上ニ現ハレ暗褐色ニシテ肥厚セル結
節ヲ有ス。根葉ニ二三片叢生シテ長葉柄ヲ有シ、
卵形・圓卵形或ハ橢圓形ニシテ短キ銳頭、底部
往々葉柄ニ流下シ、長サ2-10cm許ニシテ、質薄シ、莖葉
ハ一二片アリ小形ニシテ短柄ヲ有ス。葉ハ花時
小形ナリト雖モ花後ハ增大ス。早春高サ3-12cm
許ノ花莖ヲ抽キ莖頂ニハ長サ2-3cm許ノ總狀花序
ヲ成シ、白色ノ有梗小花ヲ密集シ梗下ニ小形苞
アリ。萼ハ長サ2-3mm許アリテ五深裂シ各片
長橢圓形ヲ成シ、花瓣無シ。雄蕊ハ八本、花柱
ハ子房頂ニ三箇アリテ絲狀ヲ成ス。和名ハ春虎
の尾ニシテ此種春早ク虎の尾ノ如キ花穗ヲ成シ
テ花ヲ開ク故云フ、いろは草ハ多分春ニ早ク花
サクヨリ之レヲいろは四十七文字ノ最初ニ在ル
いろはハ比シタルモノナラン。

くりんゆきふで
Polygonum suffultum *Maxim.*
(＝*Bistorta suffulta Greene.*)

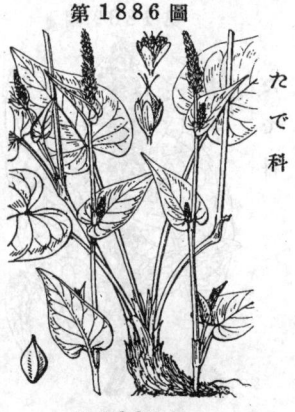

第 1886 圖

た
で
科

深山樹下ノ地ニ生ズル多年生草本ニシテ
肥厚セル根莖ヲ有ス。莖ハ細長圓柱形ニ
シテ綠色ヲ呈シ高サ20-35cm許、單一ニ
シテ分枝セズ。根葉ハ叢生シテ長柄ヲ有
シ、莖葉ハ互生シテ短柄ヲ具ヘ、上部ノ者
ハ無柄ト成リテ莖ヲ抱ク。卵形或ハ廣卵
形ニシテ銳尖頭ヲ有シ底部ハ心臟形ヲ呈
シ長サ3-10cm許、質薄シ。葉柄ハ膜質ニ
シテ二裂ス。七月、莖頂ハ總狀ヲ成シ、幷
ニ往々葉腋ニ三五箇ノ小白花ヲ綴リ短小
梗ヲ具ヘ基部ニ小苞アリ。萼ハ五深裂シ
長サ2-3mm許。無花瓣、八雄蕊。三花柱。
瘦果ハ三稜形ヲ成ス。和名ハ蓋シ九輪雪
筆ノ意ナラン、卽チ其葉ノ莖ハ一層ヲ成シ
テ生ズルヲ九輪(卽チ九層ノ意)ト云ヒ白
花ヲ開ク花穗ヲ雪筆ト云ヒシナルベシ。

まるばぎしぎし
一名 じんえふすいば
Oxyria digyna *Hill.*

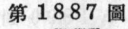

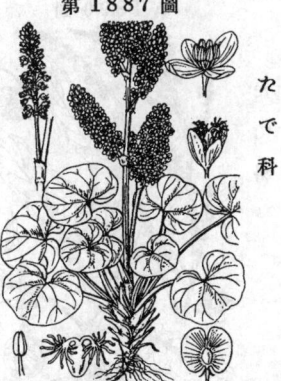

第 1887 圖

た
で
科

高山帶ニ生ズル多年生草本。根葉ハ極メ
テ長キ葉柄ヲ有シ、腎臟形或ハ腎臟狀心
臟形ニシテ圓頭或ハ凹頭、心臟底ヲ成シ、
徑1-4cm許、酸味アリ、托葉ハ膜質ナリ。
莖葉ハ通常退化シ、膜質ノ托葉ノミ存ス。
莖ハ高サ20cm內外、夏日複總狀花序ヲ成
シテ多數ノ小花ヲ綴ル。花ハ數箇輪生シ、
細梗ヲ有シ、綠色又ハ帶紅綠色ヲ呈ス。萼
ハ四片、內側ノ二片ハ稍大形ニシテ長サ
2mm弱。無花瓣。雄蕊ハ六本。花柱ハ二
箇アリテ短ク、柱頭ハ細裂ス。瘦果ハ扁
平ニシテ廣キ二翼ヲ具ヘ、稍圓形ニシテ
凹頭、長サ4-5mmアリ。和名ハ圓葉羊
蹄ノ意、又腎葉酸模ノ意ナリ、圓葉ハ圓
形ノ葉、腎葉ハ腎臟形ヲ成セル葉ナリ。

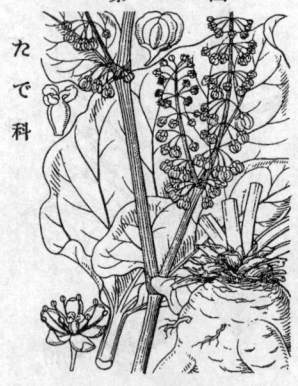

第 1888 圖

たで科

からだいわう
Rheum undulatum *L.*

元來しべりあ地方ノ原産ニシテ德川時代ニ支那ヨリ渡リ來リ時ニ栽植セラルル多年生ノ大形草本ナリ。根ハ肥大シ黄色ヲ呈ス。莖ハ粗大ニシテ高サ1.5m許ニ及ビ、中空ナリ。葉ハ闊大ナル卵形ヲ成シ五乃至七脈ヲ有シ邊緣波曲シ、下部ノ者ハ其底部深キ心臟形ヲ成シ、根葉ハ叢生シテ長葉柄ヲ有シ、葉柄ハ紫色ヲ帶ビ上面淺溝ヲ成シ背面ハ圓シ。夏時上部ニ枝ヲ分チ、複總狀花序ヲ成シ、多數ノ黄白色有梗小花ヲ開キ花軸上ニ輪生ス。萼ハ六裂シ、長サ3mm 許。無花瓣。九雄蕊。子房頂ニ短キ三花柱アリテ柱頭ニ擴大ス。搜果ハ宿存セル內列三萼片ニ包マレ其三萼片ハ卵形ヲ呈シテ凹頭ヲ有ス。和名ハ唐大黄卽チ支那大黄ノ意ニシテ德川時代ニ之ヲリ眞ノ大黄ト誤認セシト雖モ固ヨリ眞正ノ大黄ニ非ラズ藥用ト為テ敢テ價値無シ、延喜式ニ諸國ヨリ大黄（おほし云フ、しハ羊蹄卽チぎしぎしノ古名ナリ）大黄ノ形大ナレバおほきぎしノ意ニテおほしト云フ）ヲ貢進セシ事ヲ載スレドモ此大黄ノ蓋ヲ和産ノをだいわうヲ用キシモノナラン、今ヨリ約一千年モ昔ニ諸國ニ之ヲ栽培シアリシ事信ヲ措キ難シ。漢名 大黄（誤用）

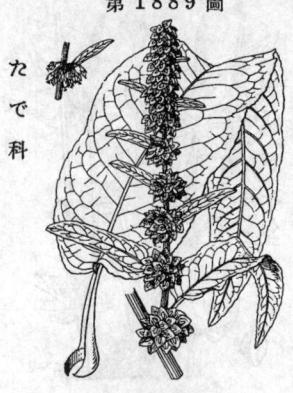

第 1889 圖

たで科

ぎしぎし (羊蹄)
古名 し
Rumex japonicus *Meisn.*
(=R. crispus *L.* var. japonicus *Makino.*)

原野・路傍ニ濕地或ハ水傍ノ地ニ普通ナル大形綠色ノ多年生草本。根ハ粗大ニシテ地中ニ入リ黄色ヲ呈ス。莖ハ高サ60-100cm許アリテ直立ス。葉ハ質柔ク、根葉ハ叢生シテ長柄ヲ有シ、長キ長橢圓形ニシテ鋭頭、圓底又ハ稍楔底ヲ呈シ、莖葉ハ細長クシテ柄短シ、六月、上部ニ分枝シ枝上ニ總狀花序ヲ成シテ多數ノ淡綠色有梗小花ヲ輪生シ花序ニ葉狀苞ヲ交フ。六萼片。無花瓣。六雄蕊。三花柱アリテ柱頭ハ毛裂ス。花了テ其內列萼ノ三片增大シ廣卵形ノ翅狀ト成リテ三稜形ノ翅ヲ包ミ邊緣ニ微齒アリ、其背面ニ白色ヲ帶ベル橢圓形ノ小瘤ヲ具ヘ後ハ褐色ニ變ズ。和名ぎしぎしハ元京都ノ方言ナリト謂フ、而シテ其意義分明ナラズ、或ハ小兒之レヲ弄ビ互ニ其莖ヲ摩リ合セぎしぎしト云フ音ヨ出サシムルヨリ云フ乎、民間ニテ此根ヲ藥用トス、是レ卽チしのねナリ、しハぎしぎしノ古名ニシテしのね卽チぎしぎしノ根ノ意ナリ。

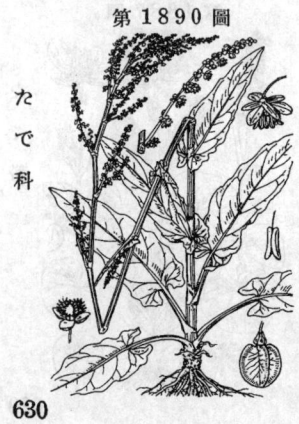

第 1890 圖

たで科

すいば (酸模)
一名 すかんぽ 古名 すし
Rumex Acetosa *L.*

野外ノ地ニ極メテ多キ雌雄異株ノ多年生草本。地下莖ハ稍肥厚シテ短ク、根ハ分岐シテ黄色ヲ呈セリ。莖ハ直立シテ高サ50-80cm許アリ、細長ナル圓柱形ニシテ綠褐綠リ綠色ニシテ通常紅紫色ヲ帶ビ、葉下共ニ酸味アリ。根葉ハ長柄アリテ叢生シ長橢圓形ニシテ鈍頭ヲ成シ底部多少箭形ヲ呈シ、莖葉ハ互生シテ披針狀長橢圓形ヲ成シ底部箭形ニシテ下部ノ者ハ短柄アリ上部ノ者ハ抱莖シ、鞘ハ膜質ナリ。春月初夏ノ候、莖梢ニ分枝シテ圓錐花穗ヲ成シ、淡綠色或ハ綠紫色ノ有梗小花ヲ輪生シ其數多シ。萼六片ニシテ花瓣無シ。雄花ハ六雄蕊アリテ花中ヨリ下垂セル黄葯ヲ有ス。雌花ハ三花柱アリテ柱頭ハ細裂シ紅紫色ヲ呈ス。花後內側ノ三萼片翅狀ニ成長シテ三稜形ノ瘦果ヲ包ミ、長サ4mm許、略圓形ヲ成シテ背面ニ瘤無シ。和名ハ酸葉ノ意ニシテ其葉ハ酸味アレバ云フ、すかんぽハ酸ヶ葉ヨリ來リシモノナラン、古名ノすしノ蓋シ酸羊蹄卽チ酸味アルし（ぎしぎし）ト云フ意ナラン。

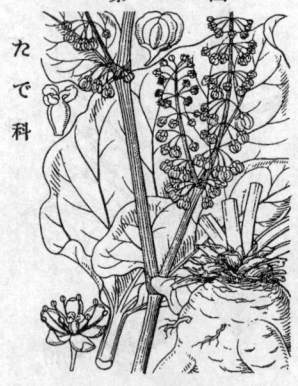
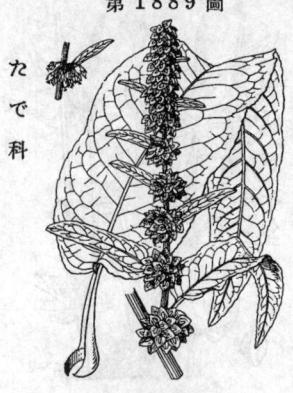
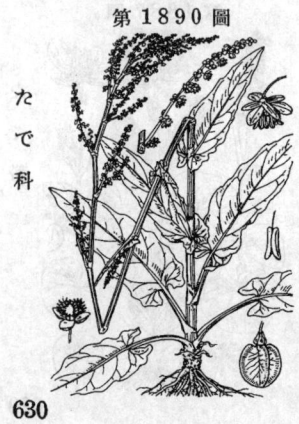

ひめすいば
Rumex Acetosella *L.*

元來歐洲ノ原產品ナレドモ明治初年頃ニ渡來シ今ヤ歸化シテ原野路傍ノ陽地ニ生ズル雌雄異株ノ多年生草本ナリ。根莖ハ地中ニ横走シ盛ンニ苗株ヲ分チ繁殖極メテ速カナリ。根葉ハ叢生シテ痩細ナル長葉柄ヲ具ヘ莖葉ハ互生シ、披針形或ハ長橢圓形ニシテ銳頭ヲ成シ基部ハ戟形ヲ呈シ全邊ニシテ質柔ク莖ト共ニ酸味ヲ含ミ長サ2-7cm許アリ。莖ハ直立シ、細長綠色ニシテ高サ25-45cm許アリ。五六月ノ候、莖梢ニ枝ヲ互生シ、痩長ナル總狀花穗ヲ成シテ褐綠色ノ短梗小花ヲ疎ニ輪生ス。蕚ハ六片アリテ花瓣無シ。雄花ハ六雄蕋。雌花ハ三花柱ニシテ柱頭ハ細裂ス。痩果ハ三稜形ニシテ長サ1.5mm許、密ニ同長ノ宿存蕚ニ包マル。和名ハ姬酸葉ノ意、此品すいばニ似テ小形ナル故ひめト云フ。

第1891圖

た で 科

あれちぎしぎし
Rumex conglomeratus *Murr.*

歐洲原產、明治年間渡來シテ路傍溝側等ノ陽地ニ野生セル二年生草本。莖ハ直立シテ1m内外ニ達シ、稍痩菱ニシテ分枝シ、帶暗綠色ヲ呈シテ毛ナク、莖面ニ縱溝多シ。莖葉ハ疎ニ互生シ細キ柄アリ、長橢圓狀披針形ニシテ銳頭、截底或ハ稍心臟底ヲ成シ邊緣ハ細カク波曲ス。長サ10cm内外、脚部ノ者ハ極メテ長キ柄ヲ具フ。五六月ノ候、頂枝ヲ直立或ハ斜立シテ枝上ニ長ク輪繖花序ヲ着ケ穗長20-30cmニ達シ、穗間ニ葉狀苞アリ、輪繖花團ハ互ニ間隔アリテ特徴アル外觀ヲ呈ス。花ハ小形紅綠色。蕚六片ニシテ花瓣ナシ。六雄蕋。三花柱。痩果ハ三稜形ニシテ最モ小サク、宿存セル内列三蕚片增大シテ長卵形ノ翼ヲ成シ以テ其痩果ヲ包ミ各片ノ邊緣ニ不齊ノ櫛齒ヲ有シ背面ノ下部ニ各一小瘤ヲ具フ。和名ハ荒地羊蹄ニシテ能ク荒廢地ニ生ズルヲ見ルヨリ此ク云フ。

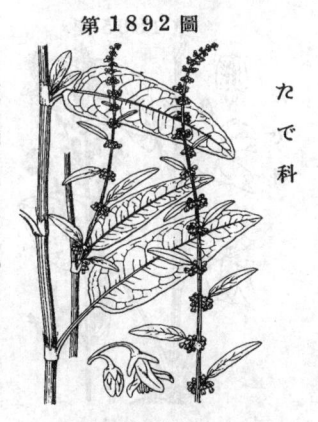

第1892圖

た で 科

のだいわう
Rumex domesticus *Hartm.*

山野ノ水濕地ニ生ズル大形ノ多年生草本。高サ1m以上ニ達シ、大ナル根葉叢生シテ壯大ナリ。葉ハ闊大ニシテ長卵形、漸尖頭、心臟底ヲ成シ、鈍緣ニシテ低鋸齒ヲ有シ、兩面無毛ニシテ莖ト共ニ中脈ニ紅色ヲ帶ブル者多ク、長サ30cmニ達シ、且長柄アリ。夏日莖梢ニ分枝シ大ナル圓錐狀ヲ成シテ輪繖花序ノ穗樣ヲ著ケ、其輪繖花團ハ互ニ接近シテ數多シ。枝ハ長クシテ小枝ヲ分チ多クハ斜上シ又直立ス。花ハ細小ニシテ淡紅綠色。六蕚片アリテ花瓣無シ。六雄蕋。三花柱。果穗ハ多數ノ果實互ニ相接觸ビテ全纏極メテ繁密混線ラ極ム。内列蕚三片ハ宿存シテ翼狀ト成リ廣卵形ヲ成シ銳頭、心臟底、不明ノ微鋸齒ヲ有シ、背面ノ小瘤ヲ卵如シ内ニ三稜ノ痩果ヲ包メリ。本種ハまだいわうニ近シト雖モ花穗直立且ツ繁密、宿存蕚ニ瘤體無ク、葉亦無毛ナルニ由リ兩者ヲ區別シ得ベシ。和名ハ野大黄ノ意ニシテ此種ハ原野ニ生ズルヨリ斯ク云ヘドモ又山原地ニ見ルコトモアリ。

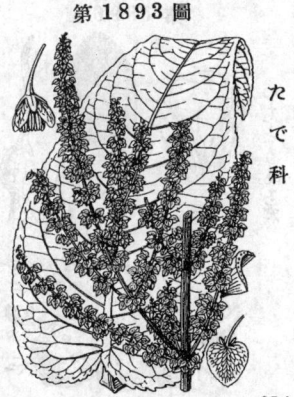

第1893圖

た で 科

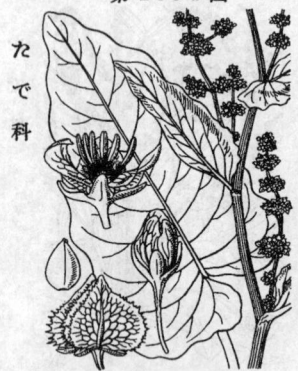

たで科

まだいわう
Rumex Daiwoo *Makino.*

山足或ハ山間ノ水傍ニ生ズル大形ノ多年生草本ニシテ高サ1m内外。根ハ黄色ニシテ大形肥厚ス。莖ハ粗大ニシテ直立シ綠紫色ニシテ縱溝線多ク上部疎ニ分枝ス。根葉ハ長大ニシテ長柄ヲ有シ、托葉ハ膜質、葉面ハ卵形或ハ卵狀長橢圓形ヲ成ス。莖葉ハ互生ニ卵狀披針形ヲ成シ、上部ニ至ルニ從ヒ漸次ニ小サク、遂ニ苞葉ニ成ル。夏日開花シ、圓錐花穗ハ疎ニシテ花軸ハ往々多少彎曲ス。花ハ綠色或ハ帶紫綠色ヲ呈シ小ニシテ小梗ヲ有シ穗軸上ニ輪生ニシテ各輪互ニ相離在ルルコト多シ。六萼片アリテ花瓣無シ。六雄蕊ニ一子房頂ニ三花柱アリテ柱頭ハ毛狀。痩果ハ三稜ニシテ茶褐色ヲ呈シ多クハ種子成熟セズ。宿存增大セル內列專三片ニ紅紫色ヲ成シ、內部ニ三稜卵形ノ痩果ヲ擁シ、外ニ背瘤無ク或ハ辛ジテ之レヲ見ルニ過ギズ。民間時ニ藥用ノ大黃ト誤認スルコトアリ、即チ種名ノ Daiwoo ハ之ニ基ク。和名ハ眞大黃ノ意ニシテ眞正ノ大黃ノ如ケレドモ是ハ元來誤認ニ出デシ名稱ニシテ固ヨリ大黃ノ眞物ニハ非ズ。漢名 土大黃（誤用）

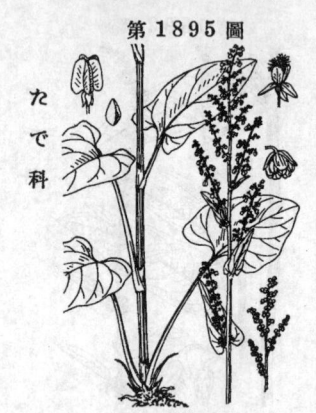

たで科

たかねすいば
Rumex montanus *Desf.*

中部以北ノ高山帶ニ生ズル雌雄異株ノ多年生草本。全株瘦瘠シ平滑ニシテ淡綠色ヲ呈ス。莖ハ直立シ高サ30-50cm。葉ハ質柔クシテ薄ク莖葉ハ極メテ疎ニ五生シ多クハ短柄ヲ有シ長橢圓形或ハ帶狀ヲ帶ビ長サ5cm内外、先端尖ミ底部ハ稍耳狀ノ戟形ヲ呈シ、葉緣ハ全邊ナレドモ上下ニ波皺シ、根葉ハ葉面短ク且ツ長柄ヲ具フ。夏日梢頭ニ黃綠色ノ細花ヲ開キ輪繖狀ヲ成シ相集リテ圓錐花穗ヲ成ル。萼六片アリテ花瓣無シ。雄花ニハ六雄蕊アリ。雌花ニハ一子房、三花柱アリテ柱頭ハ特殊ノ星芒毛狀ヲ呈ス。痩果ハ三稜樣ノ卵狀長橢圓形ヲ成シ、之レヲ包メル宿存內列三萼片ハ稍圓形全邊ノ卵狀ヲ成リ質菲薄ニシテ綠褐色ヲ呈シ背面ノ脚部ニ小瘤點ノ存スルアリ。和名ハ高嶺酸模ニシテ此種高山ニ生ズルヨリ斯ク云フ。

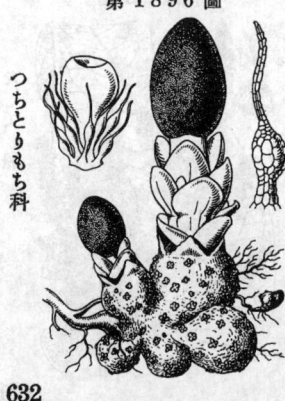

つちとりもち科

つちとりもち
一名 やまでらばうず
Balanophora japonica *Makino.*
(=Balania japonica *Van Tieghem.*)

我邦暖地ノ山地樹陰ニ生ズル多年生寄生草本。雌雄異株ナレドモ敢テ雌本ヲ見ズ。高サ7-10cm許、はひのき屬ノ樹根端ニ寄生ス。根莖ハ肥厚粗大ニシテ大小不齊ナル球狀塊ニ分裂シ淡黃褐色ニシテ大ナル淡白色ノ瘤點ヲ疎布ス。花莖ハ多肉ニシテ開口セル根莖頂ヨリ直立シ、大ナル肉質鱗片鱗次ヲ共ニ柑赤色ヲ呈ス。花穗ハ單一ニシテ肥厚シ、卵狀橢圓形或ハ長橢圓狀卵形、時ニ圓圓形ヲ成シ、深赤色ヲ呈シ、穗面ニ細emphasis黃色ノ雌花ヲ無數ニ密布シ、其花間ニ赤色倒卵圓形ノ一體ヲ交ヘ其數多クシテ穗面ヲ覆ヒ花ハ之ニ被ハレテ見エズ。子房ハ有柄ニシテ橢圓形ヲ成シ一胛子ヲ容レ上ハ長花柱トナル。花候ハ十一月。根莖ヨリ鳥䴕ヲ製ス。本種ハ雌本アリテ雄本ナシ然モ能ク種子ヲ生ジ單性生殖ヲ營ム適例ノ一トス。和名ハ土鳥䴕ノ意ニシテ其根莖ヲ搗爛シ以テ鳥もち製ス故ニ斯ク云フ、又山寺坊主ニ此種山中ニ生ジ其穗形坊主頭ノ如ケレバ云フ。

632

みやまつちとりもち

Balanophora nipponica *Makino.*
(=Balania nipponica *Masamune.*)

諸峰ノ深山樹陰ニ生ズル多年生寄生草本。雌雄異株ナレドモ獨リ雌本ノミニテ雄本ナシ。高サ10〜14cm許。黄赤色。根莖ハ特ニ肥大セル樹根ノ末端ニ寄生シ、多クノ球狀塊ニ分裂シ、黄褐色ニシテ小ナル痂點ヲ散布ス。花莖ハ開ロセル根莖頂ヨリ直立シ、肉質ニシテ大ナル鱗片疎ニ鱗次シテ之レヲ被フ。花候ハ秋時。花穗ハ卵狀長楕圓形ニシテ肥厚、長サ4.5cm許、黄色ニシテ滿面ニ無數細微ノ雌花ヲ密布シ、花間ニ倒卵圓形ノ一體ヲ多數ニ交ユ。子房ハ短柄アリ紡錘狀楕圓形ニシテ一卵子ヲ藏シ、頂ニ長花柱ト成ル。本種ハ單ニ雌本ノミナルモ單性生殖ヲ成シテ尙能ク種子ヲ結ビ繁殖ス。和名ハ深山土鳥黐ノ意ナリ、土鳥黐ノ解ハつちとりもちノ條下ニ在リ

つちとりもち科

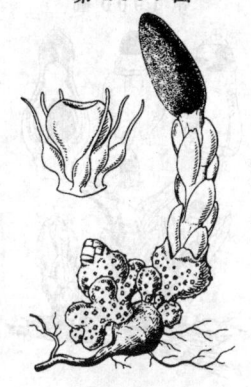

きいれつちとりもち
一名　とべらにんぢゃう

Balanophora tobiracola *Makino.*
(=Balaneikon tobiracola *Setchell.*)

樹下ニ生ズル多年生寄生草本。雌雄同株ナリ。高サ3〜10cm許、とべら(或ハしゃりんばい)ノ根端ニ寄生ス。根莖ハ肥厚ニシテ數塊集合シ、黄色ヲ呈シ、痂點ナシ。花莖ハ直立或ハ傾上シ、多肉ニシテ淡黄色ノ鱗片鱗次ス。花候ハ十、十一月。花穗ハ白色、卵狀長楕圓形或ハ卵形ヲ成シ、穗面ニ細微ナル無數ノ雌花ヲ密布シ、花間ニ倒卵圓形ノ一體ヲ多數ニ交ユ、且ツ大ナル雄花ヲ穗面ニ散點ス。雄花ハ有柄、花蓋三片アリテ花心ニ無柄ノ三胡ヲ具ヘ、花粉白シ。雌花ノ子房ハ無柄或ハ有柄ニシテ楕圓形ヲ成シ中ニ一卵子ヲ容レ、頂ニ長花柱アリ。九州ニ產ス。本品ハ藍ノ珠球癒ノ B. Wrightii *Makino* ト同種平、否乎、和名ハ喜入土鳥黐ノ意ナリ、喜入ハ薩摩揖宿郡ノ一地名ニシテ本品初メ此地ニ於テ採集セラレタル由テ其名ヲ得タリ、とべら人形ハ此種とべらノ根ニ寄生シ其形貌人形ノ如ケレバ斯ク云フ。

つちとりもち科

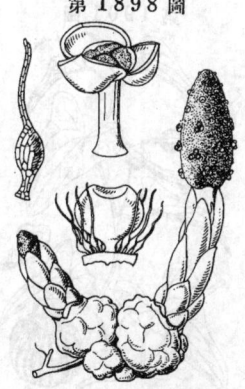

りうきうつちとりもち

Balanophora Kuroiwai *Makino.*

八重山島ニ產スル多年生寄生草本。高サ 10cm許、簇生シ、雌雄同株ニシテ黄赤色ヲ呈ス。地下莖ハ塊ヲ成シ、不齊ニ分裂シテ痂點無シ、花莖ハ根莖ノ頂ロヨリ直立シ、肥厚ニシテ疎ニ鱗片ヲ以テ被ハル。秋時、花穗ハ黄色(?)、球形ヲ呈シ、細微ナル雌花無數ヲ穗面ニ密布シ、花間ニ有柄ノ倒卵圓體ヲ多數ニ交ユ。雄花ハ花穗ノ下緣ニ群着シ、花體頗ル大ナリ、有柄ニシテ花蓋四片、時ニ三片アリ。葯四、時ニ三アリテ、花絲ニ合一シ、短大ナリ。雌花ノ子房ハ有柄、楕圓形ニシテ一卵子ヲ容レ、上ニ長花柱アリ。本品ト酷似セルー種ニしまつちとりもち一名やへやまつちとりもちアリ、亦八重山島ニ產ニ花穗卵形或ハ短キ長楕圓形ヲ成スノ差アリ、學名ヲ B. fungosa *Forst.* ト云フ。和名ハ琉球土鳥黐ニシテ本種琉球ニ產スレバ斯ク云フ。

つちとりもち科

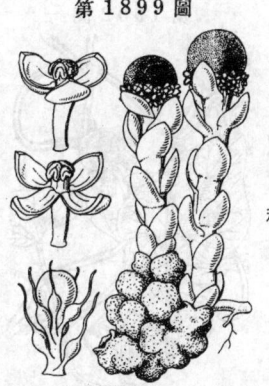

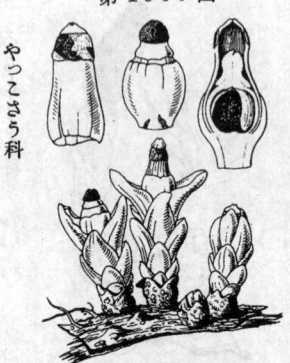

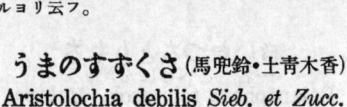

第 1900 圖

第 1901 圖

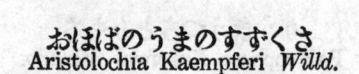

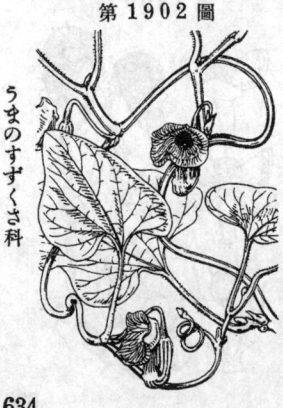

第 1902 圖

やっこさう 科

うまのすずくさ 科

うまのすずくさ 科

やっこさう

Mitrastemon Yamamotoi *Makino.*

しひのきノ根ニ群ヲ成シテ多數寄生シ、高サ7cm 内外ニシテ白色ヲ呈ス。根莖ハ短圓ニシテ表面粗糙、口邊ハ短片ヲ成ス。花莖ハ直立、肥厚、通ジテ大ナル鱗片ヲ對生シ一年生ニ一年生ナリ。鱗片ハ鈍頭、卵形ヲ成シ平滑、全邊ニシテ内ニ抱ヘ、上部ノ者漸次ニ大形ト成リ十字形ヲ呈ス。花ハ晩秋ニ出デ兩性ニシテ莖頂ニ獨在シ天ニ朝ヒ白色ヲ呈ス。花被ハ單一、口緣截形ニシテ宿存ス。花瓣ナシ。雄蕊ハ子房下生ニシテ單體ヲ成シ、後ニ花ヨリ離レ落ツ。花絲ハ一ノ筒狀ヲ呈シテ子房ヲ圍ミ、葯ハ花絲ト共ニ帽狀ヲ成シテ葯ノ表面ニ花粉ヲ出ス。子房ハ上位、大ナル卵圓形、單室ニシテ多クノ障壁胎座面ニ多數ノ碋小卵子ヲ附着ス。花柱ハ頂生短大、柱頭ハ半球形ヲ成ス。果實ハ漿果樣。種子ノ細微ナリ。花中ニ蜜液ヲ分泌シ、小鳥來リ吸フ。和名 奴草ハ其草ノ概觀宛モ奴僕即チやっこノ練リ步ク姿ニ似タルヨリ云フ。

うまのすずくさ (馬兜鈴・土青木香)

Aristolochia debilis *Sieb. et Zucc.*

原野・河堤・茶圃ノ邊等ニ生ズル多年生ノ蔓生草本ニシテ根ハ長ク地中ニ引キ處々ニ苗ヲ生ジ苗初メハ暗紫色ヲ呈シ莖葉ニ一種ノ臭氣アリ。莖ハ細ケレドモ強靭ニシテ無毛綠色、初メ直立スレド上部ハ他物ニ攀付シテ上昇シ長サ 1.5m 許ニ達シ疎ニ分枝シ多ニ枯ル。葉ハ有柄互生、葉面ハ卵狀抜針形或ハ卵形ニシテ其中邊往々少緩狹ニシテ頂或ハ鈍頭ヲ成シ底部ハ心臟狀耳形ト成リ長サ5cm内外、無毛平滑質稍厚クシテ蒼綠色ヲ呈ス。夏ハ、葉腋ヨリ出デシ一細梗頂ニ綠紫色ノ一花ヲ單ニ向フテ開ク。專ニ喇叭樣筒形ニシテ長サ3cm内外、上半漸次ニ放大シテ斜ニ開口シ側片ハ尖リ、筒ノ下部ハ急ニ球狀ニ膨ラミ囊內面ニ一ハ長軟毛ヲ生ジ、膨球部內ニ六花柱合一シテ多肉ノ短柱ト成リテ立チ其外側ニ六雄蕊ヲ附着ス。子房ハ下位ニシテ小柱形ヲ成シ花梗ニ連ナル。蒴果ハ球形ニシテ基部ヨリ六裂シ、同ジク六分裂セル花梗ノ細絲ニテ懸垂シ中ニ多種子アリ。和名ハ馬ノ鈴草ニシテ其實ノ狀馬ノ項ニ懸ル鈴ニ似タルヨリ云フ。

おほばのうまのすずくさ
Aristolochia Kaempferi *Willd.*

中部以南ノ海岸ニ遠カラザル淺山山林中ニ生ズル落葉藤本ニシテ一種ノ香氣アリ。蔓莖ハ老成スレバ徑2cm内外ニ達シ長ク伸長シテ林樹ニ纒繞シ疎ニ分枝ス、稚條ハ強靭ナル細長圓柱形、平滑、綠色ナリ。嫩條幷ニ葉ニ微軟毛アリテ後ニハ灰白色ヲ呈ス。葉ハ闊大ニシテ有柄、疎ニ互生、托葉ナク、葉面ハ廣卵形或ハ圓狀卵形ニシテ鈍頭、心臟底、全邊、黃綠色、兩面ニ細毛ヲ布キ葉面光澤ナシ、稚本ニハ底部耳狀ヲ呈スル狹長葉ヲ見ルコト常ナリ。五六月ノ候、葉腋ニ一梗ヲ出シテ一花ヲ懸垂ス。專特異ノ筒形ヲ成シテ中央ヨリ反曲上屈シ、一旦細筒ト成リ後チ急ニ褐紫斑アル綠黃色ノ皷形ト成シテ展開シ側ニ向フ。專筒底ニ六花柱合一シテ短柱ヲ成シ其外壁ニ六雄蕊ヲ着ク。蒴果ハ長サ5cm許ノ長橢圓體ヲ成シ後ニ先端ヨリ六裂ス。姉妹品ニありまうまのすずくさ (A. arimensis *Makino*) アリ、葉質薄ク花梢小形專ノ皷面初メ黃色後チ直ニ全面紫黑ヲ呈スルヲ以テ識別スベシ。和名ハ大葉ノ馬ノ鈴草ニシテ其花普通ノうまのすずくさニ比スレバ大形ナルヨリ斯ク云フ。

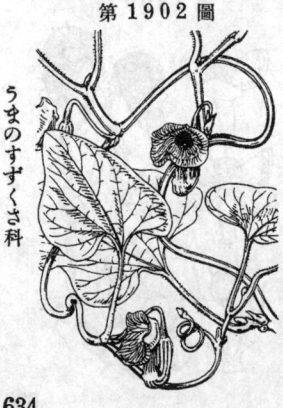

かんあふひ
Asarum nipponicum F. Maekawa.
（＝Heterotropa nipponica F. Maekawa.)

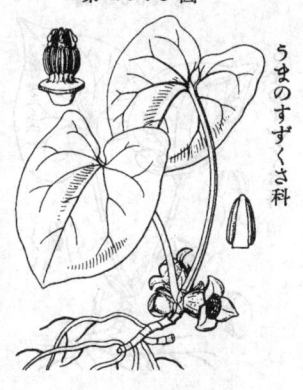

うまのすずくさ科

中部ノ山地樹陰ノ生ジ芳香强烈ナル常綠ノ多年生草本。根莖ハ地表ニ近ク斜在シ多節多肉平滑ニシテ暗紫色ヲ呈シ、黃白色ノ少數鬚根ヲ發出ス。莖ハ極メテ短ク、往々分枝シ、莖頂一葉一花アリ。葉柄ハ污紫色ニシテ長ク、圓柱形多肉、葉片ハ卵狀橢圓形或ハ卵圓形、長サ10cm內外、鈍頭深心臟底、表面平坦ニシテ濃綠色、或ハ白斑或ハ白脈、疎毛散生ス。晩秋ヨリ初冬ニ亘リテ開花ス。短梗アリテ花ハ點頭或ハ側向シ、多クハ半バ地ニ埋ル。花徑 2cm 內外、暗褐色ナレドモ往々綠黃。萼ハ多肉ニシテ三片ニ分裂シ花囊無ク、下部ハ筒筒形ヲ呈シ、內部ニ隆起網眼ヲ形成ス。六花柱輪狀ニ立チ、先端尖ゲ其少シク下方外側ニ點狀ノ柱頭アリ。雄蕊ニ、花柱ノ外輪ニ生ズ。和名ハ寒葵ニシテ其葉多ゲ凌デ綠色ナルヨリ塞ト云ヒ并ニ葉狀ニ由リ葵ト云フ、然レドモ固ヨリ葵ノ類ニ非ラズ。

漢名 杜衡（誤用、此名ハ支那原產ノ おほかんあふひ ニ充ツベキナリ）

らんえふあふひ
Asarum Blumei Duch.
（＝Heterotropa Blumei F. Maekawa ;
Asarum albivenium Regel.)

うまのすずくさ科

本州中部ノ山地ニ生ズル多年生草本。莖ハ地ヲ匐ヒ多節。葉ハ越年生ニシテ每年一簡、長柄アリ、卵狀橢圓形ヲ呈シ長サ10-15cm、底部ハ耳狀ノ深心臟形ヲ成シ、表面光澤ニ富ミ白斑ノ者多ク、肉質ナレドモかんあふひニ比スレバ薄シ。早春葉側ニ一花ヲ開ク。淡褐紫色ヲ呈シ、萼ハ筒部鼓狀、脈絡ノ陷入顯著ニシテ淡黃綠ヲ帶ビ、內部ニハ紫色ノ網狀隆起ヲ有シ、岐部ハ平開シテ三裂シ、裂片ハ先端部內卷シ、內面平滑、中央ニハ比較的小ナル開口アリ。雄蕊十二簡ハ中央ノ突出セル子房外壁ニ著生ス。花柱ハ六裂、上部ノ外側ニ點狀ノ柱頭アリ。和名らんえふハ卵葉ニ非ズシテ多分亂葉ノ意ナラン即チ其葉面ニ亂レ走ル白斑ヲ見テ斯ク俗稱セシニ非ザルヤ、或ハ又蘭葉ノ意ニシテ其特ニ衆人ノ注意ヲ惹ク白斑葉ヲ見テ之ヲ蘭種即チ和蘭種ニ擬シ斯ク呼ビシニ非ザルヤ。

まるばかんあふひ
Asarum asaroides Makino.
（＝Heterotropa asaroides Morr. et Decne.)

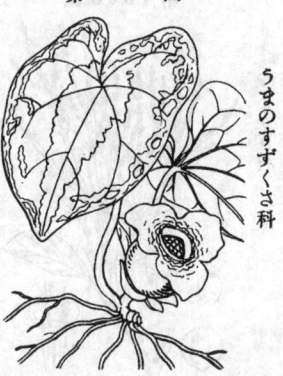

うまのすずくさ科

本州西部及ビ九州ノ山地ニ生ズル多年生草本ナレドモ往々觀賞ノ爲メ栽培セラル。全株かんあふひニ比シテ壯大ナリ。葉ハ莖頂一簡、闊大ナル卵狀橢圓形或ハ卵狀三角形ニシテ銳頭或ハ鈍形、深心臟底、表面ハ鮮綠色ニシテ淡綠乃至白色ノ雲紋狀斑ヲ飾ルカ或ハ暗綠色ニシテ白脈ヲ有ス。裏面ハ淡綠ナリ。五月頃、莖頂葉柄側ニ一花ヲ開ク。花徑3-4cm、暗紫色、萼筒ハ倒卵樣梨子形ニシテ軟骨質、外面滑澤ナレド內面ニハ顯著ナル隆起網眼アリ。上部ハ甚ダ括レ、筒口緣ニハ顯著ノ隈アリ。萼ハ三裂シ裂片ハ開出シ卵狀三角形ニシテ內面ニ乳頭狀毛ヲ布キ基部ニハ不規則ハ小板狀突起ヲ生ズ。六花柱ハ分立シ短闊ニシテ腹面上牛ニ廣翼アリ。雄蕊十二簡ニ交互ニ大小アリテ其葯ハ小者ハ內方ニ大者ハ外方ニ裂開ス。和名ハ圓葉寒葵ノ意ニシテ其葉稍圓形ナレバ云フ。

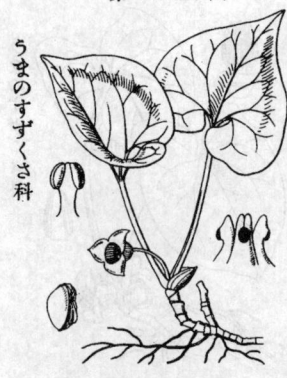

第1906圖

さいしん（細辛）
一名 うすばさいしん
Asarum Sieboldi *Miq.*
（＝Asiasarum Sieboldi *F. Maekawa.*）

うまのすずくさ科

諸國ノ山中陰濕ノ地ニ生ズル多年生草本。根莖ハ多節多肉ナレドモかんあふひニ比シテ細ク鬚根赤細クシテ辛味甚ダシ。春日地ニ接シテ莖頂ニ二葉ヲ左右ニ開キ一見對生セルガ如シ。長柄アリテ汚紫色、葉片ハ長サ5-8cm許、圓卵形ニシテ銳尖頭ヲ有シ、底部ハ深心臟形、薄質ニシテ平滑ナレドモ光澤ナク、綠色ヲ呈シ、裏面淡色、脈上往々微毛ヲ生ズ。葉ノ開舒ヨリ僅ニ早ク二葉間ニ細梗アル一花ヲ頂出シ淡汚紅紫色ヲ呈シ花徑 10-15mm、萼筒ハ扁球形、稍軟質ニシテ內面ニハ單ニ縱畝アルノミ。上部口緣ニハ何等ノ附節ナク、直ニ三裂反卷セル卵形ノ萼片ト成ル。子房ハ上位、花柱短ク六裂シ、頂部各二岐シ外側ニ柱頭アリ。雄蕋ハ十二箇、花絲ハ長シ。根ヲ藥用ニ供ス。和名ハ漢名細辛ノ字音、薄葉細辛ハ其葉質薄ケレバ云フ。

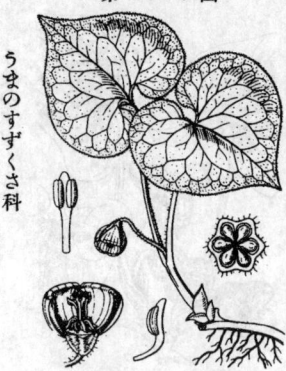

第1907圖

ふたばあふひ
一名 かもあふひ
Asarum caulescens *Maxim.*
（＝Japonasarum caulescens *Nakai.*）

うまのすずくさ科

山中ノ陰地ニ生ズル多年生草本。莖ハ多肉平滑ナル圓柱形ニシテ汚紫褐色、徑5mm內外アリテ地上ニ橫臥シ長キ節間ト二三ノ短キ節間ト交互シ、下面ヨリ小細鬚根ヲ發出ス。春日、莖頂ニ二ノ鱗片互生シテ扁平ナル芽ヲ成シ後夏芽中ヨリ長キ一莖伸長シ頂ニ二葉相接シテ互生ス。葉ハ長葉柄ヲ有シテ直立シ、立テル散毛アリテ葉片ハ心臟狀腎形、長サ4-8cm、先端短尾狀ヲ成シテ急ニ尖リ、底部ハ牛圓形ノ兩耳アリテ深心臟底ヲ成シ、全緣ナレドモ長毛ノ列生シ、薄質ナリ。葉間ニ有柄ノ一花ヲ點頭ス。淡紅紫色ニシテ徑1cm許、下位子房ト共ニ萼筒外面卷縮毛ヲ生ズ。萼筒ハ椀形內部平滑、些ノ隆起ナシ。萼片三箇ハ無毛、强ク反卷シ以テ萼筒外面ヲ覆ヘリ。花柱ハ合一シテ單柱狀ヲ成シ、先端分裂シテ六柱頭ト成ル。雄蕋十二箇、花絲長ク、外方ヘ展ス。和名 雙葉葵ハ其一株ニ必ズ二葉加ウ以テ云フ、又加茂葵ハ京都加茂社ノ祭禮ニ之レヲ用ウルヨリ云フ、德川家ノ紋章ハ之レニ基ヅク、然シ其ノ字ヲ之レニ用ウルハ非ナリ。

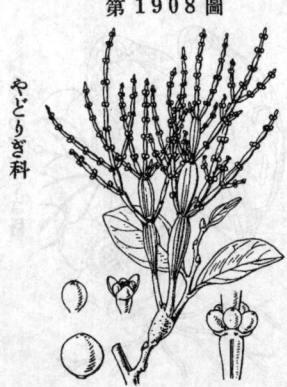

第1908圖

ひのきばやどりぎ
Pseudixus japonicus *Hayata.*
（＝Viscum japonicum *Thunb.*）

やどりぎ科

我邦中部南部諸州ノひさかき・つばき・さざんくわ・さかき・ぎんもくせい・あでく・いぬつげ・もちのき・ねずみもち其他ノ樹木ニ寄生スル常綠小本ナリ。全形 6-12cm許アリテ多數ノ關節ヲ有シ、且ツ分枝シ、全體綠色ニシテ節間ハ平扁ナリ。葉ハ各節ノ上端兩側ニ微小ナル鱗片狀ヲ成シテ突出ス。雌雄同株ナリ。春夏秋ノ間、節部ニ黃綠色ヲ呈スル雌雄ノ無柄小花ヲ着ク。花ハ徑 0.8mm 許、花被ハ三裂ス。雄花ノ萼ニ二室、花被片ハ互生シ、互ニ合生一體ヲ成ス。雌花ノ花ハ下位、熟スレバ中央部柱頭ニ液體ヲ分泌シ氷滴狀ヲ成ス。果實ハ小形ノ漿果、橢圓形ニシテ柑黃色ヲ呈シ長サ3mm許アリ、內ニ一種子ヲ藏ス。種子ハ果皮ヲ破リテ自ラ飛出シ種子ノ周圍ニ有スル粘質物ヲ以テ他物ニ附着シ、枝上ニ着ケバ其處ニ萠芽シ新株ヲ成ス。和名ハひのき葉寄生木ニシテ其細ク分枝セル綠莖宛モひのき葉ノ如クレバ斯ク云フ、寄生木ノ宿リ木ノ意ニシテ他物ニ寄宿シ生活スルヲ云フ。

やどりぎ (冬青 _{同名}アリ)
一名 ほや・とびづた
Viscum album *L.*
var. lutescens *Makino.*

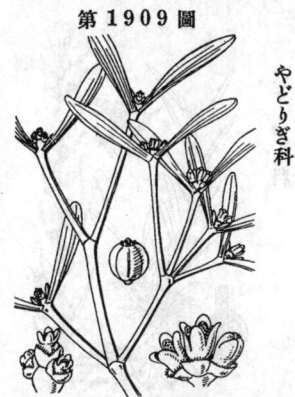

第 1909 圖

やどりぎ科

諸州ニ之レヲ見、普通ニ多クえのきノ枝上ニ寄生シ又くり・さくら稀ニぶな等ノ枝上ニ生ズル常綠小灌木。長サ 40-60cm 許アリテ二叉或ハ三叉的ニ多ク分枝シ無毛ニシテ綠色ヲ呈ス。莖ハ柔靱ニシテ圓柱形ヲ成シ、節ハ多クシテ單節アリ。節間ハ 5-10cm 許アリ。葉ハ對生シ無柄、倒披針形ニシテ葉頭ハ圓頭、下部ハ楔形ヲ成シ、長サ3-8cm許、厚クシテ革質ヲ呈ス。雌雌異珠、二月、枝端ノ葉間ニ黃色ノ無柄小花ヲ着ク。苞ハ杯形ヲ成シ、萼ハ厚質ニシテ四裂ス。雄花ニハ花絲ヲ缺キ葯ハ萼片ニ沿附シ多室ニシテ黃花粉ヲ吐ス。子房ハ下位、柱頭ハ柄ヲ有セズ。果實ハ球形ニシテ熟スレバ淡黃色ヲ呈スル半透明ニシテ粘調汁ヲ有シ、中ニ平扁ナル深綠色ノ一種子ヲ藏メ幸ニ之レガ他ノ橦枝ニ粘附スレバ其處ニ萌芽シ新株ト成ル。果實橙赤色ニ熟スル品ヲあかみやどりぎ (var. rubro-aurantiacum *Makino*) ト云フ。和名ハ寄生木即チ宿リ木ノ意ニシテ他橦ニ寄宿シ生活スルノ云フ、性ヤノ意未詳、飛びづたハ之レやどりつたニ擬シ而シテ橦ヨリ橦ニ移リテ生ズルヲ斯ク云フ。
漢名 槲寄生 (此ノ如キ支那名無シ)

まつぐみ
Loranthus Kæmpferi *Maxim.*

第 1910 圖

やどりぎ科

暖地ノ常綠寄生灌木ニシテ主トシテあかまつ・もみノ枝上ニ着生ス。莖ハ分枝シ下部ハ往々横走スル不規則ノ褐色氣根ニヨリテ寄主ニ吸着ス。枝ハ細クシテ强靱、葉痕瘤點ヲ印ス。葉ハ小ニシテ敷多ク綠色ニシテ五生シ、短柄アリ、倒狹披針形鈍頭ニシテ下部狹窄シ、全邊革質無毛ニシテ光澤ナク、長サ2-3cm許アリ。七月、葉腋ニ短小ノ葉織花序ヲ成シテ二三花ヲ着ク。短梗アリ、花ハ深紅色、基部ニ小苞ヲ有ス。萼ハ廣線狀筒形、先端ハ四裂シテ裂片ハ一方ニ偏開シテ反卷シ褐黃色ヲ呈ス、蕾ノ時ハ萼ノ上部弓曲シテ綠色ナリ。花喉ハ小キ線形ノ四雄蕊ニアリ、花柱ハ絲狀ニシテ長ク挺出シ、子房ハ下位ニシテ球形。漿果ハ小ク徑5mm許、球狀ニシテ翌春赤熟シ果内ニ白色ノ一種子アリ。和名ハ松胡累子ノ意ニシテ此種あかまつ(罕ニもみ)ニ生ジ其果實ぐみノ如ケレバ斯ク云フ。

おほばやどりぎ
一名 こがのやどりぎ
Loranthus Yadoriki *Sieb.*

第 1911 圖

やどりぎ科

暖地ノ常綠寄生灌木。主トシテかし類・しひ・やぶにくけい等ニ着生シ、一見ぐみノ觀アリ。葉ハ有柄對生シ、廣橢圓形・卵圓形・倒卵圓形、長サ3-6cm許、鈍頭、圓底、革質ニシテ厚ク、裏面ハ新條ト共ニ赭褐色ノ密氈毛ヲ布クヲ以テ遠望スレバ赤褐色ノ集團ト成リテ甚ダ顯著ナリ。晩秋、葉織花序ヲ成シテ二三ノ有梗花ヲ着ク、蕾ハ通常弓曲ス。萼ハ長サ2cm内外ノ狹卵狀筒形ヲ呈シ、外面ハ赭褐色ノ氈毛ヲ布ケドモ內部ハ光澤アル黑紫色ヲ呈シ、喉部ハ筒形ニ四裂片ニ分レテ甚ダ反卷ス。雄蕊ハ四箇、廣線形、黃色、蕚裂片ノ基部ニ着テ之レト對生シ花絲時花外ニ現ハル。花柱ハ絲狀ニシテ雄蕊ヨリ高ク出デ、子房ハ下位ニシテ球形、赭褐色。漿果ハ越年シテ成熟、廣橢圓形、赤褐色、氈毛殘存シ、果肉ハ粘性甚ダ强シ。和名ハ大葉宿リ木ノ意ニシテ此種其葉他ニ比スレバ廣闊ナレバ斯ク云シ、こがのやどりぎハこが即チやぶにくけいニ寄生スルヨリ此名アリ。

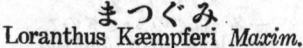

第1912圖

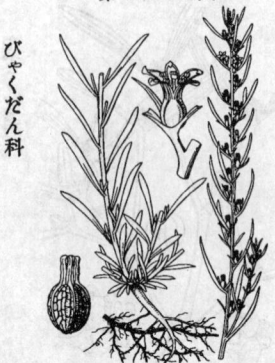

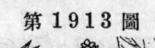

かなびきさう
Thesium chinense *Turcz.*

山野向陽ノ地ニ生ジ能ク芝地ニ之レヲ見ル多年生ノ半寄生草本ニシテ高サハ15-25cm許アリ、根ハ他草ノ根ニ寄生シ短クシテ分枝シ白色ヲ呈ス。莖ハ通常叢生シテ直立シ、痩長綠色ニシテ多少分枝ス。葉ハ互生シ、綫形ニシテ銳頭全邊、長サ1-3cm許ニシテ帶白綠色ヲ呈ス。五月、葉腋ノ短枝上ニ外面淡綠色内面白色ノ小花ヲ頂生シ、花下ニ葉狀苞一片ト小苞二片トアリ。萼ハ下部短筒ヲ成シ上部ハ五叉ニ四裂シ、裂片ハ卵狀長橢圓形ニシテ鑷合襞ヲ成シ稍厚シ。花瓣無シ。雄蕊ハ五叉ニ四箇ニシテ萼片ノ基部ニ着キ之レト對生ス。子房ハ無柄ニシテ花下位ヲ成シ一花柱アリ。果實ハ球形ニシテ長サ2mm許、外面ニ脈狀隆起シ、頂ニ宿存萼ヲ冠シ、中ニ一種子アリ。和名ハ蓋シ鐵引草ナランモ其意不明ナリ。漢名 百蕋草(誤用)

第1913圖

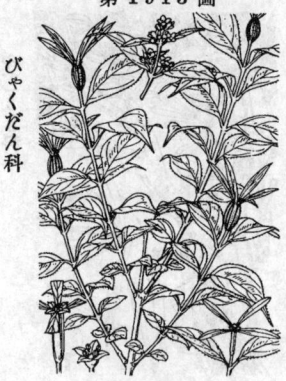

つくばね
一名 はごのき・こぎのこ
Buckleya Joan *Makino.*
(＝Calycopteris Joan *Sieb.*; B. lanceolata *Miq.*; Quadriala lanceolata *Sieb. et Zucc.*; B. Quadriala *Benth. et Hook. fil.*)

山地ノ樹間ニ生ズル半寄生落葉灌木ニシテ根ハ他ノ樹木ノ根ニ寄生ス。幹ハ直立シ高サ1-2.5m許アリテ繁ク分枝シ多クノ葉ヲ肩ク。葉ハ對生シ稍無柄、卵形又ハ長卵形ニシテ先端長ク尖リ下部ハ楔形、全邊、綠色、長サ2-8cm許。雌雄異株、初夏ノ候、雄花ハ枝端ニ繖房狀ヲ成シ雌花ハ枝端ニ單立シテ開花ス。花ハ小形ニシテ淡綠色、萼片ハ四箇アリテ花瓣無シ。雄蕊ハ四箇、短シ。雌花ノ子房ハ下位、萼片ノ下ニ四箇ノ小苞ヲ有ス。果實ハ卵圓形或ハ橢圓狀圓形ニシテ長サ7-10mm許、頂ニ增大成長シテ葉狀ト成レル綫狀披針形ノ四苞ヲ有ス。果實ヲ鹽藏シテ料理ノ裝飾ト作セドモ之レヲ用フルコト稀ナリ。和名ハ衝羽根ニシテ其果實ノ羽狀羽子板ノ衝羽根卽チ羽子ニ似タル故云フ、又羽子ノ木モ同意味ナリ、又胡鬼ノ子ハ羽子板ノ羽子ト云フ意ニテ子ハ羽子ノ事、胡鬼ハ羽子木板ノ略ニテ子木ヘ胡鬼ノ當テ字ヲ用ヰタルナリ。

第1914圖

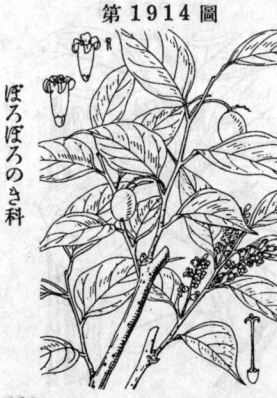

ほろほろのき
Schoeffia jasminodora *Sieb. et Zucc.*

九州ノ山地ニ生ズル落葉小喬木。幼枝ハ紫色ヲ帶ブレドモ二年目ヨリ黃灰色ニ變ズ。小枝ハ强キ者ハ殘シテ冬ニ入リ葉ト共ニ脫落スルノ特性アリ。葉ハ短柄アリテ互生シ、長サ4-6cm、卵形、稍有尾銳尖頭、底部ハ圓形或ハ截形ヲ成シ、全邊ニシテ洋紙質ヲ呈シ軟クシテ無毛ナリ。花ハ香氣アリテ腋生ノ總狀花序ヲ成シ、雌雄異花ニシテ花穗ノ下部ノ者ハ雌性ナリ。花冠ハ筒形ヲ呈シ、先端四裂反卷シ、黃色ナリ。雄蕊ハ花冠筒ニ着キ四箇。雌蕊ハ長花柱ヲ有シ、先端三岐ス。子房ハ半下位ニシテ三室ナリ。核果ハ橢圓狀球形。和名ハ蓋シ此樹ノ材軟脆ニシテボロボロト折レ易ケレバ斯ク云フナラン。

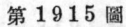

やまもがし
一名 かまのき
Helicia cochinchinensis *Lour.*
(=H. lancifolia *Sieb. et Zucc.*)

暖地ニ生ズル常緑小喬木ニシテ枝多ク葉繁シ。高サ6m内外。幹ハ直立シ枝ハ紫褐色。葉ハ有柄互生、倒披針狀橢圓形或ハ倒卵狀橢圓形ニシテ長サ5-15cm、兩端銳尖形、上半部ニ疎鋸齒アリ、或ハ梢柔ハ全邊、或ハ稚木ノ葉ハ著シキ粗ナル刺尖鋸齒ヲ列ス、革質ニシテ無毛滑澤、淡綠色ヲ呈ス。夏日葉腋ニ10-15cm內外ノ總狀花序ヲ出シツ多數ノ有梗花ヲ着ク。花ハ白色、二箇ヅツ苞腋ヨリ生ズ。蕚片ハ四箇、厚質線形ニシテ開花時反卷シ、其上部內側ニ各一雄蕊ヲ着生シ花絲ナシ。雄蕊ハ一箇、花柱ハ線形ニシテ長ク花冠ト同高、柱頭ハ棍棒狀ヲ呈ス。果實ハ硬キ漿果ニシテ橢圓形ヲ成シ秋ニ至テ黑熟ス。和名ハ山もがしニモがしヽ薩州ニテづくのきヲ云フ、此種づくのきニ似テ山地ニ生ズレバ斯ク云フ、かまのき ノ意不明ナリ。

かはごけさう
Lawiella kiusiana *Koidz.*
(=Hemidistichophyllum
japonicum *Koidz.*)

九州ナル薩摩幷ニ大隅ノ山間急流中ノ岩石面ニ生ズル珍稀ノ多年生草本ニシテ一見蘚苔ノ觀アリ。根ハ再三分枝シテ扁平ナル枝ノ密ニ岩面ヲ蔽ヒ、深綠色ヲ呈シ、處々ニ長サ5mm內外ノ針狀葉ヲ束生ス。九月ニ入レバ葉ノ束生點ヨリ短小ノ莖伸出スルコト2-3mm、二列ニ相重リテ數箇ノ莖狀深裂ノ小形葉ヲ着ケ、頂ニ一花ヲ開ク。花ハ相對セル一雄蕊ト一雌蕊トヲ以テ成リ、子房ハ膨脹シ上半淡紅色ヲ呈シ、雄蕊ノ左右ニ線形ノ花蓋鱗片アリ。蒴果ハ短梗ヲ具ヘ、球形ニシテ其上半斜ニ蓋開ス。昭和二年今村駿一郎氏始メテ之レヲ薩摩ナル久富木川ノ河中ニ發見シ以テ本科ノ植物ヲ日本本土ニ知ルニ至レリ。和名川苔草ハ其苔狀ヲ呈セル平扁根ニ基キテ名ケシナリ。

やなぎいちご
Debregeasia edulis *Wedd.*

暖地ノ海岸ニ近キ地ニ自生スル草狀ノ落葉灌木。高サ2-3mニ達シ、枝梢眞直ニシテ四方ニ發出ス。葉ハ有柄互生、線狀長橢圓形又ハ披針形ニシテ長サ10cm許、先端ハ銳尖シ底部ハ銳形、葉緣ニ細鋸齒アリ。表面ハ脈理凹ミテ皺質ヲ成シ暗綠色多少ノ光澤アレドモ裏面ハ白色ノ綿毛ヲ布ク。早春、葉ニ先チテ小形花ヲ開ク。花ハ短梗上ニ密生セル聚繖狀ヲ成シ前年枝ノ葉腋ニ並ビテ生ズ。雄花ハ四雄蕊。雌花ニハ一雌蕊。五六月ノ候、瘦果柑色ニ熟シテ粒狀ヲ成シ、金平糖狀ニ密集シテ球狀ヲ呈シ徑7mm內外アリ、多汁ニシテ甘味啖フベシ。和名ハ柳苺ニシテ其葉狹長ニシテやなぎ ノ如ク其果實柑黃色ニシテ粒々相集りいちご ノ如ケレバ斯ク云フ。

やまもがし科
第 1915 圖

かはごけさう科
第 1916 圖

いらくさ科
第 1917 圖

第1918圖

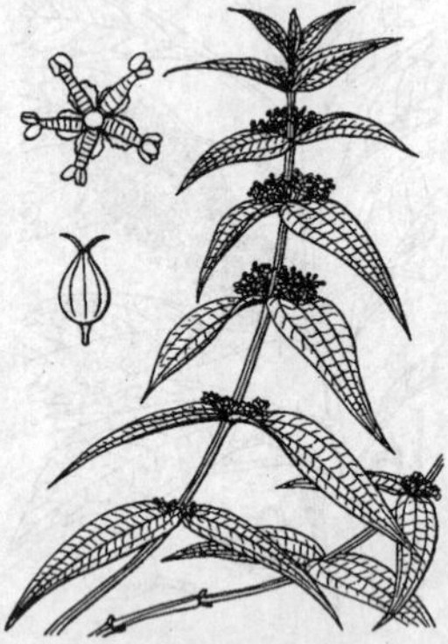

つるまを
Gonostegia hirta *Miq.*
(＝Urtica hirta *Bl.*; Memorialis hirta *Wedd.*)

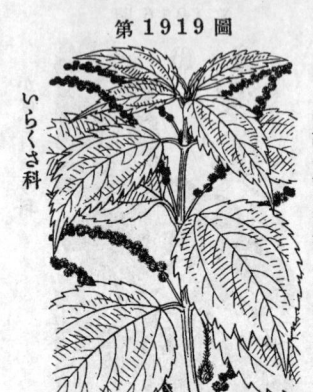

暖地ニ生ズル多年生草本。莖ハ黃綠色ノ瘦圓柱形ヲ成シテ長ク延ビ、蔓狀ヲ成シ、疎ニ枝ヲ開出シ、皮ニ纖維アリ。葉ハ對生シテ短柄ヲ有シ、披針形乃至卵狀披針形ニシテ銳尖頭、基部圓底又ハ稍心臟底ヲ成シ、全邊ニシテ長サ3-10cm許、幅10-25mm許、糙澀シ、三主脈アリテ葉裏ニ隆起シ主脈間ニハ之ヲ又繫グ橫細脈多シ。葉間托葉ハ三角形銳頭、膜質ナリ。秋月、葉腋ニ略ボ球狀ヲ成セル無柄ノ花毬ヲ成シテ黃綠色ノ小形花ヲ簇集シ、雌花・雄花アリ。雄花ハ小梗アリテ蕚片五箇、先端急ニ內曲シ毛ヲ有シ、之ト對生スル五雄蕋アリ。雄蕋ハ花絲粗大ニシテ蕾時內屈シ花開ケバ彈伸シ葯ヲシテ花粉ヲ拋吐セシム。雌花ハ短梗ヲ具ヘ蕚ハ筒狀ヲ成シ、花柱ハ二箇アリ。瘦果ハ小形ニシテ廣卵形ヲ成シ尖頭ヲ有シ黑色滑澤ニシテ縱稜アル綠色宿存蕚ニ包マル。和名ハ蔓苧麻ノ意ナリ、本品まをノ類ニシテ其莖蔓ヲ成スヲ以テ乃チ斯ク云フ。

第1919圖

やぶまを
Boehmeria japonica *Miq.*
(＝Urtica japonica *L. fil.*;
B. longispica *Steud.*)

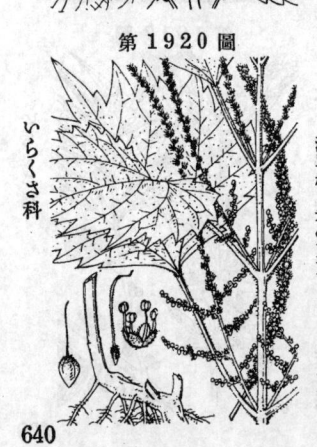

山野ニ普通ナル大形ノ多年生草本。莖ハ直立シ高サ1m內外、枝ヲ分タズ、皮ノ纖維ハ弱シ。葉ハ對生シテ柄ヲ有シ、略ボ圓形乃至卵形ニシテ先端尾狀ニ尖リ、邊緣ニ粗大ナル鋸齒ヲ有シ、三主脈アリ、葉質厚ク、甚ダ粗糙ニシテ莖ト共ニ細毛アリ。葉間托葉ハ披針形ニシテ離生ス。秋日、葉腋ヨリ長サ20cm ニ達スル花軸ヲ抽キ、淡綠色ノ細花ヲ密穗狀ニ綴リ、下部ノ花穗ハ雌花ヲ上部ノ花穗ハ雄花ヲ着ク。雄花ノ蕚ハ槪ネ四裂、雄蕋モ亦四箇。雌花ハ筒狀ノ蕚ニ包マレ、花柱一箇、柱頭ハ線形ニシテ宿存性ナリ。瘦果ハ細小、長倒卵形ニシテ小剛毛ヲ有シ、多數集リテ毬狀ヲ呈シ、綠色ナリ。和名ハ藪苧麻ニシテ此種まをニ類シ藪間等ニ生ズルヨリ斯ク云フ。

第1920圖

めやぶまを
Boehmeria platanifolia
Franch. et Sav.
(＝B. japonica *Miq.*
var. platanifolia *Maxim.*)

淺山或ハ溝側ニ生ズル大形ノ多年生草本。莖ハ單一ニ至簇生シ高サ1m內外、稍鈍稜アル圓柱形ニシテ質强壯、粗毛ヲ布キ、皮ノ纖維ハ弱シ。葉ハ闊大ニシテ稍薄質、莖ニ對生シ下部ノ者ハ長柄ヲ具ヘ圓形又ハ卵圓形ニシテ長サ10cm 內外、葉緣ノ齒牙ハ疎大ニシテ而モ葉頭ニ至ルニ從ヒ次第ニ其度ヲ增シ、前端ハ遂ニ中脈頂部ノ裂片ト共ニ鼩尾狀ノ三大齒ト成ル。上部ノ葉ハ柄短ク、卵狀橢圓形ト成リ、長尾銳尖頭ニシテ鋸齒ハ小ナリ、下葉上葉共ニ兩面ニ短粗毛ヲ生ズ。穗狀花序ハやぶまをヨリ細ク、綠色或ハ赤紫色ヲ帶ビ、秋月、莖上部ノ葉腋ニ直立シ、下方ノ穗ハ雄性、上方ノ穗ハ雌性ナリ。瘦果ハ栗毬狀ニ圓タ圓集シ相接シテ多數穗軸上ニ着キ瘦穗ヲ成ス。和名ハ雌藪苧麻ニシテまをニ類シ葉質薄ク且やぶまを等ニ比スレバ弱ケレバ斯ク云フ。

おにやぶまを
Boehmeria holoserisea *Blume.*

第 1921 圖

いらくさ科

近海地原野或ハ淺山溪畔ニ生ジ全株極メテ壯大粗剛ナル多年生草本。莖ハ强靭ニシテ簇立シ、高サ 1.5m ヲ超エ、單一ニシテ多少鈍稜ヲ有スル圓柱形ヲ成シ、下半部ハ灰褐色ニシテ太ク、木質化シ、莖上ニ粗毛ヲ生ズル者アリ、皮ノ纖維ハ弱シ。葉ハ對生、有柄、柄ハ粗毛アリ、葉片ハ廣卵圓形又ハ廣橢圓形ニシテ長サ10-15cm ヲ算シ、先端ハ急ニ尖リテ短尾ヲ成シ、底部ハ鈍形、往々淺心臟底ヲ呈シ、葉緣ニ大ニシテ比較的整正ノ鋸牙狀銳鋸齒ヲ刻ミ、鋸齒ノ先端ハ腺突起ト成ル質厚ク、表面ハ皺質且ツ短粗毛ニ密生ニ由テ其皺澁ノ度甚シキ者アリ、葉裏ハ脈脈隆起シ全體ニ亙リテ毛茸ヲ布ク。花穗ハ夏秋ノ候莖稍ノ葉腋ニ出デ長穗狀ヲ成シテ長サ10-15cm 許アリ數個ノ團ヲ成ル各花ノ集合體相接シテ並ビ形チ粗大ナリ。瘦果ハ倒卵形、銳尖底、上半部ニハ粗毛ヲ生ジ頂ニハ花柱殘仔シ、晚秋ニ入テ熟シ褐色トナル。和名ハ鬼藪苧麻ニシテ之レヲやぶまをニ比スレバ粗强ナレバ斯ク云フ。

ながばやぶまを
Boehmeria Sieboldiana *Blume.*

第 1922 圖

いらくさ科

中部以南諸州ノ山阿地ニ生ズル多年生草本ニシテ高サ1-2m許アリ。莖ハ直立シ鈍稜アル方柱形ニシテ綠色、各側中央ニ暗赤紫色ノ縱溝ヲ有シ、皮ノ纖維ハ强靭ナリ。葉ハ對生シ、平開シテ長柄ヲ具ヘ、長橢圓形或ハ卵狀長橢圓形ヲ成シ、長サ15cm内外、有毛銳尖頭ニシテ廣楔底ヲ成シ、葉緣ニハ整正齒牙樣鋸齒ヲ刻ミ、鮮綠色ヲ呈シ毛茸殆ンド無クシテ光澤アリ、走行セル三主脈ノ陷入頗ル明瞭ナリ。花序ハ夏秋ノ候ニ出デ穗狀ニシテ腋生直立シ、長サ12cm ヲ超エ、其苞顯著ナリ、莖ノ中部ノ者ハ雄性、頂ニ近ヅケバ雌性花ヲ着ク。花ハ同類ト同樣ナレド一般ニ稍疎ニ着生ス。瘦果ハ廣橢圓形ニシテ扁平、兩端急ニ尖リ、上半部ノミニ毛茸散生シ、頂ニ短キ花柱ヲ殘存ス。此種ハ其皮ノ纖維利用スルニ足ルヲ以テ時ニ圍緣ニ栽植スルヲ見ルコトアリ。和名長葉藪苧麻ハ其葉稍長キヲ以テ斯ク云フ。

あかそ
Boehmeria tricuspis *Makino.*

第 1923 圖

いらくさ科

山地ニ多ク生ズル多年生草本ニシテ高サ 60-80 cm 許アリ。莖ハ直立シテ數條叢生シ鈍四稜ヲ成シテ分枝セズ、葉柄ト共ニ通常紅色ヲ帶ビ、葉ハ對生シテ柄アリ、圓卵形ヲ成シ其先端三裂シテ尾狀ニ尖リ、底部ハ圓形又ハ廣楔形ニ成リ、邊緣ニ粗鋸齒アリ、三主脈ヲ有シ、葉質厚カラズ。雌雄同株。夏日、葉腋ヨリ長キ花軸ヲ抽キ、細小ナル淡黃白色ノ雄花ト淡紅色ノ雌花トヲ以テ瘦穗狀ヲ成シ雄花穗ハ莖ノ下方ニ在リテ雌花穗ハ其上部ニ在リ。雄花ハ萼四裂又ハ五裂シ、雄蕋四又ハ五箇。雌花ハ小球狀ニ相集リテ筒狀ノ萼ニ包マレ、花柱ハ一箇。果實ハ球狀ニ集合シ倒卵形ニシテ細毛ヲ布ク。葉頭ニ於テ尾狀ヲ成サザル者アリ、之レヲまるばあかそ (var. unicuspis *Makino*) ト云フ。和名ハ赤麻ノ意ニシテ其莖竝ニ葉柄等總テ赤色ナレバ云フ。

641

いらくさ科

こあかそ
Boehmeria spicata *Thunb.*
(＝Urtica spicata *Thunb.*)

山地或ハ平地ニ見ル落葉灌木本ニシテ多枝ヲ分チ、高サ凡120cmニ達シ、徑凡2cm内外ニ及ブ。葉ハ對生ニシテ長柄ヲ有シ、菱狀卵形ニシテ先端尾狀ニ尖リ、底部楔形、邊緣ハ粗鋸齒ヲ具ヘ、三主脈ヲ有シ、莖ト共ニ通常紅色ヲ帶ブレドモ、又稀ニ綠色ノ者アリ之レヲあをこあかそ(forma viridis *Makino*)ト稱ス。雌雄同株。夏秋ノ候、葉腋ヨリ瘦長ナル穗狀花穗ヲ出シ、紅綠色或ハ稀ニ白綠色ノ細花ヲ綴リ、雄花穗ハ莖ノ下方ニ位シ、雌花穗ハ其上部ニ在リ。雄花ハ槪ネ四萼四雄蕋ヲ有ス。雌花ハ小球狀ニ相攢簇シ、筒狀ノ萼ニ包マレ、一花柱ヲ具フ。果實ハ細小ニシテ球狀ニ相集リ、倒卵形ニシテ細毛ヲ布ク。和名ハ小赤麻ニシテ本品あかそニ似テ枝條瘦長且ツ其葉小形ナレバ云フ。

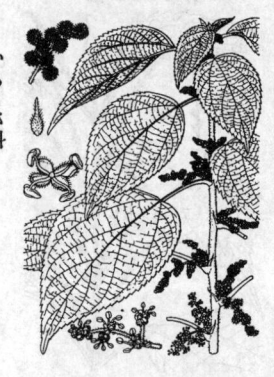

いらくさ科

からむし (苧麻) 一名 まを
Boehmeria nivea *Gaud.*
(＝Urtica nivea *L*; ? U. frutescens *Thunb.*; ? B. frutescens *Thunb.*)

原野ニ自生(野まをト云フ)スルモ、又畑地ニ栽植(からむしト云フ)セラルルコトアル多年生草本ニシテ根莖木質ヲ成シ、礦ニ地中枝ヲ引テ繁殖ス、故ニ能ク群ヲ成シテ繁茂シ、高サ1-2m許アリ。莖ハ圓柱形ヲ成シ單一或ハ多少分枝シ、葉柄ト共ニ細毛ヲ布ク。葉ハ有柄ニシテ互生シ廣卵形或ハ卵圓形ニテ銳尖頭、圓底或ハ楔底、邊緣ハ粗鋸齒ヲ有シ、上面粗糙、下面ハ白綿毛ヲ密布ス。夏秋ノ間、分枝セル花序ヲ腋生シ、細花ヲ簇ケ、莖ノ下方ニ於ケル者ハ雄穗ヲ成シ、其上部ハ於ケル者ハ雌穗ヲ成ス。雄花ハ黄白色ニシテ四萼片、超出セル四雄蕋アリ。雌花ハ淡綠色ニシテ小球狀ニ相集リ、各筒狀萼ニ包マレ、一花柱アリ。果實ハ細小、橢圓形ニテ有毛、相集リテ小球狀ヲ成ス。莖ハ強靱ナル纖維皮アリテ織物ヲ製ス。一變種ナルくさまを一名あをからむし(var. concolor *Makino*)ハ葉裏綠色ヲ呈ス、此品往々正種ト連續シ其葉裏多少帶白ノ者アリ、又一變種ナルらみー (var. candicans *Wedd.*＝B. utilis *Bl.*; B. tenasissima *Gaud.*) ハ之ニ近似スト雖モ莖甚大、葉ニ闊ヘ、花穗ニ緊密ナリ。和名ハ莖蒸ノ意ニテ其皮アル莖 (から) ヲ蒸シ其皮ヲ剝ギ取ル故斯ク云フ、眞麻或ハ眞正ノ麻 (を) ト云フ義ナリ。

いらくさ科

らせいたさう
Boehmeria biloba *Wedd.*
(＝Urtica biloba *Sieb.*)

海岸地帶ノ岩間等ニ生ズル多年生草本ニシテ高サ50-70cm許アリ。根莖ハ木質ニシテ硬シ。莖ハ叢生シテ直立シ、圓柱形ニシテ茶褐色ヲ呈シ平滑ナリ。葉ハ對生シ、廣卵形或ハ卵圓形或ハ倒卵形ニシテ銳頭或ハ二三淺裂シ、底部ハ圓形ヲ成シ、邊緣ハ鈍鋸齒ヲ有シ、質頗ル厚ク、其表面細密ニ皺縮シテ縒澁シ、裏面ハ細脈顯著ニシテ脈間陷凹セリ。雌雄同株。夏日、葉腋ニ穗狀ヲ成シテ密ニ細花ヲ綴リ葉ヨリ短ク、雄花穗ハ莖ノ下方ニ在リテ黄白色ヲ呈シ、雌花穗ハ其上部ニ着テ淡綠色ヲ呈ス。雄花ハ槪ネ四萼、四雄蕋ヲ有シ、雌花ハ狀狀ニ相集リテ各筒狀ノ萼ニ包マレ、一花柱アリ。果實ハ細小、長倒卵形ニシテ上部ニ小剛毛ヲ有シ、小球狀ニ密集ス。和名ハ其表面ノ狀羅紗ニ似タル毛織物ナルらせいた(葡語ノ Raxeta)ニ似タルヨリ云フ。

さんせうさう
一名 はひみづ
Pellionia minima *Makino.*

暖地諸州ノ淺山・丘陵ノ陰地ニ多キ多年生ノ匍匐草本。莖ハ細長ニシテ長サ10-30cm、疎ニ分枝シテ地上ヲ匍ヒ、暗紫色ヲ呈シ細毛ヲ生ズ。葉ハ互生ニシテ極メテ短キ柄ヲ具ヘ、楕圓形、長サ 5-10mm、二列ニ莖ノ兩側ニ平開シ暗綠色ヲ呈シ、細毛ヲ被リ、先端ハ銳頭或ハ鈍頭、底部ハ斜形、邊緣ハ鈍鋸齒アリ、葉柄ノ基部ニハ細微ノ托葉アリ。雌雄異株ナレドモ雄株ハ未知ナリ。雌花叢ハ腋生シテ柄無ク、密聚セル聚繖狀ヲ成シ外側ニ狭披針形ノ總苞片アリ。花ハ極メテ小形、萼五片、外側上部ノ鬐形ノ附屬體アリ。假雄蕋水五箇、微小ナリ。瘦果ハ微細、廣楕圓形ニシテ表面瘤實ナリ。和名山椒草ハ其葉狀さんせうノ葉ニ似タル觀アルニ由ル、又這みづハ其莖匍匐セルヨリ云フ。

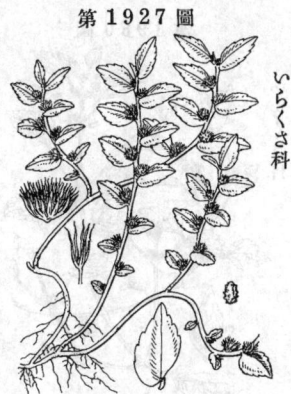

いらくさ科

第 1927 圖

みづな
一名 みづ・うはばみさう・くちなはじゃうご
Elatostemma involucratum
Sieb. et Zucc.

(=E. umbellatum *Bl.* var. majus *Maxim.*;
E. umbellatum *Bl.* var. involucratum *Mak.*)

山中陰濕ノ斜面地或ハ崖處ニ群ヲ成シテ生ズル柔軟ナル多年生草本。根莖ハ短ク横臥或ハ直立、多肉、帶紅色、鬚根ヲ發出ス。莖ハ斜上シ、高サ凡30-40cm。葉ハ無柄ニシテ二列ニ互生シ斜卵形又ハ斜長楕圓形ニシテ尾狀銳尖頭ヲ成シ、邊緣粗鋸齒アリテ腋窩ヲ成ス。雌雄別株。四月、葉腋ニ花ヲ開ク。雄本ニ在テハ葉腋ニ葉ヨリ短キ花梗ヲ抽キ梗頂ニ黄白色ノ小花ヲ密聚シ、四萼片四雄蕋アリ。雌本ニ在テハ其雌花葉腋ニ球狀ヲ成シテ攅簇シ三萼片アリテ柱頭ハ筆毛狀ヲ成ス。果實ハ卵形ニシテ長サ1mm弱、表面ニハ小皺アリ。秋時莖節膨腫シテ肉芽狀ト成リ、深秋遂ニ節々離レテ地ニ委シ發芽シテ新苗ヲ生ズ、此時季ノ姿ヲむかごみづト稱スレドモ固ヨリ別種ニ非ズシテ單ニ老處ニ入リタル者ナルノミ、和名みづ菜ハ又みづト稱シ其莖軟弱ニシテ水分多キヨリ云フ、一說ニ其莖狀萎色宛モみみず(蚯蚓)ノ如クレバ云フト謂ヘリ、菜ハ之ヲ食用トスルヨリ云フ、又蛇漏斗ハヘビ過食ノ際此草ヲ食ヘバ忽チ消化スル故云ヒ、蝬蛇草ハ其褒處ヲ意味セリ。漢名 赤車使者(誤用)

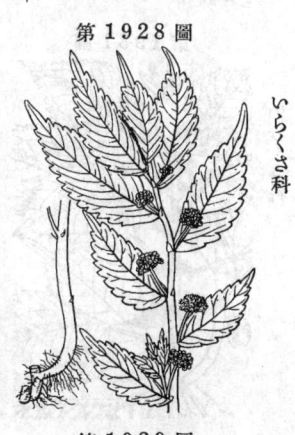

いらくさ科

第 1928 圖

ときほこり
Elatostemma nipponicum *Makino.*

菜圃附近等ノ濕地ニ生ズル軟質ノ一年生草本ニシテ高サ15-20cm許アリ。莖ハ一方ニ傾キ通常疎ニ分枝シ、圓柱形ニシテ黄綠色ヲ呈シ細毛アリ。葉ハ無柄ニシテ二列的ニ互生シ、稍不等邊ナル倒卵狀長楕圓形ニシテ銳頭、下部楔狀ヲ成シ、上半部ニ鋸齒アリ、綠色ニシテ乾ケバ濁綠色ヲ呈ス。雌雄同株。夏秋ノ間、葉腋ニ球狀ヲ成シテ淡綠色ノ多數小花ヲ密聚シ、總苞片ニハ小剛毛ヲ有ス。雄花ハ雌花ニ雜リテ生ジ四萼片、四雄蕋アリ。雌花ニ三乃至五萼片ヲ有シ、柱頭ハ筆毛狀ナリ。果實ハ細小ニシテ楕圓形ヲ成シ初メ綠色ニシテ後チ紅色ヲ帶ブ。和名ときほこりニシテほとるヿ繁茂スル事ヲ云ヒ、時ハ不時ノ意ニシテ此草時々處ニヨリ繁茂スルヨリ斯ク云フ。漢名 樓梯草(誤用)

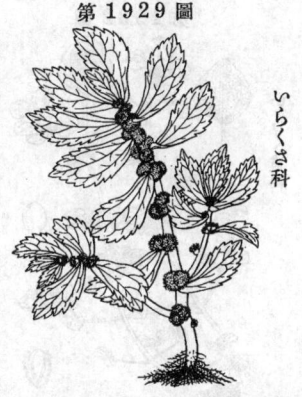

いらくさ科

第 1929 圖

643

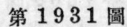

第1930圖 み づ
Pilea Hamaoi *Makino.*

いらくさ科

藪側溪畔山地或ハ原野ニ生ズル軟質ノ一年生草本ニシテ高サ20-30cm許アリ。莖ハ下部往々横臥シ、枝ヲ分チ多汁ニシテ無毛、淡綠色ニシテ時ニ暗紫色ヲ帶ブ。葉ハ長柄アリテ對生シ、菱狀卵形、銳頭鈍端、廣楔底、鈍鋸齒ヲ刻ミ下半ハ槪ネ全邊、表面ハ深綠、光澤ヲ有シ散毛疎生シ、三主脈ヲ有シ、脈條少ク陷入シ、裏面ハ淡色、脈絡隆起ス。秋月、葉腋ニ殆ド無柄ノ密繖花序ヲ腋生シ小ナル雌雄花ヲ混生ス。雄花ハ球形、萼二片、二雄蕊、葯ハ白色。雌花ハ三萼片、多肉ニシテ直立シ、あをみづニ比スレバ大、其二片ハ他ノ一片ニ比シ長大ニシテ橢圓形、太キ脈アリテ花後瘦果ヲ抱ク、假雄蕊三箇アリ。瘦果ハ平扁ナル長卵形、滑澤ニシテ紫點ヲ布キ、長サ2mmアリ。和名ハ其莖半透明ヲ呈シテ軟ク水分多ク俗ニ言フみづみづシケレバ斯ク云フ。

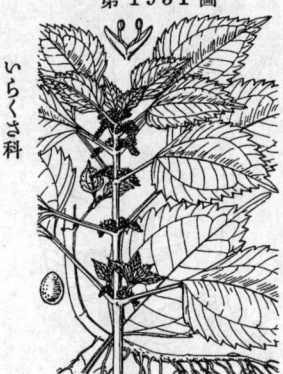

第1931圖 あをみづ
Pilea viridissima *Makino.*

いらくさ科

原野陰濕ノ地ニ生ズル軟質ノ一年生草本ニシテ高サ30-40cm許アリ。莖ハ多漿ニシテ淡綠色ヲ呈ス。葉ハ對生、長キ葉柄ヲ有シ、卵形ニシテ先端尾狀銳尖頭、底部廣楔形ヲ成シ、邊緣ハ粗鋸齒アリ、長サ2-8cm許、三主脈ヲ有ス。秋月、葉腋ニ短キ密繖花序ヲ成シテ淡綠色ノ細花ヲ攢簇シ、小ナル雌雄花混生ス。雄花ハ二萼片、二雄蕊ヲ有ス。雌花ノ萼ハ三深裂シ、線形ニシテ、花後成長シテ瘦果ヲ擁シ、花中ニ假雄蕊三個アリ、柱頭ハ刷毛狀ヲ成ス。瘦果ハ扁平ナル卵形ニシテ長サ1.5mm許、細點アリ。和名ハ靑みづニシテみづハ其莖みづみづシク、靑ハ全草綠色ナルヨリ斯ク云フ。

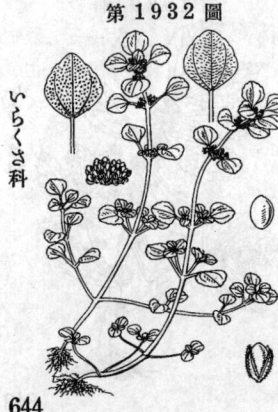

第1932圖 こけみづ
Pilea peploides *Hook. et Arn.*
(=Dubreuilia peploides *Gaud.*)

いらくさ科

山中ノ陰濕地或ハ石垣ノ間等ニ生ズル軟質ノ一年生小草本ニシテ淡綠色ヲ呈シ、高サ5-10cm許アリ。莖ハ直立シ細長ニシテ單一或ハ分枝シ平滑ニシテ無毛ナリ。葉ハ對生シテ細キ葉柄ヲ有シ、菱狀圓形ニシテ先端圓頭又ハ稍鈍頭、底部廣楔形ヲ成シ、全邊又ハ不明ノ鋸齒アリ、長サ3-10mm許、三主脈アリ。夏秋ノ候、葉腋ニ淡綠色ノ細花ヲ密簇ス。雌花雄花混生シ、雄花ハ少シ。雄花ハ四萼片、四雄蕊アリ。雌花ハ三萼片ヲ有シ其一片ハ他ノ二片ヨリ著シク長シ。果實ハ卵形扁平ニシテ長サ0.5mm許アリ。和名ハ苔みづノ意、本品ハみづノ類シテ草體小形ナレバ斯ク云フ。

やまみづ
Pilea japonica *Hand.-Mazzet.*
(= Achudemia japonica *Maxim.*)

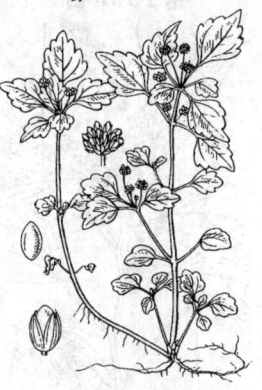

山中ノ陰地ニ生ズル柔軟ナル一年生草本ニシテ
時ニ群ヲ成スコトアリ。莖ハ赤褐色ニシテ或ハ
横斜シ或ハ斜上シ、高サ7-30cm許アリ。葉ハ對
生ニテ瘦柄ヲ有シ、菱狀卵形ニシテ銳頭或ハ鈍
頭ヲ有シ、上半部ニ少數ノ粗鈍齒アリテ下部ハ
廣楔形ヲ成シ、長サ1-3cm許アリテ質薄ク無毛
ナリ。秋月、葉腋ヨリ長短ノ細梗ヲ抽キ長サ凡
1-3cm,其梗頂ニ淡綠色ノ細花ヲ密簇ス。雌雄花
混生シ、雄花ニ於テハ萼四裂シ四雄蕋ヲ有シ、
雌花ニ於テハ萼ハ五裂シ、子房一筒、柱頭ハ刷
毛狀ヲ成ス。果實ハ卵形ニシテ扁平、長サ1mm
許、宿存セル萼ヨリ超出ス。此姉妹品ニおほや
まみづ(P. iseana *Makino*=Achudemia iseana
Makino)アリ、其葉やまみづヨリ大ニシテ質薄
ク紫綠色ニシテ稀品ナリ。和名 山みづハみづノ
類ニテ山地ニ生ズルヨリ云フ。

いらくさ科

みやまいらくさ
一名 あをこ
Sceptrocnide macrostachya *Maxim.*
(= Laportea macrostachya *Ohwi.*)

深山ニ生ズル大形ノ多年生草本ニシテ高サ80-110cm
許アリ。莖ハ粗大、直立シ、綠色ニシテ莖ト共ニ螫毛
及ビ細毛アリ、皮ノ纖維強靱ナリ。葉ハ互生シテ長キ
葉柄ヲ有シ、闊大ニシテ廣圓形又ハ卵形ヲ呈シ、先端
尾狀銳尖頭ヲ成シ、邊緣ハ粗大ノ銳齒牙アリ。秋月開
花シ、雄花穗ハ葉ヨリ短クシテ下方ノ葉腋ニ出デ多數
分枝シテ平扁ナル圓錐花序ヲ成シ、往々大形ニシテ無
數ニ白色小形ノ雄花ヲ着ケ、五萼片五雄蕋ヲ有ス。雌
花穗ハ單一ニシテ分枝セズ、數條或ハ多條高ク莖頂ノ
枛葉腋ヨリ抽キテ上方ヲ指シ綠色攝長ニシテ多數ノ
小雄花ヲ着ケ、四萼片アリテ其中ノ二片ハ大ナリ、一
子房、一花柱アリ。果實ハ有柄ニシテ斜卵形ヲ成シ、
下ニ大小ノ綠苞二片ヲ有シ頂ニ綠形ノ宿存花柱アリ、
山人其嫩葉ヲ食用トシ又其皮ヲ織布ノ資料トス。和名
ハ深山蕁麻ニシテ此種いらくさノ類ニ深山ニ生ズル
ヨリ云フ、あゑこハ多分藍草ノ意乎、其葉凋萎スレバ
暗藍色ヲ呈スルヨリ云フ乎。

いらくさ科

かてんさう
一名 ひしばかきどほし
Nanocnide japonica *Blume.*

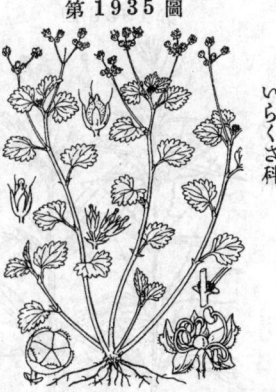

山足陰地等ニ生ズル多年生小草本ニシテ匍枝ヲ
出シ繁殖ス、故ニ通常群ヲ成シテ生ゼリ。莖ハ
細長ニシテ叢生シ、質軟ニシテ暗紫色ヲ呈シ無
毛ニシテ高サ10-20cm許アリ。葉ハ互生シ、細
キ葉柄ヲ有シ、菱狀卵形又ハ稍三角形ヲ成シ、鈍
頭、底部截形又ハ廣楔形、葉緣ニ著シキ鈍鋸齒ア
リ、長サ1-2.5cm 許、葉柄本ニ小形ノ卵形二托
葉アリ。雌雄同株。春日淡綠色ノ小花ヲ開ク。
雄花穗ハ梢葉腋ヨリ抽出シテ長梗ヲ有シ葉上ニ
高ク出デテ其頂ニ小梗ヲ有スル五萼片五雄蕋ノ
雄花ヲ攅着シ、花絲長ク其葯ヲ花外ニ彈出
シテ白色花粉ヲ散ゼシム。雌花穗ハ上部ノ葉腋
ニ在リテ短梗ノ上ニ雌花ヲ密簇シ、雌花ハ頂ニ
長鬚毛アル四萼片アリ。果實ハ卵形ノ胞果ヲ成
シ宿存萼片ト同ジ長ナリ。和名ハ かてんハ吾今
其解ヲ得ズ、菱葉垣透ハ其葉菱形ニシテ草狀唇
形科品ノ かきどほし ノ如ケレバ云フ。

いらくさ科

第1936圖

むかごいらくさ
Laportea bulbifera *Wedd.*
(＝Urtica bulbifera *Sieb. et Zucc.*)

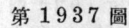

いらくさ科

山中樹下ノ地ニ生ズル多年生草本ニシテ莖上ニ生ズル褐色ノ肉芽ニ由テ繁殖ス。莖ハ直立シテ高サ50-60cm許アリ、葉ト共ニ螫毛ヲ疎生ス。葉ハ五生シテ長柄ヲ有シ、長卵形ニシテ銳尖頭、圓底ヲ成シ、邊緣ハ粗鋸齒アリ。葉腋ニハ褐色ノ肉芽ヲ生ズル殊態アリ。雌雄同株。夏日、小花ヲ開ク。雄花穗ハ下方ノ葉腋ヨリ出デテ分枝シ、圓錐狀ヲ成シ、雄花ハ綠白色ニシテ四乃至五蕚片、四乃至五雄蕋ヲ有シ蒴ニ白花粉ヲ吐ク。雌花穗ハ一條莖頂ノ葉腋ヨリ出デテ短ク一方ニ分枝シテ穗ヲ成シ、雌花ハ淡綠色ニシテ其蕚四裂シ、花柱ハ綫形ナリ、花後蕚片ハ成長シ、其中ノ二片ハ他ヨリ遙ニ大形ト成ル。果實ハ斜圓形ヲ成シ、扁平ニシテ長サ3mm許、短柄ヲ有ス。和名ハ零餘子蕁麻ノ意ニシテ其莖上ニ肉芽ヲ生ズルヨリ云フ。

第1937圖

いらくさ（蕁麻？）
一名 いたいたぐさ
Urtica Thunbergiana
Sieb. et Zucc.

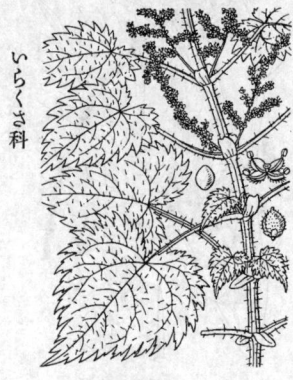

いらくさ科

山地或ハ林側地等ニ生ズル多年生草本。莖ハ叢生シテ直立シ、高サ凡50cm-1m許、綠色ニシテ縱稜ヲ具ヘ、葉ト共ニ蓍シキ螫毛アリ。葉ハ葉柄ヲ有シテ對生シ、卵圓形ニシテ尾狀銳尖頭ヲ有シ、底部心臟形ヲ成シ、邊緣ハ粗大ナル銳鋸齒ヲ列ネ其齒ハ更ニ一二ノ細齒ヲ具フルナリ、質薄クシテ蒼綠色ヲ呈シ、托葉ハ牛バ以上癒合シ、淡綠色廣卵形ニシテ莖節上ニ對生シ葉柄間ニ位ス。雌雄同株。秋月小花ヲ開ク。花穗ハ各葉腋ヨリ二條ヅツ出デ、單穗狀或ハ多少分枝シ、下方ノ者ハ雄性、上方ノ者ハ雌性ナリト雖モ其雄穗ノ基部ニハ往々雌花ヲ有スルコトアリ、雄花ハ綠白色ニシテ四蕚片ヲ有ス。雌花ハ淡綠色ニシテ四蕚片、柱頭ハ刷毛狀ヲ成シ、花後內側ノ二蕚片ハ成長シテ瘦果ヲ包ム。瘦果ハ卵形ニシテ扁平、綠色ナリ。和名ハ刺草ノ意、其莖葉ノ螫毛人膚ヲ刺シ疼痛ヲ覺ユル故此名アリ、痛痛草モ同義ナリ。

第1938圖

ながばいらくさ
Urtica sikokiana *Makino.*

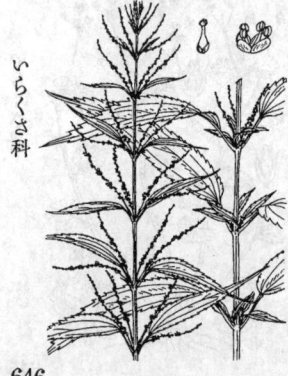

いらくさ科

四國ノ深山樹下ノ陰地ニ生ズル多年生草本ニシテ全草帶長、毛茸並ニ恢毛少ク、乾ケバ暗色ト成ル。莖ハ疎ニ叢生シテ直立シ、高サ1mニ達ス。葉ハ莖ニ疎在シテ對生シ、狹細ナル葉柄アリテ其基脚ニハ各二片ノ膜質托葉ヲ存シ、葉片ハ狹長披針形或ハ綫狀披針形ヲ呈シテ長サ5-8cm、長尾狀漸尖頭ヲ成シ、底部ハ鈍形、邊緣ニハ稍整正ノ細鋸齒ヲ具ヘ、質極メテ薄ク、三主脈縱走ス。雌雄同株。夏日ニ至テ各葉腋ニ各二條ノ瘦長花穗ヲ斜上シ、莖ノ上部ノ者ハ雌性、下部ノ者ハ雄性ナリ。花ハ細微ニシテ穗軸ニ疎着シ、果實ト共ニほそばいらくさニ似テ更ニ小形ナリ。雄花ハ四蕚片、四雄蕋。雌花ハ小ナル蕚片ト比較的大ナル一箇ノ雌蕋トヲ有ス。和名ハ長葉蕁麻ニシテ此種いらくさノ緣類ニシテ其葉長形ナレバ云フ。

あ　さ (大麻)
Cannabis sativa L.

舊ク古代ニ我邦ニ入リ今ハ一般園地ニ栽培セラルト雖モ元來ハ蓋シ南亞細亞并ニ中央亞細亞ノ原産ナル一年生ノ草本ニシテ園地ニ近ヅケバ之レヨリ發散スル惡臭ヲ感ズ。莖ハ眞直ニシテ直立シ高サ1-2.5m許、鈍方形ニシテ細毛ヲ布キ綠色ナリ。葉ハ長柄ヲ有シテ對生シ梢部ノ者ハ互生シ、掌狀複葉ニシテ五乃至九裂シ、裂片ハ披針形ニシテ兩端尖リ邊緣ニ齊列セル鋸齒ヲ有シ、上面ハ粗糙、裏面ハ細毛ヲ密布シ、上葉ハ短柄ヲ有シ三裂或ハ分裂セズ、托葉ハ離生シ披針形ナリ。夏日開花シ、雌雄異株ニシテ雄本ヲ漢名枲麻ト云ヒ雌本ヲ苴麻ト名ク。雄花穗ハ圓錐狀ヲ成シ、雄花ハ淡黃綠色、五萼片、五雄蕊、葯ハ大形黃色ニシテ懸垂シ花粉多シ。雌花穗ハ綠色ノ短穗狀ヲ成シ、狹長苞葉多ク、雌花ハ一ノ小苞ニ包マレテ花被無ク二花柱ノ一子房アリ。瘦果ハ卵圓形、稍不扁、硬質、灰色。莖皮ノ纖維ヲ衣トシ又麻絲トシ、皮ヲ剝ギシ材部ヲ麻がらト呼ビ、種子ヲ食用トス。和名ハ靑麻卽チあをその約言ニシテ其多少綠色ヲ帶ビタル皮ノ纖維卽チそヨリ出デシ名ナリ。

かなむぐら (葎草)
Humulus japonicus Sieb. et Zucc.

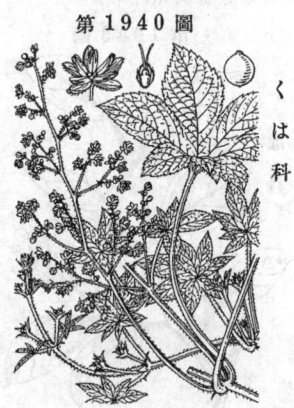

原野・路傍・廢地等ニ多キ一年生蔓性草本ニシテ通常一面ニ繁衍シテ地面ヲ掩フコト多シ。莖ハ綠色ニシテ長ク延長シ葉柄ト共ニ糙澁スル小鈎刺ヲ滿布シ、强ク他物ニ纏繞ス。葉ハ長柄ヲ有シテ對生シ五乃至七片ノ掌狀ニ尖裂シ、裂片ハ卵形乃至披針形ニシテ銳尖頭、邊緣鋸齒ヲ有シ、葉面ハ頗ル糙澁ス。雌雄異株。秋月小形花ヲ開ク。雄花穗ハ柄ヲ有シテ葉腋ヨリ出デ圓錐狀ヲ成シテ多數ノ淡黃綠色雄花ヲ簇ケ、各雄花ハ五萼片、五雄蕊アリテ葯ハ大形ナリ。雌花穗ハ短穗狀ヲ成シテ下垂シ、綠色ヲ呈シ、雌花ハ紫褐綠色稀ニ綠色 (あをかなむぐら forma viridis Makino) ノ鱗狀苞ニ包マレ、一子房、二花柱アリ。瘦果ハ扁圓形、長サ5mm許、堅クシテ多クハ紫褐斑アリ。和名かなむぐらノかなハ小鐵ニシテ其勁靭ナル莖ヲ形容シテ稱ヘむぐらハ蓬々トシテ茂レル雜草ヲ云フナルベケレバ乃チ此一雜草ヲかなむぐらト名ケシナルベシ、彼ノ歌ニ在ルやへむぐらハ人ニ由リ此品ナルベシト謂ヘリ。

からはなさう
Humulus Lupulus L.
var. cordifolius Maxim.
(= H. cordifolius Miq.)

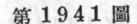

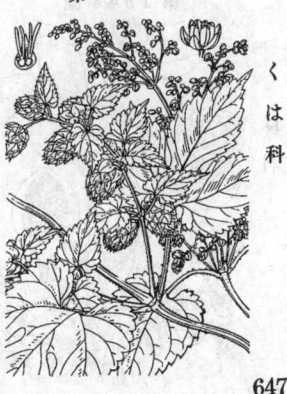

山地帶ニ生ズル多年生蔓性草本。莖ハ長ク且强力ナル蔓ヲ成シテ盛ニ他ノ草木ニ纏繞シ簇衍シ、葉柄ト共ニ小鈎刺アリ。葉ハ長柄ヲ有シテ對生シ、心臟狀卵圓形ニシテ銳頭或ハ銳尖頭、往々三裂シテ深入セル灣底ハ鈍圓形ヲ呈シ、邊緣ハ粗鋸齒ヲ有シ、葉面糙澁シ、雌花穗ハ着クル小枝ノ葉ハ通常互生ス。雌雄異株。秋月細花ヲ開ク。雄花ハ多數圓錐花穗ヲ群着シ淡黃色ニシテ五萼片、五雄蕊アリ。雌花ハ淡綠色ニシテ球毬狀ニ集合シ、每二花一ノ鱗狀苞ニ掩セラレ、子房上ニ二花柱アリ、果時ニハ其苞成長骨大シ薄質ニシテ重疊膨脹シ大ナル卵狀球形ヲ成シテ淡黃白色ヲ呈シ多數相並ンデ枝ヨリ懸垂シ、鱗苞ニ二瘦果アリテ小苞ニ掩セラレ且苞ニ包マレ、小苞幷ニ萼ニハ黃色細腺粒附着シ佳香ヲ放チ味苦ク其黃母種ノほっぷ卽チせいやうからはなさうト異ナラズ。和名ハ唐花草ノ意、唐花ハ模樣ニ使用セラレタル花形ニシテ蔓上ニ綴レル本品ノ果穗ヲ之レニ擬セシモノナリ。

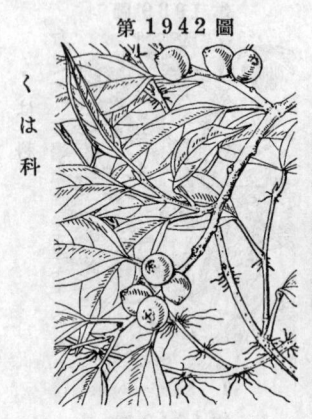

いたびかづら （崖石榴）
Ficus foveolata *Wall.*
var. nipponica *Makino.*
(＝F. nipponica *Franch. et Sav.*)

く
は
科

我邦中部ヨリシテ以南ノ暖地ニ多キ常綠蔓性灌木、
幹ハ分枝シテ下部傴僂シテ根ヲ下ニ以テ木石ニ着キ、梢
部ハ枝梢ヲ分チテ灌木狀ヲ呈シ、枝上ニ花囊ヲ生ズ、
幹長2-5m內外アレドモ其極大ナル者ハ直徑8cm許ニ
達シ極メテ高ク成長シテ多枝ヲ分チ繁葉ヲ靑ヶ、嫩枝
ニハ細毛アリ。葉ハ有柄ニシテ互生シ、長橢圓狀披針
形又ハ廣披針形ニシテ全邊、銳尖頭、圓底ヲ有シ、長
サ7-12cm、幅2-3cm許、革質ニシテ上面平常深綠色、
裏面ハ白粉色ヲ帶ビ網脈隆起シテ顯著ナリ、葉柄ハ略
ボ圓柱形ニシテ長サ1-2cm許アリ。雌雄異株。夏日葉
腋ニハ單生或ハ雙生シテ無柄球形ノ花囊ヲ生ズ、徑10-
12mm許、堅クシテ平滑無毛初メ綠色ナレドモ後子熟
シテ紫黑色ト成リ質稍軟ク、囊中ニ無數ノ小花ヲ藏
ス。雌花ノ萼ニ三乃至四片、一子房、一花柱アリ。和
名いたびかづらノいたび ノ即チいたぶ ニシテビぬびび
はノ一名ナリ、本品ハいぬびはノ類ニ テ其莖蔓狀ヲ呈
スルヲ以テ斯ク云フ。

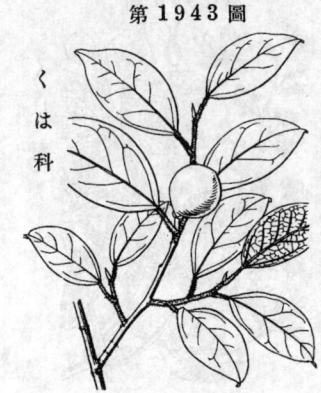

ひめいたび
一名　くらいたぼ
Ficus Thunbergii *Maxim.*

く
は
科

暖地ノ林中樹幹或ハ岩面ニ著生スル攀緣性ノ灌
木ニシテ其幹ハ上部ハ傾上シテ往々多數ニ分枝
シ、幼枝ニハ褐色ノ細毛多シ。葉ハ有柄互生、橢
圓形、銳頭、銳底、長サ3-5cm、革質ニシテ表面ハ
無毛、暗綠色、裏面ハ淡色、隆起セル脈絡顯著ニ
シテ葉柄ト共ニ褐毛ヲ布キ、多クハ全邊ナレド
モ稚者ニハ其葉往々極端ニ小形ト成リテ長サ1cm
未滿ヲ算シ邊緣ハ波狀鋸齒深ク葉面頗ル齦起ヲ
呈セリ。花囊ハ球形、短柄ヲ以テ葉腋ニ單立シ
徑2cm內外。いたびかづらヨリ遙ニ大形ニシテ
株ニ由リ雌雄花序ニ異ニス。果囊ハ晩秋ニ入リ
テ熟ス。和名姬いたびハひめいたびかづらノ略
ニシテ其蔓上ノ葉ハ小形ナレバ斯ク云フ、いた
びハいぬびはノ一名ナリ、くらいたぼハ紀州ノ
方言ニシテ多分食らひいたぶノ轉訛ナラン乎。

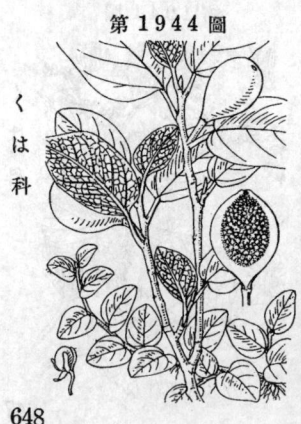

おほいたび
Ficus pumila *L.*
(＝Plagiostigma pumilum *Zucc.*;
F. stipulata *Thunb.*)

く
は
科

暖地ノ山地・石崖等ニ生ズル傴僂性常綠灌木。莖ハ巨
大ナラザレド灰褐色ヲ呈シテ甚ダ强靱、諸處ヨリ氣根
ヲ發出シテ他物ニ吸着シ、枝極ハ更ニ分枝シテ短ク、
枝上ニ花囊ヲ生ズ。葉ハ密ニ繁茂シテ枝ニ互生シ、葉
柄ハ極メテ粗大ナリ、葉片ハ廣橢圓形或ハ卵狀廣
橢圓形ヲ成シ全邊ニシテ多少狹ク外反シ、先端ハ鈍形
底部ハ、質厚キ革質ニシテ柔軟性ヲ帶ビ、表面ハ
深綠色、稍光澤アリテ平滑ナリ。夏秋ノ候、葉腋ニ短柄
アル花囊ヲ單生シ、比較的大形ニシテ倒卵狀球形或ハ
球形ヲ呈シ、長サ35-46mmアリテ內部ニ多數ノ雌雄細
花ヲ藏ム。雄花ノ花囊ロニ近ク存シ、絲狀小梗ヲ具ヘ、
萼ハ四五片、二雄蕊アリ、雌花ハ極メテ短キ小梗ヲ有
シ、萼片ニ紅色、子房ハ略ボ圓形、花柱ハ腹側面ノ頂ヨ
リ梢上ニ斜形ノ柱頭アリ。搜果ハ絲狀小梗ヲ有シ略ボ
球形ニシテ四五片ノ宿存萼片ヲ伴ヒ短小花柱ハ其側
面ニ殘レリ。此果囊ハ硬クシテ食フニ堪ヘズ。一種く
ひいたびノ一名わせおほいたびアリテ食スベク其果囊
ハ倒卵狀球形ニシテ搜果ハ狹長橢圓形ナリ。和名大い
たびハ大いたびかづらノ略ニシテ此類中ニ在テ形態
大ナレバ斯ク云フ、いたびハいぬびはノ一名ナリ。

いぬびは
一名　いたぶ・いたび・こいちぢく
古名　いちぢく
Ficus erecta *Thunb.*

第 1945 圖

くは科

暖地海邊ノ丘陵或ハ村落ノ池邊・林叢中等ニ見ル落葉灌木ニシテ高サ2-4m許、樹膚平滑ニシテ灰白色ノ枝ヲ分チ、傷ツクレバ白乳汁ヲ出ス。葉ハ有柄互生シ、倒卵形或ハ倒卵狀長橢圓形、鋭尖頭、圓底或ハ截底、全邊ニシテ上面平滑、裏面ハ淡綠色ヲ呈シテ葉脈明ナリ。雌雄異株。春日、枝上ノ新葉腋ヨリ花梗ヲ出シ頂ニ小ナル三苞アリ、苞内極短柄ノ頂ニ略ボ球形ナル花囊ヲ着ケ、平滑ナル囊面ニハ小白斑點ヲ散布シ、囊中ニハ多數ノ帶紅色小花ヲ容レ、雌花ノ萼ハ三乃至五片ニシテ、有柄ノ一子房、短キ一花柱アリ。雄花ノ萼ハ五乃至六片アリテ三個内外ノ雄蕊ヲ有ス。花囊成熟スレバ紫黑色ト成リテ軟ク、徑15-17mm許アリ、小兒採リテ食フ。一變種ハ狹葉ノ者アリほそばいぬびは（var. Sieboldii King.）ト云フ。和名ハ犬枇杷ノ意、其果ビハニ似テ小ク品位下等ナレバいぬヲ冠シ其名トス、いたび弁ニハいたぶノ其語原不明、小無花果ハ其果無花果ニ似テ小形ナルヲ以テ云フ。漢名　天仙果（誤用）

あかう（雀榕）
一名　あこぎ
Ficus Wightiana *Wall.*
(= F. superba *Miq.* var. japonica *Miq.*)

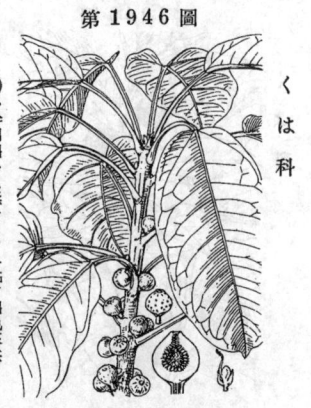

第 1946 圖

くは科

我邦西南方暖地ノ海邊地ニ自生スル喬木ニシテ幹ハ直立シ高サ20m許ニ達シ、大小ノ枝ヲ四方ニ擴ゲ、幹ノ大ナル者ハ徑1m内外アリテ本ノ根ヲ張リ、幹ノ周圍ヨリ氣根ヲ出セリ。小枝ヲ折クレバ白乳汁泌出ス。葉ハ枝頭ニ叢生シ、長柄アリテ互生シ、橢圓形或ハ長橢圓形ニシテ短銳尖頭、圓底、全邊、長サ10-13cm、幅5-6cm許アリ、厚キ洋紙質ニシテ上下兩面平滑無毛、中脈裏面ハ隆起シ、支脈多ク、春時一タビ落葉スレドモ直ニ復ビ新葉ヲ出シ、狹長膜質ノ早落ニ托葉アリ。雌雄異株。春日、枝又ハ幹ニ極メテ短キ柄アル花囊ヲ單生又ハ二三群生シ徑12mm許アリ。花囊ハ球形ニシテ中ニ淡紅色ノ細花ヲ容レ、外面ニハ小ナル白斑點ヲ散布ス。雄花ハ雄性花囊ニ在リテ三萼片、一雄蕊アリ。雌花ハ雌性花囊中ニ在リテ三萼片、一子房、斜出セル一花柱アリ。花囊ハ熟スレバ淡紅色ヲ帶ビ白色ヲ呈シ、徑15mm許アリ。播種セバ能ク萠出ス。從來我邦ノ學者ハ本品ヲ榕樹ト爲シ、又赤榕ニ充テシモ共ニ非ニシテ榕樹ハ同屬がじゅまるノ漢名ナリ。和名ノ語原不明ナリ。

いちぢく（無花果）一名　たうがき
Ficus Carica *L.*

第 1947 圖

くは科

寛永年間我邦ニ渡來シ今ハ廣ク邦内諸州ニ培養セラルル落葉關ニ、シテ元來小亞細亞ノ原産ナリ。幹ハ多ク分岐シテ多ク彎曲シ褐色ヲ呈シ、高サ2-4m許アリ。葉ハ有柄ニシテ互生シ、大形ニシテ概ネ三裂シ、下面細毛ヲ布キ、基部ニ三主脈ヲ有シ、質厚ク。葉・葉等ハ傷クレバ白乳汁ヲ出ス。春夏ノ候、葉腋ノ短梗ニ一倒卵狀球形、厚壁ノ花囊ヲ生ジ、外面ニ平滑綠色ニシテ内面ニ無數ノ白色小花ヲ容レ、雌花・雄花ニ區別アレドモ、我邦現在ニ栽培品ハ唯花囊中ニ雌花ノミヲ有スルノミニシテ敢テ雄花ヲ見ズ、雌花ハ概ネ三萼片、一子房、一花柱アリ。成熟花囊ノ倒卵形ニシテ長サ5cm許、暗紫色ヲ帶ブルヲ常トスレドモ又熟スルモ尚綠色ナル者アリしろいちぢくト云フ、共ニ食用ニ供セラル。果囊中ニ多數ノ硬キ小形瘦果アレドモ皆空虛ニシテ敢テ胚無シ。明治年間歐渡品ニしんいちぢく（新稱、之ヲしろいちぢくト云ヘ）此ノ名旣ニアリテ重複ズ）アリ、卽チ一ノ變種ニシテ裂裂セル掌狀葉ヲ有ス。和名　いちぢくノ一漢語名映日果ノ唐音轉化ニアラズヤトノ設アリ、又いぢびはナルいちぢくノ名ヲ借リ用ヒ・トノ設アリ、此果一月ニシテ熟スルト謂ヒ或一日一顆ヅツ熟スルト謂フヲ以テ一熟卽ちいちじゅくトスルノ設ニハ予ハ贊同セズ、唐梻ハ海外ヨリ來リシかきノ意ナリ。

649

第 1948 圖

くは科

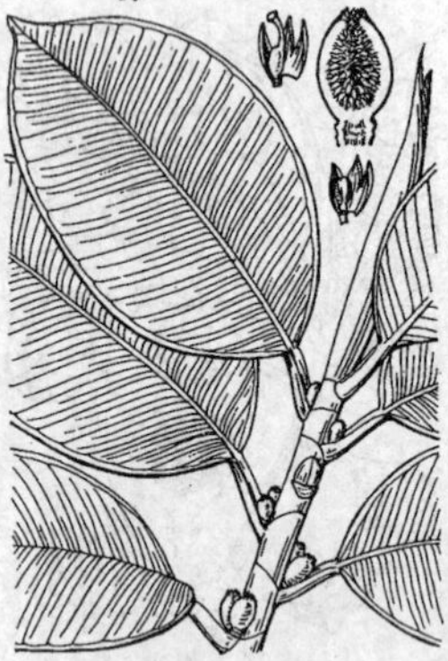

いんごごむのき

Ficus elastica *Roxb.*

印度原產ノ無毛ナル常綠樹ニシテ明治年間ニ渡來シ、今ハ普ク觀葉植物ノ一トシテ培養シ小本多シト雖モ、原產地ニ在テハ通常他樹上ニ生長スル大喬木ナリ。葉ハ有柄ニシテ互生シ、大形ニシテ橢圓形若クハ長橢圓形、急窄短銳尖鈍頭、綠色、厚革質ニシテ表面滑澤ナリ、中脈ハ顯著ニシテ多數支脈ハ眞直、平行ス。托葉ハ大形膜質ニシテ新葉ヲ包ミ紅色ヲ呈シテ早落ス。夏中、枝上ノ葉腋ニ極メテ短キ柄アル小形橢圓形ノ花囊ヲ生ジ單一或ハ雙生シ、花囊中ニハ多數ノ雌雄細花混生充滿セリ。雄花ハ概ネ四萼片、一雄蕊、雌花ハ四乃至六萼片、一子房、長キ一花柱ヲ有ス。樹ノ乳樣汁ヲ採リ彈性ごむヲ製ス。和名ハ印度護謨の樹ノ意ニシテ此樹印度ニ產シ且ツ樹皮ヨリごむヲ採ルヲ以テ斯ク云フ。

第 1949 圖

くは科

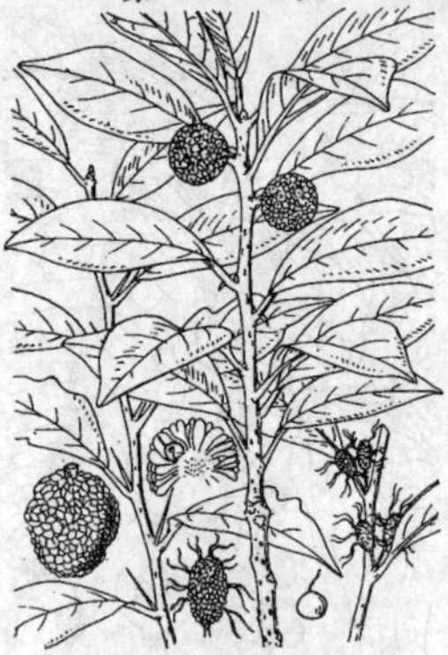

かくゎつがゆ

一名　やまみかん・そんのいげ

Vanieria cochinchinensis *Lour.*

(＝Cudrania javanensis *Tréc.*;
Maclura gerontogea *Sieb. et Zucc.*)

暖地ノ丘陵地ニ生ズル常綠灌木或ハ藤本樣ニシテ高サ3m內外、繁ク分枝シ枝上ニ刺多シ。葉ハ有柄互生シ、倒披針狀橢圓形ニシテ長サ4–6cm、銳尖頭ナレド鈍端ヲ成シ或ハ凹頭ヲ呈シ下部ハ楔底ニシテ革質、全邊或ハ波狀緣、無毛平滑、葉腋ニハ枝ノ變形セル長サ1cm許ノ銳刺アリ。雌雄異株。夏月開花ス。花穗ハ腋生シテ短梗ヲ有シ、雄花穗ハ多數ノ小ナル雄花ヲ集メテ球狀ヲ成シ黃色ニシテ徑1cmニ滿タズ、雌花穗ハ多數ノ小ナル雌花ヲ集メテ橢圓形ヲ成セリ。雄花ニハ三乃至五萼片、四雄蕊アリ。雌花ニハ四萼片一雌蕊、二岐花柱アリ。聚合果ハ肉質萼ニ包擁セラレタル多數ノ卵圓形瘦果ヨリ成リテ卵狀球形ヲ呈シ其形はりぐはニ似テ徑15mm許、秋日成熟シテ黃赤色ヲ呈シ軟クシテ食フベク味甘シ。和名ハ和活ケ油ナリト云フ、其語原判然セズ、山蜜柑ハ其食フベキ果實ニ基キシ名、そんのいげノいげハ刺ナレドモそんノ意ハ未詳、是レ肥前長崎ノ方言ナリ。

第 1950 圖

くは科

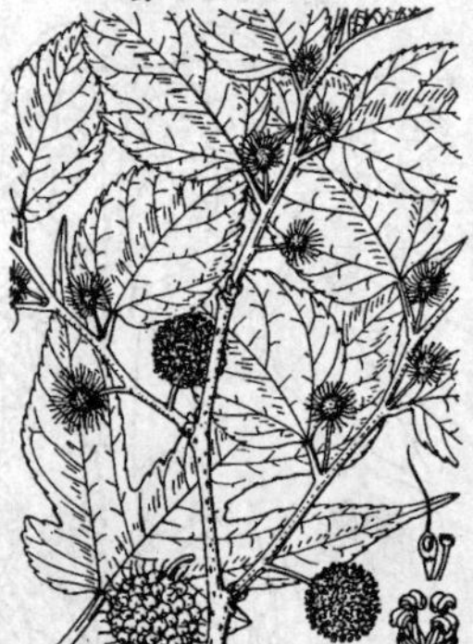

かうぞ　一名　かぞ

Broussonetia Kazinoki *Sieb.*

(＝B. Sieboldii *Blume.*)

諸州ノ山地ニ自生スト雖モ、又普通ニ栽植セラルル落葉灌木ニシテ其自生品ハ高サ凡2–5m、幹徑時ニ20cmニ及ブ者アリテ能ク長キ枝ヲ分チ、皮ハ褐色ナリ。葉ハ有柄ニシテ互生シ、卵形或ハ卵圓形ニシテ銳尖頭、底部ハ斜心臟形又ハ截形ヲ成シ邊緣ニ鋸齒アリ其狀桑葉ニ肖テ大ナリ、氣條ノ者ハ往々深ク二三裂或ハ五裂ス、質薄クシテ兩面細毛ヲ有シ、長サ7–25cm、幅4–14cm許アリ。春季新葉萌出ト共ニ開花ス。雌雄同株ニシテ雄花穗ハ小枝ニ側生セル嫩枝ノ基部ニ腋生シ、雌花穗ハ上部葉腋ヨリ出デ、共ニ有柄ニシテ小花ヲ球狀ニ密集ス。雄花ハ四萼片四雄蕊アリ。雌花ハ二乃至四齒アル筒狀萼、有柄ノ一子房、絲狀ノ一花柱アリ。六月其果實球狀ニ相集リテ綠葉下ニ赤熟シ宛モ莓狀ヲ呈シ味甘シ、小果ハ圓形ニシテ中ニ硬核アリ。往古天然生ノ樹ヨリ皮ヲ採リ織布ヲ製シ之レヲゆふト云フ、從來之レニ木綿ノ字ヲ充ルハ非ナリ。又樹皮ヲ採リ日本紙ヲ製ス。從來漢名トシテ楮ヲ用ウル人アリ通雅ノ書ニ從ヒシナルベシ、而シテ楮ハ普通ニハ構卽チかぢノ通名ナリ。和名 かうぞハ紙麻卽チかみそノ音便ナリト謂ヘドモ此木ヲ製紙ニ利用スル以前旣ニ織布卽チゆふヲ織ルニ使用シ當時かぞノ名アリシナルベケレバ紙麻ヲ其語原トスルハ中ラズト信ズ、蓋シかみそハかうぞヨリ出デ、かうぞハかぞヨリ導カレシナラン。

かぢのき（楮・構・榖）
Broussonetia papyrifera L' Herit.
（＝Papyrius papyrifera O. Kuntze.）

落葉喬木ニシテ今ハ普通ニ諸州ニ栽培セラルト雖モ元來ハ往時南方曖地ヨリノ渡來ト推定セラル、然レドモ周防國祝島ニハ自生アリテ一問題ヲ提供セリ。幹ハ直立シテ分枝シ高サ10m、幹徑60cmニ逹シ、新枝ノ、ニ絨毛ヲ密布ス。葉ハ有柄、互生、時ニ對生或ハ三葉輪生シ、廣卵形、銳尖頭、底部ハ圓形、截形或ハ稍心臟形、老樹ノ葉ハ其基部楯形ヲ呈スト雖モ稚樹ニ在テハ、又稚樹枝ノ葉ハ往々三或ハ五裂シ、邊緣ニハ鋸齒アリ、上面粗澁、裏面ニ葉柄ト共ニ絨毛ヲ密生ス。托葉ハ卵形ニシテ淡綠色ヲ帶ビ早ヲ落ス。春日、淡綠色ノ花ヲ着ク。雌雄異株。雄花穗ハ嫩枝ノ下部ニ腋生シ、有梗、圓柱形ノ柔荑花序ヲ成シテ下垂ス。雄花ノ萼ハ四裂、四雄蕊アリ。雌花穗ハ嫩枝ノ下部ニ腋生シ有梗、球形ヲ成シモノ如キハ紫色ノ花柱圓周ニ射出ス。雌花ノ萼ハ筒狀ニシテ三乃至四裂ス。子房ハ有柄ニシテ花柱ハ絲狀ナリ。果毬ハ短徑ヲ有テ球形ヲ成シ多鱗片ト多果トヨリ成リ、徑2cm許アリ。果實ハ核果ニシテ秋月熟スレバ多數果是ノ周圍ニ斗出シ、赤色ノ漿狀ヲ呈シ多汁ニシテ一稜ヲ其上部ニ容シ頂ニ遺存セル花柱ヲ見ル。枝皮ヲ製紙原料トスルヲ以テ普通之レヲ開繰ニ栽シ其嫩ヨリ生ズル枝條ヲ刈リ其皮ヲ剝ギ用フ。我邦從來此類ニ碩ノ字ヲ用ウルニ俗用ナリ。和名カぢハ明解ナシ、是レ或ハからぞノ古名かゾ轉化ニハ非ザル乎。

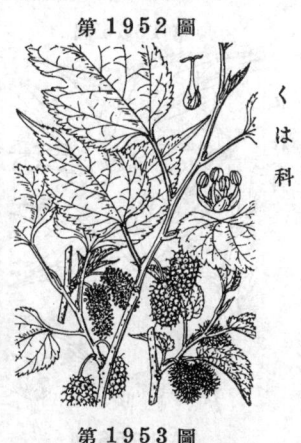

Morus bombycis Koidz.
く　は

普ク圖地竝ニ山地ニ栽植セラルル落葉喬木、幹ハ直立シテ分枝シ其大ナルハ高サ10m 徑60cmニ及ブ者アレド圃地ニ在ル者ハ蠶エズ刈生セラレテ灌木狀ヲ呈ス。葉ハ有柄互生シテ早落托葉ヲ有シ、卵形乃至卵圓形ニシテ先端急ニ狹窄シテ尖リ底部ハ多少心臟形ヲ成シ邊緣ニ鋸齒アリ、或ハ往々分裂シ、表面粗澁、裏面微毛ヲ帶ブ。四月、新葉ヲ有スル新生枝基部ニ腋生セル有柄ノ穗狀花序ヲ成シテ下垂シ淡黃綠色ノ小花ヲ開キ雌花穗ハ雄花穗ヨリ短シ。元來雌雄異株ナレドモ又時ニ同株ノ者アリ。花ハ四萼片ヲ具ヘ花瓣無シ。雄花ニ四雄蕊アリ。雌花ニハ一雌蕊アリテ子房頂ニ直立セル花柱ハ先端ニ二裂ス、果實ハ痩果ニシテ多肉質ト成レル宿存萼片ニ包擁セラレ密ニ穗軸ニ着ナ長橢圓形ヲ呈シ所謂僞果ナル椹果ヲ形成スレドモ質ハ柔軟ナリ、增スセル萼片ハ熟シテ紫黑色ト成リ食シ得ベシ、葉ハ蠶養ニ賞用ス。此種ノ山中ニ自生スル者ハやまぐは（forma spontanea Makino）アリテ通常其果實ニ果實極メテ少タ、葉柄ニ往ハ紅色ヲ帶ブ。和名ノ語原ニ兩說アリテ一ハ食蠶即ちくは、一ハ蠶葉即ちこは／轉ナリト云フ、何レモ蠶ノ食フ葉ノ意ナリ。漢名 桑（慣用、嚴格ニハ云ヘバ我邦產ノくはハ之レニ中ラズハレ支那產品ノ名ナリ）

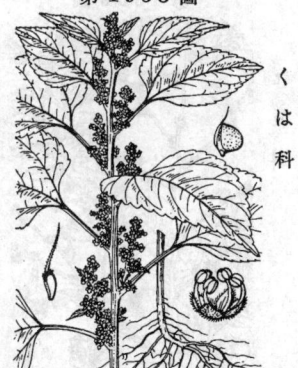

Fatoua japonica Blume.
くはくさ（水蛇麻）

（＝Urtica japonica Thunb. non. L.; U. villosa Thunb.; F. villosa Nakai; Boehmeriopsis pallida Komar.）

廢地・圃中・路傍等ニ普通ニ見ルー年生草本ニシテ高サ40cm内外アリ。根ハ分枝シ、莖ハ直立シテ普通稀ニ分枝シ綠色ニシテ時ニ暗紫色ニ染ミ葉ト同ジク微毛アリテ皮ニハ弱キ纖維アリ。葉ハ有柄ニシテ互生シ、卵形ニシテ銳尖頭ヲ有シ底部ハ截形又ハ稍心臟形ヲ成シ葉緣ニ鈍鋸齒ヲ具ヘ、質薄クシテ三主脈ヲ有シ葉面粗澁ス。葉柄ハ瘦長ニシテ基部ニ小針樣ノ二托葉アリ。秋月主莖竝ニ小枝上ノ葉腋ヨリ長短數本ノ梗ヲ出シ、聚繖花序ヲ成シテ多數小花ヲ攅簇ス。雌雄同株ニシテ雌雄花混生ス。雄花ニハ四深裂萼片アリテ花瓣ナク、萼片ト對生セル四雄蕊アリテ僅シク之レヨリ超出シ、花絲長ク葯小ナリ。雌花ニハ船形萼アリテ下部豐滿シ中ニ圓形ノ一子房アリテ一花柱其側方ヨリ生ズ。果實ハ瘦果ニシテ一種子ヲ藏ス。和名ハ桑草ノ意ニシテ桑葉ノ觀アル葉狀ニ基キテ云フ。

651

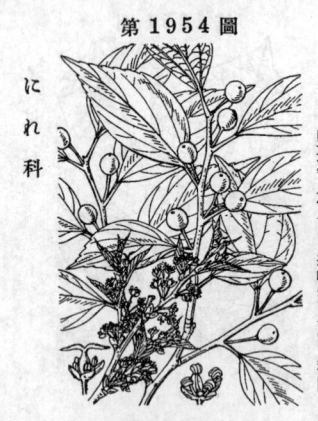

第1954圖

えのき
古名 え
Celtis sinensis *Pers.*
var. japonica *Nakai.*
(= C. japonica *Planch.*)

山林中ニ生ズレドモ又行道側等ニ栽植シアル落葉喬木ニ生シテ其大ナル者ハ高サ20m餘、徑1mニ及ブ、幹ハ灰色ヲ呈シ直立シテ多ク分枝シ、一年生ノ枝ニハ細毛ヲ帶生ス。葉ニ互生シ有柄、廣卵形乃至橢圓狀ニシテ左右不等、先端ニ短銳尖頭、底部ハ廣楔形ヲ成シ不齊、上部邊緣ニ小鋸齒ヲ有シ、粗脈ニシテ三主脈アリ。春日、淡黃色ノ細花ヲ開キ雌花ノ下部ニ簇繖花序ヲ成シ、雌性花ハ新枝ノ上部葉腋ニ一乃至三箇ヲ着ケ共ニ四萼片アリテ短小梗ヲ具フ。雄花ハ四雄蕊アリ。雌性花ハ小形ニ四雄蕊、一雌蕊ヲ有シ、花柱ハ二裂シ外反ス。核果ハ小ニシテ球形ヲ呈シ徑7mm許、橙色ニ成熟シ小兒採リ食フ、核ノ表面ハ網狀ノ皺紋アリ。
一異品ニしだれえのき (forma pendula *Makino* = C. sinensis var. pendula *Miyos.*) アリテ枝條垂ドス。和名 其意不明ナリ。漢名 朴樹(慣用)、從來本種ニ對シテ用ウル現ハ藍シ和字ニシテ此樹夏時ノ樹陰ヲ貴ブ故ニ一木ニ夏ヲ配セシナラン、漢字ニ覆アレドモ別物ナリト斷ズ。

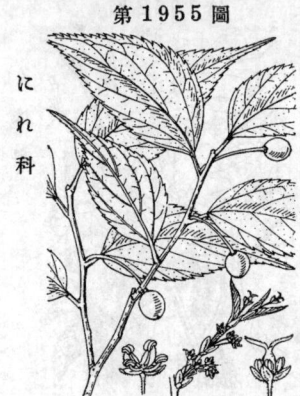

第1955圖

えぞえのき
Celtis Bungeana *Blume*
var. jessoensis *Kudo.*
(= C. jessoensis *Koidz.* p. p.)

山地ニ生ズル落葉喬木。高サ15-20mニ達ス。葉柄ハ有柄互生、卵形又ハ卵狀楕圓形、長サ5-10cm、有尾銳尖頭、廣楔底或ハ圓形底ニシテ少シク歪形、邊緣ニハ銳鋸齒アリ、唯下部三分ノ一ニハ之レヲ缺ク。表面ニ深綠色ニシテ少シク光澤ヲ有シ三行脈。花ハ五月新枝ノ葉腋ニ開キ長柄アレドモ甚ダ顯著ナラズ。雄花及雌性花ヲ有シ、萼ハ四片ニシテ平開ス。雄花ハ四雄蕊ニシテ萼片ト對生ス。雌性花ハ小ナル四雄蕊アリ、子房ハ綠色ニシテ楕圓形、柱頭ハ寧ロ長キ二耳ニ分枝シテ開出ス。果實ハ核果、長柄アリテ少シク下垂シ、徑7-8mmアリテ秋時黑熟ス。本種えのきニ似タリト雖モ、葉ノ鋸齒多ク且ツ銳ク、果實ハ黑熟スルヲ以テ截然相別ツベシ。材ハ諸用ニ供シ得。

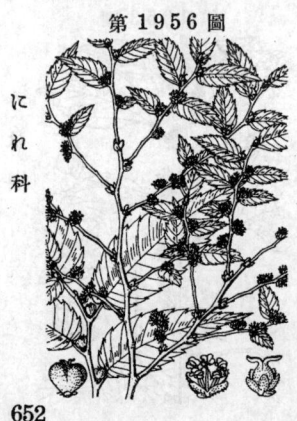

第1956圖

けやき
Zelkova serrata *Makino.*
(= Corchorus serratus *Thunb.*; Abelicea serrata *Makino*; Z. acuminata *Planch.*; Planera acuminata *Lindl.*; P. japonica *Miq.*; Ulmus Keaki *Sieb.*; Z. Keaki *Maxim.*)

山地ニ生ズ、或ハ人家ノ周圍ニ栽植シアル落葉喬木ニシテ幹ハ直聳シ大ナル者ハ高サ30m、徑2m餘ニ及ブ、多數ノ枝梢ヲ分チ新枝ニハ細毛ヲ布ク。葉ハ柄アリテ互生シ、卵形乃至卵狀披針形ニシテ銳尖頭、底部ハ圓形又ハ稍心臟形ヲ成シ往々左右不齊、邊緣ニ鋸齒アリ、長サ2-10cm許、葉脈ハ羽狀ニシテ八方至十八對アリ。春時、新葉ト同時ニ淡黃綠色ノ細花ヲ開ク、雌雄同株。雄花ハ數箇宛新枝ノ下部ニ集合シ、萼ハ四乃至六深裂シ、四乃至六雄蕊アリ。雌花ハ新枝上部ノ葉腋ニ單生シ退化セル雄蕊アリテ花柱ハ二裂ス。果實ハ不齊ナル扁球形ニシテ堅ク、徑4mm許、背面ニ稜角アリ、材ヲ賞用スルハ周知ノ事ナリ。一種 つき (var. Tsuki *Makino*) アリ其材質下品ナリ俗字シテ槻ヲ用ウ、元來つきハけやきノ古名ナラン。和名ハ藍シけやきは木ニシテ顯著ナル樹ノ意ナラン、此けやきヲ木理ノ意ニ採ルハ贊成セズ。漢名 欅(誤用)、欅ハくるみ科ナル Pterocarya stenoptera *DC.* ノ漢名ナリ。

むくのき
一名 むく・もく・むくえのき
Aphananthe aspera *Planch.*
(= *Prunus aspera Thunb.*)

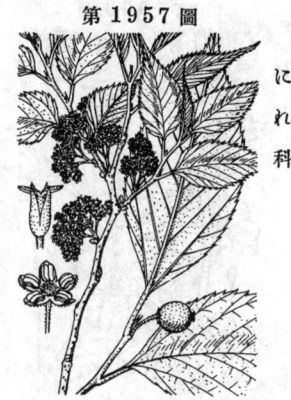

第 1957 圖

にれ科

山地ニ生ズレドモ又往々人家附近並ニ行道側ニ栽植シアル落葉喬木ニシテ大ナル者ハ高サ20m 徑1m許ニ達シ、多ク分枝シ新枝ニハ粗毛アリ。葉ハ有柄ニシテ互生シ、卵形乃至卵狀披針形ニシテ先端銳尖頭、底部ハ廣楔形ニシテ稍不齊、邊緣ニハ銳鋸齒アリ、葉面著シク糙澁シ、葉脈ハ基部略ニ三脈上成リ、中脈ノ支脈ハ羽狀ニ出デ七乃至八對アリ、秋時、淡綠色細花ヲ嫩葉ト共ニ開ク。雌雄同株。雄花ハ新枝ノ基部ニ聚繖花序ヲ成シテ着キ、五萼片、五雄蕊アリ。雌花ハ新枝ノ上方葉腋ニ一二箇叢生シ、萼ハ五裂シ、花柱ハ二分ス。核果ハ卵狀球形ニシテ徑12mm許、黑熟シテ肉味甘ク、兒童採リ食フ。從來其葉ハ物ヲ磨クニ用ヰラル。和名ハ多ク ノ意従来正解ナシ、按ズルニ是レ或ハ剝クノ意乎、即チ其糙澁葉ヲ以テ物ヲ磨キ剝クヲ謂ヒシナラン乎、或ハ茂(も)くヲテ茂リ榮ユル樹ノ意乎。漢名 樸樹・糙葉樹・加條(慣用)、椋(誤用)

はるにれ　古名 やにれ
Ulmus Davidiana *Planch.*
var. japonica *Nakai.*
(= *U. japonica Sarg.* ; *U. campestris Sm. var. japonica Rehd.*)

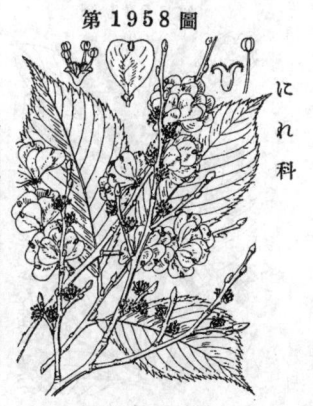

第 1958 圖

にれ科

山地殊ニ我邦北部ニ多キ落葉喬木ニシテ幹ハ直聳シテ多數分枝シ其大ナル者ハ高サ30m餘、徑1mニ達シ、樹皮ハ灰褐色ニシテ不規則ニ割レ、枝ニハ往々褐色ノ木栓質能ク發達シテ突起ヲ成シ次ノ如キヲトぶにれ(forma suberosa *Nakai*)ト呼フ。葉ハ互生シテ短柄ヲ有シ、廣倒卵形乃至倒卵狀橢圓形ニシテ先端急ニ銳尖頭ヲ成シ底部ハ楔形ニシテ左右不齊、葉緣ニ重鋸齒アリ、長サ3~12cm許、糙澁シテ少クモ裏面脈上ニハ毛アリ。春日、葉ニ先チテ舊枝上ニ帶黄綠色ノ細花ヲ簇生ス。萼ハ下部鐘狀ヲ成シテ先端四裂シ、裂片ハ半圓形ニシテ緣毛アリ。四雄蕊アリテ長ク萼上ニ超出シ、花絲ハ白色、葯ハ黄色ナリ。一子房アリテ花柱ハ二岐ス。翅果ハ扁平ニシテ膜質ノ廣翅ヲ有シ、廣倒卵形ニシテ先端凹ミ、黄綠色ヲ呈シ長サ1cm餘ナリ。和名 春にれハ春ニ花サク故ニ云フ、にれハ滑(ぬ)れノ意ニシテ其皮ヲ剝グレバ粘滑ナレバ云フ、やにれハ脂滑即チやにぬれノ略ト謂ハル、皮ヲ剝グバ其汁液粘滑ユエ云フ。漢名 楡(誤用)、楡ハ本屬ノ別種ナリ。

あきにれ (郎楡)
一名 いしげやき・かはらげやき
Ulmus parvifolia *Jacq.*
(= *U. Sieboldii Daveau.*)

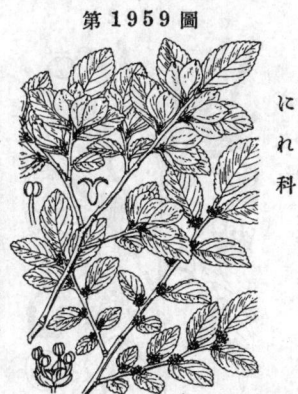

第 1959 圖

にれ科

山地或ハ平地ニ生ズル落葉喬木ニシテ幹ハ直立シテ分枝シ、大ナル者ハ高サ13m許、徑 60cmニ達シ、新枝ニハ細毛ヲ布ク。葉ハ小形ヲ呈シテ互生シ、短柄ヲ有シ、倒卵形或ハ倒卵狀長橢圓形ヲ成シ先端銳頭又ハ鈍頭ヲ有シ底部ニ左右不齊ナル鈍形ヲ呈シ、邊緣ニ重鋸齒ヲ有シ、長サ1~5cm許、革質ニシテ硬ク、上面稍粗糙ニシテ光澤アリ、支脈多數約メ二平行ス。秋ニ至 リ本年枝上ノ葉腋ニ淡黄色ノ小花ヲ攢簇ス。萼ハ四裂シテ筒部短ク、四雄蕊アリテ萼上ニ超出ス。一子房アリテ萼ヨリ超出シ、花柱ハ二岐ス。翅果ハ短柄ヲ有シ扁平ニシテ周圍ニ多脈ノ翅ヲ具ヘ橢圓形ヲ呈シテ長サ1cm許アリ、內ニ二種子ヲ容ル。和名ハ秋季ニ花實アルヲ以テ此名ヲ名ク、石げやきハ樹容けやきニ似且其材質堅硬ナレバ云ヒ、川原げやきハ能ク川原ニ生ジアルヨリ云フ。

653

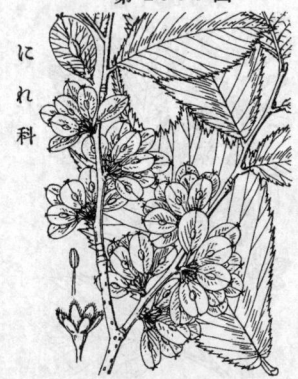

第 1960 圖

にれ科

おひょう
一名　やじな・ねばりじな
Ulmus laciniata *Mayr.*
(＝U. montana *With.*
var. laciniata *Trautv.*)

主トシテ北方諸州ノ山地ニ生ジ又往々中南地ノ山中ニ見ル落葉喬木。幹ハ直立シテ分枝シ大ナル者ハ高サ25m餘、徑1mニ及ブ。葉ハ互生シ、短柄ヲ有シ、廣倒卵形或ハ橢圓形ニシテ先端通常三尖起ヲ呈シ或ハ急ニ尖頭ヲ成シ、底部ハ楔形又ハ鈍形ニシテ左右著シク不齊ナリ、邊緣重鋸齒ヲ有シ、長サ6–15cm許、粗糙ニシテ短毛ヲ布ク。春日、去年ノ枝上ニ淡黄綠色ノ細花ヲ攢簇ス。萼ハ先端五六裂シ裂片ハ略圓形ニシテ緣毛アリ。五六ノ雄蕊ハ萼ヨリ超出シ、紫紅色ヲ帶ブ。一子房アリテ花柱ニ二岐ス。翅果ハ扁平、周圍ハ膜質ノ翅ヲ有シ、廣卵形ニシテ長サ1.5cm許。北海道ニあいぬハ此樹皮ヲ剝ギテあつしト呼ブ布ヲ織リ之レヲ製ル。和名おひょうハあいぬ語ナリ、やじなハ其葉矢筈狀ヲ成セルしなのきノ意、ねばりじなハ其皮ノ粘ルしなのきノ意ニシテ本品ハ其樹皮粘靱ナレバ之レヲTilia ノしなのきニ擬セシナリ。

第 1961 圖

ぶな科

まてばしひ
一名　またじひ・さつまじひ
Lithocarpus edulis *Nakai.*
(＝Quercus edulis *Makino*；
Pasania edulis *Makino.*)

九州南部ニ自生スル常綠喬木ニシテ又諸州ノ人家ニ栽植セラル。幹ハ直上シ往々株本ヨリ分枝シテ數幹ヲ成シ樹皮暗褐色ヲ呈ス、大ナル者ハ高サ10m、徑1mニ及ブ。葉ハ樹上ニ繁密ニシテ枝上ニ互生シ、柄ヲ有シ、倒卵狀橢圓形乃至倒卵狀廣披針形ヲ呈シ、短銳尖頭ニシテ鈍端、底部ハ楔形ヲ成シ、全邊ニシテ質厚ク、長サ5–18cm許、上面深綠色ニシテ滑澤、下面ハ褐色ヲ帶ブ。六月ノ候、上向セル長キ穗狀花序ヲ葉腋ヨリ抽キ、黄褐色ノ小花ヲ開ク。雌雄同株。雌花ハ雄花穗ノ下部ニ簇クカ又ハ特別ナル穗ヲ成ス。雄花ノ專ハ六裂シ、雄蕊ハ六乃至十二本アリ、雌花ハ總苞ニ包マレ、六萼片、三花柱アリ。堅果ハ翌年ノ十月ニ成熟シ褐色堅硬ニシテ長橢圓形或ハ橢圓圓形ヲ成シ長サ2–2.8cm許、下ニ皿形ノ殼斗ヲ有シ、鱗片ハ覆瓦狀ヲ成シ、種子ハ食ヒ得ベシト雖モ味佳ナラズ。和名まてばしひノまてハ九州ノ方言ニシテ其意不明ナリ、またハまてノ轉ナリ、薩摩じひハ薩摩産ノしひノ意ナリ。

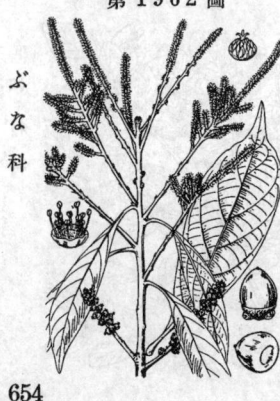

第 1962 圖

ぶな科

しりぶかがし
一名　しりぶか
Lithocarpus glabra *Nakai.*
(＝Quercus glabra *Thunb.*；
Q. Sieboldiana *Blume.*)

暖地ニ生ズル常綠喬木。幹ハ直立シテ分枝シ高サ15mニ達シ樹皮ハ暗色ナリ。幼條ニハ淡黄褐色ノ氈毛ヲ布ク。葉ハ有柄ニシテ互生シ、倒披針形或ハ長橢圓形、先端ハ急ニ尖リ底部ハ漸次狹窄ス、革質ニシテ全邊、表面ハ黄綠色ヲ呈シ光澤アレドモ裏面ハ密偃毛ヲ布キテ銀白色ニ見ユ、長サ10–15cm。晩秋葉腋枝端ニ穗狀花序ヲ出ダス。花軸ハ淡黄褐色ノ密氈毛ニ富ミ剛直ナリ。雄花穗ハ枝ノ上部ニ出デ長サ5–10cm、斜立シ往々分枝ス。雌花ハ三箇ヅツ集合ス。雌花ハ雄花穗ノ下部ニ簇クカ或ハ下部ノ葉腋ニ別ニ短キ花穗ヲ形成ス。雌花ハ總苞中ニ一箇ヅツ生ジ、總苞ハ扁平ナル球形ヲ呈ス。堅果ハ越年シテ翌秋ノ花期ニ熟シ、橢圓形ヲ成シ、長サ2cm、殼斗ハ淺キ皿狀ナリ。種子ハ食フベシ。和名ハ尻深がし或ハ尻深ノ意ニシテ其堅果底部ノ着點特ニ凹入セルヨリ云フ。

すだじひ (?柯樹)

一名　いたじひ・ながじひ・しひ

Shiia Sieboldii *Makino.*

(=Pasania cuspidata *Oerst.* var. Sieboldii *Makino*; Pasania Sieboldii *Makino*; Pasaniopsis Sieboldii *Kudo.*)

中部以南ノ暖地ニ生ズル繁枝繁葉ノ常綠大喬木ナレドモ通常廣ク庭樹トス。幹ハ直立シ大ナル者ハ高サ往々25mヲ超エ、徑1.5mニ達シ樹冠ハ球狀ヲ呈ス。樹皮ハ黑灰色ニシテ遂ニ縱裂ス。葉ハ二列生ニシテ有柄互生シ初メ托葉アリ、廣橢圓形或ハ廣披針形、有尾鋭尖頭、鋭底或ハ稍鈍底、革質ニシテつぶらじひヨリ厚ク且ツ大、長サ5–15cm、裏面ハ淡褐色ノ鱗屑ヲ布キ、全邊ナレド往々上部ニ鋸齒ヲ生ズ。六月ノ候、長サ10cm內外ナル上向セル穗狀花穗ヲ新枝ノ葉腋ニ出シ密ニ黃色ノ雄花ヲ開テ强烈ナル甘香ヲ放ツ。雌雄同株ニシテ花ハ蟲媒ナリ。花體ハ小ニシテ萼ハ五六裂シ、雄蕋ハ十五內外。雌花穗ハ下方ノ葉腋ニ出デ短クシテ花數少ク、毎花三花柱アリ。堅果ハ圓錐狀卵形ニシテ鋭頭ヲ成シ平滑ニシテ生時黑褐色乾ケバ褐色ヲ呈シ、表面ニ橫線ヲ成シテ突起ヲ布ケル總苞內ニ全ク包マレ漸尖頭ノ長橢圓形ヲ成シ、長サ1.5cm內外、熟スレバ總苞三裂シテ落下ス。材ヲ利用シ、肥厚セル白色ノ子葉ヲ有スル種子ヲ食用トス。和名ノすだ・いた共ニ其意不明、長じひハ其子實長キ故云フ、又しひモ同ジク其原意分明ナラズ一二ノ臆說アレドモ信ジ難シ、中ニハ柯樹卽チ科樹ノ子實名 柯子 (科子) ノ一名ナル椎ニ基ケル和名ナリト謂フ者アレド首肯シ難シ。

第 1963 圖

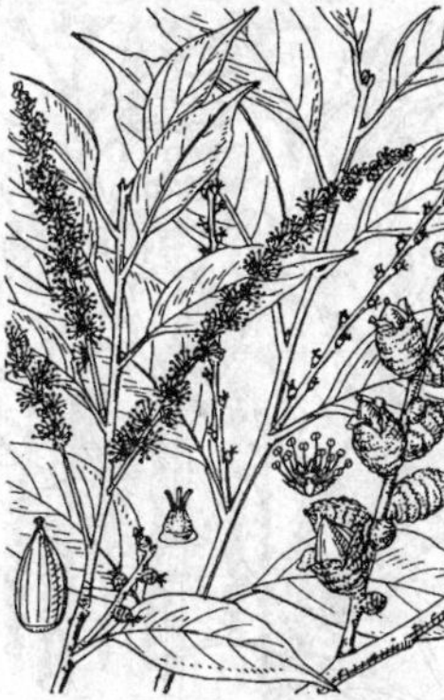

ぶな科

つぶらじひ

一名　こじひ・しひ

Shiia cuspidata *Makino.*

(=Quercus cuspidata *Thunb.*; Pasania cuspidata *Oerst.*; Castanopsis cuspidata *Schottky*; Pasaniopsis cuspidata *Kudo.*)

我邦西南暖地ノ山中ニ普通ニ生ズル繁枝繁葉ノ常綠喬木。幹ハ直立シテ枝極多ク葉亦繁密ニシテ樹冠ハ球狀ヲ呈シ、其大ナル者ハ高サ25m、徑1.5m許、樹皮ハ平滑ナリ。葉ハ二列生ニシテ有柄互生シ、橢圓狀卵形或ハ廣披針形ニシテ鋭尖頭、底部圓形又ハ楔形ヲ成シ、邊緣ハ通常上半ニ不明ナル疎鋸齒ヲ有シ、長サ4–10cm、質厚クシテ上面深綠色、下面ハ灰白又ハ灰褐色ヲ呈ス。六月ノ候、新枝ノ葉腋ニ上向セル穗狀花穗ヲ出シ、强キ甘香アル淡黃色ノ花ヲ密ニ穗軸ニ着ケテ開ク。雌雄同株ニシテ花ハ蟲媒ナリ。雄花ノ萼ハ五六裂シ、雄蕋ハ十乃至十二アリテ萼ヨリ超出ス。雌花ノ萼ハ六裂シ、三花柱アリ。堅果ハ略ボ球形ニシテ徑8–10mm許、生時黑色ニシテ乾ケバ褐色ト成ル、總苞ハ囊狀ヲ成シテ初メ堅果ヲ全包シ後チ成熟スレバ三裂ス。種子ハ赭褐色ノ薄キ種皮ヲ被フリ、肥厚セル子葉ハ白色ニシテ食フベシ。樹皮ヲ染料トス。一變種ニこごめじひ一名ぬかじひ (var. microcarpa *Makino*) アリ、果實極メテ小形ニシテ稍長シ。和名つぶらじひハ圓らじひニシテ其實圓形ナルヲ以テ云ヒ、小じひハ之レヲ姉妹品ノすだじひニ比スレバ其實稍小ナルヨリ云フ、此つぶらじひトすだじひヲ總稱シテ普通ニハ單ニしひト呼ブ。

第 1964 圖

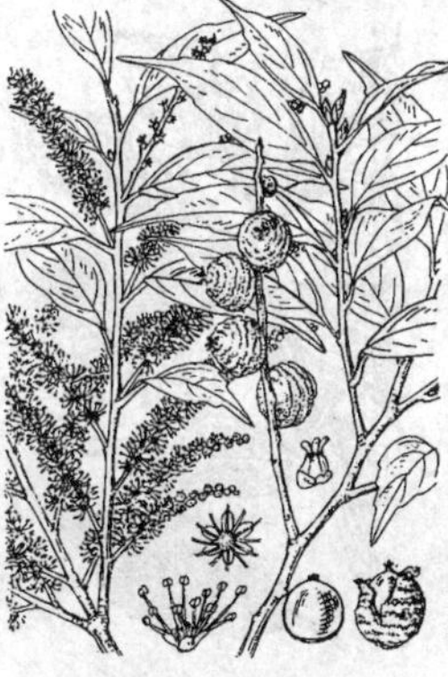

ぶな科

しらかし (?麪櫧)

一名　くろがし

Quercus myrsinaefolia *Blume.*

山地ニ自生スト雖モ又中部ヨリ關東地ニ亙リテ人家ノ邊ニ栽植セラルル常綠喬木。幹ハ直立シテ分枝シ樹膚黑色ヲ呈シ其大ナル者ハ高サ20m、徑60cmニ及ビ、新枝ハ平滑無毛ナリ。葉ハ互生シテ葉柄ヲ有シ、長橢圓狀披針形或ハ披針形ニシテ鋭尖頭、鋭底又ハ鈍底ヲ成シ、邊緣上半部ニ鋸齒アリ、長サ5–12cm許、薄キ革質ニシテ上面ハ綠色滑澤ヲ呈シ下面ハ灰白色ヲ帶ビ、嫩葉ハ或ハ綠色或ハ褐紫色ヲ呈ス。雌雄同株ニシテ四月ニ至テ開花ス。小形ノ黃褐色雄花ヲ多數ニ着ケシ葇荑花穗ハ前年ノ枝ニ腋生シテ下垂シ、雌花穗ハ新枝ノ葉腋ニ生ジテ直立ス。雄花ノ萼ハ四五裂シ、雄蕋四五本アリ。雌花ハ總苞ニ包マレ、萼ハ四五裂シ、三花柱アリ。堅果ハ廣橢圓形ヲ呈シ、長サ1.5cm許、殼斗ハ淺キ椀狀ヲ成シ、外面ニ六乃至八層ノ橫輪ヲ有ス。和名ハ白かしニシテ其材白色ナルヨリ云ヒ、黑がしハ其幹膚黑色ナルヨリ云フ。漢名　鐵櫧・鉤栗 (共ニ誤用)

第 1965 圖

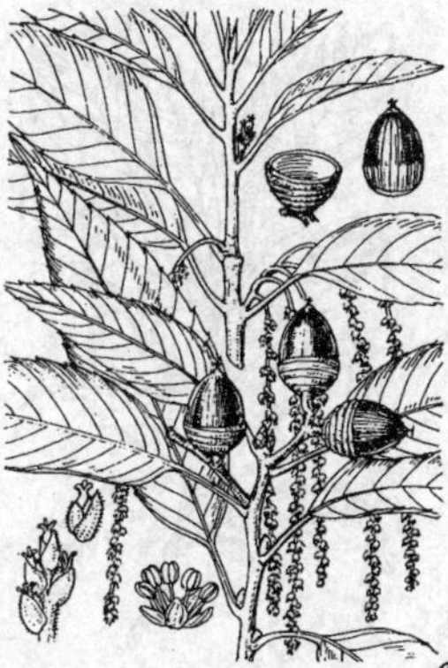

ぶな科

あらかし
Quercus glauca *Thunb.*

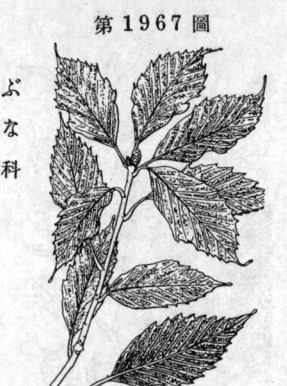

ぶな科

中部以南ノ山野ニ極テ普通ナル常綠喬木ニシテ高サ
10–20m。樹皮ハ帶綠暗灰色ニシテ裂線ヲ生ゼズ。葉ハ
有柄互生、廣橢圓形或ハ倒卵狀橢圓形、長サ5–10cm、
革質ニシテ表面滑澤、裏面ハ灰白色、倭毛アレドモ無
毛平滑ニ見エ、上半部ニノミ銳鋸齒アルコト多シ。新
葉ハ綠樣ノ軟毛ヲ被ルト雖モ敷クスレバ落チ去ル。四
月新葉ノ開計ト共ニ開花ス、雌雄同株。雄花棄黃部ハ
新枝下部ノ鱗片腋ニ下垂シ長サ5–10cmアリテ腿軸ニ
ハ白毛アリ。雄花ニハ一苞幷ニ三萼幷ト黃葯ノ雄蕊十
五六箇トアリ。雌花モ同ジク新枝ノ中部葉腋ニ生ジ短
梗上ニ頭狀ヲ成シ、花數二三ニシテ小ナリ。花柱ハ花
體ヨリ抽ゼシ、三裂ス。堅果ハ球狀橢圓圓形長サ2cm內
外、先端尖リ、晩狀熟シテ脱落ス。殼斗ハ椀狀ヲ呈シ、
數段ノ輪紋ヲ成シテ鱗片排列ス。材ヲ諸用ニ供シ木炭
ニ可ゐ。本種ハ關西地方ニ最モ多ク同方面ニ屬ノ代
表者ニシテ單ニ之レヲかしト呼ベリ。和名ノ蓋ハ粗か
しノ意ニシテ其枝ハ粗强其葉ハ粗大硬質ナレバ此ク
云フナラン。かし意不明、一說ニかしハかしけはのき
ノ略ト言ヘド首肯シ難シ、かしハーニかたぎト稱スル
以上テ堅木ヲ合シテ樫ノ和字ヲ作リかしト調ゼリ。漢
名 櫧・櫧(共ニ誤用)、櫧ハ支那產常綠がしノ一種ノ
名ナリ。

よこめがし
一名 しまがし
Quercus glauca *Thunb.*
var. fasciata *Blume.*
(= Q. striata *Sieb.*;
Q. glauca var. striata *Makino.*)

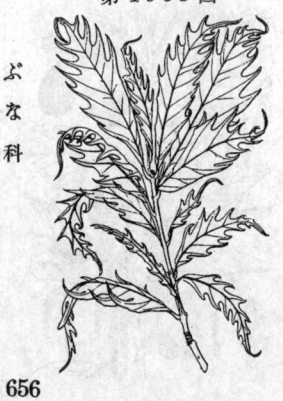

ぶな科

あらかしニ屬セル園藝的ノ一變種ニシテ觀賞樹ノ
一種トシテ偶ニ庭園ニ栽植セラルルノミ、未ダ
野生ノ者ヲ見ズ。幹ハ直立シテ硬直ナル枝椏ヲ
分チ新枝ニハ初メ褐色ノ軟毛ヲ布ク。葉ハ互生
シテ葉柄ヲ有シ、倒卵狀長橢圓形・長橢圓狀披針
形ニシテ先端銳尖頭ヲ成シ、底部ハ廣楔狀銳形
ヲ呈シ、邊緣上過牛部ニ銳頭ノ粗鋸齒アリテ齒
端硬化シ、長サ5–10cm許、質厚クシテ硬ク、上面
綠色ヲ呈シ斜上シテ走レル多數支脈ノ間ニ特ニ
帶白色ノ雲紋アリテ帶ヲ成シ、下面ハ粉白色ヲ
帶ビテ伏臥毛アリ。葉面ハ長サ1-1.5cm許アリ、
枝上時ニ正葉即チ尋常葉ヲ出スコトアリ。和名
横目がしハ葉面ニ横走セル條紋アルヨリ云ヒ、
縞がしモ亦條紋ノ模樣アルヨリ云フ。

ひりゅうがし
Quercus glauca *Thunb.*
var. lacera *Matsum.*
(= Q. lacera *Blume.*)

ぶな科

あらかしニ屬セル園藝的ノ一變種ニシテ偶ニ庭
園ニ栽植セラルルノミニシテ敢テ其野生品ヲ見
ルコト無シ。幹ハ立チテ分枝シ枝條ハ瘦長ナリ、
新枝ニハ初メ褐色ノ軟毛ヲ密布ス。葉ハ互生シ
テ葉柄ヲ有シ、倒卵狀倒披針形・長橢圓狀披針形
或ハ披針形ニシテ先端尾狀ニ尖リ、底部ハ楔形
ヲ呈シ、邊緣ハ全邊或下部ヲ除テ深ク羽狀ニ
剪裂シ裂片ハ鍼狀ニ成シテ銳尖頭ヲ有シ、長サ
5–10cm 許、質稍厚ク、上面綠色ニシテ光澤ア
リ、下面ハ粉白色ヲ帶ビ伏臥毛アリ、支脈ハ羽
狀ヲ成シテ斜上シ、葉柄ハ短シ。和名ハ飛龍が
しニシテ其葉形ニ基キテ斯ク云フ。

あかがし
一名 おほがし・おほばがし
Quercus acuta *Thunb.*
(=Cyclobalanopsis acuta *Oerst.*)

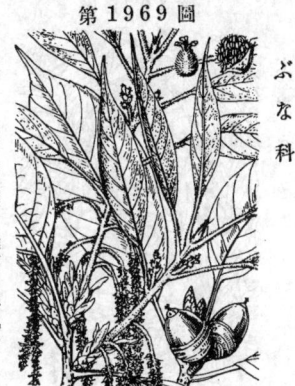

第 1969 圖

ぶな科

我邦中部南部ノ山地ニ多キ常緑喬木ナレドモ又往々人家附近ニ栽植セラル。幹ハ直立シテ枝葉繁ク、大ナル者高サ20m許、徑60cm餘ニ達シ、新枝ハ褐色ノ軟毛ヲ密布ス。葉ハ有柄互生シ、長卵形乃至長楕圓形ニシテ先端漸ニ鋭尖頭ヲ成シ、底部楔形或ハ圓形、全邊或ハ上部ニ少數ノ鈍鋸アリ、長サ6-15cm許、質厚ク、嫩葉ハ褐綿毛ヲ密布スルモ後兩面共平滑ト成ル。雌雄同株ニシテ五月開花シ、雄花ノ柔荑花穗ハ新枝ノ下方ニ生ジ多數ノ苞細片ヲ齊テ長ク下垂シ褐黃色ヲ呈シ、雌花穗ハ上部葉腋ニ生ジテ直上シ二乃至五ノ雌花ヲ齊ケ、雌花穗ト共ニ褐軟毛ヲ被ル。雄花ハ萼片六深裂シ多數雄蕊アリ。雌花ハ密毛アル總苞ニ包マレテ三花柱ヲ有ス。堅果ハ八年目ヲ越エテ成熟シ橢圓形ニシテ長サ2cm許、褐色ナリ、殼斗ハ椀狀ニシテ六乃至七層ノ横縞ヲ有シ、褐綿毛ヲ布ク。木材ハ堅クシテ帶赤色ヲ呈シ利用多シ。和名赤がしハ其材色ニ基ク、大がしハ其粗大ナル樹容ニ由り、大葉がしハ其葉ノ壯大ナルヲ以テ斯ク云フ。漢名 血櫧(誤用)

つくばねがし
Quercus paucidentata *Franch.*
(=Cyclobalanopsis paucidentata *Kudo et Masam.*)

第 1970 圖

ぶな科

我邦中部南部ノ山地ニ生ズル常緑喬木。幹ハ直立シテ往々大木ト成り高サ20m、徑60cm許ニ達ス。葉ハ樹上ニ繁ク通常短柄ヲ有シテ互生シ長橢圓狀倒披針形、長サ10cm内外、先端ハ急ニ短ク鋭尖頭ト成り底部ハ鈍形或ハ銳形ヲ呈シ、全邊ナレドモ獨ダ上部ニノミ鋸齒アリ、強剛ナル革質ニシテ毛無ク表面光澤ニ富ム、雌雄同株ニシテ四月開花シ、新枝ノ下部ヨリ雄花ノ褐黃色柔荑花穗ヲ埀ル。雌花穗モ亦新枝上部ノ葉腋ニ出デ短徑軸アリ。雄花ハ苞ヲ伴ヒ萼四乃至七深裂シ多數ノ雄蕊アリ。雌花ハ總苞ニ包マレ三花柱アリ。堅果ハ橢圓形ニシテ長サ1.5cm内外、秋ニ熟シ濃褐色ニシテ縦線ヲ印ス。本種ノ頗ル能ハあかがしニ酷似シ、往々其中間型アリテ其識別時ニ困難ナレドモ一般ニ葉幅短ク葉挾ク且其上部ニ鋸齒ヲ伴フヲ以テ分ツベシ。和名ハ葉ノ小枝端ニ四出スルノ狀衝羽根即チ羽子ニ似タレバ云フ。

うらじろがし
Quercus stenophylla *Makino.*
(=Q. glauca *Thunb.* var. stenophylla *Blume.*)

第 1971 圖

ぶな科

中部以南ノ山地ニ生ズル常緑喬木。幹ハ直立シテ多枝緊葉、往々大樹ト成リテ高サ20m、徑1m許ニ達ス。葉ハ有柄互生シ披針形或ハ長橢圓狀披針形ニシテ先端ハ尾狀ニ尖リ底部ハ銳形ヲ呈シ、長サ10-15cmアリ、上部ニノミ銳尖鋸齒ヲ具へ、稍薄キ革質ニシテ表面滑澤、裏面ハ蠟質ヲ分泌平布シテ白色ヲ呈ス。嫩葉ハ絹毛ヲ被リ長ズレバ脱落ス。雌雄同株、五月、新枝ノ基部ヨリ黃色ノ細長ナル雄花柔荑花穗ヲ埀ル。雌花穗ハ新枝ノ葉腋ニ短穗ヲ成シテ立チ、三四花ヲ齊ク。雄花ハ三四萼片四乃至六雄蕊アリ。雌花ハ總苞ニ包マレ三花柱アリ。堅果ハ晩秋ニ熟シ廣橢圓形或ハ卵狀廣楕圓形ニシテ濃褐色ヲ呈シ、殼斗ハ灰褐色ノ椀狀ニシテ外面ニ横輪ヲ匝ラス。材ハ諸用ニ供ス、和名裏白がしハ其葉裏特ニ白色ヲ呈スルヲ以テ斯ク云フ。

657

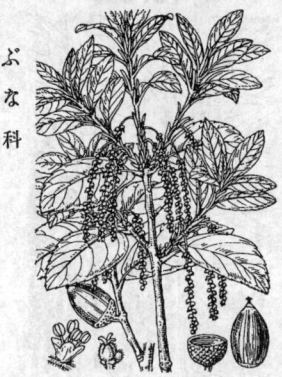

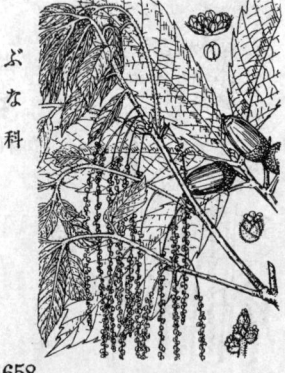

第 1972 圖

ぶな科

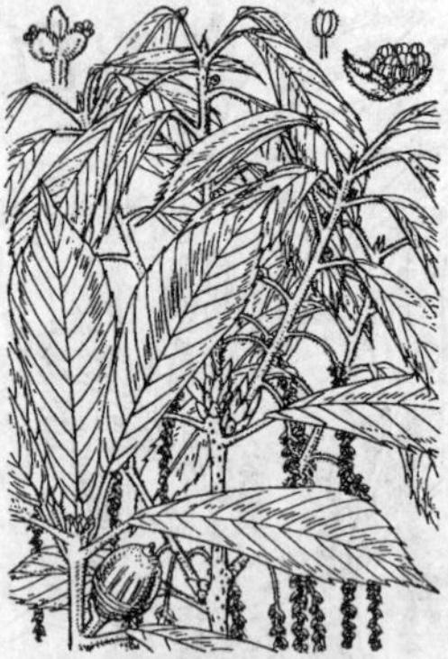

いちひがし

一名　いちひ・いちがし

Quercus gilva *Blume.*

暖地ノ常綠大喬木ニシテ其巨大ナル者ハ幹高ク聳立シテ高サ30m餘、徑1.7m許ニ達シ、樹皮ハ暗褐色、片々ニ半バ剝離スレドモ枝條ハ黃褐色ノ氈毛ヲ被フル。葉ハ互生、有柄、倒披針形或ハ廣倒披針形、長サ10–15cm、先端急ニ尖リ下半部ハ漸次狹窄シ底部ハ稍鈍形ヲ呈シ、表面ハ深綠色平滑ナレドモ裏面ハ葉柄ト共ニ黃褐色ノ星芒狀氈毛ヲ密布スルノ殊徵アリ、支脈ハ十乃至十四對ニシテ眞直、明瞭ニ平行シ顯著ナリ。新葉ハ稍垂レテ密ニ毛茸ヲ被ル。雌雄同株。五月新枝ノ下部ヨリ褐黃色多數ノ小雄花ヲ着クル葇荑花穗ヲ下垂シ長サ5–10cm許アリ。上部ノ葉腋ニハ短梗ヲ出シテ三小雌花ヲ開ケドモ其狀顯著ナラズ。雄花ハ下ニ一苞片ヲ伴ヒ五萼片七八雄蕋アリ。雌花ハ密毛アル總苞ニ包マレ短キ三花柱アリ。堅果ハ秋ニ熟シ橢圓形ニシテ長サ2cm內外、褐色ヲ呈ス。殼斗ハ淺ク椀狀ヲ成シ外面ニ鱗片數輪ヲ著ハス。材ハ堅ク建築器具等ニ用キラレ果實ハ食シ得ベシ。和名いちひがしノかしハ此樹かしノ類ナレバ此ク云ヘドいちひノ語原明晰ナラズ、或ハ之レヲいつ卽チ嚴、み卽チ實ノ轉ト言ヘド元來此樹ノ子實ハ食ヘバ食シ得ル程度ニテ敢テ一般ノ食品ニ非ザレバ其實ヲ賞讃セル此說ニハ贊同シ難シ。漢名石櫧(誤用)

第 1973 圖

ぶな科

うばめがし

一名　うばめ・いまめがし・うまめがし・ばめがし

Quercus phillyraeoides *A. Gray.*

(＝Q. Ilex *L.* var. phillyraeoides *Franch.*)

暖地ノ山中幷ニ海邊地ニ生ズル多枝繁葉ノ常綠樹ニシテ灌木狀或ハ喬木ヲ成シ其大ナル者ハ直幹高サ10m、徑60cmニ達シ、新枝ハ黃褐色ノ氈毛ヲ密布ス。葉ハ互生シ、淡褐色ノ氈毛ヲ密布セル短柄ヲ有シ、倒卵形乃至長橢圓形、先端鈍頭又ハ圓頭、底部圓形又ハ稍心臟形、邊緣上半部ニ鋸齒アリ、長サ2–6cm許、質厚ク初メ毛アルモ後平滑ト成リ支脈ハ五六對アルモ明視シ難シ。雌雄同株ニシテ五月開花ス。雄花ノ葇荑穗ハ新枝ノ下部ニ着キ多數ノ黃色細花ヲ着テ下垂シ、雄花ノ萼ハ短鐘狀ヲ成シテ淺ク四五裂シ、四五雄蕋アリテ超出ス。雌花穗ハ新枝ノ上部ニ着キ極テ短クシテ概ネ二花ヨリ成リ、雌花ハ總苞ニ包マレ三花柱アリ。堅果ハ橢圓形或ハ稍紡錘狀橢圓形ニシテ先端尖リ褐色ヲ呈シ長サ2cm許、殼斗ハ椀狀ニシテ緣薄ク、外面ニ覆瓦狀ヲ成セル鱗片ヲ密布ス。材ハ堅緻ニシテ備長炭ト云フ良好ノ木炭ヲ製スベク、果實ハ食シ得ベシ。一變種ニびはばがし一名ちりめんがし(var. crispa *Matsum.*)アリ園藝品ニシテ葉皺縮ス、又ふくれうばめ(var. subcrispa *Makino*)アリ葉ニ膨皺アリ、又うらげうばめ(var. Wrightii *Makino*)アリ葉裏ニ細毛密布ス、毛淡キ者アリテ正品ト連絡ス。和名 姥芽がし幷ニ姥芽ハ其嫩葉褐色ナレバ云ヒ、いまめがし幷ニうまめがしハ其轉化、ばめがしハ其略ナリ、而シテ馬ノ目ノ意ニ非ラズ。

第 1974 圖

ぶな科

ははそ（靑岡樹）

一名　なら・こなら

Quercus serrata *Thunb.*

(＝Q. glandulifera *Blume.*)

諸州到ル處ノ山野ニ最モ普通ナル落葉喬木ニテ通常能ク植林セラル、幹ハ直上シテ分枝シ其大ナル者ハ高サ17m、徑60cmニ達シ、枝條ハ痩長ニシテ新枝ハ初メ疎毛ヲ布ク。葉ハ有柄互生シ、倒卵形乃至倒卵狀長橢圓形ニシテ銳尖頭、楔底又ハ圓底ヲ成シ、邊緣ニ尖リタル粗鋸齒アリ、長サ5–12cm許、嫩葉ハ兩面有毛ナルモ後チ上面ハ平滑ト成リ下面ハ灰白色ヲ帶ビ伏臥毛ヲ帶ブ、晚秋ニハ黃葉スレドモ稚木ノ者ハ往々紅葉シ且時々枝上ニならがうト呼ブ栗毬狀ノ蟲癭ヲ生ズ。雌雄同株ニシテ五月開花ス。雄花ノ葇荑穗ハ新枝ノ下部ヨリ出デ多數ノ黃褐色細花ヲ着テ下垂シ、雄花ノ萼ハ五乃至七裂シ、四乃至八雄蕋アリ。雌花穗ハ新枝ノ上部葉腋ヨリ出デテ短ク或ハ時ニ長ク[こばはそ(發音こぼーそ)一名ながかし]一二或ハ數花ヨリ成リ、雌花ハ總苞ニ包マレテ三花柱ヲ有ス。堅果ハ橢圓形或ハ圓柱狀長橢圓形ニシテ長サ1.5–2cm許、殼斗ハ皿狀ニシテ緣薄ク外面ニ小鱗片ヲ密布ス。和名ははそハかしはヲ云フニ非ズシテ古來ヨリ本種ノ稱ナリ、而シテ今日ハほーそト發音セリ、ははそハ其語原不明、一說ニ葉葉添ヘノ略ナリト謂ヘドモ信ジ難シ、又ならモ其語原判然セズ、小ならハ元來二三尺ノ小ナル稚樹ニ基キシ呼名ナリ。漢名 枹・敎落樹・孛落樹(蓋シ共ニ誤用乎)、楢ハ我邦俗用字ナリ。

みづなら
一名 おほなら
Quercus crispula *Blume.*

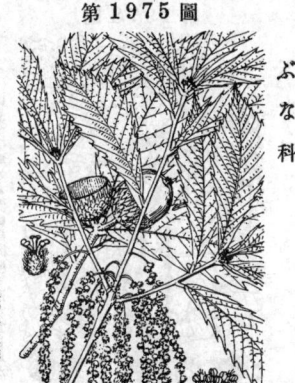

第 1975 圖

ぶな科

山地ニ多キ落葉喬木ニシテ幹ハ直立シテ大小ノ枝ヲ分チ、其大ナル者ハ高サ30m、徑1.7m許ニ及ビ、樹皮黑褐色ノ滑ビ深キ不齊ノ裂罅ヲ現ハシ、新枝ハ初メ疎毛アルモ後平滑トナル。葉ハ互生シテ極短柄ヲ有シ、倒卵形乃至倒卵狀長橢圓形ニシテ先端銳尖頭ヲ成シ下部楔形ニシテ底部多少耳狀ニ呈シ、邊緣ニ粗大ナル銳鋸齒ヲ有シ、長サ6-20cm許、質薄ク、長軟毛アリテ初メ兩面ニ之ヲ布クモ後ニハ獨リ裏面脈上ニノミ殘留ス。雌雄同株ニシテ五月開花ス。雄花ノ葉蘂穗ハ新枝ノ基部ヨリ出デ多數ノ褐黃色細花ヲ着テ下垂シ長サ 5cm内外アリ。雄花ノ萼ハ不齊ニ五乃至七裂シ、九乃至十雄蕊アリ。雌花穗ハ新枝ノ上部葉腋ニ着キ短クシテ一乃至三花ヲ着ク。雌花ノ總苞ハ六裂シ、三花柱アリ。堅果ハ秋ニ熟シ卵狀橢圓形ニシテ濃褐色ヲ呈シ長サ2cm許、殼斗ハ椀狀ニシテ外面ニ小鱗片ヲ密生ス。和名水ならハ其材ニ多量ノ水ヲ含ミテ容易ニ燃燒セザルヨリ云ヒ、おほならハ互樹ト說ルヲ以テ呼フ。

くぬぎ (櫟・橡)
古名 つるばみ
Quercus acutissima *Carruth.*

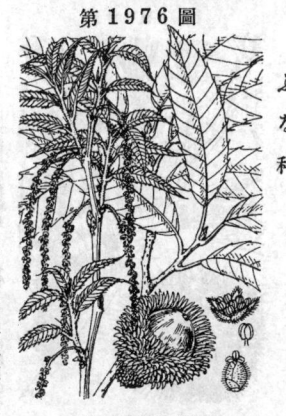

第 1976 圖

ぶな科

山林ニ多キ落葉喬木ニシテ通常能ク植林セラル。幹ハ直襲シテ枝葉多ク其大ナル者ハ高サ17m、徑60cm許ニ及ビ、樹皮ハ深キ裂罅アリ、新枝ハ軟毛ヲ密生ス。葉ハ互生シテ葉柄ヲ有シ、長橢圓形・長橢圓狀披針形或ハ廣披針形ヲ成シ、先端銳尖頭、底部ニ鈍形ニシテ左右不齊、邊緣ニ芒尖鋸齒ヲ有シ分支脈顯著ニシテ長サ5-15cm、幅2-4cm許アリ、初メ軟毛ヲ密布スルモ後殆ド平滑ト成ル、其葉形頗ルくり葉ニ類スレドモ其鋸齒ノ尖部ニ葉綠無キヲ以テ識別スベシ。雌雄同株ニシテ五月開花ス。雄花ノ葉蘂穗ハ新枝ノ基部ヨリ出デ多數ノ黃褐色細花ヲ着テ下垂シ、雌花穗ハ新枝ノ上部葉腋ニ生ジ短クシテ一乃至三花ヲ着ク。雄花ノ萼ハ五深裂シ數雄蕊アリ。雌花ハ總苞ニ包マレテ三花柱ヲ具フ。堅果ハ次ニシテ略ボ球形ヲ成シ徑2cm許、年翌翌年ニ成熟シ褐色ヲ呈ス、俗ニ之レヲどんぐり(團栗)ト稱ネ。殼斗ハ大形ニシテ椀狀ヲ成シ、線形ノ長キ鱗片ヲ密生ス。此樹ヲ以テ良好ナル木炭ヲ製ニ池田炭又ハさくら炭ト云フ。和名くぬぎハ國木ノ意ト謂ヒ故事アリ、古ハくぬぎニ歷木ノ字ヲ用キタリ、古名つるばみノ語原ニハ二三ノ臆說アレドモ未ダ其確タル正解ヲ見ズ。

あべまき
一名 あべ・わたくぬぎ・わたまき・をくぬぎ・くりがしは・こるくくぬぎ
Quercus variabilis *Blume.*
(= Q. serrata *Thunb.* var. chinensis *Miq.*; Q. serrata *Thunb.* var. variabilis *Matsum.*)

第 1977 圖

ぶな科

主トシテ中國方面ノ山地ニ生ズル落葉喬木。幹ハ直立分枝シ其大ナル者ハ高サ17m、徑60cmニ達シ、樹皮厚ク、木柱層能ク發達シ凹凸アリ、新枝ハ稍無毛ナリ。葉ハ互生シテ葉柄ヲ有シ、長橢圓形又ハ長橢圓狀披針形ニシテ先端銳失頭底部圓形ヲ成シ邊緣芒尖鋸齒ヲ有シ、宛モくぬぎ葉ノ如ク雖モ葉裏ニ小星狀毛ヲ密布シテ灰白色ヲ呈スルヲ以テ容易ニ區別シ得。雌雄同株ニシテ五月ニ開花ス。雄花ノ葉蘂穗ハ多數ノ黃褐色細花ヲ着ケテ新枝ノ基部ヨリ下垂シ、雄花ノ萼ハ三乃至五裂シ四五本ノ雄蕊ヲ有ス。雌花ハ短クシテ新枝ノ葉腋ニ着キ、概ネ單立シ、雌花ノ總苞ニ包マレテ三花柱アリ。堅果ハ稍球形ニシテ年ヲ越テ成熟シ褐色ヲ呈シ、殼斗ハ椀狀ヲ成シ外面ニ多數ノ線形長鱗片ヲ具ヘ上部ハ外反ス。樹皮ノ外皮ヨリこるくブ製ス、和名あべハ美作ノ方言、又同地ニテハあべたまきトモ云フ、是レあけた (瘤瘤) まきノ意ト爲スレハ樹膚こるく皮發達シ凹凸面ヲ呈スルヨリ云ヒ、まきハ賞讚名ナル眞木乎或ハ槇ノ意乎、綱くぬぎノ綿ハこるく質ノ軟キ樹皮ヨリ茶リシ者ニシテ綿まきト同語ノ名、雄くぬぎ乎雄ハくぬぎヨリハ壯强キ意ニ之レハくり二似タルトハニテ其葉形ニ基キ、こるくくぬぎハ其こるく質ノ樹皮ニ由リシ稱ナリ。

659

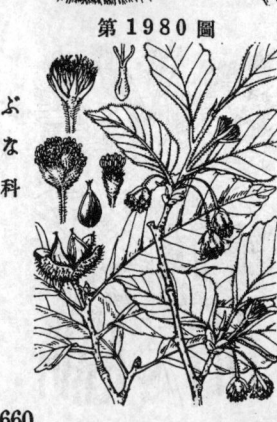

第1978圖

かしは
一名 かしはぎ・かしはのき・もちがしは
誤稱 ははそ
Quercus dentata *Thunb.*

山野ニ生ズル落葉喬木ニシテ又往々人家ニ植ヱラル。幹ハ直立シテ強枝ヲ分チ多葉ヲ簇ケ婆娑タリ、其大ナル者ハ高サ17m、徑60cmニ達シ樹皮ハ深キ裂罅ヲ有シ新枝ニハ淡褐色ノ軟毛ヲ密生ス。葉ハ大ニシテ互生シ密毛アル太キ短柄ヲ有シ、倒卵形ニシテ鈍頭、下方狹窄シテ底部耳狀ヲ成シ、邊緣ハ粗大ナル波狀鈍鋸齒アリ、長サ10-25cm許、初メ兩面ハ星芒毛ヲ有スルモ後ハ上面殆ド平滑ト成リ�01裏面ノミハ星芒ヲ密生ス。葉ハ秋期枯死スルモ尙殘部セズ越年ス、雌雄同株ニシテ五月嫩葉ト共ニ開花ス。雄花ハ萎茲腿ハ多數ニ新枝ノ基部ヨリ下乘シ黃褐色ノ細花ヲ簇ゥ。雄花ノ萼片ハ七八裂、雄蕊ハ八本許アリ。雌花腿ハ短クシテ新枝ノ葉腋ニ出デ少數花ヲ簇ゥ。雌花ハ八裂セル總苞ニ包マレ三花柱アリ。堅果ハ略ぼ球形ニシテ長サ1.5cm許、殼斗ハ椀狀ヲ呈シ、多數ノ鱗片ハ褐色ノ薄キ覆綫形ヲ成シテ背反ス。樹皮ヲ染料ト シ澁・餅ニ雜ム。和名かしはハ炊割チかしト餅ト合セシ者ニシテ畢竟食物ヲ盛ル葉ノ意ナリ、往時ハ斯ノ如キ種々ノ葉ヲ同ジクかしはとト稱セシト雖モ今日ニテハ本種獨ヲ其名ヲ專有セリ、餅がしはノ某葉ニ餅ヲ裹メバ云フ。漢名 槲・槲實(共ニ誤用)、かしはニハ適當スル漢名ヲ見ズ。

第1979圖

くり
Castanea pubinervis *Schneid.*
(=C. vesca *Gaertn.* var. pubinervis *Hassk.*;
C. sativa *Mill.* var. pubinervis *Makino*;
C. japonica *Blume*; C. vulgaris *Lamk.* var.
japonica *A. DC.*; C. crenata *Sieb. et Zucc.*)

山地ニ生ジ又能ク人家ニ植ウル落葉喬木ス。幹ハ直立シ多枝繁葉ニシテ大ナル者ハ高サ17m、徑60cm餘ニ及ブ。葉ハ互生有柄、長楕圓形或ハ長楕圓狀披針形、銳尖頭、底部ハ心心臟形或ハ鈍形、左右稍不齊、葉緣ハ芒尖鋸齒アリ、上面ハ深綠色平滑、脈上ハ小星毛ヲ有シ、裏面ハ淡色、小腺點ヲ布キ脈上有毛、枝枒葉ハ往々細毛ヲ密布シテ帶白色ヲ呈シ、支腺多數ニシテ各鋸齒ハ向ヲ羽狀ニ斜走シ顯著ナリ。嫩葉ニ托葉アリ。六月蟲媒花ヲ開キ雌雄同株。雄花ハ萎茲腿ニ新枝ノ下方葉腋ニ生ジテ直上シ長サ15cm內外、多數ノ黃白色細花ヲ簇ケテ著シキ甘香ヲ放ツ。雄花ハ萼六深裂シ雄蕊一十本內外アリテ長ク萼外ニ超出ス。雌花腿ハ無柄ニシテ雄花腿軸ノ下部ニ簇ヶ通常三雌花集合シテ鱗片アル總苞ニ包マレ、雌花ハ萼六深裂シ、子房ハ下位ニシテ五乃至九ノ覆綫形花柱アリ。堅果ハ一乃至三顆稔熟シ剌針密生セル扁球狀ノ總苞即チ毬毬(いが)ニ包マレ、熟セバ其いが凹裂シ果實ヲ露ハス。たんばぐり・しばぐり・はこぐり・とげなしぐり・しだれぐり等ノ異品アリ。種子ヲ食用トス。和名くりハ黑實即チくろみノ意ニテろみ/反シ、りナレバワちくりトなル。漢名 栗(誤用)、栗ハ支那産同屬ノQuercus Bungeana *Blume* (=C. mollissima *Blume*)即チあまくりヲ指ス。

第1980圖

ぶなのき
一名 ぶな・しろぶな・ほんぶな・
そばぐり・そばぐるみ
古名 そば・そばのき
Fagus crenata *Blume.* (=F. Sieboldi
Endl.; F. sylvatica *L.* var. Sieboldi *Maxim.*;
F. sylvatica *L.* var. asiatica *DC.*)

山中ニ見、通常高山ニ多ク殊ニ北地ニ在テハ平地ニ生ズル多枝繁葉ノ落葉喬木ス。幹ハ直圓シ其大ナル者ハ高サ30m、徑1.7mニ達シ、樹皮平滑灰色ナリ。葉ハ二列生ニシテ互生シ長毛アル葉柄アリ、廣卵形或ハ菱狀橢圓形ニシテ往々左右不等、先端鈍頭、底部廣楔形、葉緣波狀鈍齒アリ、長サ5-10cm許、上面ハ初メ長毛ヲ布キ後平滑、裏面ハ脈上ノミ有毛、支脈ハ兩側各七九至十一條アリテ葉緣鈍齒間ノ凹部ニ達シ斜ニ平行シテ顯著ナリ。五月開花シ雌雄同株ナリ。雄花ハ萎茲腿ハ長毛ヲ有シ新枝下ノ葉腋ヨリ乘下シ多數ノ黃色細花ヲ簇ケテ稍頭狀ヲ成ス。雄花ノ萼ハ鐘狀ヲ成シテ四乃至八淺裂シ雄蕊ハ八乃至十六アリ。雌花腿ハ新枝ノ葉腋ニ出デテ柄アリ、通常二花アリテ頭狀ヲ成シ總苞之レヲ擁ス。雌花ノ萼ハ微小ニシテ四乃至六裂シ下位子房ハ長楕狀ヲ呈シ三花柱アリ。堅果ハ三稜形、長サ1.5cm許、二顆ヲ軟剌アル廣卵形狀斗ニ包マレ熟スレバ殼斗四裂シ果實ヲ出ス。和名ぶなノ意不明、ぶなぶなナルノ正品ナレバ云ヒ、白ぶなハ樹皮灰白色ナレバ云ヒ、そば・そばのき・そばぐり・そばぐるみハ其實檢角(そば)アレバ云フ。槲・槲ハ我邦ノ俗用字ナリ。

いぬぶな
一名 くろぶな
Fagus japonica *Maxim.*

第 1981 圖

ぶな科

山中ノ森林内ニ生ズル落葉喬木ニシテ幹ハ直徑シテ分枝シ樹膚黒褐色、其ノ大ナル者ハ高サ25mニ及ビ、小枝ハ細長ナリ。葉ハ二列生ヲ成シテ互生シ、長軟毛ヲ有スル葉柄アリ、卵形或ハ橢圓狀卵形ニシテ之ヲラぶな葉ニ比スレバ多少長ク、銳尖頭、廣楔底或ハ鈍底、緣邊ハ低キ波狀齒アリ、長サ5~10cm許、裏面ハ長絹毛ヲ布キテ稍帶白色ヲ呈シ、葉脈ハ十乃至十四對アリ斜上シテ平行シ各邊緣凹陷ニ凹處ニ終リ、葉質稍薄ク淡褐ク緑美ナリ。五月開花ニ雌雄同株ナリ。雄花ノ萼裂體ハ絲狀ノ長體ヲ有シテ垂下シ多數ノ小黃花集リテ球形ヲ呈ス。雌花ハ漏斗狀ノ萼ヲ有シテ淺ク數裂シ、十棘盍アリ。雌花腮ハ同ジク新枝ノ上部葉腋ニ出デ長梗ヲ有シテ上向ニ花下ニ總苞アリ。雌花ニハ萼ヲ細微ナル六片ノ萼ヲ有シ下位子房ハ長卵形ヲ成シ三花柱アリ。堅果ハ三稜形ニシテ長サ1.5cm許、一殼斗內ニ二顆アリ、殼斗ハ淺クシテ短小鱗片ヲ被リ、長サ果實ノ三分ノ一許、熟スレバ四裂シ、果便ハ細長ナリ。和名ハ犬ぶなハ材質ぶなニ比スレバ劣ル故ニ云フ、黑ぶなハ其樹皮帶黑褐色ナレバ云フ。漢名 山毛欅(誤用)

はんのき
一名 はりのき
Alnus japonica *Sieb. et Zucc.*
(= A. maritima *Nutt.* var. japonica *Regel.*)

第 1982 圖

かばのき科

林野ニ生ジテ濕地ヲ好ミ繁茂スル落葉喬木ニシテ往々植林セラル。幹ハ直立分枝シ其大ナル者ハ高サ17m徑60cmニ達ス。葉ハ互生シ葉柄ヲ有シ、橢圓形・長橢圓形或ハ被針狀長橢圓形ニシテ銳尖頭楔形底ヲ成シ邊緣ニ細鋸齒アリ、長サ5~10cm許、下面脈腋ニ綿毛ヲ有シ、前年秋ニ既ニ生ジタル蕾ハ春早ク葉ニ先driftシテ開花シ、雌雄同株ナリ。雄花ハ萼裂體ハ其幼者前年ノ秋旣ニ小枝端ニ生ジテ越年シ、柄アリテ下垂シ細長圓柱狀ヲ成シ暗紫褐色ヲ呈シ每鱗片下ニ三花ヲ着ケ各花ニ小苞ヲ有ス。雄花ノ萼ハ四裂シ、四雄蕊アリテ黃花粉ヲ吐ク。雌花腮ハ小枝上雄花腮ノ下部ニ單立シテ紅紫色ヲ呈シ橢圓形ヲ成シ、每鱗片下ニ二花ヲ着ク。雌花ニ二小苞ヲ有シテ萼片ナク、一子房、二花柱アリ。果毬ハ橢圓形ニシテ長サ1.5~2cm許、果鱗ハ楔形ニシテ先端ハ五淺裂ス。古來果毬ヲ染料ニ供ス。和名ハ語原不明ノはりの木ヲ本名トシ後チ轉化シてはんの木ト成レリ、古ハ之レニ榛ノ字ヲ宛シト雖モ元來榛ハしばみノ漢名ナリ。漢名 赤楊(誤用)

やまはんのき
一名 まるばはんのき
Alnus tinctoria *Sarg.*
var. glabra *Call.*

第 1983 圖

かばのき科

山地或ハ平地ニ生ズル落葉喬木ニシテ幹ハ直立シテ分枝シ其大ナル者ハ高サ17m、徑60cmニ及ブ。葉ハ互生シテ葉柄ヲ有シ、廣橢圓形或ハ略ボ圓形ニシテ銳頭又ハ鈍頭、底部ハ廣楔形又ハ稍心臟形ヲ成シ、邊緣五乃至八淺裂ヲ呈シ更ニ細鋸齒ヲ有シ、裏面灰白色ヲ帶ビ平滑或ハ脈上ニ毛アリ。雌雄同株、春日、葉ニ先チテ開花シ、雌性萼蕊花腮ハ其幼者前年ノ秋旣ニ生ジテ越年シ、柄ヲ有シテ細長ナル圓柱狀ヲ成シ小枝ノ先端ヨリ數條條長ク下垂シ紫褐色ヲ呈シテ黃花粉ヲ糁出ス。雄花ハ四弽片、四雄蕊アリ。雌性萼蕊花ハ數花穗總狀ニ配列シテ紫褐色ヲ呈ス。雌花ハ一子房アリテ二花柱ヲ有ス。果毬ハ橢圓圓形ヲ呈シ、果鱗ハ楔形ニシテ四淺裂ス。小堅果ハ扁平、長橢圓形ニシテ周緣ニ狹翼アリ。和名ハ山はんの木ニシテ山地ニ生ズルヨリ云ヒ、圓葉はんの木ハ其葉圓形ヲ呈スルヨリ云フ。

661

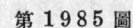

みやまはんのき
Alnus Maximowiczii *Call.*
(= A. viridis *DC.* var. sibirica *Regel*, partim.)

第1984圖

かばのき科

高山ニ生ジ下部ヨリ分枝セル落葉灌木ナリト雖ドモ溪間或ハ北部ノ低地ニ在テハ高サ10m、徑30cm許ニ達スル喬ナリ成ル。葉ハ互生シテ葉柄ヲ有シ、橢圓形或ハ卵圓形ニシテ銳尖頭、底部圓形又ハ略ボ心臟形ヲ成シ、葉緣ニ細密ナル重鋸齒ヲ具ヘ、長サ5-10cm許、質稍厚ク表面滑澤深綠色、裏面ハ粘性ニシテ嫩葉ハ殊ニ然リ。雌雄同株ニシテ五六月ノ候ニ開花ス。雄花ノ葇荑穗ハ小枝ノ先端ニ生ジテ黃褐色ノ圓柱形ヲ成シ長サ6cmアリテ黃花粉ヲ滲出ス。雄花ハ五萼片、五雄蕋ヲ有ス。雌花穗モ亦小枝ニ出デ橢圓形ニシテ敷花穗總狀ニ排列ス。雌花ハ一子房アリテ二花柱ヲ有ス。果毬ハ橢圓形ニシテ長サ1.5cm內外、果鱗ハ楔形ヲ呈シ、小堅果ハ倒卵形ニシテ膜質ノ翅ヲ有ス。和名ハ深山はんの木ノ意ニシテ深山ニ生ズルヨリ云フ。

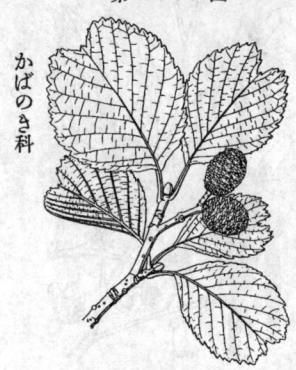

第1985圖

やはずはんのき
一名 はくさんはんのき
Alnus Matsumurae *Call.*
(= A. incana *Willd.* var. emarginata
Matsum.; A. emarginata *Shirai*.)

かばのき科

中部ノ深山ニ生ズル落葉小喬木。幹ハ直立シテ分枝シ高サ10m內外。樹性やまはんの木ニ類シ、樹皮ハ灰黑色ヲ呈ス。葉ハ有柄互生、圓形或ハ倒卵圓形、長サ5-9cm、先端ハ凹凹ヲ成シ底部ハ廣楔形或ハ鈍形、邊緣ニハ不齊ナ低鋸齒ヲ具ヘ、表面深綠色無毛平滑、裏面ハ灰白色ヲ帶ビ支脈七乃至九條アリテ斜ニ平行シ鮮明ナリ。雌雄同株。四五月葉ニ先ダツテ開花シ、小枝ノ葉腋ヨリ雄性ノ葇荑花序ヲ垂レ黃色ノ雄花ヲ着ク。雌花穗ハ三四、枝端ニ短總狀ヲ成ス。果毬ハ橢圓形長サ2cm、短柄ヲ具ヘテ立チ肥厚セル果鱗ハ扇形楔脚ニシテ密ニ鱗次シ、晚秋熟シテ褐色ト成ルモニハ脫落スルコトナシ。小堅果ニハ極メテ狹キ翼アリ。和名矢筈はんの木ハ葉先ノ形狀ニ基ヅキ、白山はんの木ハ加賀白山ニ多ケレバ云フ。

第1986圖

やしゃぶし
一名 みねばり
Alnus firma *Sieb. et Zucc.*
(= A. yasha *Matsum.*)

かばのき科

諸州ノ山中ニ生ズル落葉喬木ニシテ幹ハ直立シ分枝シ高サ7m、徑30cmニ達ス。葉ハ互生シ葉柄ヲ有シ、卵狀披針形或ハ長橢圓狀披針形ニシテ銳尖頭ヲ成シ底部圓形又ハ廣楔形ヲ呈シ邊緣ニ不齊ノ重鋸齒アリ、初メ上面ニ毛ヲ有スルモ後略ボ平滑ト成リ、裏面脈上ニハ毛ヲ常存シ、支脈ハ顯著ニシテ十六至十五對アリ斜ニ平行シテ葉緣ニ達セリ。雌雄同株ニシテ三月開花ス。雄花ノ葇荑穗ハ小枝ノ頂ヨリ出デテ下垂シ無柄ニシテ褐黃色ノ圓柱形ヲ成シテ密ニ小花ヲ着ケ黃シ黃色ノ花粉ヲ吐出ス。雌花穗ハ有柄ニシテ雄花穗ヨリハ下方ノ小枝ニ頂生シ紅色ニシテ長橢圓形ヲ呈シ概ネ二三個ヲ以テ總狀ヲ成ス。雌花ハ苞鱗內ニニアリテ各二花柱ヲ有ス。果毬ハ橢圓形ニシテ長サ2cm內外、小堅果ハ長橢圓形ニシテ狹翼ヲ有ス。果毬ノ染料トス。和名ハ夜叉五倍子ノ意、此果毬ハ單寧分多ク五倍子卽チブしト同樣ナレバふし卽ち夜叉ハ其果毬粗面ナルヨリ云フ、峯ばりハ山上ニ生ズルはりの木ノ意ナリ。

ひめやしゃぶし
一名 はげしばり
Alnus multinervis *Call.*
(= A. firma *Sieb. et Zucc.* var. multinervis
Regel ; A. pendula *Matsum.*)

第 1987 圖

かばのき科

山地ニ生ズル多枝多葉ノ落葉灌木ニシテ往々山地ノ
土砂崩潰ヲ防ガン爲メ栽植セラレ、其大ナル者ハ高サ
6m 徑30cmニ達シ枝條ハ細長ナリ。葉ハ互生シテ葉柄
ヲ有シ、卵狀長楕圓形或ハ長楕圓狀披針形ニシテ銳尖
頭、下部ハ概ネ廣楔形ヲ成シテ鈍底ヲ有シ、邊緣ニ重
複セル細鋸齒ヲ具ヘ、裏面脈上有毛、支脈ハ十六乃至
二十六對ノ斜ニ平行シテ葉緣ニ達シ顯著ナリ。雌雄
同株、四月、葉ニ先チテ開花ス。雄花ノ葇荑穗ハ前年
ノ秋既ニ生シ枝端ヨリ下垂シテ褐黃色ヲ呈シ有稈ニ
シテ長サ4.5cmナリ。雌花穗ハ有稈ニシテ長楕圓形ヲ呈
シ小形綠色、三乃至六箇ヲ以テ上向セル總狀ヲ成ス。
雄花ハ苞鱗內ニ在リテ單ニ四裂シ四雄蕊アリ、雌花ハ
苞鱗內ニ二アリテ各二花杜ヲ有ス。果穗ハ楕圓形ニシ
テ長サ1cm餘、細長ナル柄ヲ有シ總狀果穗ノ或シテ下
垂スル殊態アリ、小堅果ハ長楕圓形ニシテ翅ヲ有ス。
和名ハ姬夜叉ぶしニシテ此類中小形ナルヲ表ハセシ
名、禿縛リハ山地斜面ノ裸地崩下ヲ止止スル爲メ植ウ
ルヲ以テ斯ク云フ。

しらかんば
一名 しらかば・かば・かんば・
かばのき・くさざくら
古名 かには
Betula Tauschii *Koidz.*
(= B. alba *L.* var. Tauschii *DC.* ; B. japonica
Sieb. ; B. alba *L.* var. japonica *Miq.*)

第 1988 圖

かばのき科

我邦中部北部深山ノ向陽地ヲ好ンデ生ズル落葉喬木。幹ハ直
聳シテ多枝繁葉、其大ナル者ハ高サ20m、徑60cm餘、樹皮ハ白
色ニシテ紙狀ニ剝ゲ、內皮ハ淡褐色ヲ呈シ、皮目ハ橫線形ヲ成
ス。葉ハ互生シ短枝ニ一葉ヲ簇ケテ葉柄ヲ有シ、三角狀卵形
或ハ菱狀卵形ニシテ銳尖頭、底部廣楔形又ハ截形ヲ成シ、
邊緣ニ不齊ノ重鋸齒ヲ有シ、長サ4-8cm許、支脈ハ概ネ六乃至
八對下面ハ淡色ニシテ小腺點ヲ有シ且腋脈ニ毛ヲ有ス。雌雄
同株。四月ノ候葉ニ先ンジテ開花ス。雄花ノ葇荑穗ハ小枝端ヨ
リ下垂シ細長ニテ密齊シテ長ハ圓柱狀ヲ成シ暗紅黃色ヲ呈シ、
各苞鱗內ニ三箇ノ雄花ヲ有シ、二小苞アリ。雄花ハ三裂セル一
萼片、二雄蕊アリ。雌花穗ハ短枝ニ頂生シテ上向ニ紅淡色ヲ
呈シ、每苞鱗內ニ三花ヲ簇ケ、二小苞アリ。雌花ハ萼ヲ缺キ、一
子房、二花柱アリ。果穗ハ長サ3-5cm許ノ圓柱形ヲ成シテ下垂
シ、果鱗ハ三裂シ、側片ハ圓ク圓ノ開出ク、小堅果ハ長楕圓形ニシテ
其左右ニ膜質ノ廣翼アリ。和名かんばハ古名ノかにハヨリ轉
來ス、かばノ其略ナリ、往時ハ多分此類常品ノ通名ナリシナラ
ン、白かば・白かんばハ其樹幹白色ナルヲ以テ云フ、臭ざくら
ハ此樹皮ヲ燻ケバ臭氣ヲ放ツ故云フ。漢名 樺木 (誤用)、樺木
ハ Betula 屬ノ一種ナレドモ別種ニ屬シ支那產ナリ。

だけかんば
一名 さうしかんば
Betula Ermani *Cham.*
var. communis *Koidz.*

第 1989 圖

かばのき科

高山及ビ北地ニ普通ナル落葉喬木。幹ハ直立シテ分枝
シ其大ナル者ハ高サ14m、徑60cm許、樹皮ハ灰白色又
ハ淡褐色ヲ帶ビ紙狀ニ剝ゲ、小枝ハ細長ナリ。葉ハ葉
柄ヲ有シ、長枝ニハ互生シ短枝ニ一二葉ヲ簇ケ、三角
狀卵形或ハ廣卵形ニシテ銳尖頭底、底部圓形又ハ稍心臟
形ヲ成シ、邊緣ニ不齊ノ重鋸齒アリ、支脈ハ八乃至十
一對、兩面無毛或ハ裏面脈上及ビ腋脈ニ毛ヲ有シ、下
面ニ小腺點アリ。雌雄同株ニシテ五月開花ス。雄花ノ
葇荑穗ハ枝ノ先端ヨリ下垂シ、長サ8cm 許ニシテ黃
褐色ヲ呈ス。雄花ハ三萼片、三雄蕊ヲ有ス。雌花穗ハ
短枝ノ先頭ニ頂生シテ直立シ長サ2cm許。雌花ハ一子
房、二花柱アリ。果穗ハ短柄ヲ有シテ直立シ長橢圓形
ニシテ長サ3cm許、果鱗ハ三裂シ、側片ハ短ク、小堅
果ハ倒卵形ニシテ兩側ニ狹翅ヲ具フ。和名嶽かんばハ
山嶺上ニ生ズルヨリ云ヒ、草紙かんばハ其皮ヲ字ヲ書
キ得ベキヨリ此ク稱ス。

まかんば
Betula nikoensis *Koidz.*

かばのき科

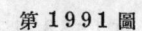

野州日光ノ山中ニ稀ニ生ズル落葉喬木。幹ハ直聳シテ分枝シ高サ10m内外アリ、樹皮ハ灰白色ヲ呈シ容易ニ剝落ス。葉ハ互生シテ散毛アル葉柄ヲ具ヘ短枝上ニハ二葉ヲ着ケ、梢形だけかんば類似スレドモ長卵狀三角形ニシテ漸尖頭、截底ヲ成シ、邊緣ニハ細小ナル腺狀鋸齒ヲ有シ、支脈ハ數多クシテ十四乃至十六對アリ斜メニ平行シテ走リ羽狀ヲ成シテ葉緣ニ達シ、下面ハ偃毛多キノ差アリ、長サ7cm内外。雌雄同株ニシテ五月開花シ、雄花ノ葇荑穗ハ小枝端ニ出デ、雌花穗ハ短枝頂ニ出ヅ。果穗ハ短柄アリテ短枝上ニ直立シ、圓柱形ニシテだけかんばノ態アリ、果鱗ハ三裂シ、裂片ハ狹ク、小堅果ハ卵圓形ニシテ廣キ圓形ノ翼アリ。和名ハ蓋シ眞かんばニシテ卽チかんばノ眞物ノ意ナランモ其正品ハ此樹ナラズ。

うだいかんば
一名 さいはだかんば
Betula Maximowicziana *Regel.*

かばのき科

我邦中部北部ノ山中ニ生ズル落葉喬木ニシテ幹ハ直聳シ大ナル者ハ高サ20m、徑60cm許ニ達シ、樹皮ハ帶黃赭色ヲ呈シ、明瞭ナル皮目アリ。葉ハ互生シテ葉柄ヲ有シ短枝ニハ二葉ヲ着ケ、闊大ニシテ廣卵形乃至卵狀心臟形ヲ呈シ、先端短銳尖頭底部心臟形ヲ成シ、邊緣ニ不齊ノ細鋭牙アリ、八乃至十四條ノ支脈ヲ有シ、長サ5〜15cm許、下面小腺點アリ、初メ軟毛ヲ布ケドモ後ハ略ボ平滑ト成リ下面脈腋ニ髯毛ヲ殘シ、稚卵葉ニ兩面密毛ヲ被フリテびろうどニ觸ルルノ感アリ。雌雄同株ニシテ五月開花ス。雄花ノ葇荑穗ハ數條總狀ヲ成シテ短枝頂ヨリ下垂ス。雄花ハ四蕚片、二雄蕊アリ、雌花穗モ亦數箇總狀ヲ成ス。雌花ハ一子房、二花柱アリ。果穗ハ長大ニシテ下垂シ長サ5〜10cm、果鱗ハ三尖裂シ、小堅果ハ廣翼ヲ具フ。和名うだいかんばハ鶉松明かんばノ略ニシテ此樹皮薄ク能ク燃ユルヲ以テ鶉卽チ鸕鷀ヲ使ヒ魚ヲ捕フル時ノたいまつトス故ニ此稱アリ、しらかんばノ皮モ亦同ジク用キラレうだいまつト云フ。

よぐそみねばり
一名 あづさ・はづさ・はんさ
Betula grossa *Sieb. et Zucc.*
var. ulmifolia *Makino.*
(=B. ulmifolia *Sieb. et Zucc.*)

かばのき科

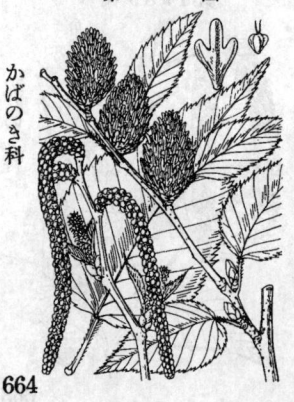

邦內弘ク諸州ノ山中ニ生ズル落葉喬木ニシテ幹ハ直聳シ其大ナル者ハ高サ20m、徑60cm許ニ及ビ、樹皮ハ灰色ヲ帶ビタル赭黑色ニシテ剝皮シ易ク枝膚ノ內皮ニハ一種ノ臭氣ヲ有シ、新枝ニ腺點ヲ布キテ臭シ。葉ハ互生シテ葉柄ヲ有シ短枝ニハ二葉ヲ着ケ、卵形乃至卵狀長楕圓形ニシテ銳尖頭ヲ有シ底部ハ淺キ心臟形ヲ成シ、邊緣不齊ノ重鋸齒アリ、支脈ハ十乃至十五對、斜ニ平行シテ羽狀ヲ成シ葉緣ニ達シ、下面脈上ニハ葉柄ト共ニ髯毛ヲ布ク。雌雄同株ニシテ五月ニ開花ス。雄花ノ葇荑穗ハ小枝端ヨリ下垂シ、長サ7〜9cm許、無柄ニシテ帶黃色ヲ呈シ多數細花ヲ密着ス。雌花ノ苞鱗內ニ二アリテ各一子房ニ二花柱アリ。果穗ハ短柄ヲ有シ或ハ略ボ無柄ニシテ直立シ、橢圓形ニシテ長サ2〜3cm許、果鱗ハ三尖裂シ、小堅果ハ狹翼ヲ有ス。往昔此材ヨリ弓ヲ製セシト云フ、和名在葇峰嶺ハ其皮ノ臭氣ニ基 キ稱ナリ、あづさハ其源原不明確蓋無シ、はづさ又ハはんさハ其轉訛ナリ。漢名 梓(誤用)、我邦ノ學者梓ヲあかめがしはト或ハささげト充テシレマあづさト爲セシハ全クノ誤ニシテ梓ノ眞物ハ Catalpa Bungei C. A. Mey. 卽チたうきささげニテ支那ニ產シ日本ニハ無キ樹ナリ。

みづめ

一名　あづさ・とっぱだみねばり

Betula grossa *Sieb. et Zucc.*

(＝B. carpinifolia *Sieb. et Zucc.*)

山中ノ落葉喬木。幹ハ直聳シ其大ナル者ハ高サ20m、徑60cm許アリテ樹皮ハ灰黑色ヲ呈シ不整ニ裂開且ツ剝落ス。枝條ノ皮ハ傷クレバ一種ノ臭氣アリ。葉ハ有柄互生、狹卵形或ハ卵狀楕圓形、銳尖頭、稍心臟底、長サ5–10cm、邊緣ニハ銳鋸齒アリ、兩面共ニ軟毛ヲ疎布シ、支脈ハ眞直ニシテ十乃至十五對、斜ニ平行シテ葉緣ニ達シ羽狀ヲ成ス。雌雄同株ニシテ五月ニ開花ス。雄花ノ葇荑穗ハ瘦圓柱形、褐黃色、小枝梢ノ前年葉腋ニ生ジ無柄ニシテ懸垂ス。雌花穗ハ雄花穗ノ下ナル短枝頂ニ單生、苞鱗每ニ三花ヲ入レ、花柱ハ二箇アリ。果穗ハ廣楕圓形長サ3cm、短枝上ニ立チ短柄ヲ有シ或ハ殆ド無梗ナリ、果鱗ハ三尖裂シ、中裂片ハ楕圓形鈍頭、側裂片ハ短ク斜出シ、熟後果鱗ハ尙脫落セズ。小堅果ハ兩邊ニ狹翼アリテ稍圓シ。本種ハよぐそみねばりト殆ド同ジク恐ラク同種ト看做スベキ者ニシテ識別極メテ困難ナルヲ以テ山人ノ呼ブあづさハ多分此兩品ヲ含ムナラン、故ニ往昔弓ヲ製スル際ニモ蓋シ此兩品ヲ混用セシ事想像ニ難カラズ。和名みづめハ鉈ヲ以テ其樹皮ヲ傷クレバ透明水ノ如キ油滲出スルヲ以テ斯ク稱スト謂ヘリ、元來みづめハよぐそみねばりノ一名ナリ。

第1993圖

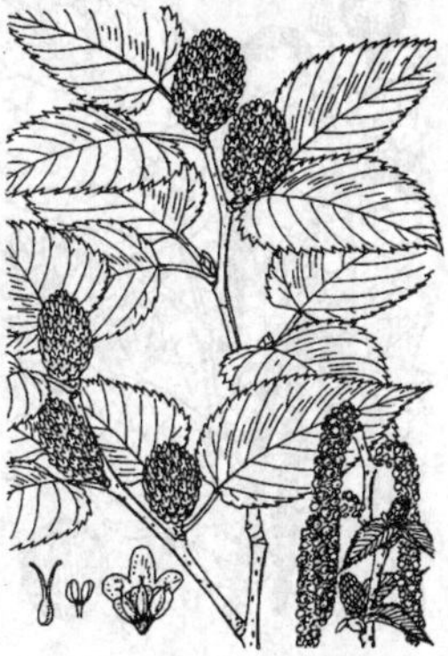

かばのき科

うらじろかんば

一名　ねこしで

Betula corylifolia *Regel et Maxim.*

山中ニ生ズル落葉喬木ニシテ幹ハ直立分枝シ其大ナル者ハ高サ17m、徑60cm許ニ達シ、樹皮ハ灰白色或ハ帶白色ヲ呈シ、新枝ニ腺點ヲ有セズ。葉ハ互生シテ葉柄ヲ有シ、短枝ニハ二葉着生シ、廣倒卵形・廣楕圓形或ハ菱狀楕圓形ニシテ往々左右不齊、先端銳頭、底部ハ廣楔形・截形或ハ微心臟形ヲ成シ、邊緣ニ粗キ重齒牙アリ、新葉ハ兩面ニ毛ヲ有シ、成葉ハ下面白色ヲ帶ビ獨リ脈上ニノミ鬚毛ヲ布ク、支脈ハ八–十四對アリテ斜ニ平行シ緣齒ニ達シ羽狀ヲ呈セリ。雌雄同株ニシテ五月開花ス。雄花ノ葇荑穗ハ小枝梢ニ垂下シ、雌花穗ハ短枝ニ出デテ下向ス。果穗ハ秋ニ熟シ直立シテ短柄ヲ有シ圓柱形ニシテ長サ3–5cm、徑1.5cm許アリ、果鱗ハ果軸ヨリ脫落シ難クシテ三深裂シ細毛アリ、裂片ハ線形ニシテ中片ハ長ク側片ハ短ク、小堅果ハ廣楕圓狀圓形ニシテ狹翼ヲ有シ頂ニ二花柱ヲ遺存ス。和名裏白かんばハ葉裏帶白色ナルヨリ云ヒ、猫しでハ其果穗ヲ猫尾ニ擬セシ者ナリ。

第1994圖

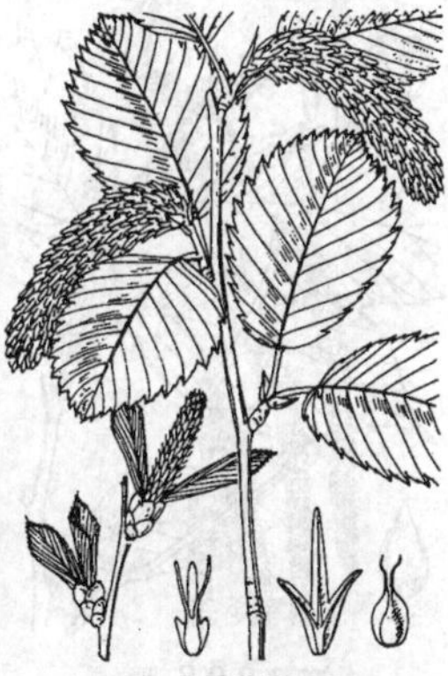

かばのき科

をのをれ

一名　をんのれ・あづさみねばり

Betula Schmidtii *Regel.*

中部北部ノ山中ニ生ズル落葉喬木ニシテ幹ハ直聳シ其大ナル者ハ高サ17m、徑60cm許ニ達シ、樹皮ハ暗灰色ヲ呈シ粗鱗狀ヲ成シ、小枝ハ細長ナリ。葉ハ互生シテ柄ヲ有シ、短枝ニハ二葉ヲ着ケ、廣卵形或ハ楕圓形ニシテ先端銳尖頭、底部ハ圓形又ハ廣楔形ヲ成シ、左右稍不齊、葉緣ニ不齊ノ細鋸齒アリ、葉質稍薄クシテ硬ク淡綠色ヲ呈シ、下面腺點ヲ有シ脈上ニ鬚毛アリ、長サ6–9cm、幅4–5.5cm許、支脈ハ十對內外アリテ斜走シ羽狀ヲ成シテ葉緣ニ達セリ。雌雄同株。五月開花ス。雄花ノ葇荑穗ハ二三箇小枝端ヨリ下垂シ圓紐狀ニシテ暗黃褐色ヲ呈シ、雌花穗ハ綠色ノ瘦圓柱狀ヲ成シ柄ヲ有シテ上向シ短枝頂ニ單生ス。雄花ハ苞鱗內ニ二十許ノ雄蕊アリ。雌花ハ三裂セル苞鱗內ニ三箇アリテ各一子房二花柱ヲ有ス。果穗ハ秋熟シ柄ヲ有シテ直立シ、圓柱形、長サ3cm內外、果鱗ハ三裂シテ基部楔形、小堅果ハ楕圓形、極メテ狹キ翼アリ。和名ハ斧折れノ意ニシテ此樹極メテ堅ク伐ル時斧柄往々折ルルト云フヲ以テ此名アリ、をんのれハをのをれノ轉訛ナリ。

第1995圖

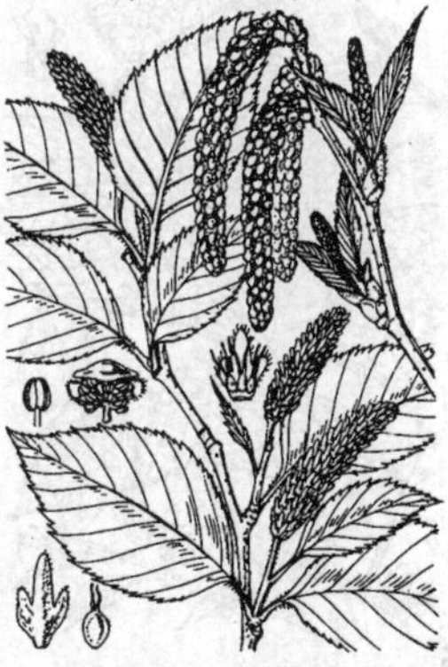

かばのき科

第 1996 圖

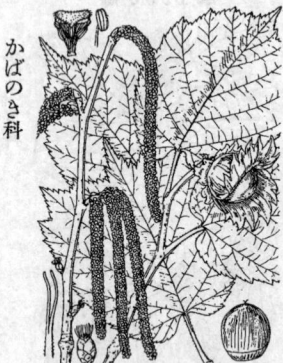

かばのき科

はしばみ (榛)
Corylus heterophylla *Fisch.*
var. Thunbergii *Blume.*

向陽ノ丘阜地ニ生ジ又往々人家ニ栽植セラルル落葉灌木ニシテ叢生シ、幹ノ大ナル者高サ5m、徑9cm許アリ。葉ハ互生シテ葉柄ヲ有シ、廣倒卵形又ハ略卵圓形ニシテ先端急ニ銳ク尖頭、底部心臟形ヲ成シ、葉緣ハ淺キ缺刻ヲ有シ不齊ノ細鋸齒アリ、葉質稍薄クシテ下面ニ短毛ヲ有シ、長サ6~12cm、幅5~12cm許アリ、嫩葉ハ早落托葉ヲ有シ,其葉面往ヶ紫瘢アリ。雌雄同株。三月葉ニ先チテ開花ス、雄花ノ荄荑穗ハ一乃至數條小枝上ヨリ下垂シ紐狀ヲ成シテ黃褐色ヲ呈ス。雄花ハ苞鱗內ニ一箇アリテ二小苞ヲ有シ、萼ヲ缺キ、八雄蕊アリ。雌花穗ハ小ニシテ稍卵形ヲ呈シ小枝ニ薔キ上向シ無柄ニシテ芽鱗片之レヲ擁シ十餘ノ鮮紅色花柱ヲ束出ス。雌花ハ各苞鱗內ニ二圖アリテ各一子房ニ花柱アリ。堅果ハ稍球狀ヲ成シテ堅ク、鐘狀ヲ成セル葉狀ノ二總苞片之レヲ包ミ、苞片ハ先端數裂ス。果實ヲ食用トス。和名ハ葉面ニ皺アレバ葉皺卯コレはしわみノ轉ト謂ヘドモ信ジ難キ感アリ、元來此木ハ果實ヲ主トスル者ナレバ榛果實ノはしばみトスル說ハ葉說ニ優レリ、按ズルニ或ハ葉柴實ノ意乎。

第 1997 圖

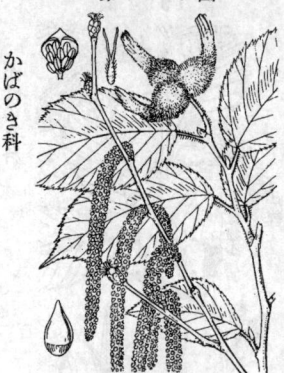

かばのき科

つのはしばみ
一名 ながはしばみ
Corylus Sieboldiana *Blume.*
(=C. rostrata *Ait.* var. Sieboldiana *Maxim.*)

山中ニ生ズル落葉灌木ニシテ幹ハ直立シテ分枝シ多クノ葉ヲ著ク、其大ナル者ハ高サ5m、徑12cm許、新枝ニハ毛アリ。葉ハ互生シテ葉柄ヲ有シ、倒卵形乃至橢圓形ニテ銳尖頭、底部ハ圓形又ハ廣楔形ヲ成シ、邊緣ニ不齊ノ重鋸齒アリ、上面ニ胍間下面ニ胍上ニ葉脈ト同ジク毛ヲ有ス。雌雄同株。三月新葉ニ先ンジテ開花ス。雄花ノ荄荑穗ハ數條アリテ小枝ヨリ長ク下垂シ褐赤色ヲ呈シ多數ノ細花ヲ密薔シ紐狀ヲ成ス。雄花ハ苞鱗內ニ一箇アリテ八雄蕊ヲ有ス。雌花穗ハ小ニシテ卵形ヲ成シ、芽鱗片之レヲ擁シ上ニ鮮紅色ノ花柱ヲ束出ス。雌花ハ苞內ニ二箇アリテ各一子房ニ花柱アリ。堅果ハ卵形ニシテ尖リ、總苞之レヲ包ミテ其底ニ在リ、總苞ハ無柄ニシテ小枝端ニ一乃至五箇簇薔シ狹圓形ニテ前方ハ長嘴狀ノ筒ト成リ多少弓曲シ口端分裂シ綠色厚質ニシテ外面ニ剛毛ヲ密生ス。山人此果ヲ採リ食用トス。和名ノ榛ハ嘴ノ如キ總苞ノ狀ニ基ヅク、長榛モ亦同ジク其長キ總苞形ニ由リテ云フ。

第 1998 圖

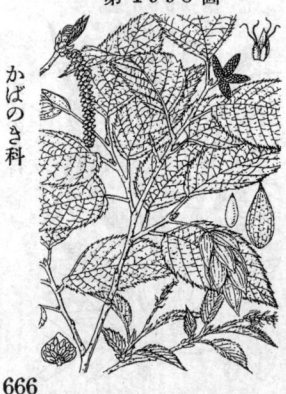

かばのき科

あさだ
Ostrya japonica *Sarg.*
(=O. virginica *Willd.* var. japonica *Maxim.*)

邦內諸州ノ山中ニ生ズル落葉喬木、幹ハ直聳シ其大ナル者ハ高サ17m、徑60cm許ニ達ス。葉ハ互生シ葉柄ニハ粗毛アリ、卵形或ハ卵狀橢圓形ニシテ基ニ銳尖形、葉底ハ歪圓形乃至銳形、邊緣不整ノ齒牙狀鋸齒ヲ匝ラシ、下面ニハ橙赤色ノ腺毛ヲ交ヘシ軟毛ヲ密布ス。雌雄同株。五月、葉未ダ舒ビズシテ開花ス。雄花ノ荄荑穗ハ無柄ニシテ前年枝ノ先端ニ懸垂シ長サ3cm內外、圓紐狀ニシテ褐黃色、多數ノ細花ヲ以テ成ル。雌花ハ密細毛ニ富メル腎臟形ノ苞鱗內ニ在リテ多雄蕊アリ。雌花穗ハ本年ノ新枝端ニ生ジ短梗ヲ有シテ上向ス。雌花ハ多毛アル苞鱗內ニ双生シ長キ二柱頭アリ。果穗ハ長橢圓形ニシテ稍懸垂シ長サ4~5cm許アリ、增大シテ鱗次セル苞鱗ハ卵狀橢圓形ニシテ基部ハ囊狀ヲ成シ其內側ニ淡黑色ノ小堅果ヲ抱ク。和名あさだノ意不明ナリ。

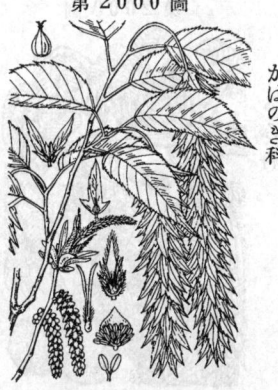

いぬしで
一名　しろしで・そね
Carpinus Tschonoskii *Maxim.*
(= *C. yedoensis Maxim.*)

第 1999 圖

かばのき科

山地或ハ平地ニ生ズル落葉喬木。幹ハ直立シテ樹皮暗灰色ヲ呈シ、其大ナル者ハ高サ14m、徑60cmニ達シ、新枝ニハ毛ヲ密生ス。葉ハ二列ニ成シテ互生シ葉柄ヲ有シ、卵形乃至橢圓形ニシテ銳尖頭、底部圓形又ハ鈍形、邊緣ニ不齊ノ重鋸齒アリ、兩面長軟毛ヲ有シ、支脈ハ顯著ニシテ十乃至十五對アリ羽狀ヲ成シ半行ス。雌雄同株。五月新葉ニ先チテ開花ス。雄花穗ノ萎蔫花穗ハ小枝端ヨリ長ク下垂シ圓柱狀ニシテ褐黃色ヲ呈シ、個々ノ卵狀心臟形ニシテ銳頭ナリ。雄花ハ每苞鱗內ニ一花ヲ有シ數雄蕋アリテ花絲ハ二岐シ葯ハ先端ニ長髯毛ヲ有ス。雌花穗ハ新枝ニ頂生シテ傾斜シ淡綠色ヲ呈ス。雌花ハ每苞鱗內ニ二箇ヲ有シテ小苞ヲ具ヘ各一子房ニ二花柱アリ。果穗ハ長サ4-8cm許アリ軟ヲ有シテ下垂シ葉狀ニ成レル綠色苞ヲ稍疎ニ附ク、苞ハ長サ2-3cm、斜被針形又ハ半卵形ヲ呈シ多少曲リテ鎌形ヲ成シ其一側ニ一鋸齒ヲ有シ、基部ニ小耳垂アリ。小堅果ハ廣卵形ニシテ銳頭、長サ5mm許ナリ。和名 犬しで ハ犬ニ其萎蔫花穗ハ基キテ云ヒシナラン乎、しでニ就テハあかしでノ條下ヲ見ルベシ、白しで ハ其芽牛ニ新葉ニ白毛多ケレバ云フ、そねノ意ハ不明ナリ。

あかしで
一名　しでのき・としで・そろのき・とそね
Carpinus laxiflora *Blume.*
(= *Distegocarpus laxiflora Sieb. et Zucc.*)

第 2000 圖

かばのき科

山地并ニ平地ニ生ズル落葉喬木。幹ハ直立シテ枝多ク葉繁シ、其大ナル者ハ高サ14m、徑60cm許アリ。樹皮ハ平滑、小枝ハ細長、新枝ハ初メ毛アルモ後殆ド無毛ト成ル。葉ハ小ニシテ互生シ葉柄ヲ有シ、卵形乃至橢圓四形ニシテ銳尖頭、底部概ハ圓形ヲ呈シ、邊緣ハ不齊ノ細鋸齒アリ、初メ毛ヲ有スルモ後溶滑ヲ成シ下面脈上ニノミ毛ヲ殘留ヒ、葉質ハ薄シ、支脈ハ七乃至十五對アリテ斜ニ半行ヲ羽狀ヲ成ス。雌雄同株。五月新葉ニ先チテ開花ス。雄花ノ萎蔫穗ハ小枝ヨリ下垂シ紅黃褐色ヲ呈シ短キ圓柱狀ヲ成シ苞鱗ハ卵圓形ヲ呈ス。雄花ハ苞ハ內ニ一箇アリテ八雄蕋ヲ有シ花絲ハ兩岐ス。雌花穗ハ有軟綠色ニシテ穗ニ花ヲ疎ニ向ニ向ス。雌花ハ尖リタル苞鱗內ニ二箇アリテ小苞ヲ伴ヒ各一子房ニ二花柱アリ。果穗ハ長サ有リテ小ニ成リ穗綠色ヲ呈シ長サ1.2-2cm許、三袋シ、中裂片ハ披針形ニシテ一箇ニ粗濶アリ圓片ハ小サク其一片ハ小堅果ヲ抱ク小堅果ハ廣卵形ニシテ長サ5mm許アリ、和名あたしでハ此種芽針色ノ帶ビ且秋處ハ赤キニ因ルナリ、とそね又、しで ノ殘葉シ、して ハ尖其半明瞭ヲザレドモ是ハ或ソ其繁茂セル枝ヨリ總ニ多數垂下スル果穗ニシデられる委ニ斯ノ名ヲ三半字ヲ冠シテしデニ稱メシデ下成ルナリ、或ハ又木毛下半總、四手(木綿)紙ヲ用ワニ似タレバ云フトモ考ヘ得ベシ、小しでハ其葉小形ナリヨリ云フ、そろのきぞそ其意不明、小そねノそねモ亦不詳ナリ。

くましで
一名　おぼそね・いしそね・かたしで
Carpinus carpinoides *Makino.*
(= *Distegocarpus carpinoides Sieb. et Zucc.*; *D. Carpinus S. et Z.*; *C. Carpinus Sarg.*; *C. Distegocarpus Koidz.*; *C. japonica Bl.*)

第 2001 圖

かばのき科

山中ノ林樹ニ交ハリ生ズ或ハ平地ニ見ル落葉喬木。幹ハ直立シ其大ナル者ハ高サ14m、徑60cmニ達シ、新枝ニハ軟毛ヲ布ク。葉ハ二列ニ成シテ互生シ、葉柄ヲ有シ、長橢圓形又ハ披針狀長橢圓形ニシテ銳尖頭、底部多少心臟形ヲ成シテ左右不齊、邊緣ニ重鋸齒ヲ有シ、縷2-4cm許、支脈ハ十六乃至二十四對アリテ斜ニ半行ヲ羽狀ヲ成シテ葉緣ニ達シ顯著ナリ、而シテ脈上ニ長毛ヲ布ク。雌雄同株。五月新葉上ニ先チ開花ス。雄花ノ萎蔫穗ハ無柄ニシテ小枝ヨリ下垂シ紅狀ニシテ褐黃色ヲ呈シ多數ノ尖リタル苞鱗ハ細ク長ク尖ル苞鱗ハ細ニトヨリ成ル。雄花ハ尖リタル卵形ノ苞鱗內ニ一箇アリテ雄蕋多ク花絲ハ兩岐ス。雌花穗ハ新枝ニ頂生シ上向シテ綠色ヲ呈シ密ニ集ヒ雌花ヲ着ク。雌花ハ苞鱗內ニ二箇アリテ各一子房ニ二花柱アリ。果穗ハ大形ニシテ長橢圓狀圓柱形ヲ成シ葉狀ニ成レル苞鱗ヲ密生シ、苞鱗ハ斜卵形ニシテ銳頭、邊緣ハ粗齒アリ、小堅果ハ卵形又ハ橢圓形ニシテ長サ3-5mm許アリ。和名熊しで ハ樹勢强壯ナリ謂フ乎、大それモそね卽ちいぬしで樹大ナル故云ヒ、石そね并ニ堅しデハ共ニ其材堅クシテ炭ト作スニ佳ナレバ云フト謂フ、而シテそねノ其意不明、しで ハあかしでノ條下ヲ見ルベシ。

667

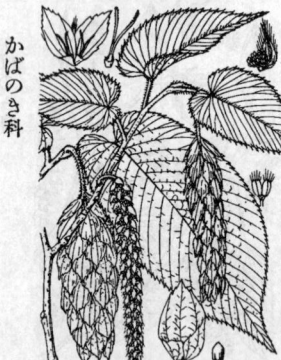

第2002圖

かばのき科

さはしば
Carpinus erosa *Blume.*
(=C. cordata *Blume.*)

中部北部ノ山地林中ニ生ズル落葉喬木ニシテ幹ハ直立シテ葉多ク、其大ナル者ハ高サ14m、徑60cm許ニ達シ、樹皮ハ淡綠灰色ヲ呈シ裂罅アリ、枝ハ褐色ヲ帶ビ平滑、新枝ニ初メ疎毛ヲ布ク。葉ハ二列式ニシテ互生シ葉柄ヲ有シ、卵形乃至橢圓形ニシテ銳尖頭、心臟底ヲ成シ、邊緣ニ細小ナル重鋸齒ヲ有シ、長サ7~12cm、幅3~6cm許、支脈ハ慨ネ十四乃至二十二對ニシテ斜ニ平行シ葉緣ニ達シ羽狀ヲ成シ、脈上ニ毛アリ。雌雄同株。五月新葉ト共ニ開花ス。雄花ノ葇荑穗ハ綠黃色ヲ呈テ小枝ニ下垂ニ密ニ細花ヲ着ク。雄花ハ卵狀長橢圓形ノ苞鱗内ニ一箇アリテ四乃至八雄蕋ヲ有シ花絲ハ兩歧ス。雌花穗ハ柄ヲ有シテ小枝頭ノ新枝頂ヨリ下垂シ密ニ細花ヲ着ケ綠色ヲ呈ス。雌花ハ小ナル苞鱗内ニ二箇アリテ大形ナル小苞ヲ伴ヒ四五淺裂セル萼ヲ有シ一子房二花柱アリ。果穗ハ柄ヲ有シテ小枝端ニ下垂シ大ニシテ綠色ヲ呈シ宿存增大セル小苞ハ葉狀ニシテ卵形、銳頭、邊緣ニ鋸齒アリ、長サ2cm許、基部ニ小堅果ヲ抱ク。小堅果ハ橢圓形ニシテ長サ4mm内外アリ、和名澤しばハ此種好ンデ山間ノ谿地ニ生ズレバ云フ。

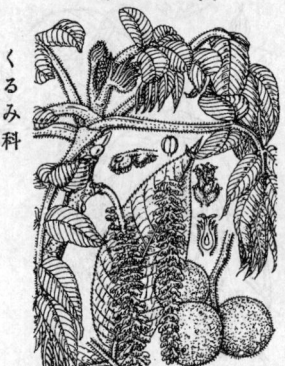

第2003圖

くるみ科

おにぐるみ
一名 くるみ
Juglans Sieboldiana *Maxim.*

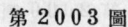

河流ニ沿フタル山野地ハ多ク生ズル落葉喬木ニシテ又各地ニ栽植セラルルヲ見ル。幹ハ直上シテ擴張セル枝ヲ分チ大ナル者ハ高サ24m、徑1m許ニ達シ、小枝ハ粗大ニシテ新枝ニハ黃褐色ノ軟毛ヲ密生ス。葉ハ互生シテ葉柄ヲ有シ、奇數羽狀複葉ニシテ九乃至十五箇ノ小葉ヨリ成リ、上面星毛ニ疎生シ下面ニハ密生ス、小葉ハ卵形乃至長橢圓形ニシテ銳尖頭、個生者ハ無柄ニシテ底部兩形又ハ心臟形ヲ成シ左右不齊、邊緣ニ細鋸齒アリ、頂生ノ一片ハ小柄ヲ有ス。五月新葉ト共ニ開花シク雌雄同株ナリシ。雄花ノ葇荑穗ハ前年度ノ葉腋ヨリ長クシテ下垂シテ綠色ヲ呈シ、各苞鱗ハ一雄花ヲ着ケニ小苞アリ。雄花ハ三四裂セル萼ト數箇ノ雄蕋トアリ。雌花穗ハ新枝頂ニ直立シ、五乃至十箇ノ花ヲ疎生ス、苞ハ筒狀ニ癒合シ花花ヲ成ム。雌花ハ其專四裂シ、一子房、紅色ニ二花柱アリ。核果ハ略ボ球形ニシテ徑3cm許、果面ハ絨毛アリ、核ハ極メテ硬ク溝紋アリ、種子ハ褐色薄質ノ種皮内ニ肥厚白色ノ子葉アリ。材ハ小銃ノ臺木ニ佳ク、種子ハ食用トス。和名鬼ぐるみハ核面平美ナル姬ぐるみニ對シ其核面凹凸アリテ醜クケレバスク云フ、くるみハくるくると轉ガル圓き實ノ意、又ハ朝鮮ヨリ來リシ吳實ノ意ト謂ハル。漢名山胡桃(誤用)

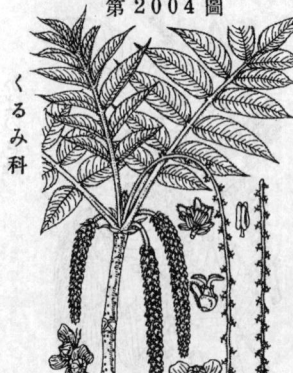

第2004圖

くるみ科

さはぐるみ
一名 かはぐるみ・ふぢぐるみ
Pterocarya rhoifolia *Sieb. et Zucc.*

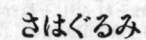

諸州深山ノ谿間濕潤地ニ生ズル落葉喬木。幹ハ聳立シテ樹皮ハ暗色ヲ帶ビ、大ナル者ハ高サ27m徑1m許ニ達ス。葉ハ粗大ナル枝端ニ集リテ互生シ、脚部肥厚セル葉柄ヲ具へ、奇數羽狀複葉ニシテ小葉ハ卵形乃至波針狀長橢圓形ニシテ銳尖頭ヲ成シ邊緣ニ細鋸齒ヲ有シ、下面ニ小腺點アリテ特ニ脈腋ニ褐色ノ軟毛ヲ生ゼリ、側生小葉ハ五乃至九對アリ無柄ニシテ底部ニ左右不齊ノ葉形ヲ呈シ、頂生小葉ニハ小葉柄アリ。雌雄同株。五月開花シ淡黃綠色ノ葇荑穗ヲ下垂シ頗ル長シ。雄花穗ハ極メテ短キ柄ヲ有シテ前年生枝端ノ葉腋ヨリ生ス。雄花ハ一苞鱗ニ小苞ヲ伴ヒ、雄蕋ハ慨ネ十アリテ三列ニ並ベリ。雌花穗ハ新枝ノ頂生ニシテ柄ヲ極メテ稀ニ細花ヲ着ケ、毎苞鱗内ニ一花アリテニ小苞ヲ有ス。雌花ハ四萼片、二花柱アリ。果穗ハ著シク下垂シ、果實ハ乾實ノ堅果ヲ成シ、二片ノ小苞ハ宿存增大セル雨翼ヲ張レリ。和名澤ぐるみハ能ク山間ノ陰濕地ニ生ズルヲ云フ、かはぐるみハ山中溪流ノ邊ニ生ズルヲ以テ云フ意、藤ぐるみハ其果穗ふぢノ花穗ノ如ク下垂セルヲ云フ。

668

第2005圖

くるみ科

のぐるみ
（必栗香・化木香・詹香・化香樹）
一名 のぶのき・どくぐるみ
Platycarya strobilacea
Sieb. et Zucc.
(＝Petrophiloides strobilacea *Reid et Chandl.*)

本邦西南溫暖諸州向陽ノ山地ニ生ズル落葉喬木、幹ハ直立シ大ナル者ハ高サ10m、徑60cmニ達ス。葉ハ有柄互生シ、奇數羽狀複葉ニシテ七乃至十九小葉ヨリ成り、小葉ハ長橢圓狀披針形又ハ披針形ニシテ銳尖頭邊緣ニ重鋸齒ヲ有シ裏面脈腋ニ褐毛アリ、側生小葉ハ無柄底部ニ左右不齊、頂生小葉ハ有柄ナリ。雌雄同株。六月嫩枝梢ニ多數ノ柔黃花穗ヲ舊生シテ帶黃色ヲ呈シ、中央ノ花穗ハ單ニ雄花ノミヨリ成ル平又ハ下部ニ雌花ヲ著ケ、他ハ總テ雄花穗ニシテ花ハ萼ヲ缺キ、雄花ハ苞鱗內ニ在リテ六乃至十雄蕊ヲ有シ、雌花ハ二小苞・一子房・二花柱アリ。果穗ハ橢圓形ニシテ上ニ立チ銳尖頭披針形ヲ成セル多數ノ硬質苞ヲ有シテ毬果樣ヲ呈シ淡褐色ニシテ落葉後モ尙枝上ニ殘レリ、苞內ニ小堅果ヲ抱キ、小苞ニ堅果下合シテ翼狀ヲ成ス。果毬ヲ採リ黃色染料トス。和名野ぐるみハ樹葉くるみニ似テ野山ニ生ズレバ云フ、のぶのきノ意不明、毒ぐるみハ村童往々此枝葉ヲ搗碎シテ川ニ流シ魚ヲ毒シ捕フルヨリ云フ。漢名 兜櫨樹（誤用）

第2006圖

やまもも科

やまもも（楊梅）
Myrica rubra *Sieb. et Zucc.*

我邦中部以南溫暖ノ山地ニ多ク生ズル常綠喬木ナレドモ又往々人家ニ栽植セラル。幹ハ直立シ多枝繁茂其大ナル者ハ高サ15m、徑1m內外ニ達ス。葉ハ互生シテ小枝ニ稠密ニ舊キ倒卵狀長橢圓形又ハ倒披針形ニシテ銳頭又ハ鈍頭、ものやまもも（var. acuminata *C. DC.*）ト稱スルモ葉前更ニ尖リ、下部ハ漸狹ク楔形アリ長ニ短キ葉柄ト成ル、全緣ナリドモ稚樹枝上ノ葉ハ通常銳鋸齒アリ、革質ニシテ裏面ニ小腺點ヲ顆布ス。四月葉腋ニ短キ柔荑花穗ヲ出シテ花ヲ開キ、雌雄異株ナリ。雄穗ハ褐黃色ニシテ陽光ニ向フ部分往々紅色ヲ呈ス。雄花ハ苞鱗腋ニ著キテ三片ノ小苞ヲ有シ無萼ニシテ數本ノ雄蕊アリ。雌花苞鱗ハ每綠苞鱗內一花ヲ有シテ二小苞アリ無萼一子房ニシテ花柱ハ二岐シ紅色ナリ。梨果ハ球形ニシテ徑1-2cm、多數ノ多汁質突起ヲ有シテ核面ニ密植シ初メ綠色ナルモ夏日熟スレバ暗紅紫色ト成リ、稀ニシろもも（var. alba *Makino*）アリテ白色ヲ呈シ、核ハ堅硬ニシテ一種子ヲ藏ス。主トシテ樹皮ヲ褐色染料ニ使用シ、ももゝ皮ト云ヒ、又其甘酸味アル果實ヲ生食ス。和名山もゝハ山地ニ生ジテ實ノ生ル者ぞ云フ、ももハ種々ノ臆說アレドモ之レヲ實ナリトスル說可ナルヲ覺ユ、然シ按ズルニ圓形ノ實ナルベシ。

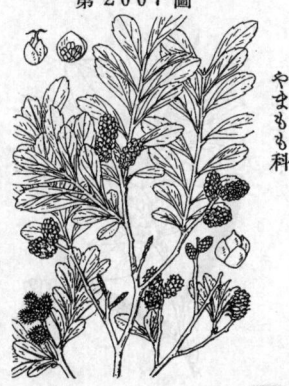

第2007圖

やまもも科

やちやなぎ
一名 えぞやまもも
Myrica Gale *L.*
var. tomentosa *C. DC.*

我邦北部ノ山野濕伽ノ地ニ生ズル落葉小灌木ニシテ高サ30-60cm、分枝シテ脂ヲ帶ビ香氣アリ。葉ハ小枝上ニ互生シテ短狹ク具へ、倒卵狀披針形、鈍頭、狹楔底ニシテ上牛部ノ邊緣ニ小低鋸齒ヲ有シ、革質ニシテ兩面ノ枝髹ト共ニ密氈毛ヲ布キ、長サ2.5-7cm許アリ。四月嫩葉ニ先ンジテ開花シ前年ノ葉腋ニ上向セル花穗ヲ生ズ。雌雄異株ニシテ花穗ハ共ニ長サ2cm內外ノ橢圓形ヲ呈ス。雄花ハ各一片ノ苞鱗內ニ位シ、雄蕊ハ六數內外アリテ苞內ニ擁セラル。雌花ハ苞內ニ一箇アリテ二片ノ小苞間ニ介在シ一子房アリ柱頭ハ二岐シテ平開シ紅色ナリ。果穗ハ廣橢圓形ニ集合シ、小核果ハ細小ニシテ宿存セル苞內ニ在リ。やちやなぎハ谷地柳ノ意、やもハ濕地ノ地ニシテ本種ノ生ズル處ヲ示シやなぎノ外觀ニ相似ヲ由ル、蝦夷山ももハ北海道山ももノ意ニシテ本種ヤまもも屬ナレバ斯ク云ヘド食用的果實ヲ生ズルコト無シ。

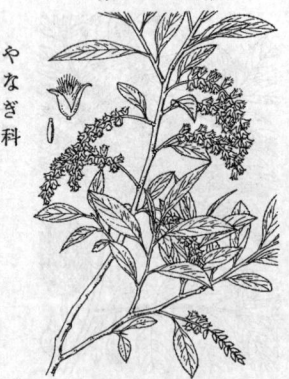

第2008圖

けしゃうやなぎ
Chosenia bracteosa *Nakai*.
(＝C. eucalyptoides *Nakai*；
Salix macrolepis *Turcz.*)

本邦北部及信州上高地ニ生ズル落葉喬木ニシテ大ナルハ高サ15m、幹徑1mニ達ス。葉ハ有柄ニシテ互生シ、狹長橢圓形、長サ5cm内外、兩端銳形ヲ成シ多少粉白色ニシテ毛無ク質稍厚クシテ邊緣ニ微齒ヲ有ス。雌雄異株。初夏ノ候、新葉ト共ニ葇荑花穗ヲ短枝上ニ着ケ長サ雌雄共ニ4cm内外、花時ニ下垂スルノ特徵アリ。花ハ一見他ノやなぎ類ニ似タリト雖モ花中ニ全ク腺體ヲ缺クヲ以テ風媒花ト成リ、柱頭ニハ深裂シ花柱トノ間ニ關節ヲ有シテ後落下スルノ殊態アリ。花終レバ果穗ハ傾上シ、顯著ナル柄ヲ有スル蒴果ハ穗軸上ニ疎ニ且ツ開出シ卵狀披針形ニシテ長サ6mm、開裂シテ柳絮ヲ吐クコト他ノやなぎニク同ジ。幼樹ハ枝葉共ニ厚キ白蠟質ヲ被リテ白ク頗ル美觀ヲ呈スルヲ以テ化粧柳ノ和名ヲ得タリ。屬名ハ最初朝鮮ノ地ニノミ多ク見出サレシヲ以テ之レヲ紀念シ Chosenia ト謂ヘリ。

第2009圖

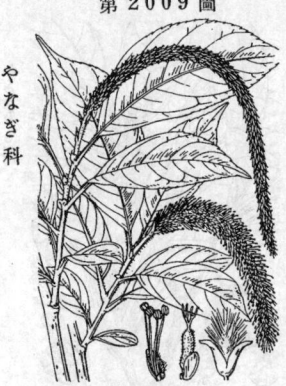

おほばやなぎ
Salix Urbaniana *Seemen*.
(＝S. cardiophylla *Trautv. et Mey.* var. Urbaniana *Kudo*；Toisusu Urbaniana *Kimura*.)

北地ノ河畔ニ多ヲ落葉喬木ニシテ高サ15m餘ニ達ス。葉ハ互生シテ葉柄ヲ有シ、橢圓形乃至長橢圓狀披針形ニシテ銳尖頭、底部概ネ鈍形ヲ成シ、邊緣ニ波狀細鋸齒アリ、長サ5-20cm、幅2-8cmニ達シ、下面初メ軟毛ヲ密生スルモ後殆ド平滑ト成リ粉白ヲ帶ブ。雌雄異株。五六月ノ候黃綠色ノ葇荑花穗ヲ新枝ヨリ先端ニ着ケ、雄花穗ハ圓柱形ニシテ先端下垂シ、長サ7cm内外、每苞鱗一花ヲ着ケ、雄花ハ無蕚、五雄蕋アリ、基部ニ三個ノ蜜腺ヲ具フ。雌花穗モ圓柱形ニシテ下垂シ、每苞鱗一花ヲ着ケ、苞ハ花後脫落シ、雌花亦無蕚、子房ニハ短柄アリテ軟毛密生シ基部ニ二箇ノ蜜腺ヲ有シ、花柱ニ深裂シ柱頭ハ更ニ二岐ス。果穗ハ長大ト成リ、蒴果ハ二裂シ、種子ハ小形ニシテ白色ノ綿絮ヲ有ス。和名大葉柳ハ其葉大ナルヲ以テ云フ。

第2010圖

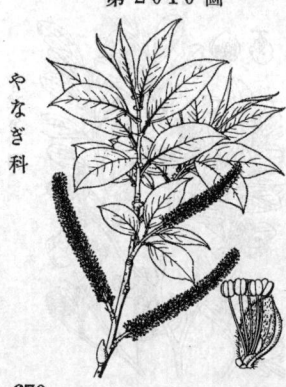

あかめやなぎ
一名 まるばやなぎ
Salix glandulosa *Seemen*.

山野ニ生ズル落葉喬木。葉ハ廣橢圓形或ハ卵狀橢圓形、銳尖頭、稍鈍底ノ者多ク、長サ4-7cm、初メ毛アリテ紅褐色ヲ呈スレドモ後無毛平滑ト成ル。表面ハ綠色光澤アレド裏面ハ粉白色ニシテ光澤ナク、邊緣ニ細銳尖鋸齒ヲ刻ム。托葉ハ大形ニシテ半心臟形ヲ呈シテ鋸齒アリ、殊ニ新條ニ於テ顯著ナリト雖モ早落ス。雌雄異株。春日新葉舒ビテ後ニ花ヲ開キ黃色ヲ呈ス。雄花穗ハ長サ5-7cm許ノ狹圓柱形ニシテ苞鱗ハ花軸ト共ニ白綿毛ヲ被フル。雄蕋五乃至六アリテ苞鱗ヨリ長シ。雌花穗ハ雄花穗ト略ボ同長。柱頭ニ二岐ス。苞鱗ハ綠色ニシテ小サク宿存シテ短毛ヲ布ク。蒴果ハ柄ヲ具ヘ、卵狀廣橢圓形ニシテ長サ3mm内外、無毛ナリ。和名ハ赤芽柳ノ意ニシテ嫩葉紅色ヲ帶ブルニ由ル。圓葉柳ハ他ノ狹葉ノ品ニ比スレバ其葉圓闊ナレバ云フ。

670

たちやなぎ
Salix triandra *L.*
var. discolor *Anders.*

(=S. nipponica *Franch. et Sav.*;
S. triandra *L.* var. nipponica *Seemen*;
S. amygdalina *L.* var. nipponica *Schned.*)

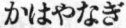

平野ノ水邊ニ多ク生ズル落葉小喬木。葉ハ互生シテ葉柄ヲ有シ、披針形或ハ長橢圓狀披針形ニシテ銳尖頭、底部稍楔形ヲ成シ、邊緣ニ細鋸齒ヲ有シ、長サ3-12cm、幅1-4cm許、質稍厚ク無毛ニシテ裏面白色ヲ帶ブ。雌雄異株。四月ノ候、小形ノ葉ヲ着ケタル短キ新枝ノ頂ニ直立セル茉茉花穗ヲ出シ上向シテ長サ4cm内外アリ。雄花穗ニハ密ニ多數ノ黃色雄花ヲ着ケ、每花卵圓形ノ苞鱗腋ニ在リテ三雄蕋ト基部ニ二蜜腺トヲ有ス、雌花穗ハ淡綠色ヲ呈シ宿存性ノ苞鱗內ニ一雌花アリテ子房ハ短キ柄ヲ有シテ毛無ク基部腹面ニ一蜜腺アリ、花柱ハ深ク兩岐シ柱頭ハ更ニ淺ク二岐セリ。蒴果ハ長サ3mm許アリテ熟スレバ二裂シ、種子ニハ白色ノ綿絮ヲ伴フ。和名立柳ハ特ニ直上セル如ク感ズル樹狀ニ基ヅキテ云フ。

かはやなぎ
一名 ねこやなぎ・ゑのころやなぎ・
とうとうやなぎ・たにがはやなぎ
Salix gracilistyla *Miq.*

山間谿流ノ畔、平野河川ノ邊ニ多ク生ズルモ時ニ人家ニ栽植セラルル落葉灌木ニシテ多ク叢生シ高サ0.5-2m許アリ。枝極多ク新枝ニ初メ絹毛ヲ布ク。葉ハ互生シテ葉柄ヲ有シ、長橢圓形又ハ披針狀長橢圓形ニシテ短銳尖頭、底部楔形ヲ成シ、邊緣ニ細鋸齒アリテ支脈多シ、初メ兩面細絹毛ヲ布クモ後上面ハ無毛ト成リ、下面ハ灰白ク帶ビテ毛ヲ殘留シ、葉柄ハ往々秋時膨大シテ赤色ヲ呈シ來春花サクベク嫩穩ヲ擁スルコトアリ、托葉ハ牛月形ヲ呈ス。雌雄異株。春早ク葉ニ先ヅ大ナル無柄ノ柔荑花穗ヲ出シテ上向シ白絹毛ヲ密生ス、雄花ハ上半黑色ノ尖頭状披針形苞鱗內ニ唯一個ノ雄蕋ヲ有シ、葯部腹面ニ一蜜腺アリ、葯ハ紅色ニシテ黃花粉ヲ吐出ス、雌花ハ上半黑色ノ尖頭披針形苞鱗腋ニ在リテ子房ハ絹毛ヲ密布シ基部腹面ニ一蜜腺アリ、花柱ハ絲狀ニシテ長サ2mm許、柱頭ハ極メテ短ク四岐ス。果穗ニ密ニ多數ノ蒴果ヲ着ケテ一方ニ傾キ、蒴果ハ絹毛ヲ密生シ、熟スレバ二裂シ、白絮ハ由テ細微ノ種子ヲ四方ニ飛散セシム。和名川やなぎハ水邊ニ生ズルヨリ云フ。猫やなぎ其花穗ヲ猫尾ニ擬セシナリ、ゑのころやなぎハ犬ノ子やなぎノ意ニテ是レ亦其花穗ヲ狗尾ニ比セシナリ、とうとうやなぎハ狗ノ仔ニシテ兒女其嫩花穗ヲ捻リテ手ニ囃リ附ケとうとう乳呑め下言ヒ其花穗ニ囃ヲ吸ハス以テ云ヒ、谿川やなぎハ谿流ノ邊ニ多ク生ズレバ云フ。漢名 水楊(誤用)

ながばかはやなぎ
Salix Gilgiana *Seemen.*

(=S. gymnolepis *Lev. et Vnt.*)

田間水際ニ生ズル落葉大瀧木乃至小喬木。高サ5mニ達シ、枝ハ立ツ。春葉ハ綠狀長橢圓形ニシテ白絹毛ヲ被リ邊緣殆ンド鋸齒無ク、先端ハ鈍頭ノ者多シ。秋葉ハ長サ6-12cmニ達シ短柄アリテ互生シ、廣綠狀長橢圓形或ハ狹長披針形、長漸尖頭鈍底、邊緣ニハ微齒ヲ具ヘ、無毛ニシテ表面ハ綠色滑澤、裏面ハ粉白ナリ。稀ケバ暗色ヲ呈ス。早春葉伸ビザル內ニ花序ヲ伸ブ。雌雄異株ニシテ直立シ長サ3-4cmノ細キ圓柱形ヲ成シ、倒卵圓形ノ苞ハ黑色ニシテ長毛ヲ生ジ、爲ニ花穗ハ初メ黑ク見ユ。雄蕋ハ一本。子房ハ卵形ヲ呈シテ苞ヨリ長ク、密ニ白色絨毛ヲ布キ、先端細ク無毛ニシテ柱頭ニ至ル、柱頭二叉ハ四岐ス。果穗ハ彎曲スル者多ク長サ5cm、絨毛アル蒴果相接シテ並ブ。此種ガかはやなぎト呼ブハ非ナリ、故ニ今之レヲ訂正シ新稱ヲ附ス。漢名 水楊(誤用)

第2011圖

第2012圖

第2013圖

671

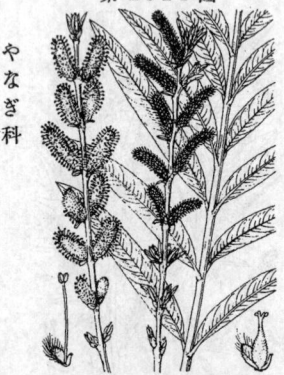

第 2014 圖

こりやなぎ
Salix koriyanagi *Kimura.*
(＝S. purpurea L. var. japonica *Nakai*;
S. integra var. angustifolia *Makino.*)

廣ク水邊ニ栽植セラルヽ落葉灌木ニシテ雌雄異株、枝極多ク且長ク伸ビテ直立シ高サ 1-3m アリ。葉ハ短柄アリテ對生或ハ三葉輪生シ、廣線形、長サ4-8cm、微低鋸齒アルカ或ハ殆ンド全邊、銳頭鈍底、平滑ニシテ裏面ハ白褐ヲ帶ブ。春日、花穗ヲ生ズ。花穗ハ直立シ、狹長橢圓形、長サ2cm内外アリ、苞ハ卵狀橢圓形ニシテ白毛アレドモ黑色ヲ呈スル爲メ花穗ハ初メ黑ク見ユ。雄蕋ハ一本ニシテ長サハ苞ノ四倍内外ニ達ス、卵狀橢圓形ノ子房ハ柄無クシテ密ニ相並ビ白絨毛ヲ密布ス、柱頭ハ二岐シ花柱ハ極メテ短シ、蒴ト成ルモ毛脱落セズ。枝條ノ長サ2m内外ノ者ヲ刈リテ皮ヲ除キテ柳行李ヲ編ム。但馬ノ名産ナレドモ今ハ他ノ國ヨリモ出ヅ。和名ハ行李柳ノ意ナリ。漢名 杞柳(誤用)。

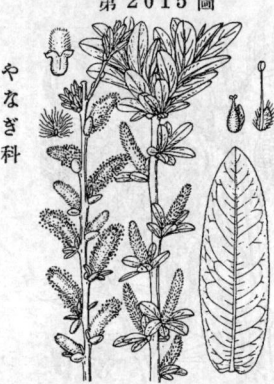

第 2015 圖

いぬこりやなぎ
Salix integra *Thunb.*
(＝S. multinervis *Franch. et Sav.*; S. purpurea L. var. multinervis *v. Seem.*)

諸國ノ原野溝側或ハ時ニ山原濕洳ノ地ニ生ズル落葉灌木、枝極細ク眞直ニシテ無毛、光澤アリ。葉ハ對生或ハ擬互生、狹長橢圓形ニシテ無柄、長サ3-5cm許ニシテ兩端鈍圓形、多クハ稍蒼綠色ニシテ裏面ハ帶白色、邊緣ハ低細鋸齒ヲ有シ或ハ殆ンド全邊ナリ。雌雄異株。早春葉ニ先チテ荑莢花序ヲ出ダス。長サ3cm内外、花ハ小形ニシテ密ニ鱗次シ、苞ハ卵狀橢圓形ヲ呈シ花ヨリ短ク黑色ナルヲ以テ雌花穗ハ於テハ靑黑相混ズルノ觀アリ。雄蕋ハ一本、蒴ハ二殼片ニ開裂シ白綿毛アル種子ヲ逬出ス。和名犬行李柳ハこりやなぎニ似テ敢テ利用ノ途無ケレバ曾テ田中芳男氏斯ク命名セリ。

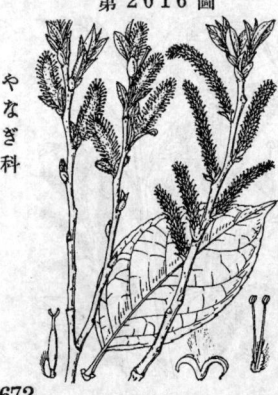

第 2016 圖

きつねやなぎ
一名　いはやなぎ
Salix vulpina *Anders.*

諸國ノ山地ニ生ズル落葉灌木。高サ1-2mアリ。葉ハ柄有リテ互生シ、橢圓形・廣橢圓形・披針狀橢圓形等種々ノ變異ヲ現ハス、長サ3-12cm許、先端ハ急遽銳尖頭、葉底ハ鈍形ノ者多ク、紙質ニシテ邊緣ハ波狀低鋸齒ヲ具ヘ、表面多少黛襞ノ氣味アリ、裏面ハ灰白色ヲ帶ビ且白毛ヲ散生スレドモ乾ケバ鐡銹色ヲ呈ス。春日、葉ノ開舒前ニ黃綠色ノ花穗ヲ立ツ。雌雄異株。共ニ3cm内外ヲ算シテ細シ。雄花ニハ雄蕋二本アリ、花絲ハ長シ。雌花ニハ長披針形ノ雌蕋一箇ヲ有シ、子房ニハ柄アリ、柱頭ハ二岐ス。果穗ハ熟シテ長サ6-12cmト成リ蒴果ハ二裂シテ白綿ヲ吐ク。和名ハ岩柳舊シ、狐柳ハ其種名 vulpina (狐の、或ハ狐色のノ義)ニ基キテ後ニ名ケタリ。

やまねこやなぎ
一名　ばっこやなぎ
Salix Bakko *Kimura.*

諸國ノ山中陽地ニ生ズル落葉喬木。高サ5m ニ達ス。枝極ハ皮ヲ剥ケバ各處ニ小隆起線ヲ見ル。葉ハ有柄互生、長楕圓形ニシテ長サ5-12cm、先端ハ急遽鋭尖形、葉底ハ圓キコト多ク、邊緣不齊ノ低鋸齒アリテ猶小サク上下ニ波曲ス、質ハ稍厚ク表面ハ深綠色ニ平滑ナレドモ多少ノ皺ヲ見、裏面ハ甚ダシク密ニ白綿毛ヲ布ク、而シテ支脈上毛ナク露出スル者多シ。四五月頃雌雄異株ニ花穗ヲ開ク。雄花穗ハ短ク太キ楕圓形ニシテ黄色ノ長サ2-3cm、密ニ白絹毛ヲ被リ、苞ハ披針形黑色、毛ノ中ニ埋沒ス。雄花ニハ雄蕋二本アリ。雌花穗ハ長楕圓形、稍曲リ、軸ニハ白絹毛アリ、成熟シテ長サ7cm内外ニ伸ビ、多數ノ狹長披針形ノ蒴ヲ着ク。蒴ハ柄アリテ開出シ短毛密布シ、先ニ向ヒテ尖リ、柱頭ハ四岐セリ。漢名 山柳(誤用)

第 2017 圖

やなぎ科

しだれやなぎ (柳)
一名　いとやなぎ
Salix babylonica *L.*

古ク支那ヨリ入リシ者ナレドモ今ハ廣ク處々ニ栽植セラル。高サ5-10m、幹ハ灰黑色ヲ呈シテ縱裂シ、枝極ハ柔軟ニシテ下垂シ、風ニ順ツテ動キ易キタメ堤防・道路ニ列植シテ風致ヲ添フ。葉ハ互生シ、概ネ下垂シ、線狀披針形或ハ長披針形ニシテ長サ5-12cm、先端ハ尾狀ニ尖リ、葉底ハ廣楔形、邊緣ハ低ケレドモ整正ノ鋭鋸齒ヲ刻ミ、表面暗綠色、裏面ハ帶白色、毛全ク無シ。早春、葉舒ビザル前ニ黄綠花ヲ開ク。花穗ハ彎曲シ、長サ15-30mmアリテ細シ。花軸ニハ毛多シ。雌雄異株。雄花ハ雄蕋二箇ヲ有シ、雌花ノ雌蕋ハ柄ヲ缺キ柱頭ハ二裂ス。苞ハ共ニ卵狀楕圓形ニシテ圓頭、背面無毛ナリ。

第 2018 圖

やなぎ科

をのへやなぎ
一名　からふとやなぎ
Salix sachalinensis *Fr. Schm.*

中部以北幷ニ四國ノ山中溪谷山原或ハ原野ニ弘ク生ズル落葉喬木ニシテ高サ5-10m許、往々大木ト成ル。枝條ハ細ク、真直ニシテ分枝ハ開出セズ。葉ハ有柄互生、長披針形、長漸尖頭、鈍底或ハ稍銳底、邊緣ハ不明ノ低キ波狀鋸齒ヲ有シ、長サ10-15cm、初ハ嫩枝ト共ニ汚白色ノ短毛ヲ被リテ灰色ヲ呈シ、後表面ノミ臥毛散生スルニ至レドモ裏面ハ依然絹狀毛ヲ布キ、支脈多クシテ斜ニ平行ス。雌雄異株。初夏葉ノ開舒ノ後暫時ニシテ花穗伸ビテ花ヲ開ク。花序ハ狹圓柱形ヲ成シテ立チ、基脚ニ二三ノ小形葉ヲ伴フ。雄花ニハ二雄蕋アリ。雌花ノ子房ハ卵狀圓錐樣ヲ呈シ灰白色ノ細毛ヲ被ルノ以テ花穗モ亦同色ヲ呈ス。花柱ハ二個、線形ナリ。七月ニ蒴果裂シテ開裂シ所謂柳絮ヲ飛バス。時ニ枝上ニ無數ノ球狀蟲癭ヲ見ルコトアリ。和名尾上柳ハ初メ之レヲ土佐ノ山中高地ニ採リテ予斯ノ名ケタリ、即チ峰ノ上(をのへ)やなぎノ意ナリ、樺太柳ハ樺太ニ生ズルヨリ云フ。

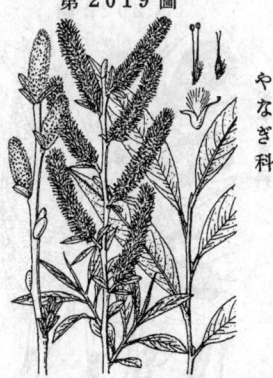

第 2019 圖

やなぎ科

673

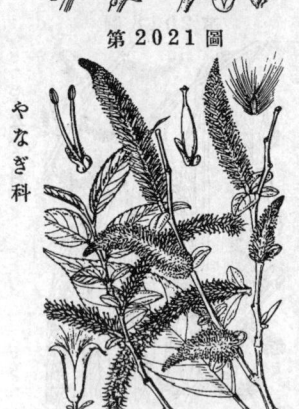

第 2020 圖

やなぎ科

きぬやなぎ
Salix yezoensis *Kimura*.
(=S. viminalis〔non L.〕)

中部以北ノ水邊・溝側ニ生ズル落葉亞喬木。高サ3-4m、枝極ハ直生シ白絹毛ヲ被ル。葉ハ密ニ互生シテ立チ、線狀披針形或ハ狹長披針形ニシテ長サ10-15cm、幅1cm內外、先端ハ長ク次第ニ尖リ葉底ハ銳形ヲ呈シ、邊緣ハ不明波狀低鋸齒アレドモ多クハ少シク內ニ卷クヲ以テ現ハレズ、表面ハ深綠色無毛ナルニ反シテ裏面ハ絹毛ヲ密布シテ白銀色ヲ呈シ甚ダシキ對照ヲ成ス。早春、葉ヨリモ早ク開花ス。葇荑花序ハ單性ニシテ雌雄異株ニ生ジ、雄花穗ハ短ヽ、長サ2.5cm內外、密生セル白絹毛中ヨリ初メ紅ク後黃色ト成ル葯ノミヲ現ハス、雄蕋ハ二箇。雌花穗ハ稍細長、卵形ノ子房ニハ密毛ヲ被リ花柱ハ長ク柱頭ハ二岐ス。和名 絹柳ハ葉裏白絹毛ヲ布クニ基ヅク。

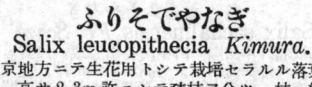

第 2021 圖

やなぎ科

しばやなぎ
Salix japonica *Thunb*.

中部以東ノ淺山ニ生ズル落葉灌木。高サ1-2m、枝極水平ニ分枝シ先端多少下垂スル者多シ。葉ハ卵狀披針形或ハ長橢圓狀披針形ヲ呈シ、嫩葉ハ邊緣外旋シ紅色ヲ呈シテ裏面白絹毛アレドモ飢ニシテ褪色且ツ無毛ト成ル。長サ3-6cm、先端ハ長ク銳頭ト成リ普通全邊、葉底ハ圓形、邊緣銳鋸齒ヲ刻ミ、表面鮮綠色滑澤ナレドモ裏面ハ白色ヲ帶ビ光澤無シ。四月、葉ト同時ニ花穗伸長ス。花穗ハ長サ5cm內外、白毛ハ乏シク且ツ脊セタリ。雄花穗ハ黃色、少シク疎花、苞ハ倒卵狀橢圓形ニシテ圓頭平滑、雄蕋ハ二箇アリテ長サ2.5-4mmヲ算ス。雌花穗ハ綠色、稍ト垂シ、苞ハ披針形無毛、子房ハ短柄ヲ有シ、長披針形ヲ成シ平滑、花柱ハ短ク柱頭二裂ス。和名ハ柴柳ノ意ニシテ其葉所謂柴ノ形質アルニ基ク。

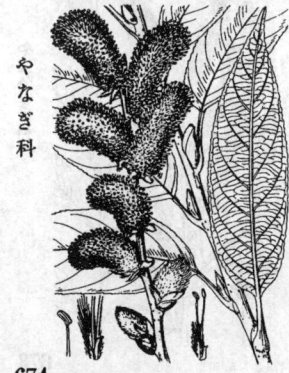

第 2022 圖

やなぎ科

ふりそでやなぎ
Salix leucopithecia *Kimura*.

東京地方ニテ生花用トシテ栽培セラルル落葉灌木。高サ2-3m許ニシテ疎枝ヲ分ツ。枝ハ綠色紅采、初メ毛ヲ被レドモ次年ニハ平滑ト成ル。葉ハ橢圓形ニシテ6-8cmノ長サアリ、銳尖頭、圓底、波狀ノ細低鋸齒ヲ有シ、質厚ク表面ハ無毛ニシテ深綠色、春時ニハ稍皺アレドモ秋時ニハ平坦ト成リ光澤ヲ生ジ、裏面ハ稍直立セル白絹毛ヲ密布ス。雌雄異株。早春、葉舒ビザル前ニ開花シ、花序ハ初メ赤色光澤アル芽鱗ヲ被ル、故ニ花戸之レヲあかめ(赤芽)ト呼ブ。雄本ノ葇荑花序ハ粗大ナル圓柱形ニシテ長サ3-5cm、光澤アル白絹毛ヲ被ル。苞ハ橢圓形ニシテ長サ2mm許、兩端ハ細ク尖リ上記ノ絹毛ヲ生ズ。雄蕋ハ二個、花絲ハ絲狀ニシテ苞ヨリ抽出ス。未ダ雌株ヲ詳ニセズ、和名 振袖柳ハ秋季豐艷葉ノ下垂セル容姿ヲ婦人衣裳ノ振袖ニ擬シテ名ケシモノナリ。

みやまやなぎ
一名　みねやなぎ
Salix Reinii *Franch. et Sav.*

中部以北ノ高山及ビ亞高山ニ生ズル落葉灌木。高サ 1-2m、山頂ニ在テハ高サ甚ダシク矮小ト成リ往々地面ニ臥セリ。枝ハ平滑、少シク太ク且ツ脆シ。葉ハ互生シ、葉柄アリ、廣橢圓形或ハ倒卵狀橢圓形、長サ 3-6cm、先端ハ急遽鋭尖ノ者多ク葉底ハ圓形、邊緣ニハ不齊ノ波狀鋸齒ヲ刻ミ、質稍革樣ニシテ軟ク、表面滑澤、鮮綠色、裏面ハ粉白ヲ呈ス。乾ケバ暗色ト成ル。六月頃、雌雄異株ニ黄色花穗ヲ立ツ。雄花穗ハ 3cm 内外、苞ハ短ク先端鈍形ニシテ緣ニハ長毛アリ、雄蕊ハ二箇。雌花穗ハ少シク長ク、子房ハ短柄アリテ苞ヨリ長ク、細キ披針形ヲ成シ往々毛ヲ被ル、柱頭ハ二裂ス。果穗ハ長ジテ 5-6cm ト成リ、蒴果ハ太ク、七月末ニハ旣ニ二裂シテ白絮ヲ吐ク。

第 2023 圖

やなぎ科

たかねいはやなぎ
一名　れんげいはやなぎ
Salix Nakamurana *Koidz.*

本州中部ノ高山帶ニ生ズル匍匐性ノ低小落葉灌木。幹ハ地下ヲ淺ク匍匐シテ分枝シ、高サ 10cm 未滿ノ枝ヲ立ツ。枝ハ初メヨリ全ク平滑ナリ。葉ハ葉柄ヲ具ヘ枝端ニ近ク聚リテ互生シ、廣橢圓形、長サ 3cm 内外、圓頭圓底ヲ成シ又往々先端波曲シ、邊緣ニハ微鋸齒アリ、花持ニハ充分ニ伸ビザルヲ以テ橢圓圓形ヲ成シテ質薄ク且ツ白絹毛ヲ布ケドモ、後脱落シテ表面ハ平滑無毛ト成リ多少脈絡ガ陷入ヲ見、裏面ハ白色ヲ帶テ毛ヲ存ス。雌雄異株。七月、2cm 内外ノ萋荑花序ヲ枝端ニ直立ス。花穗圓柱狀橢圓形、苞ハ有毛、雄蕊ハ二箇。子房ハ無毛、稀ニ密毛アル者アリ。蒴ハ狹披針形ニシテ無毛、柄アリテ稍疎ニ着生シ開出ス。和名高嶺岩柳ハ高山ニ生ズルヨリ云ヒ、蓮華岩柳ハ信越國境ノ大蓮華山ヲ得ショリ名ケタリ。

第 2024 圖

やなぎ科

やまならし
一名　はこやなぎ
Populus Sieboldi *Miq.*

山地ニ生ズル落葉喬木ニシテ高サ 5m 内外ニ達ス。葉ハ互生シ長柄アリ、廣卵形ニシテ長サ 5-10cm、短キ鋭尖頭、葉底ハ截形或ハ廣楔形、薄キ革質ニシテ邊緣波狀鋸齒ヲ刻ミ、無毛ニシテ表面深綠色滑澤、裏面ハ白色ニ近ク脈理明瞭ナレドモ若葉ノ時ハ枝ト共ニ密ニ長絹毛ヲ被ル、葉柄ト接スル處蜜腺アリ。葉柄兩側ヨリ壓扁セラレ從テ葉ハ風ニ動カサレ易シ。早春葉ニ先チテ赤褐色ノ萋荑花序ヲ垂ル。雌雄異株ニシテ雄花穗ハ長サ 5cm 内外、雌花穗ハ 10cm 内外。苞ハ掌狀ニ淺裂シ、裂片ハ尖リテ長絹毛ヲ帶ブ。雄蕊ハ一箇、葯ハ數箇。雌蕊ハ卵狀紡錘體ニシテ先端ハ細ク柱頭ハ四五裂ス、熟セバ破レテ白毛アル細子ヲ吐ク。材ハ用ヰテ箱ヲ造ル、故ニ箱柳ノ稱アリ、又山地ニ生ズル本種ノ葉ハ風ニ搖ギテ葉ヲ相摶チ音アリ故ニ山鳴シノ名アリ。
漢名 白楊(誤用)

第 2025 圖

やなぎ科

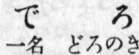

で　ろ
一名　どろのき
Populus Maximowiczii *Henry.*

中部以北ノ亞高山中開豁地ニ生ズル落葉喬木、幹ハ直立シ高サ15m内外ニ達シ、樹皮ハ暗灰色平滑ニシテ裂眼無シ。芽ハ狹長ノ圓錐形ニシテ外面粘質ヲ分泌シ、銳利ナル先端ハ硬クシテ針ノ如シ。葉ハ有柄、互生シ、廣楕圓形ニシテ長サ6-15cm、圓頭或ハ短キ微凸頭ヲ有シ、小サキ耳狀ノ心臟底、邊緣鈍鋸齒ヲ刻ミ表面綠色平滑、裏面ハ稍白色脈上疎毛ヲ布キ、乾ケバ暗褐色ト成ル。春日葉ニ夘舒ビシテ暗紫綠色ノ柔荑花序ヲ垂ル。雌雄異株。雄花穗ハ長サ7cm。雌花穗ハ5cm、夏晚クシテ成熟シ長サ20cmニ達シ、卵球形ニシテ尖レル蒴果ヲ多數ニ蒼ク。熟セバ黃色ト成リ、木質ノ果皮ハ頂ヨリ四裂シテ白綿毛ヲ帶ビタル種子ヲ飛バス。材ハまっちノ軸木ヲ製ス。和名ハ此樹、材トシテ柔脆、用ニ中ラズ泥ノ如シト云フ義ナリト謂ヘリ。
漢名　白楊(誤用)

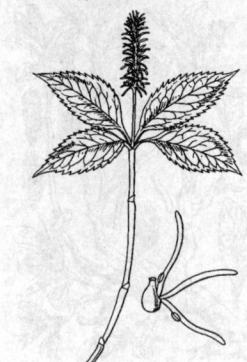

ひとりしづか (及已)
一名　よしのしづか
Chloranthus japonicus *Sieb.*

淺山林內ニ生ズル多年生草本、根莖ハ多節蔓々短縮シテ塊狀ヲ成シ灰褐色ノ鬚根多數ヲ生ズ。莖ハ直立シ三四箇ニテ暗綠、紫色ヲ帶ビ滑質、無毛平滑ナリ。各節ニハ各二箇ノ鱗片葉相對ス。莖頂四葉相接シテ對生シ恰モ輪生スルガ如ク、柄アリ、橢圓形ニテ長サ8-10cm、短銳尖頭、圓底乃至鈍底、邊緣ニ銳鋸齒アリ、暗綠色ニシテ多少光澤ヲ具ヘ膜質ナリ。早春莖及葉ノ未ダ充分ニ伸ビザル頃、頂ニ直立セル白色ノ穗狀花穗ヲ抽クコト3cm許、裸花ニシテ花蕊片ヲ缺ク。雄蕊ハ一箇ナレドモ花絲ハ三分シテ白色絲狀ヲ呈シ水平ニ出デ、外側ニ二本ノミ二基脚ノ外側ニ葯ノ一胞ヲ分擔ス。中央ノ者ハ葯無シ。子房ハ一箇、花胚一本ナレバ此和名アリ、以テ同屬中ノ姉妹品ナルふたりしづかニ對セリ。又吉野靜ニ就キテハ倭漢三才圖會ニ「靜トハ源義經ノ寵妾ニシテ、吉野山ニ於テ歌舞ノ事アリ、好事者其美ヲ比シテ以テ之レニ名ク」ト出ヅ。支那ニ一品ノ水晶花ト云フ、梢ニ小枝ヲ分ッ枝端莖ニ白花穗ヲ蒼ク、えだうちひとりしづか (var. ramosa *Makino*) ト云フ。

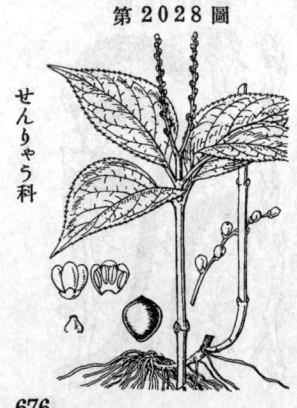

ふたりしづか
Chloranthus serratus
Roem. et Schult.

山地林野ニ普通ナル多年生草本。地下ニハ短キ根莖ヨリ多數鬚根ヲ叢出ス。莖ハ約30-60cmニ達シ綠色ニシテ無毛、中部ニハ四五節アリテ鱗片葉ヲ對生ス。多クハ無枝單一ナリ。上部二三節ニ互ニ稍近ク葉ヲ對生ス。葉ハ橢圓形或ハ卵狀橢圓形ニテ短柄アリ、長サ8-16cm、銳尖頭銳底ニシテ黃綠色ヲ呈シ邊緣ニハ刺狀微突ノ鋸齒ヲ廻ラス。此鋸齒ト葉ノ僞輪生ヲ成サザルトニ由テひとりしづかトノ區別容易ナリ。四五月頃、莖葉嫩キ時、莖頂ニ穗狀花序ヲ立テ、花穗通常二三條、無柄ノ細白花ヲ點綴ス。裸花ニシテ花蕊片無シ。花後夏ヨリ秋ニ至ルノ間能ク閉鎖花ヲ出シ殊性アリ。雄蕊ハ一箇、花絲ハ三岐スレドモ短ク內ニ曲リテ子房ヲ抱キ、且ツ各葯ヲ有ス。果皮ハ淡綠色、漿質。和名ハ二人靜ノ意、倭漢三才圖會ニ「俗謠ニ云フ、靜女ノ幽靈二人ト爲リ同ジク遊舞ス、此花二朶相雙ビ艶美ナリ、故ニ之レニ名ク」ト出ヅ、靜女ハ靜御前ナリ。漢名　及已(誤用)

せんりゃう (接骨木[同名アリ])
Chloranthus glaber *Makino.*
(=Ch. brachystachys *Blume.*)

第 2029 圖

中部以南ノ山林樹下ニ生ズル低小常綠灌木。莖ハ叢生シ高サ50-80cm、綠色ニシテ稍草質ヲ呈シ、節アリテ隆起ス。葉ハ短柄アリテ對生シ、卵狀長橢圓形或ハ披針狀長橢圓形、長サ6-14cm、銳尖頭銳底或ハ楔底、中邊ヨリ上ニ波曲セル鋸齒ヲ具ヘ、革質ナレドモ薄ク鮮綠色ニシテ滑澤且ツ平坦ナリ。夏日頂ニ短キ複穗狀花序ヲ著ケ二三分岐シ無柄ノ黃綠細花アリ。裸花ニシテ花被無ク、雄蕊一箇ニシテ分岐セズ子房外壁ニ沿着ス。花後小球果ヲ結ビ、冬ニ入テ熟シ赤色罕ニ黃色ヲ呈ス。和名ハやぶかうじ科ノまんりゃうニ對シテ千兩ノ名アリ、兩者一見頗ル相近キガ如クナレドモ花ノ構造全ク異ナリテ類緣ハ甚ダ遠シ。土佐ニテせんりゃうト云フハ本種ニ非ズシテまんりゃうナリ。漢名 珊瑚(誤用)

ちゃらん (珍珠蘭・金粟蘭)
Chloranthus spicatus *Makino.*
(=Ch. inconspicuus *Sw.*)

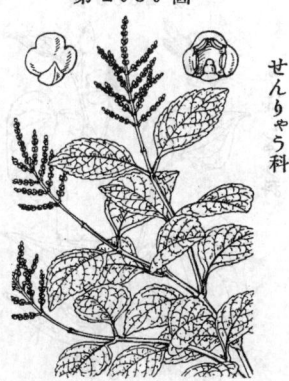

第 2030 圖

支那南部ノ原產ニ係ル常綠草狀小灌木ニシテ觀賞植物トシテ栽培セラル。莖ハ叢生シテ上向シ高サ30-70cm、綠色ニシテ稍軟ク明瞭ニ膨起セル節アリ。葉ハ對生シ有柄、橢圓形ニシテ長サ5-8cm、先端ハ漸尖頭葉底ハ楔形乃至銳尖形、邊緣低波狀鋸齒ヲ具ヘ、革質ニシテ厚ク暗綠或ハ深綠色ヲ呈シテ滑澤、稍ちゃ葉ノ態アリ。五六月頃、莖頂二三分岐シテ圓錐樣ノ複穗狀花序ヲ直立シ、無柄ノ黃色碎花ヲ綴リ、裸花ニシテ花蓋片無ク佳香ヲ放ツ。雄蕊ハ一箇、多肉ニシテ太ク黃色、三岐シテ各片ハ內側下部ニ葯ヲ著生ス。之レニ圓マレテ一雌蕊アリ、果實ハ核果ニシテ橢圓形ヲ呈シ一種子ヲ藏シ生時ハ綠色ナリ。內地ヘハ德川時代ニ琉球方面ヨリ渡來ス。和名 茶蘭ク其葉ノ茶葉ニ似タルヨリ名ク。

ふうとうかづら
Piper Futokadzura *Sieb. et Zucc.*

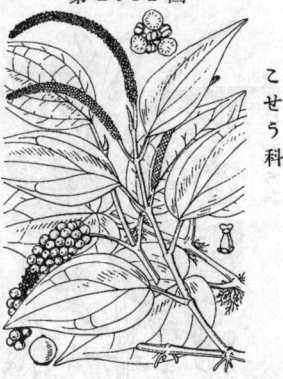

第 2031 圖

中部以南ノ海岸林中ニ生ズル常綠攀援藤木、一種ノ香臭アリ。莖ハ暗綠色ニシテ節ヨリ根ヲ出ダシテ匍匐シ又樹上ニ蔓ル。葉ハ有柄五生シ、初出ノ者ハ圓狀心臟形ニシテ長サ5-8cm、裏面ニ毛茸アレドモ、老株ノ者ハ長卵形或ハ卵狀橢圓形ヲ呈シテ裏面ニ毛ナキニ至ル、全邊ニシテ銳尖頭、淺心臟底、扁平ニシテ表面ハ暗綠色ヲ呈シ光澤ナク、五縱脈顯著ナリ。初夏ノ頃、相部ノ葉ト相對シテ黃色ノ穗狀花序ヲ垂レ密ニ細花ヲ著ク。雌雄異株。雄花ニハ三雄蕊アリテ花軸ノ凹處ニ半バ陷入シテ存ス。雌花ニハ雌蕊一箇ヲ有ス。花後小球狀ノ漿果ヲ綴リテ太キ穗ト成リ、冬ノ經テ紅熟ス。こせう(胡椒)ト同屬ナレドモ辛味ナク實用ノ價値ナシ。往時ハ本種ヲ胡椒ト誤認シこせうノ名ニテ之レヲ呼ビシコトアリ、又和名ヲ風藤葛ハ往時之レヲ風藤(日本ニ無シ)ト誤リシヨリノ名ナリ。

第 2032 圖

こせう科

こせう (胡椒)

こせう (胡椒)
Piper nigrum L.

印度地方原産ニシテ常緑ノ攀援藤本。莖ハ長ク他物ニ寄リテ臺リ高サ 5-6m ニ達シ、節ハ高ク下部ニハ氣根ヲ出ダス。葉ハ疎ニ互生シ有柄、卵狀廣橢圓形或ハ卵狀心臟形ニシテ長サ 10-15cm、葉頭尖リ、葉底ハ狹形或ハ鈍形、全邊ニシテ數條ノ葉脈アリ、革質平滑ナリ。夏日、葉ト相對シテ長穗ヲ垂レ黃綠ノ碎花ヲ綴ル。花下ニ一苞アリ、花蓋片ナク、雄蕋ハ三箇、中央ニ圓キ子房アリ。熟シテ球形ノ赤キ漿果ト成リ乾ケバ黑色ニ變ズ。之レヲ香味料トシ又藥用トス。即チ半バ熟セル者ヲ乾カシ外皮黑キ儘ニテ粉末トセルヲくろごせうト稱シ、熟セル者ノ外皮ヲ去リテ內皮ヲ種子ト共ニ碎粉セルヲしろごせうト稱ス。

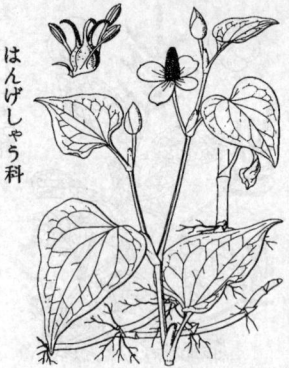

第 2033 圖

はんげしゃう科

どくだみ (蕺)
一名 じふやく
Houttuynia cordata Thunb.

陰處ニ生ズル多年生草本。全株特異ノ惡臭アリ。地下ニハ白色圓柱形ニシテ柔軟ナル長キ根莖ヲ曳キ盛ニ分枝繁殖ス。莖ハ高サ15-35cm、直立分枝シ平滑無毛、多ク汚紫釆アリ。葉ハ疎ニ互生シ、卵狀心臟形短銳尖開廣心臟底、長サ5cm內外、暗蒼綠色ニシテ全邊平滑、柔カシ。葉柄本ニハ托葉沿着ス。初夏梢上ニ花穗ヲ生ズ、花軸アリテ小ナル裸花ハ淡黃色ノ呈シ穗狀ヲ成シテ集リ下ニ白色花瓣樣ノ總苞片四箇十字形ニ配列シ一見一花ノ觀アリ。小花ハ花蓋片ノ缺キ、三雄蕋ハ花絲長ク、子房ハ上位ニシテ三室ニ分レ、上部ニ三花柱細ク分立ス。果實ハ蒴、殘存セル花柱間ニ於テ開裂シ、淡褐色ノ細子ヲ吐ク。民間ニテ地下莖及葉ヲ藥用ニ供シ、用途多シト稱ス。和名どくだみハ毒痛みノ意ナランカト謂ハレ、又じふやくハ或ハ蕺藥ノ字音ニ基クト謂ヒ、或ハ之レヲ以テ馬ヲ飼フニ十種ノ藥ノ效能アレバ即チ十藥ト云フ下謂ヘリ。

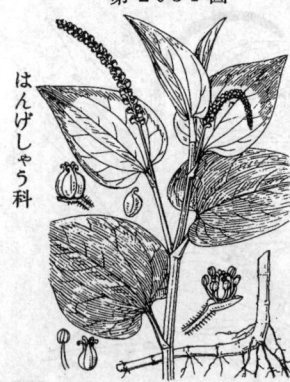

第 2034 圖

はんげしゃう科

はんげしゃう (三白草)
一名 かたしろぐさ
Saururus Loureiri Decne.
(=S. chinensis Baill.)

水邊ニ生ズル多年生草本。全草一種ノ臭氣アリ、根莖ハ白色ニシテ太ク泥中ヲ橫行ス。莖ハ60-100cmニ達シ直立シ強靭ニシテ縱稜數條アリ。葉ハ柄アリテ互生シ、長卵形或ハ橢圓形ニシテ長サ8-15cm、先端尖リ葉底耳狀心臟形ヲ成シ、大ナル五脈アリテ淡綠色ノ呈シ平滑ナリ。六七月頃梢葉二三其表面白色ヲ呈シ、白葉ニ相對シテ穗狀樣ノ總狀花序ヲ出ダシ多數ノ白色細花ヲ着ク、初メ下垂シ開クニ從テ直立ス。總苞ヲ缺クケドモ花下ニハ卵圓ノ一苞ヲ有ス。花ハ柄アリ、裸花ニシテ花蓋無ク、雄蕋六七、其中ニ一雌蕋アリ。子房下四五ノ心皮ヨリ成ル。和名ハ半夏生ノ候ニ白色ノ梢葉ヲ生ズルヨリ謂フトモ謂ヒ、又葉ノ半面白ケレバ半化粧ノ意ナリトモ謂フ、又片白草ハ上記ノ如ク葉ノ半面白キ故ニ謂ハル。

678

かやらん
Sarcochilus japonicus *Miq.*

ら
ん
科

中部以南ノ山中岩石或ハ樹皮上ニ着生スル常綠
多年生草本。莖ハ多數ノ葉鞘ニテ關節セルガ如
クニ包マレ長サ5-10cm、灰色ノ扁平ニシテ波曲
セル細長鬚根ヲ各處ヨリ發出シテ輕ク着生ス、
葉ハ二列ニ生ジ水平ニシテ狹長橢圓形或ハ廣線
形、長サ2-3cm、先端尖リ、質厚クシテ暗綠色ヲ
呈シ光澤ナク、且ツ表面縱溝アリ。晩春初夏ノ
頃、中部邊ノ葉ト相對シテ細梗ヲ出スコト 2-4
cm、疎ニ小淡黃花ヲ四五箇ヅツ開ク。苞ハ短闊、
花徑7mm内外、花蓋片ハ鐘形ヲ成シ、外花蓋片
ハ長橢圓形ニシテ先端尖リ或ハ稍鈍頭、内花蓋
片ハ更ニ細シ。唇瓣ハ短ク三裂シ中央裂片ハ殆
ド無ク兩側ノ側裂片ハ兎耳ノ如クニ突出ス。蕋
柱ハ短小。蒴果ハ長クシテ長サ3.5cmニ達ス。
和名棵蘭ハ其葉ノ二列生ヰ形狀かやノ葉ニ似
タルヨリ名ケラル。

なごらん
Aerides japonicum
Lindenb. et Reichb. fil.

ら
ん
科

南方暖地ノ濕潤ナル樹上或ハ岩上ニ着生
スル常綠多年生草本。莖ハ斜上シ、下部ヨ
リハ粗大ノ長キ氣根ヲ發出ス。葉ハ一株
凡四五葉、兩列シ、長橢圓形ニシテ鈍頭
ヲ有シ長サ 10-15cm、表面滑澤ニシテ深
綠色ヲ呈シ中脈ノ三凹シ、質厚ケレドモ
多少柔軟ナリ。夏日莖側ニ花莖ヲ垂レ出
ダスコト6-12cm、四乃至十花ヲ總狀ニ着
ク。花ハ徑 1.5-2cm、淡綠釆アル白色ニ
シテ花蓋片ハ斜メニ開キ長橢圓形ニシテ
鈍頭。外花蓋片ハ内面茈部ニハ橫線三四
ヲ飾ル。唇瓣ハ倒卵形ニシテ先端圓ク且
ツ櫛齒波曲シ、基脚ハ柄ト成リ、其下方
ニハ囊狀ノ距アリテ其嘴ハ前方ヲ指ス。
花ハ微香アリ。和名ハ沖繩ノ名護岳ニ生
ズルト謂フニ基ク。

くもらん
Taeniophyllum aphyllum *Makino.*

ら
ん
科

我邦暖地諸州ノ樹皮ニ着生スル多年生ノ小無葉
氣生蘭。根ハ綠ナ氣根ニシテ四方ニ斜出シテ扁
平ナル線形ヲ成シ、灰綠色ヲ呈シ、樹皮上ニ密
着ス。莖ハ極メテ短ク、五六月頃1-2cmノ絲狀
莖ヲ出ダシ上部ニ一乃至三花ヲ有スル短キ總狀
花穗ヲ成シ、花軸短ク、花下ニ小形ノ苞アリ。花
ハ小形ニシテ白綠色ヲ呈シ下位ノ子房ヲ有ス。
花蓋五片ハ卵狀披針形ヲ呈シテ尖リ、肥厚シテ
下部五ニ合着シテ正開セズ、内花蓋二片ハ外花
蓋三片ヨリ短シ。唇瓣ハ花蓋内ニ入リ舟形ニシ
テ上端ハ内曲セル細片アリ、基部ニハ囊狀ノ
距ヲ具フ。蕋柱ハ極メテ短シ。葯ハ蓋片ヲ有
シ、花粉塊ハ對ヲ成シテ四顆アリ。蒴果ハ長橢
圓形ニシテ尖リ長サ3-6mm許アリ、一方開裂シ
テ鋸屑狀ノ種子ヲ出ス。和名ハ蜘蛛蘭ニシテ其
氣根ヲ周圍ニ擴ゲタル狀宛モ脚ヲ張リシくもニ
似タレバ斯ク云フ。

ふうらん (風蘭[同名アリ]・弔蘭)
Finetia falcata *Schltr.*
(＝Angraecum falcatum *Lindl.*)

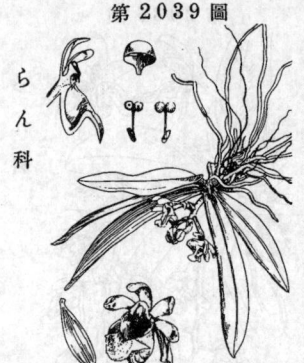

らん科

中部以西ノ山中老樹上ニ着生スル多年生草本ナレ圧又觀賞品トシテ愛養セラレ園藝品種多シ，莖ハ直立シ，先端凹面ヲ呈セル葉柄殘存シ二列ニ相排ビテ交互ニ相抱擁シ甚ダ特異ノ感アリ，下部ヨリ太キ紐狀根ヲ疎出ス。葉ハ多肉ノ硬キ廣線形ニシテ彎曲シ長サ 10cm 內外，背面ハ銳稜ヲ成シ，內面ニ一溝ヲ有シ，下部ハ狹リテ柄狀ニ成リ，一冬ヲ經テ關節ヨリ脫落ス。七月頃下部ノ葉腋ヨリ花莖ヲ出ダシ白花ヲ開ク。花梗細長ニシテ5cmヲ超ユ。花ハ徑1cm 內外，初メ白ク次第ニ黃化ス。花蓋片ハ狹長ニシテ三片ハ上ニ竝ビ，二片左右ニ下垂ス。脣瓣ハ多肉ニシテ蕋柱ト平行ニ斗出シテ三裂シ中裂片ハ棒狀，側裂片ハ低シ。背後ニハ細長ノ距ヲ垂レ，長サハ稍花梗ニ等シ。和名風蘭ノ其漢名ニ基ク。

かしのきらん
Saccolabium japonicum *Makino.*
(＝Gastrochilus japonicus *Schlecht.*)

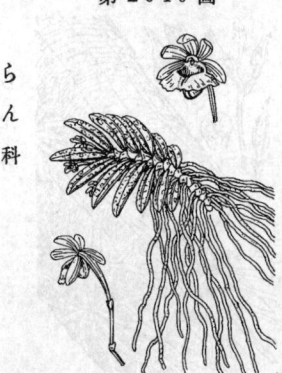

らん科

本邦南部ノ林中老樹ノ樹皮ニ着生スル常綠多年生草本。莖ハ稍クシテ傾上シ，下部ヨリ長クシテ粗ナル灰色綟狀ノ氣根ヲ多ク出セリ。葉ハ莖ノ上部ニ集リ二列ニ成ル狀ニ互生シ披針狀長橢圓形ニテ長サ 2-6cm，多少歪形ヲ成シ，先端ハ圓狀微凸頭，平滑，深綠色，質厚ク，葉底ハ甚ダ短キ柄ヲ經テ葉鞘部ト關節シ，葉鞘部ハ莖ヲ包ミ短キ相違リテ多節ノ觀ヲ與フ。八月，葉ヨリモ短キ花穗ヲ下部ノ葉腋ニ抽テ細花ヲ短キ總狀ニ開ク。花ハ淡黃色ニシテ徑5mm ニ滿タズ，花蓋片ハ倒披針形卵頭ニテ正開ス。脣瓣ハ比較的大ニシテ下部ニ口部廣ク嚢狀ヲ呈シ嚢端ハ鈍圓形ヲ呈シ，蚊部ハ腎狀倒三角形ニシテ平坦，邊緣ニ細齒アリテ，白色，中央部黃色ニシテ細紫點アリ。花粉塊ハ雙頭卵形，長柄アリ。蒴ハ倒卵狀圓柱形。和名樫ノ木蘭ハ此種能クかしのきノ幹ニ着キテ生ズルニ由ル。
Gastrochilus 屬ハ Saccolabium 屬ト同一ニシテ共ニ1825年ニ甲ハ D.DON 氏，乙ハ BLUME 氏ニ由テ公ニセラレシ者ナレドモ甲ハ其年ニ月，乙ハ七月ニ世ニ出デタリ，故ニ嚴格ニ言ヘバ SCHLECHTER 氏ノ如ク當ニ甲屬名ヲ採用スベキモノナレドモ予ハ故ニ今一般廣ク且普通ニ使用セラルル乙屬名ヲ用キタリ。

べにかやらん
一名 まつらん
Saccolabium Matsuran *Makino.*
(＝Gastrochilus Matsuran *Schlecht.*)

らん科

暖地ニ遶スル常綠ノ小氣生蘭ナリ。莖ハ短縮セル節多ク，通常分岐セズト雖モ罕ニ分枝シ，莖個ヨリ出ヅル白綠色ノ絲狀根ヲ以テ樹皮上ニ着生ス。葉ハ肥厚革質ニシテ綠狀長橢圓形ヲ呈シ下方ニ弓曲スル性アリ，長サ 1-2cm ヲ算シ莖ノ兩側ニ二列ニ生ジテ互ニ接在シ，綠色ニシテ兩面ニ紫斑點ヲ布ク。花梗ハ葉ノ反對側ニ側出シテ葉ヨリ短ク，梗頂ニ短小ナル總狀花穗ヲ成シテ一ヲ至三ノ小花ヲ簇ケ，苞ハ細小ニシテ廣鍼形ヲ呈ス。花ハ徑6-9mm 許，黃綠色ニシテ紫細點ヲ有シ，短闊ナル鐘形ヲ呈シテ下ニ子房アリ。花蓋片ハ殆ンド同形ニシテ長橢圓形ヲ成シ，脣瓣ハ之レニ比スレド廣闊短大ニシテ水平ノ位置ヲ保チ，下ニ杯狀鈍頭ノ距ヲ有シ，蚊部ハ腎臟形ヲ成シ，蕋柱ハ粗大ニシテ甚ダ短ジ，蒴ハ半球形。花粉塊ハ球形ニシテ二顆アリ小柄ヲ有ス。和名 紅榧蘭ハかやらんニ類シテ葉幷ニ花ニ紫點アレバ云ヒ，松蘭ハ松樹上ニモ生ズルヨリ云フ。

むかでらん
Sarcanthus scolopendrifolius
Makino.

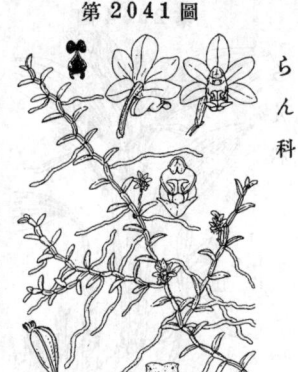

らん科

本邦中部以南暖地ノ岩面或ハ樹皮ニ着生スル常綠ノ氣生蘭。莖ハ細長多節、硬質ニシテ匐匐シ、疎ニ分枝シテ處々ヨリ長キ根ヲ發出シ木石ニ附着ス。葉ハ二列ニ成シテ疎ニ互生シテ開出シ、劍狀披針形ニシテ銳頭ヲ有シ革質多肉ニシテ前面ニ一縱溝ヲ印シ、3-6mm長アリ、葉鞘ハ短クシテ莖ヲ抱合ス。初夏ノ候、葉ニ對生シテ短キ花梗ヲ側生シ、淡紅色ノ小形花ヲ獨生花徑8mm許アリ。花蓋ハ平開シ、花蓋片ハ鈍頭ノ篦狀橢圓形、唇瓣ハ多肉ニシテ基部ニ兩側ニ廣壁アリ、其中央ニハ丁字形ノ附飾物アリ、背部ニハ囊狀ノ距ヲ具ヘ、舷部ハ三角狀舌形ニシテ多肉質ヲ成シ黃色ニシテ紫點アリ。蕋柱ハ短ニシテ基部ニ唇瓣ニ連ナル。葯蓋ハ僧帽形。花粉塊ハ二顆アリ、小柄ハ平扁ニシテ廣卵形ヲ呈ス。蒴ハ長ク倒卵形ヲ成ス。和名蜈蚣蘭ハ其多數並列セル葉狀ニ基キテ名ケシナリ。

ほくろ
一名 しゅんらん
Cymbidium virescens *Lindl.*

らん科

諸國ノ山林淺山稍乾燥セル地ニ多キ常綠ノ多年生草本。叢生セル鬚根ハ粗ニシテ肉質、白色ヲ呈シ、球狀鱗莖ハ密接シテ橫ニ聯ナリ、上部ニハ枯葉ノ基部ヲ多數ニ存ス。葉ハ多數跨狀ニ叢出シ、長サ凡20-50cmアレド上牛ハ彎曲シ、廣綠形ニ質甚ダ强剛、暗綠色ヲ呈シ、邊緣粗鋸齒アリテ糙澁ナリ。早春開花ス。一莖一花(極テ稀ニ二花ヲ開クコトアリ)ニシテ莖ハ根際ニ側出シ葉ヨリモ低ク、膜質鱗片數箇ニ包マル。花ハ徑3-5cm、淡黃綠色ヲ呈シ多少香氣アリ。外花蓋片ハ倒披針形ニシテ展開シ先端尖レドモ內花蓋片ハ稍短闊ニシテ蕋柱ヲ抱クガ如シ。唇瓣ハ多肉、强ク反卷シ密ニ短突起ヲ布キ、白質多少ノ紅紫斑アリ。往々觀賞ノ爲メ培養セラル。和名ハ又はくり或ハえくり卜稱ス。しゅんらんハ漢名ノ春蘭ニ基ケドモ春蘭ハ吾邦ニ生ゼズ。支那產ノほくろ卽チ俗稱ノ支那春蘭ハ漢名朶朶香ニシテ學名ハC. Forrestii *Rolfe.* ナリ、異品甚ダ多シ。

するがらん (建蘭)
一名 をらん
Cymbidium ensifolium *Sw.*

らん科

本品元來我邦ニ野生セズ、駿州ニ在リト云フハ事實ニ非ラズ、實ハ支那產ニシテ蓋シ原ト福建地方ヨリ來リシナラン。暖地ニ生育スル多年生ノ常綠草本ニシテ觀賞蘭トシテ愛養セラル。根下ニ大紐狀ノ根數條ヲ下シ根際ヨリ叢出シ、長大ニシテ30-60cmニ達シ、廣綠形ニシテ幅ハ1.5cm內外、質稍硬ク暗碧綠色ヲ呈シ生時扁平滑澤ナレドモ乾ケバ多數ノ條線ヲ露ハス。夏秋ノ候、葉束ノ根際ヨリ長キ花莖ヲ直立シ七八花ヲ疎總狀ニ開ク。花ハ徑4-5cm、ほくろニ似タレドモ淡紅綠色或ハ黃綠色、芳香アリ。外花蓋片ハ倒披針形ニシテ稍疎リ平開シ、內花蓋片ハ少シク短ク蕋柱ノ上ニ平行シ、兩者共ニ紅紫ノ細線ヲ有ス。唇瓣ハ硬キ肉質ニシテ紅紫斑アリ、三裂シ側裂片ハ低ク蕋柱ヲ抱クドモ中裂片ハ大ニシテ强ク反卷ス。和名駿河蘭ハ此蘭駿河ヨリ出ヅ卜ノ誤認ニ基ク。をらんハ雄蘭ノ意ニシテめらん卽チ雌蘭ニ對シテノ名ナリ。

第2044圖

なぎらん
Cymbidium nagifolium *Masam.*

暖地ノ林中ニ生ズル多年生常緑草本ニシテ高サ20cm内外。僞鱗莖ハ大ナラズ、多軸的ニシテ連珠狀ニ排ビ、何レモ舊鱗片ニ包擁セラル。葉ハ二片或ハ一片アリテ長柄ヲ有シ、長橢圓形ニシテ兩端銳尖形ヲ呈シ、革質光澤アリ、裏面ハ中脈隆脊ヲ成ス。夏日葉ニ並ビテ一葶ヲ抽キ、上部ニ總狀花穗ヲ成シテ疎ニ三四花ヲ着ク。花ハ所謂蘭花樣ニシテ徑4cm内外、白色ニシテ淡黄暈アリ、敢テ香氣無シ。外花蓋片ハ花綻ブレバ開出シ、線狀倒披針形ヲ成シ銳頭ヲ有シ、内花蓋片ハ外花蓋片ヨリ短クシテ披針形ヲ呈シ脣瓣ト共ニ溱合シテ立ツ。脣瓣ハ少シク内花蓋片ヨリ短ク長橢圓形ニシテ鈍頭、僅ニ淺裂、白色ナレドモ裏面ニハ紅紫斑アリ。此種ハ印度產ノ C. lancifolium *Hook. fil.* ニ酷似シ、學者ニ因テハ之レヲ同種ト爲セリ。和名ハ竹柏蘭ニシテ其葉なぎ葉ニ類スレバ云フ。

第2045圖

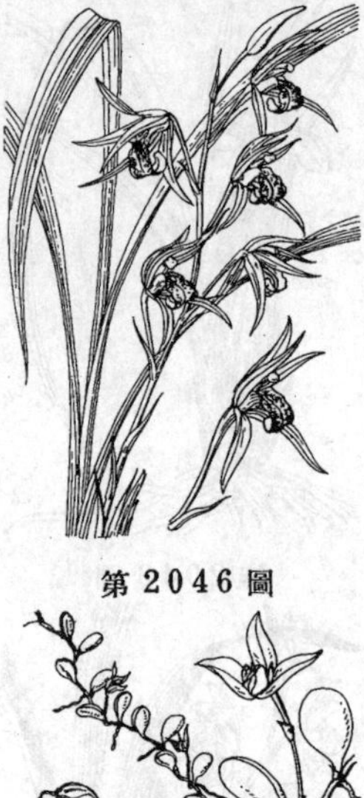

かんらん
Cymbidium Kanran *Makino.*

我邦曖地諸州ノ乾燥セル山地南面ノ闊葉樹林下ニ生ズル多年生草本ニシテ又觀賞ノ爲メ培養セラル。多クハ所謂しゅんらん即ちほくろト混生スレドモ其葉ヲ檢スレバ之レヲ識別スベシ。根ハ粗大ナル鬚狀ヲ成シテ長ク叢出ス。葉ハ叢生シ、卵狀ヲ成セル一僞鱗莖ニ三四根生ジテ常緑革質、廣線形ニシテ漸尖シ、深綠色ニシテ表面稍光澤アリ、邊緣ハ平滑或ハ微シク纖澁ハほくろノ如ク强ク粗糙ナラズ。晚秋、葉側ノ一側ヲ抽クコト葉ヨリ低ク、頂ニ五六花ヲ總狀ニ着ク。花ハ徑5-6cm許アリテ幽雅ナル淸香ヲ放ツ。花蓋片ハ線狀披針形ニシテ銳尖頭ヲ有シ、外花蓋ハ開出シ内花蓋ハ稍相接テ立テリ、花色ハ淡黄綠色品ヲせいかんらん(f. viridescens *Makino*)ト云ヒ、帶紅紫色品ヲしかんらん(f. purpurascens *Makino*)ト云ヒ、帶紅色品ヲべにかんらん(f. rubescens *Makino*)ト云ヒ、綠色ニシテ紫暈アル品ヲどれかんらん(f. purpureo-viridescens *Makino*)ト云フ。脣瓣ハ無柄ニシテ花蓋片ヨリ短ク、稍三裂シテ反卷シ、白色ニシテ紫斑アリ。蕊柱ハ立テ微シク前方ニ弓曲シ、葯盖ハ牛球形、花粉塊ハ四顆、黄色、子房ハ下位、狹長ナリ。和名ハ寒蘭ハ晚秋初冬氣候漸ク寒冷ナル時花サク故云フ。漢名草蘭(誤用)

第2046圖

まめらん
一名 まめづたらん
Bulbophyllum Drymoglossum *Maxim.*

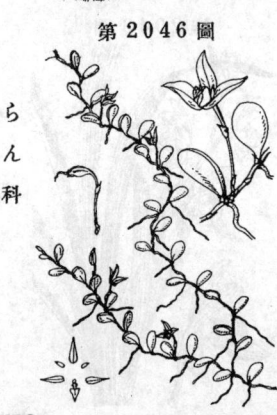

我邦曖地ノ樹幹或ハ岩面上ニ着生スル小形ノ多年生常綠草本。莖ハ絲狀ナレドモ硬クシテ長ク、二三節每ニ一葉ヲ出ダシ、僞鱗莖無シ。葉ハ小形ニシテ互生シ、倒卵形、圓頭、短銳尖底、肥厚革質略まめづた葉ノ態アリ。初夏ノ候、葉側ヨリ絲狀ノ短梗ヲ抽キテ淡黄色ノ小形花ヲ開キ、花下ニ小形苞一片ヲ有ス。花ハ徑1cm許ニシテ側ニ向テ開キ半開ナリ。外花蓋片ハ同長ニシテ上者一片ハ披針形、側者二片ハ卵狀披針形ニシテ短キ銳尖頭ヲ有ス。内花蓋二片ハ遙ニ小形ニシテ橢圓狀圓形ナリ。脣瓣ハ卵狀披針形ニシテ其下部ハ蕊柱下端ノ彎曲セル爪部ニ關節ス。蕊柱ハ短ク、前面ノ兩側ハ翼狀ヲ呈ス。葯盖下ノ花粉塊ハ二顆相並べリ。子房ハ細小ニシテ下位。蒴ハ倒卵形ニシテ下部狹窄ス。和名ハ豆蘭ハ其葉豆ノ如ケレバ云フ、ハレ往時ヨリ本來名稱ナリ、豆づた蘭ハ其葉幷ニ其草狀宛モまめづたノ如ケレバ云フ、是レ後ノ名ナリ。

むぎらん (?石豆)
一名 いぼらん
Bulbophyllum inconspicuum
Maxim.

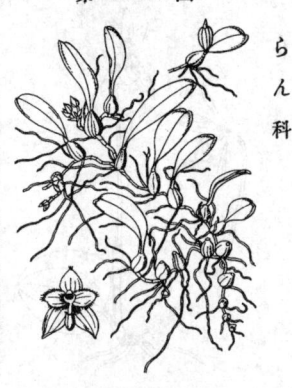

らん科

暖地ノ林中岩面或ハ樹幹等ニ往々群ヲ成シテ着生スル小形ノ多年生常緑草本。莖ハ絲狀ニ匍匐シ頗ル分枝シ硬質ニシテ絲狀擬根ヲ發出ス。偽鱗莖ハ小形、卵圓形ニシテ麥粒狀ヲ呈シ往々溝紋アリ、無柄綠色ニシテ毛無ク稀ナレバ葉ヲ落去スル者少ナカラズ。葉ハ偽鱗莖頂毎ニ一片ヲ生ジ、倒卵狀長橢圓形或ハ倒卵狀橢圓形ヲ呈シテ下部狹窄ジ、綠色或ハ黃綠色、肥厚革質、中脈陷入シ、長サ1-3cmアリ。夏日、偽鱗莖側ヨリ鞘鱗片アル短梗ヲ出ダシテ葉ヨリヤ低ク、梗梢ニ一二ノ細小白花ヲ下ニ開ク。花ハ徑4mm許ニシテ自花受精ヲ爲ス。外花蓋三片アリテ其上者一片ハ卵圓形ニシテ短ク尖リ、側者二片ハ上者ノ倍長アリテ卵狀橢圓形ヲ成ス。內花蓋片ハ廣橢圓形ニシテ邊緣剪裂ス。唇瓣ハ極小、卵形、肥厚、蕋柱基部ヨリノ突起ト關節ス。蕋柱ハ短大、葯囊ハ半球形、花粉塊ハ二顆アリ。和名麥蘭ハ其偽鱗莖ノ形狀麥粒ニ似タルヨリ云ヒ、疣蘭ハ偽鱗莖ヲ疣ニ擬シテ呼ビシナリ。漢名 麥斛(蓋シ誤用)

なさらん
一名 ばっこくらん
Eria reptans *Makino.*
(＝Dendrobium reptans *Franch. et Sav.*; E. japonica *Maxim.*)

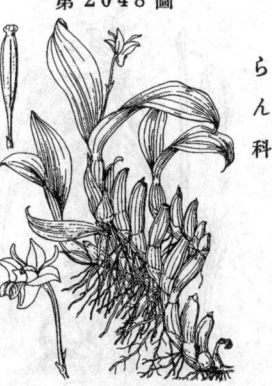

らん科

暖地ノ林中岩上或ハ老樹上ニ生ズル多年生草本ニシテ高サ10cm內外アリ。根莖ハ橫走シ是ハレヨリ每年生ズル卵狀圓柱形ノ偽鱗莖莖ヲ數年ヲ經テ相接シテ駢列シ續ク多軸的ヲ成シテ連續セリ。葉ハ通常一二片偶ニ三片出デ、廣披針形ニシテ尖リ五脈アリ、下部ハ狹窄シ偽鞘ハ偽鱗莖ニ貼附シ、葉質厚カラズシテ多片ハ偽鱗莖ノ殘ヲ有シテ去ル。初夏ノ候、葉間ニ瘦長ナル單梗ヲ出ダシテ白花ヲ開クコト一二、苞ハ膜質ニシテ細小。外花蓋三片ハ廣披針形ニシテ側生ノ二片ハ其下部距ニ連ナル。內花蓋二片ハ微シク外花蓋片ヨリ長ク、狹長ニシテ尖リ、下部ハ擴張セリ。唇瓣ハ外花蓋ヨリ短クシテ直立シ上部三裂シテ反曲シ五畦アリ、紫釆アリテ內部ハ黃褐色ヲ呈シ距ハ下方ヲ指セリ。蕋柱ハ長ク、花粉塊ハ八顆。子房ハ狹長ニシテ下位ナリ。和名簸蘭ハ偽鱗莖ノ連生スル狀ヲ簸ニ擬シテ名ケシナリ、麥斛蘭ハ之レヲ支那ノ麥斛ナリト想定シテ斯ク謂ヒシナリ。漢名 雀髀斛(誤用)

せきこく (石斛)
Dendrobium monile *Kranzl.*

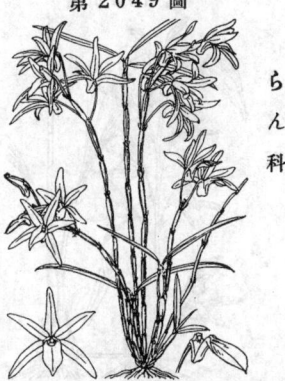

らん科

中部以南ノ森林ノ岩上或ハ老樹ノ上ニ着生スル常綠多年生草本。根莖ヨリ多數ノ剛質鬚根ヲ發出ス。莖ハ根際ヨリ多數簇生シ高サ20cm內外、舊キ者ハ葉ヲ失ヒテ綠褐色ヲ呈シ多節、少シクとくさ(木賊)ノ態アリ。葉ハ二三年生ニシテ五生シ基脚ニ厚膜質ノ長鞘アリテ莖ヲ包ム。廣綠形或ハ廣披針形、鈍頭、長サ3-5cm、革質暗綠色ヲ呈シ滑澤ナリ。夏日葉旣ニ謝シタル莖上ニ短梗ヲ生ジテ各二花ヲ開ク。花徑3cm內外、白色或ハ淡紅色ヲ帶ブ。花蓋片ハ橢圓狀披針形ニシテ稍開出、銳尖頭ヲ成シ、唇瓣ハ少シク短クシテ卵狀菱形ヲ呈シ下半部ハ蕋柱ヲ兩側ヨリ抱ク。基脚ニ短圓ノ距アリ。漢藥ニ用ウ。和名ハ石斛ノ漢名ニ基ク。古名ヲすくなひとのくすね(少彥ノ藥根ノ意)・すくなひとぐすり(少彥藥ノ意)或ハいはぐすり(岩藥ノ意)ト稱セリ。

683

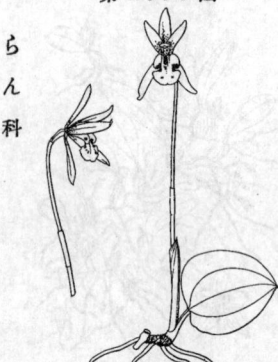

いちえふらん
一名　ひとはらん
Dactylostalix ringens *Reichb. fil.*
（＝Pergamena uniflora *Finet.*）

中部以北ノ高山樹陰ニ生ズル多年生草本。地表ニ近ク紐狀ニシテ屈曲セル多肉ノ根莖横ハリ、長毛ヲ被レル根數條ヲ發出ス。葉ハ根生シ一箇、葉柄ハ葉面ヨリ短シ。葉面ハ廣橢圓形ニシテ長サ3-5cm、銳頭鈍底、多肉質、表面苔綠色光澤無シ。五六月頃、葉ノ根際ヨリ一莖ヲ抽クコト10-20cm、頂ニ一花ヲ側向ス。花徑2-3cm、稍しゅんらんノ俤アリ。花蓋片ハ狹長、肉質ニシテ平開シ、淡綠色ヲ呈ス。脣瓣ハ廣橢圓形下垂シ、汚白色ニシテ淡紅紫斑散布シ、三裂ス、側裂片ハ小形ナレドモ中裂片ハ廣闊ニシテ邊緣多少波皺シ、圓頭或ハ凹頭ヲ成ス。和名ハ一葉蘭ノ意ニシテ唯一片ノ葉ヲ有スルニ基ク。

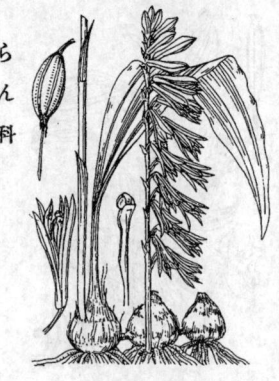

さいはいらん
Cremastra appendiculata *Makino.*

諸國ノ山地樹陰ニ生ズル多年生草本。高サ40cm內外、鱗莖ハ淺キ地下ニ在リテ卵圓形、白質、多肉肥厚ス。葉ハ一或ハ二、鱗莖頭ニ發シ地ニ伏ス。披針狀長橢圓形ニシテ尖リ、長サ20cm內外、葉底ハ柄ヲ成ス。表面暗綠色ニシテ質稍强靭、全邊ニシテ縱通セル三主脈アリ。五六月、葉側ヨリ一花莖ヲ直立スルコト40cm內外、總狀花序ヲ成シテ淡紫褐色ノ花ヲ着クルコト十五乃至二十。花ハ偏側生ヲ成シ、下向シテ咲ク。花蓋片ハ何レモ線狀倒披針形ニシテ尖リ、半開ニ止マリ、長サ3cm內外。脣瓣ハ肥厚シテ軟骨質ヲ呈シ、上部ハ三裂シ、裂片ハ三平行シ、中裂片基部ニハ肉質ノ附屬物アリ。距ハ無シ。蕊柱ハ長クシテ脣瓣ト並行ス。和名ハ采配蘭ノ意ニシテ其花穗ノ狀ニ基ク。

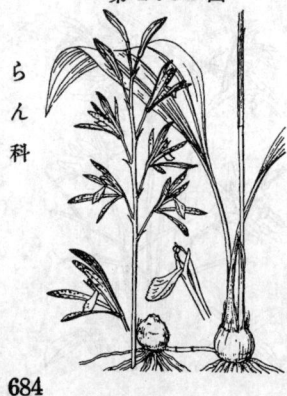

とけんらん
Cremastra unguiculata *Finet.*

深山樹下ニ自生スル多年生草本。鱗莖ハ卵球形多肉質ニシテ綠色。葉ハ根生、二片アリ。多クハ地ニ布ク。長橢圓形ニシテ長サ15cm內外、兩端漸次ニ尖リ全邊ニシテ細キ葉柄ヲ有ス。葉面ハ多少ノ縱襞アリ、通常葉裏ニ紫斑ヲ飾ル。五六月頃、鱗莖ノ側方ヨリ細莖ヲ直立シ、七八花ヲ總狀花序ニ疎着ス。花蓋片ハ線狀倒披針形ニシテ半開シ、花徑3cm許、黃色ニシテ淡褐色ヲ帶ビ紫色ノ小點ニ散布ス。脣瓣ハ半途ニシテ直角ニ曲リ同處ニ結節アリ。其下脣部ハ帶長、蕊柱ト平行シ且ツ接スレドモ、上脣部ハ三全裂シ、中裂片ハ廣ク、倒卵形圓頭白色ヲ呈シ、側裂片ハ線形、角ノ如ク立ツ。距ハ無ク、蕊柱ハ細長シ。和名ハ杜鵑蘭ノ意ニシテ其葉ニ斑アルコト宛モほととぎすノ胸幷ニ羽裏ノ下部ニ斑アルガ如キニ基ク。

えびね
Calanthe discolor *Lindl.*

諸國ノ山林竹藪中ニ生ズル多年生草本。地下莖ハ節多クシテ多數ノ鬚根ヲ發出シ連珠狀ヲ成シ匍匐ス。葉ハ越年生ニシテ二三束生スレドモ次年ニハ平臥ス。倒披針狀長橢圓形ニシテ長サ20cm 內外、先端ハ鈍頭或ハ少シク尖リ、葉底ハ銳尖ニシテ細キ明瞭ノ葉柄ト成ル、暗綠色ニシテ縱褶アリ裏面ニハ短毛ヲ布ク。春日、新葉心ヨリ一花莖ヲ抽キ高サ30-40cmニ達シ、花數十個內外、花徑2-3cmヲ竚ス。花蓋片ハ全開シ、外花蓋片ハ紫褐色ヲ呈シ、內花蓋片ト脣瓣トハ白色或ハ淡紫乃至紅紫色ヲ呈ス。脣瓣ハ三深裂シ、中央裂片ハ先端ニ凹入アリ、內面ニハ三縱畝リ飾ル。距ハ子房ト平行シ長サハ其レヨリ短シ。和名ハ蝦根卽チ海老根ノ意ニシテ其地下莖ノ相屈ミテ連ル狀ニ基ク。

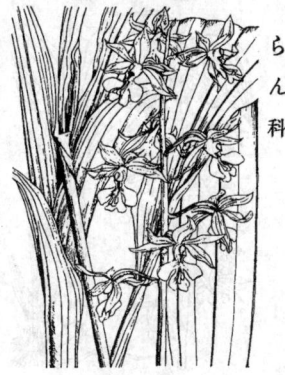

第 2053 圖

らん科

おほえびね
Calanthe discolor *Lindl.*
var. bicolor *Makino.*

西部ノ山中樹下ニ生ズル多年生草本。又其花ヲ賞シテ培養ス。葉ハ二年生ニシテ二三簡束生シテ生ジ初メ直立スレドモ後ハ伏臥ス、廣橢圓形或ハ橢圓形ヲ呈シ、長サ15-25cm、先端ハ急ニ短ク尖リ葉底ハ明瞭ノ柄ヲ成ス、縱褶アリテ裏面ニハ毛茸ヲ布ク。四五月頃、葉未ダ充分ニ開カザル時其葉心ヨリ一莖ヲ抽キ黄色花・黄褐色花或ハ黄白花等ノ總狀ニ開ク。花ハ豐大ニシテ徑3cmニ達シ、花蓋ハ五ニ內曲シテ廣鐘形ヲ成シ、鮮黄色或ハ褐黄色或ハ黄白色ヲ帶フ。脣瓣ハえびねヨリ廣ク、三裂セル中裂片ハ倒卵狀箆形ヲ呈シ先端ハ鈍頭ナリ。然ドモ往々裂隙アル者アリテ結局えびねノ黄色花ニ連絡スルヲ見ル。距ハ細ク短シ。此種花色ハ一定セズシテ實ニ株ニヨリ各樣ノ花ヲ開ク、故ニ從來ノ(き)(黄)えびねノ稱ハ不適當ナリ、由テ今之レヲ大えびね(園えびねト名ケシコトアリシ)トシ其各品ヲ總稱セリ。

第 2054 圖

らん科

なつえびね
Calanthe reflexa *Maxim.*

中部以南ノ山中林下ニ生ズル多年生草本。高サ40cm 內外。偽鱗莖ハ卵球形ニシテ二三簡連ナル。葉ハ四五葉束生シテ立チ、越年生ナリ。長橢圓形ニシテ銳尖頭、葉底ハ漸次狹リテ柄ト成リ、淡綠色ニシテ縱ニ襞檣アレド光澤ハ無シ。七八月、葉腋ヨリ一二ノ花莖ヲ抽クコト葉ヨリモ高ク淡紫色花ヲ總狀花序ニ疎著ス、花ニハ細梗アリ、花徑2cmニ以內。外花蓋片ハ卵狀橢圓形、有尾銳尖頭ニシテ强ク後方ニ反卷スルノ殊徵アリ。內花蓋片ハ線狀ナレドモ是レ亦後方ニ向ヒ、蕋柱ハ爲ニ露出ス。脣瓣ハ蕋柱ト直角ニ下垂シテ花前ニ指シ、肉質ニシテ三深裂シ、中裂片ハ大ニシテ邊緣ニ齒アリ且ツ尖レドモ側裂片ハ鈍頭ニシテ小ナリ。距ハ有セズ。此種ハえびねノ屬ニテ夏ニ花サク故ニ此和名アリ。

第 2055 圖

らん科

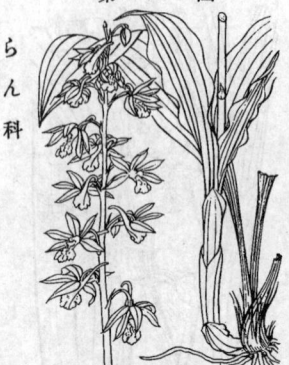

第2056圖

きりしまえびね
Calanthe aristulifera *Reichb. f.*
(＝C. kirishimensis *Yatabe.*)

九州ノ山地ニ生ズル多年生草本。葉ハ二
三根生シ、狹長橢圓形ニシテ葉面ノ長サ
20cm內外、先端銳尖形、葉底ハ銳形ヲ呈
シ稍長キ明瞭ナル柄ト成ル。表面多少滑
澤ニシテ他種ノ如キ縱襞ハ不明瞭ナリ。
五月頃、葉心ニ花莖ヲ抽クコト 20-30cm
許、十花內外ヲ稍疎ニ着ク。花ハ下垂シ
白色或ハ淡紫釆アリ、徑1cmヲ超エ、花葢
片ハ平開セズ。皆橢圓形ニシテ先端ハ尾
狀ニ銳尖ス。脣瓣ハ基脚蕊柱ト癒合シ、
直立シ、三深裂シ、中裂片ハ大キク屢々
凹頭ヲ成ス。距ハ後方ニ斜上シテ長ク、
15mm 內外ヲ算シ末端ハ尖レリ。和名ハ
初メ大隅霧島山中ニ得ショリ名ク。

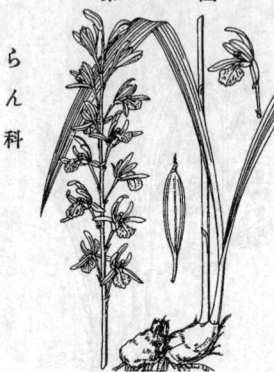

第2057圖

こけいらん
一名 ささえびね
Oreorchis patens *Lindl.*
(＝Corallorhiza patens *Lindl.*)

我邦中部以北ノ深山陰地ニ生ズル多年生草本。
地下ニハ卵狀形ノ僞鱗莖ヲ具ヘ、頂ヨリ一二葉、
側方ヨリ一花莖ヲ出ダス。葉ハ倒狹披針形或ハ
綠狀倒披針形ニシテ褶襞アリ、下部ハ葉柄狀ニ
漸尖ス。莖ハ高サ30-40cm、直立シ、下部ニハ
鱗片二三ヲ着ケ、頂部ハ總狀花序ヲ成シテ帶褐
ノ黃色花十五乃至二十五ヲ綴ル。夏日開花シ、
花ハ側向、徑1cm、黃色、花葢片ハ綠狀倒披針形、
先端ハ稍鈍頭ヲ呈シ、脣瓣ハ淡色、倒卵形、三裂
シ側裂片ハ小形ニシテ立チ、中裂片ハ大ニシテ
有爪、卵形圓頭、內面基部ニハ縱ノ隆起畦二個
竝列ス。蕊柱ハ花葢片ヨリ短ク、花粉塊ハ四顆
相接シテ細長ノ小柄ヲ具フ。此種ひめけいらん
ト相似タレドモ其花葢片銳頭或ハ銳尖頭ナラザ
ルヲ以テ區別スベシ。和名ハ小蕙蘭ニシテ蕙ハ
しらん或ハがんぜきらんノ如キヲ指ス我邦人
ハ思ヘリ、笹海老根ハ多少えびねニ似テ其葉狹
長ナレバ斯ク云フ。

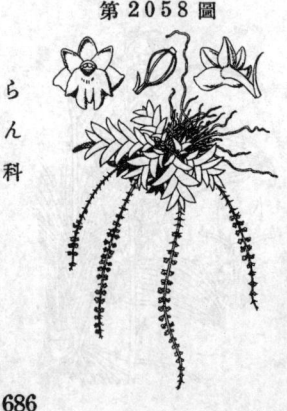

第2058圖

やうらくらん
一名 もみぢらん・ひあふぎらん
Oberonia japonica *Makino.*
(＝Malaxis japonica *Maxim.*)

曖地ノ樹幹、岩上等ニ着生シテ傾埀スル小形ノ多年生
氣生ノ常綠草本ニシテ生長程度ノ異ナル者大小相依
テ群ヲ成セリ。莖ハ長サ2-5cm許、跨狀ヲ成シテ兩列
セル多數ノ葉ヲ有セリ。葉ハ長橢圓形或ハ披針形、且
稍鎌狀ニ帶ビテ尖リ淡綠色ニシテ多肉、肥厚、平滑無
毛、底部ハ狹鞘ヲ成シテ莖ヲ抱ケリ。五月、莖頂ニ綠黃
ナル花穗ヲ埀レ、全體柑黃色ヲ呈シ、花梗ハ一尖鍼狀
ノ小形苞ヲ輪生ス。花ハ極メテ小形ニシテ徑1mm許、
多數長キ花軸ニ輪生シテ短小梗ヲ有シ小梗本ニハ尖
鍼形ノ苞アリ。花葢ハ平開シ、綠黃ヲ呈シ、外花葢片
ノ上者一片ハ卵形、側者二片ハ廣卵形ニシテ底部相連
合ス。內花葢片ハ卵形。脣瓣ハ廣闊ニシテ三裂シ、側
裂片ハ小形、中裂片ハ闊クシテ更ニ三裂シ其中ヤ短
シ。蕊柱ハ短ク、葯葢ハ半圓形、花粉塊ハ四顆二對。普
通品ハforma aurantiaca *Makino*ナレドモ花淡黃花ノ
開ク者ヲあをばなやうらくらん(forma viridescens
Makino)ト云フ。和名ハ瓔珞蘭ニシテ其花穗ノ下埀セ
ル狀ヲ瓔珞ニ擬セシ者ナリ、紅葉蘭ハ其葉等狀ニ披キ
テモみぢ葉ノ態アレバ云ヒ、檜扇蘭ハ扇狀ニ排列セル
葉ニ基キテ斯ク云ヘリ。

こいちえふらん

Ephippianthus Schmidtii *Reichb. f.*

中部以北ノ高山林下、落葉多キ陰地ニ生
ズル多年生小草本。細クシテ綿毛アル地
下莖ヲ曳キ一花莖幷ニ一葉ヲ出ダス。葉
ハ柄アリ、卵圓形ヲ成シ、長サ1-2cm、
全邊ニシテ先端多クハ圓ク、葉底多少ノ
心臟形ヲ成ス。八月頃葉柄本ヨリ一細莖
ヲ抽キ頂ニ少數ノ小花ヲ疎ニ綴ル。花ハ
二乃至六、徑7-8mmニシテ淡黄白色ヲ呈
シ、花蓋片ハ長橢圓形、鈍頭、鈍底、何
レモ平開、上部ノミ內屈ス。唇瓣ハ橢圓
形ニシテ短距、花蓋片ト同長、基脚ハ急ニ
狹リテ短爪ト成ル、爪部ニ近ク二結節ア
リ。蕊柱ハ唇瓣ヨリ短ク、先端ニ明瞭ナ
ル點狀ノ花粉塊ヲ有ス。和名ハ小一葉蘭
ノ意ナリ。

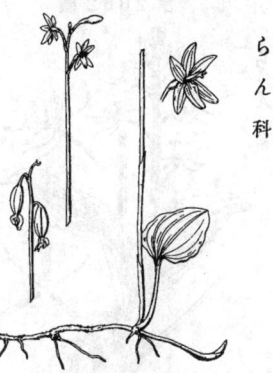

らん科

ほていらん
一名 つりふねらん

Calypso bullosa *Reichb. fil.*
var. japonica *Makino.*

中部ノ高山深林ニ生ズル多年生草本。根莖ハ多
肉ノ橢圓體ヲ成シ、其頂ヨリ一葉一莖ヲ發ス。葉
ハ柄アリ、卵狀橢圓形ヲ成シ長サ4-5cm、銳頭、
淺心臟底、五脈縱ニ隆起シ、更ニ邊緣並ニ葉面皺
ヲ成ス。表面ハ綠色、光澤アレド、裏面ハ紫色ニ
シテ美ナリ。五六月ノ候、單一ナル細莖ヲ立ル
コト10cm内外、淡紅紫色ニシテ二箇ノ膜質長鞘
ヲ有シ莖末ニ狹長ナル一片ノ苞アリ、頂ニ香氣
アル大ナル紅紫色ノ一美花ヲ開ク。花蓋片ハ長
披針形ニシテ尾狀ニ尖リ、反曲上向ス。唇瓣ハ
大ニシテ下垂シ、囊狀ヲ呈シ、內面淡褐斑アリ、
囊尖ハ前方ニ向ヒ舷部ヨリモ長ク且ツ先端ニ岐
ス。蕊柱ハ直立シ、左右ニ廣冀アリテ紅紫色ヲ
呈ス。和名ハ唇瓣ノ形狀布袋ノ腹ヲ聯想セシヨ
リ來タル。又釣舟蘭モ唇瓣ノ狀ニ基ク。

らん科

こくらん

Liparis nervosa *Lindl.*
(=Ophrys nervosa *Thunb.*;
Epidendrum nervosum *Thunb.*;
L. cornicaulis *Makino.*)

諸國ノ林下陰地ニ生ズル多年生草本。根莖ハ極メテ短
クシテ橫臥ス。莖ハ(僞鱗莖)ハ新舊ノ數個相並立シ、肥
厚、多肉、三四節アリテ綠色ノ圓柱形ヲ成シ大ナル膜
質ノ鱗片ヲ有シ、3-10cm長クアリ、舊キ者ハ鱗脫シテ几
立ス。葉ハ二三、廣形或ハ卵狀橢圓形ニシテ銳頭、薄質
ニシテ縱襞ヲ成シ三乃至七條ノ主脈ヲ有シ、短葉柄ア
リテ基部ハ鞘狀ヲ成シ莖ヲ抱擁ス。六七月ノ候、新莖
ノ頂ナル葉間ニ綠莖ヲ抽クコト10-15cm、上部ニ總狀
花穗ヲ成シテ黑紫色ノ五六花ヲ齊ク。花ハ徑 12mm
許、花蓋片ハ半開或ハ反向ス。外花蓋ハ鈍頭、上一片ハ
長橢圓狀披針形、邊緣反卷シ、側二片ハ上片ヨリ短ク
長橢圓形。內花蓋片ハ外花蓋片ヨリ長ク筐狀線形、邊
緣反卷シ。唇瓣ハ反曲シ、倒卵形、凹頭、質厚、基部ニ
銳狀ノ二突起アリ。蕊柱ハ直立、微ニ前方ニ弓曲シ、葯
蓋ハ半球形。花粉塊ハ四顆二對ナリ。子房ハ下位、絲
狀、蒴ハ倒卵狀圓柱形、下部ニ狹窄ス。和名ハ黑蘭ニ
シテ其花色ニ基キ名ケシナリ。

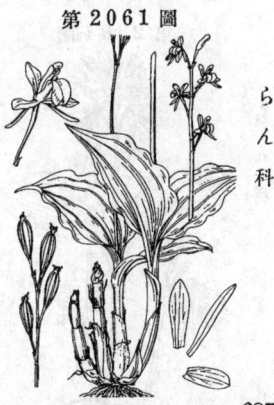

らん科

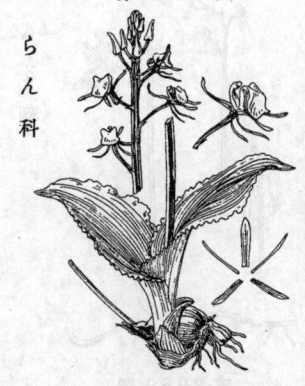

くもきりさう
一名 くもちりさう
Liparis Kumokiri *Maek.*

諸國ノ林中陰地ニ生ズル多年生草本、高サ20-30cm、低鱗莖ハ卵球形ヲ成シ綠色ニシテ多ク地上ニ露出シ多クハ殘存セル枯葉柄ニ包マル。葉ハ二片前年莖ノ側方ニ出デ兩方ヲ指シテ斜開シ、橢圓形或ハ卵狀橢圓形ニシテ鈍頭、質稍厚ク鮮綠色ヲ呈シ、邊緣多クハ皺縮シ、底部ハ有翼ノ柄ト成リテ相抱ケリ。六月ノ候、葉間ニ翼稜アル綠莖ヲ抽キ上部ニ總狀花穗ヲ成シテ少數乃至稍多數ノ淡綠色花（あをぐも forma viridiscens *Makino*）或ハ淡暗紫色花（くろぐも forma atropurpurascens *Makino*）ヲ著ケ、花徑1cm許、花下ノ苞ハ微細、外花蓋片ハ開出シ綠狀披針形、鈍頭、內花蓋片ハ更ニ細狹ニシテ背後ニ垂ル、脣瓣ハ有爪、倒卵圓形、微凸頭、中部ヨリ強ク外反シ之レヲ前方ヨリ望メバ倒三角形ノ脣瓣ノ四周ニ五花蓋片ノ先端ヲ見ルベシ。蕊柱ハ前屈シ、腹面上部ニ柱頭アリ。子房ハ下位、狹長。和名ハ雲切草丼ハ雲散草ノ意平或ハ山上ニ在ルヨリ謂フ乎、而シテ予未ダ之レガ解フ得ズ。

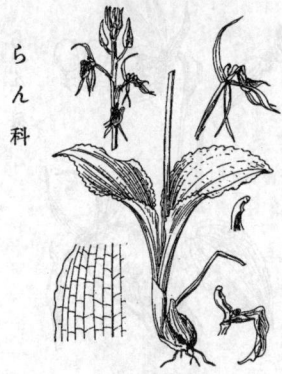

じがばちさう
Liparis Krameri *Franch. et Sav.*

諸國ノ山中陰地或ハ朽木上ニ苔ト共ニ生ズル多年生草本ニシテ高サ10-15cm。低鱗莖ハ尚ド地上ニ出デ卵圓形ニシテ綠色ヲ呈シ舊鱗莖ニ擁セラル。前年ノ低鱗莖ノ側方ニ二葉相對シテ出デ下ハ鱗片ニ包擁セラレ、廣橢圓形ニシテ下部ハ狹窄シテ葉柄ト成ル、葉面ハ稍膜質、邊緣ハ皺縮シ脈絡ハ鮮明ナリ。六七月ノ候、葉間ニ有翼稜アル綠莖ヲ抽テ上部ニ總狀花序ヲ成シ花數十五至二十、花ハ普通品ハ暗紫條（forma atronervata *Makino*）ニシテ又淡綠色品（あをじがばちさう forma viridis *Makino*）アリ。花蓋片ハ甚ダ瘦狹、線形ニシテ尖リ、外花蓋上部ノ一片ヲ除キテ他ノ四片ハ脣瓣ノ背後ニ隱レ遙ニ脣瓣ヨリ長シ、脣瓣ハ下部ニテ屈折シ、骹部ハ倒卵狀長橢圓形、銳尖頭ナリ。子房ハ下位ニシテ狹長。和名ハ似我蜂ノ意ニシテ其花形ガ此蜂ニ擬シ斯ク呼ビシナリ。

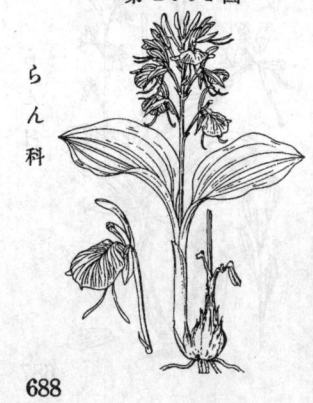

すずむしさう
Liparis Makinoana *Schltr.*

山地ニ生ズル多年生草本ナレドモ往々觀賞ノ爲メ愛植セリ。低鱗莖ハ卵圓形ニシテ綠色ヲ呈シ枯レタル舊鱗片及舊葉鞘ニテ包マル。葉ハ前年ノ低鱗莖ノ側方ニ出デテ二片對生シ、花時ニハ未ダ充分ニ展開セズ、廣橢圓形、銳尖頭ニシテ鈍底ヲ成シ下ヘ葉柄ト成ル。夏日、葉間ニ縱稜アル一綠莖ヲ抽クコト20-30cm、上部ニ總狀花序ヲ成シテ十數花ヲ著ク。花ハ淡暗紫色ニシテ同屬中最モ大ナリ。花蓋ハ脣瓣ヨリ僅ニ長ク、其上片ハ線狀披針形、側片ハ瘦長ニシテ脣瓣ノ背後ニ隱ル。脣瓣ハ闊大、暗紫色ヲ呈シ、中央ニ一溝アリテ光澤ヲ有シ有爪、骹部ハ倒卵圓形ヲ成シ、徑15mmニ達スルヲ其殊徵ナリ。蕊柱ハ基部急ニ膨起シ上部ハ前ニ弓曲セリ。子房ハ下位、瘦長。和名ハ鈴蟲草ニシテ其脣瓣ノ形狀色采すずむしノ翅翼ニ似タレバ斯ク云フ。

らん科

ほざきいちえふらん
Microstylis monophyllos *Lindl.*

中部以北ノ高山潅木帶林中ニ生ズル多年生草
本。鱗莖ハ短鞘ヲ被フリ、殆ンド地上ニ露出ス。
葉ハ根生シテ一片、稀ニ二片、葉柄ニ直立シテ葉
底ト共ニ花莖ヲ抱キ、爲ニ莖ノ中邊一葉アルガ
如シ。葉ハ廣楕圓形、或ハ圓形ニ近ク銳頭或ハ
鈍頭、全邊平滑ニシテ黃綠色ヲ呈シ軟質ナリ。
七八月ノ候 20-30cm ノ花莖ヲ抽キ、其上牛ニ無
數ノ小淡黃綠花ヲ穗狀ニ綴ル。花ハ微細ニシテ
徑2mmノ內外、花莖ハ細クシテ尖リ、上下轉倒ス
ルヲ以テ卵形銳尖頭ノ唇瓣ハ上方ニ向フ。內花
蓋二片ト背部ノ外花蓋片トハ下向ス。距ハ無シ。
蕊柱ハ短柱狀ナリ。蒴ハ可ナリ大キク長サ6mm
ニ達ス。和名ハ穗唉一葉蘭ノ意ニシテ穗唉ハ穗
ヲ成シテ開ケル花ニ基キシナリ。

第 2065 圖

らん科

しらん（白及）
Bletilla striata *Reichb. fil.*

中部ノ濕原或ハ崖上等ニ自生スル多年生草本。
又往々園藝ス。鱗莖ハ大ナル扁壓ノ球形ニシテ
白色多肉ナリ。葉ハ莖ノ下部ニ五六葉互生シ柄
ハ鞘ニ成リ互ニ重ナリ生ズ、長楕圓形ニシテ長
サ 20-30cm、兩端尖リ、背部ニ彎曲シ、多數ノ縱
襞アリテ膜質强靱ナリ。五六月頃、葉心ヨリ一莖
ヲ抽クコト50cm內外、其上部ニ紅紫色ノ美花六
七花ヲ總狀ニ疎著ス。花徑3cm內外、花蓋片ハ平
開シ、狹楕圓形ニシテ先端何レモ尖ル。唇瓣ハ淡
色ニ倒卵狀廣楕圓形ナレド三尖裂シ、側裂
片ハ蕊柱ヲ卷カントシ、中央裂片ニ縱凹數條
ヲ飾リ邊緣小サク波皴ス。微紅色ノ花ヲ開ク者
アリ。鱗莖ヲ白及及根ト稱シテ藥用トシ、又糊料ト
ナスベシ。和名ハ紫蘭ノ意ニシテ其花色ニ基ク。

第 2066 圖

らん科

しょうきらん
一名 らんてんま
Yoania japonica *Maxim.*

諸州ノ深山陰地疎ニ能ク山地ニ生ゼルねまがりだけ
等ノ間ニ生ズル多年生無葉蘭。根莖ノ地中ヲ匍匐シ、
鱗片並ニ短毛アリテ淡黃褐色ヲ呈ス。莖ハ直立シ高サ
10-30cm、淡紅ヲ帶ビシ乳白色、無毛ニシテ鱗片ヲ散
著シ、七月、莖頂ニ繖房樣ヲ呈セル總狀花序ニ少數ノ
花ヲ疎著シテ開キ、長小梗アリ。花ニ徑3cm、淡紅紫
色ヲ呈シ頗ル顯著ニシテ多肉質ナリ成シ微カニ芳氣ナ
リ。花蓋ハ殆ンド平開シ、各片ハ多肉質ニシテ長楕圓
形、鈍頭。唇瓣ハ囊狀、前方ニ短厚ナル淡黃褐色ノ距
ヲ有シ、上面ニ扁平ニシテ紫點ヲ散布シ、開口部ニハ
長毛ヲ生ズ。蕊柱ハ唇瓣ヨリ短ク、下面ニ凹ミ、頂部
ニ銳尖頭ニシテ帽幘狀ノ葯アリ、其兩側各一ノ角狀突
起ヲ具フ。子房ハ下位ニシテ圓柱形ヲ成シ下端ニハ圓
柱形ノ長キ小梗ト成ル。屬名ハ蘭學者宇田川榕庵ニ因
ミテ Maximowicz 氏ノ名ヶシ所ナリ。和名ハ鍾馗蘭
ノ意、惡鬼ヲ退治スト稱スル神ノ鍾馗ノ何故此ノ蘭ノ名
ト爲セシヤ予之ヲ解セズ、蘭天麻ハ美ナル蘭花ノ唉
ク天麻ノ意ニシテ天麻ハおにのやがらナリ。

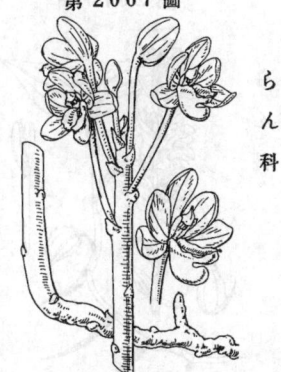

第 2067 圖

らん科

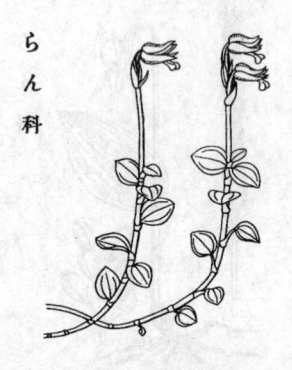

らん科

ありごほしらん
Myrmechis japonica Rolfe.

中部以北ノ高山深林中ニ生ズル多年生小草。莖ハ細紐樣ニシテ地上ヲ匍匐シ、疎ニ節アリテ根ヲ出ダスコト稀ナリ。上部ハ斜上シテ無毛、緑紫色、長サ1cm内外アル卵圓形ノ小サキ葉ヲ互生ス。葉ノ先端ハ鈍形ナルモノ多ク葉底ハ往々淺心臟形ト成リ、短柄ヲ經テ葉鞘ニ連續ス。七八月頃莖頂ニ花莖ヲ抽キテ高サ 10cm 内外ト成リ、白軟毛ヲ疎生ス。花ハ白色、長サ1cm未滿、一二箇莖頂ニ生ジ側向ス。鐘形ニシテ外花蓋片ハ卵形銳尖頭、内花蓋片ハ長卵形ヲ成シ、唇瓣ハ丁字狀ニシテ花蓋片ヨリ少シタ超出ス。蕋柱ハ先端ニ二齒アリ、其左右二柱頭ヲ柱狀ニ凸出ス。和名ハ蟻通シ蘭ノ意ニシテ其葉狀宛モヽあかね科ノありどほしニ似タルヨリ名ク。

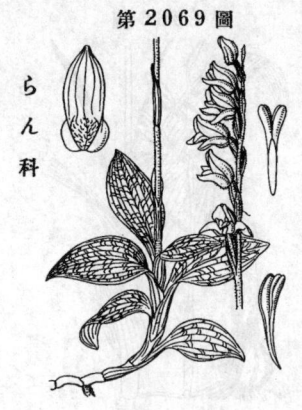
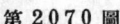

らん科

みやまうづら
Goodyera Schlechtendaliana
Reichb. fil.

諸國山中林間ニ生ズル多年生草本。莖ハ紐狀多肉ニシテ綠白色ヲ呈シ地表ニ平臥シ、上部傾上シ、下部各節ヨリ綿毛ヲ密布スル根ヲ發出ス。葉ハ常綠ニシテ莖頭ニ稍輪狀ニ出デ卵狀橢圓形或ハ卵形、長サ2-5cm、銳頭、鈍底或ハ廣楔底ヲ成シテ鞘狀ノ葉柄ニ連續シ、全邊、平滑、革質ニシテ表面暗綠色ハ白斑ヲ節ル者多ク光澤ハ無シ。盛夏ノ候葉心ヨリ淡紅色ヲ帶ビ卷縮毛ヲ有スル花莖ヲ直立シ、高サ 20cm 内外、鞘狀葉ニ三ヲ着ク。花ハ五-十箇、偏側性ノ穗狀花序ニシテ花蓋片ハ白或ハ微紅先端銳尖形ヲ成シ外花蓋片ハ外面ニ毛茸アリテ平開セズ。唇瓣ハ下部陷入シテ内ニ毛茸ヲ布ク。葉ニ白斑無キ者ヲあをみやまうづら (f. similis Makino) ト云フ。和名ハ深山鶉ノ意ニシテ此草深山ニ生ジ其葉ノ斑點ヲ鶉斑ニ擬シ此ク呼ブ、然ニ本品ノ生ズルハ必ズシモ深山ニ限ラズ亦淺山ニ見ルコト稀レナラズ。

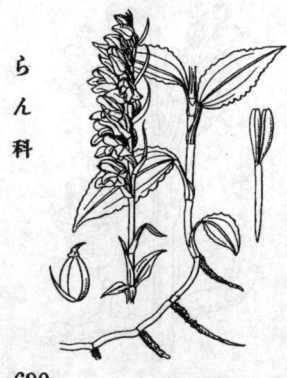

らん科

しゅすらん
一名 びろうどらん
Goodyera velutina Maxim.

中部及南部ノ山地樹林下ニ生ズル常綠多年生草本。莖ハ褐紫色ニシテ長ク曳キ各節ヨリ粗ナル鬚根ヲ生ジ、上部ハ斜上シテ四五葉ヲ疎ニ互生ス。葉ハ長卵形或ハ卵狀橢圓形ニシテ銳頭鈍底、邊ニ小皺曲アリ、表面暗紫綠色ニシテ中央ニ一條ノ淡白線アリ、全面ニ短毛茸ヲ密布シ一見びろうど樣ヲ呈ス。八九月頃莖端ニ花莖ヲ抽クコト 10cm 許、白毛茸ヲ布キ、偏側ノ總狀ヲ成シテ淡茶色ノ花ヲ開ク。花下ノ苞ハ鍼狀ニシテ尖リ子房ヨリ長シ。花ハ廣鐘形ヲ呈シ、長サ6-7mm。花蓋片ハ鈍頭、外花蓋片ハ毛茸ヲ被リ、唇瓣ハ下部膨出シ、蕋柱先端ノ小嘴體ハ長ク突出ス。子房ハ外花蓋ト共ニ卷縮毛アリテ蒴果ト成リテ亦短毛ヲ密布ス。和名ノ糯子蘭並ニ天鵞絨蘭ハ其葉色ニ基キシ名ナリ。

あけぼのしゅすらん
Goodyera Maximowicziana *Makino.*

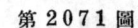

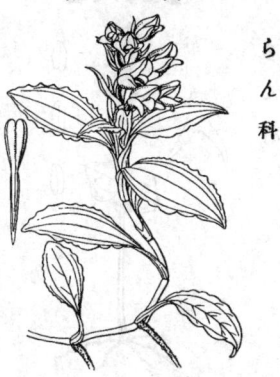

諸國ノ山地林下ニ生ズル常綠多年生ノ草
本。莖ノ下部ハ細クシテ長ク地上ヲ曳キ、
毎節一根ヲ出ダシ上部ハ傾上シテ四五葉
ヲ生ズル。花莖ヲ除キテ全株無毛ナリ。
葉ハ卵狀橢圓形ニシテ稍多肉、銳頭ニシ
テ廣楔底或ハ稍鈍底ヲ呈シ、邊緣少シク
皺アリ、表面綠色、白道無ク、しゅすらん
ノ如ハ色澤ヲ缺ク。秋ニ入リテ開花ス。
花莖ハ短ク葉ト相距ラズ、花ハ少數ナレ
ドモ密ナリ。花下ノ苞ハ披針形ニシテ花
ヨリ僅ニ短シ。花ハ長サ1cm、淡紫色ヲ帶
ビ偏側性ニ排ビ、外面ハ毛茸無ク、外花
蓋片ハ卵狀三角形ニシテ銳頭ナレドモ鈍
端ナリ。脣瓣ハ基部膨出ス。朔果ハ長卵
形ニシテ無柄無毛ナリ。和名ハ其花色ニ
基ヅク。

らん科

つりしゅすらん
Goodyera pendula *Maxim.*

諸國ノ深山林中ノ古木ノ幹上或ハ岩上ニ
着キ垂下スル常綠ノ多年生草本。莖ハ懸
垂シ、下半ハ多數ノ葉ヲ互生ス。葉ハ狹
長橢圓形或ハ披針形ニシテ長サ3-4cm、
兩端銳尖形ヲ成シ、先端ハ尾狀ニ捲キ、
底部ハ明瞭ノ柄ト成ル、邊緣ハ皺曲シ、
三-五條ノ縱脈アリ。八月頃、莖頂、鉤狀ニ
曲リテ上向シ、偏側性ノ穗狀ヲ成シテ多
數ノ小花ヲ密生シテ開ク。花軸ニハ縮毛
アリ。花ハ帶褐白色、花冠ハ長サ3-4mm
ニシテ平開セズ、花蓋片ハ長卵形、銳尖
頭鈍端ヲ成シ、脣瓣ハ橢圓形ニシテ基部
陷入シ、內部平滑ナリ。和名ハ鉤繡子蘭
ニシテ其鉤曲セル草狀ニ基ク。

らん科

さかねらん
Neottia Nidus-avis *Rich.*
var. manshurica *Komar.*
(= N. papilligera *Schlecht.*)

我邦中部以北ノ深山林中ニ生ズル無葉ノ
菌根植物ニシテ高サ20-30cm許。地下
ハ多數束狀ニ發出スル肥厚根アリテ上方
ニ彎曲ス。莖ハ淡汚黃色ニシテ圓柱形ヲ
成シ、短毛ヲ密布シ、鱗片葉互生シ下部
ノ者ハ鞘ヲ成ス。六月、莖梢ニ總狀花序
ヲ成シテ密ニ多數ノ淡黃白花ヲ着ク。花
ハ徑1cm內外、極メテ短キ小梗ヲ具ヘ、梗
下ニ苞アリ。花蓋片ハ卵形ヲ呈シ直立ス
レドモ內曲セリ。脣瓣ハ肥厚シテ基部多
少囊狀ヲ成シ、長クシテ稍下垂シ上半二
裂シ、裂片ハ相離レ、蕊部ニハ陷入アリ。
蕊柱ハ細長、葯ハ二胞、花粉塊ハ二顆ア
リテ粉質。子房ハ下位ニテ莖ト同ジク
短毛ヲ生ゼリ。和名ハ倒根蘭ノ意ニシテ
其根倒向セルヨリ云フ。

らん科

ふたばらん
一名 ふたばさう・こふたばらん
Listera cordata *R. Br.*
(＝Ophrys cordata *L.*)

深山樹陰ノ地ニ生ズル多年生小草本ナリ。高サ
凡7-9cmアリテ直立ス。根ハ鬚狀ヲ成ス。莖ハ
單一ニシテ稜アリ、褐綠色ニシテ質柔脆ナリ。
葉ハ二片アリテ莖頂ニ對生シ、三角狀卵形ニシ
テ銳頭ヲ有シ、底部ハ稍心臟形ヲ成シテ無柄ナ
リ。七八月ノ候、葉心ヨリ出ヅル花莖ノ上部ニ總
狀花穗ヲ成シ少數或ハ少ナリ多數ハ褐綠色ヲ呈
スル細小花ヲ著ケ、短小梗ヲ有シ距無ク、小梗
本ニ細微ナル苞アリ。花蓋片ハ開出シ、長楕圓
形ニシテ鈍頭ヲ有ス。唇瓣ハ兩岐シ、基部ノ兩
側ニ各一ノ小裂片アリ。葯ハ蕊柱頂ノ後部ニ蝶
番式ニ附着シ、二顆ノ花粉塊アリテ粉質ナリ。
和名二葉蘭幷ニ二葉草ハ其葉二枚アレバ云ヒ、
小二葉蘭ハ同屬中ノ他種ニ比スレバ小形ナレバ
小ト謂フ。

もちずり（盤龍參）
一名 ねぢばな
Spiranthes sinensis *Ames.*
(＝Spiranthes spiralis
Makino non C. Koch.)

諸國ノ原野ノ芝地或ハ田畔ノ草中ニ多キ多年生
草本。地下ニハ白色多肉ノ紡錘根三四アリテ集
ル。葉ハ根生、斜開シ、廣線形ヲ呈シ、淡綠色ニ
シテ尖リ全邊、中脈ハ凹ミ葉底ハ短鞘ヲ成ス。
夏日葉間ニ一莖ヲ立ツルコト10-30cm、淡綠色
ニシテ圓ク、上部ニ捩レタル穗狀花序ヲ成シテ
多數ノ桃紅色小花ヲ綴リ、其狀頗ル可憐ナリ。
花軸ニハ子房ト共ニ立毛生ズ。花ハ側向、鐘形
ニシテ平開セズ。花蓋片ハ卵狀披針形ヲ成シ、
唇瓣ハ淡色ニシテ倒卵形、上部ハ廣クシテ緣ニ
微齒ヲ刻ミ且ツ反卷ス。子房ハ楕圓形ニシテ上
部側向ク綠色有毛ナリ。蒴果ハ楕圓形ニシテ細
毛アリ。和名ノ捩摺ハ捩れ摺リノ意ニシテしの
ぶもちずりノ語ニ由リ其花ノもちれ卷ケル狀ニ
基キテ名ケシ名ナリ。

おにのやがら（赤箭・天麻）
一名 かみのやがら（古名）・ぬすびとのあし
Gastrodia elata *Blume.*

山野ノ林中ニ生ズル多年生ノ無葉蘭。地下ニハ長楕圓形
ノ塊莖アリテ橫ハリ、長サ約10-18cm內外アリ、肥厚シ
テ宛モじゃがたらいも」觀アリ、表面ニ輪狀ヲ成セル
不明ノ鱗片ヲ排列ス。莖ハ眞直ニ聳立シテ高サ1m內
外、中實ニシ圓柱形ニシテ平滑無毛、上部ノ總狀花序
ヲ成セル花部ト共ニ黃赤色ヲ呈シ、暗色ヲ帶ブル鱗片
葉ニ散着シ、下部ノ鱗片葉ハ短鞘ト成レリ。六七月ノ
候ニ開花シ、短小梗ヲ有セル花ハ稍密ニ花穗ニ集合シ、
花下ノ毎ニ高サ子房ヲ超エズ。外花蓋三片ハ合着シテ
腹面膨出セル歪壺狀ヲ呈シ、口部ニ三裂シ、鈍圓ヲ內
部ニ小ナル內花蓋二片ヲ著ケ、萼ヨリ上部ニ五齒アル
ガ如ク見ユ。唇瓣ハ卵狀長橢圓形ヲ成シテ其爪部ヲ以テ
壺狀部ノ內面腹面ニ着生シ花蓋筒ノ口緣ヨリ僅ニ望
ミ得テ舌狀ヲ呈シ、蕊柱ハ稍長ク兩翼アリテ其下方前
面ニ柱頭アリ。花粉塊ハ八ヲ無柄ナシ。子房ハ下位ニシテ
倒卵形ヲ成シ、萼ハ倒卵形ニシテ頂ニ着キ道存セル花蓋ヲ
冠セリ。莖ノ靑色ヲ帶ブルモノヲあをてんま（forma
viridis *Makino*）ト云ヒ、母品ノ如ク多カラズ。和
名鬼ノ矢幹又ハ神ノ矢幹ハ其天然場裏ニ生ズル眞直
ナル莖ヲ鬼又ハ神ノ使用スル矢ニ擬シテ云ヒと、
又盜人ノ足ハ此種ニシテ其生ズル處ニ生ゼザルヲ以テ其足
ノ形狀ヲ成セル根莖ヲ盜賊ノ足ニ擬シテ呼ビシナリ。

かきらん
一名 すずらん（同名アリ）
Epipactis Thunbergii *A. Gray.*

山野溪側ノ多濕ノ地ニ生ズル多年生草本。地下ニ
根莖アリテ横ハリ多數ノ鬚狀根ヨ發出ス。莖高
30-50cm、下部ハ紫染スレドモ其他ハ綠色無毛
圓柱形ニシテ强靱、中邊ニ七八葉ヲ規則正シク
二列ニ互生ス。葉ハ卵狀披針形ニシテ長サ 5-
10cm、平開シ、先端漸尖、葉底ハ鈍形ニシテ鞘ト
成リ莖ヲ抱ク。質厚ク深綠色ヲ呈シ脈條顯著ニ
顯ハル。中部ノ者最大ニシテ下部ノ者ハ鞘狀葉
ト成リ、上部ノ者ハ縮小シテ苞ト成ル。七月頃
莖端ニ總狀花穗ヲ成シテ十餘內外ヲ開ク。苞ハ
葉狀ニシテ披針形無柄、花後ニモ猶殘存シ平開
ス。花ハ稍尖頭、梗ヲ有シテ側向シ、花冠ハ廣鐘
形ヲ成シ、外花蓋片ハ厚膜質ニシテ鮮明ナル橙
褐色。內花蓋片ト唇瓣トハ白質ナリ。唇瓣ハ內
面紅紫點ヲ飾リ、上下二唇ノ間ニ於テ稍關節シ、
上唇ノ內部ニ一ハ縱畝三アリ、又下唇ハ內面陷入
ス。和名柿蘭ハかき色蘭ノ意ニシテ其外花蓋片
ノ橙褐色ヲ呈セルニ基ヅク、又鈴蘭ハ其花體ノ
形容ニ由ル。

あをすずらん
一名 えぞすずらん
Epipactis latifolia *All.*
var. papillosa *Maxim.*

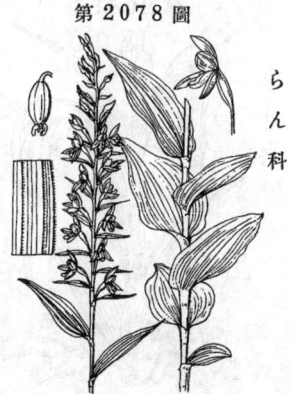

中部以北ノ強高山帶喬木林下ニ生ズル多年生草
本。高サ30-50cmヲ算シ全株細毛ヲ布ク。葉ハ
多數互生シ、廣橢圓形或ハ卵狀廣橢圓形ニシテ
先端ハ銳尖、葉底ハ莖ヲ抱キ、縱襞アリ、且ツ
細毛ノ爲メニ糙澁ノ感アリ。夏日莖頂ニ總狀花
序ヲ抽キテ綠黃花ヲ開ク。苞ハ花ト同長又ハ稍
短シ。花蓋片ハ綠色ヲ呈シ內曲シ、橢圓形ニシ
テ先端ハ尖ル。唇瓣ハ稍白ク、前後ノ二部ニ分
タル、前部ハ三角形ニシテ扁平直立シ、後部ハ
圓キ囊狀ヲ成シ外側ハ光澤アリ、共ニ紫細點ヲ
飾ル。和名ハ前條ノすずらんニ似テ綠花ヲ開ク
ニ由ル。一種、海岸ニ生ジテ本種ニ酷似スル者
アリ、相模・上總等ノ海岸地ニ産シ、はまかき
らん (E. Sayekiana *Makino*) ノ名アリ。

きんらん
Cephalanthera falcata *Lindl.*

山林中ニ生ズル多年生草本。高サ 50cmニ
達ス。葉ハ十箇內外、鮮綠色ヲ呈シ、長橢
圓形ニシテ葉底莖ヲ抱キ、先端ハ尖ル。
縱ニ粗皺アリ。春日ぎんらんト期ヲ同ジ
クシテ莖頭ニ黃花ヲ開クコト十箇內外、
花下ニハ短キ苞ヲ伴フ。花ハ直立シテ全
開セズ、長サ 1.5cm、楕形廣橢圓形ヲ呈
ス。花蓋片ハ卵狀披針形ニ成シ鈍頭、狹
脚ナリ。唇瓣ハ有距、三裂シ側裂片ハ小
サクシテ左右ヨリ蕊柱ヲ抱キ、中裂片ハ
大ニシテ低平ナル廣卵形ニ成シ內ニ赤橙
色ノ縱畝數條ヲ飾ル。蕊柱ノ先端ニハ圓
大ノ葯アリ。和名ハ花色ニ基キテ金蘭ト
云フ。

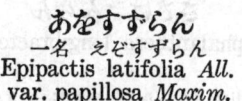

第 2077 圖

らん科

第 2078 圖

らん科

第 2079 圖

らん科

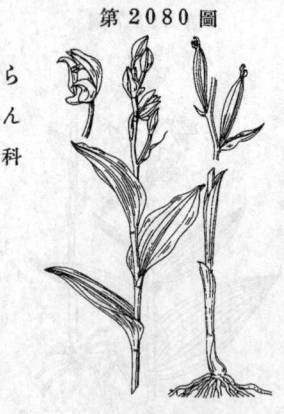

らん科

ぎんらん

Cephalanthera erecta *Lindl.*

山野樹陰ノ地ニ生ズル多年生草本ニシテ地下ニ軟骨質ノ細根束生ス。高サ凡 15-20cm、莖ハ直立シ痩細ナリ。葉ハ二三、莖ノ上部ニ着キ、橢圓形或ハ卵狀橢圓形ニシテ銳頭、葉底ハ輕ク莖ヲ抱キ、質薄シ。四五月頃、莖頭ニ三四ノ白色小花ヲ開ク。短小苞アリテ最下ノ者モ花ヨリ短シ。花ハ長サ1cm、直立シ平開セズ。外花蓋片ハ三、橢圓狀披針形。內花蓋片ハ二、外花蓋片ヨリ短シ。唇瓣ハ距アリテ內花蓋兩片間ニ斗出ス。蒴果ハ狹長橢圓形ニシテ柄無シ。白花ヲ開クヲ以テ銀蘭ト云ヒ以テ金蘭ニ對スルナリ。

らん科

ささばぎんらん

Cephalanthera longibracteata *Blume.*

諸國ノ山野ニ生ズル多年生草本ニシテ直立シ、高サ30-40cm許アリ、一般ニぎんらんニ比スレバ壯大ナリ。莖ハ細長眞直ニシテ綠色、通ジテ葉ヲ着ク。葉ハ互生、廣披針形、銳尖頭、底部ハ莖ヲ抱擁シ、縱脈十條許顯著ナリ。春日、莖頂ニ短總狀花序ヲ成シテ數花ヲ開キ、最下ノ苞ハ長大ニシテ葉狀ヲ呈シ狹長ニシテ稍漸次ニ銳尖頭ヲ成シ其ノ長サ花穗ノ全長ヲ凌グノ殊徵アリ。花ハ天ニ朝ヒ、白色ニシテ正開セズ、ぎんらんニ比シテ稍大ナリ。外花蓋片ハ廣披針形、內花蓋片ハ稍小形、唇瓣ハ外花蓋片間ニ隱レ廣闊ニシテ鈍頭ヲ有シ短距ヲ僅ニ外花蓋兩片ノ間ニ露スノミ。蕋柱ハ立チテ其先端ニハ直立セル葯ヲ有シ、二顆ノ花粉塊アリ。和名 笹葉銀蘭ハ其葉笹ノ葉ノ如キ銀蘭ノ意ナリ、銀蘭ハ花白ケレバ云フ。

らん科

つちあけび

一名 やまのかみのしゃくぢゃう・きつねのしゃくぢゃう・やましゃくぢゃう・やまたうがらし

Galeola septentrionalis *Reichb. f.*

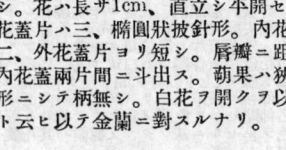

深山陰地ニ生ズル多年生ノ無葉蘭ニシテ黃褐色ヲ呈シ、高サ30-50cm、時ニ1mニ達ス。根莖ハ粗大ニシテ鱗片ハ互生シ、長ク地中ヲ橫走ス。莖ハ硬直ニシテ立チ、上部ニ分枝シ、鱗片ハ散生ス。六月、枝上ニ總狀花序ヲ成シテ多數ノ花ヲ着ケ全體壯大ナル圓錐狀花穗ヲ呈ス。花ハ半苍狀ニ開キ徑ク2cm許アリテ黃褐色ヲ呈シ、先端ニ淡紅采ヲ帶ビ短梗アリテ長キ下位子房ニ連ナリ宛モ長梗ヲ有スルガ如ク見ユ。花蓋片ハ長橢圓形或ハ狹披針形ニシテ上片即チ後片ハ卵狀ヲ帶ブ。唇瓣ハ圓形ニシテ邊緣細裂シ黃色ナリ。蕋柱ハ長クシテ立チ稍前曲シ、葯ハ二胞。花後肉質赤色果實ヲ結ビ橢圓形ヲ有シテ枝端ヨリ懸垂シ、長サ10cm內外 徑15-26mm許アリテ長橢圓狀圓柱形ヲ成シ頭ハ異采アリ、基部ハ短ク狹窄シ表面ハ粗ニシテ平滑ナラズ。種子ハ無數砕小、果實ノ側壁胎座ニ着キ、長橢圓形ニシテ扁、周邊ニ翼アリ。和名ハあけびノ土ニ生ジテあけびノ如キ實ヲ結ベバ云ヒ、山ノ神ノ錫杖ニ其果實ヲ莖上ヨリ下垂セル狀說ノ如ク而シテ此村山地ニ生ズレバ斯ノ稀ニ狐ノ錫杖モホ野ニ居リ狐ノ錫杖ノ意ナリ、山錫杖ハ其狀錫杖ニ似テ山ニ生ズルヨリ斯ク呼ビ、山蕃椒ハ山ニ生ジ其果實ノ形色たうがらしニ似タレバ云ヘリ。

さはらん
一名 あさひらん
Arethusa japonica A. Gray.

中部以北ノ山中濕地ニ生ズル多年生草本。僞鱗莖ハ一箇、豌豆大ノ緑色球ヲ成シ、頂ヨリ一花莖ト一葉トヲ發出ス。葉ハ長披針形或ハ狹長橢圓形ニシテ先端ハ尖リ、葉底ハ細ク且ツ花莖ヲ捲ク、質强靱ナリ。夏日、花莖ヲ葉ヨリモ高ク抽出シ 15–20cm ニ達シ、中途ニ微細ノ鱗狀葉一ヲ有ス。花ハ紅紫色、長サ 2cm、莖頭ニ獨生或ハ稀ニ雙生シ、稍點頭シ全開セズ。花蓋片ハ倒卵狀披針形ニシテ鈍頭ヲ成ス。唇瓣ハ倒卵形ニシテ上半不明三裂シ邊緣不齊ノ齒牙ヲ廻ラセリ。蕊柱ハ半圓柱狀ナリ。和名さはらんハ澤蘭ノ意ニシテ其產處ニ基キシ名、又旭蘭ハ其賞讚セル美花ニ由リシ名ナリ。

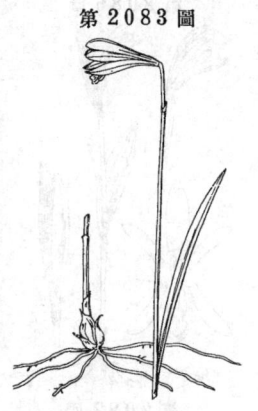

らん科

むえふらん

Lecanorchis japonica Blume.

暖地ニ生ズル無葉ノ菌根植物ニシテ高サ 30cm 内外。地下ニハ鞘狀ノ鱗片ヲ有スル細長根莖横ハリ多クハ黑色ヲ呈ス。莖ハ一乃至三條許一株ニ出デ、無毛、白質ニシテ直立シ、瘦細ナレドモ强靱、光澤アリ。初夏ノ候、莖頂ハ總狀花序ヲ成シテ五七花ヲ着ケ、花下ハ瘦長ナル下位子房アリテ苞腋ノ短梗ト連ナリ宛モ長梗ノ如ク見ユ。花ハ長サ 2cm 内外、白色ヲ呈シ、微香ヲ放チ、花蓋ノ基部、子房ノ上部ハ短鐘狀ヲ成シテ短カク齒裂シ本屬ノ殊徵ヲ成ス。花蓋片ハ倒披針形、唇瓣モ亦同ジク倒披針形ナレドモ基部ハ瘦長ナル蕊柱ヲ圍ミ、上部ハ稍擴ガリテ絨毛ヲ布ク。蒴果ハ狹長ニシテ熟シテ乾ケバ莖ト共ニ黑色ト成ル。和名 無葉蘭ハ本種葉無ケレバ斯ク名ク。漢名 玉蘭(誤用)

らん科

ときさう

Pogonia japonica Reichb. fil.

濕原ニ生ズル多年生草本。鬚根數條水平ニ擴ガル外、顯著ノ根莖ヲ見ズ。莖ハ直立シ高サ 15–20cm、半途ニ一葉アリ。葉ハ無柄ノ長橢圓形ニシテ扁平、黃綠色ヲ呈シ稍直立シ、葉底ハ莖ニ沿下ス。五六月頃頂ニ紅紫色ノ一花ヲ開ク。花下ニハ子房ヨリ長キ葉狀苞アリ。花ハ直立シ徑約 2cm、外花蓋片三ハ長橢圓狀倒披針形ヲ呈シ上半外卷、內面淡色ナリ。內花蓋片ハ外花蓋片ト同長、直立シ、倒披針形ニシテ鈍頭、外面中脈ハ濃色ナリ。唇瓣ハ三尖裂シ、側裂片ハ低平ニシテ內屈シ蕊柱ヲ兩側ヨリ抱キ、中裂片ハ僅ニ突出シ、內面ニハ多數ノ白色柱狀ノ附節ヲ刷毛狀ニ着ケ、又緣ハ櫛齒狀アリ。蕊柱ハ生時花中ニ隱ル。和名 朱鷺草ハとき(朱鷺)鳥ノ羽色ナルとき色卽チ水紅色ヲ呈セル花色ニ基ヅク。

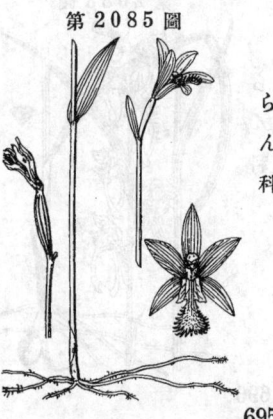
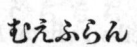

らん科

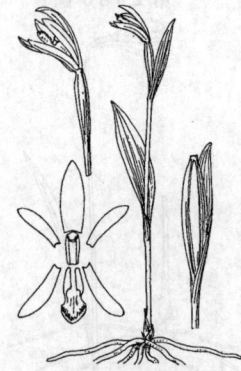

第2086圖

やまときさう
Pogonia minor *Makino*.
(= P. japonica *Reichb. f.*
var. minor *Makino*.)

山地向陽ノ草間ニ生ズル多年生草本。高
サ10-20cm、莖ハ直立シ中央下部ニ一葉
アリ、又花下ノ一苞ハ葉ト同樣ニシテ唯
小ナルノミナレバ一見二葉アルガ如ク見
ユ、概形ときさうニ酷似スレドモ其生處
ヲ異ニシ、又葉ハ橢圓形ニシテ長サ3-7
cm、幅ハ廣ク往々18mmニ達ス。六月ノ候
莖頂ニ一花ヲ直立シテ開キ、花蓋ハ平開
セズシテ閉ヂ、ときさうヨリ短ク長サ10-
16mm許アリ。外花蓋片ハ狹クシテ線狀
披針形ヲ呈シ、先端尖リ、其色彩ハ淡ク
白質ニ淡紫采ヲ帶ブ。唇瓣ハ内花蓋ト殆
ド同長ニシテときさうノ如ク花外ニ出ヅ
ルコト稀ナリ。和名ハ山朱鷲草ニシテ山
地ニ生ズルときさうノ意ナリ。

第2087圖

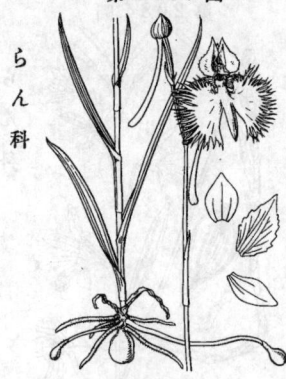

さぎさう
Pecteilis radiata *Rafin.*
(=Orchis radiata *Thunb.*;
Habenaria radiata *Spreng.*)

向陽ノ濕迦原野ニ生ズル多年生草本ニシテ往々
觀賞花トシテ栽培ス。地下ニ徑1cm内外ノ橢圓
根アリテ上方ニ細キ根莖ヲ立チ、葉ノ着點附近
ヨリハ細根莖ニ先端ニ小球アル長キ匍枝ヲ發出
ス。葉ハ互生シテ稍下部ニ集マリ、廣線形ニシ
テ開出或ハ斜上シ先端ハ尖リ、葉底ハ柄無クシ
テ莖ヲ抱キ鞘ヲ成ス。八月、一莖ヲ直立スルコ
ト高サ30-40cm許、梢ニ一乃至四花ヲ着ク。花
ハ純白、徑3cmニ近ク、優美純潔愛スベシ。外
花蓋三片ハ綠色、卵狀披針形ニテ尖リ不開ス。
白色ノ内花蓋二片ハ相並行シテ上部ニ向ヒ卵形
ヲ呈シ綠ニ細鋸齒アリ。唇瓣ハ闊大ニシテ三深
裂シ、中裂片ハ舌狀全邊、側裂片ハ扇狀ニ展開シ
テ多數ノ細尖片ニ剪裂シ、後部ニ著大ナル距ヲ
垂ル。蕊ハ直立シ基脚ハ著シク外方ニ斗出シ、
和名ハ鷺草ニシテ其花容白鷺ニ似タルヲ以テ斯
ク云フ。

第2088圖

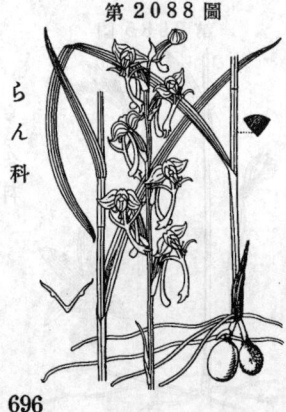

みづとんぼ
一名 あをさぎさう
Habenaria Oldhami *Kraenzl.*

諸國ノ水濕地ニ生ズル多年生草本ニシテ高サ30
-50cm許アリ。地中ニハ小球根新舊二顆ヲ有シ、
細鬚根數條、莖本ヨリ横出ス。莖ハ直立シ綠色
ニテ縱稜アリ、中部以下ニ二三葉ヲ着生ス。葉
ハ線形ニシテ葉頭漸次ニ銳尖、下部ハ長鞘ヲ成
セリ。九月、莖梢ニ總狀花序ヲ成シテ十花内外ニ
排列シ直立ス。花ハ微綠白色ニシテ徑 15mm許
アリ。花蓋片ハ短闊ニシテ平開且ツ稍反曲シ、
唇瓣ハ獨リ長大ニシテ十字形ヲ成シ長サ2cm内
外、側裂片ハ線形全邊ニシテ逆向ニセリ。距ハ長ク
垂レ、先端ハ急ニ膨ラミテ小球狀ヲ呈ス。子房
ハ短位ニシテ圓柱形ヲ成シ上部漸次ニ狹ニ。本
種ハさはとんぼ (H. sagittifera *Reichb. f.*) ニ
酷似スレドモ此さはとんぼハ花稍大ニシテ白色
ヲ呈シ其唇瓣ノ側片ハ前方ニ彎曲シ其距ハ長ク
垂レテ上部漸次ニ放大スルノ異アリ。和名ハ水
蜻蛉ハ此種水濕地ニ生ジ其花ヲとんぼニ擬シテ
斯ク云フ。靑鷺草ハさぎさうノ類ニテ花色綠色
ナレバ云フ。

いはちごり 一名 やちよ
Amitostigma Keiskei *Schlecht.*
(= Gymnadenia Keiskei *Maxim.*)

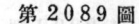

第 2 0 8 9 圖

らん科

邦内中部ノ山中、岩壁上ニ生ズル多年生草本。
高サ 8-15cm アリ。地下ニ紡錘根ト二三條ノ細
根トヲ有ス。莖ハ細クシテ直立シ、下部ニハ膜
質ノ鞘狀葉ヲ具ヘ、中邊ニ一葉ヲ出ダシ、長楕
圓形ニシテ長サ3-7cm、兩端尖リ、底部ハ無柄
ニシテ輕ク莖ヲ抱キ下ハ鞘ヲ成ス。五六月ノ候
梢上ニ淡紫色或ハ稀ニ白色（しろばないはちど
り forma albiflora *Makino*）ノ數花ヲ開キ頗ル
可憐ナリ、花ハ徑10-15mm、花下ノ苞ハ細小。
花蓋片ハ小形ニシテ脣瓣獨リ顯著ナリ。脣瓣ハ
三淺裂シ中裂片ハ更ニ二裂シ、基部ニ紅紫色ノ
斑點ヲ印シ、裂片ハ何レモ廣線形鈍頭ナリ。距
ハ短小ニシテ鉤曲スル者多シ。和名ハ岩千鳥ノ
意ニシテ岩ニ岩上ニ生ズルニ由リ、千鳥ハ花形
ニ由リ、八千代ハ美稱ナリ。

ひならん
一名 ひめいはらん
Amitostigma gracilis *Schlecht.*
(= Gymnadenia gracilis *Miq.*)

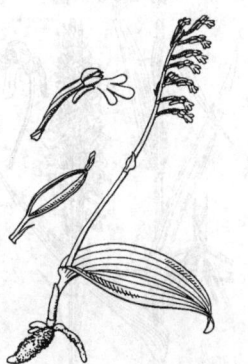

第 2 0 9 0 圖

らん科

邦内暖地ノ山中岩面上ニ生ズル多年生草本ニシ
テ高サ 8-15cm 許アリ。地中ニ一二ノ多肉ノ紡
錘根ト少數ノ粗ナル鬚根トヲ有ス。莖ハ細長ニ
シテ多少一方ニ傾クヲ常トス。葉ハ根際ヨリ少
シク上方ニ通常一片ヲ着ケ、長楕圓形ニシテ長
サ3-8cm、銳頭或ハ稍鈍頭、葉底ハ鞘形ニシテ
輕ク莖ヲ抱キ下部ハ短鞘ヲ成ス。夏月、莖梢ニ
一總狀花序ヲ成シテ十五至十五許ノ小形淡紫花
ヲ着ケ皆一方ニ偏向シ、花徑3-4mmニ過ギズ。
花蓋片ハ何レモ短小ニシテ花兜ヲ成シ潗合ス。
脣瓣ハ花蓋ヨリ長大ニシテ三深裂シ、中裂片ハ
側裂片ヨリ大形ニシテ前方ニ突出シ、基部ニ細
短ナル一距ヲ具フ。蒴ハ長楕圓狀圓柱形、5-7
mm 長アリ。和名ハ雛蘭ノ意ニシテ其花ノ小形
ニシテ且可憐ニ見ユルヨリ此ノ云ヒ、姬岩蘭ハ
いはらん（うてふらんノ一名）ニ似テ小ナレバ
云フ。

とんぼさう
Perularia ussuriensis *Schlecht.*
(= Platanthera ussuriensis *Maxim.*)

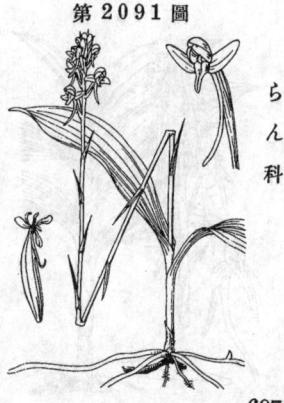

第 2 0 9 1 圖

らん科

山中樹下ノ地ニ生ズル多年生草本。根ハ少數ニ
シテ橫走シ鬚狀ヲ成ス。莖ハ單一ニシテ直立シ
高サ15-30cm、中部ニ以上ニハ小形ノ鍼狀葉四五
片アリテ互生ス。葉ハ莖ノ下部ニ二片アリテ互
生シ通常相接近シテ宛モ對生スルガ如ク、倒披
針狀長楕圓形、長サ10cm內外、全邊ニシテ先端
ハ尖リ底部ハ次第ニ狹窄シテ遂ニ短鞘ト成リ、
深綠色ニシテ軟ク、光澤無シ。夏日、莖頂ニ總狀
花穗ヲ成シテ淡綠色ノ小花ヲ綴ルコト二十許、
花下ノ鍼狀苞ハ狹細ニシテ尖リ子房ヨリ長シ。
花蓋片ハ小形、外花蓋ノ背片ハ卵圓形ニシテ立
チ側片ハ線形ニシテ少ク反曲シ共ニ草質ナレ
ドモ、內花蓋片及ビ脣瓣ハ肉質ヲ呈ス。脣瓣ハ
舌狀ニシテ下部兩側ニハ各一ノ齒狀尖突起ヲ有
ス。距ハ細クシテ垂レ、長サ子房ニ邁カシ。
和名ハ蜻蛉草ノ意ニシテ其花容ニ基ヅク。

697

第2092圖

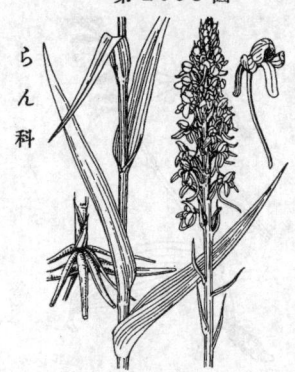

いひぬまむかご
Perularia Iinumae *Ohwi.*
(=Platanthera Iinumae *Makino.*)

深山林中ニ生ズル多年生草本。根ハ粗ナル線形或ハ線狀紡錘形ヲ成シ五六相集リテ出デ、綿毛ヲ被リ、最大ノ一根ニハ一珠芽ヲ具フ。莖ハ直立シ高サ20-35cmニシテ圓柱形ヲ呈ス。葉ハ大ナル二三片莖ノ中邊ニ疎ニ五生シ、橢圓形或ハ倒卵狀廣橢圓形ニシテ先端ハ短ク尖リ、底部ハ漸次狹窄シテ鞘ヲ成シ莖ヲ包ム、上方ノ葉ハ苞樣ニ縮小シテ狹シ。七八月、莖頂ニ密穗ヲ成シテ帶黃綠色ノ細花ヲ綴ル。花下ノ苞ハ線狀鋭形ニシテ細ク尖リ、子房ト同長或ハ長シ。花ハ長サ僅ニ2mmニ過ギズ、花蓋片ハ平開セズシテ湊集シ長サ相等シ。唇瓣ハ獨リ突出シ肉質ニシテ尖リ基脚左右ニ一小突起アリ、距ハ短ク圓筒狀ニシテ先端圓シ。和名ハ飯沼むかごノ意、此稱ハ飯沼慾齋著ノ草木圖說ニむかごさうトアルヲ改メシ者ナリ、眞正ノむかごさうハ他ニ在リ。

第2093圖

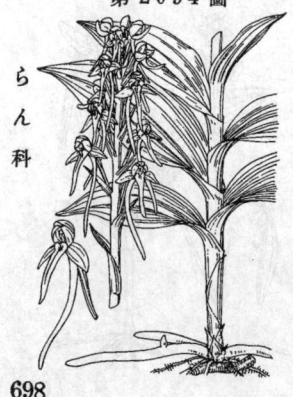

みづちごり
一名　じゃかうちどり
Platanthera hologlottis *Maxim.*

中部以北ノ濕原澤地ニ生ズル多年生草本。根ハ太キ鬚狀根ニシテ紐ノ如ク、多肉根ヲ缺ク。莖ハ直立シ圓柱狀ニシテ綠色平滑、高サ40-70cmヲ算ス。葉ハ莖ノ下半部ニ疎ニ五生シ、線狀披針形或ハ線狀長橢圓形ニシテ斜上シ、淡綠色、極メテ平滑ニシテ光澤アリ長サ有シ10-15cm許ニ、先端ハ漸尖シ下端ハ莖ヲ抱テ短鞘ヲ成ス。六七月、莖頂ニ長キ穗狀樣ノ總狀花穗ヲ成シテ稍密ニ多數ノ純白花ヲ著ケ、花下ノ苞ハ鋭狀披針形ニシテ尖リ子房ヨリ長シ。花ハ徑1cm、少シク佳香アリ。外花蓋ノ背片ハ卵形鈍頭ニシテ、歪菱形ヲ成セル內花蓋片ト共ニ花兜ヲ成シテ湊合シ、側片ハ卵狀長橢圓形ニシテ平開ス。唇瓣ハ單一、肉質ニシテ短舌狀ヲ成シ、距ハ細長ニシテ下垂シ長サ少シク子房ヲ超ユ。和名ハ水千鳥ハ水濕地ニ生ジテ其花ちどりさうニ似タレバ云ヒ、麝香千鳥ハ花ニ香氣アルヲ以テ云フ。

第2094圖

つれさぎさう
Platanthera japonica *Lindl.*
(=Orchis japonica *Thunb.*;
Habenaria japonica *A. Gray.*)

山地ノ向陽草中或ハ濕潤ナル林下ニ生ズル多年生草本。高サ50cmニ達ス。根ハ粗大ナル紐狀ニシテ其一二ハ芽ヲ具フ。莖ハ粗大ニシテ直立シ綠色ナリ。葉ハ互生シ、淡綠色ニシテ其數稍多ク、長橢圓狀披針形或ハ長橢圓形ニシテ長サ10-20cm、銳尖頭ヲ成シ、底部ハ莖ヲ抱キ其下部ハ更ニ長鞘ヲ成ス。六月、莖頂ニ稍疎ナル總狀花穗ヲ立テテ白花ヲ開キ花徑凡2cm許アリ、花下ニハ花ヲ超エシ狹長ノ苞アリテ綠色ヲ呈ス。外花蓋ノ側片ハ反曲シ背片ハ內花蓋ト共ニ兜狀ヲ呈シ湊合ス。唇瓣ハ單形ニシテ狹長、多肉ニシテ微黃色ヲ帶ビ、距ハ下垂シテ甚ダ長ク 3-4 cm許ニ達ス。葯ハ下部顯著ニ突起シ葯隔ハ廣シ。和名ハ連鷺草ノ意ニシテ其連續シテ並ベル花ニ基ヅキ此ク云ヘリ。

のやまとんぼさう

誤稱　おほばのとんぼさう

Platanthera minor *Reichb. f.*

(=P. japonica *Lindl.* var. minor
Miq.; P. interrupta *Maxim.*)

第 2095 圖

らん科

向陽ノ山地ニ生ズル多年生草本。根ハ少數ニシテ肥厚
シ、白色ナリ。莖ハ直立シ高サ30-50cm、綠色ニシテ稜
角ニ少シ顯著ニ翼ヲ具フ。葉ハ莖ノ下部ニ於ケル二三ハ
大ニシテ廣橢圓形乃至卵狀橢圓形ニ至リ、長サ 7-11
cm、鈍頭全邊ニシテ底部ハ莖ヲ抱クドモ柄無ク又鞘
ヲ作ラズ、表面ハ光澤アリ、裏面中肋ノ下半ハ翼狀ニ
隆狀ニシテ莖ノ翼ニ流ル、莖ノ中部ヨリ上ノ葉ハ急
ニ小形ト成リテ鍼狀披針形ノ苞葉ニ續ク。七八月、莖
梢ハ穗狀ヲ呈シ總狀花序ヲ直立シ稍疎ニ多數ノ黃綠花
ヲ着ク。花ハ徑1cm 內外、子房ハ半彎曲スル爲メ側向
シ、背萼片ハ卵圓形、內花蓋片ハ卵形ニシテ尖リ、何レ
モ相添集スルニ反シテ側萼片ハ強ク後方ニ反曲ス。脣
瓣ハ單一舌狀ニシテ下垂前屈シ、距ハ細長ニシテ其長
サ子房ヲ超ユ多クハ橫方ニ指ス。本種ハ從來おほばの
とんぼさうト誤稱セシヲ以テ今之ヲレ訂正シ、乃チのや
まとんぼさうノ新和名ヲ與ヘタリ。和名 野山蜻蛉草
ハ普通ニ淺山或ハ丘陵地ニ生ズレバ云フ。

きそちごり

Platanthera ophrydioides
Fr. Schm.

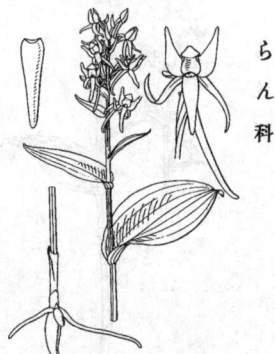

第 2096 圖

らん科

(=P. Reinii *Franch. et Sav.*; P. mandarino-
rum *Reichb. f.* var. ophroides *Finet.*)

中部以北ノ深山林中ニ生ズル多年生草本ニシテ高サ
20cm內外。莖ハ直立シ、稍或角アリ。葉ハ質薄ク、下
部ノ一葉大ニシテ長サ 5-10cm、廣橢圓形ヲ呈シ、先
端ハ鈍頭或ハ鈍頭、底部ハ莖ヲ抱キ、上部ノ葉ハ披針
形ヲ成シ小ニシテ二三片アリ。夏日、頂ニ總狀花序ヲ
成シテ黃綠花ヲ着ク其クルロト十花內外、苞ハ通常子房ヲ
リ稍短カシド雄ドモ最下ノ苞ハ之ヨリ超出ス、外花蓋
片ハ卵狀披針形、上部狹窄スレドモ先端尖ラズ、後方
ニ反曲ス、脣瓣ハ綠形ニシテ花萼片ニ比シ遙ニ長ク垂
ル。距ハ眞直ナル者多ク、脣瓣ヨリ長ク、後方ニ斜下
セリ。雄蕊ノ葯隔ハ廣ニ、子房ハ下位ニシテ狹長ナリ。
此種ノ葉形ハ種々ニ變化シ其短廣ナル者ヲ常品トス
レドモ廣ク狹長ナルコトアリ(ながばきそちごり f.
australis *Makino*=var. australis *Ohwi*) 然レド
モ常品ト連絡シテ其中間品ヲ見ルコト稀ナラズ、又單
ニ一葉ナル者(ひとつばきそちごり f. monophylla
Makino=var. monophylla *Honda*) アレドモ是レ
定型品ニ非ズ成長ノ度ニ由テ現ハル者ナリ。和名木曾
千鳥ハ初メ信州木曾ニ探リシヨリ名ケタリ。

ほそばのきそちごり

Platanthera typuloides *Lindl.*

第 2097 圖

らん科

諸國ノ高山林下或ハ草原ニ生ズル多年生草本ニ
シテ高サ20-30cm許、地下ニ紡錘狀ノ根アリテ
下向ス。莖ハ直立シテ綠色、瘦長ニシテ稜アリ。
葉ハ下部ノ一片大ニシテ長橢圓形、長サ10cm內
外、多クハ鈍頭無柄ナレドモ莖ヲ抱ク、至ニラ、
上部ハ披針形ノ小形葉五六片ヲ着ク。七月、
莖頂ニ穗狀樣ノ總狀花序ヲ成シテ綠色花ヲ綴ル
コト稍密ナリ。花ハきそちごりニ比スレバ小形
ニシテ徑3-5mm許アリ、狹長ニシテ尖レル苞ニ
腋生ス。外花萼片ハ卵形或ハ卵狀橢圓形ニシテ
反曲セズ、內花蓋片ハ綠形ニシテ直立シ肉質、乾
ケバ暗色ヲ呈ス。脣瓣ハ內花蓋片ヨリ稍長ク、
綠狀長橢圓形ニシテ先端圓ク肉質ナリ。距ハ瘦
長、弓形ヲ成シテ懸垂ス。子房ハ下位ニシテ狹
長、苞ヨリ長シ。葯ハ倒卵狀圓柱形。和名ハ細
葉の木曾千鳥ニシテ其葉きそちごりヨリ狹長ナ
レバ云フ。

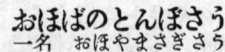

おほばのとんぼさう
一名　おほやまさぎさう
Platanthera sachalinensis
Fr. Schm.

中部以北ノ亞高山ニ生ズル多年生草本ニシテ高サ30-60cm、地下ニ二三條ノ長大ナル白色ノ肉質根ヲ出ダシ斜ニ下ニ向フ。莖ハ直立シ綠色ニシテ稜アリ。葉ハ下部ノ二片最モ長大ニシテ長橢圓形或ハ倒披針狀橢圓形ニシテ廣闊、先端銳尖、底部次第ニ狹窄シ途ニ葉鞘ノ成リ莖ヲ抱擁シ、上部ノ二三葉ハ小形狹長ニシテ尖レリ。夏日、莖梢ニ稍偏側性ノ總狀花序ヲ立テ、多數ノ綠白花ヲ着ク。花ハ徑7mm内外。花盖片ハ卵形ニシテ鈍頭、外花盖片ハ平開シ、内花盖片ハ外花盖片ヨリ短クシテ湊合セリ。唇瓣ハ綠狀倒披針形ニシテ肥厚、距ハ綠形ニシテ下垂シ、子房ノ倍長アリ。子房ハ下位ニテ狹長、綠色。萠ハ長橢圓狀圓柱形ヲ呈ス。從來ヨリ稱スルおほばのとんぼうハ P. interrupta Maxim. ノ和名ニ非ザリシヲ後人誤某種ノ名ト爲セリ故ニ今之レヲ訂正シテ以下本種ノ者トシ、おほやまさぎさうヲ其一名ス。和名大葉ノ蜻蛉草ハ其葉殊ニ長大ナレバ云ヒ、大山鷺草やまさぎさうニ似テ大ナレバ云フ。

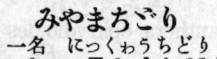

みやまちごり
一名　にっくゎうちどり
Platanthera Takedai *Makino.*

我邦中部深山ノ喬木帶或ハ草本帶ニ生ズル多年生草本ニシテ樹形をそちどりニ類ス。莖ハ直立シ高サ20cm 餘ニ及ブ。葉ハ莖ノ中邊ニ二三片アリテ疎ニ互生シ、最下ノ者ハ大ニシテ廣橢圓形或ハ圓形ニ近ク長サ4-6cm、鈍頭或ハ少シク尖リ全邊ニシテ扁平、葉柄ヲ有セズ底部ハ莖ヲ抱キ、上部ノ一二片ハ卵狀披針形ニシテ細ク尖リ、花ヨリ大ナル苞ニ移行ス。七月、梢上ニ黃綠色ノ六七花ヲ疎着シ、花徑6mm内外アリ。外花盖ノ背片ハ廣卵形ニシテ、歪卵狀披針形ノ内花盖片ト湊合シ、側片二個ハ長橢圓形ニシテ顯著ニ反曲シ、其基部ハ唇瓣ト癒合ス。唇瓣ハ多肉ニシテ單一、舌狀ヲ呈シ基脚ハ急ニ擴ガリテ距ノ開口ヲ圍ミ、距ハ長短一樣ナラザレドモ敢テ子房ノ半長ヲ超エズ。葯隔ハ先端陷入セリ。和名深山千鳥ハ深山ニ生ズルヨリ云ヒ、日光千鳥ハ野州日光山ニ生ズルヨリ云フ。

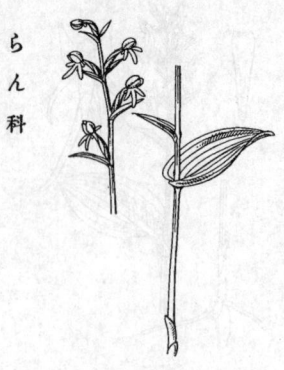

たかねとんぼ
Platanthera Chorisiana *Reichb. f.*
(= Habenaria Chorisiana *Cham.*;
Peristylus Chorisianus *Lindl.*;
Platanthera Matsudai *Makino.*)

我邦中部以北ノ高山草本帶ニ生ズル多年生小草本ニシテ高サ10-20cm、稀ニ30cmヲ超ユ。塊根ハ細ク、別ニ小數ノ鬚狀根アリ。葉ハ二片アリテ莖ノ根際ニ近ク元來互生スレドモ對生樣ヲ成シテ平開シ、卵圓形或ハ廣橢圓形ニシテ長サ2-5cm許、全邊ニシテ圓頭或ハ稍銳頭、圓底、下ハ短鞘ヲ成シ、表面平ニシテ光澤ニ富ム。七八月、莖上ハ疎穗ヲ成シテ黃綠色ノ細花ヲ着ケ、花下苞ハ鍼形ヲ呈シ子房ヨリ長シ。花ハ徑4mm、外花盖片ハ長橢圓形ニシテ鈍頭、内花盖片ハ短クシテ廣橢圓形圓頭ヲ成シ、唇瓣ハ卵圓形或ハ圓形ニシテ單一、稍肉質ヲ呈シ内花盖片ヨリハ僅ニ長ク、距ハ距短ク、少シク曲レリ。和名ハ高嶺蜻蛉ニシテ高山ニ生ズルとんぼさうノ意ナリ。

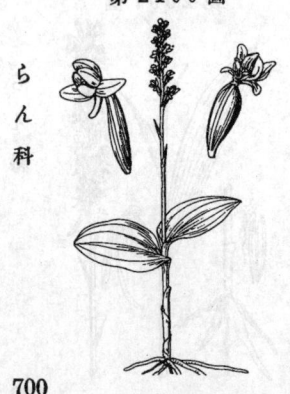

たかねさぎさう
Platanthera Maximowicziana
Schlecht.
（＝Platanthera minor Maxim.
〔non Reichb. f.〕）

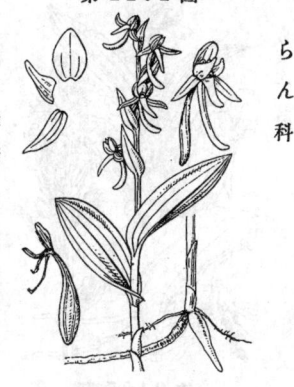

東北地方ノ高山草本帶ニ生ズル多年生草本ニシ
テ高サ10-15cm許、莖ハ單獨ニシテ直立シ、綠
色、根ハ少數ノ太キ鬚狀ニシテ長カラズ、葉ハ
莖ノ上部ニ二三片互生シ、最下ノ者最大、長橢
圓形ニシテ鈍頭或ハ稍銳頭、全邊ニシテ底部ハ
莖ヲ抱キテ柄アリ。八月、莖梢ニ總狀花穗ヲ成シ
テ疎ニ花ヲ著クルコト五六個、花下ノ苞ハ鍼狀
披針形ニシテ子房ヨリ長シ。花ハ徑7mm內外、
黃綠色ヲ呈ス。外花蓋ノ背片ハ廣卵狀心臟形ニ
シテ銳尖頭、三脈顯著、側片ハ線狀橢圓形ニシ
テ外反ス。內花蓋片ハ歪形ニシテ立テ急ニ尖
リテ稍肉質ノ短尾ヲ成ス。脣瓣ハ單一ニシテ長
舌狀ヲ呈シ、距ハ粗大ニシテ其長サ子房ヲ超エ
テ下垂ス。和名ハ高嶺鷺草ニシテ高山ニ生ズル
さぎさうノ意ナリ。

らん科

じんばいさう
一名 みづもらん
Platanthera Florenti
Franch. et Sav.
（＝Platanthera listeroides Takeda.）

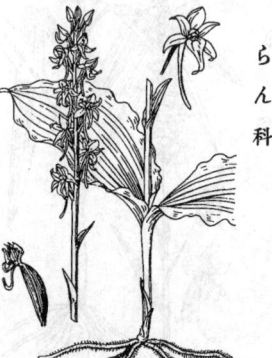

本邦中部以南ノ山中樹林下ニ生ズル多年生草本
ニシテ高サ20-40cm許。根ハ鬚狀ニシテ橫走シ
軟毛ヲ被フル。莖ハ單獨ニシテ直立シ綠色ニシ
テ縱稜アリ。葉ハ根際ニ相接シテ出デ其互生セ
ル二葉相對シテ平開スルノ狀宛モふたばらんノ
類ノ如シ、橢圓形或ハ卵狀橢圓形ニシテ長サ5-
8cm許、銳頭ヲ成シ底部ハ銳形或ハ鈍形ニシテ
短柄アリ、表面光澤ニ富ミ葉緣ハ多少皺曲ス、莖
ノ上部ノ者ハ大ニ縮形シテ小鱗片樣ヲ呈シ其數
七片內外ソリテ疎ニ互生ス。八月、疎ニ穗狀樣
ノ總狀花穗ヲ成シテ十數片內外ノ淡綠花ヲ著ケ、
花徑7mm內外、花下ノ苞ハ狹細ナリ。外蓋ノ
背片ハ卵狀心臟形ヲ呈スレドモ其側片幷ニ內花
蓋片ハ狹シ。脣瓣ハ單形ニシテ下垂シ、距亦下
垂シ瘦細ニシテ其長サ子房ヲ超エ先端ハ尖リ且ツ
鉤曲ス。和名ノ意義今予ェレヲ識ラズ。

らん科

あをちごり
一名 ねむろちどり
Platanthera bracteatum Torr.
（＝Orchis bracteata Willd.; Coelogrossum
bracteatum Presl; O. viridis Pursh; Peristy-
lus viridis Lindl.; Platanthera viridis Lindl.）

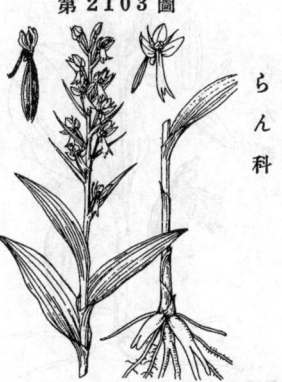

中部以北ノ亞高山帶多濕ノ森林側等ニ生ズル多
年生草本ニシテ高サ20-40cm許。地下ハ掌狀ニ
分岐セル白色多肉根アリ。莖ハ綠色ニシテ直立
シ稜アリ。葉ハ莖上四五片互生シ、長橢圓形或
ハ披針狀長橢圓形ニシテ長サ10cm內外、鈍頭ナ
レドモ上部ノ葉ハ次第ニ尖リ、表面光澤ニ富ミ、
底部ハ鞘ヲ成ス。五六月ノ候、莖梢ニ偏側生ノ
總狀花穗ヲ立チ淡綠花ヲ開キ、花徑10-15mm許
アリ、花下ノ苞ハ披針形ニシテ長大、遙ニ花ヲ超
テ出ヅ。外花蓋片ハ長卵形、內花蓋片ハ線形、
何レモ半開シテ內曲ス。脣瓣ハ紅褐綠色ヲ呈シ
テ垂下シ多肉ニシテ長橢圓形ヲ成シ、先端兩裂
シ、距ハ圓囊ニシテ小サク子房ニ隱ル。和名ハ青千
鳥ハ花色ニ因リテ名ケラレ、根室千鳥ハ北海道
根室ニ產スルヲ云フ。

らん科

のびねちどり
Platanthera camtschatica *Makino.*
(=Orchis camtschatica *Cham. et Schlecht.*;
Neolindleya camtschatica *Nevs.*; Gymnadenia
camtschatica *Miyabe et Kudo.*; P. decipiens
Lindl.; N. decipiens *Kränzl.*;
G. Vidalii *Franch. et Sav.*)

邦内諸州ノ山中樹林下ニ生ズル多年生草本ニシテ高
サ30~40cm許。根ハ少數、白色ノ粗大紐狀ニシテ横行
シ、且ツ一ノ直下セル多肉根アリ。莖ハ直立シ、粗大
ニシテ上部ニ一稜アリ、緑色ニシテ五六葉ヲ着ク。葉
ハ莖上ニ互生シ、橢圓形或ハ廣橢圓形ニシテ長サ10
cm内外、下方ノ者ハ圓ク、上方ノ者ハ狭長ナレドモ、
皆莖ヨリ斜開シ三五脈顯著ニシテ最縁ハ纎曲シ質软
シ。五六月能莖梢ニ粗大ナル總狀花穗ヲ成シテ密ニ
淡紫色ノ小花ヲ着ケ、花下ノ苞葉ハ狭披針形ニシテ能
ク尖 リ下方ノ者ハ其長サ花ニ超ユ。花ハ稍小形、側ニ
向ヒ開ク。花蓋片ハ小ニシテ狭卵形ヲ呈シ、外花蓋ノ
背片ハ鈍頭、其側片ハ内花蓋片ハ尖リリ。唇瓣ハ長
サ5mm内外、倒卵狀橢圓形ニシテ下部ハ大第ニ狭窄
シテ楔形ヲ成シ、先端ニ三裂シ中裂片ハ側翼片ヨリ短
小ナリ。距ハ短細ニシテ鉤曲ス。和名延根千鳥ハ根ノ
延ビ走ル千鳥草ノ意ナリ。

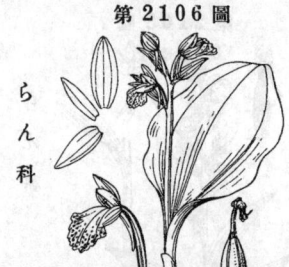

ちごりさう
一名 てがたちどり
Gymnadenia conopsea *R. Br.*
(=Habenaria conopsea *Benth.*)

本邦中部以北高山ノ濕地ニ生ズル多年生草本ニ
シテ高サ30~50cm許。地下ニハ掌狀ヲ成セル白
色多肉根ト紐形ノ繋根トアリ。莖ハ直立シテ五
六葉ヲ着ク。葉ハ廣線形或ハ廣披針形ニシテ淡
緑色ヲ呈シ下葉ハ先端鋭ナレド上葉ハ尖リ、底
部ハ莖ヲ抱キテ下ノ鞘ヲ成ス。七八月、莖梢ニ
穗狀樣ノ總狀花穗ヲ成シテ美ナル多數ノ淡紅紫
色花ヲ密集シ、花徑1cmニ滿タズ、苞ハ狭長ニ
シテ尖リ花ト同長或ハ短カシ。外花蓋ノ背片ハ
直立シテ卵形、側片ハ長橢圓形ヲ呈シテ開出ス。
内花蓋片ハ低キ歪菱形ニシテ外花蓋ノ背片ト共
ニ花兜ヲ形成シ湊合ス。唇瓣ハ廣倒卵形、三尖
裂シ、裂片ハ先端鈍ナリ、距ハ下ニ垂レ細長ニ
シテ彎曲シ其長サ子房ヲ超ユ。蕊柱ハ短カシ。
和名 千鳥草ハ其花ヲ千鳥ニ象ドリテ云ヒ、手形
千鳥ハ手掌形ヲ成セル根ニ基キテ斯ク云ヘリ。

かもめさう
一名 かもめらん(同名アリ)・いちえふちどり
Gymnadenia cyclochila *Korsh.*
(=Orchis cyclochila *Maxim.*)

中部以北諸州ノ喬木林下ニ生ズル多年生草本ニ
シテ高サ10~20cm許。根莖ハ甚ダ短ク、長キ粗
繋根數條ヲ發出ス。莖ハ一本、單一ニシテ一片
ノ葉ト共ニ根際ヨリ出デ、下部ハ二三ノ膜質鞘
狀葉ニ包マル。葉ハ斜上シ、圓形或ハ廣橢圓形
ヲ呈シ微ニ青色ヲ帯ビタル鮮緑色ニシテ先端稍
圓ク、質頗ハ急ニ狭窄シテ葉柄ト成ル。六七月
ノ候、莖端ニ淡紅色ノ二三花ヲ着ケ、花徑1cm
未滿、花下ニ橢圓形或ハ披針形ノ緑色苞アリ。
外花蓋三片ハ卵狀披針形、内花蓋二片ハ更ニ狭
ク、唇瓣獨リ闊大ニシテ廣橢圓形ヲ呈シ不明ニ
三淺裂シ、中裂片ハ大ニシテ圓頭、濃紅紫斑ヲ滿
布シ、距ハ狭小ニシテ後方ニ向テ尖レリ。稀ニ
白花品アリしろばなかもめさう(forma leucan-
tha *Makino*)ト云フ。和名 鷗草并ニ鷗蘭ハ蓋
シ其花容ニ基キテ謂ヒシナラン、一葉千鳥ハ其
葉一片アルヨリ云フ。

702

第 2107 圖

らん科

みやまもぢずり
Neottianthe cucullata *Schlecht.*
(=Orchis cucullata *L.*; Gymnadenia
cucullata *Rich.*; Himantoglossum
cucullatum *Reichb.*)

山地ニ生ズル多年生小草本ニシテ高サ10-15cm許、地下ニ球狀ノ塊根アリ。根葉ニ二片アリ對出シテ開展シ廣橢圓形ヲ成シテ平開シ表面ニ蒼綠色ヲ呈シ、質軟ヲ帶ブ。葉ニハ一葉ヲ抽キ、小ナル披針形ノ莖葉三四片ヲ互生シ、上部ハ偏側性ノ穗狀總狀狀花序ト成リ、夏日ニ開花ス。花ハ淡紅紫色ノ徑1cmニ滿タズ、多數莖ト相連ナリ、花下ニ小形ノ苞アリ。花盖五片ハ湊合シテ前方ニ昆曲シ兜形ヲ呈シ、外花盖三片ハ卵形、內花盖二片ハ狹長ニシテ尖レリ。脣瓣ハ白色ニシテ花面ニ紫點ヲ印シ前部ニハ紫量アリ、獨リ花盖ト離レテ倒卵形ヲ成シ稍長クシテ三尖裂シ、裂片ハ細長ニシテ前方ニ向シ、距ハ小形ニシテ後方ニ出デ鉤曲シテ前ニ向ヘリ。蕊柱ハ短矮、紅紫色、花粉塊ハ二個アリテ粉質、小柄アリ。Neottianthe ハ元來 REICHENBACH 氏ガ Gymnadenia 屬中ノ亞屬トシテ建テシ名ナリ。和名ハ深山もぢずりニシテ其花穗ノ狀もぢずり卽チねぢばなニ似タレバ云フ。

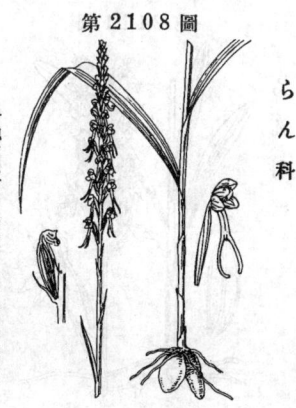

第 2108 圖

らん科

むかごさう
Herminium angustifolium *Benth.*
var. longicruris *Makino.*
(=H. longicruris *Wright.*)

山地ノ草中ニ生ズル多年生草本ニシテ高サ 25-40cm許アリ。直立シ、全株綠色ニシテ無毛、地下ニハ塊根二顆アリテ下向シ、可ナリ大形ニシテ橢圓形ヲ呈ス。莖ハ直立シ下部ニハ鞘ヲ有ス。葉ハ一二片莖下ニ互生シ線形ニシテ漸尖頭ヲ有シ、底部ハ葉鞘ト成リテ莖ヲ包ミ抱ク。夏日莖梢ニ直立セル穗狀樣ノ瘦長ナル總狀花序ヲ成シテ多數ノ淡綠色細花ヲ稍偏側樣ニ綴リ長サ10-15cm許アリ、花ニ瘦鍼狀苞アリテ子房ヨリ短シ。花ハ徑5mm許ニシテ側ニ向テ開ケリ。花盖片ハ卵狀橢圓形、鈍頭ニシテ半苔狀ヲ成シテ平開セズ。脣瓣ハ下垂シテ長ク、元來三尖裂スレドモ中央裂片ハ極メテ短微ニシテ一見三裂スルノ觀アリ其裂片ハ狹線形ナリ。蕊柱ハ甚ダ短ク、花粉塊ハ二顆。子房ハ下位ニシテ狹長、花盖ニ比スレバ長シ。蒴ハ狹長長橢圓形ナリ。和名零餘子草ハ其塊根ヲむかごニ擬シテ名ケシナリ。

第 2109 圖

らん科

ひなちどり
Orchis Chidori *Schlecht.*
(=Gymnadenia Chidori *Makino.*)

本邦暖地諸州ノ山地濕潤ノ樹上苔土ニ生ズル多年生草本ニシテ高サ7-12cm許。下部ニ多肉ノ長橢圓根一二個ト少數ノ鬚根トヲ有ス。莖ハ單一、中邊或ハ下邊ニ一大葉ヲ具フ。葉ハ長橢圓形或ハ長橢圓狀披針形ニシテ扁平、先端ハ銳頭ヲ成シ底部ハ莖ヲ抱ク。六七月ノ候、莖梢ニ短キ總狀花穗ヲ成シテ五乃至十個許紫色花ヲ着ケ皆一方ニ偏向シ、花ハ徑1cm許アリテうてふらん花ニ似タリ。花下ニ鍼形ノ苞アリテ最下ノ者ハ長サ往々花ヲ凌グ。外花盖ノ背者一片ハ內花盖ニ片トハ小形ニシテ相湊合シ共ニ花兜ヲ成シ、側片ハ同大ナレドモ不開ス。脣瓣ハ他ニ比シ遙ニ豐大ニシテ三深裂シ、紫斑ヲ以テ飾リ、距ハ頗ル大ニシテ後方ニ向フ。和名 雛千鳥ハ其草矮小ナルヨリ云ヒ、千鳥ハ花容ニ由ル。

703

第2110圖

うてふらん
一名　いはらん・こてふらん・ありまらん
Orchis rupestris *Schlecht.*
(＝Gymnadenia rupestris *Miq.*；
Ponerorchis graminifolia *Reichb. f.*)

深山或ハ淺山ノ濕潤岩壁ニ叢生スル多年生草本ニシテ高サ10-20cm許。地中ニ一二ノ橢圓形多肉根ト少數ノ鬚狀根トアリ。莖ハ多クハ斜立シ、下部ニ暗紫細點ヲ滿布シ、其中邊ニ於テ一側ニ偏向セル葉ヲ着クルコト二三片ナリ。葉ハ廣線形ニシテ長サ3-10cm許、幅4-7mm許、漸尖頭ヲ成シ、底部ニ短鞘アリ。七月、梢ニ短總狀花穗ヲ成シテ五ヵ至十數ノ美化ヲ着ケ一方ニ向フテ開キ、花徑1cm許アリ。外花蓋ノ背者一片ハ內花蓋二片ト共ニ直立シ淡合シテ花兜ヲ成シ、側片ハ展開セリ。脣瓣ハ豐大ニシテ三深裂シ、中裂片ハ側裂片ヨリ少シク闊大ニシテ其基部邊ヲ成シ喉邊ニ至リ白色ニシテ紫點ヲ布キ短毛密生シ、距ハ花ニ比スレバ大ニシテ長ク子房ト平行シ且同長ナリ。偶ニ白花品アリ、しろばなうてふらん(forma albiflora *Makino*)ト云ヒ其莖ハ綠色ナリ。和名ハ羽蝶蘭ノ意ニシテ其花容ニ基キテ名ケシナリ、之レヲ烏頂蘭トスルハ中ラズ、岩蘭ハ岩上ニ生ズルヨリ云ヒ、胡蝶蘭ハ其花形ニ基ツキ、有馬蘭ハ攝州有馬ニ產スルヨリ云フ。

第2111圖

はくさんちごり
Orchis aristata *Fisch.*
var. immaculata *Makino.*

邦內中部以北諸州高山ノ草本及ビ瀑木帶草地ニ生ズル多年生草本ニシテ高サ20-35cm許アリ。莖ハ單一綠色ニシテ直立シ稜アリ。葉ハ四五片疎ニ五生シ倒披針形或ハ長橢圓形ヲ呈シ、鈍頭、全邊、底部ハ狹窄ニ短鞘ヲ成シテ莖ヲ包ミ、上葉ハ細狹ニシテ尖リ、葉面ニ紫斑無シ。六七月ノ候、莖梢ニ總狀花穗ヲ成シテ密ニ十數花內外ヲ着ケ、苞ハ鉞形、多クハ其長サ花ヲ凌ゲ。花ハ紅紫色ニシテ徑15mm內外アリ。花蓋片ハ卵形或ハ卵狀披針形ヲ呈シ先端銳ク尖ル。脣瓣ハ廣倒卵形ニシテ濃紅紫斑ヲ飾シ密ニ短毛ヲ布キ前端三淺裂シ、中裂片ハ其先端稍ク尖リ、距ハ大ナレドモ其長サ子房ニ及バズ。偶ニ白花品アリしろばなはくさんちどり(var. immaculata *Makino* f. albiflora *Makino*＝var. albiflora *Koidz.*)ト云フ。和名白山千鳥ハ加州白山ニ生ズルヨリ云フ。此母種卽チ O. aristata *Fisch.* ハふいりはくさんちどり一名うづらばはくさんちどりナリ。

第2112圖

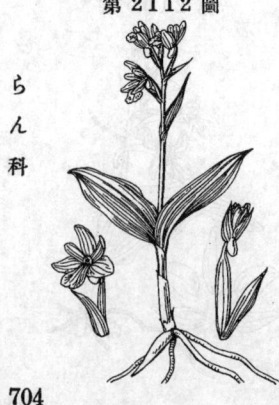

をのへらん
Orchis Yatabei *Makino.*
(＝Chondradenia Yatabei *Maxim.*；
Orchis Chondradenia *Makino*；
O. Fauriei *Finet.*；Ch. Fauriei *Sawad.*)

中部高山ノ向陽地ニ生ズル多年生草本ニシテ高サ10-15cm許、地下ニ粗線形ノ根數條アレドモ塊根ヲ有セズ。莖ハ細長ニテ綠色ヲ呈シ、脚部ノ鞘ニテ包マル。葉ハ脚部ニ近ク二葉アリテ相對シ廣楕圓形或ハ楕圓形ヲ呈シ、鈍頭或ハ銳頭ヲ有シ、底部ハ莖ヲ抱擁シ、上部ニ小形ノ一葉アリテ鉞形ヲ呈シ尖レリ。七月ノ候葉間ヨリ抽ク莖梢ニ短總狀花序ヲ成シテ三四花ヲ着ケ一方ニ向ヒ、每花下ニ綠色ノ鉞狀苞アリテ長サ殆ンド子房ト等シ。花ハ純白色ニシテ長サ5mm內外アリテ平開セズ。外花蓋三片ハ卵形、內花蓋二片ハ綠狀楕圓形。脣瓣ハ倒披針狀匙形ニシテ淺ク三尖シ、基部ニハ圓頭ノ短距アリテ下ニ向フ。下位子房ハ狹長ナリ。和名ハ尾上蘭ニシテ山上ニ生ズレバ云フ。

704

くまがえさう
一名　くまがいさう
Cypripedium japonicum *Thunb.*

深山或ハ丘岡ノ樹下、又ハ／〃竹林中ニ生ズル多年生草ニシテ高サ30-40cm許アリ。根莖ハ地中ヲ横走シ匍匐如ク粗針線ノ如ク、節ヨリ少數ノ鬚根ヲ發出ス。莖ハ直立シテ密ニ粗毛ヲ生ジ、下部ニハ三四ノ鞘狀葉アリ、上部ニ二片互生ス大葉ヲ着ク。葉ハ二片互生スレドモ相接シテ殆ンド對生セルガ如シ、扇形ヲ成シテ開張シ縱襞多ク裏面ハ軟毛ヲ疎布ス。四五月ノ候、葉心當高サ15cm内外アリテ密毛ヲ生ズル一花梗ヲ抽チ直立シ一大花ヲ頂開シ、花下ニ卵形ノ一綠苞アリ、花ノ徑8cmニ達シ、淡綠色ヲ呈シ、側ニ向フテ開ク。花萼片ハ平開シ、外花萼ノ一背片ハ披針形ヲ成シテ尖リ、側者ニ二片ノ花後ニ於テ下向シ相合體シテ廣卵形ヲ成シテ尖レリ、內花萼ニ片ハ亦披針形ニテ尖リ下部ノ內面ニ細毛ヲ綵點アリ。脣瓣ハ巨大ナル囊狀ヲ成ジ懸垂ニ頗ル奇觀ヲ呈シ前面ニ其邊縁凹入シテ少シク開口シ前方ニ向ヒ、邊淡白色ニテ紅紫色ノ綱狀絡ヲ印シ、基部ニ廣ク開口シテ後壁面ニ毛アリ。蕋柱ハ前方ニ斗出シ囊口ヲ遮ギリ雨ハ戟狀廣卵形ニ雄蕋蓋ヲナシ柱頭ノ背ヲ掩ヒ蕋柱上部ノ兩側ニ二雄蕋ノ葯アリ。下位子房ハ圓柱形ニシテ彎曲シ細毛アリ。和名ハ熊谷草ノ其囊狀ノ脣瓣ヲ熊谷直實ノ負ヒタル母衣ニ擬シテ斯ク云フ。

らん科

あつもりさう
Cypripedium Thunbergii *Blume.*
(= C. Atsmori *Morr.*)

山中陽地ノ草原ニ生ズル多年生草本ニシテ高サ 30-50cm許アリ。根莖ハ短ク横行シ粗大ニシテ綵鬚根多シ。莖ハ直立シテ粗毛ヲ有シ、中邊ニ闊大ナル三四葉アリテ互生ス。葉ハ廣橢圓形ヲ呈シ長サ10-20cm許、鋭尖頭ニテ葉底部ハ抱莖シ、兩面ニ毛ヲ有シ脈者ハ上ニ三ニ離レテ綠色ノ一苞葉ヲ成ス。五六月ノ候、莖頂ニ一大花ヲ頂頃テ開ク。花ノ徑5cm內外、全体ハ淡紅色ニ至リ、稀ニ白花アリテ之レヲしろばなあつもりさう (var. albiflorum *Makino*=C. speciosum *Rolfe* var. albiflorum *Makino*)ト云フ。外花萼ノ背片ハ廣卵形ニテ尖リ、側者二片ハ合體シテ卵圓形ヲ成シテ尖リ、內花萼二片ハ卵狀披針形ニテ尖リ、共ニ開出ニ各片ノ上半部ハ稍內ニ傾向ス。脣瓣ハ袋狀ニシテ上部ハ漏斗狀ノ開口アリ。蕋柱ハ脣瓣囊ノ口ニ其前部ヲ插入シ、上部柱頭ノ兩面ニ二雄蕋ノ葯アリ、頂ニ一闊大ナル雄蕋蓋ヲ着ケ柱頭ノ背面ヲ掩ヘ。和名ハ敦盛草ノ意ニシテ其囊狀脣瓣ヲ平敦盛ノ負ヒタル母衣ニ擬シテ斯ク名ケ之レヲ分テ熊谷草ニ對立セシメシナリ。

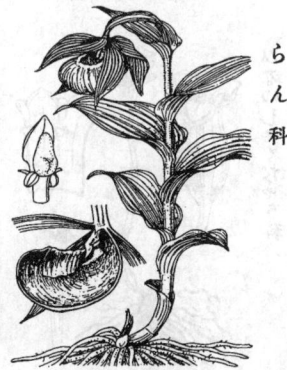

らん科

きばなのあつもりさう
一名　こくまがえさう
Cypripedium Yatabeanum *Makino.*
(= C. guttatum *Sw.*
var. Yatabeanum *Pfitz.*)

中部以北ノ深山ニ生ズル多年生草本ニシテ高サ 20cm內外、地下ニハ細長ナル根莖橫走シ節ヨリ鬚根ヲ發出ス。莖ハ綠色ニテ直立シ、圓柱狀ニテ粗毛ヲ生ジ脚部ハ鞘片ヲ纏フ。葉ハ二片、莖頂ニ相對シ、廣橢圓形ニテ微凸端、底部ハ柄脈ヲ抱擁シ、下面ハ脈上ニ毛アリ、乾ケバ皺ヲ生ジテ暗色ト成ル。葉心ニ有毛ノ綠色花梗ヲ抽キ、稍長ニシテ直立シ、七月ノ候頂ニ一花ヲ着ケ頗垂シ、花下ニ葉狀ノ一苞アリ。花ハ淡黃綠色、榮褐斑、外花萼片ノ上片ハ廣卵形、下部ハ內生二片、脣瓣ノ背部ニ於テ合蕾シ尖端微ニ兩歧ス。內花萼ニ片ハ橢圓形、上部ニ篦形ヲ成シテ質厚ク圓凹ナリ。脣瓣ハ囊筒狀ニ囊狀ク開口シ邊緣ノ一部內曲シ、囊面ハ黃綠色ニシテ榮褐斑ヲ著シ、內面ハ軟毛ニ密生ス。蕋柱ハ大ニテ黃白色ヲ呈シ上方ノ一雄蕋ハ肉質ニ半円形ヲ成セル兩片相拱合シ白色ニシテ先端ハ小突起シ黄紫點ヲ有シ其基部ハ黃色ヲ呈ス。雄蕋ハ一個アリ。和名ハ黄花ノ敦盛草幷ニ小熊谷草ノ意ナリ。

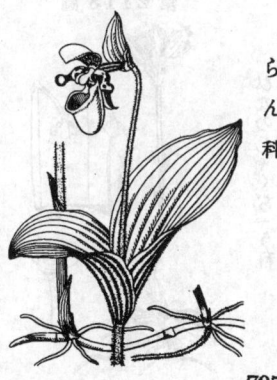

らん科

705

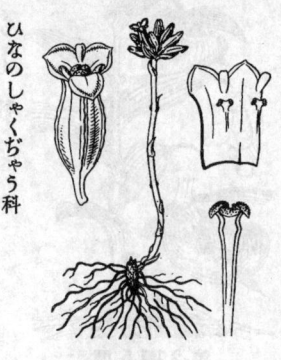

第 2116 圖

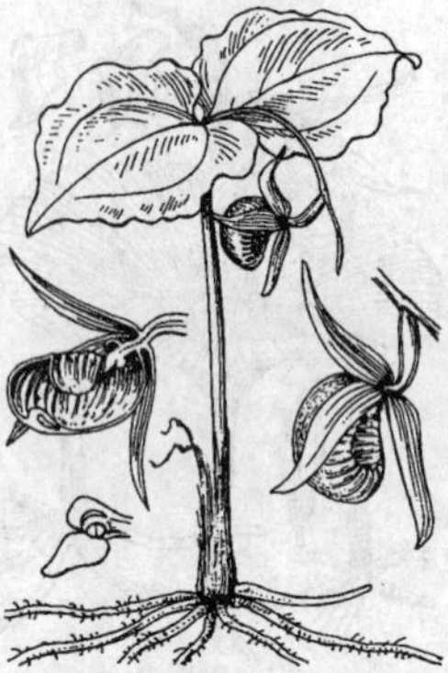

こあつもりさう
Cypripedium debile *Reichb. fil.*
(= C. cardiophyllum *Franch. et Sav.*)

山中針葉樹林下ノ陰處ニ生ズル無毛ノ多年生草本ニシテ高サ10-20cm許アリ。根莖ハ短小ニシテ綿毛アル長キ鬚根ヲ生ズ。莖ハ直立、根際ニ二三ノ鱗形鞘狀葉アリ、頂ニ廣卵形或ハ卵狀圓形銳頭ノ無柄二葉相對シテ展開シ、葉面ニ些ノ潤變ナクシテ光澤ニ富ミ圓狀心臟形鈍底ヲ成シ、三主脈ヲ有シ、葉緣往々皺曲ス。五六月ノ候、葉心ニ纖細ナル小花梗ヲ抽キ淡綠朶アル黃綠花ヲ開キ、花下ニ淡綠色ノ綠狀苞一片アリ、花徑2cm内外、多ク下曲ス。外花蓋片ハ卵形ニシテ尖リ、上位ノ一片ハ獨立シ、側位ノ二片ハ合體シテ一片ト成リ舟狀ニ呈シテ花後ニ位シ、內花蓋二片ハ披針形ニシテ尖リ花ノ兩側ヲ擁セリ。唇瓣ハ平圓狀橢形ヲ成シテ橫出シ、ロヲ開キテ口緣内曲シ暗紫線アリ。蕊柱ハ短小、雄蕊體ハ匙形帽狀ニシテ超出シ綠色ヲ呈シ、二葯アリテ蕊柱上部ノ兩側ニ位ス。子房ハ狹長ニシテ下位。和名ハ小敦盛草ノ意、同屬ニシテ全草小形ナレバ云フ。

第 2117 圖

ひなのしゃくぢゃう
Burmannia japonica *Maxim.*

我邦中部南部ノ樹下幽陰ノ地ニ生ズル無葉白色ノ多年生草本ナリ。根莖ハ小塊ヲ成シ多數ノ細鬚根ヲ發生ス。莖ハ直立シ單一ニシテ細ク、長サ3-8cm許アリテ疎ニ小鱗片ヲ互生ス。晚夏、二乃至十花許ヲ莖頂ニ集合シテ開花ス。花ハ白色ヲ呈シ花長6-7.5mm許アリテ每花極メテ短キ小梗ヲ具フ。花蓋筒部ハ長橢圓形ニシテ三稜ヲ成シ、花蓋裂片ハ褐黃色ヲ呈シ短小ニシテ其外列三片ハ卵圓形ヲ成シ、內列三片ハ著シク小ニシテ倒卵狀長橢圓形ヲ成ス。三雄蕊花蓋筒ヲ上部ニ着生シ、殆ンド無柄ニシテ葯隔ノ兩端ニ葯胞ヲ有ス。子房ハ下位ニシテ花柱ハ花蓋筒內ニ直立シ、柱頭放大シテ三耳裂ヲ成シ、短細突起ヲ布ク。和名ハ雛ノ錫杖ノ意、雛ハ全草ノ小形ヲ意味シ錫杖ハ集合セル花ヲ着ケタル草狀ニ基ヅク。

第 2118 圖

しろしゃくぢゃう
Burmannia cryptopetala *Makino.*

本邦中部南部ノ樹下陰濕ノ地ニ生ズル無葉白色ノ多年生草本ハ小草本ニシテ高サ6-15cm許アリ。根莖ハ狹細ニシテ地中ニ直下シ、之ヨリ發出スル根ハ細鬚狀ヲ成ス。莖ハ單一ニシテ直立シ、白色ニシテ細ク、疎ニ小鱗片ヲ互生ス。夏秋ノ候、莖頭ハ長サ1cm許アル白色ノ二乃至七花集リ着キ、每花極メテ短キ小梗ヲ具フ、梗下ニ鱗狀苞アリ。花蓋ハ筒ヲ成シ、筒外ニ略ボ楔形ヲ呈セル三縱翼アリ、短小ナル花蓋片ハ唯三角形ヲ呈セル外列三片ノミアリテ內列片ヲ缺如ス。無柄ノ三雄蕊アリテ花蓋筒內ノ上部ニ着キ、葯胞頗ル大ニシテ兩側ニ葯胞ヲ具ヘ上部ニ一突起アリ。子房ハ下位ニシテ花柱ハ花蓋筒內ニ直立シ、柱頭放大シ圓形ニシテ三耳裂ヲ成ス。和名ハ白錫杖ニシテ特ニ白色ヲ呈セルしゃくぢゃう草ノ意ナリ。

るりしゃくぢゃう
一名 やへやましゃくぢゃう
Burmannia Itoana *Makino*.

屋久島以南沖繩島及ビ八重山群島ノ樹林下ニ生ズル無葉藍紫色ノ多年生小草本ニシテ高サ6-12cm許アリ。根莖ハ短小ニシテ、根ハ鬚狀ヲ成ス。莖ハ單一且ツ纖細ニシテ直立シ疎ニ小鱗片ヲ互生ス。夏初莖頂ニ藍紫色ノ一花ヲ開キテ直立シ、花下ニ鱗狀苞アリテ長サ12mm許アリ。花蓋ハ筒ヲ成シ、筒ノ外側ニハ上方廣クシテ截頭且ツ略楔形ヲ呈セル三縱翼ヲ着ク。花蓋片ハ短小ニシテ其外列三片ニハ三角形ヲ成シ、內列三片ハ極メテ細徵ナリ。三雄蕋無柄ニシテ花蓋筒內ノ上方ニ着キ、葯隔ニシテ兩側ニ葯胞ヲ着ケ、上部ハ兩岐シテ下端ハ斗出ス。子房ハ下位ニシテ花柱ハ花蓋筒內ニ直立シ、柱頭放大シテ卵圓形ノ三耳裂ヲ成ス。和名ハ瑠璃錫杖ノ意、瑠璃ハ其草色殊ニ花色ニシテ基ヅキ錫杖ハしゃくぢゃう草ノ一類ナレバ云ヒ、八重山錫杖ハ八重山ニ生ズルヨリ云フ。

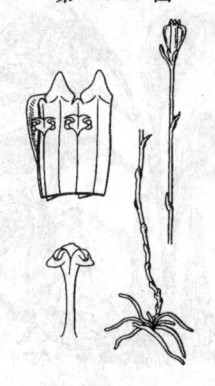

だんどく (曇華)
Canna indica *L.*
var. orientalis *Hook. fil.*

印度・まらっか・まれー諸島等ノ原產ナル多年生草本ニシテ高サ1.5-2m餘アリ、群ヲ成シテ叢生ス。根莖ハ多肉質粗大ニシテ分枝シ短き鞘狀ノ葉片ニシテ相ナル鱗根ヲ有ス。莖ハ直立シ粗大綠色ニシテ圓柱形ヲ成シ通ジテ葉ノ着ク梢ハ花稈ト成ル。葉ハ互生シ莖ニシテ長サ30-40cm許、卵狀長橢圓形ニシテ全緣、漸尖頭、廣楔底、葉質厚クシテ滑澤、中脈ノ兩側支脈多數約ニ平行シ、下ハ長キナル綠色葉鞘ト成リテ莖ヲ包ム。夏秋ノ候葉中一莖ヲ抽キ多クハ分枝シ梢ニ總狀花穗ヲ成シテ美シ紅色花ヲ開ク。花ハ長サ5cm內外アリテ多クハ花節ニ二變生シ下ニ苞ヲ有シ龜メテ短キ小梗ヲ具フ。萼三片ハ短クテ分立シ暗紅色、花瓣三片ハ其基脚部合シテ短筒ヲ成シ、上部三片ハ分レテ長ク、各片長披針形ニシテ先端尖レリ。花瓣ニ次デ三片ノ雄蕋體アリ、變形シテ倒披針形ノ花瓣樣ヲ呈シ、其中ノ一片ニ其一側ニ紅黃色ノ一葯ヲ有シ、屑瓣ハ下ニ反卷ス。花柱ハ一片、花ノ中央ニ立チ、平扁ニシテ頂ニ柱頭ヲ有シ、一側面ニ花粉ヲ散着ス。子房ハ下位、蒴果ハ球形、滿面細粒ヲ布キ、種子ハ暗色ヲ呈シ圓球形ニシテ堅ク平滑ナリ。德川時代ノ渡來ニシテ今ヤ世間ニ少ク只九州ニ一ノ諸處ニ之レヲ見ル、偶ニ花ハ赤褐色ノ者アリかばいろだんどく (f. rubro-aurantiaca *Makino*) ト云フ。一種小形、葉ハ狹長、花ハ黃色ニシテ先端ニ赤采アルヲおらんだだんどくー名はそばだんどく (*C. glauca L.* ?) ト稱ス、是レ亦德川時代ノ渡來ナリト雖モ今ハ之レヲ見ズ。和名ハ能ク檀特ノ字ヲ充ツ、蓋シ梵語ナラント云フ。

はなかんな
Canna generalis *Bailey*.

明治末年頃ニ渡來シ今ハ廣ク觀賞花草トシテ人家ニ愛培セラルル多年生草本ニシテ高サ1-2m ニ達ル。地下ニ粗大ナル根莖アリ、地上部ハ年々多期ニ枯死ス。莖ハ直立圓柱形、紅紫色或ハ綠色ニシテ切レバ粘液ヲ出ス。葉ハ稍立チ、廣大ナル橢圓形ニシテ長サ30-40cm、兩端尖り、下部ニ葉鞘ト成リ、革質滑澤、平行セル支脈顯著ナリ。夏秋ノ間、梢ニ花穗ヲ出シ遂次開花シ晩秋ニ至ル。花ハだんどくニ比シテ豐碩、花色ハ紅・黃等種々アリ、徑10cm內外、三萼片ハ短ク、三花瓣ハ專片ヨリ長大ナリ、瓣化セル雄蕋三片ハ廣闊ニシテ倒卵圓形ヲ呈シ徑5-7cmニ達シ、一片ハ幅稍狹き屑瓣狀ヲ成シ地ノ一片ハ其一側ニ葯ヲ有ス。花柱ハ黃赤色、軟骨質ニシテ廣線形、扁平ナリ。子房ハ球形ニシテ乳頭面ヲ有シ綠色ニシテ下位ナリ。蒴果ハ球形ニシテ表面ニ細粒ヲ被リ、熟スレバ變ジテ暗色ト成リ皮面ノ細粒脫落シ易シ、果中ニ球形黑色ノ堅硬種子アリテ蒴片開裂シテ落ツ。本品ハ人工交配ニ由リ園藝的ニ作ラレシ間種ナリ。和名ハ花 Canna 卽チ Flowering Canna ノ意ナリ。

第 2122 圖

しゃうが科

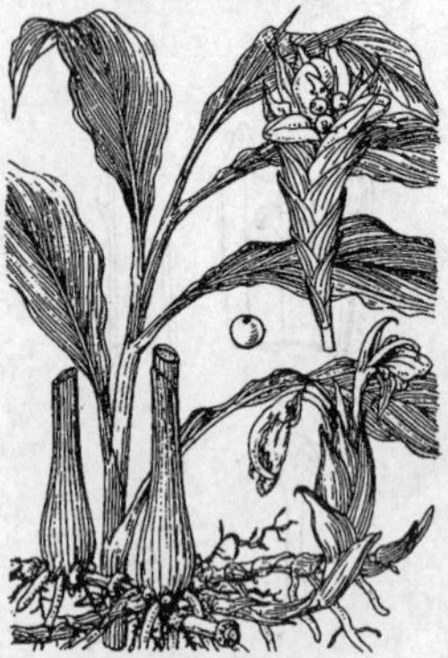

めうが (蘘荷)

Zingiber Mioga *Rosc.*

(=Amomum Mioga *Thunb.*)

山中山足ノ樹下陰地ニ自生アリト雖モ又人家ニ栽植セラルル多年生草本ニシテ高サ 40–100cm 許、特異ノ芳香アリ。根莖ハ多節多肉ニシテ地下ヲ横行シ淡黄色ニシテ白色ノ地下枝ヲ分チ鞘鱗アリ、根ハ粗ナル鬚狀ヲ成ス。莖ハ一年生ニシテ稍斜ニ直上シ、上部ニ多數ノ葉ヲ互生シテ二列ヲ成ス。葉ハ長橢圓狀披針形、長サ20–30cmニ達シ、先端ハ長ク鋭尖シ、底部ハ楔形ヲ成シテ葉柄ト成リ下ハ長キ葉鞘ト成リ、鮮綠色ヲ呈シ葉質ハ薄クシテ軟ナリ。盛夏、根莖ヨリ鞘鱗ヲ有スル新莖ヲ分チテ頂ニ肥厚セル一花穗ヲ低ク地上ニ出シ、多數相層リタル紫脈紅綠色ノ苞ヲ有シ、苞間ヨリ大ナル淡黄色ノ花ヲ續出シ、毎花一日ニシテ凋ム。萼ハ膜質ノ短筒形。花瓣ノ管狀部ハ細長ニシテ著シク萼上ニ超出ス。花瓣三片ハ披針形ニシテ尖リ其背片ハ稍闊シ。脣瓣ハ闊大ニシテ廣卵形ヲ成シ質薄クシテ底部ノ左右ニ小裂片アリ。雄蕋ハ一個、線形ニシテ脣瓣ニ對シテ立チ、黄色長葯隔ノ先端鉤曲シ葯ハ褐黄色ニシテ縱裂シ、絲狀白色ノ長花柱其間ヲ縱貫ス。子房ハ下位。時ニ蒴果ヲ結ビテ開裂シ、果皮ノ内面赤シ。種子ハ黑色ニシテ白色ノ假種皮ヲ被フル。花穗幷ニ嫩芽ヲ食用ニ供ス。古名ヲめがト稱ヘ今日ノ和名ハ其呼音ノ延ビシモノト謂ハル、按ズルニめがハ或ハ蘘荷ノ字音ノ轉訛セシモノ乎。

第 2123 圖

しゃうが科

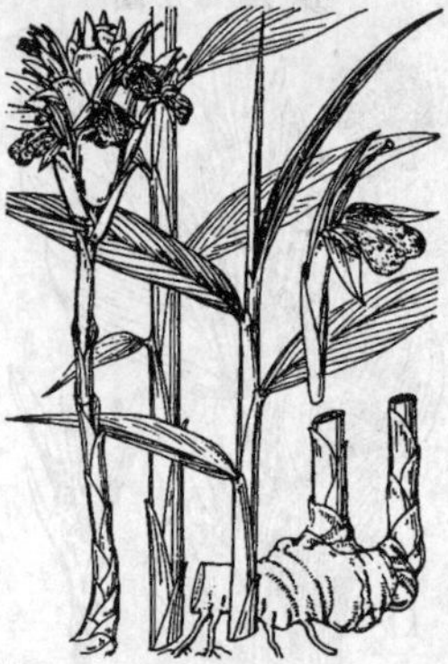

しゃうが (薑)

一名　はじかみ　古名　くれのはじかみ

Zingiber officinale *Rosc.*

(=Amomum Zingiber *L.*)

熱帶あじあノ原產ナレドモ今ハ世界ニ廣ク栽培スル多年生草本ニシテ我邦ヘハ今ヨリ二千六百年以前ニ既ニ渡來シ今日ハ普通ノ圃品ト成レリ。根莖ハ多肉ニシテ地中ニ横ハリ其狀屈指ヲ竝ベタルガ如ク、淡黄色ニシテ辛味佳香アリ、各節ヨリ莖ヲ上方ニ直立並列ス。莖ハ高サ30–50cm許、草質ニシテ上部ニ葉ヲ二列ニ互生ス。葉ハ線狀披針形ニシテ漸尖シ、長鞘ヲ有ス。我邦ニ在テハ普通花ヲ出ダサズト雖モ暖地ニテハ夏秋ノ候偶ニ根莖ヨリ高サ20cm内外ノ花莖ヲ出シ、頂ニ短厚ナル花穗ヲ成シ、廣闊ナル綠苞層々之レヲ包ミテ立ツコトアレドモ氣候不適ノ爲メ花ヲ出スニ至ラズシテ枯死ス。花ハ苞間ヨリ出デテ開ク。萼ハ短筒狀。花冠舷部ハ三裂シ、裂片ハ披針形柑黄色ニシテ尖レリ。脣瓣ハ倒卵狀圓形、下部ノ兩側ニ各小裂片アリ、紫色ヲ呈シ淡黄色細點ヲ布ク。雄蕋ハ一個ニシテ挺出シ黄葯ヲ有シ、淡紫色絲狀花柱之レヲ縱貫シ、柱頭ハ放射狀ヲ成ス。子房ハ下位。根莖ヲ食用及ビ藥用ニ供ス。おほしゃうが (var. macrorhizomum *Makino*) ハ根莖大ナリ、べにしゃうが (var. rubens *Makino*) ハ鱗片紅色ニシテ美ナリ。和名ハ生薑或ハ生姜ヨリ出デシ稱呼、はじかみハ元來山椒ノ古名ナレドモ同ジク辛味アルヲ以テ此種ヲ呼ブニ至レリ、くれのはじかみハ呉ノ山椒ノ意、呉ハ支那ヲ指シテ云ヒ、はじかみトハ開裂セシ實ヲ云フ。

第 2124 圖

しゃうが科

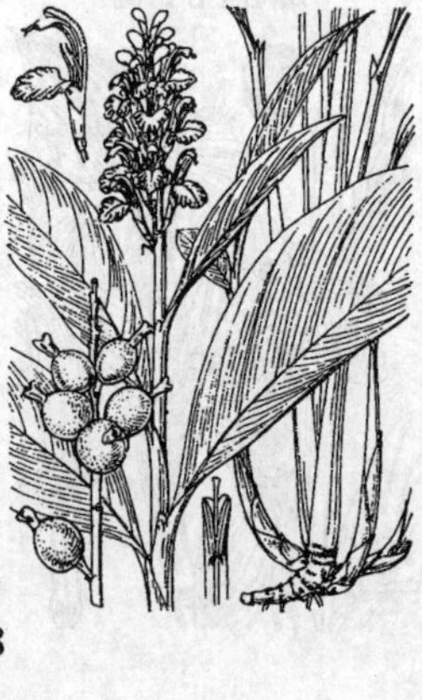

はなめうが

一名　やぶめうが (同名アリ)

Alpinia japonica *Miq.*

邦内暖地諸州ノ林下陰地ニ生ズル常綠ノ多年生草本ニシテ高サ40–60cm許、叢生ス。根莖ハ分枝シ節ニ鱗狀葉アリ、嫩部ハ紅色ヲ呈ス。莖ハ二年生ニシテ斜上シ、二列ニ三四葉ヲ有シテ互生ス。葉ハ長橢圓形或ハ倒披針狀長橢圓形、長サ 20–35cm許、上下鋭尖シ、質厚カラズシテ強靱、表面暗綠色ニシテ無澤無毛、裏面ハ天鵞絨ノ如ク密ニ軟纖毛ヲ布ク。五六月ノ候前年ノ葉中ヨリ纖毛アル一莖ヲ抽出シ梢ニ一總狀花穗ヲ立テ紅條アル白花ヲ開キ花軸亦纖毛アリ。花ハ長サ 25mm許、萼ハ筒狀、花冠ト共ニ外側絹毛ヲ被ル。花冠ハ舷部長橢圓形ノ三裂片ト成リ背後ノ一片ハ突出セル雄蕋ヲ抱キテ立チ他ノ二片ハ前ニ下垂ス。脣瓣ハ卵形、缺刻波皺シ白質ニシテ紅線アリ、基部ノ二附飾片ハ鍼形ニシテ黄赤色。雄蕋ハ一。花柱一條アリテ葯胞間ヲ過グ。子房ハ下位。花後細毛アル廣橢圓形ノ實ヲ結ビ晩秋冬月ニ紅熟シ表面ニ細毛ヲ布キ内ニ白色ノ假種皮アル多子アリ。藥肆之レヲ伊豆縮砂ト稱シ藥用トス、然レドモ眞正ノ縮砂ハ縮砂蔤ニシテ Amomum xanthoides *Wall.* ナリ、又花草ニしゅくしゃト呼ブ者ハ Hedychium coronarium *Koenig.* var. chrysoleucum *Baker.* ニシテはなしゅくしゃト云フ品ナリ。和名花めうがハ花咲クめうがノ意ニシテ花穗ヲ成シテ開ケバ云フ。漢名 山薑 (誤用)

くまたけらん

Alpinia Kumatake *Makino*.

今大隅薩摩ノ南部幷ニ薩南種子島ニ野生セルガ多分元來ハ支那ノ原産ナラン乎、多年生ノ草本ニシテ暖地ニ在テハ往々觀賞植物トシテ人家ニ培養ス。一株ニ叢生シ通常群ヲ成シ分枝スル多肉ノ根莖ヲ有シ、壯大ニシテ高サ1-2m許、葉緣ヲ除テ他ハ無毛ナリ。葉ハ闊大ナル長橢圓狀披針形、長サ40-60cm、兩端ニ長ク鋭尖シ質强靱、多數ノ平行脈ハ斜ニ走リ葉緣ニ前方ニ向ヘル細毛ヲ具ヘ、下部ニハ短柄アリテ下ハ長鞘ヲ成シ鞘頂ニ耳片アリ。七月、莖頂葉心ヨリ總狀樣圓錐花序ヲ抽キ、紅采アル白花ヲ開ク。花ハ長サ3cm内外、各花初メ一苞ニテ包マル。萼ハ筒形白色、截頭缺刻緣。花冠筒部ハ萼ヨリモ短カク、舷部ハ三片ニ分裂シテ白色、背片ハ長橢圓形、他ハ廣披針形。脣瓣ハ廣大ニシテ長サ3cm許、廣卵形ヲ呈シ白質黄暈ニシテ紅斑紅脈ヲ飾リ前緣皺曲シ、基部ノ二附飾片ハ線狀鍼形ナリ。雄蕋ハ一個ニシテ長ク前方ニ挺出シ葯間ニ細キ花柱ヲ挾ム。葉鞘ヲ乾シテ縄索ト作シ舟舶ヲ繋グニ用ウ。和名ハ熊竹蘭ノ意、蓋シ熊ハ其草狀ノ强壯ナルヲ表徴シ竹ハ其强直ナル葉狀ニ基キテ云フナラン。漢名高良薑(誤用)

第2125圖

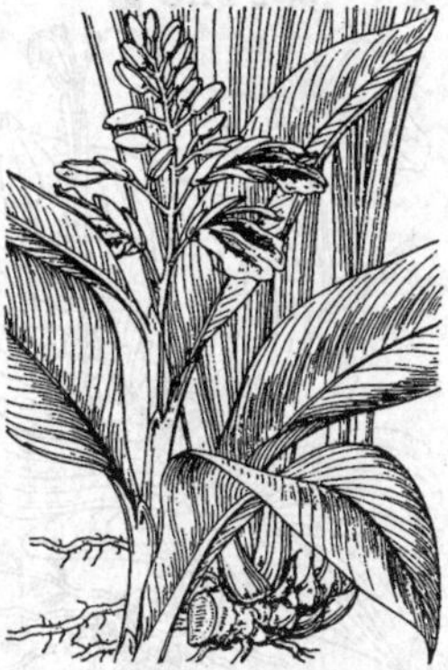

しゃうが科

きゃうわう (薑黄)

一名 はるうこん

Curcuma aromatica *Salisb*.

(=C. Zedoaria *Roxb*. non *Rosc*.)

印度全州ニ野生セル多年生草本ニシテ暖地ニ生ジ、琉球ニハ早ク入リテ今自生ノ姿ヲ呈シ、我ガ内地ヘハ德川時代ニ渡リテ稀レニ見ル。根莖ハ粗大ナル塊狀ヲ成シテ分岐シ内部ハ黄色ニシテ香氣アリ。全草草質綠色ニシテ高サ1m内外ヲ算ス。葉ハ長橢圓形、長サ50cm内外、闊大ニシテ尾狀鋭尖頭、下部ハ長柄ヲ有シテ下ハ鞘ヲ成シ、裏面ニハ絨毛ヲ滿布ス。五六月ノ候、嫩葉ノ萌發ト共ニ別ニ其側方ニ高サ30cm内外ノ花莖ヲ直立ス。花穗ハ大形ニシテ多數綠白色ノ鱗狀苞葉重層シテ相擁シ、各片ノ上部反曲シ、頂部ノ者ハ紅色ヲ呈ス。花ハ二個ヅツ苞間ニ在リテ苞ヨリ短シ、萼ハ長サ1cm許、三齒アリ。花冠筒ハ萼ノ三倍長、上部ハ漏斗形、舷部ハ長橢圓形ノ三裂片ト成リ白色紅暈アリ。雄蕋四個ハ總テ變ジテ黄色ノ花瓣樣ヲ呈シ、前方ノ一片ハ漏斗狀ノ大ナル脣瓣ト成リ先端ニ凹入アリ、其中央小片内面ニ一個ノ葯ヲ坐セシメ、獸角狀突起ヲ其兩側ニ垂ル。子房ハ下位。根莖ヲ採テ薬用ニ供ス。和名きゃうわうハ薑黄ノ音、春鬱金ハ春末初夏ニ花サケバ云フ。

第2126圖

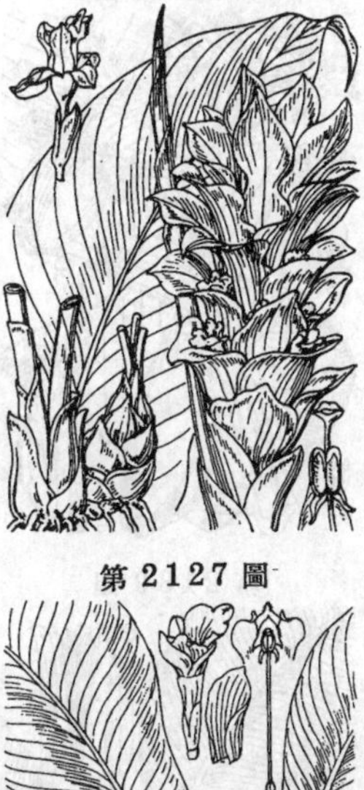

しゃうが科

うこん (鬱金)

Curcuma longa *L*.

(=Amomum Curcuma *Jacq*.)

熱帶あじあノ原産ニシテ琉球臺灣ニハ自生シ又薩南ノ種子島ニモ自生ノ狀ヲ呈シ、邦内暖地ニ時ニ培養セラルル多年生草本。地下ニハ多肉ノ根莖アリテ橢圓形或ハ長橢圓形ノ枝ヲ分チ黄色ヲ呈ス。葉ハ四五片相集リ長柄ヲ以テ立チ、葉片ハ長橢圓形、長サ40cm内外、鋭尖頭、底部ハ狹窄シ、綠色ニシテ斜走セル多クノ平行脈ヲ有シ、質稍厚クシテ表裏平滑無毛ナリ。秋時、葉間ヨリ高サ20cm内外ノ大ナル花穗ヲ抽テ直立シ花ヲ開ク。花穗ハ多數ノ闊大ナル綠白色苞ヲ鱗次シ相層リ每苞ノ上部反曲シ頂部ノ苞ハ花ヲ生ゼズシテ白色微紅暈アリ。花ハ淡黄色ニシテ苞間ニ三四個ヅツ在リ、萼ハ小形、花冠筒ハ長ク、舷部ハ短ク三裂シ、雄蕋ハ四個アレドモ總テ花瓣化シ且ツ下半部ハ合一シ、殊ニ最下ノ一片ハ脣瓣ト成リ倒卵形ニシテ黄色、唯其中央片ニノミ葯ヲ着ク。子房ハ下位。根莖ヲ薬用トシ又黄色色素ヲ採リ、又かれー粉ノ一原料トス。和名うこんハ鬱金ノ吳音ヨリ來レリ。

第2127圖

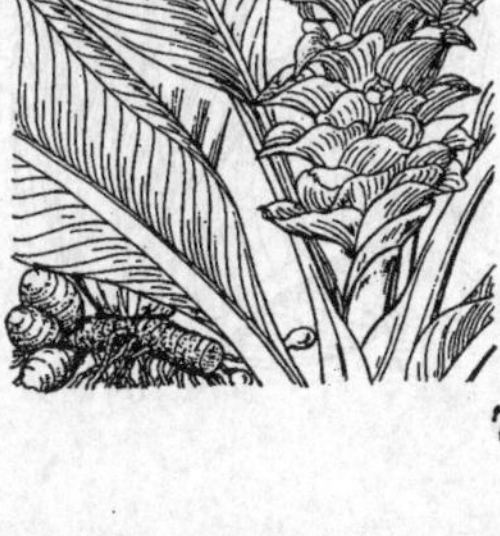

しゃうが科

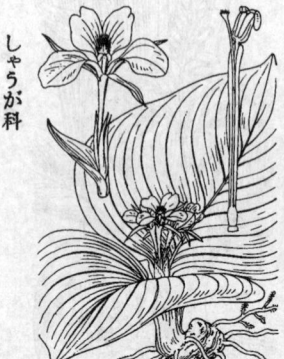

第2128圖

しゃうが科

ばんうこん
Kaempferia Galanga *L.*

印度及馬來諸島ノ原産ニシテ我國ニハ德川時代ニ渡來シ、今ハ稀ニ栽培セラルルニ過ギザル多年生草本ニシテ高サ10cm内外。根莖ノ形うこんニ似テ小、黄色ニシテ香氣アリ。葉ハ廣闊ニシテ二片相對シ水平ニ開出シテ廣橢圓形ヲ成シ長サ10cm内外、先端急ニ尖リ底部ハ心臓形、短柄ヲ成シ、葉面碧綠色ヲ呈シ光澤アリ、裏面ハ斑赭色ニシテ白毛ヲ有ス。夏日、低ク葉間ヨリ短大ナル花穗ヲ立ツ。苞葉鱗次シ、其間ヨリ長細筒ノ大ナル白花ヲ出シテ開ク。花ハ徑3-4cm許、未明ニ開キテ午時ニ凋ム。蕚ハ狹鉞形片ニ三深裂シ花冠筒ノ下部ヲ包ミ、花冠ノ筒部ハ狹長ニシテ骸部ハ細長披針形ノ三片ニ分裂ス。其内部ニ花蕚樣ノ大片三個アリ、其二個ハ雄蕊ノ兩側ニ在リテ橢圓形平開シ、一個ハ唇瓣ニシテ闊大、二深裂シ、基部ニ紫采アリ。子房ハ下位。和名ハ番欝金ニテ南蕃ヨリ渡來セシうこんノ意、天保十三年船來ス。漢名山柰 (誤用)

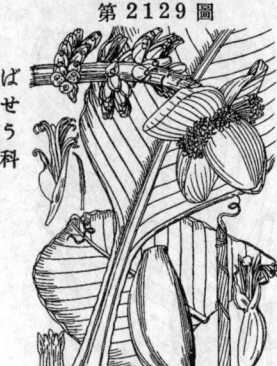

第2129圖

ばせう科

ば せ う
Musa Basjoo *Sieb.*

支那原産ノ温帶生宿根大草本ニシテ我邦中部以南ノ暖地ニ之レヲ見、觀葉植物トシテ多ク水畔ニ栽植セラレ、群ヲ成シテ繁茂セリ。根莖ハ巨大ニシテ塊狀ヲ呈シ、仔根莖ヲ個生シ、下ニ粗ナル鬚根ヲ下セリ。根莖頂ハリ直立セル稈ハ僞稈ニシテ緊密ニ相包擁セル長葉鞘之ヲ成シ、高サ5m内外、徑20cm内外ニ達ス。葉ハ初メハ發于出テ直立スト雖モ、開展スレバ四方ニ開展シ、葉面ハ闊大ニシテ長橢圓形ヲ成シ長サ大ナル者2m許ヲ算シ鮮綠色、中脈ハ淡綠色ニシテ著シク裏面ニ隆起シ、其左右ニハ多數平行ナル質收シ易ス。夏日葉心ヨリ串キテ粗大ナル花穗柱状ノ花莖ヲ抽キ其上部葉狀ノ苞ヲ有シテ一方ハ傾乘シテ花穗ヲ成シ多數ノ花ヲ花軸ニ添ケ、黄褐色大形ノ苞葉重疊シ、各苞ノ内部ニ十五内外ノ花ニ二列ニ一列生シ苞開キテ開展スレバ乃チ苞謝落シ、下方ノ者ハ雌性花、上方ノ者ハ雄性花ナリ。花ハ長サ6-7cm、下位子房ハ綠色、花蕚ハ黄白色、二脣状ヲ呈シ、上脣ハ外花蕚三片、内花蕚二片合體シ上部ニ於テ五短片ヲ成シ、下脣ハ獨立セル内花蕚ノ一片ヨリ成リ略外形ヲ異ニシテ尖リ下ヘ嚢狀ト成リ多量ノ蜜液ヲ貯ヘ。雌蕊ハ五(囊狀花藥片ニシテ對スル者缺如ス)大形、雌花ノ者長葯アリテ花蕚ヨリ長ク、雌花ノ者無葯ニシテ花蕚ヨリ短シ。花柱ハ雌花ノ者發達シ、子房モ亦然リ。稀ニ果實或熟シ内ニ黑色種子アリ。和名ハ芭蕉ノ漢名ハ基ヲ知者ナレドモ元來芭蕉ハ本種ノ特名ニ非ズシテ廣クばなな類卽チ甘蕉ノ一名ナリ。

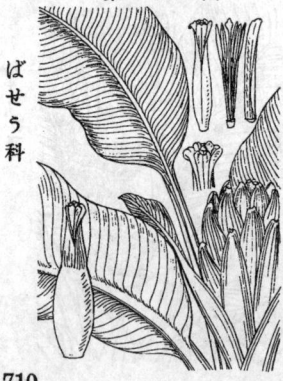

第2130圖

ばせう科

ひめばせう (美人蕉)
Musa Uranoscopos *Lour.*
(= M. coccinea *Andr.*)

支那南部幷ニ安南ノ原産ニシテ觀賞ノ爲メ通常暖地ノ人家ニ栽エラレ又温室内ニ見ル多年生草本ニシテ叢生シ、高サ1-2m許アリテばせうヨリ小形ナリ。葉ハ數個、稈頂ニ簇生シテ開展シ長葉鞘ハ相擁シテ直立セル一擬稈ヲ形成シ、葉面ハ長橢圓形ヲ呈シテ下ヘ葉柄ヲ成シ、中脈ハ裏面ニ隆起シテ波脈ヲ含ム。夏秋ノ間葉心ハ無柄ノ大ナル花穗ヲ出シテ直立シ、卵狀披針形ノ苞葉多數ハ鱗次シ先端多クハ黄色ヲ呈セル鮮赤色ニシテ華麗頗ル觀ルニ足リ、毎苞内ニ一二花アリテ苞ヨリ短シ。花蕚ハ一脣形ヲ成シ、上脣ハ外花蕚三片ト内花蕚二片ト相合シテ長筒狀ヲ形成シ、黄色ニシテ上部淡綠色ヲ呈シ、頂端ニ五過片ヲ成シ、下脣ハ内花蕚ノ一片ニ上脣筒内ニ獨立シ綠形ニテ濃黄色ヲ呈シ略ボ上脣ト同長ナリ。雄花ハ雌花ヲ有シ、雌花ハ寞クシテ花柱ヲ下部ニ在リ。雄蕊ハ五、花藥ヲリ短シ。花柱ハ微ニ雄蕊ヨリ高ク、柱頭ハ放大ス。子房ハ下位、綠褐色ニシテ裸出ス。果實ハ卵狀長稀圓、稍平扁、平滑、柑色、頂ニ花蕚等ヲ存ス。九州南部ニ在テ往々野生ノ狀態ヲ呈ス。和名姬芭蕉ばせうニ似テ小形ナレバ云フ。

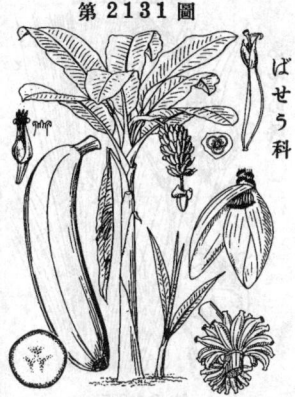

第 2131 圖

第 2132 圖

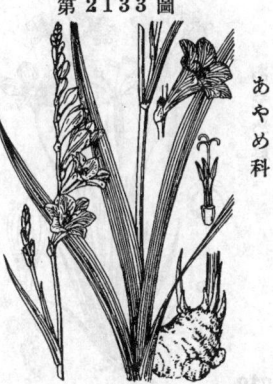

第 2133 圖

ばせう科

あやめ科

あやめ科

ばなな（甘蕉・芭蕉）
一名 みばせう
Musa paradisiaca L.
var. sapientum O. Kuntze.
（= M. sapientum L.）

元來印度ノ原産ナレドモ今ハ弘ク熱帶内ノ諸地ニ栽培セラル。大形、多年生草本ニシテ現我邦ニ於テ小笠原・八重山・小笠原及南洋諸島ニ栽植ノ見ル、概形ばせうノ如クニシテ性頗ル強健、高サ2-4m許アリ。根莖ハ側枝ヲ出シテ繁殖シ、粗ナル肥根ヲ發出ス。擬幹ハ長厚ナル葉鞘相攘シテ直リ巨大ナル圓柱形ヲ呈ス、頂ニ十片内外ノ巨大葉ヲ叢生平開シ、葉面ハ闊大、長橢圓形、葉柄ハ大ニシテ長ク、葉裏稍白色ヲ呈シ葉質頗ルばせうヨリ厚ク、中脈ハ大ニシテ葉裏ニ隆起シ支脈多シ。夏秋ノ間葉心ヨリ粗大ナル花莖ヲ出シ彎曲シテ長サ1-2m穗狀花穗ヲ下垂ス。赤紫色ノ卵形苞内ニ淡黄色圧十五内外ニ並ビ、苞ハ花後脫落ス。總軸ノ下部ニハ雌性花アリ、上部ニハ雄性花アリテ此雄性花ハ後ニ脫落ス。外花蓋三片ト內花蓋二片ノ相合鐘シテ半筒狀ヲ成シ長サ3-4cm許、先端ニ大小ノ五齒片ヲ成シ、內花蓋ノ一片ハ短クシテ獨立シ鐘頭ヲ成ス。雄蕊ハ内花蓋ノ一片ニ對スル者ニ缺如スルヲ以テ五アリ。花柱ハ一、子房ハ下位。果實ハ鈍三稜形、長サ10-15cm許、黄熟シ、其外皮ハ繊維質ナレドモ内果皮ハ軟質甘味ニシテ芳香アリ所謂食用ばなななり、果中ノ種子ハ發育セザル特狀アリ、和名ばななハBananaニシテ元來ハ其果實ノ俗言ナリ、而シテ其植物ハBanana-tree 即ちばななのきナリ、實芭蕉ハ食用果實ヲ生ズルばせうノ意ナリ。

おらんだあやめ
一名 たうしゃうぶ・ぐらぢおらす
Gladiolus gandavensis Van Houtt.

本品ハ南あふりか原産ノ G. psittacinus Hook. ト G. cardinalis Curt. トノ間ニ生ジタル園藝的間種ニシテ明治初年ニ渡來シ、今ハ諸處ニ培養セラレ多クノ切花トシテ賞用セラルル多年生草本ニシテ高サ 80-100cm許アリ直立ス。球莖ハ大ニシテ平稜形ヲ呈シテ上面ハ稍々鱗片葉ニテ被ハル。莖ハ強直綠色、下ハ通ジテ葉ヲ有シ、上ハ花穗ト成ル。葉ハ劍形ニシテ蒼綠色ヲ呈シ二列ニ成シテ直ニ立ス。夏日莖頂ニ直立セルー花穗ヲ成シテ偏側的ニ一美花ヲ晉ケ下方ヨリ開キテ順次ニ上方ニ及ビ、花色紅・淡紅・白・黄・齒駁等アリテー樣ナラズ、苞ハ常ニ一花ヲ擁シ、綠色ニシテ質厚ク披針形ニシテ銳尖ナリ。花ハ側向シ、下部ハ小苞ニ包マレ、花蓋ハ左右相背ニシテ徑3-4cm、六裂シテ開キ、各片ハ卵狀橢圓形、花蓋筒ハ漏斗狀ニシテシク彎曲ス。雄蕊ハ三數、一方ハ偏シテ並列シ花蓋筒ノ喉部ニ着生シ花柱ト並ブ。花柱ハ少シク細蕊ヨリ高ク、柱頭ハ三裂ス。和名ハ和蘭あやめノ意ニシテ西洋ヨリ新裁セシニ由リ此名アリ、あやめノ其性質略ハ其品ニ類スレバ云フ、唐菖蒲ノ名ハ外來品タルヲ示シ菖蒲ニ其葉狀ニ基ク、ぐらぢおらすハ其屬名ヨリ來リシ名ナリ。

するせんあやめ
Tritonia lineata Ker.
（= Gladiolus lineatus Salisb.; Montbretia lineata Baker; Sparaxis lineata Pax; Ixia reticulata Thumb.）

南あふりか地方ノ原産ナル多年生草本ニシテ高サ30-40cm許、德川時代ノ弘化年間頃ニ渡來シ當時れりーなるしノ名ヲ呼ビ、觀賞花草トシテ栽培セシガ今ハ世間ニ稀ニ見ルニ過ギズ。根莖ハおらんだあやめニ似テ小形、橢圓形、繊維強キ鞘狀葉ヲ被ル。莖ハ直立シ、下部ハ二列ヲ成シテ六葉ヲ直生ス。葉ハ狹長ニシテ銳尖頭、中脈隆起シテ劍脊狀ヲ呈ス。五月、葉間ヨリ立テル莖ニ往々一二枝ヲ分チ、偏側性穗狀ヲ成シテ淡黄花ヲ開キ側ニ向ヒ、花下ニ剛草質ノ二苞アリテ先端褐染ソ外者ニ三淺齒アリ。花ハ徑3.5-4cm許、漏斗狀廣鐘形ヲ成シ、狹筒部ハ極メテ短ク、裂片ハ倒卵狀橢圓形ヲ呈シ圓闊ナリ。雄蕊ハ三數、絲狀ノ一花蓋ヲ圍ミテ立チ、葯ハ紫黑色。花柱ノ先端ハ三岐セリ。和名ハ水仙あやめノ意ニシテ水仙ハ花容、あやめハ葉姿ニ基ヅク。

ひめひあふぎずいせん
一名 もんとぶれちあ

Tritonia crocosmaeflora *Lemoine.*
(=Montbretia crocosmaeflora *Hort.*)

本品ハ Crocosmia aurea *Planch.* ナルひあふぎずいせんト Tritonia Pottsii *Benth.* ナルひめたうしゅうぶとノ間ニ生ジタル一間種ニシテ明治年間ニ渡來シ繁殖旺盛ナルヲ以テ今ハ花草トシテ通常人家ノ庭園ニ之ヲ見、叢生シ、高サ50~80cm許ノ多年生草本ナリ。根莖ハ球形、繊維多キ膜質ノ鞘狀葉ニテ包マレ、側方ヨリ細キ鞘狀葉ヲ排出シ匐枝ヲ發出ス。莖ハ葉中ヨリ直立シ、下部ニ二列生ノ葉ヲ互生シ葉集相接ス。葉ハ廣綠形ニシテ尖リ鮮綠色ヲ呈シ、質硬クシテ直立シ劍背アリ。夏日莖ノ上部ニ二三岐ニ分チ、多數ノ柑赤色花ヲ一側ノ穗狀花穗ニ開キ、花下ノ苞ハ厚膜質ニシテ尖リ栄茶テリ。花ハ徑2~3cm許、花蓋ハ漏斗狀ヲ成シ、筒部細長ニシテ稍曲リ、花蓋片ハ六數、半バ正開シ、各長橢圓形ヲ呈シ鈍頭ナリ。雄蕊ハ三數、花蓋筒ノ内面ニ着生シ、花絲ハ絲狀、葯ハ綠形ニシテ黃色、花柱ハ絲狀ニシテ先端ハ三枝ニ岐ル。和名ハ姬檜扇水仙ニシテひあふぎずいせんニ似テ小型ナレバ云ヒ、もんとぶれちあハ元ト本品ヲMontobretia屬ト爲セシニ由ル。

ひあふぎずいせん

Crocosmia aurea *Planch.*
(=Tritonia aurea *Puppe.*)

明治年間ニ渡來シ觀賞花草トシテ栽培スル多年生草本ニシテ元來ハ南あふりか及印度洋一面セシ地方ノ原産ニ係リ、高サ1m內外、地下ニハ圓形ノ塊莖ヲ有シ、塊莖ノ外面ハ厚膜、繊維質ノ葉鞘ヲ被リ、側方ニハ匐枝ヲ出シテ繁殖ス。葉ハ根生、二列ニ並ビ劍狀ニシテ幅2cm內外。下部ハ直立シ上部彎曲下垂ス。盛夏、葉心ニ一葶ヲ抽キ、分岐セル穗狀花序ヲ着ケ、二十內外ノ花ヲ着ク。花ハ徑3~4cm、鮮黃橙色ヲ呈シ、高盆狀漏斗形ヲ成シ、花筒ハ細長ニシテ且ツ稍彎曲ス。花蓋六片平開シ花蓋片ハ倒披針形ナリ。三雄蕊アリ、花絲ハ花柱ト共ニ絲狀ニシテ、花冠ノ上ニ高ク直立挺出ス。花柱ハ先端三個ノ短枝ニ分ル。蒴果ハ圓形、三室ヨリ成リ、凹頭ナリ。此種今我邦ニ存スレバ甚ダ鮮シ、之ニ反シ本種ひめたうしゅうぶ Tritonia Pottsii *Benth.* ト間種ナルひあふぎずいせん即チ Tritonia crocosmaeflora *Lem.* ハもんとぶれちあ(Montbretia)ト稱シ諸處ニ之ヲ見ル。此圖ハ Curtis's Botanical Magazine, tab. 4335 ニ從ヒシ者ナリ。和名檜扇水仙ハ跨狀ヲ成セル其葉ノ形檜扇ニ類シ、水仙屬ニハ非ザレドモ花燦爛彷彿タレバ斯ク云フ。

にはぜきしゃう

Sisyrinchium angustifolium *Mill.*

此品ハ蓋ニ北米産ニシテ明治廿年頃ニ我邦ニ渡リシ多年生小草本ニシテ高サ10~20cm許、初メ植物園ニ在リシガ今ハ諸處ノ芝地ニ野生狀態ヲ呈スルニ至レリ。地下ニ細鬚根叢出ス。莖ハ扁平綠色ニシテ二狹翼ヲ有ス。葉ハ多數跨狀ヲ成シテ莖ノ脚部ニ生ジ扁平ナル綠形ニシテ漸次ニ尖リ、鞘ニ微廣ヲ有シ基部ハ鞘ト成リ兩緣ニ莖ニ沿下ス。五六月、莖頂ニ在ルモ長短不同ノ綠色篦狀ノ二苞間ヨリ二乃至五許ノ粗鬚狀小梗ヲ順次ニ出シテ繖形線ニ開花シ、小梗ノ脚部ニハ小苞アリ。花ハ徑15mm許ニ。花蓋ハ基部短筒狀ヲ成シ外面ニ白腺毛アリ、各片ハ星芒狀ニ平開シ、倒卵狀長橢圓形ニシテ尖頭ヲ有シ紫色或ハ白紫色ハ紫條ヲ交ヘ基部ハ黃色ヲ呈シ、朝開暮凋一日ニシテ終ル。雄蕊三、雄蕊一、共ニ花心ニ位シテ小ナリ。子房ハ下位ニシテ倒卵狀橢圓形ヲ成シ綠絲色ニシテ細腺毛アリ。蒴果ハ細セル小梗ヲ以テ下垂シ、小球形、膜質ノ壁ヲ有シ、無毛光澤アリテ通常褐紫色ヲ呈ス。種子ハ細微、上ノ學名ハ多少疑問ヲ以テ之ヲ用ヒタリ。和名ハ庭石菖ノ意、庭本ニ生ジ其苗せきしゃうノ狀アレバ云フ。

712

ひあふぎ (射干)

古名 からすあふぎ

Gemmingia chinensis *O.Kuntze.*

(=Ixia chinensis *L.*; Belamcanda
chinensis *Leman*; Pardanthus
chinensis *Ker.*; B. punctata *Moench.*)

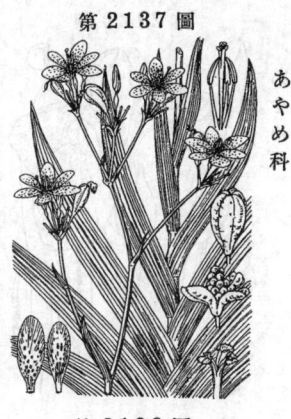

第 2137 圖

あやめ科

山原ニ生ジ直立シテ高サ50cm-1m 餘アル多年生草本ニシテ又觀賞花草トシテ往々栽培スル見ル。根莖ハ短クシテ匐枝ヲ出ス。莖ハ綠色、下半ハ扇形。排列セル葉狀ハ綠葉ヲ着ケ、梢ニ花穗ヲ成ル。葉ハ廣劍形、扁平ニシテ多少粉白色ヲ呈ス。夏日、莖頭疎ニ再三分枝シ枝端ニ有穗ノ數花ヲ着ケ、下部ニ苞狀苞四五片ニ包ム。花ハ徑5-6cm、黃赤色ニシテ內面ニ濃色ノ暗紅點ヲ滿布ス。花蓋六片、同形ニシテ平開シ、長橢圓狀匙形、鈍頭狹底、花蓋筒ハ極メテ短シ、雄蕊三、長藥ヲ有シ絲狀ニシテ雌蕊ヲ圍ミテ立ツ。花柱ハ上部漸次ニ放大シ績ニ傾斜シ、子房ハ下位、橢圓形、綠色。蒴果ハ膨脹セル倒卵狀橢圓形ニシテ長サ2.5-3cm、中ニ光澤アル黑色ノ圓形種子ヲ容ル。園藝品ニベニひあふぎ (f. rubriflora *Makino*) アリ花色赤ク、きひあふぎ (f. aureoflora *Makino*) アリ花色黃ナリ、だるまひあふぎ (var. crutata *Makino*) アリ矮生ナリ。和名檜扇ハ其葉檜扇狀ヲ呈スルヨリ云ヒ、烏扇ハ其葉檜扇ノ如ク其種子黑色ナレバ云フ、而シテ此黑キ種子ヲぬば玉又ハうば玉ト呼ブ。

あやめ

古名 はなあやめ

Iris Nertschinskia *Lodd.*

(=I. orientalis *Thunb.*; I. sibirica *L.* var.
orientalis *Maxim.*; I. sanguinea *Donn.*)

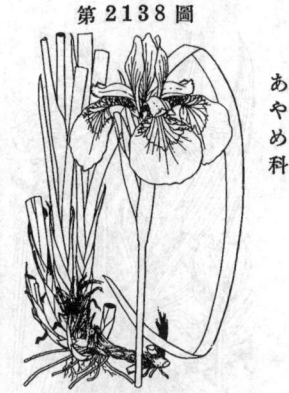

第 2138 圖

あやめ科

山野ニ生ズル多年生草本ニシテ高サ 30-50cm 許、又人家庭園ニ栽エテ觀賞ス。根莖ハ橫向ニ多脚的ニ分枝シテ蕃殖シ、赭褐色ノ莖根纖維ヲ着ケ、苗ハ多クハ叢生ス。莖ハ綠色圓柱形ニシテ葉間ハ極短ニ立立ス。葉ハ直立シ劍狀ニシテ漸尖シ平面ニシテ隆起脈無ク多少蒼綠色ヲ呈シ基脚ハ稍狹ク或シテ淡紅色ヲ帶ブル者三片、幅5-10mm 許アリテはなしゃうぶ等ヨリ狹シ。初夏ニ入リテ莖頭ニ紫色ノ美花ヲ開ク。花ハ徑7-8cm許アリテ小梗ヲ有シ、綠色ニシテ紅條線アル直立稍長間ニ二三雷アリテ順次ニ開綻ス。外花蓋三片ハ下垂シ、歧部ニ圓形、基脚部ニ急ニ狹窄シテ花爪ト成リ黃色ニシテ鮮ナル橫條脈ヲ有シ、內花蓋三片ハ細狹ニシテ直立ス、雄蕊ハ三、花柱枝ノ背面ニ在リ、藥ハ外向ニシテ暗紫色。花柱ノ分枝ニ赤紫色ヲ呈シ、先端二裂シ裂片ハ淺ク細裂シ、其下ニ柱頭アリ、子房ハ下位、狹長。蒴ハ有稜ニシテ直立シ長サ 3.5-4.5cm ノ三稜柱形ニシテ賀硬ク、兩端少シク尖シ、頂端開裂シテ褐色ノ種子ヲ出ス。花白色ナルモのしろあやめ (var. albiflora *Makino*) ト云ヒ外花蓋片稍廣ク常トシ、又くるまあやめ (var. stellata *Mak.*) アリ內花蓋片大形ト成ル、又ちゃぼあやめ (var. pumila *Mak.*) アリ全草小形ニシテ紫花或ハ白花ヲ開ク。和名あやめハ其文目ノ意ニシテ其葉ノ辭列シテ立テルヨリ謂ヒシナラン。昔あやめト云ヒとハ今日のしゃうぶ即チ白菖ナリ、花あやめハ花ノ咲くあやめノ意ナリ。漢名 溪蓀・菖蒲 (共ニ誤用)

はなしゃうぶ

Iris ensata *Thunb.* var. hortensis
Makino et Nemoto.

(=Iris Kæmpferi *Sieb.* var. hortensis *Makino.*)

第 2139 圖

あやめ科

淺水地或ハ水邊或ノ泥濕地ニ栽培スル多年生草本ニシテ高サ60-80cm許、叢生ス。根莖ハ橫向ニ多脚的ニ歧レテ蕃殖シ、下ニ鬚根ヲ發出ス。莖ハ直立シ、綠色、圓柱形、葉ヨリ凸的ニ互生ス。葉ハ直立シ劍狀ニシテ漸尖シ、多少碧色ヲ帶ビシ綠色ヲ呈シ能面ハセルハ脈ハ有スル殊隆アリ。初夏ノ候、葉間ヨリ抽ク一莖ハ時ニ疎枝ヲ分チ頂ニ直立セル二稍苞アリテ苞間ヨリ嶄ヲ出シ顯著ニナル美花ヲ開キ小梗アリ、其大ナル者ノ徑15cmニ達シ、紫・白・絞リ等種々ノ色アリテ其設設ノ狀満ヲ覩ルベシ。外花蓋片ハ歧部腹濶ナル圓形、底部ノ中央ハ黃色ヲ呈シ、且ツ中脈界ニ大ハ多數ノ脈條ヲ見ルベシ、內花蓋片亦闊大ト成ル者多シ。雄蕊ハ三、花柱枝ノ背面ニ在リ、藥ハ外向ニシテ黃色。花柱分枝ノ先端ハ全邊或ハ有齒ノ二小片ニ分歧シ其下ニ柱頭アリ。子房ハ下位、狹長。蒴果ハ長橢圓形、三稜片ハ開裂シ、褐色ノ種子ヲ出ス。原種ハのはなしゃうぶ (var. spontanea *Nakai*=I. Kæmpferi *Sieb.* var. spontanea *Makino*) ト稱シ山野ノ乾地ニ生ジ赤紫色ノ花ヲ開ク、全體瘦長ニシテ外花蓋片ハ橢圓形ヲ呈シ內花蓋片ハ小形ナル褄狀ニシテ直立セリ、往々之レハながつみ卜云フハ非ナリ。和名ハ花菖蒲ニシテ花ノ咲ク菖蒲ノ意ナリ。

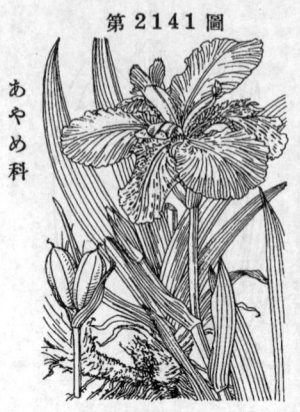

第2140圖

あやめ科

かきつばた
Iris laevigata *Fisch.*

我邦中部以北并ニ中國等ノ水濕地ニ生ズル多年生草本ニシテ
叢生シ高サ50-70cm許、又花莖トシテ池邊等ニ栽培セリ。根
莖ハ横向ニ多脚的ニ分枝シ舊纖維ヲ遺着ス。莖ハ直立シ綠色
ニシテ圓柱形、脚部ニ一跡狀葉ヲ備ケ部ハ途中一ニ一葉ア
リ。葉ハ劍狀廣線形ニシテ漸尖シ基部ハ鞘ト成リテ莖ヲ擁シ、
嫩綠色ニシテ質柔カク、隆起中脈ヲ缺キ、幅2-3cmヲ算シ高サ
ハ莖莖ヲ超ユル者ナリ。初夏ノ候、莖頭ノ直立ニ二苞苞間ヨリ
大抵三曇リ順次ニ出シテ濃紫色ノ美花ヲ開キ小型アリ。外花
蓋三片ハ其耿部長サ6-7cm許アリテ垂レ、橢圓狀倒卵形、鈍
頭、下部ノ花ノ央色ヲ呈シ鷄冠無ク、底部ノ耿部半長ノ花
爪ト成ル。內花蓋三片ハ倒狹形ニシテ直立シ、先端稍尖セ
リ。雄蕊三、花柱枝ノ背面ニ在リ、葯ハ外向ニシテ白色、花
柱分枝ハ三、先端ニ片成リ、裂片ハ稍圓形ニシテ剪裂セズ、
其下ニ柱頭アリ。子房ハ下位、狹房。蒴果ハ長サ5cm、鈍三
稜ノ長橢圓形、兩端ハ不尖、三裂片一開裂シ、種子ハ牛圓形、
褐色ヲ呈シ平滑ニシテ光澤アリ。園藝品ハ花白色ノしろかき
つばた (f. leucanthum Makino) アリ、紫斑アルわしのを
(f. albopurpurea Makino=var. albopurpurea Takeda
=I. albopurpurea Baker.)アリ。和名ハ書キ付ケ花ノ意ニ
シテ其轉化ナリ、書キ付ケハ擦リ摺クルニテ、其花汁ヲ以テ布
ヲ擦リ染ムル事ナリ、昔ハ此ノ如キ事行ハレシナリ。漢名 燕
子花(誤用)・杜若(誤用、是レあをのくまたけらん ノ漢名)

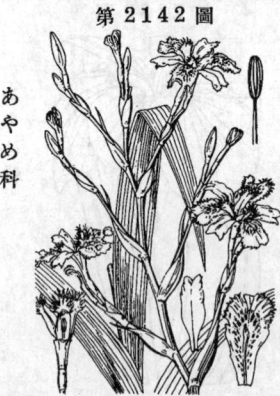

第2141圖

あやめ科

いちはつ (鳶尾)
Iris tectorum *Maxim.*

(= I. tomiolopha *Hance*; I. cristata *Miq.*)

支那ノ原產ニシテ往時我邦ニ渡來シ今々觀賞花草ト
シテ栽培シ、又大風ノ防ギトシテ往々之レヲ藥屋屋根
ノ棟ニ一栽エアル多年生草本ニシテ高サ30-50cm許、叢
生ス。根莖ハ短大ニシテ短ク分枝シ黃色ヲ呈ス。葉ハ
跡狀ニ扁列シ、漸尖セル劍形ナレドモ廣クシテ幅3-4
cm 許ヲ算シ、淡綠色ヲ呈シ中脈ハ不明ナレドモ多少
隆起セル縱脈多ク、多月ハ枯凋ス。五月、葉中ヨリ抽
ケル莖梢ハ一二分枝シテ僅ニ葉ヨリモ高ク、各枝ニ三
曇リ二稍苞內ニ一容レ一花ヅツ順次ニ開設シ每花孰小
梗アリ。花ハ其基部年ク鞘苞ニ包マレ、紫色ニシテ徑
10cm許アリ。外花蓋三片ハ其耿部詹部ニ一シテ稍圓形
ヲ呈シ紫點アリ、中脈ノ下半部ニハ紫脈アル白色ノ剪
裂鷄冠アリテ顯著リ、花爪部ハ耿部ノ半長アリテ橫
斜セル紫脈多ク、內花蓋片ハ亦平開シ倒卵狀圓形ヲ成
シ、底部ハ狹窄シテ短キ管狹ノ花爪ト成ル。雄蕊
ハ三、花柱枝ノ背面ニ位シ、葯ハ外向ニシテ白色。花
柱分枝ハ三、紫色ニシテ先端ニ二裂シ、裂片ハ不齊尖
齒アリテ柱頭ハ其下ニ位ス。子房ハ下位。蒴果ハ長橢
圓形ニシテ長サ4cm、鈍六稜アリ。種子ハ暗黑褐色ナ
リ。偶ニ八片ないちはつ (f. alba Makino=var.
alba Dykes)アリ白花ヲ開ク。和名ハ此花ノ多種ア
ル中ニテ最モ早ク花サク故初(イチハツ)ノ義ナリ
ト請ハレドモ正否不明ナリ。

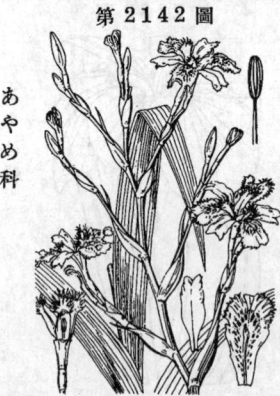

第2142圖

あやめ科

しゃが
Iris japonica *Thunb.*

(=I. chinensis *Curt.*; I. fimbriata *Vent.*)

林下陰濕ノ地ニ大群ヲ成シ生ズル常綠ノ多年生草
本ニシテ高サ50-60cm許アリ。根莖ハ淺ク地下ニ横ハ
リテ汚黃色ヲ呈シ細長ナル匍枝ヲ分チテ繁殖ス。葉ハ
跡狀ヲ成シテ扁列シ、漸尖セル劍形ニシテ幅20-25mm
許アリ、革質平滑鮮綠色ニシテ光澤アリ、多ヲ凌ゲ凋
マズ。五月、葉間ニ一莖ヲ抽ナ上向ン總狀ニ互生分枝
シ枝本ハ縱苞アリ、各花枝一二三ノ白紫碧花ヲ開キ、
花徑5-6cm許、朝ハ放ラキタ一ニ凋ミ、花梗ハ鞘狀苞ヨ
リ長ン。花蓋片ハ開出シ、花蓋筒ハ短ン。外花蓋片ハ
倒卵形凹頭、邊緣微ヲ剪裂シ、中央ニハ橙黃色ノ斑
點ヲ印シ且中脈下ニハ低小ナル少シノ黃色鷄冠アリ、
內花蓋片ハ狹倒卵形ニシテ先端二裂シ邊緣多少齒裂
ス。雄蕊ハ三、花柱枝ノ背面ニ位シ、葯ハ外向。花柱
分枝ハ內花蓋片ヨリ短ク、先端二岐シ各片毛狀ニ剪裂
ス。子房ハ下位、綠色、內ハ卵子アレドモ熟スルニ至
ラズ故ニ果實并ニ種子ヲ見ズ。和名ハ蓋シひあふぎノ
漢名射干ヨリ來リシ者ナラン。漢名 蝴蝶花(誤用)

714

ひめしゃが

Iris gracilipes *A. Gray.*

山地ニ生ジ、或ハ庭園ニ栽培スル多年生
草本。地下茎ハ細長ニシテ分岐ス。葉ハ
剣形ヲ呈シ、先端尖リ、幅8mm許、質薄
ク、花茎ト約同長ナリ。花茎ハ細長ニシ
テ長サ凡30cm、五六月ノ頃二三ノ花ヲ着
ク。花径約5cm。外花蓋三片ハ大ニシテ
淡紫色、中央白色、紫脈アリ且ツ黄色ノ
一點アリ、長楕圓形ニシテ内花蓋ト共ニ
先端凹入ス。内花蓋三片ハ淡紫色。花柱
ハ立チテ三岐シ、分枝ハ花瓣状ニシテ花
蓋ト同色、末端ハ総状ニ切込ミアリ。雄
蕊ハ三、稀ニ白花ノ品アリ。花後球形ノ
蒴果ヲ結ブ。種子ハ小形、暗赤褐色ヲ呈
ス。和名ハ姫しゃがニシテ草状しゃがニ
類シテ小形ナルヲ以テ名ク。

あやめ科

ひあふぎあやめ

Iris setosa *Pall.*

北地ニ生ズル多年生草本。地下茎ハ肥大
シ古キ葉ノ残骸ヲ以テ被ハル。葉ハ剣状、
花茎ヨリ短ク、通常基部紫色ヲ帯ビ、幅
1-2cm許アリ。花茎ハ高サ70cm許ニ達シ
剛直ナリ。夏日花茎分枝ノ少數ノ美麗ナ
ル紫花ヲ開ク。外花蓋三片ハ大ニシテ略
ボ圓形或ハ心臓形、細長ナル柄ヲ有ス、
柄ハ黄色ヲ帯ビ紫赤色ノ脈ヲ具フ、花筒
ハ孚房ヨリ短シ。内花蓋三片ハ小形ニシ
テ1cm許ノ長サヲ有シ顕著ナラズ。花柱
分枝ハ三岐シテ開キ花瓣状ニシテ紫色ヲ
呈ス。三雄蕊、葯ハ紫色。蒴果ハ長楕圓
形ニシテ長サ3cm許アリ。種子ハ淺褐色。
和名 檜扇あやめハ草状ニ甚ク、即チひあ
ふぎハ葉、あやめハ花ヲ表ス。

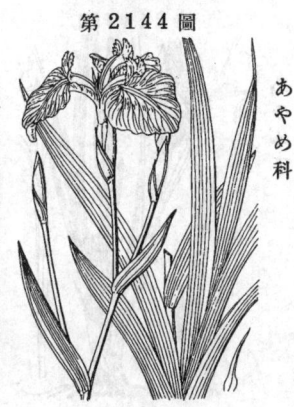

あやめ科

たれゆゑさう

一名 えひめあやめ
Iris Rossii *Baker.*

本種ノ産地ハ瀬戸内海西半ヲ圍繞スル中國・四
國・北九州ニ點在スル多年生草本。根茎ハ稍セ、
疎ニ分岐シ、赤褐色ノ鞘状葉ニテ包マレ横行ス。
葉ハ狭線形ニシテ二三箇直生シテ二列跨状ヲ成
シ、長サ15-20cm、徑1-1.5cm アリ、先端ハ尖リ
緑色ナレドモ基脚ハ紅染ス。六月頃、葉間ニ短
キ一花茎ヲ抽キ柄状ノ花筒アル一花ヲ開ク、高
サ葉ヨリモ低ク、苞葉ニ三。花ハ紫色ヲ呈シ、
徑3-4cm、外花蓋片ハ楕圓形ニシテ平開シ中脈
部ハ黄白色ヲ呈シ、内花蓋片ハ箆状倒卵形ニシ
テ圓頭、外花蓋片ヨリ遙ニ小サク、直立ス。花
柱枝モ亦紫色ヲ呈シ、先端ノ裂片ハ長卵形ヲ成
ス。蒴果ハ小球形ナリ。和名誰故草ハ昔雅人ノ
名ケシモノニシテ誰ヤ故ゾ斯クハ可憐ナル花ヲ
開クゾト歎美セシニ由ル。愛媛あやめハ愛媛縣
伊豫ノ腰折山ニ産スル故ヲ以テ曾テ予ノ命名セ
シモノナリ。

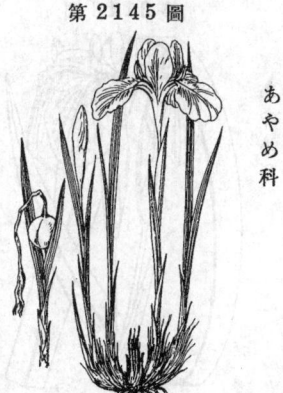

あやめ科

第2146圖

かまやましゃうぶ
Iris Kamayama *Makino.*

あやめ科

庭園ニ栽植スル多年生草本。高サ30-40cm、根莖ハ傾上シ、鞘狀葉ハ赤褐色ヲ帶ブ。葉ハ簇生直立シ、劍狀デ稍捩レ中脈無ク、深綠色ヲ呈シ稍白霜ヲ帶ビあやめニ比シテ剛シ。初夏ノ頃、葉間ニ花莖ヲ抽キテ其頂ニ花ヲ開キあやめニ似テ少シク大ナリ。花下ノ鞘苞ノ邊緣ハ赤味ヲ帶ブ。花ハ濃紫色ニシテ豐艷、外花蓋三片ハ開出下垂シ圓形ニシテ圓頭ヲ有シ下部ハ爪ヲ成シ、爪部ニハ黃斑アリ。內花蓋片ハ外花蓋片ニ比シテ狹ク、橢圓形ヲ呈シテ直立シ同ジク濃紫色ナリ。蒴果ハ未熟ノ時、多少脈絡網狀ニ隆起ス。かまやまト朝鮮ノ釜山ヲ訓讀セルモノニシテ昔時同地ヨリ我邦ニ入リシヲ以テ此名アリ、而シテ頗ルあやめニ類似セシ種ニシテ英國ノ DYKES 氏ハ之ヲあやめト誤レリ。

第2147圖

ねぢあやめ (蠡實)
一名 ばりん
Iris Pallasii *Fisch.*
var. chinensis *Fisch.*
(=I. ensata *Thunb.*
var. chinensis *Maxim.*)

あやめ科

朝鮮滿洲幷ニ支那ノ原產ニシテ我邦ニテハ庭園ニ栽培セラルル多年生草本ナリ。乾燥地ニ繁茂シ往々大ナル株ヲ成ス。葉ハ狹長ニシテ捩レ、瘦劍狀ヲ成シテ尖リ、下部ハ紫色ヲ呈ス、幅5mm 許、質硬シ。春日瘦セタル淡碧紫色ノ花ヲ莖頂ノ鞘苞間ニ開ク、稀ニ白色ノ者アリ、香氣ヲ有ス。花蓋片ハ狹長。外花蓋三片ハ上部開出シ、內花蓋三片ハ立チ外花蓋ヨリモ狹クシテ匙形ナリ。花柱枝ハ三岐ニ末端二裂ス。下位子房ハ瘦長ニシテ上部ハ狹窄ス。蒴果ハ細長ニシテ長サ6cm、橫徑1cm許、先端ハ小嘴樣ニ尖ル。和名ハ捩あやめハ葉ノ捩レタルニ由ル。ばりんハ漢異名ナル馬藺ノ字音ナリ。

第2148圖

きしゃうぶ
Iris Pseudacorus *L.*

あやめ科

歐洲原產ノ多年生草本ニシテ明治年間ニ我邦ニ渡來シ今ハ觀賞ノ爲メ處々水傍ニ栽植セラル。地下莖ハ强大ニシテ內部桃色。葉ハ直立シ劍形ニシテ尖リ、60cm許。花莖ハ1mニ達シ、多ク分枝ス。一鞘狀苞葉內ニ三乃至五花ヲ有ス。花筒ハ淡綠ニシテ外花蓋三片ハ大ニシテ先端略圓形ヲ成シ下垂ス、黃色ニシテ時トシテ褐紫色或ハ紫色ノ脈ヲ有ス。內花蓋三片ハ小形、2.5cm 許、匙狀ヲ成シ直立ス。花柱枝ハ內花蓋ト共ニ黃色、先端ハ大ナル切込ミアリ。子房ハ三角ニシテ三室。蒴果ハ長ク多數ノ扁平ナル種子ヲ有ス。和名ハ黃菖蒲ノ意ニシテ黃ハ花色ニ基ク。

こかきつばた
Iris ruthenica *Ker-Gawl.*
var. nana *Maxim.*

第 2149 圖

あやめ科

朝鮮滿洲支那ノ乾燥セル丘陵草原ニ生ズル多年生草本ニシテ往時我邦ニ渡來シ往々庭園ニ栽培セラルル小形ノ花草ナリ。地下莖ハ細ク分岐シ古キ毛狀ノ殘葉ヲ以テ包マル。葉ハ通常斜上シ、線形、長サ15cmニ達シ、幅4mm許。花莖ハ極メテ短ク、春日、頂ニすみれ色ノ一花又ハ二花ヲ着ク。鞘狀苞葉ハ邊緣赤色ヲ帶ブ。外花蓋三片ハ倒披針形ニシテ開出シ白色ノ網目アリ。內花蓋三片ハ狹長ナル披針形ニシテ直立ス。三岐セル花柱枝ハ花瓣樣ニシテ先端ニ二裂シ裂片ニ鋸齒アリ。蒴果ハ球形、熟スルヤ否ヤ直ニ開裂ス。種子ハ圓形。和名こかきつばたノハ小ノ意ニシテ全草小形ナレバ斯ク云フ。
漢名 紫石蒲（蓋シ誤用）

さふらん（番紅花）
Crocus sativus *L.*

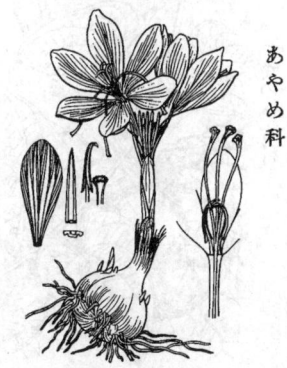

第 2150 圖

あやめ科

南歐及ビ小亞細亞原產ノ多年生草本ニシテ舊クヨリ廣ク栽培セラルルモ我邦ヘハ文久ノ末年ニ始メテ渡來セリ。高サ15cm內外。花莖ハ極メテ短ク葉ト共ニ基部ニ於テ葉鞘ニ包マル。葉ハ瘦線形ニシテ花後充分ニ成長ス。十、十一月、短キ新葉間ヨリ淡紫色ニシテ極メテ優美ナル花ヲ開ク。花ハ漏斗狀ヲ成シ花筒著シク長ク細シ。花蓋片ハ六片ニシテ同形同色。雄蕊ハ六、直立シあやめノ類ト同樣線形ノ外向葯ヲ有ス。花柱ハ上部ニ於テ三岐シ、鮮黃赤色、柱頭ハ多肉。花柱枝ハ藥用及ビ染色ニ供セラル。從來ヨリ此種ノ花柱ノ俗名 Saffron ヲ音譯シテ泊夫藍ト書キ今ヤ植物名ノ如ク成レリ。往時さふらんト云ヒシハさふらんもどきヲ指シ、當時ハ之レヲ其品ト誤認セシナリ。

やまのいも
一名 じねんじやう
Dioscorea japonica *Thunb.*

第 2151 圖

やまのいも科

山野ニ普通ナル多年生纏繞草本ニシテ地中ニ直下セル長大ナル圓柱形ノ多肉根ヲ有ス。莖ハ細ク伸ビテ疎ニ分枝ス。葉ハ對生（瘦セタル莖ニハ往々互生セルモノヲ交ユ）ニシテ長柄ヲ有シ、長卵形ニシテ先端銳ク尖リ底部ハ著シク心臟狀耳形ヲ成ス。莖ト共ニ綠色ヲ呈ス。雌雄別株ニシテ夏日葉腋ニ三丸至五ノ穗狀花序ヲ成シ白色ノ花ヲ開ク。雄花ノ花穗ハ立チ雌花ノ花穗ハ垂下ス。雄花ハ六花蓋片ト六雄蕊トヲ有シ、子房ノ痕跡アリ。雌花ハ六花蓋片ト三室ノ下位子房ヲ有シ假雄蕊アリ。果穗ハ下垂シ、蒴果ハ平圓ナル三箇ノ翅ヲ具フ。種子ハ平扁ニシテ廣キ圓形ノ膜質翼ヲ具ヘ果實開裂スル時ハ飛落ス。葉腋ニむかご卽チ零餘子ヲ生ズ。肉質根ハ白質柔軟ニシテ粘滑シ食用トス。從來本品ヲ眞薯蕷トセシハ非ニシテ是レハ正ニながいもノ漢名ナリ。和名ハ山の芋ノ意、じねんじやうハ自然生ナリ。

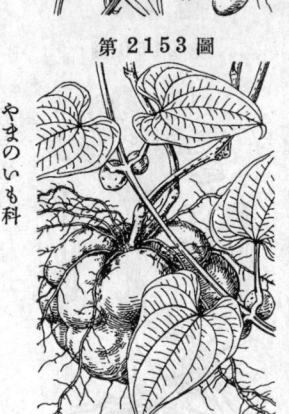

ながいも (薯蕷)
Dioscorea Batatas *Decne.*

往々山野ニ自生スル者ヲ見レドモ通常ハ園圃ニ栽培シアル纏續性ノ多年生草本。根ハ鬚狀ヲ成スト雖モ、特ニ其一ハ非常ニ肥大ニシテ長サ1m餘ニ達シ肉質ヲ成シ深ク地中ニ直下シ、毎歲新舊相換リ質柔軟白色ニシテ粘滑ス、又種々ノ形狀ヲ呈スルモノアリ。莖ハ長ク延ビ强壯ニシテ疎ニ枝ヲ分チ通常紫色ヲ帶ビ、稜アリ。葉ハ有柄、對生或ハ三葉輪生シ、無毛、箭狀三角狀卵形ニシテ先端尖リ底部ハ戟狀心臟形ヲ呈シ兩耳端圓ク、葉質稍厚ク。長葉柄ヲ有シ紫色ヲ帶ブルコト多シ。葉腋ニむかごヲ生ズ。雌雄別株ニシテ夏日乳白色ノ小花ヲ穗狀花序ニ綴ル。雄花穗ハ立チ、雌花穗ハ垂ル。花ハ六花蓋片ヲ有シ、雄花ニ在テハ六雄蕋ヲ包ミ、雌花ニ於テハ短キ花柱ヲ包ミテ花下ニ綠色ノ下位子房アリ。蒴果ハ三翅ヲ成シ圓裂ノ種子アリ。肉質根ハ食用ニ供セラレ、形狀種々ノ異品アリ。和名長芋ハ肉質根ノ形狀ニ基ク。漢名 山藥ハ一名ニシテ山ニ生ズル者ヲ野山藥ト云ヒ、圃ニ栽培スル者ヲ家山藥ト云フ。

つくねいも (佛掌藷)
Dioscorea Batatas *Decne.*
forma Tsukune *Makino.*

ながいもノ一品種ニシテ家圃ニ培養セラルル多年生纏續草本。ながいもトハ單ニ其肉質根ノ形狀ニ由リ相異ナルノミ。其肉質根ハ形狀不規則ノ塊狀ヲ呈シ、肉色白ク質密ナリ。莖葉ノ狀ハながいもト異ナルナク、是レ亦葉腋ニむかごヲ生ズ。雌雄別株ニシテ夏日淡白色ノ無柄小花ヲ綴ル。雄花穗ハ葉ヨリ短ク毎葉腋ニ一乃至二條ヲ出シテ立チ、雌花穗ハ毎葉腋ニ一條ヲ出シ葉ヨリ長クシテ下垂ス。肉質根ヲ食用ニ供ス。和名ハ捏ね芋ノ意ニシテ、形狀つくねタルガ如キニ由リ此名アリ。

と こ ろ
一名 おにどころ
Dioscorea Tokoro *Makino.*

山野ニ多キ多年生纏續草本。根莖ハ肥厚シテ横ニ生長シ或ハ直或ハ曲リ、鬚根ヲ生ズ。葉ハ互生シ無毛、長柄ヲ有シ、心臟形ニシテ先端尖ル、質薄シ。雌雄異株ニシテ夏日葉腋ヨリ長キ花穗ヲ出シ淡綠色ノ花ヲ綴ル。雄花穗ハ花軸ヨリ更ニ二乃至五花小穗ヲ着ケ、雌花穗ハ下垂シ一花ヅツノ無柄雌花ヲ着ク。花蓋ハ六片ニシテ開キ、雄花ニ於テハ六雄蕋、雌花ニ於テハ三柱頭ヲ有ス。蒴果ハ三翅アリ、下垂セル穗ニ着キテ上向シ、種子ニハ一方ニ膜質翼ヲ具フ。長壽ヲ祝スル爲メ正月ノ春盤ニ用ヰ其鬚根ヲ老人ノ鬚髯ニ擬シ、山ニ生ズルヲ以テ野老ト書セリ、卽チ老ビヲ海老ト書スルト同趣ナリ。根莖ヲ食スル處アリ、味苦シ。漢名 山草薢(誤用)

えごごろ
一名 ひめどころ
Dioscorea tenuipes
Franch. et Sav.

山地ニ生ズル多年生纏繞草本。地下莖ハ肥厚シテ横臥ス。蔓莖ハ細長クシテ長ク延ブ。葉ハ互生シテ長柄アリ、披針形或ハ卵形ニシテ葉端長ク尖リ底部ハ耳狀心臟形ニシテ廣ク彎入シ耳片大ナリ。葉質ハ薄シ。夏日、淡綠色ノ花ヲ着ケ雌雄株ヲ異ニス。花穗ハ細クシテ狹長ナル總狀ヲ成シテ下垂シ多數ノ小形花ヲ着ク。雄花ハ小ニシテ短梗ヲ有シ、雌花ハ無柄ナリ。花蓋片ハ六片ニシテ細長、平開ス。雄花ニハ六雄蕊ヲ有シ、雌花ニハ下位子房ヲ有シ三花柱ヲ有ス。蒴果ハ略ボ圓形ニシテ三翅ヲ有シ、種子ニハ周圍ニ膜質翼アリ。根莖ヲ食シ得ベシ。和名江戸どころハ京都ニテノ名ト云フ。漢名 草薢・川草薢（共ニ誤用）

たちごろ（癲蝦蟇）
Dioscorea gracillima *Miq.*

山地ニ生ズル多年生纏繞草本ニシテ能ク成長セバ長ク延ブ。根莖即チ地下莖ハ肥厚シテ横臥ス、莖ハ强クシテ初メハ殆ド直立シ上部ニ至ルニ從テ漸ク蔓狀ヲ呈ス。葉ハ長柄ヲ有シテ互生シ、稍三角形ヲ成シ葉緣往々皺曲シ先端銳ク尖リ底部ハ心臟形ナリ、無毛ニシテ質稍厚ク剛シ。雌雄異株。夏日葉腋ヨリ花穗ヲ出シ、黃色ノ小形無柄花ヲ開ク。雄花穗ハ疎ニ分枝セル穗狀花序ヲ成シ、花軸ハ細長ナリ。雌花穗ハ下垂ス。花ハ六花蓋片ヲ有シ平開ス。雄花ニ六雄蕊アレドモ其三雄蕊ノミ正形ニシテ他ノ三雄蕊ハ變形シテ葯無ク線狀ノ箆形ヲ成ス。雌花ハ三室ノ下位子房ヲ有ス。蒴果ハ倒卵狀平圓形ニシテ三翅狀ヲ呈シ、種子ハ圓形ノ膜質翼ヲ具フ。和名ハ立ちどころノ意ニシテ其莖初メ直立スルモノ多キヨリ名ク。

にがかしゅう（金綿弔蝦蟇）
一名 まるばどころ
Dioscorea bulbifera L. forma
spontanea *Makino et Nemoto.*

山足或ハ川岸ノ地等ニ生ズル多年生纏繞草本。塊根ハ豐大平圓形ニシテ外皮黑ク滿面ニ鬚根ヲ有ス。蔓莖ハ長ク、淡綠ニシテ紫采ヲ帶ビ上部ニ枝ヲ分ツ。葉ハ互生シテ長柄アリ、圓キ心臟形ヲ成シテ葉末尖リ、大ナル者ハ幅9cm餘アリテ七乃至十一條ノ主脈アリ。雌雄異株ニシテ、夏秋ノ候紫色ノ花ヲ穗狀ニ着ク。花蓋片ハ六、狹長ナリ。雄花ハ其數多ク雄蕊六箇。雌花ハ三室ノ下位子房ヲ有ス。柱頭ハ縱ニ二裂ス。葉腋ニむかご即チ肉芽ヲ生ジ、皮黑ク、形稍壓扁、塊根ト共ニ苦味ヲ帶ビ食ニ堪ヘズ。和名苦かしゅうハかしゅうもノ類ニシテ其味苦ケレバ云フ。漢名トシテ別ニ山慈姑ノ名アレドモ是レニハ同名アリ。

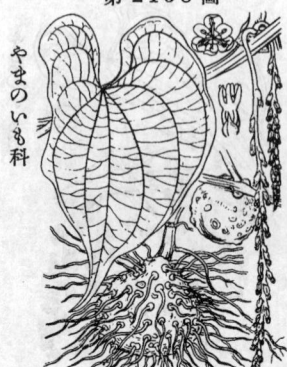

第 2158 圖

やまのいも科

かしゅういも

Dioscorea bulbifera *L.* forma domestica *Makino et Nemoto.*

支那原産ノ多年生纏繞草本ニシテ家園ニ栽培セラル。根ハ外皮暗黒色ニシテ多肉豐大ナル球塊ヲ成シ滿面ニ鬚根ヲ有ス。莖ハ毛無ク淡綠色ニ紅紫色ヲ帶ビ强壯ナリ。葉ハ五生シ長柄アリ、大ニシテ圓形或ハ卵圓形ヲ成シ全邊ニシテ先端尖レリ、底部ハ心臟狀耳形ヲ成シ其兩片ノ間深ク彎入ス。元來雌雄異株ナレドモ我邦ニテハ唯雌本ヲ見ルノミ。夏秋ノ候葉腋ニ下垂セルヒゲ狀ヲ成シテ白色無柄ノ小花ヲ綴ル。葉腋ニ球形ノむかごヲ生ズ、徑2cm內外ヲ算シ皮色褐黃色ニシテ點アリ、煮テ食用ニ供スレドモ美味ナラズ、和名ハ蓋何首烏芋ノ意ニシテ何首烏ニモ地中ニ塊莖アレバ本品ノ塊莖ガ其物ニ擬セシナラン。漢名 土芋并ニ黃獨(共ニ誤用)、是レハまめ科ノ Pachyrrhizus erosus *Urban*(P. bulbosus *Kurz*.)ニシテ、俗ニ Yam Bean ト呼ブモノナリ。

第 2159 圖

やまのいも科

うちはごころ
一名 かうもりどころ
Dioscorea nipponica *Makino.*

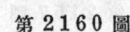

我邦中部以北ノ山地ニ生ズル纏繞多年生草本。根莖ハ多肉ノ圓柱形ヲ呈シ、地中ニ長ク横ハル。葉ハ長柄ヲ具ヘテ互生、卵形或ハ廣卵形ニシテ長サ5-12cm、稍三尖裂シ、中裂片ハ卵狀披針形ニシテ大ナレドモ、側裂片ハ短ク、更ニ三-五淺裂ス。葉脈ハ下面ニ隆起シ細毛ヲ布クコト多シ。雌雄異株ニシテ雄穗ハ複穗樣、雌穗ハ單一ニシテ下垂ス。夏日綠黃色ノ小花ヲ開ク、鐘形ニシテ正開セズ、花蓋六片ハ橢圓形、鈍頭ナリ。雄蕋六箇、花蓋片ヨリ短シ。蒴果ハ倒卵狀橢圓形ニシテ上向シ三翅狀ヲ成シ、下垂セル穗軸ニ着キ上向ス。種子ハ上部ニ長方形ノ翼ヲ具フ。和名ハ葉形ニ基ク。

第 2160 圖

やまのいも科

かへでごころ

Dioscorea quinqueloba *Thunb.*

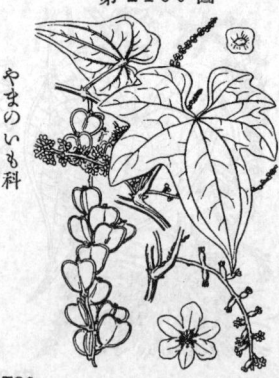

我邦南部ノ山野ニ生ズル多年生纏繞草本ニシテ蔓莖ハ長ク延ブ。肥厚セル根莖ハ横臥ス。葉ハ長柄ヲ有シ、柄本ノ兩側ニ各一ノ尖突起ヲ具フ。葉片ハ長サ10cm內外ニシテ通常五乃至九箇ニ分裂シ、先端ハ銳尖シ底部ハ心臟形ヲ成ス。葉面平滑或ハ粗糙ニ、下面ノ葉脈上ニ毛ヲ帶ブルヲ常トス。全形稍かへでノ葉ニ似ル。故ニかへでどころノ名アリ。雌雄異株。夏日、葉腋ヨリ生ズル花穗ニ小花ヲ綴ル。花穗ハ長サ5-15cm 許。花蓋ハ六片ニシテ平開ス。雄花ハ六雄蕋。雌花ハ三室ノ下位子房ヲ有ス。蒴果ハ三翅狀ヲ成シテ長サ 15mm許、廣倒卵形ニシテ下垂セル穗軸ニ着キ上向ス。種子ニハ周圍ニ翼アリ。

きくばどころ
一名 もみぢどころ
Dioscorea septemloba *Thumb.*

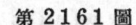
第 2161 圖

やまのいも科

暖地ノ山野ニ生ズル多年生纏繞草本ニシテ蔓莖ハ長ク延ブ。肥厚セル根莖ハ横臥ス。莖ハ強大ナル圓柱形ニシテ質稍柔カク、緑紫色ヲ帶ブ。葉ハ互生ニシテ長葉柄ヲ有シ、大形ニシテ深ク五乃至七裂シ、葉面ノ大ナル者ハ長サ15cmニ達シ、先端銳尖シ、基部ハ深ク凹入シ、邊緣ハ細カナル波狀ヲ呈シ、乾ケバ暗色ヲ呈ス。雌雄異株。夏日葉腋ニ花穗ヲ出シテ淡緑紫色ノ無柄單性花ヲ綴ル。雄本ノ花穗ハ多クノ枝ヲ分チ、雌本ノ花穗ハ單一ニシテ下垂ス。雌花雄花共ニ六花蓋片アリ。雄花ニハ六雄蕊アリ。蒴果ハ大ニシテ三翅狀ニ成シ、下垂セル穗軸ニ沿テ上向シ長サ2cm許アリ。種子ニ薄キ圓形翼アリ。和名菊葉どころハ其葉分裂セル狀ニ基ク。

きんばいざさ
Curculigo orchioides *Gaertn.*

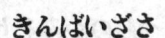
第 2162 圖

ひがんばな科

暖地ノ山地ニ生ズル多年生草本。根莖ハ圓柱形ニシテ地中ニ直下シ枯葉ノ基部ヲ被リ、頂ニ葉ヲ簇生ス。葉ハ狹長披針形ヲ呈シ、長サ 10-20 cm、先端尖リ、薄質ニシテ縱摺アリ、長軟毛ヲ生ズ。六月頃、外部ノ葉ノ腋ニ殆ド地ニ埋レテ小黄花ニ三ヨリ成ル花序ヲ出ダス。上部ノ花ハ往々雄性ナリ。花ニハ膜質ノ長苞アリ。花ハ徑 1-1.5cm、高盆形ヲ成シ、細長ナル花蓋筒ヲ有ス。子房ト共ニ外面有毛ナリ。花蓋鈜部ハ六裂シテ平開シ先端ハ長毛アリ。雄蕊六箇ニ花絲短シ。子房ハ下位、細キ楕圓體ニシテ外面有毛、花柱ハ長ク其高サ雄蕊ト同ジ。果實ハ肉質ノ蒴果ニシテ開裂スルコトナク、嘴ヲ有ス。こきんばいざさニ似テ葉廣ク毛多ク、花冠筒ヲ有シ、果實ハ肉質ナルヲ以テ明カニ其種ト區別シ得ベシ。和名金梅笹ハ金梅ノ花ニ象ドリ笹ハ葉ニ象ドリシナリ。

りゅうぜつらん
一名 まんねんらん
Agave americana *L.*
var. variegata *Nichols.*

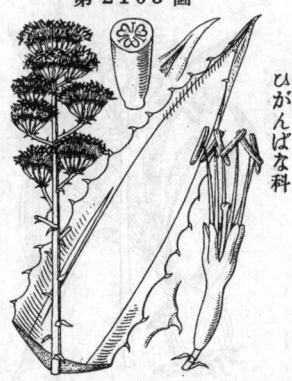
第 2163 圖

ひがんばな科

めきしこ原産ノ多年生常緑ノ大草本ニシテ通常庭園ニ栽培セラル。又暖國ニ於テハ野生化ス。短キ匍枝ニヨリ苗ヲ分ツ。葉ハ多數叢生、多肉、長ク倒披針狀箆形ヲ呈シ長サ 1-2m、邊緣ハ黄色ニシテ硬針ヲ列シ、先端ハ銳ク尖ル。數十年間ヲ經レバ夏日叢業間ニ高大ナル圓柱莖ヲ抽テ直聳シ、高サ 6-9m 許ニ達シ、枝ヲ分チ多數ノ淡黄色花ヲ簇生シ、大ナル圓錐花序ヲ成ス。花蓋ハ六裂シ正開セズ。六雄蕊長ク出デ、下位子房ハ花後圓柱狀長楕圓形ノ果實ト成ル。花ヲ出スコト甚ダ稀ニシテ出セバ其株枯死ス。其葉全然緑色ノ者ヾあをのりゅうぜつらんト云フ。是レ其母品ニシテ今日ハ之レヲ我邦ニ見ルコト稀ナラズ。本種ハ俗ニ Century Plant(百年植物)ト稱シ、百年目ニ至テ始メテ開花スト稱スレドモ然ラズ、其株巨大トナレバ乃チ開花ス。和名龍舌蘭ハ葉形ニ基キ、萬年蘭ハ其齡ニ基ク。

721

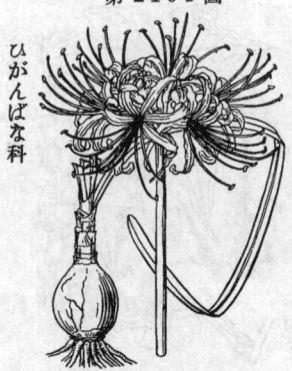

ひがんばな（石蒜）
一名 まんじゅしゃげ
Lycoris radiata *Herb.*

山麓・堤塘・路傍竝ニ墓地等ニ多ク生ズル多年生草本。球形ノ襲重鱗莖ヲ地下ニ有シ、外皮黑シ。秋日葉無キ時鱗莖ヨリ 30cm 內外ノ一莖ヲ抽キ、其頂端ニ有梗ノ赤色美花數花ヲ輪狀ニ開キ下ニ膜質ノ苞アリ、此苞初メハ荷蕾ヲ包擁セリ。六花蓋ハ細長ニシテ外反シ、邊緣皺曲ス。六雄蕊及ビ雌蕊長ク出デテ花蓋ト同色ナリ。子房ハ下位ニシテ緣色ヲ呈シ花後成熟セズ、故ニ種子ヲ生ゼズ。花後深綠葉ヲ多數ニ叢生ス、線形ニシテ鈍頭ヲ有シ質稍厚ク光澤アリ、然レドモ柔ナリ。此葉ハ翌年三月頃枯死ス。有毒植物ノ一ナリ、然レドモ其鱗莖ヲ晒シ食用ニ供スルコトアリ。諸州ノ俗名甚ダ多ク五十餘ノ方言アリ。和名 彼岸花ハ秋ノ彼岸頃ニ花サク二基キ、曼珠沙華ハ赤花ヲ表スル梵語ニ基ク。

きつねのかみそり
Lycoris sanguinea *Maxim.*

山麓原野ニ生ズル多年生草本。春日外面暗黑色ヲ帶ビタル球形ノ襲重鱗莖ヨリ葉ヲ生ズ。葉ハ稍幅廣キ線形ニシテ鈍頭ヲ有シ質柔クシテ白綠色ヲ呈ス。晚夏ニ葉枯死シテ後、赤褐綠色ニシテ質軟カナル花莖ヲ抽クコト 30-45cm 許、莖頂ノ膜質苞內ヨリ長サ 5-7cm ノ小花梗ヲ繖出シ黃赤色ノ花ヲ着生ス、一花莖ニ三五花許アリテ稍外方ニ傾ク。花蓋ハ六片ニシテ反卷シ、長サ 6cm、幅 9mm 許、下部ハ筒狀ヲ成ス。六雄蕊ハ花蓋ノ喉部ニ着生シ、彎曲シ、花蓋ヨリ超出セズ。花柱ハ長ク、絲狀ニシテ、三室、花後實ヲ結ブ。子房ハ下位ニシテ綠色ヲ呈シ、三室、花後實ヲ結ブ。種子ハ球形ニシテ大ナリ。有毒植物ノ一。和名ハ狐ノ剃刀ノ意ニテ其葉狀ニ基ク。

なつずいせん
Lycoris squamigera *Maxim.*

我邦中部以北ノ地ニ自生スルヲ見レドモ普通ニハ觀賞花草トシテ庭園ニ種植シアル多年生草本。地中ニ大ナル球形ノ襲重鱗莖ヲ有シ、外皮ハ暗褐色ヲ呈シ、下ニ鬚根ヲ發出ス。春時淡綠色ノ葉ヲ叢生ス。幅闊キ線形ニシテ鈍頭ヲ有シ、質柔ニシテ多少白綠色ヲ呈シ、夏日枯死ス。八月ノ候高サ 60cm 許ノ直立セル花莖ヲ出シ、頂ニ四乃至八ノ淡紅紫色ノ有梗花ヲ繖形狀ニ着ク。花ハ大ニシテ側ニ向ヒテ開キ、六花蓋片アリ、下部ハ筒狀ヲ成ス。六雄蕊アリ。花柱ハ長ク絲狀ヲ成シテ曲ル。下位子房ハ三室。和名夏水仙ハ之レヲ夏時ニ花サク水仙ト假想セシニ基ク。漢名鹿蔥（誤用）

しょうきらん
Lycoris aurea *Herb.*

ひがんばな科

我邦南方暖地ニ生ズル多年生草本。地下ニ球形ノ襲重鱗莖アリテ徑凡6cm內外、其外皮ハ黑褐色ナリ。葉ハ叢生シ、廣線形ニシテ上部漸次ニ狹窄シ、帶黃ノ綠色ヲ呈シ、葉面ハ光澤アリテ質厚ク、30-60cm許ノ長サアリ。秋日高サ 60cm內外ノ一莖ヲ挺出シテ直立シ、頂ニ黃色ヲ呈セル有梗ノ五乃至十花ヲ輪生シ、側ニ向ヒテ開キ、下ニ大ナル披針形ノ苞アリ。開口セル花蓋ハ六片ニシテ邊緣多少皺曲ス。花中ニ六雄蕊アリテ上方ニ彎曲シ少シク花上ニ出ヅ。花柱ハ長ク絲狀ヲ成シ亦彎曲シ、下位子房ハ綠色ニシテ三室ナリ。翌年四五月頃新葉出デ、花ニハ先ンジテ枯死ス。故ニ同屬ノ他種ノ同ジク花時ニ葉ヲ見ズ。和名ハ鍾馗蘭ノ意ナレドモ何故ニ斯ク名ケシ乎予之レヲ知ラズ。

するせん（水仙）
Narcissus Tazetta *L.*
var. chinensis *Roem.*

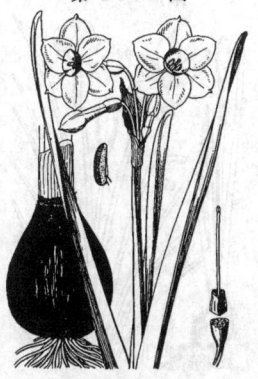

ひがんばな科

我邦暖地ノ海岸近クニ自生シ、又觀賞品トシテ普ク庭園ニ愛植セラルル多年生草本。襲重鱗莖ハ卵狀球形ヲ成シ、外皮黑ク、下ニ白色ニシテ多數ノ鬚根ヲ出セリ。葉ハ四乃至六片、狹長ニシテ線形ヲ呈シ、鈍頭、帶白綠色ニシテ質厚ク、一二月ノ候葉中ヨリ高サ20-30cm內外ノ花莖ヲ抽キテ直立シ、膜質佛焰苞アリテ長キ小花梗ヲ有セル數花ヲ擁ス。花ハ子房下ニ於テ屈折シ側ニ向ヒテ開キ佳香アリ。花蓋六片平開シ、純白ニシテ下部ハ長キ筒ヲ成ス。喉口ニ濃黃色杯狀ノ副冠ヲ具フ。六雄蕊花內ニ在テ上下ノ二列ヲ成シ、花絲極メテ短シ。下位子房ハ綠色ニシテ三室、花後絕テ果實ヲ結バズ、故ニ種子ノ狀不明ナリ。花ニ八重咲ト寒心綠花トアリ。本種ノ蓋ハ遠キ昔ニ支那ヨリ傳ヘシモノナラン。繁殖ハ襲重鱗莖ノ分裂シテ仔球ヲ生ズルニ由ル。和名ハ漢名水仙ノ字音ニ基ク。

きずるせん
Narcissus Jonquilla *L.*

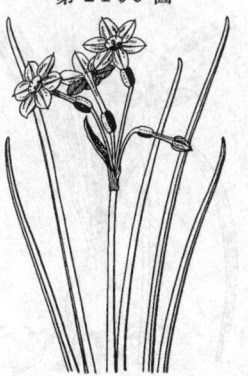

ひがんばな科

元來南歐ノ原產ナレドモ我邦ヘハ德川時代ノ天保十三年ニ渡來シ、爾來庭園ニ培養セラルル多年生草本。葉ハ黑皮ヲ有スル地下ノ襲重鱗莖ヨリ叢生シ、深綠色ヲ呈シ瘦長ニシテ半圓柱狀線形ヲ成ス。三四月頃、葉中ヨリ中空ノ長花莖ヲ抽キ、頂ニ膜質ノ一苞ヲ具ヘ、苞中ヨリ長花梗ノ少數黃色花ヲ繖生ニ着ク。花ハ子房下ニ於テ屈折シ、側ニ向ヒテ開キ、佳香アリ。花蓋六裂シ裂片平開シ、下ニ3cm許ノ長キ綠色ノ筒ヲ成ス。喉口ニ副冠ハ花蓋片ト同ジク黃色ヲ呈ス。子房ハ下位ニシテ綠色三室、花後ニ能ク蒴果ヲ結ビ、種子ハ黑色ナリ。和名ハ黃水仙ノ意。漢名 長壽花(蓋シ誤用)

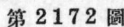

第 2170 圖

ひがんばな科

はまおもと（文珠蘭）
一名　はまゆふ

Crinum asiaticum *L.*
var. japonicum *Baker.*

我邦暖國ノ海濱砂地ニ生スル常綠大形ノ多年生草本。太キ僞莖直立シ高サ50cm 內外ニ達ス、是レ多數葉鞘ノ層々相卷キ擁シテ圓柱狀ヲ成形セルモノニシテ眞莖ニ非ズ、內部ハ白色ヲ呈シ、眞ノ根莖ハ極メテ短矮ニシテ下ヨリ多數ノ根ヲ發出ス。其僞莖ノ上部ヨリ多數ノ大葉面ヲ四方ニ開出シ、葉幅廣ク、全邊ニシテ末漸殺シ質薄ク光滑ナリ。夏日、花莖ヲ葉間ヨリ抽キ高サ70cm 許ニ達シ、莖頭ニ纖形ヲ成シテ十餘ノ白色花ヲ開キ佳香アリ。苞狀苞ハ二、花蓋小六ニシテ狹長、幅4mm 許、先端尖リ、下部ハ長キ筒ト成ル。雄蕊小六、花蓋ノ喉部ニ着生シ花柱ト共ニ絲狀ニシテ上部紫色ヲ帶ブ。子房ハ下位ニシテ淡綠色。蒴果ハ圓ク、熟シテ砂上ニ種子ヲ散ズ。種子ハ帶白色少數ニシテ顏大ナリ。和名ハ海濱ニ生ジ形狀おもとニ似タルヲ以テ名ク、又はまゆふハ通常濱木綿ト書ツ、其蕾ナリ卷テ僞莖ヲ成セル白色葉鞘ニ基ヅキ名ナリ、而ルヲ其花恰モ白幣ヲ掛ケタル如キ故名クト解スルハ非ナリ。

第 2171 圖

ひがんばな科

たますだれ
Zephyranthes candida *Herb.*

元來南米ノ原產ニシテ明治初年ニ渡來シ觀賞花草トシテ庭園ニ培養セラルル多年生草本。地下ハ圓形ノ裂重鱗莖アリ。葉ハ叢生シ、狹長ニシテ瘦線形ヲ成シ、質厚クシテ深綠色ヲ呈シ、花莖ヨリ長シ。夏日葉間ニ高サ30cm 內外ノ花莖ヲ抽キ、頂ニ一箇ノ花ヲ着ケ天ニ朝フテ開ク。膜質苞ハ二裂シ紅色ヲ帶ブ。花ハ白色ニシテヲ往々淡紅暈アリ。花蓋六片ニシテ長橢圓形ヲ成シ、筒部ハ甚ダ短シ。花中ニ六雄蕊アリ。花柱ハ白色ニシテ柱頭ハ三耳ヲ成ス。花ハ陰地ニ於テハ半開シ陽地ニ於テハ正開シ夜ハ閉ヅ。蒴果ハ短圓ニシテ三鈍腹狀ヲ呈シ初メ綠色、後開裂シ少數ノ種子ヲ出ス。和名 玉簾ハ多分其多數葉ノ聯リ立チシ狀ニ基キシナラン乎。

第 2172 圖

ひがんばな科

さふらんもどき
Zephyranthes carinata *Herb.*

西印度・めきしこ遊ノ原產ニシテ我邦ヘハ弘化二年ニ渡來シ初メさふらんト誤認セラレシモノナリ、又當時之レヲばんさんじこトモ云ヘリ。多年生草本ニシテ庭園ニ培養セラルル觀賞花草ナリ。地下ニ裂重鱗莖アリ。葉ハ一株五～七葉ヲ簇生シ狹長ニシテ線形ヲ成ス、扁クシテ柔ク、下部ハ紅色ヲ呈ス。夏日、30cm 餘ノ一莖ヲ最外葉間ヨリ抽キ、頂ニ紅色ニシテ愛ラシキ一花ヲ着ク。花蓋六片ニ分レテ平開シ、下部ハ筒ヲ成シ綠色ナリ。雄蕊ハ六箇、動搖スル黃葯ヲ有ス。筒下ニ下位子房アリ、子房下ニ花梗アリテ膜質苞之レヲ擁ス。和名ハ明治七年頃ニ命ゼラレシモノナリ。

さるとりいばら ^(?菝葜)

一名 がんだちいばら・からたちいばら・かかから
Smilax China L.

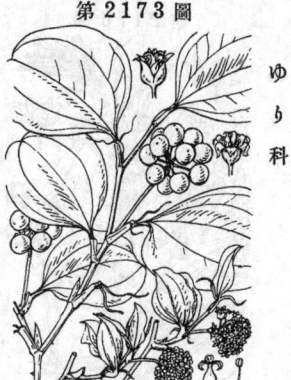

第2173圖

ゆり科

山野ニ生ズル攀緣灌木。根莖ハ地中ニ横タハリ肥厚シテ質極メテ硬ク、不齊ニ屈曲シ、疎ニ鬚根ヲ出セリ。莖ハ硬クシテ節每ニ之曲シ、高サ70cm-2m以上ニ達シ、疎ニ刺アリ。葉ハ互生シ、圓形或ハ廣橢圓形ニシテ短キ葉柄アリ、三乃至五脈ヲ有シ更ニ網狀脈ト成ル。葉柄ノ下部兩側ニ沿着セル托葉アリテ先ハ卷鬚ト成リ强ク他物ニ纏フ。初夏新葉ノ頃、葉腋ニ花梗ヲ抽キ、黄綠色ノ小花ヲ多數繖形花序ニ着ク。雌雄異株、花蓋片ハ六ニシテ分立シ、反轉ス。雄花ニハ六雄蕊アリ。雌花ニハ三室ノ子房ヲ有シ、三花柱ヲ具フ。花後7mm内外ノ美シキ紅色果ヲ結ブ、中ニ黄褐色ノ硬キ種子アリ。葉ハ餠ヲ包ムニ用ヰ、根莖ハ民間藥ト成ル。世間ノレヲさんきらい(山奇粮卽チ土茯苓)ト云フハ非ナルヲ以テ時トシテ本品ヲ和のさんきらいト呼ベル。和名猿捕いばらハ刺アリテ猿之レニ引キ懸ル意ニテ云フ。

やまがしゅう

Smilax Sieboldii Miq.

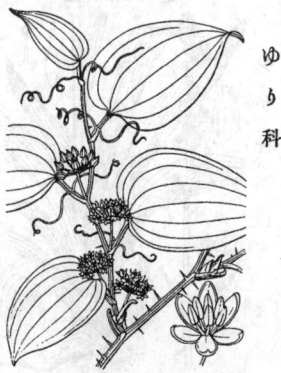

第2174圖

ゆり科

諸國ノ山地ニ生ズル落葉攀援藤本。莖ハ瘦長綠色ニシテ堅ク稜アリ、他物ニ攀ヂ或ハ彎曲シテ立チ高サ1-2m以上ニ達ス。莖間ニ大小不同ノ剛直刺ヲ直角ニ生ズ。葉ハ互生ニシテ柄アリ、葉柄基脚ノ上部ニハ左右ニ一對ノ卷鬚ヲ生ジ他物ニ卷ク。葉面ハ卵圓形或ハ卵狀心臟形、長サ3-5cm、葉頭ハ急遽銳尖頭、邊緣ニ往々波皺ヲ生ジ、表面濃綠色、光澤ニ富ミ時ニ黄斑ヲ飾ル。三乃至五行脈顯著ナリ。夏日葉腋ニ一梗ヲ抽キ、梗ノ長サ莖柄ニ超ヘ梗端ニ五六花ヲ繖狀ニ着ク。雌雄異株。花ハ黄綠色ニシテ廣鐘形ヲ成シ、長サ2-3mm、花蓋六片ハ橢圓形、多少肉質ナリ。雄花ハ六雄蕊ヲ有ン、雌花ニハ一子房アリ。花後小球狀ノ漿果ヲ結ビ、黑熟ス。和名山何首烏ハ山地ニ生ジ其葉蓋シ何首烏藥ニ似タル乎或ハかしゅういも葉ニ似タル乎ヲ以テ名ケシナラン。

しほで

Smilax nipponica Miq.

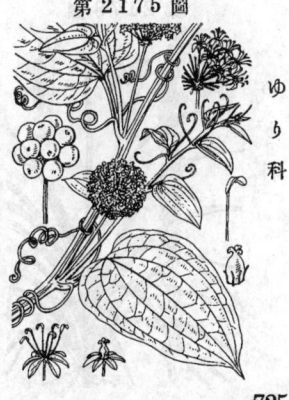

第2175圖

ゆり科

原野ニ生ズル多年生攀援蔓本ニシテ其綠莖長ク延ブ。葉ハ互生シテ短柄ヲ有シ、卵狀橢圓形ニシテ先端銳ク尖リ、底部ハ多少心臟形ヲ呈シ、全邊ニシテ數條ノ縱脈アリ。葉柄ノ基部ハ托葉ノ變形ナル卷鬚アリテ他物ニ纏フ。夏日、葉柄ヨリモ長キ花莖ヲ抽キ、十五乃至三十ノ小花梗ヲ着ケ淡黄綠色花ヲ球狀ニ繖形ニ着ク。雌雄異株。花蓋ハ六片、幅狹クシテ平開ス。雄花ニハ花絲長キ六雄蕊立ニチ子房ノ痕跡ナシ。雌花ニハ短キ三花柱ヲ有セル三室ノ子房ト假雄蕊トアリ。花後黑色ノ果ヲ結ブ。和名しほでハ北海道あいぬ土言ノしゅうぉんてニ由來セシ者ナリ。漢名牛尾荣(慣用)

725

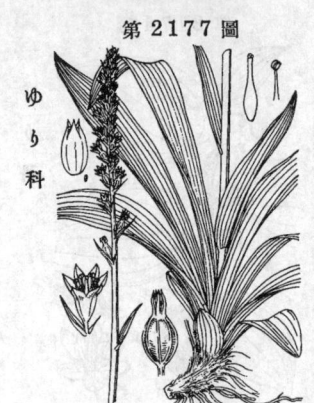

第 2176 圖

ゆり科

たちしほで
Smilax Oldhami *Miq.*

山野ニ生ズル多年生草本ニシテ莖ハ初メ直立ス
レドモ上部ハ稍リ他物ニ倚リテ成長スルニ至リ、
高サ1-2mニ達ス。圓柱形ニシテ平滑、刺ヲ有セ
ズ且ツ草質ナリ。葉ハ疎ニ互生、廣橢圓形乃至
長橢圓形、長サ6-10cm、先端鈍ニシテ然カモ急
ニ尖リ、底部ハ多ク截形或ハ廣楔形ヲ呈シ、硬
膜質ニシテ表面ハ鮮綠色ナレドモ裏面ハ淡色多
少粉白、且ツ脈絡隆起シテ鮮明ナリ而シテ脈上
短毛ヲ有スルコトアリ。葉柄ハ長ク、基部兩側
ノ托葉ハ卷鬚ト成ル。五月頃、長梗ヲ有セル略
ボ圓キ繖形花序ヲ腋生シ、黄綠花ヲ開ク。雌雄
異株。花蓋六片ハ同形ニシテ狹長橢圓形ヲ呈シ
廣鐘狀ニ開出内曲ス。雄花ニハ花蓋片ト相對シ、
且ツ稍短キ雄蕋六箇ヲ有シ、雌花ニハ球狀上
位子房アリテ花柱ハ三岐ス。漿果ハ夏秋ノ候熟
シテ黒色ヲ呈シ多少白霜ヲ帶ブ。

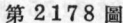

第 2177 圖

ゆり科

ねばりのぎらん
一名 ながはのぎらん（最舊名）
Aletris foliata
Bureau et Franch.

高山ニ生ズル多年生草本。短キ根莖ヲ有
ス。根生葉ハ細長披針形ニシテ先端尖リ、
黄綠色ヲ呈シ、莖ヨリ短シ。八月ノ候、葉
中莖ヲ出シテ直立シ高サ 20-30cm許、少
數ノ小形葉ヲ互生シ、莖ノ上部ニハ多數
ノ黄色花ヲ瘦長ナル穗狀ニ着ク。花ハ殆
ド無柄ニシテ二苞葉ヲ具へ、外側ノ一苞
葉ハ殆ド花ト同長ナリ。六花蓋片ハ下部
筒狀ト成リ上部ノミ裂片ニ分ル。雄蕋六、
花絲ハ短ク花筒ノ上部ニ於テ分離ス。子
房ハ三室ニシテ花筒ノ下部ト融合ス。和
名ハのぎらんニ似テ花穗部稍粘着スルヲ
以テ云フ。

第 2178 圖

ゆり科

そくしんらん
Aletris spicata *Franch.*

中部以南暖地ノ路傍山足等ニ生ズル多年
生草本。根莖ハ短ク、絲狀ノ根ヲ發出ス。
葉ハ多數ニシテ根生シ、線形ヲ成シ、先端
尖リ質軟カクシテ縱走セル輕キ襞アリ、
淡綠色ニシテ往々紅采アリ、長サ凡15-20
cmアリ。六月頃叢葉中ヨリ一莖ヲ抽クコ
ト30-60cm、全長軟細毛ヲ布ク。莖ノ上
部ニ穗樣總狀ノ瘦長ナル花序ヲ成シテ直
立ス。花ハ小形、筒狀ニシテ長サ6-8mm、
下部合一シテ子房ト癒着シ外面ニハ細毛
アリ、上部ハ六裂シ、裂片ハ線形ニシテ
淡紅色ヲ呈ス。子房ハ下位、雄蕋六箇、
小サクシテ潛在シ、一花柱ハ絲狀ニシテ
直立ス。蒴ハ橢圓形、頂ニ殘花ヲ着ク。
種子ハ鋸屑狀。和名ハ束心蘭ノ意ニシテ
葉束ノ中心ヨリ花莖出ヅルニ由ル。

じゃのひげ (麥門冬)
一名 りゅうのひげ
Ophiopogon japonicus *Ker-Gawl.*

第 2179 圖

ゆり科

山林樹下ノ陰地ニ生ズル多年生常緑草本ニシテ
人家ニモ亦之ヲ栽エ、往々大ナル株ヲ成ス。短
キ肥厚莖ヨリ長キ鬚根ヲ多數ニ生ジ、鬚根ハ處々
肥厚シテ小塊ヲ成ス。葉ハ多數叢生シ、細長ニ
シテ絲狀ヲ成シ、質硬ク先端鈍頭ヲ呈ス、長サ
10-30cm許、幅2mm許アリ。初夏葉間ニ花莖ヲ
抽キ葉ヨリモ短ク上部ニ偏側性ノ疎ナル總狀花
序ヲ成シ、淡紫色或ハ稀ニ白色ノ小花ヲ開ク。
膜苞間ニ出ヅ小梗ニ一花ヲ著ケテ下向ス。
花蓋ハ六片ニシテ同形、平開シ、各片稍長橢圓
形ヲ成ス。雄蕊六箇、花絲ハ短ク葯ハ長シ。子
房ハ半下位ニシテ三室。花柱ハ小圓柱狀、三分
セル柱頭ヲ有ス。花後碧色球形ノ果實狀ニ見ユ
ルハ實ハ果實ニ非ズシテ種子ニシテ果皮發達セ
ザル爲メ裸出セルナリ。此種子ヲはづみ玉ナド
ト稱シテ子女弄ブ。根ノ塊狀部ハ藥用ニ供セラ
ル。和名蛇ノ鬚井ニ龍ノ鬚ハ其葉狀ノ基キ
シ名ナリ。支那ニテ書帶草ト稱シ机上ノ清玩ニ
供スル者ハ卽チ本品ナリ。

おほばじゃのひげ
Ophiopogon planiscapus *Nakai.*

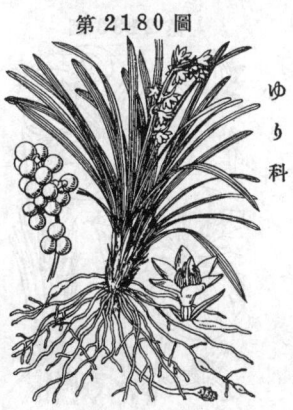

第 2180 圖

ゆり科

山林樹下ノ陰地ニ生ズル多年生草本。短
キ根莖アリ。横ニ長キ匐枝ヲ出ダシ繁茂
ス。多數ノ長キ鬚根ヲ生ジ、處々ニ肥厚セ
ル小塊アリ。葉ハ叢生シ細長クシテ高サ
15-30cm、幅4-6mm許。六七月ノ頃、花莖
ヲ抽キテ其上部ニ淡紫色ノ小花ヲ綴ル。
或ハ白色ナル者アリ。花ハ小花梗ヲ有シ、
二三花相集リ側方又ハ下方ヲ向ク。花蓋
ハ六片ニシテ同形、離レテ開キ、稍長橢
圓形。雄蕊六、花絲ハ短ク葯ハ長シ。子
房ハ半下位ニシテ三室ヲ成シ各室ニ二箇
ノ卵子ヲ有ス。花柱ハ圓柱狀、小ニシテ
三分セル柱頭ヲ有ス。花後裸出セル濁藍
色ノ種子ヲ生ジ果實ト見ユ。

やぶらん
Liriope graminifolia *Baker.*
(=L. spicata *Lour.*)

第 2181 圖

ゆり科

樹林ノ陰ニ生ズル多年生草本。根莖ハ短クシテ
太ク、横ニ長キ匐枝ヲ生ズ。鬚根ハ細長ニシテ
往々肥厚シテ小塊ヲ生ズ。葉ハ多數叢生シ50cm
內外ニ達シ、線形或ハ線狀披針形ニシテ幅1cm
內外、鈍頭ヲ有シ基部ハ稍マリテ葉柄ト成ル。
上面深綠色ニシテ光澤アリ、葉ノ上部ハ垂ル。
花莖ハ葉ト同長或ハ短ク、紫色ニシテ夏日淡紫
色ノ小花ヲ上部ニ著ク。花梗甚ダ短ク、苞ハ微
細、花ハ三乃至五箇集マリ、下向セズ。六花蓋
片、六雄蕊アリ、花絲ハ屈曲シ葯ハ長シ。子房
ハ上位、花柱ハ單一。果實ハ裸出セル種子ヨリ
成リ、綠黑色。根ハ藥用ト稱ス。漢名 從來之
レヲ麥門冬ニ充テ其大葉者ト爲セド蓋シ非ナラ
ン、又植物名實圖考ノ松壽蘭ニ充ルモ非ナリ。

727

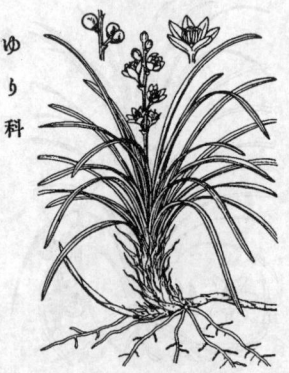

第2182圖

ゆり科

ひめやぶらん
Liriope minor *Makino*.

原野ノ芝地等ニ生ズル小形ノ多年生草本。根莖ハ短クシテ太ク、横ニ長キ匐枝ヲ生ズ。鬚根ハ細長。葉ハ總テ根生、線形ニシテ高サ10-20cm、幅1.5-2mm許、外方ニ向ヒ或ハ立ツ。夏日、葉ヨリモ短キ一花莖ヲ抽キ、上部ニ總狀ヲ成シテ淡紫色或ハ時ニ白色ノ小花ヲ着ク。花梗ハ短ク膜質ノ小苞ヨリ單一ニ生ジ、花ハ上向キニ咲キ六花蓋片ハ平開シ、各片ハ長橢圓形ニシテ同形ナリ。雄蕊ハ六筒、葯ハ長形黄色。子房ハ上位ニシテ三室、各室ニ二箇ノ卵子ヲ有シ傾下ス。花柱ハ圓柱形ニシテ柱頭ハ小形。果實ハ裸出セル種子ニシテ、小球形ヲ成シ黑熟ス。

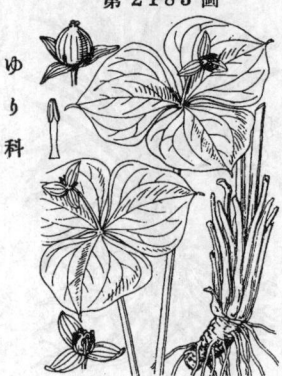

第2183圖

ゆり科

えんれいさう
一名 たちあふひ
Trillium apetalon *Makino*.

深山ノ樹陰地等ニ生ズル多年生草本。地下莖ハ短大ニシテ直下ス。莖ハ一乃至三條ヲ出シ單一ニシテ分枝セズ、基部ハ褐色膜質ノ鱗片葉ニテ圍マル。高サ17cm内外、頂ニ無柄ノ三葉ヲ輪生ス。廣卵圓形葉ニシテ先端尖リ三乃至五脈アリ。五六月ノ候其葉心ニ直立セル一梗ヲ抽キ、帶紫色ノ花ヲ開キ側向ス。花蓋片ハ萼片ニ相當スル三片ノミニシテ花瓣ニ相當スル他ノ三片ヲ缺ク。六雄蕊アリ、葯ハ細長クシテ内方ヲ向ク。子房ハ幅廣クシテ略球形ヲ成シ三室ニシテ花柱ハ三、蕋ダ短シ。漿果ハ圓球ヲ成シ、熟シテ或ハ綠色或ハ紫黑色或ハ綠紫色ヲ呈シ、株ニ從テ一樣ナラズ。蓋シ有毒植物ノナリ。和名ハ延齡草竝ニ立葵ノ意ナリ。倭漢三才圖會ニハえんれいさうト出ヅ。

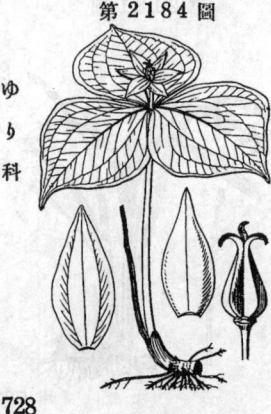

第2184圖

ゆり科

みやまえんれいさう
一名 しろばなのえんれいさう(同名アリ)
Trillium Tschonoskii *Maxim*.

山地樹陰ノ地ニ生ズル多年生草本。地下莖ハ短大ニシテ直下ス。地上莖ハ一乃至三條ヲ抽キテ17cm許ニ達シ、直立シ、基部ハ鱗片葉ニ包マル。葉ハ無柄ニシテ莖頂ニ三葉ヲ輪生ス、廣卵形ニシテ大ナル者ハ長サ15cm、幅17cm許、先端尖リ、三乃至五脈竝ニ網狀脈ヲ有ス。五月頃葉心ニ直立セル一梗ヲ抽キ、梗端ニ一花ヲ着ケ側向ス。萼ハ當ニ外花蓋三片ハ綠色、披針形ナリ。花瓣ハ當ニ内花蓋三片ハ白色時ハ淡紫色ヲ帶ビ外花蓋ヨリ幅廣ク外花蓋片ト共ニ先端銳ク尖ル。六雄蕊ハ花絲ハ扁平ニシテ短ク葯ハ長シ。漿果ハ卵狀球形ニシテ綠色ナリ。此一品ニむらさきえんれいさう(forma violaceum *Makino*)アリ、花瓣紫色ナリ。

おほばなのえんれいさう
一名 しろばなのえんれいさう（同名アリ）
Trillium kamtschaticum *Pall.*

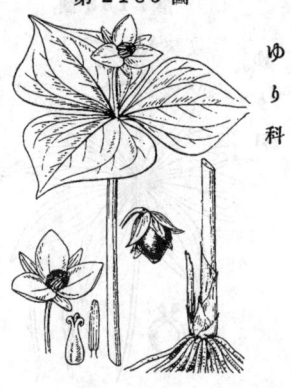

北地ノ山間樹下ノ地ニ生ズル多年生草本。地下莖ハ短大ニシテ直下ス其頂部ニ高サ15-40cm許ノ莖ヲ地上ニ抽出シ直立ス。葉ハ無柄ニシテ莖頂ニ三葉ヲ輪生シ、廣卵形ニシテ横ニ長ク、先端ハ尖リ、三乃至五條ノ主脈ト網狀脈トヲ有ス。五六月頃、葉心ニ直立セル一花梗ヲ抽キ、愛スベキ白色ノ一花ヲ梗端ニ着ク。萼ナル外花蓋三片ハ綠色ニシテ披針形、花瓣ナル内花蓋三片ハ白色ニシテ廣橢圓形ヲ呈シ外花蓋片ヨリモ遙ニ大ニシテ長シ。六雄蕋アリ、葯ハ長形。子房ハ圓大。花柱ハ三、短シ。漿果ハ球形ナリ。和名ハ大花ノ延齡草ノ意ナリ。

ゆり科

きぬがささう
一名 はながささう
Trillium japonicum *Matsum.*
(=Trillidium japonicum *Franch. et Sav.*;
Paris japonica *Franch.*;
Kinugasa japonica *Tatewaki et Sutoo.*)

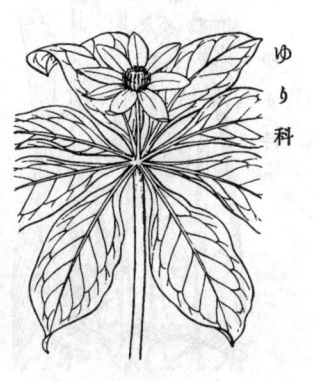

深山ニ生ズル多年生草本。地下莖ハ肥厚シテ地中ニ横臥シ、其先端ヨリ70cm許ノ莖ヲ抽ク。莖ハ單獨ニシテ直立シ、粗大ナル圓柱形ヲ呈シ、綠色ナリ。葉ハ八、時ニ七乃至十一、倒卵狀披針形ニシテ莖頂ニ輪生シテ開出シ大ナル傘蓋狀ヲ呈ス。夏日葉心ニ莖ヨリモ細キ一花梗ヲ抽キテ直立シ、頂ニ甚ダ美麗ナル帶黄白色ノ一花ヲ開ク。花ハ後ブ淡紅ヲ帶ブ更ニ淡綠色ト成ル。外花蓋片ハ七乃至九片ニシテ花瓣樣ヲ成シ、披針形或ハ長橢圓形、兩端狹窄シ末端ハ尖レリ。同數ノ内花蓋片ハ縮形シテ線形ノ細片ト成ル。雄蕋多數ニシテ二列ニ成シ、花蓋片ト同數。子房ハ圓ク數筒ノ花柱ハ短シ。漿果ハ卵圓形ニシテ綠色。和名衣笠草幷ニ花笠草ハ葉狀ニ基ク。

ゆり科

つくばねさう
Paris tetraphylla *A. Gray.*

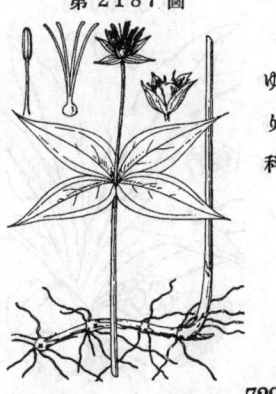

山地ニ生ズル多年生草本。地下莖ハ瘦長白色、節アリテ長ク横臥シ、先端ヨリ綠色圓柱形ノ單莖ヲ生ジテ直立シ、高サ凡13cmヨリ 40cm許ニ達ス。葉ハ莖頂ニ四片或ハ稀ニ五片輪生ス。無柄ニシテ廣橢圓形或ハ長橢圓狀披針形ヲ成シ先端尖リ三主脈ヲ有ス。五六月ノ候、葉心ニ直立セル一梗ヲ抽ヲ頂ニ淡黄綠色ノ一花ヲ開キ上向ス。外花蓋片ハ四箇ニシテ披針形ヲ成シ、内花蓋片ハ無シ。雄蕋ハ八箇ニシテ花絲ハ長ク線形ニシテ長葯ヲ有ス。葯隔ハ葯ノ上ニ延出セズ。子房ハ球形ヲ成シ雄蕋ヨリ長キ線形ノ四花柱ヲ有ス。花後球形ノ漿果ヲ結ビ熟シテ紫黑色ヲ呈シ宿存花蓋片ヲ伴フ。和名衝羽根草ハ葉狀ニ因ミシモノナリ。漢名 王孫（誤用）

ゆり科

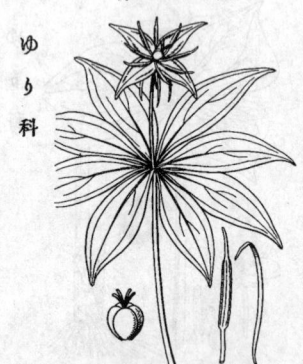

第2188圖

ゆり科

くるまばつくばねさう
Paris hexaphylla *Chamisso.*

山中樹林下ニ生ズル多年生草本。地下莖
ハ横ニ延ビ、先端ヨリ緑色ノ一莖ヲ抽キ
テ直上シ、高サ30cm許アリ。葉ハ殆ド無
柄ニシテ莖頂ニ八片或ハ少キ者ハ六片輪
生シ、長橢圓狀倒披針形ニシテ先端尖リ、
下部ハ漸次ニ狹窄ス。夏日葉心ニ直立セ
ル一梗ヲ抽テ梗端ニ淡黄緑色ノ一花ヲ着
ク。外花蓋ハ四片ニシテ廣披針形、先端
ハ漸次ニ銳尖頭ヲ成ス。内花蓋四片ハ線
形ヲ呈シ外花蓋片ヨリ短クシテ下垂ス。
八雄蕊ハ花絲線形ニシテ長キ葯ヲ着ケ、
葯隔ハ葯上ニ長ク延出ス。花柱ハ四箇ニ
シテ短シ。花後紫黒色ノ球形漿果ヲ結
ブ。

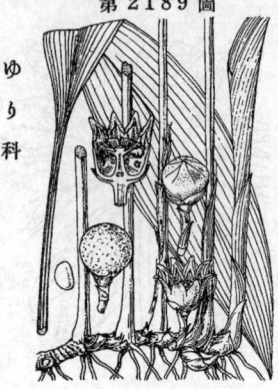

第2189圖

ゆり科

はらん（蜘蛛抱蛋）

Aspidistra elatior *Blume.*

元來支那ノ原產ナレドモ舊クヨリ我邦ノ庭園ニ
栽エアル多年生常綠草本。地下莖ハ横臥シ、大
ナル深綠葉ヲ處々ニ出シ叢ヲ成ス。葉片ハ長サ
30-45cm許ノ長橢圓形ヲ成シテ尖リ、基部ハ狹
窄シ綠色ノ長柄ト成ル。嫩葉ハ卷キテ生ズ。蕾
ハ十一月候根莖ニ於ケル鱗片ノ腋ヨリ出デテ
小梗ヲ具ヘ次第ニ地上ニ現ハレ、四月ノ候牛バ
地ニ埋レ或ハ地面ニ於テ開花ス、嫩キ時ハ花蓋
ハ綠色ナレドモ後褐紫色ト成ル。花ハ直徑凡ソ
4cm、八花蓋片ハ融合シ短筒狀或ハ盤狀ヲ成シ、
上部ノミ裂片ニ分ル。内面褐紫色、外面ニ同色
ノ斑點アリ。八雄蕊ハ花蓋片ト相對シテ其筒部
ニ生ジ花絲甚ダ短シ。子房ハ上位ニシテ四室、
柱頭ハ甚ダ大ニシテ傘狀ヲ呈シ、花ノ内部ヲ覆
フ。綠色球狀ノ漿果ヲ結ビ、後帶黄色ト成リテ
不齊ニ開裂シ、數顆ノ種子ヲ散出ス。和名ハ葉
蘭ノ意ナリ。

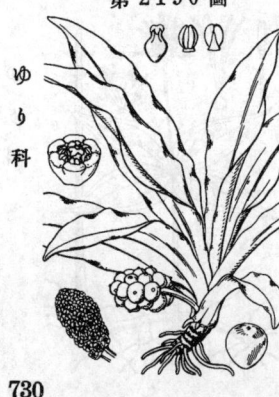

第2190圖

ゆり科

おもと（萬年青）
一名　おほもと
Rhodea japonica *Roth.*

暖國ノ山地樹下ニ自生ヲ見レドモ通常觀賞品ト
シテ培養セラルル多年生常綠草本。地下莖ハ肥
厚シ粗ナル鬚根ヲ出ダシ、莖頭ヨリ數片或ハ多
數ノ嫩葉ヲ叢生ス。葉ハ大ニシテ30-50cmニ達
シ、披針形ニシテ先端尖リ、質厚クシテ光澤ア
リ。春日葉心ヨリ10-20cm許ノ短大ナル花莖ヲ
抽キ肥厚セル淡黄色ノ花ヲ穗狀ニ攢簇ス。花蓋
片六、下部盤狀ニ融合シ上部ノ短且ツ廣キ裂片
ヲ成ス。雄蕊六ニシテ花絲ハ殆ド花蓋片ニ融着
シ、葯ハ卵形。子房ハ球形ニシテ三室、各室ニ二
卵子ヲ包ム。花柱ハ甚ダ短ク、三柱頭アリ。球
形ノ漿果ヲ結ブ。通常赤熟スレドモ稀ニ黄色ノ
者アリ。古來廣ク人々ニ愛好セラレタルヲ以テ
從テ種々ノ品種多シ。和名ハ大本ノ意ニシテ畢
竟其粗大ナル株ヲ表現セシメシ名ナルベシ。

きちじゃうさう (吉祥草)
Reineckia carnea *Kunth.*

樹下ノ陰地ニ繁茂シテ生ズル多年生草本。莖ハ
地表ヲ匐ヒ處々ニ鬚根ヲ生ジ、上方ニ狹長ノ葉
ヲ叢生ス。葉ハ長サ30cm餘、幅12mmニ達シ、
先端尖ル。晩秋、叢葉間ニ短キ花莖ヲ抽キ、疎
ニ淡紫色ノ小花ヲ穗狀ニ綴リ直立シテ著シク葉
ヨリ短シ。毎花小花梗及ビ小苞アリシ、六花蓋
片ノ下半ハ筒ヲ成シ上半ハ分レテ外反ス。花序
ノ下部ニ在ル花ハ兩性花ニシテ六雄蕋及ビ三室
ヲ有スル上位子房ヲ有ス、花柱ハ長ク絲狀ニシ
テ葯ノ上ニ出ヅ。花序ノ上部ニ於ケル花ハ只ハ
雄蕋ノミヲ有シ、花絲ハ絲狀ヲ成シ葯ハ長シ。
花後紅紫色ノ圓形漿果ヲ結ビ、翌年ニ至ルモ殘
存ス。和名ハ漢名ノ字音ヲ用キシモノナリ、此
草常ニ花アラズ若シ其栽植セル家ニ吉事アレバ
乃チ花ヲ開ク、故ニ吉祥草ト謂フト云フ、吉祥
トハ芽出度キ事ナリ。

第 2191 圖

ゆり科

すずらん
一名 きみかげさう
Convallaria majalis *L.*
var. Keiskei *Makino.*
(=C. Keiskei *Miq.*)

本州中北部ノ高山及北地又多少ハ南地ノ山上ニ
生ズル多年生草本ニシテ今時ハ觀賞品トシテ往
々栽培セラルルニ至レリ。橫走セル細長ノ地下
莖ヨリ多數ノ鬚根ヲ生ジ膜質狀ノ鞘狀葉ニ包マ
レテ二乃至三枚ノ長橢圓形ニシテ先端尖レル硬
質葉ヲ生ジ下部ニ狹窄ス。五月頃、鞘狀葉中ヨリ
一莖ヲ抽キ高サ15-18cm許、上部ニ總狀花序ヲ
成シテ可憐白色ノ小花ヲ開キ佳香アリ。小花梗
ノ基ニ一小苞アリ。六花蓋片ハ鐘狀ヲ成シ、上
部六裂シ其先端ハ花蓋ノ下
部ニ附着シ、葯ハ長形。子房ハ卵圓形ニシテ三
室、花柱ハ短シ。花後赤キ球狀ノ漿果ヲ結ブ。
和名鈴蘭ハ花形ニ基キ、君影草ハ蓋ニ可愛ラシ
キ花ヲ想ヒシ名ナラン。

第 2192 圖

ゆり科

ちごゆり
Disporum smilacinum *A. Gray.*

山地ノ林中等ニ生ズル多年生草本。地下
莖ハ橫走シ且匐枝ヲ出ス。莖ハ單一、稀
ニ枝ヲ分チ、高サ15-40cm、節ニ於テ多少
之曲シ、下部ハ膜質ノ鞘狀葉ニテ包マル。
葉ハ互生ニ卵狀長橢圓形ニシテ先端尖リ
底部ハ圓ク、莖ニ接シ或ハ短柄アリ、質
ハ薄シ。四五月ノ頃、莖頂ニ一二花ヲ着
ク。白色同形ノ花蓋片六片ヨリ成リ、正開
ス。花蓋片ハ披針形ニシテ先端銳尖シ基
部ニ圓シ。六雄蕋アリテ花蓋ノ基部ニ着
ク、花絲ハ長ク葯ハ線形黃色。子房ハ上
位、圓形ニシテ三室ナリ。花後圓キ小ナル
果實ヲ結ビ、熟シテ黑シ。和名稚兒百合
ハ其可憐小形ノ花ニ基キテ名ケシナリ。

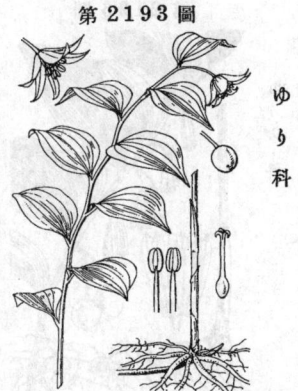

第 2193 圖

ゆり科

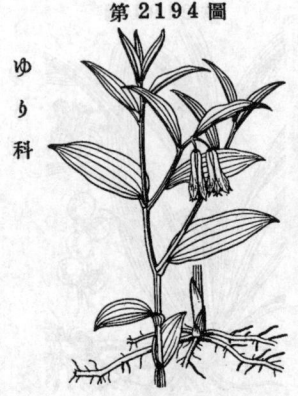

第2194圖

ゆり科

はうちゃくさう（淡竹花）
Disporum sessile Don.

山地或ハ原野ノ林下ニ生ズル多年生草本
ニシテ高サ30-50cm許アリ。根莖ハ小形
ニシテ時ニ匐枝ヲ生ズ。莖ハ上方ニ於テ
分枝ス。葉ハ長橢圓形ニシテ先端尖リ、
底部ハ圓ク莖ニ接ス。五月頃、枝端ニ短
小梗アリ一乃至三花ヲ垂ル。花蓋片ハ六、
上部ハ綠色ナレドモ下部ハ白色、互ニ相
接シテ筒狀ヲ成シ正開セズ。各片廣披針
形ニシテ先端ニ銳頭或ハ鈍頭ヲ成シ基部
ハ椀狀ニ膨ミテ狹窄ス。閉在セル六雄蘂
ヲ有シ、雌蘂ハ花蓋ト稍同長、上位子房
ハ長球形、三室、長キ花柱ヲ有シ、先端
ニ於テ三岐ス。花後球狀ノ漿果ヲ結ビ黑
熟ス。和名寶鐸草ハ其下垂シ且ツ狹鐘狀
ヲ呈セル花狀ニ基キテ名ク。

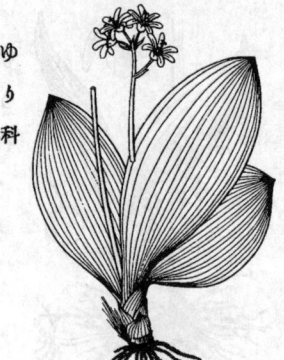

第2195圖

ゆり科

つばめおもと
Clintonia udensis Trautv. et Mey.

中部北部高山ノ樹陰ニ生ズル多年生草
本。地下莖ハ短クシテ蠶根ヲ發出ス。葉ハ
二ノ三至五片根生シ、長橢圓形ヲ成シ先端
短ク尖リ下部ハ漸次ニ狹窄ス、稍厚質且
ツ柔クシテ大ナリ。六月頃、葉中ヨリ花
莖ヲ出シ、梢部ニ小花梗アル白色ノ小花
ヲ開キ短總狀花穗ヲ成ス。花蓋六片ニシ
テ同形、平開シ、各片披針形ニシテ鈍頭。
六雄蘂ハ花蓋ノ基部ニ著ク。子房ハ三室、
花柱ハ子房ヨリ長ク細圓柱形、柱頭三岐
ス。花後其莖著シク高ク伸長シ、小梗モ
延ビテ圓形漿果ヲ結ビ、熟シテ藍色或ハ
暗藍色。種子ハ細小ニシテ褐色ナリ。和
名燕おもとハ草狀ニ基ケドモ燕ハ如何ナ
ル意ナルカ未詳ナリ。

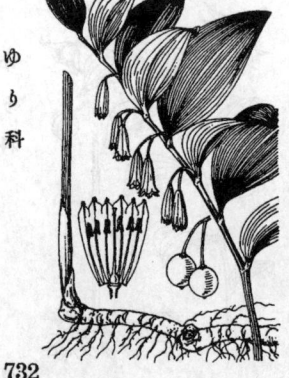

第2196圖

ゆり科

あまごころ（萎蕤）
Polygonatum officinale All.
(=P. japonicum Morr. et Decne.)

山地或ハ原野ニ生ズル多年生草本。地下莖ハ圓
柱形ニシテ橫ニ長ク延ビ細髯根ヲ生ズ。一年毎
ニ一莖ヲ地下莖ノ先端ヨリ生ジ稍斜傾シテ立チ
六稜稜アリ淡綠色ニシテ往々紫色ヲ帶ブ。葉
ハ互生シ長橢圓形ニシテ黃綠色、葉柄甚ダ短ク
或ハ缺如ス。初夏ノ候、葉腋ニ單一或ハ基部ニ
於テ二岐セル花梗ヲ出シ、美シキ綠白色ノ花ヲ
下垂ス。花梗ハ紫色ヲ帶ブ。花蓋六片ハ合體シ
テ筒狀ヲ成シ、只先端ニ於テノミ離開ス。先端
ハ在テハ綠色ヲ呈シ最先端ニハ白色短毛アリ。
六雄蘂ハ下部ハ花筒ニ接着シ內向ノ葯ヲ有シ花
筒ヨリ挺出セズ。子房ハ綠色ニシテ三室。花柱
ハ單一、線形ニシテ子房ノ倍長ナリ。花後球形
ノ漿果ヲ結ビ、熟シテ暗綠色ヲ呈シ後黑變ス。
和名甘ところハところニ似タル地下莖苦ガカラ
ズ徵シク甘味ヲ帶ブルヨリ云フ。

なるこゆり
Polygonatum falcatum *A. Gray.*

第 2197 圖

ゆり科

山中或ハ原野ニ生ズル多年生草本。地下莖ハ横ニ長ク延ビ、多肉白色、一年毎ニ一莖ヲ先端ヨリ生ズ。而シテ前年ノ莖ノ脫痕圓形ヲ印シテ明ナリ。莖ハ立チテ稍一方ニ傾キ稜條無クシテ圓柱狀ヲ成シ、大ナル者ハ1mニ達ス。葉ハ互生シテ二列ニ、披針形ニシテ先端漸次ニ銳尖ト成ル、長サ10-15cm許、基部ハ無柄或ハ短柄アリ。初夏葉腋ヨリ花梗ヲ生ズ。花梗ハ三乃至五分岐シ甚ダ細ク各小梗末ニ各一箇ノ綠白色花ヲ下垂ス。花ハあまどころヨリ小ニシテ六花蓋ハ筒狀ヲ成シ先端ハ分レ綠色ヲ帶ブ。六雄蕊花蓋筒ニ開生シ、花絲ハ毛ナシ。花後暗綠色ノ球狀漿果ヲ結ビ吊垂ス。和名ハ鳴子百合ハ其花ノ相並ンデ下垂セル狀ニ基ク。漢名 黃精(誤用)、黃精ハ同屬ノ他ノ種ノ名ニシテ其種ハ支那ニ產シ我日本ニハ之レ無シ。

みやまなるこゆり
Polygonatum lasianthum *Maxim.*

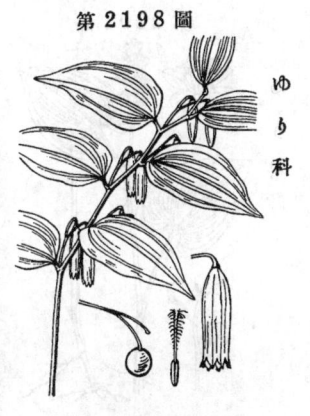

第 2198 圖

ゆり科

山地樹陰ニ生ズル多年生草本。根莖ハ白色多肉ニシテ淺ク地下ヲ橫行シ節ヲ有ス。莖ハ高サ30-50cm、細ケレドモ强靱、下半部ハ直立シ上半部ハ斜上ス、紫采アル者多シ。葉ハ莖ノ上半ニ地平ニ並ビテ稍疎ナル二列ヲ成シ、短柄アリ、卵狀橢圓形・廣橢圓形或ハ長橢圓形ヲ呈シ銳尖頭、圓底或ハ截底、平滑ニシテ光澤ヲ有シ、裏面ハ淡色無毛、邊緣小サキ皺曲ヲ成ス。初夏ニ至リテ葉腋ニ硬キ細長梗ヲ抽キ、葉裏ニ入リテ二岐シ頂ニ白花ヲ點頭ス。花蓋ハ長橢圓形ノ筒形ヲ成シ、長サ17mm內外、先端淺ク六裂シ、裂片ハ反卷セズ。花筒內面細毛ヲ布ク。雄蕊六箇、花筒ニ着生且ツ潛在シ、花絲ニ細毛アリ。漿果ハ小球形、下垂シ黑熟ス。和名ハ深山鳴子百合ナリ。

たけしまらん
Streptopus ajanensis *Tiling*
var. japonica *Maxim.*

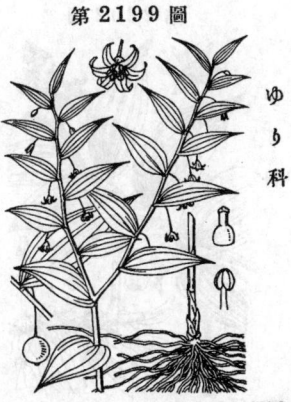

第 2199 圖

ゆり科

中部以北ノ高山針葉樹林中ニ生ズル多年生草本。根莖ハ多少肥厚シテ節多シ。莖ハ高サ 15-20 cm、直立シ、多クハ中邊ニテ二岐シ全株無毛ナリ。葉ハ枝上左右ニ擴ガリテ二列ニ並ビ柄無ク卵狀披針形、長サ2-3cm、銳尖頭ニシテ葉底ハ莖ヲ抱カズ。三脈明瞭ニ縱走シ表裏共ニ綠色ヲ呈シ、質膜樣ナリ。七月頃葉腋ニ淡赤褐色ノ細花ヲ單生シ、長梗ヲ以テ懸垂ス。花蓋ハ六片ニシテ輻狀ヲ成シ、各片披針形ニシテ銳尖頭ヲ呈シ各其基部ヨリ反卷セリ。徑4mm許。雄蕊六箇ハ短シ。雌蕊ハ花柱短ク柱頭ニ點狀ナリ。漿果ハ球形ニシテ紅熟シおほばたけしまらんノ夫レニ比シテ遙ニ小形ナリ。和名たけしまらンノたけしまハ蓋シ其葉狀ニ基テ名ケシモノナランモ予其意ヲ解シ得ズ。

733

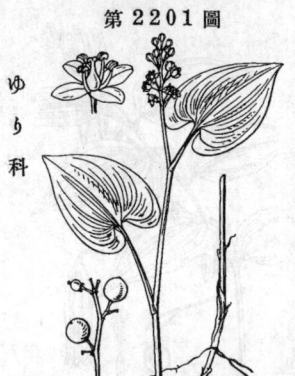

第2200圖

おほばたけしまらん
Streptopus amplexifolius *DC.*

中部以北ノ高山溪側ニ生ズル多年生草本。莖ハ高サ 50–100cm、中部ニテ叉狀ニ五六分枝シ、葉ヲ左右ニ多數互生ス。葉ハ卵狀橢圓形長サ5cm內外、銳尖頭、葉底ハ莖ヲ抱キ、表面ハ黃綠色裏面ハ蒼白色ヲ帶ブ。平坦ニシテ五七ノ縱縮陷入シテ走リ、邊緣ハ多少ノ起伏リ成シ又微齒ヲ有セリ。七月頃各葉下ニ綠白色ノ一花ヲ懸垂シテ開ク。長梗アリテ途中ニ於テ一回膝曲スル特徵アリ。是レハ腋出セル花梗ハ莖ト融着シテ其上方ノ葉ノ下ニ至リテ始メテ離ルルニ因ル。花蓋六片ハ披針形、下半鐘形上半强ク反卷ス。雄蕊ハ六箇、葯尖リテ大ナリ。雌蕊ノ花柱ハ長シ。後チ卵狀球形ノ漿果ヲ懸垂シ、長サ 1cm 許、八月頃ニ紅熟ス。

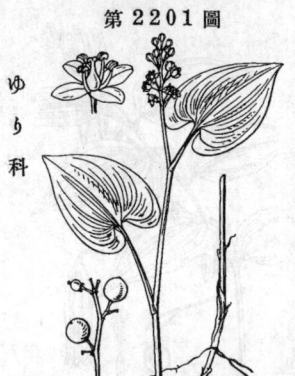

第2201圖

まひづるさう
Majanthemum bifolium *DC.*
var. dilatatum *Wood.*

(=M. dilatatum *Nels. et Macbr.*)

中部以北ノ高山針葉樹林下ニ生ズル多年生草本。根莖ハ細長ク、白色ニシテ地表近クヲ橫行シ時ニ長ク、屢々分枝ス。先端ハ節間短縮シ、頂部ニ莖ヲ立ツルコト 10–25cm。莖ハ細クシテ平滑、中部ヨリ上方ニ二三葉ヲ互生ス。葉ハ心臓形或ハ三角狀心形、銳尖頭、深心臓底ニシテ薄質綠色、全邊ナレドれんぐ下ニテハ圓キ低波アリ。五六月、莖頂ニ長サ2–3cm 許ノ稍ニ疎穗樣總狀花序ヲ蒼ケ小白花ヲ開ク。花蓋片四箇、平開シ上半反卷ス。雄蕊四箇、子房ハ卵球形。漿果ハ小球形ヲ成シ半熟時ハ紫斑アリテ後赤熟ス。本種ニ似テ下野日光・樺太等ニハこまひづるさう (M. bifolium *DC.*) アリ。葉狹ク三角形ヲ呈シ其葉緣之レフ鏡檢スルニ鋸齒アルヲ以テ區別シ得。和名舞鶴草ハ葉狀ニ基ヅク。

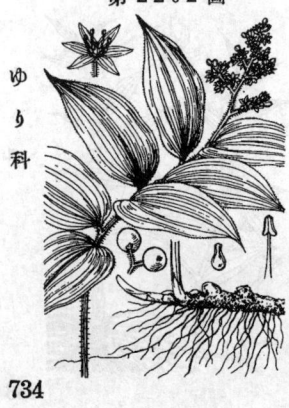

第2202圖

ゆきざさ
Smilacina japonica *A. Gray.*

諸國ノ山中樹陰ニ生ズル多年生草本。根莖ハ多肉ナレドモ太カラズ、長ク匍匐シ、節ハ多少膨起ス。莖ハ直立スレドモ上半ハ傾斜シ、高サ20–40cm ニシテ上部ニ至ルニ從ヒ粗毛深シ。葉ハ莖ノ上半ニ二列ヲ成シテ互生シ、短柄アル卵狀橢圓形或ハ廣橢圓形ニシテ長サ5–10cm、綠色、兩面毛茸ニ富ミ、脈絡縱ニ稍隆起シテ並ブ、先端ハ銳尖、葉底ハ圓形或ハ截形ナリ。五六月頃、莖頂ハ圓錐花序ヲ成シテ小白花ヲ綴ル。花軸赤ク多毛ナリ。花ハ完全花ニシテ花蓋六片、橢圓形ヲ呈シ、雄蕊ハ六箇、雌蕊ノ花柱ハ柱狀ニシテ立チ柱頭ハ僅ニ三裂ス。花後漿果ヲ結ブ、初メ綠色紫斑、後ニ赤熟ス。和名ハ雪白ノ花ト笹ノ葉ニ似タル葉狀トニ基ヅク。漢名 鹿藥(誤用)

なぎいかだ
Ruscus aculeatus L.

第2203圖

ゆり科

觀賞品トシテ栽培スル常綠草樣ノ小灌木ニシテ明治初年歐洲ヨリ渡來ニ係ル。根莖ハ黃色多肉多節ニシテ横ハル。莖ハ多數簇生シ高サ20-40cmニシテ深綠色、分枝ス。葉ハ微小形ノ鱗片樣ニシテ顯著ナラズ。葉狀枝ハ膜質葉ノ腋ニ出デ基脚撰ハ斜立シ、卵形ニシテ長サ1.5-2.5cmヲ算シ宛然葉ノ如シ、先端ハ銳尖ニシテ銳刺ト成リ底部ハ狹窄シ、强靱ナル革質ニシテ深綠色ヲ呈シ平滑ナリ。夏日帶白色ノ碎花ヲ葉狀枝ノ中脈下部ニ蒼生スルノ狀はないかだノ如ク。雌雄異株ニシテ花ハ殆ド無柄。花蓋六片ハ廣鐘形ヲ成シ、外片三箇ハ卵狀橢圓形ニシテ内片ヨリ遙ニ大ナリ。雄蕊ニ三箇、集リテ筒ヲ成ス。雌花ハ雌蕊一箇、子房ハ圓ク、周圍ニ假雄蕊アリ。漿果ハ徑1cm、赤熟ス。和名ハ葉狀枝なぎノ葉ニ似、且ツ花ヲ載スルコト筏ノ如シトテ名ク。

くさすぎかづら (天門冬)
一名 てんもんどう
Asparagus cochinchinensis Merr.
(=A. lucidus Lindl.)

第2204圖

ゆり科

主トシテ海邊ノ地ニ生ズル多年生草本。根莖ハ短形、多數ノ紡錘根ヲ叢出ス。莖ハ下部木化スレドモ上部ハ他物ニ纒繞シ、長サ1-2mト成ル。葉ハ細キ枝ニテハ膜質微細、幹及ビ太キ枝ニ在リテハ外曲セル銳刺ト成ル。葉ノ如ク見ユルハ葉狀枝ニシテ一節二三束生シ、稍扁平ナル線形ニシテ長サ1-2cm、彎曲シ、底部ニ開出シ、先端尖リ、表面黃綠色ヲ呈シテ滑澤ナリ。關節アリテ脫落シ易シ。夏日、淡黃色ノ小花ヲ腋生シ二三箇ヅツ集リ、花梗短ケレドモ花蓋ト同長、且ツ中央ニ一節アリ。花蓋六片ハ平開シ、狹橢狀橢圓形ヲ呈シ、雄蕊ホ六箇、花蓋片ヨリ短シ。子房ハ壺狀、柱頭ハ三岐ス。花後小球果ヲ結ビ汚白色ニシテ徑6mm内外、中ニ黑クシテ丸キ一種子ヲ容ス。塊狀根ヲ藥用トシ、又砂糖漬トス。和名ハ葉狀枝ノ狀すぎニ似タルニ因ル。

たちてんもんごう
Asparagus pygmæus Makino.

第2205圖

ゆり科

觀賞ノ爲メ庭園ニ栽培スル多年生草本。地下ニハ短形塊狀ノ根莖アリ、下方ニ向ツテ多數ノ多肉紡錘根ヲ發出シ其先端ハ長ク絲狀根ト成ル。莖ハ簇生、直立シテ細ク、稜角ヲ有シ綠色平滑、高サ15-20cm、基脚ニハ多數鱗片葉ノ集合アリ。葉ハ膜質ニシテ鐱形、尖レドモ小形ニシテ顯著ナラズ。葉狀枝ハ深綠色、稍四稜アル線形ニシテ各節ニ三四箇、枝端ニテハ四五箇束生シ斜開ス。長サ1-2cm、稍彎曲シ、光澤アリ。花ハ生ズルコト無シ。和名ハ立天門冬ノ意ニシテてんもんどうヲ似テ直立スルニ因ル。漢名 特生天門冬(是レ和製ノ僞漢名ニシテ支那ニハ此ノ如キ名ナシ)

735

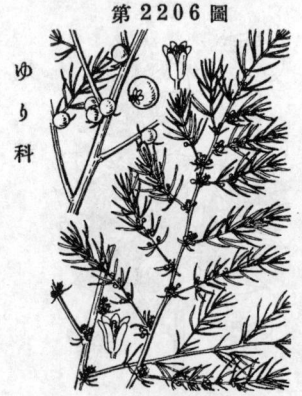

きじかくし（龍鬚菜）

Asparagus schoberioides *Kunth.*

山中ノ草地ニ生ズル多年生草本。茎ハ立チテ高サ50-100cm、幹ハ圓柱狀ニシテ稜線アリ、枝ヲ多ク分ツ。葉ハ細枝ニ在リテハ小形ノ白色膜質ナレドモ太キ枝及ビ幹ノ者ハ强キ逆向ノ刺ト成ル。葉狀枝ハ三乃至七箇相集リテ束生シ、綠色ニシテ鎌狀ヲ成シ三稜ヲ有シテ先端尖ル。其長サ7-17mm、くさすぎかづらニ比シテ軟カク且ツ細シ。五六月頃、葉腋ニ三四箇ノ綠白花ヲ聚簇ス。雌雄異株ニシテ花梗ハ短ク、頂部ニ關節アリ。花蓋六片筒狀鐘形ヲ呈シ、雄蕋六箇、雌花ニモ不育ノ小形ト成リテ殘存ス。漿果ハ小球形、赤熟ス。葉特ニ細ク絲狀ナルヲほそばきじかくし（**var. subsetacea** *Franch.*）ト云フ。北地ニ多シ。和名雄隱シハ繁生セル葉ニテ山地ノきじヲ隱スノ意ナリ。

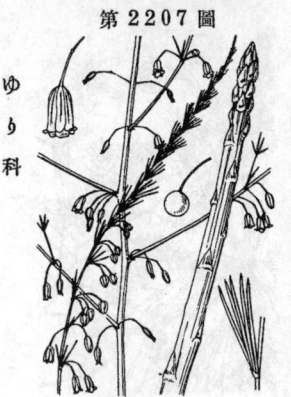

おらんだきじかくし
一名 まつばうど

Asparagus officinalis *L.*
var. altilis *L.*

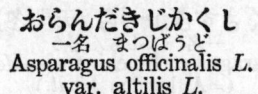

歐洲ノ原產ニシテ食用ノ爲メ栽培スル多年生草本。地上部ハ一年生。根莖ハ短ク塊狀、下方ニ太キ紐狀根ヲ出ダス。茎ハ圓柱形ニシテ綠色、立チテ高サ1.5mニ達シ分枝ス。嫩莖ハ甚ダ多肉、太クシテ徑1cm餘ヲ算シ、鱗片葉ヲ疎著ス。枝條ハ細ク、膜質鍼形ノ不顯著ナル鱗片葉ヲ互生ス。葉狀枝ハ纖細ナル絲狀ヲ呈シ各節五乃至八箇束生ス。夏日、本幹或ハ之レニ近キ枝ノ葉狀枝無キ或ハ少キ葉腋ニ黃綠色ノ小花ヲ一二箇垂頭ス。花梗ハ纖弱ニシテ長シ。雌雄異株ニシテ、花蓋片六箇ハ筒樣鐘形ヲ成シ平開セズ、雄蕋六箇ハ花蓋片ヨリ短シ。雌花ノ雄蕋ハ退化シテ小形ト成ル。漿果ハ小球形、紅熟ス。嫩莖ヲあすぱらがすト呼ビテ食用ニ供ス。和名ハ和蘭雄隱シノ意、又松葉うどハまつばハ葉狀うどハ多肉ノ嫩芽ニ基ヅク。

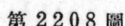

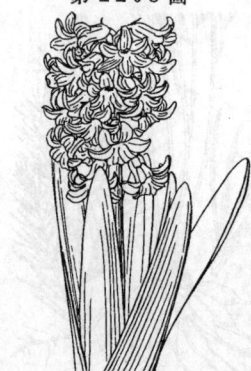

ひあしんと
一名 にしきゆり・ひやしんす

Hyacinthus orientalis *L.*

小亞細亞原產ニシテ觀賞ノ爲メ栽培スル多年生草本。地下ハ鱗莖アリテ卵形ヲ呈シ、長サ3cm內外、外皮ハ黑褐色ナリ。葉ハ根生、四五葉簇出シテ斜立シ、廣線形ニシテ長サ15~30cm、先端急ニ細ク基脚ハ狹マラズ、多肉ニシテ內面ニ凹ミテ樋狀ヲ成ス。春日葉心ヨリ花莖ヲ抽クコト葉ヨリモ少シク高ク、太キ直立セル總狀花序ヲ成ス。花ハ傾向、漏斗狀、徑2-3cm、碧紫色ヲ原則トスレド紅・白・紫・黃等多數ノ闌藝品種アリ。花蓋上半ハ六裂シ、裂片ハ多肉ニシテ平開ス。雄蕋六箇、花蓋筒內上部ニ着生シ短カクシテ外ニ顯ハレズ。蒴果ハ卵圓形、種子ハ粒面ナリ。

第2209圖

ゆり科

するぼ (綿棗兒)
一名 つるぼ・さんだいがさ
Scilla chinensis *Benth.*
(＝Scilla japonica *Baker.*)

原野ニ生ズル多年生草本。鱗莖ハ卵球形、長サ2-3cm、外皮ハ黒褐色ヲ呈シ、下端ハ短縮セル根莖アリテ細根ヲ簇出ス。葉ハ春秋ノ二季ニ出デ、春期ノ者ハ夏枯ル。二箇相對シ廣線狀倒披針形ニシテ紫綠色、直立シ、內面樋狀ニ凹ミ、先端ハ銳尖下方ニ向ヒテ細シ。初秋ニ入リテ葉間一葶ヲ抽クコト30cm內外ニシテ直立シ、頂ニ4-7cm許ヲ稍密ナル穗狀樣總狀花序ヲ成シテ淡紫花ヲ附ク。花蓋六片、平開シ、倒披針形ヲ成シ背線濃色ナリ。雄蕊六箇、花絲ハ紫色、絲狀ナレドモ下部ニ至テ披針狀ニ擴ガル。雌蕊一、子房ハ橢圓體ヲ成シ、花柱ハ短柱狀ニシテ立ツ。蒴果ハ橢圓體、上向シ、上部胞背開裂シテ中ヨリ漆黑色ノ細長キ種子ヲ出ダス。和名するぼ・つるぼ共ニ意義不明。さんだいがさ八參內傘ノ意ニシテ其花穗ノ狀宛モ公卿ノ參內スル時供人ガ其後ロヨリ差シカクル長柄傘ノ疊ミタル形ニ似タルユヱ云フ。

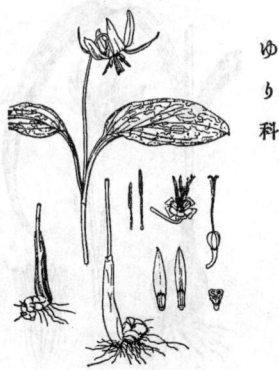

第2210圖

ゆり科

かたくり
一名 かたこ 古名 かたかご
Erythronium japonicum *Decne.*

山地林中ニ生ズル多年生草本。根莖ハ白色多肉ノ鱗片狀ヲ成シ數箇相接シテ地中ノ深處ニ橫ハル。鱗莖筒ハ此レヨリ直立シ、長サ4cm內外、披針形ノ柱狀ニシテ白色肥厚ナリ。早春、一莖ヲ抽クコト15cm內外ニシテ下部ニ二葉相對ス。葉ハ長柄アリテ平開シ、往々地ニ布キ、橢圓形ニシテ兩邊多少ノ波曲アリ、質肥厚シテ軟カク表面ハ淡綠色ニシテ紫色ノ斑紋ヲ飾ル。花ハ葉心ヨリ抽キシ梗端一點頭シ、徑4-5cm、紫色ニシテ可憐ナリ。花蓋片六ハ狹長披針形ニシテ尖リ、强ク反卷シ、內面基部ニ近ク濃紫ノW字紋ヲ有ス。六雄蕊ハ短ク長短二樣、葯ハ紫色。柱頭ハ三叉裂ス。鱗莖ヨリ良質ノ澱粉ヲ得。是レ眞正ノ片栗粉ナリ。但シ坊間片栗粉ト稱シテ賣ルモノハじゃがいもノ澱粉ナリ。漢名 車前葉山慈姑(和製ノ僞漢名ニシテ支那ニハ此ノ如キ名ナシ)

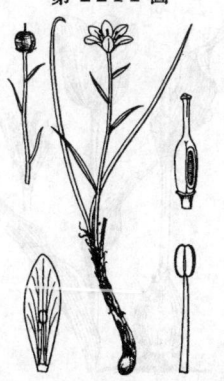

第2211圖

ゆり科

ちしまあまな
Lloydia alpina *Salisb.*
(＝L. serotina *Sweet.*)

中部以北ノ高山ニ生ズル多年生草本。根莖ハ小サケレドモ舊キ葉鞘灰黑色ト成リテ厚ク之ヲ包ミ長サ3cm內外アリ。葉ハ綠色ニシテ二葉根生シ、長サ5-11cm、松葉樣ニシテ三鈍稜ヲ有ス。別ニ其葉側ニ一莖ヲ抽キ高サ10cm內外、中邊ニ疎ニ披針形葉二三ヲ互生シ其幅根生葉ヨリハ廣シ。七月頃、莖頂ニ一花ヲ開ク。花ハ廣鐘形ニシテ徑1.5cm 內外。花蓋片ハ六箇アリテ同形、長橢圓形ヲ成シ、白色黃赤暈、先端ハ尖ラズ。雄蕊六箇ハ花蓋片ノ半長、葯ハ其基脚ヲ以テ花絲ニ連續ス。子房ハ橢圓形、花柱ハ子房ヨリ短シ。蒴果ハ褐色ヲ呈シ三耳ヨリ成ル廣橢圓形ニシテ長サ7mm許。和名ハ千島甘菜ノ意ニシテ初メ之レヲ千島ニ採ル、故ニ此名アリ。

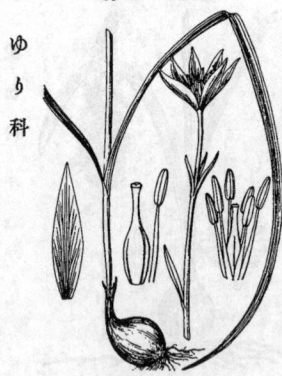

第2212圖

ゆり科

あまな (老鴉瓣)
一名 むぎぐわゐ
Tulipa edulis *Baker.*
(=Amana edulis *Honda.*)

向陽ノ原野ニ生ズル多年生草本。鱗莖ハ卵圓形ニシテ長サ 1.5-2cm、表面ニ紫褐色ノ薄キ鱗形葉鞘ト淡褐色ノ綟狀纎維トヲ被ル。葉ハ二箇、根生ニシテ平開シ、廣線形ヲ成シ長サ 13-25cm、幅4-6mm、扁平柔軟、淡霜綠色ヲ呈シ、先端ハ銳形、基脚漸殺シテ相抱ク。四月、葉間ニ葉ヨリ短クシテ柔キ花莖ヲ抽クコトー、稀ニ二、中邊ニ長サ3cm内外ノ葉狀苞三片ヲ著ケ、頂ニ一白花ヲ開ク。花ハ廣鐘形、日ヲ受ケテ正開ス。花蓋六片ハ狹長橢圓狀披針形、漸尖開狹脚ニシテ長サ 2.5-3cm、外面ニハ暗紫色ノ細條數本縱走ス。雄蕊六箇ハ花蓋片ノ半長、三箇ハ長ク三箇ハ短シ。雌蕊ハ一箇、雄蕊ヨリ短ク、子房ハ綠色、三稜、橢圓體ニシテ花柱一、柱頭ハ截形ナリ。蒴果ハ綠色、倒卵圓形ニシテ三脊アリ。夏ニ入レバ地上部ハ枯死ス。小兒其鱗莖ノ肉ヲ生食ス。和名あまなハ甘菜ノ意、其鱗莖ノ白肉苦味丼ニ刺戟味無クレバ云ヒ、麥慈姑ハ麥圃ニ生ズルト謂ハレテ此名アル乎或ハ其葉麥ノ如ケレバ謂フ乎。漢名 山慈姑 (誤用)

第2213圖

ゆり科

ひろはあまな
一名 ひろはむぎぐわゐ
Tulipa latifolia *Makino.*
(=Amana latifolia *Honda.*)

田間ノ原野ニ生ズル多年生草本。あまなト屢々混生シ、相似タリト雖モ、葉廣闊ニシテ中心一白道ヲ有シ、雄蕊ヲ雌蕊ヨリ短クシテ而モ長短ナキヲ以テ區別スベシ。鱗莖ハ卵圓形、あまなト同斷。春日二葉ヲ出ダス。葉ハ廣線形、長サ30cm内外、幅1cm、時ニ2cmヲ超エ、槪ネ地平ニ擴ガリ質軟クシテ表面ハ綠色、中脈ニ沿ヒテ白道アリ、下部ハ狹窄シ往々紅色ヲ呈ス。花ハ三月葉間ノ莘上ニ開ク。白色ニシテ廣鐘形、あまなニ比シテ少シク大、外面ニハ淡紫條ヲ飾ル。雄蕊ハ同高、雌蕊ハ之ヨリ高シ。蒴果ハ鈍三稜アル倒卵狀圓柱形ニシテ鈍頭、截痕短柄、頂ニハ嘴狀ノ花柱ヲ殘存ス。稀少ナル種ナリ。

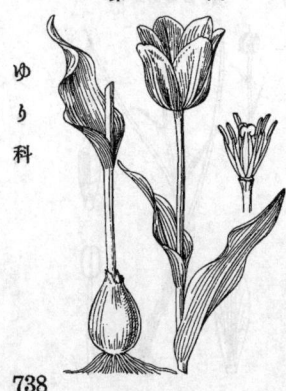

第2214圖

ゆり科

ちうりっぷ
一名 うつこんかう・ぼたんゆり (新稱)
Tulipa Gesneriana *L.*

小あじあ原産ノ多年生草本ニシテ歐洲ヲ經テ輸入セラレ、觀賞品トシテ廣ク栽培ヲ見ル。園藝品種多シ。鱗莖ハ卵形。莖ハ圓柱形、直立シ單一ナリ。葉ハ二三、莖ノ下部ニ接シテ互生シ、廣披針形或ハ橢圓狀披針形ニシテ長サ 20-30cm、先端ハ尖リ葉底ハ輕ク莖ヲ抱キ、全體少シク内卷シ且ツ邊緣ニハ波曲アリ。表面ハ蒼綠色白霜ヲ帶ビ裏面ハ濃色ナリ。四五月頃、莖頂ニ上向シテ一大花ヲ開ク。花ハ廣鐘形、長サ7cm内外、花蓋片ハ平開セズ、闊大鈍頭ニシテ花底部ハ凹面廣シ。原種ハ白色紅緣ナレド、黃・赤・白・紫等ノ諸色アリ。雄蕊六。雌蕊ハ長サ2cm内外、綠色ノ柱狀ヲ成ス。切花用トシテ盛ニ栽培セラル。漢名 鬱金香 (誤用)

第 2215 圖

ゆり科

ばいも（貝母）
一名 あみがさゆり
古名 ははくり
Fritillaria Thunbergii *Miq.*

支那原產ニシテ稀ニ園養スル多年生草本。鱗莖ハ白色ノ肥厚セル鱗片二箇、相倚リテ球形ヲ成ス。莖ハ直立シ高サ50cm內外、全草淡菁綠色ヲ呈ス。葉ハ多數、無柄ニシテ莖上三四箇ヅツ稍不整ニ輪生樣ヲ成シ、廣線形ニシテ先端尖リテ反卷シ、長サ 10cm 內外、上葉ニ至レバ先端鉤曲ス。三四月、梢部ノ葉腋ニ單生セル淡黃綠花ヲ懸垂ス。花ハ鐘形、長サ 2-3cm、花被片六箇ハ橢圓形ニシテ稍鈍頭、外面絲條ヲ有シ內面ニハ紫色ノ網狀紋ヲ飾ル。あみがさゆり（編笠百合）ノ名アル所以ナリ。雄蕊ハ六、花葯片ヨリ短ク、花柱ハ細ク、柱頭ハ三岐ス。蒴果ハ短キ六角形ニシテ廣キ六箇ノ縱翼アリ。種子ハ扁平ノ圓キ翼ヲ具フ。球莖ヲ藥用ニ供ス。和名ハ漢名貝母ノ字音ニ基ク。

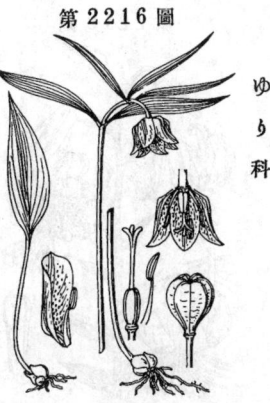

第 2216 圖

ゆり科

こばいも
一名 てんがいゆり
Fritillaria japonica *Miq.*

本州中部及四國ノ山中溪側ノ陰地ニ生ズル多年生草本。鱗莖ハ小形、白色ノ鱗片二箇ヨリ成ル。莖ハ細クシテ軟カク高サ12-20cm、上部ニ二葉相對シ、更ニ花下ニ三葉輪生スルノミ。葉ハ何レモ無柄、披針形或ハ狹披針形、長サ5cm內外、漸尖頭狹底。梢葉ハ狹クシテ稍短シ。三四月頃梢頭ニ一花ヲ點頭シ、細キ短梗アリ。花蓋ハ稜角アル廣鐘形ヲ成シ、長サ2cm、各片ハ灰白淡綠色ニシテ內面ハ紫紅色ノ小點ヲ滿布シ、橢圓形圓頭、下部中央ハ外部ニ膨出ス。雄蕊六、花蓋ヨリ短ク、內三箇ハ少シク長シ。花柱ハ稍太ク、先端三岐セリ。和名ハ小貝母ノ意ナリ。てんがいゆりハ天蓋百合ノ意ニシテ其花形ニ基ク、天蓋トハ曲リシ棒ノ先端ニ笠ヲ下ゲシ樣ノ形チノモノナリ。

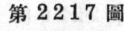

第 2217 圖

ゆり科

くろゆり
Fritillaria camtschatcensis
Ker-Gawl.

中部以北ノ高山ニ生ズル多年生草本。高サ凡ソ20-30cmナレドモ北地ノ林間ニ生ズル者ハ往々50cmヲ超ユ。鱗莖ハ白色ノ小球狀ヲ成セル肥厚鱗片ノ集合ヨリ成ル。莖ハ直立シ、中部以上ニ四五葉ヲ輪生スルコト二三輪、上部ニハ更ニ二三葉互生ス。葉ハ披針形或ハ橢圓狀披針形、漸尖スレドモ先端ハ圓ク、鈍底ニシテ柄無シ、長サ5-8cm、質厚クシテ表面ハ滑澤。七月頃莖梢一花ヲ稍點頭ニ、惡臭アリ、長サ3cm內外。廣鐘形ヲ呈シテ開展セズ、花蓋片ハ菱狀橢圓形或ハ倒披針狀橢圓形、暗紫色、內面ハ更ニ濃色ノ斑紋アリ。雄蕊、雌蕊共ニ潛在ス。和名黑百合ハ花色形容ニ基キシ名ナリ、然シゆりノ稱ヲ冒スト雖モ元來其屬ノ品ニハ非ズ。

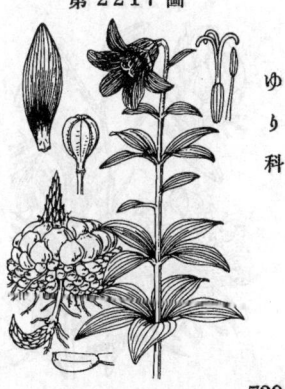

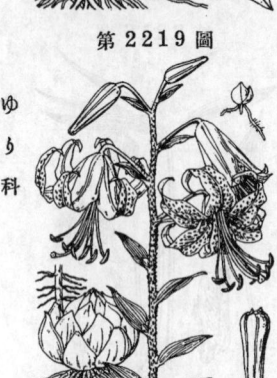

第 2218 圖

ゆり科

うばゆり
Cardiocrinum cordatum *Makino.*
(＝Hemerocallis cordata *Thunb.*;
Lilium cordifolium *Thunb.*)

山野ノ藪中林下ニ生ズル多年生草本。高サ 0.5-1m ニ達ス。鱗莖ハ白色、二三根出葉ノ柄ノ基部膨大シテ鱗次セル者ニシテ花序ノ株ニテハ既ニ朽テ殆ド認ムルヲ得ズ、而シテ其株本側ニ少數ノ白色仔鱗莖ヲ生ズルヲ見ル。莖ハ綠色强剛、太クシテ平滑中空ナリ、中邊ニ五六葉聚リテ着ク。葉ハ平開シ、長柄アリ、橢圓狀心臟形ヲ呈シ綠色闊大、長サ 20cm 內外、銳尖端深心臟底ニテ網狀脈アリ。夏日莖頂ニ綠白色三四花ヲ側向シテ開ク。長サ 10cm 內外、內面淡褐小點ヲ布キ、花蓋片六箇相倚リテ長筒ヲ成シ、上端ニ開キ稍左右相稱ヲ呈ス。雌雄蕊ハ一束ト成リ長短不同、花蓋ヨリハ短シ、葯ハ淡褐色ニシテ灰色ノ花粉ヲ有ス。花時往々葉既ニ枯ル。故ニ花ノ時、幽(葉)既ニ無シトテ之ヲ姥ニ譬へ此稱ヲ得タリト云フ。鱗莖ヨリ良質ノ澱粉ヲ得ベシ。漢名 蕎麥葉貝母(和製ノ僞漢名ニシテ支那ニハ此ノ如ク名ナシ)

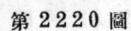

第 2219 圖

ゆり科

おにゆり (卷丹)
一名 てんがいゆり
Lilium lancifolium *Thunb.*
(＝L. tigrinum *Ker-Gawl.*)

山野ニ生ズル多年生草本ナレドモ又食用トシテ栽培ス。地下ニハ白色ノ鱗莖アリテ徑5-8cmニ達シ、槪形廣卵狀ヲ呈ス。莖ハ直立シテ高サ1-1.5mニ達シ、圓柱狀ニシテ帶紫褐色或ハ暗紫點ヲ滿布シ、白鬆毛アルコト多シ。葉ハ披針形、多數集リテ莖ヲ取卷キテ互生斜開シ、深綠色、長サ5-15cm、先端尖ル。葉腋ニハ黑紫色ニシテ光澤アル鱗片ヨリ成ル珠芽ヲ生ズ。夏日梢上ニ二乃至十餘花ヲ開ク。花ハ總テ梗アリテ頭曲ヘ、徑10cm許ニ。花蓋片ハ六箇、濃黃赤色ニシテ强ク反卷シ披針形ヲ成シ內面ニハ黑紫點ヲ散布シ下部ニハ多數ノ不整短突起ヲ布ク。雄蕊六、花外ニ挺出シ葯ハ暗赤色ノ花粉ヲ吐ク。花後果實ノ稔ラザル者多シト雖モ偶々狹長細卵狀ノ蒴果ヲ生ズ。一變種ニ八重咲花ノ者アリ之ヲレヲやへてんがいト云フ。和名鬼百合ノ粗大ナルゆりト云フ意ニシテ、姬百合ニ對シテノ名ナラン。

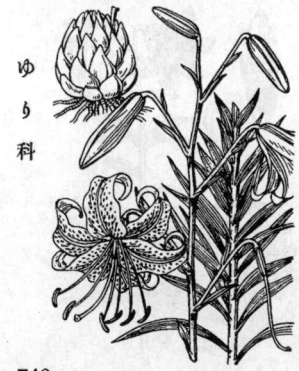

第 2220 圖

ゆり科

こおにゆり
Lilium Maximowiczii *Regel.*

山中向陽適濕ノ地ニ生ズル多年生草本。おにゆりニ酷似シテ辨別ニ苦シムト雖モ本種ハ一般ニ葉ハ更ニ狹ク莖ハ紫點ナク、鱗莖ハ稍長キ莖ノ地下部ニ母鱗莖ト相離レテ新生シ、莖上全然珠芽無キニヨリ區別シ得ベシ。高サ1-1.5m、線狀披針形葉ヲ多數ニ互生シ、鮮綠色ヲ呈ス。盛夏ノ候梢頂分枝シテ通常二乃至十花許ヨリ成ル圓錐樣總狀花序ヲ開ク。花ハ有梗、强ク點頭シ、通常おにゆりヨリ稍小形ナリ。花蓋片ハ黃赤色ニシテ內面紫黑色ノ小點ヲ散布シ、披針形ニシテ上部反卷ス。雌雄蕊モ亦おにゆりニ異ナラズ。蒴果ハ長橢圓狀圓柱形ヲ成シ微ニ鈍三稜ヲ有ス。鱗莖ハ大ニシテ白色、苦味ニ乏シキヲ以テ食用トシテ賞用シ、往々其爲ニ栽培ス。和名ハ小鬼百合ノ意ナリ。

くるまゆり
Lilium medeoloides *A. Gray.*

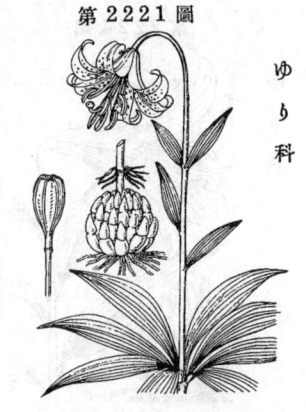

中部以北ノ亞高山帶ノ草原中ニ生ズル多年生草本。鱗莖ハ白色、概形球狀ニシテ鱗片ハ綏ニ附着シ、披針形ニシテ中央ニ顯著ナル關節アリ。莖ハ直立シテ高サ35-80cm、葉ハ倒披針形、銳尖頭、漸尖底、長サ7-13cm、濃綠色平滑、莖ノ中邊ニ六乃至十五片輪生シ、上部ニハ三四片疎ニ互生ス。七八月頃莖頂ニ三四長梗ヲ分枝シテ各頂ニ黃赤花ヲ稍點頭ス。花梗下ニハ葉狀苞アリ。花徑 5-6cm、花蓋片ハ狹披針形ニシテ廣ク其底部ヨリ開キテ反卷シ、內面ニハ濃褐紫色ノ細點ヲ布ク。六雄蕊一雌蕊ハ中央ニ立チ、共ニ花蓋ヨリ淡色ナリ。蒴果ハ短クシテ三稜ヲ成ス。和名ハ車百合、葉狀ニ基ヅク。

たけしまゆり
Lilium Hansoni *Leicht.*

觀賞品トシテ栽培セラルル多年生草本。蓋シ朝鮮鬱陵島ノ特產ニシテ往昔同島ヨリ內地ニ入リシ者ナラン。鱗莖ハ卵形乃至稍球形ニシテ鱗片ハ三角形ニ近ク、くるまゆりノ如キ關節ナク且ツ淡紅色ヲ帶ブ。莖ハ50-100cmニ達シ、くるまゆりヨリ壯大、莖上六七葉規則正シク輪生スルコト二三層ニシテ各葉ハ披針形、長サ10-18cm、滑澤暗綠色ナリ。晚春莖頂ニ二乃至六七花ヲ開ク。花ハ輕ク點頭シ、徑6cm許、柑黃色ニシテ內面暗紅色ノ細點ヲ布キ、花蓋片ハ底部ヨリ稍平開スレドモくるまゆりノ如クニ反捲セズ。多肉ニシテ又芳香アリ。和名ハ鬱陵島ノ別名ヲ竹島ト云フニ基ヅク。

すかしゆり
Lilium elegans *Thunb.*

中部北部ノ海岸砂濱或ハ低山ノ崖側ニ生ズル多年生草本。又觀賞用トシテ多ク栽培ス。鱗莖ハ地下深クニ存シ、白色ニシテ鱗片ハ著シク尖ル。莖ハ直立シ、高サ30cm內外、栽培セル者ハ往々1m二達シ、稜角アリ、又下部ニハ短毛ヲ密布スルヲ普通トス。葉ハ莖上稍密ニ互生シ、披針形、長サ5-10cm、質厚クシテ光澤アリ。六七月頃莖頂ニ繖形狀ヲ成シテ二三花ヲ開キ上向ス。花蓋片ハ黃赤色廣漏斗狀ヲ成シテ上半稍開出シ、下半ハ漸尖底ヲ成シ爲メ各片間ニ空隙ヲ生ズ。すかし（透し）ノ名アル所以ナリ。園藝變種多ク從テ花色種々アリ、中ニなつすかしゆりトはるすかしゆりトアリ甲品ハ花色濃紅ニシテ關西ニ多ク、乙品ハ紅黃色ニシテ關東ニ多シ。海岸ノ野生品ヲそとのはすかゆり一名はまゆり一名いはとゆり（var. spontaneum *Makino*）ト云ヒ葉葉共ニ短クシテ莖頂ニ二三花ヲ著ケ花色黃赤色ナリ。本種ニ似テ莖低ク、花更ニ多ク、花蓋片內面ニ細點ナク莖ニ全ク無毛ナル者ヲひらとゆり（L. venustum *Kunth*）ト云フ、栽培品ニシテ未ダ野生ヲ見ズ。

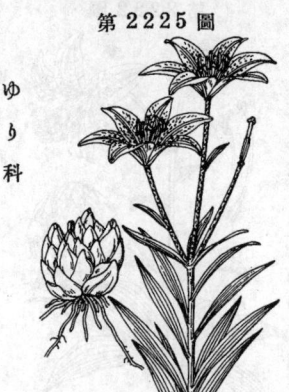

第2224圖

ゆり科

ささゆり
一名　さゆり
Lilium japonicum *Houtt.*
(= L. Makinoi *Koidz.*)

中部以西ノ山地ニ生ズル多年生草本。鱗莖ハ卵球形ニシテ扁平多肉白色ノ鱗片相重ナル。莖ハ瘦長ナル圓柱形ニシテ立チ、滑澤ニシテ高サ0.5-1mヲ算シ中邊ニ葉ヲ互生スルノ狀やまゆりノ如シ。葉ハ狹披針形或ハ披針形、長サ10cm内外、漸尖頭、葉底ハ急ニ鈍形ヲ呈シテ短柄ト成ル。八月頃莖頂ニ二三花又ハ五六花ヲ開ク。花ハ大輪、長サ10cm内外、漏斗狀鐘形ニシテ淡紅色ヲ呈シ花容愛スベシ。花蓋片ハ廣倒披針形、下部相倚リテ筒形ヲ成シ、内面ニハ一ノ細點ヲモ齏ラズ。雄蕋雌蕋ハ一束ト成リテ少シク花外ニ出ヅ。葉極メテ狹長ニシテ花否峻烈ナルヲにほひゆり(var. angustifolium *Makino*)ト云フ。又往々葉ニ白覆輪ノ者アリ、ふくりんささゆり(var. albomarginatum *Makino*)ト云フ。和名笹百合ハ葉狀ニ基キ、さゆりノ蓋シ早ク喚クゆりノ意カ或ハさつき(五月)ゆりノ意ナラン。漢名 百合(誤用)

第2225圖

ゆり科

ひめゆり (山丹)
Lilium concolor *Salisb.*
var. Buschianum *Baker.*

觀賞ノ爲メ栽培セラルル多年生草本ナレドモ又我邦南部ノ山地ニ自生ス。鱗莖ハ白色、卵球形ニシテ數顆聚リ廣披針形ノ鱗片ヨリ成ル。莖ハ直立、綠色ニシテ無毛、高サ30-50cm、太カラズ。葉ハ散在シテ互生シ、線形或ハ線狀披針形ヲ呈シ長サ5cm内外。夏日、頂ニ二三花ヲ直立上向シテ開ク。花軸亦直上ニ紫點アリ。花ハ濃赤色、稀ニきひめゆりト稱スル黃花品アリ、徑5cm許。花蓋片ハ底部ヨリ擴ガリテ星狀ヲ呈シ、各片ハ狹ク先端ニ僅ニ外反スルノミ。内面ニハ細點有ル者多ク、外面蕾ノ時ハ綿毛ヲ被ル。雄蕋ハ雌蕋ト同長ナレドモ花蓋片ヨリハ短クシテ中央ニ立ツ。花粉ハ花蓋片ト同色ヲ呈ス。和名姬百合ハ花容ノ小ニシテ可憐ナルニ基ヅク。

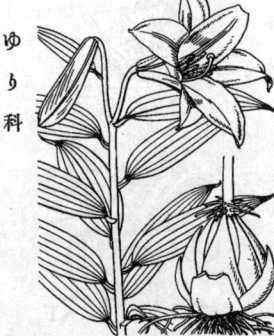

第2226圖

ゆり科

ひめさゆり
一名　さつきゆり
Lilium rubellum *Baker.*

東北地方ノ高山ニ生ズル多年生草本ニシテ高サ30-40cm、概形西南諸地ニ産スルささゆりニ似タレドモ丈低ク、葉短ク、花數少ナキノ差アリ。鱗莖ハ卵球形、鱗片ハ白色ニシテ長卵形ヲ成ス。莖ハ直立シ、圓柱形ニシテ細ク、無毛ナリ。葉ハ披針狀長楕圓形、漸尖頭、短柄アリテ長サ5-8cm。盛夏ノ候、莖頂ニ一二花ヲ側向シテ開ク。花ハ漏斗狀鐘形、淡桃花色ヲ呈シ可憐愛スベシ。花蓋片ハ倒披針形ニシテ長サ5-7cm、上部稍反卷ス。六雄蕋ハ花蓋ヨリ遙ニ短ク花内ニ潛在ス。切花トシテ市場ニ出ヅ。和名ハさゆり(ささゆり)ニ似テ小形ナルユエ云フ。

742

かのこゆり
一名 たきゆり
Lilium speciosum *Thunb.*

四國及ビ九州ノ懸崖ニ生ズル多年生草本ナレドモ又觀賞ノ爲ニ栽培セラル。鱗莖ハ概形圓ク著大ニシテ徑10cmニ近ク、鱗片ハ黄色或ハ黄褐色ヲ呈ス。莖ハ立チ、花時自生品ハ横斜シ栽培品ハ稍斜メト成リ高サ1-1.5m許、圓柱形ニシテ平滑ナリ。葉ハ廣披針形或ハ楕圓狀ノ帶ビ、長サ15cm内外、銳尖頭ニシテ圓底有柄ノ者多ク稍革質滑澤ナリ。盛夏、梢頭ニ疎枝ヲ分チテ大形ノ花ヲ點頭ス。花徑10cm許。花蓋片ハ底部ヨリ平開且ツ強ク反卷シ、白色ニシテ内面淡紅暈、更ニ鮮紅點ヲ滿布シ甚ダ鮮美ナリ。かのこ（鹿子絞リノ略）ノ稱ハ之レニ基ヅク。又花蓋片内面ニハ底部ニ太キ毛狀突起著シ。六雄蕋ト雌蕋ハ花蓋ヨリ前方ニ突出シ、花粉ハ暗褐色。和名ノたきゆりハ懸崖ニ生ズルヲ以テ云フ、土佐ノ方言ニシテ同國ニテハ懸崖ヲたきト云フ。

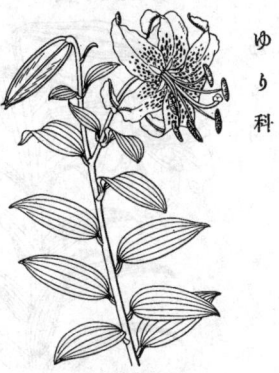

ゆり科

しらたまゆり
一名 しろかのこゆり
Lilium speciosum *Thunb.*
var. Tametomo *Sieb. et Zucc.*

人家ニ培養セラルル多年生草本ニシテかのこゆりノ變種ナリ。莖ハ直立或ハ斜上シ高サ0.5-1m、かのこゆりヨリ小ナルヲ普通トシ、全ク綠色ナリ。葉ハ全莖ヲ通ジテ散著シ、廣披針形ニシテ平開シ、短柄ヲ具フ。夏日莖頂ニ少數花アル花序ヲ著ケ、白花ヲ開ク。花ハかのこゆりニ似テ少シク小輪、側向シ、花蓋片底部ヨリ反卷スレドモ、純白ニシテ些ノ紅點アル無シ。基部ニ近ク白色ノ柱狀突起ヲ疎生セリ。六雄蕋ハ花蓋中央ニ立チテ突出シ、淡綠色ヲ呈ス。葯ハ茶褐色。鱗莖ハ黄色ニシテ同ジク食用ニ供シ得ベシ。和名ハ白玉百合ニシテ花容圓ミヲ帶ビテ白色ナルニ基ヅク。

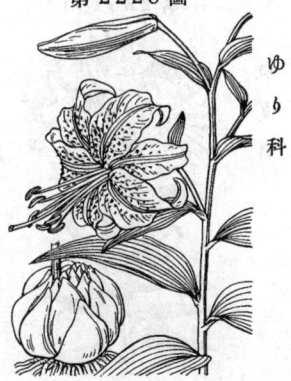

ゆり科

やまゆり
一名 えいざんゆり・ほうらいじゆり・よしのゆり
Lilium auratum *Lindl.*

本州中部井ニ以北ノ山地ニ生ジ、又人家ニ栽植スル多年生草本。莖ハ高サ1-1.5m、直立スレドモ花開ケバ重味ニ從ヒテ稍倒レル者多シ。鱗莖ハ大形、徑10cm内外ヲ算シ扁球形ニシテ鱗片ハ卵狀披針形質厚ク、黄味ヲ帶ブ。葉ハ莖上ニ散生シ或ハ横向セル莖ニテハ屢々二列トナリ、深綠色ヲ呈シ披針形或ハ廣披針形ニテ長サ 10-15cm、革質ニシテ平滑、先端ハ銳尖頭、葉底ハ圓ク、短柄ト成ル。盛夏ノ頃、莖梢ニ數箇ノ豐大ナル美花ヲ開キ香氣多シ。徑 15-20cm、椀狀鐘形ニ開キ白色ニシテ内面ニ紅小點ヲ滿布ス。花蓋片ハ卵狀披針形、先端邊瓦ノ底部ニ爪ヲ成サズ、中脈ニ沿ヒテ黄色シ、底部ニ至テ強ク陷入シ其附近ニハ短柱狀突起ヲ布ク。六雄蕋ハ花蓋ト同高、葯ノ長サ2cm内外、暗紅褐色ニシテ花粉ハ黒褐色ナリ。變種ニベにすぢ或ハはくわう等アリ。鱗莖ヲ食用トス。

ゆり科

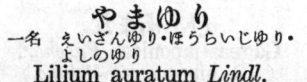

743

第2230圖

てっぽうゆり
一名　ためともゆり（同名アリ）
Lilium longiflorum *Thunb.*

琉球ニ生ズル多年生草本ナレドモ觀賞ノ爲メ栽培ス。鱗莖ハ平頭ノ球形ニシテ徑5cm內外、鱗片ハ淡黃色ヲ呈ス。莖ハ剛壯、葉ト共ニ淡綠色ヲ呈シ高サ0.5-1mナリ。葉ハ多數莖上ニ着生散開シ、披針形或ハ長橢圓樣ヲ帶ビ先端尖リ、表面ハ光澤アリテ脈條陷入シ、柄無シ。初夏ノ頃、莖頂ニ三花ヲ側向シテ開ク。花ハ喇叭狀ヲ成シテ長サ15cm內外、長筒ヲ成ス、由テ鐵砲百合ノ稱アリ。純白芳香アリテ甚ダ淸楚ナリ。花蓋片ハ外側中脈強ク隆起シ往々綠暈ヲ伸ブ。六雄蕋ハ潛在シ、花粉ハ黃色。切花用トシテ賞用セラレ、爲メニ鱗莖ノ外國輸出頗ル盛ナリ。往々葉ニ白覆輪アル者ヲ栽培ス、之レヲ長太郎百合（var. albo-marginatum *T. Moore*）ト云フ。

第2231圖

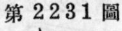

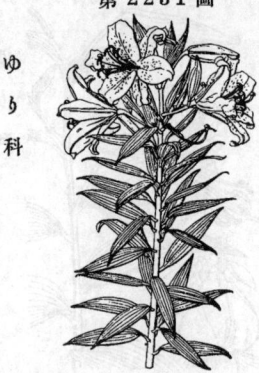

さくゆり
Lilium platyphyllum *Makino.*
（= L. auratum
var. platyphyllum *Baker.*）

伊豆八丈島及靑ケ島ニ產スル多年生草本。全形やまゆりニ類シテ壯大。鱗莖ハ大ニシテ黃色ヲ呈シ、鱗片ハ肥大ナリ。莖ハ粗大ナル圓柱形ニシテ直立シ、高サ1m餘ニ達ス。葉ハ多數、莖ニ互生シ、披針形或ハ長橢圓形ニシテ短ク尖リ、七主脈アリ、綠色ニシテ質剛シ。七月、莖梢ニ短總狀ヲ成シテ數花ヲ開キ、葉狀苞アリ、中軸ハ短ク、花梗ハ開出ス。花ハ純白色、大ニシテ佳香アリ、廣キ鐘狀ヲ成シ先端ハ反卷ス。花蓋六片、廣クシテ黃點アリ、下方ニ乳頭狀突起多シ。六雄蕋アリ、葯ハ紺色。子房ハ圓柱形ニシテ溝アリ。蒴果ハ長橢圓形。本邦產ゆり屬中ノ王ナリ。和名ハ伊豆七島中八丈島ノ南方ニ在ル靑ケ島ニテ本品ノ方言ヲさっくいねらト云フニ基ク、いねらハゆりヲ呼ブ名ナリト云フ。

第2232圖

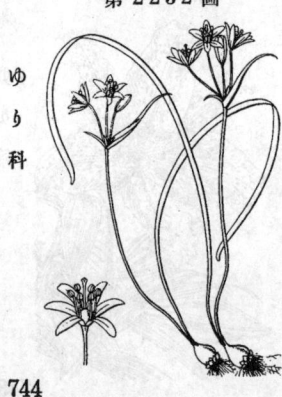

ひめあまな
Gagea japonica *Pascher.*
（= G. nipponensis *Makino.*）

我邦中部低濕ノ原野ニ生ズル多年生草本ニシテ早春小鱗莖ヨリ萌發シ、高サ10cm內外アリ。鱗莖ハ卵球形、徑6mm內外、黑皮ハ被ル。一葉ハ莖共ニ根出、葉ハ廣線形、長サ10-20cm、徑2mm、樋狀ヲ成シ綠色柔軟ナリ。莖ハ上部ニ大小二片ノ葉狀苞相接シテ出デ、其間ニ三四花ヲ繖形樣ニ開ク。苞葉ハ鍼狀披針形ニシテ尾狀ニ尖リ、葉ト同質、外者ハ長サ5cm內外アリ。小苞ハ甚ダ小サシ。花ハ黃色ニシテ徑1cm許、2cm內外ノ細梗アリ。花蓋六片ハ線狀橢圓形ヲ呈シ、鈍頭ニシテ長サ8mm。雄蕋六筒ハ花蓋片ノ底部ニ着生シ、夫レヨリ短シ。きばなのあまなニ比シテ全體小形ニシテ花數モ少シ。

きばなのあまな
Gagea lutea *Ker.*

我邦中部以北ノ山野ニ多ク生ズ多年生草本ニシテ高サ 15-20cm、春日一莖一葉ヲ發シテ黄花ヲ開キ、夏日既ニ鱗莖ヲ殘シテ枯ル。鱗莖ハ稍大キク徑1cm、卵形ヲ呈ス。葉ハ廣線形ニシテ徑7-8mmアリ、樋狀ヲ成シテ内面溝ト成リ莖ヨリモ長ク葉底狹キ爲メ倒ルル者多シ。莖ハ上部ニ二三ノ苞片アリ、苞ハ披針形ヲ呈シ先端長ク尖リ末端ハ鈍形ナリ。花序ハ繖形或ハ複繖形ヲ成シテ六乃至十花許ヲ着ケ、花硬ハ長短不同ニシテ長キハ4-5cmニ達ス。花ハ黄色。花蓋六片ハ長橢圓形ヲ成シ、12mm内外ノ長サアリテ稍銳頭、淡綠背ヲ成ス。雄蕊六箇ハ花蓋片ヨリ短シ。あまなノ稱ヲ冐スト雖モ、本品ハ大ナル二苞ヲ有スル繖形花序ヲ成スノ點ニ於テあまなトハ類緣全ク遠キ者ナリ。

第 2 2 3 3 圖

ゆり科

ひめにら
Allium monanthum *Maxim.*

諸國ノ原野ニ生ズル多年生草本。全草弱キ蒜臭アリ。地下ニ卵球形ノ小鱗莖アリ。春日二葉ヲ出ダシテ其間ニ一花ヲ開ク。葉ハ廣線狀倒披針形ヲ呈シ長サ5-10cm、先端尖リ葉底漸尖ニ扁平ニシテ蒼綠色ヲ呈シ質厚ケレド軟カシ。花ハ小サク、鐘形ヲ呈シ長梗上ニ單生(稀ニ雙生ス)ヲ上向スレドモ葉ヨリハ低シ。花下ニハ膜質ノ總苞片一アリ。花蓋片ハ白色ニ少シク紫色ヲ帶ビ、廣橢圓形ヲ成ス。花後ニハ小蒴果ヲ結ビテ圓シ。夏ニ至レバ葉枯レテ地上ニ形骸ヲ止メズ草影全ク空シ。明治十四年五月予之レヲ下野日光山中禪寺湖畔ニ見タルヲ記憶ス。和名ハ姬韭ノ意ナリ。

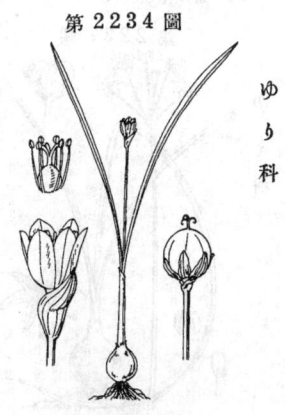

第 2 2 3 4 圖

ゆり科

のびる
Allium nipponicum
Franch. et Sav.

山野或ハ堤上等ニ生ズル多年生草本。全草蒜臭アリ。鱗莖ハ廣卵形或ハ圓形ヲ呈シテ白シ。莖ハ軟カキ柱狀ニシテ立チ淡綠色白㿗リヲ帶ビ、高サ60cm内外、下部ニ三ノ葉ヲ生ズ。葉ハ莖ト同質、細長クシテ下方ノ鞘ト成リ中部以上ハ斷面稍三角狀ニテ内面ニ凹入シテ溝ヲ成ス。初夏ノ頃、莖頂ニ一繖形花序ヲ立チ、白紫花ヲ開ク。花序ノ基脚ニハ膜質ニシテ卵形ノ尖レル總苞片二箇ヲ有ス。花序開ク前ハ總苞固ク包ミテ鳥嘴ヲ成スノ狀顯著ナリ。花序ニハ小球狀紫色ノ珠芽ヲ混ジ或ハ珠芽ノミノ者アリ。花ハ疎生シ細梗アリ。花蓋片ハ集リテ筒鐘形ヲ成シ、長サ4mm許、各片ハ卵狀披針形ニシテ先端尖リ、脊線ハ紫色。六雄蕊ハ延出シ、葯ハ淡紫色。和名ハ野ニ生ズルひるノ意ナリ。ひるハねぎ・にんにく等ノ總稱ニテ、其意義ハ之レヲ嚙メバヒリヒリヒリトロヲ刺戟スルヨリ此ク云フト謂ヘリ。

漢名 山蒜(誤用)

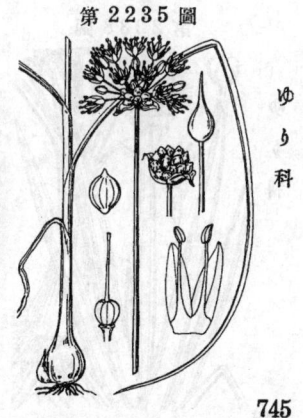

第 2 2 3 5 圖

ゆり科

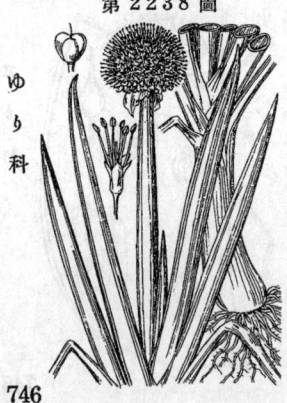

やまらっきょう
Allium japonicum *Regel*.

山地ニ生ズル多年生草本ニシテ地上部ハ冬期全ク枯死ス。蒜臭ハ弱シ。鱗莖ハ長サ2cm内外、卵狀披針形ニシテ莖ノ下部ト共ニ枯鞘ニ包マル。葉ハ莖ノ下部ニ二三アリテ立チ、蒼緑色ヲ呈シ三稜ノ有シ下端ハ鞘ト成ル。晩秋ノ候、葉間ニ緑色ノ一莖ヲ抽キ高サ30-50cm、概ネ葉ヨリハ少シク低ク、圓柱狀ニシテ綯質ナリ。莖頂ニ多數ノ紅紫花ヲ密簇シテ繖形ヲ成シ徑3-4cmノ球狀ヲ呈ス。花梗ハ、10-15mm、らっきょうニ比シテ短シ。花蓋片ハ長サ5mm未滿、平開セズ、廣橢圓形ヲ成シ鈍頭、乾皮質ナリ。六雄蕊ハ挺出シ、花絲間ニハ小形ノ尖齒片アリ、葯ハ紫色ニ染ム。花柱赤細長ク挺出ス。和名ハ山ニ生ズル蕗ノ意ナリ。漢名 山蕗(誤用)

すてごびる
Allium inutile *Makino*.

原野ニ稀ニ見ル多年生草本。地下ニハ白色ノ鱗莖アリテ球形ヲ呈シ徑 1-1.5cm。葉ハ皆根生ニシテ秋日出デ嚴冬ヲ凌ギテ枯レズ、盛夏ニ至リ枯死ス。細キ線形ニシテ長サ30cmニ達シ多肉、内面ハ平タク、背面ハ圓ク更ニ中脈隆起ス。葉枯レテ後、秋ニ入ツテ細莖ヲ抽クコト20cm許、稜角ヲ有シ、頂ニハ薄膜質ノ總苞ニ片ヲ具ヘ、其内ヨリ五六條ノ花梗ヲ繖形ニ出ス。梗ハ比較的太ク長サ1.5-2cm、頂ニ白花ヲ上向シテ開ク。花蓋片ハ廣鐘形ヲ成シテ開出シ、各片ハ線狀披針形ニシテ先端ハ急ニ鈍形ト成ル。時ニ紅紫暈ノ者ヲ見ル。六雄蕊ハ短ク花蓋片ノ半長ニ過ギズ、葯ハ黄色ヲ呈ス。蒴果ハ扁圓ニシテ三畝ヲ成シ、頂ハ淺廣ナル倒心臟形ヲ呈シ、種子ハ倒卵圓形ナリ。和名ハ捨小蒜ニシテ其草賤劣人之レヲ顧ミザルひるノ意ナリ。

ね　ぎ　(葱)
一名　ひともじ・ねぶか
古名　き
Allium fistulosum *L*.

しべりあ・あるたい地方ノ原産ナレドモ廣ク蔬菜トシテ畑地ニ栽培スル多年生草本。地上部ハ冬ヲ凌ギ、夏枯ル。高サ60cmニ達ス。鱗莖ハ膨大スルコト少シ。根ハ白色絲狀ニシテ多數莖端ヨリ發出ス。地上15cm内外ニシテ五六葉ヲ二列ニ出ダス。葉ハ太キ管狀ナレドモ先端ハ尖リ、下部ハ別ニ鞘ヲ成シテ相重ナル。緑色、少シク白霜ヲ帯ビ、粘液ヲ含ム。初夏圓莖ヲ葉間ニ抽キ頂ニ一大球ヲ成シテ多數ノ白緑色花ヲ密集シテ開ク。初メハ其蕾全體ヲ膜質ノ一總苞ニテ包ミ卵圓形ヲ呈シ頂尖レリ。每花ニ梗アリ。花蓋六片アリテ鐘形、長サ7-8mm、各片ハ披針形ニシテ銳尖シ外花蓋少シク短シ。六雄蕊ハ挺出シ、花絲間ニ齒牙ナシ。白色ノ鱗莖幷ニ緑葉ヲ食用トス。おほねぶか一名しもにたねぎ・やぐらねぎ・わけぎ ハ此變種ニ係ル。和名ねぎハ根葱ノ意。ひともじハ一文字ノ意、本品本來ノ名ハきゆエ一個ノ文字ナリ。ねぶかハ根深ノ意ナリ。

あさつき
Allium Ledebourianum *Schult.*

山野ニ自生シ又蔬菜トシテ栽培スル多年生草本。地上部ハ一年生ナリ。鱗莖ハらっきょうニ似テ卵狀披針形、長サ 1-2cm、表面ハ鱗狀葉ハ紅紫色ヲ帶ビ、乾皮質ナリ。莖ハ細キ圓柱形ニシテ直立スルコト30-40cm、淡綠色ヲ呈シ下端ハ紫染ス。下部ニ莖ヨリ稍短キ二三葉アリテ圓キ細管狀ヲ呈シ、莖ト同色。五六月、莖頂ニ半球形ヲ成シテ紅紫花ヲ密集シテ開ク。花序ハ初メ膜質帶紫色ノ總苞ニテ包マル。花蓋ハ六片相集リテ廣鐘形ヲ呈シ長サ 6-7mm、各片卵狀披針形ニシテ銳尖頭ヲ成シ、中脈ハ更ニ濃色ナリ。六雄蘂ハ花蓋片ヨリ短クシテ潛在シ、葯ハ淡紫色ヲ呈ス。葉及根ヲ食用トス。和名ハ淺つ葱ニテ其葉色淺キ綠色ナルヨリ云フ、即チ淺綠の葱ノ意ナリ。漢名 絲葱(誤用)

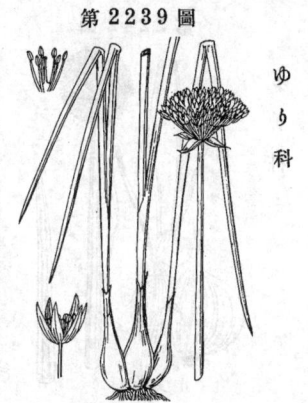

第2239圖

ゆり科

に ら (韮)
Allium odorum *L.*

山野ニ自生アレドモ多クハ畑ニ栽培スル多年生草本。全草特異ノ葷臭アリ。鱗莖ハ下端ニ短縮セル根莖ヲ伴ヒ、狹卵形ヲ呈シ、外面ハ鱗狀葉ノ枯死セル纖維ニテ包ム。葉ハ立チ、細キ線形ヲ呈シ扁平、綠色ヲ呈シ質柔ナリ。秋月葉間ニ一葶ヲ抽キ、高サ30-40cmニ達シ、稍壓扁セラル。頂ニ半球狀ヲ成シテ白花ヲ繖形ニ著ク。花ノ徑6-7mm、梗アリテ稍密生ス。花蓋片ハ平開シ、長橢圓狀披針形ニシテ先端ハ銳尖シ、純白ナリ。六雄蘂ハ花蓋片ヨリ僅ニ短ク、黃葯ヲ有ス。蒴果ハ倒心臟形ヲ成シ胞背ヲ以テ三片ニ開裂シ、六箇ノ黑キ種子ヲ出ダス。葉ヲ食用トス。和名 にらハ古名みら(又こみら)ノ轉ジタルモノト云フ、然ルニみらノ意義ハ不明ナリ。

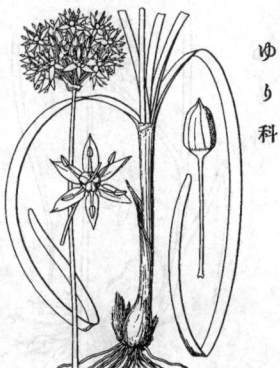

第2240圖

ゆり科

らっきょう (薤)
Allium Bakeri *Regel.*

支那ノ原產ニ係ル栽培ノ多年生草本。鱗莖ハ卵狀披針形ニテ2-5cmニ達シ、汚白色ノ廣キ鱗片葉ニテ包マル。葉ハ之レヨリ叢生シ冬ヲ凌ギテ枯レズ、線形ニテ長サ 20-30cm、內面ハ扁平ナレドモ背面ハ圓ク、青綠色ニシテ質軟カシ。晩秋、葉側ヨリ一葶ヲ立ツルコト高サ 40cm 內外ニシテ頂ニ半球形ヲ成シテ紫色ノ花ヲ繖形ニ著ク。花梗長ク 2.5-3cmニ達シ、花ハ稍點頭スル傾向アリ。花蓋片ハ鐘形ニ相集リ、各片ハ圓形或ハ倒卵圓形、圓頭、長サ5mmヲ算ス。六雄蘂幷ニ一雌蘂ハ共ニ花外ニ挺出ス。鱗莖ヲ漬ケテ食用ニ供ス。和名ハ辣韮(らっきう)ノ轉ビシモノナリ、即チ其味ノ辛辣ナルヨリ云フ。

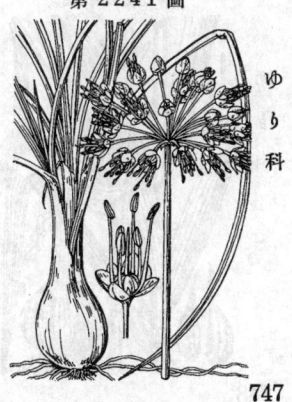

第2241圖

ゆり科

747

第2242圖

ゆり科

たまねぎ
Allium Cepa L.

ぺるしの原産ニシテ明治初年ニ渡來シ蔬菜トシテ畑地ニ栽培スル越年生草本。鱗莖ハ大形ニシテ徑10cm內外ノ扁球形或ハ球形ヲ成シ、外部ノ鱗片葉ハ乾膜質ニシテ紫褐采アレドモ內部ハ多肉ニシテ層々相重ナル。特異ノ刺戟性臭氣アリ。莖ハ直立シ圓筒形ニシテ高サ50cm內外、中部以下ハ紡錘樣ノ肥厚部ヲ存シ、下部ニハ二三葉ヲ着ク。葉ハ同ジク綠色中空ノ細管ヲ成シねぎニ比シテ細ク、花時ニハ槪ネ無シ。秋日、莖上ニ大圓球ヲ成シテ白花ヲ密集ス。花梗アリ。六花蓋片ハ平開シ、倒卵狀披針形ニシテ尖リ、六雄蕋ハ立チ、內三個ハ花絲ノ基脚兩側ニ小齒牙ヲ有ス。鱗莖ヲ食用トス。和名ハ球葱ノ意ニシテ球ハ鱗莖ノ形ニ基ク。

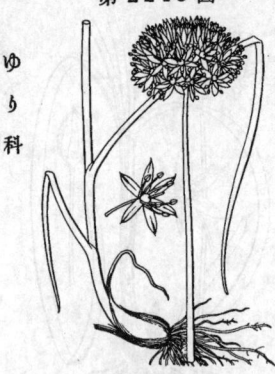

第2243圖

ゆり科

しろうまあさつき
Allium Schoenoprasum L.
var. orientale Regel.

本州中部及北海道ノ高山向陽ノ地ニ生ズル多年生草本。全草あさつきニ似タリ。地下ニハ狹卵形ノ鱗莖アリ。高サ30cm內外、全株蒼綠色ヲ呈シ、柔軟ナリ。莖ハ直立シ圓筒形、下部ニハ一二ノ葉ヲ有ス。葉ハ半圓筒形ニシテ內面扁平、中空、莖ト稍同長ニシテ先端ハ尖ル。八月頃莖頂ニ球狀ノ繖形花序ヲ着ケ、稍密ニ紅紫色ノ美花ヲ着ク。花蓋片ハ六、何レモ長橢圓狀披針形ニシテ長サ5-6mm、先端ハ銳尖形ヲ成シ、六雄蕋ハ花蓋ト稍同長ニシテ花絲間ニ齒無シ。和名ハ信州白馬岳ニ多キヲ以テ名ヅク。

第2244圖

ゆり科

にんにく（葫）
古名 おほびる
Allium sativum L.
forma pekinense Makino.

(= A. pekinense Prokh.;
A. sativum L. var. pekinense Maek.)

支那ノ原産ニ係リ、今ハ畑ニ栽培スル多年生草本。全草強烈ナル蕫臭アリ。鱗莖ハ大形、淡褐色乾皮質ノ鱗狀葉ヲ被リ內ニ五六ノ小鱗莖ヲ包ム。莖ハ直立シ高サ60cm內外、廣綠形ニシテ扁平ナル葉二三ヲ疎ニ互生ス。葉ノ下部ハ長キ鞘トナル。往々葉腋ニ珠芽ヲ生ズ。夏日莖頂ニ繖形花序ヲ出ダシ、白紫花ヲ開ク。總苞ハ長ク鳥嘴狀ヲ成シ顯著ナリ。花間多ク珠芽ヲ混ヘ或ハ全ク珠芽ノミヨリ成ルコトアリ。花ハ細梗アリ。花蓋六片ハ鐘形ヲ成シ、橢圓狀披針形ナレドモ外片ハ大、六雄蕋ハ花蓋片ヨリ短ク、基脚ニ二齒アリテ先端ニ芒狀ト成ル。鱗莖ヲ食用トシ、又強壯藥トシテ民間ニ於テ賞用セラル。和名ハ忍辱（にんにく）ニ基ク、忍辱ハ堪ヘ忍ブ事ニテ僧侶ガ此劇臭アル本品ヲモ意ニ介セズ食スト云フ隱語ナリト云フ。

748

ぎゃうじゃにんにく (茖葱)
Allium Victorialis *L.*
var. platyphyllum *Makino.*
(＝A. Victorialis *L.*
subsp. platyphyllum *Hult.*)

第 2245 圖

ゆり科

中部以北ノ深山ノ樹下ニ生ズル多年生草本。強キ葱臭アリ。地上部ハ一年生ナリ。鱗莖ハ長サ4-6cm、披針形ニシテ多クハ彎曲シ、外面ニ網狀ヲ成セル淡褐色ノ纖維ヲ纏フ。葉ハ二、稀ニ三片アリ、其葉柄ノ下半ハ莖ノ下部ヲ擁シテ之レヲ卷キ、上部ニ暗紫ノ細點ヲ布ク。葉面ハ闊大、楕圓形或ハ狹橢圓形、先端ハ銳或ハ鈍、葉底漸狹シテ柄ニ續ク。柔軟ニシテ無澤、蒼綠色ヲ呈ス。七月頃葉中ニ一亭ヲ抽クコト 30-50 cm、頂ニ多數ノ白花ヲ繖形ニ攢簇ス、往々淡紫ヲ帶ブ。花下ノ總苞片ハ膜質ニシテ二或ハ三花蓋六片ハ長サ6mm内外、長橢圓形ニシテ稍鈍頭、六雄蕊ハ挺出シ、葯ハ黃綠色。蒴果ハ三耳ヨリ成ル倒心臟形凹頭ナリ。和名ハ深山ニ生ジ、行者之レヲ食用ニストテ名ク。あいぬ人ハ能クコ之レヲ食フ。

にゅうさいらん
一名 にゅーじーらんどあさ・まをらん
Phormium tenax *Forst.*

第 2246 圖

ゆり科

にゅーじーらんど原産ニシテ觀賞ノ爲メ庭園ニ栽植セラルル多年生常綠草本。高サ1.5m許。根莖ハ太ク地表ニ近ク横ハル。葉ハ總テ根生シ多數ニシテ跨狀ヲ成シ、長キ劍形ヲ呈シテ先端銳ク尖リ長サ1m以上、幅5cm以上ニ達シ、質甚ダ強剛、平滑ニシテ綠色ナレド又黃白斑葉ノ者アリ。夏日葉中ヨリ花莖ヲ抽キ、梢ニ枝ヲ分チ枝上ニ多數ノ暗黃赤色花ヲ直立シテ着ク。花ハ長サ4-5cm、花蓋六片ハ相擁シテ筒ノ如ク、内片三箇ノ先端ハ反卷ス。雄蕊六、細クシテ挺出シ花絲ハ紅色ナリ。蒴果ハ長キ三稜アル紡錘形ニシテ褐色。にゅーじーらんどニテハ葉ヨリ強力ナル纖維ヲ採リテ種々ニ利用セリ。

のくゎんざう
Hemerocallis disticha *Don.*
(＝H. longituba *Miq.*; H. fulva *L.*
var. longituba *Maxim.*)

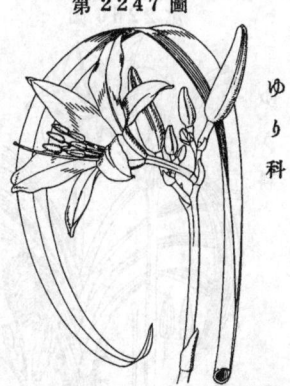

第 2247 圖

ゆり科

原野溝側ニ生ズル多年生草本。地上部ハ一年生。根莖ハ短形、枯葉ノ纖維ニ包マレ、下方ニ太キ紐狀根ヲ叢出シ、黃赤色ヲ呈シ、根末往々多肉ノ塊珠ヲ有ス。葉ハ二列ヲ成シテ束生シ、上部彎曲シ廣線形ニシテ幅2cm内外、中脈ハ溝ヲ成シテ凹ム。夏ニ入リテ葉間ヨリ花莖ヲ抽キ、太クシテ強靱、高サ70cm内外アリテ頂ニ二岐シ、各枝ハ上向シテ花ヲ着ケ下ヨリ順次ニ開ク。一日花ニシテ黃赤色ヲ呈シ晝間ノミ開キ徑7cm内外アリ。六花蓋片アリテ稍同形、長橢圓形ヲ呈シ上部ハ反卷シ内面汚斑、外面淡色、下部ハ合シテ細長筒ヲ形成シテ筒ノ如ク、黃綠色ニシテ中一子房ヲ入ル。雄蕊六箇、絲狀、雌蕊ト竝立シテ先端斜上ス。花色特ニ赤色深キ者ヲべにくゎんざう一名こうすげ(從來紅萱ト作シアレドモ此ノ如キ漢名ハ無シ)ト呼ブ。和名ハ野萱草ノ意ナリ。

第 2248 圖

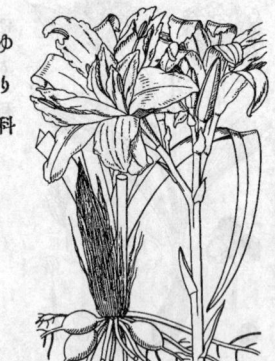

ゆり科

わすれぐさ (萱草〔千葉花品〕)
一名 やぶくゎんざう・おにくゎんざう・
くゎんざうな
Hemerocallis fulva L.
var. Kwanso Regel.

我邦原野ノ溝畔堤側ニ多キ多年生草本。概形ノくゎん
ざうニ似テ更ニ壯大强健ナリ。根ハ叢出シテ黄色ノ紐
狀ヲ成シ根端ニ橢圓形ノ黄色塊珠ヲ爲ス。葉ハ多數跨狀
ニ出デ下部互ニ重疊シ上方ノ次第ニ開キテ遂ニ圓ヲ
描キテ先端下垂ス、廣線形ニシテ幅ハ往々5cmニ達シ
鮮綠色ニシテ多ク白霜ヲ帶ブ、時ニ白邊ノ者アリ。八
月頃葉間ヨリ (葉心ヨリ出ツルコト無シ) 花莖ヲ抽ク
コト1-1.5m, 太クシテ綠色,頂ニ二歧ヌ叉狀ニ一枝ヲ
分チ、黄赤色ノ花ヲ開ク。花ハノくゎんざうニ似テ重
瓣ニシテ徑8cm許、內外花蓋ハ長橢圓形ニシテ內面ニ
暗紫暈ヲ有シ、花下ハ長筒ヲ形成シテ柄ノ如シ。雄蕊
及雌蕊ハ不規則ニ花瓣化シ往々三四重ヲ成ス。爲ニ
果實ヲ生ゼズ。根莖ヨリ橫走匐枝ヲ出ダシテ蕃殖ス。
此品又支那ニモ產ス、而シテ又 H. fulva L. (ほんくゎ
んざう即チ萱草ノ一變種ナレドモ此母種ハ今我邦ニ
之ヲ見ズ、畢竟わすれぐさノ和名ハ原ト此萱草ノ字
義ニ基ヅキシモノナリ、支那ニテハ此花ヲ見テ憂ヲ忘
ルルト云フ故事アリ故ニ之レヲ萱草ト稱ス、萱ヲ忘ル
ルト云フ字ナリ、嫩葉ハ食フベシ。

第 2249 圖

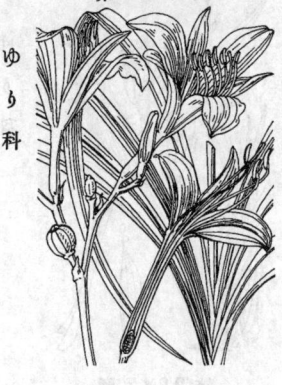

ゆり科

ゆふすげ (麝香萱)
一名 きすげ
Hemerocallis Thunbergii
Baker.

中部ノ山地ニ生ズル多年生草本。概形のくゎんざう
ざうヨリモ小ナリ。根ハ叢出シ黄色ノ紐狀ヲ成
シ塊珠ヲ有セズ。葉ハ株本ヨリ跨狀ヲ成シ、立チ
テ上部ノミ僅ニ下垂ス。質剛ニ、色ハ黄綠ニ近
シ。初夏ノ頃葉心ニ一莖ヲ抽クコト1mニ近ク、
瘦長ニシテ頂ニ分枝シ淡黄花ヲ開ク。花蓋ハ長
サ10cm內外、細ヽ漏斗狀鐘形ヲ成シ下ニ長筒ヲ
アリ、夕刻ヨリ開花シ、翌日ノ午前中ニ凋ム、故
ニゆふすげト云フ。花蓋片六箇、斜メニ開キ土
部反卷セズ、長橢圓形ヲ呈シ先端ハ尖ル。內外
兩花蓋片ハ殆ド同形同大ナリ。六雄蕊ハ花蓋ヨ
リ短ク、花柱ハ雄蕊ヨリ長シ。蒴果ハ三耳ヲリ
成ル廣橢圓形ニシテ頂部凹入シ、胞背開裂シテ
光澤アル黑キ種子ヲ出ダス。花ヲ食用トスルコ
トアリ。和名ノ黃すげハ黃ハ花色、すげハ葉ニ
基ヅク。夕すげノすげ亦同ジ。

第 2250 圖

ゆり科

ぜんていくゎ
一名 せっていくゎ・にっくゎうきすげ
Hemerocallis Middendorffii
Trautv. et Mey.

中部以北ノ山地ニ生ズル多年生草本ニシテ往々
群生ス。高サ50cm 內外アリテ概形のくゎんざ
ウヨリ小ナリ。根ハ赤褐色ヲ帶ビ處々ニ橢圓形
ノ肥大部ヲ有ス。葉ハ跨狀ニ出デ、鮮綠色ヲ呈シ、
幅 1.5cm、上半部ハ彎曲シテ垂ル。七月頃葉心
ヨリ一莖ヲ抽キ、頂ニ短枝ヲ分チ相接シテ三四
花ヲ着ケ下者ヨリ順次ニ開ク。花ハ濃黄色、
曹間ノミ開キ漏斗狀鐘形ニシテ徑7cm許、花下
ニ短筒アリテ短柄ノ如シ。花蓋片ハ六箇、稍同
形ニシテ倒卵狀披針形、上部僅ニ反卷ス。六雄
蕊ハ花蓋ヨリ短ク、花柱ハ雄蕊ヨリ長シ。蒴
果ハ廣橢圓狀圓形ニシテ三耳ヲ成シ、胞背ヲ以
テ開裂シ、黑キ種子ヲ出ス。和名ハ禪庭花ノ文
字ヲ宛ツトイヘドモ其由來ハ不明ナリ、せってい
くゎノ意モ不明、にっくゎうきすげハ野州日
光山ニ基ヅキシ名ナリ。漢名 金萱 (誤用)

750

すぢぎばうし

Hosta undulata *Bailey*.
(=H. japonica *Aschers. et Graebn.*
forma undulata *Makino*.)

第 2251 圖

ゆり科

ぎばうし類中最モ普通ニ栽培スル多年生草本ニ。葉ハ多數根際ヨリ簇生シ、楕圓形或ハ卵狀楕圓形、長サ10cm内外、柄アリ。先端ハ銳尖シ、葉側ハ大キク二三ノ波曲ヲ呈シ、中脈ノ周圍ハ白色或ハ黃白色ノ縱道ヲ成シ、邊緣ノミ僅ニ綠色ニシテ緣白ノ混淆甚ダ美ナリ。夏ヲ超エテ出ヅル葉ハ倒廣披針形ニシテ柄ニ流レ、多クハ綠色ナリ。初夏ノ頃葉間ニ長サ1m内外ノ花莖ヲ挺シ、淡紅紫花ヲ多數總狀ニ著ク。花下ノ苞ハ綠色ニシテ卷ト光澤アリ。花萼ハ漏斗狀半開ニシテぎばうしニ異ナル無シ。六雄蕊アリテ花萼ヨリ僅ニ長ク、葯ハ暗紫色。果實ヲ生ズルコト無シ。本品ハ蓋シぎばうしヨリ變異セシ者ナラン。和名 條ぎばうしハ白條アル葉ニ基ク。

ぎばうし

Hosta undulata *Bailey*
var. erromena *F. Maekawa*.

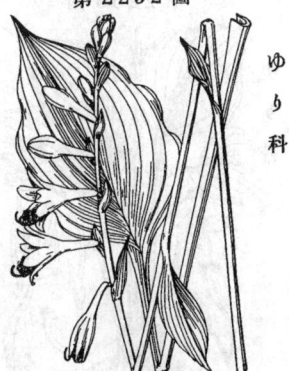

第 2252 圖

ゆり科

通常本屬ヲ總稱スレドモ又一般ニ栽培セラルル本種ヲ以テ上記ニ充ツ。多年生草本ニシテ葉ハ根際ニ叢生シ、葉柄ハ直線的ニシテ樋狀ヲ成シテ太ク斜立シ、長サ30-40cm ヲ算ス。葉面ハ廣橢圓形或ハ卵狀楕圓形ヲ呈シテ長サ10-15cm、先端ハ短ク急ニ銳尖シ、基部ハ概ネ圓底、表面平坦ニシテ稍光澤アリ、暗綠色ヲ呈シ、支脈ハ中脈ノ各側ハ八九ヲ數フ。初夏ニ入レバ葉心ニ長莖ヲ抽クコト往々 2m ヲ超エ、淡紫花ヲ開ク。花下ノ苞ハ綠色、質厚クシテ光リ、且ツ尖ル。花萼ハ朝開暮閉、最下部ハ細筒、中部ハ漏斗狀ヲ成シテ擴ガリ、裂片六箇ハ楕圓形ニシテ尖リ多少反卷ス。全然果實ヲ生ゼズ。未ダ自生地ヲ得ズ。漢名 紫萼(慣用)

みづぎばうし

一名 さじぎばうし
Hosta lancifolia *Engler*.
(=Hemerocallis lancifolia *Thunb*.)

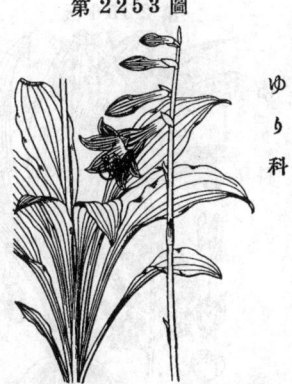

第 2253 圖

ゆり科

諸國ノ水邊溝側濕地ニ生ズル多年生草本。根莖ハ多肉ニシテ白ク往々匍匐分枝ス。葉ハ簇立シ葉面ハ開出ス。葉柄ハ長サ 10-20cm、往々翼狀ニシテ葉面ヨリ流下ス。葉面ハ長橢圓形或ハ卵狀披針形ニシテ長サ10cm内外、先端尖リ葉底ハ往々圓ク、表裏兩面共ニ深綠色ヲ呈シ滑澤、邊緣ハ平坦ナレドモ往々小波狀ヲ呈シ、支脈ハ中脈ノ各側四五ヲ算ス。八月ニ入リ葉心ヨリ細キ花莖ヲ直立スルコト 1m内外、頂ニ總狀花宇ヲ成ス。花ハ斜ニ下垂シ、花萼ハ漏斗狀鐘形ニシテ長サ5cm内外、裂片ハ長橢圓形ニシテ尖リ反卷開出ス。色ハ淡紫、稀ニ白花アリ。六雄蕊及ニ雌蕊ハ長ク花萼ヨリ超出ス。長橢圓形ノ蒴果ヲ結ビ熟スレバ三片ニ開裂シ、黑色薄片ノ種子ヲ飛バス。和名ノ水ぎばうしハ水邊濕地ニ多ク生ズルニ由リ、又匙ぎばうしハ葉形ニ基ヅク。

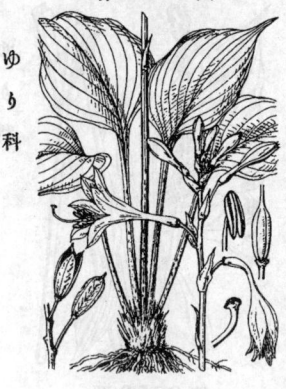

第2254圖

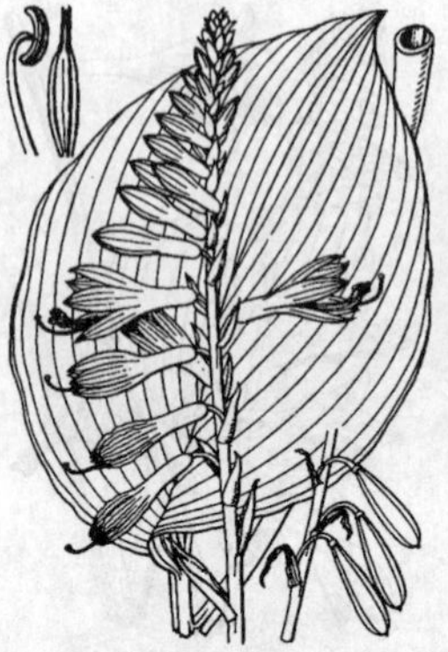

第2255圖

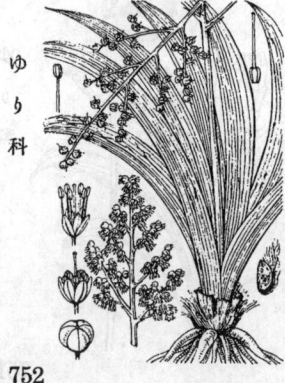

第2256圖

ゆり科

おほばぎぼうし
一名　たうぎぼうし（同名アリ）
Hosta Sieboldiana *Engl.*

山地ニ自生スレドモ多ク觀賞ノ爲メ庭園ニ栽培スル多年生草本。根莖ハ太シ。葉ハ根生簇立シテ葉叢ヲ成シ、葉柄ハ太キ溝狀ヲ呈シ長サハ30cm ヲ超エ綠白色。葉面ハ大形ニシテ廣橢圓形或ハ橢圓形、銳尖頭心臟底或ハ稍柄ニ流レ、支脈ハ緩走シテ各側十乃至十五、濃綠色滑澤、裏面ハ淡色、或ハ往々裏裏ニハ白霜ヲ帶プ。七月頃葉心ヨリ長サ花莖ヲ抽キ、多少前方ニ倒レ、多數ノ帶紫白色花ヲ總狀ニ着ク。花下ノ苞葉ハ卵狀橢圓形ニシテ扁平、多クハ白質化ス。花ハ長サ4-5cm、花蓋ハ細キ漏斗狀ヲ呈シテ擴ガリ、六裂片ハ平開スルニ至ラズ。全株ハ生育地ニヨリテ大小甚ダ懸絶シ別種ノ觀ヲ呈スルコトアリ。山間ニテハうるゐと呼ビ嫩キ葉柄ヲ食用トス。此一品ニきふくりんたうぎぼうし (forma aureo-marginata *Makino*=H. glauca *Stearn* forma aureo-marginata *Maekawa*) アリ葉緣黃色ナリ 又一品ニ丈低ク、葉啁聞、初メ白霜ヲ帶ビ後ニ暗蒼綠色トナリテ葉脈ノ間不規則ノ縮面ヲ成ス者アリ、之レヲたうぎぼうし一名とくだま一名てうせんぎぼうし (var. glauca *Makino*=H. glauca *Stearn*) ト云フ。
漢名 玉簪(誤用)

いはぎぼうし
Hosta longipes *L. H. Bailey.*

山中溪側、岩石或ハ樹幹上ニ着生スル多年生草本。根莖ハ短形、剛毛ヲ殘存ス。葉ハ根生、斜開、長柄アリテ其基部ニ通常暗紫ノ細點ヲ密布ス。葉面ハ橢圓形或ハ卵圓形ニシテ長サ5-15cm、銳尖頭、圓底、質强靱ニシテ暗綠色ノ者多ク往々光澤アリ、支脈ハ主脈ノ各側七乃至十箇、裏面ハ淡色ニシテ細橫脈分明ナリ。初秋ニ入リテ葉間始メテ花莖ヲ抽クコト 20-40cm、苞ハ薄膜質ナレドモ多數相集リテ淡紅紫色ヲ呈シテ美ナリ。花梗ハ長ク、花ハ淡紅紫色、花蓋ハ漏斗狀鐘形ニシテ長サ4cm內外、細筒部ハ長ク、舷部六裂シ裂片ハ反卷ス、雄蕋六本、花絲長ク花外ニ挺出ス。蒴果ハ點頭セズ、細長ナル橢圓形ナリ。

けいびらん
Alectorurus yedoensis *Makino.*
(=Anthericum yedoensis *Maxim.*)

中部以南ノ山中縣崖ニ生ズル多年生草本。根莖ハ短形、下方ニ粗大ナル鬚根アリ。葉ハ根生、春時萌出シ、背腹方向ニ層々相重リテ特ニ一方ニ偏向シ、厚質强靱ノ鎌狀廣線形ニシテ長サ10-30cm許、先端稍尖シ下方ハ漸次ニ差々狹ク全邊ニシテ表面ハ綠色滑澤、裏面ハ淡綠白紛敷衒アリ、基部ニ節線アリテ乾ケバ相離レ、冬月ハ其葉枯死ス、雌雄別株。夏月、葉間ニ多少扁平ナル綠色ノ長莖ヲ抽テ稍ニ疎ナル圓錐花序ヲ成シ多數ノ細花ヲ爲ケ通常葉ヨリ高ク、花腮ノ分枝ハ穗狀橫ノ總狀花ヲ成ス。花ハ鐘形ヲ成シ、外面ハ淡紅褐紫采アリテ短小梗ヲ具ヘ徑 3mm 許ナリ。花蓋六片ハ同形同大ニシテ雄花ニ在テハ長橢圓形、雌花ニ在テハ稍橢圓形ヲ成ス。雄蕋ハ六本、雄花ニテハ花蓋上ニ挺出シ、雌花ニテハ小形ニ變ジテ花蓋ト同高ナリ。子房ハ球形、三蓴ヲ有シ、花柱ハ一、直立瘦細、雌花ノ者ハ短クシテ子房稍大、後ニ結實シ、雄花ノ者ハ長クシテ子房小、後ニ萎縮ス。蒴果ハ小球形、三室ニ開裂シ、種子ニハ種髮アリ。和名雞尾蘭ハ其葉狀雄雞ノ尾ノ如クレバ云フ。

ききゃうらん
Dianella ensifolia *Red.*

四國九州ノ海邊ニ生ズル常綠多年生草本。高サ50~100cm。根莖ハ太クシテ地ヲ匐ヒ節多クシテ外面葉鞘ノ殘骸ヲ纏フ。葉ハ二列跨狀ニ出デ、廣線形ニシテ長サ50cm內外、上半彎曲シテ垂レ、質强靱ニシテ平滑ナリ、下部ハ急ニ兩側ヨリ狹リテ葉鞘ニ移行ス。五六月頃葉間ニ一莖挺シ、中邊二三ノ線形葉ヲ伴ヒ、梢部ニ圓錐樣ニ複總狀花序ヲ成シテ疎ニ桔梗色ノ花ヲ開ク。花蓋六片ハ半開シ、長サ6mm許、狹長橢圓形ヲ成ス。雄蕊六箇ハ花蓋片ヨリ短ク、花絲ハ上半太ク且ツ膝曲ス、葯ハ長ク、頂端ヨリ花粉ヲ出ダス。漿果ハ稍球形、多少三耳ヲ成シ碧紫色ヲ呈シ、徑1cm內外、中ニ少數ノ黑色種子アリ。和名 桔梗蘭ハ花色ニ基ヅク。

ゆり科

をりづるらん
Chlorophytum comosum *Baker.*

阿弗利加ノ原產ニシテ觀賞ノ爲メ栽培スル常綠多年生草本。葉間ヨリ長キ枝ヲ發出シ、多クハ分岐シ、先端ニ葉ヲ生ジ、更ニ根ヲ出ダシテ一新株ト成ル。枝ニハ鱗形葉ヲ散着互生ス。葉ハ根生叢出シ稍輻生、廣線形ニシテ長ク尖リ長サ10~30cm、質强靱ニシテ綠色、通常白線ヲ混ズ。六七月頃ニ至リテ枝條ノ葉腋ニ二三花ヅツ集リ、或ハ枝端ノ葉叢中ニ混ジテ白花ヲ開ク。花ノ徑15mm、花梗ノ其中邊ニ關節アリ。花蓋六片ハ平開シ、各片ハ倒卵狀披針形ニシテ鈍頭、外片ハ內片ニ比シテ小形ナリ。雄蕊六箇、花蓋片ヨリ短ク絲狀ヲ成ス。雌蕊一箇、花柱ハ長シ。蒴果ハ三耳ヲ成リ成リ扁球形、基部ニハ花蓋殘存ス。和名ハ折鶴蘭ノ意ニシテ、其草姿ニ基キシ稱ナリ。

ゆり科

はなすげ（知母）
Anemarrhena asphodeloides *Bunge.*

滿洲・北支那ニ自生スレドモ、往昔栽培ノ爲メニ我邦ニ入リ今猶往々栽培セラルル多年生草本。根莖ハ短形、稍塊狀ヲ呈シテ橫走ス。葉ハ皆根生、簇出シ、長サ20~70cm、廣線形ニシテ樋狀ヲ成シ頂ニ向テ次第ニ細ク遂ニ絲狀ト成リ、底部ニ五ニ包メドモ鞘ヲ成サズ。質稍硬クシテ表面ハ凹ミテ淡綠白色無澤、裏面ハ綠色光澤アリテ毛無シ。夏日葉間ニ高ク長莖ヲ抽キテ直立スルコト60~90cmニ達シ、莖上ニ卵形ニシテ尾狀ニ尖レル苞葉ヲ散着シ、上部ニ花叢ヲ長穗樣ニ着ク。花叢ハ二三花ヨリ成リ、花ハ狹筒狀ヲ成シ、長サ7~8mm、白質淡紫條アリテ線形ノ裂片ニ六深裂スレド正開セズ。雄蕊ハ三箇、小形ニシテ花蓋內片ノ中央ニ着生ス。蒴果ハ12mm許、長橢圓形ニシテ兩端長ク尖リ、三室、各室ニ黑キ三翼アル種子夫々一箇ヲ容ル。根莖ヲ藥用ニ供ス。

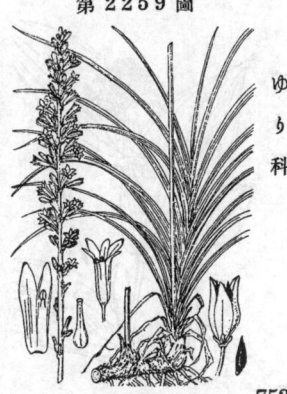

ゆり科

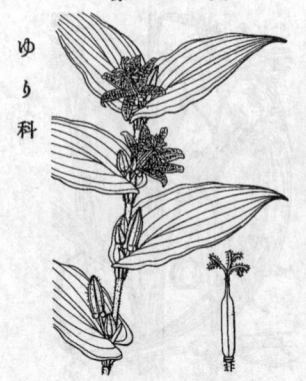

第2260圖

ほととぎす
Tricyrtis hirta *Hook.*

中部以南ノ山地ニ生ズル多年生草本。莖ハ直立シ或ハ懸崖等ニテハ懸垂シ、長サ30-70cm、圓柱形ニシテ粗長毛ヲ布キ、多クハ單一ナリ。葉ハ二列ニ互生ス。葉ハ長楕圓形或ハ披針狀楕圓形、屢々鎌形ヲ帶ビ、長サ6-11cm、尾狀ニ銳尖頭ト成リ、底部ハ圓ク莖ヲ抱キ、表面平坦ニシテ兩面共ニ軟毛ヲ布ク。十月ニ入リ葉腋ニ二三花ヲ撒簇ス。花ハ梗アリテ上向シ、徑2.5cm內外、漏斗狀鐘形ニシテ花蓋六片ハ斜開シ、外面毛茸アリテ白質、內面全體ニ濃紫斑、基脚上部ニ黃斑アリ。稀ニ白花ヲ見ル。外片三箇ハ基脚小囊狀ヲ呈シテ外方ヘ凸出ス。雄蕋六箇、花絲ハ腺毛アリテ子房ヲ圍ミテ立ツ。花柱分枝ハ三裂二岐。蒴果ハ線狀長楕圓形ニシテ三稜形ヲ成ス。中ニ淡褐ノ小圓形ノ種子アリ。和名ハ杜鵑草ノ意、花蓋片ノ斑點ヲほととぎすノ胸班ニ比シテ此名ヲ呼ビシナリ。漢名 油點草(誤用)

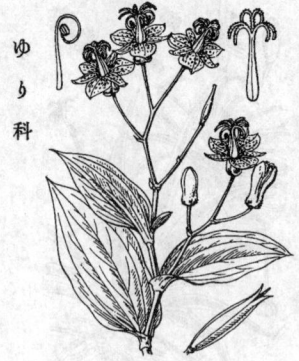

第2261圖

やまほととぎす
Tricyrtis macropoda *Miq.*

山地岡陵ノ樹下ニ生ズル多年生草本ニシテ高サ30-50cm、葉ハ萠出ノ時ニハ全ク無毛ニシテ倒卵狀楕圓形、底部ハ莖ヲ抱カズ、表面ハ蒼綠色ニシテ面ハ濃色油滴狀ノ斑紋頗ル分明ナレドモ、中部以上ノ葉ハ質稍薄クシテ草綠色ト成リ楕圓形又ハ廣楕圓形、兩面共ニ短毛ヲ布キ、底部ハ莖ヲ抱クニ至ル。九月、莖頂竝ニ上部ノ葉腋ニモ亦疎花ノ繖房花序ヲ出ダシ、花軸ニハ堅毛ヲ見ズ。花ハほととぎすニ比スレバ小形ニシテ天ニ朝フテ開ク、花蓋片ハ花梗ト共ニ其外側ニ軟毛ヲ布キ、白色ニシテ紫點アリ、中央以下ヨリ上部ハ急ニ平開シ、外花蓋三片ハ廣卵形ニシテ基部ハ囊狀突起アリ、內花蓋三片ハ狹長ナリ。雄蕋ハ六、花絲ハ濕合シテ立チ上部反卷シ頂ニ葯ヲ有ス。子房ハ狹長、一花柱立チ上部三岐ニ分枝更ニ二裂シ粒狀毛ヲ有ス。蒴ハ直立シ長サ3cm許、披針狀三稜形、三稜形ニ開裂シ、種子ハ楕圓形ニシテ平扁ナリ。和名ハ山杜鵑ニシテ山地ニ生ズルほととぎす草ノ意ナリ。

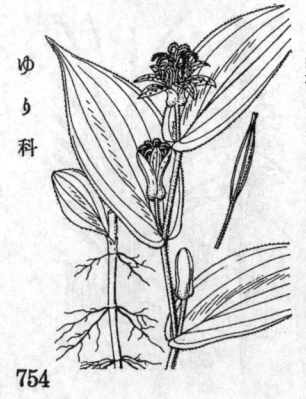

第2262圖

やまぢのほととぎす
Tricyrtis affinis *Makino.*

山地ニ生ズル多年生草本ニシテ高サ30-50cm許ナリ。根莖ハ短クシテ鬚根ヲ發出ス。莖ハ直立シテ多少之曲シ綠色ニシテ逆向セル粗毛アリ、通常單一ニシテ分枝セズ、莖本地ニ入ルノ部ハ節ヨリ根ヲ出セリ。葉ハ互生ニ楕圓形、又ハ狹楕圓形ニシテ先端ハ銳尖、底部ハ莖ヲ抱キ、邊緣多クハ皺縮シテ緣毛アリ、兩面共ニ粗毛ヲ散生シ、脚葉ヲ蒼綠色ニシテ多クハ初メ淡白色ノ斑紋アリ。九月ニ開花シ、一乃至三花ヅツ葉腋ニ繖簇シ、各有毛ノ小梗ヲ有シ披針形ヲ成シテ尖レル花蓋ハ白色ニシテ紫點アリ、上部ハ平開スレドモ反曲セズ。外花蓋三片ハ其基部囊鏈シ面ニ細毛ヲ被フリ、內花蓋片ハ外花蓋片ト同長。雄蕋ハ六、花絲ハ濕合シテ立チ上部反卷シ末端ニ葯ヲ有ス。子房ハ狹長、花柱ハ上部三岐シ、分枝ハ更ニ二裂シ、球毛ヲ有ス。蒴ハ狹長ニシテ三稜。此一變種ニしろばなほととぎす (var. albida *Makino*) アリテ山上ニ生ズ。本種ノ花ハ分枝セル花穗ヲ成サザルヲ以テやまほととぎすノトノ區別容易ナリ。和名山路ノ杜鵑ハ通常山路ノ邊ニテ能ク逢着スルヲ以テ名ク。

たまがはほととぎす
Tricyrtis latifolia *Maxim.*

第 2263 圖

ゆり科

深山溪側ニ往々他草ト伍シテ生ズル多年生草本ニシテ高サ30-50cm許アリ、花梗ヲ除キ全株全ク無毛ナリ。地下ニ匐枝ヲ引ク。莖ハ能ク横斜シテ多少之曲シ、綠色ヲ呈ス。葉ハ互生シ廣橢圓形ニシテ長サ6cm内外、急遠銳尖頭、底部ハ深心臟形ヲ成シテ莖ヲ強ク抱ク、表面鮮綠色ヲ呈シ甚ダ平坦ナリ。七月莖梢ニ一橄房花序ヲ成シテ數花ヲ著ク。花ハ徑25mm許アリテ花蓋ハ正開セズ、鮮黄色ヲ呈シ内面ニハ紫褐色ノ細點ヲ布ク。内外ノ花蓋片ハ披針形ヲ呈シ、外花蓋片ノ下端ハ囊狀ヲ成ス。雄蕊六、花絲ハ湊合シテ立チ上部反卷シテ末端ニ葯ヲ著ク。子房ハ狹長、花柱ハ上部ニ三岐ニ分枝シ更ニ二裂シ、粒毛多ク、紫斑アリ。蒴果ハ披針形ニシテ三稜ヲ成シ無毛ナリ。和名玉川杜鵑ハ其黄色ノ花ヲ城州井手ノ玉川ノ山吹ニ擬シ乃チ玉川ノ文字ヲ冠スト云フ。

きほととぎす
一名 きばなのほととぎす
Tricyrtis flava *Maxim.*

第 2264 圖

ゆり科

暖地ニ生ズレドモ往々栽培セラルル多年生草本ニシテ高サ30-50cmニ達シ、全株短毛ヲ散生ス。根莖ハ短ク粗ナル鬚根ヲ發出ス。莖ハ暗紫色ニシテ直立 シ分枝セズ、地中ニ入リシ部ノ節ヨリ鬚根出ヅ。葉ハ比較的密ニ二列ヲ成シテ互生シ、廣橢圓形ニシテ長サ10cm内外、先端ハ銳尖形、下半部ハ疊褶シテ莖ヲ抱キ、綠色ニシテ往々紫染ス、晩夏、莖上葉腋ニ短繖房花序ヲ著ケ、葉ヨリヤ遙ニ短ク、各ニ三花ヲリ成ス。花ハ小梗ヲ有シ鮮黄色ヲ呈シ暗紫色ノ斑點ヲ散布シ、天ニ朝フテ發ラキ徑25mm許アリ。花蓋片ハ湊ニ漏斗狀ニ開キテ反卷スルニ至ラズ、狹長ナル倒卵狀長橢圓形ニシテ全邊ナリ。外花蓋三片ハ頂ニ一小凸尖アリ基部ニ短嚢ヲ有シ外面ニ微毛ヲ布ク。内花蓋ハ外花蓋ト同形同大ナリ。雄蕊六、花絲ハ湊合シテ立チ上部反卷シ先端ニ葯ヲ著ク。雌蕊一、花柱ハ三岐シ、分枝ハ更ニ二岐シ、粒狀毛ヲ飾リ紫褐點アリ。蒴ハ狹長、三稜、長サ25mm許、種子ハ卵狀橢圓形、平扁。此學名 T. flava *Maxim.* ハ決シテちゃぼほととぎす (T. nana *Yatabe*)ニハ非ズ。和名ハ黄杜鵑又ハ黄花の杜鵑ニシテ其花ハ黄色ナルほととぎす草ノ意ナリ。

ちゃぼほととぎす
Tricyrtis nana *Yatabe.*
(= T. flava *Maxim.* var. nana *Makino.*)

第 2265 圖

ゆり科

本州南部・四國・九州ノ山地樹下ニ生ズル多年生草本。體軀矮小ニシテ高サ僅ニ10-15cmヲ超エズ。根莖ハ短小ニシテ鬚根ヲ發出ス。莖ハ直立シ單一ニシテ短ヒ。葉ハ比較的ニ大形、莖ノ節間短縮セル爲ニ數葉相接リテ二列ニ出デ、水平ニ開キ、倒卵狀長橢圓形、長サ6-12cm、銳尖頭、底部ハ深ク莖ヲ抱キ、梢々草質ニシテ表面ハ平滑、光澤ニ富ミ、多少白色ヲ帶ビ濃綠色ノ斑紋ヲ飾ル者多シ。九月花ヲ開キ、花ハ葉腋ニ短リ擁セラレテ出デ短梗ヲ有シテ天ニ朝ヒ、黄色ニシテ内面ニ褐紫小點ヲ散布シ廣濶ナル狀鐘形ヲ呈シ、徑2cm内外ナリ。花蓋ハ内外六片アリ、倒披針形ニシテ銳頭ヲ有シ、外花蓋片ハ淡綠色ヲ呈シ外面ニ細毛ヲ布キ、内花蓋片ハ外花蓋片ヨリ稍ヤ狹ク極ニ廣クシテ黄色ナリ。雄蕊六、花絲ハ湊合シテ立チ上部反卷シテ末端ニ葯ヲ著ク。子房ハ狹長、花柱ハ三岐ニ分枝ハ更ニ二岐シ粒毛ヲ散布ス。蒴ハ直立、披針形ニシテ三稜ヲ成シ、種子ハ平扁ニシテ卵倒卵形ナリ。一種葉ノ極メテ長キ者アリテながばちゃぼほととぎす (forma longifolia *Makino*)ト云フ。和名ハ矮雞杜鵑ニシテ草體矮雞ノ如ク矮小ナレバ云フ。

755

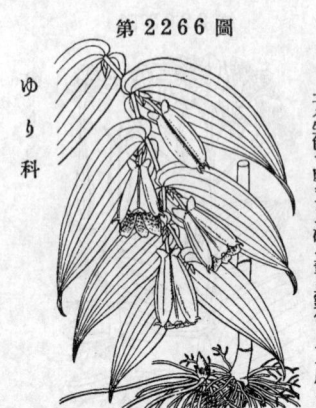

第 2266 圖

ゆり科

じゃうらふほととぎす
Tricyrtis macrantha *Maxim.*
（＝Brachycyrtis macrantha *Koidz.*）

土佐・紀伊ノ深山縣崖ノ地ニ自生シ、又時ニ觀賞ノ爲メニ培養セラルル多年生草本。根莖ハ短クシテ鬚根ヲ生ゼリ。莖ハ攣曲シテ懸垂シ細長ナル圓柱形ニシテ綠色ヲ呈セリ。葉ハ莖ノ左右ニ二列ヲ成シテ互生シ、長サ7-13cm許、卵狀長橢圓形ニシテ先端漸次ニ尾狀ヲ成シテ尖リ、基部ハ圓形或ハ稍心臟形ヲ成シテ莖ヲ抱キ、表面ハ縱走脈路入リ黃綠色ヲ呈シ無毛ニシテ光澤アレドモ、裏面ハ淡色ニシテ長毛ヲ散生ス。八月ノ候ニ開花シ、有梗ノ花ハ葉腋ヨリ出デテ下垂シ、梗本ニハ硬質ニシテ尖リタル數片ノ小鱗片ヲ有セリ。花體ハ大ニシテ長サ4cm許アリ、筒狀鐘形ニシテ正開セズ、花蓋片ハ倒披針形ヲ成シ光澤アル鮮黃色ヲ呈シテ美シク、內面ニハ紫褐ノ斑點ヲ滿布ス。外花蓋片ハ基部ニ囊距アリテ昻起シ、頂凹ニ一尖起アリ、內花蓋片ハ外花蓋片ヨリ微ニ廣シ。雄蕊六ハ粗大ニシテ溱合シテ立チ上部ハ外反シテ葯ヲ着ク。子房ハ狹長、花柱ハ直立、上部三歧ヲ分枝更ニ二裂シ細粒腺密叢ス。蒴ハ三稜、長橢圓形ニシテ上部狹窄シテ尖リ、種子ハ平扁ニシテ橢圓形ナリ。和名ハ藤杜鵑ハ初メ土佐横倉山ノ産品ニテノ命ゼシ和名ニテ其花上品ニシテ美麗ナレバ此名ヲ得タリ、上藤ハ宮中ニ奉仕セシ貴婦人ヲ云フ。

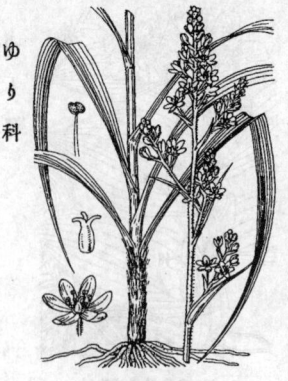

第 2267 圖

ゆり科

しゅろさう（藜蘆）
Veratrum nigrum *L.*
var. japonicum *Baker.*
（＝V. japonicum *Loesn. fil.*）

中部ヨリ北ノ山地林下ニ生ズル多年生草本。根莖ハ短形斜上シ、下端ヨリ絲狀根ヲ出ダシ、外面ハ莖本ト共ニ葉鞘腐朽シテ殘レル黑褐色ノ纖維重リテ檖襴毛ノ如キヲ以テ蔽ハル。莖ハ直立シ質剛クシテ微ニ縱絛アリ、高サ60cm內外。葉ハ莖ノ下部ニ三四相近ク互生シ、狹長披針形ニシテ長サ25-30cm、漸尖頭、狹底、短キ鞘ニ續キ、多少反卷シ且低キ縱襞ヲ有ス。上部ノ葉ハ線形ト成ル。七八月頃莖頂ニ圓錐樣ノ複總狀花序ヲ着ク。黑紫色ノ花ヲ開ク。花軸ハ檖澁、下部ハ雄花、中部ニ以ハ完全花ナリ。花徑1cm內外、花梗ハ披針形ノ苞ヨリ長シ。花蓋六片ハ平開シ、長橢圓形ニシテ鈍頭。雄蕊六箇ハ中央ニ立チテ花蓋片ノ半長。子房ハ卵形、三耳アリテ、柱頭ハ三裂反卷ス。蒴果ハ長サ1cm、橢圓形ニシテ三縱ニ長キ三耳ノ集合ヨリ成リ、平頂ニシテ三尖頭ナリ。根莖ハ有毒ナリ。和名ハ棕櫚草ハ舊葉鞘ノ形色共ニしゅろ毛樣ヲ呈スルニ基ク。

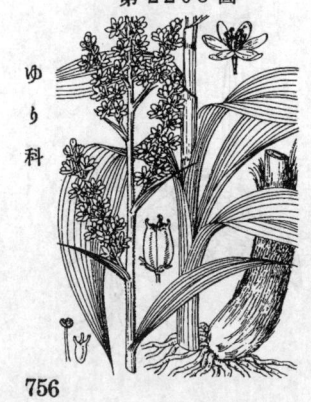

第 2268 圖

ゆり科

あをやぎさう
Veratrum Maximowiczii *Baker.*

中部ヨリ北ノ山中林下ニ生ズル多年生草本。しゅろさうニ酷似シ判別シ難ケレド毛花ハ綠色、稀ニ淡紫朵、花蓋片ハ細クシテ稍尖ルノ差アリ。根莖ハ短形、褐色ノ檖襴毛ヲ被ル。莖ハ直立シ、圓柱形、長サ50-70cm、下部ハ五ニ接シテ二三葉ヲ生ズ。葉ハ狹長橢圓形、長銳尖頭、漸尖底、柄アリテ基部ハ短鞘ヲ成ス。綠色ニシテ平行脈ヲ有シ、縱襞アリテ兩面毛ナシ。七八月頃莖頂ニ複總狀花序ヲ抽キテ綠花ヲ開ク。花軸ニハ短毛アリテ檖澁ヲ極ム。花ハ徑1cm內外、花蓋六片ハ平開シ、狹長橢圓形ニシテ尖リ綠色、或ハ淡紫ヲ帶ブ。蒴果ハ橢圓形、三縱溝アリテ三尖頭ヲ有ス。根莖ハ有毒ナリ。和名ハ靑柳草ノ意ニシテ靑ハ花色、柳ハ葉狀ニ基キシモノナリ。

ばいけいさう
Veratrum album *L.*
var. grandiflorum *Maxim.*
(＝V. grandiflorum *Loesn. fil.*)

中部以北ノ深山疎林下ノ稍陰濕地ニ生ズル多年生草本。全草粗剛ニシテ高サ1-1.5mヲ算ス。根莖ハ短大ニシテ横ハリ、粗大ノ根ヲ發出ス。莖ハ直立シ管狀ニシテ中空、下部ハ徑2cmニ達シ紫染シ、全長ニ亘ツテ大形ノ葉ヲ疎ニ開相互生ス。葉ハ廣橢圓形、長サ30cm内外、短銳尖頭、鈍底或ハ狹底更ニ鞘ヲ成ス。縱襞多數顯著ニシテ無溝淨、裏面ノミ短軟毛ヲ布ク。七月ニ入リテ莖頂ニ圓錐樣複總狀花序ヲ出ダシ、白花ヲ開キ臭氣アリ。花軸ニハ短毛アリ。花梗ハ花蓋片及苞ヨリ短シ。花徑2.5cm内外、廣錐斗形ヲ呈シ、花蓋六片ハ橢圓形、兩端尖リ、綠綠アリ、上半部ニハ邊緣毛樣鋸齒アル者多シ。雄蕊六箇ハ其半長。蒴果ハ卵狀橢圓形、長サ2cm、褐紫色ヲ呈シ八月ニ入レバ飫ニ熟シテ中軸ニテ三箇ニ開裂ス。根莖ハ猛毒アレバ殺鼠藥ニ用フ。和名ハ梅蕙草ノ意ニシテ花ハ梅ノ如ク葉ハ蕙ニ似タルヨリ名ク、蕙ハ此處ニテハしらんヲ指ス。漢名藜蘆（誤用）

第 2269 圖

ゆり科

こばいけい
Veratrum stamineum *Maxim.*

中部以北ノ高山帶ノ稍濕潤地ニ生ズル多年生草本。綠葉白花、多數群生スル樣美ナリ。根莖ハ短形、莖ハ强壯ニシテ直立シ、高サ0.5-1m。葉ハ莖上互生シ、廣橢圓形ニシテ長サ8-17cm、圓頭微凸端、鈍底ニシテ柄無ク直チニ葉鞘ニ續ク。縱襞多數ハ走リ葉ノ先端ハ内面ニ凹ムノ感アリ。七月頃莖梢ハ總狀花序ヲ着ケ、中央大穗ノ下部ニハ四五ノ短キ穗アリテ密ニ白花ヲ開ク。花軸ニハ密ニ短毛ヲ布ク。花ハ徑8mm内外、花蓋六片ハ倒卵狀橢圓形、稍鈍頭狹底ヲ成ス。雄蕊六箇ハ花蓋片ヨリ長ク、先端ニ點狀ノ葯アリ。蒴果ハ長サ2.5cm内外ノ橢圓形ニシテ兩端尖リ三耳ヨリ成リ先端僅ニ三裂ス。根莖ハ有毒ナリ。和名ハ小梅蕙ノ意ナリ。

第 2270 圖

ゆり科

をぜさう
一名 てしほさう
Japonolirion osense *Nakai.*
(＝J. Saitoi *Makino et Tatewaki.*)

中部ノ深山多濕ノ草原向陽ノ地ニ生ズル多年生草本。根莖ハ狹圓柱狀ニシテ横走シ、節ヨリ鬚根ヲ發出ス。葉ハ綠色ニシテ根生シ叢生スルコト宛モすげノ觀アリ、長サ15cm内外、狹綠形ニシテ銳尖頭ヲ有シ邊緣ハ匙澁シ、葉叢ノ脚部ハ鞘片ノ以テ之レヲ擁セリ。夏日、前年ノ葉叢中心ヨリ一莖ヲ抽キ、新葉叢ト並立シ、高サ5-20cmニシテ葉ヨリ高ク超出シ、梢ニ狹長ナル穗狀樣總狀花序ヲ着ケ小梗アル多數ノ黄綠色細花ヲ開キ梗本ニ細微ノ苞アリ。花ハ兩性化。花蓋ハ六片アリ長橢圓形ニシテ平開ス。雄蕊ハ六、花蓋片ト稍同長ニシテ之レト對生シ、花絲絲狀、葯ハ二胞内向。花心ニ心皮三個アリテ相依リテ立ツ。蒴ハ小形、橢圓形ニシテ上向ス。和名尾瀨草ハ初メ上州尾瀨ノ地ニテ發見探集セシヲ以テ此名ヲ得タリ、近時北海道天鹽ノ地ニテモ亦同種ヲ產スルヲ知リタリ故ニ更ニ天鹽草ノ名アリ。

第 2271 圖

ゆり科

757

しらいとさう

Chionographis japonica *Maxim.*

中部以南ノ山地樹陰ニ生ズル多年生草本。根莖ハ短形、稍直立シ殘留セル舊葉柄本ノ纖維ヲ被ル。葉ハ根生輻狀ニ成シテ地ニ布キ、有柄ニシテ長橢圓形、長サ4−7cm、銳尖頭、鈍底或ハ狹底、黃綠色草質ニシテ毛無ク、邊緣多ク小サク皺縮シテ波狀ヲ呈ス。五月頃葉心ニ一莖ヲ抽キ、高サ20−35cmニ達シ、直立シテ稜角アリ、線狀披針形無柄ノ小形葉ヲ散著ス。花序ハ頂生、穗狀ニシテ密花。花ハ白色。花蓋六片ハ長片四、長サ1cm許ノ絲狀、眞直ニシテ輻狀ヲ成ス。短片二箇ハ下方ニ位置シ極メテ短ク、時ニハ消失ス。雄莖六箇、極メテ短ク。子房ハ球形ニシテ一箇、柱頭ハ三裂ス。蒴果ハ長サ3mm許ノ橢圓形ニシテ胞間開裂ヲ成ス。和名 白絲草ハ花狀ニ基ヅク。

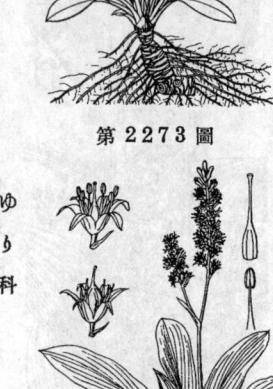

第2272圖

ゆり科

のぎらん
一名 きつねのを

Metanarthecium luteo-viride *Maxim.*

山野ノ稍向陽ノ地ニ生ズル多年生草本。根莖ハ短形、強固、直立ス。葉ハ根生シ、平タク地ニ敷キテ輻狀ヲ成スコト十箇內外。倒披針狀廣線形ヨリ倒卵狀披針形ニ至ル迄種々ノ變化アリテ長サ6−15cm、急邊銳尖頭、漸尖底ヲ成シ、扁平、滑澤ニシテ黃綠色ヲ呈ス。七八月頃、葉心ヨリ一莖ヲ出ダシ、高サ25−45cm、頂部ニ穗樣ノ總狀花序ヲ著ヶ往々花序ノ基部ニテ二三枝ヲ分チ、淡黃赤花ヲ開ク。短キ花梗ノ本ニハ長短ノ二苞アリ。花蓋六片ハ漏斗狀ヲ成シテ咲キ、各片ハ線形或ハ線狀披針形ニテ尖リ、長サ6−8mm、邊緣白色化ス。雄莖六、花蓋片ヨリ短ク、子房ハ上位ナリ。蒴果ハ卵狀橢圓形ニシテ直立シ、花蓋片ハ宿存ス。外觀極メテねばりのぎらんニ肖似スレドモ彼ハ花部粘質アリ、且ツ子房下位ナルヲ以テ明カニ分別セラル。和名芒蘭ハ花狀ノ外觀ヨリ來リ、狐ノ尾ハ花穗ニ基ク。

第2273圖

ゆり科

しゅうじゃうばかま

Heloniopsis japonica *Maxim.*

山地、稍多濕ノ處ニ生ズル常綠多年生草本。根莖ハ短軀直立ス。葉ハ地ニ擴ガリテ輻狀ヲ成シ、老葉ノ尖端ヨリ往々新苗ヲ發スル特性アリ。倒披針形ニシテ長サ5−18cm、銳尖頭、底部ハ次第ニ狹ク、稍革質ニシテ滑澤ナリ。春日、新葉ニ先ダチテ一花莖ヲ葉心ヨリ抽クコト10−17cm、花軸ハ圓筒形ニシテ葉ハ無ク中部以下ニハ鱗片葉ヲ數箇著ク。花ハ淡紅ヨリ濃紫ニ至リ、廣鐘形ヲ成シテ開キ、各片ハ線狀倒披針形、長サ1cm內外、扁平ニシテ質厚シ。雄莖六、花絲ハ長ク、長サハ花蓋片ヲ凌過ス。花後花莖伸長シテ30−40cmニ達シ、同時ニ花蓋六片殘存シテ褪色シ汚黃綠化或ハ白化ス。子房ハ圓形ナレドモ蒴果ハ三稜ヨリ成リ、胞間開裂シ、中ヨリ細キノづ絲樣ニシテ長キ二端アル細子ヲ吐ク。和名ハ猩々袴ナレドモ其意未詳、蓋シ其紅紫花穗ニ基キシモノ乎。

第2274圖

ゆり科

さくらゐさう
Protolirion Miyoshia-Sakuraii
Makino.
(= Petrosavia Miyoshia-Sakuraii
Makino.)

本州中部(主トシテ美濃)ノ山中疎林下ニ生ズル腐生ノ無色多年生小草本。根莖ハ地中ニ在リテ無毛薄膜質ノ鱗片ヲ有シ、少數ノ鬚根ヲ出ス。莖ハ細長、直立シ、高サ10-20cm許アリテ疎ニ鱗片ヲ有ス。莖末ニ穗樣ノ總狀花序ヲ成シテ小花ヲ綴ル。稀ニ花序ノ下部分岐シテ圓錐花ト成ル。各花小梗ヲ有シ、花蓋六片ハ斜開シ、其外列片ハ小ナリ。六雄蕋アリテ花蓋片ト對生シ、子房ハ半下位ニシテ三室ニ分レ、上部ハ各室五ニ相分立シ、短花柱アリ。花後蒴果ヲ結ビ内縫線ニヨリテ縱裂ス。種子ハ外皮寬容。此種ハ初メ櫻井半三郎氏ニ由テ採集セラル、故ニ其名アリ。

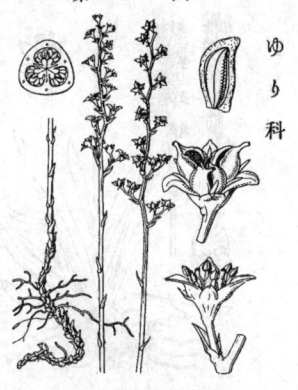

ゆり科

きんかうくゎ
Narthecium asiaticum *Maxim.*

中部以北ノ高山多濕ノ草原ニ生ズル多年生草本。根莖ハ細ク、匍匐ス。葉ハ跣庿ヲ成シテ根生シ、劍樣線形、長サ10-20cm、先端ニ尖リテ僅ニ内屈、下部ハ少シク狹リテ半バ鞘ト成ル。多數ノ葉脈縱走スレドモ中脈ヲ有セズ、質厚シ。八月、葉叢ニ並ビテ一莖ヲ立テ、高サ稀ニ超エ20-35cm ニ達シ、下半ニ短キ葉數片ヲ散生シ、頂ニ穗樣ノ總狀花序ヲ着ケ鮮黄花ヲ開ク。花梗ト同長ノ苞アリ。花蓋六片平開シテ星狀ヲ成シ、各片ハ線形、背面ニハ綠色ノ脈條ヲ有ス。下部ハ稍擴ガリ、長サ8mm内外アリ。雄蕋六箇ハ花蓋片ヨリ短ク、花絲ニハ顯著ナル白色綿毛ヲ生ズ。一子房ハ上位ニシテ小ク、花柱ハ長ク細シ。蒴果ハ狹長橢圓形ニシテ長サ7mm内外、先端ハ長ク鋭尖ス。和名ハ其假名遣ヒハ違ヘドモ或ハ金光花ノ意ニテモアレ乎。

ゆり科

いはしゃうぶ
Tofieldia japonica *Miq.*

山中多濕ノ地ニ生ズル多年生草本。根莖ハ短形ニシテ斜上、外面ハ黑褐色ノ纖維ヲ存ス。葉ハ莖ノ下部ニ二列ヲ成シテ着生、直立シ、劍形、長サ6-12cm、先端尖リ下部ハ疊マレテ半バ鞘ヲ成ス。莖ハ高サ20-35cm、直立シ細キ圓柱形、下半ニ短キ葉一二ヲ着テ滑澤ナレドモ、上半ニ至レバ之レヲ失レ花軸ト共ニ粒狀ノ腺毛ヲ密生シテ粘着ス、小蟲飛來シ自ラ膠着シテ死ス、故ニむしとりぐさノ一名アリ。七八月頃莖頂ニ二三花毎ニ相合セル穗狀花叢ヲ出ダシ白花ヲ開キ、蕾ハ往々紅紫色ヲ帶ブ。苞ハ膜質、小梗ハ苞ヨリ長ク3mm内外アリテ頂ニ近ク三尖アル副蕚ヲ具ス。花蓋六片ハ線狀長橢圓形ニシテ廣鐘形ヲ成シ長サ5mm以下。六雄蕋ハ花蓋片ヨリ長ク頂ニ黑キ點狀ノ葯アリ。子房ハ一箇、花柱ハ三岐ス。蒴果ハ宿存セル花蓋ヨリ長ク、三殼片ヲ有ス。種子ハ頂ニ一長毛ヲ着ク。和名ハ岩菖蒲ノ意ナリ。

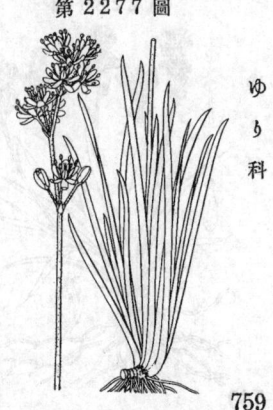

ゆり科

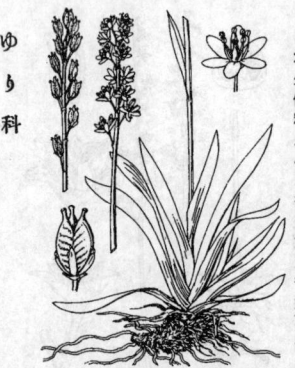

ひめいはしゃうぶ
Tofieldia Okuboi *Makino.*

中部以北ノ高山灌木帶ノ草地ニ生ズル多年生草本。根莖ハ短形ニシテ細顆根ヲ出ダス。葉ハ根生、二列ニ跨狀ニ成シテ立チ、高サ3-7cm、劍狀倒披針形ニシテ銳頭、凸端ハ短爪ヲ成シ、邊緣ハ髭澁シ、下部ハ漸次ニ細シ、綠色ニシテ質厚ク且强靱ナリ。八月ニ入リテ葉間ニ一葶ヲ抽キテ小白花ヲ短穗樣ニ綴ル。莖ハ瘦セテ無毛平滑、二三ノ小形葉散生シ、花ハ白色ニシテ三箇ブツ集合シ、小梗纖細ニシテ花ヨリ短シ。苞ハ小梗ニ比シテ甚ダ短シ。副萼片三箇ハ小サク、橢圓形鈍頭ヲ成ス。花ハ上向、長サ2-3mm、花蓋六片ハ筐狀長橢圓形。雄蕊六箇ハ長サ花蓋片ト稍等シ、葯ハ黄色。蒴果ハ長サ5mmヲ超ユル橢圓形ニシテ三溝アリ、上部三岐ニ三尖アリ、宿存花蓋片ヲ伴フ。種名ハ東京帝國大學理學部助敎授大久保三郎氏ヲ記念セシモノナリ。

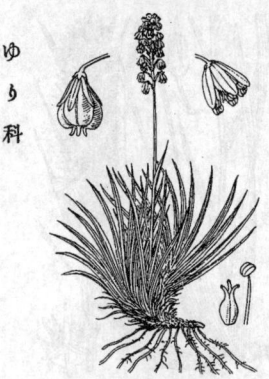

ちしまぜきしゃう
Tofieldia nutans *Willd.*

中部以北ノ高山草本帶ニ生ズル常綠ノ多年生小草本。高サ4-12cm、根莖ハ短瘦、分枝シテ大株ヲ成スコトアリ。根ハ線形ヲ呈シテ硬ク黄褐色ヲ成ス。葉ハ根生、跨狀ニ成シテ二列ニ並ビ叢生シ、狹線形、銳尖頭、底部ハ互ニ重ナル、革質ニシテ邊緣平滑ナリ。七八月頃葉間ニ一葶ヲ抽ク、下部ト中邊ニ各一片ノ小形葉ヲ伴フ。花序ハ穗狀ノ短總狀ニシテ白花ヲ側向シテ開キ淡紅暈アリ。苞ハ卵形、先端尖リテ長サ1.5mm內外、花梗ト稍同長ナリ。副萼ハ三裂シ、裂片ハ三角形銳頭ナリ。花蓋六片ハ2.5-3mm、線狀長橢圓形ヲ呈シテ平開セズ、間隙ヲ有シ、花後モ猶存ス。雄蕊六箇ハ花蓋片ヨリ僅ニ長ク、葯ハ紫色。蒴果ハ强ク點頭シテ圓ク、先端ニ三箇ノ柱狀花柱ヲ殘存ス。此種初メ北海道千島ニ探ル故ニ此和名アリ。

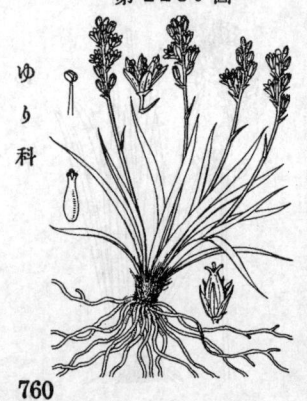

ちゃぼぜきしゃう
Tofieldia gracilis *Franch. et Sav.*

本州中部ノ山地ノ稍濕潤ノ處ニ生ズル常綠多年生草本。根莖ハ瘦長ニシテ短ク匍匐 シ枯葉鞘ヲ殘存ス。葉ハ根生、二列ニ並ビテ線狀劍形、先端漸尖シ、長サ凡4-9cm、邊緣ハ糙澁ナリ。七月頃葉間ニ花莖ヲ抽キ小白花ヲ以テ短穗ヲ成ス。莖ハ瘦細ニシテ葉ヨリ僅ニ高ク、下部ニ一二葉ヲ伴ヒ中邊ニ細長苞アリ。花ハ各腋單立、細梗アリ。苞ハ卵形ニシテ長サ小梗ニ等シ。副萼ハ漏斗狀ヲ呈シテ三尖裂シ、裂片ハ三角形ニシテ尖リひめいはしゃうぶノ橢圓形ニシテ圓キト異ナル。花蓋六片ハ線狀長橢圓形、長サ2.5mm內外。雄蕊六箇ハ花蓋片ト同長、葯ハ紫色ヲ呈ス。外觀てんなんしゃう科ニ屬スルせきしゃうニ近ク且矮小ナルヲ以テ此和名ヲ得タリ。

はなぜきしゃう
Tofieldia nuda *Maxim.*

本州中部ノ山間溪側或ハ濕潤ノ岩壁ニ生ズル多年生草本。根莖ハ短小、細線形ニ生シテ灰黑色ノ根ヲ發出ス。葉ハ根生、二列ヲ成シテ跨狀ニ並ビ、線形ニシテ多クハ鷄尾樣ニ彎曲シ長サ10〜15cm、先端ハ尖リ、革質ニシテ深綠色、滑澤ナリ。七月頃葉間ニ一細莖ヲ抽クコト葉ヨリモ高ク、頂ニ總狀ヲ成シテ疎ナル小白花ヲ綴ル。花梗ハ絲狀眞直ニシテ長ク、4〜14mm、苞ハ細小ニシテ顯著ナラズ。副萼ハ三裂シ、裂片ハ卵圓形ヲ呈シ急遽銳尖頭ヲ成ス。花蓋六片ハ長サ2〜3mm、線狀箆形ヲ呈シ平開セズ。雄蕊六箇ハ花蓋片ヨリ僅ニ長ク、葯ハ淡褐色ヲ呈ス。蒴果ハ宿存セル花蓋ヲ伴ヒ、廣橢圓形ニシテ長サ3〜4mm、頂ニ三柱アリ。和名ハ此種葉ハ石菖蒲ニ似テ白花ヲ開クヲ以テ云フ。

びゃくぶ （百部）
一名 つるびゃくぶ
Stemona japonica *Miq.*

德川時代ニ渡來セル支那原產ノ多年生草本ニシテ園圃ニ培養セラル。根莖ハ短小、根ハてんもんどうノ如ク、多數ノ紡錘狀ニ肥厚セルモノノ集團ヨリ成ル。莖ハ直立スレドモ上部ハ他物ニ纏繞ス。葉ハ三四箇輪生シ、細柄アリテ開出ス。葉面ハ葉裏ヨリ長ク、長サ4.5〜6cm、卵狀廣橢圓形ニシテ先端ハ尾狀ニ銳尖シ、底部ハ圓形或ハ廣楔形ヲ成シ、邊緣多少波皺シ、質厚膜ニシテ深綠色、五行脈平行ス。七月頃葉腋ニ一二花ヅツ開ク。細梗アリテ莖ノ上部ニ生ズル者ハ葉柄ニ癒着ス。花蓋四片ハ半開、長サ12mm許、淡綠色ヲ呈シ披針形。雄蕊四箇ハ中央ニ集リ紫色ヲ帶ビ葯隔先端ニハ長キ附屬物ヲ有ス。根ヲ藥用トス。和名ハ漢名百部ノ字音ナリ。

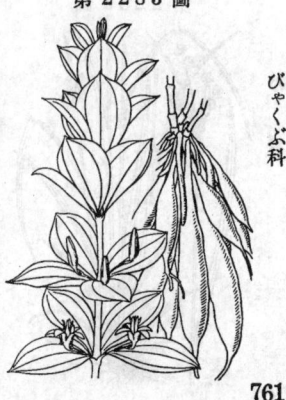

たちびゃくぶ
Stemona sessilifolia *Miq.*

支那原產ニシテ園圃ニ栽植セラルル多年生草本。根ハ紡錘形、多肉ニシテ多數ニ根莖ヨリ下垂スルコトびゃくぶト相同ジ。莖ハ直立シテ蔓性トナラズ、高サ30〜40cm、無毛ニシテ稜條アリ。葉ハ三四箇輪生シ下部ニハ往々五箇輪生シ、層々階ヲ成ス。短柄ヲ具ヘ倒卵形ニシテ長サ3〜4.5cm、先端ハ急ニ銳尖シ、底部漸尖、質强靭ニシテ三行脈縱走ス。六七月頃中邊ノ葉腋ニ一二ノ淡綠花ヲ開ク。花ハ葉上ニ橫ハリテ葉ヨリモ遙ニ短ク、細梗ハ下半葉ニ沿着ス。花蓋ハ上向、四片ヨリ成リテ鐘形ニ開キ、披針形ヲ呈シ長サ1cmニ滿タズ。中ニ雄蕊四箇アリテ竝ビテ立チ、紫綠色多肉ノ葯隔附屬物ハ互ニ相接シ顯著ナリ。德川時代ニ渡來ス。

ゆり科

びゃくぶ科

びゃくぶ科

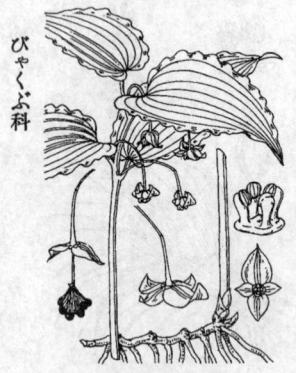

なべわり
Croomia japonica *Miq.*

本州四國九州ノ山中陰濕ノ地ニ生ズル多年生草本。根莖ハ匍匐シテ多節、大紐狀ノ根ヲ下方ニ發出ス。莖ハ單立直上、草質ニシテ圓柱形、高サ30-50cm、頂ニ近ク三四葉ヲ互生シ、多少之ニ曲ス。葉ハ柄アリ、卵狀橢圓形ニシテ長サ8-14cm、銳尖頭、淺心臟底或ハ稍裁底、淡綠色ヲ呈シ草質、五七ノ縱脈平行シテ其狀ははんげしゃうニ似タリ。邊緣ハ細カク波縮ス。四五月頃葉腋ニ一花ヲ出シ下垂ス。花梗ハ細絲狀ニシテ彎曲シ中邊ニ細小苞アリ、梗長ハ葉柄ヨリ長ク、長サ4cm內外、花ハ淡綠色。花蓋四片ハ卵圓形ヲ呈シテ平開シ十字形ニ並ビ、一片ハ特ニ大形ニシテ長サ1cmニ達ス。雄蕊四箇ハ中央ニ立チ、花絲ハ太ク葯ハ黃赤色ヲ呈ス。九州ニひめなべわり(C. kiusiana *Makino*)ヲ産シ、花ハ小形、花蓋ハ同大、雄蕊ハ高ク突出スルノ差異アリ。和名なべわりハ舐め割ノ意ニテ、人其葉ヲ舐ムレバ舌破裂スルヨリ云フ、即チ毒草ナリ。

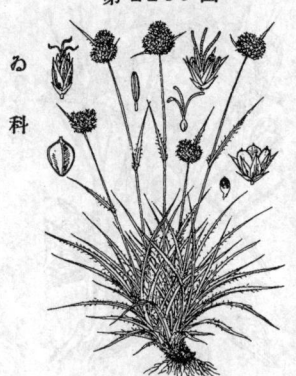

すすめのやり (地楊梅)
一名 すずめのひえ (同名アリ)
Luzula campestris *DC.*
var. capitata *Miq.*

原野芝地ニ多ク生ズル多年生草本、春早ク宿根ヨリ多數ノ綠葉ヲ叢生シ冬春ハ紫色ヲ帶フ。葉ハ線形ニシテ長サ5-15cm、幅2-3mm內外、硬質ニシテ葉緣ニ白色ノ長毛ヲ生ジ、先頭ハ次第ニ細マリテ尖リ遂ニ指頭狀ニ終ル。春時多數ノ花軸ヲ出シ、長サ10-30cm內外ニ達シ、頂ニ赤黑褐色ノ頭狀花穗ヲ着ク。頭狀花穗ハ橢オ球形又ハ卵形ヲ成セドモ稀ニ二四箇ノ小頭狀花穗ニ分カルル事アリ。最下苞ハ頭狀花穗ヨリ長シ。花蓋六片ハ赤褐色又ハ黑褐色、邊緣ハ白色、內外花蓋片同長、披針形銳頭ナリ。雄蕊六、葯ハ長橢圓形、花絲ハ極メテ短シ。蒴ハ卵狀稜形、花蓋片ト殆ド同長、長サ2.5mm許。種子ハ球形、又ハ廣卵形、藍黑色、長サ1.2mm內外。種枕ハ大形白色、種子ノ約半長ナリ。地中ニ少ナキ塊狀ヲ成セル地下莖ヲ有スルニヨリ一ニしばいもノ名アリ。和名ハ雀ノ槍ノ意ナリ、又雀ノ秕ハ毅粒狀ヲ成セル小果實ニ基ク。

やますすめのひえ
一名 やますずめのやり
Luzula multiflora *Lej.*
(=Juncus multiflorus *Ehrh.*; L. campestris *DC.* var. multiflora *Celak.*)

廣ク諸國ノ山野近道ニ生ズル多年生草本。莖ハ簇生シ高サ30cmニ達ス。全株長ヶ散毛ヲ被ル。葉ハ莖ノ下方ニ出デ、線形或ハ廣線形ニシテ漸次ニ銳尖頭ト成リ邊緣ニ長白毛多シ。初夏ノ候莖頂ニ花ヲ開キ、花序ノ本ニ長キ葉狀苞アリ。花序ハ繖形ヲ成シ、花梗ハ長短不同ニシテ殆ンド直立ニ近シ。小頭花穗ハ五乃至十個アリテ圓ク、徑6mm內外、橢ネ十五花內外ノ集團ヲ成ス。花蓋六片ハ赤褐色ヲ呈シ橢圓狀披針形、銳尖頭ヲ有ス。一子房上ノ花柱ハ上部三岐ス。蒴果ハ長サ2.5-3mm、濃褐色ニシテ花蓋片ヨリ短シ。種枕ハ種子ノ半長アリ。すずめのえひニ類スレドモ莖長ク、花序ハ繖形ナレバ其區別容易ナリ。

みやますずめのひえ
Luzula sudetica *DC.*
var. nipponica *Satake.*

高山ノ草本帯ニ生ズル多年生草本、全株緑色、往々赤色ヲ帯ブ。葉ハ根生シ、短クシテ幅2-3mm、縁毛ヲ疎生ス。茎ハ單立又ハ少數アリ、細ケレドモ強シ。高サ15-30cm許。花穂ハ黒褐色ヲ呈シテ小サク夏時ニ一-五頭状花穂ヲ着ク。頭状花穂ハ五-八花ヨリ成リ、最下ノ苞ハ概ネ花穂ヨリ超出ス。花蓋片ハ黒褐色、披針形鋭頭ニシテ上部ハ膜質縁ヲ成ス、内花蓋片ハ外花蓋片ヨリ短シ。雄蕋ハ六、花蓋片ヨリ短ク、葯ハ花絲ト稍同長ナリ。蒴果ハ黒褐色ニシテ内花蓋片ト同長、又ハ稍長シ。種子ハ倒卵形鐵銹色、種枕ハ短シ。和名ハ深山雀の稗ニシテ高山ニ生ズレバ云フ。

たかねすずめのひえ
一名 たかねすずめのやり
Luzula oligantha *Samuels.*
(=L. campestris *DC.*
var. pauciflora *Buchen.*)

中部以北ノ高山ニ生ズル多年生草本。茎ハ二三本簇生シ長サ15cm内外。葉ハ茎ノ脚部ニ叢生シ並ニ茎ノ下部中部ニ五生シ、線形ニシテ漸次狭窄スル銳尖頭ヲ有シ、邊縁ニ沿ク長白毛ヲ疎生ス。茎頭ノ花序ハ少數ノ小頭状花穂ヨリ成リ、長短不齊ノ花梗ハ稍直立シ、やますずめのひえニ似タレドモ苞ハ花序ヨリ短シ。小頭状花穂ハ五花内外ヨリ成ル。六七月ノ候ニ開花ス。花蓋六片ハ披針形ニシテ尖ル。雄蕋六、葯ハ花絲ノ半長ナリ。一子房上ノ花柱ハ上部三岐ス。蒴果ハ短クシテ長サ2-2.5mm、黒褐色ヲ呈シ、花蓋片ヨリ長シ。種子ハ種枕甚ダ短シ。和名高嶺雀ノ稗ハ高山ニ生ズルすずめのひえノ意ニシテすずめのひえハすずめのやりノコトナリ、故ニ一名ヲ高嶺雀の槍ト稱ス。

ぬかぼしさう
Luzula plumosa *E. Meyer.*

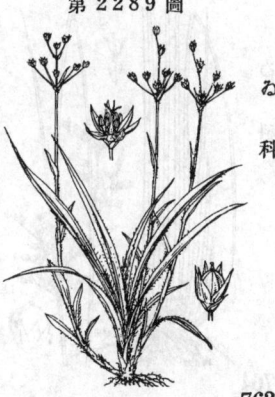

原野・山麓ニ生ズル多年生草本ニシテ簇生ス。葉ハ線形、長サ10-15mm許3-5mm許ニシテ毛縁、兩端狹マリ先端ハ稍硬質ノ指頭状ニ終ル。茎ノ下部ノ者ハ次第ニ小クナリ膜質鱗片状ト成ル。茎ハ高サ20-30cm内外ニ達シ、三-四ノ莖葉ヲ着ク。花穂ハ頂生、凹聚繖状ヲ成シ、夏時ニ開花ス。花ハ小ニシテ淡褐緑色ヲ呈シ、花蓋片ハ殆ンド同長、披針状卵形ヲ成シ、邊縁ハ白色、長サ3mm許、果實ヨリ短シ。雄蕋ハ六、花蓋片ヨリ短ク、葯ハ花絲ヨリ長ク或ハ稍短。成熟セル蒴ハ廣卵状稜形ヲ成シ、長サ3.5mm許、緑褐色又ハ淡褐緑色ニシテ凸頭。種子ハ橢圓形ニシテ明ラカノ種枕ヲ具フ。和名糠星草ノ意ニシテ其花穂ノ花ノ散點セル状ニ甚ク、糠星トハ滿天ニ散點セル無數ノ小星ヲ云フ。

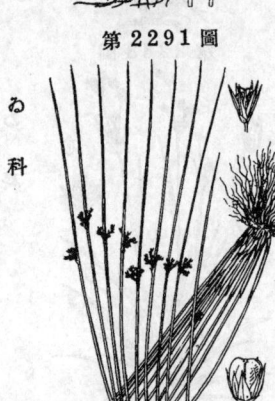

第2290圖

ゐ（燈心草）

Juncus effusus L.
var. decipiens Buchen.

ゐ科

原野ノ濕地ニ生ズル普通ノ多年生草本。根莖ハ横走シ、節間ハ短シ。莖ハ圓柱形、平滑、濃綠色ヲ呈シ、不規則ナル不明ノ縱溝アリ、高サ30-100cmニ達ス。葉ハ尋常葉ナク、莖ノ下部ニ鱗片狀ノ葉鞘ヲ成リテ存スルノミ。夏日開花ス。花穗ハ凹聚繖花序ヲ成シテ假側出、槪ネ疎生ナリ。苞一條直立シテ長ク綠色ニシテ尖リ、圓柱形ニシテ莖ノ如シ。花ハ小形、褐綠色。花蓋片ハ同長、披針形ニシテ2-3mm。雄蕊三、花蓋ノ三分ノ二長、葯ハ花絲ト稍同長ナリ。果實ハ三稜狀倒卵形、鈍頭、長サ2-3mm、淡綠褐色ヲ呈ス。本種ニ似テ山地ニ生ジ全形瘦長ナルひめゐ（f. gracilis Buch.）ト云ヘドモ是ハ單ニ場處ニ從テノ變化ノミ、又花密ニ集リテ球狀ヲ成スフたまゐ（f. glomeratus Makino）ト云フ。本種莖中ノ白髓ヲ採リ燈心ヲ製ス。和名ゐノ意ハ席ニスル物ナレバ居ノ義ナルベシ（和訓栞）トアレド凝フベシ。本種ハ闥ノ字ヲ用ウレド確實ナラズ。

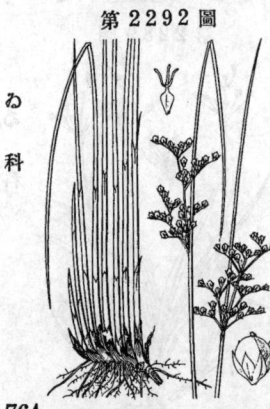

第2291圖

こひげ

Juncus effusus L. var. decipiens
Buchen. forma utilis Makino.

ゐ科

ゐノ一品ニシテ水田中ニ栽培セラルル多年生草本。根莖ハ橫走シ節間短シ。莖ハ細長キ圓柱狀、高サ70cm內外。葉ハ莖ノ下部ノ褐色ノ鱗片葉ト變ジテヌレアルノミ。夏月開花ス。花ハゐニ似テ之レヨリ小形、數花集リテ貧稀ナル凹聚繖花序ヲ成シ假側出ス。苞一條長ク立チ、莖狀ヲ呈シ綠色ニシテ尖レリ。花蓋片・雄蕊・雌蕊ノ狀ゐト相同ジ。果實モ亦ゐニ似テ小形ナリ。此莖ハ即チ刈リテ乾カシ疊表ニ織ラル。備後表是ナリ、之レヲ中繼ぎト稱シ上品ナリ、近江表・丹波表ハ次位ノ品ナリ。之レヲ栽ウル水田ヲ蘭田ト稱ス。漢名 石龍芻（誤用）

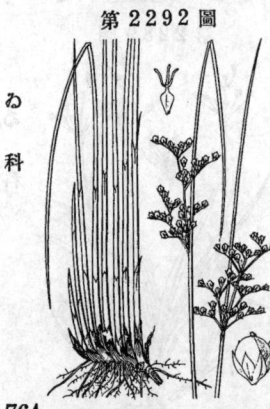

第2292圖

ほそゐ

Juncus setchuensis Buchen.
var. effusoides Buchen.

ゐ科

中部以南ノ水濕地ニ生ズル多年生草本ニシテ高サ30-50cm許アリ。根莖ハ橫臥シ、密ニ一列ヲ成シテ莖ヲ生ズ。莖ハ帶白綠色、圓柱形、其面ニハ多數ノ淺溝縱通シ、下部ノ鱗片ハ紫褐色ヲ呈ス。苞モ亦細圓柱形ニシテ直立シ莖ト同姿ニシテ著シク花序ヨリモ長シ。盛夏ノ候ニ開花シ秋ニ結實ス。聚繖花序ハ顯著ナル四五條ノ梗アリテ略ボ直立シ、小枝ハ開出ス。花ハ小形、淡綠色、枝上ニ稍疎着ス。花蓋六片ハ卵狀披針形ヲ呈シテ尖リ其長サ2mm許。雄蕊ハ僅ニ三數ノミニシテ其長サ花蓋片ヨリ短ク、葯ハ花絲ヨリ略ボ同長ナリ。一子房上ノ花柱ハ上部三歧ス。蒴果ハ長卵形ヲ成シ黃褐色ニシテ其長サ透ハ花蓋片ヲ超エ、不完全ノ三室ヨリ成ル。ゐニ似タリト雖モ莖色白綠、細縱條多ク、花序ハ梗長ク且ツ稍疎ニシテ又其蒴果稍大ニシテ疎ニ排列スレバ直ニ以テ區別シ得ベシ。和名ハ細蘭（此字ゐニ慣用スレドモ實ハ不確實ナリ）ニシテ其莖瘦細ナレバ云フ。

いとゐ

Juncus Maximowiczii *Buchen.*

深山ノ岩上ニ生ズル多年生草本ニシテ叢生ス。葉ハ根生、絲狀軟質、淡綠色ヲ帶ビ、長サ10-20cm、幅1mm以下ニシテ、三-五脈アリ。花莖ハ細長、徑0.5mm以下、葉ヨリ通常短ク、長サ7-14cm內外ナリ。夏日、莖頂ニ一頭狀花穗ヲ着ク。最下苞ハ頭狀花穗ト同長又ハ少シク長シ。頭狀花穗ハ二三花ヨリ成リテ相集ル。苞ハ白色膜質披針形。花蓋片ハ內外同長、線狀披針形ニシテ白色膜質ナリ。雄蕋ハ六、花蓋片ヨリ超出シ、葯ハ長橢圓形ニシテ花絲ヨリ遙ニ短シ。成熟セル萠ハ三稜狀橢圓形、淡綠白色ニシテ果皮薄質ナリ、長サ6mm內外ナリ。種子ハ長橢圓形、鐵銹色、長サ0.7mm、幅0.3mm、兩端ニ白色ノ長キ附屬物ヲ有ス。和名ハ絲蘭ノ意ニシテ草狀ニ基ク。

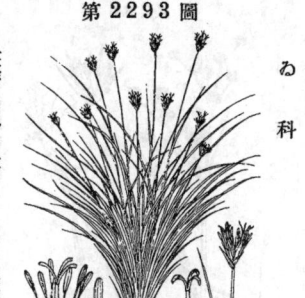

ゐ科

みやまゐ

Juncus beringensis *Buchen.*

中部以北ノ高山上濕地ニ生ズル多年生草本ニシテ多クノ密生ノ群落ヲ成シ、高サ20-40cm許アリ、根莖ハ橫臥シテ密ニ莖ヲ發出ス。莖ハ直立シ圓柱狀ニシテ比較的粗大、暗綠色ヲ呈シ、不明ノ數溝ヲ刻シ基部ハ滑澤ノ褐色鞘狀葉ヲ伴フ。夏日莖頂ニ小ナル橢形ヲ成シテ三乃至六花ヲ綴ル。苞ハ花序ヨリ長ク、直立シテ尖リ20-35mm許ノ長サアルヲ以テ花序ハ一見側出スルノ觀アリ。花ハ細小。花蓋六片ハ披針形、漸銳尖頭ヲ成シ、乾皮質ニシテ黑紫褐色ヲ呈シ平開シ、長サ4-5mm許アリ。雄蕋六數アリテ長サ花蓋片ヨリ短ク、花絲亦葯ノ半長ニ滿タズ。略ボ球形ヲ成セル子房上ノ花柱ハ上部三岐ス。蒴果ハ三稜アル廣橢圓形ニシテ鈍頭ヲ有シ花蓋ヨリ長シ。和名ハ深山蘭ニシテ高山上ニ生ズレバ云フ。

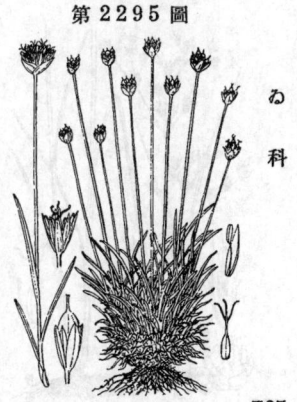

ゐ科

たかねゐ

Juncus triglumis *L.*

本州ナル信濃白馬岳及ビ北海道大雪山ノ磔地ニノミ獨リ產スル多年生草本ニシテ稀品ニ屬ス。根莖ハ密簇シ、莖幷ニ葉ヲ叢生ス。莖ハ直立シ高サ10-15cm アリ。葉ハ莖ヨリ短ク、線形ニシテ鈍頭、下部ハ莖ヲ抱ク。八月莖頂ニ五-六花ヨリ成ル頭狀花序ヲ着ク。苞ハ二片アリテ花ヨリ短ク且ツ莖ト同質ナラズ。花蓋六片ハ鐘形ヲ成シ長橢圓狀披針形ニシテ鈍頭、長サ4mmアリ。雄蕋六數アリテ花蓋片ト同長、子房ハ長橢圓形ニシテ花柱ノ上部ハ三岐ス。蒴果ハ花蓋片ヨリ超出シ赤褐色ニシテ光澤ヲ有シ鈍頭ヲ呈ス。和名ハ高嶺蘭ニシテ高山上ニ生ズレバ云フ。

ゐ科

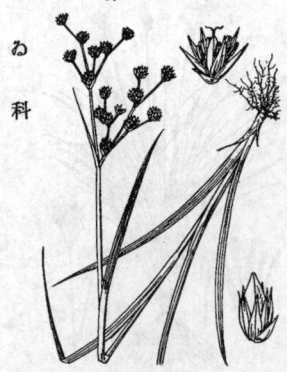

第2296圖

はなびぜきしゃう
一名　ひろはのかうがいぜきしゃう
Juncus alatus Franch. et Sav.

山野、濕地等ニ自生スル多年生草本。根莖ハ節間短シ。莖ハ高サ30-50cm、稍壓扁翼ヲ有シ、翼共ニ幅3-4mm内外ナリ。葉ハ下部ノ者ハ小形ナレドモ、一般ニ長劒形ヲ成シ、長サ15-20cm、幅4-5mm、多管質ニシテ横隔膜明瞭ナリ、鞘部ハ邊緣白膜質ニシテ葉耳無シ。花穗ハ頂生、最下苞ハ葉狀、花穗ヨリ短シ。頭狀花穗ハ多數ニシテ數花ヨリ成ル。夏月開花シ、花體ハ小ナリ。花蓋片ハ披針形、同長ニシテ凡3mm許。雄蕊ハ六、花蓋片ヨリ短ク、葯ハ橢圓形ニシテ花絲ヨリ遙ニ短シ。成熟セル蒴果ハ長サ4mm内外、長橢圓狀三角錐形、赤褐色ニシテ光澤强シ。種子ハ倒卵形、鐵銹色ヲ呈シ、長サ0.6mm、幅0.3mm許アリ。和名花火石菖ハ花穗ノ狀ニ基ク。ひろはのかうがいぜきしゃうハはなびぜきしゃうヨリ其名疎シ。

第2297圖

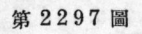

かうがいぜきしゃう
一名　ひらかうがいぜきしゃう
Juncus prismatocarpus R. Br. var. Leschenaultii *Buchen.* subvar. α. pluritubulosus *Buchen.*

水田・濕地ニ生ズル多年生草本。莖高サ30cm内外、壓扁二稜形、無翼又ハ狹翼アリ、幅2-3mmアリ。葉ハ扁平、長15-20cm、幅3-4mm内外、銳尖頭、多管質ニシテ多數ノ横隔障アリ、葉耳ハ極小ナリ。花穗ハ凹頭繖花序ヲ成シテ頂生シ、多數ノ頭狀花穗ヲ成ス。頭狀花穗ハ七-十花ヨリ成リ稍球形ヲ呈ス。夏月開花シ、花體ハ小ニシテ綠色ヲ呈ス。花蓋片ハ披針形ニシテ殆ンド同長、長サ4mm内外アリ。雄蕊ハ三、外花蓋片ノ半長、葯ハ花絲ヨリ短シ。成熟セル蒴ハ長サ4-5mm 長橢圓狀三角錐形、銳頭。種子ハ倒卵形、鐵銹色、長サ0.65mm、幅0.3mm許ナリ。葉ノ大小、蒴果ノ長短等甚ダ多形ナリ。亞變種ハはりかうがいぜきしゃう (subvar. β. unitubulosus *Buchen.*) アリ、葉狹ク針狀ヲ呈シ多管質ナラズ、此者傾倒シテ水ニ觸接セバ往々莖節ヨリ發根スルコトアリ、之レヲはひかうがいぜきしゃう (f. radicans [*France. et Sav.*]) ト云フ、然レドモ是ハ臨時形ナリ。和名笋石菖ハ其狀ニ基ク。

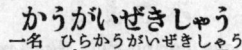

第2298圖

ほそばのかうがいぜきしゃう
Juncus papillosus Franch. et Sav.

原野濕地ニ生ズル多年生草本。根莖ハ短ク、地中ニ短匍枝ヲ岐テ、晩秋ニ至レバ地中ニ多肉ノ芽ヲ生ジ、芽ハ肥厚セル鱗葉密ニ互生スル殊態アリ。莖ハ直立シテ簇生シ、高サ20-30cm、徑1-2mm内外ノ圓柱形ヲ呈ス。莖葉ハ圓柱形、7-15cm 内外、單管質ニシテ乾ケバ横隔障明瞭ナリ、葉耳ハ小形ナリ。花穗ハ大形、頂生又ハ腋生ス。頭狀花穗ハ多數ニシテ二-三花ヨリ成ル。夏月開花シ、花體ハ小ニシテ綠色ヲ呈ス。花蓋片ハ披針形、内花蓋片ハ稍長ク、凡2mm許。雄蕊ハ三、外花蓋片ヨリ稍短ク、葯ハ長橢圓形ニシテ花絲ヨリ短カシ。成熟セル蒴果ハ長サ4mm 内外、披針狀三角錐形ヲ成シ、銳尖頭ヲ呈ス。種子ハ狹倒卵形、長サ0.65mm、幅0.25mm許ナリ。

たちかうがいぜきしゃう
Juncus Krameri *Franch. et Sav.*

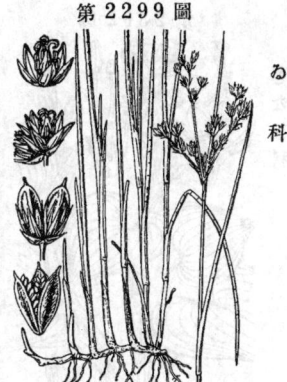
第2299圖

稍濕地ニ生ズル多年生草本。根莖ハ横走、節間ハ短ク、或ハ稍長シ。莖ハ圓柱形ニシテ直立シ、高サ30-50cmニ達シ、徑2-3mm許アリ。莖葉ハ圓柱形、長サ10-20cm、徑1-2mm、單管質ニシテ横隔障明瞭ナリ、葉耳ハ卵形ナリ。花穗ハ凹聚繖花序ヲ成シテ頂生ス。頭狀花穗ハ多數ニシテ五-七花ヨリ成ル。夏秋ノ候ニ開花シ、花體小形ニシテ綠色ヲ呈ス。花蓋片ハ稍同長或ハ內花蓋片稍長ク、外花蓋片ハ披針形銳尖頭、內花蓋片ハ披針形、銳頭或ハ稍鈍頭、邊緣膜質ナリ。何レモ蒴ヨリ短シ。雄蕊ハ六、花蓋片ノ約半長ニシテ葯ハ花絲ヨリ短シ。成熟セル蒴果ハ三稜狀橢圓形、鈍頭ニ凸尖、長サ約3mm。種子ハ倒卵形、鐵銹色、長サ0.5mm、幅0.2mm內外アリ。本種ハ莖直立ノ狀特ニ人目ヲ惹ク、故ニ此和名アリ。

ひろはのかうがいぜきしゃう
Juncus diastrophanthus *Buchen.*

第2300圖

諸國ノ山野、多濕ノ地ニ生ズル多年生草本ニシテ根莖ハ短ク、白色ノ鬚根ヲ多數ニ發出ス。莖ハ二三簇生シ高サ30cm內外アリ。葉ハ莖ヨリ短ク、劍狀ニシテ先端尖ㇾ幅3-5mm許アリたかうがいぜきしゃうヨリモ闊ク、往々鎌狀ヲ成ス。莖ハ扁平ニシテ翼狀ニ二銳稜アリ。夏日梢ニ稍密ナル聚繖花叢ヲ着ケ、葉狀苞ハ直立シ其長サ花叢ニ及バズ。小頭花ハ稍球狀ヲ呈シ、花蓋六片ハ狹披針形ニテ3-4mm ノ長サヲ有シ長尖頭ヲ呈シ綠色或ハ帶赤褐色ナリ。雄蕊ハ三數略ぼ花蓋片ノ半長アリ。蒴果ハ三稜柱形ヲ成シ先端銳ク尖リテ花蓋片ノ上ニ挺出セリ。和名ハ闊葉ノ笄石菖ニシテ其葉多少闊ケレバ云フ。

ほていあふひ
Eichhornia crassipes *Solms.*

第2301圖

熱帶幷ニ亞熱帶あめりかノ原產ニシテ往々觀賞植物トシテ栽培スルコトアレドモ、暖地ニ在テハ非常ニ盛ニ繁茂シテ水田・溝渠・池中ニ寒草化セル浮游生ノ多年生草本ニシテ往々根際ヨリ匍枝ヲ横出シ、無數ノ鬚根ヲ生ズ。葉ハ根際ニ簇生シ、倒卵狀圓形或ハ倒心臟狀卵形、先端ハ微ク凸頭ヲ成シ、滑澤厚質鮮綠色ヲ呈シ、葉柄ハ葉片ヨリ瘦ㇾ長クシテ長サ 10-20cmニ達シ其中央部ノ倒圓形ニ膨大シテ多胞質ト成リ、以テ浮囊ノ用ヲ成シ、其苗ノ小ナル時ハ其葉柄ハ殆ンド全部著シキ球狀ヲ成シ、葉柄直ニ其頂頭ニ簇キ、又密集シテ群生スル時ハ葉柄徒ハ長ジテ長サ30cmニ超ㇾ無論水上ニ立チ敢テ浮種部ヲ見ザルコトアリ。夏日葉間ニ一莖ヲ抽キ、短キ總狀花序ヲ成シテ徑3cm內外ノ淡紫色花ヲ開キ、莖ヲ伴セテ高サ20-30cm許アリ。花蓋ノ下部ハ細筒ト成リ上牛ハ漏斗狀鐘形ヲ成シ裂片六個アリテ外輪ノ一枚殊ニ上部正面ノ一片ニ闊大ニシテ淡紫朶アリ其中央ニ黃斑アリ。雄蕊ハ六數アリテ偏側性ヲ示シ內三數ハ長ク、三數ハ短ク、花絲ハ毛アリ。雌蕊ハ一、子房ハ上位、花柱ハ絲狀ナリ。和名ハ布袋葵ニシテ其葉柄膨腫部宛モ布袋ノ腹ノ如ケレバ云フ。

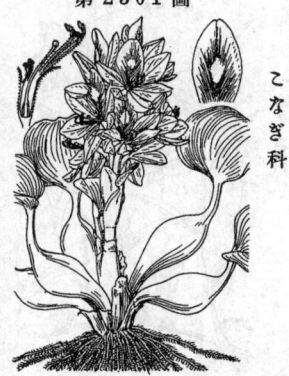

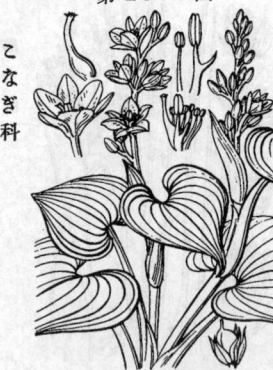

第2302圖

こなぎ科

みづあふひ (浮薔)
古名 なぎ
Monochoria Korsakowii
Reg. et Maack.

諸國ノ水田沼澤中ニ生ジ時ニ人家ニ栽培セラルルー年生草本。高サ30cm内外。葉ハ根出ノ者ハ長柄ヲ具ヘ莖上ノ者ハ短柄ニシテ、柄ハ何レモ多汁、基脚ニハ擴大セル鞘部アリ。葉ハ卵狀心臟形、長サ7-13cm、急邃鋭尖頭ヲ成シ、全邊ニシテ深綠色ヲ呈シ、肥厚ニシテ甚ダ滑澤ナリ。夏秋ノ候莖間ニハ總狀乃至圓錐花序ヲ立ツルコト葉ヨリモ高ク、碧紫花ヲ綴ル。花序ノ基脚ニハ苞アリテ之レヲ捲ク。花ハ徑3cm内外、花蓋六片ハ平開シ、橢圓形ニシテ鈍頭。雄蕊六箇ハ花蓋片ヨリ遙ニ短ク、内五箇ハ小形黄葯ナレドモ、一箇ハ大形ト成リテ紫葯ヲ有ス花絲ニ一鈎枝ヲ具フ。子房ハ一箇、上位ニシテ花柱ハ細ク、長サ雄蕊ヲ抽ク。花後子房熟スルニ從ヒテ下向シ、熟實ハ懸垂スルニ至ル。和名ハ水葵ノ意、水ニ生ジ葉狀葵ノ如ケレバ云フ、又なぎハ菜蔥 (なぎ) ノ義ト謂フ、昔ハ此葉ヲ茹デ食用トセリ。漢名 浮薔ハ王圻ノ三才圖會ニ據ル。雨久花(蓋シ誤用)、水葱(誤用)

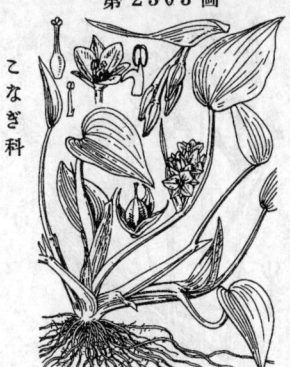

第2303圖

こなぎ科

こなぎ (鴨舌草)
一名 ささなぎ
Monochoria vaginalis *Presl.*

諸國ノ水田中ニ生ズルー年生草本。全株平滑無毛、みづあふひニ似テ小形、且ツ花序ハ葉ヨリモ短キ差異アリ。莖ハ五六叢生シ、綠色多汁、一葉ヲ齎ク。莖上ノ葉ハ長柄アリテ柄ハ長サ4-6cm、基脚ハ二裂シテ半バ鞘ヲ成シ其間ヨリ花莖ヲ出ダス。葉面ハ幼株ニテハ卵狀披針形、成株ハ卵形ト成リ長サ3-5.5cm、漸尖頭截底或ハ極メテ淺ク心臟底ヲ成シ、深綠色ヲ呈シテ質厚シ。夏秋ノ候開花ス。花序ハ少數花ノ總狀、基脚ニ一苞アリ、高サ葉ヨリモ低シ。花ハ碧紫色ニシテ徑1.5cm内外、槪形みづあふひト同ジ。雄蕊一箇ハ花絲ニ一鈎枝アリ。花後花穗ハ基脚ヨリ急ニ曲リテ下撓シ、蒴果ハ橢圓體、鋭尖頭ヲ成シ、多數ノ細子ヲ入ル。和名ハ小形ノなぎ(みづあふひ)ノ意。ささなぎハ其葉狹長ニシテ笹ノ如キ場合ノ名、畢竟其葉ハ臨時形ナリト。漢名 蘚草(蓋シ誤用)

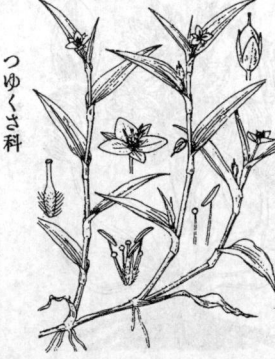

第2304圖

つゆくさ科

いぼくさ
Aneilema Keisak *Hassk.*

諸國ノ水田沼地ニ生ズルー年生草本。莖ハ葉ト共ニ淡綠紅紫暈、下部ハ分枝シテ泥上ニ平臥シ各節ヨリ鬚根ヲ發出スレドモ上部ハ傾上ス。葉ハ二列ヲ成シテ互生シ、綠狀披針形ニシテ長サ3-4.5cm、先端漸尖ヲ底部ハ柄無ク直ニ短鞘ヲ成シテ莖ヲ包ム。草質ニシテ軟ク、滑澤ナリ。夏秋ノ候、莖頂或ハ頂ニ近キ葉腋ニ細梗ヲ出ダシ小花ヲ開ク。花ハ一日生、外花蓋三片ハ平開シ狹長橢圓形、綠暈。内花蓋三片ハ倒卵圓形ニシテ長サ5mm内外、白色淡紅量、平開スレドモ質甚ダ脆弱ナリ。雄蕊三箇ハ花絲長ク、基脚ニ白毛ヲ具フ。假雄蕊三箇ハ淡紫色ノ棒狀ヲ成ス。蒴果ハ橢圓形、長サ6mm許、宿存セル外花蓋三片之レヲ包ム。和名ハ此草ヲ抃ニ傅フレバ之レヲ去ルト云フヨリノ名、故ニニーにいぼとりぐさト云フ。漢名 水竹葉(誤用)

768

つゆくさ (鴨跖草)
一名 あをばな・ばうしばな・かまつか
古名 つきくさ
Commelina communis L.

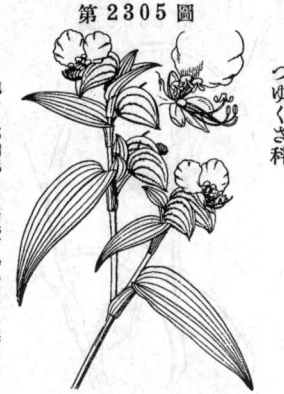

第2305圖

つゆくさ科

隨意ノ路傍ニ生ズル一年生草本。莖ハ下部平臥シテ地ニ横ハリ、盛ニ分岐シト半ハ斜上ス、無毛ニシテ節ハ太ク、下部ニ在テハ根ヲ發出ス。葉ハ互生シテ二列ニ成シ、長サ5-7cm、卵狀披針形ニシテ漸次ニ尖リ底部ハ平截ニ膜質ノ鞘ニ連ル、無毛綠色柔軟ナレドモ下鞘ノ口緣ニハ鬚毛ヲ見ル。夏日、葉ト對生シテ苞葉ニ包マレタル總狀花序(最下ノ一枝卸ハ通常長ク緑ケドモ又背花スルコトアリ)ヲ有シ、苞外ニ露ハレテ碧花ヲ開ク。苞ハ綠色、二ツニ疊マレテ蛤合シ、歪卵圓形ヲ呈シ長サ2cm許、先端尖リ、平滑ナレドモ兩側ニハ散毛アル者アリ。外花蓋三片ハ無色膜質小形。内花蓋三片ノ内上方二片ハ花爪アル圓形ヲ呈シ縹ニ側ダチテ色アリ、幅6mm内外、他ノ一片ハ甚ダ小形ニシテ無色。二雄蕋ハ花絲長ク其葯ハ花粉ヲ出セドモ殘リ四箇ハ葯變形シテ假雄蕋卜成ル。蒴果ハ橢圓形、白色多肉ナレド後乾キテ三裂ス。和名露草ハ露ヲ帶ビシ草ノ意、青花・花鴨ノ色ハ由リ、帽子花ニ蛤合セル形ノ狀ニ基キ、かまつかノ意ハ不明ナリ。つきくさハ着草ノ意ニテ此花ニ布ヲ刷リ染ムルニ能ク着色スルヨリ云フ。

おほばうしばな
Commelina communis L.
var. hortensis *Makino.*

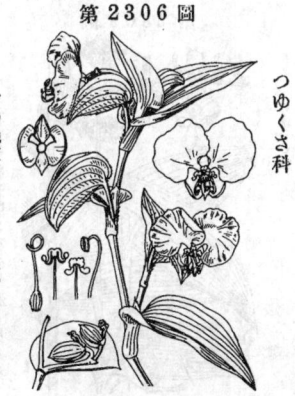

第2306圖

つゆくさ科

實用ノ爲メ近江山田村ノ園圃ニ作ラレ時ニ觀賞品トシテ人家ニ培養セラルル一年生草本。つゆくさノ一園藝品ニシテ全株壯大、花赤大形豐艶ナルノ差アリ。高サ50cm内外、莖ハ斜上ニ分岐ス。葉ハ卵狀橢圓形或ハ卵狀披針形ニシテ疎ニ二列ヲ成シテ互生シ、長サ10-15cm、幅2-3cm、弓曲シ、葉頭漸尖シ、葉底ハ淺心臟形ヲ呈シテ長サ1.5cm内外ノ葉鞘ニ連ナル、葉邊ハ少許ノ波曲アリ、表面深綠色ニシテ多少粗糙スル。夏日、葉鞘ノ短枝上ニ、或ハ葉ニ對シテ細梗ヲ出ダシ、頂ニ大ナル半圓狀ニシテ銳尖頭ヲ有スル葉狀苞ヲ著ケテ蛤合シ、苞外ニ露ハレテ大ナル碧色ノ美花ヲ開ク。一日花ニシテ有色花瓣ノ徑4cmニ餘リ花片圓形ヲ呈ス。花蓋片并ニ雌雄蕋・果實ノ狀ハつゆくさト同ジク、只少シク大ナルノミ。此花ハ靑汁ヲ採リテ紙ニ染メ靑紙トシ染色ニ用ウ。和名ハ大帽子花ノ意ナリ。

むらさきおもと
一名 しきんらん
Rhoeo discolor *Hance.*

第2307圖

つゆくさ科

めきしこ・西印度原産ノ常綠多年生草本。琉球ニテハ自生狀態ヲ呈スルモ、普通觀葉植物トシテ培養シ、現今ハ學校ニテ生理學實驗材料トシテ用ヰラル。内地ニテハ冬季屋外ニテハ凌ギ難シ。莖ハ短クシテ直立スレドモ經年ノ者ハ長ク延ビテ稀ニ分枝ス。葉ハ稍密ニ近ク集リテ斜開シ、長橢圓狀披針形、長サ15-25cm、幅3-4cm、先端ニ銳形、底部ハ稍廣ク後擴ガリテ莖ヲ抱ク。質柔軟ニシテ表面ハ光澤アク綠色紫暈、稍凹ミ裏面ハ平滑ニシテ紅紫色ヲ呈シ美ハリ。稀ニ白色間道(var. albovitta *Makino*)又黄色間道(var. vittata *Hook.*)或ハ全然綠色(var. viridis *Makino*)ノモノアリ。夏月葉腋ニ埋レテ短穗ナル花叢ヲ出シ、二片ノ疊マレタル大形紫色ノ苞アリテ之レヲ擁スルコト宛モ蛤ノ如シ。苞間ヨリ小白花ヲ開ク。花ハ白色ニシテ短梗アリ其一半開ス。外花蓋三片。内花蓋三片ハ外花蓋片ヨリ廣シ。六雄蕋ノ花絲ハ細長ニシテ一列ノ細胞ヨリ成ル白長毛ヲ有シ、葯隔ハ黄色ニシテ廣シ。子房ハ卵圓形ニシテ花柱アリ。蒴果ハ橢圓形ニシテ種子ハ扁タシ。和名紫萬年靑ハ葉ノ全體おもとニ似テ葉ノ裏紫色ナルニ由リ此ノ名アリ、又しきんらんハ紫錦蘭(漢名ニ非ズ)卜書ク。

769

むらさきつゆくさ

Tradescantia reflexa *Rafin.*

北米原産ノ多年生草本ナレドモ明治初年頃渡來シ花草トシテ諸處＝園圃＝栽培ス。高サ50cm内外、多數族生ス。莖ハ圓柱形＝シテ多汁平滑、徑1.5cm内外アリテ立チ、蒼綠色ヲ呈シ、葉ヲ散生ス。葉ハ廣線形、長サ30cm内外アリテ多クハ彎曲シ、莖ト同色同質ヲ呈シ、先端ハ尖リ、内面ハ樋狀＝凹ミ、底部ハ鞘ヲ成ス。春夏ノ間、枝頂＝多數ノ花ヲ繖簇ス。花ハ細硬アリテ碧紫色、一日生、徑 2-2.5cm、外花蓋三片ハ紫綠色ヲ帶ビテ草質ナレドモ内花蓋三片ハ豐大＝シテ質甚ダ脆弱ナリ。雄蕊六箇ハ皆完全＝シテ長キ絲狀花絲＝ハ多數ノ碧色毛アリ。此毛ハ念珠狀ヲ成セル細胞ノ一列ヨリ成リ細胞學上ノ研究材料ト爲シ得。葯隔ハ極メテ廣シ。此種ハ從來我邦＝テ**T. virginiana** *L.* ト誤認セシモノナリ。

やぶめうが

Pollia japonica *Thunb.*

中部以南ノ林藪＝一生ズル多年生草本。根莖ハ白色細長＝シテ横走シ、節ヨリ鬚根ヲ發出ス。莖ハ直立シ高サ花莖ト共＝50-70cm、草質＝テ柔ク、莖的邊二六七葉ヲ輪狀＝平開互生ス。葉ハ長橢圓形＝シテ廣闊、長サ20-30cm、銳尖頭、漸尖底、底部ハ短鞘ヲ成シテ莖ヲ抱ク、草質＝シテ扁平、表面粗糙＝暗綠色ヲ呈シ縱脈平行＝裏面ハ淡色ナリ。概觀めうが＝似テ暗色、葉平開シテ香氣ナシ。夏日、莖頂ヨリ邊一細ヶ花梗ヲ直立ス。花序ト共ハ毛茸ヲ有シ、頂＝五六層ヲ成セル圓錐花序ヲ着ケ小白花ヲ開ク。各層各五六ノ苞葉ヲ伴フ。分枝ハ平開シ、外花蓋三片ハ丸ク肥厚シ、内花蓋三片ハ倒卵形＝シテ質薄シ。雄蕊六、花絲長シ。同株上ノ花ハ兩性・雄性ノ兩樣アリテ兩性花＝テハ雄蕊微シク短ク花柱ハ超出シ、雄性花＝テハ雄蕊能ク發達シ子房細小花柱微小ナリ。果實ハ小球形、藍色＝熟シ、乾クモ遂ハ開裂スル＝至ラズ。全草めうが＝似テ藪＝生ズルヨリ此名アリ。從來之レヲ杜若＝充ツレドモ非ナリ、杜若ハ あをのくまたけらんナリ。

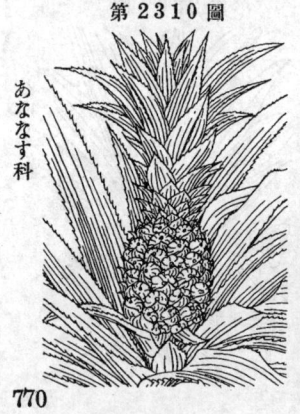

あななす (鳳梨)
一名　ばいんあっぷる
Ananas comosus *Merr.*
(＝A. sativus *Schult.*)

熱帶あめりかノ原産ナレドモ小笠原・臺灣等ノ暖地＝廣ク栽培セラルル常綠多年生草本。莖ハ高サ30-50cm、直立シテ太シ。葉ハ廣披針形＝シテ長サ30-50cm、輻狀ヲ成シ相接シテ互生斜開シ、質厚ク强剛、先端ハ尖リ、中邊ハ樋狀ヲ呈シ、邊緣＝ハ銳刺アル鋸齒ヲ具シ、全體粉白ノ綠色ナリ。夏日、莖頂ハ毬果樣ノ肉穗花序ヲ着ケ、果實狀トシテ其頂ヨリ再ビ莖ヲ發出ス。花ハ初メ小形ノ葉狀苞＝包マレ、外花蓋三片ハ小形、内花蓋三片ハ大キク相倚リテ筒ヲ形成シ、雄蕊六箇閉在ス。子房ハ下位。果實ハ相接着シテ橢圓體ヲ成シ其長サ15-20cm、各果ハ稍六角形ヲ呈シ、多肉＝シテ黃熟シ佳香ヲ放チ食用トス。近時罐詰用トシテ大規模ノ栽培ヲ見ル＝至レリ。ばいんあっぷるハ俗名ノ Pine Apple ＝テ松毬狀林檎ノ意ナリ。漢名ノ一ヲ露兜子ト云フ、從來之レヲたとのき＝用キシハ誤ナリ。

ほしくさ（穀精草）
一名　みづたまさう
Eriocaulon Sieboldtianum
Sieb. et Zucc.

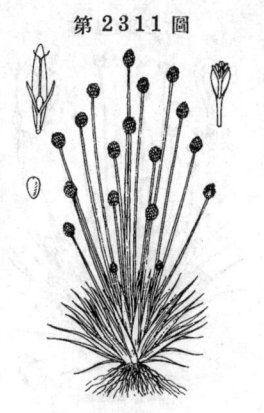

第2311圖

ほしくさ科

沼澤・水田中ニ生ズル一年生草本。根ハ白色、鬚狀。葉ハ細長ク、叢生シ、長サ2-3cm、幅1.5mm以下、先端銳鑿形、窓狀孔質ナリ。花莖ハ葉ヨリモ超出シ、高サ6-12cm、簇生シ、五縱溝アリテ少シク捩ル。鞘ハ長サ1-2cm、先端白膜質ニシテ二斜裂ス。秋時開花。頭狀花ハ參差セル花莖ハ頂生ニ灰白色、卵狀球形、徑3-4mm內外。總苞片ハ倒卵狀長橢圓形ニシテ盤花ヨリ短ク、白色膜質ナリ。花苞ハ長橢圓形、白色膜質ナリ。雄花ノ外花蓋片ハ篦狀苞狀ニ合生シテ先端三齒缺ヲ成シ、內花蓋片ハ筒狀ニ癒合シ、先端三裂、裂片ハ披針形ヲ成シ、六雄蕋アリ、葯ハ圓形白色ナリ。雌花ノ外花蓋片ハ三、狹線形離生、內花蓋片ハ缺如シ、子房ハ三室、柄アリ、花柱ハ長ク、先端三岐ス。和名星草ハ其頭狀花ノ狀ニ基キ、水玉草モ亦水水滴狀ヲ成セル頭狀花ノ形ニ由ル。

いぬのひげ
Eriocaulon Miquelianum *Koern.*

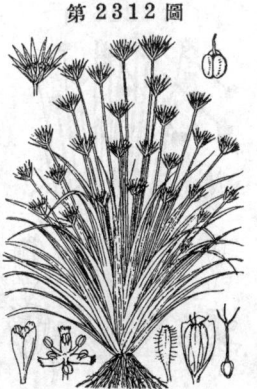

第2312圖

ほしくさ科

田圃水邊ニ自生スル一年生草本。根ハ鬚狀、白色。葉ハ叢生シ、線形、漸尖頭、長サ10-15cm、幅3-6mm、七-九脈、窓狀孔質。花莖多數參差トシテ簇出シ高サ10-20cm、四-五縱溝アリテ少シク捩ル。鞘ハ長サ3-6cm、鈍頭、斜裂。秋月開花ニ頭狀花ハ半球形、徑4-5mm、總苞片ハ披針形、銳頭ニシテ花盤ヨリ超出ス。中心ニ雄花、周邊ニ雌花アリ。花苞ハ倒卵狀楔形。雄花ノ外花蓋片ハ篦狀苞狀ニ合生、上緣部ニ突起毛アリ、內花蓋片ハ筒狀、先端三裂、裂片ハ橢圓形、雄蕋ハ六、葯ハ黑色ナリ。雌花ノ外花蓋片ハ合生シテ篦狀苞狀ト成リ、上部三齒緣ト成シ此處ニノミ突起毛アリ、內外ニ毛多シ。內花蓋片ハ三、離生、篦狀棍棒狀、內部ニ毛多ク、上端ニ突起毛アリ。子房ハ三室、柱頭ハ三岐。和名ハ犬ノ髭ノ意ニテ、其尖出セル總苞ヲ併セ望ミタル草狀ニ基ク。

いといぬのひげ
Eriocaulon nipponicum *Maxim.*

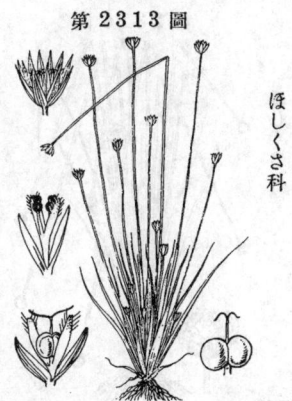

第2313圖

ほしくさ科

水邊畔邊ニ生ズル一年生草本。葉ハ簇生シ狹線形、多脈、銳尖頭、基部窓孔質、長サ5-10cm、幅1-2mm內外ナリ。花莖ハ簇生、高サ10-30cmニ達シ、幅0.5mm內外、四-五縱溝アリ、拈捩ス。葉鞘ハ長サ5-10cm、銳頭ニシテ斜裂ス。秋月開花。頭狀花ハ廣獨樂狀、徑3-5mm、總苞片ハ長橢圓形、銳頭、花盤ヨリ超出ス。花苞ハ倒卵狀篦形、銳頭、背面上部ニ毛アリ。雄花ハ短梗、外花蓋片二、披針形銳頭、基部合生シ、內花蓋片ハ筒狀、先端二裂シ、金色ノ腺體アリ、雄蕋二アリ葯ハ藍黑色圓形ナリ。雌花ハ稍長柄アリ、子房ハ二室、柱頭二岐ス。外花蓋片ハ二、離生、線形、上部ニ毛アリ、內花蓋片ハ二、離生、線狀篦形、稍有毛、上部ノ內側ハ黑色ノ腺體アリ。和名ハ絲犬ノ髭ノ意、いとハ其花莖ノ絲狀ヲ成シテ織長ナルヨリ云フ。

771

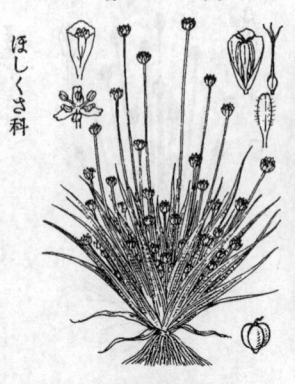

ひろはいぬのひげ

Eriocaulon robustius *Makino*.

水邊ニ自生スル一年生草本。葉ハ簇生、線形、長サ10-15cm、幅3-5mm、七-十一脈、下部窓狀孔質。花莖ハ高サ8-16cm、徑1mm＝足ラズ、四-五稜線アリ。秋月開花。頭狀花ハ半球形、徑5mm內外ナリ。總苞片ハ倒卵形、白色膜質＝シテ花盤ヨリ短シ。花苞ハ倒卵形、銳頭、上部背面＝突起毛アリ。雄花ノ外花蓋片ハ合生シテ篦狀苞ト成リ、內花蓋片ハ筒狀、先端三裂、裂片ハ鈍頭、雄蕊ハ六、葯ハ黑色ナリ。雌花ノ外花蓋片ハ雄花ノモノニ似テ稍廣ク薄膜質ヲ成シ、內花蓋片ハ三、篦狀線形、離生シ、無毛ニシテ先端＝腺體アリ、子房ハ三室、柱頭三岐ス。いぬのひげニ似タレドモ總苞片ハ花盤ヨリ短シ。

ほしくさ科

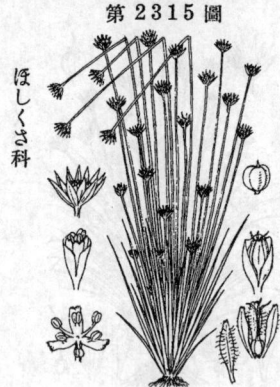

しろいぬのひげ

一名　おほいぬのひげ

Eriocaulon sikokianum *Maxim.*

水邊＝生ズル一年生草本。葉ハ叢生シ、線狀鑿形、長サ10-20cm、幅2-4mm、七-九脈、窓狀孔質。花莖ハ多數、高サ10-30cm、徑1mm內外、五-六稜線アリ。鞘ハ長サ5-7cm、鈍頭、二斜裂。秋月開花。頭狀花ハ半球形、鈍頭、徑5-7mm、總苞片ハ長卵狀披針形、花盤ヨリ超出ス。花苞ハ倒卵形、銳頭、上部背面＝突起毛アリ。雄花ノ外花蓋片ハ篦狀苞狀＝合生シ上緣＝突起毛アリ、內花蓋片ハ筒狀、先端三裂、雄蕊六、葯ハ黑色ナリ。雌花ノ外花蓋片ハ篦狀苞狀＝合生シ上部三齒緣ヲ成シ突起毛ヲ有シ內面ニ毛多シ、內花蓋片ハ篦狀棍棒狀＝シテ先端＝黑色腺體ト突起毛アリ、子房ハ三室、柱頭三岐、種子ハ楕圓形、長サ1mm、全面＝短毛ヲ生ズ。和名白犬ノ髭ハ白色ヲ帶ビシ頭狀花＝基キシモノ＝テ、白犬ノ有スル髭ト謂フ意ニ非ラズ。

ほしくさ科

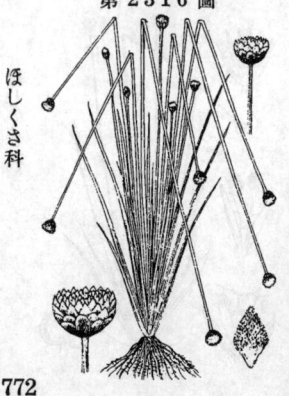

しらたまほしくさ

一名　こんぺいとうさう

Eriocaulon nudicuspe *Maxim.*

我邦中部地ノ水邊＝生ズル一年生草本。葉ハ叢生、線形、長サ10cm、幅2mm。花莖ハ長ク葉上＝抽キ、高サ30cm＝達シ、五稜線アリテ拈捩ス。鞘部ハ長サ6-7cm、鈍頭、斜裂ス。秋月開花。頭狀花ハ球形、徑5-6mm許、白色ナリ。總苞片ハ倒卵形、圓頭、花盤ヨリ短シ。花苞ハ菱狀披針形、銳頭、上部背面ハ白色絨毛アリ。雄花ノ外花蓋片ハ篦狀苞狀＝合生、緣部ハ絨毛アリ、上部ハ截形、短キ三片ト成ル、內花蓋片ハ筒狀、先端三裂、裂片ハ不同、卵狀三角形、黑色腺體アリ、雄蕊ハ六、葯ハ黑色ナリ。雌花ノ外花蓋片ハ雄花ノ如ク、內花蓋片ハ狹披針形、內側ニ毛アリ、上部ノ內側＝黑色腺體アリ、子房三、柱頭三岐。頭狀花ヲ採リ、種々＝之レヲ染メテ花簪＝製スルコトアリ。和名白玉星草ハ其雪白色ノ頭狀花＝基キテ名ケ、又金米糖草モ亦同ジク其頭狀花＝因ル。

ほしくさ科

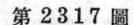

あをうきくさ（青萍）
Lemna paucicostata *Hegelm.*

第2317圖

うきくさ科

水田・沼澤・溝渠ノ水面ニ浮游スル多年生小草本。體ハ黃綠色滑澤ナル扁平葉ニシテ其葉ハ認メラレズ、倒卵形ヲ帶ビタル廣楕圓形ヲ呈シ、全邊ニシテ長サ2-3.5mm、先端ハ稍圓頭ヲ成シテ之レニ近ク一低凹アリ、表面ニ三主脈稍隆起シテ走リ、裏面ハ中央ヨリ一條ノ長キ絲狀根ヲ垂ル。根ニハ維管束無ク、先端ニ銳尖頭ヲ成セル根帽ヲ具フ。體ノ後半左右ニ存在スル養中ヨリ各一個ノ娘體ヲ側出シ、娘體ハ母體ト體ノ一部相重リタル儘連結セラレテ水平ニ群生ス。夏秋ノ候體側ニ微細ノ白花ヲ開ク。花ニハ圓形ノ苞狀苞一個アリテ中ニ二雄花及ビ一雌花ヲ擁セリ。雄花ハ一雄蕊ヨリ成リ、葯ニ四室。雌花ハ一雌蕊ノミニシテ雄花ト共ニ花被ヲ有セズ。一種とうきくさ(L. minor L.)ハ本種ニ似テ暗綠色、裏面ハ多クハ紫紫、葉體先端ニ近キ小刺ハ不顯著、根帽ハ鈍頭ヲ成シ、苞狀苞ハ大小二脣ヨリ成ルノ差異アリ、此品未ダ我邦內地ニ見ズ。和名 靑浮草ハ其體綠色ナレバ云フ。

ひんじも
一名 さんかくな
Lemna trisulca *L.*
forma sagittata *Makino.*

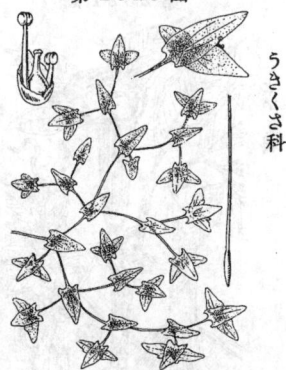

第2318圖

うきくさ科

池沼ノ水中ニ生活スル多年生小草本。冬季ハ枯死シ、微細ノ冬芽ト成リテ漂游ス。體ハ扁平ニシテ綠色、卵狀披針形ヲ成シ底部ハ稍前形ヲ呈シ、長サ5-6mm、銳尖或ハ銳頭ニシテ鈍端且ツ微齒ヲ生ジ、質薄ク外面ヨリ內部ノ針狀束晶ヲ白綠點トシテ認メ得。娘體ハ體ノ半部ヨリ左右ニ出デ、母體ト直角ヲ成スヲ以テ品字ヲ觀アリ、後ニ娘體ハ伸長シテ長サ1-1.5cmノ絲狀ノ柄ヲ以テ母體ト相離レテ連絡シ、再三分枝ヲ反復スルヲ以テ往々大ナル群體ヲ形成ス。根ハ各體ニ一條、其下面中央ヨリ出ヅレドモ之レ少缺如スルコト多シ。夏日、微小ノ白花ヲ葉體下面ノ中央兩側ニ出ダシ、苞狀苞ハ一片アリ稍球形ニシテ不整ノ二脣ト成リ、內ニ二雄花一雌花ヲ藏ス。和名品字藻ハ其體ノ左右ニ娘體アリテ其狀品字狀ヲ呈スレバ云ヒ、三角藻ハ亦其葉體ノ形容ニ基キシ稱ナリ。漢名 品藻（蓋シ誤用）

うきくさ（紫萍）
古名 かがみぐさ・なきものぐさ
Spirodela polyrhiza *Schleid.*
(= Lemna polyrhiza *L.*)

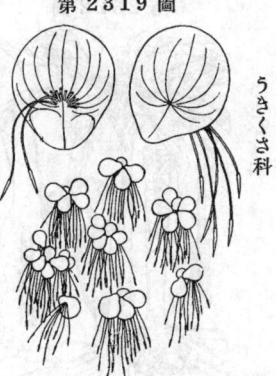

第2319圖

うきくさ科

水田・溝渠・池沼等ノ水面上ニ浮游スル多年生小草本。冬季ハ枯死シ、晚秋、最終ニ母體ヨリ生ゼシ楕圓形ノ冬芽ガ母體ヨリ離ルルヤ否ヤ水底ニ沈ミテ越年シ、翌年溫暖ノ候ト成リテ再ビ水面ニ浮ビ來リテ繁殖ヲ始ム。體ハ扁平ナル倒卵形ニシテ中央以下ニ輕ク括レアル者多ク、長サ5-6mm、先端ハ圓、表面綠色ニシテ滑澤、裏面ハ紫色ヲ呈シ、三四個相連リ密ニ集合シテ水面ニ浮ビ中央ヨリ十條以上ノ細絲根ヲ下ニ垂ス。根ハ心ニ明瞭ナル維管束一條ヲ通ジ、先端ハ根帽ヲ具フ。根ノ背點ノ後方左右ヨリ娘體ヲ生ジ、此レニ一低出葉ヲ伴フ。夏日稀ニ細白花ヲ體ノ裏面ニ生ジ、花序ハ二雄花、一雌花ヨリ成リ、外面ニ苞狀苞ヲ有シ短小ニシテ微細ナリ。和名浮草ハ水面ニ浮キ乄ルヨリ云ヒ、鏡草ハ其體ノ表面光滑ナルヨリ云ヒ、無者草ハ忽チ秋ニ水面ヨリ影ヲ沒シ又春時忽然ニ現ハルルヨリ云フ。漢名 從來用キラレシ水萍ハ本種トあをうきくさトノ總稱呼ナリ。

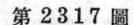

773

第 2320 圖

さといも科

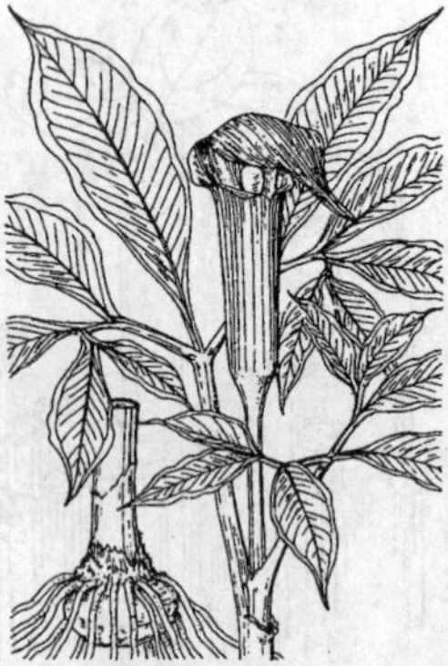

てんなんしやう 一名 あをまむしぐさ

Arisaema serratum *Schott* forma japonicum *Makino*.

(＝A. japonicum *Blume*; A. serratum *Schott* forma Blumei *Makino*.)

淺山原野ノ稍樹陰ニ生ズル多年生草本。まむしぐさト外觀異ナラズ、唯佛焰苞ノ綠色多キヲ異ニスルノミ。球莖ハ地下ニ在リテ平圓形ヲ呈シ上頸部ヨリ鬚根ヲ射生シ、中央ヨリ一僞莖ヲ立ツルコト50cm內外。僞莖ハ卽チ葉柄下部ノ二鞘部重リテ成レル者ニシテ多汁ナル粗大圓柱形ヲ成シ綠色或ハ白斑或ハ紫斑アリ。葉ハ大小二個、內者ハ小サク、共ニ柄アリ。葉面ハ鳥趾狀ニ配列セル九乃至十五片ノ小葉ヨリ成リ、小葉ハ長橢圓形、兩端銳尖シ、葉緣全邊或ハ鋸齒アレドモ此鋸齒ノ有無ハ畢竟個體ノ差ニ過ギズ。雌雄異株。初夏ノ候、葉ノ開舒ト共ニ二葉間ニ一花莖ヲ抽キテ肉穗花序ヲ出シ、花序ハ其周圍ニ綠色白線アル佛焰苞ヲ具ヘ、苞筒ハ長サ5-8cm、口緣ハ平截シ邊緣ハ多少外卷シ、苞片ハ卵狀橢圓形ニシテ長サ筒部ヨリ長ク、前方ニ彎曲シテ筒口ヲ蔽フ。雄本ニ在テハ肉穗軸ノ下部ニ無花被紫葯ノ細小雄花ヲ散着シ、雌本ニ在テハ多數ノ綠色子房ヨリ成ル雌花ヲ密集ス。肉穗頂ノ飾杵ハ棍棒狀ニシテ苞筒ヨリ超出ス。漿果ハ豐大ナル穗軸面ニ排ビ着キ赤熟ス。和名ハ天南星ノ字音ナリ、靑蝮蛇草ハまむしぐさノ綠色品ナレバ云フ。漢名 天南星(誤用)

第 2321 圖

さといも科

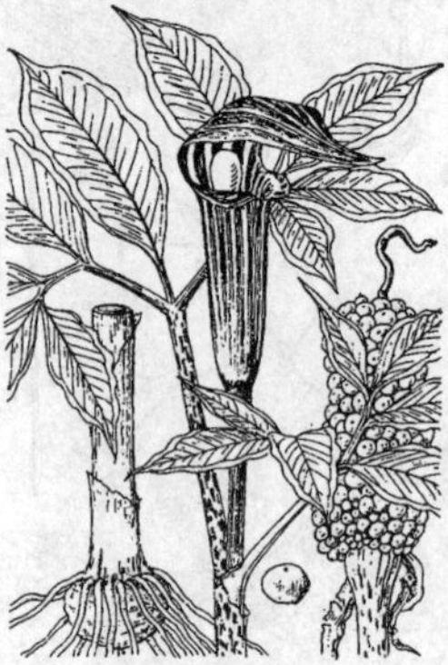

まむしぐさ 一名 へびのだいはち・やまごんにやく・むらさきまむしぐさ

Arisaema serratum *Schott* forma Thunbergii *Makino*.

(＝Arum serratum *Thunb*.)

てんなんしやうト同種ナレドモ全體ニ紫色ヲ帶ブルコト多キヲ異トス。球莖ハ稍扁球狀、徑5cm內外、仔球ヲ生ゼズ。僞莖ハ通常紫褐色ノ斑紋アリテ恰モ蝮蛇皮ノ觀アリ。葉ハ二個、僞莖ノ頂部ニ相近ク位置シテ左右ニ開出シ、鳥趾樣掌狀複葉ヲ成ス。小葉ハ七乃至十五、長橢圓形ニシテ鋸齒アルト無キトアリ、質軟カク、平滑ニシテ表面ハ暗綠色、脈條多少凹ミ、裏面稍帶白色ニシテ中脈隆起ス。四五月葉間ニ花ヲ出ス。花序ハ葉ニ參差シ、佛焰苞ハ紫色或ハ綠紫色或ハ暗紫色、多クハ白條ヲ縱走スルノ外、形狀てんなんしやうト異ナラズ。雌雄異株。肉穗花序ハ苞內ノ中央ニ直立シ、雌本ニ在テハ穗軸ノ下部ニ綠色小球形ノ子房ヨリ成ル雌花密集シ、雄本ニ在テハ暗紫葯二三ヨリ成ル雄花多數ヲ散着シ、共ニ穗軸ハ更ニ一狹窄部ヲ經テ忽チ粗大ナル飾杵ト成リ、先端ハ鈍形ニシテ汚紫色ヲ呈ス。漿果ハ豐大ナル穗軸面ニ排ビ着キテ赤熟シ味辛シ。和名蝮蛇草ハ其僞莖面ノ斑紋ニ基キテ云ヒ、蛇の大八ハ蛇人ニ擬シ、山蒟蒻ハ山ニ生ズルこんにやくノ意、紫蝮蛇草ハ紫色ヲ帶ブレバ云フ。漢名 斑杖(誤用)

第 2322 圖

さといも科

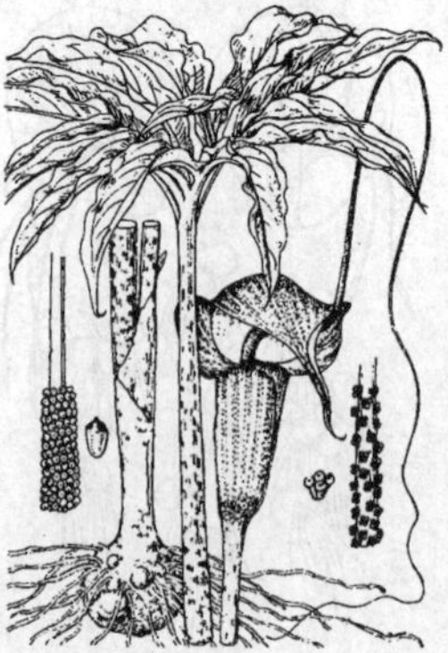

うらしまさう

Arisaema Thunbergii *Blume* var. Urashima *Makino*.

(＝A. Urashima *Hara*.)

陰濕ノ山林竹藪中ニ生ズル多年生草本。球莖ハ大ナル平球形ヲ成シ、上部ニ多數ノ鬚根ヲ出シ、其附近ニ多クノ小仔球莖ヲ伴フ。葉ハ獨生直立シ、葉柄ハ多肉ノ長圓柱形ニシテ高サ往々 40-50cm ニ達シ暗綠色ニシテ汚紫采アリ。葉面ハ鳥趾狀ニ分レ、小葉ハ十五片內外、長橢圓形或ハ狹披針形、銳尖頭長サ15cm內外、暗綠色ヲ呈シ邊緣鋸齒無ク上下ニ波曲ス。五月、葉柄ノ基部ヨリ一短梗ヲ出ダシテ一肉穗花序ヲ直立シ、長サ10cm內外、筒部ハ汚白色暗紫采、上部次第ニ放大シ、舷部ハ卵狀廣橢圓形ニシテ銳尖頭ヲ成シ、黑紫色ヲ呈シ往々白黃脈ヲ飾リ、筒口ヲ掩蓋シテ前屈シ、肉穗花軸ノ上部ハ紫黑色ノ長鞭狀ヲ成シテ舷下ヨリ出デ一旦立チテ後上部下垂シ長絲ノ如シ。雌雄異株ニシテ雄本ニ在テハ肉穗軸下部ニ雄花ヲ散着シ、雌本ニ在テハ綠色子房ヨリ成ル雌花ヲ集着ス。果實ハ太キ穗軸面ニ排ビ着キ赤熟ス。我邦西南地ニ產スル者ハ鞭狀部ノ基部ニ多數ノ不規則突起ヲ生ズ、之レヲなんごくうらしまさう(A. Thunbergii *Blume* α. typicum *Makino*)ト云フ。和名浦島草ハ其花序ノ鞭狀部ヲ浦島太郎釣絲ヲ垂レシニ擬シテ斯ク呼ベリ。漢名 虎掌(誤用)

まひづるさう
一名 まひづるてんなんしゃう
Arisaema heterophyllum *Blume.*

さといも科

我邦中部以南ノ草地ニ生ズル多年生草本ニシテ高サ50cm-1m許。球莖ハ半球形、周圍ニ小サキ仔球莖數顆ヲ生ジテ繁殖ス。僞莖ハ一本直立シ大ナル者ハ徑3cm許ニ及ビ圓柱形ニシテ綠色、鞘末有柄ノ一葉アリテ鳥趾狀葉ヲ成シ、小葉ハ二十内外、狹橢圓形、全邊ニシテ中央ノ一片ハ小形ニシテ其大ナ次位小葉ノ牛バニ過ギザル特徴アリ。雌雄異株ニシテ五六月ノ候ニ開花ス。肉穗花序ハ微シク葉ヨリ高ク、佛焰苞ハ綠色ニシテ微ニ紫暈ヲ帶ビ、筒部ハ長サ6cm内外、圓筒ヲ成シテ上部漸次ニ放大シ、舷部ハ卵狀披針形ニシテ立チ、上部ハ漸次ニ狹窄シテ尖リ通常前方ニ屈撓ス。肉穗ノ上部ナル附飾物ハ綠色ノ長棍樣ヲ成シ筒内ヨリ高ク抽出シテ立チ、肉穗軸ニハ雄本ニ在テハ多數小形ノ雄花、雌本ニ在テハ多數小形ノ綠色子房ヲ集着ス。漿果ハ赤色ニシテ放大セル肉穗軸ニ群着シ長橢圓形穗ヲ成ス。和名舞鶴草ハ花高ク抽テ前方ヲ指シ後方ニ開出セル小葉アリテ其狀宛モ鶴飛翔ノ狀アレバ斯ク云フ。

ひろはてんなんしゃう
Arisaema robustum *Nakai.*

さといも科

中部以北ノ山中陰濕ノ地ニ多キ多年生草本ニシテ高サ30-50cm。球莖ハ球形ニシテ周圍ニ二三ノ仔球莖ヲ有ス。僞莖ハ一本直立シテ綠色又ハ紫色ヲ呈シ、鞘末一葉ヲ出ダス。葉ハ長柄アリテ稍直立シ鳥趾狀五小葉ヨリ成リ、小葉ハ倒卵狀披針形或ハ廣倒卵形、長サ10-15cm許、銳尖頭ニシテ全邊、表面濃綠色、裏面ハ淡色ヲ呈シ側生小葉ノ外側下底ハ通常圓シ。雌雄異株。五六月ノ候、葉ヨリモ低キ肉穗花序ヲ出シテ立チ、佛焰苞ノ筒部ハ長サ8cm内外アリテ綠色・淡紫色或ハ紫黑色、多クハ白條ヲ交ヘ十數ノ縱溝アリ、其喉口ハ廣ク開キ且ツ斜行シテ漸次舷部ニ移行シ、舷部ハ橢圓形銳頭ニシテ前方ニ彎曲シ、色采ハ筒部ト同ジヰテ或ハ濃色ヲ呈ス。肉穗軸端ノ附飾物ハ佛焰苞ノ筒部ト同長或ハ稍高ク、先端ハ挺棒狀ヲ呈ス。肉穗軸ハ雄本ニ在テハ細小多數ノ花ヲ着ケ、雌本ニ在テハ同ジク綠色ノ子房ヲ着ク。漿果ハ赤熟シ多數放大セル肉穗軸ニ集着ス。和名ハ闊葉天南星ニシテ其葉廣闊ナレバ云フ。

ひめうらしまさう
Arisaema kiushianum *Makino.*

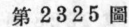

さといも科

九州ノ山地ニ生ズル多年生草本。球莖ハ圓ク仔球莖ヲ伴フ。一葉アリテ直立シ、圓柱形ノ長柄ヲ具ヘ長サ10-38cm、綠色平滑稀ニ紫采アリ、小葉ハ一乃至十五片アリテ鳥趾狀扁形ニ排列シ、倒披針形ヨリ長橢圓形ニ至リ、殆ド無柄ニシテ銳尖頭、邊緣ハ不整齒牙アル者多ク、表面綠色、裏面淡色、中央ノ者ハ長サ9-20cmニ算ス。雌雄異株。肉穗花序ハ初夏葉柄本ヨリ側出セル短柄上ニ生ズ。佛焰苞ハうらしまさうニ似テ通ヘ小形、筒部ハ短大長サ3cm許、淡綠色ニシテ紫條紋アリ、舷部ハ卵圓形ヲ成シ銳尖シテ短尾ト成リ、稍兜形ヲ呈シテ筒ロヲ掩ヒ、外面ハ紫斑鮮明、内面ハ色稍淡ク其中央下部ハ丁字形ノ白色斑ヨリ以テ飾レリ。肉穗軸頂部附飾物ハ紫色ノ長鞭ヲ成シテ筒ロヨリ出デ、往々長サ30cmニ達ス。肉穗軸ニハ雄本ニ在テハ多數ノ雄花ヲ着ケ、雌本ニ在テハ多數小形ノ綠色子房ヲ着ク。和名ハ姬浦島草ノ意、うらしまさうニ似テ小ナレバ云フ。

第 2326 圖

さといも科

ゆきもちさう
一名 くゎんきさう
Arisaema sikokianum
Franch. et Sav.

中部以南ノ山地樹林下ニ生ズル多年生草本。球莖ハ平圓形、頸部ニ多數ノ鱗根ヲ發出ス。僞莖ハ一本直立シ圓柱形ニシテ多紫、長サ20-30cm許アリ、頂ニ二葉相接近シテ出ヅ。葉ハ鳥趾狀葉ニシテ三或ハ五個ノ小葉アリ、小葉ハ橢圓形、兩端銳ネ銳尖形ヲ成シ、葉緣全邊或ハ鋸齒アリ、葉面或ハ時ニ白斑アリ。五六月ノ候、葉間ニ有柄ノ一肉穗花序ヲ抽出ス。佛焰苞ハ紫褐色ヲ呈シ、筒部ハ長サ5cm內外、上部喉口ニ近ヅキテ急ニ擴大シ、蔽部ハ直立シ長サ8cm內外、倒卵狀橢圓形ニシテ先端ハ尾狀銳尖頭ト成リ、下部赤褐色狀ハ狹窄シテ筒部トノ境界明瞭ナリ。肉穗花序ノ附飾物ハ著シキ棍棒狀ニシテ佛焰苞筒ヨリ超出シ、先端ハ急ニ圓ク膨大シ其色雪白ナルヲ以テ苞ノ暗色ト對照甚ダ著シ。雌雄異株、雄本ニ在テハ肉穗ノ下部ニ多數ノ雄花ヲ散布シ、雌本ニ在テハ綠色子房ヨリ成ル雌花ヲ集簇ス。漿果ハ肉穗軸ニ多數集簇シテ卵狀橢圓形ヲ呈シ赤熟ス。和名雪餅草ハ花軸附飾物ノ頭、圓形ニシテ雪白色ナレバ云ヒ、歡喜草ハ人アリ此奇草ヲ得テ歡喜セルヨリ斯ク名ケタリ。

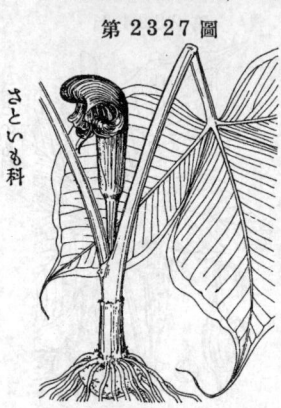

第 2327 圖

さといも科

むさしあぶみ
Arisaema ringens Schott.

西部及南部ノ海ニ近キ地ノ林中ニ生ズル多年生草本。球莖ハ稍平球形ニシテ一二ノ小仔球莖ヲ伴フ。僞莖ハ一本直立シ短大ニシテ淡綠色ヲ呈シ、莖ノ上部ニ二葉ヲ出ダシ、葉ハ對生セル如ク接近シ、葉柄ハ淡綠色ニシテ斜トス。葉面ハ三小葉ヨリ成リ、小葉ハ無柄闊大、卵狀廣橢圓形ニシテ全邊、先端ハ急ニ尖 リテ尾狀ヲ成シ底部赤銳尖、長サ15cm內外ナレド長ナルハ 30cm ヲ超ユルニ至ル、鮮綠色ニシテ頗 軟ラカク、光澤ニ富ミ、裏面ハ淡色白霜ヲ帶ブ、五月二葉間ニ一短碩ヲ直立シテ一肉穗花序アリ。佛焰苞ハ特異ノ形狀ヲ呈シ、蔽部ノ上半ハ卵形ニシテ前方ニ突出スレドモ中央背部ハ囊狀ヲ成シテ屈曲シ、一見兜或ノ鐙ノ如シ。外面ハ綠ト白條交互シ、內面ハ黑・紫互ニ縱縞ヲ成ス。筒部喉邊ニハ耳緣アリテ開張シ、中央ニ大ナル白色ノ肉穗軸附飾物立チテ棍棒狀ヲ呈シ、先端ハ鈍形ニシテ兜ノ內側ニ入レリ。果實ハ太キ穗軸間ニ排ビ膏キテ赤熟ス。僞莖ノ暗紫色ナル一變種ヲむらさきむさしあぶみ (var. Sieboldii Engl.) ト云フ。和名ハ武藏鐙ノ意ニテ其佛焰苞ノ形狀ハ急ドリ、武藏鐙ト ハ昔武藏ノ國ニテ製出セシあぶみナリ。

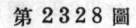

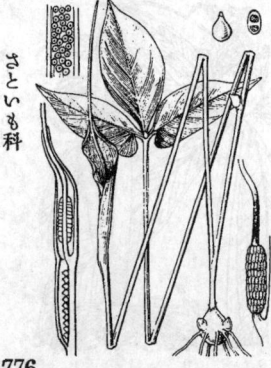

第 2328 圖

さといも科

からすびしゃく (半夏)
一名 はんげ・すずめのひしゃく・しゃくしさう・へそくり・へぶす
Pinellia ternata Breit.
(= Arum ternatum Thunb.; Atherurus tripartitus Blume; P. tuberifera Tenore.)

多ク園囿中ニ生ズル多年生草本。地下ニ徑1cm內外ノ圓形球莖アリテ一二葉ヲ生ジ、葉柄緑淡綠色ニシテ10-20cm許アリ、下部內側ニ一珠芽ヲ有ス。葉面ハ三小葉ヨリ成リ、小葉ハ卵狀橢圓形ヨリ經狀線狀披針形ニ至ル種々ノ形狀ヲ有シ全邊ニシテ先端漸尖シ、底部ハ銳形、殆ンド柄無ク。往々三小葉ノ合點ニモ小珠芽ヲ生ズ。六月ノ候綠色ノ一薹高ク葉ヲ抽テ立チ、頂ニ一肉穗花序アリ。佛焰苞ハ綠色或ハ帶綠色 (むらさきはんげ var. atropurpurea Makino) ニシテ長サ6-7cm、中部以下ノ輕ク卷キテ筒ヲ成シ蔽部內面ハびろうど狀ヲ呈ス。肉穗花序ハ下部ハ卵形尖頭ノ雌花ヲ多數ニ着ク此部分ハ佛焰苞ト完全ニ融合シ、其上方少シク距リテ長サ1cm許ノ間ニ雄花ヲ密濟シ、其レヨリ上ハ中軸甚長鞭狀ト成リ斜立ス。雄花ハ無柄藥ノ ミョリ成リ淡黃白色ヲ呈ス。漿果ハ細小、綠色。其矮形葉ナルヲしかはんげ (f. angustata Makino = P. angustata Schott) ト云フ。本種畑地ニハ侵入スレバ驅除甚ダ容易ナラズ、球莖ヲ藥用トス。和名烏柄杓並ニ雀ノ柄杓又ハ杓子草ノ其佛焰苞ノ狀ニ基キ、はんげノ漢名半夏ノ字音ヨリ、へそくり・へぶすハ共ニ其球莖ニ對スルニシテぶすノ蓋シ附子ナラン。

776

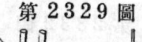

おほはんげ
Pinellia tripartita *Schott.*
（=Atherurus tripartitus *Blume.*）

我邦西南部溫暖ノ山地ニ生ズル多年生草本。地
下ニハ徑3cm內外ノ球莖ヲ具ヘ、其頂ヨリ一二
葉ヲ立テ、葉柄ハ長サ30cm內外アリ、綠色ノ細
長圓柱形ニシテ多肉ナリ。葉面ハ長サ15cm內
外、水平ニ位置シ三深裂稀ニ三全裂ヲ、底部ハ
深心臟形ヲ呈シ、鮮綠色ニシテ光澤ニ富ミ、小
葉ハ卵狀橢圓形、先端ハ尾狀銳尖形、邊緣多少
皺曲アリ。六七月ノ候、根際ヨリ綠色ノ一莖ヲ
立ツルコト葉ト其高サ略ボ等シク、頂ニ一肉穗
花序アリテ其狀からすびしゃくノ如ク且之ヨ
リ大ナリ、全體鮮綠色ヲ呈シ、佛焰苞ハ5-11cm、
下部2-4cmノ間ハ花軸ノ雌花部ト癒合シ、其少
シク上ニ雄花部アリ、中軸ノ先端ハ長鞭狀ヲ呈
シテ直立ス。佛焰苞內紫褐色ヲ呈スル一變種ヲ
むらさきおほはんげ (var. atropurpurea *Ma-
kino*) ト云フ、九州並ニ四國ニ產ス。和名ハ大
半夏ノ意ニシテ半夏ニ似テ草狀大ナレバ云フ。

さといも (芋) 一名 たいも
Colocasia Antiquorum *Schott*
var. esculenta *Engl.*
（=Caladium esculentum *Vent.*;
Colocasia esculenta *Schott.*）

熱帶あじあ／原產ニシテ、普通圃地ニ栽培スル多年生
草本。球莖ハ地中ニ在リテ橢圓形ヲ呈シ、外面褐色ノ
纖維ヲ有シ、其側方ニ接シテ倒卵形ノ仔株ヲ生ズ。葉
ハ根生、四五束生シ、巨大ニシテ往々高サ1mヲ超エ、
葉柄ハ長クシテ立チ多少一方ニ傾キ肥大多肉、漿液ヲ
含ミ淡綠色、葉面ハ闊大、質厚クシテ卵狀廣橢圓形ヲ
成シ長サ30-50cm、蒼綠色ヲ呈シ支脈ハ相平行シ、先
端圓ク銳尖シ、底部ハ耳狀、鑷合ノ葉柄ニ達セズ、故ニ
葉面ハ楯形ヲ呈ス、耳片ハ鈍頭、唯末端メ圓ヲ呈ス。夏日
稀ニ葉鞘底ヨリ一乃至四莖ヲ直立シ莖端ニ各々ノ肉
穗花序ヲ有シテ順次ニ綻ビ、長サ凡30cm內外、佛焰苞
ハ淡黃色多肉、披針形ヲ成シテ內卷シ基部ヨリ上6-7
cmノ處括約シ、之レヨリ下端ハ其處綠色厚質ヲ成ル。
肉穗軸ハ苞ノ中央ニ立チ上端ニ短キ附飾物ヲ具ヘ、上
部ニ黃色ノ多數雄花ヲ密生スルコト磚瓦ヲ布ケルガ
如ク、下部ニハ綠色ノ雌花ヲ多數密蓄ス。雄花ハ四五
個ノ雄蕊癒合シ雄蕊ノ體ニシテ截頭ナリ。栽培品種甚ダ多クた
うのいも・やつがしらいも・やまといも・めあか
みづいも等アリ。球莖ハ重要食品ヲ成シ、葉柄モ亦食
用トス。和名里いもハ里卽チ村ニ作ルいもノ意、田い
もハ田ニ作ルヲ云フ。

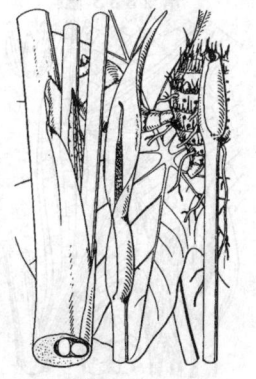

おらんだかいう
一名 ばんかいう
Zantedeschia aethiopica *Spreng.*
（=Calla aethiopica *L.*;
Richardia africana *Kunth.*）

南阿弗利加原產ノ强壯ナル多年生草本ニシテ蓋
シ弘化年間ニ渡來シ今ハ切花用トシテ諸處ニ栽
培セラル。葉ハ一株ニ叢生シテ綠色ノ粗大多肉
ナル長葉柄ヲ有シ、三角狀卵形ニシテ長サ20cm
內外、先端短ク尖リ、底部ハ耳狀心臟形ヲ呈シ
葉柄ニ連ナル。夏日、葉間ニ一莖ヲ抽クコト1m
近ク、頂ニ開花ヲ香氣アリ、佛焰苞ハ白色ニ
シテ闊大、長サ10cmヲ超エ、漏斗狀ニ卷キテ其
中央ニ棒狀ノ肉穗花序直立シ佛焰苞ヨリ著シク
短シ。花軸ノ長サ6-7cmニシテ白色ヲ呈シ、下方
1-2cmハ雌花ヲ着ケ、殘部ノ全面ハ微細ノ雄
花ヲ密布ス。和名和蘭海芋ハ和蘭船ニ由テ移入
セラレシヲ以テ云ヒ、蕃海芋ハ登國海芋ノ意ナ
リ、飯沼慾齋ノ草木圖說ニ之レヲくはゐいも・野
芋トセルハ固ヨリ誤ナリ、園藝界ニテハ一般ニ
之レヲから (Calla) ト呼ベリ。漢名 海芋 (誤用)

777

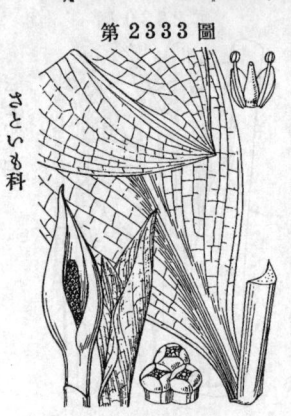

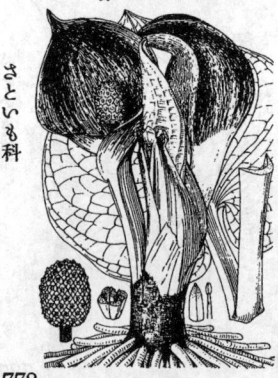

第2332圖

こんにゃく（蒟蒻）古名 こにやく
Amorphophalus Konjac K. Koch.
（＝Conophallus Konjac Schott；
A. Rivieri Durieu var. Konjac Engl.）

交阯支那ノ原産ナレドモ支那ニ經テ往時我邦ニ渡來シ今ハ廣ク畑地ニ栽培スル多年生草本、球莖（所謂こんにやくだま）ハ巨大ニシテ平圓形、徑往々25cmヲ超エ地中ノ側枝ヨリ仔球莖ヲ生ジ繁殖ス、葉ハ球莖ノ頂部中央ヨリ出デ高ク直立セル一葉柄端ニ展開シ、葉柄ハ多肉圓柱形ニシテ高サ20-50cm許、淡綠色褐紫斑アリ、葉面ハ三全裂シ、側者ハ更ニ二全裂シ、裂片ハ羽狀全裂、軸部ハ不齊ノ翼アリ、小裂片ハ卵狀披針形長サ4-8cm、銳尖頭、楔形底ニシテ一側ハ軸部ノ翼ニ流下シ、綠色無毛柔軟ナリ。春日老球莖頭ヨリ粗大ナナル莖ヲ抽クコト1m=近ク、基部ニ二三ノ鞘狀鱗片アリ、頂ニ大ナル一花序ヲ着ケ、厭フベキ惡臭アリ。佛焰苞ハ廣卵形ニシテ漏斗狀筒形ヲ呈シ暗紫色、背ハ少シク綠采ヲ帶ビ、長サ30cm許アリテ邊緣皺曲ス。肉穗花部ハ淡黃白色ニシテ苞筒內ハ潛在シ下部ニ紅紫色朵ノ無數細小ノ雌花、之ニ接ジテ上部ニ無數矮小ノ褐色雄花ヲ密ニ齊ヘ、巨大ナル罌紫色ノ附箔棒ハ高ク苞ヲ抽テ立チ異觀ヲ呈ス。漿果ハ球形或ハ晶球形ニシテ放大セル圓柱形ノ果穗ヲ多數密ニ排ビ齊キ、熟スレバ黃赤色ヲ呈ス。球莖ヨリこんにゃく（蒟蒻）ヲ製シ、食用並ニ工藝用ニ供ス。和名ハ蒟蒻ノ字音轉化ナリ。

第2333圖

みづばせう
Lysichiton camtschatense Schott
var. japonicum Makino.（＝Arctio-
dracon japonicum A. Gray；L. japonicum
Schott；L. camtschatense Schott var. album.）

本邦中部以北ノ濕原ニ生ズル無莖ノ多年生草本ニシテ群落ヲ成シテ繁茂ス。地下ニ根莖アリ、粗大ニシテ橫臥ス。春日雪融ルゝ直後忽チ一花序ヲ出ダスコト高サ20cm許、柄ハ有ル上部ハ卵狀橢圓形ニシテ尖レル雪白色佛焰苞ハ包マレテ立チ、甚ダ明則ニシテ美ナリ。花ハ細小多數ニシテ棒狀ノ花軸上ニ密集シ、淡綠色ヲ呈シ、兩性花ニシテ花蓋ハ四片、雄蕊ハ四本アリテ白色花絲竝ニ黃葯ヲ具へ、一雌蕊アリテ子房ハ卵形ヲ呈シ短花柱ハ圓錐形ヲ成ス。葉ハ花アリテ花序ノ側方ヨリ伸長シ、大ナルハ長サ1m=達シ、長橢圓形或ハ長楕圓狀披針形ニシテ淡綠色全邊、上部ハ鈍圓、先端亦ハ一尖リ底部ハ銳形ヲ呈シ、質甚ダ軟ク、葉柄ハ葉片ヨリ短シ。果實長ゼシ時佛焰苞ハ凪シ之ニ無シ。果實ハ一種子アル漿果ニシテ多肉トナレル花軸內ニ陷在ス。此種ノ母品ハ其佛焰苞黃色ヲ呈ス未ダ日本ニ之ヲ見ズ。和名ハ水芭蕉ノ意、本種大ハ濕地ニ生ジ其葉大ニシテはせう葉ノ如クレバ斯ノ名ウ。漢名 觀音蓮（誤用）

第2334圖

ざぜんさう 一名 だるまさう・べこのした
Spathyema foetida Raf.
forma latissima Makino.
（＝Symplocarpus foetidus Nutt.
forma latissimus Makino.）

我邦中部北部諸州ノ濕潤陰地ニ生ズル無莖ノ多年生草本ニシテ時ニ大群落ヲ成シ或一個一生ジ、全草惡臭ヲ放ツ、根莖ハ短厚ニシテ直立シ多數ノ紐狀根ヲ發出ス。葉ハ根出ニシテ叢生シ、頗大ニシテ長柄アリ、廣圓心臟形ニシテ長サ30-40cm內外、銳尖頭或耳狀底、支脚彎曲ニ脈理上面ニ凹ム裏面ニ隆起ス。四月、葉ノ開莟ニ先チテ未解東南ノ傍一株一一花序ヲ地上ニ出ダシ、下ニ鞘狀鱗片アリテ之ヲ擁セリ、佛焰苞ハ厚質ニシテ一方開口セル卵狀球形ヲ成シ紫黑色ヲ呈シ、或ハ紫斑色（うづらざぜんさう f. maculatospathus Makino）或ハ綠色品（らざぜんさう f. viridispathus Makino）アリ、內部ノ下底ヨリ短柄アル橢圓狀ノ肉穗花軸ヲ立チ多花ヲ密齊シ、花一褐色花蓋四片ハ淡紫色、密ニ相接シテ龜甲狀或ヲ呈シ、四雄蕊ニシテ黃葯、一雌蕊ニシテ子房ハ卵形、果實ハ球形ニシテ地上ニ橫ハリ、漿果ハ初夏熟シ熟ゼ散落ス。一種ひめざぜんさう（S. nipponicus Makino）ハ遍ニ小形、葉ハ橢圓形ニシテ稍地ニ布キ、早春開發、五月頃ニ枯レ、葉序ニ一二花序ヲ側出、果實ハ多ヲ達ゼテ未發ノ開花期ニ入リテ始メテ熟スヲ以テ其花ト乘地ト同ジ、此種比較的ヲ龜甲地上生ニ生ジ其名ハ一東北地方ヲ四一中圖ニ及ベ、和名ハ坐禪莖ノ意ニテ其花型、狀、苞モ僧ガ坐禪セル狀ニ似タルヲ以テ之ヲ比喩草モ坐禪草ト同義。名、べこのした一べこ舌ノ意ニシテ其葉狀ニ基キ稱ナリ。漢名 地湧金蓮（誤用）

第2335圖

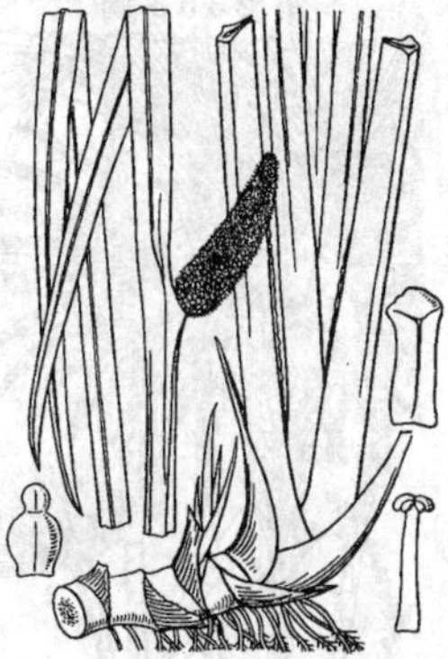

さといも科

しゃうぶ（白菖）

古名　あやめ・あやめぐさ・のきあやめ

Acorus Calamus *L.*

var. asiaticus *Pers.*

（＝A. asiaticus *Nakai*; A. spurius *Schott*;
A. Calamus *L.* var. spurius *Engl.*;
A. Calamus *L.* var. angustatus *Bess.*）

池邊溝畔ニ生ズル多年生草本ニシテ群ヲ成シテ繁茂ス。根莖ハ粗大ニシテ長ク横走シ、多肉白色ニシテ往々紅色ヲ帶ビ節多ク、下ニ鬚根ヲ發出ス。葉ハ根莖頭ニ直立叢生シテ高サ70cm內外、幅1–2cm許、長劍形ヲ呈シテ漸尖シ脚部ハ互ニ抱テ跨狀ヲ成シ、外緣ニ近ク厚ミアル劍脊ヲ有シ、綠色多肉滑澤、芳香强シ。花莖ハ葉ニ似テ稍細ク、初夏ニ入リテ其中邊ニ無柄ノ肉穗花序ヲ側出シ斜ニ開出シ、長サ5cm內外ノ粗大圓柱狀ヲ成シテ淡黃綠色ヲ呈シ密ニ細花ヲ花軸面ニ着ク。花ハ兩性、花蓋六片ハ廣線狀長方形鈍頭、六雄蕋微シク超出シ花絲白色、黃葯、雌蕋ハ一、子房ハ圓狀橢圓形、頭狀ノ柱頭アリ。藥用ニ供シ、又端午ノ節句ニ使用ス。和名ハ菖蒲ニ基キシ者ナレドモ元來菖蒲ハせきしゃうノ漢名ナリ、あやめ又ハあやめ草ハ蓋シ文理ノ意ニシテ其葉多數相竝ンデ叢生シ文目ヲ成スヨリ斯ク謂ヒシナラン、又葉ニ縱理竝行セル故云フトモ謂ヘド如何、簷あやめハ簷ニ挿ムヨリ云フ。漢名 菖蒲（誤用）

第2336圖

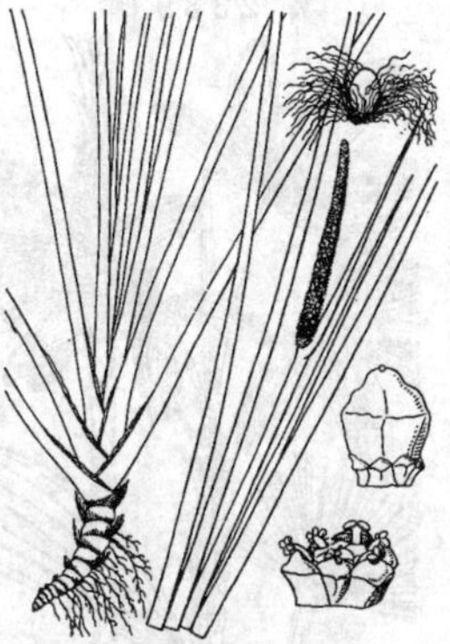

さといも科

せきしゃう（菖蒲）

Acorus gramineus *Soland.*

谿流ノ邊ニ多ク生ズル多年生常綠草本ニシテ多クハ群ヲ成シテ繁茂シ、又往々人家庭際ニ栽培シ從テ大小種々ノ園藝品種ヲモ生ズルニ至レリ。根莖ハ質硬クシテ横臥シ下ニ鬚根ヲ出シ狹瘦ニシテ香氣ニ富ミ、地中ニ入ル者ハ節間稍長クシテ白色ナレドモ露出セル者ハ節間逼促シテ節多ク且汚綠色ヲ呈セリ。葉ハ根莖端ヨリ出デテ叢生シ跨狀ヲ成シ、線形ニシテ長サ20–50cm、全邊ニシテ先端尖リ、暗綠色ニシテ質强靱滑澤ナリ。四五月ノ候葉中ニ綠色葉狀ノ一莖ヲ出シ頂ニ淡黃色ノ細長ナル肉穗花序ヲ着ケ、上部ノ苞葉ハ瘦長尖銳綠色ノ葉狀ニシテ花穗ト稍同長ナリ。花ハ小形ニシテ密ニ穗軸ニ着キ、花蓋六片短クシテ、外花蓋三片ハ略ボ扁三角形、內花蓋三片ハ之レヨリ小ニシテ略ボ方形、共ニ圓頭ナリ。雄蕋ハ六、花絲闊ク二胞ノ黃葯アリ。子房ハ低ク六角狀ノ山形ヲ呈ス。花後蒴果ヲ結ブ。綠色ニシテ卵圓形ヲ呈シ下ニ宿存花蓋ヲ伴ヒ、種子ノ基部ニ多毛ヲ具フ。葉ニ綠白縱斑ヲ呈スルヲまさむねぜきしゃう（f. viridialbus *Makino*）ト云ヒ、矮小ノ者ヲありすがはぜきしゃう（var. pusillus *Engl.*＝A. pusillus *Sieb.*）ト稱シ、尙小ナルヲかうらいぜきしゃう（var. Koorai *Makino*）及ビびろうどぜきしゃう（var. Biroodo *Makino*）ト云ヒ多ク盆養ス。本種ハ其根莖ヲ藥用トス。和名ハ石菖ニ基キ、石菖ハ石菖蒲ト同物ニシテ畢竟共ニ菖蒲ノ異名ナリ、此漢名ノ菖蒲ハ元來本種ヲ指セシモノニテ所謂しゃうぶ其者ニ非ズ。

第2337圖

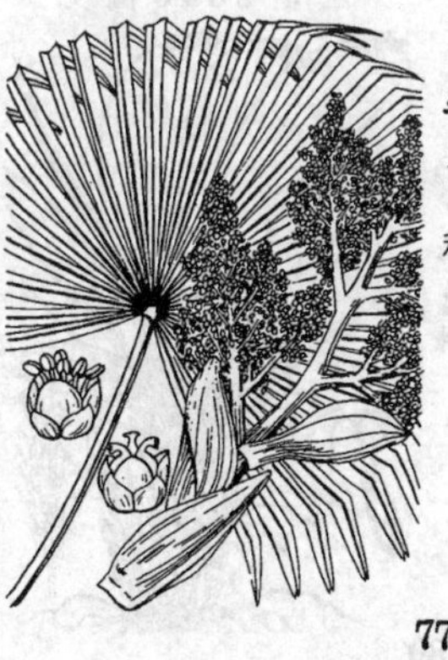

やし科

しゅろ

一名　わじゅろ　古名　すろ・すろのき

Trachycarpus excelsa *Wendl.*

（＝Chamaerops excelsa *Thunb.*）

元來ハ南九州ノ原產ナレド今日ハ原ヨリノ野生ハ無ク（今野生狀態ノ者ハ栽植品ノ逸出セシモノ）廣ク各處ニ栽植セラルル常綠喬木。稈ハ粗大ニシテ無枝直聳シ、高サ3–5m許、殘存セル舊葉鞘ノ暗褐色多數纖維ヲ以テ蔽ハル。葉ハ稈頂ニ叢出シテ傘蓋狀ニ平開シ舊キ者ハ傾下シ長柄大ナリ。柄ハ堅硬强健、內面平坦、兩緣稜ヲ成シ下部ハ小齒ヲ伴ヒ、長キハ1mニ達シ、基脚部ハ大ナル鞘ヲ成シテ莖ヲ抱キ纖維多シ。葉面ハ圓形扇狀ニ深裂シ、裂片更ニ三四ノ小裂片ニ分裂シ、廣線形ニシテ幅1.5cm內外、革質暗綠滑澤、先端往々淺ク二裂シ、通體縱ニ襞襀ヲ成シテ疊マレ、中脈ハ下面ニ隆起シ、邊緣平滑、上半往々下垂ス。雌雄異株。初夏、葉間ニ大形ノ肉穗花序ヲ側出シテ下向シ、花序ハ下部ニ大形ノ黃色鞘狀苞アリ、密ニ魚卵樣ノ黃白色粒狀ノ細花ヲ無數ニ開ク。花蓋六片。雄花ニハ雄蕋六。雌花ニハ一雌蕋アリテ子房一、花柱ハ三岐シ本ニ細毛アリ。果實ハ穗上ニ群着シ平球形ニシテ堅硬、徑1cm許、熟シテ帶黃色。和名しゅろハ棕櫚ノ字音ヨリ來リ、すろモ亦同ジ、和じゅろハ唐じゅろニ對シテ云フ。漢名 棕櫚・椶櫚（誤用）。一種たうじゅろ（var. Fortunei *Makino*＝Chamaeropus Fortunei *Hook.*; T. Fortunei *Wendl.*）アリ、支那原產ニシテ普通庭園ニ栽植ス、しゅろニ似テ葉短形、質甚ダ强剛、爲ニ裂片直立シテ下垂セズ、漢名椶櫚ノ本品ハ是レナリ。

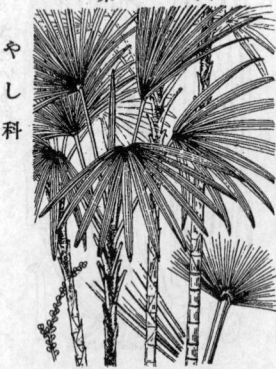

や
し
科

しゅろちく（棕竹・棕櫚竹）
一名 いぬしゅろちく
Rhapis humilis *Blume.*
（＝Chamaerops Sirotik *Sieb.*）

南支那ノ原產ニシテ舊々德川時代ニ琉球ヨリ渡來シ、今ハ諸處ノ庭園ニ觀賞植物トシテ栽植セラルル常綠灌木ニシテ叢生シ、短キ地下枝ヲ橫出シテ繁殖ス。稈ハ高サ3m內外ニ達シ、直立單一、圓柱形ニシテ節多ク徑1-2.5cm許、稈身ハ舊葉鞘ノ纖維ヲ以テ緊包シ若シ其稈ノ表面露出セバ綠色ヲ呈シ、稈頂ニ七八葉ヲ開出シ、葉鞘ハ細長ナレドモ強剛、半圓柱狀ヲ成シ、葉面ハ扇形ニ展開シ、十乃至十八片許許ニ掌狀深裂シ、裂片ハ廣線形、漸尖頭ニシテ先端ニ二ノ裂瓣ヲ存シ、縱縐ヲ驟著ナラズシテ平坦、主要脈三四縱走シ薄キ革質ニシテ暗綠色或ハ鮮綠色ヲ呈シ滑澤、邊緣ニ微鋸齒アリ。雌雄異株。夏月往々苞腋ニ花序ヲ出ダシ、脚部ハ褐色強質ノ鞘苞アリ。花穗ハ穗狀花序ヲ集メテ圓錐錐ヲ成シ疎ニシテ多少下垂ス。花ハ小ニシテ無柄、小球狀ノ花萼ハ淡黃色ヲ呈シ、外花瓣ハ短クシテ杯狀三淺裂內花瓣ハ倒卵狀球形、三裂。雄蕊ハ六、子房ハ三。葉狀しゅろニ近ケレドモ裂片小形、中脈ヲ缺キ質薄クヨリ曼縮ニ鋸齒ヲ存シ、乾キツバ橫脈現ハルルヲ以テ區別シ得ベシ。和名ハ棕櫚竹ニシテ葉ハしゅろニ類シ稈ハ竹ニ似タルニ由ル。いぬしゅろちくハ本種ノ名ニシテくゎんのんちくノ一名ニ非ズ。本來しゅろちくノ名ハ此類ノ總名ナリシナリ。

や
し
科

くゎんのんちく（筋頭）
一名 りうきうしゅろちく
Rhapis flabelliformis *L' Her.*
（＝Chamaerops Kwanwortsik *Sieb.*；
Rh. major *Blume.*）

南支那ノ原產ニシテ德川時代ニ琉球ヨリ渡來シ、今ハ諸處ニ觀賞植物トシテ培養スル常綠灌木ニシテ叢生シ、短キ地下枝ヲ橫出シテ繁殖シ、高サ1-2m許。稈ハ直立ニ、徑2cm內外、分枝ナク稈身ハ舊葉鞘ノ纖維ニテ密包シ、若シ稈面露出セバ綠色ヲ呈ス。葉ハ稈頂ニ簇リテ四方ニ出デ、葉柄ハ細長ナレドモ強剛、葉面ト同長、基脚葉鞘部ノ兩緣ニハ黑褐色ノ纖維アリテ莖ヲ抱擁ス。葉面ハ廳形扇狀ヲ呈シ四乃至八片ニ掌狀深裂シ、長ハ15-25cm許、裂片ハ狹長長橢圓形、幅3cm內外、縱縐アリテ前方多ク膨起シ、先端ニ四五裂シ、剛質深綠常滑澤、邊緣ニ銳齒アリ。雌雄異株、初夏ノ候往々開花ス。花序ハ長サ20-30cm、葉面ニ在リ、穗狀花序ヲ簇シ圓錐錐ヲ成シ、花ハ無柄小形球狀、淡黃色ニシテ外花萼ハ短クシテ杯狀ニ三淺裂、內花萼ハ倒卵狀球形三裂。雄蕊ハ六。子房ハ三。果實ハ無柄圓球狀形、外面ニ反凹セル硬質鱗片多シ。本種之ヒしゅろちくニ比スレバ葉ノ裂片少數且ツ廳闊、先端ハ裂瓣膨起シ、質强剛ナルヲ以テ區別シ得ベシ。和名ハ觀音竹ノ意、元來此觀音竹ハ漢名ニ非ズ、是レハ盖シ琉球ノ寺號觀音山ヨリ出デシ者ニシテ多分同寺ニ之レガ栽エアリショリ此稱ヲ生ゼシナラン。

か
や
つ
り
ぐ
さ
科

いときんすげ
Carex hakkodensis *Franch.*

中部以北ノ高山帶ノ草原ニ生ズル多年生草本ニシテ密ニ稈及葉ヲ簇出シ、高サ15-40cm許、全草軟弱ナリ。根莖ハ匐匍屈曲ス。葉ハ廣線形、稈ヨリ短ク、2mm內外ノ幅ヲ有シ平滑ナリ。七八月、葉面ハ花穗ヲ出ダス。稈ハ立ち、細キ三稜柱ニシテ頂ニ近ク稜上粗糙シ、稍傾キテ頂ニ一穗ヲ著ク。穗ハ淡茶褐色ヲ呈シ多少ノ光澤アリ、上部ハ雄花穗、細ク且ツ短クシテ多クハ早クモ失ハル。雌花穗部ハ長橢圓形、長サ3cm內外ヲ算シ、長キ果實ノ稍疎ニ着生ス。雌花穎ハ淡茶褐色、披針狀橢圓形ヲ成シ、先端ハ截形、下部ノ者ハ長芒ヲ具フ。果囊ハ斜開、極メテ長クシテ遙ニ穎ヲ抽キ、長披針形、長サ7mm內外、穎ト同色滑澤、上部ハ漸尖シ、基部ハ柄ヲ有ス。柱頭ハ三。和名ハ絲金菅ノ意ニシテ、絲ハ瘦稈絲ノ如ク纖細、金ハ黃色果穗ノ色彩ニ由ル。

しらこすげ
Carex rhizopoda *Maxim.*

野外ノ多濕地ニ生ズル多年生草本ニシテ高サ30-40cm アリ。根莖ハ粗ナル線形ニシテ稍斜上シ、此レヨリ稈拜ニ葉ヲ簇生ス。葉ハ廣線形、幅4mm 内外ニシテ稈ト共ニ軟弱ナリ。五月ノ候、三稜形糙澁ノ綠色稈ヲ直立シ、頂ニ一花穗ヲ着ク。花穗ハ長サ2-3cm、圓柱狀ヲ呈シ、上部三分ノ一乃至四分ノ一ハ雄花部ニシテ細ク且ツ淡黄褐色ヲ呈シ、下部ハ稍疎ニ花軸ニ着ケル雌花ヨリ成ル。穎ハ膜質、橢圓形ニシテ綠背、且ツ芒アリ。果嚢ハ之レヨリ長ク軸ニ對シテ開出シ、綠色無毛ニシテ銳尖頭、隆起セル數條ノ綠白脈ヲ有ス。瘦果ハ倒卵形ニシテ三稜狀ヲ成シ、三柱頭ナリ。和名白子薹ハ最初武州白子ノ地ニ於テ採集セシヲ以テ此名ヲ得タリ。

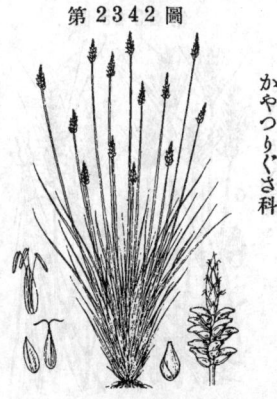

はりすげ
Carex Onoei *Franch. et Sav.*

山地ノ濕原或ハ濕潤ノ林下ニ生ズル多年生草本ニシテ高サ15-30cm許、密ニ叢生ス。葉ハ狹線形、長サ花穗ニ及バズ、多クハ稍地平ニ擴ガル。稈ハ直立シテ細ク、稍三稜ヲ有シ平滑ナリ。六七月ノ候、稈頂ニ一花穗ヲ立テ、上部ハ雄花部ニシテ細ク且ツ短ク、果時ニハ其花多ク低ニ脱落シテ痕無ク、下部ハ雌花穗ニシテ長サ3-4mm 許ノ稍球狀橢圓形ヲ形成ス。雌花穎ハ卵狀橢圓形、先端銳形ヲ成シ、茶褐色膜質、果時ニハ多クハ脱去ス。果嚢ハ稍少數ニシテ平開シ下部ノ者ハ反屈シ、卵狀橢圓形ニシテ黄綠色ヲ呈シ、表面平滑、長サ2mm許、先端ハ急ニ尖リテ極短ノ嘴ヲ成シ、基部ハ圓ク、短柄アリ、熟スレバ穎ハ脱落シ易シ。瘦果ハ三稜形、柱頭ハ三岐。和名ハ針薹ノ意ニシテ其稈針ノ如ク纖細眞直ナレバ云フ。

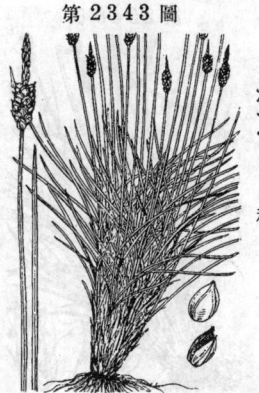

まつばすげ
Carex biwensis *Franch.*
(＝Carex rara *Boott*
var. biwensis *Kuek.*)

原野ノ水濕地ニ生ズル多年生草本ニシテ根莖ハ短形、密ニ分岐シテ稈ヲ簇出シ、下方ニハ細鬚根ヲ出ダス。稈ハ直立シ、高サ15-30cm ニシテ細ク、鈍三稜ヲ成シ平滑ナリ。葉ハ各稈ノ下部ニ二三條ヲ生ジ、狹線形ニシテ稈ヨリ短ク、徑1mm 餘ニ過ギズ。春日稈頂ニ茶褐色ノ短キ花穗ヲ直立シ、上半ハ雄花穗、線狀長橢圓形ニシテ長サ6-12mm許。下半ハ雌花穗ニシテ短圓柱形、長サ5-7mm 許、徑3-3.5mm 許。雌花穎ハ廣橢圓形ヲ呈シ、先端多クハ鈍形ニシテ往々銳形者ヲ混ジ、茶褐色ノ膜質ニシテ平滑ナリ。果嚢ハ斜開シ、僅ニ穎ヨリ長ク、卵狀廣橢圓形ニシテ長サ1.5mm許、先端急ニ銳尖シテ短嘴ヲ形成シ末端凹入シ、基部ハ圓ク表面ハ平滑ニシテ多少ノ隆起肪ヲ有ス。柱頭ハ三箇。和名松葉薹ハ其眞直纖細長ナル多數ノ稈ニ基キテ云フ。

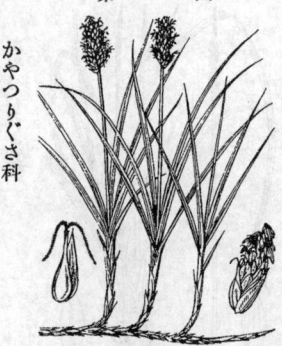

くろかはづすげ
Carex arenicola *Fr. Schm.*

荒蕪地或ハ海邊原野ニ生ズル多年生草本。根莖ハ瘦細ナレドモ強靱、地下ヲ橫走シテ擴ガリ紫褐色纖維質ノ鱗狀葉ヲ被フリ分枝シテ上方ニ稈並ニ葉ヲ出ダス。葉ハ簇生シテ稈ヨリ低ク、幅2-3mmノ線形ニシテ質強剛ナリ。春ヨリ夏ニ互リ高サ10-32cmノ稈ヲ抽キ、頂ニ卵狀橢圓形ニシテ長サ1-1.8cm許、茶褐色ノ一花叢穗ヲ着ク。花叢ハ無柄ニシテ卵圓形ヲ呈セル五六小穗ノ集合ヨリ成リ、小穗ノ頂ニハ各自ニ僅少ノ雄花ヲ有スル外ハ皆雌花ヨリ成ル。雌花穎ハ狹卵形ニシテ茶褐色銳尖頭、中脈隆起シ邊緣ニ廣キ白色ノ膜緣アリ。果裏ハ穎ヨリ長ク、れんず形ヲ帶ビタル卵形ニシテ長サ3-4mm許、濃褐色、上部ハ兩緣銳稜ヲ呈シテ銳鋸齒ヲ具ヘ、漸尖シテ嘴ヲ成シ先端ニ淺裂ス。柱頭二。和名ハ黑蚨臺ノ意、黑ハ花穗色ヲ基キ、蚨ハ蚨ノ住ム場所ニ生ズルニ由ル。

みこしがや
Carex neurocarpa *Maxim.*

稍濕潤ノ草地田間ニ生ズル多年生草本。根莖ハ短形ニシテ分枝、密ニ稈並ニ葉ヲ簇生シ、高サ30-50cm、全草乾ケバ微細ノ暗紫點ヲ滿布ス。葉ハ稈ノ下部ニ着生、幅2-3mmノ線形ニシテ下部ハ長キ葉鞘ト成ル。六七月、稈ヲ直立シ其頂ニ長サ3.5-7cm許アル圓柱形ノ一花叢ヲ着ク。花叢ハ初メ綠色、熟シテ暗茶褐色ヲ呈シ、稍球形ニシテ長サ 5mm 內外ノ小穗ヲ以テ穗狀集團ヲ作リ、下部ノ小穗脚部ニハ長キ葉狀苞ヲ有ス。小穗ハ各自頂部ハ雄花穗、下部ハ雌花穗ヲ成ス。雌花穎ハ長橢圓形、膜質芒端。果裏ハ穎ヨリ長クシテ褐色、暗紫點アリ、長サ3-4mmノ扁平ナル卵狀橢圓形ニシテ頂ハ長嘴ヲ成シ、兩側ハ中央以上嘴ニ互リテ膜質ノ廣翼ヲ節ルヲ以テ著シ。瘦果ハ微小、果裏內ニ綏在シれんず狀廣橢圓形ニシテ兩端突出ス。和名ハ御輿がやノ意ニシテ其花穗ノ狀ニ基キテ云フ。

みのぼろすげ
Carex albata *Boott.*

(=C. nubigena *D. Don* var. albata *Kuek.*; C. argyrolepis *Maxim.*; C. yedoensis *Boeck.*)

中部以北ノ山地ニ生ズル多年生草本。根莖ハ短ク、稈・葉簇生シ、根ハ灰褐色ニシテ強シ。高サハ30cm內外。葉ハ線形、稈ヨリ低ク、幅2-3mmアリテ不滑ナリ。稈ハ細キ三稜柱形ニシテ稜線ハ縋澁ス。六七月ノ候稈ニ長サ2.5-4cm 許アル圓柱形ノ一花叢ヲ着ケテ直立シ脚部ニ花叢ヨリ短キ穗狀ノ苞ヲ有ス。花叢ハ綠色、後茶褐色ヲ帶ビ、長サ 5mm 內外アル卵圓形小穗ノ穗狀集團ヲ以テ成リ、下方ハ相互多少間隙ヲ存シ且ツ其小穗稍大ナリ。雌花穎ハ廣橢圓狀卵形ヲ呈シ茶褐色、銳頭綠背白膜緣ヲ有シ平滑ナリ。果裏ハ穎ヨリ長ク、平開乃至斜開シ長サ4-5mm、れんず狀ヲ帶ビシ卵狀披針形ニシテ先端ハ長嘴ヲ成シ、嘴ノ兩緣ハ狹翼ト成リテ銳鋸齒ヲ刻ム。柱頭ハ二箇。和名ハ其花穗ぼもの科(禾本科)ノみのぼろニ似タルヨリ云フ。

こうぼふむぎ（薜草）
一名 ふでくさ
Carex macrocephala *Willd.*
forma Kobomugi *Makino.*
（＝C. Kobomugi *Ohwi*；C. macrocephala
Willd. var. Kobomugi *Miyabe et Kudo.*）

北ハ北海道ヨリ南ハ諸州ノ海岸砂濱ニ普ク生ズル多
年生草本ニシテ全草粗剛ナリ。根莖ハ長ク砂中ヲ橫走
シテ木質、紫栗色ヲ呈シ節ニハ同色ナル舊葉鞘ノ纖維
ヲ存ス。稈及葉ハ處々ノ節ヨリ直上シテ砂上ニ出デ其
基脚ハ黑褐色ナル舊葉鞘ノ纖維ヲ以テ包擁シ永ク殘
存ス。葉ハ開出彎曲シ、廣線形ニシテ長サ20-30cm、
幅5-8mm、質强靭、表面ニ滑澤、邊緣ニ銳鋸齒アリ。
晚春ヨリ夏ニ亘リテ葉叢ノ傍ニ稈ヲ直立シ、頂ニ一大
花穗アリ。雌雄異株。稈ハ三稜狀ニシテ平滑。雄花穗
ハ長橢圓形ニシテ黃葯著シ、雌花穗ハ長サ6cm內外、
粗大ニシテ强剛ナル花頴集合シ頴ハ先端尖リテ銳刺
ヲ成シ汚黃色ヲ呈ス。果囊ハ大ニシテ頴ヨリ短ク、披
針形ニシテ長嘴ヲ具ヘ、硬質厚壁滑澤暗褐色ニシテ長
サ1cmヲ超ユ。和名ハ弘法麥ノ意ニシテ其實ノ麥ニ似
タルヨリ云ヘドモ敢テ食用トナラズ、筆草ハ其穗ヲ根
莖ノ節ニ遺存セル葉鞘ノ黑色纖維ト其柄トシテ根莖
ノ一部トヲ利用シ筆ト爲シ雅人之レヲ用ウルヨリ云
フ。

やがみすげ
Carex Maackii *Maxim.*
（＝C. nipponica *Franch. et Sav.*）

各地草野路傍ノ水濕地ニ生ズル多年生草本。稈
並ニ葉ハ簇生シ高サ50cm內外ニ達ス。葉ハ線形
ニシテ幅3mm許、稈ノ中途以下ニハ長鞘ヲ成
シテ着生シ質軟カシ。六七月、稈頂ニ長サ4cm
內外アル圓柱形ノ一花叢ヲ直立ス。稈ハ細長ナ
ル三稜柱ヲ成シ梢ニ近ク糙澁ス。花叢ハ穗狀ヲ
成セル圓形小穗ノ集團ヨリ成リ、下方ハ稍疎ニ
排列シ苞葉ヲ有セズ。小穗ハ稍球形ナレドモ果
囊ノ開出セル狀宛カモ金平糖樣ノ外觀アリテ長
サ5mm內外ヲ算ス。雌花頴ハ卵形ニシテ小形、
膜質ニシテ銳頭綠背、果囊ノ爲ニ隱レテ見エ難
シ。果囊ハ長サ4mm以下、頴ノ長サノ二倍ニ餘
リ、銳尖頭ヲ呈シ兩邊ハ膨レテ厚ク、上牛ニハ
微齒ヲ有シ、表面ハ平滑、背面中央ニハ明瞭ナル
三五脈縱走セリ。和名ノやがみハ或ハ地名乎。

かはづすげ
Carex stellulata *Good.*
var. omiana *Kuek.*
（＝C. omiana *Franch. et Sav.*）

山地ノ濕原或ハ低處ノ濕潤地ニモ生ズル多年生
草本。稈及葉ハ簇出シ高サ25-35cmヲ算シ、匍
枝ヲ生ゼズ。葉ハ線形、斜上シテ稈ヨリ短シ。
稈ハ直立シ細長ナル鈍三稜柱ニシテ殆ド平滑ナ
リ。七八月ノ候稈頂ニ四五ノ短橢圓圓形小穗ヲ着
生シ全體稍疎ナル圓柱形ヲ形成シ、下部ノ小穗
ハ間隔アリ。小穗ハ長サ5-8mm、果囊開出スル
爲メ栗毬狀ヲ呈シ、栗褐色、下端部ハ雄花穗ナ
レドモ他ノ雌花穗ハ同上ノ雄花穗ナリ、其基部ニハ頴ト同樣ノ
稍大形ナル苞アリテ之ヲ抱ク。雌花頴ハ乾皮
質ニシテ長卵形、銳尖頭ヲ成シ邊緣多少白膜ヲ
呈ス。果囊ハ頴ヨリ長ク突出シ長サ5mm許、上
部長嘴ヲ成シ其末端ニ淺裂シ、頴ト同色ナリ。
柱頭ハ二。和名ハ蛙囊ノ意ニシテ、本種水邊ニ蛙
ノ棲ム處ニ生ズルヨリ云フ。

783

やぶすげ
Carex remota L.
var. Rochebrunii *C. B. Clarke.*
(=C. Rochebrunii *Franch. et Sav.* ; C.
remota *L.* subsp. Rochebrunii *Kuek.*)

山野ノ背陰過地ニ生ズル多年生草本ニシテ密ニ
簇生ス。葉ハ草質、綠色、瘦線形ニシテ稈ヨリモ
稍低ク、短軟毛ヲ布ク。稈ハ細長ニシテ直立シ下
部ニハ鞘狀葉アリ、上部ニ花穗ヲ列生シ、各花
穗下ニハ線狀ノ長キ葉狀苞ヲ伴ヘドモ上部ノ二
三ニ對シテ急ニ短小ト成レリ。花穗ハ綠色、
廣楕圓體ニシテ多少扁壓セラレ、長サ1cm、兩性
アリテ下部ハ雌花ヨリ成ル。穎ハ楕圓形銳頭、
綠背。果囊ハ穎ヨリ超出シ上半部ハ兩緣ニ細鋸
ヲ具ヘ先端ハ二淺裂ス。瘦果ハ卵形ニシテれん
ず狀ヲ呈シ、柱頭ハ二歧ヒ。我邦ニテハ往々
之レヲ支那ノ蓍帶草ニ充テ觀賞ニ供スルコトア
リト雖モ、元來蓍帶草ノ本品ハ蓋シ此品ニ非ザ
ルベシ。和名藪蒘ハ樹下陰地ニ生ズルコトアル
ヲ以テ云フ。

ますくさすげ
一名 ますくさ（同名アリ）
Carex gibba *Wahlenb.*

路傍或ハ林緣ニ生ズル多年生草本ニシテ高サ50
cm內外、稈ヲ簇生シ全株暗綠色時ニ黃綠色ヲ呈
ス。葉ハ稈ヨリ穗ハ稈上ニ生ジ、線形ニシテ幅4mm內
外、彎曲下垂スル者多ク、邊緣ハ糙澁ス。稈ハ鈍
稜ヲ有シテ滑澤ナリ。夏日稈頂ニ小穗ヲ穗狀ニ
着ケ、下部ハ疎ニ、上部ニテハ相接シ、各小穗
ノ基部ニハ長キ葉狀苞ヲ着ケテ著シ。小穗ハ長
サ5-10mm ノ橢圓形ニシテ綠色、下端ハ雌花穗
他ハ雌花穗ナリ。雌花穎ハ稍圓形、先端ハ芒ヲ
有ス。果囊ハ長サ穎ニ超エ、互ニ鱗次シ、扁平
ナル不整ノ圓形ヲ呈シ長サ3mm許、表面滑澤ナ
レドモ兩緣ニ中部以上ニ狹ク鍔狀ニ翼ヲ有シ、
先端ハ急ニ短嘴ト成リ、末端僅ニ二裂セルヨ
リ二箇ノ柱頭ヲ現ハセリ。和名枡草蒘ノ意、
小兒此草ノ稈ヲ前後ヨリ裂テ枡形ヲ作リ戲ルル故
ニ枡草ト謂フト雖モ其レハ多分かやつりぐさノ
ますくさヲ本種ト誤認セシナラン。

あぶらしば
Carex satsumensis *Franch. et Sav.*
(=C. nikkoensis *Franch. et Sav.*)

山地ノ崩壤セル砂礫地ニ多生スル多年生草本。
根莖ハ短形ニシテ二三ノ稈ヲ出ダシ、又細長ナ
ル匍枝ヲ發出ス。葉ハ根生シテ平開スルノ狀と
うぼふむぎノ小形ニセシ狀アリ、長サ10-15cm
許、幅5mm內外ノ廣線形ニシテ質強靭、邊緣糙
澁スレドモ表面滑澤ニシテ濃綠色ヲ呈ス。七月
高サ10-15cm許ノ強靭ナル細稈ヲ直立シ、頂ニ
光澤アル黃褐色ノ一密集花叢ヲ着ク。花叢ハ多
數ノ小穗ヨリ成リ、上部ノ小穗ハ次第ニ小形ト
成ルヲ以テ圓錐形ヲ帶ビタル圓柱形ヲ呈ス。小
穗ハ開出、頂ニノミ雄花ヲ着ケ他ハ雌花ヨリ成
リ、長サ5-10mm許、下部ノ者ハ基部ニ細線形
ノ苞ヲ有スルアリ。雌花穎ハ卵狀披針形ニシテ
尖リ、果囊ハ穎ヨリ長ク基部ニ於テ強ク外屈シ
卵狀披針形ニシテ無毛、長嘴ハ腹面ニ於テ深ク
二裂シ、其間ヨリ長キ三柱頭ヲ出ダセリ。和名
ハ油しばニシテ褐黃色ノ花穗油氣アルガ如ク見
ユル故ニ云フ。

784

あぜすげ
Carex Thunbergii *Steud.*
(＝C. Gaudichaudiana *Kunth*
var. Thunbergii *Kuek.*)

諸國濕潤ノ地ニ生ズル多年生草本ニシテ高サ30-50cm許、稈葉共ニ直立ス。根莖ハ短クシテ簇生シ横走セル匐枝アリ。葉ハ狹線形幅3mm以下、稈ト稍同高或ハ之ヨリ低ク、鮮綠色ニシテ邊緣稍澁シ。春日稈ヲ葉ト共ニ出シテ頂ニ一二ノ雄花穗ヲ著ケ其少シク下部ニ二三ノ雌花穗直立ス。雄花穗ハ線形ニシテ長サ1-4cm許、茶褐色ヲ呈ス。雌花穗ハ長サ1.5-4cm許ノ線狀長橢圓形ニシテ黑褐色ヲ呈シ、下方ノ者ハ短キ梗梗有シ且長キ葉狀苞ヲ伴フ。雌花頴ハ狹キ長橢圓形ニシテ先端銳ク紫黑褐色、上半ハ兩緣ニ白膜部ヲ有シ、中脈ハ綠色ヲ帶フ。果囊ハ頴ト略ボ同長ナレドモ幅廣ク、頴ノ左右ニ露出シれんす狀ニ廣橢圓形或ハ卵圓形ヲ成シテ密ニ鱗次重疊シ、初メ綠色ヲ呈シ頴トノ對照顯著ナレドモ後時日ト成リ、光澤無ク、先端ハ鈍頭、極メテ短キ嘴ヲ突出ス。柱頭ハ二、早ク脫落シ去ル。和名ハ畔莖ノ意ニテ、此種多ク田ノ畔ニ生ズルョリ云フ。

かはらすげ 一名たにすげ
Carex incisa *Boott.*
(＝C. Textori *Miq.*)

稍濕潤ノ山麓林緣等ニ生ズル多年生草本。全草軟弱ナレドモ鬚根ハ强シ。根莖ハ短形ナレドモ强固ニシテ、多數ノ稈ハ斜出セル幅狀ニ發出スルヲ以テ長サ20-40cm許ナルモ高サハ低シ。稈ハ細長ニシテ五六月上部ニ五六穗ヲ稍拔樣ニ著ケ、稈ノ下部ニハ線形ニシテ邊緣稍澁セル軟カキ四五葉ヲ出シ其鞘部重ナリテ粗大ナル三稜狀ヲ呈シ脚部ニ赤褐色ノ鞘狀葉ヲ重曡ス。花穗ハ粗線形ニシテ綠色、頂生者ハ雄花穗(往々其一部ハ雌花穗ニ變ズ)ニシテ他ハ竹雌花穗ヲ成シ、長サ4-8cm許アリテ側方ニ傾垂シ下部ノ者ハ細長梗ヲ有シ且葉狀苞ヲ伴フ。雌花頴ハ倒卵狀橢圓形ニシテ中脈ノミ綠色、兩緣ハ廣キ白膜ヲ成シ、頂ハ凹頭ニシテ中脈脈ヲ突出ス。果囊ハ頴ヨリ長ク、熟スルモ黃綠色ヲ呈シ脫落シ易ク、麥粒狀ヲ成シ漸尖頭ノ先端ハ極メテ僅ニ二裂ス。柱頭ハ二、和名 河原莖ハ河原ニ生ズルトテノ稱、谷莖ハ谷ニ生ズルトテ名ケシナリ。

がうそ
Carex Maximowiczii *Miq.*
(＝C. pruinosa *Boott*
subsp. Maximowiczii *Kuek.*)

田畔溝側ニ生ズル多年生草本ニシテ高サ30-50cm許、簇生シ稈葉共ニ淡綠色ヲ呈ス。根ハ粗ニ子シテ長シ、稈ハ其下部四五ノ淡褐色鞘狀葉ニテ包マレ、更ニ二三葉アリ。葉ハ線形幅4mm許、邊緣稍澁シ、下部ハ長キ葉鞘ヲ成ノ外面ニハ短粗モヲ布ク。初夏ノ候稈ハ直立シ細長ナル三稜柱ヲ呈シ、頂ニ一雄花穗、稍其下方ニ三四ノ雌花穗ヲ生ズ。雄花穗ハ線形ニシテ長サ3cm、雌花穗ハ長キ細梗アリテ側出、下向シ、梗ノ基部ニ長キ葉狀苞ヲ伴フ。果穗ハ幅7mm內外ノ粗大ナル六角柱形ニシテ長サ1.5-3.5cm許、淡綠色ニ白霜ヲ帶ビ且ツ赤褐色ヲ混ズ。頴ハ卵形赤褐色、背ニ三脈アリテ先端ニ走リ針狀ノ芒ト成ル。果囊ハ頴ヨリ長ク、倒刺狀橢圓形、滿面ニ乳頭突起ヲ布キ、嘴ハ極メテ短シ。柱頭ハ二。和名がうそノがうハ多分鄉ニテ、そハ麻絲ノそニ擬セシ名、多分此葉ヲ以テ物ヲ結束スル川キ十ナラン、卽チがうそ ハ鄕麻ノ意ニテ山間ニテノそト云フ意味ニアラザル乎、俟考フベシ。

第2356圖

かやつりぐさ科

あぜなるこすげ
Carex dimorpholepis *Steud.*

平野低地ノ水濕地ニ生ズル多年生草本ニシテ高サ40-70cm許、簇生ス。根莖ハ強剛、短形、匍枝ヲ出サズ。稈ノ脚部ハ茶褐色ノ鞘狀葉ニテ包マレ、葉ハ上向シ上部傾垂セル廣線形ニシテ幅5-7mm許ヲ算シ、邊緣甚ダシク糙澁ス。稈ハ細長ナル三稜柱ニシテ直立シ、頂ニ稍垂レタル五六穗ヲ着ケ、糙澁セル細長梗アリテ且ツ長キ葉狀苞ヲ具ヘ、頂生ノ者ハ雌雄併出シテ上部雌花穗下部雄花穗ヨリ成リ、他ハ皆雌花穗ニシテ長サ2-5.5cm ノ狹長圓柱形ヲ成シ細長且ツ花密ナリ。雌花穎ハ倒卵形ヲ呈シ、先端ハ截形或ハ凹形、背ニハ顯著ノ三脈アリテ銳齒ヲ具フル長芒ト成リ突出ス。果嚢ハ長サ2.5mm許、れんず狀ヲ帶ビタル卵形ニシテ平滑茶褐色、先端尖リ頂ハ短嘴ヲ成ス。柱頭ハ二。和名ハ畔鳴子薹ノ意、鳴子ハ下垂セル花穗ノ連ナル狀ニ基キ、畔ハ其生處ニ由ル。

第2357圖

かやつりぐさ科

てきりすげ
Carex kiotensis *Franch. et Sav.*
(=C. Prescottiana *Boott*
var. kiotensis *Kuek.*)

諸國ノ山地、多濕ノ地ニ生ズル多年生草本ニシテ高サ40cm內外、簇生シテ大株ヲ形成ス。葉ハ稈ヨリ高ク、廣線形、幅7-8mm許、質強剛ニシテ邊緣ニハ細尖齒ヲ有ス。稈ハ直立シ硬クシテ三稜形ヲ成シ、初夏上部ニ五六穗ヲ垂ル。雄穗ハ頂生、線形ニシテ淡褐色。雌穗ハ圓柱形ヲ成シ、長サ10cm內外、密ニ細小多數ナル果嚢ヲ着ケ、始メ綠色、後チ稍褐色ヲ帶ビ、熟スレバ脫落シ易シ。穎ハ卵形ヲ呈シ急遽微凸頭ヲ成シテ短芒ヲ具ヘ、薄膜質。果嚢ハ廣卵形ニシテ穎ヨリ廣ク、綠褐色ヲ呈ス。柱頭ハ二。和名手切薹ハ其葉緣宛モすすき葉ノ如ク觸ルレバ能ク手ヲ切リ傷クルヲ以テ云フ。

第2358圖

かやつりぐさ科

みやまなるこすげ
一名 あづまなるこ
Carex shimidzuensis *Franch.*

山地ノ林中ニ在テ多少濕潤ノ地ニ生ズル多年生草本ニシテ匍枝無シ。稈ハ斜開シテ簇生シ、高サ50-70cm、脚部ハ赤褐色ヲ帶ビタル鞘狀葉ヲ被リ、細長ナル三稜柱形ニシテ稜上多少糙澁シ、中途邊ニ疎隔シテ二三葉ヲ互生ス。葉ハ廣線形、幅1cm內外、暗綠色ニシテ邊緣糙澁ス。夏日開花シ、雄花穗ハ一箇頂生直立シ、多クハ上部雌花穗ニ變ジテ多少傾キ、淡黃褐色ヲ呈シ線形、長サ5-9cm許アリ。雌花穗ハ側生、稻穗樣ニ傾キ、下部ハ細長梗ト長大ノ葉狀苞ヲ具ヘ、狹長圓柱形ニシテ長サ3.5-7.5cm許、全體綠色ヲ呈シ果嚢密簇ス。雌花穎ハ卵形、膜質銳頭短芒ヲ成ス。果嚢ハ殆ド穎ト同長ニシテ外屈シ、長サ3mm許、れんず狀ノ卵圓形ニシテ先端短嘴ト成リ、平滑ナリ。柱頭ハ二。和名ハ深山鳴子薹ノ意ニシテ鳴子ハ其下垂セル果穗ニ基キシ稱ナリ、東鳴子薹ハ東國ニ產スルヲ意味セリ。

786

いはきすげ

一名 きんちゃくすげ

Carex urostachys *Franch.*
(=C. Mertensii *Presc.*
　　　　var. urostachys *Kuek.*)

中部以北ノ高山ニ生ズル多年生草本ニシテ簇生
シ粗ナル匐枝アリ。葉ハ稈ヨリ低ク、幅4mm内
外、軟キ草質ナリ。稈ハ細長ニシテ圓ク、上部
ニ四五穗ヲ着ケ、雄花穗ハ細長ニシ
テ直生シ、雌花穗ハ廣橢圓形圓頭ニシテ長サ2-
2.5cm許、皆細梗ヲ具ヘ、下方ノ一二穗ハ長キ
葉狀苞ヲ伴フ。穎ハ披針形ニシテ紫黒色。果囊
ハ穎ヨリ遙ニ廣大ニシテ長サ5mmアリ、菱狀橢
圓形ヲ成シ甚ダシク壓扁セラレ、膜質ヲ成シ全
ク無毛ニシテ黄緑色ヲ呈ス。瘦果ハ極メテ細小、
柱頭ハ三岐ス。和名岩木薹ハ初メ陸奥ノ岩木山
ニ採リタルヨリ名ケ、巾着薹ハ其花穗ノ狀ニ由
テ名ケシナリ。

第 2 3 5 9 圖

かやつりぐさ科

みやまくろすげ

Carex flavocuspis *Franch. et Sav.*
(=C. macrochaeta *C. A. Mey.* subsp.
flavocuspis *Kuek.*;C. gansuensis *Franch.*)

我邦中部北部ノ高山草本帶ニ生ズル多年
生草本ニシテ高サ45cm内外、株本ハ稍肥
厚シ、下ニ鬚根ヲ發出ス。葉ハ叢生シ、
狹長ニシテ尖銳、幅6mm許アリ。七八月、
葉中ヨリ稈ヲ抽キ、梢ニ頂生セル一雄穗
ト苞腋ニ側生セル二三ノ雌穗トヲ有シ、
雌穗ハ傾下シテ褐紫色ヲ呈シ、長サ3cm
内外、短梗アレドモ最上ノ者ハ殆ンド無
柄ナリ。穎ハ長卵形ニシテ中脈長ク斗出
シ、深紫褐色ヲ呈ス。果囊ハ長卵形ニシ
テ尖リ、先端ヲ短キ小嘴ヲ有ス、白緑色
ニシテ毛無シ。和名深山黒薹ハ本種高山
ニ生ジテ其花穗暗色ナレバ斯ク云フ。

第 2 3 6 0 圖

かやつりぐさ科

ひめすげ

Carex oxyandra *Kudô.*
(=C. Wrightii *Franch.* non *Dew.*)

山地ノ乾燥セル處ニ多キ多年生草本。根
莖ハ簇生シテ株ヲ成シ、匐枝アリ。葉ハ
狹線形、多數ニ束生シ、下部ハ紫褐色ノ
鞘狀葉ニ包マル。六七月ノ候、葉中一細
稈ヲ抽キ高サ10-20cm許、頂ニ花穗ヲ圓
集シ、雄花穗ハ一個アリテ頂生シ、長サ
5-10mm ノ線狀橢圓形ヲ成シ、穎ハ黒紫
色ニシテ光澤アリ、雌花穗ハ三乃至四箇、
相接近シテ着生シ卵狀球形ヲ成シ、往々
長線形ノ苞ヲ伴ヒ、穎ハ卵形、黒褐色ニ
シテ光澤アリ、且ツ緑背ヲ有ス。果囊ハ
穎ヨリ長クシテ淡緑色ヲ呈シ、穎ト相雜
ハリテ其外觀頗ル顯著ナリ。柱頭ハ三岐
ス。和名姫薹ハ草狀小形ナレバ云フ。

第 2 3 6 1 圖

かやつりぐさ科

第2362圖

かやつりぐさ科

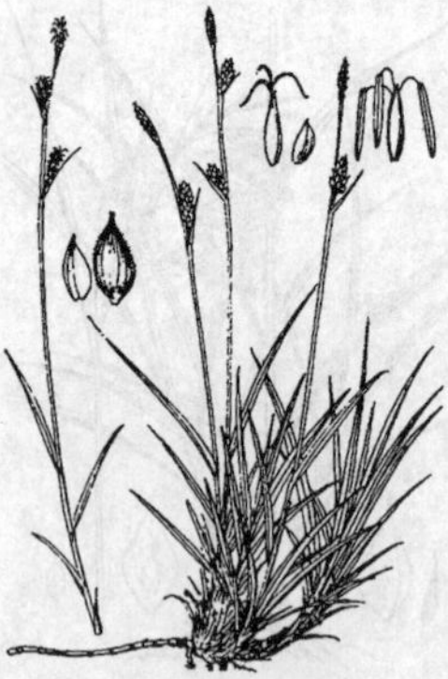

しばすげ
Carex nervata *Franch. et Sav.*

稍乾燥セル向陽ノ草地ニ生ズル多年生草本。根莖ハ短形、僅ニ一二糎ヲ出ダシ、又長キ匐枝ヲ横走スルヲ以テ其苗ハ密集スルニ至ラズ。稈ハ直立シテ高サ10-30cm許、細長ニシテ平滑、脚部ニ少數ノ葉ヲ地平ニ開キテ生ジ向下ニハ枯レタル舊葉ノ纖維ヲ殘存ス。葉ハ長サ6-18cm、幅2mmノ線形ニシテ黃綠色ヲ呈シ、質稍硬ク邊緣多少糙澁ス。五月稈頂ニ三四ノ淡茶褐色短穗ヲ着ケ、雄花穗ハ頂生シ、長サ10-15mmノ狹長橢圓形ヲ成シ、雌花穗ハ側生シ、狹長橢圓形ニシテ長サ8-12mm許、直立シ、最下ノ者ハ細小ニシテ雌花穗ト稍同長ナル葉狀苞ヲ有ス。雌花穎ハ倒卵狀廣橢圓形、銳頭或ハ銳尖頭ニシテ時ニ有芒往々不整ノ波邊ヲ成ス。果嚢ハ少シク長クシテ倒卵狀披針形ヲ成シ長サ2.5mm、鈍三稜ヲ有シ粗毛ヲ疎布ス。柱頭ニ三。和名ハ芝薹ノ意ニテ芝地ニ生ズルヨリ此ク名ク。

第2363圖

かやつりぐさ科

しゅうじゃうすげ
Carex blepharicarpa *Franch.*
(=C. Hayatae *Lev. et Van.*)

山地ニ生ズル多年生草本ニシテ密ニ叢生シ、高サ60cm内外アリ。根ハ粗ナル鬚狀ニシテ質頗ル強靱ナリ。稈ハ叢生中ヨリ抽キ扁三稜形ヲ呈シ、葉ヨリ高シ。葉ハ狹線形ヲ成シテ漸尖シ質强剛ナリ。夏月開花シ、稈梢ノ花穗ハ赤褐色ヲ呈シ、雄花穗ハ棍棒狀ヲ成シ長柄ヲ有シテ一個稈頂ニ立チ、雌花穗ハ短小ニシテ二三個其下ニ位シテ上向シ小梗ヲ具ヘ短苞アリ。果嚢ハ倒卵狀長橢圓形ニシテ末端二齒ヲ成セル短嘴ヲ有シ、底部ハ狹窄シテ短柄樣ヲ成シ、滿面ニ細毛ヲ生ゼリ。瘦果ハ略ボ倒卵形ニシテ長柄ヲ具フ。柱頭ニ三岐ス。此種ハ其生ズル土地ノ肥瘦ニ由テ頗ル大小ノ差アリ。和名猩猩薹ハ其花穗褐赤色ナルニ基キ名ケシナリ。

第2364圖

かやつりぐさ科

あをすげ
Carex Royleana *Nees.*
(=C. breviculmis *R. Br.* subsp. Royleana *Kuek.*; C. leucochloa *Bunge.*)

路傍荒地ニ多ク生ズル多年生草本ニシテ多數ノ稈葉ヲ簇生シ、匐枝ヲ有セズ。葉ハ綠色線形ニシテ長サ10-15cm許、幅2mm内外ヲ算シ、稍四方ニ擴ガル。稈ハ狹細ナル三稜柱ニシテ上部僅ニ糙澁シ軟弱ニシテ多少倒傾スルコト多シ。四五月、稈頂ニ三四ノ短穗ヲ出ダス。雄花穗ハ一箇、頂生、淡黃白色ヲ呈シ又綠形ニシテ長サ1cm許アリ、其少シク下方ニ雌花穗ヲ側出シ相接シテ稍直立シ、下部ノ者ハ短細梗ヲ有シ又花序ヨリ長キ葉狀苞ヲ伴ヒ、穗體ハ短圓柱形、長サ1cm内外、綠色ニシテ光澤アリ。雌花穎ハ橢圓形、圓頭綠背、兩緣ハ廣ク白膜ヲ成シ、綠色ノ長芒ヲ存ス。果嚢ハ倒卵狀披針形ニシテ長サ2.5mm内外、兩端漸尖シ細毛ヲ布ク。瘦果ハ三稜ニシテ頂ニ不タキ僧帽狀ノ膨起ヲ有ク。和名ハ靑薹ノ意、全草綠色ナルヲ以テ名ク。

788

はまあなすげ
一名 すなすげ
Carex fibrillosa *Franch. et Sav.*

（=C. breviculmis *R. Br.* subsp. Royleana
Kuek. forma fibrillosa *Kuek.*）

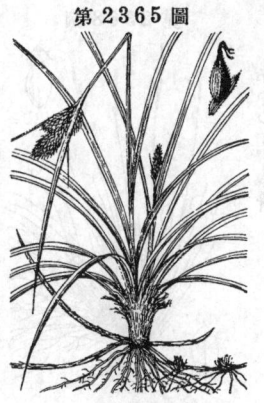

第2365圖

かやつりぐさ科

海濱ノ砂地ニ多ク特生スル多年生草本ニシテ、椴形あ
をすげニ類似シ、匐枝ヲ引テ繁殖ス。根莖ハ弱小ニシ
テ長ク、葉ノ舊纖維ニ擁セラル、葉ハ叢生シ、深綠色
ニシテ瘦縮形ヲ呈シ銳尖頭ヲ有シ、稈ト同長或ハ稈ヨ
リ高シ、幅2-4mm許アリテ葉緣橢脇澀シ、下ハ葉鞘ヲ成
シ鞘口ハ截形ナリ。稈ハ葉中ニ出テ直立シ鈍長ニシ
テ綠色ヲ呈シ、下部ハ葉鞘ニ包擁セラレ、略ボ三稜ヲ
成ス。夏月開花シ、花穗ハ三乃至四個アリテ綠色ヲ呈
シ之ヲみをすげニ比スレバ短大ナリ。雄花穗ハ稈頂
ニ在リテ卵狀長橢圓形ヲ成シ、下ニ續キテ雌花穗ヲ有
ス。雌花穗ハ上者無柄、下者有柄、卵形ニシテ花密集
ス。果囊ハ橢圓形ニシテ散毛ヲ布キ、底部ニ長柄狀ヲ
成シ先頭ハ短嘴ト成ル。瘦果ハ倒卵形、三稜、花柱ハ
三岐ス。和名ハ濱有蓋ニシテあをすげ似テ海濱地帶
ニ生ズルヨリ云ト最初ニ此種ニ命ゼラレ稀ナリ、砂
すげハ砂地ニ生ズルヨリ云フ。

くさすげ
Carex Kingiana *Lév. et Vnt.*

（=C. breviculmis *R. Br.* subsp. Royleana
Kuek. var. Kingiana *Kuek.*）

第2366圖

かやつりぐさ科

山野ニ生ズル多年生草本ニシテ冬季ニハ其葉枯
死ス。根莖ハ簇生シ、多數ニ線形葉ヲ叢出ス。
葉ハ軟質、幅2-3mm許、稈ハ高サ10-20cm許ニ
シテ夏月梢ニ三四穗ヲ散生ス。雄穗ハ頂生、狹
橢圓形ニシテ細小。雌穗ハ長橢圓形ニシテ長サ
5-10mm 許、淡綠色ヲ呈シ、短梗アリテ立チ、
花穗ヨリ長キ苞葉ヲ伴フ。全株あをすげニ酷似
スト雖モ、穎片ハ倒卵狀橢圓形、先端圓形ニシテ
急ニ芒狀ヲ呈シ尖ルト雖モ長芒ヲ成サズ且ツ
果囊ハ毛無キヲ以テ別ツベシ。果囊ハ穎ヨリ少
シク長ク、長サ3mm許、稍直立シ、三稜狀ヲ呈
セル紡錘形ヲ成シ、先端ハ銳尖シテ淺ク二齒ア
リ。瘦果ハ三稜橢圓形、頂部ニ於テ口花柱ノ基
脚膨大シテ僭帽狀ヲ成シ、花柱ハ三岐ス。和名
草蓋ハ其草質軟ナレバ云フ。

もえぎすげ
Carex tristachya *Thunb.*

（=C. monadelpha *Boott.*）

第2367圖

かやつりぐさ科

山野向陽ノ草地ニ多キ多年生草本。根莖ハ簇生
シ、匐枝ヲ出サズ。葉ハ叢生シテ稈ヨリ短ク、
線形ニシテ幅8mm內外、帶黃淡綠色ヲ呈ス。春
日稈ヲ叢葉間ニ抽クコト30cm內外、頂ハ線形ニ
シテ15-25mm 長ノ綠色花穗二乃至四個相接近
シテ簇立スル狀頗ル他種ト相異ナル。雄花穗
一個頂生シテ雌花穗ヨリ長ク細ク、穎ハ殆ド圓
形、邊緣黃白色、背部綠色ヲ呈ス。雌花穗ハ最下
ノ者ニハ線形ノ長苞アリ、穎ハ廣橢圓形、綠白色
ニシテ背部ノミ綠線ヲ呈ス。果囊ハ卵狀狹橢圓
形、三稜形ヲ帶ビ、同ジク淡綠色ニシテ穎ヨリ
長ク、微毛アリ、先端ハ短嘴ヲ成シ二齒アリ。
瘦果ハ三稜ノ卵形ニシテ柱頭ハ三岐ス。和名
萌黃蓋ハ其葉帶黃綠色ヲ呈スルヨリ云ヘリ。

789

いとすげ
Carex tenuissima *Boott.*

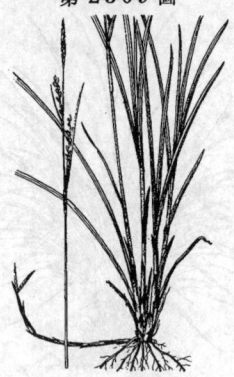

かやつりぐさ科

山中ノ陰地或ハ半陰地ニ生ズル多年生草本ニシテ群ヲ成シテ繁茂セリ。通常可ナリ大ナル株ヲ成シ、織匍枝ニヨリテ繁殖ス。葉ハ多數叢生シ、軟弱ニシテ綠色ヲ呈セル絲狀ヲ成シ漸尖シ下ニ葉鞘アリ。稈ハ葉中ヨリ出デ高サ10-20cm許、纖細ニシテ平扁ナル三稜形ヲ成シ綠色ニシテ葉ヨリ或ハ短ク或ハ長シ。夏月、稈頭ニ相隔リテ小ナル二三ノ花穗ヲ着ケ、黃綠色ヲ呈ス。頂者ハ雄花穗ニシテ線形ヲ成シ長柄ヲ具フ。其下ニ在ル側生一二者ハ皆雌花穗ニシテ線形ヲ成シ雌花ヲ疎着シ、苞ハ細小ニシテ花穗ヨリ短ク下ハ鞘ヲ成ス。果囊ハ無毛綠色ニシテ頴片ヨリ長ク、倒卵狀橢圓形ニシテ三稜ヲ成シ鈍頭ニシテ嘴ヲ成シ、下ハ柄狀ニ狹窄ス。瘦果ハ卵形ニシテ花柱ハ三岐ス。和名絲薹ハ其葉宛モ絲ノ如ケレバ云フ。

けすげ
Carex duvaliana *Franch. et Sav.*
(=C. tenuissima *Boott* var. duvaliana *Kuek.*)

かやつりぐさ科

山地ニ生ジ瘦狹ナル姿態ヲ呈セル多年生草本ニシテ地中ニ瘦長ナル根莖ヲ引テ繁殖シ、高サ30cm內外アリ。葉ハ叢生シ瘦線形ニシテ銳尖頭ヲ有シ葉鞘部ト共ニ細毛ヲ布ク。稈ハ直立シテ纖長、綠色ニシテ下部ニ細毛アリ。雄花穗一個稈頂ニ直立シテ柄アリ線形ニシテ淡綠色ヲ呈シ長サ1-1.5cmアリ。雌花穗ハ一乃至三箇アリテ稈ノ上部ニ側生シ直立シテ線形ヲ呈シ疎ニ小形花ヲ着ケ淡綠色ヲ呈シ初夏ノ候ニ果穗ト成ル、果囊ハ頴片ヨリ長ク略ボ倒卵狀橢圓形ヲ成シ鈍三稜ヲ呈シ下部ハ柄狀ニ狹窄シ長サ2.5-3mmアリテ嘴ハ二齒ヲ有ス。柱頭ハ三。和名ハ毛薹ニシテ其葉ニ細毛アルヨリ云フ。

ほんもんじすげ
Carex pisiformis *Boott.*
(=C. stenostachys *Franch. et Sav.*)

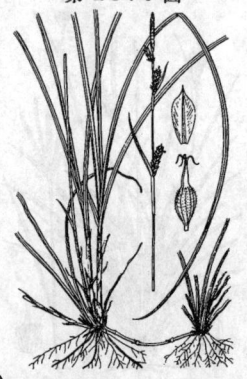

かやつりぐさ科

本邦中部丘阜ノ林下ニ生ズル多年生草本。根莖ハ短クシテ質硬ク、細硬ナル匐枝橫走ス。葉ハ淡綠色ニシテ無毛、長サ30cm內外、幅2mm 許ノ狹線形ニシテ稍直立シ質稍硬シ。稈ハ三四簇生シ纖細直立シ往々葉ヨリ短ク、四月、其頂ニ一雄花穗ヲ着ケ更ニ稍下方ニ二三ノ雌花穗ヲ側生シ下者ハ細硬ヲ有シテ線狀苞ノ長鞘ヲ以テ擁セラル。雄花穗ハ淡黃褐色、狹長橢圓形ニシテ長サ3cm許、多少棍棒樣ヲ呈シ、廣橢圓形圓頭ノ頴片密ニ鱗次シ、邊緣白色宛モ魚鱗ヲ見ルガ如シ。雌花穗ハ長サ1.5-2cm 許ノ線狀長橢圓形ニシテ綠色、稍花疎ナリ。雌花頴ハ廣橢圓形或ハ倒卵狀ヲ帶ビ、多クハ圓頭ニシテ往々微ニ短芒ヲ突出ス。果囊ハ兩端漸尖セル紡錘形ヲ呈シ、長サ3mm許、微毛ヲ生ズ。柱頭ハ三。和名ハ邦人最初ノ採集地ナル東京南方ノ池上本門寺ニ因メリ。

みやまかんすげ
Carex multifolia *Ohwi.*

山地ニ生ズル多年生ノ常綠草本。根莖ハ肥厚ニシテ葉ハ簇生ス。葉ハ闊クシテ5-10mmノ幅アリ質强靭ニシテ暗綠色ヲ呈シ葉緣糙澁シテ其狀かんすげニ彷彿ス。夏月、稈ハ叢葉間ニ出デテ之レヨリ短ク、高サ30cm內外、疎ニ四五ノ花穗ヲ着ク。雄花穗ハ頂生シ、線狀圓柱形ニシテ3-5cm許ノ長ナリ、黃褐色ニシテ密ニ倒卵狀披針形ノ顆片ヲ鱗次ス。雌花穗ハ雄花穗ヨリ短ク、細梗アリテ下部ハ鞘狀ノ苞葉ニ包マル。顆片ハ廣橢圓形、黃白色或ハ黃褐色ヲ呈シ、先端ハ微凸ヲ成ス。果囊ハ稍疎ニ穗面ニ着生シテ顆片ヨリ長ク、綠色ニシテ上部餅狀尖狀ヲ呈シテ嘴ト成リ其先端ハ二齒ヲ有ス。瘦果ハ狹倒卵形ニシテ上端ハ短嘴ヲ呈セリ。和名ハ深山寒菅ニシテ深山ニ生ジかんすげニ似タレバ云フ。

ひめかんすげ
Carex conica *Boott.*
(= C. excisa *Boott ;*
C. Naumanniana *Boeck.*)

諸國ノ山地或ハ平地ニ於ケル稍乾燥セル樹下ニ多キ常綠ノ多年生草本ニシテ高サ20cm內外。根莖ハ稍簇生シ、密ニ黑褐色ノ舊鞘纖維ヲ被リ、又往々匐枝ヲ引ク。葉ハ狹線形ニシテ徑3mm、革質ニシテ硬ク暗綠色、多期ニモ猶存ス。早春葉間ニ稈ヲ抽キ、稍ニ三四穗ヲ着ク。雄花穗ハ頂生シ、狹橢圓形ニシテ長サ2cm內外、顆ハ暗褐色ヲ呈ス。雌花穗ハ相互存在シ、直立シテ細梗ヲ有シ、其下部ハ鞘狀ナル紫褐苞ニ包ム殊標ヲ有シ、圓柱形ニシテ長サ2cm內外アリ。顆ハ廣卵狀橢圓形、白黃脊ニシテ圓頭、然カモ急ニ芒樣ニ尖レリ。果囊ハ不明ナル三稜アル橢圓形ニシテ長サ3mm許、上部ハ多少縊シテ嘴ヲ成シ、黃綠色ニシテ微毛アリ。瘦果ハ廣橢圓形、頂ノ僧帽狀膨出部ハ小ナリ。和名姬寒菅ハ草狀かんすげニ似テ小形ナレバ云フ。

ひかげすげ
Carex lanceolata *Boott.*
(= C. floribunda *Meinsh.*)

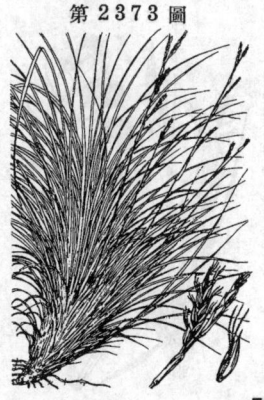

諸國ノ稍乾燥セル林下地ニ生ズル多年生草本ニシテ密ニ簇生シ大株ヲ成スコト多ク、匐枝無シ。葉ハ根生シ狹線形ニシテ叢生シ、幅1.5mm許、邊緣糙澁シ、往々僅ニ越年ス。四五月ノ候葉間ニ稈ヲ抽クコト15-30cm許、細長ニシテ直立シ、頂ニ一雄花穗、其下方ニ四五ノ雌花穗ヲ散生シ、共ニ其顆紫褐白緣ナルヲ以テ特色アル外觀ヲ呈セリ。雄花穗ハ長サ1.5cm內外、倒披針形ヲ成ス。雌花穗ハ長サ15mm內外、少數ノ疎生ヲ成リ、細長梗ヲ具ヘ、脚部ハ長サ1-2cm許アル淡紫褐色膜質ノ緩キ鞘狀苞ニ包マル。顆ハ橢圓形ニシテ長サ5mm ヲ超エ多クハ截頭短芒ヲ有シ、中脈ハ白色ナリ。果囊ハ顆ヨリ短ク滿面ニ短毛ヲ密布ス。柱頭ハ三。和名ハ日陰菅ノ意、本品能ク陽光ヲ通サヌ樹下ノ地ニ生ズルヨリ此名アリ。

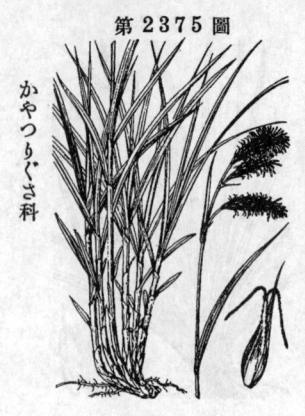

第 2374 圖

かやつりぐさ科

たかねさう
一名 ささすげ
Carex siderosticta *Hance.*

山地ニ生ズル多年生草本。根莖ハ痩狹ニシテ長キ匐枝ヲ繁殖シ往々群ヲ成セリ。葉ハ五六片叢生シ平開ス、長橢圓形或ハ長披針形ヲ呈シ長サ12-32cm、幅1.5-3cm許ノ算シすげ類中ノ異觀ナリ、廣闊ニシテ漸尖頭ヲ有シ裏面ニハ軟毛散生ス。六七月ノ候、前年ノ葉ヲ失ヒタル根莖ヨリ青綠色ノ稈數條ヲ立テ、高サ20-30cmニ達シ、脚部ハ赤褐色ノ鞘狀葉ニテ包マレ、下部ヲ除キ全般ニ互リテ花穗ヲ散着ス。花穗ハ長橢圓形、長サ1-2.5cm許、柄アリテ直立、柄ノ脚部ハ弛緩セル鞘狀苞ニ包マレ、花穗頂部ハ雄花穗ニシテ褐色ヲ帶ビ、他ハ雌花穗ニシテ綠色、雌花ハ少數ニシテ極メテ疎ニ着生ス。穎ハ長橢圓形ニシテ尖リ、汚赤色ノ細點ヲ布ク。果嚢ハ穎ヨリ短ク、長橢圓形ヲ成シ脈條條隆起セリ。柱頭ハ三。和名ハ整草ノ意、卽チ其葉形緞冶織ノ用ウル整（たがね）ニ似タレバ斯ク云フ、而シテ之レヲ高嶺草ノ意トスルハ非ナリ、笹薹モ亦葉形ニ由リシ稱ナリ。漢名 崖椶（誤用）

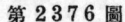

第 2375 圖

かやつりぐさ科

こたぬきらん
Carex Doenitzii *Boeck.*
(=C. plocamostyla *Maxim.*)

亞高山ノ草地或ハ礫地ニ生ズル多年生草本。根莖ハ短形、密ニ簇生シテ匐枝無ク、根ニハ黃褐毛顯著ナリ。葉ハ叢生シテ立チ、長サ20cm許、幅3.5mm內外ノ廣綠形ニシテ裏面多少粉白、下部長稍ヲ成シ、最外側卽チ脚部ハ光澤アル紫褐色ノ鞘狀葉ニテ包マル。六七月、扁平二稜ノ細稈ヲ直立シ頂ニ近ク三四ノ花穗ヲ着ケ、高サ30-50cm許アリ。雄花穗ハ一個稈頂ニ着キ光澤アル濃紫褐色、長サ1-2cm許ノ橢圓形ヲ成ス。雌花穗ハ二三個アリテ其下者ハ短細梗ヲ以テ下向ニシ花穗ヨリ長キ無鞘ノ葉狀苞ヲ有シ、球形ヲ帶ビ雄花穗ト同色ナリ。穎ハ披針形ニシテ長ク漸尖ト殆ド直立シテ密ニ相重ナリ、黃白ノ背線著シ。果嚢ハ稍短ク、長披針形ニシテ長サ5mm許、長嘴ノ兩邊ニ微齒ヲ存シ、先端ハ深ク二裂シテ燕尾ノ狀アリ。二柱頭アリ宿存シテ長シ。和名ハ小狸蘭ニシテ之レヲたぬきらんニ比スレバ小ナル故云フ。

第 2376 圖

かやつりぐさ科

たぬきらん
Carex podogyna *Franch. et Sav.*

我邦中部以北亞高山ニ多濕地ニ生ズル多年生草本ニシテ匐枝ハ無シ。稈ハ高サ60cm內外、簇生ス。葉ハ長サ20-30cm、幅6-8mm許ノ廣綠形ニシテ質軟ク、邊緣ニハ微齒アリテ糙澁シ、脚部ハ鞘ト成リ一側ニ淡褐色ノ膜質ヨリ成ル。七八月ノ候葉ニ並ンデ小形ノ葉若干ヲ有スル稈ヲ立チ、頂ニ紫褐色ニ淡綠ヲ交フル豐大花穗ヲ垂ルルコト四五個、其頂生ノ一個ハ雄花穗、他ハ皆雌花穗ニシテ何レモ細長梗アリ又其下者ハ花穗ヨリ長キ無鞘ノ葉狀苞ヲ具ヘ、雌花穗形ハ球狀廣橢圓形、長サ2cm許、穗ハ着ケル軟キ果嚢ハ密ナレドモ緩ニシテ其狀ヲ呈スルナリ。穎ハ橢圓形紫褐色、芒アリ。果嚢ハ狹長披針形ニシテ長サ6mmヲ超エ、加フルニ基部ニ細柄アルヲ以テ其長サ稍ニ穎ヲ凌ギ、背面褐紫系、兩邊ニ毛、先端淺ク二尖ス。柱頭二アレド謝落ス。和名狸蘭ハ其花穗ヲ狸ノ尾ニ象ドリシナリ。

792

しろうますげ
Carex scita *Maxim.*
var. brevisquama *Ohwi.*

我邦中部以北高山ノ草原ニ生ズル多年生草本。稈ハ多數ニ簇生シテ株ヲ成シ高サ30-50cm許、匐枝ヲ出サズ。稈本ハ紫染セル鞘狀葉ニテ包マレ、中邊ヨリ以下ニ二三葉ヲ互生ス。葉ハ幅3-4mm許ノ線形ニシテ長カラズ。七八月、花穗ヲ抽クコト葉ヨリモ高ク、頂ニ五六穗ヲ總狀ニ着ケ多少傾垂ス。頂生ノ一箇ハ雄花穗他ハ皆雌花穗ニシテ橢圓形長サ1.5-2.5cm許、黑紫色ニ淡綠ヲ雜ヘ、細梗ヲ有シ、下者ニ三ハ無鞘ノ長キ葉狀苞ヲ伴フ。雌花穎ハ長披針形、黑紫色ニシテ先端ハ長尾狀ニ漸尖ス。果囊ハ橢圓形ニシテ壓扁セラレ綠色ヲ呈シ、其長サ花穎ノ中部以上ニ位置スル者ハ穎ヲ超エ、長サ4mm許、銳尖頭極メテ短嘴、兩邊ニハ銳刺ヲ有ス。外觀ニたぬきらんニ似タルモ三柱頭ヲ有スルヲ以テ異ナリ。和名ハ其產地信州白馬岳ニ因メリ。

かやつりぐさ科

なるこすげ
Carex curvicollis *Franch. et Sav.*
(= *C. Savatieri Franch.*)

山間溪畔ニ生ズル多年生草本ニシテ高サ 30cm内外、多數ノ稈ト葉トヲ簇生シテ大株ヲ成シ、又細キ匐枝ヲ派出ス。葉ハ淡綠色ニシテ軟キ草質ノ線形ヲ成シ、幅2-3.5mmヲ算ス。五月、軟弱ノ細稈ヲ抽キテ多クハ傾斜或ハ斜垂シ、頂ニ近ク三四ノ花穗ヲ着ク。雄花穗ハ頂生シ、長サ1.5cm 内外ノ狹橢圓形ニシテ淡黃褐色ヲ呈ス。雌花穗ハ雄花穗ノ下方ニ側生シ、下者ニハ花穗ト稍同長ノ細梗ヲ有シ、其脚部ニハ細キ鞘狀苞ヲ存シ、長圓柱形ニシテ長サ2-4cm許、稍密ニ花ヲ着ケ、綠色ヲ褐紫色ヲ雜フ。雌花穎ハ卵形、綠背紫褐、小形ナリ。果囊ハ長披針形ヲ呈シ長サ4-5mm許アリテ穎ノ二倍長ニ達シ、平滑ニシテ長漸尖頭、縱脈隆起セリ。柱頭ハ三。和名鳴子薹ハ其花穗ノ連リテ宛モ鳴子ヲ見ルガ如クケレバ云フ。

かやつりぐさ科

いはすげ
Carex stenantha *Franch. et Sav.*

高山ニ生ズル多年生草本。高サ15-30cm、根莖ハ疎ニ簇生シ、粗ナル匐枝ヲ出スコトアリ。葉ハ稈ヨリ低クシテ簇生シ、狹線形ニテ質纖弱、微毛ヲ生ズ。七月ノ候、葉間ヨリ細稈ヲ抽キテ上部偏向シ、花穗ヲ傾垂スルコト三乃至五、雌雄ノ花穗共ハ絲狀ノ長梗ヲ有シ、紫褐色ノ長シ、花ノ着生疎ニシテ穗長3cm 內外アリ、穗本ノ苞葉ハ線形ニシテ長鞘ヲ具フ。雄花穗ハ頂生ス。雌花穗ノ穎片ハ橢圓形、圓頭ニシテ然モ急遽銳尖ト成リ芒ヲ有ス。果囊ハ穎ヨリ超出シ、三稜アル狹長披針形ニシテ長サ6mm內外アリ、長嘴ヲ有シテ其先端ハ二岐セリ。瘦果ハ果囊ヨリ遙ニ短ク、花柱ハ三岐ス。和名ハ岩薹ニシテ岩石地ニ生ズルヨリ云フ。

かやつりぐさ科

をのへすげ
一名 れぶんすげ
Carex tenuiformis *Lev. et Vnt.*
(=C. koreana *Kom.*)

本州中部以北ノ高山ニ生ズル多年生草本ニシテ根莖ハ叢生シ、匐枝ヲ生ゼズ。葉ハ線形、幅3mm内外ニシテ草質ナリ。稈ハ葉ヨリ挺出シ、瘦細ニシテ往々一方ニ傾キ上部ニ二三穗ヲ着ク。雄花穗ハ稈頂線形ヲ呈シテ頂生シ、長サ1cm內外、淡赤褐色ヲ呈ス。雌花穗ハ絲狀ノ長梗アリテ、苞ハ梗ト同長或ハ短ク、穗長 1.5cm內外、果囊ハ疎生シ、穎片ハ橢圓形、赤褐色、先端稍尖リ短芒ヲ有ス。果囊ハ其長サ僅ニ穎片ヲ超エテ稍直立シ、卵狀橢圓形ヲ成シテ長キ嘴狀部ノ先端ハ截形ナリ、表面ハ綠褐色ニシテ毛無シ。瘦果ハ三稜アル倒卵形ニシテ柱頭ニ三岐ス。和名ハ尾上臺ニシテ峰上(をのへ)ニ生ズルヨリ云フ、禮文すげハ北海道禮文島ニ生ズルヨリ云フ。

なきりすげ
Carex brunnea *Thunb.*

路傍或ハ疎林下ニ生ズル多年生草本。多數ノ稈ハ葉ト叢生シテ稍粗ナル大株ヲ成シ、匐枝無シ。稈本ニハ茶褐色ヲ呈セル葉ノ下部鞘ノ如ク殘存ス。葉ハ線形、長サ30cmヲ超エ幅2.5mm許、直立シテ上半部ノミ彎曲シテ垂レ、暗綠色ヲ呈シ、兩面甚ダ糙澁シ質稍粗厲ナリ。九、十月ノ候葉間ニ瘦細ナル稈ヲ抽キ、疎ニ五六穗ヲ偏側的ニ着ク。花穗ハ狹橢圓形、長サ1.5cm內外、黃褐色ヲ呈シ、各其最上部ハ短キ雄花穗アリ、雌花穗ニハ粟粒狀ノ果實ヲ着ク。穎ハ卵形ニシテ銳頭、質薄ク多少綠背ヲ成シ顯著ナラズ。果囊ハ長サ穎ヲ抽キ稍壓扁セル卵球形ニシテ長サ2.5mm許、頂ハ長嘴ヲ成リ、又全面ニ粗毛ヲ散生セリ。柱頭ハ二。秋日果實ヲ着クル普通ノ姿ゲハ殆ド本種ナリト見テ大過無ク、あきかさすげモ亦秋ニ花穗ヲ生ズレドモ普通ノ處ニハ之ヲ見ズ。和名ハ蓋ハ菜切臺ノ意平、卽チ其硬葉ヲ緊張シテ以テ軟茶ヲ切ルニ利用セシニアラザル乎尙考フベシ。

やはらすげ
Carex transversa *Boott.*
(=C. Brownii *Tuck.* var. transversa *Kuek.*)

各地ノ稍濕潤セル原野或ハ疎林下ニ生ズル多年生草本ニシテ高サ30-50cm許、叢生シ、匐枝ヲ生ゼズ。稈本ニハ短キ葉相集リテ茶褐色ヲ呈ス。葉ハ稍暗綠色、質軟クシテ幅3.5-5mmノ線形ヲ成シ、邊緣少シク糙澁ス。五月、三稜柱狀ノ稈ヲ直立シ、頂ニ五ニ近ク三四ノ花穗ヲ立ツ。雄花穗ハ頂生シ、淡黃褐色ノ線形ニシテ長サ15-25mm許、他ハ皆雌花穗ニシテ直立シ粗ナル短柱狀橢圓形ヲ成シ、長サ15-25mm許、初メ綠色、熟シテ暗色ト成リ、下者ニハ細梗ヲ具ヘ、又鞘アル葉狀苞ヲ伴フ。雌花穎ハ卵圓形、先端ハ極メテ長キ尾狀ヲ呈シテ尖ル。果囊ハ平開シテ卵形ヲ呈シ先端ニ銳尖シテ長嘴ト成リ、長サ凡5-6mm許、無毛ニシテ脈條明瞭ニ隆起セリ。柱頭ハ三。瘦果ハ淡黃色ノ三稜橢圓形ナリ。和名ハ柔ら臺ノ意ニシテ、全草柔軟ナルヨリ云フ。

じゅずすげ
Carex ischnostachya *Steud.*
(= C. Ringgoldiana *Boott.*)

第2383圖

かやつりぐさ科

山地ニ生ズル多年生草本ニシテ高サ50cm内外、密ニ簇生スレドモ匐枝ヲ生ゼズ。稈ハ脚部ニ紫褐色ヲ呈セル下葉ヲ有ス。葉ハ廣線形ニシテ幅6-8mm許、滑澤ニシテ暗綠色ヲ呈シ、質軟ジ。六七月、葉間ニ細キ三稜稈ヲ抽キ四五ノ花穗ヲ直立シテ着ク。頂生者ハ汚黄色線形ノ雄花穗ニシテ其直下ノ一二雌花穗ヨリモ稍低キコト多シ。雌花穗ハ其穗徑ヨリモ長大ナル葉狀苞ヲ伴ヒ、細梗アリテ葉鞘ニ包マレ、狹圓柱形ヲ成シ長サ3-4cm許、多少花疎ニシテ初メ綠色、熟シテ暗色ヲ呈ス。雌花穎ハ小形、卵形ヲ成シ淡黄色。果蘘ハ卵狀披針形、斜ニ穗軸ニ着ヲ遙ニ穎ヨリ長ク、長サ4mm内外、縱脈顯著ニシテ無毛、先端ハ長嘴ト成リ、末端斜ニ二裂シ、其間ヨリ三枝頭僅ニ露ハル。和名ハ數珠蘘ノ意ニシテ其果穗ニ基キタル稱ナリ、然シ澤ニやはらすげト本種ト其和名ヲ交換スレバ、最モ實狀ニ合致スルヲ覺ユ。

かさすげ
一名 みのすげ 古名 すげ(同名アリ)
Carex dispalata *Boott.*

第2384圖

かやつりぐさ科

沼澤水邊ノ地ニ生ズル多年生ノ大形草本。又往々水田ニ栽培セラル。稈ハ多數叢生シテ多クハ群落ヲ成シ高サ1m内外アリ。根莖ハ短形ナレドモ粗ナル匐枝泥中ヲ横走ス。稈ハ直立シ粗大ナル三稜柱ニシテ質粗縫、脚部ニハ紫染セル下葉ヲ伴フ。葉ハ根生シ并ニ稈ニ互生シ、葉鞘内側ハ纖維網狀ヲ成シ、廣線形ニシテ5-8mm許ノ幅アリ、平滑ニシテ强靭ナリ。五六月、稈頂ニ長サ5-8cm許ノ廣線形汚茶褐色ノ雌花穗ヲ直立シ、其稍下方ニ五六ノ圓柱狀雌花穗ヲ斜出シテ着ク。雌花穗ハ其長キ者ハ10cmヲ超エ、最下ノ者ハ顯著ナル葉狀苞ヲ伴ヒ、往々先端ニ雄花穗ヲ着クルコトアリ。雌花穎ハ卵狀披針形ニシテ銳尖シ、紫褐色、白緣、綠背。果蘘ハ僅ニ穎ヨリ長ク卵狀披針形、銳尖頭無毛。柱頭三。葉ヲ乾シテ蓑・笠(すげがさ)等ヲ作ル、故ニ此和名アリ又古クハ敷物ニモ製セシナラン、すげノ解ハかんすげノ條下ニ在リ。漢名 蘘(慣用)・菅(誤用)

ひごくさ
Carex japonica *Thunb.*
(= C. Motoskei *Miq.*)

第2385圖

かやつりぐさ科

山野ノ林下等ニ多ク生ズル多年生草本ニシテ高サ20-35cm許アリ、稍叢生シテ直立ス。根莖ハ細長ニシテ地中ヲ横行シ其末端ニ新株ヲ作ル。葉ハ互生シ質軟弱ニシテ線形ヲ呈シ葉頭ハ漸次ニ銳尖ヲ成シ、上葉ハ稈ヨリ超出ス。初夏稈頂ニ淡綠色線形ノ雄花穗一箇直立シ長サ1.5-3cm許アリ、雄穗ノ下方ニ於テ短細柄ヲ有スルニ三ノ雌花穗ヲ疎壽シ長サ1-2cm許アリ。花柱ハ三岐シテ甚ダ長ク、花時ハ白色ヲ呈シ花穗ヲシテ特異ノ狀アラシム。果穗ハ纖細ナル果柄ヲ有シテ傾垂ス。果蘘ハ遙ニ穎ヨリ超出シ、三稜狀卵形ニテ先端ハ二齒ヲ有スル長キ嘴ト成リ、長サ3-4mm許、黄綠色ヲ呈シ、密ニ穗軸上ニ着生ス。和名ハ蓋シ肥後草ノ意ナランモ何故之レヲ肥後ト謂フカ不明ナリ、或ハ初メ肥後ニテ採リシ故名ケシ乎。

795

第 2386 圖

かやつりぐさ科

しらすげ
Carex chlorostachys *D. Don.*
（＝C. japonica *Thunb.* var. chlorostachys *Kuek.*；C. Doniana *Spreng.*）

山足等ノ稍濕潤ナル地ニ生ジ粗大直立セル多年生草本ニシテ高サ30-60cm許アリ。根莖ハ地下ヲ横走シテ其先端ニ新苗ヲ生ジテ繁殖ス。稈ハ粗大ニシテ三稜ヲ成シ互生葉ヲ着ク。葉ハ廣線形ニシテ銳尖頭ヲ有シ或ハ時ニ幅1.5cmニ達シ、長ク莖ヲ超出シ、白色ヲ帶ビタル綠色ヲ呈シ其質多少軟弱ナリ。五六月ノ候稈上ニ疎ニ集リテ淡綠色ノ花穗ヲ着ケ、稈頂ニ在リテ直立スル者ハ一箇ノ雄花穗ニシテ長サ8cm許アリ、其下部ニ三四ノ雌花穗ヲ着ケ長サ6cm許アリ。果穗ハ果蘘ヲ密生シテ圓柱狀ヲ成シ稍一方ニ傾垂シ綠色ヲ呈ス、果蘘ハ頸ヨリ長ク、卵形ニシテ長サ3.5-4mm許、先端長嘴アリテ三花柱ヲ殘存ス。和名白すげハ其葉白色ヲ帶ブルニ由ル。

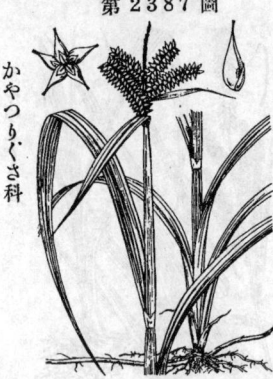

第 2387 圖

かやつりぐさ科

ひめしらすげ
Carex mollicula *Boott.*

諸國ノ山中樹下ノ地ニ生ズル多年生草本。長キ匐枝ヲ曳キ株ハ叢生ス。葉ハ廣線形ニシテ草質、縱襞アリテ幅5-8mm、稈ハ葉ヨリ低ク直立シ、高サ20cm內外、中邊ニ一葉ヲ生ジ頂ニ四五穗ヲ簇生ス。雄穗ハ一箇アリテ頂生シ線形ニシテ直立シ長サ2cm內外、顯著ナラズ。雌穗ハ稍粗大ナル圓柱狀、長サ1.5-3cmアリテ無柄密花、最下ノ者ニハ廣線形ノ葉狀苞ヲ伴フ。頸ハ卵形ニシテ小サク、果蘘ハ其二倍長アリテ密ニ相並ビ三或ハ四縱列ヲ成シ披針狀橢圓形ニシテ穗軸ニ對シ開出シ、黃綠色ヲ呈シ、無毛ニシテ膜質ヲ成シ、頂端ハ向テ次第ニ狹窄シ嘴ヲ成ス。柱頭ハ三箇ナリ。和名姬白すげハしらすげニ似テ小形ナレバ云フ。

第 2388 圖

かやつりぐさ科

かんすげ
Carex Morrowii *Boott.*

山地ノ樹陰ニ多キ强壯ナル多年生草本ニシテ高サ40-70cm許。葉ハ根生ニシテ多數叢出シ常綠ニシテ表面稍光澤アリ、廣線形ニシテ先端俄尖シ、葉質勁硬ニシテ邊緣ニ微鋸齒ヲ列シ頗ル粗澁ニシ葉本ハ淡褐紫色ヲ呈ス。四五月ノ候、叢生ニ多クノ稈ヲ抽デ葉ト參差シ、稈頂ニ稍粗大ナル淡褐色ノ一雄花穗ヲ直立シ長サ4cm許アリ、其下方ニ黃褐色ヲ帶ビテ直立セル雌花穗數箇ヲ疎生シ長サ2.5cm許、穗軸上ニ開出シテ稍密生セル多數ノ果蘘ヲ着ク。果蘘ハ頸ト略ボ同長ニシテ長橢圓狀卵形ヲ成シテ長サ3mm許アリ、先端ノ長嘴ハ下方ニ曲リテ二齒ヲ有ス、柱頭ハ三。葉緣ニ白道ヲ成ス者ヲしまかんすげト云ヒ人家庭際ニ栽植セリ。葉ヲ用キテ蘘ヲ製シ又背ニ擔フ籠ヲ編ム。和名寒すげハ多月寒リ凌ギ枯レザルヲ以テ云フ。すげハ清淨卽チすがノ轉音ナリト謂フ說ト、住宅ノ敷物ヲすがたたみト云ヒ之レニ用ウル材料ナレバ枯卽チすがノ名ヲ負ハセシモノト謂フ說アリ、何レモ當ラズ其根據ノ薄弱ナルヲ感ズ、按ズルニ巢毛ノ意ニテ無キ乎卽チ其葉叢生シテ巢ノ如ク葉皆俠長ニシテ之レヲ毛ニ擬セシニ非ズヤ。漢名 蓑衣草（誤用）・菅（同ジク誤用）

796

おにひげすげ
Carex oahuensis *C. A. Mey.*
var. Boottiana *Kuek.*
forma robusta *Makino.*
(=C. Bongardi *Boott* var. robusta *Franch. et Sav.*; C. stupenda *Lév. et Vnt.*)

海邊ノ地ニ生ジ強壯ナル常綠ノ多年生草本ニシテ高サ30-40cm許アリ、葉ハ多數密ニ相集リテ叢生シ往々大ナル株ヲ成シ、廣線形ニシテ銳尖頭ヲ有シ質厚クシテ綠色ヲ呈シ表面光澤アリ。春時葉中ヨリ數稈ヲ抽デ通常葉ヨリ短ク、頂ニ長紡錘狀ヲ成セル一雄花穗ヲ直立シ蓍シクゼ゛ヲ有シ穗長5cm內外アリ、其下方ニ大形ニシテ直立セル雌花穗二乃至四箇ヲ着生シ花穗ノ上部ヘ往々急ニ狹窄シテ雄花穗ト成ル。雌花ノ穎ハ先端長キ芒ヲ成シ全長1.5cmニ及ビ、果囊ハ略ボ倒卵狀ニシテ嘴ニ深ク二岐シ、大形ニシテ長サ8mmニ及ブ。柱頭ハ三。和名ハ鬼鬚すげノ意ニシテ其花穗粗大且長芒ヲ多キヲ以テ斯ク云フ。ひげすげハ元來小笠原島ニ產スル品 (var. Boottiana *Kuek.*=C. Boottiana *Hook. et Arn.*) ニ命ゼラレシ和名ナリ。

第 2389 圖

かやつりぐさ科

こじゅすげ
Carex macroglossa *Franch. et Sav.*

山足或ハ田間ノ濕地若クハ溝側ノ草間ニ生ズル多年生草本ニシテ高サ15-25cm許アリ、質稍軟弱ニシテ叢生ス。葉ハ狹線形ニシテ銳尖頭ヲ有シ、根葉ハ短クシテ長サ10cm內外アリ、莖葉ハ互生シテ多少稈ヨリ上ニ超出ス。初夏ノ候葉中ニ數稈ヲ抽キ稈頂ニ有柄ニシテ長サ1.5cm許アル淡褐色ノ雄花穗ヲ有シ、其下方葉腋ニ長サ1-2cm許アル二三ノ淡綠色雌花穗ヲ疎生ス。果囊ハ少數ニシテ穗軸上ニ稍疎生シ、穎ヨリ長クシテ綠色ヲ呈シ三稜狀狹卵形ニシテ上方長嘴ヲ成シ、長サ5mm許アリ。柱頭ハ三。和名ハ小數珠すげノ意、他ニ數珠すげアリ本種ヲ其品ニ比スレバ小形ナルヲ以テ小ト云フ、數珠ト云フハ其穗軸ニ排列セル果囊ノ狀ニ基ク。

第 2390 圖

かやつりぐさ科

むぎすげ
Carex filipes *Franch. et Sav.*
var. oligostachys *Kuek.*

諸國ノ林下陰地ニ生ズル多年生草本。全株鮮綠色無毛ニシテ質軟弱ナリ。根莖ハ簇出シテ匐枝ヲ出ヅス。葉ハ叢生シ廣線形ニシテ幅4-8mmアリ。初夏叢葉中ニ多クノ稈ヲ抽テ開花ス。稈ハ三稜ニシテ上部ニ二三穗ヲ散着ス。雄穗ハ頂生シテ線形、果時ニハ甑ニ褭フ。雌穗ハ短クシテ細長柄上ニ直立シ長キ苞葉ヲ具ヘ、少數ノ果囊ヲ着ケ、穎ハ橢圓狀披針形ニシテ薄靑シ。果囊ハ長大ニシテ長サ6-8mm アリ、披針狀橢圓形ニシテ先端尖リ綠色無毛ニシテ多脈ナリ。瘦果ハ三稜狀倒卵形ヲ呈シ、柱頭ハ三。本種ハたまつりすげニ似タリト雖モ雌穗ハ懸垂スルコトナク且果囊ハ長大ニシテ集合シ上部ニ瘦長嘴ヲ成サザルヲ以テ兩品明瞭ニ相異ナルヲ知ル。和名麥すげハ其麥粒狀ヲ呈セル果囊ニ基ヅク。

第 2391 圖

かやつりぐさ科

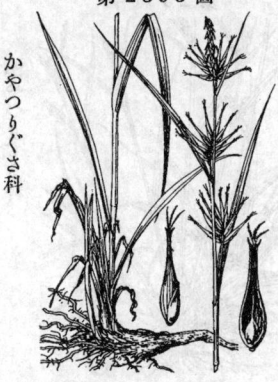

じゅうらふすげ
Carex capricornis *Meinsh.*

原野ニ於ケル水邊ノ濕地ニ生ズル多年生草本ニシテ叢生シ緑色ナリ。稈ハ直立シ剛強ニシテ銳三稜柱狀ヲ呈シ高サ30-60cm許アリ。葉ハ廣線形ニシテ尖リ幅1cm許ニ達シ、稈上ニ互生シ、上葉ハ花穗ヨリ上方ニ超出ス。初夏ノ候、稈頭ニ線狀圓柱形ニシテ長サ2cm許アル無柄ノ一雄花穗ヲ着ケ、其下部葉腋ヨリ相接近セルニ乃至五箇ノ黄緑色橢圓形長サ2cm許ノ雌花穗ヲ着ケ穗柄ハ短シ。果囊ハ多數雌花穗ニ密生シ鉞形ヲ成シテ長ク頴ヨリ超出シ、長サ6mm許、先端ノ長嘴ハ長クシテ其末端二叉裂ヲ成シ裂片ハ背曲ス。瘦果ハ細小ニシテ三稜橢圓形ヲ成シ著シク囊苞ヨリ短ク、花柱ハ長ク先端短ク三岐セル柱頭ヲ成ス。和名ハ上藹すげノ意ニシテ其高尙ニシテ顯著ナル姿ヲ呈セル果穗ニ對シテ命ゼシ稱ナリ。

みたけすげ
Carex Michauxiana *Boeck.*
(=C. rostrata *Michx.* non *Stokes.*)

高山地帶ノ濕地ニ生ズル多年生草本ニシテ直立シ叢生ス。稈ハ稍剛硬ニシテ直立シ鈍三稜ヲ成シテ少數ノ葉ヲ有シ高サ20-50cm許アリ、葉ハ稍廣キ線形ニシテ尖リ長カラズシテ稈ニ互生ス。夏季ニ於テ稈頂ニ無柄ナル小形ノ一雄花穗ヲ着ケテ直立シ長サ1cm許ニシテ淡褐色ヲ呈ス。其下方ニ在ザ細柄ニヨリ直立セルニ三個ノ雌花穗相離レテ葉腋ニ着生ス。雌花穗ハ短クシテ淡緑色ヲ呈シ略ボ球狀ヲ成シテ束ネシ四方ニ開出セル果囊ヲ有シテ特狀ヲ表ハス。果囊ハ遙ニ頴ヨリ超出シ著シク長大ニシテ長サ1.2cmニ達シ披針狀ニシテ略ボ三稜ヲ成シ、上部ハ嘴ト成リ嘴端ハ小サク二裂ス。瘦果ハ鈍三稜ノ倒卵形ヲ成シ、柱頭ハ三。和名ハ御嶽すげノ意ナリト雖モ此御嶽ハ何レノ山ヲ指ス乎不明ナリ、或ハ單ニ高嶺ニ生ズルすげノ意ヲ率。

うますげ
Carex Idzuroei *Franch. et Sav.*

平野ノ溝邊ニ生ズル多年生草本ニシテ高サ20-40cm許アリ、地下ニ匐枝ヲ引テ繁殖ス。葉ハ稈ニ互生シ長クシテ廣線形ヲ呈シ銳尖頭ヲ成シ上部ノ者ハ花穗ヨリ上方ニ超出ス。四五月ノ候、直立セル稈頂ニ長柄ヲ有セル長サ5cm許ノ細長一雄花穗ヲ直立シ淡緑色ヲ呈シ、其下方ニ五ニ相離レテ三四ノ雌花穗ヲ着生ス。雌花穗ハ長サ3cm許ニ達シ、極メテ短キ柄ヲ以テ直上シ、斜上シテ疎着セル淡緑色ノ雌花ヲ着ク。果囊ハ9mm許アリテ頴ノ三倍長ニ達シ三稜狀狹卵形ニシテ縱脈ハ明瞭、先端ハ長嘴ヲ成シテ二岐ス。瘦果ハ囊苞ヨリハ著シク短クシテ三稜狀卵形ヲ成シ、花柱ハ勁クシテ柱頭ハ三。種名**Idzuroei**ハ男爵伊藤圭介博士ノ令息謙(ゆづる)氏ヲ記念セルモノナリ。和名ハ馬すげハ此草狀大形ナレバ先ニ予ノ斯ク名ケシモノナリ。

おにすげ
一名 みくりすげ
Carex Dickinsii *Franch. et Sav.*

第 2395 圖

かやつりぐさ科

溝側或ハ水濕地ノ草間等ニ生ズル多年生草本ニシテ叢生シ長キ地下匐枝ヲ發出シテ繁殖ス。稈ハ直立シ高サ 20–40cm 許アリ。葉ハ互生シ廣線形ヲ成シテ尖リ葉幅 4–10mm 許アリ、上部ノ葉ハ花穗ヨリ超出ス。初夏ノ候、稈頂ニ有柄ノ一雄花穗ヲ立テ長サ 2.5cm 許アリ、其直下ニ二三ノ相依リテ生ゼル雌花穗ヲ腋生シ長サ 2cm 許ニ球狀廣橢圓形ヲ成シ大ナル果囊密着シ黄綠色ヲ呈ス。果囊ハ廣卵形ニシテ長サ 10mm 許、上部ニ長嘴ヲ成シテ二淺裂ス。瘦果ハ三稜狀菱形ヲ成シ、花柱ハ長クシテ柱頭ハ三。和名鬼すげハ其果囊ノ粗大ナルニ基キシ稱、實栗すげハ其果穗宛モみくりノ果穗ニ似タルヨリ云フ。

おになるこすげ
Carex vesicaria *L.*

第 2396 圖

かやつりぐさ科

原野ノ濕地ニ生ズル多年生草本ニシテ往々群ヲ成シテ繁茂シ全體痩長ニシテ稈ノ高サ 40–50cm 許アリテ直立ス。葉ハ細長ニシテ線形ヲ成シ葉幅凡ソ 3–5mm アリテ略ボ稈ト同長、梢葉ハ遙ニ花穗ヨリ超出ス。初夏ノ候、稈頂ニ長柄ヲ有スル一二ノ雄花穗ヲ直立シ淡綠色ニシテ狹圓柱狀ヲ成シ長サ 4cm 許アリ、其下方ニ五ニ相接近セル二三ノ雌花穗ヲ腋生シ、果穗ト成レバ粗大ナル圓柱形ヲ呈シ往々長サ 5cm 許ニ達シ黄綠色ニシテ短柄アリ、穗ノ上半ハ時ニ雄花穗ヲ成スコトアリ。果囊ハ圓錐狀卵形ニシテ穗軸ニ密生シ長サ 7mm 許、先端ハ稍短キ嘴ト成リ二裂ス。瘦果ハ短柄ヲ具ヘテ三稜卵形ヲ成シ、花柱ハ長ク、三柱頭ハ短シ。和名ハ鬼鳴子すげニシテ此種ノ草狀幷ニ果穗ノ優ニ鳴子すげヨリ壯大ナルヲ以テ斯ク云フ。

くぐ
一名 しほくぐ・はまくぐ
Carex scabrifolia *Steud.*
(= C. Pierotii *Miq.*; C. Yabei *Lev. et Van.*)

第 2397 圖

かやつりぐさ科

海ニ瀕スル淡鹹水相牛バスル泥處ニ群生スル多年生草本ニシテ長ク泥中ニ根莖ヲ引テ繁殖シ、全體細長ナレドモ質強剛ナリ。葉ハ狹長ニシテ瘦線形ヲ成シ長サ 70cm ニ達シ遙ニ稈ヨリ超出ス。初夏細長ナル稈ヲ抽テ直立シ、稈頂ニ長サ 2cm 許ノ一二ノ有柄雄花穗ヲ抽テ立チ、其下方ニ離在セル二三ノ雌花穗ヲ瘠ケ穗長 2cm 許アリテ穗軸ニ稍密ニ排ベル略多數ノ雌花アリ。果囊ハ長サ 6mm ニ達シテ白色膜質ノ顯コリ長ク、生時黄綠色ヲ呈シ、長橢圓形ニシテ先端ニ淺裂スル短嘴ヲ有ス。瘦果ハ長橢圓形ニシテ花柱頂ニ三歧セル柱頭ヲ有ス。夏秋ニ其葉ヲ刈りくぐ繩ト稱ス小繩ヲ製シ弘ク民間ニ使用セラル。和名くぐハ古ヨリノ名稱ニシテ其義ハ不明ナリ、今日植物學ニ於テくぐト呼ブMariscus Sieberianus *Nees.* ハ本來其品ニ非ラズ、予ハ新ニ之レヲいぬくぐト稱ス。漢名 磚子苗(誤用)

第 2398 圖

かやつりぐさ科

こうぼふしば
Carex pumila *Thunb.*

普通ニ海濱沙塲ニ多ク生ズル多年生草本ニシテ高サ6-25cm 餘アリ、強壯ナル長匐枝ヲ砂中ニ引テ蔓延シ且强キ赤褐色ノ粗擴根ヲ發出ス。稈ハ直立シテ低ク、三稜形ヲ呈シテ直立シ稍ニ花穗ヲ着ク。葉ハ稈ヨリ長ク、狹線形ニシテ尖リ革質强靱ニシテ通常綠白色ヲ呈シ幅 4mm 内外アリ。夏時稈頂ニ三箇許ノ雄花穗ヲ直立シ狹圓柱形ヲ呈シ長サ凡ソ 1-2.5cmアリ、其下部ノ葉腋ニ一乃至三箇ノ短柄アル雌花穗アリテ立チ各穗或ハ接シ或ハ多少離ル。果穗ハ短大ナル圓柱形ヲ成シ相挨シテ斜ニ開出セル果囊ヲ穗軸ニ着ク綠黃色ヲ呈シ無毛ナリ。果囊ハ披針狀卵形ヲ顆リ少シク長ク卵狀長橢圓形ニシテ長サ 5-8mm アリ上部ハ短嘴ヲ成シテ嘴口ニ二岐シ、囊苞ハ質厚ク。瘦果ハ長橢圓狀卵形ニシテ短柄アリ有リ、花柱頂ニ三柱頭ノミ。此種極メテ罕ニ海ヨリ遠キ湖邊沙地ニ生ズルコトアリ野州日光山ノ中禪寺湖畔是レナリ、又海ヨリ距ル遠キ河源ニ見ルコトアリ。和名ハ弘法芝ノ意ナリ、此姉妹品ニ實ノ大ナル弘法麥アレバ其實ノ小ナル本品ヲバ斯ク呼ビシナリ。

第 2399 圖

かやつりぐさ科

ひげはりすげ
Cobresia Bellardii *Degland.*
(＝Carex Bellardi *All.*;
Cobresia scirpina *Willd.*)

中部ノ高山帶ニ生ズル多年生草本。根莖ハ分岐シ、密ニ絲狀ノ稈上葉トヲ叢生ス。稈ハ直立シ高サ10-20cm、鈍稜ノ三稜形ニシテ細ク下部ハ赤褐色ノ鞘葉ニテ包マル。葉ハ絲狀ニシテ稍硬ク稈ト略ボ同高ナリ。夏期ニ開花ス。花穗ハ頂生シテ線形ヲ成シ長サ 2cm 内外アリテ稍疎ニ小穗ヲ着ク。頂生ノ小穗ハ少數ノ雄花ヨリ成リ、側生ノ小穗ハ雌雄ノ二花ヨリ成リ雄花上ニ位シ雌花下ニ在リ。顆ハ廣橢圓形ヲ呈シテ鈍頭、平滑ニテ赤褐色ヲ呈ス。果囊ハ顆ト同長ニシテ同一色、外側ニ於テ縱裂シ完全ナル囊ヲ成サザルハ大ニすげ ニ異ナルノ點ナリ。瘦果ハ三稜ヲ成セル倒卵形或ハ倒卵狀長橢圓形、花柱ハ一箇、柱頭ハ三岐セリ。和名鬣針すげ ハ其稍硬質ノ鬣狀葉ニ基キ先ニ予ノ命名シタル者ナリ。

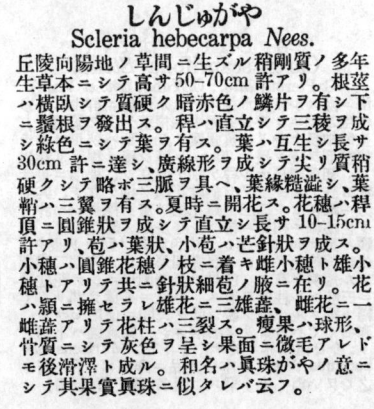

第 2400 圖

かやつりぐさ科

しんじゅがや
Scleria hebecarpa *Nees.*

丘陵向陽地ノ草間ニ生ズル稍剛質ノ多年生草本ニシテ高サ 50-70cm 許アリ。根莖ハ橫臥シ質硬ク暗赤色ノ鱗片ヲ有シ下ニ鬚根ヲ發出ス。稈ハ直立シテ三稜ヲ成シ綠色ニシテ葉ヲ有ス。葉ハ互生シ長サ 30cm 許ニ達シ、廣線形ヲ成シテ尖リ質稍硬クシテ略ボ三脈ヲ具ヘ、葉緣糙澁シ、葉鞘ニ三翼ヲ有ス。夏時ニ開花ス。花穗ハ稈頂ニ圓錐狀ヲ成シテ直立シ長サ 10-15cm 許アリ、苞ハ葉狀、小苞ハ芒針狀ヲ成ス。小穗ハ圓錐花穗ノ枝ニ着キ雌小穗ト雄小穗トアリテ共ニ針狀細苞ノ腋ニ在リ。花ハ顆ニ擁セラレ雄花ニ三雄蕊、雌花ニ一雌蕊アリテ花柱ハ三裂ス。瘦果ハ球形、竹質ニテ灰色ヲ呈シ果面ニ微毛アレドモ後滑澤ヲ成ル。和名ハ眞珠がやノ意ニシテ其果實眞珠ニ似タレバ云フ。

こしんじゅがや
Scleria tessellata *Willd.*
(＝S. fenestrata *Franch. et Sav.*)

原野或ハ山足ノ向陽濕地ニ生ズル一年生
草本ニシテ普通多少叢生シ、根ハ鬚狀ニ
シテ短ク濃赤紫色ヲ呈ス。稈ハ瘦長ニシ
テ直立シ高サ 40-50cm 許アリテ三稜ヲ成
シ葉ヲ有ス。葉ハ線形ニシテ上部漸次ニ
狹窄シ先端略ボ鈍形ヲ成シ、葉緣ハ糙澁
シ、下部ニ鞘狀ヲ成シテ稈ヲ包ム。夏秋
ノ候開花ス。圓錐花穗ハ狹長ニシテ立チ
疎ニシテ褐綠色ヲ呈シ、各枝離在シ枝下
ニ葉狀苞アリ。雌穗ハ褐綠色、長サ 4mm
許アリ。瘦果ハ稍球狀ニシテ初メ白色ヲ
呈シ後ハ小方眼狀ノ紋ヲ現ハシテ赤褐色
細毛ヲ帶ビ、次デ光澤ヲ呈シ依然綱眼ヲ
見ル、花柱ハ三岐ス。和名ハ小眞珠がや又
草狀しんじゅがやヨリ矮小ナレバ云フ。

かやつりぐさ科

第 2401 圖

いぬのはなひげ
Rhynchospora japonica *Makino.*

原野或ハ山側等ノ向陽濕地ニ生ズル多年生草本
ニシテ叢生シ、高サ50-130cm許、稈葉共ニ細長
ニシテ粗剛ナリ。稈ハ直立シ細長ニシテ疎ニ葉
ヲ互生ス。葉ハ稈ヨリ低ク、狹線形ニシテ幅約
3.5mmアリ、上部ニ三稜ヲ成シテ糙澁シ先端ハ
稍銳形ナリ。秋日稈ノ梢上ニ在テ相離在セル葉
腋ニ一二條ノ花枝ヲ出シ枝端ニ赭褐色ノ小穗二
乃至九數許ヲ束生ス。小穗ハ長サ7mm許アリテ
披針狀ヲ呈シ銳尖頭ヲ成シテ五花ヲ含ム。無花
穎ハ三四片ニシテ卵形、擁花穎ハ一片ニシテ橢
圓狀卵形。花ニハ二三ノ雄蕋ト一雌蕋トアリ。
瘦果ハ完全ニ穎中ニ包マレ廣橢圓狀倒卵形ニシ
テ兩凸面體ヲ成シ栗殼色ヲ呈シ、嘴ハ圓錐形、
花柱ハ長クシテ深ク兩岐シ、子房下贅ハ六本ア
リテ其糙澁齒ハ前方ニ向ヘリ。和名 狗ノ鼻鬚ハ
其瘦尖狀ヲ呈セル草姿ニ基キテ云フ。

かやつりぐさ科

第 2402 圖

みかづきぐさ
Rhynchospora alba *Vahl.*
(＝Schoenus albus *L.*)

向陽ノ高原水濕地ニ生ズル多年生草本ニシテ稍叢生
直立シ綠色ニシテ匍枝無シ、稈ハ高サ15-30cmアリテ
細ク三稜柱形ヲ成シ稍部ハ少シク糙澁ス。葉ハ稈ト同
長或ハ短クシテ狹線形ヲ成シ上部ノミ三稜狀ヲ呈ス。
秋日稈頂ニ束集セル繖房花叢ヲ頂ク下部ニ線形ノ一
葉狀苞アリテ花叢ヨリ少シク長ク、其下ノ葉狀苞腋ニ
更ニ往々一枝ヲ出シテ枝端ニ花叢ヲ着クルコトアリ。
小穗ハ生時白色、乾ケバ淡黃褐色ニ變ジ稍短クシテ稍
頭狀ニ繖集シ披針狀ヲ成シ長サ5-6mmアリ。穎ハ卵狀
橢圓形ヲ成シ銳頭ニシテ微凸尖アリ。瘦果ハ廣橢圓形
ニシテ表面平滑、長サ1.5mmアリテ淡褐色ヲ呈シ、基
脚部ヨリ生ズル子房下贅ハ其數十一乃至十四アリテ
瘦果ヨリ長ク長短不同ニシテ微逆刺ヲ有シ、嘴ハ尖リ、
花柱ハ長クシテ柱頭ニ二岐ス。和名三日月草ハ藍シ綠
草中一點在セル白穗ヲ夕闇ノ空ニ浮ベル三日月即チ
新月ニ比セシモノ乎、或ハ狹長ナル白色ノ一小穗ヲ三
日月ニ擬セシ乎。

かやつりぐさ科

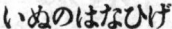

第 2403 圖

801

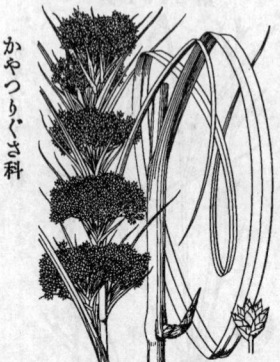

第2404圖

ひともとすすき
一名 ししきりがや
Cladium Mariscus *R. Br.*
(=Schoenus Mariscus *L.*)

中部以南ノ海岸ニ生ズル強剛壯大ノ多年生草本
ニシテ高サ2mニ達ス。稈ハ叢生直立シテ圓柱
形、硬質平滑ニシテ莖生葉ヲ有ス。根生葉ハ幅
1cm許アリ長キ廣線形ヲ成シ上部漸次ニ狹窄シ
テ細ク尖リ下部ハ跨狀ヲ成シテ莖ト同高、是レ
亦強靱、邊緣及中肋ハ鈎刺アルヲ以テ甚
ダ縱澁ヲ極ム。秋日稈上葉腋ニ密集セル複繖房
花穗ヲ着クルコト五六、花軸ハ數回分岐ス。小
穗ハ濃褐色ヲ呈シ廣橢圓形ニシテ長サ2-3mm、
穎ハ六七、何レモ卵狀橢圓形卵頭圓ヲ成ス。雄蕋
ハ二箇、花柱ハ三箇アリ。瘦果ハ廣橢圓體ニシ
テ先端臺ニ凸端アリ成シ、濃褐色ニシテ平滑ナリ。
和名 一本すすきハ一株ヨリ多數ノ葉出ヅル故
云フ、猪切がや又ハ其葉強靱ニシテ小刺アリ極メ
テ縱澁スルヨリゐのししヲ切ルト云フ意ニテ斯
ク云フ。

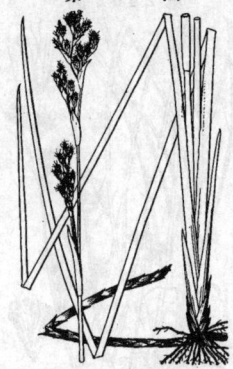

第2405圖

ねびきぐさ
一名 あんぺらゐ・ひらすげ
Cladium glomeratum *R. Br.*
(=C. japonicum *Steud.*)

暖地ノ向陽濕洳ノ處ニ生ズル強直綠色ノ多年生
草木ナリ。高サ60-90cm、強壯ニシテ鱗片ヲ被レ
ル長匍枝ヲ泥中ニ横走セシメ繁殖ス。葉ハ細長
ニシテ多クハ根生シテ二列生ヲ成シ、上牛部圓
柱形又ハ稍三稜形ヲ呈シ平滑ナリ、脚葉ハ長サ
45cm餘ニ達ス。夏秋ノ候、節アル稈ヲ直立シ、
稈梢ノ苞間ニ通常數箇有柄ノ赤褐色繖形穗ヲ生
ズ。小穗ハ二乃至六アリテ略ボ頭狀ニ團集シ各
一花ヲ容レ圓狀卵形ヲ呈ス。穎ハ狹長ニシテ尖
ル。雄蕋ハ三。花柱ハ上部長ク三岐ス。瘦果ハ
長橢圓狀卵形ニシテ小皺アリ、嘴ハ短クシテ黑
色ヲ呈ス。和名あんぺらゐ從來ヨリ々名ナリ
ト雖モ其形狀全ク相異ナルあんぺら (Lepironia
mucronata *Rich.*) ト混同スルヲ以テ今之レヲ
異名トシ此ニハ根引き草ノ採用ス、株ヲ引ケバ
長キ横走匍枝出ヅレバ斯ク云フナラン、扁すげ
ハ其葉稍平扁ナレバ云フ。

第2406圖

のぐさ
一名 ひげくさ
Schoenus apogon *Roem. et Schult.*
(=Chaetospora japonica
　　　　　Franch. et Sav.)

近海ノ地ニ在リテ向陽ノ濕地原野ニ生ズル硬質
ノ一年生草本ニシテ密ニ相集リテ叢生シ、葉ハ
細長ニシテ先端針狀ヲ成シ稈ヨリモ短シ。葉間
ヨリ瘦細ニシテ有稜且ツ凋硬ナル多數ノ稈ヲ抽
キ高サ15-20cm許アリテ稈上ニ二三ノ小形葉ヲ
互生シ、其葉ノ下部ハ鞘ヲ成シテ稈ヲ包ミ暗赤
色ヲ呈ス。初夏ノ候稈頂并ニ上部葉腋ニ小梗ヲ
出シ、紫褐色ノ小花穗二乃至六箇簇集ス。小穗
ハ長サ5-6mm アリテ披針形ヲ呈シ平扁ニシテ
二花ヲ含ミ、穎ハ二列生ヲ成シ、下部ノ三片ハ
卵形ニシテ花無ク、上部ノ者ハ倒卵狀披針形ニ
シテ花ヲ擁セリ。雄蕋ハ三。花柱ハ長クシテ中
部ヨリ三裂ス。瘦果ハ銳角三稜狀廣倒卵形ヲ成
シ、子房下臺ハ六條アリテ其長サ瘦果ノ倍シ帶
赤色ニシテ小刺アリ。和名ハ野草ニシテ野ニ在
ル雜草ノ意ナリ、鬚草ハ其草狀ニ基ク。

はたがや
Bulbostylis barbata *Kunth.*
(＝Scirpus barbatus *Rottb.*)

海邊向陽ノ砂上或ハ近海地ノ向陽圃地等ニ多キ一年生草本ニシテ一株ヨリ多數ノ葉并ニ稈ヲ叢生ス。葉ハ根生シ綠色狹線形ニシテ稈ヨリ短ク、下部擴大シテ淡褐色膜狀ヲ呈ス。稈ハ瘦細ニシテ多數直立シテ出デ基部ニ葉ヲ有シ高サ 12-18cm許アリ。秋ニ至リ稈頂ニ各一ノ花穗ヲ着ケテ淡褐色ノ小穗密集シ頭狀ヲ成ス。總苞葉ハ針形ニシテ大小不同、長サ2cmニ達スル者アリ。小穗ハ長楕圓狀拔針形ニシテ長サ6mm許アリ、穎ハ舟狀卵形ヲ成シ緣毛ヲ具ヘ先端銳尖ニシテ綠色ヲ呈シ背反ス。雄蕋ハ一。花柱ハ三岐ス。子房ヲ頂ニ鬚ヲ無シ。瘦果ハ三稜ニシテ圓狀卵形ヲ成シ、果頂ハ嘴ハ黑褐色ニシテ瘤狀ヲ呈ス。和名畑がや畑地ニ生ズル故云フ。

いとてんつき
Bulbostylis capillaris *Kunth*
var. capitata *Makino.*

向陽ノ芝地等ニ生ズル一年生草本ニシテ叢生シ、根ハ鬚狀。葉ハ總テ根生シ細線形ニシテ稈ヨリ短ク、下部葉緣ニ毛アリ。秋時、多數ノ絲狀稈ヲ葉間ニ抽キ高サ凡20cm內外、稈頂ニ多數ノ茶褐色小穗ヲ頭狀ニ集メ、時ニ更ニ其中ヨリ短柄アル小頭狀花穗ヲ出スコトアリ。總苞葉ハ數箇アリ長短不同ニシテ長サ1.5cmニ達スル者リ。小穗ハ長サ3-6mm許、長楕圓形、穎ハ廣卵形鈍頭ニシテ紫褐色ヲ成シ中脈ハ綠色ヲ呈ス。瘦果ハ淡黃色、三稜、倒卵形ニシテ子房下鬚無シ。花柱ハ三岐シ其基部ハ瘦果頂ニ殘存シテ小瘤狀ヲ成ス。和名絲點突ハ其葉其稈絲狀ヲ成スヲ以テ云フ、點突ハ此類ノ草名ナリ。

いとはなびてんつき
Bulbostylis capillaris *Kunth*
var. trifida *Clarke.*

向陽ノ芝地或ハ山地等ニ生ズル一年生草本ニシテ叢生シ、根ハ鬚狀。葉ハ根生シ絲狀ニシテ極メテ細ク基部稍擴ガリテ淡褐色ヲ呈シ、毛緣ヲ成ス。夏秋ノ候、葉間ヨリ纖細ナル稈ヲ多數ニ抽出シテ高サ15-25cm許アリ、梢上ニ穗ヲ成シテ數箇ノ花梗ヲ分チ、再三分岐シテ各小梗上ニ茶褐色小穗ヲ單生ス。小穗ハ狹卵形ニシテ長サ4mm許、穎ハ茶褐色卵形ニシテ鈍頭ヲ成シ中脈ハ綠色ヲ呈シ、穎內ニ三稜狀倒卵形黃白色ノ瘦果ヲ藏シテ子房下鬚無シ。花柱ハ細クシテ先端三岐シ、其基部ハ殘存シテ瘦果頂ニ瘤狀體ヲ成ス。和名ハ絲花火點突ノ意ニシテ絲ハ其葉并ニ稈狀ニ基キ花火ハ其果穗分岐ノ狀ニ由ル、點突ハ此類ノ草名ナリ。

かやつりぐさ科

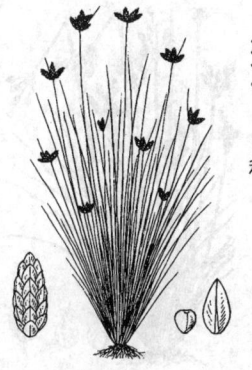

かやつりぐさ科

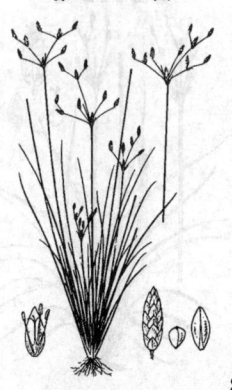

かやつりぐさ科

803

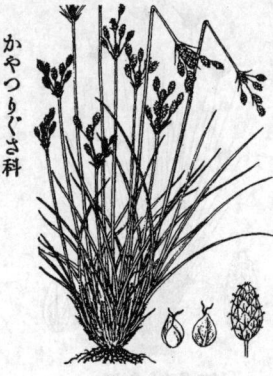

第 2410 圖

かやつりぐさ科

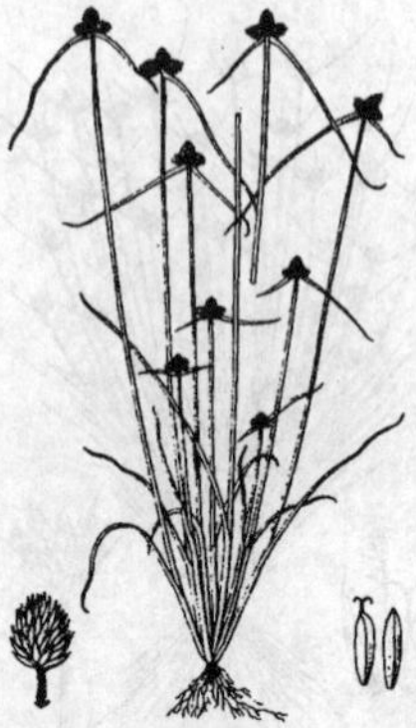

ひんじがやつり
Lipocarpha microcephala *Kunth.*

濕潤ナル圃地或ハ田中等ノ草間ニ生ズル一年生草本ニシテ叢生シ、根ハ鬚狀。葉ハ根生シ狹線形ニシテ軟ク綠色ヲ呈ス。夏秋ノ候、葉中ヨリ多數ノ細稈ヲ抽キ、高サ10-30cm 許アリ、稈頂ハ綠褐色球狀ヲ成シテ直徑 3mm 許アル小穗ヲ密着シ柄ナシ。小穗ハ通常三箇ナレドモ時ニ二箇又ハ四五箇ヲ生ズル事アリ。花穗直下ニ長ク放出スル總苞葉ハ二本アリテ其長サ不同ナリ。穎ハ狹倒卵形ヲ呈シ先端銳尖頭ヲ成シテ反曲ス。瘦果ハ細小、穎ト略ボ同長ニシテ線狀長楕圓形ヲ成シ透明ナル二小鱗ニ由テ包マル。花柱ハ先端三岐ス。和名ハ品字蚊帳釣ニシテ品字ハ其三箇集在スル小穗ノ狀ニ象ドリ、蚊帳釣ハかやつり草ノ略ナリ。

第 2411 圖

かやつりぐさ科

てんつき (飄拂草)
Fimbristylis diphylla *Vahl.*
(= F. annua *Roem. et Schult.* var. tomentosa *Benth.*)

路傍・田間等向陽ノ地ニ生ズル一年生草本ニシテ叢生シ、根ハ鬚狀。葉ハ細長ニシテ稍堅ク下部ハ葉鞘ヲ成シ鞘部往々軟毛ヲ具フ。稈ハ細長ニシテ直立シ高サ 30cm 內外アリテ葉ヨリ超出シテ高シ。總苞葉ハ長大ニシテ葉狀ヲ成シ數條アリテ長短不同ナリ。夏秋ノ候、總苞葉中ヨリ出梗シテ單一幷ニ二三回繖形ニ分枝シ各小梗上各一ノ小穗ヲ生ズ。小穗ハ卵形ニシテ長サ5mm 許、茶褐色ニシテ光澤アリ。穎ハ卵形鈍頭ニシテ背綠線色微凸頭アリ。瘦果ハ黃白色、扁壓サレタル倒卵形ニシテ表面格子狀斑紋ヲ有ス。柱頭ハ扁平ニシテ先端二岐ス。和名ハ點突ニシテ其小穗ヲ以テ點ヲ附シ得ベキヲ以テ斯ク云フ、或ハ小穗上向セルヨリ天ヲ衝クノ意乎。

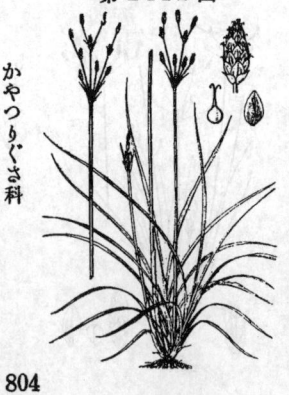

第 2412 圖

かやつりぐさ科

くろてんつき
Fimbristylis diphylloides *Makino.*

我邦中部以南ノ向陽濕地ニ生ズル多年生草本ニシテ高サ25-40cm、稈幷ニ葉ハ共ニ叢生ス。稈ハ直立シ細クシテ鈍五稜アリ。葉ハ根生シテ立チ稈ヨリ短ク、狹線形ニシテ上端ハ縮澁ス。秋日稈頂ハ稍疎ナル複繖形花叢ヲ成ス。苞ハ甚ダ短クシテ披針形ヲ成シ下部ハ鞘狀ト成ル、繖梗ハ四乃至九條アリテ直立或ハ稍直立シ粗大ナラズシテ稜線アリ。小穗ハ卵狀橢圓體、凸頭、生時淡黑褐色ヲ呈シ乾ケバ變ジテ淡褐色ト成リ、長サ4-5mm。穎ハ密ニ鱗次シテ光澤無ク卵形ニシテ中脈隆起ニ兩緣ハ廣キ白膜緣ヲ成シ、先端鈍形ナリ。雄蕊一或ハ二。瘦果ハ扁壓ノ倒卵形、長サ0.8mm、淡黃褐色ヲ呈シ、表面ニ不規則ノ瘤狀體ヲ布ヲ、柱頭ハ二岐シ果時ニ八脫落ス。和名ハ黑點突ニシテ黑ハ其生時ノ小穗ノ色ニ基ク。

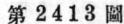

のてんつき
Fimbristylis complanata *Link*
var. Kraussiana *Clarke.*
(＝F. Pierotii *Miq.*)

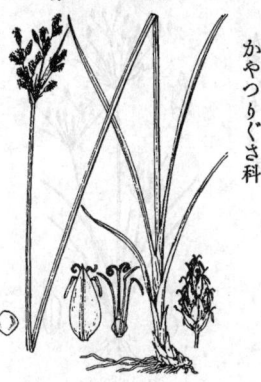

第 2 4 1 3 圖

かやつりぐさ科

原野或ハ山足等向陽ノ地ニ生ズル多年生草本ニシテ叢生シ、根ハ強キ鬚狀ヲ成ス。葉ハ根生シテ著シク稈ヨリ短ク線形ニシテ稍廣ク、先端短ク尖リ下部ハ鞘狀ヲ成シ、全體無毛ナリ。稈ハ高ク超出シテ直立シ綠色ニシテ平扁三稜、高サ 30-40cm 許アリ。七月他ノ同類ノ品種ヨリ早ク開花シ、稈頭一片ノ苞葉ヲ有シ苞腋ヨリ數梗ヲ直出シ、更ニ分岐シテ各小梗ノ先端ニ各一小穗ヲ着ク。小穗ハ長サ5mm許、披針狀長橢圓形ヲ成ス。穎ハ長橢圓形銳頭ニシテ背線綠色ナリ。穎內ニ三稜狀倒卵形ノ一痩果ヲ有シ、表面滑澤、柱頭ハ三岐ス。和名ハ野點突ノ意ニシテ野外ニ生ズルヲ云フ。

ひめてんつき
Fimbristylis autumnalis
Roem. et Schult.

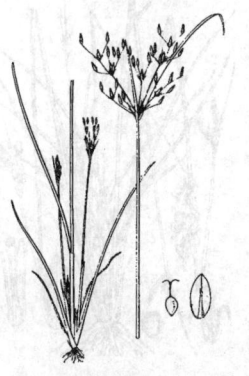

第 2 4 1 4 圖

かやつりぐさ科

向陽ノ路傍或ハ田間、原野ノ濕地ニ生ズル一年生草本ニシテ叢生シ、高サ 15-25cm許アリ、根ハ鬚狀ヲ成ス。葉ハ稈ヨリ低ク細長ナル線形ニシテ質軟カク、下部鞘ヲ成ス。夏秋ノ候多數ノ稈ヲ葉中ニ抽キ稈頂ハ繖形ヲ成シテ長短ノ梗ヲ出シ、各梗岐分シテ小梗ヲ成シ梗頂ニ痩長ナル小穗ヲ單生ス。花序下ニ總苞葉一條アリテ葉狀ヲ呈ス。小穗ハ長サ6mm許、線狀長橢圓形、濃褐色ニシテ穎ハ舟狀廣披針形、背線綠色ニシテ先端ニ突尖アリ。穎中ニ一痩果アリ三稜狀倒卵形ニシテ表面淺キ小網紋アリ、花柱ハ短ク先端三岐ス。和名ハ姬點突ニシテ果穗痩細ナルヨリ云フ。

あぜてんつき
Fimbristylis squarrosa *Vahl.*

第 2 4 1 5 圖

かやつりぐさ科

向陽ノ田畦等ニ多ク生ズル一年生ノ小草本ニシテ叢生シ、高サ 8-15cm 許アリテ鬚根ヲ有ス、葉ハ多數根生シ絲線形ヲ成シテ短シ。稈ハ多數葉中ニ立チテ超出シ、稈頂二三回分岐シテ小梗ヲ分チ淡褐色ノ小穗ヲ攅簇シ、花序下ノ總苞葉ハ芒狀ヲ呈シ著シカラズ。小穗ハ長橢圓形ニテ長サ 5mm 許ナルモ又多少大小アリ、穎ハ廣披針形、淡褐色ニシテ背線綠色ヲ呈シ、先端突出シテ反卷シ、小穗ハ宛モ毛茸ヲ有スルガ如ク見ユ。痩果ハ倒卵形滑澤ニシテ淡黃色ヲ呈シ、花柱ハ先端二岐シ下部ニ長キ白絹毛ヲ有シ宿存ス。一變種ニめあぜてんつき (var. esquarrosa *Makino*) アリテ穎尖ハ背反セズ　和名ハ畦點突ノ意ニシテ此草田緣ノ畦ニ多ク生ズル故云フ。

805

こあぜてんつき
Fimbristylis aestivalis *Vahl.*
(= F. tokyoensis *Makino.*)

かやつりぐさ科

原野ノ向陽濕地ニ生ズル一年生草本ニシテ叢生シ、高サ10-12cm許アリ、根ハ鬚狀ナリ。葉ハ多數根生シ細長ニシテ稍短ク綠色ヲ呈セリ。夏秋ノ候、叢葉中ヨリ多數ノ直立稈ヲ抽キテ葉上ニ超出シ、稈上繖形ニ梗ヲ出シ每梗一二回小梗ヲ分チ各小梗頂ニ淡褐色ニシテ長サ 4mm 許ナル長橢圓形ノ小穗ヲ生ズ。總苞葉ハ芒狀ヲ成シ大小不同ニシテ數條アリ、長サ3cmニ達スル者アリ。穎ハ卵形ニシテ銳頭微凸尖アリ、淡褐色ナレドモ背線ハ綠色ヲ呈ス。穎內ニ一瘦果アリテ淡黃色倒卵狀ヲ成シ、表面平滑ナリ。花柱ハ先端二岐シ果時其下部ニ毛ヲ有セズ。和名ハ小畦點突ニシテあぜてんつきニ似テ小形ナルヨリ云フ。

しまてんつき
Fimbristylis ferruginea *Vahl.*

かやつりぐさ科

向陽ノ地或ハ島嶼地ニ生ズル多年生草本ニシテ叢生シ、鬚根ハ地中ニ深入シテ强シ。葉ハ狹線形ヲ成シ質剛クシテ下部ハ褐色ノ膜質鞘ヲ成ス。夏秋ノ候、葉間ヨリ稈ヲ抽テ直立スルコト20-35cm許、稈頂ニ單繖形ヲ成シテ少數ノ細梗ヲ出シ梗端ニ小穗ヲ著ケ、花序下ノ總苞葉ハ一箇長ク延ビテ花序ヨリ超出ス。小穗ハ長サ1-1.5cmニ達シ線狀長橢圓形ニシテ茶褐色ヲ呈ス。穎ハ卵形鈍頭微凸尖ヲ有シ、背線綠色ヲ成シ、穎內ニ三雄蕊幷ニ稍扁平倒卵形ノ瘦果ヲ有シ果面滑澤ニシテ褐色ナリ、花柱ハ扁平ニシテ二岐ス。和名ハ島點突ニシテ往々島地ニ生ズルヨリ名ク。

おほてんつき
Fimbristylis longispica *Steud.*
(= F. Buergeri *Miq.*)

かやつりぐさ科

海ニ接スル向陽ノ濕地草間ニ生ズル多年生草本ニシテ高ク直立叢生シテ高サ 50-70cm許アリ、株本ハ肥厚シ下ニ鬚根ヲ具フ。葉ハ粗剛ニシテ狹線形ヲ成シ稈ヨリ短シ。夏秋ノ間、高ク葉間ヨリ抽キタル稈頂苞葉間ニ數梗ヲ抽キ二三回分枝シテ各小梗先端ニ長サ 1.2cm 許ノ茶褐色線狀長橢圓形ノ小穗ヲ有ス。總苞葉ハ二三條アリテ葉狀ヲ成シ長短不同、其長キ者ハ20cmニ達ス。穎ハ革質卵形ニシテ光澤アリ褐綠色ヲ呈シ背線ハ綠色ニシテ先端微凸頭アリ、穎內ニ三雄蕊アリ。瘦果ハ稍扁平倒卵形ヲ成シ表面小格子狀網理アリテ黃白色ヲ呈シ、花柱ハ扁平ニシテ二岐セリ。和名ハ大點突ノ意ニシテ草狀大ナルヨリ云フ。

あをてんつき
Fimbristylis verrucifera *Makino.*
（＝Isolepis verrucifera *Maxim.*；
F. nipponensis *Makino.*）

第2419圖

向陽ノ砂土質濕地ニ生ズル一年生ノ小草
本ニシテ叢生シ鬚根ヲ有シ高サ7-15cm
許アリ。葉ハ稍短クシテ根生シ狹線形ニ
シテ下部稍擴大シ淡褐色ヲ呈ス。夏秋ノ
間、葉間ヨリ多數ノ纖細ナル稈ヲ抽キ、稈
上一二囘分岐シテ淡褐綠色ヲ帶ビタル卵
形又ハ球形ノ小穗ヲ多數集メ着ケ各小穗
長サ3-5mm許アリ。總苞葉ハ數條アリ葉
ト同質ニシテ花序ヨリ長ク超出ス。穎ハ
綠白色ヲ呈シ、狹倒卵狀橢圓形ヲ成シ背
線ハ綠色ニシテ先端長ク突出ス。穎內ハ
一瘦果アリ、黃白色紡錘形ニシテ橫ニ扁
平ナル網狀紋ヲ有シ、往々小瘤狀體ヲ側
方ニ突出ス。柱頭ハ二岐セリ。和名靑點
突ハ其小穗生時綠色ヲ呈スルヨリ云フ。

びろうごてんつき
Fimbristylis sericea *R. Br.*
（＝F. verutina *Franch.*）

第2420圖

海濱砂場ノ向陽地ニ生ズル多年生ノ小草本ナ
リ。株頭多岐叢生シテ往々束ヲ成シ、根莖ハ斜
上シ長キ鬚根ヲ生ジ香氣アリ。葉ハ多數ニシテ
狹線形ヲ成シ其質脆剛ニシテ上面溝ヲ成シテ綠
色、下面ハ灰白色細毛ヲ密布シ常ニ背方ニ彎曲
シテ基部ハ鞘ヲ成ス。稈ハ數條叢葉間ニ直立シ
テ高サ10-20cm許、硬質ニシテ稈面ハ葉ト同ジ
ク灰白色細毛ヲ布ク。夏秋ノ候稈頂ハ短クシテ花序
ヲ成シ單生或ハ複生シ、下ニ短キ少數總苞アリ。
小穗ハ各稍梗上ニ三五箇簇生シ、稍大形ノ卵狀長
橢圓形ヲ呈シ、綠褐色ヲ呈ス。穎ハ直立シテ相
接在シ卵形、有脊。瘦果ハ穎ヨリ短クシテ兩凸
面形ナル倒卵形ヲ呈シ、花柱ハ瘦果ト同長ニシ
テ二岐セリ。和名天鵞絨點突ハ其體上ノ軟絨毛
ニ基キシ名ナリ。

ひでりこ
Fimbristylis miliacea *Vahl.*

第2421圖

田間或ハ原野ノ向陽濕地ニ普通ニ生ズル
一年生草本ニシテ叢生シ、根ハ鬚狀ヲ成
ス。葉ハ根生シテ稈ヨリ短ク下部擴ガリ
テ層々相抱キ扁平ニテ扇狀ニ配列シ、
狹線形ニシテ上部漸尖シ綠色ニシテ基部
ハ鞘ヲ成ス。夏秋ノ間、葉間ヨリ數稈ヲ抽
ヲ直立シ高サ25-40cm許、稈頂ハ再三分
岐シテ多數ノ小梗ヲ成シ、數十乃至數百
ノ褐色小穗ヲ攢着シ群ヲ成ス。數條ノ總
苞葉ハ芒狀ニシテ花序ヨリ短ク長サ2cm
許アリ。小穗ハ略ボ球狀ニシテ小サク徑
2mm許、穎ハ橢圓形鈍頭ニシテ赤褐色ヲ
呈シ、穎內ハ三稜狀倒卵形黃色ノ一小瘦
果アリ。瘦果ハ表面網紋アリテ稍瘤質ヲ
呈シ、花柱ハ短ク三岐セリ。和名日照子
ハ敢テ旱天ヲモ恐レズ依然トシテ繁茂ス
ルヨリ云フ、子ハ二ニシテ苗ヲ云フ。

かやつりぐさ科

かやつりぐさ科

かやつりぐさ科

第 2422 圖

かやつりぐさ科

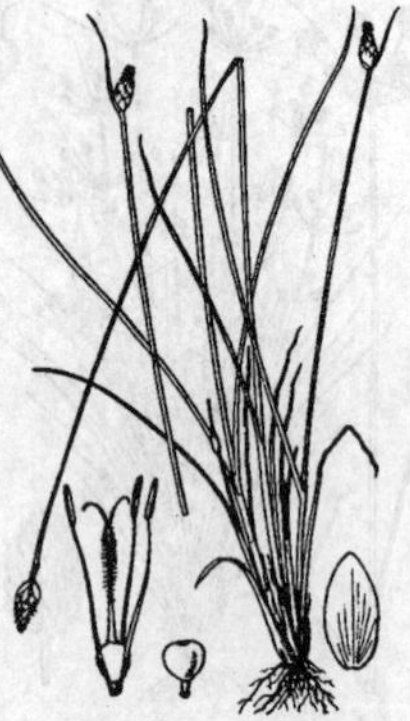

やまゐ

Fimbristylis subbispicata *Nees et Mey.*

(=F. japonica *Sieb. et Zucc.*)

向陽ノ原野・山足地・路傍・溝側ノ濕地ニ生ズル多年生草本ニシテ叢生シテ株ヲ成シ、强キ鬚根ヲ有ス。根生葉ハ稈ヨリ短ク細長ニシテ剛强、綠色ニシテ光澤アリ、下部ハ鞘ヲ成ス。夏秋ノ間、葉間ニ數條ノ瘦長綠稈ヲ抽テ直立スルコト30-40cm許、頂端ニ一箇或ハ極メテ罕ニ二箇ノ褐色長橢圓形ノ小穗ヲ着ケ長サ約1.5cm許アリ。總苞葉ハ一葉ニシテ1-6cm許アリ。穎ハ狹卵形ニシテ先端尖リ褐色ニシテ背線稍綠色ヲ呈シ微凸尖アリ。穎內ニ一瘦果アリ、扁平廣倒卵形ニシテ褐色ヲ呈シ表面滑澤ナリ、花柱ハ有毛ニシテ先端二岐セリ。和名 山ゐハ山地ニ生ズルゐノ意ニシテゐハ其稈ゐ卽チ燈心草ニ類スルヨリ云フ。

第 2423 圖

かやつりぐさ科

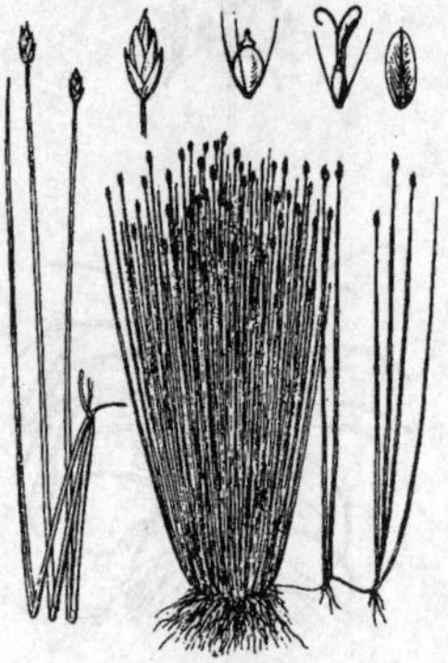

まつばゐ (牛毛氈)

一名 こげ・こうげ

Eleocharis acicularis *R. Br.*

(=Scirpus acicularis *L.*)

水田中或ハ濕泥地ニ生ズル多年生小草本ニシテ廣面積ヲ占メテ密ニ繁茂シ往々綠黃色ヲ呈シ、高サ3-6cm許アリ。根莖ハ絲狀ヲ成シテ泥中ヲ橫行シ、節ヨリ鬚根ヲ發出ス。葉ハ絲狀ヲ呈シ根莖ノ節ニ叢生シテ直上シ毛ノ如シ。夏秋ノ間、叢葉中ヨリ絲狀ノ數稈ヲ抽テ直立シ、稈頂ニ各一ノ小形卵狀橢圓形ノ淡褐色小穗ヲ生ジ長サ2-4mm許アリ。穎ハ舟狀卵形、鈍頭ニシテ淡褐色白緣、背線ハ綠色ヲ呈ス。穎內ニ一瘦果アリテ二三ノ子房下鬚ヲ伴ヒ、黃褐色ニシテ長橢圓狀倒卵形ヲ呈シ表面ニ扁平格子狀紋アリテ頂ニ一短嘴アリ、花柱ハ三岐ス。和名 松葉ゐハ其葉狀ニ基キテ云フ、こげハ小毛ノ意ナラン或ハ苔毛ノ略乎、是レ亦葉狀ニ由リシ稱、こうげハこげヲ延ベテ云ヒシナラン乎。

第 2424 圖

かやつりぐさ科

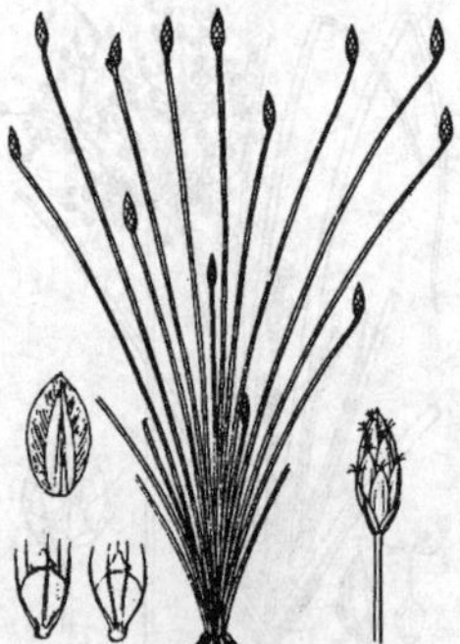

はりゐ

Eleocharis japonica *Miq.*

(=Scirpus japonicus *Franch. et Sav.*)

向陽原野ノ濕地或ハ田面或ハ時ニ池沼中ニ生ズル一年生草本ニシテ根ハ鬚狀ヲ成ス。稈ハ多數叢生シ纖細ニシテ圓ク、高サ8-18cm許、綠色ニシテ基部ハ暗赤色ヲ呈シ葉ヲ缺如ス。夏秋ノ間稈頂ニ卵形・橢圓形・長橢圓形或ハ圓柱狀長橢圓形ノ直立セル小穗ヲ有シ長サ 3-6mm 許アリテ淡紫褐色ヲ呈ス。若シ水中ニ生ジテ其稈倒レ水中ニ入ル時ハ小穗下ニ更ニ枝ヲ分出シテ枝端更ニ小穗ヲ着ケ枝本ヨリ根ヲ下シテ新株ヲ作ル殊性アリテみづひきゐト稱ス、又陸生者モ稈倒レテ地ニ接スル時ハ亦同樣ナル狀態ヲ呈スルコトアリ。穎ハ卵形鈍頭、紫褐色ヲ呈シ、背部綠色。瘦果ハ五六本ノ子房下鬚ヲ伴ヒ、倒卵形ニシテ鮮黃色ヲ呈シ表面滑澤ニシテ、花柱ハ三岐ス。和名 針ゐハ其針狀ヲ呈セル稈狀ニ基キテ斯ク云フ。

ぬまはりゐ
Eleocharis palustris *R. Br.*
(= *Scirpus palustris L.*)

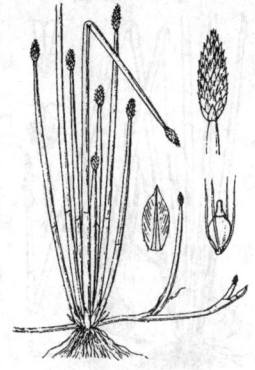

第 2 4 2 5 圖

かやつりぐさ科

池邊沼側或ハ水傍ノ濕地ニ群生スル多年生草本ニシテ泥中ニ横行スル根莖ヲ有シ、根莖ハ稍粗大ニシテ節アリ、鬚根ヲ有ス。稈ハ直立シ高サ20-40cm許アリ、稍粗大ナル圓柱形ヲ成シ綠色ニシテ橫隔無ク基部ハ紫黑色ヲ呈ス。葉ハ稈本ニ鞘ヲ成シテ葉片無ク其最上鞘ハ口緣截形ヲ呈ス。小穗ハ直立シテ頂生シ獨在シテ長橢圓形ヲ成シ長サ1.5cmニ達シ黑褐色又ハ褐黃色ヲ呈ス。穎ハ狹卵形ニシテ稍銳頭ヲ成シ穎內ニ一瘦果アリ。瘦果ハ六本ノ子房下鬚ヲ伴ヒ、兩凸面體ナル倒卵形ニシテ黃色ヲ呈シ表面紋樣ナク、頂ニ小瘤ヲ戴キ、花柱ハ二岐セリ。和名沼針ゐハ沼ニ生ズルはりゐノ意ナリ。

しかくゐ
Eleocharis tetraquetra *Nees*
var. Wichurai *Makino.*
(= E. Wichurai *Boeck.*; Scirpus hakonensis *Franch. et Sav.*)

第 2 4 2 6 圖

かやつりぐさ科

山足原野向陽ノ濕地ニ生ズル多年生草本ニシテ叢生シ、叢生セル鬚根ヲ有ス。稈ハ多數アリテ直立シ高サ30-40cm許アリ、細長ニシテ淡綠色ヲ呈シ略ボ四角狀柱ヲ成シ、葉ハ變ジテ全部鞘ト成リテ稈本ヲ包ミ口緣截形、黑褐色ヲ呈シ下部ハ稍赤紫色ナリ。秋月、稈頂ニ長橢圓狀卵形ノ小穗ヲ單生シ、長サ1.3cm許アリテ先端尖リ淡褐色ヲ呈シ直立ス。穎ハ橢圓形鈍頭、淡褐色ニシテ白緣、背線ハ綠色ヲ呈ス。瘦果ハ稍長キ白毛ヲ密生セル六本ノ子房下鬚ヲ伴ヒ、圓狀倒卵形ニシテ表面滑澤、綠黃色ヲ呈シ縱方ニ長キ疣小紋アリ。花柱ハ先端三岐シ基部ヘ擴リテ白色扁平體ヲ成シ瘦果頂ニ殘存シ、和名 四角ゐハ其稈形ニ基キテ云フ。

くろはりゐ
Eleocharis Savatieri *Clarke.*
(= E. kamtschatica *Komar.* var. reducta *Ohwi.*)

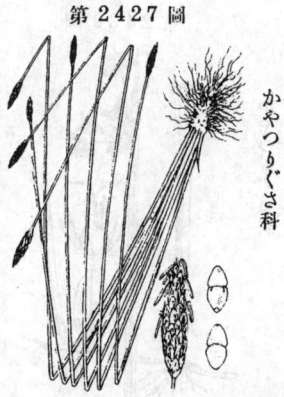

第 2 4 2 7 圖

かやつりぐさ科

向陽ノ濕地ニ生ズル多年生草本ニシテ疎ニ叢生シ、鬚根ヲ有シ、又匐枝ヲ出ス。稈ハ細長ナル圓柱形ニシテ直立シ高サ30cm內外アリ。葉ハ變ジテ鞘狀ヲ成シ口緣ハ截形ニシテ黑褐色ヲ呈シ其部ハ暗紫色ナリ。夏秋ノ候、稈頂ニ直立セル長橢圓形ノ小穗ヲ單生シ、長サ1-1.5cmニ達シ黑紫色ヲ呈ス。穎ハ卵形ニシテ先端稍銳頭ヲ成シ、白膜緣、暗紫色ニシテ背線ハ黃褐色ヲ呈ス。瘦果ハ六本ノ小ナル子房下鬚ヲ伴ヒ、圓狀倒卵形ニシテ稍扁壓シ黃色ヲ呈シ表面微小ナル網紋アリ。花柱ハ三岐シ基部ハ白色ヲ呈シ擴大シテ瘦果上ニ宿存ス。和名 黑針ゐハ其小穗ノ外觀暗紫褐色ヲ呈スルヨリ云フ。

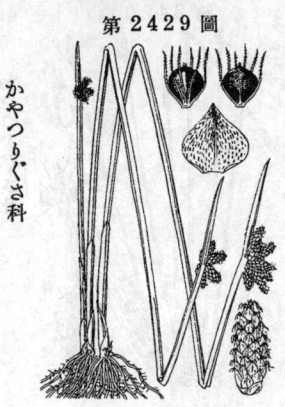

かやつりぐさ科

第2428圖

くろぐわゐ　古名 くわゐ
Eleocharis plantaginea *R. Br.*
(＝Scirpus plantagineus *Retz.*)

群ヲ成シテ池溝沼澤ノ水中ニ生ズル多年生草本ニシテ泥中ニ匍匐莖ニ徑7-18mm許ノ塊莖ヲ有ス。塊莖ハ泥中曲板シ末端ニ生ジテ圓ク、前方ニ嘴アリ、栗殻色ヲ呈シ且同色ノ廣鱗片ヲ被リ肉ハ白色ニシテ食フベシ、秋ニ生ジ次年ノ上ヨリ新芽ヲ出シテ株ト成ル。稈ハ叢生シテ直立シ綠色ニシテ質軟弱、初出ノ者ハ 痩細、次デ出ル者ハ圓柱形ニシテ平滑、皮壁薄ク橫隔多ク、莖ハ變形シテ總テ膜質ノ筒狀鞘ヲ成シ葉ノ下部ハ密包シ、口緣ハ斜截形ヲ呈ス。秋月稈頂ハ淡綠色ヲ呈セル綠狀圓柱形ノ小穗ヲ單生シ、直立シテ長サ3cm許アリ。穎ハ多數アリテ覆瓦樣ニ列シ、白緣綠背ニシテ橢圓形ヲ成シ宿存ス。瘦果ハ六本ノ子房下藜ヲ伴ヒ、淡綠白色廣倒卵形ニシテ表面滑澤、小網紋アリ、花柱ハ二三岐ス。此ノ一變種ニしなくろぐわゐ一名おほくろぐわゐ (var. tuberosa *Makino*＝E. tuberosa *Roem. et Schult.*) アリテ塊莖大ナリ、之レヲ島芋ト稱シ一名馬蹄ト云フ。和名ハ黑ぐわゐニシテ其黑褐色ヲ呈セル塊莖ニ基キテ云ヒ且慈姑ノ古名白くわゐニ對シテ云フ、古名くわゐノ意ハ燈心草ノ意ニシテ其稈形ハ基ケルナランモ其くわゐ意ハ分明ナラズ。

第2429圖

かやつりぐさ科

かんがれゐ（水毛花）
Scirpus mucronatus *L.*

諸州ノ濕沎泥地或ハ沼澤地ニ生ズル大形ノ多年生草本ニシテ根ハ鬚狀ナリ。稈ハ多數叢生シテ直立シ、綠色ニシテ銳三稜形ヲ成シ、長サ60-80cm許アリ。葉ハ變形シテ葉片無ク稈ノ下部ニ鞘狀ヲ成シ、口緣斜截形ヲ呈ス。夏月、稈頂ハ綠色ノ數小穗ヲ簇着シ、稈狀ノ一綠苞ハ直立シ長サ4-7cm 許アリテ先端尖レリ、小穗ハ無柄ニシテ長サ1.3cm 許アリ狹卵形ニシテ綠褐色ナリ。穎ハ覆瓦樣ニ排列シ廣卵形鈍頭ニシテ淡綠色褐色緣ヲ有ス。瘦果ハ六本ノ子房下鬚ヲ伴ヒ、扁三稜狀廣倒卵形ニシテ黃白色ヲ呈シ、花柱ハ三岐ス。和名ノ蓋シ寒枯ゐニシテ冬月尚其枯稈ノ殘存スルヨリ云フナラン。

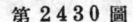

第2430圖

かやつりぐさ科

さんかくゐ
一名 さぎのしりさし
Scirpus triqueter *L.*
(＝S. Pollichii *Gren. et Godr.*
var. coriacea *Franch. et Sav.*)

近海ノ泥濕地或ハ原野ノ濕地ニ生ズル多年生草本ニシテ泥中ニ匍匐ヲ引キ往々群ヲ成シテ繁茂セリ。稈ハ少數叢出シ、直立シテ鈍三稜形ヲ成シテ滑綠色、長サ50-90cm許アリ。葉ハ變形シテ鞘ト成リ稈本ヲ包擁セリ。夏秋ノ間、稈頂ハ長短不同ノ數小梗ヲ出シ、梗端ハ茶褐色橢圓狀又ハ長橢圓形ノ小穗二乃至五箇許ヲ聚着シ穗長1-1.5cm許アリ。花穗間ハ略々花穗間ト同長ナル一本ノ直立苞ヲ伴ヒ三稜ニシテ尖リ綠色ヲ呈ス。穎ハ覆瓦樣ニ排列シ卵形、鈍頭、褐色ニシテ背綠綠色ヲ帶ブ。瘦果ハ穎內ニ位シテ三刃至六本ノ子房下鬚ヲ伴ヒ、廣倒卵狀ニシテ一方平面一方凸面ニ壓扁シ、淡褐色ヲ呈シ、花柱ハ二歧ス。內地ニテハ敢テ其利用ヲ聞カズト雖モ臺灣ニテハ之レヲ用キテ所謂大甲席ヲ製スル故ニたいかふゐノ別名アリ、又臺灣ニテ蓆草ノ名アリ。和名ノ三角ゐニシテ其稈形ハ基ヅニ云ヒ、鷺ノ尻刺しハ其ノ示スガ如ク其繁茂セル處ニ下リタルさぎノ尻ヲ刺スノ意ナリ。漢名 薦草(？)

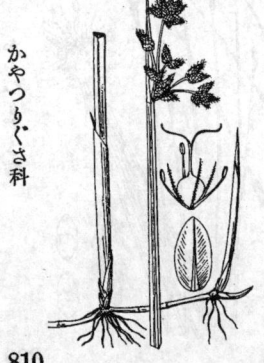

810

ほたるゐ

Scirpus erectus *Poir.*
(=S. juncoides *Roxb.*;
S. Hotarui *Ohwi.*)

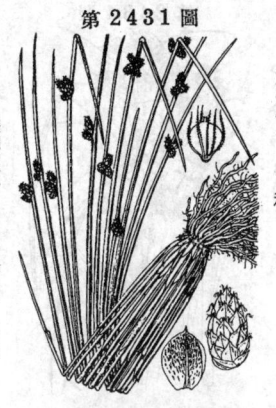

第2431圖

小溝或ハ下濕リ地ニ生ズル一年生草本ニシテ叢生シ高サ40-50cm許アリテ鬚根ヲ有ス。稈ハ細長線色ニシテ略ボ圓柱狀ヲ成シ、葉ハ鞘狀ヲ成シテ稈ノ下部ヲ包擁シ其口緣ニ截形ヲ呈ス。夏秋ノ間、稈頂ニ無柄ノ數小穗ヲ簇生シ、稈ニ連リテ穗側ニ細長ニシテ尖ル5-9cm長ノ一綠苞ヲ直立スルニヨリ花穗ハ宛モ側生スルノ觀アリ。小穗ハ綠褐色、廣卵形、鈍頭ニシテ長サ6-9mm許。穎ハ覆瓦樣ニ列シ圓形、淡褐色、背線綠色ニシテ微凸頭アリ。瘦果ハ略ボ瘦果ト同長ナル六本ノ刺ヲ下鬚ヲ伴ヒ、黑色ヲ呈シ扁平ニシテ兩凸面ヲ成シ廣倒卵形ニシテ表面細橫皺アリ、花柱ハ二或ハ三歧ス。和名 螢ゐハ何故斯ク云フ乎チニハ不明ナリ、或ハ螢籠ニ此草ヲ入ルル事アル乎是レ亦詳ナラズ。

ふとゐ
一名 おほゐ・たうゐ・まるすげ

Scirpus lacustris *L.*
var. Tabernaemontani *Trautv.*
(=S. Tabernaemontani *Gmel.*)

第2432圖

池沼中ニ大群ヲ成シテ生ズル多年生草本ナレドモ又往々庭池ニ栽植シテ觀賞スルコトアリ。根莖ハ粗大ニシテ長ク泥中ヲ橫行シ節ヨリ、鬚根ヲ叢出ス。稈ハ長大ニシテ高サ1.5-2m許アリ、圓柱形平滑ニシテ綠色ヲ呈シ質輭カラズ、中ニ白髄アリ。葉ハ褐色鞘狀ヲ成シ又ハ綠片狀ニシテ先端尖ル。夏秋ノ間稈頂ニ繖形ヲ成シテ長短不同ノ花梗數本ヲ分チ長サ4-7cm許アリ、各梗更ニ分枝シテ無柄或ハ有柄ノ黃褐色小穗ヲ着ケ、此ニ通常繖房スルカ或ハ一方ニ傾ケリ、穗本ニ一短線苞アリテ長サ1-4cm許ス。各小穗ハ楕圓形ニシテ長サ8mm許。穎ハ楕圓形褐色綠ニシテ背部綠色ヲ呈シ微凸尖アリ。瘦果ハ五乃至六本ノ刺ヲ下鬚ヲ伴ヒ、倒卵形ニシテ整扁シ一方平面一方凸面ヲ呈シ表面ニ橫澤ニシテ黑黷シ、花柱ハ二歧ス。園藝品ニしまふとゐ(forma zebrina *Makino*)アリ、稈ニ綠白兩色ノ橫斑ヲ生ズ。本種ノ母品ハ花柱三歧ヲおほふとゐト稱シ我邦北地或ハ冲部地ノ高燥ニ見ル、形狀ふとゐト異ナラズ。和名ハ太ゐニシテ草狀大ナルヨリ云フ、又大ゐモ同意味ナリ、唐ゐ~唐ノ品ト誤認セシ名、圓すげ~其科圓ケレバ云フ。漢名 莞(誤用)、水葱(誤用)、水葱ハ蓋シ Eleocharis 即ちはりゐ屬ノ一種ニシテ或ハぬまはりゐ乎。

うきやがら (荊三稜)
一名 や が ら

Scirpus maritimus *L.*

第2433圖

池澤ノ水中ニ生ズル大形ノ多年生草本ニシテ高サ1-1.5m許アリ、泥中ニ根莖ヲ引キ長ク橫行シテ疎ニ分枝シ、末端ニ兩頭尖レル塊莖ヲ成シテ後チ黑色ヲ呈シ質頗ル堅硬ナリ。稈ハ粗大ニシテ直立シ三稜形ニシテ光澤アリ、綠色ニシテ質堅カラズ。葉ハ稈上ニ互生シ綠形ニシテ尖リ、幅廣キ者時ニ1cmヲ超エ、下部ハ筒狀鞘ヲ成シテ稈ヲ包ミ口緣ハ斜截セリ。夏時、稈頂ニ葉狀ヲ成シテ長ク開出スル總苞葉中ニ花梗數本ヲ簇形ニ生ジ、各無柄或ハ有柄ノ小穗一乃至四個ヲ着ク。小穗ハ長サ1-2cmアリテ長楕圓形ヲ成シ濃褐色ヲ呈ス。穎ハ膜質ニシテ長楕圓形ヲ成シ背綠色ニシテ先端小芒狀ニ突出ス。瘦果ハ三乃至六本ノ刺ヲ下鬚ヲ伴ヒ、鈍角三稜狀倒卵形ヲ成シ帶褐白色ニシテ、花柱ハ三歧ス。和名ハ浮矢幹ノ意、矢柄ハ其稈ヲ指シ冬枯ルレバ輕クシテ水ニ浮ブ故斯ク云フ。

811

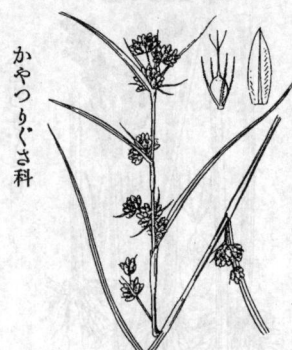

第2434圖

かやつりぐさ科

まつかさすすき
Scirpus Mitsukurianus *Makino.*

向陽ノ草原濕地ニ他草ト相交ハリテ生ズル大ナ
ル多年生草本ニシテ稀疎ニ叢生シ直立シテ高サ
1m 内外アリ。葉ハ稈ニ互生シ、狹長ニシテ廣
線形ヲ成シ先端漸殺シテ尖リ長サ30～60cm幅6～
10mm許アリ、綠色平滑ニシテ質硬ク葉緣ハ糙
澁シ、葉本ハ筒狀鞘ヲ成シテ稈ヲ包擁ス。稈ハ聳
立シ平滑綠色ニシテ質硬シ。秋ニ至リテ
梢葉腋ヨリ花梗ヲ抽キ、極端ニ在ル小形葉狀ノ
總苞數片ノ中點ヨリ更ニ出梗シテ一二回分梗シ
其小梗頂ニ長橢圓形ノ赤色小穗ヲ十數箇宛頭狀
ニ簇聚シ其徑1.5cm許アリテ小穗ハ長サ5mm許
アリ。穎ハ小形ニシテ赤褐色ヲ呈シ線狀披針形
ニシテ短銳尖頭ヲ成シテ背線綠色ナリ。瘦果ハ極
メテ長ク且屈曲セル六本ノ子房下鬣ヲ伴ヒ、小
形ニシテ狹倒卵形ヲ成シ稍壓扁セラレ先端嘴ヲ
成シ黃白色ヲ呈シ、花柱ニ三岐ス。種名ハ記念
ノ爲メ著者ノ箕作佳吉博士ニ捧ゲシモノナリ。
和名松毬すすきハ其團集セル各花穗ノ狀ニ基キ
シナリ。

第2435圖

かやつりぐさ科

こまつかさすすき

Scirpus fuirenoides *Maxim.*

向陽ノ平地或ハ山足地ノ濕處ニ他草ト相交リテ
生ズル多年生草本ニシテ稈ハ叢生シテ直立シ瘦
長ナル三稜狀圓柱形ニシテ稈高サ60～70cm許ア
リ、平滑綠色ニシテ質硬シ。葉ハ稈ニ互生シ狹
長ナル線形ニシテ先端漸尖ニ狹ク尖リ質剛クシテ
邊緣糙澁シ、下部ハ筒狀鞘ヲ成シテ稈ヲ包メ
リ。秋ニ至テ稈梢葉腋ニ短梗ヲ出シテ一回又
ハ二回分岐シ、其極端ハ小穗相集リテ頭狀球形
ヲ成シ徑1cm内外アリ。小穗ハ長サ4mm許、長
橢圓形、生時暗綠色ヲ呈シ乾ケバ濃褐色ニ變ズ。
總苞葉ハ小形葉狀ヲ成シ狹線形ニシテ下部ハ擴
張ス。穎ハ廣披針形、銳頭、綠褐色。瘦果ハ六
本ノ長キ子房下鬣ヲ伴ヒ、扁平倒卵形黃白色ニ
シテ先端嘴ヲ成シ、まつかさすすきノ者ヨリ一
倍半以上大形ナリ、花柱ニ三岐ス。和名ハ小松
毬すすきニシテ姉妹品ナルまつかさすすきヨリ
小形ナレバ斯ク云フ。

第2436圖

かやつりぐさ科

あぶらがや
一名 なきり・かにがや
Scirpus cyperinus *Kunth*
var. concolor *Makino.*

(＝S. concolor *Maxim.*;
S. Wichurai *Boeck.* var. concolor *Ohwi.*)

山原山足等ノ濕地ニ生ズル大形ノ多年生草本ニシテ叢生シ、
往々耳狀ヲ成シ、下ニ鬚根ヲ叢出ス。葉ハ稈ニ互生シ長大ナル
線形ニシテ漸次ニ尖リ長サ40～60cm、幅1cm許アリ、質梢硬ク
綠色ニシテ表面光滑アリ、下部ハ長鞘ヲ成シテ稈ヲ包メリ、
稈ハ高ク直立シテ直直、純三稜形ヲ成シ光澤アリテ黃綠色ヲ
呈ス。秋ニ至テ稈梢ノ葉腋ヨリ細長ナル長短不同ノ數梗ヲ出
シ、各更ニ數囘分枝シテ小梗頂ニ二乃至三ツ小穗ヲ集メ斜ケ
テ略頭狀ヲ成シ、小穗ハ卵狀長楕圓形ニシテ純ニシテ茶褐色ヲ呈シ
長サ6～9mm許アリ。穎ハ小形ニシテ長楕圓形ヲ成シ先端尖
リ暗褐色ヲ呈ス。瘦果ハ長クシテ屈曲セル六本ノ子房下鬣ヲ
伴ヒ、扁平三稜ヲ成セル長楕圓形ニシテ先端嘴ヲ成シ黃白
色ニシテ、花柱ニ三岐ス。此一品ニこあぶらすすき (forma
karuisawensis *Makino*＝S. cyperinus *Kunth* var. ka-
ruisawensis *Makino*＝S. karuisawensis *Makino*) アリ、
全草稍小形、花穗稍疎ニシテ開穊スルコト少ク小穗ハ密集シ
略半球狀ノ頭狀ヲ呈ス。又しでこあぶらがや (forma cylin-
dricus *Makino*) アリ、小穗長クシテ簇集ス。和名ハ油がヤ小花
穗油色ヲ帶ビ且油臭ス アレバ斯ク云フ、なきりハ或ハ菜切リ乎
其莖緣サセ葉ヲ以テ茶漬ヲ切ルニ用ヒ乎、蟹がヤハ多分小
兒其葉ヲ以テ蟹ヲ釣ルニ用ウルヨリ云フ乎。漢名 蒴草(誤用)

あいばさう
Scirpus cyperinus *Kunth*
var. Wichurai *Makino.*
(=S. Wichurai *Boeck.*; S. Eriophorum
Michx. var. nipponicus *Franch. et Sav.*)

第2437圖

かやつりぐさ科

諸國山足山間等ニ濕地ニ生ズル壯大ナル多年生草本ニシテ高サ1m以上ニ達シ株ヲ成シ下ニ鬚根ヲ叢出ス。稈ハ高ク聳立シ强硬ニシテ鈍三稜柱形ヲ成シ綠色ニシテ滑澤ナリ。葉ハ鬚根生シ稈ニ稈ハ互生シ廣線形ニシテ末長ク尖リ幅ニ1cm内外ヲ算シ、質剛勁ニシテ綠色ヲ呈シ表面滑澤ナレド葉緣ハ糙澁シ、稈上ニ三四片ノ葉アリテ下部ニ長鞘ヲ成シ稈ヲ包メリ。秋日稈頂ニ大ナル花叢ヲ出シ黃褐色ヲ呈シテ一方ニ魔ヲ傾キ、小穗ノ長サ4-5mm許アリ、俄状あぶらがやニ酷似スレドモ小穗ハ何レモ單立シテ廣橢圓體ヲ成シ、側方ノ者ハ長柄アルヲ以テ區別シ得ベシ。瘦果ハ廣橢圓形ニシテ壓扁セラレ平滑ナリ。野外ニ往々本品トあぶらがやトノ中間品アリテ小穗ニ有柄無柄ノ小穗ヲ混生ス、之レヲあひあぶらがや (var. intermedius *Makino*) ト云フ卽チ兩者ノ意ナリ。和名あいば草ノ意著者ニハ不明、是レ伊勢ノ方言ナリト云フ蓋シ元來ハあぶらがやヲ含メテ呼ブ名ナラン。

えぞあぶらがや
Scirpus cyperinus *Kunth*
var. Eriophorum *O. Kuntze.*
(=S. Eriophorum *Michx.*; S. Wichurai
Boeck. var. borealis *Ohwi.*)

第2438圖

かやつりぐさ科

向陽ノ山原或ハ山麓ノ濕地等ニ生ズル大形ノ多年生草本ニシテ株ヲ成シテ下ニ鬚根ヲ叢出ス。葉ハ基部ノ者根生シ稈上ノ者ハ互生シ長大ニシテ廣線形ヲ成シ末漸次ニ尖リ硬質滑澤ニシテ綠色ヲ呈シ葉緣ハ糙澁シ、稈上ノ葉ハ其下部長鞘ヲ成シテ稈ヲ包メリ。稈ハ高ク直聳シ頂端ニ苞葉ト大ナル花穗ヲ有シ花穗ハ多數ノ小穗ヲ着ケテ往々一方ニ魔ケリ、槪形あぶらがやニ酷似シ、秋月其小穗ハ赤褐色ヲ呈スルモ赤相同ジ、然レドモ小穗ハ長サ3mm許ノ小球形（あぶらがやニ在テハ長サ6-9mm許）ニシテ且通常二乃至四箇（あぶらがやハ二乃至三箇）簇生ス。瘦果ノ狀等あぶらがやト相同ジ。和名蝦夷油がやハ初メ北海道產品ニ對シテ命名セラレシヲ以てエゾノ名アレドモ、今ハ更ニ本州・四國幷ニ九州ニモ亦產スルコトヲ知ルニ至レリ。

わたすげ
一名 すずめのけやり・まゆはきぐさ・かやな
Eriophorum gracile *Koch.*

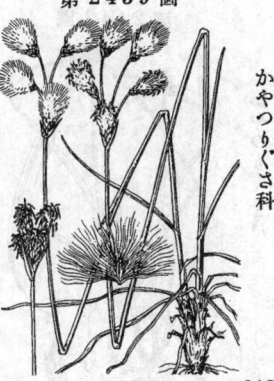

第2439圖

かやつりぐさ科

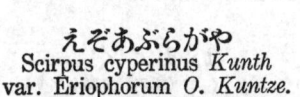

我邦中部以北ノ山原向陽濕地ニ生ズル多年生草本ニシテ疎ニ叢生シ往々群ヲ成シテ繁茂シ、根ハ鬚状ニシテ少數ニシテ短ク頗ル細長ニシテ薄ヲ成シ三稜形ニシテ先端鈍頭、稈上ノ葉ハ下部長キ鞘ヲ成シテ稈ノ下部ヲ包メリ。稈ハ細長線色ニシテ直立シ三稜柱形ヲ成シ高サ35-50cm許アリ。七月頃梢ニ總穗ヲ成シテ長サ不同ノ二三枝ニ分チ數箇ノ小穗ヲ着ケ開花シ其果時ニハ梗伸ビテ點頭ス。總苞葉ハ一二片アリテ長サ2-3cm許、鬚状ニシテ下部擴大セリ。小穗ハ長サ1cm許ニシテ橢圓形ヲ成シ、顎ハ廣卵形純頭ニシテ灰黑色ヲ呈シ、顎內ニ三雄蕊アリテ葯ノ顎外ニ超出ス。瘦果ハ鈍三稜狀狭線形ニシテ灰褐色ヲ呈シ、柱頭ハ三蚗ス。子房下稜ニ多數ノアリ花後伸長シテ3cmニ達シ、顎ノ脫落後モ宿存シテ恰モ白色ノ綿屬ノ如シ。和名ハ綿すげノ意ニシテ其果穗ノ白毛ニ基キ稱ナリ、此名ハ明治十三年發行ノ『博物館列品目錄』ニ出ヅ、雀ノ毛槍幷ニ眉刷毛草ノ名ハ明治十三年發行ノ『小石川植物園草木目錄』ニ出ヅ、かやな又ハ其毛かや（茈）ノ如クレバ云フ乎、な又ハ茅乎。

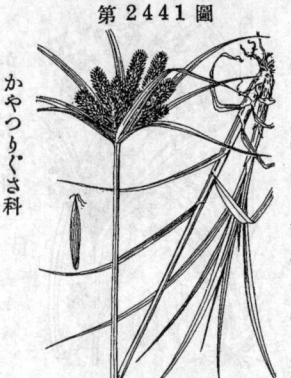

さぎすげ
一名　わせわたすげ
Eriophorum vaginatum L.

我邦中部以北ノ山原向陽濕地ニ生ズル多年生草本ニシテ多株相依リ群ヲ成シテ繁茂リ、根莖短ク、下ニ鬚根ヲ出セリ。葉ハ短ク、絲線形三稜ニシテ叢出シ、上部一二ノ莖葉ハ稍膨大セル鞘ヲ成シテ互生ス。稈ハ叢生シ葉ヨリ上ニ超出シテ直立シ下部圓柱形上部三角形ニシテ綠色ヲ呈シ高サ30～40cm許アリ。七月、稈頂ニ小形花ヲ密集セル一小穗ヲ頂生シ、穗下ノ苞葉ハ鱗狀ニシテ廣披針形ヲ成シ白膜緣ニシテ長サ6mm許アリ。小穗ハ直立シ卵狀橢圓形ニシテ多花ヲ有シ長サ1.5cm許。穎ハ廣卵形ニシテ長銳尖頭ヲ有シ薄膜質ニシテ濁黑綠色ヲ呈ス。瘦果ハ扁平ナル三稜狀倒卵形ヲ成シ鈍頭ニシテ黃白色ヲ呈シ、花柱ハ三岐ス。子房下鬚ハ多數ニシテ白絹毛狀ヲ成シ花ノ後長ク延ビテ2cm許ニ達シ、擴ゲテ白綿球狀ヲ成シ頗ル美ナリ。和名鷺すげノ其果穗ヲ白鷺ニ擬セシメリ、此名ハ明治廿八年發行ノ松村任三博士著『改正增補植物名彙』ニ出ヅ、わせ綿すげハわたすげヨリノ果穗早ク熟スルヨリ云ヒ是レ亦上ノ書ニ出ヅル所ナリ。

いぬくぐ
一名　くぐ（誤用、且同名アリ）
Mariscus Sieberianus Nees
var. subcomposita Clarke.

諸州ノ向陽草地ニ生ズル綠色ノ多年生草本ニシテ根莖ハ稍肥厚シ、下ニ鬚根ヲ出シ、高サ30～50cmアリ。稈ハ二三根莖ヨリ生ジテ直立シ三稜柱形ヲ成シ、下部一稈ヨリ短ヶ三四片ノ葉ヲ疎ニ互生ス。葉ハ廣線形ニシテ中脈ヨリ左右ニ折レテ溝ヲ成シ淡綠色ニシテ質軟カナリ。總苞ハ綠色葉狀ニシテ花穗叢ヨリ遙ニ超出シ六七片アリテ長短不同ナリ。繖形花叢ハ夏秋ノ候ニ出デ、單繖形ヲ成セル十箇內外ノ穗狀花ヨリ成リ中一ハ柄ヲ有スルモアリテ長短一樣ナラズ、穗狀花ハ圓柱形ニシテ開出セル多數ノ小穗ヲ密ニ着生シ長サ2～3cm許アリテ綠色ヲ呈シ後褐色ヲ帶ブ。小穗ハ長サ3～4mmアリテ線狀圓柱形ヲ成シ一二花ヨリ成リ、熟スレバ果實ト共ニ穗狀花ノ中軸ヨリ脱落シ去ルノ性アリ。瘦果ハ狹長橢圓形ヲ成ス。和名ハ現時之レヲくぐト稱スレドモくぐノ正品ハ本種ニ非ズ、故ニ今大くぐノ新稱ヲ下セリ。くぐノ意ハ不明ナリ。漢名　碪子苗（誤用）、碪子苗ハ Fimbristylis 卽チてんつき屬ノ一種ナリ。

ひめくぐ（水蜈蚣）
Kyllingia brevifolia Rottb.

普通ニ諸州ノ野外向陽ノ濕地ニ通常他草ト伍シテ生ズル多年生草本ニシテ叢生シ、帶紫色根莖ヲ周圍ニ發出シテ繁殖シ、鬚根ヲ下ニ全草ニ一種ノ香アリ。葉ハ質軟クシテ狹線形ヲ成シ末ハ漸次ニ尖リ下部ハ淡紫色ヲ帶ビ鞘ヲ成ス。稈ハ葉中ニ出デテ直立シ瘦長ナル三稜柱形ニシテ綠色ヲ呈シ高サ10～25cm許アリ。總苞葉ハ三片許アリ穗狀ニシテ穗下ニ接シテ出デ長クシテ穗狀ニ往々反向ス。夏秋ノ間、稈頂ハ綠色球狀直徑7～12mm 許ノ花穗ヲ單生シ多數ノ小穗ヲ集メ着ク。小穗ハ長橢圓形ニシテ長サ2.5mm許アリ。穎ハ軸上ニ二列ニ排ビ、舟狀ヲ成セル卵形ニシテ背綠綠色ヲ呈シ先端尖レリ。瘦果ハ褐色ヲ呈シ稍扁平ニシテ倒卵形ヲ成シ先端ニ小凸尖アリ、花柱ハ二岐ス。和名姫くぐハ草狀全體小形ナルヨリひめト云ヘリ。

かやつりぐさ科

かやつりぐさ科

かやつりぐさ科

第 2440 圖

第 2441 圖

第 2442 圖

かやつりぐさ
一名 ますくさ（同名アリ）
Cyperus microiria *Steud.*
（＝C. japonicus *Makino.*）

かやつりぐさ科

通常剛中・廢地等ニ生ズル一年生草本ニシテ叢生シ鬚根ハ叢生シ紫色ヲ呈シ、全草ニ一種ノ香アリ。葉ハ多ク根生シ細長ナル線形ニシテ末漸次ニ尖リ質堅カラズ。稈ハ葉ヨリ直立シテ通常一株ニ數條出デ鈍三稜柱形ニシテ平滑綠色、高サ30-40cm許アリ。七八月ノ候、稈頂ニ葉狀ヲ成セル總苞葉三乃至五片ヲ開出シ頗ル長ク、其中央ヨリ繖梗四乃至九條ヲ出シ一乃至六許ノ穗狀花序ヲ有シ、穗狀花序ハ稍頭狀ニ集リテ多數ノ小穗ヲ排列ス。小穗ハ褐黃色線形ニシテ二十花內外ニ二列ニ疊ケ長サ1-1.5cm許アリ。穎ハ舟狀、橢圓形、褐色、背線ハ綠色ニシテ先端短小凸尖ヲ成ス。瘦果ハ黑褐色ニシテ三稜ヲ呈シ長橢圓狀倒卵形ヲ成シ、花柱ハ小形ニシテ三岐ス。和名ハ蚊帳釣草ノ意、小兒互ニ其稈ノ端ヨリ裂ケバ四條ニ分レテ四角ト成ルノ之ヲ蚊帳ノ釣ニ擬シテ戲ニ遊ブ故斯ク云フ、枡草ノ意モ同ジクノレバ四條ニ裂キ以テ四角ナル枡ノ形チニ象リテ遊ブ。植物學上ニテハ本種ヲかやつりぐさト特稱スレドモ世間ニテハこめがやつりモ亦斯ク謂フ。

こごめがやつり
一名 かやつりぐさ（同名アリ）
Cyperus Iria *L.*

かやつりぐさ科

普通ノ向陽ノ園地或ハ曠野ノ濕地ニ生ズル一年生草本ニシテ叢生シ紫色ノ鬚根ヲ叢出シ、全草ニ一種ノ香氣アリ、莖狀かやつりぐさニ酷似シ其姉妹品タリ。葉ハ質軟ニシテ長ク、狹線形ニシテ末長ク尖リ、下ハ稈ヲ成シテ稈ノ下部ヲ包擁セリ。夏秋ノ間高サ20-40cm許ノ稈ヲ抽キ通常一株ニ數條アリテ直立シ鈍三稜柱形ヲ成シ平滑綠色タリ。稈頂ニ長キ葉狀ノ總苞葉三乃至五片ヲ開出シ、其中央ヨリ四乃至十ノ花梗ヲ出シ三乃至七ノ花穗ヲ着ケ、下部ノ者ハ時ニ更ニ花穗ヲ分枝ス。花穗軸上ニハ長橢圓狀線形ヲ成セル小穗ヲ少數或ハ多數ニ着ケ、小穗ハ長サ0.5-1cm許アリテ淡黃色ヲ呈シ二列ニ排ベル二十外ノ花ヲ有ス。穎ハ倒卵形褐黃色ニシテ背線綠色先端鈍圓頭ヲ成シ治ド尖點無シ、瘦果ハ三稜ニシテ狹倒卵形黑色ヲ呈シ、花柱ハ三岐ス。此一品ニこごめがやつり（forma paniciformis *Makino*＝var. paniciformis *Clarke.*＝C. paniciformis *Franch. et Sav.*）アリ、小穗ニハ通常二乃至四花ヲ有ス、然レドモ往々其花穗ノ状母種ト連絡シ其間ニ境界無キヲ見ル、和名ハ小米蚊帳釣ニシテ其花小形ナルヲ以テ云フ、本品モ亦俗ニ蚊帳釣草ト謂フ。

うしくぐ
Cyperus truncatus *Turcz.*

かやつりぐさ科

山足地或ハ田畔或ハ野外ノ濕地ニ生ズル一年生草本ニシテ疎ニ叢生シ往々群ヲ成シテ繁茂シ粗大ニシテ直立シ高サ30-60cm許アリ。葉ハ多ク根生シテ堅カラズ、廣線形ニシテ末長ク尖リ葉緣澁澁シ時ニ幅1cmニ達スルコトアリ。秋月、粗大ニシテ綠色三稜形ヲ成セル稈ヲ葉中ヨリ抽キ、頂端ニ三乃至六片ノ長キ葉狀總苞葉ヲ具ヘ、其苞葉心ヨリ繖形ヲ成シテ長短不同ノ數梗ヲ抽キ、其梗端ニ多數ノ小穗ヲ簇生シテ橢圓形ヲ成シ時ニ更ニ花穗ヲ分岐ス、小穗ハ線形、白褐色又ハ褐紫色ニシテ十四五花ヲ二列ニ生ズ。穎ハ廣橢圓形鈍頭ニシテ綠背白膜緣ヲ成ス。瘦果ハ灰白色ヲ呈シ三稜ニシテ狹倒卵狀長橢圓形ヲ成シ花柱ハ三岐ヲ有ス。和名ハ牛クグニシテ其果穗紫黑色ナルヲ以テ謂フヲ乎、或ハ全草粗大ナルヲ以テ謂フヲ乎、著者ニハ今其意不明ナリ。

第2446圖

あぜがやつり
Cyperus globosus *All.*
var. strictus *Makino.*
(=C. strictus *Lam.*; Pycreus capillaris
Nees var. stricta *Clarke*; P. globosus
Reichb. var. stricta *Clarke.*)

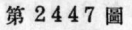

かやつりぐさ科

原野或ハ山足ノ濕地或ハ田畔或ハ溝側等ニ多ク生ズル多年生草本ニシテ叢生シ鬚根ヲ叢出ス。葉ハ多ク根生シ、細線形ヲ成シ末漸次ニ尖シ下部ハ鞘ヲ成ス。稈ハ直立シ細長ニ徑硬ク高サ30-40cm許アリ、稈頭ノ總苞葉ハ細長ク細線形ヲ成シ二三片アリテ大小不同ナリ。夏秋ノ間總苞葉中ヨリ數本ノ花梗ヲ抽キ、先端ニ小穗ヲ蓍ケテ開出シ稍稀疎ナル頭狀ヲ成シテ簇生シ、時ニ其下方短ク分枝シ複穗ヲ成ス。小穗ハ線狀狹披針形ニシテ長サ1.5cm、綠褐色ニシテ强ク壓扁セラレ二列ヲ成シテ數十花ヲ排列ス、穎ハ舟狀ヲ成シテ卵形ヲ呈シ鈍頭ニシテ黃褐色、背線ハ綠色ナリ。瘦果ハ兩凸面形ニシテ側方ヨリ壓扁セラレ、橢圓形ニシテ黑褐色ヲ呈シ先端微凸頭ヲ成シ、柱頭ハ二岐セリ。和名ハ畦蚊帳釣ニシテ此品能ク畦ニ生ズル故斯ク云フ。

第2447圖

こあぜがやつり
Cyperus Haspan *L.*

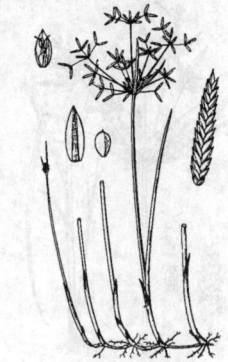

かやつりぐさ科

向陽ノ濕地或ハ田畦等ニ生ズル多年生草本ニシテ根莖ハ匍匐シテ分枝シ、鬚根ハ紅紫色ヲ呈ス。葉ハ稈本ヲ擁シテ稈ヨリ短ク狹線形ニシテ末漸尖シ下ハ鞘ヲ成シ質柔軟ナリ、又往々單ニ鱗狀ヲ成ス。稈ハ直立シテ弱ク質軟クシテ三稜柱形ヲ成シ綠色ニシテ高サ25-40cm許アリ。夏秋ノ間、稍廣キ線形ノ總苞葉三片許ヲ稈頂ニ出シ、其中心ヨリ大小不同ノ纖梗多數ヲ出シ、其中ノ或ルモノハ先端更ニ一二回纖狀ニ分枝シテ多數ノ小穗ヲ疎ニ着生シ所謂花火狀ヲ呈シ、大ナル花穗ハ横徑時ニ15cmニ達スル者アリ。小穗ハ長サ4-12mm許、線狀長橢圓形、褐赤色ヲ呈シ、二三十花ヲ二列ニ排置ス。穎ハ舟狀ヲ成シ長橢圓形ニシテ背線ハ綠色ナリ。瘦果ハ三稜狀ヲ成シ廣倒卵形ニシテ淡黃色ヲ呈シ、花柱ハ三岐ス。和名ハ小畦蚊帳釣ニシテあぜがやつりニ比シ小形ナルヨリ云フ。

第2448圖

くぐがやつり
Cyperus compressus *L.*

かやつりぐさ科

向陽ノ田野路傍又ハ近海ノ平地ニ生ズル一年生草本ニシテ叢生シ鬚根ヲ叢出ス。葉ハ叢生シ稈ヨリ短ク狹細線形ニシテ末漸尖シ下ハ鞘ヲ成ス。稈ハ高サ15-25cm許アリテ葉間ヨリ直立シ綠色ニシテ三稜柱狀ヲ成シ平滑ニシテ質稍硬直ナリ、稈頂ニ出ヅル總苞葉ハ三片ニシテ葉狀ヲ成シ長大ナリ。七八月ノ候、十餘數ノ小穗ヲ稈頭ノ苞葉心ヨリ簇出シ時ニ更ニ其中ヨリ長ク一乃至三ノ纖梗ヲ出ス。小穗ハ長サ1-1.7cm、稍幅廣キ線狀長橢圓形ヲ成シテ强ク壓扁セラレ、穎ハ舟狀ヲ成シテ卵形ヲ呈シ淡綠白色ニシテ背線綠色ヲ成シ、先端凸頭アリ。瘦果ハ黑色ニシテ三稜狀廣倒卵形ヲ成シ、花柱ハ三岐ス。和名ハくぐニ似タル蚊帳釣草ノ意ナリ。

816

たまがやつり

Cyperus difformis *L.*

水淺キ沼澤或ハ濕地或ハ水田中ニ生ズルー年生
草木ニシテ叢生シ、質軟ニシテ綠色ヲ呈シ下ニ
鬚根ヲ叢出ス。葉ハ綫形ヲ成シ末漸尖シ背ハ脊
稜ヲ成シ前面ハ溝ヲ呈シ下部ハ鞘ヲ成ス。夏秋
ノ間、葉中ヨリ三稜柱形ヲ成セル稈ヲ抽キ、稈
頂ニ長大ナル總苞葉二三片アリ。花穗ハ其苞葉
心ヨリ出デ、數條ノ短纖梗頂ニ徑1cm內外ノ小
頭狀ヲ成シテ密ニ多數ノ細小小穗ヲ團集ス。小
穗ハ長サ2-3mm許アリ、長楕圓形ニシテ褐紫色
ヲ呈シ極メテ小形ナル十數花ヲ二列ニ排риз。
穎ハ舟狀ニシテ廣倒卵形截頭ヲ成シ、褐黃色ニ
シテ兩側ニ赤斑ヲ呈シ背線ハ綠色ナリ。瘦果ハ三
稜狀兩尖楕圓形ニシテ黃白色ヲ呈シ、花柱ハ三
岐ス。和名ハ球蚊帳釣ニシテたまハ其球形ヲ成
セル花穗ニ基キテ斯ク云フ。

かやつりぐさ科

みづはなび

一名 ひめがやつり

Cyperus flavidus *Retz.*
(= C. pseudo-Haspan *Makino.*)

能ク稻田中ニ生ズルー年生草本ニシテ疎ニ叢生シ質
柔軟ニシテ綠色ヲ呈シ、根莖ヲ引カズ、株下ニ鬚根ヲ
叢出ス。葉ハ皆根生ニテ鞘狀ヲ成シ稈ヨリ短シ。稈ハ
直立シ細長ニシテ三稜柱狀ニ成シ綠色ニシテ高サ15-
30cm許アリ、稈頂ニ長キ總苞葉二三片ヲ出シ、其中央
ヨリ長キ纖梗十數條ヲ出シ大ナルハ10cmニ達シ、各
先端更ニ一二回纖出シ分岐シテ多數ニ小穗ヲ着ク。小
穗ハ扁平、綠狀長楕圓形、長サ3-5mm許、赤褐色又ハ綠
褐色ヲ呈シ、二十花前後ノ微小花ヲ二列ニ着ク。穎ハ
舟形ヲ呈シテ長楕圓形ヲ成シ先端截形ニシテ微凸頭
アリ兩側ハ赤褐色ヲ帶ビ、背線ハ綠色ナリ。瘦果ハ三稜
狀倒卵形ニシテ表面ニ小疣狀突起アリ、淡黃色ヲ呈シ、
花柱ハ三岐ス。此種ニあぜがやつりニ頗ル類似スルヲ以テ
往々兩種混殖セラルルコトアリト雖モこあぜがやつリ
ハ在テハ根莖ヲ具ヘ且小穗幷ニ小花ハ一ハ稍大形ナ
レバ兩者ヲ識別スルコト容易ナリ。和名ハ水花火ノ
意、本品水濕ノ地ニ生ジ花穗繖開シテ宛モ煙花ノ如ケ
レバ云フ、姬蚊帳釣ハ草狀弱小ナルヨリ云フ。

かやつりぐさ科

ひながやつり

Cyperus hakonensis *Franch. et Sav.*

平地ノ濕リタル圃中・田面或ハ濕地ニ生ズル多年生
草本ニシテ叢生シ質柔軟ニシテ淡綠色ヲ呈シ 株下ニ
紫赤色ノ爛根ヲ叢出ス。葉ハ根生ニ細長ナル綫形ニシ
テ末漸尖シ長短アリテ長キモノ20cm許ニ達シ稈ヨリ
長シ。秋月葉間ヨリ多數ノ稈ヲ抽キテ纖開シ、稈頂ニ
長キ葉狀總苞葉二三片ヲ着ク、其葉心ヨリ長キ數條ノ
纖梗ヲ出シ、其先端更ニ小纖梗ヲ射出シ小穗數個ヲ集
メ着ク。小穗ハ綠色ヲ呈シ長サ8mm內外、扁平長楕圓
形ニシテ二列ヲ成シテ二三十花ヲ有ス。穎ハ舟形ヲ成
セル楕圓形ニシテ綠白色ヲ呈シ、先端ハ凸尖アリ少シ
ク外方ニ背反ス。瘦果ハ三稜狀倒卵形ニシテ黃褐色ヲ
呈シ、表面微小ナル抚狀突起アリ。花柱ハ三岐ス。此
一品ナルこひながやつり (f. vulcanicus *Makino*=
var. vulcanicus *Fr. et Sav.*) ハ其生育地ノ狀態ニ
左右セラレ其草體單ニ矮小トナリシ者ノミ、著者ハ明
治十九年ノ秋之ヲ相州箱根大地獄ノ地ニ採集セシ
コトアリ。和名ハ雛蚊帳釣ハ其全草小弱ナルヨリ云フ。

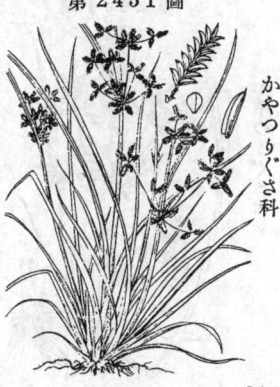

かやつりぐさ科

あをがやつり
一名　おほたまがやつり
Cyperus nipponicus *Franch. et Sav.*
(＝C. pygmaeus *Rottb.* non *Retz.*;
Juncellus pygmaeus *Clarke.*)

主トシテ關東諸州ノ多少濕リタル平地ニ生ズル一年
生草本ニシテ叢生シ、鬚根ヲ叢出ス。葉ハ根生ニシテ
質軟ク狹線形ニシテ末漸次尖シ稈ヨリ短ク、下部ハ淡赤
紫色ヲ呈セル稍長キ鞘ヲ成シテ稈ヲ包ム。夏秋ノ候叢
葉中ヨリ高サ30cm內外アル少數乃至多數ノ稈ヲ抽キ
テ直立乃至斜出シ三稜狀ニシテ平滑綠色ナリ、稈頂ニ
開出セル長キ葉狀ノ總苞數片ヲ出シ、葉心ヨリ淡綠
褐色ノ小穗ヲ簇出シ又時ニ二三ノ短キ總梗ヲ出シテ
其先端ニ頭狀ニ密集セル小穗ヲ著ク。小穗ハ長サ6mm
內外アリテ長橢圓形或ハ狹卵形ヲ成シ二列シテ二十
花許リヲ著ク。顈ハ卵形銳頭背線綠褐色ニシテ微凸頭ア
リ。瘦果ハ褐色橢圓柱ニシテ背腹ノ方向ニ兩凸扁平形
ヲ成シ花柱二岐スルモ、往々三稜狀ヲ呈シ、又花柱三
岐スル者モアリ。和名靑蚊帳釣ハ其全草綠色ヲ呈スル
ヨリ云フ、大球蚊帳釣ハ其花穗たまがやつりヨリ大ナ
ル故云フ。

かはらすがな
Cyperus sanguinolentus *Vahl.*
(＝Pycreus sanguinolentus *Nees*;
C. Eragrostis *Vahl.*)

原野或ハ山足ノ濕地或ハ水田畔ニ生ズル一年生草本
ニシテ叢生シ、鬚根ヲ叢出ス。葉ハ稈ヨリ稍短ク狹長
線形ニシテ末漸次尖シ、下部ハ鞘ヲ成シテ稈ヲ包メリ。
稈ハ直立スレドモ其基部ニ分枝ヲ多少橫斜シテ頂上
ニ高サ25-35cm許アリ。秋月、稈頂ニ長クシテ狹線形
ヲ成シ開出セル葉狀總苞葉三片ヲ出シ、小穗ヲ頭狀
ニ簇生シ、又短ク少數ノ梗ヲ纖出シ同ジク其先端ニ頭
狀ヲ成シテ小穗ヲ著ク。小穗ハ長橢圓形乎扁淡褐色或
ハ紫褐色ニシテ長サ6mm內外、二列ヲ成セル二十花前
後ヲ有ス。顈ハ舟狀卵形、銳頭、淡褐色、背線綠色ニシ
テ時ニ兩側赤褐色ヲ帶ブ。瘦果ハ兩凸面ヲ成シテ側方
ヨリ壓扁セラレ圓狀橢圓形ニシテ稍小又ハ黃褐色ヲ
呈シ、花柱二岐セリ。此一品ニしでがやつり (var.
spectabilis *Makino*＝C. Eragrostis *Vahl.* var.
spectabilis *Makino*) アリテ其小穗ヲ長サ
サ3cm幅4mm 餘アリ相集リテ四方ニ射出シ奇觀ヲ呈
セリ。和名ハ川原すがなニシテ川原ニモ生ズルヨリ云
フ、而シテすがなハ多分すげくさト云フ意ナラン。

みづがやつり
一名　おほがやつり
Cyperus serotinus *Rottb.*
(＝Junceus serotinus *Clarke.*;
C. Monti L. *fil.*; C. japonicus *Miq.*)

原野ノ沼澤・河邊・溝濱ニ生ジ或ハ田畔峙ヤ濕地ニ見
ル高サ多年生草本ニシテ根莖ハ泥中ニ匍キ晩秋ニ至
テ其先端ニ小ナル塊莖ヲ生ジ次年萌出ノ準備ヲ成シ、
株下ニ鬚根ヲ叢出ス。葉ハ一株數片アリテ長ク、長サ
50-60cm 餘アリテ廣キ線形ヲ成シ末漸次尖シ下部ハ鞘
ヲ成ス。稈ハ葉中ヨリ直立シテ高鞏キ高サ50-70cm許
アリ、粗大ニシテ三稜柱形ヲ呈シ綠色ナリ。秋月、稈頂
ニ葉狀ヲ成セル總苞葉三四隅ヲ出シテ長ク開出シ長サ
サ50cm 以上ニ達スルモノアリ、其葉中ヨリ稍粗大ナル
纎梗數本ヲ出シ時ニ更ニ二三分枝シ、稍疎ニ總狀㦮
ヲ成シテ長サ1.5cm許ノ小穗ヲ互生シテ開出ス。小穗
ハ長橢圓狀線形ニシテ紫赤色或ハ茶褐色ヲ呈シ、二十
花許ニ二列ニ排置ス。顈ハ黃色廣卵形鈍頭ニシテ背線
綠色、兩側淡褐色ヲ帶ブ。瘦果ハ黃褐色橢圓形、背腹
ノ方向ニ扁平ナリ。花柱ニ二岐或ハ三岐ス。和名ハ水
蚊帳釣ニシテ此種水邊ニ生ズルヨリ云ヒ、大蚊帳釣ハ
草狀大形ナルヨリ云フ。

かやつりぐさ科

818

ぬまがやつり
Cyperus glomeratus *L.*

中部以北ノ水濕地ニ生ズル大形ノ一年生草本ニシテ多少叢生シ、鬚根ヲ叢出ス。高サ50~70cm許アリテ直立ス。葉ハ廣線形ヲ成シ末ハ長ク漸尖シ稈ト同高ニシテ質厚ク幅1cmアリ、下部ハ鞘ヲ成シテ稈ノ下方ヲ包メリ。稈ハ登立シ粗大ニシテ三稜柱狀ヲ成シ基腳部ハ往々肥厚ス。秋月、稈頂ニ三乃至六片ノ長サ葉狀苞アリテ其葉心ニ數箇ノ複生ノ繖形花穗ヲ出ダシ、繖梗ハ直立シ長キハ10cmニ超ユ。穗狀花穗ハ圓柱形或ハ長橢圓形或ハ橢圓形ヲ成シテ初メ白綠色ナレドモ後チ黃褐色ヲ呈シ、密ニ多數ノ小穗ヲ着ク。小穗ハ線狀披針形ニシテ十五花内外ヨリ成リテ二列ニ排ビ、長サ5mm内外アリ。穎ハ乾皮質、長橢圓狀披針形ニシテ鈍頭、背部ハ綠色ヲ混ジ、小穗軸ニ對シ殆ンド開出セザルヲ以テ小穗ハ著シク尖レル觀ヲ呈ス。三雄蕊アリ。蒴ハ長橢圓形ニシテ三稜ヲ成シ穎ヨリ短クシテ暗色ヲ呈シ、花柱ハ三岐ス。和名ハ沼蚊帳釣ニシテ沼地ニ生ズルヨリ云フ。

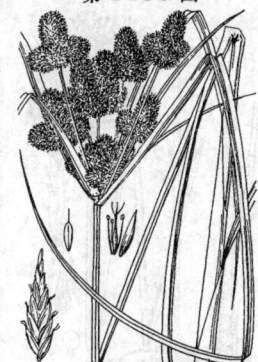

第 2455 圖

かやつりぐさ科

いががやつり
Cyperus odoratus *L.*
(= Pycreus odoratus *Urb.*; C. polystachyus *R. Br.*; P. polystachyus *Beauv.*)

近海ノ向陽平地ニ生ズル一年生草本ニシテ叢生シ、鬚根ヲ叢出ス。葉ハ軟質ニシテ叢出シ、狹長ナル線形ニシテ末漸尖シ下部ハ鞘ヲ成シテ稈ヲ包擁ス。稈ハ一株ニ數本ノ直立シ高サ20~30cm許アリテ葉ヨリ超出ス。秋ニ至リ稈梢ニ三乃至五條許ノ葉狀總苞葉ヲ開出シ、其葉心ニ頭狀ヲ成シ赭褐色ノ多數小穗ヲ密集シ、更ニ二三梗ヲ出シテ梢頂ニ同ジク小穗ヲ簇着ス。小穗ハ長サ1.2cm許アリテ線狀長橢圓形ヲ成シ先端尖リ其軸上ニ二三十花ヲ二列ニ生ズ。穎ハ舟狀ニシテ卵形、赤褐色白緣ニシテ背線綠色ヲ呈シ、先端芒ヲ成サズ。瘦果ハ長橢圓形ニシテ左右ヨリ壓扁シ、褐色ニシテ表面微小粒狀突起アリ、花柱ハ二岐ス。和名ハ毬蚊帳釣ノ意ニシテ其花穗ノ狀ハいがノ如ケレバ云フ。

第 2456 圖

かやつりぐさ科

はますげ (莎草)
一名 く ぐ （『倭名類聚鈔』）
Cyperus rotundus *L.*

海邊向陽ノ砂地ニ多ク生ジ、又原野・河岸ノ地ニ見ル多年生草本ニシテ根莖ヲ地中ニ引テ繁殖シ、其先端ニ小形ナル新塊莖ヲ生ジ、鬚根ヲ有シ肉白クシテ香氣アリ、又株本ハ一ノ舊塊莖アリ。葉ハ叢出シ、狹線形ニシテ末漸尖シ、質稍強硬ニシテ光滑アル深綠色ヲ呈シ、下部ハ鞘ヲ成シテ稈ヲ包メリ。夏秋ノ間、稈ハ葉中ヨリ抽テ直立スルコト高サ20~30cm許、稈頂ニ狹線形ノ總苞葉二三條ヲ生ジ花穗ト參差シ、其葉心ヨリ長短數本ノ繖梗ヲ出シ、濃茶褐色線形ノ小穗ヲ稍疎ニ集メ着ク。小穗ハ長サ1.2cm内外アリテ十數花ヲ二列ニ生ズ。穎ハ長橢圓形ニシテ舟狀ヲ呈シ、綠色背線ノ兩側ハ褐色ヲ呈ス。瘦果ハ長橢圓形ニシテ三稜狀ヲ成シ暗褐色ヲ呈シ、花柱ハ三岐セリ。古來其塊根ヲ藥用トス所謂香附子ハレナリ。和名濱すげハ海濱附近ノ砂地ニ多ク生ズレバ云フ、くぐハ其意明カナラズ。

第 2457 圖

かやつりぐさ科

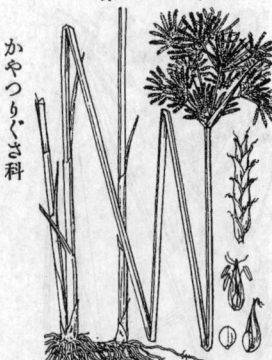

第 2458 圖

かやつりぐさ科

しちたう (?莎茎)
一名 りうきうゐ
Cyperus malaccensis *Lam.*

我邦内地ニ在テハ田中ニ栽植セラレ又南方ノ地ニ在テハ鹹淡水相雜ハル近傍ノ淺水中ニ生ズル多年生草本ニシテ泥中ノ根莖ヲ引キ、鬚根ヲ生ゼリ。葉ハ短ク披針形ヲ成シ、大部分ハ長キ葉鞘ト成リテ莖ノ下部ヲ包メリ。稈ハ直立シテ高サ1-1.5m許アリ、稍太キ三稜柱形ヲ成シ綠色ヲ呈シ眞直平滑ナリ。秋月、稈頂ニ二三片ノ綠色總苞葉ヲ出シ花穗ヨリ稍短ク劍狀ニシテ尖レリ、苞葉心ヨリ長短不同ノ繖硬數條ヲ出シ、時ニ更ニ梗上ニ二囘繖形ニ分枝シ、狹線形ノ黃褐色小穗ヲ集メ薈ケ、小穗ハ長サ1-4cm許アリテ小花ヲ二列ニ生ゼリ。穎ハ長橢圓形鈍頭ニシテ淡黃褐色、背線ハ赤褐色ヲ呈ス。雄蕊ハ三稜ヲ成シ橢圓形ニシテ暗色ヲ旱シ、花柱ハ三岐ス。其稈ヲ刈リ裂キテ乾シ粗ナル疊ニ造リ琉球表ト云フ。和名七島ハ薩南ノ七島ヨリ其疊表多ク來リシヨリ云ヒ、又琉球ゐモ其疊表多ク同地ヨリ來リシ故其草ヲ斯ク稱セシナリ。

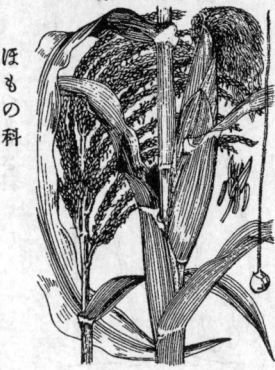

第 2459 圖

ほもの科

たうもろこし (玉蜀黍)
一名 たうきび(同名アリ)・なんばん
Zea Mays *L.*

元來熱帶亞米利加ノ原產ナレドモ我邦ヘ今リ約三百六十餘年前天正ノ始メニ渡來シ、今ヘ廣ク培殖セラルル一年生ノ大草本。稈ハ單一ニシテ直立シ巨大ナル平滑綠色ノ開性形ヲ成シテ節ノ高サ約1-3m許ニ達シ、下ニ粗大ナル縑根ヲ有シテ稈ノ基脚地上部ノ節ヨリ之ヲ發出ス。葉ハ至ク大形ニシテ狹長ナル披針形ヲ成シ反曲シテ末漸尖シ、洋紙質ニシテ上面有毛、長サ1mニ達スルコトアリ、下部ハ大ナル鞘ヲ成シテ莖ヲ抱キ無毛ナリ、又稀ノ有毛ノ者(けげかまたう)もC L var. pubivagina *Makino*アリ。夏秋ノ候、雄花ハ頂ニ直立セル大形ノ圓錐雄花穗ヲ出シテ長枝ヲ分テ、枝上ニ各二花有スル小穗ヲ密ニ薈シテ穗狀ヲ呈シ、每花ニ雄蕊ヲ細毛アリ。雌花穗ハ、稈ノ上方葉腋ニ生ジ、肥厚ナル圓柱狀總狀花序ヲ成シ、多花密ニ花軸面ニ排列シ每花穎質ノ穎片一枝ト一子房トヲ有シ、赤褐色ノ多數花柱ハ長數狀ヲ成シ穗ヲ包メル大形膨大ノ苞葉ヨリ露出シテ垂れ、穎果ハ多數ニシテ長サ20-30cm許ニ成長セル肥厚軸面ニ密生シテ數列ヲ成シ、普通黃色ニシテ平滑ナル球形ヲ呈シ下方ニ短ク尖リ徑6mm許アリ。穀粒ヲ食用ニ供スルハ周知ノコトナリ。一變種ニははなきび(var. fragosa *Makino*)アリ穀粒小形ニシテ稜(はぜ)ニ作リ、又ふいりたうもろこし(var. japonica *A. Wood*)アリ其葉ハ綠色白色ノ縱條縞アリ。和名ハ唐唐黍ノ意、元來唐黍即モろこしきび(ハ蜀黍)ノコトニテ之ニ更ニ唐ヲ加ヘテたうもろこしト稱ス本種ノ名ト爲セシナリ而シテ是レたうもろこしきび略シナリ、唐ハ支那ヲ指セ モ單意ニ海外ノ意ナリ、唐麥(ハ渡リ物ナリノ意、南蠻ハなばんきび略シニテ往時蠻舶ノ我邦ニ將來セシリ以テ斯ク云フ。

第 2460 圖

ほもの科

じゅずだま (薏苡・囘囘米)
一名 すずご・たうむぎ
古名 つしだま・たまづし・つす
Coix Lachryma-Jobi *L.*

(= C. Lachryma *L.*; C. Lachryma *L.* a. Susutama *Sieb.*; C. Lachryma-Jobi *L.* var. typica *Makino* forma Susutama *Makino*; C. Lachryma-Jobi *L.* var. Susutama *Honda.*)

諸州郊外ノ水邊ニ生ズル大形ノ多年生草本ニシテ稍粗ナリ。稈ハ叢生シ往々大株ヲ成シテ群生シ高サ1-1.5m許アリ、直立シテ分枝シテ滑綠色ニシテ眞實リ。葉ハ互生シ細長披針形ニシテ末漸尖シ尖リ質硬脆ナル洋紙質ニシテ綠色ヲ呈シ葉緣糙澁シ、下部ハ大ナル鞘ヲ成ス。初秋ノ候、葉腋ヨリ長短不同ノ柄ヲ有スル穗狀花穗ニ乃至六箇許ヲ繊出シ、雌性小穗ノ其基部一位シテ蔓彩セル葉鞘ヨリ成ル硬質苞ニ包セラレ、內部ニ三花 アレドモ唯一花ノ ミ正形ヲ保チ、子房上ニ一二花柱アリテ苞外ニ超出ス。雄性花穗ハ硬質苞ヲ貫キテ其上ニ挺出シ、長サ3cm許アリテ小軸ノ各節ニ一乃至三ノ小穗ヲ有シ、一花二花ヨリ成リテ其一箇ハ無柄ナリ、花中ニ三雄蕊アリ。果實成熟スル時ハ化骨質ト成リ、初メ綠色ナレドモ次デ黑色ト成リ後ニ灰白色ヲ呈シ、光滑ニシテ甚ダ硬ク卵狀球形ヲ成シ長サ9mm許アリテ先端ニ短嘴ヲ呈シ、中ニ一顆果ヲ藏シ、熟實ヲ採リ小兒數珠ヲ製シテ玩ビ又信仰ノ數珠トス。和名ハ數珠玉ノ意、たま珠形ノ實ヲ基ク、すずご數珠子、たうむぎハ唐麥ノ意ナリ、古名ハ何レモ其意不明ナレドモたまハ其圓キ實ノ形ハニ基ケルナリ。漢名 川穀(誤用)

820

はとむぎ (川穀)
一名 しこくむぎ
Coix Ma-yuen *Roman.*
(=C. Lachryma-Jobi *L.* var. Ma-yuen *Stapf.*;
C. Lachryma-Jobi *L.* var. frumentacea *Mak.*)

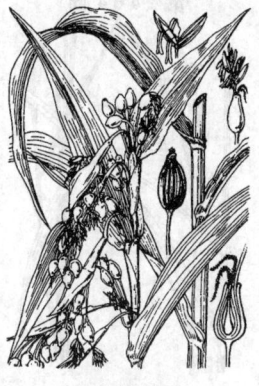

第 2461 圖

ほもの科

往時我邦ニ渡來シ爾後諸處ノ圃中ニ栽植セラルレ一年生草本ニシテ敢テ野生ト成リシ者無シ、通常叢生シテ高サ1-1.5m許アリ。葉ハ互生シ細長ナル披針形ニシテ末漸尖シ質硬脆ニシテ洋紙質ヲ成シ綠色ニシテ葉緣稍澁シ、幅2.5cm許、下部ノ著シキ鞘ヲ成ス。稈ハ粗大ニシテ直立分枝ヲ綠色ヲ呈シ平滑ナリ。夏秋ノ候葉腋ヨリ長短不同ノ柄アル花穗數箇ヲ擢出シ、下部ノ一雌花雌ハ鬘形シテ硬質ノ短葉鞘ニ包マレ內部ニ三花アレドモ其一花ノミ正形ヲ保チ他ハ不育ナリ、子房ニ一二花柱アリテ苞外ニ抽出シ、果實成熟ノ時ハ其苞堅硬ト成リ橢圓形ヲ呈シテ長サ1.2cm許アリ、暗褐色ニシテ賀横薄ク破リ易シ、中一顆ノ顆果アリ。雄花雄ハ雌花顆ノ質デ其上ニ出デ、長サ3cm許、紡錘形ヲ呈シ、穗軸ノ各節ニ一乃至三小顆ヲ着ケ、各小顆ニ二花ヨリ成リ其一花ハ無柄ナリ。花中ニ三雄蕊アリ。穀ヲ通常薏苡仁 (よくいにん) ト稱シテ藥用ニ入ヲ又食料ニ供ヲ得ベシ。和名ビト變ハ近代ノ稱呼ニシテ往時ニ一此名ナシ薏ビ鳩ノ食フ麥ノ意乎、四國變ノ周防ノ方言ニシテ多分住時四國地方ヨリ同卅ニ入リ斯ヲ呼バレシ稱ナラン、漢名、従來ノ本草家ノ薏苡ヲ以テシこくむぎ即はとむぎト爲シ川穀ヲ以テじゅずだまニ充ツレド是レ當ニ其反對ヲ以テ正トスベキナリ。

いたちがや
Pogonatherum crinitum *Trin.*
(=Andropogon crinitum *Thunb.*;
P. saccharoideum *Beauv.*)

第 2462 圖

ほもの科

我邦暖地諸卅ノ山足斜面地ニ多生スル多年生小草本ニシテ直立叢生シ、高サ15-30cm許アリテ株下ニ硬質ノ鬚根ヲ有ス。稈ハ瘦細ニシテ質硬ク平滑無毛ニシテ中部以上ニ於テ五生セル數枝ヲ岐ツ。葉ハ互生シ細小ニシテ狹披針形ヲ呈シ銳尖頭ヲ有シ質薄ク下ハ瘦長ナル鞘ヲ成ス。秋月、梢頭枝端ニ狹瘦ナル穗狀花穗ヲ直立シテ密ニ叢数ノ小穗ヲ着ク。小穗ハ二箇相並ビテ各一花ヨリ成シ其一小穗ハ無柄他ノ一小穗ハ有柄ナリ、小穗內ノ花ハ下部ノ者ハ大抵無芒、上部ノ者ニ長芒ヲ有ス、芒ハ顆片ヨリ出ルニ芒ト共ニ黃褐色ヲ呈シ花穗上ニ多ク蓬出ス。雄蕊ハ一或ハ二ナリ。子房上ノ花柱ニ二ニシテ長キ柱頭ハ羽毛狀ヲ成ス。顆果ハ細小ニシテ長橢圓形ナリ。和名鼬がやハ其果穗ノ形色ニ基テ名ケシナリ。

うんぬけ
Eularia Tanakae *Honda.*
(=Pollinia Tanakae *Makino.*)

第 2463 圖

ほもの科

東海道三河尾張邊ノ原野向陽地ニ產スル大形ノ多年生草本ニシテ叢生シ高サ1m內外アリ。稈ハ粗大ニシテ直立シ圓柱形ニシテ平滑ナリ。葉ハ瘦線形ニシテ上部ハ長ク漸次ニ尖リ、下ハ長キ葉鞘ヲ成シテ稈ヲ包ミ、基部ノ鞘面ニハ黃褐色軟毛ヲ密生ス。秋月、葉ヨリ高キ稈頂ニ掌狀花序ヲ成シテ短キ總軸ノ具ヘ四乃至八條ノ花穗ヲ有シ一方ニ傾靡ニ瘦長ニシテ密ニ多數ノ小穗ヲ着ク。小穗ハ雙キ其一ハ無柄ニシテ其一ハ有柄ナリ、狹披針形ニシテ一花ヨリ成リ、顆ニハ黃褐色ノ長毛ヲ有シ、稈ニハ濃黃褐色ノ長芒ヲ具ヘ、總苞毛ハ著シク顆ヨリ短シ。全草うんぬけもどきニ酷似スレドモ更ニ大形ナリ。本種ハ始メテ其植物ニ注意セラレシ田中芳男氏ノ名譽ノ爲メ其姓ヲ屬名ト成シ其學名ヲ最初ニ予ノ發表セシモノニ係ル。和名うんぬけハ牛ノ毛ノ轉訛セルモノニシテ同地ノ方言ナリ。

こかりやす

一名 かりやす（同名アリ）・うんぬけもどき
Eularia quadrinervis *O. Kuntze.*
（＝Pollinia quadrinervis *Hack.*）

ほもの科

我邦溫暖諸州ノ山野向陽乾地ニ生ズル中等大ノ多年生草本ニシテ叢生シ、高サ80-90cm許アリ。稈ハ挺直ナル平滑圓柱形ニシテ節ニ毛アリ。葉ハ狹線形ニシテ末長ク尖リ兩面ニ伏毛ヲ疎布シ下部ハ稈ヲ抱メル長鞘ニ成シテ通常毛ヲ布ク。秋月、葉ヨリ高キ稈頂ハ掌狀花序ヲ出シテ短キ總軸ヲ具へ三乃至五條ノ花穗ヲ有シ淡黄褐色ヲ呈シテ往々稍一方ニ傾キ相接シテ多數ノ小穗ヲ着ケ穗長10cm許アリ、穗軸ハ白色或ハ淡紫色ノ細毛ニ被ハル。小穗ハ雙生シ其一ハ無柄、其一ハ有柄ニシテ共ニ廣披針形ヲ成シ長芒ヲ具へ、總苞毛ハ長シ。和名小かりやすハかりやすニ似テ小形ナレバ云フ、之レヲかりやすト呼ブ處アルハ多分本草ヲ染料ニ使用スルヲ以テ謂フナラン、うんぬけもどきハ其全草うんぬけニ酷似セルヨリ斯ク云フ。

あしぼそ

Microstegium vimineum *A. Camus.*
（＝Andropogon vimineus *Trin.* Pollinia viminea *Merr.*; Eulalia viminea *O. Kuntze*; P. imberbis *Nees*; P. Willdenowianum *Benth.*; M. Willdenowianum *Nees*; P. imberbis *Nees* var. Willdenowiana *Hack.*）

ほもの科

原野到ル處ニ多キ一年生草本ニシテ高サ60-90cm許アリ。稈ハ弱質ニシテ立チ瘦長ナル圓柱形ニシテ綠色ヲ呈シ平滑ニシテ節稍高シ、下部ハ分枝シ又多少匍匐シ各節ヨリ發根ス。葉ハ疎ニ稈ニ五生シ綠狀披針形ヲ成シテ尖リ質薄クシテ短毛アリ、下ハ長鞘ヲ成シテ稈ヲ包ム。秋時、稈頂ハ細長ナル綠色ノ花穗ヲ抽キ二乃至六條ニ分岐シテ略ボ掌狀ニ排列シ、穟ハ單穗ヲ成シ、穗上各節ニ長サ5mm許ノ小穗ヲ二箇宛生ジ、其中ノ一箇ハ無柄ナリ。第一、第二ノ顯ハ綠色ニシテ質軟ク、第三顯ハ缺如シ、外稃ハ細小、內稃ニハ長ビ芒狀長ハ小穗ニ二倍シ、其先端ニ斗出シ、又無芒ノ者アリ之レヲのぎなしあしぼそト云フ。和名あしぼそハ蓋シ脚細ノ意ニシテ其脚部ノ稈却ニ其上部ヨリ瘦細ナルヨリ云フナラン。

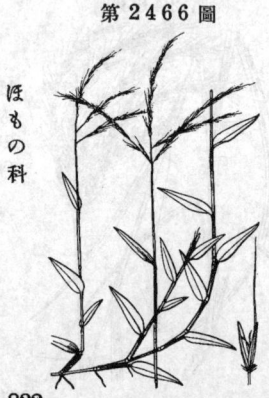

ささがや

Microstegium nudum *A. Camus.*
（＝Pollinia nuda *Trin.*; P. japonica *Miq.*）

ほもの科

山野到ル處ノ陽地或ハ半陰地ニ生ズル多年生草本ニシテ稈ハ下部ノ地面ヲ匍匐シテ節ヨリ鬚根ヲ下シテ越冬シ細長ニシテ質稍硬シ、春時其節ヨリ瘦細ナル綠色新稈ヲ側生シテ斜上シ通常群ヲ成シテ繁茂シ高サ20-35cm許アリテ全株無毛ナリ。葉ハ小形ニシテ五生シ狹披針形ニシテ尖リ稍薄弱ニシテ下ハ鞘ヲ成シ稈ヲ包ム。秋日、稈頂ハ少數ノ細長花穗ヲ分岐シ略ボ掌狀ヲ呈シ往々一方ニ傾向シ綠色ヲ呈ス。小穗ハ長サ3mm許、花穗軸ノ各節ニ二箇宛生ジ、一ハ長柄一ハ短柄ヲ有ス。第一第二顯ハ淡綠色、外稃ハ薄膜質ニシテ略ボ顯ト同長、內稃ハ小形ニシテ褐色ヲ帶ビ、先端長芒アリテ芒長ハ小穗ノ數倍ニ達ス。和名笹がやハ其葉狀ニ基キシ稱ナリ。

あぶらすすき (狼尾草)

Spodiopogon cotulifer *Hack.*

(= Andropogon cotuliferum *Thunb.*;
Eccoilopus andropogonoides *Steud.*;
E. cotulifer *A. Camus.*)

山野ニ生ズル大形ノ多年生草本ニシテ叢生ス。稈ハ直立シ高サ90～120cm許アリテ葉ヨリ高ク、平滑ナル圓柱形ニシテ油氣アリ。葉ハ根生竝ニ稈ニ五生シ線狀披針形ニシテ末漸次ニ尖リ幅時ニ2cmニ達シ粗毛アリ、下方ノ者ハ稈ニ長柄ヲ有シ、下部ハ長鞘ヲ成ス。秋月、稈頂ニ散漫セル大ナル圓錐花序ヲ成シテ大抵一方ニ傾キ、主軸ノ各節ヨリ輪生狀ニ數本ノ鬚狀梗ヲ出シテ穗狀花穗ヲ垂下シ、各穗軸ノ各節ニ二小穗ヲ着ケ一ハ短柄一ハ長柄ヲ有シ、熟スレバ柄ヲ殘シテ脫落ス。小穗ハ長サ5mm許、第一第二ノ穎ハ淡綠色ニテ外面ニ白毛ヲ帶ビ、外桴ハ薄膜質、內桴ハ先端深ク二裂シ其中間ニ長芒ヲ具ヘテ長サ小穗ニ三倍シ紫色ヲ帶ブ。三雄蕋アリ。花柱ハ柱頭長クシテ筆毛狀ヲ呈ス。和名油すすきハ其稈ニ油氣油臭アルヲ以テ云フ。

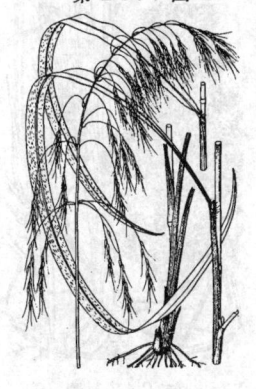

第 2467 圖

ほもの科

おほあぶらすすき

Spodiopogon sibiricus *Trin.*

山野向陽ノ地ニ生ズル大形ノ多年生草本ニシテ叢生ス。稈ハ直立シ瘦長ニシテ剛直ナル圓柱形ニシテ葉ヨリ高ク、高サ100～120cm許アリ。葉ハ長大ニシテ廣線形ヲ呈シ末尖リテ質硬ク表面ニ粗ナル短毛ヲ布キ、下部ハ長鞘ヲ成ス。秋月、稈端ニ大ナル圓錐花序ヲ直立シ紫褐色ヲ呈シ短梗ヲ有スル穗狀花穗ニ眞直ナル穗軸ヨリ出デテ斜ニ上向シ長カラズシテ相互ニ相接セリ。小穗ハ穗軸上各節ヨリ二箇相生シ一ハ無柄一ハ稍先端太キ小梗ヲ有シ熟スレバ梗ヲ殘存シテ脫落シ、各小穗ハ長サ6mm許ニシテ披針形ヲ呈シ、第一第二ノ穎ハ外面ニ粗毛アリ、外桴ハ膜狀、內桴ハ短クシテ先端深ク二岐シ其中間ヨリ紫褐色ノ芒ヲ生ジルソ小穗ノ二倍長アリ。和名大油すすきハ油すすきニ似テ粗剛ナルヨリ云フ。

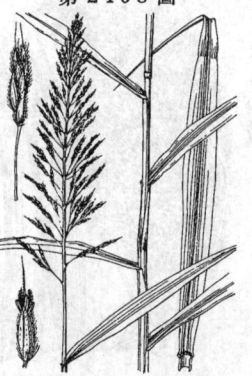

第 2468 圖

ほもの科

こあぶらすすき

一名 みやまあぶらすすき

Spodiopogon depauperatus *Hack.*

主トシテ我邦中部竝ニ東北地方ノ深山ニ多キ多年生草本ニシテ叢生シ、根莖ハ短クシテ不規則ノ塊樣ヲ成シ質硬シ。稈ハ直立シ高サ60～90cm許アリテ頗ル瘦長ナリ、往々屈曲ス之曲ス。葉ハ互生ニ披針形又ハ線狀披針形ヲ成シテ銳ク尖リ、毛ヲ有セズ、下ハ長鞘ヲ成シテ稈ヲ包メリ。夏日、葉ヨリ八上ニ稈ヲ挺出シテ圓錐狀ヲ成セル淡綠色ノ花穗ヲ着ケ、花穗ハ稍短小ニシテ、枝花穗ハ鬚髮狀ノ花梗竝ニ小軸ヲ有シ、少數ノ小穗ヨリ成ル。小穗ハ披針形ニシテ其內外ノ穎面ハ白色ノ長軟毛ヲ被ハレ、內桴ハ屈曲セリ一長芒ヲ具フ。和名ハ小油すすきニシテ小形油すすきノ意 深山油すすきハ深山ニ生ズルヨリ云フ。

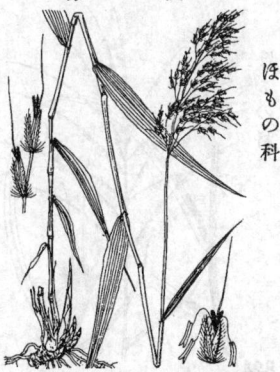

第 2469 圖

ほもの科

823

第2470圖

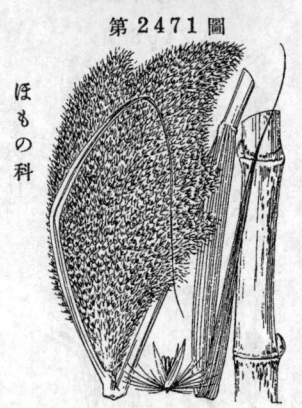

わせをばな
一名 はますすき
Saccharum spontaneum L.

瀬海ノ砂地ニ生ズル大形ノ多年生草本ニシテ叢生シ、稍粗大ナル短キ圓柱形ノ根莖ヨリ分チテ盛ニ繁殖シ、高サハ1m以上ニ達ス。稈ハ直立シ平滑ナル圓柱形ヲ成シ單一ニシテ實セリ。葉ハ互生シ狹線形ニシテ長ク、末ハ漸尖ニ狹窄シテ細長ク尖リ硬質ニシテ下部ハ長鞘ヲ成ス。夏月、稈頂ハ長サ30cm許ノ痩長ナル圓錐狀花穗ヲ直立シ、主軸ハ太クシテ白軟毛ヲ密生シ、側生梗ハ斜上シテ稍密ニ無柄小穗ヲ其小軸上ニ互生ス。小穗ハ脱落シ易ク長サ4mm許、披針形ヲ成シテ芒ナク、基部ハ多數ノ白色長軟毛ヲ有シ穎ノ三倍長ニ達ス。内外二片ノ穎ハ軟革質ニシテ褐色ヲ呈シ、内外二片ノ稃ハ白色膜質ヲ成ス。根莖竝ニ稈ニハ多少ノ甘味ヲ含ミさたうきび（甘蔗）屬ノ一種タルコトヲ表セリ。和名ハ其花穗早ク出ヅルヲ以テわせ尾花ト云ヒ、海濱ニ生ズルヲ以テ濱すすきヲ稱ヘリ。

第2471圖

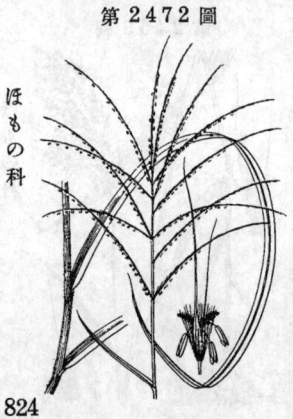

さたうきび（甘蔗）
一名 かんしょ・かんしょう・かんしゃ
Saccharum officinarum L.

今ヨリ二百餘年前ノ享保年間ノ琉球ヨリ内地ニ傳ヘシ多年生ノ大禾本ニシテ、中實シテ節アル地下莖ヲ有ス。稈ハ叢生シ單一分枝セズシテ直立シ、粗大ナル圓柱形ヲ成シテ中實ノ節アリ、高サ2-4m許、直徑2-4cm許アリ、平滑ニシテ光澤ヲ有シ、淡綠色・黄色或ハ紅紫色ヲ呈ス。葉ハ數多クシテ二列的ニ互生シ、大形ニシテ廣線形ヲ成シ上部漸尖ニ狹窄シテ長ク尖リ、幅1.5-5cm許アリ、中脉ハ剛ク厚クシテ裏面ニ隆起シ、葉鞘ハ長クシテ稈ヲ包ミ、小舌ハ甚ダ短シ。圓錐狀花穗ハ稈末ナル長サノ頂ニ在リ、大形ニシテ長サ50-60cm許アリ、多ク分枝シ密ニ無數ノ穎花ヲ著ケテ灰白色ヲ呈ス、小穗ハ細小ニシテ兩性ノ一花ヨリ成リ對ヲ成シテ一ハ有柄一ハ無柄ナリ、毎花其基部ニ輪生セル絹毛ヲ具ヘ頴果成熟ノ時小枝ヲ離ル。穎ハ内外ノ二片アリ、略ボ同長ニシテ長楕圓狀披針形ヲ成シテ尖リ芒無シ。稃ハ多クハ一片アリテ穎ヨリ短ク卵狀披針形ナリ。鱗被二、雄蕊三。子房ハ二花柱アリテ上部ハ羽毛狀ヲ成シ暗紫色ヲ呈ス。本種ノ原產地ハ印度ナレドモ今ハ廣ク世界ノ各地ニ擴マリテ栽培セラレ其品種ハ甚ボーナラズ、何レモ稈中ノ類汁ヲ搾リテ砂糖ヲ製ス、即チ最モ馺重ナル有用植物ノ一ナリ、從來我邦内地ニハ栽培セラレシ者ノ氣候ノ關係ヨリ緑稈ノ小形品ナリシガ臺灣ニ入品種多ク又ハ大品品ブ。和名ハ砂糖黍ノ意ナリ、かんしようハ甘蔗ノ音ヲ長ク引キテ呼ビシナリ。

すすき（芒）一名かや
Miscanthus sinensis Anderss.
(=Saccharum polydactylon Thunb. var. β. Thunb.; S. japonicum Thunb. p. p.)

諸州ノ山野到ル處ニ多ク生ズル大形ノ多年生草本ニシテ叢生シ往々大群ヲ成シテ山面或ハ原頭ヲ被フ者多ク、高サ100-150cm許アリ。根莖ハ短クシテ多脚的ニ分枝シ硬質ニシテ節緊密ナリ。稈ハ直立シテ節アリ圓柱形ニシテ實ニ綠色無毛ナリ。葉ハ互生シ細長ニシテ廣線形ヲ呈シ末漸尖ニ緑邊特ニ細曲アリテ鑢緻ニ綠色ニシテ中脉白シ、下ハ長鞘ヲ成シテ稈ヲ包ミ通常無毛ナレドモ又時ニ其下部ノ者ハ毛ナリ。秋季ニ至テ稈頂ニ大ナル花穗ヲ成シテ痩長ナル半數枝ヲ短キ中軸ヨリ歧テ黄褐色或ハ紫褐色ヲ呈ス。花穗ノ各節ニ二箇ノ小穗ヲ有シ一ハ無柄ニシテ一ハ短柄アリ。小穗ノ長サ3.5mm許、披針形、下部ハ白毛アリテ長サ小穗ノ1.5倍ニ達シ、内外ノ二箇ハ洋紙質ニシテ内外ノ稃ハ膜質ニシテ稍紫色ヲ帶ビ、内稃ハ先端深クニ歧シ、小穗ノ三倍長キ芒ヲ有ス。其變種ニしますすき（尾花）ト云ヒ秋ノ七種ノ一ヲ算ヘラル。昔時ヨリ其葉ヲ以テ屋ヲ葺キ普通ニかやぶきやねト稱シ、又花莖ヲ麗賞ノ用トシ其園ノ大ナル者ヲ特ニますほのすすき（十寸穗ノ芒）ト呼ブ。和名すすきハすくすくト立チタル木（草）ノ意トモ謂ハル又稈樂ニ用ウル鳴物用ノ木即チすずノ木ノ意ト謂ヘド如何、又かや又刈屋ノ意ニテ刈リテ屋ヲ物ノ意ナラント謂ヒ、又かや・カハ上ノ意やハ屋ニテ屋根ヲ葺かヲ以テ云フトモ謂ヘリ。薄・萓・菅すすすすトハ共ニ共キカリ、薄ハ單ナル形容詞ニシテ草名ニ非ラズ、萓・菅ハ他草ノ名ナリ。

むらさきすすき
古名 なすうのすすき
Miscanthus sinensis *Anderss.*
forma purpurascens *Makino.*

(＝M. sinensis *Anderss.* var. purpurascens
Hook. fil. ; M. purpurascens *Anderss.*)

第 2 4 7 3 圖

ほもの科

山地ニ生ズル大形多年生草本ニシテ叢生シ往々群ヲ
成ス。元來すすきノ一變種ト考定セラレシ雖モ、能
ク普通種ト連絡シ其間截然タル境界ナケレドモ概ソ
ニ高地ノ品ニ之レニ屬セリ。根塞ハすすきト相同ジク
短クシテ多脚的ニ分岐シ硬質ニシテ密接セル節ヲ有
ス。稈ハ直立シ圓柱形ニシテ中實ス。葉ハ狹長ナル線
形ニシテ末漸尖シ邊緣粗糙シ、綠色ニシテ中脈ハ白
ク、下部ハ長鞘ヲ成シテ稈ヲ包メリ。秋月、稈頂ニ花
穗ヲ成シテ枝內外ヨリ短キ中軸ヨリ分ツ。枝梗軸上ノ各
節ニ二節宛ノ小穗ヲ有シ一ハ長硬、一ハ短梗ヲ具フ。
小穗基部ノ毛ハ紫色ヲ帶ビ、外頴ハ外部ニ微毛アリ、
內頴ハ共ニ洋紙質ヲ呈シ、內外ノ稃ハ膜質ニシテ內稃
ハ先端二岐ヨリ其中間ニ長サ小穗ノ二倍ニ達スルゼ
有ス。和名紫ゼハ其穗色ニ由テ云ヒ、ますうのすすきハ
はまそほのすすきニテ赤きすすきノ意、卽チ其穗色ニ
基キシ稱ナリ、彼ノますほ（十寸穗）のすすきハ此レ
トハ別ナリ（すすきノ條參照）。

はちぢゃうすすき
Miscanthus sinensis *Anderss.*
var. condensatus *Makino.*

(＝M. condensatus *Hack.*)

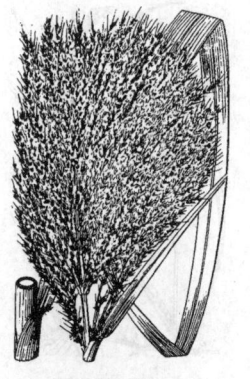

第 2 4 7 4 圖

ほもの科

主トシテ暖地ノ海邊ニ生ズル半常綠或ハ非常綠
ノ大形多年生草本ニシテ叢生シ概形すすきニ似
テ一般ニ肥大ナリ、高サハ1-2m許アリ。稈ハ直
立シ圓柱形ニシテ中實シ粗大ナリ。葉ハ五生シ
廣線形ニシテ闊キ者ハ其幅2cmアリ、白綠色
ニシテ中脈白ク、葉緣ノ糙澁殆ンド無キ者アリ、
下ハ長鞘ヲ成シ稈ヲ包ム。花穗ハ稈頂ニ出デテ
上向シ密集シ、枝穗・花軸・小梗皆肥大ナルヲ
以テ容易ニすすきト識別シ得ベシ、然レドモ內
地ニ入ルニ從ヒ漸次ニすすきニ連絡シ花穗ハ漸
次ニ散漫シ枝モ多數ニ生ジ其狹長ト成リテ葉緣ノ糙澁
度モ加ハリ葉色モ綠色ト成リ其兩者ノ區別判然
セザルニ至ル事ハ大ニ注意スベキ事項ニ屬ス、
予ノ之ヲメラすすきノ一品ト認ムルハ此理由ニ基
ク。秋月開花ヲ頴稃ノ狀すすきト同ジ。八丈島
ニテハまぐさト稱シ栽植シテ牛馬ノ飼料トス。
和名八丈芒ハ八丈島ニ在ルヲ以テ名ク。

ときはすすき
一名 かんすすき・ありはらすすき
Miscanthus japonicus *Anderss.*

(＝Saccharum polydactylon *Thunb.* α.
Thunb. ; S. japonicum *Thunb.* p. p.)

第 2 4 7 5 圖

ほもの科

我邦ノ中部ヨリ以西ニ亙リ暖地諸州ノ原野山足或ハ近
海地ニ生ズル大形ノ多年生常綠草本ニシテ叢生シ大
ナル株ヲ成シ往々群ヲ生シ、概形すすきニ似タリト雖モ
顏ノ壯大ナリ。根塞ハ短硬ニシテ緊密ニ分岐ス。稈ハ
高サ2m內外ニ及ビテ直立ス。葉ハ互生シ長大ニシテ
廣線形ヲ成シ末ニ漸尖シ葉緣糙澁シ質硬ク、下部ハ長
鞘ヲ成シテ稈ヲ包メリ。花穗ハ稈頂ニ直立シテ長橢圓
形ヲ呈シ長サ約40cm內外アリテ密ニ無數ノ花ヲ著ケ、
眞直ナル中軸ハ長クシテ全穗ノ中央ヲ串キ多數ノ
枝穗ヲ分ツテリ。小穗ハすすきヨリ小形ニシテ長サ漸ク
3mm 許ニ過ギズ一節宛枝梗軸ニ齊キー、ハ長梗ヲ有シ
一ハ短梗ヲ具へ、總苞毛短クシテ小穗ト略同長ナリ。
小穗ニハ內外ノ二頴、內外ノ二稃アリテ內稃ニ芒ヲ有
セリ。雄蕋ハ三。七月八月ノ候ニハ開花シ紫褐色ヲ呈ス。
和名ノ常磐芒ニシテ常綠葉ヲ有スル故ニ云ヒ、延芒ハ
其葉多月寒中ニモ枯レザルヲ以テ云フ、在原芒ハ在原
ハ蓋ニ在原業平ノ姓ヲ執リ此優雅ナル花穗ノ名ト爲
セシナラン。

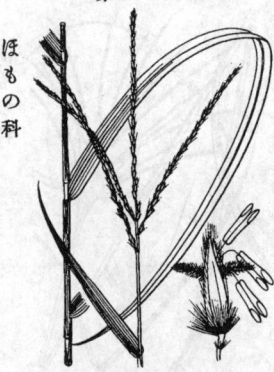

かりやす

第 2476 圖

ほもの科

一名　あふみかりやす・やまかりやす

Miscanthus tinctorius *Hack.*

(=Erianthus tinctorius *Sieb.*; Saccharum tinctorium *Steud.*; S. obscurum *Steud.* non *Trin.*; M. obscurum *Jacks.*; M. Sieboldi *Honda.*)

諸州ノ山地ニ生ジ往々群ヲ成シテ叢生スル多年生草本ニシテ高サ90-120cm 許アリ。稈ハ直立シ痩長ニシテ平滑ナル圓柱形ヲ呈ス。葉ハ互生シ廣線形ニシテ幅往々15mm許ニ達シ末漸尖シ質稍薄ク、下ハ長鞘ト成シ稈ヲ包メリ。秋月、稈頂ニ花穗ヲ着ク短キ中軸ヨリ三乃至五六條ノ枝穗ヲ散ジ枝穗軸上ノ各節ニ二箇宛ノ小穗ヲ有シ、一ハ有梗一ハ無梗ナリ。小穗ハ褐色ヲ呈シ披針形ニシテ長サ5.5mm 許アリ芒ヲ有セズ、基部ノ總苞毛ハ小穗ノ半長ニ達シ、内外二穎ハ軟革質ニシテ外面白軟毛疎生シ、内外ノ二稃ハ膜質ヲ成ス。古來稈葉共ニ煎出シテ黄色染料トシテ利用ス。和名刈安ノ刈リ易キ意ニシテ容易ニ刈リ取リ得ベキ故ニ云フト謂ヘリ、近江刈安ハ近江伊吹山ニ産出スルヨリ斯ク稱シ、山刈安ハ山地ニ生ズルヨリ云ヒ以テ ことなどぐさノかりやすニ對セシメシ ナリ。漢名 青茅(誤用)

かりやすもどき

第 2477 圖

ほもの科

Miscanthus oligostachyus *Stapf.*

(＝M. Matsumurae *Hack.*)

山原或ハ山地ニ見ル多年生草本ニシテ高サ1m 内外ニ達ス。葉ハ狭長ニシテ長サ30-40cm 許アリ、下部ハ長鞘ヲ有シ直立セル稈ト共ニ無毛ニシテ粗剛ナリ。秋月稈梢ニ穗ヲ成シ四五條ノ穗状様總状花穗ヲ分ツ。小穗ハ穗軸上ノ各節ニ二箇宛生ジ、一ハ有梗一ハ無梗、長サ8mm許ニテ披針形ヲ成シ褐紫色ヲ呈ス。總苞毛ハ小穗ノ二分ノ一ヨリ長クシテ白色ヲ呈シ、内外二穎ハ洋紙質ニシテ白色長軟毛ヲ有シ、内外ノ二稃ハ膜質、内稃ハ先端二岐シ長サ小穗ノ二倍以上ニ達スル芒ヲ有ス。本種ハかりやすニ似テ非ナルヲ以テ此和名アリ。

を　ぎ (荻)

第 2478 圖

ほもの科

一名　をぎよし

Miscanthus sacchariflorus *Benth. et Hook.*

(＝Imperata sacchariflora *Maxim.*)

原野ノ水邊或ハ濕地ニ生ズル大形ノ多年生草本ニシテ高サ2m許ニ及ブ。根莖ハ地下ヲ縦横シ、其末端ヨリ稈ヲ抽テ直立シ花時ノ候ニハ往々其下部ニ於テ節アル稈體ヲ露出ス。葉ハ長大ニシテ幅25mm以上ニ達シ、平滑ニシテ邊縁糙澁シ、下部ハ長鞘ヲ成シテ稈ヲ包ミ鞘面ニ毛アリ。秋ニ至テ稈頂ニ花穗ヲ出シ、多數ノ穗状様總状花穗ヲ叢出シ、すすきノ花穗ニ比スレバ大ニシテ密ナリ。花穗軸上ノ各節ニ二小穗ヲ生ジ、梗ハ稍繊細ニシテ長短アリ。小穗ハ披針形、長サ凡6mm、黄褐色ヲ呈シ、基部ノ總苞毛ハ絹白色ニシテ15mm ニ達シ、又内外二穎ハ薄膜質ニシテ外面ハ白色長毛ヲ有シ、内外ノ二稃ハ膜質ニシテ芒ヲ有セズ。古來和歌ニ詠ゼラレ此ぞてねざめぐさ・めざましぐさ・かぜきよぐさ等種々ノ雅名アリ。和名をぎノ語原ハ不明ナリ。

ちがや（白茅）
古名 ち
Imperata cylindrica *Beauv.*
var. Koenigii *Durand et Schinz.*
(=Lagurus cylindricus *L.*; I. arundinacea
Cyr. var. Koenigii *Benth.*)

第 2479 圖

郊外原野或ハ山地ニ多數群ヲ成シテ叢生スル普通ノ
多年生草本。根莖ハ麁長白色ニシテ節アリ長ク地中ニ
匐走シ味甘シ。葉ハ狹長ニシテ扁平ト共ニ立チ質硬ク、
幅1cm許、長サ30-60cm許アリ。春末葉ニ先チテ花穗
ヲ生ジレヲつばな（茅花ノ意）ト稱シ、後チ其稈長ク
伸ビテ葉中ヨリ抽出シ得頂ニ圓柱狀花序ヲ成シ白毛
ヲ密生シ絹色ノ雄蕊ヲ帶ク。花序ハ主軸ヨリ二囘分
枝シ、各小分枝ノ節ニ二箇宛小穗ヲ有シ長短不同ノ
梗アリ。小穗ハ長橢圓形ニシテ長サ2.5mm許、總苞毛
及內外二穎上ノ毛ハ長ク白色絹毛ヲ呈シ長サ15mm許
アリ、內外二穎ハ極メテ小ニシテ芒ヲ缺ク。柱頭ハ
二岐シテ長ク超出シ黑紫色羽毛狀ヲ成シ絹毛中ニ交
ハル。稈ノ節ニ白毛アリ。其之レ無キ者ヲけなしちが
や（var. genuina Camus.）ト云フ。根莖ヲ茅根ト稱
シ藥用トシ、小兒つばなノ嫩ナルヲ食ヘ、往時老醴ノ
白絮ヲ焙硝ヲ加ヘテ火口ニ製セリ。和名ハちナルかや
ト云フ意ナリ、ちハ千ニシテ其草叢生スルヲ云フナ
ラントモ謂ヘリ。

うしのしっぺい
一名 ばりん
Rottboellia compressa *L. f.*
var. japonica *Hack.*
(=R. japonica *Honda.*)

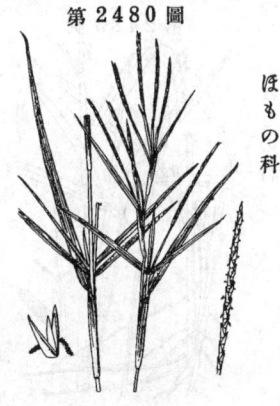
第 2480 圖

郊外原野ニ生ズル多年生草本ニシテ匐枝ヲ發出
ス。稈ハ稍平扁、剛質ニシテ直立シ叢ヲ成シテ
高サ50-70cm許ニ達ス。葉ハ莖上開出シテ互生
シ、細長ニシテ先端銳ク尖リ稍白綠色ヲ呈シ、
下部ハ長ク葉鞘ヲ成シ稈ヲ包ム。夏秋ノ候上部
葉腋ヨリ瘦長ニシテ圓柱狀ヲ呈スル穗狀花序ヲ
生ジ、稈梢ニ在テハ東生狀ヲ成ス。小穗ハ各節
ヨリ二箇宛生ジ、一ハ無柄、一ハ有柄ニシテ柄
ハ主軸下殆ド上方マデ融合シ、無柄小穗ハ融合
セル部ニ凹處ヲ作リテ花軸ニ接着ス。小穗ハ無
芒ニシテ長サ 5mm 許、披針形又ハ長橢圓形ニ
シテ內外二穎ハ革質、內外ノ二稃ハ薄膜質ニシ
テ小形ナリ。花柱ハ帶紅紫色、二岐シテ羽毛狀
ヲ呈ス。和名ハ牛ノ竹箆ノ意ナリ、又ばりんハ
蓋シばれんノ誤ナラン、ばれんハ馬簾ニシテ其
叢出セル草狀ニ基キテ云ヒシナラン。

あいあし
Rottboellia latifolia *Steud.*

第 2481 圖

瀕海地ノ溝邊ニ密集シテ生ズル粗大ナル
多年生草本ニシテ根莖ヲ引テ繁殖ス。稈
ハ直立シ高サ1.5m內外ニ達シ、葉ト共ニ
硬質ニシテ毛無キナリ、下部ハ往々稈體ヲ
露ハス。葉ハ長ク幅2cm以上ニ達シ質厚
クシテ先端銳尖下部ニ長鞘ヲ成シテ稈ヲ
包ム。六月ノ候稈頂ニ花穗ヲ着ケ紫色ヲ
帶ビ分枝シテ數箇ノ穗狀花序ヲ成ス。花
序ハ粗剛ニシテ各節ニ二小穗ヲ着ケ一ハ
無梗一ハ粗大ナル梗ヲ有シ互ニ相集リテ
扁平ナル棒狀ヲ呈ス。各小穗ハ長サ8mm
許、披針狀ニシテ內外ノ二穎ハ硬革質、先
端硬ク尖リ、內外ノ二稃ハ紙質ニシテ芒
無シ。和名あいあしノ多分あひあし即チ
間葉ノ意ニシテ眞ノあしトハ異ナル間ヒ
物ノあしト云フ意ナラン、換言スレバあ
しもどきト稱センガ如キ者ナリ。

827

ほもの科

第 2482 圖

ほもの科

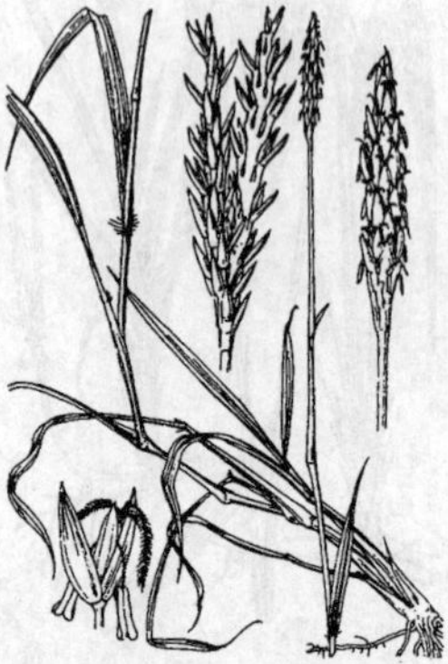

かものはし

Ischaemum crassipes *Thellung.*
(=Andropogon crassipes *Steud.*;
I. Sieboldii *Miq.*)

郊外原野或ハ近海ノ草地ニ生ズル多年生草本ニシテ叢生ス。稈ハ直立シテ高サ60cmニ達シ、下部膝曲シテ多少地ニ臥シ、葉ト共ニ平滑ナリ。葉ハ狹長ナル披針形ニシテ鋭尖頭ヲ有シ、下部ノ葉鞘ハ緣ニ鬚毛ヲ有ス。夏秋ノ候、細長ナル梗ヲ抽テ先端ニ二箇ノ半圓柱形ヨリ成ル圓柱形ノ穗狀花序ヲ成シテ紫赤色ヲ帶ビ長サ6cm內外ニ達ス。小穗ハ花軸上ノ各節ニ二箇宛生ジ、一ハ無柄一ハ有柄ニシテ柄ハ扁三角柱ヲ成シ稜部ハ毛緣ヲ成ス。小穗ノ長サ6mm內外、長橢圓狀披針形ニシテ內外ノ二穎ハ革質、熟スレバ外穎ヲ外方ニ開出ス。內外ノ二稃ハ膜質ニシテ先端尖ルモ芒ナシ。和名鴨の嘴ハ其二片ヨリ成ル花穗ヲかもノロばしニ擬シテ名ケシモノナリ。

第 2483 圖

ほもの科

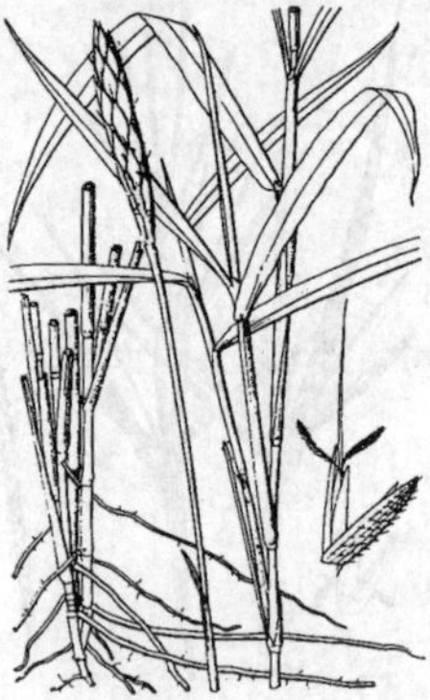

けかものはし

一名　ひざをりしば

Ischaemum anthephoroides *Miq.*
var. eriostachyum *Honda.*

海濱砂場ニ叢生スル多年生草本。下方ノ節ヨリハ太クシテ硬キ長鬚根ヲ出シ、膝曲シテ高サ60-80cm許ノ稈ヲ斜上シ、線狀披針形ノ葉ヲ互生ス。葉面及節ニ白短毛アリ。夏日、稈頂ニ半圓柱狀ノ穗狀花穗二箇ヲ生ジ、互ニ接在シテ8cm內外ノ稍肥厚セル圓柱體ヲ成シ白鬚毛ヲ有ス。小穗ハ其梗ト共ニ長キ白毛ヲ被リ長サ 8mm 內外、長橢圓形ニシテ先端尖リ、花穗上各節ニ二箇宛生ジ一ハ有梗一ハ無柄ナリ。內外ノ二穎ハ革質ニテ外穎ハ幅廣ク有毛、內外ノ二稃ハ膜質ニシテ內稃ハ先端二岐シ外穎ノ二倍長ノ芒ヲ有ス。和名ハ毛鴨の嘴ニシテかものはしト同ジク花穗ノ狀ニ基因シ且ツ其葉并ニ花穗ニ毛多ケレバ云フ、又ひざをりしばハ其稈ノ下部膝曲スルヨリ云フ。

第 2484 圖

ほもの科

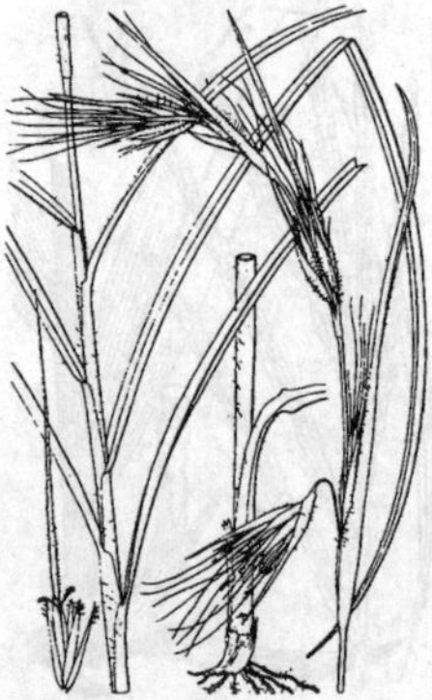

かるかや

一名　めがるかや

Themeda triandra *Forsk.*
var. japonica *Makino.*
(=Anthistiria japonica *Willd.*;
T. japonica *Tanaka.*)

山地或ハ原野ニ生ズル多年生草本ニシテ宿根ヨリ多葉多稈ヲ叢生ス。葉ハ狹線形ニシテ下部ハ粗毛アル長鞘ヲ成ス。秋月、稈高サ1-1.5m許ニ達シテ立チ、梢葉腋ヨリ細柄ニヨリ短縮シテ頭狀ヲ呈スル總狀花穗ヲ生ジテ長キ疎圓錐花序ヲ成シ、各花穗ハ葉狀或ハ鱗片形ヲ成セル上葉ヲ伴ヒ、各小穗ハ輪狀ニ配列セル四箇ノ雄花ノ中央ニ一雌花ヲ有ス。雌花ハ下部褐色びろうど狀ノ總苞毛ナリ、內外ノ二穎ハ白色革質ニシテ上方短毛有リ、其內部ヨリ長サ6cmニ達スル黑色長芒ヲ生ズ。雄花ハ長サ1cm許、軟革質ニシテ帶赤色ノ穎ヨリ成リ、外穎ハ上方ニ剛毛アリ。和名刈かやハ一般屋根葺ノ爲メ刈リ採ル草（かや）ノ名ナリシガ今ハ一草ノ特稱ニ成リシト謂ハル、俗ニ刈萱ト書ケドモ萱ノ字ハ元來かやニハ非ラズ、雌刈かやハ雄刈かやニ對シテノ名ナリ。

うしくさ

Andropogon brevifolius *Swartz.*

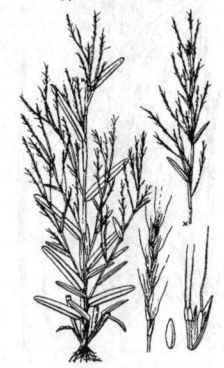

第2485圖

ほもの科

山野ニ群ヲ成シテ生ズルー年生ノ直立小草本ニシテ高サ15-30cm許アリ。稈ハ纖細ニシテ多枝ヲ分チ叢生ス。葉ハ互生シ小形ニシテ長サ3cm許、廣線形ニシテ鈍頭ヲ有シ質薄ク、下ハ鞘ヲ成シテ稈ヲ包メリ。夏秋ノ候ニ至テ葉腋ヨリ長ク出シ梗端ニ纖細圓柱狀ノ花穗ヲ有シ穗長3cm許アリ。小穗ハ各節ニ二箇宛生ジー　ハ無柄一ハ有柄、極メテ小形ニシテ先端ニ芒狀ヲ成ス。無柄小穗ハ紫赤色ヲ帶ビ、狹披針形ニシテ長サ3mm許、内外二穎ハ軟革質ニシテ内外ノ二稃ハ膜質、内稃ハ深ク二裂シ、長サ7mm許ノ芒ヲ有ス。和名ハ牛草ノ意ナランモ何故ニ之レヲ牛ト名クルカ不明ナリ。

ひめあぶらすすき

Andropogon micranthus *Kunth.*
(= A. violascens *Nees.*)

第2486圖

ほもの科

山地山足等ノ乾燥地ニ生ズル多年生草本ニシテ叢生シ、硬質ノ鬚根ヲ有シ、高サ50-70cm許アリ。稈ハ細ク堅クシテ分枝シ、節ニハ白短毛ヲ有ス。葉ハ狹披針形ニシテ先端剛毛狀ニ尖リ、幅ハ7mm、莖上ニ互生シ下ハ鞘ヲ成ス。秋月、梢頭ニ稍密ナル圓錐花序ヲ成シ、主軸ヨリ二三回分枝シ、帶紫綠色ヲ呈シ、先端尖レル長橢圓形小穗ヲ各節ニ二三箇宛生ジ長サ2.5mmアリ、中ニ就テ其一箇ハ無柄ナリ。無柄小穗ハ兩性ニテ總苞毛ハ短ク白色ヲ呈シ内外二穎ハ軟革質、外稃ハ膜質、内稃ハ小形ニシテ長サ2cm弱ノ纖細ナル芒ヲ具フ。有柄小穗ハ芒ナク雄性ナリ。和名ハ姫油すすきナリ。

すずめかるかや

一名　をがるかや・かるかや(同名アリ)
Cymbopogon Goeringii *Honda.*
(= Andropogon Nardus *L.* subsp.
marginatus *Hack.* var. Goeringii *Hack.*)

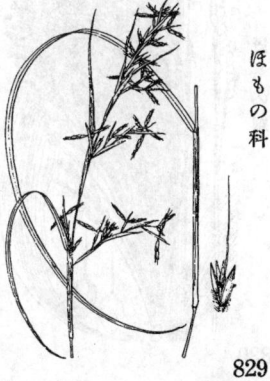

第2487圖

ほもの科

到ル處普通ニ山野ノ乾地ニ生ズル多年生草本ニシテ叢生シ高サ1m内外ニ達ス。稈ハ立チ瘦長硬質ニシテ葉ト共ニ香氣アリ。葉ハ狹線形ニシテ漸尖シ稈ヨリ短ク、帶白色ヲ呈シ下ハ長鞘ヲ成ス。秋月、上方葉腋ニ花序ヲ抽出シテ圓錐狀ヲ成ス。花序ハ長サ1-2cmノ舟形、褐色ヲ帶ビタル苞狀葉ヲ伴ヒ、其間ヨリ小總狀花ヲ二箇宛開出シ、穗軸上ノ各節ニ二箇宛小穗ヲ生ジ一ハ無柄ニシテ兩性一ハ有柄ニシテ雄性ナリ。無柄ナル小穗ハ扁壓ニ長サ5mm許、外穎ハ長橢圓形白緣、内穎ハ披針形、内外二稃ハ膜質、内稃ノ先端二岐シ長サ1cm許ノ赤褐色屈折セル芒ヲ有ス。雄性ノ小花ハ雄小形ナリ。和名ハ雀刈かやハ其花穗姿ノ形容ニ基キテ云ヒ、雄刈かやハ雌刈かやニ對シテノ名ナリ。

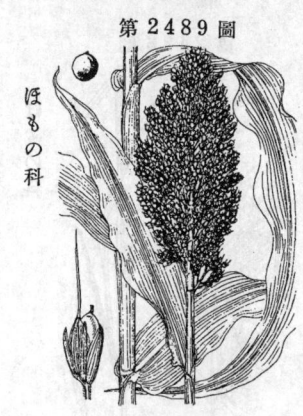

第 2488 圖

もろこしがや
Holcus fulvus *R. Br.*
(=Sorghum fulvum *Beauv.*; Andropogon
serratus *Thunb.*; A. tropicus *Spreng.*)

四國・九州・紀州・中國西部ノ暖地山野ノ
向陽草地ニ生ズル多年生草本ナリ。稈ハ
高サ1m内外ニ達シ、節ハ髯毛アリ。葉ハ
狹長ニシテ漸尖シ、短小截頭ノ小舌ヲ有
シ、葉鞘ハ圓筒形ニシテ口緣ニ絹毛ヲ布
ク。夏秋ノ候ニ開花ス。疎ナル圓錐花穗ハ
全形長橢圓形、枝梗ハ纖長ニシテ層々輪
生シ、梗端ニ各短穗ヲ着ケ長サ10-12mm
許アリ。小穗ハ赤褐色又ハ紫色ノ短毛ヲ
密布シ長サ3-4mm許アリ。毎小穗ニ中途
ニ於テ膝曲セル長芒ヲ具フ。和名ハ花穗
ノ狀稍もろこしニ似タレバ斯ク云フ。

第 2489 圖

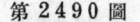

もろこし (蜀黍)
一名　もろこしきび・たかきび
Holcus Sorghum *L.* var. japonicus
Makino. (=Andropogon Sorghum
Brot. subsp. sativus *Hack.* var. vulgaris
Hack. subvar. japonicus *Hack.*)
舊ク天正年間ニ我邦ニ入リ今ハ一般邦內諸州ノ圃地
ニ栽培スル年生ノ穀禾ニシテ根ハ太キ鬚狀ヲ成ス。
稈ハ單一直立シ粗大ニシテ高サ2m内外アリ平滑ナル
圓柱形ニシテ中實ノ節アリ。葉ハ互生シテ長鞘アリ長
大ニシテ長サ50-60cm許アリ、幅ハ廣クシテ6cm内外
アリ、上部漸尖シ先端垂下シ莖ト共ニ綠色ナレドモ後
チ往々赤褐色ヲ帶ブ。夏月ニ至リ稈頂ニ多數ノ花ヲ密
聚セル大形ノ圓錐花序ヲ成シ後赤褐色ノ顆果ヲ結ビ、
其梗梗ハ鈎垂スルアリ之ヲかぎもろこし (forma
cernuus *Mak.*) ト云フ然レドモ是レ特立ノ品ニ非
ラズ能ク普通品ニ交ハリテ生ジ其鈍度一樣ナラズ。小
穗ハ密在シ、花序ノ小軸各節ニ兩性ニシテ無柄ノ者一
箇、雄性ニシテ有柄ノ者一二箇ヲ有ス。兩性小穗ハ廣
倒卵狀橢圓形ニシテ5mm許、下部ハ短キ穗苞毛ヲ有
シ、内外ノ二穎ハ厚革質ヲ呈シ外穎、上方有毛ニシテ
内穎ヲ包ミ、内外ノ二稃ハ膜質有毛ニシテ内稃ハ長サ
6mm許ナル屈折芒ヲ有ス。滿洲國ニテ普ク栽培スル高
梁ハ本種ト同ジク、元來高梁ハ蜀黍ノ一異名ニシテ支
那北地ノ稱ナリ。本種ハあふりか州ノ原產ト稱スレド
モ其正確ナル原產地ハ未詳ナリ。和名もろこしハ唐き
びノ略、高きびハ其稈高キヲ以テ云フ。

第 2490 圖

ははきもろこし
(發音 ほーきもろこし)
Holcus Sorghum *L.*
var. transiens *Honda.*
(=Andropogon Sorghum *Brot.* subsp.
sativus *Hack.* var. transiens *Hack.*)
舊時ヨリ圃中ニ栽培スル一年生禾本ニシ
テ全姿もろこしノ類スト雖モ稈ハ瘦長ニ
シテ高ク、其高サ3mニ達シ綠色ノ圓柱形
ヲ呈シ、節アリ。夏月、大ナル花穗ヲ稈頂
ニ着ケテ枝梗纖垂シ多數ニ分岐シテ瘦長
ナル硬質小梗ヲ成シ、綠褐花ヲ無數ニ着
ク。兩性小穗ハ長橢圓形ニシテ先端尖リ、
内外ノ二穎ハ白軟毛ヲ有シ、内外ノ稃ハ
膜質、内稃ハ小形ニシテ長サ 8mm 許ノ
屈折セル芒ヲ有シ、狹長橢圓形有柄ノ雄
性小穗一二箇ヲ伴フ。果穗ハ顆果ヲ除キ
以テ箒ヲ作ル、故ニ箒蜀黍ノ和名アリ。

かりまたがや
Dimeria ornithopoda *Trin.*

山原幷ニ平野ノ向陽草地ニ生ズル一年生
草本ニシテ下ニ鬚状根ヲ叢出ス。稈幷ニ
葉ハ叢生シ、葉ハ狭線形ニシテ尖リ、葉
緣ニ長キ毛ヲ生ズ。秋月、多數ノ瘦細ナ
ル稈ヲ抽出スルコト 10-30cm許、葉ヨリ
高キ稈頂ニ二乃至三岐シテ叉狀ヲ呈セル
花穗ヲ着ク。花穗ハ細長ニシテ長サ 3-7
cm許アリ。小穗ハ淡綠色又ハ微シク紫色
ヲ帶ビテ軸上ノ各節ニ一箇宛ヲ着ケ其長
サ3mm許ニシテ長橢圓狀披針形ヲ成ス。
外穎ハ厚膜質、內穎ハ膜質、外稃ハ薄膜
質小形ニシテ先端ニ小穗ノ三乃至五倍ニ
達スル纖細ナル長芒ヲ有ス。和名雁股が
やゝ其兩岐セル花穗ニ基キテ云ヒ、かり
またノ語ハ元來蛙股(かへるまた)ノ略轉
セルモノナリト謂フ。

第 2491 圖

ほもの科

こぶなぐさ
一名 かいなぐさ・かりやす(同名アリ)
古名 かいな・あしゐ
Arthraxon hispidus *Makino.*
(=Phalaris hispida *Thunb.*)
var. ciliaris *Honda.*
(=Ischaemum ciliare *Retz.*; A. ciliare *Beauv.*)

我邦到ル處ノ圃畔原野等ニ多キ一年生草本。稈ハ其下
部通常地上ニ傾臥シテ節々ヨリ鬚根ヲ發ツ上方ハ斜上或
ハ直立シテ30-40cm許ニ達シ、瘦長ナル數枝ニ岐レ、
秋月、每枝頂端幷ニ上方葉腋ニ花穗ヲ萠ケ、花穗ハ五
乃至十枝許ニ分岐シテ茶筌狀ヲ呈シ長サ 3cm 內外ア
リテ紫色ヲ帶ブ。葉ハ互生シ披針狀卵形ニシテ心臓底
ヲ呈シ兩面無毛、葉緣ノ下部ニ睫毛ヲ有シ、葉鞘ニハ
粗毛ヲ開出ス。小穗ハ各分枝ノ節每ニ一箇アリ、披針
形ニシテ長サ4mm許、外穎ハ舟狀ニテ粗糙シ、內穎ハ
膜質、內外ノ二稃ノ薄膜質ニシテ遙ニ小ク、內稃ハ先
端ニ岐シテ外穎ノ二倍長許アリ。八丈島ニ在リテハ
八丈稱ノ葉染料トシテ之ヲ實用ス。和名小鮒草ハ
其葉形ニ基キテ云ヒ、かいなハ染ムルヲかく(搔)ト云
フヲ以テかいなハ搔成草(かきなしぐさ)ノ略轉ナルベ
シト謂ヘリ是レ果シテ然ル乎。按ズルニ云フテ即チ腕ヲ
かいなト云フ乎以テかいなハ或ハ其膝曲セル稈ニ基
キテ謂ヒ之ヲ名ニ非ザル乎。又あしゐノ脚部ニテ是レ
亦膝曲スル脚ニ基キシ名ニ非ザル乎。漢名藎草(誤用)

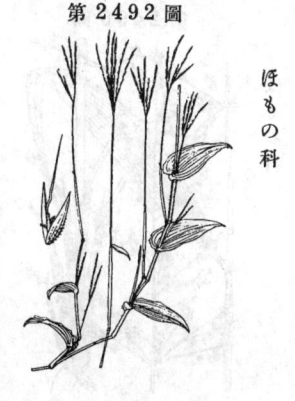

第 2492 圖

ほもの科

し   ば
Zoysia japonica *Steud.*
(=Z. pungens *Willd.* var. japonica *Hack.*;
Osterdamia japonica *Hitchc.*)

山野路傍等ノ向陽地ニ普通ナル多年生草本。稈ハ强剛
細長ニシテ滑ナル針金狀ヲ呈シ、長ク地面ニ匍匐シ
テ之ヲ覆ヒ、各節ヨリ鬚根ヲ發出ス。葉ハ互生シ
緊接セル三節ニ三葉接在シ線形ニシテ先端漸尖シ、幅
3mm許アリテ質稍硬强、下部ハ葉鞘ヲ成シ其口邊ハ捲
毛ヲ具フ。五六月ノ候、瘦細ナル稈ヲ葉中ヨリ抽キテ
直立シ高サ15-20cm許アリ、稈頂ニ長サ3-5cm 許ノ短
穗ヲ直立ス。花軸ハ關節ナク、各小分枝ノ先端ニ一
花ヲ生ズ、穎ハ一片ニシテ長サ3-4mmアリ狹卵形ニシ
テ稍紫色ヲ帶ビ光澤アリ、中ニ一箇膜質ノ稃ヲ有シ、
芒無シ、之ヲ似タル一種かうらいしば一名てうせん
しば(Z. matrella *Merr.* var. tenuifolia *Dur. et*
Schinz. =Z. tenuifolia *Willd.*)ハ葉、纖細、質柔
ニシテ地ヲ覆フテ生ジ、芝艸トシテ往々庭前向陽地ニ
栽エラレ愛翫ノ爲ニ能ク繁茂ス。和名 しば一名細葉ノ
義ト謂フ、又紫葉(しばは)ノ意トモ謂ハル。漢名 結
縷草(慣用)結縷ハ『爾雅』ノ傳一名橫目ニシテ俗
ニ之ヲ蚊脚草ト云フト謂ヘリ是レ果シテしばハ力確實
ナラズ。

第 2493 圖

ほもの科

第 2494 圖

ほもの科

おにしば
Zoysia macrostachya
Franch. et Sav.

諸州ノ海邊砂地ニ生ズル多年生草本。根莖ハ瘦細硬質ニシテ針金狀ヲ呈シ長ク砂中ニ曳キ、節ヨリ鬚根ヲ出シ又枝稈ヲ發出シテ砂面上ニ直立シ葉幷ニ花穗ヲ着ケ往々唯葉ノミヲ着クル者アリ。葉ハ互生シテ開出シ、狹披針形ニシテ銳尖頭ヲ有シ綠色ニシテ質稍强厚、乾ケバ直ニ縱ニ卷キテ刺狀ヲ呈シ、葉鞘上部ニ白鬚毛ヲ具フ。六月ノ候、稈頂梢葉中ヨリ長サ3cm許ノ短大ナル單穗ヲ直立シ、密集セル小形花ヲ着ケ各花ハ短柄ヲ有シ長サ7mm許ノ長橢圓形ヲ成シテ先端尖リ、紫色ヲ帶ビテ光澤アリ。穎ハ革質ニシテ唯一箇アリ其先端時ニ短芒狀ヲ成シテ突出シ、中ニ膜質小形ノ秤一片ヲ有ス。和名鬼しばハ其粗强ナル草狀ニ基キテ云フ。

第 2495 圖

ほもの科

たききび
一名　かしまがや

Phaenosperma globosum *Munro.*

暖地ノ山地或ハ島地ニ自生スル大形多年生草本ニシテ叢生シ、根莖ハ短クシテ鬚根ヲ發出ス。稈ハ直立シ葉心ヨリ高ク抽シ葉ヨリ高ク、高サ1-1.5m內外ニ達ス。葉ハ跡狀ヲ呈シ長大ニシテ披針形ヲ呈シ漸尖頭ヲ有シ下部ハ漸殺シ、表裏反轉シテ其下面（實ハ上面）帶白色ヲ呈シ、小舌ハ披針形鈍頭、葉鞘ハ長クシテ大ナリ。秋月、稈頂ニ散漫ナル大圓錐花序ヲ出シ、下部ノ穗枝ハ層々輪生ス。小穗ハ小形ニシテ稍疎ニ枝上ニ着キ五生シテ帶綠色ヲ呈シ總テ芒ナシ。外穎ハ內穎ノ半長アリ。穎果ハ稍大形ニシテ略ボ球形ヲ呈シ穎稈ガ伴ヒテ上半ガ裸出シ暗綠色ヲ呈シ其重量ニヨリテ果穗爲メニ下垂セリ。澁味アリテ食用ニ適セズ。和名たききびハ山崖ニ生ズルきびノ意、かしまがやノかしまハ蓋シ其產地ノ名ニシテ或ハ三河寶飯郡海岸ノ鹿島乎。

第 2496 圖

ほもの科

とだしば
一名　ばれんしだ

Arundinaria hirta *Tanaka.*
(=Poa hirta *Thunb.*; Agrostis ciliata *Thunb.*; Arundinella anomala *Steud.*)

諸州普通ニ山地原野ニ生ズル多年生草本ニシテ地下枝ヲ分テ繁殖シ叢生ス。稈ハ稍剛質ニシテ直立シ、高サ1m餘ニ達シ葉上ニ抽ヶ捜長ニ達シ節ニ節上ニ。葉ハ互生シ稍無毛或ハ有毛ニシテ廣線形ヲ呈シ上部漸尖シ質稍硬ク、下方ニ葉鞘ヲ成シテ時ニ粗毛アリ。夏秋ノ候、稈頂ニ稍長大ナル圓錐花序ヲ成シテ綠色又ハ帶紫色ヲ呈シ長サ約20-30cm許ニ及ビ、小枝ヲ分チ枝上ニ短柄アル小穗ヲ稍密ニ着ク。小穗ハ通常疎無ク或ハ有芒其長サ3mm許アリ。內外二穎ハ略ボ同形ニシテ銳尖卵形ヲ成シ、中ニ二花ヲ藏シ、內方ノ一花ハ稍小形ニシテ雄性ナリ。內外二稈ハ厚膜質ニシテ基部ハ白毛ヲ有ス。種中數種アリ。いはとだしば (A. aristata *Makino*=A. hirta *Tanaka* var. *aristata Koidz.*) ハ孤種ニシテ紀州新宮幷ニ瀞八丁ノ岩上ニ叢生シ往々岩上ヨリ垂レテ小穗ニ芒アリ。和名戸田しばハ武州戸田原邊ニ多生スルヨリ云と、馬簾しばハ蓋シ其花穗ノ形容ニ基キテ云ヒシナラン。

832

なるこびえ

一名　すずめのあは

Eriochloa villosa *Kunth.*

(＝Paspalum villosum *Thunb.*)

原野ノ草間或ハ川原等ニ見ル一年生草本ニシテ高サ60-70cm許ニ達シ、基部ヨリ分枝シテ直上ス。葉ハ稈ニ互生シ長披針形ニシテ上端漸尖シ、幅1.5cm許アリ質薄クシテ軟毛アリ。夏月、稈梢ニ稍相離在シテ一方ニ偏セル數箇ノ無柄枝穂ヲ着クル花序ヲ成シ長サ4cm内外アリ。枝穂ハ穂狀ヲ成シテ白色ノ密短毛ヲ其穂軸ニ有シ、軸上ノ一側ニ短柄アル小穂ヲ密ニ二列ニ排列シ熟スレバ落チ易シ。小穂ハ長サ4mm許アリ扁平ニシテ楕圓形ヲ成シ先端尖リ、全體ニ短毛ヲ被リ、又下部ニ白色ノ總苞毛ヲ具フ。内外二穎ハ洋紙質ニシテ白色ヲ呈シ綠脈アリ、中ニ角質ニシテ鋭頭卵形ヲ成シ淡黄色ヲ呈スル内外二稃ヲ有ス。和名鳴子びえハ其枝穂上ニ駢列スル小穂ノ狀ニ基キテ云ヒ、雀の粟ハ其穎果ヲ雀ノ食スルあはニ擬セシナリ。

第2497圖

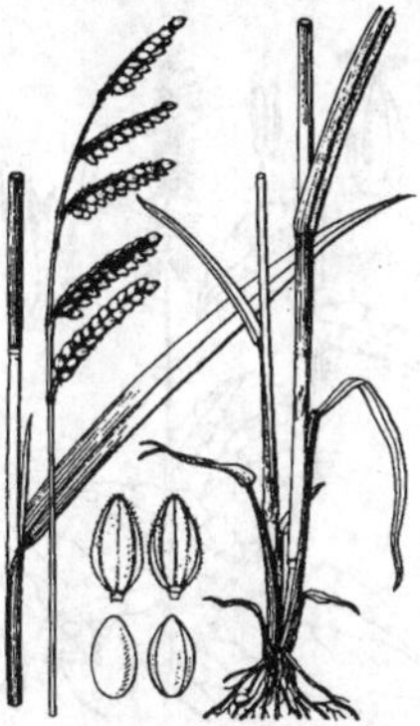

ほもの科

すずめのひえ

Paspalum Thunbergii *Kunth.*

(＝P. scrobiculatum *L.*
var. Thunbergii *Makino.*)

普ク原野ノ向陽草地ニ多キ多年生草本ニシテ叢生シ、高サ50cm内外アリ。葉ハ叢出シ線形ニシテ漸尖シ幅7mm許、下部葉鞘ト共ニ軟キ長毛茸ヲ開出散生ス。秋月、葉上ニ抽ク稈頂ニ高ク花穂ヲ着ケ、疎ニ中軸ニ互生セル三乃至五箇ノ枝穂ヲ分チ、其枝穂軸ハ稍扁平ニシテ毛ナク下ニ向ヘル軸面ニ淡黄綠色ノ小穂ヲ二列ニ着ク。小穂ハ短柄アリ扁壓シテ平凸二面ヲ成シ微毛アリ、略ボ圓形ニシテ先端僅ニ尖ル。内外ノ二穎ハ膜質ヲ呈シ、中ニ革質淡黄色圓形ノ内外二稃ヲ有シ、外稃ハ内稃ヲ堅ク抱ケリ。和名雀の稗ハ其穎果ヲ雀ノ食フひえニ擬セシナリ。

第2498圖

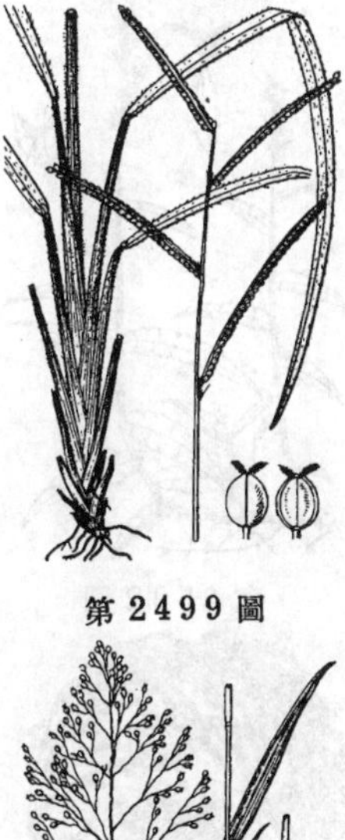

ほもの科

ちござさ

Isachne globosa *O. Kuntze.*

(＝Milium globosum *Thunb.*;
I. australis *R. Br.*)

普通ニ群ヲ成シテ水邊或ハ濕潤地ニ多ク生ズル多年生草本ニシテ長ク匐枝ヲ引テ繁殖ス。稈ハ痩細ニシテ直立シ、高サ30-40cm許アリ。葉ハ稈ニ互生シ短キ狹披針形ニシテ尖リ、下ハ鞘ヲ成シテ稈ヲ包メリ。六七月ノ候、稈頂ニ短廣ナル圓錐狀花序ヲ成シ、數回分枝シテ鬚狀小梗ノ先端ニ長サ2mm許アル多數ノ小球狀廣楕圓形ノ小穂ヲ着ク。小穂ハ紫色ヲ帶ビ且稍洋紙質ノ内外二穎中ニ二花ヲ藏ス。内外二稃ハ共ニ革質ニシテ鈍頭ヲ有シ黄白色ヲ呈シ、外稃ハ内稃ヲ抱ケリ。花柱ハ羽狀ニ分裂シ赤紫色ヲ呈シテ穎外ニ超出シ美ナリ。和名ハ稚兒笹ノ意ニシテ其小ナル草狀ニ基キシ稱ナリ。

第2499圖

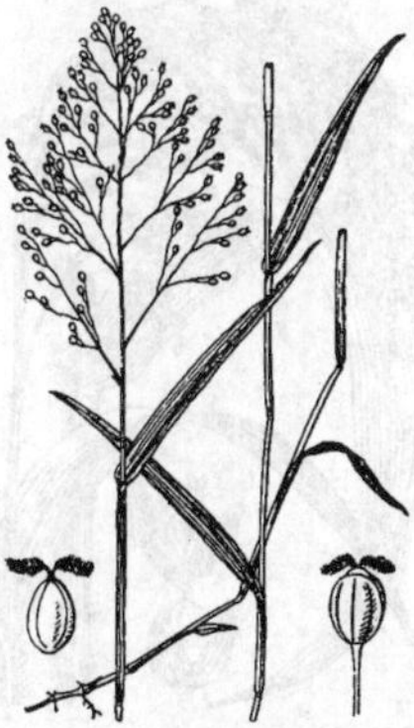

ほもの科

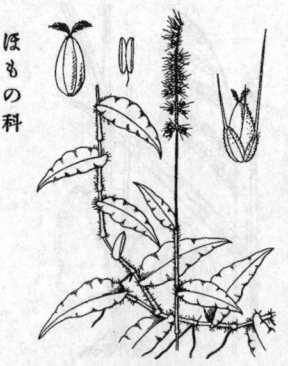

第2500圖

ほもの科

ちぢみざさ
Oplismenus undulatifolius
Roem. et Schult.
(=Panicum undulatifolium *Ard.*)

山野樹下ノ地ニ生ズル多年生草本ニシテ稈ノ下部ハ地面ニ横臥匍匐シ節ヨリ鬚根ヲ下シ硬質ニシテ多モ枯レズ。葉ハ互生シ披針狀ニシテ銳尖頭ヲ有シ稍毛アリ、深綠色薄質ニシテ葉緣ハ皺曲シ、葉鞘ニハ滿面ニ開出セル粗毛ヲ被フル。秋時、傾上シテ直立セル稈ヲ抽シ、高サ30cm内外ナリテ頂ハ直立セル花穗ヲ着ケ、花穗軸ニ著シク毛ヲ有ス。花穗ハ花穗軸ヨリ更ニ一回短ク分枝シテ其上ニ稍無柄ノ小穗ヲ簇生ス。小穗ハ綠色ニシテ長サ2mm許アリ、長楕圓狀ヲ成シ三片ノ穎アリテ皆ハ毛、綠色ニシテ薄ハ洋紙質ヲ呈シ、最外ヨリ各7mm、3mm、及ビ0.6mm許ノ芒ヲ有ス。内外ノ二稃ハ黃白色ニシテ革質ヲ呈シ堅ク相抱ク。果時ニ及べバ其芒上ニ粘露ヲ出シ其穎果ニ伴フ小穗ヲ能ク人衣等ニ粘附シ一種ノ臭氣アリ。和名ハ縮み笹ノ意ニシテ其葉緣ノ皺曲セル葉ニ基キテ云フ。

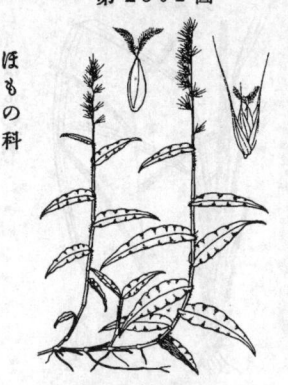

第2501圖

ほもの科

こちぢみざさ
Oplismenus japonicus *Honda.*
(=Panicum japonicum *Steud.*;
O. Burmanni *Miq.* non *Beauv.*)

普ク山野樹下ノ稍陰地ニ生ズル多年生草本ニシテ稈ノ下部ハ長ク地面ニ匍匐シ節ヨリ鬚根ヲ下シ硬質ニシテ多ヲ凌デ枯死セズ、上部ハ傾上シテ直立シ、往々下部ニ枝ヲ分チテ高サ30cm内外ト成ル。葉ハ互生シ披針形ヲ成シテ葉頭尖リ質薄クシテ葉緣皺曲シ、下部ハ鞘ヲ成シテ稈ヲ包ミ唯其緣邊ニ毛ヲ有スルノミニシテ他部ハ無毛ナリ、是レちちみざさト異ナル一ノ點ナリ。秋ニ至テ稈頂ハ直立セル花穗ヲ成シちちみざさ樣ノ綠色小穗ヲ綴ル。然レドモちちみざさニ於ケルガ如キ花穗軸ニ著シキ密毛ヲ有セザルヲ以テ直チニ區別スルコトヲ得ベシ。穎果ノ成熟スル期ニ及べバ其芒上ニ在ル粘露ニヨリ其果ヲ伴フ小穗ハ能ク衣類等ニ粘著シ而シテ一種ノ臭アリ。和名ハ小縮み笹ニシテ全體ちちみざさニ比スレバ稍小形ナレバ云フ。

第2502圖

ほもの科

きび (稷・黍)
一名 こきび 古名 きみ
Panicum miliaceum *L.*

舊ク上古時代ニ渡來シ今ハ普ク圃ニ培養スル一年生ノ穀類草本ニシテ蓋シ印度ノ原產ナリ。稈ハ直立シ綠色圓柱形ニシテ高サ1m餘ニ及ビ稍粗大ニシテ節アリ。葉ハ互生シ長クシテ廣線形ヲ成シ上部漸尖シ幅13mm内外、粗毛散生シ、下部ハ長鞘ヲ成シテ開出セル稈毛稈ニ密布ス。秋月、稈頂幷ニ時ニ上葉腋ヨリ無數花ヲ有スル花穗ヲ抽出シテ多枝ニ分レ、小分枝ハ先端一一箇宛ノ小穗ヲ生ジテ果時ハ主レ大ハ傾垂ス。小穗ハ長サ4.5mm許、卵形ニシテ先端尖リ、第一穎ハ稍小形、第二第三穎ハ同形ニシテ皆洋紙質、其内ニハ在ル内外二稃ハ相抱キテ穎果ヲ護シ略ボ球形ニシテ通常淡黃白色ヲ呈シ之レヲあはニ比スレバ大ナリ。うるちきび一名うるきび (稷)・もちきび (黍)・あかきび (糜)・くろきび (秬)ノ品アリ。和名きびハ古名きみノ轉ニシテきみ八黃實ノ意ナリ、小きびハもろこしきび等ニ比スレバ其穀粒小ナルヨリ云フ。

ぬかきび
Panicum bisulcatum *Thunb.*
(＝P. acroanthum *Steud.*)

原野・路傍・林際等ニ生ズル一年生草本ニ
シテ下部分枝シ草質柔弱ニシテ毛ナシ。
稈ハ直立シ瘦長ナル平滑圓柱形ニシテ中
空ナリ、高サ1m 餘ニ達シ通常綠色ナレ
ドモ又暗紫色ヲ帶ブルコトアリ。葉ハ互
生シ狹長ナル披針形ニシテ上部漸尖シ幅
1cm 內外ニシテ質薄ク軟弱ナリ、下部ハ
葉鞘ヲ成シ毛緣ヲ有ス。秋ニ至リ稈頂ニ
疎漫ナル大圓錐花序ヲ成シ其主枝ヨリ多
數ニ細分スル纖枝上ニ疎ニ多クノ小穗ヲ
着ク。小穗ハ長サ2mm許アリ橢圓形ニシ
テ綠色時ニハ暗紫褐色ヲ帶ビ、第一顎ハ小
形第二第三顎ハ略同形ニシテ芒ナク、中
ニ革質ニシテ光澤アル內外二稃ニ包マレ
タル穎果一顆アリ。和名糠きびハ其散漫
セル花體ノ細微ナルニ基キシ偁呼ナリ。

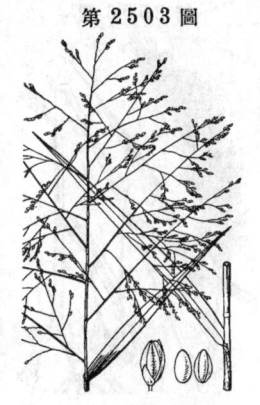
第 2503 圖
ほ
も
の
科

びろうごきび
Panicum villosum *Lam.*
(＝P. coccospermum *Steud.*)

我邦暖地諸州ノ山野或ハ圃中等向陽ノ地
ニ生ズル一年生草本ナリ。稈ハ分枝シテ
上向シ高サ 25cm 內外ニ達シ、其基部ハ
往々橫斜シ節ヨリ鬚根ヲ發出ス。葉ノ兩
面幷ニ葉鞘ノ花軸ト共ニ白色ノ短毛ヲ密
布ス。葉ハ互生シ卵狀披針形ニシテ短
ク、葉頭ハ銳形ヲ呈シ底部ハ圓形ニ成シ
全邊ニシテ邊緣往々皺曲ス。夏秋ノ候、
稈頂枝端ニ通常偏側性ノ小ナル總狀花序
ヲ成シ、十箇許ノ穗狀枝穗ヲ有ス。小穗
ハ細小ニシテ橢圓形ニ成シ綠白色ヲ呈シ
テ密毛ヲ有ス。第一顎ハ極メテ短クシテ
半月狀ヲ呈シ、第二顎ハ銳頭卵形ヲ成シ、
外稃ハ長卵形、內稃ハ倒卵形ニシテ多少
細皺アリ。和名天鵞絨きびハ柔毛ヲ布ケ
ル其葉等ノ狀ニ基キテ云フ。

第 2504 圖
ほ
も
の
科

いぬびえ (野稗)
一名 さるびえ 誤稱 のびえ
Panicum Crusgalli *L.*
var. submutica *Mey.*
(＝Echinochloa Crusgalli *Beauv.*
subsp. submutica *Honda.*)

原野ノ隙地・路傍・溝側等ニ普通ニ生ズル一年生
草本ニシテ通常叢生シ、高サ60-100cm 許アリテ
株下ニ鬚根ヲ叢出ス。稈狹長、扁形、平滑。葉ハ長
鞘ヲ有シ、廣線形或ハ線形ニシテ漸尖シ細緣齒
ヲ有シ長サ25cm內外、幅4-10mm、上部ノ者ハ
漸ク短ク、小舌ヲ缺ク。夏日、高ク稈ヲ抽キ、稈頂
ニ圓錐花穗ヲ成シ密ニ多數ノ綠色花ヲ着ク。小
分穗ニハ只一花ト稔花トヲ有ス。小穗ハ一花
ヨリ成レ、外穎ハ小形、內穎及ピ外稃ハ多少短キ
芒ヲ有シ、芒ハ綠色若クハ紫色ヲ呈シ、穎ノ表面
ハ有毛、內穎外稃ハ共ニ軟骨質ニシテ光澤アリ。
三雄蕊一雌蕊アリ。穎果ハ長サ3mm許、和名犬
ハ食用ニ成ラズシテ用ニ中ラザル稗ノ意、猿
稗ハ蓋ニ熊稗ニ對シ粗毛無キガ以テ斯ク云フナ
ラン。のびえ ハ野稗ノ意ニシテ即チ栽培セルひ
え ニ對スル野生品ノ總稱ナリ。

第 2505 圖
ほ
も
の
科

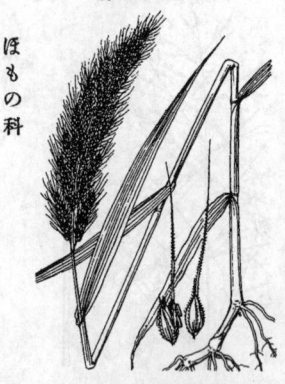

第2506圖

ほもの科

けいぬびえ 一名 くろいぬびえ
Panicum Crusgalli L. var. echinata Makino.
(=P. echinatum Trin.; Echinochloa Crusgalli Beauv. subsp. genuina Honda var. echinata Honda.)

野外ノ水邊濕地ニ自生ヲ多キ一年生草本ナリ。形狀酷ダ能クいぬびえ類似スト雖ドモ其稈ハ一層壯大ニシテ高サ90cm内外ト成リ、互生セル葉ハ稍廣キ線狀披針形ヲ成シテ漸尖頭ヲ有シ、細緻齒ヲ有シ、下ニ長鞘ヲ具フ。夏秋ノ候稈頂ニ15-20cm許ノ粗大ナル圓錐花穗ヲ抽クコト頗ル强壯ニシテ宛モ水田ニ栽培スルくまびえニ似タルモ其品ヨリ痩小ナリ、小穗ニハ極メテ長キ芒ヲ具ヘ、芒ハ通常紫褐色ヲ呈シテ人目ヲ惹ケリ。小穗ハ一花ヨリ成リ、外穎ニ細小、內穎ト外稃トハ硬質ヲ成シテ穎果ヲ護セリ。三雄蕊一雌蕊アリ。和名毛犬稗、小穗ハ鬚毛アルガ以テ云ヒ、黑犬稗ハ其稈毛黑紫色ナルヨリ云ヒ、而シテ之レヲ水稗即チみづびえト稱スルハ非ニシテみづびえハ一くさびえト稱シ田中ハ野生スル品ニシテ P. Crusgalli L. var. hispidulum Hack. (=P. hispidulum Retz.)ノ學名ヲ有シ、之レヲたびえト稱スルハ非ナリ。

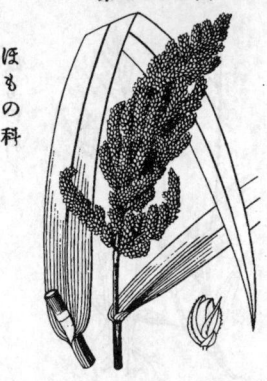

第2507圖

ほもの科

ひ え (稗)
Panicum Crusgalli L. var. frumentaceum Trin.
(=P. frumentaceum Roxb; Echinochloa frumentacea Link; E. Crusgalli Beauv. var. frumentacea W. F. Wight; E. Crusgalli Beauv. var. edulis Hitchc.; E. Crusgalli Beauv. subsp. edulis Honda.)

陸地丼ニ水田ニ栽培セラル一年生草本ニシテ高サ1-2mニ達ス。稈ハ粗大ニシテ直立ス。葉ハ線狀披針形ヲ成シ先端漸尖ニ銳尖シ、細緻齒アリ、幅3cm許ニシテ長鞘ヲ有シ、小舌ヲ缺ク。秋時稈頂ニ圓錐花穗ヲ抽キテ直上ス、穗ハ粗大ナル圓塚狀ヲ成シテ稈長圓錐形ヲ呈シ、枝穗ヲ亦圓塚狀ヲ成シテ甚ダ密ニ淡綠色或ハ褐紫色ノ花ヲ着ケ、穗軸ニハ白色ノ剛毛アリ。小穗ハ小ニシテ一花ヨリ成リ、無芒或ハ有芒ナリ。外穎ニ小形、內穎及ビ外稃ハ略同形同大、表面有毛。內類外稃ハ軟骨質ニシテ光澤アリ。三雄蕊一雌蕊アリ。穎果ハ碎小ナレドモ人ノ食用トシ又鳥ノ飼料ニ利用ス。ひえハ畑ニ作ル者ト水田ニ植ウル者トアリテ如種ヲはたびえト云ヒ、水田種ヲたびえト呼ブ、其長キ紫芒アル品ヲけびえ一名くまびえ (f. aristatum Makino)ト云ヒ、無芒品ヲわさびえト稱シ(湖南稗子ハ之レヲ指ス)、短芒ノ品ヲはむくろもちト云ヘ。和名ひえハ日毎ニ盛ンニ茂レバ日得ノ義ナリト謂ハルレドモ果シテ然ル平否乎、或ハひえハ稗ノ字音ヨリ出デシ語スハひヲ伸べ補ヒ音ナリト謂フハ果シテ信乎。

第2508圖

ほもの科

はひぬめり
Panicum indicum L.
(=Aira indica L.; Sacciolepis indica Chase; S. spicata Honda.)

原野ノ多少濕潤セル地、田畔或ハ芝地等ニ生ズル一年生草本。稈ハ基部ニテ分枝シテ膝曲シ多少四方ニ攬ガリテ傾上シ、痩長ニシテ淡綠色ヲ呈シ高サ20-35cm許アリ。葉ハ線形ニシテ尖リ短クシテ下ニ葉鞘アリ。秋月稈頂ニ圓錐狀花穗ヲ直立シ圓柱形ノ穗狀ヲ成シテ密ニ淡綠色ノ小形花ヲ着ケ長サ1.5-4cm許アリ。小穗ハ小柄ヲリ短ク 卵形ニシテ稍尖シ短毛ヲ布ク。外穎ハ外稃ヨリ短クシテ三脈アリ、內穎ハ卵形ニシテ數脈アリ。外稃ハ內穎ト同長ニシテ亦數脈アリ、內稃ハ微小ナリ。三雄蕊、一雌蕊アリ。此種ハぬめりぐさニ類スト雖モ其稈ノ基部ハ攬ガリ葉ハ短ク、花穗ハ綠色ニシテ短ク且ツ紫黑色ヲ呈セザルヲ以テ識別スベシ。和名ハ這ひ滑めりノ意ニシテ其葉ヲ採メバ粘リアリ、而シテ其稈ハ本臥シテ攬ガリ這フ如ケレバ斯ク云フ。

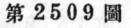

ぬめりぐさ
Panicum oryzetorum *Makino.*
(=P. indicum *L.* var. oryzetorum *Mak.*; Sacciolepis oryzetora *Honda.*)

多ク田畔ノ潤濕地・田中ニ生ズル一年生草本ニシテ數程ヲ叢生シ直立シテ其基部多少膨腫シ柔クシテ匐臥セズ、下ニ鬚根ヲ發出ス、高サ25-40cm許アリ。葉ハ線形ニシテ長ク、葉頭漸尖シテ長サ10-30cm、葉面平滑ニシテ邊緣ニ微細齒アリ、質軟クシテ薄ク往々紫色ヲ帶ブ。秋月、程頂ニ細長ナル穗狀ノ圓錐花穗ヲ直立シ、長サ8-12cm許アリテ密ニ多數ノ小花ヲ着ケ綠色ニシテ暗紫色ヲ帶ブ。外穎ハ小形ニシテ內穎及ビ外稃ハ殆ド同形同大ニシテ凡3mmノ長アリ、穎ニハ總テ芒ナク綠色ニシテ紫色ヲ帶ビ、內頴外稃ハ軟骨質ニシテ光澤アリ。三雄蕋一雌蕋アリ。和名ハ滑めり草ノ意ニシテ葉ヲ揉メバ粘質ニシテ滑メル故斯ク云フ。

一名 めしば・ちしばり(同名アリ)・はたかり
めひしば
Digitaria ciliaris *Pers.*
(=Panicum ciliare *Retz.*; P. sanguinale *L.* var. ciliare *Gren. et Godr.*; D. sanguinalis *Scop.* var. ciliaris *Doell*; Syntherisma sanguinalis *Dulac* var. ciliaris *Honda.*)

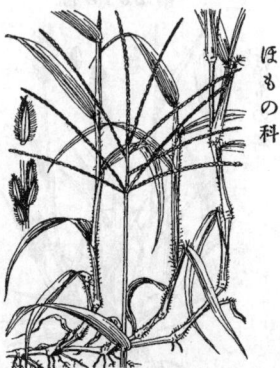

邦內到ル處ノ廢地・路傍・闌圃ニ見ル一年生草本。株本ヨリ數程ヲ分チテ周圍ニ擴ガリ下部ハ匐匐シテ地ニ倭シ節ヨリ鬚根ヲ發出シ長サ40-70cm許アリ。稈ハ細長ニシテ節ニ細毛アリ。葉ハ線狀披針形ニシテ漸尖シ細纖毛ヲ有シ、質薄クシテ柔ク、長サ10-20cm許アリ、葉鞘ニハ稍疎ニ開出セル長白毛ヲ生ズ。夏秋ノ間、抽出スル程ヲ梗ニシテ長サ五乃至十二條許ノ複穗ヲ岐分シテ開出シ綠色ヲ呈ス。花穗ハ大形ノ者20cm許ニ及ビ一ハ無梗、一ハ短小梗アル二ノ穗ヲ耕列シ、一ニ兩全花ニシテ一ハ不稔花頴ナリ。小穗ハ扁形ニシテ一花ヨリ成ル。外頴ニ甚ダ微小ニシテ內頴及ビ外稃ハ凡ソ同形同大、總テ芒ナク、外部ニ有毛、內頴ハ一ノ外稃ニ軟骨質ヲ呈シ、外稃ノ兩緣特ニ開出セル粗毛ヲ有シ、內ニ小ナル頴果ヲ容ル。三雄蕋一雌蕋アリ。此雜草ハ、程節ヨリ根下シテ蔓ル抜キ去リ難ク農夫ノ惡ム所ナリ。和名雌日芝ハ雄日芝一對シテ云ヒ、雄日芝ハ、日ノ照リ陽地ニ生ズ頴ハ掘狀ニテ萎靡セザルヨリ斯ク稱セシナラン、之レヲめひしばト云フハ音便一由リシナラン、雌芝ノ軟質ノ草木ヲ意味シ地縛リハ地面ヲ匐匐スルヨリ云ヒ、はたかりハ這ヒ擴ガルヨリ云フ。漢名 馬唐(誤用)

あきめひしば
Digitaria ischaemum *Muhl.*
(=Panicum ischaemum *Schreb.*; Syntherisma ischaemum *Nash*; P. glabrum *Gaud.*; D. glabra *Beauv.*)

野外ノ路傍・丘陵ノ山路等ニ多ク生ズル一年生草本ニシテ全草粗大ナラズ。長サ20-50cm許アリテ株本ヨリ叢生シ數程地面ニ橫斜シテ四方ヲ指シ、下部ハ時ニ程節ヨリ鬚根下シテコトアリ、程稈ハ瘦細ニシテ分枝シ平滑ナリ。葉ハ狹披針形ニシテ漸尖シ平滑ニシテ葉鞘並ニ稈ト共ニ通常赤紫色ヲ帶ビ、葉鞘ハ無毛ニシテ背ニ稜脊ヲ呈ス。秋月抽出セル稈頂ニ五乃至十條許ニ岐分セル絲狀瘦穗ヲ着ケ、綠色或ハ紫色ヲ帶ビ直立・斜上或ハ斜開シ、長サ5-8cm許アリテ下面ニ二箇ヅツ並ベル多數ノ小穗ヲ着ケ一ハ無柄、一ハ有梗、一ハ兩全花、一ハ不稔花頴ナリ。小穗ハ小形ニシテ一花ヨリ成ル。外頴ハ外稃ト略ボ同長、內頴ハ五脈、外稃ハ長卵形、無毛。三雄蕋一雌蕋、頴果ハ碎小。和名ハ秋雌日芝ノ意ニシテ此種秋ニ及ンデ穗ヲ出スヲ以テ斯ク云フ。

ほもの科
ほもの科
ほもの科

ほもの科

ゑのころぐさ（狗尾草）
一名 ねこじゃらし・ゑのとぐさ（古歌）
古名 ゑぬのこぐさ
Setaria viridis Beauv.
（=Panicum viride L.）

邦内隨處殊ニ平野ニ普通ナル一年生草本ニシテ高サ
40-70cm許、全體綠色ヲ呈セリ。稈ハ直立シ、基部ニ於
テ分枝シ往々膝曲シテ上向ケ、下部上部亦分枝シ、稍
長ニシテ平滑、節ハ稍高シ。葉ハ綠形或ハ綫狀披針形
ヲ呈シ漸尖頭ヲ有シ、下部ニ長葉鞘ヲ具フ。夏日、稈
頂ニ綠色ノ圓柱狀圓錐花穗ノ畧ケテ一方ニ傾キ長サ
4-10cm 許アリテ多數ノ花ヲ集密ス。一小枝穗ニ兩全
花トト不稔花穗トヲ有ス。小穗ハ一花ヨリ成リ、小梗ノ
基部ニ數條ノ長鬚毛ヲ。外穎ハ小形、内穎及ビ外稃
ハ畧ボ同形、穎及ビ稃ニハ芒ヲ有セズ。内穎外稃ハ角質
ナリ。三雄蕊、二柱頭アル一子房アリ。穎果ハ橢圓形。
和名ゑのころ草ハ狗ノ子草ノ意、ゑのノ子ハ子犬ヲ云フ
即チ其穗ヲ子犬ノ尾ニ擬セシナリ、ゑのこ草ハ狗ノ子
草ナリ、ゑぬのこ草モ亦狗ノ子草ナリ、ゑぬ〜狗ヲ云
フ、猫戲らし〜其穗ヲ以テ子猫ヲ戲レサスヨリ云フ、
即チ東京ノ方言ナリ。

第 2513 圖

ほもの科

はまゑのころ
Setaria viridis Beauv.
forma pachystachys Makino.
（=Panicum pachystachys Fr. et Sav.）

ゑのころぐさノ一品ニシテ海岸又ハ近海丘阜ノ
向陽地ニ生ズ。概形ゑのころぐさニ比シテ小ク、
高サ10-20cmヲ普通トシ、或ハ直立シ或ハ圓座
樣ヲ成シテ横斜ス。穗ハ短縮シテ橢圓形又ハ長
橢圓形ヲ成シ、2-4cm許アリテ直立シ下垂スル
コト無シ。ゑのころぐさト同ジク夏日出穗シ、
秋ニ及ンデ残存ス。小穗ノ狀亦ゑのころぐさニ
同ジ。穗ハ通常綠色ナレドモ、又時ニ赤紫色ヲ
呈スルコトアリ。此品ハ元來ゑのころぐさノ海
邊ニ生ジ其環境ノ影響ヲ受ケテ其草態短縮シ乃
チ現形ヲ呈セシ者ナル・過ギズ、故ニ漸ク海ヲ
離ルルニ及バ其形態漸次ニ普通ノゑのころぐ
さト連絡スルニ至ル。和名濱ゑのころハ濱邊ニ
生ズルヨリ云フ。

第 2514 圖

ほもの科

むらさきゑのころ
Setaria viridis Beauv.
var. purpurascens Maxim.
（=S. purpurascens Humbol., Bonpl. et
Kunth ; Panicum purpurascens Opitz.）

川岸・原頭或ハ川原砂地等ニ生ズル一年生草本
ニシテ稈・葉・花・實ノ狀總ゑのころぐさニ酷
似ス、然レドモ草狀稍痩形ノ者多ク、且花穗ノ鬚
毛褐紫色ナルヲ以テ認識シ得ベク、中ニ〜多少
帶紫色ノ者モアリテ普通ノゑのころぐさニ接近
スルコトアリ。稈ハ細長ニシテ直立シ高サ 40-
80cm許アリ。葉ハ綠形或ハ綫狀長橢圓形ニシテ
漸尖シ稍硬質ニシテ往々紫色ヲ帶ビ細緣齒ヲ有
ス。秋月稈頂ニ長サ4-8cm許ノ圓柱狀花穗ヲ抽
キ密ニ小穗ヲ着ク。枝梗ニ二小穗ヲ有シ、一
ハ兩全花一ハ不稔花穎ナリ。小穗ハ一花ヨリ成
リ、其基部ニハ長鬚毛ヲ具フ。外穎ハ小形、穎立
ニ芒無ク、内穎立ニ外稃ハ軟骨質ヲ呈シ
光澤アリ。穎果ハ小ニシテ橢圓形ヲ成ス。和名
紫ゑのころハ其穗色ノ紫ナルニ基キテ云フ。

838

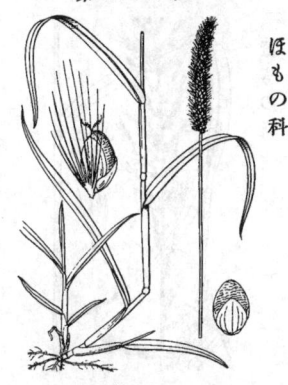

第 2515 圖

ほもの科

きんゑのころ
Setaria lutescens *Hubbard.*
(=Panicum lutescens *Weigel.*)

野外ノ廢地・路傍或ハ圃地等ニ普通ニ生ズル一年生草本。稈ハ基部ニ於テ岐分シ、叢生シテ直立シ或ハ往々斜上シ、長サ20-60cm許アリ、痩長ニシテ平滑ナリ。葉ハ細長ニシテ線形ヲ呈シ漸尖頭ヲ有シ、質軟クシテ細縁齒ヲ有シ、葉鞘ハ其背脊稜ヲ呈ス。夏ニ至テ稈頂ニ圓柱形ノ花穗ヲ立テ長サ3-8cm許アリテ多數ノ花ヲ密着ス。枝條ハ二小穗ヨリ成リ其一ハ兩全花、其一ハ不稔花類ナリ。小穗ハ一花ヨリ成リ其短梗基部ニ金黃色ノ鬚毛多數アリ。外類ハ小形、類及ビ稈ハ總テ芒ヲ有セズ。內類竝ニ外稈ハ軟骨質ヲ呈シ、內部ノ小ナル類果ヲ護シ、外稈ハ背面ニ横皺アリ。三雄蕊一雌蕊アリ。和名金ゑのころハ其花穗ノ黃色ナルニ由ル。

第 2516 圖

ほもの科

あ　は (粱)
一名　おほあは
Setaria italica *Beauv.*
(=Panicum italicum *L.*)

上古我邦ニ渡來シ今ハ普ク諸州ノ圃地ニ栽培セラルル强壯ナル一年生草本ニシテ高サ1-1.5m許アリ。稈ハ單一ニシテ直立シ、粗大ニシテ圓柱形ヲ成シ平滑ナリ。葉ハ披針形ニシテ先端漸尖シ質稍厚クシテ細縁齒ヲ有シ、下ニ葉鞘ヲ具フ。秋季稈頂ニ單獨ナル花穗ヲ抽テ一方ニ傾垂シ、甚ダ大形ニシテ長サ凡15-20cm、圓柱形ヲ成シ多數ノ小枝ヲ分テ無數ノ小粒形小花ヲ密集ス。最末枝顆ハ一花ト不稔花類トヲ有シテ長鬚毛或ハ短鬚毛ヲ具ヘ、小穗ハ一花ヨリ成ル。外類ハ小形、內類及ビ外稈ハ凡同形同大、內類外稈ニ共ニ芒ナシ。三雄蕊一雌蕊アリ。類果ハ小球狀ニシテ帶黃色。種中もちあは(糯)ハ穀ニ粘氣アルノ品ナリ、又ニこまた一名ねこのて又ねこのあし (var. ramifera *Makino*) ト呼ブ者アリ、穗末肢シテ數枝ヲ成ス。和名あはハ五穀中味濃ケレバ名クト謂フ、眞ヲ否乎、又盗シ禾ノ朝鮮音はあト同源ナラントモ謂ヘリ、大あはハ全草大形ナルヨリ云ヘリ。

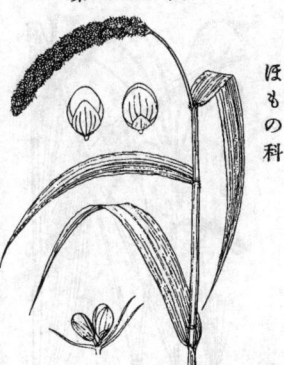

第 2517 圖

ほもの科

こあは (粟)
一名　ゑのこあは
Setaria italica *Beauv.*
var. germanica *Schrad.*

(=Panicum germanicum *Mill.*; P. itaricum *L.* var. germanicum *Koel.*; S. germanica *Beauv.*)

あはト同樣舊クヨリ圃地ニ培養セラルル一年生草本ニシテ高サ90-110cm許アリ。稈ハ單一ニシテ直立シ狹長ナル圓柱形ヲ呈シ平滑ナリ。葉ハ狹長ナル披針形ニシテ漸尖シ質稍硬シ。夏秋ノ候、稈頂ニ瘦狹ナル圓柱狀ノ花穗ヲ着ケテ一方ニ傾垂シ、長サ凡ソ10-15cm許アリテ多數ノ小穗ヲ密ニ着ケ初メ綠色、熟スレバ黃色或ハ赤黃色ト成リ毛ハ短キヲ常トス。分枝ニ在テ短キ小梗ノ基部ニ鬚毛アリ。小分枝ハ一花ト不稔花類トアリ。小穗ハ一花ヨリ成ル。外類ハ小形ニシテ內類及ビ外稈ハ略ボ同形同大ニシテ芒ナシ。類果ハ平滑ナル小球形ニシテ黃色ナリ。和名ハ小あはノ意ニシテ其是穗普通ノあはニ比スレバ小形ナルヨリ斯ク云フ、粟ノ字ハ通常あはニ使用スレドモ嚴格ニ言ヘバこあはナルノ意ナリ。ゑのこあはハ狗ノ兒粟ノ意ナリ。

839

第 2518 圖

ほもの科

いぬあは
Setaria chondrachne *Honda*.
（＝Panicum chondrachne *Steud.*；
P. Matsumurae *Hack.*）

原野溝邊ノ草地ニ生ズル綠色ノ多年生草本ニシテ高サ 1m 以上ニ及ビ通常分枝セズ。地下莖ハ横臥シ、粗大ナル側枝ヲ發出シテ地面ヲ橫過シ、密ニ廣闊ナル鱗片ヲ被フル。稈ハ硬質ニシテ瘦長、平滑、基部ハ通常膝曲ス。葉ハ長クシテ線狀披針形、漸尖頭、長サ30cm內外、幅12mm餘、葉邊細緣齒ヲ有シ、長鞘ヲ有ス。秋月、稈頂ニ狹長圓錐花穗ヲ抽キ、長サ30cm內外アリ、小分穗ハ一花ト不稔花穎トヲ有シ、花下ニ長剛毛アリ。小穗ハ一花ヨリ成ル。外穎ハ茁ダ小形、內穎及ビ外秎ハ略ボ同長ニシテ芒ナク且ツ無毛ニシテ共ニ軟骨質。三雄蕋一雌蕋アリ。穎果ハ長サ凡2.5mm許。和名犬粟ハ其穗多少あはニ似テ敢テ用無ケレバ斯ク云フ。

第 2519 圖

ほもの科

ちからしば
一名 みちしば
Pennisetum japonicum *Trin*.
（＝Gymnothrix japonica *Kunth.*；
Cenchrus purpurascens *Thunb.*；
P. purpurascens *Makino*.）

原野・路傍・土堤等ノ向陽草地ニ多ク生ズル多年生草本。カアル鬚根ヲ地中ニ下シテ抽キ去リ難キ剛剛ナル株ヲ形成シテ叢生ス。稈ハ高サ凡ソ 60-70cm許アリ、細長ナル圓柱形ニシテ基部ハ通常傾ヒ葉鞘ヲ以テ之レヲ包メリ。葉ハ細長ナル線形ニシテ漸尖シ幅 4-7mm許、根生葉ノ基部ハ紫色ヲ呈ス。秋月、葉間ヨリ抽ク眞直ナル稈頂ハ黑紫色圓柱形ノ一花穗ヲ直立シ、通常一株ニ其數多シ、穗長17cm許アリ。小穗直下卽チ花梗頂ニ多數集リテ着ク黑紫色ノ長剛毛アリ且細毛ヲ密生シ、黏毛ハ其長キ者凡ソ2.5cm許ニ達ス。小枝穗ハ一花ト不稔花穎ヨリ成リ、其小穗ハ一花ヨリ成ル。外穎ハ極メテ小形、內穎・外秎ヨリモ小形、外秎ハ大ニシテ內秎ヲ包ミ、穎秎ノ緣ニ芒ヲ有セズ。三雄蕋一雌蕋アリ。一變種ニ花穗淡綠色ノ者アリテ之レヲあをちからしば（var. viridescens *Matsum.*）ト云フ。和名ハ力芝ノ意ニシテ此草土ニ緊着シ力强ク之レヲ引クモ容易ニ拔キ去リ難キガ故ニ斯ク云フ。路芝ハ路傍ニ多ケレバ云フ。漢名狼尾草（蓋シ誤用乎）

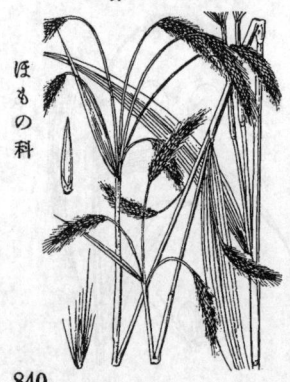

第 2520 圖

ほもの科

つりゑのころ

Pennisetum latifolium *Spreng*.

明治年間ニ渡來セル南米うるぐあい原產ノ一年生草本ニシテ高サ1.5m內外ニ及ブ。稈ハ直立シ粗大ニシテ疎ニ分枝ス。葉ハ互生シ大ニシテ廣線形ヲ成シ銳尖頭ヲ有シ、葉幅2cm內外アリテ細緣齒ヲ有シ、葉鞘アリ。夏秋ノ間、三四條ノ瘦長花梗ヲ葉腋ニ抽キ、梗頂ニ長毛アル圓柱形花穗ヲ傾垂シ、其狀頗ルあのころぐさノ花穗ニ似タリ、穗長5cm內外、淡綠色ニシテ密花ヲ着ク。小穗ハ一花ヨリ成リ、其直下ノ短小梗ニ接スル處ニ多數ノ淡綠色黏毛アリ、黏毛ハ長短アリテ其長キハ凡ソ3cm許。內外二穎ハ茁ダ小形、外秎ハ大ニシテ披針形ヲ成シ其長サ內外穎ノ三倍以上アリ、內外秎ノ內ニ三雄蕋一雌蕋アリ。和名吊ゑのころハ其花穗吊垂セルヨリ云フ。

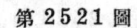

うきしば
Chamaeraphis squarrosa *Chase*
var. depauperata *Masam.*
(=Ch. depauperata *Nees.*;
Ch. spinescens *Poir.*
var. depauperata *Hook. fil.*)

水中又ハ水邊ニ生ズル柔軟無毛ナル多年生草本
ナリ。稈ハ叢生シテ四方ニ擴ガリ織長ニシテ多
ク枝ヲ分チ、水面ニ浮游シ水乾ク時ハ泥上ニ繁
茂シ、長サ30-60cm許アリ。葉ハ互生シ短クシ
テ線形ヲ呈シ、緑色ニシテ葉鞘ト略ボ間長ナリ、
而シテ葉鞘ハ稈ノ節間ヨリ長キヲ常トシ多少膨
大セリ。夏秋ノ候、梢頭ニ短小म有梗ノ狹長
圓錐花穗ヲ出シ眞直ニシテ緑色ヲ呈ス。小穗ハ
一乃至二花ヨリ成リテ花穗中軸ノ各分枝ニ各一
箇ヅツ着生シテ鋭狀披針形ヲ成シ、分枝ノ末端
ハ皆剛毛ニ終リ宛モ有芒小穗ノ觀アリ。第一顎
ハ極メテ小形、第二顎ハ最モ長クシテ尖リ、第
三顎ハ披針形ニシテ刺尖म有シ、第四顎ハ極メ
テ小形ニシテ透明質、釋モ亦透明質ナリ。和名
浮芝ハ水ニ浮キテ生育スルヨリ云フ。

はるがや
Anthoxanthum odoratum *L.*

歐洲北部・北あふりか・北亞細亞原產ノ一禾本
ニシテ明治初年ニ牧草トシテ輸入シ、圃ニ作リ
シガ、端ナク圃ヨリ逸出シテ今ハ往々野生狀態
ヲ成スニ至レル多年生草本ニシテ叢生シ、高サ
35-45cm許ニシテ香氣アリ。稈ハ細長ニシテ直
立シ單一ナリ。根ハ鬚狀ニシテ叢出ス。葉ハ線
形ニシテ尖リ幅2-4mm許、稈葉共ニ無毛平滑ニ
シテ軟弱、葉鞘ハ長シ。初夏ノ候、葉ヨリ遙ニ
上方ニ細キセル稈頂ニ長形花穗ヲ立チ、長サ3-
6cm許アリテ小穗ヲ密集ス。小穗ハ一花ヨリ成
ル。顎ハ四片アリ、其第一顎ニ比スレバ第二顎
之レヨリ大ニシテ兩者共ニ先端稍ボ芒ニ成リ、第
三ビ第四顎ハ長芒ヲ有シ其顎面ハ褐色ノ長毛
ニ覆ハル、次ニ外釋內釋アリ。鱗被無シ。二雄蕊
アリテ葯ハ大ナリ。子房ハ長キニ花柱アリ。顎
果ハ圓柱形ニシテ尖リ、外釋內釋ニ由テ包擁セ
ラル。和名ハ春茅ノ意ニシテ、此禾本ヲ Vernal
Grass ト云フニ基キ名ケシ者ナリ。

たかねかうばう
一名　しらねかうばう
Anthoxanthum japonicum *Hack.*
(=Hierochloe japonica *Maxim.*)

山上ノ草地ニ生ズル多年生草本ニシテ高サ50cmニ達
シ淡綠色無毛ニシテ質軟弱ナリ。根莖ハ細ク横斜シ鬚
根ヲ下シ、多少香氣アリ。稈ハ直立シ、痩長ナル中空
ノ圓柱形ニシテ綠色ヲ呈セリ。葉ハ互生シ線形ニシテ
上部漸次ニ鋭尖シ細毛ヲ布キ、長キ葉鞘アリ、小舌ハ
膜質ニシテ卵形又ハ長橢圓形ヲ呈ス。夏秋ノ候、抽出
セル稈頂ニ稍狹長ナル圓錐花穗ヲ成シテ通常一方ニ
傾キ、短キ側枝ヲ分チテ帶褐綠色ノ小穗ヲ着ク。小穗
ハ淡綠色ニシテ左右ヨリ壓扁セラレ、披針形ヲ呈シテ
短小梗アリ、長サ凡ソ5mm許アリテ三花ヨリ成リ二
條ノ芒アリ。顎釋ハ共ニ橢圓形。雄蕊ハ三。我邦ノ
學者ハ初メ之レヲはるがやト稱シ Anthoxanthum
odoratum *L.* ノ一變種ナリト思惟セシナリ、後チはる
がやヲ此學名ノ者トシ、乃チ新ニ本品ニたかねかうば
うノ名ヲ下セリ。和名ハ高嶺香茅ノ意ニシテ嶺上ニ生
ズルヨリ云ヒ、白根香茅ハ下野日光白根山ニ生ズルヨ
リ云フ。

841

 ほもの科

 ほもの科

 ほもの科

第 2524 圖

ほもの科

くさよし
Phalaris arundinacea L.
(=Ph. arundinaria L. var. genuina Hack.
et var. japonica Hack.; Ph. japonica Steud.)

原野ノ水傍草地ニ向ヒ一處ニ疎群ヲ成シテ生ズル多年
生草本ニシテ地下莖ヲ引テ蕃殖ス。稈ハ狹長ナル圓筒
形ヲ成シテ直立シ、草質ニシテ草高ニ約1.5m許アリ、花後
久シク殘存シテ晩秋ニ及ビ赤色ニシテ節ヨリ分枝シ
テ葉ヲ着ケ多ニ入テ枯槁ス。葉ハ互生シ、廣線形ニシ
テ漸尖シ、細縱溝アリ。五六月ノ候、高樂セル稈頂ニ
圓錐花穗ヲ着ケ直立ス。穗ハ稍狹長ニシテ長10-17cm許
ノ長アリ、淡綠色ニシテ紫色ヲ帶ビ、二回許分岐シテ
小穗ヲ甚ダ多ク雖モ密集シテ擴ガラズ。小穗ハ一花ヨリ
成リ小穗ヲ有シ、卵形ニシテ左右ヨリ壓扁セラレ往々
紫栄ヲ帶ビテナシ。內穎外穎ハ大形ニシテ長サ6mm許
アリ、外稃內稃ハ小形ニシテ下部ニ稍長キ毛ヲ有ス。
二鱗被アリ。雄蕊ハ三。二花柱ヲ有スルニ一子房アリ。
此植ノ一變種ニ爲セルはぼくさよし一名はぼそぼく
さよしヲ予ハ之レヲ認メズ、日本ニ產スル本種ハ其葉
ハ肥瘠ニ由テ廣狹アリ、其花穗ハ新ナリ者ハ開キテ廣
ク日ヲ經レバ閉ヂテ狹シ、日本朝外ニ產スル種ハ總テ
同品ニシテ變種無シ。和名葦ぐよしト比スレバ小形
ニシテ軟キ草質ナレバ斯ク云フ。

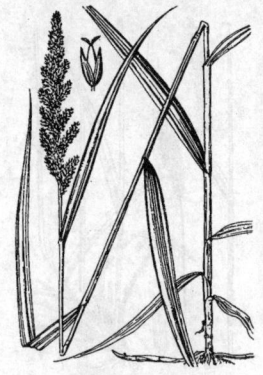

第 2525 圖

ほもの科

ちぐさ
一名　しまよし・しまがや・しまくさよし
Phalaris arundinacea L.
var. picta L.

通常庭園ニ培養セラルル多年生草本ニ。根莖ハ地中ニ横
行シテ其先端ニ新苗ヲ作リ蕃殖ス、故ニ遂ニ一處ニ群
生スルニ至ル。稈ハ直立シ基部ハ淡紅色ヲ呈ス、細長
ナル中空ノ綠色圓柱形ニシテ葉鞘之レヲ包ミ、秋ニ至
レバ短ク分枝シテ葉ヲ着ケ多ニ枯ル。葉ハ互生シ、
廣線形ニシテ漸尖シ邊緣微細齒アリ、鮮綠色ニシテ廣
狹ノ白道縱溝ニ葉縁ノ邊リハ淡紅色ヲ呈シテ美ナリ、
葉鞘ハ長ク無毛綠色ニシテ往々白道縱通ス。五六月ナル
候、高ク抽出シテ直立セル稈頂ニくさよしト同一ナル
穗ヲ立テ、小枝ハ初メ擴ガレドモ後ニハ密集ス。花ノ
構造ハくさよしニ同ジク、小穗ハ一花ヨリ成リ左右ヨリ
壓扁セラレ卵形ニシテ往々紫栄ニ。外穎內穎ハ大ニ
シテ長サ6mm許、中ニ花ヲ擁シ、外稃ハ關ク、內稃ハ
小ニシテ稈本ニ毛アリ。二鱗被アリ。雄蕊ハ三。一子房ニ
二花柱アリ。くさよしノ一變種ニシテ其形種ト異ナル
ハ其葉ノ白條縞ヲ有スルニ在リ、通常觀賞品トシテ人
家ニ栽植セラレ未ダ野生ヲ見ズ、詩經ニ關トテ云フハ
或ハ之レヲ乎否乎。和名血草ハ其葉ヲ横断シ其截桟ノ小時
ヲ經レバ其白道部ニ於テ赤色ヲ呈スルヨリ云フ、縞葦
ハ其葉ニ白條アル故云フ、縞茅モ縞葦茅モ同意ナリ。

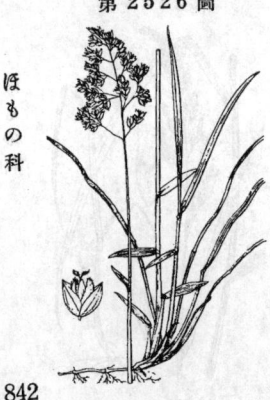

第 2526 圖

ほもの科

かうばう
Hierochloe odorata Beauv.
(=Holcus odoratus L.; Holcus borealis Sch-
rad.; Hierochloe borealis Roem. et Schult.)

原野或ハ丘上ニ生ズル多年生草本ニシテ地中ニ細長
白色有香ノ根莖ヲ引テ蕃殖ス。葉ハ線形或ハ短クシテ
線狀披針形ヲ成シテ漸尖シ苗ノ下部ニ多ク、長サ5-
20cm許、幅3-6mm、質稍厚クシテ帶白ノ綠色ヲ呈シ上
面細毛ヲ帶ビ、細縱齒アリ、葉鞘ハ綠色、平滑、小舌ハ
長ヒ。四五月ノ候、20-40cm許ノ捜長綠色圓柱形ノ稈
ヲ直立シ、稈ノ上部ニハ殆ド葉ヲ有セズシテ稈抽出シ
或ハ僅ニ短葉ヲ着ケ、先端ニ長サ5-8cm許ノ短關ナル
淡褐綠色ノ圓錐花穗ヲ着ケ、小枝ハ斜上或ハ開出シテ
髮毛狀ニシテ呈シ淡綠色ナリ。小穗ハ短小梗ヲ有シ短關ニ
シテ左右ノ側方ヨリ壓扁セラレ、無芒ニシテ一花及ビ
二ノ不稔花ヨリ成リ光澤アル薄膜質ノ內外二穎ニ包マ
ル、先端ノ一花ハ內稃外稃ノ兩性花ニシテ三雄蕊ト
二花柱アル子房ヲ有シ、側方ノ二不稔花ハ單性花ニ
シテ三雄蕊ヲ有シ、緣毛ヲ以ハ緣褐色ノ一稈アルノミ。
和名香茅ノ意ニシテ其草ハ香氣アロヨリ云フ。漢名
茅香(誤用)、茅香ハ香水がやナリ。

みやまかうばう

Hierochloe alpina *Roem. et Schult.*
var. intermedia *Hack.*

高山地帶ニ生ズル多年生草本。高サ 20-30cm 內外ナリ。根莖ハ短クシテ葉ヲ着ケシ枝ヲ出シ、鬚根ハ叢出ス。葉ハ下部ハ叢生シテ瘦線形ヲ呈シ、銳頭ヲ有シ、葉鞘ハ長クシテ且寬裕ナリ。夏日、瘦長ニシテ直立セル稈頭ニ短縮セル圓錐花穗ヲ直立シ、短キ少數ノ髮毛狀小枝ヲ分チ、數箇乃至十數箇ノ小穗ヲ綴リ、黃褐色ヲ呈シ、各小穗ニ三花ヨリ成ル。內穎外穎ノ二片ハ大ニシテ花ヨリ少シク長ク、光澤アリテ中部ハ暗紫色ヲ呈ス。中央卽チ頂上ノ花ハ內稃外稃ヲ具ヘテ兩全花ヲ成シ、三雄蕊、一子房ヲ有シ、側生花ハ各二雄蕊ヲ有スル雄花ニシテ其最下花ノ稃ニハ短芒アリ、中間花ノ外稃ニハ膝曲セル長芒アリテ花外ニ超出シ、外稃ニハ緣毛ヲ有セリ。和名ハ深山香茅ノ意ナリ。

いぶきぬかぼ

Milium effusum *L.*

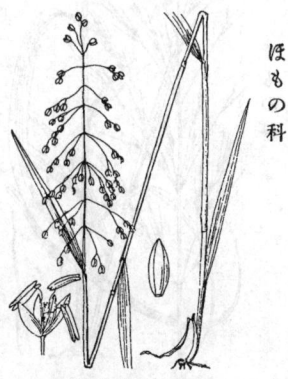

山中ノ草地ニ生ズル丈高ク軟カキ無毛淡綠色ノ多年生草本。稈ハ叢生シ、直立シテ高サ1m內外、葉ハ廣線形ニシテ銳頭ヲ成シ質薄クシテ葉面殆ンド平滑、幅1cm許アリ、葉鞘ハ平滑ニシテ綠色、小舌ハ長クシテ末端截形ヲ成ス。夏月、高ク抽キシ稈頭ニ13-20cm許ノ疎ナル長穗ヲ立テ、其中軸ハ眞直竣細ニシテ各節ニ相隔リテ長短アル三乃至五條ノ髮毛狀枝ヲ開出輪生シ、各枝ノ其上部ニ於テ短小梗アル小形ノ小穗ヲ五六箇總狀ニ着ク。小穗ハ唯一花ノミヨリ成リテ芒無シ。內外ノ兩穎ハ殆ンド同形同大ニシテ圓卵形ヲ呈シ內ノ稃ハ硬クシテ光澤アリ、內ニ三雄蕊、二花柱ヲ有スル一子房及ビ二鱗被アリ。穎果ハ圓柱形ニシテ硬質ト成リタル穎稃ニ包マル。和名伊吹糠穗ハ近江伊吹山ニ產シ其花穗ノ小穗宛モぬかぼヲ聯想スルガ如ク細小ナレバ斯ク云フ。

ねずみがや

Muehlenbergia japonica *Steud.*

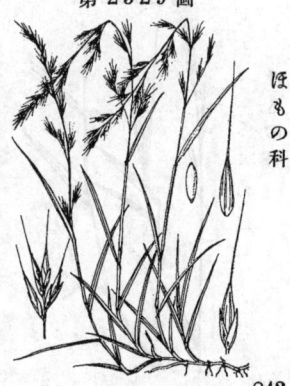

原野山足路傍等ニ多ク生ズル多年生草本。稈ハ硬質瘦細ニシテ其基部地下莖ト成リ、其下部ハ地ニ匐匐シテ節ヨリ鬚根ヲ下シ且其本稈ノ節ヨリ生ゼシ側枝ト共ニ傾上シ、20-35cm 許ノ高サト成リテ叢生ス。葉ハ狹線形ニシテ漸尖シ長サ 8cm 內外、幅 4mm 內外アリテ質薄ク軟弱ナリ。秋月、長サ7-15cm許ノ菲弱ナル圓錐花穗ヲ抽キテ多少一方ニ傾キ、細枝ヲ分チテ細微ナル多數ノ小穗ヲ着ケ淡綠色ニシテ紫色ヲ帶ブ。小穗ハ一花ヨリ成リ、內外ノ二穎ハ略ボ同形同大ニシテ芒ナク、外稃ハ長サ8mm許ノ纖芒ヲ有ス。和名鼠茅ハ其花穗ヲ鼠尾ニ擬セシ者平、或ハ其穗色ニ基キシ乎。

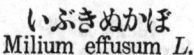

843

第 2530 圖

おほねずみがや
Muehlenbergia Hügelii *Trin.*

山地ニ生ズル長大ナル多年生草本ニシテ
邦産本屬中最モ長大ナル種ナリ。根莖ハ
横臥シ其節ヨリ新枝ヲ横出シ鱗片ヨリ
之レヲ包メリ。稈ハ直立シテ分枝シ高サ
90cmニ達シ中空ノ圓柱形ニシテ壁薄ク
平滑ニシテ折レ易ク、節稍高シ。葉ハ廣
線形或ハ線狀披針形ニシテ上部漸尖シ質
薄ク、葉鞘ハ長ク無毛ナリ。秋月稈頂ニ
帶紫色ノ圓錐花穗ヲ出シテ披針形ヲ呈シ
一方ニ傾キ、長サ30cm內外ニ達シ、枝穗
ハ上向シ相接シテ密集シ、細小ナル多數
ノ小穗ヲ着ケテ纖細ナル芒アリ、芒ノ長
サ1-2cmアリ。小穗ハ一花ヨリ成リ、內
外ノ二顆ハ卵形ヲ呈シテ鈍頭ヲ成シ內外
ノ稈ニ比シテ遙ニ短小ナルノ特徵アリ。
和名ハ大鼠芽ニシテ大形ナルねずみがや
ノ意ナリ。

第 2531 圖

はねがや
Stipa effusa *Nakai.*
(=S. sibirica *Lam.* var. effusa *Maxim.*)

山野ノ草地ニ生ズル多年生草本ニシテ叢生シ高
サ1m餘ニ及ブ。稈ハ直立シ細長ニシテ淡綠色ヲ
呈ス。葉ハ廣線形ニシテ上部漸次ニ狹窄シテ長
キ銳尖頭ヲ成シ葉緣ニ細緣齒アリ、稍硬質ニシ
テ長サ30cm餘ニ達シ、幅ハ12mmニ及ブ、下ニ
長キ葉鞘アリ。夏秋ノ候、稈頂ニ30-50cm許ノ
大ニシテ疎ナル圓錐花穗ヲ直立シ、痩長眞直ナ
ル中軸ノ各節ヨリ三四ノ細長ナル枝ヲ輪生シ、
枝上ニ淡紫色ノ帶ブル小穗ヲ着ク。小穗ハ細長
ニシテ一花ヲ有シ、短キ小梗ヲ有ス。內外ノ二
顆ハ同形同長ニシテ9mm許ノ長ヲ有シ、外稈ハ
其表面ニ毛多ク且長サ25mm許ノ長芒ヲ有シ、
芒ハ捩レリ。和名羽茅ハ其屬名ナル Stipa ニ基
キシ者、又此 Stipa ハ此屬ノ基本種卽チ Stipa
pennata *L.* ニ有スル羽狀芒ニ基キテ名ケシ者
ナリ。

第 2532 圖

かうやざさ
Brachyelytrum japonicum *Hack.*
(=B. erectum *Beauv.*
var. japonicum *Hack.*)

山地ノ林下ニ生ズル多年生草本ニシテ高サ 50
cm 內外ニ達ス。稈ハ基部直立或ハ傾上シテ下
部ハ往々膝曲シ、痩長ニシテ綠色ヲ呈シ、無毛
ニシテ分枝セズ。葉ハ狹披針形ニシテ銳尖頭ヲ
有シ、質薄クシテ邊緣ニ細緣齒ヲ有シ、小舌ハ
線形ニシテ長ク、葉鞘ハ痩長ニシテ平滑綠色ナ
リ。夏秋ノ候、稈頂ニ狹長ニシテ疎ナル圓錐花
穗ヲ出シテ開花ス。小穗ハ少數ニシテ小梗ヲ有
シ狹披針形ニシテ尖リ、綠色ニシテ一花ヨリ成
リ長サ凡8mmナリ。外顆內顆ハ小ニシテ鉞形ヲ
成ス。外稈ハ大形ニシテ長芒ヲ有シ、內稈ハ外
稈ヨリ小ニシテ末端二岐セリ。二雄蕋アリ。一
子房頂ニ二花柱アリ。和名高野笹ハ紀州高野山
ニ生ズルヨリ云フ。

すずめのてっぱう

一名 すずめのやり・すずめのまくら・やりくさ

Alopeculus aequalis *Sobol.*

(=A. fulvus *Sm.* ; A. geniculatus *L.*
var. fulvus *Schrad.* ; A. geniculatus
L. subsp. fulvus *Hook. fil.*)

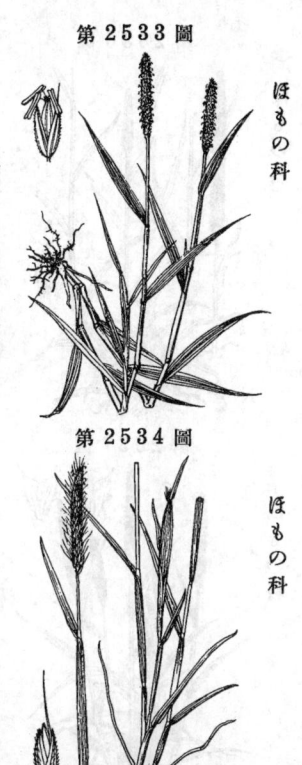

第2533圖

ほもの科

主トシテ田面ニ多ク、又稍濕リタル平地ニ群ヲ成シテ多ク生ズ越年生草本ニシテ高サ30cm内外アリ。稈ハ叢生シテ直立或ハ膝曲シテ傾上シ細長ナル中空圓柱形ニシテ淡綠色ヲ呈シ、葉ト共ニ軟弱、節ハ稍高シ。葉ハ線形ニシテ漸尖シ長サ5-8cm、幅4-6mm許アリ、白綠色ヲ呈シテ細緣齒アリ、葉鞘ハ稍膨大ス。春月、稈頭ニ長サ5-8cm許ノ瘦圓柱形ノ圓錐花穗ヲ立テテ參差林立シ淡綠色ニシテ多數ノ小穗ヲ密集ス其穗面ニ褐黄色ノ雄蕊多シ。小穗ハ一花ヨリ成リ、左右ヨリ壓扁セラレ短小梗ヲ具フ。内外二顆ハ稍同形同大ニシテ稍長キ毛ヲ有ジ芒無シ。外稃ハ膜質ニシテ其外側ノ下部ヨリ短芒ヲ生ズレドモ甹テ花外ニ現ハレズ。三雄蕊、葯ハ初メ白色ナレドモ直後褐黄色ト成ル。子房頂ニ二花柱アリ。本種ハ其葯帶白色、葯細小ニシテ黄黄色ナルヲ以テ其綠色ニシテ葯紫色ナル A. geniculatus *L.* ト異ナレリ、而シテ此A. geniculatus *L.* ハ未ダ之レヲ我邦ニ見ズ。和名之雀ノ鐵砲・雀ノ槍・雀ノ枕ハ共ニ其小形ナル圓柱狀花穗ヲ雀ノ使用スル鐵砲・槍又ハ枕ニ擬シテ云ヒ、槍草ハ其花穗形ニ基キシ稱ナリ。漢名 看麥娘 (誤用)

せとがや

Alopeculus japonicus *Steud.*

(=A. malacostachyus *A. Gray.*)

第2534圖

ほもの科

往々田面ニ見ル越年生草本ニシテ能クすずめのてっぱうト雜ハリテ生ジ、高サ30cm内外アリ、草狀すずめのてっぱうニ酷似スレドモ其花穗ノ稍粗大ナルト芒ノ顯著ナルト且葯ノ白色ナルトニ由リ直ニ兩種ヲ區別シ得ベシ。稈ハ叢生シテ直立シ、細長ニシテ平滑綠色ナリ。葉ハ線形ニシテ漸尖シ長サ5-13cm許、幅4-6mm許アリ、葉鞘ハ通常無斑リ長シ。五月ノ候、稈頂ニ圓柱形ヲ成セル圓錐花穗ヲ立チ長サ3-6cm許アリテ淡綠色ヲ呈シ多數ノ小穗ヲ密集ス。小穗ハ一花ヨリ成リ左右ヨリ壓扁セラル。内外二顆ハ略ボ同形同大ニシテ有毛、外稃ハ背面下部ニ長サ6mm許ノ芒ヲ有ス。三雄蕊アリ、葯ハ白色ナリ。子房ニ二花柱ヲ有ス。和名ハ蓋シ瀨戸茅ノ意乎、然ラバ其瀨戸ハ何處ヲ指シ平乎予ヨレヲ知ラズ、又惟フニ或ハ背戸茅卽チせどがやニシテ裏口ノ田ニ生ズルヲ意味スルノ乎。

おほすずめのてっぱう

Alopeculus pratensis *L.*

牧草トシテ明治初年ニ我邦ニ渡來シ今ハ往々諸處ニ野生ノ狀態ヲ呈セル多年生草本ニシテ叢生シ匍枝ヲ出シ高サハ1m内外。稈ハ高ク直立シ細長ニシテ綠色ヲ呈セリ。葉ハ線形ヲ成シ、上部銳尖頭ト成リ、長サ20-40cm許、幅3-5mm、綠色ニシテ細緣齒アリ、下ニ綠色ノ長葉鞘アリテ上部膨大ス。七八月ノ候、稈頂ニ綠色ノ圓柱狀圓錐花穗ヲ立テ、長サ4-6cm許、直徑8-10mm許アリテ多數ノ小穗ヲ密集シ柔軟ナリ。小穗ハ一花ヨリ成リ、内外二顆ハ同形同大ニシテ芒ナク背面有毛。外稃ハ背面下部ヨリ纖細ナル芒ヲ生ジ長サ1cm許リ。三雄蕊アリテ葯ハ褐色ヲ呈ス。子房上ニ二花柱ヲ具フ。穎果ハ小ニシテ平扁ナリ。和名ハ大雀ノ鐵砲ノ意。其花穗すずめのてっぱうニ似テ遙ニ大ナレバ斯ク云フ。

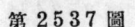

あはがへり

第2536圖

Phleum paniculatum *Huds.*
var. annuum *Honda*.
(= Ph. annuum *M. Bieb.*; Ph. asperum
Vill. var. annuum *Griseb.*)

原野向陽ノ地ニ生ズル一年生草本ニシテ高サ25
-50cm許アリ。稈ハ叢生シテ直立シ参差トシテ
果穗ヲ立ツ、稈本ハ往々膝曲シ、稈體ハ瘦長ナ
ル圓柱形ヲ呈シ勁直ナリ。葉ハ綠狀披針形ヲ呈
シテ漸尖ニ質稍剛ク、下ニ長葉鞘ヲ有シ、小舌
ハ著大ナリ。夏月、稈頂ニ直立シタル細長圓柱
形ノ圓錐花穗ヲ成シテ多數ノ小穗ヲ密集シ、初
メ淡綠色ヲ成セドモ熟スレバ黄色ヲ呈ス。小穗
ハ一花ヨリ成ル。內外二穎ハ稈ヨリ長クシテ左
右ヨリ壓匾セラレ背脊ヲ有シ尖頭ヲ呈ス。外穎
ハ膜質ニシテ芒無ク內穎ハ小形ナリ。二鱗被アリ
リ、雄蕋ハ三、子房ニハ長ニ二花柱アリ。穎果ハ
平扁ナリ。和名ハ粟還リノ意ニシテ其果穗ノ狀
あはニ似タルヨリ粟ヨリ復原セントノ意ニテ斯
ク云フ。

こあはがへり

第2537圖

Phleum paniculatum *Huds.*
var. annuum *Honda*
forma japonicum *Makino.*
(=Ph. japonicum *Franch. et Sav.*; Ph.
asperum *Vill.* var. japonicum *Hack.*)

向陽ノ山坡或ハ原頭ニ生ズル一年生草本ニシテ
高サ18-25cm許アリ。稈ハ叢生シテ直立シ、單一
ニシテ分枝セズ瘦長ニシテ綠色ナリ。葉ハ綠形
ニシテ銳尖頭ヲ有シ長サ凡ソ5-10cm、幅5-7mm
許ニシテ細緣齒アリ。夏月、稈頂ニ8-7cm許ノ
細長圓柱形ノ圓錐花穗ヲ立テ淡綠色ヲ呈シ多數
ノ小穗ヲ密着ス。小穗ハ一花ヨリ成リ、內外二
穎ハ同形同大ニシテ左右ヨリ壓匾ニ二ツニ疊褶
シテ花ヲ圍ミ、尖頭ヲ有シ背脊ニ毛アリ。外穎
ハ軟キ膜質ニシテ芒無ク、內穎ハ細小ナリ。雄
蕋ハ三、子房ハ二花柱アリ。穎果ハ細小ニシテ
平扁ナリ。あはがへりノ一品ニシテ苗稍低小、
質稍軟ナリ。和名小粟還リハあはがへりニ似テ
稍低小ナレバ云フ。

みやまあはがへり

第2538圖

Phleum alpinum *L.*

高山帶ノ草地ニ生ズル 多年生草本ニシテ
高サ15-30cm 許アリ、株ハ大ナリ。稈ハ直
立シ瘦長ニシテ固シ。葉ハ綠形ニシテ長
サ10cm內外、幅5-8cm許、葉面稍平滑ニ
シテ細緣齒ヲ有シ、葉鞘ハ葉片ト殆ンド
同長、時ニ葉片ヨリ長、上部ノ葉鞘ハ
稍膨脹シ、小舌ハ短シ。夏月、稈頂ニ凡
3cm 許ノ長橢圓狀圓柱形ヲ成セル圓錐花
穗ヲ立テ密ニ多數ノ小穗ヲ着ケ、暗紫色
或ハ綠色ヲ呈ス。小穗ハ一花ヨリ成ル。
內外二穎ハ左右ヨリ壓匾セラレ、其上部
ハ截形ヲ呈シテ頂ニハ短芒ヲ有シ、背脊
ニハ剛毛ヲ具ヘ、稈ニハ芒無シ。雄蕋ハ
三。子房ハ二花柱ヲ有ス。和名ハ深山粟
還りノ意ナリ。

ほ
も
の
科

おほあはがへり
Phleum pratense L.

明治初年ニ牧草トシテ我邦ニ輸入セシ者ナレド
モ今ハ圃ヨリ逸出シテ諸處ニ野生ノ狀態ヲ呈セ
ル無毛ノ多年生草本ニシテ高サ1m以上ニ及ブ。
稈ハ直立シ、單一ニシテ瘦長ナル圓柱形ヲ成シ
綠色ニシテ勁シ。葉ハ細長ニシテ線形ヲ成シ銳
尖頭ヲ有シ、幅6-10mm許アリ、葉鞘ハ長クシテ
綠色ニシテ勁シ、小舌ハ圓形ナリ。夏月、稈ハ細長
ナル圓柱形ノ圓錐花穗ヲ立チ長サ10-20cm許、
徑6-10mm許アリテ淡綠色ヲ呈シ多數ノ小穗ヲ
密着ス。小穗ハ一花ヨリ成ル。內外ノ二穎ハ同
形同大ニシテ左右ヨリ壓匾セラレ背脊線ハ由リ
テ疊マレ中ニ花ヲ藏シ、頂ニ短芒ヲ有ス。稈ハ
質薄ク穎ヨリ小ナリ。雄蕋ハ三。子房ニ二花柱
アリ。本種ノ優秀ナル牧草ニシテ俗ニちもじー
(Timothy)ト稱ス、此種子ヲ盆中ニ播種セバ一齊
ニ萌出シ鮮綠色ヲ呈シテ頗ル美ナリ、市人之レ
ヲ絹絲草(きぬいとさう)ト呼ビ市中ニ售レリ。
和名大粟還リハ大形ナルあはがへりノ意ナリ。

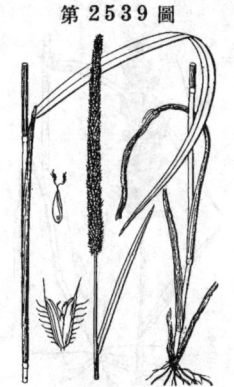

ほもの科

ねずみのを
Sporobolus elongatus R. Brown.
(= Cinna japonica Steud.)

向陽ノ原野・路傍ニ生ズル多年生草本ニシテ一
株ニ叢生シテ強ク地ニ着キ、高サ50-70cm許ア
リ。稈ハ直立或ハ斜立シ細長ニシテ勁靱ナリ。
葉ハ細長ナル線形ヲ成シテ漸尖シ、綠色ニシテ
質強ク、幅5mm許アリテ細鋸齒アリ、少シク乾
ケバ直ニ疊合スル性アリ。夏秋ノ間、稈ハ瘦
長ナル穗狀ノ圓錐花穗ヲ着ケ長サ20-30cm許ア
リ、枝ハ極メテ短クシテ殆ド花穗中軸ニ傍ヒ多
數ノ細微ナル淡綠色小穗ヲ密着ス。小穗ハ一花
ヨリ成リテ芒無ク長サ2mm許。內外ノ二穎ハ膜
質ニシテ大小アリテ外穎ハ內穎ヨリ小ナリ、外
稃內稃ハ穎ヨリ大ニシテ不透明ナリ。穎果ハ稈
ニ擁セラレ、赭黃色ヲ呈セル種子ハ自動的ニ膜
質果皮ノ間ニ出デテ外ニ露ハレ多數相集テ穗上
ニ膠着スル特性アリ。和名鼠の尾ハ其狹長ナル
穗形ニ基キシ稱ナリ。

ほもの科

ひげしば
Sporobolus piliferus Kunth.
(= Vilfa pilifera Trin.; S. ciliatus
Presl; Agrostis japonicus Steud.;
S. japonicus Maxim.)

向陽ノ原野或ハ丘阜地等ニ生ズル一年生小草本
ニシテ高サ10-15cm許アリ、叢生シテ基部ヨリ
分枝シ、滑者ハ微シク枝ヲ分チ立チ、下ニ硬質ノ
鬚根ヲ出セリ。稈ハ短クシテ硬ク纖長ニシテ立
チ或ハ傾上セリ。葉ハ線形ニシテ尖リ質稍强ク、
長サ3-5cm、幅2-3mm許アリテ、葉緣ニ纖細ナ
ル白色長毛ヲ疎生シテ開出シ其狀著シ、葉鞘ハ
細長ナリ。秋ニ至テ各稈頂ニ細長ナル圓錐花穗
ヲ直立シテ穗狀ヲ成シ、光滑ニシテ褐色ヲ呈シ
長サ2-3cm許アリテ小ナル小穗ヲ密集ス。小穗
ハ一花ヨリ成リテ芒無シ。內外ノ二穎ハ大小ア
リテ內穎ハ外穎ヨリモ大ナリ、然レドモ內稃外
稃ニ比スレバ小ナリ。穎果ハ果皮ト離レテ外ニ
出ヅ。和名鬚芝ハ其葉緣ニ生ズル長毛ニ基テ云
ヘリ。

ほもの科

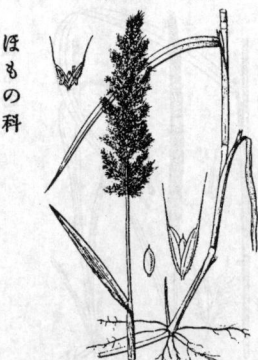

第2542圖

ほもの科

ひえがへり
Polypogon Higegaweri *Steud.*
(＝P. littoralis *A. Gray non Sm.*;
P. misere *Makino.*)

原野向陽地ノ溝側或ハ濕洳ノ地ニ生ズル越年生
草本ニシテ基部ニ於テ枝ヲ分チ叢生シテ時ニ大
ナル株ヲ成シ、長サ30-50cm許アリ。稈ハ直立又
ハ傾上シ下部ハ往々膝曲シ、基部ハ節ヨリ鬚根
ヲ下セリ。葉ハ細長ニシテ線形ヲ成シ銳尖頭ヲ
有シ、長サ4-10cm許、質厚カラズシテ稍柔カク
糙澁緣ヲ有ス。夏月、稈頂ニ圓壔狀ヲ成セル圓
錐花穗ヲ直立シ、長サ5-7cm許アリテ綠紫色ヲ
呈シ、多數ノ小穗ヲ集著ス。小穗ハ一花ヨリ成
ル。內外ノ二穎ハ同形同大ニシテ有毛ナル背脊
ニ由リテ攣縮シ其先端ニ穎自體ヨリ稍短キ弱キ
芒ヲ有シ、外稃ニ短芒アリ。雄蕊ハ三、子房ニ
二花柱アリ。和名稈還リハひえノ變ジテ生ゼシ
意ナリ。

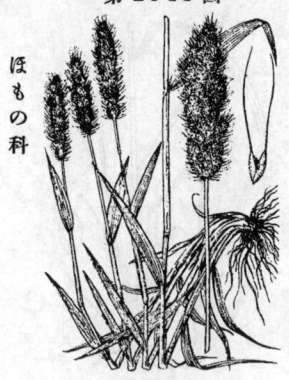

第2543圖

ほもの科

はまひえがへり
Polypogon monspeliensis *Desf.*

海邊地方ノ向陽濕地ニ生ズル越年生草本
ニシテ高サ30-40cm許アリ。稈ハ叢生シ
テ直立シ細長ナリ。葉ハ線狀披針形ニ
シテ銳尖シ直ニシテ細緣齒アリ、長サ6-12
cm、幅4-7mm許アリ。夏日、稈頂ニ圓壔
狀ノ圓錐花穗ヲ立テ參差トシテ高低ア
リ、淡綠色ヲ呈シ小穗密ニ相集リ穗面ニ
軟芒多ク、穗長サ3-8cm、徑7-12mm許ア
リ。小穗ハ細小ニシテ一花ヨリ成ル。內
外ノ二穎ハ長サ5mm許ニシテ毛ヲ有シ、
穎自體ノ二倍半長ノ纖長ナル芒ヲ有シ、
內部ニ外稃內稃アル一花ヲ包ム。和名ハ
濱稈還リノ意ニシテ近海ノ地ニ生ズルヨ
リ云フ。

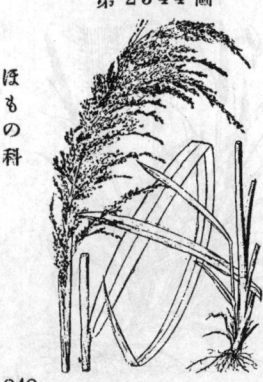

第2544圖

ほもの科

ふさがや
Cinna latifolia *Griseb.*
(＝Agrostis latifolia *Trevir.*;
C. pendula *Trin.*)

深山ニ生ズル多年生草本ニシテ我邦ニ在テハ寧
ロ稀品タリ。稈ハ直立シ、高サ60-90cm許。葉
ハ平坦ナル線形ニシテ上部漸尖シ質軟薄ニシテ
長サ30cmニ達シ、下ニ長キ葉鞘ヲ有ス。夏日、稈
頂ニ稍大形ノ圓錐花穗ヲ抽キ、長サ15-25cm、多
クノ枝ヲ分チ軟弱ニシテ一方ニ傾垂シ、多數ノ
綠色小穗ヲ密集ス。小穗ハ細小ニシテ長サ4mm
許アリ。狹披針形ヲ呈シ、一花ヨリ成リ極メテ
短キ小梗ヲ有ス。內外ノ二穎ハ狹長ニシテ尖リ、
背脊ニ糙澁毛アリ、外穎ハ稍內穎ヨリ短シ、稃ハ
穎ヨリ短クシテ背脊ニ糙澁毛アリ、外稃ハ其
背ノ上部ニ大低極メテ短キ芒アリ、內稃ハ外稃
ヨリ稍短小ナリ。鱗被ハ二片アリ。雄蕊ハ一。子
房ニ二花柱アリ。和名ハ總茅ノ意ニシテ其フサ
フサセル花穗ノ狀ニ由テ斯ク云フ。

848

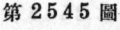

ぬかぼ
Agrostis Matsumurae *Hack.*
(＝A. perennans *Matsum.*
non *Tuck.* pro parte.)

普ク郊野路傍等ニ生ズル越年生草本ニシ
テ高サ30-40cm 許アリ、叢生シテ直立シ
緑色ヲ呈ス。稈ハ痩長ニシテ分枝セズ。
葉ハ痩線形ニシテ漸尖シ幅 2-5mm 許ア
リ。五六月ノ候、稈頂ニ弛緩セル圓錐花
穂ヲ立テテ長サ10-15cm許アリ、花穂中
軸ノ各節ヨリ二或ハ三ノ上向セル髯状ノ
細梗ヲ輪生シ、其上方ハ總状或ハ複總状
ニ細微ナル小穂ヲ着ク、小穂ハ一花ヨリ
成リテ長サ1mm餘、緑色ナリ。内外ノ二
穎ハ略ボ同形同大ニシテ先端銳尖シ、稈
ト共ニ芒ヲ缺ク。二鱗被アリ。雄蕋ハ三、
子房ニ二花柱アリ、穎果ハ細微。和名糠
穂ハ其花穂ガ糠ノ如キ細小ナル小穂ノ撒
着セル状ニ基キテ斯ク云フ。

第2545圖
ほもの科

第2546圖

えぞぬかぼ
Agrostis hiemalis
Brit. Ster. et Pog.
(＝Cornucopiae hiemalis *Walt.*;
A. scabra *Willd.*)

北日本一帯及ビ高山地帯ニ生ズル越年生草本ニ
シテ叢生シ、直立高サ30-40cm許アリ。稈ハ甚
ダ痩細ニシテ分枝セズ、其基脚部ニ稍短キ葉多
シ。葉ハ線形ニシテ漸尖シ長サ5cm、幅2mm内
外、細緣歯アリ。夏秋ノ間、稈頂ニ長サ20cm内
外ニ散漫セル圓錐花穂ヲ出シ、花穂中軸ノ各節
ヨリ二乃至數條ノ髯状細梗ヲ輪生シテ開出シ、
其先端部ニ總状或ハ複總状ヲ成シテ微細ナル小
穂ヲ着ク、中軸並ニ枝梗ハ頗ル糙澁ス。小穂ハ
一花ヨリ成リテ紫色ヲ帯ビ、長サ1.3mm許アリ。
内外ノ二穎ハ略ボ同形同大ニシテ披針形ヲ成
シ、背脊ハ毛アリ、稈ト共ニ芒ヲ有セズ。雄蕋
ハ三、子房ニ二花柱アリ。此頃晩秋ニ至レバ其
花穂老ヅ稍赤色ヲ呈シ、其糙澁セル枝梗ハ白ク
朝陽ヲ帯ビテ雅觀アリ。和名蝦夷糠穂ハ北海道
ニ多キ故云フ。

第2547圖
ほもの科

みやまぬかぼ
Agrostis flaccida *Hack.*

高山地帯ニ生ズル多年生草本ニシテ密ニ
叢生シ高サ15-30cm許アリ。稈ハ纖長ニ
シテ直立或ハ傾上ス。葉ハ痩線形ニシテ
長サ5-10cm、幅1-2mmニシテ多ク株本ニ
集リ生ゼリ。夏秋ノ候、稈頂ニ軟弱弛緩
ノ卵形以圓錐花穂ヲ着ケテ直立シ、長サ4-
8cm 許アリ、花穂中軸ノ各節ヨリ更ニ二
三條ノ短キ細梗ヲ出シ總状又ハ複總状ヲ
成シテ細小ナル小穂ヲ疎着シ、小穂ノ小
梗ハ小穂自體ヨリ或ハ長ク或ハ同長。小
穂ハ一花ヨリ成リ、長サ1mm餘アリテ淡
緑紫色ヲ呈ス。内外ノ二穎ハ略ボ同形同
大ニシテ芒ナク、稈ハ穎ノ短クシテ其
外稈ニハ纖細ナル長芒ヲ有シテ花外ニ超
出セリ。雄蕋ハ三。子房ニ二花柱アリ。
和名ハ深山糠穂ノ意ナリ。

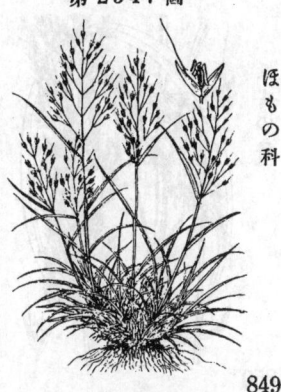

ほもの科

第2548圖

ほもの科

こぬかぐさ
Agrostis palustris *Huds.*

元來外來ノ禾本ニシテ蓋シ德川末葉時代ニ我邦ニ入リシ者ヤ平或ハ明治初年平カト思惟セラレ、今ハ原野或ハ山原ニ群ラ成シテ繁殖スル多年生草本ニシテ高サ60cm-1m許アリテ直立ス。稈ハ叢立シ稈長ニシテ稍高シ。葉ハ線形ニシテ漸尖シ、長サ10-20cm、幅3-5mm許、葉面甚ダ糙澁シ細緣齒ヲ有ス。夏月、稈頂ニ弛緩セル圓錐花穗ヲ立テ、長サ10-20cm許アリ、花穗中軸ノ各節ヨリ三乃至六條許同梗ヲ開出シテ輪生シ、複總狀ヲ成シテ綠色或ハ帶紫色ノ小穗ヲ著ク。小穗ハ細小ニシテ一花ヨリ成ル。內外二穎ハ略ボ同形同大ニシテ背脊線ニ毛ヲ有シ、先端ニ銳尖シ、芒無シ。稈ハ小形ニシテ穎ヨリ短シ。雄蕊ハ三、子房ニ二花柱アリ。一變種ニ穎ニ短芒アル者アリテ之ヲレヲのげとぬかぐさ (var. aristata *Honda* = A. alba *L.* var. aristata *Boiss.*) ト稱ス。和名小糠草ハ花穗上ノ小穗甚小ニシテ糠ノ如ケレバ云フ。

第2549圖

ほもの科

のがりやす
Calamagrostis arundinacea *Roth* var. genuina *Hack.*
(=Agrostis arundinacea *L.*)

諸州ノ林野地ニ生ズル多年生草本ニシテ高サ1m內外アリ、叢生シテ直立ス。稈ハ細長ニシテ强硬ナリ。葉ハ表裏顚倒シ、細長ナル線形ヲ成シテ漸尖シ長サ 30-50cm 幅3-5mm許ニシテ質剛ク葉面糙澁シ、細緣齒アリ。秋時、稈頂ニ長サ20cm內外ノ圓錐花穗ヲ立テ稍疎ニ狹ク集合シ花穗中軸ノ各節ヨリ上向セル短細梗ヲ出シ總狀ヲ成シテ小穗ヲ著ク。小穗ハ一花ヨリ成リテ細長ナリ。內外ノ二穎ハ殆ド同形同大ニシテ芒無ク、外稈ハ穎ト略ボ同大、其基部ヨリ稈自體ヨリ遙ニ短キ多毛ヲ生ジ、且背脊ノ下方ヨリ纖細ナル芒ヲ生ジ穎外ニ挺出ス。和名野刈安ハ野ニ生ズルかりやすノ意ナリ。

第2550圖

ほもの科

さいたふがや
Calamagrostis arundinacea *Roth* var. sciuroides *Hack.*
(=C. sciuroides *Franch. et Sav.*)

原野或ハ山原ノ林間等ノ草地ニ生ズル多年生草本ニシテ叢生シ高サ1m餘ニ達ス。稈ハ直立シ、剛質ニシテ細長ナリ。葉ハ表裏顚倒シ、細長ニシテ線形ヲ成シ上部漸次ニ狹窄ヲ爲シ銳尖頭ト成リ、長サ凡30-50cm、幅4-8mm許アリテ質剛ク、葉面糙澁シテ細緣齒ヲ有ス。秋日、稈頂ニ長サ20-25cm許ノ長橢圓狀圓錐花穗ヲ立テ花穗中軸ノ各節ヨリ斜上セル數條ノ細梗ヲ出シ總狀ヲ成シテ綠色或ハ帶紫色ノ小穗ヲ著ケテ稍弛緩狀ヲ呈シ、中軸及ビ枝條又ハ小穗ノ小梗ハ共ニ逆向ニ小短毛ニヨリ糙澁ス。小穗ハ一花ヨリ成ル。內外ノ二穎ハ同形同大ニシテ芒無ク、外稈ハ基部ニ短毛アリ且纖細ナル長芒ヲ其下部ニ有スルコトのがりやすト相同ジ。全草のがりやすニ比スレバ一般ニ粗大ニシテ且花穗ノ中軸ハ其糙澁スルコト之ヲリ甚ダシ。和名ハ西塔茅ノ意ニシテ蓋シ初メ此種ヲ城州比叡山西塔ノ邊ニ採リ乃チ斯ク名ケシ者ナラン。

ひめのがりやす
Calamagrostis hakonensis
Franch. et Sav.
（＝C. sachalinensis *F. Schm.*
var. hakonensis *Koidz.*)

ほもの科

主トシテ山中ノ斜面地ニ群ヲ成シテ生ズル多年
生草本ニシテ稀疎ニ叢生シ、高サ30-40cm許。
稈ハ痩長細弱ニシテ傾キ生ズ。葉ハ線形ニシテ
漸尖シ長サ20cm内外、幅5mm内外、質薄ク、其
本來ノ裏面ハ表面ト成リ、本來ノ表面ハ裏面ト
成リテ帶白色ヲ呈シ、細緣齒アリ。夏日、稈頂
ニ5-8cm許ノ疎緩ナル圓錐花穗ヲ着ケ、花穗中
軸ノ各節ヨリ二條許ノ細梗ヲ斜上シ、總狀又ハ
複總狀ヲ成シテ小穗ヲ散着シ、中軸及ビ細梗ハ
糙澁ス。小穗ハ一花ヨリ成ル。内外ノ二穎ハ同
形同大ニシテ線狀披針形ヲ成シテ尖リ5mm 許
ノ長ナリ。外稃ハ稈自體ヨリ短キ多毛ノ其基
部ニ生ジ、且其下部ヨリ一ノ短芒ヲ出セリ。和
名ハ姬野刈安ノ意ニシテ全草小形菲弱ナルヨリ
云フ。

いはがりやす
Calamagrostis Langsdorffii *Trin.*
（＝Arundo Langsdorffii *Link*；C. villosa
Mutel var. Langsdorffii *Hack.*)

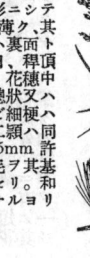

ほもの科

北地及ビ高山地帶ニ生ズル多年生草本ニシテ多
クハ群生シ、高サ1m内外ニ及ブ。稈ハ稍大形ニ
シテ平滑ナル圓柱形ヲ呈シ疎ニ分枝ス。葉ハ細
長ナル線形ヲ成シテ漸尖シ長サ10-20cm許、幅
5mm内外、葉質弱クシテ撓曲シ粉綠色ヲ呈シ、
細緣齒アリ。夏時、稈頂ニ長サ10-15cm許ノ圓
錐花穗ヲ出シ、淡紫色ヲ呈シ、花穗中軸ノ各節
ヨリ數條ノ纖細ナル梗ヲ分チテ其先端ニ總狀或
ハ複總狀ヲ成シテ小穗ヲ稠密ニ着ク。小穗ハ一
花ヨリ成リ、小形ニシテ長サ4mm許ノ。内外
ノ二穎ハ略ボ同形同大ニシテ芒無シ。外稃ハ其
基部ニ多數ノ白色短毛ヲ生ジ、且其下部ヨリ一
ノ短芒ヲ出シ、芒ハ外稃ノ上ニ出デズ。本種ハ
本邦產該屬諸種中他ニ先チテ出穗シ開花ス。和
名ハ岩刈安ノ意ナレドモ此種其生ズルヤ必ズシ
モ岩上ト限ルニ非ラズ。

みやまのがりやす
Calamagrostis purpurascens *R. Br.*
（＝C. urelytra *Hack.*)

ほもの科

高山帶草地ニ生ズル多年生草本ニシテ叢
生シ株本ハ舊殘ノ莖葉ヲ覆ハレ、高サ25-
30cm許アリ。稈ハ痩長ニシテ直立ス。葉
ハ細長ナル線形ニシテ漸尖シ、長サ10-30
cm許、幅2-4mm許、細緣齒ヲ有ス。夏月、
稈頂ニ長サ 5-10cm 許ノ稍圓壔狀ヲ呈セ
ル圓錐花穗ヲ立テ、稍密ニ小穗ヲ着ク。
小穗ハ一花ヨリ成リ、稍大形ニシテ長サ
1cm 許ナリ。内外ノ二穎ハ線狀披針形ニ
シテ先端銳尖シ、同形同大ニシテ芒無シ。
外稃ハ更ニ小ニシテ基部ニ多クノ短毛ア
リ、其背脊ノ下部ヨリ一ノ長芒ヲ生ジ長
サ凡 1.3cm アリ。和名ハ深山野刈安ノ意
ニシテ深山ニ生ズルヨリ云フ。

第2554圖

ほもの科

やまあは
Calamagrostis Epigeios *Roth.*
(=Arundo Epigeios *L.*)

平原・山原或ハ林間ノ地或ハ近海ノ砂地草地等ニ生ズル多年生草本ニシテ高サ1m内外アリ、短ク匍枝ヲ引テ繁殖ス。稈ハ直立シ勁質ニシテ淡緑色ノ圓柱形ヲ成ス。葉ハ細長ナル線形ニシテ上部漸次ニ鋭尖シ成シ、長サ20-40cm許ニシテ、幅3-4mm許ニシテ葉面糙澁シ、細縁齒アリ。初夏ノ候、稈頂ニ長サ15-20cm許ノ圓錐花穂ヲ立テテ短枝ヲ分チ密ニ小穂ヲ着ケ淡緑色ヲ呈ス。小穂ハ一花ヨリ成ル。內外二穎ハ殆ンド同形同大ニシテ長サ6mm餘、線狀披針形ニシテ尖端尖リ、背脊ニ鋸齒狀毛アリ。外稃ハ其基部ニ多毛ヲ有シ毛ハ穎ヨリ超出スルコト無ク、且一ノ短芒ヲ有セリ。和名山葉ハ山地ニ生ジ其花穂ノ狀粟ノ如ケレバ云フ。

第2555圖

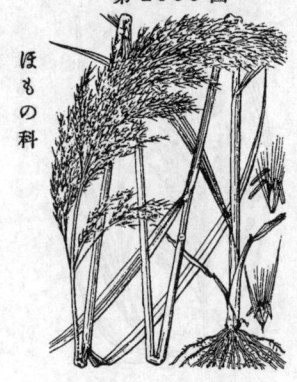

ほもの科

ほっすがや
Calamagrostis pseudo-Phragmites
Koeler.

(=Arundo pseudo-Phragmites *Hall. f.*;
A. littorea *Schrad.*; C. littorea *Beauv.*;
C. Onoei *Franch. et Sav.*)

往々向陽ノ川原砂地ニ生ズル強壯ナル多年生草本ニシテ高サ100-120cm許アリ、根莖ハ横行ス。稈ハ粗大勁健ニシテ高ク直立シ、圓柱形ニシテ分枝セズ。葉ハ長サ線狀ニシテ上部漸次ニ狹窄シテ鋭尖頭ヲ有シ粉綠色ニシテ長サ30-45cm許アリ、葉緣ハ細齒ヲ有シ、下ニ長葉鞘アリテ、小舌ハ長橢圓形ヲ成ス。夏秋ノ候、稈末ニ綠紫色ノ長大ナル圓錐花穂ヲ成シ、其分枝軟弱ニシテ一方ニ靡キ、密ニ多數ノ小穂ヲ簇ク。小穂ハ一花ヨリ成リ、狹尖ニシテ長サ8mm許アリ。內外ノ二穎ハ大小不同ニシテ狹披針形ヲ成シ上部長ク尖リ、外稃內稃ハ穎ヨリ短ク、外稃ノ芒ハ眞直ナリ。和名拂子茅ハ其花穂ノ狀拂子ニ似タル故云フ。

第2556圖

ほもの科

ぎゃうぎしば
Cynodon Dactylon *Pers.*
(=Panicum Dactylon *L.*)

向陽ノ荒地・路傍・堤上・海邊ノ地等ニ生ズル多年生草本ニシテ常ニ平敷セル群落ヲ成シ、又海邊ノ者ニハ頗ル壯大ナル者アリ。稈ハ縱橫ニ地面ニ匍匐シ、硬質ニシテ節アリ、稈ニ分枝シテ節ニ鱗根ヲ下シ、花穂ヲ出ス枝ハ直立シ 10-25cm許ノ高サアリ。葉ハ線狀ニシテ先端尖リ、長サ5-10cm、幅2mm 許ニシテ細縁齒アリ、稍短ケ葉鞘アリ、大抵稈上ニ三葉相接シテ出ヅ、是レ稈節特ニ相逼迫シアレバナリ。初夏ノ候、直立セル稈頂ハ糖形ヲ成セル花穂ヲ戴キ長サ約ソ3-5cmアリ、枝穂ハ數條アリ、斜上シテ開出シ、小穂ハ瘦穂狀ニ簇ケ綠紫色ヲ呈ス。小穂ハ細小ニシテ一花ヨリ成ル。外穎ハ內穎ヨリ小形ニシテ芒ヲ有セズ、內稃外稃ハ穎ヨリ大ナリ。雄蕋ハ三。子房ハ二花柱アリ。和名ハ薈シ行儀芝ノ意ナランモ草體中何レヲ目標トシテ此名ヲ下セシカ未詳ナリ。

かずのこぐさ
誤稱　みのごめ
Beckmannia erucaeformis *Host.*
(＝Phalaris erucaeformis *L.*)

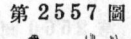

第 2557 圖

田面並ニ田畔等ニ多ク生ズル越年生草本ニ、シテ鮮綠色ヲ呈シ質稍軟カ且無毛平滑ニ、シテ高サ 35-50cm 許アリ。稈ハ叢生シ、稍粗大ニ、シテ中空ナル圓柱形ヲ呈シ、單一ニ、シテ節稍高シ。葉ハ廣線形ニ、シテ銳尖頭ヲ成シ葉面穂澁シ、細繊齒ヲ有シ、長サ15-20cm許、幅5mm內外アリ。葉鞘ハ稈ノ節間ヨリ長シ。春日、稈頂ニ長キ綠色ノ圓錐花穗ヲ立テ、長サ10-20cm許、側枝ハ短クシテ上向シ其一側ニ二列ヲ成シ層キトシテ密ニ小穂ヲ鱗列セル一種ノ觀ヲ呈ス。小穂ハ長サ2-3mm、一乃至三花ヨリ成ル、內外ノ二顆ハ左右ヨリ囊ニ相セラ兩者同形ニ、シテ稍袋狀ヲ呈シ內部ニ花ヲ包ミ、熟スレバ黄色ト成リテ散落ス。內稃外稃ハ小形ニ、シテ花ヲ護シ、其外稃ノ尖端ハ短ク兩頭ノ上ニ斗出ス。鱗被ハ二。雄蕊ハ三。子房ハ二花柱アリ。顆果ハ極メテ小ナリ。和名數ノ子草ハ其小穂ノ並列セル狀况モ鯡（にしん）ノ卵ニ似タルヨリ云フ、從來之レヲみのごめト呼ビシハ全ク誤ナリシゾ以下予先キニ現名ヲ下シ改稱セシナリ、此禾本ノ穀粒ニ其外稃ヲ成セル顆ノ大形ナルニ似ズ極メテ碎小ニ、シテ敢テ食ニ中ルベキ者ニ非ラズ。漢名茵草（誤用）、滿洲國ニテ水稗子ト云フ（支那ノ水稗ニ非ズ）。

をひしば (牛筋草)
一名　ちからぐさ
Eleusine indica *Gaertn.*
(＝Cynosurus indicus *L.*;
E. japonica *Steud.*)

第 2558 圖

原野路傍等ノ向陽地ニ普ク生ズル一年生草本ニ、シテ勁大叢擴ハ由テ地ニ定着シ、叢生シテ綠色ヲ呈シ、高サ 30-50cm 許アリ。稈ハ直立或ハ斜上シテ疎ニ分枝シ、質堅靱、平扁ニ、シテ平滑ナリ。葉ハ質極ク細長ナル線形ヲ呈シ漸尖ヲ成サ長サ20cm、幅2-5mm許、平滑ニ、シテ葉鞘ニ白軟毛ヲ疎生シ、下ニ平扁ナルモ葉鞘ヲ有シ、小舌極メテ短シ。夏月、稈頂ニ繖形ニ分岐セル綠色ノ花穗ヲ着ク、枝穂ハ長サ5-8cm許ノ穗狀ヲ成シ其軸ノ下平面ニ多數ノ小穂ヲ密着ス。小穂ハ平扁ニ、シテ五六花ヨリ成リゾ芒無クシテ長サ6mm許アリ。外顆ハ內顆ヨリ稍小。外稃內稃ハ中ニ兩性花ヲ護シ、共ニ內顆ト稍同形同長ナリ。和名雄日芝ハ雌ひしば一對シテ呼ビ、ひしばハ蓋シ夏ノ烈日ヲ意トセズ盛ンニ繁茂スルヨリ名クフナラン、力草ハ其根强クシテ拔キ去リ難キヨリ云フ。漢名、植物名實圖考ノ水稗（同名アリ）ハ本種ナリ。

しこくびえ (稷・龍爪粟)
一名　てうばふびえ
Eleusine indica *Gaertn.* var. coracana *Makino.*
(＝Cynosurus coracanus *L.*;
E. coracana *Gaertn.*)

第 2559 圖

元來外來ノ品ニ、シテ蓋シ往時隣國支那ヨリ渡シ者ナラン、通常山畑ニ栽植セラルル一年生草本ニ、シテ全草類ハ强健、高サ60-90cm許アリ、概形ハひしばニ似タリト雖モ總テ大形ナリ。稈ハ直立シ、粗大ニ、シテ强靱、平滑ニ、シテ綠色ナリ。葉ハ長クシテ線形ヲ成シ上部長クシテ漸尖シ、長サ40cm及ビ幅7mm內外ノ者ニ、シテ平滑綠色ナリ。夏月、稈頂ニ繖形狀ノ花穗ヲ着ク、其枝穗ハ長サ7-10cm許、幅1cm許アリテ往々內曲シ、其觸軸ノ下面ニ二列ニ佛ベル小穂ヲ密ニ着ク、綠色ヲ呈セリ。小穂ハ無柄ニ、シテ平扁シ長サ7mmニ、シテ五六花ヨリ成リ、芒ヲ有セズ。外顆ハ內顆ヨリ小。外稃內稃ハ兩性花ヲ擁シ、鱗被ハ二。雄蕊ハ三。子房ハ二花柱アリ。顆果即チ穀粒ハ稍大ニ、シテ球形又ハ扁球形ヲ呈シ熟スレバ黄赤色ヲ呈シ、收メテひえト同ジク食料ニ供シ又牛馬並ニ鳥ノ飼料トス。和名四國稗ハ四國地方ニ作リアリショリ云ヒ、弘法稗ハ、弘法大師ノ民ヲ救フ爲ニ設敎シ努力セシ佛僧ナレバ乃チ此民益アル穀草ヲ斯ク稱ヘシ者ナリ。

853

第2560圖

ほもの科

あぜがや
Leptochloa chinensis Nees.
（＝Poa chinensis L.）

稲田ノ畦畔等ニ生ズル一年生草本ニシテ高サ60
-70cm許アリテ單立或ハ叢生ス。稈ハ細長ニシ
テ直立シ基部ハ往々横斜シ往々疎ニ分枝ス。葉
ハ線形ニシテ上部漸尖シ長サ10-20cm幅3-5mm
許、質薄クシテ柔ク葉面糙澁ジ細縁齒ヲ有シ、
下ニ長葉鞘アリ。夏秋ノ間、本稈及ビ枝稈ノ頂ニ
疎緩ナル長橢圓形或ハ長キ長橢圓形ノ圓錐花穗
ヲ立テ長サ15-25cm許アリテ褐紫色ヲ呈シ、枝
梗ハ斜上シテ開出シ絲狀ニシテ分枝セズ、長サ
3-6cm許アリテ多數ノ細小ナル小穗ヲ著ク。小
穗ハ四五花ヨリ成リ長サ 3mm 許、扁平ニシテ
芒ナシ。外穎ハ内穎ヨリ小形。内外ノ稈ハ内ニ
花ヲ擁ス。鱗茎ハ二。雄蕊ハ三。子房ニ二花柱
アリ。和名畦芽ハ能ク田ノ畦ニ生ズレバ云フ。

第2561圖

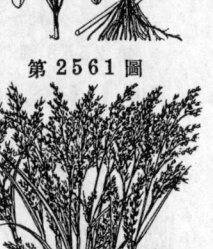

ほもの科

ぬかすすき
一名　こごめすすき
Aira caryophyllea L.

歐洲ノ原產ニシテ明治初年ニ渡來シ、今ハ野生
化セル一年生小草本。叢生シ、直立シテ高サ5-
30cm許アリ。稈ハ多數出デ上部ニハ葉ヲ有セズ
基部ハ往々屈曲セリ。葉ハ纖形ニシテ短ク長サ
5cm 許アリ、細クシテ刺毛狀ヲ呈シ、細長ナル
葉鞘ヲ有シ、小舌ハ長シ。六月ノ候稈頂ニ長
サ5-10cm許ノ圓錐花穗ヲ出シ、花穗中軸ヨリ數
多分枝シテ更ニ小梗ヲ分チ、梗端ニ一小穗ヲ著
ク。小穗ハ甚ダ小形ニシテ長サ2mm許、相對ス
ル二花ヨリ成ル。内外ノ二穎ハ同形同大ニシテ
質薄ク、芒ヲ有セズ。外稈内稈ハ穎ヨリ遙ニ小
形、外稈ハ先端尖リ背脊ノ中央部ヨリ纖細ナル
芒ヲ生ズ。和名糠芒ハ其花糠ノ如ク小ナレバ云
フ、又小米芒モ亦其花ノ小ナルニ基キシ稱ナリ。

第2562圖

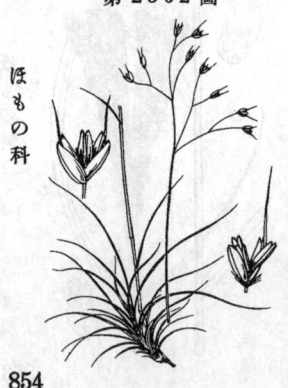

ほもの科

こめすすき
Deschampsia flexuosa Trin.
（＝Aira flexuosa L.）

高山帶及北地ニ生ズル多年生草本ニシテ莖ハ多
數相集テ叢生シ、高サ20-40cm許アリ。稈ハ細
長ニシテ上部ニハ葉無シ。葉ハ狹長ニシテ絲狀
ヲ呈シ長サ10cm内外アリテ多數株本ニ相集リ、
稈ト共ニ平滑ニシテ淡綠色ナレドモ老ユレバ赤
褐色ト成ル。夏月、稈末ニ疎ナル圓錐花穗ヲ成
シテ一小穗ヲ髪毛狀ノ小梗端ニ著ケ、小梗ハ小
穗ヨリ長シ。小穗ハ小形ニシテ褐色ヲ帶ビ、二
花ヨリ成リテ其一花ニハ短梗アリ。内外ノ二穎
ハ稍同形同大、膜質ニシテ芒ヲ有セズ、外稈ハ基
部ニ短毛アリ且下部ヨリ纖細ナル芒ヲ生ジ穎ヨ
リ上ニ出デ、内稈ハ外稈ト稍同長ニシテ狹長ナ
リ。鱗被ハ二。雄蕊ハ三。子房ニ二花柱アリ。
和名米芒ハ其小穗ヲ米ニ擬セシヨリノ稱ナリ。

ひろはのこめすすき
一名 みやまこめすすき
Deschampsia caespitosa *Beauv.*
(＝Aira caespitosa *L.*)

深山高山上ノ山原等濕地ニ生ズル多年生草本ニ
シテ叢生シ、高サ50-70cm許アリ。稈ハ多ク叢
出シ細長ニシテ直立シ强靱ナリ。葉ハ狹長ナル
線形ヲ成シテ尖リ、株本ニ多ク叢生シテ四出シ、
長サ5-20cm、幅1-2mm許アリ、質稍厚ク葉緣
糙澁シ、葉鞘ハ光滑ナリ。夏日、稈末ニ大ニシ
テ疎ナル圓錐花穗ヲ成シ、花穗中軸ノ各節ヨリ
二條ノ枝梗ヲ分チ更ニ分枝シテ其小梗端ニ長サ
4mm許ノ小穗ヲ着ク。小穗ハ綠褐色ニシテ光澤
ヲ帶ビ、二花ヨリ成リ、芒無シ。內外ノ二顆ハ
稍同形大、外稃ハ基部ニ多クノ短毛ヲ有シ背
脊ノ下部ハ短キ纖細ナル短芒ヲ生ジ顯外ニ出デ
ズ。鱗被ハ二。雄蕊ハ三。子房ニハ二花柱アリ。
本品ノ之レヲこめすすきニ比スレバ葉闊ク、花
穗大ナリ。和名ハ廣葉ノ米芒幷ニ深山米芒ノ意
ナリ。

第 2563 圖

ほもの科

からすむぎ
一名 ちゃひきぐさ・すずめむぎ
Avena fatua *L.*

平野ノ地或ハ慶園內ニ生ズル越年生草本ニシテ三四
稈叢生シ、下ニ束生セル鬚根ヲ有ス。稈ハ直立シ高サ
60-100cm許アリテ麥稈線ヲ呈シ綠色圓柱形ニシテ中
空ナリ。葉ハ互生シ狹披針形或ハ廣綠狀ニシテ漸尖シ
長サ10-25cm許アリ鮮綠色ニシテ糙澁シ、葉鞘ハ長ク
シテ外面ニ稈ト共ニ平滑、小舌ハ舌形鈍頭ニシテ邊緣
不齊ニ細裂ス。初夏ノ候、稈ニ疎ナル圓錐花序ヲ直
立シ、分枝ハ纖細ニシテ輪生シ單一或ハ疎岐シ頂ニ大
ナル綠色小穗ヲ下垂ス。小穗ハ三四花ヨリ成リ內外ノ
兩顆ハ大形ニシテ開キ綠色ニシテ花ハ皆其內部ニ包
擁セラレ最上ノ者ハ不孕性ナリ、頭ノ長サ2cm、內外
ノ兩片同形ニシテ卵狀披針形ヲ成シ鋭尖頭ヲ有シ七
乃至十一脈アリ。外稃ハ黃褐色ヲ呈シ卵狀橢圓形ニシ
テ先端二裂シ、外面ハ粗長毛ヲ散生シ基部ニハ絹毛束
生シ背面ニ膝曲セル暗褐色ノ長芒ヲ有ス。穎果ハ紡錘
形シテ一方ニ一溝ヲ有シ頭邊ニ粗毛ヲ具シ易ニ熟スレ
バ落チ易シ。本種ハ歐・亞兩洲ノ原產ナリ。和名鳥麥ハ
からすノ食ウむぎノ義、雀麥ハすずめノ食ウむぎノ意
ナリ、又茶挽草ハ小兒其穗ヲ採リ唾ヲ付ケテ爪上ニ載
セ之之レヲ口ニテ吹ケバ茶臼ヲ挽ク如ク回旋スルヨリ
テ斯ク云フ。漢名 燕麥 (誤用)

第 2564 圖

ほもの科

おーとむぎ
一名 まがらすむぎ・おほからすむぎ
Avena sativa *L.*

本種ハ歐・亞兩洲ノ原產ナル野生ノからすむぎ (A.
fatua L.) ヨリ變生セシ者ナラント謂フ、我邦ヘハ德
川末年ノ頃ノ明治初年カニ入リ多クハ牧草トシテ圓
ニ栽培スル越年生草本。槪形からすむぎニ酷似スト雖
モ、之レニ比スレバ更ニ高ク成長シ、通常1m ヲ超ユル
ヲ見ル。株ハ叢生シ下ニ束生セル鬚根ヲ有ス。稈ハ直
立シ平滑綠色ノ中空圓柱形ヲ成ス。葉ハ互生シ廣綠形
ニシテ漸尖シ幅6-12mm長サ15-30cmアリ、鞘ハ長ク、
小舌ハ短クシテ細裂ス、稈頭ハ稍疎ナル圓錐花序ヲ成
シ、分枝ハ輪生シ更ニ小枝ニ歧ル。小穗ハ小梗ニ大ニ
シテ下垂シ綠色ヲ呈ス、內外兩顆ハ大ニシテ開キ數脈
アリ。稈ハ芒無ク或ハ僅ニ之レリ。穎果ハ狹長ニ
シテ內稃ト共ニ外稃ニ擁セラレ毛ヲ有シ前面ニ一溝
ヲ刻セリ、食用又ハ馬糧トス。和名まがらすむぎハ眞
正ノからすむぎノ意ナレドモ實ハ其名不純タルヲ免
レズ、何トナレバ元來からすむぎハ野生品一種ノ稱ニ
シテ本種本來ノ名ニ非ザレバナリ、故ニ今敢テおーと
むぎノ名ヲ以テ其正稱トス、是レ其俗名Oatニ基キシモ
ノナリ。

第 2565 圖

ほもの科

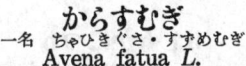

855

第2566圖

かにつりぐさ
Trisetum bifidum *Ohwi.*
(= Bromus bifidus *Thunb.*;
T. flavescens *Beauv.* var. bifidum *Makino*;
T. flavescens *Beauv.* var. papillosum *Hack.*;
T. cernuum *A. Gray.*)

各地ノ草原路傍ニ多 キ多年生草本。稈ハ少數簇生シ基部膝曲スレドモ上部ハ直立ス。葉ハ線狀披針形ニシテ莖ノ下牛ニ多ク鞘ヨリ長サ5-15cm、裏面平滑、表面ハ寧ロ有毛ナレド、下部ノ葉ニテハ鞘トモ多毛ト成ル。四五月ノ候、稈頂ニ廣楕圓緑ノ圓錐花叢ヲ成シ、多少横ニ傾キ初メ綠紫色乃至トスレドモ後チ黄褐乃至綠褐色ニ變ジ一種ノ光澤アリ。分枝ニ初メ開出スレドモ後チニ立チ互ニ相接シ、細クシテ稍密ニ小穂ヲ着ク。小穂ハ三四花ヨリ成リ最上ノ一花ハ普通不稔性ナリ。外頴ハ線狀披針形ニテ小、一脈アリ。内頴ハ遥ニ長ク、長サ5mm許ノ狹長楕圓形ニテ三脈ヲ有シ、上半邊緣白膜質或ハ紫紫ス。外稃ハ長圓狀披針形ヲ呈シテ頴ヨリ少ク超出シ、背面圓味ヲ帯ビ全面ニ細刺毛アリテ粗糙シ、先端二裂シ背面ヨリ一長芒ヲ開出ス。雄蕊三。和名墅釣草、小兒其稈ヲ以テさはがにヲ釣リ遊ブ故ニ斯ク云フ。

第2567圖

りしりかにつり
一名　たかねかにつり
Trisetum subspicatum *Beauv.*
(= Aira subspicata *L.*; A. spicata *L.*;
T. spicatum *Richt.*)

中部以北ノ高山草原ニ生ズル多年生草本。稈ハ基部膝曲スレドモ直立シテ簇生シ、高サ20-30cm、全株白軟毛ヲ被フル者多シ。葉ハ稈ノ下部ハ互生シ、葉片ハ5-10cm、線狀長披針形ニシテ立チ、先端尖ル。小舌ハ廣卵圓形、邊緣細裂ス。六七月ノ候ニ至リテ稍捎ニ一見穂狀緑ノ花穂ヲ直立シ、花穂直下ノ花莖ハ白毛ヲ密生スル者多シ。穂長4-6cm許アリテ分枝直立スル爲メ穂容圓柱形ヲ呈シ初メ緑色後チ黄褐乃至綠褐色ト成ル。小穂ハ殆ド柄無ク二三花ヨリ成リ特異ノ光澤ヲ有ス。頴ハ外者少ク短ク長楕圓形ニシテ銳頭、上部薄膜緣ナリ。外稃ハ長サ6mm許、狹長ノ舟形ニシテ先方針狀ニ銳尖シ其先端細ニ二裂シ、背面中央上部ヨリ芒ヲ開出ス。表面ハ多少粒狀ヲ呈シ粗糙ナリ。芒ハ長サ6mm許、捩レ且膝曲ス。和名ハ最初ノ採集地北海道利尻島ヲ基ヅキ、高嶺蟹釣ハ高山ニ生ズルヨリ云フ。

第2568圖

おほかにつり
Arrhenatherum elatius
Mert. et Koch.
(= Avena elatior *L.*; Arrhenatherum
avenaceum *Beauv.*)

歐洲ノ原産ニシテ明治初年牧草トシテ輸入シ爾後栽培トレ多年生草本ニシテ往々圃ヨリ逸出シテ野生狀ト成リ、高サ60-90cm許アリ。稈ハ直立シ節間ハ長クシテ無毛。葉ハ綠狀長披針形ヲ成シ長サ15cm内外、裏面無毛ナレドモ、表面却テ裏面緣ヲ呈シ有毛、粗糙ス。五六月ノ候、稈頂ハ長大ナル穂狀ノ圓錐花叢ヲ着ク。分枝ハ纖細、小穂ハ長サ8-9mmニシテ淡綠乃至淡黄褐色、直立ス。小穂ハ二花ヨリ成リ上花ハ兩全無芒、下花ハ雄性有芒、芒ヲ除キテ共ニ頴内ニ包マル。頴ハ内方ノ者大ニシテ卵狀楕圓形銳頭膜質三脈アリテ無毛。下花ノ外稃ハ長楕圓形ニテ尖シ基部ニ近キ背面ヨリ頴ノ二倍長アリテ其中邊膝曲セル長芒ヲ派生ス。園藝品ハりぼんぐささぐらすナル一變種 (var. bulbosum *Koch.*) アリテ根莖ちょろぎ狀ヲ成ス故ニちょろぎがやノ稱アリ、葉ハ白條アリテ美ナリ。

みのぼろ
Koeleria tokiensis *Domin.*
(=K. cristata *Miq.*)

第 2569 圖

原野ノ草地等ニ生ズル多年生草本。根莖ハ短ク
分岐シテ稈葉叢生シ、高サ30-50cm許アリ。葉
ハ狭線形ニシテ稈ノ下部ニ多ク、稍剛質ニシテ
糙澁ㇱ。葉鞘ハ無毛、小舌ハ卵圓形ニシテ邊緣
櫛齒裂ヲ成ス。稈ハ細長ナル圓柱形ニシテ直立
シ、白軟毛ヲ生ジ、花穗ニ近ヅク=従ヒ最モ多毛
ト成ル。五月、稈頂ニ廣線狀穗樣ノ圓錐花叢ヲ
直立シ淡綠色ヲ呈ス。小穗ハ長サ4-5mm、披針
形ヲ呈シテ芒ナシ。外穎ハ線狀倒披針形、先端
銳尖シテ短芒狀ニ突出シ、內穎ハ稍長ク且ツ廣
ク、楕圓形ヲ呈シ、兩者共ニ中脈隆起シテ微刺
ヲ生ズ。外稃ハ穎ヨリ僅ニ長ク披針狀長楕圓形、
顯著ノ綠脊ヲ成シ、脈上糙澁ㇱ、先端ハ銳尖ス。
雄蕊ハ三箇。和名みのぼろノみのハ簑ニテ其集
リシ花穗ヲみノ=擬シタルモノナラン、ぼろハ
其亂雜ナル形容ヲ謂ヒシナラン。

こばんさう
一名 たはらむぎ
Briza maxima *L.*

第 2570 圖

歐洲原產ナレドモ明治年間ニ渡來シ觀賞品トシ
テ栽培セラルル一年生草本。高サ30-40cm、稈
ハ細クシテ直立シ上部ニ至テ甚ダ細シ。葉ハ立
チテ線狀長披針形ヲ成シ長サ 8-12cm 許アリテ
多少糙澁ㇱ、葉鞘ハ無毛。小舌ハ卵形、先端二
三剪裂ㇲ。六月、稈頂ニ疎ナル圓錐花叢ヲ生ジ、
極メテ細ク少數分枝ノ先端ニ顯著ナル小穗ヲ下
垂ㇲ。小穗ハ扁壓セル厚キ卵狀楕圓體ニシテ長
サ1-2cm、幅ニ1.2cm內外ニ達ㇲ。初メ綠色、熟シテ
黃褐色ヲ呈ス。十五花內外左右ニ並ビ、廣大ナ
ル外稃ハ顯著ニシテ鱗次ㇱ上牛部ニハ毛茸ヲ被
ル。內外ノ二穎アリテ外稃ト同樣ナリ。外稃ハ
廣卵圓形長サ8mm內外、左右ヨリ疊マレテ圓背
ヲ成シ深心臟底。內稃ハ外稃ニ比スレバ大小懸
絕ニシテ甚ダ小。和名小判草幷ニ俵麥ハ共ニ花穗
ノ形狀ニ基キシ稱ナリ。

ひめこばんさう
一名 すずがや
Briza minor *L.*

第 2571 圖

元來歐洲ノ原產ナレドモ今ハ西南各地ノ原野路
傍ニ生ズル全體綠色ノ一年生草本ニ穗叢生シ
高サ30-40cm許アリ。稈ハ細クシテ立チ、葉ハ
稈上疎ニ互生シ狹長楕圓狀披針形ニシテ長サ6-
14cm、幅5-10mm ヲ算ス。質軟クシテ稈ト共ニ
無毛、先端ハ尖リ、基部ハ斜ニ葉鞘ニ流ル。小
舌ハ卵狀披針形ナリ。夏日、稈頂ハ長サ 10cm
內外ノ圓錐花叢ヲ着ケ、特異ナル多數ノ小穗ヲ
絲狀ノ分枝上ニ生ズル樣頗ル愛スベㇱ。小穗ハ
同屬ノこばんさうニ類シテ遙ニ小形、長サ4mm
許、扁壓ノ三角狀卵形ニシテ綠色平滑ナリ。十
花內外ノ外稃左右ニ鱗次ㇱ、穎ト外稃ト同形ニ
シテ底部ハ心臟形ヲ呈ス。和名ハ姬小判草ノ意、
鈴がや亦其小穗ノ形容ニ由ル。

857

第 2572 圖

かもがや
Dactylis glomerata L.

牧草トシテ交久年間あめりかヨリ渡來シ今ハ處々ニ野生ノ狀態ヲ呈シ成リテ雞草化セル多年生草本ニテ叢生シ高サ 1m 内外ノ大株ヲ形成ス。稈ハ多數直立ス。葉ハ互生ニ廣線形ニシテ尖リ質粗剛ナリ。鞘ハ扁壓セラレ中脈ハ脊稜ヲ成シテ突起シ、表面糙澁シ、全長ノ大牛ハ完全ナル筒ヲ形成ス。五六月ノ候、稈頂ニ圓錐花叢ヲ成シテ長サ10cm 内外、多數ノ小穗ハ集合シテ稠球形ノ花圃ヲ形成ス、小穗ハ綠色或ハ汚紫色ヲ帶ビ扁壓橢圓形ヲ呈シ長サ5-8mm 許ニシテ三四花ヲ有シ、其初ノ一花ハ開出シ、果蒂ニ至リテ直立スルニ至ル。頴ハ稈ニ似テ稍小、稃ハ披針狀舟形、五脈アリテ背部ハ脈條峯シク且ツ纖毛ヲ列生シ、先端ハ尖リテ短芒狀ヲ呈ス。英俗名ヲおーちゃーどぐらす(Orchard-grass) ト云フ。和名「鴨茅」ノ和名ハ明治十三年頃ニ始メテ東京大學ノ松村任三氏ガドセシ者ナリ、而シテ同氏ハ多分此禾本ノ俗名 Cock's-foot Grass ヲ見テ其 Cock ヲ Duck ト勘違セリ成シ、元來とりのあしがや(雄鶏ノ脚茅)トデモ爲スベカリシテ端ナクかもがや(鴨茅)ト書キシナラン、此 Cock's-foot ヲかもがやト譯セシ證據ハ同氏著『本草辭典』ニ在リ。

第 2573 圖

よしたけ 一名 だんちく
Arundo Donax L.
(= A. bifaria Retz.)

暖地諸州ノ海邊又ハ近海地ノ河岸等ニ生ズル壯大ナル多年生草本ニテ大群ヲ成シテ繁茂スルヲ常トシ根莖ハ地中ヲ横行ス、稈ハ粗大ニシテ直聳シ往々傾斜シ葉ト共ニ綠色ヲ呈シ圓柱形中空ニシテ節アリ高サ3m 内外ニ達シ前年ノ者ハ多クノ分枝シ稈質堅硬ナリ。葉ハ互生シテ二列ヲ成シ廣大ニシテ長サ60cm 内外ニ達シ葉鞘闊ク底部ハ稈ヲ抱擁シ上部ハ漸次ニ尖リ上牛過ノ常テ垂ル、葉耳ハ巨大ニシテ稈ヲ包ミ、小舌ハ强ク陸起シ、細毛ヲ布ク。秋月、高ク稈頂ニ大ナル狹長橢圓形ノ圓錐花叢ヲ直立シ多數ノ小穗ヲ密集シ紫色ヲ呈シ後チ葉白色シ成リ結實ス、中軸縱通シ穗長30-50cm 許アリ。小穗ハ三四花ヨリ成リ、内外一頴ハ略同長ニシテ長橢圓狀披針形ヲ呈シ三脈アリ、外稃ハ微ニ二頴ヲ成シ短芒ヲ具ハ背ニ長絹毛アリ。三雄蕊アリ。穎果ハ長橢圓形ナリ。今世間ニ白道邊ノ者ヲ栽培スル之レヲおきなだんちく一名しまだんちく一名ふいりのせいやうだんちく(var. versicolor Kunth.) ト云シ歐洲ノ原産ニシテ明治十二年頃ニ我邦ニ來リシナリ。和名蘆竹ハたけニ似タルよしノ意ニシテ其稈ノ狀ニ基キテ云フ、又だんちくノちくハ竹ナレドモだんハ解スベカラズ、或ハ段(昔か、よしノコト)ノ字音ヲだんト訛リアリてよしたけノ意トシテ之レヲだんちくト訓ヒシニハアラザル乎。

第 2574 圖

あ し（蘆）
一名 よし 古名 はまをぎ
Phragmites communis Trin.
(=Arundo Phragmites L.; Ph. vulgaris Trin., Ph. longivalvis Steud.; Ph. communis Trin. var. longivalvis Miq.; Ph. Nakaiana Hondu.)

邦内諸州各所ノ沼澤河邊ニ生ズル大形ノ多年生草本ニシテ高サ2-3m 許アリ、常ニ大群落ヲ成シテ繁茂ス、根莖ハ粗大ニテ長ク泥中ヲ横走シ平扁ニシテ黄白色ヲ呈シ、節ヨリ多數ノ鬚根ヲ發出ス。稈ハ硬質ニシテ中空ナル圓柱形ヲ成シ平滑無毛ニシテ綠色ヲ呈シ節アリ長キ節間ヲ有シ分枝セズシテ單一ナリ。葉ハ二列ヲ成シテ互生シ（風來レバ一方ニ偏向シ所謂片張のよし成リ）大形ニテ狹長披針形ヲ呈シ、長サ50cm 幅4cm ニ達シ、先端ハ漸次ニ銳尖シ綠色ニシテ洋紙質狀革質ヲ成シ邊緣ハ糙澁ス。秋月、稈頂ニ大ナル圓錐花叢ヲ出ダシテ多數ノ小穗ヲ着ケ、初ハ紫色ヲ呈シ後チ紫褐色ト成ル。小穗ハ五花ヨリ成リ細長ク尖ル。頴ノ二片ハ大小アレドモ共ニ外稃ヨリ短ジ。花ドノ小軸ニハ白絹毛アリテ長サ花蕊ヲ超ユ。第一花ハ雄ニシテ披針形ニテ長サ12mm ニ達シ一頴一平滑、他ノ外稃ハ短クシテ芒ハ長シ。嫩莖ヲ蘆笋ト謂ヒ食フベシ。攝津三島郡五領村鶴殿ニ生ズル者ハ大ニシテ特ニうどのがしと呼ビ古來其芽ヲ以テ籠簾ノ舌ヲ作ル。和名あし、蘆シ稈(はし)ノ變化セシモノナラント謂ヘリ、はしヲ略ク指ス。よしハ元來本來ノ名稱ニ非ズるしあしヲ惡シト附會シテ之ニ對シ繰起上之レヲ善シト爲セシニ外ナラズ。漢名葭ヘルレシ初生、蘆ハ嫩本、葦ハ長成セシ者ヲ云フ、葦ハ葭シ別物ナラン。

つるよし
一名 ぢしばり
Phragmites japonica *Seud.*
(=Ph. prostrata *Makino*.)

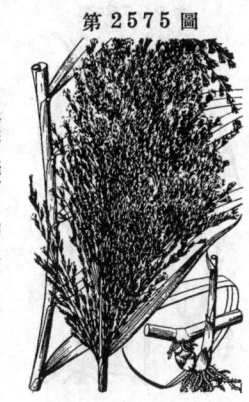

第 2575 圖

ほもの科

諸処河川ノ砂地或ハ山足山間ノ溪流邊ニ群叢ヲ成シテ生ズル多年生草本ナリ。匍枝ハ地表ヲ横走シ時ニ著シク遠キニ達シ3-5mニ及ブ者アリ、痩長ナル圓柱形ニシテ紫色ヲ帶ビ節ョリ枝ヲ分チ又鬚根ヲ出シ後チ節間枯斷シテ若干ノ新株ヲ形成スルニ至ル、故ニ其繁殖頗ル盛ンナリ。稈ハ直立シ高サ1.5-2mナリニ達シ、平滑ナル狭長圓柱形ヲ呈シ中空ニシテ節ニ短軟毛アリ。葉ハ互生シ狭披針形ヲ成シテ上部漸尖シ質厚クシテ葉緣糙澁ス、葉鞘ハ長クシテ稈ヲ包ミ紫色ヲ帶ビ鞘口ニモ毛ナシ。秋月、稈頭ハ直立シテ帶紫色ノ花穗ヲ出シ後チ褐紫色ト成リ其狀あしノ花穗ニ彷彿シ長サ25-35cm許アリテ多數ノ小穗ョリ成リ、第一分枝ニ二乃至四條アリテ花穗中軸上ョリ出ヅ。小穗ハ觜狀小穗ヲ具ヘ四乃至六花ョリ成リ長サ8-12mm長アリテ小軸ニ絹毛多シ。穎ハ内外二片アリテ披針形ヲ呈シ外稃ョリ大ニ短ク、外稃ハ痩長ニシテ針狀ニ鋭尖シ最下一片ハ欛ナリ。三雄蕋アリ。花柱ハ羽毛狀。和名蔓草ハ其匍枝長クク伸ビテ蔓ノ如クレバ云ヒ、地縛リハ匍枝地ヲ這ヒ節ョリ發根シテ地ニ緊着スルョリ云フ。

うらはぐさ
一名 ふうちさう
Hakonechloa macra *Makino*.
(=Phragmites macer *Munro*.)

第 2576 圖

ほもの科

本州中部ノ山地丼ニ溪谷ノ崖地ニ群落ヲ成シテ多ク生ズル多年生草本ナレドモ、又風知草(是レ元來知風草ノ誤、又此知風草ヲ本品ノ名トスルモ誤ナリ)ト俗稱シテ往々盆栽ト成リ觀賞スルコトモ稀ナラズ、節多ク痩長ナル堅キ匍枝ヲリ引キテ繁殖ス。稈ハ纖細ニシテ叢生シ、高サ30-50cm許ニ達ス。葉ハ狭被針形ニシテ上部漸尖シ表面白色ヲ帶ビテ常ニ下面ニ向キ、眞正ノ裏面却テ表面ト成リ表裏轉倒ス、故ニうらはぐさ卽チ裏葉草ノ名アリ。夏秋ノ候、稈端ニ綠色或ハ稍帶紫色ノ圓錐狀花穗ヲ出シ、小穗ハ疎爽シ一方ニ傾キ長サ8cm内外アリ。小穗ハ狭長ニシテ數花ョリ成リ、長サ9mm餘アリ、内外二顆アリ。外稃ニ短芒アリ。三雄蕋アリ。顆果ハ長楕圓形ナリ。本品ハ相州箱根山ニ多キヲ以テHakonechloaノ屬名ヲ得タリ、藍シ本邦固有ノ珍屬タリ。培養品ニ黃變葉ノ者アリ之レヲきんうらはぐさ (var. aureola *Makino*)ト云ヒ、又白變斑葉ノ者アリ之レヲしらきんうらはぐさ (var. albo-aurea *Makino*)ト云フ。

てうせんがりやす（薀草）
一名 ばれんがや
Diplachne serotina *Link.*
var. chinensis *Maxim.*
(=D. serotina *Link.* var. aristata *Hack.*;
D. Hackeli *Honda*;
Cleistogenes Hackeli *Honda*.)

第 2577 圖

ほもの科

山地、疎林等ノ稍乾燥セル地ニ生ズル多年生草本ニシテ叢生シ高サ50-60cm許アリ。根莖ハ硬質ニシテ短細ナレドモ先端ハ太クシテ初メ小鱗襻ヲ呈ス、稈ハ直立シ痩硬質ニシテ節間短ク其長サ2-4.5cm許アリ。葉ハ小形硬質ニシテ互生シ狭長披針形ニシテ上部漸尖シ長サ3.5-7cm許アリ二列ヲ成シテ平開シ其狀小形ノ笹ニ似タリ、鞘ハ節間ト稍同長ニシテ開出セル白軟毛アリ、秋ニ入リテ稈頭高ク疎小ナル圓錐花叢ヲ着ケ花數繁ホナラズ、小穗ハ細硬アリテ立チ、長サ7mm内外、多ク三四花ョリ成ル。別ニ花梗上ノ葉鞘内ニハ往々不登性ノ花序ヲ包ム。穎ハ膜質ノ卵狀楕圓形ニシテ稈ョリ短ク、且ツ其外者ハ短シ、稃ハ内外殆ンド同長、上半紫染セ外者ノ先端ハ三齒ニアリテ中央ノ齒ハ芒トナル。柱頭ハ紫色ニシテ羽狀ヲ呈ス。和名ハ朝鮮刈安ノ意ナリ、馬簾がやハ其束ノ聯ヲ草狀ニ基キテ云フ。

859

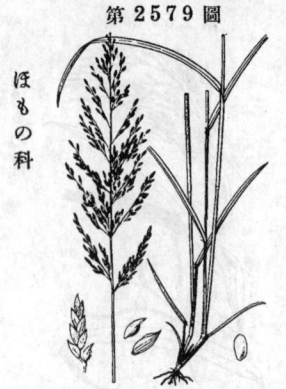

ぬまがや
一名 すげ
Molinia japonica *Hack.*
(= Moliniopsis japonica *Hayata*;
Molinia caerulea *Matsum.*)

山原ノ濕地ニ生ズル多年生草本ニシテ往々群落ヲ形成シ高サ80～110cm許アリ、全草剛直ノ感アリ。根莖ハ短クシテ強ク、粗強ナル鬚根ヲ有シ匍枝ヲ出サズ。稈ハ直立シ細長ニシテ平滑ナル圓柱形ヲ成シ、基部ヨリ花穗下ニ至ルノ間絶テ節無キ特徴アリ。葉ハ廣線形ニシテ長サ30cm內外、幅ハ1cm ヲ出シ、直立スルコト多ク、表面ハ地面ニ向ヒテ色淡ク多少粗糙ニ裏面ハ一様ニ朝ヒテ濃綠色ヲ呈シ滑澤ナリ。鞘ハ長クシテ稈ヲ包ム。秋月、稈頂ニ長大或ハ狹長ナル圓錐花序ヲ成シテ小穗ヲ沿ヒ淡紫紅色ヲ呈ス。小穗ハ細胞ニ一直立シ長橢圓形ニシテ長サ1cm許、獨特ノ光澤ヲ有シ八花內外ヨリ成ル。顆ハ不同長。外稃ハ披針形、背面圓クシテ三脈ヲ有シ先端銳尖シ基部ニハ小穗軸ト共ニ長白毛ヲ生ジ、邊綠ハ全形ニシテ膜質ヲ呈ス。內稃ハ先端逆ニ二尖アリ。稈ノ用ヒテ抄紙用ノ簀ヲ作ルル。和名沼ガやハ沼地ニ生ズルヨリ云ヒ、すげりハ其意不明ナレドモ其ナハ簀ノ謂ニ抄紙用ノ簀ニ用フレバ云フ。

にはほこり (畫眉草)
Eragrostis Niwahokori *Honda.*

庭砌園圃路傍等陰處ニ見ル纖細ナル無毛ノ一年生草本ニシテ高サ15～25cm許アリ。稈ハ根際ヨリ多數發出シテ下部稍地ニ布キ膝曲シテ立ツニ至ル。葉ハ質軟クシテ長サ5～7cm許アリ、線狀長披針形ニシテ先端長尾狀ニ尖シ暗綠色ヲ帶ビ平滑ナリ。夏秋ノ間、稈頂ニ圓錐花叢ヲ成シテ多數ノ淡紫色小穗ヲ着ク。分枝ハ眞直ニシテ殆ド平開シ、莖ダ纖細、波曲ス。小穗軸ニハ透明部ヲ有セズ。小穗ハ綠色或ハ汚紫色ヲ帶ビタル線形ニシテ長サ3mm內外、幅僅ニ1mm內外、五乃至七花ヨリ成ル。顆ハ內外共ニ幅狹ク其外顆ハ短シ。外稃ハ卵形ニシテ長サ1.5mm許、先端尖リ膜質ヲ呈シ平滑。內稃ハ僅ニ短シ。おほにはほこり(E. pilosa *Beauv.*) ハ本種ニ酷似スレドモ、葉鞘口綠ニ毛ヲ生ジ、又花序分枝點ニモ長毛ヲ發出スルヲ以テ識別シ得ベシ。和名庭ほこりハ庭ニ能ク繁茂スルノ意ナリ。

かぜくさ
一名 みちしば
Eragrostis ferruginea *Beauv.*
(= Poa ferruginea *Thunb.*; P. barbata
Thunb.; E. Thunbergii *Koidz.*)

路傍土堤練兵場等ニ多キ多年生草本ニシテ性甚ダ强シ。稈ハ單一ニシテ分枝セズ多數根際ヨリ發出斜上シテ大ナル叢ヲ成シ、高サ40～60cmヲ算ス。葉ハ多數ノ葉鞘跨狀ヲ成シテ稈ノ下半ヲ包ミ扁平ナル外觀ヲ呈シ、葉片ハ線形ニシテ尖リ長サ20～30cm許アリ、質强靱ニシテ葉鞘ノ口綠ニハ白絹毛ヲ密生ス。秋月、稈頂ニ直立シテ長サ25～35cm許ノ圓錐花叢ヲ成シ紫色ノ光澤アル小穗多數ヲ生ズ。花序ノ分枝ハ斜ニ直線的ニ出デ、小硬ハ絲狀、中央附近ニ一關節アリテ生時ニハ透明ナリ。小穗ハ長サ6～7mm許ノ扁平ナル披針狀長橢圓體ニシテ七花內外ヨリ成ル。顆ハ綠色ヲ有シ透明ナリ。外稃ハ卵狀橢圓形、銳尖アリ、先端ニ尖リテ邊綠ニ微齒ヲ有キ、內稃ハ短シ。顆果ハ稍角アル橢圓形ニシテ赤褐色ヲ呈シ長サ1mmアリ。和名風草ノ名ハ往時ノ學者本品ヲ知風草ニ充テシニ由來ス、元來知風草ハ支那原東ノ齋ニシテ叢生シ藤蔓ノ狀アリ、節アレバ其年風ニ節無ケレバ風無シト稱スル者ナリ、道しばハ路傍ニ多ケレバ云フ。漢名 知風草(誤用)

すずめがや
Eragrostis cilianensis *Link.*
(=Poa cilianensis *All.*; E. megastachya *Link.*; E. major *Host.*)

能ク廢地或ハ圃地ニ生ズル一年生草本ニシテ高サ30~50cm許アリ。稈ハ五六叢生シ、根際ヨリ殆ンド直立シテ下部僅ニ膝曲シ、細長ニシテ質硬ク平滑ニシテ綠色ヲ呈ス。葉ハ稈ニ疎ニ五生シ、線形ニシテ漸尖シ長サ6~13cm、稍軟クシテ平滑、葉鞘ハ節間ヨリ短ク、鞘口ニハ少シク白鬚毛ヲ生ズ。夏秋ノ間、稈頂ニ大ナル圓錐花叢ヲ着ク。花叢ノ長サ15~25cm許、分枝ニ毛直ニシテ斜上シ、小梗ハ短ク、頂ハ小穗ニ開節ス。小穗ハ卵狀橢圓體ニシテ長サ7~8mm、ニシテ左右ニ規則正シク十二花內外ヲ着ケ、綠色或ハ汚紫色ヲ帶ブ。內外二穎ハ狹クシテ尖ル。外稃ハ廣橢圓形、稍囊狀ヲ成シテ內稃ヲ抱キ、鈍端、三脈ヲ有シ全面ニ微刺ヲ布ク。和名雀がやハ其小穗小クシテ花穗亦粗大ナラザルヲ以テ斯ク云フナラン。

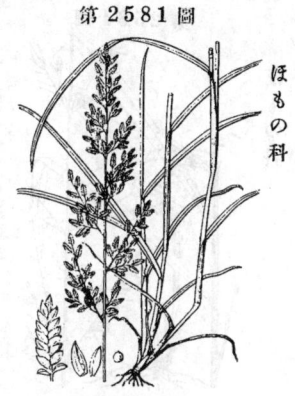

こごめかぜくさ
Eragrostis japonica *Trin.*
(=Poa japonica *Thunb.*; Poa tenella *R. Br.*; E. tenella *Benth.*)

我邦中部以南ノ田間ニ生ズル一年生草本。稈ハ多數根際ヨリ叢生シテ立チ、長サ15~50cmニ達シ長短參差ス。葉ハ狹線形ニシテ先端漸尖シ長サ8~15cm、兩面ハ無毛ナレド邊緣ハ糙澁シ、葉鞘ハ緣ニ毛ヲ生ゼズ。夏秋ノ候、稈頂ニ細長ナル圓錐花叢ヲ出ダシテ直立シ多數細微ノ小穗ヲ着ケ、花叢ハ長キハ25cm許ニ達スレドモ幅ハ僅ニ3~4cmニ過ギズ、通常全穗赤色ニ染ンデ頗ル麗ハシ。分枝ハ纖細ニシテ短ク穗軸ニ對シテ斜開ス。小穗ハ卵狀廣橢圓形ニシテ長サ僅ニ1.5mm許、扁平ニシテ鈍頭ヲ有シ六七花ヨリ成ル。穎ハ二片、多少不同長ニシテ廣橢圓形、先端ハ往々凹入ス。稃ハ外者僅ニ長ク、廣橢圓形鈍頭、中脈顯著ニシテ全面平滑、芒ヲ有セズ。和名ハ小米風草ノ意ニシテ小米ヨリ其細微ナル小穗ニ基キテ云フ。

こめがや
一名 すずめのこめ
Melica nutans *L.*

山地或ハ山足地ノ稍濕潤ナル林下ニ生ズル多年生草本ニシテ叢生シ高サ40cm內外アリ。根莖ハ細クシテ橫走ス。稈ハ立チ其下部ニハ紫染セル鞘狀葉ヲ有シ、上部ハ纖細ニシテ稍一方ニ傾ク。葉ハ廣線狀披拔針形ニシテ漸尖シ長サ5~12cm、質稍硬ク、表面ハ散毛ヲ生ズレドモ裏面ハ平滑ニシテ濃綠色ヲ呈シ、葉鞘ハ瘦長ニシテ稈ヲ包ミ完筒ヲ呈ス。六七月ノ候、稈頂ニ偏側生穗狀樣ヲ成シテ疎ニ小穗ヲ一列ニ綴ルコト四乃至十簡許。小穗ハ長サ3~4mmノ絲狀小梗ニ側向或ハ稍點頭シ、廣橢圓形ニシテ白色、長サ5~6mmアリテ甚ダ顯著、一見米粒ノ觀アルヲ以てこめがやト云フ。穎ハ紫染シ、廣橢圓形ニシテ極メテ鈍頭、兩片互ニ向キ合ヒ上半ハ無色ノ透明膜ト成ル。內ニ正常ノ二花ト退化シ棍棒樣ト成レル花トヲ有ス。外稃ハ穎ヨリ僅ニ超出シ、舟形ヲ成シ七乃至九脈ヲ有ス。雄蕊ハ三簡。和名米がやハ其小穗ノ狀稻米ニ彷彿タルヨリ云ヒ、雀の米ハ雀ノ食フ米ノ意ナリ。

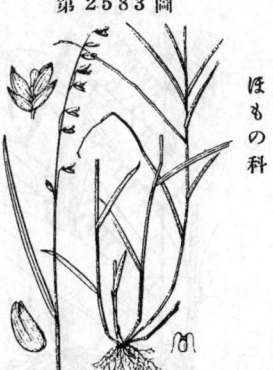

第 2584 圖

ほもの科

はなびがや

一名 みちしば（同名アリ）・をかよし

Melica Onoei *Franch. et Sav.*

山地ニ生ズル多年生草本ナリ。稈ハ瘦長ニシテ直立シ高サ 90-120cm ニ達シ單一ニシテ分枝セズ。葉ハ互生シ硬質、廣線形ヲ成シ上部漸尖シ下部ハ漸殺ス、葉鞘ハ常ニ節間ヨリ長ク爲ニ稈節ハ外部ニ現ハルルコト無ク、質薄クシテ面ニ粗毛ヲ布ク。夏秋ノ候、散漫ナル大形ノ圓錐狀花穗ヲ高ク稈頂ニ立テ間隙ヲ置キ疎ニ層ヲ成シテ纎長ナル枝梗ヲ開出ス。小穗ハ纎小梗ヲ具ヘ狹披針形ヲ成シテ綠色ヲ呈シ 5mm 長アリテニ正花ト一不發育花トヨリ成ル。穎ハ膜質ニシテ尖リ内外大小不齊。外稃ハ白色膜質、七乃至九脈アリ。雄蕋ハ三。花柱ハ短シ。和名花火がやハ其散漫セル花穗ノ狀ニ基キテ云ヒ、道しばハ路傍ノ禾本ト云フ意ニシテかぜくさも亦斯ク稱シ、岡蘆ハ岡ニ在ルよし（あし）ノ意ナリ。

第 2585 圖

ほもの科

たつのひげ

Diarrhena japonica *Franch. et Sav.*
（＝Onoea japonica *Franch. et Sav.*）

山地ノ稍濕潤地ニ生ズル多年生草本。根莖ハ稈ト同大ニシテ唯節間短縮シ橫走シテ管狀ノ芽ヲ發出ス。稈ハ斜上シ上部ハ直立シ、高サ 30-50 cm、質稍硬シ。葉ハ疎ニ五生シ、廣線狀披針形ニシテ漸尖シ長サ15cm内外、上牛ハ彎曲下垂シ、上部ハ長尾狀ニ銳尖シ底部ハ鞅窄ニ暗綠色ヲ呈シ表面ニ兩邊ハハ糙澁ス。秋月、稈頂ニ疎ナル圓錐花序ヲ成シテ小穗ヲ散着ス。分枝ハ纎細、一二回兩岐シ、稍糙澁ス。小穗ハ綠色ノ披針形ニシテ長サ5mm許、三花ヨリ成レドモ上部ノ一花稀ニ二花ハ不稔ニシテ間モナク脫落ス。穎ハ小形、膜質、外穎ハ短クシテ披針形、内穎ハ卵形銳尖頭。外稃ハ卵形ニシテ銳尖頭、三脈ヲ有ス。穎果ハ卵狀橢圓形ニシテ長サ3mm、稈ヨリ超出シテ露ハレ靑綠色ヲ滑澤、特異ノ外觀ヲ呈シ熟スレバ脫落シ易シ。和名龍ノ鬚ハ其鬚狀ヲ呈セル花穗枝梗ノ狀ニ基キテ云フ。

第 2586 圖

ほもの科

ささくさ （淡竹葉）

一名 しゃし

Lophatherum gracile *Brongn.*
var. elatum *Hack.*
（＝L. elatum *Zoll. et Morit.*）

中部以南ノ淺山林下ニ生ズル多年生草本ニシテ叢生ス。根莖ハ木質ヲ呈シ、鬚根ハ通常黃白色紡錘狀ノ塊ヲ有ス。稈ノ高サ40-60cm、細長ニシテ直立シ葉ト共ニ綠色ヲ呈ス。葉ハ稈ノ中邊以下ニ五六片ヲ生ジ左右ニ二列シテ展開シ、廣披針形ニシテ長サ15~20cm許、幅2-3cm許、先端漸尖シ底部ニ圓形ニシテ下ハ短柄ト成シ葉鞘ニ接續ス鮮綠色闊大ニシテ外觀甚ダ笹ニ似タレバささくさト云フ、葉質菲薄、葉緣糙澁ス。秋月、稈頂ニ疎大ナル圓錐花叢ヲ直立シ疎ニ眞直ナル分枝ヲ斜開シ、其下側一小穗ヲ列生ス。小穗（實ハ短縮セル小穗ノ集合體）ハ無柄、披針形ニシテ綠色、長サ1cm未滿、硬クシテ尖ル。穎ハ橢圓形鈍頭、内穎ハ長シ、其小穗ノ上部ニ數片重襲セルハ何レモ内穎ニシテ穗端ニ三ノ短芒アレドモ、とささくさ （var. genuinum *Hack.*）ニ在テハ全部ノ穎ニ何レモ芒ヲ備フ。芒ハ集リテ筆毛狀ヲ呈シ以テ能ク人衣ニ著ク。

ほがへりがや
Brylkinia caudata *Fr. Schm.*
(=Alopecurus caudatus *Thunb.*)

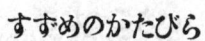

第 2587 圖

ほもの科

山地ノ樹陰ニ生ズル多年生草本ニシテ往々叢生シ、全株疎セテ高サ30-60cmアリ、稈ノ下部ハ多クハ短ク橫臥シテ後直立シ瘦長ニシテ綠色ナリ。葉ハ稈ノ下部ニ五生シ、狹線狀ニシテ長サ10-20cm、幅5-7mm、先端漸尖シ表面ニ下部ハ綠縦ハ糙澁ス。六七月ノ候、稈頂ハ綠色ノ疎總狀花叢ヲ直立シ、十箇内外ノ小穗ヲ偏側的ニ疎著シ、各自斜ニ下向シ、穗小梗ハ長サ 3mm 許ニシテ細ク下部ニテ曲リ、上向セル長毛ヲ生ズ。小穗ハ扁平ナル橢圓狀倒披針形、長芒顯著ニシテ芒ヲ除キテ長サ7-8mm、三花ヨリ成ル。穎ハ二片アリテ針形、次ノ二花ハ退化シテ各唯外稃ノミヲ存シ舟形有背、背上粗毛列生、披針形ニシテ穎ヨリ遙ニ長ク且ツ長芒アリ。第三花ノミ登性、外稃ハ第二花ノ外稃ニ似テ其レヨリ長ク、最モ長キ芒アリテ内稃ハ其半長アリ。和名ハ穗反りがやニシテ其逆向セル小穗ニ基キテ云フ。

すずめのかたびら
Poa annua *L.*
(=P. annua *L.* var. eriostyla *Hack.*)

第 2588 圖

ほもの科

隨處ニ生ズル越年生草本。秋日發芽シテ綠葉簇生シ冬ヲ越ヘテ春日穗ヲ出ダセドモ早ハ二月頃低ニ開花ス。全草鮮綠色無毛平滑ニシテ軟弱、高サ10-25cm アリ。稈ハ叢生シテ下部膝曲シ、葉ハ線形、長サ2-8cm、幅2-4mm、先端ハ急ニ鈍形ヲ成テ且微凸頭ヲ成シ、底部亦同ジク急ニ鈍形ヲ呈シテ弛緩セル葉鞘ニ連接ス。圓錐花叢ハ稈頂ニ直立シ卵形淡綠色ニシテ長サ3-8cm、分枝ハ平開シ通常各節ニ双出シ平滑ナリ。小穗ハ長橢圓狀卵形ニシテ長サ3-5mm、五花内外ヨリ成ル。外穎ハ稍膜質、長橢圓狀披針形ニシテ一脈ヲ有シ、内穎ハ少シク大形、卵狀披針形ニシテ三脈ヲ有ス。外稃ハ廣橢圓形、中脈明瞭ニシテ先端廣ク尖リ邊緣ハ膜質無色ナリ。三雄蕋アリ。和雀の帷子ハ蓋シ其細小ナル小穗ヲ群著セル花穗ノ狀ニ基キテ云フナラン。

からすのかたびら
一名 おほいちごつなぎ
Poa nipponica *Koidz.*
(=P. annua *L.* forma maxima *Hack.*; P. pratensis *L.* var. anceps *Hack.*)

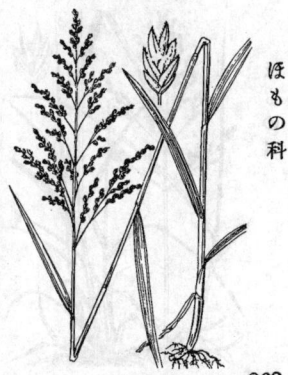

第 2589 圖

ほもの科

原野路傍ニ生ズル越年生草本ニシテ高サ 30-50cm 許アリテ叢生すずめのかたびらヨリ壯大ナリ。稈ハ下部膝曲スレド上部ハ直立シ、平滑ニシテ葉ト共ニ綠色ヲ呈シ柔靭ナリ。葉ハ疎ナレド一樣ニ稈ニ互生シ、線形ニシテ長サ5-12cm、幅5-7mm、稍直立シ先端ハ急ニ尖リ底部ガ圓形ヲ呈シ、濃綠色ニシテ柔軟ナレド邊緣ハ糙澁シ、葉鞘ハ平滑ニシテ圓筒狀ナリ。五月、稈頂ニ長サ10cm ノ綠色圓錐花叢ヲ著ク。分枝ハ斜開、糙澁ナ極ム。小穗ハ卵形、長サ4-5mm、四乃至六花ヨリ成ル、綠色ナレド往々紫采アリ。外穎ハ披針形一脈、内穎ハ卵形ニシテ三脈、兩者漸尖頭ヲ有シ脈上ニ細刺アリ。外稃ハ舟形ニシテ其側面觀ハ披針狀長橢圓形ヲ呈シ五脈アリテ鈍頭、中脈及邊緣ニハ鬚毛及ビ微柔毛ヲ生ズ。すずめのかたびらニ似テ壯大、花叢分枝糙澁、穗ニ微齒、稈ニ鬚毛アル以テ區別シ得。和名烏の帷子ハ雀の帷子ニ似テ大ナルヨリ云ヒ、大海繫いちごつなぎニ似テ大形ナルヲ以テ云フ。

863

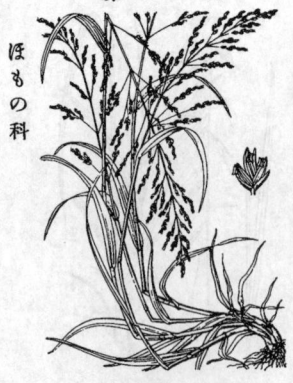

みぞいちごつなぎ
Poa acroleuca Steud.

隨處ニ陰地溝瀆畔或ハ濕地ニ生ズル越年生草本ニシテ疎ニ叢生シ高サ40-50cm許アリ、全體深綠色ヲ呈シ柔弱ナリ。稈ハ下部ハ膝曲シ上部ハ直立シ、瘦長ニシテ平滑ナリ。葉ハ綠形ニシテ漸尖シ、平開或ハ斜開シ多少糙澁ニ質薄柔ナリ、小舌ハ顯著ニシテ鈍頭剪裂、葉鞘ハ平滑且ツ上部ハ扁壓、龜背ヲ呈ス。五六月、稈頂ニ疎ナル圓錐花叢ヲ著ケ長サ20cm內外ノ長橢圓形ヲ成シ、分枝ハ絲狀ニシテ多少糙澁シ各節ヨリ二條平出シテ相隔タリ、其上半ニ下向シテ小穗ヲ著クト雖モ花時ニハ上向ス。小穗ハ卵形、長サ3-4mm、五六花ヨリ成リ綠色ナリ。外穎ハ卵狀披針形、白膜緣ニ脈、內穎ハ稍長クシテ卵狀漸銳頭三脈ヲ存ス。共ニ脈上ニ少許ノ微齒ヲ有ス。外稃ハ舟形、長橢圓形ニシテ先端ハ白膜質ノ鈍頭、五脈アリテ隆起シ、全面ニ白鬚毛ヲ疎ニ布ク、熟シテ穎果ヲ包ミタルママ容易ニ脫落ス。和名溝苺繁ハ此種通常溝邊ニ多ク生ズレバ斯ク云フ。

いちごつなぎ
一名 かはらいちごつなぎ・ひめいちご
つなぎ・ざらつきいちごつなぎ
Poa sphondylodes Trin.
var. strictula Koidz.
(=P. strictula Steud.; P. palustris
L. var. strictula Hack.)

向陽ノ路傍・土堤・河原等ニ多ク生ズル多年生草本ニシテ往々密ニ叢生シテ大株ヲ成シ高サ50-70cm許アリ、其株多ク凌デ枯死セズ。稈ハ林立シ瘦長硬質、葉ト共ニ深綠色ヲ呈シ直立シテ平滑ナレドモ花頭下ニ在テハ糙澁ス。葉ハ狹綠形、眞直ニ開出或ハ斜開シ長サ10-15cm幅2mm以下、質稍柔カク邊緣ニ糙澁ス。五月、稈頂高ク淡綠色ノ細長キ圓錐花叢ヲ直立シ、長サ10-15cm、分枝ハ各節四五出、纖細ニシテ纖細ニ一シテ直立シ糙澁ス。小穗ハ長サ4-5mm、橢圓狀卵形ニシテ四五花ヨリ成ル。穎ハ橢圓狀披針形ニシテ銳尖頭、長サ稃ニ超エ、三脈ヲ有シ全面ニ微稠アリ。稃ハ舟形ニシテ長橢圓形短銳頭、上部白膜緣、中脈隆起シテ鬚毛ヲ生ジ、其他ハ鏡下ニ微粒ヲ布クヲ見ル。和名苺繁ハ村童さがりいちごノ實ヲ採リ此稈ニ貫ク故斯ク云シ、河原苺繁ハ此種河原邊ニ多ケレバ云フ、又ざらつき苺繁ハ其花穗下ノ稈ニ觸レバ殊ニ糙澁スルヲ以テ云フ。

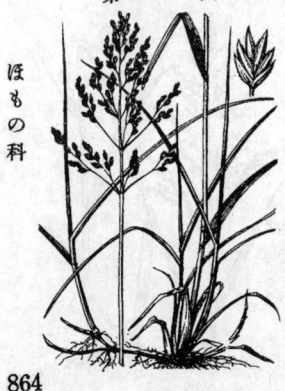

ながはぐさ
Poa pratensis L.

明治初年牧草トシテ歐洲ヨリ渡來シ、今ハ各地林野ニ野生ノ狀態ヲ成セル多年生草本ナレドモ此種ハ又我邦ニモ自生アリ、高サ50-70cm許ニシテ稈通常多數叢生シ參差林立シ特徵アル景觀ヲ呈ス。根莖アリテ地中ヲ橫行シ處々ニ苗ヲ生ズル特徵アリ。稈ハ細長眞直、綠色無毛平滑ナリ。葉ハ狹綠形ニシテ稈ノ下半部ヨリ出デ、長サ15-30cm アレド幅3mmニ滿タズ、鈍頭ニシテ深綠色ヲ呈シ邊緣稍糙澁シ、表面ニ多少ノ光澤ヲ存ス。五六月ノ候、稈頭高ク長サ10cm許ノ綠色圓錐花叢ヲ抽ク。分枝ハ各節二乃至五箇、斜上ニ糙澁ス。小穗ハ卵形、長サ4mm許、綠色或ハ紫釆アリ。穎及稃ノ形狀ハいちごつなぎニ類スレド、外稃ノ鬚毛ハ邊緣中部以下ニノミ限ラル。和名長葉草ハ其葉特ニ長ケレバ云フ。

第 2593 圖

ほもの科

みのごめ (茾草)
一名 むづをれぐさ・たむぎ　古名 みの
Glyceria acutiflora *Torr.*
(＝Hemibromus japonicus *Steud.*；
G. japonica *Miq.*)

邦内諸州ノ水田廢田或ハ溝中ニ繁茂スル越年生草本ニシテ叢生ス。秋日匍ハ株本ヨリ二三條ニ分レ其葉ハ線形ハ長ニシテ紅紫색シ質軟薄ニシテ水面ニ浮ビ以テ越多シ、春到レバ稈ハ更ニ叢生シ或ハ泥上ニ横ハリテ之曲ヲ各節ヨリ枝稈及ビ鬚根ヲ發ス、其本稈ハ枝稈ハ斜上シテ高サ50cm內外上成ル。葉ハ互生シ線形ニシテ尖リ長サ5-10cm許アリテ平滑ナリ、小舌ハ白膜質ニシテ廣ク圓頭ヲ成シ、葉鞘ハ完全ナル筒狀ナリ。五月、稈頂ハ細長ナル綠色ノ花穗ヲ立テ、分枝ハ小號ト共ニ直立スルヲ以テ一見一狹穗ノ如シ。小號ハ線狀圓柱形ニシテ長サ3cm內外、八九花規則正シク互生シテ鱗ク熟スレバ極メテ脫落シ易ク漸ニ錐狀軸ヲ遺スニ至ル。顆ハ內ヶ關大長サ3.5mm、卵形狀質ナリ。外稃ハ卵狀披針形、長サ7-8mm、漸尖頭、上部稜緣、筋下ニ微刷ヲ布ク。內稃ハ外稃ヨリ上ニ超出シ、先端燕尾狀ニ二裂ス。顆果ハ長楕圓形、稍大形平滑綠色、睦民往之ヲレヲ集メ食ニ充ツ。從來かずのくさぐさみのごめト谣セシハ大ナル誤ナリ。和名みのごめハみの米ノ意、此草ヲみの稈スル義ハ不明ナリ、むづをれぐさハ蓋シバラバラニ折レ易キ意ニテ其脫落シ易キ穗ニ基キテ謂ヒシナラン、田麥ハ田ノ麥ノ意ニシテ其食シ得べき穀粒ニ基キテ云フナリ。

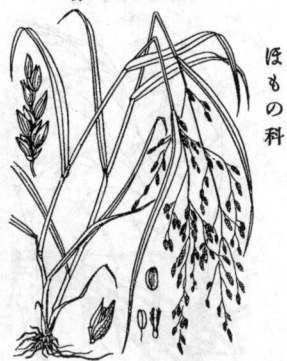

第 2594 圖

ほもの科

ごぢゃうつなぎ
Glyceria tonglensis *Clarke.*
(＝G. caspia *A. Gray.*)

溝側・水邊竝ニ水濕地ニ生ズル多年生草本ニシテ叢生シ、質稍軟ニシテ平滑無毛、高サ40-60cm許アリ。稈ハ下部膝曲シ、上部傾上、通常徑3mni內外ナレド往々壯大ノ者アリ。葉ハ線形ニシテ長サ15-20cm、幅4-5mm、先端ニ至リテ急ニ細ク尖リ多少粗糙ノ感無キニ非ラズ、基ハハ牛圓形、葉鞘ハ緣邊ニ耳狀ノ附屬物ヲ有シ且ツ完筒ヲ成ス。五六月ノ候、稈頂ニ長キ圓錐花叢ヲ抽デ細小多數ノ綠色小穗ヲ着ケ往々濁紫朵アリ。分枝ハ細ク柔ニシテ斜開シ殆ド平滑ナリ。小穗ハ廣線形ニシテ長サ6mm內外、小ナル五六花正シク左右ニ並ビ、小穗中軸ハ細クシテ小穗間ニ波曲ス。顆ハ小形ニシテ膜質透明、內顆ハ外顆ヨリ大ニシテ長サ1mm許、卵形ヲ成ス。稈ハ廣卵形、背部圓七腮顯著ニ隆起シ鋭頭ナレド鈍端、芒ナク長サ2mm許アリ。和名ハ泥鰍繫ニシテ小兒捕ヘシ小魚ノどぢゃうヲ其稈ニ剝シ貫テ持ツ故ニ云フ。

第 2595 圖

ほもの科

ひろはのごぢゃうつなぎ
Glyceria aquatica *Wahlenb.*
(＝Poa aquatica *L.*)

我邦中部以北山地ノ水傍ニ生ズル壯大ナル多年生草本ニシテ高サ1-1.5m許アリ。根莖ハ蕊ダ短形ナレドモ匍枝狀ヲ成セル分枝ヲ發出ス。稈ハ大ニシテ直立シ平滑ナリ。葉ハ廣線形ニシテ先端尖リ長サ30cm、幅8mm內外ニシテ兩面糙澁シ、葉鞘ハ完筒ヲ成シ平滑ニシテ口部ハ小舌ハ低平截頭ナリ。七八月ノ間、稈頂ニ長サ20cm許ノ大ナル圓錐花叢ヲ成シテ密ニ多數小形ノ小穗ヲ着ク。分枝ハ細クシテ斜開シ下垂スルコトナク、糙澁蕊ダシ。小穗ハ卵狀橢圓形ニシテ長サ7mm內外、五六花ヨリ成リ淡綠色、往々褐紫暈アリ。顆ハ膜質長卵形ニシテ鋭頭ナリ。外稃ハ長橢圓披針形ヲ呈シ長サ3mm內外、五脈隆起シ、鋭頭鈍端ナリ。內稃ハ外稃ヨリ僅ニ長シ。和名ハ闊葉ノ泥鰍繫ニシテ此類中他ヨリ其葉闊キヲ以テ斯ク云フ。

865

第 2 5 9 6 圖

ほもの科

みやまごぢゃうつなぎ
一名　みやまいちごつなぎ（最舊名）
Glyceria arundinacea *Kunth.*
(=Poa arundinacea *Bieb.*; P. sudetica *Miyabe.*; G. remota *Fries* var. japonica *Hack.*)

本州中部以北ノ諸高山ニ生ジ往々群落ヲ成セル多年生草本ニシテ叢生シ高サ60cm以上1m許ニ達シ、全株無毛ニシテ軟質ナリ。稈ハ直立シテ瘦長綠色。葉ハ長キ線狀ニシテ上部漸尖ク幅5-8mm許アリテ小舌ハ短シ。七八月ノ候、散開セル圓錐花穗ヲ稈頭ニ出シ、疎ニ小穗ヲ着ケテ一方ニ傾垂シ、穗軸ヤ纖長、分枝ヨ二小梗ハ鬚狀ヲ呈セリ。小穗ハ小梗端ニ獨在シ通常帶紫綠色ヲ呈シテ五乃至十數許ノ花ヨリ成リ扁ニシテ卵狀橢圓形或ハ卵狀長橢圓形ヲ成シ、成熟スレバ離脫シ易シ。穎ハ稈ヨリ短ク內穎ハ外穎ヨリ長シ。外稃ハ鈍頭披針形ヲ成シテ五脈ヲ具ヘ芒ナシ。本種類ルPoa屬品ノ外觀アルヲ以テ初メ之レヲ深山苺繁ト名ケタリ。

第 2 5 9 7 圖

ほもの科

とほしがら
Festuca parvigluma *Steud.*

普通ニ山野ノ林陰或ハ林側ニ多キ一年生草本ニシテ稈ハ數條叢生シテ高サ30-50cm許アリ、下部ハ一般ニ直立スレドモ偶ニ短ク平臥スルコトアリテ全株暗綠色ヲ呈ス。葉ハ狹線形ニシテ幅2-3mmニ過ギズ、質柔軟ニシテ彎曲シ下垂シ平滑ナリ。葉鞘ハ細長ナリ。初夏ノ候、稈頂ニ疎散ナル圓錐花叢ヲ成シテ傾キ稍下垂シテ少數ノ小穗ヲ着ク。分枝ハ纖細柔軟、僅ニ糙澁シ、中軸ハ之曲ル。小穗ハ綠色、卵狀披針形ニシテ長サ7mm內外、三乃至五花ヨリ成ル。穎ハ小形、外穎ハ狹ケレド內穎ハ僅ニ長クシテ卵形、長サ1.5mm內外、銳頭白膜緣ナリ。稈ハ高サ5-6mm、花時ニ著シク平開スレド果實ト成レバ閉ヅ、外稃ハ長橢圓狀披針形ニシテ銳尖頭、五脈、中脈隆起シ先端ハ纖細ニシテ遂ニ穎ヨリ長キ芒ト成リ、平滑ニシテ生時一種ノ光澤ヲ有ス。雄蕋ハ一箇。和名ハ點火莖ノ意、からハ其稈即チ莖ヲ云ヒ、とぼすハ點火スルヲ云フ、即チ莖ヲ燃スコトナレドモ何故且何ノ時斯ク爲スカ不明ナリ。

第 2 5 9 8 圖

ほもの科

おほとほしがら
Festuca subulata *Bong.*
var. japonica *Hack.*

山中多濕ノ地ニ生ズル多年生草本ニシテ高サ60-90cm許アリ、根莖ハ短ク細シ。稈ハ直立シテ平滑、節間長シ。葉ハ少數ニシテ疎ニ互生シ廣線狀長披針形ニシテ長サ20-30cm幅1cm餘アリ、質柔軟、表面ノミ糙澁ス。六月ノ候、稈頂ニ大ナル圓錐花叢ヲ成シテ多數ノ小穗ヲ着ケ一方ニ麤キ傾ク。分枝ハ軟弱ニシテ細ク絲狀ヲ呈シ甚ダシク糙澁ス。小穗ハ淡綠色ニシテ往々紫朶アリ、長サ7mm內外、多少扁平ナル披針狀橢圓形ヲ成シ四五花ヨリ成ル。穎ハ稈ヨリ狹ク且ツ短シ。外稃ハ橢圓狀披針形ニシテ五脈ヲ有シ、長銳尖頭ヲ成シ、其頭端ヨリ稈體ト略ボ同長ナル軟キ芒ヲ直立セリ。內稃ハ外稃ト同長ニシテ長橢圓形ヲ呈シ先頭尖リテ芒ナシ。雄蕋ハ三箇。

うしのけぐさ
一名 ぎんしんさう
Festuca ovina L.
var. vulgaris Koch.

山地或ハ山足ノ乾地ニ生ズル多年生草本ナレド又高山ノ草本帯ニモ生ズ（みやまうしのけぐさ var. supina Hack.＝var. alpina Koch.）。根莖ハ短クシテ多數ノ稈ト葉トヲ叢生シ匐枝ヲ出ダサズ。稈ハ直立シ葉ヨリ高ク擡出シテ 30-50cm ニ及ビ瘦細ニシテ綠色平滑ナリ。葉ハ針形ニシテ立チ、淡綠色或ハ白綠色ヲ呈シ長サ5-15cm、幅僅ニ1cm許、表面內ニ疊マレテ一見松葉ノ如ク且剛質ナリ。葉鞘ハ膜質ニシテ稍緩ニ、頂部ニ兩耳片ヨリ成ル小舌ヲ具フ。六七月ノ候、稈頂ニ花穗ヲ直立シ長サ6-10cm許アリ、穗軸ノ節ヨリニ三ノ分枝ヲ分チ直立ト稍偏側生シ穗樣花叢ヲ成シ、穗痕ニハ短毛ヲ布ク。小穗ハ長サ6-7mm ニシテ細ク、三乃至五花ヨリ成リ白綠色或ハ紫綠色ヲ呈ス。顴ハ稈ヨリ短クロツ狹ク。外稈ハ長サ3.5mm內外、長橢圓狀披針形ニシテ長銳尖頭、短芒ヲ具フ。雄蕊三箇。和名牛の毛草ハ其纖長ナル葉ニ基キテ云ヒ、銀針草ハ其稚苗ノ針狀葉特ニ銀白色ヲ呈スルヨリ云フ。

おほうしのけぐさ
Festuca rubra L.
(＝F. ovina L. subsp. rubra Hook. f.)

我邦中部以北諸州ノ海邊地ニ生ジ或ハ高山ニ生ズル多年生草本ニシテ高サ30-60cm 許アリテ叢生ス。根莖ハ細キ匐枝樣ヲ呈シテ擴ガリ、稈ハ基部ニ於テ膝曲セル後直立ス。葉ハ狹線形ニシテ多クハ根生叢生シ、幅3-4mm、兩緣內旋シテ上面ハ溝路狀ヲ呈シ內面ニ粗毛アリ。うしのけぐさニ比シテ幅廣ク質多少軟ナリ。葉鞘ノ前緣癒合セズ、微毛ヲ生ジ多クハ紫染ス。夏秋ノ候、稈頂ハ大ナラザル圓錐花叢ヲ立チ分枝ハ少數ニシテ直上ス。小穗ハ長橢圓形ニシテ長サ1cm內外、多少扁壓セラレ淡綠色微白霜、往々汚紫色ニ染ミ、五六花ヨリ成ル。顴ハ稈ヨリ短且ツ狹。外稈ハ長橢圓狀披針形、銳尖頭ニシテ長サ4mm許、芒ヲ有スレドモ長短一定セズ。

なぎなたがや
一名 ねずみのしっぽ・しっぽがや
Festuca Myuros L.

南部歐洲原產ノ一年生草本ニシテ蓋シ明治年間ニ我邦ニ入リ今ハ各處ニ野生ノ狀態ヲ呈シ、主トシテ海濱川原等ノ砂地ニ群ヲ成シテ繁茂シ、叢生シテ鬚根ヲ有シ高サ30-50cm許アリ。稈ハ瘦細ニシテ立チ基部ハ往々膝曲ス。葉ハ通常包旋シテ剛毛狀ヲ呈シ、小舌ハ短クシテ二耳垂ヲ成ス。夏月、稈頭ニ狹長ナル總狀樣圓錐花穗ヲ立テ通常一方ニ傾キ、稍偏側生ノ狀ニシテ長サ15-30cm 許アリ、下部ノ分枝ハ穗軸ニ寄添ヒ上部ノ分枝ハ短シ。小穗ハ小形ニシテ綠色ヲ呈シ三五花ヲ以テ成リ開花ノ時下部ハ楔形ヲ呈シ、小軸ニ無毛ナリ。內外二顴ハ銖形ニシテ外顴ハ小ナリ。外稈ハ長芒ヲ有ス。雄蕊ハ一乃至三。和名ハ薙刀茅ノ意ニシテ其花穗一方ニ傾キ稍彎曲セルヨリ斯ク云フ、鼠ノ尻尾竝ニ尻尾茅ハ共ニ其穗形ニ基キ前キニ予ノ命名セシモノナリ。

ほもの科

867

すずめのちゃひき（雀麦）
Bromus japonicus *Thunb.*

向陽ノ荒圃荒地ニ往々群ヲ成シテ生ズル一年生草本。高サ50-60cmニシテ單獨或ハ叢生シ、稈ハ直立或ハ傾上シテ其脚部ハ少シク膝曲ス。葉ハ廣線形、長サ20cm、幅5mm内外ニシテ先端急尖ニ兩面ハ完筒ヲ成セル葉鞘ト共ニ開出セル白色ノ軟毛ヲ生ゼリ。六七月ノ候、稈頂ニ大ナル圓錐花穗ヲ成シテ一方ニ靡キ淡綠色ノ小穗多數ヲ着ケ、穗軸ハ瘦長ニシテ糙澁ス。小穗ハ傾垂シ披針形ニシテ先端尖ト基部ハ稍鈍形ヲ呈シ稍平扁ニシテ長サ2-2.5cm許アリ、十花内外ヨリ成リテ顯著ナル軟キ芒アリ。潁ハ内外二片アリ稈ニ似テ小形、外潁ハ三脈内潁ハ五乃至七脈アリ。外稈ハ楕圓形ニシテ背尖ラズ、九脈ヲ有シ、先端ハ二耳ヲ成シ、其間ノ背後ヨリ芒ヲ生ズ。内稈ハ内ニ隱レ短狹、二脈アリテ脈上ニ鬚毛ヲ列生ス。和名雀ノ茶挽ハ其花穗ちゃひきぐさニ似テ小ナレバ斯ク云フ。

きつねがや
Bromus pauciflorus *Hack.*
(= Festuca pauciflora *Thunb.*; F. remotiflora *Steud.*)

山地或ハ林間又ハ原野ノ草間ニ生ズル大ナル多年生草本ニシテ稍疎ニ叢生シ高サ50-90cm許アリテ全體暗綠色ヲ呈ス。稈ハ下部多少膝曲シ、微毛ヲ被フリ、節稍高シ。葉ハ廣線形漸次尖頭ニシテ表面ハ短毛ヲ布キ、葉鞘ハ顯著ニ稍軟キ逆向毛ヲ生ジ其邊緣ノ融合シテ完筒ヲ形成ス。七月ノ候、稈頂ニ細キ穗軸ヲ疎ニ分岐シテ圓錐花序ヲ成シ、細長ナル綠色ノ小穗ヲ着テ懸垂シ、穗軸ハ糙澁ス。小穗ハ狹長披針形ヲ呈シ芒ヲ除キテ其長サ2-3cm許、疎ニ五乃至八花ヲ着ク。潁ハ綠狀長披針形、粗短毛ヲ有シ、外潁短シ。外稈ハ頂ニ長芒アリテ芒ヲ併セ長サ2cm内外ヲ算シ、稈身ハ披針形、舟狀ヲ呈シ七脈縱走シ、中脈附近ニハ鏡下ニ微毛ヲ見ルベシ。内稈ハ膜質長楕圓形、無芒ニシテ長サ外稈身ト參差ス。雄蕋ハ三箇。和名狐茅ノ蓋シ其花ノ長クシテ尖リタルニ基キテ謂ヒシナラン。

いぬむぎ
Bromus unioloides *Humb. Bonpl. et Kunth.*
(= Festuca unioloides *Willd.*)

蓋シ明治初年ニ渡來シ今ヤ廣ク路傍原野ニ野生スル米大陸原產ノ粗大ナル多年生草本。稈ハ三四叢生シテ立チ高サ60-100cm許ニ及ビ、平滑綠色ニシテ稍粗大ナリ。葉ハ廣線形ニシテ漸尖シ幅1cm許ニ達シ糙澁ナレドモ無毛、小舌ハ顯著ナリ、葉鞘ハ開出セル白軟毛ヲ密生ス。六月、稈頂ニ長サ20-30cm許ノ圓錐花叢ヲ出ダシ多少橫ニ傾キ、中軸及ビ支軸ハ細クシテ質甚ダ粗糙ナリ。小穗ハ綠色ノ綠狀披針形ヲ呈シ扁平ニシテ兩緣ハ稜ヲ成シ、長サ25mm内外、稍下垂シ、五六花ヨリ成ル。潁ハ外稈ニ似テ稍小形、外潁ハ更ニ小ナリ。外稈ハ舟狀ノ披針形ニシテ銳背ヲ有シ、先端細ク尖リテ短芒ト成リ、其表面ハ微刺アリテ糙澁ス。七月ニ入ルヤ穗ハ熟シテ黃色ト成リ脫落ス。和名狗麥ハ麥ニ似テ用無ケレバ斯ク云フ。

ほ
も
の
科

ごくむぎ
Lolium temulentum L.

元來歐洲ノ原産ニシテ明治年間ニ始メテ我邦ニ
入リ、往々諸處ノ麥圃中ニ混生スル一年生草本ニ
シテ全株殆ネ無毛ナリ。稈ハ直立シ高サ 50-
80cm 許アリ。葉ハ線形ニシテ漸尖シ長サ10-30
cm、質稍厚クシテ表面多少糙澁ス。五月ノ候、稈
頂ニ細長ナル單穗花叢ヲ直立シ、綠色ニシテ剛
直、長サ15-25cm 許アリ、花穗中軸ハ平滑ニシ
テ太ク兩側ニ廣キ溝ヲ有シテ多少波曲シ左右ニ
小穗ヲ互生ス。小穗ハ軸溝ニ其稈背面ノ一側ヲ
接シ、長サ15-18mm 許アリテ六七花ノ二列生穗
狀ヲ成シ穗本ニ剛直ナル綠色鋭形ノ一大類立チ
テ小穗ノ外側ヲ支ヘ長サハ通常ノシク之レヲ凌
ゲリ。外稈ハ綠色ヲ呈シテ橢圓形ナルシ、先端鈍
形、上部ノ背ニ芒ヲ具ヘ、其無芒ナルヲのぎな
しどくむぎ (var. arvense = L. arvense With.)
ト稱ス。雄蕊ハ三。花柱ハ短小。頴果ハ有毒ナ
レバ圃ノ麥中ニ交ハリ生ズルハ殊ニ忌ムベク、
斯ク有毒ナルヲ以テ乃チ毒麥ノ名ヲ生ゼリ。

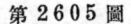

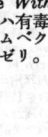

ほもの科

らいむぎ
一名 くろむぎ・なつこむぎ
Secale cereale L.

南歐ヨリ西南亞細亞ニ亙ル地方ノ原産ナレド
モ今ハ廣ク栽培セラルル越年生草本ニシテ我邦
ニハ明治初年ニ英國ヨリ渡來セリト雖ドモ一般
ニハ栽培セラレズ。稈ハ下部僅ニ膝生スルノ外
ハ直立シテ高サ1mヲ上下シ、平滑霜白色ニシテ
唯花穗下ノ部ニ白軟毛ヲ生ゼリ。葉ハ廣線形ニ
シテ漸尖シ長サ30cm 内外、幅6-15mm 許、裏面
平滑、表面糙澁シ、底部ニ兩耳アリ。五月、稈
頂ニ長サ10-15cm 許ノ稍平扁ナル綠色花穗ヲ着
ク。小穗ハ二列ヲ成シテ並ビ中軸ノ兩緣ニハ白
毛ヲ生ジ、各小穗ハ二花ヨリ成ル。內外二頴ハ
線狀鋭形ニシテ短ク、外稈ハ披針形ニシテ長サ
13mm 内外、左右不相稱ニシテ中脈ハ鋭刺列
生シ恰モ邊緣ノ如キ位置ヲ占メ一半ノ膜質ニシ
テ內卷ス。雄蕊ハ三箇。和名ハ Rye 麥ノ語、
Rye ハ本種ノ俗語ナリ、夏小麥ハらい麥ヨリ舊
ク黑麥ハ夏小麥ヨリ舊キ名ナリ。

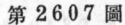

ほもの科

こむぎ (小麥)
古名 まむぎ
Triticum aestivum L.
(=T. vulgare Vill.; T. sativum Lam.;
T. sativum Lam. var. vulgare Hack.)

最モ舊ク我邦ニ渡來セル重要穀物ノ一ニシテ廣
ク圃地ニ栽培スル越年生草本、栽培品種多シ。
稈ハ二三簇立シテ高サ 1m 内外ニ達シ眞直ニシ
テ中空ナル圓柱形ヲ成シ、平滑ニシテ暗綠色ヲ
呈シ節ハ稍高シ。葉ハ疎ニ稈上ニ互生シ、葉片
ハ廣線狀長披針形ニシテ漸尖シ、兩面無毛、邊
緣ハ糙澁ス、葉質軟キ爲メ上半部ハ必ズ彎曲下
垂シテ立タズ、葉底ニハ顯著ナル白色ノ附屬片
アリテ稈ヲ抱ク。五月、高ク葉上ニ抽ク稈頂ニ
穗樣花序ヲ抽キテ直立ス。長サ6-10cm許。小穗
ハ無柄ニシテ花穗中軸ノ兩側ニ相接シテ着キ、
廣卵形、長サ1cm内外、四五花ヨリ成ル。頴ハ稈
ニ似テ稍小形、稈ハ卵形、有芒(ひげなかむぎ)或
ハ無芒(ばうずむぎ)ナリ。頴果ハ大ニシテ稈ヨ
リ離脱シ易ク食料トシテ極メテ重要、而シテ稈
モ亦利用ニ富ム。むぎノ語原ハ次條ニ在リ。

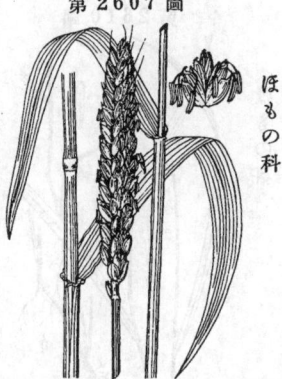
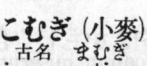

ほもの科

第2608圖

ほもの科

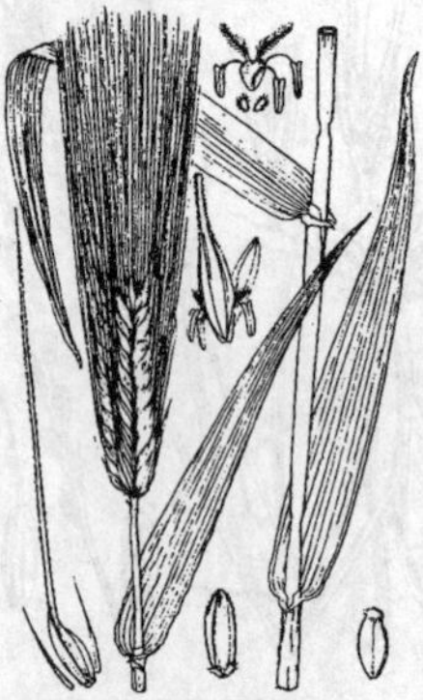

おほむぎ (大麥)

古名　ふとむぎ・かちかた

Hordeum vulgare *L.* var. hexastichon *Aschers.*

(＝H. hexastichon *L.*)

上古ニ我邦ニ入リ今ハ廣ク各地ノ圃ニ栽培スル越年生草本ニシテ極メテ重要ナル作物ナリ。稈ハ高サ1m内外アリ、直立シテ中空ナル圓柱形ヲ成シ平滑綠色ニシテ節稍高ク、節間ハ稍長シ。葉ハ互生シ、葉片ハ廣線狀長披針形ニシテ漸尖シ幅10-15mm、平滑ニシテ綠色多少霜白色ヲ帶ビ、葉質剛ナレバ彎曲下垂スルコトナク、葉底ニハ稈ヲ抱ケル白色半月形ノ兩耳片アリテ小舌ハ短ク、葉鞘ハ綠色無毛ニシテ稈ヲ包ンデ緩カナリ。四五月、葉上ニ抽ク稈頂ニ長サ5-8cm許ノ粗大圓柱形ノ穗狀花叢ヲ直立ス。小穗ハ三個ヅツ一團ヲ成シテ中軸ノ左右ニ並ビ、一見六條ノ小穗列ヲ現ハス。小穗ハ長サ1cm未滿ノ卵狀披針形ニシテ殆ンド柄無ク、一花ヨリ成ル。穎ハ二條アリテ小ナル針形ヲ呈シ小穗ノ外方ニ位ス。外稃ハ通常其頂ニ長芒ヲ生ズレド又時ニ無芒(ばうずおほむぎ)ナリ。三雄蕋アリ。穎果ハ食料トシ稈ハ諸用ニ供ス。一變種ニはだかむぎ即チ稞麥(var. nudum *Hook. f.*＝H. nudum *Ard.*; H. coeleste *Koern et Wern.*)ハ穀粒容易ニ殼ヲ脫スルノ特性アリテ中部以西諸州ニ普通ニ作ラルルノ麥ナリ。むぎノ語原ニ種々アリテむき(剝)ノ意ト謂ヒ、もえき(萌草)ノ約ト謂ヒ、或ハむれのぎ(群芒)ノ略ト謂ヒ一定セズ、又む(實)け(禾)ノ轉呼ナリトモ謂ヘリ。

第2609圖

ほもの科

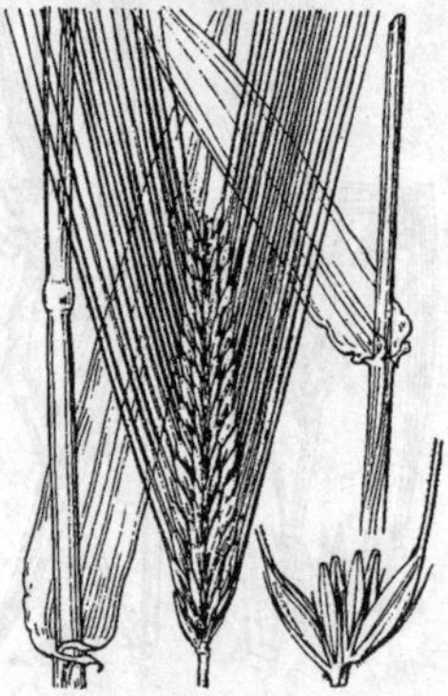

やばねおほむぎ

一名　やばねむぎ・さなだむぎ

Hordeum vulgare *L.* var. distichon *Alefeld.*

(＝H. distichon *L.*)

おほむぎノ一變種ニシテ蓋シ明治初年ニ我邦ニ渡來シ今ハ諸處ノ圃ニ栽培セラルルモおほむぎニ比シテ多カラズ、而シテ其外觀おほむぎト異ナラズト雖モ稈幷ニ葉ハ稍帶白色ヲ呈シ節ノ邊往々紫色ヲ帶ブ。稈ハ直立シテ高サ1mヲ超エ、葉ハおほむぎノ葉ト相同ジ。花穗ハ稈頂ニ立チテ扁平ナル廣線形ヲ呈シ長サ7-10cm許アリテ規正ニ排列セル二列生ノ有花小穗ヲ有シ長芒ヲ有ス。芒ハ花穗ヨリモ長ク、平行シテ立チ穗體ト共ニ矢羽狀ヲ呈シ顯著ナリ。三箇ヅツ集團セル小穗ノ內兩側ノ者ハ雄性或ハ不稔性ヲ呈シ發育セズシテ萎縮シ、唯中央ノ者ノミ發育シテ兩性花ヲ成シ結實ス。穎ハ線形ニシテ有毛、外稃ハ平滑ニシテ長芒ヲ有スル點おほむぎト相同ジ。穀粒ヲ食料ニ供スルコト亦おほむぎニ於ケルガ如シ。和名矢羽大麥・矢羽麥ハ其穗形ノ矢羽即チ箭羽ニ似タル故云ヒ、又眞田麥ハ同ジク其穗ヲ眞田紐ニ擬シテノ稱ナリ。

第2610圖

ほもの科

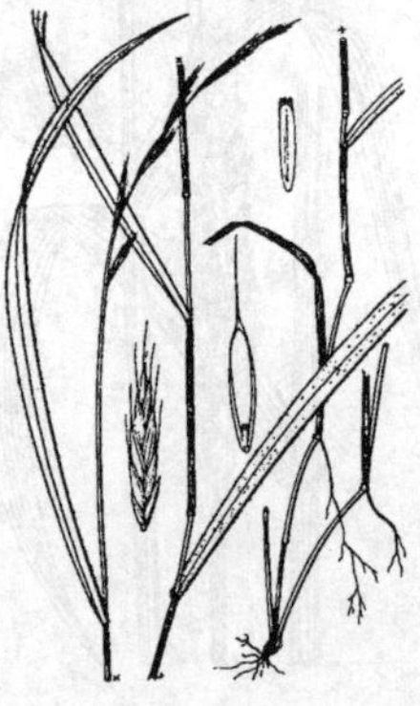

やまかもじぐさ

Brachypodium miserum *Koidz.*

(＝Festuca misera *Thunb.*; B. japonicum *Miq.*; B. sylvaticum *Miq.*)

山地或ハ山足等ニ生ズル多年生草本ニシテ叢生ス。稈ハ細長ニシテ基部ハ往々膝曲シ、節ニハ密毛ヲ有シ、葉ト共ニ傾垂シ長サ30-50cmアリ。葉ハ疎ニ互生シ、狹長披針形ニシテ漸尖シ稍淡綠色ヲ呈シ、通常裏面ヲ上向シテ上半垂レ多クハ兩面ニ散毛ヲ生ズ、葉鞘ハ長ク多クハ密ニ開出毛ヲ生ズ。六七月ノ候、稈頂ニ貧弱稀疎ナルかもじぐさ樣ノ花穗ヲ斜垂ス。小穗ハ穗軸上ニ四五箇、疎ニ軸上ニ互生シ、極メテ短キ柄ヲ具ヘ、線狀紡錘形ニシテ兩端細狹窄シ綠色ニシテ長サ25-30mm許アリ、六乃至八花ヨリ成ル。穎ハ外稃ニ似テ細小、外穎ハ短シ。外稃ハ長橢圓形ノ舟形、先端ハ急ニ鈍形ト成リテ芒ヲ成シ邊緣ニハ剛毛列生ス。かもじぐさニ似テ全株矮小、小穗ハ短柄ヲ有シ其數少且ツ疎ナレバ直ニ區別シ得。和名ハ山髢草ニシテ此種山地ニ生ジかもじぐさニ似タレバ斯ク云フ。

かもじぐさ（燕麥・鵞麥）
一名　なつのちゃひきぐさ・ひなぐさ・からすむぎ（同名アリ）
Agropyrum semicostatum *Nees.*

原野路傍ニ極メテ多キ粗大ナル越年生草本ニシテ叢生シ、多季ニハ綠色ノ嫩葉ノ地ニ布テ生ズ。稈ハ其基部膝曲伏臥スレドモ上部ニ斜上シテ高サ 50–70cm 許リ算シ、多少粉白狀ヲ呈ス。葉ハ線狀披針形ニシテ漸尖シ幅15mm內外、質稍厚クシテ上部彎曲シテ垂シ、無毛ニシテ多少ヤ蒼白色ヲ帶プ。初夏、稈頂ニ帶紫綠色ニシテ且蒼白色ヲ呈スル花穗ヲ抽キテ一方ニ傾垂スルコト長サ20cm 內外。小穗ハ花穗ノ中軸ニ二列ニ並ビテ互生シ其數十乃至十五、多少疎ニ着キ柄ナク、長サ芒ヲ除キテ2–2.5cm、稍壓扁セル紡錘狀長長橢圓形ヲ成シ數花ヨリ成ル。穎ハ細クシテ內外同長、稈ハ銳尖頭、汚紫色ノ長芒アリ。內稈ハ長橢圓形、長サ外稈ニ等シク、熟スレバ內ハ穎果ヲ包ミテ脫落ス。和名髮草ハ女兒其臭アル嫩葉ヲ採リ揉ンデ女ノ雛人形ヲ作リ遊ゾ故斯ク云ヒ、由テ又雛草ノ名アリ、からすむぎノレガ漢名燕麥ニ基キシ稱ナリ、夏ノ茶挽草ハ初夏ニ花穗ヲ出ス故斯ク呼フ。

あをかもじぐさ
一名　けかもじぐさ
Agropyrum ciliare *Franch.*
(＝Triticum ciliare *Trin.*;
A. semicostatum *Ness*
var. ciliare *Hack.*)

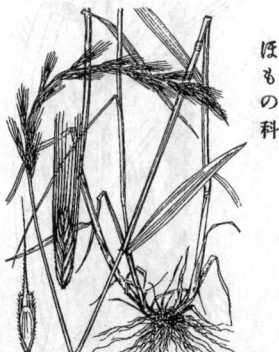

山野或ハ路傍ニ普通ナル越年生草本ナリ。高サ60–90cm 許。槪形かもじぐさニ酷似シ、初夏ノ候、長大ナル花穗ヲ稈頭ニ出シテ能ク下垂シ、通常綠白色ヲ呈シ、小穗ノ穎幷ニ稈ニ著シキ粗毛又ハ密毛アルヲ以テ異ナリトス。又雌雄蕊ヲ抱ク內外二片ノ稈ハ其長サヲ異ニシ、又盛夏ヲ過ギテ穗漸ク枯ルル頃ニ至レバ其芒著シク反曲スルノ特徵アリ。和名青髭草ハ其花穗綠色ナレバ云ヒ、毛髭草ハ其穎稈ニ著シク毛アルヲ以テ斯ク云フ。

えぞむぎ
一名　ほそてんき
Elymus sibiricus *L.*

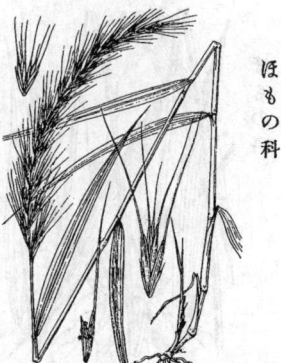

我邦中部以北ノ山麓原野ニ生ズル多年生草本ニシテ叢生シ高サ90cm 內外ニ達ス。稈ハ細長ニシテ直立シ綠色ヲ呈シ平滑ナル圓柱形ヲ呈ス。葉ハ線狀披針形ニシテ漸尖シ葉末幷ニ邊緣糙澁ニ無毛ニシテ稍帶白色ヲ呈ス。七八月ノ候、稈頂ニ長サ15–20cm 許ノ綠色花穗ヲ抽キ弓狀ニ成シテ一方ニ傾垂シ、其狀稍かもじぐさニ類シ、花穗中軸ハ平扁ニシテ細毛アリ。小穗ハ穗軸ノ各節ニ二箇宛相接シテ着キ長サ10–15mm許、三乃至數花ヨリ成ル。穎ハ狹長ニシテ尖リ三脈ヲ有ス。外稈ハ五脈アリテ且2cm 內外ノ長芒ヲ具ヘ糙澁ス。和名ハ蝦夷麥ニシテ北海道ニモ生ズルヨリ云ヒ、細てんきハてんき卽ちくさどうニ似テ小ナルヨリ云フ。

871

第 2614 圖

ほもの科

はまむぎ
Elymus dahuricus *Turcz.*

主トシテ北地ノ海濱ニ多ク生ズル多年生草本ナリ。稈ハ直立、高サ60-90cmニ達シ、窠ロ粗大ニシテ通ジテ葉ヲ着ク。葉ハ互生シ、綠狀披針形ニシテ漸尖シ長サ30cm內外、幅1cm內外アリ、小舌ハ極メテ短ク、葉鞘ニ毛ナシ。夏日、稈頂ニ長サ15cm內外ノ狹長ナル花穗ヲ立テ楕形とむぎニ似テ綠色ヲ呈シ常ニ稍彎曲シ、花穗中軸ノ兩側ニ規則正シク小穗ヲ互生ス。小穗ハ芒ヲ除キテ長サ8-12mm許アリ、相層重シテ着ケル二三花ヨリ成ル。外穎內穎ハ略ボ同長ニシテ三乃至五脈ヲ有シ平滑或ハ稍糙澁ス。外穎ハ披針形ニシテ五脈ヲ具ヘ纖軟ニシテ長サ15mm許ノ長芒ヲ有ス、穎果ハ長楕圓形ニシテ前端ハ毛ヲ有シ、一面凹ニシテ一面凸ナリ。和名濱麥ハ海邊ニ生ジテ其草狀穗狀むぎニ似タレバ云フ。

第 2615 圖

ほもの科

くさごう
一名　てんき・はまにんにく
Elymus mollis *Trin.*
(= E. arenarius *Miq.*,
E. arenarius L. var. mollis *Koidz.*)

主トシテ本州中部ヨリ以北日本海丼ニ太平洋海濱ノ砂場ニ生ズル粗大ナル多年生草本ニシテ往々廣ク群ヲ成シテ築荒ス砂地ヲ覆フコトアリ。株ハ叢生シ、基部ハ廣鍼形ノ鱗片ニ擁セラレ、根莖ハ橫走シ、粗強ナル鬚根ヲ發出ス。稈ハ直立シテ高ク抽キ、高サ1-1.5m許アリ、質强剛ニシテ眞直、圓柱形、中空、上部ハ軟毛ヲ布ク。葉ハ細長ニシテ上部長ク尖リ內卷シテ刺狀煖ヲ成シ、長サ30-60cm、幅1cm許アリ、强強ニシテ質厚ク深綠色ヲ呈シ綠脈多シ、葉鞘ハ膨大ニシテ毛ナク細經理多シ。夏月、高聳セル稈頂ニ略圓柱形ヲ呈セル單一ノ長穗狀花序ヲ直立シ、長サ15-25cmニ及ビ初メ綠色後ヲ綠白色ト成リ、芒無クシテ中軸ニ毛アリ。小穗ハ雙生丼ニ單生ニシテ五乃至七花ヨリ成ル。穎ハ革質ヲ呈シ廣披針形ヲ成シテ尖リ邊綠膜質ニシテ軟毛アリ。外稃ハ披針形ニシテ尖リ軟毛アリ、內稃ニ二脊稜アリテ上部ニ纖毛ヲ有ス、葉ノ編物ニ利用ス。和名草鬢ハ其莖强剛ニシテ藤ノ如クレバ云フ、てんき小ハ偶ノ意ヲ有スルあいぬ語、濱蒜ハ海濱ニ生ジテ其葉にんにく葉ニ類スレバ云フ。

第 2616 圖

ほもの科

あづまがや
Hystrix longearistata *Honda.*
(=Asprella sibirica *Trautv.*
var. longearistata *Hack.*)

山地ニ自生スル多年生草本ナレドモ稍稀品ニ屬シ草狀頗ルいネはたけさうニ似タリ。株ハ多少叢生シ根莖ハ短クシテ橫行ス。稈ハ直立シテ高サ60-100cm許、細長ニシテ濃綠色ヲ呈シ下部ハ暗紫色ヲ成シ、上部ハ密毛アリ、節ハ高シ。葉ハ綠狀披針形ニシテ漸尖シテ平面ニシテ上下反轉シ、下面ハ陽光ヲ受ケ深綠色ヲ呈シ且中脈稍隆起シ上面ハ地ニ向テ淡綠色ヲ成ス、上面ハ軟毛アリ、長サ10-27cm許、幅10-24mm許アリ。小舌ハ半疉狀ニ成シテ極メテ短ク、葉鞘ハ長クシテ稈ヲ包ミ深綠色ニシテ脚部ノ者ハ其下部暗紫色ヲ呈ス。夏時、稈頂ニ單一ナル穗狀花穗ヲ成シテ直立或ハ多少一方ニ傾キ狹長ニシテ10-20cm長アリ、綠色ニシテ中軸ハ細毛アリ。小穗ハ花穗軸上ニ雙生丼ニ單生シ一二花ヨリ成ル。穎ハ細小ニシテ針狀ヲ呈シ6-12mm長アリ、穎果熟スレバ稈ヲ伴フテ脫落シ獨り此穎中軸上ニ殘レリ。外稃ハ披針形或ハ廣披針形ニシテ先端ヘ15-25mm長ノ芒ヲ有ス、內稃ハ外稃ト同長ニシテ披針形ヲ呈ス。三雄蕊アリ。穎果ハ披針形ニシテ壓壓セラレ腹面ニ一縱溝アリ、長サ9mm許アリ。和名吾妻茅ヲ惠ニシテ初メ岩代國ノ吾妻山ニ採集セヨリ此名アリ。

いはたけさう
Hystrix japonica *Makino.*
(= Asprella japonica *Hack.*;
H. Hackeli *Honda.*)

山中ノ草間等ニ生ズル多年生草本ニシテ多少叢生シ、根莖ハ短クシテ鬚根ヲ發出ス。稈ハ下部往々傾上シ上部ハ直立シ高サ60-80cm許アリ、細長ニシテ綠色ヲ呈シ單一ニシテ節稍高シ。葉ハ綫狀拔針形ニシテ漸尖ニ邊緣ハ糙澀シ、葉片ハ上下反轉シ下面ハ天ニ朝ヒテ深綠色ヲ呈シ上面ハ地ニ面シテ淡綠色ナリ、小舌ハ短小ニシテ截頭ヲ成シ、葉鞘ハ狹長ニシテ毛ナリ。夏秋ノ間、稈頂ニ單一ナル狹長綠色ノ穗狀花穗ヲ立テ、長サ15cm內外アリテ直立或ハ稍一方ニ傾ク。小穗ハ單一ニシテ花軸上ニ互生シ、一花ヨリ成ル。顆ハ短小。內外ニ二軒略ボ同大ニシテ鍼針形ヲ成シ4-5mm長アリ。外稃ハ長サ12mm許アリテ綫狀披針形ヲ成シ五乃至七脈アリ、15-25mm長ノ長ヲ有シ、內稃ハ綠狀長橢圓形ニシテ銳頭ヲ成シ、二稈脊アリ。鱗蕋ハ卵形。雄蕋ニ三。子房ノ頂ニ毛アリ。和名ハ岩嶽草ノ意、本品ハ明治十五年七月東京大學ノ矢田部良吉・松村任三ノ兩氏豐前國英上・下毛兩部界ナル犬ヶ岳ニ採集セシ時之レヲ岩岳ニ見出シ當時其標品ニ對シテ此名ヲ下セシモノナリ。

い　ね (粳・稻)
Oryza sativa *L.*

印度馬來ノ熱帶地方ノ原產ニシテ悠遠ナル昔ニ我邦ニ入リ今ヤ廣ク水田或ノ圃ニ栽培セラルル一年生草本。苗ハ分蘗シテ叢生シ下ニ鬚根ヲ簇生シ、高サ50-100cm許アリ。稈ハ直立シ疎ニ軟ヲ生シ節アリ。葉ハ鮮綠色ニシテ廣綫形ヲ成シ上部漸次ニ狹窄シテ銳尖頭ヲ呈シ長サ30cm內外、幅ニnm內外、剛質ニシテ表面糙澀シ、葉鞘ハ極メテ長ク外面平滑無毛、苗時ニハ其兩邊一一耳狀ノ突起物ノ片ノ特徵アリ。小舌ハ綠ノ橢圓狀披針形ニシテ深裂ス。八九月ノ候、稈頂ニ直立セル綠色ノ圓錐花叢ヲ出ダシ開花時ニハ枝ヲ外邊リテ穗ノ如シ。小穗ハ多數アリテ中軸ヨリ分出スル細長枝上ニ短小梗ヲ以テ互生シ、一花ヨリ成ル。顆ハ內外ニ片アリテ極メテ小形ナリ。稃モ外內ニ片アリテ果時ニ所謂殼ヲ成シ、外稃ハ大ニシテ長サ6mm、稻座區ヲセル長橢圓形ニシテ深粘形ヲ呈シ縱襞アリテ往々粗毛ヲ被リ無芒或ハ短芒若ヲハ長芒アリ、內稃ハ稍サ外稈ニ同長、但外稃ヨリハ小ニテ狹長、赤船形ヲ呈ス。雄蕋六個。果糎ハ藥黃色ヲ呈シテ一方ニ傾垂シ、顆果ハ所謂米ト云フ晉人ノ主要穀食料ナリ。又稈ハ藥ニシテ諸用ニ供ス。うるしいね (粳)・もちごめ (稻 var. glutinosa 花腰通常褐紫色) ノ品アリ、術レドモ「稻」ノ兩者ヲ併稱スルコトアリ、圃ハ栽培ヌル者ヲをかぼ (陸稻 var. terrestris *Makino*) ト云ヒ、矮生ニシテ花穗短小穀粒圓小ナルヲこびといね (var. pygmaea *Makino*)、全草暗紫色ノ者ヲむらさきいね (var. atropurpurea *Makino*) ト云ヒ、米赤キハたいたうまい即チたうぼし (粳) ノ一品ナリ。和名いねハいひね (飯根) ノ約言ナリト謂フ。

もちいね (稻・稌・糯)
一名　もちごめ
Oryza sativa *L.*
var. glutinosa *Matsum.*
(=O. glutinosa *Lour.*)

いねノ一變種ニシテ水田ニノミ栽培セラルル一年生草本。稈ハ叢生、高サ1m內外、外觀ハ殆ドいねト異ナラズト雖モ、通常小穗全體ハ褐紫色ヲ帶ビ、殊ニ顆ハ小鱗狀ヲ成シ主トシテ濃紫黑色、稃亦紫黑ニ染リ、或ハ無芒ノ者アリ或ハ有芒ノ者アリ、芒ハ長クシテ顆稃ト同ジク紫黑色ヲ呈ス。外稃ハ壓區セラレシ長橢圓形ニシテ鈍頭ヲ有シ上半外面ハ開出セル白色ノ粗毛ヲ生ズ。顆果ハ即チ所謂もちごめニシテ粘性ニ富ムヲ以テ專リ搗テ餅ヲ製シ、又炊キテ强飯ト成ス。稈ハ效ひいねト異ナルコトナシ。和名黏稻竝ニ黏米ノもちハ粘ル義ナリ。

ほもの科

ほもの科

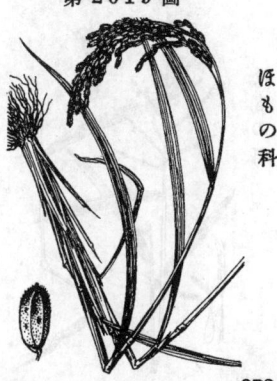

ほもの科

まこも (菰)
一名 こも・かつみ・はなかつみ
Zizania latifolia _Turcz._
(= Hydropyrum latifolium _Griseb._;
Z. aquatica _Hack._; Z. palustris _Sieb._)

満潢湖邊或ハ沼澤ニ生ズル大形ノ多年生草本。根莖ハ短ケレ
ド太キ多肉ノ匍枝ヲ盛ニ泥中ニ横走セシメ、群落ヲ成セル葉
叢ハ水中ヨリ叢生シ、稈ハ葉中ニ直立シ高サ2m內外アリ、眞
直粗大ニシテ圓柱形ヲ成シ甚滑ナリ、葉ハ長大、綠色剛質ニシ
テ直立シ長サ40-100cm ニ及ビ幅 2-3cm ヲ算シ狹長披針形ニ
シテ漸尖シ邊緣ハ結澀ニ向下ニ次第ニ狹窄シ、葉鞘ハ圓ク シ
テ多肉質ヲ成シ厚クキコトがまニ似タリ。夏秋ノ候、稈頭ニ長サ
30-50cm 許ノ大ナル尖塔狀圓錐花叢ヲ直立シ多ク分枝シテ多
數ノ小穗ヲ着ケ、花ハ雌雄アリテ雌花ハ早ク上部ニ唉シ雄花
ハ次ニ下部ニ唉キ、小梗ハ棍棒狀ヲ成シ、花後纇ハ脫落シ易ラ
シ。上部ノ小穗ハ一雌花ヨリ成リ、綠狀披針形ヲ呈シ、外稈ハ
長芒ヲ具へ、花柱ハ白シ、下部ノ小穗ハ帶紫色ニシテ一雄花ヨ
リ成リ長サ6mm許、狹橢圓形ニシテ尖リ芒ナク、六雄蕊ヲ有
ス。頴果ハ蕋米ト謂ヒ狹長ニシテ熟スレバ綠色ノ稈ヲ伴フテ
容易ニ散落ス。往々面類ハ嫰苗ヲ謂フ筍筍ヲ呈スルヲ芟白(こ
もづの)ト稱シ支那及ビ臺灣ニテ食用ニ供シ、又其胞子熟シテ
黑熱シ粉狀ヲ呈スレバまこもずみ(烏黒)ト呼ブ。和名
こもハくみノ轉ナルベク組ヲ席ニ作ルヨリ云フト謂ヘリ、
又こもハ汗(米)も(裳)ノ轉呼ニシテ上代人ハ柔ナキ禾草ヲ編
ミテ衣褻ト爲セシ故斯ク云フト謂ヘリ、又まこもハ眞ノこも
ノ意ト謂ヒ、又水邊ニ生ズルヨリ云もと呼ビシモノ遂ニ
まこもト轉呼セラレシトモ謂ヘリ、又かつみ=かてみ(糧實)
ノ轉、花がつみハ花ノ唉キタルこもヲ云フト謂フ。

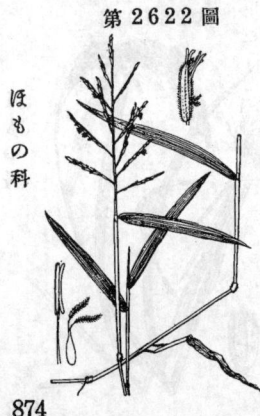

さやぬかぐさ
Leersia oryzoides _Sw._
var. japonica _Hack._

諸州ノ水邊ニ多ク生ズル多年生草本ニシテ地上
部ハ冬季枯死ス。稈ハ細長ニシテ分枝シ下部橫
ニ擴ガリ上部膝曲シテ立チ高サ50cm 內外、節
ハ高クシテ細毛アリ。葉ハ互生シ、綠狀長披針
形、長サ8-15cm、幅 5-10mm、鮮綠色ヲ呈シ質
稍軟ナレド多クハ眞直、且ツ兩面竝ニ邊緣糙澀
ス。秋時、稍頭ニ疎穗ヲ直立シ穗長15cm內外、
圓錐樣ヲ呈シ分枝ハ甚ダ纖細ナリ。小穗ハ橢形
いねニ似テ瘠セ橢圓狀長橢圓形ニシテ一花ヨリ
成リ、分枝ノ軸ニ平行シテ着ク。頴ハ缺如ス。外
稈ハ橢圓形ニシテ壓扁セラレ舟形ヲ呈シ長サ
6mm 內外、銳尖頭ヲ成シテ芒ナク、綠色ニシテ
後チ熟シ黃綠色ヲ成シ、全面ニ短剛毛ヲ散生シ
糙澀シ、一見いねノしひな(粃)ノ觀アリテ甚ダ
脫落シ易シ。雄蕊ハ三箇ナリ。和名さやぬか草
ノさやハ鞘ニテ稃ヲ指しぬかハ軈ニテ粃ヲ表シ
卽チ粃殼草ノ意ヲ以テ此クさやぬかぐさト稱セ
シナラン。

あしかき
Leersia japonica _Makino._
(= L. hexandra _Hack._)

池沼ノ水中ニ生ズル多年生草本。根莖ハ短形、
泥中ニアリテ數條ノ枝稈ヲ出ダシテ長ク水中ヲ
走リ、節ヨリ鬚根ヲ下ダシ且分枝シ上部膝曲シ
以テ水上ニ挺出シ、節ニ顯著ニ白色ノ逆毛ヲ
密生ス。葉ハ稈上ニ互生シ、狹長披針形ニシテ
先端銳ク漸尖シ長サ8-15cm、鮮綠色ヲ呈シ質薄
ケレド剛ニシテ眞直リ。秋ニ入リテ枝稍頭ニ
短小ナル圓錐花序ヲ直立シテ小穗ヲ着ケ、花序
ノ分枝ハ粗ニシテ眞直、長サ2-2.5cm アリテ軸
ト並行シ小穗ヲ互生ス。小穗ハ淡綠色ニシテ往
々紅紫ヲ帶アリ、一花ヨリ成リテ長サ5mm許、甚
ダシク壓扁セラル。頴ハ缺如ス。外稈ハ舟形、綠
脈五條或ハ三條アリ、中脈上ト內側邊緣トニノ
ミ稍齒狀ノ銳齒ヲ有シ他部ハ無毛、先端ハ二裂
シテ芒ナシ。內稈ハ外稈ト同長ナレドモ遙ニ狹
シ。雄蕊ハ六箇。和名ハ足搔ノ意ニシテ人此草
アル水ニ入レバ足ヲ擦過スル故斯ク云フ。

ほもの科

かんちく
Chimonobambusa marmorea *Makino.*

(=ßambusa marmorea *Mitf.*;
Arundinaria Matsumurae *Hack.*)

九州ノ山地ニハ自生アリト謂ハレドモ廣ク觀賞或
ハ生籬用トシテ栽植シ、其白斑薬品ちにかんちく
(var. variegata *Makino*) ト云フ。根莖ハ地中ヲ横
走ス。稈ハ群ヲ成シテ簇生シ高サ2-3m許、直立シテ細
ク、徑1cm内外、中空圓柱形ニシテ基部ノ節ニハ往々
短刺狀ノ氣根ヲ繞ラシ、節ハ少シク高ク節間ハ長サ7-
14cm、綠色ニシテ暗紫色ヲ帶ブ。籜ハ節間ヨリ少シク
短ク薄キ革紙質ニシテ褐紫黑ヲ飾シ、頂ノ縮形葉ニ其
ダ小形、底部外側ニノミ纖毛アリ、稈ヲ擁シテ越
エ方チ腐朽ス。枝梢曖細繁密ニシテ稈ノ節ヨリ三五條
ヲ出ス。葉ハ枝端ニ三四、披針形或ハ細長披針形ニシ
テ長サ4-12cm許、幅1cm内外、先端ハ漸尖シテ芒端ト
成リ、底部ハ銳形、鮮黃綠色ヲ呈シテ兩面同色平滑、
質薄キ洋紙樣ナリ。時々花穗ヲ生ジ穗ヲ成シテ長カラ
ス。小穗ハ綠形ニシテ三ヵ至十二花ヨリ成リ紫色ヲ呈
ス、花ハ疎ニ互生シ綠狀披針形ヲ呈シテ長サ1cm内
外、雄蕊三個、花柱ハ二蕊ス。秋日筍ヲ生ジ味甚ダ美、
根莖ニ鯉トス。和名寒竹ハ其筍寒中ニ出ル嘉ナレドモ
本竹ノ筍ハ冬ニ先ダチテ秋已ニ出ヅ。漢名紫竹(誤用)

しかくだけ（方竹）
一名 しはうちく
Chimonobambusa quadrangularis *Makino.*

(=Bambusa quadriangularis *Fenzi*;
Tetragonocalamus quadriangularis *Nakai.*)

支那ノ原產ニシテ往時我邦ニ入リ今ヤ各處ノ人家庭
園ニ栽植セラレ林藪ヲ形成シ、筍ハかんちく筍ト同ジ
ク秋ニ出デ、籜ハ小紫點アリテ縮形葉ハ甚ダ小サク是
レホかんちく籜ト頗ル相類ニ兩者ノ緣極メテ相近キ
ヲ表ハセリ。根莖ハ長ク地中ヲ匐レ、節ヨリ筍ヲ發出
ス。稈ハ直立シ、高サ3-7m許、徑4cm許ニ達シ、中空
ニシテ鈍四綾形ヲ呈シ、初メ砂粗アレドモ後コレヲ失
シ、節上ニハ環列セル刺狀ノ氣根ヲ出セリ。葉ハ多ヲ
淩デ枯レズ、狹披針形ニシテ小枝上ニ三ヵ至五片ヲ著
ケ長サ15-30cm許ニシテ裏面ニハ最初軟毛アレドモ
後次第ニ之レヲ失シ、葉鞘口ニ粗纖毛アリ。花ヲ開ク
コト極メテ稀ナリ。稈ハ鈍四角形ヲ呈スルヲ以テ特異
ノ觀アレドモ其材質脆キヲ以テ從テ用途少ナシ。和名
四角竹幷ニ方竹ハ其稈形ニ基キテ斯ク云フ。

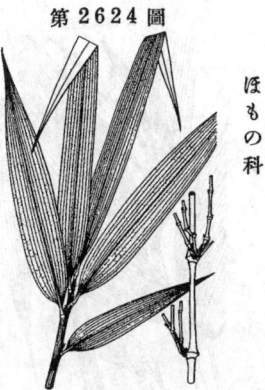

なりひらだけ
一名 だいみゃうちく（同名アリ）
Semiarundinaria fastuosa *Makino.*

(=Bambusa fastuosa *Mitf.*; Arundinaria
fastuosa *Makino*; A. Narihira *Makino.*)

邦內ニ其自生ヲ見ルト雖モ通常ノ能ク園庭ニ栽エテ
裝飾トス。根莖ハ地中ヲ横走シテ處々ニ筍ヲ生ズ、筍
ハ其雌生時帶紫綠色、無毛、後稈ノ節ニ附着セシママ開
キ然ル後ヲ脫落スル殊性アリ、雌頂ノ縮形葉ハ尖リタ
ル綠形ヲ呈ス。稈ハ直立シテ高サ5m内外、徑3.5cm許
アリ、中空ノ圓柱形ナレドモ上部ハ半圓柱形ヲ成シ、
稈面ハ一般ニ紅紫色ヲ帶ビ（全綠色ノ同屬一種ニアを
なりひら S. viridis *Makino* アリ）、節ニ二輪狀ヲ呈
シテ高ショ。枝ハ稈節ニ束生ジ短ク、葉ハ小枝ニ四乃至
十片許アリ、披針形、漸尖、葉底ハ鈍形、短柄アリ、
上面綠色、下面ハ一半多少帶白色、無毛、小舌ハ短ク、
葉鞘口ニ長纖毛アリ。花序ニ一種鞘ヲ有シ數小穗ヨリ
成ル。小穗ハ數花ヲ有シ。花ハ披針形ニシテ尖ル。雄
蕊ハ三。和名平竹ハ其稈ハめだけニ似、葉ハ所謂男男
竹ノまだけニ似タルヨリ容姿端麗女ノ如キ乘平ニ擬
シ斯クハ名ケシナラント謂ヒ、或ハ又全體男竹ナキ如
クニシテ節ハ女竹（めだけ）ニ似タルヨリ云フトモ謂
ヒ、又此ノ如キ說ハ共ニ誤ナリトモ謂ヘリ。だい
みやうちくハ大明竹ト書ケドモ漢名ニハ非ラズ。

第2626圖

ほもの科

おかめざさ
一名 ぶんござさ・ごまいざさ・めざさ
Shibataea Kumasasa *Makino.*
(＝Bambusa Kumasaca *Zoll.*;
Phyllostachys Kumasaca *Munro.*)

本種未ダ熟然タル自生地ヲ得ザレドモ普通ニ庭園ニ栽植スル小形ノ竹ニシテ密篠セル群落ヲ成シテ繁茂シ、時ニ廣大ナル面積ヲ占ム。根莖ハ地中ヲ横走シ上下ニ少シク扁平ニシテ横斷面ニ特異ナル輪狀紋ヲ現ハシ、筍ハ細長ニシテ特ニ平扁ナリ。稈ハ痩細ニシテ直立高サ1～2m許、平滑綠色ニシテ稈節高ク、節間ハ6～10cm許ニシテ稜角アル半圓柱ヲ呈シ、枝ハ甚ダ短ク各節五面、各頁一ニ乃至二葉ヲ生ズ。枝端ノ細長ナル籜ハ早ク枯レテ灰白色ヲ呈シ齷齪ナリ。葉ハ長橢圓狀披針形、長サ7～12cm、銳尖頭、底部稍鈍形ナレドモ往々邊緣外裝シテ銳尖形ヲ呈シ長サ1cm許ノ柄ト成リ、洋紙質ニシテ表面黃綠色滑澤ナレドモ裏面稍白黹アリテ軟毛ヲ密布シ、葉鞘ハ硬クシテ恰モ小枝ノ如シ。初夏ノ候、稀メテ稀ニ開花ス。花腿ハ束生シテ稈ヲ成ス。小腿ハ三花ヲリ成ル。雄蕊三。花柱三岐。稀ニ子癰等ヲ製ス。麗名ハ植物生理化學ノ權威柴田桂太博士ヲ紀念シ建シモノナリ。和名阿龜笹ハ東京淺草酉ノ市ニ於テおかめ即チ阿多福ノ假面ノ此竹得ニ吊リ下グル故云ヒ、豐後笹ハ豐後ニ多ケレバ云ヒ、五枚笹ハ其葉五枚ヅツ出ヅル故云ヒ、目龜笹ハ土佐方言ニシテ目ノ粗ラキ蓆ヲ製スルヨリ云フ。

第2627圖

ほもの科

やだけ
一名 しのべ・やじの
Pseudosasa japonica *Makino.*
(＝Arundinaria japonica *Sieb. et Zucc.*; Bambusa japonica *Nichols.*; Sasa japonica *Makino*; B. Metake *Sieb.*; A. Metake *Nichols.*)

邦內諸州ニ野生アリ、往々群落ヲ成シ密ニ繁生シ、又庭園ニ栽植セラル。根莖ハ地中ヲ横走シ其末端ヨリ筍ヲ生ジ革質ヲ成セル籜面ニ粗毛ヲ布ク。稈ハ直立高サ4m許、徑2cm許ニ及ビ、中空ニ圓柱形ヲ成シ平滑綠色ニシテ節間ノ高カラズ、上部ニ分枝ヲ見、節ヨリ一籜ヅツ出シ更ニ數ノ小枝ヲ成ル。葉ハ一緣ニ數ヲ生ジ三列五片許アリ、有柄長披針形ニシテ漸尖銳ニ底部一短ク狭窄シテ莖ニ包繞シ成ジ有柄綠毛アリニシテ上面ハ綠色、下面ハ多少帶白色、葉鞘ハ一緣ニ橢圓シ、小舌ハ截形、葉鞘ハ革質ニシテ稍ニ平布セル粗硬毛アリ、縮形葉ハ狹長線形ヲ漸次一淺突シ、稍ロ黹毛ヲ缺キ又稀ニ之レアリ。夏月、稍上ニ一花腿ヲ出シ長稍アリテ頂ニ疎ヲ圓錐花序ヲ帶ケ大ナラズ、中軸ヨリ枝腿ヲ分チ梗頂一小腿ヲ帶ク、小腿ハ鳳直ナル線形ニシテ少シク壓褊シ約十花ヨリ成リ4～6cm許ノ長アリテ約メメ緣色ナリ。花ニ中軸一沿ブテ相接シ細長披針ヲ成シ腿尖約13～14mmアリ。顱ハ一片アリ小形ニシテ披針形ヲ呈尖ヲリ。外稃ハ卵形ニシテ尖リ十六乃至十七脈ヲ帶ビアリ、內稃ハ外稃ヨリ短ク二背稃アリ。雄蕊一三乃至四。和名矢竹ハ其稈ヲ用ヰテ弓箭ヲ作ルヨリ云ヒ、しの即チ篠ノ變生セル細竹ノ稀ナルヲ以テしのベノ名ヲ生ジ、弓篠ヲ製スル故矢じのト云ヘリ。漢名 箭竹（誤用）

第2628圖

ほもの科

すすだけ
一名 すず・みすず
Pseudosasa purpurascens *Makino.*
(＝Arundinaria purpurascens *Hack.*; Sasamorpha purpurascens *Nakai*; Bambusa borealis *Hack.*; Sasa borealis *Mak. et Shib.*)

廣ク我邦諸州ノ山地ニ生ジ多ク大群ヲ成シ山面繼下ノ地ヲ被ヒテ繁茂シ時到レバ開花結實シテ枯死シ復ビ其仔苗ヨリテ回復ス。根莖ハ地中ヲ横走シ其先端ヨリ筍ヲ發生ス。筍ハ細長ニシテ綠紫色ヲ帶ビ粗毛ヲ被フル。稈ハ痩長ニシテ直立高サ1～3m、徑5～8mmアリ、中空ナル圓柱形ニシテ賀綠色的ノ假直セズ、稍ニ分枝ヲ成シ、稀ニ一籜ヅツ出シ稈ニ小枝ヲラク。葉ハ相接テ一三片披針ヲ前末毎節一緣ヅツ出シ漸ニ之ヲ脈ニ出シ更ニ小枝ヨリ前末披針形ニシテ漸次生ズ。邦名ニ一節形ニ細長アリ葉ハ16～30cm、幅2.5～6.5cmアリ、無毛ニシテ薄キ革質ヲ呈シ緣ニハ一帶白色リ、小舌ハ短ク、葉鞘ハ老レバ北毛脱走ス、稍ニモ少枝ヲ出シ稈ハ長クシテ直立シ又往々分枝、圓錐花腿ヲ梗頂ニ直立シ頗ニ分枝シテ主軸・枝腿・小腿ニ毛ヲ被リ、細胞状ニス。小腿ハ線狀披針形、紫色、2～3.5cm長、相接ぎセル五乃至十花ヨリ成ル。花ハ卵狀披針形ニシテリ；7～10mm長アリ。雄ニ二片、外稃ハ卵形、內稃ハ一背稃アリ。鱗被ニ三片、雄蕊ニ六、柱頭ニ三。顱果ハ狹卵形、暗褐色、6～8mm長アリ。和名すず竹ハすず一竹ハ加ヘシモノ、此すず元來しの即チ篠ト同義ニテすすきト同樣變生スル意ナリト謂ヘリ、而シテ古來爲ノ字ヲ借リ用キタリ、みすズノミハ發聲語ニ外ナラズト謂ヘリ。

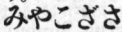

くまざさ
一名 やきばざさ・うまざさ

Sasa albo-marginata
Makino et Shibata.

(＝Phyllostachys bambusoides *Sieb. et Zucc.*
var. albo-marginata *Miq.*; S. Veitchii *Rehd.*)

中國九州方面ニ多ク野生スレドモ通常ハ觀賞笹トシテ庭中ニ栽培セラレ又往々庭外ノ地ニ逸出シテ藪立スル常綠竹品ナリ。地下莖ハ細長匍匐シ、地中ヲ橫走ス。先端ニ得ト成リテ立チ、下部ヨリ更ニ次年ニ新地下莖ヲ橫出シテ其上部稈ト成ル。稈ハ細長ナル中空ノ圓柱形ニシテ直立シ、高サ40～100cm許、上部疎ニ分枝シ毎節一枝ヲ出ス。葉ハ枝端ニ稍掌狀ニ排列ヲ開シ四乃至七片、闊大ナル長橢圓形ニシテ長サ13～24cm、幅4～7cm許、急突シテ短鋭尖頭ヲ有シ、葉底ハ下部ノ者稍截狀圓形、上部ノ者純形或ハ銳形ニシテ短柄ニ聯續シ、洋紙狀革質ニシテ表面滑澤濃綠色、裏面稍帶白無毛、多ニ入レバ葉緣忽チ白變シテ美ナリ、葉鞘ハ革質ニシテ毛ヲ有シ、其口緣ニ肩耳ノ闊毛長ク立チ稜縊シ、後ク股漸ズ。稀ニ開花シ、花梗ノ短長ニシテ稈ノ下部ヨリ出デテ直立シ高ク葉上ニ抽キ、短ク厚ナル頂生ノ圓錐花穗ヲ有シ、枝ニ疎ニ出デ小穗ヲ着ク。小穗ハ褐狀ヲ成シ數花ヨリ成リ長サ6mm許、綠色ニシテ往々紫采アリ。穎ハ二片、細小、外稃ハ大ニシテ尖リ、內稃ハ外稃ヨリ稍短クシテ二脊アリ。鱗被三。雄蕋六。花柱三。穎果ハ長橢圓形。和名ハ隈笹ニシテ熊笹ノ意ニ非ラズ、卽チ其葉緣白色ニシテ隈取リヲ爲レバ云フ。燒葉笹モ亦同意義ニシテ葉緣ヲ白ク燒キ下シ謂フナリ。馬笹ハ葉濶大ナルヨリ云フ。漢名 箬(訓用)、第ハ Sasa tessellata *Makino et Shibata.* 卽チたうくまいざさナリ。

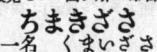

みやこざさ

Sasa nipponica *Makino et Shibata.*

(＝Bambusa nipponica *Makino*;
Arundinaria nipponica *Makino*.)

邦內廣ク諸州ノ山地陰地ニ群生スル竹品ナリ。地下莖ハ細長匍質ニシテ地中ヲ橫走シテ藪殖ス。稈ハ直上シ高サ1m內外ニ達シ蔓長ニシテ通常分枝スルコト稀ナク多クハ單一ニシテ節ヲ帶シク膨起シテ高シ。葉ハ稈頭ニ數片ヅ叢ケテ掌狀ヲ呈シ、長橢圓狀披針形ニシテ短ク鋭尖頭ヲ成シ、質薄クシテ裏面ニ細毛ヲ布キ、多期ニ至レバ緣邊枯白スルコトくまざさノ葉ニ於ケルが如シ。夏月、往々開花シ山面ノ竹叢皆然ルコトアリ。花梗ハ通常稈ノ基部ヨリ立チテ葉上ニ抽キ、疎ナル小形ノ短圓錐花穗ヲ着ケ、枝梗ハ少ナク梗端ニ狹長ナル小穗ヲ着ケ褐紫色ヲ呈スルヲ常トス。小穗ハ五、六花ヨリ成リ、花ハ披針形ニシテ尖リ8～10mm長アリ。穎ハ二片、細小、兩翻相離在レ、外稃ハ尖リ內稃ノ外稃ヨリ稍ニ短ク背ニ二脊アリ、三鱗被。六雄蕋。三花柱。穎果ハ長橢圓形、暗褐色。和名都笹ハ本種初メ京都附近ノ比叡山ニ於テ發見セシニ由リ斯ク命名セラレシナリ。

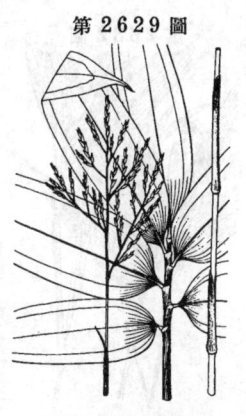

第 2 6 2 9 圖

第 2 6 3 0 圖

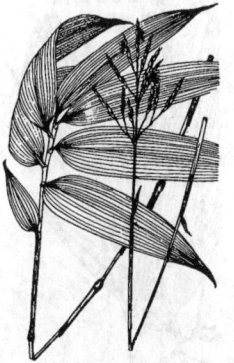

ちまきざさ
一名 くまいざさ

Sasa paniculata *Makino et Shibata.*

(＝Arundinaria kurilensis *Rupr.*
var. paniculata *Fr. Schm.*)

深山ニ大群落ヲ成シテ藪茂スル常綠竹品ニシテ、硬質ヲ成セル地下莖ヲ有シ硬鱗根ヲ出シテ橫走シ其先端ハ地上ニ出デテ稈ト成ル、稈ハ高サ1.5m許ニ達シ、基部ハ殆ド直立或ハ多少傾上シ中空ノ圓柱形ニシテ疎ニ分枝シ其徑5～8mm許アリ、初ハ無毛ない時ハ有毛。葉ハ闊大ニシテ短枘ヲ有シ、通常稈頭ニ五乃至九片ヅ稍掌狀ヲ成シ、長サ12～35cm許、幅3～8cm許アリテ長橢圓形或ハ稍銳尖頭ヲ成リ、稍革質ヲ成シ、上面ハ無毛、裏面ノ或ハ無毛或ハ多少短毛ヲ布キ或ハ縊齒ニ細ク緣邊齒牙ヲ有シ多期ハ葉緣多少枯死ス、葉鞘ハ革質ニシテ通常無毛ナレドモ又時ニハ有毛ナルアリ、剛鬚アル肩耳ハ通常之レアレドモ又ニレヲ缺如スル者ヲ見ル。夏月、往々開花シ、中空平滑無葉有柄ノ淡綠色長梗ヲ稈本ヨリ直立シテ高ク葉上ニ抽キ疎ニ短毛ナル圓錐花穗ヲ着ケ疎ニ分枝シテ線形ノ小穗ヲ有セリ、小穗ハ四乃至十一花ヨリ成シ、花ハ7～9mm長、披針形ニシテ淡綠色或ハ褐紫色、穎ハ內外二片、細小。外稃內稃ハ殆ド同長。鱗被三。雄蕋六。花柱三。穎果ハ長橢圓形。本品ハねまがりだけトハ全ク別ノ種ニシテ稈ハ屈シテ其枝ノ如ク長ク且ラズ又其ノ如ク弓曲セズ。和名粽笹ハ其葉ヲ以テ粽ヲ包ムヨリ云ヒ、九枚笹ハ其葉稈末ニ九片許アレバ云フ。

877

あづまざさ
Sasaella ramosa *Makino*.
(＝Arundinaria ramosa *Makino*;
Sasa ramosa *Makino*.)

我邦中部丼ニ北部稀ニ西部ノ山野ニ生ズル常綠ノ小竹ニシテ地下莖ハ地中ヲ橫行ス。稈ハ高サ2m以上ニ達シ、徑9mm内外ヲ算シ、細長ナル中空ノ圓柱形ニシテ上部分枝シ、通常稈面紫染シ、枝ハ一條ヅヽ生ジ、節ハ毛無シ。葉ハ每枝通三五片、披針形ヲ成シテ銳尖シ、葉底ハ圓形或ハ圓狀鈍形ヲ成シ、薄キ革質ニシテ上面ハ稍糙澁シ下面ハ通常細毛ヲ帶ビ、長サ15cmニ達シ、幅2cm餘ニ及ビ、冬季ニ八葉綠多少枯白ス、葉鞘ハ無毛、肩耳ハ初メ纎毛ヲ有ス。四五月ノ候、稈上ニ側生セル花梗梢ニ三乃至五小穗ヲ以テ疎懸ク成シ開花シ稈ハ鞘ニ包マル。小穗ハ綠形、三乃至九花ヨリ成リ、3-6cm長アリ、淡綠色ニシテ紫尖ヲ帶ビ。花ハ披針形、12-16mm長、穎ハ二片、小形、外稃ハ大ニシテ尖リ、内稃ハ二背脊アリ。鱗被三、雄蕊ハ通常六、花柱三。本種ハ決シテ Arundinaria 屬ノ者ニ非ラズ。和名東笹ハ初メ之ヲ關東地ニ探リシ故斯ク名ケシナリ。

め だ け
一名 をんなだけ・にがたけ・かはたけ・なよたけ
Pleioblastus Simoni *Nakai*.
(＝Bambusa Simoni *Carr.*;
Arundinaria Simoni *A. et C. Riv.*)

丘阜河邊海邊等ニ普通ニ生ズル常綠ノ竹品、通常林藪ヲ成シテ繁茂シ、地下莖ハ地中ヲ橫走シ、其側枝地上ニ出デ稈ヲ成ス。筍ハ五月萌出シ、韆ハ暗綠色、老干白黃色ニ變ジ堅ク稈ヲ卷ク脱落セズ。稈ハ直立シ、高サ3-6m、徑1-3cm許、中空ノ圓柱形、綠色、平滑シ且繁ク分枝シ、節ハ高カラズ、節間ハ長ク、15cm内外、枝ハ一節ニ五乃至七條アリ。葉ハ稍堂狀或ハシテ枝端ニ集リ斜開シ、細長長橢圓狀披針形、先端ハ長ク尾狀ニ銳尖シ、葉底ハ急窄シ、兩面無毛、細緣齒アリ、長サ10-25cm許、葉鞘ハ無毛、口緣ハ纎毛ハ灰白色、波曲シテ並立シテ平滑ナリ。往々開花シ後ヤ枯死ニ就ク。花穗ハ稈上丼ニ枝上ニ東生シテ密集シ一般ニ舊聚ヲ伴フ。小穗ハ綠形平扁、長サ3-10cm許、五乃至十一花アリ。花ハ披針形ニシテ尖リ15mm内外、穎ハ二片、小形、外稃ハ大ニシテ尖リ、内稃ハ二背脊アリ。鱗被三。雄蕊三。花柱三。穎果ハ長橢圓形ニシテ尖リ、凡14mm長アリ、有用竹ノ一。和名女竹ハはちく・まだけノ男竹ニ對シ小形ナル故云と、をんな竹ギ毛同義、苦竹ハ苦味苦ケレバ云と、河竹ハ溝竹即チかはたけノ意、昔御溝司チみかハ附近ニ植エラレシ故云と、弱竹ハナヨナヨトシ靡ク故云フ。

あづまねざさ
Pleioblastus Chino *Makino*.
(＝Bambusa Chino *Fr. et Sav.*; Arundinaria Simoni *A. et C. Riv.* var. Chino *Makino*.)

我邦關東諸州ニ普ク廣布セル普通ノ多年生常綠ノ小竹品、一稈竹品ニシテ群生シ、小ナルハ矮小形ニ過ギズ雖モ大ナル者ハ高サ5m内外ニ達ス。根莖ハ地中ヲ橫走ス。稈ハ直立シ中空ノ圓柱形ニシテ平滑綠色、長ク枯凋ヲ伴レ、其小ナル者ハ徑2mmニ過ギズ雖モ大ナル者ハ2cm内外アリ、塞ハ堵フルヲ以テ東北地方ニ分布シ、枝ハ其節ヨリ疊生セリ。筍ハ細長ニシテ韆ハ暗綠色、時ニ紫色アリ、小葉ハ綠形ニシテ尖リ。葉ハ小枝末ニ三乃至七片アリテ下ニ長鞘ヲ具ヘ二個ハ一掌毛アリ、葉片ハ長披針形或ハ線狀披針形ニシテ銳尖頭、葉底ハ鈍形或ハ純圓形ナリ、洋紙質ニシテ通常兩面ニ毛ナク長サ5-22cm許、幅5-17mm許アリ。花序ハ懸狀ヲ成シテ多ク疎ニ密ニ叢生シ下ヘ覆垂顯ヲ以テ擁セラル。小穗ハ綠色ニシテ往々紫染アリ、通常小稈ヲ有シ線形ニシテ多數ノ花ヲ具ヘ小穗ハ互生シ、基部ハ小稃ナル内外穎アリ。花ハ無柄、披針形ニシテ尖リ、一俗ナル内稃ハ外背ヲ微ニ短シ。雌蕊ハ二。雄蕊三。花絲線狀、葯ハ綠形、黃綠色、子房ハ長橢圓形、花柱ハ三歧シ、穎果ハ長橢圓形、銳頭、平滑、宿存セル稃ヨリ超出シ生時綠色ヲ呈ス。うせんちく (f. Hisauchii *Makino*) ハ羽團竹ノ意ニシテ其葉ニ短細ナシ一品ノミ、時ニ常品ノ疊中ニ生ズ。此種ハ關西諸州ノねざさトハ全ク別種ナリ。和名ハ東國根筱ノ意ナリ。

はこねだけ
Pleioblastus Chino *Makino*
forma Laydekeri *Makino.*
(=Arundinaria Laydekeri *Bean*;
A. vaginata *Hack.*; P. vaginatus *Nakai.*)

相州箱根山方面ニ多キ常緑ノ小竹ニシテ山麓ヲ蔽テ
密薮ヲ形成ス。地下茎ハ分枝シテ地中ヲ横走ス。稈ハ
直立シ頁直ニシテ高サ2-3m許、徑1cm内外、平滑ナル
中空ノ圓柱形ニシテ稍上各節ニ五七枝ヲ束生シ更ニ
再三分枝シテ密ニ繁茂シ、節ハ僅ニ高ク、節間ハ長ク
シテ10-30cm許アリ、籜ハ紫綠色ニシテ平滑、老ユレ
バ灰白色ヲ呈シ緊密ニ稈ヲ巻キ年ヲ經ルモ脱落セズ。
葉ハ最末小枝ニ二三カ至七片ヲ着ケテ二列シ、細長披
針形或ハ線狀披針形ヲ成シ銳尖頭ヲ有シ葉底ハ鈍底
若クハ純銳底ヲ呈シ洋紙質ニシテ短柄ヲ具ヘ通常兩
面ニ毛無ク細鋸齒アリ、長サ5-22cm、幅5-17mm許ア
リ、葉鞘ハ無毛、口緣ハ縬毛アリ。花ハ四五月ニ開キ、
花穗ハ稈幷ニ枝上ニ束生シテ舊鞘ヲ伴フ。小穗ハ廣綠
形、數花ヨリ成リ、通常紫綠色ヲ呈ス。穎二片、小形。
外稃ハ大ニシテ尖リ、內稃ニ二背脊ヲ有ス。鱗被三。
雄蕊三。花柱三。穎果ハ長橢圓形ニシテ上頭尖リ淡綠
色ヲ呈ス。本品ハあづまねざさト同種ニシテ唯火山地
帶石礫地ニ生ズルヨリ自然ニ小形ト成リシ者ナリ故
ニあづまねざさ小形品ト區別スルニ困難ナリ。和
名箱根竹ハ箱根山ニ多ク生ズレバ云フ。

第2635圖

ほもの科

ねざさ
Pleioblastus variegatus *Mak.* var.
viridis *Mak.* forma glabra *Makino.*
(=Arundinaria variabilis *Makino*
forma glabra *Makino.*)

西日本ノ山野ニ群生スル常綠ノ小竹ナレドモ其經年
ノ者ハ高サ3m許ニ達ス。地下茎ハ強健ニシテ地中ヲ
横行シ繁殖ス。稈ハ直立シ徑3-10mm許、中空ノ圓柱
形ニシテ平滑綠色、節間長ク節ハ無毛ノ者ト密生毛アル
者トアリテ一樣ナラズ而シテ往々一邊ニ兩者混生セ
リ、新稈ハ單一ナレドモ老稈ハ分枝シ、枝ハ數牧一節
ニ出ヅ。葉ハ枝端ニ二カ至十片許アリ、披針形ヲ成シ
短キ銳尖頭ヲ有シ葉底ハ鈍形或ハ純圓形、短柄アリ、
洋紙質ニシテ葉裏面ニ毛無ク長サ4-23cm。幅1.5-3.5cm
許アリ、葉鞘ハ口緣ハ縬毛アリ。四五月ノ候ニ開花シ、
花穗ハ枝側ニ出デ舊鞘ヲ伴ヒ小穗ヲ着ク。小穗ハ廣綠
形、數花ヨリ成リ淡綠色或ハ綠紫色。花ハ披針形。穎
二片、小形。外稃ハ大ニシテ尖リ、內稃ニ二背脊アリ。
鱗被三。雄蕊三。花柱三。本品ハ似テ唯其葉裏有毛ナ
ル者ヲけねざさ (f. pubescens *Makino*) トイフ。和
名ハ根笹ノ意ニシテ往ク地ニ就テ繁茂セル笹ノ意ナ
リ、然レドモ此竹上述ノ如ク可ナリノ高サト成レリ

第2636圖

ほもの科

たいみんちく
Pleioblastus gramineus *Nakai.*
(=Bambusa graminea *Hort.*; Arundinaria
Hindsii *Munro* var. graminea *Bean*;
A. graminea *Makino.*)

死來琉球幷ニ九州南方海上島地ノ原產ナレドモ通常
人家庭園ニ觀賞品トシテ栽培セラルル常綠ノ竹品ナ
リ。地下茎ハ短ク橫行ス。稈ハ直立シ密ニ束生シテ往
々大ナル叢ヲ形成シ鬱葱トシテ繁茂シ、高サ3-5m許
ニ達シ、稈面ハ多數ニ細微ナル縱線ヲ通ジテ暗綠色ヲ
帶ブル特徴アリテ此點ホかんざんちくト相異ナレリ、
中空ノ圓柱形ニシテ徑2-3cm許、上部ハ多枝ヲ分チ多
クノ線葉ヲ着ク。葉ハ線狀披針形或ハ線形ヲ成シ、長
サ10-30cm、幅6-15mm許アリ。花穗ハ稈ノ側方ヨリ出
デ花梗ハ極メテ細シ。小穗ハ四乃至八花ヨリ成リ、淡
綠色等ヲ呈シ、一乃至二箇宛花開ノ先端ニ着ク。一晶葉
更ニ狹細ニシテ綠形ヲ呈スル者ヲつうしちく (通絲竹
ノ意) ト云フ、卽チ搜者ナリ。和名大明竹ハ畢竟支那竹
ノ意ニシテ往時ハ本品ヲ支那産ト想ヒシナラン、大明
ハ明 (みん) ノ國號ノ時ナリ。漢名 四季竹 (慣用)

第2637圖

ほもの科

かんざんちく
Pleioblastus Hindsii *Nakai.*
(＝Arundinaria Hindsii *Munro.*)

第2638圖

通常觀賞ニ爲メ庭園ニ栽植セラルヽ中形ノ常綠竹品。地下莖ハ地中ニ横行スレドモ敢テ長カラズ是レ稈ノ相接近シテ生ズル所以ナリ、稈ハ直立シ高サ3-5m許、徑1.5-4cm許アリテ深綠色ヲ呈シ、稈ノ上部各節ヨリ三五條ノ枝ヲ分チテ更ニ再三分枝シ密生シ、枝葉共ニ上向スル爲メ全體直聳シ特異ノ觀アリ、筍ハ六七月ノ候ニ萌出シ、籜ハ綠色、老枯スレバ灰白色ヲ呈シ無毛ナリ。葉ハ四五片稍相接近シテ小枝頭ニ二列ニ斜ニ上下ヲ指シ、狹長披針形ニシテ葉頭ハ尾狀ヲ成シテ長ク銳尖シ、底部ハ略ボ楔形ヲ成シテ狹窄シ、長サ15-25cm、幅1-2cm許アリ、質稍厚ク强剛ニシテ鮮綠色ヲ呈ス。稀ニ開花シ、稈側ハ一枝側ニ東生シ薔薇ヲ伴ヒ淡綠色ヲ呈ス。小穗ハ綠形ニシテ數花乃至二十花許ヨリ成リ、小形ノ一顆ヲ有シ、花ハ內外二稃、三鱗被三雄蕊三花柱ヲ具フ。本竹ハ大正年初ニ邦內全國的ニ開花シ枯死セシ爲メ今日ニテハ此竹頗ル稀少ナリ。たいみんちくニ類似スレドモ葉强剛、且ツ籜質キヲ以テ識別シ得ベシ。和名寒山竹ハ人名ニ基ク、即チ能ノ畫工ニ描ケル寒山・拾得ノ兩人中、寒山ハ掃箒ヲ携ヘタリ、薔薇ハ掃箒ニ適セシ竹ナレバ遂ニ此竹ノ名ヲ寒山竹ト爲セシナリ。漢名 薔薇（慣用）

まだけ（苦竹）
一名 にがたけ　古名 くれたけ（吳竹）
Phyllostachys reticulata *C. Koch.*
(＝Bambusa reticulata Rupr.；
Ph. bambusoides *Sieb. et Zucc.*；
Sinoarundinaria reticulata *Ohwi.*)

第2639圖

元來支那產ナレドモ往時渡來シ、今ハ我邦普通ノ竹ト成リテ全國隨處ニ廣ク栽植ス、然レドモ東北以北ノ塞地ニハ生ゼズ。地下莖ハ粗大ニテ長ク橫走シ、初夏ニ筍ヲ生ズ、其籜ハ暗色斑ヲ有シテ殆ド無毛。稈ハ直立シテ林ヲ成シ、高サ20m內外、大ニシテ中空ノ圓柱形ヲ成シ、徑3-13cm許、平滑無毛、鮮綠色或ハ稍黃綠色、節ハ二輪狀ニシテ多少高ク、節間ハ25-45cm許。節ニ二主枝アリ、小枝ノ先端ハ五六葉ヲ掌狀ニ擴ク。葉鞘口緣ニハ開出セル肩毛ヲ有シ永ク脫落セズ。葉ハ長橢圓線狀披針形、長サ6-15cm、銳尖頭、純底、表面深綠裏面稍白色、質稍厚シ。稀ニ開花ス。花穗ハ集合シテ腋生或ハ頂生シテ稍圓柱形ヲ呈シ長サ4-10cm、十片內外ノ重疊セル佛焰苞樣ノ鞘苞アリテ其先端ニハ尖リタル卵形ノ小形葉片ヲ具ヘ、苞內ニハ多クノ小穗ヲ容ル。內外穎小、狹長。三鱗被。三雄蕊、外ニ超出シテ花絲白色長絲狀。三花柱。花ハ全稈ニ出ヅ通常葉少ク或ハ之ヲ無キコト多ク、稈ハ極メテ用途多ク、重要ナル有用植物ナリ。和名ハ眞竹ノ意ニテ竹ノ正品ナリト賞讚セル稱ナリ。

ほていちく（多稈竹）一名 ごさんちく
Phyllostachys reticulata *C. Koch*
var. aurea *Makino.*
(＝Bambusa aurea *Hort.*；Ph. aurea *A. et C. Riv.*；Sinoarundinaria aurea *Honda.*)

第2640圖

九州ニハ野生スレドモ通常庭園或ハ人家ノ附近ニ栽植セラル。地下莖ハ地中ヲ匐ヒ、稈ハ高サ5-12m、直徑通常2-3cm許、其大ナルモノハ時ニ徑7cmニ達スルアリ、梢形まだけニ似タレドモ稈ノ下部ハ節々緊迫シテ節間特ニ膨脹シ畸形ヲ呈セリ。上部ハ一方ニ溝アル圓柱形ニシテ中空シ節ノ處疲シク膨隆ス。主枝ハ各節ニ二條ヲ毎枝更ニ分枝ス、筍ノ籜ハ毛無ク、不齊ナル暗色斑アリ、稍形狹ク長線形ニシテ籜ト共ニまだけト同ジ。葉ハ披針形ニテ尖リ圓底ニシテ長サ10cm、幅1cm內外アリ。花穗ハ小枝ニ出デテ狹圓柱形ヲ呈シ宛モまだけト同樣ニシテ之ヨリ小形ナリ。鞘苞ニハ稍形葉ヲ具へ、苞內ニ一二花ヨリ成ル小穗ヲ擁セリ。三鱗被。三雄蕊アリ纖長ノ花絲ニョリテ其葯下垂ス。三花柱アリ。觀賞ヲ爲メ庭ニ植ヱ、稈ハ釣竿ニ賞用ス又ハ杖ニ利用ス。筍ハ煮食シテ美味、又時ニ乾品ニ作リ不時用ニ供フ。和名布袋竹ハ其短縮セル節ノ膨レテ布袋ノ腹ノ如クレバ斯ク云フ、ごさんちくハ五三竹ノ意ニシテ其節ニ三五五短縮シテ連ナル故云フ。漢名 人面竹（誤用）

まうそうちく
Phyllostachys edulis *A. et C. Riv.*
(＝Bambusa edulis *Carr.*; Ph. mitis *A. et C. Riv.*; Ph. pubescens *H. Leh.*; Sinoarundinaria pubescens *Honda.*)

元來支那原産ニシテ今ヨリ二百四年前ノ元文元年ニ琉球ヨリ薩摩ニ渡リ爾後漸次ニ内地ニ擴マリ今ヤ普通ノ竹ト成リ諸處ニ栽植セラレ竹林ヲ成セリ、亘大ナル稈ハ長ク横走セル地下莖ヨリ出デテ直立シ高サ 12m 許ニ達シ徑20cmニ出ス枝葉頗ル繁密ナリ、圓柱形、中空、厚壁、平滑、嫩時短細毛ヲ被フリ、綠色或ハ黄綠色。主枝ハ稈節ニ二箇アリテ分枝シ節高シ。筍ノ籜ハ巨大ニシテ褐紫毛ヲ被フリ頂ハ鬚毛ヲ生ジ鍼形ノ縮形葉ヲ有シ、葉ハ稍小形、小枝末ニ二乃至八片アリ、披針形或ハ狹披針形ニシテ尖リ、葉鞘口ハ謝落性ノ肩襞アリ。偶ハ開花シ、花ハ全穗ニ無數ニ生ジ、狹長圓柱形ニシテ相欒リ鞘苞内ニ束集セル花ヲ有シ、苞ハ披針形ノ縮形葉ヲ具フ。内穎外穎ハ狹長。三鱗瓣。三雄蕊。三雌蕊。三花柱。穎果ハ狹長、播ニ能ク萌出ス。本邦内地ニ於テ竹類中最モ巨大ナル者ニシテ其筍ハ頗ル美味ナリ。此花ノ記載ハ予ノ始メテ發表スル所ニシテ從來未ダ曾テ世界ニ知ラザレリシ者也。和名ハ孟宗竹ノ意ナレドモ此孟宗竹ハ漢名ニ非ズ、即チ彼ノ孝時ニ筍ヲ掘リテ母ニ進メシ孝子ノ孟宗ニ附會シテ冒稱セシナリ。漢名 江南竹 (誤用)

はちく（淡竹）
古名 くれたけ・からだけ
Phyllostachys nigra *Munro* var. Henonis *Makino.*
(＝Bambusa Henonis *Hort.*; Ph. Henonis *Bean*; Sinoarundinaria nigra *Ohwi* var. Henonis *Honda.*)

元來支那ノ原産ニシテまだけト略ボ同時前後ニ往昔同國ヨリ渡來シタル者ノ如ニ栽植セル普通ノ竹トル亘成ノ如此亦一般ニ稀ナ呈スルニ至レリ。大形ノ多年生常綠竹ニシテ、根莖ハ地中ヲ横走シ諸處ヨリ芽ヲ生ズ。稈ハ直立セ高サ10m內外、徑3〜10cm 許、有節、圓柱形、上部ハ一側ニ溝ヲ成シ、中空、硬質、平滑無毛、表面稍濃一白蠟粉ヲ布キ、主枝ニ二、小枝多シ。葉ハ小枝末ニ四五片アリ、披針形、銳尖頭、底部鈍形長サ5〜13cm許、幅8〜16mmアリ、洋紙質、上面綠色、下面ハ微ニ帶白色、下ニ狹長ナル葉鞘アリテ初メ鞘口ニ鬚毛アリ。筍ノ籜ハ廣圓大形、革質、紫色無斑、頂ニ鬚毛ヲ生ジ、小葉ノ鍼狀披針形、波曲シ稈生長スレバ層ギョク脱落ス。偶ハ開花シ、花穗ハ上ニ層キテ密ニ束生シ綠色ニシテ栗茶ヲ帶ビ細毛アリ、稈下ニ通常スレル五六鞘片アリ。小穗ハ三四花ヨリ成リ頂花ハ通常不育ナリ。花ハ狹長披針形、外頴、内穎ニ短ク、外穎、外穎ニ圓開狀披針形ニシテ尖リ、内穎、外穎ヨリ短ク披針形、末端二裂、背二脊アリ。鱗被ニ三、雄蕊ニ三、花絲絲狀、葯黄色、子房ハ倒卵形、花柱絲狀、三岐ス。まだけト同ジク日常日用頗クベカラザル竹品ニシテ其用途多シ、筍ハ美味、獨一草質ニ似ル。通俗ニテハはちく・まだけ・まうそうちくヲなだけ（雄竹）ト稱ス。和名はちくハ其濃厚明顯ナラズ雖モ或ハ白竹ノ義ナリト謂ヘリ、くれたけ并ニからだけハ支那竹ノ意ナリ、又まだけモくれたけト云フ。

くろちく（紫竹）
一名 しちく
Phyllostachys nigra *Munro.*
(＝Bambusa nigra *Lodd.*; Sinoarundinaria nigra *Ohwi.*)

觀賞ノ爲メ屢々裁エ、實用トシテ竹林ヲ作ル、恰形はちくニ似テ全形稍小サク、高サ3〜20m許アり。地下莖ハ横走シ、稈ハ直立シ圓柱形ニシテ中空、徑2〜5cm許アリ、稈面初年ニハ綠色ヲ呈シはちくト異ナラザルモ、次年以降次第次黑紫色ヲ加ヘ遂ニ純黑色ヲ呈スルニ至ル。根莖ノ地表ニ露出セル者モ亦稈ニ等シ。葉ハ披針形ニシテ尖レリ。偶ハ開花シ、花ハ多數全穗ニ滿チテ開キ、花ズレバ稈從テ枯死ス。花穗ハ束生シテ細毛ヲ帶ビ小枝上ニ着キ柄無シ。鞘苞ハ大ナラズシテ苞内ニ二乃至五箇ノ小腋花ヲ包ミ、各小腋花ハ一乃至四箇ノ兩全花ト先端ニ一箇ノ無性花トアリ。內穎外穎ハ狹長。三鱗被。三雄蕊アリテ長ク花柱ハ三、又分岐セル三花柱アリ。本品ハ元來はちくノ一變種ニ外ナラザルモ其擧名ハはちくト先ジテ名ケシ故其原種ノ位置ニ在ルガ如ク見ユ。和名ハ黑竹ノ意、即チ其稈黑色ナレバナリ、しちくハ紫竹ニシテ其漢名ノ音ナリ。

第2641圖

ほもの科

第2642圖

ほもの科

第2643圖

ほもの科

第 2644 圖

ほもの科

ほうらいちく
一名 どようだけ
Bambusa nana *Roxb.*
var. normalis *Makino.*
(=Leleba multiplex *Nakai.*)

蓋シ支那原産ノ竹品ナレドモ今ハ我邦南方温暖ノ諸州ニ攤ガリ或ハ人家ノ周圍ニ栽エラレ或ハ郊外ニ野生セル灌木性ニ常緑竹ニシテ叢生シ、高サ5m内外ナリ。地下莖ハ短クシテ分枝ヲ多岐的ナリ。稈ハ基部根莖ヨリ生シテ直立シ圓柱形ニシテ中空ナレドモ其膜甚ダ厚シ、稈面ハ緑黄色ヨリ且ツ細凹毛ヲ散布シ、後ハ毛股去シテ其處凹痕ト成リ、節ハ高カラズ、枝ハ大小多數稈節ニ叢生ス。筍ハ鞘ハ革質無毛、頂ニ大ナル鍼形ノ縮形葉ヲ具フ。葉ハ小枝ニ兩列ニ狹長披針形ニシテ尖リ上面緑色、下面帶白色ナリ。花穗ハ細小ニシテ小枝ニ著キ數小穗ヨリ成ル。小穗ハ狹披針形、平扁、4-6cm長、五乃至十花アリ。外稃ハ卵狀長橢圓形、内稃ハ狹長二背脊アリ。鱗被ハ卵狀長橢圓形、六雄蕊。三花柱。往時ハ此材ヨリテ火繩ヲ作レリ、筍ハ之レヲ食フベシ。本品ハ元來ほうわうちくト同種ニシテほうわうちくノ叢中往々此ほうらいちくヲ生ズルヲ見ル。和名蓬莱竹ハ蓋シ本品ヲ賞讃セシ稱ナラン、蓬莱ハ蓬莱山ニテ神仙境ナリ、土用竹ハ土用ニ筍ヲ生ズレバ云フ。

第 2645 圖

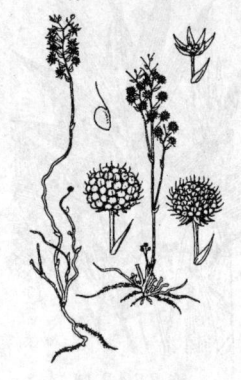

ほんがうさう科

ほんがうさう
Sciaphila japonica *Makino.*
(=Parexuris japonica *Nakai et Maek.*)

中部・南部ノ樹下陰地枯葉ノ間ニ生ズル紫色無葉ノ多年生小草本。高サ5cm許。地下莖ハ絲狀白色ニシテ地中ニ在リ、之ヨリ絲狀ノ鬚根ヲ發出ス。莖ハ直上シ、單一或ハ疎ニ分枝シ、纖長ニシテ疎ニ小鱗片ヲ互生ス。夏秋ノ候紫色花ヲ開ク。細小ニシテ頂生ノ總狀花ヲ成シ、各小梗ヲ有シテ梗本ニ小鱗苞アリ。雌雄同株、花穗ノ下部ニ雌花ヲ著ケ上部ニ雄花ヲ著ク。花蓋ハ六深裂シ、裂片ハ卵狀披針形ヲ成シ緖メテ薄シ。雄花ニハ三雄蕊アリ。雌花ニハ多子房アリテ相集リ毬ヲ成シ長キ側生花柱ヲ具フ。果實ハ毬狀ニ團集シ、其徑2mm許。果皮薄ク、内ニ一種子アリ。和名ハ本郷草ノ意、本種ハ初メ伊勢三重郡楠村ノ本郷ニ松林樹下ノ地ニ見出セラル、故ニ其名アリ。

第 2646 圖

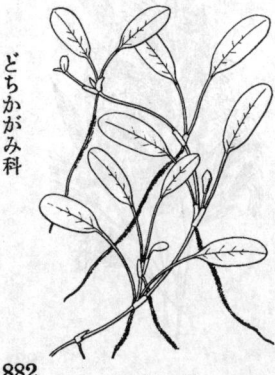

どちかがみ科

うみひるも
Halophila ovalis *Hook. fil.*
(=Caulinia? ovalis *R. Br.*;
H. ovata *Gaud.*)

我邦中部以南ノ砂質海底ヲ匍匐スル常緑ノ多年生草本ニシテ全體海中ニ沈在ス。莖ハ纖長ニシテ軟白、葉ヲ著ケ節間稍長シ。葉ハ雙生シ、纖長ナル葉柄アリテ立チ、長橢圓形或ハ廣橢圓形ニシテ長サ15-20mm、鈍頭、漸尖底ヲ成シ、葉ハ斜ニ平行セル羽狀葉脈ヲ有シ、又邊緣ニ沿チ其稍内部ヲ一周スル脈アリ。おほひるもニ比シテ葉狹ク質薄ク且ツ邊緣厚カラズ。葉柄基部ニハ鞘狀ノ托葉アリ。雌雄同株ナレドモ花ハ内花蓋ヲ缺クヲ以テ顯著ナラズ。雄花ハ二葉間ニ短梗ヲ以テ單立シ、外花蓋片三個ハ小形、花絲ナキ雄蕊三個ヲ具フ。雌花ハ無梗ニシテ花柱ハ三岐セリ。和名海蛭藻ハ海中ニ生ズルひるむしろノ意ナリ。

くろも
Hydrilla verticillata *Casp.*
var. Roxburghii *Casp.*
(= H. japonica *Miq.*)

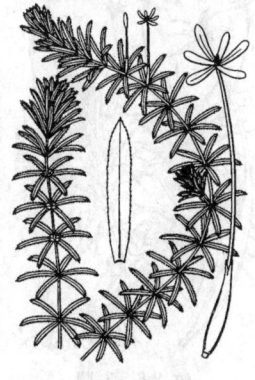

第 2647 圖

どちかがみ科

池沼丼ニ流水中ニ生ズル沈水生ノ濁綠色多年生草本ニシテ芽體ハ由テ越多シ芽體ノ一ハ塊狀ヲ成シテ泥中ニ在リ一ハ植物體ヨリ離レシ小枝ニシテ水底ノ泥上ニ在リ。莖ハ叢生シテ下ニ飜根ヲ下シ、長サ30-60cm許、細長ナル圓柱形ニシテ多クノ節ヲ有シ多少枝ヲ分ッ。葉ハ數片輪生シ、廣線形或ハ綠形、銳頭、無柄、邊緣ニ細鋸齒アリ、長サ10-15mm、幅1-2mm、質薄シ、離雄別株。花ハ細小ニシテ夏秋ノ候ニ開ク。雄花ハ葉腋ニ獨在シ圓形ノ薄苞內ニ在リテ時到レバ其苞橫ニ二裂シ內部ノ花ハ苞內ヨリ逸出シテ水面ニ浮ビ開綻シ圓圓形ノ萼片ハ反屈シテ高キ雄蕊ヲ捧ゲ花粉ヲシテ飜出セシム。花瓣ハ狹長ニシテ三片、萼片ト互生シ淡紫色ヲ呈ス。雄蕊ハ三、短花絲、葯ハ圓形ニ胞。雌花ノ葉腋ニ單生シ、初メ狹長ナル鞘苞內ニ在ルモ後チ纖長ナル小梗狀ヲ成セル子房延長部ヲ以テ苞外ニ挺出シ水面ニ開花シテ平開ト淡紫色ヲ呈ス。三萼片庶形、三萼兩宽形、三柱頭ハ搜絨形、子房ハ綱苞內ニ位シテ無柄、狹長ニシテ單室、內ニ數卵子アリ。和名黑藻ハ其草色暗綠色ナレバ云フ、然レドモ流水中ニ生ジ水ニ從テ飜ク者ハ綠色ヲ呈セリ。

せきしゃうも (苦草)
一名 へらも・いとも
Vallisneria spiralis *L.* var. asiatica
Makino. (= V. asiatica *Miki.*)

第 2648 圖

どちかがみ科

邦内諸州ノ池沼・溝澹・湖中井ニ流水中ニ沈在シテ生ズル多年生草本ニシテ白色ノ根莖ヲ泥中ニ引キ節ヨリ飜根ヲ生ゼリ。葉ハ根莖ノ節ニ叢生シ、綠色線形ニシテ長ク、鈍頭ニシテ邊緣ニ微小鋸齒ヲ具へ、半透明ニシテ長サ水ノ深サニ從フト雖モ凡 50-70cm許、幅5-10mm許アリ。離雄別株。夏秋ノ候花ヲ生ズ。雄花ハ雄本ニ出デ、水底ノ株本ニ腋生セル短飜アル披針狀聳形ノ膜質飽狀苞內ニ在テ其中軸ニ膏ャ、碎小多數ニシテ短小梗ヲ有シ時到レバ苞破レ其花中軸ヲ離レ水面ニ浮ビ出デ、其刹那萼片開綻シ水面ニ浮遊シ其狀恰モ鱍ノ浮ブガ如ク、乃チ花粉ヲ雌花ノ雌蕊ニ傳フ、即チ所謂水媒花ナ一ナリ。萼ハ深褐灰白色、雄蕊ニ一乃至三、短花絲幷ニ胞葯ヲ有ス。雌花ハ雌本ニ出デ、通常螺旋狀ニ成セル長キ絲狀梗ニ由リ水面ニ出デテ浮ビ、三萼片、小形ナル三假雄蕊、二裂セル三柱頭、狹長ナル下位ノ一子房アリテ長筒狀ノ鞘苞ニ包マル。果實ハ綠形ニテ苞存導ヲ有シ且宿存セル鞘狀苞ニ擁セラル、淺水ニ生ジ小形ナル者ヲ こいとも (forma minor *Makino*) ト云フ。和名 石菖藻ハ其葉形セきしゃうに似タルヨリ云ヒ、苞藻モ葉形ニ基キシ名、絲藻ハ雌花ノ絲狀梗ニ基キシ稱ナリ。

すぶた
Blyxa ceratosperma *Maxim.*

第 2649 圖

どちかがみ科

池溝・水田等淺水中ニ沈在シテ生ズルー一年生無莖草本。葉ハ叢生シ、無柄ニシテ抜針狀線形、漸尖頭、邊緣ニ細微ナル銳鋸齒アリ、長サ10-20cm、幅5-7mm內外、薄質ニシテ紫褐色ヲ呈シ縱脈アリ。花ハ兩性、細小、夏秋ノ候水面ニ開花シ白色ヲ呈ス。花ニハ線形銳頭ノ三萼片、白色線狀ノ三花瓣、三雄蕊、三裂セルー花柱アリ。子房ハ狹長ニシテ膜質筒狀ノ鞘苞ニ包マレ上部頗ル延長シテ花梗狀ヲ呈シ數條葉叢ヨリ稍高ク立ツ。花後子房ト同ジク狹長ナル果實ヲ結ビ內ニ多數ノ種子アリ、種子ハ橢圓形ニシテ長サ1.5mm許、裝面ニ尖點散在シ兩端ニ種子ニ倍長セル刺針アリ。和名すぶたハ其簇々ト叢生セル草狀宛モ亂レタル女子ノ頭髮ノ如クレバ斯ク謂フ、而シテ此如キ女子ノ頭髮ヲ尾張名古屋ニテすぶた髮ト謂フト云へリ。

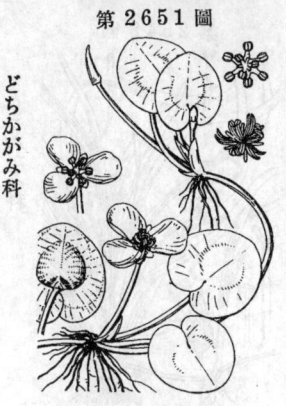

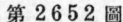

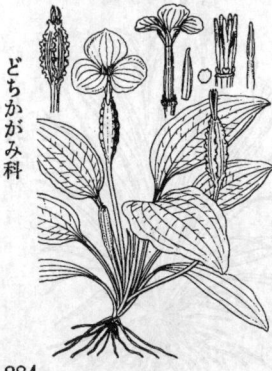

やなぎすぶた
Blyxa japonica *Maxim.*
(=Hydrilla? japonica *Miq.*;
B. caulescens *Maxim.*)

第2650圖

どちかがみ科

諸州ノ溝中・水田等ノ淺水中ニ沈在セル質軟キ一年生草本。莖ハ細長ニシテ高サ8-25cm許或ハ時ニ30cmニ達シ、多クハニ出分岐ヲ成シ下ニ鬚根ヲ發出ス。葉ハ葉柄無ク多數接近シテ莖ニ螺列シ、線形、銳尖頭、長サ5cm内外、幅2-3mm許、紫褐色ヲ呈シ、上部ノ邊緣ニ細鋸齒アリ。花ハ兩性、短梗ヲ有シ、夏秋ノ候葉腋ニ出デ、下部ニ長筒狀ノ膜質筒狀苞ニ包マレタル無柄子房アリ、其上方ハ長ク延ビテ梗狀ヲ成シ水面ニ達シテ白色ノ小花ヲ水面上ニ開ク。萼片ハ三、廣線形ニテ鈍頭、淡綠色ナリ。花瓣ハ三、白色線形ナリ。雄蕊ハ三アリテ花柱及萼片ヨリ短シ。花柱ハ三岐ス。果實ハ披針狀長橢圓形、長サ3cm内外、中ニ多數ノ種子ヲ藏ス。種子ハ長橢圓狀線形、兩端細ク、表面平滑ナリ。和名柳すぶたハ莖葉ノ狀柳枝ノ如ケレバ斯ク云フ。

ごちかがみ（水鼈）
一名　どうがめばす・すっぽんのかがみ・かへるゑんざ・どちも
Hydrocharis Morsus ranae *L.* var. asiatica *Makino.* (= H. asiatica *Miq.*)

第2651圖

どちかがみ科

諸州ノ池澤・溝濱・湖沼等ニ生ズル多年生草本ニシテ長ク淡綠莖ヲ引キ、節ヨリ鬚根ヲ發出シ、往々大群ヲ成シテ水面ヲ覆フ。葉ハ根莖ヲ有シテ通常水面ニ浮ブト雖モ特ニ密茂シテ繁茂スルニ至レバ葉面往々氣中ニ立チテ其葉面ノ浮腫ヲ失セシ者多シ、圓形ニシテ圓頭或全邊、底部ニ心臟形ヲ成シ、徑5-6cm許アリ、質甚厚、色濃綠、五縱脈及ビ之ヲ連絡スル多數ノ横小脈アレド不明瞭ナリ、裏面ニ氣胞アリテ膨レ、水面ニ浮ク一便ナリ。柄本ニ膜苞アリ。花ハ單性、有梗、萼片ハ三、小形、長橢圓形ニテ草質ナリ。花瓣ハ三片、平開、膜質白色ニシテ廣倒卵形、鐵アリ、雄花ハ總梗頂ヨリ繊長ナル小梗ヲ以ツテ出シ數ヲ逐ヒ水面上ニ出デ一花ヅツ開キ一日ニシテ萎ミ、六乃至九雄蕊ニシテ三乃至六假雄蕊アリテ黄葯ヲ具フ、雌花ハ獨生シテ粗大ナル小梗ヲ有シ、梗本ニ膜苞ヲ具ヘ、花ハ一六假雄蕊ニ一雌蕊トヲ有シ、柱頭六アリ、子房ハ下位ニシテ六室、果實ハ球形ニシテ淡綠色、果表面平滑無毛、六室ニシテ種子多シ。和名どちかがみハ鼈即チすっぽんノ鏡ノ意、鏡ハ其圓キ葉面ヲ之ニ擬セシナリ、かへるゑんざハ蛙圓座ニシテ其圓葉ヲ蛙ノ座ニ比セシナリ、どうがめばすハすっぽんノ蓮ニシテどうがめがはすっぽんヲ云フ、どちもハすっぽんも即チ鼈藻ノ意ナリ。

みづおほばこ
一名　みづあさがほ
Ottelia alismoides *Pers.*
(= O. japonica *Miq.*)

第2652圖

どちかがみ科

諸州ノ水田或ハ溝中等ニ沈水シテ生ズル一年生無莖草本ニシテ匐枝無クト一ニ鬚根ヲ叢出セリ。葉ハ長柄ヲ有シテ叢生シ質甚薄、紫褐綠色、卵狀橢圓形或ハ卵形或ハ廣橢圓狀圓形或ハ廣狹針形ニシテ其大小ト共ニ一樣ナラズ、長サ8-18cm、幅2-12cm許ニ圓頭・鈍頭・稍銳頭、圓底又ハ稍心臟底或ハ鈍底或ハ銳底ニシテ葉柄ニ流レ、七乃至九縱脈アリテ葉緣能ク皺曲セリ。夏秋ノ間、葉間ニ長硬ヲ抽テ梗頂ニ徑3cm許ノ花ヲ水面ニ開ク、花ノ下部ニ邊緣皺褶セル縱裂アル筒狀苞アリ。花ハ兩性、萼ハ三片アリテ線形ヲ成ス。花瓣ハ薄質白色ニシテ淡紅紫色ヲ帶ビ、三片アリテ廣倒卵形ヲ成シ、其基部ニ小形ノ附着物アリ。雄蕊ハ六個ニテ長葯ヲ有シテ黄色花粉ヲ出ス、雌蕊ニハ六柱頭ヲ有シ、子房ハ下位ニシテ三心皮六室、多卵子ヲ含ム。果實ハ長橢圓形ニシテ頂ニ宿存萼ヲ有シ且宿存苞ヲ以テ之ヲ包囲シ、後ヤ果皮縱裂シテ細種子ヲ水中ニ放散ス。和名水おほばこハ苗狀おほばこニ似テ水ニ生ズレバ云ヒ、水朝顏ハ其花ヲあさがほニ擬シ其苗水中ニ生ズル故ニ斯ク云フ。

884

まるばおもだか
Caldesia reniformis *Makino.*
（＝Alisma reniforme *Don.*）

池沼ニ生ズル一年生草本ニシテ株本ニ鬚根ヲ叢出ス。葉ハ根出、叢生、長柄ヲ有シ水ノ浅深ニ從テ長短アリ、圓形又ハ腎臓形ニシテ圓頭、深心臓底、水面ニ浮ビ後チ出ヅル者水上ニ挺出シ、長柄共ニ6-8cm許アリ、緑色ニシテ十三乃至十九條ノ縦主脈ハ中脈ヲ除キ他ハ皆彎曲シテ稍平行ニ走リ、其間ヲ連絡スル横細脈ハ多數アリテ極メテ接近平行セリ。夏月、高サ30-90cm許ノ花莖ヲ挺出シテ輪生總狀花序ヲ成シテ稍疎ニ多數ノ小白花ヲ着ク。萼三片ハ草狀緑色ニシテ宿存ス。花瓣三片ハ膜質白色ニシテ謝落ス。雄蕋ハ六。雌蕋ハ多數ニシテ長花柱ヲ有ス。瘦果ハ稍大形、倒卵形ニシテ果皮ハ木化質ヲ成シ宿存セル長花柱ヲ有ス。本種ノ繁殖ハ種子ニ由リ又花穗短ク成リテ水中ニ沈在シ其穗上ニ發生シテ後ち離脫シ沈ミテ泥上ニ落ツル狹長ナル胎芽ニ由ル。和名ハ圓葉おもだかノ意ナリ。

第 2 6 5 3 圖

さじおもだか科

へらおもだか
Alisma canaliculatum
A. Braun et Bouché.

多年生ナル緑色草本ニシテ邦內廣ク水澤地或ハ水田邊ニ生ズ。根莖ハ短縮シテ一ニ鬚根ヲ叢出ス。葉ハ根出叢生シテ基部鞘片ヲ呈スル長柄ヲ有シ其大ナル者ハ葉柄長15-20cm許ニ達スル者アリ、葉片ハ披針形或ハ廣披針形ニシテ先頭銳形、基部ニ次第ニ狹歸シテ葉柄ニ流レ全邊ニシテ質稍厚ク、長サ10-30cm、幅2-4cm稀ニ1cm、支脈ハ六條アリテ其牛バ以上ハ稍平行シテ葉裏ニ隆起セル中脈ヨリ斜上スル横脈ヲ以テコレヲ連絡ス。夏秋ノ間、長キ葶頂ヲ抽キ大形ノ輪生總狀花序ヲ成シ高サ40-130cm許アリテ多數ノ有梗小白花ヲ開キ、枝梗本ハ緑苞アリ。花ハ小梗ヲ有ス。萼片ハ三、緑色、圓卵形、多脈。花瓣ハ三、倒圓圓形、前緣稍波狀、基部黃色。雄蕋ハ六、花絲絲狀、葯淡緑色、黃粉ヲ吐ク。雌蕋ハ多數、花柱ハ子房ヨリ稍短シ。瘦果ハ多數環列シ、平扁ニシテ瀨々、斜倒卵形ニシテ上方ノ內側ニ殘存セル花柱ヲ付ス。一變種ニ性ヒそばへらおもだか (var. harimense *Makino*＝A. harimense *Makino*) アリ、其葉披狀披針形、支脈二條或ハ四條、花瓣ハ倒卵形前緣ニ不齊鈍齒アリ、白色纖紅紫暈アリ基部ハ黃色、其開ク時間少シク普通品ニ後ル、葯ハ褐紫色ニシテ黃粉ヲ吐ク。和名はおもだかノ其葉形ニ基キシ稱ナリ。漢名 水澤瀉(的物未詳、蓋シ誤用)

第 2 6 5 4 圖

さじおもだか科

さじおもだか（澤瀉）
Alisma Plantago-aquatica L.
var. orientale *Samuel.*
（＝A. orientale *Juzep.*）

多年生草本ニシテ沼澤淺水中ニ生ズ。根莖ハ短縮シテ下ニ鬚根ヲ叢出ス。葉ハ根出、叢生、長柄ヲ有シ柄長30cm內外ニ達シ、葉片ハ橢圓形、長サ10-20cm、幅6-13cm、鈍頭、底部ハ圓形ニシテ葉柄ニ流ルルコト無ク、中脈ハ葉裏ニ隆起シ數條ノ支脈縱通シ、支脈間ヲ連絡スルニ稍平行斜上セル多數ノ横小脈ヲ以テス。夏秋ノ間、長キ葶梗ヲ直立シテ高サ60-90cmニ達シ上部ニ大形ノ輪生複總狀花序ヲ成シ枝本ニ小葉苞ヲ具ヘ、穗上ニ多數ノ有梗小形花ヲ開ク。萼片ハ三、緑色ニシテ橢圓形。花瓣ハ三、倒圓圓形ニシテ白色、淡紅紫暈アリ基部ハ黃色ヲ呈ス。六雄蕋アリテ花絲稍長ク葯ハ黃緑色ニシテ黃花粉ヲ吐ク。雌蕋ハ多數ニシテ花柱ハ子房ヨリ短シ。瘦果ハ多數環列シ、平扁ニシテ斜倒卵形ヲ呈シ內側ノ上方ニ一花柱殘存ス。從來澤瀉ヲおもだかト爲セシハ誤。和名匙おもだかハ其葉形ニ基キシ稱ナリ。

第 2 6 5 5 圖

さじおもだか科

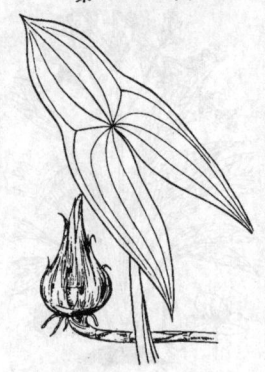

第 2656 圖

さじおもだか科

第 2657 圖

さじおもだか科

第 2658 圖

さじおもだか科

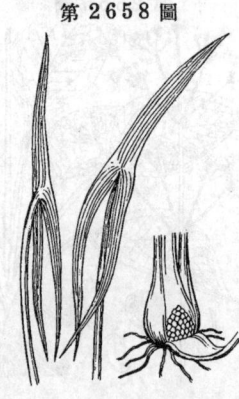

おもだか(野茨菰)—名 はなぐわゐ
Sagittaria trifolia L.
var. typica Makino.
(=S. trifolia L.; S. sagittifolia Lour.;
S. sagittifolia L. var. leucopetala Miq.)

溝中・水田等ニ生ズル多年生草本。根莖ハ短縮シテ二髯根ヲ叢出ス。葉ハ叢生シテ長柄ヲ有シ柄長ハ30-60cmニ許、稜稜アリテ內部粗鬆、基部ハ鞘ヲ成シテ相抱ケリ。葉片ハ箭形ヲ成シ、脚片ハ披頭心ナリ。頂片ニ披頭ノ成セル裂片ヨリ遙ニ長ク且鋭尖頭ヲ有シ基端ハ裏面ニ披頭ス。夏秋ノ間、葉間ニ葶狀ヲ抽テ直立シ高サ凡40-70cmニシテ或ハ上部ノ莖ノ一分枝ノ圓錐花序ヲ成シ有稈ノ白花ヲ中軸ニ輪生シ節ニ莖アリ各々ハ單性ニシテ無柄ノ者ハ雌花。上眼ノ者ハ雌花ニシテ多數アリ。萼三片、綠色、卵狀橢圓形、鈍頭、宿存、花瓣三片、圓形、短花バノリ、薄質ニシテ端淨ス。雄花ニハ多數ノ雄蕊アリテ圓葉ト黄葯ヲ有シ小形が甚ノ長キナリ。雌花ニハ其數雄花ヨリ少ク、短瓣ヲ有シ多數ノ雌蕊ヲ有ヘ球狀ニ相集リ淡色ヲ呈ス。果實ハ相密集シテ平球形が或ハ淡綠色ニシテ平偏ナリ。秋ニ至テ株末葉間ヨリ白色ノ地中莖ヲ出シテ泥中ヲ走リ端ニ鱗片ヲ具ヘ其端ニ小形ノ塊莖ヲ有シ鱗片ニ包マレ頂ニ鱗狀ノ一芽ヲ具フ、此塊莖ノ稍大ナル者ヲ稱スたくわゐ (forma suitensis Makino) ト呼ビ採テ食用ニ供ス。元蠟明似吹田ノ名產ナリ。和名おもだかハ面高ノ意ニシテ其ノ面狀ヲ成セル葉ノ高ノ葉柄頂ニ在ルヲ以テ名ク。而シテ葉面ノ腫腫隆起シ其表面高起セルヲ以テ謂フト云フ設ハアヘ之ヲ取ラズ、花葉狀ハ其塊莖小ニシテ一疇ノ價値無ク唯花ヲ賞スルニ足ルヲ以テ此稀アリ。俗ニ之ヲ澤瀉ト稱スルハ誤ニシテ澤瀉ハさじおもだかナリ。

くわゐ(慈姑) 古名 しろぐわゐ
Sagittaria trifolia L.
var. sinensis Makino.
(=S. sinensis Sims; S. sagittaria L. forma sinensis Makino; S. sagittifolia L. a. edulis Sieb.)

往時支那ヨリ渡來シ爾來廣ク我邦諸州ノ水田ニ栽培セラルル大形ノ多年生草本ナリ。根莖ハ短縮シテ下ニ髯根ヲ叢生ニ葉ハ根出、叢生シテ長柄ヲ有シ、大形ノ箭形ニシテ長ガ凡30cm許ニ及ブ者アリ、中央ニハ闊大ニシテ短ク尖リ、二片ハ長クシテ鋭尖頭ヲ有シ、全邊ニシテ質厚ク、葉面ハ一體ニシテ、葉脈ハ相六ニ分チ縱横ヲ成シ細ニ連絡シテ網ヲ狀セリ、葉柄長キ50-70cm許アリ秋日、葶ヲ葉間ニ抽出ヲ直立シ單一或ハ疎狀クラテ圓錐花穗ヲ成シ白花ヲ開ク。花ハ有稈ニシテ輪生シ、單性ニシテ、脚部ニ宿存萼ト圓形ノ三花瓣ト有ス、雌花ハ黄色ノ多雄蕊ヲ具ヘテ花瓣ノ上部ニ在リ、雌花ハ多雌蕊ヲ具へ花瓣ノ下部ニ在リテ其數少シ、果實ハ球形ニ相集リ淡綠色ニシテ平偏ナリ。株末ヨリ數條ノ粗大ナル地中枝ヲ四方ニ發出シテ鱗片ヲ有シ其枝端ニ球形ノ大ナル淡紫色ノ塊莖ヲ生ジ鱗片ニ掩ハレ頂ニ鱗狀ノ芽ヲ有ス (forma caerulea Makino)、時ニ白色ノ者アリテ橢圓形ヲ呈ス、之レヲはくぐわゐ(forma albida Makino)ト云フ、此等ノ塊莖ハ食用ニ供ス。和名くわゐハ接スル二藍シく得ベキゐ(慈心草)ノ意ニシテ元來ニ今日謂フくろぐわゐ(かやつりぐさ科)ノ名ナリシナラン、而シテ後之レガ慈姑ノ名ニ轉用セラレシナラン乎、くわゐヲ葉形ニ基キ幅ヲ破ヘ葉ノ義ニ採ルハ中ラズト考フ、白ぐわゐハくろぐわゐニ對シテ呼ビシ古名ナリ。

あぎなし
—名 おとがひなし・とばゑぐわゐ
Sagittaria Aginashi Makino.

溝中或ハ水澤ニ生ズル多年生草本。根莖ハ短縮肥厚、下ニ白髯根ヲ叢出ス、葉ハ根出、叢生シテ長柄ヲ有シ、箭形、長ガ15-35cmニ達シ、裂片ハ線形又ハ長披針形、脚片ハ頂片ヨリ遙ニ細ク稍短シ、頂片ハ眞一尖リタル鋭尖頭ヲ或セドモ脚片ハ鋭尖頭ノ尖端特ニ鈍形ヲ呈シ、葉脈ハ強ク下面ニ隆起ス。其初出ノ葉ハ單形ニシテ脚片無或ハ少或不完全ニ其脚片ヲ現ハスコトアリ。葉柄ハ長クシテ粗大、綠色、縱溝アリ、長ガ凡15-40cm、基部ハ鞘ヲ成シテ相擁シ、秋ニ至テ其ノ基脚鞘內ニ無數ノ小塊莖ヲ保有シテ大塊ヲ成ス殊態アリ。夏秋ノ候、40-80cm許ノ莖葶ヲ抽キ上部ニ圓錐花序ヲ成シテ有稈ノ白花ヲ輪生シ、梗末ニ苞アリ。花ハ單性、雄花ハ上部ニ在テ數多ク、雌花ハ下部ニ位シテ數少シ、萼三片、卵狀長橢圓形、淡綠色、宿存ス。花瓣三片、圓形、短花ノ爪ヲ有ス。雄花ニハ多數ノ雄蕊アリテ黄葯ヲ有シ雌花ニハ細小ノ假雄蕊ト多數ノ雌蕊アリ。子房ニ一花柱アリ。果實ハ淡綠色ノ扁球形ヲ成シ平扁リ。和名無シ、其初生ノ葉單形ニシテ分岐セザルヲ以テ之ヲ無單ニ擬シ狀ニ云フ、頤無シモ同意ナリ、鳥羽繪繪法ノ其狹長ニ分岐セル葉狀ヲ鳥羽僧正ノ描キシ剽輕ナル粗筆畫ニ比セシ者ナリ。

うりかは
一名 おほぼしさう
Sagittaria pygmaea *Miq.*
(= S. sagittifolia *L.* var. pygmaea *Makino*;
S. sagittifolia *L.* var. oligocarpa *M. Micheli*.)

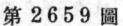

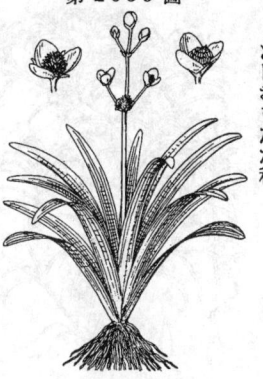

第 2659 圖

さじおもだか科

泥沼地或ハ水田ニ生ズル多年生草本ニシテ、株本ニ白
鬚根ヲ叢出ス。葉ハ根出叢生シ線形或ハ線狀披針形、
或ハ上部多少寛形ヲ成シ、先頭ハ狹窄シテ鈍端ニ呈シ
全邊ニシテ質軟ク綠色ニシテ基部ニ白色、多數ノ平行
脈アリ其橫細脈下方ニ於テ稍ニ分明ナリ、長サ 8-16
cm、幅4-8mm許。夏秋ノ候、高サ10-30cm內外ノ蔘梗
ヲ出シ、一乃至二段ノ輪生穗狀圓錐花序ヲ成シテ少數
ノ白花ヲ簇ケ、梗本ニ苞アリ。花ハ單性、雄花ハ有梗、
二乃至五箇アリテ綠色ノ三蕚片、卵圓形ニ三花瓣、約
十二雄蕋ヲ有シ花絲ニ寛形ニシテ小尖ヲ以テ黄葯ヲ
支フ。雌花ハ一箇、最下輪列ニ在リテ無梗、卵形宿存
ノ三蕚片、卵圓形ニ三花瓣、多雌蕋ヲ有ス。果實ハ平
球形ニ集合シ平扁ニシテ長キ宿存花柱ニ通ナリ背ニ
少數ノ突起アリ。株本ヨリ纖長ナル地中枝ヲ泥中ニ引
キ其末端ニ嘴狀ノ頂芽ヲ成ス。和名瓜皮ハ
其葉狀宛モ縱ニ剖ギタルまくはうりノ皮ノ如ケレバ
云フ、大星草ハ蓋シ其花姿ニ基キ名ナラン、或ハ其
三瓣ノ花ヲ大星由良之助ノ巴ノ紋ニ擬セシ者乎。

ほろむいさう
一名 えぞぜきしゃう・ほりさう
Scheuchzeria palustris *L.*

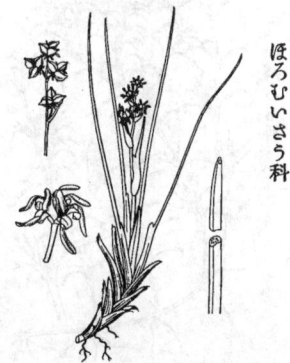

第 2660 圖

ほろむいさう科

北海道幷ニ東北地方ノ沼澤地ニ生ズル多年生草
本。地下莖ハ粗大ニシテ長ク橫行シ、舊葉鞘ニ
被ハル。葉ハ細長ニシテ半圓柱形ヲ呈シ、長サ
凡15-25cmアリ、下ニ大ナル葉鞘ヲ具ヘ、葉末ニ
一小孔ヲ有スル特徵アリ。七月時分ハ花梗ヲ直
立シテ數花ヲ總狀花序ニ簇ク。花ハ小形ニシテ
綠色ヲ呈シ、梗本ニ苞アリ。花蓋ハ六片ニ深裂
シテ反曲シ、宿存ス。六雄蕋アリテ長キ外向葯
ヲ有ス。三子房アリテ各ニ三ノ卵子ヲ容レ、柱
頭ニ無柄ナリ。果實ハ蓇葖ニシテ三箇相集著シ
草狀ニ比シ頗ル大ナリ、內ニ一二ノ種子アリ。
和名幌向草ハ北海道石狩ナル幌向ノ濕迦地ニ生
ズルヨリ云ヒ、蝦夷石菖ハ草狀せきしゃうニ似
テ北海道ニ生ズルヨリ云ヒ、堀草ハ堀正太郎博
士ノ學生時代ニ同氏ノレヲ始メテ幌向ノ地ニ採
集セラレシヨリ名ケラレシト謂ヘリ。

いばらも
Najas major *All.*
(= N. marina *L.* ex parte.)

第 2661 圖

いばらも科

湖池・流水中ニ沈在シテ生ズル淡水產ノ
一年生草本ニシテ綠色ヲ呈シ、細長ナル
圓柱形ノ莖ニ疎ニ分枝シ長サ30-60cm許
アリテ下ニ鬚根ヲ疎出ス。葉ハ對生シ、
線形ニシテ長サ3-4cm、幅2-3mm許、邊緣
ニハ尖齒牙狀鋸齒ヲ有シ、先端ニ銳頭、基
部ニ無柄ニシテ短鞘ヲ成ス。雌雄別株。
花ハ夏秋ノ候ニ出デ、細小、上方ノ葉腋
ニ單立シテ無柄。雄花ハ長サ3-4mm、壺
狀ノ膜質佛燄苞ニ包マレ、雄蕋一箇アリ、
葯ハ四胞室ナリ。雌花ハ裸出シ、二柱頭ヲ
有ス。果實ハ橢圓體、長サ4-8mm、階紋
アリ。和名棘藻ハ、其棘齒アル葉ニ基ヅ名
ケシナリ。

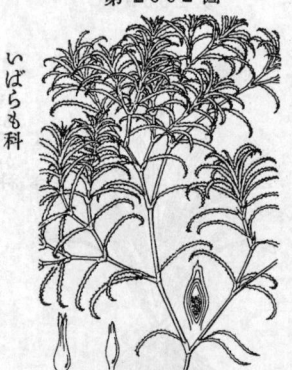

第2662圖

いばらも科

とりげも
Najas minor *All.*

池沼ノ水中ニハ沈在シテ生ズル一年生草本
ニシテ叢生シ、濁綠色ヲ呈ス。莖ハ瘦細
ニシテ多ク兩岐的ニ分枝シ、長サ30cm內
外アリ。葉ハ對生シ、線形ニシテ反曲シ上
方ハ漸次狹窄シテ尖リ長サ1-2cm、邊緣
ニ尖齒牙狀鋸齒アリ、莖ノ上方ハ多ク密
集シテ總狀ノ觀ヲ呈ス。雌雄同株、夏日、
葉腋ニ淡綠色ノ小單性花ヲ單立ス。雄花
ハ一佛燄苞ニ包マレ一雄蕋アリ、葯ハ一
胞室ナリ。雌花ハ裸生。果實ハ線狀長橢圓
形ニシテ長サ2-3mmアリ。和名鳥毛藻ハ
其莖梢ハ反卷セル葉ノ群着セル姿ヲ彼ノ
指物ノ所謂とりげニ擬シテ名ケシナリ。

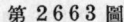

第2663圖

いばらも科

ほっすも
Najas graminea *Delile*
var. serristipula *Makino.*
(=N. serristipula *Maxim. non Nocc. et Balb.*)

湖沼・溝中又ハ水田ノ水中ニハ沈在シテ生
ズル一年生草本ニシテ濁黃綠色或ハ褐黃
綠色ヲ呈セリ。莖ハ瘦長ニシテ長サ30cm
內外ニ達シ、多ク分枝シ下ニ鬚根ヲ發出
ス。葉ハ瘦細ナル線形ニシテ長サ1-3cm
許、邊緣ニ微小鋸齒アルモ肉眼的ニハ殆
ド認ムルヲ得ズ。雌雄同株、夏秋ノ間、
淡綠色ノ小單性花ヲ葉腋ニ生ジ、雌雄花
共ニ裸生セル。雄花ハ一雄蕋、雌花ハ二岐
セル柱頭アル一子房ヲ有ス。果實ハ狹長
橢圓形ニシテ長サ3mm內外、殆ド同長ノ
宿存花柱ヲ有シ、方眼ハ短キ矩形又ハ多
角形ニシテ細小ナリ。和名拂子藻ハ其葉
ノ相集リテ枝梢ニ生ズル狀ニ基キテ名ケ
シナリ。

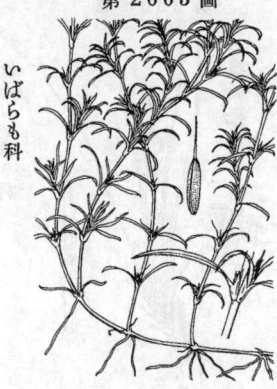

第2664圖

ひるむしろ科

かはつるも
Ruppia rostellata *Koch.*

全草沈水セル多年生草本ニシテ海水ノ出
入スル淡水中ニ多ク生ズ、故ニ海邊地域
ニ特產セリ。全草褐綠色ヲ呈シテ群生スル
性アリ、莖ハ絲狀ニシテ分岐シ長サ30
-60cm許アリテ下部ニ鬚根ヲ發出ス。葉
ハ絲狀ニシテ長サ10cm內外、幅0.5mm許
アリ、基部ニ托葉狀ノ葉鞘アリ。花ハ兩
性ニシテ二乃至六箇簇生シ細微ニシテ初
メ葉鞘內ニ位スト雖モ、後チ花梗ハ延ビ
テ水面ニ達ス。花ニハ花被ナクシテ裸出
シ褐綠色ヲ呈ス。無花絲ニ二雄蕋ト四箇
ニ分離セル心皮トヲ有シ、心皮ハ受粉後
延ビテ5mm許ノ小梗ヲ成ル。瘦果ハ斜廣
橢圓形ニシテ銳嘴ヲ有シ纖形ヲ成セル絲
狀小梗端ニ着キ、長キ花梗ハ往々螺曲ス。
和名ハ川蔓藻ノ意、水中ニ生ジテ其莖蔓
ノ如ケレバ云フ。

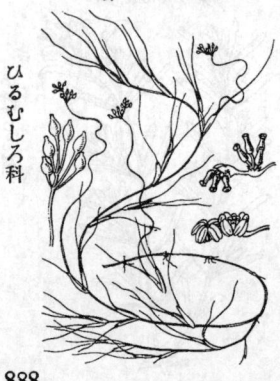

ひるむしろ（眼子菜）

一名　ひるも・さじな

Potamogeton Franchetii
A. Benn. et Baag.

(= P. polygonifolius *Fr. et Sav. non Pourr.*)

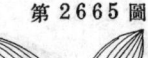

廣ク諸州ノ池溝・水田等ニ多キ浮泛性ノ多年生草本ニシテ根莖ヲ泥中ニ盛ニ繁殖シ往ニ大群ヲ成ス。莖ハ細長ニシテ根莖ヨリ出デ水中ニ在リ、水ノ淺深ニ從テ長短アリ、短キ者ハ10-20cmニ過ギズ長キ者ハ凡60cm内外ニ及ベリ。葉ニ二型アリ、沈水葉ハ短柄ヲ有シ質菲薄ニシテ狹長ナリ、浮泛葉ハ水面ニ浮ビテ長橢圓形ヲ呈シ、上面ハ光滑綠色、下面ハ淡黃綠褐色ヲ呈シテ葉脈多少隆起シ、葉柄ハ細長ニシテ基部ニ膜質ノ分立セル托葉アリ。夏秋ノ間、長サ凡7cm内外ノ花梗ヲ抽キ、穗狀花序ヲ成シテ細花ノ蒼ヶ帶黃綠色ヲ呈ス。花ニ四箇ノ花蓋襟片（葯隔ノ展張セシ者ト謂フ）、四雄蕋アリテ槶ヶ二胞狀ヲ有ス。無柄ノ四子房アリテ短花柱ヲ具フ、梨果ハ廣卵形ニシテ多少殺狀圓滿ヲ成シ宿存セル短花柱ヲ有シ果背ハ全邊ニシテ稍稜アリ。本品水田ニ繁殖スル時ハ害草ト成リ且其根莖リ去リ難キヲ以テ豊家頗ル困難リ感ゼリ。和名蛭席ハ其葉ノ蛭ノ居處ニ擬セシ稱、蛭藻ニ同義ナリ、或ハ蛭ノ住ム處ノ藻トモ解シ得ベシ、匙菜ノ稱ハ葉形ニ基ク。

えびも（馬藻）

Potamogeton crispus *L.*

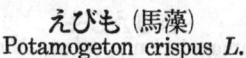
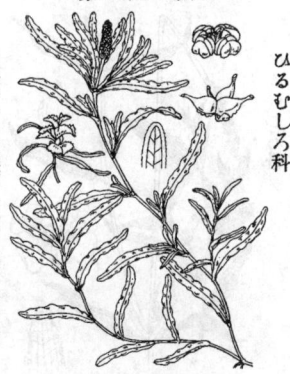

邦内廣ク池溝或ハ流水中ニ生ズル沈水性ノ多年生草本ニシテ常ニ群ヲ成シテ繁茂シ綠褐色ヲ呈シ、往々冬時モ亦其葉ヲ存スルコトアリ。莖ハ長サ30-70cm許ニ及ビ疎ニ枝ヲ分チ、細長ニシテ稍平扁ナリ。葉ハ無柄ニシテ互生シ線形ニシテ長サ3-4cm、幅4-6mm、鈍頭又ハ圓頭、圓底叉ハ鈍底、邊緣ハ波狀ニ皺曲シ且細鋸齒アリ、葉脈三條アリ、中脈ハ太クシテ著大ナリ。初夏、莖頂又ハ葉腋ニ短キ花梗ヲ抽キ、穗狀花序ヲ成シテ疎ニ淡黃褐色ノ小形花ヲ著ク。花ニ四花蓋襟片、四雄蕋、四子房アリ、瘦果ハ卵形ニシテ上部狹窄シ長花柱ト成リテ銳尖狀ヲ呈シ、果背ハ多少鷄冠狀ヲ成ス。本種ハ往々短枝ヲ生ジ後チ本莖ヨリ離脱シ以テ一芽體ヲ形成シ之レニ附着セル葉ハ相接シテ基部擴張肥厚ヲ其邊緣ニ細齒アリ。和名蝦藻ハえびノ住ム處ニ生ズル意ニテ名ケラレシナリ。

ひろはのえびも

Potamogeton perfoliatus *L.*

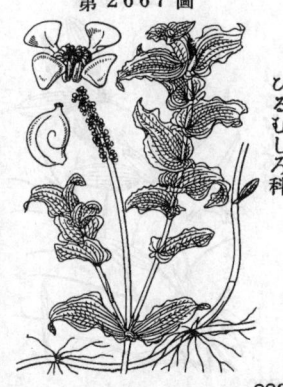

湖池ニ生ズル綠色ノ沈水性多年生草本。地下莖ハ圓柱形ヲ成シテ橫走シ白色ニシテ節ニ蘗根ヲ發出ス。莖ハ細長ニシテ30-50cm許アリ、疎ニ分枝ス。葉ハ薄質半透明ノ鮮綠色ニシテ莖ニ互生シ往々相接近シ、花梗基部ノ者ハ僞對生ヲ呈シ、無柄ニシテ卵形或ハ長卵形ヲ呈シ上頭ハ短ヶ尖リ底部ハ心臟形ヲ成シテ莖ヲ抱キ、葉緣ハ波狀樣ヲ成シテ皺曲シ、中脈ヲ併セテ主脈數條縱通シ其間細縱脈ト橫細脈トアリ。夏秋ノ間、葉腋ニ花梗ヲ抽キ、頂ニ穗狀花序ヲ成シテ綠色ノ小花ヲ花軸ノ周圍ニ綴ル。花ニハ柄稍長ヶ略三角狀ノ四花蓋襟片、四雄蕋及ビ四子房アリ。瘦果ハ倒卵狀廣橢圓形ヲ成シ宿存花柱ヲ以テ短嘴ヲ成ス。和名ハ廣葉の蝦藻ノ意ナリ。

ひるむしろ科

ひるむしろ科

ひるむしろ科

ささばも
一名 さじばも

Potamogeton malaianus *Miq.*
(=P. Gaudichaudii *Cham. et Schlect.?*;
P. mucronatus *Presl*; P. japonicus
Franch. et Sav.; P. tretocarpus *Maxim.*)

主トシテ河川ノ流水中ニ生ズル沈水性ノ多年生
草本ニシテ群ヲ成シテ繁茂シ、長サ1m内外ニ
達シ、通常浮泛葉無シト雖モ中ニ雑ハリテ(別種ニ非ズ)
稀ニ不完全ナル浮葉ヲ生ズルコトアリ
(forma subfluitans *Makino*)。葉ハ往々長柄ヲ
有シ又短柄ヲ具ヘ長大ニシテ線状長楕圓形ヲ成
シ、先端ハ鋭凸頭ヲ呈シ底部ハ鈍形ト成リ、長
サ10-20cm、幅1-2cm許、薄質ニシテ邊縁多少
波皺ヲ呈シ、中脈頗ル顯著ナリ。夏日、葉腋ニ
葉ヨリ短キ花梗ヲ出シ、頂ニ穗狀花序ヲ成シテ
黄緑色ノ小花ヲ着ク。花ハ四花蓋樣片、四雄
蕊、四子房アリ。果實ハ卵球形シテ短嘴ヲ有ス。
和名笹葉藻ハ其葉形ニ基キシ稱、又セ葉藻モ同
樣ナリ。

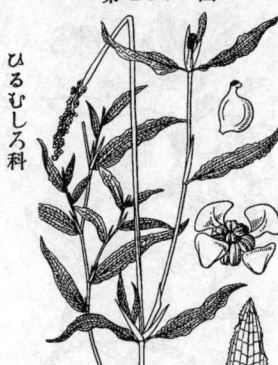

ささえびも
Potamogeton nipponicus *Makino.*

高地或ハ低地ノ湖中ニ生ズル沈水性ノ多年生草
本。根莖ハ細長ニシテ泥中ヲ横走シ、節ヨリ鬚根
ヲ下セリ。莖ハ瘦細ニシテ長ク、長サ60-100cm
許、下部ハ短キ枝ヲ分ツ ノ殊性アリ。葉ハ皆沈水
スト雖モ時ニハ多少不完全ナル浮泛葉ヲ現スコ
トアリ(forma subfluitans *Makino*)、毎葉莖ニ
互生スト雖モ花梗下ノ者ハ特ニ偶對生ヲ成シ、
或ハ短柄ヲ有シ或ハ無柄ニシテ狹披針形或ハ披
針形ヲ成シ、鋭尖頭ヲ有シ、邊縁多少皺曲シ、
細鋸齒緣、三主脈ヲ有シ横細脈ハ分明ナリ、質
薄ク半バ透明シ褐緑色ヲ呈シ、長サ3-6cm許ア
リ。托葉ハ離生シテ長ク線状披針形ナリ。夏秋
ノ候、長キ花梗ヲ抽キ上頭ニ穗狀花序ヲ成シテ
小形花ヲ着ク。花ハ緑色ヲ呈シ、四花蓋樣片、
四雄蕊、四子房ヲ有ス。瘦果ハ小形、卵圓形、
緑色ニシテ短嘴アリ。和名ニ笹蝦藻ノ意、えび
もニ類シテ葉形竹葉ノ如ケレバ云フ。

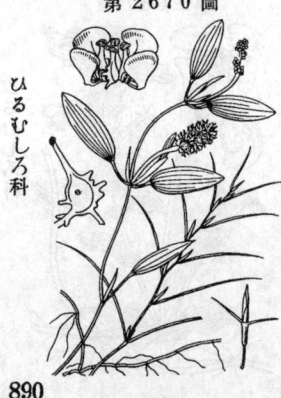

こばのひるむしろ
Potamogeton cristatus
Reg. et Maack.

池沼或ハ水田側ノ溝中ニ生ズル沈水浮泛ノ兩葉
ヲ有スル多年生草本。根莖ハ纖細白色ニシテ節
ヨリ鬚根ヲ下シ、泥中ヲ横行ス。莖ハ纖細ニシ
テ分枝シ淡緑色ヲ呈ス。葉ハ緑色ニシテ互生シ、
花梗下ノ者ハ偽對生ヲ有シ、水中葉ハ絲狀ヲ呈
シテ上部漸次ニ尖リ一脈ヲ有シ、浮泛葉ハ莖ノ
上部ニ出デ小形ニシテ長楕圓形ヲ成シ長サ 15-
25mm、幅7mm内外ニ過ギズ、鈍頭、鈍底、五
縱脈アリ、中脈ハ顯著ニシテ横脈亦分明ナリ、
葉柄ハ1cm以下ニシテ其基部ニ在ル托葉ハ膜質
ニシテ長シ。初夏ノ候、莖梢浮泛葉腋ニ葉ヨリ
モ短キ花梗ヲ出シ、短キ穗狀花序ヲ成シテ細花
ヲ着ケ淡黄緑色ヲ呈ス。花ハ四花蓋樣片、四雄
蕊、四子房ヲ有ス。瘦果ノ背脊ハ長短不齊ノ鷄
冠狀突起ヲ有シ、上部ハ長キ宿存花柱ヲ有シテ
長嘴狀ヲ成ス。本種ハ秋ニ至リ兩針アル有柄ノ
小形胎芽ヲ葉腋ニ生ジ後チ離脱シテ水底ニ沈ミ
遂ニ新苗ノ萌出スル特性アリ。和名ハ小葉ノ蛭
席ノ意ナリ。

やなぎも
一名 ささも
Potamogeton oxyphyllus _Miq._

我邦諸州ニ最モ普通ニシテ主トシテ小河細流ノ水中ニ多ク生ズル沈水性多年生草本ニシテ水勢ニ由テ下方ニ靡キ生ジ褐綠色ヲ呈セリ。根莖ハ長カラズ。莖ハ細長ニシテ疎ニ分枝シ稍平扁ナリ。葉ハ無柄ニシテ互生シ、線形全邊ニシテ銳尖頭ヲ成シ、長サ5–10cm、幅3mmヲ超エズ、中脈ハ顯著ナリ。托葉ハ膜質ニシテ長ク葉ヨリ分立シテ莖ヲ擁セリ。夏月、葉ヨリ短キ花梗ヲ腋生シ、梗頂ニ短キ穗狀花序ヲ成シテ黃綠色ノ小花ヲ着ク。花ハ四花蓋樣片、四雄蕊、四雌蕊アリ。瘦果ハ圓卵形ニシテ壓扁セラレ極メテ短キ宿存花柱ヲ戴キ其背脊ハ全邊ナリ。和名柳藻ハ其葉形ニ基キテ名ク、笹藻モ亦然リ。漢名馬藻(誤用)

第 2671 圖

ひるむしろ科

いとも
Potamogeton pusillus _L._

池沼・溝瀆或ハ細流中ニ生ズル沈水性多年生草本ニシテ群生シ綠褐色ヲ呈セリ。根莖ハ纖細ニシテ白色。莖ハ纖細ナル絲狀ヲ成シ疎ニ分枝ス。葉ハ無柄ニシテ互生シ、花梗下ノ者ハ僞對生ヲ裝ヒ、瘦線形ニシテ長サ7cm內外、幅2mmヲ超エズ、先端漸次ニ銳尖シ全邊ニシテ鋸齒無ク、中脈ハ顯著ナラズ。初夏ノ候、莖梢ニ葉ヨリ遙ニ短クシテ長サ2cm內外ノ花梗ヲ出シ末端ニ短小ナル穗狀花序ヲ成シテ數花ヲ着ク。花ハ小形ニシテ淡黃綠色ヲ呈シ、四花蓋樣片、四雄蕊、四子房ヲ有ス。瘦果ハ卵狀球形ヲ成シ長サ2mm內外アリテ嘴ハ極メテ短シ。和名ハ絲藻ノ意ニシテ其瘦細ナル葉ニ基テ名ケシナリ。

第 2672 圖

ひるむしろ科

みづひきも
一名 いとも
Potamogeton Miduhikimo _Makino._
(=? P. limosellifolius _Maxim._)

湖池沼澤ニ生ズル多年生草本ニシテ往々群生シ沈水葉ト浮泛葉トヲ有ス。根莖ハ纖長白色ニシテ泥中ヲ橫行シ節ヨリ鬚根ヲ出セリ。莖ハ絲狀ヲ成シ長サ凡30–60cm內外アリテ分枝ス。葉ハ互生シテ綠色ヲ呈シ、其水中葉ハ纖長ニシテ絲狀ヲ呈シ先端漸次ニ銳尖シ全邊ニシテ三脈アリ、其浮泛葉ハ小形ノ狹長長橢圓形ニシテ銳頭又ハ鈍頭、鈍底、全邊、長サ15–25mm、幅5–7mm許、纖細ナル短キ葉柄ヲ具ヘ稍或ハ通常僞對生ヲ成ス。夏秋ノ間、浮泛葉間ヨリニ花梗ヲ抽キ、末ニ小ナル穗狀花序ヲ成シテ疎ニ小形ノ黃綠花ヲ着ク。花ハ四花蓋樣片、四雄蕊、四子房ヲ有ス。瘦果ハ圓卵形ニシテ宿存花柱ヲ以テ短嘴ヲ成シ、果背部ハ稍突起ス。本品ハ秋ニ至テ繁殖用ノ有柄ノ小形胎芽ヲ葉腋ニ生ジ後チ離脫シテ水底ニ沈ミ遂ニ新苗ヲ生ズルニ至ル。此種ハ北米産ノ P. Vaseyi _Robbins._ ニ酷似スレドモ固ヨリ同種ニハ非ズ。和名水引藻ハ其水中ニ橫ハル絲狀葉ヲ水引ニ擬セシナリ、絲藻ハ其莖葉ノ狀ニ基キシ名ナリ。

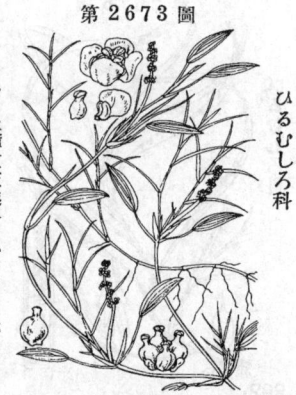

第 2673 圖

ひるむしろ科

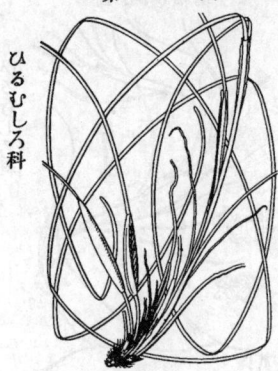

せんにんも
Potamogeton Maackianus *Benn.*
(=P. serrulatus *Reg. et Maack.*; P. Robbinsii *Oakes* var. japonicus *Benn.*)

諸州ノ池沼井ニ山中ノ湖底ニ生ズル沈水性ノ多年生草本ニシテ冬季ニモ枯死セズ或ハ枝條ノ先端分離シテ越ゆ冬ス。根莖ハ泥中ヲ横行ス。莖ハ細ク分枝ニシテ疎ニ分枝シ、全部水中ニ在リテ立チ、決シテ浮泛葉ヲ生ゼズ。葉ハ互生シ廣線形ニシテ質薄ク長サ1-3cm、先端ニ微凸頭アリ成シテ鋸齒ナケレド葉緣ニハ深ナル齒牙狀鋸齒ヲ具ヘ、中脈ト共ニ三或ハ五脈ヲ有シ、基脚ニ葉鞘ヲ成シテ莖ヲ抱クノ特徵アリ。花梗ハ秋日枝端ニ直立シ長サ1cm內外ノ小形穗狀花序ヲ成シテ短圓柱形ヲ成シ疎ニ細花ヲ著ケ、冬ノ凌ギテ七月頃成熟ス。花ハ細小ナル四箇ノ花萢綠片、四雄蕋、二子房アリ。瘦果ハ扁半圓形ニシテ背面稜綫ヲ有シ且ツ基脚ニ近ク一二ノ低キ小突起ヲ生ズ。和名ハ仙人藻ノ意ニシテ其始メテ採集セシ產地宛モ仙人ノ棲ムガ如キ山間ノ湖ナリシニヨリ斯クハ命名セラレシモノナリ。

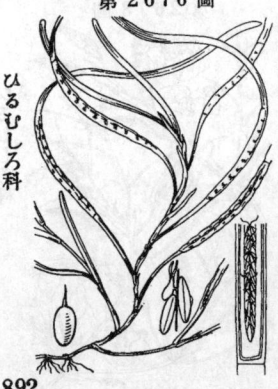

えびあまも
Phyllospadix japonica *Makino.*

中部以南ノ海中岩上ニ沈水シテ着生スル多年生草本ニシテ海產顯花植物ノ一ナリ。根莖ハ短ク橫ハリ岩面ニ固着シ舊キ葉ノ纖維黑色ト成リテ殘存ス。葉ハ線形ニシテ宛モせきしゃうもノ如ク、幅2-2.5mmアリ乾ケバ黑變シ三行脈アリ下方ハ長鞘ヲ成ス。春日株本ヨリ短梗ヲ根出シ、長サ丸3-4cm許ノ彎曲セル革質箆狀總苞內ニ肉穗花序ヲ有スレドモ、開花時ハ雌ドモ花ハ外部ニ現ハレズシテ包マレ、總苞頂ニハ狹長ナル葉ヲ著ク。雌雄異株ナレド雌穗ハ往々雄花ヲ混ズ。苞ハ一花ニ一箇、相集リテ左右二列ニ並ビ、斜卵狀披針形、乾キテ黑色ニ變ジ、花蕋ハ無ク、雌花ハ雌蕋一箇ト退化セル一雄蕋ヲ有シ、雄花ハ雄蕋一箇ヲ有シ、花粉ハ水綿(あをみどろ)狀ヲ成シテ遂ニ潜水中ニ流動シ柱頭ニ會ス。果實ハ革質、底部ハ心臟狀箭形ヲ呈シ、上部ハ嘴アリ成ス。すがもニ似テ葉狹ク、根莖鬚毛黑ク、箆狀苞小ナルヲ以テ區別スベシ。和名 蝦海藻(或ハ蝦甘藻乎)ハ總苞ノ狀屈シテ蝦ニ似タルニ由ル。

あまも
一名 あぢも・もしほぐさ・もば・はまゆふ・りうぐうのをとひめのもとゆひのきりはづし
Zostera marina *L.*

海產顯花植物ノ一ニシテ海中ニ生ズル沈水性ノ多年生草本。根莖ハ橫走ニ白色ニシテ肥厚ク、節ヨリ鬚根ヲ發出ス。莖ハ長クシテ疎ニ分枝ヲ扁平ニシテ淡綠色ナリ。葉ハ互生シテ綠色ヲ呈シ、細長ナル線狀ニシテ鈍頭ヲ有シ全邊ニシテ三乃至五縱脈ヲ有シ、幅ニ1cm、長サ50-100cm許アリテ質柔ナリ。托葉ハ膜質ニシテ離立ク狹長ナリ。初夏ノ候、花ハ小ニシテ綠色ノ長キ綠形ヲ成セル箆狀總苞ノ鞘內ニ在リ、肉質花軸ノ一側面ノ中部ニ沿フテ雌花雄花交互ニ排ビニ列ヲ成シ花蕋無ク裸出ス。葯ハ卵形ニシテ黃色。子房ハ卵狀長橢圓形ヲ成シ曲形ノ花柱ヲ有シ、柱頭ハ二ニ分テ剛毛狀ヲ呈ス。和名あまもハ甘藻ノ意ニシテ根莖ニ甘味アリ小兒採リ食フ、故ニ又味藻ノ名アリト謂ハレ、按ズルニあまもヘ海藻(あまも)ノ意ト爲スモ亦通ズ、藻鹽草ハ元來海藻ノ葉ヲ干積ミ燒キテ燒キテ製シテ採ル其濱ヲ斯ク云フ故と レヲ本品ノ名ト爲シ爲シナリ、もばヘ藻ノ意、龍宮ノ乙姬ノ元結ノ切リ外シ其葉ヲ斯ク謂ヒシナリ、本品ノ葉ハ海濱ノ曬サレて往々白色ト成ル、故ニヘ又濱木綿(はまゆふ)ノ名アリ。漢名 大葉藻 (誤用)

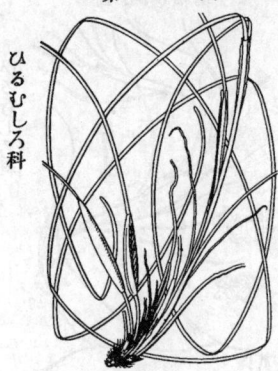
第 2674 圖 ひるむしろ科

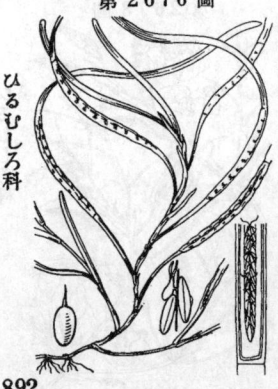
第 2675 圖 ひるむしろ科

第 2676 圖 ひるむしろ科

しばな
一名 もしほぐさ・ひろはのみさきさう
Triglochin maritimum L.

海水ノ來ル沼地ニ生ズル多年生草本ニ株叢生
シテ群ヲ成ス。地下莖ハ斜上シテ強キ鬚根ヲ下
シ、舊葉基部ハ纖維ヲ遺セリ。葉ハ根出叢生シ
テ上向シ、長サ15-30cm許、細長ニシテ線形ヲ
成シ、上部稍扁平ニシテ下部ハ鞘ヲ成シ緑色ニ
シテ質厚シ。夏秋ノ間、葉間ニ葶梗ヲ抽キ多數
ノ帶紫緑色ノ細小花ヲ以テ瘦長ナル無苞ノ穂狀樣
總狀花穂ヲ成ス。花ハ雌蕋先熟ノ風媒花ニシテ
二列生六花蓋片アリ。雄蕋ハ六數。子房ハ卵形
六室ニシテ柱頭ハ羽毛狀ヲ呈ス。果實ハ長橢圓
形ノ蒴ヲ成シ、熟スレバ革質ノ六心皮其中軸ヨ
リ分離シ前面開裂シテ種子ヲ出ス。葉ヲ採リ食
用トスベシ。和名しばなハ鹽場菜ノ意ニシテ往
往鹽田ノ邊ニ生ズルヨリ斯ク呼バレシナリ、故
ニ之ヲ芝艸ト書スルハ非ナリ、菜鹽草ハ本品海
邊地ノ草ナルヲ以テ菜鹽ノ成語ヲ以之ヲレニ名
ケシニ過ギズ、廣葉三尖草ハみさきさう即チほ
そばのしばなニ比スレバ其葉廣キヲ以テ云フ。

ひるむしろ科

ほそばのしばな
一名 みさきさう
Triglochin palustre L.

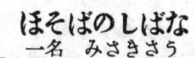

北方ノ沼地或ハ濕原ニ生ズル多年生草本
ナリ。莖ハ基部膨大シテ下ニ鬚根ヲ有シ、
又匐枝ヲ出ス。葉ハ根出叢生シテ上向シ、
絲狀ニシテ半圓形ヲ呈シ、長サ6-30cm許
アリテ質柔ナリ。七八月ノ候、葉間ニ細
長ナル葶梗ヲ抽キ、上部無苞ノ瘦長ナル
穂狀樣總狀花穂ヲ成シ、短小梗アル多數
ノ細小紫緑色花ヲ疎着ス。六花蓋片。六雄
蕋アリテ紫色ノ外向葯ヲ有ス。果實ハ穂
軸ニ沿テ接在シ棍棒狀ヲ成シテ下部狹窄
シ、革質ニ三心皮ヨリ成リ、細種子アリ。
和名細葉ノ鹽場菜ハしばなニ似テ細葉ナ
レバ云フ、またみさきさうハ三尖草ノ意ナリ
ト謂ヘリ、是レ蓋シ蒴果ノ三心皮開裂ス
レバ其下方長ク尖ル故ニ斯ク名ケシ乎。

ひるむしろ科

みくり (黑三稜)
一名 やがら
Sparganium ramosum Huds.
(= S. stoloniferum Buch.-Ham.)

池沼・溝中等ニ生ズル多年生草本ニシテ直上シ、高サ
70-100cm許アリ。根莖ノ短縮ニシテ側枝ヲ發出ス、
葉ハ一科ニ變生シテ莖ヨリ長ク緑色ニシテ質軟ク、線
形ニシテ純肪ヲ呈シ、背面ニ一縱稜ヲ有シテ三棱ヲ成
シ、幅1-2cm許アリ。夏秋ノ間、葉中ヨリ粗强ナル綠莖
ヲ抽キテ直立シ上部分枝シ花蕾ヲ成シ。花頭枝ハ葉狀
苞ニ腋生ス。花ハ單性ニシテ頭狀花序ヲ成シ白色(乾
ケバ變ジテ暗色ト成ル)ヲ呈シ、雄花序ハ多數ニシテ
枝ノ上方ニ瘠キ、雌花序ハ五乃至十二アリテ枝ノ下方ニ
瘠キ綠色ヲ呈ス。雄花ハ三花蓋片、三雄蕋アリ。雌花
ハ三花蓋片、一花柱アルー子房アリ。雌花序ハ熟スレ
バ徑15-20mmノ聚合果毬ヲ成シ綠色ニシテ突起多シ。
椄果ハ梗アリテ長倒卵形、先頭突出、下部楔形ヲ成シ、
綠狀苞片ヲ成セル乾皮質ノ宿存花蓋片ヲ伴フ。西書中
往ハS. ramosum Huds.ノ雌花毬ヲ olive-brown
色ト記セルハ蓋シ乾腊標品ニ就テ記セルナラン、和名
ハ實果ニシテ果球毬彙(いが)ノ如ケレバ云フ、やがら
ハ矢幹ニテ矢ノ幹ヲ云ヒ其莖ガ其物ニ擬セシナリ。

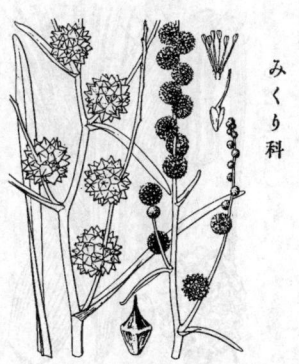

みくり科

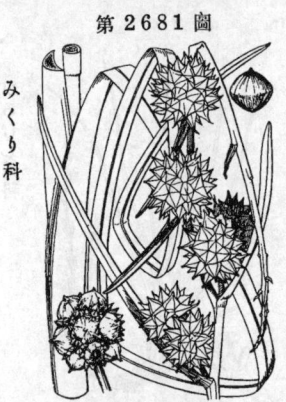

こみくり
Sparganium glomeratum *Laest.*

第 2680 圖

みくり科

諸國ノ水澤中ニ生ズル多年生草本ニシテ泥中ニハ小サキ塊狀ノ根莖アリ。莖ハ葉ト共ニ水上ニ挺出シ其高サ30-50cm、冬季ハ上部枯死ス。葉ハ多胞質ニシテ幅7mm內外、多少樋狀ヲ呈シテ綠色、莖ヨリモ低シ。六月ノ候ニ開花シテ直立ノ花莖ハ球狀ノ頭狀花序ヲ蒼クルコト五乃至十、上部ニ在テ互ニ近ク位置シテ穗狀ヲ成ス。雄性ニシテ黃色ナリ、下部ノ者ハ雌性ニシテ短キ梗頂ニ單立シ元來腋生ナレドモ、梗ノ下半ハ中軸ト癒合セル爲メ上方ノ葉ト對生セルガ如ク觀ヲ呈ス。花ハ細小ニシテ花蓋ハ三片アリ、雄花ニハ三雄蕊、雌花ニハ一子房アリテ一花柱ヲ有シ二柱頭アリ。果球ハ徑15mm內外、核果ハ紡錘形ニシテ銳尖頭ヲ有スルヲ以テ果球ハいが狀ノ外觀アリ、熟スレバ汚黑褐色ト成リ個々ニ崩壞シテ散落シ、各果ノ下半ハ宿存セル花蓋六片ヲ伴フ。和名小實栗ハ普通ノみくりヨリ全草小形ナレバ云フ。

おほみくり
一名 あづまみくり
Sparganium macrocarpum *Makino.*
(＝S. stoloniferum *Buch.-Ham.*
var. macrocarpum *Hara.*)

第 2681 圖

みくり科

諸國ノ水澤池ニ生ズル壯大ナル多年生草本ニシテ高ク水上ニ挺出シ其高サ1mニ達シ、地下ニ白色多肉ノ太キ匐枝ヲ引ク。葉ハ根際ヨリ叢生挺出シ上部劍狀ニシテ中脈部厚ク、幅12-15mmアリ、下部ハ三稜形ヲ成シ、基脚部ニ相抱擁シ、多胞ニシテ鬆質ナリ。莖ハ直立シ綠色ヨリ稜綫アリ、頂ハ雄性ノ小サキ頭狀花序十箇內外ヲ穗狀ニ綴リ、其下方ニ雌性頭狀花序ヲ有スルヲ花硬三四ヲ出ダス。果球ハ徑2cm許アリ、梗ハ葉狀苞ヨリ甚ダ短ク、且ツ中軸ニ癒合スルコトナシ。核果ハ巨大ニシテ其成熟セル者比較的少數ニシテ短キ倒圓錐體ヲ成シ、頂部ハ稍平坦圓鈍闊狀ヲ呈シテ急遽銳尖頭ヲ成シ其直徑ハ8mmヲ超エ、果球ノ面凡モ幾突起ノ散在セルガ如ク見エ同屬中果實ノ最モ大ナル者ナリ、和名大實栗ノ意ニシテ其全草大形ナレバ云ヒ、あづまみくりノ東國即チ關東地ニ在レバ斯ク呼ベリ。

たこのき
Pandanus boninensis *Warb.*

第 2682 圖

あだん科

我ガ小笠原島ニ繁茂スル特產ノ常綠樹、幹ハ5-10mノ高サニ聳エ疎ニ分岐シ、下部ニ多數ノ大ナル氣根ヲ叢出ス。葉ハ挺幹頂ニ簇集シテ鬱蔥ト茂リ、細長ニシテ上部狹窄シテ長ク尖リ硬キ革質ニシテ邊緣ニハ銳キ硬齒ヲ列ネ長サ凡120cm內外、幅7cm內外アリ。雌雄別株ニシテ夏月開花ス。雄花ハ無數ノ黃色細花相密集シテ圓筒狀ヲ呈セル總狀花序ヲ或リ幾花序、中軸ニ着キ、狹長ニシテ漸次尖頭ナル苞葉ノ腋ニ生ジ相集テ大ナル花叢ヲ形成ス。雌花ハ多數者ニ卵狀球形ニ集合シテ花球獨生シ下ニ柄アリ、綠色ニシテ搜長銳尖頭ノ多數苞葉ニ擭セラレ、成熟スレバ巨大ナル球形ノ聚合果ト成リテ懸垂ニ、倒卵形ノ各果ハ長サ8cm許アリテ其上部球面ヨリ凸出シテ稜角アリテ頂ハ短ク三歧シ、老熟スレバ下部黃色其上隣部赤黃色ト成リ個々ニ相離脫シテ散落ス。和名たこのきハ蛸ノ木ノ意ニシテ其氣根ノ叢出セル狀ヲ蛸ノ脚（脫）ニ如クレバ云フ。漢名 露兜樹（誤用）、露兜樹ハ又、蘆兜樹ト書キ Pandanus 屬ノ總名ナリ。

894

がま（香蒲）
一名 ひらがま 古名 みすくさ
Typha latifolia L.

がま科

池沼ニ生ズル大形ノ多年生草本、根莖ハ泥中ヲ横行シテ白色ナリ。莖ハ圓柱形ニシテ直立シ、單一ニシテ緑色、平滑、質硬ク、高サ1-2m許アリ。葉ハ長クシテ廣線形ヲ成シ、全邊ニシテ緑色ヲ呈シ、質稍厚クシテ稍柔ナリ、莖ヨリ上ニ超出シ、幅2cm許アリテ其面平滑ナリ、下部ハ莖鞘ヲ成シテ莖ヲ包メリ、夏ハ、肉穗花序ヲ頂生シテ半落性ノ葉狀苞ニ三片ヲ具ヘ、雄花穗ハ上部ニ位シテ黄色ヲ呈シ、雌花穗ハ上部ニ於テ雄花穗ト密接ヲ長サ15-20cm許ノ圓柱狀ヲ成シ緑褐色ヲ呈ス。花ノ小ニシテ花被無シ。雄花ハ三雄蕋ト剛毛トヨリ成リ、花粉ハ黄色ンテ四顆相聯齊ノスルノ特徴アリ。雌花ハ纖長ナル花梗ヲ有シテ小苞ナク、子房上ニ纖長ナル一花柱ヲ立テ其頂ニ一斜蔞狀披針形ノ柱頭ヲ有シ、小花梗ノ基部ニ數本ノ長毛アリ。果穗ハ無數ノ果實ヲ含ミ眞正粗大ニシテ赭褐色ノ圓柱形ヲ成シ徑凡28mm許アリテ其上部ニハ直立セル强剖狀ヲ成セル雄花穗軸ヲ殘セリ、俗ニ之ヲ蒲槌ト呼フ。果實ハ細小ニシテ纖長ナル小梗ニ纖絲狀ノ花柱トヲ有シ狭紡錘形ニシテ淡黄褐色ヲ呈シ胚本ニ長白毛多シ。花粉ヲ蒲黄ト稱シ之ヲ集メ採テ薬用トシ又偶ニ食用ニスル處アリ。和名ガマハカまト同ジ、松岡靜男氏ニ從ヘバ材料ヲ意味スル朝鮮語ガむト同源ナリト謂フ、即チ本品ノ蒲席ニ作ルナリ、乎がまふとめノまるがまニ對スルノ名、みすくさハ御簾草ノ意ニシテ其莖ヲ簾（すだれ）ニ作リシ故云フ。

こがま
Typha orientalis Presl.

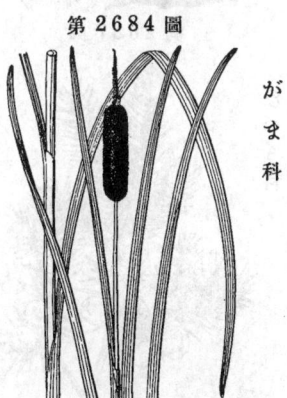

がま科

河邊・地邊或ハ沼地ニ生ズル多年生草本ニシテがまヨリハ小形ナリ、高サ凡1-1.5mアリ。根莖ハ泥中ヲ横行シ白色ニシテ鬚根ヲ下セリ。莖ハ直立シ平滑ナル圓柱形ニシテ緑色、質硬シ。葉ハがまニ比スレバ狹長ニシテ其幅凡1cmアリ、下部ハ長鞘ヲ成シテ莖ヲ包メリ。夏日花穗ヲ出シテ開花シ、花穗ニハ早落性ノ苞葉ニ三片ヲ具ス。花序ハ莖端ニ直立シテ頂生シ、雄花穗ハ上部ニ在リテ雌花穗ハ其下部ニ位シ其兩者ハ相接續スルコトがまト同ジク、雄花穗ハ雌花穗ノ半長アリ。花ハ細微無數ニシテ花被無ク基部ニ白毛アリ。雄花ハ黄色ニシテがまト相同ジケレド、花粉ハ單一ニシテ聯着セズ。雌花ハ小苞無ク、子房ハ柄アリ、花柱端ノ柱頭ハ篦狀披針形ヲ成シ柄本ニ生ズル白毛ハ其高サ殆ド柱頭ニ及ブ。果穗ハ眞直直立シ長橢圓形ニシテ赭褐色ヲ呈シ長サ7-10cm許アリ、全體ノ小形ナルヲ以テがまト區別スルコト難カラズ。和名ハ小蒲ニシテ小形ノがまノ意ナリ。

ひめがま（水燭）
Typha angustata Bory. et Chauf.

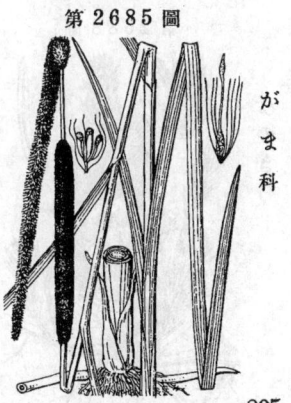

がま科

河畔・池沼或ハ沼澤ニ生ズル多年生草本。根莖ハ傍出シテ泥中ヲ横行シ、白色ヲ呈シ鬚根ヲ下セリ。莖ハ眞直ニシテ直立シ、緑色平滑ノ圓柱形ヲ成シ質硬シ。葉ハ狹長ナル線形ニシテ莖ヨリ長サ80-130cm、幅6-12mm許アリ、緑色ニシテ質厚ク其面平滑ニシテ下部ハ長鞘ヲ成シテ莖ヲ包メリ。夏月直立セル花穗ヲ出シテ開花シ、花穗ニハ苞葉ニ三片アリテ早ク落チ去ル。花穗ハ細長ナル圓柱狀ヲ成シテ無數ノ細花ヨリ成リ、雄花穗ハ緑褐色ヲ成シテ下部ニ位シ黄色ヲ呈セル雌花穗ハ少シ離レテ上部ニ立テリ。花ハ細微ニシテ花被無ク雄花其ハ三ニ白毛ヲ伴ヒ、毛ノ末端ハ銳頭或ハ細頭アリ成ス。雄花ニハ三葯アリテ單一ナル黄花粉ヲ吐ク。雌花ハ小苞ヲ具ヘ、無柄子房上ノ花柱頂ニ在ル柱頭ハ線形、小苞ハ柱頭ト同高ニシテ共ハ鬚毛ヨリ長シ。果穗ハ狹長ナル圓柱形ニシテ赭褐色ヲ呈シ徑15mm内外アリ。和名姫蒲ハがまニ比スレバ全體狭小ナレバ云フ。

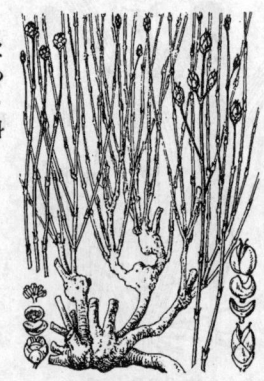

第 2686 圖

まわう科

まわう（麻黄）
Ephedra sinica *Stapf.*

我邦ニハ産セズシテ蒙古地方井ニ支那北疆地ノ砂土ニ自生スル草狀ノ常緑小灌木本ニシテ高サ 30-70cm 許アリ。根莖ハ木質肥厚ニシテ屈曲シ、徑2-3cm許、長サ 70cm 内外アリテ黄赤褐色ヲ呈シ、上端地面ニ近クシテ上向セル枝ヲ分チ、枝端ヨリ直上セル緑莖ヲ叢出ス。莖ハ細長ニシテ分枝シ稍扁平ニシテ節多ク、莖中ハ其孔極メテ小ク殆ド實詰スルガ如シ。莖ハ細微ニシテ白質ノ小鱗片狀ヲ成シ莖節ニ對生シテ基部ニ合體シ莖ヲ包擁短鞘ヲ成シ、莖ノ外觀頗ル能クいぬどくさ卽チかはらどくさニ類似 セルヲ以テ往時往々之レヲ誤認セシコトアリ。雌雄別株。夏日、莖頂又ハ梢枝頂ニ小ナル卵形ノ單性花序ヲ斿々對生セル數片ノ苞ヲ有シ、雌雄花序各二花ヲ有セリ。雄花ハ苞片二乃至四裂、雄蕊ハ二乃至四本アリテ合生シ黄葯ヲ有ス。雌花ハ在テハ其苞片下部合生シ、裸出卵子ヲ有ス。種子ハ長卵形ノ堅果狀ヲ成シ暗黒褐色ヲ呈シ一花序中ニ在テ二顆成熟シ時ニ苞片肉質ト成リテ鮮赤色ヲ呈ス。本種ハ古來藥用植物ノ一ニ算ヘラレ有名ナリ。和名ハ漢名麻黄ノ音ナリ。

第 2687 圖

ひのき科

ねず（杜松）
一名　ねずみさし　古名　むろのき・むろ
Juniperus rigida *Sieb. et Zucc.*

丘陵・淺山ニ在テ多ク陽地ニ生ズル常緑灌木或ハ小喬木、幹高サ0.5-10m、大ナル者徑30cm許ニ及ビ、樹皮ハ赤褐色ニシテ灰色ヲ帶ビ老木ニテハ縱裂ヲ生ジ、枝ハ横出シ老木ニテハ其小技能ク下垂ス。葉ハ三個ヅツ輪生シ、刺狀銳尖形、硬質ニシテ觸ルレバ痛ミヲ感ジ、上面ハ平ニシテ中央ニ一條ノ白色氣孔線アリ下面ハ縱ニシテ鈍形、其橫斷面ハ稍純三角形ニシテ維管束ノ下部ニ一個ノ樹脂道アリ。雌雄別株。花ハ前年枝ノ葉腋ニ單立シ、四月ニ開花ス。雄花ハ橢圓形ニシテ長サ凡 4mm、綠色ノ鱗片內ニ二葯胞アリテ黄花粉ヲ吐ク。雌花ハ卵圓形ニシテ厚質綠色ノ三心皮ヨリ成リ其內面ニ各二胚子ヲ藏ス。毬果ハ厚肉質ニシテ球形ヲ成シ、先端ニ三突起アリ、初メハ綠色ナレドモ後チ熟シテ紫黒色ト成リ徑7-9mm許アリ、是レ所謂杜松子ニシテ藥用ニ供セラル。和名ねずハねずみさしノ略、ねずみさしハ鼠刺ノ意ニシテ其針葉ハ鼠ヲ刺シテ能ク之レヲ禦グニ足レバ斯ク云ヒと、むろ井ハむろのきハ實群れの木ノ意ナリトスル說ニハ賛成セズ、松岡靜雄氏ハ此ノ葉ヲ繞ケバ異臭ヲ發シ蚊ヲ逐フニ適スル故中國ニテハ近世ニ至ルマデ蚊遣ニ用ヰタリむろノ名ハ恐ラク之レヨリ出デシナラント云ヘリ。我邦ニテ單ロノ字ヲむろのき一充ツルハ非一シテ堊ハ一名河柳ト云ヒ元來ぎよりりノコトナリ。

第 2688 圖

ひのき科

はひねず
Juniperus conferta *Parl.*
(J. litoralis *Maxim.*)

海岸砂地ニ生ズル匍匐性ノ常緑灌木ニシテ幹ハ四方ニ枝ヲ分チテ擴ガリ通常大群落ヲ成シテ砂濱ヲフニ一至ル。枝ハ淡褐色ヲ呈シ、幹ハ灰黑色ト成ル。葉ハ枝上ニ密集シテ著キ、三個輪生シ、枝稍ニ對シテ開出シ、鈍形ニテ真直ナレドモ其基部ニ於テ彎曲シテ稍内方ニ屈シ、剛質ニシテ先端鋭刺ヲ成シ之レニ觸ルレバ甚ダ疼痛ヲ感ジ、內面ニ稍淺キ縱凹溝ヲ成シテ白色ノ氣孔帶アリ。雌雄異株。花ハ前年枝ニ單立シ、四月ノ候ニ開花ス。雄花ハ腋出シ短枝上ニ着生シ橢圓形ニシテ褐黄色ヲ呈シ、鱗片內ニ二葯胞アリテ黄色花粉ヲ吐出ス。雌花ハ卵圓形ニシテ綠色、厚質ノ三心皮ヨリ成リ其內面ニ各二卵子アリ。毬果ハ紫黑樣ニシテ球形ヲ呈シ紫黑色ニシテ稍白霜ヲ帶ビ徑6-13mmアリ。はひねずノ疊一ニ於テ本屬トねずナノ間種ト認ムベキ者アリテ其幹斜上ニ高サ時ニ一70cm許ニ達シ葉ハ殆ドねずト區別スベカラズ、之レヲおきあがりねず(var. pseudorigida *Makino*=J. pseudorigida *Makino*)ト稱ス。和名ハ這ねずニシテ其幹枝匍匐スレバ云フ。

いぶき（檜）
一名 いぶきびゃくしん・かまくらいぶき
Juniperus chinensis L.

海島・陸地海岸或ハ時ニ山上ニ自生スアレドモ多クハ人家庭園若クハ社寺等ニ栽植シ或ハ盆栽トシテ觀賞セラルル常綠小樹或ハ喬木ニシテ、其小ナル者ハ低矮ニシテ時ニ匍匐ナルドモ其大ナル者ハ幹立チテ高サ10m、徑70cm許ニ達シテ分枝多ク全體頗ル鬱蔥タリ、樹皮ハ赤褐色ニシテ幹庸ハ縱裂ス。葉二型アリ、一ハ小鱗片狀ニシテ交互對生シ枝上ニ密着シテ細圓柱ノ如ュ、是レ普通形ナリ、他ハ刺狀ノ如ュ長針狀ニシテ長サ5~10mm ヲ有シ、交互對生スルカ或ハ三個輪生ス、是レ原始形ニシテ多クハ下部ノ枝ニ出現ス。雌雄異株、花ハ四月ニ開キ小形ニシテ鱗片葉ノ小枝ニ腋生、短小圓ヲ有シ、雄花ハ橢圓形ナ或ハ鱗片內ニ二葯胞ヲ有シテ黃花粉ヲ吐出シ、雌花ハ紫綠色ノ厚質鱗片ヲ具フ。毬果ハ腋シセル三種鱗片ヨリ成リ稍肉質ニシテ球形ヲ呈シ熟スレバ紫黑色ト成リ、種子ノ橢圓形ニシテ褐色ナリ。園藝ノ變種多ク、所謂しんぱく（眞柏）ニ至ニシテ美麗ナリ）ハ種中ノ一品ナリ、又かひづかハ其ノ能ク生籬ニ用ヰラレ其枝通常螺旋スル傾向ヲ有シ、びゃくしん一名びゃくしん一名たちびゃくしん一名たちびゃくし一名すぎびゃくしんハ直立セル樹上ニ針狀葉ノミヲ有スル品ナリ。和名伊吹ハ伊吹柏槇ノ略ニシテ伊吹、近江伊吹山ニ在リシ故謂フテ、柏槇ハ柏子ノ音倒テ謂ハレ、鎌倉伊吹ハ相州鎌倉ノ名蓙ナルヲ以テ云フト謂ヘリ。

第2689圖

ひのき科

はひびゃくしん（矮檜）
一名 はひびゃくし・そなれ
Juniperus chinensis L.
var. procumbens Endl.
(=J. procumbens Sieb.;
J. japonica Hort.)

對馬等ニ自生ヲ見ルト謂ハレレド、普通ニハ庭園ニ栽植セラレ之ヲ自生ハ放置スレバ漸次ニ擴ガリテ廣キ地面ヲ蔽フニ至ル。幹枝匍匐シテ盛ニ生長スル常綠灌木ニシテ綠葉極メテ繁密ナリ。葉ハ針形シテ三輪生ヲ成スヲ常トシ、葉ハ線狀拔針形ヲ成シテ銳尖頭ヲ有シ質硬ク、長サ6~8mm許アリ。未ダ果實ヲ見ズ。和名這柏槇ハ幹枝橫ニ伸ビテ偃臥セルヲ云フ、又這柏子トモ云フ、そなれハ磯馴ニシテ海岸ニ馴レテ繁茂スル意ニテ斯ク云フ。

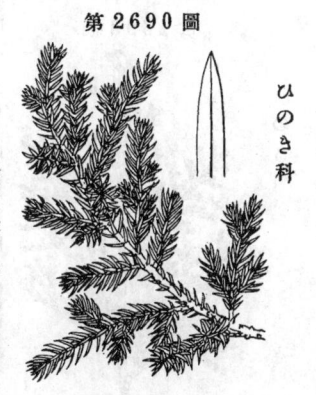

第2690圖

ひのき科

みやまびゃくしん
Juniperus chinensis L.
var. Sargenti Henry.
(=J. chinensis L. var. procumbens Takeda; J. Sargentii Takeda.)

中部ノ高山岩塊或ハ石礫地ニ生ズル常綠灌木ニシテ幹ハ伏シテ生長シ屈曲スル者多ク、枝葉稠密ニ繁茂シテ低平席ノ如ク、高サ殆ド50cm ニ達セズ。枝ハ灰褐色ヲ帶ビX銅色ヲ呈スルコトアリテ皮ハ片ニ剝離ス。葉ハ稲綠色ヲ呈シ、いぶきびゃくしんト同樣二型アリテ下枝ノ者ハ鍼形ニシテ長サ4~5mm、先端刺狀ニ尖リ枝ヨリ開出シテ一見ナギ樣ノ觀アレド上枝上ノ者ハいぶきノ觀アリテ菱形ヲ成シ短小ニシテ鈍端、枝ヲ通ジテ密ニ着生シ圓柱狀ヲ成ス。四五月ノ候ニ開花ス。花ハ小形、雄花ハ細枝端ニ着テ橢圓形ヲ成シ、黃花粉ヲ吐キ、雌花ハ有柄ニシテ厚鱗片ヲ有シ紫綠色ナリ。毬果ハ球形ナル葉果樣ヲ成シ、徑6~8mm許、熟シテ碧黑色ヲ呈ス。和名深山柏槇ハ高山地帶ニ生ズルヨリ云フ。

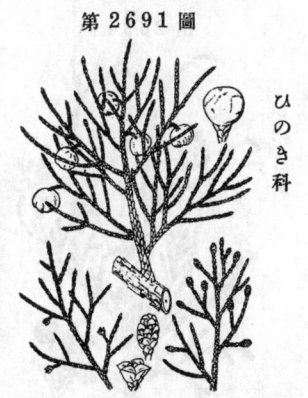

第2691圖

ひのき科

897

第2692圖

ひのき

Chamaecyparis obtusa *Endl.*
(= Retinospora obtusa *Sieb. et Zucc.*;
Cupressus obtusa *K. Koch.*)

諸州ノ山林中ニ生ジ、幹ハ直聳シテ分枝スル常緑ノ喬
木ニシテ大木多ク高サ30-40m、徑1-2mニ達スルアリ、
時ニ純林ヲ成シ、通常能ク植林セラル。樹皮ハ赤褐色、
平滑ニシテ縱裂シ薄片ト成リテ剝脫ス。枝ハ小枝ヲ互
生的ニ羽狀ニ岐チテ平カナリ。葉ハ綠色ヲ呈シ小鱗片狀
ニシテ交互對生シ、小枝細枝ヲ通ジテ密着シ、上面下
面ニ位スルмоハ短クシテ廣卵狀三角形ニシテ鈍頭或
ハ略ボ銳頭、左右側ニ位スル者ハ鎌彎狀舟形ニシテ下
部ハ沿背シ上部ニ稍ボ隆起シテ鈍頭或ハ略ボ銳頭ヲ呈
シ、前者ノ約ニ倍長アリ、下面ニ在テハ葉間葉緣ニ白
蠟粉アリ。雌雄同株。四月ニ開花ス。花ハ細小ニシテ
細枝端ニ着キ、雄花ハ多數アリ廣橢圓形ニシテ紫褐色
ヲ呈シ、鱗片內ニ三葯胞アリテ黃花粉ヲ吐キ、雌花ハ
枝梢ニ出デ球形ニシテ鱗片內ニ四卵子アリ。毬果ハ
往々枝上ニ群着シ、球形、徑約1cm、木質褐色、種鱗ハ
楯形ヲ成シ七乃至九個アリ、種子ハ鱗片ノ基部ニ着キ
長サ3mm許、左右ニ翅ヲ有シ深秋ニ熟落ス。材ハ用途
多ク、建築材トシテ最良品ナリ。かまくらひば・ちゃぼ
ひば等ノ諸種アリ。和名ひのきハ火ノ木ノ意ニシテ太
古ノ人ハ此木ヲ相摩擦シ火ヲ出セシヲ以テ此名アリ。
漢名 扁柏・檜 (共ニ誤用)

第2693圖

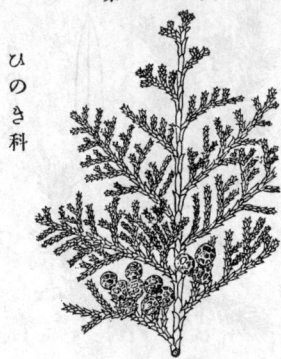

さ は ら
一名 さはらぎ

Chamaecyparis pisifera *Endl.*
(= Retinospora pisifera *Sieb. et Zucc.*;
Cupressus pisifera *K. Koch.*)

山林中ニ自生セル常綠大喬木ニシテ又往々植林セル
者ニシテ、直幹分枝シ高サ其大ナル者ハ30-40mヲ算シ
徑1mニ達ン見ル、樹皮ハ灰褐色ニシテ縱裂シ、層ヲ成シテ
剝離ス。枝ハ小枝ヲ互生的ノ羽狀ニ岐チテ平カナリ。
葉ハ綠色ニシテ之ヲ今ひのきニ比スレバ搜狹ク看ユ
ナリ、交互ニ小枝細枝上ニ對生シ、其上下兩面ノ者ハ卵
狀三角形ヲ成シテ銳尖狀ヲ成シ、兩側者ハ多クハ微
シク背反シテ上部舟形ヲ呈シ銳尖頭ヲ成シ、下面ニ在
テハ側生葉ノ面井ニ上下葉ノ兩局部ニ白蠟粉ヲ布ク、
雌雄同株。四月開花ス。花ハ小形ニシテ小枝端ニ着キ、
雄花ハ紫褐色ノ橢圓形ヲ成シ鱗片內ニ三葯胞アリテ
黃花粉ヲ吐出シ、雌花ハ球形ニシテ鱗片內ニ二卵子ア
リ。毬果ハ球形ヲ成シ、之ひのきニ比スレバ稍小形
ニシテ熟スレバ帶黃褐色ヲ呈シ其鱗片ハ橫向長方形
ノ面ヲ有シ面ニ橫溝ノ印ヲ呈シ、種子ハ褐色ニシテ廣翼ア
リ。材ハ輕軟ニシテ黃紅色ヲ帶ブ。和名 さはらハさは
らぎノ略、其材之ヲひのきニ比スレバさはらか(輕鬆)
ナレバさはら木ナルベシト謂ヘリ。漢名 花柏 (誤用)

第2694圖

ひよくひば

Chamaecyparis pisifera *Endl.*
var. filifera *Beissn.*
(= Retinospora filifera *Standish.*)

さはらノ園藝的一變種ニシテ 通常能ク庭
園ニ栽エラレ觀賞ノ資ト爲ス。幹ハ直立
シテ高サ3m許アリ、枝ハ多數ニ岐カレ、
小枝細枝ハ伸長シテ絲ノ如ク下垂シ、長
短一樣ナラズシテ短キ者モ亦多ク、其長
キ者ハ30cm內外ノ長アリ。葉ハ交互ニ對
生シ綠色ニシテ鱗狀ヲ成シ、銳尖頭ヲ有
スル上部ハ反曲シ下部ハ枝ニ沿着ス。時
ニ短キ細枝端ニ毬果ヲ着ク、毬果ハ小球
形ニシテさはらノ毬果ト相同ジ。和名比
翼ひばハ其並ビテ下垂スル伸長枝ノ狀ニ
基キテ名ケシナリ。

898

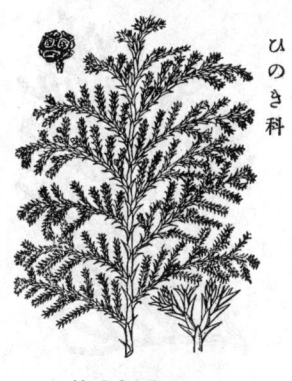

しのぶひば

Chamaecyparis pisifera *Endl.*
var. plumosa *Beissn.*

(＝Retinospora plumosa *Veitch.*)

さはらノ園藝的一變種ニシテ多ク生籬用トシテ用キラレ、又ハ觀賞品トシテ栽植セラルル常綠灌木ニシテ通常其大樹ヲ見ズ。葉ハ綠色ニシテ交互ニ對生シさはら葉ニ似テ質薄ク瘦長纖細ニシテ鋭尖頭ヲ有シ稍背反シテ斜メニ開出ス。未ダ花實ヲ見ズ。和名しのぶひばハ其細裂セル葉狀ニ甚キテ名ケシモノナリ。

第 2695 圖

ひのき科

ひむろ

一名 ひめむろ・しもふりひば
Chamaecyparis pisifera *Endl.*
var. squarrosa *Beissn.*

常綠ノ小喬木ニシテ高サ5m内外ニ及ビ、觀賞樹トシテ多ク庭園ニ栽植セラル。さはらノ園藝的一變種ニシテ枝椏頗ル繁ク、之レニ原始的ノ葉ヲ有シ、葉ハ線形ニシテ尖リ長サ5-10mmアリテ密ニ細枝上ニ着キテ開出シ、上面綠色ヲ呈シ下面白色ニシテ質軟弱ナリ。高サ5m許ノ樹ニ在テハ其梢枝ニ花ヲ生ジテ後チさはらト同樣ナル毬果ヲ生ズ。和名ひむろハ姬むろノ略稱ニシテ姬むろハむろのきノ姬性卽チ軟弱ナルむろのきノ意ナリ、霜降りひばハ其黃白綠色ナレバ云フ。

第 2696 圖

ひのき科

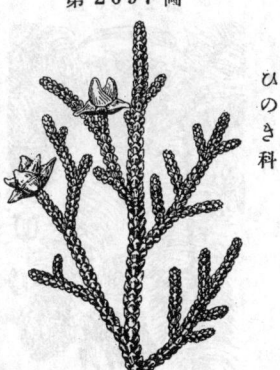

あすなろ

一名 あすひ・ひば・あて
Thujopsis dolabrata *Sieb. et Zucc.*
(Thuja dolabrata *L. fil.*)

山中ニ生ジ往々大天然林ヲ成シ、又庭樹ト爲ス常綠喬木ニシテ幹ハ直立シテ分枝シ、高サ10-30m許アリテ徑ハ90cm許ニ達シ、樹皮ハ灰褐色ヲ呈シ薄ク片狀ニ裂ケ層等ヲ成シテ剝脫ス枝ハ小枝ヲ互生рの羽狀ニ分チテ平カナリ。葉ハ質厚クシテ大ナル鱗片狀ヲ成シテ小枝細枝ニ交互對生シ、上下兩列ニアル者ハ舌形又ハ鉸狀舌形ヲ成シ、先端ハ圓形又ハ鈍形ヲ呈シ枝ニ密着シ、上面ハ綠色ナレドモ下面ノ者ハ雪白ノ蠟粉ヲ布キ、左右兩横ニアル者ハ舟形成ハ卵狀披針形ヲ成シ鈍頭ニシテ上部ニ至リ離レテ斜上シ、下面ノ中央ニ白色ナリ。雌雄同株。五月開花シ、花ハ大ナラズシテ細枝端ニ單生ス。雄花ハ長橢圓形、帶青色、鱗片內ニ三乃至五葯胞アリテ黃色花粉ヲ吐キ、雌花ハ八乃至十個ノ厚質鱗片アリテ其內面ニ各五胚子アリ。毬果ハ略ボ球形、長稍共ニ12-16mm許、種鱗ハ四乃至五對アリテ各扁形ヲ異ニスレドモ何レモ其先端ニ三角狀鱲形ヲ成シ鉤狀ヲ呈シ、十月ノ候開キテ種子ヲ出ス。種子ノ各細鱗內ニ三乃至五個アリテ其基部ニ直立シ、粉錐形成ハ卵狀長橢圓形ニシテ兩側ニ廣キ翼アリ。材ヲ建築用幷ニ種々ノ用途ニ用ウ、一變種ニひのきあすなろ (var. Hondai *Makino* 本多靜六博士ノ姓ニ因ル)アリ、陸奥ニ產シ、其樹皮圓シ、方言アひのきト呼ブ。和名あすなろハ明日(あす)ひのきト爲ランノ意、あすひハ其略ナリ、ひば卽チ檜葉ハひのき葉ノ短稍セシ者ナルベシ、あてハ盜シ當テ子物ヲ載ルト云フ此木ヲ當テ蓋ニ利用セシニ基因セシ乎。漢名 羅漢柏(愼用)

第2698圖

くろべ

一名 くろび・ねずこ・ごろうひば

Thuja Standishii *Carr.*

(=Th. japonica *Maxim.*; Th. gigantea
Parl. var. japonica *Franch. et Sav.*)

ひのき科

深山ノ林中ニ一生ズル常緑ノ喬木ニシテ幹ハ直立シ多
ク分枝シ鬱蒼タリ。高サ10-20m、徑40-70cm許アリ、
樹皮ハ平滑ニシテ光澤アリ、帶赤褐色ニシテ薄ク、不
同ナル薄片ト成リテ剝離ス。枝ハ小枝ヲ互生的ニ羽狀ニ
岐チテ平カナリ。葉ハ深緑色ヲ呈シ、小ニシテ交互ニ小
枝細枝ニ密接シテ對生シ、稍平扁ニシテ緑色ヲ呈シ裏
面ニ白色無くあすなろ葉ヨリ小形ナリ。雌雄同株。五月
開花シ、花ハ小ニシテ細枝端ニ着ク單生シ藍色ヲ呈
ス。雄花ハ橢圓形ニシテ鱗片内ニ四葯胞ヲ有シ黃色花
粉ヲ比キ、雌花ハ短形ニシテ鱗片内ニ三胚子アリテ毬
果ハ橢圓形、長サ約1cm、種鱗ハ六片至八片アリテ上
方ニ對ル鱗片ノミニ種子ヲ有ス。種子ハ緑狹橢圓形ニ
シテ褐色ヲ呈シ長サ6mm許、兩側ニ狹翼アリ。材ヲ建
築・器具ニ用ウ。和名くろべ並ニくろび・くろ・黒ニ
シテ其葉黑色ヲ帶プルヨリ謂ヒ、シナラン而シテベ・び
ハ其樹皮ヲ云フナラン、ねずこ之レヽねズト呼びこ
ハ終止音ナラン、ごろうひばハ予其意ヲ解セズ。

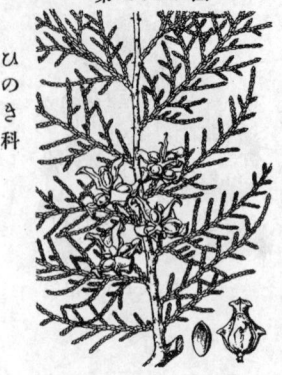

第2699圖

このてがしは (柏・側柏)

Biota orientalis *Endl.*

(=Thuja orientalis *L.*)

ひのき科

北支那及ビ西支那ノ原産ニシテ今ヨリ約二百年
前ノ元文年間ニ同國ヨリ渡來シ、今ハ諸處ニ栽
植セラルル常綠灌木或ハ小喬木。高サ高サ10-
14m許アリテ密ニ繁リ、或ハ一幹直上(わぴ・く
だん)シ、或ハ株本ヨリ葉生(せんじゅ)ス。葉ハ
ひのきニ似タリト雖モ上面下面ノ區別ナク、側
立スル殊性アリ。雌雄同株ニシテ春ニ開花ス。
雄花ハ單立、球形ニシテ稍無梗、雄蕊ハ交互對
生シ短キ花絲ヲ有シ、葯ハ二乃至四箇ノ葯室ヲ
有ス。雌花ハ單立、卵圓形又ハ長橢圓形、心皮
ハ三對交互對生、上位ノ一對ニハ胚子ナク、他ノ
二對ニ各一箇ノ卵子ヲ有ス。卵子ハ直生、直立。
毬果ハ木質ニシテ卵圓形又ハ長橢圓形、種鱗ハ
先端ハ尖リ外方ニ卷曲ス、種子ハ橢圓形ニシテ
翼ヲ有セズ。和名兒の手がしはハ其葉側チテ手
掌ヲ立ツルガ如ケレバ云フ。漢名ノ柏ハ栢ト同
字ニシテ栢ハ俗字ナリ。

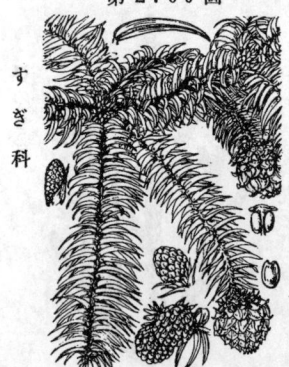

第2700圖

くゎうえふざん (沙木)

一名 おらんだもみ・りうきうすぎ・
かんとんすぎ

Cunninghamia lanceolata *Hook.*

(=Pinus lanceolata *Lamb.*;
C. sinensis *R. Br.*)

すぎ科

常綠喬木ニシテ諸處ニ栽植セラルレドモ元來ハ支那
ノ原産ニシテ德川時代ニ我邦ニ渡リシ者ニ係ル。幹ハ
直聳シ高サ高サ30m、徑60cm許ニ達シ、樹皮ハすぎニ似テ
表皮ハ縱裂ス。葉ハ硬質ニシテ綠狀長披針形ヲ成シ先
端ハ銳尖、稍狀ニ成シテ枝ノ兩側ニ排列ス。四
月ニ開花シ雌雄同株ナリ。雄花ハ橢圓狀球形ニシテ枝
端ニ簇生シ、雌花ハ卵狀球形ニシテ枝端ニ單立シ長サ
サ3-4cm、各心皮ハ個性卵子十三箇ヲ有ス。果鱗ハ革質
ニシテ先端尖リ、外方ニ反卷ス。苞鱗ノ發達著シク、種
鱗ハ著シク萎縮シテ苞鱗ノ内方ニ痕跡ヲ留ムルニ過
ギズ。種子ハ一果鱗ニ三箇ヲ宿ク、翼ヲ有ス。和名ハ
廣葉杉ノ意、すぎニ似テ其葉廣闊ナレバ云ヒ、而シテ
廣葉杉ハ漢名ニ非ズ、和蘭櫃ニ海外ヨリ渡リタルヲ意
味スレドモ元來此種ハ和蘭ヨリ來リシニ非ズ。琉球杉
ハ琉球ヨリ内地ニ來リシ故云ヒ、と廣東杉ハ支那ノ福建
ニ多ケレバ云フ。

900

すぎ（倭木）

古名 まき

Cryptomeria japonica *D. Don.*
(＝Cupressus japonica *L. f.*;
Taxodium japonicum *Brongn.*)

我日本ノ特産ニシテ諸州普ク之ヲ栽植シ又野生スル處アリテ大隅屋久島・羽後ヲ主トシ尚他處ニ之レヲ見ル。常緑喬木ニシテ直幹聳立シ枝葉繁密、其大ナル者ハ高サ45m, 徑2m許ニ達ス。葉ハ小形ノ鎌状針形ニシテ螺旋状ニ排列シ、雌雄同株ニシテ花ハ春月ニ出ヅ。雄花ハ長サ6-9mm、徑3mm許ノ小橢圓状ヲ成シ枝端ニ簇生。雌花ハ緑色ノ球状ヲ成シ小枝端ニ着ク。毬果ハ木質ニシテ卵状球形、長サ2-3cm、苞鱗種鱗、中部マデ癒合、苞鱗ノ先端ニ三角状ニシテ相反卷シ、種鱗ノ先端ハ四乃至六箇ノ牙歯状ヲ成ス。種子ハ種鱗ノ基部ニ二乃至五箇直生シ、翼ヲ有ス。材ハ用途廣ク我國主要樹ノ一ナリ。一變種ハやはらすぎ一名ひめすぎ一名たうすぎ(var. elegans *Mast.*) アリ葉柔ニシテ刺ナラズ、むれすぎ(var. aespitosa *Makino*) ハ其幹脚部ヨリ分岐シテ傾上シ立ツ。和名すぎハ其幹直グケレバ云フ、即チす(直)き(木)ナリ、又すぐいヲ縮ムレバすぎト成ル、又スクスクト立ツ木ノ義トモ謂ハル。漢名 杉(誤用)

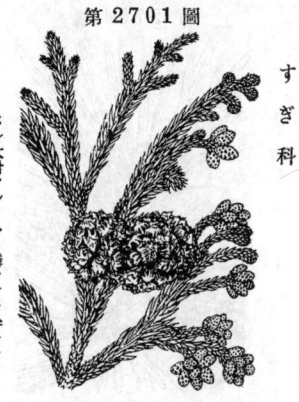

ゑんこうすぎ

Cryptomeria japonica *D. Don* var.
araucarioides *Henk. et Hochst.*

すぎノ園藝的一變種ニシテ庭園ニ栽植セラレ、高サ 1-4m 許。枝ハ多數叢出シテ長ク伸ビ長短一ナラズ、或ハ横斜シ或ハ垂下ス。葉ハ常緑ニシテ深緑色ヲ呈シテ小枝上ニ密生シ、粗強ニシテ鎌身状ヲ成シ葉先ハ尖リテ内曲シ、或ル部ノ者ハ極メテ短ク或ル部ノ者ハ之レヨリ長ク其長葉短葉ノ部交互セリ。花ハ未ダ之レヲ見ズ。和名猿猴すぎハ其枝條伸長セルヲ以テ之レヲ手長猿卽チ猿猴ノ手ニ擬シ斯ク云ヒシモノナリ。

よれすぎ

一名 くさりすぎ

Cryptomeria japonica *D. Don* var.
araucarioides *Henk. et Hochst.*
forma **spiralis** *Makino.*
(＝C. japonica *D. Don*
var. spiralis *Sieb. et Zucc.*)

すぎノ園藝的一變種ニシテ庭園ニ栽植セラルル常緑ノ小樹ニシテ高サ 2m 内外アリ、枝條ハ或ハ立チ或ハ垂レ散漫ス。葉ハ枝上ニ着キ彎曲シテ尖リ、枝ノ周圍ヲ左方ニ螺旋シ宛モ紐ノ如キ珍奇ナル特状ヲ呈ス、要スルニゑんこうすぎノ一品ナリ。花ハ未ダ之レヲ見ズ。和名縒れすぎハ其葉一方ニ縒レシ故云ヒ、鎖すぎハ其伸ビタル枝上ニ縒レ着キシ狀宛モ鎖ノ觀アレバ云フ。

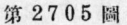

第 2704 圖

すぎ科

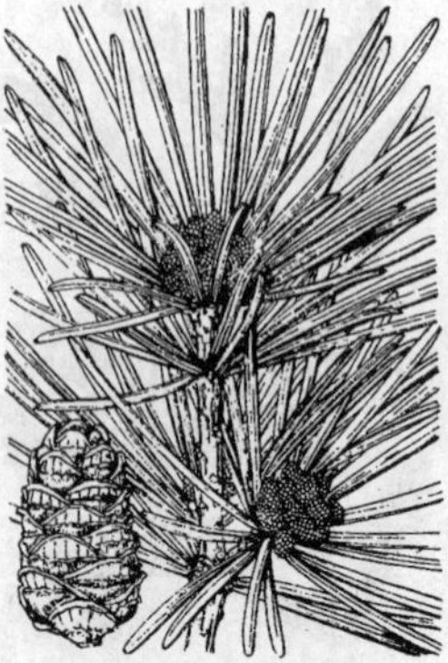

かうやまき
一名　ほんまき

Sciadopitys verticillata *Sieb. et Zucc.*

(＝Taxus verticillata *Thunb.*)

我國特産ノ常綠喬木ニシテ山地ニ自生スレドモ又庭園ニ多ク栽植セラル。高サ15m許ニ達ス。葉ハ質厚クシテ二葉ノ融合セル特徵ヲ有シ十五乃至四十片輪生シテ倒傘形ヲ呈シ、細長線形ニシテ凹頭ヲ有シ上面深綠色、上下面ノ中央ニ淺キ溝アリ横斷面ニハ二箇ノ維管束アリ。雌雄同株ニシテ三月開花ス。雄花ハ頭狀ヲ成シテ枝端ニ簇生シ褐黃色ヲ呈ス。雌花ハ橢圓形ニシテ枝端ニ單生ス。毬果ハ卵狀橢圓形ニシテ直立ス。種鱗ハ扁形、先端ハ圓狀ヲ成シ、內面ノ中央部ニ六乃至九顆ノ狹翼アル圓形種子ヲ弧狀ニ着生ス。苞鱗ハ種鱗ノ中央マデ癒合ス。材ハ建築・器具材トシテ有用ナリ。和名高野まきハ紀州高野山ニ多キヲ以テ名ク、本まきハまきノ眞物ノ意ナリ。漢名 金松(誤用)、金松ハ支那ノ特産樹ニシテ我邦ニ産セズ、學名ヲ Pseudolarix Kaempferi *Gord.* (＝P. Fortunei *Mayr.*＝P. amabilis *Rehd.*) ト云フ。

第 2705 圖

まつ科

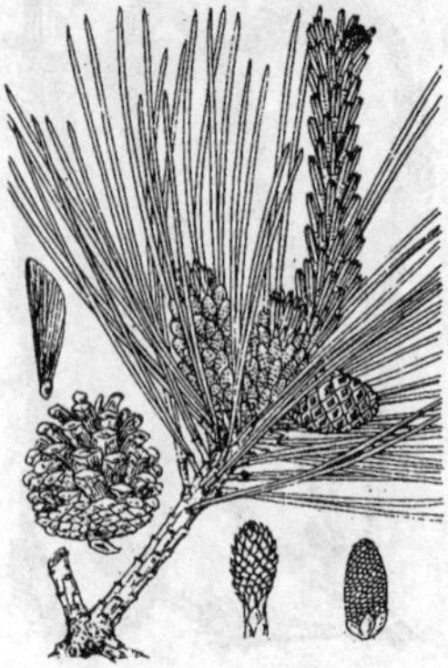

あかまつ　一名　めまつ

Pinus densiflora *Sieb. et Zucc.*

我邦南ハ九州ヨリ北ハ北海道ノ南部ニ廣ク分布シ山野ニ最モ普通ニ自生スル常綠喬木ニシテ通常又諸處ニ植林ヲ見ル。幹ハ直立シテ主枝ヲ車輪狀ニ分チ、枝上更ニ小枝多ク葉密ナリ、大ナル者ハ高サ40m徑1.5m餘ニ達スル者アリ、其上部ノ樹皮ハ赤褐色ヲ呈シ下部ハ暗褐色ノ龜甲狀ニ拆裂ス。葉ハ綠色ニシテ釵狀ニ雙生シテ基部ハ褐色ノ膜鞘ニ擁セラレ、瘦長ナル針狀ニシテ稍軟ナリ、横斷面ハ半圓形、維管束ハ二箇、樹脂道ハ數箇アリテ葉緣ニ接ス。雌雄同株。四月新條ノ頂上ニ二乃至三箇ノ紫色雌花ヲ生ジ種鱗ニ二卵子アリ、其下部ニ橢圓狀ノ雄花ヲ簇生シ苞鱗ニ二葯アリテ無數ノ黃色花粉ヲ滲出ス。毬果ハ木質ニシテ固ク、卵狀圓錐形、長サ4–6cm徑3cm許、種鱗ハ卵狀長橢圓形ニシテ先端面ハ菱形又ハ不齊五角形ヲ成シ中心ニ臍點アリ。種子ハ倒卵形、長サ5mm、約三倍長ノ披針形翼ヲ有ス。材ハ建築材・器具材・土木用材等ニ用ヒラレ、又松脂ヲ採リ、又てれびん油ノ原料ト成ル。種々ノ變種アリテたぎょうしょうハ能ク庭前ニ栽エラレ多枝脚部ヨリ傘出シ樹冠圓ク、往々枝上ニ多數ノ毬果ヲ簇着ス。和名赤松ハ其幹赤褐色ヲ呈スルヨリ云ヒ、雌松ハ其葉軟カナルヨリ云フ。漢名 赤松(誤用)、日本ノまつハ支那ニ產セズ故ニ嚴格ニ言ヘバ則チ日本ノまつニ松ノ字ヲ適用スルハ非ナリ、松ハ卽チ P. Massoniana *Lamb.* カ或ハ P. sinensis *Lamb.* カナリ。

第 2706 圖

まつ科

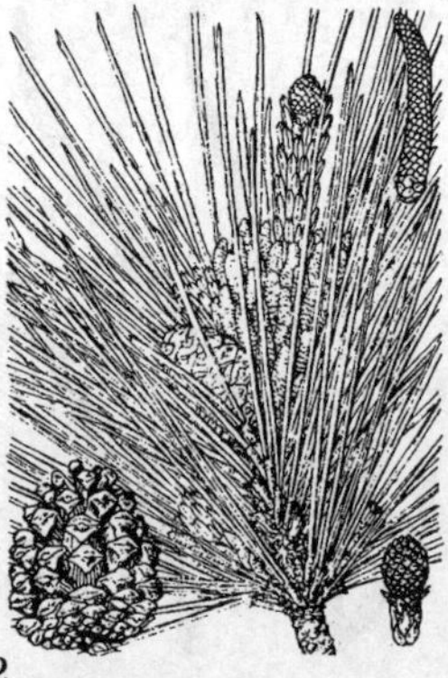

くろまつ　一名　をまつ

Pinus Thunbergii *Parl.*

我邦南ハ九州ヨリ北ハ東北地方ニ亙リテ海岸地方ニ多ク自生シ又往々植林シアル常綠喬木ニシテ大ナル者ハ高サ40m徑2mニ達スルアリ。樹皮ハ暗色ヲ呈シ下部ハ粗厚ナル龜甲狀ニ拆裂ス。主枝ハ車輪狀ニ出デ分枝シテ多葉ヲ着ケ、嫩條ノ鱗片ハ帶白色ナリ。葉ハ粗強ナル針狀ニシテ濃綠色ヲ呈シ、二條雙生シテ釵股狀ヲ成シ其脚部ハ褐色鞘ヲ以テ之レヲ擁シ、其横斷面ハ半圓形、維管束ハ二箇、樹脂道ハ三箇アリテ葉肉中ニ埋沒スルヲ常トス　四月、直立セル新條ノ上端ニ球形ヲ成セル數箇ノ紫紅色雌花ヲ着ケ、種鱗ニ二卵子アリ。雄花ハ新條ノ下部ニ簇着シ長橢圓狀圓柱形ヲ成シ鈍頭ニシテ長サ15–18mm許アリ、苞鱗ニハ二葯アリテ黃花粉ヲ滲出ス。毬果ハ卵狀圓錐形、長サ5–7cm徑3cm許、種鱗ハ卵狀長橢圓形、先端面ハ不齊菱形、先端ハ圓形、種子ハ各二箇菱狀橢圓形、長サ5mm、翼ハ披針形又ハ倒卵狀披針形ニシテ種子ノ約三倍アリ。材ハ建築・土木用等ニ用キラレ、幹ヨリ松脂ヲ採リ、葉ヨリ香油ヲ採ル。種々ノ變種アリ、就中にしきまつ(var. corticosa *Mak.*)ハ其樹小ナレドモ龜甲狀ニ拆裂セル外皮ハ極メテ厚ク奇形ヲ呈ス、瀨戸內海中ノ或ル島ニ産スト云フ　和名黑まつハ其幹暗色ナルヲ以テ云ヒ、雄まつハ其葉強剛ナルヲ以テ云フ。漢名 黑松(誤用)

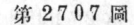

きたごえふまつ

一名　ごえふまつ（同名アリ）

Pinus pentaphylla *Mayr.*

（＝P. parviflora *Sieb. et Zucc.* partim；P. parviflora *S. et Z.* var. pentaphylla *Henry.*）

我邦中部以北ノ山地ニ多ク、又能ク庭園ニ栽培セラルル常綠喬木ナレドモ庭園ニハ小樹多シ。幹ハ直立シテ枝葉繁茂シ高サ20–30m、徑80cmニ達スル者アリ、樹皮ノ鱗片ハごえふまつ卽チひめこまつヨリ大形ナリ。葉ハ五針葉束生シ、其形狀亦ひめこまつニ酷似スレドモ之レヨリ短剛ニシテ下面ニ白色ノ氣孔條著シ。雌雄同株ニシテ五月開花シ、雄花ハ新條ニ着テ卵狀楕圓形或ハ長楕圓形ヲ呈シ、苞鱗ニ二葯アリ、雌花ハ新條ノ頂ニ生ジテ紫紅色ヲ呈シ楕圓形ヲ成シ、種鱗ニ二卵子アリ。成熟セル毬果ハ卵狀圓壔形ニシテ先端漸ク鈍尖シ長サ5–6cm徑3cm 內外アリ。種子ハ楕圓形ニシテ長サ1cm許、翼ハ種子體ヨリ稍長キヲ以テひめこまつト區別セラル。材ハ其用途廣ク、又庭園樹ノ外、盆栽トシテ賞用セラレ、中ニしもふりごえふ（葉ニ白色氣孔條著ルシ）アリ。和名北五葉まつハ新稱ニシテ此種主トシテ中部日本ヨリ北日本ニ多ケレバ云フ、今日植物學界ニテハ之レヲごえふまつト稱スレドモ元來此稱呼ハ普通ひめこまつナル南品ニ用ヰシ者ナリ。

ごえふまつ　一名 ひめこまつ

Pinus pentaphylla *Mayr.*
var. Himekomatsu *Makino.*

（＝P. Himekomatsu *Miyabe et Kudo*；
P. parviflora *Sieb. et Zucc.* partim.）

我邦南部ヨリ北地ニ亙リ山地ニ生ジ又庭園ニ栽植スル常綠樹ニシテ枝葉繁茂ス。幹ハ直聳シ高サ30m徑1m餘ニ達シ、外皮暗灰色ニシテ老樹皮ハ不齊形ノ小鱗片ト成リテ剝脫シ、主枝ヲ水平ニ張出ス。葉ハ五條ヲ以テ枝上ニ着キ瘦針形、剛直ナラズ、長サ3–6cm許、多少彎曲シ上方ノ緣部ニ疎微鋸齒アリ、上面深綠色、下面ハ白色ノ氣孔條顯著ナラズ或ハ之レ無キ者アリ、横斷面ハ三角形、樹脂道ハ凡ソ二箇アリテ上面ノ表皮ニ沿ヒ存在ス。五月開花シ、雌雄同株、雄花ハ新條ノ下部ニ着キ卵狀長楕圓形、苞鱗ニ二葯アリテ黃色花粉ヲ樛出シ、雌花ハ新條ノ頂ニ生ジ楕圓形ニシテ紫紅色或ハ綠色ヲ呈シ種鱗ニ二卵子アリ。毬果ハ長卵形、長サ5–6.5cm、徑約3–4cm、先端鈍形ヲ呈スルヲ常トス。種鱗ハ厚剛ニシテ圓狀楔形ヲ成シ十七乃至十八片アリ、熟シテ乾ケバ開キ兩緣ハ內卷ス。種子ハ倒卵形ニシテ種子體ヨリ短キ翼ヲ具フ。材質密ニシテ軟ナレバ種々ノ用ニ供セラル。和名五葉まつハ其葉五條一束ヲ成セバ斯ク云ヒ、舊クヨリ稱ヘ來レル通名ニシテ主トシテ中部日本ヨリ南日本ニ生ズル本品ヲ基トセシ者ナリ、故ニ此稱ハ本品ニ附スルヲ適當トス、姬小まつハ其葉くろまつ・あかまつニ比スレバ小ニシテ力無ケレバ云フ。漢名 五鬚松・五鈒松（共ニ誤用）

てうせんまつ（海松・新羅松）

一名　てうせんごえふ・からまつ

Pinus koraiensis *Sieb. et Zucc.*

（＝P. mandschurica *Rupr.*）

元來本種ノ主產地ハ朝鮮ナリト雖モ亦我邦中部ノ山林中ニモ混生シ又栽植セラルル常綠喬木ナリ。幹ハ聳立シ其大ナル者ハ高サ30m餘、徑1m許ニ達シ、樹皮ハ薄ク灰褐色ヲ呈シ不同ノ鱗片ト成リテ剝脫シ、嫩枝ニ細毛アリ。葉ハ五條束生シ粗强ニシテ尖リ三稜柱狀ヲ成シ殆ド眞直、內面帶白、長サ8–13cm許アリテ上方ニ微牙齒アリ、横斷面ハ三角形、樹脂道ハ三箇アリテ葉肉中ニ埋沒シ稜角ニ近ク位置ス、嫩葉脚部ニハ數鱗片ヨリ構成スル著シキ褐色鞘アリテ之レヲ擁スレドモ成葉ニ至レバ離脫シテ僅ニ其殘片ヲ存スルニ過ギズ。五月開花シ雌雄同株。雄花ハ新條ノ下部ニ着キ卵狀楕圓形ニシテ紅黃色ヲ呈シ、苞鱗ニハ二葯アリテ黃花粉ヲ吐ク。雌花ハ新條ノ梢ニ出デ卵狀圓壔形ニシテ苞鱗ハ帶紫色、種鱗ハ綠色ニシテ二卵子ヲ有ス。毬果ハ大形、卵狀圓壔形、長サ10–15cm、徑6–7cmニ達スル者アリ、菱狀廣卵形ノ鱗片相層リ上部背反ス。種子ハ毎鱗片ノ凹窠內ニ二顆ヅツ相並ビ倒卵形ニシテ大キク、長サ1–1.5cm內外、翼ヲ缺ク。油ヲ含メル白色ノ胚乳ヲ食用トシ、材ハ建築・器具材等ニ使用ス。和名朝鮮まつハ朝鮮ニ多ケレバ云ヒ、其葉五針一束ヲ成セバ朝鮮五葉ト呼ビ、國外產ト信ジテ之レヲ唐松ト稱セリ。

第 2707 圖

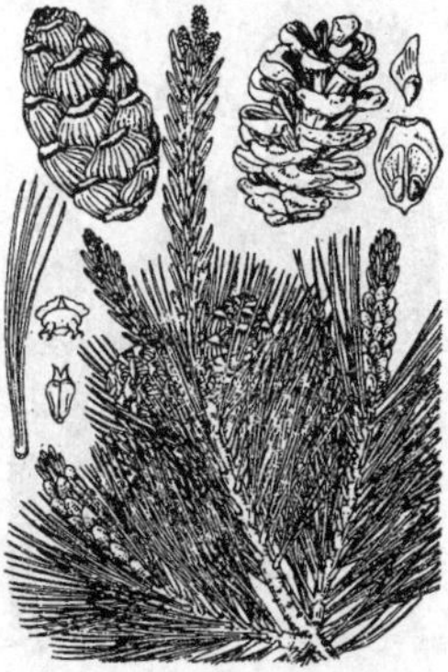

まつ科

第 2708 圖

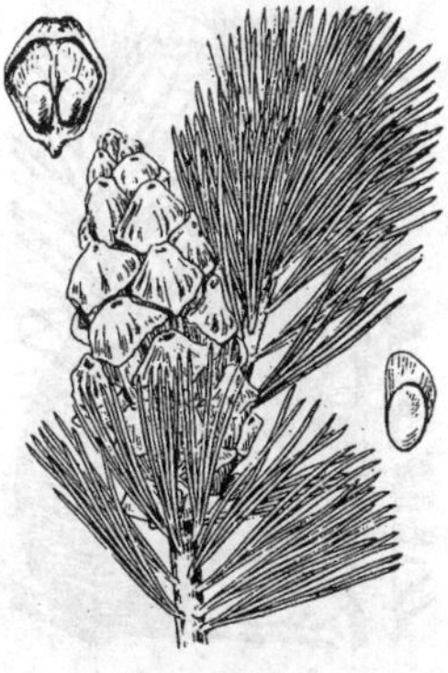

まつ科

第 2709 圖

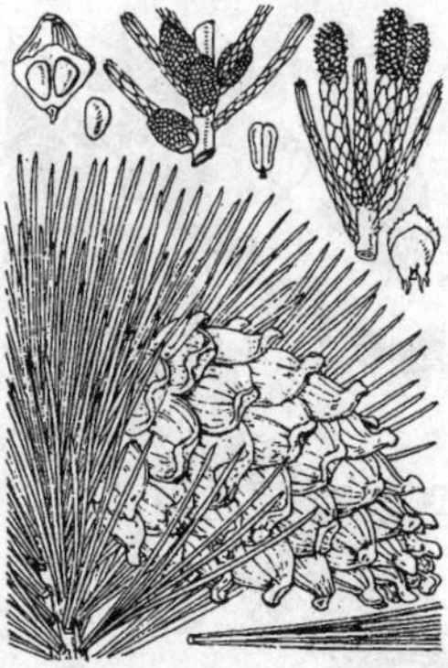

まつ科

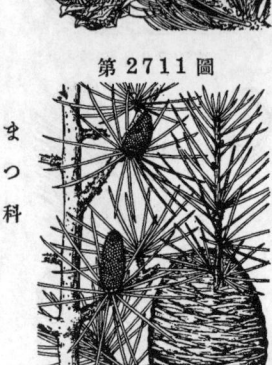

第2710圖

はひまつ
Pinus pumila *Regel.*
(=P. Cembra *L.* var. pumila *Pall.*;
P. parviflora *Sieb. et Zucc.* partim.)

中部以北ノ高山帶ニ生ズル常綠大灌木ニシテ、幹ハ蟠臥シ、枝極ハ密ニ横斜交錯シテ四方ニ擴ガリ、高サ1m内外ナレドモ往々山上ヨリ降リシ風ノ當ラヌ山腹ニ在テハ多少喬木狀ヲ呈スルニ至ル。枝質柔軟、新條ニハ赤褐色ノ短毛ヲ布キ老成セル枝ハ黑褐色ヲ呈ス。葉ハ短ク五針一束ヲ成シテ枝上ニ密着シ葉鞘無ク三稜狀ヲ呈シテ尖リ、長サ5-10cm、蒼綠色ヲ呈シてどえふまつヨリモ強剛、斷面ニ二樹脂道アリ。雌雄同株ニシテ六月開花シ、雄花ハ新條ノ側面ニ蒼キ苞鱗ニ二藥アリテ黃花粉ヲ吐キ、雌花ハ新條ノ梢ニ出デテ種鱗ニ二卵子アリ。毬果ハ卵狀橢圓形ニシテ長サ5cm内外、初メ黑紫色後ニ暗綠色ト成リ、種鱗ハ幅廣ク數少ク質厚ク硬厚キ、其端面ニハ黑紫色ノ綠平行シテ存シ、内面ニ兩凹窠アリテ二種子相並ブ。種子ハ暗褐色ニシテ翼ヲ缺ク(類似ノどえふまつ種子ハ有翼)。和名ハ這まつハ其枝條山面ニ偃臥廣延セルヲ以テ斯ク云フ。

第2711圖

ひまらやすぎ
Cedrus Deodara *Loud.*
(=C. Libani *Barr.* var. Deodara *Hook. f.*;
Pinus Deodara *Roxb.*)

印度ひまらやノ原産、明治初年渡來シ今ハ普ク庭園ニ栽植スル常綠喬木ニシテ高サ10m餘ニ達ス。幹ハ直立、枝極水平ニ展開シテ稍下垂シ樹姿頗ル雅美ノ觀ヲ呈シ、樹皮ハ灰褐色ニシテ片々ニ剝離ス。葉ハ多數短枝上ニ東生シ又ハ新枝上ニ散生シ、瘦針狀暗蒼綠色ヲ呈シ長サ3cm内外、先端ニ銳刺ヲ有ス、からまつニ比シテ剛直ナリ。雌雄同株ニシテ樹老ト始メテ開花ス。雄花ハ圓柱狀ニシテ直立シ長サ3cm内外、秋ニ開キ淡黃褐色ヲ呈シ種鱗多數ニ重ナリ、雄蕊ハ細カシ。毬果モ亦短枝上ニ直立シ、橢圓形ヲ成シテ長サ10cm内外アリ、廣扇狀三角形ヲ呈セル扁平種鱗次ニ、平滑ニシテ全緣、毬果ノ表面水平滑、帶綠灰褐色ヲ呈シ熟スレバ中軸ヨリ容易ニ脫落ス。種子ハ翼アリ。和名ハひまらやノ産ニシテ葉狀ノ觀すぎニ似タレバ斯ク云フ。

第2712圖

からまつ
一名 ふじまつ・にっくゎうまつ・らくえふしょう
Larix leptolepis *Murray.*
(=Abies leptolepis *Sieb. et Zucc.*;
Pinus Kaempferi *Lamb.*; L. Kaempferi
Sarg. non Carr.; L. japonica *Carr.*)

向陽ノ山地ニ生ズル落葉喬木ニシテ多枝繁葉ナリ。幹ハ直立シ眞直ニシテ高サ30m逕1m内外ニ達スル者アリ、樹皮ハ灰褐色ニシテ裂瓣ヲ生ジ長鱗片ト成リテ剝離シ、枝極ハ開出シ老枝ハ往々下向ス。葉ハ柔軟針狀、短枝上ニ二十五至三十條叢生シ、長サ3cm内外アリ、初メ淡綠色ナレドモ後ニ鮮綠色ト成リ落葉ニ際ル黃色ヲ呈ス。雌雄同株ニシテ四月新葉ノ萌出ト共ニ開花シ短枝頂ニ出テ獨生ス、雄花ハ球形・卵形又ハ橢圓形ニシテ無數ノ黃葯ヨリ成り、葉ノ件ハズ苞鱗ニ二葯アリ。雌花ハ橢圓形ニシテ下向シ種鱗ニ二卵子アリ。毬果ハ上向シ廣卵形長サ2-3cm、幅1.5-2cm、種鱗ハ稍圓形ニシテ熟スレバ先端背反ス、苞鱗ハ卵狀披針形、先端圓頭ニシテ鋭尖形ノ針ニ終リ種鱗ハ約半長ヨリ長シ。種子ハ長サ4mm倒卵狀楔形ニシテ淡キ種子ノ二倍長許ノ翼ヲ有ス。材ハ建築・土木用材トシ、樹皮ハ染料ニ用ヒラレ、樹脂ヨリてれびん油ヲ採ル。和名唐松ハ其短枝上ニ紋綠ヲ成セル車輪葉ノ狀所謂唐まつ式ナレバ斯ク云ヒ、富士まつ・富士山ニ生ズレバ云と、日光まつハ野州日光山ニ多カレバ云フ。落葉松ハ漢名ヲ音讀セル名ナリ。漢名落葉松(誤用)、落葉松松ハ一ニ金錢松ト云ヒテ支那産品ノ名ニシテ我邦ノ者ニ適用スルハ非ナリ。

まつ科
904

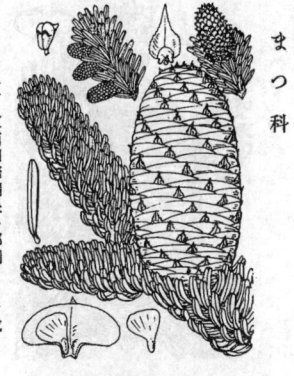

も　み

一名 さなぎ　古名 もみのき

Abies firma *Sieb. et Zucc.*

(＝A. bifida *Sieb.et Zucc.*)

常絲ノ大喬木ニシテ山地ニ生ズ。幹ハ牛天ニ直聳シテ枝ヲ擴ゲ高サ30-50m、徑1-1.5mニ達シ、樹皮ハ暗灰色ニシテ粗糙ナリ。葉ハ互生、二列生、線形ニシテ先端鈍頭又ハ銳頭、嫩木ノ者ハ尖銳ナル二叉（つばめもみと謂フ）ヲ成シ、樹脂道ニ二箇アリ兩側ノ下面表皮ニ接ギキ葉ハ在テ一葉肉中ニ在 リ。雌雄同株ニシテ六月ニ開花ス。雄花ハ前年ノ葉腋ニ生ジ圓壔形又ハ圓柱形ヲ呈シ黃花粉ヲ吐ク。雌花ハ長狀長橢圓形ニシテ上向ニ綠色ヲ呈シ種鱗ハ二卵子アリ。毬果ハ直立ニ圓壔形、長サ10-15cm、幅5cm許アリ、苞鱗ハ銳尖頭ニシテ反卷シ、褐色ヲ呈シ、種鱗ハ廣扁形、下部楔形ヲ成シ、熟スレバ果軸ヲ殘シテ脫落ス。種子ハ倒卵狀楔形、長サ6-10mm、二倍長ノ翼ヲ有ス。材ハ種々ノ用途ニ供セラレ、和名もみハ其語原充分ニ分明ナラズ、さなぎハ土佐ノ方言、さなハ稻扱器ニ古名ニシテ古來此材ヲ其器ニ造リシヲ知ル。漢名 樅（誤用）、我邦ノもみハ支那ニ產セズ從テ漢名無シ。

だけもみ

一名 うらじろもみ・にっくゎうもみ

Abies homolepis *Sieb. et Zucc.*

(＝A. brachyphylla *Maxim.*)

中部ノ高山ニ生ズル常綠ノ大喬木ニシテ、其森林ハ下部ハもみノ接ヶ上部ハしらびそト交錯シ、高サ40m内外、徑1mノ亘ホ成ル。幹ハ直聳シテ葉密ニ葉ヲ着ヶ、樹皮ハ灰褐色ヲ呈シ片々剝落ス。本種ハしらびそニ酷似シテ其區別ハ苦シムト雖モ幼枝ハ濃黃色ヲ呈シ光澤ヲ有シ初メヨリ全ク無毛ナルヲ以テ認識シ得ベシ。一葉ハ二齒キ葉裏蒼白色ヲ帶ブルコト多ク、其斷面ニテハ樹脂道葉肉内ニ在ス（もみハ一綠ニ接ス）。雌雄同株ニシテ五六月ノ候ニ開花シ、雄花ハ小枝上ニ群着シ長棒圓狀圓壔形ニシテ約ノ橫開シテ黃花粉ヲ吐キ、雌花ハ多クノ枝梢ニ生ジ紫色ニシテ搜卵形ヲ呈シ種鱗ハ二卵子アリ。毬果ハ一橢圓或圓壔形ニシテ暗紫色ヲ呈シ長サ10cm許、苞鱗ハ平圓形ニシテ尖頭ヲ有シ短楔底ヲ成シ其長サ種鱗ノ半ニ過ギザルヲ以テ全然毬果ノ外部ニ一露ハレズ、もみノ苞鱗ノ點々尾狀ヲ呈シテ外ニ現ハルルト大ニ觀ヲ異ニシ、各種鱗ニ廣翼アル倒卵形ノ二種子ヲ藏ス。用材トシ用キラレ、又ぱるぷニ利用セラル。和名樅もみハ高嶽上ニ生ズルヨリ云ヒ、裏白もみ葉裏白色ヲ帶ブルヨリ云ヒ、日光もみハ野州日光山ニ生ズルヨリ云フ。

しらびそ

一名 しらべ・りうせん（同名アリ）・とりゅうせん

Abies Veitchii *Lindl.*

廣ク高山地帶ニ生ズル常綠喬木ニシテ高サ 20mニ超エ徑ハ60cm許ニ達ス。幹ハ直立シテ葉密ニ葉ヲ着ヶ、樹皮ハ灰青色又ハ灰白色ニシテ平滑、樹脂多シ。葉ハ稍軟ク枝上ニ二列ニ並ビ、下面白色、上面濃綠色、長サ 2-3cm、樹脂道ハ二箇アリ兩側ノ葉肉中ニ一位置ス。雌雄同株ニシテ六月ニ開花シ、雄花ハ小枝ニ着キテ群生シ卵狀長橢圓形ニシテ黃花粉ヲ吐出シ約ハ橫開ス。雌花ハ小枝ニ着キ長橢圓形ニシテ赤紫色ヲ呈シ種鱗ハ二卵子アリ。毬果ハ圓壔形、暗青紫色ヲ帶ビ、長サ5-7cm、幅2.5-3cm、種鱗ハ半圓形、圓頭、楔底、苞鱗ハ倒卵狀楔形、種鱗ト同長、先端背反シ短ク毬果面ニ一露ハレ。種子ハ倒卵狀楔形、長サ6mm、翼ハ廣楔形ヲ成シ約ノ一倍半乃至二倍アリテ濃紫色ヲ帶ブ。材ハ建築材・器具材・土木用材ト成シ、又ぱるぷヲ造ルベシ。和名ノ白檜ニシテ白檜ハ一白ひのきノ意、其葉裏ハ白色ナルヨリ云ヒ、へハ何ノ意味乎予ニレヲ解セズ、白ヘハ白檜ノ意、龍鬚ハ一葉ヲ着テ伸曲セル枝ヲ龍鬚ヨリ云ヒ、小龍鬚ハおほしらびそヲ大龍鬚ト云フニ對セシメシ名ナリ。

905

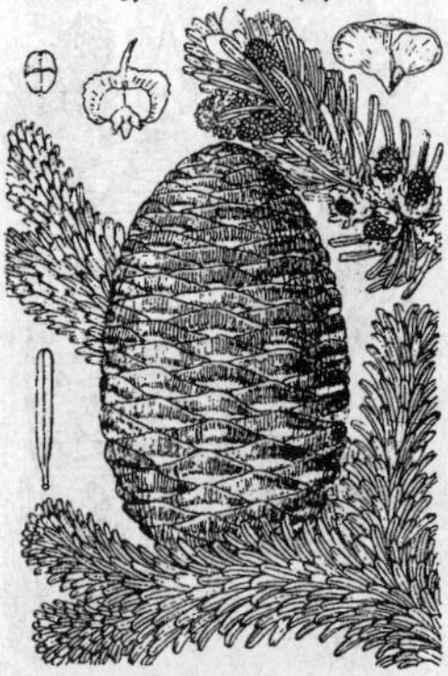

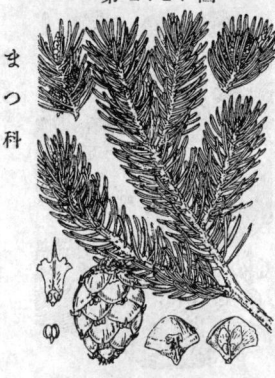

おほしらびそ
一名 りゅうせん（同名アリ）・おほりゅう
せん・とど・あをもりとどまつ
Abies Mariesii *Mast.*

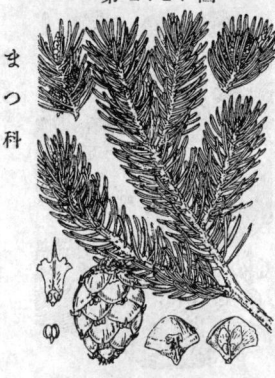

第 2716 圖

まつ科

中部以北ノ高山ニ生ズル常緑大喬木ニシテ一般ニだ
けもんョリ高處ニ森林ヲ形成シ、こめつが・しらびそ
ト同一帶ニ在リ。幹ハ直徑ハ高サ25m内外、徑60cm許
ノ大木トナレド、高山上ニテハ往々矮樹ト成リ、樹皮
ハ淡灰色ニシテ平滑ナレド嫩枝ハ赤褐色ヲ帶ビテ敷
毛ヲ密生スルノ特徵アリ。葉ハ密ニ枝上ニ互生シ倒披
針狀線形ニシテ長サ1.5cm内外、純頭微凹端、もみノ如
ク剛强ナラズ、裏面ハ白色ヲ呈シ、斷面ニ於ケル樹
脂道ハ葉ノ下緣ニ接ス。雌雄同株ニシテ六月開花ス、
雄花ハ小枝ニ簇生長楕圓形ニシテ黃花粉ヲ吐キ、雌
花ハ亦小枝梢ニ出ヅ、毬果ハ卵狀球形或ハ廣楕圓形ヲ
成シ暗紫褐色ヲ呈シ長サ10cm以内、先頭ハ圓形、苞鱗
ハ倒卵形、楔底ニシテ其長サハ扇形ヲ成セル種鱗ノ三
分ノ二長ナレバ毬果ニアリテハ少シモ外ニ露ハレズ。
熟スレバ中軸ヲ殘シテ容易ニ脱落ス。和名大白檜ソバ
しらびそニ似テ毬果豐大ナレバ云フ、とど多分あいぬ
語ナラン、青森とどまつハ陸奧卽チ青森縣下ニ在レ
バ斯ク云ヘドモ是レ舊來ノ稱呼ナラズ。龍膽ノ解ハし
らびその條下ヲ看ルベシ。

さはらとが
一名 さはらつが・とがさはら・
まとが・かはき・ごようとが
Pseudotsuga japonica
Shirasawa (1900).
(= Tsuga japonica *Shiras.*)

第 2717 圖

まつ科

本州大峰山脈及ビ土佐ノ深山ニ生ズル常綠ノ大喬木、
幹ハ直徑ョ高サ30m徑1m許ニ達シ、灰褐色ノ樹皮ハ縱
裂シテ薄片ト成ル。葉ハ稍々二列生ニシテ枝ニハ葉枕ヲ
生ゼズ、針形、先端ハ鋭形、多少内方ヘ彎曲シ長サ2.5-
3cm内外、表面帶苍綠色、裏面ハ白ク、もみ類ニ比シテ
纖廣ノ感アリ、枯レテ後ハもみ類ノ脆キニ似ズシテ容
易ニ脱落セズ。嫩枝ハ基部ニハ夏ヲ經ルモ光澤アル赤
褐色ノ冬芽鱗片ヲ殘存ス。雌雄同株。四月開花ス。雄花
ハ小枝ニ群済ヒ橢圓形ニシテ黃花粉ヲ吐キ、雌花亦小
枝ニ脊ヒ上向ス。毬果ハ短枝上ニ整頭ニ別橢圓形、5cm
内外、熟スレバ焦黑褐色ト成ル。種鱗ハ圓形ヲ成シ質厚
ク内ニ凹ミ、苞鱗ハ種鱗ョリ長クシテ外ニ露ハレ毬果
ヲシテ特狀ヲ現ハシ、サシメ、其先端ハ三裂シ中型中ハ針
狀アリ。種子ハ三角形ニシテ有翼。材ハ稍々軟脆ニシテ
從テ良材ナラズ、和名ハさはらとがハさはらニ似タルと
がノ意ニシテ是レ其材ノ類似ョリ起リシ名ナラン、又
とがさはらモ亦同源ノ稱ナルベシ、眞とがハ眞正ノと
がノ意、さはらつがハさはらとがト同意、かはき・ごよう
木ナランモ何ニ基ヅクヤ、ごようとがハ何ノ意ゾ。

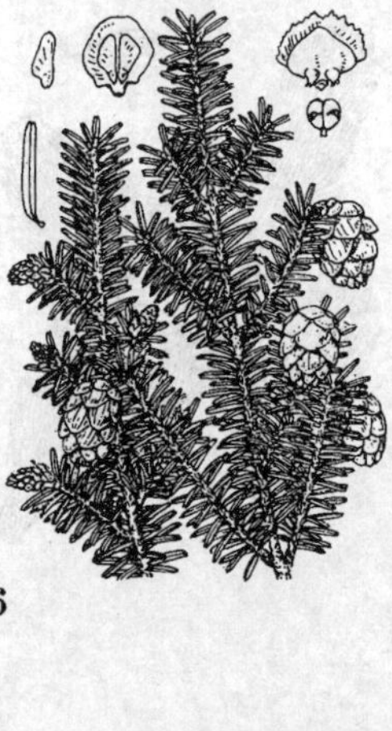

つ が
一名 とが・つがまつ
Tsuga Sieboldii *Carr.*
(= Abies Tsuga *Sieb. et Zucc.*)

第 2718 圖

まつ科

日本中部以南ノ淺山坪ニ深山ニ生ズル繁枝多葉ノ常
綠喬木、幹ハ直立シ、大ナル者ハ高サ30m徑1mニ達ス
ルアリ、樹皮ハ灰色ニシテ深ク縱裂シ、一年生枝ハ全
クギ滑無毛ナリ。葉ハ枝上ニ多ク、小形ニシテ長短ア
リ、略ニ列生ヲ成シテ小枝ノ左右ニ駢列シ、稍形ニ
シテ扁平、先端ハ微凹形、基部ハ短柄ト成リ、長サ1-2
cmナリ、樹脂道ハ下側ニ中央ニ一箇アルノミ。雌雄同
株ニシテ四月ニ開花ス、雄花ハ長卵形ニシテ小枝端ニ
獨生シ紫胞ニ横開シテ花粉ヲ吐キ、雌花亦小枝端ニ生
ジ長卵形ニシテ紫色ヲ呈シ種鱗ニ二卵子アリ。毬果ハ
長卵形、長サ2-3cmアリ、初メ綠色、成熟スレバ褐色
ヲ帶ビ、果梗ナク其ヘ枝端ニ下垂ス。種鱗ハ稍圓形、苞鱗ハ
倒卵形ニシテ小ナリ。種子ハ倒卵形、長サ4mm内外、
翼ハ披針形、稍種子ョリ長ク。材ハ種々ノ用途ニ用ヰ
ラレ又はるぶ裂ヲ製シ、樹皮ョリハたんにん（單寧）ヲ採
ル。和名つが坪ニ=とが・語源不明ナリ。つがまつハつ
がナルまつト謂フ意ナリ。

906

こめつが
一名 ひめつが
Tsuga diversifolia *Mast.*
(＝T. Sieboldii *Carr.* var. nana *Carr.*)

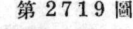

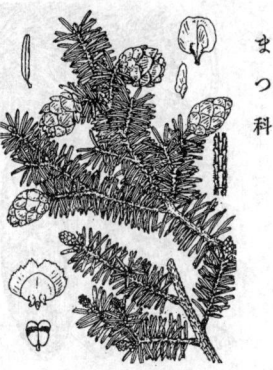

まつ科

中部丼ニ以北ノ山地ニ生ズル繁生多葉ノ常綠喬木。幹ハ直立シ大ナル者ハ高サ20m徑70cm内外ニ達シ、樹皮ハ灰色ニシテ堅ク淺キ裂罅アリ、一年生ノ枝ハ褐色ノ細軟毛アリ。葉ハ枝上ニ多ク、小形ニシテ長短アリ、小枝ノ左右ニ排列シ略ボ二列生ヲ呈シ、線形ニシテ長サ6-15mm許、先端圓形又ハ微凹形、基部ニ短柄アリ、下側ノ中央ニ維管束一箇アリ。雌雄同株ニシテ六月ニ開花ス。雄花ハ卵圓形ヲ成シテ小枝端ニ獨生シ葯ハ横開シテ黄花粉ヲ吐キ、雌花亦小枝頂ニ獨生シ卵圓形ニシテ綠紫色ヲ呈シ種鱗ニ二卵子アリ。毬果ハ卵狀橢圓形ニシテ無梗又ハ短梗アリ、長サ3cm内外、枝端ニ下垂ス。種鱗ハ圓形、苞鱗ハ微小、種子ハ卵形ニシテ翼アリ。本種ハつがニ酷似スレドモ、一年生ノ枝ハ其小枝面ニ縱溝中ニ褐色ノ細軟毛アルト、且其毬果短小、丼ニ其葉小形ナルトニ由リ以テ識別シ得ベシ、又つがハ主トシテ本州中部以南ノ山地ニ生ズルモこめつがハ中部以北ノ山地ニ多ク生ズルヲ常トス。材ノ種々ノ用途ニ供セラル。和名つが・姫つがハ其葉小形ナルヲ以テ云フ。

えぞまつ
一名 くろえぞ
Picea jezoensis・*Carr.*
(＝P. ajanensis *Fisch.*)

まつ科

北海道以北ノ多キ常綠大喬木。亭々タル直幹ハ高サ40m 徑1m 許ニ達ス。枝條平滑ニシテ光澤ヲ有シ密ニ多數ノ葉ヲ叢生シ顯著ナル葉沈ハ全面ニ散在シ精ニ二列生ヲ呈シ扁平ナル綠形ニシテ先端ハ壓イ如ク尖ソ下端ハ葉枕ト節合シ乾ケバ容易ニ脫落シ去リ、少內方ニ彎曲シ形態學上ノ表裏ト相反シ表面ハ濃綠色ニシテ光澤ヲ有シ外面ニ向テ恰モ表面ノ如ク、之レニ反シテ本然ノ表面ハ氣孔列存在シ白色ヲ帶ビテ內ニ向フヲ以テ著シ。雌雄同株ニシテ五六月ヲ候ニ開花ス。雄花ハ圓壔形ヲ成シ葯粉ハ縱裂シテ黄花粉ヲ吐キ、雌花ハ小枝ガ一出デ長橢圓狀圓壔形ニシテ上向シ帶紫色ヲ呈シ、種鱗ニ二卵子アリ。毬果ハ長橢圓狀圓壔形ニシテ鈍圓頭、黄綠色ヨリ帶黄褐色ヲ成シ長サ6-7.5cm 許アリテ上部ノ枝端ヨリ傾垂シ、熟スルモ苞鱗及ビ種鱗ノ脫落シ見ズ、種鱗ハ倒卵狀楔形ヲ成シ有翼ノ二種子アリ。本種ハ本州産ノたうひト酷似スレドモ嫩枝ハ紅色ヲ帶ビズシテ黄褐色ヲ呈シ、種鱗ハ楕圓形ナラザルヲ以テ區別スベシ。和名ハ蝦夷まつニシテ北海道ニ產スルヲ以テ云ヒ、黑蝦夷ハ黑褐夷まつノ略ニシテ其老樹ノ幹膚暗褐黑色ヲ呈スルヨリ云フ。

たうひ　一名 とらのをもみ
Picea jezoensis *Carr.*
var. hondoensis *Rehd.*
(＝P. hondoensis *Mayr.*)

まつ科

本州ノ山地ニ生ズル繁生多葉ノ常綠喬木。幹ハ直聳シ高サ30m徑60cm內外ニ達シ、樹皮ハ帶赤暗褐色ヲ呈シ多少灰色ヲ帶ビ小形鱗片ト成リテ剝脫ス。枝ハ稍平滑ニシテ綠形ヲ成シ多少下方ニ弓曲シ稍密接シテ螺旋狀ニ黄褐色枝上ニ聳キ、二列綠色、裏面白色。葉體反捩シテ表面ハ下ニ向シ裏面上ニ向フ者多ク、長サ1-2cm許アリテ先端綠形、横斷面ニ扁平ニシテ樹脂道ハ上面ノ表皮ニ接在シ、葉潰ソレバ枝面ニ突起セル多數ノ葉枕ヲ現シ見ユ。雌雄同株。六月開花ス。雄花ハ小枝ニ出デ圓壔形、苞鱗ニ二卵葯アリテ縱裂シ黄花粉ヲ吐キ、雌花ハ小枝端ニ出デテ斜トシ圓壔形ニシテ紅紫色ヲ帶ビ、種鱗ニ二卵子アリ。毬果ハ其嫩キ者ハ帶紅紫色ナレドモ成熟スレバ黄綠色ヲ呈シ枝端ヨリ傾垂シテ卵狀橢圓形ニシテ長サ4-6cm許アリ、種鱗ハ倒卵狀披針形ニシテ先端凹圓ヲ成シ鋸齒アリ、苞鱗ハ微小ニシテ小劍狀ヲ呈ス。種子ハ倒卵狀橢圓形、長サ2-3mm、翼ハ種子ノ約二倍長アリ。材ハひのきノ代用品トシテ諸種ノ用途ニ供セラレ、又ぱるぷヲ造ル。和名ハ唐檜ノ之レヲ約ッ稱ノモのき卜見立ツ此稱アリ、虎の尾もみハ其葉ヲ齊ケシ枝條ヲ虎尾ニ擬セシナリ。

907

第 2722 圖

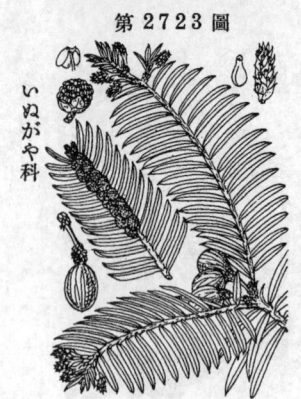

はりもみ 一名 ばらもみ
Picea polita Carr.

中部以南ノ山地ニ生ズル常緑喬木。幹ハ亭々ト
シテ聳立シ高サ10-30m餘、直徑1mヲ算シ、枝
條ハ不開シテ針葉多ク、嫩枝ハ黄褐色ヲ呈シテ
光澤アリ、乾燥スレバ容易ニ落葉シテ枝面ニ突
起セル顯著ノ葉枕ヲ殘留ス。葉ハ長サ2cm內外
アリテ多數相接シテ開出シ、粗針狀ヲ成シ先端
ハ甚ダ銳キ刺ヲ有シ、四稜アリテ背腹ヨリモ左
右ノ方幅廣ク、上半部內方ヘ彎曲シ、質極メテ
剛硬、深綠色ヲ呈シ表裏ノ區別ヲ得ザルモ其斷
面ハ顯著ナル菱狀四角形ヲ成スヲ以テ直ニ本種
ヲ認識スベシ。雌雄同株ニシテ六月ニ開花ス。
雄花ハ小枝ニ出デテ黃色花粉ヲ摻出シ、雌花亦
小枝梢ニ出デテ綠色ナリ。毬果ハ褐色ノ長橢圓
形ヲ呈シ乾キテ鱗片寬ク開ケバ橢圓形ト成ル、
長サ10cm許、枝端ニ點頭ス。種鱗ハ倒邪狀圓形
ヲ成シ緣ニ不整ノ細齒アリ、熟スルモ脫落セズ。
苞鱗ハ綠形ニシテ小サシ。種子ニハ廣翼アリ。
和名ハ針もみニシテ銳針狀ノ葉ヲ基ズ云ヒ、棘
もみモ亦同義ナリ。

第 2723 圖

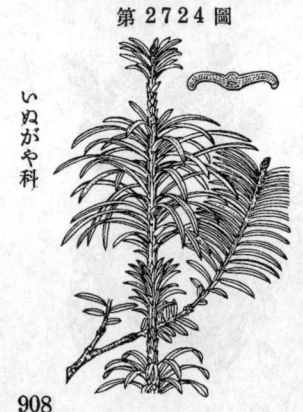

いぬがや 一名 へぼがや・へだま
Cephalotaxus drupacea
Sieb. et Zucc.

山地又ハ平地ノ林樹ニ混ジテ生ズル常綠灌木或ハ小喬木ニシ
テ大ナル者ハ高サ10m、徑30cm內外ニ達ス。樹皮ハ暗灰褐色
ニシテ淺ク縱裂ケ、薄片ト成リテ脫剝シ枝極ハ横ニ擴ガリ、
小枝ハ綠色ニシテ枝面ニ滿テリ。葉ハ深綠色ニシテ密ニ枝ニ
簇キ直立セル主條ニテハ螺旋狀ニ互生スルモ側枝ニテハ兩側
ニ互生シニ列ニ展開シテ邪狀ヲ呈シ、稜形ニシテ先端ハ急銳
尖、質堅クカラズ、長サ3-5cm內外アリ、下面中脈ノ兩側ニ白色
ノ氣孔線アリ。雌雄異株ニシテ三四月ノ候ニ開花ス。雄花ハ短
梗ヲ有シテ葉腋ニ生ジ六乃至九花ヨリ成リテ球形ヲ成シ葉下
ニ排列シテ下向ニ黃色ヲ呈シ褐色ノ鱗片ニ擁セラレ、一花ニ
七乃至十二箇ノ雄蕋アリ。雌花ハ小枝端ニ二三アリテ短柄ヲ
具ヘ綠色ヲ呈シ球形成或ハ橢圓形ヲ成シ苞鱗ニ二卵子アリ。果
實ハ核果狀ノ種子ヨリ成リ一箇稀ニ二三或ハ數箇ヲ生シ靑綠色ニ
又ハ橢圓形ヲ成シ長サ1.5-2.5cmアリ、外種皮ハ初メ未熟ノ時
綠色ナルモ成熟スレバ帶紅紫色ヲ成シ皮汁甘ク、內種皮ハ堅
ク核狀ヲ呈シテ二稜ヲ成シ兩端尖リ。胚乳ヨリ搾レル油ハ
燈用・理髮用ニ用ヰラル。一變種ニハひいゞぬがや (var. nana
Rehd.=C. nana Nakai.)アリ、基部ヨリ傾上ニシテ立チ高サ
2m許ニ達シ果實ハ橢圓形ヲ呈シ淡紅紫色ニ熟シ甘汁アリテ
食フベシ、中國ノ山中ニ多シ、和名大がやハかや=似タリト雖
モ其ニ苦ク食フニ堪ヘザルヲ以テ斯ク云ヒ、平兒がやモ同意、
屁玉ハ其圓キ果ハ臭氣アルヲ以テ云フ。漢名粗榧(盞ハ誤用)

第 2724 圖

てうせんまき
一名 てうせんがや・たうがや
Cephalotaxus drupacea Sieb. et
Zucc. var. koraiana Makino.

(=Podocarpus koraiana Sieb.; C. drupacea
Sieb. et Zucc. var. pedunculata Miq. forma
fastigiata Pilg.; C. pedunculata Sieb. et Zucc.
var. fastigiata Carr.; C. Buergeri Miq.; C.
drupacea Sieb. et Zucc. var. Buergeri Maxim.)

いぬがやノ一變種ニシテ觀賞樹トシテ庭園ニ栽培セ
ラルル常綠灌木。高キ者ハ3mニ達シ、小ナル者ハ1m
內外アリ、多枝叢出シ、直立シテ長ク、枝面無毛綠色
ニシテ滿テリ。葉ハ螺旋狀ニ排列シ、長短ノ兩葉群若
干ノ間隔ヲ成シテ交互ス、深綠色ヲ呈シ搜線邪形ヲ成シ
テ短ク尖リ開出シテ下方ニ弓進スルヲ常トシ質厚ク
長サ2-5cm許アリ、株上ニ時トシテ所謂先祖還リヲ現
ハシ二列邪狀葉アル枝ヲ出シ其母種ノいぬがヤタル
證ヲ自然ニ示ス事アルヲ見、又稀ニ其中間型ノ葉アル
枝ヲ生ズル事アリ、而シテ未ダ曾テ花實ヲ生ゼシヲ見
シコト無シ。和名朝鮮まきハ朝鮮ノ名ニシテてうせん
がやノ名ハ近代人ノ作ナリ、此朝鮮まきハ本品ヲ朝鮮
品ト思惟ニ此ク云ヒシナラン、又唐がやモ亦同樣支那
品ト信ゼシニ因ル。

第 2725 圖

いぬまき科

らかんまき（羅漢松）
Podocarpus chinensis *Wall.*
(＝P. macrophylla *D. Don* var. chinensis
Maxim.; P. Maki *Sieb.*; P. macro₋phylla
D. Don var. Maki *Sieb.*; P. macrophylla
D. Don subsp. Maki *Pilg.*)

支那ニ產シ又我邦九州南部琉球ニ自生スル常綠喬木
ニシテ廣ク庭園ニ栽植セラレ又近海地方ニテハ之レ
ヲ潮籬トス。幹ハ直立シ高サ5m內外、枝多ク葉繁ミ、
小枝ヲ眞直ニシテ梢疎ナリ。葉ハ密ニ互生シテ四方ニ
發出シ廣線形或ハ線狀披針形ニシテ長サ5-5cmアリ、
質厚ク、深綠色ヲ呈シ先端銳頭、底部銳尖シテ短柄ト
成リ、中脈ノミ兩面ニ隆起シテ著シ。雌雄異株。五月開
花ス。雄花ハ長サ9cm內外、二三箇葉腋ニ束生シ長圓
柱形ヲ成シ開出且斜垂シ黃白色ヲ呈シ、雄蕊多數ニシ
テ三角狀ノ苞鱗上ニ出デ二葯胞ノアリ縱裂ス。雌花ハ
梗柄アリテ前年枝ノ葉腋ニ獨生シ、卵子ノ下ニ一大ナ
ル花托アリテ其基部ニ鱗片四箇ヲ有シ、後チ秋ニ至リ
成熟スレバ花托ハ肥大シ肉質ト成リテ紅熟ス。種子
ハ廣橢圓形、靑綠色ニシテ白霜ヲ帶ブ。本種ハいぬま
きニ比スレバ葉短ク且密生シ上向シテ斜下スルコト
無キヲ以テ區別シ得ベシ。本種ハ學者ニ由テ或ハいぬ
まきノ變種トモ又其亞種トモ又獨立種トモ考ヘラル。
和名羅漢まきノ其漢名ニ基ヅキ羅漢ノ狀佛體ノ如
ケレバ云フ。

第 2726 圖

いぬまき科

いぬまき
一名 くさまき・ほんまき・まき
Podocarpus macrophylla *D. Don.*
(＝Taxus macrophylla *Thunb.*)

暖地ノ山林中ニ生ズル常綠喬木ニシテ幹ハ直立シ、高
サ20m、徑30-60cm許アリテ枝ハ擴張シ老樹ニ在テハ
小枝ハ往ヽ下垂シ、樹皮ハ灰白色ヲ呈シテ淺ク縱裂シ
薄キ剝片ト成リテ脫落ス。葉ハ枝上ニ互生シテ梢密ニ
齊キ不扁ナル線形或ハ狹披針形ニシテ長サ10-15cm、
幅8-12mm許アリ、先端鈍頭ヲ呈シ全緣ニシテ革質ヲ
成シ上面深綠、下面淡綠色ニシテ一條ノ隆起セル中脈
ヲ具フ。雌雄別株。五月開花ス。雄花穗ハ短梗ヲ有シ
テ小枝ノ側方ニ細長ニ三五ノ細長ナル圓柱形ヲ成シ
テ黃白色、苞鱗ニ繰裂スル二葯ヲ具ヘ黃花粉ヲ吐ク。
雌花ハ葉腋ニ出デテ小梗ヲ具ヘ綠色ノ花托ヲ有シ其
基部ニ鱗片ヲ具フ。種子ヲリ成ル果實ハ略ヲ球形ヲ呈
シ十月ノ候ニ熟シテ綠色ト成リ、其下部ノ花托ハ膨大
シテ倒卵形ヲ成シ暗紅色ヲ呈シテ甘キ食スベシ。和名
まきハ圓木（まるき）ノ略ト謂ヘド如何、昔時すぎ?マ
きト稱ヘシ以テ本種ヲ呼ビ單ンデ犬まきト呼ビシナラ
ン今ハ單ニまきトモ稱ス。本まきハまきノ正品ノ意、
臭まきノ其材臭ケレバ云フ。俗ニ槇ノ字ヲ用フ。

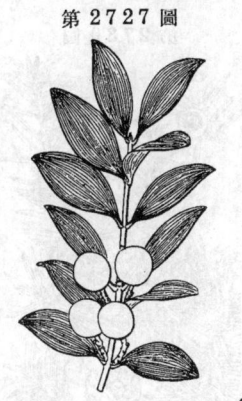

第 2727 圖

いぬまき科

なぎ（竹柏）
一名 ちからしば・べんけいのちからしば
Podocarpus Nagi *Zoll. et Moritzi.*
(＝Myrica Nagi *Thunb.*; P. Nageia *R. Br.*)

暖地諸州ノ山中ニ自生スト雖モ又通常庭園ニテ栽
植セラルル常綠ノ直立喬木ニシテ其大ナル者ハ幹ノ
高サ20m、徑60cm餘ニ達シ、樹皮ハ平滑ニシテ帶褐紫
色ヲ呈シ枝極多ク葉繁密ナリ。葉ハ披針形又ハ橢圓狀
披針形ニシテ對生シ、鈍頭、狹底、全緣、長サ約6cm、
幅2cm內外、二十乃至三十條ノ葉脈縱走シテ主脈無ク
質厚クシテ強靱、上面ノ光澤アル濃綠色下面ハ帶綠黃
色ナリ。雌雄別株。雄花ハ圓柱狀ノ花穗ヲ成シテ黃白
色ヲ呈シ三四箇集生シテ短梗ヲ有シ尖リタル苞鱗上
ニ繰裂スル二葯アリ。雌花ハ短梗ヲ有シ卵上ニ小形ノ
數苞片アリテ卵子ノ倒生シテ倒卵圓形ヲ呈ス。一種子
ヨリ成ル果實ハ十月ニ熟シテ球形ヲ成シ徑 10-15mm
許、外種皮ハ帶粉藍綠色ニシテ梢肉質、內種皮ハ骨質
ニシテ白色ナリ、地ニ落ツレバ生ジ易ク、子葉二片ア
リ。一變種ニうすゆきなぎ (var. caesia *Makino*＝
P. caesia *Maxim.*) アリ其葉粉白色ナリ、然レドモ
往ヽ常品ト連絡スルヲ以テ今之レヲ forma caesia
Makino ト爲ス。和名なぎノ其葉狀みづあふひ科のな
ぎ即テこなぎニ類スルヨリフナラント謂ヘリ、カシ
ばノ其葉强靱ニシテ引切レ難キヲ以テ云ヒと、辨慶ノ力
しばハ辨慶ノ力ヲ以テシテモ容易ニ切レ難キヲ云フ。
柳ハ俗字ナリ。

909

第2728圖

いちゐ科

かや　古名 かへ
Torreya nucifera *Sieb. et Zucc.*
（＝Taxus nucifera *L.*）

山地ニ自生シ又庭樹トシテ栽植セラルム常綠喬木ニシテ高サ20m餘、幹徑90cm餘ニ達シ、樹皮ハ平滑ニシテ靑灰色又ハ黃矢褐色ヲ呈シ老木ニテハ縱裂シ薄片ト成リテ剝脫ス。葉ハ扱針狀綠形ニシテ先端漸銳ニ稍硬キ刺尖ニ終リ底部ハ急ニ狹窄シテ短小柄ト成ル、元來枝面ニ螺旋狀ニ疏クト雖モ、捩レテ枝ノ左右ニ展開シ二列狀ト成リ、長サ2-3cm、上面ニ縱溝ヲ呈シ濃綠色ニシテ光澤アリテ下面ニ一二條ノ黃白色氣孔線アリ、中央ニ一維管束、共下ニ一樹脂道アリ。雌雄別珠。四月ニ開花ス。雄花ハ腋生シテ枝ノ下面ニ並ビ黃色ニシテ長橢圓形ヲ呈シ苞鱗ニ三葯アリ、雌花ハ小枝頂ニ群著シ卵形ニシテ苞無ク數層ノ細鱗片アリテ中心ニ一卵子アリ。十月ニ至リ一種子ヨリ成ル果實成熟シ、橢圓形ニシテ長サ2-3cm、徑1-2cmアリ、初メ綠色、熟スレバ紫褐色ニ變シ、外種皮ハ熟シテ自ラ裂ケ、內種皮ハ堅クシテ稿鳥色ヲ呈シ橢圓形ニシテ兩端尖リ縱溝アリ。種子中ノ胚乳ヲ食用トシ又油ヲ採ル。材ハ碁盤、將棊盤ノ材トシテ有名ナリ。變種ニつなぎがや（＝var. articulata *Miyos.*）・はたがや（var. nuda *Makino*＝T. nuda *Miyos.*）・ひだりまきがや（var. macrosperma *Makino*＝T. macrosperma *Miyos.*）・ちゃぼがや（var. radicans *Nakai*）アリ。和名カヤハ古名ナルカヘ轉化ナリ、かやノ蚊遣リニ用ヒシガ故名クト云フハ俗說ナリ。漢名榧（慣用）、是レ蓋シ支那產ナル T. grandis *Fortune.* ノ名ナラン、我邦ノかやハ支那ニ產セズ。

第2729圖

いちゐ科

いちゐ
一名 あららぎ・おんこ
Taxus cuspidata *Sieb. et Zucc.*
（＝T. baccata *L.* var. cuspidata *Carr.*；
T. baccata *L.* subsp. cuspidata *Pilg.*）

我邦北部並ニ中部諸州ノ深山ニ生ズル常綠喬木ニシテ又往々人家ニ栽植セラル。幹ハ直立分枝シテ葉多ク高サ20m、徑70cmニ達スル者アリ、樹皮ハ帶赤褐色ニシテ淺キ裂目アリ。葉ハ綠形ニシテ上昇セル枝上ニハ螺旋狀ニ疎クト雖モ側枝ニ於テハ捩レテ左右ニ展開シニ列ヲ成シテ羽狀ヲ呈シ密ニ菁キ深綠色ニシテ長サ1.5-3cmアリ、樹脂道ヲ缺ク。雌雄別珠ナリ。三四月頃、雄花ハ小形ニシテ橢圓形ノ花穗ヲ成シ葉腋ニ開ク、雌花ハ葉腋ニ單生シ熟スレバ紅色肉質ノ假種皮ト中ニ綠色ノ核狀種子ヲ中央ニ藏スルニ至ル、假種皮ハ甘味アリテ食フベク、材ハ建築材・器具材等ニ賞用セラル、和名ニ一位ニシテ古來此材ヲ笏ヲ作リタル由ニ基キシ名平成リ其技葉ノ疎密ニ由リシ名平不明ナリ、おんこハ北海道ノ「アイヌ」語ナリ。漢名水松（誤用）、水松ハ支那ニ產シテ日本ニ無ク其學名ヲ Glyptostrobus pencilis *K. Koch*（＝G. heterophyllus *Endl.*；Taxodium heterophyllus *Brongn.*；G. sinensis *Loder.*）ト云ヒ好ンデ南支那ノ水邊ニ生育ス。

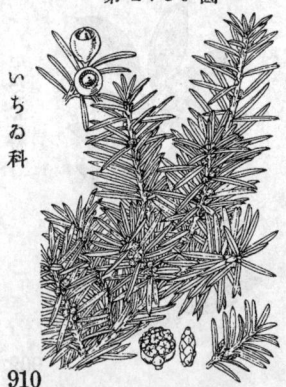

第2730圖

いちゐ科

きゃらぼく
Taxus cuspidata *Sieb. et Zucc.*
var. umbraculifera *Makino.*
（＝Cephalotaxus umbraculifera *Sieb.*；
C. tardiva *Sieb.*；T. adpressa *Gord.*；
T. cuspidata *S. et Z.* var. nana *Rehd.*）

伯耆大山ノ山頂ニ多ク自生シテ密ニ繁茂シ又但馬氷ノ山ニ少シク野生スレドモ、多クハ觀賞樹トシテ庭園ニ愛植セラルル常綠灌木ニシテ常ニ矮生ノ樹相ヲ呈シ橫方ニ廣ガレリ。幹ハ一般ニ直立セズシテ地上ニ橫斜スルヲ常トシ、高サ約1-2mアリ、幹ノ直徑15cm許ニ達スル者アリ。葉ハいちゐト相同ジク綠形ヲ呈シ頂ハ銳尖頭ヲ成シ深綠色ニシテ質稍厚ク無毛ニシテ密ニ枝上ニ互生シ略ボ二列生羽狀ノ狀ヲ呈セリ。雌雄異株ニシテ花ハ春月小枝ノ葉間ニ出デ細小ニシテいちゐト相同ジク、雌花ハ黃色ヲ呈セリ。果實ハ一種子ヨリ成リ、假種皮ハ杯狀ヲ成シテ綠色ノ種子ヲ擁シ赤熟シテ液汁多シ。和名伽羅木ハ此樹ノ材ヲ香料ヲ得ル伽羅樹卽チたんとうだい科ノ Excoecaria Agallocha *L.* ニ擬セシ者ナリ。

いちゃう（公孫樹・鴨脚子）
Ginkgo biloba *L.*
(Salisburia adiantifolia *Sm.*)

第2731圖

いちゃう科

落葉大喬木ニ—シテ高サ30m、徑2m—ニ達シ、樹皮ハ灰褐色ニシテ縱裂ヲ化シ、樹上—ニ往々粗大ナ氣根ノ乘下シ—ちちと稀ス。葉ハ長枝—ニ互生シ短枝—ニ叢生シ、扇形ニシテ稚樹ノ者ハ深ク二裂シ成葉ハ二淺裂或ハ不裂、而シテ更—ニ不齊泼狀ヲ呈シ、兩側—ニ全邊ナリ、葉脈ハ數回分岐ニ—平行シテ葉緣ニ達ル、深秋特ニ黃色—ニ變ジ落ス。葉柄ハ長々往4～6cm—ニ達ス。雌雄別株、花ハ四月—ニ新葉ト共—ニ出ヅ、雄花ハ柔荑花序樣ヲ成シ雄蕊ハ縱裂スル二藥室ヲ有ス。雌花ハ花梗ノ頂ニ—通常二顆アリ、心皮ハ盃狀ニ—シテ其上—ニ裸出セル胚子一顆ヲ着ク。春時花粉胚珠—ニ入レバ其腔內—ニ在テ漸次成育シ、秋時熟果ノ直前—ニ當リ花粉ヨリ精蟲ヲ放出シテ—ハ發卵器—ニ合シ遂ニ—生殖ヲ遂グ。種子ハ核果狀、熟スレバ外種皮黃色—ニ呈シ肉實ニ—シテ惡臭ヲ發シ、內種皮ハ堅硬白色—ニシテ二乃至三稜線アリ、之レヲぎんなん卽チ銀杏ト云フ、種子ノ特ニ—葉上ニ—生ズル者ヲ御葉著きいちゃう (var. epiphylla *Makino*) ト呼ブ。支那ノ原産ニ—シテ昔時我邦ニ—渡來シ今ヤ邦內各地ニ—栽植セラレ、盆栽・街路樹・庭園樹トシテ賞用セラレ、仁卽チ胚乳ハ食スベシ。和名いちゃうハ鴨脚ノ支那宋代ノ音ナリト大槻博士ノ大言海ニ—謂ヘリ。

そてつ（鳳尾蕉・番蕉・鐵樹）
Cycas revoluta *Thunb.*

第2732圖

そてつ科

琉球並ニ—九州南部—ニ自生スト雖モ多クハ觀賞品トシテ栽植セラルル常綠樹ナリ。莖ハ單立或ハ叢生シ、粗大ナル圓柱形ヲ成シテ暗色ヲ呈シ、高サ1～4m許、全面—ニ葉痕ヲ印シ又上部ニ—ハ鱗狀樣物ヲ被リ頂端—ニ葉ヲ簇生シテ四方—ニ攏開セリ。葉ハ巨大—ニシテ質硬ク、羽狀—ニ分裂シ多數ノ綠形小葉ハ互生シテ左右ニ—排列シ、濃綠色—ニシテ光澤アリ、先端卿銳尖、一條ノ中脈ヲ有ス。雌雄別株。夏月、雄花ハ莖頂—ニ松毬狀ヲ成シテ直立シ長サ50～60cm、幅10～13cm內外ノ長圓壔形ヲ成シ、鱗片ノ下面—ニハ多數ノ葯ヲ着ケ花粉ヲ出セリ。雌花ハ莖頂—ニ多數叢生シ、下部柄狀ノ兩側—ニ三乃至五ノ無柄卵子ヲ着ケ、上部ハ黃色密絨毛ヲ被リ羽狀部ト成ル。此種モ亦精蟲ヲ生ズ。種子ハ略ぼくるみ大—ニシテ稍平扁シ、外種皮ハ光澤アリテ朱紅色ヲ呈ス。莖ヨリ澱粉ヲ製シ、又果實ヲ食用トス。和名そてつハ蘇鐵ノ意ニ—シテ此者衰弱シテ枯レントスル時ハ鐵屑ヲ肥料トシ或ハ鐵釘ヲ打挿セバ乃チ復活スト謂ハルルヨリ此名アリ。

第 2733 圖

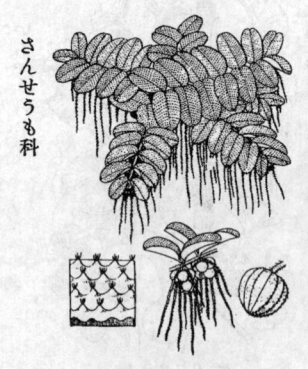

さんせうも科

さんせうも
一名　むかでも
Salvinia natans *All.*
（＝Marsilea natans L.）

諸州ノ溝澹・水田・池沼等ノ水面ニ浮泛シテ生活スル一年生草本ニシテ多數相依リテ密集スルヲ常トシ往々水面ニ被フコトアリ、長サ凡7-10cm許アリテ疎ニ分枝ス。莖軸ニハ多數ニ三葉ヲ輪生シ、其上面ノ二葉ハ葉狀ヲ呈シテ水面ニ浮ビ、下面ノ一葉ハ細裂シテ根狀ヲ呈シ細毛ヲ有シテ水中ニ垂下シ、水面上ノ葉ハ對生シテ開出シ、葉ハ相接シテ莖軸ノ兩側ニ羽狀ヲ成シ、各長サ1-1.5cm、橢圓形、全邊ニシテ短毛ヲ有シ、底部ハ圓形又ハ稍心臟形、上面ハ黄綠色ヲ呈シテ短毛アル多數ノ突起ヲ並列シ、下面ハ淡綠色ニシテ短毛ヲ密布ス。秋ニ至リ根狀葉ノ基部ヨリ短キ小枝ヲ分チ小球狀ヲ呈シテ群萎セル葉ノ基部ニ於其胞子嚢ハ小胞子嚢ト肩ケ共ニ外面ニ細毛ヲ生ゼリ。大胞子ハ橢圓形ヲ成シ、小胞子ハ多數小形ニシテ球狀ヲ呈シ、多期ニ及ベバ子嚢裂ケテ褐色ノ胞子嚢シク水面ニ浮ブコトヲ。和名山椒藻ハ其葉シハさんせう葉ニ似タルヨリ云ヒ、むかでモモ亦其葉狀ニ基キシ稱ナリ。從來漢名トシテ桃葉藻ヲ用ウレドモ元來此ノ如キ名稱ハ之レ無ク唯埤雅ノ蘋ノ條下ニ「似桃葉而連生云云」ト云フ文アルノミ。

第 2734 圖

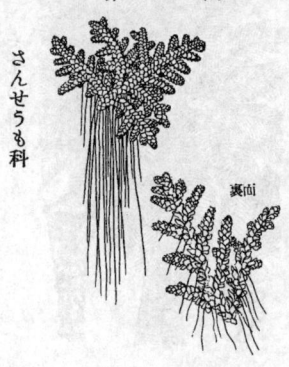

さんせうも科

裏面

おほあかうきくさ
Azolla japonica *Franch. et Sav.*

主トシテ關東ニ多ク池澤・溝澹・水田等ニ浮游シテ生活スル多年生草本ニシテ連ニ蔓延シ忽チ水面ヲ被ヒ爲ニ一面紅色ヲ呈スルニ至ル、長サ1.5-7cm許アリ、圓形、長三角形或ハ三角形ヲ成シ其胞シニ繁殖スル者ハ往々密ニ相遇リテ互ニ立ツニ至ルコトアリ。葉ハ細小ナル鱗片狀ニシテ本莖及ビ小枝ニ互生シ多數密生シテ覆瓦狀ヲ成シテ層々相鱗次ヲ宛然トシテひのき葉ノ態アリ、其表面ハ綠紅色或ハ鮮綠ヲ呈シテ低キ粒狀突起ヲ滿布シ、邊緣ハ薄クシテ紅色ヲ帶ビ、前端ノ嫩部ハ殊ニ鮮紅色深ク、裏面ハ淡綠色ヲ呈ス。莖ノ下面ヨリ多數ノ水生根ヲ生ジテ水中ニ垂下シ擬狀ヲ成ス。裏面葉間ニ小粒狀ノ胞子嚢ヲ生ジ、白色ニシテ紅呆アリ。關西地方ニ多キ者ハ之レト別種ニシテ全體小ク葉面ニ小突起ヲ滿布シ、多月ニ於テ其赤色最モ顯著ニシテ水面一樣ニ深赤色ヲ呈スルニ至ル、之レヲあかうきくさ（A. imbricata *Nakai*＝Salvinia imbricata *Roxb.*）ト云フ、和名赤浮草ハ其草赤色ヲ呈スルヨリ云フ、漢名滿江紅ハ蓋シ本屬ノ者ナルベシト雖ドモ果シテ然ルヤ否ヤ今玆ニ何ノ證モ無シ。

第 2735 圖

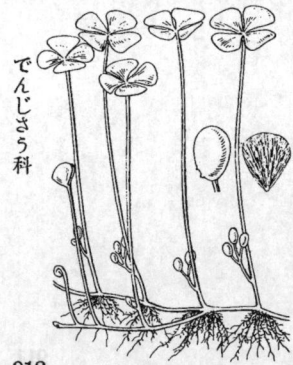

でんじさう科

でんじさう（蘋）
一名　たのじも・かたばみも
Marsilea quadrifolia *L.*

諸州ノ水田池沼等ノ泥地ニ生ズル多年生水草、根莖ハ針線狀ニシテ軟ク長ク泥中ニ横走シテ疎ニ分枝シ、下ヨリ葉ノ變形シタル鬚狀ノ根狀體ヲ發出シ、疎ニ處々ニ葉ヲ生ズ。葉ハ春時萌出シ長サ7-20cmノ細長ナル葉柄ヲ有シテ水上ニ出デ或ハ水ノ乾キシ時ハ全部氣中ニ立ツコトアリ。葉面ハ葉柄頂ニ在リテ平開シ、薄キ洋紙質ニシテ毛ナク、外線圓形ヲ呈シ、無柄ノ四小葉ヨリ成リ十字形ヲ呈ス、小葉ハ扇形ニシテ全邊、前線ハ半圓形ニシテ兩側ハ廣楔形ヲ成シ、扇狀ニ射出シタル纖細ナル網狀脈ヲ有シ、葉ノ裏面ハ淡褐色ニシテ綠狀ノ鱗片ヲ有ス。夏秋ノ候ニ及ベバ葉柄ノ基部ニ一小枝ヲ側出シ、分岐シテ二三ノ橢圓形小嚢果ヲ肩ケ內部ニ多數ノ大小胞子嚢ヲ生ズ。和名でんじさうハ田字草ニシテ其葉狀ハ彀ト云ヒ原ト漢名ノ田字草ニ基ク。たのじもハ田ノ字藻ノ意、かたばみもハ其葉かたばみ葉ノ狀アレバ云フ。

みづわらび（水蕨）

一名 みづしだ・みづぼうふう・みづにんじん

Ceratopteris thalictroides *Brongn.*
（＝Acrostichum thalictroides *L.* ；
Pteris thalictroides *Sw.*）

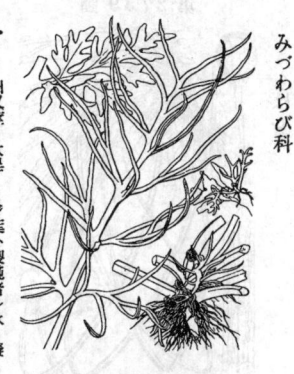

みづわらび科

本品ハ一屬一種ノ一年生羊齒水草ニシテ諸州ノ水田溝濱等ノ水中ニ生ジ暖地ノ者能ク成長シ苗大ナリ、又往々濕地ニ生ズルコトアリ。葉ハ極メテ短小ナル根莖ヨリ叢生シテ梗アル葉柄ヲ具ヘ、下ニ鬚根ヲ發出シ、質柔軟、無毛、淡綠色ヲ呈シ、小ナル者ハ高サ20cm、大ナル者ハ60cmニ達シ、宛モ驅蟲植物ノ如キ外觀ヲ呈ス。胞子葉ノ葉面ハ疎ニ再羽狀或ハ三羽狀ニ分裂シ、其最終裂片ハ狹長ニシテ搜角狀ヲ呈シ上部ハ漸次シ、邊緣裏面ニ反卷シテ稍管狀ヲ成シ内面ニ二千嚢ヲ生ジ多數脉上ニ相對ビテ各自特立シ、彈環ニ縱行ス。裸葉卽チ營養葉ハ柔軟甚薄ニシテ水中ニ浮在シ、稚者ハ單形或ハ多少分裂シ、成者ニ再羽狀或ハ三羽狀ニ分裂シ網狀脉ヲ有シ、腋洲長短一樣ナラズ、最終裂片ハ鈍頭ヲ成ス、而シテ其葉ノ上部ハ時ニ胞子葉ニ變ズル者アリ、又往々其葉上ニ不定芽ヲ萌出シ新苗ヲ形成スルコトアリ。採テ食用ニ供シ得ベシ。和名水わらびハ水ニ生ズル故ニ云フ。水羊齒ハ水中ニ生ズルしだノ意、水防風、水胡蘿蔔ハ其葉ヲぼうふう・にんじんニ擬セシ名稱ナリ。

びかくしだ

一名 びかくひとつば

Platycerium bifurcatum *C. Chr.*
（＝Acrostichum bifurcatum *Cav.*）

うらぼし科

蓋シ明治初年ニ我邦ニ渡來シ觀賞植物トシテ通常溫室ニ栽培セラルル熱帶產ノ多年生常綠羊齒草本。密集セル根ヲ有スル圓小ナル根莖アリテ之ヨリ直立セル數葉ヲ簇出ス。葉ニハ二型アリ、一ハ隆面ヲ成セル腎臟狀圓形ヲ成シテ展張シ根莖部ヲ被フテ淡綠色ヲ呈シ網脉アリ嫩時細毛アリ、他ノ一ハ長サ20-40cm許、白色ヲ帶ビタル暗綠色ニシテ質厚ク倒披針形ヲ呈シテ下部ハ長楔形ヲ成シ殆ド無柄ニシテ全邊ヲ成シ、上部ニ二乃至三回二叉狀ニ分岐シ、裂片ハ舌狀ニシテ稍鈍頭ヲ成シ網脉ヲ有シ、數條ノ稍平行セル主脉ニ著シク葉裏ニ隆起シ、葉裏ハ淡ク白色ノ綿毛ヲ布ク。嚢堆ハ葉ノ上部裏面ニ密布シ褐色ヲ呈ス。和名びかくしだハ麋角羊齒ノ意ニシテ其葉狀おほしか卽チ麋ノ角ニ似タレバ云フ。

あついた

一名 あついたしだ

Elaphoglossum Yoshinagae *Makino.*
（＝Acrostichum Yoshinagae *Yatabe.*）

うらぼし科

我邦中部南部ノ山中樹間ノ岩上或ハ岩崖ニ生ズル稀有ノ多年生常綠羊齒草本。根莖ハ橫走シ、赭褐色ノ闊キ鱗片ヲ密布シ下ニ鬚根ヲ出ス。葉ハ一株ニ其餘多カラズシテ、粗大ナル葉柄ヲ有シ鱗片多シ。葉面ハ葉柄ヨリ長ク、其長キ者ハ30cm許アリ、單一ニシテ長披針形ヲ成シ、往々鎌身狀ニ彎ヒ、上下狹窄シ、葉質頗ル厚ク、中脉ハ葉ノ兩面ニ低ク隆起シ、支脉ハ葉肉中ニ沈在シテ數多分岐シテ互ニ連絡セズ。胞子葉ハ一株ニ一箇ヲ出シテ裸葉ヨリ短小、葉裏一面ニ黑色（乾ケバ暗褐色）ノ子嚢ヲ無數ニ滿布ス。本品ハ蓋シ初メ伊勢方面ニテ發見セシモノナラン、後ト土佐ニ於テ採集シ始メテ能ク研究セラレ其狀判然タルニ至レリ。和名厚板しだハ其葉質厚クシテ平板狀ナルヲ以テ云ヒ、從來略シテあついたト稱セリ。

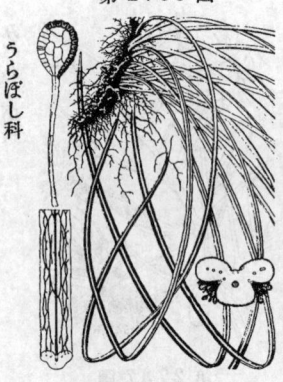

第 2739 圖

うらぼし科

くらがりしだ
一名　きひも・おうじのひげ

**Drymotaenium
Miyoshianum** *Makino.*
(＝Taenitis Miyoshiana *Makino.*)

中部地方ノ深山老樹ノ幹ニ着生シテ下垂スル多年生常綠羊齒草本。根莖ハ橫走シ、莖面ニ隆起セル葉痕ノ多數ニ遺セリ。葉ハ多數相接シテ配列シ單一ニシテ狹線形ヲ呈シ銳尖頭ナリ、末端鈍形ヲ成シ、質頗ル厚クシテ毛ナク、長キ者 40cm 許アリ。葉脈ハ網眼狀ヲ成シテ葉肉中ニ沈在シ、囊堆ハ膨起セル中肋ノ兩側ニ長ク縱列シ黃色ヲ呈シ苞膜ナシ。子囊ニハ長柄アリ。其外觀恰モしししらん屬ナルなかみしししらんニ於ケルガ如シ、然レドモ其葉脈ハ兩者全然相異ナレリ。此 Drymotaenium 屬ハ曾テ予ノ新設シタル者ニシテ林ノ Drymos 紐ノ tainia ノ兩語ヨリ成リ屬中唯出しくらがりしだ一種アルノミ。和名暗がりしだハ初メ本種ノ發見採集セラレシ飛驒國益田郡落合村暗がりノ地名ニ由リテ名稱ナリ、木紐ハ樹上ニ在テ其紐狀葉ノ樹上ヨリ垂下セシ狀ニ基キシ名、おうじの鬚ノおうじノ意ハ未詳ナリ。

第 2740 圖

うらぼし科

まめづた (螺厴草)
一名　まめごけ・いはまめ・かがみごけ

Drymoglossum microphyllum
C. Chr.
(＝Lemmaphyllum microphyllum *Presl.*)

諸州ノ巖面・石上或ハ樹幹等ニ着生スル多年生常綠羊齒草本ニシテ殊ニ陰地ニ多シ。根莖ハ長ク匍匐シテ絲狀ヲ成シ長キ者ハ時ニ＝1m ニ及ビ、褐色又ハ暗褐色ノ細小ナル線狀鱗片ヲ生ジ且鬚根ヲ出セリ。葉ハ綠色ニシテ疎ニ根莖ニ出デ、裸葉卽チ榮養葉ト胞子葉トノ別アリテ一株上ニ兩型葉ヲ具フ。裸葉ハ短柄ヲ有シテ根莖ノ兩側ニ排列シ其表面ヲ上ニシテ平在シ、圓形又ハ倒卵狀圓形ニシテ全邊ヲ成シ頗ル厚キ肉質ニシテ光澤ヲ有シ長サ1cm 內外アリ。胞子葉ハ裸葉ニ混ジテ少數ニ生ジ長サ2-4cm 許アリ、線狀箆形ニシテ圓頭、下部ハ細長ナル柄ト成リ、上部ハ線形ノ囊堆二條ヲ具ヘ黃褐色又ハ褐色ヲ呈ス。葉脈ハ葉肉內ニ沈在シ網眼狀ヲ成ス。和名豆づた・豆苔・岩豆ノまめハ皆其葉ノ小形ナルコト豆大ノ如ケレバ云ヒ、鏡苔ハ其葉圓クシテ光リ宛モ昔ノ圓鏡ノ如ケレバ云フ、故ニ又鏡面草ノ漢名アリ。

第 2741 圖

うらぼし科

ひとつば (石韋・飛刀劍)
古名　いはのかは・いはぐみ・いはがしは

Cyclophorus lingua *Desv.*
(＝Acrostichum lingua *Thunb.*; Polypodium
lingua *Sw.*; Niphobolus lingua *Spr.*;
Polycampium lingua *Presl.*)

諸州暖地ノ岩上等ニ着生シテ群ヲ成ス多年生常綠羊齒草本。根莖ハ粗大ナル針線狀ニシテ長ク匍匐シ、茶褐色又ハ赤褐色ノ披針形鱗片ヲ密布シ、處々々ニ鬚根ヲ下シ、疎ニ葉ヲ出セリ。葉ハ單形ニシテ立チ葉面ノ長サ 10-27cm、幅2-6cm 許、葉肉ハ長クシテ通常10-26cm 長ノアリ質硬ク針線狀ニシテ縱溝ヲ有シ星狀毛ヲ帶ビ根莖ヨリ出デテ鱗片ヲ密生セル短キ枝ト節ヲ成ス。葉面ハ廣披針形或ハ卵狀披針形、銳頭、稀底、全邊ニシテ厚キ革質ヲ成シ邊緣往々多少ノ波狀ヲ呈ス、表面ハ深綠色ニシテ裏面ニ密ニ白褐色ノ星狀毛ヲ平布シ、中脈ハ表面ニ隆起シ、支脈ハ羽狀ヲ成シテ斜上シ分裂ル規正ニ排ベリ。囊堆ハ點狀ニシテ多數密ニ接在シ裏面ノ大部又ハ全部ヲ被フ、時ニ葉ノ上部不齊ニ分裂スル變形品アリ、之レヲししひとつば (forma cristata *Makino*) ト云フ　和名一つ葉ハ其葉個々分立スルヲ以テ斯ク云フ。

914

いはおもだか
一名 ときはのおもだか
Cyclophorus hastatus *C. Chr.*
（＝Acrostichum hastatum *Thunb.*；
Niphobolus hastatum *Kunze*；
Polycampium hastatum *Presl.*）

第2742圖

うらぼし科

山中ノ岩上等ニ生ズル多年生常緑羊歯草本ニシテ叢出シ高サ15-20cm許アリ。根莖ハ短ク横走シテ下ニ鬚根ヲ出シ、黒莖又ハ黒褐色ノ鱗片ヲ密布シ、之ヨリ出ル葉ハ互ニ接近ス。葉ハ長サ10-20cm許ノ針線状長葉柄ヲ有シ、葉面ハ三裂又ハ五變ノ鉾形ヲ呈シ、中央片最モ大ニシテ長サ7-10cm、幅2-3cmアリ。革質ニシテ厚ク、表面ハ淡緑色、裏面及ビ葉柄ニハ褐色粉状ノ星芒状毛ヲ密生シ、葉裏ニハ粒状ノ成セル嚢堆ヲ密布ス。中脈ハ葉裏ニ隆起シ、支脈ハ羽状ヲ成シテ斜上シ相排ベリ。本品ハ其葉狀頗ル趣キアルヲ以テ往々盆栽トシテ觀賞セラルルコトアリ。和名岩おもだかハ岩上ニ生ジテ其葉おもだか葉ノ如シト謂ハレ此稱アリ。

びろうごしだ
一名 びろうどらん・みるらん
Cyclophorus linearifolius *C. Chr.*
（＝Niphobolus linearifolius *Hook.*；
Polypodium linearifolium *Hook.*；
Neoniphopsis linearifolia *Nakai.*）

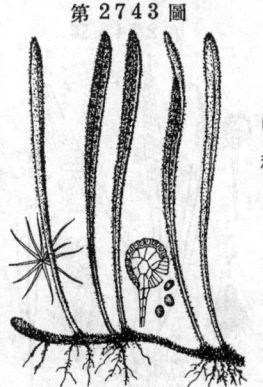

第2743圖

うらぼし科

山中ニ生ジ樹上若ハ岩上ニ叢生スル多年生常緑羊歯草本ニシテ往々群ヲ成スコトアリ。根莖ハ細長ニシテ横走匍匐シ、赤褐色ヲ呈セル鱗毛ヲ密生シ、下ニ鬚根ヲ發出セリ。葉ハ疎ニ根莖ヨリ出デ、小形ニシテ長サ6-10cm許アリ、無柄ニシテ質厚ク線状ニシテ上部往々稍笠狀ヲ呈シ下部ハ漸次ニ狹窄セリ、鈍頭ニシテ全邊ヲ成シ、淡緑色ニシテ上面ハ下面ヨリ淡褐色・赤褐色又ハ茶褐色ノ星芒状毛茸ヲ布キ其狀宛モビろうどノ如シ。嚢堆ハ圓形ニシテ葉裏ニ縦列ヲ成シ其狀ハ恰モびろうどノ如シ。葉脈ノ網眼ハ不齊ニ二列ヲ成シテ主ナル支脈ヲ見ズ。和名天鵞絨羊歯ハ其葉多毛ニシテ狀宛モびろうどノ觀アレバ云フ。

のきしのぶ（瓦韋・劍丹）
一名 いつまでぐさ・まつふうらん・からすのわすれぐさ・やつめらん
古歌 しのぶ（同名アリ）
Polypodium Thunbergianum *Makino*
（＝Pleopeltis Thunbergiana *Kaulf.*；Lepisorus Thunbergianus *Ching*；Polypodium lineare *Thunb.* non *Burm. et Houtt.*；
Pleopeltis linearis *Moore.*）

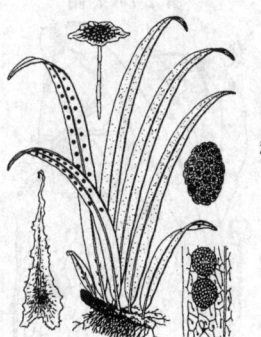

第2744圖

うらぼし科

極ク普通ニ樹皮上・岩面或ハ屋上等ニ見ル多年生常緑羊歯草本。根莖ハ稍粗大ニシテ横走シ往々分枝シ、黒褐色又ハ暗褐色ノ鱗片ヲ密生シテニ鬚根ヲ有ス。葉ハ相接シテ根莖ヨリ出デ、相接近シテ叢生スルガ如シ、全邊ノ線状ニシテ長サ10-30cm、幅5-10mm、鋭尖頭ヲ有シ、底部ハ漸次狹窄シテ短柄ト成リ、革質ニシテ厚ク、表面ハ深緑色ニシテ小孔點散布シ、裏面ハ淡緑色ニシテ中脈ヲ劃シク隆起シ、支脈細脈ハ網眼狀ヲ成セドモ葉肉中ニ沈在シテ見エズ、嚢堆ハ葉裏ノ上半ニ生ジ圓形ニシテ中脈ノ兩側ニ並列シ黄色ヲ呈ス。和名軒しのぶハ此種往々屋根ノ簷端ニ生ズルヨリ斯ク云シ、何時迄モ緑色ヲ保チテ長ク生活スルヨリ云ヒ、松風蘭ハ松樹上ノふう蘭ノ意、鳥の忘れ草ハ鳥ノ忘レテ遺セシ草ノ意、又ハ八ツ目蘭ハ葉裏ノ金星（嚢堆）八ツアルノ意ニテ其多數ヲ表セシ者ナリ。

915

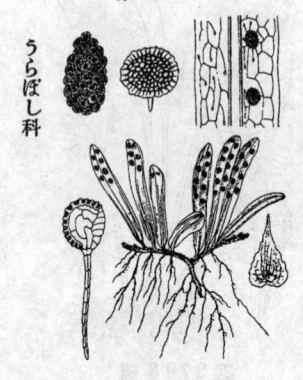

うらぼし科

ひめのきしのぶ
一名　よろひらん・みやまいつまでぐさ
Polypodium Thunbergianum *Makino* var. Onoei *Makino.*
(＝P. Onoei *Franch. et Sav.*; Lepisorus
Onoei *Ching*; P. lineare *Thunb.* var.
Onoei *Makino*; P. lineare *Thunb.*
var. subspathulatum *Takeda.*)

山地ノ岩上・樹幹等ニ着生スル多年生常緑羊歯草本ニシテ小形ナリ。根莖ハ瘦長ニシテ長ク横走シ、黑褐色ノ鱗片ヲ布布ス。葉ハ疎ニ根莖ヨリ出デテ相排ビ各自互ニ少シク相隔タリ、小形ニシテ立チ長サ 3-7cm、幅2-5mmアリ、線形ニシテ上部稍廣狀ヲ成シ、鈍頭或ハ圓頭ヲ有シ、底部ハ漸次狹窄シテ短キ葉柄狀ニ呈シ或ハ明ニ短柄ヲ有ス、革質或ハ稍薄キ革質ヲ成シ、上面ハ無毛綠色ニシテ細微ナル小孔黑點ヲ散布シ、下面ハ中脈ノ下部ハ鱗片ヲ叢生シ、中脈ハ稍分明ナリト雖モ網眼ヲ成セル細脈ハ葉肉中ニ沈在ス。嚢堆ハ葉裏面上部ニ二列ヲ成シ圓形ニシテ黃色ヲ呈ス。予ハ本品ヲ以テのきしのぶノ一變種ト斷ズ。和名姬軒しのぶハ之レヲのきしのぶニ比ブレバ小形ナルヲ以テ斯ク云フ、鐵鱗ハ其葉ノ相並ブノ狀鐵ノ袖ノ層ニ似タルヨリ云ヒ、深山何時迄草ハ深山ニ生ジテ永ク生活スルヨリ云フ。

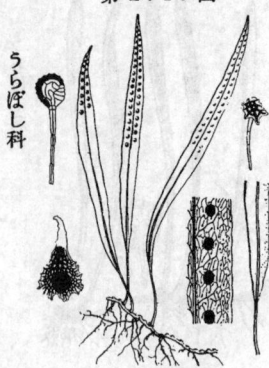

うらぼし科

みやまのきしのぶ
Polypodium ussuriense *Regel.*
(＝Lepisorus ussuriensis *Ching.*)

諸州ノ深山老樹上ニ着生シテ生活セル多年生常綠羊歯草本ニシテ全形のきしのぶニ似タリト雖モ、根莖ハ纖長ニシテ長ク横走シ、下ニ鬚根ヲ出シ上面ニ舊葉ノ脱痕ナル吸盤狀ノ小瘤ヲ疎布シ且短キ黑色鱗片ヲ平布シ、又疎ニ葉ヲ生ジテ疎ク、葉面モ亦質薄キ革質ヲ成シ、葉柄ハ頗ル明カニ存在シ長サ 2-4cm ニシテ瘦長ナル點等ヲ異ニス。葉面ハ線狀披針形全邊ニシテ上下漸次ニ狹窄シ下ハ狹楔形ヲ成シ上ハ銳尖頭ヲ呈シ、長サ 10-30cm、幅5-15mmアリ、上面ハ深綠色ニシテ細微ノ暗點ヲ散布シ、下面ハ白綠色ヲ呈ス。中脈ハ分明ナリト雖モ網眼ヲ成セル細脈ハ外面ヨリ看取スベカラズ。嚢堆ハ葉ノ上部裏面ニ二列ニ排シ稍小ナル圓形ヲ成シテ黃色ヲ呈セリ。和名ハ深山軒しのぶノ意ニシテ普通深山ニ生ズルヨリ云フ。

うらぼし科

ほていしだ
一名　おほのきしのぶ
Polypodium annuifrons *Makino.*
(＝Lepisorus annuifrons *Ching.*)

諸州ノ深山ニ在テ老樹ノ幹上ニ着生スル多年生落葉羊齒草本。根莖ハ横走シテ分枝シ、太キ針狀ニシテ屈曲シ黑褐色長卵形ノ細鱗片ヲ密布シ下ニ鬚根ヲ發出ス。葉ハ各自稍相接近シテ根莖ヨリ出デ、葉柄ハ長サ 1-2cm アリテ根莖ト節合シ、柄本ハ細鱗片ヲ具フ。葉面ハ長サ 9-23cm、幅 1-3cm 許アリテ幅廣ヲ呈シ、下端ヨリ四分一ノ邊其幅最モ廣ク、銳尖頭ヲ成シ底部ハ楔形又ハ圓形、全邊又ハ多少波狀邊ヲ成シ、洋紙樣革質ニシテ中脈ハ著シク分明ナリ。嚢堆ハ葉裏ノ上部ニ二列ヲ成シテ着キ圓形ニシテ黃色ナリ。葉ハ冬季ニ至テ黃落スル殊性アリ。和名ハ袋羊齒ハ何ノ意ニテ名ケシ乎、大軒しのぶハ大形ナルのきしのぶノ意ナリ。

みつでうらぼし（鷲掌金星草）
Polypodium hastatum *Thunb.*

(=Drynaria hastata *Fée*;
Pleopeltis hastata *Moore*;
Phymatopsis hastata *Kitagawa*.)

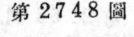

第 2748 圖

うらぼし科

山中并ニ山足ノ石崖等ニ普通ニ生ズル多年生常緑羊歯草本。根莖ハ横走シ、赤褐色又ハ茶褐色ノ鱗片ヲ密布シ、葉ハ少數梢相接近シテ根莖ヨリ出デ、葉柄ハ長サ 5-25cm、針線狀ニシテ質硬ク光澤アリ。葉面ハ其能ク成長セル者ハ深ク三裂シ、中央片ハ最大ニシテ長サ5-15cm、幅2-3cm、披針形或ハ細長披針形、銳尖頭ヲ成ス、兩側片ハ少シク短 シ。又ハ小形或ハ梢大形ニシテ尚分裂セズ長橢圓狀披針形或ハ披針形ノ單形ヲ成ス者アリ、又多少分裂シテ其中間ニ立ッ者アリテ一定セズ。上面ハ綠色、裏面ハ多少白色ノ帶ビ支脈分明ニシテ邊緣、極メテ狹ク附緣シ低平ナル波狀鈍齒ヲ成ス。嚢堆ハ圓形ニシテ黃色ヲ呈シテ二列ニ排ビ各支脈ノ間ニ點在ス。本種ノ名ハ元來うらぼしニシテ、其三肢葉ノ者ヲ特ニみつでうらぼしト云フ、今日ニ在テハ此種ノ通稱トシテ此みつでうらぼしヲ用ウルヲ普通トス。和名三手裏星、ハ其葉三肢シ且ツ其星狀ノ嚢堆葉裏ニ着生セルヨリ云フ。

たかのはうらぼし
Polypodium Engleri *Luerss.*

(=Phymatopsis Engleri *H. Ito.*)

第 2749 圖

うらぼし科

暖地ノ山地岩上ニ生ズル多年生常綠ノ羊歯草本。根莖ハ强壯ニシテ長ク横走シ屈曲シテ疎ニ分枝シ、下ニ根ヲ出シ、赭褐色ノ鱗片ニ密生シ、疎ニ葉ヲ出ス。葉ハ硬質瘦長ナル葉柄ヲ具ヘ、最モ長キ者ハ20cm餘ニ達シ柄ニ一節アリ。葉面ハ單一ニシテ綫狀長橢圓形ヲ成シ、大ナル者ハ長サ26cm、幅3cm ニ及ビ、銳尖頭、底部ハ銳形ヲ呈シ、葉緣ハ波狀鈍齒ヲ成シテ極メテ狹ク附緣ス、質稍硬ク、革狀洋紙質ニシテ毛ナク、綠色ヲ呈ス。中脈ハ瘦長ニシテ下面ニ隆起シ、支脈ハ羽狀ヲ成シ、細脈ハ多數ノ不齊ナ小網眼ト成リ、眼中ニ游離小脈アリ。嚢堆ハ裸出シテ苞膜無ク、圓形黃色ニシテ中脈ト葉緣トノ中間ニ各一縱列ヲ成シテ排ビ、支脈ト交互ス。子嚢ハ長柄アリ。和名ハ鷹ノ羽裏星ノ意ニシテ鷹ノ羽ハ其葉狀ニ基キシ者ナリ。

第 2750 圖

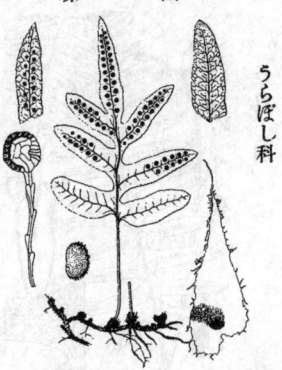

うらぼし科

みやまうらぼし
Polypodium Veitchii *Baker.*

(=Phymatopsis Veitchii *H. Ito*;
Polypodium senanense *Maxim.*)

深山ノ岩面ニ着生スル多年生ノ深葉小羊歯草本。根莖ハ横走シ、硬膜質褐色ノ鍼狀披針形鱗片ニ密生シ下ニ蠶根ヲ生ゼリ。葉ハ疎ニ根莖ヨリ生ジテ數少ナク、葉柄ハ長サ2-9cm、瘦細ナル針線狀ナリ。葉面ハ長サ6-12cm、幅4-8cm、長卵形ニシテ少數ノ羽片ニ深裂シ、薄キ洋紙質、上面ハ綠色裏面ハ多少白色ヲ帶ブ。裂片ハ長橢圓形、銳頭又ハ鈍頭ヲ有シ、淺キ鈍鋸齒アリ。葉脈ハ疎ニ網眼狀ヲ成シ游離脈ヲ具ス。嚢堆ハ圓形ニシテ黃色ヲ呈シ裂片中脈ノ兩側ニ各一列ニ排シ羽狀出ヲ成セル支脈ノ間ニ位ス。和名ハ深山裏星ノ意ニシテ深山ニ生ズルヨリ云フ。

917

第 2751 圖

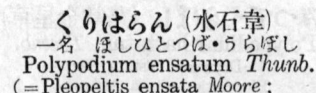

くりはらん（水石韋）
一名 ほしひとつば・うらぼし
Polypodium ensatum *Thunb.*
(= Pleopeltis ensata *Moore*;
Microsorium ensatum *H. Ito.*)

うらぼし科

山地樹下ノ陰地或ハ岩上等ニ生ズル多年生常綠羊齒草本ニシテ住々成シテ繁茂ス。根莖ハ太キ針線狀ヲ成シテ長ク橫走シ、通常深綠色ニシテ淡褐色薄質ノ披針形鱗片ヲ密布ス。葉ハ極ノ疎ニ出デテ長葉柄ヲ有シ、柄長凡20-30cm、硬質ニシテ前面ハ縱溝ヲ具フ。葉面ハ洋紙質ニシテ長サ20-40cm、幅5-6cm、長橢圓狀披針形ヲ呈シ、銳尖頭及ビ銳尖底ヲ有シ下部ハ漸次葉柄ニ沿下シ、葉緣ハ全邊ニシテ多少波狀ヲ成ス者アリ。中脈及ビ羽狀脈ヲ成セル支脈ハ著シク顯著明ナリ。葉柄及ビ葉裏面ニハ淡褐色ノ薄質鱗片ヲ散布ス。囊堆ハ圓形ニシテ裏面ニハ散生スレドモ多クハ中脈ノ兩側ニ一列ヲ成シテ排ベリ。和名ハ栗葉蘭ノ意、卽チ其葉狀ヲくりノ葉ニ比シテ斯ク云ヒ、星一つ葉ハ葉裏ニ星狀ヲ成セル圓形囊堆アルヲ以テ云ヒ、裏星ハ同ジク葉裏ニ星狀囊堆ヲ層クル故云フ。

第 2752 圖

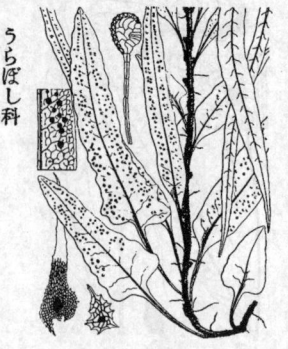

やのねしだ
Polypodium subhastatum *Baker.*
(= Microsorium subhastatum *Ching*;
P. Buergerianum *Miq.*)

うらぼし科

暖地ノ樹陰ニ見ル多年生常綠羊齒草本ニシテ濕潤ノ地ニ生ジ岩上又ハ濕地ニ匍匐シ或ハ樹幹等ニ攀援ス。根莖ハ住々非常ニ長ク延ビテ暗色ノ針線狀ヲ成シ、淡褐色披針形ノ鱗片ヲ密布ス。葉ハ疎ニ根莖ヨリ出デ有柄ニシテ下方ノ者ハ其葉面截形底ノ鉾狀三角形、上方ノ者ハ漸次ニ長形ヲ呈シ遂ニ銳底ノ披針狀線形ニ成リ一株上其形狀大小一樣ナラズ、葉頭ハ鈍形・銳形又ハ銳尖形ヲ成シ、洋紙質ニシテ上面深綠色、裏面多少淡綠色ヲ呈シ、全邊又ハ波狀邊ヲ成シ、長サ4-20cm、幅1-4cmヲ算シ、葉柄ハ長サ1-5cm許ナリ。囊堆ハ小形ニシテ多數アリ圓形ニシテ黃色ヲ呈シ葉ノ裏面ニ星布シ嫩キ時ハ之レヲ掩フニ稜角アル楯形ノ細鱗ヲ以テス。和名矢ノ根羊齒ハ其葉形ニ基テ云フ。

第 2753 圖

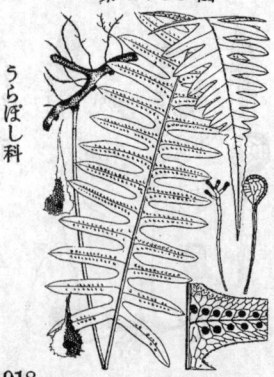

あをねかづら（水龍骨）
一名 びろうどしのぶ・いわしぼね・さるのしゃうが（同名アリ）・はひしゃうが
Polypodium niponicum *Mett.*
(= Marginaria niponica *Nakai.*)

うらぼし科

暖地ノ岩上樹幹等ニ簇生スル常綠ノ多年生羊齒草本ニシテ住々相密集シテ繁茂セリ。根莖ハ長ク橫走シ、靑綠色ヲ呈セル多肉質ノ碪狀ニシテ屈曲分枝 シ通常互ニ交錯シ、脫落シ易キ褐色ノ卵狀鱗片ヲ帶ビ疎ニ一纖根ヲ下セリ。葉ハ根莖上關節ヲ以テ關連スルヲ常トシ、葉柄ハ葉全長ノ約三分ノ一ヲ占メ、褐色ノ光澤アリ針線狀ニシテ硬シ。葉面ハ狹長ナル長橢圓形ニシテ長サ20-35cm許、銳尖頭ヲ有シ、下底ハ截形、單羽狀ニ深裂シ先端ハ其羽片漸次小ト成リ、質薄クシテ淡黃綠色ヲ呈シ、兩面ニ軟キ細毛ヲ密布シびろうどノ觸感アリ。羽片ハ多數ニシテ開出シ廣線狀ニシテ銳頭、獨特ノ網狀脈ヲ有シ、小ナル圓形ノ囊堆ハ網脈中ニ遊離シタル小脈ノ先端ニ生ジ羽片中脈ノ兩側ニ各一列ヲ成ス。子囊ハ長柄ヲ有ス。和名ノ靑根蔓ノ意ニシテ其根莖靑綠色ナルヲ以テ云ヒ、天鵞絨しのぶハ其葉軟細毛ヲ布キ之レニ觸レびろうどノ如クレバ云ヒ、鱗骨ハ其羽狀ノ葉ヲいわしノ骨ニ擬セシ者、猿ノ生薑ハ其ノ厚ノ根莖ヲ山ニ棲ム猿ノ食フ薑ニ喩ヘシ者、又這ひ生薑ハ其匍匐セル多肉根莖ヲ薑ニ比セシ者ナリ。

おしゃぐじでんだ
一名 おしゃごじでんだ
Polypodium japonicum *Makino.*
(= P. vulgare L. var. japonicum
Franch. et Sav. ; P. Fauriei Christ.)

諸州ノ山地ノ岩上又ハ樹上ニ見ル多年生羊歯草本
ニシテ冬季ハ其葉枯落ス。根莖ハ横走シ稍緑色
ヲ呈ク、黄褐色卵形ノ鱗片ヲ密布シ、稍接近シ
テ葉ヲ出ス。葉ハ長サ10-20cm許アリ、葉柄ハ
長サ2-4cm許アリテ褐色ノ光澤アル針線状ヲ成
ス。葉面ハ長楕圓状披針形、單羽状ニシテ先端
ハ漸次狭小ト成リテ鋭尖頭ヲ呈シ、底部ハ截形
ヲ成セリ。羽片ハ狭キ線形ニシテ鈍頭ヲ有シ、
邊縁ハ淺キ鈍鋸齒ヲ具ヘ、葉脈ハ羽状ヲ成ス。
囊堆ハ細小ナル圓形ニシテ羽片ノ裏面ニ二列ニ
其數多シ。葉乾燥スレバ表面ヲ内ニシテ圓ク卷
キ込ム特性アリ、故ニ之レヲ乾腊標品ト成ス時
ハ能ク渦卷状ト成ル。和名ハ御社貢寺でんだノ
意、此種始メ信州木曾ナル社貢寺ノ林中ニ採リ
故ニ斯ク名ク、でんだハ或レしだノ名ナリ。

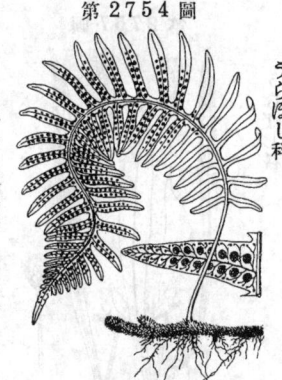

第 2754 圖

うらぼし科

いはひとで
一名 いはしゅうが・せいりょうかづら・
にっくゎうしだ
Polypodium ellipticum *Thunb.*
(= Gymnogramme elliptica Baker ;
Colysis elliptica Ching.)

暖地樹下ノ岩面等ニ生ズル多年生ノ常緑羊歯草本。根
莖ハ横走シ粗大多肉ニシテ疎ニ分枝シ、深緑色ニシテ
黒褐色ノ鱗片ヲ密布ス。葉ハ稀疎ニ根莖ニ生ジ長葉柄
アリテ立チ、根莖ト關節ス。葉柄ハ狭長ニシテ硬ク、狭
翼アレドモ鱗片ヲ殆ド之レ無クシテ裸出シ緑色ナリ。
葉面ハ外形卵圓ニシテ15-20cm長ヲ有シ、殆ド全裂程
度ニ羽状ニ深裂シ、側羽片ハ三乃至五對、各片相
距リテ間隔ヲ有シ長楕圓状披針形ヲ全縁ニシテ長尾擦
鋭尖頭ヲ有シ、其底部各々ハ稍狭窄シテ中軸ノ翼部ニ合
流ス、滑澤ナル革状洋紙質ニシテ深緑色ヲ呈シ、乾ケ
バ乃チ黒變ス、胞子囊ハ裸葉ヨリ高ク抽キ其羽片ハ稍
狭シ。囊堆ハ線形ニシテ羽片中脈ト葉縁トノ間ニ斜ニ
相排ビ黄色ヲ呈シテ苞膜無ク、胞子ニ不規則ヲ稜ア
リ。和名岩人手、此種岩上ニ生ジテ其薬人ノ手掌ヲ擴
ゲシ状ノ如クレバ云ヒ、岩薬ハ岩ニ生ゼル其肥厚根莖
ヲしゅうが二擬シテ斯ク呼び、青龍鬚ハ其細匍匐セル緑
色多肉ノ根莖ヲ走龍ニ比シテ云ヒ、日光羊歯ハ野州日
光ニ在ルヲ以テ云フ(此種果シテ同地ニ在ルヤ否ヤ)

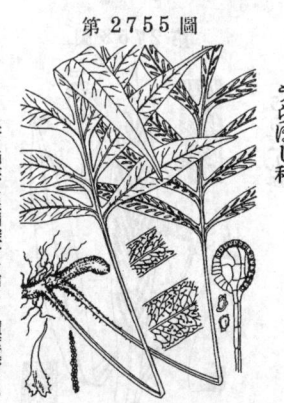

第 2755 圖

うらぼし科

こけしだ
一名 むかでしだ・ひめこしだ・やうらく
しだ・なんきんこしだ・おほくぼしだ
Polypodium trichomanoides *Sw.*
forma Okuboi *Makino.*
(= P. Okuboi Yatabe.)

中部以南ノ森林中樹幹岩面等ニ叢生スル小形羊歯ニ
シテ長サ3-10cm、一見蘚類ノ如シ。根莖ハ短小。葉ハ
簇生シ且多クハ下垂シ葉柄ハ短シ。葉面ハ線形、羽状
ニ深裂シ兩面ニ毛茸ヲ散生ス。裂片ハ長楕圓形ニシテ
鈍頭ヲ成シ、櫛齒状ニ齊列ス。囊堆ハ羽裂片ノ基部ニ
一個ヅツ脈上ニ生ジ、小球狀ニシテ苞膜ヲ有セズ、中
脈ヲ挾ンデ二列ヲ成ス。此羊歯ノ初メ明治十年頃東京
ノ博物局員小野職愨・田中房種・田代安定・中島仰山・
織田信徳諸氏ニ由テ紀州ニ發見採集セラレ而ニシテこけ
しだ等ノ名ヲ下セリ。大久保三郎氏ノ之ヲ箱根ニ採リ
シハ其レヨリ遙ニ後ノ年ナリ。和名苔羊歯ノ其草小ニ
シテ蘚ニ類スルヨリ云ヒ、蜈蚣羊歯ハ其羽裂セル葉ノ
形状ヨリ云フ、姫小羊歯ハ其草ノ小ナルヨリ云ヒ、瓔
珞羊歯ハ其草ノ生状ヨリ云ヒ、南京小羊歯ハ其草
ノ小ナルヨリ云フ、南京トハ小形ヲ意味スル時他ク使
用ス、即チなんきんこさくらノ如キ是レナリ、大久保
羊歯ノ此しだヲ相州箱根ニ採リシ東京大學理科大學
植物學教室助教授大久保三郎氏ノ記念セシ名稱ナリ。

第 2756 圖

うらぼし科

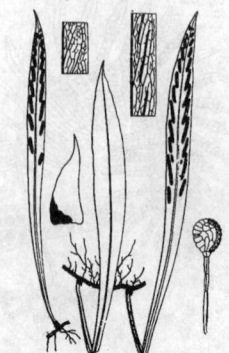

第2757圖

うらぼし科

いはやなぎしだ

Loxogramme salicifolia *Makino.*
(= Gymnogramme salicifolia *Makino*;
Polypodium Makinoi *C. Chr.*)

暖國ノ山地岩上又ハ樹幹等ニ生ズル多年生常綠羊齒草本。根莖ハ針線狀ニシテ黑色ヲ帶ビ長ク匐臥シ、淡黑褐色長卵形ノ鱗片ヲ被ル。葉ハ疎ニ根莖ヨリ生ジ單形ニシテ葉長サ15-20cm、幅5-17mm、狹長ナル倒披針形ニシテ銳尖頭ヲ有シ、底部ハ漸次ニ狹窄シテ遂ニ葉柄ニ流レ、厚キ革質ニシテ全邊ヲ成シ時ニ微ナル波狀ヲ成スコトアリ、上面ハ綠色裏面ハ淡色ニシテ乾燥スレバ邊緣表面ニ反卷ル。中脈ハ葉ノ上面ニ隆起シ、細脈ハ葉肉内ニ沈在シテ網眼ヲ形成シ、眼中ニ多少ノ游離小脈ヲ具フ。嚢堆ハ裏面上半部ヲ占メ綠形ニシテ黃色ヲ呈シ、中脈ノ兩側ニ各一列ニ相排ビ互ニ少シク相重ナリテ多少縱列ノ狀ヲ呈セリ。和名岩柳羊齒ハ岩上ニ生ジテ柳葉狀ヲ呈スルヨリ云フ。

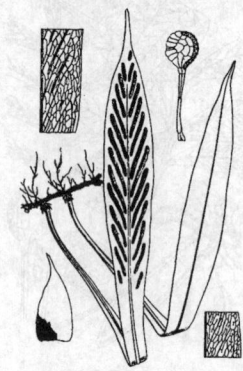

第2758圖

うらぼし科

さじらん
一名 うすいた・たかのは・いはみの(同名アリ)

Loxogramme Fauriei *Copel.*
(= Polypodium Fauriei
Makino et Nemoto.)

暖國ノ山地岩上又ハ樹幹等ニ生ズル多年生常綠羊齒草本。根莖ハ細キ針線狀ニシテ暗色ヲ帶ビ長ク橫走シテ茶褐色ヲ呈シ淡黑褐色長卵形或ハ卵狀鍼形ノ鱗片ヲ被ル下ニ鬚根ヲ發出ス。葉ハ單形ニシテ疎ニ根莖ヨリ出デ、倒披針形、表面ハ綠色裏面ハ淡綠色ヲ呈シ、厚キ革質ニシテ葉長サ15-25cm、幅1-2.5cm、銳尖頭ヲ有シ底部ハ次第ニ狹窄シテ遂ニ葉柄ニ移行シ全邊ニシテ乾燥スル時ハ表面ニ反卷ル。柄本ハ鱗片多シ。嚢堆ハ裏面ノ上半部ニ生ジ、黃色ノ線狀ニシテ中脈ノ兩側ニ於テ互ニ平行シツツ斜ニ竝列シ、いはやなぎしだ二於ケルガ如ク殆ンド縱列ノ狀ヲ成スト相異ナレリ。葉脈ハ葉肉中ニ沈在シ支脈ノ間ニ網眼ヲ形成シ眼中ニ多少ノ游離小脈ヲ有セリ。和名 匙蘭立ハ鷹ノ羽ハ葉形ニ由リ、薄板ハ葉質ニ由リテ名ケ、岩嚢ハ多數岩ニ生ゼル狀ヲ形容シテ名ケシナリ。

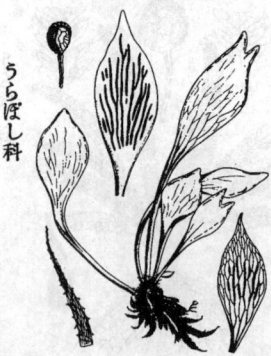

第2759圖

うらぼし科

たきみしだ

Antrophyum japonicum *Makino.*

暖地ノ山間樹下ノ岩面或ハ岩間ニ生ズル多年生常綠小形ノ羊齒草本ニシテ濕潤ノ氣ヲ好ム性アリ。根ハ叢生シ栗殼色ノ密毛ヲ有ス。葉ハ數片叢生シ、葉柄ハ多少多肉ニシテ狹長、兩側ニ多少附緣アリ、長サ或ハ葉面ヨリ短ク或ハ長シ。葉面ハ長橢圓形或ハ微ニ菱狀ヲ成セル橢圓形ニシテ兩端狹窄シ、上部ハ銳頭或ハ鈍頭、時ニ兩裂スル者アリ、下部ハ漸次ニ狹窄シテ楔形ヲ呈シ遂ニ葉柄ト成ル、全邊ニシテ邊緣薄ク、葉肉ハ稍厚クシテ毛無ク深綠色ヲ呈シテ長サ10-30cm許アリ。葉脈ハ網眼狀ヲ成シテ中脈ノ見ズ、網線ハ縱ニ長シ。嚢堆ハ葉脈ニ沿フテ縱通シ單形或ハ兩岐シ又ハ左右相連ナリ微シク葉肉中ニ陷在ス。本種ハ本邦産羊齒中ノ稀品ナリ。和名瀧見しだハ一ノ記念名ニシテ、予明治十九年ノ春觀瀑ノ爲メ土佐高岡郡上分(カミブン)村樽ノ瀧ニ至リシ時之レヲ其地ノ岩上ニ得タリ、故ニ斯ク命名セシナリ。

ししらん
一名 いはひげ
Vittaria flexuosa *Fee.*
(= Vittaria japonica *Miq.*)

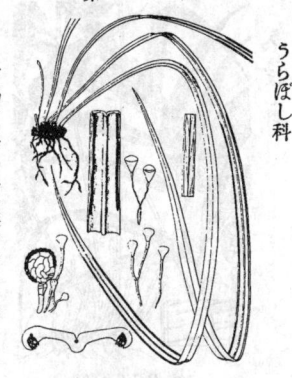

うらぼし科

暖國ノ山地ニ在テ樹下陰地ノ岩石樹上等ニ=生ヂ垂下セル多年生綠羊齒草本。根莖ハ短ク横走シ密ニ暗褐色ノ鍼狀銳尖頭ノ鱗片ヲ被リ、下ニ黃褐色ノ細毛アル鬚根ヲ叢出ス、葉ハ接近シテ根莖ヨリ出テ、狹長ニシテ下部ハ少シク上向スト雖モ其上部ハ下ニ向フテ下垂ス。長サ30～50cm許、幅7mmニ達シ、厚キ革質ニシテ深綠色ヲ呈シ線形ニシテ下部ハ漸次狹ヂ成シ、上遂ニ多少黑色ノ葉柄ト成リ、葉頭ハ長キ銳尖ヂ成シ、上面ニ中膜ハ沿フテ溝入シ、邊緣ハ全邊ニシテ乾燥スレバ裏面ニ反卷ス。中脈ハ顯著ニシテ裏面ニ隆起シ、葉肉中ニ沈ルセル左右ノ羽狀支脈ハ葉邊ノ近邊ニ於テ互ニ連ナル。覆唯ハ狹長ニ連續シテ狹線形ヲ成シ濃褐色ヲ呈シ、葉ノ裏面邊緣ノ淺溝中ニ在テ葉緣ノ擁スル所トナル。和名ハ蓋ヶ獅子頭 (ししがしら) ニ比ヶ卽チ其簇生シテ蓬ヶト亂レタル葉ヲ形容シ名ケシ者ナラン、岩鬚ハ岩ニ生ヂテ其葉細長キ故云フ。

わらび (蕨)
Pteridium aquilinum *Kuhn.*
(= Pteris aquilina *L.*)

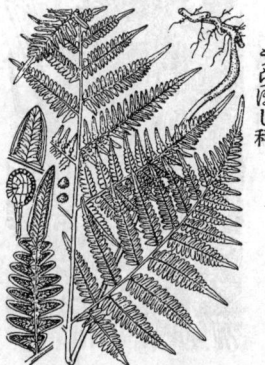

うらぼし科

諸州山野ハ=多ヶ極メテ普通ノ多年生枯葉羊齒草本。根莖ハ鉛筆大ニシテ質頗ハ强壯、長ク地中ヲ横走シ、春時高サ30cm內外ノ新葉ヲ萌出シ肥厚セル長柄ヲ有キ直立シ、未ダ開展セザル時ハ拳曲狀ヲ成シ、白茶色ノ綿毛ヲ被ブル。成葉ハ粗大ナル葉柄ヲ具シ、葉柄ハ黃綠色ニシテ清澤無毛、柄本ノ地中ニ入リ部ハ肥厚黑色ニシテ細毛アリ。葉面ハ略ボ革質且硬質ニシテ裏面ハ帶ヶ或ハ微ヶ柔毛リ、卵狀三角形、長幅共ニ50cm以上ニ及ビ三囘羽狀ニ分裂ス。最終裂片ハ長橢圓形、鈍頭全邊ニシテ互ニ接近シ、羽片先端ニ於テ八分裂セズシテ各最終裂片ト略ボ同形ヲ呈シ、細脈ハ密ニシテ分生シ平行狀ヲ成シ兩肢ス。囊堆ハ連續シテ葉緣ノ葉裏ニ反卷セル兩苞膜內ニ在リテ褐色ヲ呈セリ。通常春日未ヶ開展セザル嫩葉ヲ食用トス、又根莖ヲ打碎シテ澱粉ヲ採リ、卽チ所謂澱粉是ナリ。其澱粉ヲ採リシ殘渣ヲ以テ蕨繩ヲ製ス、頗ヶ耐久力アリ。此一變種ハ葉裏ニ毛多ヶ者アリけぶかわらび (var. lanuginosa *Hook.*) ト呼フ。和名わらびハから (莖) め (芽) ノ轉呼ニシテわらハから (莖) ニ通ズルヲ以テ此草ノ狀ニ由テ名ケシ者ナラント松岡靜雄氏謂ヘリ。

るのもとさう (鳳尾草)
一名 けいそくさう・とりのあし
Pteris multifida *Poir.*
(= P. serrulata *L. fil.*)

うらぼし科

諸州ニ普通ニ見ル多年生常綠羊齒草本ニシテ人家ノ側・石垣ノ間・土塀ノ下・岩壁ノ面等ニ生ズ。根莖ハ短ク横臥シ密ニ栗褐色ノ鱗片ヲ生ズ。葉ハ根莖ヨリ叢生シ高サ20～40cm許アリ。葉柄ハ痩細ニシテ三稜ヲ有シ黃褐色ニシテ光澤アリ。葉面ハ洋紙質ニシテ特狀アル羽狀ニ分裂シ、中軸ニモ亦翼狀ノ部分ヲ有ス。羽片ハ線形ニシテ銳尖頭ヲ有シ、分立シテ分歧セル細脈ヲ具フ。葉ハ兩樣アリテ一ハ裸葉、一ハ胞子葉ナリ、裸葉ハ低クシテ羽片ノ幅少ク廣ク且細ハ小ナル銳鋸齒アリ、胞子葉ハ高クシテ羽片ノ幅狹クシテ全邊ナリ。囊堆ハ長ヶ葉緣ニ相連ナリテ褐色ヲ呈シ邊緣反卷シテ之ヲ擁セリ。和名井の許草ハ井ノ邊ニ生ズル草ノ意、從來之レハ井口邊草ノ漢名ヲ充テシヲ以テ之レニ基ヅキ呼ビシナリ、鷄足草ハ其分裂セル葉形ハ基キ、とりの足モ同ジヶ其葉形ヲ鷄ノ足ニ象ドリ名ケシ者ナリ。漢名 井口邊草 (誤用)

第2763圖

うらぼし科

おほばのゐのもとさう
Pteris cretica L.
(= P. nervosa *Thunb.*)

山地ノ樹下溪畔等ニ生ズル多年生常綠ノ羊齒草本。根莖ハ短ク橫臥シ硬質ニシテ濃褐色ノ鱗片ヲ被リ、多數葉ヲ叢生ス。葉柄ハ長サ20-40cm、痩長ナル針線狀ニシテ縱溝ヲ有シ綠黃色ニシテ光澤アリ。葉ニ兩樣アリテ一ハ裸葉、一ハ胞子葉ナリ。裸葉ニ於テハ葉面長卵形、羽狀複葉ヲ成シ、羽片ハ一乃至五對、長楕圓狀線形、長サ10-20cm、幅2-3cmニシテ銳尖頭、殆ド無柄、顯著ナル中脈、平行脈及ビ細鋸齒ヲ有シ、最下羽片ハ直ニ分レテ二小葉ト成ル、中軸ニハ翼ヲ有セズ。胞子葉ハ裸葉ニ比シテ幅狹ク、羽片ノ邊緣ニ沿テ褐色ヲ呈セル囊堆ヲ有シ邊緣反卷シテ之レヲ擁セリ。一變種ニ其羽片ノ中央ニ白斑アル者アリ、まつざかしだ一名はつゆきしだ又ハおきなしだ(var. albo-lineata *Hook.*)ト稱セラレ、和名ハ大葉の井の許草ノ意ニシテ其草ゐのもとさうヨリ大ナレバ斯ク云フ。

第2764圖

うらぼし科

はちぢゃうしだ
一名 めへご
Pteris biaurita L.
var. quadriaurita *Luerss.*
(= P. quadriaurita *Retz.*)

暖地ノ山野ニ生ズル多年生常綠ノ羊齒草本。根莖ハ粗大ニシテ葉ハ簇生シ、葉柄ハ直立シテ鱗片ナク硬質平滑ナリ。葉面ハ外形卵狀橢圓形ヲ呈シ、長サ30-60cm、再羽狀ニシテ羽片ハ中軸ノ兩側各五乃至七片、尾狀銳尖頭ノ狹長長橢圓形ニシテ廣ク斜ニ開出シ且ツ微ンク上方ニ弓曲シ、更ニ羽狀全裂ス。最下ノ羽片ハ下部外側ニ一二ノ大ナル長羽片ヲ有シ、其者更ニ羽狀深裂シ、又頂羽片ヲ具フ。小羽片ハ長橢圓形、鈍頭ニシテ硬膜質、全邊ニシテ葉脈ハ分生、分岐ス。囊堆ハ殆ド全部ノ葉緣ニ生ジ、葉緣內曲シテ苞膜ノ如クニ之レヲ擁セリ。和名ハ八丈羊齒ハ伊豆八丈島ニ產スルヨリ云ヒ、めへごハ雌へごノ意ナリ。

第2765圖

うらぼし科

あまくさしだ
Pteris dispar *Kunze.*
(= P. semipinnata L.
var. dispar *Baker.*)

溫暖ノ山野ニ生ズル多年生ノ常綠羊齒草本ニシテ往々幼時地ノ石崖等ニ生ズト雖モ特ニ樹下ノ地ニ在テ能ク繁茂ス。根莖ハ硬質ニシテ短ク斜ニ橫臥シテ濃褐色ノ鱗片ヲ有シ下ニ鬚根ヲ發出ス。莖ハ多數根莖ヨリ叢生シテ高サ30-70cmアリ。葉柄ハ痩細ニシテ赤褐色又ハ茶褐色ノ光澤ヲ有シ、三稜形ニシテ殆ンド無毛ナリ。葉面ハ硬質且洋紙質ニシテ長橢圓形、單羽狀ニシテ基部ニ在テハ再羽狀ヲ成ス。羽片ハ四-五對ヲ成シテ對生シ中軸ヨリ出デテ斜ト上ニ多少上方ニ弓曲シ、廣披針形或ハ三角狀披針形ニシテ先端ハ長尾狀ニ延ブ、羽片ノ上側ノ往々小羽片ト成ラズシテ單形ナルコトアリ、小羽片ハ線狀ニシテ銳頭ヲ有シ、裸葉ノ者ニハ細尖鋸齒アリ。葉脈ハ分出シテ兩岐シ上部ノ者ハ單一ナリ。囊堆ハ小羽片ノ邊緣ニ沿テ生ジ、反卷セル邊緣ニヨリテ被ハル。和名天草羊齒ハ肥後ノ天草島ニ產スルヨリ云フ。

922

おほばのはちぢゃうしだ
Pteris longipinnula *Wall.*

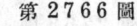

うらぼし科

暖國ノ山地ニ生ズル多年生ノ大形羊齒草本ニシテ冬ハ葉枯ル。根莖ハ短キ塊狀ニシテ葉ハ此ヨリ叢生ス。葉ハ大形ニシテ甚ダ長ク、黃褐色又ハ黃色ノ光澤アリ無毛、前面ニ縱溝アリ。葉面ハ長橢圓狀卵形ニシテ再羽狀裂ヲ成シ、羽片ハ中軸ノ兩側ニ開出シテ數對ヲ成シ、線狀長橢圓形ニシテ羽狀ヲ呈シ先端ハ尾狀ト成リテ尖リ、裸葉ニ在テハ細微ナル鋸齒アリ、最下羽片ノ外側ニ出ヅル第一小羽片ハ特ニ大形ニシテ羽片狀ヲ成ス。又葉頭者ハ急ニ狹窄シテ是レ亦一羽片狀ヲ呈ス。小羽片ハ線狀披針形、銳尖頭ニシテ裸葉ノ者ハ細鋸齒ヲ有シ胞子葉ノ者ハ全邊ヘリ。葉脈ハ多數ニシテ分立ス。囊堆ハ小羽片ノ兩緣ニ沿テ線狀ヲ成シ反卷シタル葉緣ヲ以テ之レヲ被フ。和名ハ大葉の八丈羊齒ノ意ナリ。

おほばのあまくさしだ
Pteris longipinnula *Wall.*
forma inaequalis *Makino.*

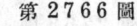

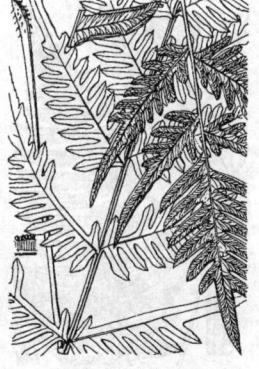

うらぼし科

暖地ノ山中多濕ノ地ニ生ズル大形ノ多年生羊齒草本ニシテ冬月ハ葉枯ル。根莖ハ粗ク斜ニ上シ、二三ノ葉ヲ簇生ス。葉ハ葉柄甚ダ長ク、葉面ハ長サ30-100cmニ達シ、外形長橢圓形、再羽狀裂、羽片ハ五ニ相距リ、鎌狀長橢圓形ニシテ羽狀ニ深裂シ、稍革質樣ノ洋紙質ニシテ黃綠色ヲ呈シテ無澤、先端ハ急ニ狹窄シテ長ク尾頭ヲ成シ、葉面ノ頂部ハ羽狀ニ深裂セル末羽片ト成リテ同ジク長尾頭ヲ有シ、裸葉ニハ邊緣ニ細鋸齒アリ。おほばのはちぢゃうしだニ似タリト雖モ、羽片內側ノ羽裂片ハ外側ノ者ニ比シテ遙ニ短カク、時ニハ單ニ翼狀ヲ成スニ止マリ敢テ裂片ヲ成サザルコトアリ。最下羽片ノ外側第一次ノ裂片ハ伸長シ、往々更ニ羽裂ス。葉脈ハ多數ニシテ分立ス。囊堆ハ葉緣ニ沿テ連ナリ其邊緣內卷シテ之レヲ擁セリ。和名ハ大葉の天草羊齒ノ意ナリ。

はこねさう
一名　いちゃうぐさ・いちゃう
しのぶ・おらんださう

Adiantum monochlamys *Eaton.*
（＝A. venustum *Don*
var. monochlamys *Luerss.*)

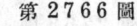

うらぼし科

我邦中部諸州ノ山中岩崖等ニ生ズル多年生ノ常綠羊齒草本。根莖ハ硬質ニシテ短ク橫斜シ、密ニ暗紫褐色ノ毛燐鱗片ヲ生ジ、下ニ鬚根ヲ發出ス。葉ハ根莖ヨリ數本簇生シ、高サ30-50cm、洋紙質ニシテ全株無毛、淡綠色ニシテ春時ノ新葉ハ紅色ヲ呈シ美ナリ。葉柄ハ鐵線狀、黑紫色又ハ赤褐色ノ帶ビ光澤アリテ質硬シ。葉面ノ羽狀披針形、鈍頭、二乃至三囘羽狀複葉ヲ呈シ、小葉ノ倒心臟狀三角形ニシテ下ヰ楔形ヲ呈シ其狀宛モ公孫樹葉ノ如ク、葉中ニハ扇狀ノ脈ヲ有シ上邊ニ細齒ヲ刻ミ、其短柄ノ羽片中軸ト共ニ極メテ細キ針綠狀ニシテ紫黑褐色ヲ呈ス。囊堆ハ小葉ノ頂ヨリ反曲スル褐色ノ一苞片（極メテ稀ニ二片）內ニ在リ。老者ノ葉ヲ除キ其莖枝ヲ束ネテ小箒ト シ机上ノ珍トス之レヲ玉箒（たまばはき）ト云フ、又民間採テ藥ト成スコトアヘリ。和名 箱根草ハ相州箱根山ニ於テ往時「ケンフェル」氏之レヲ採リ窃前產後ノ特效藥ナリト言ヒ傳フニ始メテ此名ヲ生ジ、此事アリシヲ以テ後人之レヲ和鬭草ト稱ヘニ至レリ。いちゃう（公孫樹）・いちゃうしのぶ ハ葉形ニ基キテ云フ。漢名 石長生（誤用）

第 2769 圖

くじゃくさう（鐵線蕨草）
一名　くじゃくしだ・ぬりばし
Adiantum pedatum L.

うらぼし科

諸州ノ山地半陰半陽ノ處ヲ好ンデ生ズル多年生羊齒草本ニシテ多月ノ其葉枯槁ス。根莖ハ短ク横走シテ多數分岐シテ株ヲ成シ、稍大形ニシテ茶褐色或ハ黄褐色ノ光澤アル鱗片ヲ有ス。葉ハ根莖ヨリ叢生シ、葉柄ハ稍粗大ニシテ紫黒色ヲ帶ビ質硬クシテ針線狀ヲ成シ、光澤アリテ長サ 30-50cm 許。葉面ハ鮮綠色ヲ呈シ膜質ヲ成シテ毛ナク、扇形ヲ呈シテ八乃至十二羽片ニ繖開シ、各片ハ廣線形ヲ成シテ密ニ羽狀ニ分裂シ中部ノ者長大ニシテ外部ノ者漸次ニ小ナリ、小羽片ハ稍長方形ニシテ短廣ナル楔形ノ底部ト極メテ短キ小柄ヲ有シ、上邊ハ數缺刻ヲ有シ、斜扇狀ノ細膜ヲ具フ。葉維ハ小羽片ノ一乃至數箇アリテ葉緣ノ反折セル苞膜之レヲ擁ス。葉姿優雅ナルヲ以テ往々之レヲ庭際ニ栽ウ、而シテ培養甚ダ容易ナリ、春時其嫩葉ハ赤色ヲ帶ビテ頗ル美ナリ。和名孔雀草又ハ孔雀羊齒ハ其葉ノ羽片連生シテ宛モ孔雀ノ尾ノ如クレバ云ヒ、塗箸ハ其葉柄滑澤ナルヲ以テ之レヲ塗料ヲ施セル箸ニ擬シ斯ク云フ。

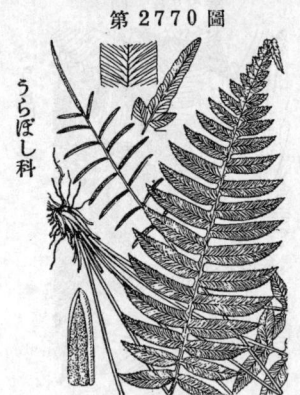

第 2770 圖

きじのを
一名きじのをしだ
Plagiogyria japonica Nakai.

うらぼし科

曖地ノ山林樹下等ニ生ズル多年生常綠ノ羊齒草本。根莖ハ短クシテ株塊狀ヲ成シ鱗片ヲ有セズ。葉ハ根莖ヨリ叢生シテ斜メニ四方ニ擺開シ、裸葉ト胞子葉ノ別アリテ胞子葉ハ毎年一囘其時期ニ出現ス、裸葉ハ長サ 40-60cm、單羽狀ヲ成シ、葉柄ハ硬クシテ緣薄ヲ有シ稍四稜ヲ呈シ、基部ニ急ニ擴大シテ三稜ヲ呈シ腺アリ。葉面ハ綠色・淡綠色或ハ黄綠色ニシテ硬質且ツ薄キ革質ヲ成シ、廣披針形或ハ卵狀披針形ニシテ銳尖頭ヲ有ス。羽片ハ開出シ線狀披針形ニシテ銳頭又ハ銳尖頭ヲ呈シ、底部ニ中軸ニ沿付シテ各々ニ中軸側ニ翼狀ヲ呈シ、羽片上半部ニハ鋸齒ヲ具フ、上部ノ羽片ハ漸次ニ小形ト成リ、其最頂ノ一羽片ハ時ニ長形ヲ成ス。葉脈ハ斜メニ平行シテ開出シ叉狀ニ分岐ス。胞子葉ハ裸葉ヨリモ高ク抽キ、羽片ハ裸出セル中軸ト疎ニ羽狀ヲ成シ細長ニシテ其裏面ニ囊堆ヲ密ク、彈狀ニ斜メニ子囊ヲ周匝ス。和名 雉ノ尾又雉ノ尾羊齒ハ其葉ヲ雉ノ尾ニ象ドリシ稱ナリ、往時きじのをト呼ビシハ今云フやぶそてつナリ。

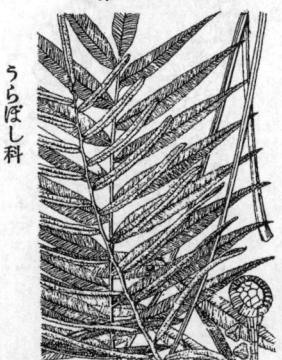

第 2771 圖

おほきじのを
Plagiogyria euphlebia Mett.
(=Lomaria euphlebia Kunze.)

うらぼし科

中部以南ノ山中樹陰ノ地ニ生ズル常綠ノ多年生羊齒草本。根莖ハ短小ニシテ斜上シ頂ヨリ葉ヲ簇生ス。葉ニ裸葉・胞子葉ノ別アリ。裸葉ハ高サ30-50cm、葉柄暗綠色、裸出シテ硬剛、基脚ニ急ニ擴大シテ三稜ヲ成シ腺アリ。葉面ハ外形長橢圓狀披針形、單羽狀ニシテ羽片ハ線狀披針形、長サ5-10cm、中軸ノ左右ニ規則正シク排列シ、漸尖頭、基部ハ楔狀ニシテ往ヘ極メテ短キ小柄ヲ有シ、稍革質、邊緣微細齒牙ヲ具へ、暗綠色ヲ呈シ且ツ多少ノ光澤ヲ伴フ。胞子葉ハ裸葉ヨリ高ク直立シ、葉面ハ單羽狀、羽片ハ相互ニ相距リ、線形ニシテ稍厚ク圓底ニシテ明瞭ナル小柄ヲ具へ、初メ囊堆ヲ包ムドモ苞膜破レテ反卷スレバ子囊露出シ胞子穩出シテ羽片ハ黄褐色ヲ呈ス。彈狀ニ斜メニ子囊ヲ周匝ス。葉脈ハ分出シテ斜メニ平行ス。此種きじのをニ比スレバ大形ニシテ裸葉羽片ノ基部ニ其種ト異ニシテ互ニ連結スルコトナシ。和名ハ大雉ノ尾ノ意ニシテきじのをヨリ大形ナレバ斯ク云フ。

やまそてつ
一名 ほそばきじのを・ちりめんぐゎんしゅう
Plagiogyria Matsumureana
Makino.
(=Lomaria Matsumureana *Makino.*)

深山ノ林中樹下ノ地ニ生ズル常緑ノ多年生羊歯草本。根莖ハ大ナル株塊狀ヲ成シテ傾斜シ葉ハ之ヨリ叢生シ四方ニ攤開セリ。葉柄ハ三稜四稜ニシテ基部ニ急ニ擴大シ三稜ヲ成シテ腺アリ。葉ニハ裸葉ト胞子葉ノ別アリ、裸葉ハ長サ 40-50cm、倒披針形ニシテ短柄ヲ有シ、單羽狀ニ分裂シ、羽片ハ多數アリテ開出シ互ニ密接シテ平行シ、廣線形ニ成シテ銳尖頭ヲ有シ、底部ハ微シク廣ガリテ全ク中軸ニ沿付シ、上半部ニハ銳鋸齒アリ、上部ノ羽片ハ漸次ニ小形ト成ル。胞子葉ハ株ノ中央ニ出デ長柄ヲ有シテ直立シ裸葉ヨリモ高ク、疎ニ羽狀ヲ成シ裂片細長ニシテ嚢堆ヲ包ミ莢ノ如ク呈セリ。葉脈ハ多數アリテ分出シ、彈環ヲ斜メニ子嚢ヲ周匝ス。和名山蘇鐵ハ其草狀そてつノ姿態アレバ云ヒ、細葉雄ノ尾ハ其葉きじの名ニ比スレバ細密ナルヨリ云ヒ、縮緬貫衆ハ同ジク其葉ノ密ナルヨリ云フ。

うらぼし科

りしりしのぶ
Cryptogramme crispa *R. Br.*
(=Osmunda crispa *L.*)

寒地ノ山上ニ生ズル多年生羊歯草本ニシテ冬月ハ其葉枯槁ス。根莖ハ稍短クシテ傾上シ、多數ノ舊葉柄基部、相重ナリテ株塊ヲ成ス。葉ハ密ニ叢生シ、高サ10-20cm、裸葉ト胞子葉トノ別ヲ有シ、葉柄ハ黄褐色ニシテ光澤ヲ有シ、淡褐色ノ粗ナル鱗片ヲ散布シ、裏面ヨリ短シ。裸葉ハ其葉面長卵形ヲ成シ二乃至三囘羽狀ニ分レ、最終裂片ハ倒卵形或ハ長橢圓形、邊緣ハ少數ノ鈍鋸齒ヲ有シ、中軸及ビ羽片ノ軸ニハ狹キ翼アリ。胞子葉ハ裸葉ト同形ニシテ少シク高ク、裂片ハ多數ニ密集シテ狹ク、嚢堆ハ其邊緣ニ生ジ、反卷セル葉緣ヲ以テ擁セラル。和名利尻しのぶハ此種我邦ニ在テハ初メ北海道利尻島ニ於テ採集セラレシヲ以テ此ク名ケシナリ。

うらぼし科

たちしのぶ
一名かんしのぶ・ふゆしのぶ
Onychium japonicum *Kunze.*
(=Trichomanes japonicum *Thunb.*;
Cryptogramme japonica *Prantl.*)

山地ノ稍乾燥シタル處ニ生ズル多年生常緑羊歯草本。根莖ハ長ク地中ヲ横走シ、褐色披針形ノ鱗片ヲ被フル。葉ハ稍接近シテ根莖ヨリ出デ、高サ30-60cmニ達ス。葉柄ハ葉全長ノ約半分ヲ占メ、細長ニシテ硬ク、前側ニ縦溝ヲ有シ、黄綠色ニシテ光澤アリ。裸葉胞子葉ノ別アリテ共ニ一株ニ出デ胞子葉ハ長柄ヲ有シテ裸葉ヨリ高ク抽キ、冬ニ入レバ漸ク枯凋ス。葉面ハ薄質ニシテ淺綠色ヲ呈シ、長卵形ヲ成シテ繁縟ニ四乃至五囘羽狀ニ分裂シ、羽片小羽片共ニ短キ柄ヲ有シ、最終裂片ハ狹キ長橢圓形ヲ成ス。葉脈ハ分生ス。嚢堆ハ其最終裂片ノ兩邊緣ニ沿キ嚢堆ヲ以テ擁セラレ左右ノ兩者近ク相接セリ。和名立しのぶハ其葉直立スレバ云ヒ、寒しのぶ・冬しのぶハ冬月尚綠葉ノ存スルアレバ云フ。漢名 小雉尾草(誤用)

うらぼし科

925

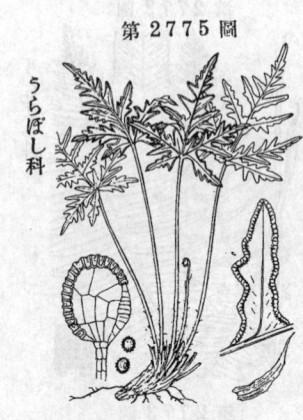

第 2 7 7 5 圖

うらぼし科

ひめうらじろ
一名　うらじろしだ
Cheilanthes argentea *Kunze.*
（＝Pteris argentea *Gmel.*）

山足ノ石崖、城址ニ畑ノ石垣間等ニ生ズル多年生ノ羊齒草本ニシテ向陽ノ場處ヲ好ミ冬月ハ其葉殆ンド枯死シ、或ハ捲縮シ辛ジテ僅ニ殘レリ。根莖ハ短ク横斜シ、黑褐色披針形ノ鱗片ヲ密生シ、葉ハ叢生シ高サ10-20cm許アリ。葉柄ハ細キ鐵線狀ニシテ又折レ易ク硬クシテ紫褐色ヲ呈シ光澤アリ、葉面ハ質稍厚ク、表面ハ綠色ナレドモ裏面ハ白色又ハ黃白色ノ粉狀物ヲ密布シ、稍五角狀ノ觀アル三角形ニシテ長幅共ニ 5-6cm許、數對ノ羽狀ニ分レ最下羽狀ハ最モ大ニシテ斜三角形ヲ成シ更ニ羽狀ハ深裂シ、裂片ハ線狀長楕圓形ニシテ裸葉ハ邊緣ニ微鋸齒アリシ、中軸ハ紫褐色ヲ帶ビテ美ハリ。和名各裂片ノ邊緣ニ生ジテ連續シ葉緣ノ反卷シタル苞膜ヲ以テ擁セラル。和名 姬裏白ハ葉狀小形ニシテ且葉裏白色ナレバ云ヒ、裏白羊齒ハ同ジク葉ノ裏面白ケレバ此ク云フ。

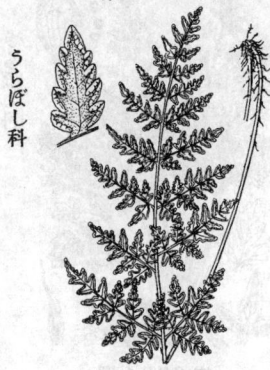

第 2 7 7 6 圖

うらぼし科

みやまうらじろ

Cheilanthes Brandtii *Franch. et Sav.*

我邦中部山足ノ半陰半陽地ニ生ズル多年生羊齒草本ニシテ冬月ハ葉枯ル。根莖ハ肥厚ニシテ舊葉柄ノ基部並ニ鱗片ヲ有シ、葉ヲ叢生ス。葉ハ全長30-40cm許、葉柄ハ稍短ク鐵線狀ニシテ紫褐色ヲ帶ビ滑澤ニシテ折レ易ク、下部ハ稍大形ノ黃褐色鱗片ヲ被ル。葉面ハ長卵形乃至披針形ヲ呈シ、薄ク且軟ナル草質ナリ、上面ハ綠色、裏面ハ灰白色ノ粉狀物ヲ平布シ、再羽狀ニ分裂シ、羽片ハ六乃至八對アリ、下部ノ者ハ卵形或ハ長卵狀ニシテ小柄ヲ有シ上部ノ者ハ長楕圓狀ニシテ殆ンド無柄、小羽片ハ卵狀長楕圓形ニシテ圓頭、羽狀ハ淺裂或ハ深裂シ、裂片ハ橢圓形ヲ呈ス。襄堆ハ裂片ノ邊緣ニ生ジ葉緣ノ反卷シタル苞膜ニ擁セラル。和名ハ深山裏白ノ意ナリ。

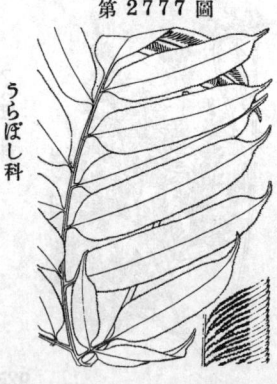

第 2 7 7 7 圖

うらぼし科

いはがねぜんまい

Coniogramme fraxinea *Diels.*
（＝Diplazium fraxineum *Don.*）

山中樹下ノ陰地等ニ生ズル大形ナル多年生羊齒草本ニシテ冬月ハ尚其葉殘存ス。根莖ハ鉛筆大ニシテ長ク横走シ、綠色ニシテ黃褐色又ハ茶褐色ノ鱗片ヲ帶ブ。葉ハ稍疎ニ出デ、葉柄ハ長サ40-70cm、淡綠色且背側ニ暗紫色ヲ帶ビ質硬クシテ平滑ナリ。葉面ハ洋紙樣草質ニシテ軟ク長卵形ヲ成シテ長サ50-70cm、幅30-40cm許アリ、七乃至八對ヲ成セル羽狀ニ分レ、下部ノ一乃至三對ハ更ニ再ビ羽狀ニ分ル。羽片ハ廣線狀長橢圓形、先端ハ急ニ尾狀ニ延長シ、底部ハ短柄ヲ成ス。邊緣ハ微細ナル鋸齒ヲ有ス。葉脈ハ叉狀ニ分レテ平行シ網眼狀ヲ成サズシテ分立ス。襄堆ハ葉脈ニ沿テ線狀ヲ成シ苞膜ナク、初メ黃白色ナレドモ遂ニ黑色ト成ル。和名ハ岩が根ぜんまいノ意、本品ハ其狀頗ルいはがねさう～類スルヨリ乃チ其種ト相似タル名ヲ曾テ予ノ下セシナリ。

926

いはがねさう (鳳了草)
一名 かなびきさう
Coniogramme japonica *Diels.*

（＝Hemionitis japonica *Thunb.*；
Gymnogramma japonica *Desv.*；
Notogramme japonica *Presl.*)

山野ノ樹林下等ニ生ズル大形ノ多年生羊歯草本ニシテ多年モ向其葉殘レリ。根莖ハ長ク橫走シ綠色ニシテ淡褐色ノ鱗片ヲ密生ス。葉ハ礎ニ根莖ヨリ出デテ長葉柄ヲ有シ、其柄長ハ、50-60cm許、淡綠色ニシテ背側ハ褐黑色ヲ帶ビ平滑ニシテ質硬シ。葉面ハ大ニシテ長サ40-50cm、幅30-35cm、長卵形ニシテ三乃至五對羽狀ニ分レ、下部ノ一乃至二對ハ更ニ羽狀ニ分裂ス、羽片ハ線狀長橢圓形ニシテ鋭尖頭、短柄、微鋸齒ヲ有ス、綠色ニシテ其稚葉ハ株ヨリ葉面ニ綠黃斑ヲ現ハス者アリ、之ヲ又ハいりいはがねさう (forma flavo-maculata *Makino*) ト云フ。葉ノ支脈ハ中軸ニ近ク網眼ヲ形成シ他ハ槪ネ平行ナルモ時ニ向網脈ヲ成スコトアリ。囊膜ハ支脈ニ沿テ着キ殆ンド葉裏ノ全面ヲ掩キ黃色ニシテ包膜ヲ有セズ。本種ハいはがねぜんまいニ酷似スルモ主トシテ葉質彊剛、網眼脈ニ由テ其種ト區別スルヲ得ベシ。和名岩ハ根莖ノ山中ニ在テ岩脚ノ地ニ生ズルヨリ云ヒ、金引草ハ藍ヲ其草ノ彊壯ナルヨリ云ヒシナラン。漢名 蛇眼草 (誤用)

第 2778 圖

うらぼし科

こもちしだ
一名 おにぜんまい・ほうびしだ
Woodwardia orientalis *Sm.*

（＝W. radicans *Sw.* var. orientalis *Luerss.*；
W. prolifera *Hook. et Arn.*)

暖地普通ノ多年生常綠ノ大形强壯ナル羊歯草本ニシテ陽地或ハ陰地ノ懸崖ニ着生ス。根莖ハ粗大ニシテ橫走シ、上方ヨリ下方ニ向テ生長スル特性ヲ有シ褐色ノ鱗片ヲ多年ノ歷テ長キ者ヲ長サ約40cmニ達シ、其前端ヨリ長柄ヲ有スル葉ヲ叢生ト下方ニ擡運ス、葉面ハ其大ナル者ハ長サ2m以上ニ達シ、外形ハ長三角狀長橢圓形ヲ成シ、厚キ革質ニシテ淺綠色ヲ呈シ嫩時ハ往々紅色ヲ帶ブ。葉柄ハ粗大ニシテ鉛重大ナリ淡綠色ニシテ硬ク前側ニ溝溝アリ、其基部ハ茶褐色ニシテ3-5cm長アル卵狀披針形ノ大形鱗片ヲ密布ス。葉面ハ再羽狀裂ヲ成シ、羽片ハ廣披針形線ヲ尖頭ニシテ短柄ヲ有シ、更ニ羽狀ニ深裂シ、裂片ハ廣線形或ハ線形ニシテ鋭頭、上部ニ級鋸齒アリ。葉脈ハ中脈ニ接シテ粗ナル網眼、葉緣ニ近ヅキ從テ漸次大小形ノ網眼ヲ形成ス。囊膜ハ中脈ニ接シテ脈上ニ生ジ狹長橢圓形ニシテ內向セル堅キ發狀苞膜ヲ具フ。往々葉ノ表面ニ多數ノ無性芽ヲ生ズル殊態アリ、此芽地ニ落チ時一能ク生育スルコトアレドモ大抵ハ落後枯盡スル運命ヲ稟ケタリ。和名子持ツ羊歯ハ葉上ニ芽ヲ生ズル故云ヒシ、鬼ぜんまいハ粗大ナル草狀ニ基キシ稱、鳳尾羊歯ハ葉狀ニ由リシ名ナリ。

第 2779 圖

うらぼし科

おほかぐま (狗脊)
Woodwardia japonica *Sw.*

暖國ノ山地ニ生ズル大形ノ多年生常綠羊歯草本。根莖ハ粗大ニシテ短ク橫斜シ褐色鱗片ニテ被ハル。葉ハ叢生シ、葉柄ハ硬クシテ淡黃綠色、下部ニ大形ノ褐色披針形鱗片ヲ密生ス。葉面ハ闊大ニシテ長サ30-50cm、卵形或ハ長橢圓形ヲ呈シ羽狀ヲ成シ葉頭部ハ急ニ狹窄ス。羽片ハ十對內外、線狀披針形ニシテ鋭尖頭、底部鈍形無柄、革質ニシテ稍硬ク、表面ハ綠色無毛、裏面ハ淡綠ニシテ脈上小鱗片アリ、羽狀尖裂ヲ成シ、裂片ハ卵狀橢圓形ナリ。細脈ハ邊緣ニ向テ斜ニ平行シ網眼ヲ作ルコト少シ。囊堆ハ裂片中脈ノ左右ニ接シテ生ジ、內向セル殼狀ノ褐色苞膜ヲ以テ包被セラル。此種ハ地上ニ生ジテこもちしだノ如ク斷崖ニ見ズ。和名大かぐまハ大形ノ意、かぐまハ或ル羊歯ノ名ナリ。

第 2780 圖

うらぼし科

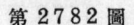

ししがしら
一名 むかでぐさ・やぶそてつ・
をさば・いわしぼね

Blechnum niponicum *Makino*.
(＝Lomaria niponica *Kunze*;
Spicantopsis niponica *Nakai*;
L. Spicant *Desv.* var. japonica *Hook.*)

諸州普通ニ山地ニ見ル多年生常緑羊歯草本。根莖ハ粗大ニ塊狀ノ株ヲ成シテ傾臥シ、上端ニ葉ヲ叢生ス。葉ハ輪狀ヲ作シテ四方ニ攤開シ長サ30-40cmアリ、裸葉胞子葉ノ別アリテ共ニ一株ニ出ヅ。裸葉ハ倒披針形ニシテ先端尖リ、下部ハ漸次ニ狭窄シテ殆ンド葉柄無キガ如キ姿ヲ呈シ、單羽狀ニシテ羽片ハ線形、鋭頭ニシテ全邊ヲ成シ、多數相接シ開出シ、中軸ノ下部ニハ褐色鱗狀ノ長鱗片ヲ密布シ、草質ニシテ緑色ヲ呈ス。其初生ノ嫩葉ハ往々赤色ヲ帯ビ宛トシテむかでノ狀アリ。胞子葉ハ裸葉ヨリ長クシテ高ク直立シ、其羽片ハ著シク裸葉ヨリ狭シ、嚢堆ハ胞子葉羽片ノ裏面ニ一層キ羽片ノ兩縁反巻シテ之レヲ包擁セリ。和名獅子頭ハ其葉狀ニ基キテ云ヒ、蜈蚣草ハ其葉狀ヨリ云ヒ、藪蘇鐵ハ藪地ニ生ジテそてつ狀ヲ作スヨリ云ヒ、筬葉ハ櫛歯ノ如ク分裂セル葉狀ヨリ云ヒ、鰭骨モ亦同ジク其葉ノ形狀ヨリ云フ。

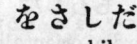

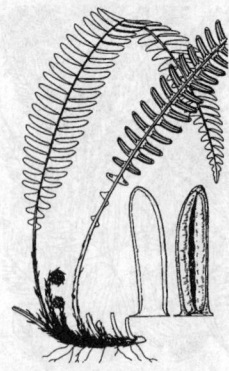

をさしだ

Blechnum amabile *Makino*.
(＝Spicantopsis amabilis *Nakai*.)

山地ノ崖處等ニ生ズル多年生ノ常緑羊歯草本。根莖ハ長ク横走シテ褐色又ハ黄褐色ノ鱗片多シ。葉ハ多少相離レテ根莖ノ前方ヨリ出デ長サ15-35cm許アリ、裸葉胞子葉ノ別アリテ共ニ一株ニ出デ胞子葉ハ寡シ。裸葉ハ線狀長橢圓形ニシテ單羽狀ヲ成シ、先端ハ急ニ狭ク或ハ漸次ニ狭窄シ、下端ハ漸次ニ狭窄シ遂ニ短キ葉柄ト成リ本ハ紅色ヲ帯ビ淡褐色廣卵狀ノ鱗片ヲ散生ス。羽片ハ多數アリテ櫛齒狀ニ排列シ、廣線狀ヲ成シ、全邊ニシテ鈍頭ヲ有シ、底部ハ稍廣ク中軸ニ全着シ、下部ノ者ハ耳形ヲ呈セリ。胞子葉ハ裸葉ヨリモ少シク長クシテ狭ク、同ジク羽裂シテ裂片狭長ナリ。嚢堆ハ胞子葉羽片ノ裏面ニ一層キ、其羽片ノ兩縁反巻シテ之レヲ包擁セリ。和名ハ筬羊齒ノ意ニシテ其葉狀ニ基キテ云フ。

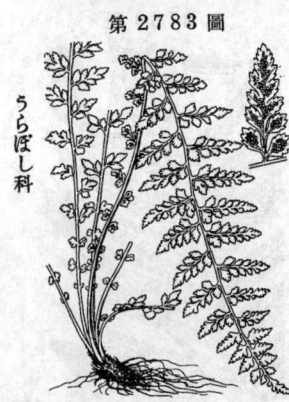

とらのをしだ

Asplenium incisum *Thunb*.

普ク山野隨處ニ生ズル多年生常緑羊歯草本。根莖ハ短ク横斜シ下ニ鬚根ヲ發出シ上ニ多數ノ葉ヲ叢生ス。葉ハ長サ10-35cm許、葉柄ハ瘦細ニシテ其背面ハ赤紫色ヲ呈シ滑澤ナリ。葉面ハ倒披針形、草質ニシテ二乃至三回羽狀ニ分裂シ、羽片ハ長卵形或ハ披針形、鈍頭或ハ鋭頭ヲ有シ、短キ柄アリ、下部ノ羽片ハ漸次ニ小形ト成リ相隔リテ中軸ノ兩側ニ一着ク。小羽片ハ倒卵形・楕圓形等ヲ成シテ疎密一樣ナラズ、或ハ小柄ヲ有スルアリ否ラザルアリテ邊緣ニハ鋸歯ヲ有ス。葉脈ハ分生ス。嚢堆ハ細脈ニ沿ヒ、細小ニシテ線狀ノ苞膜ヲ有ス。和名ハ虎の尾羊齒ノ意、其葉狀ヲ以テ此ク呼ブト雖モ實狀ニ即セザルヲ以テ遂ニ佳名タルヲ得ズ。漢名 地柏葉(誤用)

928

ときはしだ
Asplenium Yoshinagae *Makino.*

うらぼし科

暖國ノ山地樹陰ニ生ズル多年生ノ常綠羊
齒草本。根莖ハ短クシテ斜上シ密ニ黑褐
色ノ鱗片ヲ有シ、下ニ多クノ鬚根ヲ簇出
シ、狹長ナル單羽狀葉數片ヲ叢生ス。葉
ハ毛狀鱗片ヲ有スル葉柄ヲ具ヘ柄長ハ葉
全長ノ三分ノ一乃至五分ノ一ヲ算ス。葉
面ハ披針形ニシテ長サ20～40cm、幅3～4cm
許、先端ハ漸次ニ狹窄シテ尖リ、羽片ハ
多數ニシテ狹長ナル綠色中軸ノ兩側ニ開
出シ互ニ間隙アリ、稍菱形ニシテ楔狀底
ヲ有シ短キ小柄アリテ上部ノ者ハ漸次ニ
小形ト成リ、各略ボ扇狀ニ尖裂シ、最終
裂片ハ線狀ニシテ鈍頭ヲ呈ス。囊堆ハ狹
長ニシテ脈上ニ生ジ、全邊ノ線形苞膜ヲ
有シ一方ニ開ケリ。葉脈ハ分生シ兩岐セ
リ。和名常磐羊齒ハ四時常綠ナレバ云フ。

ぬりとらのを
Asplenium normale *Don.*

うらぼし科

中部以南ノ山地樹陰ニ生ズル多年生常綠
羊齒草本。根莖ハ短且ッ小、下ニ鬚根ヲ叢
出ス。葉ハ簇生シ長サ30cm內外アリ。葉
柄ハ瘦細、紫褐色ヲ呈シテ鱗片ナク滑澤。
葉面ハ狹長披針形ニシテ單羽狀、羽片ハ
中軸ノ各側二十內外アリテ正シク左右ニ
對シ成シ各片ノ間隙ハ頗ル狹ク、膜狀革
質ニシテ濃綠色、橢圓形ニシテ鎌形ヲ帶
ビ、前緣下底ハ耳狀ニ稍突起シ、截形底
ヲ成ス。囊堆ハ線形ニシテ葉裏支脈上ニ
生ジ、苞膜ハ前方ニ向ヒテ開ク。中軸ノ
先端ハ往々地ニ着キ小苗ヲ生ズ。ちゃせ
んしだニ比シテ羽片ハ長ク且ツ鎌形ヲ帶
ビ、又頻々先端ヨリ新苗ヲ出スヲ以テ分
ツベシ。和名ハ塗虎ノ尾ノ意ニシテ其葉
形ヲ虎尾ニ擬シ、且ツ塗リタル如キ觀ア
ル葉柄ニ基キテ斯ク云フ。

ほうびしだ
一名　ひめくじゃくしだ
Asplenium unilaterale *Lam.*

うらぼし科

暖地ノ山間陰濕ノ岩面ニ着生スル多年生
常綠ノ羊齒草本。根莖ハ粗紐狀ニシテ長
ク岩面ヲ匍匐シ、密ニ黑褐色ノ小鱗片ヲ
布キ疎ニ葉ヲ着ク。葉柄ハ稍直立シ瘠長
黑褐色ニシテ光澤ヲ有シ、10～20cmノ長
アリテ殆ンド鱗片無シ。葉面ハ狹長披針
形ヲ有尾銳尖頭、下端截形、單羽狀、長サ20～
30cm、羽片ハ鎌樣ノ狀アル長橢圓形歪披
針形銳尖頭、鈍鋸齒アリ、前緣ノ底部ハ截
底ヲ成シ、質薄ク暗綠色ニシテ表面多少
ノ光澤ヲ有ス。囊堆ハ羽片葉脈分枝上ニ
生ジ、邊緣ト中脈トノ中間ニ在リテ苞膜
ヲ有ス。和名 鳳尾羊齒ハ鳳凰ノ尾狀ヲ
成セルしだノ意、姬孔雀羊齒ハくじゃく
しだニ似テ小形ナルしだノ意ナリ。

第 2787 圖

うらぼし科

くるましだ
一名　くりゅうしだ
Asplenium Wrightii *Eat.*

中部南部ノ山地樹陰ニ生ズル多年生常綠ノ羊齒
草本ニシテ、一株數個葉叢生シ、車輪樣ニ四方ニ
擴ガリ頗ル美觀ナリ。根莖ハ短粗。葉ハ長大ニ
シテ背面暗色ヲ呈セル長柄ヲ具ヘ、柄本ハ帶褐
黑色ノ鱗片ヲ生ズ。葉面ハ單羽狀ヲ成シ、狹長
披針形ニシテ末長ク尖レル多數ノ羽片、中軸ノ
兩側ニ排列シ、邊緣ハ鈍形ヲ成シテ各片ハ細鋸
齒ヲ刻ミ、葉質稍厚ク且軟クシテ深綠色ヲ呈シ、
葉脈ハ分生シテ分枝ス。囊堆ハ線形ニシテ多少
弓曲シ、羽片中脈ノ兩側ニ斜上シテ相竝ビ、狹長
ナル苞膜ヲ具フ。和名ハ車羊齒ノ意ニシテ其葉
一株ヨリ車輪狀ニ出ヅル狀ニ基キテ云ヒ、九龍
羊齒ハ明治十年之レヲ紀州ノ南端ニ近キ小嶼九
龍島(くろ島)ニ探リテ斯ク名ケシ者ナリ。

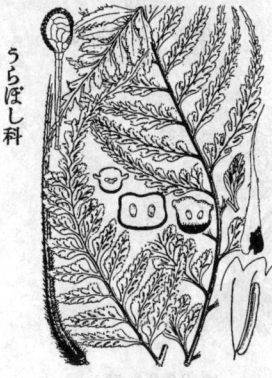

第 2788 圖

うらぼし科

はやましだ
Asplenium Wrightii *Eat.*
var. shikokianum *Makino.*
(＝A. shikokianum *Makino.*)

往々くるましだト混生セル多年生常綠ノ
羊齒草本。根莖ハ短粗。葉ハ叢生シテ數
少ナク、時ニ長葉柄ヲ具フ、柄本ハ黑色
ノ鱗片アリ。葉面ハ質稍柔ク、兩面綠色
ヲ呈シ、卵狀披針形ヲ成シ、長サ凡30cm
餘アリ。再羽狀ヲ成シ、羽片ハ下部ノ者
廣クシテ披針形ノ小羽片ニ分レタル羽狀
ヲ成シ、上部ノ者ハ狹クシテ羽裂シ少數
ノ鋸齒アリ。中軸ニハ狹翼アリ。葉脈ハ
分生ス。囊堆ハ狹クシテ小羽片幷ニ羽片
中脈ノ兩側ニ斜上シテ相竝ビ、線形ノ苞
膜アリ。和名ハ半山羊齒ノ意ニシテ初メ
土佐高岡郡半山鄉ニ於テ見出セラル、故
ニ此名アリ。

第 2789 圖

うらぼし科

ひのきしだ
Asplenium achilleifolium *C. Chr.*
(＝Adiantum achilleifolium *Lam.*;
Asplenium rutaefolium *Kunze*;
Asplenium prolongatum *Hook.*)

暖地ノ樹陰岩上ニ群ヲ成シテ生ズル多年生常綠
ノ羊齒草本。根莖ハ肥厚シテ橫臥シ、葉ヲ簇生
シ、下ニ鬚根ヲ叢生ス。葉柄ハ綠色、長サ葉面
ト同長或ハ長ク、下部ニハ黑褐色ノ披針形鱗片
ヲ疎生シ、上部ハ葉ノ中軸ト成リテ甚ダ直線的
ナリ。葉面ハ披針形ニシテ長サ10-25cm、再羽
狀全裂、羽片ハ卵狀橢圓形、小羽片ハ線狀長橢
圓形ニシテ圓頭全緣、長サ2mm內外ニシテ中軸
竝ニ羽片中軸ト其幅相等シク、表裏共ニ裸出シ
テ毛無ク、深綠色ニシテ革質ナリ。往々中軸伸
長シテ其葉末、地ニ著ケバ乃チ小苗ヲ生ズル殊
性アリ。囊堆ハ小羽片ニ各一箇アリテ中脈上ニ
生ジ、線形ニシテ苞膜ハ內方ニ向テ開キ、胞子
ニハ微變アリ。和名ハ檜羊齒ノ意ニシテ其概觀
ひのき葉ニ似タルト謂フヲ以テ斯ク呼ベリ。

こばのひのきしだ
Asplenium Sarelii *Hook.*
(=A. Saulii *Baker*; A. Blakistoni
Baker; A. pekinense *Hance*.)

第 2790 圖

うらぼし科

本邦ヲ通ジテ通常石垣ノ間隙ナドニ生ズル多年生常緑ノ一小羊齒草本ニシテ、高サ凡 7-20cm 許アリ。根莖ハ直立或ハ稍傾斜シ、黑褐色鍼形ノ鱗片アリ。葉ハ叢生シテ立チ、葉柄ハ基面ヨリ短クシテ瘦細葉面ハ披針形乃至長橢圓狀披針形ニシテ末尖リ、三裂ヲ成シ、葉質厚カラズ、羽片ハ長三角形或ハ三角狀披針形ヲ成シ、各最末裂片ハ短楔形ニシテ數尖齒アリ、各齒一條ノ小脈ヲ容ル。囊堆ハ長橢圓狀線形ヲ成シ最末裂片ニ一乃至三箇アリテ苞膜ヲ具ヘ、成熟スルトキハ褐色ノ子囊開裂シテ其面ヲ掩フニ至ル。和名ハ小葉の檜羊齒ノ意ナリ。

かうざきしだ
Asplenium dareoidea *Makino.*
(=Humata dareoidea *Mett.*;
A. davallioides *Hook.* non *Tausch.*)

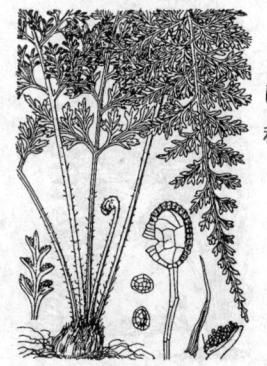

第 2791 圖

うらぼし科

暖地ノ山地樹陰ニ生ズル多年生常緑ノ羊齒草本。根莖ハ短厚ニシテ蘚根多シ。葉ハ一株ニ叢生シ、葉柄ハ直立シ質稍硬クシテ鱗片少シ。葉面ハ外形三角狀披針形ヲ成シ、長サ 15cm 內外ニテ葉柄ヨリ長ク、革質ニシテ肥厚シ、四回羽裂ヲ成シ第一回羽片ハ三角狀披針形、最終裂片ハ線狀長橢圓形ニシテ鈍頭、其裏面ハ殆ド全面ニ瓦リテ囊堆ヲ有ス、中軸・小中軸共ニ翼狀ノ葉部アリテ最終裂片ト同樣ノ廣サヲ有ス。囊堆ハ短キ線ニシテ熟スレバ褐色ヲ呈シ、苞膜ハ前方ニ向テ開キ、胞子ハ不規則ノ隆起壁ヲ以テシテレフ飾シ。和名かうざきしだハ多分地名ニ基ケル名ナラント雖モ其地未詳ナリ。

あをがねしだ
Asplenium Wilfordii *Mett.*

第 2792 圖

うらぼし科

我邦中・南部ノ地方ニ在テ樹下ノ岩上或ハ樹上ニ生ズル常緑ノ多年生羊齒草本ニシテ長サ 40cm 內外アリ。根莖ハ粗厚ニシテ傾斜シ、黑栗殼色ノ狹鍼形鱗片アリテ下ニ蘚根ヲ叢出ス。葉ハ叢生シテ立チ、葉柄ハ瘦長、生時背面暗色前面綠色ヲ呈ス。葉面ハ長橢圓狀披針形ニシテ三回羽裂或ハ略四回羽裂ヲ成シ、質稍厚クシテ深綠色ヲ呈ス。羽片ハ長三稜形ヲ成シ、最終裂片ハ略ボ楔形ニシテ、前端ニ二三ノ小鈍齒ヲ刻ミ、各齒ニ一條ノ小脈ヲ容ル。囊堆ハ線形或ハ線狀長橢圓形ヲ成シ、最終裂片ニ一二箇アリテ苞膜ヲ有ス。和名碧碗羊齒ハ稍硬質ニシテ綠色ヲ呈セル葉柄ニ基テ斯ク云フ。

931

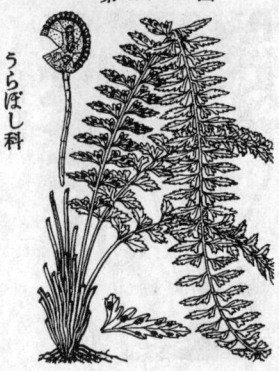

第 2793 圖

うらぼし科

ちゃせんしだ（鐵角鳳尾草）
Asplenium Trichomanes L.

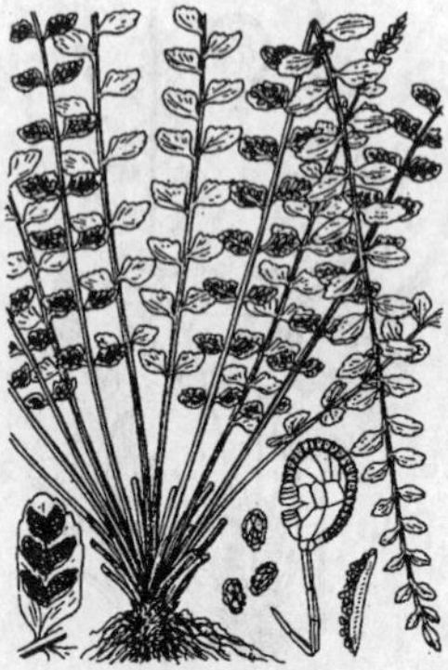

我邦中部以南ノ山地ニ生ズル稍常緑多年生ノ小形羊歯草本。葉ハ小ナル根莖ヨリ簇生直上シ或ハ攤開シ、葉柄ハ葉面ヨリ短ク、黑褐色、瘦細ニシテ脆質、光澤アリ、舊キ葉柄ノ基部ハ叢生狀ニ永ク殘存ス。葉面ハ線狀披針形ニシテ長サ 15-25cm、單羽狀ヲ成シ、羽片ハ多少疎ニ生ジテ二十對内外アリ、極メテ短カキ小柄ヲ具ヘ斜卵形或ハ扇狀楕圓形ヲ呈シ、先端ハ鈍形、前緣ニハ細齒アリ底部ハ廣楔形、稍革質ヲ成シ、表面ハ濃綠色ナリ。囊堆ハ羽片ニ六乃至八、支脈上ノ大部分ヲ占メテ廣線形ヲ呈シ、苞膜ハ側向シテ開ク。和名茶筌羊歯ハ其叢生セル葉狀ヲ茶筌ニ擬セシ名ナリ。

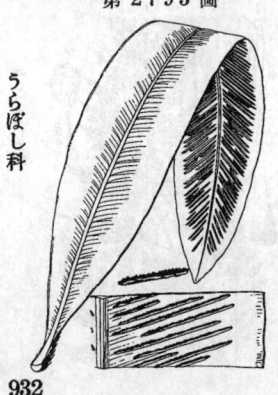

第 2794 圖

うらぼし科

ほんぐうしだ
一名 ひめちゃせんしだ・ひめぬり
とらのを・かみがもしだ
Asplenium oligophlebium Baker.
(= A. Fauriei C. Chr.)

中部以南ノ林中ニ生ズル多年生常綠ノ小羊齒草本。根莖ハ直立シテ枯殘セル覆葉柄ノ基部ヲ宿ケ、下ニ飛根ヲ發出ス。葉ハ有柄ニシテ叢生シ、綠色ニシテ質海弱ナリ。葉柄ハ細長ニシテ滑澤、黑褐色ニシテ脆弱。葉面ハ羽狀形ニシテ長サ20cm内外ノ長サアリ、單羽狀ニシテ直立スレドモ上部外方ニ彎曲下垂シテ地ニ着キ小苗ヲ生ズル殊性アリ、羽片ハ長楕圓形ヲ成シ、多數ニ中軸ノ兩側ニ平開シテ互ニ少シク相距リテ着生シ底部ノ前方ニハ耳片ヲアリテ全體深鋸齒ヲ有ス。囊堆ハ少數ニシテ羽片ノ支脈ニ着キ、楕圓形或ハ長楕圓形ニシテ熟スレバ褐色ヲ呈シ、苞膜アリ。和名本宮羊歯ハ初メ尾張國丹羽郡二ノ宮ノ本宮山ニ探リシヨリ此ク名ク、是レ即チほんぐうしだノ眞品ナリ、後年誤リテ Lindsaya cultrata Sw. ヲ目シテほんぐうしだト呼ビシハ非ニシテ宜シク此品ノ名ニ改訂スベキナリ、而シテ今之レヲにせせんしだト呼ベル・其當ヲ得タルモノナリ、又姫茶筌羊歯・姫塗り虎ノ尾ハ其葉狀ニ基キシ稱、又上賀茂羊齒ハ京都ノ北地上賀茂ニ生ズルヲ以テ呼ビシナリ。

第 2795 圖

うらぼし科

おほたにわたり
一名たにわたり・みつながしは
Asplenium antiquum Makino.
(=Thamnopteris antiqua Makino;
Neottopteris antiqua Masam.)

我邦南方暖地ノ山林中ニ生ズル多年生常綠ノ大形羊齒草本ニシテ多クハ樹上・岩上等ニ着生シ、又觀賞品トシテ廣ク溫室等ニモ培養セラルルヲ見ル。葉ハ單一ニシテ塊狀ヲ成セル粗大ノ根莖ヨリ多數叢生シ宛モ漏斗狀ヲ呈シテ四方ニ斜開シ、其大ナル者ハ徑凡ソ 2m ニ擴ガリ其狀頗ル壯大ナル者アリ。葉面ハ長楕圓狀披針形ヲ呈シ、葉柄ハ非常ニ短ク、底部及ビ先端ハ尖リ、全邊、革質ニシテ表面ハ綠色ヲ呈シ滑澤ナリ。中脈ハ其背面ニ方黃褐色ヲ帶ビ、支脈ハ中脈ヨリ開出シ多數ニシテ其左右ニ排ビ互ニ平行セリ。囊堆ハ狹長ニシテ殆ド眞直、支脈ニ沿ヒ相接シテ多數平行シ、一端ハ中脈ニ接ヒ他端ハ葉緣ニ近ク廣ク中位ニ至薄緣ノ間ヲ占メ、苞膜ハ線形ナリ。此種其新葉、車輪狀ヲ成シテ出ル殊態アリ。和名ハ大谷渡リ又谷渡リノ意ニシテ要スルニ溪谷邊其處此處ニ見ルヨリ斯ク云ヒシナラン、御輿がしはハ歴史ニ在ル古名ナリ。琉球名 山蘇花（誤用、是レしまおほたにわたりノ名ナリ）

932

こたにわたり
Phyllitis scolopendrium *Newm.*
（＝Asplenium scolopendrium *L.*；
Scolopendrium vulgare *Sm.*）

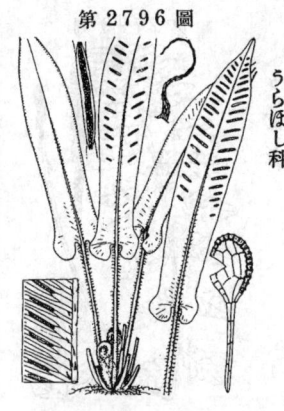
第 2796 圖

うらぼし科

我邦中部ノ山地竝ニ北部寒冷ノ山地樹陰ニ生ズ
ル多年生ノ常綠羊齒草本。根莖ハ短大ニシテ傾
臥シ、下ニ鬚根ヲ發出ス。葉ハ單形ニシテ根莖
ヨリ叢立シ、葉柄ハ長サ10-20cm許、綠色ニシ
テ淡褐色披針形ノ鱗片ヲ密生ス。葉面ハ廣線形
或ハ線狀披針形又ハ長橢圓狀線形ニシテ長サ20
-25cm、幅4-6cm、綠色ニシテ薄キ革質ヲ呈シ、
全邊ニシテ先端ニ銳形ヲ成シ、底部ニ心臟形ニ
シテ且少シ耳形ヲ呈ス。葉脈ハ多數ニシテ斜ニ
開出シ分枝シテ平行ス。囊堆ハ多數アリ中脈ト
葉緣トノ間ニ平行シテ排ビ葉裏ノ大部分ヲ占領
シテ粗大ナル線狀ヲ成シ、熟スレバ褐色ヲ呈シ、
苞膜ハ線形ニシテ二者近ク密接シ互ニ向キ合ヒ
テ開キ、宛モ一囊堆ヲ見ルノ觀アリ。和名小谷
渡リハ之ヲ大谷渡リニ比スレバ遙ニ小形ナレ
バ云フ。

くものすしだ
一名 ゑんこうらん
Camptosorus sibiricus *Rupr.*
（＝Scolopendrium sibiricum *Hook.*；
Phyllitis sibirica *O. Kuntze.*）

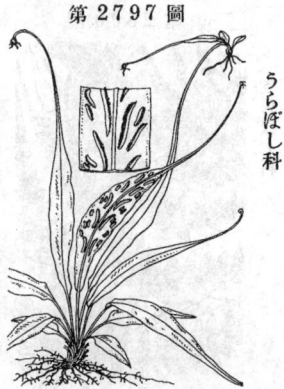
第 2797 圖

うらぼし科

山地ニ產シ或ハ陰地或ハ陽地ニ在テ多クハ石灰
岩ノ罅隙ニ生ズル多年生ノ常綠小羊齒草本。葉
ハ單葉ニシテ小形ノ根莖ヨリ叢生シ、長サ5-20
cm、稍革質、綠色ニシテ光澤ナク、橢圓形・狹
長卵形、披針形又ハ線形等ヲ成シ、底部ハ銳形或
ハ圓狀楔形等ヲ呈シ、全邊ヲ成シ、其長短一樣ナ
ラズシテ細キ葉柄ヲ有シ、葉柄モ亦或ハ長ク或
ハ短シ。葉面ノ先端ハ細ク絲狀ニ延長シ地ニ着
キテ其處ニ根ヲ下シ幼苗ヲ生ズル殊性アリ。囊
堆ハ葉裏ノ脈上ニ沿附シテ生ジ、線形又ハ橢圓
形ニシテ大小アリ、中脈ノ兩側ニ對生シテ苞膜
ヲ具フ。和名蜘蛛の巢羊齒ハ其葉四方ニ延ビテ
葉端根ヲ下シ苗ヲ生ズル姿ヲ蜘蛛ノ網ヲ張リタ
ル狀ニ擬シ乃チ此ノ稱アリ。猿猴蘭ハ其葉長ク
伸ビ所謂ゑんこうノ手ノ如ケレバ云フ。

しけしだ
一名 しけくさ・のどしだ
Diplazium japonicum *Bedd.*
（＝Asplenium japonicum *Thunb.*）

第 2798 圖

うらぼし科

到ル處山野ニ見ル多年生ノ羊齒草本ニシテ稍濕
潤ノ地ヲ好ミテ生ジ、冬ハ葉無シ。根莖ハ長ク
地中ヲ橫走シ疎ニ分枝シ薄質ノ淡褐色鱗片ヲ着
ケ、下ニ鬚根ヲ生ズ。葉ハ軟キ草質ニシテ根莖ヨ
リ疎生シ、長サ20-40cm位ニ達シ、卵狀披針形ヲ
成ス。葉柄ハ全長ノ約半ヲ占メ、淡褐色ノ鱗片ヲ
散布ス。葉面ハ單羽狀ニシテ上部ハ中軸ノ兩側
ニ羽裂シ、先端ハ銳尖頭ヲ成シ、羽片ハ長橢圓狀
披針形或ハ披針形、銳尖頭、截底又ハ心臟底ニシ
テ極メテ短キ小柄ヲ有シ、最下羽片ハ長クシテ
其上部ハ漸次小形ト成リ、下部ノ者ハ羽狀ニ深
裂又ハ淺裂シ、裂片ハ橢圓形、鈍頭ニシテ細鋸齒
ヲ有ス。各羽片ノ裏面ハ中脈ノ兩側ニ於テ三乃
至五ノ囊堆ヲ着ケ、線狀長橢圓形ヲ成シ、牛月狀
ノ苞膜ヲ具フ。和名濕氣羊齒ハ濕リタル地ニ生
ズル羊齒ノ意ナリ。又濕氣草モ同意ナリ。井戶羊
齒ハ此種能ク井中石壁ノ間ニ生ズルヨリ云フ。

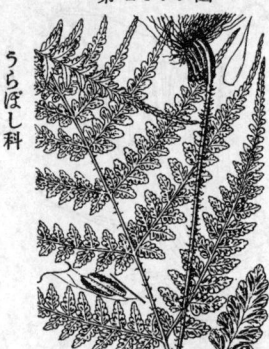

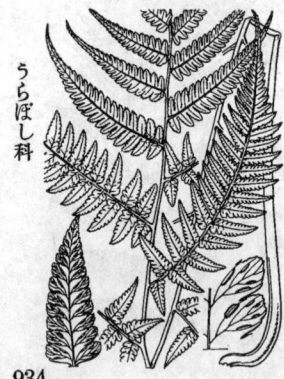

第 2799 圖

うらぼし科

ほそばしけしだ
Diplazium Conilii *Makino.*
(＝Asplenium Conilii *Franch. et Sav.* ;
A. japonicum *Thunb.* lusus Conilii
Franch. et Sav.)

山野ノ陰地ニ生ズル小形ノ多年生羊齒草本ニシテ冬ハ葉無シ。根莖ハ横走シテ綠褐色ヲ呈ス。葉ハ二三集リテ出デ、多少二型性ヲ示シ、裸葉ハ短クシテ地平ニ擴ガレドモ胞子葉ハ稍長クシテ立テリ。葉柄ハ葉面ヨリ短ク、其裸葉ニ在テハ最モ短シ。葉面ハ披針形ニシテ銳尖頭、長サ10-20cm、單羽狀ニシテ上部ハ羽狀裂ヲ成シ、羽片ハ開出シ下部ノ者ハ多少逆向ヌ、線狀橢圓形ニシテ鈍頭、無柄、羽狀尖裂シテ裂片ハ數鈍齒牙ヲ有ス、草質ニシテ脆弱、綠色ヲ呈シテ光澤ナシ。嚢堆ハ羽片ノ中脈下邊緣トノ間ニ生ジ、線形或ハ稍半月形ヲ成シ、其少數ハ兩嚢堆背部ヲ以テ相接シ、苞膜ハ顯著ニシテ内方ニ開ケリ。和名ハ細葉濕氣羊齒ノ意ナリ。

第 2800 圖

うらぼし科

きよたけしだ
Diplazium squamigerum *Christ.*
(＝Asplenium squamigerum *Mett.*)

山中陰濕ノ地ヲ好ム多年生ノ羊齒草本ニシテ冬ハ葉多クハ枯死ス。根莖ハ粗大ニシテ斜傾シ黑色ヲ呈シ二三ノ葉ヲ叢生ス。葉柄ハ長クシテ汚黑紫色ヲ呈シ質稍脆ク、汚黑色ノ鱗片ヲ著生スルコト顯著リ。葉面ハ長サ30-50cm許ノ三角形ニシテ生時水平ニ近ク展開シ且ツ平坦ニシテ膜樣ノ草質ヲ呈シ、暗綠色ニシテ多少ノ光澤ヲ有シ、再羽狀ヲ成シ、羽片ハ長橢圓形ニシテ銳尖頭、小羽片ハ卵狀披針形ニシテ鈍頭、更ニ羽狀ニ淺裂ス。嚢堆ハ半月形ヲ呈シテ支脈上ニ位置シ、葉緣ニ達セズ、背ヲ以テ相接スル者多ク、各嚢堆苞膜ヲ有セリ。和名ノ きよたけしだ ハ蓋シ清（？）岳ナル山名ヨリ來リシ乎、或ハ ハ レ きよたき ノ誤リニテ京都ノ北地清瀧ヨリ出デシ乎、詳カナラズ。

第 2801 圖

うらぼし科

しろやましだ
Diplazium Taquetii *C. Chr.*

暖地ノ山野陰濕ノ地ニ生ズル大形ノ常綠多年生羊齒草本。根莖ハ横走シテ粗大。葉ハ長柄アリ、基部ニハ黑色ノ鱗片ヲ密生ス。葉面ハ長サ50-100cmニ達シテ三角形ヲ呈シ、銳尖頭、厚キ草質ニシテ再羽狀ヲ成シ、羽片ハ長橢圓狀披針形、長銳尖頭、小羽片ハ三角狀披針形ニシテ羽狀ニ尖裂シ、先端ハ尖リ、底部ハ截形ニシテ短柄アリ。嚢堆ハ小羽片ノ支脈分枝上ニ生ジ直線形、背部ヲ相接スル者ヲ混ズ、苞膜ハ廣線形リ。和名ハ城山羊齒ハ其最初ノ發見地鹿兒島ノ城山ニ因ンデ名ケシ者ナリ。

のこぎりしだ
一名　やぶくじゃく・おとひめしだ
Diplazium Wichurae *Diels*.
（＝Asplenium Wichurae *Mett.*）

うらぼし科

中部以南ノ山中陰濕ノ地ニ生ズル常緑ノ多年生羊齒草本。根莖ハ長ク地中ヲ横走シ黒色ニシテ質硬ク葉ヲ疎立ス。葉柄ハ細長ナレドモ強靱ニシテ黒紫色ヲ呈シ、直立スレドモ葉面ハ下垂スルヿ多シ。葉面ハ披針形、長サ20-40cm、單羽狀ヲ成シ、羽片ハ鎌狀披針形ニシテ銳突頭ヲ有シ、暗綠色ニシテ稍光澤ヲ具ヘ上面ニテ八脈理梢陷入シ硬剛ノ革質ニシテ邊緣ニ銳尖狀ニ重齒牙ヲ具ヘ、底部ノ前緣ニハ耳垂片アリテ截底ヲ呈シ、短柄ヲ具フ。嚢堆ハ羽片支脈ノ第一小支脈上ニ沿肴シテ半月形ヲ成シ、羽片ヲ通ジテ斜線ヨリ成ル二線ヲ成シテ中脈ノ兩側ニ排列シ、苞膜ヲ具フ。和名鋸羊齒ノ其葉緣ニ連續スル鋸齒ヲ基キテ云ヒ、藪孔雀ハ藪地ニ生ジ其葉狀ヲ孔雀ノ尾ニ擬シテ云ヒ、乙姫羊齒ハ何故云ヒシヤ詳ナラズ。

みやまのこぎりしだ

Diplazium Textori *Makino*.
（＝Asplenium Textori *Miq.*）

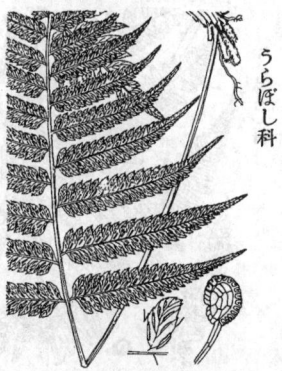

うらぼし科

中部以南ノ山中陰地ニ生ズル多年生ノ常綠羊齒草本。根莖ハ横走シテ黒褐色ヲ呈シ質硬シ。葉柄ハ質稍剛ク細長ニシテ背部紫黒色ヲ呈シ基部ニ黒色ノ鱗片アリ。葉面ハ廣披針形ニシテ直立セズ、長サ30-50cm、暗綠色ヲ呈シ、稍膜樣ノ革質ニシテのこぎりしだヨリ薄ク、單羽狀ヲ成シ、羽片ハ狹長披針形或ハ長橢圓形ニシテ有尾銳尖頭、底部ニ輕微ナル歪形ヲ呈スル鈍形ニシテ短柄ヲ具ヘ、羽片ハ淺裂シ、裂片ハ卵形銳頭ヲ成シテ鋸齒アリ。嚢堆ハ線形ニシテ苞膜ヲ有シ、小羽片支脈上ニ肴キ下部ノ前方ニ在ル者多クハ兩者其背ヲ以テ相接ス。葉面のこぎりしだニ似タリト雖モ質稍薄ク且脈理陷入セズ、而シテザ羽片ノ短柄ハ殆ンド整正ニ一列スルヲ以テ異ナレリ。和名ハ深山鋸羊齒ノ意ニシテ此種通常深山ニ生ジ其葉形稍のこぎりしだニ類スレバ云フ。

へらしだ
一名　いはみの
Diplazium lanceum *Presl*.
（＝Asplenium lanceum *Thunb.*）

うらぼし科

山中陰濕ノ地或ハ溪側ノ斜面地等ニ群ヲ成シテ生ズル多年生ノ常綠羊齒草本。根莖ハ瘦長ニシテ横行シツゝ往々分枝シ、暗黒色鍼狀披針形ノ鱗片ヲ被リ、下ニ鬚根ヲ發出ス。葉ハ單形ニシテ疎ニ根莖ヨリ出デ、葉柄ハ葉面ヨリ短ク瘦長ニシテ稍剛ク、毛樣ノ鱗片ヲ散生シ、長サ10-25cm許アリ。葉面ハ革質ニシテ厚ク、狹長ナル披針形ヲ成シ、長サ20-30cm、幅1-2.5cm、先端ハ銳尖頭ヲ成シ、下部ハ漸次ニ狹窄シテ狹楔形ト成リ、邊緣ハ全邊ニシテ往々波狀ヲ呈ス。中脈ハ直進シテ葉裏ニ隆起ス。嚢堆ハ葉裏ニ在テ其上方乃至全面ニ互リテ斜ニ相列シ支脈ニ沿フテ位シ、線形ニシテ往々背合スル者アリ、長サ5-10mm許ニシテ線狀ノ苞膜ヲ有ス。和名箆羊齒ハ其葉形ニ基キテ云ヒ、岩簀ハ其生ゼル狀態ニ由テ名ク。

第2805圖

うらぼし科

しけちしだ
Athyrium decurrenti-alatum Makino.
（＝Gymnogramme decurrenti-alata Hook.；Diplazium Hookerianum Koidz.）

山地陰濕地ニ生ズル多年生ノ柔軟ナル羊齒草本ニシテ葉ハ冬ニ枯死ス。根莖ハ粗ニシテ横走シ稍疎ニ葉ヲ叢ス、葉柄ハ汚紫色ニシテ脆弱、長サ20－30cmアリ、淡褐色ノ披針形鱗片ヲ散生ス。葉面ハ葉柄ヨリ長ク長卵形或ハ橢圓狀卵形、單羽狀或ハ再羽狀裂ニシテ羽片ノ隔離シ長橢圓形或ハ長橢圓狀披針形ニシテ多クノ鎌狀或シ更ニ羽狀ニ深裂シ、裂片ハ廣橢圓形、低鈍鋸齒アリテ純頭或ハ鈍頭、暗綠色ヲ呈シ、質軟弱ナリ。而シテ羽片中脈ノ中軸ト合ヌル部分ニ數個ノ針狀突起アルヘ本種ノ殊徴ナリ。囊堆ハ短線形ニシテ裂片ノ支脈上ニ生ジ、苞膜ヲ缺ク。此種葉形ニ兩樣アリテ其充分ナル生長ニ達セザル稚者ハ小羽片純形ヲ呈シ、其充分生長ノ度ニ達セシ者ハ、其葉面ニシテ小羽片尖リ別離ノ觀ヲ呈シ、觀レ者ヲシテ二種アルガ如ク思ハシム、然レドモ是レ元来一種ニシテ其生ズルヘ往々其兩者ヲ同一處ニ見ルナリ。和名ハ濕氣地羊齒ノ意ニシテ濕地ニ生ズレバ斯ク云フ。

第2806圖

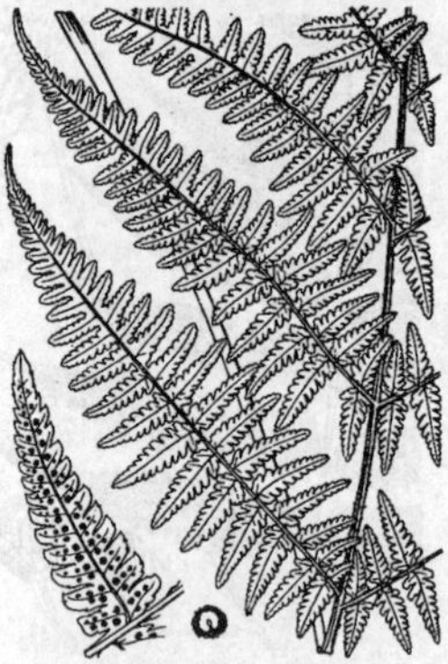

うらぼし科

おほひめわらび
Athyrium Okuboanum Makino.
（＝Aspidium Okuboanum Makino；Dryopteris Okuboana Koidz.）

中部以南ノ山地ニ生ズル多年生羊齒草本ニシテ葉ハ冬季ニ枯死ス。根莖ハ短シト雖モ肥厚ナル前年ノ舊葉柄ヲ本稜存セル者周圍ニ集合シテ甚ク粗大ナリ。葉ハ長柄ヲ有シ二三叢生シテ出デ長サ40－60cmアリ、軟脆ニシテ草質ヲ成シ鮮綠色ヲ呈ス。葉柄ニハ淡褐色ノ鱗片散生ス。葉面ハ卵狀橢圓形、單羽狀或ハ稍再羽狀ヲ成シ、羽片ハ長橢圓狀披針形、銳尖頭、10－20cmノ長アリ、中軸ヨリ斜上シ、小羽片ハ開出シ、披針形ニシテ尖リ、羽狀深裂ヲ成シ、底部ニ羽片中軸ニ一連ナリ翼狀ヲ呈ス、裂片ハ橢圓形、純頭ニシテ互ニ相離ヌ二三ノ不明ノ鋸齒アリ。囊堆ハ裂片中脈ニ近ク着生シ大小アリ、多クハ短クシテ圓形ヲ呈スレドモ又馬蹄形ノ者アリテ本種ノ斷ジテ本屬ノ者タルコトヲ表セリ、是レ惡眼ヲ以テ其囊堆ヲ精査スレバ忽チ直ニ分明スベク何等之レヲ疑フノ餘地無キナリ。苞膜ハ蜿蜒他々分明ナリト雖モ熟スレバ子囊放出スルガ爲メニ通常不顯著ニ陷ルヘリ。和名 大姫蕨ハ嘗見ひめわらびノ葉狀アレバ斯ク名ケタリ。

第2807圖

うらぼし科

いぬわらび
一名　こかぐま
Athyrium niponicum Hance.
（＝Asplenium niponicum Mett.）

山地・平地隨處ニ之レ見ル普通ノ多年生羊齒草本ニシテ稍濕潤ノ處ニ生ジ、冬月ニ葉枯ル。根莖ハ地中ヲ横行シ、葉柄ノ基部ト共ニ赤褐色披針形ノ鱗片ヲ有シ、稍疎ニ葉ヲ出ス。葉ハ長キ葉柄ヲ有シ、柄長30－50cm許、質軟ナリ。葉面ハ草質ニシテ長サ30－50cm、幅15－25cm、卵形・廣卵形又ハ橢圓形、先端ハ急ニ狭窄シテ尖リ、再羽狀裂ヲ成シ、羽片ハ羽狀深裂ヲ成シ、披針形ニシテ銳尖頭ヲ有シ、楔狀底ヲ呈シ短柄ヲ有ス。小羽片ハ線狀長橢圓形ニシテ銳尖頭ヲ有シ、細鋸齒ヲ具フ。堆囊ハ多數ニシテ密在シ、小羽片ノ裏面ニ在テ其小脈ニ沿附シ、鉤狀ノ苞膜ヲ有シ、熟スレバ褐色ト成ル。和名 犬蕨ハ利用ノ途無キ賤ノ意、小かぐまハ小形ナルかぐまノ意ニシテかぐまハ或ル羊齒ノ名ナリ。漢名 倒挂草（誤用）

936

へびのねござ
一名　かなくさ・こいぬわらび
Athyrium yokoscense *Christ.*
（＝Asplenium yokoscense
Franch. et Sav.）

第 2808 圖

うらぼし科

邦内諸州ニ之レヲ産スト雖モ主トシテ東日本ニ多ク、山野ノ陽地陰地ニ生ズル多年生ノ羊歯草本ニシテ冬月ハ其葉枯ル。根莖ハ短矮ニシテ直立シ、多數ノ舊葉柄本ヲ以テ一塊ヲ形成ス。葉ハ多數叢生シ、長サ15-40cm ノ葉柄ヲ具ヘ梢長ニシテ暗褐色乃至赤褐色ノ鱗片ヲ被ヒ其基部ニ於テ殊ニ多シ。葉面ハ長サ 15-35cm 許、披針狀長橢圓形ニシテ先端ハ漸ク銳尖頭ト成リ、羽狀ニ裂シ、羽片ハ披針形ニシテ銳尖頭ヲ有シ、多數ニ羽裂シ、羽裂片ハ長橢圓形ニシテ末端尖リ下部ニ互ニ相瓣脊ニ邊義ニ尖鋸齒ヲ有シ、葉質硬クシテ薄キ革質ヲ呈シ細脈明ニ其裏面ニ現ハルル殊狀アリ。嚢堆ハ多數細小ニシテ鈎形或ハ緣形ヲ呈シニ列ニ成シテ小羽片ノ裏面ニ排列シ、苞膜ヲ有セリ。和名ハ蛇ノ寢御座ノ意ニシテ時トシテ蛇其葉內ニ蟠マルヨリ斯ク云フト、金草ハ金山・鉛山ニ多ク生ズルヨリ云ヒ、小犬蕨ハ小形ナルいぬわらびノ意ナリ。

やまいぬわらび
一名　おほいぬわらび（同名アリ）
Athyrium Vidalii *Nakai.*
（＝Asplenium Vidalii *Franch. et Sav.*）

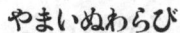

第 2809 圖

うらぼし科

山地ノ樹下溪側等ニ生ズル多年生ノ羊歯草本ニシテ冬月ハ葉枯ル。短大ニシテ直立セル塊狀ノ根莖ヨリ葉ヲ叢生シ、下ニ鬚根ヲ發出ス。葉ハ長サ40cm乃至1m 餘アリテ長キ葉柄ヲ有シ其下部ニハ密ニ褐色又ハ黑褐色ノ鋭狀鱗片ヲ著ク、葉面ハ長卵狀ヲ呈シ、先端ハ漸ク狹窄シテ尖リ、再羽狀ヲ成シ質多少軟ナリ、羽片ハ綠形ニシテ銳尖頭ヲ有シ、殆ド無柄、下部ノ者ハ最モ大ナリ、小羽片ハ三角狀長橢圓形ニシテ楔狀底ヲ成シ殆ド無柄、先端ハ銳尖形又ハ銳形、缺刻齒ヲ有シ之齒片ハ橢圓形ナリ。嚢堆ハ其數多ク嚢裏ニ在テ脈上ニ生ジ、短クシテ鈎狀又ハ馬蹄狀ヲ呈シ、苞膜ヲ具フ。和名ハ山犬蕨ニシテ山ニ生ズルいぬわらびノ意、又大犬蕨ハ大形ナルいぬわらびノ意ナリ。

ぬりわらび
Athyrium mesosorum *Makino.*
（＝Asplenium mesosorum *Makino.*）

第 2810 圖

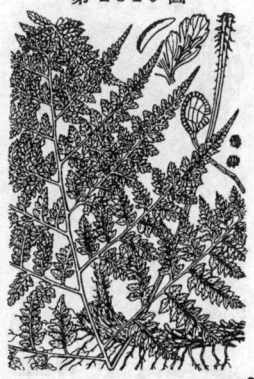
うらぼし科

山地ノ樹下或ハ陽地ニ生ズル多年生ノ羊歯草本ニシテ冬ハ葉ナシ。地下ノ根莖ハ長ク横走シ、稍粗大ニシテ下ニ鬚根ヲ發出ス。葉ハ根莖ノ先端ヨリ立チテ其數少ク長柄ヲ有ス。葉柄ハ滑澤ニシテ葉ノ中軸及ビ羽片中軸ト共ニ乾ケバ黃褐色ヲ呈シ、少數ノ軟キ淡褐色鱗片ヲ被ル。葉面ハ洋紙狀草質ニシテ廣卵形ヲ呈シ、再羽狀ヲ成シ、長サ30-50cm、幅 25-40cmアリ、羽片ハ三角狀長橢圓形ニシテ上部ハ銳尖頭ヲ成シ下ニ小柄ヲ具フ、小羽片ハ羽狀ニ深裂シ裂片ハ鈍頭又ハ圓頭ニシテ淺裂シ且小ナル鋸齒ヲ有ス。嚢堆ハ小羽片ノ中軸ニ接近シテ位シ長サ 2-5mm ノ半月形ヲ成シ稀ニ鈎狀ノ者ヲ見ル、而シテ苞膜アリ。和名ハ塗リ蕨ハ其葉柄滑澤ニシテ宛モ塗漆セシ觀アレバ斯ク云フ。

937

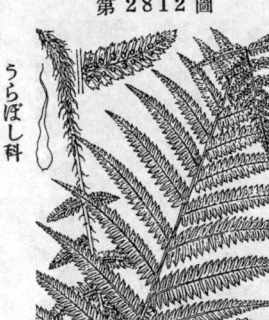

うらぼし科

めしだ
一名 おほいぬわらび（同名アリ）
Athyrium melanolepis *Makino.*
(=Asplenium melanolepis *Franch. et Sav.*;
Athyrium Filix-foemina *Roth.*
var. melanolepis *Makino.*)

高山又ハ寒地ノ山ニ生ズル多年生羊歯草本ニシテ多ハ葉枯ル。根莖ハ地中ニ在リテ大ナル塊狀ヲ成シ、下ニ根ヲ發出ス。葉ハ長キ葉柄ヲ有シテ叢生シ、相集リ漏斗狀ヲ呈シ高サ50-120cmニ達ス。葉柄ニハ暗褐色ノ大形長卵形ノ鱗片ヲ被ル。葉面ハ草質ニシテ軟ク、再羽狀ヲ成シ、長橢圓形ヲ呈シ先端ハ漸次狹窄シテ尖リ下端ニ稍小形ト成リ、羽片ハ長橢圓狀披針形ニシテ長サ10-15cm、銳尖頭ヲ有シ殆ンド無柄、小羽片ハ長橢圓形ニシテ尖リ、邊緣ハ細ク缺刻狀ニ分裂シ、裂片ハ線形ニシテ尖リ細鋸齒ヲ有ス。囊堆ハ多數細小ニシテ葉裏ノ脈上ニ相並ビテ著キ鈎形又ハ馬蹄形ヲ呈シ、剪裂緣アル苞膜ヲ有ス。和名ハ雌羊齒ニシテ雄羊齒ニ對セル名ナリ。しだノ葉形質豪壯ナレドモめしだハ軟弱ナリ、大犬嚴ニ大ナルいぬわらびノ意ニシテやまいぬわらびニモ同稱アリ。

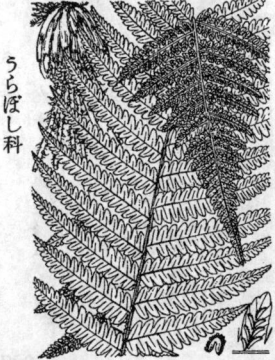

うらぼし科

みやまめしだ

Athyrium Filix-foemina *Roth.*
var. nigropaleaceum *Makino.*

我邦中部及北部ノ高山帶濕潤ノ處ニ生ズル多年生大形羊歯草本ニシテ冬期ニハ葉ナシ。根莖ハ粗大短厚ニシテ直立シ下ニ鬚根ヲ發出シ、其頂ヨリ七乃至十葉ヲ簇生、上部斜開ス。新葉ノ開舒前ニハ葉柄・中軸共ハ漆黑色ニシテ且ツ撚曲セル鱗片ヲ被ルヲ以テ著シ。葉柄ハ束生シテ葉面ヨリ短ク長サ10-20cmアリテ直立ス。葉面ハ長橢圓狀披針形、銳尖頭ニシテ長サ30-100cmニ餘リ、再羽狀ヲ成シ、草質ニシテ軟ナリ、羽片ハ狹披針形、有尾銳尖頭、小羽裂片ハ橢圓形銳頭、更ニ羽狀ニ淺裂或ハ尖裂シ、銳鋸齒ヲ刻ム。囊堆ハ所謂いぬわらび型ニシテ鈎狀ノ者ト交々、長サ1-2mmアリテ小裂片中脈ト邊緣ト中間ニ位置ヲ占メ細脈ニ沿着シ、剪裂緣アル苞膜ヲ具フ。和名ハ深山雌羊齒ニシテ深山ニ生ズルめしだノ意ナリ。

うらぼし科

みやましけしだ
一名 はくまうのので
Athyrium acrostichoides *Diels.*
(=Asplenium acrostichoides *Sw.*;
Asplenium thelypteroides *Michx.*;
Athyrium thelypteroides *Desv.*)

山中ノ陰濕地ニ生ズル多年生羊歯草本ニシテ冬月ハ葉枯ル。根莖ハ短厚ニシテ直立シ塊狀ヲ成シテ下ニ鬚根ヲ發出ス。葉ハ有柄ニシテ一株ハ叢生シ、高サ50cm乃至1m餘ニ達シ漏斗狀ヲ呈シ、軟キ草質ヲ成シ、裸葉胞子葉ノ別アリテ裸葉ハ短シ。葉柄ハ多少紫褐色ヲ呈シ白色又ハ淡褐色ノ鱗片ヲ被ル。葉面ハ再羽狀ニシテ長橢圓形或ハ披針形ヲ成シ、上部ハ銳尖頭或ハ下部ハ漸次ニ狹窄シテ小形ト成ル、羽片ハ多數アリテ開出シ無柄ニ披針形ニシテ銳尖頭ヲ有シ、羽狀ニ深裂シ、其裂片ハ橢圓形ヲ呈シテ鈍頭又ハ圓頭ヲ有シ全邊ナリ。囊堆ハ多數ニ羽狀線形ヲ成シ小裂片中脈ノ兩側ニ數箇ヅツ整列シ、下部ノ者多ク、兩者背接シ、半月形ノ苞膜ヲ具フ。和名ハ深山濕氣羊齒ノ意、白毛猪の手ノ其葉柄ノ鱗片白色ナレバ云フ、卽チ白色毛アルのでノ意ナリ。

えだうちほんぐうしだ
Lindsaya orbiculata *Mett.*
（＝Adiantum orbiculatum *Lam.*；
L. flabellulata *Dry.*)

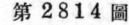

第 2814 圖

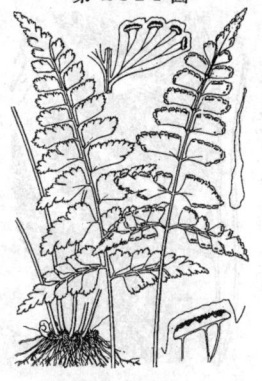

うらぼし科

暖地ノ林下ニ生ズル多年生ノ常綠小形羊齒草本。根莖ハ横走スレド短ク、密ニ鱗片ヲ被リ暗褐色ヲ呈シ質硬ク下ニ鬚根ヲ發出ス。葉ハ稍散生、直立シ、高サ10-30cm、葉柄ハ邊長ニシテ葉面ヨリ長ク、栗褐色ニシテ硬ク、鱗片ナシ。葉面ハ長卵狀三角形、或ハ卵狀披針形、單羽狀乃至再羽狀ヲ成ス、羽片ハ中軸ヨリ開出シ、小裂片ハ菱狀扇形或ハ稍錐狀ヲ成シ、鈍頭ニシテ前緣ニハ疎齒アリ、質稍厚ク或ハ薄ン。囊堆ハ小裂片ノ前緣ニ沿テ一列ヲ成シ綠形ニシテ小脈頂ニ在リ、苞膜ハ横ヲ長クシテ前方ニ開ケリ。和名ハ枝打テ本宮羊齒ノ意、本種ハ其來所謂ほんぐうしだニ比シテ分岐多キヲ以テ斯ク呼ビタルモノナレドモ眞ノほんぐうしだトハ何等ノ關係アルコト無シ。

ふじしだ
Monachosorum
Maximowiczii *Hayata.*
（＝Nephrodium Maximowiczii *Baker*；Polypodium Maximowiczii *Baker*；Ptilopteris Maximowiczii *Hance*；Dryopteris Maximowiczii *O. Kuntze*；Monachosorella Maximowiczii *Hayata*；Aspidium sanctum *Maxim.*）

第 2815 圖

うらぼし科

通常深山ノ樹林地ニ生ズル多年生ノ常綠羊齒草本。根莖ハ大形ナラズシテ或ハ横斜シ或ハ直立シ、下ニ鬚根ヲ發出ス。葉ハ有柄ニシテ叢生シ、葉柄ハ邊長ニシテ紫褐色ヲ帶ビ光澤アリ。葉面ハ單羽狀ニシテ軟キ草質ヲ呈シ淡綠色ニシテ光澤無ク、綠狀披針形ニシテ長サ20-35cm許、幅2-3cm、下部ハ多少狹窄シ、上部ハ漸次ニ狹窄シテ長ク延長シ、遂ニ地ニ著キ其末端ニ新株ヲ發生スル殊態アリ、羽片ハ多數ニシテ能ク相排ビテ開出シ無柄ニシテ三角狀長橢圓形ヲ成シ鈍頭アリ、楔狀底ヲ成シ、底部ノ前方ニ上向セル小耳片ヲ有シ、邊緣ハ細鋸齒アリ。囊堆ハ小形ニシテ苞膜無ク黃色ニシテ羽狀脈ノ先端ニ近ク着生シ、羽片ノ裏面ニ在テ其邊緣ニ接シテ一列ヲ成ス。和名ハ富士羊齒ノ意ニシテ尾張國丹羽郡ノ尾張富士山ニ産スルヨリ云フ。

きしうしだ
Monachosorum nipponicum
Makino.

第 2816 圖

うらぼし科

暖地ノ山中林下溪側ニ生ズル纖麗ノ多年生常綠羊齒草本。根莖ハ短クシテ能ク傾臥シテ下ニ鬚根ヲ發出ス。葉ハ叢生シ、細キ葉柄ニハ赤褐色ノ細鱗片アリ有ス。葉面ハ鮮綠色ヲ呈シ三角狀披針形ニシテ銳尖頭、長サ20-30cm、二三囘羽狀、羽片ハ殆ド無柄ニシテ斜上シテ開出シ、狹披針形ニシテ銳尖頭ヲ有シ羽狀ヲ成シ、小羽片ハ卵狀披針形銳頭ニシテ邊緣缺刻樣ニ尖裂シ、裂片ハ狹クシテ纖細ノ感アリ、おほふじしだニ近似シ、一見區別ナキガ如シト雖モ中軸ノ先端苗ヲ生ズルコトナク、小羽片ハ銳尖頭ナルヲ以テ別チ得ベシ。囊堆ハ小羽片ノ裂片ニ走ル羽狀脈ノ末端ニ小點狀ヲ成シテ生ジ、苞膜ヲ缺ク。和名ハ紀州羊齒ハ其產地ナル紀州ニ基ヅキテノ稱ナリ。

939

こばのいしかぐま
Denstaedtia scabra *Moore.*
(=Dicksonia scabra *Wall.*)

暖地ノ多少乾ケル林中或ハ半陽半陰地ニ生ズル常緑ノ多年生羊歯草本。根莖ハ短ク横走シ下ニ蟹根ヲ發出ス。葉ハ根莖ヨリ立チテ長柄ヲ有シ、葉柄ハ赤褐色ヲ帶ビ、葉ノ兩面ト共ニ稍粗毛ヲ密生ス。葉面ハ草質或ハ略ボ革質ニシテ薄ク、長サ30-50cm許アリテ黄綠色ヲ呈シ、三角形或ハ三角狀披針形ニシテ、二囘羽狀或ハ稍三囘羽狀ヲ成ス。羽片ハ長橢圓狀披針形或ハ披針形ニシテ多クハ稍前方ニ弓曲シ、長尾樣銳尖頭ヲ有シ、小羽片ハ卵狀披針形ニシテ尖リ更ニ細裂シテ纖細ナリ、嚢堆ハ鋸齒ノ先端脈上ニ生ジテ球狀ヲ呈シ、苞膜ハ盃狀ヲ成シテ前方ニ開ロス。全體いしかぐまニ比スレバ小形ニシテ且ツ粗毛多キヲ以テ直ニ兩者ヲ區別シ得ベシ。和名ハ小葉ノ石かぐまノ意ナリ。

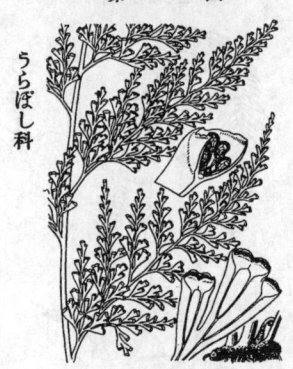

ほらしのぶ
一名 とわのしだ
Odontosoria chinensis *J. Sm.*
var. tenuifolia *Makino.*
(=Adiantum tenuifolium *Lam.*; Davallia tenuifolia *Sw.*; O. tenuifolia *J. Sm.*)

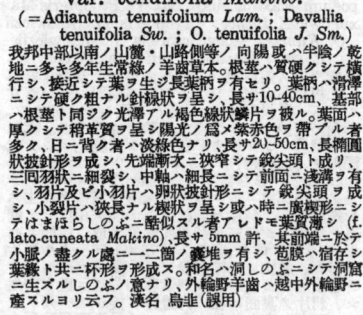

我邦中部以南ノ山麓・山路側等ノ向陽或ハ半陰ノ乾地ニ多キ多年生常綠ノ羊齒草本。根莖ハ質硬クシテ横行シ、接近シテ葉ヲ生ジ長葉柄ヲ有セリ。葉柄ハ滑澤ニシテ硬ク粗ナル針線狀ヲ呈シ、長サ10-40cm、基部ハ根莖ト同ジク光澤アル褐色線狀鱗片ヲ被ム。葉面ハ厚クシテ稍革質ヲ呈シ陽光ノ爲メ紫赤色ヲ帶ブル者多ク、日ニ背ク者ハ淡綠色ナリ、長サ20-50cm、長橢圓狀披針形ヲ成シ、先端漸次ニ狹窄シテ銳尖頭ト成リ、三囘羽狀ニ細裂シ、中軸ハ細長ニシテ前面ニ淺溝ヲ有シ、羽片及ビ小羽片ハ卵狀披針形ニシテ銳尖頭ヲ成シ、小裂片ハ狹長ナル楔狀ヲ呈シ或ハ時ニ廣楔形ニシテはまほらしのぶニ酷似スル者アレドモ葉質薄シ (f. lato-cuneata *Makino*)、長サ5mm許、其前端ニ於テ小脈ノ盡クル處ニ一二箇ノ嚢堆ヲ有シ、苞膜ハ宿存シ葉緣ト共ニ杯形ヲ形成ス。和名ハ洞しのぶニシテ洞窟ニ生ズルしのぶノ意ナリ、外輪野羊齒ハ越中外輪野ニ產スルヨリ云フ。漢名 烏韮(誤用)

はまほらしのぶ
Odontosoria chinensis *J. Sm.*
(=Trichomanes chinense *L.*; Davallia tenuifolia *Sw.* var. chinensis *Moore.*)

我邦中部南部海岸ノ崖ニ生ズル多年生常綠ノ羊齒草本。根莖ハ短ク横臥シ、濃褐色ノ細鱗毛ヲ被フル。葉ハ硬ゼ葉柄ヲ具ヘ、葉面ハ質厚ク、淡綠色ニシテ往々蘇染シ、卵形ニシテ尖リ、二囘羽狀ヲ成シ、多數ノ最末裂片ヲ有ス、大ナル者ハ長サ25cm內外アリ、羽片ハ三角狀披針形ニシテ短柄ヲ有シ、上部漸次ニ狹窄シ、最末裂片ハ短廣ナル楔形ニシテ前端截形ヲ呈シ、其兩端ニ各一ノ小齒アリ、前方ニ半圓狀廣楔形ヲ成シテ一乃至四箇相並ベル嚢堆ヲ具ヘ、前ニ向フテ開ロシ、宿存苞膜ヲ有シテ平扁ナル洞ヲ成シ、其底部ニ多數ノ子嚢ヲ生ゼリ。概形ほらしのぶニ近似スレドモ葉面ハ概ネ葉柄ヨリ短ク、葉質一層厚ク、再羽狀ヲ成シ、最末裂片ハ楔形截頭ニシテ彼ニ比スレバ短闊ナルノ差異アリ。和名濱洞しのぶハ濱ニ生ズルほらしのぶノ意ナリ。

わうれんしだ
Microlepia Wilfordi *Moore.*
(＝Davallia Wilfordi *Baker.*)

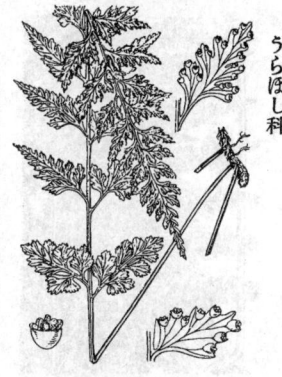

第 2820 圖

うらぼし科

山地ニ生ジ陰地或ハ陽地ニ見ル多年生ノ菲弱ナル羊齒草本ニシテ冬月ハ葉枯ル。根莖ハ細小ナル針線狀ニシテ横走シ下ニ根ヲ發出ス。葉ハ疎ニ根莖ヨリ出デテ長葉柄ヲ具ヘ、葉柄ハ中軸ニ連ナリテ共ハ瘦長弱質ノ針線狀ヲ呈シ、柄本ハ多ク黒紫色ノ帶ビテ滑澤ナリ。葉面ハ質薄ク、長サ15-30cm許アリ、長楕圓狀披針形ニシテ再羽狀乃至三羽狀裂ヲ成シ、羽片及ビ小羽片ハ稍疎ニ出デ、羽片ハ廣卵狀菱形ニシテ銳尖頭ヲ有シ、短柄アリ、小羽片モ亦廣卵狀菱形ニシテ稍不齊ニ缺刻ス。嚢堆ハ小羽片裂片ノ邊緣ニ生ジ前方ニ向テ開キタル褐色ノ宿存苞膜ヲ具フ。和名 黄連羊齒ハ其葉狀 Coptis 屬ノわうれんニ似タルヨリ云フ。

いぬしだ
Microlepia pilosella *Moore.*
(＝Davallia pilosella *Hook.*;
D. hirsuta *Sw.*)

第 2821 圖

うらぼし科

山足等ノ多少乾燥セル岩隙等ニ生ズル多年生ノ小形羊齒草本ニシテ其裸葉ハ往々越冬シテ殘レリ。根莖ハ纖長ニシテ横行シ、毛茸アリテ下ニ根ヲ發出セリ。葉ハ疎ニ根莖ヨリ出デ有柄ニシテ葉柄ト共ニ密ニ淡色ノ軟毛ヲ被フリ粗澁ナリ、葉柄ハ纖長ニシテ直立シ綠色ヲ呈ス。葉面ハ長サ15-25cm許アリ、披針形ニシテ先端ハ漸次狹窄シテ銳尖頭ト成リ、下部ハ其幅最モ廣シ、再羽狀ハ分裂シ、羽片ハ長キ菱狀長楕圓形ニシテ銳頭ヲ有シ、基部ハ楔形ヲ成シ、下部ノ者ハ羽裂シ、裂片ハ長楕圓形ニシテ缺刻又ハ鋸齒ヲ有ス。嚢堆ハ細小ニシテ最終裂片ノ裏面ニ在テ二乃至六箇ヲ算シ小脈ノ先端ニ當ル葉緣ニ生ジ、圓形ニシテ宿存セル苞膜アリ。和名犬羊齒ハ蓋シ毛アルヲ以テ云フナラン。

ふもとしだ
一名 やまくじゃくしだ
Microlepia marginata *C. Chr.*
(＝Polypodium marginatum *Houtt.*;
Davallia marginalis *Baker.*)

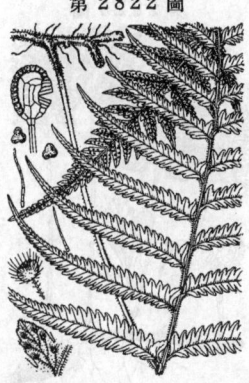

第 2822 圖

うらぼし科

中部以南ノ樹陰ニ生ズル大形ノ多年生常綠羊齒草本。根莖ハ横走シテ鱗毛ヲ帶ビ暗綠黑色ノ呈シ肉質ナリ。葉ハ高サ 0.5-1m ニ達シ、葉柄ハ長クシテ暗色ヲ呈シ强剛ニシテ粗毛アリ。葉面ハ外形披針形或ハ廣披針形ニシテ葉末漸次狹窄シテ銳尖頭ヲ成シ、單羽狀ニシテ暗綠色ヲ呈シ、質膜㨾ナリト雖モ其質剛ク、表面ハ短毛アリテ粗糙シ多少光澤ヲ有シ裏面ニハ軟毛ヲ布キ、羽片ハ綠狀披針形ニシテ銳尖頭、邊緣ハ羽狀ニ淺裂シ其裂片ハ楕圓形ニシテ鈍頭ヲ有ス。嚢堆ハ葉緣ニ近キ小脈ノ末端ニ位シ圓腎形ノ苞膜アリテ稍壺狀ニ成シ嚢堆ヲ包ム。本種ノ羽片、往々羽狀ニ深裂或ハ全裂スル者アリ、之ヲヤじゃくふもとしだ (var. bipin-nata Makino) ト云フ。和名鷺羊齒ハ山麓ノ地ニ多ク本品ニ見ルヲ以テ云ミシ、山孔雀羊齒ハ山地ニ生ジ其葉狀宛モ孔雀ノ尾ノ如ケレバ云フ。

941

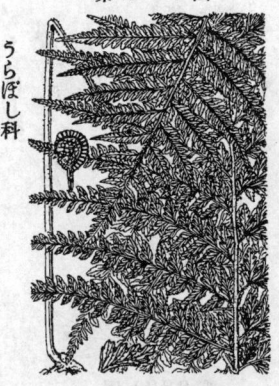

第 2823 圖

うらぼし科

いしかぐま
Microlepia strigosa *Presl.*
(＝Trichomanes strigosum *Thunb.*;
Davallia strigosa *Kunze.*)

暖地ノ溪側石間山足路側等ニ多ク生ズル大形ノ多年生常緑羊齒草本ニシテ、往々群ヲ成シテ繁茂セリ。根莖ハ粗大ニシテ有毛、往々地上ニ露ハレテ橫走ス。葉ハ長柄ヲ有シ、柄ノ長サ 30-70cm ニ達シ、短毛アリ。葉面ハ長橢圓形或ハ長橢圓狀披針形ニシテ銳尖頭ヲ有レ葉柄ヨリ長ク、再羽狀ニシテ稍革質、表面ハ光澤アリテ毛無シ。羽片ハ線狀披針形、尾狀銳尖頭、葉面ノ先端ニ至ルニ從ヒ順次短小ト成リ急ニ小形ト成ルコト無シ、小羽片ハ卵狀長橢圓形ニテ銳頭、斜楔狀底ヲ成シ邊緣ニ鋸齒アリ。嚢堆ハ小形ニシテ小羽片鋸齒ノ彎入底ニ近ク位シ、支脈末端上ニ生ジ、苞膜ハ圓腎形ノ嚢狀ヲ呈ス。和名石かぐまハ蓋シ本品能ク石間ニ生ズルヨリ斯ク云ヒシナラン、而シテ恐ラク其剛キ葉質ニ基キシニハ非ザルベシ。

第 2824 圖

うらぼし科

し の ぶ
Davallia Mariesii *Moore.*

諸州ノ山中巖面又ハ老樹上ニ着生スル多年生ノ羊齒草本ニシテ冬月ハ葉無シ。根莖ハ長ク橫走シテ疎ニ分枝シ、粗大ニシテ淡褐色又ハ暗褐色ノ鱗狀披針形鱗片ヲ密布シ、處々ヨリ疎ニ鬚根ヲ下ス。葉ハ疎ニ根莖ヨリ出デ、葉柄ハ瘦長ナル針線狀ニシテ長サ5-10cm、質硬シ。葉面ハ長サ10-30cm、幅10-20cm ノ三角形乃至長キ五角形ニシテ數回羽狀ニ分裂ス。最下羽片ハ最大ニシテ稍三角形ヲ呈シ、他ハ長卵狀三角形ヲ成シ共ニ短柄ヲ有ス。最終裂片ハ線狀長橢圓形ヲ成シ全邊ニシテ銳頭ヲ有レ各一小脈ヲ容ル。夏日葉裏ニ在テ小脈ノ終端ニ長橢圓形壺形ノ苞膜ヲ有スル嚢堆ヲ生ジ、熟スレバ長柄アル子嚢其壺口ヨリ少シク超出シテ褐色ヲ呈セリ。此種ハ其根莖ノ狀並ニ葉ノ姿頗ル雅趣ニ富ムヲ以テ愛顧セラレ人家ニ栽エラレ觀賞ノ資ト爲シ、其根莖ヲ以テしのぶ玉ヲ作リ吊リしのぶト爲スコトハ衆ノ能ク知ル所ナリ。和名 忍草ハ、此草土地ニ無クシテ生ズル故、堪ヘ忍ブノ義ニテ斯ク云フト謂ヘリ。漢名 海州骨碎補(蓋シ誤用)

第 2825 圖

うらぼし科

きくしのぶ
Humata repens *Diels.*
(＝Adiantum repens *L. fil.*;
Davallia pedata *Sm.*;
H. pedata *J. Sm.*)

暖地ノ岩面等ニ蓍生スル多年生常綠ノ小形羊齒草本。根莖ハ長ク橫走シテ葉ヲ散齊シ、質硬クシテ赤褐色披針形ノ鱗片ヲ密布シ、下ニ鬚根ヲ發出セリ。葉柄ハ長サ5-10cm、硬クシテ立チ、鱗片ヲ散生ス。葉面ハ葉柄ヨリ短ク、外形三角形、銳尖頭、稍心臟底、厚クシテ革質ヲ呈シ强剛、暗綠色ニシテ光澤アリ、羽狀ニ全裂シ、羽片ハ卵狀披針形、漸尖頭、底部ハ葉面ノ中軸ニ流レ邊緣ニ鈍鋸齒アリ、最下羽片ハ他ヨリ大ニシテ下部外側ヘ羽狀深裂シ、裂片更ニ齒牙ヲ具フ。嚢堆ハ齒片ノ邊緣ニ近ク着生シ、苞膜ハ稍硬ク、基點ハ於テ小脈ニ着ク。和名 菊忍ハ其葉菊葉ニ似タルしのぶノ意ナリ。

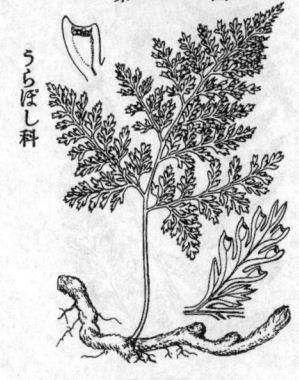

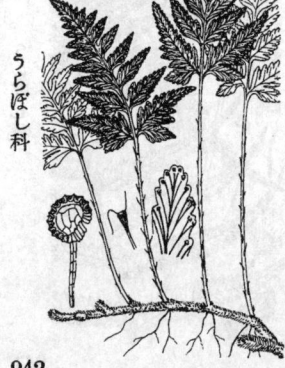

たましだ
Nephrolepis cordifolia *Presl.*
(=Polypodium cordifolium *L.*; Aspidium
tuberosum *Bory*; N. tuberosa *Presl.*)

我邦南部ノ暖地海岸ノ乾燥地ヲ好ム多年生ノ常緑羊
歯草本ニシテ多數集リ叢茂シテ群落ヲ成スヲ常トス、
又温室等ニ培養セラレテ觀賞ノ品トス。地下莖ハ直立
或ハ横臥シ多數ノ有鱗葉ヲ叢生シ、下ニ栗殻色光澤ア
ル針線狀ノ根ヲ多數ニ發出シ、根上ニ鱗片多ク帶褐
色ノ球塊ヲ簇ケテ水分ヲ貯藏シ直徑凡ソ 1-2cm 許ナ
リ。葉柄ノ逈ニハ葉面ヨリ短ク滑澤ニシテ下方ニ淡褐
色ノ鱗片ヲ密生ス。葉ハ細長ニシテ廣線狀ヲ成シ上部
ハ漸次ニ狹窄シ下部ニモホ狹ク、單羽狀ヲ成シ光澤アリ
テ直立シ或ハ穩垂ス、長サ50-60cm餘ニ及ビ中軸ハ褐
色ニシテ光澤アリ、羽片ハ多數ニシテ相接シ正シク排
列シテ中軸ト關節シ、長橢圓狀線形ニシテ鈍頭又ハシ
底部、無柄ニシテ稍心臟形ヲ成シテ前方ニ小耳片ヲ
有シ、邊緣ハ鈍鋸齒ヲ具へ、下部ノ者ハ漸次ニ短形ト
成ル。囊堆ハ小形ニシテ羽片裏面ノ兩側ニ並列シ、腎
臟形ヲ呈スル苞膜ヲ具フ。和名玉羊齒ハ其根ノ球塊ニ
基キシ稱ナリ。

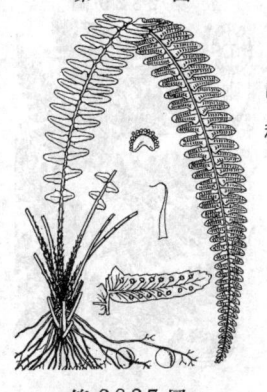

うらぼし科

るので
Polystichum aculeatum *Schott*
var. japonicum *Christ.*
(=Aspidium aculeatum *Sw.* var. japonicum
Franch. et Sav.; P. japonicum *Nakai*)

諸州ノ山地背陰ノ處ニ多ク生ズル大形ノ多年生
常綠ノ羊齒草本。葉ハ葉柄ヲ有シ、地下ニ在テ
大ナル塊狀ヲ成セル根莖ヨリ叢生シテ漏斗狀ヲ
成シ、長サ50-70cm許アリ、葉面ハ長橢圓形ニ
シテ先端ニ漸次ニ狹窄シテ尖リ、再羽狀ヲ成シ、
稍革質ニシテ强キ光澤ヲ有シ、中軸ハ葉柄ト共
ニ淡褐色又ハ赤褐色ノ長卵形又ハ披針形鱗片ヲ
密布シ、羽片ハ多數ニシテ開出シ廣線形ニシテ
銳尖頭ヲ成シ、極メテ短キ柄アリ、小羽片ハ長
卵狀菱形ニシテ、末端毛狀ノ鋸齒齒ヲ有シ、銳
頭、楔狀底、短小柄ヲ有シ、葉面ニハ微細ナル
毛狀鱗片ヲ具フ。囊堆ハ細微ニシテ多クハ各小
羽片ノ上牛部ニ生ジ、暗綠色ノ小圓形ヲ成シテ
小羽片中脈ト邊緣トノ中間ニ位シ、圓形ノ苞膜
ヲ具フ。和名 猪ノ手ハ鱗片密布セル其乗曲嫩
葉ヲゐのししノ手ニ擬シ斯ク云ヒシナリ。漢名
毛蕨(誤用)

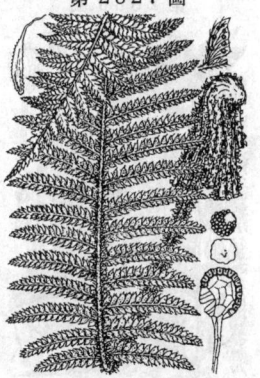

うらぼし科

つやなしるので
Polystichum aculeatum *Schott*
var. ovato-paleaceum *Kodama.*
(=P. ovato-paleaceum *H. Ito.*)

山中樹下ノ地ニ生ズル多年生ノ常綠羊齒草本ニ
シテゐので ニ類似シ、大ナル根莖ヨリ有柄葉ヲ
漏斗狀ニ叢生シ、高サ30-70cmニ達ス。葉柄ハ中
軸ト共ニ前面ニ縱溝ヲ有シ、大小ノ長卵形乃至
披針形ノ淡褐色鱗片ヲ密生ス。葉面ハ卵狀長橢
圓形ニシテ先端銳尖ヲ成シ、稍革質狀ノ草質ニ
シテ淡綠色ヲ呈シ、再羽狀ヲ成ス。各羽片ハ開
出シテ互生シ、線形ニシテ銳尖頭ヲ有シ、殆ン
ド無柄ナリ、小羽片ハ多數ニシテ相互著シク接
近シ、多少菱形又ハ長卵形ヲ成シ、邊緣ニ針狀
ノ銳鋸齒ヲ具へ、銳頭、楔狀底ニシテ極メテ短キ
小柄ヲ有ス。囊堆ハ細微ニシテ小羽片ノ裏面ニ
在テ中脈ト邊緣トノ間ニ列ヲ成シテ點在シ、暗
褐色ヲ呈シ、圓形ノ苞膜ヲ具フ。和名ハ艷無猪
の手ニシテ其葉光澤無ケレバ云フ。

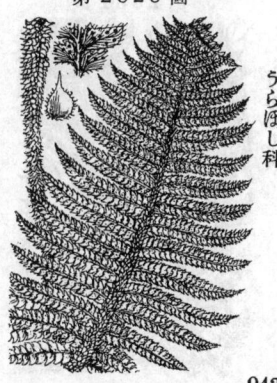

うらぼし科

第2829圖

おほかなわらび
Polystichum amabile *J. Sm.*
(=Aspidium amabile *Blume*.)

暖地ノ林下ニ生ズル稍大形ノ多年生常綠ノ羊齒草本。根莖ハ太ク、橫走シテ葉ヲ散著ス。葉柄ハ瘦長暗綠色ニシテ淡褐色鱗片ヲ散生シ往々著シキ長サニ達ス。葉面ハ長サ25-40cm許、外形卵狀橢圓形ノ成ソ革質ニシテ稍強剛、表面暗綠色ニシテ滑澤ナリ、再羽狀ニ分裂シ、羽片ハ各側三ヶ至五箇ニシテ隔離ニ披針形ニシテ銳尖頭ヲ有シ、下ニ短柄アリ、最下羽片ノ外側第一次小羽片ハ稍大ナリ、又葉頭ハ頂生ノ一羽片ヲ成セリ、小羽片ハ橢圓形ニシテ尖リ多クハ鎌狀ヲ帶ビ長サ1.5cm 內外アリテ其外側及上部ハ刺狀鋸齒緣ヲ成ス。蕘堆ハ小羽片ノ鋸齒アル邊緣ニ近ク著生シ多少大ニシテ圓楯形ノ苞膜ヲ有セリ。和名ハ大鐵(かな)蕨ノ意ニシテかなわらびニ似テ大ナレバ云フ、今之レヲおほかなわらびト爲シテ元ノ東京大學ノ稱ニ從フ。

第2830圖

かなわらび
一名　ほそばかなわらび
Polystichum aristatum *Presl.*
(=Polypodium aristatum *Forst.*; Aspidium aristatum *Sw.*; Rumohra aristata *Ching.*)

諸州ノ山中ニ生ズル普通ノ多年生常綠羊齒草本ニシテ多少乾燥セル場處ニ群生スルヲ常トス。根莖ハ肥大ナル株狀ニシテ長ク橫走シテ疎ニ分枝シ、葉ハ疎ニ此レヨリ出デテ直立シ、高サ60cm乃至1mニ達ス。葉柄ノ粗ナル針線狀ニシテ前面ニ縱溝ヲ有シ、黑褐色又ハ赤褐色ノ披針形毛茸ヲ密生ス。葉面ハ平滑ニシテ革質、强キ光澤ヲ有シ、五角狀廣卵形ニシテ先端ニ急ニ細ク尖リ尾狀ヲ成シ、三囘羽狀ニ分裂シ、羽片ハ長サ10-20cm、長橢圓形ニシテ先端漸殺シテ尾狀ニ尖ル、最下ノ一羽片ハ特ニ大形ニシテ其外側ノ第一次小羽片ハ特ニ長大ニシテ其狀上部ノ羽片ト同形ナリ、小羽片ハ斜方形又ハ橢圓形、鈍頭又ハ圓頭ニシテ毛狀ノ細鋸齒ヲ有ス。蕘堆ハ小形多數ニシテ葉ノ半ハ上ノ裏面ニ散在シ、圓楯形ノ苞膜ヲ有ス。此種ハ葉形ハ變化多シ、又裸葉ト胞子葉トヲ分チ、裸葉ノ小羽片ハクビレ胞子葉ニ比スレバ幅廣キヲ常トス、又胞子葉ハ通常裸葉ヨリ高シ、はかたしだ一名すだわた一變種(var. simplicior *Makino*)ニシテ洗シテ獨立ノ種ニ非ズ。和名ハ鐵(かな)蕨ノ意ニシテ其葉質剛ケレバ云フ、今細葉かなわらびノ稱ヲ省テ、元ト東京大學ニテ用キシかなわらびノ名ヲ探レリ。

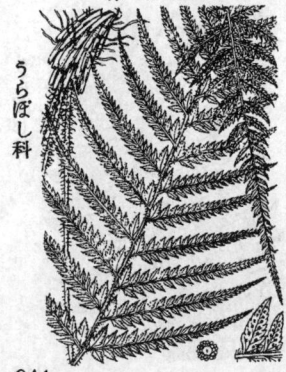

第2831圖

ひめかなわらび
一名　きよすみしだ
Polystichum polyblepharum *Presl.*
(=Aspidium polyblepharon *Roem.*; A. tsus-simense *Hook.*; P. tsusimense *Diels.*)

山中樹陰ノ地ニ生ズル常綠ノ多年生羊齒草本。横幀セル短キ根莖ヨリ有柄葉ヲ叢生ス。葉柄ハ綠色ヲ呈シテ硬ク、下部ハ黑褐色又ハ黑色ノ披針形鱗片ヲ有シ、上部ハ葉ノ中軸ト共ニ長尾狀鱗片ヲ密生ス。葉ハ綠色ニシテ質硬ク革質ニシテ再羽狀ヲ成シ、長サ30-50cm、廣披針狀長橢圓形ニシテ先端ハ漸次尖レリ、羽片ハ斜上シ、狹長ナル披針形ニシテ銳尖頭、短柄ヲ有シ、小羽片ハ菱狀長橢圓形、毛狀ニ尖リタル鋸齒ヲ有シ各羽片前側最下ノ小羽片ハ他ヨリ長クシテ羽狀ノ缺刻ヲ有ス。蕘堆ハ小形ニシテ小羽片ノ裏面ニ二列ニ排列シ、圓楯形ノ苞膜ヲ有ス。和名姬鐵(かな)蕨ハかなわらびニ似テ小ナル故云ヒ、淸澄羊齒ハ房州淸澄山ニ探リシヨリ云フ。

944

じふもんじしだ

一名 しゅもくしだ・みつでかぐま

Polystichum tripteron *Presl.*
(=Aspidium tripteron *Kunze.*)

山林樹下或ハ溪側ノ地等ニ多キ多年生常綠ノ羊齒草本。根莖ハ稍大ニシテ斜上シ有柄葉ヲ叢生ス。葉ハ高サ50cm餘ニ達シ、葉柄ハ褐色又ハ茶褐色ノ長卵形鱗片ニ密生ス。葉ハ再羽狀ヲ成シ其中片長橢圓形ヲ成シ最モ長大ナリ。最下羽片ノ一對ハ特ニ長大ト成リ卵狀披針形銳尖頭ノ羽狀ヲ成シ葉ノ全形爲ニ十字形ヲ形成ス、羽片ハ稍緣狀ニ曲リタル三角狀披針形ニシテ銳尖頭ヲ有シ、底部ハ楔形、殆ンド無柄、上部ノ者ハ漸次ニ細小ト成リ、邊緣ハ銳鋸齒ヲ有シ、時ニ缺刻狀ニ深ク剪裂スルコトアリ。裏面ハ嚢堆ヲ散生シ小點狀ニシテ圓橢形ノ苞膜ヲ有ス。和名 十文字羊齒・撞木羊齒並ニ三手かぐまト共ニ其葉狀ニ基キシ稱ナリ。

うらぼし科

をりづるしだ

一名 つるくゎんじゅ・つるきじのを

Polystichum lepidocaulon *J.Sm.*
(=Aspidium lepidocaulon *Hook.*)

暖地ノ樹林中ニ生ズル多年生常綠ノ羊齒草本。根莖ハ粗大ニシテ橫斜シ葉ヲ叢生ス。葉柄ハ長ク、褐色ニシテ橢形ヲ呈セル大形ノ鱗片ヲ密布ス。葉ハ不။形ニシテ革質ヲ呈シ、上面ハ暗綠色ニシテ稍光澤ヲ有シ、下面ハ白綠色或ハ白茶色ヲ呈シ、兩樣形アリテ長サ30cm內外ノ尋常葉ト、中軸長ク延長シテ其さ先ニ著キ新苗ヲ生ズル葉トヲ混ズ、此新苗往々母株ニ連ナリテ生長シ、更ニ葉末ニ新苗ヲ生ジテ相連絡スル者アリ、葉面ハ狹葉披針形、單羽狀ヲ成シ、羽片ハ緣狀ヲ帶ビタル披針形、全邊ニシテ先端ハ漸尖シ、底部ハ上側ニハ耳片狀ノ突起アリ。嚢堆ハ羽片ノ中脈ト葉緣間ニ列ヲ成シテ著キ、小圓點ニシテ苞膜ハ圓形ヲ呈ス。和名 折鶴羊齒ハ葉末延長シテ先端ニ苗ヲ生ジテ屈曲ケシ狀モ恰末ニ懸垂セル紙製ノ折鶴ニ似タレバ云ヒ、つるくゎんじゅハ蔓貫衆ノ意、貫衆ハ漢名ナリ、つるきじのをハ雄雉ノ尾ナリ。

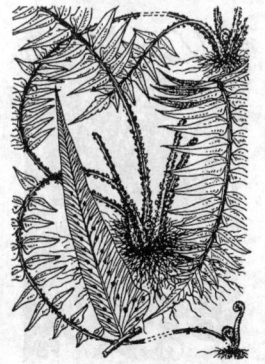

うらぼし科

つるでんだ

Polystichum craspedosorum *Diels.*
(=Aspidium craspedosorum *Maxim.*)

山中背陰ノ岩面岩罅等ニ生ズル多年生ノ常綠羊齒草本。葉ハ短柄ヲ具ヘ短ク直立シ或ハ斜傾セル根莖ヨリ叢生シテ開出シ、一株ニ六乃至十二三枚出デ長サ10-25cm許アリ。葉柄ハ針線狀ヲ成シ中軸ト共ニ赤褐色長橢圓狀披針形又ハ線形ノ鱗片ヲ密布ス。葉ハ質薄ク、其中軸ノ末端絲線狀ニ延長シテ地ニ著キ新小苗ヲ生ズル特性アリ。葉面ハ狹長ナル披針形ニシテ銳尖頭ヲ有シ邊緣ハ緣毛ヲ具ヘ、裏面ノ脈上ニ小鱗片アリ。單羽狀ニシテ羽片ハ數多ク不等邊長橢圓狀披針形ニシテ往々多少鋸狀ニ彎曲シ、鈍頭ニシテ細鋸齒ヲ有シ、底部ハ上部ニ向フテ多少耳形ト成リ楔底ヲ成シ無柄或ハ短柄ヲ有ス。嚢堆ハ羽片ノ前緣及ビ一部ハ後緣ニ二列ヲ成シ、膜質褐色ノ大ナル圓橢形苞膜ヲ有ス。和名 蔓でんだハ葉末延出シテ苗ヲ生ジ多少蔓ノ觀アレバ云フ。

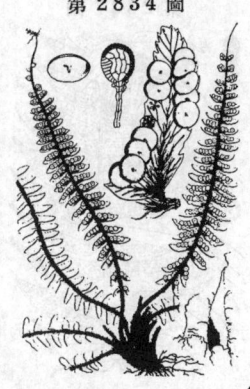

うらぼし科

945

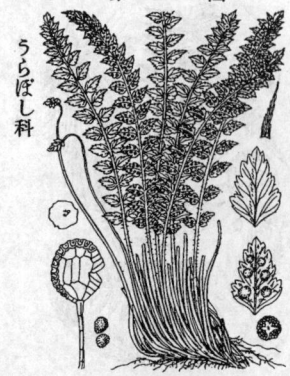

第2835圖

たかねしだ

Polystichum lachenense *Bedd.*

我邦ニ在テハ稀ニ高山ニ產スル多年生ノ高山性羊歯草本ニシテ冬月ハ其葉枯槁ス。根莖ハ横臥シ多數舊葉柄本ノ殘存者ヲ密束シテ大形ト成リ且鱗片多シ。葉ハ多數密接シテ根莖ヨリ出デ、高サ10-20cm。葉柄ハ葉面ヨリ短ク、細長ニシテ紫褐色ヲ呈シ、下部ニハ淡褐色披針形鱗片ヲ生ズ。葉面ハ單羽狀ニシテ幅1-2cm許アリ、綠色ニシテ質稍厚ク、羽片ハ十乃至十餘對ニシテ卵形或ハ長卵形、銳頭、廣楔底ヲ有シ殆ド無柄ニシテ邊緣ニハ缺刻狀鋸齒ヲ有ス。囊堆ハ羽片ノ中脈ニ接近シテ二列ヲ成シ熟スレバ葉裏一面ヲ被ヒ。苞膜ハ圓楯形ニシテ邊緣齒裂ス。前年ノ舊中軸ニハ、往々其先端ニ前年葉ノ一小部分ヲ殘ス殊性アリ。和名ハ高嶺羊歯ニシテ高山上ニ生ズルヨリ云フ。

第2836圖

りゃうめんしだ
一名　こがねわらび・こがねしだ・ぜんまいしのぶ

Polystichum Standishii *C. Chr.*
（＝Lastrea Standishii *Moore*；
Rumohra Standishii *Ching.*,
Aspidium laserpitiifolium *Mett.*）

山野ノ陰地ニ群生スル大形ノ多年生常綠ノ羊齒草本。根莖ハ鉛筆大ニシテ橫行ス。葉ハ大ニシテ根莖ヨリ出デ高サ60cm-1.5mニ達スル者アリ、表裏兩面鮮綠色ニシテ剛クシテ薄キ草質ヲ呈ス。葉柄ハ長クシテ强硬、前面ニ縱溝ヲ有シ、褐色又ハ黃褐色ノ披針形ニシテ脫落シ易キ鱗片ヲ被ル。葉面ハ三囘羽狀ニシテ長卵狀橢圓形ヲ成シ銳尖頭ヲ呈シ、小羽片、裂片、細分セラレテ頗ル繁密ナリ、羽片ハ長卵狀披針形或ハ線狀披針形、銳尖頭、小羽片ハ卵狀披針形ニシテ尖リ、最終羽片ハ菱狀又ハ卵狀橢圓形ニシテ疎ニ鋸齒ヲ有ス、囊堆ハ葉面下部若クハ中部ニ密ニ生ジテ數多ク熟スレバ褐色ヲ呈シ、最終羽片ニ二列ヲ、苞膜ハ圓腎形ヲ成シテ灰白色ヲ呈ス。和名兩面羊齒ハ其葉ノ表裏殆ンド同色ナレバ云ヒ、黃金蕨並ニ黃金羊齒ハ其葉ヲ讚美シテ名ケシ稱、ぜんまい忍モ亦草狀ヨリ來リシ名ナリ。

第2837圖

やぶそてつ（貫衆）
一名　きじのを・とらのを

Polystichum Fortunei *Nakai.*
（＝Cyrtomium Fortunei *J. Sm.*；Aspidium
falcatum *Sw.* var. Fortunei *Baker.*）

山足ノ邊地・山地ノ樹下或ハ溪側等ニ生ズル常綠ノ多年生羊齒草本。葉ハ有柄ニシテ大ナル根莖ヨリ漏斗狀ヲ成シテ叢生ス。葉柄ハ其基部ニ於テハ大形、上部ニ至ルヽ從テ小形ナル褐色又ハ栗褐色ノ鱗片ヲ密布シ、鱗片ハ長卵形又ハ披針形ニシテ厚ク、光澤アリ。葉面ハ廣披針形ニシテ上部狹窄シ銳尖頭ヲ成シ、稍厚キ革質ナレドモ光澤ナシ、單羽狀ニシテ長サ30-90cm許アリ、羽片ハ多數ニシテ中軸ノ兩側ニ斜上シテ開出シ兩々略ボ對生ス、廣披針狀鎌形ニシテ多少鎌形ニ彎曲シ、銳尖頭、截底或ハ鈍底ニシテ短柄ヲ有ス、邊緣ニハ細鋸齒アリ、特殊ナル網狀脈ヲ有シ、其中ニ游離小脈ヲ含ミ、囊堆ヲ着ケ、笠形ノ苞膜ヲ具ヘ、其葉裏一面ニ散布スルノ狀宛モ蟲卵ノ着キタルガ如シ、和名藪蘇鐵或ハ藪地ニ生ズルそてつノ意、雉ノ尾並ニ虎ノ尾ノ葉狀ニ基キシ稱ニシテ此兩名ハ舊來ノ稱呼ナリ。

946

おにやぶそてつ

一名　おにしだ・いそへご・うしごみしだ
Polystichum falcatum *Diels.*
（＝Polypodium falcatum *L. fil.*；Aspidium
falcatum *Sw.*；Cyrtomium falcatum *Presl.*）

第2838圖

うらぼし科

瀕海ノ地ニ多ク生ズル常綠ノ强壯ナル多年生羊齒草
本。根莖ハ大ニシテ塊狀ヲ成ス。葉ハ有柄ニシテ根莖
ヨリ叢生シ、壯大ニシテ長サ60cm-1m許アリ。葉柄ハ
强クシテ下方ニ大ナル褐色ノ廣卵形鱗片ヲ密布シ上
方ノ者ハ漸次ニ小形ト成レリ。葉面ハ長卵狀披針形ノ
單羽狀ニシテ厚キ革質、强光澤ヲ有シ濃綠色ヲ呈ス。
羽片ハ鎌狀廣披針形ニシテ銳尖頭ヲ有シ、基部ハ圓形
又ハ廣楔形ニシテ極メテ短キ柄ヲ有シ、邊綠ニ小波
狀ノ鋸齒ヲ有スルコト常ナリ、往々粗齒アル者アリ。
葉脈ハ裏面ニ隆起シ、特殊ナル網狀ヲ成シテ網眼ノ中
ニ游離シタル小脈ヲ有ス。囊堆ハ多數ニシテ游離小脈
ニ生ジ圓形ノ苞膜ヲ有シ、葉裏ニ散在ス。和名 鬼藪蘇
鐵ハ本種やぶそてつニ似テ强健ナレバ鬼ト謂ヘリ。鬼
羊齒モ亦同義ナリ、磯へご`ハ海邊ニ生ズル羊齒ノ意、
牛込羊齒ハ往時東京牛込ノ名產ナリシ故斯ク云フ。

めやぶそてつ

一名　いはやぶそてつ
Polystichum caryotideum *Diels.*
（＝Aspidium caryotideum *Wall.*；
A. falcatum *Sw.* var. caryotideum *Baker*；
Cyrtomium caryotideum *Presl.*）

第2839圖

うらぼし科

山地石礫ノ間主トシテ石灰岩地帶ニ生ズル常綠
ノ多年生羊齒草本。根莖ハ斜臥或ハ直立シテ剛
シ。葉ハ叢生シテ數少ク、葉柄ハ瘦長ニシテ鱗
片ヲ被リ、下部ノ者ハ漸次闊大ニシテ密ナリ。葉
面ハ單羽狀ニシテ羽片ノ數寧ロ少シ、卵狀披針
形、銳尖頭ニシテ多少鎌身狀ノ態アリ、下部ハ
前方ニ一箇ノ銳頭耳片ヲ分ツ、羽片長サ凡10cm
許アリテ緣ニハ尖細鋸齒ヲ刻ム、頂生羽片ハ往々
二列ス、葉質硬クシテ薄ク、淡綠色ニシテ葉脈ヲ
透見スベシ、葉脈ハ多數ク網眼狀ヲ呈シ、囊堆
ハ圓形ニシテ多數ノ葉裏ニ散在シ、苞膜ハ圓楯形
ヲ成ス。和名 雌藪蘇鐵ハやぶそてつヨリ薄弱
ナルヲ以テ云ヒ、岩藪蘇鐵ハ岩石ノ處ニ生ズル
ヨリ云フ。

げじげじしだ
Dryopteris decursive-pinnata
O. Kuntze.
（＝Polypodium decursive-pinnatum *van Hall*；
Aspidium decursive-pinnatum *Kunze.*）

第2840圖

うらぼし科

諸州普ノ山足等ノ陰地又ハ石崖等ノ陽地ニ生ズ
ル多年生羊齒草本ニシテ冬月ハ其葉枯槁ス。
根莖ハ短クシテ直立シ、下ニ根ヲ發出ス。葉ハ
根莖ヨリ叢生シテ葉柄ヲ有シ、草質ニシテ軟ク、
長サ30-50cm許ニ達シ、葉柄・中軸共ニ褐色又
ハ黃褐色ノ線狀披針形ノ鱗片ヲ密生ス。葉面ハ
披針形ニシテ上下兩端ハ漸次ニ狹窄シ、先端ハ
銳尖頭ト成シ單羽狀深裂ヲ成シ、羽裂片ハ銳狀
線形ヲ呈シテ尖リ、互生シテ開出シ、深裂或ハ
淺裂シ、裂片ハ鈍頭、時ニ淺鋸齒ヲ有シ、羽裂
片最下ノ兩耳狀裂片ハ中軸ニ於テ互ニ連結シ爲
メニ之字狀ノ觀ヲ呈セリ。囊堆ハ葉裏ニ散在シ
テ小ナル點狀ヲ成シ、圓形ノ苞膜ハ脫落性ヲ具
フ。和名蚰蜒羊齒ハ其葉狀ニ基キテ云ヘリ。

947

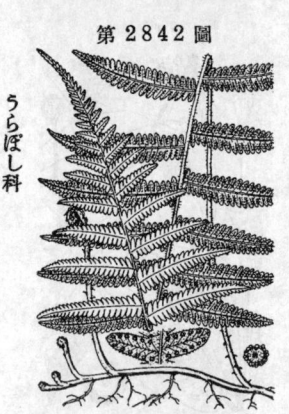

第 2841 圖

うらぼし科

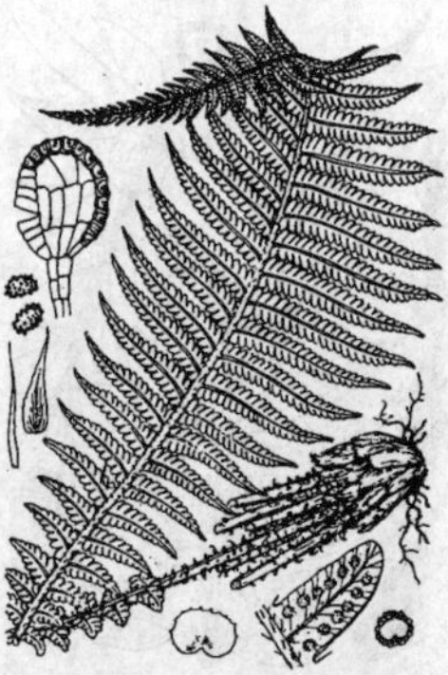

おほばしょりま
Dryopteris oreopteris *Maxon.* var. quelpaertensis *Makino.*
(= D. quelpaertensis *Christ*; D. oreopteris *Maxon* var. Fauriei *Miyabe et Kudo*; Nephrodium montanum *Baker* var. Fauriei *Christ.*)

高山地帶ノ陰地陽地ニ生ズル多年生羊齒草本ニシテ多季ニハ葉無シ。根莖ハ塊狀ヲ成シテ短ク直立シ或ハ斜傾ス。葉ハ叢生シ、高サ50cm-1m許、草質ニシテ軟ナリ。葉柄ハ短クシテ葉ノ中軸ト共ニ淡茶褐色ノ卷縮セル鱗片ヲ密生ス。葉面ハ長楕圓狀披針形、上端ハ短ク銳尖シ、下部ハ漸次ニ狹窄ス。羽片ハ略ボ直角ニ開出シ、線狀披針形、銳尖頭、無柄、羽狀深裂ヲ成シ、下部ノ者ハ漸次小形ニ遞變シ三角形乃至耳形ト成リ、裂片ハ卵狀長三角形、鈍頭、殆ンド全邊ナリ。囊堆ハ小點狀ニシテ裂片邊緣ノ近クニ並ンデ二列シ、苞膜ハ腎臟形ヲ呈ス。和名 大葉しょりまハ草狀ひめしだ卽チしょりま（實ハ誤稱）ニ比シテ大ナレバ云フ。

第 2842 圖

うらぼし科

はしごしだ
Dryopteris glanduligera *Christ.*
(= Aspidium glanduligerum *Kunze*; D. gracilescens *O. Kuntze* var. glanduligera *Makino*; A. angustifrons *Miq.*)

乾燥セル山地ニ生ズル多年生常綠羊齒草本。根莖ハ長ク橫行シテ硬ク稍疎ニ有柄葉ヲ出ス。葉ハ高サ30-60cm許アリ、濁綠色ニシテ質薄ケレドモ稍剛シ。葉柄ハ通常葉面ヨリ長ク、瘦細ナル針線狀ヲ成シテ硬ク、細微ナル毛ヲ有シ下部ニ小ナル褐色鱗片ヲ散生ス。葉面ハ披針狀、上部ハ漸次狹窄シテ尖リ、單羽狀ヲ成ス、羽片ハ各疎隔シテ開出シ狹長楕圓形、銳尖頭ニシテ殆ド無柄、裏面ニ細毛及ビ腺毛ヲ生ジ、羽狀深裂ヲ成シ、裂片ハ長楕圓形ニシテ鈍頭ヲ有ス。囊堆ハ小形ニシテ裂片ノ邊緣ニ近ク並列シ、毛茸ヲ有スル苞膜ヲ具フ。和名 梯子羊齒ハ其開出セル羽片宛モ梯子狀ヲ成セバ此ク云フ。

第 2843 圖

うらぼし科

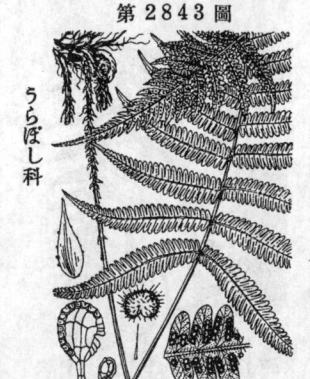

はりがねわらび
Dryopteris japonica *C. Chr.*
(= Nephrodium japonicum *Baker.*)

山地ノ樹下或ハ山原等ニ生ズル多年生ノ羊齒草本ニシテ冬ハ葉無シ。根莖ハ細クシテ長ク橫行シ、稍接近シテ葉ヲ出シ、葉長30-90cm許、長キ葉柄ヲ有ス。葉柄ハ針線狀ニシテ赤褐色又ハ紫褐色又時ニ淡綠色ヲ呈シ光澤ヲ有シ、下部ニ小ナル長卵形褐色ノ鱗片ヲ散生ス。葉面ハ立チテ質薄ク長卵狀楕圓形ニシテ單羽狀ヲ成シ、羽片ハ開出シ、下部ノ者大ニシテ多少下向シ、無柄ニシテ線狀披針形ヲ成シ銳尖頭ヲ有シ、羽狀深裂ヲ成セリ、小羽裂片ハ長線狀長楕圓形、鈍頭ニシテ正シク相並ビ、互ニ接近ス。囊堆ハ小羽裂片ニ二列ヲ成シテ多數相並ビ、內方ニ一缺アリ且ツ毛ヲ生ゼシ圓形ノ苞膜ヲ有シ、灰色ニシテ顏ハ分明ナリ。和名針金蕨ハ其長キ葉柄ノ狀ニ基キシ稱ナリ。

ひめわらび
Dryopteris oligophlebia *C. Chr.*
(=Nephrodium oligophlebium *Baker*;
Aspidium oligophlebium *Christ.*)

うらぼし科

到ル處普ク山野ニ生ズル多年生ノ羊齒草本ニシテ冬月ハ其葉枯ル。大形ニシテ高サ80cm ヨリ1.5m位ニ達シ、根莖ハ短ク横臥シ、接近シテ葉ヲ出ス。葉柄ハ粗大ニシテ長ク淡綠色ニシテ平滑、光澤アリ、基部ニハ少數ノ褐色鱗片ヲ被ル。葉面ハ軟キ草質ニシテ淡綠色ヲ呈シ、滿面ニ細毛ヲ布キ、三角狀長卵形、銳尖頭ヲ有シ、三回羽狀ニ分裂ス。羽片ハ數箇アリ、長橢圓狀披針形ニシテ長ク尖リ下部ノ者ハ短柄ヲ有シ上部ノ者ハ無柄ナリ、小羽片ハ多數ニシテ相接シ、線狀披針形銳尖頭ヲ成シ、基部ハ羽片ノ中軸ニ一流合シ、羽狀深裂乃至尖裂シ、裂片ハ橢圓形、鈍頭、鋸齒アリ。囊堆ハ細小ナル點狀ニシテ葉裏ニ滿布シ、裂片ノ邊緣ニ近ク並ビ、苞膜ハ腎形ヲ成シテ細毛アリ。和名 姬蕨ハ其葉細裂シ且薄弱ナルヨリ云フ。

いはひめわらび
Dryopteris punctata *C. Chr.*
(=Polypodium punctatum *Thunb.*;
Hypolepis punctata *Mett.*)

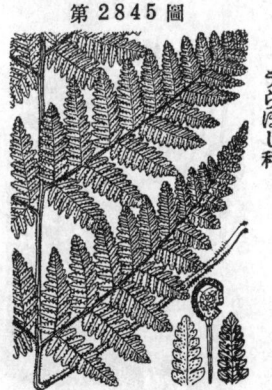

うらぼし科

中部以南ノ山地或ハ山足地等ニ生ズル多年生ノ羊齒草本ニシテ冬ハ葉無シ。根莖ハ横走シ硬クシテ絨毛ヲ被フル。葉ハ根莖ハ散着シテ直立シ、兩面有毛ニシテ草質ナリ。葉柄ハ30cm 内外ニシテ長ク質硬クシテ毛ヲ被フリ淡綠色ナリ。葉面ハ斜傾シテ開展シ廣橢圓形ニシテ上部狹窄シ、長サ30-50cm、再羽狀或ハ三羽狀ヲ成シ、羽片ハ披針狀橢圓形或ハ稍三角狀ヲ呈シ、小羽片ハ相接シ斜上シテ並ビ、橢圓狀披針形ヲ成シ、羽狀ニ全裂或ハ深裂シ、裂片ハ長橢圓形、稍鈍頭ニシテ裏ニ羽狀ニ尖裂シ、或ハ往々單ニ鈍齒緣ヲ成スニ止マル。囊堆ハ裂片ノ中脈ト邊緣トノ中間ニ位シ、細小ナル圓形點狀ヲ成シ、黃色ヲ呈シ、苞膜無シ。和名ハ岩姬蕨ノ意ナレドモ本品ハ敢テ岩上ニ在ラズシテ地上ニ生ゼリ。

やはらしだ
Dryopteris laxa *C. Chr.*
(=Aspidium laxum *Franch. et Sav.*)

うらぼし科

諸國ノ山地樹下ニ生ズル非弱ナル多年生ノ羊齒草本ニシテ冬ハ葉枯ル。根莖ハ大ナラズシテ淺ク地中ヲ横行シ葉ヲ散着シ其葉狀略ボはりがねわらびニ類似ス。葉柄ハ立チ、瘦細ニシテ質稍軟弱、無毛淡綠色ナレドモ下部ハ褐色ヲ帶フ。葉面ハ葉柄ヨリ僅ニ長ク、外形ハ卵狀橢圓形ヲ成シ柔軟薄質ニシテ鮮綠色ヲ呈シ、單羽狀ヲ成ス、羽片ハ兩面軟毛ヲ布キ、各相隔リテ中軸ノ兩側ニ開出シテ下部ノ羽片ハ長橢圓狀披針形ニシテ長尾狀銳尖頭ヲ有シ、長サ 5-15cm 許アリテ羽狀深裂ヲ成シ、小羽裂片ハ長橢圓形ニシテ鈍頭ヲ有ス。囊堆ハ小羽裂片ノ中脈ト葉緣トノ間ニ二列ヲ成シ、苞膜ハ圓腎形ニシテ其邊緣ニ長毛ヲ生ズ。和名ハ柔羊齒ノ意ニシテ、其非弱ナル葉ニ基キテ斯ク云フ。

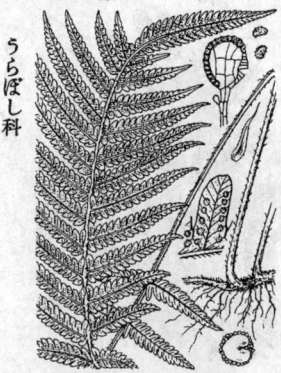

第2847圖

ほしだ
Dryopteris acuminata *Nakai.*
(＝Polypodium acuminatum *Houtt.*;
P. sophoroides *Thunb.*;
Aspidium sophoroides *Sw.*;
D. sophoroides O. *Kuntze.*)

うらぼし科

暖地ノ山野隨處ニ普通ニ生ジテ陽地或ハ半陽地
ヲ好ム多年生常綠ノ羊齒草本。根莖ハ長ク横走
シテ稍粗大硬質、疎ニ有柄葉ヲ出ス。葉ハ長サ
50〜70cmニシテ薄キ革質ヲ成シテ剛シ。葉柄ハ
瘦細ニシテ長ク、褐色披針形ノ小鱗片ヲ散生ス。
葉面ハ單羽狀複葉ヲ成シ、長橢圓形ニシテ上部
ハ急ニ狹窄シテ穗樣ヲ成シ一羽片ノ觀アリ、羽
片ハ多數アリ線狀ニシテ銳尖頭ヲ成シ、基部ハ
短柄ヲ有シ、羽狀ハ淺裂又ハ尖裂シ、裂片ハ線狀
橢圓形ニシテ稍鈍頭ヲ成ス、羽片ノ基部ニ在テ
上向セル第一次ノ裂片ハ特ニ長ク伸長シ、多少
中軸ヲ掩フ傾向アリ。囊堆ハ小羽裂片ノ邊緣ニ
近ク位置シ初メ黃色ナレドモ熟スレバ黑褐色ト
成リ、苞膜ハ圓腎形ナリ。和名穗羊齒ハ其葉先
特ニ伸ビテ穗樣ヲ呈スルヲ以テ斯ク云ヘリ。

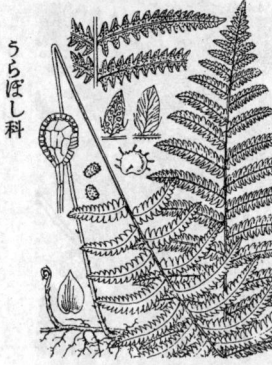

第2848圖

ひめしだ　　一名　しょりま
Dryopteris thelypteris *A. Gray.*
(＝Acrostichum thelypteris *L.*; Aspidium
thelypteris *Sw.*; Thelypteris palustris *Schott.*)

うらぼし科

中部北部日本ニ多ク南日本ニ稀ナル多年生羊齒草
本ニシテ好ンデ原野濕潤ノ地ニ生ジテ群ヲ成シ、多月
ハ其集枯槁ス。根莖ハ長ク地中ヲ横走シ下ニ鬚根ヲ發
出ス。葉ハ疎ニ根莖ヨリ生ジテ直立シ高サ50〜70cmニ
達シ、葉柄ハ針線狀ニシテ平滑ナリ。葉ニハ裸葉、胞
子葉ノ別アリテ一株ニ出デ、裸葉ハ在テ高サ稍低ク
且多少其葉幅闊シ。葉面ハ長楕圓形、兩端短ク尖リ、
淡綠色或ハ黃綠色ノ草質ニシテ質薄ク且軟ナリ、單羽
狀ヲ成シ、羽片ハ無柄ニシテ開出シ線狀長橢圓形、銳
頭ヲ有シ、羽狀ハ深裂或ハ尖裂シテ小裂片ヲ成シ、小
裂片ハ廣卵狀ヲ呈シ稍鈍頭ニシテ全邊或ハ細鋸齒ヲ有
ス、葉脈ハ分生シ小脈ハ叉狀ヲ成ス。囊堆ハ小形ニシ
テ邊緣下ト中間ニ並ビ、熟スレバ裏面ニ掩蔽樣ヲ呈
シ、裏緣ハ多少裏面ニ卷ク傾向ノアリ。和名姬羊齒ハ其
薄弱小形ナル草狀ニ基キテ云ヒ、しょりまハあいぬ語
そろまノ轉化セルモノナレドモ、元來其そろまハくさそ
てつニ對スルあいぬノ土言ナレバ之ヲひめしだニ
用ウルハ非ナリ。

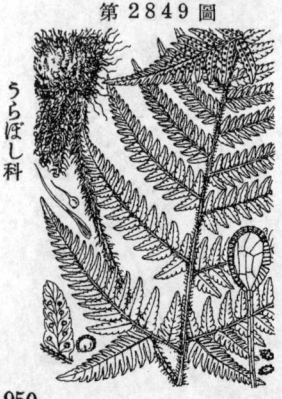

第2849圖

いたちだ
一名　しのはちでんだ
Dryopteris varia *O. Kuntze.*
(＝Polypodium varium *L.*; Aspidium varium
Sw.; Polystichum varium *Presl.*)

うらぼし科

諸州到ル處ノ山足等ニ普通ニ生ズル多年生常綠ノ羊
齒草本。短ク横走シテ塊狀ヲ成シタル根莖ヨリ接近シ
テ葉ヲ出ダシ、葉柄ハ質硬クシテ中軸及ビ羽片中軸ト
共ニ紫褐色ノ鱗片ヲ密布シ、葉柄ノ基部ハ特ニ肥厚シ
内肉紫色ナリ。葉面ハ長サ30〜70cm許、革質ニシテ濃
綠色ヲ呈シ殆ド光澤無ク、長卵形又ハ長楕圓形、再羽
狀ニ分裂シ、羽片ハ長橢圓狀披針形、銳尖頭ニシテ短
柄ヲ有シ、最下羽片ハ最大ニシテ殊ニ其外側第一次ノ
小羽片ハ特ニ甚ダシク大ナリ、小羽片ハ線狀披針形、
銳頭又ハ稍鈍頭、底部ハ楔形又ハ心臓形ニシテ稀メテ
短キ小柄ヲ有シ、羽狀ハ深裂又ハ淺裂シ、最終裂片ハ
圓頭ヲ成ス。囊堆ハ小羽片ノ中軸ニ近ク二列ヲ成シ、
灰白色圓形ノ苞膜ヲ有ス。和名鼬羊齒ノ蓋ハ此羊齒體
上ニ暗色ノ鱗毛多ケレバ斯ク云フナラン、しのはちで
んだノでんだハ或ル羊齒ノ名ナレドモしのはちハ不
明ナリ。漢名 綿馬(誤用)

950

しらねわらび
Dryopteris dilatata *A. Gray.*
(=Polypodium dilatatum *Hoffm.*;
Aspidium dilatatum *Sw.*;
A. spinulosum *Sw.* var. dilatatum *Hook.*)

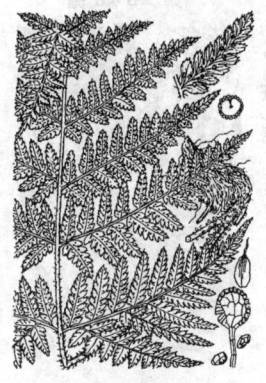

第2850圖

うらぼし科

高山深山ノ樹林下等ニ群生スル多年生羊歯草本ニシテ冬月ハ葉無シ。根莖ハ大ナル塊狀ヲ成ス。葉ハ有柄ニシテ叢生シ、草莖ニシテ長サ60cm〜1mニ達ス。葉柄ハ廣卵狀ノ淡褐色又ハ茶褐色鱗片及ビ線狀披針形鱗片ヲ被ル。葉面ハ長卵狀五角形又ハ長卵狀橢圓形ニシテ先端急ニ狹窄シテ尖リ、三回羽狀ニ分裂シ、羽片ハ少數ニシテ開出シ卵狀披針形ニシテ銳尖頭ヲ有シ極メテ短ク有柄或ハ殆ド無柄、最下ノ一對ハ大ニシテ三角狀卵形ヲ成シ、外側最下ノ小羽片ハ他ヨリ大ナリ、小羽片ハ長橢圓狀披針形、銳頭、最終裂片ハ卵形ニシテ銳鋸齒ヲ有ス。囊堆ハ細小ニシテ葉ノ裏面ニ散布シ、小羽片ノ中脈ニ接近シテ竝ビ、苞膜ハ圓腎形ナリ。和名白根蕨ハ蓋シ初メ野州日光ノ白根山ニ採テ名ケシ者ナラン。

べにしだ
一名　やよひわらび
Dryopteris erythrosora *O. Kuntze.*
(=Aspidium erythrosorum *Eaton.*)

第2851圖

うらぼし科

隨處ニ最モ普通ナル多年生常綠羊歯草本。葉ハ斜上セル根莖ヨリ叢生シ、大ナル者ハ1mニ達スルコトアリ。葉柄ハ長クシテ硬ク、黑褐色又ハ濃褐色ノ披針形鱗片ヲ有シ、其基部ノ者殊ニ大ニシテ密ナリ。葉面ハ卵形又ハ長橢圓狀長卵形ニシテ再羽狀ヲ成シ、葉質剛クシテ洋紙狀革質ヲ成シ深綠色ニシテ稍光澤ヲ帶ビ幼時ハ紫紅色ヲ呈ス。羽片ハ披針形、銳尖頭ヲ成シ短キ柄ヲ有シ、上部ノ者ハ漸次小形ト成ル、小羽片ハ線形ニシテ基部ハ廣楔形、下部ノ大ナル者ハ極メテ短キ小柄ヲ有スレドモ其大部分ノ者ハ羽片中軸ニ沿附シ、銳頭或ハ稍鈍頭ニシテ鋸齒著クハ缺刻アリ。羽片中軸及ビ小羽片中軸ノ鱗片ハ囊狀ヲ成ス。囊堆ハ圓形ニシテ小羽片ニ二列シ、圓腎形ノ苞膜ハ其緣時多クハ美ナル紅色ヲ呈ス。和名紅羊齒ノ其嫩葉紅色ニシテ美ナルヨリ云ヒ、嫩生蕨ハ春時萌出スル美ナル新葉ヲ賞讚シテ名ケシ者ナリ。

ちりめんしだ
Dryopteris erythrosora *O. Kuntze*
var. prolifica *Makino.*
(=Aspidium prolificum *Maxim.*;
Lastrea prolifica *Moore*;
Nephrodium prolificum *Diels.*)

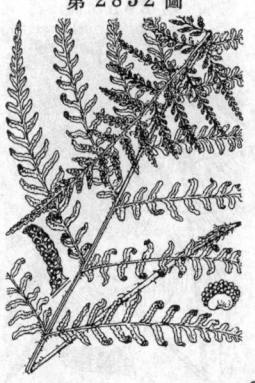

第2852圖

うらぼし科

通常盆栽トシテ園藝家ノ愛植スル所ニシテ疑モ無クべにしだノ一變種ナリ。母種ト同ジク常綠ノ羊齒ニシテ全草母種ノ如ク大ナラズ、小形ニシテ長サ凡30cm許ニ達シ、深綠色ヲ呈シ葉質剛シ。べにしだト同樣再羽狀ヲ成シ、羽片ハシテ披針形或ハ線形ヲ成シ、上部漸次ニ狹窄シテ銳ク尖リ、小羽片ハ狹クシテ尖リ、不齊ニ皺縮シテ頗ル珍形ヲ呈シ、通常其面上ニ小苗ヲ發生スル性アリ。小羽片ノ裏面ニ二列セル囊堆ヲ見ル。和名縮緬羊齒ハ其皺曲セル葉ニ基キシ稱ナリ。

951

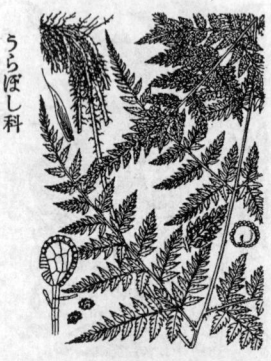

うらぼし科

ほそばのいたちしだ
Dryopteris subtripinnata O. Kuntze.

(=Aspidium subtripinnatum *Miq.*; Nephrodium chinense *Baker.*; D. chinensis *Koidz.*)

山野ノ陰地或ハ陽地ニ生ズル多年生羊齒草本ニ-シテ冬月ハ葉無シ。根莖ハ短クシテ横臥・斜傾或ハ直立シ、叢生セル葉ヲ出ス。葉柄ハ細長ニシテ15-20cm許、基部ニ暗褐色或ハ茶褐色ノ長卵狀披針形鱗片ヲ被リ、上部ハ葉ノ中軸ト同ジク殆ド無毛ナリ。葉ハ三囘羽狀ニシテ廣卵狀五角形ヲ呈シ、長サ15-25cm許アリ、羽片ハ長卵形、銳尖頭ニシテ短柄ヲ有シ、最下羽片ハ最モ大ニシテ廣卵狀菱形ヲ成シ、最終羽片ハ卵狀長橢圓形銳頭ニシテ銳鋸齒ヲ有ス。囊堆ハ多クハ葉面ノ上半部ニ着キ、最終裂片ノ邊緣ニ近ク並列シ、圓腎形ノ苞膜ヲ有ス。和名ハ細葉ノ鼬羊齒ノ意ナリ。

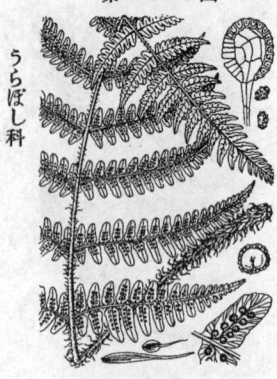

うらぼし科

まるばべにしだ
Dryopteris obtusissima *Makino.*

(=Nephrodium erythrosorum *Hook.* var. obtusum *Makino*; D. erythrosora *O.Kuntze* var. obtusa *Makino*; D. Makinoi *Koidz.*)

西南暖地ノ林下ニ生ズル常綠ノ羊齒。根莖ハ短大ニシテ斜立シ、頂ヨリ數葉ヲ出シテ斜開出シ其狀頗ルべにしだニ似タリ。葉柄ニハ褐色ノ鱗片多シ。葉面ハ葉柄ヨリ長ク、革質ニシテ光澤ニ富ミ、卵狀長橢圓形ニシテ再羽狀ヲ成シ、羽片ハ極メテ短キ小柄ヲ有シテ開出シ披針形ニシテ銳尖頭ヲ有シ、小羽片ハ卵狀長橢圓形ニシテ其下部ハ往々急ニ擴ガリ、全緣ニシテ鈍頭或ハ圓頭ナリ。囊堆ハ稍大ニシテ殆ド小羽片ノ中脈ニ接シテ着生シ、而カモ羽片ヲ通ジテ其中軸ニ近ク配列セラルル者多ク、赤褐色ノ圓點ヲ成シ、苞膜ハ圓腎形、胞子ニハ不規則ノ粒點ヲ布ク。和名圓葉紅羊齒ハべにしだニ似テ其小羽片ノ頭端特ニ圓ケレバ斯ク云フ。

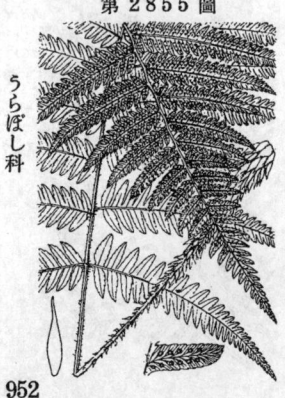

うらぼし科

みやまべにしだ
Dryopteris monticola *C. Chr.*

(=Nephrodium monticola *Makino.*)

深山樹下ノ地ニ生ズル多年生ノ羊齒草本ニシテ冬月ハ葉無シ。根莖ハ短大ニシテ地下ニ横臥シ、葉ハ叢生ス。葉ハ大形ニシテ高サ60cm乃至1mニ達シ、洋紙狀草質ヲ成ス。葉柄基部ニハ廣大ナル長卵狀ノ栗褐色鱗片ヲ密生シ其上部及ビ葉面ノ中軸ニモ亦淡褐色披針形鱗片ヲ被ル。葉面ハ再羽狀ヲ成シ、長橢圓形、先端ニ急ニ狹窄シテ尖リ、羽片ハ廣線狀ニシテ銳尖頭ヲ成シ、短柄ヲ有シ、小羽片ハ線狀長橢圓形、鈍頭ニシテ微鋸齒アリ。囊堆ハ小羽片中脈ノ兩側ニ二列シ圓形ノ苞膜ヲ有ス。和名ハ深山紅羊齒ノ意ニシテ其葉狀べにしだニ勞髴セバ斯ク云フ。

とうごくしだ
一名 ひろはべにしだ
Dryopteris cystolepidota *C. Chr.*
(= Aspidium cystolepidotum *Miq.*; A. erythro-
sorum *Eat.* var. cystolepidotum *Maxim.*)

暖國ノ山地ニ生ズル多年生常綠ノ羊齒草本。根
莖ハ粗大ニシテ短ク個上ス。葉ハ有柄粗大ニシ
テ叢生シ、長サ50cm-1m許ニ達シ、深綠色ニシ
テ光澤少ク、薄キ革質ヲ成シテ剛シ。葉柄ハ長
クシテ質硬ク、下部ニ黒褐色披針形ノ鱗片ヲ有
ス。葉面ハ長卵狀橢圓形ニシテ先端ハ急ニ狹窄
シテ尖リ、二回羽狀ヲ成シ、中軸ニハ嚢狀鱗片
ヲ密布シ、羽片ハ斜上シ長橢圓狀披針形、銳尖
頭ニシテ短柄アリ、小羽片ハ卵狀披針形又ハ長
橢圓狀披針形ニシテ銳頭ヲ有シ、羽狀尖裂ヲ成
ス。嚢ハ小形ニシテ多クハ葉面上中部ノ小羽
片中脈ニ近ク密ニ竝ビ、苞膜ハ圓腎形ヲ成ス。
本種ハ其嚢狀葉質べにしだニ類セリ。和名ハ東
谷羊齒ノ意ニシテ尾張ノ東谷山ニ生ズレバ斯ク
云フ、廣葉紅羊齒ノ和名ハ舊ク予ノ此羊齒ニ命
ゼシ者ナリ。

くまわらび
Dryopteris lacera *O. Kuntze.*
(= Polypodium lacerum *Thunb.*;
Aspidium lacerum *Sw.*)

山地ノ樹下ニ多キ半常綠ノ多年生羊齒草本。根
莖ハ大ナル塊狀ヲ成シテ葉ヲ叢生シ赤黄褐色ノ
鱗片多シ。葉柄ハ短クシテ葉面ノ中軸ト共ニ茶
褐色又ハ赤黄褐色ノ光澤アル長卵形又ハ披針形
鱗片ヲ密生ス。葉ハ長サ40-50cm許アリ、表面
ハ鮮黄綠色ニシテ且特ニ細脈ノ凹溝線多ク、裏
面ハ稍白色ヲ帶ブ。葉面ハ卵狀長橢圓形ニシテ
二回羽狀ヲ成シ、羽片ハ長卵狀橢圓形ニシテ先
端ハ漸次ニ尖リ、基部ニハ短キ柄ヲ有シ、小羽
片ハ多少三稜狀ナル長橢圓形ニシテ銳頭、細鋸
齒アリ、基部ノ中軸ニ臨着シ、下部ノ者ハ底部
多少羽形ヲ呈ス。嚢堆ハ葉ノ上部三分一若クハ
四分一許ノ裏面ニ生ジ、其部ノ羽片竝ニ小羽片
ハ著シク縮小シ、各堆ハ各小羽片ニ二列ニ生ジ、
圓腎形ノ苞膜ヲ具ヘ、熟スレバ殆ド小羽片全部ヲ
掩フテ褐色ヲ呈シ、此部ハ冬季ニ於テ他部ヲ
殘シ乾枯ス。和名熊蕨ハ其株上ニ見ル多數密集
ノ鱗片ヲ熊ノ多毛ニ擬シ此稱アリ。

をくまわらび
Dryopteris uniformis *Makino.*
(= Nephrodium lacerum *Baker*
var. uniforme *Makino.*)

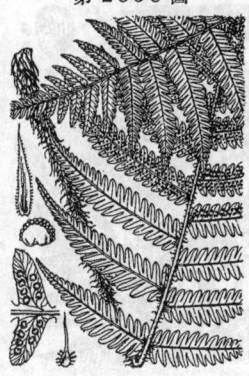

山野ノ陰地竝ニ陽地共ニ多ク生ズル普通ノ常綠
多年生羊齒草本。根莖ハ短大ニシテ葉少數ノ有柄
葉ヲ叢生ス。葉柄ハ葉面ヨリ曼ニ短ク通常黒褐
色或ハ時ニ黄褐色ノ鱗片ヲ有シ殊ニ其基部ニ密
生ス。葉面ハ長橢圓狀披針形、長サ約30-60cm、銳
尖頭、單羽狀或ハ下半ハ再羽狀ヲ成シ、羽片ハ線
狀長橢圓形ニシテ尾狀ニ銳尖シ羽狀ニ深裂シ、
裂片ハ長橢圓形、上部ニ微齒アリ、草質ニシテ淡
綠色ヲ呈シ、不滑ニシテくまわらびノ如ク=葉
脈陷入スルコト無シ。嚢堆ハ全葉上半部ノ全裏
面ニ著生シ、小羽裂片中脈ノ兩側ニ在ヲ支脈ノ
中途ニ一個ヅツヲ着ケ二列ヲ成シ、圓腎形ノ苞
膜ヲ有ス。本種ハくまわらびニ類似スト雖モ、
其葉梢ニテ狹長、其鱗片大抵暗色ヲ呈シ、葉面ノ
細脈著手シカラズ、又其嚢堆アル葉部通常廣範圍
ニ亘リ且冬季ニ凋萎セザル諸點ヲ以テ容易ニ其
種ト區別シ得ベシ。和名ハ雄熊蕨ノ意ニシテ其
草狀くまわらびヨリ強健ナルヲ以テ斯ク云フ。

第 2859 圖

をしだ
一名 めんま（此稱非ナリ）
Dryopteris crassirhizoma *Nakai.*
(= Lastrea Filix-mas *A. Gray* non *Presl*; Aspidium Filix-mas *Miq.* non *Sw.*)

うらぼし科

稍濕地ノ山中ニ生ジ林下ノ地ニ見ル大形ノ多年生羊齒草本ニシテ多月、其葉枯槁ス。根莖ハ直立シ巨大ナル塊狀ヲ成シテ葉ヲ輪狀ニ叢生ス。葉ハ有柄大形ニシテ高サ1-1.4m許、質稍厚シ。葉柄ハ粗大ニシテ强剛、下部ニハ褐色披針形ノ大形鱗片ヲ密生シ、上部ニハ葉ノ中軸ニ於ケルガ如ク小形ノ褐色又ハ黃褐色或ハ汚褐色ノ條狀セル鱗片ヲ密布ス。葉面ハ再羽裂ヲ成シ、倒披針形ニシテ尖リ、羽片ハ多數ニシテ開出シ長橢圓狀披針形、銳頭ニシテ無柄、下部ノ者ハ漸次小形ト成リ、羽狀ニ深裂シ通常殆ド中脈ニ達シ、小羽狀片ハ線狀長橢圓形、鈍頭、微鋸齒ヲ有ス。囊堆ハ羽裂片ノ中脈ニ沿ヒニ列ヲ成シテニ乃至數箇ニ並ビ、苞膜ハ圓腎形ナリ。根莖ノ綿馬根ト稱シ驅蟲藥トス。和名雌羊齒、雄狀ナルノ意ニシテ雌羊齒ニ對シテ明治年間以來稀ニシ名ナリ、往時くまわらびト呼ビシハ或ハ此レ乎、世ハ人漢名ノ綿馬ニ基キ從來之レヲめんまト呼ベドモ是レ最も非ナレバ本羊齒ニ對スル此稱ハ當ニ斷然廢スベキモノナリ。漢名 鰛馬（誤用、鰛馬ハ此ノ如キ羊齒ニ非ズ）

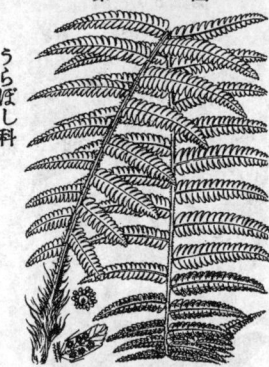

第 2860 圖

みやまくまわらび
Dryopteris polylepis *C. Chr.*
(= Aspidium polylepis *Franch. et Sav.*)

うらぼし科

深山樹林下ノ地ニ生ズル多年生羊齒草本ニシテ冬ハ葉枯ル。根莖ハ大ナル塊狀ヲ成シ、葉ハ叢出シ漏斗狀ニ輪生シ、宛モをしだ如キ姿態ヲ呈ス。葉柄ハ短ク葉ノ中軸ト共ニ黑褐色ノ披針形鱗片ヲ密生ス。葉ハ全長50-80cm許ニ達シ薄キ革質ヲ呈シ深綠色ナリ。葉面ハ長橢圓形ニシテ先端漸次ニ尖リ、基部モ亦次第ニ狹窄シ、羽片ハ線狀長橢圓形、銳尖頭ニシテ殆ド無柄、深ク羽狀ニ細裂シ、裂片ハ接在シ、長橢圓狀線形ニシテ多少鐮狀ヲ呈シ、銳頭、微鋸齒ヲ有ス。囊堆ハ上部ノ小羽裂片ノミニ生ジ、各片ニニ列シ、圓腎形ノ苞膜ヲ有ス。和名ハ深山熊蕨ノ意ナリ。

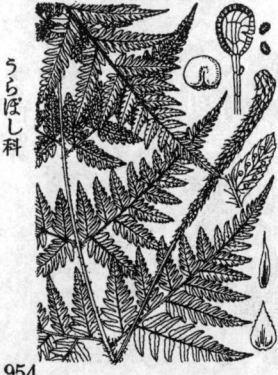

第 2861 圖

みやまいたちしだ
Dryopteris Sabaei *C. Chr.*
(= Aspidium Sabaei *Franch. et Sav.*)

うらぼし科

深山樹陰ノ地ニ生ズル半常綠ノ多年生羊齒草本。根莖ハ短ク橫臥シ接近シテ有柄葉ヲ出ス。葉柄ハ長サ15-30cm、下部ニハ多少紫褐色ヲ帶ビ、褐色又ハ栗褐色ノ廣卵形大形鱗片ヲ着ク。葉面ハ薄キ革質ニシテ鮮綠色ヲ呈シ、表面ニ細脈ノ溝痕ヲ存シ、長サ20-40cm、卵形ニシテ疎ナル再羽狀ヲ成シ、羽片間ノ間隔ハ大ナリ。羽片ハ長卵形ニシテ銳尖頭ヲ有シ、就中最下ノ羽片最モ大ニシテ廣卵形ヲ呈シ、小羽片ハ長卵狀披針形、銳頭ヲ成シ、無柄ニシテ多クハ中軸ニ融着ス。囊堆ハ葉面ノ上部裏面ニ生ジ、小羽裂片中脈ニ接シ二列ヲ成シテ數箇着キ、大形ナル圓腎形ノ苞膜ヲ有ス。和名ハ深山鼬羊齒ニシテ深山ニ生ズルいたちしだノ意ナリ。

みやまわらび
Dryopteris phegopteris *C. Chr.*
(=Polypodium phegopteris *L.*; Phegopteris polypodioides *Fée*; Ph. vulgaris *Mett.*)

各地ノ深山樹陰ニ普通ニ生ズル多年生ノ羊歯草本ニシテ冬月ハ葉枯ル。根莖ハ痩長ニシテ横行シ淡褐色ノ鱗片ヲ被フリ葉ニ葉ヲ出ス。葉柄ハ痩長ニシテ長サ10-25cm許アリ、多少葉面ヨリ長キヲ常トシ、下部ニハ淡褐色披針形ノ鱗片ヲ被フル。葉面ハ薄キ草質ニシテ上面ニ細毛ヲ疎布シ下面ニハ毛更ニ多ク且鱗片ヲ混生シ、長サ10-20cm、卵狀三角形ヲ成シ、先端鋭尖頭ヲ呈シ、單羽狀ヲ成ス。羽片ハ披針形ニシテ長ク尖リ、多數ノ羽深裂或ハ羽尖裂シ、多數ナラズシテ中軸ノ兩側ニ開出シ、大抵對生シ、下部ノ者ハ稍下向シ、上部ノ者ハ其基部中軸ニ融着ス。裂片ハ長橢圓形、鈍頭、全邊ニシテ、基部ノ裂片ハ廣ク中軸ニ沿附融合シテ特狀ヲ呈セリ。嚢堆ハ羽片裂片ノ邊緣ニ近ク立テ、黄色ニシテ橢圓形ヲ成シ、苞膜ヲ缺如シ、子嚢ハ往々其嚢部ニ一二ノ突起アリ。和名ハ深山蕨ノ意ニシテ此種深山ニ生ズレバ云フ。

うらぼし科

みぞしだ
Dryopteris africana *C. Chr.*
(=Polypodium africanum *Desv.*; P. tottum *Willd.* non *Thunb.*; Gymnogramma totta *Schlecht.*; Leptogramma totta *J. Sm.*)

山野到ル處或ハ濕潤地或ハ不濕地等ニ多ク生ズル多年生ノ羊歯草本ニシテ冬ハ葉枯ル。根莖ハ地中ヲ横行シ、葉ハ有柄ニシテ稍接近シテ根莖ヨリ出デ、高サ30-70cm許、淡綠色ニシテ軟キ草質ヲ成シ、軟毛ヲ密布シ、葉柄ハ細長ニシテ長橢圓形ノ黄褐色鱗片ヲ散生ス。葉面ハ卵狀長橢圓形ヲ成シテ尖リ、單羽狀ヲ成ス。羽片ハ相接シテ開出シ、長橢圓形披針形、銳尖頭ニシテ無柄、上部ノ者ハ漸次小形卜成リ、下部ノ者ハ微シク反向シ、羽狀ニ深裂或ハ尖裂シ、裂片ハ橢圓形、鈍頭、殆ンド全邊ナリ。嚢堆ハ最終裂片中脈ノ兩側ニ斜ニ立ビテ二列卜成リ其支脈上ニ沿テ長短ノ綿形ヲ成シ、初メ黄色ナレドモ熟スレバ黑色卜成リ、苞膜ヲ有セズ。和名 溝羊歯ハ多ク溝側ニ生ズレバ云フ。

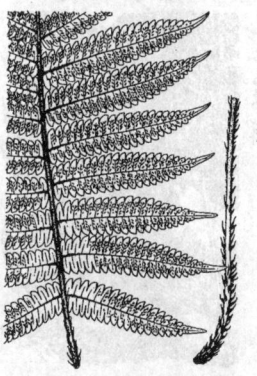

うらぼし科

ならゐしだ
Dryopteris Miqueliana *C. Chr.*
(=Aspidium Miquelianum *Maxim.*; Nephrodium Miquelianum *Yabe*; Rumohra Miqueliana *Ching.*)

深山樹下ノ地ニ生ズル多年生ノ羊歯草本、冬月ニハ葉枯ル。根莖ハ長ク地中ヲ横走シ疎ニ葉ヲ出ス。葉柄ハ長サ15-25cm、痩細ニシテ前面ニ縱溝ヲ印シ、多少紫褐色ヲ帶ビ、淡褐色ノ卵狀乃至披針形鱗片ヲ被ル。葉ハ長柄ヲ有シ薄質ニシテ軟弱、淡綠色ヲ呈シ淡褐色鱗片及ビ細毛ヲ被フル。葉面ハ長サ25-40cm、幅20-35cm、廣卵狀五角形ヲ呈シ、三或ハ四回羽狀ヲ成シ裂片繁多ナリ。羽片ハ長橢形、銳尖頭ニシテ柄アリ。最下羽片最大ニシテ廣卵狀菱形ヲ成ス。小羽片ハ多數、卵形、最終羽裂片ハ鈍圓ノ橢圓形ニシテ鋸齒或ハ缺刻ヲ有ス。嚢堆ハ細小ナル點狀ニシテ葉ノ裏面ニ散點シ、苞膜ハ圓腎形ヲ成ス。和名 奈良井羊歯ハ明治十三年 本年氏メテ信州西筑摩郡奈良井ニ採リ斯ク名ケシ者ナリ。

うらぼし科

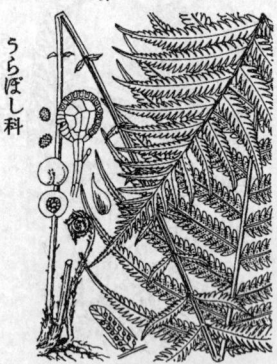

第2865圖

うらぼし科

いぶきしだ
Dryopteris ochtodes *C. Chr.*
(= Aspidium ochtodes *Kunze.*)

暖地ノ溪畔ニ生ズル大形ノ多年生羊齒草本ニシ
テ冬月ハ其葉枯槁ス。根莖ハ横臥シ多肉ナリ。
葉ハ高サ50-100cmニ達シテ簇生シ、葉柄ハ傾上
シテ立チ淡綠色ニシテ長ク、硬クシテ鱗片ニ乏
シ。葉面ハ鮮綠色ニシテ稍革質、長橢圓形ニシ
テ銳尖頭、下部ハ狹窄シ、單羽狀ヲ成ス。羽片
ハ多數アリテ相접シ、斜上シテ開出シ、長サ10
-20cm許、多クハ前方ニ弓曲シテ鎌狀ヲ呈シ、
線狀披針形ニシテ尾狀銳尖頭ヲ成シ羽狀ニ深裂
シ、裂片亦多數ニシテ小形、往々鎌狀ヲ成シ銳
頭ナレドモ鈍端ヲ有シ、邊緣ニ鋸齒無シ。下部
ノ羽片ハ次第ニ其大サヲ減ジ遂ニ一裂片狀ト
成リ、各對著シク相隔リテ葉柄ニ著ケリ。嚢堆
ハ小形ニシテ各裂片ノ邊緣ニ稍近ク沿テ二列ニ
竝ビ、圓腎形ノ苞膜ヲ具フ。和名伊吹羊齒ハ本
品近江伊吹山ニ産スルヨリ云フ。

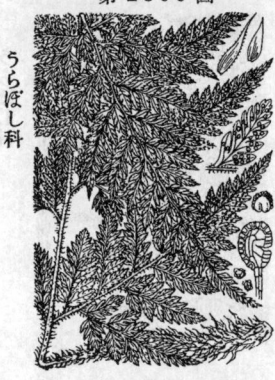

第2866圖

うらぼし科

しのぶかぐま
Dryopteris mutica *C. Chr.*
(= Aspidium muticum *Franch. et Sav.* ;
Rumohra mutica *Ching.*)

深山樹下ノ地ニ生ズル常綠ノ多年生羊齒草本。
根莖ハ短ク横臥シ、葉ヲ叢生ス。葉ハ葉柄ヲ有
シ高サ30-70cm許アリ。葉柄ノ下部ハ長卵形乃
至披針形褐色大形ノ鱗片アリ、上部ニハ葉ノ中
軸ト同ジク暗褐色ノ毛狀鱗片ヲ密生セリ。葉面
ハ硬キ革質ヲ成シテ光澤ヲ有シ、長卵狀橢圓形、
三回羽狀ヲ成シ、羽片ハ披針狀長卵形、銳頭ヲ
有シ短柄アリ、最下ノ羽片ハ最大ニシテ廣卵狀
三角形ヲ呈シ、最終羽片ハ披針形、稍鈍頭ニシテ
鋸齒ヲ有ス。嚢堆ハ葉面上部及ビ中部ニ生ジ、
各最終羽片ニ數箇宛アリテ其邊緣近クニ生ジ、
苞膜ハ圓腎形ヲ成ス。和名ハ忍かぐまニシテし
のぶ樣ノかぐまノ意ナリ、かぐまハ或ル羊齒ノ
名ナリ。

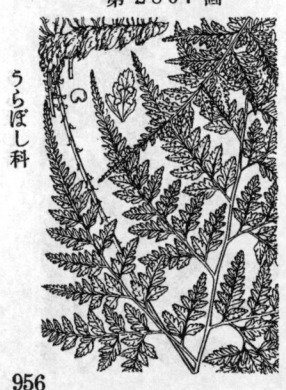

第2867圖

うらぼし科

なんたいしだ
一名　やましのぶ
Dryopteris callopsis *C. Chr.*
(= Aspidium callopsis *Franch. et Sav.* ;
Rumohra Maximowiczii *Ching.*)

稍寒地ノ深山ニ生ズル多年生羊齒草本ニシテ冬
月ハ葉無シ。根莖ハ短ク横走シ、相次デ葉ヲ出
ス。葉ハ長キ葉柄ヲ有シ、高サ30-70cm許、葉
柄ハ硬長ニシテ下部ニハ廣卵狀、茶褐色又ハ淡
褐色ノ薄質鱗片ヲ散生ス。葉面ハ廣卵狀菱形ニ
シテ質稍硬ク、三回羽狀ヲ成シ、毛ヲ有セズ、
羽片ハ數對アリ、三角形或ハ卵形ヲ成シ銳尖頭
ヲ有シ、下ニ稍長キ柄ヲ有シ、最下ノ羽片ハ他
ヨリ長大ナリ。小羽片ハ卵形乃至長橢圓形ニシ
テ尖リ、終裂片ハ橢圓形ニシテ不齊ニ缺刻又ハ
鋸齒ヲ有ス。嚢堆ハ小羽片裂縺ノ底部ニ近ク位
置シテ疎ニ葉裏ニ散點シ、圓腎形ヲ成シテ宿存
セル剛キ苞膜ヲ有ス。和名男體羊齒ハ下野日光
ノ男體山ニ採リシヨリ名ク、山忍ハ山ニ生ズル
しのぶノ意ナリ。

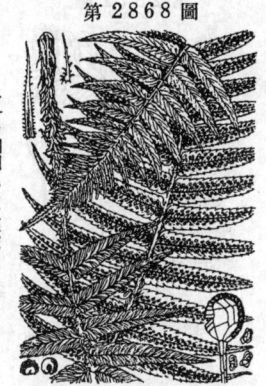

第 2868 圖

うらぼし科

いはへご
一名 たかくまじのを
Dryopteris hirtipes *O. Kuntze.*
(= Aspidium hirtipes *Blume.*)

山中陰地ニ生ズル強剛ノ多年生常綠羊齒草本。粗大ニシテ直立セル根莖アリ。葉ハ叢生シ直立シテ長サ 30-50cm アリ、暗綠色ニシテ硬キ草質ヲ成ス。葉柄ハ長カラズシテ黑色線色ノ鱗片ヲ密布ス。葉面ハ瓶形長橢圓形ニシテ銳尖頭ヲ有シ、單羽狀ヲ成シ、羽片ハ多數開出シテ互ニ近ク相並ビ線狀披針形ニシテ長サ5-15cm、銳尖頭、底部稍截形、邊緣ニハ疎銳鋸齒アリ。葉脈ハ羽片ノ中脈ヨリ出デ後直ニ三乃至四ノ支脈ニ成リ互ニ平行シテ葉緣ニ走レリ。囊堆ハ小形無數ニシテ中脈ヲ中心トシテ邊緣ヲ除ケル羽片面ヲ占メ、苞膜ハ圓腎形ニシテ胞子ハ網狀隆起ヲ具フ。本種ハおほくじゃくしだ (D. Dickinsii *C. Chr.*) ニ酷似シト雖モ、此品ハ鱗片褐色ノ帶ビ、羽片ノ鋸齒ハ鈍形、囊堆ハ却テ邊緣ニ近ク生ズルヲ以テ識別シ得。和名岩へご稱ストト雖モ敢テ岩上ニハ之レヲ生ゼズ、唯土上ニノミ之レヲ見ルナリ、高隈椎ノ尾ハ大隅高隈山ニ生ズルヨリ云フ。

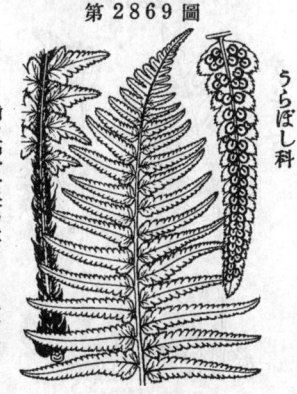

第 2869 圖

うらぼし科

たにへご
Dryopteris tokyoensis *C. Chr.*
(= Aspidium tokyoense *Matsum.*;
Nephrodium tokyoense *Makino*;
A. transitorium *Christ.*)

中部以南ノ山地濕潤ノ處ニ生ズル多年生ノ羊齒草本ニシテ冬月ハ其葉枯死ス。根莖ハ粗大ニシテ直立ス。葉ハ叢生シ葉先ニ至ル迄直立シ、高サ30-50cm ニ達シ草質ヲ呈ス。葉柄ニハ廣披針形ノ褐色鱗片ヲ多數ニ着ク。葉面ハ橢圓狀披針形ニシテ銳尖頭、單羽狀、羽片ハ多數ニシテ長披針形ヲ呈シ中軸ヨリ開出スレドモ下部ノ者ハ斜ニ下方ニ向ヲ出デ短クシテ卵形ヲ成シ、羽狀ニ淺裂或ハ尖裂シ、裂片ハ圓頭ニシテ細鋸齒ヲ刻ム。又羽片ハ在テハ其基脚ニ於テ其幅多少ノ擴張ヲ見ル。囊堆ハ唯上部ノ羽片ノミニ着キ、且ツ羽片ノ中脈ニ接シテ其兩側ノ支脈上ニ著生シ、稍大形ナリ、苞膜ハ圓腎形ナリ。和名ハ谷へご意、此種ハ明治年間東京道灌山ノ樹下濕地ニ探リシフシテ此稱アリ (今日ハ疾ク既ニ絕滅シテ之レヲ見ズ、當時モ亦極メテ稀レニ生ゼシニ過ギザリシナリ)、又其種名モ東京ニ基ケリ。

第 2870 圖

うらぼし科

うさぎしだ
Dryopteris Linnaeana *C. Chr.*
(= Polypodium Dryopteris *L.*)

中部以北ノ深山ニ生ズル多年生羊齒草本ニシテ冬ハ葉無シ。根莖ハ細長ニシテ地中ヲ横走シ、夏日疎ニ葉ヲ出ス。葉ハ有柄ニシテ長サ 20-30cm 許アリ、薄キ洋紙質ニシテ帶白綠色ヲ呈シ毛無シ、葉柄ハ立チ瘦長ニシテ基部ニ近ク鱗片ヲ有シ、頂部ニ葉ノ中軸ト關節ス。葉面ハ三角形ニシテ再羽狀ヲ成シ、最下ノ兩羽片ハ甚ダ大ニシテ殊ニ其外側最下ノ小羽片能ヲ發達シ、爲ニ外形五角狀ニ近ク、羽片ノ中軸ハ葉ノ中軸ニ關節シ、小羽片ハ長橢圓狀披針形ヲ成シテ更ニ羽狀ニ深裂シ、深裂片ハ長橢圓形ニシテ鈍頭ヲ呈シ邊緣ニ低微ナル鋸齒アリ。囊堆ハ深裂片ノ中脈兩側ニ近ク位シテ細脈上ニ生ジ、圓形ナル點狀ヲ成シ苞膜ハ顯著ナラズ、胞子ハ瘤點ヲ有ス。和名兎角羊齒ノ蓋シ兎ノ棲ム土地邊ニ生ズル意ニ于名ケシナラン。

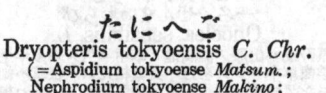

957

第2871圖

うらぼし科

えびらしだ
一名 ぢくをれしだ
Dryopteris oyamensis *C. Chr.*
(＝Polypodium oyamense *Baker*; Currania
oyamensis *Copel.*; P. Krameri *Franch. et
Sav.*; Phegopteris Krameri *Makino.*)

山地稀ニ見ル多年生羊歯草本ニシテ地ニ生ジ、冬ハ葉無シ。根莖ハ極メテ長ク橫走シ細長ニシテ疎ニ分枝シ稀疎ニ葉ヲ生ズ。葉柄ハ根莖ヨリ立チ、搜細ナル針線狀ニシテ光澤ヲ有シ、長サ20-25cm アリ、下部ニ白褐色ノ膜質鱗片ヲ有ス。葉面ハ膜狀洋紙質ニシテ毛ナク、菲弱ナリ鮮綠色ヲ呈シ、基部ニ角度ヲ以テ葉柄ニ節合シ奇狀ヲ呈シ、長卵狀三角形ニシテ羽狀ニ深裂シ、裂片ハ狹長ニ長橢圓形ニシテ鈍頭ヲ有シ、下部ノ者ハ羽狀ニ淺裂シ淺裂片ハ圓頭ヲ成シ、上部ノ者ハ鈍鋸齒ヲ具フ。葉脈ハ分生ニシテ蕃シク分明ナリ。囊堆ハ橢圓形並ニ圓形ニシテ大小一樣ナラズ、細脈ニ沿着シテ葉裏ニ散生シ、苞膜ヲ缺如ス。胞子ハ橢圓形ニシテ小突起アリ。和名ハ箙ニ盛ル矢筒ノ意ニシテ其葉形弓ノ箭ヲ插シ置ニ似ルトシテ其名ヲ呼ビシ乎、軸折レ羽歯ハ其柄ノ中軸ニ連ナル處關節アリテ多少角度ヲ成シ曲折セルヨリ云フ。

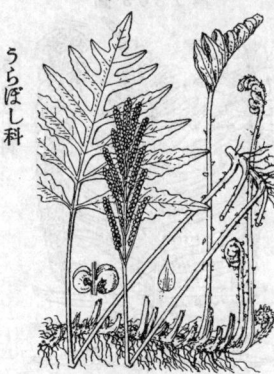

第2872圖

うらぼし科

かうやわらび
一名 ぜんまいわらび
Onoclea sensibilis *L.*

原野或ハ山原ノ濕潤地ノ草中ニ生ズル多年生ノ羊歯草本ニシテ冬月ハ其葉枯死ス。根莖ハ細長ニシテ地中ニ橫行シ下ニ根ヲ發出ス。葉ハ根莖ヨリ疎出シテ立チ、裸葉ト胞子葉トノ別アリ。裸葉ハ高サ30-60cm許、薄キ草質ニシテ無毛ナリ。葉柄ハ瘦長ニシテ硬ク、葉面ヨリ長クシテ長サ20-40cm許、下部ニ柄ヲ少數ノ淡褐色卵形鱗片ヲ被ル。葉面ハ圓形又ハ橢圓狀卵形ニシテ羽狀深裂ヲ成シ或ハ下部ハ羽狀ヲ呈シ、中脈ノ兩側ニハ下部ヲ除キ翼ヲ成シ、上部ハ急ニ狹窄シテ一頂片ヲ有ス、羽片ハ數對アリテ狹長ナル長橢圓形或ハ披針形ヲ成シ、鈍頭ヲ有シ、羽狀ニ尖裂シ或ハ波狀鈍齒ヲ有ス。葉脈ハ網狀ヲ成ス。胞子葉ハ裸葉ト同株ニ生ジテ長柄ヲ有シ、羽狀ヲ成シ、羽片ノ裂片ハ縮形ニシテ球狀ヲ呈シ、其內部ニ囊堆ヲ有ス。和名高野蘇ハ紀州高野山ニ生ズルヨリ云ヒ、ぜんまい蕨ハ其葉多少ぜんまい狀アレバ云フ。

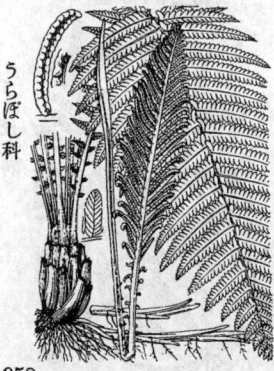

第2873圖

うらぼし科

くさそてつ
一名 にはそてつ・がんそく・こごみ・こごめ
Matteuccia Struthiopteris *Todaro.*
(＝Osmunda Struthiopteris *L.*;
Onoclea Struthiopteris *Hoffm.*;
Struthiopteris germanica *Willd.*)

群ヲ成シテ山野ノ林中ニ生ズル多年生羊歯草本ニシテ冬月ハ其葉枯槁ス。根莖ハ塊狀ヲ成シテ直立シ、特ニ地下枝ヲ出シテ長ク地中ニ橫走シ、其先端ニ新根莖ヲ生ジ、下ニ根ヲ發出シテ一葉ヲリ出シ、裸葉胞子葉ノ別アリテ一株ニ出デ、裸葉先ヅ現ハレ、胞子葉ハ秋ニ至ヨリ出ヅ。裸葉ハ車輪狀ヲ成シテ叢生シ大形ニシテ高サ40cmヨリ1m以上ニ達シ、草質ニシテ綠色ヲ呈シ毛無ク、下ニ短キ葉柄ヲ有シ、柄本ハ鱗片アリ。葉面ハ倒披針形ヲ成シ、先端ニ急窄シ、羽片ハ多數相接シテ中軸ヨリ開出シ、綫形ニシテ銳尖頭ヲ有シ、無柄ナリ、下方ノ者ハ漸次ニ小形ヲ成シ遂ニ小耳狀ト成リ、羽狀ニ深裂シ、裂片ハ長橢圓形、鈍頭ヲ殆ド全邊、底部後方短ノ下ハ一裂片ハ特ニ長ク延ビテ鏃狀ヲ呈シ葉ノ中軸ヲ被ゲ殊態アリ。胞子葉ハ裸葉ノ中心ヨリ出デ裸葉ヨリ低ク、羽狀ニ分裂シ、羽片ハ狹長ニシテ多數相接シ其縮形セル爲ニ囊堆ヲ包メリ。本種ハ特別ナル根莖ヲ引テ新苗ヲ生ズルヲ以テ其繁殖極メテ旺盛ナリ、故ニ各處ニ叢ヲ成ス。和名草蘇鐵ハ草狀ヲ呈セルそてつノ意、庭蘇鐵ハ庭ニ生ズルそてつノ意、雁足ハ其葉柄ヲ雁ノ脚ニ擬セシ名、こごみ・こごめハ共ニ其屈曲シテ卷ケル嫩葉ニ基ヅキ稱ナリ。

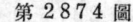

いぬがんそく
一名　おほかぐま・へびがんそく・いぬくさそ
てつ・おほくさそてつ・いつまでぐさ
Matteuccia orientalis *Trev.*
（＝Struthiopteris orientalis *Hook.*；
Onoclea orientalis *Hook.*；
Pentarhizidium japonicum *Hayata*.）

第 2874 圖

うらぼし科

山地樹下ノ地ニ生ズル多年生ノ大形羊歯草本ニシテ
多ク葉枯ル。根莖ハ傾臥シテ舊葉柄本ヲ蔭ク、叢
生シ裸葉胞子葉ノ兩樣アリテ一株ヨリ出ヅ、葉柄ハ粗
大ニシテ強剛、下部ハ淡褐色又ハ褐色ノ大形披針形鱗
片ヲ有シ、上部ハ葉ノ中脈ト同ジク小形ノ鱗片ヲ密布
ス。裸葉ハ高サ70cm-1.5m許、洋紙樣草質、葉面長卵形
又ハ長楕圓形ニシテ單羽狀ヲ成シ、上部ニ急ニ狹ク狹窄
シテ尖リ數對ノ羽片集合シテ長キ三角形ヲ形成ス。羽片ハ
開出シ長楕圓形ニシテ銳尖頭ヲ成シ、極短ノ小柄ヲ有
シ、羽狀ニ尖裂或ハ深裂シ、裂片ハ長楕圓形、銳頭、鈍
頭或ハ圓頭ニシテ細鋸齒アリ。胞子葉ハ秋時裸葉ノ中
心ヨリ出デテ裸葉ヨリ短ク長柄ヲ有シテ一方ニ傾キ、
羽片ハ側向ニ多數相接シテ線形ヲ呈シ、其内卷セル紫
黑褐色ノ内ニ嚢雖ヲ包ム、多季裸葉ハ枯死シテ朽腐
スルモ此胞子葉ハ次年ニ枯殘ス。和名犬蓮足ハがんそく
ヲ卿ケくさそてつ一似テ粗大ナルヨリ云ヒ、大かぐま
ハ大形羊齒ノ意、蛇がんそくハ蛇ノ棲ム處ニ生ズル羊
齒ノ意、犬草蘇鐡ハ犬雁足ト同意、何時迄草ハ長ク殘
ル其胞子葉ハ基キシ稱ナリ。漢名 狗脊(誤用)

なよしだ
Cystopteris fragilis *Bernh.*
（＝Polypodium fragile *L.*）

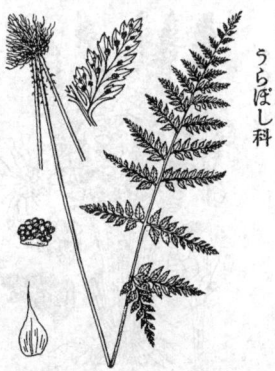

第 2875 圖

うらぼし科

比較的稀品ニ屬シ高山地帶ノ岩間ニ生ズ
ル多年生ノ小羊齒草本、冬月ハ其葉枯死
ス。根莖ハ小形。葉ハ多數叢生シ、高サ15-
25cm、軟キ草質ナリ。葉柄ハ纖長ニシテ
質脆ク、多少紫赤色ヲ帶ビ、下部ニ長卵形
又ハ披針形ノ淡褐色小形ノ鱗片ヲ帶ブ。
葉面ハ再羽狀ニシテ卵狀披針形ヲ成シ銳
尖頭ヲ有シ、羽片ハ三角狀長卵形ヲ成シ、
銳頭トシテ短柄ヲ有ス。裂片ハ卵狀長楕
圓形ニシテ剪裂シ且鋸齒アリ。嚢堆ハ小
形ニシテ葉ノ裏面ニ散生シ小脈上ニ着
キ、尖卵形ヲ成セル膜質ノ苞膜ヲ具ヘ基
部ヲ以テ小脈ニ着キ、嚢堆ノ下ヨリ出デ
テ之ヲ掩ヒ後チ反轉ス。和名ハ弱羊齒ノ
意ニシテ全草菲薄脆弱ナレバ斯ク云フ。

ふくろしだ
Woodsia manchuriensis *Hook.*
（＝Physematium manchuriense
Nakai.）

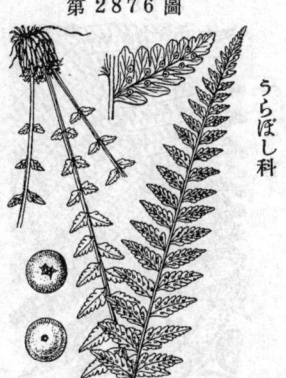

第 2876 圖

うらぼし科

山地ノ稍濕潤ナル岩崖或ハ岩鱗ニ生ズル多年生
ノ小羊齒草本ニシテ全體質脆弱ニシテ折レ易ク
冬月ハ其葉枯死ス。根莖ハ小形ノ塊狀ニシテ多
數ニ葉ヲ叢生ス。葉ハ長サ20-35cm許アリ、淡
綠色ニテ膜狀草質ヲ呈シ、葉柄ハ短クシテ葉
ノ中軸ト共ニ光澤アリ、柄本ハ黄赤色ヲ呈シ、
少數ノ淡褐色披針形ノ鱗片ヲ有ス。葉面ハ長楕
圓狀披針形ニシテ銳尖頭ヲ有シ、單羽狀ヲ成シ、
羽片ハ無柄ニシテ長楕圓形又ハ長三角形ニシテ
羽狀ニ深裂シ、裂片ハ長楕圓形、圓頭ヲ有シ殆ド
全邊ナリ。嚢堆ハ各裂片ノ基部ニ近クー乃至四
箇ヲ生ジ、略ボ球形ノ嚢狀ヲ成シテ頂ニ小孔ノ
一孔アル白色ノ苞膜ヲ有ス。和名ハ嚢羊齒ノ意
ニシテ其嚢堆ノ苞膜嚢狀ヲ成セルヨリ云フ。

959

第 2 8 7 7 圖

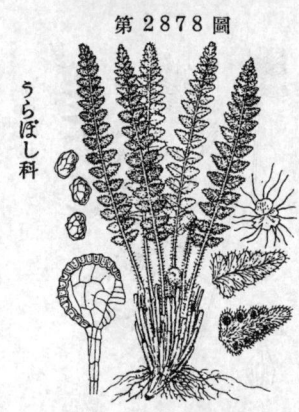

うらぼし科

いはでんだ
Woodsia polystichoides *Eat.*
var. **Veitchii** *Hook. et Baker.*
(= W. Veitchii *Hance*.)

我邦中部北部地ノ岩上等ニ生ズル多年生ノ羊歯草本ニシテ冬月ハ葉枯ル。根莖ハ短クシテ直立シ時ニ多數集合シテ大ナル塊狀ヲ成ス。葉ハ有柄ニシテ多數根莖ヨリ叢生シテ立チ、高サ 20-40cm 許、多少革質ニシテ褐綠色ヲ呈シ、葉面ハ瘦細ナル針線狀ニシテ赤褐色ヲ帶ビ、下部ニ一關節ヲ有シ、葉ノ中軸ト共ニ淡褐色ノ小形ノ披針形鱗片ヲ散生ス。葉面ハ單羽狀ニシテ線狀披針形ヲ成シ、羽片ハ多數ニシテ殆ド直角ニ開出シテ中軸ノ兩側ニ排ビ、長橢圓形ニシテ鈍頭ヲ有シ、廣楔形底ニシテ極メテ短キ小柄ヲ具ヘ、基部ハ其上方ニ向レ多少半形ヲ成シ、一齊ニ毛茸多シ。囊堆ハ羽片ノ兩綠ニ近ク相連ナリテ排ビ、淡褐色ノ苞膜ヲ有シ、苞膜ハ圓形ニシテ內凹シ四乃至五裂ス。葉ニ毛稀薄ナル者アリ、之レヲヱぞいはでんだ (var. nudiuscula *Hook*.) ト云フ。和名岩でんだハ岩上ニ生ズル羊齒ナルヲ以テ云フ。

第 2 8 7 8 圖

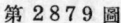

うらぼし科

みやまいはでんだ
Woodsia ilvensis *R. Br.*
(= Acrosticum ilvense *L.*)

寒地ニ生ズル多年生ノ小羊齒草本ニシテ冬月ハ葉枯ル。根莖ハ直立或ハ傾斜シ、多數ノ舊葉柄ノ殘渣ヲ着ケ、下ニ根ヲ發出ス。葉ハ多數叢生シテ立チ、茶褐色ヲ帶ビ、高サ 10-20cm 許アリ、薄キ草質ヲ成シ、多毛ヲ帶ビ、葉柄ハ多少紫褐色ヲ帶ビタル針線狀ニシテ下部ニ關節ヲ有シ披針形又ハ線狀ノ淡褐色小形ノ鱗片ニ密布ス。葉面ハ披針形ニシテ單羽狀ヲ成シ、羽片ハ三角狀長圓形ニシテ銳頭ヲ有シ、羽狀ニ深裂又ハ尖裂シ、裂片ハ卵形ニシテ鈍頭ナリ。囊堆ハ茶褐色ニシテ各羽片ニ數箇ヲ有シ深裂片又ハ尖裂片ニ各一箇アリ、苞膜ハ其邊綠長キ毛狀ニ成ル。和名ハ深山岩でんだノ意ナリ。

第 2 8 7 9 圖

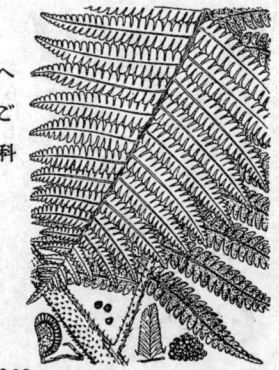

へご科

まるはち
Alsophila Bongardiana *Mett.*

小笠原島ノ特產ナル大形ノ常綠木生羊齒ニシテ同島開豁ノ斜面地ニ群孟ヲ成スコト遠望宛モ傘ヲ擴ゲタルガ如ク頗ル壯觀ナリ。稈ハ直立單一、高サ 5m ニ達シ、葉柄ハ基脚關節アルヲ以テ其脫落セル葉痕鮮明ニシテ其形、初メハ角形後ニハ圓形ノ輪廓中ニ葉柄維管束ノ殘部、倒ニ八ノ字形ニ配列ス。葉ハ稈頂ニ簇生平開シ互大ニシテ長サ 1-2m ニ達シ再羽狀ヲ成シ、葉柄ハ互大ニシテ淡褐色ヲ呈シ硬キ腺狀突起ヲ散生ス。葉面ハ稍革質、深綠色ヲ呈シ、羽片ハ中軸兩側ニ十箇未滿ノ數ヲ算シ、長橢圓形披針形ニシテ互ニ平行シ長サ 30-50cm ヲ算シ、小羽片ハ廣線形銳尖頭、羽片中軸ヨリ開出シテ羽狀ニ深裂シ、裂片ハ歪橢圓形、裏面ハ稍蒼白色ニシテ中脈ノ上邊綠トノ中間ニ無苞膜裸出ノ小球狀囊堆ヲ着生ス。胞子ハ茶褐色。へご二比シテ稈上著シキ特異ノ葉痕ト囊堆ハ苞膜無キトニ由リ之レヲ區別スベシ。和名圓ハ其脫落セル葉痕宛モ圓形廓內ニ八ノ字アル如ク見ユル故云フ。

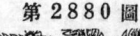

へご (杪欏)

一名 へごしだ・りうきうへご

Cyathea spinulosa *Wall.*

南部ノ暖地例ヘバ大隅種子島・薩摩甑島・肥前五島中ノ福江島或ハ小笠原島・八丈島等ノ渓谷陰濕地ニ自生スル大形ノ常綠木生羊齒ニシテ獨稈高サ3-8mニ達シ、徑10-30cmアリ、稈面上部ニテハ枯死セル葉柄本永ク殘存スレドモ其後須臾ニシテ黑褐色ノ氣根無數ニ網狀ヲ成シ連結シテ厚ク稈ノ周圍ヲ包ムニ至ル。葉ハ稈頂ニ簇集シテ平開シ巨大ニシテ長サ1-2mニ達シ薄キ革質ヲ呈シ綠色ニシテ表面ニ多少ノ光澤ヲ有シ、葉脈稍陷入ス。葉柄ハ中軸ト共ニ生時綠色、乾ク時黑褐色ニシテ光澤ヲ有シ顯著ナル黑刺ヲ密生ス。葉面ハ再羽狀ヲ成シ、羽片ハ長橢圓形ニシテ鋭尖頭、長サ30-50cm、小羽片ハ線狀披針形ヲ呈シテ鋭尖シ、羽狀ニ深裂シ、裂片ハ稍尖リテ細鋸齒アリ。嚢堆ハ裂片ノ中脈ニ近ク其兩側ニ並列シ小球狀茶褐色ノ脆キ苞膜ニ包マレ少シク乾ケバ忽チ破レ子嚢亦破綻シテ赤褐色ノ胞子ヲ吐ク。稈ハ蘭類着植用等園藝上利用多シ。和名此種ハ元來おほへごト謂フベキ者ナレドモ今ハ單ニへごト云ヘリ、而シテへごノ語原ハ不明ナリ。

第2880圖

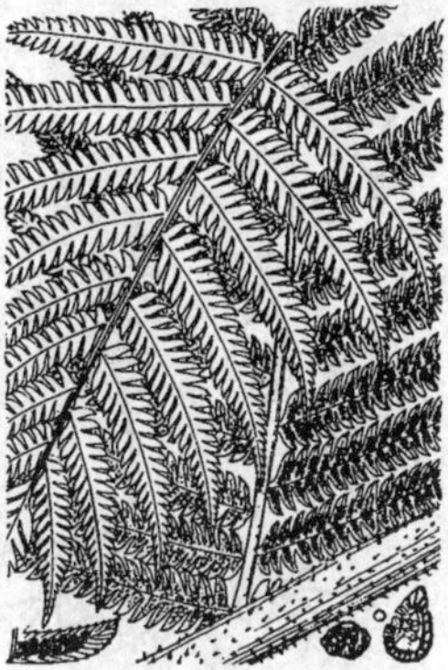

へご科

こけしのぶ

Hymenophyllum Wrightii *v. d. Bosch.*

各地深山陰地ノ老樹幹或ハ岩面等ニ着生スル多年生常綠ノ小羊齒草本ニシテ多ク一處ニ密集シテ群生シ暗綠色ヲ呈セリ。根莖ハ質硬キ暗褐色ノ絲狀ヲ成シテ横走シ、鬚根ヲ出セリ。葉ハ疎ニ根莖ヨリ生ジ有柄ニシテ長サ4-6cm許、膜質ニシテ硬ク、葉柄ハ纖細ニシテ絲狀ヲ成シ殆ド翼ヲ有セズシテ葉面ヨリ短シ。葉面ハ長橢圓形或ハ長卵形ニシテ再羽狀深裂ヲ成シ、中軸ニハ狹翼アリ、羽裂片ハ少數ノ小羽裂ニ分レ、小羽裂卽チ最終裂片ハ線形或ハ長橢圓形ニシテ往々其先端ハ少シク凹頭ヲ成シ、一條ノ細脈縱通シ、幅1.5-2mm許アリ。嚢堆ハ葉ノ小裂片ノ末端ニ生ジ、苞膜ハ廣卵形ノ二瓣ヲ成ス。胞子ノ環帶ハ胞子嚢ノ過半部ヲ横匝ス。和名ハ苔忍ノ意ニシテ其小形ナル宛モ苔ノ如ク、葉狀しのぶノ如ケレバ斯ク云フ。

第2881圖

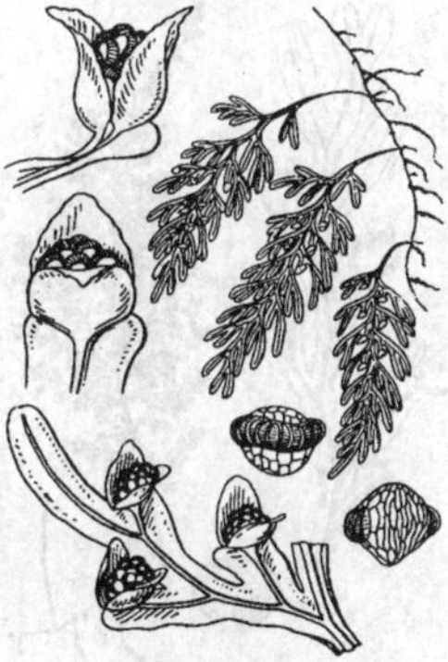

こけしのぶ科

かうやこけしのぶ

Hymenophyllum barbatum *Baker.*

深山樹林下ノ岩面或ハ樹皮等ニ着生スル常綠多年生ノ小羊齒草本ニシテ通常相集テ群生シ多少褐綠色ヲ呈セリ。根莖ハ暗褐色ノ硬キ絲狀ヲ成シテ長ク横走シテ鬚根ヲ發出ス。葉ハ疎ニ根莖ヨリ生ジテ有柄、長サ3-10cm許、硬キ膜質ニシテ薄ク、褐色ノ絲狀鱗片ヲ帶ビ、葉柄ハ絲狀ニシテ葉面ヨリ短ク、上部ニ狹翼ヲ有セリ。葉面ハ長橢圓形又ハ披針形ニシテ先端部時ニ伸出シ、二回或ハ三回羽狀深裂ヲ成シ、中軸ハ狹翼ヲ有シ、羽裂片ハ卵形、羽裂小片ハ倒卵形、最終裂片ハ線狀長橢圓形、鈍頭ヲ成シ、邊緣ニハ細刺狀鋸齒ヲ特有ス。嚢堆ハ獨リ葉面上部ノ羽片ノミニ生ジテ最終裂片ノ先端ニ位シ互ニ接近シテ群ヲ成シ、刺尖狀鋭鋸齒ヲ有スル卵圓形二瓣ノ苞膜アリ。和名ハ高野苔忍ノ意ニシテ紀州高野山ニ生ズレバ斯ク云フ。

第2882圖

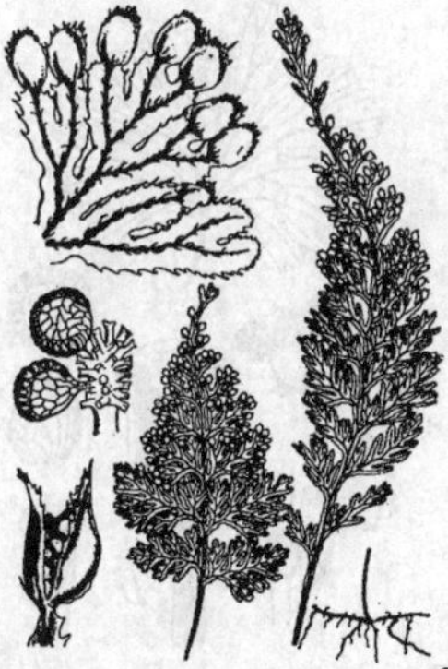

こけしのぶ科

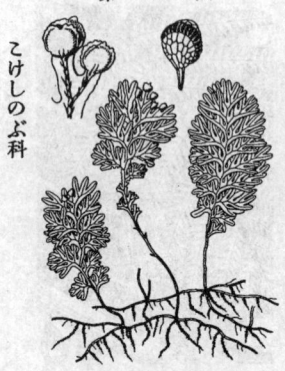

きよすみこけしのぶ
Hymenophyllum oligosorum
Makino.

我本州中部ニ於ケル山中林下ノ樹皮面ニ着生シテ群ヲ成セル常緑ノ小形羊歯草本。根莖ハ質硬クシテ暗褐色ヲ呈セル絲狀ニシテ横走シ、鬚根ヲ發出ス。葉ハ根莖ニ疎生シテ立チ、葉柄ハ葉面ヨリ短クシテ絲狀ヲ成シ、唯上部ニノミ狹翼アリ。葉面ハ廣橢圓形、圓頭、長サ2-4cm、硬キ膜質ニシテ乾ケバ暗色ト成リ、中軸ニハ翼ヲ有シ、密ニ再羽狀ニ深裂シ、羽片ハ短クシテ相重ナリ、小羽裂片ハ小形ニシテ二裂シ、最終裂片ハ線狀長橢圓形、鈍頭、全邊、幅2mm、其中脈ニハ鱗片アリ。嚢堆ハ之ヲ生ズルコト少ク僅ニ葉頭ニ數箇ヲ見ルノミ、苞膜ハ二片アリテ圓形ヲ呈シ嚢堆ヲ包ミ、前緣僅ニ嘴痕ヲ有セリ。和名ハ清澄苔忍ニシテ最初安房國清澄山ニ發見採集シ斯ク名ケシナリ。

ほそばこけしのぶ
Hymenophyllum
Blumeanum *Spreng.*
(= H. pycnocarpum *v. d. Bosch*;
H. polyanthos *auct. non Sw.*)

深山陰地ノ地面・岩上或ハ老樹上ニ生ズル多年生ノ小羊歯草本ニシテ群ヲ成シテ生ジ淡褐ヲ帶ビシ綠色ヲ呈シ、乾ケバ赤褐色ト成ル。根莖ハ暗褐色ノ硬キ絲狀ニシテ長ク横走シ、鬚根ヲ出セリ。葉ハ極メテ疎ニ根莖ヨリ出デテ直立シ、有柄ニシテ葉高サ10-15cm許、硬キ膜質ヲ成シ、葉柄ハ纖細ナル針線狀ニシテ硬ク暗褐色ヲ呈シ、極メテ狹キ翼ヲ有ス。葉面ハ卵狀菱形又ハ廣披針形ニシテ、再羽狀ヲ成シテ細分シ、羽片ハ互生ニ卵狀披針形或ハ長橢圓形ヲ成シ、小羽片ハ楔狀卵形ヲ呈シ、最終裂片ハ線狀ニシテ幅0.5mm許、微凹頭ヲ成ス。嚢堆ハ最終裂片ニ頂生シ、小ニシテ圓形ヲ成シ、幅1mm許ナル二瓣ノ苞膜アリ。和名ハ細葉苔忍ノ意ニシテ其葉細ク狹裂セルヨリ云フ。

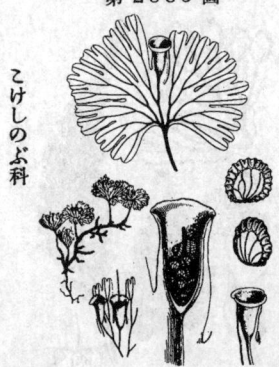

うちはごけ
一名 まるばほらごけ
Trichomanes parvulum *Poir.*

我邦中部南部諸州山地ノ岩上又ハ樹上ニ群集シテ着生スル多年生ノ常綠小羊歯草本。根莖ハ絲狀ニシテ長ク横走シ、黑色ノ細毛ヲ密生シ、又同ジク細毛アル鬚根ヲ生セリ。葉ハ小形ニシテ疎ニ根莖ヨリ出デ、葉柄ハ纖細ナル絲狀ニシテ長サ1cm許、葉面ハ小形ニシテ圓形、腎臟形或ハ扇形ヲ成シ、直徑約1cm內外、深綠色ニシテ膜質ヲ呈シ、扇狀ニ深裂乃至尖裂シ、裂片ハ更ニ淺裂シ、小裂片ハ線狀、鈍頭ヲ呈シ全邊ニシテ各一小脈ヲ容ル。嚢堆ハ一葉ニ一乃至數箇ヲ生ジ、他ヨリ低キ小裂片先端ニ生ジ、總苞即チ苞膜ハ圓筒狀ヲ成シテ其口緣少シク擴ガル。和名ハ圓扇苔ノ意ニシテ其葉圓形ニテ圓扇ノ如ク、又小形ニシテ宛モ苔ノ如ケレバ云ヒ、圓葉洞苔ハほらごけノ類ニシテ其葉圓形ナレバ云フ。

こがねしのぶ

一名　ほらごけ・ほらしのぶ・はひほらごけ

Trichomanes orientalis _C. Chr._

(= T. japonicum _Franch. et Sav._)

中部並ニ其以南ノ山地ノ陰濕ノ處ニ群ヲ成シテ生ズル多年生ノ常緑羊齒草本。根莖ハ長ク横走シ、細絲狀ニシテ黒色ノ細毛ヲ密生シ、鬚根ヲ出セリ。葉ハ疎ニ根莖ヨリ生ジテ長柄ヲ有シ、葉ノ中軸ト共ニ葉柄兩側ニ著シキ翼ヲ有シ往々鐶曲ス。葉面ハ葉柄ヨリ長クシテ長サ10-20cm許、卵狀披針形ヲ成シ三囘乃至四囘羽狀ニ全裂シ、全薄クシテ稍透光シ、黄緑色ニシテ乾ケバ初メ緑色、後遂ニ變ジテ暗緑色ト成リ、羽片ハ互生シテ卵形或ハ長卵形ヲ成シ、小羽片モ亦互生シテ楔狀卵形ヲ呈シ、最終裂片ハ線狀長橢圓形、鈍頭ニシテ全邊ナリ。嚢堆ハ裂片ノ末端ニ生ジ、總苞即ツ苞膜ハ圓筒形ヲ呈シテ口緣少シク擴ガリ、下牛部ハ兩翼狀ヲ成セル葉肉内ニ入リ、床柱ハ纖細ニシテ長ク超出シ、往々筒部ノ三倍長ニ達ス。和名黄金忍ハ其黄緑色ヲ呈セル葉質ニ基キテ云ヒ、洞苔並ニ洞忍ハ岩洞内ニ生ズルヨリ云ヒ、這洞苔ハ其莖匍匐スルヨリ云フ。

こけしのぶ科

あをほらごけ

Trichomanes bipunctatum _Poir._

(= T. Filicula _Bory._)

中部並ニ其以南ノ山中陰濕ノ地ニ小群ヲ成シテ生ズル多年生常緑ノ小羊齒草本。根莖ハ黒色ノ絲狀ヲ成シ横走シテ密ニ黒色ノ細毛ヲ被リ、同ジク黒毛アル鬚根ヲ出セリ。葉ハ疎ニ根莖ヨリ生ジ、葉柄ハ葉面ヨリ短クシテ其中軸ト共ニ兩翼ヲ有シ往々鐶曲ス。葉面ハ卵形或ハ卵狀長橢圓形ヲ成シ、長サ3-5cm、三囘羽狀ニ深裂シ、羽片ハ卵形或ハ卵狀披針形ニシテ互生シ、小羽裂片ハ楔狀倒卵形ヲ成シ、最終裂片ハ線形ニシテ鈍頭、全綠、葉質ハ薄クシテ深綠色ヲ呈シ、乾クモ尚其色ヲ保チ、光ニ翳セバ葉肉内ニ多數ノ短線形爲脈アルヲ見ルベシ。嚢堆ハ羽片ノ頂部ヲ除キタル裂片上ニ着キ、總苞即ツ苞膜ハ倒闊錐狀ニシテ兩脣ハ稍三角狀卵形、緣部ニハ爲脈アリ。床柱ハ總苞ヨリ長ク突出ス。和名青洞苔ハ其葉ノ特ニ深綠色ナルニ基キテ云フ。

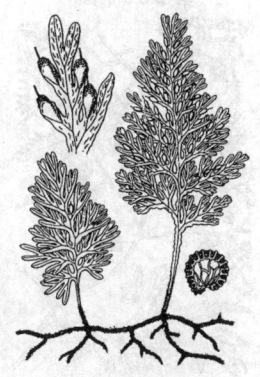

こけしのぶ科

うらじろ

一名　やまくさ・ほなが・もろむき・しだ・へご

Gleichenia glauca _Hook._

(= Polypodium glaucum _Thunb._; Dicranopteris glauca _Nakai_; G. longissima _Bl._)

暖國ノ山地ニ生ジ通常乾燥シタル地ニ大群落ヲ成ス大形常緑ノ多年生羊齒草本。根莖ハ粗大ナル針線狀ニシテ長ク横走シ、質硬ク赤褐色披針形ノ鱗片ヲ密生シ、疎ニ葉ヲ生ズ。葉柄ハ硬クシテ光澤アル茶褐色ヲ呈シ中心ニ一條ノ維管束ヲ通ズ。葉面ハ葉柄ノ上端ニ於テ雙出シ左右ノ二葉ト成ル、各葉ハ披針形ニシテ二囘羽狀ニ深裂シ、上面ハ光澤アル綠色、下面ハ白色ヲ呈シ、最終裂片ハ全邊ナリ。初夏、葉ノ裂片ノ裏面ニ嚢堆ヲ生ジ裸出シタル黄綠色ノ四子嚢ヨリ成リ、彈圈ハ横周ス。左右兩葉ノ中間ニ一鱗片ヲ帶ピタル芽ヲ有シテ次年延長シテ又其先端ニ左右ノ二葉ヲ生ジ、此ノ如クニシテ其能ク成長セルモ數度ヲ成シテ高サ2-3mニ達スル者アリ。此種ハ其葉ヲ新年ノ裝飾ニ用キ、又葉柄ヲ箸・盆等ノ製作ニ使用ス。和名裏白ニ葉裏白色ヲ呈スレバ云ヒ、山草ニ山地ニ生ズルヨリ云ヒ、穗長ハ其葉長形ナルヲ以テ云ヒ、諸向ハ二葉對出セルヨリ云ヒ、しだハ下垂ルノ意ニテ其葉ノ撓下セル狀ニ基キテ云ヒ、へごハ琉球語ひぐノ轉ナリト謂ハル。

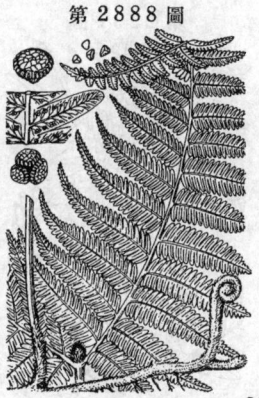

うらじろ科

963

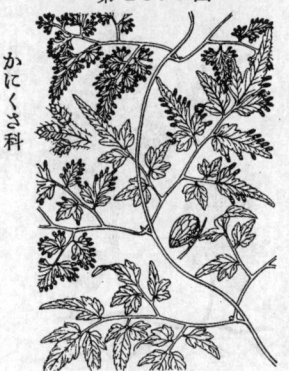

第 2 889 圖

うらじろ科

こしだ
一名 こへご

Gleichenia linearis Clarke.
(= Polypodium linearis *Burm.*; P. dichotomum *Thunb.*; G. dichotoma *Hook.*; Dicranopteris dichotoma *Bernh.*)

溫暖諸州ノ山地ニ大群落ヲ成シテ生ズル多年生常綠ノ羊齒草本。根莖ハ針線狀ニシテ長ク横走シ質硬クシテ光澤アル金褐色ノ細形鱗片ヲ密生シ、疎ニ葉ヲ生ジ其高サ凡1m以上ニ及ブ。葉柄ハ長サ20-60cm許、硬キ針線狀ニシテ光澤アリ、中ニ一條ノ維管束ヲ通ジ、其先端ハ二叉ニ分レ、更ニ又其先端ハ各一對、及ビ其基部ニ一簡宛ノ小葉ヲ着ク。小葉ハ長橢圓狀披針形、草質ニシテ上面ハ綠色ヲ呈シ光澤アリ、下面ハ白色ナリ、羽狀ニ深裂シ、裂片ハ細長キナル線狀、鈍頭、全邊、裏面及ビ葉柄ニハ赤褐色ノ細形鱗片ヲ生ズレドモ脫落シ易シ。葉ノ裂片ノ裏面ニ數子囊ヨリ成ル囊堆ヲ生ジ、子囊ノ彈環ハ横周ス。葉柄ヲ以テ箒等ヲ造ル。和名こしだ之レヲうらじろニ比スレバ草狀小形ナルヲ以テ云ヒ、小へゴモ亦然リ而シテ此へゴハうらじろヲ云フ。

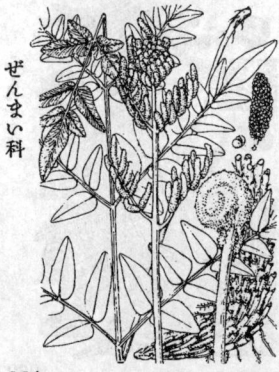

第 2 890 圖

かにくさ科

つるしのぶ (海金沙)
一名 かにぐさ・すなくさ・さみせんづる

Lygodium japonicum Sw.

諸州ノ山野ニ普通ニ見ル多年生羊齒ナレドモ暖地ニ多シ。根莖ハ地下ニ横走シ、直徑2-3mm、黑褐色或ハ栗褐色ノ細鱗片ヲ密布シ、外觀黑色ヲ呈シテ光澤アリ。葉ハ蔓生ヲ成シテ極メテ長ク延長シ他物ニ纏繞シテ長サ數m二達スル者アリ。葉柄ハ光澤アル針線狀ヲ成シテ硬ク、小葉ヲ互生ス。小葉ハ洋紙質ニシテ短柄ヲ有シ直ニ左右ノ二葉ニ岐レテ三乃至四囘羽狀ニ分裂シ、裂片ハ鈍頭ニシテ鋸齒ヲ有シ、下部ノ葉ハ裸裂ヲ成シ、上部ノ葉ニ在テハ其羽片ノ緣ニ囊堆ヲ着ケ、多數ノ囊堆ヲ生ズル羽片ハ往々更ニ小形ニ分裂スルコトアリ。子囊ニハ各一片ノ苞膜ヲ具フ。古來其胞子ヲ集メテ藥用トス。和名蔓しのぶ其葉しのぶニ似テ蔓ヲ成スヨリ云ヒ、蟹草ハ小兒其蔓ニテ蟹ヲ釣ルヲ以テ云ヒ、沙草ハ其出ル胞子ニ基テ云ヒ、三味線蔓ハ小兒其蔓ノ兩端ヲ引張リ彈ジ鳴シテ遊ブ故ニ此ク云フ。

第 2 891 圖

ぜんまい科

ぜんまい (紫萁)
Osmunda japonica Thunb.
(= O. regalis L. var. joponica *Milde.*)

山地・山足・原野・水邊等ニ生ズル多年生羊齒。葉ハ大形ニシテ塊狀ヲ成セル根莖ヨリ叢生シ高サ60cm-1mニ達ス。嫩葉ハ拳曲シテ白綿毛ヲ纏フ。葉柄ハ中脈ト同ジク光澤アリテ硬ク初メ赤褐色ノ綿毛ヲ被フル。葉面ハ三角狀廣卵形、二囘羽狀複葉ヲ成シ、洋紙質ニシテ淡綠色ヲ呈ス。小羽片ハ長サ5-6cm、幅1-1.8cm、披針形、稍鈍頭細鋸齒ヲ有シ無柄、裁底叉ハ圓底、叉狀ニ分岐シテ密ニ相隔ビシ多數ノ平行脈ヲ有ス。羽片及ビ小羽片ノ基部ハ各主軸及ビ枝軸ト節合ス。春日先ヅ胞子葉ヲ出シ次デ裸葉出ヅ、胞子葉ノ小羽片ハ極メテ狹ク縮卷シテ線狀ヲ成ス。夏時ニ至テ稀ニ裸葉ノ上部胞子葉ニ變化スルコトアリ、之レヲはぜんまいト云フ。嫩莖ヲ採リ乾製シテ貯ヘ食用トス。和名ぜんまいハ錢卷ノ意ニシテ卽チ其初生ノ胞子葉錢ノ大サニ卷ケバ斯ク云フ。ラント謂ヘリ。我邦ノ學者従來漢名ノ薇ヲぜんまいニ慣用セシト雖モ是レ誤ニシテ薇ハすすめのゑんどうノ名ナリ。

やしゃぜんまい
一名 みなもとさう
Osmunda lancea *Thunb.*

第2892圖

ぜんまい科

我邦中部ヨリ以南諸州ノ山中溪側ニ生ズル大形ノ多年生羊齒ニシテ葉ハ冬季枯死シ、春日萌出ス。根莖ハ短クシテ太シ。葉ニハ裸葉胞子葉ノ別アリテ一株上ニ出ヅ。裸葉ハ簇生シ長サ葉柄ト共ニ30-50cm許アリ、葉柄ニハ綿毛ヲ帶ビズ、葉面ニ二囘羽狀複葉ヲ成シ、小羽片ハ長橢圓狀披針形ニシテ長サ3cm內外アリ、銳尖頭或ハ銳頭、銳失底ニシテ短キ小柄ヲ有シ、稍革質ニシテぜんまいヨリ厚ク、而シテ全ク無毛、相互ニ相距リテ斜ニ開出ス。胞子葉ハ春日裸葉ニ先チテ萌出シ此レヨリ高ク立チ、淡褐色ノ綿毛ヲ被フリ其樏形ぜんまいニ相同ジク、其小穗ハ赤褐色ヲ呈シ線形ニシテ多數ノ胞子囊ヲ密蓄ス。觀賞ノ爲ニ往々盆栽ト爲ルコトアリ。和名やしゃぜんまいハ多分やせぜんまいノ轉訛ナルベシ、卽チ其葉ノ裂ヲ姉妹品ノぜんまいニ比スレバ狹瘦ナレバ斯ク云フナラン乎、或ハぜんまいノ玄孫卽チやしゃごノ意味ニテ名ケシ乎、みなもとさうハ源草ニテ水ノ流レ出ル邊ニ生ズル意ナラン。

やまごりしだ
一名 やまどりぜんまい
Osmunda cinnamomea *L.*

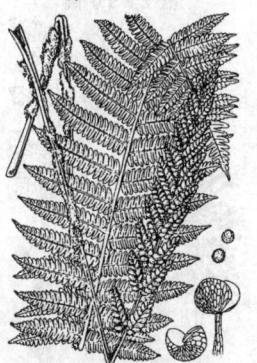

第2893圖

ぜんまい科

中部以北ノ濕原ニ生ズル大形ノ多年生羊齒ニシテ通常群落ヲ形成ス。根莖ハ太クシテ徑5-8cmニ達シ、頂ヨリ葉ヲ簇生ス。葉ハ直立シ、上部撓開シ、冬季枯死シ、裸葉胞子葉ノ別アリ。裸葉ハ初メ赤褐色ノ綿毛ヲ被リ成長後モ伺葉柄ニ殘存ス、葉面ハ長サ30-60cm、長橢圓形、單羽狀複葉。羽片ハ長橢圓狀披針形ニシテ尖リ、羽狀ニ深裂シ、裂片ハ相接近シ、鈍頭稍革質鮮綠色ナリ。胞子葉ハ裸葉ヨリ小形、二囘羽狀複式ニシテ全體赤褐色ノ綿毛ヲ被ル。囊堆ハ單ニ球狀ノ小形子囊ノ集團ヨリ成リテ苞膜ナク、子囊ニ環帶ヲ缺クコトぜんまいニ於ケルガ如シ。山人其嫩葉柄ヲ採テ乾製シ食用ニ供スルコトぜんまいト同ジ。和名烏羊齒ハきじ科ニ屬セルやまどりノ棲ム處ニ生ズるしだノ意ナラン。

おにぜんまい
Osmunda Claytoniana *L.*

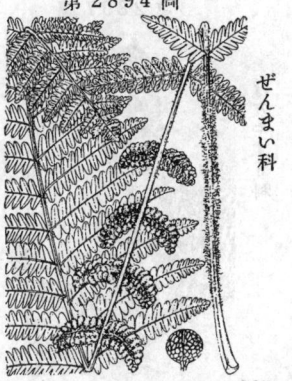

第2894圖

ぜんまい科

中部以北ノ山中濕原ニ生ズル大形ノ多年生羊齒。根莖ハ甚ダ短厚ニシテ斜上シ上端ヨリ五六葉ヲ簇生ス。葉ハ直立シ高サ50cm內外アリ、初メ淡紫褐色ノ毛茸ヲ被レドモ後殆ド裸出シ、冬季ニハ枯死ス。單羽狀複葉ニシテ葉面ハ長橢圓形、羽片ハ線狀長橢圓形ヲ成シ羽狀ニ深裂、裂片ハ橢圓形、平坦、互ニ接近シ、草質ニシテ鮮綠色ヲ呈シ、主軸中邊ニ着ク羽片ハ胞子葉ト成リテ暗綠色ヲ呈シテ短シ。本種ハ往々やまどりしだト混生シ、甚ダ相似タリト雖モ、裸葉胞子葉ハ相別レテ獨立セズ、囊堆ハ葉ノ中部ノ小葉上ニ生ジテ赤褐色ナラズ、綿毛ハ赤褐色ナラズシテ淡紫褐色ヲ呈スルヲ以テ相分ツべシ。和名鬼ぜんまいハ草狀粗大ナルヲ以テ云フ。

りゅうびんたい （觀音座蓮）
一名　りゅうりんたい・うろこしだ
Angiopteris evecta *Hoffm.*
（＝Polypodium evecta *Forst.*;
Danaea evecta *Spreng.*）

暖地ノ陰濕地ニ生ズル大形ノ多年生常綠ノ羊齒草本。根莖ハ徑30cm內外ノ塊狀ヲ成シ、表面ニハ葉柄基部ニ在ル厚キ耳片宿存シテ相重疊ス。葉ハ綠色巨大ニシテ長サ1–2mニ達シ、四方ニ出デテ斜開シ、葉柄ハ巨大ナル圓柱狀ニシテ長サ0.5–1m內外、徑2–3cmアリ、質質ニシテ綠色、鱗片殆ンド脫落ス、基脚ニ廣闊ナル耳片ニ一對アリテ托葉狀ヲ呈ス。葉面ハ再羽狀、中軸ノ基部ハ膨脹ニ臨ルシ、羽片ハ長橢圓形長サ30–45cm、小羽片ハ亦長橢圓形或ハ披針形、銳尖頭、廣楔形底、無柄、小ノ低鋸齒アリ鮮綠色、軟質ニシテ平滑無毛、其中脈ノ左右ニ多數ノ二岐セル支脈平行ス。囊堆ハ多數アリテ小羽片ノ邊綠ニ近ク之ト平行セル一列ヲ成シ又脈上ニハ各一個アリ、苞膜ヲ缺如シ、子囊ハ無柄ニシテ支脈ノ兩側ニ數箇列ヲ成シテ集合シ一箇ノ囊堆ヲ形成ス。觀賞植物トシテ培養セラレ往々溫室ニ見ル。和名りゅうびんたいハ多分龍鱗たいノ轉化セシモノナラン乎、而シテたいハ如何ナル字ヲ用フ乎不明ナリ、龍鱗ノ蓋シ根株ニ重疊セル鱗片ニ基キシ乎、鱗羊齒モ亦其鱗片ニ凶ミシ名乎。

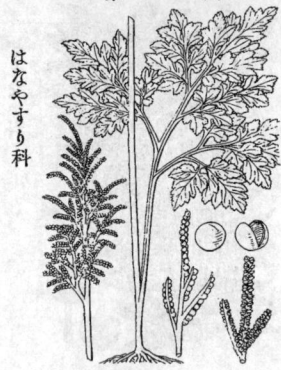

ふゆのはなわらび （陰地蕨）
一名　はなわらび・ふゆわらび・かんわら
び・ひかげわらび・とこわらび
Botrychium ternatum *Sw.*
（＝Osmunda ternata *Thunb.*）

山地或ハ原野向陽ノ草地ニ散生スル多年生ノ羊齒草本ニシテ夏ハ其葉枯レ、全體毛無クシテ質厚シ。根莖アリテ粗大ノ多肉ナル鬚根ヲ發出シ、頂ニ一葉柄ヲ出セリ。葉ハ直立シ高サ30–50cm、葉柄ノ基部ヨリ二岐シテ一ハ裸葉卽チ營養葉ヲ有シ他ノ一ハ胞子葉ヲ有ス。裸葉ノ外形ニ三角狀或ハ五角狀ニシテ二–三囘羽裂ヲ成ス。羽片ハ基部ノ者最下ノ者長柄ヲ有シ且最モ大形ニシテ長三角形ヲ成シ、他ノ羽片ハ無柄ニシテ披針形ヲ呈シ、小羽片ハ長卵形或ハ卵形ヲ或シ羽片外側ノ最小羽片ヲ他ヨリ大ナリ、最終裂片ハ幅2–3mm、長楕圓狀或ハ卵形ヲ呈シ圓頭ヲ有シ、尖リタル細鋸齒アリ。其葉柄稀ニ更ニ兩岐シテ二葉面ヲ成スコトアリ。葉ハ綠色ナレドモ陽光ヲ受ケテ往々赤褐色ヲ呈セリ。胞子囊ハ頂生ノ穗ヲ成シテ分枝シ小枝上ニ多數ノ子囊ヲ並列シ黃色ヲ呈シ粟粒ノ如シ。和名各ノ花蕨ハ冬季ニ新葉ヲ生ジ且胞子穗ヲ生ズルニ因リ此稱アリ、冬蕨・寒蕨ハ共ニ塞中ニ生ズルヨリ云ヒ、且陰蕨ハ日當ラヌ地ニ生ズルノ意、常蕨ハ殆ンド年中在ルヨリ斯ク云フ。

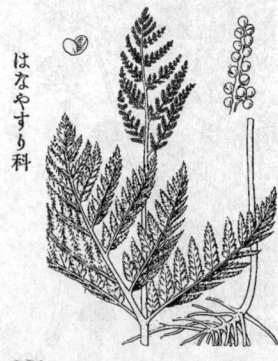

なつのはなわらび （蕨萁）
一名　はるのはなわらび
Botrychium virginianum *Sw.*
（＝Osmunda virginiana *L.*）

山地ノ樹林下ニ生ズル多年生ノ羊齒草本ニシテ冬ハ其葉枯死ス。根莖ハ狹細ニシテ地中ニ在リ或ハ直立シ或ハ傾斜シ、粗大ナル鬚根ヲ發出ス。葉ハ綠色ノ長柄ヲ有シテ根莖ヨリ直立シ、高サ40–70cmニ達ス。裸葉ハ鮮綠色ニシテ薄ク軟キ草質ヲ呈シ五角狀三角形ニシテ三囘羽狀裂ヲ成シ、羽片ハ長橢圓形ニシテ銳尖頭ヲ有シ、短柄ヲ具ヘ、最下ノ羽片ハ最モ大ニシテ菱形ヲ成シ、銳尖頭ヲ有シ、小羽片ハ長卵形ニシテ尖リ羽狀ニ深裂シ、最終裂片乃至橢圓形ニシテ銳頭、大ナル鋸齒アリ。夏月裸葉ノ最下羽片ノ分岐點ヨリ胞子葉ノ一穗ヲ直立シ分岐セル穗ヲ成シテ粟粒ノ如キ小ナル子囊ヲ並列ス。和名ハ夏ノ花蕨ニシテ夏月胞子穗ヲ出ス故云ヒ、春ノ花蕨ハ本品春時ニ萌出スレバ云フ。

おほはなわらび
Botrychium japonicum *Underw.*
(＝B. daucifolium *Wall.*
var. japonicum *Prantl.*)

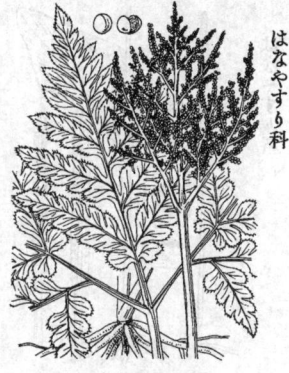

第2898圖

はなやすり科

丘阜地ノ林中等ニ生ズル多年生ノ羊齒草本ニシテ夏時ニハ其葉枯槁シ或ハ宿存ス。根莖ハ地中ニ在リテ傾斜シ粗ナル鬚根ヲ發出ス。葉ハ長柄ヲ有シテ根莖ヨリ立チ、高サ30~50cm許アリテ基部ヨリ二岐シ、一ハ裸葉ト成リ、一ハ胞子葉ト成リ、全體無毛ナリ。裸葉ハ軟キ草質ニシテ綠色或ハ褐綠色ヲ呈シ、略ボ五角形ニシテ單或ハ再羽狀ヲ成シ、最下ノ羽片ハ最モ大ニシテ長柄ヲ有シ、上部ノ者ハ漸次ニ小形狹長ト成リ無柄ニシテ葉面中軸ニ融着シ、最終裂片ハ廣橢圓形ニシテ幅5~6mm、圓頭ヲ有シ、稍粗ナル尖鋸齒アリ。胞子葉ハ頂生ノ穗ヲ成シ分枝シ、小枝上ニ多數ノ子嚢ヲ並列ス。ふゆのはなわらびニ酷似スルモ分裂淺ク且裂片大形ニシテ粗鋸齒ヲ有スルヲ以テ容易ニ識別セラル。和名ハ大花蕨ニシテ大形ナルはなわらびノ意ナリ。

あきのはなわらび
一名　へびのした
Botrychium lunaria *Sw.*
(＝Osmunda lunaria *L.*)

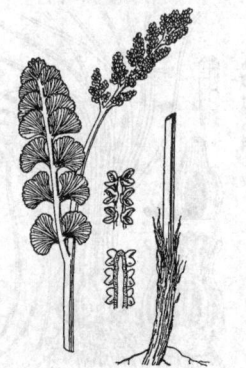

第2899圖

はなやすり科

中部以北ノ高山地帶ニ生ズル多年生ノ小形羊齒草本ニシテ冬月ハ葉無シ。根莖ハ直立或ハ傾斜シ少シク長クシテ鬚根ヲ下セリ。莖ハ直立シ高サ10~15cm、綠色ニシテ圓柱形ヲ呈シ質柔軟ニシテ無毛ナリ、其基本ニハ褐色纖維質ノ稍狀鱗片ヲ具へ、一葉アリテ莖ノ中邊ニ着シ、短柄ヲ有シテ外形長橢圓形ニシテ肉質綠色、單羽狀ニ全裂シ、裂片ハ扇形ヲ成シテ甚粗大ナル中軸ニ對生シ各側ニ五乃至八片アリ、圓頭ニシテ邊緣ニ鈍鋸齒ヲ有シ、底部ハ廣楔形ヲ成シ、葉脈ハ扇形ヲ成シテ分岐セリ。胞子葉ハ裸葉ヨリ高ク抽ヒ直立シ、再羽狀ヲ成シ、子嚢ハ稍密ニ小羽片ノ左右ニ潛生シ、黃色粟粒狀ヲ成シ、無柄ニシテ熟スレバ横裂ス。和名ハ秋ノ花蕨ノ意ニシテ夏秋ノ候胞子穗ヲ出セバ斯ク云ヒ、蛇ノ舌ハ其葉ヲ蛇ノ舌ニ擬シテ云ヘリ。

はなやすり
一名　こはなやすり・てんてとばな
Ophioglossum nipponicum
Miyabe et Kudo.

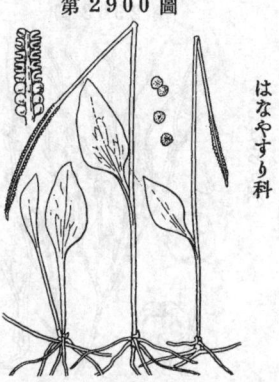

第2900圖

はなやすり科

諸州原野ノ向陽溫潤地等ニ生ズル多年生羊齒草本ニシテ冬期ニハ其葉枯ル。根莖ハ極メテ短クシテ直立シ、稍粗ナル黃色ノ絲狀枝ハ地中ヲ横行シ踈ニ諸處ヨリ葉ヲ出シ又根莖ヨリ黃色ノ鬚根ヲ叢出ス。葉柄ハ細長淡綠色ニシテ直立シ、地上ヨリ少シ上リテ分チ、又長柄アル葉ノミ出スコトアリ。葉面ハ軟キ草質ニシテ稍厚ク、卵形或ハ長卵形ニシテ銳頭又ハ鈍頭ヲ有シ、底部ニ銳形、葉緣ハ全邊、長サ2~4cm、幅8~15mm許、網狀脈ヲ有ス。夏月ニ至テ葉腋ヨリ長柄ヲ立テ高サ10~20cm許ナリ、頂ニ單一ナル瘦穗ヲ直立シ、其兩緣ニ多數ノ嚢堆ヲ並列シ、熟スレバ横裂シテ黃白色ノ胞子ヲ散出ス。和名ハ花鑢ノ意ニシテ其胞子穗ヲ鑢ニ擬セシ稱ナリ、小花鑢ハ小形ナル花鑢ノ意ナリ、天手古花ハ何故ニ斯ク名ケシ乎不明ナリ。

967

おほはなやすり (瓶爾小草)

Ophioglossum vulgatum *L.*

山地向陽ノ草地等ニ生ズル多年生ノ羊歯草本ニシテ冬ハ葉無シ。根莖ハ短クシテ直立シ、稍粗ナル黄色ノ絲狀枝横走シ、根莖ヨリハ更ニ黄色ノ鬚根ヲ發出ス。一葉柄根莖ヨリ出デテ直立シ高サ 7-20cm 許アリテ其途中ニ匙狀卵形ノ一葉ヲ着ケ柄ナク、軟キ草質ニシテ綠色ヲ呈シ、長サ5-7cm、幅2.5-3cm、鈍頭又ハ圓頭ニシテ往々其先端更ニ尖ルコトアリ、全邊ニシテ網狀脈ヲ有ス。初夏ノ候葉腋ヨリ一莖ヲ抽キ、莖頂ニ鑢狀ヲ成セル長サ 3-4cm許ノ胞子穗ヲ直立シ、囊堆ハ淡黄色ニシテ二列ニ並列シ、熟スレバ横裂シテ黄白色胞子ヲ散出ス。和名大花鑢ハはなやすりニ似テ大ナレバ云フ。

みづにら

一名 いけにら・かはにら

Isoetes japonica *Al. Br.*

邦内諸州ノ池沼・溝瀆或ハ流水中若クハ泥地ニ生ズル多年生草本。根莖ハ極メテ短ク暗色ノ塊狀ヲ成シテ泥中ニ在リ、其下端ハ三岐シテ三縱溝ヲ印シ、此溝部ヨリ下ニ向フテ白色ノ鬚根ヲ發出シ、上部ヨリハ多數ノ葉ヲ叢生シテ層々相擁ス。葉ハ鮮綠色ニシテ質軟ク、四稜アル圓柱狀ヲ成シ先端漸次ニ尖リ、其能ク成長シタル者ハ長サ1m 内外ニ達シ、短キ者ヲ僅ニ10cm許ニ過ギズ。葉ノ基部ハ闊キ鞘狀ヲ呈シ白色扁平ナリ。夏ヨリ秋ニ亙テ葉ノ基脚鞘部ノ内面ニ胞子囊ヲ生ジ、其直上ノ位置ニ一片ノ廣鍼形小舌アリ、大胞子囊ハ外側ノ葉ニ生ジ、小胞子囊ハ内側ノ葉ニ生ズ。和名ハ水・池・川ニ生ズルにらノ意ニシテにらノ其葉ノ狀ニ基ク。漢名 水韮 (誤用)

まつばらん

一名 ははきらん

Psilotum nudum *Beauv.*
(=Lycopodium nudum *L.* ;
P. triquetrum *Sw.*)

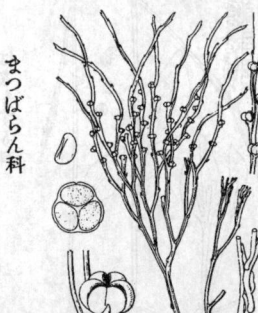

中部以南ノ暖地ニ生ズル多年生常綠草本ニシテ樹上・岩上等ニ着生スルヲ常トシ又地面ニ生ズルアリ。世間往々之レガ異品ヲ盆養シテ觀賞ニ供スルコトアリ。莖ハ叢生シ、長サ10-30cm許アレドモ尚能ク成長セル者ハ時ニ 40cm 内外ニ及ビ、質硬キ痩棒狀ニシテ鈍ク三稜ヲ成シ綠色ニシテ無毛、下ニ根ヲ有セズシテ基部ハ叉狀ニ分岐シ根莖ヲ成シ所謂菌根ヲ成シ、外ハ褐色ノ短毛茸ヲ帶ビ、上部ハ數回叉狀ニ分岐シテ箒狀ヲ呈ス。葉ハ極メテ細小ナル鱗片狀ニシテ疎ニ莖ニ着キテ互生ス。子囊ハ無柄ニシテ莖枝上ニ點在シ二叉セル小形ノ苞腋ニ位シ、球狀ニシテ三耳胞ヲ成シ初メ綠色、後チ黄色ヲ呈シ、胞背開裂ヲ成シテ黄白色ノ胞子ヲ糝出ス。和名松葉蘭又ハ箒蘭ハ其草狀ニ基キテノ稱ナリ。

第 2901 圖

はなやすり科

第 2902 圖

みづにら科

第 2903 圖

まつばらん科

くらまごけ
一名 あたごごけ・えいざんごけ・やうらくごけ

Selaginella japonica *Miq.*
(=S. remotifolia *Spr.*
var. japonica *Koidz.*)

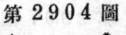

第2904圖

廣ク諸州ノ平原或ハ山地ノ樹下ニ生ズル蘚苔狀
ノ多年生常綠草本。莖ハ細線狀ヲ成シテ地面ニ
偃臥シ、極メテ長ク蔓延シ疎ニ分枝ス、淡綠色
ニシテ關節ヲ有シ處々ヨリ白色絲狀ノ細鬚根ヲ
下ス。葉ハ綠色ニシテ鱗片狀ヲ成シ四列ニ生ジ
大ナル枝ニ於テハ疎ニ着キ小ナル枝ニ於テハ密
ニ着ク、葉ニハ二樣アリ、其左右ニ擴ガリタル
側葉ハ無柄ニシテ長卵狀橢圓形、圓底ニシテ銳
頭ヲ有シ長サ約2mmアリ、莖ノ上面ノ被ヒタル
小ナル背葉ハ斜卵形ニシテ長サ1mm許ナリ。枝
頭ニ胞子穗ヲ生ジ、卵形ノ苞ヲ有シ、大胞子囊
及ビ小胞子囊アリ。和名 鞍馬苔・叡山苔并ニ愛
宕苔ハ共ニ山城ノ同山ニ在ルヲ以テ此稱アリ。
瓔珞苔ハ其莖葉ノ姿ニ基キテ呼ビシナリ。漢名
地柏（慣用ナレドモ蓋シ誤用）

たちくらまごけ

Selaginella Savatieri *Baker.*

第2905圖

原野山足等ノ稍濕潤地ニ生ズル多年生常
綠草本。全體蘚苔狀ヲ呈シテ密ニ地面ヲ
被ヒ聚落ヲ成ス。莖ハ纖細ニシテ匍匐シ、
黃綠色ニシテ數條ノ稜ヲ有シ、くらまご
けニ泝ケルヨリハ短ク、處々ヨリ根ヲ下
シ、其分出セル枝ハ多クハ直立ス。葉ハ
黃綠色ヲ呈シ、時ニ多少紅色ヲ帶ビ、四列
ニ生ジ、側葉ノ二列ハ無柄ニシテ斜卵形
ヲ呈シ、銳頭圓底ヲ有シテ邊緣ニ微毛ヲ
具ヘ、長サ2-3mmアリ、背葉ノ二列ハ狹
キ長卵形ニシテ綠毛ヲ有シ、長サ1-2mm
アリ。胞子穗ハ直立シテ長サ5-7cm許、
時々二叉狀ニ分岐シ、苞ハ卵形ニシテ凸
頭ヲ成シ、大胞子囊ト小胞子囊トヲ生ズ。
和名ハ立鞍馬苔ノ意ニシテ其胞子穗直立
スルヲ以テ斯ク稱ス。

こんてりくらまごけ（翠雲草）

Selaginella uncinata *Spring.*

第2906圖

支那ノ原產ニシテ早ク歐洲ニ入リ我邦ヘハ明治
初年ニ同洲平或ハ米國平ヨリ渡來シ、爾來溫室
內ニ栽培セラルル多年生常綠草本。莖ハ黃綠色
ニシテ細線狀ヲ呈シ、縱橫ニ地面ニ匍匐放縱シ
テ之レヲ覆ヒ、其長キ者ハ50cm餘ニ達シ、分枝
シテ處々ニ細鬚根ヲ發出ス。葉ハ鱗片狀ニシテ
主枝ニ於テハ疎ニ着キ小枝ニ於テハ極メテ密ニ
着キ、展開シテ平面ニ成シ、淡綠色ニシテ通常往
々碧藍色ヲ呈シテ頗ル美麗ナリ。側葉ハ長卵形
乃至長橢圓形ヲ成シ長サ3-4mm許ニシテ中脈ヲ
有ス。背葉ハ長サ1-2mm許、斜長卵形ニシテ銳
尖頭ヲ有シ、先端ハ一方ニ彎曲ス。胞子穗ハ長サ
1.5cm許、苞ハ長卵形ニシテ尖リ上部反曲セリ、
大胞子囊ハ小胞子囊ヲ有ス。和名ハ紺照鞍馬
苔ノ意ニシテ其葉往々藍色ヲ呈スルヨリ云フ。

いはひば科

かたひば（兗州卷柏）
一名　ひめひば・めひば
Selaginella caulescens *Spring.*

我邦中部ヨリ以南ノ山中岩上或ハ時ニ樹上ニ群生スル多年生常綠草本。根莖ハ細キ針線狀ニシテ長ク横走シ質硬クシテ鬚根ヲ發出シ、稍疎ニ廣卵形ヲ成セル鱗片狀ノ細葉ヲ着ケ其先端ハ地上莖ト成ル。地上莖ハ質硬ク高サ15-40cm許、其約半長ハ葉柄狀ヲ呈シ、上部ハ分枝シ、四回羽狀ニ分裂シタル複葉狀ヲ成シ、卵形或ハ長卵形ノ外形ヲ有シ、硬クシテ乾ケバ能ク卷縮ス。鱗片狀ノ葉ハ殆ド一平面上ニ密ニ並ビ、表面ハ綠色或ハ赤綠色ニシテ裏面ハ白綠色ヲ呈ス。大ナル枝ニ於テハ側葉ト背葉トハ同形同大ニシテ廣卵形ヲ呈シ、上部ノ枝ニ於テハ側葉ハ斜長卵形銳頭、背葉ハ長卵形銳尖頭ニシテ小形ナリ。胞子穗ハ小枝端ニ在リテ四稜ヲ成シ大胞子囊ト小胞子囊トヲ有シ、苞ハ卵形ニシテ尖レリ。和名片檜葉ハ其葉只一面ヨリ成レル故ニシ、姬檜葉並ニ雌檜葉ハ之ヲハいはひば二比スレバ弱小ナルヲ以テ云フ。

いはひば（卷柏）
一名　いはまつ
古名　いはくみ・いはこけ
Selaginella involvens *Spring.*

我邦中部ヨリ以南諸州ノ山地岩壁或ハ岩山面等ニ生ズル多年生ノ常綠草本ナレドモ、又觀賞品トシテ庭園等ニ栽培セラレ或ハ藥莖屋根ノ頂一袋ヱラル。莖ハ直立シ粗大ニシテ能ク成長セル者ハ高サ25cm ニ達シ多クハ單一ナレドモ大ナル者ハ疎ニ分岐スル者アリ、暗色ヲ呈シテ下ニ多數ノ根ヲ有シテ質硬シ。莖端ハ多數ノ枝ヲ叢生シテ開展シ、分岐シテ細小ナル鱗片狀ノ葉ヲ密生シ、一枝ハ略ボ一平面上ニ平開シテ表面ハ綠色、裏面ハ白綠色ヲ呈ス。葉ハ長卵形ニシテ長サ1.5-2mm、其先端ハ長ク銳尖頭ヲ成シ、鋸齒緣ナリ。小枝端ニ四稜ヲ成セル胞子穗ヲ出シ、苞ハ三角形ヲ成シ、大胞子囊ト小胞子囊ヲ有ス。全體常時ハ開展スト雖モ、乾ケバ內部ニ向テ卷縮シ、濕氣ヲ得レバ復ビ開展シ常態ト成ル特性ヲ有ス。和名岩檜葉並ニ岩松ハ其草狀ニ基キテ云フ。

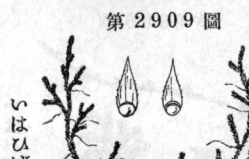

ひもかづら
Selaginella rupestris *Spring.*
var. shakotanensis *Franch.*
(=S. shakotanensis *Miyabe. et Kudo.*)

我邦中部並ニ寒地ノ高山ニ生ズル多年生常綠草本。莖ハ褐色ヲ帶ビ瘦細ナル圓柱形ヲ成シテ紐狀ヲ呈シ長ク地ニ匐ヒ多數ニ分枝シ、枝ハ互生シ互ニ交錯シテ聚落ヲ形成シ、處々ヨリ鬚根ヲ發出ス。葉ハ莖ヲ被ヒテ密生シ、元來開出スレドモ乾ケバ莖上ニ伏臥スルコト宛モ乾臘標品ニ見ルガ如シ、線狀披針形ニシテ長サ約２mm、先端ハ長ク尖リテ尾狀ヲ呈シ、邊緣ニハ毛ヲ有シ、綠色ニシテ時ニ多少黃褐色ヲ帶ブルコトアリ。胞子穗ハ四稜ヲ成シテ小枝端ニ出デ長サ1cm 許アリ。苞ハ心臟狀卵形又ハ披針形ヲ呈シ、穗內ニハ大胞子囊ト小胞子囊トアリ。和名紐蔓ハ其乾ケル草姿ニ基キテ云ヘリ。

たうげしば (千層塔)
一名 たうげひば
Lycopodium serratum *Thunb.*

諸州ノ山地樹下ノ地ニ生ジ高サ8-15cm餘アル多年生常綠草本ニシテ叢生ス、莖ハ葉ト共ニ綠色ヲ呈シテ直立或ハ傾上シ基部ヨリ疎ニ分枝シ上部時ニ兩岐スシテ根ヨリ發生ス。葉ハ倒披針形或ハ長橢圓狀披針形ヲ成シテ薄ニ革質ヲ呈シ、基部ハ短キ葉柄ト成リテ狹窄シ先端ニ銳頭ヲ成シ葉緣ニ不齊ノ銳鋸齒ヲ有シ、稍光澤アリテ暗綠色或ハ黃綠色ナル常トシ、長サ1-2cm幅3-5mmアリテ中央ニ一脈アリ、莖上往々斷續的ニ大小ノ葉ヲ肩ヘ交互ニ層ヲ成スコトアリ。胞子囊、大ニシテ各葉腋ニ單生シ無柄腎臟形ニシテ白黃色ヲ呈シ橫裂シテ胞子ヲ穉出ス。高山等ニ生ジ葉ノ小ナル品ヲほそばたうげしば (var. Thunbergii *Makino*) ト云ヒ、南方暖地ノ山地ニ見ル大葉ノ品ヲおほたうげしば (var. javanicum *Makino*) ト云フ、要スルニ我邦內地ニハたうげしば・おほたうげしば并ニほそばたうげしばノ三品アリ。本種ハ往々梢ニ綠色ノ芽體ヲ生ジ後々離レテ地面ニ落下シ新苗ヲ作ル殊類アリ。和名峠柴木ニ峠檜葉ノ峠邊ノ山地ニ生ズルヨリ云フ。

第 2910 圖

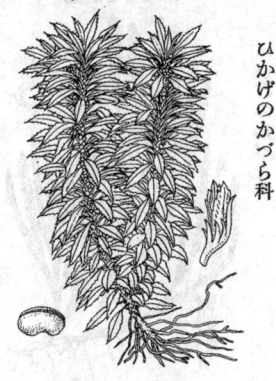

ひかげのかづら科

ひかげのかづら (石松)
一名 かみだすき・きつねのたすき・うさぎのたすき・てんぐのたすき・やまうばのたすき
Lycopodium clavatum *L.*

山足等ノ比較的陽地ニ自生スル多年生常綠草本。莖ハ粗ナル針線狀ニシテ綠色ヲ呈シ長ク地上ヲ匍匐シテ長サ2m內外ニ達シ、處々分岐シ白色ノ根ヲ發出ス。葉ハ密ニ莖ニ着キ或ハ輪生シ或ハ螺生シ長サ4-6mm幅0.5mm、又ハ更ニ狹キ線狀披針形ニシテ綠色ヲ呈シ質硬クシテ光澤ヲ有シ、先端ハ銳尖ニシテ長キ毛狀ニ終リ、葉緣ニ微鋸齒アリテ中脈ハ著シ。子囊穗ハ淡黃色ヲ呈シ長サ3-4cmアリテ圓柱形ヲ成シ、二乃至四箇アリテ分岐セル小梗ノ頂ニ直立ス、本梗ハ長ク直立シ長サ8-15cm許ニシテ疎ニ葉ヲ散生ス。苞ハ廣卵形ニシテ先端銳尖形ヲ成シテ長ク延ヲ邊緣ニ細鋸齒アリ、其腋ニ大ナル子囊ヲ擁シ、子囊ハ腎臟形ヲ成シテ橫裂シ胞子ヲ穉出ス、此胞子ヲ石松子ト稱シ藥用トス。莖ハ今時年首ノ裝飾或ハ盛花等ニ用キラル。和名日蔭ノ蔓ニ陰地ニ生ズル蔓ノ意、神襷・神襷ノたすきノ意、狐ノ襷・兔ノ襷・天狗ノ襷・山姥ノ襷ハ皆其長キ蔓ヲ此等ノ生物ノ用ウル襷ニ擬セシ者ナリ。

第 2911 圖

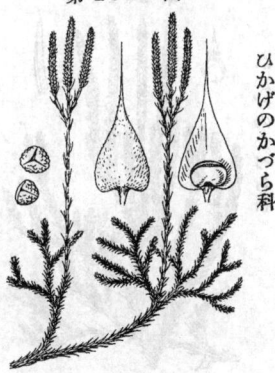

ひかげのかづら科

あすひかづら (地刷子)
Lycopodium complanatum *L.*

寒地ノ山ニ生ズル多年生常綠草本。莖ハ稍扁タキ紐狀ニシテ黃綠色ヲ呈シ、長ク地上ヲ匍匐シ、處々ニ短キ根ヲ下シ、多數分岐シテ地ヲ被フ。主ナル莖ニハ細キ鱗片狀ノ葉ヲ疎ニ生ズレドモ枝ニハ大形ノ葉ヲ四列ニ生ズ。左右ニ廣ガリタル二列ノ葉ハ稍菱狀ノ長方形ニシテ先端ハ刺狀ニ尖リ、表面ハ綠色ニシテ裏面ハ淡綠色、多少肉質ニシテ裏面ハ凹ミ、爲メニひば如キ外觀ヲ呈ス。背面ノ一列ハ線形ニシテ左右ノ葉ニ挾マレ先端ハ尖リ、下面ニ向ヒタル一列ハ刺狀ヲ呈シ極メテ小ナル突起ニ過ギズ。莖ト葉トハ渾然ヨク融合シテ區別シ難ク。夏日、直立セル梗ヲ小枝端ニ抽キ、其梗頂分岐シテ小梗ト成リ小梗端ニ胞子穗ヲ直立シ、廣卵形銳尖頭ノ苞多數アリテ鱗次シ苞腋ニ各一箇ノ子囊ヲ擁セリ。和名あすひかづらハあすなろかづらノ意ニシテ其枝狀平扁宛モあすなろノ姿アレバ云フ。

第 2912 圖

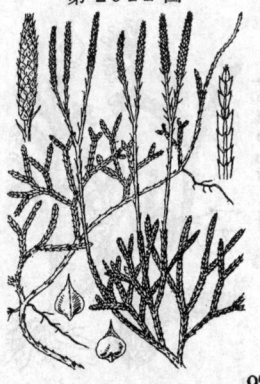

ひかげのかづら科

971

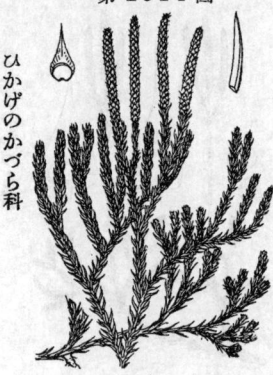

第2913圖

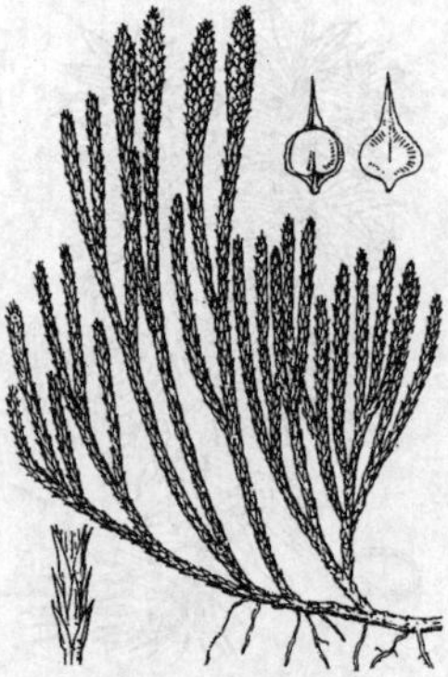

みやまひかげのかづら
Lycopodium alpinum L.

(=L. alpinum L.
var. planiramulosum Takeda.)

高山ニ自生スル多年生草本、莖ハ細長ニシテ長ク匍匐シ、通ジテ葉ヲ着ケ、處々ニ鬚根ヲ下シ2-7cmノ間隔ヲ以テ枝ヲ生ゼリ。枝ハ略ボ直立シテ多數ニ分岐シ、高サ5-15cm許アリテ鱗片狀ノ葉ヲ密生ス。葉ハ四列ニ生ジ鍼形ニシテ硬ク、長サ約2mm位、先端ハ細ク尖リテ爪狀ニ曲リ、綠色ニシテ裏面ハ稍淡色ナリ、而シテ葉ハ多少莖ニ融合スル傾向アリ。枝端ニ長サ2-3cmノ梗ヲ抽キテ立チ頂ニ長サ1-2cmノ胞子穗ヲ直立ス。苞ハ廣卵形ニシテ微鋸齒ヲ有シ、苞腋ニ小ナル子囊ヲ抱ケリ和名ハ深山日蔭の蔓ノ意ナリ。

第2914圖

たかねひかげのかづら
Lycopodium alpinum L.
var. nikoense Baker.

(=L. nikoense Franch. et Sav.;
L. sitchense Rupr. var. nikoense Takeda;
L. sabinaefolium Willd. var. sitchense
Fenald. subvar. nikoense Koidz.)

高山帶ニ生ズル多年生常綠草本。莖ハ多少黃褐色ヲ帶ビタル針線狀ニシテ小ナル鱗片狀ノ葉ハ疎生シ、長ク地面ニ匍匐シ、處々ニ短キ鬚根ヲ下シ、2-3cmノ間隔ヲ以テ枝ヲ生ズ。枝ハ多數ニ分岐シテ半バ直立シ、高サ5-6cmニ達ス。葉ハ線狀披針形ニシテ硬ク、光澤ヲ有シテ鎌狀ニ彎曲シ、先端ハ刺尖狀ニ尖ル。胞子穗ハ分岐セル枝ノ先端ニ生ズル梗端ニ直立シ長サ1-2cmノ圓柱狀ヲ成シ、鱗次セル廣卵形ノ苞間ニ各一ノ子囊ヲ生ズ。和名ハ高嶺日蔭の蔓ノ意ナリ。

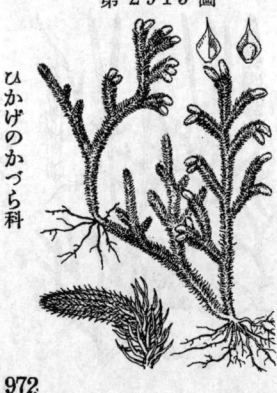

第2915圖

みづすぎ (筋骨草・過山龍)
Lycopodium cernuum L.

暖地ニ向陽濕潤地ニ散生シ或ハ群生スル多年生常綠草本ナレド特ニ北海道登別溫泉ノ如キ意外ナル北部ノ溫泉噴出孔ノ附近暖處ニ見ルコトアリ、又信州中房溫泉地ニモ見、又相州大涌谷ニ在リシ者ハ關東大地震後其地點冷却シ全滅セリ。莖高サ20-40cm許、軟骨樣ニ硬クシテ直立シ下部ニ枝條ヲ發生ス。根ハ少數白色ノ鬚狀ヲ成ス。葉ハ線形ニシテ長サ3-5mm許、先端ハ銳ク尖リ、多數莖上ニ密生スルコトひかげのかづらニ似タリト雖モ淡綠色ニシテ外觀頗ル纖麗且ツ其質軟ナルヲ異ニス。枝條ハ地平ニ平開四出シ其先端地ニ着テ其處ニ新苗ヲ作ルニ至ル。夏日、枝端ニ下向シテ子囊穗ヲ着ケ其數多ク、長サ5-10mmアリ、橢圓形ニシテ黃色ヲ帶ビ卵形ニシテ銳尖頭アル苞ヲ鱗次シ苞腋ニ各一ノ小ナル子囊ヲ有ス。和名水杉ハ此種溫地ニ生ジ草姿すぎニ似タルヲ以テ斯ク云ヘリ。

まんねんすぎ（玉柏）
Lycopodium obscurum *L.*

深山或ハ又淺山樹下ノ地ニ自生スル多年生常綠草本ニシテ陰地ニ在ル者ハ其枝散漫狀ヲ成シテ常形ヲ呈シ (forma flabellatum *Takeda*)、陽地ニ在ルモノハ緊縮狀ヲ呈シたちまんねんすぎト呼ブ (forma juniperoideum *Takeda*)、然レドモ是レ固定セル者ニ非ズシテ其環境ニ由リーハ散漫狀ト成リーハ緊縮狀ト成ル。根莖ハ稍細キ針線狀ニシテ長ク地中ヲ横走シ、赤褐色ヲ帶ビ、細キ鱗片狀ノ葉ヲ疎布ス。地上莖ハ根莖ヨリ疎ニ出デテ直立シ、高サ10-15cm許ニ達シ、多數ニ分岐シテ密ニ枝ヲ生ズ。葉ハ鱗片狀ニシテ密生シ、線狀披針形ヲ呈シテ多少彎曲シ銳尖頭ヲ有シ光澤アリ質硬シ。夏日、梢頂幷ニ小枝頂ニ無柄ノ胞子穗ヲ出シテ直立シ、長サ2-3cmノ圓柱狀ヲ成シ、黃褐色ヲ呈ス。苞ハ極メテ廣キ三角狀廣卵形ニシテ刺尖頭ヲ有シ各苞腋ニ一子囊ヲ具フ。近來生花用トシテ用キラル。和名ハ萬年杉ノ意ニシテ其枝葉生々トシテ久シク保ツ故云フ。

ひかげのかづら科

すぎかづら
Lycopodium annotinum *L.*

寒地ノ山中ニ生ズル多年生常綠草本。莖ハ針線狀ヲ成シ質硬ク緑色ヲ呈シ、長ク地面上ヲ横走シ、處々分岐シテ枝ヲ分チ、枝ハ亦數次分岐シテ多少直立シ、多數ノ綠葉ヲ密生シ外觀略ぼすぎニ似タリ。葉ハ輪生シ殆ンド直角ニ開出シ、質硬ク光澤ヲ帶ビ、長サ凡5-6mm許アリ、線狀披針形ニシテ銳尖頭ヲ有シ細微ナル銳鋸齒ヲ具フ。夏日、枝梢上ニ淡綠色ノ胞子穗ヲ生ジテ直立シ、長サ3-4cm許ニシテ單立シ、梗ヲ有セズ、苞ハ廣卵形ニシテ銳尖頭ヲ有シ、苞腋ニ各一ノ小ナル無柄子囊ヲ具フ。和名ハ杉蔓ノ意ニシテ其莖葉ノ狀ニ基キテ云フ。

ひかげのかづら科

すぎらん
Lycopodium cryptomerianum *Maxim.*

山地ノ林中ニ生ズル多年生常綠草本。莖ハ粗大剛硬ニシテ綠色ヲ呈シ、基部ニ於テ二三分岐シテ叢生シ、或ハ立チ或ハ横タハリ、長サ15-20cm內外アリテ密ニ葉ヲ互生ス。葉ハ線形或ハ線狀披針形ニシテ先端銳ク尖リ、底部ハ殆ンド無柄ニシテ葉緣ハ全邊ナリ、質剛ク無毛ニシテ深綠色ヲ呈シ、長サ15mm內外アリ。子囊ハ枝端ニ近キ葉腋ニ一箇ヅツ生ジ殆ンド無柄ニ近ク、腎臟形、圓頭、淡黃色ヲ呈シ邊緣ニ沿ヒ横裂シニ片ト成リ中ヨリ粉末樣ノ黃色胞子ヲ吐ク。子囊ノ生ゼル個處ノ葉ハ尋常葉ト外觀何等異ナラザルヲ以テ、別ニ明瞭ナル子囊穗ヲ立テバラナク、此點たうげしば卜相似タリ。和名杉蘭ハ其莖葉ノ狀宛モ杉ニ似タル故云フ。

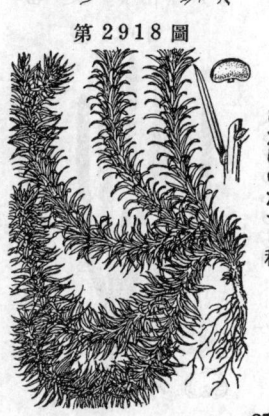

ひかげのかづら科

第2919圖

ひかげのかづら科

やちすぎらん
Lycopodium inundatum *L.*

我邦北部竝ニ中部ノ山原或ハ山足ノ濕潤地ニ生ズル多年生常綠草本。莖ハ細キ針線狀ニシテ横臥シ長サ 8-18cm 許アリテ往々疎ニ分枝シ前方ハ鮮綠色ニシテ生活シ後部ハ漸次ニ朽腐ヒ、全體稍軟質ヲ呈シ、處々ヨリ短キ白色鬚根ヲ下シ、莖ヲ通ジテ多數ノ偏生葉ヲ密生ス。葉ハ長キ鱗片狀ニシテ狭線形ヲ成シ鋭尖頭ヲ有シ、全邊ニシテ中脈ヲ有シ、多少光澤アリ、長サ5-6mm許アリ。一莖ハ長サ 4-5cm許ノ一枝ヲ直立セシメ、頂ニ一胞子穗ヲ立ツ。胞子穗ハ圓柱狀ニシテ淡綠色ヲ呈シ長サ 2-3cm 許アリ。苞ハ先端長ク延出シテ漸尖セル長卵形ニシテ略直角ニ開出シ、每苞腋ニ黄色ノ一子嚢ヲ擁ス。和名谷地杉蘭ハ其莖葉ノ狀すぎニ似而シテ谷地卽チ濕洳ノ地ニ生ズルヨリ云フ。

第2920圖

ひかげのかづら科

ひめすぎらん
Lycopodium chinense *Christ.*
(= L. Miyoshianum *Makino.*)

北地ノ高山樹下ノ地ニ生ズル多年生常綠草本。莖ハ高サ7-15cm許アリテ斜上或ハ直上シ下部ハ多少地面ニ横臥シ、數次叉狀ニ分枝シ、枝ハ直立シテ多數叢出シ、針線形ニシテ綠褐色ヲ呈シ、下部ハ細キ根ヲ發出ス、葉ハ長サ4-5mm許アリ、莖ヲ通ジテ密生シ、線狀披針形ニシテ鋭尖頭ヲ有シ、綠色ニシテ光澤アリ、硬質ニシテ上部ノ者ハ斜上シテ開出シ、下部ノ者ハ稍反向シテ開出ス。子嚢ハ梢部ノ葉腋ニ生ズ。梢ハ通常多クノ芽體ヲ生ジ落ツレバ地面ニ新仔苗ヲ生ズ、芽體ハ凹頭ニシテ兩翼ヲ有シ無柄ニシテ綠色ナリ。和名ハ姬杉蘭ノ意ニシテ全體小形ナレバ姬ト云ヘリ。

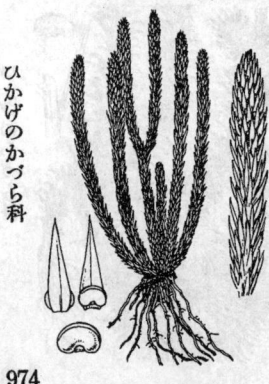

第2921圖

ひかげのかづら科

こすぎらん
Lycopodium Selago *L.*

高山地帶ニ生ズル多年生常綠草本。莖ハ稍褐色ヲ帶ビタル針線狀ニシテ高サ5-10cm、質强剛ニシテ數回叉狀ニ分枝シ、上部ノ枝ハ互ニ密接シテ相集リ、基部ハ通常多少横臥シテ鬚根ヲ下セリ。葉ハ莖ニ密生シ、ひめすぎらんニ似タルモ其幅之レヨリ廣シ、鍼狀披針形或ハ狭披針形ニシテ鋭尖頭ヲ有シ全邊ナリ、長サ4-5cm、幅約1mm許アリ、其質厚ク、多少光澤ヲ有シテ硬ク、通常反曲セズシテ上向シ中脈無シ。上部ノ葉腋ニ各一ノ子嚢ヲ有シ其葉ハ全邊ナル披針形ヲ成シ尖レリ。全草酷ダ能クひめすぎらんニ類スト雖モ本種ハ其葉硬直ニシテ其幅稍廣キヲ以テ區別シ得ベシ。和名ハ小杉蘭ノ意ニシテ全體小本ナレバ小ト云ヘリ。

ひもらん
一名 いはひも
Lycopodium Sieboldii *Miq.*

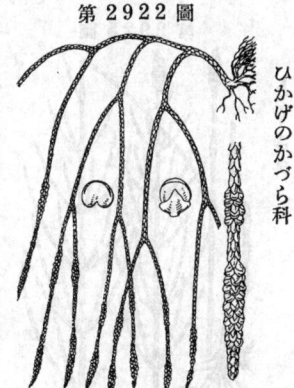

ひかげのかづら科

温暖地ノ山中ニ自生スル多年生常緑草本ニシテ老樹幹等ニ着キテ懸垂ス。莖ハ一株ニ叢生シテ基部ニ根ヲ下シ、細長圓柱形ヲ成シテ長サ20–50cm 許ニ達シ、再三二叉狀ニ分岐シ、多數ノ細紐狀ヲ成シ鬱々トシテ垂下ス。葉ハ殆ンド莖ニ密着シテ鱗次シ細小ナル鱗片狀ヲ呈シ、菱形ニシテ長サ2mm ニ足ラズ、厚クシテ背面ハ隆狀ヲ呈シ、腹面ハ半バ莖ニ融合シ、先端ハ爪狀ニ曲リテ鋭尖頭ヲ成ス。子嚢ハ枝梢ノ葉間ニ生ジテ連續シ、腎臟形ヲ成シテ黄緑色ヲ呈シ、其部ノ葉ハ多少短クシテ幅廣シ。草狀珍奇ナルヲ以テ往々觀賞品トシテ愛植スルヲ見ル。和名紐蘭・岩紐共ニ其紐狀ヲ成セル草狀ニ基キテ云フ。

なんかくらん
Lycopodium Fordii *Baker.*
(＝L. subdistichum *Makino.*)

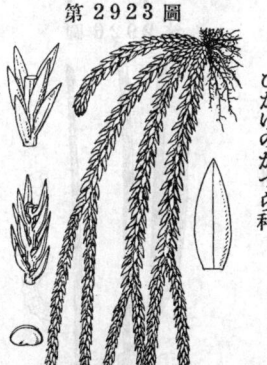

ひかげのかづら科

暖地ノ山中ニ生ズル多年生常緑草本ニシテ樹幹等ニ着生シテ垂下ス。莖ハ長サ20–40cm 許、二叉狀ヲ成シテ數次分岐シ、下部ニ多數ノ根ヲ生ズ。葉ハ密生シテ元來六列ヲ成スト雖モ多少兩列スルノ外觀ヲ呈シ、披針形ニシテ鋭頭ヲ有シ全邊ニシテ無柄ナリ、長サ10–15mm、幅2–3mm ニシテ中脈ヲ有シ、緑色或ハ黄緑色ヲ呈シテ光澤アリ。枝ノ先端ニ胞子穗ヲ出シ長サ5–15cm、時ニ叉狀ニ分岐シ、小形ノ葉ヲ有シ、其葉腋ニ腎臟形ノ子嚢ヲ生ズ、其葉ハ長サ5mm 許ニシテ下部ハ廣ク卵狀ヲ呈ス。和名ノ意義未詳ナリ、昔服部南郭ト云フ學者アリシガ恐ラク此人トハ關係無カラン。

すぎな (問荊)
一名 つぎまつ
Equisetum arvense *L.*

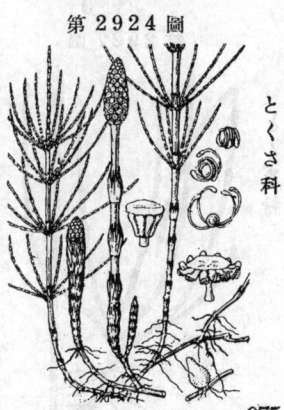

とくさ科

我邦諸州普ク原野等磽磳ニ生ズル多年生草本。地下莖ハ長ク地中ヲ橫走シテ暗褐色ヲ呈シ節ヨリ地上莖ヲ出ス、又往々節上ニ細モアル小塊ヲ着ク。地上莖ニハ二種類アリテ一ヲ胞子莖ト云ヒ一ヲ榮養莖ト稱シ其形狀ヲ異ニセリ。榮養莖ハ高サ30–40cm 許、緑色ノ圓柱形ヲ成シ縱稜アリ、節ヲ有シテ多數ノ枝ヲ輪生シ密ニ叢生シ、節ニハ退化シタル葉ヲリ成ル鞘アリ、細キ齒片ヲ具フ、其輪生セル小枝ハ四稜狀ニシテ節ニ四個ノ鞘ヲ具フ。春季榮養莖ニ先チテ先ヅ胞子莖ヲ出シ、通常つくし又ハつくづくしト稱セラレ、平滑軟質ノ圓柱形ニシテ淡褐色ヲ帶ビ高サ10–25cm、節片アクリ大ナル鞘ヲ具ヘ上部ノ者ハ各相間隔タリテ莖ニ着シ、胞子穗ハ長楕圓穗ニシテ莖端ニ直立シ、層ヲ成シテ楯狀六角形ノ胞子葉ヲ具ヘ下面ニ子嚢ヲ着ク、淡緑色ノ胞子ヲ吐出シ、胞子ニハ四條ノ彈絲アリ乾濕ニ由リ卷舒シアル特性ヲ有セリ。夏時ニ及ンデ斯ノ榮養莖頂ニ子嚢體ヲ出スコトアリ、即チ是レ一時ノ現象ニシテ固定ノ者ニ非ラズ、之ヲつみもちすぎな (賞持すぎな) ト云フ、即チ forma campestre (＝var. campestre *Schultz.*) ハレナリ。古來つくしヲ土筆ト書スルハ日本ノ名ニシテ支那ニテハ之レヲ筆頭菜ト云フ、春時ニ之ヲ食用トシ、又トサカモ嫩キ時ハ食フベシ。和名杉菜ハ其草狀ニ基キテ云ヒ、接ぎ松ハ小兒其枝ヲ鞘ヨリ抽キ又納レテ遊ブ時ノ名ナリ。

第2925圖

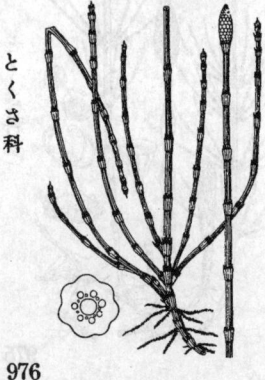

とくさ科

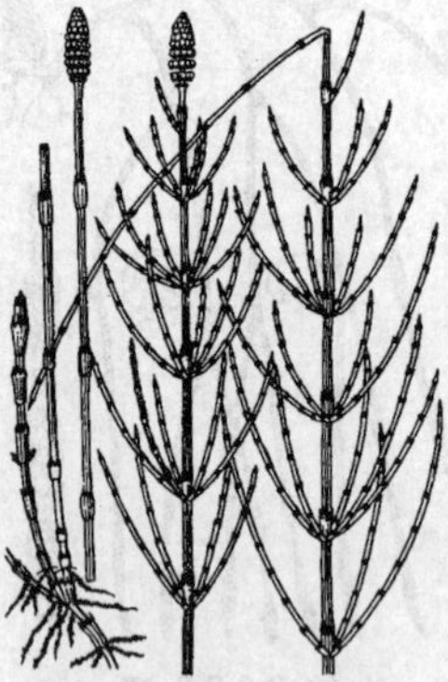

いぬすぎな
Equisetum palustre L.

原野又ハ山地ノ池沼邊或ハ水濕ノ地ニ生ズル多年生草本。地下莖ハ瘦長ニシテ黑褐色ヲ呈シ、地中ヲ横走シ或ハ斜上シテ節ヲ有シ節ヨリ鬚根ヲ發出ス。地上莖ハ地下莖ノ頂端又ハ其ノ節ヨリ出デテ直立シ、胞子莖榮養莖ノ區別無シ、節ヨリ五稜ヲ成セル數條ノ輪生枝ヲ出シ、全形すぎなニ似テ疎且ツ粗、或ハ無枝單一ノ者モアリテ高サ 30-60cm ニ達シ、下部ハ直徑 3mm餘ニ及ビ、縱稜ヲ有シ、節ノ鞘ハ稍大形、其齒片ハ披針形ヲ成シテ尖リ、黑色ヲ呈ス。胞子穗ハ地上莖ノ最上端ニ在リテ直立シ、單一ニシテ長橢圓形ヲ成シ初メ褐紫色ヲ呈シ後チ黃色ヲ帶ブ。和名犬杉菜ハすぎなニ似テ食用トナラザル凡品ナルヲ以テ斯ク云フ。

第2926圖

とくさ科

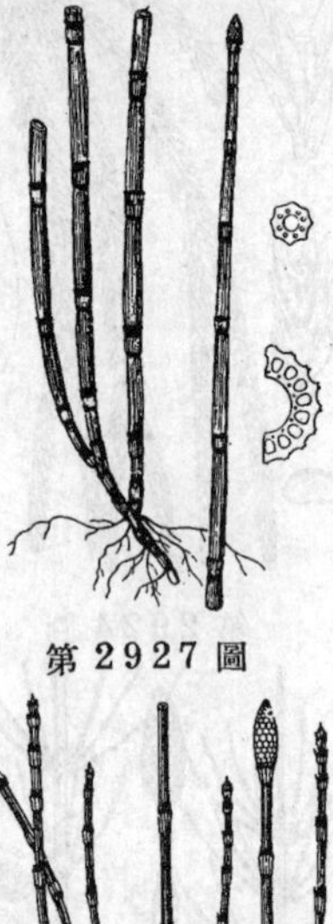

とくさ (木賊)
Equisetum hiemale L.
var. japonicum Milde.

北地ニ多ク自生シ樹下ノ谿邊等ニ繁茂シ、又觀賞ノ爲ニ人家庭際等ニ栽植シアル多年生常綠草本。扨下莖ハ短ク横走シ、地面附近ニ於テ多數ニ分岐シ、地上莖ハ直立シテ叢生シ高サ 60cm-1m許、直徑 5-6mm 許アリ、圓柱形ニシテ中空ヲ成シ單一ニシテ分枝セズ、深綠色ニシテ其表面ニ十八乃至三十溝ノ縱通シ、多クノ節ヲ有シ其各節ニハ短キ黑色ノ鞘ヲ有シ、鞘ハ剛質ナル退化葉ノ連合シテ成レル者ニシテ其齒片ハ謝シ去リ易シ。夏日、莖末ニ短橢圓形ノ子嚢穗ヲ生ジテ形ギ大ナラズ、直立セル無柄ノ圓錐形ヲ成シ銳頭ヲ有シ、初メ綠褐色ナレドモ後チ黃色ト成ル。莖ニハ多量ノ硅酸鹽ヲ含ミ表面粗糙澁シテ木材・角或ハ骨等ヲ磨礪スルニ使用ス。和名とくさハ砥草ノ意ニシテ鹽湯ニ煮テ乾シタル其莖ヲ以テ物ヲ磨ク故云フ。

第2927圖

とくさ科

いぬどくさ (節節草)
一名 かはらどくさ・はまどくさ
Equisetum ramosissimum Desf.
(= E. elongatum H.B.H.)

廣ク河邊ノ砂地及ビ海邊ノ砂場或ハ山間谿流側ノ砂礫地ニ生ズル多年生草本。地下莖ハ長ク地中ヲ横走シテ黑色ヲ呈シ、其上部ニ於テ盛ニ分岐シ多數ノ地上莖ヲ出シテ叢生シ、高サ 30-70cm ニ達シ、瘦長ナル圓柱形ニシテ分枝スルヲ常トスレドモ又單一ナル者、稍單一ナル者等其狀一樣ナラズ、生時白綠色ヲ呈シ、中空ニシテ壁肉ハ厚ク表面ハ糙澁シテ八乃至十五縱溝ヲ有ス。葉ハ各節ニ鞘狀ヲ成シテ之レ周圍シ、其邊緣ハ齒片ヲ成シテ尖レリ。夏日、莖端ニ無柄ノ子嚢穗ヲ直立シ長橢圓形ヲ呈シ黃色ヲ帶ブ。往時藥舗ニ於テ本品ヲ誤テ眞ノ麻黃ト爲シ之レヲ賣リタリ。和名犬どくさハとくさニ似テ眞物ナラザルヲ以テ斯ク云フ、河原どくさ・濱どくさハ其生育セル地ニ基キシ稱ナリ。

976

かたまりすぎごけ

Polytrichum commune *L.*

地上ニ生ジ、黄褐色。茎ハ直立、密生、單一。葉ハ半橢圓狀、稍透明ナル基脚ヨリ鑿狀披針形ヲナシ鋭尖頭、邊緣ハ中央以上ニ鋭鋸齒アリ、薄板ハ多數、ソノ頂細胞ハ横斷面ニテ幅廣ク、中央ニハ凹ミアリ。子囊ハ褐色ノ長柄 (8cm位) 上ニアリテ四縱稜ヲ有シ、基部ニハ倒圓錐形ノ頸アリ。1 全形 (⅗大) 2 葉 3 葉ノ横斷面ノ一部 4 子囊。

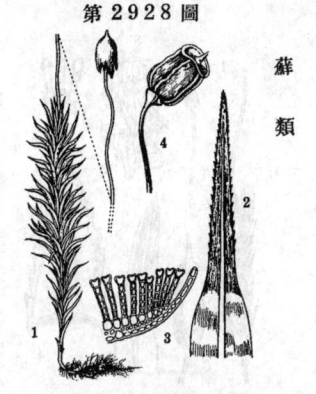

蘚類

かかへばすぎごけ

Polytrichum juniperinum *Willd.*

地上・沼澤・つんどら中等ニ生ジ、黄褐色。茎ハ直立、單一。葉ハ半橢圓狀、稍透明ニシテ大ニ凹メル基脚ヨリ披針狀、漸尖頭、邊緣ハ廣ク內方ニ摺折シテ薄板ヲ抱ヘ、先端部ハ殆ド筒狀トナル、全邊、先端ノ背面ニハ鋭齒散在、薄板頂細胞ノ横斷面ハ龜頭狀乃至凸頭アル卵形。子囊ハ長方柱狀、圓錐形ノ頸アリ。1 全形 (⅗大) 2 葉 3 葉及薄板ノ横斷面 4 子囊。

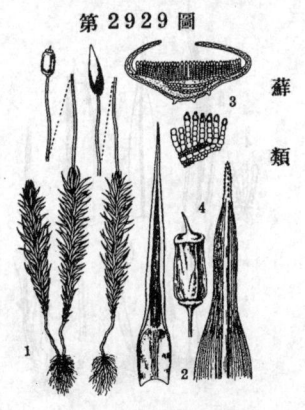

蘚類

とがりばすぎごけ

Polytrichum attenuatum *Menz.*

地上ニ生ジ、黄褐色。茎ハ直立、單一、密生。葉ハ長方狀橢圓形、稍透明ノ基脚ヨリ披針形、漸尖頭、邊緣ハ中央以上ヨリ鋭鋸齒アリ、薄板ハ多數、ソノ頂細胞ハ横斷面ニテ他ヨリ稍大キク、龜頭狀乃至長方狀鈍頭。子囊ハ褐色ノ長柄 (5-8cm位) 上ニアリテ四縱稜ヲ有シ、圓錐狀又ハ盤狀ノ頸アリ。1 全形 (⅗大) 2 葉 3 薄板ノ横斷面 4 子囊 (有蓋ト脱蓋)。

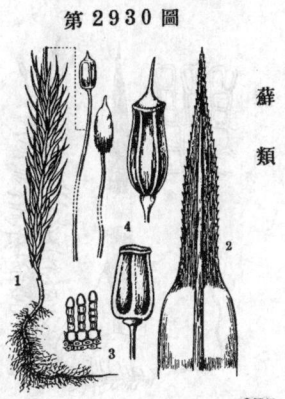

蘚類

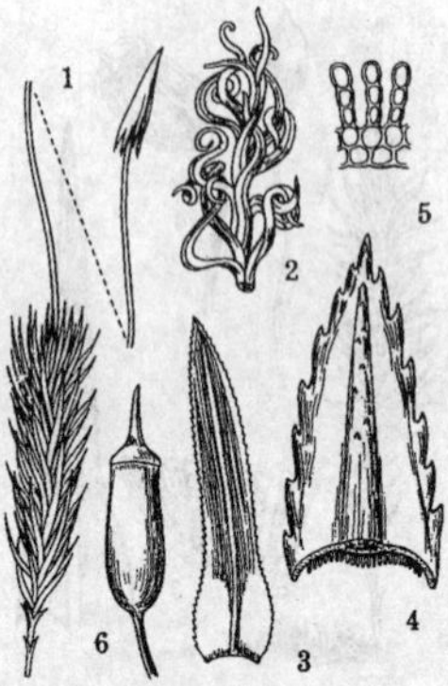

ちぢればにはすぎごけ

Pogonatum contortum *Lesq.*

山地林間ノ地上ニ生ジ、莖ハ直立、高サ6–10cm 位、單一。葉ハ乾燥シテ屈曲乃至囘旋シ、濕ヒテ斜ニ展開ス、廣橢圓形ノ基脚ヨリ廣披針形、基脚ヨリ先端マデノ邊緣ニ鋸齒アリ、薄板ノ頂細胞横斷面ハ橢圓形。子囊ハ橢圓狀圓筒形、赤色ノ長柄上ニアリ。1 全形(⅗大) 2 乾燥狀態 3 葉 4 葉ノ上部ノ裏面 5 薄板ノ横斷面 6 子囊。

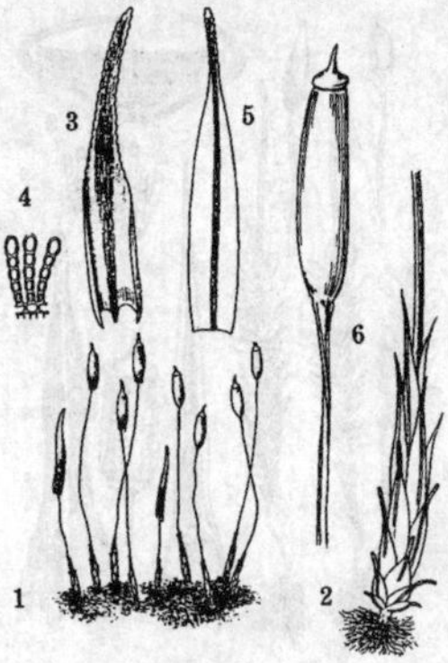

はみずにはすぎごけ

Pogonatum spinulosum *Mitt.*

樹陰ノ地上ニ生ジ、地面ニ綠色ノ絲狀體密生シテ水垢狀ヲナセル所ヨリ生ズ。莖ハ甚ダ短ク、葉ハ之ニ密接ス。葉ハ下部ノモノハ鱗片狀、上部ノモノハ廣キ基脚アリテ披針狀、薄板ノ頂細胞ハ橢圓形。雌花葉ハ長橢圓狀披針形。子囊ハ長橢圓形。柄ハ3cm位。1 全形(⅗大) 2 全形ノ下部 3 葉 4 薄板ノ横斷面 5 雌花葉 6 子囊。

おほばにはすぎごけ

Pogonatum grandifolium *Jaeg.*

山地林間ノ地上ニ生ズル著大ナル蘚ニシテ莖ハ單一、17cm餘ニ達ス。葉ハ廣キ基脚ヨリ披針狀ニシテ漸尖頭、基脚ヲ除キテ邊緣ニ大鋸齒アリ。葉面ノ薄板ハ多數、ソノ横斷面ニテ頂細胞ハ一又ハ二箇アリテ截頭、乳頭多シ。子囊ハ莖ノ上部ニ二三叢生シ、柄ハ割合ニ短シ。1 全形(¾₀大) 2 葉(放大) 3 薄板ノ横斷面三箇。

蘚類

蘚類

蘚類

第 2931 圖

第 2932 圖

第 2933 圖

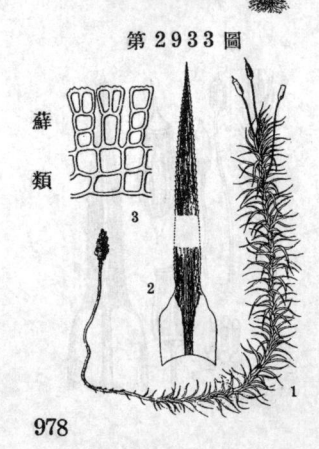

かぎばにはすぎごけ

Pogonatum inflexum *Lindb.*

蘚類

陰地ニ生ズル本邦ニ最普通ノにはすぎごけ。莖ハ單一。葉ハ乾キテ鈎狀ニ內曲ス、橢圓狀ノ基脚ヨリ披針形、銳頭、基脚外ノ邊緣及裏面中央ノ上部ニハ銳齒アリ、薄板多數ニシテ、ソノ橫斷面ニテハ頂細胞ハ大キクシテ凹ム。帽ニハ毛多シ。1 全形(⅗大) 右ハ雌株 左ハ雄株 (附圖ハ雄花ノ上面) 2 葉ノ表裏面 3 薄板ノ橫斷面三箇 4 毛ヲ去リタル帽。

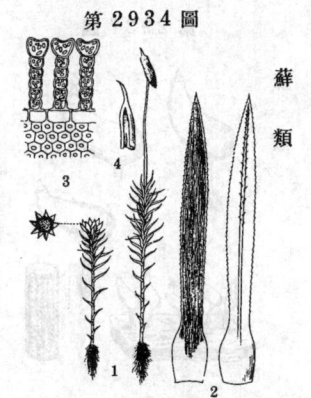

ほそばたちごけ

Catharinaea undulata
        Web. et Mohr.

蘚類

地上ニ生ジ、暗綠乃至黃褐綠色。莖ハ直立、2-3cm。葉ハ線狀披針形、銳頭、邊緣ヨリ中肋ヲ向ヒテ所々橫ニ波狀ニ縮ム、邊緣ハ二三細胞層ヨリ成リ、褐色ニシテ大抵對ヲナセル銳鋸齒アリ、又背面ニハ所々ニ銳齒列アリ、中肋上ノ薄板ハ六枚位ニシテ二三細胞ノ高サ。子囊ハ圓筒形、長柄上ニアリ。1 全形(⅗大) 2 葉 3 葉ノ中央部橫斷面 4 子囊。

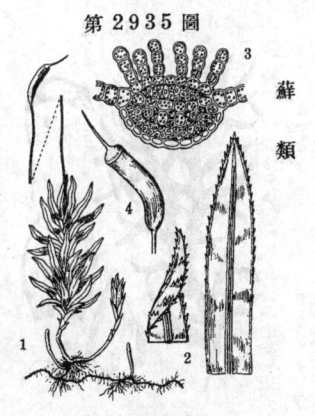

ちゃいろるくびごけ

Webera fulvifolia *Broth.*

蘚類

樹下ノ乾地上ニ生ジ、全體黃褐色。莖ハ殆ド見エズシテ叢生セル葉間ニ埋レテ子囊アリ。葉ハ橢圓狀披針形、鈍頭、中肋ハ長ク突出ス。子囊ノ周圍ニアル雌花葉ハ披針形ニシテ中肋甚ダ長ク突出シ毛狀ナリ。子囊ハ卵狀囊形ニシテ一側ニ多ク膨ル。1 全形(⅗大) 2 全形(放大) 3 子囊。

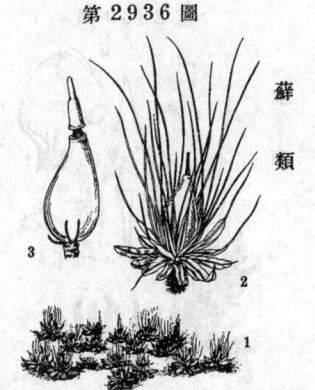

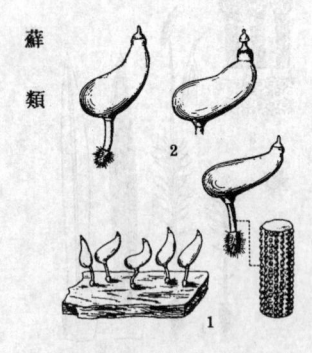

くまのちゃうじごけ

Buxbaumia Minakatae *Okam.*

林間ノ朽木上ニ生ジ、有性世代植物體(配偶體)ハ甚ダ微ニシテ認メ難シ。無性世代植物體(造胞體)モ亦小形ニシテ、柄ノ長サ 2.5–3mm、甚ダ粗糙。子嚢ハ斜乃至水平ナル卵狀長橢圓形ニシテ、口部ハ急ニ短キ圓筒形トナル、4–5mm ノ長サ、赤褐色。帽ハ僅ニ蓋ノ上部ヲ被フ。1 全形(³⁄₅大) 2 三個ノ子嚢及全形ノ放大。

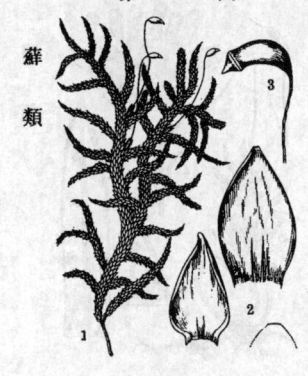

みやましとねごけ

Hypnum Schreberi *Wild.*

山地林間ノ地上ニ多シ。黄褐乃至黄綠、下部往々帶黑色。莖ハ斜上又ハ横臥、稍粗ニ多數ノ羽狀分枝。葉ハ覆瓦狀密生、2–2.5mm ノ長サ、廣卵形・長橢圓形、先端ハ圓形或ハ短クシテ狹キ截形ノ鋭頭、頂端ニ鋸齒アリ、中肋二箇、短シ、葉ハ大ニ凹ム。柄ハ2–4cm赤色。子嚢ハ傾斜乃至水平。1 全形(³⁄₅大) 2 葉(葉先部ノ異形者添) 3 子嚢。

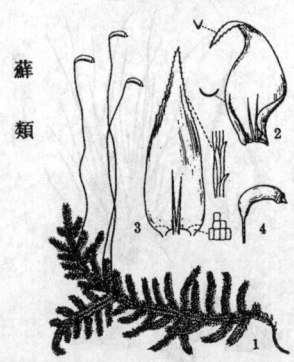

むくむくちりめんごけ

Stereodon plumaeformis *Mitt.*

地上・石上・樹皮上等ニ生ジ、黄褐綠色。莖ハ匍匐シテ密ニ羽狀分枝シ、枝ハ左右ニ展開ス。葉ハ密生、乾キテ强ク弓曲ス、長橢圓形ニシテ拔針狀ノ鋭頭、邊緣特ニ上半ニ著シク鋸齒アリ、中肋ハ二箇、短クシテ葉ノ中央ニ達セズ。柄ハ長ク帶黄赤色。子嚢ハ傾斜乃至水平、弓曲ス。

1 全形(略³⁄₅大) 2 葉(自然形) 3 葉(展開、基脚隅ノ細胞ヲ添フ) 4 子嚢。

すぢながさむしろごけ

Brachythecium
populeum *Br. eur.*

地上・石上・樹皮上等ニ生ジ、黄緑色。茎ハ匍匐シテ羽狀ニ分枝シ、廣ク褥狀ニ擴リ、枝ハ斜上又ハ横臥。葉ハ密生、茎葉ハ卵狀披針形、枝葉ハ狭披針形、何レモ漸尖頭部ニ鋸歯アリ、中肋ハ強壯、殆ド先端ニ達ス。柄ハ赤色ニシテ、基部ハ平滑ナレドモ上部ハ乳頭多クシテ粗糙。1 全形（³⁄₅大）2 茎葉 3 枝葉 4 子嚢ト柄。

蘚類

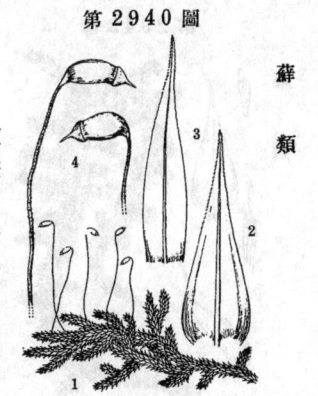

ひめくじゃくごけ

Hypopterygium japonicum *Mitt.*

地上・岩上・樹皮上等ニ生ジ、淡緑乃至黄緑色ノ優雅ナル蘚。茎ハ傾斜、羽狀分枝、背腹兩面明瞭。葉ハ左右二列、卵狀楕圓形、急ニ短キ狭尖頭、左右不相稱、上部邊緣ハ鋭鋸歯、中肋ハ中央ヨリ上ニテ消失。下葉ハ一列ニシテ圓形、中肋突出シテ急ニ長キ狭尖頭。子嚢ハ水平、柄ハ 2cm 位。1 全形（³⁄₅大・背面）2 枝ノ一部（腹面）3 葉トソノ細胞 4 下葉 5 子嚢。

蘚類

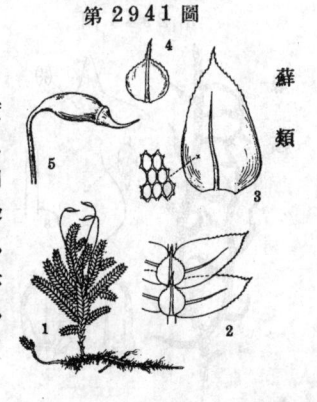

つやつけりぼんごけ

Neckeropsis nitidula *Fleisch.*

樹幹又ハ樹枝上ニ生ジ、茎ハ長クシテ下垂シ、不規則ニ羽狀ニ分枝シ、葉ヲ附ケタル全體ハ緑色乃至黄褐色ニシテ著シキ光澤アリ、又葉ハ左右ニ展開シテ全體ハ扁平ナリ。葉ハ倒卵形ニシテ不相稱、基脚ハ狭ク、先端僅ニ鋭頭、邊緣ノ一側ハ內曲シ、上半部ハハ大小不整ノ鋸歯アリ、中肋ハ二箇アリテ短シ。 1 全形（³⁄₅大）2 葉（附、各部分ニ於ケル細胞）。

蘚類

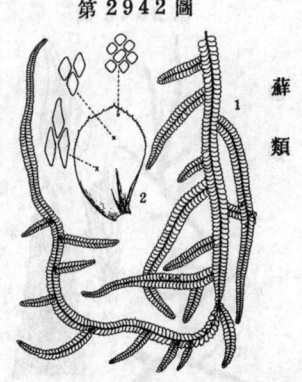

おほばみづひきごけ

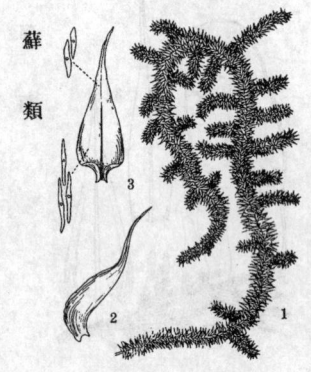

第 2943 圖

蘚類

Aërobryopsis subdivergens *Broth.*

樹上・岩上ニ生ジ、黄褐色、往々帶黒色。莖ハ枝ヲ分チテ長ク懸垂シ、葉ヲ附ケタル全體ハ扁平ナリ。葉ハ卵狀長橢圓形、漸尖頭、基脚ノ邊緣ハ廣ク內曲シテ鞘狀トナリ、コノ部分ハ直立シ、夫ヨリ展開ス。尖頭部ニ小鋸齒アリ、細胞ハ細長ク、背面ニ一乳頭アリ。1 全形($\frac{3}{5}$大) 2 葉（側面觀） 3 葉（上面觀）及ソノ細胞。

もつぼれさがりごけ

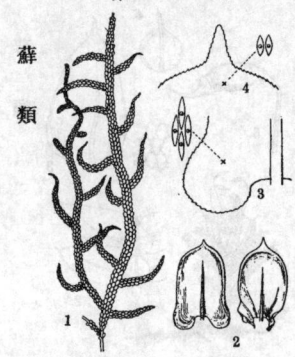

第 2944 圖

蘚類

Meteorium helminthocladum *Fleisch.*

樹上・岩上ニ生ジ、莖ハ多ク分枝シテ懸垂シ、乾燥セルモノハ先端屈曲シ線蟲狀、黄褐色ニシテ往々帶黒色ノ部分アリ。葉ハ膨レタル狀ニ莖ニ着キ、舌形、微凸頭、基脚ニハ大ナル耳アリ、皺襞アリ、邊緣ニ鋸齒アリ、細胞ニハ一箇ノ乳頭アリ。1 全形ノ一部（約$\frac{3}{10}$大） 2 葉（右ハ自然形、左ハ展ゲタルモノ） 3 葉ノ基脚部 4 葉ノ先端部。

ちゃいろしだれごけ

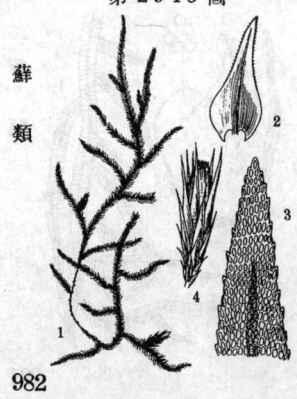

第 2945 圖

蘚類

Pilotrichopsis dentata *Besch.*

樹幹・樹枝・岩壁ニ着生。乾燥セルモノハ葉ハ莖ニ密接シ、黄褐色ノ絲ノ如シ。莖ハ多クノ枝ヲ粗ニ分チ、全體懸垂ス。葉ハ卵狀披針形、中部以上ノ邊緣ニ鋸齒アリ。子囊ハ雌花葉中ニ沈在シテ長橢圓形、柄ハ短シ。1 全形($\frac{3}{10}$大)濕ヒタル狀態ニシテ葉ハ展開ス 2 葉 3 葉ノ先端部放大 4 雌花葉中ニ沈在スル子囊。

くはのいとひばごけ

Cryphaea obovato-carpa *Okam.*

樹皮ニ着生。緑色又ハ黄緑色、往々帯黒
褐色。葉ハ卵狀長橢圓形、基脚ハ短ク流
レ、先端ハ漸尖ス、中肋ハ先端部ノ下ニ
テ消失ス。内方ノ雌花葉ノ先端ハ狹長ノ
漸尖頭、上部ニ小鋸齒アリ、細胞ノ中央
ニハ一個ノ乳頭アリ。子嚢ハ沈在、倒卵
形。1 全形（¼大） 2 葉 3 雌花葉内ニ
沈在スル子嚢 4 子嚢及蘚蓋。

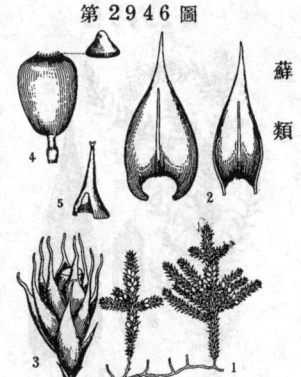

第2946圖

蘚
類

しもふりひじきごけ

Hedwigia albicans *Lindb.*

岩上ニ生ジ、赤褐色、下部往々帯黒色。
莖ハ叢狀ヲナシテ小分枝多ク、直立或ハ
傾斜。葉ハ橢圓狀ニシテ漸尖頭、漸尖頭
部ハ往々無色、細胞ニハ先端ノ二乃至數
裂セル乳頭アリ。雌花葉ノ先端部ニハ無
色ノ細長キ細胞ヨリ成レル毛狀片多シ。
子嚢ハ倒圓錐形、柄短ク、雌花葉中ニ沈
在。1 全形（⅗大） 2 葉 3 葉先部 4 雌
花葉ノ先端 5 子嚢・雌花葉二枚及帽。

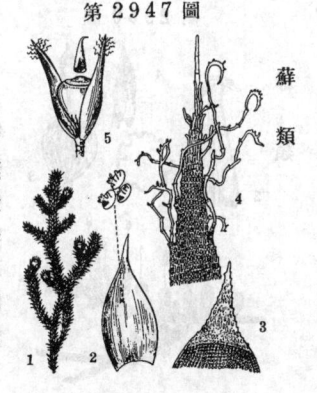

第2947圖

蘚
類

かうやのまんねんごけ

Climacium japonicum *Lindb.*

山地林間ノ地上ニ生ジ、主莖ハ地中ヲ横
走シ、亞莖ハ直立、共ニ淡褐色ノ鱗片葉ヲ
被ル、枝ハ亞莖ノ上部ニ多數アリテ葉ヲ
密生ス。葉ノ先端ハ銳尖ニシテ銳齒ヲ有
シ、基脚ニハ大ナル耳ヲ備へ、中肋ノ背
面上部ニハ數箇ノ銳齒アリ。觀賞用ニ供
シ、赤又ハ緑色ニ染メテ花環トス。1 全
形（約⅗大） 2 葉ノ裏面 3 帽ヲ附ケタ
ル子嚢。

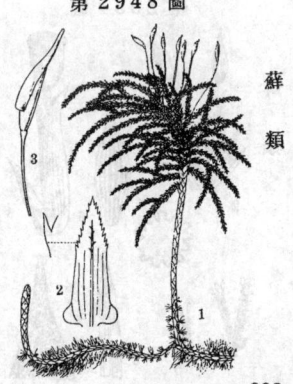

第2948圖

蘚
類

983

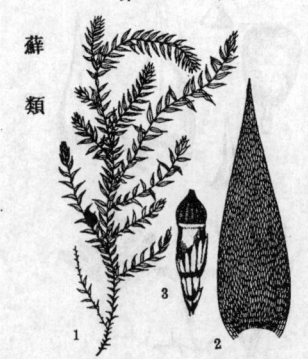

むくむくしみづごけ

Fontinalis hypnoides *Hartm.*

清流アル小川・溝等ノ側壁ノ石或ハ杭ニ附着ス。莖ハ細長クシテ不規則羽狀ニ分枝シ、往々 30cm 餘ニ達シテ流レニ漂フ。葉ハ稍疎ニシテ三列ヲナシ、長橢圓狀披針形、中肋ハナシ。子嚢ハ稀ニ生ジ、柄ハ短クシテ殆ド雌花葉中ニ埋マルコト圖ノ如ク、枝ニ側生ス。1 全形ノ一部(⅗大) 2 葉 3 脱蓋セル子嚢、基部ノモノハ雌花葉ナリ。

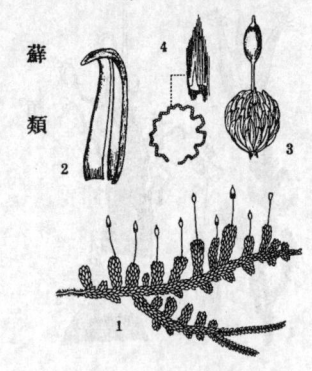

かぎばだんつうごけ

Macromitrium incurvum *Par.*

樹上・岩上ニ生ジ、暗褐綠色ニシテ廣キ芝狀ヲナス。莖ハ匍匐シ、枝ハ直立、傾斜ス。葉ハ長橢圓狀披針形、先端ハ圓狀鈍頭ニシテ鉤狀ニ內曲ス。子嚢ハ長橢圓形ニシテ長サ 1–1.5mm。子嚢柄ハ長サ 5–7mm。帽ニ毛多シ。1 全形(⅗大) 2 葉 3 子嚢ヲ附ケタル枝ノ上部 4 帽及ソノ横斷面。

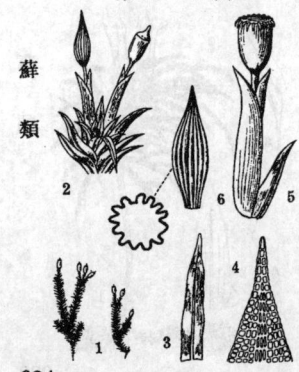

ひめはいからごけ

Aulacomitrium humilinum *Mitt.*

樹皮上ニ生ジ、微小ナレドモ密生シテ黃褐色ヲ呈ス。莖ハ直立、少數ノ枝ヲ分ツ。葉ハ線狀、漸尖頭。內側ノ雌花葉ノ二枚ハ鞘狀トナリ、柄ノ大部分ヲ包ミテ高襟狀ナリ。子嚢ハ圓筒狀橢圓形。帽ハ子嚢ノ全部ヲ被ヒ、縱襞皺多シ。1 全形(大ナルモノノ⅗大) 2 子嚢ヲ有スル莖頂 3 葉 4 葉ノ上部 5 三枚ノ雌花葉ト開口セル子嚢 6 帽ノ全形及横斷面。

くちべにひめごけ

Venturiella japonica *Broth.*

樹皮ニ着生。微小ニシテ黄褐緑色。莖ハ匍匐シ、枝ハ多数アリテ直立又ハ斜上ス。葉ハ廣橢圓形ニシテ短キ披針狀ノ尖頭ヲ有シ、尖頭部ニハ二三ノ鋸齒アリ、細胞ハ粗大。子嚢ハ枝頂ニ僅ニ突出シ、ソノ口部ハ紅色ナリ。帽ハ黄色、子嚢ノ大部分ヲ被フ。1 全形(⅗大) 2 子嚢アル枝 3 葉 4 葉ノ上部 5 子嚢。

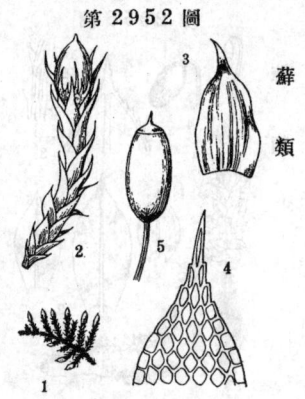
第 2 9 5 2 圖

蘚類

ちぢればたまごけ

Bartramia crispata *Schimp.*

地上ニ生ジ、黄褐色、全體軟。莖ハ直立、單一又ハ少數分枝、赤褐色ノ假根ハ上部ニマデ生ズ。葉ハ乾キテ内曲又ハ旋曲シ、長橢圓狀直立ノ基脚ヨリ甚ダ長キ線狀、邊緣ハ基脚ノ上部ニテ外反曲、先端ニ鋭鋸齒雙生、中肋背面ニ鋭齒、細胞ニ一二ノ乳頭。子嚢ハ球形、稍六稜、乾キテ縱皺多シ。1 全形(⅗大) 2 葉 3 葉ノ上部背面 4 子嚢(右ハ乾燥形)。

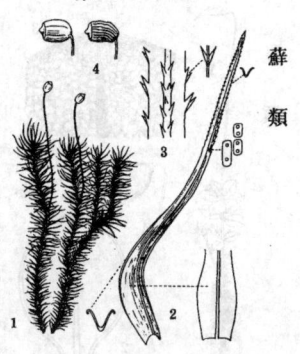
第 2 9 5 3 圖

蘚類

むくげひのきごけ

Rhizogonium Dozyanum *Lac.*

山地林間ノ地上ニ生ジ、莖ハ直立、上部ニマデ赤褐色ノ假根密生。葉ハ長サ 8-9 mm、披針狀鑿形、長キ漸尖頭、溝狀ニ凹ム、邊緣ハ厚ク、全長ノ⅘以上ニ雙鋸齒アリ、中肋ノ背面ニモ二列ノ齒アリ。柄ハ長クシテ赤褐色。子嚢ハ傾斜乃至水平、少シク彎曲シ赤褐色。1 全形(⅗大) 2 葉(附、一部廓大、斷面及細胞) 3 子嚢。

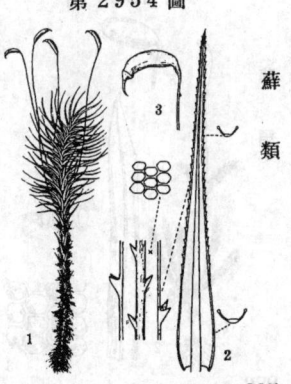
第 2 9 5 4 圖

蘚類

第2955圖

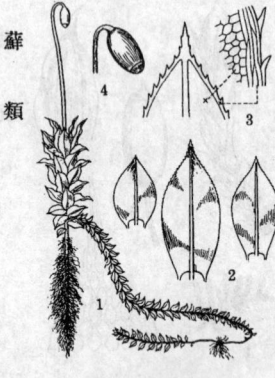

こつぼちゃうちんごけ

Mnium trichomanes Mitt.

地上ニ生ジ、莖ハ直立、單一ナレドモ往々嫩枝出デ地上ニ平臥伸長ス。葉ハ狹キ基脚ヨリ廣橢圓形・長橢圓形・稍倒卵狀長橢圓形、銳頭部ハ中肋ノ突出ニヨリテ銳尖、邊緣ニハ五-六列ノ細長キ細胞ノ緣廓アリ、又上半部ニハ銳鋸齒アリ。子囊ハ橢圓形、下垂。蓋ハ半球狀。1 全形(⅖大) 2 葉三箇 3 葉先部 4 子囊。

第2956圖

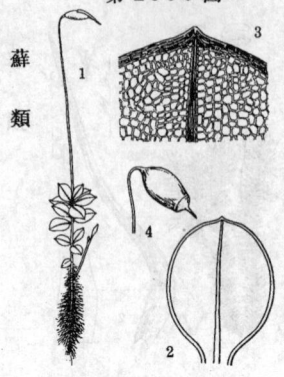

うちはちゃうちんごけ

Mnium punctatum Hedw.

林間ノ地上・朽木上ニ生ジ、帶赤褐綠色。莖ハ直立シ、嫩枝ハ匍匐ス。下部ノ葉ハ小サク、上部ノ葉ハ大、廣橢圓又ハ倒卵狀橢圓形、基脚ハ狹シ、中肋ハ先端ニ達シ、廣キ緣廓アリテ全邊、細胞ハ大キクシテ肉眼ニテ點狀ニ見ユ。子囊ハ水平乃至下垂シ、長キ柄上ニアリ。1 全形(略⅖大) 2 葉 3 葉ノ上部(放大) 4 子囊。

第2957圖

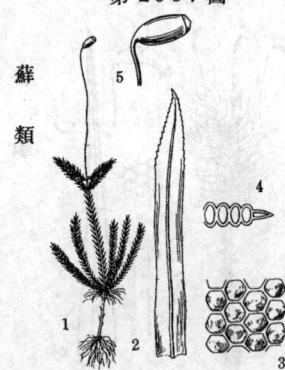

こばのちゃうちんごけ

Mnium microphyllum
Doz. et Molk.

地上ニ生ジ、莖ハ單一又ハ多少分枝シテ直立。葉ハ線狀披針形、尖頭部ニ鋸齒アリ、乾燥シテ多少內曲ス、細胞ハ表裏兩面ニ突出シテ疣頭(Mamilla)ヲナス。此ノ葉ノ特徵ハちゃうちんごけ屬中特異ナリ。子囊ハ長柄上ニアリテ橢圓形、斜上乃至水平ノ位置ヲトル。1 全形(⅖大) 2 葉 3 葉ノ細胞ノ平面觀 4 葉ノ橫斷面ノ一部(邊緣部) 5 子囊。

おほからかさごけ

Rhodobryum giganteum *Par.*

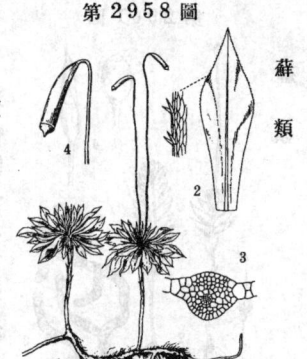

第2958圖

蘚類

地上・朽木上ニ生ジ、莖ハ直立。葉ハ莖頂ニ叢生シテ全體傘狀ヲナス、狹キ基脚ヲ有スル倒卵狀長橢圓形、銳頭、長サ15-20mm、幅廣キ所4-5mm、上半部邊緣ニ銳キ鋸齒雙生、中肋横斷面ノ中心部ニ小柔細胞群アリ。子囊ハ長キ筒狀、褐色、長キ柄上ニアリ。1 全形(³⁄₁₀大) 2 葉及邊緣部(放大) 3 中肋横斷面 4 子囊。

しろがねまごけ

Bryum argenteum *L.*

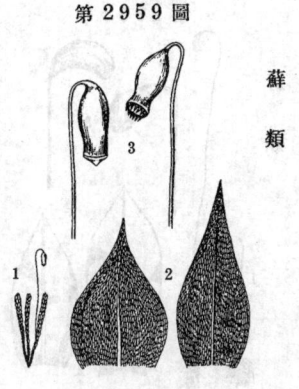

第2959圖

蘚類

地上・石上・樹皮上・板塀等ニ生ジ、小形ナレドモ密生シ、淡綠色乃至銀白色。莖ハ短ク直立。葉ハ覆瓦狀ニ密生シ、大ニ凹ミ、廣卵形・倒卵形・廣橢圓形ニシテ銳頭、中肋ハ上部ニテ消失ス。葉ノ上部乃至中央マデノ細胞ハ大抵空虛ナリ、之レ全體ノ銀白色ヲ呈スル所以。子囊ハ下垂、柄ト共ニ褐色。1 全形(³⁄₅大) 2 葉 3 子囊(脫蓋セルモノトセザルモノ)。

くちきのあかごけ

Georgia pellucida *Rab.*

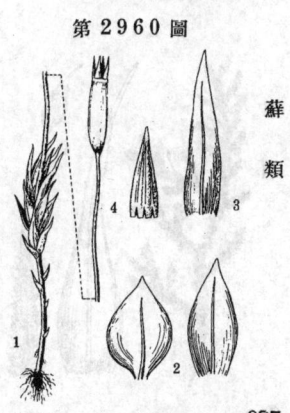

第2960圖

蘚類

朽木上ニ生ジ、赤褐色。莖ハ直立、單一。葉ハ莖ノ下部ノモノハ卵形、上部ノモノハ長橢圓形、何レモ短銳頭、全邊。雌花葉ハ披針狀ニシテ銳頭。柄ハ長ク、子囊ハ圓筒形ニシテ柄上ニ直立ス。緣齒ハ四箇、蟲眼鏡ニテ能ク見ユ。帽ノ下部ハ數裂ス。1 全形(約自然大) 2 葉(左ハ下部ノモノ、右ハ上部ノモノ) 3 雌花葉 4 帽。

987

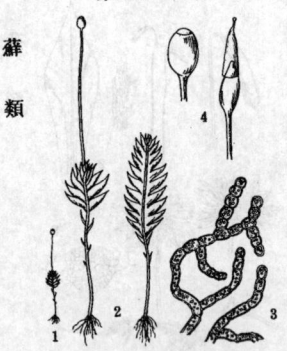

ひかりごけ

Schistostega osmundacea *Mohr.*

光ノ少ナキ洞穴ノ地上、稀ニ平地上ニ生
ジ、微小ニシテ大抵絲狀體ヲ伴フ。絲狀
體ハ入射光線ヲ能ク屈折反射ス。莖ハ單
一。葉ハ二列、莖ニ縱ニ着生シ、相互接着
スルモノ多シ。異株。子嚢ハ橢圓形。柄
ハ長シ。蓋ハ圓笠形。1 雌株全形(⅗大)
2 左ハ雌株 右ハ雄株(放大) 3 絲狀體
4 帽ヲ被レル幼キ子嚢ト帽ヲ脱シタル老
成ノ子嚢。

しめりへうたんごけ

Funaria hygrometrica *Sibth.*

地上ニ生ジ、莖ハ短ク、通常單一。葉ハ大
ナルモノ莖頂ニ密生シテ展開、乾ケバ薔
狀ニ集合、長卵狀長橢圓形・長橢圓形・倒
卵狀長橢圓形等ニシテ銳頭、全邊又ハ上
部ニ鋸齒アリ、中肋ハ葉ノ先端ニ達ス。
柄ハ2-10cm、黃色後ニ赤色、乾ケバ撚捩
ス。子嚢ハ不相稱ノ洋梨形、傾斜乃至下
垂。蓋ハ扁圓錐形。1 全形(⅗大) 2 葉
3 子嚢(左ハ乾燥狀態)。

たかねしもふりごけ

Rhacomitrium hypnoides *Lindb.*

高山ノ岩上・地上ニ生ジ、帶白黃褐色、
下部往々黑色。莖ハ長サ種々ニシテ3-
30cm、短キ小分枝多シ。葉ハ長橢圓狀ノ
基脚ヨリ長キ披針狀、葉ノ上部ハ白色ニ
シテ缺刻狀鋸齒ト乳頭多シ。柄ハ短ク約
4mm、粗糙。子嚢ハ次ノ種ニ似タレドモ
遙ニ小サシ。1 全形(⅗大) 2 葉(展開)
3 葉先部 4 子嚢。

うすじろしもふりごけ

Rhacomitrium canescens *Brid.*

岩上・地上ニ生ジ、黄褐色、下部往々帶黑、上部僅ニ帶白色。莖ハ直立、少數ノ分枝アリ。葉ハ密生、廣橢圓又ハ長橢圓形ニシテ、短キ或ハ長キ披針狀尖頭、尖頭部ハ白色ニシテ小鋸齒アリ、全體溝狀ニ凹ム。柄ハ長クシテ平滑。子嚢ハ橢圓形又ハ卵狀橢圓形。蓋ノ嘴ハ長シ。帽ノ下部ハ數裂。1 全形(³⁄₅大) 2 葉(展開) 3 葉(自然形) 4 葉先部 5 子嚢 6 帽。

蘚類

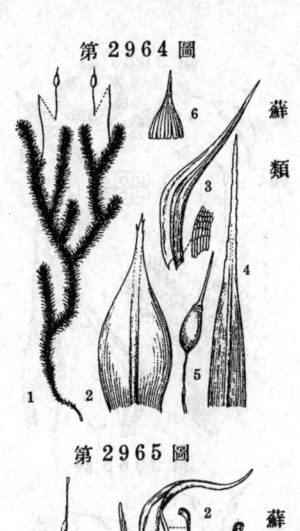

あかみのぎばうしゅごけ

Grimmia apocarpa *Hedw.*

岩上ニ生ジ、黄綠乃至暗綠色。莖ハ多數分枝シ、多數叢狀ニ生ズ。葉ハ橢圓狀ニシテ凹メル基脚ヨリ溝狀ヲナセル披針形部アリテ、先端ハ無色細胞ヨリ成ル線狀ヲナス。柄ハ短ク、子嚢ハ葉間ニ沈在シ、赤褐色ヲ呈ス。1 全形(³⁄₅大) 2 葉 3 葉ノ先端(放大) 4 葉間ニ沈在スル子嚢 5 帽ヲ被レル子嚢。

蘚類

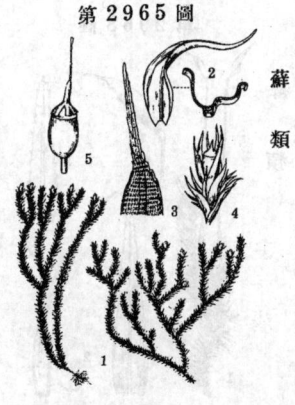

みどりせんぼんごけ

Weisia viridula *Hedw.*

地上ニ生ジ、鮮綠色。莖ハ多少分岐ス。葉ハ長橢圓形ニシテ凹メル基脚ヨリ披針狀ヲナシ、ソノ披針狀部ノ邊緣ハ大ニ內卷曲ス。子嚢ハ長柄上ニアリテ長橢圓形ヲナシ、直立或ハ傾斜ス。1 全形(³⁄₅大) 2 全形(放大) 3 葉 4 子嚢 5 帽ヲ被レル子嚢。

蘚類

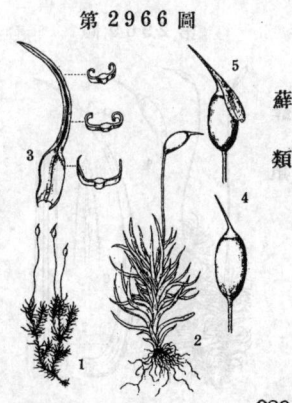

第 2967 圖

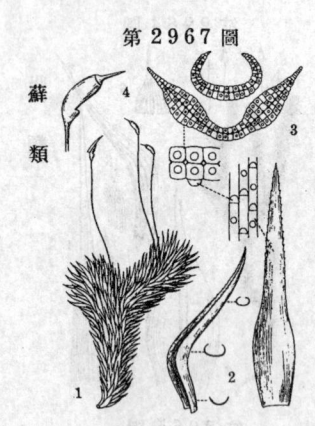

とらのをおきなごけ

Leucobryum scabrum *S. Lac.*

地上・露出樹根上ニ生ジ、帶白淡綠色、大形ノおきなごけ。莖ハ直立又ハ傾斜、少數分枝。葉ハ長橢圓狀、直立ノ基脚ヨリ鑿狀披針形、邊緣ノ上部ハ粗ニ小鋸齒、背面細胞ノ先端ハ乳頭狀突出、橫斷面ニテハ中央ニ方形ノ小葉綠體ヲ含ム小細胞アリテ他ハ皆透明大形、邊緣四五列ハ小形。1 全形(⅗大) 2 葉(自然形ト展開) 3 葉ノ橫斷面(上部ト下部) 4 子囊(基部ニ嗉囊狀ノ突起アリ)。

第 2968 圖

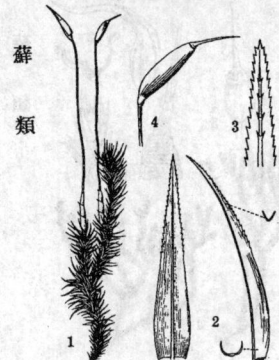

ながみしっぽごけ

Dicranum nipponense *Besch.*

地上ニ生ジ、莖ハ直立。葉ハ少シク弓曲又ハ弓曲セザル長橢圓狀披針形ニシテ基脚ヨリ展開、上部ハ龍骨狀ニ凹ミ、中央部以上ノ邊緣ニ銳齒、中肋背面上部ニモ二列ノ銳齒アリ。乾キテ密ニ接近シ、一側ニ偏向ス。葉長5-6mm位。子囊ハ長サ4mm位、圓筒狀、橢圓形、褐色。1 全形(⅗大) 2 葉(右ハ自然形側面、左ハ展開) 3 葉ノ上部背面 4 子囊。

第 2969 圖

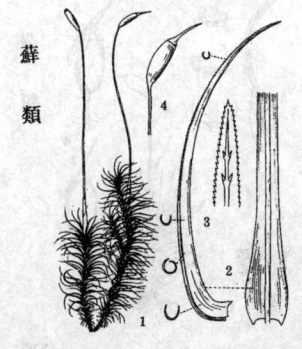

おほしっぽごけ

Dicranum japonicum *Mitt.*

地上ニ生ジ、莖ハ直立。葉ハ橢圓形、直立ノ基脚ヨリ弓曲セル甚ダ長キ線狀鑿形、中央部以上ノ邊緣ニ小鋸齒、中肋上部背面ニモ二列ノ銳齒アリ、全體溝狀ニ凹ミ、乾キテ一側ニ偏向シ、緩ク接近ス。葉長8-11mm位。子囊ハ長サ3mm位、圓筒狀橢圓形、褐色。1 全形(⅗大) 2 葉(右ハ展開) 3 葉ノ上部背面 4 子囊。

いはまえびごけ

Bryoxiphium Savatieri *Mitt.*

山地ノ岩上・地上ニ生ジ、黄褐緑色。茎ハ単一、乾キテ往々弓曲ス。葉ハ二列、密生、茎ヲ抱キテ覆瓦狀、長橢圓狀披針形、凹頭、中肋ハ強壯ニシテ多少葉先ヨリ突出シ、長キ又ハ短キ漸尖頭トナル、中肋ノ背面ニハ狭キ翼部アリ。子囊ハ點頭シ、雌花葉ノ先端ハ遙ニ高シ。1 全形(³⁄₅大) 2 茎頂ノ一部 3,4 葉ノ側面 5 雌花葉ノ側面 6 帽。

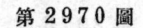
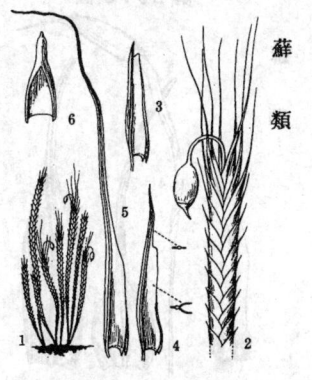

第 2970 圖

蘚類

むらさきやねごけ

Ceratodon purpureus *Brid.*

地上・石上・草葺ノ屋上等ニ生ジ、葉莖部ハ緑色ナレドモ往々赤紫色ヲ帶ビ、又柄及子囊ハ黄色・紅色・紅紫色ヲ呈ス。茎ハ直立、少數ノ分枝。葉ハ長橢圓狀披針形、漸尖頭、邊緣ハ下部ヨリ上部マデ外旋シ、頂上ニ近ク平坦、コノ所ハ粗鋸齒アリ。子囊ハ傾斜、乾キテ四五ノ溝・稜アリ。1 全形(³⁄₅大) 2 葉 3 子囊(濕ヒタル時ノ形) 4 子囊(乾燥狀態)。

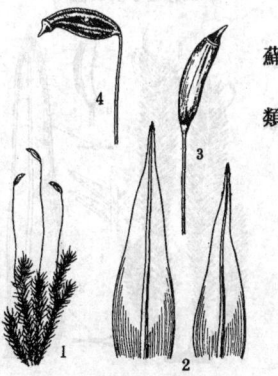

第 2971 圖

蘚類

べにえきんしごけ

Ditrichum pallidum *Hamp.*

地上ニ生ジ、茎ハ直立シテ短ク、單一。葉ハ披針狀鑿形ニシテ長キ漸尖頭、上部ニ鋸齒アリ。柄ハ長クシテ初メ黄色、後ニ光澤アル帶黄紅色ニシテ美ナリ。子囊ハ稍不相稱ニシテ僅ニ彎曲ス。1 全形(³⁄₅大) 2 葉 3 子囊(帽ヲ被レルモノト、脱帽ノモノ)。

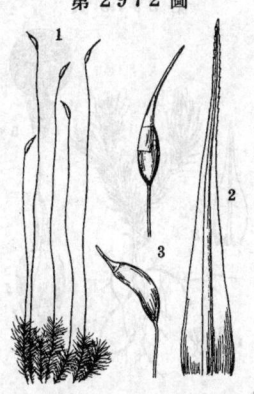

第 2972 圖

蘚類

991

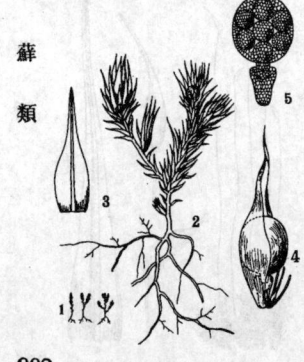

かまがたながだいごけ

Trematodon drepanellus Besch.

地上ニ生ジ、黄褐緑色、叢生。茎ハ直立、單一。葉ハ廣橢圓形ノ基脚ヨリ急ニ線狀鑿形ニシテ凹メル先端部アリ、上部ニハ鋸齒アリ。雌花葉ハ長橢圓狀ノ基脚アリテ線狀鑿形トナル。子囊ノ下部ニハ長キ頸部アリテ長キ柄ニ連ル。1 全形（³⁄₅大）2 葉 3 雌花葉（子囊柄ノ基部ニアル葉）4 子囊。

おほばほうわうごけ

Fissidens japonicus Doz. et Molk.

地上・露出樹根上ニ生ジ、緑色乃至黄緑色。茎ハ平臥乃至傾斜、單一。葉ハ左右二列、披針形、銳頭、下半部ノ上半側ハ二枚ニ分レ、ソノ基部ハ茎ヲ抱ク、邊緣ハ稍透明ニシテ粗ニ大小不同ノ鋸齒アリ。子囊ハ圓筒狀ニシテ少シク彎曲シ、約1cm位ノ柄上ニアリテ褐色。1 全形（³⁄₅大）2 葉（三倍大）及横斷面ノ概形 3 子囊。

みやこのつちごけ

Archidium tokyoënse Okam.

地上ニ生ズル微小ナル蘚。茎ハ 2-5 mm ノ高サ、單一又ハ少數ノ分枝ヲナス。葉ハ茎ノ上部ノモノ大キクシテ 1mm 位ノ長サ、橢圓狀ノ基脚ヨリ鑿形ヲナシテ凹ミ、上部ニ鋸齒アリ、中肋强壯ニシテ先端ニ達ス。子囊ハ球形、葉間ニ沈在シ、大抵十六又ハ二十箇ノ平滑ナル胞子ヲ藏ス。1 全形（³⁄₅大）2 全形（放大）3 葉 4 雌花葉ト子囊 5 子囊（鞘ヲ伴フ）。

たかねくろごけ

Andreaea Fauriei *Besch.*

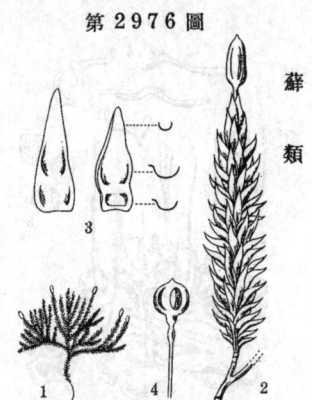

高山ノ岩上ニ生ジ、帶黑赤褐色。莖ハ直立シ多數ニ分枝ス。葉ハ卵狀披針形ニシテ銳頭、中肋ナシ、上部ノ細胞ハ方形ニシテ、背面ニ一箇ノ大ナル乳頭アリ。子囊ハ1.6mmノ柄上ニアリテ卵狀長橢圓形、熟シテ四縱裂開ス。蘚蓋及緣齒ナシ。1 全形（⅗大） 2 子囊アル枝 3 葉及ソノ横斷面 4 裂開セル子囊。

第 2976 圖

蘚類

こふさみづごけ

Sphagnum Girgensohnii *Russ.*

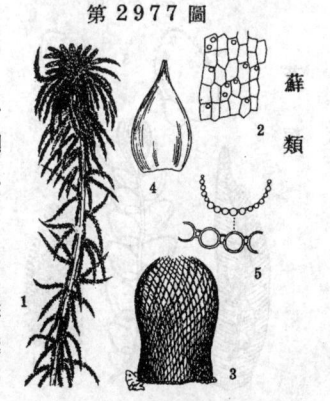

濕地ニ生ジ、黃褐綠色。莖ノ表皮細胞ハ二乃至四層、最外層ノ表面ニ一一二ノ圓形孔アリ。枝ハ五箇位叢生。莖葉ハ舌狀、頂端少シク截頭ニシテ總狀ノ裂片アリ。枝葉ハ廣橢圓形、銳頭部ハ溝狀ニ凹ミテ截頭。葉綠細胞ノ横斷面ハ稍方形ニシテ透明、透明細胞ハ兩面ニ突出ス。1 全形（⅗大） 2 莖ノ最外表皮ノ外面 3 莖葉 4 枝葉 5 枝葉ノ横斷面。

第 2977 圖

蘚類

おほみづごけ

Sphagnum cymbifolium *Warnst.*

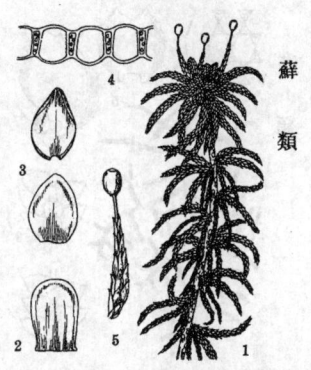

多濕地ニ生ジ、淡褐綠色。莖ハ直立シ、枝ハ叢ヲナシ、展開枝三、下垂枝二ヨリ成ル。莖葉ハ粗ニ生ジテ倒卵狀舌形。枝葉ハ密生シ、廣卵狀鈍頭、舟形ニ凹ム、ソノ横斷面ニテ葉綠體ヲ含ム細胞ハ梯形ヲナシ、透明細胞ハ下面ニ凸出ス。1 全形（約⅗大） 2 莖葉 3 枝葉 上ハ自然形、下ハ展開セルモノ 4 枝葉ノ横斷面 5 子囊ヲ附ケタル枝。

第 2978 圖

蘚類

993

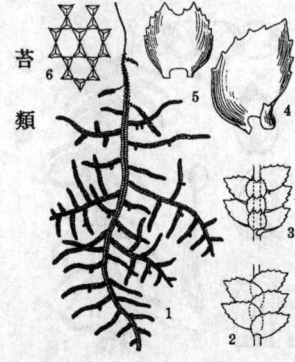

にはつのごけ
Anthoceros laevis *Lindb.*

地上ニ生ジ、葉狀體ハ淡綠、柔軟、平滑、邊緣ハ波狀ノ小片ニ分ル、氣孔・氣孔區劃ナシ。子囊ハ長角狀、熟シテ先端ヨリ漸次ニ二縱裂、中央ニ髓柱アリ、子囊ノ外壁細胞ハ高等植物ノ如キ氣孔アリ。胞子ハ 35-45μ。僞彈絲ハ一-四細胞。葉狀體・子囊壁・胞子等ノ各細胞ニ大形一箇ノ葉綠體アリ。1 全形(³⁄₅大 附、表面細胞) 2 子囊壁氣孔 3 胞子 4 僞彈絲。

うにばえふじゃうごけ
Physocolea venusta
(*Sand. Lac.*) *St.*

羊齒又ハ常綠葉上ニ着生スル可憐ナル苔類ニシテ暖地產。淡綠色。莖ハ平臥シテ多クノ枝ヲ分ツ。葉ハ大小二片ニ分レ、大片ハ卵形、鈍頭ニシテ凹ミ、小片ハ大片ノ腹面ニ位シ囊狀ニ凹ム。葉ノ細胞ハ多角形、ソノ背面ニハ一箇ノ甚ダ長キ乳頭ヲ有ス。但シ小片ニハ之ヲ缺ク。1 羊齒ノ羽片上ニ着生セル全形 2 枝ノ放大 3 葉(腹面) 4 葉ノ一部(放大)。

しだれごへいごけ
Ptychanthus striatus *Nees.*

幹皮・樹枝上ニ生ジ、黃褐色。莖ハ根狀ノ部分ヨリ始マリテ再羽狀ニ分枝シ、長ク下垂ス。葉ハ左右二列、半心臟形、銳頭、基脚ノ腹側ニ小片アリ、邊緣ニハ粗大ノ鋸齒アリ。下葉ハ狹キ基脚アリテ略圓形、頂端凹入シテ二箇ノ銳頭ヲ有シ、邊緣ニ粗鋸齒アリ。葉及下葉ノ細胞ハ厚角狀。1 全形(³⁄₅大) 2 枝ノ背面 3 枝ノ腹面 4 葉 5 下葉 6 葉ノ細胞。

しだれやすでごけ

Frullania appendicurata *Steph.*

樹皮・岩上ニ着生、先端往々遊離下垂ス。
赤褐色。莖ハ再羽狀ニ分枝シ、小枝ハ短
ク稍離ル。葉ハ左右二列、卵形、銳頭、
手前ノ基脚ハ大ナル耳(附屬物)ヲナシ、
溝狀ニ凹ミテ縮ミ、下葉ト壺狀片トノ間
ニ位ス、細胞ニハ一・二列ノ中肋列アリ。
壺狀片ハ莖ヨリ離ル。下葉ハ先端彎入ス。
1 全形(³⁄₁₀大) 2 背面(放大) 3 腹面 4
葉 5 下葉。

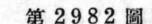
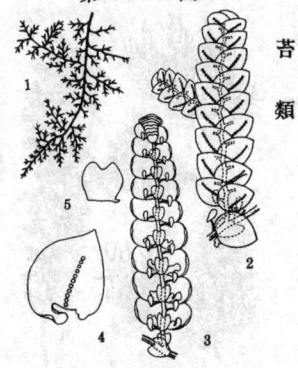

うにばひしゃくごけ

Scapania spinosa *Steph.*

陰地上產。莖ハ平臥シ、二・三同叉狀分枝
ス。葉ハ大小二片ニ分レ、大片ハ腹面ニ、
小片ハ背面ニ位シ、大片ノ中央ニハ龍骨
狀ノ襞アリ、邊緣ニハ單細胞ヨリ成レル
棘狀裂片列アリ、葉面ノ細胞ハ兩面ニ密
ニ大形ノ乳頭アリ。外被膜ハ扁平ノ壺狀、
口部ハ截形ニシテ棘狀裂片アリ。1 全形
(³⁄₅大) 2 葉(左ハ背面、右ハ腹面) 3 外
被膜及子囊。

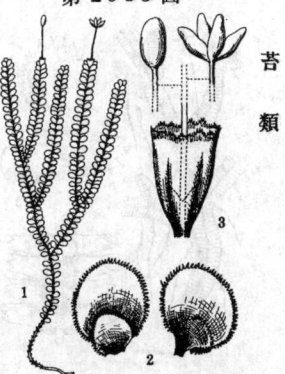

あをじろむくむくごけ

Trichocolea tomentella *Lindb.*

多濕地ニ生ジ、帶白淡綠色。莖ハ多數ノ
小羽狀分枝ヲ有シ、平臥重疊密生ス。葉
ハ左右二列ヲナシ、基部ニ近クマデ三-四
裂シ、各裂片ハ鬚形ヲナシ、邊緣ニハ細胞
列ヨリ成リテ往々分岐セル長キ剛毛狀部
アリ。細胞ハ細長シ。下葉ハ葉ニ似テ稍
小形。1 全形(³⁄₅大) 2 葉 3 下葉 4 葉
ノ基脚部ノ細胞 5 胞子ト彈絲。

苔類

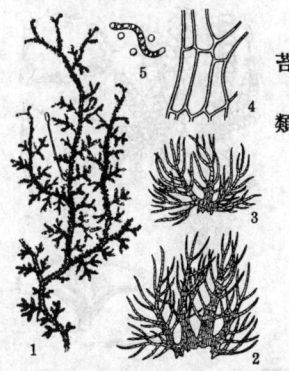

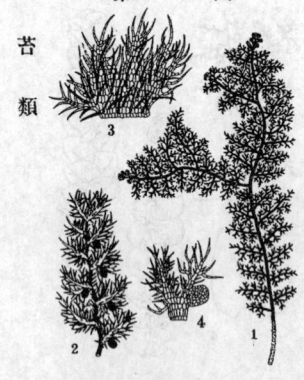

むくむくさはらごけ

Ptilidium Bisseti (*Mitt.*) *Evans.*

高山ノ森林濕地上ニ生ジ、淡綠色ニシテ少シク褐色ヲ帶ブルコトアリ。莖ハ三乃至四囘羽狀分枝ヲナシ、長サ 8-15cm ニ達ス。莖葉ハ大キクシテ中央ニマデ四裂シ、邊緣ニハ細毛狀ノ裂片アリ、背面ニハ裂片ニ似タル毛ヲ密生ス。枝葉ハ莖葉ニ似タレドモ基脚狹ク、腹面ニ位スル一裂片ハ屢々囊狀トナル。下葉ハ枝葉ニ似テ二裂ス。1 全形(⅓大) 2 枝ノ一部放大 3 莖葉(背面) 4 枝葉(腹面)。

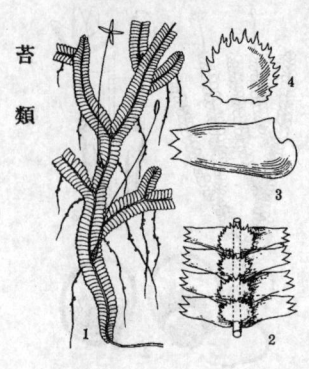

おほむかでごけ

Bazzania Pompeana *Mitt.*

林間ノ地上又ハ露出セル樹根上ニ生ジ、褐綠色。莖ハ匍匐シテ又分シ、腹面ヨリ小葉アル纖匐枝ヲ多出ス。枝端ハ多クハ斜上屈曲ス。葉ハ左右二列、水平ニ展開シ、長橢圓狀、基脚ノ一方ニハ廣キ耳アリ、先端ハ三大鋸齒アリ。下葉ハ圓形、邊緣ニ大小ノ鋸齒アリ。子囊ハ白色ノ長柄上ニアリテ褐色、後四裂ス。1 全形(⅗大) 2 枝ノ一部(腹面) 3 葉 4 下葉。

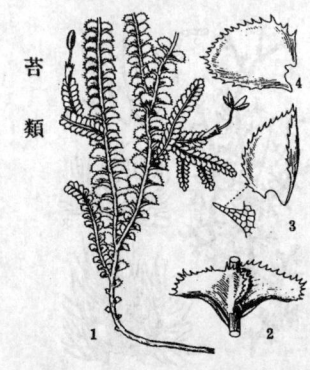

まるばたちむかでごけ

Plagiochila ovalifolia *Mitt.*

多濕地ニ生ジ、帶褐綠色ノ大形ナル苔ナリ。莖ハ平臥シ、先端ハ斜上シ、長キ枝ヲ分ツ。葉ハ左右二列ヲナシ、廣橢圓形、鈍頭、稍一半ヲ廣ク、多少龍骨狀ニ凹ミ、邊緣ニハ大ナル鋸齒アリ。下葉ナシ。子囊ハ長橢圓形ニシテ四裂展開ス。1 全形(⅗大) 2 二枚ノ葉ヲ附ケタル枝ノ一部(腹面觀) 3 葉 4 葉ヲ展開セルモノ。

まるばこまちごけ

Calobryum mnioides *Steph.*

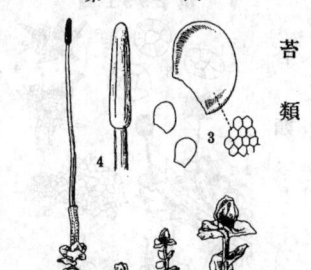

苔類

濕地ニ生ジ、容姿頗ル美ニシテ可憐ナル蘚類的ノ苔類。淡綠色。莖ハ多肉、屈曲シツツ匍匐シ、枝ハ直立ス。葉ハ下部ノモノ小サク、上部ノモノ大ニシテ、稍圓狀又ハ舌形、基脚ハ多少斜トナリ、全體軟カナリ。雌•雄器ハ枝頂ニ生ジ、子囊ハ長キ柄ノ上ニアリテ四縱裂ス。1 全形 (3/5大) 2 雄器ヲ生ジタル枝 3 三枚ノ葉トソノ細胞 4 子囊。

みどりしゃくしごけ

Cavicularia densa *Steph.*

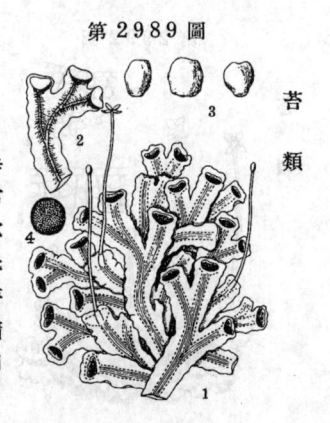

苔類

林間ノ地上ニ生ジ、葉狀體ハ密ニ重ナリテ叉狀分岐ヲナシ、綠色乃至淡綠色ヲ呈シ、中肋ハ幅廣クシテ其ノ兩側ニハ通常一列ヲナセル黑色ノ小點列アリ。全體軟カク、邊緣ハ多少波狀ニ縮ム。葉狀體ノ先端ニハ半月狀ノ凹所アリテ多數ノ無性芽ヲ藏ス。同株。子囊ハ長柄上ニアリテ橢圓形、四裂ス。1 全形表面(約3/5大) 2 同裏面 3 無性芽(放大) 4 胞子(放大)。

まきのごけ

Makinoa crispata *(St.) Miyake.*

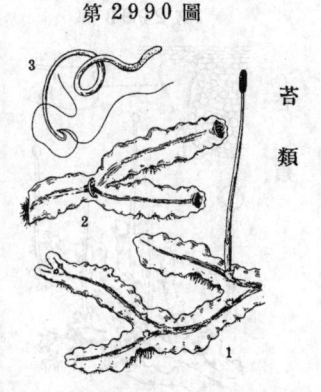

苔類

樹陰ノ地上稀ニ岩上ニ生ジ、葉狀體ハ鮮綠色、二叉分岐シ、軟ニシテ邊緣波狀ニ縮ム。異株。雄器ハ中肋上ニ鋸齒ヲ有スル杯狀ノ苞膜中ニ生ズ。雄器ハ葉狀體ノ先端或ハ分岐點ニ於ケル半月狀ノ凹所ニ生ズ。精蟲ハ蘚苔類中、最大ノモノナリ。子囊ハ白色ノ長柄上ニアリテ橢圓狀圓筒形、暗褐色、熟シテ四裂ス。1 雌株(3/5大) 2 雄株(3/5大) 3 一箇ノ精蟲(約600倍)。

やはらうすばごけ
Blasia pusilla *L.*

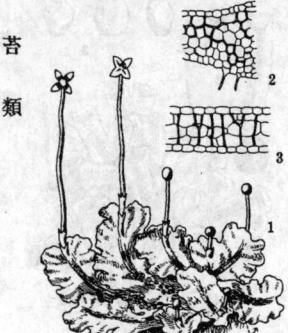

苦類

地上ニ生ジ、葉狀體ハ二叉分岐、薄ク軟カクシテ綠色、邊緣ニ多數ノ小裂片アリ、葉狀體面ハ暗色ノ小點アリ、中肋ハ明瞭。子囊ハ葉狀體先端ノ破裂部ヨリ出ヅル柄上ニアリテ球形、後四裂ス。無性芽ハ御酒德利形ノ中ニアルモノ (3) ト、葉狀體上ニ生ズルモノ (4) トノ二種アリ。葉狀體裏面ニ 5 ノ如キ下葉二列シテ生ズ。1, 2 全形。

みどりみづぜにごけ
Pellia epiphylla *Dum.*

苦類

多濕地又ハ水邊・水中ニ生ジ、葉狀體ハ軟カク、綠色乃至暗綠色、時トシテハ紅色ヲ帶ブ。邊緣ハ稍波狀ニ縮ム。氣孔ナシ。橫斷面ヲ見レバ、細胞膜ノ肥厚セルモノガ紐狀ヲナシテ連リ錯綜ス。苞膜ト內被膜トハ柄ノ基部ニ重ナリ、何レモ筒狀。子囊ハ球形、暗綠色、後ニ四裂ス。柄ハ白色ニシテ纖弱。1 全形(⅗大 同株) 2 葉狀體ノ橫斷面 3 同縱斷面。

むらさきみづぜにごけ
Pellia calycina (*Tayl.*) *Nees.*

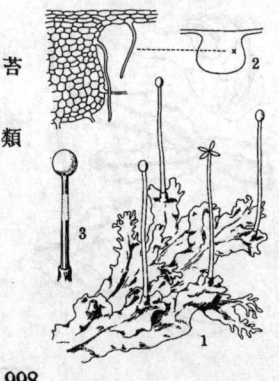

苦類

水邊又ハ水中ニ生ジ、紫色ヲ帶ビタル葉狀ハ二叉分岐シ、先端ノ邊緣ハ往々細裂ス。氣孔ナシ。葉狀體ノ中肋部ハ肥厚シ、此部ノ橫斷面ヲ見レバ、細胞膜ノ肥厚セル紐狀ノモノナシ。其ノ他ハ大體前種ニ似タレドモ、內被膜ハ前種ノ如ク包膜ヨリ突出セズ。1 全形(約⅗大) 2 葉狀體ノ中肋部ノ橫斷面ト一部ノ擴大 3 子囊。

ほそながくものすごけ

Pallavicinia longispina *Steph.*

濕地ニ生ジ、葉狀體ハ淡綠色、單一ニシテ先端纖匐枝狀トナリテ生長シ、又裏面ヨリ嫩枝ヲ出ダス。中肋ハ狹ク、ソノ兩側ハ菲薄ニシテ、邊緣ハ多少規則的ノ裂片トナリ、裂片ノ頂ニハ細胞列ヨリ成ル長キ毛狀棘アリ。多數ノ葉狀體ハ錯綜重疊シテ密ナル芝狀ヲナス。 1 全形 (³⁄₅大) 2 邊緣ノ一部。

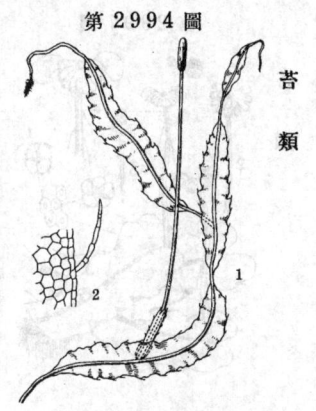

をかかづのごけ

Metzgeria furcata *Lindb.*

樹皮着生。黃綠色。葉狀體ハ幅1mm位、二叉分岐ヲ重ネテ多數密集ス。中肋ハ狹ク、橫斷面ニテハ腹側ニ五細胞位、背側ニ二細胞アリテ、ソノ間ニ數細胞ハ不規則ニ二・三層トナル。中肋ノ左右ハ菲薄ニシテ、邊緣ニハ單細胞ノ長毛アリ。子囊ハ葉狀體ノ腹面ヨリ生ジ、後四裂ス。1 全形(³⁄₅大) 2 同放大 3 邊緣部 4 橫斷面。

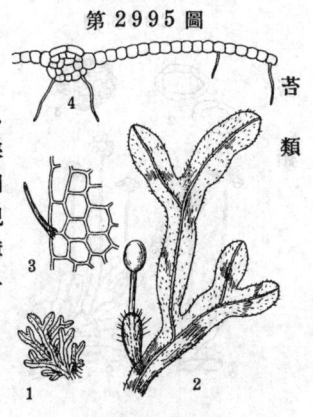

てがたぜにごけ

Marchantia cuneiloba *Steph.*

陰地上ニ生ジ、異株、葉狀體ハ稍赤褐色ヲ帶ビテ密ニ地上ニ平臥ス。雄器托ハ半圓形ノ輪廓ヲ有シ、掌狀ニシテ四ー六裂ス、作用後往々發育伸長シテ普通ノ葉狀體トナル。雌器托モ亦掌狀ヲナス。1 雄株ノ全形(約³⁄₁₀大) 2 發育伸長シテ葉狀體トナリツツアル雄器托三箇。

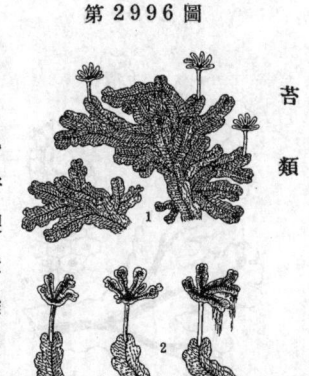

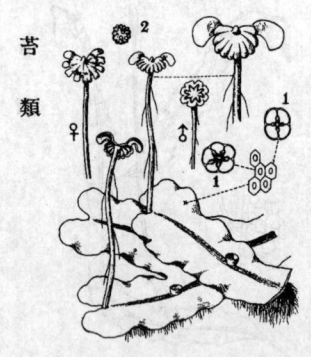

ふたばねぜにごけ
Marchantia diptera *Mont.*
（＝M. planipora *Steph.*）

地上ニ生ジ、葉狀體ハ二叉分岐、密生、表面綠色、裏面帶紫色、表面ノ氣孔區劃ハ明瞭、氣孔ノ內邊細胞ハ四-六、通常ハ四箇ニシテ、孔ハ狹ク十字形。異株。雌器托ハ約2-8cmノ柄上ニアリテ、前側ノ缺ケタル菊紋狀ノ盤形ヲナシ、約七箇ノ淺裂片ヲ有シ、ソノ前側左右ノ二片ハ大形ニシテ翼狀ヲナシ、展開乃至下垂ス、時ニ裂片ハ略等大、表面中心ニ一箇ノ突起アリ。圖ハ雌株ノ全形（³⁄₅大）。♂ハ雄器托　1 氣孔ノ內邊細胞　2 胞子（乳頭多シ）。

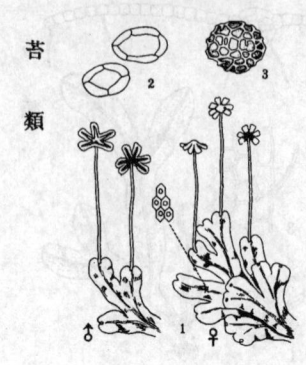

とさのぜにごけ

Marchantia tosana *Steph.*

地上產、葉狀體ハ二叉分岐、密生、表面ハ淡黃綠乃至深綠色、氣孔區劃ハ明瞭、氣孔ノ內邊細胞ハ四又ハ五個ニシテ孔ハ廣シ、裏面帶紫色。異株。雌器托ハ約2cmノ柄上ニアリテ五-七裂、中心ニ突起ナシ。雄器托ハ四-八裂ス。胞子面ニハ網狀ノ模樣アリ。1 全形（³⁄₅大）2 氣孔ノ內邊細胞　3 胞子。

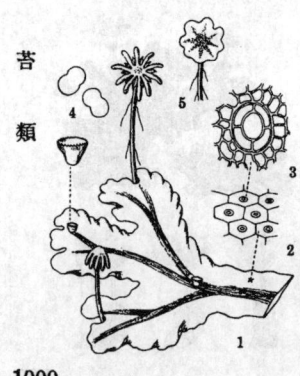

ぜにごけ

Marchantia polymorpha *L.*

濕地稀ニ水中ニ生ズル最モ普通ノせにごけ。葉狀體ハ二叉分岐シテ密生シ、ソノ表面ノ氣孔及氣孔區劃ハ明瞭。氣孔ノ孔邊細胞ハ四箇。異株、雌器托ハ約十箇ノ指狀突起ヲ有シ、雄器托ハ圓形ニシテ八箇位ノ裂片アリ。無性芽ハ葉狀體面ニアル杯狀體中ニ生ジテ法馬形ナリ。1 雌器托アル雌株全形（略³⁄₅大）　2 氣孔及氣孔區劃　3 氣孔（放大）　4 杯狀體及無性芽　5 雄器托。

苔類

苔類

苔類

第2997圖

第2998圖

第2999圖

おほけぜにごけ

Dumortiera hirsuta *Nees.*

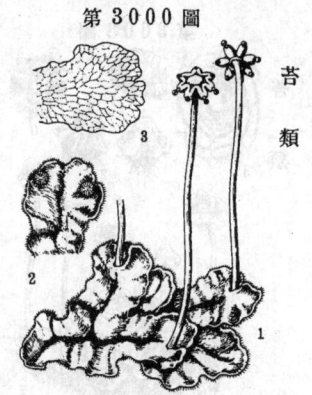

第 3000 圖

苔類

濕地・濕岩上ニ生ズ。葉狀體ハ暗綠色、革質ニシテ脆ク、稍半透明、二叉分岐、中肋ハ不明瞭ナレドモ、コノ部分ハ縱ニ凹ム、邊緣ハ波狀ニ縮ミ、多クノ毛アリ。葉狀體面ニハ多角形ノ網狀區劃アリテ幼キモノニ明瞭。異株。雄器托ハ長柄上ニアリテ數裂ス。雄器托ハ葉狀體面ニ座シテ毛多シ。 1 雌株(⅔大)　2 雄株(雄器托ヲ有スル一部)　3 幼キ葉狀體面ノ一部。

ひめじゃごけ

Conocephalus
supradecompositus *Steph.*

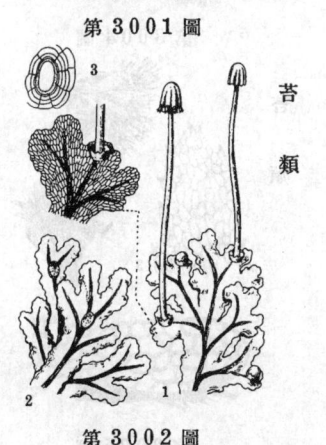

第 3001 圖

苔類

地上ニ生ジ、綠色。葉狀體ハ小形、數回細カク又分シ、氣孔・氣孔區劃ハ明瞭、氣孔ノ孔邊細胞ハ七八箇位ニシテ數環列。異株。雄器托ハ小判形ニシテ葉狀體上ニ座ス。雌器托ハ葉狀體ノ先端ノ破裂セル稍杯狀ノ所ヨリ生ゼル白色纖弱ノ柄上ニアリテ圓錐形。無性芽ハ葉狀體裂片ノ先端ニ粉狀ヲナシテ無數ニ生ズ。 1 雌株(⅔大)　2 雄株(⅔大)　3 氣孔。

おほじゃごけ

Conocephalus conicus *Dum.*

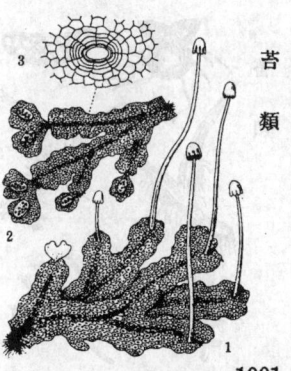

第 3002 圖

苔類

濕地上ニ生ズ。葉狀體ハ二叉分岐シテ密集シ、表面ノ氣孔・氣孔區劃ハ甚ダ明瞭。氣孔ノ孔邊細胞ハ七箇位ニシテ數環列ヲナス。異株。雌器托ハ白色ノ弱キ長柄上ニアリテ圓錐形ヲナス。雄器托ハ柄ナクシテ葉狀體上ニ座シ、橢圓盤狀。 1 雌株(約8/10大)　2 雄株　3 氣孔ノ平面觀(放大)。

1001

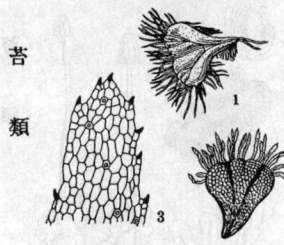

第3003圖

苔類

はながたちんがさごけ

Reboulia hemisphaerica *Raddi*.

地上ニ生ジ、葉狀體ハ二叉分岐シテ各方ニ擴ガリ、表面ハ淡綠色、邊緣及ビ裏面ハ紅紫色、氣孔ハ小サクシテ少シク突出シ、孔邊細胞ハ七箇位ニシテ數環列ヲナス。雌器托ハ圓錐形乃至半球形ニシテ四乃至七裂。苞膜ハ貝殼狀、二裂。雄器托ハ柄ナク、葉狀體面ニ座シテ卵形又ハ半圓形。1 全形（3/5大 同株品）2 雌器托三箇 3 氣孔ノ平面觀 4 氣孔ノ縱斷面。

第3004圖

苔類

むらさきいてふごけ

Ricciocarpus natans *Corda*.

水面浮生或ハ泥土上ニ生ジ、葉狀體ハ扇形ニシテ僅ニ二叉シ、中央部ニ溝アリ、帶紫綠色、裏面ニハ多數ノ線狀紫色ナル鱗片ヲ備フ。葉狀體ノ斷面ニハ間隙多シ。子嚢ハ葉狀體內ニ埋沒ス。1 全形（3/5大）上ハ泥地產、下ハ水面產 2 葉狀體ノ橫斷面ニシテ右半部ノ大部ハ略ス 3 鱗片ノ先端部。

第3005圖

苔類

かづのうきごけ

Riccia fluitans *A. Br.*

水面浮生或ハ泥土上ニ生ズ。葉狀體ハ菲薄、線狀ニシテ二叉分岐シ、多數密集シテ淡綠色ヲ呈ス。水生ノモノニハ假根ナク、泥土上ノモノニハ之ヲ備フ。葉狀體ノ橫斷面ニハ隙間多シ。子嚢ハ葉狀體中ニ埋沒シ、ソノ部分ハ裏面ニ球狀トナリテ突出ス。1 全形（3/5大）右ハ水中產、左ハ泥土上產 2, 3 全形（放大）4 子嚢埋沒部ノ斷面 5 葉狀體ノ橫斷面。

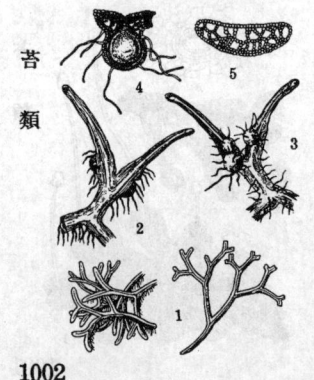

ひめぴんごけ

Calicium trabinellum *Ach.*

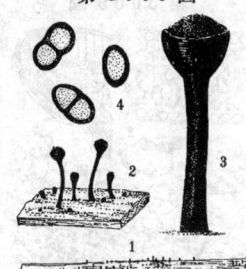

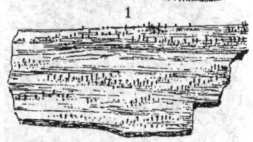

第3006圖

ぴんごけ科

山地ノ樹木上ニ見ラルル極メテ小形ノ地衣ナリ。子器柄ハ全體暗黑色ヲ呈シ高サ僅ニ0.8-1.2mm、最モ太キ所ニテモ0.1-0.2mm ニ過ギズ。地衣體ハ灰白色ニシテ顯著ナラズ。肉眼ニテ發見スルニハ相當ノ熟練ヲ要スベシ。子器ハ器柄ノ頂端ニ生ジ半球狀ニシテ直徑0.3-0.5mmアリ、黑色ノ胞子塊ヲ生ジ、時ニ白色ノ粉霜ヲ被ル。子囊ハ圓筒狀ニシテ一列ニ八個ノ胞子ヲ容ルルモ明ナラズ。胞子ハ黑褐色、橢圓形、二室ニシテ時ニ一室ノモノヲ混ジ大サ6-9×3.5μ アリ。稍厚キ膜ヲ有シ隔膜附近ニテ少シク絞レルコトアリ。

1 朽木上ニ生ジタル群落　2 同上一部擴大　3 更ニ擴大セルモノ　4 胞子。

さんごけ

Sphaerophorus meiophorus *Vain.*

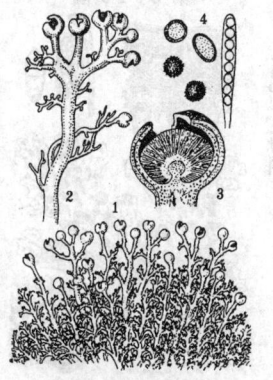

第3007圖

さんごけ科

山地ノ針葉樹帶ノ地上ニ又ハ樹皮上ニ生ズル木狀地衣ナリ。密生シテ高サ15-25mmノ褥ヲ形成ス。有子器ノ枝ハ高サ20-35mm、太サ1-1.5mmノ體ハ圓柱狀ニシテ褐色ヲ呈ス。子器ハ枝ノ頂端ニ生ジ球狀ニシテ直徑約2mmアリ。成熟スルニ從ヒ上部ヨリ不規則ニ裂開ス。子囊ハ圓筒狀、大サ40-50×6-8μ アリ、八個ノ胞子ヲ一列ニ收ム。胞子ハ球形又ハ橢圓形ニシテ大サ6-8μ、初メ無色ニシテ次第ニ暗靑色トナリ、炭質ノ物質ヲ被ツテ子囊層ノ外側ニ厚キ胞子塊ヲ形成ス。我國ニハ本屬地衣六種ヲ產ス。

1 地上ニ生ジタル群落　2 同上一部擴大　3 子器縱斷擴大圖　4 子囊及ビ胞子。

もじごけ

Graphis scripta *Ach.*

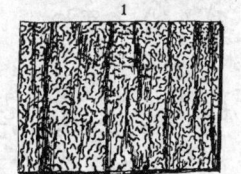

第3008圖

もじごけ科

平地ノ樹木上ニ普通ニ見ラルル痂狀地衣ナリ。地衣體ハ薄ク灰白色ニシテ顯著ナラザルモ子器ハ黑色ニシテ隆起シ、遠クヨリ眺ムレバ一見白紙ニ文字ヲ書キタル狀ヲ呈スルヲ以テもじごけノ名ヲ得。本屬ハ頗ル種類多ク、三百種以上ヲ含ミ、而モナホ類似ノ屬多數アリテ分類甚ダ困難ナリ。子器ハ炭質ノ殼ヨリ成リ、半殼性ナリ。糸狀體ハ細クシテ分岐ス。子囊ハ圓筒狀ニシテ八個ノ胞子ヲ容ル。胞子ハ無色、長橢圓形ニシテ七-八室ヨリ十六室內外ニ區劃セラレ、大サ30-70×7-10μ アリ。

1 樹皮上ニ生ジタル群落　2 同上一部擴大　3 子器縱斷檢鏡圖　4 糸狀體、子囊及ビ胞子。

1003

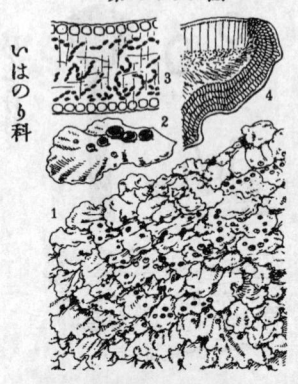

第3009圖

あをきのり
Leptogium tremelloides *Vain.*
var. azureum *Nyl.*

山地ニ生ズル葉狀地衣ナリ。地衣體ハ薄ク、灰青色ヲ呈ス。濕潤時ニハ膨脹シテ膠質トナル。體ノ兩面共ニ一層ノ擬柔組織樣ノ皮層ニテ覆ハル。子器ハ體ノ表面各所ニ生ジ皿狀ニシテ無柄、直徑 1-2mm アリ、暗赤色ノ盤ヲ具フ。子嚢ハ圓筒狀又ハ棍棒形ニシテ八個ノ胞子ヲ容ル。胞子ハ橢圓形ニシテ兩端少シク尖リ、石垣狀ニシテ四-六ノ橫隔アリ、無色ニシテ大サ 26-35×8-14μ アリ。本屬地衣ニシテ本邦ニ產スルモノ他ニ約十種アリ。本屬ニ外形甚ダ類似シ皮層ヲ缺クモノニハいはのり屬 (Collema) アリ。
1 全形　2 同上一部擴大　3 體ノ縱斷檢鏡圖　4 子器ノ縱斷檢鏡圖。

いはのり科

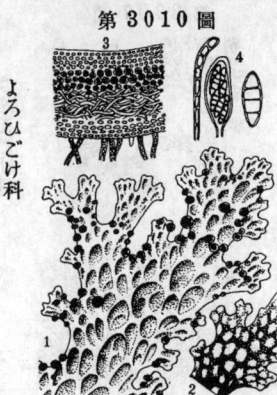

第3010圖

かぶとごけ
Lobaria pulmonaria *Ach.*
var. meridionalis *Zahlbr.*

山地ノ森林帶ニ普通ナル大形ノ葉狀地衣ナリ。裏面ノ擬根ニヨツテ他ノ樹皮ニ着生シ、時ニ徑 30cm 以上ニ達スルコトアリ。全體扁平、皮革狀ニシテ黃褐色ヲ呈ス。邊緣ハ鹿角狀ニ分裂シ、表面ニハ網狀ニ陷沒アリ、無毛滑澤ニシテ粉芽モ裂芽モナシ。裏面ハ淡色ニシテ網溝ニハ毛茸ヲ密生シ所々ニ擬根ヲ生ズ。子器ハ盃狀ヲ成シ徑 1-3mm アリ、十分成長セルモノハ緣部明ナラズ。子嚢ハ棍棒狀又ハ紡錘狀ヲ呈シ八個ノ胞子ヲ容ル。胞子ハ紡錘狀ニシテ無色、多クハ四室ナレドモ時ニ二室ノモノヲ交ヘ大サ 27-33×7μ アリ。
1 全形　2 同上裏面　3 地衣體橫斷檢鏡圖　4 糸狀體、子嚢及ビ胞子。

よろひごけ科

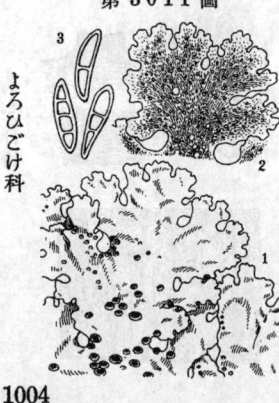

第3011圖

てりはよろひごけ
Sticta platyphylla *Nyl.*

山地ニ生ズル大形ノ葉狀地衣ナリ。表面ハ淡灰綠色ニシテ平滑、光澤アリ。ホボ圓形又ハ橢圓形ニ擴ガリ大ナルモノハ徑 20cm ヲ超ユルコトアリ。多數ノ裂片ヨリ成リ、裂片ノ先端ハ稍圓味ヲ帶ビ僅ニ凹入ス。裏面ハ一面ニ綿毛狀ノ毛茸ヲ生ジ、所々ニ白色圓形ノ擬盃點ヲ生ズ。主トシテ樹皮上ニ着生ス。子器ハ通常多數生ジ、地衣體上ニ散生シ、無柄、皿狀ニシテ直徑 1-4mm アリ。盤ハ赤褐色ヲ呈シ、緣ハ不規則ニ波曲ス。子嚢ハ橢圓狀棍棒形ニシテ八個ノ胞子ヲ容ル。胞子ハ四室ニシテ時ニ二-三室ノモノヲ混ジ、大サ 30-50×6-9μ アリ。
1 體ノ表面　2 裏面　3 胞子。

よろひごけ科

もみぢつめごけ
Peltigera polydactyla *Hoffm.*

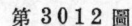
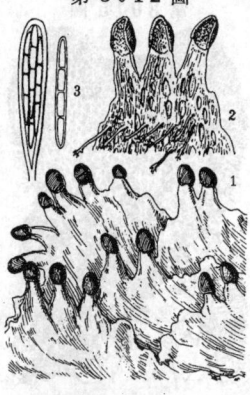

つめごけ科

山地ノ濕氣多キ地ニ見ラルル葉狀地衣ナリ。鞣皮質ニシテ幅7-15cmニ達スル大形ノモノニシテ幅1-3cmノ裂片ヨリ成ル。表面ニハ薄キ皮層ヲ具フルモ裏面ハ裸出シ細キ綿毛アリテ灰白色ヲ呈ス。裏面ニハ暗色ノ太キ網狀ニ走ル脈アリ、脈上所々ニ黑色ノ長キ擬根ヲ生ジテ弛ク基物ニ着生ス。子器ハ狹キ裂片ノ頂端ニ生ジ圓盤狀ニシテ直徑3-8mmアリ、爪ノ如キ形ヲ呈スルニヨリつめごけノ名アリ。子器ノ乾燥スルニ從ツテ周邊ヨリ抱卷ス。子囊ハ圓筒狀ニシテ八個ノ胞子ヲ容ル。胞子ハ無色針狀ニシテ四-七室ヲ有シ大サ40-80×2-4μアリ。

1 全形 2 裏面一部 3 子囊及ビ胞子。

ちづごけ
Rhizocarpon geographicum *DC.*

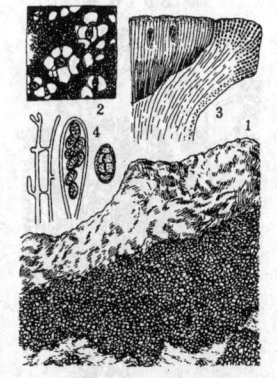

へりとりごけ科

高山ノ岩石ニ着生スル痂狀地衣ナリ。地衣體ハ美シキ帶綠黃色ニシテ、地圖狀ノ模樣ヲ呈スルニヨリちづごけノ名アリ。地衣體ハ厚クシテ所々ニ深キ裂溝アリ。周緣ハ黑色ノ初生菌糸ニヨツテ緣取ラル。子器ハ黑色ニシテ地衣體中ニ沈在シ又ハ少シク突出シ、徑0.5-1mmアリ。子器ノ殼ハ炭質ニシテ子囊層ハ淡明ナレドモ子囊下層ハ黑褐色ナリ。子囊ハホボ棍棒狀ニシテ八個ノ胞子ヲ容ル。胞子ハ黑褐色橢圓形ニシテ石垣狀ヲ呈シ大サ28-38×10-24μアリ。本種ハ高山性地衣ノ一種ニシテ頗ル顯著ナルモノナリ。

1 岩石上ノ小群落 2 一部擴大 3 子器縱斷檢鏡圖 4 糸狀體、子囊及ビ胞子。

かむりごけ
Pilophoron japonicum *Zahlbr.*

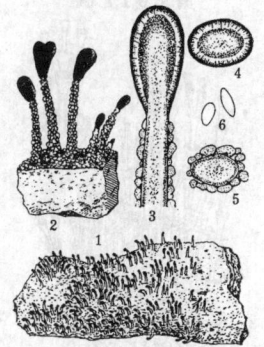

はなごけ科

山地ノ岩石上ニ產スル小形ノ木狀地衣ナリ。地衣體ハ顆粒狀ニシテ暗灰綠色ヲ呈シ散生ス。子器柄ハ圓柱狀、單條ニシテ直立シ、高サ2-5mm、太サ0.3-0.5mm、外部ニ顆粒狀ヲナス地衣體ヲ着ク。子器ハ子器柄ノ頂端ニ生ジ長頭狀ニ膨レ、全體棍棒狀ヲ呈ス。表面平滑ニシテ黑褐色ヲ呈ス。長サ1-2mm、直徑0.5-1mmアリ。子囊下層ハ炭質ニシテ暗褐色ヲ呈ス。子囊ハ棍棒狀圓筒形ニシテ八個ノ胞子ヲ容ル。胞子ハ無色一室ニシテ橢圓形又ハ紡錘形ヲ呈シ大サ17-24×6-7μアリ。

1 岩上ノ群落 2 同上一部擴大 3 子器及ビ子器柄ノ縱斷檢鏡圖 4 子器橫斷檢鏡圖 5 子器柄橫斷檢鏡圖 6 胞子。

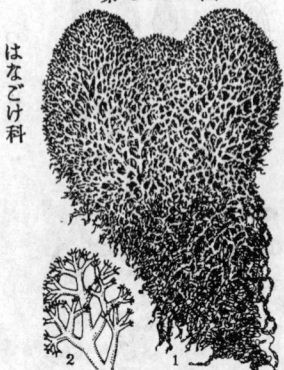

みやまはなごけ

Cladonia alpestris *Rabht.*

高山又ハ寒地ニ生ズル木狀地衣ナリ。全體淡綠黃色ヲ呈シ、下部ハ泥砂ニ接シテ漸次腐朽シ、上部ハ密ニ分岐シテ籠狀トナリ、濕氣アル時ハ膨脹シテ海綿狀ヲナシ、特異ナル外觀ヲ呈ス。中空ニシテ稍硬脆ナリ。下部ノ徑0.5-1mmアリ、高サハ10cm内外ニ達ス。我國ニ於テハ子器ヲ生ジタルモノヲ發見セラレタルコトナシ。此類ノ繁殖ハ專ラ體ノ一部ガ風ニ吹飛バサレ新シキ場所ニ於テ更ニ分岐增大スル方法ヲトルモノ如シ。はなごけ・わらはなごけ(C. sylvatica *Hoffm.*)ト共ニ馴鹿苔ト總稱セラレ、全世界ニ廣ク分布スル種類ナリ。

1 全形　2 體ノ先端部ノ擴大。

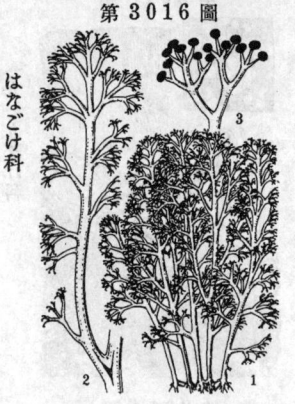

はなごけ

Cladonia rangiferina *Web.*

高山又ハ寒地ノ泥炭地等ニ普通ナル木狀地衣ナリ。全體灰白色ニシテ高サ10cmニ及ブ。主莖ハ圓柱狀ニシテ中空、小枝ヲ分岐ス。基部ハ泥砂ニ接シテ漸次腐朽シ稍黑色ヲ帶ブ。表面ハ稍平滑、乾燥時ハ稍シク硬脆ナレドモ僅ノ濕氣ニヨリテモ柔軟ト成ル。枝ノ末端ハ更ニ放射狀ニ小分岐ヲ成シ一方ニ傾ク。子器ハ極メテ稀ニ生ズ。直徑約1mmノ黑褐色半球狀ニシテ常ニ小枝ノ頂端ニ生ズ。胞子ハ八個ヅツ子囊中ニ生ジ、無色、一室、橢圓形ニシテ大サ 9-12×3-4μ アリ。本地衣ハ古クヨリ馴鹿苔ト呼バレ馴鹿ノ飼料トナル。

1 全形　2 體ノ一部擴大　3 子器ヲ着生セル枝ノ擴大圖。

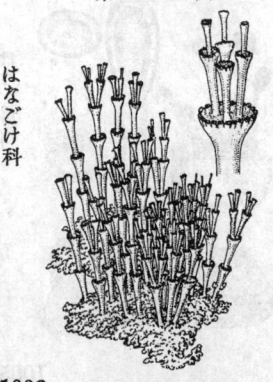

やぐらごけ

Cladonia verticillata *Hoffm.*

山地及ビ平地ニ生ズル木狀地衣ナリ。地衣體ハ地上又ハ岩石上ニ蘚類ト混ジテ生ジ、鱗片狀ヲ成シ灰綠色ヲ呈ス。子器柄ハ高サ1cm内外ニシテ反覆發生シテ遂ニ高サ5cm内外ニ達ス。子器柄ノ頂端ハ盃狀體ト成リ、邊緣ハ鋸齒狀ヲ呈ス。粉芽ヲ有セザルモ往々鱗片ヲ附着シ粗糙ニシテ光澤ナシ。子器ハ褐色ニシテ一個又ハ數個癒合シテ盃緣ニ着生ス。胞子ハ無色一室橢圓狀紡錘形ニシテ大サ 7-16×2.5-3μアリ。子器柄ノ順次ニ重ナル狀ヨリやぐらごけノ名ヲ得タルモノナラン。本邦各地ニ廣ク分布スルノミナラズ、地球上ニ廣ク分布區域ヲ有スル種類ナリ。

1 群落全景　2 一部擴大。

きごけ
Stereocaulon exutum *Nyl.*

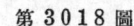

山地ニ普通ナル木狀地衣ナリ。地衣體ハ岩石ニ固着シ顆粒狀ニシテ灰綠色ヲ呈シ顯著ナラズ。子器柄ハ直立シ灌木狀ニ分岐シ高サ4-6cm、太サ0.5-2.5mmアリ、全體灰綠色ニシテ所々ニ赤褐色ノ頭狀體ヲ生ズ。子器ハ枝ノ先端ニ生ジ歪曲セル半球狀ニシテ徑1-3mm アリ、暗褐色ヲ呈ス。子囊ハ略ボ棍棒狀ヲ成シ、八個ノ胞子ヲ容ル。胞子ハ無色、長紡錘狀ニシテ四-五室ヲ有シ大サ30-48×4-7μ アリ。本屬地衣中本邦ニ產スルモノ約二十種アリ。何レモ類似ノ形態ヲ有シ分類稍困難ナルモノアリ。我國特產ノモノ亦數種アリ。本種モ其一ナリ。1 全形　2 一部擴大。

第3018圖

はなごけ科

いはたけ
Gyrophora esculenta *Miyoshi.*

山地ノ岩石ニ着生スル葉狀地衣ニシテ、我國特產ノ食用地衣トシテ著名ナリ。不規則ナル圓形ヲ成シ、徑3-10cmニ及ブ、裏面中央部ハ臍狀突起ニヨリテ基物ニ着生シ他ノ部分ハ遊離ス、表面ハ暗褐色ニシテ略ボ平滑ナリ、裏面ハ黑色ニシテ毛茸ヲ密生ス。子器ヲ生ズルコト極メテ稀ナリ。本種ニ類似セル地衣ニシテ高山ノ頂上又ハ高キ部分ニ生ズルモノニたかねいはたけ(G. vellea *Ach.*)ト稱スルモノアリテ屢々多數ノ子器ヲ生ズ。本種ハ稍低キ所ニ生ジ一般ニ薄手ナリ、又毛茸ハ短ク密ニ分枝シ叢生ス。1 表面　2 裏面　3 臍狀突起　4 毛茸擴大圖。

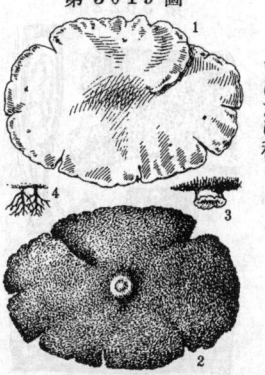

第3019圖

いはたけ科

みやまこげのり
Gyrophora proboscidea *Ach.*

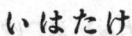

高山ノ上部ノ岩石ニ着生スル葉狀地衣ナリ。單葉ニシテ略ボ圓形、徑10cm 內外ニ達シ、下面中央ニ臍部ニテ基物ニ着生ス、薄クシテ堅脆、邊緣ハ波狀ヲ呈シ、表面ハ黑褐色ニシテ網狀ノ皺ヲ有シ、殊ニ中央部ニ著シ、裏面ハ灰褐色、平滑ニシテ毛茸ヲ生ゼズ。子器ハ歪球形ヲ呈シ、炭質ニシテ渦卷狀ノ盤ヲ有ス。子囊下層ハ厚ク暗褐色ヲ呈ス。子囊ハ橢圓狀圓筒形ニシテ八箇ノ胞子ヲ容ル。胞子ハ無色、橢圓形、一室ニシテ大サ12-18×6-8μ アリ。本屬地衣ハ一般ニ高山ノ岩石上ニ生ズルモノニシテ我國ニ十數種ヲ產ス。1 表面　2 裏面　3 子器擴大　4 子器縱斷檢鏡圖及ビ胞子。

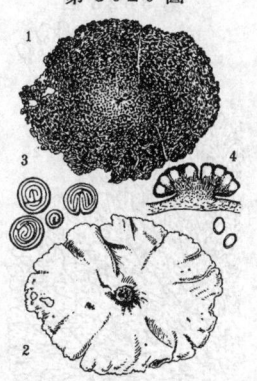

第3020圖

いはたけ科

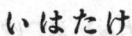

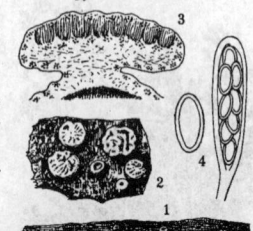

くさびらごけ
Pertusaria trochophora *Vain.*

山地ノ樹木上ニ産スル痂狀地衣ナリ。とりはだごけ屬ハ二百種以上ノ種類ヲ含ミ分類困難ナル屬ナレドモ、本種ハ我國特産ニシテ其形狀著シク異ナリ容易ニ識別セラル。地衣體ハ痂狀ニシテ顯著ナラズ。子器ハ球形ニシテ數個ヅツ相集リテ擬子座ヲ形成ス。擬子座ハ圓盤狀ニシテ直徑 2–4mm アリ、種々異ナレル陷沒ヲ有シ、基部ハ深ク綾扼ス。子囊ハ圓筒狀ニシテ大サ150–250 × 30–70μ アリ、八個ノ胞子ヲ容ル。胞子ハ無色、一室、橢圓形ニシテ大サ 50–80 × 25–30μ アリ、厚サ1–1.5μ ノ膜ヲ被ル。

1 樹皮上ノ群落　2 同上一部擴大　3 擬子座ノ横斷檢鏡圖　4 子囊ト胞子。

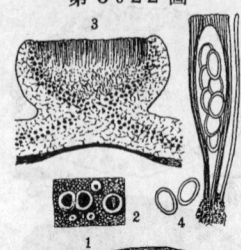

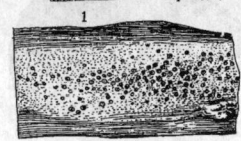

ちゃしぶごけ
Lecanora subfusca *Ach.*

平地ヨリ山地ノ樹木上ニ生ズル痂狀地衣中代表的ノモノナリ。地衣體ハ灰白色、平滑或ハ顆粒狀ニシテ薄ク樹皮上ニ擴ガル。子器ハ多數生ジ、無柄、皿狀ニシテ直徑 0.5–1.2mm、緣部ハ凸出シ、全緣ナルカ或ハ波曲ス。盤ハ扁平ニシテ赤褐色ヲ呈ス。胞子ハ橢圓形ニシテ無色、一室、大サ 12–18 × 6–8μ アリ。本屬地衣ハ二百種以上ヲ含ミ大群ニシテ甚ダ分類困難ナルモノナリ。本種モ亦多數ノ變種又ハ品種ニ區別セラル。本屬地衣ハ主トシテ樹皮上ニ着生スルモ岩石上ニ生ズルモノモ亦少カラズ。

1 樹皮上ノ群落　2 同上一部擴大　3 子器ノ縱斷檢鏡圖　4 糸狀體、子囊及ビ胞子。

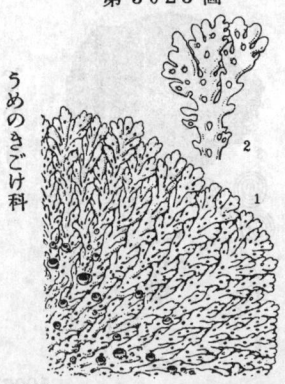

せんしごけ
Parmelia pertusa *Schaer.*

山地及ビ平地ノ樹木上ニ着生スル葉狀地衣ナリ。表面ハ灰綠色又ハ灰白色ヲ呈シ密ニ分岐セル裂片互ニ相集リテ略ボ圓形ヲ成シ、直徑 5–20cm アリ。放射狀ニ成長シテ中央部ハ屢々枯朽スルコトアリ。圓形乃至橢圓形ノ規則正シキ穿孔アリ、ヨッテせんしごけ（穿刺苔）ノ名アリ。カカル穿孔ヲ有スル葉狀地衣ハ本種及ビふくれせんしごけ (P. Asahinae *Yasuda*) アルノミ。子器ハ稀ニ生ジ、皿狀ニシテ直徑 1–3mm アリ、盤ハ栗褐色ニシテ緣ハ波曲ス。子囊ハ棍棒狀ニシテ八個ノ胞子ヲ容ル。胞子ハ無色、一室ニシテ橢圓狀、大サ 40–50 × 20–25μ アリ。

1 體ノ一部　2 同上一部擴大。

1008

からくさごけ
Parmelia saxatilis *Ach.*

山地ノ樹木上ニ生ズル普通ナル葉狀地衣ナリ。全體灰白色ニシテ密ニ分岐シ相接スル裂片ヨリ成リ、不規則ナル形ニ發達ス。裂片ハ略ボ同一ノ幅ヲ有シ、1-2mmニシテ厚サ0.1-0.2mmアリ。裏面ハ黑色ニシテ黑褐色ノ長サ 1mm ニ滿タザル擬根ヲ多數生ズ。子器ハ槪ネ多數生ジ、皿狀ニシテ直徑2-5mmアリ、無柄ニシテ地衣體上ノ所々ニ散生ス。盤ハ栗褐色ヲ呈ス。子嚢ハ橢圓狀棍棒形ニシテ八個ノ胞子ヲ容ス。胞子ハ無色、一室、橢圓形ニシテ大サ10-16×5-7μ アリ。粉子器ハ地衣體中ニ埋沒シ、粉子ハ針狀ニシテ大サ5-7×1μアリ。1 全形 2 一部擴大 3 地衣體ノ縱斷檢鏡圖。

うめのきごけ科

うめのきごけ
Parmelia tinctorum *Despr.*

我國ニ最モ普通ナル葉狀地衣ニシテ海岸ノ黑松、平地ノ赤松・梅・杉等ノ樹皮上ニ普通ニ產シ、時ニ岩石上ニモ生ズ。屢々徑30cm ヲ越ユルモノアリ。略ボ圓形ノ輪廓ヲ有シ、全體灰白色ヲ呈シ、裂片ノ先端ハ圓味ヲ帶ブ。表面ノ邊緣部ハ粉芽ヲ生ズルコトナク、廣ク平滑ニシテ少シク光澤アルモ、中央部ハ針芽ヲ密生シテ粗糙ナリ。裏面ノ邊緣部ハ平滑褐色ニシテ著シク光澤アリ、中央部ハ黑色ヲ帶ビ光澤ナシ。子器ヲ生ズルコト極メテ稀ナリ。子器ハ盃狀ニシテ徑1cm 內外ニ達シ短柄ヲ有ス。胞子ハ無色、一室、橢圓形ニシテ大サ18×7μアリ。圖ハ全形ノ寫生圖。

うめのきごけ科

あんちごけ
Anzia japonica *Müll. Arg.*

山地ノ樹木ニ着生スル葉狀地衣ナリ。全體灰白色ニシテ密ニ分岐セル裂片ヨリ成ル裂片ノ先端ハ掌狀ヲ呈シ、側部ハ念珠狀ニクビレ又ハさぼてん狀ニ關接ス。幅廣キ所ハ3-5mm、狹キ所ハ1-1.5mm ヲ有ス。體ノ裏面ニハ黑褐色ノ菌糸ヨリ成ル厚サ 1mm 內外ノ海綿組織アリ。子器ハ皿狀、無柄ニシテ直徑 3-10mmアリ、黑褐色ノ盤ヲ有ス。子嚢ハ長倒卵形ヲ呈シ、頂部ハ著シク肥厚シ、多數ノ胞子ヲ容ス。胞子ハ半月狀ニ屈曲シ、大サ10-15×2-3μ アリ。1 全形 2 裏面ノ一部擴大 3 子器擴大圖 4 體ノ縱斷檢鏡圖 5 糸狀體、子嚢及ビ胞子。

うめのきごけ科

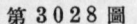

とこぶしごけ
Cetraria collata *Müll. Arg.*

山地ノ樹木上ニ生ズル大形ノ葉狀地衣ナリ。時ニ徑30cm ヲ越ユルコトアレドモ通常5−10cmナリ。表面ハ灰綠色ヲ呈シ鞣皮樣ニシテ白色ノ擬盃點ヲ多數ニ生ズ。裂片ハ大形ニシテ圓味ヲ帶ビ徑3−4cmニ及ブモノアリ、邊緣ハ波狀ニ屈曲ス。裏面ハ邊緣ノミ褐色ニシテ他ハ黑色ヲ呈シ稍光澤アリ。子器ハ盃狀ニシテ直徑1−2cmニ達シ、往々梅鉢狀ニ裂ケ中央ニ穿孔スルヲ常トス。盤ハ赤褐色。果托ノ外側ハ地衣體ト同樣ニ擬盃點ヲ密布ス。裂片ノ邊緣ニハ黑色疣狀ノ粉子器ヲ生ズ。胞子ハ無色一室ニシテ大サ13−14×7−8μ アリ。

1 體ノ一部　2 同上擴大圖　3 子器ノ外形　4 糸狀體、子囊及ビ胞子。

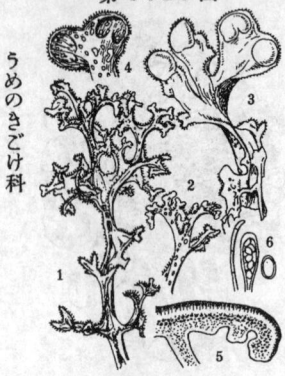

えいらんたい
Cetraria islandica *Ach.*
var. orientalis *Asahina.*

高山又ハ寒地ノ地上ニ蘚類ト混ジテ生ズル木狀地衣ナリ。高サ5cm內外ニ達シ樹狀ニ分岐ス。我國ニ多ク產スルモノハ品種ノほそばえいらんたい(f. angustifolia *Asahina*) ニシテ基準種ニ比シテ葉體稍狹細ナリ。體ノ表面ニハ所々ニ白色ノ擬盃點ヲ生ズ。子器ハ圓盤狀ニシテ徑5mm內外アリ、伸擴セル枝ノ頂部ニ着ク。胞子ハ無色、一室、橢圓形ニシテ大サ5×3μ アリ。

1−2 無子器ノ個體　3−4 有子器ノ枝　5 子器縱斷檢鏡圖　6 糸狀體、子囊及ビ胞子。

うちきあはびごけ
Cetraria ornata *Müll. Arg.*

山地ニ普通ナル大形葉狀地衣ナリ。全體厚ク革質ニシテ帶綠黃色ヲ呈シ、徑6−20cm ニ達ス。所々ニ小溝狀ノ陷落アレドモ滑澤ナリ。裂片ハ大サ2.3cmアリ、裏面ハ黑褐色ニシテ黑色ノ擬根ニヨリテ樹皮ニ着生ス。子器ハ裂片ノ裏面ニ着キ成熟スルニ從ツテ反轉ス。略ボ腎臟形ヲ呈シ徑1−2cmアリ。盤ハ栗色ヲ呈シ邊緣ハ黑色ニシテ外側ニ黑色ノ刺ヲ密生ス。地衣體及ビ子器ノ髓部ハ黃色ヲ呈ス。子囊ハ棍棒狀ニシテ八個ノ胞子ヲ生ズ。胞子ハ無色一室ニシテ橢圓形ヲ呈シ、大サ6−8×4−6μ アリ。

1 表面ノ一部　2 裏面ヨリ見タル子器　3 糸狀體、子囊及ビ胞子。

うめのきごけ科

おほあはびごけ
Cetraria Stracheyi *Bab.*
forma ectocarpisma *Satô.*

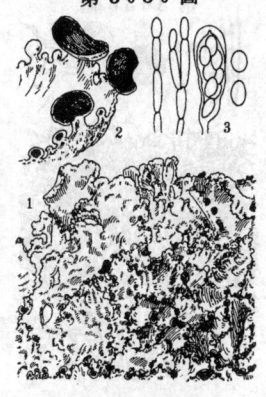

第 3 0 3 0 圖

うめのきごけ科

山地ノ樹木上ニ生ズル大形葉狀地衣ニシテ徑 20cm ニ達ス。表面ハ滑澤ニシテ青綠色ヲ呈シ、裏面ハ黃白色ニシテ皺曲ヲ有シ、白色ノ擬盃點ヲ生ズ、黑色ノ擬根ニヨリ樹皮ニ着生ス。子器ハ裂片ノ周圍ニ多數生ズ。地衣體ノ裏面ハ表面ノモノナレドモ幼キ時ヨリ反轉シテ表面ニ生ゼルガ如キ觀アリ。腎臟形又ハ橢圓形ヲ呈シ徑3-8mmヲ呈シ。盤ハ暗褐色ニシテ緣部ハ全緣又ハ後ハ波曲ス。子囊ハ八個ノ胞子ヲ容レ稍棍棒狀ヲ呈ス。胞子ハ無色一室橢圓形ニシテ犬サ 5-6×3μ アリ。
1 全形　2 一部擴大　3 糸狀體、子囊及ビ胞子。

ばんだいきのり
Alectoria sulcata *Nyl.*

第 3 0 3 1 圖

さるをがせ科

高山ノ中腹又ハ高原地帶ノ樹木ニ着生シテ半バ直立スル木狀地衣ナリ。高サ5-10cm、根元ノ太サ3mm 內外アリ。地衣體ハ圓柱狀ナルモ下部ハ稍扁平ト成リ、所々ニ縱ニ深キ溝ヲ生ズ。角質ニシテ枝條叢出シテ灌木狀ヲ呈ス。灰白色又ハ少シク褐色ヲ帶ブ。子器ハ膝曲セル枝ニ生ジ頂端ノ觀ヲ呈シ、圓盤狀、全緣ニシテ徑 3-8mm アリ。子囊ハ圓筒狀ニシテ八個ノ胞子ヲ容ル。胞子ハ無色、長橢圓狀、一室ニシテ大サ 22-30×8-10μナリ。子器ノ緣ハひげ狀ノ枝ヲ生ズルモノヲひげばんだいきのり(f. ciliata *Hue*)ト稱ス。
1 全形　2 子器擴大　3 同上ひげアルモノ　4 地衣體橫斷圖。

からたちごけ
Ramalina calicaris *Fr.*
forma subfastigiata *Nyl.*

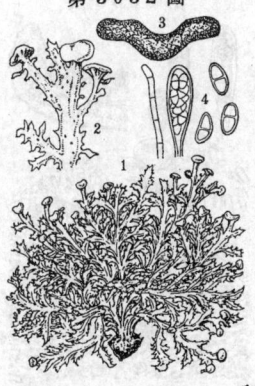

第 3 0 3 2 圖

さるをがせ科

山地ノ樹木上ハ普通ナル木狀地衣ナリ。主トシテよ其他ノ濶葉樹ニ生ズ。基部ヨリ樹狀ニ分岐叢生シ、高サ5cm內外、全體黃綠色ニシテ溝狀ノ皺曲アリ。子器ハ枝ノ頂端ニ生ジ、圓盤狀ニシテ直徑4mm ニ達ス。糸狀體ハ隔膜ヲ有シ、子囊ハ棍棒狀ニシテ八個ノ胞子ヲ容ル。胞子ハ無色二室ニシテ屈曲セズ、大サ 10-16×6-7μ アリ。本屬地衣ハ一般ニ皮層ノ內側ニ纖維狀ノ菌絲束ヨリ成ル器械力組織アリテ地衣體ノ保護ヲ成ス。本種ハ其形態稍剌棘狀ヲ呈スルニヨリからたちごけノ名アリ。
1 全形　2 一部擴大　3 體ノ橫斷檢鏡圖　4 糸狀體、子囊及ビ胞子。

第3033圖

さるをがせ科

やまひこのり
Evernia mesomorpha *Nyl.*
forma esorediosa *Müll. Arg.*

山地ノ樹木ニ着生スル木狀地衣ナリ。全
體帶綠黃色ニシテ高サ5～8cm、體ハ稍扁
平ニシテ幅3mm內外アリ、質柔軟ナリ。
表面ハ滑澤ナルモノ又ハ少シク粗糙ナル
モノアレドモ粉芽ヲ生ゼズ。子器ハ略ボ
枝條ノ頂端ニ生ジ、皿狀又ハ盤狀ニシテ
直徑3～5mmアリ。盤ハ暗褐色ニシテ稍
光澤アリ。胞子ハ八個ヅツ子囊中ニ生ジ、
無色、一室、橢圓形ニシテ大サ7～9×4～6μ
アリ。本地衣ノ基準種ハ體ハ粉芽ヲ有ス
ルモノニシテ北歐ニ多ク產スレドモ、我
國ニ於テハ極メテ稀ニ見ラルルノミ。
1 全形 2 子器及ビ體ノ一部擴大 3 糸
狀體、子囊及ビ胞子。

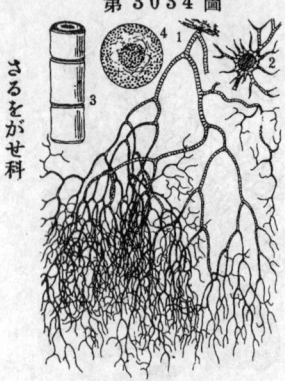

第3034圖

さるをがせ科

よこわさるをがせ
Usnea diffracta *Vain.*

高山ニ普通ニ產ス。樹枝ニ懸垂スル糸狀
地衣ニシテ全體淡黃綠色ヲ呈ス。長サハ
10～40cm、最モ太キ部分ハ1～1.5mmアリ、
基部ハ分岐少ケレドモ先端ニ近ヅクニ及
ビテ密ニ分岐ス。表面ハ多數ノ輪狀ノ裂
溝ヲ生ジ區劃セラル。體ノ中心ニハ强靱
緻密ナル菌糸體ヨリ成ル中軸ヲ備ヘ容易
ニ外皮部ニ離スコトヲ得。子器ハ稀ニ生
ジ、扁平、盤狀ニシテ徑3～5mmアリ。
胞子ハ八個ヅツ子囊ニ收マリ、無色、橢圓
狀又ハ球狀、一室ニシテ大サ8～12×7～8μ
アリ。此屬ノ種類多ケレドモ規則正シキ
輪狀ノ裂溝ヲ生ズルニヨリ容易ニ識別シ
得ベシ。
1 全形 2 子器擴大 3 地衣體橫斷檢鏡
圖 4 地衣體ノ一部擴大。

第3035圖

むかでごけ科

うらじろげじげじごけ
Anaptychia hypoleuca *Vain.*

山地ニ普通ナル葉狀地衣ニシテ樹皮上又
ハ岩石上ニ着生ス。體ハ全體灰白色ニシ
テ多數ノ裂片ヨリ成ル。裂片ハ幅 1.5～2
mm アリテ叉狀又ハ掌狀ニ分岐ス。粉芽
及ビ針芽ヲ缺キ平滑ナリ。裏面ハ裸狀ニ
白色ニシテ多數ノ分岐セザル灰白色ノ擬
根ヲ生ズ。通常多數ノ子器ヲ生ズ。子器
ハ無柄、皿狀ニシテ直徑3～6mmアリ、盤
ハ凹ミ黑褐色ヲ呈シ、緣部ハ鋸齒狀ヲナ
シテ內部ニ捲ク。子囊ハ圓筒狀ニシテ八
個ノ胞子ヲ容ル。胞子ハ初メ無色ニシテ
後ニ暗色ヲ帶ビ二室ニシテ橢圓形ヲ呈シ
大サ30～35×16～21μアリ。
1 全形 2 同上一部擴大 3 子器ノ縱斷
檢鏡圖 4 子囊及ビ胞子。

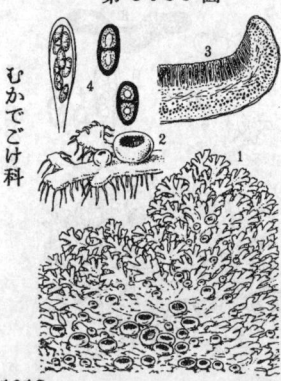

つちぐり
一名 つちかき
Astreus hygrometricus(Pers.)Morg.

夏秋ノ候普通ニ見ル種ニシテ山野・庭園・路傍等ニ生ズ。未裂開ノモノハ球狀ナリ。皮殼ハ厚ク且強靱ニシテ、上部ヨリ下方ニ向ツテ六乃至十二個ニ裂片ニ裂ク。裂片ハ吸濕性ニ富ミ、濕氣ヲ含ムトキハ反捲シテ地上ニ爪立チタル狀ヲ成ス。此際地中ニ連絡セル菌絲ハ切レテ菌體ハ地ヨリ遊離ス。乾燥スルトキハ裂片ハ上方ニ卷キ縮マリテ菌體ハ塊狀トナリ、風ニ吹カレテ地上ヲ轉ガリ、胞子ヲ散布スルニ便ナル體形トナル。斯ク本菌ハ乾濕ニ應ジテ變形スル特性アリ。皮殼內ニ存スル內皮ハ薄ケレドモ裂ケザルガ故ニ球狀ノ儘ニテ存シ、頂端ニ一個ノ孔ヲ生ズ。

くちべにたけ科

にせしょうろ
Scleroderma vulgare

(Hornem.) Fr.

夏秋ノ候、山野・路傍・庭園等ニ生ズル有毒ノ菌類ニシテ外觀ハしょうろノ如クナレドモ、主莖ヨリ細カク岐レテ土中ニ草ノ根ノ如キ菌絲ヲ蔓延セルコトト、多クノ場合表皮ニ皸割ヲ生ゼルコトトニ依リテ、しょうろト異ナレルモノナルコトヲ知リ得ベシ。熟セルモノノ內部ハ暗紫色ナリ。外皮裂ケテ胞子ヲ出ダス。

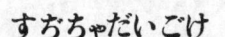

にせしょうろ科

すぢちゃだいごけ
Cyathus striatus Hoffm.

四季ヲ通ジテ山野・庭園・路傍等ニ生ズ。ちゃだいごけ・つねのちゃだいごけ等ノ如ク盃狀ヲ成シテ群生スル小菌ナリ。初メ球狀ナレド、生長シテ高サ 10-15mm 許ノ盃狀トナル。外面ニハ粗毛ヲ生ジ、內面ハ滑ナレドモ縱條アリ。盃狀ナル菌體ノ中ニ多數ノ黑キ碁石形ノ小皮子ト稱スルモノヲ藏ス。小皮子中ニ胞子ヲ藏ス。小皮子ガ盃狀ナル菌體ト分離スル際ニハ、白色ニテ粘着性アル菌絲紐ヲ附着シタル儘强ク飛ビ出シテ、附近ニ在ル物體ニ附着ス。菌體ヨリ5,60cmノ距ツル所ニ附着セル小皮子ヲ見タルコトアリ。小皮子ハ菌自體ノ力ニ依リテ飛ブ。圖ノ2ハ盃狀ナル菌體ノ縱斷面、3ハ少シク伸ビタル菌絲紐ヲ有スル小皮子、4ハ菌體ヲ離レタル長キ菌絲紐ヲ有スル小皮子。

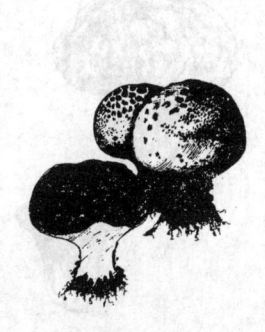

ちゃだいごけ科

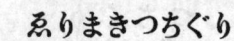

ゑりまきつちぐり

Geaster triplex *Jungh.*

夏秋ノ候、山野ニ生ズ。普通ノつちぐり
ニ比シテ大形ナリ。菌蕾ハ球状ニシテ其
上部突起セリ。外皮ハ突出セル先端ヨリ
數片ニ裂ケテ開キ、內皮ハ球状ニ殘ル。
內外兩皮間ニ存スル肉質ノ中層ハ、內皮
ノ球ヲ載セタル座トナリテ椀状ニ存ス。
內皮球ノ孔口部ハ突出ス。

きつねのちゃぶくろ科

なうたけ

Calvatia craniformis *Schw.*

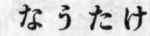

夏秋ノ候、山野・庭園等ニ生ズ。頭部ハ
半球状ヲ成シ、茶褐色又ハ赤褐色ニシテ
稍凹凸アリ、莖部ハ太クシテ下方ニ尖ル。
頭部ハ內部ニ胞子成熟スルニ及ンデ外皮
裂ケテ剝離シ去リ、頭部何レノ部分ニ觸
ルルモ埃ノ如ク褐色ノ胞子ヲ飛散ス。遂
ニ枯乾シタル莖部ノミ海綿ノ如ク輕キ彈
性アルモノトナリテ永ク地上ニ轉ガリテ
殘ル。和名なうたけハ其頭部腦ノ形ヲ成
セルニ依ル。

きつねのちゃぶくろ科

おにふすべ

一名　やぶだま

Calvatia nipponica *Kawam.*

秋季、竹林・原野等ニ生ジ、腹菌族中、最
巨大ナルモノニシテ、形西瓜ノ如シ。外
皮ハ白色、內皮ハ黃色ニシテ紙ノ如ク薄
ク、內外兩皮間ハ褐色ノ層アリ。びーる
ノ如キ液汁ヲ浸出シタル後、乾キテ古綿
ノ如ク軟ク且彈力ニ富メルモノトナリ、
打ッ時ハ褐色ノ胞子、煙ノ如ク散ル。莖
部ヲ缺キ、內部全體ニ胞子ヲ生ズ。若ク
シテ未ダ內部ノ白色ナルモノハ食シ得。

きつねのちゃぶくろ科

きつねのちゃぶくろ

Lycoperdon gemmatum *Batsch.*

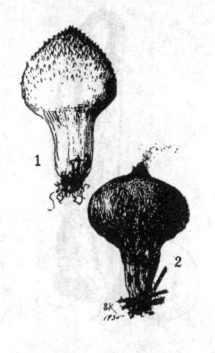

きつねのちゃぶくろ科

晩夏ヨリ初秋ニ亙リ、山野・路傍等ニ普通ニシテ往々多數群生ス。擬實珠形ヲ成シ、下部ハ伸ビテ莖ヲ成ス。初メハ白色ニシテ、頭部ハ表面ニ疣狀突起ヲ密布ス。内部ハ初メ白色ナルモ、後黄色ニ變ジ、更ニ褐色トナル。成熟スレバ頂端ニ孔ヲ生ジ、手ヲ觸レバ褐色ノ胞子ヲ散布ス。枯乾シタル後ハ表面ノ疣狀突起ヲ失ヒ、全體褐色トナリ、内部ハ古綿ノ如ク輕キモノトナル。

しょうろ

Rhizopogon rubescens *Tul.*

しょうろ科

四五月ノ候、多ク海濱ノ松林中ニ生ズ。球狀或ハ塊狀ニシテ、徑2cm内外。表面ニ多少根狀ノ菌絲束ヲ附着ス。外皮ハ膜質ニシテ白色ナルモ、地中ヨリ掘リ採リテ空氣ニ曝セバ少シク紅色ヲ呈シ、後淡黄色又ハ淡褐色ヲ帶ブ。内部充實、初メ白ク後黄色、遂ニ褐色トナル。胞子ノ未ダ熟セザル内部ノ白色ナルモノヲ食用トス。

さんこたけ

Pseudocolus javanicus *Penzig*

かごたけ科

夏秋ノ候、林野・庭園等ニ生ズ。白色球狀ナル菌蕾ヲ破リテ出デタル菌體ハ一莖ヨリ三叉ニ分岐シ、再ビ其先端ニ於テ相合着シ、基莖部ハ白ク枝莖部ハ紅色鮮美ナリ。稀ニ二叉・四叉等ノモノアレドモ、通常三叉ナレバ三鈷茸ノ名アリ。一種ノ臭氣ヲ有ス。

第3045圖

かごたけ科

かにのつめ

Laternea bicolumnata *Lloyd*

夏秋ノ候、林野・庭園等ニ生ズ。球狀ナル菌蕾ノ皮殻ヲ破リテ出デタル菌體ハ、左右二莖ヲ有スルモノニシテ、兩莖ハ各内方ニ彎曲シ、先端ニ於テ相結合セリ。下部ハ白色ナレド、上部ハ黄色ナリ。上部ノ内側ニ子實層ヲ造ル。子實層ハ黒色、粘液化シテ惡臭ヲ放ツ。

第3046圖

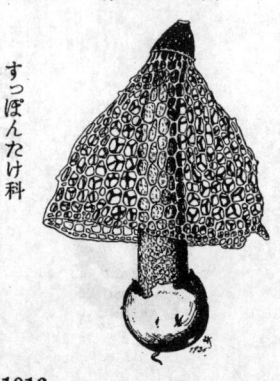

かごたけ科

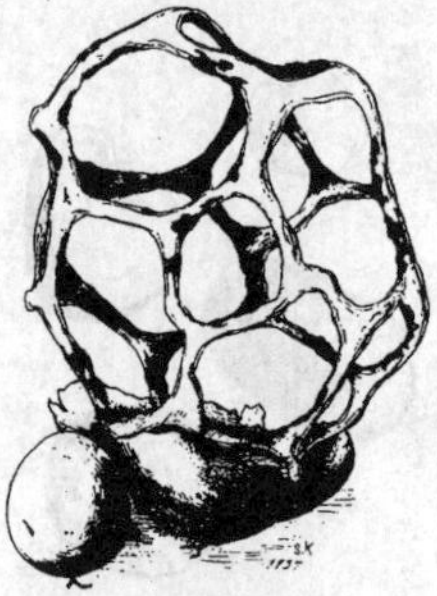

かごたけ

Clathrus gracilis (*Berk.*) *Schlecht*

夏秋ノ候、稀ニ林地・庭園ニ生ズル腹菌類ニシテ稀品ナリ。菌蕾ハ白クシテ丸ク、きつねのたいまつ・きつねのゑふで等ノモノニ似タリ。菌蕾ノ外皮ハ上方ヨリ裂ケテ脚苞トナリ、中ヨリハ四角形乃至六角形ノ網目ヲ造リテ球狀ニ擴ガリタル籠狀ノ菌體ヲ出ス。一種ノ香氣アリ。

第3047圖

すっぽんたけ科

きぬがさたけ
一名 こむさうたけ
Dictyophora phalloidea *Desv.*

能ク竹藪中ニ生ズル菌ニシテ、鐘狀ナル頭部ノ内方ヨリ莖ノ周圍ニ垂レタル白色網狀ナルまんとヲ有シ、其ノ樣甚ダ美ナリ。頭部ノ表面ニ惡臭ヲ發スル粘液ヲ有スルガ故ニ、一般ニ有毒菌ト看做シ居ルモ本來ハ無毒ナリ。古來支那ニテハ竹蓀ト稱シ、一般ニ食用トス。我邦ニテモ支那料理店ニテハ、支那産ノ乾物品ヲ輸入シテ、汁ノ實ニ鶉ノ卵ト共ニ用ユルヲ常トス。本邦ニモ産スレドモ邦人ハ古來本菌ノ食用トナシ得ルコトヲ知ラザリキ。

1016

すっぽんたけ

Phallus impudicus (*L.*) *Pers.*

腹菌族中最モ普通ナルモノニシテ秋季、
山野・路傍等ニ生ズ。菌蕾ハ鷄卵大ノ球
狀ニシテ（1）、蓋・莖トナルベキ部分ヲ其
ノ內ニ包藏ス（3ハ1ヲ縱斷シテ示ス）。
成熟スルニ及ベバ、菌蕾ノ皮殼ヲ破リテ
伸長シ、凡ソ 10cm 內外ノ丈ニ達ス（2）。
頭部ハ鐘狀ヲ呈シ、其表面ハ暗綠色ノ粘
液アリテ胞子其中ニ存ス。粘液ニ惡臭ヲ
有スルガ故ニ人ノ嫌フモノナレドモ、脚
苞ヲ除キ、粘液ヲ洗ヒ去リタルモノヲ、
干シテ支那料理ニ竹蓀ト共ニ汁ノ實トシ
テ用フ。

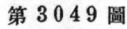
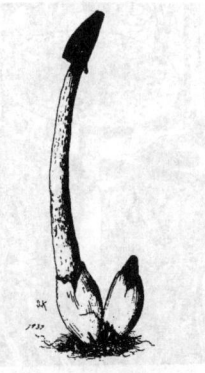

すっぽんたけ科

きつねのたいまつ

Phallus rugulosus *Fish.*

秋季、陰濕ノ地或ハ竹藪等ニ生ズル普通
ナル菌ニシテ、頭部ハ鐘狀ニシテ縱皺ヲ
有シ、赤色ニシテ表面ニ黑褐色ナル惡臭
アル粘液ヲ有ス。莖ノ長サ約 10cm、柔
軟ニシテ紅色、其色上部ハ濃ク下部ハ淡
シ。本菌ハ色・形等一見シテ、きつねの
ゑふで又ハきつねのらふそく等ニ似タレ
ドモ、是等ハ鐘狀ナル蓋ヲ有セズシテ別
屬ノ菌ナリ。

すっぽんたけ科

きつねのゑふで

Mutinus boninensis *E. Fisch.*

秋季（他ノ時季ニモ發生スルコトアリ）、
竹林・路傍等ニ普通ニ見ル菌ニシテ、菌
蕾ハ初メ白色球狀ヲ成シ後上部ヲ突破リ
テ紅クシテ尖レル中空ノ菌體ヲ出ス。き
つねのたいまつニ似タルモノナレドモ、
本菌ハ鐘狀ノ頭部ヲ缺キ、莖ハ角狀ニ
尖リテ、莖ノ上部ニ胞子ヲ藏スル黑色ノ
粘液ヲ附着ス。一種ノ臭氣アリ。

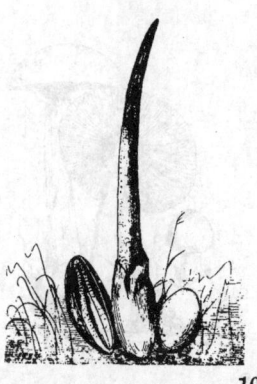

すっぽんたけ科

第3051圖

まつたけ科

べにてんぐたけ

一名　あかはへとりたけ

Amanita muscaria (*L.*) *Fr.*

秋季、山地ニ多ク、深山ニテハ夏季ニモ發生ス。蓋ノ表皮ハ鮮美ナル紅色又ハ橙黄色ヲ呈シ、白色砂粒狀ナル疣點ヲ其上ニ散布ス。襇・莖共ニ純白色ナリ。莖ニ膜狀ノ白キ鍔ヲ有ス。莖ノ下端ハ槍ノ石突ノ如ク膨大ナリ。性猛毒ナリ。蓋ノ色ガ似タル爲ニ食菌たまごたけト誤認シ、喰ツテ中毒スルモノアリ。

第3052圖

まつたけ科

てんぐたけ

一名　はへとりたけ

Amanita pantherina (*DC.*) *Fr.*

秋季、山野ニ普通ニシテ、唐傘狀ヲ成セル大形ナル襇菌ノ一ナリ。蓋ハ褐色ニシテ、稍白キ疣點砂粒ノ如ク散在シテ、表皮上ニ附着セリ。故ニ豹紋ニ因ミテ學名ニ豹ノ義アリ。襇ハ常ニ純白、莖ニ離生ス。莖ハ白色、中間ニ膜狀ノ白キ鍔ヲ具フ。莖ノ下端ハ槍ノ石突ノ如ク膨大ナリ。廣ク世ニ知ラレタル毒菌ナリ。

第3053圖

まつたけ科

たまごてんぐたけ

Amanita phalloides (*Vaill.*) *Fr.*

秋季、山野ニ生ジ、全體ノ色白ク、只蓋ノ中央部少シク關綠又ハ褐色ヲ呈スルコトアルノミナリ。莖ノ下端水仙ノ球ノ如ク膨レ、必ズ之ヲ包ム脚苞アリ。莖ノ中部ニ膜狀ノ鍔ヲ具フ。蓋ノ表面ハ滑カニシテ時ニ脚苞ノ破片ヲ附着スルコトアレドモ、てんぐたけニ見ルガ如キ砂粒狀ノ疣點ヲ有スルコトナシ。本菌ハ毒菌中ノ最猛毒菌ニシテ、中毒症狀ハこれら病ニ似タリ。中毒者ハ死亡スル場合多キ猛毒ノモノナレバ注意シテ誤食スベカラズ。莖ノ下端著シク膨大ニシテ、脚苞ヲ有スルコトト、莖ニ鍔ヲ有シ襇ノ白色ナルハ、本菌ノ特徵ナリ。

たまごたけ

Amanita caesarea *Pers.*

まつたけ科

夏秋ノ候、山野ニ生ズ。蓋ノ表皮橙黄色又ハ紅色ニシテ美シキ襴菌ナリ。蓋ノ色同屬ノべにてんぐたけニ似タルヲ以テ誤認セラレ易キモ、襴・莖・鍔ハ同屬菌中、本菌ニ限リテ常ニ黄色ナレバ、此特徴ニ注意スレバ決シテ混同スルコトナシ。本菌ノ脚苞ハ白キ袋狀ヲ成シ、莖ト密着セズ。菌蕾ハすっぽんたけ類ノモノニ類シ、鳥卵狀ニシテ且ツ中ニ黄色ノ部分ヲ有スル菌體ヲ藏スルヲ以テ、たまごたけノ名アリ。食用ニ供セラル。

からかさたけ

一名 にぎりたけ・つるたけ

Lepiota procera *(Scop.) Quel.*

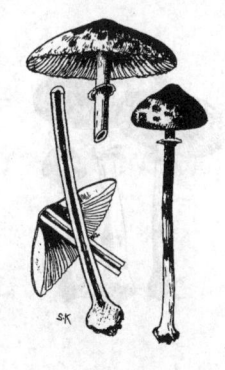

まつたけ科

晩夏ヨリ秋季ニ亙リ山野ニ生ズ。蓋ハ徑10~15cm、上皮ハ褐色、分裂シテ蓋上ニ斑紋ノ如ク散在シテ附着ス。襴ハ幅廣ク、莖ヨリ全ク分離シ、蓋ノ十分開キタルモノニ在リテハ襴ト莖トノ間ニ間隔アリ。莖ハ細長ク、往々45cm 以上ニ達スルモノアリ、眞直ニシテ中空、其下部ハ膨大ナリ。鍔ハ二層ヨリ成リ、頗ル丈夫ニシテ往々莖ヨリ環狀ニ遊離シ、上下ニ動カシ得ルコトアリ。故ニ之ヲ可動性鍔ト云フ。茸ハ全形唐傘ニ似タリ、依テ此名アリ。蓋・莖共ニ質綿細工ノ感觸アリテ、掌ニ握ルニ彈性アリ。故ニにぎりたけノ名アリ。つるたけハ別屬ノ菌ナレドモ、本菌ヲモ千葉縣・茨城縣等ニテハつるたけト稱セリ。食用ニ供ス。

まつたけ

Armillaria Matsudake *Ito et Imai*

まつたけ科

秋季、赤松林ニ多ク發生ス。又栂林ニモ生ズ。時トシテ夏季ニモ發生シ、是ヲ俗ニさまつト云フ。別種ニ同名ノさまつナルモノアリ。蓋ハ初メ半球狀ニシテ、次第ニ開キ突圓形トナリ、終ニ扁平ニ展開ス。襴ハ終マデ白色ナリ。蓋ノ十分開カザル間ハ下面ニ綿毛狀ナル蓋膜アリ。蓋膜ハ後破レテ一部ハ不明瞭ナル鍔トナリテ莖ニ存シ、一部ハ蓋ノ周緣ニ附着シテ殘ル。味ノ美ナルト、芳香ヲ有スルトニヨリ、本邦人ノ最モ好ムモノナリ。

もみたけ

Armillaria ventricosa *Peck.*

第 3057 圖

まつたけ科

秋季、主ニ山中樅林ニ生ズ。其色初メ白ク、後ニ淡褐色トナル。茎モ亦同色ナレド鍔ヨリ上部ハ純白ナリ。茎ハ肉厚ク太短シ、下端ハ尖ル。初メ顕著ナル蓋膜アリテ、蓋ノ開キタル後、明瞭ナル鍔トナリテ残ル。蓋・茎ヲ通ジテ肉白ク緻密ナリ。食用ニ供ス。さまつの方言アリ。

ならたけ
一名　はりがねたけ

Armillaria mellea *(Vahl) Fr.*

第 3058 圖

まつたけ科

秋季、朽木ノ根株又ハ埋レル朽木ノアル附近ノ地上ニ生ズ。往々細キ根ノ如キ長キ菌絲束ヲ生ジ蔓延ス。故ニはりがねたけノ名アリ。蓋ハ徑 5–15cm 許、潤ヘル時ハ多少粘性ヲ帯ブ。茎ハ上部ニ鍔ヲ有ス。茎ノ下端部ハ往々淡黄色ヲ呈ス。蓋ノ表面ニ棘状ノ鱗片ヲ戴クコトアリ。胞子白色。一般ニ食用トス。世界的ニ最モ普通ナル茸ナリ。又桑園ニ蔓延シテ桑樹ヲ害スコトアリ。おにのやがらノ根ノ組織中ニハ本菌ノ菌絲ヲ共生セリ。

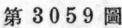

えのきたけ
一名　なめたけ・なめすすき・
なめこ・ゆきのした

Collybia velutipes *(Curt.) Fr.*

第 3059 圖

まつたけ科

冬季、えのき・かき・いちじゅく等ヲ始メ多クノ濶葉樹ノ朽チツツアルモノノ地ニ接スル所ニ叢生ス。蓋ノ表面ハ、黄褐色或ハ栗色等ヲ呈シ、中央部色濃ク、徑 2–10cm 許、潤ヘルトキハ粘性強シ、茎ノ基部ニハ黒褐色ノ細毛ヲ密生ス。寒中積雪ノ下ニアリテ能ク生育シ、食用菌ニ乏シキ時季ニ生ズル美味ナル食用菌ナリ。黒褐色ノ細毛アル茎ノ基部ヲ除去シテ用ヒ、吸物ノ實トシテ甚ダ佳ナリ。

まつかさつゑたけ

第 3 0 6 0 圖

Collybia conigena (*Pers.*) *Bres.*

秋季、林地・松樹下等ニ生ズル禾菌中ノ小
菌ニシテ、蓋ハ闇褐色。禾ハ白色。莖ハ
細長ク地下ニ入リテ根狀トナリ、土中ニ
埋沒セル松ノ毬果ニ附着セリ。卽チ本菌
ハ常ニ土中ニテ腐朽シツツアル松ノ毬果
ヨリ生ズルモノナリ。

まつたけ科

第 3 0 6 1 圖

ひらたけ

Pleurotus ostreatus (*Jacq.*) *Sacc.*

秋季、山野ノ各種ノ樹木ニ重疊シテ叢生
ス。普通ノ形態ハ半圓形ニシテ側方ニ短
莖ヲ有スレドモ、往々長キ莖ヲ有スルコ
トアリ。蓋ハ鼠色ナルヲ常トスレドモ、
時ニ黑褐色ナルコトアリ、又白色ナルコ
トアリ、發生場所ノ狀況ニ依リ形態・色彩
ヲ異ニス。味頗ル美ニシテ、廣ク食用ニ
供セリ。毒菌月夜茸ハ、外觀是ニ類スル
ヲ以テ、山民往々誤食スルコトアリ。

まつたけ科

第 3 0 6 2 圖

つきよだけ

Pleurotus japonicus *Kawam.*

ぶなノ枯レタル樹幹ニ限リテ生ズ。多數
相重疊シ、往々樹上高キ所ニモ生ズ。蓋
ハ腎臟形又ハ半圓形ニシテ、初メ淡紅褐
色、後ニ紫色ヲ帶ブルニ至ル。蓋ノ一側
ニ短莖アリ。形ひらたけニ類スレドモ、
莖・禾ノ境分明ニシテ、禾ハ莖ニ垂生セ
ズ(但シ稀ニ垂生ノ觀ヲ呈スル者アリ)、
且一種ノ臭氣ヲ有スルコトニ依リテ區別
スルコトヲ得ベシ。又新鮮ナル間ハ、禾
全部發光スルガ故ニ、夜間ニ白キ發光ヲ
認ム。本邦固有ノ發光菌ニシテ、且有毒
菌ナリ。

まつたけ科

1021

しひたけ

Cortnellus Shiitake *P. Henn.*

まつたけ科

第3063圖

秋季、山林中しひ・くり・しで・くぬぎ・な
ら等ノ濶葉樹ノ幹ニ生ズ。蓋ハ徑6-10cm、
表面黑褐色ニシテ龜裂ス。襇ハ莖ニ彎生
シ、白色ナリ。蓋膜ハ綿毛狀ヲ成シ、蓋
ノ開キタル後ハ、莖ノ上部ニ綿毛狀ノ痕
跡ヲ殘ス。秋季ニ多ク生ズレドモ、他ノ
時季ニモ生ズ。發生ノ時季ニヨリ秋子・
春子・夏子・冬子ト呼ブ。天然ニ生ズル外、
人工ニヨリ盛ニ培養ス。本邦食菌中ノ王
座ヲ占ムルモノナリ。

しめぢ

一名　かぶしめぢ・だいこくし
めぢ・せんぼんしめぢ

Tricholoma conglobatum *Vitt.*

比較的乾燥セル山地ニ生ズ。多數一塊ヲ
成シテ叢生スルヲ特徴トシ、莖ノ下部ハ
太ク、蓋ハ比較的小ナリ。莖ハ白ク、蓋
ハ鼠色ナリ。和名しめぢハ占地ノ義ニシ
テ濕地ノ義ニ非ズ。食用トシ、味最モ佳、
俗ニ「にほひ松茸、味占地」ト稱シ、松茸
ハ芳香ヲ有スレドモ、しめぢノ美味ナル
ニ及バザルヲ云ヘリ。

第3064圖

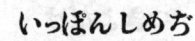

いっぽんしめぢ

Entoloma sinuatum *Fr.*

秋季、林野ニ生ズ。蓋ハ淡褐色、初メ圓
錐狀ニシテ十分開クモ中高ナリ。襇ハ莖
ニ對シテ彎生シ、初メ白色ナルモ、胞子
成熟スルニ及ンデ淡紅色トナル。莖ハ白
色、纖維質ニシテ容易ニ正シク縱裂シ
得、多少捩レ且眞直ナラザルコト多シ。
襇ハ淡紅色ニシテ彎生スルヲ本菌屬ノ特
徴トス。食スルモ中毒セザルコトアルヲ
聞ケドモ、本菌ハ元來有毒ナレバ食用ニ
セザルヲ可トス。本種ハ本屬中特ニ大形
ニ發生スルコトアリ。

第3065圖

あせたけ
一名　どくすぎたけ
Inocybe rimosa (*Bull.*) *Fr.*

夏秋ノ候、林地・庭園等ニ生ズル毒茸ニシテ、蓋ノ徑3-5cmナル小菌ナリ。表皮ハ茶褐色ニシテ纖維質ナリ。蓋ハ圓錐狀ニシテ十分開ケルモノモ中央部突出ス。襴ハ初メ白色ナレドモ、胞子成熟スルニ及ンデ淡褐色ヲ呈ス。有毒ニシテ誤食スルトキハ、發汗烈シキ中毒症ヲ起ス。

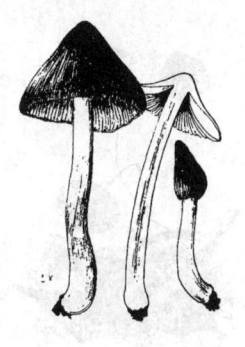

第 3066 圖

まつたけ科

はらたけ
外國名シャンビニオン・マッシュルーム
Psalliota campestris (*L.*) *Fr.*

原野・畑地、好ンデ馬糞・蘘等ノ堆肥ニ生ズ。蓋ハ茶褐色ヲ呈シ、襴ハ極最初ハ白ケレドモ、次第ニ淡紅色ヲ帶ビ、後赤褐色、遂ニ黑褐色ニ變ズ。胞子ハ黑褐色ナリ。莖ニ鍔ヲ有ス。歐米諸國ニテハ、馬糞ヲ用ヒテ人工培養ニヨリ盛ニ作リ、普ク食用ニ供ス。近時我邦ニテモ、之レガ培養ヲ見ルニ至レリ。培養種ハ野生種ニ比シテ蓋・莖共ニ肉厚シ。本圖ノモノハ培養種ヲ描ケリ。

第 3067 圖

まつたけ科

くりたけ
一名　きじたけ・あかんぼう
Hypholoma sublateritium *Schaeff.*

秋季、くり・なら等ノ濶葉樹ノ朽チタル切株ニ叢生ス。蓋ハ赤褐色ニシテ、中央部濃色ナリ。莖ノ下部モ亦其色蓋部ニ似タリ。襴ノ色最初ハ白ケレドモ、胞子ノ熟スルニ從ツテ褐色トナル。廣ク採リテ食用ニ供ス。本菌ハ蓋ノ色、決シテ黃綠ヲ帶ペルコトナシ。同屬ノ菌ノ一種にがくりたけハ、蓋ノ中央部赤褐色ヲ帶ペドモ、地色ハ黃綠ニシテ有毒ナリ、往々くりたけト誤リ食シ、中毒スル者アリ。

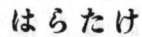

第 3068 圖

まつたけ科

はりがねおちばたけ

第3069圖

まつたけ科

Marasmius siccus *Schw.*

秋季ニ多ク、山野・庭園等濶葉樹ノ落葉
多キ所ニ生ズ。蓋ハ徑1-3cm許、樺色或
ハ淡赭褐色ニシテ、蓋ノ肉極メテ薄ク、
襉ノ數少ク、蝙蝠傘ノ如キ觀アル小菌ナ
リ。莖ハ細ク、黑色強靱ニシテ針金ノ如
シ。乾燥シタル後モ能ク其形態ヲ保ツ。

あるたけ

第3070圖

一名　なつあるたけ

まつたけ科

Russula virescens (*Schaeff.*) *Fr.*

夏季又ハ初秋、山野ニ生ズル食用茸ニシ
テ、莖・襉共ニ純白、蓋ノ表皮ノミ綠色
ナリ。蓋ノ表皮ニ龜裂ヲ生ジテ、相分離
シタルママ、蓋上ニ固着シテ存スルコト
多シ。蓋ノ色ニ因ミテ藍茸ノ名アリ。中
國地方ニテはつたけヲあるたけト稱シ、
夫ニ對シ本菌ヲなつあるたけト稱セリ。

第3071圖

はつたけ

一名　あるたけ

まつたけ科

Lactarius Hatsudake *Tanaka*

初秋ノ候、多ク小松原ノ芝地ニ生ズ。蓋
ハ徑 5-10cm 許、漏斗狀ヲ成シ、潤ヘル
時ハ多少粘性ヲ帶ブ、表面ニ數個ノ淡キ
同心環紋ヲ現ハセリ。全體淡赤褐色ヲ呈
シ、質脆クシテ、傷ツキタル所ハ綠青色
ニ變ズ。故ニ中國地方ニテハ本菌ヲ一般
ニ藍茸ト呼ベリ。一般ニ食用ニ供シ、頗
ル美味ナリ。

からはつだけ

Lactarius torminosus (*Schaeff.*) *Fr.*

秋季、山林ニ生ジ、全體脆質。蓋ハ中央部
凹メリ。莖ハ中空。大體ニ於テはつたけ
ニ似テ稍淡紅色ヲ帶ビ、蓋ニ同心環紋ア
リ。傷ツキタル所ヨリ淡黃色ノ乳汁ヲ分
泌ス。辛味強烈。毒菌トシテ取扱ハル。
本菌ヲ之ニ酷似セル食菌あかはつたけト
區別センニハ、本菌ガ蓋ノ周邊綿毛狀ナ
ルト、味辛烈ナル乳汁ヲ有スルコト、並
ニ傷ツキタル部分ガ綠色トナラザルコト
ニ注意スベシ。

つちかぶり
一名 ちわり

Lactarius piperatus (*Scop.*) *Fr.*

秋季、山地・平野等ニ生ジ、色白ク、形漏
斗狀ニシテ、莖ハ比較的短シ。土ヲ被リ
テ發生セルコト多ケレバ、つちかぶりノ
名アリ。質脆ク、何レノ部分ヲ傷ツクル
モ、辛味アル白色ノ乳汁ヲ分泌ス。辛味
強烈ナルヲ以テ、古來世界各國共ニ毒菌
視シ居レドモ、我邦ニテハ本菌ヲ永ク水
ニ浸シ置キタル後、糞ヲ食用トスルモノ
アリ。同屬別種ナルしろもみたけハ山中
樅林ニ生ズル本菌類似ノ食用菌ナリ。

ささくれひとよだけ

Coprinus comatus (*Fl. Dan.*) *Fr.*

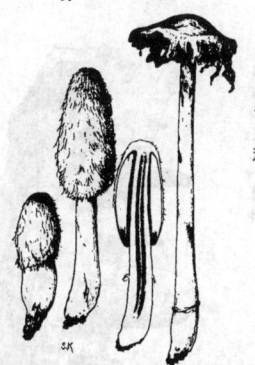

夏秋ノ候、畑地・庭園等概シテ草木ノ多カ
ラザル所ニ最モ普通ニ生ズ。蓋ハ表面ニ
鱗皮ヲ有シ、開キタル後襴ト共ニ周緣ヨ
リ溶ケテ、黑汁ヲ滴下ス。胞子ハ黑色。
莖ハ白ク管狀ニシテ長ク、脫離シ易キ鍔
アリ。莖ノ下端ニ囊狀ノ脚苞アリ。食用
トナシ得。短時間ニシテ生長シ、一兩日
ニシテ溶ケ去ルヲ以テ同屬、他種ト共ニ
一夜茸ノ總稱アリ。

まつたけ科

1025

第 3075 圖

ぬめりゐくち

Boletus luteus *Linn.*

秋季、山野ニ多ク發生ス。蓋ハ徑 5–10cm
許、表面赤褐色ヲ呈シ、裏面黃色。蓋ノ
表面濕潤ナル時ハ甚シク粘性アリ。莖ノ
表面ニ細斑點ヲ密布シ、且鍔ヲ有ス。幼
稚ナルモノハ蓋膜ヲ有ス。蓋ノ表皮ヲ剝
ギ、且ツ蓋ノ裏面ノ管層部ヲ除去シ、淡黃
色ナル肉ノミヲ絲ニ通シテ日ニ干シタル
後食用トスレドモ、美味ナルモノニ非ザ
レバ、通常黑豆ノ甘煮中ニ混ジテ食ス。

第 3076 圖

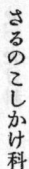

みだれたけ

Daedalea quercina (*L.*) *Fr.*

山野ニ主トシテなら・かし等ノ枯レタル
樹ニ生ジ、何レノ時季ニテモ採集シ得。
半月狀ニシテ、質こるくノ如ク彈性アリ、
且强靱ナリ。多孔菌ナレドモ、下面ニハ
細孔ヲ有スルコトナク、基部ヨリ放射狀
ニ走レル襵ノ如キ壟起アリ、此壟起ハ分
岐シ、又左右相連結セル所ニハ孔ヲ造ル
等不規則ナリ。

第 3077 圖

しゆたけ

Polystictus cinnabarinus (*Jacq.*) *Fr.*

山野・庭園ニさくら・なら・くり・もみぢ等
ノ枯レタル樹幹ニ生ジ、何レノ時季ニテ
モ採集シ得。形扁平、通常半圓形、全體
朱色ニシテ美シキ多孔菌ナリ。表面ハ不
明瞭ナレドモ同心環紋ヲ有シ、裏面管孔
ハ丸クシテ微細ナリ。初メ樹皮ノ皮目ヨ
リ出デテ生長シ、徑 10cm 許ノ大サニ達
ス。枯干シタル後モ永ク形態・色彩ヲ保
ツ。

1026

まひたけ

Polyporus frondosus *(Fl. Dan.) Fr.*

くり・なら其他ノ朽木ニ生ズ。分岐セル
多數ノ扁平ナル蕈體相重疊ス。表面灰白
色又ハ闇褐色ニシテ、裏面ハ白ク、淺キ
細孔ヲ密布ス。今昔物語ニ京都ノ北山ニ
テ茸ヲ喰ヒタル者踊リ舞ヒタリト記セル
ハ、まひたけニ非ズシテ恐ラク笑茸ナリ
シナルベシ。本菌ノまひたけノ名ハ其形
態ヨリ出ヅ。美味ナル食用菌ナリ。其色
ニヨリテくろまひトしろまひトニ區別
ス。

くろかは

一名　うしびたひ・うしたけ・
なべたけ・らうじ

Polyporus leucomelas *(Pers.) Fr.*

秋季、山野ニ生ズ。蓋ノ大サ通常6-15cm、
蓋ノ周緣ハ下ニ卷キ、形正シカラズ。表
面ハ黑色ナレドモ肉ハ白色ナリ。裏面ハ
白ク、細孔ヲ密布ス。莖ハ短ク、表面少
シク黑色ヲ呈ス。廣ク食用ニ供スレドモ
少シク苦味アレバ、通常大根下シト共ニ
食ス。

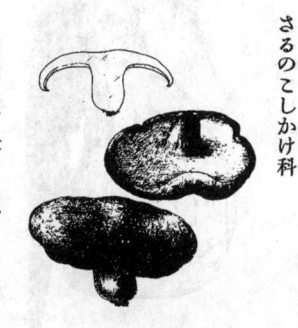

ひとくちたけ

Polyporus volvatus *Pk.*

多孔菌中、獨特ノ形態ヲ成セル菌ナリ。
山野ニ枯死セル松ノ樹幹ニ生ジ、蛤貝ノ
如キ形ヲ成ス。普通ノ多孔菌ノ如ク蓋ノ
下面ニ管部ノ層アレドモ、更ニ腔ヲ隔テ
テ下ニ革質ノ膜アリテ之ヲ被ヘルガ爲、
管孔面ハ外ヨリ見ル能ハズ。革質膜ノ下
方ニ突出セル部ニ一個ノ小圓孔ヲ有ス。
新シキモノハ松脂ヲ想ハシムル一種ノ強
キ臭氣アリ。1 上面　2 下面　3 側面。

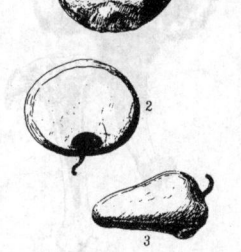

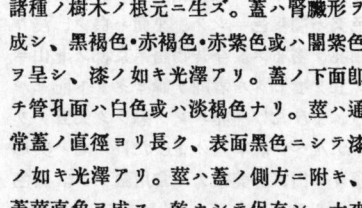

まんねんたけ
一名 れいし
Fomes japonicus *Fr.*

諸種ノ樹木ノ根元ニ生ズ。蓋ハ腎臟形ヲ
成シ、黒褐色・赤褐色・赤紫色或ハ闇紫色
ヲ呈シ、漆ノ如キ光澤アリ。蓋ノ下面即
チ管孔ハ白色或ハ淡褐色ナリ。莖ハ通
常蓋ノ直徑ヨリ長ク、表面黒色ニシテ漆
ノ如キ光澤アリ。莖ハ蓋ノ側方ニ附キ、
蓋莖直角ヲ成ス。乾カシテ保存シ、古來
靈芝ト稱シ、床飾トシテ愛玩ス。

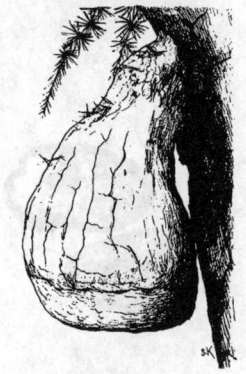

えぶりこ
Fomes officinaris *Fr.*

山地、落葉松ノ枯レタル樹幹ニ生ズ。外
形ハ馬蹄ノ如クニシテ、側面ニテ樹幹ニ
寄着ス。下ニ向ツテ生長スル性強ケレバ
下方ニ膨レテ垂レタル形トナレルモノア
リ。表面灰白色、内部ハ白色ニシテ不明
瞭ナル層アリ。質ハ猿ノ腰掛類ノ如ク堅
キ木質ノモノニ非ズシテ、爪ニテ搔キムシリ得ベシ。之ヲ嘗ムルニ苦味アリ。苦
味性健胃劑、及ビ制汗劑トシテ古來山地
ノ民間藥タリ。

かうたけ
一名 かはたけ・ししたけ
Hydnum aspratum *Berk.*
(＝Phaeodon aspratum(Berk.)P. Henn.)

山地ニ生ズ。全體褐色ニシテ、深キ漏斗
狀ヲ成シ、蓋ノ上面ニ著シキ鱗皮アリ。
裏面全體ニ針狀突起ヲ密生セリ。胞子ハ
此突起ニ生ズ。生ノ時ハ香氣少ケレドモ、
乾燥スレバ芳香ヲ放ツ。通常甘味ニ煮テ
食用トス。煮タルモノハ色黑シ。最モ能
ク精進料理ニ用ヒ、價廉ナラズ。本菌ニ
似タルモノニ味辛キモノ、苦キモノ等ア
リ。毛ヲ密生セル狀、獸皮ニ似タレバ、
皮茸ト云ヒ、かうたけハ其音便ナリ。

やまぶしたけ

Hydnum erinaceus (*Bull.*) *Fr.*

秋季、又他ノ季節ニモ生ジ、山野ノしひ・かし・なら等ぶな科植物ノ樹幹ニ發生ス。白色ニシテ下向セル柔キ針狀ノ塊ヲ成セリ。之ヲ縱斷スレバ、太キ主莖ヨリ分岐シテ其末端多數ノ針トナレルモノナルヲ知ルベシ。食用ニ供シ得。

かうたけ科

まつかさたけ

Hydnum auriscalpium *Linn.*

松ノ毬果ノ地ニ落チタルモノニ生ズ。蓋ハ腎臟形ニシテ、徑約1cm、蓋ノ下部ニハ針狀突起ヲ密生ス。莖ハ細ク長サ5cm許ニシテ、蓋ノ一側ニ附着シ、全表面ニ細毛ヲ密生ス。蓋・莖共ニ黑褐色ナリ。革質ニシテ乾燥スルモ原形ヲ損セズ。學名ハ耳搔ノ義ニシテ、全形ニ因ミテ附セリ。我邦ニテ云フみみかきたけハ別種ニシテかめむしたけノ一名ナリ。

かうたけ科

ははきたけ

一名 ねずみたけ

Clavaria botrytis *Pers.*

秋季、山地・林野等ニ發生スレドモ、深山ニテハ夏季ニモ生ズ。下部ハ一箇ノ太キ莖ヲ成シ、上部ハ樹枝ノ如ク分岐ス。全體白色ニシテ小枝ノ末端ハ淡紅紫色ヲ呈ス。本菌屬中、形最モ巨大ナルモノナリ。同屬ノ諸菌ニハ色ノ黃・紅・紫等鮮美ナルモノアリ。食用ニ供ス。本屬ノ諸菌ハ皆無毒ナリ。

ははきたけ科

第 3087 圖

ははきたけ科

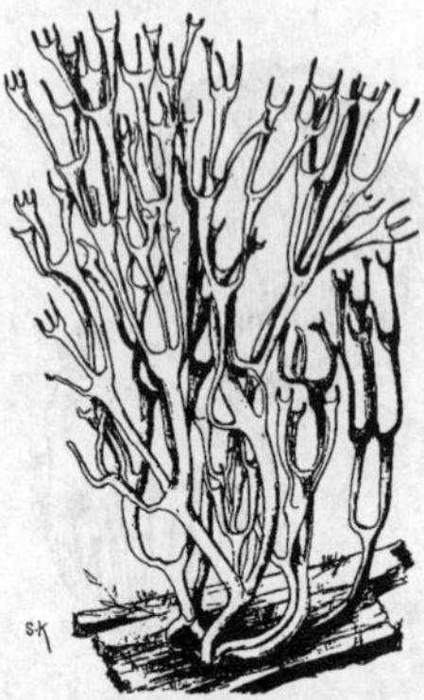

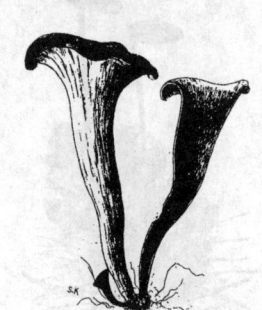

第 3088 圖

いぼたけ科

第 3089 圖

きくらげ科

ことぢははきたけ

Clavaria pyxidata (Pers.) Fr.

秋季、山地・森林中ノ地上ニ生ズ。圖ニ示スガ如ク、細ク岐レタル樹枝狀ニシテ、ははきたけノ如キ太キ主莖ヲ有セズ。白色ニシテ柔軟ナリ。二叉ニ分岐セル部分及ビ小枝ノ末端部ハ琴柱ニ髣髴タリ。故ニ琴柱簇茸ノ名アリ。食用トナシ得。

くろうすたけ

一名　くろらっぱたけ

Craterellus cornucopioides Pers.

秋季、林野ニ生ズ。灰黒色ノ菌ニシテ高サ 5–10cm 許、喇叭狀ヲ成シ、蓋・莖ノ境無シ。肉薄ク革ノ如キ觀アリ。縱裂シ易シ。外側ハ淡紫色ヲ帶ビ、淺キ縱皺ヲ認ムルノミニシテ平滑ナリ。

きくらげ

Auricularia auricula-judae
(L.) Schroet.

秋季、にはとこ・くは其他諸種ノ枯木ニ多數發生ス。直徑通常 5–9cm許、形狀色澤人ノ耳ニ似タリ。内面ハ暗褐色ヲ呈シ平滑ナレドモ、外面ハ淡褐色ニシテ柔軟ナル灰色ノ短毛ヲ密生ス。質水母ニ似タレバ、我邦ニテハ古來之ヲきくらげト稱スレドモ、支那及ビ歐米諸國ニテハ耳ニ因ミタル名ヲ以テ呼稱トセリ。生ナルヲ直チニ煮テ用ヒ、又ハ干シテ貯ヘ食用ニ供ス。

まめざやたけ

Xylaria polymorpha (*Pers.*) *Grev.*

山野ニ腐朽シツツアル樹木・木材等ノ上
ニ生ズ。細キ柄ヨリ膨レテ長ク伸ビ上リ
タル、黑色ノ硬質菌ニシテ、形態多樣ナ
リ。厚キ皮ヲ有シ、內部ハ白ク、中空ナ
ルカ又ハ軟ク塡充ス。斷面ニ就テ觀ルニ
厚キ皮中ニ埋沒シテ並列セル被子器アリ
テ、外ニ向ッテ開口セリ。故ニ菌體表面
ニハ無數ノ細孔ヲ見ル。

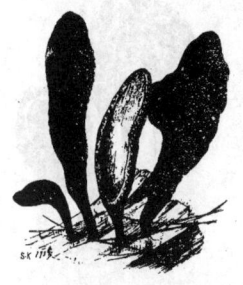

まめざやたけ科

せみたけ

Cordyceps sobolifera (*Hill.*) *Sacc.*

夏季、蟬ノ蛹ニ寄生ス。冬蟲夏草ノ一ニ
シテ、蟲體ヨリ棍棒狀又ハ鹿角狀ノ莖ヲ
抽キ、其先端稍々脹レテ子實層ヲ造ル。
本邦ニハ多キモ、外國ニテハ其發生極メ
テ稀ナリ。支那ノ所謂冬蟲夏草ノ普通種
ハ、是レト同屬異種ナル學名 C. chinen-
sis, ナルモノニシテ、鱗翅類ノ幼蟲ニ生
ズ。冬蟲夏草ハ又夏蟲冬草トモ云フ。

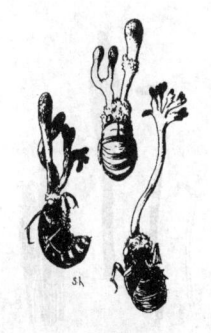

にくざきん科

みみかきたけ

一名　かめむしたけ

Cordyceps nutans *Pat.*

山林中落葉多キ地上ニ生ズ。所謂冬蟲夏
草ノ一ニシテ、くさがめノ屍ニ寄生シ、
主ニ腹面ノ胸部ヨリ針金ノ如ク細クシ
テ、下部黑キ莖ヲ生ジ、其先端ニ曲リテ
附着セル子實部ヲ有ス。子實部ハ長橢圓
形ニシテ淡黃褐色ナリ。

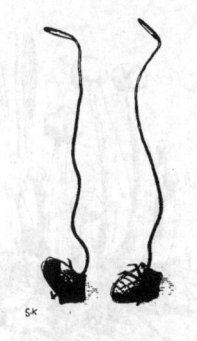

にくざきん科

1031

あみがさたけ

Morchella esculenta *Linn.*

原野・畠地・庭園等ニ生ズ。頭部ハ卵形或ハ楕圓形ヲ呈シ、太キ莖ヲ有ス。頭部・莖部ヲ通ジテ中空ナリ。頭部ノ全面ニ存スル數多ノ窩房ハ不規則ナル多角形ヲ成ス。各窩房ハ一個ノちゃわんたけニ該當スルモノニシテ、各八個ノ胞子ヲ藏スル子嚢ニ側絲ヲ交ヘ、無數並列シテ此ノ内ニ生ズ。歐米諸國ニテハ、一般ニ食用トセルモ、我邦ニテハ本菌ガ美味ナル食用菌ナルコトヲ知ラザルモノ多シ。

てんぐのめしがひ

Geoglossum hirsutum *Pers.*

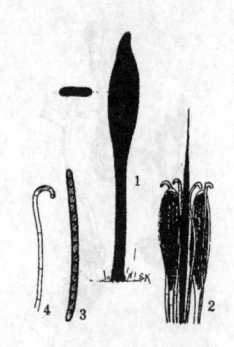

秋季、林野・庭園等ニ生ズル長サ5–8cmノ黒色ナル小菌ニシテ、頭部ハ扁平、楕圓形ヲ成シ、頭部全面ニ子實層アリ。胞子ハ線狀ニシテ、黒褐色、多節ナリ。頭部・莖部ヲ通ジテ、全面ニ黒色針狀ナル棍棒體ヲ突出セルヲ以テ、天鵞絨ノ如キ觸感アリ。1 全形 2 顯微鏡ニテ觀タル子實層ノ一部（子嚢・側絲・棍棒體） 3 同、胞子 4 同、側絲ノ上半部。

ほていたけ

Cudonia circinans *(Pers.)Fr.*

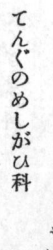

秋季、山野林中ノ落葉多キ地ニ生ズ。頭部頭巾狀ヲ成シ、顯著ナル莖ヲ有ス。頭部ハ徑 1–3cm。莖ハ長サ 2.5–5cm、下部太ク、稍扁平ナリ。頭部・莖部ヲ通ジテ一樣ニ淡黄褐色、質軟ク、彈性アリ。頭部ノ表面ニ子實層アリ。子嚢ハ楕圓狀紡錘形、中ニ八個ノ胞子ヲ藏ス。胞子ハ線狀ニシテ、無色、七個ノ隔膜アリ。側絲ハ先端彎曲ス。1 子嚢 2 側絲 3 胞子。

おほちゃわんたけ

一名　ふくろちゃわんたけ

Peziza vesiculosa *Bull.*

庭園・畑地・原野等ニ秋季生ジ、又他ノ時季ニモ發生スルコトアリ。初メハ壺狀、後開キテ不規則ナル椀狀ヲ成シ、おほひらちゃわんたけ等ト共ニ大形ナルちゃわんたけ類ノ一ナリ。上面褐色ニシテ下面ハ細毛ヲ生ジ灰白色ヲ呈ス。子嚢中ニ八個ノ無色橢圓形ニシテ表面平滑ナル胞子ヲ藏ス。1 全形　2 縱斷面　3 子嚢　4 側絲。

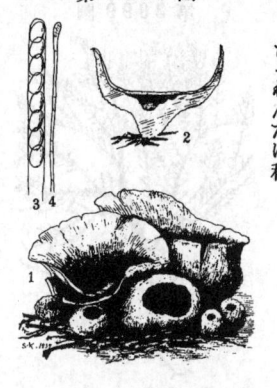

ちゃわんたけ科

きんちゃわんたけ

Peziza splendens *Quel.*

山野ニ生ズ。不規則ナル椀狀ヲ成シ、外面ハ黃色、內面ハ橙黃色ニシテ、美麗ナル子嚢菌ナリ。下面ノ中央ニテ地ニ接シ、往々柄ヲ有ス。多數密接シテ生ズルヲ常トス。子實層ハ上面全體ニ生ジ、顯微鏡ニテ檢スレバ並列セル子嚢ノ間ニ介在シテ存スル側絲ノ上部ノ內容黃色ナルヲ知ル。子嚢中ニ無色ナル八個ノ橢圓形ナル胞子ヲ藏ス。胞子ノ表面ニ網目狀ノ隆起アリ。本菌ノ上面橙黃色ナルハ、側絲ノ先端部ノ色ガ集積シテ現セルモノナリ。1 全形　2 縱斷面　3 子嚢　4 側絲　5 胞子。

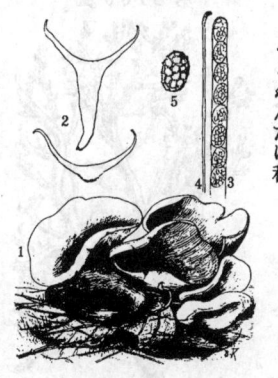

ちゃわんたけ科

みみぶさたけ

Wynnea gigantea *Berk. et Curt.*

山地ニ生ズ。數個ノ兔ノ耳ノ如キ形セルモノ太キ一莖ヨリ出デ、莖ノ下部ハ深ク地下ニ入ル。各耳形ヲ成セル處ハ一個ノちゃわんたけニ該當シ、其內面全部ニ子實層ヲ生ゼリ。顯微鏡ニテ子實層ヲ檢スレバ、各子嚢ハ圓柱狀ニシテ中ニ八個ノ無色ナル橢圓形ノ胞子ヲ藏ス。胞子ハ時ニ一齊ニ各子嚢ヨリ發射セラレ、霧ノ如ク白粉ノ發散スルヲ見ルコト、他ノちゃわんたけ類ト同樣ナルガ、本菌ハ形ノ大ナルニヨリ、其現象モ亦特ニ著甚ニ觀察セラル。1 全形　2 子嚢　3 側絲。

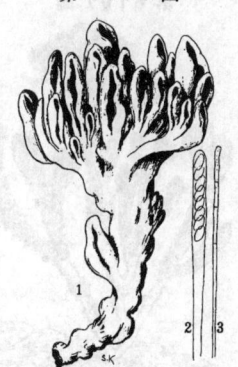

ちゃわんたけ科

いそむらさき

Symphyocladia latiuscula (Harvey) Yamada.

ふぢまつも科

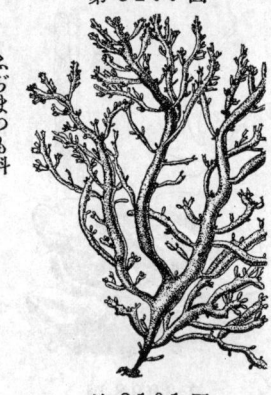

第 3099 圖

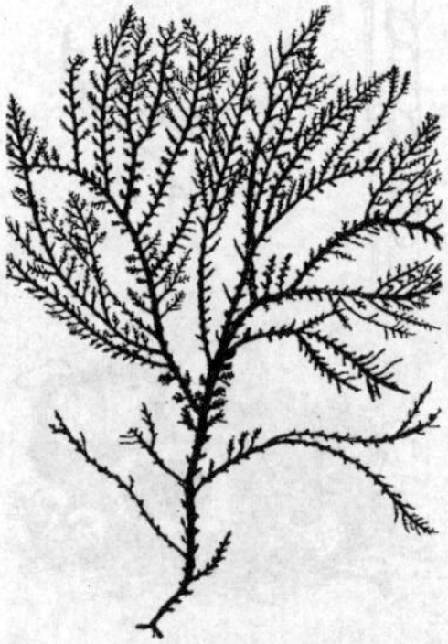

體ハ叢生シ高サ 10cm 內外、線狀扁壓ニ
シテ幅 1-1.5mm 許、枝ヲ兩緣ヨリ羽狀
ニ互生ス。枝ハ更ニ小枝ヲ羽狀ニ出シ、
三四囘コレヲ繰返ス。四分胞子囊ハ小枝
ノ密ニ分岐シテ略ボ扁狀ニ成セルモノニ
生ズ。色ハ黑紫色ニシテ若キ體ハ膜質ナ
レドモ老成セルモノハ質粗剛トナル。乾
燥後紙ニ附著スルコト充分ナラズ。紙ニ
貼附後時ヲ經レバ體ノ附近ノ紙ハ紫色ニ
染マルヲ見ルベシ。各地ニ普ク、干滿線
間ニ生ズ。

ゆ　な

Chondria crassicaulis Harvey.

第 3100 圖

體ハ高サ 10-20cm、圓柱狀、稍肉質ニシ
テ太サ 2-5mm、時ニ更ニ太クナルモノア
リ。分岐法ハ一般ニ不規則ナレドモ多ク
ハ互生ニシテ各方面ニ出デ、枝、特ニ小
枝ノ基部稍縊ル。小枝ノ先端ニハ芥子粒
大ノ小球狀ノ胚芽枝ヲ附クルコトアリ。
又生長點ハ枝端ノ凹ミノ內ニ存ス。元來
ハ紫紅色ナレドモ屢々綠色又ハ黃色ヲ呈
ス。質柔カク、乾燥後ハ紙ニ附著ス。又少
シク壞頹スルトキハ惡臭ヲ發ス。各地ニ
普ク、干滿線間又ハソレヨリ深所ニ生ズ。

まくり

一名　かいにんさう

Digenea simplex C. Agardh.

第 3101 圖

體ハ 7-20cm 許高ク、2mm 內外ノ徑ヲ有
シ、圓柱狀ニシテ不規則ニ叉狀ニ數囘分
岐シ、基部ヲ除ケル各部ハ細キ剛毛ノ如
キ小枝ヲ以テ密ニ被ハル。小枝ノ長サ
5-10-15mm アリ、廣開シテ出ヅ。通常此
等ノ小枝上ニハ他ノ微小ナル海藻・動物
等ノ附著セルヲ見ル。南海ニ產ニシテ紀
州邊ヨリ以南ニ產シ、干潮線下ニ生ズ。
古クヨリ初生兒ノ蟲下シ等ニ供セラレ、
又まくにんト稱スル藥ノ原料トナル。海
人草、鷓鴣菜ト稱ス。

あやにしき

Martensia denticulata *Harvey.*

體ハ膜狀ヲ成シテ扇形ニ擴ガリ、高サ10–30cm位ニ普通トス。下部ハ薄キ膜狀ナレドモ少シク上部ヨリハ細カキ格子目ノ如キ網トナリ、邊緣ニハ小鋸齒アリ。若キ時ハ扇狀ヲ成スモ、長ズレバ殆ド縱ニ裂ケテ若干ノ裂片トナル。四分胞子ヲ主トシテ膜狀部ニ砂ヲ撒キタルガ如クニ生ジ、囊果ハ小球狀ニシテ網狀部ニ生ズ。生時水中ニテハ藍綠色ニ見ヘ閃光ヲ發スレドモ、乾燥スルトキハ美シキ紅色トナリ、紙ニ密着ス。本州中部以南各地ニ產シ、波浪ノ靜穩ナル邊ヲ好ミ、干潮線下ニ生ズ。最モ美麗ナル海藻ノ一ナリ。

ゑごのり

一名 ゑご・おきうど・からくさいぎす

Ceramium hypnaeoides
(*J. Agardh*) *Okamura.*

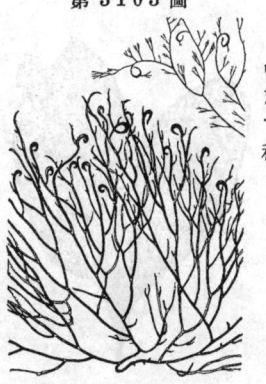

體ハ幼時ハ叉狀ニ分岐シ、多クノ細キ小枝ヲ有シ、ほんだはら類ノ體上ニ著生スルモ後不規則トナリ、鈎狀ノ端ヲ有スル枝ヲ以テほんだはら類ノ體ニ纏ハリ、紛亂錯綜シテ塊ヲ成ス。體ノ長サ10–20cmニ及ビ、老成セルモノニテハ徑1mm許アリ、且ツ小枝ヲ失ヒ、質モ硬クナリテ軟骨質ヲ呈スルニ至ル。九州以北ノ各地ニ普ク、特ニ日本海ニ多ク產シ、干潮線下ニテほんだはら類ノ體上ニ生ズ。食用トシ、又寒天製造ノ際ニ使用セラル。

ふしつなぎ

Lomentaria catenata *Harvey.*

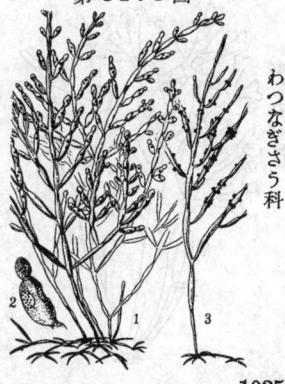

體ハ匍匐部ヨリ直立叢生シ、高サ10cm內外。圓柱狀又ハ少シク扁壓サレ、節部ヲ除キ中空、徑1–1.5mm許アリ。所々縊レテ節ノ如クナル。主軸ハ一般ニ貫通シ、其上ニ枝ヲ對生・輪生等ニ著ク。囊果ハ小球狀ヲ成シ(3)、四分胞子囊ハ略橢圓形ニ集リテ小枝上ニ稍凹ミテ生ズ(1, 2)。暗紅色ヲ呈シ、軟骨質ニシテ乾燥後ハ紙ニ附著スルコト不充分ナリ。廣ク各地ノ海ニ產シ、干滿線間ニ生ジ、特ニ潮溜リ等ニ多ク發見セラル。

だるす科

ふくろつなぎ

Coelarthrum Muelleri
(*Sonder*) *Boergesen*.

體ハ小盤狀根ノ上ニ立チ、高サ30-40cm、圓柱狀ニシテ所々著シク縊レテ關節狀ヲ成シ、體全體トシテハ細長キ小袋ヲ連續シタルガ如キ觀ヲ呈ス。徑ハ3-10mm許、多ク三叉狀ニ分岐シ、關節ハ中實ナレドモ節間部ニハ粘液ヲ滿タス。囊果ハ小點トシテ節間部ニ散在ス。色ハ濃キ血紅色ニシテ膜質、乾燥後ハ密ニ紙ニ附著ス。本州以南ニ產シ、干潮線下深所ニ生ズ。

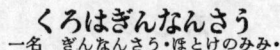

すぎのり科

くろはぎんなんさう
一名　ぎんなんさう・ほとけのみみ・
みみ・あつばぎんなんさう

Iridophycus cornucopiae (*Postels et Ruprecht*) *Setchell et Gardner*.

體ハ叢生シ高サ10-25cm 許、葉狀ニ廣ガリ厚キ膜狀、外形舌狀・倒卵形等ヲ成シ僅ニ縱ニ分裂スルコトアリ。但シ幼者ハ幅狹ク屢々溝狀ヲ成シつのまたノ一形こまたニ似タリ。四分胞子囊群並ニ囊果ハ基部附近ヲ除キ體一面ニ散布サル。色ハ紅紫色ニシテ青味ヲ帶ブルモ屢々黃色ガカルモノアリ。生時水中ニテ藍色ニ光ル。乾燥後ハ黑變ス。三陸以北ニ產シ、干滿線間波浪ニ直面スル岩礁上ニ生ズ。糊料トシテ利用セラル。本種ニ似テあかばぎんなんさう一名うすばぎんなんさう (Rhodoglossum pulchrum (*Kützing*) *Setchell et Gardner*) 北海ニ產ス。本種ヨリモ體薄ク、乾燥後色赤ク光澤アリ。糊料トシテハ本種ニ劣ル。

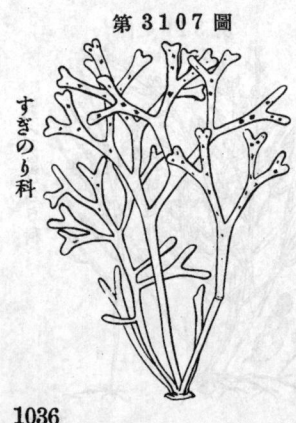

すぎのり科

ことぢつのまた
一名　ながつのまた・かいそう

Chondrus elatus *Holmes*.

體ハ 10-20cm 內外高ク、叢生シ、基部扁圓ナルモ上部ハ扁平トナリ、上部ニ於テ繰返シ叉狀ニ分岐シ、又兩緣ヨリ副枝ヲ發ス、上部ニ於テ幅 5mm 內外アリ。質ハ軟骨質ニシテ黑紫褐色ナレドモ乾燥後ハ黑變シ硬ク角質トナル。囊果ハ橢圓形ヲナシ、體ノ上部ニ散在シ少シク隆起ス。遠江邊ヨリ陸中邊ニ亙リテ產シ、特ニ外海ニ面シテ波浪ニ直面スル岩上ニ生ズ。糊料トナシ、又食用ニ供スルコトアリ。

つのまた
Chondrus ocellatus *Holmes.*

體ノ外形ハ甚シク變化スレドモ模範的ノ
f. typicus *Okam.* ト稱スルモノニ於テ
ハ高サ5〜10cm許、幅1.5cm内外アリ、基
部楔形ノ短キ莖狀ヲ成シ上方ニ向テ數回
叉狀ニ分岐ス。質ハ軟骨樣、紫紅色ナル
モ屡々靑味ヲ帶ブ。囊果ハ圓形乃至橢圓
形、眼球ノ如ク、多クハ一面ニ隆起シ他面
ハ凹ム。北海道ヨリ九州ニ亙リテ產シ干
滿線間並ニソレ以下ニモ生ズ。糊料トス。
尙おほばつのまた(f. giganteus *Okam.*)
ト稱スル一形ハ幅2〜7cm、長サ15〜50cmニ
及ブ。又こまた(f. canaliculatus *Okam.*)
ト稱スルハ體小サク分岐粗ク且屡々溝狀
ニ一方ヘ反ル。とちゃか又やはすつのま
た(f. crispus *Okam.*)トハ密ニ複叉狀ニ
分岐シ、其上細キ副枝ヲ兩緣ヨリ發スル
モノヲ云フ。

すぎのり科

すぎのり

Gigartina tenella *Harvey.*

體ハ5〜12cm高ク、圓柱狀又ハ扁壓サレ、
徑ハ細キモノニテハ通常1〜2mm許、太キ
モノハ3mmニ達ス。不規則ニ羽狀ニ分
岐シ、此等ノ羽枝ハ廣開シ、先端尖ル。若
キ體ハ屡々弓形ニ曲ルコトアリ。囊果ハ
略ぼ球形ニシテブツブツト枝上ニ生ズ。
暗紅色乃至飴色ニシテ水中ニ於テハ瑠璃
色ニ光ル。軟骨質ニシテ乾燥後ハ硬クナ
ル。北海ヲ除キ各地ニ普通ニシテ干滿線
間ニ生ズ。本種ニ似タルモノニかいのり
(G. intermedia *Sur.*)アリ、體ハ扁壓ニ
シテ常ニ匍匐シ、屡々所々ニテ縊ルルヲ
以テ區別スルコトヲ得。

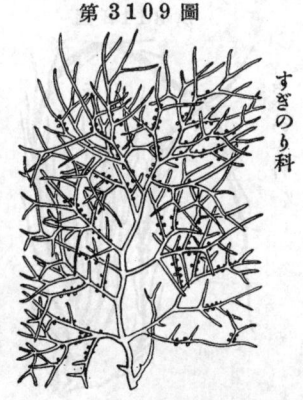

すぎのり科

はりがね
一名 すぢふのり・はちぢゃう
ふのり・さいみ
Ahnfeltia paradoxa
(*Suringar*) *Okamura.*

體ハ叢生シ高サ15〜45cm許、線狀ニシテ
下部ハ圓柱狀、上部ハ扁壓サレ、幅1〜1.5
mmアリ。分岐法ハ不規則ナレドモ通常
叉狀ニ分岐シ、其上ニ小枝ヲ密ニ羽狀ニ
發ス。特ニ囊果・四分胞子ヲ有スル體ハ
小羽枝ニ富ム(左圖)。色ハ濃キ紫紅色ヲ
呈シ、質ハ軟骨樣ニシテ古キモノハ可ナ
リ硬クナル。乾燥後紙ニ附着セズ。囊果
ハ小羽枝上ニ生ズ。房總邊以南ニ產シ、
干潮線附近並ニソレヨリ下部ニ生ズ。糊
料トシテ利用セラル。

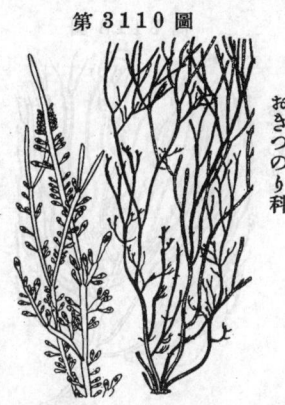

おきつのり科

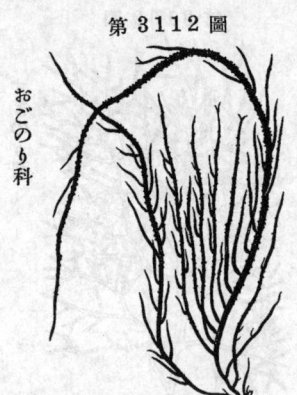

おきつのり
一名　おきちのり・きくのり
Gymnogongrus flabelliformis *Harvey.*

體ハ叢生シ、4–8cm 高ク、扁壓、幅 1.5–2mm アリ、繰返シ叉狀ニ一平面上ニ分岐シ、各枝略同一ノ高サニ達シ扇狀ヲ成ス。囊果ハ略小橢圓形ヲ成シ、上部ノ枝ニ縱ニ三四箇並ビテ生ジ、少シク體ノ兩面ニ隆起ス。軟骨質ニシテ紅紫色ナルモ、乾燥後ハ黑味ヲ帶ブ。各地ニ普通ニシテ干滿線間ノ上部ニ生ズ。本種ニ近似スルモノニおほまたおきつのり（G. divaricatus Holmes）アリ。本種ニ於ケルヨリモ分岐ノ際ニ腋廣ク、且ツ體ノ中部附近ニ於テ略直角ニ小サキ副枝ヲ多ク出スヲ以テ區別スベシ。

おごのり
一名　おご・なぢや・うご・うごのり
Gracilaria confervoides *Greville.*

根ハ小盤狀、體ハ叢生シ圓柱狀、長サハ生棲場所ニヨリ著シク異ナレドモ、通常10–20cm 位ニシテ大ナルモノハ 60cm ニ達ス。徑1–3mm許、上方ニ向ヒ漸次ニ細マル。略羽狀ニ分岐シ、時ニ偏生シ、枝ハ基部縊レ、頂端尖ル。囊果ハ半球形ヲ成シ隆起ス。質ハ軟骨樣ニシテ色ハ紫褐・帶綠又ハ帶黃色ヲ呈シ、乾燥後ハ暗紫・暗褐色等トナル。分布廣ク、殆ド各地ノ干滿線間ニ產シ、特ニ浪靜ニ且ツ淡水ノ混ズル邊ニ生ズルモノハ體著シク大トナル。刺身ノ點綴等トシテ用ヒラレ、又寒天製造ノ際ニてんぐさト混ジテ使用セラル。

しらも
Gracilaria compressa *Greville.*

體ハ前揭おごのりニ略同ジケレドモ本種ニ於テハ體ハ屢々叉狀ニ分岐シ、且ツ枝並ニ小枝ハ基部ニ於テ縊ルル事ナキヲ以テ區別スルヲ得ベシ。然レドモ時ニ區別甚ダ困難ナルコトアリ。各地ニ廣ク分布シ、干滿線間又ハソレヨリ少シク下部ニ生ズ。寒天原料トシテ使用セラル。

つるしらも

Gracilaria chorda *Holmes.*

此ノ種モ上掲おごのりニ似タレドモ體ハ
著シク伸ビ、1m ニ達スルコトアリ。枝
ハ頗ル疎ニシテ互ニ隔タリ、互生又ハ稍
偏生ス。枝モ長ク、基部細マリ、短カク
細キ小枝ヲ偏生スルコトアリ。多ク本州
中部ノ太平洋岸ニ産シ、干潮線下ニ生ズ。
本種ニ似テ體甚ダ太ク、枝モ多キ種ニテ
おほおごのり(G. gigas *Harv.*)ト稱スル
モノアリ。

第 3114 圖

おごのり科

かばのり

Gracilaria Textorii *Suringar.*

體ハ高サ10~20cm、幅2~3cm、扁平ニシテ
叉狀又ハ稍掌狀ニ分岐シ、頂端ハ鈍圓又
ハ舌狀ニ終ル。邊緣ハ平滑ナリ。幼者ハ
薄キ膜質ナレドモ老成スレバ厚クナリ、
色ハ淡紅褐色ニシテ乾燥セル體ノ表面ヨ
リ見ル時ニハ小サキ縮緬皺アリ(蟲眼鏡
ヲ以テ檢スレバ特ニ明ナリ)。囊果ハ體ノ
各部ニ散在シ、球狀ニ隆起ス。北海道ヨ
リ九州ニ至ル干滿線間ノ靜穩ナル場所ニ
産ス。本種ニ酷似シテ體ノ概シテ本種ヨ
リモ小サク、幅狹ク、且ツ溝狀ニ反リ、又
屢々捩ルルモノアリ、コレヲみぞかばの
り(G. incurvata *Okam.*)ト稱ス。

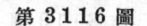

第 3115 圖

おごのり科

囊果

第 3116 圖

ゆかり

Plocamium Telfairiae *Harvey.*

體ハ叢生シ高サ 10cm 內外、扁平膜狀ニ
シテ 幅1~2mm 許アリ。不規則ニ叉狀又
ハ羽狀ニ分岐シ、各枝ノ兩緣ヨリハ更ニ
小枝ヲ出ス。小枝ハ通常二箇宛互生シ、
其二箇ノ同側ノ小枝ノ內、下ノモノハ短
ク、單條、基部廣ク、先端尖リ、時ニ稍屈曲
ス、而シテ上部ノ枝ハ長條トナリ再ビ其
上ニ小枝ヲ著クルモノトス。色紫紅色ニ
シテ美麗ナリ。薄キモノハ乾燥後紙ニ附
著スレドモ、古ク稍厚クナレルモノハ附
著セズ。北海ヲ除キ各地ニ普ク、干滿線
間竝ニソレヨリ下部ニアリ。

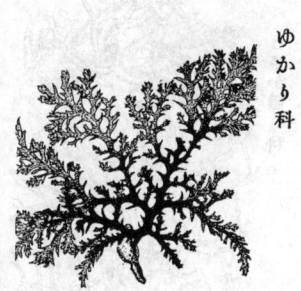

ゆかり科

1039

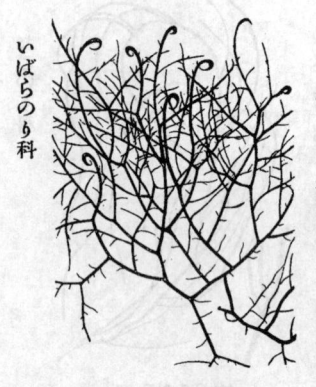

かぎいばらのり

Hypnea japonica *Tanaka.*

此種ハほんだはら類ノ體上ニ附著シテ之ニカラマリ、又枝同志互ニ附著シテ錯綜セル團塊ヲ形成スルモノナリ。體ハ線狀、徑1.5-3mm許、不規則ニ叉狀・羽狀・互生等ニ分岐シ、枝ノ先端ハ屢々鉤狀ニ屈曲シ、ソレヲ以テ他物ニ纏ハル。生時水中ニ於テ青白キ閃光ヲ發ス。膜質又ハ軟骨質ニシテ屢々黃褐色ヲ呈ス。本州中部以南ニ產ス。

いばらのり科

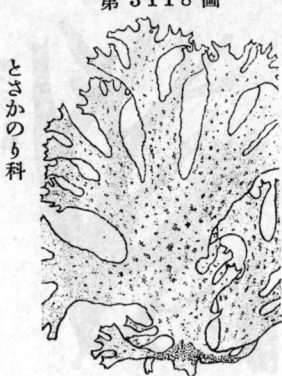

とさかのり（雞冠菜）

Meristotheca papulosa
J. Agardh.

體ハ20-30cm高ク、又ハソレ以上ニ及ビ、小盤狀ノ基部ヨリ立チ、扁平、少シク厚キ膜狀ニシテ不規則ナル叉狀又ハ稍掌狀等ニ分岐シ、幅1-5cmアリ、時ニ更ニ厚ク肉質ト成レルモノモアリ。多クハ全邊、兩面ハ平滑ナレドモ後屢々兩緣ヨリ小枝ヲ、又表面ヨリ短キ突起等ヲ出スコトアリ。又屢々表面ニハ褐色ノ斑紋ヲ示ス。色ハ鮮紅色、美麗ナリ。囊果ハ半球狀ニシテ體ノ兩緣ニ、又小枝・突起等ノ緣ニ生ズ。暖海ノ產ニシテ房總邊ヨリ以南ノ干潮線下ニ生ズ。食用ニ供セラル。

とさかのり科

きりんさい

一名　りうきうつのまた

Eucheuma muricatum f.
depauperata *Weber van Bosse.*

體ハ高サ10-20cm許、略圓柱狀ニシテ2-3mmノ太サヲ有シ、叉狀・互生・對生等ニ頗ル不規則ニ分岐シテ錯綜シ、又ハ岩礁等ニ附著ス。體ノ表面ヨリハ小疣狀ノ突起ヲ出シ、此等ノ突起ハ半球狀又ハ圓錐形等ヲ成シ、密ニ存スルコトト疎ナルコトトアリ。囊果ハ小球狀ヲ成シテ疣狀突起ト共ニ生ズ。多ク暗紫色ニシテ質ハ軟骨樣、乾燥後ハ頗ル硬クナル。南海ニ產シ、干滿線間及ビソレヨリ深所ニ生ズ。食用ニ供シ、又ハ寒天製造ノ材料トス。

とさかのり科

第 3 1 1 7 圖

第 3 1 1 8 圖

第 3 1 1 9 圖

ひろはのとさかもどき

Callophyllis crispata *Okamura.*

體ハ小盤狀根ノ上ニ立チ、高サ 10-20cm、基部ハ短キ圓柱狀ノ莖ヲ成セドモ直ニ上方楔形ニ廣ガリテ扁平葉狀トナル。數回又狀又ハ稍掌狀等ニ分岐シ、各裂片ノ幅ハ 1-3cm 許アリ、全邊ナレドモ囊果ヲ生ズルモノニテハ邊緣ニ小サキ皺ヲ示シ、囊果モ亦此ノ邊緣附近ニ生ズ。膜質ニシテ血紅色ヲ呈シ、乾燥後ハ紙ニ附著ス。本州中部ニ普通ニシテ干潮線下ニ生ズ。
本種ニ似テ質稍薄ク、囊果ハ體ノ表面ニ散在スルモノアリ、やつでがたとさかもどき(C. palmata *Yam.*)ト稱ス。又體ノ裂片幅狹ク、邊緣ニ所々雞冠ノ如キ齒狀缺刻アル種類アリ、之ヲはそばのとさかもどき(C. japonica *Okam.*)ト云フ。

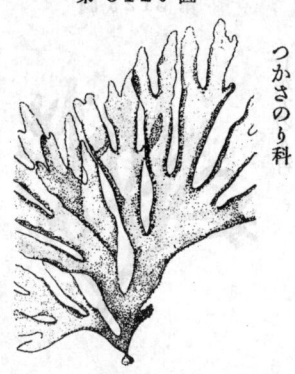

第 3120 圖

つかさのり科

ふくろふのり
一名　ふのり・ぶつ・ふくろのり

Gloiopeltis furcata
Postels et Ruprecht.

基部ハ地上ニ廣ガリテ所謂"座"ヲ成ス。體ハ高サ 3-15cm、管狀、中空、直徑 2-5mm 許。繰返シ叉狀・三叉狀又ハ不規則ニ分岐シ、分岐點竝ニ體ノ所々ニ縊ル。枝ノ先端ハ尖リ、又ハ鈍圓等種々ニシテ、枝ノ分岐法、形狀等モ甚ダ變化シ易シ。飴色又ハ小豆色ヲ成シ、時ニ黃色トナルモノアリ。質ハごむ膜ノ如ク彈性トム、又ハ食用トス。本種ニ似テ暖海ニ產スルほんふのり(G. tenax *J. Ag.*)ハ同ジク糊料トシテ賞用セラルルモ本種ヨリハ質厚ク、大部分實質、且ツ體ハ屢々扁壓セラルルヲ以テ區別スルヲ得。

第 3121 圖

ふのり科

こめのり

Carpopeltis flabellata
(*Holmes*) *Okamura.*

體ハ叢生シ 5cm 內外ノ高サヲ有シ、扁壓、下部ハ細キ楔形ノ莖トナリ、上部ハ繰返シ叉狀ニ分岐シ扇狀ニ廣ガル、幅 3-7mm アリ。先端ハ槪ネ鈍圓、囊果竝ニ四分胞子囊群ハ枝ノ先端下ニ生ズ。紫紅色ヲ呈シ、軟カキ軟骨質ヲ成ス。房總邊ヨリ以南ニ產シ、干滿線間ノ上部ニ生ズ。本種ハ同屬ノまつのり(C. affinis *Okam.*)ト酷似シ、時ニ區別ノ困難ナル事アリ。然レドモまつのりハ本種ニ比シ槪シテ體ノ幅狹ク、基部ハ常ニ線狀ニシテ圓柱狀ノ莖部ヲ有スル事ニヨリ區別スルコトヲ得ベシ。

第 3122 圖

むかでのり科

第 3123 圖

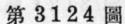

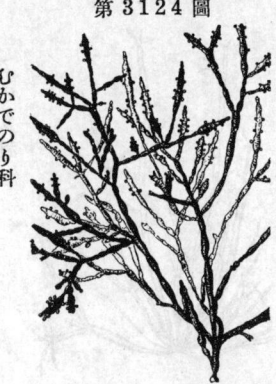

むかでのり科

ひとつまつ
Carpopeltis divaricata *Okamura.*

體ハ高サ 10cm 内外、扁平ニシテ 幅 3–5mm アリ。數囘正シク叉狀ニ分岐シ、腋ハ廣開ス。先端鈍頭ヲ成シ、全邊ナリ。質厚ク、硬キ軟骨質ニシテ紫紅色ナルモ屢々黄色ヲ帶ブ。四分胞子囊竝ニ囊果ハ長橢圓形ノ斑ニ集マリ、枝ノ頂端下ニ生ズ。本州中部邊ニ産シ、干滿線間ニ生ズ。本種ノ近似種トシテさかまつ (C. crispata *Okam.*) ナルモノアリ。多數叢生シ、且ツ莖ハ短ク、體ヲ捩レルヲ以テ本種ヨリ區別サルレドモ、恐ラク本種ノ一形ニ過ギザルベシ。

第 3124 圖

むかでのり科

きんとき
Carpopeltis angusta *Okamura.*

體ハ小盤狀根ヨリ叢生シ、高サ 20cm 内外、扁壓セル線狀ニシテ幅2–3mmアリ。叉狀又ハ稍羽狀等不規則ニ分岐シ、各所ニ於テ不規則ニ縊レ、輕ク關節セルガ如クナル。又基部ノ附近ニ於テハ中肋ノ如キ厚ミアリ。四分胞子囊竝ニ囊果ハ枝ノ兩緣ニ生ズル圓形ノ小枝上ニ生ズ。質硬ク軟骨質ヲ呈シ、血赤色ヲ成ス、然レドモ時ニ淡クナレリ。房總邊ヨリ以南ニ普シ。干潮線附近ニ生ズ。

第 3125 圖

むかでのり科

たんばのり
一名 おほばつのまた・ほぐろ
Grateloupia elliptica *Holmes.*

體ハ高サ 15–40cm 許、厚キ革狀ニシテ葉ノ如ク廣ガリ、叉狀・掌狀其他不規則ニ分ル。基部ニ莖ヲ以テ立ツニ非ズシテ體ノ下部ノ裏面ヲ以テ地物ニ附着ス、ヨリテ體ノ下部ハ斜上スルコトトナル。緣ハ全邊ニシテ葉面平滑ナリ。四分胞子囊竝ニ囊果ハ體ノ全面ニ散布ス。色ハ濃キ紫紅色ナレドモ時ニ黄色又ハ綠色ガカル。本州中部邊ニ普通ニシテ干滿線間又ハ幾分深處ニ生ズ。糊料トシテ利用セラル。

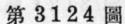

1042

きゃうのひも

一名 ひものり・はさつぺい・
みのちのり

Grateloupia Okamurai *Yamada.*

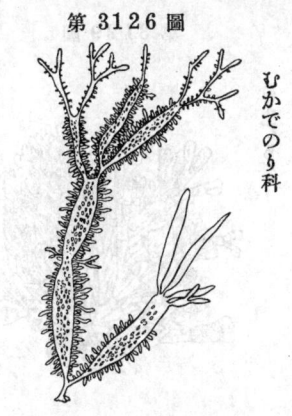

むかでのり科

體ハ高サ 20-30cm、時ニ 50cm ニ達シ、披
針形又ハ笹ノ葉形、幅 1.5-6cm 許アリ。
基部ハ短カキ圓柱狀ノ莖ヲ成シ、莖ヨリ
上ハ扁平トナリ、屢々疎ニ叉狀ニ分レ、所
々縊ルルコトアリ、特ニ分岐點ニ於テ著
シ。成長セルモノハ體ノ表面及兩緣ヨリ
小サキ副枝ヲ多數發出ス。暗紫紅色又ハ
多小飴色ヲ呈シ、乾燥セル體ノ表面ハ光
澤強シ。北海道南部ヨリ九州ニ至ル海ニ
產シ、干滿線間ニ生ズ。

むかでのり

Grateloupia filicina *C. Agardh.*

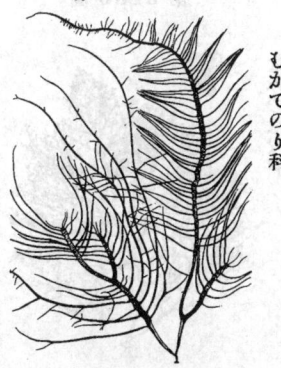

むかでのり科

體ハ外形甚ダシク變化スレドモ模範的ナ
ルモノハ扁平線狀ニシテ高サ 20-30cm、
幅 2-3mm 許ニシテ中軸ノ兩緣ヨリ羽狀
ノ小枝ヲ密ニ發ス。小枝ハ廣開シ、多ク
ハ單條ナレドモ再ビ分岐スルコトアリ。
又小枝ハ基部附近並ニ中軸ノ先端附近ニ
ハ之ヲ缺ク。紫紅色ニシテ柔軟稍粘滑ナ
リ。各地ニ普ク、干滿線間ニ生ズ。枝ノ
基部縊レ、老成後體ノ基部中空ト成ルモ
ノアリ、之ヲうつろむかで (f. porracea
Okam.) ト稱ス。又本種ニ酷似スルモノ
ニシテ體ノ幅少シク本種ヨリ廣ク且ツ
枝ノ基部縊レ、G. prolongata *J. Ag.* ト稱
スルモノアリ、然レドモ此ノ兩者ハ屢々
殆ド區別困難ナリ。

おほむかでのり

Halymenia acuminata
(*Holmes*) *J. Agardh.*

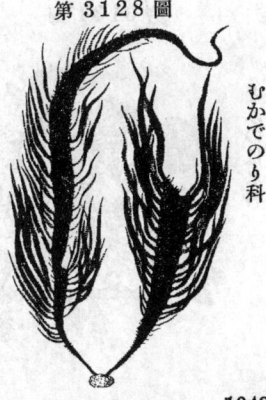

むかでのり科

體ハ小盤狀根ノ上ニ立チ、高サ 30-50cm、
基部附近ハ扁圓ニシテ莖ヲ成シ、上部ハ
廣キ披針形ノ葉狀ニ廣ガリ、幅 3-6cm 許
ヲ普通トシ、ソノ兩緣ヨリ羽狀ニ小枝ヲ
發ス。此等ノ小枝ハ多キコト、少キコト
アリテ一定セズ。質ハ稍厚キ膜質ニシテ
柔軟、乾燥後紙ニ附着ス。美シキ赤色ヲ
呈ス。房總邊ヨリ以南ニ產シ、干潮線附
近以下ニ生ズ。

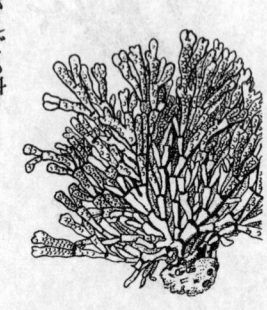

さんご も 科

第 3129 圖

かにのて

Amphiroa dilatata *Lamouroux.*

體ハ強ク石灰質ヲ被リ、硬ク脆シ。長サ 8cm 内外、扁壓ニシテ幅 2-3mm 位、叉狀又ハ三叉狀ニ分岐シ、所々ニ關節アリ、即チ此ノ部ニ於テハ石灰質ヲ缺ケリ。常ニ臥伏シテ生ジ、生殖窠ハブツブツト體ノ裏面ニ膨レテ生ズ。色ハ鮮紅ナレドモ屢々淡クナレリ。關節部ニ於テハ稍黑味ヲ帶ブ。本州中部以南ニ産シ、多クハ干潮線下ニ生ズ。

なみ の はな 科

第 3130 圖

ほそばなみのはな

Chondrococcus Hornemanni *Schmitz.*

體ハ叢生シ高サ 10cm 内外、小盤狀根上ニ叢生ス。線狀扁壓ニシテ幅 1-2mm 許、叉狀・羽狀等ニ分岐シ、枝ハ又小枝ヲ羽狀ニ兩緣ヨリ發ス。小枝ノ先端ハ屢々圖ノ如ク一方ヘ卷キ、又ハ尖頭ヲ成ス。濃紅色ヲ呈シ、稍肉質ナリ。生時ハ一種ノ強キ香アリ。四分胞子ハ小ナル不規則ノ塊ニ集リテ枝上ニ隆起ス。囊果ハ小疣狀ヲ成ス。暖海ニ普ク、干滿線間並ニソレヨリ深所ニ生ズ。

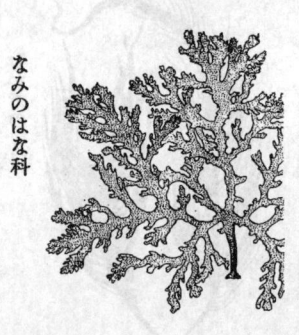

なみ の はな 科

第 3131 圖

なみのはな

Chondrococcus japonicus (*Harvey*) *Okamura.*

諸性質ハ前揭ほそばなみのはなニ似タレドモ體ハ著シク幅廣キヲ以テ異ナリトス。即チ本種ニ於テハ體ノ幅 8mm 内外ニ及ブコトアリ。然レドモ又比較的幅狹キモノモアリテ、カカル個體ニ於テハ前種トノ區別頗ル困難ナル場合アリ。本州中部地方ニ多シ。干潮線下ニ生ズ。

ゆひきり
一名 とりのあし・とりあし
Acanthopeltis japonica *Okamura*.

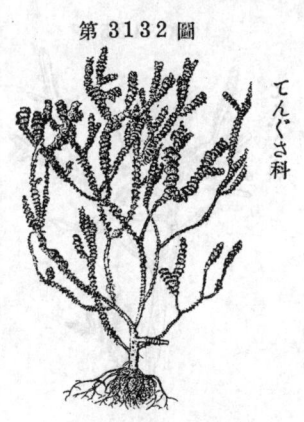

第 3132 圖

てんぐさ科

體ハ高サ 12-25cm 許、圓柱狀ニシテ徑 2-3mm。纖維狀根ヲ以テ岩石等ニ附著、直立ス。不規則ニ叉狀ニ數回分岐シ、基部附近ヲ除キテ 1-2mm ノ間隔ヲオキ、徑 3mm 內外ノ小盤狀ノ小枝ヲ稍斜ニ螺旋狀ニ重ナリ合ヒテ出ス。此等ノ盤狀小枝ハ一時ニ葉ノ如ク少シク廣ガルコトアリ。四分胞子囊群・囊果等此ノ上ニ生ズ。重ナリ合ヘル盤狀小枝同志ノ間ニハ殆ド常ニ海綿ノ一種著生スルヲ見ル。紅色ニシテ質强靱、硬シ。房總邊ヨリ九州ニ至ルマデ產シ、干潮線下ニ生ズ。寒天製造ノ際ニ混ゼラル。

まくさ
一名 てんぐさ・ところてんぐさ・こるもは・こころぶと
Gelidium Amansii *Lamouroux*.

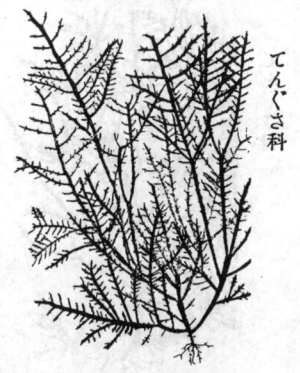

第 3133 圖

てんぐさ科

外形ハ可ナリニ變化スルモ模範的ナルモノハ體ハ線狀扁壓ニシテ兩線ハ薄ク、纖維根ヨリ出デテ叢生シ、高サ 10-30cm 許、四-五回羽狀ニ分岐シ、枝ハ頂端尖ル。質稍硬ク、小豆色ヲ呈ス。四分胞子囊群ハ小枝ノ頂端箆形トナレル所ニ生ジ、囊果ハ小枝ノ頂端下ニ膨レ、二室ヲ成ス。心太・寒天製造ノ原料トス。北海道ヨリ九州邊マデ分布シ、干潮線下ニ普通ナリ。本種ハ枝ノ形狀・分岐法・體ノ大サ等ノ差ニヨリテ數形ニ分タル。尙體ノ內景ニツキテハおばくさノ條下ヲ參照スベシ。

きぬくさ
一名 ひげもぐさ
Gelidium linoides *Kuetzing*.

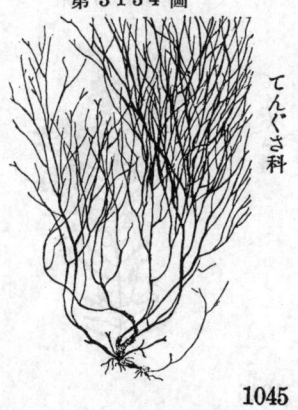

第 3134 圖

てんぐさ科

體ハ大キク 30cm 內外トナリ、密ニ叢生ス。分岐法ハまくさト異ナリ互生・叉狀等ニシテ互ニ隔リまくさニ於ケルガ如ク密ナラズ。小枝ノ數遙ニまくさヨリモ少ク、體ノ下部ハ廣キ線狀ニシテ幅 1-2mm アリ。質ハまくさニ於ケルヨリモ柔軟ナリ。本州中部ノ太平洋岸ニ產シ、干潮線下ノ 20-40m ノ深所ニ產ス。

おにくさ

Gelidium japonicum
(*Harvey*) *Okamura.*

體ハ纖維狀根ヨリ立チ、廣キ線狀ニシテ 1.5-2mm ノ幅アリ。中央ハ縱ニ厚ク、稍中肋狀ヲ成シ、兩緣ハ薄シ。不規則ニ羽狀ニ分岐シ、體ノ表面並ニ兩緣ヨリ密ニ小枝ヲ副出ス。質可ナリ强靱ニシテ小豆色ヲ呈シ、體表ニハ屢々石灰藻類附著セリ。本州中部ヨリ以南ニ產シ、干滿線間並ニソレヨリ深所ニ普通ナリ。寒天製造ノ際ニ原藻ニ混ゼラル。

ひらくさ
一名 ひらてん

Gelidium subcostatum *Okamura.*

纖維狀根ヲ有シ羽狀ニ繰返シ分岐スル點ハまくさニ似タレドモ、體ノ各部總ジテまくさヨリモ大形ニシテ體長 15-35cm、時ニ50cmニ及ビ、幅モ2-5mmアリ、加之主枝ノ下部ニハ明ナル中肋アリ。四分胞子ハ單狀又ハ分岐セル細線狀ノ小枝ニ集マリ生ジ、囊果ハ卵形ニシテ小枝ノ頂端下ニ膨ル。質可ナリ强靱ナリ。房總ヨリ九州マデ產シ、干潮線下ノ可ナリ深所ニ生ズ。

おばくさ
一名 がにくさ・どらくさ・よたくさ
Pterocladia tenuis *Okamura.*

體ハ外形まくさニ酷似シ屢々ソノ區別困難ナルコトアリ。然レドモ本種ニ於テハ通常枝ノ基部ノ縊レ著シキヲ以テ區別スベシ。又囊果ハ本屬ニ於テハ一室、てんぐさ屬ニ於テハ二室ナルヲ以テ囊果ヲ有スルモノニ於テハ兩者ノ區別容易ナリ。次ニ體ノ內景ニモ差アリ。卽チ兩屬トモ體ノ內部ハ稍大ナル細胞ト其間ニ存スル根樣ノ細キ細胞絲ヨリ成ルモ、本種ニ於テハ此等ノ根樣絲ハ中心組織ノ中央部ニ存スルニ比シ、まくさニ於テハ皮下層ニ密集ス。各地ニ普通ニシテ干滿線間並ニソレヨリ深所ニ產ス。

そでがらみ

Actinotrichia fragilis
(Forsk.) Boergesen.

體ハ高サ 5–10cm 許、圓柱狀ニシテ徑
0.8–1mm アリ、密ニ叉狀ニ分岐シ、叢ヲ
成ス。枝端ハ鈍圓ナリ。體ニハ強ク石灰
質ノ沈澱シテ硬ク、短キ單條又ハ分岐セ
ル毛ヲ輪生ス。但シ此等ノ毛ハ屢々脱落
シ去リテ單ニ痕ノミヲ殘スコトアリ、特
ニ體ノ下部ニ於テ然リ。色ハ通常淡キ紫
紅色ヲ呈スルモ屢々黄色ガカリ、又ハ淡
綠色トナル。房總邊ヨリ南部ノ海ニ產シ
多ク干潮線下ニ生ズ。

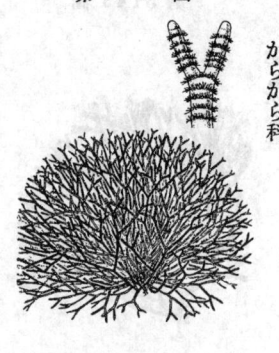

がらがら科

がらがら

Galaxaura fastigiata
Lamouroux.

體ハ高サ 10cm 內外、圓柱狀ニシテ徑 2
mm 許アリ。繰返シ密ニ叉狀ニ分岐シ、時
ニ副枝ヲ發シテ繖房狀ヲ成スコトアリ。
此等ノ分岐點ニ於テ體ハ多少縊レ、多ク
關節ヲ成シ、後破ル。體ノ表面ハ平滑ナ
レドモ枝ノ上部ニ於テハ屢々輪狀ノ皺ア
リ。枝ノ先端ハ凹ム。體ニハ強ク石灰質
ヲ被リ、乾燥セルモノハ特ニ脆ク、壞レ
易シ。生時淡小豆色ヲ成スモ屢々黄綠色
トナル。房總邊ヨリ以南ニ產シ、多ク干
潮線下ニ生ズ。

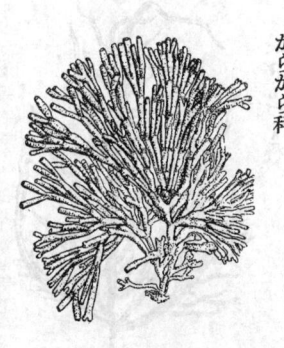

がらがら科

ふさのり

Scinaia japonica Setchell.

體ハ小サキ盤狀根ヨリ直立シ、高サ 10–
20cm、圓柱狀、徑 2–3mm アリ。數囘繰
返シ叉狀ニ分岐シ、枝ハ皆同一ノ高サニ
達ス。而シテ殆ド縊レズ。體ノ中心ニハ
顯微鏡的ニ細キ細胞絲集マリテ縱ニ走ル
故、體ノ中軸ニ於テ肉眼ヲ以テシテモ細
キ一本ノ線ヲ認ムルヲ得ベシ。質軟ク粘
質ニ富ミ、通常美シキ血紅色ヲ呈ス。囊
果ハ小サキ點狀ヲ成シ、體ノ各部ノ皮層
ノ直下ニ生ズ。本州ヨリ九州ニ至ル各地
ニ產シ、干潮線附近或ハソレヨリ少シク
下部ニ生ズ。

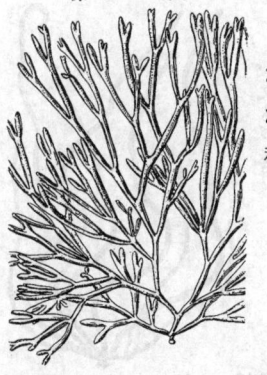

がらがら科

第 3141 圖

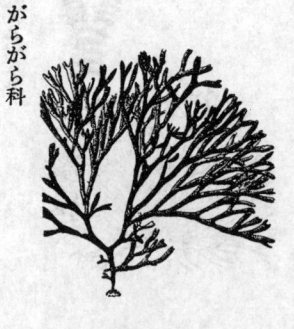

がらがら科

にせふさのり
Gloiophloea Okamurai *Setchell*.

本種ハ前掲ノふさのりニ酷似シ、時ニハ
外形ヲ以テシテハ見別ケ困難ナルコトア
リ。然レドモ本種ハ前種ヨリモ通常體質
硬ク、色濃ク、體稍細キヲ以テ異ナル。又
體ノ内部ノ構造ニ兩者全ク異ナリ、ふさ
のりニ於テハ體ノ最モ表面ハ略柵狀ニ竝
ベル大ナル無色ノ細胞ヨリ成ルニ反シ、
本種ニ於テハ無色ノ細胞ト此等ヲ抱擁ス
ル小ナル色素體ヲ有スル細胞トヨリ成ル
ナリ。色ハ紫紅色ヲ呈シ、乾燥後黒變ス。
本州中部ノ太平洋岸ニ普通ニシテ干滿線
間又ハ幾分ソレヨリ下部ニ生ズ。

第 3142 圖

べにもづく科

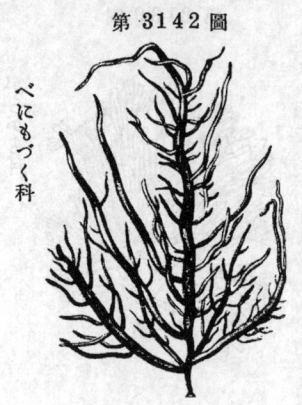

べにもづく
Helminthocladia australis
Harvey.

體ハ高サ 15-45cm 許アリ、圓柱狀ニシ
テ 2-4mm ノ徑アリ。中軸ノ各方面ヘハ
多數ノ枝ヲ發シ、此等ハ何レモ略同ジ太
サヲ有シ、漸次上部ニ向ヒテ細クナル。
質軟骨樣ニシテ頗ル粘質ニ富ム。紫紅色
ヲ呈ス。本州ヨリ九州ノ各地ニ產シ、干
滿線間ニ生ズ。

第 3143 圖

べにもづく科

うみざうめん
Nemalion helminthoides
Batters.

體ハ高サ 10-20cm、時ニ 30cm ニ達シ、圓
柱狀、數本叢生シ、單條ヲ常トスレドモ時
ニ僅ニ分岐スルコトナキニ非ズ。徑 1.5-
2mm 許アリ。甚ダシク粘質ニシテ蠕蟲狀
ナリ。色ハ濃キ紫紅色ナリ。北海道以南
本州ノ略各地ニ產シ、滿潮線附近ニ生ズ。
食用ニ供セラル。本種ニ似タルモノニ一つ
くものり (N. multifidum J. Ag.) アリ、
然レドモ此ノ種ニ於テハ體ハ屢々叉狀ニ
分岐スルヲ以テ異ナリトス。

かもがしらのり

一名　いそもち・とほやまのり
Nemalion pulvinatum *Grunow.*

體ハ高サ 1–3cm 位ニ過ギズ、多數集マリ生ジテ塊ヲ成ス。密ニ略叉狀ニ分岐シ、圓柱狀又ハ稍扁圓ニシテ徑 0.8–1mm 許アリ。質稍硬ケレドモ粘滑ニシテ乾燥後ハ角質トナル。色ハ暗褐色ヲ成スモ乾カセバ黑變ス。體ノ內部ハ殆ド全部絲狀細胞ヨリ成ル。房總邊ヨリ以南ニ生ジ、滿潮線附近ノ岩石上等ニ生ズ。採リテ食用ニ供スルコトアリ。

あさくさのり

Porphyra tenera *Kjellman.*

體ハ薄膜質、形ハ種々ニ變化スレドモ通常卵形・披針形等ヲ成シ、長サ 15–25cm 許、全邊ナレドモ著シク波褶ス、又邊線ハ顯微鏡的ノ鋸齒ナシ。色ハ暗紫色・紅紫色等ナリ。雌雄同株ニシテ雌ノ部ハ色濃ク、雄ノ部ハ色淡クナリ、共ニ邊線ヨリ斜ニ內部ヘ入リ込ミテ飛白狀斑ヲ成ス。北海道ヨリ九州邊マデ、又朝鮮ニモ産シ、又冬期廣ク各地ニ於テ養殖サル。乾海苔ノ原料トナル。此屬ハ我邦ニ於テハ約十八種ガ知ラレ、內食用トセラルルモノハ本種ノ外うつぷるいのり (P. pseudinearis *Ueda*)、ちしまくろのり (P. umbilicalis *J. Ag.*) 等ナリ。

うしけのり

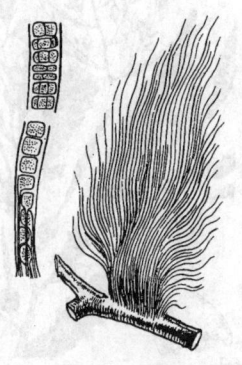

Bangia fusco-purpurea *Lyngbye.*

體ハ 5–15cm 許、黑紫色時ニ紫褐色、單條ノ細毛狀ニシテ早春淺所ノ地物上ニ叢生シ、密ニ地物ヲ被フ。顯微鏡ニテ檢スル時ハ若キ部ハ一列ノ細胞ヨリ成リ、生殖細胞ヲ作ルニ至レバ數列ノ細胞ヨリ成ルニ至ル。乾燥セルモノハ光澤アリ。各地ニ普通ニシテ干滿線間ノ上部又ハソレヨリモ上部ニ生ズルコトアリ。食用ニ供スルコトアリ。

おほばもく
一名　がらも・ささばもく

Sargassum Ringgoldianum *Harvey.*

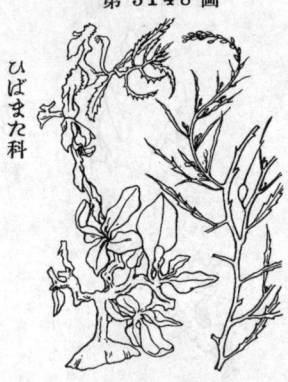

本種ハ形狀一體ニ大柄ナルヲ以テ著シ。
即チ根ハ圓錐形ニシテ直徑 5–8cm アリ。
莖ハ長サ 10–15cm 許、下部圓柱狀ナレ
ドモ、上部ニ至レバ扁平ニシテ中央部厚
クナル。葉ハ甚ダ大ニシテ厚ク箆狀ヲ成
シ、長サ 15–20cm、幅 3–5mm アリ、全邊
ニシテ先端圓シ。氣胞ハ長橢圓形ニシテ
大キク、長サ2cmヲ超ユルモノアリ、少シ
ク扁平トナリ、頂端ニハ小葉ヲ存シ、邊緣
ニ翼狀片ヲ附クルコトアリ。生殖器托モ
大形ニシテ扁平、卵形乃至長橢圓形ノ輪
廓ヲ有シ、總狀又ハ複總狀ニ列シ、各生殖
器托ニハ苞ヲ存セズ。干潮線下ニ生ジ、
各地ニ產ス。生時ハ暗褐色ニシテ乾燥後
ハ著シク黑變ス。

よれもく
Sargassum tortile *C. Agardh.*

根ハ圓錐狀ニシテ通常短キ圓柱狀ノ莖ヲ
發シ、此莖ハ間モナク分岐シテ扁壓且ツ
稜ヲ有スル主枝トナル。體ノ長サ 1–2m
ニ達ス。下部ノ葉ハ比較的厚ク、卵形・長
橢圓形等ヲ成シ、强ク下方ニ反ル。上部
ノ葉ハ總體ニ細長ク、鈍キ鋸齒ヲ有ス。
時ニハ著シク細クシテ殆ド線狀ヲ成ス。
氣胞ハ球形乃至紡錘形ニシテ、體ノ下部
ニテハ大ニ、上部ニテハ小トナリ、頂端
ニ小葉又ハ小突起ヲ具フ。大ナルハ直徑
15mm ニ達ス。生殖器托ハ扁壓箆形ニシ
テ總狀ニ排列サレ、各々ニ苞ヲ具フ。干
潮線下ノ岩上ニ生ジ、中部日本以南ニ普
通ナリ。生時暗褐色、乾燥後黑變ス。

のこぎりもく
Sargassum serratifolium

C. Agardh.

本種ハ前揭よれもくト極テ好ク似タリ。
然レドモ葉ニハ通常圖ニ示セルガ如キ二
重ノ鋸齒ヲ有スルコト屢々アリ、且ツ體
ノ上部ノ葉モ一般ニよれもく程細クナル
コト多カラズ。分布狀態モ略ぼよれもくニ
同ジ。此等ノ二種ニ似タルモノニおほばの
こぎりもく(S. giganteifolium *Yamada*)
アリ。本州中部太平洋岸ニ產ス。然レド
モ此種ハ體色生時黃褐色ニシテ葉更ニ大
ニ、生殖器托ハ秋期ニ生ジ、のこぎりも
く及よれもくノ體色生時暗褐色ニシテ生
殖器托ノ春期ヨリ夏期ニ生ズルモノト區
別スルコトヲ得。

ひばまた科

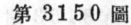

あかもく

Sargassum Horneri *C. Agardh.*

體ハ大キク 4m ニ達シ、黄褐色ヲ呈ス。根
ハ假盤狀、卽チ莖ノ基部ニ輪生スル指狀
根ノ互ニ融著シテ小盤ヲ形成セルガ如キ
樣ヲ成シ、縱ノ線條ヲ有ス。莖ハ圓柱狀
ニシテ各方面ニ枝ヲ發ス。葉ハ鋸齒深ク
切込ミ、裂片羽狀ヲ成ス。幼者ノ葉ニ於
テハ裂片ノ幅廣キモ、古キモノ及ビ體ノ
上部ニ於テハ裂片細クシテ線狀トナル。
氣胞ハ圓柱狀又ハ紡錘形ヲ成シ、頂ニ小
葉ヲ冠ス。生殖器托ハ圓柱狀、先端細ク
尖リ、著シク長クナリ、4cm ニ達スルコ
トアリ。北海道南部ヨリ臺灣ニ至ルマデ
之ヲ產シ、干潮線下ニ生ズ。

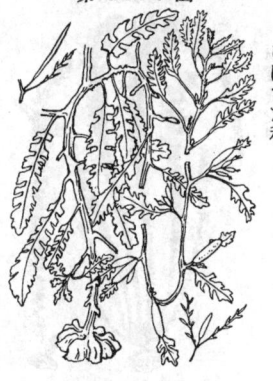

ひばまた科

ほんだはら

一名　ほだはら・じんばさう

Sargassum fulvellum *J. Agardh.*

體ハ質軟カク、長サ 1-4m 位アリ。根ハあ
かもくニ見ル如キ假盤狀根ヲ成ス。莖ハ
單條稜角アリ、往々輕ク捩レ、各方面ニ枝
ヲ發ス。葉ハ基部ノモノハ大キク、筐形又
ハ披針形、全邊又ハ鋸齒ヲ具ヘ、上部ノモ
ノハ小サク、共ニ中肋ヲ缺ク。氣胞ハ橢圓
形又ハ倒卵形、頂端丸キカ又ハ微突頭ヲ
有スルカ又ハ小葉ヲ冠ス。生殖器托ハ長
キ圓錐形ヲ成シ、小枝ノ上ニ總狀ヲ成シ
テ生ズ。東北ヨリ九州ニ至ルマデ之ヲ產
シ、干潮線附近竝ニソレヨリ深所ニ生ズ。

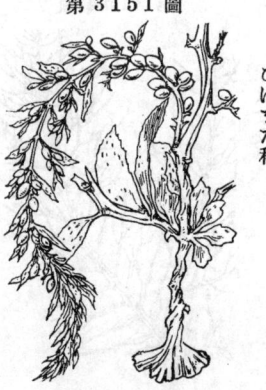

ひばまた科

いそもく

Sargassum hemiphyllum
C. Agardh.

體ハ比較的纖細ニシテ高サ約40-50cm
アリ。根ハ纖維狀ニシテ岩上ヲ匍匐ス。
葉ハ多ク左右不均齊ニシテ長刀狀ヲ成
シ、外側ノ緣ニハ屢々小鋸齒アリ。上部
ノ葉ハ多ク線狀ヲ成ス。氣胞ハ倒卵形乃
至橢圓形ニシテ頂端丸キカ又ハ少シク尖
レリ。生殖器托ハ枝ノ上部ニ總狀ヲ成シ、
小柄ヲ有シテ苞ノ腋ニ生ジ、屢々氣胞ト
混生ス。本州中部以南邊ニ產シ、多ク干
滿線間ニ生ズ。

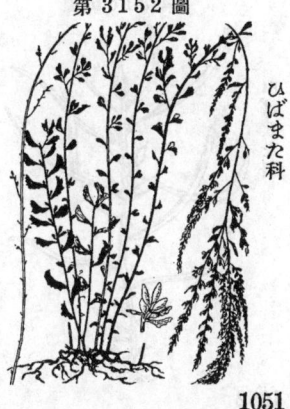

ひばまた科

第 3153 圖

ひばまた科

うみとらのを
一名 とらのを・ねずみのを
Sargassum Thunbergii
(Mertens) O. Kuntze.

體ハ比較的小サク、高サ15–50cm許アリ。根ハ平タキ盤狀ニシテ、ソレヨリ短キ圓柱狀ノ莖ヲ發シ、コノ莖ハ直ニ數本ノ主枝ニ分ル。主枝ハ小サキ鱗片狀ノ葉竝ニ短キ側枝ヲ以テ密ニ稍覆瓦狀ニ被ハル。通常主枝ノ上部ニ至ルニ從ヒ、側枝ハ稍疎ニ且ツ長クナリ、葉ハ細長ク、披針狀・線狀等ヲ成ス。此等ノ側枝ノ疎トナリ且ツ著シク長ク伸ビタル形ヲおほとらのを (f. Swartzianum Okam.) ト稱ス。氣胞ハ紡錘形ニシテ先端尖リ、生殖器托ハ略圓柱狀ニシテ通常數箇宛葉腋ニ集リ生ズ。本種ハ分布頗ル廣ク、北海道以南琉球ニ至ルマデ產シ、淺所卽チ特ニ干滿線間ノ上部ニ群生ス。

第 3154 圖

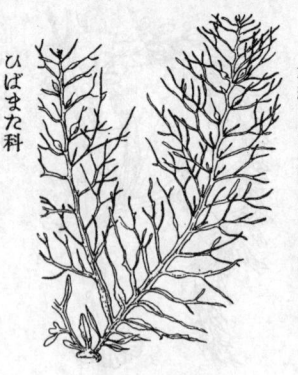

ひばまた科

やつまたもく
Sargassum patens C. Agardh.

根ハ盤狀ニシテ地物ニ固著ス。體ノ長サ約 1m、莖及主枝ハ扁壓ニシテ兩緣ニ薄ク、屢々羽狀ニ分岐ス。葉ハ體ノ基部附近ニ於テハ單一又ハ互生ニ分裂シ、幅比較的廣ク、全邊又ハ少シク鋸齒ヲ示ス。上部ノ葉ハ下部ノモノヨリ狹ク且ツ長ク、互生ニ分裂ス。氣胞ハ球狀乃至橢圓形、頂ニ單一又ハ分岐セル細キ葉ヲ冠ス。生殖器托ハ稍圓柱狀ニシテ小枝端ノ附近ニ羽狀ニ二列ニ、一平面上ニ排列サル。本州中部ヨリ以南ニ產シ、干滿線間竝ニソレヨリ深所ニ生ズ。本種ハ近似セルモノニまめだはら (S. piluliferum C. Ag.) アレドモ、葉更ニ狹ク、且ツ氣胞ハ圓頂ニシテ長キ柄アルヲ以テ區別セラル。

第 3155 圖

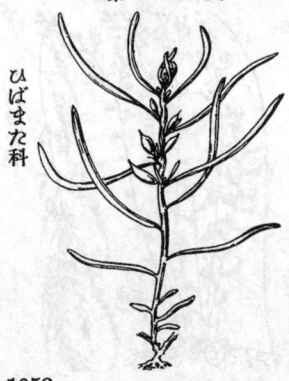

ひばまた科

ひじき
Hizikia fusiforme
(Harvey) Okamura.

體ハ 30–100cm ニ達シ(著シク長クナレルモノハ 1m ニ達ス)、纖維狀根ヨリ發ス。莖ハ圓柱狀ニシテ太サ 2–4mm 許、各方面ニ小枝竝ニ葉ヲ出ス。葉ハ外形種々ニ變化シ、或ハ圓柱狀、8–15cm 長ク、兩端稍細マリ、或ハ短ク、棍棒狀ヲ成シ、先端膨レテ中空ノ氣胞トナレリ。氣胞ハ多ク紡錘形ヲ成ス。生殖器托ハ小サク略棍棒形ヲ成シ、小枝ノ腋ニ集リ生ズ。體ハ生時黃褐色ヲ成スモ乾燥スル時ハ黑變ス。北海道南部ヨリ九州ニ至ル沿岸ニ產シ、干滿線間ノ上部ニ多シ。食用ト成ス。上記ノ、小枝ノ先端膨ミテ氣胞ヲ成スモノヲふくろひじきト稱ス。

1052

じょろもく

Cystophyllum sisymbrioides
J. Agardh.

第 3 1 5 6 圖

ひばまた科

體ハ長サ 1m 又ハソレ以上ニ達ス。根ハ
小盤狀ヲ成シテ地物ニ固著シ、莖ハ扁圓
ニシテ其兩緣ヨリ多數ノ枝ヲ羽狀ニ發出
ス。枝ハ扁壓、葉ハ線狀、長サ20–30mm
許、氣胞ハ枝ノ上部ニ多ク生ジ、橢圓形又
ハ紡錘形ニシテ頂ニ小葉ヲ有ス。生殖器
托ハ略圓柱狀ニシテ枝ノ上部ニ總狀ヲ成
シテ生ズ。三陸邊ヨリ以南九州邊マデ產
シ、干潮線邊及ビソレヨリ深所ニ生ズ。
此種ニ近似シテ全體稍細形ニシテ氣
胞ノ球形ヲ成スモノアリ、ひえもく(C.
Turneri *Yendo*)ト稱ス。

えぞいしげ

Pelvetia Wrightii
(*Harvey*) *Yendo.*

第 3 1 5 7 圖

ひばまた科

體ノ概形下記ひばまたニ類スレドモ體ノ
幅狹ク且ツ中肋ヲ缺ク點ヲ以テ明ニひば
またト區別スルコトヲ得。氣胞ハ體ノ上
部橢圓形乃至紡錘形ニ膨レテ成ルモノ
ニシテ、f. Babingtonii *Yendo*, f. japo-
nica *Yendo* 等ハ之ヲ有シ、f. typica
Yendo ト稱スルモノハ通常氣胞ヲ有セ
ズ。體ハ丈夫ニシテ生時暗綠褐色ヲ呈シ
乾燥後黑變ス。三陸ヨリ北海道沿岸ニ普
通ニシテ時ニ更ニ南部ニ見ラルルコトア
リ。干滿線間ノ上部ニ繁茂ス。

ひばまた

一名　ひばつのまた・かるまた

Fucus evanescens *C. Agardh.*

第 3 1 5 8 圖

ひばまた科

體高20–40cm許、小盤狀根ヲ以テ固著ス。
基部附近ヲ除キ扁平、ばんど狀、幅1–2cm
內外、中肋ヲ通ジ、中肋ハ多ク枝ノ先端下
ニ於テ消失ス。規則正シク繰返シ叉狀ニ
分岐シ、一平面上ニ擴ガリテ扇狀ヲ成ス。
生殖器托ハ枝ノ先端附近ニ生ジ、ブツブ
ツト小キ膨レノ如キ部ヲ多數生ジ、ソノ
下ニ生殖窠ト稱スル孔アリ、內ニ卵並ニ
精蟲ヲ生ズ。生殖時期ニ達セル體ハ中
肋ノ部ノミ殘リ、ソノ兩側ノ扁平ナル部
ハ殆ド缺ケタル普通トス。體質極メテ
丈夫ニシテ生時暗褐色ヲ呈シ乾燥後ハ黑
變ス。北海道東岸並ニソノ以北ニ普通ニ
シテ干滿線間ノ上部ニ群生ス、體ハ、特ニ
生殖器托ノ形狀ニヨリ種々ノ異形アリ。

第 3159 圖

わかめ
一名 めのは
Undaria pinnatifida *Suringar.*

てんぶ科

根ハ纖維狀、繰返シ叉狀ニ分岐ス。莖ハ扁圓ニシテ上方ハ葉ノ中肋トナリ扁壓サル。葉ハ左右ニ羽狀裂片ヲ有シ、毛叢並ニ粘液腺ヲ全面ニ散布ス。體特ニ莖部ハ南方產ノモノ一般ニ短ク f. typica Yendo ト稱セラレ、北方ノ著シク長ク1m內外ニ達シ、なんぶわかめ (f. distans *Miyabe et Okam.*) ト稱セラル。子囊班ハ莖部ニ褶トナリテ生ズル成實葉ノ兩而ニ生ジ、なんぶわかめニ於テハ成實葉ハ莖部ノ下部ヨリ生ジ葉ト距ル。九州ヨリ北海道ニ至ル兩沿岸ニ產シ、廣ク食用ニ供セラル。内なんぶわかめハ主トシテ三陸ニ產ス。製品トシテハ鳴戸若布最モ顯ル。

第 3160 圖

ちがいそ
一名 さるめんわかめ・さるめ
Alaria crassifolia *Kjellman.*

てんぶ科

根ハ纖維狀、繰返シ叉狀ニ分岐ス。莖ハ圓柱狀、6–15 cm長ク、2–3mm太ク、上方ハ葉ノ中肋トナル。葉ハ廣キ線狀、基部楔形ニ成シ、長サ普通1–2m、幅5–25cmアリ、全邊、幾分皺褶シ、全面ニ毛叢ヲ散布ス。中肋ハ扁壓、先端マデ通ル。成實葉ハ莖ノ上部ニ羽狀ニ生ジ廣キ線狀、5–20cm長ク、若キトキハ薄キモ二年目ノモノハ厚クシテ硬ク、短柄ヲ有ス。古ク厚クナレルモノノ上ニ更ニ一新シキ薄キ部ヲ生ズルコトアリ。北海道東岸日高邊ヨリ南ハ宮城縣邊マデ產シ、干潮線以下ニ生ズ。若キモノハ採リテ食用ニ供スル事アリ。

第 3161 圖

のろかぢめ
一名 かぢめ
Ecklonia cava *Kjellman.*

てんぶ科

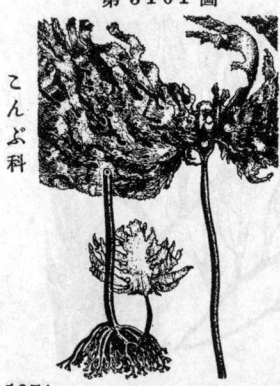

根ハ纖維狀ニシテ繰返シ叉狀ニ分岐ス。莖ハ圓柱狀、1–2m許長ク、直徑1.5–3cm、漸次中空トナル。決シテ分岐スルコトナク、ソノ上端ハ自然ニ扁壓サレ葉部ニ移ル。葉ハ莖ノ延長部タル中央部ノ兩綠ヨリ羽狀ニ出デ、此等ハ又略ボ羽狀ニ分岐ス。皺ナク、兩綠ニ鋸齒ヲ有ス。粘液腔道ハ莖葉共ニ之ヲ有ス。子囊班ハ卵形又ハ長橢圓形等ヲ成シテ中央並ニ側葉ノ兩面ニ生ズ。深所ヲ好ミ、5–6mヨリ40m邊ノ岩礁上ニ生ジ、本州中部ノ太平洋岸ニ普通ニシテ、沃度製造ノ原料トナルモ食用ニハ供セラレズ。

あらめ 一名 かぢめ
Eisenia bicyclis Setchell.

根ハ樹枝状ニシテ莖ノ下端ニ輪生シ、繰
返シ又状ニ分岐ス。莖ハ圓柱状、長サハ
ソノ生ズル深度ニヨリテ著シク異ナリ、
5cm位ヨリ長キハ2mニ達スルモノアリ。
太サハ2–3cm、中實ナリ。初年目ノ葉ハ單
一ナル細キ莖ノ頂端ニ長橢圓形ヲ成セドモ、
モ、初年度ノ末、コノ葉ハ基部附近マデ腐
落チ、生長點ハ兩端ノ二箇所ニ移リ、後ニ
コノ部肥厚シテ二叉セル莖トナリ、ソノ先
端波状ニ皺褶セル舌状部ニ細長クシテ通
常羽状ニ分岐セル多數ノ葉ヲ著ク。コノ
葉ニ皺ヲ有シ、子嚢斑ハ其ノ上ニ卵形
又ハ橢圓形ヲ成シテ生ズ。九州並ニ本州
兩沿岸ニ産シ、干潮線下ヨリ20m位ノ深
所ニ至ル。食用トス。

こんぶ科

つるあらめ

Ecklonia stolonifera Okamura.

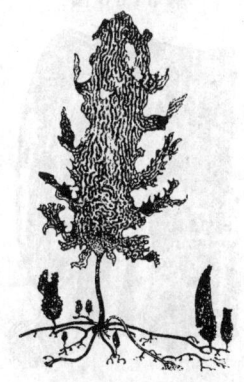

根ハ圓柱状ニシテ長ク海底ヲ匍匐シ所々
ヨリ芽ヲ發出ス。莖ハ圓柱状、12–23cm
長ク、3–5mm太ク、分岐スルコトナク、上
端葉ニ移行ス。葉ハ略笹ノ葉形ヲ呈シ、
30–100cm長ク、5–30cm廣シ。通常皺ヲ
有シ、ソノ兩緣ヨリ羽状ニ枝ヲ出ス。革質
ナリ。子嚢斑ハ葉ノ兩面ニ生ズ。本種ハ
日本海ノ特産ニシテ九州ヨリ北海道(渡
島)マデ、並ニ朝鮮ニ産シ、干潮線下ヨリ
15m位マデノ深所ニ生ズ。

こんぶ科

ねこあしこんぶ
一名 みみこんぶ・かなかけこ
んぶ・はたかせこんぶ
Arthrothamnus bifidus
(Gmelin) Ruprecht.

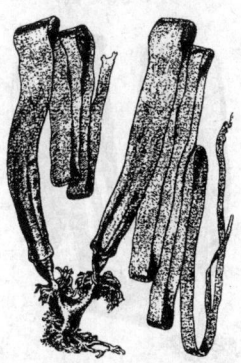

葉ハ廣キ線状、幅5–10cm許、長サ2–3m
位ニ普通トシ、比較的厚ミシ。莖ハ短ク、
厚ク、楔形ヲ成シ、匍匐斜上ス。根ハ莖ノ
兩緣及ビ裏面ヨリ發ス。葉ノ基部ニハ兩
緣ニ二箇ノ耳形ノ褶アリ。コノ部ヨリ翌
年ノ葉ヲ一枚宛新生シ、同時ニ舊葉ハ基
部迄枯落チ、圖ノ如ク基部二叉シ、二葉
ヲ生ズ。子嚢斑ハ初メ葉ノ裏面ニ二列ニ、
中央並ニ兩緣ヲ幾シテ生ジ、後此等ハ合
流シ、且ツ表面ニモ裏面ニ於テ生ゼザル
邊ハ相當スル場所ニ生ズ。北海道釧路邊
ヨリ以北千島ニ生ジ、干潮線下ノ比較的
潮ノ強キ邊ヲ好ム。食用ニ供セラル。

こんぶ科

すぢめ 一名 ざらめ
Costaria costata
(Turner) Saunders.

根ハ纖維狀、繰返シ叉狀ニ分岐ス。莖ハ圓柱狀、縱ニ平行セル稜アリ。葉ハ比較的細長キモノト割合ニ幅廣ク短キモノトアリ。前者ニテハ長サ3m、幅15–25cm位、後者ニテハ幅40cm內外、長サ1.5m許ヲ普通トス。何レニテモ葉部ニハ縱ニ五條ノ略平行セル脈アリ、之等ハ溝ヲ成シ、片面ニ於テハ三本ハ凹ミ二本ハ高マリ、他面ニ於テハ二本ハ凹ミ三本ハ高マル。又脈間ニハ龍紋形ノ膨ミ（裏面ニテハ凹ミ）アリ、且ツ屢々小孔アリ。毛叢ハ細長キ體ニ多ク、幅廣キモノニハ少シ。子囊斑ハ體ノ下部ノ凹メル部ニ生ズ。三陸邊ヨリ以北ニ產シ、干潮線下ニ生ズ。

まこんぶ
一名 しのりこんぶ・みうまやこんぶ・えびすめ
Laminaria japonica *Areschoug.*

體ハ廣キ笹ノ葉狀ヲ成シ、長サ2–4m、幅ハ20–30cm許、質厚ク、中帶部（中央ノ厚クナレル部）廣ク、全幅ノ½–⅓アリ。兩邊ハ波狀ニ褶皺ヲ成ス。莖部ハ短ク、長サ4–10cm、上部ハ扁壓サル。根ハ纖維狀、繰返シ叉狀ニ分岐シ相錯綜ス。粘液腔道ハ莖並ニ葉ニ存ス。子囊斑ハ葉ノ裏面（葉ハ基部ノ凹メル側ヲ表面トス）ノ基部ヨリ上部ニ向テ生ジ、上部ニ進ムニ從ヒテ主トシテ體ノ中央部附近ニ生ズ。北海道渡島附近ヲ本場トシ、花折昆布トシテ優良ナル商品トナル。南ハ福島縣邊マデアリ。宮城縣邊ニテハほつか又どてめ等ト稱スルモ之等ハ體甚ダ狹ク薄クナレリ、又利尻禮文兩島邊ヨリ產スルりしりこんぶハ殆ド此種ト區別シ難シ。

みついしこんぶ
Laminaria angustata *Kjellman.*

根ハ纖維狀ニシテ繰返シ叉狀ニ分岐ス。莖ハ圓柱狀又ハ少シク扁圓、長サ5cm內外アリ。葉ハ全邊ニシテ細長ク、長サ2m乃至8m位、時ニ更ニ長ク、幅ハ6–15cm許アリ。中帶部ハ甚ダ狹ク全幅ノ⅙位シカナシ。子囊斑ハ葉ノ裏面ノ基部ヨリ上部ニ向ヒテ兩緣並ニ中帶部ヲ殘シテ一面ニ生ズレドモ、後ニ至レバ兩面一帶ニ生ズルニ至ル。粘液腔道ハ莖葉共ニ之ヲ存シ、葉部ノ表面觀ニテハ大體網目狀ヲ成ス。本種ハ北海道日高國三石郡附近ヲ本場トシ、南ハ室蘭邊ニ至リ更ニ少シク南下ス。然ルニ釧路根室邊並ニ以北千島邊迄ニ產スルモノハ一體ニ葉部著シク長クシテ特ニながこんぶ(var. longissima *Miyabe*)ト稱ス。コレハ主トシテ長切昆布トシテ支那等ニ輸出セラルルモ味ハ佳ナラズ。

つるも

Chorda Filum *Lamouroux.*

體ハ單條、圓柱狀、長サ 1-4m、太サ 2-5mm許、基部並ニ先端附近ノミハ細ク、全體紐ノ如キ恰好ヲ成シ、小盤狀ノ基部ニテ海底ニ附キ、水中ニ直立ス。基部附近ヲ除キテハ内部中空ニシテ所々ニ隔壁アリ。體ノ表面ハ滑ニシテ濃キ飴色ヲ呈ス。北海道ヨリ九州ニ至ル太平洋沿岸並ニ日本海沿岸ノ波浪ノ當ラザル内灣等ニ生ズ。

つるも科

第 3169 圖

いしげ

Ishige Okamurai *Yendo.*

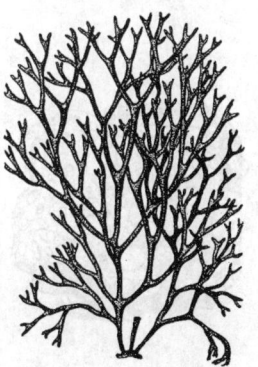

體ハ叢生シ、高サ 10cm 内外、圓柱狀又ハ扁圓、太サ 3mm 内外アリ。繰返シ叉狀ニ分岐シ、分岐點ノ下部ニ於テハ通常扁壓サレ、且ツ幅稍廣クナレリ。體ノ所々ニ毛叢アリ。體ノ内部ノ構造ヲ見ルニ、外部ハ小サキ細胞ガ體ノ表面ニ列ヲ成シテ竝ビ、内部ハ密ニ錯綜セル絲狀細胞ニテ充サル。體色生時ハ暗褐色ヲ呈シ、乾燥後ハ黑變ス。質强靱ナリ。三陸以南ニ普通ニシテ特ニ干滿線間ノ上部ニ群生ス。

いしげ科

第 3170 圖

いろろ

Ishige foliacea *Okamura.*

體ハ圓柱狀ノ基部ヲ除キ葉狀、高サ 10cm 内外、幅ハ5-20mm許アリ、數回叉狀ニ分岐シ、所々ニ毛叢アリ。游走子嚢ハ體ノ全表面ニ生ズ。淺所ノ岩上又ハいしげノ體上ニ生ジ、暗褐色ヲ呈ス。いしげト略同ジ場所ニ産ス。本種ハ永ラクいしげノ同種異形ト考ヘラレシモ近年別種トセラレタリ。

いしげ科

1057

第 3171 圖

はばのり
一名 はんば
Endarachne Binghamiae
J. Agardh.

體ハ薄ク葉狀、略笹ノ葉狀ヲ成シ、長サ 10-20cm 許アリ。基部ハ短ク細キ圓柱狀ノ莖部ヲ成シ叢生ス。黑褐色ヲ呈シ、質稍硬シ。此ノ種ハ外形せいやうはばのり (Ilea) 及ビはばもどき (Punctaria) ノ類ニ似タルモ、體ノ內部ハ多數ノ細胞絲ヨリ成ル組織アルヲ以テ異ナリトス。我邦沿岸ニハ廣ク分布スレドモ特ニ本州中部太平洋岸ニ多ク、干滿線間ノ上部ニ夥シク叢生シ、主トシテ冬期之ヲ採取シ、乾カシテ食用トナス。

第 3172 圖

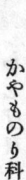
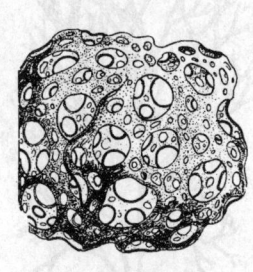

かごめのり
Hydroclathrus clathratus
(Bory) Howe.

體ハ膜質ノ囊狀ニシテふくろのりニ似タレドモ、體壁ニ多數ノ圓形乃至橢圓形等ノ大小ノ孔アリテざる目ノ如クナレリ。此等ノ孔ノ數ノ多ク且ツ夫等ガ大キクナレルモノハ、體ハ細キ紐ノ續ケルガ如キ樣子ヲ成ス。色ハ黃褐ナリ。本州中部以南ニ頗ル普通ニシテ干滿線間ノ上部ヨリ干潮線下ニマデ生ズ。

第 3173 圖

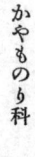
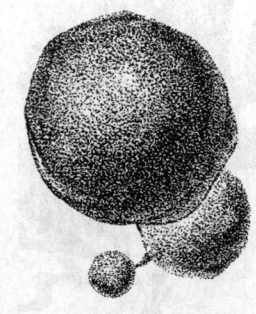

ふくろのり
Colpomenia sinuosa
Derbes et Solier.

體ハ岩上又ハ他ノ海藻上等ニ著生シ、略球形ニシテ中空膜質ノ袋ヲ成シ、徑 4-10cm 許アリ。初メハ袋完全ニシテ內ニ水ヲ充セドモ體質サケ易キ故古キモノハ破レテ不規則トナレルモノ多シ。乾燥後モ黑變スルコトナク且ツ紙ニ附著スルコト不充分ナリ。各地ニ最モ普通ナル褐藻ノ一ニシテ主トシテ干滿線間ノ上部ニ生ズ。

かやものり
Scytosiphon lomentarius
J. Agardh.

第 3174 圖

かやものり科

體ハ叢生シ、圓柱狀ニシテ中空、單條ニシテ分岐スルコトナク、高サ 10–40cm 位ナリ。太サハ種々ニ變化シ、細キモノニテハ徑 2mm 內外、太キモノニテハ 1cm 許ニモ達シ、何レモ 1–3cm 位ゴトニ著シキ縊レアリテ關節狀ヲ成シ、ソノ節間部ハ通常膨レタリ。然レドモ個體ニヨリテハ縊レノ强カラザルモノアリ、特ニ細キ體ノ幼者ニ於テハコノ縊レ著シカラザルコトアリ。且ツ幼時ハ總ジテ無色ノ毛茸ヲ以テ被ハル。分布甚ダ廣ク、本邦各地ノ海ニ產シ、干滿線間ノ岩上ニ生ジ、特ニ靜穩ナル場所ヲ好ム。最モ普通ナル海藻ノ一ナリ。

いはひげ
Myelophycus caespitosus
Kjellman.

第 3175 圖

こもんぶくろ科

體ハ絲狀、單條ニシテ分岐スルコトナク、高サ5–15cm、太サ 1mm 許ニシテ時ニ輕ク捩レルコトアリ。密ニ叢生シ、質硬ク、軟骨質ニシテ通常下部ハ黃褐色、上部ハ暗褐色ヲ呈ス。體ノ內部ハ幼時ハ實質ナレドモ後中空トナル。三陸邊ヨリ九州ニ至ル太平洋沿岸ノ滿潮線附近ノ岩上ニ產シ、特ニ浪波ノ直接當ル邊ニ多ク生ズ。

うるしぐさ
Desmarestia ligulata *Lamouroux.*

第 3176 圖

うるしぐさ科

體ハ高サ 50–100 cm 許、小盤狀ノ根部ヨリ立チ、下部圓柱狀ニシテ上方ニ至ルニ從ヒ扁壓セル莖ヲ上部マデ通ジ、略複羽狀ニ分岐ス。莖ハ太キ部ニテハ徑約3mm 內外アリ。羽枝竝ニ小羽枝ハ扁平、膜質、葉狀ニシテ基部縊ル。小羽枝ノ頂端ニハ嫩時ニ一列ノ細胞ヨリ成ル毛ヲ有スレドモ此等ハ後脫落ス。生時ハ濃キ飴色乃至栗色ナレドモ海水ヨリ出ス時ハ死ニ易ク、カカルモノハ青變シ間モナク壞頹ス。コレ體ニ硫酸ヲ含ム故ニシテ魚網ニ觸ルル時ハコレヲ褪色セシメ、動物又ハ他ノ藻類ト共ニオク時ハ此等ヲモ殺スコト屢々ナリ。茨城縣邊ヨリ以北ニ產シ、干潮線下ニ生ズ。羽枝竝ニ小羽枝ノ細線狀ナルヲけるうるしぐさ (D. viridis *Lamx.*) ト稱ス、多ク北部ノ產ナリ。

1059

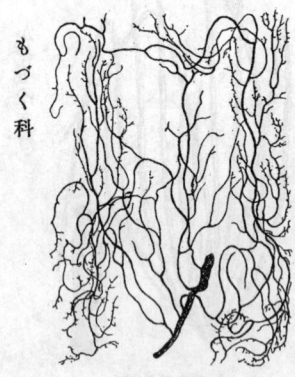

第3177圖

もづく科

もづく (海蘊)

Nemacystus decipiens
(Suringar) Kuckuck.

體ハほんだはら類ノ體上ニ著生シ、甚ダシク粘滑ナリ。體ノ長サ 20–30cm、太サ基部ニ於テ 1mm 內外アリ、上方ヘ漸次細マル。枝ハ略互生ニ出デ又ハ叉狀分岐ヲ成ス。色ハ綠黃色ナリ。本州中部ヨリ九州邊ニ饒ク、廣ク食用ニ供セラル。

第3178圖

ながまつも科

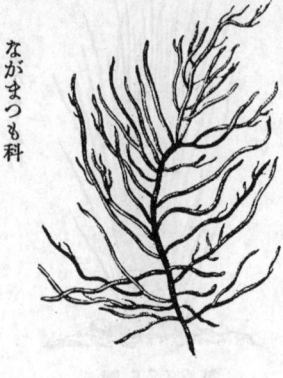

ふともづく

一名 すのり・さうめんのり

Eudesme crassa
(Suringar) Okamura.

體ハ高サ 10–20cm 內外、圓柱狀ニシテ徑 3mm 內外アリ。可ナリ密ニ各方面ニ廣開セル枝ヲ發シ、枝ハ僅ニ分岐シ、上方モ甚ダシクハ細ク成ラズ。體ハ甚ダシク粘滑ニシテ乾燥スル時ハ紙ニ密着ス。色ハ暗褐ナリ。本州中部以南ニ普通ニシテ干滿線間ノ岩礁上等ニ生ズ。各地ニ於テ食用ニ供ス。

第3179圖

ねばりも科

ねばりも

Leathesia difformis Areschoug.

體ハ中空、初メ略球狀ナルモ不規則ニ凹凸ヲ生ジテ塊狀トナル。表面ニハ產毛アリテ稍びろーどノ如キ感アリ。大サハ徑 2–3cm ヨリ 10cm 內外ニ及ブ。本種ハふくろのりニ似タルモ通常色濃ク、手ニ觸ルル時ハ著シク粘リ氣ニ富ム。尙體ノ內部ノ構造モ全クふくろのりノ夫レト異ナリ、彼ノ略柔組織ヲ成スニ反シテ本種ニ於テハ縱ニ一列セル細胞列ノ多數ガ集合シテ體ヲ形成スルナリ。乾燥後本種ハ黑褐色トナリ、ソノ粘質ヲ以テ紙ニ密着ス。北海道ヨリ九州ニ亙リ分布シ、干滿線間ノ上部ニ生ズ。

うみうちは

Padina arborescens *Holmes.*

體ハ下部短キ莖狀ヲ成シ、褐色ノ毛茸ニテ被ハレ、毛茸ハ集リテ基部ノ成シ、地物ニ附著ス。體ノ上部ハ扇狀ニ廣ガリ、時ニ二三片ニ裂ケ、高サ 10cm 內外ヲ常トスレドモ大ナルモノハ 30cm ニ達ス。邊緣ハ常ニ一方ノ面ノ方ニ卷キ、ソレニ平行シテ若干ノ重圈狀線アリ。基部ノ毛茸ハ體ノ中部邊マデ達スルコトアリ。體ハ可ナリ厚キ膜狀ニシテ硬ク暗褐色ヲ呈シ、乾燥後モ紙ニ附着スルコトナク、又體ハ石灰質ヲ沈澱スルコトナシ。干滿線間ノ岩石上ニ生ジ、比較的靜穩ナル邊ヲ好ム。東北ヨリ九州邊マデアリ。

あみぢぐさ科

おきなうちは

Padina japonica *Yamada.*

體ハ外形稍うみうちはニ類スレドモ著シク薄ク、僅ニ二層ノ細胞ヨリ成リ、薄膜狀ニシテ高サ 5-10cm 許、裏面ニ石灰質ヲ被リ、乾燥後ハ特ニ白色ヲ呈シ粉ヲフフ。基部附近ニハ毛茸アリ。四分胞子囊群ハ體ノ表面ノ重圈狀ノ毛線ノ間ナルモ毛線帶ニ生ジ、而モ一ツオキノ毛線帶ニ生ズ。乾燥セル標本ハ通常淡黃褐色ヲ呈スレドモ屢々稍綠色味ヲ帶ブ。本州中部ヨリ九州ニ亙リ產シ、干滿線間ニアル水溜等ニ生ズ。本種ニ類似セルモノニこなうみうちは(P. crassa *Yamada*)アリ、此ノ種ハ本種ヨリモ體稍厚ク、下部ニ於テ六-八層ノ細胞ヨリ成リ、且ツ毛線帶ハ著シク廣キヲ以テ區別スルコトヲ得。

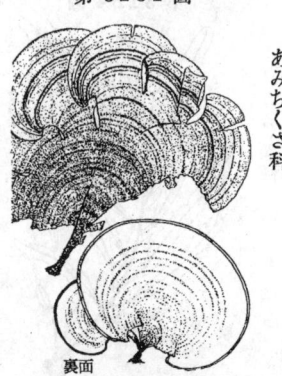

あみぢぐさ科

裏面

しまあふぎ

Zonaria Diesingiana
J. Agardh.

體ハ扇狀ニ廣ガリ、膜質、屢々縱ニ裂ケ、高サ 5-10cm 許、下部稍莖狀ヲ成シ、黃褐色ノ毛茸ニテ被ハレ、基部ニ此等ノ毛茸集リテ小塊狀ヲ成ス。體ニハ縱ニ纖細ナル線條アリ、又重圈狀ノ線アリ、頂緣ハうみうちは屬ノ如ク一方ヘ卷クコトナシ。色ハ暗褐色ニシテ時ニ幾分靑味ヲ帶ブ。房總邊ヨリ以南ニ產シ、干滿線間ニ直立セズシテ庇ノ如ク水平ニ、多クハ多數相重疊シテ生ズ。

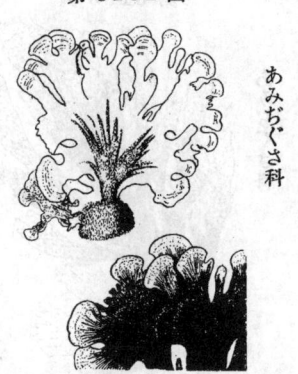

あみぢぐさ科

しわやはず

Dictyopteris undulata *Holmes.*

體ハ10-25cm許、毛茸ノ集塊ヲ成セル根部ヨリ叢生シ、下部ハ圓柱狀ノ莖ヲ成シ、上部ハ幅 1-1.5cm 許ノばんど狀ヲ成セル葉狀部ト成リ、繰返シ又狀ニ一平面上ニ分岐ス。葉部ハ莖ノ續キナル太ク隆起セル中肋ヲ通ジ、ソノ左右ニ皺ヲ成シ波狀ニ縮ム。但シ特ニ南方産ノモノニテハ此ノ皺ノ甚ダ著シカラザルモノアリ、又同地方ニ於テモ屢々幅廣キモノト著シク狹キモノトノ二形ヲ見ルコトアリ。狹キモノニテハ幅 3-4mm ニ過ギザルモノアリ。何レモ黒褐色ヲ呈ス。金華山邊ヨリ以南ニ普通ニシテ干滿線間ニ生ズ。

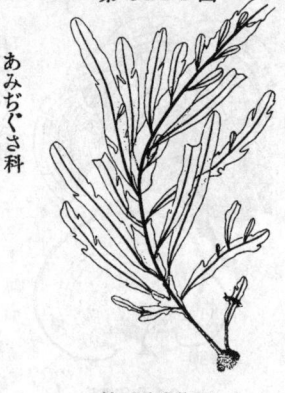

やはすぐさ

Dictyopteris latiuscula
(*Okamura*) *Yamada.*

體ハ 20-30cm 許高ク、黄褐色ノ毛茸ノ集リテ成レル基部ノ上ニ立チ、黄褐色ノ膜狀ニシテ中肋ヲ通ジ、基部附近ハ中肋ノミ殘リテ莖狀部ヲ成ス。枝ハ中肋ヨリ出デ、倒披針形又ハ舌狀等ヲ成シ、幅1cm內外アリ、同ジク中肋ヲ有シ、ソレヨリ再ビ小枝ヲ發ス。體ニ皺ナク、平滑ニシテ全邊、枝端ハ鈍圓ナリ。本州中部太平洋岸ニ産シ、屢々海岸ニ打揚ゲラル。

こもんぐさ

Spathoglossum pacificum *Yendo.*

體ハ 20-40cm 許、膜質、繰返シ又狀ニ分レ、幅2-3cm內外、時ニ邊緣ニ疎ナル鋸齒ヲ有ス。下部ハ細ク短キ莖狀ト成リ、黄褐色ノ毛茸ニテ被ハレ、更ニ此等ガ集リテ塊狀ノ根部ヲ成ス。藏卵器ハ集リテ長橢圓形ノ斑ヲ成シ、ソレ等ハ體ノ基部附近ヲ除ケル各部ニ可ナリ密ニ散布ス。本州中部ノ沿岸ニ普通ニシテ干滿線間ニ生ズ。

あみぢくさ

Dictyota dichotoma *Lamouroux.*

體ハ 5-30cm 位高ク、ばんど狀、幅ハ種々變化スレドモ 6-10mm 内外ヲ普通トシ、規則正シク叉狀ニ分岐ス。基部ニハ毛茸ガ存ス。此類ハ體ノ内部ニ一層ノ大形ノ細胞アリ、ソノ兩面ヲ小ナル細胞ノ一層宛ガ被フ故、乾燥後體ヲ表面ヨリ見ル時ハ小ナル網目狀ノ模樣ヲ見ルヲ得ベシ。四分胞子囊・藏卵器・藏精器等ハ體ノ表面ニ集リテ斑點ノ如ク見ユ。尙枝ノ先端ヲ廓大スル時ハソノ頂ニ各一箇ノ著シク大ナル生長點細胞ヲ認ムルコトヲ得ベシ。各地ニ普通ニシテ主トシテ干滿線間ニ生ズ。近似ノ種類尠カラズ。

あみぢくさ科

む ち も

Cutleria cylindrica *Okamura.*

體ハ 30-50cm 高ク、圓柱狀ニシテ繰返シ叉狀ニ分岐シ、徑2-3mm、上部漸次細ク成リ、新シキ枝ノ頂部ハ綠褐色ヲ成セル細毛ニ終ル。雌雄ノ配偶子囊群ハ不規則ナル圓形ノ瘤狀ヲ成シテ體ノ古キ部ノ表面ニ高マリ生ズ。本州中部ノ太平洋岸ニ多ク產シ、波靜カナル場所ニテ干滿線間ノ岩上等ニ生ズ。

むちも科

ま つ も

Heterochordaria abietina
Setchell et Gardner.

體ハ高サ 15-30cm 許、塊狀根ノ上ニ叢生ス。上下ヲ通ズル一本ノ中軸アリテ、ソノ各方面ヘ單條ノ小枝ヲ多數ニ發出スル樣まつノ枝ニ似タリ。中軸・小枝共ニ圓柱狀ナリ。單子囊ト複子囊トハ別個ノ體ニ生ジ、複子囊ヲ生ズル體ハ單子囊ヲ生ズルモノヨリハ幾分纖細ナリ。千島ヨリ犬吠岬邊マデ產シ、主トシテ冬期繁茂シ、干滿線間ノ比較的ノ上部ヲ好ミテ生棲ス。採リテ食用トナス。頗ル美味ナリ。

まつも科

根

1063

みる
Codium fragile *Suringar.*

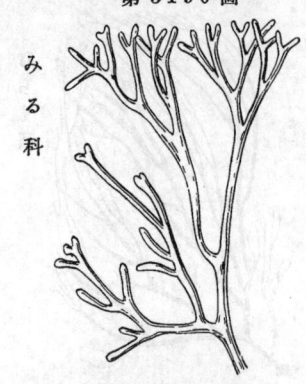

みる科

體ハ深綠色ヲ呈シ、圓柱狀ニシテ繰返シ數回叉狀ニ密ニ分岐シ、枝ハ腋セマク、先端鈍圓、略ボ同一ノ高サニ達シテ房ヲ成ス。太サ 5mm 許、高サ 10-30cm 內外ヲ常トス。若キ時ハ表面ニ產毛ノ如キ毛アルモ後脱落ス。凡テみる類ノ體ノ表面ハ胞囊ト稱スル顯微鏡的ニ小ナル袋狀トナレル部ノ頭部ガ集リテ形成セラルルモノ故、手觸リ稍羅紗ニ似タリ、而シテ此ノ種ニ於テハ胞囊ノ先端著シク尖ル。分布廣ケレドモ特ニ我邦中南部ニ多ク、干滿線間及ビ干潮線下ノ岩石上ニ生ズ。食用ニ供スルコトアリ。

ながみる
一名 さめのたすき・くづれみる
Codium cylindricum *Holmes.*

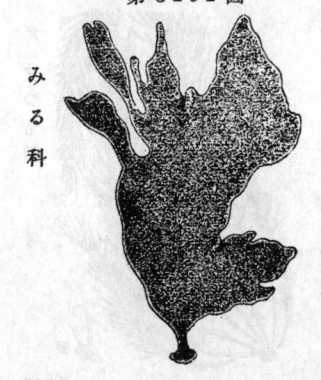

みる科

體ノ槪形ハみるニ似タルモ、コレヨリモ遙ニ長ク、甚ダ長キモノニテハ 15m ニ達シ、又枝分レハみるヨリモ比較的少シ。屢々叉狀ニ分岐シ、分岐點ノ下ニ於テ著シク三角形ニ廣ガル。直立セズシテ海底ニ蟠居スル故眞珠貝ノ養殖場等ニ繁殖スルトキハ眞珠貝ヲ被ヒテ之ヲ殺シ、害ヲ及ボスコトアリ。コノ種ノ胞囊ハ可ナリ大ニシテ長サ 1.5-2mm ニ達ス。頂端ハ丸クシテ尖ルコトナシ。暖海ニ多ク、常ニ干潮線下ニ生ズ。

ひらみる
Codium latum *Suringar.*

みる科

體ハ屢々二三叢生シ、扁平ニ廣ガリ、單條又ハ不規則ニ裂ケ、基部ハ短キ莖部ヲ成シ、小盤狀根ニテ地物ニ附著シ直立ス。長サ約 50-60cm、幅 20-30cm、又ハソレ以上ニ達シ、大ナルモノニテハ長サ 1m ヲ超ユルモノアリ。深綠色ニシテ厚キ羅紗ノ如シ。胞囊ハ圓柱狀ニシテ頂端ニ於テハ往々少シク太クナリ、膜ハ薄シ。主トシテ本州中部太平洋岸地方ニ產シ、特ニ干滿線間ノ外界ニ面スル、砂ニテ被ハレタル岩石上ニ好ミテ生ズ。

はひみる

Codium adhaerens *C. Agardh.*

みる科

體ハ扁平ニシテ全裏面ヲ以テ岩石上等ニ匍匐密著シ、輪廓略扁圓ナルモ後可ナリ不規則ニ廣ガリ、往々二三個體相觸レテ互ニ合流ス。色ハ深綠ニシテ多ク黑味ヲ帶ビ、表面ニハ皺又ハ襞ヲ有ス。通常徑10cm 內外アリ。胞囊ハ棍棒狀ニシテ先端丸ク、膜ハ少シク厚クナレリ。青森縣邊ヨリ以南ニ產シ、特ニ暖海ニ多ク、干潮線附近ニ生ズ。密著スルモノヲ剝ギ採ル時ハ常ニ裏面ニ向テ强ク屈曲スル性アリ。

へらいはづた

Caulerpa brachypus *Harvey.*

いはづた科

體ハ岩上ヲ匍匐スル徑 2mm 位ノ圓柱狀ノ莖狀部ヲ有シ、下部ヘハ細キ絲狀ノ根狀部ヲ、上部ヘハ葉狀部ヲ多數ニ出ス。葉狀部ノ基部屢々膨レ、ソレヨリ上方ニ舌狀又ハばんど狀ニ扁平ニ廣ガリ、幅 5-8mm、長サ 2-7cm 許、時ニ分岐シ又ハ表面ヨリ枝ヲ出ス。邊緣ニハ小サキ鋸齒アルカ又ハ之ヲ缺ク。此類ハ凡テ體全體ガ一ツノ囊ノ如クナリ、隔膜ハ一切アク、唯體ノ內部ヲ縱橫ニ通ズルせるろうす質ノ纖維ヲ有ス。暖海ヲ好ミ、相州邊ヨリ南部ノ太平洋岸ニ多ク產シ、干潮線邊又ハソレヨリ深所ニ生ズ。

は ね も

Bryopsis plumosa *C. Agardh.*

はねも科

體ハ高サ 5-10cm、多數叢生ス。一本ノ、時ニ分岐スル主軸アリテソノ中部邊ヨリ上部ニ於テ小枝ヲ主軸ノ兩側ヘ密ニ羽狀ニ發ス。而シテ此等ノ主軸ニモ又小枝ニモ配偶子囊ヲ生ズル場合ノ外ハ決シテ隔膜ヲ生ズルコトナシ。質柔ク鮮綠乃至黃綠色ヲ呈シ、生時水中ニ於テハ青白キ光澤アリ。我邦各地ニ分布シ、干滿線間ノ岩上ニ生ズ。尙此屬ニテハ子ばなはねも(*B. hypnoides* *Lamx.*)、ねざしはねも(*B. corticulans* *Setch.*)等各地ニ產ス。

第 3195 圖

ほそじゅずも

Chaetomorpha crassa *Kuetzing*.

しほぐさ科

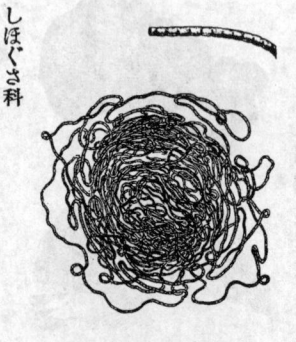

體ハ細キ紐狀ニシテ徑 350-380μ 許、一列ノ細胞ヨリ成リ、單條ニシテ分岐スルコトナク、各細胞ノ長サハソノ幅ノ一、二倍アリ、各細胞ノ境目ハ稍縊ル。紐狀ノ體ハ緩ク錯綜シ、不規則ナル塊ヲ作リ、ほんだはら類ノ枝ニ纒絡ス。質稍硬ク、多ク淡綠色ヲ呈シ、稀ニ濃綠色ナリ。分布廣ク、各地ノ海ニ產ス。

第 3196 圖

ちゃしほぐさ

Cladophora Wrightii *Harvey*.

しほぐさ科

體ハ多數叢生シ、高サ10-40cm、太サ0.5-0.7mm許、多クハ三叉狀ニ分岐シ、小枝ヲ輪生ス。基部ニハ輪狀ノ皺アリ。關節ハ稍縊レ、根ハ絲狀ヲ成ス。質硬ク、深綠色ヲ呈シ、乾燥後ハ茶褐色ヲ帶ブルニ至ル。此屬ノ種類ハ凡テ細胞ガ一列ニ竝ビテ體ヲ構成スルモノニシテ一細胞中ニハ多數ノ核ヲ包含スルモノトス。房總邊ヨリ以南九州ニ至ル太平洋岸、裏日本南部等ニ產シ、多ク干潮線邊又ハソレヨリ少シク深所ニ發見サル。

第 3197 圖

あをのり

Enteromorpha intestinalis *Link*.

あをさ科

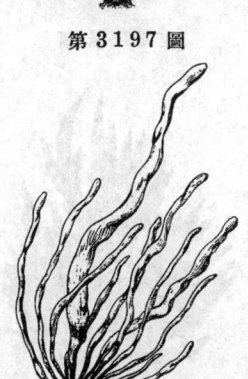

體ハ通常長サ5-30cm、太サ 1-5cm 位ノ、時ニ分岐セル袋狀又ハ腸狀ヲ成シ、ソノ壁ハ一層ノ細胞ヨリ成ル。分岐スル際ニハ屢々枝ノ基部縊レタリ。鮮綠乃至黃綠色ニシテ多數群生ス。乾カシテ食用トナシ、ソノ香氣ヲ愛ス。又原色ノ儘又ハ染色シテ襖紙等ニ抄キ、模樣トナス。分布甚ダ廣ク、各地ノ淺海ニ多ク、又汽水中ニモ產ス。本邦ニ於テ一般ニあをのりト稱シテ利用スルモノハ種類必ズシモ此種ト一定セズ、コノ他此種ニ似タル E. compressa *Greville*, E. clathrata *Greville* 等ヲモ混ズ。

やぶれぐさ
Letterstedtia japonica *Holmes.*

第3198圖

あをさ科

體ハ若キ時ハ橢圓形・圓形等ノ葉狀ヲ成
セドモ、長ズレバ縱ニ裂ケテ多數ノ細長
クシテ不規則ナル輪廓ヲ示ス裂片ヲ成
ス。高サ 10-20cm ニ達シ、膜質ニシテ稍
硬ク、青味ヲ帶ビタル綠色ヲ呈シ、乾燥後
モ紙ニ附著スルコトナシ。體ハ二層ノ細
胞ヨリ成リ、體ノ横斷面ニ於テ此等ノ細
胞ハ縱ニ長クナレリ。此種ハあをさニ稍
似タル所アレドモ、ソノ之ト異ナル點ハ、
此種ノ體ノ裂ケ方ハ、初メ體ニ生ジタル
小サキ裂ケ目又ハ孔ガ縱ニ長ク成リ、體
ヲ裂片ニ分ツニアリ。常ニ深所ニ產シ、
暴風後等ニ屢々海濱ニ打揚ゲラル。三陸
地方ヨリ以南、本州中部地方邊ニ產ス。

あなあをさ (石蓴)
一名 あをさ
Ulva pertusa *Kjellman.*

第3199圖

あをさ科

體ハ二層ノ細胞ヨリ成リ、薄キ葉狀ニシ
テ基部稍厚ク、輪廓略橢圓形・圓形等ヲ成
セドモ時ニ不規則ニ裂ケ、高サ 7cm 許ヨ
リ 70cm 餘ニ達ス。邊緣波褶シ、色ハ美シ
キ鮮綠色又ハ黃綠色ニシテ葉面ニ大小不
同ノ孔アリ。質稍硬クシテ乾燥スルモ紙
ニ能ク附著セズ。普通岩石・棒杭等ニハ
他ノ海藻上ニ生ズレドモ、時ニ附着物ヲ
リ離レテ浮游スルコトアリ。生殖器官ハ
體ノ緣部ニ生ジ、黃色ヲ呈ス。分布頗ル
廣ク、各地ノ淺海ニ生ジ、肥料又ハ食用
トスルコトアリ。

ひとへぐさ
Monostroma nitidum *Wittrock.*

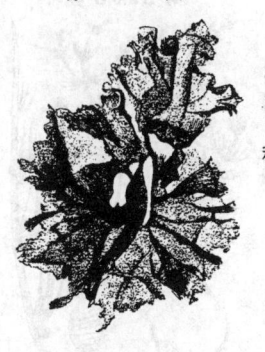

第3200圖

あをさ科

體ハ黃綠色、質甚ダ薄クシテ紙ノ如ク、扇
形・圓形等ニ廣ガリ、褶ニ成シ、多ク縱ニ
裂ク。高サ 4-5cm ヨリ 10cm 位アリ。體
ハ一層ノ、敷石ヲ並ベタルガ如キ細胞ヨ
リ成ル。コレあをさ類ノ細胞ノ二層ニ排
列セルモノト異ナル點ナリ。生時ハ甚ダ
シク柔カク、乾カセバ通常紙ニ密著シ、
光澤アリ。概シテ暖海ヲ好ミ、太平洋岸
本州中部地方邊ヨリ南部臺灣ニマデ發見
セラレ、干滿線間ノ岩上ニ群生ス。佃煮
等トシテ食用ニ供セラルルコトアリ。

1067

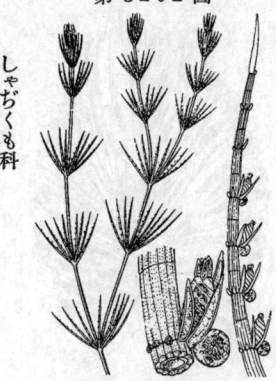

しゃぢくも科

しゃぢくも
Chara coronata A. Br.

本邦各地ノ池沼水底ニ生ズル一年生ノ鮮綠色水藻ニシテ、各細胞ハ肉眼的ニ大型ナリ、而シテ其一個ノ細胞ハ葉及ビ莖ノ如ク見ユルモ決シテ眞葉眞莖ニハ非ズ。圓柱狀ノ主軸ハ太キ節間細胞ト節部ノ短細胞トヨリ成リ、其節細胞ヨリ車輻狀ヲ成シテ八乃至十一個ノ細長ナル細胞輪生ス。節部ニ上向セル橢圓形ノ藏卵器ト下向セル球形ノ藏精器トヲ生ズ。藏精器ハ熟シテ赤色ヲ帶ビ、八個ノ楯狀體ト稱スル個ヲ以テ包マレ各內面ノ中央ニ橢柄ト稱スル細胞ノ有シ各頂端ヨリ二十四本ノ絲狀細胞ヲ叢生ス。各絲ニ百個以上ノ細胞連結シ各細胞ヨリ一個ノ精子ヲ生ズ。精子ハ二本ノ鞭毛ヲ具へ藏卵器ニ達シテ授精ス。藏卵器ハ五個ノ細胞螺旋狀ニ圍繞シ先端ニ冠節體ト稱スル五突起ト成ル。內ニ一個ノ卵細胞アリ、卵細胞ハ受精シテ卵胞子ト成リ厚膜ヲ以テ包マレ發芽シテ新植物體ト成ル。和名車軸藻ハ中軸ヨリ枝ヲ生ズルノ狀宛カモ車輻ノ如ケレバ斯ク云フ。

しゃぢくも科

かたしゃぢくも
Chara fragilis Desv.

淡水ニ生ズル多細胞藻類ニシテ葉綠素ヲ具へ、圓柱狀ノ主軸ハ長キ節間ト短キ節部トヨリ成リ各節ニ假莖ヲ輪生ス。假莖モ亦多數ノ節ヲ有ス。細胞內原形質ノ活潑ナル運動ヲ成スハ此類ノ細胞ニ於ケル特色ニシテ顯微鏡下ノ一奇觀ナリ。生殖法ハ各節部細胞ニ接シテ藏卵器ハ上向シ藏精器ハ下向シテ生ジ其構造ハしゃぢくもト同樣ナリ。しゃぢくも・ふらすこもノ各種ニ就テノ分類ハ顯微鏡的ニ藏卵器・藏精器ノ微細構造ノ比較竝ニ卵胞子ノ形態ニ依リテ爲サレ、しゃぢくも屬ノ者ハ本邦ニ少ナク、玆ニハ單ニ三種ヲ載セタリ。和名ノ硬車軸藻ハ本種ノ細胞膜ニハ炭酸石灰ヲ含ミ他ノ一種ニ比スレバ之レニ觸レテ硬ク感ズルヨリ斯ク云ヘリ。

しゃぢくも科

くさしゃぢくも
一名 くそしゃぢくも
Chara foetida A. Br.

我邦內廣ク淡水池湖ノ水底ニ繁殖スル一種ナリ。肉眼的ニ顯著ナル葉狀細胞ヲ各中軸ノ節ニ六葉乃至十一葉ヲ輪生ス。藏精器ハ球形ニシテ直徑0.25-0.3mm、藏卵器ハ橢圓形ニシテ長サ 0.75-0.8mm、幅 0.45-0.55mm、其壁ハ十二條或ハ十五條ノ細胞ニヨリ圍繞セラレ、藏卵器ハ節ニ對シ上向シ藏精器ハ同ジ節ニ下垂ス。野州日光湯本ノ湯湖ニモ亦之レヲ見ル。和名ハ臭車軸藻(牧野富太郎氏命名)或ハ糞車軸藻ノ意ニシテ卽チ全草ニ一種厭フベキ特別ノ惡臭アルニ由ル。

ふらすこも
Nitella expansa *Allen.*

本邦各地ノ池沼底ニ生ズル綠色ノ水藻ニシテ假葉ハ長キ圓柱狀ノ細胞ニシテ主軸ノ節部ニ輪生ス、節部ニ橢圓形ノ藏卵器ト球形ノ藏精器トヲ生ズ。藏精器內ニ數多ノ精子ヲ生ジ、精子ハ二本ノ纖毛ヲ有シ藏卵器中ノ卵細胞ニ投精ス、和名ふらすこものふらすこハ元來ぽるとがる語ノふらすこと(frasco)ニ由來シ其藏卵器ノ形狀、德利狀ヲ成セル爲之レヲふらすこと藻ト唱ヘタルナリ、然ルニ明治初年頃ヨリふらすこと藻ノ こ ヲ略シてふらすもと稱シ通常書籍ニモふらすもと記載スル者アレドモ是レ全ク誤リニシテ須ラクふらすこもト正シク呼プベキ者ナリ、本種ハ田中芳男氏ガ京都尺八池ニ採集セシ標品ヲ北米ノあれん氏精查研究シ其學名ヲ定メタル者ナリ。

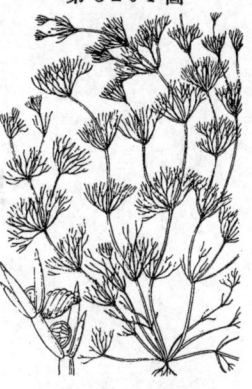

第3204圖

しゃぢくも科

にっぽんふらすこも
Nitella japonica *Allen.*

淡水ノ池沼底ニ生ジ、水中ニ於テ細蚊セル綠色ノ葉狀體ハ枝葉ノ觀ヲ呈スト雖モ、是レ單ナル圓柱狀ノ長キ節間細胞ト短キ節細胞トヨリ成ル主軸ト竝ニ各節ヨリ輪生スル假葉狀ノ細胞トヨリ成リ、節部ニハ橢圓形ノ藏卵器ヲ生ジ、藏卵器ノ先端ニハアル冠飾體ハ二段ノ細胞ヨリ成ル。他ノ節部ニ生ズル雄性ノ藏精器ハ球形ヲ呈シ內部ニ數多ノ絲狀細胞アリテ各細胞ヨリ精子ヲ生ジ藏卵器ノ卵細胞ニ投精シ、卵胞子ハ成リ厚膜ニ包マレ後ニ池底ニ落チテ發芽ス。本種ハあれん氏ガ本邦產ノ標品ヲ研究シテ其學名ヲ公表セル者ニ係リ、和名ハ日本產ふらすと藻ノ意ナリ。

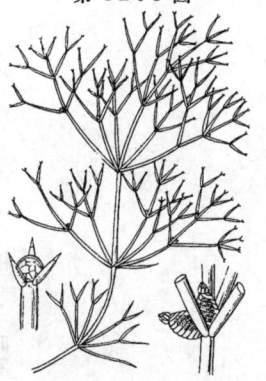

第3205圖

しゃぢくも科

ひなふらすこも
Nitella gracillima *Allen.*

三河國新播ニ播テ田中芳男氏之レヲ採集シ其標品ヲ檢定研究シテあれん氏ノ命名セシ者ナリ。假葉ハ節部ニ密生シ、節部ニ藏卵器・藏精器ヲ同株上ニ生ズ。藏卵器・藏精器ハふらすこもト同樣ナレドモ全體ニ細小ナリ。ふらすこも屬 (Nitella) ノ諸種ハ本邦ニ播テ田中芳男氏採集シあれん氏ガ標品ニ就テ學名ヲ定メシ者實ニ二十餘種ニ達セリト雖モ更ニ各地ヲ採集スル時ノ其種數ノ尙倍ニ多數ニ上ランコト必セリ、然カシ本書ニ於テハ今推其中ノ三種ニ止メタリ。和名ノ無ふらすこ藻ハ全體ニ小形ナレバ斯ク呼フ云フ。尙あれん氏命名ノ本邦產品ニハ Nitella capitulifera *Allen*（ちゃぼふらすこも）、N. laxa *Allen*（おほふらすこも）、N. multipartita *Allen*（ほんけふらすこも）forma intermedia *Allen*（けふらすこも）forma suberecta *Allen*（ひめふらすこも）forma transiliforma *Allen*（ひめけふらすこも）、N. orientalis *Allen*（ながふらすこも）、N. paucicostata *Allen*（たちふらすこも・こふらすこも）、N. pseudoflabellata *A. Br.* var. imperialis *Allen*（はなふらすこも）var. ramuscula *Allen*（ふさふらすこも）var. ramuscula forma testa-glabra *Allen*（はだかふらすこも）、N. pulchella *Allen*（はでふらすこも）、N. rigida *Allen*（おにふらずこも）、N. Saitoiana *Allen*（いぬふらすこも）、N. stellaris *Allen*（はなびらふらすこも）、N. sublucens *Allen*（れんりふらすこも）、N. subspicata *Allen*（てんつきふらすこも）、N. Tanakiana *Allen*（たなかふらすこも）アリ。

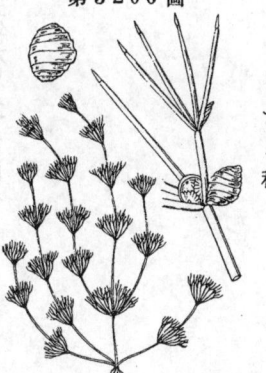

第3206圖

しゃぢくも科

牧野

日本植物圖鑑

起稿　昭和六年一月二十九日

脱稿　昭和十五年三月三十一日

校了　昭和十五年六月二十日

追加圖ノ首ニ一言

今囘本書ノ第九版ヲ印刷發行スルニ際シ、誠ニ僅々タル少數デハアレド、未ダ書中ニ之レアラザル植物二十有三種ヲ選ビ、追補トシテ之レヲ本書ニ加ヘル事ヲ敢行シタ、併シ少少シ多數ノ品種ヲ増加セントスル希望ハアリシガ、偶々時間ノ切迫ト印刷促進トノ問題等ニ煩ヒセラレテ思フニ任セズ、遺憾ナガラ今囘ハ其希望ヲ滿ス事ガ出來ナカツタ、ケレドモ本書ニ大増補ヲ加ヘントスル用意ハ着々トシテ進行シ、更ニ追加スベキ新圖モ其數優ニ一千齣ヲ超エ、尚次々ギト其數ヲ加ヘツツアルヲ以テ、早晩其時期ガ到來セバ其増補本ノ刊行ヲ斷行シテ益々本書ノ充實ヲ圖リ、亦愈々本書ノ使命ヲ果シ、以テ我邦文化ニ貢獻セン事ヲ期シテヰル。

昭和二十五年十月

著者 牧野富太郎 述ベル

せいやうたんぽぽ

Taraxacum officinale *Weber*

(＝Leontobon Taraxacum *L.*;
T. Dens-Leonis *Desf.*)

多年生草本、元來歐洲ノ原産、我邦ニテハ時ニ歸化植物ト成レリト普通的ニハ未ダレリ見ズ、草全體ニ苦味ノ白汁液ヲ含ム。根ハ圓柱形、深ク地中ニ直下ス。葉ハ根生、叢出、狹橢圓形、下部狹窄、波状幽刻、或ハ逆向羽裂、頂ハ金色、軟質、無毛、綠色、頭狀花ハ叢生、莖生、莖頂ニ日光ヲ受テ開キ、黄色、4〜5cm徑。全部舌狀小花ヨリ成リ、舌狀片ハ狹長、齒部ハ極シク細、内部ハ筒片ニ直立、外部ノ諸ハ反曲ス。花托ハ裸出、綠色、花瓶ノ數ハ二、花絲ハ絲狀、分離、内向。花柱ハ絲狀、柱頭ハ兩歧ス。子房ハ下位、冠毛アリ、卵子一ヶ、直立。瘦果ハ褐色、平扁ナル紡錘形、肋稜ヲ細溝アリ、上部ニ長ク伸ビテ喙状ト成リ、其喙ノ冠毛ヲ輪狀ニ展開、白色、單歩、長毛狀、圓ニ從ヒ複果ラシテ飛散セシム、種子一、直立。本種ハ鮮米トシテ食ベシト雖ドモ、我邦ニテハ數ヲ栽培セザルノ常トス。和名たんぽぽノ語原ハ蕾ヲたんぽ狀ノ意、即チたんぽノ語ノ語源ハ綿朶ノ形ラ其球形ノ果實種ヲ擬スモノナラン、西洋トハ歐洲ヲ指ス。

ひぐるまだりあ

一名 ひぐるまてんぢくぼたん

Dahlia coccinea *Cav.*

宿根多年生草本。根ハ叢合塊狀、橢圓形、大ナルハ凡 15cm 長、7cm 徑、短柄、末部ニ痩尾狀、淡茶色、内部白色、冬藏ハ一年生、直立、凡 2m 高、有節、圓柱形、中空、原藍、皮ハ綠色、大ナルハ 8.5cm 徑、單一或ハ對生分枝、綠色、葉ハ對生、再翔狀、外形ハ三角狀廣卵形、無毛ニ綠色、無光澤、下面ハ淡綠色、微分ヲ羽状羽裂、葉軸ハ緑色及ハ紫赤色ハ短ク羽狀ヨリ上ヨリ下ニ少シク紫赤色、上面ハ綠片ヨリ成ル、其節部ハ披針形ノ小形葡萄葉生ス。小葉ハ相對シ 3〜11 片、頂葉ハ卵状ニ単葉ヲ成ル、廣卵形乃至卵狀鋸齒形、微凸尖鋭頭、底部ハ廣形、或ハ綠状、銀鋭ハ羽狀大、前向、疎乃至刺疎、微凸頭形。中脈ハ凸綠色、下面ハ延引、上面ハ相疎色、支脈ハ綠色、羽狀、多數、斜上、下面ハ疎シク底部、葉狀ハ醉綠色マデ近リ、羽状ヨリ、葉軸ハ緑ノ鋸毛アリ。花ハ上部黄色細毛淡綠色ノ花梗頭ハ揃存、側方一同ヨリ一頭、基端ニ7〜11cm 比ノ長解筒ヲ列、長問葉數ハニ彩ノ舌状稀ヲ備。具種筒葉部ハ前列多數、卵形或ハ、淡綠色淡色、又、全線、鋭鋭形ヨリ中線、美部横ハ、薄部鱗狀、主頭3、下面ニ陽葉、前部ハ短ハ・蠟花ハ 5〜10 片、始メ疎化ヲ擴り多ク解漏逢ニ開キ、反曲、鏤形、下部狹窄、鋭頭、全緣、無毛、厚質、綠色、10〜18mm 長、宿片ニ花托上ノ小苞片ヲ多數、相對集シテ筒ヲニ短圓柱形、花綠ハ卵狀逢形、偽連短鋭、横向、無毛、宿存、外部平滑、長橢圓形、卵状長橢圓形、或ハ狹長、綠色、上部ハ緑綠色、内部者ヲ漸次小形ニ移行ヲ透光筋質ヲ、各片ノ背ヲ筒ニ相背、内部ハ花托（floret）ヲ多數、黄色、8〜11mm 長、花冠ノ筒片ハ隙窄、上部鐘狀或ハ筒、白眠歪影ヲ、鐘ニ相差ヲ、花柱ハ各片ニ集気筋シク花冠ヲ超出シ、螺旋ノ枝ハ横出及ハ曲狀、枝ヲ七月早咲エ、營ヲ停止シ行ビズ二秋開花ス、始ハ八重咲花、或ハ一重花ニ移行ス。ダリア中ノ强健ナル一種、我邦ハ元ノトク德川時代ニ渡來セシ者フジテ今日尚其命脈ヲ得シハ診トスベシ、即チ古渡リノ稀品ナリト稱讃シテ可ナリ。

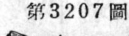

第3207圖

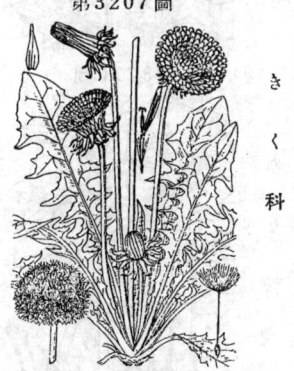

き
く
科

第3208圖

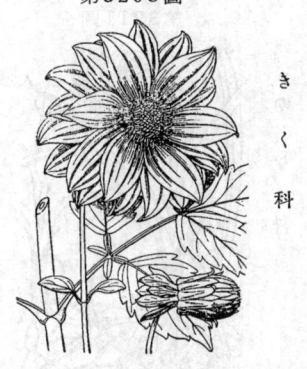

き
く
科

1071

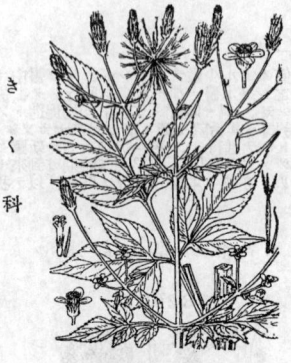

第3209圖

き
く
科

こせんだんぐさ （鬼針草）
Bidens pilosa *L.*

野外ノ1年生雜草、高サ凡120cm内外、多少毛ヲ帶ブ。莖ハ直立、4稜、枝ハ對生、細長、小梗モ對生シ花梗ト成ル。葉ハ對生、有柄、再羽狀分裂、3-11小葉、小葉ハ卵形、卵狀披針形、銳尖頭。基底ハ銳ク狹窄、緣ハ歯牙ナル細鋸歯線、支脈ハ羽狀、頂生花ハ細小、聚繖狀ニ排列、細長梗牙有シ、佰生、黄色、舌狀花冠ハ1列性、少數、圓頭、橢圓形、開出、筒部ハ狹小、舌狀部ヨリ短シ、管狀小花ハ細小、花冠5裂、多數下位、延毛ハ短针形、小苞ハ鹹形、總苞ハ長橢圓形、總苞片ハ綠色、鹹形、尖頭、內部者ハ長ク外部者ハ短シ。子房ハ下位、無毛ポ四弓、針形4稜、黑色、總苞ヨ超出、緣ハスレバ開テ球狀ニ成リ散亦ス、冠毛ハ逆固アル短针形、他物ニ鉤滯ス。本種ハ邦内せんだんぐさト等ポナシ、廣ク世界ノ暖地ニ分布ス。和名ハ小せんだんぐさノ意、せんだんぐさニ比シテ形態稍々少爲小ナレバ云ヒ、予ノ命名。

第3210圖

ゆ
り
科

おほうばゆり
Cardiocrinum Glehni *Makino*
(=Lilium Glehni *Fr. Schm.*)

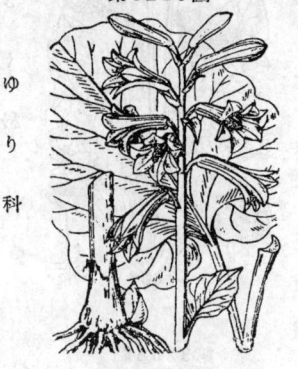

多年生大形草本、凡1m牛高。莖ハ直立、壯大、圓柱形、平滑、綠色、無毛。基部ハ鱗莖ト根ヲナシ、莖ハ凡大、頂部ニ莖生、葉ノ間ハ往々10餘枚内外ヲ束簇、卵狀圓形、急彎屈狀貧尖頭、心臟狀底、全緣、往々細曲線、稍厚質、綠色、中脈粗大、下面ハ稍白、支脈狀、其下部ヘポ鳥足狀、葉脈鮮麻、上部ハ漸ク漸次小形、葉柄ハ粗大、前部ハ凹溝狀。根生葉ハ開大、長柄、柄本ノ地中部廣潤、肥厚。春時ノ新葉綠色、光澤、株ヨリ葉面頗稲紫ク縞紋ヲ現ス。花ハ頂生直立ノ總狀花序ニ排列、開花下ヨリ上ニ及フ、花軸粗大、7-20尺、花梗個短、無小苞、苞ハ花梗ヨリ長ク、卵狀鹹形、急尖頭、全緣薄質、淡綠色、天落狀、下ニ漸ク花ヘポ左右相隔（Zygomorphous）、側向、觀度ニテ下方ニ傾曲、下部漸次下舌狀、上ニ下下ニ向ク、花狀斜形開展、開展、花葉片ハ狹狀個粗短、靱ポ鈍質、先ク銳尖頭、內面葉狀、無毛、漸滿ス、六雄蕊四毛、長短不同、上列者長、下列者短、花萼片ヨ對生、茿ハ纖滿、花絲ハ粗緑狀、上部鈍狀、綠ハ綠狀長橢圓形、丁字狀、2胞、內向、多形狀。子房直立、狹長長橢圓形、綠色、3胞、卵子多數、2列、中軸胎座ニ生ク、花柱頂生、雌蕊ヨリシン鉛胎、淡綠色、桂頂放大ク、頭果直立、短狀、短花鹹ニ頂生、椭圓形、胞間開裂ス。種子扁多、平扁、周邊ノ翅有シ鹹片狀、長形、內含邊二生ク、三ポ瓦重ニ相接、黃褐色、莢狀。開花7-8月、果熟10-11月、鹹質ニテ成ク、暗褐色、胞間開裂、厚質、白色ス、胞アリ。茿メ地中部ヘ花時雌片枯盡ク、株傍ハ腋生ノ一新鱗莖ヲ生ク白色少數ノ鱗片ヲ相纏テ翌年越年ク獨立ノ株ト成リ、3年許ニシテ花菜ヲ抽ク。繁殖ハ根新鱗莖ク分ク、或一種ヲ依ル。本種ヘうばゆりニ略似スレドモ、其葉圓鹹、其花少ク小形多數ナレバ相分ツベシ。花ヘ花右相隔ナレバ稻分相隔化ヲ區別セラル、此事管ヘ歐米ノ學者未ダ之ヲ知ラズ。此品ハ日本中部以北ニ産ク中部以間ニハ生エズうばゆりト反ス知ラ亦。鱗莖ニテ繁殖スル狀態うばゆり諸種ト全ク其墨ヲ異ニセリ。和名ハ大蚤ゆりノ意、予ノ命名。

第3211圖

ゆ
り
科

はまくゎんざう
Hemerocallis littorea *Makino*
(=H. aurantiaca *Baker* var. littorea *Nakai*)

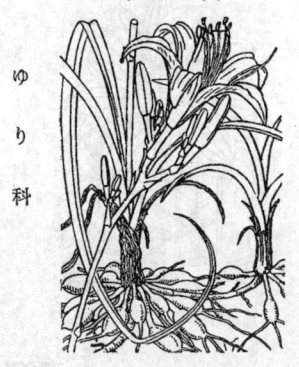

多年生無毛草本、海岸地特產、群生ク。根ハ露生、黃色、太ク饚狀、或ハ橢圓形ク塊狀ヲ有シ、塊狀ニ有柄、末端實ニ繁根ヲ生ク。株ヨリ有面黃色ク地下横ク枝ヲ出シ其先端ニ新株ヲ作ル。葉ハ叢生、狹狀、劍狀、上部ハ外彎、狹長、廣線形、漸狀長銳尖頭、下部ハ漸次ニ狹窄、鋭底、生葉、上面中央平通シテ有滿、背面中脈橫突ク、70cm內外ポ、15mm內外、多ク葉附ル。莖ハ高ク葉ヨリ直立、壯ク橢圓、稍長、圓柱形、綠色、平滑、上部ハ綠色ノ一苞アリ、稍ク斜上ニセル綠色ノ二三枝ヲ鼓ケ、各下ヨリ順ク3-6花許ク總狀花序ヲ形成ク。花ハ凡9cm程、柑黃色、極短小筒アリ、花下ニ2個ノ卵狀三角形或ハ鋭狀朝狀廣鹹苞子、全邊ク綠色苞アリ、一日花ク、花蕾白ク、百合花狀、直立、圓柱形、雄蕊6、花裏片ノ基部ニ着生、花裏ヨリ少ク短ク、内列花裏3片ハ外列花裏3片ヨリ廣ク、筒部ハ花裏ヨリ短ク、直立、圓柱形、內列ク生生、花裏ヨリシ少ク短ク、黃色、蕋ヘ長橢圓形、內向、2胞、多形狀、雌蕊一本、子房ハ小位、直立、卵形、花柱ハ長絲狀、雌蕊ヨリ短出、柱頭頭点、胞端、果果ハ短橢圓、胞狀裂片、3鼓片ポ胞間開裂、黑色種子多列ス。和名ハ海岸ニ生ク汎ク我邦東西南北ク諸州ニ分布ス、秋時ニ開花ス、舊花上時一葉ハ本ク芽ヲ生ク既發展アリ、琉球ニ於テ圃ニ裁ク其花牙ヲ食フ此ハ一ノ別種ナランP。和名ハ福邊ニ生ズルク以テ濱萱草ト云フ、予ノ命名。

みづとらのを
一名 ：みづねこのを

Dysophylla verticillata *Benth.*
(=Mentha verticillata *Roxb.*; Podostemon verticillata *Miq.*; M. stellata *Lour.* non *Buch.*; D. ramosissima *Benth.*; D. Benthamiana *Hance*; D. japonica *Miq.*)

第3212圖

くちびるばな科

淺水、溝中、過濕地ノ一年生軟質草本。莖ハ直立、或ハ基部横臥、節ョリ膜根簇出。大ナル斜上、往々肥大、四角柱形、有稜線、有節、多數密生、莖高30～60cm 高、3～7mm 徑、通常輪狀分枝。葉、水中ニ生ズル者ハ柔弱、水濃ニ從テ隆ク、葉、4～6 放射狀輪生、開出或ハ斜上、長楕形、鋭尖頭、下部漸次狹窄、無柄、疎鋸齒緣、柔軟、薄質、無毛。花穂ハ中心生苞並ニ側生枝ニ生生、直立、狹長圓柱形、小苞ノ緊縮花ヲ葉ノ多花中軸ニ密集、掘狀標、凡、2～8cm長、緊綠色。花ハ細小、無柄、花下ニ有小苞。萼ハ短筒、廣鐘圓形、同大直立5鋭齒、有粗毛、宿存。花冠ハ淡綠色、細小、超出、喉ヲ倍長、有毛、筒部楕圓形、基部稍放大、蛾唇平開、4淺裂、不明ニ厚脣、上下四圓、下脣3淺裂、裂片小鈍圓。雄蕊ハ4、超出、直立分岐、花絲同長、絲狀、有長毛、葯細小、顆圓形、2葯、肉向。子房ハ4裂、4子、花柱1本絲狀ト柱頭兩岐、反曲。小堅果4小顆ノ分離、縣子圓形、平滑、無毛ト纖小タル宿存萼內ニ在リ、後ナ萼ヲ濟シテ整落。花時ハ夏秋。我邦中部南部地ノ產、東ト諸品ハ屬ス。同屬ノ異種ハ D. Yatabeana *Makino* ナムづとらのをト云フ一茡。此名ハ元来本種ヲ指セシナリ、草本圖說ニ八明カニ之レ誤ル。予曾テ本品ヲみづねこのをト名ヅケシ此名ハ今不用ニ歸ル。故ニ之レヲ關セリ、和名水虎ノ尾ハ本種水ニ生ミ其花穂ヲ虎ノ尾ニ擬シテ斯名ヅク、水猫ノ尾亦其花穂ヲ猫尾ニ喩ヘシナリ。

はまねなしかづら
Cuscuta maritima *Makino*

第3213圖

ひるがほ科

我邦中部沿海地方ノ海濱ニ限リテ見ル一種、特ニはまご）ノ枝ニ寄生シ、宛モ黄色絲網ヲ掛ケシガ如シ。1年生無葉纏生本。莖一淡色、穩長、絲狀、小塊鱗ヲ引ク左卷ニ相紛ホス。夏秋小枝、莖上各處ニ短ク短形ノ細白花果實ノ小苞アリ。萼ハ短鐘狀、5裂、裂片凹融、萼外面ハ5隆起稜ヲ成シ、稜間ニ更ニ稜紋アリ。花冠ト共ニ岩存ス。花冠一萼ョリ超出ル、壺狀、5尖裂、裂片ハ3角形、筒部ョリ短ク、花冠平開ス。雄蕊ハ5、花冠筒部ニ生ジ、平開セル花冠裂片ト超出ス。然レドモ元来花冠長ョリ低シ、花絲ハ縁形、葯ニ直立、1胞、花粉ハ黄色。花筒內ノ附節5鱗片ハ中ニ在生直立、短篦狀、緣毛ヲ列ス。子房ハ卵圓形、2胞、各胞內ニ直立ノ2胚子アリ。果果ハ8mm徑、果皮濃鑲質、宿存セル萼花冠ヲ伴フ。平球形、4胚出、2胞、4種子。種子ノ内方ハ胚ヲ成シ、胚乳ノ中央ニ胚アリ。まめ子ニ一酸ノ種子ナルドモ此ヲ豆苗上ニ寄生スルヲ見ズ。和名ハ濱根無鬘ノ意、テノ命ゼ。

いはがね
一名 やぶまを(同名アリ)、こせうばく，かはしろ

Villebrunea frutescens *Blume*
(=Urtica frutescens *Thunb.*; Boehmeria frutescens *Thunb.*; Oreocnide frutescens *Miq.*; Oreocnide fruticosa *Hand. Mzt.*; Villebrunea fruticosa *Nakai*)

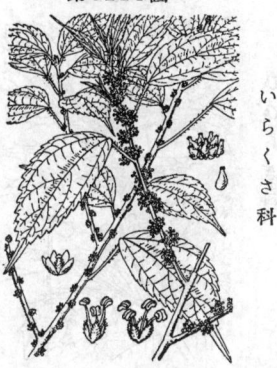

第3214圖

いらくさ科

落葉直立灌木、高サ2m内外。小枝ハ細長、疎ニ互生、斜上、幹ト共ニ圓柱形、暗褐色、疏條ニ細毛アリ。葉ハ互生、有枘、長卵圓形、長楕圓狀披針形、卵狀長橢圓形、或ハ卵狀披針形、狹長鋭尖頭、底部圓形、或ハ廣楔、銳鋸緣、薄質、上面ハ綠色、葉面、下面ハ白綠毛密生(forma hypoauvea *Makino*)、或ハ綠色、(forma viridis *Makino*)、葉ハ長サ5～10cm長、2～4cm幅、乾サノ暗色、鋸緣ノ者ハ長披針形、長サ15cm 内外、主脈3條、下面ニ隆起、支脈網脈共ニ同大、横脈鮮脈ハ格子狀、葉柄ハ長ク、有毛、托葉ハ披針形、兩側異株。花序ハ小枝側面、束狀ニ簇集。花ハ細小、單被性。雄花ハ殆ンド無枘、萼ハ3～4片、有細毛、有緣毛。雄蕊ハ超出、有細毛、無毛、葯ハ短大、二胞、內向、花粉粉狀。雌花ハ小短小徑、8～12花、短小、緊縮花ヲ成ス、萼ハ3～5裂、子房ハ側座。子房ハ1、直立、有毛、少シク毫ヲリ短、雌胞、卵子1、直立、花柱短、厚毛、直立柱頭ハ小瓣狀、纖毛アリ一點ヲ附ク或ハ全脫、胼子長ソリス等ニ附着、胼部ニ殘存花托花ほアリ。本種ハ暖國產、九州四國能州ハ見ル、肥前長崎邊ニ多シ。和名岩ヶ根ハ此地往々岩石邊ニ生ズルニヨリ紀州ニテ斯ク呼フ箇ヘリ、藪ヲ崙ハ一生ズル眞ブノ意、さ云ハからむしョリ古人とレ々胡椒ト怒ヒシ子、皮白ハ纖維皮ノ色ニ基キシ名ナルベシ。褐名ノ frutescens ハ灌木ノ意。Thunberg 氏ノ原記載文ハ固クいはがねタル事ヲ駆ハセリ。

第3215圖

ひひらぎ科

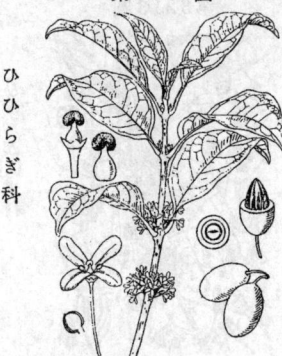

そけい（素馨・耶悉茗）
一名 つるまつり
Jasminum grandiflorum *L.*
（＝J. officinale *L.* var.
grandiflorum *Kobuski* [1932]）

常緑灌木、高サ 1m ニ達ス、蔓ハ直立或ハ柔弱蔓ノ如ク無毛或ハ梢疎ヲ、細長、4稜、平滑、緑色。葉ハ有柄、對生、7～10cm 長、奇數羽狀、小葉ハ 2～4 對、無柄、下部ノ者極短小柄アリ、橢圓形、卵狀披針形、銳頭、糙面淺、上端 3～5 小葉ハ連合シ其頂生葉・卵狀披針形、銳尖頭、葉軸ハ緑色、平滑、或ハ有翼。花ハ腋生或ハ頂生ノ小枝端ニ同生葉繖圓形少數花ヲ帶ヶ苞、小形、對生、鈍頭。花ハ短小梗アリ、夜間ニ特ニ有香。萼ハ裂片ハ、花冠筒ヨリ短、長キ線狀片ハ色、蒴面ハ平間、尾狀、2cm 徑、裂片ハ5、橢圓形、鈍頭、夜ニ成リ開キ、晝間ニ 18mm 長、淡ク橙色、花冠筒ハ上部狀大形線狀、黄色、柱頭ハ橙色、果實ハ橢圓形、無毛、黑色。我邦ヘ又文政二年ニ曾人將來、又享和二年三琉球ヲリ渡邊ニ來ル傳フ、今日其内ニ見ルコト易テ雨。夏秋ノ候開花、陰燥地ニ一繁盛花アリ。元來印度ひまらヤu一杯生、同國亞ニ·べるしヤ等ニテ一通常栽培セラル、我邦ノ廣東地方ニテ一盛ニ培養シテ其花ヲ賞シ、或ハ富貴面部トシ、又香油香ノ原料トス、又花ヲ茶ニ交ュ。和名一素馨ノ音、又香芳料ナ擇フ、素馨一本ト支那ナ其英名グ ジャ リ那一関亦第651圖ヲ今改正セリ。

第3216圖

ひひらぎ科

うすぎもくせい
Osmanthus fragrans *Lour.*
var. Thunbergii *Makino*
（＝Olea fragrans *Thunb.*）

昔時豈ノ支那ヨリ渡來ノ常緑灌木、幹ハ直立、高サ凡 4mニ達ス、徑 30cm 許、主幹上昇、多枝、齒圓闊シ、小枝ハ對出、灰褐色、無毛、小縱裂斑此小皮目有斑。葉ハ對生、葉柄、長橢圓形或ハ廣披針形、銳尖頭、銳底、全邊或ハ小鋸緣緣、革質無毛、上面淡色、光澤、下面淡綠色、8～13cm 長、25～49mm 幅、中脈ハ淡綠色、下面ニ隆起、支脈ハ羽狀、斜上、前方ニ弓曲、下面ニ隆起、兩面ニ前面有脈。10月ニ開花、きんもくせいヨリ香薫淡シ。花ハ腋生（或ハ雌性平）、葉腋ニ繖形、小梗、繖狀、淡綠色、萼ハ無細鋸、不斉ニ4裂、裂片端ニ不斉細齒アリ、白綠色、漏管、無毛。花冠ハ黄色、4深裂、裂片ハ倒卵形、圓頭、凹面、反曲、蝋部帯短、鐘狀ノ2、花冠筒部ニ雄芒、約1.5mm長、2枚、內向、黄色卵部、花粉黄色、雌花冠淡綠色花、子房ハ徑ニ短小、約形、約1mm徑、淡綠色、子溶無毛、花柱ハ最短、柱頭ハ大形扇蘭、雄蕊黄白色、果實ノ橢果、5月成熟、橢圓形、凡2cm長、11～13mm徑、有光、下萼、暗帯毛、果肉ハ稍厚ク、軟質、無色、核ハ紡蘿形、堅ク、淡褐色、種油膜アリ、子ハ褐色、膜冀、胚ノ中央ニ胚アリ。此雨性花ヲ有スル結實種ハ之レヨ間稀ニノキんもくせい（關西地ニ多シ）、ぎんもくせい（關西地ニ多シ）ニ比スレバ世間ニ見ルコト鮮ナシ。和名ハ淡黄木犀ノ意ニシテ花色ニ基キ、予ノ命名。

第3217圖

ひひらぎ科

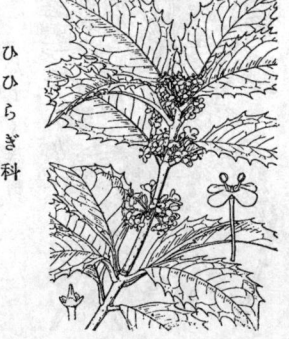

ひらぎもくせい
Osmanthus Fortunei *Carr.*
（＝O. japonicus ·*Sieb.*）

常緑灌木、4m 高ニ達シ、樹頂ハ圓シ、多枝、繁葉、幹ハ直立、30cm 徑ニ及ブ、樹肉面ニ縱裂瘤數在大枝ハ上向、圓柱形、無毛、灰白色、小皮目敷布。葉ハ一開出、有柄、小枝ノ末ニ集リ、十字狀對生、橢圓形、短波尖頭、銳底、葉面梢平滑ニ機ム、葉緣ノ三棘狀刺齒ニ兩緣ニ各 8～10、梢重ハ刺緻少數、或ハ全邊、硬革質、無毛、上面深綠色、光澤、下面淡綠色、5～12cm 長、3～7cm 幅、中脈ハ下面ニ隆起、側生支脈ノ兩側ニ各 8～10 縱、斜上、側ト上面ニ前面、細脈ハ網狀、外反平切、葉柄ハ6～19mm長、無毛、前溝アリ。花ハ一腋生、時ニ頂生、花ハ繖房、白色、有香、8～10mm徑、花雄ニ虫生、繖形、花ヨリ長ク、繁狀、綠色、5～11mm長、繁片一極小、卵圓形、背棱アリ。萼ハ細小、深皿形、四裂、裂片ハ卵形、或ハ卵圓形、微鋸齒縁。花冠ハ4深裂、裂片平開、往々鐘狀、倒卵狀橢圓形、或ハ長橢圓形、圓頭、金邊、梢厚質、筒部極短、花冠筒部ヨリ直立、花冠裂片ヨリ短シ、2.5～3mm長、花糸ハ絲狀、葯ヨリ微長、葯ハ橢橢圓形、葯頭微突。雌蕊ハ不熟、直立、卵狀桃形、銳頭、柱ハ極短、綠色。本品ハ唯雄本アリナ稔ル其ヲ見ズ、近ク此ひらぎきんもくせい（O. fragrans *Lour.* var. latifolius *Makino*）ト ノ間雜ナラ ハ推察セラル、蓋ノ出現此本ニ全ク不明、邦内ニ多生スナ唯人家ノ庭園ニ見、亦生垣ニ利用セラルノミ、樹ノ成長セル者徑クナ芽ケ10月一開キ。和名ハひらぎニきんもくせいノ意ナリ。

こやすのき

一名 ひめきしみ

Pittcspoı um illicioides *Makino*
(＝P. illicifolium *Makino*;
P. glabratum *Koidz. non Lindl.*)

常綠灌木、分枝、凡2mm内外、小枝ハ細長、無毛、褐灰色。葉ハ小枝頭ニ集簇、有柄、互生、倒卵形、倒卵狀長橢圓形、或ハ倒卵狀披針形、急殺、銳尖頭、下方狹窄、楔形、全邊、薄革質、無毛、上面綠色、平滑、下面淡綠色、3年間枝上ニ在リ、4—9.5cm 長，2—5cm 幅、中脈ハ下面ニ隆起、多支脈羽狀、葉柄無毛、5-15mm 長。花序ハ新枝頂ニ繖形、葉ヨリ短、疎ニ 2—10花、花梗直、絲狀、無毛、平開或ハ斜開、14-30mm 長。雌雄異株。花ハ2家、7mm 長、8mm徑、黃色。5月開花。萼片ハ5、小形、卵形、鈍頭、時ニ緣毛、2—3mm 長、淡綠色。花冠5瓣、筒狀鐘形、上部平開、後チ多少反曲、篦形、圓頭、全邊、下部狹窄。雄蘂5、直立、花瓣ヨリ短、無毛、雄花ニテハ雌蘂ヨリ長ク 7mm 長、雌花ニテハ雌蘂ヨリ短ク5mm長、花絲ハ粗絲狀、葯ヨリ長、葯ハ3角狀卵形、銳頭、2胞、內向、黃色、雄花ニテハ 2.5mm 長、黃花粉、雌花ニテハ 1.5mm 長、無花粉。子房直立、倒卵形、細毛アリ、2mm 徑、淡綠色、一胞、3心皮、側膜胎座、卵子略ボ多數、花柱頂生直立、粗大、子房ヨリ短、柱頭ハ雌花ニテハ平頭形、雄花ニテハ頭狀ナラズ、蒴果ハ短倒卵形 3溝痕、基部多少小柄狀、12mm 長、平滑、革質、3心皮、胞間開裂、內面粘質、種子露出。種子ハ圓形或ハ廣橢圓形、赤色假種皮ヲ被フリ胎座ニ着ク。本種ハとべら屬ノ稀品、僅ニ播磨ニ見ル、他處ノ產地未詳、支那ノ P. glabratum *Lindl.* トハ全ク別種、其種ハ線狀披針形葉、12-18mm 長ノ綠黃色花、繖房花序、2.5cm 長ノ卵狀長橢圓形蒴果ヲ有スル。和名子安の木ハ德川時代ヨリノ稱、此樹ハ迷信的ニ安產ノ呪禁ニテモ用キシ乎、其由來今全ク不明、えごのきモ亦子安の木ト云ウ、同名ナリ。

ひめあぢさゐ

Hydrangea macrophylla *Seringe* subsp. serrata *Makino* var. amoena *Makino*
(＝H. serrata *Seringe* var. amoena *Sugimoto*)

落葉灌木、高サ 235cm 許ニ達ス、株本ヨリ叢生、多キ者凡 20 本ヲ數フ、株本ノ幹ノ直徑 18cm 許、幹ハ直立、下部往々疎ニ分枝、圓柱形、平滑、無毛、暗灰色或ハ灰色、今年ノ者ハ綠白色、日光ヲ受レバ紅紫色ニ染ム、直徑 4—10mm 許、紫色ノ皮目ヲ散布ス、髓ハ白色、大形、軽質、腋芽ハ卵狀長橢圓形、銳頭。葉ハ有柄、對生、12—28cm長、6—16cm 幅、廣橢圓形、短銳尖頭、銳底、鋸齒緣（鋸齒ハ三角狀卵形、微凸頭．一條細脈）、下緣ハ無鋸齒、薄質、無毛、表面ハ綠色、稍光澤、晩秋往々帶紺色、陷凹皺樣ノ脈絡、裏面ハ淡綠色、隆起網狀ノ脈絡アリ、中脈ハ强壯、白綠色、支脈モ白綠色、細脈亦隆起網狀。葉柄ハ淡綠色、圓柱形、前面ハ極淺溝、基部ハ擴大、枝ニ抱着、2—9cm 長、3—5mm 徑。花ハ前年幹ヨリ出デシ今年ノ枝端ニ咲ク、花ハ皆胡蝶花ヨリ成リ多少扁平ナル毬形、10—20cm 徑、優美ナル藍色、毬中ニ往往小形ノ正常花ヲ交ユ、花毬ハ細毛アル多小梗并ニ一總花梗ヲ具ヘ、花後宿存シテ秋ニ至リ色ハ綠變ス。各胡蝶花ハ多數密ニ群集、有小梗、2—4cm 徑、不登花、多クハ四萼片、時ニ五萼片、無柄、平開、覆瓦變、圓形、廣橢圓形、鈍頭、圓頭、微凹頭、鈍底或ハ圓底、全邊、薄質、扇狀脈。正常花ハ有小梗、細形謝落ノ4—5萼片、4—5花瓣謝落、十雄蘂、三花柱、橢圓形無毛ノ下位子房、種子碎小多數。本種ハ庭內ノ栽植品ニシテ未ダ野生ヲ見ズ、邦內ニ廣ク分布スル、凡四十年前早ク本品ヲ發見シ注意セシハ予ニシテ最初信州戸隱山下ナル農家ノ庭ニ之レヲ認メ、後チ奥羽地方、關西地方等ニモ之レヲ見テ採集セリ、從來無名ナリシヲ以テ予ハ始メテ之レヲ姬あぢさゐト名ケタリ、花ハ普通ノあぢさゐニ比スレバ女性的ノ優美ヲ示シ頗ル可憐ニ見ユ。

けきつねのぼたん

Ranunculus polycephalus *Makino*
(＝R. japonicus *Langsd. non Thunb.*;
R. Vernyi *Franch. et Sav.* pro·parte)

野外田間ノ濕地ニ生ズル越年生ノ直立草本、高サ凡 45—60cm 許、體上ニ毛ヲ有ス。莖ハ通常少數叢生、對生的ニ疎ニ分枝、圓柱形、中空、綠色。根生葉ハ長柄、柄本ハ鞘ヲ成ス、3小葉ニ分レ、小葉ハ 2—3 尖裂、不齊鋸齒緣。莖葉ハ互生、短柄、3全裂、柄本ハ鞘ヲ成ス、小葉ハ 3—5 尖裂、裂片ハ卵狀長橢圓形、不齊鋸齒緣。春夏ノ候各梗頂ニ黃花ヲ開ク、花徑 12mm 許、蓓蕾ハ球形、萼片之レヲ包ム。萼ハ5片、下方ニ反曲、凹面、草質、淡綠色、外面ノ上方ニ毛アリ。花瓣ハ5、平開、瓣面光澤、細縱脈、倒卵狀長橢圓形、圓頭、全邊、基部ニ1細微鱗片アル蜜槽ヲ有ス。雄蘂ハ子房下生、多數、黃色、花絲ハ絲狀、葯ハ橢圓形。雌蘂ハ多數集合、子房ハ無柄、長卵形、花柱ハ短、略ボ直尖。瘦果ハ 5、6月ニ熟ス、多數、凡 10mm 徑ノ球形ニ集合、橢圓形、平扁、無柄、無毛、綠色、先端ノ短小嘴ハ多少曲レドモ略ボ眞直、味辛シ、熟シテ散落シ水面ニ落レバ浮ンデ流ル。6月頃通常莖葉枯死シ秋ニマデ殘ラズ。本種ハ有毒植物ノ一、形狀きつねのぼたんニ類似スレドモ主トシテ體上ニ毛多ク、且瘦果ノ嘴ハ略ボ直ニシテ強ク鉤曲セザルヲ以テ容易ニ區別シ得、而シテ此種ハ山地溪流ノ邊ニハ生セズ、唯開闊ナル田間ニ見ルノミ。和名ハ毛アル狐ノ牡丹ノ意。

第3218圖

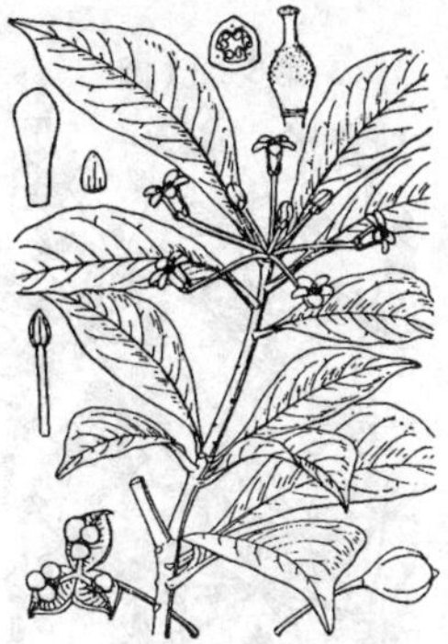

とべら科

第3219圖

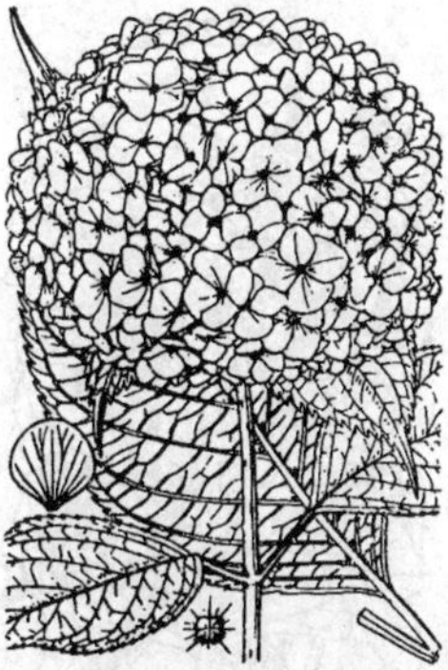

ゆきのした科

第3220圖

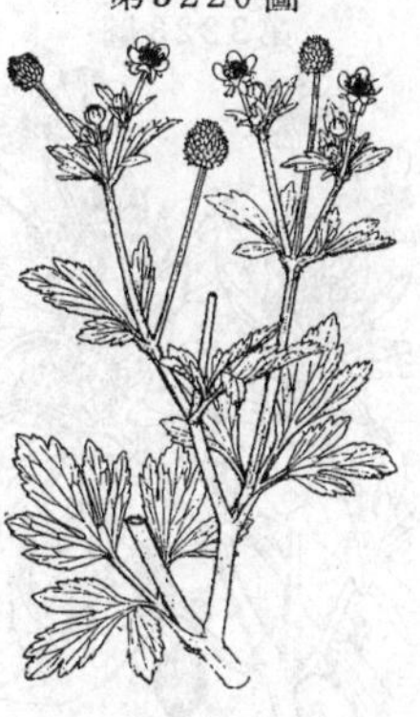

きつねのぼたん科

第3221圖

くるまばざくろさう
Mollugo verticillata *L.*

低平横臥無毛ノ1年生小草本。好成長ノ者ハ凡25cm徑。株ヨリ放射状ニ岐ヲ分出シ四方ニ擴ガリ坐ヲ成ス。莖ハ細長、有節、兩狀ニ多岐。葉ハ數ノ各筋ニ5－6數輪生、倒卵狀楔形、篦形、或ハ倒披針狀線形、鈍頭、全邊、下部ハ漸狹、遂ニ短柄的ト成ル、13－18mm長。托葉ハ薄膜質、消落性。花ハ數生ノ繖形。莖ヨリ短ト緑狀小總柄ニ一花、北ハ單葉、小形、少數、帶白。開花ハ7・9月。萼片ハ5、長橢圓形、開出、宿存。花瓣缺如。雄蕊3－5個。化粉囊赤褐、葯ハ橢圓形。子房ハ1、直立、橢圓形、3胞、卵子ハ2列、中軸胎座ニ着ク、花柱3、短シ。果ハ小形、3胞、3心皮、胞間開裂、宿存萼ヲ伴フ。種子多數、細小、腎臓形、通常平滑、3－5肋。原野或ハ園圃ノ宛雑地ニ生ズル雑草。北米南米ニ生ズレドモ元來ハ熱帯産、日本ニハ歸化植物ノ一。初ノ徳川末葉時代ニ既於新高ノ海濱地ニ來ル、今ハ諸處ニ新歸化ヲ生ズレドモ普通ナラズ。和名ハ其葉形ニテノ命名、其葉車輪狀ヲ成スヨリデ、ざくろさう意ハ葉形ハ基ク。

はちぢゃういたどり
一名　みはらいたどり
Polygonum hachidyoensis *Makino*
(=Reynoutria hachidyoensis *Honda*；R.
hachidyoensis *Honda* var. terminalis *Honda*

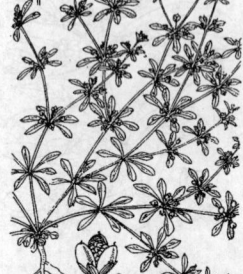

第3222圖

大形ナル多年生草本。株ハ根ヲ成シ數莖叢生シ、又株ヨリ黄褐色ノ地下莖ヲ分チテ數尺ノ長サニ達シ其先端赤新芽ヲ成シ旺勢ニ繁殖ス。鱗芽ハ赤色。莖ハ直立、大ナル者ハ4m直徑23mmニ及ブ、圓柱形、中空、有節、平滑、無毛、綠色、節間凡15cmニ達シ、老レバ硬質、冬ニ枯ル、枝ハ上部ニ互生。葉ハ有柄、互生、卵圓形、急ニ鋭尖頭、底部截形、基部少ク薄脈ニ沿下、全邊、無毛、上面淡綠色、大ナル者20cm長、16cm幅、葉裏ハ外邊。中脈ハ下面ニ癒起、有梗質、淡綠色、支脈ハ多數、羽狀、斜上、癒緖、下面ニ癒起、細脈ハ網脈狀、新葉ハ上面桃光澤、下面光澤、葉柄ハ5cm長ニ達シ、無毛、半圓柱形、前面ニ半浅溝、兩端有棱、上部細脈。托葉ハ筒狀、斜生、葉裏、膜質、無毛、白淡色、脆紙質狀。葉ハ花序ハ出生及頂生ニ圓錐花、花穂ハ細長ノ小形ヲ分チ小ナ短枝形、一子房達シテ背梗アル尖端ニ桔梗ヲ成シ薄質、雌花ハ細小、白色、3mm徑、小花輪筒上小苞綠ニ2－4花、小梗ハ上部窄狀及大有翅、下部ハ1節アリテ花後其上部節溜。雪ハ球狀ニ10月開花、萼ハ5、橢圓形、鈍細頭、全邊、一層、外部3片ハ背ニ薄棱アリ。無花瓣。雄蕊八、超出、花絲ハ緑狀、無毛、葯ハ橢圓形、丁字標、2胞、内向、上端漲尖2胞、鈍端。子房ハ扁、卵圓形、3棱、3花柱、柱頭有小扁。果實ハ雄本ニ結ル3稜形ノ堅果、五片ノ宿存萼ニ包マレ、其萼ノ3片ハ放大セル白色ノ翼質保テ成ス。本種ハ伊豆七島ノ特産、南ハ八丈島ヨリ北ノ諸島ニ。八丈島ノ火山ノ石礫地ニ生ズル者ハ矮小ト成ル。莖葉ハ燗煮シテ或ハ生ニテ食フベキコト普通ノいたどりト同ジ。和名ハ八丈いたどり、三原いたどりノ意、三原ハ大島三原山ナリ。

ふたへおしろいばな
一名　ふたへおしろい
Mirabillis Jalapa *L.*
var. dichlamydomorpha *Makino*

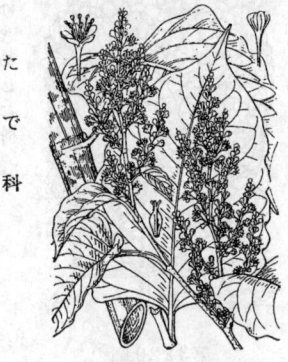

第3223圖

多年生無毛草本。根ハ地中ニ宿存。草葉多枯丸ノ草狀ハ普通ノおしろいばなト同一、即チ1年生ノ莖ハ圓柱形、分枝、淡綠色、有節、節ノ下膨脹。葉ハ對生、有柄、卵形、鋭頭、全邊、柔質。花ハ萼品出リ多少小形、花冠狀ヲ成セル花被(萼)ノ色ハ株ニ由リ赤、白、黄、黄赤2色、淡紅、斑點等種々アルコト品ト同ジ。總苞ハ無毛、宿存、下部ハ聯合シテ短鐘ヲ成シ淡綠赤色、1cm長、5mm、萼ハ、花後内部子房ノ増大ニ由テ多少卵形ヲ呈スルニ至ル、皺摺ハ5翌、薄質、有色花脚樓、赤、白、黄、淡紅等株ニ由テ異ナリ、裂片ハ半圓形、四邊中部ノ草質、淡綠色、有節(萼)ノ裝部狀品品ト同ジ、雄蕊端ハ萼ノ狀ホ花ヲ出ス。果實ハ卵形、黒褐狀ニ其色茹狀品品ト異ナラス、熟時通常凋萎セル總苞ニ包マル。本加ノ來妹ノ何時何地ヨリ日本ニ入リ來リシヤ、或ハ亦日本ニテ出生セシヤ、其來歴全ク不明シテ詳書ニモ未ダ之ヲ見ズ。予ハ今ヨリ廿餘年前ニ始メテ之ノ盆栽品ヲ東京市ノ坊肆ニ見、昭和六年(1931)一月ニ其學名ヲ定メテ發表セリ、其發生ヲ之ヲ認メシガ今ヘ世上ニ見ルコト甚ダ稀ナリヤ。和名ハ二重おしろいばなノ意、即チ正常花冠狀花被(萼)ト有色萼樓ノ苞トノ兩者ヲ併セ之ヲ二重花ニ擬シテ斯ク號ケシナリ。

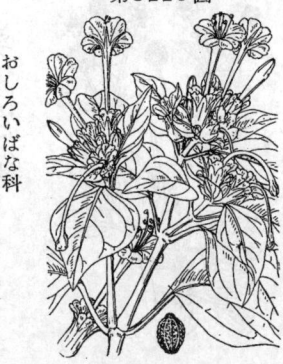

たうがらし
一名 うはむきたうがらし・そらむきたうがらし
Capsicum annuum L.

　果實卽チ漿果ハ上向、筆頭形、上部漸尖、常品ハ熟シテ、醉赤色、又黃色或ハ黑紫色ノ品アリ。北米ノ J. H. Bailey 氏ノ之レヲ南方熱地生ニ灌木樣木質本ナル C. frutescens L. 卽チヒトヽたうがらし（之レヲさがりたうがらしト呼ブ）ヲ非ナリト同種ト爲セリ、若シテナレバ此しまたうがらしヲ C. annuum L. var. frutescens (L.) Makino トスベシ。たうがらしハ其果實ノ形狀各樣ニシテ、大小アリ長短アリ、從テ其品ニ各特名アリ且多多シ、今此圖鑑ノ第 462 圖ハ多クハ上向果實ヲ有スルノヲ削除シ之ニ代ヘ改メテ本圖ヲ採用セリ、卽チ誤謬ヲ訂正セルナリ。元來たうがらし（唐子ノ意）ノ名ハ C. annuum L. 並ニ C. annuum L. var. longum Sendt（C. longum L.）卽チさがりたうがらし、したむきたうがらし、うつむきたうがらしニ對スル總稱ナリ。たうがらしニハ亦なんばんごせう（南蠻胡椒）、なんばん（南蠻）、からいらいごせう（高麗胡椒）、なんきんごせう（南京胡椒）等ノ名アリ。

きんぎんなすび
Solanum aculeatissimum Jacq.

　多年生草本、30-90 cm 拔、莖部ハ多少灌木狀、直立、長ク伸長シ往々ニ偃臥シ、花枝ハ赤褐ニシテ年々枯死ス。裏、葉及莖ハ長短不同ノ細長直刺ヲ具フ。葉ハ互生、綠色、卵圓形、7-10cm 長、3-5 片ニ羽狀尖裂シ鈍頭ヲ有シ、其頂片ハ通常他片ヨリ大形、心臟狀底、兩面ニ散布セル毛ヲ有シ、又主脈上ニ一條往生セル毛ヨリ刺ヲ有ス。花ハ側枝下向ニ通常ヨリ楠房狀ニ付ク、花梗ニ毛及ビ剛刺ヲ具フ、又花冠ニモ剛毛アリ。宿存萼アリ時反曲ス、花冠ハ白色、底部淡黃色、5 裂、平開、幅狹、7mm 徑、裂片ノ狹卵形、鋭頭、全邊、多少外曲。雄蕊ハ花冠ノ短筒部ニ著キ、花絲極短、葯聚合、黃色、頂邊ニ子孔裂ス。雌蕊ハ1花柱粗大、葯上ニ超出、柱頭ハ頭狀、子房1、卵圓形、無毛、平滑。漿果ハ下向、23-28 mm 橫徑、幾ニ扁球セル圓珠形、果皮ハ強靱、平滑、無毛、帶褐黃、熟ハ黃紅、熟後果皮破裂セバ不規乄ノ種子ヲ放出シ、風或ハ水流ニ從ヒ膨脹ニ撒布ス、未乾果ハ白色地ニ緣橫ヲ具フ。種子ハ多數、小圓腎狀、黃ニ周圓、平滑、明褐又ハ黃色、徑ノ皺ヲ具フ、8mm 幅。汁キサ生ギャンを乄ば苦キ。原產。今ハ廣ク世界ノ曖地ニ分布シ歸化甲物ヲ成セリ。我日本ニテ四國及九州ノ曖地、殊ニ海濱附近ニ地ニ於テ歸化甲物化シテ自生ス、蓋シ古ク渡來セシ者ナラン。東京ニテ明治初年始メテ植木匙ニ栽培シ、當時わたなすデゅたやすト呼ビシト聞ク。きんぎんなすハ亦赤木椹ノ稱乄ニシテ其未熟ナル白色實ト、熟セシ赤色實トニ基キ之レヲ金銀茄子ト呼ビシナリ。

のはなしゃうぶ
Iris ensata Thunb. forma spontanea Makino

(=I. ensata Thunb. var. spontanea Nakai;
I. Kaempferi Sieb. var. spontanea Makino;
I. Kaempferi Sieb. forma spontanea Makino;
I. laevigata Miyoshi non Fisch.)

　多年生、地下莖ハ多肉的、橫臥、年每ニ兩岐シテ繁殖シ、下ニ鬚根ヲ具出シ、硬質、褐色。葉ハ形質はなしゃうぶニ同ナレドモ梢狹隘デルヲ常トシ最キ狹キ者ハ几 6mm 幅ニ過ギズ、根生葉ハ跨狀、莖葉ハ互生、有柄、莖ニ直立、高サ 6-120 cm 許、單一或ハ分枝、圓柱狀、無毛、綠色。花ハ主莖頂ニ少ク又ハ、枝端曲ヲ付ク少數、有短柄、赤紫色、花下ニ綠色ヲ帶包葉ニ、子房ヲ包ム。外花蓋片（萼片）3、披瓣ノ斜上柄アリ、歟面ハ下垂、橢圓形、圓頭、全邊、薄質、多瓣脈、淡紫色。內花蓋片（花瓣）3、外花蓋片ト互生、直立、披針形、鋭頭、全邊、下部淡褐ハ、外花蓋片ト同色。雄蕊3、外花蓋片ト對生セル花柱枝ヲ下ニ隱レ、花絲ハ白色、緣狀、葯ハ線形、黃色、2胞。外向。花柱1、直立、3叉セル花柱枝、長三角狀冠片直立、其直下ニ柱頭ヲ具フ。子房ハ下位、直立、淺綠色。3稜溝滿乄状、平滑、無毛、3胞。多卵子中軸胎座ニ著ク。蒴果ハ直立、硬質、無毛、胞背裂裂。種子ハ扁平、褐稍色。本種ハ稀ラレ々ヲ如ク。Iris ensata Thunb. forma hortensis Makino; I. ensata Thunb. var. hortensis Makino et Nemoto; I. Kaempferi Sieb. var. hortensis Makino; I. Kaempferi Sieb. forma hortensis Makino; I. laevigata Fisch. var Kaempferi Regel; I. laevigata Fisch. var. hortensis Maxim; I. laevigata Miyoshi non Fisch.）ノ母品ニシテ我邦ノ特產ニ廣ク日本ノ諸州ニ分布シ、山地、原野ニ自生シ、往々山原ニ一面ニ開花スルヲ見ル、どんどばなノ方言中部地國ニ在リ花色赤黑數ヲ變化ナシ。家藏ノはなしゃうぶハ之レヲ親トシテ園藝家ノ手ニ由リ作出シ出ゼ終ルベキ花品ト濱シ以テ Iris Kaempferi ノ諸品ヲ生ゼシメタリ、子ハ曾テ之レヲ見聞シテハのはなしゃうぶヲ以テ園藝品はなしゃうぶノ對スル變種ト信ズル能ハズ、單ニ其一品ヲ包ヱル一過ギナルノミ。和名野花菖蒲ハ野生はなしゃうぶノ意ニシテ予ノ命名。

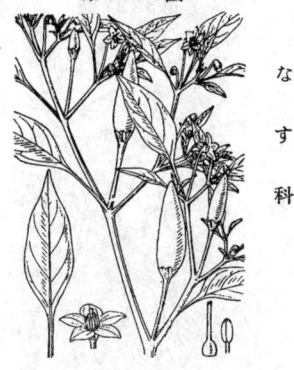
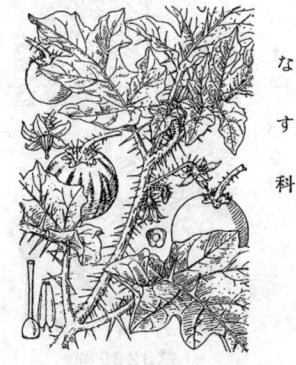
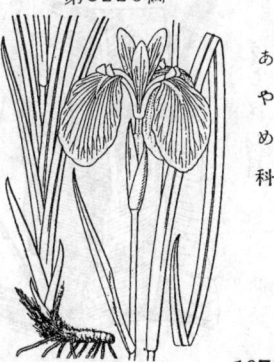

第3224圖

第3225圖

第3226圖

なす科

なす科

あやめ科

1077

第3227圖

かんらん科

かんらん（橄欖・青果）
一名　うをのほねぬき
Canarium album *Raeusch.*

常綠ノ喬木。幹高ク聳立シ枝葉繁茂シテ婆娑タリ。葉ハ互生、有柄、奇數羽狀複葉、小葉ハ革質、11—15片、短小柄ヲ以テ葉軸上ニ對生、長橢圓狀披針形或ハ卵狀披針形、銳尖頭、鈍底、全邊、支脈ハ多數、羽狀。花ハ胚生ノ總狀繖圓花花穗ヲ成シテ開キ、短小梗ヲ有シ、脚小、瑞圧、白色、兩性ノ雜花、3片、萼ヲ有シ短鐘狀、上向、半ニ至ル深クモ三歯裂ヲ成ス、花瓣ハ離瓣狀、鋭圧、全邊、緑鱗分クノ雄蕊ハ萼蕊ヨリ、花糸絲繋合シテ筒狀ヲ成シ、其分立部ハ短鐘形、药ハ長卵形、銳頭、2胞、背着、内向。花盤アリ、6稜薄ヲ有ス。子房ハ1、卵形、3胞、毎胞2卵子アリテ中央胎座ヲ脅ク。果實ハ核果、長卵軸ハ總狀ヲ脅キ、短梗アリ、卵狀楕圓形、鈍頭、10過3稜緑、3.5—4cm長、果面平滑、熟レハ黑スレバ白綠色、果肉滋養味、澁香、核ハ直立、堅硬、紡錘形、兩尖、有稜、種子ハ1箇内ニ1—3胞。幹ハ本ニ嘗テ同國ヨリ渡來シ、薩摩、大隅、種子ヶ島ニ栽植セラレ局又結ブ、又燃蒸ニ移應。往年薩摩ヲ云（Olea europaea *L.*）等ニシテ此器具クノ合ヲアワ微覆下脅キタリ、向ヲナサ燃蒸ニ欄クリシコチ／嘗好会圏リ、おわ…エニ一齊燃果ノ濟名アリ、我邦ニテ仕比漢名うえごのき＝充テシバ大ナル裂テリシナリ。支邦ニテ俗稱ハ Chinese Olive、和名かんらんハ橄欖ノ音ナリ、橄欖ノ語源ハ不明、魚ノ骨扱キヲ喉ニ魚骨ノ刺サレシ時此實ヲ嘗テスレバ治スルト云フヲリフ名。

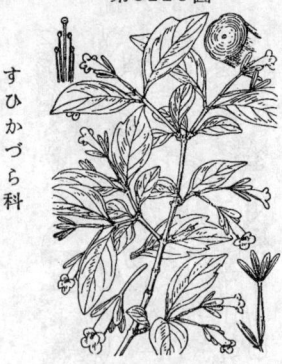

第3228圖

すひかづら科

いはつくばねうつぎ
Zabelia shikokiana *Makino*
(= Abeila shikokiana *Makino*;
A. integrifolia *Koidz.*)

落葉灌木。多枝、高サ2m許ニ達ス、幹枝ニ枝ハ圓柱形、6條ノ凹凸滿縱溝通、帖ニ縱年ノ幹ハ凡ソ4cm徑、幹而縱回直滑等變、樹皮ハ帶灰褐色、村ハ堅被内白色、鬖ハ小、小枝ハ帶褐色、新枝ハ生帶綠色。葉對生、倒卵形、倒卵狀橢圓形、或ハ卵狀披針形、鋭頭或ハ短尖頭、全邊、或ハ少數ノ粗大齒、又ハ波狀淺脅、羽狀中全、下部楔形、細毛アル短柄ト成ル、上面綠色、散毛、下面綠線色、腺上脈毛上向、細脈網眼狀、花梗ハ個生ノ小枝ニ頂生、短小一花、極短小一葉ノ兩腋・萼ニ細蔓綠狀葉形、3溶裂、中片蔓綠・花ハ5片、帶ヶ側向、薄形へ4、綠狀窪形、鈍頭、無毛、10—14mm長、筒状。花冠ハ16—18mm長、細ク短ニ超出、高盆形、蚊節ハ芳ジア形ニ合、殆ンド細部形、裂片ハ4、正圓、略ボ圓形、下方ノ一片微大、白色、花喉ノ邊紅色、筒部ハ黄直、上方放大、外面ニ開出毛、筒門水細毛、筒本ノ短部腺ニ腺出、厚質、内面ハ淡朱唇、殖器部ガ中雌部、2長3短、花冠筒部ハ着生、花脈ハ糸狀、開口毛アリ二药納、雌蕊ハ1、花柱ハ糸狀、直立、少シ多雌蕊ヨリ高ク、無毛、柱頭ハ頭狀筒形。子房ハ下位、捩巻雙囘ル果實ハ細キ萼ヲ冠ヶ、捩裂、下端狹窄上片、頭狀、細毛ヲ帶ブ、11—12mm長。予約ニ米相ヲ土佐檢査ニ當ニ最川許ニ採リ、はつくばねうつぎノ新和名アリテセシ、赤岡彼七松山武州道甲山ニ産ニ常ニ石灰岩地ノ巨ニ生育スル外種ニテ、其形狀ハ北美那識ノ Abelia biflora *Turcz.* (Zabelia biflora *Makino*) ニ酷似ス、花ハ Abelia 屬諸種ノ別ニ序形ヲ成スト異ナリ、又幹枝ニ六縱道アルモ亦 Abelia 屬ト同ジカラザル特徴ナリ。和名ハ岩撞羽空木ノ意。

第3229圖

うらぼし科

しまおほたにわたり
Asplenium Nidus *L.*
(= Thamnopteris Nidus *Presl*;
Neottopteris Nidus *J. Smith*)

大形綠ノ一羊齒、株莖ハ強壯、極短、直立。葉ハ闊大、一株頭ニ順次ニ湧出ク發生、單形、展開、綠色、披針形、銳頭或ハ銳尖頭、下部ハ漸窄、尖形、鱗片アル短柄ト成ル、全邊、革質、6—120cm長、7—13cm幅、離業ヘ内方ニ卷ク。中脈ハ強壯、下部ハ黒色、裏面ニ圓ク隆起シ、支脈ハ機細、平行、互ニ接近セリ。裏脈ハ狹緑形、斜ニ開出、相互接近、中脈ヨリ葉緑ニ向テ全距離ノ半バヲ占領ス。廣ク熱帶洛地ニ分布シ、赤支邦ノ南部、琉球小笠原島（?）ニ盜シ、内地ニハ生ゼズ、往々温室ニ見、夏時ニ曝天ニ生活シ得。姉妹品おほたにわたり（A. anticuum *Makino*）トハ主トシテ其實維ノ長短ニ由テ區別セラレ、おほたにわたりノ嚢維ハ粗大ニシテ長ク中脈ト葉緑トノ全距離間ヲ占領ス。和名ハ島大谷渡ノ意、予ノ命名。

さじばもうせんごけ
Drosera obovata *Mart. et Koch*

多年生草本、殆ンド無莖。根ハ鬚狀。葉ハ根生、直立、叢生、敷片アリテ高低殆差ス、高キ者ハ5cm 幅ハ4mm ニ達スル、綫狀倒卵形或ハ長楕圓狀匙形、円頭、全边、下部ハ楔形ニシテ漸次ニ狹窄シ長葉柄ト成ル、莖ノ上面ハ平滑淡綠色、葉緣ハ長短ノ多數腺毛ヲ密生ス、葉裏ハ一面ニ同ジク腺毛ヲ密生シ空地點ヲ、腺毛ハ紅色、絲狀、末端ハ小頭狀ヲ呈ス、葉柄ニハ腺毛無シ。莖ハ一株ニ一本、叢莖ノ中心ヨリ立チ、直立シテ高ク葉上ニ抽出ス、瘦莖ハ一シテ腺毛ナタ、高サ凡9cm 許。花萼ハ螺旋狀卷旋ノ頂生莢總花序ヲ成シ、花ハ白色ニテ數個其花軸ノ一側ニ列在シ花軸ノ開クル一從テ下ヨリ順次ニ開敷シ一日每ニ一花咲ク。花ハ小形、有小梗、梗本ニ細線ノ針狀者アリ。萼ハ五片、狹披針形、腺毛無シ。花瓣ハ五片平頭、萼ヨリ長シ、五雄蕋。子房ハ一個、上生、楕圓形、單毫。卵子ハ多列、三側胎座ニ齋ク。花柱ハ三、各深ク二岐ス、柱頭ハ頂生、小頭狀。果實ハ蒴、胞ニハ萼ヨリ少シク超出ス。三裂片ハ開裂シ、卆小ナル種子ヲ容ス。日本ニテハ本種ハ稀品ノ一ニテ獨リ岩代、南會津上野界ノ高地尾瀬ノ濕原ニ偃カ生ズルノミ。而シテ是レ亦稀品ナルナガばのまうせんごけト相伴フテ生ゼリ。其葉匙形ヲ呈スルヲ以テ乃チ和名ヲ匙葉毛氈苔ト稱セリ、從來尾瀬ノ報告書ニハ皆此品ヲ漏セリ。

ひめのぼたん
一名 くさのぼたん、ささばのぼたん
Osbeckia chinensis *L.*

一年生ノ灌木樣草本ニシテ高サ30cm 許。根ハ短クシテ木質、分枝、褐黄色。莖ハ綠色、直立、單一或ハ分枝、四稜。稜ニ細毛アリ、節ニ粗疏毛アリ。葉ハ對生、無柄、披針形、全边、綠毛、銳尖頭、鈍円底、鈍ガ抱莖、斜臥セル細毛アリテ葉脉ノ方ニ密ナリ。葉脉ハ三乃至五系乖或ハ七条縱迫ス、1—6cm 長、1—1.5cm 幅アリ。花ハ粉ノ無柄、通條枝頭ニ密集ス、時ニ側枝端ニハ一花ノ者アリ、花下ニハ数葉或ノ少数葉ヲ伴セ、又卵形ノ者アリ。萼ノ下部ハ廣楕円形ノ筒ヲ成シ、上半ハ裂毛ノ四裂片ト成ル、裂片ハ卵形、回旋鑷、裂片間ニ各一束ノ鬚毛アリ。花瓣ハ多少歪形、四片、十字形、回旋鑷、紅紫色、細鋸アリ、倒卵形、無萼、上綫ハ滑が齪形、細綫毛アリ。雄蕊ハ八、萼筒ノ上部ニ生ジ、蕾時ニ在ケハ其花絲ヲ以テ下ヲ曲リタレドモ花開ケバ上向シテ一方ニ傾ク。花絲ハ白色、上部ニ一節アリ、葯ハ黄色、披針形、上部ハ嘴狀ト成リ嘴頂ニ一葯孔アリテ花粉ヲ吐出ス、葯部ハ小短間ト成リテ花絲ノ尖端ニ一入リテ節合ス。子房ハ萼筒内ニ在リ、四胞、多卵子四胎座ニ齋セ、萼壁ニ、一花柱頂生、一方ニ傾ク、基部ハ少数毛アリ。柱頭ハ單頭形、果実ハ蒴、萼筒ハ宿存萼ノ筒内ニ沿着ス、四室、胎座肥厚、多數ノ種子ヲ帶ブ。種子ハ卆小、褐色、略ボ歪腎臟形、彎曲ノ並ビシ乳頭狀アリ。我邦暖地ノ産、向陽ノ草中ニ生ジ、夏秋ノ候ニ美花ヲ發ラク。

びろうどむらさき
一名 かうちむらさき、とさむらさき、
おほいぬむらさき
Callicarpa Kochiana *Makino*

常綠灌木本。幹ハ1m 內外、直立分枝、幹徑凡3cm ニ達シ材質硬シ、樹枝ハ一黄褐色星芒狀絨毛ヲ密生ス、葉ハ對生、有柄、卵狀楕円形、或ハ長楕円狀披針形、銳尖頭、鈍底、凸尖銳頭鋸齒アリ緣、上面ハ綠、脉上ヲ除キテ無毛、伊ハ綫狀葉ハ、上面亦白褐星芒狀毛滿布ス、下面ハ淡綠色、葉柄ト共ニ鐵褐ト同ジキ淡黄褐色ぬ綿狀毛ヲ密生ス。又枝狀聚繖花序ハ短柄アルヲ腋生シ、密シク短ク葉柄ヲり稍長シ。花ハ淡紫色、細ハ一シテ略ボ頭狀ニ蝟集シ短小梗ヲ有シ花下ニ綫形ノ小苞アリ。萼ハ細毛アリテ四尖裂ヲ裂片ハ綫狀鑷形。花冠ハ四殼、筒部ハ萼ヨリ少シク長シ。雄蕊ハ四本、高ク花冠上ニ出ヅ。一花柱亦花冠上ニ超出シテ雄蕊ト同高、柱頭ハ兩岐ス。花候ハ夏秋、果実ハ球狀、小形、熟シテ紫白色、宿存萼ハ擴セクル。和名びろうどむらさきハびろうどむらさきしきぶノ意ニシテ莖葉ニ絨毛ヲ被フルノ云ヒ、かうちむらさきハ其産地土佐高知ニ基ヅク、とさむらさきハ土佐産ならさきしきぶノ意。おほいぬむらさきハ一大犬むらさきしきぶノ意。産地ハ土佐高知ノ五台山、同高岡郡竜村、同郡久礼村。此極未ダ他州ニ見ズ、即チ土佐ノ特産ナリ。

第3230圖
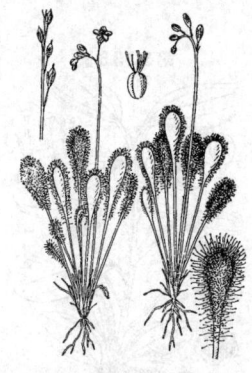
第3230圖

いしもちさう科

第3231圖

のぼたん科

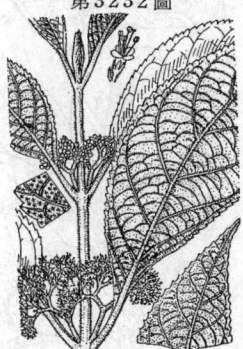
第3232圖

くまつづら科

1079

第3233圖

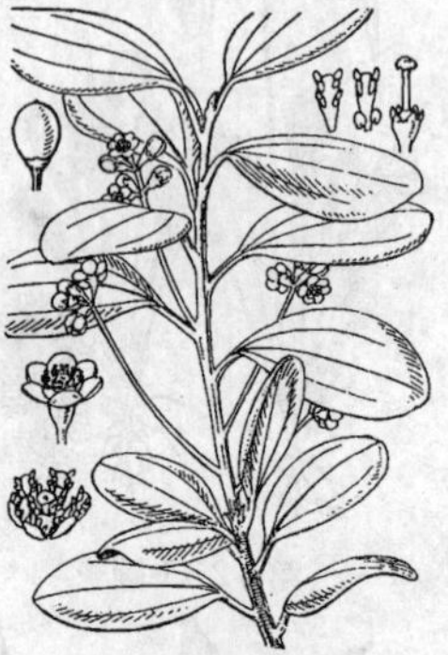

くすのき科

まるばにくけい

一名　かうちにくけい

Cinnamomum sericeum *Sieb.*

(＝Laurus sericea *Blume*;
C. daphnoides *Sieb. et Zucc.*)

我邦暖地ニ栽植セル常緑喬木ニシテ枝繁ク葉密ナリ。小嫩枝ハ四稜淡緑色ニシテ白細色ヲ帯ブ，枝ハ円柱形ニシテ褐色無毛。葉ハ小形，対生或ハ斜対生，短柄アリ，倒卵形，円頭，下部楔形，全辺，厚質，上面ハ緑色ニシテ稀薄ニ細臥毛ヲ散布シ，下面ハ絹様細毛ヲ密布シテ白色ヲ呈セリ，主脈三条縦通シ，細脈ハ外見シ難シ，葉長 2—4 cm 葉幅 1—2 cm 葉柄ハ細毛ヲ帯ビ前溝アリ。花序ハ腋生ノ長梗ヲ有シテ其頂端ニ 3—7 花ヲ集着ス。果実ハ漿果，極短ノ小梗ヲ具フ，広楕円形平滑無毛，始メ緑色，後チ黒熟ス，長梗ノ末端ニ 1—3 個，下部ハ杯状厚質ノ宿存萼ヲ伴フ，果中ニ無胚乳ノ大ナル一種子アリテ肥厚セル子葉ヲ有シ，幼葉ハ細小ナリ。肉桂ノ類ニシテ葉ノ円味ヲ帯ブル故ニ円葉肉桂ト云フ。

第3234圖

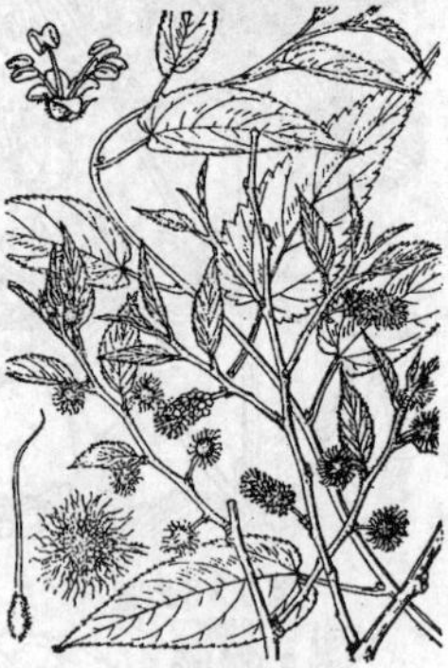

くわ科

つるかうぞ

一名　むきみかづら

Brousonetia Kaempferi *Sieb.*

nr葉灌木本。枝条ハ褐色ノ莖状ニテ自由ニ延長シ他物ニ纏繞シ嫩キ者ハ細毛ヲ帯ビ，切レバ白乳液ヲ滴下ス。葉ハ互生有柄，長卵形或ハ広披針形，分岐セズシテ単形，斜円底或ハ心臓状底，鋸歯縁，洋紙質，上面ハ緑色，糙渋，下面ハ淡緑色短毛ヲ布ク，中脈支脈細脈ハ隆起網状，支脈ハ疎ニシテ羽状，斜上，内方ヘ弓曲ス，托葉ハ披針形，鋭尖頭，膜質，一脈，細毛ヲ帯ビ，夭落。雌雄別株。花候ハ春季，花穂ハ有柄腋生，淡緑色。雄花穂ハ長楕円形多数ノ小花ヲ密着シ，穂末ヨリ開キテ下方ニ及ブ。花ニハ小苞アリ。萼ノ下部ハ短筒状上部四裂シテ開ク。雄蕊ハ四，花絲ハ白色，纖長，葯ハ二内向，白色ノ花粉ヲ稼出ス。雌花穂ハ毬状，豌豆大，萼ハ長胞，壺状，短細毛アリ，一子房ハ萼内ニ潜居，絲状ノ一花柱長ク出デ紅紫色。果実ハ小形，毬状ニ集リ丹色ニシテ味甘クかうぞノ果実ト相同ジ。九州ニ産シ，山地ニ見ル。つるかうぞハ莖状ヲ成スかうぞノ意，むきみかづらハ蕊シ剝キ身莖ニシテ裸出セル果実ノ意ナラン。樹皮ニテ紙ヲ製シ得ベシ。

第3235圖

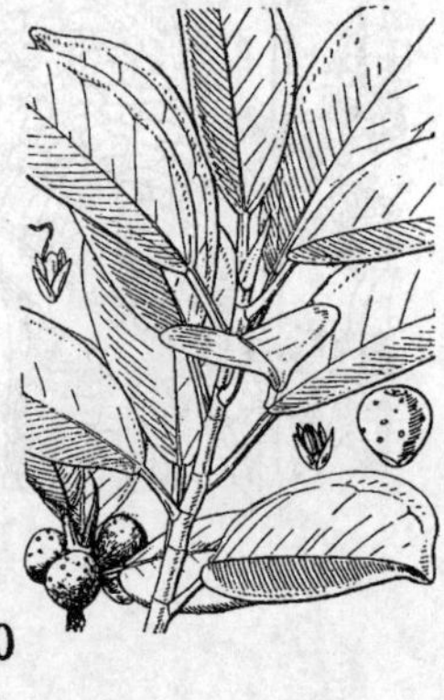

くわ科

がじゅまる

Ficus retusa *L.*

常緑喬木ニシテ大樹ト成リ葉密ニ繁リテ樹蔭多シ，枝葉ハ全然無毛。枝ハ円柱形，輪状ノ節アリ。葉ハ互生，有柄，広倒卵形，或ハ長倒卵形，或ハ倒卵状長楕円形，短鋭尖頭ニシテ末端ハ鈍形，下部ハ往往略ボ楔形，基部ハ鈍形或ハ略ボ鋭形，全辺，厚質，上面ハ緑色光滑，下面ハ淡緑色，4—10 cm 長，2.5—4.5 cm 幅，中脈ハ下面ニ隆起，支脈ハ纖細，多数，羽状，斜走，葉縁ノ附近ニ沿フテ走ル支脈ニ節合ス。苞ハ鍼形，夭落。葉柄ハ粗大，6—18 mm 長，上部ニ狭キ前溝アリ。閉頭果ハ倒卵状球形，凡ソ 9 mm 径，無柄，葉腋ニ一顆或ハ二顆，基脚部ニ寧ロ大形ノ三苞片ヲ具ヘ，果面ニハ斑点ヲ散布ス，果中ニ多数ノ雄花雌花ヲ閉入ス。暖国ノ産ニシテ我邦版図内ニテハ九州薩南ノ種子ケ島ニ於テ大木ニ成長シ往々参参タル褐色ノ気根ヲ樹上ヨリ垂ル，固ヨリ昔植栽セル者ナリ，九州ノ本島並ニ四国ニハ之レヲ見ズ。がじゅまるハ琉球ノ土語又がじまる，がずまる等の名もある。同地ニテハ此材ヲ以テ盆等ヲ造ル。

植物學術語ト其小解

ア

亞灌木ノ (Suffruticose)　矮生ニシテ其ノ下部灌木質ノモノ。

亞喬木ノ (Arborescent)　喬木狀ニシテ喬木ヨリ低小ナルモノ。

亞高山ノ (Alpestrine)　山地植物分布上ノ所謂灌木帶附近ニ好ミテ生ズル植物體ノ一習性ヲ示ス術語。稍ヶ高山植物ノ習性ニ似テ少シク溫和ナルノ好ム。

壓伏 (Appressed)　植物體ニ毛狀物ノ生ジ居ル場合ニ、其ノ毛狀物ガ恰モ壓伏サレ居ルガ如キ狀ヲ呈スルモノヲ表示ス「壓伏サレタ樣ナ」ト云フ具合ニ使用サル。例ヘバきぬやなぎノ葉裏ニ於ケル絹絲狀毛ノ著生狀態ノ如キモノ。又密接ノ、ナル意味アリ、「み」ノ處ヲ見ヨ。

壓扁 (Depressed)　上ヨリ壓付ケテ平扁ニナリタル形狀ノモノ。

イ

一數ノ (Monomerous)　一ノ數ノモノ。

一對ノ (In pair)　二箇アリテ一對ヲナセルモノ。

一列ノ (Uniserial)　花器ナドノ一列ニ並ベルコト。

一齒アル (Unidentate)　一ノ齒アルモノ。

一家ノ(雌雄同株ノ) (Monoecious)　雌花ト雄花トヲ一個體ニ倂セ有スルモノ。きうり、たうなす、くり、まつ、すぎ等ハ其ノ著例ナリ。

一數花 (Monomerous flower)　花器皆各々一ノ數ヨリ成リタル花。

一輪花 (Monochlamydeous flower)　蕚アリテ花冠ナキ花、一ニ單被花ト稱ス。

一雄藥ノ (Monandrous)　かんな、めうが及みづはとべ等ノ花ノ如ク、雄藥ハ一花中只一箇ノミ存在スルモノヲ云フ。りんね氏廿四綱分類法ニハ之ヲ第一綱ノモノトセリ。

一雌藥ノ (Monogynous)　一個ノ雌藥ノモノ。

一心皮生雌藥 (Simple pistil)　一箇ノ心皮ヨリ成リタル雌藥。

一心皮生子房 (Simple ovary)　一心皮ヨリ成リタル子房。

一種子果實 (One-seeded fruit)　一種子アル果實。

一層皮果實 (One-coated fruit)　果皮ノ纖質全部一樣ナル果實。

一日生ノ (Ephemeral)　すべりびゆ、まつばにんじん等ノ花瓣ノ如ク、僅カ一日ノ壽命ヲ有スルモノヲ云フ。

一年生ノ (Annual)　植物本體ガ一年間ヨリ生存セザルモノヲ云フ。個體的ニハ年々枯凋シテ新個體ガ世ヲ嗣グモノ、又植物體ノ或ル器官ニモ此ノ語ヲ用フ。卽チ落葉樹ノ葉ノ如キ又しやくやく、きく等ノ地上莖ノ如キ又一年生草本ノ根ノ如キ何レモ一年生ナリ。

一年生草本 (Annual herb)　一年間ニ植物體ノ世代輪番ガ完全ニ遂行サレ、而モ個體的ニハ其ノ植物體ガ枯凋シ年々新シキ植物體ガ生ズル草本ヲ云フ。

一稔多年生 (Monocarpic perennial)　りゆうぜつらん等ノ如ク多年間其ノ生育ヲ營ミ居レドモ一囘花ヲ著ケテ果實ヲ成熟セシムレバ夫レ限リ枯凋スルモノヲ云フ。是レ世代輪番ト個體トノ關係ヨリ見ル時ハ一年生植物ノ性質ヲ有スルモノト解スルヲ得ベキモノナリ。

一縱溝アル (Canaliculate)　一條ノ縱溝路アルモノ。

彙狀ノ (Squarrose)　開出セル多クノ斗出片アルモノ。

一雙 (Twin=Geminate)　同樣ナル二箇ノモノガ相隣接シテ存在スル場合ニ云フ。そらまめ下部ノ葉ノ小葉、たうとぎノ果實ニアル嘴狀物等ハ何レモ一雙ヲナス。

一蝶廻 (Cycle)　一點ヨリ出發シテ進行ヲ續ケ逐ニ元ノ出發點ト同緯度ノ處ニ到着スル如キ行路ヲ一囘迴ルヲ云フ。葉序ヤ花葉輪

等ニ於ケル員數ガ算スル標準度トシテ之ヲ
用フ。是ニ一螺廻二葉($\frac{1}{2}$)，一螺廻三葉
($\frac{1}{3}$)，二螺廻五葉($\frac{2}{5}$)，三螺廻八葉($\frac{3}{8}$)，
五螺廻十三葉($\frac{5}{13}$)，等アリ。

異性花 (Diclinous flower) 雌藥ノミ發達
セル花ト雄藥ノミ發達セル花ト別々ナルモ
ノヲ云フ。ぼうぶら，たうなす，きうり等
ノ花ハ卽チ其ノ著例ナリ。

異性花ノ (Heterogamous) よめな，しゆ
んぎく等ニ於ケル如ク兩性小花ト雌性小花
トヲ頭狀花中ニ有スル如ク，一頭狀花中ニ
異性ノ一小花ノ併セ有スルモノヲ云フ。又
たかとうだい，なつとうだい等ノ壺狀花ニ
於ケル如ク，一頭ニ雄花ト雌花トヲ有スル
モノヲモ斯ク呼ブ。

異種交精 (Cross fertilization) 自家受精
ニ對スル語。一植物體ハ他植物體ヨリ雄精
ヲ受ケテ有性生殖作用ヲ營ミ，又自己ノ雄
精ヲ他植物體ニ與ヘテ，彼ニ有性生殖作用
ヲ營マシムルコト。又他花受精若シクハ異
花受精トモ云フ。

隱花植物 (Cryptogamia) 明白ニ識別スベ
キ花ナキモノヲ云フ。コハ花ノ意義ニヨリ
一定セザレドモ，在來ノしだ類，こけ類，
きのこ類，うみくさ類等ノ種類ニ於ケル如
ク一般ニ花トシテ知ラレタルモノヲ生ゼザ
ル植物ヲ云フ。

ウ

羽片 (Pinna) 羽狀ヲナセル葉ノ第一ノ分
片ヲ云フ。單羽狀ノモノニテモ再羽狀ノモ
ノニテモ同樣ナリ。再羽狀ノモノニテハ其
羽片ハ再ビ羽狀ヲナス。三羽狀ノモノニテ
モ其ノ第一ノモノハ同ジク羽片ナリ。分裂
ノ如何ニ關係セズ。

羽狀ノ (Pinnate) 複葉ノ一種ニシテ小葉ガ
中軸ノ兩側ニ羽狀ニ著生スルモノ，小葉ハ
通常對生シ兩側ノ數相同ジ。若シ頂端ニ一
小葉ヲ著クレバ奇數羽狀トナリ，頂端ガ相
對スルニ小葉ニテ終レバ偶數羽狀トナル。

羽狀脈ノ (Penniveins) 葉脈ノ一種ニシテ，
一條ノ中脈アリテ夫レヨリ側生脈ガ恰モ鳥

ノ羽ノ狀態ニ於ケル如ク出ヅルモノ側生脈
ヨリハ又小側生脈出ヅルヲ常トス。ばせう，
だんどく等ノ葉ハ最モ明白ナル羽狀脈ヲ有
ス。さくら，もも等ノ葉モ主脈ハ羽狀ヲ呈
セリ。

羽狀ノ (Plumous) 鳥ノ羽毛ノ如キ形ヲ
ナスモノ。

羽毛狀柱頭 (Plumous stigma) 禾本科ニ
多ク見ル如ク柱頭ガ羽毛狀ヲ呈スルモノ。

羽毛アル尾 (Tail feathery) 羽毛狀ヲナセ
ル尾。

羽狀尖裂ノ (Pinnatifid) けし，たんぽぽ
等ノ葉ニ於ケル如ク，葉片ガ羽狀ニ分裂シ
其ノ裂罅ハ中脈ト葉緣トノ中央邊ニ達スル
モノ。

羽狀全裂ノ (Pinnatisect) 全ク中脈マデ羽
狀ニ分裂セルモノ。

羽狀深裂ノ (Pinnati-parted) 殆ド中脈ノ
近クマデ羽狀ニ分裂セルモノ。

羽狀淺裂ノ (Pinnati-lobed) 淺ク羽狀ニ分
裂セルモノ。

右纏ノ (Simistrous) 纏繞莖ガ支柱體ニ纏
ヒ著ク狀態ノ一ニシテ，時計ノ針ガ進行ス
ル向ニ生長スルモノヲ云フ。ふぢノ莖ハ右
纏ナリ，方向ヨリイヘバ東南西北ト進行ス。
「左纏」ノ項參照。

エ

圓形ノ (Orbicular) 植物體ノ諸器官ノ形
狀ニシテ，圓キ形狀ヲナシタルモノ。

圓棒形ノ (Terete) めだけ，まだけ，ふとゐ，
おほむぎ等ノ稈ニ於ケル如ク圓キ棒狀ヲナ
セルモノヲ云フ。

圓柱形ノ (圓壔形ノ) (Terete) 圓キ柱ノ形
ノモノ。

圓柱體 (Column) 植物體ノ或ル器官ニシ
テ，充實シタル圓柱狀ヲナスモノ，卽チ圓
柱狀ヲナス體ヲ總稱ス。外形ノミヲ云フニ
アラズ。

圓錐形ノ (Conical) 圓クシテ一方太ク，
一方ハ漸次ニ狹窄セルモノニシテ，其ノ狀
圓錐ノ形ヲ呈セルモノ。

圓錐花 (Panicle) にはとり，すゞめのか

たびら、かぜくさ等ノ如キ禾本科植物、ねずみもち、なんてん等ノ花穗ノ如ク其ノ外形ガ圓錐狀ノ輪廓ヲナスモノヲ云フ。

圓盤花 (Disk)　きく科植物ノ頭狀花内部ノ小花ヲ云フ。

圓盤形ノ (Discoid)　圓キ盤ノ形狀ノモノ上面ハ平坦ナリ、けしノ柱頭等ハ此ノ例ナリ。

圓緣口 (Rounded mouth)　圓形ヲ呈セル葉鞘等ノ口。

沿著ノ (Adnate)　長ク沿ヒテ附着スルモノ。

沿下ノ (Decurrent)　ほたるぶくろ等ノ葉ニ於ケル如ク、其ノ基脚ガ葉柄ニ添ヒテ發達スルモノヲ云フ。或ル場合ニハ無葉柄ノ如キ狀態ヲ呈スルニ至ル。而シテ一層甚シク發達シタルモノハ枝莖ヲ抱クニ至ル。

銳形ノ (Acute)　單ニ銳角ヲ呈スルモノニテ尖リタル度銳尖形ヨリハ弱シ。

銳尖形ノ (Acuminate)　極メテ尖ドク終リタルモノ、いね、おほむぎノ葉頭ノ如シ、銳形ヨリハ尖リタル度强シ。

穎 (Glumes)　禾本科植物ノ苞葉ニシテ小穗ノ外部即チ脚部ニアル小葉體。小穗ニ通常二片アリ、其ノ最外部ヲ占ムルモノハ外穎ニシテ内部ニアルモノハ、内穎ナリ。

穎果 (Caryopsis)　特別ニ禾本科植物ノ果實ヲ斯ク稱ス。果皮ハ種子ニ緊著シテ離レズ、種子ハ一ツアリ。

穎苞 (Pale)　きく科植物ノ花床上ノ小花ニ伴フテ生ズル小苞。

穎狀苞花床 (Chaffy receptacle)　きく科植物ノ花床ニシテ、小花ノ側ニ鱗狀ノ小苞ヲ着クルモノヲ云フ。

穎狀苞アル (Chaffy)　頭狀花ノ花床面ニ生ジ、其ノ小花ヲ擁スル小苞ノアルコト。

緣邊 (Margin)　葉片花瓣等ノへりヲ云フ。

緣毛アル (Ciliate)　邊緣ニ毛アルモノ。

緣毛口 (Ciliated mouth)　緣毛アル葉鞘等ノ口。

腋生ノ (Axillary)　葉腋ニ生ズルモノ、例ヘバ腋生芽、腋生花ナドノ如キモノヲ云フ。

腋生胎座 (Axillary placenta)　複心皮生子房、複心皮生果實ニ有ス。即チ中央ノ室隅ニアル胎座、中軸胎座モ同ジ。

越年果 (Biennial fruit)　二年果ト同ジ。

遠心的 (Centrifugal)　中心ヨリ漸次遠ザカル樣ニ動クモノヲ云フ。莖枝ノ頂端ニ花ヲ着ケルモノ即チ花序ニ於テハ往々此ノ遠心ノ狀態ヲ呈シ、順次中央ヨリ外ヘ向ヒ花ヲ開クモノヲ云フ。

枝 (Branch)　胚ノ幼芽ガ正統ニ成長セシ主幹ヨリ分生セルモノニテ、其ノ分生セル枝ヨリモ亦枝ヲ生ジテ幾回モ重複ス、腋生芽若クハ不定芽ノ發達シタルモノ。

液汁 (Juice=Sap)　生植物ノ汁、中ニハ色アルモノモアリ。

オ

凹入ノ (Concave)　中央ニ窪ミタルモノ。

凹頭ノ (Emarginate)　さくらノ花瓣ニ於ケル如ク、其ノ頭端ガ凹狀ヲナスモノ。葉片花瓣等ノ扁平體ニノミナラズ、果實ニモ用ヰラル。

橫裂 (Transverse dehiscence)　橫ニ裂ケ割レルコト。

カ

下底 (Base)　諸器官ノ基脚部ヲ稱ス。脚部、基脚又ハ基部モ同ジ。

下垂ノ (Pendulous)　下ニ垂ル、モノ。

下曲ノ (Reclined)　上方ヨリ下方ニ曲リタルモノ。

下向ノ (Inferior)　胚ノ胚軸ガ果實ノ基部即チ底部ニ向フモノ。

下位萼 (Inferior calyx)　花床ヨリ直接ニ生ズル萼ニシテ、子房ノ下ニ位スルモノヲ云フ。此ノ場合、子房ハ所謂上位子房ヲナス。

下位瘦果 (Cypcela)　二心皮ガ合生シタル一子房ニ於テ只一箇ノ卵子ノミ存シ、一種子ガ、完全ニ發育シテ獨占狀ヲナシタル瘦果ニシテ、きく科植物ノ果實ハ是レナリ。而シテ下位ヲ成ス。

下位子房 (Inferior ovary)　子房ガ萼片ヤ花冠ヨリモ下方ニ着生セル狀態ヲ云フ。即チ子房ガ萼筒ノ内壁ニ着生スルカ、或ハ花床内ニ埋没セル場合ニ用フ。なし、りんごノ如キハ花床ガ壺狀ヲナシ子房ハ其ノ内ニ

入ッテ所謂下位ヲ占ム。

外卵皮 (Primine)　卵子ノ外皮。

外種皮 (Testa＝Episperm)　種子ノ外皮。

外果皮 (Epicarp)　果皮ノ外層。

外曲ノ (Recurved)　外方ニ彎曲セルコト。

外旋ノ (Revolute)　葉芽中ニ於ケル葉襞ノ一種ニシテ、葉片ノ兩緣ヲ中脈ノ向ヒテ外方ニ卷旋スルモノ、つつじ、ぎしぎしノ嫩葉ニ於テ其ノ好例ヲ見ル。

外出ノ (Exserted)　他ノ器官ヲ超エテ斗出スルコト、超出モ同ジ。

外向ノ (Extrorse)　雄藥ノ葯ノ向方ニ就キテノ名ニテ即チ葯ガ花被ノ方ニ向キ開裂スルヲ云フ。あやめ、もくれん、らふばい等ノ葯ハ是レナリ。

外向鑷合襞ノ (Reduplicate valvate)　鑷合襞ヲナス各片ガ其ノ緣端外方ニ向ヒ其ノ內側ヲ以テ相接スルモノ。

外觀 (Outline)　總括的外形ヲ云フ。記相上ニ必要ナルモノ、即チ輪廓ト云フニ同ジ。

外花蓋 (Outer perianth)　花蓋ノ項ヲ見ヨ。

花 (Flower)　種子植物ノ生殖器官ノ總稱。

花冠 (Corolla)　花瓣全體ノ總稱。

花爪 (Unguis＝Ungula＝Claw)　なでしこ、あぶらな等ノ花瓣ノ狹長ナル部分ヲ云フ。

花托 (Receptacle)　花床ヲ見ヨ。

花軸 (Rachis)　總狀花序等ニ於ケルガ如ク花梗ヲ發生スル莖ハ其ノ花穗ノ中央軸ト呼ブ。

花梗 (Peduncle)　花ヲ着生スル柄狀莖ヲ云フ。ゑんどう、あぶらな等ノ花ニ著例アリ。

花喉 (Throat)　なでしこ、けふちくたう等ノ花冠ニ於ケル如ク、筒狀部ノアルモノニハ、其ノ筒狀部ノ入口ヲ稱シテ此ノ語ヲ用ウ。

花絲 (Filament)　雄藥ニ於テ葯ヲ着ケル柄狀體ヲ云フ。

花序 (Inflorescence)　莖枝ニ花ヲ着生スル狀態ニ或ル規律アルモノトシ、是ヲ特ニ花序ト稱ス。即チ變態分枝法ノ一事ニテ、或ルモノハ單一ノ花ガ莖枝ノ頂端ニ生ジ、或ルモノハ只葉腋ニノミ生ズ。花序ノ判定ニハ種々ノ議論アリ。

花襞 (Æstivation)　蓓蕾中ノ花器ノ位置。

花床(花托) (Receptacle＝Torus)　莖枝ノ頂端ガ特ニ節間短縮シ、所謂花葉(蕚・花瓣等)ヲ着クル部分ヲ云フ。

花冕 (Corona)　花中ニアル冠冕狀ノ附屬器官。花瓣上或ハ花ノ花喉ニアリ。むらさき科并ニせんのう屬ノ植物ニ其ノ例アリ。

花盤 (Disk)　まさき、にしきぎ、繖形科植物等ニ於テハ花柱ヲ圍ミテ盤狀體アリ、其ノ他ノ植物ニハ一種ノ形狀ヲ呈シ、或ハ蕚筒ノ內面ニ在リ、或ハ子房ノ腰部ヲ周匝シ、而シテ蜜液ヲ分泌ス。花盤ト稱ス。

花蓋 (Perianth)　蕚ト花冠トハ通常其ノ外觀ヲ異ニシ一見直チニ區別シ得レドモ、中ニハ兩者同形同色ニテ一樣ニ見ユルコト、ゆり、するせん、ひがんばな等ニ於ケルガ如キモノアリ。此ノ如ク外觀一樣ナルトキニ便宜ノ爲メ其ノ蕚ト花冠トヲ打シテ一體ノモノト見做シ、之ヲ花蓋ト呼ブ。而シテ此ノ場合ニハ蕚ヲ外花蓋 (Outer perianth) 花冠ヲ內花蓋 (Inner perianth) ト稱ス。

花粉 (Pollen)　雄藥ノ葯ヨリ釋出スル粉狀體ノモノ、有性生殖ヲ營ムベキ小胞子トシテ單細胞ヨリ成レルモノ、大サト形狀トハ植物ノ種類ニヨッテ一樣ナラズ。

花粉塊 (Pollinia＝Pollen-mass)　らん科、ががいも科等ノ植物ニ見ルガ如ク花粉ガ塊狀ニ團集セルモノヲ云フ。

花粉塊柄 (Caudicle)　らん科、ががいも科等ノ植物ニ於ケル花粉塊ニ着セル小柄ヲ云フ。

花瓣 (Petal)　花被ノ二種ニ區別スレバ蕚ト花冠トナル。花冠ニシテ離生シ、明ニ各一片ニナリ居ルトキハ、特ニ之ヲ花瓣ト稱ス。

花瓣アル (Petalous)　花ニシテ特ニ花瓣ト稱スルモノヲ有スルモノヲ云フ。又有瓣モ稱ス。いばら、なでしこ等ノ花ニハ皆花瓣ヲ具ヘス。

花瓣狀ノ (Petaloid)　色彩アリテ花瓣ノ狀ヲ呈シタルモノ。

花瓣上ノ (Epipetalous)　花瓣ノ上ニ生ズルコト。

花柱 (Style)　子房ノ上ニ連ナリテ狹長ニナ

リ居ル部。

花柱枝 (Style-arms) 花柱ガ上部ニテ分岐セル其ノ枝ヲ云フ。きく科並ニかやつりぐさ科等ノ植物ニ之ヲ見ル。

花冠筒部 (Corolla-tube) 合瓣花冠ノ筒部ヲ云フ。

花後增大ノ (Accrescent) ほほづき、つくばね等ノ萼ニ於ケル如ク、花ガ終リテヨリ特ニ成長增大スルコトヲ云フ。

回旋襞ノ (Contorted) 一方ニ回旋シテ前者前者ニ重ナルモノ。

回旋褶疊襞ノ (Supervolute) 縱ニ褶疊シタル部ガ皆同ジ方ニ向ヒ、横ニ回旋シタルモノ。

果皮 (Pericarp=Seed-vessel) 果實ノ外圍部、即チ成熟セル子房。

果實 (Fruit) 通俗ニハ花咲キテ後出來タルモノヲ一般ニ果實ト云フ。植物學上ニテハ代表的ノ即チ眞正ナル果實ハ子房ガ成熟シテ成レルモノヲ云フ。俳ニ子房ト融合シテ共ニ成熟シタルモノモ共ニ果實ト云フ。りんご, なし, びは, きうり 等ハ其ノ例ナリ。いばらノ果狀壺, 並ニ世人ガ俗稱スルいちぢくノ實, おらんだいちごノ實等ノ食フベキ部分ハ眞正ノ果實ニ非ズ。

果壺 (Perigynium, utricle) すげ屬植物ニ在リテ穎ガ雌蘂ヲ包ミ、囊狀體ヲナスモノヲ特ニ斯ク云フ。

芽襞 (Vernation) 芽中ノ嫩葉ノ排置並ニ形相。

芽鱗 (Bud-scales) 冬芽等ニ於ケル鱗片。

芽狀ノ (Gemmate) 芽ノ形ヲナシタルモノ。

管形 (Tubular) 管ノ形ノモノ。

萼 (Calyx) 明白ニ花部トシテ區別サルル其ノ花部ヲ包被スル片狀體ノ内、顯然トシテ二種ノ別アル場合、其ノ外輪ヲ占ムルモノヲ萼ト云フ。いばら, うめ 等ニ於テハ明白ニ之ヲ認ムルヲ得。萼ハ雌蘂雄蘂ヲ保護スル一種ノ器官ナリト考ヘラル。

萼花 (Calyciflora) 萼ノ筒部存在シテ雄蘂并ニ花冠ガ萼ノ喉口部ニ著生スルモノヲ云フ。にしきぎ, うめもどき 等ノ花是レナリ。

萼片 (Sepal) 萼ヲ形成スル小葉片狀ノモ

ノヲ云フ。離萼ニ於テハ各一片ガ明カニ一葉ヨリ成レルモノヽ如クニ認メラレ、合萼ニ於テハ裂片若クハ邊ノ齒ニ於テ其ノ萼ヲ構成スル片數ヲ知ル事ヲ得。

萼樣ノ (Calyculate) 萼ノ次ニ接シ恰モ第二萼ノ狀ヲ呈セル苞ヲ有スルトキニ云フ。

萼筒 (Calyx-tube) 合萼ノ下部ノ筒ヲナシタル部、假令ヘ短クシテ平タクトモ其ノ互ニ合體セル部ヲ斯ク稱スルナリ。

萼裂片 (Calyx-lobe=Calyx-segment) 合萼ノ裂片。

乾陽性ノ (Apricus) 日光ヨク照射シ、而モ乾燥シ易キ處ニ生ズル植物ノ一習性。

管狀ノ (Tubular) 内部空洞ニテ管ノ形ノモノ。

管狀花 (Tubular-flower) 頭狀花ヲ構成スル管狀ノ花、一ニ盤狀花ト稱ス。

開裂 (Dehiscence) 期至リテ自ラ開キ綻ブコト、葯ノ綻ブコト、并ニ果實ノ開クコトヲ云ヒフ。

開裂果 (Dehiscent fruit) 開裂スル果實。

飄口形ノ (Ringent) 兩唇ヲ開キタル口ノ形ノ如キモノ、張口形モ同ジ。

開出ノ (Patent=Spreading) 其ノ生ズル面ニ直角或ハ略ゞ直角ヲナシテ出ヅルヲ云フ。枝, 葉柄, 毛ナドノ記スルトキニ能ク使用スル術語。

乾膜質ノ (Scarious) 乾質ニシテ薄ク且ッ無色ノモノ。

假葉 (Phyllodia) 他ノ器官ガ葉形トナリテ葉ノ代理ヲ勤ムルモノ也、相思樹ナドノ如キあかしや屬中ノ或ル種類、なぎいかだ, きじかくし, くさすぎかづら, たちてんもんどう 等ハ此ノ例ナリ。

乾腊植物類集 (Herbarium) 乾腊セル植物ヲ蒐集シ、之ヲ一定ノ分類ノ下ニ統ベタル其ノ圍集ヲ云フ。

假種皮 (Aril) まゆみ, つるうめもどき 等ニ於ケル種子ノ如ク、眞ノ種皮ノ外面ヲ被ヘル有色ノ種皮狀ノ被衣ヲ云フ。

假面形ノ (Personate) 兩唇形ノ花冠ガ其中部ニ一ノ突起部ヲ有スルトキノ形ノモノ。

串穿葉ノ (Perfoliate) 莖ガ葉ヲ貫ヌキタ

ル如ク見ユルモノ，コハ葉ノ底部ガ莖ヲ抱キ其ノ邊緣ガ合體セルモノナリ。故ニ莖ガ葉ヲ突キ通シタル如ク見ユ。

合點 (Chalaza)　卵子ガ其ノ卵柄ニ著ケル部分ヲ云フ。

灰白細毛アル (Canescent)　細微ナル毛ニヨリテ灰白色ヲ呈スルモノ。

含乳ノ (Lactescent)　植物體ニ乳液ヲ含有セルヲ云フ。

角質ノ (Corneous)　獸角ノ如キ質ノモノ。

革質ノ (Coriaceous)　さかき，たらえふ，つばき，ひとつば等ノ葉ノ如ク，又或ハ果皮ノ如ク，厚クシテ强靱ナルモノ。

格外ノ (Abnormal)　常規ト考ヘラレ居ル事ニ適合セザルコト。

科生ノ (Rosulate)　一處ニ叢生セルモノ。

核 (Putamen)　うめ，もも，さくら，くるみ，いちご等ノ果實卽チ核果ニ於テ果中ノ最モ堅キ一體ヲ云フ。是レ內果皮 (Endocarp) ナリ。此等ノ植物ニテハ核ハ單ニ一箇ナレドモ，いぬつげ，もちのき，くろうめもどき等ノ果實ニハ數箇ノ核アリ。之ヲ分核 (Pyrenae) ト稱ス，同ジク內果皮ナリ。

冠毛 (Pappus)　たんぽぽ，のげし，あざみ等ノ果實ノ頂端ニ生ズル毛。萼ノ變形シタルモノナリ。

卷鬚アル (Cirrous)　卷鬚 (Cirrus) ヲ有スルモノ。例ヘバゑんどうノ葉ノ如キモノ。

卷鬚 (Tendril)　蔓性植物體ニシテ自體ヲ或ル柱體ニ纏著スル鬚狀物ヲ以テ卷付ク，例ヘバゑんどう，きうり，ぶだう等ニ於ケルガ如ク，葉ノ一部分ガ變形シタルモノ（ゑんどうニテハ小葉，せんにんさうニテハ小葉柄及ビ葉柄，さるとりいばらニテハ托葉等）又ハ枝ノ變形（ぶだう，やまぶだう）等アリ。

卷絡 (Coiling)　卷キツクコト。例ヘバせんにんさうノ葉柄ガ卷鬚ノ代リヲナシ他物ニ卷キツクナドナリ。

隔障 (Septum＝Dissepiment)　數心皮ヲ以テ合生シタル子房若クハ蒴果ニ於テ室ト室トヲ區劃スル障壁ヲ云フ。あさがほノ果實ノ成熟シタルモノヲ見ルベシ。

隔在ノ (Apart)　互ニ相距リテ位置ヲ占メタルコト。

環形ノ (Annular)　圓ク環ノ形ヲナシタルモノ。

蛾形ノ (Papilionaceous)　蝶形ト同ジ。

灌木ノ (Fruticous)　灌木デアル所ノモノ。

灌木 (Shrub＝Frutex)　餘リニ高カラザル木本植物ニシテ，而モ樹幹ガ地面若シクハ地上部ヨリ分枝スルモノ，ちや，つつじ等ノ樹ノ如キ其ノ一例ナリ。

褐色ノ (Brown)　多少紫ガカリタル茶色ノモノ。

塊莖 (Tuber)　じやがたらいもノ食用ニ供スル部ノ如キ塊狀ヲナス地下莖ノ一種ヲ云フ。之ガ地下莖ノ一種ナル事ハ，體上ニ葉ノ變形セル鱗片ト其ノ腋ニ芽トヲ有スルコトニヨリテ知ラル。

擴張ノ (Dilated)　擴ガリタルモノ。

感動ノ (Irritable)　物ニ觸レテ忽チ動クコト。

蓋果 (Pyxis)　おほばこ，どきづる，すべりびゆ，るりはとべ等ノ果實ノ如ク蓋ガ取リ去ラレルヤウ開裂スルモノヲ云フ。

稈 (Culm)　中空有節ノ莖。たけ，おほむぎ等ノ如キ禾本科植物ノ莖ヲ特ニ稈ト云フ。

寡少ノ (Scanty)　數ノ極メテ少キモノ。

蠍尾狀緊織花 (Scorpioid cyme)　花序ノ一種ニテ一側ニ花ヲ著ケ，始メ拳曲式ニ卷ケルモノ，たびらことノ花穗ノ如キハ一例ナリ，發達上ヨリ云フ時ハ一花偏側生歧織花序トモ云フベキモノナリ。

牙齒ノ (Dentate)　橫方ニ向フタル齒片アルモノ。

靴形ノ (Slipper-shaped)　すりつば一形ノモノ。

殼斗 (Cupule)　おほなら，こなら，みづなら，くぬぎ等ノ果實ノ基部ニ著ケル猪口狀ノモノヲ云フ。總苞ノ變形セルモノナリ。

殼斗果 (Acorn)　殼斗ヲ有スル果實。かしなら，しひ，くぬぎ等ノ果實ハ其ノ例ナリ。

殼斗狀器 (Cupule)　殼斗ノ形ノ器官。

殼片開裂 (Valvular dehiscence)　果實ナドノ殼片ニヨリテ開裂スルモノ。

殼片 (Valve)　蒴果ノ開裂片ヲ云フ。

キ

求頂ノ (Aeropetal)　所謂無限花序ニ於ケル如ク，下部ヨリ上部ニ進行スル狀態ヲ云フ。

求心的 (Centripetal)　無限花序ノ開花ノ如ク，中心ニ向フテ進行スル狀態ヲ呈スルヲ云フ。

距 (Spur＝Calcar)　すみれ，むらさきけまん，をだまき等ノ花ニ於ケル如ク，其ノ背後ニ鳥ノ距ノ如ク突起シタルモノヲ云フ。其ノ內部ニハ通常多ク甜液ヲ有ス。

距形蜜槽 (Spurred nectary)　距狀ヲナシテ斗出セル蜜槽。

岐出ノ (Diverging)　末益々分レテ出ヅルモノ。

吸枝 (Sucker)　地下ノ本莖ヨリ萌出スル芽苗。

曲縮ノ (Crinkled)　曲リ屈ミテ縮ミタルモノ。

氣中植物 (Air plants＝Aerial Plants ＝Epiphytes)　地上ノ物體ニ著生シ植物體全部ヲ氣中ニ晒セル植物體。ふうらん，せきこく等ノ如シ。

氣中生ノ (Aerial)　空氣中ニアルモノ。

氣生植物 (Aerial plants)　氣中植物ト同ジ。

奇數羽狀ノ (Odd-pinnate)　羽狀葉ノ頂端ニ一片ノ小葉ヲ著ケルモノ。

逆向ノ (Retrorse)　下ニ逆ニ向フコト。やへむぐら，あかねノ莖ノ小刺ナド此ノ例ナリ。

逆向羽裂ノ (Runcinate)　羽裂セル裂片斜メニ下方ニ向ヒタルモノ。

逆刺尖アル (Retrorse-spinulose)　逆向セル小尖刺アルモノ。

記名法(命名法) (Nomenclature)　植物若クハ動物ノ名稱ヲ學術的ニ定ムルニ，瑞典ノりんね氏ガ約二百年前ニ於テ屬 (Genus) ヲ先頭ニシ，次ニ種 (Species) ヲ考定シ，而シテ終リニ考定者ノ署名ヲ必要トセリ。是ヲ二命名法ト稱ス。現行ノ記名法ハ卽チ是ナリ。

急曲ノ (Bent abruptly)　突然急ニ屈曲セルモノ。

球莖 (Corm)　圓キ實セル球形ノ地下莖，一ニ實質鱗莖(Solid bulb) ト稱ス。こんにやく，てんなんしよう，からすびしやくノ地下ノ塊ニ卽チ是ヲレナリ。

球形ノ (Spherical＝Globose)　立體球ノ如キ形狀。

球體 (Sphere)　立體球ノ如キモノ。

寄生ノ (Parasitic)　他ノ植物ノ上ニ生ジ，其ノ寄主ヨリ養液ヲ取テ生長スルモノ。

喬木 (Tree)　喬木ノ (Arboreous)　數丈ニ成長スル樹。

基部 (Base)　下底ト同ジ。

基脚部 (Base)　基部ト同ジ。

脚部 (Base)　基部ト同ジ。

莢果 (Legume)　ゑんどう，そらまめ，なんきんまめ，さゝげ，さいかち等ノまめ科植物ノ果實ヲ云フ。果實ノ成熟後心皮ノ縫線ニ於テ開裂スルヲ常態トス。

毬果 (Cone＝Strobile)　まつ，すぎ，ひのき等ノ果實ノ如ク鱗片ニテ種子ヲ覆ヘルモノ。

橡果 (Pome)　不開裂果ノ一，外部ハ花床幷ニ蕚筒癒著シ，多肉果トナルコト，りんご，なしノ如キモノ。

狹長ノ (Slender)　狹ク長キモノ。

鋸齒ノ (Serrate)　葉ノ如キ扁平ナル部分ノ緣邊ニ於ケル形狀ノ一，鋸ノ齒ニ似タル刻ミアルモノ，けやきノ葉緣ノ如キ其ノ例ナリ。

僞果 (Pseudocarp)　橡果ノ項ヲ見ヨ。

旗瓣 (Vexillum)　ゑんどう，そらまめ，ふぢ等ノ花ニ於ケル最モ闊大ナル上部ノ一花瓣。

螫毛 (Stings)　螫毛ヲ見ヨ。

ク

屈曲ノ (Curved)　曲リテ眞直ニアラザルモノ。

偶數羽狀ノ (Equally pinnate＝Abruptly pinnate)　羽狀葉ノ末端ニ頂生ノ一小葉ナキモノ。

ケ

欠形ノ (Ringent) 欠ヲ爲セルロノ如ク，其ノ兩脣ヲ開キタル形ノ如キモノ，張口形ト同ジ。

堅果 (Nut=glans) かし，しひ，くり等ノ果實ノ如ク，果皮堅固ニシテ成熟スルモ開裂スル事ナク，而モ乾燥シタルモノ。

劍形ノ (Ensiform=Ensate) あやめ，はなしやうぶ，たうしやうぶ等ノ葉ノ如キ形狀ヲ云フ。即チ刀劍ノ形狀ヲ呈スルモノ。

顯著ノ (Conspicuous) 大キクシテ著シク見ユルモノ。

缺刻アル (Incised) 深ク刻マレテ大小不齊ノ尖齒トナルモノ。

弦月形ノ (Lunate) 弦月ノ形ノモノ。

舷部 (Limb) 合瓣花冠等ノ外緣部ヲ稱ス。筒部，花喉ヲ除キテ其ノ外ノ緣部ナリ。又時トシテハ花瓣面竝ニ葉片ニモ此ノ名ヲ用フ。

傾斜ノ (Declinate) 斜メニ傾キタルモノ。

傾下ノ (Declinate) 斜上セルモノガ上部漸次ニ下方ニ傾下スルモノ。

傾下著ノ (Pendulous) 葯ニ就テ言フ，いちやくさう類ノ夫レノ如ク上端ヲ以テ附著シ而シテ下ニ懸垂スルコト。

絹毛ノ (Sericeous) 絹絲ノ如キ毛ノモノ。

戟形ノ (Hastate) 底部ノ耳，尖リテ横ヲ指スモノ。

拳曲ノ (Circinate) 一ニ盤旋ト云ヒ，拳ノ如ク內方ニ卷キ込ミタルモノ。

懸瘦果 (Cremocarp) せり，にんじん，ししうど等ノ果實ノ如ク，成熟スレバ二箇ノ小果ニ分離シテ果軸ニ懸垂スルモノ。

懸垂ノ (Suspended) 眞上ヨリ垂ルルモノ，直垂ニ同ジ。

鎌形ノ (Falcate) 草刈鎌ニ似タルモノ，ゆうかり樹，竝ニしだ類等ニハ此形狀ノモノアリ。

楔形ノ (Cuneiform=Cuneate) 上部廣ク下部漸次ニ狹クナリ恰モ木匠ノ使用スル楔ノ側面ニ似タル形ヲ云フ。葉ノ下部ノ形狀ニ往々之ヲ見ル。

コ

五數ノ (Pentamerous) 五ノ數ノモノ。

五數花 (Pentamerous flower) 花器皆各々五ノ數ヲ以テ構成スル花。

五尖裂ノ (5-fid) 五ニ尖裂セルモノ。

五淺裂ノ (5-lobed) 五ニ淺裂セルモノ。

五深裂ノ (5-parted) 五ニ深裂セルモノ。

五齒アル (5-toothed=5-dentate) 瓣端ナドガ五ノ小キ齒ニ分裂セルモノ。

五雌蘂ノ (Pentagynous) 五箇ノ雌蕋ノモノ。

互生ノ (Alternate) 互ヒ違ヒニ出デタルモノ。

孔裂 (Porous dehiscence) 孔ヲ以テ開裂スルモノ。

孔阜 (Strophiole) 種孔ヨリ起リテ高クナリタル細胞ノ隆起。

孔竅開裂 (Porous dehiscence) 小孔ヲ以テ開裂スルモノ。

合瓣 (Sympetal) 花瓣ノ合生シタルモノ，あさがほ，ききやうノ花瓣ノ如シ。

合瓣ノ (Gamopetalous) 合瓣ヲ有スルモノ。

合葉ノ (Gamophyllous) 合體セル葉片ヲ以テ成リタルトキニ斯ク云フ。

合蕚ノ (Symsepal) なす科，ごまのはぐさ科植物ニ於ケル蕚ノ如ク，蕚片ガ合體シ居ルモノヲ云フ。

合著ノ (癒著ノ) (Coherent=Connate) 同性器官ガ隣接セル二箇以上互ニ發育ノ初期ヨリ其ノ組織連結癒合シ，一體トナレルモノヲ云フ。Coherent ハ此ノ如ク同器ノ合著ヲ云ヒ，之レニ對シテ Adherent ハ異器ノ合體スルヲ云フ。

合點 (Chalaza) 卵子ノ皮ト胚珠即チ所謂珠心ト合體セシ場所。

合生子房 (Coalescented ovary) 子房ノ合生シタルモノ，おとぎりさうノ子房ノ如キモノ。

交叉生ノ (Decussate) 正シク左右ニ對生シ層ナレバ，十字ノ形ニ見ユルモノ。

交三覆瓦襞ノ (Triquetrous) 三片ヲ以テ成リ，一片外ニ位シ，一片內ニ位シ，其ノ

中間ニ一片アルモノ。

交五覆瓦襞ノ (Quincuncial) 五片ヲ以テ成リタル單純ノ覆瓦襞、其二片ハ外ニ位シ、又二片ハ内ニ位シ其中間ニ一片アルモノ。

光澤アル (Shining) 平滑ニテ光澤ノアルモノ。

高山性ノ (Alpine) 溫度低ク氣候ハ激變シ、而シテ日射力强ク、日照時長ク、而モ比較的乾燥シ易キ高山ニアリテ、ヨク繁茂スル植物ノ特性ヲ云フ。又或ル場合ニハ高山ニ於ケル通有性(例ヘバ前述ノ如キモノヲモ)ト云フ。

咬斷狀ノ (Premorse) 突然終止シテ恰モ咬ミ切リタル如キモノ。

根莖 (Root stock=Rhizome) 地下ノ莖ニテ土中ヲ横行シ、根樣ヲ呈スルモノ。其ノ體ヨリ眞ノ細根ヲ發出ス。先端ハ地上ノ莖トナリ、花竝ニ葉ヲ生ズルヲ通常トス。

根數 (Radical number) 原ニナル數、ぺんけいさうノ花ハ其ノ之ヲ構成スル器官ガ五ノ根數ヲ有スルモノナリ。

根生ノ (Radical) 地上部ノ基脚卽チ根モト竝ニ地下ノ莖部ヨリ生ジテ地上ニ出デシモノ。

骨質 (Osseous) 骨ノ質ノモノ、じゆずだまハ其ノ一例ナリ。

後面ノ (Posterior) 花軸ニ對スル位置ヲ明カニ表示スルニ用フル語。卽チ正當ニ其ノ花ガ花軸ニ面スル部位ヲ云フ。此ノ後面ト反對ノ方ヲ前面 (Anterior) ト稱ス。

廣橢圓形ノ (Oval) 橢圓形(Elliptical) ノ廣キモノ。

廣橢圓體ノ (Ovoid) 廣橢圓形ノ體ヲナセルモノ。原語ハ卵形體ト同樣。

黃褐色ノ (Tawny) 黃色ヲ帶ビタル褐色ノモノ。

硬點 (Callosity) 葉丼ニ花瓣ノ邊緣ナドノ硬結點。

硬尖面ノ (Muricate) 硬尖アリテザラザラシタルモノ。

硬尖糙澁ノ (Strigous) 尖リタル硬毛ノ密生セルモノ。

壺形ノ (Urceolate) あせび, どうだんつつじ等ノ花冠ノ如ク壺ノ如キ球狀ヲナセルモノ。

構成 (Plan) 花ナドノ構成。

棍棒形ノ (Clavate) 頭太キ棒ノ形ノモノ。

袴狀托葉 (Ochreae) たで科植物ニ於ケル如ク托葉ガ葉枝ヲ包圍シテ鞘狀ヲナスモノ。

蓇葖 (Follicle) ぼたん, しやくやく, とりかぶと, しきみ, ががいも等ノ果實ノ如ク一心皮ヨリ成レルモノ。腹縫線ノミニテ開裂シ、内部ニ二箇乃至多數ノ種子ヲ有ス。

鼓張形ノ (Inflated) 太鼓腹ノ如ク膨脹シテ圓クナリタルモノ。

跨狀ノ (Equitant) 芽襞ノ一ニシテ、はなしやうぶ, かきつばた等ノ如ク摺合セルモノガ相對シテ二列ニ生ジ、外者ハ内者ヲ掩擁スルモノヲ云フ。

瓠果 (Pepo) 不開裂果ノ一、果皮硬質ニシテ内部ハ柔ナリ。多種子アリ。ぼうぶら, たうなすハ其ノ例ナリ。

穀果 (Grain) 頴果ト同ジ。

莖 (Stem=Caulome) 顯著ナル普通植物體ノ中樞體ヲナセル部分ヲ云ヒ、葉・花・果實ヲ著ケ、又根ヲ生ズル能力アルモノヲ云フ。最モ狹キ意味ニテハ地上ニ生ズル柱狀體ヲ云フ。俳ヲ學術的ニハ通俗ニ解スルモノト少シク異ナリ、生理上及ビ組織系統上ノ事實ヲ基礎トシテ植物體ノ莖部ヲ判定スル事トナス。

莖類 (Herbs) 植物形態學上ノ判定ニヨレル莖ノ系統ニ屬スルモノヲ總括シテ云フ。尋常莖ト變形シタル莖トアリ。

莖生ノ (Cauline) 莖ノ地上部ヨリ出ダセシモノ。

鉤形ノ (Hamate=Hooked) かぎかづら, やへむぐら等ノ葉及ビきんみづひきノ果實等ニ生ゼル下方ヲ向キタル鉤狀體ヲ云フ。

サ

三裂 (Trifid) 三ツニ分裂セルモノ。

三尖裂ノ (Trifid) 三ツニ尖裂セルモノ。

三淺裂ノ (Trilobate) 葉片ガ淺ク三ツニ分裂セルモノ。

三深裂ノ (Tripartite) 三ツニ深ク分裂セ

ルモノ。

三三深裂ノ (Trimerous-tripartite)　葉片ナドガ三深裂ヲ三重重ヌル事ヲ云フ。即チ最初三深裂シタル一部ガ再ビ三深裂シ、ソノ一小部ガマタ三深裂セル狀態ヲ云フ。

三出ノ (Ternate)　三葉ノ (Trifoliate) ト同ジ。

三葉ノ (Trifoliate)　はぎ、くず、さゝげ、うまごやし等ノ葉ニ於ケル如ク三小葉ヨリ成レル形狀ヲ云フ。

三小葉ノ (Trifoliolate)　小葉三片アル複葉、かたばみ、はぎ、みつばあけび等ノ葉ハ一例ナリ。

三列生ノ (Tristichous)　三列ニ排ラブコト。

三主脈ノ (Tripli-veined=Triplinerved)　三條ノ大ナル主脈アルモノ、にくけい、しろだも等ノ葉ヲ其ノ好例ナリ。

三稜ノ (Triquetrous)　銳稜ヲ有スル三角柱形ノモノ。

三稜形ノ (Triangular)　三ツノ稜角ノアルモノ。

三稜跨狀ノ (Triquetrous)　三方ヨリノ跨狀ニテ三稜ヲ呈セルモノ。

三稜柱狀ノ (Prismatic)　三稜アル柱形ノモノ。

三體ノ (Triadelphous)　三ヶ集合セル體ヲナセルモノ。

三數ノ (Trimerous)　三ツノ數ノモノ。

三角形ノ (Deltoid)　いしみかは葉ノ外形ノ如ク三角形ヲナセルモノヲ云フ。即チ三角形ヲ標準ニシテ植物體ノ諸部ノ形狀ヲ判定シタル術語。

三羽狀ノ (Tripinnate)　葉片ガ羽狀ニ分裂スル事三回即チ最初羽狀ニ分裂シタル裂片ガ又羽狀ニ分裂シ、其小羽片ガ又々羽狀ニ分裂セルモノしだ類ニ例多シ。

三掌狀ノ (Tripalmate)　三回ニ重複セル掌狀ノモノ。

三數花 (Trimerous flower)　花器皆各々三ノ數ヲ以テ構成スル花。

三齒アル (3-toothed=3-dentate)　鰭端ナドガ三ツノ小サキ齒ニ分裂セルモノ。

三雌蘂ノ (Trigynous)　三箇ノ雌蘂ノモノ。

三層皮ノ果實 (3-coated fruit)　果皮ノ織質ガ三層トナリタル果實。

叉狀ノ (Furcate=Forked)　一點ニ於テ同樣ナルモノニ兩岐スル狀態ヲ云フ。ぜんまい、いてふ等ノ葉ノ側脈ニ於ケルハ、其ノ例ナリ、叉分ト同ジ。

叉分ノ (Furcate=Forked)　平等ニ兩岐セルモノ、叉狀ト同ジ。

叉狀脈 (Forked vein)　葉脈ガ叉狀ニ分レタルヲ云フ、ぜんまい、いてふ等ノ葉脈ハ即チ是レナリ。

左右平扁ノ (Compressed)　左右兩側ヨリ壓扁セラレタルモノ。

左右相稱ノ (Zygomorphic)　即チ兩側等勢 (Bilateral symmetry) ヲナスモノ、ゑんどう、きり、ごま、等ノ花冠ノ如ク、中點ヲ貫ク假線ヨリ下テ同樣ノ二半面ニ分チ得ルハ只一方向アルノミナルヲ云フ。

左繞 (Dextrorse)　纏繞莖ガ或ル支柱物ニ、纏ハル場合ニ、あさがほノ如ク、東北西南ノ方向ニ發育スルモノヲ云フ。即チ左ヘ左ヘト卷キツヽ生長シ行クナリ、是レ通語ノ左卷キニシテ、時計ノ針ノ進ムノト反對ノ方向ヲ示ス。原語ノ Dextrorse ハ右ト云フ字ト同轉ト云フ字ガ合シテ成レルモノニシテ、文字通リ譯セバ右繞トナルベケレドモ、其ノ意味ハ右ヨリ左ニ同轉スルコトナリ。故ニ日本ノ慣語ニテ言フトキハ、左卷キ即チ左繞ナリ。即チ西洋ニテハ上ノ「右カラ左ヘ」ノ上半ヲ用キテ右ヨリ廻リ來ル意ニテ呼ビ、我ガ邦ニテハ其ノ下半ヲ用キテ左ヘ廻リ去ル意ニテ呼ブナリ。

再羽狀ノ (Bipinnate)　第一ノ羽片ガ再ビ羽狀ニ分レ第二ノ小羽片ニナリタルトキノモノ。

再掌狀ノ (Bipalmate)　掌狀ノ分片更ニ再ビ分レテ掌狀ヲ呈セシモノ。

散生 (Sparse)　散在シテ生ゼルモノ。散生花、散生葉ノ例アリ。

細脈 (Veinlets=Venules)　支脈或ハ主脈ヨリ分レタル細小ナル小脈。

細長ノ (Slender)　瘦セ長キモノ。

細微ノ (Minute)　極メテ細小ナルモノ。

細毛アル尾 (Tail pubescent)　細毛ノ生ジ
居ル尾。

細軟毛アル (Downy)　植物體ノ表面ニ於テ
細微ノ柔軟毛ヲ布クモノヲ云フ。はとべ、
おきなぐさ、すはまさう等ノ幼芽ハ其ノ例
ナリ。

細點アル (Punctate)　葉花瓣其ノ他ノ部分
ニ於テ點狀ノ斑紋若クハ透明斑點アルヲ云
フ。みかんノ葉、いたどりノ嫩キ莖等ハ其
ノ例ナリ。

細刺尖アル (Barbed)　尖リタル細カキ刺
アルモノ。

細截痕アル (Scarred)　かやつりぐさ科ノ
ひでりこ屬植物ニ見ル如ク其ノ小穗ノ小軸
面ニ刻ミ目ノ樣ニ穎ノ脱落セル痕跡アルガ
如キモノ。

細牙齒ノ (Denticulate)　細小ナル牙齒ノア
ルモノ。

細鋸齒ノ (Serrulate)　葉等ノ緣邊ノ形狀ニ
テ細小ナル鋸齒ノ如キ刻ミアルモノ。

細胞質ノ (Cellular)　細胞粗大ニシテ、明カ
ニ此ヨリテ成リタルコトニ見ユルモノ。

雜居花 (Polygamous flower)　一種ノ植物
ニシテ兩性花ト單性花ヲ有スルモノアリ。
此ノ如キ花ヲ總稱シテ斯ク云フ。

錯道質ノ (Ruminated)　蟲ノ物ニ喰込ミシ
如ク不齊ニ亂レ込ミタルガ如キ質ノモノ。

繖形花 (Umbel)　花軸ノ花ヲ著クル部分ノ
節ガ極度ニ短縮シ、恰モ莖ノ頂端ヨリ殆ド
同長ノ花梗ガ簇生セル樣ヲナセル花序ヲ云
フ。單繖形、複繖形ニ樣アリ。

繖形ノ (Umbellate)　繖形ニ構成スルヲ云フ。

繖房花 (Corymb)　主軸ヨリ生ズル側生花
梗ノ上面ガ一樣ニ平坦狀ヲナスカ、或ハ多
少凸面ヲナスモノニテ其ノ構造ハ總狀花穗
ト同ジ。

繖房花ノ (Corymbose)　繖房花序式ノモノ
ヲ云フ。

蒴果 (Capsule)　果實ノ一種ニテ二箇以上
ノ心皮ノ合成シタル子房ガ成熟セルモノ、
果皮ハ乾燥シテ開裂性ノモノヲ云フ。其ノ
開裂法ハ植物ノ種類ニヨリテ異ナル。

撒開ノ (Diffuse)　四方ニ平タク擴ガルモノヲ云フ。

茶褐色ノ (Fulvous)　赤色ト暗色ト黄色ト
ガ混合セシ色。

シ

十字花冠 (Cruciform corolla)　花冠ガ離生
シタル四枚ノ花瓣ヨリ成リ、而モ夫等ノ四
片ガ十字狀ニ排列セル花ヲ云フ。あぶらな、
だいこん等十字科ノ花ニ著シキ一例ナリ。

十字對生ノ (Branchiate)　開出セル對生ノ
枝アルモノ、上ヨリ見レバ其ノ枝ガ十字形
ニ層スルモノ。

小舌 (Ligule)　禾本植物ノ葉鞘ノロニアル
特別ノ小片。

小花 (Floret)　きく、まつむしさう等ノ如
ク多數ノ花ガ密緊ヒ、恰モ一大花ノ如クナ
リタル場合、其ノ單花ヲ小花ト稱ス。

小尾 (Caudal)　種子其ノ他ノモノニ聯生
セル小形ノ尾狀體ヲ云フ。

小軸 (Rachilla)　禾本科、かやつりぐさ科
植物ノ小穗 (Spikelet) ノ中軸。

小苞 (Bracteole＝Bractlet)　花ニ最モ接近
セル最上ノ苞ヲ云フ、即チ小梗ニアルモノ
是レナリ。

小苞アル (Bracteolate)　小苞ノアルコト。

小粒アル (Tuberculate)　小サキ粒狀ノ突起
多キコト。

小葉 (Leaflet)　複葉ヲ構成スル分片ヲ云フ。
普通節ヲ以テ葉軸ニ接合ス。其ノ小葉ノ腋
ヨリハ決シテ出芽スル事ナシ。

小穗 (Spikelet)　一般ニ禾本科幷ニかやつ
りぐさ科ノ花穗ハ重複ス。其ノ最終ノ一部
分ヲナス小サキ穗狀體ヲ小穗ト稱ス。小穗
ハ或ハ只一個ノ花ノミ完全ニ發達セルモノ
アリ、又ハ數個ノ花ガ發達セシモアリ、禾
本ノ小穗ニハ下部ニ常ニ穎ヲ具フ。

小瘤アル (Tubercular)　其處此處ニ小瘤ノ
アルモノ。

小刺尖ノ (Spinulose)　尖リタル小キ刺ノ
形ノモノ。

小花梗 (Pedicel)　又小梗トモ稱ス、花穗中
各々ノ花ヲ支フル柄ヲ云フ。

小羽片 (Pinnule)　羽片 (Pinna) ノ分裂シタ
ル各片、即チ第二羽片ヲ云フ。

小托葉アル (Stipellate)　恰モ葉ニ托葉ガアル
ト同ジク，複葉ナル小葉ニ托葉アルヲ云フ。

小總苞 (Involucel)　繖形科植物ニにんじん
等ノ重複シタル繖形ノ花序ヲナスモノ，其
ノ小繖形花ニ於ケル總苞ヲ小總苞ト稱ス。

小塊節アル (Nodulous)　諸處ニ小塊ヲナセ
ル節アルモノ。

小鱗莖(珠芽) (Bulblet)　おにゆり，ともち
まんねんぐさ等ノ地上莖ニ一在ル葉腋ニ生ズ
ル鱗莖式ノ小體ヲ云フ。

少數ノ (Few)　二三箇ノ少數ノモノ。

七數ノ (Heptamerous)　七ノ數ノモノ。

七數花 (Heptamerous flower)　花器皆各
々七ノ數ヲ以テ構成スル花。

七淺裂 (7-lobed)　七ニ淺裂セルモノ。若
シ九ニ淺裂スルトキハ九淺裂ト云フ。

七深裂 (7-parted)　七ニ深裂セルモノ。
若シ九ニ深裂スルトキハ九深裂ト云フ。

七尖裂 (7-fid)　七ニ尖裂セルモノ。若シ
九ニ尖裂スルトキハ九尖裂ナリ。

子葉 (Cotyledons)　胚ニ有スル第一ノ葉。
通常二片アリ又一片又ハ數片ノモノアリ。

子房 (Ovary)　雌蘂ノ一部分ニテ卵子ヲ包
藏セル處。

子房上位ノ (Superior)　子房ノ上ニ生ゼシ
モノニテ，子房上生ト云フニ同ジ。

子房半下位ノ (Half-inferior)　半度ノ下位
ニテ萼ナドガ子房ノ上部ヲ殘シテタダ下部
ニノミ合著セルトキ斯ク云フ。必竟半上位
(Half-superior) ト云フニ同ジ。

子房上生ノ (Epigynous)　子房ノ上ニ生ジ
タルモノ，元來ハ子房ノ下ニアルベキナレ
ドモ，其ノ下部ガ子房ノ周圍ニ癒合シテ上
リ，其ノ上頭ニ至リテ子房ト離レ居ル故其
ノ狀恰モ子房ヨリ出デタル狀ヲナス。

子房下生ノ (Hypogynous)　子房ノ下ニ生
ジタルモノ。

子房周圍生ノ (Perigynous)　子房ノ外壁ト
花床若クハ萼筒トガ殆ド全部合著シタル場
合，雄蘂若クハ花被等ノ位置ヲ表示スルニ
此ノ語ヲ用ウ。ゆきのした，うつぎ等ノ雄
蘂ノ位置ヲ即チ是レナリ。

子房下生花冠 (Hypogynous corolla)　子

房トノ比較ニヨリテ上下ヲ別チ，子房ノ下
位ニ位セル花冠ト云フ意味。即チ子房ハ花
冠ノ著生セル部處ヨリモ上方ニ著生セル狀
態ヲ云フ。

子囊群 (Sorus)　囊堆ヲ見ヨ。

支柄 (Stalk)　何ノ器官ニテモ之ヲ支持ス
ル柄ヲ斯ク云フ。

支脈 (Veins)　中脈或ハ主脈ヨリ分派ス
ル枝脈ヲ云フ。

上向ノ (Superior)　胚ノ胚軸ガ果實ノ頭末
ノ方ニ向フモノ。

上向刺尖アル (Antrorse-spinulose)　前方
ヲ指ス小尖刺アルモノ。

上位子房 (Superior ovary)　子房ノ位置
ガ雄蘂若クハ花冠等ノ上部ニアル時ニ云
フ。上位ニアル子房ト云フ意。此ノ場合，
雄蘂，花冠，萼ハ下位ニアリテ，子房下位
即チ子房ノ下位ト稱ス。

上生萼(上位萼) (Epigynous calyx＝Sup-
erior calyx)　りんご，あかばな等ノ花ニ
於ケル萼ノ如ク，子房ノ上位ヲ占ムルモノ
ヲ云フ。

上達幹 (Excurrent)　すぎ，もみ等ノ如ク
梢末マデ達スル幹ヲ有スルモノ。

四胞ノ (Four-celled)　四室ノモノ。

四數ノ (Tetramerous)　四ノ數ノモノ。

四數花 (Tetramerous flower)　花器皆各々
四ノ數ヲ以テ構成スル花。

四强ノ(四長二短ノ) (Tetradynamous)　十
字科植物ノ花ニ於ケルガ如ク六本ノ雄蘂ノ
中二本ダケ短ク，四本ガ長キヲ云フ。

四角形ノ(四稜形ノ) (Quadrangular)　四
角ノ形ノモノ。

四齒アル (4-toothed＝4-dentate)　齶端ナ
ドガ四ツノ小サキ齒ニ分裂セルモノ。

四雌蘂ノ (Tetragynous)　四箇ノ雌蘂ノモノ。

四長二短ノ (Tetradynamous)　四强ノト同
ジ。

主根(直根) (Tap-root＝Axial root)　胚ニ
於ケル幼根ノ直系ニ屬スルモノヲ云フ。に
んじん，かぶ，だいこん等ノ根ハ其ノ著例
ナリ。

心皮 (Carpel)　卵子ヲ生ズル所謂大胞子葉

ノ一種ニシテ、卵子ヲ全ク包藏スルモノナリ。即チ子房ヲ構成スル胞子葉ヲ表示ス。

心臟形ノ (Cordate＝Cordiform)　しなのき，たちつぼすみれ等ノ葉ノ如ク，恰モとらんぷノはーとノ紋ニ似タル形狀ヲ有スルモノ。

枝生ノ (Ramal)　枝ニ出テシモノ。

枝分幹 (Solvent＝Deliquescent)　枝ニ分レ了セル幹ヲ有スルモノ。

自立生ノ (Free)　自體ガ他ノ體ト聯著スル點ナク全然自ラ立テルモノ。

色彩 (Colour)　種々ノ色ヲ云フ。而シテ色ノ種類ノ極メテ多ク，從テ其名稱モ甚ダ夥シ。今其ノ主ナルモノヲ擧グレバ下ノ如シ。

藍色・淡藍色・紫褐色・深紅色・肉紅色・淡紫色・鉛紫色・紅紫色・淡紅紫色・緋色・桃花色・朱赤色・鮮紫色・鮮黃色・銅色・乳黃色・金黃色・柑黃色・藁黃色・硫黃色・黃色・黑色・栗殼色・灰色・暗色・鐵銹色・火色・綠色・帶白色・灰白色・暗綠色・淡白色・黃褐色・白色

眞直ノ (Straight)　直クシテ曲ラザルモノ。

室壁 (Cell-wall)　胞室ノ周圍ノ壁。

刺 (Spine＝Thorn)　枝，時トシテハ，葉柄，托葉等ノ葉ノ變形，又稀ニ芽鱗ノ變形刺狀體ニテ木質組織ガ比較的能ク發達シテ硬ク成リタルモノヲ云フ。さいかち，からたち，ゆず等ノはりハ此ノ好例ナリ。タダ表皮ヨリ生ジタル針 (Prickle) トハ別ナリ。

刺アル (Spinous)　刺ノアルモノ。

刺毛 (Bristle)　はまなし，たかねいばら等ノ莖面ニ生スル毛ノ如キモノ，即チ强硬ノ毛ヲ稱ス。

刺毛アル (Bristly)　强キ毛即チ刺樣ノ毛アルコト。

刺狀ノ (Setaceous)　刺ノ形ノモノ。

刺尖ノ (Spinescent)　末端一ノ刺トナリテ尖レルモノ。

刺尖頭ノ (Aristate)　小刺ノ斗出セルモノ。

刺毛狀ノ (Bristle-form)　刺毛ノ如キ形狀ノモノ。

刺狀體 (Seta)　刺ノ形狀ノモノ。

耳形ノ (Auriculate)　葉ノ底部若クハ蔞片ノ外部ニ附着セルモノノ形狀等ガ，吾人ノ

耳朶ニ似タルヲ云フ。さといも等ノ葉ノ底部及びすみれノ蔞等ニ於ケル形狀ハ卽チ耳形ナリ。

周匝ノ (Peripheric)　周圍ノ場處ニ位スルモノ。

舟形ノ (Boat-shaped)　小舟ノ形，其ノ背ハ脊ヲナスモノト否ラザルモノトアリ。

種子 (Seed)　子房中ノ卵子ガ受胎シ後チ發育シテ胚ヲ藏スル一種ノ器官ト變成シタルモノニテ，卵皮ハ後ニ種皮ト變ジ其ノ他ノ局部モ相當ニ變質シ，成熟スルマデハ母植物體ニヨリテ養ハル。

種皮 (Integument)　種子ノ皮。

種柄 (Funiculus)　種子ノ柄。

種髮 (Coma)　種子ニ生ゼシ長キ毛。種子ノ全面ニ生ズルコトわたノ如キモノト，其ノ一端ニ生ズルコト，いけま，ががいもノ如キモノトアリ。

指狀ノ (Digitate)　あけび，むべ，うこぎ等ノ葉ニ於ケル如ク數小葉ガ葉軸ノ頂端ニ著生シ，掌狀ヲ呈セルヲ云フ。

針 (Prickle)　刺 (Spine) ニ似タレドモ，タダ外皮ヨリ生ズ。いばら，いちご等ノはり即チ是ナリ。

針形ノ (Acerose)　あかまつ，くろまつ等ノ葉ノ如ク，恰モ針ノ如キヲ云フ。

針狀托葉 (Spinous stipules)　針形ヲナセル托葉，はりえんじゆ等ニ之ヲ見ル。

斜上ノ (Erect-patent)　其ノ生ズル面ニ斜メニ上向セル角度ヲ以テ出ヅルモノ，枝ナドヲ記スルトキ能ク用ウ。

絲形ノ（絲狀ノ）(Filiform)　絲ノ形ヲナシタルモノ。

射出脈ノ (Radiate-veined)　一點ヨリ射出セルモノ。掌狀脈 (Palmi-veined) ト同ジ場合モアリ。

射出頭狀花 (Radiate capitulum)　よめな，とんぎく，しゆんぎく等ノ花序ニ於ケル如ク，射出花即チ所謂舌狀花ヲ有スル外輪ノ小花ト筒狀花ヲ有スル中部ノ小花(中心花)トヨリナル頭狀花ヲ云フ。

掌狀ノ (Palmate)　掌ヲ展ゲタル如ク一點ヨリ發生シテ分レタル形ノモノ。

掌狀脈ノ (Palmi-veined)　かへで、やつで、つはぶき等ノ葉ニ於ケル脈ノ如ク、同樣ニ主脈ガ葉柄ノ頂端ヨリ數筋分生シタルモノヲ云フ。

掌狀三葉ノ (Palmi-3-foliate)　三小葉ヲ以テ成レル掌狀ノモノ。

掌狀五葉ノ (Palmi-5-foliate)　五小葉ヲ以テ成レル掌狀ノモノ。

掌狀九葉ノ (Palmi-9-foliate)　九小葉ヲ以テ成レル掌狀ノモノ。

掌狀七葉ノ (Palmi-7-foliate)　七小葉ヲ以テ成レル掌狀ノモノ。

掌狀深裂ノ (Palmi-partite)　もみぢあふひ、かへで等ノ葉ノ如ク、掌狀脈ニ沿ヒテ深ク分裂セルヲ云フ。

珠芽 (Bulblet)　小鱗莖ト同ジ。

珠心 (Nucellus＝Nucleus)　今日普通ニ此ノ如ク稱ス、此ノ譯語ハ元來ハ胚珠ナラザルベカラズ。

衆多ノ (Copious)　數ノ極メテ多キコト。

宿存ノ (Persistent)　萼、花柱等ガ果實ノ時ニ至ルモ尚ホ生存シ、又ハ葉ガ多ク凌ギテ尚枯死セズ生存スルトキ等ノ場合ニ此ノ語ヲ使用ス。

宿存鞘 (Persistent sheath)　たで類、かやつりぐさ科竝ニ禾本科ノ植物ノ如ク或ハ宿存セル鞘狀(袴狀)托葉或ハ宿存セル葉鞘ヲ有スル時ニ此ク云フ。

謝落ノ (Deciduous)　發生シテヨリ年內適當ナル時期ニ、葉或ハ托葉ガ散落スル性質ヲモ、又ハ花了レバ直チニ脫落スル萼、花瓣等ノ性質ヲモ共ニ謝落ト云フ。

深裂ノ (Parted＝Partite)　葉片ナドノ深ク分裂スルモノ。

深波形ノ (Sinuate)　葉片ナドノ緣邊ニ於ケル形狀ノ一、深ク出入セル波狀ノモノヲ云フ。

條裂ノ (Laciniate)　狹長ナル裂片ノ排ブモノ。

常綠ノ (Ever-green＝Sempervirent)　葉ガ一周年以上ノ宿存性ヲ有シテ四季綠色ヲ呈スル狀態ヲ云フ。かし、ゆづりは、つばき、もちのき、もみ、かうやまき等ハ其一例ナリ。

螽花 (Locusta)　禾本科植物ノ小穗 (Spiklet) ノ一名。

脣形ノ (Labiate)　うつぼぐさ、あきぎり等ノ花冠ノ如ク、恰モ上下二脣ノ如キモノヲ有スル形狀ヲ云フ。

脣瓣 (Lip＝Labellum)　らん科植物ノ花中ニアル特別ノ一片。一ニ牌瓣ト稱ス。

鐘形ノ (Campanulate＝Bell-shaped)　つりがねにんじん、ほたるぶくろ等ノ花冠ノ如ク、釣鐘若クハ風鈴ニ似タル形狀。

漿果 (Berry)　ぶだう、あかなす、ほほづき等ノ果實ノ如ク、種子ガ漿肉中ニ埋沒セルモノヲ云フ。

鍼形ノ (Subulate)　廣キ針ノ形ノモノ。

膝曲ノ (Geniculate)　急ニ屈曲セルコト膝ノ如キ狀ノモノ。

紫褐色ノ (Purplish brown)　紫ヲ帶ビタル褐色ノモノ。

翅翼 (Wing)　種子ナドニアル翼。ゆり、きばうし、やまのいも等ハ其ノ例ナリ。

翅果 (Samara)　かへで屬ノ植物ニ於ケル果實ノ如ク翼狀體ヲ有スルモノヲ云フ。かへでニ在リテ其ノ果實ハ成熟スレバ二箇ニ分離ス。

上位萼 (Superior calyx)　上生萼ト同ジ。

聚葯ノ (Syngencious)　聚成葯ト同ジ。

聚成葯ノ (聚葯ノ) (Syngencious)　きく科植物ニ於ケル葯ノ如ク、隣接セルモノト相互ニ連結セルモノヲ云フ。

聚核果 (Etaerio)　核果ノ集合シテ一團トナレルモノ。いちご屬 (Rubus) 等ハ其例ナリ。

聚繖花序 (Cyme)　有限花序ノ一ニシテ、遠心的ニ開花シツツ擴ガルモノヲ云フ。

聚繖圓錐花 (Cymous panicle)　疎漫ナル聚繖式ノ圓錐花。

雌花 (Pistillate flower)　雌蕊アリテ雄蕊ナキ花。

雌蕊 (Pistil＝Pistillum)　卵子ヲ生ズル心皮ガ更ニ卵子ヲ包藏スル構造トナリ變形シタルモノニテ、卵子ヲ藏スル部分ハ子房トナリ、花粉ヲ受クベキ裝置アル部分ハ柱頭トナリ、子房ト柱頭トノ中間ニハ往々花柱ト稱スル部分ガ發達スルコトアリ。

雌雄合體ノ (Gynandrous) らん科植物ノ花ニ於ケル如ク，雄體ト雌體トガ大部分合體シテ一ト成リタルヲ云フ。

雌雄異株ノ (Dioecious) 二家ノト同ジ。

雌雄別株ノ (Dioecious) 二家ノト同ジ。

雌雄同株ノ (Monoceious) 一家ノト同ジ。

雌雄花併有花序ノ (Androgynous) 一花序中ニ雌花ト雄花トヲ併有スルモノ，たかとうだい，とうだいぐさ等ハ其ノ一例ナリ。

雌器 (Gynæceum) 花ニ於ケル雌蘂全體ノ總稱。或ル場合ニハ雌雄異株ノ雌本ヲモ斯ク云フ。

腎臟形ノ (Reinform) 縦ヨリハ横ニ長クシテ，下ハ凹入シ腎臟ノ形ヲ呈セルモノ。

薔薇果 (Cynarrhodium) 外觀眞正ノ實ニ酷似スレドモ，其ノ實ハ深凹セル花床ガ壺ノ如クナリテ內部ニ瘦果ヲ包藏ス，卽チいばら屬(Rosa) ノ實ハ是ナリ。是等ノ外壁ハ花床ノ變形シタルモノニテ，內部ノ種子狀ヲナセルモノガ，眞正ノ果實卽チ前述ノ瘦果ナリ。

褶合ノ (Conduplicate) 縦ニ中央ヨリ疊マレテ其ノ兩側ノ表面ガ相接スルモノ。

褶疊ノ (Plicate) しゆろノ尋常葉，あさがほ，おしろいばな等ノ種子中ニ於ケル子葉ノ如ク褶ヲ有スル狀態ヲ云フ。

撑果柄 (Carpophore) 子房若クハ果實ヲ支撑スル柄。なでしこ幷ニふうてふさう科ノ植物ニ其ノ例アリ。

縦直ノ (Vertical) 上下ノ方向ニ位置ヲ取ルモノ。

縦溝アル (Grooved＝Channeled) 縦ニ溝路アルモノ。有溝モ同ジ。

縦條アル (Striate) 細カキ縦線アルモノ。縦畝モ同ジ。

縦畝アル (Striate) 隆起セル細カキ縦線アルモノ。縦條モ同ジ。

縦起線アル (Striate) 縦ニ隆起セル線條アルモノ，縦畝モ同ジ。

縦裂 (Longitudinal dehiscence) 縦ニ裂ケ割レルコト。

縦裂葉鞘 (Split sheath) 禾本類ノ葉鞘ノ如ク一方ノ縦裂セル葉鞘。

皺曲ノ (Crispate) 高低アツテ皺ノ如ク疊ミタルモノ。

皺縮ノ (Rugous) 皺ノアルモノ。

皺縮襞ノ (Crumpled＝Corrugate) 縮ミテ皺ヲ呈セルモノ。

獸角形蜜槽 (Horned nectary) 角ノ狀ヲナセル蜜槽，はないかりノ花等ニ見ル。

織質 (Texture) 諸器官ノ組織質ヲ云フ。硬，軟，粗，密等ノコトハ之ニ屬ス。

葇荑花 (Ament＝Catkin) 鱗片幷ニ殆ド無花梗ナル單性花ノミガ密生シテ，特相アル穗狀ヲナセルモノヲ云フ。やなぎ，くり，はしばみ，しらかば，やしやぶし，はんのき，くましで等ノ花ニ其ノ實例アリ。

鑷合襞 (Valvate aestivation) 蕾中ニ於ケル花被襞狀ノ一ニテ，釘拔幷ニ毛拔ノ嚙ミ合ス如キ狀態ニ相隣接スル各片ガ向キ合ヘルヲ稱ス。相互ニ覆ヒモ覆ハレモセザルヲ云フ。

襲重鱗莖 (Tunicated bulb) たまねぎ，らつきよう等ノ食用ニ供セラルル部分ノ如ク，白色ノ多肉鱗片ガ，層ヲナシ，完全ニ包圍ヲナスヲ云フ。すゐせんノ球モ此ノ種類ナリ。其ノ襲重セルモノハ葉ノ基脚部ノ多肉ニナリタルモノナリ。

鬚毛ノ (Hirsute) 長クテ寧ロ粗ラキ強キ毛ノモノ。

鬚狀ノ (Fibrous) 纖維狀卽チ鬚狀ノモノ。

鬚髮狀ノ (Capillary) 細キコト鬚ノ如ク又髮ノ如キ形狀ノモノ。

之字曲ノ (Flevous) 左右ニ反覆シテ屈曲スルコト。恰モ之ノ字ノ如キモノ。其ノ度合ハ種々アリ。

參差羽狀ノ (Interruptedly pinnate) 又錯出羽狀ノ譯語アリ。羽片大小相錯ハリテ高低參差タルモノ。きんみづひき，じやがたらいもノ葉ハ其ノ一例ナリ。

櫛齒狀ノ (Pectinate) 葉ノ緣邊ガ櫛ノ齒ノ如ク裂ケ居ルモノ。

薔薇形花冠 (Rosaceous corolla) いばらノ花ヲ代表物トシテ，是ニ似タル形貌ヲ呈セルヲ云フ。

楯形ノ (Peltate) 楯ノ如ク其ノ中央ニ柄ノ

著キタルコト，はす，じゆんさい，のうぜんはれんノ葉ノ如キモノ。

紾捩ノ (Twisted) ねぢれタルモノ，卽チ紾レタルモノ。

ス

水生 (Aquatic) 水中ニ生ヘルモノ。

水平ノ (Horizontal) 眞直ニ横ノ位置ヲ取ルモノ。

數列生ノ (Pleuristichous) 數列ニ排ラブコト。

穗狀花(Spike) おほばこ，ゐのこづち，はひとりさう，くまつづら等ノ花穗ノ如ク伸長セル花軸ニ無柄ノ花ガ著生セル花序ヲ云フ。

數列 (Several rows) 花器ナドノ數箇ノ列ニ竝ベルコト。卽チ同種ノ器官ガ數列ニナレルトキ用ウ。

セ

全備花 (Complete flower) 花ノ代表的形式トシテ中心部ニ雌蕊アリ，其周圍ニ雄蕊ノ輪層アリ，其又周圍ニ花冠ノ占ムル輪層アリ。而シテ最外層ニハ蕚輪層アルモノヲ完全ナリトス。此ノ完全ナル代表的形式ニ相當セル構造ヲ有スル花ヲ全備花ト稱ス。

全裂ノ (Divided) 底部ニ達シ全然分裂スルモノ。

尖裂ノ (Cleft) 中部邊マデ分裂スルモノ。中裂ト譯スル方適當ノ樣考ヘラル。

尖帽形ノ (Mitriform) 道化者ノ被ル圓錐形ノ帽子ニ似タルモノ。蘚帽ニヨク此ノ形ノモノアリ。

舌狀ノ (Ligulate) 舌ノ形ノモノ。

舌片 (Ligule) きく，えぞぎく しをん，てんぢくぼたん等ノ放線小花ノ花冠主部ノ如ク長キ舌ニ似タル形狀ノ片。

舌狀花 (Ligulate flower) 頭狀花ヲ構成スル花ノ一，花冠ガ舌狀ヲナセルモノ。一ニ放線花ト稱ス。

石竹樣花冠 (Caryophyllaceous corolla) なでしこノ如キ型式ノ花冠。

全邊 (Entire) 葉等ノ緣邊ニ缺刻，鋸齒等ナク，全ク平緣ナルヲ云フ。

前面ノ (Anterior) 花ノ方向ニ關シテノ名其ノ花ガ花軸ニ背キタル方位ノ部ヲ此ク云フ。若シ花軸ニ苞アレバ花ハ其ノ苞腋ヨリ出ヅルヲ以ツテ眞正ニ花ノ其ノ苞ニ向フタル部ガ前面ナリ。らん類ノ花ノ如ク小梗ノ紾捩ニヨリ前後ガ轉倒シ，眞正ノ後面ハ外觀上ノ前面トナリ，眞正ノ前面ハ亦外觀上ノ後面トナリタルモノアレドモ，此ノ場合ニハ外觀上ノ位置ヲ採ラズシテ眞正ノ位置ニヨリテ前後ヲ定ム。らん類ノ花ハ幼キ蕾ノ時之ヲ檢スレバ皆尙ホ正當ナル位置ヲ亂サズ居ル故其ノ眞ヲ見ルコトヲ得。

前後平扁ノ (Obcompressed) 前後ヨリ壓扁セラレタルモノ。

前葉體(扁平體) (Prothallium) 羊齒植物群ノ胞子萌發シテ有性生殖器官ヲ生ズル所謂有性世代ノ植物體トナレルモノヲ云フ。

星芒狀ノ (Stellate) 星ノ光芒ノ四方ニ射出セル如ク周邊ニ車輻狀ニ出デシ形狀ノモノ。

淺裂ノ (Lobed) 淺ク分裂スルモノ。

扇形ノ (Flabellate) 擴ゲタル扇ノ如キ形狀ノモノ。

線形ノ (Linear) りゆうのひげ，ほくろ等ノ葉ノ如ク，狹長ニシテ其兩緣平行セルモノ。

閃點ノ (Pellucid-punctate) 透光スル油點アルコト，みかん，こくさぎ等ノ葉ノ如キモノ。

節 (Node) 莖枝ニ於ケル維管束ノ特ニ結集シタル局部，普通葉ヲ生ズル處，たけ類ノふしハ最モ顯著ナルモノナリ。

節莢 (Loment) ぬすびとはぎ，ふぢかんざう，みそなほし，くさねむ等ノ果實ノ如ク節ヲ有シ，成熟スレバ，其ノ節ヨリ折離スル莢ヲ云フ。

節間 (Internode) 節ト節トノ間ヲ此ク稱ス。

接在ノ (Closed) 互ニ相接近シテ位置ヲ占メルコト。

箭形ノ (Sagittate) 底部ノ耳尖リテ下ヲ指スモノ。

纖匐枝 (Runner) 根モトヨリ出デタル細長ナル枝ニテ地上ニ横タハリ其ノ節ヨリ根ノ出ヅルモノ。

螫毛(蜇毛) (Sting=Stimulus) いらくさノ

葉莖ニアル毛ノ如ク、其ノ尖端ハ堅クシテ
而モ脆ク、ヨク物ヲ刺セドモ直チニ折レ易
キモノニテ、毛ノ内ニハ蕈酸性ノ液體ヲ含
ミ、尖端折ルレバ夫レヨリ溢レ出ヅ。是等
ノモノハ人體ニ觸ルレバ膚ヲ刺シテ其ノ瘡
口ニ含液ヲ注ギ入レ塲ニ難キ疼痛ヲ與フ。

截形ノ (Truncate) 葉片等ノ頂若クハ基脚
ガ中脈ニ直角ニナル樣ニ平坦狀ヲ呈スルヲ
云フ。卽チ其ノ部ヨリ斷然ト截リ去リタル
ガ如ク見ユルモノヲ云フ。

截緣口 (Truncated mouth) 截形ヲ呈セル
葉鞘ノ口。

臍 (Hilum) 卵子ノ著點ハ後ニ、種子ノ臍
トナル。

臍阜 (Caruncle) 種子ノ臍幷ニ其邊ノ部ガ
高ク隆起セルモノ。

ソ

束生ノ (Fasciculate) 一處ニ束ネテ生ズル
モノ、叢生トモ云フモ同ジ。

束狀ノ (Fasciculate) 束生又ハ叢生トモ云
フト同ジク一處ニ叢生スルコト、恰モ束ネ
集メタル如キモノ。

束集聚繖花 (Fascicle) 直立セル花ヨリ成
リシ密集聚繖花ナリ。

早落ノ (Caducous=Fugacious) 本然ノ
時期ヨリ早ク脫落シ去ルモノ。

粗大ノ (Stout) 太キモノ。

草本植物 (Herbaceous plant) 草質莖ヲ
有スル植物ニシテ、木本ニ對シテ言フ、唯
便宜上ノ語ナリ。

草質ノ (Herbaceous) 木質組織ノ發達セ
ザル植物體ヲ云フ。

草質莖 (Herbaceous stem) 木質組織ノ殆
ンド發達セザル柔軟ノ莖、卽チ草本ノ莖ヲ
云フ。

疎層ノ (Loose) まばらニ在ルコト。

疎寬ノ (Loose) 寬キモノ。疎在ト同ジ。

疎長毛ノ (Pilous) 餘リ密ニ生ヘズシテ多
少强キ長キ毛ノモノ。

側根 (Inaxial root) 中軸ヨリ側方ニ出ヅ
ル根。

側生ノ (Lateral) 側方ニ生ジタルモノ、或
ハ側方ヲ云フ。

側在ノ (Lateral) 中央ヲ離レテ側ニ在ルモ
ノ。

側向ノ (Lateral) 側ヘバ向フモノ。例ヘバ側
向藥ハ内ニモ外ニモ向カズシテ、タダ側方
ニ向キ開裂スルモノ。きつねのぼたん科植
物ニ其ノ例多シ。

側倚ノ (Accumbent) 胚軸ガ撓ミテ子葉ノ
邊緣ニ觸接セルモノ。十字科ノ植物ノ中ニ
見ル。

側著藥 (Adnate anther) 藥ノ外側又ハ内
側ニ花絲ガ著生セル如ク見ユルモノヲ云
フ。藥ガ全長ヲ通ジテ藥隔ニ側著セルモノ
ナリ。

側膜胎座 (Parietal placenta) 一室ノ子房
幷ニ果實ニ在ル處室ノ周邊ニ位スル胎座。

僧帽形ノ (Cucullate) 上方圓ク、下方狹
窄セル被衣形ノモノ。

雙生ノ (Binate) タダ一對ノモノ。

雙子葉ノ (Dicotyledonous) 二箇ノ子葉ノ
モノ。

雙頭形ノ (Dimidiate) 平等ニ兩分サレテ
一對ヲナスモノ。

雙子葉莖 (Dicotyledonous stem) 雙子葉
植物ノ莖。

糙澁ノ (Scabrous) 手ニ觸レテザラザラセ
ル表面ノモノ。

輳合ノ (Connivent) 周圍ヨリ相集リテ接
在セルモノ。

瘦果 (Achenium) 果皮ガ成熟スルモ開裂
スル事ナク、革質若クハ木質ヲナシ、內部
ニタダ一箇ノ種子ヲ藏スルモノヲ云フ。せ
んにんさう、きつねのぼたん等ノ果實ハ其
ノ例ナリ。

瘦針形ノ (Acicular) 瘦セタル針ノ形ノモ
ノ、針形ヨリハ細狹ノモノ。

層放線頭狀花 (Radiant capitulum) 管狀
花ナク悉ク舌狀花ニナル頭狀花ヲ云フ。たん
ぽぽ、のげしハ一例ナリ。

簇集圓錐花 (Thyrse) 密集シテ圓マリタル
圓錐花。

簇集聚繖花 (Cymous thyrse) 密簇セル聚
繖花ナリ。

叢生ノ (Fasciculate)　一箇處ヨリ二體以上ノモノガ叢リ一緒ニ生ズル狀態ヲ云フ、おほむぎ、とむぎ、つつじ等ノ莖幹ハ其ノ例ナリ。

叢生一家花ノ (Clustered monoecious)　雌花若クハ雄花ノミガ特ニ叢生スルヲ云フ、まつ、すぎ、ほつぷ、たうごま等ノ雄花叢若クハ雌花叢ノ如ク其ノ例ナリ。

總苞 (Involucre)　きく科植物等ノ頭狀花ノ周圍ヲ包ム鱗片狀ノモノ及ビ繖形科植物ノ繖形花ノ花梗ノ分岐スル部處ヲ圍ム鱗片狀等ノ如キモノノ總稱。

總狀花 (Raceme)　主軸ハ無限ニ生長シ、求頂的ニ側生枝ヲ出シ、各枝ノ頂端ニハ一花ヲ着クルモノヲ云フ。サレバ最モ占キ花ハ主軸ノ頂端ヨリハ最モ距リタル下部ニアリテ花ノ發育順序ハ求心的ナリ。ふぢ、あぶらな ノ花穗ノ如キ其ノ一例ナリ。

總苞片 (Involucral scales)　きく科、繖形科等ノ植物ニ於ケル總苞ヲ構成スル各鱗片ヲ云フ。

タ

大形ノ (Large)　大ナル大サノモノ。

托葉 (Stipules)　葉柄ノ基部ニ存スル小片ヲ云フ。發生系統ヨリ言ヘバ葉ノ一部ヲナスモノナリ、其ノ位置、形狀等ハ植物ノ種類ニヨリテ種々異ナレリ。

托葉卷鬚 (Stipular tendrils)　托葉ノ位置ヲ占メシ卷鬚、さるとりいばらハ其ノ適例ナリ。

坦平ノ (Flat)　高低ナク凸凹ナク其ノ面ノ平カナルモノ。

多葉ノ (Polyphyllous)　分立セル多クノ葉片アルモノ。

多數ノ (Many=Numerous)　澤山ノ數ノモノ。

多體ノ (Polyadelphous)　相集リテ多體トナレルモノ。

多子葉ノ (Polycotyledonous)　三箇若シクハ夫レ以上ノ子葉アルモノ。まつナドハ好例ナリ。

端正花 (Regular flower)　うめ、ぼたん、はす、ききやう、あさがほ、おしろいばな等ノ如ク、花形端正ニシテ歪邪ナラザルモノヲ云フ。

多面體ノ (Poyhedral)　多面ヲ有スル體形ノモノ。

多雄蕊ノ (Polyandrous)　ざくろ、つばき、うめ等ノ雄蕊ノ如ク廿箇以上アリテ、而モ一定數ヲ示サザルモノ。

多年生草本 (Perennial herb)　草本植物ニシテ、多年間營養作用ト生殖作用トヲ營ム個體ヲ云フ。

多心皮果實 (Many-carpellary fruit)　多數ノ心皮ヨリ成リタル果實。

多岐聚繖花 (Pleiochasium)　おみなへし、かのこさう等ノ花序ニ於ケル如ク複雜ニシテ不規律ナル聚繖狀ヲ呈スルモノヲ云フ。

單一ノ (Simple)　單位ノモノ、即チ單形ヲ表セルモノ。

單列ノ (Uniseriate)　一列ニ排ブコト。

單葉 (Simple leaf)　タダ一枚ノ葉片アル葉ニシテ、基部ニ一ノ關節ナキモノ。みかん類、めぎ、へびのぼらず等ハ葉片タダ一枚ノ葉ナレドモ、下ニ關節アルヲ以テ複葉ニ入ルベキモノトス。

單子葉ノ (Monocotyledonous)　一箇ノ子葉アルモノ。

單子葉莖 (Monocotyledonous stem)　單子葉植物ノ莖。

單獨ノ (Single)　タダ一箇ノモノ。

單體ノ (Monadelphous)　相集リテ一ノ體ヲナセルモノ。

單胞ノ (One-celled)　一室ノモノ。

單掌狀ノ (Unipalmate)　タダ一回分レタル單一ノ掌狀ノモノ。

單性花 (Imperfect flower)　雄花、雌花ノ總稱。

單被花 (Monochlamydeous flower)　一輪花ト同ジ。

單繖花 (Simple umbel)　單一ナル繖形ノモノヲ云フ。らつきようノ花穗ハ其ノ一例ナリ。

單一撐果柄 (Entire carpophore)　單一ニシテ分岐セヌ撐果柄。

胎座 (Placenta)　心皮内ニアリテ卵子ガ著
生スル處。其ノ位置ニヨリ，側膜，中軸，
獨立中央等ノ別アリ。

胎座式 (Placentation)　胎座ノ状。

陀蝶形ノ (洋式獨樂形ノ) (Turbinate)　圓
錐形ヲ倒ニシタル形ノモノ。

對生ノ (Opposite)　二者ノ位置ガ向キ合ヒ
タルコト。

短 (Short)　短キモノ。

短角 (Silicule)　十字科ノなづな，ぐんばい
なづなニ有スル如キ短闊ノ果實ヲ云フ。

短匐枝 (Offset)　繁殖用ノモノニテ株側ニ
出ヅル短キ匐枝。

彈力アル (Elastic)　彈力ノアルコト。

帶白ノ (Glaucous)　白色ヲ帶ビタル綠色，例
ヘバぼたん葉ノ色ノ如シ。

帶霜ノ (Pruinous)　白粉ヲ以テ覆ヒシモ
ノ，嫩キはちく稈，すもも果實ニ見ル。

帶紫色ノ (Purplish)　極淡キ紅紫色ノモノ。

彈分蒴果 (Regma)　蒴果ノ一種。熟スルヤ
其心皮相分離シ彈力アル柄ニヨリテ扛起シ
種子ヲ飛バス。ふうろさう其一例ナリ。

彈環 (Annulus)　わらび，いぬわらび，ゐ
のもとさう等ノ胞子囊ヲ檢スレバ，一列ノ
特別細胞ガ帶狀ヲナシタルヲ見ルベシ，コ
レ彈環ト云フ。

橢圓形ノ (Elliptical)　長橢圓形ノ今少シ
其ノ邊緣ノ張リ出タルモノ。

團集聚繖花 (Glomerule)　頭狀ノ如ク圓ク
團集セル聚繖花。

甎花形ノ (Chequered)　市松形ノモノ。

チ

中軸 (Rachis)　中央ノ軸ニテ複葉ノ場合ニ
ハ小葉ヲ著クル中軸部ヲ指シ，花穗ノ場合
ニハ花ヲ著クル中央ノ軸部ヲ指ス，花穗ノ
時ニハ花軸トモ云フ。

中軸生ノ (Axial)　正中即チ中軸ニ當ル處
ニ位スルモノ。

中軸胎座 (Axial placenta)　腋生胎座ト同
ジ。

中脈 (Midrib)　葉面ノ中軸ヲ占ムル大脈ヲ
云フ。普通單葉ノ場合ニ用フ。

中實ノ (Solid)　内部空處ナク質ノ充實セル
モノ。

中性花 (Neutral flower)　雌蘂モ雄蘂モ共
ニ之レナキ花。

中果皮 (Mesocarp)　もも，あんず，うめ等
ノ核果ニ於テ果皮ノ多肉ナル部分ヲ云フ。

長角 (Silique)　十字科ノだいこん，あぶら
な等ノ長形ノ果實ヲ云フ。

長軟毛ノ (Villous)　長キ軟カキ毛ノモノ，
其ノ毛ハ往々臥セリ。

長橢圓形ノ (Oblong)　橢圓形(Ellipitical)
ノ狹ク長キモノ，其ノ兩側緣ハ多少相平行
ス。

長緣毛アル (Fimbriate)　邊緣ニ粗大ナル
毛片アルモノ。

長橢圓狀圓棒形 (Oblong-terete)　長橢圓形
ヲ帶ビタル圓棒形。

直根 (Tap-root)　主根ト同ジ。

直立ノ (Erect)　上方ニ直立スルモノ。

直生ノ (Orthotropous)　卵子幷ニ種子ガ直
立シテ斜メナラズ，其ノ卵孔ガ臍ニ對シテ
正シク反對ノ位置ヲ取リシモノ。

直垂ノ (Suspended)　眞上ヨリ垂レ下ガル
コト，懸垂ニ同ジ。

直垂卵子 (Suspended ovule)　卵子ガ子房
內ノ上壁ヨリ生ジテ眞直ニ下垂セルモノ。

柱頭 (Stigma)　或ハ下ニ花柱ヲ有シ，或ハ
直チニ子房上ニ坐シ，雌蘂ノ花粉ヲ受クル
場處，形狀種々アリ。

地中生ノ (Underground＝Hypogean)　地
ノ中ニアルモノ。

超出ノ (Exserted)　他ノモノヲ超エテ出ヅ
ルコト。外出ト同ジ。

張口形ノ (Ringent)　開キタル兩脣形ノ花
冠ノ如ク，開口セル如キ形ノモノ。開口形，
欠形モ同ジ。

弛綏ノ (Loose)　互ニ密接セズシテ寬クナ
リタルモノ。

凋遺ノ (Withering＝Marcescent)　落チズ
ニ凋ミ遺ルコト。

蝶形樣花冠 (Papilionaceous corolla)　蝶
形ノモノニテまめ科ノ特別ナル花冠。蝶形
ハ始メ蛾形ト呼ビタリ。

蜘絲狀ノ　(Gossamer)　蜘蛛ノ絲ノ如ク極
　ク細クシテユラユラセルモノ。

蜘蛛毛ノ　(Velvety)　蜘蛛ノ絲ノ如キ毛ノ
　モノ。

塵毛ノ　(Pulverulent)　極メテ細微ノ毛ア
　ルモノ。

重牙齒ノ　(Doubly dentate)　牙齒ノ齒ガ
　再ビ牙齒ヲ有セルモノ。

重複狀ノ　(Decompound)　分裂ニ分裂ヲ重
　ネ，幾囘モ重複セルモノ。

重鋸齒ノ　(Doubly Serrate)　さくらさう，
　はしばみ及びさくら葉等ノ緣邊ニ於ケル
　如ク，大鋸齒ハ更ニ小鋸齒ヲ有スルモノヲ
　云フ。卽チ鋸齒重複ス。

テ

丁字著葯　(Versatile anther)　ゆり，めだ
　け，まだけ，いね等ノ葯ノ如ク，其ノ背部
　ノ中央ニテ花絲ガ著生シ，恰モ丁ノ字形ヲ
　ナシ轉動シ得ベキモノヲ云フ。

定數ノ　(Definite)　一定セル數アルモノニ
　テ，通常二十數ヲ超エズ。

底部　(Base)　諸器官ノ底部ヲ云フ。又基
　部，脚部，基脚部ト稱ス。

底著ノ　(Innate)　はす，ぼたん等ノ雄藥ニ於
　ケル如ク，花絲ガ葯ノ基部ニ著生セル狀態。

底在ノ　(Basilar)　底部卽チ基部ニ位スル
　モノ。

底生花柱　(Basilar style)　むらさき科，脣
　形科等ノ植物ノ花柱ノ如ク子房ノ基底ニ生
　ズルモノヲ云フ。

點頭ノ　(Nodding=Cernuous)　傾キテ傍
　ヲ向クモノ。

葶(蓴)　(Scape)　葉ヲ着ケザル根生ノ花梗
　ヲ云フ。ひがんばな，ねぎ，するせん，さ
　くらさう等ニ其ノ例ヲ見ルベシ。

鐵銹色　(Ferruginous)　鐵器ノ表面ニ生ズ
　ル赤銹ノ如キ色ヲ云フ。

纏繞ノ　(Twining=Voluble)　莖ヲナシタル
　莖ガ他物ニ纏絡シテ卷キ上ルモノ。

纏繞草本　(Twining herb=Voluble herb)
　莖ガ莖ヲナシテ他物ニ纏絡スル草本。

纏繞藤本 (Twining shrub=Voluble shrub)

莖ガ莖ヲナシテ他物ニ纏絡スル灌木本。

頂部　(Apex)　諸器官ノ頭端ナリ。又頭末，
　頂末，頂端ト稱ス。

頂末　(Apex)　頂部ト同ジ。

頂生ノ　(Terminal)　莖或ハ枝ノ頂末ニアル
　モノ。

ト

同大　(Half-size)　同ジ大サノモノ。

同性花ノ　(Homogamous)　きく科植物中に
　がな，あざみ等ノ如ク，一箇ノ頭狀花ハ總
　ベテ同性ノ小花ノミヨリ成ルヲ云フ。

同貌ノ　(Simple)　例ヘバ冠毛ノ全體皆同樣
　ノ形貌ヲ有スル時斯ク言フ。

同數花 (Isomerous flower)　等數花 (Sym-
　metrical flower)ト同ジ。

同名異物　(Synonym)　同ジ事物ニ對シ，人
　ニヨリ往々稱呼ヲ異ニスルコトアリ，此
　ノ名稱ヲ同物異名ト稱ス。

凸鏡形ノ　(Lenticular)　兩面凸ニシテれん
　ずノ形ヲナセルモノ。

凸出ノ　(Convex)　中央ニ隆起セルモノ。

凸頭ノ　(Cuspidate)　突然狹窄シテ狹長ナ
　ル小尖トナリタルモノ。

筒形ノ　(Tubular)　筒ノ形ノモノニテ，管
　形ト同ジ。

頭末　(Apex)　諸器官ノ頂上ノ部ヲ云フ，頂
　部ニ同ジ。

頭末逢著ノ　(Closed at apex)　頭末ノ部
　ガ相互ニ接在シタルコト。

頭末離在ノ　(Apart at apex)　頭末ノ部ガ
　互ニ離レタルコト。

頭形ノ　(Capitate)　匾扁セラレタル球形ノ
　モノ。

頭領　(Collum=Collar)　根部ト莖部ト聯
　合スル部分ヲ云フ。

頭狀花　(Capitulum=Head)　きく科植物
　ノ花ニ於ケル如ク，其ノ大ナル花床面ニ多
　數ノ無柄小花ヲ集メテ頭狀ヲナシタルモノ
　ヲ云フ。

頭大羽裂ノ　(Lyrate)　羽裂シ其ノ頂末ノ一
　裂片最大ナルモノ。

頭端綠色ノ　(Green-tipped)　頂末ガ綠色ヲ

呈スルモノ。

特立中央胎座 (Free-central placenta) 子房丼ニ果實ノ室ノ中央ニ在リ特立シテ他部ト關聯セザル胎座。

獨生ノ (Solitary) 唯一ツ獨立シテアルモノ。

兜形ノ (Galeate) 兜ノ形ノアルモノ。

倒生ノ (Anatropous) 卵子丼ニ種子ガ引クリ反リテ其ノ卵孔ガ臍ノ側ニ來リタルモノ。

倒卵形ノ (Obovate) 卵形ノ倒ニナリタルモノ。

倒卵圓形ノ (Obovoid) 卵圓形ヲ倒ニセシ形狀。

倒心臟形ノ (Obcordate) かたばみノ小葉ノ如キ形狀ヲ云フ。即チ心臟形ヲ轉倒シタル形ナリ。

倒披針形ノ (Oblanceolate) 披針形ノ倒ニナリタルモノ。

登花 (Fertile flower) 花後果實ヲ結フ花。

等數花 (Symmetrical flower) 花中ノ各圈ニアル花器ノ數ガ同一ナル花、一ニ同數花 (Isomerous flower) ト稱ス。

橙果 (Hesperidium) 不開裂果ノ一、果皮ハ輭皮質、內部ハ數室ニ分ル。だいだい、みかん其ノ一例ナリ。

透明ノ (Hyaline) 質ノ透キ通リタルモノ。

鈍形ノ (Obtuse) 鈍角若シクハ鈍圓ノ狀アルモノ。

鈍波形ノ (Undulate) 屈曲スルコト連波形ニ同ジト雖モ、其ノ歟ハ鈍形ヲナシ角度ナキモノ。

鈍緣口 (Obtuse mouth) 鈍形ヲ呈セル葉鞘ノ口。

鈍鋸齒ノ (Crenate) 葉緣ナドニ於ケル鋸齒ニシテ圓頭ナルヲ云フ。マタ之ヲ雲頭齒ト譯セル人アリ。重複シタルモノハ重鈍鋸齒ト云フ。

葶 (Scape) 葶ヲ見ヨ。

ナ

內曲ノ (Incurved) 內方ニ彎曲セルコト。

內向ノ (Centripetal) 胚ノ胚軸ガ果實ノ中軸ノ方ニ向フモノ。

內向葯 (Introrse anther) 花ノ中央ニ面シテ開裂スル葯。

內旋ノ (Involute) 兩緣ガ內方ニ卷クモノ。

內在ノ (Included) 周圍ノ他ノ器官ヲ超エテ超出セヌモノ。

內種皮 (Tegmen＝Endopleura) 種子ノ內皮。

內卵皮 (Secundine) 卵子ノ內皮。

軟骨質ノ (Cartilaginous) 軟骨ノ如キ質ノモノ。

內花蓋 (Inner perianth) 花蓋ノ項ヲ見ヨ。

內向鑷合襞ノ (Induplicate valvate) 鑷合襞ヲナス各片ノ緣端內方ニ向ヒ、而シテ其ノ外側ヲ以テ相接スルモノ。

ニ

二列 (Two rows) 花器ナドガ二ツノ列ニ並ブコト、即チ同種ノ器官ガ二列セルトキ用ウ。

二列生ノ (Distichous) 兩側ニ二列ヲナシテ排ブコト。

二數ノ (Dimerous) 二ノ數ノモノ。

二胞ノ (Two-celled＝Biiocular) 二室アルモノ。

二家 (雌雄異株ノ、雌雄別株ノ) (Dioecious) やなぎ屬、いてふ、あさ、はうれんさう等ニ於ケル如ク、雌花ト雄花ト別々ノ株ニ生ズルモノヲ云フ。故ニ同種中甲ノ株ニハ雌花ノミヲ生ジ、乙ノ株ニハ雄花ノミヲ生ズ。

二葉ノ (Bifoliate) じやかうれんりさう等ノ複葉ニ於ケル如ク、唯二箇ノ小葉ガ對生狀ヲナシタルモノヲ云フ。

二强ノ (Didynamous) 四雄蕊アリテ中二者ハ長ク、二者ハ短キモノ；又ニ長二短ト稱ス。

二裂ノ (Bifid) 二ツニ分裂セルモノ。

二體ノ (Diadelphous) 相集リテ二體トナレルモノ。

二齒アル (Bidentate) 二箇ノ齒アルモノ。

二年果 (越年果) (Biennial fruit) まつ屬ノ果實ノ如ク、春季受粉作用ヲ遂グルモ、翌秋ニ至ラザレバ、成熟セザルヲ云フ。

二形果ノ (Heterocarpous) 一株ノ果實ニ

二種類アルモノ，即チひとつばたご二於ケ
ルガ如シ，此ノ樹ハ大小二種ノ果實ヲ生ジ，
大ナルモノハ發芽力强ケレドモ，小ナルモ
ノハ發芽力殆ド全クナキガ如シ。

二數花 (Dimerous flower) 花器皆各々二ノ
數ヲ以テ構成スル花。

二被花 (Dichlamydeous flower) 二輪花
ト同ジ。

二輪花 (Dichlamydeous flower) 蕚ト花
冠トヲ併有スル花，一二二被花ト稱ス。

二雌蘂ノ (Digynous) 二箇ノ雌蘂ノモノ。

二皮核果 (Tryma) 稍乾ケル核果ニテ，外
皮ハ柔ク或ハ硬キ纖維質，内皮ハ骨質ナリ。
又多クハ二室，二心皮ヨリ成ル。くるみハ
一例ナリ。

二層皮ノ果實 (2-coated fruit) 果皮ノ繊質
二層トナリタル果實。

二心皮果實 (2-carpellary fruit) 二心皮
ヨリ成リタル果實。

二長二短ノ (Didynamous) 二强ノ卜同ジ。

肉質ノ (Succulent) 液汁ヲ含ミ且ツ多肉
肥厚ノモノ。

肉穗花 (Spadix) てんなんせう，とんにやく，しやうぶ等ノ花軸ノ如ク，肉質肥厚ノ
柱體ニ，花ガ密着シテ穗狀ヲナセルモノ。

肉質毬果 (Galbalus) 特別ナル毬果ニシテ
鱗片多肉，開カザルモノ，いぶき，ねず，
はひねずノ毬果ハ其ノ例ナリ。

肉質聚合果 (Sorosis) あななす等ノ果實ニ
於ケル如ク，多數ノ果實ガ聚合シテ多肉一
箇ノ果實ヲ呈セルモノ。

乳頭狀ノ (Papillose) 乳房頭ノ狀ヲナセル
モノ。

乳頭狀毛 (Papillose hairs) 乳房頭ノ如キ
頭ヲ有スル細毛。

ネ

根 (Radix=Root) 普通ノ根ハ植物體ノ養
料トナル水溶物質ヲ吸收シ，且ツ錨著スル
用ヲナス。

捻曲ノ (Twisted) 捻レタルモノ。

念珠狀ノ (Moniliform) 數珠ノ形ヲナセル
モノ。

粘質ノ (Mucilaginous) 粘ル質ノモノ。

ノ

囊形ノ (Saccate) 短ク圓クシテ囊形ヲナ
セルモノ。

囊堆(子囊群) (Sorus) 羊歯植物群ノ植物
體上ニ見ルガ如ク，胞子囊ガ群生セル場合，
其ノ群ヲ云フ。

囊括果 (Hypanthodium=Syconium) い
ちぢく二見ル如ク，其花軸著シク陷凹シテ
深ク窪ミ，其凹處ニ多數ノ花ヲ生ジテ肥厚
ノ壁之ヲ包ミ一緒ニ成熟シテ多肉ニ成リタ
ルモノ。

ハ

半圓形ノ (Semiorbicular) 圓形ヲ半截シ
タル其ノ半部ノ形狀ノモノ。

半圓柱形ノ (Semiterete) 圓柱形ヲ縱ニ半
截シタル形ノモノ。

半透明ノ (Pellucid) 半バ透明ナルモノ。

半倒生ノ (Amphitropous) 卵丼ニ種子ガ
半バ倒ニナリシモノ，即チ其ノ臍ガ卵孔ト
合點トノ半ジ處ニ來リタルモノ。

半球形ノ (Hemispherical) 球ヲ半截セル
形狀ノモノ。

半跨狀ノ (Obvolute) 各葉ガタダ其ノ半部
ヲ以テ他ヲ抱擁スルモノ。

半灌木ノ (Suffrutescent) 灌木質ヲ帶ブル
モノ，即チ多少灌木狀アルモノ。

半平半凸ノ (Plano-convex) 一ノ半面ハ平
タク，一ノ半面ハ凸ニナリタルモノ。

半透明質ノ (Translucent) 半バ透明ナル
質ノモノ。

反曲ノ (Recurved) 背後ニ反曲セルモノ。

杯形ノ (Cup-shaped) とつぶ形ノモノ。

背生ノ (Dorsal) 背ニアルコト。

背脊 (Rhaphe) 倒生卵子ニ見ル所ニシテ其
卵柄伸ビテ其背ニ沿附シ，脊ヲナセルモノ。

背倚ノ (Incumbent) 胚軸ガ攢ミテ一方ノ
子葉ハ背ニ來リタルモノ，十字科植物ノ中
ニ見ルベシ。

背脊アル (Carinate) 背ニ隆起セル脊梁ア
ルモノ。

胚 (Embryo)　卵細胞ガ受胎後發育シテ極メテ幼稚ナル植物體トナレルモノ、種子植物ニ於テハ卵子內ニテ其ノ完全ナル發達ヲナス。

胚乳 (Albumen)　有胚乳ノ項ヲ見ヨ。

胚珠 (Nucellus＝Nucleus)　卵子ノ皮內ノ體、今日普通ニ言フ所ノ珠心。

今日謂フ所ノ胚珠ハ須ラク卵子トスベキモノナリ、然ルニ一植物學者ノ誤譯ニ誤ラレテ以來、一人ノ反正者ナキ爲メ、今ハ普通ニ Ovule ノ譯語トナリ了レルモ、元來ハ今日言フ所ノ珠心 (Nucellus) ナリ。

胚軸 (Hypocotyl)　胚ノ子葉ノ下ニ連ナル中軸體。

斑色アル (Variegated)　交リタル色ノアルコト。

斑點 (Dotted)　油點又ハ黑點アルモノ。

牌瓣 (Labellum)　脣瓣ト同ジ、らん科植物ノ花中ニ特別ナル一片。

蓓蕾 (Alabastrum＝Flower-bud)　花トナルベキ芽卽チ花芽ト同ジ。世人花蕾ト書ズ者アレドモ、蕾ハ花ノ未開者ノ專稱ナレバ、之ニ花ヲ加フルハ恰モ氷ヲ凍氷ト言フガ如ク不必要ナル字ヲ添加シ却テ語ノ成サズ、故ニ、花蕾ト云ハズ、花芽ト云フベシ。

薄質 (Thin)　質ノ薄キモノ。

鑑曲 (Coiled)　渦ノ如ク卷キタルモノ。

鑑旋 (Circinate)　拳曲ト同ジ。

鑑狀花 (Disk-flowers)　頭狀花ヲ構成スル管狀ヲナセル花、一ニ管狀花ト稱ス。

鑑狀頭狀花 (Discoid capitulum＝Discoid-head)　タダ管狀花ノミニテ舌狀花ヲ欠如セル頭狀花ヲ云フ。ふき、よもぎハ其ノ一例ナリ。

攀緣ノ (Climbing＝Scandent)　蔓ヲナシタル莖ガ卷鬚等ノ器官ニヨリテ他物ニ攀ヂ上ルモノ。

攀緣草本 (Climbing herb＝Scandent herb)　莖ガ蔓ヲナシ卷鬚ヲ以テ他物ニ攀ヂル草本。

攀緣藤本 (Climbing shrub＝Scandent shrub)　莖ガ蔓ヲナシ卷鬚、或ハ氣根、或ハ葉柄ヲ使ヒ他物ニ攀ヅル灌木本。

反卷ノ (Revolute)　背面ノ方ニ卷キタルモノ。

ヒ

肥厚ノ (Thickened＝Massive)　分ノ厚キモノ。

尾狀ノ (Caudate＝tailed)　尾ノ形狀ノモノ。

筆毛狀ノ (Penicillate)　筆ノ毛ノ如ク毛ガ一處ヨリ出デタルモノ。

被子雌蘂 (Closed pistil)　心皮アリテ卵子ヲ包ミタル雌蘂。

披針形ノ (Lanceolate)　長橢圓形ヨリハ狹ク、而シテ兩端尖リタルコト、恰モ披針ノ如キ形狀。

菲薄ノ (Thin)　質ノ薄キモノ。

微凸頭ノ (Mucronate)　中脈線端ヨリ微ニ斗出シテ小尖ヲナシタルモノ。

微凹頭ノ (Betuse)　平タクシテ少シク凹入セルモノ。

微白色ノ (Incanous)　淡キ白色ノモノ。

百合樣花冠 (Liliaceous corolla)　ゆり類ノ如キ型式ノ花冠。

フ

不明ノ (Inconspicuous)　細微ニシテ著明ナラザルモノ。

不定數ノ (Indefinite)　數ノ確定セラレ居ラヌモノノ場合ト又ハ容易ニ計算スルコトノ出來ヌ程澤山アル場合ト此ノ語ヲ用フ。

不發育ノ (Rudimental＝Rudimentary)　器官ノ十分ニ發育セヌコト。

不開裂ノ (Indehiscent)　果實ナドノ期ニ及ビ尙ホ開裂セヌモノ。

不開裂果 (Indehiscent fruit)　開裂セヌ果實。

不齊齒アル (Unequal-toothed)　大小不齊ノ齒アルモノ。

不齊淺裂ノ (Unequal-lobed)　大小不齊ニ淺裂アルモノ。

不齊深裂ノ (Unequal-parted)　大小不齊ニ深裂セルモノ。

不齊尖裂ノ (Unequal-cleft)　大小不齊ニ尖裂セルモノ。

不登花 (Sterile flower)　きく科ノ頭狀花中ニハ特ニ種子モ果實モ生ゼザル所謂中性ノ花アリ，又禾本科植物ノ花ニモ斯ノ如キ性質ノモノアリ。此等ヲ不登花ト稱ス。

不備花 (Incomplete flower)　花器ノ或ルモノヲ缺キタル花。

不育花 (Rudimentary flower＝Abortive flower)　完全ニ發育セヌ花。

不等數花 (Unsymmetrical flower)　花中ノ各圈ニアル花器ノ數ガ不同ナル花。

分核 (Pyrenae)　核 (Putamen) ノ項ヲ見ヨ。

出枝ノ (Ramose)　枝ヲ分チタルモノ。

分性僞搜果 (Schizocarp)　たびらこ等ノむらさき科植物，しそ，えごま等ノ脣形科植物等ノ果實ノ如ク，成熟スレバ數箇ニ分裂シ，其ノ一箇一箇ガ中ニ一種子ヲ容レテ，恰モ搜果ノ狀ヲ呈シタルモノ。

武裝セル (Armed)　植物體ノ表面ニ燩毛 (螫毛)・針・刺或ハ硬毛 (剛毛) 等ヲ生ゼル事。其ノ狀恰モ動物ノ迫害ニ備フルガ如ク，武士ガ戰場ニ甲冑ヲ著クルガ如シ，是レ此ノ術語アル所以ナリ。

粉質ノ (Farinaceous)　粉ノ質ノモノ。

附著ノ (Adherent)　別種ノ器官ガ隣接シテ生長發育スルトキ，往々兩者ノ組織癒合スル事アリ。例ヘバしなのき，ぼたいじゆ等ノ花梗ト苞葉ノ中脈トニ於ケルガ如シ。此ノ狀態ヲ示スニ用ウ。

附屬器官 (Appendages)　他ニ附加シテ生ジタル器官或ハ他ヲ補助スル爲メニ生ジタル器官ナリ。

匐枝アル (Stoloniferous)　根モトヨリ出デタル枝，卽チ匍匐枝，吸枝，纖匐枝等ノアルモノ。

副果 (Anthocarpous fruit)　おらんだいちご，へびいちごノ花床幷ニしらたまのきノ蕚ノ如キノ眞正ノ果實ニ代リテ外觀特ニ果實ノ樣ヲ裝フ，コレヲ副果ト稱ス。此ノ如ク眞正ノ果實ナラザルヲ以テ時トシテ僞果 (Pseudocarp) ト稱ス。

副蕚 (Calyculus)　きじむしろ，へびいちご，おらんだいちご等ノ花部ニ於テ，蕚ニ接近シテ生ズル苞葉ガ蕚狀ヲ呈セルモノ。

輻形ノ (Rotate)　裂片四方ニ開出シテ車軸ノ狀ヲ呈スルモノ。

佛燄苞 (Spathe)　肉穗花ヲ擁スル苞ニテ多クハ闊クシテ色アリ，又狹クシテ綠色ノモノアリ。又筥狀苞ト譯ス。

複葉 (Compound leaf)　元來一箇ノ葉ナルモ，分裂セル狀ヲ呈シ，而モ其ノ小葉ハ葉軸ニ節ヲ以テ接着セルモノヲ云フ。めぎ，みかん，ふぢ，さんせう，なんてん等ノ葉ハコノ實例ナリ。

複繖花 (Compound umbel)　繖形第一ノ繖梗ガ更ニ繖形ヲナシテ重複スルモノ。にんじん，はなうど，ししうど等ハ其ノ一例ナリ。

複心皮生子房 (Compound ovary)　二箇以上ノ心皮ヨリ構成サレタル一箇ノ子房。

複心皮生雌蘂 (Compound pistil)　二箇以上ノ心皮ヲ以テ一箇ノ體ヲナセル雌蘂。

蕪菁形ノ (Napiform)　平圓形ト同ジ。

稃 (Pales)　禾本類ノ花ノ苞ノ一種，穎ノ上ニアルモノ，通常二片アリテ外者ヲ外稃，一名花穎ト稱シ，內者ヲ內稃又ハ單ニ稃ト稱ス。

覆瓦列ノ (Imbricatedly seriate)　覆瓦狀卽チ互ヒ違ニ相層リテ排列シタルコト。

覆瓦襞ノ (Imbricated)　互ヒ違ニ重ナリタル花襞。

へ

平坦ノ (Plane)　凹凸ナク平タキモノ。

平扁ノ (Compressed)　兩方ヨリ壓セラレ，扁平トナレル形狀。すゐくわノ種子ハ其ノ一例ナリ。

平面ノ (Plane)　表面平坦ニシテ凹凸ナキモノ。平坦ト同ジ。

平臥ノ (Prostrate)　地面ニ平臥シテ生長セルモノ。

平行脈ノ (Parallel-veined)　脈ノ平行セルモノ。

平扁柱形ノ (Compressed-terete)　平扁ナル柱ノ形ノモノ。

平圓形ノ (蕪菁形ノ) (Napiform)　かぶらノ

根ノ如ク，圓クシテ平タキ形ヲナセルモノ
ヲ云フ。

片裂ノ (Valvate)　めぎ，いかりさう，くす，
しろだも，にくけい等ニ於ケル葯ノ如ク，
小片ニヨリテ開裂スルヲ云フ。

片裂葯 (Valvate anther)　くす科植物，め
ぎ屬植物ノ雄蕊ニ於ケルガ如ク，葯ガ小片
ニテ開裂スルモノ。

扁平體 (Prothallium)　前葉體ト同ジ。

偏側生ノ (Secund)　一側ノミニ偏シテアル
モノ。

偏形花 (Irregular flower)　形狀端正ナラ
ザル花，屑形ノ花ナドハ是ナリ。

柄 (Stipe)　種々ナル器官ノ柄ヲ指シタルモ
ノ，菌ノ柄ノ時ハ菌柄ト稱シ，しだ類ノ葉
ノ柄ノ時ハ葉柄ト稱シ，子房ノ柄ノ時ハ子
房柄ト稱ス。

閉合毬果 (Galbalus)　肉質毬果ト同ジ。

閉鎖花 (Cleistogamous flower)　花冠充分
ニ開綻セズ或ハ全ク閉合シ自花ノ雌雄蕊ニ
テ受精ヲナス花。

篦狀苞 (Spathe)　佛焰苞ノコト。

篦形ノ (Spatulate)　長楕圓形ノ下部漸次ニ
狹窄シ，外科醫ノ用ウル篦ノ形ヲナセルモ
ノ。

皿形ノ (Scutellate＝Acetabuliform＝Sau-
cer-shaped)　合蕚ヤ合瓣花冠ニ於ケル形
狀ノ一ニテ，皿ノ形ヲナセルヲ云フ。但シ
離生シタルモノニテモ，其ノ外觀ニヨリ其
ノ語ヲ用ウルコトアリ。

ホ

方眼格子狀ノ (Tessellate)　碁盤ノ目ノ如
ク組ミタル格子ノ形狀アルモノ。

包莖ノ (Sheathing)　莖ヲ包擁セルモノ。

包旋ノ (Convolute)　芽中ノ葉，蕚狀及ビ
花被ノ蕚狀ニ於テ，其ノ各片ハ其ノ内部ニ
位スル全部ノ片ヲ包擁スルモノヲ云フ。

包擁セル (Involute)　内方ニ抱擁スルコト。

包擁背倚ノ (Conduplicate)　背倚 (Incum-
bent) ト同ジ。併シ其ノ子葉ノ平坦ナラ
ズ多少胚軸ヲ包ミ擁シタルモノ，十字科植
物ノ中ニ見ル。

苞 (Bract)　花ニ接近シ，又花ノ下ニアリ
テ通常小形トナリタル葉。

苞アル (Bracteate＝Bracted)　苞ノアル
コト。

苞膜 (Indusium)　しけしだ，べにしだ等ノ
囊堆，即チ子囊群ヲ掩蓋スル膜片。

抱莖ノ (Clasping)　無柄ノ葉ガ其ノ底部ニ
テ莖ヲ抱キタルモノ。

放大ノ (Enlarged)　他ヨリ太クナリタル
コト。

放線狀ノ (Radiate)　四周ニ射出セル線ア
ル如キ形狀ノモノ。

放線花 (Ray＝Ray-flower)　頭狀花ヲ構成
スル花ノ一，舌狀花冠ヲ有シ，放線狀ヲ呈
スルモノ。一ニ舌狀花ト稱ス。

放線頭狀花 (Radiate capitulum)　周邊ニ
放線花即チ舌狀花ヲ繞ラシ，中部ニ管狀花
ヲ具フル頭狀花。よめな，えぞぎくハ其一
例ナリ。

胞子 (Spore)　植物體ガ有性生殖ヲ營ム第
一步トシテ，無性世代ノ植物體ヨリ無性的
ニ成生スル一種ノ器官，普通單細胞體ニシ
テ囊狀體ノ内ニ生ズ。萌發後雌雄器ヲ一體
ニ具備スルモノト，雌器及ビ雄器ヲ別々ノ
體ニ具備スルモノトアリ。
又植物ノ種類ニヨリ一種ノモノノミ生ズル
モノト，二種ノモノノミ生ズルモノトア
リ。

胞子囊 (Sporangia)　羊齒植物及ビ種子植物
兩群ニ於テハ，無性世代ノ植物本體ニ無性
的ニ生ズルモノニテ，胞子ヲ生ズル囊狀體
ノ器官ナリ。
葯，卵子等モ芽胞囊ノ一種ト考ヘラル。胞
子ノ性質ニヨリ其ノ形同ジカラズ。

胞果 (Utricle)　小サキ胞囊狀ノ果實，内ニ
一種子アリ。

胞室 (Cell＝Loculament)　子房，果實幷ニ
葯ノ分室。

胞周開裂 (Circumscissile dehiscence)　横
方ニ開裂スルモノ。

胞間開裂 (Septicidal dehiscence)　果實ノ
胞室ノ隔障ヲ以テ開裂スルモノ。

胞背開裂 (Loculicidal dehiscence)　果實

ノ胞室ノ背ガ開裂スルモノ。

胞軸開裂 (Septifragal dehiscence)　果實
ノ殼片ガ隔障ヨリ離レテ開裂スルモノ、胞
背的ニナルモノト、胞間的ニナルモノトノ
二種アリ。

匍匐ノ (Creeping)　臥シテ横方ニ生長スル
モノ。

匍匐莖 (Creeper)　地面ニ匍匐スル莖。

盆形ノ (Salverform＝Salver-shaped
＝Hypocraterimorphous)　上部急ニ四方
ニ擴ガリテ中央ノ下ニ細筒アル形ノモノ。

蜂窠樣ノ (Alveolate)　表面ガ蜂ノ巢ノ如ク
稜アル小凹窠アルモノ。

紡錘形ノ (Fusiform)　中部最モ太ク、其兩
端ノ方ニ漸次ニ狹クナリタルモノ。

芒 (Awn)　毛狀ノ附屬器官、いね、むぎ
等ニ有スルガ如キのぎ。

芒刺アル (Echinate)　長キ芒ノ如キ刺アル
モノ。

マ

蔓木 (Vine)　莖ノつるニナルモノ。

膜質ノ (Membranous)　薄キ質ノモノ。

ミ

蜜腺 (Honey-gland)　蜜液ヲ分泌スル腺、
往々毛ヲ以テ周圍サル。

蜜孔 (Honey-pore)　鱗片ニテ蓋ハレタル蜜
槽。

蜜槽 (Nectary)　蜜液ヲ分泌スル處ノ總稱。

蜜點 (Honey-spot)　點狀ヲナセル蜜槽。裸
出ス。

密在ノ (Close)　密ニ近接シテ在ルコト。

密著ノ (Conformed)　密ニ接著セルモノ。

密接ノ (Apressed)　甲ノ器官ガ乙ニ密接
スル時、又ハ同種ノ器官ガ相互ニ密接スル
コト、或ルきく科植物ノ總苞片ニ見ルガ如
キヲ云フ。此ノ語ハ又場合ニヨリテ「壓伏
ノ」ト云フ譯語ヲ用ウ。

密綿毛ノ (Floccus)　極メテ密集セル綿毛
ノモノ。

密氈毛アル (Tomentous)　密生セル綿毛ノ
モノ。

密軟毛ノ (Pubescent)　密ニ生ヘシ軟カキ
短毛ノモノ。

密軟細毛ノ (Puberulent)　細カキ密軟毛
(Pubescent) ノモノ。

脈狀 (Nervation＝Venation＝Frame-wor-
k)　葉片等ニ通ズル維管束ハ脈ヲナス、此
ノ脈ノ分派スル狀ヲ脈狀ト稱ス。中軸ヲナ
スモノハ特ニ中脈ト稱シ、夫ヨリ支脈ガ分
生シ支脈ヨリ細脈ニ分レ、脈ニハ其ノ狀態
ニヨリ並行、羽狀、掌狀等ノ名稱アリ。

ム

無柄 (Sessile)　柄ナキモノ。

無毛ノ (Glabrous)　毛或ハ刺ナドノ全ク之
レ無キモノ。之ヲ平滑ト譯スルハ非。平滑
ハ Smooth ニテ其ノ面滑カナルモノナリ。
Levigate モ同ジ。Glabrous ハ毛ノナキ
モノ、其ノ場處ガ平滑ナルト否ト二關係ナ
シ。

無托葉 (Exstipulate)　托葉ナキモノ。

無胚乳 (Exalbuminous)　胚乳ナキモノ。

無被花 (Achlamydeous flower)　無輪花ト
同ジ。

無輪花 (Achlamydeous flower)　萼ト花冠
トヲ缺如セル花、又無被花ト稱ス。

無瓣花 (Apetalous flower)　花冠或ハ內花
蓋ヲ缺如セル花。

無隔障 (Jointless)　葉中ニかうがいぜきし
よう、くろぐわゐノ如キ隔障ナキモノ。

メ

綿毛ノ (Lanuginous)　綿ノ如キ毛ノモノ。

モ

木本 (Arbor)　木質組織ノ發達シタル多年
生植物。

木質幹 (Trunk)　喬木ノ幹。

毛茸アル (Hairy)　毛ノアルコト。

毛白面ノ (Hoary)　白キ毛アリテ白色ニ見
ユルモノ。

網狀脈ノ (Reticulate-veined＝Net-veined)
網ノ目ノ如ク相連絡スル脈ノモノ。

ヤ

葯 (Anther＝Pollen-sac)　花粉ヲ生ズル器
官所謂種子植物ニ於ケル小胞子囊ノコト。

葯胞 (Anther-cells)　葯ノ胞室ニテ花粉ヲ包
ミタル囊。普通一ツノ葯ニ二ツノ葯胞アリ。

葯隔 (Connective)　葯ノ胞室ヲ聯合セシメ
タル場處ヲ稱ス。

葯隔頭 (Connective-tip)　葯隔ノ頂末ニテ
往々葯ヨリ上ニ超出ス、きく科植物ノ葯幷
ニすみれ屬植物ノ葯ニハ甚ダ分明ナリ。

ユ

有毛 (Hairy)　毛ノアルコト, 併シ斯ク單
ニ有毛トノミニテハ毛ノ性質ノ表ハレズ。

有莖 (Caulescent)　所謂尋常莖ヲ有スル植
物體ニ使用スル語, 地下ニ生ズル莖, 短縮シ
タル莖, 或ハ其ノ他ノ變形莖ヲ有スル事ニ
ハ用キズ。

有柄 (Stiped)　柄ノアルモノ。孰レノ器官
ニモ用フ。

有爪 (Unguiculate＝Clawed)　花爪 (Claw
＝Unguis)　花瓣ニ花爪アルコト。

有距 (Spurred＝Calcarate)　距ノ如キ斗
出部アルモノ。

有針 (Prickly)　針 (Prickles)　アルモノ,
いばらノ枝ナドハ其ノ一例ナリ。

有斑 (Variegated)　斑紋アルモノ。

有稜 (Angular)　稜角アルモノ。

有腺 (Glandular＝Adenophorous)　うめ,
せんぶり, ぶだう等ノ花及びむしとりすみ
れ, まうせんごけ等ノ葉ニ於ケル如ク液汁
ヲ分泌スル腺體ヲ有スルモノヲ云フ。

有溝 (Furrowed)　植物體ノ莖, 枝, 花梗,
葉柄及ビ其ノ他ノ部分ニテ溝狀ヲ呈スルモ
ノ。

有芒 (Awned)　禾本科植物ノ花ニ於ケル如
クのぎ(芒)ヲ有スルモノ。

有刺 (Aculeate)　植物體ニ於ケノ刺狀體ニ
ハ表皮, 葉及ビ枝等ノ變形シタルモノアリ。
總ベテ是等刺狀體ヲ有スルモノヲ表ハセル
語。

有脈ノ (Veiny＝Nerved＝Nervose＝Ner-
vate)　脈ノアルコト。

有帶 (Banded)　帶線ノアルモノ。

有嘴 (Beaked)　嘴狀ノ突起アルモノ。

有點 (Spotted)　斑點アルモノ。

有緣 (Margined＝Marginate)　邊緣ニ翼
ナドアリテ, 緣チ取リニ=ナリタルモノ。

有鬚 (Bearded)　鬚狀毛ヲ著生スルニ云フ。
顆花ニ芒ヲ有スルモノノ其ノ外觀疎鬆ヲ生
ズルガ如ク, 又うめばちさうノ花ニ於ケル
蜜腺樣ノ如キモ鬚狀ヲ呈スルモノニテ, 其
ノ他束生毛ヲ有スル場合ニ此ノ語ヲ用ウ。

有旗ノ (Vexillary)　ゑんどう, ささげ等
ノ花ノ如キ所謂蝶形花冠ノ如ク旗瓣ヲ有ス
ルモノヲ云フ。

有長毛 (Fringed)　邊緣ニ長キ毛アリテ排
ブモノ。

有托葉 (Stipulate)　托葉アルモノ。

有葉柄 (Petiolate)　葉柄ノアルモノ。

有斑點 (Spotted)　斑ノ點アルモノ。

有線條 (Striped)　地色ト異リタル色ノ線
ノルモノ。

有胚乳 (Albuminous)　一般種子ニ於テ胚
以外ニ胚ニ養料物質ヲ含有スルモノニテ, 胚乳
トハ形態學上ノ內乳ト周乳トヲ總括シタル
名稱。

有翼莖 (Alate stem)　れんりさう, ひれあ
ざみ等ノ莖ニ於ケル如ク翼狀片ヲ著クルヲ
云フ。

有隔障 (Jointed＝Septate)　かうがいぜき
しよう, くろぐわゐノ葉ノ如ク葉中ニ隔障
アルモノ。

有爪花瓣 (Unguiculate petal)　なでしこ,
あぶらな等ノ花瓣ノ如ク扁平部 (片)ト爪ト
ニ分ち得ルモノ, 爪トハ花爪ノコトニテ花
瓣ノ下部ノ狹長ナル部分ヲ云フ。

雄花 (Staminate flower)　種子植物群ニ生
ズル花ニシテ, 只雄藥ノミ完全ニ發育シテ
雌藥ハ全ク之ヲ缺クカ或ハ發育不完全ニシ
テ其ノ特性ヲ失ヒタルモノヲ云フ。

雄藥 (Stamen)　種子植物體ニ於ケル小胞子
ヲ生ズル所謂胞子囊ヲ云フ。小胞子卽チ花
粉ヲ生ズル囊狀體ヲ葯一名粉囊ト呼ビ, 是
ニハ往々柄狀體ヲ存ス, 是ヲ花絲ト云フ。

普通ノ雄蕋ハ葯ト花絲トヨリ成ル。

癒合ノ (Coherent)　癒著ト同ジ。

油質ノ (Oily)　油ヲ含メル質ノモノ。

疣瘤ノ (Verrucous)　疣ノアルモノ。

癒著ノ (Coherent)　合著ヲ見ヨ。

疣狀突起アル (Verrucose)　疣ノ形狀アル突起アルモノ。

ヨ

幼芽 (Plumule)　胚ノ子葉ノ上ニ出ヅル芽ヲ云フ。

幼根 (Radicle)　種子中ノ胚ニ於テ子葉ノ反對ノ極ニアルモノニテ、生長シテ根部トナルモノヲ云フ。

洋紙質ノ (Chartaceous)　葉等ノ硬質及ビ厚質ガ西洋紙ノ如キモノ。

葉 (Leaf)　普通ノ葉ハ綠色ヲ呈シ、莖枝節ヨリ生ジ、同化作用ヲ呼吸作用及ビ蒸騰作用等ヲ營ム器官ナリ。植物ノ種類ニヨリテ其ノ形狀、性質ヲ異ニス。又變形シタル葉ハ枚擧ニ遑ナキ程多種アリ。

葉片 (Blade)　葉ノ扁平ニシテ比較的ノ廣大ナル部分ヲ云フ。葉柄ト明白ニ區別セラルル場合ニ特ニ的確ニ知ルコトヲ得。

葉柄 (Petiole)　葉片ヲ莖枝ニ接著セシメタル如ク見ユル柄狀體ヲ云フ。

葉序 (Phyllotaxy)　莖枝上ニ於ケル葉ノ著生狀態ニ見ル規律ヲ云フ。$\frac{1}{2}$(一螺廻二葉)、$\frac{1}{3}$(一螺廻三葉)、$\frac{2}{5}$(二螺廻五葉)等ノ分數式ニヨリ表示ス。

葉間ノ (Interfoliaceous)　對生セル葉ノ中間ニアルモノ、例ヘバあかね科植物ノ葉間ノ托葉ノ如キモノ、コノ如キヲ葉間托葉 (Interfoliaceous stipules) ト稱ス。

葉狀ノ (Foliaceous)　一般ニ尋常葉ト認メラルル綠色ノ扁平體形ノモノニ似タル場合ニ用フル語。

葉前ノ (Intrafoliaceous)　葉ノ前方ニアルモノ、例ヘバひるむしろ、えびも等ノ托葉ノ如キ是レナリ。此ノ如キヲ葉前托葉 (Intrafoliaceous stipules) ト稱ス。

葉腋 (Axil)　葉ト之ヲ生ゼル莖枝トノ上腋

隅ニシテ銳角ヲ呈スルモノ多シ。

葉痕 (Scar＝Cicatrix)　葉ノ脫落セル痕。

葉鞘 (Sheath)　禾本科植物ノ葉ハ一般ニ葉片ノミ展開シ、葉柄ニ相當スル部分ハ莖枝ヲ包ミテ鞘狀ヲナス。此鞘狀部ニ決シテ兩緣ガ縫合サルル事ナクシテ重ナリ合フヲ常トス。是ヲ葉鞘ト云フ。又かやつりぐさ科ノモノハ全然筒狀ヲナシ、裂目ヲ見ザルモ亦葉鞘ト稱ス。又單ニ葉柄本ノ擴張開展シテ莖ヲ抱擁スルトキモ亦此ノ廣闊部ヲ葉鞘ト名ヅク。

翼瓣 (Alate＝Wings)　まめ科植物ニ有スル蝶形花冠中ノ兩側ニアルニ花瓣。其ノ位置ハ旗瓣ト龍骨瓣トノ間ニアリ。

ラ

卵子 (Ovule)　通常子房內ニ在テ後ニ種子トナル小體。胚珠ト誤譯セラル。

卵孔 (Micropyle)　卵子ノ頂ニアル小孔。

卵柄 (Funicle)　卵子ノ小柄, 此ノ小柄ハ胎座ニ連ナル。

卵形ノ (Ovate)　卵ノ外形アルモノ, 下半ガ上半ヨリ廣シ。

卵圓體ノ (Ovoid)　卵形ノ體ヲナセルモノ。原語ハ、廣橢圓體ト同樣。

亂向ノ (Vague)　胚ノ胚軸ノ方向一定セヌモノ。

裸出ノ (Naked)　他物ノ生ズルコトナク其ノ部ニ全ク露出セルコト。

裸子雌蕋 (Open pistil)　果皮ナク卵子ヲ露出セル雌蕋。

裸子植物 (Gymnosperms)　裸出シテ子房ヲ有セヌ卵子ヲ生ズル植物, 此ノ卵子ハ後チ同ジク裸出セル種子トナル, そてつ, まつ, すぎ, いてふ等之ニ屬ス。

螺囘莢果 (Cochlea)　螺狀ニ卷キタル莢果。うまごやし其ノ一例ナリ。

蘭樣花冠 (Orchidaceous corolla)　らん科植物ノ花ノ如キ型式ノ花冠。

リ

兩性花 (Perfect flower)　一花ノ中ニ雌雄ノ兩蕋ヲ具備シタル花。

兩貌ノ (Double) 例ヘバー花ノ冠毛ニ兩樣
　ノ形貌ヲ有スルトキ斯ク言フ。

兩脣形ノ (Bilabiate) 上下ノ兩脣ノハツキ
　リシテアルトキ稱ス。

兩歧撑果柄 (Forked carpophore) 兩ツニ
　分岐セル撑形科ノ植物ニ其ノ例多シ。

陸地生ノ (Terrestrial) 陸上ニ生ヘルモノ。

綠褐色ノ (Greenish brown) 綠色ヲ帶ビ
　タル褐色ノモノ。

輪生ノ (Verticillate) 一ノ節ヨリ三乃至數
　片車輪狀ニ出ヅルノ。

輪狀聚繖花 (Verticillaster) 對生シテ生ゼ
　ル聚繖花ニシテ、一ノ輪ヲ形チヅクルモノ。
　脣形科ノ植物ニ之ヲ見ル。

離住ノ (Remote) 兩者ガ互ニ相離レ隔タリ
　テ在ルコト。

離心ノ (Excentric) 中心ヲ離レテ位スル
　モノ。

離蕚 (Polysepalous calyx) 蕚片ガ全ク合
　生スル事ナク、一片一片ニ離レタル蕚ヲ云
　フ。べんけいさう、まつばにんじん、あぶ
　らな等ノ蕚ヲ其ノ例ナリ。

離瓣ノ (Polypetalous) 花瓣ガ一片一片ニ
　離生セルモノ、例ヘバさくら、うめ、あぶ
　らな等ノ花瓣ノ如キモノヲ云フ。

離瓣花 (Polypetalous flower) 花瓣ノ分立
　セル花、合瓣花 (Gamopetalous flower)
　ニ對シテ云フ。

鱗莖 (Bulb) 地下ノ短莖。之ニ鱗片或ハ衣
　片ヲ生ズ。此ノ鱗片ハ地下ノ變形葉ニテ、
　衣片ハ葉ノ基脚部ナリ。其鱗片アルモノハ
　鱗次鱗莖、衣片アルモノハ襲重鱗莖ナリ。

鱗被 (Lodicule) 禾本類ノ花ニアル小鱗片
　ニテ、花瓣ノ變形セシモノ、二片アルモノ
　ト、三片アルモノトアリ。

鱗片 (Scales) 小形ノ片體ヲ云フ。

鱗片狀ノ (Scaly) 鱗片ノ形ノモノ。

鱗狀ノ (Scaly) 鱗片狀ト同ジ。

鱗次鱗莖 (Scaly bulb) ゆり屬ノ如キ植物
　ノ鱗莖ヲ云フ。コレニ有セル鱗片ハ葉ノ變
　形物ニシテ、覆瓦狀ニ重疊ス。

龍骨瓣 (Keel＝Carina) 蝶形花冠中ノ最
　下ニ花瓣。

レ

捩歪ノ (Distorted) 捩レテ歪形ヲ呈セルモ
　ノ。

裂罅 (Sinus) 分裂片ト分裂片トノ間隙ヲ
　斯ク稱ス。

漣波形ノ (Repand) 屈曲スルコト微風度
　ルトキノ漣波ノ如ク其ノ歟角度ヲナシ、其
　ノ狀亦蝙蝠傘ノ緣ニモ似タルモノ。

聯底ノ (Connate) 對生セル葉ノ底ガ相合
　體シ、莖ガ之ヲ貫キシ如クニ成リタルモノ。

ロ

六數ノ (Hexamerous) 六ノ數ノモノ。

六數花 (Hexamerous flower) 花器皆各々
　六ノ數ヲ以テ構成スル花、併シゆりナドノ
　花ハ三數花ニテ其ノ六ノ數ハ三ノ重ナリタ
　ルモノナリ。

六雌蘂 (Hexagynous) 六箇ノ雌蘂ノモ
　ノ。

蠟質ノ (Waxy) 蠟ノ性質ノモノ。

漏斗形ノ (Funnelform＝Infundibuliform)
　上部漸次ニ擴ガリテ其ノ狀恰モ漏斗ノ如キ
　形ノモノ。

肋脈 (Ribs) 葉中ノ大脈卽チ主脈ヲ云フ。

ワ

彎生ノ (Campylotropous) 卵子幷ニ種子
　ガ多少其ノ自體ヲ彎曲セシメタルモノ。

彎曲ノ (Curved) 彎形ニ曲リタルモノ。

矮灌木 (Undershrub) 丈ノ甚ダ低キ灌木。

歪形ノ (Oblique) 左右同大ナラズ、大小
　アリテ爲メニ歪ミタルモノ。

——終——

INDEX

Aconitum
　Fauriei, 565..............(ふぉーりー氏ノ)
　japonicum, 566 ....(日本産ノ)
　Roczyanum, 566......(ろつしー氏ノ)
　senanense, 566 ....(信濃産ノ)
Acorus ....(飾ノナイ、瞳孔ノ無イ)
　asiaticus, 779....................(あじあ)
　Calamus ....(管)
　　var. angustatus, 779　(狭クナツタ)
　　var. asiaticus, 779 ....(あじあ)
　　var. spurius, 779......(假性ノ、僞ノ)
　gramineus, 779......(禾本狀ノ、穀粒ノ)
　f. viridialbus, (779)........(綠白色ノ)
　　var. Biroodo, (779) ....(びろうど)
　　var. Koorai, (779)................(高麗)
　　var. pusillus, (779)　(弱小ナル、細
　　　　　　　　小ナル、狭小ナル)
　pusillus, (779)　(弱小ナル、細小ナル、
　　　　　　　　　　狭小ナル)
　spurius, 779...............................(僞ノ)
Acrostichum.....................(頂端ニ列)
　bifurcatum, 913 ......(二叉狀ノ、兩岐ノ)
　hastatum, 915...................(戟形ノ)
　ilvense, 960.......(地中海ノ Elba 島ノ)
　lingua, 914 ....(舌、りぼーん)
　thalictroides, 913　(からまつさう属ニ
　　　　　　　　　　　　似タ)
　thelypteris, 950 ....(雌しだ)
　Yoshinagae, 913............(吉永悦郷氏ノ)
Actaea ....(にはとこ)
　spicata ....(穗狀花アル)
　　var. nigra, 569 ....(黑色ノ)
Actinidia ....(放射線形)
　arguta, 330 ....(銳齒ノアル)
　Kolomikta, 331 ....(しべりや土名)
　polygama, 330.........(雜居花ヲ有スル)
Actinidiaceae, 330
Actinodaphne ....(放射狀ノ Daphne)
　acuminata, 534 ....(銳尖ノ、漸尖頭ノ)
　lancifolia, 534 ....(槍形葉ノ)
Actinostemma ....(放射狀ノ冠)
　lobatum ....(分裂シタ)
　　var. racemosum, 93......(總狀花序ノ)
Actinotrichia ....(放射狀ノ毛)
　fragilis, 1047 ....(脆キ)
Adenocaulon ....(腺アル莖)
　bicolor ....(二色ノ)
　　var. adhaerescens, 58.........(附着ノ)
Adenophora ....(腺ヲ有スル)
　Lamarckii, 84 ....(らまるく氏ノ)
　nikoensis, 84 ....(日光山産ノ)
　f. nipponica, 84.........(日本内地産ノ)
　polymorpha ....(多形ノ)
　　var. Lamarckii, 84　(らまるく氏ノ)
　remotiflora, 83....................(疎在セル花)
　stricta, 83..........................(直立ノ)
　triphylla ....(三葉ノ)
　　var. tetraphylla, 83...........(四葉ノ)
Adenostemma ....(腺ノ冠)
　viscosum, 79 ....(粘着ノ)
Adiantum.................(植物名 乾イタ)

　achilleifolium, 930　(のこぎりさう属ノ
　　　　　　　　　　　樣ナ葉ノ)
　monochlamys, 923......(一輪ノ、單被ノ)
　orbiculatum, 939 ....(圓形ノ)
　pedatum, 924 ....(鳥趾形ノ)
　repens, 942 ....(匍匐スル)
　tenuifolium, 940 ....(薄イ葉ノ)
　venustum(可憐ナル、可愛ラシキ、美形ノ)
　　var. monochlamys, 923　(一輪ノ、
　　　　　　　　　　　　單被ノ)
Adina ....(密集)
　globiflora, 119...................(球形花ノ)
Adonis ......(ぎりしや神話ノ靑年ノ名)
　amurensis, 553 (滿洲あむーる地方産ノ)
Adoxa ....(顯著ナラザル、ツマラナイ)
　Moschatellina, 97 ...(麝香樣ノ、香アル)
Adoxaceae, 97
Aeginetia ....(P. Aegineta 氏)
　indica, 130 ....(印度ノ)
　japonica, 130 ....(日本産ノ)
Aerides ....(空氣)
　japonicum, 679 ....(日本産ノ)
Aerobryopsis (Aerobryum 属ニ似タモノ)
　subdivergens, 982.........(稍岐出ノ)
Aeschynomene ....(「ハヅカシイ」モノ)
　indica, 420 ....(印度ノ)
Aesculus ....(食料)
　turbinata, 350................(倒圓錐形ノ)
Aganosma ....(甘イ香リ)
　laevis, 208 ....(平滑ナル)
Agaricaceae, 1018
Agastache ....(强イ穗)
　rugosa, 177 ....(皺縮ノ)
Agave ....(立派ナ、貴キ、驚クベキ)
　americana ....(あめりかノ)
　　var. variegata, 721 (斑色アル、斑
　　　　　　　　　　　　紋アル)
Ageratum ....(不老ノ)
　conyzoides, 79 (やまぢわうぎく二似タ)
Agrimonia ......(一種ノ植物名 agremone)
　Eupatoria ....(良キ父)
　　var. pilosa, 448 (疎長毛アル、毛茸アル)
　pilosa ....(疎長毛アル、毛茸アル)
　　var. japonica, 448 ....(日本産ノ)
Agropyrum ....(野生ノ小麥)
　ciliare, 871 ....(綠毛アル、睫毛アル)
　semicostatum, 871 ....(半側中脈ノ)
　　var. ciliare, 871 (綠毛アル、睫毛アル)
Agrostemma ....(野生ノ花環)
　Coronaria, 587 ....(花冤ノ如キ)
　Githago, 590 ....(らてん名)
Agrostis ....(畑)
　alba ....(白キ)
　　var. aristata, (850) (芒アル、髭アル)
　arundinacea, 850 ....(蘆竹狀ノ)
　ciliata, 832 ....(綠毛アル、睫毛アル)
　flaccida, 849............(柔軟ナル、軟弱ノ)
　hiemalis, 849 ....(冬期ノ)
　japonicus, 847 ....(日本産ノ)
　latifolia, 848 ....(廣イ葉ノ)

G

—— END ——

——〔終〕——

漢 名 索 引

茄子 158 (474)
茅香 842 (2526)
茅根 827 (2479)
茅膏菜 504 (1511)
芘胡 278 (834)
郁子 549 (1646)
郁李 436 (1306)
郁李子 436 (1306)
韭 747 (2240)
風花菜 518 (1553)
風輪菜 170 (509)
風藤 677 (2031)
風露草 395 (1185)
風露草 396 (1186)
風蘭 680 (2038)
飛刀劍 914 (2741)
飛廉 23 (69)
飛蓬 67 (200)
食茱萸 391 (1173)
香水蘭 79 (235)
香附子 819 (2457)
香茶菜 162 (486)
香草 79 (235)
香椿 384 (1150)
香蒲 895 (2688)
香橙 386 (1158)

十 畫

倒挂草 936 (2807)
倭木 901 (2701)
凌霄花 183 (397)
夏枯草 177 (529)
夏枯草 183 (547)
夏蟲冬草 1031 (3091)
家山藥 718 (2152)
射干 713 (2137)
徐長卿 204 (610)
桀參 628 (1882)
書帶草 727 (2179)
書帶草 784 (2350)
栗 660 (1979)
栝楼 88 (264)
桂 537 (1609)
桃 435 (1305)
桃金孃 297 (889)
桃葉珊瑚 263 (787)
桃葉衛矛 361 (1083)
桑 651 (1952)
桔梗 80 (240)

浮薔 768 (2302)
浮爛羅勒 541 (1623)
海人草 1034 (3101)
海州骨碎補 942 (2824)
海州常山 186 (556)
海芋 777 (2331)
海松 903 (2709)
海金沙 964 (2890)
海紅 470 (1409)
海桐花 478 (1433)
海蚌含珠 378 (1134)
海棠 470 (1408)
海棠梨 470 (1409)
海蘊 1060 (3177)
滑梅 434 (1302)
烏木 228 (682)
烏芋 810 (2428)
烏韭 940 (2818)
烏梅 434 (1301)
烏頭 565 (1695)
烏頭 566 (1696)
烏藥 534 (1600)
烏藥 544 (1631)
烏蘞莓 341 (1022)
烏鬱 874 (2620)
特生天門冬 735 (2205)
狼牙 455 (1365)
狼尾草 823 (2467)
狼尾草 840 (2519)
狼把草 58 (158)
益母草 174 (522)
秦皮 222 (664)
秦椒 392 (1174)
秦椒 392 (1175)
秫 889 (2516)
租 834 (2502)
笑靨花 474 (1420)
素心蠟梅 538 (1612)
素馨 217 (651)
臭牡丹樹 186 (556)
臭芙蓉 50 (149)
臭娘子 185 (555)
臭箭草 390 (1169)
茗 329 (987)
茜草 108 (324)
荬白 874 (2620)
茯苓菜 77 (229)
荳芒決明 410 (1228)
荳芏 820 (2458)

茴香 273 (819)
茵芋 388 (1164)
茵蔯蒿 40 (120)
茶 329 (987)
茶梅 329 (986)
荊三稜 811 (2433)
荊芥 179 (535)
草玉梅 560 (1680)
草石蠶 174 (521)
草芍藥 575 (1725)
草綿 332 (995)
草蘭茹 375 (1125)
草蘭 682 (2045)
荏 167 (499)
荏桐 379 (1137)
荸葱 749 (2245)
荮蔚 174 (522)
蚊母草 144 (430)
蚊母樹 476 (1427)
豇豆 404 (1210)
迷迭香 182 (544)
酒藥子樹 379 (1135)
馬唐 837 (2510)
馬兜鈴 634 (1901)
馬𣈓兒 93 (277)
馬棘 424 (1270)
馬鈴薯 159 (475)
馬蓼 616 (1846)
馬蓼 621 (1861)
馬齒莧 601 (1802)
馬蹄 810 (2428)
馬蹄草 178 (532)
馬鞭草 188 (563)
馬藺 716 (2147)
馬藻 890 (2666)
馬蘇 891 (2671)
馬蘭 69 (205)
馬蘭 69 (207)
高良薑 709 (2125)
高飛 468 (1403)
高粱 830 (2489)
鬼針草 58 (157)
鬼督郵 13 (37)
鬼箭 362 (1085)
鬼燈檠 495 (1485)
鬼臉升麻 569 (1706)

十一畫

假蘇 179 (535)

—(終)—

頒布番號第 17 號

牧野 日本植物圖鑑

㊞ 定價 拾五圓

昭和十五年九月廿九日　印　刷
昭和十五年十月　二　日　發　行

著　者　　牧野富太郎

株式會社北隆館代表者

發行者　　福　田　良　太　郎
東京市京橋區槇町三丁目三番地

印刷者　　早　坂　善　太　郎
東京市牛込區槇町七番地

發行所　東京　株式　北隆館　電話{7141・7142 / 7143・7144}
　　　　京橋　會社　　　　　京橋{7145・7146 / 7147・7148}

振替東京７５０番

大日本印刷株式會社槇町工場印刷

卓上版 牧野日本植物図鑑®

令和5年4月24日　重版発行

〈図版の転載を禁ず〉

著　者	牧　野　富　太　郎
発行者	福　田　久　子

発行所　株式会社 北隆館

〒153-0051 東京都目黒区上目黒3-17-8
電話03(5720)1161　振替00140-3-750
http://www.hokuryukan-ns.co.jp/
e-mail : hk-ns2@hokuryukan-ns.co.jp

印刷所　大盛印刷株式会社

ⓒ 2019 HOKURYUKAN Printed in Japan
ISBN978-4-8326-0741-5 C0645